Gesamtverzeichnis des deutschsprachigen Schrifttums (GV) 1700 – 1910

Bearbeitet unter der Leitung von
Hilmar Schmuck und Willi Gorzny
Bibliographische und redaktionelle Beratung:
Hans Popst und Rainer Schöller

155

Wein - Wer

K · G · Saur München · New York · London · Paris 1986

CIP-Kurztitelaufnahme der Deutschen Bibliothek

Gesamtverzeichnis des deutschsprachigen Schrifttums :
(GV). – München, New York, London, Paris : Saur.
Bd. 1 – 6 bearb. unter d. Leitung von Peter Geils
u. Willi Gorzny.
ISBN 3-598-30000-X

1700 – 1910 / bearb. unter d. Leitung von Hilmar
Schmuck u. Willi Gorzny. Bibliograph. u. red.
Beratung: Hans Popst u. Rainer Schöller

NE: Schmuck, Hilmar [Bearb.]

155. Wein – Wer. – 1986.

Techn. Realisierung und Druck: Norbert Gaertner, Mainz-Kastel
Binden: Karl Schaumann, Darmstadt
Printed in the Federal Republic of Germany
ISBN 3-598-30000-X (Gesamtwerk)

Wein, Der. Hamburg 1745. V: *Hagedorn, Friedrich von.* (schr) (Cat. d. Stadtbibl. Zürich. Zürich 1864—97.)

Ueber Wein. Gelegentlich der Allgemeinen land- und forstwirthschaftlichen Ausstellung, Wien 1890. Wien: Verl. der Commandit-Gesellschaft österreichischer Weinproducenten Josef Stummer 1890. 22 S., 1 Taf. -- UB Wien*

Wein, der, behandelt auf eine noch nie gekannte, vortheilhafte Weise. Ein unentbehrl. Schriftchen f. jeden Weinbesitzer. gr. 8. (1 1/2 B. u. lith. Abbildn.) Ulm 836, (Gebr. Nübling.) Verklebt

Der Wein, behandelt auf eine noch nie gekannte, vortheilhafte Weise. Mit lithographirten Abb. Ulm: Nübling in Comm. [1836]. 24 S. -- 24*
Bibliotheca oenologica: 1835.
--- Dass. 3. Aufl. Ebd. o.J. 24 S. -- 21*

Wein & Bier oder wie man zu jeder Jahreszeit und unter allen Umständen einen vortrefflichen Haustrunk aus den Erzeugnissen seines Grund und Bodens selber bereiten kann. Für den Bürger und Landmann hrsg. Rottenburg: Engel 1846. 15 S. -- 24*

Wein, Bier, Branntwein. Beiträge zur Alkoholfrage. Aus dem Reichs-Arbeitsblatt. (III, 98 S. m. Abbildgn.) gr. 8. Berlin 906. [C. Heymann] Mäßigkeits-Verlag. n. — 60

Wein, Bier, Branntwein. Beiträge zur Alkoholfrage. Aus dem Reichs-Arbeitsblatt. 2. unveränd. Aufl. (III, 98 S. m. Abbildgn.) gr. 8. Berlin 907. [C. Heymann.] Mäßigkeits-Verlag. — 60

Wein, Bier, Branntwein. 3. verm. Aufl. 1910
s **Quellen-Material** z. Alkoholfrage. (II. 1569

Wein, der deutsche. Ein Blatt für Winzer, Händler u. Freunde des deutschen Weines. Red.: J. Becker. 1. bis 3. Jahrg. Oktbr. 1904—Septbr. 1907. à 24 Nrn. (à ca. 16 S.) 4. Trier, J. Lintz. à Jhrg. n. 4. —

Wein, der deutsche. Ein Blatt f. Winzer, Händler u. Freunde des deutschen Weines. Red.: J. Becker. 4. Jahrg. Oktbr. 1907—März 1908. 12 Nrn. (à ca. 16 S.) 31×23 cm. Trier, J. Lintz. 2. —
Erscheint nicht mehr.

— der deutsche, auf dem Weltmarkte. — Le vin allemand sur le marché du monde. — German wines on the markets of the world. Export-Ausg. d. „Zentral-Blatt für Weinbau u. Weingrosshandel". Nr. 3 u. 4 Sonder-Nr. zur Brüsseler Weltausstellg. Red.: Ludw. Goldschmidt. (76 S. m. Abbildgn.) Lex. 8. Mainz (Schillerstr. 32/34) 910. G. A. Walter's Druckerei. Geb. 1. 50

— — und Freude. Ein Liederbuch für frohe Gesellschaften. Leipzig, Sommer, 1805. 8°. (2/3 Rthl.)

Wein und Freude, ein Liederbuch für frohe Gesellschaften. Mit angegeb. Melodien. 12. Leipz. (811.) N. A. 820. (W. Rauck). 16 gr

Wein und Freude. Ein Liederbuch für frohe Gesellschaften. Leipzig: Sommer [1811]. 249 S. -- 1a*
--- Dass. Neue Ausg. Ebd. 1820. -- [Zit. nach Heinsius]

Wein, Der, ist eine gute Gabe Gottes . . . Zierliche Illustrationen für mässige Trinker, Abstinenten u. Alkoholiker. Basel 1898.

— — und Liebe. Eine Sammlung anakreontischer Gedichte (hrsg. von Chrn. Tob. Ephr. Reinhard, geb. zu Kamenz am 26. Mai 1719; Arzt; † am 27. Febr. 1792). O. O. 1753. 8°.

— — und Liebe. (Poesieen, als deren Vf. sich *J. T. v. B.* nennt.) Exhilarant animum, Bacchus et alma Venus. Sorau, bey Glo. Hebold, 1754. 8°. 24 Bll. (In Stuttgart.) Rar!

Der Wein am Oberrhein. Allgemeine Weinfachzeitung für Elsass-Lothringen und Baden (Jg. 10 ff.: vereinigt mit 'Der Badische Wein'). Jg. 1-14. [Erscheinen eingestellt] Mühlhausen i. E., Colmar i. E. 1905-14.

— der, am Oberrhein. Allgemeine Weinfachzeitg. f. Elsass-Lothringen u. Baden. Fachschrift f. Weinbau, Weinhandel u. Kellerwirtschaft. Red.: Gust. Burger, A. Tschott u. L. Hausherr. Unter gefl. Mitarbeit der Fachwissenschaft führ. oberrhein. Winzer u. Weinhändler. 5. u. 6. Jahrg. 1909—1910. à 24 Nrn. (à Jahrg. 626 S. m. Abb.) Lex. 8. Colmar, Strassburger Druckerei u. Verlagsanstalt, Filiale Colmar. Postfrei à Jahrg. 4. 80

Wein und Oel in die Wunden des gestäupten Pabstthums der Protestirenden. Philadelphia . . . [Jena] 1700. V: *Dippel, Johann Conrad.* (wr)

Pfälzer Wein. Von einem Pfälzer. Kaiserslautern: Thieme 1898. 60 S. -- 121*

Pfälzer Wein. Von einem Pfälzer. Mit vielen Abb. Kaiserslautern: Thieme 1901. IV, 60 S., mit 46 Taf. -- 107*
Dass. erschien auch u.d.T.: Fleischmann, Otto: Die Weine der Rheinpfalz in Wort und Bild. 1901.

Wein, Pfälzer. Von e. Pfälzer. (Einband: Die Weine der Rheinpfalz in Wort u. Bild.) Mit Abbildgn. nach photograph. Aufnahmen. qu. schmal gr. 8. (IV, 60 S. m 46 Taf.) Kaiserslautern (901). Thiemesche Druckereien. Geb. in Leinw. 3. —
Kleine Ausg. s.: Weine, die, der Rheinpfalz.

Pfälzer Wein. Dem Pfälzer Weinmuseum in Speyer gewidmet. Zweibrücken: Pfälzerwald-Verl. 1909. 20 S. (Der Pfälzerwald. Sondernr. 1.) -- 107*

Wein, der, am Stocke, in der Butte, in der Presse, im Keller u. auf der Tafel, oder die Kunst einen guten Weinmost u. Wein zu bereiten, zu behandeln u. zu veredeln. Von Theophr. Paracelsus Oenologus. gr. 16. (125 S.) Gratz 847, Ludewig. n. 8 ngr

Der Tokayer Wein. Ein Wort gegen den Tokayer-Schwindel. Leipzig: Leiner 1873. 25 S. Aus: Berliner Fremden- und Anzeigen-Blatt. -- 7*

Wein, E., Anleitung zur qualitativen Analyse landwirthschaftlich wichtiger Stoffe in praktischen Beispielen, s.: Vogel, A.

E. Wein. Über den Einfluß der Düngung auf die Qualität der Braugerste. 1904 München

Wein, E., die Sojabohne als Feldfrucht, s.a. Journal für Landwirthschaft.

Wein E.: Die Sojabohne als Feldfrucht. Berl. 1851. 50 S. (Journal f. Landwirthschaft. Bd. 29. Ergänzungsheft). 373.

Wein, Ernst. Agriculturchemische Analyse. Handbuch f. Untersuchungslaboratorien u. Hülfsbuch zu Unterrichtszwecken f. Landwirthe, Chemiker u. Techniker. 8. (XIV, 204 S.) Stuttg. 889, Waag. * 6 —; geb. * 7 —

Ernst Wein, Über den Anbau der rauhhaarigen Sojabohne in B. 1879 München

Wein, Ernst, das Kalisilikat (Phonolithmehl) als Kali-Düngemittel. Auf Grund mehrjähr. Versuche u. Erfahrgn. zusammengestellt. (III, 90 S.) gr. 8. Freising 909. Dr. F. P. Datterer & Co. nn 1. 50

Wein, Ernst, Tabellen zur quantitativen Bestimmung der Zuckerarten. Nebst erläut. Texte. 8. (XI, 55 S.) Stuttgart 888, Waag. *

Wein, Franz, Rechtsprakt.: Das Prinzip des überwiegenden Interesses und die Straflosigkeit des Heileingriffes. Borna-Leipzig 1908: Noske. VI, 51 S. 8°

Erlangen, Jur. Diss. v. 2. Okt. 1908, Ref. Allfeld

[Geb. 31. Juli 84 Landshut; Wohnort: München; Staatsangeh.: Bayern; Vorbildung: Gymn. Landshut Reife 03; Studium: München 6, Berlin 1, Erlangen 1 S.; Rig. 7. Juli 08.] [U 09. 750

WEIN, Franz Xaver (Landshut): Subconjunctivale Injectionen in der Behandlung der Hornhauttrübungen.- München: Weiss 1867. 41 S.
19.6.1866 - Urk (Titel: De injectionibus subconjunctivalibus ad corneae obnubilationes curandas.): F 71

Diss. Ingolst.-Landsh.-Mchn.

Wein, Hermann, Notariatsprakt.: Rücktritt vom Versuch und tätige Reue. Borna-Leipzig 1909: Noske. VI, 68 S. 8°

Würzburg, Jur. Diss. v. 15. Nov. 1909, Ref. Oetker

[Geb. 7. Aug. 82 Landshut; Wohnort: München; Staatsangeh.: Bayern; Vorbildung: Gymn. Landshut Reife Juli 01; Studium: München 2, Würzburg 6 S.; Rig. 26. Juli 09.] [U 10. 4137

Wein, Joh., die Wasserversorgung der Hauptstadt Budapest. Mit 26 photo-lith. Taf. u. 10 in den Text gedr. Abbildgn. Fol. (58 S.) Budapest 883. (Grill.) In Mappe. n. 12. —

WEIN, Xaver (Schwandorf): De tractandis mechanico modo metrorrhagiis.- Landishuti 1833.
23.8.1832 - Urk: F 60

Diss. Ingolst.-Landsh.-Mchn.

Wein, J., der Abgeordnete Nante auf Reisen. Nante in Pommern. 8. (16 S.) Grünberg 848, Levysohn. 3 ngr

Wein, J., Nante als Politiker. 2. Aufl. 8. Grünberg 845, Levysohn. n. 1/6 ₰

—— Nante als Wahlkandidat. Ein berliner Lebensbild. 8. (16 S.) Grünberg 848, Levysohn. *

Wein und Brot, Gustav Thl. I, 238

Förtsch, Michael: Dissertationum theologicarum selectarum decas. Tübingen (Cotta) 1704.

15 Resp- **36093**

Weinach, B. Freifrau v. (Hrsg.), s. Abrantès, Laure Junot Desse d': Aus den Memoiren.

Weinacht, Richard. Carnevals-Blüten; humoristische Vorträge u. Lieder. NY. 1886.

Weinack, A., die doppelte Buchführung u. ihre Anwendg. f. Vorschuß- u. Creditvereine. Nach d. Tode d. Verf. wieder hrsg. v. F. Thorwart. 2. (Titel-) Aufl. gr. 8. (X, 164 S.) Wiesbaden (890) 898. Ch. Limbarth's Verl. Geb. in Leinw. n. 3. —

Weinand (Hrsg.), s. Baugesetze, Preußische ...

Weinand, Baupolizei-Ordnung f. die Stadtgemeinden des Reg.-Bez. Köln; sowie f. die Gemeinden Brühl, Godesberg, Plittersdorf, Rüngsdorf, Poppelsdorf, Endenich u. Kessenich. gr. 8. (30 S.) Köln 894. P. Neubner. - 50

— **Polizei-Vorschriften betr. d. Fahr- u. Reitverkehr in Köln. Hrsg. auf Veranlassg. d. Reit- u. Fahrvereins f. Köln u. Umgegend.** 12. (67 S.) **Köln 894. P. Neubner. In Leinw. kart. n. — 60**

— Verordnungen, Ortsstatute u. Regulative der königl. Regierung, d. königl. Polizei-Präsidiums u. d. Oberbürgermeisteramtes in Köln a/Rh., nebst den einschläg. Ministerial- u. Oberpräsidial-Erlassen. gr. 8. (V, 812 S.) Ebd. 892. n. 12. —; geb. n. 13. 50

Weinand, Verordnungen, Ortsstatute u. Regulative d. kgl. Regierg., des kgl. Polizeipräsidiums u. des Oberbürgermeisteramtes in Köln a. Rh., nebst d. einschläg. Ministerial- u. Oberpräsidial-Erlassen. I.—III. Nachtrag. gr. 8. Köln, P. Neubner. n. 3. —
(Hauptwerk m. I.—III. Nachtrag: n. 15. —)
I. (62 S.) (894.) n. 1. —. — II. (30 S.) (894.) — 50.
III. (80 S. m. 3 Bl. Tekturen.) 896. n. 1. 50.

Weinand, A. S. „Der Landmann des Alterthums, dessen Standesverhältnisse und Obliegenheiten, nach älteren und neueren Nachrichten dargestellt". pg. 8—15. 4°. (Ohne O. u. Dr.)
Schweinfurt, Progr. 1839/40

Weinand, A. S. „Der Landmann in Frankreich, bei den Slawen und in Deutschland, dessen Standesverhältnisse und Obliegenheiten, geschichtlich dargestellt". pg. 3—16. 4°. Morich'sche Buchdr.
Schweinfurt, Progr. 1843/44

Weinand, Eduard: Die höhere Gewalt im neueren Reichsrecht. *Köln 1897: Kölner Verl.-Anst. u. Druckerei.* (24 S.) 8°
Erlangen, Jur. Diss. v. 9. Nov. 1897

Weinand, Ed., die höhere Gewalt im neueren Reichsrecht. Diss. gr. 8. (24 S.) Köln 897. (P. Neubner.) n. 1.—

Die Rechte und Pflichten der Gast- und Schankwirte. Von Dr. jur. [Eduard] Weinand. *Berlin, Leipzig, Neuwied: Heuser 1901.* (86 S.) 8° [3.] [03. 11179

— die Rechte u. Pflichten der Gast- u. Schankwirte. 2. unveränd. Abdr. gr. 8. (III, 86 S.) Ebd. 902. Geb. n. 1.50

Weinand, Heinr., die Gottesidee, der Grundzug der Weltanschauung des hl. Augustinus, s. a. Forschungen zur christlichen Literatur- u. Dogmengeschichte. X, 2.

Die Gottesidee der Grundzug der Weltanschauung d. hl. Augustinus. Von Heinrich **Weinand**. Paderborn: Schöningh 1910. VIII, 135 S. 8°
Erschien auch als Inaug.-Diss. Freiburg i.Br. 1908.
(Forschungen z. christl. Literatur- u. Dogmengeschichte. Bd 10, H. 2.)

Weinand, Joh., Leo XIII. Seine Zeit, sein Pontificat u. seine Erfolge. Unter Benutzung der v. Bernard O'Reilly hrsg. authent. Aufzeichngn. Neue reich illustr. Ausg. Deutsche Festschrift zum 50jähr. Bischofs-Jubiläum Sr. Heiligkeit. Lex.-8. (XXIV, 464 S.) Köln 892, Bachem. geb. m. Goldschn. 12 —

Weinand, Johannes [Dr.]: Quelques remarques critiques sur les idées littéraires de M. Ch. A. Sainte-Beuve. (Umschl.-Tit.: ... Fortsetzung und Schluss der Gymnasialprogramme von Neuss 1877 und 1881.) Aachen, Druck v. C. H. Georgi, 1889; S. 8–17; 4°
Aachen, k. Kaiser-Wilhelms-G. OP 1889 (896)

Weinand, Maria, der Monde Gruß, s.: **Vereinstheater, neues.**

Weinand, Wilhelm

Weinand, preußische Bau-Gesetze u. -Verordnungen nebst d. neuesten Bestimmngn. üb. Anlage v. Straßen u. öffentl. Plätzen f. Baumeister, Bauunternehmer, Bau- u. Polizeibeamte, Hauseigentümer u. s. w. Unt. Berücksicht. d. ergang. neueren Ministerialreskripte, sowie der Rechtsprechung d. Reichs- u. Oberverwaltungs-Gerichts. 8. (VIII, 196 S.) Neuwied 896. Heuser's Verl. Kart. n. 2. 50

Weinand, W., preußische Bau-Gesetze u. -Verordnungen, nebst den neuesten Bestimmgn. üb. Anlage von Straßen u. öffentl. Plätzen f. Baumeister, Bauunternehmer, Bau- u. Polizeibeamte, Hauseigentümer u. s. w. Unter Berücksicht. der ergangenen neueren Ministerialreskripte, sowie der Rechtsprechg. des Reichs- u. Oberverwaltungs-Gerichts. Suppl. 1896—1901. 8. (44 S.) Neuwied (900). Heuser's Verl. n. 1. —
Hauptwerk Ebd. 896. Kart. n. 2.50.

Preussische Bau-Gesetze und -Verordnungen, nebst d. neuesten Bestimmungen über Anlage von Strassen u. öffentl. Plätzen f. Baumeister, Bauunternehmer, Bau- u. Polizeibeamte, Hauseigentümer u. s. w. Unter Berücks. d. ergangenen neueren Ministerialreskripte, sowie d. Rechtsprechung d. Reichs- u. Oberverwaltungs-Gerichtes. (Durch Anh. ergänzt bis 1901.) Hrsg. von [Wilhelm] Weinand, Polizeiinsp. *Neuwied, Berlin, Leipzig: Heuser [1901].* (VIII, 106, 44 S.) 8° [illegible]

Weinand, W.: Die Rechte und Pflichten der Gast- und Schankwirte, s. Weinand, Eduard

Weinand, W., Sammlung der Polizei-Verordnungen [incl. Regierungs-Verordnungen] für Köln, nebst einer Auswahl der hauptsächlichsten, das Gebiet des Polizeistrafrechts umfassenden Gesetze. gr. 8. (V, 641 S.) Köln 881, Du Mont-Schauberg'sche Buchh.

Sammlung der für den Umfang des Regierungsbezirks Köln gültigen Regierungs-Polizei-Verordnungen einschliesslich der einschlägigen Ministerial- u. Ober-Präsidial-Verfügungen. Hrsg. v. W[ilhelm] Weinand, Kgl. Polizei-Insp. in Köln. Köln a. Rh.: P. Neubner 1899. (698 S.) 8°

Weinanzeiger. Ein Organ des Weinhandels. Verbunden mit einem belehrenden Inhalte, welcher über das ganze Wesen, über die Entstehung, Behandlung, Prüfung &c. des Weines wissenschaftlich u. praktisch Aufschluß geben wird, für Winzer u. Weinkonsumenten. Hrsg. von J. J. Greis. 1. u. 2. Jahrg. 1865—66. à Jahrg. 12 Nrn. (½ Bgn.) Neuwied, van der Beeck. (Strüder'sche Buchh.) 4. Jeder Jahrg. 15 ngr.

Weinar, Stephan, der Kunstwiesenbau, praktisch dargestellt auf der hochgräfl. von Nimptschen Herrschaft Geiersberg, königgrätzer Kreises in Böhmen. gr. 8. (4 B. u. Stnt.) Prag 842, Calve'sche Brlgsbh.

Weinart, Benjamin Gottfried

***Weinart*, Benj. Gf., († d. 9. Dec. 1813.) analecta juris publici Germaniae, praesertim Saxoniae. Tom. I. Sect. 1. 8maj. Leipz. 790. Junius. 1 Rthl.**

WEINART, Benj. Gfr.: Literar. Annalen d. Rechtswissensch. v. einer Gesellsch. Gelehrter besorgt. Bd. I. *Lpz.* 799. 8.

(—) Annalen der Rechtswissenschaften. 1r Bd. 4 Stücke. 8. Leipz. 798, 99.

s. Büsching, Anton Friedrich: Magazin für die neue Historie und Geographie.

Weinart, Benjamin Gottfried (Dohna) A. S. 602/83

Dissertatio de corona nuptiali vi compressae haud deneganda. Präs. Josias Ludwig Ernst Püttmann. Leipzig (Langenheim) 2. V. 1774. 12 S.

36094

— topograph. Geschichte der Stadt Dresden u. der um dieselbe herumliegenden Gegenden. 8 Hefte mit 28 Kpf. 4. Dresd. 777—81. Hilscher. 6 Rthl. 16 gr.

s. J. Gutherii, liber de officiis.

— Handbibliothek d. neuesten Sächsischen Historie. 2 Thle. 8. Ebend. 784.

Weinart, Benj. Gf., neue sächs. histor. Handbibliothek. 2 Thle. 8. Dresd. 775. u. 784. Hilscher. 22 gr.

— Diss. de ignorantia plebis, reipublicae nociva. 8. Leipz. 774.

(Übers.), s. Klotz, Christian August: Satyren.

(Hrsg.), s. a. Lehnrecht des Markgrafthums Oberlausitz.

Ders.: Lehnrecht d. Markgrafthums Oberlausitz, a. Landes- u. Provinzialgesetzen, auch andern öffentl. Urkunden erläut. *Dresden u. Leipzig*, Breitkopf. 785—88. 2 Thle. gr. 8. (1 Thl. 18 Gr.)

— Lehnrecht d. Marggrafthums Oberlausitz, aus Landes- u. Provinzialgesetzen, auch and. öffentl. Urkunden erläut. 2 Bde. gr. 8. Dresden, Richter. (Hinrichs in Leipz.) 805.

— Literatur des Staatsrechts u. d. Statistik von Kursachsen. 2 Thle. gr. 8. Meißen 802. (Goedsche). 1 Rthl. 12 gr. (Bildet auch den 3ten Bd. vom Versuch e. Literatur &c.)

WEINART, Benj. Gf.: Literatur des Staatsrechts u. der Statistik von Chursachsen. 3 Thle. *Meissen*, (Rostosky u. Jackowitz in *Leipz.*) 802. gr. 8. (1 Thl. 12 Gr.)

Weinart, Benjamin Gottfried: Literatur des Staatsrechts und der Statistik von Sachsen. I. Th. Literatur des sächsischen Staatsrechts. II. Th. Literatur der Statistik. (2 Bde.) 8. Meissen 1802.

— Rechte u. Gewohnheiten d. Markgrafth. d. Oberlausitz. 4 Thle. gr. 8. Leipz. 793—98. (Aue in Altona). 5 Rthl.

WEINART, Bj. Gf.: Rechte u. Gewohnh. d. bei. den Markgrafthümer O.- u. N. Lausitz. *Leipzig*, Jacobäer, 793—94. 2 Thle. gr. 8. (3 Thl. 16 Gr.)

(Hrsg.), s. Reichsmatrikularanschläge ...

(Hrsg.), s. Steuerverfassung, Über die kursächsische.

— allgemeine Uebersicht aller kursächs. gerichtl. u. außergerichtl. Taxordnungen, wie solche bei d. Dikasterien, Gerichten u. Kanzleien, auch in d. Oberlausitz gewöhnlich sind, mit beigefügtem Betrage des Stempelpapiers. 4. Dresd. 804. 2r Abdruck 806. Arnold. 1 Rthl.

— Versuch einer Literatur d. sächs. Geschichte u. Staatskunde. 2 Bde. gr. 8. Dresd. u. Leipz. 790, 91. N. A. 805. (Hinrichs). 5 Rthl.

Weinarzt, d. curieuse. 8. Stuttg. 757. Metzler. 8 gr.

Der curieus- und offenhertzige Wein-Artzt, Das ist: Sichere und [illegible] Mittel, wie man dem Wein von der Kelter an, sorgfältig warten, [illegible] schaden gekommen, ihm wieder helffen, und den Landweinen zu Frantz- und andere Weine verwandlen könne. Nebst einem Anhang von etlich hundert bewährt und nutzlich-oeconomisch- physisch- magisch- und medicinischer Kunst-[illegible] ... von Einem Liebhaber der Oeconomischen Wissenschafften. Franckfurt & Leipzig 1753. 122 S. [illegible]
--- Dass. Franckfurt & Stuttgart: Hallberger in Comm. 1753. 12° [illegible] 21°. Frei 100°
BJ: Der curieus- und offenhertzige Weinarzt .... Frankfurt & Stuttgart 1753, 1757, 1765. Der curiose Weinarzt. Stuttgart 1757. — Heinsius und Kayser: Stuttgart 1757. — Thienemann: Der curieuse und offenherzige Weinarzt. Stuttgart 1753, 1757. Frankfurt 1765.

Weinaug, Wilhelm, Referendar aus Neustadt i.M.: N i e ß - b r a u c h an einem Vermögen. Rostock 1903: H. Winterberg. (138 S.) 8°
Rostock, Jur. Diss. v. [20. Jan.] 1904.

Weinausstellung, die portugiesische, zu Berlin 1888, veranstaltet vom Centralverein f. Handelsgeographie u. Förderg. deutscher Interessen im Auslande in Gemeinschaft m. den Ausstellungscommissionen zu Lissabon u. Oporto. gr. 8. (80 S. m. 2 Karten.) Berl. 888, Walther u. Apolant. ** 1 —

Weinbach, And., neues Welt-System. Dargestellt wie es ist. gr. 8. (16 S. und 9 Stnt. in qu. Fol.) Mainz 850, (Kupferberg.)

Weinbach, B. Freifrau v., geb. Kaulbach, s.: Aus den Memoiren der Herzogin v. Abrantès.

Weinbach, Joseph von A. S. 180/16

Exercitatio juris publici de singulari incolatus jure exterorum in Bavaria.
Ingoldstadt (Luzenberger) 1772. 36 S.
36095

v. Weinbach, W. J. R., Rede über d. Pflichten eines Dikasterialvorstandes. 4. Sulzb. 795. v. Seidel. 2 gr.

Weinbau, s.a. Verhandl. d. sächs. Weinbaugesellschaft.

Weinbau. Verhandlungen und Mittheilungen der k. sächs. Weinbaugesellschaft. Abgedr. aus der „landwirthschaftl. Zeitschrift," hrsg. von dem landwirthschaftl. Hauptvereine für das Königr. Sachsen. gr. 4. (IV und 96 S.) Leipzig 849, Arnoldische Buchh. *

Der Weinbau. Organ des Deutschen Weinbau-Vereins (1.2: ... und der internationalen ampelographischen Commission). Populäre Zeitschrift für Weinbau, Weinbehandlung und Weinverwerthung. Jg. 1-9. Wiesbaden [u.a.] 1875-83. --121*
[Lt. Kirchner: Forts. u. d. T.: Weinbau und Weinhandel. Jg. 1884 ff. bibliographisch nicht nachweisbar.]

Weinbau, der. Organ des deutschen Weinbau-Vereins und der internationalen ampelograph. Commission. Populäre Zeitschrift für Weinbau, Weinbehandlung und Weinverwerthung. Hrsg. von A. Blankenhorn. Redig. von J. Moritz. 1.—3. Jahrg. 1875—1877. à Jahrg. 24 Nrn. (à 1—3 Bog.) gr. 4. Wiesbaden, Killinger. à Jahrg. *

—— dass. — Redig. von H. W. Dahlen. 4. Jahrg. 1878. 48 Nrn. (à 1—3 Bog.) gr. 4. Kitzingen, Killinger.

—— dass. — 5. Jahrg. 1879. 24 Nrn. (Bog.) gr. 4. München, Killinger. *

Weinbau, der. Organ des deutschen Weinbau-Vereins. Populäre Zeitschrift für Weinbau, Weinbehandlung und Weinverwerthung. Hrsg. von A. Blankenhorn. Redig. von H. W. Dahlen. 6. und 7. Jahrg. 1880 und 1881. à Jahrg. 24 Nrn. (Bog.) gr. 4. [München, Killinger.] Mainz, v. Zabern. à Jahrg. * 8 —

—— dass. — Redact.: H. W. Dahlen. 8. Jahrg. 1882. 48 Nrn. (à Nr. 1/2—1 Bog.) gr. 4. Ebendas. * 10 —

Weinbau, der. Organ des deutschen Weinbau-Vereins. Populäre Zeitschrift für Weinbau, Weinbehandlung und Weinverwerthung. Hrsg. von Blankenhorn. Redact.: H. W. Dahlen. 9. Jahrg. 1883. 52 Nrn. (à Nr. 1/2—1 Bog.) gr. 4. [München, Killinger.] Mainz, v. Zabern. * 10 —

Der Weinbau. Mitteilungen des Württembergischen Weinbau-Vereins. Monatsschrift für Weinbau und Weinbehandlung. Jg. 1-34. Stuttgart [u.a.] 1902-35.

Über den Weinbau in Böhmen. Kurze Zusammenstellung der bezüglichen Verhältnisse aus Anlass der I. Österr. Weinprodukten-Ausstellung in Marburg. Mit einer kartographischen Darstellung des Weinbaues in Böhmen. Vorw.: F. Hiller. Prag: Verl. des Handelskulturrathes des Königreiches Böhmen 1876. 19 S. --100*.ÖNB

Der Weinbau im Königreiche Böhmen. Kurze Darstellung der böhmischen Weincultur und Kellerwirthschaft. Verfasst anlässlich der Veranstaltung einer collectiven Weinbau-Ausstellung in Böhmen in der allgemeinen Landesausstellung in Prag 1891 zur Jubiläumsfeier der ersten Gewerbeausstellung im Jahre 1791 in Prag. Unter dem Protectorate Seiner Kais. u. Königl. Apostolischen Majestät Kaiser Franz Josef I. Gr.-8. (34 S.)
Prag: Weinbauverein für das Königreich Böhmen 1891.

Weinbau der Gräflich Sylva Tarouca-Nostitzschen Domaine Czernosek. Prag 1897. V: *Honzík, Carl.* (EB)

Weinbau und Weinhandel, Deutscher, auf der Pariser Weltausstellung 1900. Mainz (1900)

Der Fränkische Weinbau. Organ des Fränkischen Weinbau-Vereins. Jg. 2-47. Würzburg 1877-1922.
Forts. u. d. T.: Fränkische Weinzeitung.

Weinbau, der, der Stadt Heibronn u. ihrer Umgebung. 8. (1 B.) Heilbronn 846, (Carl Drechsler.) *

Der Weinbau der Stadt Heilbronn und ihrer Umgebung. Festgabe für die 8. Versammlung deutscher Wein- und Obst-Producenten zu Heilbronn im Herbst 1846. Heilbronn: Ruoff 1846. 16 S. -- 21*
BJ: Der Weinbau der Stadt Heilbronn [illegible] v. Rümelin. -- Dochnahl: Der Weinbau der Stadt Heilbronn [illegible] (v. Rümelin) -- Simon: Bibliotheca [illegible] Rümelin, von: Der Weinbau der Stadt Heilbronn.

Weinbau, d., d. Stadt Heilbronn u. ihrer Umgebung (v. Rümelin). 8. Heilbronn, 1846. (Scheurlen.) — 5

Weinbau und Kellereibetrieb des Badischen Domänenärars in Meersburg. Karlsruhe 1906: Gutsch. 73 S. -- Bibliothèque Nationale et Universitaire de Strasbourg*

Weinbau, Der, im Oberrheinkreise des Grossh. Baden. Freiburg 1844. V: *Martin, C.* (BaBb)

—— der, im Oberrheinkreise des Großherzogth. Baden. gr. 8. (3 1/2 B. u. 1 Karte.) Freiburg 844, Herder'sche Vrlgsh.

Der Pfälzer Weinbau in Wort und Bild. Speyer: Kranzbühler 1906. 33 S. -- 16*

Weinbau, Der praktische, der ältern und neuern Zeiten . . . Stuttgart 1816. V: *Schmid, Joh. Chn Ernst.* (MGT) (EngOec) (Ky)

— prakt., d. ältesten u. neuern Zeiten, für jeden Weinbergsbesitzer aller Gegenden. Von dem Verfass. d. Bauern-Katechismus, (Jh. Chr. E. Schmid). 8. Stuttg. 816. Sattler. 10 gr.

Weinbau, Praktischer. Eine Anweisung zur richtigen Behandlung und Bearbeitung des Weinstocks . . . Kiel 1805. V: *Rieb, Johann Frdr.* (EngOec) (MGT) (Ky)

Weinbau, praktischer, e. Anweisung zur richtigen Behandlung des Weinbaues, von e. prakt. Weingärtner (Jh. Fr. Rieb). 8. Hamb. 806. Bachmann. (Gundermann). 4 gr.

— prakt., od. Anweis. z. richtigen Behandlung u. Bearbeitung d. Weinstocks etc., v. e. prakt. Weingärtner (Joh. Friedr. Rieb). 8. Kiel, 1805. Hamburg, 1806. (Altona, Hammerich.) (Gräz, 1807.) — 5

Der Rheingauer *Weinbau*, aus selbst-eigener Erfahrung u. nach der Natur-Lehre systemat. beschrieben. Frankf. u. Leipz. 1765. (24) 360 S. 6 Tvl.

— d. Rheingauer, aus selbst-eigener Erfahr. u. nach d. Natur-Lehre systemat. beschrieben. (Von Carl v. Vorster.) Mit Kpf. 8. Frankfurt, 1765. (Brönner.) — 20

— d. Rheingauer, aus eigner Erfahrung u. nach d. Naturlehre beschrieben. 8. Frankf. a. M. 768. (Brönner). 16 ggr

Der verbesserte Wein- und Spargelbau, nebst einer Anweisung, wie man sich auf eine leichte Art einen Dünger bereiten könne, wodurch der Wein nicht nur vermehrt, sondern auch verbessert wird. hrsg. für Weinbergs- und Gartenfreunde. Leipzig: Schwickert 1793. X, 78 S. -- Frei 100*

— über, und Weinbereitung, zunächst für Schlesien u. die Mark. Herausgeg. vom Gewerbe- u. Garten-Verein zu Grünberg. 2. verb. u. verm. Aufl. 8. Grünberg 846, Levysohn. n. 1/2 ß

Weinbau und Weinhandel. Organ des Deutschen Weinbau-Vereines. Wochenschrift für Weinbau, Weinhandel und Kellertechnik. Jg. 1-44. [Mehr nicht ersch.] Mainz: von Zabern 1884-1928.
[It. Kirchner: Früheres u.d.T.: Der Weinbau. -- s. Nr 460; bibliographisch nicht nachweisbar.]

— u. Weinhandel. Organ d. deutschen Weinbau-Vereines. Red.: Hch. Wilh. Dahlen. 1—3. Jahrg. 1884—1886. à 52 Nrn. (B.) gr. 4. Mainz, (v. Zabern). à Jahrg. n. 9. 50

Weinbau und Weinhandel. Organ des deutschen Weinbau-Vereines. Redact.: Hch. Wilh. Dahlen. 3.—6. Jahrg. 1885—1888. à Jahrg. 52 Nrn. (Bog.) gr. 4. Mainz, (v. Zabern.) à Jahrg. *M 9.50.; vierteljährl. *
Vgl.: Wein-Revue, allgemeine.

Weinbau u. Weinhandel. Organ des deutschen Weinbau-Vereines. Red.: H. W. Dahlen. 5.—8. Jahrg. 1887—1890. à 52 Nrn. (B.) gr. 4. Mainz, (v. Zabern). à Jahrg. n. 9. 50; vierteljährlich n. 2. 50

— — dasselbe. Wochenschrift f. Weinhandel, Weinbau u. Kellertechnik. 6.—8. Jahrg. 1888—1890. à 52 Nrn. (B.) gr. 4. Ebd. à Jahrg. n. 9. 50; vierteljährlich n. 2. 50
[Vgl.]: Wein-Revue.

Weinbau u. Weinhandel. Organ d. deutschen Weinbau-Vereines. Red.: H. W. Dahlen u. Phpp. v. Zabern. 9.—12. Jahrg. 1891—1894. à 52 Nrn. (à ca. 1 1/2 Bog.) gr. 4. Mainz, (V. v. Zabern). à Jahrg. n. 12. —

— — dasselbe. Wochenschrift f. Weinhandel, Weinbau u. Kellertechnik. 9.—12. Jahrg. 1891—1894. à 52 Nrn. (à ca. 1 1/2 Bog.) gr. 4. Ebd. à Jahrg. n. 12. —

Weinbau u. Weinhandel. Organ d. deutschen Weinbau-Vereines. Red.: H. W. Dahlen u. Phpp. v. Zabern. 13.—16. Jahrg. 1895—1898. à 52 Nrn. (Bog.) gr. 4. Mainz (V. v. Zabern). à Jahrg. n. 12. —
Kann auch vierteljährlich bezogen werden.

— — dasselbe. Wochenschrift f. Weinbau, Weinhandel u. Kellertechnik. 14.—16. Jahrg. 1896—1898. à 52 Nrn. (Bog.) gr. 4. Ebd. à Jahrg. n. 12. —
Kann auch vierteljährlich bezogen werden.

Weinbau u. Weinhandel. Organ des deutschen Weinbau-Vereines. Zahlreiche bewährte wissenschaftl. u. prakt. Mitarbeiter. Red.: H. W. Dahlen u. Phpp. v. Zabern. 17.—20. Jahrg. 1899—1902. à 52 Nrn. Fol. (à ca. 8 S.) Mainz (V. v. Zabern). à Jahrg. n. 12. —

Weinbau u. Weinhandel. Organ des deutschen Weinbau-Vereins. Zahlreiche bewährte wissenschaftl. u. prakt. Mitarbeiter. Red.: Vikt. Benndorf. 21.—24. Jahrg. 1903 bis 1906. à 52 Nrn. (à ca. 8 S.) Fol. Mainz (Ph. v. Zabern). à Jhrg. n. 12. —

Weinbau u. Weinhandel. Wochenschrift f. Weinbau, Weinhandel u. Kellertechnik. Zahlreiche bewährte wissenschaftl. u. prakt. Mitarbeiter. Red.: Vikt. Benndorf. 25.—27. Jahrg. 1907—1909. à 52 Nrn. (à ca. 8 S.) 38,5×29 cm. Mainz, Ph. v. Zabern. à Jahrg. 12. --

Der Weinbau in der Werkstätte der Natur. Hrsg. von J. W. Vogelsang. Lfg. 1. [Mehr nicht ersch.] Würzburg: Hrsg. 1835. 162 S. -- 12. 13*
--- Dass. ... veranlaßt von einer Gesellschaft natur- und sachkundiger Männer, erfahrner Weinbergsbesitzer und Freunde des Weinbaues. Lfg. 1. [Mehr nicht ersch.] Würzburg 1836. 162 S. -- 13*. Rud.*
BJ: Vogelsang, J.W.: Der Weinbau in der Werkstätte der Natur. ... Würzburg 1835 und unter 'Der Weinbau in der Werkstätte der Natur ...' Würzburg 1835. -- Bibliotheca oeconomica: Der Weinbau ... Frankfurt: Hermann 1835. -- Lochmann: Vogelsang, J. Wilh.: Der Weinbau ... Würzburg, Frankfurt: Hermann 1835. -- Heinsius und Kayser: Vogelsang, J. Wilh. Frankfurt a.M.: Hermann 1835. -- Sinner: [illegible] Vogelsang, J.W. [illegible] -- Thienemann: Vogelsang, J.W. Frankfurt 1835. -- [illegible] Vogelsang, J.W. Frankfurt a. M.: Herrmann 1836.

Weinbauer, d., durch Erfahr. bestätigte, österreichische u. steiermärkische etc. 8. Grätz (1795) 1805. Ferstl. — 5

Ueber Weinbaugenossenschaften als Mittel zur Hebung des Weinbaues. Beratungsgegenstand des landw. Centralausschusses 1866. Karlsruhe: Braun 1866. 22 S. -- 50*

Weinbau-Kalender, deutscher, f. d. J. 1891. Jahrbuch f. Weinbauer, Weinhändler u. Gasthofbesitzer. Hrsg. v. H. Würtenberger. gr. 16. (224 S.) Baden-Baden, Sommermeyer. geb. n. 1. 20

Weinbau-Kalender, deutscher, f. d. J. 1892. Jahrbuch f. Weinbauer, Weinhändler u. Gastwirte. Hrsg. v. Heinr. Würtemberger. 2. Jahrg. 12. (256 S.) Baden-Baden, E. Sommermeyer. Geb. in Leinw. n. 1. 50

Weinbau-Kalender, deutscher, f. d. J. 1895. Jahrbuch f. Weinbauer, Weinhändler u. Gastwirte. Hrsg. v. Heinr. Würtenberger. 5. Jahrg. gr. 16. (VIII S., Schreibkal. u. 180 S.) Oos b/Baden-Baden. Kreuznach, F. Harrach. Geb. in Leinw. n. 2. —

— dasselbe, Fortsetzg., s.: Weinbau- u. Weinkellerei-Kalender, deutscher.

Deutscher Weinbau- und Weinkellereikalender für das Jahr ... Jahrbuch für Weingutsbesitzer, Winzer und Weinhändler ... Jg. 6-22. Kreuznach [u.a.] 1896-1912.
Früheres u.d.T.: Deutscher Weinbaukalender.

Weinbau- u. Weinkellerei-Kalender, deutscher, f. d. J. 1899. Jahrbuch f. Weingutsbesitzer, Winzer u. Weinhändler. Verf. v. Heinr. Würtenberger. 9. Jahrg. 12. (Schreibkal. u. 210 S.) Kreuznach, F. Harrach. Geb. in Leinw. u. geh. n. 2. —

Weinbau- u. Weinkellerei-Kalender, deutscher, für d. J. 1903. Jahrbuch f. Weinhändler, Weingutsbesitzer u. Winzer. Hrsg. v. Heinr. Würtenberger. 13. Jahrg. 12. (IV S., Schreibkalender u. 205 S.) Kreuznach, F. Harrach. Geb. in Leinw. n. 2. —; in Ldr. n. 2. 50

Weinbau- u. Weinkellerei-Kalender, deutscher, f. d. J. 1907. Jahrbuch f. Weinhändler, Weingutsbesitzer u. Winzer. Hrsg. v. Heinr. Würtenberger. 17. Jahrg. (IV S., Schreibkalender u. 181 S.) kl. 8. Kreuznach (F. Harrach's Nachf.). Geb. in Leinw. n. 2. —

Weinbau- u. Weinkellerei-Kalender, deutscher, für 1908. Jahrbuch für Weinhändler, Weingutsbesitzer, Winzer. Hrsg. von Heinr. Würtenberger. 18. Jahrg. (X S., Schreibkalender u. 173 S.) kl. 8. Kreuznach (F. Harrach's Nachf.) Geb. in Leinw. 2. —

Illustrierter Weinbau-Kalender für das Jahr ... [Hrsg.] von A[ugust] W[ilhelm] Frhr von Babo. Jg. 1-35. [Erscheinen eingestellt] Wien, Klosterneuburg 1872-1906.

Weinbau-Kalender, illustrirter, für die J. 1872—1874 von A. W. Frhr. v. Babo. 1.—3. Jahrg. Redig. von A. Zuchristan. gr. 8. (LXIV, 64; LXX, 64; XCII, 72 S., mit eingedr. Holzschn.) Wien, Hölder. à Jahrg. * 1 —

Weinbau-Kalender, illustrirter, für die J. 1875—1879. Hrsg. und redig. von A. W. Frhrn. v. Babo. 4.—8. Jahrg. gr. 8. (à ca. 130 S. mit eingedr. Holzschn.) Klosterneuburg. Wien, [Faesy und Frick.] Frick. à Jahrg. **

—— dass. — für das J. 1880. Hrsg. von A. W. Frhrn. v. Babo. Redig. von F. Kurmann. 9. Jahrg. gr. 8. (104 S. mit eingedr. Holzschn.) Ebendas. **

Weinbau-Kalender, illustrirter, für die J. 1881—1885. Hrsg. und redig. von A. W. Frhrn. v. Babo. 10.—14. Jahrg. gr. 8. (à Jahrg. ca. 80 S. mit Illustr.) Klosterneuburg. (Wien, Frick.) Jahrg. 1881—1884 à ** — 60
Jahrg. 1885 ** — 80

Weinbau-Kalender, illustrirter, für die J. 1886—1889. Hrsg. und redig. von A. W. Frhrn. v. Babo. 15.—18. Jahrg. gr. 8. (à Jahrg. ca. 90 S.) Klosterneuburg. (Wien, Frick.) à Jahrg. **

—— illustrirter, f. d. J. 1890—1893. Hrsg. u. redig. von A. W. Frhrn. v. Babo. 19.—22. Jahrg. gr. 8. (à Jahrg. ca. 100 S.) Wien, (Frick). à Jahrg. ** — 80

Weinbaukalender, Illustrirter, für das Jahr 1894. Herausgegeben und redigirt von A. W. Freiherrn von Babo. XXIII. Jahrgang. Gr.-8. (103 S.) Wien: Frick 1893. * —.40

— illustrirter, f. d. J. 1895. Gegründet v. A. W. Frhrn. v. Babo. Hrsg. von A. Frhn. v. Babo. Red. v. Leop. Weigert. 24. Jahrg. gr. 8. (105 S. m. Bildnis.) Klosterneuburg. (Wien, W. Frick.) n.n. — 80

Weinbau-Kalender, Illustrirter, für das Jahr 1896. Gegründet von A. W. Freiherrn von Babo. Redigirt von Prof. Dr. Leopold Weigert. 25. Jahrg. 8. (105 S.) * —.40
Wien: Wilhelm Frick 1895.

Weinbau-Kalender, Illustrirter, für das Jahr 1897. Gegründet und herausgegeben von A. W. Freiherrn von Babo. Redigirt von Heinrich Pfeiffer. 26. Jahrg. 8. (109 S.) * —.40
Wien: Frick 1896.

Weinbau-Kalender, Illustrirter, für das Jahr 1898. Gegründet und herausgegeben von A. W. Freiherrn von Babo Redigirt von Heinrich Pfeiffer. 27. Jahrg. 8. (102 S.) * —.50
Wien: Frick 1897.

— illustrierter, f. d. J. 1899. Gegründet von A. W. Frhrn. v. Babo. Hrsg. von A. Frhrn. v. Babo. Red v. Heinr. Pfeiffer. 28. Jahrg. gr. 8. (104 S.) Klosterneuburg. (Wien, W. Frick.) Kart. n.n. 1. —

(F) Illustrierter Weinbau-Kalender für das Jahr 1900. Gegründet von A. W. Freiherrn von Babo. Herausgegeben von A. Freiherrn von Babo. Redigiert von Heinrich Pfeiffer. XXIX. Jahrgang. Klosterneuburg. Verlag der „Weinlaube". In Comm. Wien. Frick. 106 S. Cart. K 1. -

(F) Illustrierter Weinbau-Kalender für das Jahr 1901. Gegründet von A. W. Freiherrn von Babo. Herausgegeben von A. Freiherrn von Babo. Redigiert von Heinrich Pfeiffer. XXX. Jahrgang. Klosterneuburg. Verlag der Administration der „Weinlaube" illustrierte Zeitschrift für Weinbau & Kellerwirtschaft. In Comm. Wien. Frick. Gr.-8°. 108 S. Cart. K 1.—

(F) Illustrierter Weinbau-Kalender für das Jahr 1902. Gegründet von A. W. Freiherrn von Babo. Herausgegeben von A. Freiherrn von Babo. Redigiert von Heinrich Pfeiffer. XXXI. Jahrgang. Klosterneuburg. Verlag der Administration der „Weinlaube", illustrierte Zeitschrift für Weinbau und Kellerwirtschaft. In Comm. Wien. Frick. Gr.-8°. 112 S. Cart. K 1.—

Weinbau-Kalender, illustr., f. d. J. 1903. Gegründet von A. W. Frhrn. v. Babo. Hrsg. von A. Frhrn. v. Babo. Red. von Heinr. Pfeiffer. 32. Jahrg. gr. 8. (109 S.) Klosterneuburg. (Wien, W. Frick.) Kart. n.n. 1. —

Illustrierter Weinbaukalender für das Jahr 1904. 33. Jahrg. (110 S.) † Wien: Frick 1903. geb. K 1.—

Illustrierter Weinbaukalender für das Jahr 1905. 34. Jahrg. Gr.-8°. (108 S.) † Wien: Wilhelm Frick 1904. * K 1.—

Weinbau-Kalender, illustrierter, f. d. J. 1906. Gegründet von A. W. Frhrn. v. Babo. Hrsg. von A. Frhrn. v. Babo. Red. v. Heinr. Pfeiffer. 35. Jahrg. (109 S.) gr. 8. Klosterneuburg. (Wien, W. Frick.)
Erscheint nicht mehr. Kart. n.n. 1. —

Österreichischer Weinbau-Kalender. 1906-1912 (1929-36 u.d.T.: Österreichischer Wein- und Obstbaukalender; 1937 u.d.T.: Wein- und Obstbaukalender; 1954 u.d.T.: Österreichischer Weinbaukalender). Wien 1906 ff. [193?-53 nicht erschienen. 1913-2? nicht zu ermitteln.]

(F) **Österreichischer Weinbaukalender.** 1906. 1. Jahrg. Gr.-8°. (80 S.) Wien: Carl Fromme 1905. * K —.80

— österreichischer. Hrsg. im Auftrage des Vereines zum Schutze des österr. Weinbaues v. Ferd. Reckendorfer. 1907. 2. Jahrg. (XLVIII, 114 S. m. Abbildgn.) gr. 8. Wien, C. Fromme. n. — 80

(F) **Österreichischer Weinbaukalender** 1909. Gr.-8°. (112 S.) Wien: Fromme 1908. K —.70

Weinbau-Kalender, österreichischer. Hrsg. im Auftrage des österreich. Weinbauvereins v. Ferd. Reckendorfer. 1910. 5. Jahrg. (XLVIII, 108 S. m. Abbildgn. u. 4 Taf.) gr. 8. Wien, C. Fromme. — 80

Weinbau-Karte der Gebiete von Mosel und Saar im Massst. 1:60,000. Nebst e. erläut. Text: Die Weine im Gebiete d. Mosel u. Saar v. F. W. Koch u. Heinr. Stephanus. *Trier: H. Stephanus 1897.98.* 1 Bd quer-8. 1 Bd 8.
Weinbau-Karte. 1897. (1 Ktnbl. [illegible]). Text ... 1898. (II, 85 S.) 98. 8944

Weinbau-Karte des Nahegebietes für den Regierungsbezirk Coblenz u. angrenzende preuss., bayer. u. hess. Gebietsteile. Mit Benutzung amtl. Materials. Maasstab 1:50,000. *Kreuznach: F. Harrach 1901, Lith. C. Welzbacher, Darmstadt.* (1 Kartenbl. 76×75 cm.) gr. 2° [kol.] [illegible]

Weinbaukarten [Schlagwort]

Weinbaukarten, s.a. Moselweinbaukarten.

Weinbaukarten. Koch, Fr. Wilh., u. Heinr. Stephanus, Weinbau-Karte von den Gebieten der Mosel u. Saar. 2. Aufl. 1:60,000. 29,5×198 cm. Farbdr. Mit erläut. Text: Die Weine im Gebiete der Mosel u. Saar. (108 S.) kl. 8. Trier 904. H. Stephanus.
Karte in Mappe, Text geb. in Leinw. n. 6. —;
Text allein n. 2. —; geb. in Leinw. n. 2.40

Weinbaukarten. Rhein-Weinbau-Karte für die Strecke Bingerbrück/Rüdesheim—Coblenz. Mit Benutzg. amtl. Materials angefertigt im Bureau der königl. Regierung zu Coblenz. 1 : 50,000. 2 Blatt à 53×59,5 cm. Farbdr. Coblenz 902. W. Groos. n. 3. —

— Rhein-Weinbau-Karte für die Strecke Coblenz-Bonn einschliesslich des Ahrthales. Mit Benutzung amtl. Materials angefertigt im Bureau der königl. Regierg. zu Coblenz. 1 : 50,000. 2 Blatt. 51×95 bezw. 49,5×95 cm. Farbdr. Coblenz 904. W. Groos. n. 3. —

— Saar- u. Mosel-Weinbau-Karte f. den Reg.-Bez. Trier. Im Auftrage der königl. Regierg. zu Trier angefertigt im J. 1868 unter der Leitg. von Clotten. 1 : 50,000. 4., im J. 1906 veränd. Aufl. 38,5×127,5 cm. Farbdr. Trier, J. Lintz. In Karton n. 3. —; in Mappe n. 4. – ; auf Leinw. in Mappe n. 5. —

Weinbaukarten. Schliep, H., Mosel- u. Sauer-Weinbau-Karte des Grossherzogt. Luxemburg. Im Auftrage der grossherzogl. Regierg. nach dem Kataster hergestellt. Nach dem Beschluss (arrêté) vom 16. V. 1904. 1 : 50,000. 35×93,5 cm. Farbdr. Trier 910. J. Lintz. 3.—; in Halbleinw.-Mappe 4.—; auf Leinw. in Mappe 5. —

— Weinbau-Karte des Nahe-Gebietes f. den Reg.-Bez. Coblenz u. angrenzende preussische, bayerische u. hessische Gebietsteile. Mit Benutzg. amtl. Materials. 1 : 50,000. 78,5×80 cm. Farbdr. Kreuznach 901. F. Harrach. n. 3. —

Colmar. Ausstellung - Programme - Exposition. [8. Deutscher] Weinbau-Congress verbunden mit Weinbau-, Gartenbau-, Bienenzucht-, Jagd- und Geflügel-Ausstellung. No 1-4. Colmar 1885. -- Bibliothèque Nationale et Universitaire de Strasbourg*

11. Deutscher Weinbau-Congreß zu Trier vom 21. bis 25. September 1889. Ausstellung. Trier 1889: Lintz. XII, 16 S. -- 121*

Dreizehnter Deutscher Weinbau-Congreß ... zu Mainz vom 2. bis 5. September 1891. Mainz 1891: Prickarts. 35, XXIV S. -- 121*

21. Deutscher Weinbau-Kongreß zu Mainz vom 11. bis 15. August 1903. Mainz 1903: Prickarts. 35 S. -- 121*

Weinbaum, wer soll u. wer darf Arzt werden? Ratschläge f. angeh. Mediziner. 7. Aufl., neubearb. v. E. Sardemann. Verband der Ärzte Deutschlands zur Wahrg. ihrer wirtschaftl. Interessen. Veröffentlichg. Nr. 18. (29 S.) 8. Leipzig 910. Buchh. des Verbandes der Ärzte Deutschlands. -- 40

Weinbaum, D., Geschichte des jüd. Friedhofs in Dyhernfurth. Festschrift zur Einweihg. der Mauer um den jüd. Friedhof daselbst. (24 S.) gr. 8. Breslau 903. Koebner. n. — 50

Weinbaum, Oskar, a. Berlin: Die Spiegelung einer unendlichen Ebene in einem zu ihr senkrechten elliptischen Zylinder. Berlin: Mayer & Müller 1906. (50 S.) 8°
Rostock, Phil. Fak., Ref. Matthiessen, Diss. v. 29. Jan. 1906
[Geb. 28. Febr. 70 Berlin; Wohnort: Berlin; Staatsangeh.: Preußen; Vorbildung: Wilh.-Gymn. Berlin Reife O. 88; Studium: Berlin 1, Charlottenburg T.H. 2, Berlin 9 S.; Rig. 25. Jan. 06.]

Weinbaum, Osk., die Spiegelung e. unendlichen Ebene in e. zu ihr senkrechten elliptischen Zylinder. (Diss.) (50 S. m. 3 Fig.-Taf.) 8. Berlin 906. Mayer & Müller, n. 1. 80

Weinbaum, Siegfried [aus Berlin]: Drei Fälle von Chronischem Morbus Brightii infolge von Schwangerschaft .... Berlin, Buchdr. v. Gustav Schade (Otto Francke) (1887); 29 + 1 S. + 1 Bl. 8°.
Berlin, Med. Fak., Inaug.-Diss. v. 16. Jul. 1887.

Weinbaum, Siegfried, drei Fälle von chronischem Morbus Brightii infolge von Schwangerschaft. Diss. Berlin 1887, Mayer & Müller. 8° 29 S.

Pfälzische Wein- und Obstbauzeitung. Fachzeitschrift für Weinbau, Obstbau und Kellerwirtschaft. Organ des Kreisverbandes pfälzischer Obstbauvereine. Beil. der landwirtschaftlichen Blätter für die Pfalz. Jg. 1[-13]. Kaiserslautern 1901-13. -- 107*. Gei !

Weinbeck, Wilhelm: Der geograph. Unterricht in der Sekunda u. Prima des Gymnasiums. Düsseldorf, Buchdr. v. L. Schwann, 1891; S. 3—21; 4°
Bedburg, Rheinische RAk, P 1891 (421)

Weinberechnungs-Tabelle. Meissen 867. Bärmann. 4. 1 ngr.

Weinberechnungs-Tabelle zu 1072 Liter per Fuder ... von 30 bis 1000 fl. per Fuder. Weingarten o.J. -- [Zit. nach BJ]

Weinbereiter, d. vollkommene, ꝛc. 8. Hamb. Vollmer.

Weinbereitung, die, aus Weintrauben, Obst u. Beeren; nach den von Chaptal, Cadet de Vaux, Macculloch, Thenard u. Gay Lussac aufgestellten Grundsätzen, sammt den durch 14jähr. Erfahr. bestät. Recepten d. Hrn. W. H. Roberts. Von e. Freunde d. Weincultur. gr. 12. (9⅔ B. u. 4 Stnt.) Weimar 836, Landes-Indust.-Comptoir.

Des Ministers Grafen Chaptal und Dr. Galls Weinbereitungs-Methoden vor dem Gesetz. Kann, was in Preußen anerkannt verdienstlich ist, in Baiern gesetzlich verpönt sein? Trier: Gall 1854. IV, 78 S. -- 12 100*. LKRhld.*

Weinberg, der, berechnet in seiner Bebauung und Ertragsfähigkeit. Ein unentbehrl. Hilfsbuch für jeden Weinbesitzer. Fol. (56 S.) Mainz 868, (Giani.) cart. * 1 50

Weinberg, der, an der Elbe, ländl. Lust- und Festspiel in 1 Akt von F. Kind, mit dem Bildniß der Erbgroßherzogin von Toskana, und Musikbegleitung. gr. 8. Leipzig, Göschen. 819. — 21

Weinberg, Frhr. v., Lotte Herzen. Ein Schauspiel. (44 S.) 8. Leipzig 907. Modernes Verlagsbureau. 1. —

Lotte Herzen. Ein Schauspiel von Frh. v. **Weinberg.** Berlin-Leipzig: C. Wigand 1907. (44 S.) 8° 108. 6164

Weinberg, A.: Die Chemie der Alaune. (50 S.) Wien, R. Meixn., Progr. 1888.

Weinberg A.: Die chem. Elemente. (21.) Wien R. Meixn. 85. **Progr.**

Weinberg, A., das Pflanzengrün, s.: Sammlung gemeinnütziger Vorträge.

Weinberg, Adolf, aus Bonn: Aus d. anat. Institut zu Poppelsdorf. Ueber einen Fall von Hydrocephalus congenitus internus mit Phocomelie. *Bonn 1902: E. Eisele.* (22 S.) 8°
Bonn, Med. Diss. v. Apr. 1902 [übergeklebt: 11. März 1903]

Weinberg, Alex., unsere Lebensmittel u. deren Verfälschungen. E. hygien. Studie. Lex.-8. (39 S.) Wien 896. A. Pichler's Wwe. & Sohn. n. 1. 40

Weinberg, Alex., Lehrbuch der Waarenkunde für zweiclassige Handelslehranstalten und verwandte Schulen. Mit zehn Abbildungen. Wien 1892. A. Pichler's Witwe & Sohn.

Weinberg, Alex., Lehrbuch d. Warenkunde f. zweiclass. Handelslehranstalten u. verw. Schulen. 8. (IV, III, 213 S. m. 10 Abb.) Ebd. 898. Kart. n. 2. —

Weinberg, Alex., Lehrbuch der Warenkunde f. zweiklassige Handelslehranstalten u. verwandte Schulen. 2., neugestalt. Aufl. (264 S. m. 52 Abbildgn.) gr. 8. Wien 903. A. Pichler's Wwe. & Sohn. Geb. in Leinw. n. 3. 50

Weinberg, Alex. Die Organisation u. Methodik d. Unterrichtes in der Warenkunde u. den Naturwissenschaften an commerciellen u. industriellen Lehranstalten. gr. 8. (75 S.) Wien 889, (Pichler's Wwe. u. Sohn). * 2 —

Weinberg Alexander: Der botanische Schulgarten an der k. k. St. O. R. in Leitmeritz. 12. Leitmeritz R. 03.
Progr.

Weinberg, Berthold, prakt. Arzt aus Berlin: Ueber Axendrehung gestielter Myome und myomatoser Uteri. *Leipzig 1904: B. Georgi.* (53 S.) 8°
Leipzig, Med. Diss. v. (16. Mai) 1904

WEINBERG, Ephraim Maximilian (Lemberg): De morbis articuli genu. (Titel nach der Urkunde) 31.12.1856 - Urk; F 69
Diss.Ingolst.-Landsh.-Mchn.

WEINBERG, ERNST. Ueber gebromte Metaxylolsulfonsäuren. Rostock, 1878.

Weinberg, Felix, Referendar in Tiegenhof: Vergleich zwischen den aus einem Inhaberpapier und einer Anweisung nach B.G.B. entstehenden Rechtswirkungen. Königsberg i. Pr. 1905: E. Masuhr. (94 S.) 8°
Jena, Jur. Fak., Ref. Danz, Diss. v. 15. März 1905
[Geb. 16. Okt. 82 Elbing; Wohnort: Tiegenhof; Staatsangeh.: Preußen; Vorbildung: Gymn. Elbing Reife O. 01; Studium: Königsberg 1, Berlin 4, Königsberg 1 S.; Coll. 15. März 05.]

Weinberg, Gust., Einführung in die englische Handelskorrespondenz. Zum Gebrauch an Handelshochschulen u. Handelsschulen, sowie zum Selbstunterricht. (VIII, 174 S.) 8. Stuttgart 905. Muth. Geb. in Leinw. n. 2. 50

Weinberg, Gust., Lieder e. Narren. 12. (VII, 96 S.) Frankfurt a/M. 896. Kesselring. Geb. in Leinw. n. 2. —

Weinberg, Gust., **das französische** Schäferspiel in der **ersten Hälfte d. 17. Jahrh. gr. 8.** (V, **143** S.) Frankfurt a/M. **884.** Gebr. Knauer. n. 3. 60

Weinberg, [Hugo], Referendar aus Dortmund: Der Ersatz des negativen Interesses nach bürgerlichem Recht. *Rostock 1903: C. Hinstorff.* (171 S.) 8°
Rostock, Jur. Diss. v. [25 Juni] 1903

Beiträge zur Erforschung der Molecularkräfte in chemisch-einfachen Substanzen auf Grundlage der Thermodynamik. Von J[acob] **Weinberg.** *Moskau: Buchdr. u. E. Liessner & J. Romahn 1897.* (VII, 208 S., 1 Portr.) 1 Bd 8. [98. 4634 Bc

Weinberg, Ign., Gedichte. 8. (6½ B.) München 835, (Fleischmann.) *

WEINBERG, Ignaz (Humau/Russl.): De plica polonica. (Titel nach der Urkunde) ?.5.1836 - Urk; F 63
Diss. Ingolst.-Landsh.-Mchn.

Weinberg, Ign., alte Träume. Leipzig 864. (Steinacker.) 8. (VIII, 132 S.) n. 20 ngr.

Weinberg Johann Jakob und Johann Georg Schrapel. 1. Th. Gründliche Anweisung was bey einem zu errichtenden Feldkriegsmagazin zu Friedens- und Kriegszeiten, desgleichen bey einem Commissariat, Feldbäckerey, Proviantfuhrwesen und Lazaret zu beobachten, nebst beygefügten Tabellen, von der Verpflegung einer Armee im Felde, wie auch eines Regiments, in Absicht der zu reichenden Rationes und Portiones auch das Schlesische, Sachsische, Bohmische, Französische, Englische, und andere ausländische Gemässe, in das Berliner und Dresdner Maas zu reduciren sey, nebst dazu gehörigen Tabellen, mit allen nur möglichen Fleiss und Sorgfalt, allen hohen und niedern Kriegsbedienten, besonders denenjenigen, die sich in dieses Militaire zu begeben willens sind, angefertiget. 2. Th. Gründliche Anweisung zur Anlegung eines Fouragemagazins, wie die Generalität, Infanterie, Cavallerie, Artillerie, Ponton und Fuhrwesentrain, im Felde nach den verschiedenen Satzen des Getreides und Gemässen zu verpflegen, endlich wie und wo ein Lazaret anzulegen, dessen Meublement und Apotheke zum allgemeinen Gebrauch für eine jede Armee, sie möge Namen haben wie sie wolle, aufs sorgfältigste ausgearbeitet. (2 Bde.) 8. Dresden 1784 u. 1787.

Weinberg, Jh. Jak., u. J. G. Schrapel, Anweis., was bei einem zu errichtenden Feldkriegs-Magazin etc. zu beobachten. 4. Dessau u. Leipz. 784. 2e Aufl. unt. d. T.: Anweis. zu dem, was bei e. zu erricht. Feldkriegs-Magazin, desgl. e. Commissariat, Feldbäckerei, Proviantfuhrwesen u. Lazareth zu beobachten ist etc. 2 Thle. gr. 8. Leipz. 791. Beer. 3 ℛ Anhang dazu. gr. 8. Berl. 791. Horvath. 14 ℊ

Weinberg, Joseph [aus Alsdorf]: Über primäres Nierencarcinom ... Würzburg, Becker's Univ.-Buchdr., 1891; 23 S. 8.
Würzburg, Med. Fak., Inaug.-Diss. v. 1891

Weinberg, Isaak, aus Lodz (Russ.-Polen): Zur Radiumtherapie des Naevus vasculosus. ⟨Aus der Universitätspoliklinik für physikalische Heilmethoden Zürich. Abteilung für Radiumtherapie. Prof. Sommer.⟩ Zürich 1910. 16 S. 8°. [13. VIII. 10.]
Zürich Univ. Med. Diss. 1909/10.

Weinberg, Isaak. Zur Radiumtherapie des Naevus vasculosus. Aus der Universitätspoliklinik für physikalische Heilmethoden Zürich. Abteilung für Radiumtherapie .... Diss. Med. Univ. Zürich. 16 S. 8. Zürich, Schereschewsky, 1910.

Weinberg, Julius, approb. Arzt aus Wattenscheid: Beiträge zur Ätiologie der Gastrectasie, unter besonderer Berücksichtigung der differential-diagnostisch schwierigen Fälle. München 1901: C. Wolf & Sohn. (66 S.) 8°
München, Med. Diss. v. 1902.

Weinberg, Kaspar Günther A. S. 743/14

Dissertatio inauguralis juridica, de suspensione ab officio.
Erfurt (Grosch) 4. VI. 1704. 36 S.
36102

Weinberg, Kurt, Kleidung u. Wäsche, s.: Wissenschaft u. Bildung. (Erle, Bruno.)

Weinberg, Leo, aus Kischineff (Russland): Aus der Berner Universitäts-Frauenklinik. Ueber das Vorkommen und die klinische Bedeutung der Acetonurie in der Schwangerschaft, unter der Geburt und im Wochenbett. Bern 1905. 75 S. 8°.
Lausanne. Thèse méd. 1904/1905.

Weinberg, Leo. Ueber das Vorkommen und die klinische Bedeutung der Acetonurie in der Schwangerschaft, unter der Geburt und im Wochenbett. Diss. Med. Lausanne. *Kopftitel:* Aus der Berner Universitäts-Frauenklinik. 75 S. 8. Bern, Gottfr. Iseli, 1905.

Weinberg, M., die hebräischen Druckereien in Sulzbach (1669—1851). [Ihre Geschichte, ihre Drucke; ihr Personal.] (189 S.) gr. 8. Frankfurt a/M. 904. (A. J. Hofmann.) n. 4. —
Sonderabdr. a.: „Jahrb. d. jüd.-lit. Gesellsch., Frankfurt".

Weinberg, M., die Eigenschaften und Wirkungen des elektrischen Stromes, s. Sammlung gemeinnütziger Vorträge.

Geschichte der Juden in der Oberpfalz. Von Dr. M. Weinberg, Rabbiner. 3. Sulzbürg (Oberpfalz): Selbstverl. 1909. 8°

Weinberg, Magnus [cand. phil.]: Die Geschichte Josefs angeblich verfasst von Basilius dem Grossen aus Cäsarea, nach e. syr. Hs. d. Berliner Kgl. Bibliothek m. Einl., Uebs. u. Anm. hrsg. Tl 1 ... Halle, *Druck v. H. Itzkowski, Berlin,* 1893; 60 S., 1 Bl. 8.
Halle, Phil. Fak., Inaug.-Diss. v. [21. Jan.] 1893

Weinberg, Magnus, die Geschichte Josefs, angeblich verfasst v. Basilius dem Grossen aus Cäsarea, nach e. syr. Handschrift der Berliner kgl. Bibliothek m. Einleitg., Uebersetzg. u. Anmerkgn. hrsg. I Tl. gr. 8. (60 S.) Berlin 893. C, 22. Gipsstr. 19 B, Dr. Weinberg's Selbstverl. n. 2. —

Weinberg, Max, ewige Weisheit. Spruchpoesie des Talmud u. der rabbinischen Literatur, s. a. Bibliothek der Gesamtliteratur.

Ewige Weisheit. Spruchpoesie d. Talmud u. d. rabbin. Literatur nebst Fabeln, Parabeln u. Sagen derselben übers. von Max Weinberg. Halle a. S.: Hendel [1908]. 147,56,XII S. 8°
(Bibliothek d. Gesamtliteratur d. In- u. Auslandes. Nr 2096–2099.)

Weinberg, Moritz, Referendar: Erläuterung des § 774 BGB. Würzburg 1908: Stürtz. 64 S. 8°
Jena, Jur. Diss. v. 6. Jan. 1909. Ref. Danz.
[Geb. 23. Mai 86 Koburg; Wohnort: Koburg; Staatsangeh.: Sachsen-Koburg-Gotha; Vorbildung: Gymn. Koburg Reife O. 05; Studium: München 2, Freiburg i.B. 1, Berlin 1, Jena 2 S.; Rig. 10. Nov. 08.] [U 09.2128

Weinberg, Paul. Ahlwardt, die Presse u. die Parteien. Ein objectives Mahnwort e. parteilosen Juden. gr. 8. (36 S.) Charlottenb. 892, Michow. * — 50

Weinberg, Paul [aus Weimar]: Experimentelle Untersuchungen über das Kniephänomen insbes. über cerebrale Beeinflussg dess. ... Weimar, Druck v. R. Wagner Sohn, 1894; 31 S. 8.
Jena, Med. Fak., Inaug.-Diss. v. [11. Dez.] 1894

Das Gehirn der Letten. Vergleichend-anthropologisch ... bearb. v. Dr. med. R. Weinberg, Assistent ... (Th. 1.: M. e. Vorw. v. Prof. Dr. A[ugust] Rauber ... Hrsg. unter Mitwirkg des Lettischen Vereins in Riga.) Th. 1. 11. *Cassel: Th. G. Fischer 1896.* 1 Bd 4.(8.) 1 Bd 2.
I. Text. (3 Bl., 206 S.)
II. Atlas. 20 Taf. in Lichtdr. u. Lithographie. (20 Taf. m. 6 Erl.-Bl.)
(Aus d. Anatom. Institut d. Kais. Univ. Dorpat.) [97. 4510

Weinberg, R., das Gehirn des Chemikers D. J. Mendeleiew, s.: Monographien, anatomische u. entwicklungsgesch. 1. Heft. (Bechterew, W. v.)

— d. Gehirnwindgn. bei d. Esten, s. a. Bibliotheca medica, Abt. A, 1. Hft.

Aus d. anatom. Inst. d. Kais. Univ. Jurgew-Dorpat. Die Gehirnwindungen bei den Esten. E. anat.-anthropolog. Studie v. Dr. med. R. Weinberg. M. 5 Doppeltaf. Cassel: Th. G. Fischer & C. 1896. (1 Bl., 96 S., 5 Taf.) 1 Bd 4°
(Bibliotheca medica. Abth. A. Heft 1.)

Weinberg, Rich., Crania livonica. Untersuchungen zur praehistor. Anthropologie des Balticum. (X, 92 S. m. 5 Taf. u. 6 Bl. Erklärgn.) gr. 8. Jurjew-Dorpat (J. G. Krüger) 902. (Berlin, R. Friedländer & Sohn.) n. 6. —
Sonderabdr. a.: „Archiv f. d. Naturkde. Liv-, Ehst- u. Kurlds."

Crania livonica. Untersuchungen z. praehist. Anthropologie des Balticum. Von Richard Weinberg. Jurjew-Dorpat: Naturforscher-Ges. 1902. (X, 92 S.) 8°
(Archiv f. d. Naturkunde Liv-, Ehst- u. Kurlands. Ser. 2. Bd 12, Lfg 2.)

Weinberg, Rudolf, approb. Arzt aus Schenklengsfeld: Über primäre Sarkome des Magens. *Würzburg 1901: C. J. Becker.* (58 S.) 8°
München, Med. Diss. v. 1901

Weinberg, Salomo [aus Gersfeld]: Der therapeutische Wert der Cortex Condurango bei Magenkrebs. ... Heidelberg, Univ.-Buchdr. v. J. Hörning, 1890; 34 S. + 1 Bl. 8°
Heidelberg, Med. Fak., Inaug.-Diss. v. [14. Jul.] 1890

Weinberg, S., der therapeutische Wert der Cortex Condurango bei Magenkrebs. Inaug.-Diss. gr. 8. (35 S.) Heidelberg 890. (vorm. Weiss' Univ.-Buchh.) n. 1. —

Weinberg, Siegfr., die Arbeiterklasse u. der Strafgesetzentwurf. (46 S.) gr. 8. Stuttgart 910. J. H. W. Dietz Nachf. — 75

– Über den Einfluss der Geschlechtsfunktionen auf die weibliche Kriminalität, s.a. Grenzfragen, Juristisch-psychiatrische. VI, 1.

Über den Einfluss der Geschlechtsfunktionen auf die weibliche Kriminalität. Von Dr. jur. Siegfried Weinberg. Berlin. Halle: C. Marhold 1907. (34 S.) 8°
= **Grenzfragen,** Juristisch-psychiatrische. Bd 6, H. 1. [07. 14840 3

— Soziales Strafrecht, s.: Kultur u. Fortschritt.

Weinberg, Siegfried, Referendar: Teilnahme an fahrlässigen Handlungen nach geltendem Rechte. *Berlin 1904: W. Pilz.* (84 S.) 8°
Freiburg i. B., Rechts- u. staatswiss. Diss. v. 1904

Weinberg, Siegfr., Teilnahme an fahrlässigen Handlungen nach geltendem Rechte. Strafrechtliche Abhandlg. (Diss.) (84 S.) gr. 8. Berlin (904). Struppe & Winckler. n. 2. —

Weinberg, **S[amuel]-Alexander. Über Doppelhalogenide des Antimons, mit besonderer Berücksichtigung der tetravalenten Stufe. Diss. Phil. Bern. 28 S. 8. *o. O.* [1910].**

Weinberg, W., s. Führer durch die Haupt- u. Residenzstadt Stuttgart.

Weinberg, W., s. Jahresbericht, Medizinisch-statistischer, üb. die Stadt Stuttgart.

– Die Mutter- u. Säuglingsfürsorge, s. Tugendreich, Gust.

— Sterblichkeit, Lebensdauer u. Todesursachen der württemberg. Aerzte v. 1810—1895 u. d. Aerzte überhaupt. [Aus: „Württ. Jahrbb. f. Statistik u. Landeskde."] Lex.-8. (70 S.) Stuttgart 897. W. Kohlhammer.) n. 1. —

Weinberg, Wilh. (geb. Bublitz in Pomm. 28. 5. 1843): Ueber Prolapsus uteri. Berlin (1869). (32 S.) 8°
Berlin, Med. Diss. v. 7. Aug. 1869

Weinberg, Wilhelm [approb. Arzt aus Stuttgart]: Ueber die Punction der Pleuraexsudate. Mit besonderer Berücksichtigung des Zeitpunkts der Operation und in Verbindung mit einem Bericht über zwanzig punktirte Fälle ... Stuttgart, Druck v. A. Bonz' Erben (1886); 68 S. 8°
München, Med. Fak., Inaug.-Diss. v. 1886.

Weinberg, Wilhelm, über die Punction der Pleuraexsudate mit besonderer Berücksichtigung des Zeitpunkts der Operation und in Verbindung mit einem Bericht über zwanzig punktirte Fälle. Diss. München 1886, A. Buchholz. 8°. 68 S.

Die Tuberkulose in Stuttgart 1875–1902. Ergebnisse d. Untersuchungen einer v. Stuttgarter ärztl. Vereine eingesetzten Kommission. Bearb. von Dr. Wilhelm **Weinberg** in Stuttgart. Stuttgart 1906: C. Grüninger. (13 S.) 4° [Umschlagt.]
Aus: Württemb. Med. Correspondenz-Blatt. 1906. [06 10751 II

Weinberge [Schlagwort]

Weinberge, Königl., s. Prag.

Von den Weinbergen. In: Oeconomische Nachrichten. 10. Leipzig 1758. S. 495–500. -- 12°

Weinberger, Alois, Rechtspraktikant aus Würzburg: Die **Aussonderung** anvertrauter Werte. Ein Beitrag zur Auslegung d. Paragraphen 43 d. Konkursordnung. *München: J. Schweitzer (1902).* (VIII, 34 S.) 8° [S.] * Aus: Annalen d. Deutschen Reiches, 1902, Nr 6.
Würzburg, Jur. Diss. v. 1902

Weinberger, Alois, das Reichsgesetz üb. die Freizügigkeit vom 1. XI. 1867, erläutert u. m. einschläg. Vollzugs- u. Gesetzesbestimmgn. hrsg. (VII, 113 S.) 8. Ansbach **905. C. Brügel & Sohn.** Geb. in Leinw. n. 2.40

Weinberger Armin: Johann Friedrich Schinks Aufenthalt in Oesterreich 1780–1789 und sein Theater zu Abdera.
1905 PN 1926 Diss. Wien, Univ. 165

Weinberger Armin: Catilina im Drama dreier Dichter. (Kürnberger, Ibsen, Lingg).
II. 1907 PN 2336 Diss. Wien, Univ. 228

Weinberger, Franz: Die Veränderungen des Aggregatszustandes der Körper. Eine historische Skizze. *Burghausen (1898): L. Russy.* (43 S.) 8° [Ant. u. J.]
Burghausen, k. humanist. G, P 1898*

Weinberger, Gtli., die Bedeutung u. d. Werth der deutschen Mundarten, aus d. Gothischen, Alt- u. Mittelhochdeutschen, aus d. verwandten alten u. neuen, morgen- u. abendländ. Sprachen. 12. (9 B.) Nürnberg 838, [Geiger.]

Weinberger, Hanns Ludwig, med. prakt.: Cat... am Ohr. München 1908: Kastner & Callwey. 55 S. 8°
München, Med. Diss. v. 16. Dez. 1908, Ref. v. Angerer
[Geb. 25. Jan 83 München; Wohnort: München; ... Vorbildung: Luitpold-Gymn München Reife Juli ... Coll. 16. Dez. 08; Approb. 2. Dez. 08.]

Weinberger, Ignaz: Die Frage nach Entstehung und Tendenz der Taciteischen „Germania". 1. Theil. (Umschlagtitel: ... Germania".) 8 (S. 10–30) Deutsches Staats-Oberg. Olmütz 1890
Progr.

Weinberger, Ign. Die Frage nach Entstehung u. Tendenz der Taciteischen „Germania". 2. Thl. Progr. gr. 8. (34 S.) Olmütz 891, (Hölzel). * 1 —
1. Thl., s. Kohm, Jos., die ἀντίδοσις im attischen Processe.

Weinberger, Ignaz Josef Pfeiler, geb. 11. August 1816, gest. 16. Dezember 1901. (Umschlagtitel: ... Pfeiler.) S. 17–24. 8.
Progr.

Haupt-Katalog des Musikalien-Verlages von Josef Weinberger in Leipzig [&] Wien. Herbst 1909. (Leipzig, Wien: Weinberger 1909.) 103 S. 8° [10. 1464]

Weinberger Josef: Heinrich Ritter von Levitschnigg ein Vergessener aus dem Vormärz.
II. 1908 PN 2411 Diss. Wien, Univ. 246

Weinberger, Jos., über die Reform des Sprachunterrichtes an Lehrerbildungsanstalten. Ein Beitrag zur Reform der Lehrerbildg. (39 S. m. 1 Tab.) gr. 8. Wien 911. F. Deuticke. 1. —

Weinberger, Karl Eug., Aufgaben aus dem Gebiete der Sprach-, Denk- und Aufsatzlehre und des Rechnens mit einem Anh., einen Grundriß der Realien, eine kurze Geographie und eine kleine bayerische Geschichte enth. Ein Buch für die Werk- und Sonntagsschüler der bayerischen Landschulen zur stillen Beschäftigung in der Schule und zu Hausaufgaben. 4. mit der 3. gleichlautende Aufl. Nördlingen 860. Beck. 8. (VI, 186 S.) n. 5 ngr.

Weinberger, Karl Frdr., Handbuch f. d. Unterr. in der Harmonielehre. M. vielen Uebungsbeispielen, unt. bes. **Berücksicht. d. prakt.** Orgelspiels f. Lehrerbildungsanst. **bearb. gr. 8. (XI, 340 S.)** München 895. **C. H. Beck.** n. 4. —

Weinberger, Karl Frdr., Handbuch f. den Unterricht in der Harmonielehre. Mit vielen Uebungsbeispielen unter besond. Berücksicht. d. prakt. Orgelspiels f. Lehrerbildungsanstalten bearb. 2. verb. u. verm. Aufl. 2 Abtlgn. gr. 8. München, C. H. Beck. n. 5.20; geb. in Leinw. n.n. 6.30
1. Lehrstoff der Präparandenschulen. (XII, 229 S.) 901. n. 2.80; geb. n.n. 3.40
2. Lehrstoff der Schullehrerseminarien. (VIII u. S. 231–422.) n. 2.40; geb. n.n. 2.90

Weinberger, Karl Frdr., Handbuch f. den Unterricht in der Harmonielehre. Mit vielen Uebungsbeispielen unter besond. Berücksicht. des prakt. Orgelspiels f. Lehrerbildungsanstalten bearb. 1. Abtlg.: Lehrstoff der Präparandenschulen. 3. verb. Aufl. (XII, 234 S.) gr. 8. München 905. C. H. Beck. Geb. in Leinw. n.n. 3.60

Weinberger, Karl Frdr., Handbuch f. den Unterricht in der Harmonielehre. Mit vielen Übungsbeispielen unter besond. Berücksicht. d. prakt. Orgelspiels f. Lehrerbildungsanstalten bearb. 2 Abtlgn. gr. 8. München, C. H. Beck. Geb. in Leinw. nn 7. —
1. Lehrstoff der Präparandenschulen. 5., unveränd. Aufl. (VIII, 234 S.) 910. Geb. nn 3.60
2. Lehrstoff der Schullehrerseminarien. 3. verm. u. verb. Aufl. (VIII, 193 S.) 910. Geb. in Leinw. 3.40

— die stehenden Vespergesänge u. Responsorien, f. liturg. u. instruktive Zwecke m. Orgelbegleitg. eingerichtet. Op. 50. qu. gr. 4. (39 S.) Regensburg 899. E. Feuchtinger. n. 1.80

WEINBERGER, **Maximilian**
Atlas der Radiographie der Brustorgane von Dr. Maximilian Weinberger. (Aus der III. medicinischen Universitätsklinik des Hofrathes Prof. L. v. Schrötter in Wien.) Wien und Leipzig. [1901.] Engel. Quer-4°. XXVI, 204 S. mit 50 Tafeln Geb. K 30. —

Weinberger, Max, die Entwicklung u. der gegenwärtige Stand der Röntgentechnik u. Röntgendiagnostik innerer Krankheiten. (38 S. m. 6 Taf.) **Lex.-8.** Wien 906. Urban & Schwarzenberg. n. 2. —
Sonderabdruck aus: „Wiener Klinik".

— dasselbe, s. Klinik, Wiener. 1906. I, II.

Weinberger, Otto, prozessrechtliche Beiträge zum österreichischen Seerechte. (VII, 118 S.) gr. 8. Graz 910. U. Moser. 2.50

Weinberger, Paul, s. 1) Schwarzrock, Jeremias. 2) Geist d. Zeit.

SCHWARZROCK, Jeremias, Pfarrer zu Harthausen, und sein Kaplan über Tisch .... (von *Paul Weinberger*). O. O. 1805.
Anon.-Lex. IV. p. 59 (nach Meusel). — Selten!

Weinberger, Robert, aus Weiler (U.-E.): Die pathologische Anatomie der Puerperal-Eclampsie und Uränie. *Straßburg i. E.: J. Singer 1903.* (122 S.) 8°
Straßburg, Med. Diss. v. 1903

Weinberger, Rob., die pathologische Anatomie der Puerperal-Eclampsie u. Urämie. Diss. (122 S.) gr. 8. Strassburg 903. J. Singer. n. 2. —

Weinberger, Rud., die Arzneimittel der neuesten am 1. Octbr. 1869 in gesetzl. Wirksamkeit tretenden oesterreichischen Pharmakopoe und pharmakodynam. Notizen und den Normaldosen nach dem gleichzeitig mit der Pharmakopoe einzuführ. metr. oder Grammen-Gewichte. 16. (206 S.) Erlangen [Stuttgart] 869, Enke. geb. (*M. 2,60.) * 2 80

Weinberger, Rud., Arznei-Verordnungslehre- und vollständiges Recept-Taschenbuch nach der neuesten österreich. Pharmakopöe, enth. die bewährtesten Arzneiformeln der berühmtesten Praktiker und Kliniker der alten und neuen Schule. I. Bd.: Arznei-Verordnungslehre. 8. (VIII und 184 S.) Wien 856, Gerold's Sohn. *

—— dass. — 2. Bd.: Specieller Theil: Sammlung auserwählter Arzneiformeln der in der neuesten Pharmakopoea austriaca Edit. V. enthalt. Arzneikörper. 1. und 2. Lfg. 8. (S. 1—368.) Ebds. 856. à Lfg. * 26 Ngr. *

Weinberger, Rud., Arznei-Verordnungslehre und vollständiges Recept-Taschenbuch nach der neuesten österreich. Pharmakopöe. 2. Bd.: Spezieller Theil: Sammlung auserwählter Arzneiformeln der in der neuesten Pharmakopoea austriaca Edit. V. enthaltenen Arzneikörper. 3. Lfg. 8. S. 369—484 und Register 28 S.) Wien 857, Gerold's Sohn. Thlr. *

1. Bd. und 2. Bd. 1. und 2. Lfg. Ebendas. 1856. * 2 Thlr. 18 Ngr.

—— die Behandlung des Krebses und der krebsähnlichen Krankheiten nach Landolfi's neuer Aetzmethode im Vergleiche mit allen seit den ältesten Zeiten bis zur Gegenwart im Gebrauch gestandenen Behandlungsweisen dieser Krankheiten nach eigenen und den als Assistent bei Landolfi gemachten Beobachtungen und Erfahrungen dargestellt und durch Krankheitsfälle erläutert. 8. (VIII und 97 S.) Wien 855, Greß' Verlag. *

Weinberger, Rud., compendiöse Darstellung einfacher und zusammengesetzter Arzneistoffe, welche in der österreich. Pharmakopoe vom J. 1855 nicht enthalten sind. In pharmaceut., pharmakolog. und pharmakodynam. Beziehung zum Gebrauche für prakt. Aerzte, Wundärzte und Apotheker bearb. 8. (VIII und 232 S.) Wien 865, Gerold's Sohn. *

Weinberger, Rud., die Haare des Menschen im gesunden u. kranken Zustande etc. u. die bewährtesten Heilmittel gegen Ausfallen, Kahlköpfigkeit u. frühzeit. Ergrauen. 12. (6 B.) Wien 846, [Jasper, Hügel u. Manz.]

Weinberger, Rud., Compendium der Arzneimittellehre nach der neuesten österreichischen Pharmakopoe vom J. 1855, nebst wortgetreuer Uebersetzung dieser Pharmakopoe und der neuen Arzneitaxe. 8. (XVI und 580 S.) Wien 855, Gerold's Sohn. Thlr.

Weinberger, Rud., Kompendium der Arzneimittellehre nach der neuesten österreichischen Pharmakopöe vom J. 1855, nebst wortgetreuer Uebersetzung dieser Pharmakopöe und der neuen Arzneitaxe. Für Aerzte, Wundärzte und Pharmazeuten bearb. 2., durchgeseh. und verb. Aufl. 8. (XVI und 484 S.) Wien 863, Gerold's Sohn.

—— die Krankheiten der Athmungsorgane (Heiserkeit, Keuchhusten, Halsbräune etc.) ihre Erkenntniß und Behandlung mit dem weißen Brust-Syrup des Herrn G. A. W. Mayer in Breslau, nebst den diätet. und Verhaltungsregeln und Gebrauchsanweisung desselben, für Brustleidende dargestellt. gr. 8. (64 S.) Leipzig 863, (Brauns.) **

——'s Recept-Taschenbuch und Anleitung zum Receptiren nach dem metrischen [Grammen-]Gewichte mit besond. Berücksicht. der neuesten Arzneimittel fortgeführt und erweitert von Ign. Löwy. gr. 16. (VI, 869 S.) Ebendas. 871. (*M. 9.) * 9 20

—— die Zähne des Menschen im gesunden u. kranken Zustande, oder Grundsätze u. Regeln z. naturgemäß. Pflege u. Erhaltung der Zähne u. des Zahnfleisches bis in das hohe Alter etc. Ein unentbehrl. Handb. f. Gebildete aller Stände u. vorzügl. für Mütter u. Erzieher. 8. ($4^1/_2$ B.) Wien 846, [Jasper, Hügel u. Manz.]

Weinberger, S., der Curort Pistyán in Ungarn und seine Heilquellen mit Rücksicht auf Elektricität und Massage. [Braumüller's Badebibliothek 71.] 2. Aufl. 8. (V, 52 S.) Wien 885, Braumüller. *

Weinberger, Sigmund, appr. Arzt aus Schriesheim (Baden): Die tötlich verlaufenen Erkrankungen in der Heidelberger Universitäts-Ohrenklinik während der Jahre 1901 und 1902. *Wiesbaden 1904: C. Ritter.* (33 S.) 8°
Heidelberg, Med. Diss. v. 1904

Weinberger, W., Bericht üb. Paläographie u. Handschriftenkunde 1897—1900. S.-A. 1900. 66 S 1.—

Weinberger Guilielmus: Adnotationes ad graecos Italiae codices spectantes 22. Wien XIX. 97.
Progr.

Weinberger, Wilh., Beiträge zur Handschriftenkunde, s.a. Sitzungsberichte d. kais. Akademie d. Wissenschaften in Wien. Philol.-histor. Kl. 159, II u. 161, IV.

Beiträge zur Handschriftenkunde. Von Dr. Wilhelm Weinberger. 1. 2. Wien: Hölder in Komm. 1908—09. 8°
1. (Die Bibliotheca Corvina.) 1908. 2. 1909.
(Sitzungsberichte d. Kais. Akademie d. Wiss. in Wien. Phil.-hist. Kl. Bd 159, Abh. 6; Bd 161, Abh. 4.)

Weinberger Wilhelm, Dr.: Beiträge zur Handschriftenkunde. 1. Die *Bibliotheca Corvina.*
S. 159.6 . . . . 2 —
— — 2. Teil S. 161/4 . . . . 3 50
Separatabdruck

Catalogus catalogorum. Verzeichnis d. Bibliotheken, die ältere Handschriften lateinischer Kirchenschriftsteller enthalten. Im Auftr. d. Kais. Akad. d. Wiss. in Wien zsgest. von Dr. Wilhelm **Weinberger**. [Nebst] Suppl. 1. [Mehr nicht ersch.] Prag, Wien: Tempsky; Leipzig: Freytag 1902(—07). 4°(8°)
Suppl. 1 (1901—1907). Als Ms. gedr. (1907.) A 12. 9..

Weinberger, Wilhelm: Zum griechischen Elementarunterricht. S. 3—10. 8. **Progr.** K. k. Staatsgymn. *Iglau* 1904.

Weinberger, Wilh*elm*: Programm eines Wegweisers durch die Sammlungen griechischer und lateinischer Handschriften. 8 (S. 3—5). **Progr.** K. k. Staatsg. *Iglau* 1900.

Weinberger Wilhelm: Quaestiones de Orphei, quae feruntur, Argonauticis. **Diss.** Wien, Univ.
D: Diss. phil. Vindobonensis, III. Bd., 1891.
1889 PN 557 1482

Weinberger, Wilh*elm*: Studien zu spätgriechischen Epikern. 8 (S. 5—15). **Progr.** K. k. Staatsg. *Iglau* 1900.
Orphische Argonautica. Tryphiodorus.

Weinberger, Wilh[elm]: Studien zur Handschriftenkunde. S. 3—16. 8. **Progr.** K. k. Staats-Gymn. *Iglau* 1901.

Callimachus. Weinberger, Wilhelm Kallimacheische Studien. 8 (S. 3—21). K. k. Staatsg. im XVII. Bezirke (Hernals) *Wien* 1895.
Progr.

Rheinische Wein-Berichte. Jg. 1-5. Mainz 1873-77.
Seit 1891 vereinigt mit 'Deutsche Wein-Zeitung'.

Wein-Berichte, rheinische. Hrsg. unter Mitwirkung einer Reihe von Fachleuten. Redact.: D. Frenz. 1.—4. Jahrg. 1873—1876. à 18 Nrn. (à $^1/_2$—1 Bog.) Fol. Mainz, (Faber'sche Buchh.) à Jahrg.

—— dass. — Central-Organ für den Weinbau und den Weinhandel. Hrsg. unter Mitwirkung einer Reihe wissenschaftl. und prakt. Fachmänner. Redact.: D. Frenz. 5. Jahrg. 1877. 1. Quartal. 9 Nrn. (à 1/2 Bog.) gr. 4. Mainz, Diemer. *
Die Fortsetzung bildet: Deutsche Weinzeitung.

Das Weinblatt. Allgemeine deutsche Weinfachzeitung. [Mit Beil.] Jg. [1-]64/65. [Mehr nicht ersch.] Neustadt a.d.Haardt: Meininger 1903-70.

Weinblatt, das. Allgemeine deutsche Weinfachzeitg. Organ f. den gesamten deutschen Weinbau u. reellen Weinhandel. Red.: Hans Kerber. 2.—4. Jahrg. 1904 bis 1906. à 52 Nrn. (740, 800 u. 910 S.) 4. Neustadt a/H., D. Meininger. à Jhrg. n. 8. —

Weinblatt, das. Allgemeine deutsche Weinfachzeitg. Organ f. den gesamten deutschen Weinbau u. reellen Weinhandel. Mit Beilage: Weinbau u. Kellerwirtschaft. 5.—8. Jahrg. 1907—1910. 52 Nrn. (à ca. 8 u. 4 S.) Lex. 8. Neustadt a/H., D. Meininger. à Jahrg. 8.—; m. Deutsche Spirituosen-Ztg. 10. —

Rheingauer Wein-Blatt. Fachzeitschrift für den gesammten Weinhandel. Jg. 1-14. Oestrich, [später] Winkel 1877-90. -- 36°
Seit 1877 vereinigt mit "Deutsche Wein-Zeitung".

Wein-Blatt, Rheingauer. Redig. von George Dael. 1. Jahrg. 1877. 24 Nrn. (à 1—2 1/2 Bog.) Fol. Oestrich. (Mainz, Faber'sche Buchh.) *
Nicht weiter erschienen.

Wein-Blatt, Rheingauer. Fachzeitschrift für den gesammten Weinhandel. Redact.: Adam Etienne. 2.—5. Jahrg. 1878—1881. à Jahrg. 52 Nrn. (à Nr. 1/2—3/4 Bog.) gr. 4. Oestrich. (Mainz, Faber'sche Buchh.) à Jahrg. ** 9 56

—— dass. — Redact.: George Dael. 6.—8. Jahrg. 1882—1884. à Jahrg. 52 Nrn. (à Nr. 1/2—3/4 Bog.) gr. 4. (Ebendas.) à Jahrg. ** 9 56

Weinblühten, oder Novellen f. Geist u. Herz, v. Heinr. Bertuch. 1ste Sammlung. 8. Gotha, Steudel. 816. — 18

Weinblüthen, oder Novellen für Geist und Herz, von H. Bertuch. 2te Sammlung. 8. Gotha, Steudel. 817.

— frische, eine Gallerie von Gemälden aus der großen und kleinen Welt von H. Bertuch. 2 Thle. 8. Riga, Hartmann. 821.

* **WEINBLÜTEN,** Frische. Eine Gallerie von Gemälden aus der großen und kleinen Welt. 2 Samml. Riga 1821, im Verlag der Hartmann'schen Buchhandlung. Erfurt, gedruckt bey S. A. Hoyer. 8°. (In Berlin.)

Weinblüthen, frische. Eine Gallerie v. Gemälden aus der großen u. kleinen Welt. 2 Samml. 8. Riga 822, Hartmann. 2 —

Wein-Börse, Special-Berichte u. Rundschau auf allen Wein-Produktions-Plätzen d. In- u. Auslandes. Schriftleiter: Volkmar Müller. Septbr. 1895—Aug. 1897. à 4 Nrn. (à ca. 1 Bog. m. Abb.) gr. 8. Leipzig, Hoffmann, Hefter & Co. à Jahrg. n. 1. —; einz. Nrn. n. — 35

— Rundschau auf Wein-Bau- u. Handels-Plätzen d. In- u. Auslandes. Schriftleitg.: Volkmar Müller. 3. u. 4. Jahrg. Oktbr. 1897—Septbr. 1899. à 4 Nrn. (à ca. 24 S. m. Abb.) gr. 8. Leipzig-Gohlis, Hoffmann, Hefter & Co. à Jahrg. n. 1. —; einz. Nrn. n. — 35

Wein-Börse. Rundschau nach uns gelieferten Berichten üb. Wein-Bau, sowie Import u. Export v. Wein u. Spirituosen. 5. u. 6. Jahrg. Dezbr. 1899—Novbr. 1901. à 3 Nrn. gr. 8. (à ca. 32 S. m. Abbildgn.) Leipzig-Gohlis. Hoffmann, Hefter & Co. (Nur direkt.) à Jahrg. n. 1. —

Wein-Börse. Rundschau nach uns gelieferten Berichten üb. Wein u. Spirituosen. 7. u. 8. Jahrg. Dezbr. 1901—Novbr. 1903. à 3 Nrn. gr. 8. (à ca. 26 S. m. Abb.) Leipzig-Gohlis. Hoffmann, Hefter & Co. (Nur direkt.) à Jahrg. n. 1. —

Wein-Börse. Rundschau nach uns gelieferten Berichten üb. Wein u. Spirituosen. Red.: H. Hefter sen. 10. Jahrg. 1905. 4 Nrn. (à ca. 16 S. m. Abbildgn.) gr. 8. Leipzig-Gohlis, Hoffmann, Hefter & Co. (Nur direkt.) n. 1. —

Weinbote, der. Wochenschrift für Weinbau und Weinhandel der preuß. Rheinprovinz. Hrsg. von Fr. Wilh. Koch. 1. Jahrg. Oktbr. 1879—Septbr. 1880. 52 Nrn. (Bog.) Fol. Trier, Lintz'sche Buchh. *

Weinbote, der. Wochenschrift für Weinbau und Weinhandel der preuß. Rheinprovinz. Hrsg. von Fr. Wilh. Koch. 2.—5. Jahrg. Oktbr. 1880—Septbr. 1884. à Jahrg. 52 Nrn. (Bog.) Fol. Trier, Lintz'sche Buchh. à Jahrg. * 6 —

Weinbote, der. Wochenschrift für Weinbau und Weinhandel der preuß. Rheinprovinz. Hrsg. von Fr. Wilh. Koch. 6. Jahrg. Oktbr. 1884—Septbr. 1885. 52 Nrn. (Bog.) Fol. Trier, Lintz'sche Buchh. *

—— dass. — 7. Jahrg. Oktbr. 1885—März 1886. 26 Nrn. (Bog.) Fol. Ebendas. *
Nicht weiter erschienen.

Weinbrenner, s.: Neisser, A., stereoscop. medicin. Atlas, 7. Lfg.

Weinbrenner, C., und **J. Durm,** Holzbauten des Berner Oberlandes, s. Hochstetter, J., schweizerische Architektur.

Weinbrenner, Carl, s. Weinbrenner, Karl

Weinbrenner, Eduard, Assistenzarzt am Städtischen Krankenhaus Heilbronn: Aus dem Städtischen Krankenhaus Heilbronn. Chefarzt Dr. G. Mandry. Ueber die Dauerheilung operativ behandelter chirurgischer Tuberkulosen. Tübingen: F. Pietzcker 1906. (44 S.) 8°
Tübingen, Med. Fak., Ref. v. Bruns, Diss. v. 23. Juni 1906
[Geb. 3. Mai 80 Marbach a. N.; Wohnort: Heilbronn; Staatsangeh.: Württemberg; Vorbildung: Gymn. Heilbronn Reife M. 99; Studium: Tübingen 4, Berlin 2, Tübingen 4 S.; Coll. 2. April 06; Approb. 1. Sept. 05.]

Weinbrenner, Ferd. (geb. Neunkirchen bei Siegen 10. 8. 1805): De venaesectione. Berolini (1830). (30 S.) 8°
Berlin, Med. Diss. v. 29. Dez. 1830

Weinbrenner, Friedrich

Weinbrenner, Ritter Fr., (Gh. Bad. Fr., † 1826.) Denkwürdigkeiten aus seinem Leben, von ihm selbst geschrieben. Herausg. u. mit e. Anhang begleitet von A. W. Schreiber. 8. Heidelb 829. Reichard. 1 ᵣₜ 8 gr

— —, Entwürfe und Ergänz. antiker Gebäude. 1s. 2s. Heft. 1822—1834. 5¼ Thlr.
1s. Heft. Pläne des schönen Saals nach der Lobrede Lucians. Entwürfe von dem Bade des Hippias. Restauration des sogenannten schönen Bades zu Badenweiler. 3 Thlr.
2s. Heft. Grabmal des Mausolus. Das Grabmal des Königs Porsena. Das Vogelhaus des Varro. 1834. 2¼ Thlr.

—— Entwürfe u. Ergänzungen antiker Gebäude. 2. Hft. gr. Fol. (7 B. u. 7 Stnt.) Carlsruhe 834, Marx.
1. Hft. Ebendas. 1822. 3 Thlr.

Weinbrenner, Friedrich [aus Coblenz]: Aus d. Klinik f. Syphilis u. Hautkrankheiten zu Bonn. Ueber die Fälle von Psoriasis, welche in der Königlichen Universitätsklinik in den Jahren 1879 bis 1894 beobachtet wurden ... Bonn, Buchdr. A. Henry, 1894; 31 S. 8.
Bonn, Med. Fak., Inaug.-Diss. v. 4. Aug. 1894

Weinbrenner, Fr., ausgeführte u. projektirte Gebäude; a. u. d. T.: Stadt-, Garten- u. Landgebäude d. Frau Markgräfinen Amalie u. Christiane Louise v. Baden. 2 Hfte. Gartengebäude. Mit 7 u. 13 Steinzeichnungen. Roy.-Fol. Carlsruhe, 1822 u. 23. (Mannheim, Bensheimer.) à 1. 20

— ausgeführte u. projektirte Gebäude. 1s Heft. A. u. d. T.: Stadt-, Garten- u. Landgebäude d. Frau Markgräfin Christiane Louise v. Baden. 1s Heft, Gartengebäude. Roy.-Fol. Karlsr. 823. Marx. 1 ℛ 16 𝒦 2s Heft. A. u. d. T.: Gartengebäude Ihrer königl. Hoheit d. Frau Markgräfin Amalie zu Baden. Mit 3 Zeichn. auf Stein. Roy.-Fol. Ebd. 830. 1 ℛ 16 𝒦 3s Heft. A. u. d. T.: projektirtes Rath- u. Ständehaus u. Landstandsgebäude. Mit 12 Steinzeichnungen. Roy.-Fol. Ebd. 830. 1 ℛ 16 𝒦

—— ausgeführte u. project. Gebäude. 2. Hft. — A. u. d. T.: Garten-Gebäude Ihrer Kgl. Hoheit d. Frau Markgräfin Amalie zu Baden. Roy.-Fol. (5 B. u. 13 Stnzeichn.) Carlsruhe 830, Marx.

—— dass. 3. Hft. — A. u. d. T.: Projectirtes Rath- u. Ständehaus u. Landstandsgebäude. Roy.-Fol. (5 B. u. 12 Stnzeichn.) Ebds. 830.

—— dass. 7. Hft. — A. u. d. T.: Das Kur-Gebäude in Baden u. d. Hub-Bad bei Bühl. Roy.-Fol. (3 B. u. 8 Stnt.) Ebds. 835.
1. Hft. Ebendas. 1822. 1 Thlr. 16 Gr. — 4—6. Hft. werden noch erwartet.

— Ideen zu einem deutschen National-Denkmal d. Leipziger Schlacht. Mit Grund- u. Aufrissen. qu. Fol. Karlsr. 814. Marx. 1 ℛ 12 𝒦

Weinbrenner, Fr., architektonisches Lehrbuch. Bd. I—III. 13 Hefte mit 122 Kpfr. Stuttgart. 1810—1825. 20¼ Thlr.
I. Band. 1s. Heft. Geometrische Zeichnungslehre. 1810. 2⅔ Thlr.
2s. Heft. Lehre der Optik von Licht und Schatten, nebst der Katoptrik. 1850. 2 Thlr.
II. Band. Lehre der Perspective.
1s.—2s. Heft. Perspectivische Zeichnunglehre. 1818. 2⅔ Thlr.
3s.—6s. Heft. Praktische perspectivische Zeichnunglehre. 1824.
III. Band. Ueber die höhere Baukunst
1s. Heft. Ueber Form und Schönheit. 1819. 1⅓ Thlr.
2s. Heft. Ueber architektonische Verzierungen. 1820. 1⅓ Thlr.
3s.—5s. Heft. Ueber Säulenordnungen. — Ueber den Gebrauch der Säulen und der nach ihnen zu proportionirenden übrigen Theile. Ueber Eintheilung, Anordnung und Ausführung der Gebäude. 1825. 6 Thlr.

— architekton. Lehrbuch. 1r—3r Bd. 13 Hefte, mit Kpft. Roy.-Fol. Stuttg. 810—25. v. Cotta. 20 ℛ 4 𝒦

Weinbrenner, Friedr., Sammlung von Grundplänen. Hrsg. von mehreren seiner Schüler. (In 60 Bl. oder 4 Lfgn.) 1. Lfg. Fol. (15 lithogr. Bl. und 2 S. Text.) Frankfurt a. M. 847, [Keller.] *

Weinbrenner, Frdr., († d. 1. März 1826), Sammlung von Grundplänen. Hrsg. von mehreren seiner Schüler. 1. Lfg. Fol. (15 lith. Bl. u. 2 S. Text.) Frankfurt a. M. 847, Schmerber. n. 1 ½ ℛ

Weinbrenner, Friedr., Sammlung von Grundplänen. Hrsg. von mehreren seiner Schüler. 2—4. (Schluss-)Lfg. Fol. (45 lithogr. Bl.) Frankfurt a. M. 853, [Keller.] à Lfg. * 1 Thlr. 15 Ngr. *
1. Lfg. Ebendas. 1847. * 1 Thlr. 15 Ngr.

Weinbrenner, Friedr., Sammlung von Grundplänen. Hrsg. von mehreren seiner Schüler. Neue Ausg. gr. Fol. (60 Stnt. mit 2 S. Text.) Frankfurt a. M. 858, Keller. *

— Situationsplan d. Residenz Karlsruhe, nebst 32 der vorzügl. Gebäude im Aufriß. gr. Imp.-Fol. Karlsr., Marx. 1 ℛ 16 𝒦

Weinbrenner, Fr. u. **Hengst.** Situations-Plan der Grosherzoglichen Residenz-Stadt **Karlsruhe.** Carlsruhe und Baden 1822. 1 Bl. I..

— über d. wesentl. Theile d. Säulenordnungen u. d. jetzige Bauart d. Italiener, Franzosen u. Deutschen, mit 6 Prospekten. gr. 4. Tübing. 809. v. Cotta. 18 𝒦

— über Theater in architekton. Hinsicht, mit Beziehung auf Plan u. Ausführung d. neuen Hoftheaters zu Karlsruhe, mit 3 Kpft. gr. 4. Tübing 809. v. Cotta. 18 𝒦

Vorschlag zu einem Sieges-Denkmal für das Schlachtfeld bei Belle-Alliance. Mit 5 Zeichnungen in Steindruck. Frankfurt und Leipzig 1817. 4°.

— Vorschlag zu einem Siegesdenkmal für d. Schlachtfeld bei Belle-Alliance. Mit 5 Zeichnungen. qu. Fol. Leipz. 818. Voß. 1 ℛ Dass., mit Kpf. qu. Fol. Karlsr. 820. Marx. 1 ℛ 3 𝒦

Weinbrenner, Frdr., wie schützt man sich vor Ansteckung? (39 S.) **gr. 8. Bonn 908. C. Georgi. — 80**

Weinbrenner, Fr., Zeichnungslehre. Tübingen 1810—19. 2 Theile in 1 Bd. Fol. Atlas zu Theil 1 v. 14 Tfln., zu Theil 2 v. 44 Tfln. in 2 Mappen. (Fehlt Tafel 24.)

Weinbrenner, Josef von

W(e i n b r e n n e r), J. von: „Patriotische Gedanken und Vorschläge über den gehemmten Ausfuhr-Handel in den deutschen und hungarischen Provinzen des Erzhauses Oesterreich", 2. vermehrte und ganz umgearb. Ausgabe, Wien 1792. — Vorh.: Com. Bibl. Hamburg.

v. **Weinbrenner,** Jos., († ...) patriot. Vorschlag wie d. Ausfuhrhandel aus den hungarisch-deutschen Provinzen Oesterreichs abgeholfen werden kann. 8. 781. (anonym). 2e Ausg., mit seinem Namen: patriot. Gedanken u. Vorschläge über den gehemmten Ausfuhrhandel ꝛc. 8. Ebd. 792.

(WEINBRENNER Josef Paul Freiherr von). Patriotisch gemeynter Vorschlag wie dem gehemmten Ausfuhr-Handel aus den Hungarischen und Deutschen Provinzen des Hauses Österreich geholfen werden könnte von J. W. (–). Gräffer, Wien 1781.
1 vol. 141 S.

W(e i n b r e n n e r), J. von: „Patriotisch gemeinte Vorschläge, wie dem gehemmten Ausfuhr-Handel aus den hungarischen und deutschen Provinzen des Hauses Oesterreich aufgeholfen werden könnte", 2. verm. und völlig umgearbeitete Ausgabe, Wien 1790. — Vorh.: Com. Bibl. Hamburg.

Weinbrenner, Karl

Weinbrenner, Carl, aus Neunkirchen (Westf.): **Beitrag zur** Kenntnis der Verletzungen der Extremitäten des Kindes unter der Geburt. *Erlangen 1900: A. Vollrath.* (25 S.) 8°
Erlangen, Med. Diss. v. 6. März 1890

Weinbuch f. Apotheker u. sonst. Kleinverkäufer v. Wein. (Nach den Ausführungsbestimmgn. zum Weingesetz vom 9. VII. 1909.) (40 S.) gr. 8. Berlin (909). J. Springer. Kart. 1. —

Das Rostocker Weinbuch von 1382 bis 1391. Hrsg. von Ernst Dragendorff und Ludwig Krause. Rostock: Rats- und Universitäts-Buchdr. 1908. XVII, 139 S. (Festschrift für die Jahresversammlung des Hansischen Geschichtsvereins und des Vereins für niederdeutsche Sprachforschung im Auftrage der Seestadt Rostock veröffentlicht vom Verein für Rostocks Altertümer. Pfingsten 1908.) -- 16.23.25.107*.Rüd.

— das **Rostocker**, v. 1382 bis 1391. Hrsg. v. Ernst Dragendorff und Ludw. Krause. (Festschrift für die Jahresversammlg. des hans. Geschichtsvereins u. des Vereins f. niederdeutsche Sprachforschg. im Auftrag der Seestadt Rostock veröffentlicht vom Verein für Rostocks Altertümer.) (XVII, 139 S.) Lex. 8. Rostock 908. (Stiller.) 4. —

— für **Schankwirte**, Lebensmittelhändler, Krämer und sonstige Kleinverkäufer v. Wein. Muster F. (28 Doppelf.) 17,5×22 cm. Berlin (909). (L. Schwarz & Co.) Kart. 1.20

— dasselbe. (51 Doppelf.) 34×21,5 cm. Hagen (909). Schlegel & v. der Heyden. Geb. 2. —

Weinbuch, Josef [prakt. Arzt in Laupheim]: Ueber hochgradige Myopie bei der Landbevölkerung . . . . Laupheim, Druck v. Constantin Knoll, 1888; 24 S. 8°
Freiburg i. B., Med. Fak., Inaug.-Diss. v. 1885

Weinbuch, Leopold [app. Arzt in München, k. b. Assistenzarzt d. R.]: Anwendung des Atropin in gewissen Fällen von Diarrhoe der Kinder. . . . München, k. Hof- u. Univ.-Buchdr. v. Dr. C. Wolf & Sohn, 1891; 30 S. 8°
München, Med. Fak., Inaug.-Diss. v. 1891

Weinbuch, Leop., erste Hilfe bei Unfällen u. plötzl. Erkrankgn. M. zahlr. Illustr. gr. 8. (96 S.) München 897. Seitz & Schauer. n. 1. —; geb. in Leinw. 1.50

Weinbuch, Leop., erste Hilfe bei Unfällen m. kurzem Ueberblick üb. Improvisation. 3. erweit. Aufl. (98 S. m. Abbildgn.) gr. 8. München 903. Geschäftsstelle des „Illustr. ärztl. Hausfreundes“. Geb. in Leinw. n. 1. 50

Ⓑ **Weinbuch**, Leop., erste Hilfe. 903. (KBL. 34.) Jetzt: München, Verlag d. ärztl. Rundschau.

Weinbüchlein. Zum Besten der wasserbeschädigten Schlesier hrsg. von der zwecklosen Gesellschaft. Breslau: Max 1829. 42 S. -- 1a*

WEINBÜCHLEIN. Zum Besten der wasserbeschädigten Schlesier herausgegeben von der Zwecklosen Gesellschaft. Breslau. 1829. Im Verlage bei Josef Max und Komp. 8°. †)

Wein-Büchlein nach Müntz u. Mass eingerichtet. Lindau [Anfang des 18. Jahrhunderts]. -- [Zit. nach Angaben des Zentralkatalogs Baden-Württemberg]

Weinbüchlein, goldenes, für Alle, die Wein im Keller haben. Nach vieljähr. Erfahrungen bearb. von einigen Weinbauern. 8. (48 S.) [Würzburg 877.] München, Keller. — 40

Wein-Büchlein, goldenes, f. Alle, die Wein im Keller haben. Nach vieljähr. Erfahrgn. bearb. v. e. Weinbauern. Neue Aufl. 12. (48 S.) Würzburg 885. Bucher. n. — 40

Neues Wein-Buechlein, nach hiesig u. umlieg. Landschafften Münz u. Masz. Lindau 1764 u. o.J. -- [Zit. nach BJ]

o. N., Neues Wein-Büchlein, worinnen nicht nur eine richtige Ausrechnung des Weins / sondern auch ein historischer Bericht des Weinlaufs von 270 Jahren her zu finden. 1753 Lindau **Ähnlich wieder 1764.**

Weinbüchlein, neuestes. Die Entstehung, Prüfung und Verbesserung des Weines. Ein Wort der Praxis an Weinproducenten und Consumenten. 2. Aufl. 16. (III, 156 S.) Neuwied 869, Heuser's Verlag. * 1 —

Neu-vermehrtes Wein-Büchlein, worinnen nicht nur eine richtige Ausrechung des Weins, sondern auch ein historischer Bericht des Weinlaufs von 284 Jahren her, zu finden, auf die Maaß und Rechnung des Lands Appenzell, St. Gallen und Rheinthal gestellet. ingleichem ist auch beygesetzt der Weinlauf von Weinfelden, wie solcher von unterschiedlichen Jahren her, bis auf jetzige Zeit ist verkauffet worden. St. Gallen: Dieth 1768. -- UB Bern*

Nutzliches Wein-Büchlein, oder Unterricht. Nicht allein Wie man guten Wein pflegen und warten Sondern auch Wie man schwachen / krancken und mangelhafften Weinen wiederum helffen und aufrichten soll. Deßgleichen ist auch beygefügt / wie man guten Alant- Salbey- Roßmarin- Rosen- Muscateller- Wermuth- Quitten- und Weichsel- und andere Weine zubereiten soll. Allen Würthin / Weinhändlern / Kieffern / und wer mit Wein umgehet / sehr nutzlich zu gebrauchen. o.O. 1731. 79 S. -- 25*
--- Dass. o.O. 1745. 79 S. -- 12*.37
--- Dass. o.O. 1796. 79 S. -- Frei 100*

Weinbüchlein, Rheinthalisches. St. Gallen 1803. V: *Hartmann, Gg Leonh.* (Cat. d. Stadtbibl. Zürich. Zürich 1864—97)

Weinbüchlein, das, zum gemeinen Gebrauch wohl eingerichtete, oder Faulenzer genannt, zur Berechnung: wenn e. Fuder neuer Wein von 15 bis 100 Gulden verkauft wird rc. gr. 12. Heilbr. 795. Claß. 6 K

Wein-Büchlein, worinnen nicht nur eine richtige Ausrechnung des Weins sondern auch ein historischer Bericht des Weinlaufs v. 270 Jahren her zu finden. Auf die Maß . . . Appenzell . . . Rheinthal. Lindau 1753. -- [Zit. nach BJ]

Wein-Chronik v. d. Mosel vom Jahre 1638 bis 1859. Bernkastel: Ed. Kneisel [um 1859]. 1 Bl. -- 121*

Wein-Chronik von der Mosel. 1638-1897. Trier 1898. 1 Bl. -- 121*

Weindauer, Karl. Leben und Weben in Berlin. 1tes Heft. 6 Blätter. Berlin, hrsg. von dem Lithogr. Institute . 1822.
1 Bl. Text. 4°.
Die dazugehörigen Blätter im Kasten Berolinensia
1 *Eine Berliner Milchfuhre*
2 *Berliner Pfirsichverkäuferin*
3 *Berliner optischer Kuckkasten*
4 *Berliner Obsthändlerinnen*
5 *Die besetzte Bank unter den Linden*
6 *Winterlustbarkeiten bei den Zelten im Thiergarten (gez. von Koller)*

Weindel. Topographischer Plan der Stadt **Baden.** 1 : 2500. Carlsruhe. 1 Bl. K. Fr.

Weindel, A., vergleichende Untersuchungen von Chlor-Bleichlaugen, s.: Kind, W.

Weindel, Anton, a. Tauberbischofsheim: Ueber Dihydrazidchloride. Heidelberg 1904: J. Hörning. (41 S.) 8°
Heidelberg, Naturw.-math. Fak., Ref. Curtius, Diss. v. 23. März 1905
[Geb. 27. Jan. 82 Tauberbischofsheim; Wohnort: Heidelberg; Staatsangeh.: Baden; Vorbildung: Gymn. Heidelberg Reife Juli 00; Studium: Heidelberg 8 S.; Rig. 16. Nov. 04.]

Weindel, Hans [Assistenzarzt im k. b. Pion.-Bat., Ingolstadt]: Ueber einen Fall von Embolie des Gehirns und Rückenmarks in Folge von Thrombose der Vena cava ascendens . . . München, Buchdr. v. M. Ernst, 1890; 28 S. 8°
München, Med. Fak., Inaug.-Diss. v. 1890.

Weindel, J. Ueber den Zehnten. 8°. Heidelberg 1828.

Weindl, Paul Johann (Ed.):

s.: **Scherer**, Joseph von: Tabulae anatomicae (originales), quae exhibent musaei anatomici Academiae Caes.Reg.Josephinae praecepta cerea. - Anatomische (Original)Tabellen nach der Wachspräparaten-Sammlung der kaiserl.königl.Josephs-Akademie zu Wien. Vindobonae-Wien: o.J.

(Weindl, Paul Johann) (Hrsg.):

s.: (Vietz, Ferdinand Bernhard): Anatomische Abbildungen des menschlichen Körpers. Bd 1, (Wien: 1805)

JB 862 a b

Weindler, F., s.: **Berichte aus der Privat-Frauenklinik v. W.**

Weindler, Fritz, Geschichte der gynäkologisch-anatomischen Abbildung. (XVI, 186 S. m. 122 z. Tl. farb. Abbildgn.) Lex. 8. Dresden 908. v. **Zahn & Jaensch.** 25.—; kart. 28. —

s. Verhandlungen der deutschen Gesellschaft f. Gynäkologie.

Weindler, Matth., Abhandl. über Vermuthungen, vorzügl. auf Hinsicht einer bürgerl. Rechtslehre. gr. 8. Landsh. 802. Weber in Münch. 12 gr

Weindler, Mthi.: Ueber Vermuthh., vorzügl. m. Hinsicht auf bürgerl. Rechtslehre; unter dem Vorsitze. (N. Thdd.) *Gönners z. öffentl. Prüfung vorgelegt. Landsh.*, Weber. 807. 4. (12 Gr.)

Weindrich, Martin (Ed.):

s.: Monte, Giovanni Battista: Medicina universa... Francofurdi: 1587

JB 1.877

Badische Weine. Trier: Lintz 1905. 16 S. Aus: Der deutsche Wein. 1905. Nr 23. -- 121*

Weine, über, u. deren Behandlung auf dem Lager. 8. Magdeb. 811. Creutz. 8 gr

Ueber Weine und deren sorgfältige Behandlung auf dem Lager. Magdeburg: Creutz 1811. 64 S. -- 12*
BJ: 1812.

[F.] **Weine nicht!** Trostworte f. Witwen. Hrsg. v. Evang. Trostbunde. *(Berlin: Christl. Zeitschriftenver. 1896.)* (79 S.) 8.
= Tröstet mein Volk. [No 4.] (97. 6767

Die Weine der Rheinpfalz. Leipzig o.J. [um 1904]: Weber. 27 S. -- 107*.121*
--- Dass. Ebd. o.J. [um 1906]. 27 S. -- 107*

Die Weine der Rheinpfalz. Neustadt a.d. Haardt: Verl. der Vereinigung Pfälzischer Weinproduzenten, Weinhändler und Weinkommissionäre Neustadt a.d. Haardt [um 1906]. 28 S., 1 Kt. -- 107*

Weine, die, der Rheinpfalz in Wort u. Bild. Von e. Pfälzer. qu. schmal gr. 8. (111 S. m. 1 Karte.) Kaiserslautern 901. Thiemesche Druckereien. Geb. 2. —
Vergl.: **Wein, Pfälzer.**

Tiroler Weine. München 1908. 54 S. -- 121*

— über, welche im Handel stark vorkommen, u. über Verfälschung derselben, nebst Mitteln solche zu erkennen. 8. Köln 799. (Dietz in Frankf. Wallishausen in Wien). 6 gr

Ueber Weine, welche im Handel stark vorkommen, und über Verfälschung derselben, nebst Mitteln solche zu erkennen. Cölln: Hammer 1799. 64 S. -- 21*.23.100*
Bibliotheca oenologica: 1798. -- Weber: 1798.
--- Dass. Wien: Wallishausser 1799. 61 S. -- 1.21*

Weineck, die Bedeutung der Brache für den neuzeitlichen landwirtschaftlichen Betrieb. gr. 8. (IV, 20 S.) Leipzig 903. H. Voigt. n. — 60

Weineck, F., der Spreewald, s.: Griebon's Reise-Bibliothek.

Weineck, Franz

Weineck, F. Ansprache bei der Entlassung der Abiturienten Ostern 1881. 5 S. **Progr.** *Lübben* 1882.

Weineck, Fr. An die Eltern und Erzieher unserer Schüler. 21, 13 SS. **Progr.** *Lübben* 1878. 1880.

Weineck, F[ranz], Direktor Prof. Dr.: Festrede bei der Feier von Schillers Todestag am 9. Mai 1905. Lübben 1906: Richter & Munkelt. (S. 3—7.) 4°
Lübben, R OP 1906 (159)

Weineck, *Franz* Zur Geschichte des Real-Progymnasiums zu Lübben, bei Gelegenheit der Feier des fünfzigjährigen Bestehens der Anstalt am 8. Juli 1887. 4 (32 S.).
Progr. Rprg. *Lübben i. d. L.* 1887 (zu 110).

Weineck, *Franz* Rede zum Gedächtnis des verstorbenen Oberlehrers Dr. August Rhode, gehalten am 22. Februar 1887. 4 (S. 18—20 der Schuln.). **Progr.** Rprg. *Lübben i. d. L.* 1887 (zu 110).

Weineck, Frz. Knecht Ruprecht u. s. Genossen. [Aus: „Niederlausitzer Mittheilgn."] gr. 8. (56 S.) Guben 898. Lübben i/d. L., Selbstverlag. n. — 75

Weineck, Georg (Balgstädt) A. S. 602/26

Quaestio iuris controversi an tutor, qui pecunias pupillares sub hypotheca credidit, in subsidium teneatur. Präs. Christian Heinrich Breuning. Leipzig (Langenheim) 28. VI. 1775. 8 S.

36103

Weineck, Jo. W., praes. Ern. Aug. **Nicolai,** De diversis doloris capitis speciebus. 30 pp. Jen. 4°. 1763

Weineck, Joannes Theophilus: De gangraena senili. Halae (1821): Gebauer. 32 S. 8°
Halle-Wittenberg, Med. Diss., nachgeliefert von dem am 4. Apr. 1821 auf Thesen promovierten Verf.
Geb. Neusulza (Sachs.-Altenb.) 14. 6. 1796. V.

Weineck. Kurt: Ueber die Epidemieen von Halle in den Jahren 1852—1871. Halle (1872): Plötz. 42 S., 1 Karte. 8°
Halle-Wittenberg. Med. Diss. v. 30. Juli 1872
Geb. Kölleda (Kr. Eckartsberga) 27. 9. 1846. V.
Im Buchhandel in Halle bei Pfeffer in Comm. 1872 als: Publicationen des Vereins für öffentliche Gesundheitspflege in Halle. 3.

Weineck, Kurt, Tierarzt: Aus d. Med. Klinik d. Tierärztl. Hochsch. zu Hannover. Die nichtorganisierten Sedimente im Harn gesunder Pferde. Hannover 1909: (Jürgens). 43 S. 8°
Gießen, Veterinär-Med. Diss. v. 2. Mai 1909, Ref. Garten
[Geb. 7. Mai 84 Saalfeld; Wohnort: Saalfeld; Staatsangeh.: Preußen; Vorbildung: Realgymn. Saalfeld Reife O. 04; Studium: Tierärztl. Hochschulen Hannover 4, München 1, Hannover 2 S.; Rig. 27. Nov. 08.] [U 09. 1189

Weineck, L., s. Weinek, Ladislaus

Weineck, (Ulr.) Woldemar

Weineck, Woldemar, das schönste Braut-Geschenk. Deutschlands glücklichen Bräuten gewidmet. 2. Aufl. 12. (Mit 1 Lithogr.) Grimma 843, Verlags-Compt. n. $1^1/_3$ ß

Weineck, Woldem., Brautkrone. Ein Weihgeschenk f. Deutschlands glückl. Bräute. gr. 12. (14 B. u. Titbild.) Grimma 836, Verlags-Comptoir.

—— deutscher Dichtergarten f. höh. Bildungsanstalten. II. Curs. — A. u. d. T.: Mustersammlung aus d. ausgewähltesten Dichtungen älterer u. neuerer Zeit, z. Beleb. u. Veredl. d. Gefühls u. declamator. Vortrags. Nebst e. ausführl. Anleit. z. Dichtkunst u. körperl. Beredtsamkeit u. e. geschichtl. Uebersicht d. deutschen Dichter u. ihrer Werke. 8. (18¾ B.) Ebds. 838. *

— deutscher Dichtergarten für deutsche Volksschulen. Eine Mustersammlung von Aufsätzen und Gedichten, älterer u. neuerer Zeit, zur Belebung u. Veredlung des Gefühles u. des Lesetons. Nebst einem kurzen Unterrichte über deutsche Dichtungen und deutsche Dichter und e. Anleitung zum ausdruckvollen Lesen. gr. 12. Grimma 836. Verlags-Comptoir. n. 1/6 Rthlr. — 6e (u. wieder 6e?) Stereot.-Ausg. gr. 12. Ebd. 838,39. n. 1/6 Rthlr.

— Anhang hierzu. (Nachlese von guten Gedichten.) gr. 12. Ebd. 838. 1½ gl

Weineck, (Ulr.) Woldemar, deutscher Dichtergarten für deutsche Volksschulen. Eine Mustersammlung von Aufsätzen und Gedichten älterer und neuerer Zeit, zur Belebung und Veredelung des Gefühles und des Lesetons. Nebst einem kurzen Unterrichte über deutsche Dichtungen ꝛc. 15. Ster.-Ausg. 8. (VIII und 195 S.) Wurzen 853, Verlags-Comptoir. *

Weineck, Ulr. Wold., Gott, Dein Weg ist heilig, unser Dank weckendes Bekenntniß am großen, deutschen Friedensfeste. Predigt, geh. am deutschen Friedensfeste, den 18. Juni 1871. 2. Aufl. gr. 8. (11 S.) Borna 871. Gensel. n. — 10

Weineck, Ulr. Wold., Morgengebete für christliche Familien. gr. 8. (VI und 98 S.) Borna 866, (Gensel.) * 12½ Ngr.; geb. *

Weineck, Ulr. Woldemar, Predigt im neuen evangel. Bethause zu Teplitz gehalt. am 16. Trin.-Sonnt. den 16. Septbr. 1849. 8. (12 S.) Döbeln 849. (Leipzig, Klinkhardt.) — 2. Aufl. 8. (12 S.) Ebd. 849. — 3. Aufl. 8. (12 S.) Ebd. 849. n. 2 ngr.

— Predigtbuch für häusliche Erbauung auf alle Sonn- und Festtage des Kirchenjahres nebst einer Auswahl geistlicher Kern-Lieder und Verse, sowie einem Anhang Morgen- und Abendsegen. 853. n. 3 Rthlr. 10 ngr. — 2. verm. (Titel-)Ausg. Leipzig 855. Fr. Fleischer. 4. (5 Bl., 509 S. u. lith. Bildniß.) n. 2 Rthlr.

—— Predigten zu frommer Erinnerung an Gottgeweihte Stunden hrsg. gr. 8. (9¾ B.) Grimma 838, Verlags-Comptoir. *

Weineck, Woldem., Rhetorik der Volksschul-Gelegenheitsrede oder Anleitung zum Fertigen und Halten von Reden bei Volksschulfeierlichkeiten. Nebst einer Sammlung von Reden zum deutschen Nationalfeste, zu Kaisers und Königs Geburtstag, Antritts-, Abschieds- und Aufnahmereden u. A. als Beispielen. gr. 8. (VI, 129 S.) Leipzig 875, Hahn'sche Verlagsb. * 1 60

—— Ring und Myrthe. Ein Brautgeschenk für deutsche Jungfrauen. 12. (VIII und 328 S. mit 1 Stahlst. und 1 Holzschn.) Grimma 850. [Wurzen,] Verlags-Comptoir. *

Weineck, Wilhelm: Historia antiquior sententiarum ecclesiae Graecae de accomodatione Christo inprimis et apostolis tributa, s. Carus, Friedr. August.

Weineck, Woldemar, s. Weineck, Ulr. Woldemar

Weineck, Zacharias Wilhelm

— de recte aestimando epicorum poëtarum in bellis canendis consilio dissertatio qua diem ausp. Sol. XVII mens. Maji MDCCCXI scholae Roslebianae gratulatur. 4. Jena 811.

Weineck, (Pfarrer) Zachar. Wlh., Paean. Ein Beitrag zur vollständ. Lösung einer mytholog. Aufgabe. 8. Leipz. 817.

Weinecke, T., u. Lehmann, E., Ein halbes Jahrhundert turnerischen Lebens. Geschichte d. T. V. zu Borna, 1844—1894. Borna 1894. 45 S., 8°.

Verzeichniss sämmtlicher, der Zeit activen St. Johannis-Logen in Deutschland, sowie ihrer Gross-Logen und Provinzial-Logen 1856. Von **Heinr. Weinedel.** [Leipzig 1859: Andrä.] 1 Bl. 2° [Kopftit.]

Weinek, Prof., contra Prof. Hasner. Prag 1901. V: *Studnicka, František Joseph.* (EB)

Weinek, Ladislaus: Einfache graphische Ableitung der Hauptformel des Passageninstrumentes im Meridian und im ersten Vertikal (mit 6 Textfiguren). S. 121. IIa. 2181.
Separatabdruck

Weinek, L., Anleitung zum Gebrauche der von M. Schneider unter Kontrole des Dr. L. Weinek entworfenen rotirenden Sternkarte des nördlichen Himmels, mit Beispielen. gr. 8. (16 S. mit 1 eingedr. Holzschn.) Leipzig 882, Dietz und Zieger. — 30

Weinek, L., astronomische Beobachtungen an der k. k. Sternwarte zu Prag im J. 1884, enth. Orig.-Zeichnungen des Mondes. Auf öffentl. Kosten hrsg. Appendix zum 45. Jahrg. gr. 4. (IV, 74 S. mit 4 Taf. in Heliograv. und 7 Holzschn.) Prag 886, (Calve'sche Hof- und Universitäts-Buchh.) cart. **

Prag, K. K. Sternwarte (Weinek, L., Dr.), Astronomische Beobachtungen an der — in den Jahren 1885, 1886 und 1887, enthaltend Originalzeichnungen des Mondes. Appendix zum 46., 47. und 48. Jahrgang. Prag 1890.

Weinek, (Ladislaus), astronomische Beobachtungen an der k. k. Sternwarte zu Prag in den J. 1900—1904. Auf öffentl. Kosten hrsg. (VI, 106 S. m. 25 Abbildgn. u. 10 z. Tl. farb. Taf.) 31,5×25 cm. Prag 907. (J. G. Calve.) Kart. 22. 60

Prag.
— K. K. Sternwarte (Weinek, L., Dr.), Magnetische und meteorologische Beobachtungen an der — im Jahre 1889, 90, 91, 92. Jahrgang 50—53. Prag 1890—93.

WEINEK, L.
Berghöhenbestimmung auf Grund des Prager photographischen Mond-Atlas von Prof. Dr. L. Weinek. Mit 5 Textfiguren. Aus den Sitzungsberichten der kaiserl. Akademie der Wissenschaften in Wien. Mathem.-naturw. Classe; Bd. CVIII. Abth. II. a. Jänner 1899. Wien. 1899. In Comm. Gerold's Sohn. Gr.-8°. 16 S. fl. —.15

Weinek, Ladislaus, Dr.: Berghöhenbestimmung auf Grund des Prager photographischen Mond-Atlas (mit 5 Textfiguren). S. 108. IIa. 38.
Separatabdruck

Weinek, L., s.: Bestimmung d. geograph. Längenunterschiedes zwischen Leipzig u. München.

Weineck, L.: Ueber Brennweiten- und Focusdifferenz-Bestimmung beim Photoheliographen. Halle 1880. 4°
Diss. Jena.

Weinek, Ladisl., graphische Darstellung der Sternkoordinatenänderung zufolge Präzession nebst Ableitung der bezüglichen Grundgleichungen. (7 S. m. 4 Fig.) gr. 8. Wien 903. (A. Hölder.) n. — 30
Sonderabdruck aus: „Sitzungsber. d. k. Akad. d. Wiss."

– Graphische Darstellung der Sternkoordinatenänderung zufolge Präzession nebst Ableitung der bezüglichen Grundgleichungen (mit 4 Textfiguren). S. 112. IIa. 571.
Separatabdruck

— Strenge u. genäherte Ermittlung der Mondphase. (14 S. m. 5 Fig.) gr. 8. Wien 910. A. Hölder. —65

– Strenge und genäherte Ermittlung der Mondphase (mit 5 Textfiguren). S. 119. IIa. 337.
Separatabdruck

Die tychonischen Instrumente auf der Prager Sternwarte. Von Prof. Dr. L[adislaus] Weinek, Dir. in Prag. Mit 2 Taf. *Prag: K. K. Sternwarte 1901.* (11 S.) 4° [01. 8348

Weinek, L., auf der Kerguelen-Insel. 4. (24 S.) Prag 887. (Calve.) n. 1. —

— die Lehre v. der Aberration der Gestirne. (68 S. m. 34 Fig.) 4. Ebd. 904. n. 6. —
Sonderabdruck aus: „Denkschr. d. k. Akad. d. Wiss."

– Die Lehre von der Aberration der Gestirne. D 77. 145.
Separatabdruck

— graphische Nachweise zur Olbers'schen Methode der Kometenbahnbestimmung, zum Satze der konstanten Flächengeschwindigkeit u. zur Ephemeridenrechnung. (20 S. m. 8 Fig.) gr. 8. Ebd. 904. n. 1. 20

– Graphische Nachweise zur Olbersschen Methode der Kometenbahnbestimmung, zum Satze der konstanten Flächengeschwindigkeit und zur Ephemeridenrechnung (mit 8 Textfiguren). S. 113. IIa. 987.
Separatabdruck

Selenographische Ortsbestimmung der Mondformationen (mit 11 Textfiguren). S. 120. IIa. 551.
Separatabdruck

—— die Photographie in der messenden Astronomie, insbesondere bei Venusvorübergängen. gr. 4. (114 S. mit eingedr. Holzschn.) Halle 880. (Leipzig, Engelmann.) * 6 —
Aus: Nova Acta der k. Leop.-Carol. deutschen Akademie der Naturforscher, besonders abgedruckt.

— Ein alter bemerkenswerter Quadrant der Prager Sternwarte. (10 S. m. 4 Fig. u. 1 Taf.) Ebd. 909. —70
Sonderabdr. aus: „Sitzungsber. d. k. Akad. d. Wiss."

– Ein alter bemerkenswerter Quadrant der Prager Sternwarte (mit 1 Taf. und 4 Textfiguren). S. 118. IIa. 961.
Separatabdruck

Weinek, L., Dr., Provisorische Resultate aus den fortschreitenden Polhöhen-Messungen an der K. K. Sternwarte zu Prag vom 26. Februar 1889 bis 29. Mai 1892. Prag 1897.

— zur Theorie der Planetenvorübergänge vor der Sonnenscheibe. (26 S. m. 9 Fig.) gr. 8. Ebd. 903. n. — 70

– Zur Theorie der Planetenvorübergänge vor der Sonnenscheibe (mit 9 Textfiguren). S. 112. IIa. 1752.
Separatabdruck

— zur Theorie der Sonnenuhren. (11 S. m. 9 Fig.) gr. 8. Ebd. 905. n. — 50

– Zur Theorie der Sonnenuhren (mit 9 Textfiguren). S. 114. IIa. 831.
Separatabdruck

— zur Theorie des Spiegelsextanten. (12 S. m. 6 Fig.) gr. 8. Ebd. 902. n. — 40
Sonderabdruck aus: „Sitzungsber. d. k. Akad. d. Wiss."

– Zur Theorie des Spiegelsextanten (mit 6 Textfiguren). S. 111. IIa. 1319.
Separatabdruck

WEINEK, L.
Über die beim Prager photographischen Mond-Atlas angewandte Vergrösserungsmethode von Prof. Dr. L. Weinek. (Mit 1 Textfigur.) Aus den Sitzungsberichten der kaiserl. Akademie der Wissenschaften in Wien. Mathem.-naturw. Classe; Bd. CVIII. Abth. II. a. Juli 1899. Wien. 1899. In Comm. Gerold's Sohn. Gr.-8° 14 S. fl. —.20

– Über die beim Prager photographischen Mond-Atlas angewandte Vergrößerungsmethode (mit 1 Textfigur). S. 108. IIa. 771.
Separatabdruck

— von Kiel nach der Kerguelen-Insel. Als Mscr. gedr. 4. (81 S.) Ebd. 887. n. 1. 20

Weinel, Ada: Deutsche Dichtung u. christl. Ideal in der Schule, s.a. Bibliothek, Religionspädagogische. Nr. 2.

Deutsche Dichtung und christliches Ideal in der Schule. 6 Vorträge geh. 1909 von Ada Weinel. Göttingen: Vandenhoeck & Ruprecht 1909. 98 S. 8°
(Religionspädagogische Bibliothek. Nr 2.)

Weinel, Heinr.: Die Bildersprache Jesu in ihrer Bedeutung f. d. Erforschung seines inneren Lebens, s. Festgruss, Bernhard Stade dargebracht.

Weinel, Heinr., s.: Christentum, das freie, in der Welt.

— Christentum u. Protestantismus, s.: Friedens-Kongreß, der deutsche, in Jena.

— Die Gleichnisse Jesu, s.a. Aus Natur u. Geisteswelt.

Die Gleichnisse Jesu. Zugleich e. Anleitung zu e. quellenmäßigen Verständnis d. Evangelien. Von Heinrich Weinel, Prof. in Jena. 2. verb. Aufl. Leipzig: B. G. Teubner 1905. (VIII, 135 S.) 8° [F.]
= Natur, Aus, u. Geisteswelt. Bdch. 46. [05. 19381

Die Gleichnisse Jesu. Zugl. e. Anleitung z. e. quellenmäßigen Verständnis d. Evangelien von Heinrich Weinel. 3. verb. Aufl. Leipzig: Teubner 1910. V, 134 S. 8°
(Aus Natur u. Geisteswelt. Bdch. 46.)

— Ibsen. Björnson. Nietzsche, s.a. Lebensfragen.

Ibsen. Björnson. Nietzsche. Individualismus u. Christentum. Von Heinrich Weinel. Tübingen: J. C. B. Mohr 1908. (244 S.) 8° [F.]
= Lebensfragen. 20. [07. 10586

Jesus im neunzehnten Jahrhundert. Von Heinrich Weinel. *Tübingen & Leipzig: J. C. B. Mohr 1903.* (VI, 316 S.) 8° [F.] [03. 8818 4

Jesus im neunzehnten Jahrhundert. Von Heinrich Weinel. 5. Taus. *Tübingen & Leipzig: J. C. B. Mohr 1903.* (VI, 316 S.) 8° [F.] [04. 890 10

— Jesus im 19. Jahrh. 7. Taus. (III, 316 S.) 8. Tübingen 904. J. C. B. Mohr. n. 3. —; geb. n. 4. —

— dasselbe, s.a. Lebensfragen.

Jesus im neunzehnten Jahrhundert. Von Heinrich Weinel. 8. bis 10. Taus. Neue Bearb. Tübingen: J. C. B. Mohr 1906. (326 S.) 8° [F.]
= Lebensfragen. 16. [07. 490

— Ist das „liberale" Jesusbild widerlegt? Eine Antwort an seine „positiven" u. seine radikalen Gegner, m. besond. Rücksicht auf A. Drews, die Christusmythe. (VII, 111 S.) 8. Tübingen 910. J. C. B. Mohr. 1.60

Weinel, Heinrich: [Hebr.] **Maśaḥ [Ant.] und seine Derivate.** Linguistisch-archäologische Studie. *Leipzig 1898: W. Drugulin.* (82 S.) 8° ¶ (Aus: Zeitschrift für die alttestamentliche Wissenschaft, Jg. 18 H. 1.)
Giessen, Phil. Diss. v. 1898

– Die urchristl. und die heut. M i s s i o n , s.a. V o l k s - b ü c h e r , Religionsgeschichtliche. IV, 5.

Die urchristliche und die heutige Mission. Ein Vergleich. Von Prof. D. Heinrich **Weinel**-Jena. 1.–10. Taus. Tübingen: J. C. B. Mohr 1907. (64 S.) 8° [F.]
= **Volksbücher**, Religionsgeschichtl., f. d. deutsche christl. Gegenwart. Reihe 4. H. 5. [07. 10919

— die Nichtkirchlichen u. die freie Theologie. Meine Vorträge in Solingen, ihre Gegner u. ihre Freunde. 1. u. 2. Aufl. (à III, 76 S.) gr. 8. Tübingen 903. J. C. B. Mohr. n. — 80

— **Paulus. Der Mensch u. sein Werk: Die Anfänge des Christentums, der Kirche u. des Dogmas. (Lebensfragen, Schriften u. Reden, hrsg. v. Heinr. Weinel.) (VIII, 316 S.) 8. Ebd. 904.** n. 3. —; geb. n. 4. —

— **dasselbe. s.a. L e b e n s f r a g e n.**

P a u l u s . Der Mensch u. s. Werk: Die Anfänge d. Christentums, der Kirche u. d. Dogmas. Von Heinrich **Weinel**, Prof. zu Jena. Tübingen: J. C. B. Mohr 1904. (VIII, 316 S.) 8°
(Lebensfragen. [3.])

– P a u l u s als kirchlicher Organisator. s.a. S a m m l u n g gemeinverständl. Vorträge u. Schriften aus d. Gebiet der Theologie. 17.

Paulus als kirchlicher Organisator. Antrittsvorlesung geh. 1899 von Lic. Dr. Heinrich **Weinel**, Berlin. Freiburg i. B., Leipzig & Tübingen: J. C. B. Mohr 1899. (30 S.) 8°
= **Sammlung** gemeinverständl. Vorträge u. Schriften aus d. Geb. d. Theol. u. Religionsgeschichte. 17. [06. 9586

— **Die S t e l l u n g d e s U r c h r i s t e n t u m s zum Staat. Antrittsrede, geh. am 1. VI. 1907. (63 S.) gr. 8. Tübingen 908. J. C. B. Mohr.** 1.50

Theologiestudium und Kirche. Vortrag von D. Heinrich **Weinel**, Prof. Berlin-Schöneberg: Protestant. Schriftenvertrieb 1910. 10 S. 8°
Aus: Protokoll d. 5. Weltkongresses f. freies Christentum u. religiösen Fortschritt Berlin 1910. [10. 14581

Theologiestudium und Kirche. Vortrag von D. Heinrich **Weinel**, Prof. 2. verb. Aufl. Mit e. Nachwort. Berlin-Schöneberg: Protestant. Schriftenvertrieb 1910. 13 S. 8°
Aus: Protokoll d. 5. Weltkongr. f. Freies Christentum u. Religiösen Fortschritt Berlin 1910. [10. 17307

Weinel, Heinrich, Dr., Pfarramtskandidat: Die W i r k u n g e n des Geistes und der Geister im nachapostolischen Zeitalter bis auf Irenäus. Tübingen 1898: H. Laupp jr. (32 S.) 8°
[Erschien vollst. 1899 im Verl. v. J. C. B. Mohr in Freiburg i. B.]
Giessen, Ev.-theol. Diss. v. 1898.

— **die W i r k u n g e n des Geistes u. der Geister im nachapostol. Zeitalter bis auf Irenäus. gr. 8. (XII, 232 S.) Freiburg i/B. 899. Tübingen, J. C. B. Mohr. n. 5.—**

Weinel, Pet., u. Osk. Grünewald, Verkehrssteuergesetz f. **Elsaß-Lothringen vom 14. XI. 1904. Textausg. m. Anmerkgn. u. ausführl. Sachregister, in amtl. Auftrage hrsg. Mit e. Anh., enth. das Gesetz, betr. die Strafsachen der Verkehrssteuerverwaltg., nebst seinen Ausführungsbestimmgn. (VIII, 101 S.) 8. Straßburg 905. F. Bull.** Kart. n. 1. 50

Weinels fiscalischer **Proceß ad denuntiationem des Postamts** Genthin. 8. (Leipz. 825. Centr.-Compt.) 4 gr.

WEINELT, Josef E.: Die mährisch-schlesische höhere Forstlehranstalt Aussee-Eulenberg-Mährisch-Weißkirchen 1852-1902. Zu ihrer 50jährigen Jubelfeier am 25. 5. 1902. - Wien 1902. 16 S., m. Abb.

Weinelt, Jos. E., die mährisch-schlesische höhere F o r s t l e h r - a n s t a l t Aussee — Eulenberg — Mährisch-Weißkirchen **1852—1902. Zu ihrer 50jähr. Jubelfeier am 25. V. 1902. (16 S. m. Ansichten u. Bildnissen.) Wien (I, Seilergasse 9), 902. Selbstverlag.** n. — 85

— **der österreichische R e i c h s f o r s t v e r e i n 1852—1902. Seine Begründg., Entwicklg., Wirksamkeit u. Bedeutg. Ein Gedenkblatt z. Feier seines 50jähr. Bestandes. (Mit e. Gruppenbilde.) gr. 8. (8 S.) Ebd. 902. n. — 85**
Sonderabdruck aus: „Oesterr. Forst- u. Jagdzeitung".

Weiner: Auszug aus der Geschichte der Wärmelehre. 13 S. Brünn, UR., Progr. 1863.

Weiner u. Matt, praktische Hydrotherapie. Freie autoris. deutsche Bearbeitung von E. Duval, la pratique de l'hydrothérapie. Ouvrage couronné par l'institut de France (académie des sciences). 8. (X, 280 S. m. 15 Abbildgn.) Frankfurt a/M. 901. J. Alt. n. 5.—; geb. in Leinw. n. 6.—

Weiner: Über Maxima und Minima der Beleuchtungsintensität an Flächen des zweiten Grades. I. II. 64 S. – Brünn C-UR., Progr. 1859,60.

Weiner, Aloysius *(geb. Naumburg a. Qu. 19. 4. 1822)*: De jure reformandi ex actis pacis Westphalicae enucleato, ejusque mutationibus, quae pacem illam secutae sunt. Vratislaviae (1846). (40 S.) 8°
Breslau, Jur. Diss. v. 18 [vielmehr 22.] Juli 1846

Weiner, Arthur, Referendar in Dresden: **Der Erbschein nach dem Deutschen Bürgerlichen Gesetzbuch.** *Borna-Leipzig 1904: R. Noske.* (IX, 82 S.) 8°
Leipzig, Jur. Diss. v. 1904

Weiner, B., deutsche Sprachschule, s.: S t e i n , M.

W e i n e r , Bernh., geographische Fragen für Schüler der 4. und 5. Klasse der allgemeinen Volksschule. 8. (16 S.) Proßnitz 874, Hoffmann und Stein. * — 20

—— Geographie für Bürgerschulen und die Oberklassen der erweiterten Volksschule. 8. (VI, 168 S.) Ebendas. 873. * 1 20

WEINER, Christoph (Neustadt/Rh.): Die Behandlung des Klumpfusses.- München: Ernst 1884. 26 S., 1 Bl. 24.7.1884 - Urk (Titel: De pedis vari therapia.); Chr 1884/85,19
Diss. Ingolst.-Landsh.-Mchn.

Weiner Dr. Franz: Eine Anwendung der Hermiteschen U-Functionen. 14. Wien VII. R. 99.
Progr.

Weiner, Frz., Geschichte des Ortes Kapellendorf, insbesondere seiner Burg u. seines Klosters, m. Berücksicht. der früheren Amtsdörfer Frankendorf, Hammerstedt, Hohlstedt, Großschwabhausen, Stobra u. Hermstedt. gr. 8. (III, 103 S. m. 2 Abbildgn.) Weimar 900. (L. Thelemann.) n. 1. 60

Weiner, Frz., das arme L a n d m ä d c h e n (Müllerröschen) od. Die sonderbare Erbschaft. Eine wahre Geschichte aus der Zeit der Schlacht bei Jena u. Auerstedt. Aus Anlaß des 100jähr. Gedenkens der Schlacht bei Jena u. Auerstedt neu hrsg. 3. Aufl. (16 S.) gr. 8. Apolda 909. (Weimar, L. Thelemann.) nn — 25

— Das Müller-Röschen (e. Begebenheit a. d. Schlacht bei Jena-Auerstedt). Histor. Volksstück in 4 Akten, neu bearb. u. hrsg. (Der Anh. enthält e. Bild des Denkmals auf dem Schlachtfelde des Sperlingsberges bei Kapellendorf, nebst Ernst v. Wildenbruchs Weihegedicht zur Enthüllungsfeier.) (46 u. 2 S.) 8. Weimar (909). (W. Hoffmann.) nn — 75

Weiner, Franciscus [st. theol. Trannensis]: Quibus rebus Lutherus commotus sit, ut ecclesiae christianae reformator existeret. Oratio, quam in memoriam confessionis Augustanae ex lege beneficii Lynckeriani die XXX. m. Maji 1885 in aede Paulina academica Jenensi habuit .... Jenae, typ. A. Neuenhahni. 1885: 41 S. 8°.
(Nicht für den Austausch.)

Weiner, Frz., quibus rebus Lutherus commotus sit, ut ecclesiae christianae reformator existeret. Oratio. gr. 8. (41 S.) Jena 885. (Neuenhahn.) n. 1. 20

Weiner, Gf.

— Andenken d. Oberliubaschen Herrschaften. 8. Lauban 794.

Weiner, Gf., († d. 20. Juni 1804.) Andenken d. Gerlachsheim. evangel. Prediger. 8. Lauban 767.

Weiner's, J., Tagebuch-Kalender pro 1892. II. Jahrg. Eleg. Notizblock. Fein adjustirt 1.—
Wien: Moritz Perles 1891.

Weiner J. Vorlegeblätter f. d. Unterricht im Maschinenzeichnen. Mit 60 T gr fol Wien

Weiner, Joan [aus Hessen]: Ueber halogen- und hydroxylhaltige Amine der Fettreihe .... Berlin, Buchdr. v. Gustav Schade (Otto Francke) (1888); 40 S. + 1 Bl. 8°
Berlin, Phil. Fak., Inaug.-Diss. v. 14. Aug. 1888

WEINER, Karl: De jejunio sex priorum ecclesiae saeculorum. — (1836) 106 S. 8° (Handschr.) Diss. 46
Diss. Wien, Univ.

Weiner, Oser, neues System zur etymologischen Erforschung der hebräischen Sprache. gr. 8. (16 S.) Wien 890. (Ch. D. Lippe.) n. — 40

Weiner, R., Kissingen und Umgebungen, s. Grieben's Reise-Bibliothek.

Weinerin, Maria, od. Jenseits muß Vergeltung sein. 8. Leipz., Linke. 8 gr

Weinert, A. Die achaeische Bundesverfassung. (Ein Beitrag zur Geschichte des Föderalismus). I Teil. 31 S. **Progr.** *Demmin* 1881

Weinert, Albert, Prof.: Geschichte der Anstalt (Festschrift z. 50j. Jubelfeier T. 1a. Demmin 1907: W. Gesellius.) (121 S., 3 Taf.) 8° [F.]
Demmin, k. G OP 1907 (168)

Weinert, Albert, Prof.: Die Quellen für den Aufenthalt Ottos von Bamberg vor Demmin. (Demmin 1907: W. Gesellius.) (Festschrift T. 2. S. 47—55.) 8° [F.]
Demmin, k. G OP 1907 (168)

Weinert, *Albert* Louvois' Reformen in der französischen Armee. 4 (20 S.). **Progr.** G. *Demmin* 1886 (119)

Weinert, Albert: Zeittafeln für den Unterricht in der Geschichte an höheren Lehranstalten. Demmin, gedr. bei W. Gesellius, 1891; 49 S. 8°
Demmin, k. G, OP 1891 (130)

Weinert, Alb., Zeittafeln f. d. Unterr. in der Geschichte an höh. Lehranst. Progr. gr. 8. (49 S.) Demmin 891. (Leipzig, Buchh. G. Fock.) n. — 60

Weinert, Albert, Prof.: **Zeittafeln** für den Unterricht in der Geschichte an höheren Lehranstalten. *Demmin 1903: W. Gesellius.* (52 S.) 8° ¶ (2. Aufl. d. P-Beil. 1891.)
Demmin, k. G, OP 1903 (150)

Weinert, Alb., Zeittafeln f. den Unterricht in der Geschichte an höheren Lehranstalten. Progr. (52 S.) 8. Demmin 903. (A. Frantz.) — 75

Weinert, Andreas (Leutschow/Ung.) Thl. I, 232(1/24)

Disputatio XXIV. Cautelae circa id quod in religione ac theologia practicum dicitur observandae.
Präs. Gottlieb Wernsdorf.
In: Wernsdorf: Disputationes academicae. Vol. 1.
Wittenberg (Ahlfeld) 1736. S. 937 - 1028.

Diss. VI. 1722. 36106

WEINERT, ANDREAS: Rede von dem verborgenen Geheimniss des dreyeinigen Gottes, auf das hohe Titularfest des Ordens der Allerheiligsten Dreyfaltigkeit, da eine hochlöbl. englische Erzbruderschaft dieses Ordens ihre Würdenswahlen bestätigte, in bemeldeter Klosterkirche zu Pressburg abgeredet. Preßburg 1770. Gedr. bey Joh. Mich. Landerer. 14 S. - kl. 4°

Weinert, Armin. (Henr. Adolph.) (geb. Lippstadt in Westf. 2. 7. 1829): De vaginae atque uteri prolapsibus et de episiorrhaphia. Berolini (1854). (31 S.) 8°
Berlin, Med. Diss. v. 16. März 1854

Weinert, Curt, s. Weinert, Kurt

Weinert, Emil: Zur Casuistik der Vergiftungen mit chlorsaurem Kali. Halle a. S. 1885: Köhler. 35 S. 8°
Halle-Wittenberg, Med. Diss. v. 18. Mai 1885
Geb. Halle a. d. S. 29. 11. 1860. V.
Der Verf., praktischer Arzt in Rathenow, wurde, weil er vom Landgericht Magdeburg 2. 5. 1893 wegen Verbrechen gegen § 218 StGB. zu 1½ Jahr Zuchthaus und 5jährigem Verlust der bürgerlichen Ehrenrechte und Approbation verurteilt war, von der Fakultät 10. 7. 1903 und nochmals 12. 5. 1907 des Grades eines Dr. med. für verlustig erklärt.

Weinert, H., Grundbegriffe der Chemie, s. a. Heussi, Jac., Leitfaden der Physik.

Weinert, H. (I.). Die Grundbegriffe der Chemie. gr. 8. (32 S. m. 26 Holzschn.) Braunschw. 892, Salle. * — 50

Weinert, Hans: Untersuchungen über Wachstum und tropistische Bewegungserscheinungen der Rhizoiden thalloser Lebermoose. Mit 13 Textfig. Leipzig 1909: (Pierer, Altenburg). 30 S. 8°(4°) (Aus: Botan. Zeitung. Jg. 67, H. 12.)
Leipzig, Phil. Diss. v. 22. Okt. 1909, Ref. Pfeffer, Chun.
[Geb. 14. April 87 Braunschweig; Wohnort: Braunschweig; Staatsangeh.: Braunschweig; Vorbildung: Wilhelms-Gymn. Braunschweig Reife M. 05; Studium: Göttingen 4, Leipzig 4 S.; Rig. 2. Juli 09.] [U 10.3269

Weinert, Herm.: Draußen und Daheim, s. Voigt, Elise.

— **u. Frida v. Kronoff, es war einmal. Ein neues Märchenbuch f. unser Kind. Geschichten, m. 8 Farbendr.-Bildern nach Aquarellen v. E. Voigt u. M. Claudius. 4. (74 S.) Ebd. (902). Geb. in Leinw. 2. —**

Weinert, Herm.: Freud' und Scherz, s. Voigt, Elise.

— u. Frida v. Kronoff, ein neues Märchen-Buch f. uns. Kind. Geschichten m. 8 Farbendr.-Bild. nach Aquarellen v. E. Voigt u. W. Claudius. gr. 4. (74 S.) Duisburg 897. J. A. Steinkamp. Geb. 3. —

— aus d. Märchenwelt. Märchen für Kinder m. (4) feinen Farbendr.-Bild. v. E. Voigt. gr. 4. (8 S.) Ebd. 897. — 60

— Sagen u. Märchen m. 8 Farbendr.-Bild., gezeichnet v. E. Kaempffer. gr. 4. (74 S.) Ebd. 897. Geb. 3. —

— was Großmütterchen erzählt. Märchen f. Kinder m. (4) feinen Farbendr.-Bild. v. E. Voigt. gr. 4. (8 S.) Duisburg 897. J. A. Steinkamp. — 50

Weinert, Herm., was Großmütterchen erzählt. Märchen f. Kinder. Mit feinen Farbendr.-Bildern v. E. Voigt. 4. (32 S. u. 8 farb. Taf.) Duisburg (900). J. A. Steinkamp. Kart. 1. —

– und Frida von Kronoff

— — Weihnachts-Bilderbuch. Braver Kinder Lust u. Freud' zur lieben hl. Weihnachtszeit. Erzählgn., nebst Orig.-Zeichngn. v. E. Voigt. gr. 4. (6 Farbdr. m. eingedr. u. 9 S. Text m. 1 Bild.) Ebd. 897. — 50

– Wer will unter die Soldaten?, s. Schmidt, Fel.

Weinert, Karl, Gedichte. 8. Leipz. 821. Serig. 10 gr.

Weinert, Konrad, Referendar in Bischofsburg: Die im § 808 B.G.B. behandelten Papiere unter besonderer Berücksichtigung des Sparkassenbuches. Bischofsburg 1907: F. Harich. (VIII, 53 S.) 8°
Leipzig, Jur. Fak., Diss. v. 16. Dez. 1907
[Geb. 29. Sept. 82 Bischofsburg (Ostpr.); Wohnort: Bischofsburg; Staatsangeh.: Preußen; Vorbildung: Gymn. Bartenstein (Ostpr.) Reife O. 03; Studium: Freiburg i. B. 1, Berlin 3, Königsberg 2 S.; Rig. 25. Okt. 06.]

Weinert, Kurt

Weinert, Curt, das Miethrecht, insbesondere die Wohnungsmiethe betr., nach den Vorschriften des deutschen bürgerl. Gesetzbuchs in Reime gebracht. 12. (44 S.) Dresden 899. (C. Weiske.) n. — 60

Weinert, Louis, die Mühlhofbäuerin. Eine Dorftragödie in 3 Acten. gr. 8. (VII, 88 S.) Prag 901. G. Neugebauer. n. 1. 80

Weinert, Max [aus Ostpreussen]: Zur Casuistik der Leukaemie bei Frauen ... Greifswald, Druck von Julius Abel, 1887; 26 S. 8°
Greifswald, Med. Fak., Inaug.-Diss. v. 10. Jun. 1887.

Weinert, Max, zur Casuistik der Leukaemie bei Frauen. Diss. Greifswald 1887, Julius Abel. 8°. 26 S.

Weinert, Paul *Hugo Hermann* [pr. Arzt aus Schwiebus]: Ein seltener Fall von Hyperkinesie des Magens ... Berlin, Buchdr. v. G. Schade, *1892*; 30 S., 1 Bl. 8.
Berlin, Med. Fak., Inaug.-Diss. v. 13. Apr. 1892

Weinert, Paul, z. Z. in Remscheid: Ueber Schimmelpilze als Krankheitserreger. Leipzig 1905: B. Georgi. (37 S.) 8°
Leipzig, Med. Fak., Ref. Hofmann, Diss. v. 1. Dez. 1905
[Geb. 2. Sept. 70 Reinswalde b. Sorau; Wohnort: Remscheid; Staatsangeh.: Preußen; Vorbildung: Gymn. Sorau Reife O. 81; Studium: Berlin 9 S.; Coll. 1. Dez. 05; Approb. 28. Juli 90.]

Weinert, Rich., Lehrbuch der französischen Sprache, s.: Sokoll, Eduard, u. Ludw. Wyplel.

Weinert Richard: Die mit Ortsappellativen gebildeten französischen Ortsnamen.
H. 1905 PN 1911 Diss. Wien, Univ. 2263

Weinert, Sam., die zur Buße angestimmte Davidsharfe. 8. Breslau, W. G. Korn. 738.

Weinerth, Engelbert, a. Michelstadt i. O.: Zur Kenntnis des ana-Nitro-p-Chlorchinolins. Amorbach 1906: G. Volkhardt. (37 S.) 8°
Gießen, Phil. Fak., Ref. Elbs, Diss. v. 14. Nov. 1906
[Geb. 7. Mai 77 Michelstadt i. O.; Wohnort: Gießen; Staatsangeh.: Hessen; Vorbildung: Ludwig-Georgs-Gymn. Darmstadt Reife M. 98; Studium: T. H. Darmstadt 8, Univ. Gießen 8 S.; Rig. 1. Aug. 06.]

Weinerus, Petrus (Hrsg.), s. Apian, Philipp: Chorographia Bavariae.

Weinessig-Fabrikation, praktische, nach französischer Methode. Vom Verfasser so vortheilhaft dargestellt, daß sich selbst jede Familie, ohne großen Aufwand ihren eigenen Bedarf bereiten kann. 8. Döbeln 839. (Thallwitz.) 1 gr.

Weinessigrecepte, neueste erprobte, von einem erfahrnen Weinessigfabrikanten. 8. Leipz. 815. Klein. Versiegelt 4 gr.

Weinet nicht! Oder: Vom Leben u. sel. Heimgang e. lieben Kindes, s. a. Missions-Traktate, rhein.

Weinet nicht! oder vom Leben und seligen Heimgang eines lieben Kindes. gr. 16. (31 S.) Barmen 879, (Wiemann.) — 15

Weinfach-Kalender. Jg. 10-54. Mainz 1892-193-.
Früheres u.d.T.: Weinfach-Notizkalender ...
Jg. 55-59. 1939-44 u.d.T.: Jahrbuch des deutschen Weinfaches, Weinfach-Kalender.

Weinfach-Kalender f. 1893. 10. Jahrg. gr. 16. (IV, 215 S.) Mainz, Diemer. geb. * 2 25
1892 u. d. T.: Weinfach-Notiz-Kalender. — 1889—91 nicht erschienen.

Weinfach-Kalender f. 1895. 12. Jahrg. 12. (IV, 229 S.) Mainz, J. Diemer. Geb. in Leinw. n. 2. 25

Weinfach-Kalender, f. 1899. 16. Jahrg. Völlig neu bearb. v. F. Goldschmidt. 12. (VII, 325 S.) Mainz, J. Diemer, Verl. Geb. in Leinw. n. 2. 50

Weinfach-Kalender f. 1903. 20. Jahrg. Wiederholt neu bearb. v. Fritz Goldschmidt. 12. (IV, 372 S. m. Abbildgn.) Mainz, J. Diemer. Geb. in Leinw. n. 2. 50

Weinfach-Kalender f. 1907. 24. Jahrg. Wiederholt neu bearb. v. Fritz Goldschmidt. (IV, 274 S. m. Abbildgn. u. 1 Karte.) kl. 8. Mainz, J. Diemer. Geb. in Leinw. n. 2. 50

Weinfach-Kalender f. 1911. 28. Jahrg. Wiederholt neu bearb. v. Fritz Goldschmidt. (VI, 362 S. m. Abb. u. 1 farb. Karte.) kl. 8. Mainz, J. Diemer. Geb. in Leinw. 3. —

Weinfach-Notizkalender für ... Jg. 1-9. Mainz 1882-92. [1889-91 nicht ersch.]
Forts. u.d.T.: Weinfach-Kalender.

Weinfach-Notizkalender für 1882—1885. 1.—4. Jahrg. gr. 16. (226; 188; 192; 187 S.) Mainz, Diemer. geb. à Jahrg. * 2 25

Weinfach-Notizkalender für 1886—1888. 5.—7. Jahrg. gr. 16. (à Jahrg. ca. 185 S.) Mainz, Diemer. geb. à Jahrg. *
Nicht weiter erschienen.

de Weinfeld,* Jos., s. *Birti.

Weinfelden, dargestellt in seinen bisherigen Schicksalen und in seinem gegenwärtigen Zustande. Njbl. 1829 s.a. [Pupikofer, Johann Adam].

Weinfelden. Frauenfeld 1829. V: *Pupikofer, Johann Adam.* (ZÜRKL)

WEINFELDEN, H. R. v. (ps.), Das Warum und das Darum oder sinnreiche und belehrende Antwort des Herrn Darum auf die interessanten Fragen der Madame Warum. Weinfeld. 1835. 8°. (1 Mk. 20 Pfg. M. Bielefeld, Carlsruhe, 1892.) Rar!

Der Weinfreund. Internationales Weinhandelsblatt. Red.: Dümel. 1894-1902. -- [Zit. nach Kirchner]

Weinfurtner, Johannes, Kgl. Reallehrer: Die Entdeckung und Erforschung der Insel Neufundland. 1910. 57 S. 8° ¶ Auch bei Koch in Nürnberg.
München, Dr.-Ing.-Diss. v. 31. 7. 1909

WEINGAND, JOANNES MICHAEL - KÖPF, JOANNES GEORGIUS: Verzeichnis geistlicher Bücher. Catalogus librorum theologicorum qui adscripto pretio venalos prostant Pestini . . . Pest o. J.: Weingand u. Köpf. - 8°

WEINGAND, JOANNES MICHAEL - KÖPF, JOANNES GEORGIUS: Erste Fortsetzung des allgemeinen Verzeichnisses Geistlicher Bücher, die bey Weingang und Köpf zu haben seyn. (Pest o. J.): Weingand u. Köpf. 29 S. - 8°

Weingart A, Üb. d. Besichtigen v. Brandstellen. (31 S.) Merseburg 1900

Weingart, Albert

Weingart, Alb., Handbuch für das Untersuchen von Brandstiftungen. Z. Gebrauch f. Juristen u. Versicherungsbeamte. gr. 8. (VIII, 166 S.) Leipzig 895. Duncker & Humblot. Geb. in Leinw. n. 3. —

Weingart, Alb., Kriminaltaktik. Ein Handbuch f. das Untersuchen v. Verbrechen. (X, 420 S.) gr. 8. Leipzig 904. Duncker & Humblot. n. 8. —; geb. in Leinw. n. 9. 20; in Halbfrz. n. 10. 60

Weingart, Alb., Repetitorium des deutschen Strafrechts. Zur Vorbereitung für die jurist. Prüfungen. gr. 16. (IV, 94 S.) Schwerin 872, (Stiller'sche Hofbuchh.) * 1 —

Weingart, Alb.: Verband öffentl. Feuerversicherungs-Anstalten in Deutschland z. Merseburg. Ueber das Besichtigen von Brandstellen. Merseburg 1900.

Weingart, Aug., deutscher Jugendgarten. Sammlung von Musterstücken in Prosa u. Poesie. Ein Lesebuch für Schule u. Haus. gr. 8. Stuttgart 835. Brodhag. 1 ⟨Thlr.⟩

Weingart, Aug., deutscher Jugendgarten. Samml. v. Musterstücken in Prosa u. Poesie. Ein Leseb. f. Schule u. Haus. gr. 8. (26 B.) Stuttgart 835, [Scheible, Rieger u. Sattler.]
1 Thlr., hrbgs. Pr.

—— deutsches Lesebuch, mit besond. Rücksicht auf wohllaut. u. tonricht. Lesen, den Sprach-Unterricht u. d. Entwickelung d. kindl. Gemüths-Anlagen, bearb. f. d. Schul- u. Hausunterricht. gr. 8. (23½ B.) Stuttgart 835, [Scheible, Rieger u. Sattler.]
18 Gr., hrbgs. Pr.

Weingart, Aug., teutsches Lesebuch mit besond. Rücksicht auf wohllautendes und tonrichtiges Lesen, den Sprach-Unterricht und die Entwickelung der kindl. Gemüths-Anlagen bearb. für den Schul- und Hausunterricht. 2. Aufl. gr. 8. (348 S.) Hamburg 854, Jowien.

Weingart, Aug., deutsches Lesebuch mit besonderer Rücksicht auf wohllautendes und tonrichtiges Lesen, den Sprachunterricht und die Entwickelung der kindlichen Gemüthsanlagen bearb. für den Schul- und Hausunterricht. 2. Aufl. 854. — 3. (Titel-)Aufl. Hamburg 858. Jowien. gr. 8. (348 S.)
20 ngr.

Weingart, C., siehe: Cither-Schule.

Weingart, H., Antrittspredigt in Borgfeld, 5. X. 1902. 2. Tausd. gr. 8. (14 S.) Bremen 902. E. Hampe. n. — 40

— Gastpredigt zu St. Pauli in Brandenburg a. H. am 6. V. 1900. Ev. Joh. 14, 1—6 „Durch den Sohn zum Vater". gr. 8. (15 S.) Osnabrück 900. P. Hoppenrath. n. — 25

Weingart, H., unsere Kinder — unsere Muster u. Meister. Vortrag, geh. in der Erbauungsstunde am 17. I. 1901 im Festsaal zu Osnabrück. Matth. 18, 1—4. gr. 8. (16 S.) Heidelberg 902. Ev. Verlag. n. — 20

— Osterpredigt, die f. seine Absetzung entscheidend ward, v. ihm geh. zu St. Marien in Osnabrück am 10. IV. 1898 u. zu seiner Rechtfertigung den evangelischen Gemeinden dargeboten. 6. Aufl. 8. (14 S.) Osnabrück 900. Rackhorst. n. — 30

— Predigten in Auswahl, geh. zu St. Marien in Osnabrück. 1.—4. Hft. gr. 8. (194 S.) Osnabrück 900. P. Hoppenrath. à n. — 50

Weingart, H., Thüringen. Bilder aus Geschichte, Land u. Volk. (Umschlagzeichng. v. Ernst Liebermann.) (80 S.) kl. 8. Bremen 909. G. Winter, Verl. 1. —

Weingart, Herm., Suchen u. Finden, s.: Predigt-Bibliothek, moderne. III. 4.

Weingart, J. Auguste, le livre du chrétien. gr. in-8. (7 B.) Bienne 839. (Mannheim, Bensheimer; St. Gallen, Scheitlin et Zollikofer.)

[Weingart, Johann August.] Les trois chemins et la cité République. Vision neuchâteloise. ([Par] Johnatan Radical.) 8. Bienne 1835.

Weingart, J[ohann] A[ugust]. Der Freischaarenzug nach Luzern im März und April 1845. Nach eigener Beobachtung und Erfahrung. SA 8. Bern 1845.

Weingart, J[ohann] August. Praktischer Leitfaden zum Unterrichte in der Geographie, nach den neuesten Hülfsquellen für Schulen bearbeitet. 8. Bern 1857.

(Weingart, J[ohann] Aug[ust].) Recueil de chants patriotiques et guerriers, dédiés aux braves Suisses qui prennent les armes pour défendre la patrie contre l'injuste agression des Français. 8. Bienne 1838.

Weingart, Johann Friedrich

Weingart, (Pfarrer) Jh. Fr., Aufforderung u. Bitte an d. gesammten Freunde u. Anhänger des Protestantismus u. vorzügl. an seine Vertreter in Deutschland. 8. Sondersh. 817. Voigt in Ilmenau. 5 gr.

— Beantwortung d. Frage: Gebietet d. Christenthum Todesstrafe? gr. 8. Erfurt u. Gotha 818. Hennings in Reisse. 2 gr.

——, Lorenz Kraft's Briefsamml. f. d. Jugend. Ein Beitr. zur Bildung d. Geistes u. Herzens, so wie d. Geschmackes d. Jugend beiderlei Geschlechts. 2., verm. u. verb. Aufl. (M. 3 Anhn.: Formulare zu Quittungen rc. — Ueber d. Aeußere u. die Form d. Briefes, u. Titulaturen. — Denkblätter in Stammbücher.) 8. (12 B.) Gotha 834, Neumann.
1. Aufl. erschien anonym, vgl. Lorenz Kraft.

— Commentarius perpetuus in Pauli epist. ad Romanos. Selectis superiorum interpretum suisque annotationibus edidit. 8. Gotha 816. Ettinger. 9 gr.

— Commentarius perpetuus in X apostoli Pauli, quas vulgo dicunt, epistolas minores. 8maj. Gotha 816. (Hennings). 18 ℊ

Weingart, J. J., Commentarius perpetuus in X apostoli Pauli, quas vulgo dicunt Epistolas minores. 8maj. Gotha, Steudel. 816.

— Erziehungslehre für gebildete Eltern, oder prakt. Anleit. zu einer zweckmäßigen, physischen, moralischen u. intellectuellen Erziehung eigner Söhne ꝛc. Mit 1 Kpf. 8. Sondersh. 818. Voigt in Ilmenau. 1 ℛ 12 ℊ

— d. christl. Feste. 8. Gotha 818. Ettinger. 6 ℊ

— Harmar d. Greis, oder d. Religion Jesu. Ein Geschenk für junge Verehrer Jesu. gr. 8. Neustadt a. d. O. 817. Wagner. 18 ℊ

——, Anton Helfreich, od. der freundl. Rathgeber f. Deutschlands Volksschullehrer u. Seminaristen. 12. (9½ B.) Gotha 835, Müller.

— Hülfs- u. Handbuch für deutsche Volksschullehrer, zur genauen u. sorgfältigen Führung derjenigen Geschäfte, welche ihnen außer den Schulstunden obliegen. 8. Sondersh. 819. 2e A. 821. Voigt in Ilm. 10 ℊ

—— das Hüttchen im Thüringer Walde, od. die glückl. Erzählungsabende in Seligendorf. Ein Geschenk f. Kinder v. 6—12 Jahren. 8. (12 B. u. 14 ill. Kpfr. u. Titvign.) Gotha 830, Neumann.
2. Thl., vgl. Weingart: „die Mühle am Genfer-See."

——, Johannes u. Maria, od. die erste Feier d. heil. Abendmahls. Ein Confirmationsgeschenk f. gebild. Söhne u. Töchter. 8. (15½ B. u. lith. Ttl. mit Vign.) Gotha 834, Müller.

Weingart, Joh. Friedr., Johannes u. Maria, od. die erste Feier d. heil. Abendmahls. Ein Confirmationsgeschenk f. gebild. Söhne u. Töchter. 2., mit e. Anh. u. zwei Confirmationsreden verm. Aufl. 8. (17½ B.) Gotha 836, Müller.

(——), Lorenz Kraft od. der Schullehrer, wie er sein soll, s. Lorenz Kraft.

Weingart, Joh. Friedr., vollst. Cursus v. Jacotot's allgem. Unterrichtsmethode, s. Jacotot, Jos.

— Leben u. Wirken eines protestantischen Geistlichen. 8. Gotha 817. Ettinger. 3 ℊ

(——) Literaturzeitung f. Deutschlands Volksschullehrer ꝛc., s. Literaturzeitung.

—— die Mühle am Genfer-See, od. die Freunde aus Thüringen. Ein Erzählungsb. f. Kindheit u. Jugend. Als 2. Thl. (von dess.) „das Hüttchen im Thüringer Walde." 8. (13½ B., 14 ill. Kpfr. u. Titvign.) Gotha 834, Neumann.

— Musterpredigten zur bevorstehenden Reformations-Jubelfeier. 8. Sondersh. 1e u. 2e Aufl. 817. Voigt in Ilmenau. 6 ℊ

— Predigten u. Wanderungen durch d. Gebiet d. Menschheit u. Religion. Ein Haus- u. Lebensbuch für alle deutsche Familien. 8. Gotha 819. Reyher. (Leipz., Steinacker). 12 ℊ

—— Reisen in Deutschland, f. d. deutsche Jugend. Enthalt. Schilderungen v. Merkwürdigkeiten aus d. Gebiete d. Natur u. Kunst, u. Erinnerungen an denkwürd. Ereignisse u. ausgezeichn. Männer d. deutschen Vaterlandes, nebst e. Samml. von auf d. Inhalt bezügl. Poesieen. 2 Thle. 8. (25 B.) Eisleben 833, Reichardt.

(Weingart, Joh. Friedr.,) Schullehrerspiegel zur Lehr u. Warnung, s. Schullehrerspiegel.

— tägl. Taschenbuch, oder Ideen-Magazin für Prediger u. Predigtamts-Candidaten aller Confessionen in Städten u. auf dem Lande, enthalt. Beiträge für alle Staatsverrichtungen derselben. 8. Sondersh. 818. Voigt in Ilm. 1 ℛ 6 ℊ

Weingart, (Pfarrer) Jh. Fr., Unterrichtsplan für Lehrer an Stadt- u. Landschulen. 8. Ilm. 817. Voigt. 5 ℊ

— Volksschulen-Verbesserungsplan für Deutschland. 6 Hefte. 8. Ilm. 817 u. 18. Voigt. (à 5 ℊ) 1 ℛ 6 ℊ

— Vorlesebuch für Schullehrer u. Cantoren zur Haltung des öffentl. Gottesdienstes ꝛc. 4. Ilm. 819. Voigt. 2 ℛ

—— Vater Roderich's Wanderungen üb. d. Harzgebirge; in romant. Darstellungen üb. d. Natur, d. Geschichte u. Sagengeschichte dies. Gebirges; nebst anb. schönen Sagen, Erzählungen u. Naturschilderungen, so wie e. Samml. v. Poesieen. Ein unterhalt. u. belehr. Buch f. d. Jugend. 8. (12½ B.) Eisleben 832, Reichardt. 22 Gr., m. 8 ill. Stndr. Thlr.

— Reinholds letzte Worte an seine Kinder. 8. Neust. a. d. O. 818. Wagner. 6 ℊ

[J. u. Ant.] **Weingart**, Maurus [P., O. S. B., Prof.]: Statuta vel Praecepta scolarium. Schüler-Regeln aus dem Ende des 15. Jahrhunderts. Hrsg. u. erl. *Metten, 1894*; 31 S. 8.
Metten, humanist. G. P 1894*

Weingarten [Sachliches OW]

Der österreichische Weingarten. Halbmonatsschrift für die Interessen des österreichischen Weinbaues. ... Jg. 1. Klosterneuburg [illegible]. — UB Wien*

Weingarten und seine Umgebung während der Kriegsereignisse von 1796—1806 . . . Ravensburg 1878. V *Miller, Frz Jos.* (Heyd)

Weingarten [Schlagwort]

Weingarten, s.: Deutschland. Kürschner-Pelp.

Weingarten, s.: Geologische Karten. Spezialkarte (Baden).

Weingarten [Verfasser]

Weingarten: Independentismus u. Quäkertum I. u. II. zs. 98 S. – Berlin J., Progr. 1861 u. 1864.

Weingarten, A. v., neueste Erzählungen u. Novellen. 2 Bdchn. gr. 12. (20 B. u. 2 Titlpfr.) Wien 832, Tendler.

Weingarten, Georg Guil. Arminius: Theses theologicae. Berolini (1857). 12 Bl. 4°
Berlin, Theol. Thes. v. 6. Aug. 1857

Weingarten, H.: Das Wunder der Erscheinung Christi. Ein apologetischer Vortrag zur Kritik von Dr. Fr. Strauss: Das Leben Jesu, für das deutsche Volk bearbeitet. Berlin 1867. 22 S. 4°
Schul-/Univ.-Schrift

Weingarten, Herm., Pascal als Apologet des Christenthums. Eine kirchengeschichtl. Studie. gr. 8. (III und 59 S.) Leipzig 863, Breitkopf und Härtel.

Weingarten, Herm., die Revolutionskirchen Englands. Ein Beitrag zur innern Geschichte der engl. Kirche und der Reformation. gr. 8. (XII, 452 S.) Leipzig 868, Breitkopf und Härtel. 7 50

— s. Rothe's, Rich., Vorlesungen über Kirchengeschichte.

Weingarten, Herm., der Ursprung des Mönchthums im nachconstantinischen Zeitalter. gr. 8. (VII, 65 S.) Gotha 877. F. A. Perthes. n. 1. 20

— Zeittafeln zur Kirchengeschichte. 2. verm. und verb. Aufl. gr. 8. (IV, 169 S.) Leipzig 874, Hartung und Sohn. * 4 50
Vgl.: Zeittafeln.

Weingarten, Herm., Zeittafeln und Überblicke zur Kirchengeschichte. 3. Aufl. in durchgängig neuer Gestaltung und Bearbeitung. gr. 8. (IV, 247 S.) Rudolstadt 888, Hartung und Sohn. *M 4.50.; in Halbleinw. *

Weingarten, Herm., Zeittafeln u. Überblicke zur Kirchengeschichte. 4., verb. Aufl. Durchgesehen u. ergänzt v. S. M. Deutsch. gr. 8. (VII, 247 S.) Leipzig 891. H. Hartung & Sohn. n. 4. 80; kart. n. 5. 60

Zeittafeln und Überblicke zur Kirchengeschichte v. Dr. Hermann **Weingarten,** vorm. ord. Prof. . . . an d. Univ. Breslau. 5. verb. Aufl. Durchges. u. erg. v. D. Dr. Carl Franklin Arnold, o. Prof. . . . an d. Univ. Breslau. *Leipzig: H. Hartung & Sohn 1897.* (IV, 290 S.) 1 Bd 4. (97. 167

Weingarten's Zeittafeln u. Ueberblicke zur Kirchengeschichte. 6. Aufl. Vollständig umgearb. u. bis auf die Gegenwart fortgeführt v. Carl Franklin Arnold. (IV, 264 S.) Lex.-8. Leipzig 905. J. C. Hinrichs' Verl. n. 4. 80; geb. in Leinw. n. 5. 80

Weingarten, J., über die Theorie der aufeinander abwickelbaren Oberflächen. Fol. (43 S.) Berlin 884, (Calvary und Comp.) * 2 40
Aus: Festschrift der königl. technischen Hochschule zu Berlin, besonders abgedruckt.

Weingarten, Ioh. Iac. de, Codex Ferdinandeo-Leopoldino-Carolinus pro haereditate regni Bohemiae et Morav. et Ducatus Siles. fol. Prag. 724.

Weingarten, Joseph, Arzt: Aus d. Bonner psychiatr. Klinik. Casuistischer **Beitrag** zur Lehre von der Pseudologia phantastica. *Bonn a. Rh. 1902: S. Foppen.* (38 S.) 8°
Bonn, Med. Diss. v. 6. Nov. 1902

Weingarten, Iulius: De lineis curvaturae superficierum. Halis Saxonum (1864: Sittenfeld in Berlin). 14 S. 8° (4°)
Halle-Wittenberg, Phil. Diss. v. 6. Febr. 1864
Geb. Berlin 25. 3. 1836. V.

Weingarten, Jul., Dr., Ueber die Reduction der Winkel eines sphäroidischen Dreiecks auf die eines ebenen oder sphärischen von gleichen Seiten. Wissenschaftliche Begründung der Berechnungs-Methoden des Centralbureaus der europäischen Gradmessung. Berlin 1870.

Weingarten, Lasser: Die syrische Massora nach Bar-Hebraeus. Der Pentateuch . . . Halle, Druck v. H. Itzkowski, Berlin 1887; 44 S. + 1 Bl. 8°
Halle, Phil. Fak., Inaug.-Diss. v. [27. Jan.] 1888.

Weingarten, Lasser, die syrische Massora nach Bar-Hebraeus. Der Pentateuch. Diss. Halle 1887. Lippert-sche Buchh. 8°. 44 S.

Weingarten, L., die syrische Massora nach Bar-Hebraeus. Der Pentateuch. gr. 8. (44 S.) Halle 887. (Berlin, H. Engel.) n. 1. 50

Weingarten, Maximilian, approb. Arzt aus Münster i. W.: Aus d. Frauenklinik zu Gießen. Über Schmerzlinderung in der Geburt mit besonderer Berücksichtigung der kombinierten Skopolamin-Morphium-Analgesie. Münster i. Westf. (1904): Westf. Vereinsdruckerei. (33 S.) 8°
Gießen, Med. Diss. v. 1904.

Weingarten Paul: Die Sonatenproduktion der Wiener Zeitgenossen von Haydn u. Mozart von 1775–1805. II. 1910 PN 3062 Diss Wien, Univ. 2147

Weingarten, Paul, aus Lübbecke: Ueber die chemische **Zusammensetzung** und Konstitution des Vesuvian. *Heidelberg 1901: J. Hörning.* (43 S.) 8°
Heidelberg, Naturw.-math. Diss. v. 1901

Bayreuth '(1876–1896)'. Von Felix **Weingartner** (kgl. Hofkapellmeister). *Berlin: S. Fischer 1897.* (2 Bl., 86 S.) 1 Bd 8. (97. 774

Weingartner, Fel., Bayreuth (1876—1896). 2. umgearb. Aufl. (70 S.) 8. Berlin 904. [S. Fischer, Verl.] Leipzig, Breitkopf & Härtel. n. 1. 50; geb. n.n. 2. 50

Ueber das Dirigiren. Von Felix **Weingartner**. Berlin: S. Fischer 1896. 82 S. 8°

Weingartner, Felix. Ueber das Dirigiren. 2. Auflage. Berlin 1896.

— über das Dirigieren. 3., vollständig umgearb. Aufl. (61 S.) 8. Leipzig 905. Breitkopf & Härtel. n. 1. 50; geb. in Leinw. n. 2. 50

Das Gefilde der Seligen. Le Séjour des Bienheureux. The Fields of Heaven. Symphon. Dichtg f. grosses Orchester . . . v. Felix **Weingartner**. Op. 21. Partitur. Leipzig: Breitkopf & Härtel 1897. (75 S.) 1 Bd 4°

— das Gefilde der Seligen. Op. 21. (Angeregt durch d. Gemälde v. Arnold Böcklin.) Kleiner Konzertführer. 12. (10 S.) Leipzig 898. Breitkopf & Härtel. n. — 10

Das Gefilde der Seligen von Felix **Weingartner**. Op. 21 . . . Leipzig: Breitkopf & Härtel (1898). (10 S.) 8° [F.]
= **Musikbücher**, Breitkopf & Härtels. Abt. 2. No 602. (08. 4692

— das Gefilde der Seligen. Op. 21. (Kleiner Konzertführer.) (10 S.) kl. 8. Ebd. (904). n. — 10

Genesius. Oper in 3 Aufz. Dichtung (mit Benutzung d. Operndichtung 'Geminianus' von H. Herrig) u. Musik von Felix **Weingartner**. Op 14. Dichtung. Berlin: Bote & Bock [1907]. 72 S. 8° (11. 4194

Weingartner, Fel., Golgatha. Ein Drama in 2 Tln. (205 S.) 8. Leipzig 908. Breitkopf & Härtel. 5. —; geb. 6. —

König Lear. Symphon. Dichtg f. grosses Orchester v. Felix **Weingartner**. Op. 20. Partitur. *Breitkopf & Hartel 1897.* (1 Bl., 91 S.) 1 Bd 4. (Breitkopf & Härtel's Partitur-Bibliothek.) (98. 4338

König Lear. Symphon. Dichtung von Felix **Weingartner**. Op. 20. Erläuterungen z. Einführung in s. Werk v. Komponisten. Leipzig: Breitkopf & Härtel (1898). (7 S.) 8° [F.]
= **Musikbücher,** Breitkopf & Härtels. Abt. 2. No 601. (08. 4691

— König Lear. Symphonische Dichtg. Op. 20. Erläuterungen zur Einführg. in sein Werk vom Komponisten. (Kleiner Konzertführer.) (7 S.) kl. 8. Ebd. (904). n. — 10

— die Lehre v. d. Wiedergeburt u. d. musikal. Drama, nebst d. Entwurf e. Mysteriums „Die Erlösung." gr. 8. (142 S.) Kiel 895. Lipsius & Tischer. n. 4. —; geb. in Leinw. n. 5. —

Weingartner, Fel., Orestes. Eine Trilogie nach der „Oresteia" des Aischylos. I. Thl.: Agamemnon. II. Thl.: Das Todtenopfer. III. Thl.: Die Erinyen. Op. 30. (Dichtung.) 8. (858.) Leipzig 901. Breitkopf & Härtel. n. — 80

Orestes. Eine Trilogie nach der 'Oresteia' d. Aischylos von Felix **Weingartner**. Th. 1. Agamemnon. Th. 2. Das Todtenopfer. Th. 3. Die Erinyen. Op. 30. (Dichtung.) Leipzig: Breitkopf & Härtel [1901]. 84 S. 8°
(Breitkopf & Härtels Musikbücher. Abt. 1. Nr 274.)

— **On the performance of Beethoven's symphonies. Translated by Jessie Crosland. (X, 195 S.) 8. London 907. Leipzig, Breitkopf & Härtel. 5.—; geb. 6. —**

(Felix) **Weingartner**. Quartett in F moll für 2 Violinen, Bratsche und Violoncell. Op. 26. Partitur. *Leipzig: Breitkopf & Härtel (1900).* (33 S.) 4° [Umschlagt.]
(Breitkopf & Härtel's Partitur-Bibliothek.) [04. 2814

Weingartner, Fel., Ratschläge f. Aufführungen der Symphonien Beethovens. (XI, 197 S.) 8. Leipzig 906. Breitkopf & Härtel. n. 5. —; geb. n. 6. —

— **Carl Spitteler, s.a. Broschüren, Münchner. 2. Hft.**

Weingartner, Felix. Carl Spitteler. Ein künstlerisches Erlebnis. 8.
Ausg. A, in: Süddeutsche Monatshefte ... hrg. von Wilhelm Weigand. Jahrg. 1, Heft 6. Juni 1904. München und Leipzig, Verlag der Süddeutschen M', im Buchh. bei Georg Müller. (Einzelheft M. 1.50.) S. 484–515.
Ausg. B, sep.: 68 S. München und L', Georg Müller, 1904. (M. 1.—) (Münchner Broschüren. Hrg. von Georg Müller. Heft 2.)

[F.] Die Symphonie nach Beethoven. E. Vortr. v. Felix **Weingartner**. *Berlin: S. Fischer 1898.* (2 Bl., 103 S.) 1 Bd 8. [97. 8455

— **die Symphonie nach Beethoven. 2., umgearb. Aufl. 8. (109 S.) Berlin 901. S. Fischer, Berl. n. 1. 50**

— **Die Symphonie nach Beethoven. 3., vollständig umgearb. Aufl. (III, 118 S.) 8. Leipzig 909. Breitkopf & Härtel. 2. —**

Symphonie in G Dur für grosses Orchester v. Felix **Weingartner**. Op. 23. Partitur. Leipzig: Breitkopf & Härtel 1899. (1 Bl., 139 S.) 1 Bd 4°
(Partitur-Bibliothek, Breitkopf & Härtel's. [No] 1509.)

Musikalische Walpurgisnacht. Ein Scherzspiel von Felix **Weingartner**. Leipzig: Breitkopf & Härtel 1907. (37 S.) 8°
Aus: Kunstwart. 1907, Fastnachtsheft. [07. 9653

— Musikalische Walpurgisnacht. Ein Scherzspiel. (Mit Titelzeichng. v. Walt. Tiemann.) (38 S.) 8. Ebd. 907. Geb. 2. —
Sonderabdr. aus: „Kunstwart".

Weingartner, Felix (Hrsg.), s. Werke, Hector Berlioz.

Weingartner, J., Ueberblick d. Bekehrung Europa's, oder kurze Geschichte d. Einführung d. Christenthums bei den europ. Völkern, vom 1sten bis ins **14te** Jahrhundert. gr. 8. Linz **824.** Academ. Buchh. 16 K

WEINGARTNER, Josef: Die Heiligen und Seligen Tirols. Das spätere Mittelalter und die Neuzeit. — (1909) 105 Bl. 8° (Maschinschr.) Diss. 678
Diss. Wien, **Univ.**

Weingartner, Jos., das jüngste Tirol. Ein Musenalmanach. Hrsg. v. W. Buchschmuck v. Jos. Garber. (144 S.) 8. Ravensburg 909. F. Alber. Geb. 2. 60

Weingartner, Leopold: [Professor Dr. Friedrich Bauer † am 20. Februar 1908. — Prof. August Meschkä † 24. Mai 1908.] S. 53 bis 54. 8. **Progr.** K. k. Staatsgymn. im XVII. Bezirke *Wien* 1908.

Weingartner, Leop., Bilder aus der Geschichte f. die 2. Klasse österreichischer Mädchen-Lyzeen. (222 S.) gr. 8. Wien 903. Manz. n. 1. 80; geb. in Leinw. n. 2. 30

Weingartner, Leop.: Grundzüge der Erdbeschreibg., s.a. Herr.

— **Grundzüge der Erdbeschreibung f. die 1. Klasse der Mittelschulen. 3., umgearb., nach Herr 19. Aufl. (III, 84 S.) gr. 8. Ebd. 903. n. 1. 10; geb. n. 1. 40**

Weingartner Leopold, Grundzüge der Erdbeschreibung für die I. Klasse der Mittelschulen. 4., unveränderte, sonach gemäß Min.-Erl. vom 13. Mai 1903, Z. 14443, allgemein zulässige Auflage. Wien 1908. Manz. Geb. K 1.10, geb. K 1.40.

Weingartner, Leop., Grundzüge der Erdbeschreibung f. die 1. Klasse der Mittelschulen. 5., nach Herr 21., gemäß den neuen Lehrplänen umgestalt. Aufl. (III, 83 S. m. 8 Holzschn.) 8. Wien 910. Manz. Geb. 1. 20

Weingartner, Leopold: Katalog der Lehrerbibliothek des k. k. Maximilians-Gymnasiums in Wien. (Umschlagtitel: Bibliothekskatalog der Anstalt. I. Theil.) 8 (40 S.) Bibliothekskatalog. (Fortsetzung.) (Umschlagtitel: ... II. Theil.) 8 (S. 5–19.) (Schluss.) (Umschlagtitel: III. Theil.) 8 (S. 16–32.)
Progr. K. k. Maximilians-G. *Wien* 1898. 1899. 1900.

Weingartner, Leop. Die von L. Bock aufgestellten Kategorien des Konjunktivs im Mhd. untersucht an Hartmann von Aue. 44 S. 8. **Progr.** G. *Troppau* 1881.

Länder- und Völkerkunde, s.a. Herr.

— **Länder- u. Völkerkunde f. die 2. u. 3. Klasse der Mittelschulen. 3., umgearb., nach Herr 16. Aufl. (IV, 210 S. m. 26 Holzschn.) 8. Ebd. 904. Geb. n. 2. 80**

Weingartner Leopold, Länder- und Völkerkunde für die II. und III. Klasse der Mittelschulen. 4., durchgesehene, nach Herr 16. Auflage. Wien 1907. Manz. Geh. K 2.40, geb. K 2.80

— **Länder- u. Völkerkunde f. die 2. u. 3. Klasse der Mittelschulen. 5., gemäß den neuen Lehrplänen umgestaltete, nach Herr 17. Aufl. (IV, 208 S. m. 25 Holzschn.) 8. Ebd. 910. Geb. 2. 40**

Weingartner, Leop.: Lehrbuch d. vergleich. Erdbeschreibg., s. Herr.

— **Lehrbuch der Geschichte des Altertums f. die 3. Klasse österreich. Mädchen-Lyzeen. (VIII, 221 S. m. 29 Abbildgn.) 8. Ebd. 904. Geb. in Leinw. n. 2. 50**

— **dasselbe f. die 2. Klasse der österreich. Mittelschulen. 2., umgearb. Aufl. (III, 164 S. m. 26 Abbildgn.) 8. Ebd. 904. Geb. in Leinw. n. 1. 90**

Weingartner Leopold, Lehrbuch der Geschichte des Altertums für die Unterstufe der österreichischen Mittelschulen. 3. Auflage. 3., im wesentlichen unveränderte, somit gemäß Min.-Erl. vom 1. August 1904, Z. 27263, allgemein zulässige Auflage. Wien 1910. Manzsche Verlagsbuchhandlung. Geh. K 1.50, geb. K 1.90.

— **Lehrbuch der Geschichte des Altertums f. d. Unterstufe der österreich. Mittelschulen. 3. Aufl. (III, 164 S. m. 26 Abb.) 8. Ebd. 910. Geb. 1. 60**

— **Lehrbuch der Geschichte des Mittelalters f. die 3. Klasse der österreich. Mittelschulen. 2., umgearb. Aufl. (III, 114 S. m. 11 Holzschn.) 8. Ebd. 905. Geb. n. 1. 45**

— dasselbe des Mittelalters u. der Neuzeit bis zum westfälischen Frieden f. die Unterstufe der österreich. Mittelschulen. 8., den neuen Lehrplänen angepaßte Aufl. (III, 168 S. m. 19 Holzschn.) 8. Ebd. 910. Geb. 1.80

(F) **Weingartner,** L., Lehrbuch der Geschichte der Neuzeit für die 4. Klasse österr. Mittelschulen. 2. Aufl. Gr.-8°. (ill. 152 S.) Wien: Manz'sche k.u.k. Hof- u.Verlagsbuchh. 1907. K 1.40, geb. K 1.90

Weingartner Leopold, Lehrbuch der Geschichte der Neuzeit für die Unterstufe der österreichischen Mittelschulen. 3., erweiterte Auflage. Wien 1909. Manz'sche Verlagsbuchhandlung. Geb. K 1.50, geb. K 1.90 (Min.-Erl. vom 24 Jänner 1910, Z. 581.)

— dasselbe der Neuzeit f. die Unterstufe der österreichischen Mittelschulen. 3., erweit. Aufl. (III, 179 S. m. 16 Holzschnitten.) 8. Ebd. 910. Geb. 1.60

Weingartner, Leop., Lehrbuch der Geschichte f. die Unterstufe der österreichischen Mittelschulen. 1. u. 2. Thl. gr. 8. Wien 893. Manz. n. 2.50; geb. in Leinw. n. 3.10
1. Das Alterthum. (III, 151 S. m. 32 Abbildgn.) n. 1.30; geb. n. 1.60
2. Das Mittelalter. (III, 104 S. m. 11 Abbildgn.) n. 1.20; geb. n. 1.50

— Lehrbuch d. Geschichte f. d. Unterstufe d. österreich. Mittelschulen. 3. Thl.: Die Neuzeit. gr. 8. (III, 146 S. m. 16 Holzschn.) Wien 894. Manz. n. 1.30 (kplt.: n. 3.60; Leinw.-Einbde. à n. — 30)

Lehrbuch von Österreich-Ungarn, s. Herr.

Weingartner, L. Vereinigung Burgunds mit dem deutschen Reiche unter Konrad II. 28 S. 8. **Progr.** I d Staatsg *Brunn* 1880

Weingartner, Leopold. Zuwachs in der Lehrerbibliothek vom Jahre 1901 bis Mai 1903. (Umschlagtitel: Nachtrag zum Bibliothekskatalog.) S. 30–37. 8. **Progr.**

Weingartner, Seraphin. Die Reusseiten des alten Luzern. Ein Beitrag zur Bewahrung seines typischen Charakters. [Mit 12 Ansichten auf 3 Tafeln.] 8 S. 8.
Jahresbericht für die Höhere Lehranstalt zu Luzern für das Schuljahr 1907/08. ... Beilagen: [II]... Luzern, J. Schills Erben, 1908.

Weingartner, Seraphin, [und] Bucher, [Franz]. Der Sieg im Schwaderloo. Neun lebende Bilder nach Entwürfen von Professor S' W'..., mit verbindender Dichtung von Dr. B'-Heller, Luzern, aufgeführt von der Zunft zu Safran [in Luzern] anlässlich der Begleitung der eidg. Schützenfahne nach St. Gallen in der Festhalle Sonntag den 17. Juli 1904 in St. G'. [Hrg. von der] Gesellschaft zu Safran. [Mit Illustrationen und 1 Tabelle.] IV + 16 S. 8. Luzern, Räber & Cie.

Weingärtner, Weinhändler u. Weinkellermeister, d. erfahrne, in allen Weinkäufen wohlunterrichtete, od. prakt. Unterricht, d. Weinbau auf d. vortheilhafteste Art z. betreiben etc. 8. Neue Aufl. Grätz, 1803. — 24

Weingärtner's, Joh. Chrstph., Lebensbeschreibung. (Von W. Mensing.) 4. (4½ B.) Erfurt 834, Otto.

Der wohlerfahrne Wein-Gärtner, und sorgfältige Wein-Schenck, welcher eine gründliche Anweisung zum Wein-Bau, und nothigen Unterricht zur Erhalt- und Verbesserung der Weine mittheilet; samt einem Anhang von curieusen, sehr geheimen Künsten und besondern Wissenschafften, so zum Wein- Acker- Garten-Bau, ... Esslingen: Schall 1756. 536 S. -- 7*.12.29. Frei 100*. Rüd.*
Bibliotheca oenologica: Frankfurt: Esslingen 1756. -- Boehmer: Ulm 1756. -- Dochnahl: Frankfurt: Esslinger 1756. -- Simon: Bibliotheca vinaria: Frankfurt 1756. -- Thienemann: Frankfurt, Ulm, Eßlingen 1756. -- Weber: Frankfurt: Eßlinger 1756.

— d. wohlerfahrne, u. sorgfältige Weinschenker, welcher e. gründl. Anweis. z. Weinbaue etc. mittheilt. 8. Frankfurt, 1756. Esslinger. (Stiefel.) — 15

Weingärtner, Leitfaden für den geometrischen Anschauungsunterricht. kl. 8. (15 S.) Marburg 885, Elwert's Verlag. *

Weingärtner, Adm. Fr. Chr.

— Thuiskons Buchstaben- u. erstes Lehrbuch, als Elementar-Lesebuch für d. deutsche Jugend, sowohl für d. alte, als auch vorzügl. für d. naturgemäßere Elementar-Methode brauchbar. Des Lesebuchs für d. deutsche Jugend erster Cursus, den Elementar-Leseunterricht enthaltend. 8. Erfurt 817. (Keyser). 4 gGr

Weingärtner, A. F. C., Lesebuch für die deutsche Jugend. 1r Curs. oder Thuiskons Buchstaben und erstes Lesebuch rc. 8. Erfurt, (Keyser.) 817.

Weingärtner, Adm. Fr. Chr., Liederlese für d. deutsche Jugend. 2e A. 8. Erf. 820. (Otto). 8 gGr NB. Die 1e Aufl., s. Liederlese.

— zwei Predigten am Feste d. Befreiung Erfurts, d. 9. Jan. 1814. gr. 8. Erfurt 815. Beyer u. Maring. (Otto).

— deutsche u. latein. Schulvorschriften, als Fortsetz. d. Obigen. 16 Heft. qu. 4. Ebd. 826. 12 gGr

— kalligraph. Wandtafeln, für d. Elementarunterricht in d. deutschen u. latein. Schönschrift. gr. Fol. Erfurt 824. (Keyser). 1 ℔ 8 gGr

Weingaertner, Adolfus: De Horatio Lucretii imitatore. Halis Saxonum (1874): Karras. 50 S. 8°
Halle-Wittenberg, Phil. Diss. v. 4. Aug. 1874
Geb. Neuhaldensleben 21. 11. 1849. V.
Ersch. auch in: Dissertationes philologicae Halenses. Vol. 2. Halis 1876. S. 1–50.

Weingärtner, Adolf, approb. Arzt aus Munster i. W.: Aus d. pathol. Institute zu Kiel. Über tuberkulöse **Meningitis,** Pathologie und Statistik. *Kiel 1901: H. Fiencke.* (17 S.) 8°
Kiel, Med. Diss. v. [18. Apr.] 1901

Weingärtner, August *(geb. Breslau 11. 9. 1855)*: Kurze Zusammenstellung der wichtigsten Nitrosoverbindungen und einige Versuche zur Darstellung der Nitrososalicylsäure. Namslau (1879). (21 S.) 8° *[Im Buchhandel 1879 bei Köhler in Breslau.]*
Breslau, Phil. Diss. v. 18. Aug. 1879

Weingärtner, Aug., kurze Zusammenstellung der wichtigsten Nitrosoverbindungen u. einige Versuche zur Darstellung der Nitrososalicylsäure. Chemische Inaugural-Dissertation. gr. 8. (21 S.) Breslau 879. (Koehler.) n. 1. —

(Weingärtner, B.,) Geschenk f. Meßdiener, s. Anleitung.

Weingärtner, Bernard, Anleitung wie man dem Priester im Amt d. heil. Messe recht u. pünktl. am Altar dienen soll, nebst Morgen-, Abend-, Meß-, Beicht-, Kommunion- u. a. Gebeten. Ein Geschenk f. Meßdiener. 3., verm. Ausg. 12. (4 B. u. Titkpfr.) Münster 836, Coppenrathsche Buchh. *

Weingärtner, C., s. Europe, illustrated. — L'Europe illustrée.

— das siebenbürgische Hochland, s.: Wanderbilder, europäische.

Weingärtner, C. s. Hochland. Das siebenbürgische H'. Zurich ([18]89–90) – Pays. Le p' haut de Transylvanie. Zurich ([18]90) – Transylvania Highland. The T' H'. Zurich [1890].

s. Ungarn in Wort u. Bild. — Wanderbilder, europäische.

Weingärtner, Felix [aus Schlesien]: Die mittelenglischen Fassungen der Partonopeussage und ihr Verhältnis zum altfranzösischen Originale ... Breslau, Druck v. Anton Schreiber, 1888; 2 Bl. + 64 S. + 2 Bl. 8°
Breslau, Phil. Fak., Inaug.-Diss. v. 14. Jul. 1888.

Weingärtner, Felix, die mittelenglischen Fassungen der Partonopeussage und ihr Verhältnis zum altfranzösischen Originale. Inaugural-Dissertation. gr. 8. (64 S.) Breslau 888, (Köhler.) *

Weingärtner, Fr., s. Weingärtner, Adm. Fr. Chr.

Weingärtner, Jo. Sylvester [Praes.], s. Stieler, Georg Kaspar: De legitima principiorum j.n. applicatione.

Weingärtner, Johann Christoph

— deutl. u. gründl. Anleit. zur Rechenkunst u. Meßkunst u. zu d. gemeinnützigen Anwendung derselben. 2 Thle, mit 7 Kpft. gr. 8. Jena 806, 7. 2 Thlr 16 gr

Weingärtner, Jh. Cph., († d. 19. Febr. 1833.) über d. Bezeichnung in d. combinator. Analysis. 4. Erfurt 831. Otto. 10 gr

Johann Christoph Weingaertner

Lehrbuch der combinatorischen Analysis nach der Theorie des Herrn Professor Hindenburg, ausgearbeitet von Johann Christoph Weingärtner. Th. 1.2. Leipzig: Fleischer 1800-01. 8°
Th. 1: 1800.
Th. 2: 1801.

— Progr. die regula falsi, als allgem. indirecte Auflösungsmethode algebraischer Aufgaben. gr. 8. Erfurt 825.

Weingärtner, Jos., Beschreibung der Kupfermünzen des ehemaligen Bisthums Paderborn und der Abtei Corvey sowie der zu denselben gehör. Städte. gr. 8. (VI und 34 S. mit 20 Münz-Abbild. auf 1 Stnt. in 4.) Paderborn 864, Schöningh.

Weingärtner, Jos., Beschreibung der Kupfer-Münzen Westfalens nebst historischen Nachrichten. 1. und 2. Heft. gr. 8. Paderborn, Schöningh. [1. Heft. (III, S. 1—97 mit 1 Stnt. in qu. 4.) 872. *M 1,60.; 2. Heft. (S. 98—242 mit 30 lithogr. Abbild.) 873. *M 2,40.] * 4 —

Weingärtner, Jos., Beschreibung der Kupfer-Münzen Westfalens nebst historischen Nachrichten. 3. Heft. gr. 8. (S. 243—379 mit 32 Abbild. auf 3 Stnt.) Paderborn 875, Schöningh. + 2 40
1. und 2. Heft. Ebendas. 1872. *M 4.

Weingärtner, Jos. Erzählungen aus Westfalen. I. Land u. Leute an der westfälisch-holländ. Gränze. II. Ut Mönsters olle Tied. 12. (98 S.) Münster i. W. 890, H. Schöningh. geb. * 1 20

Weingärtner, Jos., das Kind u. seine Poesie in plattdeutscher Mundart. 8. (60 S.) Münster 880. Aschendorff. n. — 40

Weingärtner, Josef: Der Kost- und Logiszwang im Bäckergewerbe. Marburg 1910: Koch. 108 S. 8°
Marburg, Phil. Diss. v. 30. Juni 1910, Ref. Troeltsch
[Geb. 26. Febr. 83 Marburg; Wohnort: Cöln; Staatsangeh.: Preußen; Vorbildung: Oberrealsch. Marburg Reife O. 04; Studium: Marburg 3, München 1, Marburg 1, München 1, Marburg 5 S.; Rig. 21. Juli 09.] [U 10. 3403

Weingärtner, Jos., d. Kost- u. Logiszwang im Bäckergewerbe. (III, 112 S.) gr. 8. Marburg 910. N. G. Elwert's Verl. 2. 50

Weingärtner, J., Nachträge zur Lippischen Geld- u. Münz-Geschichte. [Münzstudien: Bd. V. S. 129—507.] gr. 8. (32 S.) Leipzig 890. Hahn's Verl. n. 1. 20

Weingärtner, Julius, approb. Arzt aus Offenbach a. M.: Aus d. chirurg. Klinik in München. (Direktor Obermedizinalrat Dr. R[r] v. Angerer.) Die operative Behandlung der Empyeme und Empyemfistel in den Jahren 1896—1902. München 1903: M. Ernst. (62 S.) 8°
München, Med. Diss. v. 1903.

Weingärtner, Karl, unter Habsburgs Banner. Heldenbuch. Bilder und biograph. Skizzen. 10 Lfgn. Lex.-8. (248 S. mit eingedr. Chemitypien.) Teschen 881, Prochaska. à Lfg. * 80 Pf. * 8 —

Weingärtner, Karl. Unter Habsburgs Banner. Heldenbuch. Bildnisse und biographische Skizzen. Teschen, Buchhandlung Karl Prohaska 1882.
Tit., 2 Bl., 248 S., 115 Abb. 4°

Weingaertner, Matthias (geb. Cöln a. Rh. 6. 8. 1827): De Titi Livii vita. Particula I. Berolini (1852). (55 S.) 8°
Berlin, Phil. Diss. v. 10. Juli 1852

Weingärtner, Max, a. Wald-Michelbach (Hessen): Ein Beitrag zur operativen Reklination der Katarakt. Freiburg i. Br.: Speyer & Kaerner 1906. (44 S.) 8°
Freiburg i. B., Med. Fak., Ref. Axenfeld, Diss. v. 1906
[Geb. 25. Juli 82 Waldmichelbach; Wohnort: Freiburg i. B.; Staatsangeh.: Bayern; Vorbildung: Gymn. Bensheim Reife O. 01; Studium: München 1, Freiburg i. B. 9 S.; Coll. 9. März 06.]

Weingärtner, Max, appr. Arzt aus Dresden: Ein Fall von Carcinom in den Bauchdecken nach Exstirpation eines gutartigen Kystoma ovarii papillare. Leipzig 1901: B. Georgi. (30 S.) 8°
Leipzig. Med. Diss. v. (7. Mai) 1901.

Weingaertner, Otto Über den geometrischen Anschauungsunterricht in Quinta. 12 S. **Progr.** G. *Marburg H.* 1884.

Weingaertnerus, Otto: •De curvis persecutionis. 14 Bl. 4° (2°)
Halle-Wittenberg, Phil. Diss. v. 15. Febr. 1864
Geb. Vreden (Kr. Ahaus, Westf.) [25. 2. 1840]. V.

Weingärtner, Th., Katechismus in Sprüchwörtern, goldne Sprüche des deutschen Volkes und classische Reim- und Sinnsprüche deutscher Dichter für Jung und Alt. Gesammelt und nach den Hauptstücken des luther. Katechismus geordnet. 8. (104 S.) Erfurt 855, Villaret. *

Weingärtner, W. S. J., Darstellung d. Grundlage d. Derivationsrechnung d. beyd. franz. Analysten Lagrange u. Arbogast, u. Vergleich. derselben mit der Differential-Rechnung. gr. 8. Erfurt, Beyer u. M. 802.

Weingärtner, W. S. J., Darstellung d. Grundlage d. Derivationsrechnung d. beiden französ. Analysten Lagrange u. Arbogast, u. Vergleichung derselben mit d. Differential-Rechnung. gr. 8. Erfurt 802. (Otto). 4 gr

Weingaertner, Wilh., die Aussprache des Gothischen zur Zeit des Ulfilas. Eine sprachwissenschaftl. Abhandlung. gr. 8. (68 S. mit 1 Stnt. in Fol.) Leipzig 858, T. O. Weigel. *

— System des christlichen Thurmbaues. Die Doppelkapellen, Thurmkapellen, Todtenleuchten etc. in ihrem Zusammenhange und ihrer Entwicklung. gr. 8. (VIII und 90 S.) Göttingen 860, Vandenhoeck und Ruprecht's Verlagsh. *

— Ursprung und Entwicklung des christlichen Kirchengebäudes. Lex.-8. (XII und 142 S.) Leipzig 858, T. O. Weigel. *

Weingartshofer, M. Elementar-Unterricht in der Fotografie. *Wien* 1857. Druck von *Ad. della Torre.* 38 S. 8°.

Weingartshofer, M., der praktische Photograph. Eine kurzgefaßte Anleitung, um Lichtbilder mit gutem Erfolge darstellen zu können; auf viele Versuche und durchgehends eigene Erfahrung begründet. gr. 12. (45 S.) Wien 855, (Prandel und Meyer.) •

—— dass. — 2. Aufl. mit neuen und erprobten Zusätzen über die Erzeugung von direkt positiven Bildern auf Glas und Wachsleinewand, Eiweiß- und Stereoskop-Bilder auf eigene prakt. Erfahrungen begründet. 8. (68 S.) Ebds. 856. •

Komisches Wein-Gedicht am Rhein. o.O.u.J. -- 38*

Weingeheimnisse. Zusammenstellung aller bisher oft sehr geheim gehaltener Mittel zur natürlichen und künstlichen Weinbereitung jeder Gattung, nebst Mittheilung einer großen Anzahl in der Praxis gewonnener, hierauf bezüglicher Erfahrungen von der ältesten bis auf die allerneueste Zeit. Ein Buch für alle Weinzüchter, Weinfabrikanten, Weinhändler, Gastwirthe, Kaufleute und Weinkonsumenten. Naumburg (Saale): Garcke 1858. XVI, 123 S. -- Frei 100*
--- Dass. 2. Aufl. Ebd. 1860. XVI, 123 S. -- [Zit. nach dem Realkatalog der DSB: 1: Kriegsverlust]

Weingeheimnisse. Zusammenstellung aller bisher oft sehr geheim gehaltener Mittel zur natürlichen und künstlichen Weinbereitung jeder Gattung, nebst Mittheilung einer großen Anzahl in der Praxis gewonnener, hierauf bezüglicher Erfahrungen von der ältesten bis auf die allerneuste Zeit. Ein Buch für alle Weinzüchter, Weinfabrikanten, Weinhändler &c. 2. Aufl. Naumburg 860. Tauerschmidt. gr. 8. (XVI, 123 S.) 1 ₰

Wein-, Accis- und Ohmgeld der noch gültigen Gesetzgebung in Baden. Karlsruhe 1839. -- [Zit. nach Bibliotheca oenologica, Nachtr. 4]

Weingerl, J., der Thermal-Curort Krapina-Töplitz in Croatien. 8. (67 S.) Wien 889. Braumüller. n. 1. 20

Weingerl, Dr. J., Der Thermal-Curort Krapina-Töplitz in Croatien. (Braumüller's Bade-Bibliothek Nr. 73.) 8. (67 S.) —.60
Wien: Braumüller 1889.

Weingeroff, Frieda: Aus d. Universitätsfrauenklinik in Giessen. Über die Todesursachen der Neugeborenen in den ersten Lebenstagen. Giessen 1910: Kindt. 18 S. 8°
Gießen, Med. Diss. v. 21. März 1910, Ref. v. Franqué
[Geb. 8. Juni 84 Rybinsk; Wohnort: Gießen; Staatsangeh.: Rußland; Vorbildung: Frauengymn. Nischni-Nowgorod Reife O. 03, Erg. Gymn. Kostroma 04; Studium: Bern 8, Gießen 3 S.; Rig. 11. März 10.] [U 10. 1170

Weinges, Fritz, approb. Arzt aus Münster i. W.: Chirurgische Behandlung des doppelseitigen Empyems. *Münster 1901: Regensberg.* (29 S.) 8°
Freiburg i. B., Med. Diss. v. 1901

Weinges, Heinrich [app. Arzt aus Münster i./W.]: Aus d. Laboratorium d. pharmakognost. Sammlung in Kiel. Beitrag zur Kenntnis der Wirkung des Knallnatrium ... Kiel, Druck v. A. F. Jensen, 1897; 24 S. 8.
Kiel, Med. Fak., Inaug.-Diss. v. [6. Apr.] 1897

Weingesetz, s.a. G e s e t z e s t e x t e

Wein-Gesetz. Gesetz, betreffend den Verkehr mit Wein, weinhaltigen und weinähnlichen Getränken. Vom 24. Mai 1901. Mit den Ausführungsbestimmungen vom 2. Juli 1901. Gießen: Roth [1901]. 7 S. (Deutsche Reichsgesetze in Einzel-Abdrucken. Abth. IX. 6c, Nr 307.) -- 36*

Weingesetz. Entwurf. (93 S.) 31,5×22,5 cm. Berlin (908). (C. Heymann.) 2. —

Das Weingesetz vom 7. April 1909. Mit Ausführungsbestimmungen u. Weinzollordnung v. 17. Juli 1909. Auf Grund d. amtl. Materials erl. von Dr. Georg Lebbin. 2. Aufl. Berlin: Guttentag 1909. 256 S. 8°
(Guttentagsche Sammlung deutscher Reichsgesetze. Nr 65.)

Weingesetz vom 7. April 1909 (RGBl. 393) nebst den Ausführungsbestimmungen vom 9. Juli 1909 (RGBl. 549). Berlin: Heymann 1909. 63 S. (Gesetzestexte. 1909, Nr 6/7.) -- [Zit. nach BTD]

— Vom 7. IV. 1909. (16 S.) kl. 8. Ebd. (909). — 20

— dasselbe (R.-G.-Bl. S. 893) nebst den Ausführungsbestimmungen des Bundesrats u. des kaiserl. Ministeriums v. Elsass-Lothringen. Weinzollordng. nebst d. elsass-lothring. Ausführungsbestimmgn. — Anh.: Die wesentl. Bestimmungen des neuen Weingesetzes, erläutert v. Preiss. — Die Lagerbuchführg. d. elsäss. Weinhändlervereins, erläutert v. Kehren u. Rieder. (104 S.) 8. Colmar 909. Strassburger Druckerei u. Verlagsanstalt, Filiale Colmar. 1. —

Weingesetz vom 7. April 1909 ⟨RGBl. S. 393⟩ nebst d. Ergänzungsbestimmungen d. Reichs gemeinverständl. erl. von W[ilhelm] Coermann. Düsseldorf: Schwann 1909. 196 S. 8° [10. 7291 5

Weingesetz vom 7.4.1909. Gießen: Roth 1909. 55 S. -- [Zit. nach Kayser]

— dasselbe m. Ausführungs-Bestimmgn. nebst d. Mustern der vorgeschriebenen Formulare f. die Kellerkontrolle. (51 S.) 8. Heilbronn (909). O. Weber. — 50

— dasselbe nebst den Ausführungsbestimmungen vom 9. VII. 1909. Textausg. m. Inhaltsübersicht, Formularen u. Sachregister. (IV, 62 S.) kl. 8. Leipzig 909. C. L. Hirschfeld. Geb. in Leinw. — 70

Wein-Gesetz vom 7. April 1909 nebst Ausführungsbestimmungen mit e. Anh. enth. d. Kommissionsbericht, Regierungsentwurf nebst amtl. Erl. u. dergl. mehr. Hrsg. u. erl. von Fritz Goldschmidt, Red. in Mainz. Mainz: Deutsche Wein-Zeitung 1909. V, 291 S. 8°

Das Weingesetz vom 7. April 1909 mit d. Ausführungsbestimmungen u. d. Weinzollordnung erl. von Otto Zoeller, Staatsanw. München & Berlin: Schweitzer 1909. IX, 257 S. 8°
(Schweitzers Textausgaben mit Anm.)

— dasselbe. (IV, 62 S.) kl. 8. Stuttgart 909. W. Kohlhammer. — 50; geb. in Leinw. n — 70

Das Weingesetz vom 7. April 1909 nebst Ausführungsbestimmungen. Zsgest. u. erl. von M. Binz: Trier: Paulinus-Dr. 1909. 58 S. 8°
(Keil's Rechts-Bibliothek. H. 6)

Weingesetz vom 7. April 1909 nebst Ausführungsbestimmungen v. 9. Juli 1909. Mit Anh.: Weinzollordnung v. 15. Juli 1909, Schaumweinsteuergesetz mit Ausführungsbestimmungen u. Schankgefässgesetz. Trier: Sonnenburg (1909). 160 S. 8°

Weingesetz vom 7. April 1909 m. d. Ausführungsbestimmungen d. Reiches u. d. Bundesstaaten, d. Weinzollordnung u. Anweisung z. chem. Untersuchung d. Weines ... erl. von Dr. Adolf Günther, Reg.R. u. Dr. Richard Marschner. Berlin: Heymann 1910. XXIV, 595 S. 8° [11. 1068 10

Weingesetz vom 7. April 1909. Mit e. Anhang enth. d. Weingesetzentwurf nebst amtl. Begründung, d. Bericht d. Reichstagskommission, d. Weinzollordnung vom 17. Juli 1909 usw. Vom techn. Standpunkt zum Gebrauch f. Weinproduzenten ... Erl. von Dr. Karl Windisch, Prof. Berlin: Parey 1910. VII, 267 S. 8° [10. 5630

— das neue. Gesetz v. 12. IV. 1907 betr. den Verkehr m. Wein, Weinmost u. Weinmaische. (30 S.) kl. 8. Innsbruck 908. Wagner. — 60

Weingesetz-Entwurf, s.a. Mitteilungen des deutschen Weinbauvereins.

Weingesetz-Entwurf. Zuckerung, Mouillage, Buchkontrolle, Weinsteuer, bessere Lagen, Handelsbeschränkung, bestehendes Weingesetz, Verjüngung der Weinberge. [Berlin: Heymann 1909.] 15 S. -- 3-*

WEINGRUBER, JOAN(NES) IGN(ATIUS): Solium gloriae altitudinis a principio. Jerem c. 17, v. 12. Der von Anbeginn hohe Thron der Herrlichkeit; Welchen auch nur mit Gedancken zu besteigen die erschaffene Kräften sich nicht anmessen sondern vielmehr in gröster Abtiefung anzubetten begieren sollen. Das ist: Danck-verpflichte Ehren-Rede Von dem unverforschlich- und unermessener Geheimnuß Einer Allerhöchst Drey-Einigen GOttheit: An dem hohen Titular-Fest des Barfüsser Ordens der Allerheiligsten Dreyfaltigkeit von Erlösung gefangener Christen in eigener Closter-Kirchen zu Preßburg abgeredet. (Preßburg) 1738. Gedr. bei Maria Magd. Royerin Wittib durch Georg Adam Gärtner. 1736. 8 S. - kl. 4°

WEINGRUBER, JOHAN IGNAZ: Augenscheinliches Wunderwerck Göttlicher Vorsichtigkeit: Das ist: H. Ignatius von Loyola Patriarch und Stiffter der Welt-berühmten Gesellschaft Jesu hat das Haus Gottes unterbauet und gestärcket. Da dessen Ehren-Tag in der königl. Frey-Stadt Eperies in der Kirche des gedachten Ordens den 31. Julii 1768 höchst-feyerlich ist begangen worden in kurzer Ehren-Rede verfasset und vorgetragen von dem Hochwürdigen Herrn Johan Ignaz Weingruber der Freyen Künsten und der Philosophie Doctor der Heiligen Schrift Licentiat. Pfarr-Herrn zu Menhard einer aus den dreyzehen Privilegirten Königlichen Städten Dechant des oberen Flusses Poprad Apostolischen Proto Notar wie auch Beneficiat bey dem H. Johann dem Taufer zu Oedenburg. Kaschau 1768. Gedruckt in der Academischen Buchdruckerey Soc. Jesu. 16 S. - 400 mm

WEINGRUEBER, FRANCISCUS JOSEPHUS: Arithmetica mirabilis, Verwunderungswürdige Rechen-Kunst. Dass ist: Eine höchst-schuldigste Lob-Rede in welcher Das von Anbeginn der Welt unergründliche Geheimnuß Der Drey-Einigen GOttheit entworffen, und zu Comorn in Hungarn Franc. Jos. Weingrueber ... abgeredet. Raab 1730. Druckts Joh. Antoni Streibig. 4 f. - kl. 4°

Weinhagen, seine polit. Thätigkeit und der Aufruhr zu Hildesheim am 17. und 18. April 1848. gr. 8. (36 S.) Hildesheim 849, Gerstenberg'sche Buchh.

Weinhagen, Erwerb von Geschäftsanteilen e. Gesellschaft m. beschr. Haftg. Ein Wegweiser f. Diejenigen, die es angeht, zunächst f. den Verf. (VI, 34 S.) gr. 8. Hildesheim (908). Gebr. Gerstenberg. 1.25

Weinhagen, A., Archiv für Abgaben-Verordnungen, s. a. **Archiv.**

Weinhagen, A., Archiv für Abgaben-Verordnungen. Fortlaufende Sammlung der Gesetze und der reglementar. Bestimmungen wegen der, zur Verwaltung der indirekten Steuern gehörenden Zölle u. Uebergangsabgaben; inneren indirekten Steuern; Stempel-Steuern; Salz-Debits- und Chaussee-Verwaltungen und Kommunikationsabgaben; und wegen der direkten Belastungen durch Gewerbsteuer, Grundsteuer, Klassen- und klassifizirte Einkommensteuer im Königreiche Preußen. 1. u. 2. Bd. A. u. d. T.: Sammlung der jetzt geltenden Verordnungen über die indirekten Steuern oder die unter dieser Collektivbenennung begriffenen Abgaben im Königreiche Preußen. 1. Thl. Gesetze, ministerielle Bekanntmachungen, Regulative rc. 1818—1855. — 2. Thl. Ergänz. u. erläut. minist. Verordnungen u. Verwaltungsvorschriften. 1818—1855. Duisburg 856. Nieten. gr. 8. (X, 630; XVI, 704 S.) 1.: n. 1 ℛ. 20 ngr.; 2.: n. 1 ℛ. 25 ngr.

—— Hand-Registratur für Zoll- und Steuerbeamte. gr. 8. (XII und 352 S.) Mühlheim a. d. Ruhr (Duisburg) 854, Nieten's Verlag. •

Weinhagen, A., Indicator zu den Verordnungen wegen Verwaltung der indirekten Abgaben im Königreich Preußen. 2. und gänzlich umgearb. Ausgabe der Handregistratur für Zoll- u. Steuerbeamte, als Supplem. zu den beiden ersten Bänden des Archivs für Abgaben-Verordnungen oder der Sammlung der Verordnungen über die indirekten Steuern im Königreich Preußen. Mülheim a. d. R. 860. Bagel. gr. 8. (VIII, 151 S.) n. 25 ngr.

A. Weinhagen, Sammlung der jetzt geltenden Verordnungen über die indirekten Steuern im Königreich Preußen. Duisburg, 1856

Weinhagen, Adf., Gesellschaftsvertrag f. Zuckerfabriken auf Grund der Bestimmungen d. Gesetzes betr. die Gesellschaften m. beschränkter Haftung vom 20. Apr. 1892. Ein Entwurf, nebst Vorwort. Fol. (8 u. 7 S.) Hildesheim 893. Gerstenberg. n. 1. —

Weinhagen, Dietrich Friedrich Ludolph (Soest)
A. S. 206/16

Dissertatio juridica inauguralis de effectu baptismi juridico. Präs. Jakob Friedrich Ludovici.
Halle (Orbanus) X. 1713. 64 S.

Gew.: Johann Heinrich von Jacobi (Onkel).
36110

Weinhagen, Dietrich Friedrich Ludolph (Soest)
U. S. Halle 1745/7

Dissertatio juridica inauguralis de effectu baptismi juridico. Präs. Jakob Friedrich Ludovici. Rec.
Halle (Grunert) 1745. 53 S.

Diss. X. 1713. 36111

Weinhagen, Dietrich Friedrich Ludolph (Soest)
A. S. 761/36

Dissertatio juridica de successione conjugis deserentis. Präs. Jakob Friedrich Ludovici.
Halle (Orbanus) IV. 1713. 46 S.

Gew.: Dethmar von Menge, Gerhard Friedrich von Jacobi. 36109

Weinhagen, Erwin. Referendar in Fürstenwalde ‹Spree›: Die Verurteilung zur Duldung der Zwangsvollstreckung in bestimmte Vermögensmassen. Ein Beitrag z. Erläuterung d. §§ 737, 739, 743, 748 II Z.P.O. Berlin 1908: W. Pilz (63 S.) 8°
Jena, Jur. Fak., Ref. Danz, Diss. v. 24. Febr. 1908.
[Geb. 24. Dez. 85 Berlin; Wohnort: Fürstenwalde b. Berlin; Staatsangeh.: Preußen; Vorbildung: Joachimsth. Gymn. Berlin Reife O. 04; Studium: Berlin 1, Genf 1, Marburg 1, Berlin 3 S.; Rig. 4. Febr. 08.]

Weinhagen, Johann Adolph (Hildesheim) A. S. 799/24

Dissertatio juridica de negotiis in persona propria explicandis. Präs. Jo. Gerhard Schlitt.
Halle (Krottendorff) X. 1720. 39 S. 36112

Weinhagen, N., Denkschrift, betreffend die rechtliche Situation der Eisenbahngesellschaften, gegenüber ihren Gläubigern. Ein Beitrag zur Lehre von der Expropriation. Dem hohen Reichstage des Norddeutschen Bundes überreicht. Köln 868. Weinhagen's Selbstverlag. 8. (31 S.) 10 ngr.

Weinhagen, N., das rheinische Fallimentsgesetz und die preußische Konkursordnung vom 8. Mai 1855. Textausg. mit Erläuterungen. 8. Köln 879, Neubner. geb. * 2 —

Weinhagen, N., das rheinische Fallimentsgesetz u. die preußische Konkursordnung vom 8. Mai 1855 [mit ihren Einführungsgesetzen], sowie die Bestimmungen dieser Gesetze, welche am 1. Oktbr. 1879 noch rechtsgültig sind; die deutsche Konkursordnung nebst dem Einführungsgesetze, beide vom 10. Febr. 1877, sodann das preuß. Gesetz vom 6. März 1879 zur Ausführung der deutschen Konkursordnung. Textausg. m. Erläuterungen. 8. (140 S.) Köln 879. Weinhagen. geb. n. 2. —

Weinhagen, N., das Festungs-Rayons-Gesetz d. deutschen Reichs vom 21. Dezbr. 1871. Erläutert aus dem Entwurfe, den Motiven desselben, dem Berichte der vereinigten Ausschüsse d. Bundesraths rc. 8. (LVI, 202 S.) Köln 872. Selbstverlag. n. 3. —

N. Weinhagen, Fort mit der Gewerbesteuer! Den Mitgliedern des Reichstags u. den Abgeordneten des preuß. Landtages gewidmet. Köln, Weinhagen. 1871. (94 S.)

—— Fort mit der Gewerbesteuer! Den Mitgliedern des Reichstages und des preuß. Landtages gewidmet. 8. (94 S.) Ebendas. 872. *

— allgemeines deutsches Handelsgesetzbuch in Verbindung mit dem preuß. Einführungs-Gesetze vom 24. Juni 1861 nebst der Ministerial-Instruktion vom 12. Dezember 1861 und der königl. Tax-Verordnung vom 27. Januar 1862. Ebend. 862. 8. (XXXIX, 244 S. u. 2 Tab. in 4.) n. 1 Thlr 5 ngr.; mit Anhang: Das rhein. Fallimentsgesetz u. Prozeßrecht in Handelssachen nebst der deutschen Wechsel Ordnung u. andern darauf bezüglichen Gesetzen (58 S.) n. 1 Thlr 10 ngr.; der Anhang allein n. 12 ngr.

Weinhagen, N., das neue preußische Handelsrecht in seinen wesentlichsten Bestimmungen zum praktischen Gebrauche dargestellt. Köln 862. Weinhagen. gr. 8. (VIII, 108 S.) n. 20 ngr.

—— die deutsche Konkursordnung vom 10. Febr. 1877 [Fallimentsgesetz] in gemeinverständlicher Darstellung. 2 Bde. 8. (LV, 168; XXXI, 141 S.) Ebendas. 879. 6 —

—— Materialien zur Beurtheilung der Frage der Entfestigung Kölns. Eine Mahnung an die Stadtverordneten. gr. 8. (96 S.) Ebendas. 868. *

—— Petition an den hohen Reichstag des Norddeutschen Bundes, seitens der Gläubiger der Aachen-Mastrichter Eisenbahn-Gesellschaft. gr. 8. (45 S.) Ebendas. 868.

Weinhagen, N., preußischer Post-Codex, s. Post-Codex.

Weinhagen, N., das Recht der Aktiengesellschaften in seiner heutigen Gestalt. gr. 8. (35 S.) Köln 885, [Weinhagen.] Neubner. cart.

—— das Recht der Aktien-Gesellschaften nach dem allgemeinen deutschen Handelsgesetzbuche und dem preuß. Gesetze vom 15. Febr. 1864. Nebst einem Anh. 8. (LXXX und 240 S. und Anh. VIII und 352 S.) Köln 866, Selbstverlag. (Leipzig, Förster.) * Ermäß. Preis *

Weinhagen, N. Die Schanksteuer und ihre Verurtheilung. 8°. Köln 1879.

Weinhagen, N. Gegen die Schlacht- und Mahlsteuer. Ein Memento für die Stadtverordneten von Köln. 8°. Köln 1872.

— Studien zur Entfestigung Kölns. Köln 869. Weinhagen's Selbstverl. gr. 8. (29 S.) 5 ngr.

—— die Wechselstempelsteuer im Gebiete des norddeutschen Bundes. Dargestellt und aus den Materialien erläutert. 1. und 2. Aufl. gr. 16. (79 S.) Ebendas. 870. *

Weinhagen, N. H., Tabellen üb. d. Conversion d. holländ. Gulden, nach d. verschied. Cours derselb., gegen Preuss. Current Geld; nebst angehängten Vergleichungs-Tabellen üb. d. Cours d. französ. u. brabanter Kronenthaler. gr. 4. Emmerich (833). (Wesel, Bagel.)

Weinhagen, Napoleon, Rechtsconsulent in Cöln a/Rh., Preussen: Auf Grundlage verschiedener Schriften aus dem Handelsrechte. Promotion vom 24. April 1868.

Wein-Halle. Wochenschrift für den Weinhandel und Weinbau des In- und Auslandes. Jg. 1-5. Mainz: Prockarts 1878-82. Seit 1884 vereinigt mit 'Deutsche Wein-Zeitung'.

Wein-Halle. Wochenschrift für den Weinhandel und Weinbau des In- und Auslandes. 1. und 2. Jahrg. 1878 und 1879. à Jahrg. 52 Nrn. (à 1/2 Bog.) gr. 4. Mainz, Prickarts. à Jahrg. * 9 —

Wein-Halle. Wochenschrift für den Weinhandel und Weinbau des In- und Auslandes. 3.—7. Jahrg. 1880—1884. à Jahrg. 52 Nrn. (à Nr. 1/2 Bog.) gr. 4. Mainz, Prickarts. à Jahrg. * 9 —

Weinhändler, s. Weinwirth.

Der erfahrne und in allen Weinkünsten wohl unterrichtete Weinhändler, Weingärtner und Weinkellermeister lehret praktisch, wie man gute Weingärten anlegen, unterhalten, und schlechte verbessern soll. dann den Wein vom Stock an bis zur Gährung und als Most zu behandeln, ferner die Tugenden des Weines zu erkennen, vom Ablassen, von Verfälschung der Weine, nebst vielen Weinproben um sie zu erkennen, dann allerhand Ausländer-Weine künstlich nachzuahmen. Weine von köstlichen Kräutern, Früchten, Blumen und Spezereyen zu verfertigen. Alle Arten verdorbene Weine zu helfen und vom Verderben zu bewahren, Keller und Fässer gut zu erhalten, Weineinschläge zu machen, Meth, Bier und Essig zu verfertigen, ökonomische Weinkunststücke, und einer Anweisung zur richtigen Visirung der Weinfässer. Vermehrt mit Bernhard Sebastian Naus praktischer Anweisung gute Weingärten anzulegen. Grätz: Trötscher 1792. -- Stiftsbibliothek Klosterneuburg*
--- Dass. 2., stark verm., verb. u. ganz umgearb. Aufl. Ebd. 1793. 220 S. -- ÖNB*
--- Dass. 3. Aufl. Ebd. 1800. 236 S. -- [Zit. nach dem Gemeinschaftskatalog Deutscher Antiquare. 1972]
--- Dass. 4., verm. Aufl. Ebd. 1804. 319 S. -- [Zit. nach Venator: Auktionskatalog. 36/37.1970]

Weinhappel, Joh., kalendar. Zusammenstellung österreich. Geschichtsmomente. (III, 121 S.) 8. Wien 910. H. Kirsch. 1.80

Weinhard, F., s. Weinhardt, Frdr.

Weinhard, F. K., s. Weinhart zu Thierburg und Vollandseck, Ferdinand Karl

Weinhard, J. G. v., Beschr. e. merkwürd. Operation d. d. Kaiserschnitt, m. 1 K. 8. Bauzen, Arnold. 803.

Weinhardt, Frdr., 150 d. schönsten Kinderlieder m. Klavierbegleitg. Gesammelt u. hrsg. Buchschmuck v. Meta Voigt. (128 S.) 30,5×23 cm. Reutlingen (909). Enßlin & Laiblin. 2.—; geb. in Leinw. 3.—

Weinhard, F., 80 Weihnachtslieder f. zweistimmigen Gesang m. Klavierbegleitung, zur Erbaug. u. f. Weihnachtsfeiern d. christl. Familien gewidmet. Ausgewählt u. bearb. qu. 8. (32 S.) Reutlingen (900). Enßlin & Laiblin. — 20

— neue Weihnachtslieder für zweistimmigen Gesang mit Klavierbegleitung. 30 Lieder f. Weihnachtsfeiern. Der christl. Familie gewidmet. Ausgewählt u. bearb. (32 S.) qu. 8. Ebd. (903). — 20

Weinhardt, F., 60 Weihnachtslieder f. zweistimmigen Gesang m. Klavierbegleitung, f. Weihnachtsfeiern u. zur Erbaug., den christl. Familien u. Vereinen gewidmet. Ausgewählt u. bearb. (64 S.) qu. 8. Reutlingen (903). Enßlin & Laiblin. — 50; geb. — 75

Weinhardt, Max, appr. Arzt a. Reutlingen: Aus der Tübinger Universitäts-Augenklinik. Klinisch-statistischer Bericht über 1122 Enukleationen des Augapfels. Tübingen: F. Pietzcker 1905. (27 S.) 8°
Tübingen, Med. Fak., Ref. Schleich, Diss. v. 15. Dez. 1905
[Geb. 12. März 80 Reutlingen; Wohnort: Cannstatt; Staatsangeh.: Württemberg; Vorbildung: Gymn. Reutlingen Reife M. 99; Studium: Tübingen 6, Berlin 2, Tübingen 3 S.; Coll. 1. Juli 05; Approb. 9. Dez. 05.]

[Weinhardt, Raphael Maria]. Marianischer Lust- und Blumen-Garten Von Maria Der Großmächtigsten Himmelsfürstin gepflantzet, Das ist: Kurtze Lob- und Lebens-Verfassung der Lieben Seeligen Gottes, Welche in dem Orden der Diener Unser Lieben Frauen ... geleuchtet haben, Sambt ... Beschreibung deß wunderbahrlichen Anfangs, und Auffkommens erst-ermeldten Marianischen Ordens. 2 Theile in 1 Bde. Theil I: Neiße, J. Schlögel, 1709; Theil II. Wien, J. G. Schlegel, 1703. 4°. *Frontispiz*, 4 Bl. 192 S. 4 Bl. *und 28 Kupfertafeln; Frontispiz*, 4 Bl. 170 (statt 173) S. 5 Bl. *und 35 Kupfertafeln.*

Weinhart, Alois: L e b e n der berühmten Mahlerinn Angelika Kauffmann. Aus dem ital. Bregenz 1814.

Über die B e d e u t u n g des heiligen Meßopfers von Dr. Benedict **Weinhart**, L. P. — 1847. Ebend. — S. 1–30.
Progr. Freising

Weinhart, Bened., s. a. **Testament, das Neue.**

Weinhart, Bened., das neue Testament unseres Herrn Jesus Christus. Nach der Vulgata übers. und erklärt. Lex.-8. (XXXV und 784 S. mit 1 Stahlst.) München 865, (J. A. Finsterlin.)

Weinhart, G., die Liebe Gottes zu den Menschen, des Menschen Sünde gegen Gott. Predigt für das Osterfest 1874 gehalten in Waltenhofen bei Kempten. gr. 8. (15 S.) Kempten 874, Feuerlein. *

— „selig die Augen, die sehen, was ihr sehet." Predigt zur Feier der Primiz d. hochwürd. Hrn. Hieron. Knappich, geh. in Prem am 12. Sonntage nach Pfingsten den 27. Aug. 1876. gr. 8. (16 S.) Kempten 876. (Kösel.) — 18

— **Wahrheit** u. Gnade in der heiligen katholischen Kirche. Predigt zur Feier der Primiz d. hochwürd. Hrn. Heinr. Rottach, geh. in Lenzfried am Feste d. heil. Magnus d. 6. Septbr. 1875. gr. 8. (15 S.) Ebend. 875. n. — 20

Weinhart, Geo., der Sohn Gottes als die Opfergabe des kathol. Christen in der heil. Messe u. im Rosenkranzgebete. Zwei Gedanken, dem Volke dargelegt. (16 S.) 16. Augsburg 904. Literar. Institut v. Dr. M. Huttler. n.n. — 10

Weinhart, L.

— s. a. **Sprachwurzeln, die.**

(**Weinhart**,) die Sprachwurzeln, ihre Gemeinschaftlichkeit, Zahl, Art u. Bedeutung. Ein Beytr. zu Erforschung d. Sprachen überh. gr. 8. (11½ B.) Augsburg 831, Kollmann.

Weinhart, L., die Verwandtschaft der Sprachen, insbesondere der französischen und deutschen. Landshut 821. 8. (644 Seiten).

Weinhart, L., die Verwandtschaft d. Sprachen, insbesondere d. französ. u. deutschen, dargestellt in einer Abhandl. über den Bau d. französ. Sprache in einem etymolog. französ.-deutschen Wörterbuche. gr. 8. Landsh. 821. Krüll. 2 ₰ 12 ℊ

Weinhart, Max, Flora v. Augsburg. Uebersicht üb. die in der Umgebg. v. Augsburg wildwachs. u. allgemein kultivierten Phanerogamen nebst Gefässkryptogamen. Unter Mitwirkg. von Heinr. Lutzenberger neu bearb. Dazu als Einleitg.: „Der Boden des heim. Florengebietes". Von Alois Geistbeck. Mit e. Querprofil. gr. 8. (141 S.) Augsburg 898. (Lampart & Co.) n. 1. 60
Sonderabdruck aus: „33. Bericht des naturwiss. Vereins f. Schwaben u. Neuburg in Augsburg".

Weinhart, Paul [aus Miesbach]: Ueber α-Nitroso-β-naphtylaminsulfosäure 1, 2, 6 und Para-Naphtylendiamin ... Erlangen, Druck v. A. Vollrath's k. b. Hofbuchdr., 1892; 32 S. 8.
Erlangen, Phil. Fak., Inaug.-Diss. v. 1892

Weinhart (zu Thierburg und Vollandsegg), Ferdinand Karl (Hrsg.):

s.: Loew von Erlsfeld (und Loyowitz), Johann Franz: Universa medicina practica... Norimbergae: 1723

JB 6.545

— **medicus officiosus.** 8. Nürnb. Raspe. 726.

Weinhart zu Thierburg und Vollandsegg, Ferd(inand) Karl: Medicus officiosus. 502 S., gbd., Abb.

Norimbergae: Rüdiger 1726

JB 1.995

Weinhard, F. K., nucleus universae **medicinae** practicae. 8. Oeniponti. 734.

Weinhart zu Thierburg und Vollandsegg, Ferdinand Karl: De medici prudentia moralipolitica dissertationes XXVI. Non tantum medicinae tyronibus, et neo-practicis quam ipsis etiam aegris scitu necessariae et utiles. 292 S., gbd.

Oeniponti: Wagner 1716

JB 5.526

Weinhart zu Thierburg und Vollandseck, Ferdinand Karl

— Abhandl. v. d. ächten Ursache, warum d. Fische in einem stehenden Wasser, dessen Oberfläche ganz mit Eis überzogen, bald abstehen, u. wie solchem Uebel leichtlich vorzubeugen. gr. 8. Ebd. 770.

WEINHART zu Thierburg und Vollandsegg Ignaz von. Ausgleichungstabellen über die ehevor in Tyrol zum Weinmaass gebrauchten Yhren und den nunmehr eingeführten Wiener Eimer ... Verfasst von – im Christjahre 1781. Trattner, Innsbruck o. J. (1781). 1 vol. 4 Bl. + 44 S.

(—) Ausgleichungstabellen über die ehevor in Tyrol zum Weinmaß gebrauchte Yhren u. den nunmehr eingeführten Wiener-Eimer, wie auch deren beiderseitige Maße. Fol. Ebd. 781.

Weinhart **zu Thierburg u. Vollandsegg, Ign., (†...) quaestiones et responsa ex arithmetica vulgari, algebra et geometria. 8. Oenip. 765. Ed. II. 770. Ed. III. 776.**

Ein deutsches Weinhaus in seiner Entstehung und Entwickelung seit 1794. Deinhard & Co Coblenz an Rhein und Mosel. Weinbau. Sektkellerei. Weinhandel. Köln: Kölner Verl. Anst. & Dr. 1902. 79 S. -- 121•

Weinhausen, F., die christlichen Gewerkvereine. Darstellung ihrer Entstehg., Entwickelg. u. Bedeutg. gr. 8. (21 S.) Schöneberg-Berlin (900). Buchverlag der „Hilfe". — 20

Weinhausen, Fr.: Die freisinnige V e r e i n i g u n g im neuen Reichstage. (Berlin [1907].) 8°

Weinhausen, Hugo: Zur Kinetik des Menthons. Halle a. S. 1910: Kaemmerer. 49 S. 8°
Halle, Phil. Diss. v. 31. März 1910, Ref. Vorländer
[Geb. 21. März 77 Heirhausen; Wohnort: Halle a. S.; Staatsangeh.: Braunschweig; Vorbildung: Gymn. Goslar Reife O. 96; Studium: Leipzig 6, Halle 3, Tübingen 1, Kiel 1, Göttingen 1 S.; Rig. 10. Aug. 09.] [U 10. 1811

Weinhausen, Karl

Weinhausen, wie können wir den breitesten Volksschichten mehr als bisher den Genuß v. Obst u. Gemüse verschaffen?, s.a. Schriften des volkswirtschaftlichen Vereins f. Obst- u. Gemüseverwertung in Deutschland. 6. Heft.

Wie können wir den breitesten Volksschichten mehr als bisher den Genuß von Obst und Gemüse verschaffen? Von Obergärtner [Karl] **Weinhausen**, Dahlem. Berlin: Deutsche Landbuchh. [1909]. 8 S. 8°
(Schriften d. Volkswirtschaftl. Vereins f. Obst- u. Gemüseverwertung in Deutschland. H. 6.)

Weinhauser, E., u. Jos. Koller, auf der Polizei! Posse in 1 Akt. (Episoden aus d. Polizeidienst!) (32 S. m. 4 Taf.) gr. 8. Wien (907). Szelinski & Co. — 60

Weinheim [Schlagwort]

Weinheim, s.a. Deutschland. Kürschner-Peip.

Weinheim. Wagner, Heinr., Spezial-Karte v. Weinheim u. Umgebung. 1 : 25,000. 39 × 27,5 cm. Farbendruck. Weinheim 895. F. Ackermann's Verl. n. — 60

Weinheim [Verfasser]

Weinheim, s.: Horneck v. Weinheim.

Weinheim, J., das großherzogl. hessische katholische Schullehrer-Seminar zu Bensheim. Rückblick auf die Geschichte dieser Anstalt bei Gelegenheit ihres 50jähr. Jubiläums am 29. Juli 1871. gr. 8. (VII, 64 S. m. e. Steintaf.) Mainz 871. (Bensheim, Lehrmittelanstalt.) n. — 75

Weinheimer, das Rechnungswesen der Gemeinden, Amtskörperschaften u. Gemeindestiftungen, in seinen Grundzügen dargestellt. gr. 8. (VIII, 235 u. XVII S.) Stuttgart 892. [W. Nitzschke.] W. Kohlhammer. n. 3. —

Weinheimer, C., dienstliche Anleitung für die deutschen Gendarmen in ihrer Eigenschaft als Sicherheitsbeamte u. insbesondere als Hilfsbeamte der Staatsanwaltschaft. Verfaßt nach Maßgabe der deutschen Strafgesetze, des deutschen Gerichtsverfassungsgesetzes u. der deutschen Strafprozeßordnung. gr. 16. (IV, 212 S.) Stuttgart 879. Metzler's Verl. n. 1. 20

Weinheimer, C., das württembergische Forststraf- und Forstpolizeistrafgesetz und das Verfahren in beiderlei Strafsachen. 16. (VII, 160 S.) Stuttgart 830, Metzler'sche Buchh. * 1 80

—— die Gesetze und amtlichen Belehrungen über die Krankheiten der Hausthiere, einschließlich der Vorschriften über die Gewährleistung. gr. 8. (VI, 226 S.) Stuttgart 881, Ullrich. * 2 80

Weinheimer, C., die Gesetze u. amtl. Belehrgn. üb. die Krankheiten d. Haustiere einschließl. d. Vorschriften üb. d. Gewährleistg. 2., umgearb. Aufl. gr. 8. (IV, 244 S.) Schwäb. Hall 895. W. German's Verl. n. 3. —

—— der Gewerbebetrieb im Umherziehen. [Das Hausir-Gewerbe.] Nach den reichs- und landesgesetzl. Vorschriften für das Königr. Württemberg. gr. 16. (VIII, 183 S.) Ebendas. 879. * 1 30

—— die deutsche Gewerbe-Ordnung und ihre Ausführung im Königr. Württemberg. Nach der deutschen Gewerbe-Ordnung vom 21. Juni 1869 und den späteren Reichs- und Landesgesetzen und Verordnungen bearb. gr. 8. (XXIII, 489 S.) Ebendas. 879. * 6 —

—— Instruktion zu Abhaltung der Ruggerichte in den Gemeinden vom 15. Novbr. 1844, mit den durch die späteren Gesetze und Verordnungen herbeigeführten Aenderungen. Nebst Ruggerichts-Legende. Unter Mitwirkung von Frisch bearb. gr. 8. (VIII, 112 S.) Stuttgart 882, Metzler'sche Buchh. *

Weinheimer, C., die Polizeistrafgesetzgebung und das Verfahren bei Polizei-Uebertretungen im Königr. Württemberg nach den Reichs- und Landes-Gesetzen. gr. 8. (VIII, 330 S.) Ebendas. 880. *

— die dienstlichen Rechte u. Pflichten der Amtsdiener, Aufwärter, Gefangenwärter in Württemberg. Nach den Gesetzen u. Verordnungen bearb. [Aus: „Die dienstl. Rechte u. Pflichten der Gemeindediener in Württemb."] gr. 8. (25 S.) Stuttgart 879. Kohlhammer. n. — 40

— die dienstlichen Rechte u. Pflichten der Feldschützen [Feldhüter, Gartenhüter, Flurer, Weingartschützen] in Württemberg. Nach den Gesetzen u. Verordnungen bearb. [Aus: „Die dienstl. Rechte u. Pflichten der Gemeindediener in Württemb."] gr. 8. (27 S.) Ebend. 879. n. — 40

—— die dienstlichen Rechte und Pflichten der Gemeindediener in Württemberg vom Ortsvorsteher abwärts. Nach den Gesetzen und Verordnungen und nach einzelnen Dienstanweisungen bearb. 4 Lfgn. gr. 8. (IV, 882 S.) Stuttgart 878—80, Kohlhammer. à Lfg. * ℳ 3. * 12 —

— die dienstlichen Rechte u. Pflichten der Holzhauer in Württemberg. Nach den Gesetzen u. Verordnungen bearb. [Aus: „Die dienstl. Rechte u. Pflichten der Gemeindediener in Württemb."] gr. 8. (20 S.) Ebend. 879. n. — 40

— die dienstlichen Rechte u. Pflichten der Kaminfeger in Württemberg. Nach den Gesetzen u. Verordnungen bearb. [Aus: „Die dienstl. Rechte u. Pflichten der Gemeindediener in Württemb."] gr. 8. (21 S.) Ebend. 879. n. — 30

— die dienstlichen Rechte u. Pflichten der Nacht- u. Hoch-[Thurm-]Wächter in Württemberg. Nach den Gesetzen u. Verordnungen bearb. [Aus: „Die dienstl. Rechte u. Pflichten der Gemeindediener in Württemb."] gr. 8. (20 S.) Ebend. 879. n. — 30

— die dienstlichen Rechte u. Pflichten der Polizeidiener in Württemberg. Nach den Gesetzen u. Verordnungen bearb. [Aus: „Die dienstl. Rechte u. Pflichten der Gemeindediener in Württemb."] gr. 8. (III, 153 S.) Ebend. 880. n. 1. 50

— die dienstlichen Rechte u. Pflichten der Rottenführer, Rottenmeister, Rottenobmänner in Württemberg. Nach den Gesetzen u. Verordnungen bearb. [Aus: „Die dienstl. Rechte u. Pflichten der Gemeindediener in Württemb."] gr. 8. (11 S.) Ebend. 880. n. — 30

— die dienstlichen Rechte u. Pflichten der Straßenwärter in Württemberg. Nach den Gesetzen u. Verordnungen bearb. [Aus: „Die dienstl. Rechte u. Pflichten der Gemeindediener in Württemb."] gr. 8. (41 S.) Ebend. 879. n. — 50

—— die dienstlichen Rechte und Pflichten der Todtengräber in Württemberg. Nach den Gesetzen und Verordnungen bearb. gr. 8. (21 S.) Ebendas. 880. *
aus: Die dienstlichen Rechte und Pflichten der Gemeindediener in Württemberg, besonders abgedruckt.

— die dienstlichen Rechte u. Pflichten der Waldschützen in Württemberg. Nach den Gesetzen u. Verordnungen bearb. [Aus: „Die dienstl. Rechte u. Pflichten der Gemeindediener in Württemb."] gr. 8. (19 S.) Ebend. 879. n. — 30

— das Staatsgrundgesetz des Königreich Württemberg an der Hand der Verfassungsurkunde vom 25. Septbr. 1819 u. mit den späteren Landes- u. den Reichsgesetzen dargestellt. Mit einer Inhaltsübersicht u. einem alphabet. Register. gr. 8. (XII, 278 S.) Stuttgart 879. Metzler's Verl. n. 6. —

—— die Stellvertretung im Gewerbebetrieb und in Handelssachen nach deutschem Recht. gr. 8. (40 S.) Stuttgart 879. Metzler'sche Buchh. * — 75

—— die Strafgesetze in Zoll- und Steuersachen und das Verfahren der Verwaltungsbehörden bei Zuwiderhandlungen gegen die Zoll- und Steuergesetze. gr. 8. (VII, 468 S.) Ulm 881, Wohler'sche Buchh. *

Wohlf. Ausg. 1883. *

Weinheimer, C., die Strafgesetze in Zoll- u. Steuersachen u. das Verfahren der Verwaltungsbehörden bei Zuwiderhandlungen gegen die Zoll- u. Steuergesetze. Wohlfeile Ausg. gr. 8. (VII, 468 S.) Ulm 883. Wagner. n. 3. —

—— die Verwaltung der Gemeinden im Königr. Württemberg. Dargestellt an der Hand des Verwaltungsedikts vom 1. März 1822 und der neueren Gesetze und Verordnungen. 8. (VIII, 294 S.) Stuttgart 880, Rieger'sche Verlagsh. *

geb. *

—— die Verwaltung der öffentlichen Stiftungen im Königr. Württemberg. Dargestellt an der Hand des Verwaltungsedikts vom 1. März 1822 und der neueren Gesetze und Verordnungen. gr. 8. (VIII, 195 S.) Stuttgart 880, Metzler'sche Buchh. *

Weinheimer, Herm., Arbeiterorganisationen, ihre Bedeutg. u. ihre Geschichte, s. a. Arbeiterbibliothek, Göttinger.

Arbeiterorganisationen, ihre Bedeutung und ihre Geschichte von Hermann Weinheimer. Göttingen: Vandenhoeck & Ruprecht 1897. S. 82 96. 8°
(Göttinger Arbeiterbibliothek. Bd 2, H. 6.)

Weinheimer, Herm., Geschichte des Volkes Israel von den Anfängen bis zur Zerstörung Jerusalems durch die Babylonier. (1. bis 2. Tausd.) (188 S. m. 1 Karte.) 8. Berlin-Schöneberg 909. Fortschritt, Buchverl. der Hilfe. 3.—; geb. 4.—

Weinheimer, Herm., zwei Schwestern. Roman aus Südamerikas Gegenwart. (160 S.) 8. Leipzig 910. Xenien-Verlag. 2.—; geb. in Leinw. n 3. —

Weinheimer, J. B., Predigt gehalten am letzten Sonntage im Kirchenjahre (den 22. Novbr. 1857). gr. 8. (16 S.) Barmen 857, (Langewiesche's Verlagsh.) *

WEINHEIMERS 5. liederliche Brüder des reichen Mannes. Leipzig bey August Martini, Buchhändler auf der Grimmischen Gaße (c. 1715).

Weinherz, F., kurzer Wegweiser zur richtigen Auffassung der Bibel, für Kirche, Schule u. Haus. 39 Stn. 8. Bern, Kommiss.-Verlag v. Rieder & Simmen. 1873. —. 70

Weinhofer, Josef, Festtags- und Gelegenheits-Predigten. Wohlf. Ausg. 8. (VIII und 611 S.) Pest 860, Gebr. Lauffer.

Weinhofer, Jos., die Haupt-Glaubens- und Sittenlehren der kathol. Kirche. Vorgetragen in vierzehn Unterrichten. Ein Religions-Lehr- und Lesebuch; insbesondere für Sonntagsschulen, und zugleich ein prakt. Handbuch für Katecheten. 8. (IV und 72 S.) Pest 855, Heckenast's Verlag.

—— christliche Lebensweisheit eines getreuen Seelenhirten. 25 populäre Predigten auf alle Sonntage des Kirchenjahres, hrsg. von Rich. Peinlich. gr. 8. (X und 496 S.) Wien 860, Braumüller's Verlags-Conto. *

Weinhofer, Jos., 45 Marien-Predigten, der reinsten Jungfrau zu Ehren, gläubigen Christen zur Erbauung verf. Hrsg. von Mich. Haas. Wien 869. Mayer & Co. gr. 8. (IV, 216 S.) n. 1 Thlr.

WEINHOFER, JOSEPH: Lehrreiche Mittheilungen aus den Schriften eines katholischen Seelsorgers. Pest 1858. Buchdruckerei v. Gustav Emich. 47 S. - gr. 8°

WEINHOFER, JOSEPH: Predigten, gehalten von Joseph Weinhofer, Jubelpriester, geheimer Kämmerer Seiner päpstlichen Heiligkeit Pius IX., Ritter des kais. österreichischen St. Leopolds-Ordens, Consistorialrath, Dechant und Pfarrer zu Pinkafeld. Erster Band. Festtäglicher Theil. Fünfkirchen 1853: In der bischöfl. Lyceum-Druckerei. 611 S. - 220 mm
- Dass. Neuere Ausg. u. d. T.: Festtags- und Gelegenheits-Predigten. Pest 1860: Lauffer u. Stolp. VIII, 611 S. - 220 mm

Weinhofer, Jos., Predigten. 1. Bd.: Festtäglicher Theil. Fünfkirchen 853. (Pesth, Pfeifer.) gr. 8. (VIII, 611 S.) n. 1 Thlr. 26 ngr.

Weinhofer, Jos., Predigten üb. das allerheiligste Altarsakrament, die alle verstehen u. die meisten brauchen können. 2., verb. Aufl. (VI, 254 S.) gr. 8. Graz 906. U. Moser. n. 2. 40

Weinhofer's, Jos., 51 Predigten über die Anbetung des allerheiligsten Altarssakramentes, die Alle verstehen und die Meisten brauchen können. Hrsg. von Mich. Haas. gr. 8. (X und 320 S.) Wien 865, (Mayer und Comp.) *

Weinhold, Neujahrspredigt am 1. Jan. 1871 geh. 8. (15 S.) Reichenbach 874. Kuh in Comm. n. — 20

—— Predigt an seinem 50jähr. Amts-Jubelfest den 9. Juni 1870. 8. (16 S.) Ebendas. 870. *

— Predigt an seinem 50jähr. Amts-Jubelfest den 9. Juni 1870. 8. (16 S.) Ebend. 874. n. — 20

Weinhold, A., Quaest. Sallustianae maxime ad librum Vatic. 3864 spect. I. Diss. 1871. 36 S. 1.50

Weinhold, Adolf F[erd.]

Weinhold, Adf. F. Physikal. Demonstrationen, vgl. Meutzner, Paul, Lehrbuch d. Physik.

Weinhold, Adf. F., physikalische Demonstrationen. Anleitung zum Experimentiren im Unterricht an Gymnasien, Realschulen und Gewerbschulen. Mit 4 lithogr. Taf. und 483 in den Text gedr. Holzschn. 3 Lfgn. gr. 8. Leipzig, Quandt und Händel. [1. Lfg. (S. 1—160.) 880. *M 6.; 2. Lfg. (S. 161—368.) 881. *M 6,50.; 3. Lfg. (X, S. 369—677.) 881. *M 8,50.] compl. *

Weinhold, Adf. F., physikalische Demonstrationen. Anleitung zum Experimentieren im Unterricht an Gymnasien, Realschulen und Gewerbschulen. 2. verb. und verm. Aufl. Lex.-8. (XV, 739 S. mit 4 lithogr. Taf. und 517 in den Text gedr. Holzschn.) Leipzig 887, Quandt und Händel. *
Die Ausgabe erfolgte in 3 Lfgn. à *M 7.50. — Vgl.: Meutzner, Paul, Lehrbuch der Physik.

Weinhold, Adf. F., Physikalische Demonstrationen. Anleitg. z. Experimentiren im Unterricht an Gymnasien, Realgymnasien, Realschulen u. Gewerbschulen. 3., verb. u. verm. Aufl. M. 4 lith. Taf. u. gegen 550 in d. Text gedr. Holzschn. (In 3 Lfgn.) 1. u. 2. Lfg. Lex.-8. (S. 1—480.) Leipzig 898. Quandt & Händel. à n. 8. —

Weinhold, Adf. F., physikalische Demonstrationen. Anleitung zum Experimentiren im Unterricht an Gymnasien, Realgymnasien, Realschulen u. Gewerbschulen. 3. verb. u. verm. Aufl. Mit 4 lith. Taf. u. 565 in den Text gedr. Holzschn. 3. Lfg. Lex.-8. (XIII u. S. 481—879.) Leipzig 899. Quandt & Händel. n. 9. —; (kplt. n. 25. —; geb. n. 28. —)

Weinhold, Adf. F., physikalische Demonstrationen. Anleitung zum Experimentieren im Unterricht an Gymnasien, Realgymnasien, Realschulen u. Gewerbschulen. 4. verb. u. verm. Aufl. Mit 4 Taf. u. 616 Textfig. (XIV, 987 S.) Lex.-8. Leipzig 904. 905. Quandt & Händel. n. 27. —; geb. in Halbfrz. n. 30. —

Weinhold, A. F. Über die Messung hoher Temperaturen. 1883. 4

— hypnotische Versuche. Experimentelle Beiträge zur Kenntniss des sogenannten thierischen Magnetismus. Ergänzung u. Berichtigung der im III. Thle. von Zöllner's wissenschaftl. Abhandlungen veröffentlichten Mittheilungen des Verf. 1. u. 2. Abdr. gr. 8. (29 S.) Chemnitz 879. Bülz. n. 1. —

—— hypnotische Versuche. Experimentelle Beiträge zur Kenntniss des sogenannten thierischen Magnetismus. Ergänzung und Berichtigung der im 3. Thle. von Zöllner's wissenschaftl. Abhandlungen veröffentl. Mittheilungen des Verf. 3. verm. Aufl. [1. und 2. Abdr.] gr. 8. (34 S.) Chemnitz 880. Bülz. +

Weinhold, Adf. F., hypnotische Versuche. Experimentelle Beiträge zur Kenntniss des sogenannten thier. Magnetismus. Ergänzung u. Berichtigg. der im III. Thle. v. Zöllner's wissenschaftl. Abhandlgn. veröffentlichten Mittheilgn. des Verf. 4. unveränd. Abdr. gr. 8. (31 S.) Chemnitz 894. M. Bülz. n. 1. —

Weinhold, Adf. F., Vorschule der Experimentalphysik. Naturlehre in elementarer Darstellung, nebst Anleitung zum Experimentiren und zur Anfertigung der Apparate. Mit über 400 in den Text gedr. Holzschn. und 2 (chromolithogr.) Farbentaf. 2 Thle. gr. 8. Leipzig, Quandt und Händel. [1. Thl. (S. 1—208.) 870. *M. 4.; 2. Thl. (VIII, S. 209—529.) 872. *M. 6.] *

—— dass. — 2. verb. Aufl. gr. 8. (VIII, 544 S. mit über 400 eingedr. Holzschn. und 2 Farbentaf.) Ebendas. 874. *

Weinhold, Adf. F., Vorschule der Experimentalphysik Naturlehre in elementarer Darstellg., nebst Anleitg. zum Experimentiren u. zur Anfertigg, der Apparate. 3. Aufl. Mit 427 Holzschn. im Text u. 2 Farbentaf. gr. 8. (VIII. 554 S.) Leipzig 883. Quandt & Händel. n. 10. —

Weinhold, Adf. F., Vorschule d. Experimentalphysik. Naturlehre in elementarer Darstellg., nebst Anleitg. z. Experimentieren u. zur Anfertigg. der Apparate. 4., verb. u. verm. Aufl. gr. 8. (VIII, 572 S. m. 440 Holzschn. u. 2 Farbentaf.) Ebd. 897. n. 10. —; geb. n. 12. —

Weinhold, Adf. F., Vorschule der Experimentalphysik. Naturlehre in elementarer Darstellg., nebst Anleitg. zum Experimentieren u. zur Anfertigg. d. Apparate. 5. verb. u. verm. Aufl. (VIII, 580 S. m. 445 Holzschn. u. 2 farb. Taf.) gr. 8. Leipzig 907. Quandt & Händel. 10.50; geb. in Halbfrz. n 12.50

Weinhold, *Alfred:* Bemerkungen zu Q. Curtius Rufus. Leipzig, Druck v. O. Leiner, 1891; S. 25—33; 4°
Grimma, Fürsten- u. Landes-S, Festschr. 1891 (534) **

Weinhold, Alfr., Bemerkungen zu Q. Curtius Rufus. [Aus: „Einladungsschrift z. Einweihg. d. neuen Gebäudes d. Fürsten- u. Landesschule zu Grimma".] gr. 4. (9 S.) Grimma 891. (G. Gensel.) n. — 50

Weinhold, *Alfred:* Bemerkungen zu Platons Gorgias als Schullektüre. Grimma, Druck v. J. Schiertz, 1894; 1 Bl., 29 S. 4.
Grimma, Fürsten- u. Landes-S, P 1894 (540)

W*einhold*, *Alfred* Bericht über die Einweihung des Neubaues der Fürsten- und Landesschule zu Grimma und die damit verbundene Feier des Stiftungsfestes am 23. und 24. September 1891. 8 (1 Blatt 77 S.). Fürsten- und Landessch. *Grimma* 1892. Nicht im Tauschverkehr.
Progr.

Weinhold, (Alfred), Prof. Dr.: [**Bericht** über die Feier des 25jährigen Amtsjubiläums des Rektors Oberschulrat Dr. Hermann Peter.] *Meissen 1899: C. E. Klinkicht & Sohn.* (S. 14—17.) 4°
Meissen, Fürsten- u. Landes-S St. Afra. MP 1899 (573)

Weinhold, *Alfred: Bericht über die Feier zur Erinnerung an die Übernahme des afranischen Rektorates vor 25 Jahren durch Rektor Dr. Hermann Peter.* 4 (S. 14—17).
Progr. Fürsten- und Landessch St. Afra in *Meißen* 1899

Weinhold, Alfr., Chrestomathie aus Schriftstellern der silbernen Latinität, s.: Opitz, Thdr.

*Weinhold, [**Alfred**]: [Prof. Dr.] **Hermann Eckstein** [geb. am 13. Dezember 1849 zu Halle a. S., gest. am 16. Okt. 1907]. [Prof.] **Franz Hermann Schulze** [geb. am 7. Okt. 1839 in Zittau, gest. ebenda am 26. Jan. 1907]. S. 3—15. 8.
Zur Gedächtnisfeier mehrerer hochverdient. Männer Gymn.
Progr. *Zittau* 1907.

— s. Grammatik, Historische, der lateinischen Sprache.

Weinhold, Alfr., quaestiones Horatianae. 4. (24 S.) Grimma 882. (Gensel.) n. 1. —

*Weinhold, [Alfred]: Die nicht christlichen Zeugnisse über Jesus und das Urchristentum. S. 3—13. 8.
Z. Gedächtnisfeier mehrer. hochverdienter Männer Gymn. *Zittau* 1910.
Tacitus. Plinius. Suetonius. Josephus.
Progr.

Weinhold, Anna, guter Ton u. feine Sitte, s.: Grethlein's praktische Handbibliothek. 2. Bd.

Weinhold, C., s. Weinhold, Karl August

Weinhold, C. A., s. Weinhold, Karl August

Weinhold, C. W., Hilfsbuch zum Rechnen in d. oberen Klassen sächs. Volksschulen. 8. (10 B.) Leipzig 841, (Lauffer.) *

— Rechnungsaufgaben. — Auflösungen. 8. Reichenbach 841. (Leipzig, Lauffer.) 1/6 ß

Weinhold, C. W., s. Beschner, Chr. Fr., Tafeln zu Ausrechnung der Seigerteufen u. Sohlen 2c.

Weinhold, C. W., projectirte Eisenbahnlinie von Dresden über Freiberg nach Chemnitz. gr. Fol. Lith. Freiberg 852, Engelhardt. n 8 ngl

Weinhold, E., Chemnitz u. Umgebung. Geschichtl. Bilder aus alter u. neuer Zeit. Hrsg. vom Verein f. Chemnitzer Geschichte. (VI, 170 S. m. Abbildgn. u. 1 Taf.) gr. 8. Chemnitz (906). (O. May.) Geb. n. 1. 60

Weinhold, E., Flurnamen aus d. Erzgebirge, s.: Erzgebirge, das, 2. Bd., 8. Hft.

Weinhold, E.B., der Lesefreund, e. Leseb. f. Taubstumme, nebst e. Anweis. Taubstumme sprechen u. lesen zu lehren. 8. (15 B.) Breslau 836, [Fr. Aderholz.] Thlr.

Weinhold, E. B., der Lesefreund, ein Lesebuch für Taubstumme, nebst einer Anweisung Taubstumme sprechen und lesen zu lehren. 8. Breslau 836. Weinhold. 3/4 ₰ (In Parthien nur à n. 1/2 ₰)

Weinhold, Ed., neue und erprobte Vorträge, humoristische Szenen und lustige Deklamationen. 8. (96 S.) [Oberhausen 886.] Styrum, Spaarmann. *

Weinhold, Ed., neue u. erprobte komische Vorträge, humoristische Szenen u. lustige Deklamationen. 4. Aufl. 12. (96 S.) Styrum 892. A. Spaarmann. n. — 50

Weinhold, Friedrich [Assistenzarzt a. d. K. Univ. Frauenklinik zu Breslau]: Das Sublimat in der Geburtshilfe ... Breslau, Druck v. Grass, Barth & Comp. (W. Friedrich), 1888: 43 + 1 S. + 1 Bl. 8⁰
Breslau, Med. Fak., Inaug.-Diss. v. 12. Mai 1888.

Weinhold, Friedr., das Sublimat in der Geburtshilfe. Inaugural-Dissertation. gr. 8. (43 S.) Breslau 888, (Köhler.) *

Weinhold, Fritz, der Gelegenheitsdichter zu Begräbnissen, Hochzeiten, silbernen u. goldenen Hochzeits-Feiern, Geburtstagen, Ein- u. Auszügen u. zum Jahreswechsel, sowie humorist. Sachen als Declamationen, Zwiegespräche, Couplet-Gesänge 2c. u. e. Anh.: Auszug aus dem 100jähr. Kalender v. e. Zigeuner aus Indien. gr. 8. (68 S.) Drebach 894. (Zschopau, R. Genfel.) n. — 60

Weinhold, Glo. Sam., († 181..) Morgen- u. Abend-Andachten. 8. Sagan 770.

Weinhold, H., Tabelle zur Berechnung der Zinsen von 10 Pfennigen bis 10,000 Reichsmark f. e. Tag bis zu 5 Jahren, bei 4, 4½, 5, 5½ u. 6 Prozent. gr. 4. (66 S.) Neusalz 874. (Lange.) n. 2. 25

Weinhold, Jh. Karl

— s. Jh. Matth. Beyer, Theatrum machinarum.

Weinhold, Jh. Karl, († im Sept. 1794.) Gebrauch einer in vielen Fällen sehr nützl. Rechnungstabelle. 4. Dresd. 788. Walther. 2 gr.

— die Rechenkunst sowohl nach den gewöhnl. 4 Rechnungsarten in ganzen u. gebrochenen Zahlen, als auch nach den übrigen Arten. 8. Dresd. 789. Walther. 16 gr.

— Vergleichung d. gewöhnlichsten Maße, Gewichte u. Münzsorten, aus den besten Autoren zusammengetragen, verglichen u. herausg. Mit Kpf. 4. Dresd. 787. Walther. 16 gr.

* Versuch einer Mechanik für Ungelehrte, zum Nutzen verschiedener Künstler, Professionisten und der Landleute von *Joh. Carl Weinhold.* Dresden b. Walther. 1ter Theil. 8. 460 S. m. 7 Kupft. 1790.
— — — 2ter Theil. (welcher das Praktische enthält.) 8. 458 S. m. 18 Kupft. (1 Rthlr. 20 ggr.) 1792.

— Versuch einer Mechanik für Ungelehrte, zum Nutzen u. Vergnügen für Künstler, Professionisten u. Oekonomen. 2 Thle, mit 25 Kpf. gr. 8. Dresd. 806. Walther. 3 ₰ 8 gr.

Weinhold, Karl (Hrsg.), s. Abhandlungen, Germanistische.

Weinhold, Carl, über den Antheil Steiermarks an der deutschen Dichtkunst des 13. Jahrh. Ein Vortrag gehalten in der feierl. Sitzung der kaiserl. Akademie der Wissenschaften am 30. Mai 1860. gr. 8. (35 S.) Wien 860, (Gerold's Sohn.) **

– Über den Anteil Steiermarks an der deutschen Dichtkunst des XIII. Jahrhunderts. Vortrag, gehalten in der feierlichen Sitzung der Kaiserlichen Akademie der Wissenschaften am 30. Mai 1860. F. S. 1860.
Separatabdruck

—— über den Beilaut mit besond. Rücksicht auf den alemannischen Vocalismus. Lex.-8. (19 S.) Wien 860, (Gerold's Sohn.)

– Über den Beilaut mit besonderer Rücksicht auf den alemannischen Vokalismus. S. 35. 132.
Separatabdruck

Weinhold, K. Beiträge zu den deutschen Kriegsaltertümern. (Berlin 1891.) 8⁰. (Aus: Sitzungsberichte d. Berliner Akad.) (Vorm. Jähns.)

Weinhold, Carl, Beiträge zu einem schlesischen Wörterbuche. Lex.-8. (110 S.) Wien 855, (Gerold's Sohn.) *
Bildet einen Anhang zum 14. Bd. der Sitzungsberichte der philos.-histor. Classe der k. Akad. der Wissenschaften.

Weinhold, Karl, Dr.: Beiträge zu einem schlesischen Wörterbuch. 1. Abteilung A–L. S. 14. Anhang.
– – 2. Abteilung M–Z. S. 15. Anhang.
Separatabdruck

Die deutsche geistige Bewegung vor 100 Jahren. Rede zur Feier des Geburtstages Wilhelm I. gehalten v. Karl Weinhold. Kiel. 1873. Siehe in: Schriften d. Univ. zu Kiel. Bd. 20. Kiel. 1874. 4⁰.

Weinhold, Karl, die deutsche geistige Bewegung vor 100 Jahren. Rede zur Feier d. Geburtstages S. Maj. d. deutschen Kaisers, König v. Preussen Wilhelm I. geh. gr. 4. (17 S.) Kiel 873. (Universitäts-Buchh.) n. — 80

Rede bei Antritt des Rectorats gehalten in der Aula der Kgl. Friedrich-Wilhelms-Universität zu Berlin am 15. Oct. 1893 v. Karl **Weinhold.** [Die Beziehungen der germanischen Philologie zur Geschichte der Berliner Universität und zur Wissenschaft überhaupt.] Berlin, J. Becker, 1893; 16 S. 4.

Weinhold, Karl, Heinrich Christian Boie. Beitrag zur Geschichte der deutschen Literatur im 18. Jahrh. Halle 868. Buchh. d. Waisenh. gr. 8. (X, 389 S.) n. 1 ₰ 15 ngr.

Briefe deutscher Philologen an Karl **Weinhold.** Berlin: Litt.-Ges. 1902. (S. 58–105.) 8⁰
(Mittheilungen aus d. Litteraturarchive in Berlin. [15.])

Briefe deutscher Philologen an Karl Weinhold. Berlin: Litteraturarchiv-Gesellsch. 1902. S. 58–105. 8°
(Aus: Mittheilungen aus d. Litteraturarchive in Berlin. 1902.)

- Die altdeutschen Bruchstücke d. Traktats d. Bischof Isidorius v. Sevilla de fide catholica contra Judaeos, s. Bibliothek der ältesten deutschen Literatur-Denkmäler.

— über die Bruchstücke e. fränkischen Gebetbüchleins. [Aus: „Sitzungsber. d. k. Akad. d. Wiss."] Lex.-8. (42 S.) Wien 872. Gerold's Sohn in Comm. n. — 60

—— über deutsche Dialectforschung. Die Laut- und Wortbildung und die Formen der schlesischen Mundart. Mit Rücksicht auf Verwandtes in deutschen Dialecten. Ein Versuch. gr. 8. (VIII und 144 S.) Wien 853, Gerold's Sohn.

Weinhold, Carl, die deutschen Frauen in dem Mittelalter. Ein Beitrag zu den Hausalterthümern der Germanen. gr. 8. (VII und 498 S.) Wien 851, Gerold, Verlag.

Weinhold, Karl, die deutschen Frauen im Mittelalter. 2. Aufl. 2 Bde. 8. (VII, 413; III, 375 S.) Wien 882, Gerold's Sohn. *

Weinhold, Karl d. deutschen Frauen in d. Mittelalter. 3. Aufl. 2 Bde. gr. 8. (V, 393 u. III, 353 S.) Wien 897. C. Gerold's Sohn. n. 15. —; geb. in Leinw. n. 19. —

Ueber die deutschen Fried- und Freistätten v. Carl Weinhold. Kiel. 1864. Siehe in: Schriften d. Univ. zu Kiel, Bd. 11. 8°.

Ueber die deutschen Fried- und Freistätten. Von Karl Weinhold. (Festprogramm zur Feier des Geburtstages Herzogs Friedrich VIII.) Kiel. 1864. 8°.

Zum Gedächtniss des 18. Januars 1871. Rede bei d. Erinnerungs-Feier d. Kgl. Friedrich-Wilhelms-Universität in Berlin am 18. Jan. 1896 geh. v. Karl Weinhold. Berlin, Druck v. J. Becker, 1895; 22 S. 4.

— zum Gedächtniss des 18. Januar 1871. Rede bei d. Erinnerungs-Feier d. kgl. Friedrich-Wilhelms-Universität in Berlin am 18. Jan. 1896. gr. 4. (22 S.) Berlin 896. M. Oldenbourg. n.n. — 75

— zur Geschichte d. heidnischen Ritus. [Aus: „Abhandlgn. d. k. preuss. Akad. d. Wiss."] gr. 4. (50 S.) Berlin 896. (G. Reimer.) n. 2. —

Weinhold, Karl. Glücksrad u. Lebensrad. gr. 4. (27 S. m. 2 Taf.) Berl. 892, (G. Reimer). cart. * 2 50
Aus: Abhandlgn. d. k. preuss. Akad. d. Wissensch. zu Berlin, besonders abgedr.

—— bairische Grammatik, s. Schönwerth, v.

—— kleine mittelhochdeutsche Grammatik. gr. 8. (VII, 100 S.) Wien 881, Braumüller. *

Weinhold, Karl. Kleine mittelhochdeutsche Grammatik. 2. Aufl. gr. 8. (V, 137 S.) Wien 889, Braumüller. * 2 40

— kleine mittelhochdeutsche Grammatik. 3. Aufl. Neu bearb. v. Gust. Ehrismann. (VII, 111 S.) 8. Wien 905. W. Braumüller. n. 2. —

Weinhold, Karl, mittelhochdeutsche Grammatik. Ein Handbuch. gr. 8. (XII, 525 S.) Paderborn 877, Schöningh. * 8 —

Weinhold, Karl, mittelhochdeutsche Grammatik. 2. Ausg. gr. 8. (XII, 604 S.) Paderborn 883. F. Schöningh. n. 8. —

— Grammatik der deutschen Mundarten. 1. Thl. A. u. d. T.: Alemannische Grammatik. Berlin 863. Dümmler's Verlhdlg. gr. 8. (XIX, 477 S.) n. 3 ℛ︀ 10 ngr

— Grammatik der deutschen Mundarten. 2. Thl. Bairische Grammatik. Berlin 867. Dümmler's Verl. gr. 8. (XVII, 394 S.) n. 2 ℛ︀ 20 ngr

—— über die deutsche Jahrtheilung. Rede zur Feier des Geburtstages Sr. Maj. des Königs Frederik's VII. an der Christian-Albrechts-Universität am 6. Octbr. 1862 gehalten. gr. 4. (20 S.) Kiel 862, (Homann.) *

Ueber die deutsche Jahrtheilung. Rede zur Feier des Geburtstages Frederik's VII v. Karl Weinhold. Siehe in: Schriften der Univ. zu Kiel. Bd. 9. Kiel 1863. 4°.

—— altnordisches Leben. gr. 8. (VII und 512 S. mit 1 lithogr. Schrifttaf.) Berlin 856, Weidmann'sche Buchh.

- s. Lenz, J. M. R.: Gedichte.

—— s. Lenz, J. M. R., die sizilianische Vesper.

—— mittelhochdeutsches Lesebuch. Mit einer Laut- und Formenlehre des Mittelhochdeutschen und einem Wörterverzeichnisse. gr. 8. (VIII und 190 S.) Wien 850, Gerold, Verlag. *

—— mittelhochdeutsches Lesebuch. Mit einer kurzen Grammatik des Mittelhochdeutschen und einem Glossar. 2., umgearb. Aufl. gr. 8. (VII und 286 S.) Wien 862, Braumüller. *

— mittelhochdeutsches Lesebuch. Mit e. kurzen Grammatik d. Mittelhochdeutschen u. e. Glossar. 3. durchgeseh. Aufl. gr. 8. (IV, 277 S.) Wien 875. Braumüller. n. 4. —

— mittelhochdeutsches Lesebuch. Mit e. metr. Anh. u. e. Glossar. 4. Aufl. gr. 8. (V, 286 S.) Wien 891. W. Braumüller. n. 4. —

- Der Minnesänger von Stadeck und sein Geschlecht. S. 35. 152.
Separatabdruck

— der Minnesinger von Stadeck und sein Geschlecht. (Aus den Sitzungber. d. k. Akad. d. Wiss.) Wien 860. Gerold in Comm. gr. 8. (37 S.) n. 5 ngr

—— Mittheilungen zur Alterthumskunde der Herzogth. Schleswig, Holstein und Lauenburg, s. Bericht, 24., der Schleswig-Holstein-Lauenburg. Gesellschaft für die Sammlung und Erhaltung vaterländ. Alterthümer.

Die deutschen Monatnamen v. Karl Weinhold. Halle. 1869. 8°.

— die mystische Neunzahl bei d. Deutschen. [Aus: „Abhandlgn. d. Akad. d. Wiss. zu Berlin".] gr. 4. (61 S.) Ebd. 897. n. 2. 50

Weinhold, Karl, Martin Opitz von Boberfeld. Ein Vortrag in der Harmonie zu Kiel am 15. Februar 1862 gehalten. Kiel 862. Homann. gr. 8. (31 S.) n. 6 ngr.

— die Polargegenden Europas nach den Vorstellungen d. deutschen Mittelalters. [Aus: „Sitzungsber. d. phil.-histor. Classe d. k. Akad. d. Wiss."] Lex.-8. (28 S.) Wien 871. Gerold's Sohn in Comm. n. — 40

– Die Polargegenden Europas nach den Vorstellungen des deutschen Mittelalters. S. 68. 783.
Separatabdruck

—— über deutsche Rechtschreibung. gr. 8. (III und 36 S.) Wien 852, Gerold's Sohn. *
Aus: Zeitschrift für die österreich. Gymnasien, Jahrg. 1852. Heft 2., besonders abgedruckt.

— Rede bei Antritt des Rectorats, geh. in der Aula der königl. Friedrich-Wilhelms-Universität zu Berlin am 15. Octbr. 1893. gr. 4. (16 S.) Berlin 893. (J. L. V. Laverrenz.) — 75

—— Rede bei der Feier des 80. Geburtstages Karl v. Holteis am 24. Jan. 1878 im Liebichschen Saale zu Breslau gehalten. Mit Prolog von Max Kalbeck. gr. 8. (29 S.) Breslau 878, Trewendt. * — 60

Rede auf Jacob Grimm. An der Christ.-Albrechts-Univ. am 2. Nov. 1863 gehalten v. Karl Weinhold. Kiel. 1863. Siehe in: Schriften der Univ. zu Kiel, Bd. 10. Kiel. 1864. 4°.

— die Riesen des germanischen Mythus. (Aus d. Sitzungsberichten d. k. Akad. d. W.) Wien 858. Gerold in Comm. gr. 8. (84 S.) n. 12 ngr.

Weinhold, Carolus: Spicilegium formularum quas ex antiquissimis Germanorum carminibus congessit. Halis (1847): Ploetz. 32 S. 8°
Halle-Wittenberg, Phil. Hab.-Schr. v. 15. Apr. 1847

— die gotische Sprache im Dienste des Kristenthums. Festschrift. Halle 870. Buchh. des Waisenhauses. gr. 8. (38 S.) n. 7½ ngr.

—— die Sprache in Wilh. Wackernagel's altdeutschen Predigten und Gebeten. gr. 8. (73 S.) Basel 875, Schweighauserische Verlagsh. * 2 —

— über den ersten der beiden durch v. Karajan jüngst veröffentlichten Sprüche aus heidnischer Zeit. (Aus d. Sitzungsberichten d. k. Akad. d. W.) Wien 858. Gerold in Comm. gr. 8. (6 S.) 3 ngr.

– Über den ersten der beiden durch von Karajan jüngst veröffentlichten Sprüche aus heidnischer Zeit. S. 28. 281.
Separatabdruck

— die heidnische Todtenbestattung in Deutschland. (2 Abthlgn.) Mit 5 (lith.) Taf. (in 4.) (Aus den Sitzungsber. d. kais. Akad. d. Wiss.) Wien 859. Gerold in Comm. gr. 8. (146 S.) n. 1 Thlr. 12 ngr.

– Die heidnische Totenbestattung in Deutschland. 1. Abteilung (mit 3 Taf.). S. 29. 117.
Separatabdruck

– Die heidnische Totenbestattung in Deutschland. 2. Abteilung (mit 2 Taf.). S. 30. 171.
Separatabdruck

Rudolf Usinger ordentlicher Professor der Geschichte an der Universität Kiel. Ein Lebenslauf v. Karl Weinhold. Kiel. 1874. 4°.

Weinhold, Karl, die Verbreitung und die Herkunft der Deutschen in Schlesien, s.a. Forschungen zur deutschen Landes- und Volkskunde.

Weinhold, Karl: Die Verbreitung und die Herkunft der Deutschen in Schlesien. Stuttgart 1887: Engelhorn. 88 S. [Forschungen zur dtsch. Landes- u. Volkskunde II, 3.]

— d. Verehrung d. Quellen in Deutschland. [Aus: „Abhandlgn. d. k. preuss. Akad. d. Wiss."] gr. 4. (69 S.) Ebd. 898. n. 3. —

Weinhold, Carolus: • Voluspâ. Textum recensuit, prolegomena scripsit, annotationes addidit. 120 S. 8° (4°)
Halle-Wittenberg, Phil. Diss. v. 14. Jan. 1846
Geb. [Reichenbach (Schlesien) 26. 10. 1823]
Verf. erlebte die Diplomerneuerung 1896 als Geheimer Regierungsrat und ordentlicher Professor der deutschen Literatur in Berlin.

Weinhold, Carl, Weihnacht-Spiele und Lieder aus Süddeutschland und Schlesien, s.a. Weihnacht-Spiele.

—— Weihnacht-Spiele und Lieder aus Süddeutschland und Schlesien. Mit Einleitungen und Erläuterungen. Neue (Titel-)Ausg. gr. 8. (VIII, 456 S. mit 1 lithogr. Musikbeilage.) Graz (853)70, Leuschner und Lubensky. *

Weinhold, Karl, Weihnacht-Spiele und Lieder aus Süddeutschland und Schlesien. Mit Einleitungen u. Erläuterungen. Graz 1853. 8. . . . . (D.)
——, —— 2. (Titel-)Ausg. Graz 1855. 8.
——, —— Neue Ausg. Wien 1875. 8.

— Weihnacht-Spiele u. Lieder in Süddeutschland u. Schlesien. Mit Einleitgn. u. Erläutergn. Mit e. Musikbeilage. Neue Ausg. gr. 8. (VI, 456 S.) Wien 875. Braumüller. n. 6. —

—— Julius Zacher. Beitrag zur Geschichte der deutschen Philologie. gr. 8. (45 S. mit 1 Stahlst.-Bildnis Zachers.) Halle 888, Buchhandlung des Waisenhauses. * 1 50
Aus: Zeitschrift für deutsche Philologie, besonders abgedruckt.

— die Zeitpartikeln des schlesischen Dialects. gr. 8. (27 S.) Berlin 900. (G. Reimer.) n. 1. —
Sonderabdruck aus: „Sitzungsber. d. preuss. Akad. d. Wiss."

— s.: Zeitschrift des Vereins f. Volkskunde.

Anleitung den verdunkelten Krystallkörper im Auge des Menschen jederzeit bestimmt mit seiner Kapsel umzulegen. ... Von Karl August Weinhold. Meissen: Goedsche 1809. XXXVI, 114 S. 8

— Anleitung d. verdunkelten Krystallkörper im Auge des Menschen jederzeit bestimmt u. mit seiner Kapsel umzulegen, mit 1 Kpft. 8. Meißen 809. Goedsche. 20 gr. 2e mit Zusätzen u. 2 Kpf. verm. Ausg. 8. Ebd. 812. 1 Thlr. Zusätze u. 1 Kpf. für d. Besitzer d. ersten Ausgabe apart. 8. Ebd. 812. 12 gr.

— s.a. Arndt u. Kotzebue, u. setze hinzu: (von K. A. Weinhold).

⊙ Arndt und Kotzebue als politische Schriftsteller v. W. A. C. [d. i.: Carl August Weinhold. Dresden]. 1814. 8°

Weinhold, Ritter Karl Aug., († ...) de articulatione spuria et nova eam curandi methodo. 8maj. Halle 822.

— über eine heftige, d. ägyptischen Ophthalmie ähnliche, epidemische Augenkrankheit. 8. Dresd. 815. (Arnold). 5 gr.

(—) kosmopolit. Beleuchtung jenes Worts über d. Verhältniß des sächs. Kabinets zu den verbünd. Mächten im J. 1813. Von einem wahrheitliebenden Sachsen. ... 813.

— Beleuchtung einer Schmähschrift des Leibchirurgus Hedenus. gr. 8. Halle 822. Schimmelpfennig. 8 gr

— über d. geometr. Bildung merkwürd. Gebirgspartien u. ihre Vervielfältigung in erhabener Arbeit. gr. 8. Dresd. 811. Arnold. 4 gr

Weinhold, Ritter Karl Aug., kritische Blicke auf d. Wesen des Nervenfiebers u. seine Behandlung. 8. Dresd. 814. Arnold. 12 gr

— Denkmal des allen Deutschen unvergeßlichen 18. Octobers, u. Stiftung eines deutschen Hauses zu Merseburg für verwaisete Kinder u. deutsche Krieger. 4. Halle 815. (Renger). 6 gr

— Diss. inaug. de pareseos et methodi pareticae dignitate, tentamen ad contradictiones tollendas super inflammationes, imprimis pneumoniae a debilitate ortae, methodi medendae, ortas. 4. Wittenb. 805.

— Dresden u. seine Schicksale im Jahr 1813. Ein Ueberblick d. Hauptmomente d. Geschichte des Tages vom Mai — Nov. desselben Jahres. Mit 1 großen Plan von d. Stadt u. 1 Karte von d. umliegenden Gegend. gr. 8. Dresd. 814. Arnold. 1 rthl 12 gr

— Ehrenrettung Loder d. jüngern u. dessen Bemerk. über Rasoris Contrastimulus. gr. 8. Leipz. 816. Knobloch. 5 gr

s.a. Elbbrücke, Die, zu Dresden.

— die Elbbrücke zu Dresden, historisch u. malerisch beschrieben. Mit 1 großen Kupferst. von Hammer u. Veith. gr. 8. Ebend. 814.

Weinhold, Carl Aug., über d. menschl. Elend, welches durch d. Missbrauch d. Zeugung herbeigeführt wird. gr. 8. (10 B.) Leipzig 828, Focke.

— — Ermunterung zum Kampfe im Geiste der Zeit gegen den Geist der Finsterniß. 8. Halle, Verf. (Schimmelpfennig.) 819. (3. Heft. d. Armen.)

—— das Gleichgewicht d. Bevölkerung, als Grundlage d. Wohlfahrt d. Gesellschaft u. d. Familien. gr. 8. (5 B.) Leipzig 829, Focke.

— der Graphit, als neuentdecktes Heilmittel gegen d. Flechten. 8. Leipz. (809.) Rein. 16 gr 2e verm. Aufl. 8. Meißen 812. Goedsche. 16 gr

— über d. Heilung eines durch äußere Gewalt fast gänzlich zerstörten Auges rc. 8. Meißen 813. Goedsche. 6 gr

Ideen über die abnormen Metamorphosen der Hyghmorshöle, mit einigen vorangehenden physiologischen Betrachtungen der Facialparthie... Von Carl August Weinhold. Leipzig: Rein 1810. XXVIII, 244 S. 8

Von den Krankheiten der Gesichtsknochen und ihrer Schleimhäute, der Ausrottung eines grossen Polypen in der linken Oberkieferhöhle, dem Verhüten des Einsinkens der gichtischen und venerischen Nase... von Carl August Weinhold. Halle: Renger 1818. 48 S. 8

[Unvollst., S. 49 ff. fehlen.]

Die Kunst veraltete Hautgeschwüre besonders die sogenannten Salzflüsse nach einer neuen Methode sicher u. schnell zu heilen. Von Karl August Weinhold. Mit e. Vorr. von Karl Georg Neumann. Dresden: Arnold 1807. 72 S. 8

— d. Kunst veraltete Hautgeschwüre, besonders d. sogenannten Salzflüsse nach einer neuen Methode sicher u. schnell zu heilen. Mit e. Vorrede von K. G. Neumann. 8. Dresd. 807. 2e A. 809. Arnold. 14 gr

— de luxatione ossis humeri in universum, et praecipue de incisione aponeuroseos musculi pectoralis majoris ad curandam luxationem inveteratam. 8maj. Halle 819.

s.a. Napoleon Bonaparte und das französische Volk 1814.

Napoleon Bonaparte und das französische Volk im Jahre 1814 (von *Karl August Weinhold*). Germanien (Arnold in Dresden) 1814.
Weller, fing. Druckorte.

—— über d. Population u. d. Industrie, od. krit. Beweis, dass d. Bevölkerung in hochkultivirten Ländern den Gewerbfleiss stets übereile. gr. 8. (6 B.) Leipzig 828, [Krappe.]

— von der überwiegenden Reproduction des Menschenkapitals gegen das Betriebskapital u. die Arbeit in d. civilisirtesten europ. Ländern rc. gr. 8. 827, (Leipz., Ind.-Compt.)

— von d. überwiegenden Reproduktion des Menschenkapitals gegen d. Betriebskapital u. d. Arbeit in den civilisirtesten europ. Ländern rc. gr. 8. (Leipz. 828. Ind.-Compt.) 16 gr

— von d. Uebervölkerung in Mitteleuropa, u. deren Folgen auf d. Staaten u. ihre Civilisation. gr. 8. Halle 827. Anton. 6 gr

— über meine gegenwärt. Verhältnisse im preuß. Staatsdienste. Fortsetzung d. Beleuchtung gegen Hedenus u. Consorten. gr. 8. Halle 822. Schimmelpfennig. 9 gr

Weinhold, Karl August: Versuche über das Leben und seine Grundkräfte, auf dem Wege der Experimental-Physiologie. 308 S., gbd.

Magdeburg: Creutz 1817

JB 1.045

— physikalische Versuche über den Magnetismus als scheinbarer Gegensatz des electro-chemischen Processes in d. Natur. 8. Meißen 812. Goedsche. 10 gr

— über d. Wiederherstellung des alten Merseburger Biers, u. dessen vorzügl. Heilkraft gegen angehende Nervenschwäche u. Abzehrung. 8. Merseb. 816. (Leipz., Rein). 5 gr

— noch ein Wort über d. Verfolgungssucht des Hrn. Hedenus u. seiner Consorten. gr. 8. Halle 822. Schimmelpfennig. 5 gr

— Cyclus, ein Versuch über d. endliche Kultur des Menschengeschlechts in d. Wissenschaft u. Kunst. gr. 8. Leipz. 822. Göschen. 1 rthl 12 gr

Weinhold, Karl Friedrich (Frauenstein) A.S. 603/19a

Super decreto in alienandis rebus minorum interponendo.
Leipzig (Langenheim) 12.IV.1775. 30 S.

36113

WEINHOLD, Leberecht, des Weins u. d. Liebe eifrig Befliessenen (ps.), Poetische Gesundheiten. In Verschen. O. O. u. J. (c. 1750). 8⁰. 62 S. (1 fl. 20 xr. Gilhofer & Ranschburg, Wien, 1899; jetzt theurer!)
Erste sehr seltene Ausgabe.

Leberecht Weinholds vermehrte u. verbesserte Poetische Gesundheiten in fünf Abtheilungen (vermischte, freundschaftliche, verliebte, schalkhafte Trinksprüche, letztere in 2 Theilen). O. O. 1750. Gr. 8⁰. (5 Mk. Frdr. Klüber, c. 1905.)
— Dasselbe. Dritte und mit dem zweiten Theil vermehrte Auflage. O. O. 1751. 8⁰. (Expl. in Dresden; für Mk. 5— erworben.) (3 fl. J. Eisenstein & Co., Wien. 1889.)
I: 56 S. (incl. Tit. u. 3 Bll. Vorr. zur 1. u. 2. Aufl.).
II: 40 S. (incl. Tit. u. 1 Bl. Vorr.).

— Dasselbe. 4. und viel vermehrte Auflage. O. O. 1753. 8⁰. (6 Mk. Frdr. Klüber, 1896.)
— Dasselbe. 2 Thle. Frankf. 1754. 8⁰.
Rassmann p. 198.

Weinhold, Lothar, Vikar am kgl. Realgymn. zu Döbeln: Zur Elasticität der Metalle. Chemnitz 1899: W. Adam. (35 S.) 8⁰
Leipzig, Phil. Diss. v. [24. März] 1899.

Weinhold, Max, Bremen, s.: Miniatur-Bibliothek.

Weinhold, Mor., s. Briefe, 48, von Joh. Glieb. Fichte.

Weinhold, Mor., Geschichte der Arbeit. 1. Bd. gr. 8. (VIII, 276 S.) **Dresden** [Bremen] 869, **Heinsius.** *

—— Naturvölker und Culturvölker. Vortrag im wissenschaftl. Cyclus zu Dresden den 9. März 1868 gehalten. gr. 8. (III, 35 S.) Dresden 868, Schöpff. [Demuth.] *

Weinhold, Moritz: Über Nicolaus Federmann's Reise in Venezuela 1529–1531. Nebst einer Karte. (Dresden 1867.) 20 S.
in: Jahresbericht des Vereins für Erdkunde zu Dresden. 3. Anhang. S. 93–112. 8⁰

Weinhold, Paul: Die Stellung des Kurfürsten August zur Universität Leipzig. Leipzig 1901: Hallberg & Büchting. (99 S.) 8⁰
Leipzig, Phil. Diss. v. [28. Juni] 1901.

[J.] **Weinhold,** Paul [Referendar]: Die Veräusserung von Kirchengut nach dem gegenwärtig für die katholische Kirche in Preussen geltenden Rechte ... Greifswald, Druck v. J. Abel, 1896; 43 S. 8.
Greifswald, Jur. Fak., Inaug.-Diss. v. 1896

Weinhold, R. — Praktische Gebrauchs-Anleitung, von — — patentirter Stein-Pappe zur Bedachung von Kirchen, Häusern, ländlichen Gebäuden, Stallungen, Schuppen, Wetterdächern, Magazinen, Kornböden und Speichern; zur Bedeckung von Frühbeeten und Treibhäusern, zum Schutz für Korn- und Heuschober etc. 8. (6 S.) Wien. Druck von Karl Gerold und Sohn. 1855.

Weinhold, Rud., die wichtigsten wildwachsenden und angebauten Heil-, Nutz- und Giftpflanzen mit besond. Berücksicht. der deutschen und schweizer. Flora. Systematisch geordnet. Ein Hülfsbuch für Pharmaceuten, Kunst- und Handelsgärtner, Landwirthe, Schullehrer etc. 8. (224 S.) Bonn 871, Weber. *

Weinholtz, (C.,) **de finibus atque pretio logicae** Aristotelis. **Dissert. 8maj. Rostochii 825**, (Greifsw., Koch.)

— Dass., s.a. Weinholz, C.

Weinholtz, K., drei neue Brettspiele (Cihna, Wita, Ahma) zum Veranschaulichen geistiger Gestaltung und zur Unterhaltung. Spieltafeln, -Puppen-Abbildung und -Richtschnur. 4. (30 S. mit 5 Stnt. in 8. und gr. Fol.) Rostock 867, (Stiller'sche Hofbuchh.) *

—— Entwurf der Bibliothekswirthschaftslehre, bezogen auf Allgemeinheit, wissenschaftl. Einrichtung, tüchtige Ausübung und Nutzung. gr. 8. (8 S.) Rostock 862, Stiller'sche Hofbuchh.

Weinholtz, Karl

Weinholtz, Carl, die Begründung des Rechts, und die Aufhebung der Sittenlehre durch die Rechtslehre als nothwendiges Erforderniß vorgestellt. gr. 8. (67 S.) Rostock 847, Leopold's Universitäts-Buchh. *

Weinholtz, Karl, die Erfahrungs-Logik. gr. 8. (16½ B.) Rostock 834, (Oeberg.)

Weinholtz, Carl, Zur Erklärung des Ursprungs und der Bedeutung des Wortes. gr. 8. (76 S.) Leipzig 854, Brockhaus. Thlr. *

—— die staatsbürgerliche Freiheit und Gleichheit, zur Entwickelung und Sicherung der Wohlfahrt des Staats erwogen. gr. 8. (87 S.) Rostock 849, Stillersche Buchh. *

Weinholtz, Karl, Ideismen. 1. Der unbewußte Ideismus des Menschen in Versen erläutert. 2. Philosophie, Bildung und Wissenschaft zu einander. gr. 8. (24 S.) Rostock 874, (Stiller'sche Hofbuchh.) *

Weinholtz, Carl, die speculative Methode u. d. natürl. Entwickelungs-Weise. gr. 8. (18½ B.) Rostock 843, Stiller'sche Hofbh. *

Weinholtz, Carl, die organische Sprechschrift und Singschrift, zur Förderung des lautrechten und sinnvollen Vortrags. Lex.-8. (8 S. mit 4 Stnt.) Rostock 860, Stiller'sche Hofbuchh. *

—— das organisch-idealistische System der Philosophie. gr. 8. (148 S.) Leipzig 856, T. O. Weigel. *

—— die Unzulänglichkeit der Philosophie als Wissenschaft, u. die Ausbildung der Philosophie zur Kunst. gr. 8. (6½ B.) Rostock 844, Stiller'sche Hofbuchh. *

Weinholtz, Karl, die Wissenschafts-Wege uns. Zeit, erwogen. 1. Abthl. — A. u. d. T.: Der alte Weg, die Bestimmung u. Mittel d. Wissenschaft in uns. Zeit erwogen. gr. 8. (10 B.) Rostock 840, Oeberg. *

Weinholz, A., Erinnerungen aus dem Leben eines Briefträgers. Ernste und heitere Erzählungen. 8. (78 S.) Bremen 878, [Kühtmann und Comp.] Fischer. * 1 —

Weinholz, A. Herr König. Ein Geburtstagsgedicht für Dich. Druck von F. Reichardt u. Co. 1 Bl. 4.
Flugblatt. Berlin 1848/49.

Weinholz, A., der deutsche Reichstelegraph. Rathgeber, bei Benutzg. d. Telegraphen, enth. gedrängte Anleitg. zur Abfassg. kurzer u. deutlicher Telegramme m. Beispielen, namentlich auch Glückwunsch-Telegramme in Versen, die wichtigsten Bestimmgn. aus dem Telegraphen-Reglement, Tarif nach sämmtl. Gebieten d. Auslandes, sowie als Anh.: Ein Stündchen auf dem Telegraphen-Bureau. 8. (64 S.) Düsseldorf 875. Gestewitz. n. 1. —

Weinholz, Alb., Madame Daniel als Emanzipirte. Berliner Genre-Bild. gr. 16. (32 S. m. 1 Holzschn.) Berlin 849, Lindow. n. 1/12 Thlr.

— der alte Fritz, besungen. 2. sehr veränd. wohlf. Ausg. 5 Hfte. 8. (312 S.) Berlin 847, Weinholz. (à 1/6 Thlr.) 5/6 Thlr.

Weinholz, Alb., Gedichte. Eine Probe. 8. (104 S.) Berlin 847, Weinholz. 1/3 Thlr.

Weinholz, Alb., Gedichte. 2. Aufl. gr. 16. (198 S.) Bonn 873, Standke. *ℳ 2.; geb. *

Weinholz, Alb., Gedichte. 3. verm. Aufl. 12. (VIII, 208 S.) [Bremen 880, Kühtmann und Comp.] Norden, Fischer Nachf. *
geb. mit Goldschn. *

—— Geheiligt werde Dein Name, s. Weinhold's illustrirte Groschen-Bibliothek.

—— Immortellen in Sonetten auf dem Bonner Friedhof niedergelegt. 8. (VIII, 30 S.) Bonn 876, Standke. — 50

Weinholz, A., Immortellen, in Sonetten auf den Bonner Friedhof niedergelegt. 2. verb. und verm. Aufl. gr. 8. (X, 43 S.) Bonn 882, Habicht. *

Weinholz, A., Immortellen in Sonetten auf den Bonner Friedhof niedergelegt. 3. verm. Aufl. 8. (60 S.) Bonn 888, Hanstein. * 1 —

— Nante's erste Omnibus-Fahrt in Berlin. 8. (43 S. m. 1 Lith.) Leipzig 847, Koffka. 1/4 Thlr.

— Schicksale einer Proletarierin. Eine Neujahrsgabe für reiche Leute. gr. 8. (162 S.) Lemgo 848, Meyer. 21 ngr.

— Sonettenkranz, den Mitgliedern des 1. vereinigten Landtages gewunden. 8. (22 S.) Berlin 849, Weinholz. 4 ngr.

Weinholz, A. Die Thaten Friedrichs des Grossen. (21 B.) 8. Leipzig 1846. — Berlin 1847. 4,00

Weinholz, Alb., die Thaten Friedrichs des Großen. 8. Leipzig 846, Voigt u. Fernau. 1 1/3 Thlr.

— die Thaten eines chinesischen Kriegers im Frieden, besungen. Auch allenfalls Dorfgeschichte zu nennen. 8. (VI u. 71 S.) Leipzig 847, Voigt & Fernau. 1/4 Thlr.

***Weinholz*, Dr. C., de finibus atque pretio logicae Aristotelis. Dissert. 8maj. Rostock 824. (Greifsw., Koch). 8 gGr.**

– Dass., s.a. Weinholtz, C.

Weinholz, Heinrich Albert (Wirkl. Name), s. a. Besenstiel (Pseud.)

— s.a. **Besenstiel's Memoiren.**

BESENSTIEL (d. i. *Heinr. Albert Weinholz*), Memoiren. 1847.
Weller. Lex Ps. p. 71.

Weinholz, Hermann, appr. Arzt a. Milspe i. Westf.: (Aus der Königl. Universitäts-Frauenklinik Marburg.) Wie verhalten sich Kaiserschnitt-Kinder in den ersten Minuten ihres extrauterinen Lebens? Marburg (1904): Marburger Papier-Manufaktur. (42 S.) 8°
Marburg, Med. Fak., Ref. Ahlfeld, Diss. v. 5. Nov. 1904
[Geb. 15. Nov. 78 Frönsberg; Wohnort: Milspe i. Westf.; Staatsangeh.: Preußen; Vorbildung: Gymn. Hagen i. W. Reife O. 97; Studium: Bonn 1, Marburg 3, Bonn 2, Heidelberg 1, Marburg 2 S.; Coll. 10. Okt. 04; Approb. 6. Mai 04.]

Weinholz, Karl

Weinholz, Carl, Frankfurt a. Oder: Über das Klima von Marnitz. Ein Beitrag zur Klimatologie von Mecklenburg. Schwerin 1905: Bärensprung. (76 S.) 4°
Rostock, Phil. Fak., Ref. Kümmel, Diss. v. 28. Okt. 1905
[Geb. 3. Juli 78 Frankfurt a. O.; Staatsangeh.: Preußen; Vorbildung: Realgymn. Frankfurt Prima-Reife M. 97; Studium: Darmstadt T.H. u. Berlin 8, Rostock 3 S.; Rig. 25. Okt. 05.]

Weinholz, Carl, über das Klima v. Marnitz, s.a. Beiträge zur Statistik Mecklenburgs. XIV, 3.

Ueber das Klima von Marnitz. Ein Beitrag z. Klimatologie von Mecklenburg von Dr. Carl Weinholz. Schwerin 1906: Bärensprung. (76 S.) 4°
[Erschien auch als Inaug.-Diss. Rostock 1905.]
(Beiträge z. Statistik Mecklenburgs. Bd 14, H. 3.)

Weinholz, Wilh., Anweisung zum Gebrauch der von ihm entworf. verschiebbaren chem. Aequivalenten-Scale, f. Aerzte, Apotheker, Hüttenleute rc. f. theoret. u. pract. Chemiker überh. 8. (3½ B.) Braunschweig 830, G. C. E. Meyer.
Die Scala auf hölzernem Rahmen nebst Anweisung, 1 Thlr. 8 Gr.

Weinholz, D. W., verschiebbare chemische Aequivalenten-Scala, für Aerzte, Apotheker, Hüttenleute, Fabrikanten rc. Ein Blatt in gr. Fol. Mit d. Anweisung zum Gebrauch derselben. Braunschw. 830. Meyer. 20 gGr.

Weinholz, Wilh., Handbuch d. Mühlenbaukunst, s. Schauplatz, neuer, d. Künste, 57. u. 58. Bd.

— Handbuch der Papier-Fabrikation, s. Lenormand.

—— Handbuch d. pharmazeut.-mathemat. Physik u. Chemie. Zum Selbststud. f. angeh. Chemiker, Aerzte u. Apotheker. Nebst e. verschiebbaren chem. Aequivalenten-Scale (Fol. u. lith.) u. 28 tabellar. Uebersichten, sämmtl. mit d. nöthigen Erläutern. üb. ihre Einrichtung, Gebrauchs- u. Nutzungsart versehen. gr. 8. (32¼ B.) Ilmenau 832, [Weimar,] Voigt.

—— techn.-chem. Handbuch d. Erforschung, Ausscheidung u. Darstellung des, in d. Künsten u. Gewerben gebräuchl., metall. Gehalts d. Mineral-Körper, unter steter Berücksichtigung sämmtl., bis jetzt in d. Chemie gemachten Erfahrungen; zum Selbststudium, besond. f. angeh. Hüttenbeamte, Cameralisten etc. gr. 8. (16 B.) Hannover 830, Helwing.

— vollständ. theoret.-prakt. Handbuch der Mühlenbaukunst, oder gründl. Anleitung zur Konstruktion sämmtl. neu anzulegender rc. durch Wasser, Wind, Dampf u. lebendige Kräfte zu betreibend. Mühlwerke rc. 2 Bde. 2e umgearb. verb. u. verm. Aufl. von Fr. Ws. Barfuß. Mit 91 Steindr. u. Tabellen. 8. Weimar 840. Voigt. 4 Thlr.

—— Luftschifffahrt u. Maschinenwesen. Nachweis. ein. neuen Bewegungsmittels, in Anwend. auf d. Betrieb u. d. Bewegung v. Maschinen, Fahrzeugen, Geschossen u. Projectilien aller Art mächtiger u. vortheilhafter, als alle seither in Gebrauch genomm. Kraftäußerungen; von größester Wichtigkeit aber deshalb, weil seine Benutzung uns die Horizontaldirection d. Luftballons u. d. aërostat. Fahrzeuge, sowie d. Bewegung, Hemmung u. Leitung v. Luftfahrzeugen ohne aërostat. Beihülfe in horizontaler, wie in verticaler Richtung, vollkommen zu Gebote stellt. 8. (13 B.) Braunschweig 835, Oehme u. Müller.

Weinich, Geo. Ph. (Eph.), († d. 9. Juni 1834.) kurze u. leichtfaßl. Anweisung zur Buchstabenrechnung u. niedern Algebra. gr. 8. Erlang. 815. Palm. 6 gGr.

— kurze, doch vollständige Anweisung zum Rechnen nach Reesischer Manier, in 140 Beispielen. gr. 8. Ebd. 814. 6 gGr.

— das Vorzüglichste aus d. Geometrie u. Trigonometrie populär vorgetragen, auch als Leitfaden in niedern Schulen zu gebrauchen, mit 3 Kpf. gr. 8. Ebd. 814. 6 gr.

Weinich, Geo. Phil., das Wissenswürdigste aus d. astronom. u. physikal. Geographie, so wie aus d. Lehre vom Welt-Gebäude überh., in gehöriger Ordn. zusammen gestellt u. populär vorgetragen. gr. 8. (7¼ B.) Würzburg 833, [Etlinger.]

— das Wissenswürdigste aus d. Lehre vom Weltgebäude, oder d. Kunst, den Kalender recht zu verstehen u. vernünftig zu gebrauchen. gr. 8. Erlang. 818. Palm. 4 gr.

Weinich, Jo. Friedrich: Graecae particulae επι proprium significatum cum casu quarto junctae, s. H e r z o g , Jo. Christian.

Kurze Geschichte der lateinischen Schulen und des Gymnasiums zu Schweinfurt von den frühern Zeiten bis auf unsere Tage. Von Georg Phil. W e i n i g, Subr. u. P. — 1831. Schweinfurt, Morich. — S. 3—8. Progr. Schweinfurt.

WEINIG, Joseph (Eltmann): Ueber den gegenwärtigen Standpunkt der Wundbehandlung im Kriege.- München: Wolf 1884. 41 S.
5.2.1884 – Urk (Titel: De chirurgiae in bello exercendae statu praesenti.); Chr 1883/84,13
Diss. Ingolst.-Landsh.-Mchn.

Weinig, Moritz [aus Frankfurt am Main]: Zur Kenntniss α-bromirter einbasischer Fettsaeuren und der Dimethacrylsaeure. . . . Halle a. S., Buchdr. Carl Colbatzky, 1890; 46 + 1 S. + 1 Bl. 8°
Halle, Phil. Fak., Inaug.-Diss. v. 1. März 1890

Weiniger, Ernst, a. Wien: I. Synthetische Versuche mit aliphatischen Ketosäuren. II. Einwirkung von Halogenen und Halogenwasserstoffen auf Phenylhydrazin. Weida i. Th. 1907: Thomas & Hubert. (62 S.) 8°
Leipzig, Phil. Fak., Ref. Beckmann-Hantzsch, Diss. v. 7. Okt. 1907
[Geb. 28. Dez. 79 Wien; Wohnort: Möckern; Staatsangeh.: Österreich; Vorbildung: Gymn. Wien Reife Juli 00; Studium: Leipzig 12 S.; Rig. 24. Juli 07.]

ROSINENS Jungfernſchaft oder Was auf der Reiſe paſſieren kann. Aus dem Leben gegriffen von S. Ch. Weinigl. Paris o. J. (ca. 1890). Kl. 8°. 30 S.

WEINIGL, S. Ch. (ps.), R o s i n e n s J u n g f e r n s c h a f t, oder „W a s a u f d e r R e i s e p a s s i e r e n k a n n." Aus d. L e b e n g e g r i f e n (!) von —. Paris. Lamartine Frères. 116, Reu (sic!) Rambuteau, 116. O. J. (c. 1890). 8°. Lat. Typen. Holl. Büttenpap. 24 S. (2 Mk. e. böhmische Firma, 1901.)

— — Dasselbe. Berlin, 1892. Auf Kosten der Wittwe Fummel. 8°. Lat. Lett. 37 S. (incl. Tit.), 1 weißes Bl.

ROSINENS Jungfernſchaft, oder Was auf der Meſſe paſſieren kann. Aus dem Leben gegriffen von S. Ch. Weinigl. Babylon. Don Juan Caſanova, 1903. 8°. 24 S.

Weininger [Schlagwort]

Weininger, s.: Waid.

Weininger [Verfasser]

Weininger, H. Über mittelalterliche Burgen. o. O. (1860.) 8°. (Aus: Illustr. Deutsche Monatshefte.) (Verm. Jähns.)

Weininger, Hans (p. k. Hptm., Secretär d. histor. Ver. d. OPf. u. v. Regensb.), die *Befreiungshalle bei Kelheim* (auf d. Michelsberg, an dessen Fuss d. Mündung d. Altmühl in die Donau). Mit 1 Stahlstich (nach *Grueber*). Regensburg, G. J. Manz, 1863. 8°. Cart.*)
IV—18 S. Lat. Lett. — Diesen Prachtbau liess König Ludwig I. v. Bayern den „teutschen Befreiungskämpfern" nach den Plänen Frdr. v. Gärtner's u. (seit 1847) Leo v. Klenze's errichten. Grundsteinlegung 19. Octob. 1842; Eröffnung 18. Oktob. 1863.

—— F r e m d e n f ü h r e r durch das Altmühlthal und dessen nächste Umgebung. Von Kelheim nach Riedenburg. 16. (108 S.) Regensburg 867, Coppenrath. cart.

—— F r e m d e n f ü h r e r durch Regensburg und dessen nächste Umgebung. 16. (VIII und 64 S.) Regensburg 863, Coppenrath. cart. *

Weininger, Hans, Fremdenführer durch Regensburg und dessen nächste Umgebung. 3. sehr verm. und verb. Aufl. 16. (103 S. mit 2 lithogr. Plänen in qu. 4.) Regensburg 874, Coppenrath. cart. *

Weininger's, Hans, Führer durch Regensburg u. dessen nächste Umgebung. Neu bearb. v. Aug. Karl. 4., sehr verm. u. verb. Aufl. Mit 2 (lith.) Plänen (in qu. gr. 4.). 16. (XIV, 64 S.) Regensburg 877. Coppenrath. n. 1. —

Weininger's, Hans, Führer durch Regensburg und dessen nächster Umgebung. Neu bearb. von Aug. Karl. 5.—7. Aufl. Mit 2 Plänen. 16. (XIV, 64 S.) Regensburg 881—84, Coppenrath. •

Weininger's, Hans, Führer durch Regensburg und dessen nächste Umgebung. Neu bearb. von Aug. Karl. 8. Aufl. 16. (XIV, 64 S. mit 2 Plänen.) Regensburg 888, Coppenrath's Verlag. * 1 —

Weininger's, H., Führer durch Regensburg, dessen Umgebung m. Walhalla u. Befreiungshalle bei Kehlheim. 9., verb. Aufl. 16. (XIV, 65 S. m. 2 Plänen.) Regensburg 889. Coppenrath's Verl. n.n. — 60

Weininger, Hans, kurzgefasste Geschichte u. Beschreibung der Befreiungshalle u. der anliegenden Stadt Kelheim, nebst Altmühl- u. Donauthal. 3. verb. Aufl. Mit 6 nach der Natur aufgenommenen Ansichten. (VII, 56 S.) kl. 8. Regensburg (901). Verlagsanstalt vorm. G. J. Manz. — 60

Weininger, K. W., s. a. vollständiges katholisches liturgisches Lehr- u. Erbauungsbuch.

Weininger, K. W., vollständiges kathol. liturg. Lehr- u. Erbauungsbuch. 2 Bde. in 4 Abtheil. 8. Prag, Widtmann 796—99.

Weininger, Otto, über die letzten D i n g e. Mit e. biograph. Vorwort v. Mor. Rappaport. (XXVII, 183 S.) gr. 8. Wien 904. W. Braumüller. n. 5. —, geb. in Leinw. n. 6. 40

Weininger, Otto, über die letzten D i n g e. Mit e. biograph. Vorwort v. Mor. Rappaport. 2. veränd. Aufl. (XXV, 178 S.) gr. 8. Wien 907. W. Braumüller. 2.—; geb. in Leinw. 3. —

— G e d a n k e n üb. G e s c h l e c h t s p r o b l e m e. Hrsg. v. Rob. Saudek. 2. Aufl. (98 S.) kl. 8. Berlin (907). Concordia. 1.20; geb. 1.80; in Ldr. 3.50

G e d a n k e n über Geschlechtsprobleme von Otto Weininger, hrsg. von Robert Saudek. 3. Aufl. Berlin: Concordia [um 1907]. 98 S. 8°

Weininger, Otto: Geschlecht und Charakter. — Wien u. Leipzig: Braumüller 1903. XXIII, 599 S. 8°

Weininger, O., Geschlecht und Charakter. 2. Aufl. Gr.-8°. (XXIV, 608 S.) Wien: Braumüller 1903. K 9.60, geb. K 11.20

Geschlecht und Charakter. Eine prinzipielle Untersuchung von Dr. Otto **Weininger**. 4. unveränd. Aufl. Wien & Leipzig: W. Braumüller 1905. (XXII, 608 S.) 8° [05. 60; 5

Geschlecht und Charakter. Eine prinzipielle Untersuchung. Von Otto **Weininger**. 8. unveränd. Aufl. Wien & Leipzig: Braumüller 1906. XXII, 608 S. 8°

— **Geschlecht u. Charakter. Eine prinzipielle Untersuchg. 9.—12. unveränd. Aufl. (XXII, 608 S.) gr. 8. Wien 907—10. W. Braumüller.** 5.—; geb. n 6.40

Weinisch, Christian (Breslau) 4°Thl. XV, 270/6

In: Danz, Johann Andreas: ... sive inauguratio Christi ad docendum haud obscurior Mosaica, e spectaculis circa baptismum Christi. VIII. Jena (Bielcke) 1717. 1 Bl. 36115

Weinitz, Dr. F. Des Don Diego de Aedo y Gallart Schilderung der Schlacht von Nördlingen <i. J. 1634>. A. d. Span. Mit 1 Krt. Straßburg 1884. 105 S.

Die Bericher Bibelhandschrift in der Furstlichen Landesbibliothek zu Detmold. Eine geschichtl. u. bibliogr. Studie von Prof. Dr. Franz **Weinitz**. Mit 5 Abb. Berlin: A. Duncker 1908. (24 S.) 4° [08. 9691 7

Weinitz, Frz., die Bericher Bibelhandschrift in der fürstl. Landesbibliothek zu Dortmund. Eine geschichtl. u. bibliograph. Studie. (23 S. m. 5 Taf.) Lex. 8. Berlin 908. Charlottenburg, A. Glaue. 3.—

Die alte Garnisonkirche in Berlin. Ein geschichtl. Abriss nebst Schilderung ihrer Zerstorung durch d. Brand 1908 von Prof. Dr. Franz **Weinitz**. (Als Hs. gedr.) Berlin 1908: F. A. Günther & Sohn. (15 S.) 4° [08. 17393

Der Greif mit dem Apfel. Eine Augsburger Goldschmiedearbeit des 17. Jahrh. in Fürstl. Waldeckischem Besitze. Geschichtliches u. Kunstgeschichtliches von Dr. Franz Weinitz. Berlin 1902: (J. Sittenfeld). (16 S.) 4°

Weinitz, Frz.: Theodor Hosemann, s. Schriften d. Vereins f. d. Geschichte Berlins, 34. Hft.

In acht Monaten rund um die Erde (1893/94). Eine Reiseschilderung von Dr. Franz **Weinitz**. Als Ms. gedr. Berlin 1902: (Langenscheidt). (82 S.) 4°(8°)

Franz **Weinitz**. Die Landschaftsuhr u. einige andere ältere Arbeiten d. Kunstgewerbes im Herzogl. Residenzschlosse zu Altenburg. 12 Abb. m. erl. Texte. Berlin: Glaue 1910. 20 S. 4°

— **Die Landschaftsuhr u. einige andere ältere Arbeiten des Kunstgewerbes im herzogl. Residenzschlosse zu Altenburg. 12 Abbildgn. m. erläut. Texte. (20 S. m. 5 Taf.) 30,5×23 cm. Ebd. 910.** 4.—

— **Das fürstl. Residenzschloß zu Arolsen. Geschichtliches, Bau- u. Kunstgeschichtliches.** (VI, 72 S. m. 34 Abb.) 38,5×29 cm. Leipzig 907. E. Grumbach. Geb. in Leinw. m. Goldschn. 25.—

Weinitz, Frz., des „Deutsch-Francoss" Jean Chrétien Toucements Schilderung Berlins aus d. J. 1730, s.: Schriften des Vereins f. die Geschichte Berlins. 37. Hft.

Samuel Graf zu Waldeck. Eine hist. Studie von Dr. Franz Weinitz. (*Erfurt 1904: Rübsam & Söhne.*) (8 S.) 4° [F.]
Zum 1. Jan. 1904 als Neujahrsblatt gedruckt. [04. 9451

Weinitz, Frz., der Zug des Herzogs v. Feria nach Deutschland im Jahre 1633. Ein Beitrag zur Geschichte des 30jähr. Krieges. gr. 8. (XII, 76 S.) Heidelberg 882. C. Winter. n. 2. 40

Weinjude, der, od. Nachricht an das betrogene Publicum. 8. Wien, Camesina. 781.

Weinjude, der, oder Nachricht an das betrogene Publikum. 8. Wien 781. (Heubner). 6 K

Der Weinjude, oder Nachricht an das betrogene Publikum, von den sträflichen Weinverfälschungen gewinnsüchtiger Weinjuden, und den Mitteln, hinter ihre schändliche Betrügereyen zu kommen, somit sich vor Schaden und Nachtheil an seinem Beutel und seiner Gesundheit zu hüten. Von einem Menschenfreunde. Wien: Kurzbeck 1781. 40 S. — 37°

Weinkarte [Schlagwort]

Weinkarte. Hellrung's, C. L., Weinkarte. Neu hrsg. v. J. Diemer. 3 Blatt. Chromolith. Mit Text an den Seiten. qu. Fol. Mainz 889. Diemer. n. 5. 40
1. Der Médoc. n. 3.—. — 2. Das Rhein-Weinland, Rheingau u. Rheinhessen. n. 1. 20. — 3. Die Rhein-Pfalz, Mosel- u. Saar-Gegend. n. 1. 20.

Weinkauf: Zur Beförderung des Gartenbaues in Bayern. München 1851.

Weinkauff, Fr. De Tacito dialogi, qui de Oratoribus inscribitur, auctore. Part. I. 56 S. — Part. II. 30 S.
Köln, Fr. W., Progr. 1857, 1859

Weinkauff, Frz. Almania. Versus cantabiles et memoriales. 2 Hefte. 8. Heilbronn 885. Lpz., Fock. * 2 80; geb. in 1 Bd. * 3 50

Weinkauff, Frz., **Almania. 'Ωιδεῖον. Versus cantabiles et memoriales. Dreisprachiges Studentenliederbuch. Auswahl der beliebtesten Studenten- und Volkslieder für Kommers und Hospiz, Turnplatz und Wanderfahrt, Kränzchen und einsame Rekreation.** 2 Hefte. 8. Heilbronn 885, Gebr. Henninger. [1. Heft. (VI, 106 S.) *M 1.—.; 2. Heft. (IV, 196 S.) *M 1.80.] * 2 80
geb. in 1 Bd. * 3 50

Weinkauff, Frz., die Entwicklung des deutschen Nationalgefühls. Festrede, gehalten bei der Vorfeier des Geburtstages S. M. des Königs, den 21. März 1868. Als Anh.: die Grundrechte des deutschen Volkes. Köln 868. W. Greven. gr. 8. (44 S.) n. 6 ngr.

—— **Homerisches Handbuch für Gymnasien. gr. 8. (VI, 260 S.) Bonn 868, Marcus.** *

Weinkauff, Frz., lateinisches Commersbüchlein. 8. (52 S.) Köln 891. J. G. Schmitz. n. — 75

Weinkauff, Frz., Untersuchungen über den Dialogus des Tacitus. Neue erweit. Aufl. gr. 8. (CLXX, 295 S.) Köln 880, Roemke und Comp. *

Weinkauff, H. C., die Gattung Ancillaria, s.: Martini u. Chemnitz, systematisches Conchylien-Cabinet V, 1 a.

Weinkauff, H. C., üb. einige kritische Arten aus der Gruppe der kleinen Pleurotomen. [Aus: „Malakozoolog. Jahrbücher."] gr. 8. (14 S. m. e. color. Steintaf.) (Berlin 875. Friedländer & Sohn.) n. 1. 60

Weinkauff, H. C., die Conchylien des Mittelmeeres, ihre geographische u. geologische Verbreitung. 2 Bde. Cassel 867.68. Fischer. gr. 8. n. 6 ₰ 15 ngr.
1. Bd. Mollusca acephala. (XX, 301 S.) n. 2 ₰ 15 ngr.
2. Bd. Mollusca cephala. (VI, 510 S.) n. 4 ₰

— die Familie Coneae od. Conidae, s.: Küster, H. C.

— die Gattungen Cypraea u. Ovula. — Die Gattung Haliotis, s.: Martini u. Chemnitz, systematisches Conchylien-Cabinet V, 3 u. VI, 1b.

—— **Catalog der Gattung Conus.** gr. 8. (70 S.) Ebendas. 875. *
aus: Malakozoologische Jahrbücher, besonders abgedruckt.

—— **Catalog der im europäischen Faunengebiet lebenden Meeres-Conchylien.** 8. (XVI, 108 S.) Kreuznach 873, Voigtländer. [Cassel, Fischer.] *

– Litorina, s. Martini u. Chemnitz, systemat. Conchylien-Cabinet.

— die Gattung Litorina, s.: Küster, H. C.

– Die Gattung Mactra, s. Martini u. Chemnitz, systematisches Conchylien-Cabinet XI, 2.

– Die Gattungen Marginella u. Erato, s. Martini u. Chemnitz, systematisches Conchylien-Cabinet V, 4.

Weinkauff, H. C., s. Martini und Chemnitz, systemat. Conchylien-Cabinet.

– Die Gattung Oliva, s. Martini und Chemnitz: Systematisches Conchylien-Cabinet. V, 1.

— u. W. **Kobelt**, die Familie Pleurotomidae, s.: Martini u. Chemnitz, systematisches Conchylien-Cabinet IV, 3.

Weinkauff, H. C., die Gattungen Rissoina und Rissoa, } s. Martini und Chemnitz, systematisches Conchylien-Cabinet. I, 22.

– Die Gattung Sigaretus, s. Martini und Chemnitz: Systematisches Conchylien-Cabinet. VI, 1.

Weinkauff, Karl [aus Heidelberg]: Ueber Perforationen grosserer Gefässe in Abscesshöhlen ... Heidelberg, Univ.-Buchdr. v. J. Horning, 1890; 60 S. 8°
Heidelberg, Med. Fak., Inaug.-Diss. v. [23. Dez.] 1889

Weinke, Frz. Carl, der nervöse Zustand, das Siechthum unserer Zeit. Wien 853. Heubner. 8. (VIII, 40 S.) n. 12 *ngr.*

Weinkeller, der. Praktische Mittheilungen über Weinbau, Obst- und Trauben-Weinbereitung, Kellerwirthschaft und Weinhandel. In Monatsheften hrsg. im Vereine erfahrener Oenologen von Friedr. Jak. Dochnahl sen. Neue Folge. 1. Jahrg. 12 Hefte. (Bog.) gr. 8. Neustadt a. d. Haardt 877, Otto. * 4 —
Nicht weiter erschienen.

Der Weinkeller. 1. Neustadt a.d.Haardt 1897. -- [Zit. nach Kirchner]

Der vollkommene Weinkellermeister. 2., verb. Aufl. Abth. 1.2. Frankfurt a.M.: Jäger 1820. VIII, 122 S. -- 9*
1. Die Behandlung des edlen Rebensaft's vom Most bis zur Verwandlung in Wein.
2. Anleitung zur Kenntniß der im Handel vorkommenden sowohl Inn- als ausländischen Weine und über die Künsteleyen und Verfälschungen derselben.
Weber: 1821.

Weinkellermeister, d. vollkommene. 1e Abtheil., d. Behandlung vom Most bis zur Verwandlung in Wein. 2e Abtheil., Darstell. d. Kenntniß in- u. ausländ. Weine, u. d. Künsteleien u. Verfälschungen derselben. 2e A. 8. Frankf. a. M. 820. Jäger. 10 gr.

Weinken, Johann

— Eginhardus illustratus et vindicatus, seu de Vita Carol Magni, adjectae sunt Epistolae Eginhardi. fol. ibid. 714.

Weinken, Ioh., **Historia** de Translatione Sanctorum Martyrum Marcellini et Petri ex Urbe Roma. fol. Francf. Andreae. 715.

— **Navargia** Seligenstadiana, seu Fundatis progressus et hodierna facies antiquissimae et regalis, Abbatiae Seligenstadensis in Superiori Dioecesi Moguntina ad Moenum sitae c. fig. fol. ibid. 713.

Der Weinkenner. Ein Unterricht über Vaterland, Natur, Handel, Verbesserung und Verfälschung der Weine; ingleichen über den Genuß derselben in Beziehung auf körperliche Beschaffenheit, Lebensart und Alter. Berlin: Oehmigke 1800. VI, 202 S. -- 12.21*
Dass. erschien auch u.d.T.: Taschenbuch für Weinkäufer, Weintrinker und Weinhändler für das Jahr 1800.

Weinkenner, der, oder Unterricht über Vaterland, Natur, Handel, Verbesserungen u. Verfälschung d. Weine, mit 1 Kpf. 8. Berl. 809. W. Oehmigke. 16 gr.

Der Weinkenner. Monatsschrift für Weinkonsumenten. Rathgeber für Keller, Küche und Haus. Jg. 1-24. Berlin: Brand 1898/99-1921/22.

Weinknecht, Fr., Umriß der Phrenologie. Ein Beitrag zur Verbreitung dieser Lehre des Geistes. Bunzlau 853. Appun in Comm. gr. 8. (27 S.) n. 5 *ngr.*

Carol[us] Frider[icus] Weinknecht: De Conceptione extrauterina acc. observatio conceptionis tubariae. Halae (1791:) Litteris Trampianis. 24 S. 8°
Halle, Med. Diss. v. 9. Dez. 1791
[Die dazugehörige Taf. fehlt.]

Weinkopf Anton. Beschreibung der Kaiserl. Akademie der bildenden Künste. Von – ... Kurzbek, Wien 1783.
1 vol. 1 Bl + 109 S.

v. Weinkopf, Ant., († d. 24. Febr. 1808.) Beschreibung d. k. k. Academie d. bildenden Künste. 8. Wien 784. v. Mösle. 12 gr.

Weinkopf, Anton. Beschreibung der K. K. Akademie der bildenden Künste in Wien. 1783 und 1790. Wien 1875. 8°.

Weinkopf, Jos.

— catechetica scientifica, in latinum idioma translata per Thdr. Orleartsik. 12. Wien 827. (Gerold). 16 gr. Hbg. Pr. 8 gr.

Weinkopf, Jos., Didaktik u. Methodik. gr. 8. Wien 822. Wallishauser. (Beck). 1 rf

— angewandte Katechetik, oder Zergliederungen aller d. Jugend in Volksschulen beizubringenden christ-kathol. Religionslehren nach den Grundsätzen u. Regeln d. Katechetik. 8. Wien 824. Wallishauser. (Beck). 1 rf

– angewandte Katechetik, od. Zergliederungen aller d. Jugend in Volksschulen beizubring. christ-kathol. Religionslehren nach den Grundsätzen u. Regeln der Katechetik. 8. Wien 825, Wallishaußer.

Weinkopf, Jos., angewandte Katechetik, oder: Zergliederungen aller, der Jugend in Volksschulen beizubringenden, christkathol. Religionslehren nach den Grundsätzen u. Regeln der Katechetik. 2. verb. u. verm. Aufl. gr. 8. Wien 845, Wallishauser. 1 rf

Weinkopf, Jos., christkathol. kurze Predigten f. alle Sonn- u. Feyertage ein. Kirchenjahres. 1. u. 2. Thl. 8. (40¼ B.) Wien 837, (Mayer u. Comp.) *

– christ-kathol. Religions-Unterricht in Fragen u. Antworten. 8. Wien, Ueberreiter.

— christkathol. Religionsunterricht in Fragen u. Antworten. (Für Schüler d. 1sten Elementarklasse). 8. Wien 828. N. Aufl. 831. (Beck). 4 gl. Ders., (für Schüler d. 2ten u. 3ten Klasse). 8. Ebd. 828. 8 gl.

—— christkathol. Religionsunterr. in Fragen u. Antworten. (Für d. Schüler d. 2. u. 3. Elementarklasse.) 8. (17 B.) Wien 828, (Beck.)

Weinkopf, Jos., christkathol. Religionsunterr. in Fragen u. Antworten. (Für Schüler d. 1. Elementarklasse.) Neue u. verb. Aufl. 8. (4¼ B.) Wien 831, (Beck.)

— christkathol. Religionsunterricht in Fragen u. Antworten. 6e verb. Aufl. 8. Wien 835. Karl Doll. (Leipzig, Liebeskind.) ⅓ ₰ — 7e Aufl. 8. Ebd. 838. ⅓ ₰

— christkathol. Religionsunterricht in Fragen u. Antworten. 8. Aufl. 8. Wien 841, Carl Doll. ⅓ ₰ — 9. nach der vom heil. Stuhle genehmigten neuesten Bibel-Uebersetzung von Jos. Fr. Allioli verb. u. umgearb. Aufl. 8. Ebend. 845. ⅓ ₰

Weinkopf, Jos., christkatholischer Religions-Unterricht in Fragen und Antworten. 10. nach der neuesten Bibelübersetzung von Jos. Fr. Allioli verb. u. umgearb. Aufl. Wien 855. Sallmayer u. Co. 8. (189 S.) n. 12 ngr.

— der kleine Religions-Unterr. in Fragen u. Antworten. 8. Wien 826, Ebd.

Weinkraut, Das. Rheum Victoria und Saragon. Herausg. von der Gesellschaft zur Einführung des Weinkrautes. Heilbronn 1891. V: *Weber, Otto.* (Russell XVI, II, 1, 782)

Weinkraut, das. Rheum Victoria u. Paragon. Hrsg. v. der Gesellschaft zur Einführg. d. Weinkrautes. Schriftführer: Carl Beck, Lixstr. 15. 12. (168 S.) Heilbronn 892. O. Weber. — 60

— das. Sein Anbau im deutschen Boden u. seine volkswirtschaftl. Zukunft. Ein notwend. Ergänzungsheft zu jedem deutschen Garten- u. Kochbuch. Hrsg. v. der Gesellschaft zur Einführg. d. Weinkrautes, Heilbronn. 12. (63 S. m. Abbildgn.) Regensburg 892. Nationale Verlags-Anstalt. n. — 40

Weinküfer, d. praktische, aus Bremen, oder über d. Beschaffenheit u. Bearbeitung d. verschiedenen Sorten Weine &c., mit Rücksicht auf d. Behandlungsweise derjen. Weine, welche d. Privatmann zur eignen Consumtion einlegt, nebst Anweis. zur Anfertigung einiger Frucht- u. künstl. Weine, von L. Barr. 8. Halle 821. Waisenh.-B. 8 gl.

Weinkünste u. Weinrecepte. 8. Mühlh. 793. Danner. (P. Vogel in Leipz.) 4 gl.

Weinkünste und Weinrecepte, wie auch Branntweine, Liqueurs und Aquavite, u.s.f. zu verfertigen sind; von einem Weinschenken herausgegeben. Frankfurt 1793. 56 S. -- 100*
BJ: Mühlhausen. — Heinsius und Kayser: Mühlhausen. -- Thienemann: Mühlhausen.

Der Weinkünstler, oder Geheime Weinkünste eines Weinküpers. o.O. 1790. 48 S. -- 14*

Wein- u. Bierkünstler, d. geschickte, nebst e. Anweis. Kaffee, Thee u. Chokolade auf vielerlei Art zuzurichten, wie auch gebrannte Wasser. 8. Frankf. 755. Cotta. 4 gl.

Der geschickte Wein- und Bier-Künstler, mit einem nützlichen Unterricht Thee, Coffe, Chocolate und Mandelate zu machen, wie auch allerhand Brandtewein, Eßig und andere Wasser zu verfertigen, allen Hausvätern und Hausmüttern als ein Handbuch zum täglichen Gebrauch hrsg. Frankfurt & Leipzig: Cotta 1755. 158 S. -- 12*. M 49
Boehmer: Tubing. 1755.

Die vorzüglichsten Weinlagen in der Pfalz und der Weinertrag in dieser Gegend. Nebst einem Anhang über das untere Nahe-Thal, wie über Bacharach, Ober-Wesel und die Bergstraße. [Frankfurt a.M.] 1844. Aus: Maltens Weltkunde. Bd 4.1844. -- 17*

Weinlagenkarte des Qualitätsweinbaugebietes der Rheinpfalz. Hrsg. von Adolf Schaeffer. Gezeichnet von Joh. Klug. Masstab 1:25 000. Neustadt a.d.Haardt: Berlet [um 1910]. -- 107

Weinlager-Regulativ. (Lager-Regulative für Läger unter Zollaufsicht II.) gr. 8. (22 S.) Hamburg 887, Marquard und Schering. * 1 —
Auf Schreibpapier mit breitem Rande * 1 20

Weinland, Andreas Friedrich (Esslingen) A. S. 178/4

Restricta agendi adpellandique facultas ratione bellicorum civilium et oeconomicorum de quibus circuli Germaniae statuerunt ad illustrandum cap. XII. $. IIII. sanctionis imperatoriae Caroli VII. a. p. p. p.
Präs. Johann Georg Estor. Ed. 2.
Marburg (Krebs) o. J. 143 S.

Diss. VI. 1743.
W. v.: Präs. 36117

Weinland, Andreas Friedrich (Esslingen) A. S. 320/21

Restricta agendi adpellandique facultas ratione bellicorum civilium et oeconomicorum de quibus circuli Germaniae statuerunt ad illustrandum cap. XII. $. IIII. sanctionis imperatoriae Caroli VII. a. p. p. p.
Präs. Johann Georg Estor. Ed. 2.
Jena (Ritter) 1744. 143 S.

Diss. VI. 1743.
W. v.: Präs. 36118

Weinland, Andreas Friedrich (Esslingen) A. S. 31/9

Summa circulorum Germanicorum libertas ratione bellicorum, civilium oeconomicorumque.
Präs. Johann Georg Estor.
Marburg (Müller) VI. 1743. 48 S. 36116

Weinland, August, appr. Arzt a. Esslingen a. N.: Philipp Franz von Walther und seine Bedeutung für die deutsche Chirurgie und Augenheilkunde. München 1905: C. Wolf & Sohn. (52 S.) 8°
München, Med. Fak., Ref. Eversbusch, Diss. v. 2. Aug. 1905
[Geb. 10. Okt. 79 Bissingen, Oberamt Ulm; Wohnort: Esslingen a. N.; Staatsangeh.: Württemberg; Vorbildung: Gymn. Cannstatt Reife M. 97; Studium: Tübingen 4, München 11 S.; Coll. 23. Febr. 05; Approb. 7. März 05.]

Weinland, Carl, s. Weinland, Karl

Weinland, D. F., Beschreibung zweier neuer Taenioiden aus dem Menschen; Notiz über die Bandwürmer der Indianer und Neger; Beschreibung einer Monstrosität von Taenia solium L. und Versuch einer Systematik der Tänien überhaupt. gr. 4. (24 S. mit 5 Stnt. in Tondr.) Jena 861, Frommann. *
Aus: Verhandlungen der k. Leop.-Carol. deutschen Akademie, besonders abgedruckt.

D. F. WEINLAND, Führer durch den Zoologischen Garten in Frankfurt am Main. (Mit 1 Plan.) Frankfurt a. M. 1860. Druck von J. D. Sauerländer.*) 8o.

Dasselbe, (2—4. Ausgabe.) ib. 1860—1861. —*)

Dasselbe, Mit 1 Plan und 30 Illustrationen. ib. 1863. —*)

Weinland, D. F., Kuning Hartfest. Ein Lebensbild aus der Geschichte unserer deutschen Ahnen, als sie noch Wuodan und Duonar opferten. Der deutschen Familie, vornehmlich unserer Jugend gewidmet. Mit gegen 60 Text-Abbild. und 1 Titelbilde (in Holzschn.) von H. Leutemann u. A. gr. 8. (IX, 292 S.) Leipzig 879, Spamer. * ℳ 4.; geb. * 5 50

Weinland, D. F., Kuning Hartfest. Ein Lebensbild aus der Geschichte unserer deutschen Ahnen, als sie noch Wuodan u. Duonar opferten. Der deutschen Familie, vornehmlich unserer Jugend gewidmet. 2. unveränd. [Titel-]Aufl. Mit gegen 60 Textabbildgn. u. e. Titelbilde v. H. Leutemann u. A. gr. 8. (X, 292 S.) Leipzig [879.] 903. O. Spamer. n. 4.—; geb. in Leinw. n. 5. 50

Weinland, D. F., Kuning Hartfest. Ein Lebensbild aus der Geschichte unserer deutschen Ahnen, als sie noch Wuodan u. Duonar opferten. Der deutschen Familie, vornehmlich unserer Jugend gewidmet. 3. Aufl. Mit 38 Textabbildgn. u. 1 Titelbilde v. H. Leutemann u. a. (IX, 304 S.) 8. Leipzig 905. O. Spamer. n. 4.—;

Weinland, D. F., Kuning Hartfest. Ein Lebensbild aus der Geschichte unserer deutschen Ahnen, als sie noch Wuodan u. Duonar opferten. Der deutschen Familie, vornehmlich unserer Jugend gewidmet. 4., unveränd. [Tit.-]Aufl. Mit 38 Textabbildgn. v. H. Leutemann u. a. (IX, 304 S.) 8. Leipzig [905] 911. O. Spamer. 4.—; geb. in Leinw. 5. 50

Weinland, D. F., Rulaman. Naturgeschichtliche Erzählung aus der Zeit des Höhlenmenschen und des Höhlenbären. Der Jugend und ihren Freunden gewidmet. Mit 100 Text-Abbild., sowie 5 Tondr.-Bildern nach Zeichnungen von H. Leutemann u. A. gr. 8. (XVIII, 250 S.) Leipzig 878, Spamer. * geb. *

—— Rulaman. Kulturgeschichtl. Erzählung aus der Zeit der Höhlenmenschen und der Höhlenbären. Der Jugend und ihren Freunden gewidmet. 2. wohlf. (Titel-)Ausg. Mit 100 Text-Abbild., sowie 5 Tondr.-Bildern nach Zeichnungen von H. Leutemann u. A. gr. 8. (XVIII, 250 S.) Leipzig 881, Spamer. geb. *

Weinland, D. F., Rulaman. Erzählung aus der Zeit d. Höhlenmenschen u. d. Höhlenbären. Der Jugend u. ihren Freunden gewidmet. 3., durchgeseh. Aufl. Mit 46 Textabbildgn., sowie 1 Titelbilde nach Zeichngn. v. H. Leutemann. gr. 8. (XVIII, 256 S.) Leipzig 892. O. Spamer. n. 4.—; geb. in Leinw. n. 5.50

Weinland, D. F., Rulaman. Erzählg. aus der Zeit d. Höhlenmenschen u. Höhlenbären. Der Jugend u. ihren Freunden gewidm. 4. [Titel-]Aufl. Mit 46 Textabb., sow. e. Titelbilde nach Zeichngn. v. H. Leutemann. gr. 8. (XVIII, 256 S.) Leipzig (892) 899. O. Spamer. n. 4.—; geb. in Leinw. n. 5. 50

— Rulaman. Erzählung aus der Zeit des Höhlenmenschen u. Höhlenbären. Der Jugend u. ihren Freunden gewidmet. 5. unveränd. [Titel-]Aufl. Mit 46 Textabbildgn. u. e. Titelbilde nach Zeichngn. v. H. Leutemann. gr. 8. (XVIII, 256 S.) Ebd. [892.] 903. n. 4.—; geb. in Leinw. n. 5.50

Weinland, D. F., Rulaman. Erzählung aus der Zeit des Höhlenmenschen u. Höhlenbären. Der Jugend u. ihren Freunden gewidmet. 6., durchgeseh. Aufl. m. verm. Anmerkgn. Mit 48 Textabbildgn. nach Zeichngn. v. H. Leutemann. (280 S.) 8. Leipzig 906. O. Spamer. n. 4.—; geb. in Leinw. n. 5. 50

— Rulaman. Erzählg. aus der Zeit des Höhlenmenschen u. Höhlenbären. Der Jugend u. ihren Freunden gewidmet. 7. [Titel-]Aufl. Mit 48 Textabb. nach Zeichngn. v. H. Leutemann. (280 S.) 8. Ebd. [906] (909). 4.—; geb. in Leinw. 5. 50

Weinland, D. F., über die in Meteoriten entdeckten Thierreste. Mit 2 (eingedr.) Holzschn. gr. 4. (12 S.) Esslingen 882. Fröhner in Comm. n. 2. —

Weinland, D. F., über die in Meteoriten entdeckten Thierreste. gr. 4. (12 S. mit 2 eingedr. Holzschn.) Esslingen 882, (Mayer.) *

—— zur Weichthierfauna der schwäbischen Alb. gr. 8. (126 S. mit 1 litbogr. Taf. Abbild.) Stuttgart 876. (Berlin, Friedländer und Sohn.) *
Aus: Württembergische naturwissenschaftliche Jahreshefte, besonders abgedruckt.

Weinland, Chrh. Fr., die Hirten des Bethlehemitischen Feldes in d. Christnacht; e. Singstück. 8. Rostock 774.

Weinland, Chrh. Fr., († d. 23. April 1812.) Vortheile, welche d. Staat durch d. Einführung des Blatterbelzens erlangt. 8. Celle 769. Gsellius. 8 gr.

Weinland, Ernst, Dr.: Beiträge zur Frage nach dem Verhalten des Milchzuckers im Körper, besonders im Darm. *München 1899: R. Oldenbourg.* (49 S.) 8°
München, Med. Hab.-Schr. v. 1899
(Nicht für den Austausch)

Weinland, Ernst [aus Hohen-Wittlingen (Württemberg)]: Beiträge zur Kenntnis des Baues des Dipteren-Schwingers. Aus d. zoolog. Institut d. Univ. zu Berlin. . . . Berlin, Buchdr. v. Gustav Schade (Otto Francke) (1890); 51 + 1 S. 8°
Berlin, Phil. Fak., Inaug.-Diss. v. 26. Jul. 1890

Weinland, Ernst Frdr., neue Untersuchungen üb. die Funktionen der Netzhaut, nebst e. Versuche e. Theorie üb. d. im Nerven wirk. Kraft im Allgemeinen. hoch 4. (III, 125 S. m. 1 farb. Taf.) Tübingen 895. F. Pietzcker. In Mappe n. 8.

Weinland, Gustav [app. Arzt aus Hohen-Wittlingen]: Ueber die chemische Reizung des Flimmerepithels ... (Aus: Arch. f. d. ges. Physiol., Bd. 57.) Bonn, E. Strauss, 1894; 1 Bl., 105—132 S. 8.
Tübingen, Med. Fak., Inaug.-Diss. v. 1894

Weinland, Joh. Christoph

— der betende Christ. 4. Tübing. 771.

— der Christ als Vater u. Mutter. 4. Tübing. 771.

— Ernst u. Güte Gottes aus den Feuerflammen. 4. Tübing. 771.

Weinland, Jh. Cph., († d. 23. Juli 1788.) allgemeine, wie auch Morgen- u. Abend-Gebete auf alle Tage d. Woche. 8. Tübing. 789. Schram. 5 gr.

Weinland, allgemeine, wie auch Morgen- u. Abend-Gebete a. alle Tage d. Woche. 8. Tübingen, Schram. (Heerbrand in Commiss.). 789. Rthlr. ·

— Probe e. Gottesverehrung in abwechselnden Gebet u. Gesang. 8. Tübing. 788.

Weinland, Joh. Chrph.: De vexillo imperii primario, vulgo Reichs-Sturm-Fahne, commentatio acad. (Halae Magdeb.) 1727.

— letztes Zeugniß vor d. Gemeinde zu Tübingen. 8. Tübing. 784.

Weinland, Karl

Weinland, Carl [approb. Arzt aus Hohen-Wittlingen (Württemberg]: Zur Physiologie des Guanins . . . München, Druck v. M. Ernst (vorm. G. Pollner), 1888; 47 S. 8°
München, Med. Fak., Inaug.-Diss. v. 1885

Weinland, Carl, zur Physiologie des Guanins. Inaugural-Dissertation. gr. 8. (47 S.) München 888, (Ernst.) * — 75

Weinland, R., Anleitung zur Maasanalyse u. zu den massanalytischen Bestimmungen des Deutschen Arzneibuchs IV. Für das chemisch-pharmaceut. Practicum im chem. Institut der Universität Tübingen verfasst. (III, 92 S.) gr. 8. Tübingen 905. (G. Schnürlen.)
Geb. in Leinw. u. durchsch. n. 4. —

— Anleitung f. das Praktikum in der Massanalyse u. den massanalytischen Bestimmungen des deutschen Arzneibuches IV. 2., neu bearb. Aufl. (VI, 114 S. m. 1 Abbildg.) gr. 8. Tübingen 906. J. C. B. Mohr.
Durchsch. n. 2. 50; geb. n. 3. —

Weinland, Rudolf [aus Hohen-Wittlingen (Württemb.)]: Ueber die Einwirkung der Oxyde, Hydroxyde von Beryllium, Magnesium, Zink, Cadmium und Quecksilber auf Metallsalze verschiedener Zusammensetzung. (Aus d. Laboratorium f. angewandte Chemie d. Univ. zu Erlangen.) . . . Erlangen, Druck d. Univ.-Buchdr. v. E. Th. Jacob, 1892; 51 S. 8.
Erlangen, Phil. Fak., Inaug.-Diss. v. 1892

Weinland, Rud., s. Gmelin-Kraut's Handbuch d. Chemie

Weinland, Rudolf Friedrich, Dr. phil., aus Hohen-Wittlingen (Württemberg): Über die Vertretbarkeit von Sauerstoff, bezw. Hydroxylgruppen durch Fluor in den Alkalisalzen einiger Metalloid- und Metallsäuren. *München (1899): C. Wolf & Sohn.* (68 S.) 8°
München, Phil. Hab.-Schr. v. 1899
(Nicht für den Austausch)

Weinländer: Der Weinländer
① Wochenblatt für den Bezirk Andelfingen und Umgebung (bis 14. 12. 1867). Publikationsorgan der Stadt und des Bezirkes Winterthur (etc.) (13. 2. 1922 cont.) ⑤ Dezember (?) 1866 (cont.) ⑥ 2° ⑦ Wochenblatt; wöchentlich 2× (seit 28. 11. 1869); wöchentlich 3× (?—1885 cont.) ⑧ Stein a. Rh.: Buchdruckerei Stein a. Rh. (?) (Dezember? 1866 — 14. 12. 1867); Andelfingen: R. Bodmer (21. 12. 1867 — 1884—?); Wülflingen-Winterthur: U. Steinemann (1. 10. 1895-29. 9. 1898), G. Jucker (1. 10. 1898-29. 8. 1903), H. Müller-Schoch, später H. Müller-Kern (1. 9. 1903—1916), Paul Akeret (1917—22. 11. 1947), Akeret (24. 11. 1947 cont.) ⑨ Der Erzähler (21. 12. 1867—1868, Monatsblatt), Illustriertes Sonntagsblatt (?—1897—1917) ⑩ R. Bodmer (21. 12. 1867—1884 —?), Kantonsrat Bertschinger-Hug, Verlegerkonsortium (189?—31. 8. 1903), Heinrich Müller-Schoch (1. 9. 1903—19. 8. 1940), Dr. Erwin Akeret (21. 9. 1940 cont.) ⑪ die Herausgeber ⑫ demokratisch, dann sozialdemokratisch; seit 1897—1903 neutral, 1903—1916 demokratisch, seit 1917 zürcherische Bauernpartei ⑬ BGSZ: 1111 (p. 465, 514—515) ⑭ Zh: Z (1867—1884, 1897 cont.).

Weinländer, Georg Zur Würdigung der v. Köchel'schen Mineraliensammlung. 8 (24 S.). (Schlufs.) 8 (19 S.).
Progr. K. k. Staats-G. *Krems* 1893. 1894.

Weinländer, Leop. Die physikalischen Eigenschaften der Mineralien. 32 S. 8.
Progr. *Oberhollabrunn* 1879.

Die Weinlaube. Zeitschrift für Weinbau und Kellerwirthschaft. Hrsg. von A[ugust] W[ilhelm] Freiherrn von Babo [u.a.] Jg. 1-39. Wien [u.a.] 1869-1907. Seit 1908 vereinigt mit 'Allgemeine Weinzeitung'.

Weinlaube, die. Herausg. von A. W. Frhr. v. Babo, red. von A. Zuchristan. Jahrg. 1869 u. 1870 à Jahrg. 24 Nrn. (à 2 Bgn. mit eingedr. Holzschn.) Wien, (Beck'sche Univ.-Buchh.) 4. Jeder Jahrg. n. 2 Thl. 20 Ngr.

Weinlaube, die. Zeitschrift für Weinbau und Kellerwirthschaft. Hrsg. von A. W. Frhr. v. Babo. Redig. von A. Zuchristan. 1.—6. Jahrg. 1869—1874. à Jahrg. 24 Nrn. (à 2 Bog. mit eingedr. Holzschn.) gr. 4. Wien, (Hölder.) 1869—1872 à *
1873 und 1874 à *

Weinlaube, die. Zeitschrift für Weinbau und Kellerwirthschaft. Hrsg. von A. W. Frhr. v. Babo. Redig. von A. Zuchristan. 7. Jahrg. 1875. 24 Nrn. (à 2 Bog. mit eingedr. Holzschn.) gr. 4. Wien, (Faesy und Frick.) * 12 —

Weinlaube, die. Zeitschrift für Weinbau und Kellerwirthschaft. Hrsg. von A. W. Frhr. v. Babo. Redig. von A. Zuchristan. 8. Jahrg. 1876. 24 Nrn. (à 2 Bog. mit eingedr. Holzschn.) gr. 4. Wien, (Frick.) *

Weinlaube, die. Zeitschrift für Weinbau u. Kellerwirthschaft. Hrsg. von A. W. Frhr. v. Babo. Red. v. Leop. Weigert. 9—11. Jahrg. 1877—1879. à 24 Nrn. (à 2—$2^1/_2$ B. m. eingedr. Holzschn.) gr. 4. Wien, Frick.
à Jahrg. n. 12. —

Weinlaube, die. Zeitschrift für Weinbau und Kellerwirthschaft. Hrsg. von A. W. Frhr. v. Babo. Redig. von Leop. Weigert. 12.—15. Jahrg. 1880—1883. à Jahrg. 52 Nrn. (à Nr. 1—$1^1/_2$ Bog. mit eingedr. Holzschn.) gr. 4. Klosterneuburg. (Frankfurt a. M., Winter's Universitäts-Buchh.) à Jahrg. *

—— dass. — Hrsg. von A. W. Frhr. v. Babo unter Mitwirkung von Ed. Mach. Redig. von Leop. Weigert. 16. Jahrg. 1884. 52 Nrn. (à Nr. $1^1/_2$ Bog.) gr. 4. Nebst Gratisbeilage: Auf dem Lande. Zeitschrift für Land- und Hauswirthschaft, Obst- und Gartenbau. Redig. von C. R. Werner. 24 Nrn. (Bog.) gr. 8. Wien, (Edm. Schmid.) *

Weinlaube, die. Zeitschrift für Weinbau und Kellerwirthschaft. Hrsg. von A. W. Frhrn. v. Babo unter Mitwirkung von Ed. Mach. Redig. von Leop. Weigert. 17. und 18. Jahrg. 1885 und 1886. à Jahrg. 52 Nrn. (à Nr. $1^1/_2$ Bog.) Nebst Gratisbeilage: Auf dem Lande. Zeitschrift für Land- und Hauswirthschaft, Obst- und Gartenbau. Redig. von C. R. Werner. à Jahrg. 24 Nrn. (Bog.) gr. 8. Wien, (Edm. Schmid.) à Jahrg. ** 12 —
Beilage allein à Jahrg. ** 3 —

—— dass. — 19. und 20. Jahrg. 1887 und 1888. à Jahrg. 52 Nrn. (à Nr. $1^1/_2$ Bog.) Nebst Gratisbeilage: Auf dem Lande. Zeitschrift für Land- und Hauswirthschaft, Obst- und Gartenbau. Redig. von A. Frhrn. v. Babo jun. à Jahrg. 24 Nrn. (Bog.) gr. 8. Wien. (Berlin, Parey.) à Jahrg. * 12 —

Weinlaube, die. Zeitschrift f. Weinbau u. Kellerwirthschaft. Hrsg. von A. W. Frhrn. v. Babo unter Mitwirkg. v. Ed. Mach. Redig. v. Leop. Weigert. 21.—24. Jahrg. 1889—1892. à Jahrg. 52 Nrn. (à Nr. $1^1/_2$ Bog.) Nebst Gratisbeilage: Auf dem Lande. Zeitschrift f. Land- u. Hauswirthschaft, Obst- u. Gartenbau. Redig. von A. Frhrn. v. Babo jun. à Jahrg. 24 Nrn. (Bog.) gr. 4. Wien. (Berl., Parey).
à Jahrg. * 12 —

— dasselbe. 25. u. 26. Jahrg. 1893. 1894. à 52 Nrn. ($1^1/_2$ Bog.) Nebst Gratisbeilage: Der Obstgarten. Zeitschrift f. Obst- u. Gartenbau. Hrsg. v. A. W. Frhrn. v. Babo. Red. v. Aug. Havelka. 1. u. 2. Jahrg. à 12 Nrn. (Bog. m. Abbildgn.) gr. 4. Ebd.
à Jahrg. n. 12. —

Weinlaube, die. Zeitschrift f. Weinbau u. Kellerwirthschaft. Gegründet von A. W. Frhrn. v. Babo. Hrsg. von A. Frhrn. v. Babo u. Ed. Mach. Red. v. Leop. Weigert. 27.—30. Jahrg. 1895—1898. à 52 Nrn. (à ca. 12 S.) gr. 4. Nebst Gratisbeilage: Der Obstgarten. Zeitschrift f. Obst- u. Gartenbau. Hrsg. v. A. Frhrn. v. Babo. Red. v. L. Weigert. 3.—6. Jahrg. à 12 Nrn. (Bog. m. Abb.) gr. 8. Wien. (Berlin, P. Parey.)
à Jahrg. n. 12. —
Kann auch halbjährlich bezogen werden.

Weinlaube, die. Zeitschrift f. Weinbau u. Kellerwirthschaft. Gegründet von A. W. Frhrn. v. Babo. Hrsg. u. red. von A. Frhrn. v. Babo. Verantwortlich für die Red.: Joh. Terasch. 31.—34. Jahrg. 1899—1902. à 52 Nrn. gr. 4. (à ca. 12 S. m. Abbildgn.) Wien. (Berlin, P. Parey.) à Jahrg. n. 12.—

Weinlaube, die. Zeitschrift f. Weinbau u. Kellerwirthschaft. Gegründet von A. W. Frhrn v. Babo. Hrsg. u. red. von A. Frhrn. v. Babo. Verantwortlich f. die Red.: Joh. Terasch. 35.—38. Jahrg. 1903—1906. à 52 Nrn. (à ca. 12 S.) gr. 4. Wien. Berlin, P. Parey. à Jhrg. n. 12.—

Weinlaube, die. Zeitschrift f. Weinbau u. Kellerwirthschaft. Gegründet von A. W. Frhrn. v. Babo. Hrsg. u. red. von A. Frhrn. v. Babo. Verantwortlich: Joh. Terrasch. 39. Jahrg. 1907. 52 Nrn. (à ca. 8 S. m. Abb.) Lex. 8. Wien Berlin, P. Parey. 12.—
Fortsetzg., s.: Wein-Zeitung, allgemeine.

Weinlaube: Katalog über Weinlesegeräthe. Klosterneuburg bei Wien 1888

Weinlechner, Josef

Weinlechner, über Herzchirurgie, s.a. Klinik, Wiener. 1904. Hft. 4.

Über Herzchirurgie. Nach Vorträgen in der k. k. Gesellschaft der Ärzte in Wien von Hofrat Prof. [Josef] Weinlechner, Wien. Mit 1 Textfig. *Berlin, Wien: Urban & Schwarzenberg 1904.* (S. 125–154.) 8°
— Klinik, Wiener. 1904, H. 4.

Weinlechner, J., chirurgische Krankheiten der Haut, s. Handbuch der Kinderkrankheiten.

Wein-Lehre, bibl., f. geistl. u. nicht geistl. Freunde d. Trauben-Saftes. Nebst einigen deutschen Wein-Liedern. 8. (2⅛ B.) Bacha 839, Schmitt- u. Müller'sche Buchh. (?)

Praktische Weinlehre oder: der vollkommene Kellermeister. Den Weintrinkern zur Belehrung - den Weinhändlern zur Beherzigung empfohlen. Leipzig: Weygand in Comm. 1825. VI, 114 S. -- 21*. 43. ÖNB
Bibliotheca oeconomica: 1826. -- Kayser: 1826.
--- Dass. 2., sehr verb. Aufl. Ebd. 1828. VIII, 101 S. -- Frei 100*
Heinsius: Leipzig Fest 1826. -- Kayser: Leipzig: Fest. -- Thienemann: 1827.

Weinlehre, praktische, oder d. vollkommene Kellermeister ꝛc. 8. Leipz. 826. 2e A. 828. Fest. 12 gr.

Weinlein, Chrn., Geschichte der allgemeinen deutschen Lehrerversammlung. Nach den Quellen und authent. Mitteilungen hervorragender Führer bearb. gr. 8. (VIII, 111 S.) Leipzig 887, Klinkhardt. * 1 —

Weinlein, Chrn., der bayerische Volksschullehrer-Verein, seine Entstehung und Entwicklung. Nach den Quellen und authent. Mitteilungen hervorragender Vereinsmitglieder bearb. gr. 8. (VIII, 250 S.) Nürnberg 884, Korn'sche Buchh. *

Weinlese, Die, ein Singspiel. Mannheim 1784. V: *Maier, Jacob.* (Ky)

Weinlese, die; e. Singspl. (v. J. Maier). 8. Manh. 784. Schwan u. G. 6 gr.

Weinlese, christliche. Eine Sammlung von Erzählungen aus dem Reiche Gottes. 16. (VI und 292 S.) Eisleben 862, Christlicher Verein im nördlichen Deutschland. geb.

Weinlese, Die, unter dem Geiersberg im Kocherthal. . . . Schw. Hall 1829. V: *Gaupp, Jac. von*(?). (Ky)

Weinlese, die, unter der Geyersburg. Mit e. Erzählung der Zerstörung dieser Burg, u. Sagen der Vorzeit Hall's. Mit 1 lith. Abbild. 12. Schwäb.-Hall 829. Haspel. (Wienbrack in Leipz.) 14 gr.

Weinlese, die, unter d. Geiersburg im Kocherthal. Mit e. Erzähl. der Zerstörung dies. Burg, nach Chroniken u. Sagen der Vorzeit Hall's. (Von v. Gaupp.) 16. (10 B. u. 1 lith. Abbild.) Schwäb. Hall 829. (Leipzig, Wienbrack.)

Weinlich, Chr. Traugott

— Briefe über Rom, verschied., d. Werke d. Kunst, d. öffentl. Feste, Gebräuche u. Sitten betreff. Inhalts; nach Anleit. d. Prospekte von Piranesi, Panini u. and. berühmten Meistern. 9 Hefte oder 3 Bde, mit 36 Kpf. gr. 4. Dresd. 781—87. Hilscher. 9 ₰

— Dass., s.a. Weinlig

Weinlich, Ch. Tr., architectonische Hefte; Ideen zu geschmackvollen Decorationen d. Zimmer in 12 color. u. schwarzen Blättern. gr. Fol. Dresden, Beger.

Weinlich, Chr. Traug., († d. 25. Nov. 1799.) Oeuvres d'architecture. Cah. I—IV. gr. Fol. Dresd. 784—99. Beger. 9 ₰

Weinlied für durstige u. fröhliche BBr.·. Gedichtet von einem Solchen. o. O. u. J. 1 Bl. quer 2° [Lithogr.] [Kopftit.]
Für Gesang u. Piano. Mit Noten: „Es ruht in meinem Keller . . .“

Weinlieder bei frohem Mahle zu singen, von Kind, Conz, Voigt, Nostiz, Schiller, Voß u. Andern. 8. Halle 808. Dreyssig. 6 gr.

Weinlig, das Gedächtniß des königlichen Dulders. Predigt, am am 24. Juni 1888 zur Gedächtnißfeier für Se. Maj. den hochsel. Kaiser und König Friedrich III. geh. gr. 8. (11 S.) Danzig 888, Kafemann. ** — 25

Weinlig, Referat über Webe- und Wirkwaaren, Leder- und Bekleidungs-Gegenstände, s. Bericht der Beurtheilungs-Commission bei der Industrie-Ausstellung zu München.

Weinlig, A., s. Central-Archiv, pharmaceutisches. — Central-Archiv, polytechnisches.

Weinlig, Carl, s. Weinlig, Karl

Weinlig, Chr. A., Industria Romanorum digestorum et codicum locis nonnullis explanata. 2. Teile. Gel. 1846. 32 u. 15 S. 1.50

Weinlig, Chr. Fr.

Weinlig, Ch. F., ökonomisches Taschenbuch f. 1802. 8. Lpz. Gräff.

Weinlig, Chr. Fr., ökonom. Taschenbuch für 1802. 8. Leipz., (Wienbrack). 1 ₰

Weinlig, C. F.: „Oekonomisches Taschenbuch aufs Jahr 1802 und 1803 oder praktisch-ökonomischer Rathgeber für Gutsbesitzer, Pächter etc.“, 2 Bände, Leipzig 1802, 1803.

Weinlig, Chr. Glo.

— Abhandl. vom Eisen. 8. Berl. 778. Rottmann. 4 gr.

— gründl. Anweis. zur Verfertigung d. sogenannten doppelten Branntweine od. Aquavite u. d. feinen Liqueure ꝛc. Mit 1 Kpf. 8. (Warschau) 793. Wilke. 6 gGr.

— chemische Bereitung d. Farben, mit welchen auf Emaille, in Oel u. auf Papier gemalt werden kann. 8. (Warschau) 793. Wilke. 6 gGr.

— d. verbesserte Branntweinbrenner, wie auch Liqueur- u. Essig-Fabrikant, neu umgearb., vermehrt mit Chaptal u. Parmentiers neuer Methode d. Branntweinbrennens ꝛc. Mit 1 Kpf. 8. Frankf. a. M. 797. 2e A. 802. 3e A. 819. 4e A., mit 2 Kpf. 826. Jäger. 1 Rthlr.

Weinlig, C. G., der verbesserte Branntweinbrenner und Liqueurfabrikant. 3te Aufl. vermehrt mit einer Unterweis. zur Essigsiederey ꝛc. gr. 8. Frankfurt a. M., Jäger. 817.

— aufrichtiger u. vollständ. Parfümeur ꝛc. 8. Frankf. a. M. 805. 2e verb. Aufl. ... Jäger. 12 gGr.

— Samml. durchaus geprüfter u. bewährt gefundener ökonom. Vorschriften zu Verfertigung aller Senteurs, Quintessenzen, Syrops, Potpourris ꝛc. 8. Frankf. a. M. 802. 2e A. 829. Jäger. 12 gGr.

Weinlig, Chr. Glo., († 180..) gründl. Unterricht von d. sogenannten Hausmannischen Bleiche ꝛc. 8. Warschau 792. Wilke. 3 gGr.

Weinlig, C. G., gründlicher Unterricht von der sogenannten Hausmannischen Bleiche ꝛc. 8. Warschau, Wilke. 796.

WEINLIG, CHRISTIAN ALBERT.
Examen theoriæ electro-chemico-atomisticæ. Lipsiæ, 1840. 8vo.

Weinlig, Chrstn. Albert, Grundriß der mechanischen Naturlehre. Als Leitfaden f. physikal. Vorträge an Handels- u. Gewerbsschulen. gr. 8. (11 B. m. 96 Holzschn.) Leipzig 843, Voß. *

Weinlig, Chrstn. Albert, Lehrbuch d. theoret. Chemie. Zum Gebr. bei Vorlesn. u. z. Repetition f. Studirende. (3 Lfgn.) Lex.-8. (37½ B. u. 4 B., gr. Fol.) Leipzig 840, Voß. *

—— die Pflanzenchemie, e. Handbuch f. Aerzte u. Apotheker. Unter theilweiser Zugrundlegung v. Thomson's organic chemistry u. mit Benutz. d. besten Quellen bearb. gr. 8. (53 B.) Leipzig 839, Vogel.

—— und E. Winkler, pharmaceut. Centralblatt, s. Centralblatt.

—— und J. A. Hülsse, polytechn. Centralblatt, s. Centralblatt.

Weinlig, Christian Friedrich (Dresden) A. S. 575/45

De operis uxoriis ad easque praestandas obligatione.
Präs. Heinrich Gottfried Bauer.
Leipzig (Langenheim) 24. II. 1762. 12 S.
36119

Weinlig, Christian Gottfried (Dresden) A. S. 608/54

Dissertatio iuridica de emtionibus venditionibus et donationibus sub modo Von Auszug bey Verkauff und Schenckung. Präs. Gottlieb Sturm.
Wittenberg (Schlomach) 14. III. 1731. 32 S.
36120

Weinlig, Christian Gottfried A. S. 180/12

De judice jurisdictionem voluntariam extra territorium perperam exercente.
Präs. Tobias Jakob Reinharth.
Erfurt (Hering) 20. V. 1734. 32 S.
36121

Weinlig, Chrstn. Gtlo., durchaus geprüfte u. bewährt gefund. Vorschriften zur Verfertigung d. veritablen Senteurs, Quintessenzen, Balsame, Seifenspiritus, Syrups, Limonaden, Potpourri's, Zahnopiate ꝛc.; zur Fabricirung ausländ. Weine; zur Färbung d. rothen türk. Garns, u. Verfertigung d. ächten ostind. blauen Druckfarbe. 2., verb. Aufl. 8. (8 B.) Frankfurt a. M. 829, Jäger. Thlr.

Weinlig, Christian Heinrich A. S. 605/53a

Dissertatio inauguralis sumultanee investii quatenus viritim et quatenus secundum stirpes succedant.
Präs. Heinrich Gottfried Bauer.
Leipzig (Langenheim) 21. X. 1773. 30 S.
36123

Weinlig, Christian Heinrich (Dresden) A. S. 575/46

De iure artificialibus uxoris operis adquisitorum.
Präs. Heinrich Gottfried Bauer.
Leipzig (Langenheim) 20. III. 1762. 12 S.
36122

Weinlig, Christ. Theod., theoret.-prakt. Anleitung zur Fuge f. d. Selbstunterr. verfasst u. allenthalben durch Notenbeispiele vollständig erläutert. Lex.-8. (12⅛ u. 11¼ B. Musikbeilagen.) Dresden 845, Rotter. *

Weinlig, Christian Theodor. Theoretisch-praktische Anleitung zur Fuge. 2. Ausgabe. Dresden 1852.

Weinlig, Christian Traugott. Briefe über Rom verschiedenen die Werke der Kunst, die öffentlichen Feste, Gebräuche und Sitten betreffenden Innhalts, nach Anleitung der davon vorhandenen Prospecte von Piranesi, Panini und andern berühmten Meistern. Mit Kupfern. 3 Bde. Dresden 1782—1787. 4°.

— Dass., s.a. Weinlich

Weinlig, Gb., was drückt d. hannoversche Volk, u. wie könnte ihm vielleicht geholfen werden? Eine durch d. revolutionairen Attentate d. letzten Jahres veranlaßter crit. Versuch. gr. 8. (23½ B.) Hamburg 832, (Nestler u. Melle.)

Weinlig, Karl

Weinlig, Carl [aus Harburg a. d. Elbe]: I. Zur Kenntnis der Siliciumverbindungen. II. Elektrolytische Reduktion aromatischer Nitrokörper ... Heidelberg, Univ.-Buchdr. v. J. Hörning, 1894; 38 S., 1 Bl. 8.
Heidelberg, Naturw.-math. Fak., Inaug.-Diss. v. [13. Dez.] 1894

Weinlig, Carl, zur Kenntnis der Siliciumverbindungen. — Elektrolyt. Reduktion aromat. Nitrokörper. Diss. gr. 8. (39 S.) Heidelberg 894. (J. Hörning.) n. 1.—

Weinlig, Otto, Zerreiss-Tabellen. Tabellen zur Bestimmg. der Elasticitäts-Grenze, Zugfestigkeit u. Contraction bei Zerreissprobestäben aus Stahl, Eisen u. Kupfer. 8. (56 S.) Essen 894. G. D. Baedeker. n. 3. 50

Weinlig, R., über die Prüfung der Materialien zu Dampfkesseln. gr. 8. (22 S.) Berlin 876, Kortkampf. *

—— **Resultate der im Herbste 1876 vom Magdeburger Verein für Dampfkessel-Betrieb ausgeführten Untersuchungen über Dampferzeugung und Dampfverwendung in 12 Zuckerfabriken,** s.a. **Mittheilungen, technische und gewerbliche, des Magdeburger Vereins für Dampfkessel-Betrieb.**

Resultate der im Herbste 1876 vom Magdeburger Verein für Dampfkessel-Betrieb ausgeführten Untersuchungen über Dampferzeugung und Dampfverwendung in 12 Zuckerfabriken. Bearb. v. **R. Weinlig.** (Technische und gewerbliche Mittheilungen des Magdeburger Vereins für Dampfkessel-Betrieb. Heft **6.** Jg. 1877.) Lüneburg. 1877. 8°.

BREMEN. — W e i n l o b, Dr. Jodocus, S p u k, R a u s c h u n d T r a u m, B i l d e r a u s d e m B r e m e r R a t h s k e l l e r. 1878.
Weller, Lex. Ps. p. 608.

***Weinmann*, . . ., (Gärtner im botan. Garten zu Dorpat), enumeratio plantarum ordine alphabetico, quae in horto botanico anno 1810 viguerunt. 8. Dorpat 810. . . . Supplementum, s. K. F. v. *Ledebour*.**
(NB. v. Recke u. Napiersky erwähnen nichts von obigem Schriftsteller.)

W e i n m a n n, Alb., Feldlazarethe oder selbstständige Ambulancen? Nebst einem Entwurf der Organisation des Gesundheitsdienstes der schweizer. Armee. gr. 8. (37 S.) Basel 873, Schweighauser'sche Buchh. * — 80

Weinmann: V e r s u c h e. gemeinfaßl. Darstellg d. Grundzüge d. Milit.-Gesundheitspflege f. Offiziere u. Soldaten d. schweizer. Armee. Winterthur 1870.

—— Versuch einer gemeinfasslichen Darstellung der Grundzüge der Militär-Gesundheitspflege für Offiziere und Soldaten der schweizer. Armee. 2. verb. Anfl. 8. (130 S.) Winterthur 871, Bleuler-Hausheer und Comp. * 1 60

Weinmann, Albert, von Winterthur [Kt. Zürich]: Untersuchungen über die Secretion der Bauchspeicheldrüse. Zür. E. Kiesling Dr. 1852. 21 S., 1 Bl., 1 Taf. 8°.
Zürich, Med. Diss. [v. 17. Juli 1852].

Weinmann, Alexius. Besonderer Vortheil junge heurige Weine in wenigen Wochen, die ältesten, auf eine sehr einfache und natürliche Weise übertreffend, ja sogar manchen Ausländer an Geist, Güte und Gesundheit, gleich zu machen. Allen Weinerzeugern, Weinschenkern, Weinhändlern und Weintrinkern gewidmet. Wien Rötzel 1799. -- 21*

Weinmann, Anton [illegible] 28. [illegible] 183[illegible] [illegible] Berolini [illegible] (40 S.) 8°
Berlin, Med. Diss. v. 1[illegible]. Sept. 183[illegible]

Weinmann, Artur, Gerichtsref. a. Cöln a. Rh.: Kann der Indossator eines über die Beschaffenheit des Gutes schweigenden Orderlagerscheines den Lagerhalter für Mängel des Lagergutes verantwortlich machen? Versuch einer juristischen Konstruktion der Stellung des Orderlagerschein-Indossatars gegenüber dem Lagerhalter. Köln 1905: Kölner Verlags-Anstalt. (47 S.) 8°
Leipzig, Jur. Fak., Diss. v. 7. Sept. 1905
[Geb. 14. Mai 83 Opladen; Wohnort: Cöln; Staatsangeh.: Preußen; Vorbildung: Städt. Realgymn. i. d. Kreuzgasse Cöln Reife O. 02; Studium: Bonn 6 S.; Rig. 8. Juni 05.]

Weinmann, C. A., Hymeno- et Gastero-Mycetes hucusque in Imperio Rossico observatos recensuit. Pars prodromi florae Rossicae. 8maj. Petropoli 836. (Lips., Voss.) n. 3½ ₰

Weinmann, Christ. Ephraim (Hirschberg/NS.)
A. S. 1392/14

Dissertatio philosophiae practicae de eo quod iustum est circa legem talionis tam in foro externo quam in foro poli. Präs. Joachim Daries.
Jena (Buch) 12. X. 1737. 36 S.

2 Resp. mit eigenem Titelbl. 36125

Weinmann, Ebhrd., (†...), s. Samml. e. jurist. Abhandlungen.

W e i n m a n n, F., Elementarbuch d. Denk-, Sprech-, Sprach-, Schreib- u. Stylübungen. Eine Samml. method. geordn. Aufgaben u. Beispiele mit kurzen Andeutn. d. Behandlungsmethode f. Volks- u. Bürgerschulen. Nach e. mit dem ersten Preise gekrönten Abhandl. üb. stille Selbstbeschäftigung d. Schüler bearb. 1. Kurs. — A. u. d. T.: Stylschule, od. Aufgaben u. Beispiele z. mündl. u. schriftl. Gedankendarstellung; ein Uebungsbuch f. nied. u. gehob. Volksschulen u. d. Elementarklassen höh. Lehranstalten. 1. Kurs., die Vorübungen enth. gr. 8. (16¾ B.) Blaubeuren 840, Mangold'sche Buchh.

Weinmann, F., E l e m e n t a r b u c h für Denk-, Sprech-, Sprach-, Schreib- u. Stylübungen. Eine Sammlung method. geordneter Aufgaben u. Beispiele mit kurzen Andeutungen der Behandlungsmethode f. Volks- u. Bürgerschulen. gr. 8. Blaubeuren 843, Mangold. 5/12 ₰

Weinmann, F., Elementarbuch der Denk-, Sprech-, Sprach-, Schreib- u. Stylübungen. Eine Sammlung method. geordn. Aufgaben u. Beispiele mit kurzen Andeutungen der Behandlungsmethode für Volks- u. Bürgerschulen. 8. (XXII u. 243 S.) Heilbronn 847, Drechsler. n. 1/3 ₰

— **E l e m e n t a r b ü c h l e i n für den ersten Unterricht im Lesen und in der Religion. Ein Leitfaden für Kinder bei den ersten Lese-, Schreib-, Denk- u. Sprachübungen, u. bei dem ersten Religionsunterrichte. 2. Aufl. gr. 12. (Mit lith. Vorschriften.) Ehingen 842, Feger'sche B. (Leipzig, Herbig.) 1/8 ₰**

Weinmann, F., Max Schillings hymnische Rhapsodie f. gemischten Chor, Baritonsolo u. Orchester nach Worten Friedrich Schillers, dem Verklärten, Op. 21. Eine Einführg. in Inhalt, Form u. Stil des Werks. (27 S.) 8. Leipzig (905). R. Forberg. — 20

— **kleine deutsche S p r a c h l e h r e für die Hand der Schüler. Nach K. F. Becker's Auffassungsweise der Sprache, unter Berücksichtigung d. besten in diesem Geiste erschienenen prakt. Sprachwerke bearb. 8. Ebend. 841. 2. Aufl. . . . 16 ngl, in Parthien 1/3 ₰**

Weinmann, F., der katholische **V o l k s s c h ü l e r.** Ein Lese- u. Lehrbuch für die obern Abtheilungen der kathol. Volksschulen in der Stadt u. auf dem Lande. 2. verb. Aufl. 8. Ulm 843, Stettin'sche Sort.-Buchh. n. 2/3 ₰

Weinmann, Fritz: Zur Struktur der Melodie. Leipzig: J. A. Barth 1904. (92 S.) 8°
München, Phil. Fak., Ref. Lipps, Diss. v. 24. Okt. 1904
[Geb. 25. März 78 München; Wohnort: München; Staatsangeh.: Bayern; Vorbildung: Wilhelmsgymn. München Reife Juli 96; Studium: München; Rig. 11. März 04.]

Weinmann, Georg Karl, s. W e i n m a n n, Karl

Weinmann, J., siehe: *Verhandlungen der Naturf. Ges.*

WEINMANN (J. A.). Der botanische Garten . . . zu Dorpat Dorpat, 1810. 8°.

Weinmann, J. A., nomina et descriptiones nonnullarum plantarum in gubernio Permensi collectarum, siehe: **B u l l e t i n** de la Société Imp. des naturalistes de Moscou. Tome XXIII. 1. partie.

Weinmann, Ign., Abhandl. über d. Macht d. Vorurtheile rc., s. L. Frhr. v. Hartmann, Abhandl. von d. blühenden Zustande d. Staaten rc.

Weinmann, Johann Georg

—tract. botanico-criticus de Chara Caesaris, cuius libri III. de bello civili cap. 48. meminit. 8. Karlsr. 769. Macklot. 5 ℛ

***Weinmann*, Jh. Geo. I., (†...) de cuneo militari veterum, et aliis cunei significatibus. 8. Reutling. 770. (Tübing.), v. Cotta. 4 ℛ**

Weinmann, Jh. Geo. II., Frage: Soll d. Cölibat d. kathol. Geistlichkeit fortbestehen, oder soll er aufgehoben werden rc.? Beantwortet. 8. Tübing. 820. Laupp. 16 ℛ

—index systematicus illustr. et emend. 8maj. ibid. 790. 2 ℛß 12 ℛ

—Diss. sistens plantarum urbis patriae fasciculum, it. obs. botan., et typum curatioris avium descriptionis. 4. Tübing. 767.

—thesaurus rei herbariae locupletissimus indice systematico illustratus et emendatus etc. IV Voll. 8maj Augsb. 787—90. Haid. 100 ℛß

Dass., s.a. W e i n m a n n , Johann Wilhelm

Phytanthoza-Iconographia [Lat.u.deutsch],sive Conspectus aliquot millium, tam indigenarum quam exoticarum, ex quatuor mundi partibus...à Joanne Guilielmo Weinmanno [Weinmann] collectarum plantarum, arborum, fruticum, florum, fructuum, fungorum etc. quae nitidissime aeri incisae... per Bartholomaeum Seuterum [Seuter], Joannem Eliam Ridingerum [Riedinger] et Joannem Jacobum Haidium [Haid]... quorum denominationes... Lat. & Germanico idiomate... explicantur à Joanne Georgio Nicolao Dieterico [Dieterichs] (3.4: Ambrosio Carolo Bielero [Bieler]). Vol.1-4. Ratisbonae: (Seuter, Riedinger & Haid) 1737-45: Lenz (4: Neubauer). 2°

[Nebent.:] Weinmann: Phytanthoza-Iconographia,oder Vorstellung etlicher tausend...gesammleter Pflantzen, Bäume...

Vol.1: A.B. 1737.
Vol.2: C.D.E.F. 1739.
Vol.3: G.H.I.K.L.M.N.O. 1742.
Vol.4: P.Q.R.S.T.U.X.Y.Z. 1745.

Weinmann, Johann Wilhelm. Thesaurus rei herbariae . . . Augustae Vind. 1787. II: *Becker, Christoph Ludwig.* (BrMm)

Dass., s.a. W e i n m a n n , Johann Georg

Weinmann, K. G., Aufgaben zum Kopfrechnen, größtentheils für geübtere Rechner. 8. Hirschb. 822. Krahn. 20 ℛ

Weinmann, Karl

Weinmann, *Georg* Karl [aus Heddesheim '(Rheinprov.)']: Bischof Georg von Baden und der Metzer Kapitelstreit . . . Metz, Druckerei d. Lothr. Zeitg, 1894; 2 Bl., II, 94 S., 1 Bl. 8.
Strassburg, Phil. Fak., Inaug.-Diss. v. 1894

Weinmann, Karl, Geschichte der Kirchenmusik, s.a. S a m m l u n g Kösel.

W e i n m a n n, Carl. Geschichte der Kirchenmusik. Von Dr. K' W'. VIII + 186 S. 8. Kempten und München, Jos. Kösel, 1906. ([geb.] M. 1.—)
(Sammlung Kösel. Band 6.)
Darin S. 20 f. 30/2. 46 f. 61. 136. 171 etc. Schweizer betr.

Weinmann, Karl, G r a d u a l b u c h. Auszug aus der Editio Vaticana m. Choralnoten, Violinschlüssel, geeigneter Transposition, Übersetzg. der Texte u. Rubriken. (IV, 396, 128, 134 u. 4 S.) 8. Regensburg 909. F. Pustet. 3.—; geb. in Leinw. 4.—; in Halbchagrin 4. 60

— H i s t o r y of church music. Translated from the German. (VII, 216 S.) kl. 8. Ebd. 910. 1.50; geb. in Leinw. n 2. 10

Weinmann, Karl (Hrsg.), s.a. H y m n a r i u m Parisiense.

Weinmann, Carl, Hymnarium Parisiense, das Hymnar der Zisterzienser-Abtei Pairis im Elsass, s.a. V e r ö f f e n t l i c h u n g e n der gregorian. Akademie zu Freiburg. II.

W e i n m a n n, Carl. Hymnarium Parisiense. Das Hymnar der Zisterzienser-Abtei Pairis im Elsass. Aus zwei Codices des 12. und 13. Jahrhunderts hrg. und kommentiert von C' W'.... Diss. Phil. Freiburg in der Schweiz. [Mit Noten und 2 Abbildungen.] VIII + 73 S. gr.-8. Regensburg, Friedrich Pustet, 1904.

s. J a h r b u c h , Kirchenmusikalisches.

Karl P r o s k e , der Restaurator der klassischen Kirchenmusik, s.a. S a m m l u n g „Kirchenmusik". 1. Bd.

Karl P r o s k e der Restaurator der klassischen Kirchenmusik. Vom Hrsg. Dr. Karl Weinmann. Regensburg [usw.]: Pustet 1909. 133 S. 8°
(Sammlung 'Kirchenmusik'. Bdch. 1.)

— S t o r i a della musica sacra. Versione italiana del Riccardo Felini. (VIII, 248 S.) kl. 8. Regensburg 908. F. Pustet. 1.50; geb. in Leinw. n 2. 10

Weinmann, Karl Gottfried
Pseud. Karl Julius Eduard Bedford

Bedford, Karl Jul. Ed., Sudetenfrüchte; enthalt. zwei Erzählungen: 1) Der öffentl. Garten. 2) Die Wette. 8. Hirschb. . . . Krahn. 1 ℛß

Bedfort, (K. Jul. Ed.,) Sudetenfrüchte, 1ste Gabe. 8. Hirschb. 822. Krahn. 1 ℛß

Weinmann, Karl Wlh. Chr., Darstell. u. unpartheiische Kritik der, zwischen d. kathol. u. protestant. Kirche obwaltend. Streitfrage: über d. Tradition, als Quelle religiöser Lehren u. Ueberzeugungen. 8. Hildburgh. 825. Kesselring. 16 ℛ

— über d. Verhältniß des Urchristenthums zu dem Protestantismus. 8. Hildburgh. 826. Kesselring. 15 ℛ

Weinmann, Karl Wilh. Chrstn., Versuch e. Ehrenrettung d. Rationalismus, od.: Widerlegung zweier polem. Schriften d. Hrn. D. u. Prof. Hahn zu Leipzig, in welchen diese theolog. Denkart, als dem ächten Christenthume, u. namentl. dem Protestantismus entgegengesetzt, dargest. u. verdächtigt wird. 8. (11 B.) Hildburghausen 828, Kesselring.

— s. W ü r d e u. Hoffnung d. protestant. Kirche.

Weinmann, Leopold, Rechtsprakt.: Der Kontraktbruch des Gewerbegehilfen. Borna-Leipzig 1909: Noske. VIII, 58 S. 8°
Erlangen, Jur. Diss. v. 29. April 1909, Ref. Oertmann
[Geb. 9. Sept. 84 Wallerstein; Wohnort: München; Staatsangeh.: Bayern; Vorbildung: Gymn. Ansbach Reife 03; Studium: München Techn. Hochsch. 1, Univ. 7 S.; Rig. 8. März 09.] [U 09. 751

Perillustribus at excellentissimis . . . [Stammbuch des Otto **Weinmann**. Ober- u. Landgerichtsadvokat in Süderstapel, geb. 1766. gest. 1846.] — (Kiel 1786—92.) 388 S. quer-8° [Hs.]

Weinmann, Ph.

— warum werde ich mein Nervenleiden nicht los? Weil du bis jetzt den richt. Heilweg noch nicht kennen gelernt u. eingeschlagen hast. Oder wie ich mich selbst v. meiner zwölfjähr. Nervenschwäche geheilt habe. 1. u. 2., durch Abbildgn. verm. Aufl. gr. 8. (VIII, 82 S.) Ebd. 891. n. 1. 50

— dasselbe. 3., verb. u. m. den neuesten Erfahrgn. u. Erforschgn. verm. Aufl. gr. 8. (III, 96 S. m. 1 Taf. Abbildgn.) Ebd. 892. n. 1. 50

— dasselbe. 3., verb. u. m. den neuesten Erfahrgn. u. Erforschgn. verm. Aufl. 2. (Titel-)Abdr. gr. 8. (III, 96 S. m. 1 Taf. Abbildgn.) Ebd. 894. n. 1. 50

Weinmann, Ph., wie bekämpft man die Diphtheritis m. Erfolg? Eine Behandlungsart u. Heilweise, die bislang nur Heilerfolge aufzuweisen hatte. Dargestellt in 40 Fragen u. Antworten. 8. (50 S.) Wiesbaden 892. H. Sadowsky. n. — 80

Weinmann, Rudolf: **Die Lehre von den spezifischen Sinnesenergien** ... Hamburg, L. Voss, 1895; 96 S., 1 Bl. 8.
München, Phil. Fak., Inaug.-Diss. v. 1895

Weinmann, Rud., d. Lehre v. d. spezifischen Sinnesenergien. gr. 8. (96 S.) Hamburg 895. L. Voss. n. 2. 50

— Wirklichkeitsstandpunkt. E. erkenntnistheoret. Skizze. gr. 8. (III, 37 S.) Ebd. 895. n. — 80

Weinmannus redivivus, emendatus et illustratus, . . . Recueil. . . . Augsbourg, 1787. 4 vols. fol.

Weinmar, Gabriel Gottfried (Dresden) A. S. 118/19

Disputatio hujus argumenti prior de fictionibus juris in cerebro jurisconsultorum natis atque e sana jurisprudentia eliminandis.
Präs. Daniel Friedrich Hoheisel.
Halle (Grunert) X. 1727. 44 S.

Gew.: Stadt Dresden.
W. v.: Geronimo Ghersi.

Weinmarkt (9 ff.: Weinmarkt. Weinbau- und Weinhandelsblatt). Jg. 1-43. [Mehr nicht ersch.] Trier 1881-1923. -- 121•

Weinmarkt. Internationales Weinbau- u. Weinhandelsblatt. „Mosel u. Saar" ist hiermit vereinigt. 15.—18. Jahrg. 1895—1898. à 24 Nrn. (à ca. 2 Bog.) gr. 4. Trier, J. Zeimet. à Jahrg. n. 10. —

Weinmarkt. Weinbau- u. Weinhandelsblatt. „Mosel u. Saar". Organ des Central-Weinbau-Vereins, ist hiermit vereinigt. 19.—22. Jahrg. 1899—1902. à 24 Nrn. gr. 4. (à ca. 16 S. m. Abbildgn.) Trier, J. Zeimet. (Nur direkt.) à Jahrg. n. 10. —

Weinmarkt. Weinbau- u. Weinhandelsblatt. „Mosel u. Saar", Organ des Zentral-Weinbau-Vereins, ist hiermit vereinigt. 23.—26. Jahrg. 1903—1906. à 24 Nrn. (à ca. 16 S.) gr. 4. Trier, J. Zeimet. (Nur direkt.) à Jhrg. n. 10. —

Weinmayr, Eustach., biblische Sackuhr. 8. Augsb. Rieger. 77[1].

Weinmayr, Ignaz, aus Landshut (Bayern): **Die Quecksilberkatalyse** des Wasserstoffsuperoxyds. *Heidelberg 1903: K. Rößler.* (83 S.) 8°
Heidelberg, Naturw.-math. Diss. v. 1903

Weinmeister, J. Ph., über die Drehung eines homogenen, rechtwinkelig-parallelepipedischen Stabes um eine verticale Axe. 4. (31 S. mit eingedr. Holzschn.) Leipzig 879, (Hinrichs'sche Buchh.) *

—— die Flächen zweiten Grades. Nach elementar-synthet. Methode bearb. 4. (34 S. mit 1 Stnt.) (Ebendas.) 880. *

—— dass. — 2. Tl. 4. (42 S. mit 2 Stnt.) (Ebendas.) 881. *

Weinmeister, J. Ph.: Das System der polaren Linien-Coordinaten in der Ebene. 1876. 8°
Diss. Marburg.

Weinmeister, Paul, Beiträge zur Geschichte der evangelisch-reformierten Gemeinde zu Leipzig 1700—1900. Mit Titelbild u. 20 Abbildgn. meist nach Gemälden aus dem Besitze der Gemeinde. gr. 8. (VIII, 210 S.) Leipzig 900. J. A. Barth. n. 4. —; geb. in Leinw. n.n. 4. 75

Weinmeister, Paul Über die Drehung eines homogenen rechtwinklig-parallelepipedischen Stabes um eine vertikale Axe. 31 S.
Progr. Thom. *Leipzig* 1879.

Weinmeister, Paul, Marborger Geschichtercher. 2. Aufl. 16. (IV, 88 S. mit 1 Illustr.) Marburg 885, Elwert's Verlag. * — 60

Weinmeister, Paul, Sammlung mathematischer Formeln u. Sätze. Ein Nachschlage- u. Wiederholungsbuch f. Schüler höherer Lehranstalten. gr. 8. (38 S.) Leipzig 894. Siegismund & Volkening. n. 1. 50; kart. n. 1. 80

Weinmeister, R., s. Bericht der akademisch-wissenschaftlichen Vereinigung „Gabelsberger" an der Universität Leipzig.

Weinmeyr, M., der Obstbaum u. seine Pflege. Anfangsgründe zur Erlerng. des Obstbaues. gr. 8. (82 S. m. Abbildgn.) Neuburg a/D. (901). Griesmayer. — 25

Weinmohs, S. A. Ueber Gauner und über das zweckmäſsigste, vielmehr einzige Mittel zu ihrer Vertilgung. *Berlin.* **1824**

Weinnoldt, Ernst, über Funktionen, welche gewissen Differenzengleichungen nach Ordnung Genüge leisten. gr. 4. (41 S.) Kiel 885, Lipsius und Tischer. * 2 40

Weinnoldt, Ernst, Dr.: Über die **Konstruktion** von Isophengen auf Flächen 2. Ordnung. *Leipzig 1901: B. G. Teubner.* (24 S.) 8°
Kiel, Phil. Hab.-Schr. v. [2. Juli] 1901

Weinnoldt, Ernst, Leitfaden der analytischen Geometrie. Auf Veranlassg. der kaiserl. Inspektion des Bildungswesens der Marine bearb. gr. 8. (VI, 80 S. m. 62 Fig.) Leipzig 902. B. G. Teubner. Kart. n. 1. 60

Weinold, Adf. F., s. Weinhold

Weinold, Gottlob (Kleinhartmannsdorf) A. S. 274/5

Historia passionis Jesu Christi fabulis adspersa. Dissertatio historica.
Präs. Johann Christian Polcke.
Leipzig (Titius) 17. IV. 1715. 24 S.

36133

Weinold, Johs., aus der Art geschlagen. Schauspiel in 5 Aufzügen. 4. Aufl. (159 S.) 8. Leipzig (908). Leipziger Verlags- u. Kommissionsbuchh. 2.—; geb. in Leinw. 3.—

— Der Ehekontrakt, s. Leipzig, Das literarische.

— Sirenenliebe, s. Leipzig, Das literarische.

Weinold, Karl (Übers.), s. Brieux, Eugène: Fremde Mütter.

Karl Weinold [d. i. Lise Landau], Moll-Akkord. Berlin: Vita [1898]. (S. 72–81.) 8° [F.]
= Geschichten, Kurze. 1. 10. [F.] [05. 3346]

Weinoldt, Johs., Gedichte. 8. (VII, 92 S.) Dresden 901. E. Pierson. n. 1.50

Weinolt, Franz: Denkwürdigkeiten aus dem Leben Alois Klar's, Doktors der Philosophie, k.k.öffentlichen ordentlichen Professors der lateinischen Philologie, der klassischen Literatur und der griechischen Philologie an der Karl-Franzen's-Universität, Mitbegründers und gewesenen Direktors des Privatinstitutes für arme blinde Kinder und Augenkranke zu Prag,...Stifters und Direktors der Versorgungs- und Beschäftigungsanstalt für erwachsene Blinde in Böhmen. 178 S., gbd., Abb.

Prag u. Leitmeritz: 1835

JB 5.770

Erneuerte Wein- und Umgelt-Ordnung dieser des Heil. Römischen Reichs Stadt Lindau Anno 1751. o.O. 1751. 28 S. -- Fh 1*

Churpfälzische Weinordnung. Mannheim 1764. -- [Zit. nach Bibliotheca oenologica, Nachtr. 4]

Der Stadt Lindau Erneuerte Wein- und Umgelt-Ordnung. o.O. 1737. 15 S. -- 21*

Widerholt- und verbesserte Wein- und Schencks-Ordnung Der Stadt Costantz. Publicirt Den 5ten Septembris 1747. Costantz [Konstanz] 1747. -- 25*

Wein Preiß Berechnung Des in der K.B. Pfalz bestehenden Maßes 1 Fuder = 1000 Liter. Entworfen und hrsg. von Hochkirch. Dürkheim: Selbstverl. 1843. 24 S. -- 107*

Weinprobe, die praktische, s.a. Sorge, H. v. d.

Weinprobe, die praktische. Fingerzeige und Rathschläge für Winzer und Weinhändler, sowie auch für Küfer, Kellermeister, Gastgeber und Weintrinker, enthaltend eine reichhaltige Sammlung erprobter und bewährter Erfahrungen, die Güte und Haltbarkeit des Weines zu erhöhen ꝛc. Hrsg. von Heinr. v. der Sorge. 8. (VIII und 122 S. mit 5 Stnt. Abbild.) Weimar 859, Voigt.

† **Weinrausch, M., (...,) heute wollen wir lachen**, s.a. Heute.

WEINRAUSCH, M. (ps.), Heute wollen wir lachen! Eine Sammlung von Aufsätzen des Scherzes, des Frohsinns u. der Laune für Spaßliebende Näscher jeden Standes. Gesammelt vom lustigen Bruder etc. Nordhausen, Fürst, 1837. 12°. 6 Bogen.
Weller, Lex. Ps. p. 608 (nach A. G. Schmidt). — Selten!

Weinreb, Karl und Bondi, Simon: Zur Titration des Phenols mittelst Brom. S. 92. II. 351.
Separatabdruck

Der elsässische Weinrebbau, rücksichtlich seiner Erfordernisse, um heut zu Tage noch mit einigem Gewinn betrieben werden zu können. Von einem alten Weinbaukundigen des Elsasses. G. L. St. Mülhausen: Rißler 1844. 108 S. -- 107*

Neue und zweckmäßige Weinrechnungs-Tabellen von 3 Kreuzer bis auf 100 Gulden nach Eimer, Imi und Maas berechnet; nebst Angabe der Flüssigkeitsmaase der benachbarten Länder und zugleich Reduktion derselben auf württembergisches Maas. Bearb. für Weinhändler, Gastwirthe, Weinbergbesitzer, überhaupt für alle Wein-Käufer und Verkäufer. Stuttgart: Schweizerbart 1845. 62 S. -- 24*

Weinreich's, Führer durch alle Opern. Die Meistersinger v. Nürnberg. Oper in 3 Aufzügen v. Rich. Wagner. 8. (23 S.) München 889. Weinreich. n. —40

— dasselbe. Parsifal. Ein Bühnenweihfestspiel v. Rich. Wagner. 8. (20 S.) Ebd. 889. n. —40

— dasselbe. Tristan u. Isolde. Oper in 3 Aufzügen v. Rich. Wagner. 8. (16 S.) Ebd. 889. n. —30

Weinreich, A., aus der Vorstadt. Religiöse Reden. (160 S.) 8. Hamburg 907. G. Schloeßmann. 2.—

Weinreich, Alfr. v. Die gerichtliche Parteivertretung in Frankreich. gr. 8. (46 S.) Mannh. 892, Bensheimer's Verlag. * —80
Aus: Zeitschr. f. franzöi. Civilrecht, besonders abgedruckt.

—— Zur Reform der deutschen Rechtsanwaltschaft, nebst Anh., enth. einige Bemerkgn. üb. Armenrecht und Gebührenwesen. gr. 8. (VI, 126 S.) Straßb. i. E. 891, Trübner Verlag. * 2.50

Weinreich, (Georg. Carl Arnim (geb. Heiligenstadt in i. Eichsfelde 20. 3. 1830). De tumorum ovariorum diagnosi et therapia. Berolini (1854). (32 S.) 8°
Berlin, Med. Diss. v. 18. Aug. 1854

Weinreich, Ed., ein Wort zur Lösung der deutschen Arbeiterfrage oder „die Auswanderungslust" in ihrer Entstehung, ihrem Einflusse auf die vaterländ. Gewerbs-Verhältnisse u. in ihrem Verhältnisse zu Regierung u. Volk. Nebst einigen belehrenden u. erläuternden Zusätzen für Reisende nach Nordamerika aus dem Gebiete eigener Erfahrung vom 12. April bis 30. Aug. 1849 bearb. gr. 8. (24 S.) Landshut 849. (Thomann.) 3 ngr

WEINREICH, Edmund (Straubing): Beiträge zur Blinden-Statistik.- München: Straub 1876. 46 S. 13.5.1876 - Urk (Titel: Symbolae ad concorum recensum.); Chr 1875/76,16
Diss. Ingolst.-Landsh.-Mchn.

Weinreich, G., de conditione Italiae inferioris Gregorio VII. pontifice. Dissertatio inauguralis historica. gr. 8. (97 S.) Königsberg 861, (Akademische Buchh. von Schubert und Seidel.) *

Weinreich, Gottfried, Referendar a. Mühlhausen in Thüringen: Die Haftung des Schuldners für die Personen, deren er sich zur Erfüllung seiner Verbindlichkeit bedient nach § 278 B.G.B. Unter besonderer Berücksichtigung der juristischen Konstruktion. Borna-Leipzig 1908: R. Noske. (x, 70 S.) 8° [F.]
Leipzig, Jur. Fak., Diss. v. 5. Mai 1908
[Geb. 16. April 82 Mühlhausen; Wohnort: Mühlhausen; Staatsangeh.: Preußen; Vorbildung: Gymn. Mühlhausen Reife O. 01; Studium: Lausanne 1, Berlin 1, Göttingen 4 S.; Rig. 21. Dez. 06.]

Weinreich, Heinrich, approb. Arzt aus Heiligenstadt ⟨Eichsfeld⟩: Über kongenitale Defektbildung des Oberschenkels. Potsdam 1898: A. W. Hayn's Erben. (15 S.) 8°
Strassburg, Med. Diss. v. 1898.

Weinreich, Jh. Mich., Kirchen- u. Schulenstaat des Fürstenth. Henneberg, alter u. mittler Zeiten, mit Kpf. 8. Leipz. 770. Martini. (Hahn). 12 K

Weinreich, Karl, die Bedeutung Deutschlands u. seiner Lebensgestaltungen für Europa. Eine philosoph. histor. Betrachtung, zugleich zur Erhöhung des bereits lebendigen Sinnes für die Wiedergeburt des gemeinsamen Vaterlandes. Geschrieben im April 1848. gr. 8. (38 S.) Landshut 848, Thomann. 6 ngl

Weinreich, K.: „Die Getreidesperre und Landes-Magazine, auch eine Veranlassung zur Theuerung. Nach der Geschichte und Nationalökonomie erwogen", München 1817 (Lindauer in Komm.).
– Vorh.: Preuß. Staatsbibliothek Berlin.

Weinreich, Carl, die Getreidesperren u. Landes-Magazine, auch als eine Veranlassung der Theuerung gedacht. Nach der Geschichte u. National-Oekonomie erwogen. 2. Ausg. (1. Aufl. 1817.) gr. 8. (11⅞ B.) Landshut 843, Thomann'sche Buchh. *

Weinreich, Kaspar

Weinreich's, Casp., danziger Chronik. Ein Beitrag zur Geschichte Danzigs, der Lande Preussen und Polen, des Hansabundes und der nordischen Reiche. Hrsg. und erläutert von Thdr. Hirsch und F. A. Vossberg. gr. 4. (XXVIII und 132 S. mit 2 Kpfrt.) Berlin 855, Stargardt. **

Weinreich, Max: Ueber Nerven und Ganglienzellen im Saeugethierherzen .... Merseburg, Buchdr. v. Hottenroth & Schneider, 1888; 30 S. + 2 Bl. 8°
Halle, Med. Fak., Inaug.-Diss. v. 27. Febr. 1888

Weinreich, Max, über Nerven und Ganglienzellen im Säugethierherzen. Diss Halle 1888, Lippertsche Buchh. 8⁰. 30 S.

Weinreich, Otto: Θεοὶ Ἰατροί. Antike Heilungswunder. Naumburg a. S. 1908: Lippert. VI, 45 S. 8° [Ersch. vollst. als: Religionsgeschichtl. Versuche u. Vorarbeiten. Bd 8, H. 1.]
Heidelberg, Phil. Diss. v. 30. Nov. 1908. Ref. Dieterich [illegible]
[illegible]

Weinreich, Otto: Antike Heilungswunder. Untersuchungen zum Wunderglauben der Griechen u. Römer, s.a. Versuche u. Vorarbeiten, Religionsgeschichtliche. VIII, 1.

Antike Heilungswunder. Untersuchungen z. Wunderglauben d. Griechen u. Römer von Otto Weinreich. Gießen: Töpelmann 1909. XII, 212 S. 8⁰
(Religionsgeschichtl. Versuche u. Vorarbeiten. Bd 8, H. 1.)

Weinreich, P., Dampfspannungen üb. Salmiakgeist. (15 S.) kl. 8. Magdeburg (909). Erika-Verlag. —40

Die Lebenslauftheorie. Freytag oder Virchow? Krit. Betrachtungen über d. neue Zellproblem Freytags ... Nach d. Engl. von [P.] Weinreich. Mit e. Portr. von Friedr. Freytag. Magdeburg: Erika [1909]. 8 S. 8⁰

— Die Lebenstheorie? Freytag od. Virchow? Krit. Betrachtgn. üb. das neue Zellproblem Freytags u. seine Bedeutg. f. die Umgestaltg. unserer hauptsächlichsten medizinisch-naturwissenschaftl. Anschaugn. Nach dem Engl. Mit e. Portr. v. Friedrich Freytag. (8 S.) 8. Ebd. (909). —10

Weinreich, P[aul]: Ueber die Entwicklung der Erythrocyten, insbesondere bei Vögeln. Neumünster i. H. 1910. 41 S. und drei Tafeln. 8°. [7. VII. 10.]
Bern, Phil. Diss. 1909/10

Weinreich, P[aul]. Ueber die Entwicklung der Erythrocyten, insbesondere bei Vögeln. Diss. Phil. Bern. [Mit 3 Tafeln.] 41 S. 8. Neumünster i. H., R. Hieronymus, 1910.

Weinreich, R[ichard], Gerichtsassessor a. D. und Stadtrat zu Rixdorf: Die Zwangsetatisierung. Greifswald 1904: J. Abel. (40 S.) 8° [F.]
Greifswald, Jur. Fak., Ref. Stoerk, Diss. v. 19. Okt. 1904
[Geb. 25. März 71 Stettin; Wohnort: Rixdorf; Staatsangeh.: Preußen; Vorbildung: Gymn. Stettin Reife O. 91; Studium: München 3, Freiburg i. B. 1, Breslau 2 S.; Rig. 20. Juli 03.]

Weinreis, Heinr., verklungene Weisen. 36 altdeutsche Volkslieder aus dem 13.—17. Jahrh., f. gemischten Chor gesetzt. (VIII, 80 S.) Lex. 8. Berlin-Groß-Lichterfelde (910). Ch. F. Vieweg. 1.20; geb. in Leinw. 1.80

Weinreis, Pet., die Auctorität, s. Auctorität, die.

—— das Nothwendigste aus dem Unterrichte über Obstbaumzucht, s. Nothwendigste, das.

Weinreis, P., d. Nothwendigste aus d. Unterrichte üb. Obstbaumzucht, als Leitfaden f. d. Lehrer u. Diktat f. ihre Schüler. gr. 8. 2. Aufl. 1856. Bonn, (Habicht.) — 1⅙

Weinreis, P., das Nothwendigste aus dem Unterrichte über Obstbaumzucht, als Leitfaden für die Lehrer und Diktat für ihre Schüler. Eine Arbeit aus den Lehrer-Conferenzen des Kreises Bonn. 2. Aufl. Bonn (857.) Habicht in Comm. gr. 8. (16 S.) 1½ ngr

Weinreisende, der gottvolle, oder Weinwitzproben von verschiedenen Jahrgängen zum Schräg- u. Knillwerden oder Blinvagabundus der Erste vom durstigen Kleeblatt. kl. 8. Nordhausen 846, Fürst. ⅓ ₰

Weinreiter, Viktor

Weinreiter's, V., unentbehrliches Hilfsbüchlein für die studirende Jugend der mittleren Gymnasialklassen oder sehr faßliche Darstellung, Begründung u. Erklärung aller schwierigen Begriffe, Regeln u. Satzgefüge der latein. Sprache, nebst der Lehre von der Prosodie u. einem Anh. über die constructio accusativi cum infinitivo u. über die schwierigeren Conjunktionen nach Grundsätzen. 4. durchgesehene, verm. u. auch für jeden Lehrer sehr empfehlenswerthe Aufl. von Ant. Szedy. 2 Thle. in 1 Bd. 8. (VIII u. 116 S.) Graz 849, Kienreich. ⅓ ₰

— Libellus auxiliaris. Studiosis III. et IV. lastici dicatus. 8maj. Grätz 819. Kienreich. ⅓ ₰

Weinreiter, Victor, Sammlung von 500 Sprüchwörtern, Denksprüchen u. Redensarten in deutscher u. latein. Sprache, sammt Angabe des Ursprunges von mehr als 200 latein. Redensarten in deutscher alphabet. Ordnung. 8. Grätz 826. Kienreich. 5/12 ₰

Der Wein und Spirituosen Reporter : 18[illegible] – 19[illegible]
Monthly trade journal. Published by Wein und Spirituosen Reporter Publishing Co.
Chicago, IL

Wein-Revue, allgemeine. Wochenschrift für Weinhandel, Weinbau und Kellertechnik. 1. Jahrg. 1883. 52 Nrn. (Bog.) gr. 4. Mainz, v. Zabern. *

—— dass. — Redact.: Heinr. Wilh. Dahlen. 2. Jahrg. 1884. 52 Nrn. (Bog.) gr. 4. (Ebendas.) *

Wein-Revue, allgemeine. Wochenschrift für Weinhandel, Weinbau und Kellertechnik. Redact: Hch. Wilh. Dahlen. 3.—5. Jahrg. 1885—1887. à Jahrg. 52 Nrn. (Bog.) gr. 4. Mainz, (v. Zabern.) à Jahrg. * 10 —
Identisch mit „Weinbau und Weinhandel" (s. d.). Erscheint von 1888 ab nur noch unter letzterem Titel.

Weinrich, Alex., Dichtungen. 2 Bdchen. (Enthalt. Biance, oder Blicke in d. Heiligthum d. Menschheit. — Milton u. Daphne, oder d. Amorspiel; e. Idylle in 3 Gesängen. — Das Lied am Ufer des Meeres, e. Idylle. — Herostratus, e. Monodrama. — Der Geburtstag; e. Jäger-Idylle). gr. 8. Wiesbad. 816. Schellenberg. 1 ₰ 16 ℔

— der rationelle Eudämonismus; ein Beitrag zur Auseinandersetzung des Streites zwischen Puristen u. Eudämonisten. 8. Leipz. 804.

— d. Geburtstag, eine Jäger-Idylle in 4 Gesängen. 8. Hadamar 803.

— Rede zur Eröffnung d. ersten Synodalversammlung des Kreises Wetzlar, am 27. Januar 1818 gesprochen. 8. Gießen 818. Heyer. 7 gl.

— Versuch einer wissenschaftl. Begründung des Verhältnisses zwischen e. monarchisch-christl. Staat u. seiner Kirche. gr. 8. Wiesbad. 822. Schellenberg. 10 gl.

— s. Virgils Hirtengedichte.

WEINRICH, Alex. (1762—18**), Welches sind die zweckmässigsten Mittel, Klätschereyen in kleinen Städten abzustellen? Eine Preisschrift, welcher von der Akademie nützlicher Wissenschaften das Accessit zuerkannt worden. Magdeburg, Keil, 1806. 8⁰. (1/6 Rthl.)
Ersch. I. 1. 1822. Sp. 374.

Weinrich, Alex., welches sind die zweckmäßigsten Mittel Klätschereyen in kleinen Städten abzustellen? e. Preisschr. 8. Magdeburg, Keil. (Heinrichshofen). 806.

Weinrich, Alfr. v., der Einfluss der Reichs-Civilprocess-Ordnung auf das französisch-badische eheliche Güterrecht. gr. 8. (VII, 43 S.) Freiburg i/Br. 881. Mohr. n. 1. 20

Weinrich, Alfr. v., die Frage der Einführung der Berufung gegen die Urtheile der Strafkammern. Vortrag. 8. (32 S.) Straßburg 884. Trübner. n. — 80

— die Haftpflicht wegen Körperverletzung u. Tödtung e. Menschen, nach den im deutschen Reiche gelt. Rechten systematisch dargestellt. gr. 8. (XI, 226 S.) Ebend. 883. n. 5. —

Weinrich, Alfr. v., die Haftpflicht wegen Körperverletzung u. Tödtung e. Menschen nach den im Deutschen Reiche geltenden Rechten, systematisch dargestellt. 2. umgearb. Aufl. gr. 8. (XII, 201 S.) Berlin 902. C. Heymann. n. 3. —

Weinrich, Alfr. v., die gerichtliche Parteivertretung in Frankreich. [Aus: „Zeitschr. f. französ. Civilrecht".] gr. 8. (46 S.) Mannheim 892. J. Bensheimer's Verl. n. — 80

— zur Reform der deutschen Rechtsanwaltschaft, nebst Anh., enth. einige Bemerkgn. üb. Armenrecht u. Gebührenwesen. gr. 8. (VI, 126 S.) Straßburg i/E. 891. K. J. Trübner Verl. n. 2. 60

Weinrich, Dora, Märchen. (95 S.) gr. 8. Leipzig (903). Berlin, H. Seemann Nachf. n. 2. —

Friedrich Ludwig Weinrich

De vitae vegetabilis et sensorialis in animalibus Notione et natura. Wiceburgi 1817: Nitribitt. 64 S. 8°

Würzburg, Med.Diss.v. 1817

Weinrich, G. P., kurze u. leichtfaßliche Anweisung z. Buchstabenrechnung u. nied. Algebra. gr. 8. Erlang. Palmische Verlagsbuchh. 815.

— kurze, doch vollständige Anweisung zum Rechnen nach Rees'ischer Manier, in 140 Beispielen. gr. 8. Ebendas. 814.

— das vorzüglichste aus d. Geometrie u. Trigonometrie populär vorgetragen, auch als Leitfaden in niedern Schulen zu gebrauchen, mit K. gr. 8. Ebend. 814.

Weinrich, Georg Albert (Marktbreit) F, zf/34

Dissertatio de haematoxylo Campechiano.
Erlangen (Kunstmann) (27.) X. 1780. 38 S.

36136

Weinrich, Geo. Albr., († d. 22. Oct. 1814.), s. Auszüge medicinisch-chirurg. Beobachtungen.

Weinrich, G. A., Auszüge medicin. chirurg. Beobachtungen aus d. neuern Schriften d. K. K. Akademie d. Naturforscher. 2 Bde. gr. 8. Nürnb. Stein. 789 — 90.

Weinrich, H(ermann): Zur Operation der Hydrocele. Halle a. S. 1885: Kaemmerer. 36 S. 8°
Halle-Wittenberg, Med. Diss. v. 9. Juli 1885
Geb. Ampfurt (Kr. Wanzleben) 28. 3. 1857. V.

Weinrich, J. M.: Nachricht von der Stadt Erfurt. Frankfurt 1713. 8⁰

Weinrich, Joh. Mich., De finibus Germaniae nunquam mutatis diatriben. . . . 1710 proponit Justus Chrph Bruckner. Erfurdiae o. J. 4. . . . . (b)

— De finibus Germaniae nunquam mutatis contra, qui olim Germaniam majorem fuisse latiusque patuisse statuunt diatribe. Erfurdiae 1710. 4. . . . . (b)

— Kirchen- und Schulenstaat des Fürstenthums Henneberg, alter u. mittler Zeiten, m. K. 8. Leipzig, Martini. (Hahne Verlagshandl.) 770.

— merkwürd. Leben u. Lieder, durch Wezel. 8. Coburg. 728.

— erleichterte Methode die Humaniora mit Nutzen zu treiben. 8. Ebend. 721.

Weinrich, Joh. Mich., et H. F. Bruckner, De ortu et progressu rei nummariae imprimis apud Germanos. Erfordiae 1710. 4. . . . . (dt.)

Weinrich, Joh. Mich., Pentas histor. u. theolog. Betrachtungen derer merkwürd. Dinge. 5 St. 8. Coburg, Ahl. 724.

— abgenöth. Vertheidigung dieser Methode. 8. Ebend.

Weinrich, Johann Michael A. S. 765/21

De vexillis et vexilliferis.
Erfurt (Fickelscherr) 3. V. 1710. 64 S.

36138

Weinrich, Karl, kurze Anleitung zum Anbaue der Runkelrüben für die inländischen Zuckerfabriken, zunächst für den böhmischen Landmann bestimmt. (Abgedruckt aus IV. 2. d. Neuen Schriften d. k. k. patr.-ökon. Gesellschaft im Königr. Böhmen.) gr. 8. Prag 835. Haase Söhne. 1 gl.

— üb. d. Bereitungsart d. Zuckers aus Runkelrüben, welche Herr Dr. Zier f. seine Erfind. ausgegeben u. verkauft hat. gr. 8. (1¾ B.) Prag 837, Haase Söhne.

— die neuesten in d. böhm. Rübenzucker-Fabriken eingeführten Verbesserungen. gr. 8. (1½ B.) Prag 835, Haase Söhne.

Weinrich, L., die Aufhebung d. Blokade d. Stadt Hanau im J. 1636, u. d. Anfall d. Grafschaft Hanau an das Haus Hessen-Kassel im J. 1736; zur Feier d. zwei- u. einhundertjähr. Jubiläums beschrieben. gr. 8. (13 1/8 B., 5 Bildn., 2 Pläne, u. 1 Bl. Handschriften.) Hanau 836, König.

Weinrich, Mart.: De monstris. 232 pp. Wratisl. 1795. 12°

Weinrich, Max [aus Berlin]: Die bacteriologischen Untersuchungsmethoden bei chronischer Gonorrhoe des Mannes ... Berlin, Buchdr. v. G. Schade, *1893;* 31 S. 8.
Berlin, Med. Fak., Inaug.-Diss. v. 4. Aug. 1893

Weinrich, P., Tabellen zum Gebrauch beim Geschichts-Unterricht. 2. Aufl. 8. (24 S.) Neubrandenburg 887. Nahmmacher. n. — 40

Weinrich, Paul, Uebungsstoff f. den Gesangunterricht. Enth. die im neuen Lehrplan f. die Berliner Gemeinde-Schulen zur Einübung vorgeschriebenen Choräle, Volkslieder u. musikal. Grundbegriffe. gr. 8. (IV, 96 S.) Berlin 903. L. Oehmigke's Verl. n. — 40

Eines Ehrs. Raths des Heyl. Reichs Freyer Statt Cölln ernewerte und verbesserte Weinroll. Sampt anderen dazu gehörigen Ordnungen. Cölln 1612.
— [Neuer Abdr. Mit Nachtr. bis 1678.] Cölln: Pfeiffer 1712.
— Abermals im Truck renov. [Mit Nachtr. bis 1736.] (Cölln) 1737.
— Abermals ern. u. verm. [Mit Nachtr. bis 1767.] Cölln (1767).

Weinrowsky, Paul, aus Berlin: Untersuchungen über die Scheitelöffnungen bei Wasserpflanzen. *Berlin (1898: A. Bonz' Erben in Stuttgart).* (47 S.) 8°
Berlin, Phil. Diss. v. 3. Dez. 1898

Deutsche Wein-Rundschau. Verbunden mit der Zeitschrift 'Der Winzer'. Organ für Weinbau und Weinhandel. Red.: J.P. Hegner. Mit Illustriertem Unterhaltungs-Blatt. Jg. 4. Trier: Hegner 1899. [Weiteres nicht ermittelt. Zit. nach Kayser] Früheres u.d.T.: Der Winzer. Trier.

Wein-Rundschau, deutsche. Verbunden m. der Zeitschrift „Der Winzer". Organ f. Weinbau u. Weinhandel. Red.: J. P. Hegner. Mit Illustriertem Unterhaltungs-Blatt. 4. Jahrg. 1899. 52 Nrn. gr. 4. (à ca. 12 u. 4 S.) Trier, J. P. Hegner. Buchdr. n. 4. —

Weins, Franz, Med.-Prakt. an d. Prov.-Hebammenlehranst. zu Oppeln: Aus d. chir. Universitätsklin. zu Breslau. Spina bifida occulta. Breslau 1909: Schles. Volkszeitung. 54 S. 8°
Breslau, Med. Diss. v. 29. April 1909, Ref. Küttner.
[Geb. 13. Sept. 82 Wittlich; Wohnort: Oppeln; Staatsangeh.: Preußen; Vorbildung: Realgymn. Trier Reife O.02; Studium: Phil. Bonn 1, Med. Heidelberg 2, Würzburg 3, Tübingen 1, Berlin 1, Heidelberg 3 S.; Coll. 30. Jan. 09; Approb. 15. März 09.] [U 09.580

Weinsberg [Sachliches OW]

Weinsberg, s. a. Burg.

Weinsberg, Burg, oder deutsche Frauenliebe und Männertreue. Rittergeschichte ... Quedlinburg 1827. V: ***Müller, Heinrich.*** (Zeitschr. f. Büch. N. F. 15, 1923, 127)

Weinsberg, Burg, od. deutsche Frauenliebe u. Männertreue. Rittergeschichte aus Kaiser Konrads III. Zeiten. Vom Verfass. des Albert v. Reinstein rc. 3 Thle. 8. Quedl. 827. Basse. 3 ℘

Weinsberg, Weibertreu u. Kernerhaus. (66 S. m. 25 Abb.) gr. 8. Weinsberg 906. (Heilbronn, A. Scheurlen.) n. 1.—

Weinsberg [Schlagwort]

Weinsberg. Rübsamen, Wilh. C., Wandkarte von O/A. Weinsberg. 1 : 25,000. 2 Blatt à 60×95 cm. Farbdr. Heilbronn (904). A. Scheurlen. n. 11; auf Leinw. m. Stäben n. 14. —

Weinsberg [Verfasser]

Weinsberg, das Buch. Kölner Denkwürdigkeiten aus d. 16. Jahrh., bearb. v. Frdr. Lau, s.a. Publikationen d. Gesellschaft f. rhein. Geschichtskunde, XVI.

Das Buch (Hermanns von) Weinsberg. Kölner Denkwürdigkeiten aus d. 16. Jahrh. bearb. v. Konstantin Höhlbaum (3. 4: v. Friedrich Lau). Bd 1–4. *Leipzig: A. Dürr (3. 4: Bonn: P. Hanstein)* 1886–98. 4 Bde 8.
1. 1886 (XVI, 381 S., 1 Bl.) 2. 1887 (XII, 443 S.)
3. 1897 (XXVII, 410 S.) 4. M. d. Kölner Stadtplan v. J. 1571. 1898 (XXII, 323 S., 1 Pl.)
= Publikationen d. Gesellschaft f. Rheinische Geschichtskunde. [Bd] 3. 4. 16.

Weinsberg, Conrads v., des Reichs-Erbkämmerers, Einnahmen- und Ausgaben-Register von 1437–1438, s.a. **Bibliothek des litterarischen Vereins in Stuttgart, Bd. 18.**

Conrads von **Weinsberg**, des Reichs-Erbkämmerers, Einnahmen- und Ausgaben-Register von 1437 und 1438. Tübingen, gedruckt auf Kosten des Literarischen Vereins 1850. VIII + 95 S. 8°.
(Bibliothek des Literarischen Vereins in Stuttgart 18.)

Weinsberg, Leopold: Der Mikrokosmos, ein angeblich im 12. Jahrhundert von dem Cordubenser Josef ibn Zaddik verfasstes philosophisches System, nach seiner Echtheit untersucht. ... Breslau, Druck v. S. Schottlaender, K. gr. Hofbuchdr., 1888; 61 S. + 1 Bl. 8°
Leipzig, Phil. Fak., Inaug.-Diss. v. 21. Dez. 1888

Weinsberg, Leop., der Mikrokosmos, ein angeblich im 12. Jahrh. von dem Cordubenser Josef ibn Zaddik verfasstes philosophisches System, nach seiner Echtheit untersucht. gr. 8. (61 S.) Breslau 888, Koebner. * 2 —

Weinschau, nächtliche. Phantast. Hochzeits-Märchen m. Gesang. 12. (11 S.) Berlin (895). M. Böhm. 1.50

Weinschenck, Fedor

Weinschenck, *Adam Johann* Fedor: Das Volksvermögen, m. bes. Berücks. d. Stellg d. Grund u. Bodens darin ... (Erschien vollst. als Bd 13 von: Samml. nationalökon. u. statist. Abh. d. staatswiss. Sem. zu Halle a. d. S. hrsg. v. J. Conrad.) Halle a. S., *Lippert & C., Naumburg a. S.*, 1897; 4 Bl., 50 S. 8.
Halle, Phil. Fak., Inaug.-Diss. v. [27. Febr.] 1897

Weinschenck, Fed., d. Volksvermögen, m. bes. Berücksicht. d. Stellg. d. Grund u. Bodens darin, s.a. Sammlung nationalökonom. u. statist. Abhandlgn. d. staatswissenschaftl. Seminars zu Halle a/S., 13. Bd.

Das Volksvermögen, m. bes. Berücks. d. Stellg d. Grund u. Bodens darin. Von Dr Fedor Weinschenk. *Jena: G. Fischer 1896.* (4 Bl., 93 S. 1 Bd 8.
= Sammlung nationalökon. u. statist. Abhandlungen d. staatswiss. Seminars zu Halle. Bd 13.

Gustav(us) Ferdin(andus) Weinschenck: De Ambustis. Halae (1815:) Grunert. 29 S. 8°
Halle, Med. Diss. v. 22. Dez. 1815

Weinschenk, Arthur, (Dr. phil.), aus Mainz: Ueber die electrolytische Reduction einiger Oxypurine und Oxypyrimidine. 1. Reduction von 3-Methylxanthin und Heteroxanthin. 2. Reduction von Methyluracil und Barbitursäure. Mainz 1901. Ph. v. Zabern. (53 S.) 8°
Würzburg, Phil. Diss. v. 1901.

Weinschenk, E. Ueber einige Bestandtheile d. Meteoreisens v. Magura. — Cliftonit aus dem Meteoreisen v. Magura. Von Aristides Brezina. Lex.-8. (14 S.) Wien 889, Hölder. * 1 —
Aus: Annalen d. k. k. naturhistor. Hofmuseums, besonders abgedruckt.

Weinschenk, E., Meteoreisen-Studien, s.: Cohen, E.

Weinschenk, Ernst, Anleitung zum Gebrauch des Polarisationsmikroskops. gr. 8. (VI, 123 S. m. 100 Fig.) Freiburg i/B. 901. Herder. n. 3. —; geb. in Leinw. n. 3.50

Weinschenk, Ernst, Anleitung zum Gebrauch des Polarisationsmikroskops. 2., umgearb. u. verm. Aufl. (VIII, 147 S. m. 135 Fig.) gr. 8. Freiburg i/B. 906. Herder. n. 4. —; geb. in Leinw. n. 4. 50

Weinschenk, Ernst, Anleitung zum Gebrauch des Polarisationsmikroskops. 3., verb. Aufl. (VIII, 164 S. m. 167 Fig.) gr. 8. Freiburg i/B. 910. Herder. 4.50; geb. in Leinw. 5. —

Weinschenk, Ernst, Beiträge zur Petrographie d. östl. Centralalpen, spec. d. Gross-Venedigerstockes. I. u. II. [Aus: „Abhandlgn. d. k. b. Akad. d. Wiss."] gr. 4. München 894. (G. Franz' Verl.) n.n. 4. 20
I. Ueber d. Peridotite u. die aus ihnen hervorgegang. Serpentingesteine. Genet. Zusammenhang derselben m. den sie begleit. Minerallagerstätten. (63 S. m. 4 Taf.) n.n. 3. —
II. Ueber d. granitische Centralmassiv u. d. Beziehgn. zwischen Granit u. Gneiss. (S. 65—96 m. 1 Taf.) n.n. 1. 20

— Beiträge zur Petrographie der östlichen Zentralalpen speziell des Gross-Venedigerstockes. III. Die kontaktmetamorph. Schieferhülle u. ihre Bedeutg. f. die Lehre vom allgemeinen Metamorphismus. (S. 261 bis 340 m. 5 Lichtdr.-Taf. u. 1 Kartenskizze) gr. 4. München 903. (G. Franz' Verl.) n. 3. —; (I.—III.: n.n. 7. 20
Sonderabdruck aus: „Sitzungsber. d. bayer. Akad. d. Wiss."

Der Graphit, seine wichtigsten Vorkommnisse und s. techn. Verwerthg., s.a. Sammlung gemeinverständl. wissenschaftl. Vorträge.

[G.] Der Graphit, seine wichtigsten Vorkommnisse und seine technische Verwertung. Von Dr. E. **Weinschenk,** Privatdoz. in München. *Hamburg: Verlagsanst. u. Dr. A.-G. 1898.* (50 S.) 8.
= Sammlung gemeinverständl. wiss. Vorträge. N. F. Ser. 13. H. 295.
(98 7448

— Grundzüge der Gesteinskunde. 1. Tl. Allgemeine Gesteinskunde als Grundlage der Geologie. gr. 8. (VIII, 166 S. m. 47 Fig. u. 3 Taf.) Ebd. 902. n. 4. —; geb. in Leinw. n. 4. 60

— Grundzüge der Gesteinskunde. 2 Tle. gr. 8. Freiburg i/B., Herder. n. 13. —; geb. in Leinw. n. 14. 30
1. Allgemeine Gesteinskunde als Grundlage der Geologie. 2., umgearb. Aufl. (VIII, 228 S. m. 100 Fig. u. 6 Taf.) 906. n. 5. 40; geb. n. 6. —
2. Spezielle Gesteinskunde m. besond. Berücksicht. der geolog. Verhältnisse. (VIII, 331 S. m. 133 Fig. u. 8 Taf.) 905. n. 9. —; geb. n. 9. 70

— Grundzüge der Gesteinskunde. II. (Schluss-)Tl. Spezielle Gesteinskunde m. besond. Berücksicht. der geolog. Verhältnisse. 2., umgearb. Aufl. (X, 362 S. m. 186 Fig. u. 6 Taf.) gr. 8. Ebd. 907. 9.60; geb. in Leinw. 10. 30
I. Tl. Ebd. 906. 5.40; geb. 6.—.

— zur Kenntniss d. Graphitlagerstätten. Chemisch-geolog. Studien. [Aus: „Abhandlgn. d. k. bayer. Akad. d. Wiss."] gr. 4. (56 S. m. 2 Lichtdr.) München 897. (G. Franz' Verl.) n. 3. —

— zur Kenntniss der Graphitlagerstätten. Chemisch-geolog. Studien. II u. III. gr. 4. München 900. (G. Franz' Verl.) n. 4. 40
II. Alpine Graphitlagerstätten. (Anh.: Die Talkschiefer u. ihr Verhältniss zu den Graphitschiefern.) (S. 233—278 m. 2 Taf.) n. 2. —
III. Die Graphitlagerstätten der Insel Ceylon. (S. 279—335 m. 3 Taf.) n. 2. 40
2 Sonderabdrucke a.: „Abhandlgn. d. k. bayer. Akad. d. Wiss."

— die Kieslagerstätte im Silberberg bei Bodenmais, s.: Gruber, K., der Schwefel- u. Magnetkiesbergbau am Silberberge bei Bodenmais.

— Lehrbuch der Mineralogie, s.: Kobell, Frz. v.

— über Mineralbestand u. Struktur der kristallinischen Schiefer. (S. 727—798.) Lex.-8. München 906. (G. Franz' Verl.) n. 2. 40
Sonderabdruck aus: „Abhandlgn. d. bayer. Akad. d. Wiss."

— die gesteinsbildenden Mineralien. Mit 100 Textfig. u. 18 Tab. (in qu. gr. 4). gr. 8. (VII, 146 S.) Freiburg i/B. 901. Herder. Geb. in Leinw. u. geh. n. 5. 60; Tabellen allein n. 1. 60

— Die gesteinsbildenden Mineralien. 2., umgearb. Aufl. (IX, 225 S. m. 204 Fig. u. 21 Tab.) 8. Ebd. 907. Geb. in Leinw. 9.—

— u. F. Grünling, Repertorium der mineralogischen u. krystallographischen Literatur vom Anfang d. J. 1891 bis Anfang d. J. 1897 u. Generalregister der Zeitschrift f. Krystallographie u. Mineralogie. Bd. XXI —XXX. 2 Thle. gr. 8. Leipzig 899. W. Engelmann. n. 36. —
1. (Repertorium v. W.) (IV, 354 S.) 899. n. 16. —
2. (Generalregister v. G.) (394 S.) 900. n. 20. —

— u. F. Grünling, Repertorium der mineralogischen u. krystallograph. Literatur, Fortsetzg., s. Repertorium.

Weinschenk, Ernst [Dr. phil.]: Über Serpentine aus den östlichen Central-Alpen und deren Contactbildungen ... München, Druck d. Liter. Inst. v. Dr. M. Huttler. 1891; 56 S. 4.(8.)
München, Phil. Fak., Hab.-Schr. v. [25. März] 1891
(Nicht für den Austausch)

Weinschenk, Ernst [aus Stuttgart]: Über die Umwandlung des Quarzes in Speckstein ... (Aus: „Zeitschr. f. Krystallogr. etc." XIV.) Leipzig, Wilhelm Engelmann, 1888; 2 Bl. + 19 S. u. 1 Taf. 8°
München, Phil. Fak., Inaug.-Diss. v. 1888.

— Petrographisches Vademekum. Ein Hilfsbuch f. Geologen. (VIII, 208 S. m. 98 Abb. u. 1 Taf.) 20×11 cm. Ebd. 907. Geb. in Leinw. 3. —

Weinschenk, Fedor, s. Weinschenck

Weinschenk, Ferd. Wilh., Chronik v. Wachau. Gesammelt u. zusammengestellt. (XII, 137 S.) gr. 8. Leipzig (903). R. Marder. n. 3. —

Weinschenk, **J., insigniora quaedam loca ex C. Plinii Caec. Sec. panegyrico desumta, quatenus ad nostram aetatem facile referantur, ostendit. 4. Rotweil 819. Herder. 3 Ngr.**

Weinschenk, Jak. Hugo, Gedichte. (160 S.) 8. Mainz 907. L. Wilckens. Geb. 3. —

— Sonette in B-moll. (41 Bl.) 8. Ebd. 909. Geb. 6. —

Weinschenk, Jak. Hugo, friedsame Sonette. (VIII, 207 S.) gr. 8. Langensalza 906. H. Beyer & Söhne. n. 2. 50

Weinschenk, Jo. C. Fr., Quatenus phrenitis proprium sibi locum vindicet in systemate aegritudinum? 57 pp. Hal. 8°.
1785

***Weinschenk*, Jh. Gf., († ...) Commentatio de quaestione: num sedes episcopatus Vratislaviensis nunquam Bicinae fuerit? 4. Bresl. 762.**

Weinschenck, Joh. Gottfried: V i n d i c i a e poenarum aeternarum oppositae auctori epistolarum Sur la religion essentielle, s. B a u m g a r t e n , Siegm. Jakob [Praes.]

Weinschenk, Julius, a. Windsbach, Rechtspraktikant am kgl. Landgericht Nürnberg: Gemeinde und Schule nach bayerischem Verwaltungsrecht. Erlangen 1906: Junge & Sohn. (76 S.) 8° [F.]
Erlangen, Jur. Fak., Ref. Rieker, Diss. v. 6. Febr. 1906
[Geb. 9. Mai 81 Windsbach; Wohnort: Nürnberg; Staatsangeh.: Bayern; Vorbildung: Gymn. Ansbach Reife Juli 00; Studium: München 3, Straßburg 1, Berlin 1, München 3 S.; Rig. 21. Dez. 05.]

Weinschenk, Paul [aus Braunschweig]: Beiträge zur Kenntnis der Amidine ... Erlangen, k. b. Hofbuchdr. v. A. Vollrath, 1894; 24 S. 8.
Erlangen, Phil. Fak., Inaug.-Diss. v. 1894

Bayerische Landesausstellung 1896. Pfälzisch-Fränkische Weinschenke. Erbaut von Architekt Schmitz. Wilh[elm] Weber, Restaurateur (Museum). Nürnberg 1896: Nister. 12 S. -- 16°

Weinschenker, d. erfahrne, u. Liqueurfabrikant rc. 8. Quedlinb. (808.) 2e A. 814. Basse. 8 gr.

Weinschwelg, der. Ein humorist. Gedicht. Aus dem Mittelhochdeutschen des 13. Jahrh. übertr. von S. B e r l i t. gr. 8. (20 S.) Kassel 851, Raabé & Co. 6 ngr

Weinschwelg, der. Ein humorist. Gedicht. Aus dem Mittelhochdeutschen des 13. Jahrh. übertr. von S. Berlit. gr. 8. (20 S.) Kassel 851, [Württemberger.]

Weinschwelg, der. Mittelhochdeutsch und neuhochdeutsch hrsg. von Karl Jul. Schröer. 8. (X, 45 S.) [Jena 876, F. Frommann.] Leipzig, Reichardt Verlag. *

Weinschwelg, der. Ein altdeutsches Gedicht aus der 2. Hälfte des 13. Jahrh. Mit einer Übersetzung von Karl Lucae. 8. (59 S.) Halle 886, Niemeyer. * 1 60

Weinshausen, Herm.: Über die Thucydideische Beschreibung der Belagerung von Syrakus im zweiten sicilischen Kriege (Thuc. 6, 94 – 7, 7) nebst einer lithographischen Plankarte. 11 S. Mühlhausen, Progr. 1856.

Weinsheimer, üb. Dinotherium giganteum Kaup., s. a. **Abhandlungen, palaeontologische.**

Weinsheimer, Otto (Wonsheim)
Ueber Dinotherium giganteum Kaup.
Darmstadt: H. Brill 1883. 25 S.
Diss. phil. Giessen 16.7.1883. vorh. 26. 7.

Weinstatistik, chemische, f. Deutschland. Jahrg. 1896. Hrsg. v. d. Commission zur Bearbeitg. d. chem. Weinstatistik f. Deutschland unt. d. Vorsitz v. Hilger. Bearb. v. G. Abel, Barth, B. Fischer u. a., u. red. v. Th. Wilh. Fresenius. [Aus: „Zeitschr. f. analyt. Chemie".] gr. 8. (S. 597—667.) Wiesbaden 898. C. W. Kreidel. n. 1.—

Weinstatistik. Die schweizerische W', bearb. vom schweizerischen Verein analytischer Chemiker. Jahrg. 4: Die Weine des Jahres 1903 = Statistique des vins suisses, exécutée par la Société suisse des chimistes analystes. 4e Année: Les vins de l'année 1903. XIV + 32 S. 8. Bâle, G. Meder, 1904. [im Buchh. fr. 2. —]
(Jahrg. 1—3 sind im Landwirtschaftlichen Jahrbuch der Schweiz erschienen.)

Weinstatistik. Die schweizerische W'. Bearb. vom schweizerischen Verein analytischer Chemiker. Jahrg. 4: Die Weine des Jahres 1903 ([und] Jahrg. 5: Die W' des J' 1904) = Statistique des vins suisses. Elaborée par la Société suisse des chimistes analystes. 4e année: Les vins de l'année 1903 ([et] 5e année: Les vins de l'année 1904). [Sep.-Abdr. aus: Landwirtschaftliches Jahrbuch der Schweiz... . Jahrg. 19, 1905, Heft 10.] 50 S. 8. [Bern, K. J. Wyss, 1905.]

Weinstatistik. Die schweizerische W'. Bearb. vom schweizerischen Verein analytischer Chemiker. Jahrg. 6: Die Weine des Jahres 1905 = Statistique des vins suisses. Elaborée par la Société suisse des chimistes analystes. 6e année: Les vins de l'année 1905. Separatabdruck aus dem landwirtschaftlichen Jahrbuch der Schweiz. [Jahrg. 20,] 1906, [Heft 9]. 17 S. 8. [Bern, K. J. Wyss, 1906.]

Weinstatistik. Die schweizerische W'. Bearb. vom schweizerischen Verein analytischer Chemiker. Jahrg. 7: Die Weine des Jahres 1906 = Statistique des vins suisses. Elaborée par la Société suisse des chimistes analystes. 7e année: Les vins de l'année 1906. Separat-Abdruck aus dem Landwirtschaftlichen Jahrbuch der Schweiz. [Jahrg. 21,] 1907, [Heft 8]. 26 S. 8. [Bern, K. J. Wyss, 1907.]

Weinstatistik. Die schweizerische W'. Bearb. vom schweizerischen Verein analytischer Chemiker. Jahrg. 8: Die Weine des Jahres 1907 = Statistique des vins suisses. Elaborée par la société suisse des chimistes analystes. 8e année: Les vins de l'année 1907. Separat-Abdruck aus dem Landwirtschaftlichen Jahrbuch der Schweiz. [Jahrg. 22,] 1908, [Heft 11]. 23 S. 8. [Bern, K. J. Wyss, 1908.]

Weinstatistik. Die schweizerische W'. Bearb. vom Schweizerischen Verein analytischer Chemiker. Jahrg. 9: Die Weine des Jahres 1908 (= Statistique des vins suisses. Elaborée par la société suisse des chimistes analystes. 9e année: Les vins de l'année 1908). Separat-Abdruck aus dem landwirtschaftlichen Jahrbuch der Schweiz. [Jahrg. 23,] 1909. [Heft 10.] II S. + S. 555—595. 8. Bern, K. J. Wyss, 1909.

Weinstatistik. Die Schweizerische W'. Bearb. vom schweizerischen Verein analytischer Chemiker. (Jahrg. 10: Die Weine des Jahres 1909) = Statistique des vins suisses. Elaborée par la Société suisse des Chimistes analystes. (10e année: Les vins de l'année 1909.) Separat-Abdruck [aus:] Mitteilungen aus dem Gebiete der Lebensmitteluntersuchung und Hygiene. Veröffentlicht vom Schweiz. Gesundheitsamt = Tirage à part [des] Travaux de Chimie alimentaire et d'Hygiène .... Band = Vol. 1. 1910. Heft = Fasc. 4. II S. + S. 195—225. 8. Bern, Neukomm & Zimmermann, 1910.

Weinstein, Arthur, appr. Arzt a. Beuthen (Oberschlesien): Ueber eine von der Hinterwand der Pars prostatica urethrae ausgehende in die Blase vorragende Cyste mit Einmündung eines am renalen Ende atretischen, rechten, überzähligen Ureters in sie. München 1906: C. Wolf. (24 S.) 8°
München, Med. Fak., Ref. v. Angerer, Diss. v. 13. Juli 1906
[Geb. 22. Sept. 78 Beuthen; Wohnort: Kattowitz; Staatsangeh.: Österreich; Vorbildung: Gymn. Kattowitz Reife O. 00; Studium: München 2, Breslau 2, Berlin 2, Breslau 3 S.; Coll. 13. Juli 06; Approb. 26 Febr. 05.]

Weinstein, B(ernhard), s. W e i n s t e i n , Max Bernhard

Weinstein, Carl, s. W e i n s t e i n , Karl

Weinstein, Janeu: Zur Kenntnis der Koagulationsverhältnisse der löslichen Eiweißstoffe des Malzes und der Einwirkung der proteolytischen Enzyme auf das koagulierbare Eiweiss. 1911. 68 S. 8° ¶ Ausz. in: Zeitschrift f. d. gesamte Brauwesen. Jg. 34.
München, Dr.-Ing.-Diss. v. 9. 12. 1910

Weinstein, Karl

Weinstein, Carl, v. Süd-Afrika u. seinen Goldfeldern. gr. 8. (77 S.) Berlin 890. Rosenbaum & Hart. n. 1. —

Weinstein, L., Die rumänische Petroleumindustrie. Berlin, 1907. 22 S. mit 31 Abb.

WEINSTEIN, LUDWIG. Ueber α- und β-Hydropiperinsäure. (Strassburg) Hamburg, 1879.

Weinstein, Ludwig [aus Hamburg]: Ueber α- und β-Hydropiperinsäure. Hamburg, Druck von H. A. Kümpel (1884). 8. 34 S.

Weinstein, Max Bernhard

Weinstein, B., üb. die **Bestimmung** v. Aräometern m. besond. Anwendung auf die Feststellung der deutschen Urnormale f. Alkoholometer, s.: **Beiträge**, metronomische.

Weinstein, Max B., Denken u. Träumen. Dichtungen. 8. (VIII, 182 S.) Berlin 901. F. Dümmler's Verl. n. 2. —; geb. n. 3. —

Weinstein, B., Einleitung in die höhere mathematische Physik. gr. 8. (XVI, 399 S. m. 12 Fig.) Berlin 901. F. Dümmler's Verl. Geb. in Leinw. n. 7. —

Weinstein, Max B., Entstehung der Welt u. der Erde nach Sage u. Wissenschaft, s.a **Aus** Natur u. Geisteswelt.

Entstehung der Welt und der Erde nach Sage und Wissenschaft. Von Prof. Dr. M[ax] B[ernhard] **Weinstein**. Leipzig: B. G. Teubner 1908. (VI, 144 S.) 8° [Fr.]
— **Natur**, Aus, u. Geisteswelt. Bdch. 223. [08. 10833

— die **Erdströme** im deutschen Reichstelegraphengebiet u. ihr Zusammenhang m. den erdmagnetischen Erscheinungen. Auf Veranlassg. u. m. Unterstützg. des Reichs-Postamts, sowie m. Unterstützg. der königl. preuss. Akademie der Wissenschaften im Auftrage des Erdstrom-Comités des elektrotechn. Vereins bearb. u. veröffentlicht. Mit e. Atlas enth. 19 lith. Taf. (in gr. 4). gr. 8. (VII, 78 S.) Braunschweig 900. F. Vieweg & Sohn. n. 4. —

Die philosophischen Grundlagen der Wissenschaften. Vorlesungen geh. an d. Univ. Berlin von Prof. Dr. B[ernhard] **Weinstein**. Leipzig & Berlin: B. G. Teubner 1906. (XVI, 543 S.) 8° [06. 16030

Weinstein, B., Handbuch der physikalischen Maassbestimmungen. 1. Bd. Die Beobachtungsfehler, ihre rechnerische Ausgleichg. u. Untersuchg. gr. 8. (XX, 524 S.) Berlin 886. Springer. n. 14. —

— **Handbuch** der physikalischen Maassbestimmungen. 2. Bd. Einheiten u. Dimensionen, Messgn. f. Längen, Massen, Volumina u. Dichtigkeiten. gr. 8. (XXII, 552 S.) Berlin 888. Springer. n. 14. — (1. 2.: n. 28. —)

Weinstein, B., Hilfsbuch f. Zoll- u. Steuerbeamte zum Verständnis des amtlichen Waarenverzeichnisses u. der amtlichen Abfertigungen. gr. 8. (VIII, 319 S. m. 32 Abbildgn.) Berlin 894. J. Springer. n. 5. —; geb. in Leinw. n. 6. —

— **Kapillaritäts-Untersuchungen** u. ihre Verwerthung bei der Bestimmung der alkoholometrischen Normale, s.a. **Beiträge**, metronomische.

WEINSTEIN, B.
Capillaritäts-Untersuchungen und ihre Verwendung bei der Bestimmung der alkoholometrischen Normale. Berlin, 1889. 4to.

Weinstein, B., **Physik** u. Chemie. Gemeinfaßl. Darstellg. ihrer Erscheingn. u. Lehren. M. 34 in den Text gedr. Fig. gr. 8. (VIII, 427 S.) Berlin 898. J. Springer. n. 4. —; geb. in Leinw. n. 5. —

— **Physik** u. Chemie in gemeinverständl. Darstellung. Zum Selbstunterricht u. f. Vorlesgn. 2. vollständ. umgearb. u. erweit. Aufl. 1. Bd.: Allgemeine Naturlehre u. Lehre v. den Stoffen. (XI, 272 S.) 8. Leipzig 909. J. A. Barth. 4.20; geb. in Leinw. 4.80

Weinstein, B., über die Reduktion der Angaben von Gas-Thermometern auf absolute Temperaturen, s.a. **Beiträge**, metronomische.

Weinstein, [illegible]

Thermodynamik und Kinetik der Körper von Prof. Dr. B[ernhard] **Weinstein**. Bd 1–3. Braunschweig: F. Vieweg & Sohn 1901–08. 4 Bde 8°
1. Allgem. Thermodynamik u. Kinetik u. Theorie d. idealen u. wirkl. Gase u. Dämpfe. Mit Abb. 1901.
2. Absolute Temperatur. Die Flüssigkeiten. Die festen Körper. Thermodynam. Statik u. Kinetik. Die (nicht verdünnten) Lösungen. 1903.
3, 1. Halbbd 1. Die verdünnten Lösungen. Die Dissociation. Thermodynamik d. Elektricität u. d. Magnetismus. (T. 1.) 1905.
3, 2. Thermodynamik d. Elektr. u. d. Magnetismus (T. 2.) Elektrochemie. 1908. [08. 4135

— **Thermodynamik** u. Kinetik der Körper. 1. Bd. Allgemeine Thermodynamik u. Kinetik u. Theorie der idealen u. wirkl. Gase u. Dämpfe. gr. 8. (XVIII, 484 S. m. Abbildgn.) Ebd. 901. n. 12. —

— **Thermodynamik** u. Kinetik der Körper. 2. Bd. u. 3. Bd. I. Halbbd. gr. 8. Braunschweig, F. Vieweg & Sohn. n. 28. —
2. Absolute Temperatur. — Die Flüssigkeiten. — Die festen Körper. — Thermodynamische Statik u. Kinetik. — Die (nicht verdünnten) Lösgn. (XVIII, 586 S.) 903. n. 16. —
3. I. Die verdünnten Lösgn. — Die Dissociation. — Thermodynamik der Elektricität u. des Magnetismus (1. Thl.). (XVI, 464 S.) 905. n. 12. —

— **Thermodynamik** u. Kinetik der Körper. III. Bd. 2. Halbbd. Thermodynamik der Elektricität u. des Magnetismus (2. Thl.). — Elektrochemie. (XX u. S. 465—1186.) gr. 8. Braunschweig 908. F. Vieweg & Sohn. 24. —
I. II. u. III, 1. Ebd. 901—05. 40. —.

— **Welt- u. Lebensanschauungen**, hervorgegangen aus Religion, Philosophie u. Naturerkenntnis. (XII, 495 S.) gr. 8. Leipzig 910. J. A. Barth. 10.50; geb. in Leinw. 11.50; f. die Abonnenten v. „Neue Weltanschauung": 8.40; geb. 9.20

Weinstein, Max B., s.: **Wissen** u. **Können**.

Weinstein, N. I., **Beiträge** zur Geschichte der Essäer. gr. 8. (III, 92 S.) Wien 892. (Ch. D. Lippe.) n. 1. 50

— geschichtliche **Entwickelung** d. Gebotes der Nächstenliebe innerhalb d. Judentums. Kritisch beleuchtet. gr. 8. (48 S.) Berlin 891. (E. Rosenstein.) n. 1. 25

Weinstein, N. I., zur Genesis der Agada. Beitrag zur Entstehungs- u. Entwickelungsgeschichte des talmud. Schriftthums. II. Thl. Die alexandrin. Agada. gr. 8. (III, 275 S.) Göttingen 901. (Vandenhoeck & Ruprecht.) n. 7. —
Der I. Thl. ist noch nicht erschienen.

Weinstein, Paul, a. Pretzsch: Über Tetraphenylallen. Halle a. S. 1907: C. A. Kaemmerer & Co. (31 S.) 8°
Halle, Phil. Fak., Ref. Volhard, Diss. v. 31. Aug. 1907
[Geb. 5. April 78 Pretzsch b. Merseburg; Wohnort: Halle a. S.; Staatsangeh.: Preußen; Vorbildung: Gymn. Sangerhausen Reife O. 01; Studium: Halle a. S.; Rig. 9. Juli 07.]

Weinstein, S., die Wohnungsnoth od. Uebervölkerung der Städte u. Entvölkerung des Landes. gr. 8. (38 S.) Berlin 893. Bibliograph. Bureau. n. — 60

Weinstein Siegfried: Quibus in rebus Ammianus Marcellinus respexerit Sallustium et Tacitum. 1907 PN 2317 Diss. Wien, Univ. 1625

Weinstein, Sophie, aus Cherson (Russland): Untersuchungen über den salzigen Geschmack der Salze. (Aus dem physiologischen Institut der Universität Zürich.) Zürich 1907. 24 S. 8°. [18. XI. 07.]
Zürich. Med. Diss. 1907/08.

Weinstein, Sophie. Untersuchungen über den salzigen Geschmack der Salze. Diss. Med. Univ. Zürich. *Kopftitel:* Aus dem physiologischen Institut der Universität Zürich. 24 S. 8. Zürich, J. J. Meier, 1907.

Weinstein, Victor, aus Mohilew-Podolsk (Russland) Experimentelle Untersuchungen über die Bedeutung des menschlichen Mundspeichels für die Verdauung im Magen, insbesondere des Brotes. Aus d. Laboratorium d. medic. Klinik von Prof. v. Leube in Würzburg. *Würzburg 1899: Stahel.* (29 S.) 8°
Würzburg, Med. Diss. v. 1899

Weinsteuergesetz, das badische, vom 19. Mai 1882, nebst Vollzugs-Verordnung vom 26. Oktbr. 1882. gr. 8. (III, 36 S.) Karlsruhe 883, Braun'sche Hofbuchh.

Weinsteuerordnung

— oder amtliche Zusammenstellung der die Weinaccise und das Weinohmgeld betr., jetzt noch gültigen, Gesetzesbestimmungen und Vollzugsvorschriften, letzterer, soweit sie auch der Steuerpflichtige kennen sollte. Karlsruhe 855. Müller. gr. 4. (31 S.) n. 8 *ngr.*

Weinsteuerordnung für das Großherzogth. Baden vom 30. Octbr. 1858 nebst Dienstanweisung. Abdr. aus d. Großherzogl. Steuerverordnungsblatt. Karlsruhe 858. Müller. 4. (138 S.) 1 Rthl. 3 *ngr.*

Der Weinstock und die Obstbäume, mit Rücksicht auf die erlittenen Frostschäden. Der dabei anzuwendende Schnitt. Colmar: Barth 1880. 25 S. -- [Zit. nach Bibliotheca oenologica, Nachtr. 4.]

Weinstock, A., deutsches Lese- u. Bildungsbuch, s.: Besta, Joh.

— dasselbe f. kathol. Lehrerbildungsanstalten, s.: Wimmers.

Weinstock, A., deutsches Lese- u. Bildungsbuch f. katholische Präparandenanstalten, s.: Wimmers, P.

Weinstock, A.: Deutsches Lese- u. Bildungsbuch für katholische Schullehrer-Seminare, s. Besta, Joh.

Weinstock, A., Sprachübungen. 2 Hfte. 8. (32 u. 36 S.) Düsseldorf 886. Schwann. à n.n. — 30

Sprachübungen. Bearb. von A. Weinstock, Kgl. Sem. Oberl. 3. Aufl. H. 1. 2. Düsseldorf: L. Schwann [1901]. 2 Bde 8°

— Sprachübungen. 2 Hfte. 4. Aufl. 8. (39 S.) Düsseldorf (901). L. Schwann. à n.n. — 25
1. 4. Aufl. (39 S.) — 2. 3. Aufl. (40 S.)

— der deutsche Unterricht in der Volksschule. Grundsätze u. Lehrproben. gr. 8. (II, 43 S.) Breslau 892. H. Handel. n. — 50

—— der grammatische Unterricht in der Volksschule. Ein Lehr- und Übungsbüchlein. 8. (59 S.) Ebendas. 886. * — 70

Weinstock, Albert: Zur Kenntnis der alkoholischen Polyneuritis. *Ansbach 1897: C. Brügel & Sohn.* (II, 43 S.) 8°
Erlangen, Med. Diss. v. 14. Juli 1897

Weinstock, J. & W. Weinstock: Jll. Katalog über Dreschmaschinen usw. Bonn a. Rh. (1897?)

Weinstock, J. & W. Weinstock: Jll. Katalog über Futterzubereitungsmaschinen usw. Bonn a. Rhein (1897?)

Weinstock, J. & W. Weinstock: Preisliste über Molkerei-Geräthe usw. Bonn a. Rhein (1897?)

Weinstock, J. & W. Weinstock: Preisliste über Pflüge, Walzen und Hackmaschinen. Bonn (1897?)

Weinstock, Mariamma, Nischniy-Nowgorod (Russland): Aus dem physiolog. Institut der Universität Zürich. Untersuchungen über die Resorption von Schwermetallsalzen im Darm von Säugetieren. Zürich 1906. 17 S. 8°. [10. XI. 06.]
Zürich. Med. Diss. 1906/1907

Weinstock, Mariamma. Untersuchungen über die Resorption von Schwermetallsalzen im Darm von Säugetieren. Diss. Med. Univ. Zürich. *Kopftitel:* Aus dem physiolog. Institut der Universität Zürich. 17 S. 8. Zürich, J. J. Meier, 1906.

Weinstock, Pet., lobt froh den Herrn!, s.: Offey, Johs.

Weinstock, Peter [aus Düsseldorf, Rheinpreussen]: Synthese des 3, 3', 5'-Trioxyflavons. Düsseldorf 1903. 32 S. 8°.
Bern. Phil. Diss. 1902/1903.

Weinstock, Peter. Synthese des 3, 3', 5'-Trioxyflavons. Diss. Phil. Bern. II + 52 S. 8. Düsseldorf, August Bagel, 1903.

Weinthaler, F.: Einiges aus der Schulpraxis, s. Studien, Englische. 13. Bd.

Studie über Victor Hugo als Mensch. Mit Bild. — Von Franz Weinthaler, G.-P. -- 1899, Augsburg, Haas und Grabherr. -- P. 3—30.
Progr. Augsburg, Realgymn.

Weinthaler, Franz Xaver „Récit de Théramène". Eine Studie. pg. 3 20. 8°. Albr. Schröder.
Fürth, Progr. 1877/78

Weintraub, Carl, s. Weintraub, Karl

Weintraub, Dietr., Erinnerungen an Marburg und seine Umgebungen. 2. verm. Aufl. Marburg 861. Elwert. gr. 8. (47 S.) n. 6 *ngr.*; mit 2 Stahlst. n. 12 *ngr.*; mit 8 Stahlst. n. 1 Rthl. 10 *ngr.*

Weintraub, Ezéchiel [aus Mohilew (Russland)]: Über das Verhalten der Untersalpetersäure zu Schwefelsäure und Salpetersäure. Beiträge zur Kenntnis der Nitrocellulose. Berlin 1899. 40 S. 4°.
Zürich. Phil. Diss. II. S. 1898/99.

Weintraub, H., Schire beth adonai oder Tempelgesänge für den Gottesdienst der Israeliten componirt und hrsg. 3 Thle. (in 1 Bde.) Imp.-4. (IV und 254 S.) Leipzig 860. (Königsberg, Theile'sche Buchh.) * *

Schire beth Adonai oder Tempelgesänge f. d. Gottesdienst d. Israeliten comp. u. hrsg. von H. Weintraub, weil. Cantor zu Königsberg. 2. Aufl. *Leipzig: M. W. Kaufmann (1901).* (254 S.) 4° [01. 1919

Weintraub, Karl

Weintraub, Carl, ärztl. Erfahrgn. üb. die „Beriberi", e. Krankheit d. trop. u. subtrop. Gegenden, s. a. Klinik, Wiener, 1896, 10./11. Hft.

Aerztliche Erfahrungen über die 'Beriberi', e. Krankht d. trop. u. subtrop. Gegenden. Von Dr. Carl **Weintraub**, em. kön. niederländ.-ostind. Regiments- . . . arzt . . . *Wien: Urban & Schwarzenberg 1896.* (265—328 S.) 8.
= Klinik, Wiener. 1896. H. 10 u. 11. [96. 8090

[Hebr.] Sefer milḥemet Šemuēl 'al ha-āwen-gillajōn we-hū biqqōret we-he'erot 'al sefer Mattai . . . Hubbar meēt Šemuēl **Weintraub** wejō[ṣē] l[a-ōr] 'a[l] j[edē] Mōšē Ṣebi **Blumenthal.** *Jerusalaim 5660.* (8 S., 36 Bl.) 8°
[Nebent.:] Sefer milchemet Samuel oder das Buch Matthaeus krit. beleuchtet von S. Weintraub, hrsg. von M. Blumenthal. Jerusalem [1900]. [00. 9304

Weintrauben, üb. ein den, höchst schädliches vorzüglich in d. Insel Reichenau bei Constanz einheimisches Insect, mit 1 illum. K. 8. Freiburg, Herder. 814.

Lutz, Samuel: Die under der Kelter des Zorns Gottes ligende und sehr zerquetschgte / doch Hertz-erfreuliche Wein-Trauben. das ist: Der in dem Garten Gethsemane ängstlich-traurende / zagende und Blut-schwitzende Jesus. vorgestellt von einem / dessen Seelen Lust Dorten Das Gethsemanische Weinbeerblut Jesus Ist. [Verf.: Samuel Lutz.] Basel: Genath 1723. 199 S. -- Rüd.*
[Handschriftliche Eintragung des Verfassernamens auf dem Titelblatt als Samuel Lucius; bibliographisch als Samuel Lutz nachgewiesen.]

Weintraud, W., s.: Lehrbuch der klin. Untersuchungsmethoden.

Weintraud, Wilhelm [aus Offenbach a./Main (Grossh. Hessen)]: Untersuchungen über Kohlenstaubmetastase im menschlichen Körper . . . Berlin, Druck v. H. M. Dobrin. 1889; 38 S. 8°
Strassburg, Med. Fak., Inaug.-Diss v. 1889.

Weintraud, Wilh.: Untersuchungen über den Stoffwechsel im Diabetes mellitus und zur diätetischen Therapie der Krankheit, s. Bibliotheca medica.

Weintz, Geo., die Vorschriften f. die formelle Behandlung des Kasse- u. Rechnungswesens der Gemeinden u. gemeindlich verwalteten Stiftungen der Pfalz vom 23. VI. 1905. Erläutert u. m. den auf die Vorschriften bezügl. gesetzl. Bestimmgn., Verordngn. usw. hrsg. 2 Hälften. gr. 8. Kaiserslautern, E. Crusius. nn 12. 50
1. Die Gemeinderechnungsvorschriften (G. R. R.) m. Erläutergn. (307 S.) 908. 5. —
2. Anh. u. Sachregister. (XII u. S. 309–800.) 908. nn 7. 50

Weintz, M., das Fleischer- und Wurstlergeschäft, s. Schauplatz, neuer, der Künste und Handwerke. 149. Bd.

Weintz, Ph. Jak.

— **Berichtigung einiger Sätze in d. Schrift des Hrn. Dr. Marcus über den Typhus. 8. Bamb. 813. (Frankf., Schäfer).**

Weintz, P. J., Berichtigung einig. Sätze in Dr. Markus Schrift: üb. den Typhus. gr. 8. Bamb. (Frankf. Schäfer.) 815.

***Weintz*, Ph. Jak., Diss. de causa malignitatis febrium castrensium. 4. Herbip. 804.**

Ueber Weinveredlung und Weinverfälschung. Ein nöthiges Wort an Weinproduzenten und Weinconsumenten von einem Mitgliede des landwirtschaftlichen Vereins für Rheinpreußen. Trier: Troschel in Comm. 1854. 34 S. -- 12.121*. LKRhld.*

Weinverfälschungsproceß, der gegen das Gallisiren der Weine in Rheinbaiern eingeleitete, beleuchtet vom national-wirthschaftl., gesundheitspolizeil. und rechtl. Standpunkte. Mainz 854. Wirth. 12. (56 S.) 5 ngr.

Weinverschnitte, die, und das Nahrungsmittelgesetz. Monstreprozeß wegen angebl. Wein- und Rum-Verfälschung gegen die Weingroßhändler Gebr. Jüncke, Heinrich Brandt, die Weinhändler Ulrich, Kiesau und Volkmann und den Destillateur Riese und den Weingroßhändler Oswald Nier aus Berlin. Verhandelt vor der Strafkammer des Königl. Landgerichts zu Danzig in den Tagen vom 24.—30. Mai 1886. 8. (157 S.) Danzig 886, Kafemann. — 75
Aus: Danziger Zeitung, besonders abgedruckt.

—— dass. — Nachtrag. Erkenntniß des königl. Landgerichts zu Danzig vom 31. Mai 1886 in der Anklagesache wider die Weinhändler Gebr. Jüncke, J. H. Brandt, A. Ulrich und H. Kiesau, nebst Begründung desselben. 8. (47 S.) Ebendas. 886. * — 50

Der Weinvertrieb. Organ des Local-Weinbau-Vereins für die mittlere Mosel und des Moselweinproducenten-Verbands . . . . Hrsg. unter Mitw. einer Reihe wissenschaftlicher und praktischer Fachleute. Jg. 3. Dusemond a.d. Mosel: Verwaltung des 'Weinvertrieb' 1885. [Weiteres nicht ermittelt]

(F) **Weinverzehrungssteuer** und Bierauflage. Gesetz vom 22. April 1904. Gr.-8°. (Pag. 223—261) K —.60
Innsbruck: Wagner 1904.

**Der vollkommene Weinwirth und Weinkellermeister, welcher praktisch lehret, wie man verfälschte Weine erkennen kann; wie den kranken Weinen zu helfen ist; wie man die Weine stark, klar und gesund erhalten könne; wie man den deutschen Weinen einige besondere Eigenschaften beibringen kann; verschiedene gute Arten von Weineinschlägen, und allerhand Arten von Eßig zu machen. Nebst einem Anhange, wie man die Keller und Fässer gut und gesund erhalten könne. 2. Aufl. Grätz: Kienreich 1791. 144 S. -- Steiermärkische Landesbibliothek Graz*
8. Aufl. 1821.1829.**

Der vollkommene Weinwirth und Weinkellermeister, welcher praktisch lehret, wie man verfälschte Weine erkennen kann; wie den kranken Weinen zu helfen ist; wie man die Weine stark, klar und gesund erhalten könne; wie man den Deutschen Weinen einige besondere Eigenschaften beibringen kann; verschiedene gute Arten von Weineinschlägen, und allerhand Arten von Eßig zu machen. Nebst einem Anhange, wie man die Keller und Fässer gut und gesund erhalten könne. Grätz: Verf.; Trötscher in Komm. 1791. -- B 14. Stiftsbibliothek Klosterneuburg*
--- Dass. 3. Aufl. Grätz: Kienreich 1794. 144 S. -- 12*
--- Dass. 4. Aufl. Ebd. 1803. XII, 143 S. -- [Zit. nach Hartung & Karl: Auktionskatalog. 1972]
--- Dass. 5., ganz neu bearb. u. verm. Aufl. Ebd. 1804. XII, 143 S. -- UB Brünn*
--- Dass. 6., verb. Aufl. Ebd. 1809. -- [Zit. nach Weber]
--- Dass. 8., ganz neu bearb. u. verm. Aufl. Ebd. 1821. XII, 143 S. -- ÖNB* UB Wien*
--- Dass. 8.[!], ganz neu bearb. u. verm. Aufl. Ebd. 1829. XII, 143 S. -- Frei 100*

Weinwirthe des Oberamts Eßlingen. Eingabe und Bitte an die Ständeversammlung um Aufhebung der Wirthschafts-Abgaben von Wein und Obst-Most. Esslingen 1845. 13 S. -- 21*

Neu eröffnetes Wein- Wirths- Hauß oder kurioser Gasthof. Wien 1714. -- [Zit. nach BJ]

Weinwurm: Musikalische Lehrmittel und das musikal. Erziehungs- und Bildungswesen, s. Ausstellungs-Bericht, Officieller.

Weinwurm Edm.: Die Getreidearten, mit bes. Berücksichtigung von Weizen, Roggen u. Gerste. 40. Proßnitz R. 08.
Progr.

Weinwurm, Rudolf

Weinwurm, Rud., methodische Anleitung zum elementaren Gesangunterricht u. Elementar-Gesangbuch, mit Rücksicht auf die Bedürfnisse der öffentl. Schulen, sowie der Lehrer- u. Lehrerinnen-Bildungsanstalten. gr. 8. (VIII, 120 S.) Wien 876. Pichler's Wwe. & Sohn. n. 2. 60

Weinwurm, Rud., methodische Anleitung zum elementaren Gesangunterricht u. Elementar-Gesangbuch, m. Rücksicht auf die Bedürfnisse der öffentlichen Schulen, sowie der Lehrer- u. Lehrerinnen-Bildungsanstalten verf. 2. Aufl. gr. 8. (VIII, 120 S.) Wien 886. Pichler's Wwe. & Sohn. n. 2. 60

Weinwurm, Rud., methodische Anleitung zum elementaren Gesangunterricht u. Elementar-Gesangbuch, m. Rücksicht auf die Bedürfnisse der öffentl. Schulen, sowie der Lehrer- u. Lehrerinnen-Bildungsanstalten verf. 3., unveränd. Aufl. gr. 8. (VIII, 120 S.) Wien 900. A. Pichler's Wwe. & Sohn. Geb. in Leinw. n. 3. —

—— Elementar-Gesangbuch für öffentliche Schulen. 1. Aufl. (66 S.) 1876; 2. unveränd. Aufl. gr. 8. (64 S.) Ebendas. 878.

Weinwurm, Rudolf, Elementar-Gesangbuch für öffentliche Schulen. 4. unveränderte Auflage. 8. (64 S.) geh. 25 kr.
Wien: Pichler's Witwe 1882.

Weinwurm, Rud., Elementar-Gesangbuch für öffentliche Schulen. 5. unveränd. Aufl. gr. 8. (64 S.) Wien 884, Pichler's Wwe. und Sohn. * — 50

—— Elementar-Gesangbuch für allgemeine Volksschulen. 7. Aufl. gr. 8. (64 S.) Ebendas. 888. ** — 50

Weinwurm, Rud., Elementar-Gesangbuch f. allgem. Volksschulen. 8. Aufl. gr. 8. (64 S.) Wien 890. Pichler's Wwe. & Sohn. n. — 50

Weinwurm, Rud., Elementar-Gesangbuch f. allgem. Volksschulen. 10. Aufl. Unveränd. Abdr. der 1. Aufl. gr. 8. (64 S.) Wien 896. A. Pichler's Wwe. & Sohn. n. — 50

WEINWURM, Rudolf
(F) Elementar-Gesangbuch für allgemeine Volksschulen verfasst von Rudolf Weinwurm. 11. Auflage. Unveränderter Abdruck der mit Erlass des hohen k. k. Ministeriums für Cultus und Unterricht vom 1. Juli 1877, Z. 9383, für Volks- und Bürgerschulen für zulässig erklärten 1. Auflage. Wien. 1899. Pichlers W. & S. 8°. 64 S. fl. —.25

Die Begleitung zu sämmtlichen Uebungen und Liedern dieses Gesangbuches, entweder für Clavier oder für Violine, ist enthalten in des Verfassers „Methodischer Anleitung zum elementaren Gesangunterricht" erschienen in Wien, im selben Verlage.

— Elementar-Gesangbuch, f. allgemeine Volksschulen verf. 12. Aufl. Nach der neuen Rechtschreibg. bericht., sonst unveränd. Abdr. der 1. Aufl. gr. 8. (64 S.) Ebd. 902. n. — 50

Weinwurm, Rud., Elementar-Gesangbuch f. allgemeine Volksschulen. 13. Aufl. Unveränd. Abdr. der 12. Aufl. (64 S.) 8. Wien 905. A. Pichler's Wwe. & Sohn. n. — 50

Weinwurm, Rud., Elementar-Gesangbuch f. allgem. Volksschulen. 14. Aufl. Unveränd. Abdr. der 12. Aufl. (64 S.) 8. Wien 909. A. Pichler's Wwe. & Sohn. — 50

— kleines Gesangbuch f. Bürgerschulen, verwandte Anstalten u. die unteren Classen der Mittelschulen. 1—4. Hft. 8. Wien, Hölder. n. — 92
1. 3. Aufl. (IV, 36 S.) 885. n. — 20
2. 3. Aufl. (56 S.) 886. n. — 24
3. 2. Aufl. (56 S.) 882. n. — 24
4. 2. Aufl. (46 S.) 885. n. — 24

—— kleines Gesangbuch für Bürgerschulen und die oberen Classen der allgemeinen Volksschulen. 1.—4. Heft und Ergänzungsheft. 12. Wien 885—888, Hölder. * 1 12
Inhalt:
Heft 1. 3. und 4. unveränd. Abdr. (IV, 36 S.) * 20 Pf.
„ 2. 3. und 4. unveränd. Abdr. (56 S.) * 24 Pf.
„ 3. 4. 3. unveränd. Abdr. (56; 46 S.) à Heft * 24 Pf.
Ergänzungsheft. [Kleine musikal. Elementarlehre.] 3. unveränd. Abdr. (32 S.) * 20 Pf.

—— Kleines Gesangbuch f. Bürgerschulen u. die oberen Classen der allgemeinen Volksschulen. 1., 3. u. 4. Heft. 12. Wien, Hölder. [1. Heft. 5. Abdr. (IV, 36 S.) 891. * — 20; 3. Heft. 4. Abdr. (56 S.) 892. * — 24; 4. Heft. 3. Abdr. (46 S.) 888. * — 24.] * — 68
2. Heft, u. Ergänzungsheft. Ebd. 1888. * — 44.

Weinwurm, Rud., kleines Gesangbuch f. Bürgerschulen u. die oberen Classen der allgemeinen Volksschulen. 1.—4. Hft. 12. Wien, A. Hölder. n. — 92
1. 5. unveränd. Abdr. (IV, 36 S.) 891. n. — 20. — 2. 5. unveränd. Abdr. (56 S.) 893. n. — 24. — 3. 4. unveränd. Abdr. (56 S.) 892. n. — 24. — 4. 4. unveränd. Abdr. (46 S.) 894. n. — 24.

— kleines Gesangbuch f. Bürgerschulen u. d. ob. Classen der allgem. Volksschulen. 1.—3. Hft. 12. Wien, A. Hölder. n. — 68
1. 6., unveränd. Abdr. (IV, 36 S.) 896. n. — 20
2. 6., unveränd. Abdr. (56 S.) 897. n. — 24
3. 5., unveränd. Abdr. (56 S.) 897. n. — 24

— dasselbe. Ergänzungsheft. (Kleine musikal. Elementarlehre.) 4., unveränd. Abdr. 8. (32 S.) Ebd. 896. n. — 20

— kleines Gesangbuch f. Bürgerschulen u. die oberen Classen der allgem. Volksschulen. 1. Hft. 7., unveränd. Abdr. 12. (36 S.) Wien 900. A. Hölder. n. — 20

— dasselbe. Ergänzungshft. (Kleine musikal. Elementarlehre.) 5., unveränd. Abdr. 8. (32 S.) Ebd. 900. n. — 20

— Kleines Gesangbuch f. Bürgerschulen u. die oberen Klassen der allgemeinen Volksschulen, verf. u. bearb. III. Heft. 2. Aufl. Inhaltlich unveränd., nach der neuen Rechtschreibg. hergestellter Abdr. der 1. Aufl. (56 S.) 8. Ebd. 907. — 21

—— kleines Gesangbuch für die oberen Classen der Volks- und Bürgerschulen und die unteren Classen der Mittelschulen. 4 Hefte. 8. Ebendas. [1. Heft. (35 S.) 879. 2. Aufl. (IV, 36 S.) 881. * 20 Pf.; 2. Heft. (55 S.) 879. 2. Aufl. (55 S.) 881. * 24 Pf.; 3. Heft. 1. und 2. Aufl. (56 S.) 879,82. * 24 Pf.; 4. Heft. 1. und 2. Aufl. (46 S.) 879,85. * 24 Pf.] * — 92

—— Gesangbuch für Sopran- und Altstimmen, mit Rücksicht auf Lehrerinnen-Bildungsanstalten. (8 Hefte.) 1. und 2. Heft. hoch 4. (V, 48; III, 46 S.) Wien 879, Hölder. à Heft * M 2. *

—— Gesangbuch für Sopran- und Altstimmen mit Rücksicht auf Lehrerinnen-Bildungsanstalten. 3.—6. Heft. hoch 4. (51; 61; 57; 73 S.) Wien 880, Hölder. à Heft * 2 —
1. und 2. Heft. Ebendas. 1880. à * M 2.

Weinwurm, Rudolf, Gesangbuch für Sopran und Altstimmen mit Rücksicht auf Lehrerinnen-Bildungsanstalten. gr. 8. Heft 7. (65 S.) geh. 1 fl. Wien: Alfred Hölder 1881.

Weinwurm, Rudolph, Gesangbuch für Sopran- und Altstimmen mit Rücksicht auf Lehrerinnen-Bildungsanstalten. gr. 8. 8. Heft. (62 S.) geh. 1 fl. Wien: Hölder 1882.

— Gesangbuch f. Sopran- u. Altstimmen m. Rücksicht auf Lehrerinnen-Bildungsanstalten. (8 Hefte.) II. Heft. 2. Aufl. (III, 46 S.) Lex.-8. Wien 905. A. Höldor. n. 1. 72

— Gesangbuch f. Sopran- u. Altstimmen m. Rücksicht auf Lehrerinnenbildungsanstalten. (In 8 Heften.) I. u. IV.—VI. Heft. 2. Aufl. (V, 48; 61; III, 57 u. 73 S.) Lex. 8. Wien 907. 08. A. Hölder. à 1. 72

Weinwurm Rudolf, Gesangbuch für Sopran und Altstimmen mit Rücksicht auf Lehrerinnenbildungsanstalten. 8 Hefte. III. Heft. 2., nach der neuen Rechtschreibung hergestellte, sonst unveränderte, daher gemäß Min.-Erl. vom 10. Dezember 1879, Z. 14756, zulässige Auflage. Wien 1908. Alfred Hölder. Geh. K 2.—.

—— allgemeine Musiklehre oder musikal. Elementarlehre insbesondere mit Rücksicht auf die Bedürfnisse an höheren Schulen verfaßt. gr. 8. (IV, 148 S.) Ebendas. 878. *

—— allgemeine Musiklehre oder musikalische Elementarlehre, insbesondere mit Rücksicht auf die Bedürfnisse an höheren Schulen verfaßt. 2. und 3. unveränd. Aufl. gr. 8. (IV, 164 S.) Ebendas. 881, 84. * 1 92

—— allgemeine Musiklehre oder musikalische Elementarlehre, insbesondere mit Rücksicht auf die Bedürfnisse an höheren Schulen verf. 4. unveränd. Aufl. gr. 8. (IV, 164 S.) Ebendas. 888. * 1 92

— allgemeine Musiklehre od. musikalische Elementarlehre, insbesondere m. Rücksicht auf die Bedürfnisse an höheren Schulen verf. 5. unveränd. Aufl. gr. 8. (164 S.) Ebd. 893. n. 1. 92; geb. n. 2. 32.

— allgemeine Musiklehre od. musikalische Elementarlehre, insbesondere m. Rücksicht auf die Bedürfnisse an höheren Schulen verf. 6., unveränd. Aufl. gr. 8. (164 S.) Ebd. 901. Geb. in Leinw. n. 2. 42

Weinwurm Rudolf, Allgemeine Musiklehre oder musikalische Elementarlehre, insbesondere mit Rücksicht auf die Bedürfnisse an höheren Schulen. 7., im wesentlichen unveränderte Auflage. Wien 1907. Alfred Hölder. Geh. K 1.96, geb. K 2.46.

(F) Weinwurm, R., Allgemeine Musiklehre oder musikalische Elementarlehre. 7. Aufl. Gr.-8°. (169 S.) K 1.96, geb. K 2.46 Wien: Hölder 1908.

— Vorstufe einer Chorschule für Männerstimmen m. Rücksicht auf die Bedürfnisse an höheren Schulen. 8. (82 S.) Ebend. 882. n. 1. 60

—— Vorstufe einer Chorschule für Männerstimmen mit Rücksicht auf die Bedürfnisse an höheren Schulen. 8. (82 S.) Ebendas. 883. * 1 60

Weinwurm, S.: Üb. d. Verteilg d. einzeln. Bestandteile d. Roggen- u. Weizenkorns auf d. verschied. Mehlprodukte. Wien 1890.

WEINWURMB, ANDR(EAS): Alta profunditas. Eccl. c 7 v. 25. Hohe Tieffe Oder Unerforschlich- und unermessentliches Geheimnuß Einer Allerhöchst Drey-Einigen GOttheit. In dessen Ergründung die erschaffene Kräfften sich abzutieffen genöthiget / und der Menschen Verstand dem Glauben bottmässig zu werden / gezwungen ist. Entworffen In dem heiligen Scapulier einer Hochlöbl.-Englischen Ertz-Bruderschaft Ordens der Allerheiligsten Dreyfaltigkeit der Erlösung deren Gefangenen. Bey Einer jährlich an dessen hohen Titular-Fest abgezinseten Lob Rede / da erwehnt preißwürdigste Ertz-Bruderschafft ihre gewöhnlichen Würdens-Wahlen zu erneuern entschlossen. Pressburg 1735. Gedruckt bey Johann Paul Royer. 8 S. - kl. 4°

Weinzauber, Deutschlands Liedertafeln zugedacht. 18. Greifsw. 828. Mauritius. 4 gr.

Allgemeine Weinzeitung. Illustrierte Zeitung für Weinbau und Weinbereitung. Internationales Weinhandelsblatt. Jg. 1-46. [Erscheinen vorübergehend eingestellt; Weiteres nicht ermittelt.] Wien 1884-1929.
Seit 1908 vereinigt mit 'Die Weinlaube'.

Wein-Zeitung, allgemeine. Illustr. Zeitung für Weinbau und Weinbereitung. Internationales Weinhandelsblatt. Hrsgbr.: Hugo H. Hitschmann. Redact.: J. Bersch. 1. Jahrg. 1884. 52 Nrn. (à Nr. 2 Bog.) Fol. Wien, (Gerold's Sohn.) * 16 —

Wein-Zeitung, allgemeine. Illustrirte Zeitung für Weinbau und Weinbereitung. Internationales Weinhandelsblatt. Hrsgbr.: Hugo H. Hitschmann. Redact.: J. Bersch. 2.—4. Jahrg. 1885—1887. à Jahrg. 52 Nrn. (à Nr. 2 Bog.) Fol. Wien, (Gerold's Sohn.) à Jahrg. * 16 —

—— dass. — Illustrirte Zeitung für Weinbau und Kellerwirthschaft. Internationales Weinhandelsblatt. Hrsgbr.: Hugo H. Hitschmann. Redact.: J. Bersch. 5. Jahrg. 1888. 52 Nrn. (à Nr. 2 Bog.) Fol. (Ebendas.) * 16 —

Wein-Zeitung, allgemeine. Illustrirte Zeitg. f. Weinbau u. Kellerwirthschaft. Internationales Weinhandelsblatt &c. Hrsgbr.: Hugo H. Hitschmann. Redact.: J. Bersch. 6.—9. Jahrg. 1889—1892. à Jahrg. 52 Nrn. (à Nr. 2 Bog.) Fol. Wien, (Gerold's Sohn).
Jahrg. 1889. * 16 —; 1890—92. à * 12 —

Wein-Zeitung, allgemeine. Illustrirte Zeitg. f. Weinbau u. Kellerwirthschaft. Internationales Weinhandelsblatt. Organ f. Weinstuben, Hôtels, Restaurants u. Gasthöfe. Journal f. Weinconsumenten. Hrsg.: Hugo H. Hitschmann. Red.: J. Bersch. 8.—11. Jahrg. 1891—1894. à 52 Nrn. (à ca. $1^1/_2$ Bog.) hoch 4. Wien, (C. Gerold's Sohn). à Jahrg. n. 12. —

Wein-Zeitung, allgemeine. Illustr. Zeitg. f. Weinbau u. Kellerwirthschaft. Internationales Weinhandelsblatt. Organ f. Weinstuben, Hôtels, Restaurants u. Gasthöfe. Journal f. Weinconsumenten. Hrsg.: Hugo H. Hitschmann. Red.: J. Bersch. 12.—15. Jahrg. 1895—1898. à 52 Nrn. (à ca. 10 S.) hoch 4. Wien (C. Gerold's Sohn). à Jahrg. n. 12. —
Kann auch vierteljährlich bezogen werden.

Wein-Zeitung, allgemeine. Illustrirte Zeitg. f. Weinbau u. Kellerwirthschaft. Internationales Weinhandelsblatt. Organ f. Weinstuben, Hôtels, Restaurants u. Gasthöfe. Journal f. Weinconsumenten. Hrsg.: Hugo H. Hitschmann. Red.: Antonio dal Piaz. 16.—19. Jahrg. 1899—1902. à 52 Nrn. gr. 4. (à ca. 10 S.) Wien (C. Gerold's Sohn). à Jahrg. n. 12.—

Wein-Zeitung, allgemeine. Illustrierte Zeitg. f. Weinbau u. Kellerwirtschaft. Internationales Weinhandelsblatt. Organ f. Weinstuben, Hotels, Restaurants u. Gasthöfe. Journal f. Weinkonsumenten. Hrsg.: Rob. Hitschmann u. Hugo Hitschmann. Red.: Antonio dal Piaz. 20.—23. Jahrg. 1903—1906 à 52 Nrn. (VIII, 550; VIII, 540; VIII, 534 u. VIII, 532 S.) 4. Wien (C. Gerold's Sohn). à Jhrg. n. 12. —

Wein-Zeitung, allgemeine. Seit 1. I. 1908 vereinigt m. der von A. W. Freih. v. Babo 1869 gegründeten Fachzeitschrift „Die Weinlaube". Illustrierte Zeitg. f. Weinbau, Kellerwirtschaft u. Weinhandel. Hrsg.: Rob. Hitschmann u. Hugo Hitschmann. Red.: Antonio dal Piaz. 24.—27. Jahrg. 1907—1910. à 52 Nrn. (VIII, 534; VIII, 614; VIII, 566 u. VI, 570 S.) 31,5×24 cm. Wien (C. Gerold's Sohn). à Jahrg. 12. —

— allgemeine, Fortsetzg., s.: Wein-Zeitung, deutsche.

— allgemeine. Zeitung f. Weinbau u. Weinhandel. Rheinhessische Wein-Zeitg. Offizielles Publikationsorgan des Weinbau-Vereins der Prov. Rheinhessen. Red.: Adalb. Mattern. 2. Jahrg. 1906. 2. Halbj. 26 Nrn. (à ca. 8 S.) gr. 8. Nebst: Mitteilungen des deutschen Weinbau-Vereins. Hrsg. vom deutschen Weinbau-Verein. Red. v. Fuhr. 1. Jahrg. Juli—Dezbr. 1906. 6 Nrn. (à ca. 16 S.) gr. 8. Mainz (Karmelitenplatz 6), K. Theyer's Druckerei. Postfrei n. 3. 40
1. Halbj., s.: Wein-Zeitung, rheinhessische.

Deutsch-Amerikanische Wein-Zeitung: 1871? - 1873?
Weekly journal, published in interests of viniculture, wines and liquors. Large quarto, changing to small folio, 1872—73, each issue 8 pages. Circulation: 1872, 1200. Edited & published by J. A. Schmidt.
New York, NY

Deutsch-Amerikanische Wein-Zeitung: See GANAP vol. 1 New York, NY
AuN: Jg. 2, no. 10, Dec. 7, 1872

Deutsche Wein-Zeitung. Wochenschrift für Weinkunde und Weinhandel (Jg. 43-52: [Nebst] Neue Deutsche Wein-Zeitung. Jg. 1-10, Nr 1. [Mehr nicht ersch.]; Jg. 64, Nr 9 ff.: [Nebst] Beil.: Illustrierte Wein-Zeitung. Jg. 1 ff.)
Jg. [1-]106. [Mehr nicht ersch.] Mainz: Le Roux [später] Diemer 1864-1970.
Seit 1971 vereinigt mit 'Das Weinblatt' u.d.T.: Allgemeine deutsche Weinfachzeitung.
[Enthält ab 1947 die Beil. 'Wein und Rebe'; diese erschien von Jg. 1-26, Nr 9. 1919-44 als selbständige Zeitschrift, Jg. 82 nicht erschienen.
Folgende Zeitschriften sind mit der 'Deutschen Wein-Zeitung' vereinigt: Seit 1877 'Rheinische Weinberichte', seit 1884 'Weinhalle', seit 1891 'Rheingauer Weinblatt', seit 1906 'Rheinhessische Wein-Zeitung', seit 1935 'Illustrierte Weinzeitung']

Wein=Zeitung, deutsche. Wochenschrift für Weinkunde und Weinhandel. In Verbindung mit mehreren Fachmännern redig. und hrsg. von C. H. Frings. Jahrg. 1864. Novbr. und Dezbr. 8 Nrn. * 8 1/2 Ngr. und 1865 und 1866. à Jahrg. 52 Nrn. (1/2 Bog.) 4. Mainz, Le Roux'sche Hofbuchh. à Jahrg. *

—— dass. — Wochenschrift für Weinkunde und Weinhandel. Redact.: C. H. Frings. Jahrg. 1867. 52 Nrn. (1/2 Bog.) 4. Mainz, Stenz.

Wein=Zeitung, deutsche. Zeitschrift für Weinkunde und Weinhandel. Redact.: C. H. Frings. 5.—9. Jahrg. 1868—1872. à Jahrg. 26 Nrn. (à 1/2 Bog.) Fol. Mainz, Stenz. à Jahrg. 5 20

—— dass. — Central-Organ für den Weinbau und den Weinhandel. Hrsg. unter Mitwirkung hervorragender Fachmänner, redig. von J. Diemer. 10. Jahrg. 1873. 24 Nrn. (à 1/2 Bog.) Fol. Mainz, Diemer. * 5 20

—— dass. — Unter fakultativer Mitwirkung einer Reihe wissenschaftl. und pract. Autoritäten hrsg. und redig. von J. Schaefer. 11. Jahrg. 1874. 24 Nrn. (à 1/2 Bog.) Fol. Ebendas. * 5 20

—— dass. — 12. Jahrg. 1875. 36 Nrn. (à 1/2 Bog.) Fol. Ebendas. * 8 —

Wein=Zeitung, deutsche. Central-Organ für den Weinbau und den Weinhandel. Unter facultativer Mitwirkung einer Reihe wissenschaftl. und pract. Autoritäten hrsg. und redig. von J. Schaefer. 13. Jahrg. 1876. 36 Nrn. (Bog.) Fol. Mainz, (Diemer.) *

—— dass. — Rheinische Wein=Berichte. Central-Organ für den Weinbau und den Weinhandel. Hrsg. unter Mitwirkung einer Reihe wissenschaftl. und prakt. Fachmänner. Redact.: D. Frenz. 14. Jahrg. 1877. 36 Nrn. (à 1/2 Bog.) gr. 4. Ebendas. *

—— dass. — 15. und 16. Jahrg. 1878 und 1879. à 48 Nrn. (à 1/2 Bog.) gr. 4. Ebendas. à Jahrg. *

—— deutsche. Rhein. Wein-Berichte. Central-Organ für den Weinbau und den Weinhandel. Hrsg. unter Mitwirkung einer Reihe wissenschaftl. und prakt. Fachmänner. 17. und 18. Jahrg. 1880 und 1881. à Jahrg. 48 Nrn. (à Nr. 1/2 Bog.) gr. 4. Mainz, Diemer. à Jahrg. * 8 —

—— dass. — 19. und 20. Jahrg. 1882 und 1883. à Jahrg. 48 Nrn. (à Nr. 1/2 Bog.) gr. 4. Ebendas. à Jahrg. * 9 50

—— dass. — 21. Jahrg. 1884. 52 Nrn. (à Nr. 1/2—1 Bog.) gr. 4. Ebendas. * 9 60

—— deutsche. Rheinische Wein-Berichte. Central-Organ für den Weinbau und den Weinhandel. Hrsg. unter Mitwirkung einer Reihe wissenschaftl. und prakt. Fachmänner. 22.—25. Jahrg. 1885—1888. à Jahrg. 96 Nrn. (à Nr. 1/2—1 Bog.) gr. 4. Mainz, Diemer. à Jahrg. * 12 —

—— deutsche. Rheinische Wein-Berichte u. Rheingauer Weinblatt. Central-Organ f. den Weinbau u. den Weinhandel. 26.—29. Jahrg. 1889—1892. à Jahrg. 96 Nrn. (à Nr. 1/2—1 Bog.) gr. 4. Mainz, Diemer. Jahrg. 1889—91. à ** 12 —; 1892. ** 15 —
Vgl.: Anzeiger, allgem., für das Weinfach.

— dasselbe. 29.—31. Jahrg. 1892—1894. à 96 Nrn. (à 1/2—1 Bog.) 4. Ebd. à Jahrg. n.n. 15. —

— deutsche. Rheinische Wein=Berichte u. Rheingauer Weinblatt. Central=Organ f. d. Weinbau u. d. Weinhandel. Offiz. Publikations=Organ f. d. Bekanntmachgn. der Speditions=, Speicherei= u. Kellerei=Berufsgenossenschaft. Hrsg. unt. Mitwirkg. e. Reihe wissenschaftl. prakt. Fachmänner. Red.: Ed. Goldschmidt. 32.—35. Jahrg. 1895—1898. à 96 Nrn. (Bog.) gr. 4. Mainz, J. Diemer, Verl. à Jahrg. postfrei n.n. 15. —

— deutsche. Rheinische Wein=Berichte u. Rheingauer Weinblatt. Central=Organ f. den Weinbau u. den Weinhandel. Offizielles Publikations=Organ f. die Bekanntmachgn. der Speditions=, Speicherei= u. Kellerei-Berufsgenossenschaft. Hrsg. unter Mitwirkg. e. Reihe wissenschaftl. prakt. Fachmänner. Red.: Ed. Goldschmidt. 36. Jahrg. 1899. 96 Nrn. gr. 4. (à ca. 8 S.) Mainz, J. Diemer, Verl. Postfrei n.n. 15. —

— dasselbe. (Der „Weingrossist", die „Wein=Halle", „Blätter f. Weinkunde" u. „Allgemeiner Anzeiger f. das Weinfach" sind hiermit vereinigt.) Offizielles Publikations=Organ f. die Bekanntmachgn. der Lagerei-Berufsgenossenschaft. Hrsg. unter Mitwirkg. e. Reihe wissenschaftl. prakt. Fachmänner. Red.: Ed. Goldschmidt u. F. Goldschmidt. 37.—39. Jahrg. 1900—1902. à 96 Nrn. gr. Fol. (à ca. 8 S.) Ebd. Postfrei à Jahrg. n.n. 15. —; nach dem Auslande n.n. 16. 80

— deutsche. Central=Organ f. den Weinbau u. den Weinhandel. (Der „Weingrossist", die „Wein=Halle", „Blätter f. Weinkunde", „Allgemeiner Anzeiger f. das Weinfach", „Rheinische Weinberichte" u. „Rheingauer Weinblatt" sind hiermit vereinigt.) Offizielles Publikations=Organ f. die Bekanntmachgn. der Lagerei=Berufsgenossenschaft. Red: Ed. u. F. Goldschmidt. 40.—43. Jahrg. 1903 bis 1906. à 96 Nrn. (980, 1020, 1068 u. 1112 S.) gr. 4. Mainz, J. Diemer. Postfrei à Jahrg. n.n. 15. —

— deutsche. Central-Organ f. den Weinbau u. den Weinhandel. Allgemeine Weinzeitg. — Neue deutsche Weinzeitg. (Der „Weingrossist", die „Wein-Halle", „Blätter f. Weinkunde", „Allgemeiner Anzeiger f. das Weinfach", „Rheinische Weinberichte", „Rheinhessische Weinzeitg." u. „Rheingauer Weinblatt" sind hiermit vereinigt. Offizielles Publikations-Organ f. die Bekanntmachgn der Lagerei-Berufsgenossenschaft. Red.: Ed. Goldschmidt u. F. Goldschmidt. Verantwortlich: Fritz Goldschmidt 44.—47. Jahrg. 1907—1910. à 96 Nrn. (1178, 1044, 900 u. 908 S.) 44×32 cm. Mainz, J. Diemer. Postfrei à Jahrg. nn 15. —

Wein= und Agricultur=Zeitung, österreichisch-ungarische. Illustr. landwirthschaftl. Zeitschrift. Special-Organ für Weinbau, Weinhandel und Kellerwirthschaft. 11.—15. Jahrg. 1880—1884. à Jahrg. 52 Nrn. (Bog.) gr. 4. Wien, Administration. à Jahrg. ** 13 —

—— pfälzische. Redact.: G. Ribthaler. 1. Jahrg. 1884. 48 Nrn. (à Nr. 3/4 Bog.) gr. 4. Kaiserslautern, A. Gotthold's Verlagsh. * 4 —

Rheingauer Weinzeitung. Fachblatt für Weinbau, Weinhandel und Kellerwirtschaft. Jg. 1-37. Oestrich. Wiesbaden, Frankfurt a.M. 1903-51.
(Jg. 37 u.d.T.: Rheingauer Weinzeitung. Das Fachblatt für Weinbau, Kellerwirtschaft und Weinhandel. Mit Mitteilungen der Geisenheimer Lehr- und Forschungsanstalt für Wein-, Obst- und Gartenbau. des Landwirtschafts- und Weinbauamtes Eltville und der Agrarmeteorologischen Forschungsstelle Geisenheim. Jg. 1950.1-24. Jg.1951,1-17/18. [Mehr nicht ersch.] Bis Jg.1950,21 u.d.T.: Mitteilungen der Geisenheimer Lehr- und Forschungsanstalt für Wein-, Obst- u. Gartenbau und des Landwirtschafts- u. Weinbauamtes Eltville.]
[Anschlußjahr vor dem 8.5.1945 nicht ermittelt; zit. nach DBZ]
Forts. [mit neuer Zählung] u.d.T.: Rheinische Weinzeitung.

Rheinhessische Wein-Zeitung. Zeitung für Weinbau und Weinhandel. Offizielles Organ des Weinbau-Vereins der Provinz Rheinhessen. (Ab Jg. 2, Nr 27 u.d.T.: Allgemeine Wein-Zeitung. ... Offizielles Publikationsorgan des Weinbau-Vereins der Provinz Rheinhessen.) Jg. 1.2. Mainz 1905-06. -- 36*
Seit 1906 vereinigt mit 'Deutsche Wein-Zeitung'.

— rheinhessische. Zeitung f. Weinbau u. Weinhandel. Offizielles Organ des Weinbau-Vereins der Prov. Rheinhessen. Red.: Alb. Mattern. 2. Jahrg. 1906. 1. Halbj. 26 Nrn. (à ca. 8 S.) gr. 8. Mainz (Karmelitenplatz 6), Karl Theyer's Druckerei. Postfrei n. 3.40
Fortsetzg., s.: Wein-Zeitung, allgemeine.

—— rheinische. Organ für den Weinbau und den Weinhandel. Unter facultativer Mitwirkung einer Reihe wissenschaftl. und prakt. Autoritäten hrsg. und redig. von J. Schäfer. 1. Jahrg. April 1878 — März 1879. 36 Nrn. (Bog.) gr. 4. Mainz, (Le Roux'sche Hofbuchh.) *
Nicht weiter erschienen.

Rheinische Weinzeitung. Organ für Weinbau und Weinhandel. Jg. 1-11. Kreuznach 1897-1907. -- [Zit. nach dem Realkatalog der DSB]

— rheinische. Organ f. Weinbau u. Weinhandel. Red.: Frz. Rohmer. 1. u. 2. Jahrg. 1897 u. 1898. à 24 Nrn. (à ca. 2 Bog.) Fol. Kreuznach, F. Harrach.
Kann auch vierteljährlich bezogen werden. à Jahrg. n. 6. —

— rheinische. Organ f. Weinbau u. Weinhandel. 3.—6. Jahrg. 1899—1902. à 52 Nrn. Fol. (à ca. 8 S.) Kreuznach, F. Harrach. à Jahrg. n. 6. —

— rheinische. Organ f. Weinbau u. Weinhandel. 7.—10. Jahrg. 1903—1906. 52 Nrn. (à 8 S.) Fol. Kreuznach, Rheinische Weinzeitung. à Jhrg. n. 6. —

Rheinische Weinzeitung. Spezial-Organ für Weinbau und Weinhandel im Gebiete von Rhein, Mosel, Ahr, Nahe und angrenzenden Teilen. Jg. 13.14. Gau-Algesheim 1909-10.
Forts. ab 1. April 1910 u.d.T.: Zentralblatt für Weinbau und Weingroßhandel. --
[Vielleicht handelt es sich hierbei um die Forts. der Zeitschrift 'Rheinische Weinzeitung'. Jg. 1-11. Kreuznach 1897-1907, bibliographisch nicht nachweisbar.]

Schweizerische Weinzeitung. Journal vinicole suisse. Schweizerische Wochenschrift für Weinbau und Weinhandel. Offizielles und obligatorisches Organ des Schweizerischen Weinhändler-Verbandes und des Verbandes des schweizerischen Spirituosengewerbes. Jg. 1 ff. Zürich 1893 ff.

Weinzierl, Alb. Xav.

Weinzierl, Alb. X., Ciceros tusculan. Abhdl. s. Cicero.

— Cornel Nepos, s. Cornelius.

– s. Desbillons Fabeln.

— Fabeln nach Desbillons zum Nutzen und Vergnügen. München, Lentner. 800.

– s. Homer's Frosch-Mauskrieg.

Weinzierl, Alb. Xav., Liedersammlung, gedichtet u. in Musik gesetzt. 8. Münch. 790. Lentner. 1 fl 4 kr

— Numa Pompilius, s. Florian.

– s. Phädrus in deutschen Reimen.

— Rede über den neuen Schulplan auf den vaterländ. Gymnasium. gr. 8. Münch. 803. Lentner. 3 kr

— Rede über den Zweck u. Werth d. Römersprache. 8. (Münch. 801.)

– s. Sallust Katalina u. Jugurtha.

— kurze griech. Sprachlehre mit beigefügter Chrestomathie, nach d. leichten etymolog. Methode. 8. Münch. 787. Lentner. 12 kr

— Wilhelm Tell, s. Florian.

— Sallusts sämmtl. Werke, s. Sallustius.

Weinzierl, C., Predigt, s. Predigten, acht, bei der Jubelfeier.

Weinzierl, C.: Drei Predigten, s. Weinzierl, Zölestin

Weinzierl, C., Trauerrede, s. Hauber, Mich.

Weinzierl, Ed. R. v.: Der Humanismus und die moderne Weltanschauung. Kulturhistorische Fresken. 1. Unser Standpunkt. 2. Natur und Geist. 3. die Sprache. 26 S. 8° -- Wien, OR. Jos., Progr. 1865.

Weinzierl, Ed. Ritter v., Lehrbuch der Geographie f. Bürgerschulen. gr. 8. (250 S.) Wien 877. Gerold's Sohn. n. 2. —

— dasselbe. Oesterreich-Ungarn. 8. (91 S.) Ebend. 877. n.n. — 90

— Lehrbuch der Geographie f. Oberklassen der Mittelschulen u. f. Lehrerbildungs-Anstalten. Mit 2 Taf. in Farbendr. gr. 8. (VII, 645 S.) Wien 875. Sintenis. n. 7. 60

—— Lehrbuch der allgemeinen Geschichte für die oberen Classen der Mittelschulen. 1.—3. Bd. gr. 8. Wien, Gerold's Sohn. [1. Bd. (IV, 336 S.) 877. *ℳ 2,80.; 2. Bd. (321 S.) 877. *ℳ 2,60.; 3. Bd. (362 S.) 878. *ℳ 3.] *

Weinzierl, Ed., Wiederholungsbuch der allgemeinen Geschichte für Candidaten und Candidatinnen des Volks- und Bürgerschullehramtes und zur Vorbereitung auf die Lehramtsprüfungen. 12. (VIII, 246 S.) Wien 880, Konegen. geb. * 2 40

Weinzierl, Franz Josef (Übers.), s. Blüthen und Blumen heil. Andacht und Frömmigkeit . . .

Weinzierl, Frz. Jos., die 7 Bußpsalmen in gereimten Versen. 8. Regensb. 814.

— die Frohnleichnamsprocessionen, aus dem Ritual des Erzbisthums Regensburg. Nebst den Tagzeiten u. d. Litanei von dem allerheil. Sakramente. 8. Stadt am Hof ... 3e Aufl. 815.

— Gebetbuch des heil. Gottes. Mit Kpf. 8. Stadt am Hof (Regensb.) 803. Daisenberger. 16 kr ohne Kpf. 12 kr 2e Aufl. 8. Augsb. 816. 3e A. 819. N. A. 825. Doll. 12 kr Schrbp. 15 kr

Weinzierl, (Franz Jos.,) Gebetbuch der Heiligen Gottes, nach den gewöhnl. Andachtsübungen. 8. Augsb. 824, Doll. (Landsh., Krüll.) 12 gr. Schreibp.

Weinzierl, Frz. Jos., Gebetbuch der Heiligen Gottes. 6., verb. Aufl. 12. (XXII und 288 S. mit 1 Stahlst.) Augsburg 847, Doll. (Regensburg, Manz.)

Weinzierl, Frz. Jos., Gebetbuch der Heiligen Gottes. Nach den gewöhnlichsten Andachtsübungen gesammelt. 7. (Titel-) Aufl. 12. (XXIV und 288 S. mit 1 Stahlst. und lithogr. Titel.) Augsburg 855, Doll.

— Geist d. kathol. Kirche in d. Bittwoche. In zwei Predigten dargestellt. 8. Regensb. 811. Daisenberger. 5 kr

— das Gesangbuch d. heil. röm.-kathol. Kirche, in gereimte Verse übersetzt. 8. Regensb. 816. 2e Aufl. 8. Sulzb. 825. v. Seidel. 6 kr Postp. 8 kr

— Hymnen u. Lieder für den kathol. Gottesdienst. Aus d. Latein. d. französ. Breviere in gereimten Versen. 8. Augsb. 817. Pustet in Regensb. 12 kr

Weinzierl, Franz Jos., Hymnen u. Lieder für den katholischen Gottesdienst. Aus d. Latein. der französischen Breviere in gereimten Versen übersetzt. 12. Augsb. 821. (Kollmann.) 1/2 ℛ

Weinzierl, F. J., Hymni sacri ex breviariis Gallicis collecti. Aug. Vind. 819. 12.

— Hymni sacri quos ex plurium Galliae Dioecesium Breviariis collegit. 12. Augsb. 820. Doll. 18 kr

(Hrsg.), s. Kempis, Thomas von: Sechs Erbauungsschriften.

— s. Th. v. Kempen, vier Bücher von der Nachfolge Christi.

— Klaggesänge d. Propheten Jeremias in Versen. Mit d. Kirchenmelodie. 8. Stadt am Hof 805. Regensb., Daisenberger. 4 kr

— Legende der Heiligen nach ihrem innern Leben auf alle Tage im Jahre. Neue unveränd. wohlf. Ausg., mit dem Portrait des Verf. gr. 8. Ebend. 843. 1 5/6 ℛ

s.a. Psalmen.

Weinzierl, Franz Jos., Die Psalmen in gereimten Versen. Sulzbach, von Seidel, 1824, 2. Aufl., gr. 8°, 29 Bg., 4 Mk.

Weinzierl, Frz. Jos., nachgelass. Schriften religiösen Inhalts. Nach dess. Tode hrsg. v. seinen Freunden. 2 Abthln. (od. 6 Bde.) gr. 8. Sulzbach, v. Seidel.

Abthl. 1. Predigten. 6 Bde. — A. u. d. Ttln.:
Bd. 1. Predigten auf d. Sonn- u. Festtage d. kathol. Kirchenjahres. 1. Jahrg. (44 B.) 831. 2 Thlr.
" 2. Predigten auf d. Sonn- u. Festtage, gehalten in d. Domkirche zu Regensburg meistens in d. J. 1821 u. 1822. 2. Jahrg. (40 B.) 833. 2 Thlr.
" 3. Predigten üb. d. christl. Gebet. (27 1/2 B.) 833. 1 Thlr. 8 Gr.
" 4. Passionspredigten, gehalten während d. heil. Fastenzeit in d. J. 1810—1820. (42 B.) 834. 2 Thlr.
" 6. Fest- u. Gelegenheits-Predigten. (49 1/2 B.) 835. 2 Thlr.
" 2. Legende d. Heiligen nach ihrem inneren Leben, auf alle Tage im Jahre. (58 B.) 832. 2 Thlr. 16 Gr.

Weinzierl, Frz. Jos., nachgelassene Schriften religiösen Inhaltes. 1. Abthl. 1. u. 2. Bd. 2. Aufl. gr. 8. Sulzbach, v. Seidelsche Buchh. à 2 Thlr. Thlr.

A. u. d. Ttln.:
Bd. 1. Predigten auf die Sonn- u. Festtage d. kathol. Kirchenjahres. 1. Jahrg. 2. Aufl. (42 B.) 837.
" 2. Predigten auf die Sonn- u. Festtage, gehalten meistens in d. J. 1821 u. 1822; nach dess. Tode hrsg. von seinen Freunden. 2. Jahrg. 2. Aufl. (38 B.) 840.
1. Abthl. 3—5. Bd. u. 2. Abthl. Ebendas. 1832—35. 8 Thlr.

Weinzierl, Frz. Jos., nachgelassene Schriften religiösen Inhalts. 1. Abthl. Predigten. 3., 4., u. 6., 7. Bd. gr. 8. Sulzbach v. Seidel'sche Buchh.

A. u. d. Ttln.:
Bd. 3. Predigten über das christliche Gebet. 2. Aufl. (25 1/4 B.) 847. 1 Thlr. 10 Ngr.
" 4. Passionspredigten, gehalten während der heiligen Fastenzeit in den Jahren 1810—1820. 2. Aufl. (38 3/4 B.) 846. 2 Thlr.
" 6. Predigten auf die Sonn- u. Festtage des kathol. Kirchenjahres, gehalten in der Domkirche zu Regensburg in d. J. 1822 u. 1823. 3. Jahrg. (33 1/2 B.) 844. 2 Thlr.
" 7. Predigten auf die Sonn- u. Festtage des kathol. Kirchenjahres, gehalten in den Jahren 1823 u. 1824. 4. Jahrg. (34 1/4 B.) 845. 2 Thlr.
1. Abthl. 1. u. 2. Bd. 2. Aufl. 1837, 40. 5. Bd. 1835. Ebendas. à 2 Thlr., 2. Abthl. Ebendas. 1832—35. 8 Thlr.

Weinzierl, Frz. Jos., nachgelassene Schriften religiösen Inhaltes. 1. Abth. Predigten. 3. Bd. A. u. d. T.: Predigten über das christl. Gebet gehalten. Nach des Verf. Tode hrsg. von seinen Freunden. 2. Aufl. gr. 8. (VIII u. 396 S.) Sulzbach 847, v. Seidel (jetzt: Regensburg, Pustet). 1 1/3 ℛ

(Übers.), s.a. Sprüche der Weisheit.

— Sprüche der Weisheit. Aus den heiligen Büchern der Denksprüche, des Predigers, der Weisheit u. Sirachs Sohnes ausgewählt u. in gereimten Versen übersetzt. 8. 1821, (jetzt Kollmann in Augsburg.) 1/4 ℛ

— Trauerrede auf den Fürsten u. Erzbischof K. Th. v. Dalberg. Fol. Augsb. 817. Doll. 3 kr

WEINZIERL, Georg Joseph (Neunburg): Über den Magen-Krebs.- München: Deschler 1841. 16 S.
27.7.1838 - Urk (Titel: De carcinomate ventriculi.); F 64
Diss. Ingolst.-Landsh.-Mchn.

Weinzierl, Hans, a. Passau: Ueber narbige tuberkulöse Darmstriktur mit secundärem Ileus. München 1906: Kastner & Callwey. (33 S.) 8°
München, Med. Fak., Ref. v. Bollinger, Diss. v. 29. Jan. 1907.
[Geb. 2. Juni 80 Passau; Wohnort: Passau; Staatsangeh.: Bayern; Vorbildung: Gymn. Passau Reife Juli 00; Studium: München 4, Erlangen 1, Heidelberg 1, München 4 S.; Coll. 29. Jan. 07; Approb. 31. Dez. 06.]

Weinzierl, Hans, Medizinalprakt. a. Stadtamhof: ‹Aus d. pathol. Inst. d. Univ. zu Kiel.› Ein Fall von rachitischen Skelett- und Schädelanomalien. Kiel 1909: Fiencke. 18 S. 8°
Kiel, Med. Diss. v. 10. Dez. 1909, Ref. Heller
[Geb. 30. Sept. 82 Mainburg; Wohnort: Kiel; Staatsangeh.: Bayern; Vorbildung: Neues Gymn. Regensburg Reife M. 02; Studium: Innsbruck 1, München 6, Kiel 3, Berlin 1 S.; Coll. 11. März 09; Approb. 16. Juli 09.]
[U 10. 2186

Weinzierl, J., Andachtsübungen zum christl. Gebrauche. 12. Regensburg 840. Reitmayr. n. 1/6 ℛ

— s. Messe, die heilige

WEINZIERL, Joseph (Neunburg v.W.): De chlorosi. (Titel nach der Urkunde)
25.7.1873 - Urk: Chr 1873/74,14
Diss. Ingolst.-Landsh.-Mchn.

Weinzierl, R. v., d. Bronzezeit in Böhmen, — d. jüngere Steinzeit (neolithische Culturepoche) in Böhmen, } s.: Sammlung gemeinnütz. Vorträge.

Führer durch das Teplitzer Museum. Von R[obert] R[r] v. Weinzierl. Teplitz: Mus.-Gesellsch. 1906. 42 S. 8°

Weinzierl, Rob. Ritter v., das La Tène-Grabfeld v. Langugest bei Bilin in Böhmen. Mit 49 Abbildgn. im Texte, 1 Grabfeldplane u. 13 Lichtdr.-Taf. Hrsg. m. Unterstützg. der Gesellschaft zur Förderg. deutscher Wissenschaft, Kunst u. Literatur in Böhmen. gr. 4. (XVIII, 71 S.) Braunschweig 899. (F. Vieweg & Sohn.) n. 15. —

Das La Tène-Grabfeld von Langugest bei Bilin in Böhmen. Von Robert Ritter v. Weinzierl, k. k. Conservator. Mit 49 Abb. im Texte, 1 Grabfeldplane u. 13 Lichtdrucktaf. Hrsg. mit Unterstützung der Ges. z. Förderg Deutscher Wissenschaft, Kunst u. Litteratur in Böhmen. Braunschweig: Commv. v. F. Vieweg & Sohn; (Dr. v. C. Weigend in Teplitz) 1899. (XVIII, 71 S., 1 Pl., 13 Taf.) 1 Bd 4⁰

Weinzierl, Sebast., s. Albertus d. Großen, Predigten.

Weinzierl, Theodor von

Weinzierl, Th. Ritter v., die qualitative u. quantitative mechanisch-mikroskopische Analyse, e. neue Untersuchungsmethode der Mahlproducte auf deren Futterwerth u. eventuelle Verfälschungen. Mit 5 Fig. in Holzschn. [Arbeiten der Samen-Control-Station in Wien, Nr. 26.] [Aus: „Zeitschr. f. Nahrungsmitteluntersuchg. u. Hygiene".] Lex.-8. (14 S.) Wien 887. (Frick.) n. — 80

Weinzierl T. Ritter v.: Die Anbaumengen d. wichtigsten Klee- u Grassamen. 2. Aufl. Wien 1900. 2 S. P.

Weinzierl, Thdr. Ritter v., Anbauversuche m. amerikanischen Rothklee- u. Luzernesaaten. (Publicationen der k. k. Samen-Controlstation in Wien. Nr. 186.) gr. 8. (13 S.) Wien 899. W. Frick. n. — 40

Weinzierl, Thdr. Ritter v., das neue Anstaltsgebäude der k. k. Samen-Kontroll-Station (k. k. landwirtschaftlich-botanischen Versuchsstation). (Publikationen der k. k. Samen-Kontroll-Station in Wien Nr. 287.) (15 S. m. 14 Taf.) gr. 8. Wien 904. (W. Frick.) n. — 80
Sonderabdruck aus: „Zeitschr. f. d. landwirtschaftl. Versuchswesen in Oesterr."

Weinzierl, Theodor von: Arbeiten des pflanzenphysiologischen Institutes der k. k. Wiener Universität. 11. Beiträge zur Lehre von der Festigkeit und Elastizität vegetabilischer Gewebe und Organe. S. 76. I. 385.
Separatabdruck

Weinzierl, Thdr. v., Beiträge zur Lehre von der Festigkeit und Elasticität vegetabilischer Gewebe und Organe. [Arbeiten des pflanzenphysiolog. Institutes der k. k. Wiener Universität. XI.] Lex.-8. (77 S.) Wien 877, (Gerold's Sohn.) *
Aus: Sitzungsberichte der k. Akademie der Wissenschaften, besonders abgedruckt.

– Beobachtungen u. Studien üb. den Futterbau, die Alpwirthschaft u. die Flora der Schweiz. [Publicationen der Samen-Control-Station in Wien, Nr. 53.] Lex.-8. (VII, 46 S.) Wien 889. (Gerold & Co.) n. 1. 20

— s. a. Bericht üb. die 1. internat. botanische Ausstellung in Wien.

Weinzierl, Th. R. v., Bericht über die Erste internationale botanische Ausstellung in Wien vom 11. bis 25. Juni 1905. Gr.-8⁰. (ill. 85 S.) † Wien: Frick 1906. K 1.20

Weinzierl, Thdr. Ritter v., s. Bericht üb. die usw. durchgeführten Maßnahmen zur Förderung des Pflanzenbaues in Niederösterreich im J. 1909.

– die qualitative Beschaffenheit der Getreidekörnerernte d. J. 1887 in Niederösterreich. Ein Beitrag zur Frage der Werthbestimmg. der Körnerfrüchte auf Grund physikalisch-physiolog. Untersuchgn. gr. 8. (64 S.) Wien 888. (Frick.) n. 1. 20

Weinzierl, Docent Dr. Theodor von, Die qualitative Beschaffenheit der Getreidekörnerernte des Jahres 1888 in Niederösterreich. Ein Beitrag zur Frage der Werthbestimmung der Körnerfrüchte auf Grund physikalischer u. physiologischer Untersuchungen. II. Serie. (Arbeiten der Samen-Control-Station in Wien. Nr. 51.) Gr.-8. (64 S.) Wien: Frick 1889. —.60

—— Die qualitative Beschaffenheit der Getreidekörnerernte d. J. 1889 in Niederösterreich. Ein Beitrag zur Frage der Werthbestimmg. der Körnerfrüchte auf Grund physikalisch-physiolog. Untersuchungen. III. Serie. [Publicationen der Samen-Control-Station in Wien Nr. 66.] gr. 8. (70 S.) (Ebd.) 890. * 1 60

Weinzierl, Thdr. Ritter v., üb. die Beschaffenheit der Samen einiger im Handel vorkomm. russischer u. tiroler Leinsorten. [Publicationen der Samen-Control-Station in Wien Nr. 133.] gr. 8. (12 S.) Wien 895. W. Frick. n. — 80

— Ergebnisse der in den J. 1888 u. 1889 eingeleiteten feldmässigen Futterbau-Versuche in Niederösterreich. [Publicationen der Samen-Control-Station in Wien, Nr. 64.] [Aus: „Oestorr.-Ungar. Zeitschr. f. Zuckerindustrie u. Landwirthsch."] Lex.-8. (33 S.) Ebd. 890. n. 1. 20

— 1. Feststellung v. einheitlichen Normen u. e. einheitlichen Methode der Vergütungsberechnung bei Zuckerrübensamen. — II. Die mechanisch-mikroskop. Analyse der mehl. Futtermittel. (Internationaler land- u. forstwirthschaftl. Congress zu Wien 1890, 135. Hft.) gr. 8. (8 S.) Ebd. 890. n. — 20

— Die Förderung des künstlichen Futterbaues in Oesterreich. (Publikation der k. k. Samen-Kontroll-Station in Wien. [K. k. landwirtschaftlich-botan. Versuchsstation.] Nr. 380.) (24 S. m. 4 Abb. u. 5 Taf.) gr. 8. Wien 908. (W. Frick.) 1.20

— **alpine Futterbauversuche, zugleich II. Bericht üb. die im alpinen Versuchsgarten auf der Sandlingalpe durchgeführten wissenschaftlich-prakt. Untersuchgn. in den J. 1890—1900. Mit 11 Lichtdr.-Taf., 5 Autotyp., 24 chromolith. Diagr. u. 1 lith. Situationsplan. gr. 8. (VIII, 276 S.) Ebd. 902. n.n. 12. —**
Sonderabdruck aus: „Zeitschr. f. d. landw. Versuchswesen in Oesterreich".

— das Getreide. Kurze Charakteristik u. Beurtheilg. d. „Körnerfrüchte" d. Handels. E. Beitrag zu d. Entwürfen e. Codex alimentarius Austriacus. [Publicationen d. k. k. Samen-Control-Station in Wien Nr. 145.] [Aus: „Zeitschr. f. Nahrungsmittel-Untersuchg. etc."] Lex.-8. (8 S.) Ebd. 896. n. — 40

— Jahresbericht der Samen-Control-Station d. k. k. Landwirthschafts-Gesellschaft in Wien f. die Functionsperiode vom 1. Aug. 1886 bis 1. Aug. 1887. gr. 8. (22 S.) Ebd. 888. n. — 80

—— VIII.—XII. Jahresbericht der Samen-Control-Station der k. k. Landwirthschafts-Gesellschaft in Wien f. d. Berichtsj. vom 1. Aug. 1887 bis 31. Juli 1892. gr. 8. (24; 30; 32; 33; 26 S.) (Ebd.) à Jahrg. * — 80

— dasselbe. 13. Jahresbericht, f. das Berichtsj. vom 1. Aug. 1892 bis 31. Juli 1893. (Publicationen der Samen-Control-Station in Wien. Nr. 120.) gr. 8. (29 S.) Ebd. 894. n. — 80

— dasselbe. 14. Jahresbericht, f. das Berichtsj. vom 1. Aug. 1893 bis 31. Juli 1894. (Publicationen der Samen-Control-Station in Wien. Nr. 126.) gr. 8. (38 S.) Ebd. 895. n. — 80

Weinzierl, Thdr. Ritter v., XV. Jahresbericht d. k. k. Samen-Control-Station in Wien f. d. Berichtsj. vom 1. Aug. 1894 bis 31. Juli 1895. (Publicationen d. Samen-Control-Station in Wien Nr. 148.) gr. 8. (20 S.) Wien 896. W. Frick. n. — 80

— XVI. Jahresbericht d. k. k. Samen-Control-Station (k. k. landwirthschaftl.-botan. Versuchsstation) in Wien f. d. Berichtsj. v. 1. VIII. 1895 bis 31. VII. 1896. (Publicationen der Samen-Control-Station in Wien Nr. 162.) gr. 8. (41 S. m. 2 Plänen.) Ebd. 897. n. — 80

— XVII. Jahresbericht d. k. k. Samen-Control-Station (k. k. landwirthschaftl.-botan. Versuchsstation) in Wien f. d. Berichtsj. v. 1. VIII. 1896 bis 31. VII. 1897. (Publicationen der Samen-Control-Station in Wien Nr. 171.) gr. 8. (26 S.) Ebd. 898. n. — 80

Weinzierl, Thdr. Ritter v., XVIII.—XXI. Jahresbericht der k. k. Samen-Control-Station (k. k. landwirthschaftlich-botanischen Versuchsstation) in Wien. gr. 8. Wien, W. Frick. à n. — 80
XVIII. Für das Berichtsj. vom 1. VIII. 1897 bis 31. VII. 1898. (Publicationen d. Samen-Control-Station in Wien. Nr. 190) (32 S.) 899.
XIX. Für das Berichtsj. vom 1. VIII. 1898 bis 31. VII. 1899. (Publicationen d. Samen-Control-Station in Wien. Nr. 190.) (32 S.) 900.
XX. Für das Berichtsj. v. 1. VIII. 1899 bis 31. VII. 1900. (Publicationen der Samen-Control-Station in Wien. Nr. 224.) (49 S.) 901.
XXI. Für das Berichtsj. vom 1. VIII. 1900 bis 31. VII. 1901. (Publicationen d. Samen-Control-Station in Wien. Nr. 246.) (39 S.) 902.

— 22.—26. Jahresbericht der k. k. Samen-Kontroll-Station (k. k. landwirtschaftlich-botanischen Versuchsstation) in Wien f. d. J. 1902—1906. (Publikationen der Samen-Kontroll-Station in Wien. Nr. 265, 284, 306 u. 329.) gr. 8. Wien (W. Frick). n. 3. 40
22. (62 S.) 903. n. — 80. — 23. (61 S. m. 1 Taf.) 904. n. — 80. — 24. (67 S.) 905. n. — 80. — 25. Mit e. Uebersicht üb. die Tätigkeit in den 25 Jahren des Bestandes. (109 S.) 906. n. 1. —

— 26. u. 27. Jahresbericht der k. k. Samen-Kontroll-Station (k. k. landwirtschaftlich-botanischen Versuchsstation) in Wien f. d. J. 1906 u. 1907. (Publikationen der k. k. Samen-Kontroll-Station in Wien. Nr. 348 u. 364.) (56 S. u. IV, 59 S. m. 2 Taf.) 8. Ebd. 907. 08. à 1. —

Weinzierl, Th. Ritter v., feldmässige Culturversuche m. verschiedenen Klee- u. Grassamen-Mischungen. [Publicationen der Samen-Control-Station in Wien, Nr. 52.] Lex.-8. (16 S.) Wien 889. Gerold & Co. n. — 60

— das Normal-Aussaatquantum der wichtigsten Klee- u. Gras-Samen. [Publicationen der Samen-Control-Station in Wien, Nr. 65.] [Aus: „Oesterr.-Ungar. Zeitschr. f. Zuckerindustrie u. Landwirthsch."] Lex.-8. (2 S. m. 1 Tab.) Ebd. 890. n. — 48

— Organisation u. Entwicklung der k. k. Samen-Kontroll-Station (k. k. landwirtschaftlich-botanischen Versuchsstation) in Wien vom J. 1881 bis inkl. 1906. Zusammengestellt anlässlich d. VIII. internationalen landwirtschaftl. Kongresses in Wien im Mai 1907. (Publikation d. k. k. Samen-Kontroll-Station in Wien. Nr. 350.) (68 S. m. 4 Taf.) 8. Ebd. 907. 1. 20

— Regeln f. landwirthschaftliche Lagerhausgenossenschaften beim Ankauf v. Sämereien u. Kraftfuttermitteln. (Publicationen der k. k. Samen-Control-Station in Wien. Nr. 205.) gr. 8. (23 S.) Ebd. 900. n. — 60
Sonderabdruck aus: „Wiener landw. Zeitg."

Weinzierl, Dr. Th. Ritter von, Regeln und Normen für die Benützung der k. k. Samen-Control-Station in Wien. Gr.-8. (13 S.) * — 25
Wien: Frick 1896.

Weinzierl, Dr. Th. Ritter von, Regeln und „Normen" für die Benützung der k. k. Samen-Control-Station in Wien. 3. verbesserte und ergänzte Auflage. Gr.-8. (15 S.) * —.25
Wien: Frick 1897.

— Regeln u. „Normen" f. d. Benützg. d. k. k. Samen-Control-Station in Wien. (Publicationen d. k. k. Samen-Control-Station Nr. 179.) 5., ergänzte Aufl. gr. 8. (20 S.) Ebd. 898. n. — 50

WEINZIERL, Theodor Ritter von
Regeln und „Normen" für die Benützung der k. k. Samen-Control-Station in Wien von Dr. Theodor Ritter v. Weinzierl. 6. ergänzte Auflage. (Kaiserl. königl. Samen-Control-Station in Wien (k. k. landwirthschaftlich-botanische Versuchsstation). Publ. Nr. 194.) Wien. 1899. Frick. Gr.-8°. 23 S. fl. —.25

WEINZIERL, Theodor Ritter von
Regeln und „Normen" für die Benützung der k. k. Samen-Control-Station in Wien von Dr. Theodor Ritter v. Weinzierl. 7. ergänzte Auflage. (Kaiserl. königl. Samen-Control-Station in Wien (k. k. landwirthschaftlich-botanische Versuchsstation. Publ. Nr. 208). Wien. 1900. Frick. Gr.-8°. 23 S. K —.60

— Regeln u. „Normen" f. die Benützung der k. k. Samen-Control-Station in Wien. (Publicationen der k. k. Samen-Control-Station in Wien. Nr. 227.) 8. ergänzte Aufl. gr. 8. (24 S.) Ebd. 901. n. — 50

— Regeln u. „Normen" f. die Benützung der k. k. Samen-Kontroll-Station in Wien. (Publikationen der k. k. Samen-Kontroll-Station in Wien [k. k. landwirtschaftlich-botan. Versuchsstation] Nr. 324.) 11., umgearb. Aufl. (29 S.) gr. 8. Ebd. 906. n. — 50

— der allgemeine schwedische Saatzuchtverein in Svalöf. [Aus: „Wiener landwirthschaftliche Presse".] gr. 8. (7 S.) Wien 891. (Gerold & Co.) n. — 32

— Die k. k. Samen-Kontroll-Station in Wien u. ihre Bedeutg. f. die Landwirtschaft u. Müllerei. (Publikation der k. k. Samen-Kontroll-Station in Wien. [K. k. landwirtschaftlich-botan. Versuchs-Station.] Nr. 374.) (14 S. m. 10 Abb.) Lex. 8. Ebd. 908. 1. —
Sonderabdruck aus: „Die Müllerstube".

— die schweizerische Samen-Control-Station in Zürich und ihr Einfluss auf die Hebung des Futterbaues. Reisebericht an das hohe k. k. Ackerbauministerium. Lex.-8. (14 S.) (Ebendas.) 888. *
Aus: Oesterreichisch-ungarische Zeitschrift für Zucker-Industrie und Landwirthschaft, besonders abgedruckt.

Weinzierl, Thdr. Ritter v., über Streuwiesen. Ein Beitrag zur Lösung der Streufrage im Gebirge. (Publikationen der k. k. Samen-Kontroll-Station in Wien. Nr. 346.) (17 S. m. Abb. u. 8 Taf.) Lex. 8. Wien 907. (W. Frick.) 1. —

— die Untersuchung der Sämereien d. Handels auf Qualität u. eventuelle Verfälschungen. Ein Vortrag. [Publicationen der Samen-Control-Station in Wien, Nr. 45.] 8. (18 S.) Wien 889. Gerold & Co. n. — 30

— Versuche üb. die Reinigung des Getreides v. Mutterkorn. (Publication der k. k. Samen-Control-Station in Wien. Nr. 214.) gr. 8. (13 S. m. 1 Abbildg.) Ebd. 900. n. — 60

— der alpine Versuchsgarten des k. k. Ackerbau-Ministeriums auf der Vorder-Sandlingalpe bei Aussee, 1400 Meter ü. d. M., u. die daselbst im J. 1890 begonnenen Samenkultur- u. Futterbauversuche. 1. Bericht. [Aus: „Landwirtschaftl. Versuchs-Stationen".] Publicationen der Samen-Control-Station in Wien, Nr. 108. gr. 8. (VIII, 100 S. m. 9 Lichtdr.-Taf. u. 1 photolith. Situationsplan.) Berlin 893. P. Parey. n. 3. —

Weinzierl, Dr. Theodor von, Der alpine Versuchsgarten auf der Sandling-Alpe. (Nr. 142 der Publicationen der k. k. Samen-Control-Station in Wien.) Mit 4 Zinkdruckbildern und einem lithographirten Situationsplane. Gr.-8. (16 S.) Wien: Frick 1896. —.80

— Vorschläge f. e. einheitliche international gültige „Untersuchungsmethode u. Normen" f. Rübensamen. Referat f. die am 24. V. 1907 in Wien stattfind. Versammlg. der internationalen Kommission f. einheitl. Methoden der Zuckerrübensamenuntersuchg. im Anschlusse an den 8. internationalen landw. Kongress erstattet. (Mitteilung der k. k. Samen-Kontroll-Stat. in Wien. [K. k. landwirtschaftlich-botan. Versuchsstation.] Nr. 353.) (11 S.) Lex. 8. Ebd. 907. — 40

— welche Erfolge sind m. den feldmässigen Futterbauversuchen in den einzelnen Staaten erzielt worden, u. welche Mittel u. Wege wären im Interesse e. einheitl. Vorgehens einzuschlagen, um e. ausgebreitete Kenntniss vom rationellen Futterbaue in der Ebene u. in den Alpen bei den bäuerl. Grundbesitzern zu erreichen? (Internationaler land- u. forstwirthschaftl. Congress in Wien 1890, 123. Hft.) gr. 8. (5 S.) Wien 890. Frick. n. — 60

Weinzierl, Th. v: Über künstliche Wiesen auf Moorboden. Wien 1904

(Red.), s. Zeitschrift für das landwirtschaftliche Versuchswesen in Oesterreich.

— über die Zusammensetzung u. den Anbau der Grassamen-Mischungen. (Mit e. Aussaattabelle.) (Publikationen der k. k. Samen-Kontroll-Station in Wien [Nr. 263].) 4., umgearb. Aufl. (54 S.) gr. 8. Ebd. 903. n.n. — 50

— über die Zusammensetzung u. den Anbau der Grassamen-Mischungen. (Publikation der k. k. Samen-Kontroll-Station in Wien. [K. k. landwirtschaftlich-botan. Versuchsstation.] Nr. 371.) 5., umgearb. Aufl. (63 S. m. Abbildgn.) gr. 8. Ebd. 908. 1.20

— über d. Zusammenstellung u. d. Anbau d. Grassamen-Mischgn. (M. 1 Aussaattabelle.) (Publicationen der k. k. Samen-Control-Station in Wien. Nr. 166.) [Aus: „Oesterr.-ungar. Zeitschr. f. Zuckerindustrie u. Landwirthsch."] gr. 8. (25 S.) Ebd. 897. n. 1. —

— dasselbe. (M. e. Aussaattabelle.) 2., ergänzte Aufl. gr. 8. (45 S.) Ebd. 898. n. 1. —

— über die Zusammenstellung u. den Anbau d. Grassamen-Mischungen. (Mit e. Aussaattabelle.) 3., ergänzte Aufl. gr. 8. (48 S.) Ebd. 900. n. 1. —

Weinzierl, (Pfarrer) X., Glückwunsch zur Primizfeier des Hochwürd. Hrn. Jakob Hainz, den 16. Sept. 1832. gr. 8. Ingolst. 832. (Landsh., Krüll). 3 kr

Weinzierl, X., Glücks-Wunsch zur Primizfeier d. Hochwürd. Hrn. Jak. Hainz. Den 16. Sept. 1832. gr. 8. (1 B.) Ingolstadt. (Regensburg, Manz.)

Weinzierl, Zölestin

Weinzierl, Cölestin, drei Predigten, gehalten den 12. u. 3. Nov. 8. Augsb. 817. (Doll). 5 kr

Weinzinger Erich: *Etudes sur le Guragé par Casimir Mondon-Vidailhet. Mises en ordre, complétées et publiées d'après ses notes.* Siehe Band 5 der Schriften der Sprachenkommission.

Weinzirl, Wilh., Theodor Körner. Ein Vorbild für Deutschlands Männer und Jünglinge. Festgabe zur National-Körner-Feier am 26. Aug. 1863. 8. (16 S.) Bayreuth 863, Weinzirl's Selbstverlag. *

—— Leipzig! Waterloo! St. Helena! oder das Weltgericht vor 50 Jahren. Ein Gedenkbuch für das deutsche Volk. Illustr. von Ludw. Burger. 5 Lfgn. gr. 8. (X und 190 S. mit vielen in den Text gedr. Illustr. in Holzschn., so wie 2 Karten der Schlachtfelder von Leipzig und Waterloo.) Bamberg 865, Hepple. à Lfg. * 5 Ngr. * geb.

Die neue Weinzollordnung. Mainz: Verl. der 'Deutschen Wein-Zeitung' 1909. 40 S. (Deutsche Wein-Zeitung. 1909, Nr 56, Beil.) -- 121*

Weinzollordnung nebst dem Weingesetze vom 7. IV. 1909 u. den dazugehörigen Ausführungsbestimmungen. Hrsg. im Reichsschatzamte. (72 S.) gr. 8. Berlin 909. R. v. Decker. — 50

Weinzweig, E., zur Anatomie der Kehlkopfnerven. Lex.-8. (8 S. mit 1 lithogr. Taf.) Wien 882, (Gerold's Sohn.) — 60
Aus: Sitzungsberichte der k. Akademie der Wissenschaften, besonders abgedruckt.

WEINZWEIG, S. Einwirkung des feinvertheilten Silbers auf Phenylbromessigsäureäthylester. (Bern) München, 1890.

Weipel. Prospekt der Stadt Nürnberg von St. Peter aus, welche Strasse Josephus I. als römischer König hereingezogen Stich. (Aus der Sammlung des Herrn Guido von Volckamer) — (Aus: „Das Bayerland" 2. Heft. Jhrg. 1898.) München 1898.

Weipert [Schlagwort]

Weipert. s.a. Annaberg. Gaebler.

Weipert. Plan von Weipert, gez. v. M. Luft. 1 : 5760. Weipert 887. (Brüder Kanneberger.) n. 2. —

Weipert [Verfasser]

Weipert, G: Catalog über landwirtschaftliche Maschinen. Oehringen (Württemberg) (1897?)

Weipert, Heinr., Beitrag zur Lehre von der stillschweigenden Servitutsbestellung. Inaugural-Dissertation. gr. 8. (36 S.) Kassel 887, Wigand. *

Weipert, J., & Söhne: Catalog landwirthschaftlicher Maschinen. Heilbronn a. N. 1896

Weipert, J., & Söhne: Catalog über Pressen und Mostbereitungs-Maschinen. Heilbronn 1894

Weipert, (Pfarrer) Jh. Geo., die Alpenwirthschaft im Salzburger Pongaue. Eine mit e. Preise vom landwirthschaftl. Vereine gekrönte Abhandlung. 8. ...813.

Weippert, J., die Orgel. Eine kurze Darstellg. ihres Baues u. ihrer Behandlg. f. Orgelschüler u. angeh. Organisten. gr. 8. (III, 119 S. m. 4 Tab.) Regensburg 884. Verlags-Anstalt. n. 2. 60

Welppl, Thdr., der Bau des Bienenhauses, s. a. Bibliothek, die, des Bienenwirtes.

(F) **Welppl, Th.**, Der Bau des Bienenhauses. Ratschläge zur Erbauung von Bienenhäusern und Bienenständen. [Die Bibliothek des Bienenwirtes. I.] Gr.-8°. (ill. IV, 80 S.) † K 2.40
Wien: Frick 1904.

Welppl, Thdr., Beiträge zur Naturgeschichte der Honigbiene, s.: Bibliothek, die, des Bienenwirtes. III.

— die Faulbrut der Bienen, s. a. Bibliothek, die, des Bienenwirtes.

Welppl, Th., Die Faulbrut der Bienen. [Die Bibliothek des Bienenwirtes. II.] Gr-8°. (ill. 24 S. mit 1 Tafel.) † K 1.—
Wien: Frick 1904.

— s.: **Kalender u. Notizbuch f. Kaninchen-Züchter.**

Weiprecht, Max, Königin Rosamunde. Historisches Trauerspiel in 4 Aufzügen. (155 S.) 8. Groß-Lichterfelde 907. Kahlenberg & Günther. n. 2. —; geb. n. 2. 50

Weir, J., Lonz Powers oder die Regulatoren, — Simon Kenton oder des Spähers Rache, — die Winterhütte, } s. Bibliothek, amerikanische.

Weir, John: Zur Kenntnis der Esterbildung der Benzoylasparaginsäure. Würzburg 1909: Staudenraus. 44 S. 8°
Würzburg, Phil. Diss. v. 23. Dez. 1909, Ref. Tafel
[Geb. 1. Febr. 85 Dunfermline, Schottland; Wohnort: Dunfermline; Staatsangeh.: Großbritannien; Vorbildung: Univ. St. Andrews M. A. u. B. Sc. O. 06; Studium: St. Andrews 9, Würzburg 4 S.; Rig. 27. Nov. 09.] [U 10. 4407

Weir, Samuel: Der Monismus m. bes. Rücks. auf d. kosm. Theorie Herbert Spencers ... Jena, Druck v. B. Vopelius, 1895; 52 S. 8.
Jena, Phil. Fak., Inaug.-Diss. v. [6. März] 1895

Weirauch, A., Hermann u. Dorothea, s.: Theater-Mappe.

— die Maschinenbauer von Berlin. Gesangs-Posse. Musik von A. Lang. (6) Couplets mit Pianoforte-Begleitung. Lex.-8. (15 S.) Berlin 860, Hofmann und Comp. *

Weirauch, A., Sein Herz ist in Potsdam, s. Bloch's Dilettanten-Bühne.

Weirauch, Anna Elisab., Treulieb u. Wunderhold. Weihnachtsmärchen in 8 Bildern. (85 S.) 8. Berlin (909). F. Fontane & Co. 2. —

Weirauch, Karl

Weirauch, Carl, aus Myslowitz (Ober-Schlesien): Ein Beitrag zur Casuistik der Leuchtgasvergiftungen. *Amberg 1899: H. Böes.* (24 S.) 8°
Erlangen, Med. Diss. v. 1898

Weirauch, M.: Handbuch der deutschen, bezw. der deutschen u. preuß. Gesetzgebung, s. Schönrock, E.

Weirauch, M., an des Jahrhunderts Neige. Novelle. 8. (188 S.) Dresden 899. E. Pierson. n. 2. 50

Weirauch, Matthias

Weirauch, M., die Bekämpfung ansteckender Krankheiten. Eine Zusammenstellg. der hierauf bezügl. Gesetze, Verordngn. u. Ausführungs-Anweisgn., nebst Erläutergn., Anmerkgn. u. Formular-Mustern. (336 S.) 8. Trier 905. A. Sonnenburg. Kart. n. 1. 50

Weirauch, Wilhelm, aus Limburg a. d. Lahn, Referendar in Halle a. d. S.: Die Bahneinheit im Preussischen Rechte. *Halle a. S. 1900: C. A. Kaemmerer & Co.* (85 S.) 8°
Halle, Jur. Diss. v. 21. März 1900

WEIRICH, G. "Die Ansichten der neuen Chemie." Translated by F. Leshaft. St. Petersburg, 1874.

Weirich, (Tanz-Lehrer) G., drei Contretänze in 20 verschiedenen Touren. Seinen Scholaren gewidmet. gr. 12. Prenzlau 832. Ragoczy. 6 gGr.

Weirich, Gustav: Beachtenswerte Regeln beim Tanzen zur Erhaltung der Gesundheit, n. Bedingungen bei meinem Unterrichte, Stettin, 14 S., Kl.-8°

Weirich, Julius, approb. Arzt, aus Helmershausen v. d. Rhön: (Aus d. med. Klinik zu Jena.) Ueber zwei Fälle von angeborenem Myxoedem. *Coburg 1901: A. Rossteutscher.* (27 S.) 8°
Jena, Med. Diss. v. (1. Nov.) 1901

Weirup, E., Geschäfts-Aufsätze, s.: Trapp, A.

— Obstbau. Zum Gebrauch f. landwirtschaftl. Lehranstalten u. zur Selbstbelehrg. (59 S. m. 27 Abbildgn. u. 4 Taf.) 8. Leipzig 905. H. Voigt. n. 1. —

— Obstbau. Zum Gebrauch an landwirtschaftlichen Lehranstalten u. zur Selbstbelehrg. 4. verb. Aufl. (106 S. m. 60 Abb.) 8. Leipzig 910. H. Voigt. 1. —

Weis [Sachl. OW], s.a. Weise.

Weis, Herr Ministerialrath Dr. (aus der Pfalz, Appellrath in Eichstädt, Bürgermeister von Würzburg, II. Präsident der aufgelösten Kammer der Abgg.) u. das *Ministerium Pfordten-Reigersberg.* I. Eine *Entgegnung auf die Wahlrede* in Nr. 112 der Isar-Zeitung. München 1863. Druck von C. R. Schurich. 8°.
7 S. Gegen Weis. — Beigeheftet ist 1 Bl. „Extra-Beiwagen z. Volksboten f. den Bürger u. Landmann", v. 24. April 1863, in welchem die betreffende Wahlrede ebenfalls abgedr. ist.

Weis [Verfasser]

Weis, A., Palästina, s.: Erdmann, W.

Weis, Albert [aus Mainz]: Zur Casuistik der erworbenen Verschliessungen der weiblichen Sexualorgane ... Würzburg, Etlinger's Buchdr., 1892; 31 S. 8.
Würzburg, Med. Fak., Inaug.-Diss. v. 1892

Schlaglichter. Aphorismen u. Epigramme von Alfred **Weis**. Berlin: A. H. Fried & Cie 1893. (92 S.) 8° [F.] [07. 8790

Weis, Alfr., Schlaglichter. Aphorismen u. Epigramme. 12. (IV, 92 S.) Berlin 893. Wiener. n. 1. —

Uno Cygnaeus, der Vater der finnländischen Volksschule. Von Anton **Weis**, Lehrer. Bielefeld: A. Helmich [1907]. (24 S.) 8° [Umschlagt. F.]
= **Abhandlungen**, Pädagogische. N. F. Bd 12, H. 5. [07. 2737

Weis, Arthur H., aus New Orleans: Zur **Aetiologie** der Polyarthritis rh. acuta. *Berlin (1901): E. Ebering.* (32 S.) 8°
Berlin, Med. Diss. v. 5. Febr. 1901

Weis, August: Untersuchungen in der Pyridinreihe. 1905. 56 S. 8°
Karlsruhe, Dr.-Ing.-Diss. v. 14. 7. 1905

Weis, Bernard: Theses theologicae sub auspiciis Reverendi ac amplissimi Domini D. Bernardi Weis, praesulis Monasterii Münsteriensis intra Luxemburgum. 1794. 8°

Weis, Carl, s. Weis, Karl

Weis, [illegible] ... produktes ... [illegible] ... Ver

Separatabdruck

Weis F.: Ueber das proteolytische u. ein eiweisscoagulirendes Enzym in keimender Gerste (Malz). 1900.

Weis, F. J., Pagi et exstantiones quidam Comitatus Veteris Alamaniae et Burgundiae Transjuranae. ... Ex medii aevi chartis Regiis et pagensibus descripti. Neoburgi 1720?] . . . . (Br. Mus.)

Weis, Fr.: Die Bakterien, s. Schmidt, Johs.

WEIS, Fr. W. Characteriſtiſche Engliſche Tänze mit zugehenden Touren, und einer Unterweiſung in den nothwendigſten Regeln des engliſchen Tanzes. Erſte Sammlung. Erläuterungsheft mit 12 Blättern Tanzfiguren in rot und ſchwarz, nebſt 9 Notenheften (Violino I und II, Violoncello, Violone, Flauto Traverſo II, Oboe I und II, Corno I und II). Lübeck, Iverſen, 1777. Kl. 8° quer.
Vgl. Eitner II, 66 und X, 214.

Weis sen., Franz: Der Klempnerlehrling, s.a. Koepper's, Gust., Handwerkerbibliothek. Nr. 15.

Weis sen F, der Klempnerlehrling. (70 S) (Koeppers Handwerkerbibliothek 15) Leipzig 1908

Weis, Friedrich: Ueber die Grenzwerte der Kugelfunctionen und der verwandten Functionen. Halle a. S. 1880: Plötz. 30 S. 8°
Halle-Wittenberg, Phil. Diss. v. [13. Aug.] 1880
Geb. Schlitz (Hessen-Darmst.) 26. 5. 1857. V.

Weis, *Friedrich*. Integration eines bestimmten Integrals durch Reihenentwicklung. 4 (6 S.) **Progr.** G. *Weilburg* 1886 (366

Weis, Gabriel (aus Wolsfeld in der Rheinprovinz): Ueber die Symptomatologie und Aetiologie der Poliomyelitis anterior infantum ... Berlin, Buchdr. v. Gustav Schade (Otto Francke) 1888; 31+1 S. 8°
Berlin, Med. Fak., Inaug.-Diss. v. 21. Jul. 1888

Weis, Georg Emmanuel (Schweidnitz) A. S. 1166/22

Dissertatio medica inauguralis de medicis morborum causa. Präs. Friedrich Hoffmann.
Halle (Hilliger) IV. 1728. 32 S.

W. v.: Georg Friedrich Stabel. 36143

Weis, Gtl. Wenzeslaus, Verſuch einer Theorie u. geſchichtl Ueberſicht des Kirchenliedes, nebſt einer vergleich. Kritik des Breslauer u. Jauerſchen Geſangbuches. gr. 8. Breslau 842, Graß, Barth u. Comp. n. 1 ℛ

Weis, Gustav, a. Ettlingen: Geschichte der Hagelversicherung im Großherzogtum Baden. Prenzlau: A. Mieck 1905. (74 S.) 8°
Heidelberg, Phil. Fak., Ref. Rathgen, Diss. v. 25. Okt. 1905
[Geb. 2. März 82 Ettlingen; Wohnort: Mannheim; Staatsangeh.: Baden; Vorbildung: Gymn. Mannheim Reife Juli 00; Studium: Heidelberg 7, Berlin 2 S.; Rig. 8. Juni 05.]

Weiß, Hans, Waffenübung. Schauſpiel in 4 Aufzügen. (93 S.) 8. Wien 907. P. Knepler. 2. —

[J.] **Weis,** Heinrich: Die ordentlichen direkten Staatssteuern von Kurtrier im Mittelalter ... Münster, Regensberg'sche Buchh. u. Buchdr., 1893; 76 S., 3 Bl. 8.
Münster, Phil. Fak., Inaug.-Diss. v. [1. Juli] 1893

Weis, Herm., Chriſtian Deutſchmann u. das m. dem 1. Jan. 1876 in Kraft tretende Reichsgeſetz üb. die Beurkundung d. Perſonenſtandes u. die bürgerlich Eheſchließung. Eine Dorfgeſchichte f. Stadt u. Land. 2. Aufl. 8. (24 S.) Ohrdruf 876. Stadermann. jr. n. — 25

Weis, Herm., Predigt zum Jahresſchluſſe 1878, geh. in der Gnadenkirche zu Hirſchberg über Hebr. 13, 8. gr. 8. (8 S.) Hirſchberg 879. Actien-Geſellſchaft „Bote aus dem Rieſengebirge". — 15

Weis, J., Gedächtnisrede aus Anlaß d. Ablebens Sr. k. k. Hoheit d. durchlauchtigſten Kronprinz Rudolf, geh. am 5. Febr. 1889 im israel. Tempel zu Komotau. gr. 8. (7 S.) Komotau 889. Mändl. n — 25

Weis, J., Tarif f. Post- u. Telegraphie nach allen Ländern der Erde, einschliesslich des Fernsprech-Verkehrs. Zusammengestellt auf Grund amtl. Veröffentlichgn. Lex.-8. (48 S. u. 1 Bl.) Leipzig-Neustadt 900. A. Henze. n. — 50

Weis, J. G., Handbuch für Gemeinde-Vorſteher, Gemeinde-Räthe und Polizei-Offizianten, nebſt einem Anhange, enthltd. verſchiedene Formulare zu Verhandlungen in Gemeinde- und Polizei-Angelegenheiten, ſowie Abdrücke der Gemeinde-Ordnung vom 11. März 1850, der Geſetze über die Verpflichtung zur Armenpflege und die Aufnahme neu anziehender Perſonen, beide vom 31. Dezbr. 1842, und dem Geſetze über die Polizei-Verwaltung vom 11. März 1850. Trier 856. Gall. gr. 8. (X, 150 S.) 20 *ngr.*

Weis, Jean: Fortsetzung der geschichtlichen Notizen gesammelt aus den Archiven des Erpeldinger Schlosses. 28 S. Diekirch, Progymn., Progr. 1846/47

Weis, Jean: Über die bildende Kraft der Sprache überhaupt und den Wert der Muttersprache insbesondere. 12 S. Diekirch, Progymn., Progr. 1861/62

Weis, Jean: Fünfzigjähriges Priesterjubiläum des hochw. Herrn Scheidt, seit sechs und vierzig Jahren Pastor in Ehnen. Luxemburg: Brück 1861. 20 S. 12°

Weis, Jean: Scheffenweistum von Lintgen. 16 S. Diekirch, Progymn., Progr. 1853/54

Weis, Jean Baptiste: Andacht für die Bruderschaft des hl. und unbefleckten Herzens Mariä zur Bekehrung der Sünder. Luxemburg 1877. 20 S. 12°

Weis, Jean Baptiste: Andacht zum hl. Herzen Jesu. Luxemburg 1877. 23 S. 12°

Weis, Jean Baptiste: Andacht zu den 14 hl. Nothelfern. Luxemburg 1871. 52 S. 12°

Weis, Jean Baptiste: Andachtsbüchlein für die frommen Verehrer der schmerzhaften Mutter Gottes, insbesondere für die Mitglieder der Bruderschaft vom schwarzen Skapulier, nebst einer geschichtlichen Darstellung, wie diese Bruderschaft vor Zeiten, durch den frommen Büsser Wolfram aus der Klause von Wolflingen entstanden ist. Luxemburg: Hary 1881. 155, 56 S. 1 grav. 8°

Weis, Jean Baptiste: Bruderschaft vom schwarzen Skapulier der schmerzhaften Mutter Gottes, errichtet in der Pfarrkirche zu Wolflingen. Luxemburg: Hary 1882. 12 S. 12°

Weis, Johann Baptist

JOERGEL von Speising, Hans (d. i. *Joh. B. Weiss*). Briefe. 1842—45, 50—53.
Weller, Lex. Ps. p. 279. — Selten cplt.!

(Weis, J. B.,) die Gesellschaft d. Musikfreunde, s. Gesellschaft 2c.

— **Wiens Merkwürdigkeiten mit ihren geschichtl. Erinnerungen. Ein Wegweiser für Fremde u. Einheimische. Mit 1, von E. C. Frühwirth lithogr., neuen Plane d. Stadt u. Vorstädte, nebst den Grundrissen Wiens in den Jahren 1147 u. 1547, dann eine Ansicht d. neuen Burgthores, (auf 1 Bl. in gr. Fol. u. in Etuis). 16. Wien 832. (Wimmer). 1 ꝛβ 4 ℊ**

—— Wien's Merkwürdigkeiten mit ihren geschichtl. Erinnerungen. Ein Wegweiser f. Fremde u. Einheimische. Neue verb., m. 4 Stahlst. u. e. humorist. Spaziergange üb. d. Bastei verm. Aufl. v. Heinr. Walden. 16. (14¾ B. u. 1 Plan d. Stadt, gr. Fol.) Wien 834, (Wimmer.)
Vgl. Walden, H.

Weis, J. B., Wiens Merkwürdigkeiten mit ihren geschichtl. Erinnerungen. Ein Wegweiser f. Fremde u. Einheimische. Neue verb. u. mit ein. humorist. Spaziergange üb. d. Bastei verm. Aufl. v. Heinr. Walden. 16. (16 B., 1 lith. Plan, Fol., u. 4 Stahlst.) Wien 836, Haas'sche Buchh.

Reiseabenteuer des Hans-Jörgels von Gumpoldskirchen auf einer Lustfahrt von Wien nach Gratz (von *Johann Bapt. Weis*). Wien 1841.
Anon.-Lex. III. p. 363 (nach Eigenbericht).

Weis, J. B., d. österreich. Volksfreund. 1r—3r Bd., 1s—4s Heft. (12 Hefte). 8. Wien 830, 31. (Wimmer). (à Heft 8 ℊ) 4 ꝛβ

Weis, Johann Evangelist

Weis, Joh. Ev., Beleuchtg. v. Dittes' Werken, s.: Vorträge u. Abhandlungen, pädagog., 17. Hft.

Weis, J[ohannes] E., Dr. phil.: Christenverfolgungen. Geschichte ihrer Ursachen im Römerreiche. *München: J. J. Lentner 1899.* (XII, 179 S.) 8° ¶ (= Veröffentlichungen aus d. Kirchenhist. Seminar München, No 2.)
München. Theol. Diss. v. 1900

Weis-Liebersdorf, J. E., Christus- u. Apostelbilder. Einfluss der Apokryphen auf die ältesten Kunsttypen. gr. 8. (XI, 124 S. m. 54 Abbildgn.) Freiburg i/B. 902. Herder. n. 4. —

Weis-Liebersdorf, J. E., s. Herlein, W., das Dorfleben.

Inkunabeln des Formschnitts in den Bibliotheken zu Eichstätt. Text von Dr. J[ohannes] E[vangelist] **Weis**-Liebersdorf. Mit 20 Abb. Strassburg: Heitz 1910. 15 S., 20 Taf. 2°(4°) [11. 11966

Weis-Liebersdorf, J. E., Inkunabeln des Formschnitts in den Bibliotheken zu Eichstätt, s. a. Einblattdrucke des 15. Jahrh.

Weis-Liebersdorf, J[ohann] E . Das Jubeljahr 1500 in der Augsburger Kunst. Eine Jubiläumsgabe für das deutsche Volk. In zwei Teilen. Mit über 100 Illustrationen nach Originalphotographien. gr.-8. München, Allgemeine Verlagsgesellschaft m. b. H., 1901. [*jeder Teil* M. 5. —]
Teil 1. VIII S. + S. 1—107. — (Teil 2.) II + VI + VI S. + S. 107—242.

Weis, J[ohann] E[vangelist]: Julian von Speier ‹† 1285›. Forschungen z. Franziskus- u. Antoniuskritik, z. Gesch. d. Reimoffizien u. d. Chorals. München: J. J. Lentner 1900. (VIII, 154 S.) 8°
(Veröffentlichungen aus d. Kirchenhist. Seminar München. No 3.)

— **s.: Julian's v. Speier Choräle zu den Reimoffizien des Franziscus- u. Antoniusfestes.**

Weis, J[ohann] E[vangelist]: Kirchliche Kunst im alten Augsburg. Mit über 100 Ill. T. 1. 2 (in 1 Bd.) München: Allg. Verlagsges. [1910]. VII, V, 241 S. 4°(8°)
[Neue Tit.-Aufl. von: Weis: Das Jubeljahr 1500 in d. Augsburger Kunst. 1901.]

Weis-Liebersdorf, J. E., s.: Wochenschrift, theologische.

Weis (Weiss), Johann Konrad Jakob

***Weis*, Jh. Konr. Jak., († d. 21. Sept. 1795.) quaestio: an Gabellae emigrationis, vulgo d. Nachsteuer 2c. 8. Manh. 781. Löffler. 4 ℊ Schrbp. 5 ℊ**

— Diss. de pactis successoriis ac dotalibus, s. nonnulla utriusque negotii capita in judiciis quotidie occurrentia etc. 4. Hall in Schwab. 782. 4. (Manh.) 784. Löffler. 8 ℊ Schrbp. 10 ℊ

Weis, Jo. Conr. Jac.: Diss. de pactis successoriis ac dotalibus, sive nonnulla utriusque negotii capita in judiciis quotidie occurentia secundum genuinam utriusque juris civilis, Germanici et Romani doctrinam. Francofurti et Lipsiae 1783.

— de legitimo juris aggratiandi usu. 4. Würzb. 773.

Weis, Johann Lorenz (Schwäb.-Hall) A. S. 288/41

Commentationum super moralitate legum ceremonialium et forensium deigma IX. Präs. Christoph Sonntag. Altdorf (Kohles) 15. II. 1708. 23 S.

W. v.: Präs. 36148

Weis, Johann Lorenz (Schwäb.-Hall) A. S. 344/12

Disputatio de titulo rex regum.
Präs. Daniel Wilhelm Möller.
Altdorf (Kohles) IX. 1708. 24 S.

Gew.: Jakob Reitz, Johann Balthasar Beyschlag.

36149

Weis, Johann Michael (Nürnberg) A. S. 344/19

Dissertatio de anemocetis. Präs. Daniel Wilhelm Möller. Altdorf (Kohles) 15. X. 1707. 24 S.

Gew.: Johann Adam Geuder, Karl Theophil Fürer.
W. v.: Präs., Christoph Volland, Johann Konrad Zeltner (Opp.), Gabriel Erasmus Krafft.

36150

Weis, Johann Michael (Nürnberg) A. S. 278/13

Dissertatio historico-theologica prior qua eloquentia haeresium obstetrix ... proponitur.
Präs. Gustav Georg Zeltner.
Altdorf (Kohles) 12. II. 1710. 48 S.

W. v.: Präs. 36151

Weis, Johann Michael (Nürnberg) A. S. 278/14

Dissertatio historico-theologica posterior qua eloquentia haeresium obstetrix ... proponitur.
Präs. Gustav Georg Zeltner.
Altdorf (Kohles) 4. II. 1711. 46 S.

W. v.: Christoph Sonntag, Präs. 36152

Weis, Johann Nepomuk

Weis, Joh. Nep., die Stimme des Herrn in unserer Zeit. Kanzelrede am Schlußabend des J. 1849 gehalt. zu Budweis. 8. (22 S.) **Budweis 850, Zdarsa's Erben & Co.** 4 ngl.

Weis, Joh. Nepom., Urkunden des Cistercienser-Stiftes Heiligenkreuz, s. Fontes rerum austriacarum.

Weis, Johann Nikolaus, s. Weiss

Weis, Karl, die Bergwerks-Vergleiche zwischen der Krone u. den Ständen Böhmens, aus dem 16. Jahrh. nach ihrer geschichtlichen Entwicklung, rechtl. Natur u. gesetzl. Kraft dargestellt. gr. 12. (34 S.) Prag 849, Heß. 6 ngl.

Weis, Karl, Einiges über Homöopathie, nebst Vorschlag zur Prüfung derselben, veranlaßt durch die über diesen Gegenstand bei der Großh. Hess. Kammer gepflog. u. veröffentl. Verhandlungen. gr. 8. Darmstadt 839. (Pabst.) n. 1/3 ℛ

Der Polnische Jude. Volksoper in 2 Akten von Karl **Weis**. Text nach Erckmann-Chatrian von Victor Léon u. Richard Batka. Vollst. Klav.Ausz. mit Text (vom Komp.). *Leipzig: M. Brockhaus [1901].* (157 S.) 4° [01. 9861

Weis, Carl, über Somnambulismus in Bezug auf die Somnambüle zu Beienheim. 8. (1½ B.) Darmstadt 843, Kern. *

Die Zwillinge. Komische Oper in 3 Aufz. Text nach William Shakespeares 'Was ihr wollt'. Musik von Karl **Weis**. (Als Ms. gedr.) *Berlin: A. Fürstner 1902.* (71 S.) 8° [03. 3375 II

Weis, Karl Frdr., Amalaswintha. Eine Tragödie in 5 Akten. 8. (208 S.) Dresden 900. E. Pierson. n. 2. 50

Weis, L., Lehrbuch der Mineralogie u. Chemie in 2 Tln. f. höhere Lehranstalten u. zum Selbststudium. gr. 8. **Bremen 891. M. Heinsius Nachf.** n. 5. 40
1. Allgemeine Chemie u. Mineralogie. (XI, 298 S.) n. 2. 80
2. Elemente u. Verbindungen. (VIII, 240 S.) n. 2. 60

— **dasselbe. 2 Tle. 2. (Titel-)Ausg. gr. 8. Ebd. 895.** n. 5. 40
1. Allgemeine Chemie u. Mineralogie. (XI, 298 S.) n. 2. 80
2. Elemente u. Verbindungen. (VIII, 240 S.) n. 2. 60

Blauer Montag oder Die Kneipe 'Zum verrosteten Löffel'. Singspiel in 1 Akt von L. **Weis**. *Halle a. S.: P. Goldschmidt 1901.* (8 S.) 8° [F.] [01. 8795 3

Weis, L., blauer Montag od.: Die Kneipe „Zum verrosteten Löffel". Singspiel in 1 Akt. gr. 8. (8 S.) Halle 901. Graph. Verlags-Anstalt. n. — 25

Blauer Montag oder die Kneipe 'Zum verrosteten Löffel'. Singspiel in 1 Akt von L. **Weis**. 2. Aufl. Halle: P. Goldschmidt 1906. (8 S.) 8° [F.] [06. 5344 2

Weis, L., blauer Montag od. die Kneipe „Zum verrosteten Löffel". Schauspiel in 1 Akt. 2. Aufl. (8 S.) 8. Halle 906. Graph. Verlags-Anstalt. n. — 25

Weis, Ludwig

Weis, L., Annalen der Rechtspflege, s. Annalen.

Weis, Ludw., Anti-Materialismus oder Kritik aller Philosophie des Unbewußten. Vorträge aus dem Gebiete der Philosophie mit Hauptrücksicht auf deren Verächter. 1.—3. Bd. gr. 8. Berlin, Henschel. [München, Th. Ackermann.] [1. Bd. (X, 278 S.) 871. *ℳ 3,60.; 2. Bd. (V, 331 S.) 872. *ℳ 4,50.; 3. Bd. (VIII, 379 S.) 873. *ℳ 5,40.]

—— die neue Edda. Eine poetische Weltbetrachtung in 28 Gesängen. 8. (VIII, 324 S.) Barmen [Leipzig] 870, Langewiesche's Verlag.

—— die Elemente der Botanik. Ein Hilfsbuch für Schule und Haus zur Einführung in das natürl. Pflanzen-System. 8. (XVI, 119 S.) Ebendas. 869.

Weis, L., Erkennen u. Schauen Gottes, s. a. Beiträge z. Kampf um d. Weltanschauung, 4. u. 5. Hft.

[F.] Erkennen und Schauen Gottes. Beitr. zu e. neuen Erkenntnislehre f. Theologen u. Nichttheologen v. L. **Weis**. *Berlin: C. A. Schwetschke & Sohn 1898.* (XV, 230 S.) 1 Bd 8. [99. 3789

Weis, Ludw., Elemente der Botanik zur Einführung in das natürliche Pflanzen-System. Für höhere Lehranstalten, wie zum Selbstunterricht. 2. verm. und verb. Aufl. 8. (VII, 247 S.) Leipzig 880, Langewiesche's Verlag. *

Gedanken zu Gustav Glogaus Philosophie. Naturwissensch. u. Philosophie von Prof. Dr. L[udwig] **Weis**. Mit e. Nachwort von Pastor Joh. La Roche. Kiel & Leipzig: Lipsius & Tischer 1905. (55 S.) 8° [F.]

Weis, Ludw., Gedanken zur Poesie und Philosophie. gr. 8. (XII und 228 S.) Darmstadt 861, Will. *

—— der alte und der neue Glaube. Ein Bekenntniß als Antwort auf David Friedrich Strauß. 8. (190 S.) Berlin 873, Henschel. [München, Th. Ackermann.]

Weis, Ludw., Handbuch für Huissiers. (4 Lfrgg.) gr. 8. Zweibrücken 839, 40. Keller'sche Buchh. n. 1 2/3 ℛ

Weis, Ludw., Idealrealismus und Materialismus, s. a. Bibliothek für Wissenschaft und Literatur.

Weis, Ludw., Idealrealismus u. Materialismus. Eine allgemein verständl. Darstellung ihres wissenschaftlichen Werthes. 2. (Titel-)Ausg. gr. 8. (IV, 151 S.) Berlin 879. Th. Hofmann. n. 3. —

Weis, L., Kant: Naturgesetze, Natur- u. Gotteserkennen. Eine Kritik der reinen Vernunft. gr. 8. (VIII, 257 S.) Berlin 903. C. A. Schwetschke & Sohn. n. 3. 60

— **s.: Kant, Imman., ausgewählt u. bearb.**

Kulturgeschichte und Naturwissenschaft. Eine Zurückweisung d. Weltanschauung von Prof. Dr. A. Ladenburg. Von Prof. Dr. L[udwig] **Weis**. Stuttgart: M. Kielmann 1904. (VII, 115 S.) 8° [F.]
= Christentum u. Zeitgeist. Ser. 1. H. 3. [05. 12245 II

Weis, L., Joseph Dietzgens sozialdemokratische Religionsphilosophie. (VIII, 110 S.) 8. Kiel 905. Lipsius & Tischer. n. 1. 20

Weis, Ludw., das Strafgesetzbuch für das Königreich Bayern sammt dem Gesetze vom 10. November 1861 zur Einführung des Strafgesetzbuchs und des Polizeistrafgesetzbuchs. 1—9. Liefg. Nördlingen 862—64. Beck. gr. 8. (1. Bd.: VIII, 476 S.; 2. Bd.: S. 1—384.) Jede Liefg. n. 15 ngr.

Weis, Ludw., das Strafgesetzbuch für das Königreich Bayern sammt dem Gesetze vom 10. Novbr. 1861 zur Einführung des Strafgesetzbuchs u. des Polizeistrafgesetzbuchs. 10. Liefg. Nördlingen 865. Beck'sche Buchh. gr. 8. (VII und S. 385—484.) n. 15 ngr.

Weis, L. Friedrich Zimmermann. Eine Skizze seines Lebens und Wirkens. S. 35—42. **Progr.** G. *Darmstadt* 1884.

Weis, Max, a. Windsheim: Ueber die Quelle des Fettes in der Leber phosphorvergifteter Tiere. Würzburg 1904: P. Scheiner. (33 S.) 8°
Würzburg, Med. Fak., Ref. Kunkel, Diss. v. 21. Sept. 1904
[Geb. 4. Mai 81 Windsheim; Wohnort: Windsheim; Staatsangeh.: Bayern; Vorbildung: Gymn. Würzburg Reife Juli 99; Studium: Würzburg 4, München 2, Würzburg 3 S.; Coll. 30. Juni 04; Approb. 16. Juni 04.]

Weis, Nikolaus

— s. 1) Aristodemus. 2) Bibliothek für kathol. Kanzelberedsamkeit. 3) Boulogne, sämmtl. Predigten. 4) Abbe Carron, d. Glaubensbekenntniß u. dessen tugendhafte Schüler. 5) Entwurf zu e. vollst. katechet. Unterricht. 6) Laval, Sendschreiben. 7) Leben d. Väter u. Märtyrer. 8) Leibnitz, System. 9) Katholik, der. 10) F. J. Moser, Kanzelreden. 11) Rechtfertigung d. kathol. Kirche. 12) Robelot, über d. Einfluß. 13) Andr. Räß. 14) Was sagt d. Geschichte dazu.

Weis, Nikol., Bibliothek, neue, d. kathol. Kanzelberedtsamkeit, s. Bibliothek ꝛc.

—— die Feste des Herrn u. ihre Feier, s. A. Butler, Alb.

Weis, Nikolaus, s.o.Die Feste des Herrn u. ihre Feier.

(Weis,) Nikolaus, Bischof von Speyer, die Kirche Gottes auf Erden. Hirtenbrief erlassen zur 40tägigen Fastenzeit 1847. gr. 8. (56 S.) Mainz 847, Kirchheim, Schott & Thielmann. 3 ngl

Weis, Nik., Leben d. Heiligen Gottes, s.: Räß, Andr.

—— Leben d. Väter, s. Butler, Alb.

Weis, (Pfarrer) Nikolaus, d. Mahometanism in seinem Ursprunge, in seiner Ausbildung u. Fortdauer bis auf gegenwärt. Zeiten ꝛc. 8. Dinkelsbühl 824. (Nürnb., Monath u. K.) 18 gl

—— Predigtentwürfe, s. Predigtentwürfe.

Weiß, (N.,) Prüfung der Prüfung ꝛc., s. Räß.

Weis, Nikolaus, s. P. J. de la Roche: Kanzelreden.

Weis, Nikolaus, s. Rothensee: Das Primat des Papstes.

Weis, Peter (geb. Trier 17. 2. 1848): Ueber die inneren Ursachen der Geburt. Berlin (1872). (32 S.) 8.
Berlin, Med. Diss. v. 2. März 1872.

Weis, Ph. Fr.

—— Entwurf über die im Text d. Pandect. vorkommenden Zeichen, namentlich die Roussardsche Note. *Marb.*, akad. B. 793. 4. (4 Gr.)

Weis, Ph. F.: D. ad Dom. Ulp. fragm. nonnulla, quae ex lib. IVo disputt. in Digesta migrarunt. *Marb.* 788. 8. (2 Gr.)

Weiſs, P. F., Ulpiani fragm. nonnulla, quae ex L. IV. in Digesta migrarunt. Disp. Marb. 789. 4.

Weis, Ph. F.: Pr. historiae Novellarum literar. pars I. period. Haloandrinam compl. *Marb.* 800. 4.

Weis, Ph. Fr., († d. 23. Novbr. 1808.) historia novellarum literaria, particula prima periodum antehaloandrinam complexa. 4. Marb. 800. Krieger. 4 gl

Weis, Ph. F.: Observatt. de aetate Brachylogi. *Marb.* 808. 4.

Weis, Sebast., prakt. Anleitung z. Uebersetzen aus d. deutschen in d. französ. Sprache. Nach ein. neuen Plane geordnet. 2 Abthln. Mit e. Anh. gr. 8. (15½ B.) Frankfurt a. M. 839, Kettembeil.

Weis, Th., s. 1) d'Arlincourt, die Rebellen. 2) Novellen, 101.

WEIS, Theodor: Ueber Umwandlung gutartiger Neubildungen in bösartige.- München: Kastner & Lossen 1898. 36 S.
16.7.1897 - Chr 1897/98,16; Jv 1897/98,221 (Prom.-Datum: 1898)
Diss. Ingolst.-Landsh.-Mchn.

Weis, Ulr., († d. 4. Juni 1763.) epistola apologetica ad eminentissimum Quirinum. 4. Augsb. 750.

Weis, W., Die Verwertung der Gasnebenprodukte in den städtischen Gasanstalten. Leipzig, 1908. 39 S.

Weis, Wilhelm: Die Gemarkungs-, Boden-, Bau- und Wohnungspolitik der Stadt Mannheim seit 1892. Karlsruhe 1907: G. Braun. (80 S.) 8°
Freiburg i. B., rechts- u. staatsw. Fak., Ref. Fuchs, Diss. v. 1907
(Nicht für den Austausch)
[Geb. 11. Jan. 78 Neuenbürg; Wohnort: Neuenburg; Staatsangeh.: Baden; Vorbildung: Gymn. Bruchsal Reife M. 98; Studium: Heidelberg 2, Freiburg i. B. 1, Heidelberg 4, Freiburg i. B. 1 S.; Rig. 30. Juli 06.]

Die Gemarkungs-, Boden-, Bau- und Wohnungspolitik der Stadt Mannheim seit 1892 von Dr. Wilhelm **Weis**. Karlsruhe: G. Braun 1907. (83 S.) 8° = **Abhandlungen**, Volkswirtschaftl., d. Bad. Hochschulen. Bd 9, H. 2. (07. 3674

Weis, Wilh., die Herstellung von Tonplatten. gr. 8. (32 S.) Leipzig 887, Waldow. *

Weis-Liebersdorf, Joh. Ev., s. Weis, Joh. Ev.

Weis-Ostborn, Rud., sursum corda!, s.: Konrad, Alois.

Weisar, Victor: Meine Auferstehung. Autor. Übers. aus d. Böhmischen von M. K. Schweidnitz: P. Frömsdorf 1904. (27 S.) 8°

Weisar, Vikt., meine Auferstehung. Autoris. Uebersetzg. aus dem Böhm. v. M. K. 3. Aufl. (24 S.) 8. Lorch 906. K. Rohm. n. — 25

Weisbach [Schlagwort]

Weisbach, s.: Bayern. Karte.

Weisbach [Verfasser]

Weisbach, Albin, Characteres mineralogici. Characteristik der Classen, Ordnungen und Familien des Mineralreiches. gr. 8. (57 S.) Freiberg 880, Engelhardt'sche Buchh. *

Weisbach, Albin, Characteres mineralogici. Charakteristik der Classen, Ordngn. u. Familien des Mineralreiches. 2. Aufl. gr. 8. (VI, 52 S.) Leipzig 899. A. Felix. n. 2. —

Weisbach, Albin, über die Monstrositäten tesseral krystallisirender Mineralien. Inaugural-Dissertation. gr. 8. (16 S. mit 4 Stnt. in qu. gr. 4.) Freiberg 858. [Leipzig, Felix.] *

Weisbach (A.), Mineralogische Notizen. 1. Pucherit. 2. Domeykit. 3. Rhagit. 4. Roselith. (Sep.-Abdr. aus: Abhandlungen aus dem Gebiete des Berg- und Hüttenwesens.) (Ohne Druckort und Jahr.) 8.

Weisbach, Albin, Synopsis mineralogica. Systematische Uebersicht des Mineralreiches. gr. 8. (78 S.) Freiberg 875, Engelhardt'sche Verlagsh. *

Weisbach, Albin, synopsis mineralogica. Systematische Uebersicht d. Mineralreiches. 2. Aufl. gr. 8. (III, 87 S.) Freiberg 884. Engelhardt. n. 2. —

Weisbach, Albin, Synopsis mineralogica. Systemat. Uebersicht des Mineralreiches. 3. Aufl. gr. 8. (V, 97 S.) Freiberg 897. Leipzig, A. Felix. n. 2. 40

Weisbach, Albin, Synopsis mineralogica. Systematische Uebersicht des Mineralreiches. 4. Aufl., bearb. v. Frdr. Kohlbeck. (IV, 95 S.) Lex.-8. Leipzig 906. A. Felix. n. 3.—

— Tabellen zur Bestimmung der Mineralien nach äusseren Kennzeichen. Leipzig 866. Felix. gr. 8. (VIII, 113 S.) n. 18 ngr.

—— **Tabellen zur Bestimmung der Mineralien nach äusseren Kennzeichen. 2. Aufl. gr. 8. (VI, 108 S.) Leipzig 878, Felix.** *

Weisbach, Albin, Tabellen zur Bestimmung der Mineralien mittels äusserer Kennzeichen. 3. Aufl. gr. 8. (VI, 106 S.) Leipzig 886, Felix. *

Weisbach, Albin, Tabellen zur Bestimmung der Mineralien mittels äusserer Kennzeichen. 4. Aufl. gr. 8. (VIII, 106 S.) Leipzig 892. A. Felix. n. 2.50

— **Tabellen zur Bestimmung der Mineralien mittels äusserer Kennzeichen. 5. Aufl. gr. 8. (VIII, 106 S.) Ebd. 900.** n. 2.60

Tabellen zur Bestimmung der Mineralien mittels äußerer Kennzeichen von Albin Weisbach. 6. Aufl. durchges. u. erg. von Dr. Friedrich Kolbeck, Prof. zu Freiberg. *Berlin: A. Felix 1903.* (VIII, 120 S.) 8° [illegible] 11

— **Tabellen zur Bestimmung der Mineralien mittels äusserer Kennzeichen. 7. Aufl. Bearb. v. Frdr. Kolbeck. (VIII, 121 S.) Lex.-8. Ebd. 906.** n. 3.60; geb. n. 4.20

Weisbach, Albin, Tabellen zur Bestimmg. d. Mineralien mittels äusserer Kennzeichen. 8. Aufl. Bearb. v. Frdr. Kolbeck. (VIII, 121 S.) gr. 8. Leipzig 909. A. Felix. 8.80; geb. 4.40

Weisbach, Armin

Weisbach, Mauritius Arminius: Additamenta ad historiam physiologiae. Halis Saxonum (1864): Orphanotropheum. 30 S. 8°
Halle-Wittenberg, Med. Diss. v. 10. Okt. 1864
Geb. Lichtenau (Kr. Lauban; Schlesien) 14. 1. 1839. V.

Weisbach, A., die Deutschen Niederösterreichs, s. a. Sammlung medicinischer Schriften.

Mittheilungen des k. und k. Militär-Sanitäts-Comités. XI. (Sammlung medic. Schriften. XXV.) Inh.: Dr. A. Weisbach, Die Deutschen Nieder-Oesterreichs. Eine anthropologische Skizze. Gr.-8. (29 S.) —.50
Wien: Hölder 1892.

—— Die Herzegoviner, verglichen m. Cechen u. Deutschen aus Mähren, s. Mittheilungen der Anthropologischen Gesellschaft in Wien, Suppl. II. 1889.

Weisbach, A., Körpermessungen etc., s. Reise der österreich. Fregatte Novara.

Weisbach, A. Körpermessungen an Individuen verschiedener Menschenracen. Wien 1867. 4.

Weisbach, A., Körpermessungen verschiedener Menschenrassen. s. a. Zeitschrift f. Ethnologie.

Weisbach, A.: Körpermessungen verschiedener Menschenrassen. Berlin 1878. (IV). 336 S., 9 Tb. 8°.

—— Einige Schädel aus Ostafrika. Mit 2 Taf. Lex.-8. (11 S.) Wien 889, Hölder. * 2.40
Aus: Annalen d. k. k. naturhistor. Hofmuseums, besonders abgedruckt.

Weisbach, A., prähistor. Schädel v. Glasinac, s. a. Mitteilungen, wissenschaftl., aus Bosnien u. der Hercegovina, 5. Bd.

Weisbach, Dr. A., Prähistorische Schädel von Glasinac. Lex.-8. (16 S.) * —.20
Wien: Gerold 1898. Sonderabdr.

—— die Schädelform der Rumänen. gr. 4. (32 S. mit 3 lithogr. Taf. und 1 Maass-Tab., 2 Tab. in qu. Fol.) Wien 869, (Gerold's Sohn.) *
Aus: Denkschriften der k. Akademie der Wissenschaften, besonders abgedruckt.

Weisbach, A., die Serbokroaten der adriatischen Küstenländer, s. Zeitschrift für Ethnologie.

Weisbach, Dr. A., Die Zigeuner. Mit einer Maass-Tabelle. (Sep.-Abdr. aus Bd. XIX [der neuen Folge Bd. IX] der Mittheilungen der Anthropol. Gesellschaft in Wien.) 4. (11 S.) In Comm. Wien: Hölder 1889. —.60

Weisbach, C. H: Allgemeine Beschreibung über Cylinder-Trockenmaschinen der verschiedenen Systeme mit gezogenen kupfernen Cylindern. Chemnitz (1901 ?)

Weisbach, C. H: Rotierende Garn-Trocken-Maschine. Chemnitz (1901 ?)

Weisbach, C. H: Hotflue mit vertikalem Warengang, kombiniert mit Klotzmaschine und Kettenhotflue. Chemnitz (1901 ?)

Weisbach, C. H: Rahm-, Spann- und Trockenmaschine. Chemnitz (1901). Fol.

Weisbach, C. H: Die neuesten Rahm-(Spann-) und Trockenmaschinen in ihren verschiedenen den speciellen Zwecken angepaßten Constructionen und Combinationen mit anderen Maschinen. Chemnitz (1901)

Weisbach, C. H: Trocken-Maschine mit 4 doppelwandigen Kupfercylindern. Chemnitz (1901 ?)

Weisbach, C. H: Wasser- oder Naß-Kalander. Chemnitz (1901 ?)

Weisbach, C. H: Centrifugal Trocken- oder Schleuder-Maschine (Hydro-Extractour). Chemnitz (1901 ?)

Weisbach, C. H: Cylinder-Trocken-Maschine. Chemnitz (1901 ?)

Weisbach, C. H: Horizontale Cylinder-Trockenmaschine. Chemnitz (1901 ?)

Weisbach, C. H: Vertikale Cylinder-Trockenmaschine. Chemnitz (1901 ?)

Weisbach, Christian, s. Weißbach, Christian

Weisbach, Franz: Versuche über Schalldurchlässigkeit, Schallreflexion und Schallabsorption. Weida i. Th. 1910: Thomas & Hubert. 69 S. 8°
Leipzig, Phil. Diss. v. 9. Juni 1910, Ref. Wiener, Des Coudres
[Geb. 8. Aug. 83 Plauen i. V.; Wohnort: Leipzig; Staatsangeh.: Sachsen; Vorbildung: Realgymn. Plauen Reife O. 03; Studium: München Techn. Hochsch. 2, Tübingen 1, Leipzig 9 S.; Rig. 17. Febr. 10.] [U 10. 3270

Weisbach, Franz Heinrich, s. Weissbach, Franz Heinrich

Weisbach, Giese (Hamburg) A. S. 26/32

Dissertatio inauguralis iuridica de iure vicariorum imperii cognoscendi de causis feudorum imperii regalium.
Altdorf (Meyer) 22. XII. 1738. 39 S.

W. v.: Georg Friedrich Deinlein. 36156

Weisbach, Giese (Hamburg) A. S. 264/18

Legem Falcidiam ad legata piae caussae pertinere ...
Präs. Georg Friedrich Deinlein.
Altdorf (Meyer) 30. IV. 1737. 40 S.

Gew.: Jo. Anderson, Nikolaus Stampeel.
W. v.: Jakob Wilhelm Feuerlein, Präs., Tresenreuter, Wittekind, Jobst Wilhelm Ebner von und zu Eschenbach (Opp.), Adolph von Dolle (Opp.), Johann Karl Ebner von Eschenbach (Opp.). 36155

Weisbach, Hermann, appr. Arzt a. Obernigk ⟨Kr. Trebnitz in Schlesien⟩, Unterarzt im 147. Inf.-Reg.: Über die Schußverletzungen des Magens. Berlin (1905): G. Schade. (29 S.) 8°
Berlin, Med. Fak., Ref. Hildebrand, Diss. v. 15. Apr. 1905
[Geb. 7. Sept. 79 Obernigk, Schlesien; Heimatsort: Obernigk; Staatsangeh.: Preußen; Vorbildung: Gymn. Eberswalde Reife O. 99; Studium: Berlin, K. Wilh.-Akad. 9 S.; Coll. 10. Apr. 05; Approb. 28. März 05.]

Weisbach, Julius, Dr., Abhandlung über die mit der europäischen Gradmessung verbundenen nivellitischen Höhenbestimmungen im Königreich Sachsen. 1870
(Separ.-Abdr. aus Civil-Ingenieur, Band XVI.)

Weisbach, Jul., Abriss der Markscheidekunst nach den an der königl. sächs. Bergakademie zu Freiberg geh. Vorträgen. Hrsg. v. Osc. Choulant. Mit 9 lith. Taf. (in Fol.) gr. 8. (142 S.) Freiberg 873. Engelhardt. n. 8. —

Weisbach, J. Abriss der Markscheidekunst. Freiberg. 1873.
dgl. Anhang hierzu: Vorträge über mathematische Geographie, gehalten von J. Weisbach. Freiberg, 1878.

Weisbach, Jul., Anleitung zum axonometrischen Zeichnen, nebst einem Anhange für Diejenigen, welche weder mit der Trigonometrie noch mit der Analysis bekannt sind. (Ergänzter Abdr. aus dem „Civilingenieur," Bd. II. und III.) gr. 8. (VIII und 128 S. mit 71 in den Text gedr. Holzschn. und 2 Stnt. in qu. gr. 4.) Freiberg 857. [Leipzig, Felix.] *

Weisbach, J., Ausfluss. Bewegung des Wassers. [Aus: Hülsse, Jul. Abr., Dr., Allgemeine Maschinen-Encyklopädie, mit Atlas. Leipzig 1841, 42.]
8° und Fol

Weisbach, Julius: Beurtheilung der Fehler, welche man bei Messung der Krystallflächen mittelst der Reflexionsgoniometer von Wollaston und Malus begeht. (Aus der Zeitschr. für Physik u. Mathem.) Wien. 1831. 8°

— die Experimental-Hydraulik. Eine Anleitung zur Ausführung hydraulischer Versuche im Kleinen, nebst Beschreibung der hierzu nöthigen Apparate und Entwickelung der wichtigsten Grundformeln der Hydraulik, so wie Vergleichung der durch diese Apparate gefundenen Versuchsresultate mit der Theorie und mit den Erfahrungen im Großen. Mit 149 in den Text eingedr. Holzschn. Freiberg 855. Engelhardt. gr. 8. (XVI, 282 S.) n. 2 ℛ. 10 ngr.

Weisbach, Jul., die ersten Grundlehren der höhern Analysis oder Differenzial- u. Integralrechnung. Für das Studium der prakt. Mechanik u. Naturlehre möglichst populär bearb. Mit 38 in den Text eingedr. Holzschn. gr. 8. (VI u. 44 S.) Braunschweig 849, Vieweg & Sohn. n. 1/3 ℛ

Weisbach, Jul., die ersten Grundlehren der höhern Analysis oder der Differenzial- und Integralrechnung. Für das Studium der praktischen Mechanik und Naturlehre möglichst populär bearb. Supplem. zum 1. u. 2. Bde. der 1. Aufl. und zum 3. Bde. von des Verf. Lehrbuche der Mechanik. Mit 38 in den Text gedr. Holzschn. Braunschweig 860. Vieweg & Sohn. gr. 8. (V, 46 S.) n. 10 ngr.

Weisbach, Jul., Handbuch d. Bergmaschinenmechanik. Zum Gebr. f. Berg- u. Hütten-Leute, Maschinisten ꝛc. überh. u. f. d. Vorlesn. üb. Mechanik u. Maschinenlehre an d. k. sächs. Bergakademie insbesond. bearb. 2 Bde. gr. 8. Leipzig, Weidmann'sche Buchh.
Bd. 1. Grundlehren der allgem. Mechanik. (27 B. u. 7 Kpfrt.) 835. 2 Thlr. 20 Gr.
" 2. Mathemat. Maschinenlehre. (33 B. u. 11 Figtaf.) 836. 3 Thlr. 18 Gr.

— s. Hecht, Dn. Fr., erste Gründe der mechanischen Wissenschaften.

— der Ingenieur. Sammlung von Tafeln, Formeln u. Regeln der Arithmetik, Geometrie u. Mechanik. Für prakt. Geometer, Mechaniker, Baumeister u. Techniker überhaupt bearb. Mit 282 in den Text gedr. Holzschn. gr. 16. (XVI u. 607 S.) Ebd. 848. — 2. unveränd. Aufl. Mit 282 in den Text gedr. Holzschnitten. gr. 16. (XVI u. 607 S.) Ebd. 850. n. 1 1/2 ℛ

— der Ingenieur. Sammlung von Tafeln, Formeln und Regeln der Arithmetik, der theoret. und prakt. Geometrie sowie der Mechanik und des Ingenieurwesens. Für prakt. Geometer, Mechaniker, Architekten ꝛc. Mit zahlreichen in den Text gedr. Holzschn. 3., neu bearb. und wesentlich bereich. Aufl. 2 Abthlgn. 8. Braunschweig 860. 61, Vieweg und Sohn. à Abthl. * 24 Ngr. Thlr. *
Inhalt:
Abthl. 1. Arithmetik, theoretische und praktische Geometrie. (VIII und 300 S.)
" 2. Theoretische und praktische Mechanik. (S. 301—579.)

Weisbach, Jul., der Ingenieur. Sammlung von Tafeln, Formeln und Regeln der Arithmetik, der theoret. und prakt. Geometrie sowie der Mechanik und des Ingenieurwesens. Für prakt. Geometer, Mechaniker, Architekten ꝛc. Mit zahlreichen in den Text gedr. Holzschn. 3., neu bearb. und wesentlich bereich. Aufl. 3. Abthl.: Maschinen- und Ingenieurwesen, mechan. Technologie und Baukunst. 8. (XXII und S. 580—863.) Braunschweig 863, Vieweg und Sohn. *

— dass. — 4., verb. Aufl. 8. (XXII und 863 S. mit 491 in den Text gedr. Holzst.) Ebendas. 866. *

Weisbach, J., Der Ingenieur. Sammlung von Tafeln, Formeln etc. 5. Aufl. Mit 491 Holzschn. Braunschw. 1868. 8°.

— der Ingenieur. Sammlung von Tafeln, Formeln und Regeln der Arithmetik, der theoret. und prakt. Geometrie, sowie der Mechanik und des Ingenieurwesens. Für prakt. Geometer, Mechaniker, Architekten, Civilingenieure, Berg- und Hüttenbeamte ꝛc. 5. verb. Aufl. 8. (XXII, 864 S. mit 491 in den Text eingedr. Holzst.) Braunschweig 869, Vieweg und Sohn. *

—'s Ingenieur. Sammlung von Tafeln, Formeln und Regeln der Arithmetik, der theoret. und prakt. Geometrie sowie der Mechanik und des Ingenieurwesens. 6., völlig umgearb. Aufl. unter Mitwirkung von F. Reuleaux hrsg. von G. Querfurth. Mit zahlreichen Holzst. im Text. (In 4 Abthlgn.) 1. und 2. Abthl. 12. (VI, S. 1—188; S. 189—386.) Ebendas. 874. à Abthl. * ℳ 1,60. *

Weisbach's, [Jul.], Ingenieur. Sammlung von Tafeln, Formeln und Regeln der Arithmetik, der theor. und prakt. Geometrie, sowie der Mechanik und des Ingenieurwesens. 6., völlig umgearb. Aufl., unter Mitwirkung von F. Reuleaux hrsg. von G. Querfurth. 3. und 4. (Schluss-)Abthl. 8. Braunschweig 877, Vieweg und Sohn. [3. Abthl. (S. 387—461.) * ℳ 2,40.; 4. Abthl. (VII—XVII, 643—931.) * ℳ 2,80.] *
1. und 2. Abthl. Ebendas. 1874. * ℳ 3,20. ; compl. * ℳ 8,40.

Weisbach's, Jul., Ingenieur. Sammlung v. Tafeln, Formeln u. Regeln d. Arithmetik, d. theoret. u. prakt. Geometrie sow. d. Mechanik u. des Ingenieurwesens. In 7. Aufl. neu bearb. v. F. Reuleaux. schmal 8. (XX, 1058 S. m. 746 Holzst.) Braunschweig 896. F. Vieweg & Sohn. n. 10. —; geb. n. 12. —

Weisbach, Jul., Lehrbuch d. Ingenieur- u. Maschinen-Mechanik. Ohne Anwendung des höhern Calculs f. d. Unterricht an techn. Lehranstalt., sowie z. Gebrauche f. Techniker bearb. (1—12. Lfg.) 1. u. 2. Thl. Mit viel. eingedr. Holzstichen. gr. 8. (73⅝ B.) Braunschweig 845—47, Vieweg u. Sohn. (à L. * 15 Ngr.) *

Weisbach, Jul., Lehrbuch der Ingenieur- und Maschinen-Mechanik. Ohne Anwendung des höhern Calculs für den Unterricht an technischen Lehranstalten sowie zum Gebrauche für Techniker. 7—14. u. (15 u. 16. od.) III. Thl. 3 u. 4. Lfg. gr. 8. (2. Thl. Praktische Mechanik: VIII u. 618 S. m. eingedr. Holzschn. 3. Thl. S. 1—384 S. m. eingedr. Holzschn.) Braunschweig 847—52. Vieweg & Sohn. à Lfg. n. ½ xf

Weisbach, Jul., Lehrbuch der Ingenieur- und Maschinen-Mechanik. In 3 Thln. Mit gegen 1500 in den Text eingedr. Holzschn. 13—16. Lfg. (III. Bd.: Die Mechanik der Zwischen- und Arbeitsmaschinen. 1—4. Lfg.) gr. 8. (S. 1—384.) Braunschweig 849—52, Vieweg und Sohn. à Lfg. * 15 Ngr. Thlr. *

1. und 2. Thl. Ebendas. 1845—47. * 6 Thlr.

—— Lehrbuch der Ingenieur- und Maschinen-Mechanik. 3. Thl.: Die Mechanik der Zwischen- und Arbeitsmaschinen. Mit gegen 600 in den Text eingedr. Holzschn. 5—8. Lfg. gr. 8. (S. 385—768.) Braunschweig 853—55, Vieweg und Sohn. à Lfg. * 15 Ngr. *

1—4. Lfg. (1. und 2. Thl.) Ebendas. 1845—52. * 8 Thlr.

Weisbach, Jul., Lehrbuch der Ingenieur- und Maschinen-Mechanik. 3. Thl.: Die Zwischen- und Arbeitsmaschinen. Mit gegen 582 in den Text gedr. Holzschn. 9—15. (letzte) Liefg. Braunschweig 859, 60. Vieweg & Sohn. gr. 8. (XV, S. 769—1362.) Jede Liefg. n. 15 ngr.

—— dass. — 1. Thl.: Theoretische Mechanik. 2., verb. und vervollständ. Aufl. gr. 8 (XIV und 697 S. mit 667 eingedr. Holzschn.) Braunschweig 850, Vieweg und Sohn. *

—— dass. — 2. Thl.: Statik der Bauwerke und Mechanik der Umtriebsmaschinen. 2., verb. und vervollständ. Aufl. gr. 8. (VIII und 712 S. mit gegen 500 eingedr. Holzschn.) Ebdf. 851. *

—— dass. — 3. Thl. A. u. d. T.: Die Mechanik der Zwischen- und Arbeitsmaschinen. 2. verb. und vervollständ. Aufl. 1. Abthl.: Die Zwischenmaschinen. Mit gegen 1000 in den Text eingedr. Holzst. 1. und 2. Lfg. gr. 8. (VIII, 192 S.) Ebendas. (870)76. à Lfg. (*M 1,50.) *M 2. *

2. Thl. 4. Aufl. in 12 Lfgn. Ebendas. 1868. *M 18.

—— Lehrbuch der Ingenieur- und Maschinen-Mechanik. Mit den nöth. Hülfslehren aus der Analysis für den Unterricht an techn. Lehranstalten, sowie zum Gebrauch für Techniker bearb. 3. Thl.: Die Mechanik der Zwischen- und Arbeitsmaschinen. 2. verb. und vervollständ. Aufl. Bearb. von Gust. Herrmann. 1. Abthl.: Die Zwischenmaschinen. 3.—11. (Schluß-)Lfg. Mit zahlreichen in den Text eingedr. Holzst. gr. 8. (X, S. 193—1087.) Ebendas. 876—79. 3.—10. Lfg. à 11. Lfg.

1. und 2. Thl. und 3. Thl. 1. und 2. Lfg. Ebendas. 1868—76. *M 48.

—— dass. — 3. Thl.: Die Mechanik der Zwischen- und Arbeitsmaschinen. 2. verb. und vervollständ. Aufl. Bearb. von Gust. Herrmann. 2. Abthl.: Die Maschinen zur Ortsveränderung. 14 Lfgn. Mit zahlreichen in den Text eingedr. Holzst. gr. 8. Ebendas. [1. und 2. Lfg. (VIII, S. 1—192.) 880. *M 4,40.; 3. und 4. Lfg. (S. 193—384.) 880. *M 4,40.; 5. und 6. Lfg. (S. 385—576.) 880. *M 4,40.; 7. und 8. Lfg. (S. 577—768.) 881. *M 4.; 9. und 10. Lfg. (S. 769—960.) 881. *M 4,40.; 11. und 12. Lfg. (S. 961—1152.) 881. *M 4,40.; 13. und 14. Lfg. (X, S. 1153—1299.) 882. *M 3,60.] *

— dasselbe. 2. Abth. Die Maschinen zur Ortsveränderung. Mit zahlreichen in den Text eingedr. Holzst. gr. 8. (X, 1209 S.) Ebend. 880. 81. n. 29. 60

Weisbach, Jul., Lehrbuch d. Ingenieur- u. Maschinen-Mechanik. Mit den nöth. Hülfslehren aus der Analysis f. den Unterricht an techn. Lehranstalten, sowie zum Gebrauche f. Techniker bearb. 3. Thl.: Die Mechanik der Zwischen- u. Arbeitsmaschinen. 2., verb. u. vervollständ. Aufl., bearb. v. G. Herrmann. Mit zahlr. in den Text eingedr. Holzst. 3. Abth.: Die Maschinen zur Formveränderg. 1.—4. Lfg. gr. 8. (S. 1—384.) Braunschweig 888. 889. Vieweg & Sohn. n. 9. 20 (III, I—III, 4.: n. 61. 80)

Weisbach, Jul., Lehrbuch der Ingenieur- u. Maschinen-Mechanik. Mit den nöth. Hülfslehren aus der Analysis f. den Unterricht an techn. Lehranstalten, sowie zum Gebrauche f. Techniker bearb. 3. Thl.: Die Mechanik der Zwischen- u. Arbeitsmaschinen. 2., umgearb. u. vervollständ. Aufl., bearb. v. Gust. Herrmann. Mit zahlreichen in den Text eingedr. Holzst. 3. Abth.: Die Maschinen zur Formveränderg. 5.—10. Lfg. gr. 8. (S. 385—960.) Braunschweig 891—893. F. Vieweg & Sohn. n. 15. 40 (III, I—III, 10.: n. 77. 20)

— dasselbe. 3. Thl.: D. Mechanik d. Zwischen- u. Arbeitsmaschinen. 2., umgearb. u. vervollständ. Aufl., bearb. v. Gust. Herrmann. 3. Abth. D. Maschinen zur Formveränderg. 11.—16. Lfg. gr. 8. (IX u. S. 961—1548 m. Holzst.) Ebd. 896—897. n. 17. 40 (3. Bd. 1. Hälfte n. 33. —; 1.—16. n. 94. 60)

Weisbach, Jul., Lehrbuch der Ingenieur- u. Maschinen-Mechanik. Mit den nöth. Hülfslehren aus der Analysis f. den Unterricht an techn. Lehranstalten, sowie zum Gebrauche f. Techniker bearb. 3. Thl.: Die Mechanik der Zwischen- u. Arbeitsmaschinen. 2. verb. u. vervollständ. Aufl., bearb. v. Gust. Herrmann. 3. Abth.: Die Maschinen zur Formveränderg. 17.—22. (Schluß-)Lfg. gr. 8. (VII u. S. 1549—2200 m. Holzst.) Braunschweig 899. 901. F. Vieweg & Sohn. n. 18. —; (kplt. n. 181. 60; geb. n. 195. 60)

—— dass. — Mit den nöthigen Hülfslehren aus der Analysis für den Unterricht an techn. Lehranstalten, sowie zum Gebrauche für Techniker bearb. In 3 Thln. 3., verb. und vervollständigte Aufl. 1—10. Lfg. gr. 8. (1. Thl.: Theoretische Mechanik. XXV und S. 1—946 mit eingedr. Holzschn.) Braunschweig 855—56, Vieweg und Sohn. à Lfg. * 15 Ngr. Thlr. *

Weisbach, Jul., Lehrbuch der Ingenieur- und Maschinen-Mechanik. Mit den nöthigen Hülfslehren aus der Analysis für den Unterricht an techn. Lehranstalten sowie zum Gebrauch für Techniker bearb. 3., verb. und vervollständ. Aufl. 2. Bd.: Statik der Bauwerke und Mechanik der Umtriebsmaschinen. 11 Lfgn. gr. 8. (XX und 1061 S. mit eingedr. Holzschn.) Braunschweig 857—59, Vieweg und Sohn. [1—10. Lfg. à * 15 Ngr., 11. Lfg. * 20 Ngr.] *

—— Lehrbuch der Ingenieur- und Maschinen-Mechanik. Mit den nöthigen Hülfslehren aus der Analysis für den Unterricht an techn. Lehranstalten, sowie zum Gebrauch für Techniker bearb. 1. und 2. Thl. 4., verb. und vervollständ. Aufl. gr. 8. Braunschweig, Vieweg und Sohn. *

Inhalt:
Thl. 1. Lehrbuch der theoretischen Mechanik. 11 Lfgn. (XXXI und 1066 S. mit 902 in den Text gedr. Holzst.) 862, 63. à Lfg. * 15 Ngr.; * 5 Thlr. 15 Ngr.
„ 2. Lehrbuch der Statik der Bauwerke und Mechanik der Umtriebsmaschinen. 12 Lfgn. (XXV und 1164 S. mit 818 in den Text eingedr. Holzst.) 865—68. à Lfg. * 15 Ngr.; * 6 Thlr.
3. Bd. Ebendas. 1845—60. * 7 Thlr. 15 Ngr.

Weisbach, Jul., Lehrbuch der Ingenieur- und Maschinen-Mechanik. Mit den nöth. Hülfslehren aus der Analysis für den Unterricht an techn. Lehranstalten sowie zum Gebrauche für Techniker bearb. In 3 Thln. Mit gegen 3000 in den Text eingedr. Holzst. 1. Thl. A. u. d. T.: Lehrbuch der theoretischen Mechanik. 5. verb. und vervollständ. Aufl. bearb. von Gust. Herrmann. 14 Lfgn. gr. 8. (XII, XVI, 1311 S. mit gegen 1000 in den Text eingedr. Holzst.) Braunschweig 870—75, Vieweg und Sohn. 1.—4. Lfg. à *M 1,50.; 5.—14. Lfg. à *M 2. *

Weisbach, Jul., Lehrbuch der Ingenieur- und Maschinen-Mechanik. Mit den nöthigen Hülfslehren aus der Analysis für den Unterricht an techn. Lehranstalten, sowie zum Gebrauche für Techniker bearb. 2. Thl.: Die Statik der Bauwerke und Mechanik der Umtriebsmaschinen. 5. umgearb. und vervollständ. Aufl., bearb. von Gust. Herrmann. Mit zahlreichen in den Text eingedr. Holzst. 1. und 2. Abthl. gr. 8. Braunschweig, Vieweg und Sohn. *

Inhalt:

Abthl. 1. Die Statik der Bauwerke. 6 Lfgn. [1. und 2. Lfg. (S. 1—192.) 882. *M 4,40.; 3. und 4. Lfg. (S. 193—384.) 882. *M 4,40.; 5. und 6. Lfg. (VII, S. 385—613.) 883. *M 5,20.] *M 14.

" 2. Die Mechanik der Umtriebsmaschinen. 1.—8. Lfg. (S. 1—768.) 883,84. *M 17,60.

Weisbach, Jul., Lehrbuch der Ingenieur- und Maschinen-Mechanik. Mit den nöth. Hülfslehren aus der Analysis für den Unterricht an techn. Lehranstalten, sowie zum Gebrauche für Techniker bearb. 2. Thl.: Die Statik der Bauwerke und Mechanik der Umtriebsmaschinen. 5. umgearb. und vervollständ. Aufl., bearb. von Gust. Herrmann. 2. Abthl.: Die Mechanik der Umtriebsmaschinen. 9.—13. (Schluß-)Lfg. gr. 8. (XIV, S. 769—1255 mit zahlreichen in den Text eingedr. Holzst.) Braunschweig 885—87, Vieweg und Sohn. *
1. Abthl. 6 Lfgn. und 2. Abthl. 1.—8. Lfg. Ebendas. 1882—84. *M 31.60.

— **Lehrbuch d. Ingenieur- u. Maschinen-Mechanik.** M. d. nöt. Hülfslehren aus d. Analysis f. den Unterr. an techn. Lehranst. sow. z. Gebrauche f. Techniker bearb. 6., verb. u. vervollständ. Aufl., bearb. v. Gust. Herrmann. (In 3 Thln.) 1. Thl. Lehrbuch der theoret. Mechanik. 2., unveränd. Abdr. d. 1875 erschien. Werkes. M. üb. 1000 eingedr. Holzst. gr. 8. (XXVIII, 1311 S.) Ebd. 896. n. 26.—; geb. in Halbfrz. n. 28.—
Erschien auch in 9 Lfgn.

—— **Leitfaden z. Unterrichte in d. nied. Mathematik.** gr. 8. (21⅛ B. u. 4 Figtaf.) Leipzig 835, Weidmann'sche Buchh.

—— die neue **Markscheidekunst** und ihre Anwendung auf bergmännische Anlagen. Bearbeitet und ausgeführt. 2 Abthlgn. gr. 4. Braunschweig 1851-59 Vieweg und Sohn. à Abthl. * 4 Thlr.

Inhalt:

Abthl. 1. Die trigonometrischen und Nivellir-Arbeiten über Tage, sowie die Anwendung auf die Anlage des Rothschönberger Stollns bei Freiberg in Sachsen. (XII und 168 S. mit 10 zum Theil ill. Kpfrt. in qu. Fol. und Imp.-Fol. und 79 Abbild. in eingedr. Holzschn.)

" 2. Die trigonometrischen und Nivellir-Arbeiten unter Tage, sowie die räumlichen Aufnahmen über Tage nebst Anwendung auf die Anlage des Adolph-Stollns bei Siebenlehn in Sachsen. (XII und 168 S. mit 9 zum Theil ill. Stnt. in qu. Fol. und Imp.-Fol., 1 Titelbilde in Holzschn. und 93 in den Text gedr. Holzschn.)

Die Mechanik der Zwischen- und Arbeitsmaschinen: Für d. Unterricht an techn. Lehranstalten sowie z. Gebr. f. Techniker. 3. Theil von Dr. Julius **Weisbach**'s Ingenieur- u. Maschinen-Mechanik. Bearb. von Gustav Herrmann, Prof. zu Aachen. 2. verb. u. vervollst. Aufl. Mit zahlr. Holzstichen. Abth. 1–3, Hälfte 1. 2. *Braunschweig: F. Vieweg & Sohn 1876–1901.* 4 Bde 8° [F.]
1. Die Zwischenmaschinen. 1876. — 2. Die Maschinen zur Ortsveränderung. 1880. — 3. Die Maschinen z. Formveränderung. Hälfte 1. 18(88–)96. Hälfte 2. (1897–)1901.
= Weisbach: Lehrbuch d. Ingenieur- u. Maschinen-Mechanik. Th. 3.(62 658)

—— **Tafel der vielfachen Sinus u. Cosinus,** z. Gebrauche f. prakt. Geometer u. Mechaniker überhaupt u. f. Markscheider besonders. Lex.-8. (1¾ B.) Leipzig 842, Weidmann'sche Buchh. *

—— **Tafel der vielfachen Sinus und Cosinus,** sowie der vielfachen Sinus versus von kleinen Winkeln, nebst Taf. der einfachen Tangenten, zum Gebrauche für prakt. Geometer und Mechaniker überhaupt und für Markscheider besonders. 2., verm. Ster.-Ausg. Lex.-8. (VI und 22 S.) Berlin 864, Weidmann'sche Buchh. *

—— **Tafel der vielfachen Sinus und Cosinus,** sowie der vielfachen Sinus versus von kleinen Winkeln, nebst Tafel der einfachen Tangenten, zum Gebrauche für prakt. Geometer und Mechaniker überhaupt und für Markscheider besonders. 3. Ster.-Ausg. gr. 8. (28 S.) Berlin 879, Weidmann'sche Buchh. *

—— Tafel der vielfachen Sinus u. Cosinus, sowie der vielfache Sinus versus v. kleinen Winkeln, nebst Tafel der einfachen Tangenten, zum Gebrauche f. prakt. Geometer u. Mechaniker überhaupt u. f. Markscheider besonders. 4. Ster.-Aufl. gr. 8. (28 S.) Berl. 889, Weidmann. * 1 —

— **Tafel d. vielfachen Sinus u. Cosinus,** sow. d. vielfachen Sinus versus v. kleinen Winkeln, nebst Tafel d. einfachen Tangenten, z. Gebrauche f. prakt. Geometer u. Mechaniker überhaupt u. f. Markscheider bes. 5. Ster.-Ausg. gr. 8. (28 S.) Berlin 895. Weidmann. n. 1.—

— **Tafel der vielfachen Sinus u. Cosinus, sowie der vielfachen Sinus versus v. kleinen Winkeln, nebst Tafel der einfachen Tangenten, zum Gebrauche für prakt. Geometer u. Mechaniker überhaupt u. f. Markscheider besonders. 6. Ster.-Ausg. gr. 8. (28 S.) Berlin 900. Weidmann. n. 1.—**

Weisbach, Jul., Tafel der vielfachen Sinus u. Cosinus sowie der vielfachen Sinus versus v. kleinen Winkeln, nebst Tafel der einfachen Tangenten, zum Gebrauche f. prakt. Geometor u. Mechaniker überhaupt u. f. Markscheider besonders. 7. Ster.-Ausg. (28 S.) gr. 8. Berlin 903. Woidmann. n. 1.—

—— Untersuchungen in d. Gebiete der Mechanik u. Hydraulik auf eigene Beobachtungen u. Versuche gegründet. 1. u. 2. Abthl. gr. 4. Leipzig, Weidmann'sche Buchh. à * 2 Thlr. 20 Ngr. *

A. u. d. Ttln.:

Abthl. 1. Versuche über den Ausfluss des Wassers durch Schieber, Hähne, Klappen u. Ventile angestellt u. berechnet. (15 B. u. 3 Figurentaf.) 842.

" 2. Versuche über die unvollkommene Contraction des Wassers beim Ausfluss desselben aus Röhren u. Gefassen. (20 B. u. 3 Figurentaf.) 843.

— **Versuche über die Kraft des Wassers durch Druck, Stoß u. Reaction.** I. A. u. d. T.: Versuche über die Leistung eines einfachen Reactionsrades an einem größeren Modelle angestellt. Mit 1 (lith.) Taf. (in gr. Fol.) u. 1 (eingedr.) Holzschn. gr. 8. (32 S.) Freiberg 851, Engelhardt. n. ⅓ ß

—— **Vorträge über mathematische Geographie,** gehalten an der königl. sächs. Bergakademie zu Freiberg. Als Anhang zum Abriss der Markscheidekunst hrsg. von Osc. Choulant. gr. 8. (III, 35 S. mit 2 litbogr. Taf. in qu. gr. Fol.) Freiberg 878, Engelhardt'sche Verlagsb. *

— siehe: **Zur Erzgebirgischen u. Chemnitz-Riesaer Eisenbahn-Angelegenheit.**

Weisbach, Karl: Export-Liste betr. Schuhmaschinen. Mehlis (1910?)

Weisbach, Moritz Armin, s. Weisbach, Armin

Weisbach, Paul. Frid. (geb. Glogau 8. 9. 1839): De spasmo faciei. Berolini (1864). (32 S.) 8°
Berlin, Med. Diss. v. 19. Apr. 1864

Weisbach, Samuel (Hamburg) A.S. 302/16

Dissertatio inauguralis iuridica diquirens an alter coniugum testamento renunciare possit unioni prolium. Präs. Johann Tobias Carrach.
Halle (Grunert) 3. X. 1750. 20 S.

W. v.: Präs., Johann Philipp Carrach, Ernst Friedrich Knorre (Opp.). 36158

Weisbach, Val., Bericht, s.: Thätigkeit, die, d. Berliner Vereins f. Volksbäder.

Weisbach, Val., Normal-Miethshäuser m. kleinen Wohnungen. Ein Beispiel-Projekt f. Berlin. Technisch bearb. v. A. Meisel. Mit 2 lith. Plänen. gr. 4. (21 S.) Berlin 893. L. Simion. n. 1.—

Weisbach, Werner: Die Baseler Buchillustration des XV. Jhs. M. 23 Zinkätzgn. Strassburg: J. H. E. Heitz 1896. (2 Bl., 76 S., 1 kl. Bl., 14 Taf.) 8°
(Studien z. deutschen Kunstgeschichte. H. 8.)

Weisbach, Wern., der junge Dürer. 3 Studien. Mit 31 Abbildgn. in Netz- u. Strichätzg. u. 1 Lichtdr.-Taf. (VII, 108 S.) 4. Leipzig 906. K. W. Hiersemann. n. 16.—

Weisbach, Wern., Impressionismus. Ein Problem der Malerei in der Antike u. Neuzeit. (In 2 Bdn.) (I. Bd.) (XV, 259 S. m. 94 Abb., 6 farb. Taf. u. 7 Kupferätzgn.) Lex. 8. Berlin 910. G. Grote. 15.—; geb. 17.50

Weisbach, Werner: Der Meister der Bergmannschen Officin. E. Beitr. z. Geschichte d. Baseler Buchillustration ... Strassburg, Univ.-Buchdr. J. H. E. Heitz, 1896; 1 Bl., 65 S., 1 Bl. 8°
Leipzig, Phil. Fak., Inaug.-Diss. [30. Apr.] 1896.

Der Meister der Bergmannschen Officin und Albrecht Dürers Beziehungen zur Baseler Buchillustration. E. Beitr. z. Gesch. d. deutschen Holzschnittes v. Dr. Werner Weisbach. M. 14 Zinkätzgn u. 1 Lichtdr. *Strassburg: J. H. E. Heitz 1896.* (2 Bl., 65 S., 2 Bl., 1 kl. Bl., 10 Taf.) 1 Bd 8.
— Studien z. deutschen Kunstgeschichte. H. 6. [96. 5637]

Weisbach, Wern., Francesco Pesellino u. die Romantik der Renaissance. Fol. (IX, 138 S. m. 81 Abbildgn. u. 18 Taf.) Berlin 901. B. Cassirer. Kart. n. 45.—

Weisbecker, eine neue Serumtheorie. (Unter teilweiser Benutzg. e. Vortrags üb.: „Serumtherapie u. Serumtheorie", geh. im ärztl. Verein zu Frankfurt a. M. am 2. II. 1903.) (38 S.) gr. 8. Frankfurt a/M. 903. J. Alt. n. —80

Weisbein, Hermann, a. Bromberg: Beiträge zur Behandlung der Placenta praevia mittels vaginalen Kaiserschnittes. Berlin (1907): G. Schade. (47 S.) 8°
Berlin, Med. Fak., Ref. Bumm, Diss. v. 19. Dez. 1907
[Geb. 27. April 80 Bromberg; Wohnort: Berlin; Staatsangeh.: Preußen; Vorbildung: Gymn. Bromberg Reife O. 01; Studium: Berlin 8, München 1 S.; Coll. 15. Nov. 07; Approb. 16. Okt. 07.]

Weisberg, Ch. v., Gedächtniß z. Verbesserung d. Geschichte d. 16n Jahrhunderts insonderh. d. Schmalkald. Kriegs. Fol Hildesheim. 742.

Weisbrod, E., die Sittlichkeitsverbrechen vor dem Gesetze. Historisch u. kritisch beleuchtet. gr. 8. (95 S.) Berlin 891. [Fried & Co.] H. Steinitz' Verl. n. 2.—

Weisbrod, Karl: Über Spina bifida. Würzburg, P. Scheiner's Buchdr., 1890; 27 S. 8°
Würzburg, Med. Fak., Inaug.-Diss. v. 1890.

Weisbrod, Karl, üb. Spina bifida. gr. 8. (28 S.) Würzburg 891. Gnad & Co. n. 1.—

Weisbrodt, 25 Jahre 1857—1882 d. Schlesischen Ulanen-Regiments Nr. 2, als Fortsetzg. der Regiments-Geschichte bearb. Mit 2 Marschkarten in Steindr. gr. 8. (IV, 322 S.) Berlin 884. Mittler & Sohn. n 9.—

Weisbrodt, das Litthauische Ulanen-Regiment Nr. 12 von der Formation bis zur Gegenwart. gr. 8. (VI, 325 S. mit Illustr. und 2 Marschkarten.) Berlin 886, Mittler und Sohn. * geb. *

Weisbrodt, G., die Hannoversche Staatsschrift u. d. Deutsche Zollvereln. gr. 8. Berlin 844, Springer. n. 1/2 ₰

Weisbrodt, Johann (Pyritz) Trew Q 149/13

Dissertatio inauguralis medica, de haemorrhoidum consensu cum capite et pectore. Präs. Michael Alberti. Halle (Henckel) X. 1718. 51 S. 36160

Weischedel, H., s.: Maler-Kalender.

Weischedel, H., prakt. Ratgeber für Maler, Anstreicher u. Lackierer. 2. Bd. (Neubr. des techn. Tls. des „Malerkalender" f. 1895.) gr. 16. (96 S.) München 895. G. D. W. Callwey. n. 1.— (1 u. 2: n. 3.—)
Bd. 1, s.: Rauert, Friedr.

Weischer, Paul: Über die Aneurysmen der Arteria pulmonalis. Würzburg 1904: F. Scheiner. (44 S.) 8°
Würzburg, Med. Diss. v. 1904.

Weischer, Theodor

Weischer, Thdr., analyses of classic English plays, s.: Laing, F. A.

Die im Augusta-Hospital zu Köln gebräuchlichen Arznei-Formen zsgest. von Dr. Th[eodor] Weischer, Assistenzarzt. *Köln: P. Neubner 1900.* (65 S.) 8° [01. 6728 B]

Weischer, Thdr., Pierre-Jean de Béranger et ses chansons. 4. (12 S.) Neuwied 869, (Heuser's Verlag.)

—— Biographies of English Poets, s. Saure, H.

—— Elementarbuch der englischen Sprache. gr. 8. (117 S.) Neuwied 872, Strüder.

—— dass. — gr. 8. (117 S.) Neuwied 874, Heuser's Verlag.

Weischer, Theodor [aus Köln a. Rh.]: Zur Casuistik der Verletzung des Ductus thoracicus ... (Aus: Deutsche Zeitschr. f. Chir., Bd. 38 Heft 4/5.) Würzburg, Druck d. Köhl & Hecker'schen Buchdr., 1894; 20 S. 8.
Würzburg, Med. Fak., Inaug.-Diss. v. 1894

Weischer, Thdr., Lehrbuch der englischen Sprache. 2. Thl. gr. 8. (VIII, 318 S.) [Neuwied 876, Heuser'sche Verlagsh.] Köln, Roemke und Comp.
Den 1. Thl. bildet: Weischer, Thdr., Elementarbuch der englischen Sprache;

—— dass. — 1. Thl. 2. sehr verb. und verm. Aufl. gr. 8. (142 S.) Köln 877, Roemke und Comp.

—— Schulgrammatik der englischen Sprache. 2. verm. und verb. Aufl. gr. 8. (X, 416 S.) Berlin 883, Herbig. *

Weischer, Wilbrand

Weischer, Euthanasia, od. dreißig Betrachtn., durch welche d. sterbl. Mensch geg. d. Schrecken d. Todes ermuthigt u. gekräftigt werden kann. Nach d. Tode d. Verf. hrsg. v. Bernard Rottendorff. Uebersetz. n. d. lat. Ausg. d. Officin. Plantin. zu Antwerpen v. J. 1666. 8. (15 1/2 B.) Münster 838, Deiters.

Weischner, Siegmund Carl Friedrich, Die ritterliche Geschicklichkeit im Fechten, durch ungezwungene Stellungen und kurzgefaßte Lehrsätze gezeigt, verb. u. verm. Aufl., m. Abb. Weimar 1765, 44 S., 29 Taf., Quer-8°.

Weischner, C. F., ritterl. Geschicklichkeit im Fechten durch ungezwungene Stellungen. Mit 30 Kpf. 4. Weimar 766. (Hoffmann).

Weischner, S. K. F.: Übungen auf dem Fechtboden. Weimar 1762. 56 S.

Weischner, Siegmund Carl Friedrich, Übungen auf dem fürstlich sächs. Hoffechtboden zu Weimar, verb. u. verm. Aufl., Weimar 1764, 66 S., 1 Taf., Kl.-8°.

— s. Uebungen auf d. Fechtboden.

Weisdorff, Edm., s.: Gründungsreden, die, der Ortsgruppe Saarbrücken des Hansabundes.

Weisdorff, Jak.

Weisdorff, J., der alte Bettler, eine Erzählung f. die Jugend. 24. (141 S. m. 1 Holzschn.) Saarlouis 852, Stein. 6 ngl

—— Elternliebe und Kindespflichten. Eine Sammlung schöner Lehren und anmuthiger Erzählungen. Nach dem von der pariser Akademie gekrönten französischen Werkchen H. Barreau's deutsch bearb. 8. (192 S. mit 1 Stnt.) Saarlouis 852, Stein.

—— Georg, der kleine Schornsteinfeger, oder Gott verläßt die Seinen nicht. 24. (115 S. mit 1 Holzschn. in Tondr.) Saarlouis 852, Stein.

—— German, der glückliche Landmann. Das Vogelnest. 24. (117 S. mit 1 Holzschn. in Tondr.) Saarlouis 852, Stein.

—— Klatsch-Katharine. Der todte Affe. Der buckelige Onkel. Drei Erzählungen für Kinder. 24. (115 S. mit 1 Holzschn. in Tondr.) Saarlouis 852, Stein.

Weisdorff, Jak., Leon u. Aline od. Die Schule des Unglücks, s.: Aus Welt u. Leben.

—— Leon und Aline, die gottvertrauenden Kinder, oder die Schule des Unglücks. Eine Geschichte aus der Schreckenszeit. Nach dem Französ. erzählt. gr. 12. (194 S. mit 1 Stnt.) Saarlouis 852, Stein.

—— Medor, der gute Hund, und Paul und Anna, oder die im Walde verirrten Geschwister. 24. (119 S. mit 1 Holzschn. in Tondr.) Saarlouis 852, Stein.

—— der Tugendspiegel. Erzählungen für die heranwachsende Jugend. 24. (117 S. mit 1 Holzschn. in Tondr.) Saarlouis 852, Stein.

—— naturgeschichtliche Unterhaltungen für Kinder. 8. (94 S. mit 25 eingedr. Holzschn. und 1 ill. Holzschnt.) Saarlouis 852, Stein.

Weise [Sachl. OW]

Weise, Der. Hamburg 1743. V: *Hagedorn, Friedrich von.* (schr)

Weise, Der; eine Wochenschrift. Halle 1766—67. V (Th. 1): *Kinderling, Johann Friedrich August.* V (Th. 2): *Kinderling, J. F. A & Andere.* H: *Klotz, Chn Adolph.* (Adel) (MGT) (Ky)

Weise, der, eine moral. Wochenschrift, (von J. F. A. Kinderling u. Kloz). 2 Thle. gr. 8. Halle 767. (Laue in Berl.) 1 rß 12 gl

ANDÄCHTIGE Weise dem Amt der heil(igen) Messe nützlich beizuwohnen. o. O. o. J. o. Dr. 48 S. - 120 mm

— andächtige, dem Amte d. heil. Messe nützlich beizuwohnen ꝛc. 18. Grätz 809. Miller. 4 gl

ANDÄCHTIGE Weise, dem Amte der heiligen Messe nützlich beizuwohnen. In Betrachtung des bittern Leidens und Sterbens unseres Herrn und Seligmachers Jesu Christi. Mit beigefügten Morgen- und Abend-Gebetlein. Budapest 1905.
- Dass. o. O. o. J. o. Dr. 48 S. - 110 mm
- Dass. Pesth o. J.: A. Bucsánszky. 68 S. - 24°

— andächtige, d. heil. Messe beizuwohnen, u. dabei d. Leiden Christi zu betrachten. 12. Augsb. 803. Kranzfelder. 1 gl

Weise, andächtige — dem heiligen Meßopfer beizuwohnen. Mit bildlichen Darstellungen des bittern Leidens und Sterbens unsers Herrn Jesu Christi ꝛc. 24. (142 S.) **Eger, bei J. Kobrtsch u Gschihay, 1853.**

Weise, andächtige —, das Amt der heiligen Messe zu hören. Durch heilsame Betrachtungen des bitteren Leidens und Sterbens unseres Herrn Jesu Christi, sammt beigefügten Morgen-, Beicht-, Communion-, Litanei- und Abendgebeten. Neuhaus 1855. Druck und Verlag von Alois Landfraß (180 S. und 1 Abbildung. kl. 8.)

Weise, andächtige, das Amt der h. Messe zu hören. 8. (128 S.) Neuhaus 860, Landfraß und Sohn.

Mit Kirchenlied

Weise, andächtige, das Amt der heiligen Messe zu hören. Durch heilsame Betrachtungen des bittern Leidens und Sterbens unseres Herrn Jesu Christi, sammt beigefügten Morgen-, Beicht-, Communion-, Litanei- und Abendgebeten. 32. (XXII und 169 S.) Neuhaus 864, Landfraß und Sohn. *.

— auf welche, könnten d. Lehnsverhältnisse in Deutschland aufgehoben werden. 8. Leipz. 798. (Lauffer). 4 gl

Weise, beste, für Katholiken, christliche Liebe ihren protestant. Brüdern im teutschen Vaterlande zu erweisen. 4. Aufl. 8. Amberg 843. (Regensburg, Manz.) 1/24 rß

Weise zu betrachten, für angehende Geistliche ꝛc. 8. Augsb. 790. Bolling. 5 gl

Weise z. betrachten f. angehende Geistliche ꝛc. 8. Augsbg Bolling. 795.

Weise, der, in China; Trspl. 8. Bresl. 756. 3 gl

Der Weise, der den Tod kennet und ihn nicht fürchtet. In einer zum Ehren-Gedächtniss des am 26sten April verstorbenen Herrn Martin Krônigke gehaltenen Trauer-Rede in der Versammlung der Ehrw. Frey-mâurer betrachtet von C. L. T. Berlin 1774: Winter. 20 S. 4⁰ [Umschlagtit.]
Kl. 1327. 23.

— der englische; od. Wenige denken so. Lustsp. 8. Wien, Trattner. 770.

Weise, Der englische, oder wenige denken so; Lustspiel in 3 A. nach d. Franz. Wien 1771. V: *Steigentesch, Conrad.* (GGr)

Weise, Der englische; Schauspiel. A. d. Franz. Frankfurt 1771. Ü: *Faber, Joh. Heinr.* (Ky)

Weise, der englische; Schspl. Aus d. Französ. (von J. H Faber). 8. Frankf. 771. Andreä. 6 K

Weise, Erste und führnehmste, dem Heiligen Mess-Opffer nützlich und andächtig beyzuwohnen . . . Mannheim 1741. V: *Vogel, Matthäus.* (Jes) (So)

— über d. gerechteste u. geschwindeste, den Frieden von Lüneville im deutschen Reiche auszuführen. 8. Landsh. 801. Weber in München). 2 K

Weise, Der glücklich gewordene, oder Briefe und Originalstücke, enthaltend die Abentheuer Eugen Saint Pairs; aus d. Französ. Gera 1788—1790. V: *Lesuire, Robert Martin.* Ü: *Kühne, Christian Friedrich Gottlob* oder *Christian Andreas Behr.* (BGE VIII³, 356/7)

Weise, der glücklich gewordene, oder Briefe und Originalstücke enthaltend die Abentheuer Eugen San Pair's, aus dem Franz. 6 Theil, 8. Gera, 788/89. Bekmann. 5 Rthl. 15 sgl.

Weise, d. glücklich gewordene, od. Briefe u. Originalstücke, enthalt. d. Abenteuer Eugen Sanspair, a. d. Franz. 6 Thle. oder 2 Bde. 8. Gera, Beckmann. (Kummer in Leipz.) 788—90.

— kräftige, auf welche sich Kranke u. Leidende durch ein glaubensvolles Gebet von Gott Hülfe verschaffen können. 8. Sulzb. 822. v. Seidel. 2 K

KURTZE, aber gute Weise, wie der heilige Kreuzweg Jesu Christi in 14 Stationen ausgetheilet, von denen Brüdern, und Schwestern des dritten Ordens Francisci, wie auch von andärn andächtigen Christgläubigen alle Sonntag in der Fasten um halber 1 Uhr alle 4-te Sonntag eines jedwederen Monats gegen 3 Uhr öffentlich, innsonderlich aber von einer jeglichen nach seinem Belieben, bei denen EE. PP. Franciscanern in Pest soll verrichtet und besucht werden. Pest. 1781. Gedr. b. Anna Eitzenbergerinn. 48 S. - kl. 8°

KURTZE, aber gute Weis, wie der heilige Kreutz-Weg Jesu Christi . . . von denen andächtigen Christgläubigen in der Fastenzeit verrichtet werden. Stuhlweissenburg 1821: Druck. Sommer. 40 S. 15 t. - 160 mm
- Dass. Ofen 1830: Druck. Katharina Landerin. 36 S. - 155 mm

Weise, Leichte, die Gantze Biblische Historie . . . zu erlernen; a. d. Frantz. Bonn 1738. Ü: *Reipkens, Heinrich.* (Jes)

Weise und Manier, unter einander Frieden zu halten. Regensb. [17??]. V: *Kraus (Krauss), Johann Bapt.* (Ml.) (Lindner)

— u. Manier, wie d. Priester zu dem Amte d. heil. Messe dienen solle. 12. Insbr. 806. Wagner. Das Dtzd. 6 K

Weise, der, aus d. Mond, durch mich. 2 Thle. 8. Nirgends 768. Eßlinger. 1 xf 8 K

WEISE, Der, an den Mond durch mich. Nirgends 1 000000000000 1. (1801?) 8⁰. (In München: P. o. germ. 1559.)
Ziemlich zahmes satyr.-moral. Werkchen. — Rar!

SEHR nützliche Weis und Manier den seligen Petrum Forerium, Regulirten Chorherrn St. Augustini Ordens aus Lothringen &c. Täglich durch andächtige Gebeter zu verehren, und durch seine Fürbitt sonderbare Gnaden von Gott zu erlangen. Erstlich zu Rom in wälscher, anjetzo in deutscher Sprache gedruckt. Preßburg 1768: Johann Michael Landerer. 48 S. - 170 mm
- Dass. Preßburg 1787: Patzko. 38 S. - 8°
- Dass. Preßburg 1831: Belnay. 38 S. - 8°

Weise, Der, in der That. Ein Schauspiel in fünf Aufzügen. Nach Sedaine. O. O. 1793. V: *Gotter, Fch. Wilhelm.* »Leipzig 1781«. (GGr. IV³, 660, Nr. 20/24) V: *Jester, Ernst Fch.* (GGr IV³, 662, Nr. 24/6) (Briefe über die Wienerische Schaubühne, Wien 1768, S. 347—374) (Biblport)

Weise, der, in der That. Schausp. v. Gotter. 8. Lpz. Dyk. 786.

འཛངས་བླུན། oder der Weise und der Thor. Aus dem Tibetischen übersetzt und mit dem Originaltexte herausgegeben von J. J. Schmidt. 2 Thle. Der Tibetische Text nebst der Vorrede. — Die Uebersetzung. gr. 4. St. Petersburg 843. Leipzig, Voß. baar 5 xf

— der, in d. Uniform, oder ihm nimmt nichts Wunder. Lstspl. 8. Regensb. 783. 3 K

Weise, Oberforstmeister Wilhelm, in Hann. Münden. (S. 161—180 m. Abbildgn. u. 1 Taf.) Lex. 8. Neudamm (907). J. Neumann. — 60
Sonderabdruck aus: „Das Weidwerk in Wort u. Bild“.

Weise [Verfasser]

Weise (Resp.): Pr. Aretaei asthma πνευμωδες ..., s. Baldinger, Ern. God. (Praes.)

Weise, Dr., Beitrag zur Empfehlung des immerwährenden Blasenpflasters. 8. Leipz. 795. (Brockhaus). 4 K

Weise, Beytrag zur Empfehlung d. immerwährenden Blasenpflasters. 8. Leipz. Feind. (Gleditsch). 795.

Weise's deutsche Bücherei. Nr. 1—10. Hrsg. im Auftrage der literar. Vereinigg. des Berliner Lehrervereins. kl. 8. Berlin, A. Anton & Co. à Nr. n. — 30

Goethe, J. W. v., Götz v. Berlichingen m. der eisernen Hand. Ein Schauspiel. Mit Einleitg. u. Anmerkgn. hrsg. v. C. L. A. Pretzel. (128 S.) (905.) (Nr. 10.)

— Hermann u. Dorothea. Mit Einleitg. u. Anmerkgn. Hrsg. v. Karl Weise. (XX, 92 S.) (903.) (Nr. 2.)

Kleist, Heinr. v., Prinz Friedrich v. Homburg. Ein Schauspiel. Mit Einleitg. u. Anmerkgn. hrsg. v. Alex. Troll. (XV, 88 S.) (904.) (Nr. 6.)

Lessing, G. E., Minna v. Barnhelm, od. das Soldatenglück. Hrsg. v. G. Gramberg. (123 S.) 902. (Nr. 1.)

Schiller, Frdr. v., die Jungfrau v. Orleans. Eine romant. Tragödie. Mit Einleitg. u. Anmerkgn. sowie e. Uebersichtskarte. Hrsg. v. Herm. Berdrow. (XII, 140 S.) (903.) (Nr. 4.)

— Wilhelm Tell. Schauspiel. Mit Einleitg. u. Anmerkgn. sowie e. Uebersichtskarte. Hrsg. v. H. Heilmann. (XII, 192 S.) (903.) (Nr. 3.)

— Wallenstein. Ein dramat. Gedicht. Mit Einleitg. u. Anmerkgn. Hrsg. v. Paul Schneider. (XV, 296 S.) (905.) (Nr. 8. 9.)

— Maria Stuart. Ein Trauerspiel. Mit Einleitg. u. Anmerkgn. hrsg. v. Alfr. Knospe. (VIII, 161 S.) (904.) (Nr. 7.)

Uhland, Ludw., Ernst, Herzog v. Schwaben. Trauerspiel in 5 Aufzügen. Mit Einleitg. u. Anmerkgn. Hrsg. v. Eduard Wolf-Harnier. (X, 70 S.) (903.) (Nr. 5.)

Weise, das sächsische Enteignungsrecht, s.: Vorträge üb. Gesetzeskunde u. Verwaltung. 35. Hft.

Weise, Festrede, geh. bei der 25jähr. Jubelfeier der Forstakademie Münden, s.: Weise, Wilh.

— die sächsischen Gemeindeordnungen, s.: Vorträge üb. Gesetzeskunde u. Verwaltung. 36. Hft.

Weise, Swinemünde u. Stettin, s.: Grieben's Reiseführer.

Weise, A., Karte des Kriegsschauplatzes in Egypten. 1 : 750,000. Chromolithogr. qu. Fol. Berlin 882, (Bartels.) — 25

Weise, auch Weiß, Ad. Cph., († d. 7. Juni 1800.) vollständ. Guldenkabinet, in d. Ordnung d. Madaischen Thalerkabinets zusammengetragen u. mit nöthigen Register versehen. 2 Thle. gr. 8. Nürnb. 780—82. (G. Winter). (Enobloch in Leipz.) 2 Thlr 16 Gr

Weise, Adam

Weise, Adm., Albrecht Dürer u. sein Zeitalter. Mit 1 Kpf. gr. 4. Leipz. 819. (Brockhaus). 1 Thlr 12 Gr

— Grundlage zu d. Lehre von den verschied. Gattungen d. Malerei. 8. Halle 823. (Reinicke u. Comp.) 1 Thlr 4 Gr

Weise, A. Grundlage zu der Lehre von den verschiedenen Gattungen der Malerei. Halle und Leipzig 1825. 8°.

Weise, (A.,) Guido, Lehrling Albr. Dürers. Eine Erzähl. aus d. 16. Jahrh. gr. 12. Dessau 826, Ackermann.

— Kunst u. Leben. Ein Beitrag zur Landschaftsmalerei. gr. 8. Halle 825. Reinicke u. Comp. 1 Thlr 4 Gr Schrbp. 1 Thlr 8 Gr

Weise, Albin, bibliotheca germanica. Verzeichniss aller auf Deutschland u. Deutsch-Oesterreich bezügl. Orig.-Werke, sowie der bemerkenswerthen Artikel, welche in den hervorrag. period. Schriften in den J. 1880—1885 im gesammten Auslande erschienen sind. 8. (142 S.) Paris 886. Le Soudier. n. 3. —

Weise, Alwin, Bibliotheca Germanica. Verzeichniss aller auf Deutschland u. Deutsch-Oesterreich bezüglichen Originalwerke, sowie der bemerkenswerthesten Artikel, welche in den hervorragenden periodischen Schriften in den J. 1880 – 1885 im gesammten Auslande erschienen sind. Paris u. Leipzig 1886. 8. . . . . (D).

Weise, Alfred, approb. Arzt aus Rogasen: Über einen Fall von Dermatitis exfoliativa universalis. *Halle a. S. 1904: C. A. Kaemmerer & Co.* (32 S.) 8°
Halle, Med. Diss. v. 21. Mai 1904.

Weise, Alfred, Kgl. Bergreferendar aus Eisleben: Über die in einem allgemeinen deutschen Berggesetze vorzubehaltenden Mineralien. *Eisleben 1898: E. Schneider.* (45 S.) 8° [F.]
Leipzig, Phil. Diss. v. [20. Dez.] 1898

Weise, Aug.: Kritische und erklärende Bemerkungen zu Catull carm. 68. 40 S. – Zeitz, Progr. 1869.

Weise: Zur Kritik des Catull. 38 S. – Naumburg, Progr. 1863.

Weise, A., Zur Kritik des Catull (c. 68, c. 65 und c. 101). Pr. 1863. 38 S. 4°. 2.—

Weise, Aug., Nachrichten aus der Vergangenheit und Gegenwart der Gemeinde Ebersbach, nebst Einblicken in die Natur ihrer nächsten Umgebung. (In 5—6 Lfgn.) 1. und 2. Lfg. gr. 8. (64 S. mit 2 Lichtdr.-Taf.) Ebersbach i. S. 888. (Löbau, Oliva.) à Lfg. *

Weise, Aug., Wörterbuch zu Arrians Anabasis, mit besonderer Rücksicht auf Eigennamen und Sach-Erklärung ausgearbeitet. Leipzig 854. Hahn. gr. 8. (VII, 246 S.) 25 ngr.

Weise CG, theoretisch-praktisches Handbuch für Weber. Frankenberg 1854

Weise, C. G., theoretisch-praktisches Handbuch für Weber. Enth. die wesentlichsten Vorrichtungen der Weberei sowohl auf Schäfte als auf Jacquard-Maschine. Dargestellt und nach 30jähr. Erfahrung bearb. 3., verb. und verm. Aufl. gr. 8. (IV und 150 S. mit 30 Kpfrt. in Fol. und 1 praktisch gewebten Mustertafel.) Burgstädt 862. (Glauchau, Petzoldt.) *

Weise, Carl, s. Weise, Karl

Weise, Chr. Friedrich, s. Weiße, Chr. Friedrich

Weise, Chr. Wlh., s. Gravina, von d. Quellen ꝛc.

Weise, Christ.

Weise, Chr., ökonom. Aufklärungsbuch für Bauern u. Haushalter. 8. Leipz. 791. (Brockhaus). 3 Gr

Weise, Chr.: „Oekonomisches Aufklärungsbuch für Bauern und Haushalter, besonders für meine Landsleute", Leipzig 1791 (Heinsius).

Weise C.: Gebrauch d. Trokars bey dem Aufschwellen d. Rindviehes v. Ueberfressen nebst pract. Bemerkungen üb. die Kleefütterung. Leipz. 1789. 47 S. P.

— Gebrauch des Trokar bei Aufschwellung des Rindviehes vom Ueberfressen, nebst prakt. Bemerkungen über d. Kleefütterung. 8. Leipz. 789. (Brockhaus). 2 Gr

Weise, Chr., († d. 27. Febr. 1796.) vollständ. Unterricht vom Tabaksbau im Gebirge, besonders um d. Gegend von Zwickau, wie vom Samen bis zum Verkauf damit zu verfahren, aus eigener Erfahrung aufgesetzt, u. alles ausführl. angezeigt. 8. ...780.

Weise, Christian: „Politischer Academicus, Das ist Kurtze Nachricht, wie ein zukünftiger Politicus seine Zeit und Geld auff der Universität wohl anwenden könne", Amsterdam 1684, neue Auflage ebenda 1685. — Vorh.: UB Berlin und Breslau. — Weitere Auflage 1696 (ebenda), vorhanden: UB Münster. — Weitere Auflage ebenda 1708, vorhanden: UB Göttingen.

Weise, Chr., comment. de affectu amoris Christi hujusque harmon. cum asperitatibus ira et perturbationibus Christi. 4. Lips. Gleditsch. 724.

Christians Weisens // Erbauliche // Buß- und Zeit- // Andachten /// Bestehende // In CXXX. // Oden, // Welche derselbe bey der Buß- und Com- //munion-Andacht aufgesetzet /// nunmehro aber // Aus seinen hinterlassenen / so wohl // geschriebenen Collegiis als auch gedruckten // Carminibus mit Fleiß zusammen // colligiret. // Budißin /// Verlegts David Richter. // 172o. - Titelkupfer, Titelblatt und S. 17-266, und noch 2 Blatt (nicht paginiert) Register.

Weise, Chr., doctrina logica. 8. Lipsiae, Schuster 731.

— enchiridion grammaticae. 8. Dresden. 722.

— epistolae selectiores cum iis clar. viror. ad eund. ed. a. Ch. G. Hoffmann. 8. Bauzen, Drachstädt, 716.

— Erbauung zum Wachsthum in d. Gnade u. Erkenntniß Jesu Christi, in Epistelpredigten. 4. Leipzig, Hilscher. 717.

— die drei ärgsten Erznarren in der ganzen Welt, s.: Neudrucke deutscher Litteraturwerke des XVI. u. XVII. Jahrhunderts.

Floretto. Lustspiel in 5 Aufzügen, nach dem Altdeutschen für die Bühne bearb. von K. Halling. Breslau 1833. 8°. (1 Mk. 25 Pfg. Heckenhauer, Tübingen, 1879.)
Bearb. von *Christian Weise's* Comödie „Die Triumphirende Keuscheit".

— curiöse Fragen üb. d. Logica. 8. Leipzig. (Frommann in Jena). 714.

— polit. Fragen od. Nachr. v. d. Politik. 6 Thle. Dresden, Hilscher. 708—14.

— Gedanken v. deutschen Briefen. 8. Dresden. 719.

— curiöse Gedanken v. Novellen od. Zeitungen. 8. Coburg. 706.

— curiose Gedanken v. deutschen Versen. 8. Leipzig, Gleditsch. 702.

— Gedanken üb. die Tugendlehre, nach Anleit. d. Vaterunsers. 8. Ebend. 703.

Christian Weisens überflüßige Gedancken der grünenden Jugend. Leipzig, bey Thomas Fritsch (darüber dessen Signet: Pegasus), 1701. 8°. (Auch in Dresden: Lit. Germ. rec. B. 2512.) (8 Mk. J. A. Stargardt's Berliner Mai-Auct. 1896, no. 718; 30 Mk. Adolf Weigel, 1911.)

Weise, Chr., auserlesene Gedichte, s. Bibliothek deutscher Dichter XIV

— kluger Hofmeister seine Untergebenen in d. Historie wohl zu informiren, mit Junkers Forts. 12. Hamburg, Martini. 712.

— Inhalt d. Theologie. 8. Leipz. Hilscher. 710.

— institutiones oratoriae. 8. Dresdae. (Weidmann, Lips.) 709.

— Curieuser Körbelmacher, Wie solcher auff dem Zittauischen Theatro den 26. Octobr. MDCCII. von Etlichen Studirenden praesentiret worden ... Görlitz, Jacob Rohrbach 1705. 8°. *Titelkupfer*, 7 Bl. 192 S. Neuerer Halblederband.

G. III, 280, 32. FdF. beschreibt unter Nr. 1634 nur den späteren Druck von 1719. Seltene erste Ausgabe. Das Titelkupfer zeigt die Körbelmacher bei der Arbeit mit dem Titel „Der Curieuse Körbelmacher aus dem Grossen Handwerck". Daneben auf gesondertem Blatt die Erklärung in Versen.

— d. 3 klügsten Leute in d. ganzen Welt. 12. Augsb. 710.

Weise, Christian, Christian Weisens // ungleich und gleich gepaarte // Liebes- // ALLIANCE, // Wie solche // Vor einigen Jahren // In einem // Lust-Spiele // vorgestellet worden /// Nunmehr mit einer // Ausführlichen Vorrede // heraus gegeben. // Görlitz /// Bey Jacob Rohrlachen / 17o8. - 8 Blatt (nicht paginiert) Titelkupfer, Titelblatt und Vorrede. - 24o S.

Masaniello. Trauerspiel von Christian **Weise** (1683). Hrsg. von Robert Petsch. Halle a. S.: M. Niemeyer 1907. (XXXVII, 184 S.) 8°
= **Neudrucke** deutscher Litteraturwerke d. 16. u. 17. Jhs. No 216-218.
[07. 10135 3]

Christian Weisens Politische Nachricht von sorgfältigen Briefen .. An statt des dritten Theils zum curieusen Gedancken von deutschen Briefen in einem absonderlichen Buche vorgestellet ... Nebenst einem Vorbericht vom Galanten Hoff-Redner ... Dreszden und Leipzig, Verlegts Johann Christoph Mieth, 17o1.

Weise, Christian. Nucleus ethicae et politicae . . . S. l. 1703. H: *Lange, Johann Christian.* (Dunkel, Hist-Crit. Nachrichten v. verstorb. Gelehrten. Dessau 1753—56. 1. S. 667.) (ML) (Stri)

Weise, Christian (Leipzig) 4°Misc. 180°/12

Numina vialia. Dissertatio prior.
Leipzig (Schniebes) 20. IX. 1724. 40 S.

Gew.: Christian Weise (Vater), Paul Christian Hilscher.
36162

Weise, Christian (Leipzig) 4°Misc. 180°/12a

Numina vialia. Dissertatio altera.
Leipzig (Breitkopf) 12. IX. 1725. 40 S.
36163

- - , Neue Proben // von der vertrauten // Redens-Kunst /// Das ist: // drey Theatralische Stücke /// I. Von dem Spanischen Favo- //riten Olivarez. // II. Von dem jungen Könige // Wentzel in Böhmen. // III. Von dem träumenden // Bauer am Hofe Philippi Boni in // Burgundien. // Welche vormahls auff dem Zittauischen // Schau-Platz gesehen worden. // Nu aber nützlich und vergnügt zu lesen seyn. // nebst einer Vorrede // von der also genannten // PRUDENTIA SERMONIS SECRETI. // heraus gegeben // von // Christian Weisen. // Dreßden und Leipzig /// bey Johann Christoph Miethen / und // Johann Christoph Zimmerman. // Anno 17oo. - 8 Blatt (nicht paginiert) Titelkupfer, Titelblatt und Vorrede. - 256, 192 und 156 S.

Weisen, Christian (Hrsg.), s. a. Proben, Neue, von der vertrauten Redens-Kunst.

— gelehrter Redner. 8. Leipz. Gleditsch. 714.

Christian Weisens theatralische Sitten-Lehre, oder dessen curiöser Körbel-Macher und triumphirende Keuschheit, wie solche ehedem auf d. Zittauischen THEATRO (1702) praesentiret worden, denen vielen Liebhabern zu Gefallen abermahls aufgelegt. Zittau, zu finden bey Joh. Jac. Schöpsen, 1719. 8°. Rar!

8 Bll. Vorst. (incl. roth u. schwarz gedr. Tit.) u. 288 SS. — Zuerst gedr. Görlitz 1705. 8°. — Die „triumphierende Keuschheit" erschien zuerst 1668.

— Staatsgeographie. 8. Leipz. 706.

— oratorisches System, sammt e. Kapitel v. polit. Reden. 8. Leipz. Gleditsch. 707.

Weise, Christian: Systema psalmorum metricum a celeberrimo Anglo Francisco Hare nuper adornatum delineat simulque ad orationem inauguralem . . . invitat. (Lipsiae 1740.)

Weise's, Chrn., Bauern-Komödie von Tobias und der Schwalbe, s. Bibliothek deutscher Curiosa.

Weise's, Ch., Schulkomödie von Tobias und der Schwalbe, s. Universal-Bibliothek Nr. 2019.

Weise, Christian: Bauern-Komödie Von Tobias und der Schwalbe (1682). Mit e. Einleitung herausgegeben von Rud. Genée. Berlin, Hofmann, 1882. 8°. XXI & 98 S. OPbd. (Rücken beschäd.) Gute Neuausgabe

— Todes- und Sterbensgedanken durchs ganze Jahr, nach Anleit. d. Evangelien. 8. Leipz. Gerlach. 708.

Christian Weisens // Erbauliche // Trost- und Sterbe- // Andachten /// Bestehende // In CVII. // Sterbe-Oden /// Welche derselbe bey Beerdigung frommer // und Christlicher Persohnen aufgesetzet /// nunmehro aber // Mit allem Fleisse zusammen gesam- // let / und allen Christlichen Hertzen zu Un- // terhaltung ihrer Todes- und Sterbens-An- // dacht mit Fleiß gewidmet. // Budißin /// Verlegts David Richter. // 1720. - Titelkupfer, Titelblatt, S. 17-264 und noch 2 Blatt (nicht paginiert) Register.

— Untersuch. d. Lehre v. d. Termin d. Gnadenzeit. 4. Lpz. Gerlach. 707.

— Angenehmer und Kurtzweiliger Zeitvertreiber . . . . von *Orontes*. O. O. 1723. 8°. (In Berlin: Yi 6601.)

Weise, Christian Heinrich, s. Weiße, Christian Heinrich

Weise, Frau Clara, s.: Cron, Clara.

Weise, Crispin, s. Weise, Krispin.

Weise, E., Grundlehr-Stoff- u. Ziel-Plan für die Ostern 1868 zu Erfurt begründeten Mittel-Bürgerschulen. Erfurt 869. (Neumann.) gr. 8. (XV, 191 S.) cart. n. $17\frac{1}{2}$ *ngr*

Weise, E., Grundlehr-Stoff- und Ziel-Plan für die Ostern 1868 zu Erfurt begründeten Mittel-Bürgerschulen. gr. 8. (XV, 191 S.) Erfurt 870, (Neumann.) cart. *

Weise, E., neues Verzeichnis d. Kirchen-Bibliothek in Arnstadt i. Th. (IV, 183 S.) 8. Arnstadt 908. E. Frotscher. 2.—

Weise, E., Wandrer, schonet Wald u. Flur! Gemeinverständliche Darstellg. des neuen sächs. Forst- u. Feldstrafgesetzes. Für alle Wanderlustigen hrsg. vom Gebirgsverein f. die Sächs. Schweiz. Nebst Anh.: Forst- u. Feldstrafgesetz f. d. Königr. Sachsen vom 26. II. 1909 u. die einschlag. Bestimmgn. des Reichsstrafgesetzbuches. (56 S.) kl. 8. Dresden 909. E. Henkler. — 40

Weise, Elias, manuductio ad graece declinandum et conjung. 8. Lips. 735.

Weise, Ernst, erhalte deinen Körper gesund durch Luft, Bewegung u. Hautpflege, — Mutterpflichten, } s.: Volksbibliothek, deutsche.

Weise, Eugen (geb. Heilstadt in Westpr. [illegible] 1853): Ueber das Verhältnis des Grades der Hypermetropie zur Sehschärfe. Berlin (1886). (26 S.) 8°.

Berlin, Med. Diss. v. 14. Aug. 1886.

Weise, F. Oskar, Gymn.Prof. Dr.
s. **Weise**, Oskar.

Iog. 17713

Weise, F. W., der praktische Seifenfabrikant. Ein Lehrbuch der neuesten Fortschritte in der Seifenfabrikation, oder Anleitung harte und weiche Talg-, Harz-, Oel- und Olein-Seifen auf warmem und kaltem Wege herzustellen. Nebst Mittheilung einiger höchst werthvollen Geheimnisse in der Seifenfabrikation. Leipzig 854. Luppe. 8. (47 S.) 10 *ngr.*

Weise, F[elix], Referendar: Die Zession des suspensiv bedingten Vermächtnisses. Berlin 1906: W. Pilz. (VIII, 75 S.) 8°
Greifswald, Jur. Fak., Ref. Jung, Diss. v. 28. Juli 1906
[Geb. 23. Sept. 81 Marggrabowa, Kr. Oletzko; Wohnort: Kolberg; Staatsangeh.: Preußen; Vorbildung: Domgymn. Kolberg Reife O. 01; Studium: Tübingen 1, Berlin 1, München 2, Greifswald 3 S.; Rig. 20. Dez. 05.]

Weise, Ferdinand Christoph

— d. Architektonik aller menschl. Erkenntnisse u. Gesetze des Handelns nach den materiellen u. formalen Standpunkte tabellar. dargestellt. gr. Roy.-Fol. Heidelb. 812. (Manh., Schwan u. G.) 1 ß 2e vollend. Ausg. unt. d. T.: Architektonik aller menschl. Erkenntnisse, nach ihren neuen Fundamenten zu Gewinnung des Friedens in d. Philosophie untersucht u. tabellar. dargestellt. Imp.-Fol. Ebd. 815. 3e Ausg. 820. Verfasser. (Groos). 2 ß 12 gr Für d. Besitzer d. ersten Ausg. wird unter folg. Titeln ausgegeben: das Fundament aller menschl. Erkenntnisse, aus d. psychologischen u. rein philosophischen Standpunkte betrachtet. Ebd., (Ebd.) 20 gr Erläuterungen über d. Fundament ꝛc. Ebd., (Ebd.) 1 ß Vergleichende Darstellung d. reinen Verstandes- u. Vernunftbegriffe, als Organon eines ausführl. dogmat. Systems d. Transcendentalphilosophie. gr. 4. Ebd. 816. (Ebd.) 12 gr gr. Velinp. 16 gr Philosophische Entwickelung d. Begriffs vom Besitzrechte ꝛc. N. A. 821. gr. 8. Ebd., (Ebd.) 4 gr

Weise, Fd. Cph., Archiv zur Beförderung ächter Wissenschaft, in Gesellschaft deutscher Männer herausgegeben. 1s Stück. gr. 8. Heidelb. 812.

Weise, Fd. Cp.: Der Begriff d. Besitzrechts. *Heidelb.*, (813.) 820. 8.

Eb. vergleich. Darstellung d. reinen Verstandes- u. Vernunftbegriffe, als Organon e. ausführl. dogmat. Systems d. Transcendentalphilosophie. *Eb.* 821. gr 4° 12 *gl*

Weise, Fd. Cph.: Philos. Entwickelung d. Begriffes üb. Besitzrechte. Neue unveränd. Ausg. *Heidelb.*, (Groos.) 820. (4 Gr.)

— systemat. Entwurf d. ganzen prakt. Gesetzgebung, mit tabellar. Uebersicht einer Architektonik aller menschl. Erkenntnisse. 8. Manh. 804.

— das Fundament all. menschl. Erkenntniß, aus d. psychologischen u. rein philosoph. Standpunkte betrachtet. 8. Heidelb. (Frankf. am M. Brönner.) 815.

— actenmäßige Geschichte des Raubes zwischen Lautenbach u. Hemsbach an d. Bergstraße, mit e. Abhandl. über den Grund d. Strafrechts u. philosoph. u. moral. Reflexionen über d. Räuber. 8. Heidelb. 812.

Weise, F. C., d. Grundwissenschaft d. Rechts, n. e. Darstell. u. Prüfung aller durch d. krit. Philosophie veranlaßt. Philosopheme üb. d. Urspr. u. d. Wesen d. Rechts. 8. Tübingen, Heerbrand. 797.

— d. Grundwissenschaft des Rechts, nebst e. Darstellung u. Prüfung aller durch d. krit. Philosophie veranlaßten Philosopheme über den Ursprung u. d. Wesen des Rechts. 8. Tübing. 797. (Osiander). 1 ₰ 4 gl

Fd. Cp. Weise's philos. Religionslehre, e. Vers. die edlen Kämpfer Deutschlands um d. höchste Gut d. Menschheit zu versöhnen. Auch unt. d. T.: Erstes dogmat. System. 1r Bd. Die Grundwissensch. u. d. Religionslehre. *Heidelb.*, a. Kosten d. Vfrs. (Groos in C.) 820. 2 Thlr. gr8° Wohlf. Ausg. unt. d. erst. Tit. *Püneb.*, Herold u. Wahlstab. 825. gr8° 1 ₰

— philosoph. Religionslehre. Ein Versuch, d. edlen Kämpfer Deutschlands um d. höchste Gut, d. Menschheit zu versöhnen. gr. 8. Heidelb. 821. Groos. 2 ₰ Wohlf. Ausg. A. u. d. T.: erstes dogmat. System d. Philosophie. 1r Bd. gr. 8. Lüneb. 825. Herold u. W. 1 ₰

— allgemeine Theorie des Genies, ein Versuch. gr. 8. (Heidelb. 821. Groos). 8 gl

Weise, Fr., († 1807.) english and german Dictionary mythological. Englisch-deutsches histor.-mytholog.-antiquar. Lexikon. gr. 8. Braunschw. (Goßlar) 799. Lohmann. 2 ₰

Weise, Dr. Fr. Ad., über d. Zurückbildung d. Skirrhen u. d. Polypen u. über d. Heilung d. Krebsgeschwüre. 8. Leipz. 829. Lauffer. 9 gl

de Weise, Franc. Jac. Hubert (geb. Cöln 13. 4. 1803): Quaedam de antisyphiliticis. Berolini (1828). (31 S.) 8°
Berlin, Med. Diss. v. 24. Jan. 1828

Weise, Franz Sebastian, s. W e i ß , Franz Sebastian

Weise, Friedrich [Praes.], s. L i k e f e t t , Jod. Edm.: Codri mortem, historice et moraliter. exam.

Weise, Friedrich [Praes.], s. S a s s e , Peter Christoph: De perfectionibus punctorum.

Weise, Frid. August (geb. Querfurt 22. 10. 1819): De infantium gastromalacia. Berolini (1862). (32 S.) 8°
Berlin, Med. Diss. v. 28. Juni 1862

Weise, Frid. Gust. (geb. Drachhausen in d. Lausitz 10. 1. 1830): De struma. Berolini (1853). (43 S.) 8°
Berlin. Med. Diss. v. 7. Okt. 1853

Weise, Friedrich

Weise, Frid., Commentarius in epist. Iudae. 4. Helmstaedt, Süstermann. 722.

— Commentarius in Pauli Epistolam ad Galatas. 4. ibid. (F. C. W. Vogel in Lpz.) 705.

Weise, Friedrich (Naumburg) A. S. 1317/31

Dissertatio philosophica inauguralis de compendiaria eruditione. Präs. Gottlieb Samuel Treuer.
Helmstedt (Hamm) V. 1718. 24 S. 36164

Gew.: Gottlieb Treuer.

Weise, Friedrich: Zur Frage der Bühnenaufführung des äschyleischen Prometheus. Schleusingen 1908: Lang. 15 S. 4°
Schleusingen, k. Preuß. Hennebergisches G P 1908 (325) [S 08. 519

Weise, Friedrich: Über die Osteomyelitis des Oberkiefers besonders im frühen Kindesalter. Rostock 1907: Adler. 35 S. 8°
Rostock, Med. Diss. v. 16. Febr. 1909, Ref. Körner
[Geb. 5. Mai 84 Stettin; Wohnort: Gülzow i. P.; Staatsangeh.: Preußen; Vorbildung: Marienstifts-Gymn. Stettin Reife M. 02; Studium: Rostock 6, Marburg 2, Göttingen 1, München 1 S.; Coll. 10. Dez. 07; Approb. 6. Febr. 09.]
[U 09. 3733

Weise, Friedrich Ferdinand (Badenweiler) A. S. 157/15

De judiciali bonorum obaerati assignatione.
Präs. Ludwig Konrad Schmalkalder.
Tübingen (Bauhof) III. 1749. 40 S.
36165

Weise, Georg Andreas

Weise, Geo. Andr., († d. 16. Juni 1792.) für meine Katechumenen, zur Wiederholung aufgesetzt. 8. Magdeb. 786. Scheidhauer. 8 gl

— Predigt zur dankbaren Erinnerung d. wohlthätigen Regierung Friedrichs d. Großen, Königs v. Preußen. 8. Halle 786.

— Predigten über d. Sonn- u. Festtags-Episteln in ausführlicher Entwürfen mit G. Chr. Knapps Vorrede. gr. 8. Halle 793 (Reinicke u. Comp.) 1 ₰ 12 gl

— über die Reden des sterbenden Mittlers, 7 Predigten. 8. Halle, Hemmerde u. Schw. 778.

— über d. Reden des sterbenden Mittlers, 7 Predigten. 8. Halle 778. Schwetschke u. S. 6 gl

— Reden über d. Weissagungen des Jesaias, von Christi Leiden u. Auferstehung. 8. Halle 781. Schwetschke u. S. 10 gl

— Reden üb. d. 53ste Kapitel d. Jesaias. 8. Ebend. 781.

Weise, Georg Christoph (Finsterwalde) A. S. 744/3

Dissertatio juridica de jure et jurisprudentia domestica. Präs. Jakob Friedrich Ludovici.
Halle (Henckel) I. 1703. 72 S. 36166

Weise, Georg Christoph (Finsterwalde) A. S. 330/2

Dissertatio juridica de jure et jurisprudentia domestica. Präs. Jakob Friedrich Ludovici. Rec. Halle (Henckel) 1711. 72 S.

Diss. I. 1703. 36167

Weise, Georg Christoph (Finsterwalde) A. S. 161/3

Dissertatio juridica de jure et jurisprudentia domestica. Präs. Jakob Friedrich Ludovici, Rec. Halle (Grunert) 1747. 88 S.

Diss. I. 1703- 36168

Weise, Gustav

Weise's, Gust., Bilderwelt. Erster Anschauungsunterricht in 400 (farb.) Abbildgn. aus Haus u. Hof, aus Wald u. Feld. Fol. (24 S.) Stuttgart 891. G. Weise. Kart. n. 3. 50; einseitige Ausg. (24 Bl.), kart. n. 4. 50

— dasselbe Riesen-Leporello. Fol. (24 farb. Taf. auf Pappe m. 1 S. Text.) Ebd. 893. 6. —; Ausg. m. 48 Taf. u. 2 S. Text 10. —

Weise's, Gust., Bilderwelt. Erster Anschauungs-Unterricht in 400 Abbildgn. aus Haus u. Hof, aus Wald u. Feld. Fol. (24 farb. Taf. m. Text auf der Rückseite.) Stuttgart (902). G. Weise. Geb. 3.50

Weise's, Gust., Kinder-Bibliothek. 15 Nrn. 8. (à 12 S. m. 6 Chromolith.) Stuttgart 885. G. Weise. à n. — 10

— Leinwandbilderbücher. Nr. 218—221. 4. Ebend. 885. geb. n. 6. —
218. Guten Tag. Ein Bilderbuch f. jeden der's mag. 8 Bilder in Farbendr. m. (eingedr.) Versen.
219. Allerlei Getier, groß u. klein, plump u. fein, auf zwei Beinen u. auf vier. 8 Bilder in Farbendr. m. (eingedr.) Versen.
220. Bilderfreude. 6 Bilder in Farbendr. m. (eingedr.) Versen.
221. Lust u. Scherz. 6 Bilder in Farbendr. m. (eingedr.) Versen.

Weise's, Gust., Naturgeschichte in Bildern. Das Tierreich in 250 Abbildgn. f. den Anschauungs-Unterricht, nach Aquarellen v. J. Kissling. Fol. (23 farb. S. m. eingedr. Text.) Stuttgart 890. G. Weise. cart. n. 3. 50

— Naturgeschichte in Bildern. Das Tierreich in 250 Abbildgn. f. den Anschauungs-Unterricht, nach Aquarellen v. J. Kissling. Fol. (24 Bl.) Ebd. 891. Kart. n. 4. 50

— dasselbe. Riesen-Leporello. Fol. (24 farb. Taf. auf Pappe m. 1 S. Text.) Ebd. 893. 6. —

— dasselbe. (II.) Das Pflanzen- u. Mineralreich in 270 Abbildgn. f. den Anschauungs-Unterricht. Fol. (24 farb. S. m. 2 S. Text.) Ebd. 892. Kart. n. 3. 50; einseitig, kart. 4. 50

Weise's, Gust., Naturgeschichte in Bildern. Das Tierreich m. 250 Abbildgn. f. den Anschauungs-Unterricht u. beschreib. Text. (24 farb. Taf. m. Text auf der Rückseite.) gr. 4. Stuttgart (904). G. Weise. Geb. 3. 50

Weise's, Gust., Preisbilderbücher. 12 Nrn. [1) Mutter und Sohn. 2) Die leichtsinnigen Freunde. 3) Sei nicht neugierig. 4) Robert und Ida. 5) Die arme Familie. 6) Die Kinder im Walde. 7) Die beiden Nachbarn. 8) Führe uns nicht in Versuchung. 9) Der arme Christel. 10) Ein Seesturm. 11) Gottes Auge wacht. 12) Iwan der Krüppel.] 2. Aufl. 12. (à Nr. 6 S. Bilder in Farbendr. mit eingedr. Text.) Stuttgart 886, G. Weise. à Nr.

— (neue) Preisbilderbücher. Nr. 1—12. 16. (à 12 S. m. farb. Bildern.) Ebd. 893. à — 5
1. Aschenbrödel. — 2. Vom kleinen Däumling. — 3. Dornröschen. — 4. Von dem Fischer u. seiner Frau. — 5. Hänsel u. Grethel. — 6. Der gestiefelte Kater. — 7. Die sieben Raben. — 8. Rotkäppchen. — 9. Schneewittchen. — 10. Schwan, kleb an! — 11. Die Bremer Stadtmusikanten. — 12. Tischlein deck' dich!

Weise, Gustav, aus Erfurt: Atmosphärisch-Elektrische Ströme in vertikalen Leitern unter Berücksichtigung meteorologischer Elemente. *Sternberg 1904: A. Rohloff.* (65 S.) 8°
Rostock, Phil. Diss. v. [26. Juli] 1904

Weise's, Gust., lebendiger Struwwelpeter. Fol. (17 S. m. z. Tl. farb. Bild.) Stuttgart 895. G. Weise. Geb. n. 5. —

Weise, Gust. Adolphus (geb. Berlin 14. 6. 1816): De fistula vesico-vaginali. Berolini (1839). (32 S.) 8°
Berlin, Med. Diss. v. 15. März 1839

Weise, H., Eduard III. Trspl. in 5 A. 8. Wien 770. Trattner. 4 K

Weise, Heinrich

Weise, Heinr., s.: Hinrichs' Fünfjahrs-Katalog.

Weise, Heinr., Gullivers Reisen, s.: Swift, Jonathan.

Weise, Hermann

Weise, Hrm., deutsche Arbeit. Schauspiel in 3 Aufzügen. Musik von Bernh. Vogel. 8. (76 S.) Leipzig 878. Wolff in Comm. n. 1. —

Weise, Herm., der seitherige Blanco- u. Acceptations-Credit der Banquiers, u. als Ersatz dafür der Vorschlag eines Credit-Vereines. gr. 8. (63 S.) Aachen 848. (Mayer.) n. ¼ ₰

Weise, Hermann Kurze Darstellung von Spinozas Leben. 24 S. *Salzwedel* 1876. Progr.

Weise, Hermann: Erkrankungen des Ohres in Folge von Lues . . . Halle a. S., Hofbuchdr. v. C. A. Kaemmerer & Co., 1890; 29 + 1 S. + 2 Bl. 8°
Halle, Med. Fak., Inaug.-Diss. v. 19. Juli 1890.

Weise, Herm. De Horatio philosopho. 18 S. Progr. **Colberg* 1881

Weise, Herm., Marbod, König der Markomannen. Drama in 4 Akten. gr. 8. (IV, 72 S.) Dresden (902). (O. Damm.) n. 1. 20

Weise, Hermann [Oberl. Dr.]: Über die erste Rede des Antiphon. Stettin, Druck v. Herrcke & Lebeling, 1890; S. 1—14; 4°
Stettin, k. Marienstifts-G, OP 1890

Weise, Herm., Ueberraschungen. Lustspiel in V Akten. (VI, 74 S.) 8. Dresden (904). (O. Damm.) n. 1. —

— Belida oder das Winzerfest. Liederspiel in 3 Aufzügen. Musik von Bernh. Vogel. 8. (48 S.) Ebend. 878. n. 1. —

Weise, Herm., verwandelt. Drama in 3 Akten. (52 S.) 8. Dresden (908). (A. Urban.) 1. —

Weise, Herm., ernste Worte, an das deutsche Volk im allgemeinen und an den Verf. der „ernsten Gedanken" im besonderen gerichtet. gr. 8. (38 S.) Leipzig-Reudnitz 890. Max Hoffmann. n. — 50

Weise, Hugo, Bericht über den Verlauf und die Verhandlungen des XXII. allgemeinen Vereinstages der deutschen Erwerbs- und Wirthschafts-Genossenschaften, abgehalten zu Kassel vom 25. bis 28. Aug. 1881. Mit Benutzung der Referate der „Kasseler Zeitung" hrsg. gr. 8. (65 S.) Kassel 881, (Freyschmidt.) *

Weise, Hugo [aus Halle a. S.]: Ueber die Einwirkung von Schwefelsäure und den Chloriden derselben auf jodierte Benzolkohlenwasserstoffe ... Halle a. S., Buchdr. C. Colbatzky, 1895; 30 S., 1 Bl. 8.
Rostock, Phil. Fak., Inaug.-Diss. v. [7. Aug.] 1895

Weise, J., Catalogus coleopterorum Europae, s. Stein, J. P. E. F.

Weise, J., Catalogus coleopterorum Europae et Caucasi, s. Heyden, L. v.

Weise, J., s.: Catalogus Coleopterorum Europae, Caucasi et Armeniae rossicae.

— Chrysomelidae u. Coccinellidae, s.: Fauna, die, Südwest-Australiens. II. 1—4.

— Chrysomelidae v. Madagaskar, den Comoren u. den Inseln Ostafrikas. — Coccinellidae v. Madagaskar, den Comoren u. den Inseln Ostafrikas, s.: Reise in Ostafrika. II, 5.

Weise, J., Coccinelliden u. Hispiden aus Kamerun. (S. 55—63 m. 1 Taf.) gr. 8. Stockholm 903. (Berlin, R. Friedländer & Sohn.) n. — 90
Sonderabdruck aus: „Arkiv f. zoologi".

Weise, J., Coleoptera, s.: Erichson, W. F., Naturgeschichte der Insecten Deutschlands.

Weise, J. C. (Resp.): De nyctalopia seu coecitate nocturna, s. Bergen, C. Aug. a (Praes.)

Weise, J. F. W., Anweis., wie sich Familienväter u. Wundärzte auf d. Lande bei ihren Pocken- u. Masernkranken zu verhalten haben, wenn sie den Beistand eines Arztes entbehren müssen. 8. Lübeck 796. Bohn. 6 gr

Weise, J. W. F., Anweis. wie sich Familienväter u. Wundärzte auf d. Lande bey ihren Pocken- u. Masernkranken zu verhalt. haben, wenn sie d. Beystand eines Arztes entbehren müssen. 8. Lübeck, Bohn. (Niemann.) 796.

— neue Erfahrung über d. zuverlässigsten Kennzeichen d. Selbstbefleckung, u. einigen Winken zu Wiederherstellung der dadurch verlornen Gesundheit. 8. Lübeck 795. Bohn. 6 gr

Weise, J. G., Paulus Briefe an d. Römer, s. Paulus.

Weise, J. G., des apostol. Schreibens Pauli an d. Colosser Umschreibung. 8. Schneeb. 789. Schneider. 4 gr

Weise, Johann

v. Weise, Jh., deutl. Anweis. die Nelken durch Schnittlinge schneller u. sicherer zu vermehren, als es bisher durch Absenken möglich gewesen. Mit 1 Kpf. 8. Halle 800. Hendel. 6 gr

Weise, Joh. v., deutl. Anweis., d. Nelken durch Schnittlinge schneller u. sicherer z. vermehren, als es bisher durch d. gewöhnl. Art d. Absenkens mögl. gewesen. Mit 1 Kpf. Halle, 1800. (Schmidt.) — 7½

Weise, Joh., compendium metaphysicae. 8. Gies. 703.

Weise, Johann (Naumburg) 4°Phs.I,40/4

Dissertatio philosophica de controversiis eruditorum generatim consideratis.
Präs. Georg Heinrich Ribovius.
Helmstedt (Schnorr) 7. VI. 1727. 36 S.
36170

Weise, Jo., De irritabilitate morborum genitrice. 39 pp. Jen. 4°. 1772

Weise, Johannes: Ueber die sogenannte progressive Muskelhypertrophie. Halle (1868): Plötz. 31 S. 8°
Halle-Wittenberg, Med. Diss. v. 29. Aug. 1868
Geb. Dt. Krone (Westpr.) 1. 9. 1844. V.

Weise, Johann (Naumburg) A.S.599/21

Dissertatio historica de origine ordinis aurei velleris.
Präs. Johann Wilhelm Berger.
Wittenberg (Gerdes) 12. VIII. 1730. 58 S.
36171

Weise, Jh., s. v. Phelsum, Geschichte.

— Pyretologia practica, tentamen. II Pts. 8. maj. Vier, Graetfer. (Sommer in Lpz.) 783.
Vgl. Weiss, Joh.

Weise, Johann (Hrsg.):

s.: Rahn, Johann Heinrich: Physische Abhandlungen von den Ursachen der Sympathie, von dem Magnetismus und Schlafwandeln. Leipzig: 1790

Weise, Johs., Zins-Tabelle f. jeden Kapitalbetrag, Zinssatz u. Zeitraum. (52 S.) qu. 4. Düsseldorf (904). (Leipzig, G. A. Gloeckner.) Kart. n. 4. —

Weise, Johann Andreas Chr.

Weise, J. A. C., arithmet. Aufgaben z. Uebung im prakt. Rechnen f. d. unt. Klassen d. Gymnasien u. d. höh. Bürgerschulen. 8. (16 B.) Berlin 840, Th. Enslin.
Auflösungen hierzu. 8. (7¼ B.) Ebds. 840. 15 Gr.

Weise, Jh. Andr. Chr., kleines Rechenbuch für Schulen rc. 2e Ausg. 8. Berl. 820. Enslin. 8 gr

Weise, J. A. C., prakt. Rechenbuch f. d. unt. Klassen d. Gymnasien u. d. höh. Bürgerschulen, mit besond. Rücksicht auf d. Regeln u. Gründe zu d. Rechnungen f. d. gem. Leben, nebst 3300 Uebungsbeispielen u. deren Auflösungen. 8. (6 B.) Berlin 840, Th. Enslin. Thlr.

— Regeln u. Gründe zu den Rechnungen für d. gemeine Leben. 8 Berl. 819. Enslin. 6 gr

Weise, Johann August

Weise, Jh. Aug., († d. 3. Dec. 1801.) d. Christenthum, auf Geschichte gegründet. gr. 8. Gera 788. Beckmann. 10 gGr Anhang dazu, oder über Aufklärung, Vernunftreligion u. Christenthum. 8. Ebd. 788. 7 gGr

— schriftmäßige Gedanken von göttl. Strafgerichten. 8. Gera 783. Beckmann. 6 gGr

— d. allgemeine oder kathol. Kirche, unter einem festgesetzten Lehrbegriff, e. Preisschrift. 8. Greiz 788. Henning. 10 gGr

— Materialien f. Gottesgelahrheit u. Religion. 4 Stck. 8. Gera, Beckmann. 783—85.

— s. Materialien für Gottesgelahrtheit.

— d. wahre Reich Gottes, schriftmäßig untersucht. 8. Schleiz 783. Mauke. 18 gGr

Weise, Joh. Chr., Abbdl. v. d. vorbildl. Strafen. 8. Augsb. 756.
Vgl. Weiße, Christian Heinrich.

Weise, Johann Christoph Gottlob

— Anweis. zur Kultur einiger d. Landwirthe zum Anbau vorzügl. zu empfehlenden Holzarten, u. zur Behandlung d. Kopfweiden, um von solchen eine größere Nutzung als gewöhnlich zu ziehen. 8. Rudolst. 805. (Hildebrandt). 8 gGr

Weise J. C. G.: Anweisung zur Kultur einiger dem Landwirthe z. Anbau vorzüglich zu empfehlenden Holzarten; u. z. Behandlung d. Kopfweiden ... Rudolstadt 1805. 124 S.

Weise, Jh. Cph. Glo., d. vollkommene Bier- u. Essigbrauer, oder leichter u. für Jedermann verständl. Unterricht alle Arten Biere u. Essig selbst u. wohlfeil zu bereiten u. zu verbessern. Mit Kpf. 8. Erfurt u. Gotha 804. 2e Aufl. 822. Hennings. 1 Rthlr 12 gGr (Aus d. ökonom. Technologie besond. abgedr.)

Weise, J. Chr. G., vollkommener Bier- u. Essigbrauer, od. theoret.-prakt. Anweisung, alle Arten der beliebt. in- u. ausländ. Biere u. berühmt. Essige auf die vortheilhafteste Art zu bereiten u. zu verbessern. 3., verm. u. verb. Aufl. von Jak. Er. v. Reider. gr. 8. (10¾ B.) Gotha 845, Hennings'sche Bh.

—— encyclopäd. Garten-Wörterbuch, od. vollständ. auf Theorie u. Erfahrung gegründ. Unterr. in d. Obst-, Küchen-, Kräuter- u. Blumengärtnerei, in Verbind. mit d. Zimmer- u. Fenstergarten. Mit e. neuen, ganz vollständ. Monatskalender. Nach d. besten Gartenschriften ausgearb. 8. (41¼ B. u. 12 Stnt.) Gotha 830, Hennings.

WEISE, Johann Christoph Gottlob: Forstbotanische Hefte. 1 Abth.: Laubholzarten. H. 1: Die Eichen. - Weimar 1800. 15 S., 5 Taf.

— forstbotanische Hefte. 1s Heft, Laubholzarten, mit 5 ill. Kpf. gr. Fol. Weimar 800. Hoffmann. 1 Rthlr 14 gGr

—— der vollkomm. Melonen-, Gurken- u. Spargelgärtner. Nebst d. besten Methode Gurken einzumachen. Nach d. besten franz. u. engl. Werken d. Hrn. Carrel, Dubois, D. Judd u. W. Dickson, mit steter Berücksicht. d. deutschen Klima's u. deutscher Erfahrungen frei bearb. 8. (5 B. u. 1 Stnt.) Ilmenau 830, [Weimar,] Voigt. Thlr. ·

Weise, Joh. Chr. Glob., der vollkommene Melonen-, Gurken-, Artischocken- und Spargelgärtner. 2., nach des Verf. Tode von Ferd. v. Biedenfeld verm. und verb. Aufl. 8. (VI und 134 S. mit 1 Stnt. in 4.) Weimar 847, Voigt.

Weise, Joh. Chph. Glo., der vollkommene Melonen-, Gurken-, Artischocken-, Spargel- u. Champignongärtner ic. Nach den besten französ. und engl. Werken ic. frei bearbeitet. 3., nach des Verf. Tode von Ferd. v. Biedenfeld stark verm. u. verb. Aufl. Mit 1 lith. Quarttaf. Weimar 856. Voigt. 8. (XII, 184 S.) 15 ngr.

Weise's, J. C. G., Melonen-, Gurken- und Champignongärtner für Treib- wie für Freiland-Kultur. 4. Aufl., bearb. von J. Hartwig. gr. 8. (IV und 104 S. mit 3 Stnt., enth. 13 Abbild.) Weimar 865, Voigt.

Weise's, J. C. G., Melonen-, Gurken- und Champignongartner für Treib- wie für Freiland-Kultur. 5. umgearb. Aufl. von J. Hartwig. gr. 8. (IV, 86 S. mit 31 in den Text gedr. Abbild.) Weimar 884, B. F. Voigt.

Weise's, J. C. G., Melonen-, Gurken- u. Champignongärtner für Treib- wie f. Freiland-Kultur. 6., umgearb. u. verm. Aufl. v. J. Hartwig. gr. 8. (IV, 93 S. m. 39 Abb.) Weimar 895. Leipzig, B. F. Voigt. 1. 50

Weise, J. C. G., Melonen-, Gurken- u. Champignongärtner f. Treib- wie f. Freiland-Kultur. 7. umgearb. u. verm. Aufl. (IV, 109 S. m. 46 Abb.) 8. Leipzig 908. B. F. Voigt. 2. 50

— Militärschule, oder katechet. Unterricht in d. Felddienst f. Landwehr- u. Landsturmmänner ic. 8. Erfurt 815. Hennings in Gotha. 16 gGr

Weise, J. C. G. Militär-Schule od. katechetischer Unterricht in dem Felddienst für Landwehr- u. Landsturmmänner. Erfurt 1815. 118 S.

Weise, Joh. Chrstph. Gtlo., Deutschlands Pflanzen-Blüthe-Kalender, od. monatl. Verzeichniß d. Blüthezeit aller in Deutschland wildwachsenden, bis zum J. 1828 bekannt geword. phanerogam. Gewächse, nebst Angabe ihrer Standörter u. genauen Kennzeichen. Ein gemeinnütz. Handb. f. Apotheker, Aerzte, Botaniker, Forstmänner ic., besond. f. Anfänger als Anleit. zur Pflanzenkenntniß. 3 Bde. gr. 8. Gotha, Hennings.
Bd. 1. Die Monate März — Junius. (29 B.) 831. 1 Thlr. 16 Gr.
= 2. Die Monate Julius — Nov., nebst e. Anh. (21 B.) 831. 1 Thlr.
= 3. Deutsches Namen- u. Synonymen-Register d. Pflanzen. (5 B.) 832. 8 Gr.

Weise, Johann Christoph Gottlob, s. Schauplatz d. Künste u. Handwerke. 40r Bd.

Weise, Johann Christoph Gottlob, s. Sickler: Ökonom.-technolog. Wörterbuch.

— ökonom. Technologie, oder vollständ. Anweis. zu Anlegung u. Betrieb derjen. Gewerbe, welche mit d. Landwirthschaft verbunden werden können; ein Handbuch für Landwirthe, Cameralisten u. Polizeibeamte. 4 Bde, mit Kpf. 8. Erfurt 803—5. Hennings in Gotha. 5 Rthlr 16 gGr (s. Landwirthschaft, d. deutsche. 17r Bd.)

Weise, Johann Elias A. S. 741/16

Disputatio inauguralis juridica, de errore non nocivo. Erfurt (Grosch) 4. III. 1704. 52 S.

Gew.: Kaspar Christian Seligmann. 36172

Weise, Johann Friedrich (Dresden) A. S. 122/15

De directorio comitiali sede Moguntina vacante aliove simili casu archimareschallo S. R. I. competente. Präs. Christian Johann Feustel. Leipzig (Breitkopf) 21. I. 1745. 48 S.

36174

Weise, Johann Jakob: De hydrope ascite.
Diss. 48 S., gbd.

Halae Magdeburgicae: Henckel 1718

Weise, Johannes, s. W e i s e , Johann

Weise, Julius: Ein B e i t r a g zur Kenntnis der aromatischen Nitrile und ihrer Umwandlungs-Produkte . . . Stuttgart, Hoffmann'sche Buchdr. (1887); 2 Bl. + 61 + 1 S. + 1 Bl. 8°
Berlin, Phil. Fak., Inaug.-Diss. v. 11. Jun. 1887.

Weise, Julius, ein Beitrag zur Kenntniss der aromatischen Nitrile und ihrer Umwandlungs-Produkte. Diss. Berlin 1887, Mayer & Müller. 8°. 61 S.

Weise, (Adolph Carl Julius (geb. Hoyme): De dysphagia. Berolini (1841). (28 S.) 8°
Berlin, Med. Diss. v. 23. Sept. 1841

Weise, Julius: Herzog Erich von Braunschweig, der letzte Komtur des Deutschordens zu Memel. 224 S., 1 Bl. 8.
Progr. Vorstädtische Realschule *Königsberg i. Pr.* 1908 (23).

Weise, Julius [aus Nordhausen]: Italien und die Langobardenherrscher von 568 bis 628 . . . . Halle a/S., Druck v. Ehrhardt Karras, 1886; 2 Bl. + 63 + 1 S. + 1 Bl. 8°.
Halle, Phil. Fak., Inaug. Diss. v. 10. Dez. 1886.

Weise, Julius, Italien und die Langobardenherrscher von 568 bis 628. Diss. Halle 1886, Lippertsche Buchh. 8°. 63 S.

Weise, Jul., Italien u. die Langobardenherrscher von 568 bis 628. gr. 8. (287 S.) Halle 887. Niemeyer. n. 6. —

Weise, K., Studien zur baulichen Gestaltung protestantischer Kirchen. 50 Entwürfe, in 100 Grundrissen dargestellt. gr. 8. (XI, 200 S.) Leipzig 894. E. A. Seemann. n. 5 —

Weise, M. K. Fr., Synodalpredigt, gehalten zu Langensalze, am 25. Julius 1810. Erf. 820. Müller. 3 gr.

Weise, Karl Beiträge zur Flora von Stendal. 4 (10 S. = S. 83--92).
In: Festschrift z. Feier des 550jähr. Bestehens des
Progr. G. *Stendal* 1888 (zu 238).

Weise, K., Beiträge zur Flora v. Stendal, s. a. Festschrift zur Feier d. 550jährigen Bestehens d. Gymnasiums zu Stendal.

Weise, Karl, die Braut des Handwerkers. Mit einem Anhang vermischten Inhalts. 4. Aufl. Berlin 861. Lenz. 16. (128 S. u. 1 Lithogr.) 15 *ngr.*

Weise, Carl, Familienleben. In Dichtungen. Dem deutschen Volke. 16. (VIII und 344 S.) Berlin 864, [Goldschmidt.] *
geb. mit Goldschn. *

Weise, Carl, Familienleben. In Dichtungen. Dem deutschen Volke. Volks-Ausg. 1. Aufl. 1867. cart. n. 15 *ngr.* n. 2. Aufl. Berlin 868. Goldschmidt. 16. (V, 180 S.) cart. n. 12 *ngr.*; geb. n. 15 *ngr.*

—— Familienleben in Dichtungen. Volks-Ausg. 3. (Titel-) Aufl. 16. (IV, 180 S.) Berlin (868)77, Goldschmidt. geb.

Weise, Karl, Familienleben in Dichtungen. 3. Aufl. gr. 16. (IV, 182 S.) Berlin 902. A. Goldschmidt. Geb. in Leinw. 1.50

Weise, Carl, Friedrich Wilhelm v. Braunschweig-Oels. Vaterländische Dichtg. in 30 Gesängen. Bevorwortet von Frdr. v. Bodenstedt. 8. (XVIII, 133 S.) Wittenberg 883. Herrosé Verl. n. 2. 40; geb. n.n. 3. 20

—— neuester Führer durch Freienwalde a/O. und seine Fluren. gr. 16. (24 S.) Freienwalde 874. (Spandau, Jürgens.)

Weise, Karl, der Gelegenheitsdichter. Erzählung. 8. (159 S.) Wismar 884. Hinstorff's Verl. cart. n. 1. 50

Weise, Karl, die deutsche Handwerker-Braut. 12. (III, 80 S.) Wismar 886, Hinstorff'sche Hofbuchh., Verlag. cart. *
Eleg. Ausg. auf chamois Velin in zweifarb. Druck geb. mit Goldschn. *

— aus dem Jugendleben e. Handwerkers, s.: Spamer's, Otto, neue Volksbücher.

—— **aus Kaiser Wilhelms Jugendtagen.** 8. (71 S.) Berlin 887, Selbstverlag (Naunynstr. 46). *

—— die Läuter aus dem Ruhlathale. Sonettenkranz. 3. Aufl. 12. (61 S.) Landsberg a. d. W. 884, Schaeffer und Comp.
1. und 2. Aufl. erschienen im Selbstverlage des Verfassers.

Weise, Karl: Der Lehrplan in der Botanik an der Städtischen Oberrealschule zu Halle a. S. Halle a. S. 1904: Ehrh. Karras. (23 S.) 4°
Halle a. S., st. OR OP 1904 (313)

Deutscher **Liederschatz**. 305 Lieder f. Schule u. Haus. Zsgest. von **Karl Weise**, Lehrer in Berlin. 2. Aufl. *Berlin: A. Anton & Co. 1901.* (157 S.) 8° [F.] [01. 1109

Weise, Karl, deutscher Liederschatz. 311 Liedertexte f. Schule u. Haus. Aus den Quellen zusammengestellt. 8. Aufl. 16. (160 S.) Berlin (902). (Th. Fröhlich.) n. — 20; geb. n. — 30

—— Lorbeer und Rose. Neue Dichtungen. I. Georg Derfflinger. Sonette. 16. (24 S.) Berlin 864, [Goldschmidt.] *

—— Lorbeer und Rose. Vaterländische Gedichte. 16. (VIII, 64 S.) Berlin 869, Goldschmidt.
cart. mit Goldschn.
geb. mit Goldschn.

Weise, Karl, s. Napolski, St. v. K. W., e. Sänger nach dem Herzen d. Volkes.

Weise, Schiller. Ein Gedenkblatt an die Feier seines 100jähr. Geburtstages. hoch 4. (7 S.) Berlin 859, [Kastner und Comp.]

— Schiller. Ein Gedenkblatt an die Feier seines 100jähr. Geburtstages. Berlin 859. Mohr & Co. (Prausnitz.) 4. (7 S.) 2½ *ngr.*

— aus des Volkes Tiefen. 1. u. 2. Bd. 8. Leipzig 879. Barth. à n. 2. 80
1. Ein neues Zion. (266 S.)
2. Marie, eine Tochter aus der Armuth Hütte. (369 S.)

Weise, Karl, vertraue auf Gott u. deinen Kaiser u. drei andere Erzählungen, s.: Köhler's ill. Jugend- u. Volksbibliothek. Volkserzählungen.

—— aus dem Volke. Neue Dichtungen. 1. Bdchn.: Die Läuter aus dem Ruhlathale. 16. (58 S.) Freienwalde a. O. 866. (Berlin, Grieben.) *

—— deutscher Volks-Kalender für 1875. gr. 16. (XXXII, 128 S. mit Illustr.) Freienwalde 874. (Spandau, Jürgens.)

—— deutsches Volksbuch für 1876. 2. Jahrg. von Weise's Volkskalender. gr. 16. (110 S. mit 5 Illustr. in eingedr. Holzschn. und 1 Holzschntaf.) Berlin, Haack.
Jahrg. 1875 erschien u. d. T.: Weise's, K., deutscher Volks-Kalender.

—— Volks-Kalender für das J. 1877. 3. Jahrg. gr. 16. (156 S. mit Illustr. in eingedr. Holzschn. und 1 Holzschntaf.) Demmin, Freund.

durchschossen
—— dass. — für die J. 1878 und 1879. 4. und 5. Jahrg. 16. (XXXII, 158; 204 S. mit eingedr. Holzschn.-Illustr.) Berlin, Volksbuchh. à Jahrg.
—— dass. — für das J. 1880. 6. Jahrg. 16. (XXXII, 167 S. mit eingedr. Holzschn.-Illustr.) Wittenberg, Herrosé's Verlag.

— deutscher Volks-Kalender auf d. J. 1886. Neu hrsg. v. Karl Weise u. Heinr. Sohnrey. 10. Jahrg. 12. (129 S. m. eingedr. Holzschn. u. 1 Holzschn.-Bild.) Wolfenbüttel 885. Zwißler. n. — 50

— aus verklungenem Wanderleben. Der Besuch aus Pommern. Erzählungen. 8. (134 S.) Wismar 885. Hinstorff's Verl. cart. n. 1. 50

—— Weihnachtserlebnisse einer Handwerkerfamilie. 12. (98 S. mit Lichtdr.-Portr.) [Berlin 882, Abenheim'sche Buchh.] Wittenberg, Herrosé Verlag. cart. (*M 1,20.)

-- Weihnachtserlebnisse e. Handwerker-Familie. 3. Aufl. 8. (80 S. m. Abbildgn.) Wittenberg 894. R. Herrosé. Geb. n. 1. 20

Weise, Karl Heinrich A. S. 62/29

Dissertatio iuridica de obligatione successorum in Collegiis ex antecessorum factis.
Präs. Jo. Tobias Richter.
Leipzig (Langenheim) 18. iv. 1754. 36 S.

Gew.: Friedrich Alois Joseph Gf. zu Ocieszno von Brühl.
W. v.: Präs.
36176

Weise, Karl Hermann

Weise, Carl Herm., kurzer Abriss d. alten Geographie, s. Atlas antiquus.

Weise, K.H. (Hrsg.), s. Aristophanes: Nubes.

Weise, K.H. (Hrsg.), s. Aristophanes: Wolken.

Weise, Carl Herrmann (Bearb.), s. Aristoteles: Von der Dichtkunst.

Weise, Karl Hermann, s. Aristoteles: Opera.

Weise, Karl Hermann, s. Babrius: Fabulae.

—— gründl. Beleuchtung d. Prof. Schweigger-Seidelschen Angriffe auf die Zier-Hanewaldsche neue Methode d. Runkelrübenzucker-Fabrikation. gr. 8. (2⅛ B.) Quedlinburg 836, Basse.

Weise, Karl Hermann, s. Cornelius Nepos: Vitae.

—— das alte Griechenland. Geograph., histor. u. polit. dargestellt. Ein Handb. f. d. studir. Jugend. gr. 8. (22 B., ill. Karte u. 2 Pläne.) Quedlinburg 836, Basse.

Weise, Karl Herm., Halle u. Merseburg historisch und topographisch dargestellt. 8. Merseb. 824. Sonntag. 1 ꝥ 4 gr

Weise, C. H., Diversa naturae et rationis in civitatibus constituendis indoles e Graecorum historia illustrata. Diss. 1823. 148 S. 2.—

Weise, C. H., die Komödien des Plautus. Kritisch nach Inhalt und Form beleuchtet, zur Bestimmung des Echten und Unechten in den einzelnen Dichtungen. gr. 8. (190 S.) Quedlinburg 866, Basse.

Weise, Carol. Herm., lexicon Plautinum. Ed. II. locupletata. gr. 8. (VI, 164 S.) Quedlinburg 886. Basse. n. 4. —

Weise, Karl Hermann, s. Lucanus: Pharsalia.

— Raphael's Madonna di San Sisto auf der Königl. Bildergallerie zu Dresden, sammt ihren Nebenfiguren, zum ersten Male zusammenhängend erklärt; nebst Andeutungen über die Transfiguration u. den fälschlich so genannten Streit über das Sacrement. gr. 8. Ebd. 835. ¼ ꝥ

—— Raphael's Madonna di San Sisto auf d. k. Bildergalerie zu Dresden, sammt ihren Nebenfiguren z. ersten Male zusammenhängend erklärt; nebst Andeutn. üb. d. Transfiguration u. d. fälschl. sogenannten Streit üb. d. Sacrament. gr. 8. (2 B.) Quedlinburg 838, Basse.

Weise, Karl Hermann, s. Marcellus Palingenius: Zodiacus. (Vgl. Palingenius, Marcellus.)

—— Plautus u. seine neuesten Diorthoten. Philolog.-krit. Abhandl. gr. 8. (7⅛ B.) Quedlinburg 836, Basse.

Weise, Karl Hermann, s. Plautus: Comoediae.

Weise, Karl Hermann, s. Plinius Sec., C.: Hist. nat.

Weise, Karl Hermann, s. Sallustius: Opera.

Weise, Karl Hermann, s. Scott, W.: Der letzte Minstrel.

Weise, Karl Hermann, s. Sophocles: Tragoediae.

Weise, Karl Hermann, s. Suetonius.

Weise, Karl Hermann, s. Tacitus: Opera.

Weise, Karl Hermann, s. Terentius: Comoediae.

Weise, Karl Hermann, s. Theocritus.

Weise, Karl Hermann, s. Vergilius: Opera.

—— der saturnische Vers im Plautus, u. an sich, nach d. Zeugnissen d. Grammatiker betrachtet. gr. 8. (5 B.) Quedlinburg 839, Basse.

Weise, C. H., Der saturn. Vers im Plautus, u. an sich nach d. Zeugnissen d. Grammatiker. 1889. 74 S. 2.—

Aussaat. Gedichte von Katharina Weise. Berlin: Grote 1908. 140 S. 8° (Neue deutsche Lyriker. Bdch. 4) [09. 12117

Weise, Klara, s. Cron, Klara

Weise, Crispin, Conterfey d. verkappten Chr. Democriti wider dess. Schriften. 8. Dresden, Gröll. 711.

Leopold Friedrich Weise

De Varicellis.([Berlin] 1822:) Formis Brueschckianis. 30 S. 8°

Berlin, Med. Diss. v. 11.März 1822

Weise, Lisa

— s. a.: Liß-Blanc, E.

Weise, Lisa (E. Liß-Blanc), Lebensfreude. Sonnige Geschichten. 8. (VII, 248 S.) Dresden-Blasewitz 897. H. Minden. n. 2.—

— unfreie Liebe. Roman. 8. (352 S.) Berlin 901. Gebr. Paetel. n. 6.—; geb. in Leinw. n. 7.—

Ⓑ Weise, Lisa, unfreie Liebe. 901. — Salonmüde. 899. (KVL 32.) Jetzt: Charlottenburg, H. Michel.

— moderne Menschen. Skizzen aus u. nach dem Leben. 8. (III, 260 S.) Berlin 893. Gebr. Paetel. n. 4.—; geb. in Leinw. n. 5.50

— Salonmüde. Zwei Novellen. 8. (245 S.) Ebd. 899. n. 4.—; geb. in Leinw. n. 5.—

— Standesgemäß. Roman aus der Gegenwart. 8. (312 S.) Ebd. 894. n. 5.—; geb. in Leinw. n. 6.50

Weise, Louis, neues praktisches Zeichnen- u. Zuschneide-System der Herren-Bekleidungskunst nach den neuesten Anforderungen u. auf Grund der Corporismetrie, ohne Reductions-Schema, nach richtigen, am Körper abgenommenen Centimetern ausgearbeitet u. mathematisch aufgestellt. Ein unentbehrliches Hilfsbuch für jeden Fachmann. qu. 4. (75 S. m. eingedr. planotyp. Zeichnungen.) Berlin 879. Mattheus. n. 3.—

Weise, Louis, neues praktisches Zeichnen- und Zuschneide-System der Herren-Bekleidungskunst ohne Reductions-Schema, nach richtigen, am Körper abgenommenen, Centimetern, ausgearb. und mathematisch aufgestellt. 2. und 3. verb. und verm. Aufl. qu. 4. (75 S. mit 65 Zeichnungen und 1 Schnittmuster.) Berlin 881,84, Mattheus.

Weise, Louis, neues, praktisches Zeichnen- u. Zuschneide-System der Herren-Bekleidungskunst ohne Reduktions-Schema nach richtigen, am Körper abgenommenen Centimetern, ausgearb. u. mathematisch aufgestellt. 6. Aufl. Mit 65 Zeichngn. u. 1 Schnittmuster. (75 S.) qu. gr. 8. Berlin (903). Dobberke & Schleiermacher. n. 3.—

Weise, Ludw., s.: Weiße, Ludw.

Weise, Lukas, prakt. Arzt zu Wittenberge: Zur Casuistik des Enchondroms. *Leipzig 1903: B. Georgi.* (22 S.) 8° Leipzig, Med. Diss. v. 17. Febr. 1903

[F.] Die beiden Freier oder: Der blasierte Vetter. Lustsp. in 2 Akten v. M. Weise. *Mühlhausen i. Th.: G. Danner [1896].* (39 S.) 1 Bd 8. [96. 8486

Die beiden Freier oder Der blasierte Vetter. Lustsp. in 2 Akten von M. Weise. 2. Aufl. *Mühlhausen i. Th.: G. Danner [1900].* (39 S.) 8° [F.] — Mehraktor. No 7. [00. 8259

Weise, M., s. Kau-kiu-tschoan.

— Richard III. Trauerspl. in 5 Aufz. 8. Wien 781. Trattner. 4 ℛ

Weise, Martin (Berlin) A. S. 1147/6

Dissertatio inauguralis medica de proceritate corporis eiusque causis et effectibus.
Präs. Friedrich Hoffmann.
Halle (Hilliger) 1.1726. 40 S.

W. v.: Präs., Augustin Budde. 36177

Die protestantische Lehrfreiheit von [Max] Weise, Stadtsyndikus, Berlin. Halle: Gebauer-Schwetschke 1906. (28 S.) 8° [F.] — Kampf u. Arbeit d. freien Christentums in Deutschland. H. 3. [06. 14380 3

Weise, Michael (Leipzig) A. S. 815/6

Dissertatio iuridica de consilio in alterius iniuria, non mutando occasione l. LXXV. ff. d. r. i.
Präs. Jo. Friedrich Olearius.
Leipzig (Bauch) 28. IX. 1713. 14 S.

Gew.: Friedrich Weise (Vater). 36178

Weise, Nikl., s. Weiß, Nikl.

Weise, (F.) Oskar

Weise, Osk., kurzer Abriß der Logik u. der Psychologie f. höhere Lehranstalten. (IV, 26 S.) 8. Leipzig 905. B. G. Teubner. n. —50

Praktische Anleitung zum Anfertigen deutscher Aufsätze von Prof. Dr. O[skar] Weise. 7., völlig umgearb. Aufl. d. 'Prakt. Anleitung' von Dr. L[eo] Cholevius. *Leipzig, (Berlin): B. G. Teubner 1904.* (141 S.) 8° [F.] [04. 13319

Praktische Anleitung zum Anfertigen deutscher Aufsätze von Prof. Dr. O[skar] Weise. 8., völlig umgearb. Aufl. d. 'Prakt. Anleitung' von Dr. L[eo] Cholevius. Leipzig & Berlin: B. G. Teubner 1907. (148 S.) 8° [F.] [08. 10068

Weise, Oskar Die slavischen Ansiedelungen im Herzogtum Sachsen-Altenburg, ihre Gründung und Germanisierung 23 S. Progr. *Eisenberg* 1883.

Ästhetik der deutschen Sprache. Von Oskar Weise, Prof. zu Eisenberg. *Leipzig: B. G. Teubner 1903.* (VIII, 309 S.) 8° [F.] [03 13284

Ästhetik der deutschen Sprache. Von Prof. Dr. Oskar Weise. 2., verb. Aufl. Leipzig & Berlin: B. G. Teubner 1905. (VIII, 328 S.) 8° [F.] [05. 6820 5

Weise, Oscar. Ästhetik der deutschen Sprache. Von Prof. Dr. Oskar W'. 3., verbesserte Aufl. VIII + 318 S. 8. Leipzig und Berlin, B. G. Teubner, 1909. [geb. M. 3.—]

Weise, F. Osk., Charakteristik d. lateinischen Sprache. Ein Versuch. gr. 8. (X, 141 S.) Leipzig 891. B. G. Teubner. n. 2.40

Weise, F. Osk., Charakteristik der lateinischen Sprache. 2. Aufl. gr. 8. (VII, 172 S.) Leipzig 899. B. G. Teubner. n. 2.40

Weise, F. Osk., Charakteristik der lateinischen Sprache. 3. Aufl. (VI, 190 S.) 8. Leipzig 905. B. G. Teubner. n. 2. 80; geb. n. 3. 40

Weise, F. Osk., Charakteristik der lateinischen Sprache. 4., verb. Anfl. (V, 202 S.) 8. Leipzig 909. B. G. Teubner. 3.—; geb. in Leinw. 3. 60

— Dispositionen zu deutschen Aufsätzen, s.: Cholevius, L.

— Dispositionen u. Musterentwürfe zu deutschen Aufsätzen, s.: Menge, Karl.

[F.] **Weise,** *Oskar* [Prof. Dr.]: Kultureinflüsse des Orients auf Europa. Vortrag, geh. in d. Erholgsges. zu Eisenberg. Eisenberg, P. Kaltenbach, 1892; 16 S. 4.
Eisenberg, herz. Christians-G, OP 1892 (684)

— Lehr- u. Übungsbuch der deutschen Sprache, s.: Bardey, E.

Weise, O., die Altenburger Mundart. gr. 8. (128 S.) Eisenberg 889. (Altenburg, Schnuphase.) n. 2. —

— Unsere Mundarten, ihr Werden u. ihr Wesen. (XII, 279 S.) 8. Leipzig 910. B. G. Teubner. Geb. in Lw. 3. —

Weise, O[skar], Prof. Dr.: **Musterbeispiele** zur deutschen Stillehre. Ein Handbüchlein f. Schüler. *Eisenberg 1902: P. Kaltenbach.* (29 S.) 8° [F.]
Eisenberg, herz. Christians-G, OP 1902 (707)

— **Musterbeispiele zur deutschen Stillehre. Ein Handbüchlein f. Schüler. gr. 8. (30 S.) Leipzig 902. B. G. Teubner.** — 30

Musterbeispiele zur deutschen Stillehre. Ein Handbüchlein f. Schüler von Prof. Dr. Oskar **Weise**. 3., verb. Aufl. Leipzig & Berlin: B. G. Teubner 1907. (33 S.) 8° [F.] [07. 12820

— **Musterbeispiele zur deutschen Stillehre. Ein Handbüchlein f. Schüler. 4., verb. Aufl. (34 S.) 8. Ebd. 909.** — 30

Musterstücke deutscher Prosa zur Stilbildung und zur Belehrung. Von Prof. Dr. O[skar] Weise. *Leipzig & Berlin: B. G. Teubner 1903.* (VI, 144 S.) 8° [F.] [04. 1683

— **Musterstücke deutscher Prosa zur Stilbildung u. zur Belehrung. 2., verm. Aufl. (VI, 166 S.) Leipzig 905. B. G. Teubner.** Geb. in Leinw. n. 1. 60

— **Musterstücke deutscher Prosa zur Stilbildung u. zur Belehrung. 3., verm. Aufl. (VI, 172 S.) 8. Ebd. 908.** Geb. 1. 80

Weise, O., unsere Muttersprache, ihr Werden u. ihr Wesen. gr. 8. (IX, 252 S.) Leipzig 895. B. G. Teubner. Geb. in Leinw. n. 2. 40

— **dasselbe. 3., verb. Aufl. 9.—12. Taus. 8. (VIII, 269 S.) Ebd. 897.** Geb. in Leinw. n. 2. 60

— **unsere Muttersprache, ihr Werden u. ihr Wesen. 4., verb. Aufl. 13.—16. Taus. 8. (VIII, 268 S.) Ebd. 902.** Geb. in Leinw. n. 2. 60

Unsere Muttersprache, ihr Werden und ihr Wesen. Von Prof. Dr. O[skar] **Weise**. 5., verb. Aufl. *Leipzig & Berlin: B. G. Teubner 1904.* (VIII, 264 S.) 8° [F.] [04 13330 B

— **unsere Muttersprache, ihr Werden u. ihr Wesen. 6., verb. Aufl. 21.—25. Taus. (VIII, 276 S.) 8. Ebd. 907.** Geb. in Leinw. n. 2. 60

— **Unsere Muttersprache, ihr Werden u. ihr Wesen. 7., verb. Aufl. 26.—30. Taus. (VIII, 278 S.) 8. Ebd. 909.** Geb. 2. 80

— Deutsche Redensarten, s.: Richter, Alb.

Der Orientalist Dr. Reinhold Rost, s. Leben u. s. Streben von Prof. Dr. O[skar] **Weise**, Oberl. zu Eisenberg. Leipzig: B. G. Teubner in Komm. 1897. (71 S.) 8° [F.]
= **Mitteilungen** d. Geschichts- u. Altertumsforschenden Vereins zu Eisenberg. H. 12. [06. 3016

Weise, O[skar]: Schrift- und Buchwesen in alter und neuer Zeit. Leipzig: B. G. Teubner 1899. (152 S.) 8°
(Natur. Aus. u. Geisteswelt. Bdch. 4.)

Schrift- und Buchwesen in alter und neuer Zeit. Von Prof. O[skar] **Weise**. 2. verb. Aufl. Mit 37 Abb. *Leipzig: B. G. Teubner 1903.* (153 S.) 8° [F.]
= **Natur,** Aus, u. **Geisteswelt.** Bdch. 4. [04. 1289 B

Schrift- und Buchwesen in alter und neuer Zeit. Von Prof. Dr. O[skar] **Weise**. Mit 37 Abb. 3., verb. Aufl. Leipzig: Teubner 1910. 155 S. 8°
(Aus Natur u. Geisteswelt. Bdch. 4.) [10. 17552

Deutsche Sprach- und Stillehre. Eine Anleitung z. richtigen Verständnis u. Gebr. unserer Muttersprache von Prof. Dr. O[skar] **Weise**. *Leipzig & Berlin: B. G. Teubner 1901.* (XIII, 192 S.) 8° [F.] [01. 6640

Deutsche Sprach- und Stillehre. Eine Anleitung z. richt. Verständnis u. Gebr. unserer Muttersprache von Prof. Dr. O[skar] **Weise**. 2., verb. Aufl. Leipzig & Berlin: B. G. Teubner 1906. (XIII, 211 S.) 8° [F.] [06. 12093

Deutsche Sprach- und Stillehre. Eine Anleitung z. richtigen Verständnis u. Gebrauch unserer Muttersprache von Prof. Dr. O(skar) **Weise**. 3., verb. Aufl. Leipzig & Berlin: Teubner 1910. XIII, 213 S. 8° [10. 11938

Weise, O. De linguarum Indogermanicarum suffixis primariis. Sectio I. de adjectivis suffixo u formatis. Diss. Göttingen 1873. 75 S.

Syntax der Altenburger Mundart von Oscar **Weise** *Leipzig: Breitkopf & Härtel 1900.* (XII, 164 S.) 8°
— **Sammlung kurzer Grammatiken deutsch. Mundarten.** Bd. 6.

Weise O, die deutschen Volksstämme und Landschaften. (128 S 17 T 1 K) (Aus Natur und Geisteswelt 16) Leipzig 1900

Die deutschen Volksstämme und Landschaften von Prof. Dr. O[skar] **Weise**. Mit 29 Abb. 2., verb. Aufl. *Leipzig: B. G. Teubner 1903.* (VI, 127 S.) 8° [F.]
— **Natur,** Aus, u. **Geisteswelt.** Bdch. 16.

Die deutschen Volksstämme und Landschaften. Von Prof. Dr. O[skar] **Weise**. Mit 29 Abb. im Text u. auf 15 Taf. 3., verb. Aufl. Leipzig: B. G. Teubner 1907. (VI, 123 S.) 8° [F.]
= **Natur,** Aus, u. Geisteswelt. Bdch. 16. [07. 9049

— **die deutschen Volksstämme u. Landschaften, s. a. Aus Natur u. Geisteswelt.**

— wie denkt das Volk üb. die Sprache?, s.: Polle, Frdr.

Weise, (F.) O., die griechischen Wörter im Latein, s. Preisschriften, gekrönt und hrsg. von der fürstl. Jablonowski'schen Gesellschaft zu Leipzig. 23.

Weise, Otto. Spezialkarte d. Kyffhäuser-Gebirges. 1 : 50,000. Farbendr. Mit Begleitwort v. Paul Lemcke. 4. [Saugerhausen 890.] Lpz., Franke. * — 30

Weise, P., deutsches Lesebuch, s.: Meyer, Alfr. G.

Weise, Paul: Beiträge zur Geschichte des römischen Weinbaues in Gallien und an der Mosel. 38 S. 8.
Progr. Realgymn. des Johanneums *Hamburg* 1901 (800).
I. Nachrichten der Alten über den Weinbau in Gallien. II. Die Funde von Neumagen. III. Die Funde von Cobern-Gondorf.

Weise, Paul, Beiträge zur Geschichte des römischen Weinbaues in Gallien u. an der Mosel. Progr. gr. 8. (38 S.) Hamburg 901. (Herold.) n. 2.—

Weise, Paul, quaestionum Catonianarum capita V. Commentatio philologica praemio ornata. gr. 8. (172 S.) Göttingen 886, (Vandenhoeck und Ruprecht's Verlag.) *

Weise, P., Quaestionum Catonianarum capita V. (De ratione scribendi. — De flexionibus. De sermone libri de agricultura. — De testimoniis ab antiquis scriptoribus ex Catone depromptis. — De libri de agric. genuina forma.) Diss. 1886. 172 S. 3.60

Weise, Paul: Rotes Haar. s. Deva-Roman-Sammlung.

Weise, Paul, Dr.: Petrus de Crescentiis. Ein Beitrag z. Gesch. d. lat. Lit. d. Mittelalters. Hamburg 1906: M. Baumann. (14 S.) 8°
Hamburg, RG d. Johanneums P 1906 (908)

Weise, Paul, Petrus de Crescentiis. Ein Beitrag zur Geschichte der latein. Literatur des Mittelalters. Progr. (14 S.) gr. 8. Hamburg 906. (Herold.) n.n. 1.50

Weise, Georg Otto Paulus [illegible] Mark [illegible]
De Bacchidum Plautinae retractatione quae fertur. Berolini (1883) (62 S.) 8°
Berlin, Phil. Diss. v. [illegible] Mai 1883

Weise, Paul, de Bacchidum Plautinae retractatione quae fertur. gr. 8. (62 S.) Berlin 883. (Mayer & Müller.) n. 1.20

Schritte auf der Treppe. Kriminal-Novelle von Paul **Weise**. Berlin: A. Goldschmidt 1908. (112 S.) 8°
(Goldschmidt's Bibliothek f. Haus & Reise.) [08. 13905

Weise, Paul [Dr.]: Über den Weinbau der Römer. Tl 1. Hamburg, gedr. bei Lütcke & Wulff, 1897; 1 Bl., 21 S. 4.
Hamburg, R. vor d. Lubeckerthore, P 1897 (763)

Weise, Paul, üb. d. Weinbau d. Römer. 1. Tl. Progr. gr. 4. (21 S.) Hamburg 897. (Herold.) n. 2.—

Weise, Paul: Im Westend-Hotel. s. Deva-Roman-Sammlung.

Weise, R., Deutschlands Luftschiffahrt, s. Bücherei, burschenschaftliche. III, 7.

Deutschlands Luftschiffahrt. Von R. **Weise**, Dipl. Ing. Berlin: Heymann 1909. 39 S. 8° [Umschlagt.]
(Burschenschaftliche Bücherei. Bd 3, H. 7.) [10. 4735

Weise, Rhold., die Bücher der Wunder u. geheimen Wissenschaften. 1. u. 2. Bd. gr. 8. Berlin(-Schöneberg) (908). R. Jacobsthal. à 1.—
1. Hypnotismus. Jedermann sofort Hypnotiseur. (62 S.)
2. Der gewandte Spiritist. (Enthüllungen aus der Geisterwelt.) (64 S.)

Weise, Richard [Dr.]: Der athenische Bundesgenossenkrieg. Berlin, R. Gaertner, 1895; 40 S. 4.
Berlin, Berlinisches G z. grauen Kloster, OP 1895 (52)

Neue Entwürfe für moderne Verglasungen von Richard **Weise**. 16 Lichtdrucktaf., 2 Farbendrucktaf. u. beschreibender Text. Berlin: M. Spielmeyer [1905]. (2 Bl., 18 Taf.) gr.2° [05. 16080

Die Fürsorge der Volksschule für ihre nicht schwachsinnigen Nachzügler. Vortrag von Richard **Weise**, Schuldir. in Radebeul. *Langensalza: H. Beyer & Söhne 1903.* (33 S.) 8°
— Magazin, Pädagogisches. H. 196. [03. 8698 3

— s.: Lernstoff f. die Hand der Kinder.

Weise, Rich. Musterbuch zu schriftlichen Arbeiten in Fortbildungsschulen. In 3 konzentr. Kreisen als Anleitg. f. die Hand d. Lehrers beim Gebrauch der zugehör. Schülerhefte bearb. gr. 4. (IV, 71 S. m. Formularen.) Meissen 892, Haefer. geb. * 3 —

—— dass. — Schülerhefte. 3 Jahrgänge. Fol. (Formulare.) Ebd. 892.
1. Jahrg. ** — 40. — 2. Jahrg. ** — 50. — 3. Jahrg. ** — 60. ** 1 50

Weise, Rich., quaestiones Caecilianae. Dissertatio inauguralis philologica. gr. 8. (52 S.) Berlin 888, Mayer und Müller. *

— Universal-Handbuch. Praktischer Ratgeber zur Selbstbelehrg., enth.: **Musterbeispiele zu schriftl. Arbeiten, vorschriftsmässig ausgefüllte Formulare für alle vorkomm. Fälle im persönl., örtl. u. öffentl. Verkehr.** (VI, 71 S. m. Formularen.) gr. 4. Meissen (903). Sächs. Schulbuchh. Geb. in Leinw. n. 3.—

Weise, Ricardus: Vindiciae Juvenalianae. Halis Saxonum (1884): Moeser in Berlin. 69 S. 8°
Halle-Wittenberg, Phil. Diss. v. 25. Sept. 1884
Geb. Berlin 10. 9. 1857. V.
Im Buchhandel Halis Sax. (Leipzig: Fock) 1884.

Weise, Rich., wo u. wie finde ich Anstellg. u. Beförderg.? Ein Ratgeber f. Militäranwärter, welche sich der Beamtenlaufbahn widmen wollen. Ausg. f. das Königreich Sachsen. Nach den neuesten gesetzl. Bestimmgn. bearb. gr. 8. (243 S.) Meißen 900. Sächs. Schulbuchh. n. 2.—

Weise, Richard Hans: Das dingliche Vorkaufsrecht an Grundstücken nach dem Bürgerlichen Gesetzbuche für das Deutsche Reich. Borna-Leipzig 1909: Noske. VIII, 67 S. 8°
Leipzig, Jur. Diss. v. 12. Juli 1909.

Weise, Robert [pr. Arzt aus Schwaara (Reuss j. L.)]: Ein Fall von Cholelithiasis mit periodischen Koliken, langdauerndem Icterus, fièvre intermittente und Ausgang in Heilung ... Jena, Druck v. B. Engau, 1895; 25 S. 8.
Jena, Med. Fak., Inaug.-Diss. v. [23. März] 1895

Weise, Rudolf

Das Elektro-physikalische Sanatorium Bremen Am Wall 138 pt. von Dr. Rudolf **Weise**, San.R. Als Ms. gedr. (Neudamm [1905]: J. Neumann.) (47 S.) 8° [07. 1647 8

Das Königlich Preussische Garde-Jäger-Bataillon, seine Geschichte u. s. Heim in Potsdam. Von Dr. med. R[ud.] **Weise**, Stabsarzt a. D. *Neudamm: J. Neumann [1899].* (XII, 90 S.) 8° [F.] [01. 9862

[F.] Das Königlich Preussische Garde-Schützen-Bataillon und sein Heim. Von Dr. med. R[ud.] **Weise.** M. 1 Portr. ... d. Kaisers 'Wilhelm II.' u. vieler Abb. nach photogr. Aufnahmen. *Neudamm: J. Neumann (1898).* (29 S., 1 Portr., 1 Taf.) 1 Bd 8. [98. 11307

— das kgl. preußische Garde-Schützen-Bataillon u. sein Heim. Mit 1 Portr. Sr. Maj. des Kaisers „Wilhelm II." u. vielen Abbildgn. nach photograph. Aufnahmen. gr. 8. (31 S.) Neudamm (900). J. Neumann. n. 2.—

Das Königlich Preussische Garde-Schützen-Bataillon und sein Heim. Mit e. Portr. d. Kaisers u. 36 Abb. Von Dr. med. R[ud.] **Weise**, Stabsarzt a. D. 2., verm. u. verb. Aufl. *Neudamm: J. Neumann (1900).* (44 S.) 8° [F.] [01. 9863

Weise, R., das brandenburgische Jägerbataillon, seine Geschichte u. sein Heim. gr. 8. (74 S. m. Abbildgn. u. 1 Bildnis.) Ebd. (901). Kart. n. 3.—

— das Lauenburgische Jäger-Bataillon Nr. 9, seine Geschichte u. seine Garnisonen. Mit 40 Abbildgn. nach photograph. Aufnahmen. gr. 8. (77 S.) Ebd. (902). n. 2.—

Weise, Rud., Kritik der parasitologischen Untersuchungen von Hallier, Zürn, Keber u. A., mit besond. Bezugnahme auf den typhus abdominalis und exanthematicus und auf die Pocken und die Revaccination. gr. 8. (34 S.) Bonn 868, Cohen und Sohn. *

Ueber den heutigen Stand der Alkoholfrage. Vortrag, geh. zu Stade 1899 von Dr. med. [Rud.] Weise, Stabsarzt a. D. Als Ms. gedr. *Stade 1901: A. Pockwitz.* (27 S.) 8° [F.] [01. 4336 7

[Ant. u. F.] Dr. Heinrich von Stephan. E. waidmännisches Erinnergsblatt. Aus d. hsl. Nachl. des Verstorb. zsgest. v. Dr. med. R. Weise. *Neudamm: J. Neumann 1898.* (35 S., 1 Portr.) 1 Bd 4. [97. 8734

Weise, T., Betrachtung über geistesschwache Kinder in Hinsicht d. Verschiedenheit, Grundursachen rc. 8. Zeitz 820. Webel. 3 gr

Weise W. Scharnhorst und die Durchführung der allgemeinen Wehrpflicht. (Sammlung gemeinverständlicher wissenschaftlicher Vorträge NF 148) Hamburg 1892

Weise, W., Scharnhorst u. die Durchführung der allgemeinen Wehrpflicht, s.a. Sammlung gemeinverständlicher wissenschaftlicher Vorträge.

Weise, W., die Taubstummenanstalten u. -schulen in Preussen am 1. I. 1907. (13 S.) 32×23,5 cm. Berlin 907. Verlag des k. statist. Landesamts. — 40
Sonderabdr. a.: „Ztschr. d. k. preuss. statist. Landesamts".

Weise, *Ernst* Walther [aus Leipzig]: Chemische und bacteriologische Beschaffenheit der öffentlichen Brunnen u. Wasserleitungen von Plauen i. V. . . . Leipzig-Schleussig, Druck v. Hahnefeld & Walther, 1895; 28 S., 2 Bl., 1 Taf. 8.
Leipzig, Med. Fak., Inaug.-Diss. v. 4. März 1895

Weise, Wilhelm

Weise, Wilh. (geb. Leuthen bei Cottbus 13. 12. 1859): Ueber uterine Blutungen bei Morbus maculosus Werlhofii. Berlin (1884). (29 S.) 8°
Berlin, Med. Diss. v. 15. Aug. 1884

Weise, Wilh., s.: Chronik des deutschen Forstwesens.

Weise, Wilhelm: Über einige Derivate des Diphenylacetaldehyds . . . . Leipzig, Druck v. Hesse & Becker, 1888; 25, 1 S. 8°
Leipzig, Phil. Fak., Inaug.-Diss. v. 27. Jan 1888

Weise, Wilh., über einige Derivate des Diphenylacetaldehyds. gr. 8. (25 S.) Leipzig 888, Fock.

— Ertragstafeln für die Kiefer. Im Auftrage des Vereins deutscher forstlicher Versuchs-Anstalten bearb. durch die königlich preussische Hauptstation des forstlichen Versuchswesens. Mit 7 lith. Taf. gr. 8. (V, 156 S.) Berlin 880. Springer. n. 3. 60

Weise, W., Festrede, geh. bei der 25 jähr. Jubelfeier der Forstakademie Münden. gr. 8. (18 S.) Münden 893. H. Augustin. n. — 60

Weise, W., Geschichtsbilder f. den Unterricht in Fortbildungsschulen. Auf Grund d. offiziellen „Lehrplans f. die Fortbildungsschulen d. Königr. Sachsen vom 18. Oktbr. 1881" bearb. gr. 8. (80 S.) Halle 887. Anton. n. — 60

Weise, W., s.: Hefte, Mündener forstliche.

Weise, Wilh., s.: Jahrbuch der preußischen Forst- u. Jagdgesetzgebung u. -Verwaltung.

Die Kreisläufe der Luft nach ihrer Entstehg u. in einigen ihrer Wirkgn. Von W[ilh.] Weise, kgl. Preuss. Oberforstmeister . . . zu Münden. M. 8 Textfig. u. 4 lithogr. Taf. *Berlin: J. Springer 1896.* (IV S., 1 Bl., 86 S., 4 Taf. 1 Bd 8. [96. 8131

Leitfaden für Vorlesungen aus dem Gebiete der Ertragsregelung. Von W[ilhelm] **Weise**, Oberforstmeister. Mit 8 Abb. Berlin: J. Springer 1904. (VIII, 201 S.) 8° [F.] [03. 8161

— Leitfaden f. den Waldbau. gr. 8. (VIII, 208 S.) Berlin 888. Springer. n. 3. —; geb. n. 4. —

— Leitfaden f. den Waldbau. 2., verm. u. verb. Aufl. gr. 8. (X, 228 S.) Berlin 894. J. Springer. n. 3. —

Leitfaden für den Waldbau. Von W[ilhelm] **Weise**, Oberforstm. u. Dir. zu Hann. Münden. 3., verm. u. verb. Aufl. *Berlin: J. Springer 1903* (X, 226 S.) 8° [F.] [03. 16196

Weise, Guilelmus: Ueber die Quellen der Commentare Sleidans. Halis Saxonum 1879: Karras. 40 S. 8°
Halle-Wittenberg, Phil. Diss. v. 14. Febr. 1879
Geb. Holzdorf (Kr. Schweinitz) 15. 10. 1855. V.
War Hall. gekrönte phil. Preisschrift v. 1878 und sollte in Halle b. Niemeyer vollst. erscheinen, was aber unterblieb.

Weise, Wilhelm: Die Sentenz bei Hartmann von Aue. Marburg 1910: (von der Mühlen, Bielefeld). XII, 103 S. 8°
Marburg, Phil. Diss. v. 1. März 1910, Ref. Vogt
[Geb. 22. Dez. 85 Bielefeld; Wohnort: Bielefeld; Staatsangeh.: Preußen; Vorbildung: Realgymn. Bielefeld Reife O. 05; Studium: Marburg 2, Münster 1, Berlin 2, Marburg 4 S.; Rig. 26. Mai 09.] [U 10. 3404

Weise, (Joan. Frid.) Guil. (geb. Sagar in d. Lausitz 24. 6. 1815): De signis e colore cutis. Berolini (1842). (29 S.) 8°
Berlin, Med. Diss. v. 3. Jan. 1842

— Tages-Fragen üb. forstlichen Unterricht in Preußen. Besprochen v. W. gr. 8. (26 S.) Berlin 901. J. Springer. n. — 60

Weise, Wilh., die Taxation des Mittelwaldes. gr. 8. (V, 107 S.) Berlin 878, Springer.

— die Taxation der Privat- u. Gemeinde-Forsten nach dem Flächen-Fachwerk. gr. 8. (VIII, 219 S.) Berlin 883. Springer. n. 4. —

WEISE, Wilhelm: Das Vorkommen gewisser fremdländischer Holzarten in Deutschland. Nach amtlichen Erhebungen mitgeteilt. - Berlin 1882. 44 S.

— Wolkenbildung, Regen u. Wald. gr. 8. (36 S.) Ebd. (898). n. 1. —
Sonderabdruck aus: „Mündener forstl. Hefte".

Weise, Wilhelm, s. Zeitschrift f. Forst- u. Jagdwesen.

Weise, Wilhelm Christian Gottlob, s. Blumenlese nützl. Kenntnisse.

Weise, Ritter Wlh. Chr. Glo., Geschichte d. Churfürstl. Sächs. Erziehungsinstituts für Soldatenknaben evangel. u. kathol. Religion zu Annaberg. Mit 1 Kpf. 8. Wittenb. 803. Zimmermann. 1 Rthlr 8 gr

Weise, Wilhelm Christian Gottlob, s. Lesebuch nützl. Kenntnisse.

Weise, G. C. G., de more Domini acceptos a magistris judaicis loquendi ac disserendi modos sapienter emendandi. Viteb. 1792. 4; rep. in Velthusen etc. commentt. 5. p. 117 – 197. [Diss.]

— Nachricht von d. Amtsjubelfeier eines würdigen Landschullehrers seiner Dióces. gr. 8. Merseb. 823. (Leipz., Cnobloch). 6 gr

Weise, Wilhelm Christian Gottlob, s. Schreibekünstler, D. zauber.

Weise & Monski, Dampfpumpen- und Maschinen-Fabrik. Halle a. S.: Jll. Catalog. Hallo a. S. (1897?)

Weisel, der, oder goldnes Richtscheit des Fürsten von Nirgendheim. 8. Königsb. 815. Nicolovius. 6 gr

Weisel, Heinrich: Über die nach Fresnelscher Art beobachteten Beugungserscheinungen der Gitter. Giessen 1910: Christ & Herr. 78 S. 8°

Gießen, Phil. Diss. v. 14. März 1910, Ref. König

[Geb. 5. Dez. 82 Langsdorf, Kr. Gießen; Wohnort: Langsdorf; Staatsangeh.: Hessen; Vorbildung: Oberrealsch. Gießen Reife O. 06; Studium: Gießen 7 S.; Rig. 30. Okt. 09.] [U 10. 1313

Weisen, die, von Hellas als Sänger, oder Blumen griech. Lyrik, Elegie u. ethischer Dichtkunst. Aus Bruchstücken verlorener Werke von C. G. Braun. 8. Mainz 822. 2e A. 826. Kupferberg. 20 Kr

Weisen, Die, von Scheschian; ein Roman in dramatischer Form aus der chinesischen Handschrift. Leipz. 1797. Leipz. 1808. V: *Kaffka (Engelmann), Johann Christoph.* (R—N) (GGr) (KY) (MGT) V: *Kahlert, Carl Friedrich.* (GGr V, 401, 15, 71)

Weisen, die, in Scheschian; ein Roman in dramat. Form, (v. J. C. Kaffka). 2 Bde. 8. Leipz. ... N. A. 808. (Nauck).

Weisen, die, in Scheschian; e. Roman in dramat. Form, aus e. chines. Handschrift. 2 Bde. 8. Lpz. Sommer. 808.

Weisen Griechenlands, die sieben, oder kurzer, faßlicher Inbegriff der sieben Hauptwissenschaften, welche jeder, der unter die weisen oder vorzüglich gebildeten Menschen gehören will, wohl inne haben muß. 3 Bdchen. gr. 8. Erlangen 842, Palm'sche Verlagsbuchh. $2^2/_3$ ß

Weisen, Die sieben, Griechenland's oder Inbegriff der sieben Hauptwissenschaften. Frankfurt a. M. 1842. V: *Stephani, Heinrich.* (Russell IV, 1075)

Weisen, dreißig, zum Singen in fröhlichen Kreisen. 32. (37 S.) Höxter a. W. 890, Buchholtz. * — 20

Dreissig **Weisen** zum Singen in fröhlichen Kreisen. 2. verb. Aufl. Mit e. Ansicht von Höxter im J. 1563. Höxter: O. Buchholtz [1894]. (38 S., 8° [06. 13038 Θ

Fünfzig **Weisen** zum Singen in fröhlichen Kreisen ... 3. verb. Aufl. M. Ansicht v. Höxter. *Höxter a. W.: O. Buchholtz [1896].* (1 Bl., 61 S., 1 Taf.) 1 Bd 8. [95. 4815

Weisen, 60, zum Singen in fröhlichen Kreisen. 4. verb. Aufl. Mit Ansicht v. Höxter. 16. (80 S.) Höxter 899. O. Buchholtz. — 20

Weisen, 60, zum Singen in fröhlichen Kreisen. 5. verb. Aufl. Mit Ansicht v. Höxter. (79 S.) 16. Höxter (904). O. Buchholtz. n. — 20

Weisenbacher, G. Ch., d. wahre römisch-katholische Salzburger, d. i. kathol. Ausleg. aller Cpisteln u. Evangelien üb d. Sonn- u. Festtage d. Jahrs. 2 Thle. 4. Salzburg, Mayr 737.

Weisenberg, Amalius

Weisenberg, A., Anleitung zur sichersten u. zweckmäß. Behandl. d. Scharlachs nach seinen Erscheinungen in d. J. 1826, 27, nebst Hinweis. auf d. sichersten u. vernunftgemäßen Schutz- u. Vorbeugungsmittel. gr. 8. ($6^1/_2$ B.) Nürnberg 828, Riegel u. Wießner.

— Anweisung zur sichersten u. zweckmäß. Behandlung des Scharlachs nach seinen Erscheinungen in den Jahren 1826 u. 27. gr. 8. Nürnb. 828. Riegel u. W. 12 Kr

Weisenberg, (Amtsphysikus D.) A., auch eine Ansicht über die mögliche Abwehr u. Heilung der asiat. Cholera. gr. 8. Anspach 831. Dollfuß. 4 Kr

Weisenberg, A., vollständiges Handwörterbuch der gesammten Arzneimittel von der ältesten bis auf die neueste Zeit f. Aerzte u. studirte Wundärzte. 1 u. 2. Lfg. gr. 8. (S. 1—256.) Jena 852, Mauke. (à 12 ngr) 24 ngr

Weisenberg, A., Handwörterbuch der gesammten Arzneimittel von der ältesten bis auf die neueste Zeit für Aerzte und studirte Wundärzte. 3—5. (letzte) Liefg. Jena 853. Mauke. gr. 8. (IV, S. 257—636.) Jede Liefg. 12 ngr

Weisenberg, Amalius, die gastr.- u. schleimignervöse Krankheitsconstitution als d. Uebergangsstufe z. Choleraconstitution. Ein Beitr. z. Pathogenie u. Therapeutic d. Fieber uns. Zeit. gr. 8. ($9^1/_2$ B.) Nürnberg 837, Bauer u. Raspe.

Weisenberger, Jak., kurze Heimatkunde v. Unterfranken, s.: Ruckert, Alois A.

Weisenberger, J. Wandkarte d. kgl. Reg.-Bez. Unterfranken u. Aschaffenburg. 1 : 125,000. 4 Blatt. Farbendr. 56×63,5 cm. Würzburg 891, Stahel. * 15 —
Auf Leinw. m. Stäben ** 20 —

Weisenböhler, Emil, Kochbuch-Auslese. E. Auszug d. feineren Küche m. e. Weinbehandlg. 8. (VIII, 166 S.) Karlsruhe 897. Macklot. n. 2. 80

Weisenböhler, Oskar: Geschichte des Religionsunterrichts in der evangelischen Volksschule Württembergs. *Marbach 1903: A. Remppis.* (67 S.) 8° [Ant. u. F.]

Jena, Phil. Diss. v. (19. Dez.) 1902

Weisenböhler, Osk., Geschichte d. Religionsunterrichts in der evangel. Volksschule Württembergs, s. a. Beiträge zum erzieh. Unterricht.

Weisenborn, s. Weißenborn

Weisenbrug, Johann Benjamin, s. Weißenbruch, Johann Benjamin

Weisenburger, Aloys, Haus-Kalender, s. Haus-Kalender.

Weisenburger, Aloys, Haus-Kalender auf das J. 1873. Nebst Aderlaßmännchen, das in diesen armen Zeiten die Christen kräftiglich trösten thut; den Un- u. Antichristen aber ihren Bettel unbarmherzig vor die Füße wirft. 4. (48 S.) Speyer 872. (Kleeberger.) — 25

—— Hausmannskost für die Gesunden, Hausmittel für die Kranken. Dem ganzen Volke zum Besten gegeben. 8. (256 S.) Mainz 855, Fr. Schott. *

Weisenburger, Aloys, neue Hausmannskost. 8. (VII und 203 S.) Mainz 862, Kirchheim.

—— Hausmannskost für die Gesunden, Hausmittel für die Kranken. 1. Thl. 2. Aufl. und 2. Thl. 8. (IV und 520 S.) Mainz 862,63, Haas. à Thl. * 10 Ngr. *

Weisengrün, N. Leo, der Begriff der sogenannten Conversion der Rechtsgeschäfte. Diss. Berlin 1886, Mayer & Müller. 8°. 45 S.

Weisengrün, Paul, das Ende des Marxismus. 1. u. 2. Aufl. gr. 8. (à 80 S.) Leipzig 899. O. Wigand. 1. 50

Weisengrün, Paul, die Entwickelungsgesetze der Menschheit. Eine socialphilosoph. Studie. gr. 8. (IV, 253 S.) Leipzig 888, O. Wigand. *

Weisengrün, Paul. Verschiedene Geschichtsauffassungen. Ein Vortrag. gr. 8. (60 S.) Lpz. 890, O. Wigand. * — 80

—— Die socialwissenschaftlichen Ideen Saint-Simon's. Ein Beitrag zur Geschichte des Socialismus. gr. 8°. Basel. Dr. H. Müller, 1895.

Weisengrün, Paul, d. socialwissenschaftlichen Ideen Saint-Simon's. Ein Beitrag zur Geschichte d. Socialismus. gr. 8. (VII, 97 S.) Basel 895. Bern, C. Sturzenegger. n. 2. 50; erhöht. Pr. 3. —

Weisengrün, Paul, der neue Kurs in der Philosophie. Eine Revision des Kritizismus. (V, 94 S.) gr. 8. Wien 905. Wiener Verlag. n. 1. 50; geb. n.n. 2. 50

— der Marxismus u. das Wesen der sozialen Frage. gr. 8. (VIII, 480 S.) Leipzig 900. Veit & Co. n. 12.—

Weisengrün, Paul, das Problem. Grundzüge e. Analyse d. Realen. gr. 8. (X, 196 S.) Leipzig 892. C. G. Naumann. n. 3. —

Weisengrün, Paul, Englands wirtschaftliche Zukunft. I. Die ökonom. u. soziale Bedeutg. des engl. Imperialismus. II. Der wirtschaftl. Entscheidungskampf zwischen England u. Deutschland. 2 Vorträge. (31 S.) gr. 8. München 910. Hans Sachs-Verlag. 1. —

Weisenhan, G. M. v., d. Einsiedler in seiner Entzückung, dargestellt in 42 Vorbildungen während d. Fastenzeit. 3 Thle. 8. Wien, Gerold. 774.

Weisenhorn, Franz, prakt. Arzt u. Zahnarzt aus Freiburg i. B.: Aus d. Dermatol. Universitätsklinik (Prof. Jacobi) zu Freiburg i. B. Acut circumscriptes Hautoedem und Urticaria. *Freiburg i. B. 1902: Ch. Lehmann's Nachf.* (31 S.) 8° Freiburg i. B., Med. Diss. v. 1902

Weisensee, Gg., stenographischer Fortbildungskurs. Regel-, Lese-, Aufgaben- u. Diktierbuch f. stenograph. Fortbildungskurse u. zum Selbstunterricht nach Gabelsberger's System. Bearb. nach den Beschlüssen des 7. deutschen Stenographentages. gr. 8. (28 S.) Gießen 902. E. Roth. n. — 60

Weisensee, Gg., stenographisches Lehr- u. Uebungsbuch nach Gabelsberger's System. Für den Schul- u. Selbstunterricht bearb. 1. Tl. Die Verkehrsschrift. [Wortbildung u. Wortkürzg.] gr. 8. (48 S. m. 32 autogr. S.) Würzburg 890. Stuber's Verl. n. 1. 20

Weisensee, Gg., stenographisches Lehr- u. Übungsbuch nach Gabelsbergers System. Für den Schul- u. Selbstunterricht bearb. 2. Tl. Die gekürzte Schrift. [Satzkürzung.] gr. 8. (II, 40 S.) Würzburg 891. A. Stuber's Verl. n. 1. — (1 u. 2.: n. 2. 20)

Weisensee, Gg., stenograph. Lehr- u. Uebungsbuch nach Gabelsbergers System. Für den Schul- u. Selbstunterr. bearb. 2 Tle. gr. 8. Gießen, E. Roth. à n. 1. —
1. Die Verkehrsschrift. (Wortbildg. u. Wortkürzg.) 6., unveränd. Aufl. (47 u. 28 S.) 898.
2. Die gekürzte Schrift. (Satzkürzg.) 3., nach d. neuesten Wiener Beschlüssen umgearb. u. verb. Aufl. (IV, 40 S.) 897.

— stenographisches Lehr- u. Übungsbuch nach Gabelsbergers System. Für d. Schul- u. Selbstunterricht bearb. 2 Tle. gr. 8. Ebd. 903. à n. 1. —
1. Die Verkehrsschrift. (Wortbildung u. Wortkürzg.) 10., gänzl. umgearb. Aufl. Nach den Beschlüssen des 7. deutschen Stenographentages. Mit e. Anh. f. Militärstenographen. (86 u. 24 S.)
2. Die Redeschrift. (Satzkürzung.) 5., gänzl. umgearb. Aufl. Nach den Beschlüssen des 7. deutschen Stenographentages. (IV, 40 S.)

Weisensee, Gg., stenographisches Lehr- u. Uebungsbuch nach Gabelsberger System f. den Schul- u. Selbstunterricht. 2 Tle. 8. Gießen 907. E. Roth. à n. 1. —
1. Verkehrsschrift. (Wortbildung u. Wortkürzg.) 14. unveränd. Aufl. Nach den Beschlüssen des 7. deutschen Stenographentages. (67 S.)
2. Die Redeschrift. (Satzkürzung.) 6. verb. Aufl. (IV, 40 S.)

Weisensee, Gg., stenographisches Lehr- u. Übungsbuch nach Gabelsbergers System f. den Schul- u. Selbstunterricht. 2 Tle. 8. Gießen 910. E. Roth. à 1. —
1. Die Verkehrsschrift. (Wortbildg. u. Wortkürzg.) 18. unveränd. Aufl. Nach den Beschlüssen des 7. deutschen Stenographentages. (67 S.)
2. Die Redeschrift. (Satzkürzung.) 7. unveränd. Aufl. Nach den Beschlüssen des 7. deutschen Stenographentages. (IV, 40 S.)

Weisenstein, S. A. G., die Cholera, ihre Abwendung durch Schutzmittel u. ihre Heilung. gr. 8. (11 S.) Leipzig 847, Jackowitz in Comm. Verklebt. 1/4 ß

Weisenthal-Reinhardt, Jul.

Weisenthal-Reinhardt, Selbst-Unterricht unter besond. Berücksicht. der Sprache des Handels u. Verkehrs. Englisch. 30 Briefe. gr. 8. (1. Brief. S. 3—18.) Frankfurt a/M. (900). (Berlin, Berolina-Versand-Buchh.) 8. 50

Weisenthal, Jul., Methode Weisenthal-Reinhardt. Französ. Selbstunterrichtsbriefe f. Kaufleute u. Gewerbetreibende, für Anfänger wie für Fortgeschrittenere. (In 3 Kursen v. je 10 Briefen.) 1. Kurs. 10 Briefe. gr. 4. (82 Sp.) Frankfurt a/M. (VIII) 896. J. Weisenthal-Reinhardt. n. 3. 50

— dasselbe. Französisch. 30 Briefe. 6. u. 7. Aufl. gr. 8. (1. Brief. S. 3—18.) Ebd. (900). 8. 50; Ergänzungsschlüssel. (35 S.) n. — 90

— dasselbe. Italienisch. 30 Briefe. gr. 8. (1. Brief. 16 S.) Ebd. 900. 8. 50

- dasselbe. Spanisch. 30 Briefe. gr. 8. (1. Brief. 16 S.) Ebd. (900). 8. 50

Weisenthal-Reinhardt, kaufmännisch-phraseologisches Wörterbuch. Deutsch-Englisch. (IV, 229 S.) gr. 8. Frankfurt a/M. (903). (Berlin, Berolina-Versand-Buchh.) n. 3.—; geb. in Leinw. n. 4. —

— dasselbe. Deutsch-Französisch. (IV, 233 S.) gr. 8. Ebd. (903). n. 3. — ; geb. in Leinw. n. 4. —

— dasselbe. Deutsch-Italienisch. (IV, 226 S.) gr. 8. Ebd. (903). n. 3. —; geb. in Leinw. n. 4. —

— dasselbe. Deutsch-Spanisch. (IV, 228 S.) gr. 8. Ebd. (903). n. 3. —; geb. in Leinw. n. 4. —

Weiser, A., Uebungsbuch f. mündl. u. schriftl. Rechnen, s.: Räther, H.

Weiser, C., die Rose aus der Vendée. Novelle in 2 Büchern. schmal 8. (V, 104 S.) Wien 900. C. Konegen. n. 2. —

Weiser, Carl, s. Weiser, Karl

Weiser, Emil, monistische u. christliche Weltanschauung. Zugleich e. christl. Apologie. (98 S.) 8. Stuttgart 908. J. F. Steinkopf. 1. 20

Weiser, Friedr. Die marianischen Congregationen in Ungarn u. die Rettung Ungarns 1686—1699. Kritisch-histor. Kulturbild von 1581—1699. Im Jahre der 3. Säcularfeier d. Todestages St. Aloisius v. Gonzaga, S. J. Allen marian. Sodalen. gr. 8. (VIII, 160 S.) Regensb. 891, Pustet. * 1 20

(WEISER, J. G.)

Grundregeln | der | Lateinischen Wortfügung. | Zum Gebrauche | der | Niederländischen Schulen. | [Vignette] | Lützemburg, | Gedruckt in der Schevalierischen Buch-|handlung. 1782. | Mit besonderer ausschließlichen Freyheit. |
6 ungez., 100 gez., 10 ungez. S., kl-8° (165 x 95 mm).

Weiser, Johann Friedrich Christoph, s. Weißer, Johann Friedrich Christoph

Weiser, Josef

Weiser, Jos., Anfangsgründe der Physik zum Gebrauche an Unter-Real- und Gewerbeschulen. gr. 8. (XII und 300 S. mit 5 Stnt. in qu. Fol.) Wien 854, Seidel. *

Weiser, Jos., Anfangsgründe der Physik zum Gebrauche an Unter-Real- und Gewerbeschulen. Mit 5 lith. Taf. (in Fol.) 208 Fig. enthaltend. 854. — 2. verb. Aufl. Wien 857. Seidel. gr. 8. (XII, 300 S.) n. 1 *rß*. 5 *ngr.*

Weiser, Jos., Anfangsgründe der Fisik zum Gebrauche an Unter-Real- und Gewerbeschulen. 2., verb. Aufl. 1857. und 3. Aufl. gr. 8. (XII und 314 S. mit 5 Stnt., 209 Fig. enthaltend in qu. Fol.) Wien 860, Seidel und Sohn. *

Weiser: Ein kleiner Beitrag zur populären Erklärung des Tönens der Luft in Pfeifen. 17 S. 8°. – Wien OR.L., Progr. 1866.

Weiser, J. Beitrag zur Methode des Unterrichts an Realschulen. Wien, O. R. a. d. Landstr., 1854. 26 S. *Progr.*

Weiser, J.: Beitrag zur Reform der Realschulen. 35 S. 8°.– Wien OR.L., Progr. 1864.

Weiser Dr. J.: Aphoristische Bemerkungen über den Unterricht im Allgemeinen u. über den in der Physik insb. 8. Wien R. III. 80. **Progr.**

Weiser, J.: Bemerkungen über unsere Volksschulen und ihren Zusammenhang mit den Mittelschulen. 18 S. 8°.– Wien, OR.L., Progr. 1863.

Weiser, J.: Betrachtungen über Ursache und Wirkung auf dem Felde des Volks- und Realschulunterrichtes. 20 S. 8°.– Wien OR.L., Progr. 1865.

Weiser, J.: Die Gewerbeschule, was sie soll und was sie nicht soll. 18 S.– 8°.– Wien, OR.L., Progr. 1860.

Weiser, J.: Ueber Gewerbeschulen. S. 29-55. 8° –Wien OR Ldst., Progr. 1854.

—— Lehrbuch der Fisik für Ober-Realschulen. 1. und 2. Lfg. gr. 8. (S. 1—128 mit Taf.) Wien 857, Seidel und Sohn. pro cplt. *

Weiser, Jos.: 1. Ueber die Notwendigkeit der Neugestaltung der Realschulen. 24 S. 8°– 2. Beleuchtung einiger Einwürfe gegen das Wesen der jetzigen Realschule. S. 20-32. 8°–Wien OR. Ldst., Progr. 1852. 1853.

Weiser, I.: Zur Verständigung zwischen Schule und Haus Zs. 95 S. 8°(cf. R.St. Joh.in Wien 56 - 58 v. Wagner. Zs.45 S. 8°– Progr.Rastenburg 58 von Techow. 36 S.) – Wien OR, Progr. 1855,57,58.

Weiser, Jos.: Wolgemeinte Worte an Eltern, welche die Absicht haben, ihre Söhne einer Mittelschule zuzuführen. 18 S. 8°–Wien OR. Ldst, Progr. 1872.

Weiser, Jos.: Fromme Wünsche in Beziehung auf Schule, Schüler und Elternhaus. S. 29-45. 8°–Wien OR. Ldst, Progr. 1873.

Weiser, Carl, die Behandlung der asiatischen Cholera vom heutigen Standpunkte der Medicin u. der Hydrotherapie. Kritisch beleuchtet. gr. 8. (IV, 20 S.) Wien 885. Braumüller. n. 1. —

Weiser, Carl, a choice collection of English lyrical songs and ballads from Shakespeare to Kipling. (XII, 180 S.) 16. Wien (910). F. Deuticke. 1. 40

— Rabbi David, s.: Universal-Bibliothek.

Weiser, C. Pope's Einfluss auf Byron's Jugenddichtungen. Diss. Leipzig 1877. 29 S.

Weiser, Carl, die deutsche Feuerwehr. Handbuch für das gesammte Feuerlöschwesen. br. gr. 8. (VII und 304 S. mit eingedr. Holzschn. und 1 Holzschnt.) Mainz 855, Wirth und Comp.

Weiser, Karl, s.: Goethe, Joh. Wolfg. v., Faust.

(F) Weiser-Hedley. Grammatik der Englischen Sprache. Ausgabe für Mädchen-Lyceen. Wien. 1901. Manz. Gr.-8°. VII, 295 S. Geb. K 3.30

Zu Grunde. Soziales Drama in 3 Akten von Karl **Weiser**. Mit e. Vorbemerkung. Halle a. d. S.: O. Hendel (1904). (56 S.) 8° [F]
(Bibliothek d. Gesamtlitteratur d. In- u. Auslandes. No 1839.) [05. 10559

Weiser, Karl, zu Grunde, s.a. Bibliothek der Gesamtlitteratur.

Weiser, Karl, Hutten, s.: Universal-Bibliothek.

— Jesus, s.: Universal-Bibliothek.

Weiser, Karl: Ein genialer Kerl, s. Universal-Bibliothek.

— u. F. H. Hedley, engl. Conversationsgrammatik f. commercielle Lehranstalten. gr. 8. (XI, 274 S.) Wien 900. Manz. Geb. in Leinw. n. 3. —

Weiser, Carl, Kunstgeschichte, s.: Buchner, W.

Weiser, Karl u. F. H. Hedley

— — Lehrbuch der engl. Sprache. gr. 8. (VII, 295 S.) Leipzig 902. G. A. Gloeckner. — Wien, Manz. n. 3. —

Weiser, Leitfaden der Kunstgeschichte, s.: Buchner, Wilh.

Weiser, Karl, Licht! Liebe! Leben! Gedichte. 12. (VIII, 312 S.) Leipzig 878. (Karlsruhe, Gutsch.) geb. mit Goldschn.

Weiser, Karl, das hohe Lied meiner Liebe. Erotisches Gedicht in 24 Gesängen. 8. (144 S.) Königsberg 869, Braun und Weber. geb. mit Goldschn.

Englische Literaturgeschichte. Von Dr. Carl **Weiser**. 2. verb. u. verm. Aufl. Leipzig: Göschen 1906. 175 S. 8°
(Sammlung Göschen. 69.) [10. 14637 11

Weiser, Carl, engl. Litteraturgeschichte, s.a. Sammlung Göschen.

Loki. Modernes Drama in 1 Akt von Karl **Weiser**. Uraufführung durch d. Mitgl. d. Weimarer Hoftheaters am 28. Dez. 1903 in Ilmenau. Mit e. Vorbemerkung. Halle a. d. S.: O. Hendel (1905). (54 S.) 8° [F.]
(Bibliothek d. Gesamtlitteratur d. In- u. Auslandes. No 1850.) [05. 10361

— Loki, s. a. Bibliothek der Gesamtliteratur.

—— das Mammuth. Satyrisches Drama mit Chören in einem Aufzuge. 1. Aufl. 1869, und 2. Aufl. qu. 4. (18 S.) Ebendas. 871.

Weiser, Karl: Am Markstein der Zeit, s. Universal-Bibliothek.

—— das Münster zu Straßburg. Eine Dichtung in vier Liedern. Verfaßt im Felde den 1. Octbr. 1870 zu Arnonville vor Paris. Hrsg. zur Feier des 3. Jahrestages der Uebergabe von Straßburg. 8. (16 S.) Karlsruhe 873, Gutsch.

—— Nero. Tragödie in 5 Aufzügen. gr. 8. (VIII, 139 S.) Ebendas. 881. *

Weiser, Carl. Parenthesen. Fünf Einakter nach Erzählungen in [Friedrich von] Schillerschen Dramen von K'W'. Mit einer Vorbemerkung. 66 S. 8. Halle a. d. S., Otto Hendel, [1904]. (M. —.25, geb. —.50.)
(Bibliothek der Gesamtlitteratur des In- und Auslandes. No. 1838.)

Weiser, Karl, Auf dem Parnaß. Festspiel in einem Aufzuge. Aufgeführt zur „Scheffelfeier" am 19. Febr. 1876 in der Central-Turnhalle zu Karlsruhe. gr. 16. (27 S.) Karlsruhe 876. (Stuttgart, Metzler'sche Buchh.)

Weiser, Karl: Penelope, s. Universal-Bibliothek.

— Propheten-Tod. Ein dramat. Requiem. (Zu Schillers Gedächtnis.) (19 S. m. 2 Plänen.) kl. 8. Weimar (905). H. Grosse. n. — 20

— Vortrag üb. einige Fortschritte in der Hydrotherapie u. der Therapie überhaupt m. Demonstrationen neuerer hydrotherapeutischer Hilfsapparate. 8. (16 S.) Freiwaldau 884. Blažek. n. — 60

Weiber, Helden und Narren. Verse von Karl **Weiser**. Weimar: H. Große 1904. (120 S.) 8° [F.] [08. 119.8

— Die Methode Weiser. Anlässlich des 25jähr. Bestehens der Sprachschule Weiser verf. (17 S.) gr. 8. Wien 909. (Spielhagen & Schurich.) — 60

Weiser, Dr. M. E., Das Ossein od. Knochensalz, seine Bedeutung als Knochen-, Nahrungs- u. Ersatzmittel f. Gesunde u. Kranke, sowie sein besond. Werth als Anti-Rhachiticum gegen die sog. „englische Krankheit" d. Kinder. kl. 8°. (16 S.) Wien, C. Vetter. fl —.30. 1886.

Weiser, M. E., das Knochensalz od. Ossein, e. neues Nahrungs- u. Heilmittel. [2., verb. Aufl.] Mit e. Abbildg. der in Errichtg. begriffenen „Ersten österreich. Heilanstalt f. Rachitische" zu Urfahr bei Linz [Oberösterreich]. gr. 8. (82 S.) Linz 887. Wien, Dr. M. E. Weiser's Verl. — 80

— eine Sammlung v. Prüfungsfragen aus dem Leitfaden zum Unterrichte im Sanitäts-Dienst in der k. k. Landwehr. 8. (IV, 67 S.) Ebd. 886. — 80

Weiser, Dr. M. E., Eine Sammlung v. Prüfungs-Fragen aus dem Leitfaden zum Unterrichte im Sanitäts-Dienste in der k. k. Landwehr. 8°. (67 S.) In Comm. Wien, Seitenberg. 1886.

Weiser, M. E. Schule und Erwerbsfähigkeit. Ein Beitrag zur Humanitätspflege in Mittelschulen. Vortrag. gr. 8. (16 S.) Wien 889, Weiser's Verlag. — 60

— Selbsthilfe bei Lebensgefahr, Unglücksfällen und Vergiftungen. Nebst prakt. Winken üb. Erkrankung durch Infection [Ansteckg.], Objecte, Mittel u. Methoden der Desinfection. 12. (47 S.) Linz 889. Wien, Dr. M. E. Weiser's Verl. In Leinw. cart. — 80

Weiser, M. E., Touristen-Album. Mit e. Vorworte v. E. Fink. 1. Lfg. gr. 8. (7 S. m. 10 Taf.) Linz 889. Wien, Dr. M. E. Weiser's Verl. 1. —

— die Verband-Päckchen. Eine Sammlg. aller diesbezügl. f. das k. k. steh. Heer u. die k. k. Landwehr erlassenen Bestimmgn. üb. Form, Inhalt, Tragart, Zweck, Gebrauchsweise, Aufbewahrg., Conservirg., Evidenthaltg., Verrechng. u. Ausgabe derselben. gr. 8. (4 S.) Ebd. 889. — 40

Weiser, Martin, Medizinalprakt.: Zur Kenntnis der Sehstörungen bei Bleivergiftung. Leipzig 1909: Georgi. 42 S. 8°
Leipzig, Med. Diss. v. 28. Jan. 1909, Ref. Sattler
[Geb. 25. Nov. 82 Leipzig; Wohnort: Leipzig; Staatsangeh.: Sachsen; Vorbildung: Realgymn. Leipzig Reife O. 03; Studium: Kiel 1, Leipzig 4, Zürich 1, Leipzig 4 S.; Coll. 30 Jan. 09.] [U 09. 2900

Weiser, Mart., aus dem Leipziger klinischen Viertel. Eine Reihe photograph. Bilder. Mit e. Geleitwort v. Sudhoff. (21 S.) 14×23 cm. Leipzig (908). (A. Lorentz.) 2. 40

WEISER, Maximilian (Gyöngyös/Ungarn): De neurosibus in genere.- Landishuti: Storno 1818. 32 S., 4 Bl. 5.2.1818 - Pe 365; F 57
Diss. Ingolst.-Landsh.-Mchn.

Weiser, Oswald: Ein Fall von glaukomatöser Iritis. Jena 1900: A. Kämpfe. (21 S.) 8°
Jena, Med. Diss. v. (11. Sept.) 1900.

Weiser, Otto, Referendar in Meißen: Die stille Gesellschaft nach dem Handelsgesetzbuch vom 10. Mai 1897. Borna-Leipzig 1905: R. Noske. (VIII, 87 S.) 8°
Leipzig, Jur. Fak., Diss. v. 25. März 1905
[Geb. 25. Nov. 81 Zwickau; Wohnort: Meißen; Staatsangeh.: Sachsen; Vorbildung: Dreikönigssch. Dresden-N. Reife O. 00, Erg. Prüf. Gymn. Dresden-N. O. 01; Studium: Leipzig 2, Tübingen 1, Leipzig 6 S.; Rig. 30. Juni 04.]

Weiser, Paul, deutsche Jugend, übe Tierschutz!, s.: Gehring.

Weiser, Paul, schützet die Tiere, s.: Gehring, Karl.

Weiser, Theodor

Weiser, Thdr., 15 Karten zur Ausloosung der Rosenkranzgeheimnisse. Düsseldorf 865. Kampmann'sche Buchh. 16. In Couvert. n. 3 ngr.

—— der Verein des lebendigen Rosenkranzes und seine geistlichen Vortheile. 15 Betrachtungen für die Mitglieder des Vereins und für Jeden, der sein Heil zu wirken sucht. 2., verm. und verb. Aufl. 16. (96 S.) Düsseldorf 865, Kampmann'sche Buchh.

Weiser, Theodor [Red.], s. Zeitung, Troppauer.

Weisert, Jak. Melch., († d. 10. April 1801.) auserlesene Festtagspredigten, nach seinem Tode herausg. von A. H. d'Autel. Mit Weiserts Bildn. gr. 8. Heilbr. 804. Rausche. 1 ½ 8 ℛ

Weisert, J. M., auserlesene Festtagspredigten, nach s. Tode herausg. v. A. H. d'Autel. gr. 8. Heilbr. Rausche. 805. Rthlr.

— s. Geschichte der Staaten rc. 10r Bd.

Weisert O, Stuttgart. Proben der Schriftgiesserei. (144 S) 4° Stuttgart 1890

Weiseste, Der, von Sidon: oder: Abdolonymus. Opera. Hamb. 1733. V: *Hamann, Johann Georg.* (schr)

Weisfert, Julius Nikolaus

Weisfert, Jul. Nic., biographisch-litterarisches Lexikon für d. Haupt- u. Residenzstadt Königsberg in Ostpreußen. (2. Ausg.) 8. (V, 259 u. VI S.) Königsberg 897. Bon's Buchh. n. 3. —

[F.] Biographisch-litterarisches Lexikon für die Haupt-u. Residenzstadt Königsberg u. Ostpreussen v. Julius Nicol. Weisfert . . . (2. Ausg.) *Königsberg i. Pr.: Bon 1898.* (3 Bl., 259, VI [unricht.: V] S.) 1 Bd 8. [97. 8735 Ko

Weisflog, August, med. prakt. in Amrisweil '(Thurgau)' [von Altstetten, Kt. Zürich]: Aus der chirurgischen Klinik Zürich. Über Callustumoren. '(Callus-Sarkome)'. (S. A. aus: Beiträge z. klin. Chirurgie [— Bruns], Bd X [S. 433—468]. Tüb. H. Laupp 1893. 1 Bl., 36 S., 1 Bl. 8°.
Zürich, Med. Diss. [v. 30. Mai 1893].

Weisflog, C. G., Fürstenbilder. Historische Skizzen und Züge von Seelenadel, Hochherzigkeit, Größe, Tapferkeit und Herzensgüte europäischer, besonders deutscher Fürsten und Fürstinnen. Zur Stärkung der Liebe und Treue jugendl. Herzen für Fürstenhaus und Vaterland. br. 8. (VIII und 658 S. mit 8 Illustr. lithogr. und in Tondr.) Weimar 858, Voigt.

Weisflog, Chr. Gotthf., s. Weißflog, Chr. Gotthf.

Weisflog, Christian Karl, s. Weisflog, Karl.

Weisflog, C., die Astrologen, oder Gänge um Mitternacht. Romant. Zeitbild aus unserm u. dem 16n Jahrh. 2 Bde. 8. Nordhausen 835. Fürst. 2 1/12 ₰

Weisflog, C., die Astrologen, od. Gänge um Mitternacht. Romant. Zeitbild aus uns. u. d. 16. Jahrh. 2 Bde. 8. (28 3/4 B.) Nordhausen 835. [Leipzig, Literar. Museum.] 2 Thlr. 2 Gr., hrbgs. Pr.

— die schwarzen Rebellen. Histor. Novelle. 8. Ebd. 835. 3/4 ₰

— die Verdammten. Ein Nachtstück aus Frankreich. 8. Ebd. 835. 11/12 ₰

Weisflog, G. C., s.: Kalender, Deutsch-republikanischer.

Weisflog, Gustav Erdmann

Weisflog, Gust. E., ein Beitrag zur Kenntniss der Dubois'schen Thymus-Abscesse bei angeborner Syphilis. Inauguraldissertation. gr. 8. (43 S.) Zürich 860, Meyer und Zeller's Verlag. *

Weisflog, Gustav E. (Dr. in Altstetten-Zürich). Die beginnende Lungen-Schwindsucht u. ihre Heilung auf hydro-electrischem Wege. In-8°, 44 S. Zürich, R. Kraut-Bosshart. 1879. 1 25

Weisflog, Hugo: Beitraege zur Thermoelectricitaet und ein neues Galvanopyrometer. Halle a. S. 1882: Schneider in Eisleben. 29 S. 8°
Halle-Wittenberg, Phil. Diss. v. [19. Apr. 1883]
Geb. Zawadzki (Kr. Großstrehlitz, Schles.) 7. 5. 1857. V.
Verf. erlebte die Diplomerneuerung des Dr. sc. nat. 1933 als Oberstudienrat, Professor in Krefeld.

Weisflog, Hugo [Dr.]: Der Rechenunterricht an höheren Lehranstalten. Crefeld, J. B. Klein'sche Buchdr. (1890); S. 3—29: 4°
Crefeld, R, P 1890

Weisflog, J[ulius] Heinrich: Die Haftung der Erben für die Bürgschaftsschulden des Erblassers nach schweizerischem Recht historisch und de lege ferenda dargestellt. Basel: M. Werner-Riehm Dr. [R. Reich Verl.] [1896]. VIII, 93 S., 1 Bl. 8°
Zürich, Jur. Diss. [v. 2. Mai 1896].

Weisflog, Karl

— **Der Pudelmütze 26. Geburtsfest, s.: Bücher, bunte.**

Der Pudelmütze 26. Geburtsfest. Von Karl **Weisflog**. Berlin: F. Schulze 1905. (24 S.) 8° [Text stenogr.]
= Stolze-Schrey, Schulbibliothek. Bd 3. [05. 14821

Weisflog, Karl, der Pudelmütze 26. Geburtstag, s. u. Schulbibliothek Stolze-Schrey. III.

Weisflog, Karl, s.: Gefunden.

Weisflog, s.: Geschichten, unheimliche.

Weifflog, C., ausgewählte Historien und Phantasiestücke, s. Prosaiker, die deutschen, des 19. Jahrh.

— s.: Humorist, der.

Weisflog, C., das große Loos, s. Erzählungen des deutschen Hausfreundes.

Weisbflog, C., das große Loos, s.: Universal-Bibliothek.

Weisflog, C., das große Loos, s.: Volksbücher, neue.

Weisflog, C., das große Loos. Erzählung. 8. (50 S.) Chemnitz 880, Hager.

—— das große Loos, oder die treue Seele von Zwickau. Ster.-Ausg. 8. (62 S.) Reutlingen 880, Enßlin und Laiblin's Verlagsh.

Karl **Weisflog**. Das große Los. Münster i. W.: Aschendorff [1909]. 90 S. 8°
(Unsere Erzähler. Bd 12.) [10. 1763

Weisflog, Karl, das große Los, s. u. Erzähler, unsere.

Weisflog, C., Phantasiestücke u. Historien. 12 Bde. 8. Dresd. 824—28. Arnold.

Weisflog, Chrstn., Phantasiestücke u. Historien. 12 Bde. 12. Dresden, Arnold.
Bd. 1. An Theod. Hell. — Brief d. Privatschreibers Jeremias Kätzlein an E. T. A. Hoffmann in Dschinnistan. — Der Pudelmütze 26. Geburtsfest. — Die Geschichte d. Zitter-Pappel; eine botan. Mythe. — Der wüthende Holofernes. — Bericht d. Hof-Cantoris Hilarius Grundmaus anno Dom. 1615. — Eps, d. Zwiebelkönig. — Licht- u. Schattenpunkte aus meinem Leben. — Amolly u. Ceduro. — Der Teufel u. sein Liebchen.
" 2. Sebastian, König v. Portugal. — Die Fahrten d. Forstrathes v. Elben u. seines getreuen Jakobus. — Der Tag in Batavia. — Das Credo d. Todten. — 1. u. 2. Bd. (34 B.) 834. 2 Thlr. 12 Gr.
" 3. Das große Loos. In etzlichen anmuth. Historien. — Der Lieutenant v. Reißaus u. seine Soldaten.
" 4. Reisenotizen u. erbauliche Betrachtungen aus d. Tagebuche d. beiden Handwerksburschen, des Schlossers Hans Schwerlich v. Mannheim, u. d. Schneiders Franz Zickel v. Ulm. Ein Appendix zur ersten Historie vom großen Loose. — Wohlthun trägt Zinsen. — Der Brief an d. Hrn. Gevatter. — Hobelspäne. — 3. u. 4. Bd. (31 B.) 824. 2 Thlr. 18 Gr.

» 6. Die Kunst- u. Bettelfahrt d. Bratschisten Fidelius. — Das Abenteuer im Paradiese. — Der Nautilus. — Die Wallfahrt nach Weimar.
» 6. Die Quellnymphe. — Der Denkzettel. — Der Vater. — 5. u. 6. Bd. (45 B.) 825. 8 Thlr. 15 Gr.
» 7. Ein orthograph. Traum. — Der Jahrmarkt zu Mäuseborn. — Dritte Historie v. großen Loose. — Der Doctor Berber.
» 8. Des Herrn Abendmahl, v. Leonardo da Vinci. — Die Fichtelberger. — Der arme Teufel. — Biograph. Spittelfreuden d. abgesetzten Privatschreibers Jeremias Kätzlein. 7. u. 8. Bd. (38½ B.) 826. 8 Thlr. 3 Gr.
» 9. Gleiches mit Gleichem Ein Schwank. — Der Impuls. — Hobelspäne. Neue Folge. — Verse. — Der Herr v. Nummelmeier. (14½ B.) 827. 1 Thlr. 6 Gr.
» 10. Der Pudelmütze Tod u. Hochzeit. — Ernst ist das Leben, heiter die Kunst. — Verse. — Das stille Wasser. (18 B.) 828. 1 Thlr. 12 Gr.
» 11. Die Badekur. — Die Mühle d. Humoristen. Eine Idylle. — Die Adepten. Ein Nachtstück.
» 12. Der Beruf. — Der Himmelsprokurator. — Das Land Utopia. — Der Einfall d. Türken. — Geschichte u. Empfindungen eines Hingerichteten. — Gedichte. — 11. u. 12. Bd. (31¼ B.) 829. 3 Thlr.

—— Phantasiestücke u. Historien, fortges. v. † C. Morwell. 2 Bdchn. 8. (25½ B.) Stuttgart 829, Brodhag.

Weisflog, Chrstn., Phantasiestücke u. Historien. (Neue Ausg.) 12 Thle. 16. (182½ B.) Dresden u. Leipzig 839, Arnoldische Buchh.

Weisflog, Carl. Humoristische Schriften, s. Klassiker deutschen Humors.

Weisflog, Theodor

Weisflog, Thdr., Altes u. Neues aus der Geschichte der Lutherkirche. Festschrift zur Erinnerg. an die Weihe der im J. 1900 erneuerten Lutherkirche. Der Gemeinde dargeboten. gr. 8. (88 S. m. 9 Taf.) Plauen (901). A. Kell. n. 1. —

Weisflog, Th., Denkschrift zum Lutherhausbau in Plauen 1907—1908. Im Auftrag der Luther-Stiftg. verf. (II, 51 S. m. 16 Taf.) 8. Plauen 908. (A. Kell.) nn 1. —

Weisflog, Thdr., Jesus Christus, gestern u. heute, u. derselbige in Ewigkeit. Predigt, üb. Ebr. 13, 8 zur Feier des 200jähr. Jubiläums der Lutherkirche am 20. Aug. 1893 geh. in der Lutherkirche zu Plauen. Anh.: Festbericht üb. die Geschichte der Lutherkirche, erstattet v. Carl Eichenberg. gr. 8. (15 S.) Plauen 893. A. Kell. n.n. — 25

Weisflog, Thdr., Posaunenklänge aus der Ewigkeit! (Offenbar. Joh. 11, 15.) Fest-Predigt, beim 6. Posaunenfeste der evang.-luther. Männer- u. Jünglingsvereine Sachsens in Zwickau geh. gr. 8. (8 S.) Dresden (902). Verbandsbuchh. (E. Zacharias). — 15

— s.: Weihegottesdienst zur Einweihg. der erneuerten Lutherkirche in Plauen i. V.

W(eisgerbe)r, H., die Nothwendigkeit d. wahren Wiedergeburt, od. der sichere u. untrügl. Weg zur Seligkeit, nach Joh. 3, 3. 8. (2¼ B.) Siegen 834, Friedrich.

Weisgerber, H., sable Nothwendigkeit der wahren Wiedergeburt.

Weisgerber, Henri, L'Alsace au commencement du XVIIIe siècle d'après un mémoire inédit de l'intendance. [Aus: „Revue d'Alsace".] gr. 8. (51 S.) Neuilly-sur-Seine 897/98. Strassburg, J. Noiriel. n. — 80

Weisgerber, H., la corporation des chirurgiens-barbiers de Ribeauvillé 1680—1791. Lex.-8. (III, 66 S.) Strassburg 899. (J. Noiriel.) n. 2. —
Sonderabdruck aus: „Bulletin de la soc. pour la conservation des monuments hist. d'Alsace".

Weishaar, Jakob Friedrich von

v. Weishaar, Jak. Fr., Asträa, Zeitschr. d. Politik u. Geschichte. 1n Bandes 1s — 3s Heft. gr. 4. Stuttg. 819. Metzler. 21 gGr

Ders.: **Bemerkk. üb. d. Verfügungsrecht eines Schuldners üb. sein Vermögen vor Ausbruch d. Concursprocesses.** *Stuttgart*, **Metzler. 803. 8. (4 Gr.)**

— Handbuch des Würtembergischen Privatrechts. 3 Bde. gr. 8. Stuttg. 804—8. Metzler. 5 Rthlr 12 gGr 2e verm. Ausg. gr. 8. Ebd. 817. 5 Rthlr 12 gGr 3e umgearb. Ausg. 1r Thl. gr. 8. Stuttg. 831. (Cotta). 2 Rthlr 16 gGr

— Handbuch d. Würtemb. Privat-Rechts. 2te unveränd. Aufl. gr. 8. Ebend. 817. (1r Bd. 1 Rthlr. 12 Gr. 2r Bd. 1 Rthlr. 20 Gr. 3r Bd. 2 Rthlr. 4 Gr.)

Weishaar, (J. F.) Handbuch d. Würtemberg. Privatrechts. 1r Bd. 3e Aufl. gr. 8. Stuttg. 825, Metzler.

Weishaar, Jak. Friedr. v., Handbuch d. würtemberg. Privatrechts. 3 Thle. 3., umgearb. Ausg. gr. 8. Stuttgart, Cotta. [1. (29½ B.) 831. 2 Thlr. 16 Gr., 2. (29 B.), 3. (24 B.) 833. à 2 Thlr. 8 Gr.]

— über Koncurs u. Präcurs, nach Würtembergischen u. allgemeinen Rechten. 8. Heilbr. 802. Claß. 4 gGr

Weishar, G., s. Weißhar, G.

Weishäupl, J[oseph]. Die Dampfturbine System «[Henri] Zoelly». Von J. Weishäupl, Ober-Ingenieur der A.-G- Escher Wyss & Cie in Zürich. (Mit 13 Textbildern.) Sonder-Abdruck aus der Schweiz. Bauzeitung Bd. 43, Nr. 25 und 26. II + 7 S. 4. Zürich, Ed. Raschers Erben, 1904. (fr. —.50)

Weishaupt, Pfarrer, Lieder für die Jugend. 1s — 3s Heft à 3 Stimmen: für Discant, Alt u. Baß. qu. gr. 8. Zürich 839. (St. Gallen, Huber u. Comp.) n. ½ Rthlr

— dass. 4s Heft, mit 3 Stimmen: für Discant, Alt u. Baß. qu. gr. 8. Ebd. 839. n. ¼ Rthlr

Weishaupt, (Pfarrer,) ..., Lieder für die Jugend. 5. u. 6. Heft, mit leichten Melodien für Diskant, Alt u. Baß. (Jedes in 3 Abthl.) qu. gr. 8. Trogen 841. (St. Gallen, Scheitlin u. Zollikofer.) à Heft n. ¼ Rthlr

Weishaupt, Adam

— der sterbende Adam, s. Leben Adams.

— über d. Kantischen Anschauungen u. Erscheinungen. 8. Nürnb. 788. Grattenauer. 1 Rthlr Einleitung zu denselben. 8. Ebd. 787. 3 gGr

Apologie der Illuminaten. [Von Adam **Weishaupt.**] Frankfurth und Leipzig. [Nürnberg]: Grattenauer 1786. 374 S. 8°.
cf. D. neuesten Religionsbegebenheiten. 9, Zugabe 2 (1786) S. 79—136.
Kl. 3230, Tt. 881. Selten. **23. 25.**
Vgl. Apologie ...

Apologie des Misvergnügens und Uebels. Von Adam **Weishaupt.** [Gespräch 1]—3. Frankfurt u. Leipzig [Nürnberg]: 1787. 8°
[1.] XVI, 136 S.; 2. 182 S.; 3. 252 S.

[Dasselbe.] 2. verm., ganz umgearb. Aufl. [Th. 1.] 2. Ebendas. 1790. 8°
[1.] XVI, 448 S.; 2. 366 S.
Kl. 3252.

Weishaupt, Adm., Apologie d. Mißvergnügens u. Uebels. 8. (Regensb.) 790. Montag u. W. 2 ₰ 8 gl

Die neuesten Arbeiten des Spartacus [d. i. Adam **Weishaupt**] und Philo [d. i. Adolf Frh. **v. Knigge**] in dem Illuminaten-Orden; jetzt zum erstenmal gedruckt, und zur Beherzigung bey gegenwärtigen Zeitläuften hrsg. [von Ludw. Adolf Christian v. Grolmann. Frankfurt: Hermann] 1793. XII, 172, 84 S. 8°

[Dasselbe.] Ebendas. 1794. XII, 172, 84 S. 8°

[Dasselbe.] [München: Strobl] 1794. 200, 90 S. 8°
cf. Schroeder, F. L.: Materialien z. Gesch. d. Frmrey seit d. Wiederherst. d. gr. L. i. London. 4 (o. J.) S. 119–120; D. neuest. Religionsbegebenheiten. 16 (1793) S. 445 bis 477; °Magazin d. Kunst u. Litteratur. (Wien), abgedr. in: Ueber Zahl, Reichthum, Haupsabsicht d. deutsch. Mr. 2. Aufl. 1795 S. 65—112.
Kl. 3270, Tt. 875. Mitteilung der höheren Grade des Illuminatenordens, des Priester- und Regentengrades nebst kritischer Geschichte der Illuminaten-Grade.
Ausg. Frankfurt 1793 in 193. 1794 in 23. München: in 25.

Weishaupt, Adam, s. Court de Gebelin: Saturn.

Einleitung zu meiner Apologie. Von Adam **Weishaupt.** Frankfurt u. Leipzig [Nürnberg]: Grattenauer 1787. 52 S. 8°
cf. D. neuesten Religionsbegebenheiten. 10 (1787) S. 769—778.

— üb. d. allegorischen Geist d. Alterthums, a. d. Franz. (h. a. d. Titel: Saturn, Merkur ꝛc.) gr. 8. Regensb. Montag u. W. 794.

Geschichte der Vervollkommnung des menschlichen Geschlechtes von Adam Weishaupt. Th. 1. Frankfurt u. Leipzig [Nürnberg]: Grattenauer 1788. 228 S. 8°
Kl. 3259.

Weishaupt, A., Geschichte der Vervollkommnung des menschlichen Geschlechts. 1r Th. Nürnberg. 788. Jetzt Eichhorn.

Vollständige Geschichte der Verfolgung der Illuminaten in Bayern. [Von Adam **Weishaupt.**] Bd 1, nebst Beyl. und Materialien für den folgenden Bd. Frankfurt und Leipzig. [Nürnberg]: Grattenauer 1786. 373 S 8°
cf. D. neuesten Religionsbegebenheiten. 9, Zugabe 1 (1786) S. 19—77.
Kl. 3232, Tt. 882. Selten. Nur Bd 1 ist erschienen. 28. KB.

— über die Gründe u. Gewißheit d. menschl. Erkenntniß, zur Prüfung v. Kants Kritik d. reinen Vernunft. 8. Nürnb. 788. (Eichhorn). 18 gl

— jus civile privatum ac determinationes juris Boici. II Vol. Ingolst. 771 — 73. (Schmidt in Leipz.) 1 ₰ 16 gl

— Ius civile privatum ac determinationes iuris Boici. II Vol. 8. Ingolst. Hemmerde. 773.

Weishaupt, Adm. Ueber Lebenssteuerungssystem. Ein Nachtrag zur Abhandlung über die Staatsausgaben und Auflagen. Mit Gegenbemerkungen von K. Frohn. gr. 8°. (München, Finsterlin) 1819. Stein in Nürnberg.

Weisbaupt, A(dam), die *Leuchte des Diogenes.* Oder Prufung unserer heutigen Moralitat u. Aufklarung. Regensburg bei Montag u. Weiss. 1804. — *A. E.*: Sulzbach, gedr. m. Kommerzienrath Seidl'schen Schriften. 8° Gleichzeit. Ppb. 4 Bll. [illegible] Seinem Gonner u. Freunde, des Herrn Obersten u Freyherrn Franz von Zach Hoch und Wohlgeboren" — Seltene Schrift des so vielfach angefeindeten Gründers des Illuminaten-Ordens, voll von beherzigungswerthen moral.-philos. Reflexionen in vortrefflicher Darstellung.

Ad. **Weishaupt's** Materialien z. Beförd. d. Welt- u. Menschenkunde. 1-2r Bd. *Gotha*, Steudel. 810. 8° à 16 gl

— Materialien zur Beförderung d. Welt- u. Menschenkunde, eine Zeitschr. in zwanglosen Heften. 1s—3s Hft. gr. 8. Gotha 809 —11. Steudel. 2 ₰

— über Materialismus u. Idealismus. 8. Nürnb. 787. 2e A. 788. (Eichhorn). 12 gl

Über Materialismus und Idealismus. Von Adam **Weishaupt.** 2. umgearb. Aufl. Nürnberg: Grattenauer 1787. 216 S. 8°.

— Pythagoras, oder Betracht. über d. geheime Welt u. Regierungskunst. 1r Bd. (A. u. d. T.: über die geheime Welt u. Regierungskunst.) 8. Frankf. a. M. 790. (Schäfer). 1 ₰ 16 gl

Pythagoras oder Betrachtungen über die geheime Welt- und Regierungs-Kunst. Von Adam **Weishaupt.** Bd 1. Frankfurt u. Leipzig [Nürnberg: Esslinger] 1790. 674 S. 8°

[Dasselbe.] 2. Titelaufl. Ebendas. 1795. 674 S. 8⁰

[N. Ausg. u. d. Tit.:]
Ueber die geheime Welt- und Regierungskunst von Adam Weisshaupt[!] Frankfurt: Esslinger 1795. 674 S. 8⁰
cf. ⁰Gothaische gel. Ztg. 1790 St. 54; ⁰Göttinger gel. Anzeigen. 1791 St. 20; ⁰Intelligenzbl. zur Deutschen Ztg (Gotha) 1791 No 29, 30; ⁰Deutsche Bibl. 103 S. 126, 447; Frmr-Bibliothek. 5 (1792) S. 140—144, 6 (1793) S. 79—97; ALZ. 1797 No 71, 72;
Goedeke: Grundriss zur Gesch. d. deutsch. Dichtung 2. Aufl. 4 (1891) S. 181—182, wo die gesammten Schriften Weishaupts zsgestellt sind; D. Wort. 7 (1900) S. 83—87; Schuster: D. geh. Gesellschaften. 2 1906 S. 148.
Kl. 3265, TB. 72. Handelt von den Pythagoräischen Mysterien, doch meist nur in Bezug auf die Ideen der Illuminaten.

— Rechtfertigung meiner Absichten; nebst Nachtrag. 8. Marb. 787. Grattenauer. 12 gr

Kurze Rechtfertigung meiner Absichten. Zur Beleuchtung der neuesten Originalschriften. Von Adam Weishaupt. Frankfurt u. Leipzig [Nürnberg: Grattenauer] 1787. 70 S. 8⁰
cf. D. neuesten Religionsbegebenheiten. 10 (1787) S. 985—997.
Kl. 3247.

Nachtrag zur Rechtfertigung meiner Absichten. Von Adam Weishaupt. Frankfurt u. Leipzig [Nürnberg: Grattenauer] 1787. 128 S. 8⁰
cf. D. neuesten Religionsbegebenheiten. 10 (1787) S. 1130—1151; 11 (1788) S. 25—48.
Kl. 3248, Tt. 885.

Schilderung der Illuminaten. [Von Adam Weishaupt.] Gegenstück von Nr. 15 des grauen Ungeheuers. [Von Wilh. Ludw. Weckhrlin.] Nürnberg: Grattenauer 1786. 78 S. 8⁰
cf. D. neuesten Religionsbegebenheiten. 9, Zugabe 1 (1786) S. 14—16.
Kl. 3219. 23. MLB. Brünn.

— über die Schrecken d. Todes. 8. (Nürnb. 786. Eichhorn). 6 gr

— Schreiben an Utschneider in München. 8. Nürnb. 786. Grattenauer. 6 gr

Ueber die Selbstkenntniss, ihre Hindernisse und Vortheile. Von A[dam] Weishaupt. Regensburg: Montag & Weiss 1794. 128 S. 8⁰
[Dasselbe.] Nach dem Orig. von 1794 im Auftr. des Illuminaten-Ordens neu hrsg. von Leop. Engel. Dresden: Engel [1901]. VII, 66 S. 8⁰
1794 in 193; 1901 in 110.

Weishaupt, Adam, über die Selbstkenntnis, ihre Hindernisse u. Vorteile. Nach dem Originale v. 1794 im Auftrage des Illuminaten-Ordens neu hrsg. v. Leop. Engel. gr. 8. (VII, 66 S. m. Bildnis.) Dresden (902). L. C. Engel. n. 1.50

Weishaupt, Adam: „Ueber die Staatsausgaben und Auflagen", mit Gegenbemerkungen von K. Frohn, Landshut 1819. Neue unveränd. Auflage Nürnberg 1820 (Stein). — Nachtrag: Derselbe, „Ueber das Lebensbesteuerungssystem", mit Gegenbemerkungen von K. Frohn, München 1819 (Finsterlin) (Nürnberg, Stein).

Weishaupt, Adm. Ueber die Staatsausgaben und Auflagen. Mit Gegenbemerkungen von K. Frohn. 8⁰. Landshut 1820. Neue unveränd. Aufl. Nürnberg, Stein, 1820.

Das verbesserte System der Illuminaten mit allen seinen Einrichtungen und Graden. Hrsg. von Adam Weishaupt. Frankfurth u. Leipzig [Nürnberg]: Grattenauer 1787. 362 S. 8⁰

[Dasselbe.] Neue u. verm. Aufl. Ebendas. 1788. 416 S. 1 Titelkpfr. 8⁰
Recens f. Aufl. 1788: Frmr-Bibliothek. 5 (1792) S. 126—189.
cf. D. neuesten Religionsbegebenheiten, 10 (1787) S. 802—826; f. neue u. verm. Aufl.: D. neuesten Religionsbegebenheiten. 11 (1788) S. 839—840.
Kl. 3246, Tt. 883 u. 884. Nach Aufhebung des Illuminatenbundes erschienen. Enth. Weishaupts Gedanken über Plan u. Einrichtung des Bundes, wie er sich ihn nunmehr dachte.

— das verbess. System d. Illuminaten. 8. Nürnb. 787. 2e A. Mit sm. Bildn. 788. (Lauffer in Leipz.) 1 rß 8 gr

Unterricht für alle Mitglieder, welche zu theosophischen Schwärmereyen geneigt sind. [Von Adam Weishaupt.] Frankfurth u. Leipzig: Grattenauer 1787. 63 S. 8⁰
Aus: Weishaupt, A.: Das verb. System d. Illuminaten. 1787 S. 302—362.
Kl. 3250. 193.

— über Wahrheit u. sittl. Vollkommenheit. 3 Bde. gr. 8. Regensb. 793—97. Montag u. W. 4 rß 8 gr (2r A. u. d. T.: über d. Lehre von den Gründen u. Ursachen aller Dinge. 1 rß 12 gr 3r A. u. d. T.: über d. Zwecke, oder Finalursachen. 1 rß 16 gr)

— über geheime Welt rc., s. oben Pythagoras.

— Zweifel üb. d. Kantischen Begriffe von Zeit u. Raum. 8. Nürnb. 786. (Eichhorn). 8 K

Ad. Weishaupt's Zweifel üb. d. Kant. Begriffe v. Raum u. Zeit. *Nürnb.*, Grattenauer. 788. 8° 8 gl

Weishaupt, Benjamin

Weishaupt, Benj., 24 Regententafeln für Schule und Haus. gr. 4. (32 S.) Goldapp 862. (Königsberg, Gräfe und Unzer.) *

Weishaupt, Carl, s. Weishaupt, Karl

Weishaupt, Heinrich

Weishaupt, Heinr., theoretisch-prakt. Anleitung zur Chromo-Lithographie oder zum lithograph. Farbendruck, so wie zum lithograph. Kunstdruck überhaupt, nach den neuesten, verbesserten Verfahrungsweisen, zur Herstellung d. Vollendetsten, was diese Kunst zu liefern vermag. Auf vieljährige Versuche u. Erfahrungen begründet. Mit 4 (lith.) Taf. Abbildgn. (in qu. 4.) 8. (VIII u. 168 S.) Quedlinburg 848, Basse. 2/3 ℛ

Weishaupt, Heinr., Elementar-Unterricht im Linear-Zeichnen für höhere Feiertagsschulen, Gewerbsschulen und zum Selbstunterrichte im gewerblichen Berufe. 1. Abth. Geometrische Zeichnungslehre. (Construktion in der Ebene.) Mit 15 (lith.) Taf. (in Fol.). München 856. Fleischmann. gr. 8. (X, 74 S.) n. 1 ℛ

Weishaupt, Heinr., Elementar-Unterricht im Linear-Zeichnen für höhere Feiertags-, Gewerbsschulen und zum Selbstunterrichte im gewerbl. Berufe. 1. Abthl. 2. Thl. gr. 8. (IX und 85 S. mit eingedr. Holzschn. und 16 Stnt. in qu. Fol.) München 861, Fleischmann's Separat-Conto. *

1. Abthl. 1. Thl. und 2. Abthl. Ebendas. 1856. * 3 Thlr.

— — 2. Abth. Geometrische Projektionslehre. Mit 30 (lith.) Taf. (in Fol.). München 856. Fleischmann. gr. 8. (XV, 79 S. mit Holzschn. im Text.) n. 2 ℛ

Weishaupt, Heinr., Elementar-Unterricht im Linearzeichnen für technische Schulen und zum Selbstunterrichte. 3. und 4. Abthl. gr. 8. München, Merhoff's Verlag. *

Inhalt:

Abthl. 3. Geometrische Schattenconstruction. (112 S. mit in den Text eingedr. Holzschn. und 14 Stnt. in qu. Fol.) 863. * 1 Thlr. 10 Ngr.

" 4. Axonometrie und Perspective. Die Lehre der Parallel- und Central-Projection. (XXX und 243 S. mit 102 in den Text eingedr. Holzschn. und 30 Stnt. in qu. Fol.) 869. * 3 Thlr.

1. Abthl. Geometrische Zeichnungslehre. Construction in der Ebene. 1. Thl. * 1 Thlr., 2. Thl. * 1 Thlr. 6 Ngr.; 2. Abthl. Geometrische Projectionslehre. 1. Thl. * 2 Thlr., 2. Thl. * 1 Thlr. 25 Ngr. [Ebendas.] 1856—61. * 6 Thlr. 1 Ngr.

—— das Elementarzeichnen an der Volksschule. 445 methodisch geordnete Aufgabenmotive zur Auswahl für die Tafelvorzeichnungen des Lehrers, sowie zum Selbstunterrichte in 3 Thln. [6 Abthlgn.] mit erläut. Texte nebst einem Leitfaden für den Lehrer. qu. gr. 8. München, Expedition des Central-Schulbücher-Verlags. cart.

Inhalt:

Thl. 1. (1. und 2. Abthl.): Aufgaben über die gerade Linie, geradlinige Figuren und Verzierungsformen mit 176 Fig. (24 Stnt.) 875. cart. ** ℳ 1,30.

" 2. (3. und 4. Abthl.): Die Entwickelung der gebogenen Linie zur Ornamentik. Figuren- und Verzierungsgebilde aus der geraden und gebogenen Linie mit 128 Fig. (48 Stnt.) 875. cart. ** ℳ 1,30.

" 3. (5. und 6. Abthl.): Stilisirte Blatt- und Blumenformen und Flachornamente in 111 Fig. Mit kurzer Hinweisung auf des Verf. Reliefmodelle für den Klassenunterricht. (48 Stnt. mit 8 S. Text.) 876. ** ℳ 1,30. — 6. Abthl. B. Suppl.: Flachornamentik mit 30 Fig. (28 Stnt. mit 2 S. Text.) 876. cart. ** ℳ 1,30.

— dasselbe. 8. Thl. 6. Abth. B als Suppl. Flachornamentik mit 80 Fig. qu. gr. 8. (28 Steintaf. m. 2 S. Text.) Ebend. 878. n.n. 1. 30

Weishaupt, Heinr., das Elementar-Freihand-Zeichnen. 450 methodisch geordnete Aufgabenmotive zur Auswahl für die Tafelvorzeichnungen des Lehrers, sowie zum Selbstunterrichte in 3 Theilen mit erläuterndem Texte nebst einem Leitfaden für den Lehrer. 2. Aufl. qu. 4. München 878—82. Expedition des königl. Zentral-Schulbücherverlags. n.n. 5. 10

1. [176 Figuren.] Aufgaben über die gerade Linie, geradlinige Figuren u. Verzierungsformen (48 Steintaf.) n.n. 1. 30

2. [128 Figuren.] Die Entwickelung der gebogenen Linie, Figuren u. Verzierungsgebilde aus der geraden u. gebogenen Linie. (48 Steintaf.) n.n. 1. 30

3. [146 Figuren.] Stilisirte Pflanzen- u. Flachornamente. (76 Steintaf. m. 2 Bl. Text.) n.n. 2. 50

Weishaupt, Heinr., das Elementar-Freihandzeichnen. 450 methodisch geordnete Aufgabenmotive zur Auswahl für die Tafelvorzeichnungen des Lehrers, sowie zum Selbstunterrichte in 3 Tln. mit erläut. Texte, nebst einem Leitfaden für den Lehrer. 1. Tl. [176 Fig.] Aufgaben über die gerade Linie, geradlinige Figuren und Verzierungsformen. 3. Aufl. qu. gr. 8. (48 S. mit eingedr. Text.) München 882, Exped. des k. Zentral-Schulbücher-Verlags. **

Weishaupt, H., das Elementar-Freihandzeichnen. 450 methodisch geordnete Aufgabenmotive zur Auswahl für die Tafelvorzeichnungen des Lehrers, sowie zum Selbstunterrichte in 3 Tln. mit erläut. Texte, nebst e. Leitf. f. den Lehrer. qu. gr. 8. München, Oldenbourg. cart. n. 5. 50

1. [176 Fig.] Aufgaben über die gerade Linie, geradlinige Figuren u. Verzierungsformen. 4. Aufl. (48 S. m. eingedr. Text.) 887. n. 1. 50

2. Die Entwicklung der gebogenen Linie. Figuren u. Verzierungsgebilde aus der geraden u. gebogenen Linie in 128 Fig. 3. Aufl. (48 S. m. eingedr. Text.) 884. n. 1. 50

3. Stilisirte Pflanzen u. Flachornamente in 146 Fig. 3. Aufl. (76 S. m. eingedr. Text.) 885. n. 2. 50

Weishaupt, Heinr., das Elementar-Freihand-Zeichnen. 450 method. geordn. Aufgabenmotive z. Auswahl f. d. Tafelvorzeichngn. d. Lehrers, sow. z. Selbstunterr., in 3 Tln. m. erläut. Texte nebst e. Leitfaden f. d. Lehrer. III. Tl. (146 Fig.) Stilis. Pflanzen- u. Flachornamente. 3. Aufl. qu. gr. 8. (76 Taf. m. IV S. Text.) München 896. R. Oldenbourg, Abteilg. f. Schulbücher. Kart. n.n. 2. 50

Weishaupt, Heinr., d. Elementar-Freihand-Zeichnen. 450 methodisch geordnete Aufgabenmotive zur Auswahl f. die Tafelvorzeichngn. des Lehrers, sowie zum Selbstunterrichte, in 3 Tln. m. erläut. Texte nebst e. Leitfaden f. den Lehrer. II. Tl. (128 Fig.) Die Entwickelg. der gebogenen Linie, Figuren u. Verzierungsgebilde aus der geraden u. gebogenen Linie. 4. unveränd. Aufl. qu. gr. 8. (48 Taf. m. II S. Text.) München 899. R. Oldenbourg. Kart. n.n. 1. 50

— das Ganze des Linearzeichnens für Gewerbe-, Fortbildungs- u. Realschulen, sow. z. Selbstunterricht. (4 Abtlgn. in 132 Taf., nebst erläut. Text.) 1. u. 2. Abtlg. gr. 8. Leipzig, H Zieger. n. 16. 50

1. Planimetr. Konstruktionslehre. Mit 36 Taf. (in qu. Fol.) 4. Aufl., neu bearb. v. Max Richter. (X, 130 S.) 897. Geb. n. 9. —

2. Geometr. Projektionslehre. 1. Stufe. 4. Aufl., neu bearb. v. Max Richter. (VII, 91 S. m. Fig.) M. Altas. (30 Taf. in qu. Fol.) 898. Kart. u. geb. in Leinw. n. 7. 50

— das Ganze des Linearzeichnens f. Gewerbe- u. Realschulen, sowie zum Selbstunterricht. 4 Abtlgn. in 142 Taf., nebst erläut. Text. 2. u. 3. Abtlg. Leipzig, H. Zieger. Kart. u. geb. in Leinw. n 13. 50

2. Geometrische Projektionslehre. II. Stufe. 4. Aufl., neu bearb. v. Max Richter. gr. 8. (V, 90 S. m. 1 Fig.) Mit Atlas. (28 Taf. in qu. Fol.) 899. n. 7. 50

3. Geometrische Schattenkonstruktion, nebst d. Grundzügen der Beleuchtungskunde. 4. Aufl., neu bearb. von Max Richter. gr. 8. (VII, 102 S.) Mit Atlas. (18 Taf. in qu. Fol.) 901. n. 6. —

Weishaupt, Heinr., das Ganze des Linearzeichnens für Gewerbe- u. Realschulen, sowie zum Selbstunterricht. 4 Abtlgn. in 149 Taf., nebst erläut. Text. 4. Abtlg.: Axonometrie u. Perspektive. 4. Aufl., neu bearb. von Max Richter. (X, 234 S. m. Fig.) gr. 8. Mit Atlas. (37 Taf. in qu. Fol.) Leipzig 903. H. Zieger. Geb. in Leinw. n. 10. — (Vollst.: n. 40. —)

— das Gesammtgebiet des Steindrucks, s. a. Schauplatz, neuer, der Künste und Handwerke. 43. Bd.

Weishaupt, H., Das Gesammtgebiet des Steindrucks oder vollständige theoretisch-praktische Anweisung zur Ausübung der Lithographie etc. Nebst einem Anhange über Zinkographie, anastatischem Druck u. Photolithographie. 4. Aufl. Weimar 1865. Text 8°. Atlas von 10 Tfln. mit 132 Abbildungen q. Form.

Weishaupt H. das Gesamtgebiet des Steindrucks mit Atlas. 5. Auflage. (Schauplatz der Künste und Handwerke 43) Weimar 1875

Weishaupt's, Heinr., Gesamtgebiet des Steindrucks od. vollständ. theoretisch-prakt. Anweisg. zur Ausübg. der Lithographie in ihrem ganzen Umfange u. auf ihrem jetz. Standpunkte. Nebst e. Anh. v. der Zinkographie, dem anastat. Drucke, dem Lichtdrucke u. der Photolithographie. 6., verb. u. verm. Aufl., neu bearb. v. Thdr. Reineck. Nebst e. Atlas v. 11 Foliotaf. gr. 8. (XIV, 409 S.) Weimar 895. B. F. Voigt. 8. —

—— Leitfaden für das Elementar-Freihand-Zeichnen an der Volksschule. Für den Gebrauch der in 3 Theilen methodisch geordneten 450 Aufgabenmotive zur Auswahl für die Tafelvorzeichnungen des Lehrers, sowie zum Selbstunterrichte. 2. umgearb. Aufl. gr. 8. (112 S.) Ebendas. 879.

— Leitfaden für das Elementar-Freihandzeichnen. 3. Auflage. (95 S) München

—— Leitfaden für das Elementarzeichnen an der Volksschule. Für den Gebrauch der in 6 Abtheilungen methodisch geordneten 445 Aufgabenmotive zur Auswahl für die Tafelvorzeichnungen des Lehrers, sowie zum Selbstunterrichte. 8. (120 S. mit eingedr. Holzschn.) München 875, Expedition des Central-Schulbücher-Verlags.

—— Sammlung von Vorlagen für technische Zeichnungsschulen und Gewerbtreibende. 1. Heft. Imp.-Fol. (8 Stnt.) München 861. (Fleischmann's Separat-Conto.)

— Sammlung von Vorlagen für technische Zeichnungsschulen u. Gewerbtreibende. 2. Heft. Kirchengeräthe u. Schmuckgegenstände. München 863. [Merhoff's Verlag.] Imp.-Fol. (6 Steintaf.) n. 27 ngr.

Weishaupt H. Bayerns erste technische Schule oder ausführliche Geschichte der Entstehung der Feiertagsschule zu München. München 1865

Weishaupt, Heinr., System und neuere Gestaltung des Zeichnenunterrichts an der Volks- und Fortbildungsschule wie am Schullehrerseminar. Den Schulbehörden und Lehrern gewidmet. gr. 8. (VIII, 66 S.) Weimar 873, B. F. Voigt.

— die Theorie u. Praxis des Zeichenunterrichts u. dessen Stellung zur allgemeinen u. speciell-technischen Schulbildung als Winke für Lehrer u. Lernende, sowie für Schulvorstände u. Jene, welche dem Zeichnen ein Interesse zuwenden. Weimar 867. B. F. Voigt. gr. 8. (XIV, 107 S. mit eingedr. Holzschn.) 18 ngr.

—— Theorie und Praxis des Zeichnenunterrichts. 2 Thle. 2. verb. Aufl. gr. 8. Weimar 879, B. F. Voigt.
Inhalt:
Thl. 1. Methodik des Zeichnenunterrichts. (XVI, 111 S.) *M.* 2.
" 2. Neuere Gestaltung des Zeichnenunterrichts. (VI, 66 S.) *M.* 1,50.

Weishaupt, Hnr., griechische u. römische Verzierungen nach antiken Mustern. Zum Gebrauche für prakt. Künstler u. Gewerbsleute, so wie auch beim Unterricht im Ornamentenzeichnen für techn. Schulen. qu. 1/2 Fol. (6 lith. Blätter in Buntdr.) München 846, Roller. 5/6 ₰

— Vorlagen zum Elementar-Unterrichte im Freihandzeichnen für Schulen, sowie zur Selbstübung, nebst erläuterndem Texte. 1. Abth. 10 Hefte (à 12 lith. Taf. und Text in 4.). München (857.) Fleischmann. Jedes Heft n. 15 ngr.

Weishaupt, Heinr., Vorlagen zum Elementar-Unterrichte im Freihandzeichnen für Schulen, sowie zur Selbstübung, nebst erläuterndem Texte. 1. Abthl. 1—13. Heft. qu. Fol. (à Heft 12 Stnt. mit 2—11 S. Text in 4.) München 858—61, Fleischmann's Separat-Conto. à Heft * 15 Ngr. Thlr. *

— **Vorlagen zum Elementar-Unterrichte im Freihandzeichnen f. Schulen**, sowie zur Selbstübung, nebst erläut. Texte. 1—13. Hft. qu. gr. 4. (à 12 Steintaf.) m. Text. gr. 8. (79 S.) München 874. Mehrhoff. à 1. 50; Text apart n. 1. —

—— Zeichenhefte. Methodische Anleitung zum Freihandzeichnen. 6 Hefte. Im Anschlusse an des Verf. Elementarzeichnen und Leitfaden. qu. Fol. (à Heft 12 Stnt.) München 877, Expedition des Central-Schulbücher-Verlags. à Heft 25 Pf.
Erläuterungen (15 S.) 876.

—— das Zeichnen nach dem wirklichen Gegenstande in systematischem Lehrgange bis zur Stufe der Kunstschule. gr. 8. (IX, 186 S. mit 56 Fig. und 46 Abbild. Zeichenmodelle in eingedr. Holzschn.) Ebendas. 877.

Weishaupt, Hermann: Über das Verhältniss von Pseudoleukämie und Tuberkulose . . . Braunschweig, Druck v. Appelhans & Pfenningstorff, 1891: 31 S. 8°
Tübingen, Med. Fak., Inaug.-Diss. v. 1891.

Weishaupt, Johann Ehrenfried

Weishaupt, Jh. Ehrenfr., Nachricht von seinen Schicksalen, zehnjähr. Sclaverei in Palästina, u. endlich erfolgter glückl. Befreiung u. Rückkehr in sein Vaterland, von ihm selbst aufgesetzt. 8. Liegn. 789.

Weishaupt, Carl: Alt-St. Marien und Alt-St. Peter und Paul zu Danzig im Typ der reduzierten Basilika. [1910.] 109 S. 4°
Danzig, Dr.-Ing.-Diss. v. 18. 1. 1910

Weishaupt, Karl, der Schmuggler, romantisches Gedicht. Königsberg 863. Nürnberger in Komm. 8. (52 S.) n. 7 1/2 ngr.

Weishaupt, L., Motive f. schmückende Gewerbe, s.: Bohl, Th.

Weishaupt, M., das Abendmahl des Leonardo da Vinci 12. (31 S. m. 1 Stahlst.) Neuen-Dettelsau 900. Buchh. der Diakonissen-Anstalt. n. — 60

Weishaupt, M. Das deutsche evangel. Kirchenlied. Ein Handbüchlein zum Nachschlagen. 12. (24 S.) Sangerh. 892, Franke. * — 30

Weishaupt, M., die englischen Präpositionen. Ein theoret. und prakt. Hülfsmittel, für öffentl. Schulen und zum Privatgebrauche geeignet. gr. 8. (VI und 132 S.) Bern 853, Jent und Reinert.

Weishaupt, M., s. Tacitus, C. Corn., de Germania.

Weishaupt, M., historischer Ueberblick der Entwickelung der engl. Sprache. Lex. 8. (VIII u. 167 S.) Solothurn 850, Jent & Gaßmann. 18 ngr

Weishaupt, Matthäus

Weishaupt, M. Ueber die Ableitung der französischen Wörter aus dem Lateinischen, sowie über das Verhältniss, in welchem das Französische und Lateinische in Bezug auf Kürze, Klarheit und Wohlklang zu einander stehen. Kempten, St. A., 1857. 24 S. 4. Progr.

Namenbuch. — Von Dr. Matth. Weishaupt, G. P. — 1877. Kempten, Tob. Dannheimer. — S. 5—62. (Herrn Dr. Leonhard von Spengel, dem hochverehrten Lehrer und Gelehrten, zum 50jährigen Doktorjubiläum geweiht im Namen des Lehrer-Collegiums der k. Studien-Anstalt Kempten.)
Progr. Kempten, K. Gymn.

Weishaupt: Des Horatius 3. Od. des 1. Buches. 24 S. – Kempten. Progr. 1867

Weishaupt: Ortsnamen in der bayr. Provinz Schwaben u. Neuburg. 51 S. 8° -- Kempten, Progr. 1863.

Weishaupt, Matthäus, Sammlung von französischen Wörtern und Redensarten mit Angabe der Abstammung oder Vocabulaire étymologique, sammt einem Anh. über das Geschlecht der französ. Hauptwörter. Für Gymnasien und Lateinschulen bearb. gr. 8. (IV und 208 S.) Kempten 866, Kösel'sche Buchh.

Weishaupt, Otto

Weishaupt, O.: Platon's Lob der Philosophie. 44 S. 8° – B.-Leipa OG., Progr. 1872.

Weishaupt, Otto: Sokrates im Verhältnis zur Sophistik. 40 S. 8° – B.-Leipa OG., Progr. 1870.

Weishaupt, Theodor

Weishaupt, Thdr., die homberg-ruhrorter Rheintraject-Anstalt. Auf Anordnung Sr. Exc. des Hrn. Ministers für Handel, Gewerbe und öffentl. Arbeiten bearb. gr. Fol. (18 S. mit 18 Kpfrt. in gr. Fol. und Doppel-Imp.-Fol. und 1 lithogr. perspectiv. Ansicht.) Berlin 857, Ernst und Korn. *

Weishaupt, Th., Untersuchungen über die Tragfähigkeit verschiedener Eisenbahnschienen, angestellt im Sommer 1851 auf Veranlassung des Königl. Ministeriums für Handel, Gewerbe u. öffentliche Arbeiten. Mit (eingedr.) Holzschn. u. 8 Bl. lith. Zeichnungen (in gr. Fol.) Fol. (68 S.) Berlin 852, Ernst & Korn. n. 3 ₰

Weisheit. –

— u. **Allotria aus Fremdenbüchern**, gesammelt in Nachtquartieren der Sächs.-Böhm. Schweiz u. der Oberlausitz. Hrsg. v. Humorim Leid. 8. (III, 51 S.) Dresden 888. Tittel Nachf. — 25

Weisheit, biblische, u. menschl. Klugheit. Ein Hand- u. Reisebüchlein durchs ganze Leben. 12. Leipz. 825. Rein. 12 K

Weisheit, billige. Antidoton gegen Rembrandt als Erzieher. Von Nautilus (Art. Seemann). 1.–5. Aufl. gr. 8. (31 S.) Leipzig 890. Art. Seemann. n. — 30

— dasselbe. Wider Rembrandt als Erzieher u. seine Fürsprecher. 6., verm. Aufl. gr. 8. (52 S.) Ebd. 890. n. — 50

Weisheit, die, der Braminen, in der confessionslosen Schule. Ungehaltene Rede eines unabhäng. Freidenkers. 1. und 2. unveränd. Aufl. gr. 8. (8 S.) Breslau 869, Gebhardi.

Weisheit, Peter Charrons wahre, aus dem Französischen, mit einer Vorrede. München 1782. V: *Hübner, Lorenz.* (KY 1/431) (Wissmayer, Lorenz Hübner) (BiblPort)

— christliche, aus der vorchristlichen Zeit. 16. (48 S.) Bremen 887. Leipzig, Nauert & Rocco. n. — 80; geb. n. 1. 50

Weisheit, die, meine Führerin. s. Fuhrmann, W. D.

Weisheit, die, auf der Gasse, s.: Bibliothek theologischer Klassiker. 41.

Weisheit, die, auf der Gasse, siehe: Sailer, Joh. Mich.

Weisheit, Die, Gottes an den Vögeln; zwey Gespräche ... Memmingen 1764. V: *Bonacker, Matthäus.* (MGT)

Weisheit, Die heimliche und verborgene, Gottes, welche Gott verordnet hat vor der Welt, zu unsrer Herrlichkeit ... Kronstadt 1709—10. H: *Fronius, M. Marcus.* (Trausch)

Weisheit, Die, Jesu, Syrachs Sohn a. d. Griech. ... Würzb. 1786. Ü: *Onymus, Adam Joseph.* (Gl) »1786—88« (schmal)

Weisheit, indische, auf der Reise über Californien nach Europa, s. Tische, die wandernden magnetisirten.

Weisheit, Die, eines Landes, das huldigen soll. Bresl. 1741. V: *Raschke, Johann David.* (Kat. d. Druckschr. üb. Breslau. Breslau 1903. S. 14.)

Weisheit, Die, und das Lob Gottes in dem Munde der Unschuldigen. Ein Lehr- und Gebetbüchlein. Luzern 1845. V: *Sigrist, Gg.* (Bibliogr. d. Schweiz. Landeskunde. Bern 1892ff., V, 10e.)

— die, D. M. Luthers. s. Luther's Weisheit.

Weisheit, Die, Dr. Martin Luthers. Aus seinen Schriften dargethan. Nürnberg 1817—22. B: *Niethammer, Friedrich Immanuel.* (Th)

Weisheit, Die, an die Menschen . . . Hamburg 1759. 2. A. Hamb. 1772. Nachdr. Carlsruhe 1787. V: *Dodsley, Robert.* Ü: *Bode, Johann Joachim Christoph.* (ML) (GGr) (Ky) (Schr) (JL) (Rotermund, Gel. Hannover. Bremen 1823.)

— an die Menschen, durch einen begeisterten Braminen. Aus d. Engl. (des R. Dodsley) (v. J. J. C. Bode). 8. Hamb. 759. 2e A. 773. Bohn. 3 gr 3e Aufl. 8. Leipz. 787. Göschen. 4 gr

— die, an die Menschen, oder Sammlung auserlesener Sentenzen u. Wahrheiten. 8. Leipz. 801. Leo. 1 Rthlr 6 gr

Weisheit, die, an die Menschen. Eine Sammlung auserlesener Sentenzen und Wahrheiten. Altona. 1804.

Weisheit, die, an die Menschen, od. Sammlung auserlesener Sentenzen u. Wahrheiten. Ein Gedenkbuch für Jedermann. 8. Leipzig 846, Hartung. n. $\frac{1}{2}$ Rthlr

Weisheit d. Morgenröthe, od. Urspr. u. Fortgang aller Dinge im Geheimniß d. Weisheit. 8. Leipz. Benj. Fleischer, 762. Rthlr.

— die, meiner Mutter. Ein Sprichwörterbüchlein für Kinder. gr. 16. (XII u. 67 S.) Hamburg 847, Heubel. $\frac{1}{4}$ Rthlr Mit lith. u. color. Tit. $\frac{1}{2}$ Rthlr

DIE WEISHEIT MEINER MUTTER. Ein Sprichwörterbüchlein für Kinder. Hamburg, Georg Heubel, [1849]. XII, 67 S. und ganz reizendes handkolor. lithogr. Frontispiz. Kl.-8°. Hübsches rot illustr. Or.-Pappbändchen (gut erhalten). 22.—

Rümann 1019 hält Hosemann evtl. für den Autor des Frontispizes, in dem verschiedene kleine Szenen in ornamentalem Rankenwerk untergebracht sind, jeweils mit Text. Nicht bei Brieger-Hobrecker. — Text leicht gebräunt.

— die, der Mütter, oder Leben der heiligen Monika. 8. Münch. 818. Lentner. 2 gr

— die, der Mütter, oder Leben der heiligen Monika. 8. München, Lentner. 819.

WEISHEIT, Die närrische, oder die weise Narrheit. das ist allerhand Fragen, und Antworten, samt andern lächerlichen Begebenheiten. O. O. 1715. 8°.
Wiener Cat. (1774) verbotener Bücher. — Rar!

„Oekonomische Weisheit und Thorheit, oder Journal von und für Oekonomen, Cameralisten, Hausmütter, Gartenliebhaber und Freunde der Stadt- und Landwirthschaftskunde . . . .", 6 Theile, Erfurt 1789—1794 (Keyser). — Vorh.: UB Königsberg.

Weisheit u. Thorheit, ökonom., od. Journal v. u. f. Oekonomen, Cameralisten, Hausmütter, Gartenliebhaber etc. (Mit Beiträgen v. G. A. Keyser). 6 Thle. 8. Erfurt, 1789—94. (Winkler.) à — 10. 2. —

Weisheit und Thorheit, Oekonomische, oder Journal von und für Oeconomen, Cameralisten . . . Erfurt 1789—94. MV: *Keyser, Gg Adam.* (Engoec)

Weisheit, die, des Ostens. I.—III. Bd. 8. Rostock, C. J. E. Volckmann Nachf. n. 5. —
I. Die Lehren des Zoroasters u. die Philosophie der Parsen-Religion. Von S. A. Kapadia. Aus dem Engl. übers. v. A. M. Heinck. (VIII, 122 S.) 907. n. 2. —
II. Das Erwachen der Seele. Von Ibn Tufail. Nach dem Arab. Mit e. Einleitg. v. Paul Brönnle. Aus dem Engl. übers. v. A. M. Heinck. (V, 114 S.) 907. n. 1. 50
III. Japans Frauen u. Frauenmoral. Von Shingoro Takaishi. Aus dem Engl. übers. v. A. M. Heinck. (VII, 70 S.) 907. n. 1. 50

— u. Religion, als d. beste Staatskunst für e. Person v. Stande, a. d. Franz. Frankf. u. Leipz. (Göbhard in Bamb.) 768.

— u. Religion, als d. beste Staatskunst f. eine Person vom Stande; aus d. Französ. 8. Frankf. u. Leipz. 768. (Wesché). 8 gr

Weisheit, Schönheit und Stärke, eine Rede an der Wiederherstellungsfeyer der Mutterloge zu den drey gekrönten Sternen im O. v. P[rag] gehalten in ihrer festlichen Versammlung 57) ⁱ⁄₃ (85 von Br. G. S. [Prag 1785]. V: *Schmidburg, Gg Frdr. Wilh. Freih. von.* (Grolig, Die Freimaurer Bibliothek in Brünn. Wien 1908. S. 69.)

Zu E[hren] des A[llmächtigen] B[au]-M[eisters] aller WW.[Welten] **Weisheit**-Schönheit – Stärke. Am Stiftungs-Feste in der Apollo-Loge Or. Leipzig. [Leipzig 1857.] 12 S. 8° [Umschlagtit.]
7 Lieder ohne Noten. 281. 283.

„Weisheit, Schönheit, Stärke!" **Weltanschauung eines Freimaurers. Zürich u. Stuttgart: Schröter & Meyer 1887. 154 S. 8°**
Recens: BrL. 5 (1886—1887) S. 72; FZ. 41 (1887) S. 21. 358.

Weisheit. Schönheit, Stärke. Materialien zu freimaurerischen Vorträgen. Hrsg. von d. Rhein.-Westf. Logen-Verbande. Berlin: F. Wunder 1907. (XVI, 378 S.) 8° 108. 1008

Weisheit, Schönheit, Stärke. Materialien zu freimaurer. Vorträgen. Hrsg. vom rheinisch-westfäl. Logen-Verbande. Gekrönte Preisschrift. 2., verb. Aufl. (XVI, 384 S.) gr. 8. Berlin 910. F. Wunder. 5.—; geb. 6. 20
1. Aufl. (XVI, 378 S.) 907. 5.—; geb. 6.20.

— die, in Sprüchen d. Heiligen. Mit Beilagen u. Reliquien aus d. Schriften der Heiligen, zu Andachtsübungen u. zur Erbauung gewählt u. übers. v. Al. A. Waibel. 8. Augsb. 824. Bolling. (Leipz., Herbig). 1 Rthlr 9 gr

— die symbolische, der Aegypter; aus den verborgensten Denkmälern des Alterthums, e. Theil der Aegypt. Maurerei der zu Rom nicht verbrannt worden (von Jh. Gf. Bremer). Herausg. von K. Ph. Moritz. 8. Berl. 792. Matzdorf. (Reimer). 14 gr

Weisheit, Die symbolische, der Ägypter . . . Berlin 1793. V: *Bremer, Johann Gfr.* (KY) (TT) (SJL) (Kordes, Schlesw.-holst. u. eutin. Schriftst. Schleswig 1797.) V: *Bremer, J. Gottlieb.* (BrMm)

Weisheit, Die ueber die Liebe triumphirende, oder Salomon. In einem Singespiel vorgestellet. O. O. 1704. 1706. 1709. 1713. V: *Hunold, Christian Friedr.* (Vogel, Hunold. Lucka [1898]. S. 52.)

Weisheit und Witz in altdeutschen Reimen und Sprüchen. Gesammelt vom Hrsgbr. von „Altdeutscher Witz und Verstand". 1. und 2. Aufl. 8. (182 S.) Berlin 881, Enslin. *
geb. *

Weisheit und Witz in altdeutschen Reimen und Sprüchen. 2. Aufl. 8. Berlin 881, Herm. Paetel. * 2 50
geb. * 3 50

Weisheit und Witz, in altdeutschen Reimen und Sprüchen. Gesammelt vom Herausgeber d. Altdeutschen Witz und Verstand. Berlin 1882. H: *Forck, L.* (Kürschners Deutscher Literatur-Kalender XII [1890]) (Hdschr. Mitth. von Friedrich Müller, München) (BiblPort)

Weisheits-Dose, die. (Genealogie der regier. Fürstenhäuser, Ereignisse d. Weltgeschichte, Geographie etc.) 64. (382 S. m. 23 eingedr. Bildn.) Leipzig 898. F. Cavael. In Gestalt e. Dose geb. n. — 50

Weisheits-Dose, die. Ein nützl. Auskunftsbuch f. Jedermann. (Neue [Titel-]Ausg.) 64. (382 S. m. eingedr. Bildnissen.) Leipzig (898). 899. Ernst.
In Gestalt e. Dose geb. n. — 50

Weisheitsdose, die. Ein nützl. Miniatur-Auskunftsbuch f. Jedermann. 2. Aufl. (382 S.) 16. Leipzig (906). Ernst.
Geb. 1. —

Weisheitslehren, gesammelte, od. Lexicon d. Lehrsätze d. Weltweisen, m. K. 4. Frankf. van Düren. 771.

Weisheitslehren des Stifters des Christenthums, in Sinn-Erzählungen u. Sinnsprüchen; aus d. Griech. metrisch übers. von J. C. Scriba. 8. Marb. 803. Krieger. 1 Rthlr 8 gr

— d. Stifters d. Christenthums, in Sinn-Erzählungen u. Sinnsprüchen, a. d. Griech. metrisch übers. v. J. C. Scriba. 8. Marburg, Krieger. 804.

Weisheits- u. Klugheitsregeln f. die Jugend, gesammelt f. jeden Tag d. Jahres aus den hl. Schriften d. alten u. neuen Testamentes. 16. (III, 135 S.) Landshut 889, Krüll. geb. * 1 20

Weisheitsregeln und Sittensprüche für alle, welche edel seyn wollen. Frankf. 1812. V: *Döring, Philipp Jacob.* (MGT) (KY)

Weisheitsregeln u. Sittensprüche, s. Aufsätze u. Denksprüche in Stammbücher.

Weisheits-Spiegel, schweizerischer. Eine prosaisch-poetische Zugabe zum alten Bohnenlied. gr. 12. (10½ B.) Burgdorf 845, Langlois.

Weisheits-Sprüche, die, Josua's, des Sohnes Sirach. In einer neuen, treuen metrisch-gereimten Bearbeitung, nach Ben Seb's ebräischer u. der alten aramäischen Uebersetzung derselben. Von M. E. Stern. 12. Wien 844, v. Schmid u. Busch. (Leipzig, Kummer.) baar ⅜ Rthlr

Weisheitssprüche u. Witzreden u. s. w., s. Rixner.

Weishuhn, Friedrich August, s.a. Weiszhuhn, Friedrich August.

Weishuhn, Friedrich August, s. Aufsätze, Satyr. u. scherzhafte.

Weishuhn, Fr. Aug., († d. 21. April 1795.) über d. Geist d. Schulerziehung; insbesondere aus d. Schulanstalt zu Pforte u. ihrer Geschichte erläutert in Briefen. 8. Leipz. 789. Dyck. 18 gr

Weishuhn, Fr. Aug., Sinngedichte, in 2 Büchern; nebst e. Anh. latein. Epigrammen. 8. Leipz. 790. Dyck. 12 gr

Weishut, Albert

Weishut, Alb., der Effectenumsatz u. dessen Besteuerung, nach dem Gesetze vom 18. Septbr. 1892 m. besond. Berücksicht. der bezügl. deutschen Gesetzgebg. u. Rechtssprechung systematisch dargestellt. Mit e. Vorwort v. Leon Ritter v. Bilinski. gr. 8. (VII, 242 S.) Wien 893. M. Breitenstein. n. 5. —

Der Effectenumsatz und die Börsengeschäfte sowie deren Besteuerung nach dem Gesetze vom 9. März 1897, mit besond. Berücks. d. bezügl. deutschen Gesetzgebung u. Rechtsprechung, systemat. dargest. von Albert **Weishut.** 2., umgearb. u. verm. Aufl. Leipzig & Wien: M. Breitenstein 1898. (XIV, 404 S.) 8° [F.] [05. 5769] 6

Weisius, Kaspar Abraham (Betten) A. S. 1315/21

Disputatio philosophica II. de corporis cum anima in sentiendo commercio. Präs. Johann Paul Ramus. Wittenberg (Gerdes) 10. IV. 1726. 16 S.
36181

Weiske, A., Handbuch des Pannotypisten. Gründliche Unterweisung in der Anfertigung von Lichtbildern auf Wachstuch. Nebst einer Zusammenstellung der für den Pannotypisten nothwendigen physikalischen und chemischen Vorkenntnisse. Mit 34 in den Text gedr. Holzschn. Leipzig 859. Abel. gr. 8. (VIII, 96 S.) n. 20 ngr.

Weiske, Alexander, s. Weiske, G. Alexander

Weiske, Benjamin

— Anmerkungen zu Cicero's auserlesenen Briefen, s. Cicero, Briefe.

— Anmerk. zu Ciceros auserles. Briefen, s. Encyclopädie d. lateln. Klassiker, Anmerkungen 9r Th.

— Auswahl der besten Briefe Cicero's, s. Cicero, Briefe.

— Auswahl d. besten Briefe Ciceros, s. a. Encyclopädie d. latein. Klassiker 2te Abthl. 2r Th.

Weiske, Benj., Belehrungen üb. d. Herrn Abendmal, f. junge Christen v. reiferm Alter ꝛc. 8. Dessau. (Gleditsch in Leipz.) 758.

Weiske, Benj., († d. 21. März 1809.) Belehrungen üb. d. Herrn Abendmahl, für junge Christen von reiferm Alter ꝛc. 8. Dessau 781. (Brockhaus in Leipz.) 5 gr.

Weiske, Benjamin, s. Cicero: Parallele Dankreden.

Weiske, Benjamin, s. Cicero: Orationes VIII–XIII.

Weiske, Benjamin, s. Cicero: Orationes XIII selectae.

— commentarius perpetuus et plenus in orationem M. T. Ciceronis pro Marcello. Cum appendice de oratione, quae vulgo fertur M. T. Ciceronis pro Ligario. 8maj. Leipz. 805. Edit. nova 820. (List in Berl.) 1 Rthlr 10 gr. Engl. Pap. 2 Rthlr

Weiske, B., Commentarius perpetuus et plenus in orationem M. T. Ciceronis pro Marcello. Cum appendice de oratione, quae vulgo fertur M. T. Ciceronis pro Ligario. Edit. nova. 8maj. Lips., Sommer. 819.

— Epistolae clarorum virorum, quae inter Ciceronis epistolas extant, vide Epistolae.

Weiske, Benjamin, s. Longinus Dion.: De sublimi.

— pleonasmi graeci, sive Commentarius de vocibus, quae in sermone graeco abundare dicuntur. 8maj. Leipz. 807, Barth. 12 gr. ch. script. 18 gr.

— B., Pleonasmi Graeci sive commentarius de vocibus quae in sermone Graeco abundare dicuntur. 1807. 220 S.

Weiske, Benjamin, s. Xenophon: Apomnemoneumata et ejusd. Scripta.

Weiske, Benjamin Gotthold

— de hyperbole errorum in historia Philippi Amyntae filii commiss. genetrice. P. I. 4. Leipz. 817. P. II. III. 4. Meissen 818, 19. Goedsche. 1 Rthlr 6 gr.

Weiske, B. G., De hyperbole errorum in historia Philippi, Amyntae filii, commissorum genitrice. I. Pr. 1818. 58 S. 4°. 1.–
— II. III. Pr. 1819. 89 S. 4°. 1.20

Weiske, Benj. Gtthld., orationem de Haloneso Demostheni, cui vulgo abjudicatur, vindicat, adjectis sub finem observationibus maximam partem criticis etc. 4. Lübben 807.

Weiske, Benjamin Gotthold: Orationem de Haloneso Demostheni vindicat. Lübben 1814. 4°

— Philosophie der Darstellung, besonders der mythischen. gr. 8. (8 B. u. 1 B. Tab.) Leipzig 842, [Winter.]
Besond. Abdruck der Einleitung des Prometheus.

Weiske, Benj. Gotthold, Prometheus u. sein Mythenkreis. Mit Beziehung auf die Geschichte der griech. Philosophie, Poesie u. Kunst dargestellt. Nach dem Tode des Verfassers herausgeg. von Herm. Leyser. gr. 8. (Mit Tabellen.) Leipzig 842, Köhler. 3 Rthlr

Weiske, C. A., s. Weiske, Karl August

Weiske, Felix: Beiträge zur Kenntnis der Papaverinhalogenalkylate. *Freiburg i. B. 1898: H. M. Poppen & Sohn.* (37 S.) 8°
Freiburg i. B., Phil. Diss. v. 1898

Weiske, G. Alex. Anmerkungen zur griechischen Syntax m. Anschluß an E. Koch's griechische Schulgrammatik. gr. 8. (24 S.) Halle a. S. 890, Buchh. d. Waisenhauses. * — 50
Aus: Jahrbb. f. Philologie u. Pädagogik, besonders abgedruckt.

Weiske, G. Alexander

Weiske, G. A.: Die Beichte, die Flucht, Alvevadors Eselin, der Priester und der Wolf, der Fuchs und der Hahn, metrisch aus dem Lateinischen übersetzt. 52 S. Progr. Halle Lat. Hptsch. 1858.

—, Beiträge zur griechischen Grammatik. 4 (S. 15–31).
Festschrift z. 200jähr. Jubelfeier der Univ. Halle-Wittenb. Lat. Hauptsch. *Halle a. S.* 1894.
I. Unterschied zwischen dem deklinabeln und indeklinabeln δέω. II. ἐπί τινος und ἐπί τινι.
Nicht im Tauschverkehr.
Progr.

Weiske, Alexander Bemerkungen zu dem Handwörterbuche der griechischen Sprache begründet von Franz Passow. Fünfte Auflage. 4 (24 S.). **Progr.** Lat. Hauptsch. *Halle a. S.* 1892 (234).

Bemerkungen zu dem Handwörterbuch der griechischen Sprache begr. v. Franz Passow. 5. Aufl. Von Alexander **Weiske**. *Leipzig: Dieterich 1898.* (19 S.) 1 Bd 8.
[98. 9965

Weiske, G. A., Bericht über die Bibliothek des Waisenhauses (zu Halle), s. Adler, Th.

Weiske, Alexander *Carmen gratulatorium.* 4 (S. 3–4).
In: Portae scholae provinciali natalem trecentesimum quinquagesimum celebranti gratulantur rector et collegae latinae scholae *Halensis* (1893).
Nicht im Tauschverkehr.
Progr.

Weiske, Griech. Extemporalien im Anschl. a. d. Odyssee u. Halm's Uebungsbuch. Pr. 1875. 14 S. 4°. —.90

Weiske, G. A., Materialien zum Uebersetzen aus dem Deutschen ins Griechische mit Anschluß an die anomalen Verba. Halle 864. Buchhdlg. des Waisenhauses. 8. (IV, 267 S.) 20 ngr.

Weiske, Alexander [Prof. Dr.]: Proben aus einem deutsch-griechischen Wörterbuche. Halle a. S., Druck d. Buchdr. d. Waisenhauses, 1890; 20 S. 4°
Halle, lat. Haupt-S, OP 1890

— Uebungsstücke zum Uebersetzen aus dem Deutschen ins Griechische mit Anschluß an die Kasuslehre des Dr. Karl Halm und die Lectüre der Odyssee. 2 Bdchn. gr. 8. (IV, 126; IV, 134 S.) Halle 877, Buchh. des Waisenhauses. à Bdchn. * *M.* 1,50. *

Weiske: Die griechischen anomalen Verba für den Zweck schriftlicher Übungen in der Schule. 32 S. 8°. Halle W., Progr. 1868.

Weiske, G. A., die griechischen anomalen Verba für den Zweck schriftlicher Uebungen in der Schule. 1. u. 2. verb. Aufl. Halle 868,69. Buchh. des Waisenh. gr. 8. (IV, 32 S.) n. 5 ngr.

— die griechischen anomalen Verba für den Zweck schriftlicher Uebungen in der Schule. 3. und 4. verb. Aufl. (34 S.) 1876. — 50 Pf.; 5. verb. Aufl. gr. 8. (36 S.) Ebendas. 877.

Weiske, G. A., die griechischen anomalen Verba, für den Zweck schriftl. Uebungen in der Schule bearb. 6. und 7. verb. Aufl. gr. 8. (40 S.) Halle 879,80, Buchh. des Waisenhauses. *

Weiske, G. A., die griechischen anomalen Verba, für den Zweck schriftl. Übungen in der Schule bearb. 9. verb. Aufl. gr. 8. (40 S.) Halle 887, Buchh. des Waisenhauses.

— Die griechischen anomalen Verba, f. den Zweck schriftl. Übgn. in der Schule bearb. 10. verb. Aufl. gr. 8. (40 S.) Ebd. 890. * — 60

Weiske, G. A., die griechischen anomalen Verba, f. den Zweck schriftl. Übgn. in der Schule bearb. 11., verb. Aufl. gr. 8. (40 S.) Halle 894. Buchh. des Waisenhauses. n. — 60; kart. n. — 75

Die Griechischen anomalen Verba für d. Zweck schriftl. Uebungen in d. Schule bearb. von G. A[lexander] **Woiske**, ehem. Prof. zu Halle a. S. 12. verb. Aufl., besorgt u. mit 1 Tab. versehen von K[arl] Weiske, Oberl. zu Halle a. S. *Halle a. S.: Waisenhaus 1901.* (44 S.) 8° [F.] (01. 9659

Weiske, G. A., die griechischen anomalen Verba, f. den Zweck schriftl. Übgn. in der Schule bearb. 13. verb. Aufl., besorgt v. K. Weiske. (47 S.) 8. Halle 906. Buchh. des Waisenhauses. -- 80

Weiske, Hans, Dr.: Comparaisons dans les poèmes de Frédéric Mistral. Cottbus 1905: Teske & Arnold. (71 S.) 8°
Cottbus, R P 1905 (149)

Weiske, Hans: Dans le Midi. Souvenirs d'un voyage en Corse. 29 S. 8. Progr. Stadt. ev. Gymn. *Waldenburg i. Schl.* 1903 (247).

Frederi Mistral dem erlauchten Großmeister provenzalischer Rede und Dichtkunst zum 8. September 1910. (Unterz.: Hans **Weiske**. Königsberg NM. 1910: Striese.) 1 Bl. 4° [Kopft.]
[Gratulationsgedicht.] (10. 15677 3

Weiske, Johannes: Die Quellen des altfranzösischen Prosaromans von Guillaume d'Orange. *Halle a. S. 1898: E. Karras.* (93 S.) 8°
Halle, Phil. Diss. v. [4. Apr.] 1898

Weiske, Johs., die Quellen d. altfranzös. Prosaromans **v. Guillaume d'Orange. Diss. gr. 8. (93 S.) Halle 898. (M. Niemeyer.)** n. 2. —

Weiske, Heinrich Adolf

Weiske, Heinr. Adf., Atlas der Mathematik. 5 Taf. in Stahlst. (in qu. gr. 4.) nebst erläut. Texte. [Aus der 2. Aufl. d. Bilder-Atlas.] hoch 4. (24 S.) Leipzig 875. Brockhaus. n. 1. 50; geb. n. 2. 80

Weiske, Heinr. Adf., Grundriss der Mythologie der Griechen u. Römer. Neue Bearbeitg. der Grundrisse der Mythologie u. Sagengeschichte v. O. Kirchner. 3. Aufl. gr. 8. (58 S. m. Abbildgn.) Leipzig 891. Siegismund & Volkening. n. 1. —; kart. n. 1. 20

Weiske, Heinrich Adolph. Die Ueberführung des Chlor bei der Electrolyse seiner Verbindungen mit den Metallen der Alkalien und alkalischen Erden. Leipzig, 1857.

Weiske, Heinrich Adolf [Hrsg.], s. Zeitung f. d. höhere Unterrichtswesen Deutschlands.

Weiske, Hugo, Beiträge zur Frage über Grün- und Trockenfütterung, sowie über die Zusammensetzung und Ausnutzung des nach verschiedenen Erntemethoden gewonnenen Rauhfutters. gr. 8. (IV, 53 S.) Göttingen 877, Deuerlich'sche Buchh.
Aus: Journal für Landwirthschaft, besonders abgedruckt.

Weiske, Hugo, Beiträge zur Frage üb. Weidewirthschaft u. Stallfütterung, sowie üb. die Ausnutzg. d. bei verschied. Erntemethoden gewonn. Rauhfutters. 8. (73 S.) Breslau 871. Korn. geb. n. 1. 20

—— die Fütterungslehre, s. Settegast, H., die Thierzucht.

Weiske, H., Untersuchungen über die Ernährungsvorgänge des Schafes in seinen verschiedenen Altersperioden. Ausgeführt auf der Versuchs-Station Proskau unter Mitwirkung von O. Kellner, M. Schrodt, R. Mehlis, R. Hornberger, H. Schulz und R. Wienand. gr. 8. (96 S.) Berlin 880, [Wiegandt, Hempel und Parey.] Parey. *

Weiske, J. G., Sammlung leichter, angenehmer u. gefälliger Gesänge, Lieder- u. Tonstücke mit Begleitung d. Klaviers oder Fortepianos. Herausg. von C. G. Hering. 4. Leipz. 812. (G. Fleischer). 16 gr.

Weiske, Johannes, s.a. Weiske, Hans

Weiske, Johs., Theorie d. Interpunction, aus d. Idee d. Satzes entwickelt. gr. 8. (12¾ B.) Leipzig 838, Gebr. Reichenbach.

Weiske, Julius

Weiske, Jul., Abhandlungen aus d. Gebiete d. teutschen Rechts, theoret. u. prakt. Inhalts. gr. 8. (14 B.) Leipzig 829, [Günz.]

Weiske, Jul., Abhandlungen aus dem Gebiete des deutschen Rechts, theoret. u. prakt. Inhalts. gr. 8. Leipz. 830. Schaarschmidt. 1 rthl 3 gr.

Weiske, Juls. Der Bergbau und das Bergregal. Eine Entgegnung auf die Schrift: Ueber den Ursprung des Bergregals in Deutschland von C. J. B. Karsten. (Berlin 1844.) Eisleben 1845. 8. . . . .

Weiske, Jul., der Bergbau u. das Bergregal. Eine Entgegnung auf die Schrift: Ueber den Ursprung des Bergregals in Teutschland. Von C. J. W. Karsten. gr. 8. Eisleben 845, Reichardt. n. 12 ngr

Weiske, J., Der Bergbau und das Bergregal. Eine Entgegnung auf die Schrift: „Über den Ursprung des Bergregals in Deutschland. Von K. J. B. Karsten." Eisleben, 1845. 80 S.

— de septem clypeis militaribus. Mit 1 Kpf. 8maj. Leipz. 829. (Serig). 18 gr.

—— de septem clypeis militaribus. 8maj. (7½ B. u. Ttl.-kpfr.) Lipsiae 830, (Serig.)

Weiske, Jul., Commentatio de L. 11. P. ad Leg. Jul. majestatis, qua nihil inter perduellionem et crimen majestatis interesse probatur. 8maj. (1¾ B.) Lipsiae 833, [Güntz.] Thlr.

(Weiske, Jul.,) Conspectus juris feudalis. 8maj. (1 B.) Lipsiae 838, (libr. Serig.)

— Einleit. ins deutsche Privatrecht. gr. 8. Leipz. 830. Schaarschmidt. 3 gr.

—— Einleitung in d. deutsche Privatrecht. 1. Aufl. (2½ B.) 830., 2., umgearb. Ausg. gr. 8. (4 B.) Leipzig 834, [Günz.] 6 Gr., Schrbp.

Weiske, Jul., über Gemeindegüter u. deren Benutzung durch die Mitglieder nach den Bestimmungen der neuen Gemeindegesetze insbesondere in Württemberg, Hessen u. Baden, nebst beurtheilender Darstellung des neuen österreich. Gemeindegesetzes u. einer Abhandlung über den Nießbrauch am Kur mit bergrechtl. Einleitung. gr. 8. (VI u. 194 S.) Leipzig 849, Hinrichs. 5/6 ℛ

— die Grundlagen d. früh. Verfassung Teutschlands, beleuchtet. gr. 8. (8 B.) Leipzig 836, [Göschensche Vrlsh.]

Weiske, (J.,) Grundsätze des deutschen Privatrechtes nach dem Sachsenspiegel, mit Berücksichtigung u. Vergleich. des Schwabenspiegels, vermehrten Sachsenspiegels u. Sächs. Weichbildes. gr. 8. Leipz. 826, Gerig.

— die Gutsherrlichkeit u. die gutsherrlich bäuerlichen Gaben u. Leistungen. gr. 8. (VIII u. 112 S.) Leipzig 850, Hartknoch. 1/2 ℛ

— Handbuch d. Strafgesetze d. Königr. Sachsen, v. J. 1572 bis auf d. neueste Zeit. gr. 8. (25 1/2 B.) Leipzig 833, [Gerig'sche Buchh.] 2 1/3 Thlr., Schrbp.

— Hochverrath u. Majestätsverbrechen d. Crimen majest. d. Römer. 8. (11 1/2 B.) Leipzig 836, [Göschensche Vrlsh.]

— die Quellen des gemeinen sächs. Rechtes. gr. 8. (10 1/2 B.) Leipzig 846, Hinrichs'sche Buchh. *

— das deutsche Recht der Schutz der Arbeit. [Aus d. Jahrg. 1849 der „Neuen Jahrbücher f. Geschichte u. Politik."] gr. 8. (42 S.) Leipzig 849, Hinrichs. 1/4 ℛ

— Rechtslexikon f. Juristen, s. Rechtslexikon.

Weiske, Jul., s.: Sachsenspiegel, der.

— Sammlung der neueren teutschen Gemeindegesetze. Nebst einer Einleitung: Die Gemeinde als Corporation. gr. 8. (LXIV und 552 S.) Leipzig 848, Hinrichssche Buchh.

— prakt. Untersuchungen auf dem Gebiete des einheimischen Rechtes. 1. Hft. A. u. d. T.: Wie sorgte Luther auf den Todesfall für Weib u. Kind, in Verbindung mit einer erbrechtl. Abhandlung. gr. 8. Leipzig 846, O. Wigand. n. 2/3 ℛ

— dass. 2. Hft. A. u. d. T.: Ueber das Lehngeld. Insbesond. eine neue Auslegung des K. sächs. Generales vom 3. Novbr. 1751. gr. 8. Ebend. 846. 1/2 ℛ

— praktische Untersuchungen auf dem Gebiete des einheimischen Rechtes. 3. Hft. Ueber Corporationen nach römischen u. teutschen Rechtsbegriffen, sowie über Gemeindegüter u. deren Benutzung durch die Mitglieder. Nebst einer Abhandlung über die Bedeutung des gemeinen Rechtes u. das Verhältniß der Statutarrechte zu den Landrechten. gr. 8. (VIII u. 239 S.) Leipzig 847, O. Wigand. n. 1 1/3 ℛ (1—3: n. 2 1/2 ℛ)

— das Vaterland, s. Vaterland.

Weiske, Karl: Mitteilungen über die Handschriftensammlung der Hauptbibliothek der Franckeschen Stiftungen zu Halle a. d. S. S. 5—24. 8.
In: Aus der Hauptbibliothek der Franckeschen Stiftungen. Zur Begrüßung der 47. Versammlung deutscher Philologen u. Schulmänner dargebracht von dem Kollegium der
Progr. Lateinischen Hauptschule *Halle a. S.* 1903.

Weiske, Karl, Verzeichnis der Abiturienten, etc., s.: Lange, Adb., Verzeichnis sämtl. Lehrer etc.

Weiske, Karl: Systematisches Verzeichnis der in den Jahresberichten des Kgl. Pädagogiums und der Lateinischen Hauptschule in den Franckeschen Stiftungen veröffentlichten Abhandlungen. S. 29—44. 8.
In: Ehrengabe der Latina. Acht Abhandlungen, ... Wilhelm Fries bei der Gedenkfeier seiner 25 jähr. Wirksamkeit als ... Direktor der Franckeschen Stiftungen dargebracht. Lat. Haupt-
Progr. schule *Halle a. S.* 1906.

Weiske, Karl August

Weiske, Carl Aug., Alfonso. Eine Novelle f. Freunde d. Tonkunst. 8. (10 1/2 B.) Zwickau 835, [Leipzig,] Gebr. Schumann.

Weiske, Carl Aug., Archiv f. prakt. Rechtskunde, mit vorzügl. Rücksicht auf sächs. Recht. 1. u. 2. Thl. gr. 8. Zwickau, Gebr. Schumann. [1. (9 1/2 B.) 833., 2. (11 1/4 B.) 834. à 21 Gr.]

— Archiv f. prakt. Rechtskunde, mit vorzügl. Rücksicht auf sächs. Recht. 3. Thl. gr. 8. (9 3/4 B.) Zwickau 836, [Leipzig,] Gebr. Schumann.
1. u. 2. Thl. Ebendas. 1833, 34. 1 Thlr. 18 Gr.

— skept.-prakt. Behandlung einiger civilrechtl. Gegenstände. gr. 8. (6 1/2 B.) Leipzig 829, Hinrichs.

— Considérations historiques et diplomatiques sur les Ambassades des Romains comparées aux modernes. gr. in-8. (8 B.) Zwickau 834, Frères Schumann.

— Handbuch d. allgem. deutschen Gewerbrechts, mit vorzügl. Rücksicht auf sächs. Recht. gr. 8. (20 1/2 B.) Leipzig 839, Schwickert.

— Handbuch d. Criminalprocesses, mit vorzügl. Rücksicht auf sächs. Recht. gr. 8. (19 1/4 B.) Leipzig 840, Schwickert.

— Handbuch d. allgem. deutschen Landwirthschaftsrechts. gr. 8. (23 3/4 B.) Leipzig 838, Schwickert.

Weiske, Karl Aug., Handbuch des Civilprocesses, mit vorzügl. Rücksicht auf das Königreich Sachsen. gr. 8. Leipzig 841, Schwickert. 1 2/3 ℛ

— Quaestiones juris civilis in us. fori comparatae. 8 maj. (5 1/2 B.) Zwiccaviae 831, Fratr. Schumann.

Weiske, Car. Aug.: Quaestiones juris civilis in usum fori comparatae. Zwiccaviae 1831.

[Inhalt:]

1. De damno infecto ex soli vitio.
2. De instrumento (inventario) praedii rustici.
3. De modi aquarum mutatione ejusque jure.
4. De probatione praescriptionis immemorialis.
5. An in pecuniam, loco operarum a rusticis promissam, jus reale, quo operae gaudent, transeat.

Weiske, Paul

Die Berechnung von Eisenbetonbauten. Von Dr.-Ing. P[aul] Weiske, Oberl. H. 1. Leipzig & Berlin: B. G. Teubner 1907. 8°
= Unterricht, Der, an Baugewerkschulen. 17. ol. 1106

Weiske, Paul, statische Berechng. d. Träger u. Stützen aus Beton, s.: Walter, H.

— Kerntheorie u. Dachpfettenberechnung. Nebst einigen weiteren Kapiteln aus der Festigkeitslehre u. e. Anh.: Anwendung der Trägheitskreise. gr. 8. (VIII, 120 S. m. 104 Abbildgn.) Stuttgart 902. A. Bergsträßer. n. 3. —; geb. in Leinw. n. 3. 60

— Profilbuch der Eisenbetonträger, bearb. auf Grundlage der amtl. Bestimmgn. vom 24. V. 1907. (46 S.) Lex. 8. Berlin 908. Tonindustrie-Zeitg. 3. —

Weiske, Paul, kgl. Oberlehrer: Graphostatische Untersuchung der Beton- und Betoneisenträger. ⟨Hiezu 1 Taf.⟩ Wien: Beton & Eisen 1904. 18 S., 1 Taf. 4⁰ ¶ Forscherarbeiten auf d. Gebiete d. Eisenbetons. H. 2. Hannover, Dr.-Ing.-Diss. v. 5. 5. 1904

Weisker, Christian Hennerich (Schleiz) A. S. 603/30

Exercitatio iuridica quaestionem utrum promissio dotis a patre facta, existente postea concursu creditorum effectum habeat: continens.
Präs. Friedrich Gottlieb Zoller.
Leipzig (Langenheim) 20. XII. 1774. 16 S.

Gew.: Johann Karl Bretschneider. 36182

Weisker, Edu. Über Bedingungssätze im Gotischen. 14 S. **Progr.** *Freiburg Schl.* 1880.

Weisker, Ernst, aus Rathenow: Über Zweck und Einrichtung, Reime und Accentangaben, Wortschatz und Quelle des ersten frühneuenglischen Reimlexikons ⟨Manipulus Vocabulorum 1570⟩. *Halle a. S. 1902: E. Karras.* (32 S.) 8° ¶ (Erscheint gleichzeitig vollst. als: Studien zur engl. Philol., Bd 10.)
Göttingen, Phil. Diss. v. [20. Juni] 1902

Weisker, F. C., s. Weißker.

Weisker, Gustav

Weisker, G. Bericht über die Rathenower Schulbibliothek. S. 13—16. **Progr.** *Rathenow* 1877

Weisker, G. Die optischen Fehler des Auges. 24, 18 SS. **Progr.** *Rathenow* 1879. 1882

Weisker, Gustav Slavische Sprachreste, insbesondere Ortsnamen, aus dem Havellande und den angrenzenden Gebieten. I. Teil. 8 (II, 44 S.). **Progr.** Rprg. *Rathenow* 1890 (119)

Weisker, Gust., slavische Sprachreste, insbesondere Ortsnamen, aus dem Havellande u. den angrenzenden Gebieten. 1. Tl. gr. 8. (IV, 44 S.) Rathenow 890. Babenzien. n. 1. —

[Umschlagt.:] [F.] **Weisker,** Gustav [Dir.]: Slavische Sprachreste, insbes. Ortsnamen, aus dem Havellande und den angrenzenden Gebieten. II. Tl. [Forts. d. P-Beil. 1890.] Rathenow, Druck v. M. Babenzien, 1896; 45—76 S. 8.
Rathenow, st. RPG, P 1896 (110)

Weisker, Iulius Florentin: De teste non interrogato secundum processus civilis Germanici principia dijudicato.
Halle-Wittenberg, Jur. Diss. v. 29. Aug. 1832
Geb. [Schleiz 25. 7. 1809]
Verf. wurde vom Druck dispensiert. Ms. fehlt.

Weisker, Konrad, a. Freiburg i. Schl.: Über Hugo von Toul und seine altfranzösische Chronik. Halle a. S. 1905. (48 S.) 8°
Halle, Phil. Fak., Ref. Suchier, Diss. v. 24. Aug. 1905
[Geb. 23. Mai 83 Freiburg i. Schles.; Wohnort: Halle a. S.; Staatsangeh.: Preußen; Vorbildung: Realgymn. Tarnowitz Reife O. 01; Studium: Halle 9 S.; Rig. 30. Jan. 05.]

Weiskern, Friedrich Wilhelm

Weiskern, Fr. Wlh., († 1768 oder 1769.) Topographie von Niederösterreich, in welcher alle Dörfer, Klöster, Herrschaften, Schlösser, Landgüter, Edelsitze ꝛc. sich befinden. 3 Thle. gr. 8. Wien 767—70. u. 778. v. Mösle. 3 ₰ 16 ℔ (3r Thl. A. u. d. T.: Beschreib. d. k. k. Haupt- u. Residenzstadt Wien.)

Weiskern, Friedr. Wilhelm. Topographie von Nieder-Oesterreich, in welcher alle Städte, Märkte, Dörfer, Klöster, Schlösser, Herrschaften, Landgüter, Edelsitze, Freyhöfe u. dgl. angezeiget werden, die in diesem Erzherzogthume wirklich angetroffen werden, oder sich ehemals darinnen befunden haben. (2 The. in 4 Bdn.) (Mit 1 Portrait) 8. Wien 1778.

Gedichte von Johanna **Weiskirch.** Magdeburg: Zacharias [1909]. IV, 92 S. 8° (09. 8247

— Kleine Kinder-Aufführungen, s.: Jugend- u. Volksbühne.

— Im Kranze froher Feste, s.: Ille-Beeg, Marie.

Weiskirch, Johanna, „und du sollst mein Herr sein!", s.: Jugend- u. Volksbühne.

— Vater u. Sohn, s.: Jugend- u. Volksbühne.

Weiskirch, L. P. von: Gedanken über den Gebrauch der Wetterableiter. Mit den Ghelenschen Schriften. Wien 1783. 31 S.

Weiskirchner, Ernst, prakt. Anleitung zur Verfassung des Personaleinkommensteuer-Bekenntnisses. gr. 8. (21 S. m. 1 Formular.) Neutitschein 898. R. Hosch. n. — 35

(F) Praktische Anleitung zur Verfassung des Personaleinkommensteuer-Bekenntnisses von k. k. Steuer-Ober-Inspector Ernst Weiskirchner. Neutitschein. 1899. Hosch. Gr.-8°. 21 S. und 1 Tabelle. fl. —.20

Weiskirchner, Ernst, d. Personaleinkommen- u. Rentensteuer. Ein Vortrag u. leichtfassl. Anleitg. zur Verfassg. des Personaleinkommensteuer-Bekenntnisses an d. Hand prakt. Beispiele. 1.—4. Aufl. gr. 8. (à 40 S.) Neutitschein 898. R. Hosch. n. — 20

— die Zinssteuer. Eine Zusammenstellg. d. hinsichtl. d. steuerpflicht. Gebäude gilt. Vorschriften u. gesetzl. Bestimmgn. u. Anleitg. z. Abfassg. d. Zinsertragsbekenntnisses an d. Hand e. prakt. Beispieles. gr. 8. (16 S. u. 3 S. in gr. 4.) Ebd. 898. — 25

Weiskirchner, Rich., Die Armenpflege einer Grossstadt vom Standpunkte der christlichen Auffassung der Armenpflege. Vorträge u. Abhdlgen. hrsg. v. d. Leo-Gesellschaft, Nr. 5. gr. 8⁰.
Wien: Mayer & Cie. 1896. (22 S.)

Weiskirchner, Rich., d. Armenpflege e. Großstadt v. Standpunkte d. christl. Auffassg. d. Armenpflege, — d. Cartellwesen v. Standpunkte d. christl. Wirtschaftsauffassg., } s. a. Vorträge u. Abhandlungen, hrsg. von der Leo-Gesellschaft, 5. u. 3. Hft.

Weiskirchner, Dr. Rich., Das Kartellwesen vom Standpunkte der christlichen Wirtschaftsauffassung. Vorträge u. Abhandlungen, hrsg. v. d. Leo-Gesellsch., Heft 3. gr. 8⁰. Wien 1896.

— österr. Städteordnungen, s.: Brockhausen, K.

Weiskönig, Paul

Weiskönig, P., Fibel. Bearb. nach der Normalwörter-Methode mit systemat. Anschauungsunterrichte. Nach neuer Orthographie. gr. 8. (68 S. mit 48 eingedr. Holzschn.) Leipzig 881, Peter's Verlag. * 30 Pf.; geb. *

Weiskönig, Paul, Fibel. Bearb. nach der Normalwörter-Methode mit systemat. Anschauungsunterrichte. 2. verm. Aufl. gr. 8. (72 S. mit 50 Holzschn.) Leipzig 884, Peter. * geb. *

—— dass. — Bearb. nach der Normalwörter-Methode mit planmäß. Anschauungsunterrichte. 3. verm. Aufl. gr. 8. (80 S. mit 50 Holzschn.) Ebendas. 887. * geb. *

Weiskönig, Paul, Fibel. Bearb. nach der Normalwörter-Methode m. planmäß. Anschauungsunterrichte. 5. Aufl. gr. 8. (80 S. m. 50 Holzschn.) Leipzig (897). E. Peter. — 80; geb. n. — 45

Weiskopf, Ant., Geschichte des Klosters Beuron an der Donau, nebst einer Beschreibung der Klosterkirche. gr. 16. (91 S. mit 1 lithogr. Abbild. des Gnadenbildes.) Sigmaringen 860, Tappen. *

Weiskopf, Ant., des Priesters Würde u. Pflichten. Nach dem Franz. eines Seminar-Direktors. 8. (VI u. 385 S.) Schaffhausen 851, Hurter. 27 ngr

Weiskopf, H., die zehn Gebote des Pferdebesitzers. Die Ursachen der frühzeitigen Gliedmaßen-Abnützung der Pferde und die Mittel, diesem Uebelstande erfolgreich entgegenzuwirken. Gekrönte Preisschrift. 1. und 2. unveränd. Aufl. 8. (IV, 104 S.) Augsburg 884, Kuczynski. *

Weiskopf, H., die zehn Gebote des Pferdebesitzers. Die Ursachen der frühzeit. Gliedmaßen-Abnützg. der Pferde u. die Mittel, diesem Uebelstande erfolgreich entgegenzuwirken. Gekrönte Preisschrift. 3. Aufl. 8. (VI, 104 S.) Augsburg 886. Rieger. cart. n. 1. 50

— Das Scheuen u. Durchgehen der Pferde u. die Pfändnerische Sicherheitskandare. Augsburg 1886. 8 S.

Weiskopf, H. Die Ursachen der frühzeitigen Gliedmaßen-Abnützung der Pferde u. die Mittel diesem Übelstande erfolgreich entgegenzuwirken. 2. unveränd. Aufl. Augsburg 1884. 104 S.

Weiskopf, Hartwig, Theorie u. Methodik des Wasserheilverfahrens. Als Grundlage einer speciellen Wasserheillehre in Aufforderung des Vereines f. rationelle Ausbildung der Wasserheilkunde in Böhmen verfaßt. gr. 8. (X u. 204 S.) Wien 847, Gerold. 1 ℔

Weiskopf, Heinr., kaiserl. Verordnung, betr. die Hauptmängel u. Gewährfristen beim Viehhandel, s.: Guttentag's Sammlung deutscher Reichsgesetze, Nr. 60.

— Viehseuchen-Belehrung f. Landwirte. Nebst Anmerkgn. u. den wissenswerten gesetzl. Bestimmgn. hrsg. 8. (VI, 42 S.) München 901. J. Schweitzer Verl. n. — 40

Weiskopf, Paul, die Glasfabrikation auf der Wiener Welt-Ausstellung im J. 1873. Mit besond. Berücksicht. der österreich. Glasindustrie. Bericht an die Handels- und Gewerbekammer in Reichenberg. gr. 8. (29 S.) Prag 874. (Dresden, v. Zahn's Verlag.) *

Weiskopf, S. D., wenn das Glück will, s.: Mendelssohn-Bibliothek.

Weiskorn, Joseph [aus Bonn]: Aus d. Univ.-Frauenklinik zu Bonn. Transitorische Geistesstörungen beim Geburtsakt und im Wochenbett ... Bonn, Buchdr. v. A. Henry, 1897; 28 S., 1 Bl. 8.
Bonn, Med. Fak., Inaug.-Diss. v. [6. Febr.] 1897

Weiskunig, Der, s. Weißkunig, Der.

Weisl, die antiseptische Behandlung während des Wochenbettes als Mittel zur Verhütung und gegen die Verschleppung des Kindbettfiebers besprochen für Hebammen. 1. und 2. Aufl. gr. 8. (27 S.) Prag 878, Grégr und Dattel. *

Weisl, Ernst Franz: Allgemeines über das Militärstrafrecht. Separatabdruck aus dem „Gerichtssaal" XLIII. Bd. 8. Stuttgart 1890.

Weisl, Ernst Franz, Die Auswanderungsfrage. Mit besonderer Berücksichtigung der Auswanderung aus Deutschland, Italien, Oesterreich und Ungarn. Lex.-8⁰. Berlin, W. Süsserott, 1905. (39 S.)

Der neue Gesetzentwurf betreffend die Reform der französischen Militär-Strafprocessordnung. Eine krit. Studie von Dr. Ernst Franz Weisl, Advocat in Wien. Wien: Oesterr.-ungar. Heereszeitung 1902. (67 S.) 8⁰

Weisl, Ernst, Glossatorium zur Strafproceß-Ordnung vom 23. Mai 1873, nebst darauf Bezug hab. Gesetzen u. Verordngn. 8. (323 S.) Wien 886. Toeplitz & Deuticke. n. 4. 80; geb. n. 5. 60

Weisl, Ernst Frz., das Heeres-Strafrecht. Allgemeiner Thl. Mit e. Vorrede v. Mart. Damianitsch. gr. 8. (VI, 223 S.) Wien 892. J. L. Pollak. n. 4. 30

— das **Heeres-Strafrecht.** Besonderer Tl. Mit alphabet. Register. (IX, 177 S.) gr. 8. Wien 905. W. Braumüller. n. 3. 40

Weisl, Ernst Frz., das Heeres-Strafrecht. Besonderer Tl. Mit e. alphabet. Register. Rev. 2. Aufl. (XI, 175 S.) gr. 8. Wien 910. W. Braumüller. 1. 40

Weisl, Ernst, Frankreichs Militär-Strafprozessordnung. Studie zur Reform der Militär-Strafprozessordnungen des Deutschen Reiches und der österreichisch-ungar. Monarchie. gr. 8. (54 S.) Wien 887, Seidel und Sohn. *

— das Militär-Strafverfahren in Russland, Frankreich u. Deutschland. gr. 8. (VIII, 212 S.) Wien 894. Verlagsanstalt „Reichswehr". n. 4. —

Weisl, Ernst, deutsches Pfandrecht bis zur Reception des römischen Rechtes. gr. 8. (IV, 80 S.) Wien 881, Hölder. *

— s.: Raphael's Meisterwerke.

— Zur Reform des Militärstrafprozesses. (23 S.) gr. 8. Wien 910. L. W. Seidel & Sohn. — 80
Sonderabdruck aus: „Streffleur's militär. Ztschr."

— Vorschläge zur Regelung d. Militär-Strafverfahrens. [Aus: „Armee- u. Marine-Zeitg."] gr. 8. (31 S.) Wien 893. J. L. Pollak. n.n. — 75

Weisl, Siegmund: Studien über p-Oxydesoxybenzoin. Separatabdruck aus: Sitzungsber. d. k. Akad. d. Wiss. in Wien. Bd. 114. IIb. S. 509.

Weislein, Carl, die Hexenlinde. Vaterländisches Volksstück in 4 Aufzügen. Frei nach e. Erzählg. v. J. Proschko. gr. 8. (48 S.) Linz 894. (Städtebilder-Verlag [E. Mareis].) n. — 60

Weislein, Carl, Lieben und Leiden. Eine Sammlung von Gedichten. 8. (28 S.) Korneuburg 888, Kühkopf.

Weislein, Karl, Myrten u. Cypressen. 2 Geschichten, Dichtg. u. Wahrheit. (323 S.) 8. Dresden 904. E. Pierson. n. 3. —; geb. n. 4. —

Weislein, Karl, das Siegesfest. Dramatische Dichtg. in 1 Aufzuge. (43 S.) kl. 8. Linz 908. (Ober-österreich. Buchdruckerei- u. Verlagsgesellschaft.) — 80

Weislein, Carl, Wahrheit. Schausp. in 4 Aufzgn. 12. (54 S.) Wien 898. (Sallmayer'sche Buchh.) n. — 40

Weislinger, Johann Nikolaus

— Des allenthalben feindseligst angegriffenen Joannis Nicolai Weißlingers ... höchst-billig- und Gründliche Antwort auff die Unbillig- und grundlose Klagen der Un-Catholischen Herren Prediger, Lehrer und Scribenten, sonderlich deren (S. T.) Protestirenden Herren Herren Reichs-Ständen zu Regensbug, so sie gelangen lassen An ... Caolum VI. Wider die bekannte Controvers-Schrifft, deren Titul: Friß Vogel, oder Stirb ... Zweyte und verbesserte Auflage. [2 Teile in 1 Bde.] Capell unter Rodeck, in Verlag des Authoris. Zu haben bey Martin Wagner in Oberammergau, 1736. 8°. Doppelblatt-Titel in Rot und Schwarz), *Frontispizporträt*, 22 Bl. 660 S. 14 Bl.; 687 S. 17 Bl. *Mit 11 Kupfern, wovon 2 gefaltet.* Ld. d. Z. leicht beschabt, Kv. nachgedunkelt.
H.-G. IV, 327.

Weislinger, Jh. Nikol., († ...) friß Vogel oder stirb. 8. Augsb. Wagner. 1 ₰

Weislinger, Joh. Nic., Friss Vogel oder stirb! Das ist ein wegen dem wichtigen Glaubensartikel des Christenthums, von der wahren Kirchen, mit allen uncatholischen Prädicanten scharff vorgenommenes Examen oder Tortur ... Augsburg 1722. 8⁰.
Mit Portr. des Cardinals v. Rohan u. 6 Kpfrn. — Sehr derbe, oft unfläthige antilutherische Schmähschrift von über 1000 Seiten. — Vorher: Strassburg 1717. 8⁰. Vorr. 394 S., das ganze Werk hat über 500 S. Mit Portrait. — Augspurg 1719. 8⁰. II. (Citirt Graesse VI, 2, 433.)
— — — — Dasselbe. Ibid. 1726. 8⁰. (3 Mk. L. Rosenthal, c. 1885; 15 Mk. M. Edelmann, c. 1903.)
— — Dasselbe. Rastatt 1722. 8⁰.
Titel, Portr. d. Cardinals A. G. v. Rohan, 18 Bl., 394 + 507 S. u. Register.
— — — — Dasselbe. Strassburg 1722. 8⁰. (In München 6 Expll.)
— — — — Dasselbe. Ibid. s. a. 8⁰. (3 Mk. L. Rosenthal, c. 1885.)
— — — — Dasselbe. Ibid., D. Lerse, 1726. 8⁰. (4 Mk. 50 Pfg. Rich. Härtel, Plauen, c. 1902.)
Vorwort, 470 S. u. das Werk 618 S.
— — — — Dasselbe. Ibid. 1728. 8⁰. CCCCLXX. u. 646 S.
— — — — Dasselbe. Dillingen 1730. 8⁰.
— — — — Dasselbe. Mit 8 Kpfrn. Augspurg und Grätz, Ph. Martin und Joh. Vetth seel. Erben, 1730. 8⁰.
21 Bll., 470+618 S., 15 Bll. Reg. — Max Perl's Berliner Febr.-Auction, no. 1284.
— — — — Dasselbe. Mit Kpf. Oberammergau 1751. 8⁰.
Haydinger's Bibl. I no. 1154.

Weislinger, Joh. Nicol. Friß Vogel, oder stirb! Das ist: Ein, wegen dem wichtigen Glaubens-Artickul deß Christenthums, von der wahren Kirchen, mit allen uncatholischen Praedicanten scharff vorgenommenes Examen und Tortur, Worinnen sie (Krafft der unwidersprechlichen Zeugnussen der H. Schrifft, deß H. Augustini, deß Luthers und Augspurgischen Confession) endlich auß Noth gedrungen, bekennen müssen: oder Daß Gott ein Lügner seye ... oder aber: Das die Römisch Catholische Kirch ... allein wahr, unfehlbar und seeligmachend seye ... Straßburg, Dietrich Lerse, [1722]. Kl. 8°. Gefalt. Titel, *Porträt (d. Kardinals Armand Gaston de Rohan)*, 18 Bl., CCCXCIV u. 507 S., 12 Bl. Benutzter Pgtbd. d. Z.
Diese Ausgabe ist zumindest die erste vollständige; die von Graeße, H.-G. und anderen zitierten früher datierten sind entweder weniger umfangreich oder existieren gar nicht. H.-G. IV, 327: „Sehr derbe, oft unflätige antilutherische Schmähschrift". Unsere Kollation stimmt mit der des Rastatter Drucks von 1722 (= H.-G. IV 327) überein.

— — — — Nach verschiedenen unrichtigen Nachdrucken von dem authore mit vielem nötigen Zusatz, einigen raren Kupfern u. kurzem Anhang, diese Edition betreffend, verbessert u. selbst korrigiert. Straßburg 1726, 8°, CCCCLXX u. 618 S.

— — Friß Vogel, oder stirb! ... Augsburg und Graz, Veiths Erben, 1728. Kl. 8°. *Ausschlagendes gestochenes Frontispiz (die Reformatoren vor einem Altar), ausschlagender gedruckter Titel in rot und schwarz*, 17 Bl. 470 und 618 S. 15 Bl. *Mit 7 teilw. gefalteten Kupfern.* Leicht beriebener, am Rucken oben lädierter Ldbd. d. Z., Schließen fehlen.
H.-G. IV, 327.

— — — — Dasselbe, tit.: Friss Vogel oder stirb! Oder was von dem Protestantismus zu halten sey. Neu herausgegeben von Catholicus Pickhardt. Beim Herausgeber. O. O. 1843. 8⁰.
4 Bll., 96 u. 280 SS. Auf den Umschlägen der einzelnen Lieferungen steht Franz (statt Joh. Nic.) Weislinger.

— der entlarvte luther. Heilige, oder Wiederlegung einer Revocationspredigt von einem ausgesprungenen Capuziner. 3 Thle. 8. Augsburg: Wagner.

—— Der entlarvte lutherische Heilige, oder die gründliche Widerlegung eines Mameluken, namens Joh. Phil. Thomb, welcher den hl. Orden, in dem er 24 Jahre gestanden, verlassen u. zu Darmstadt abgefallen, seinen schändlichen Abfall zu beschwören eine lästerliche Revokationspredigt herausgegeben, dem Herrn Landgrafen v. Hessen dediziert, so aber hier nach Verdienst mit aller heller Wahrheit widerlegt wird von Ioanne Nicolao Weislinger etc. Freiburg i. B. 1756, 8°, 2 Teile, VIII, 336 u. 352 S.
Über den schlagfertigen u. originellen, aber sehr derben Polemiker Weislinger, sein Leben u. litter. Wirken siehe die Untersuchung von Prof. Joh. Alzog, Freiburger Diöcesan-Archiv Bd. 1 (1865), S. 407—36, woselbst noch einige andere Streitschriften desselben, wie Hutenus delarvatus etc., Constanz u. Augsburg 1730. Außerlesene Merkwürdigkeiten von alten u. neuen theologischen Marktschreyern 2c., Straßburg 1738. Armamentarium catholicum etc., das. 1746. Auch Werner, a. a. O. S. 22 u. 140.

— Huttenus Delarvatus Das ist: Warhaffte Nachricht von dem Authore oder Vrheber der verschreyten Epistolarum Obscurorum Virorum Vlrich von Hutten, Wobey umständlich gehandelt wird von dem Streit zwischen dem berühmten JOHANNE REUCHLIN und JOHANN PFEFFERKORN; wie auch von dem Leben des bekannten FRANTZEN VON SICKINGEN ... zum nöthigen Schutz der verletzten Warheit wider JACOBUM BURCKHARD, einen Lutherischen Professor zu Hildburgshausen ... herauß geben. Konstanz und Augsburg, Martin & Thomas Wagner, 1730. Kl. 8°. 62 S. (inkl. doppelseit. Titel), 519 S. *Mit 1 gefalt. Wappentafel und 4 Kupferstichporträts (Hutten, Reuchlin, Pfefferkorn, Sickingen).* Etwas berieb. Pbd. d. Z.
Schottenloher I, 9233. Originalausgabe.

— auserlesene Merkwürdigkeiten. 4 Thle. 8. Augsb. 737. N. Aufl. 751. Wagner. 3 ₰

Weislinger, Joh. Nicol., auserlesene Merkwürdigkeiten. 4 Thle. 8. Augsb. Wolf. 750.

—— Höchst notwendige Schutz-Schrift des scharf angeklagten, doch aber ganz unschuldig befundenen Luthertums, wider den großachtbaren, hochgelahrten u. weltberühmten Herrn Daniel Maichel, Theol. Dr. u. Professor moralis philosophiae auf der Universität Tübingen — denen Herrn Lutheranern zu sonderbaren Herzenstroste verfertigt u. mit raren Kupfern geziert in 2 Teilen. Herausgegeben von J. N. Weislinger, evangelisch-katholischen Predigern des göttl. Wortes zu Capell unter Rodeck im J. 1740 u. 1741. Straßburg, in Verlag authoris, zu finden in Augspurg bei Martin Wagner. Teil I: 726 S., Teil II: 836 S.

Weisslinger, Joh. Nic. (kathol. Pred. zu Capell unter Rodeck, geb. 1691, † nach 1740), höchst-nothwendige *Schutz-Schrifft* des scharff angeklagten, doch aber gantz unschuldig befundenen *Lutherthums*, wider .... Herrn *Daniel Meichel*, Theol. Doctoren und .... Professoren auf der Univers. Tübingen ....: Denen Herren Lutheranern zu sonderbarem Hertzens-Trost verfertiget, und, mit (16 statt 19) Kpfrn. geziert. Th. 1: Costantz (!), J. F. Bez, 1742. — Th. 2: Strassburg, in Verlag des Authoris, u. zu finden bey Martin Wagner, Buchh. zu Oberammergau in Bayern 1741 (!). 8⁰.
I: 26 Bll. (incl. roth u. schwarz gedr. Titel), 723 S., 1 S. Nachschr., 1 Bl. „Verzeichnuss der Bücher des Authoris".
II: 864 S. — A. E.: Vollendet in der Druckerey zu Strassburg, d. 8. Augstmonat Anno 1741.

— Ursachen, d. von Gott geliehene Gnadenzeit wohl u. heilsam anzuwenden. 8. Augsburg: Wagner.

Weismann, Lic., s. Weißmann.

Weismann, August

Weismann, Aug., die Allmacht der Naturzüchtung. Eine Erwiderg. an Herbert Spencer. gr. 8. (IV, 96 S.) Jena 893. G. Fischer. n. 2. —

Weismann, Aug. Amphimixis od. die Vermischg. der Individuen. gr. 8. (VI, 176 S. m. 12 Abbildgn.) Jena 891, Fischer. * 3 60

Weismann, A., zur Annahme einer Continuität des Keimplasma's, s. Berichte der naturforschenden Gesellschaft zu Freiburg i. Br.

—— dass. — s. Kehrer, G., Beiträge zur Kenntniss des Carpus und Tarsus etc.

—— Aufsätze üb. Vererbung u. verwandte biologische Fragen. gr. 8. (VII, 848 S. m. 19 Abbildgn.) Ebd. 892. * 12 —

Weismann, Aug., üb. Bau- u. Lebenserscheinungen v. Leptodora hyalina. Mit 6 lith. Taf. [Aus: „Zeitschr. f. wiss. Zoologie."] gr. 8. (70 S.) Leipzig 874. Engelmann. n. 4. —

—— die Bedeutung der sexuellen Fortpflanzung für die Selektions-Theorie. gr. 8. (VIII, 128 S.) Jena 886, Fischer.

Weismann, A., u. C. Ischikawa, üb. partielle Befruchtung. [Aus: „Berichte der naturforsch. Gesellsch. zu Freiburg i/Br."] gr. 8. (3 S.) Freiburg i/Br. 888. J. C. B. Mohr. n. — 60

Weismann, Aug., Beiträge zur Kenntniss der ersten Entwicklungsvorgänge im Insektenei. Mit 3 (lith.) Taf. [Aus: „Beiträge z. Anatomie u. Embryologie, Festgabe f. J. Henle".] gr. 4. (32 S.) Bonn 882. Cohen & Sohn. n. 4. —

—— Beiträge zur Naturgeschichte der Daphnoiden. II.—VII. Abhandlung. gr. 8. Ebendas. [II.—IV. Abhandl. (VI, S. 65—226 mit 5 lithogr. Taf.) 877. * ℳ 5.; V.—VII. Abhandl. (XVI, S. 227—486 mit 7 lithogr. und chromolithogr. Taf.) 879. * ℳ 7.] *
aus: Zeitschrift für wissenschaftliche Zoologie, besonders abgedruckt.

Weismann, Aug., über die Berechtigung der Darwin'schen Theorie. Ein akadem Vortrag gehalten am 8. Juli 1868 in der Aula der Universität zu Freiburg i./Br. Leipzig 868. Engelmann. gr. 8. (39 S.) 9 ngr

Weismann, August u. C. Ischikawa

— — üb. die Bildung der Richtungskörper bei thierischen Eiern. Mit 4 Taf. [Aus: „Berichte d. naturforsch. Gesellsch. zu Freiburg i/Br."] gr. 8. (44 S.) Ebd. 887. n. 4. —

Charles Darwin und sein Lebenswerk. Festrede geh. zu Freiburg i. Br 1909 von August Weismann. Jena: Fischer 1909. IV, 32 S. 8° (09. 2739

— über die Dauer des Lebens. Ein Vortrag. gr. 8. (V, 94 S.) Jena 882. Fischer. n. 1. 50

— über den Einfluss der Isolirung auf die Artbildung. gr. 8. (IV, 108 S.) Ebend. 872. n. 2. —

— äussere Einflüsse als Entwicklungsreize. gr. 8. (VIII, 80 S.) Ebd. 894. n. 2. —

Weismann, Aug., über die Entstehung des vollendeten Insekts in Larve und Puppe. Ein Beitrag zur Metamorphose der Insekten. gr. 4. (36 S. mit 3 Stnt.) Frankfurt a. M. 863, [Winter.] *
Aus: Abhandlungen der Senckenberg. naturforsch. Gesellschaft zu Frankfurt a. M., besonders abgedruckt.

—— die Entstehung der Sexualzellen bei den Hydromedusen. Zugleich ein Beitrag zur Kenntniss des Baues und der Lebenserscheinungen dieser Gruppe. Text mit Atlas. 2 Bde. Imp.-4. (XIII, 295 S. mit Atlas von 24 zum Theil farb. Stnt. und 24 Bl. Erklärungen.) Jena 883, Fischer. **

—— die Entwicklung der Dipteren. Ein Beitrag zur Entwicklungsgeschichte der Insecten. gr. 8. (XVI und 263 S. mit 14 Kpfrt. in gr. 4.) Leipzig 864, Engelmann. *

Weismann, Aug., neue Gedanken z. Vererbungsfrage. E. Antwort an Herbert Spencer. gr. 8. (IV, 72 S.) Jena 895. G. Fischer. n. 1. 80

Über Germinal-Selection, eine Quelle bestimmt gerichteter Variation. Von August Weismann, Freiburg i. Br. *Jena: G. Fischer 1896.* (XI, 79 S.) 1 Bd 8. (90 1335

—— Über die Hypothese e. Vererbung v. Verletzungen. Vortrag, geh. am 20. Septbr. 1888 auf der Naturforscher-Versammlg. zu Köln. gr. 8. (52 S.) Ebd. 889. * 1 20

— das Keimplasma. Eine Theorie der Vererbg. gr. 8. (XVIII, 628 S. m. 24 Abbildgn.) Ebd. 892. n. 12. —

—— die Continuität des Keimplasma's als Grundlage einer Theorie der Vererbung. gr. 8. (VI, 122 S) Ebendas. 885.

— die Continuität d. Keimplasmas als Grundlage e. Theorie der Vererbung. Ein Vortrag. 2. Aufl. gr. 8. (112 S.) Ebd. 892. n. 2. 50

— über Leben u. Tod. Eine biolog. Untersuchg. Mit 2 Holzschn. gr. 8. (IV, 85 S.) Ebend. 884. n. 2. —

Über Leben und Tod. E. biol. Untersuchg v. Dr. August Weismann . . . 2. Aufl. M. 2 Holzschn. *Jena: G. Fischer 1892.* (68 S.) 1 Bd 8. (98 5708 f.o

— die Metamorphose der Corethra plumicornis, ein weiterer Beitrag zur Entwickelungsgeschichte der Insecten. Ebend. 866. gr. 8. (IV, 83 S. mit 5 Kpfrtaff., wovon 2 color., in 4.) n. 1 ℛ 10 ngr

Weissmann, Aug., zur Naturgeschichte der Daphniden. (In 8 Abthlgn.) I. Ueber die Bildg. v. Wintereiern bei Leptodora hyalina. Mit 3 (lith.) Taf. (in qu. gr. 4.) [Aus: „Zeitschr. f. wissensch. Zool."] gr. 8. (64 S.) Leipzig 876. Engelmann. n. 2. —

—— über den Rückschritt in der Natur. gr. 8. (30 S.) Freiburg i. Br. 886, Mohr. *
Aus: Berichte der naturforschenden Gesellschaft zu Freiburg i. Br., besonders abgedruckt.

— Die Selektionstheorie. Eine Untersuchg. (70 S. m. 3 Fig. u. 1 farb. Taf.) gr. 8. Ebd. 909. 2. —

— Studien zur Descendenz-Theorie. I. u. II. Lex.-8. Ebend. 875. 76. n. 14. —
I. Ueber den Saison-Dimorphismus der Schmetterlinge Mit 2 Farbendr.-Taf. (IV, 95 S.) n. 4. —
II. Ueber die letzten Ursachen der Transmutationen. Mit 5 Farbendr.-Taf. (XXII, 336 S.) n. 10. —

Weismann, Aug., Thatsachen u. Ausleggn. in Bezug auf Regeneration. gr. 8. (81 S.) Jena 899. G. Fischer. n. — 60
Sonderabdruck aus: „Anatom. Anzeiger".

— das Thierleben im Bodensee. Gemeinverständlicher Vortrag. Mit einer (lith.) Taf. [Aus: „Schriften d. Vereins f. Geschichte des Bodensee's".] Lex.-8. (31 S.) Lindau 877. Stettner in Comm. n. 1. —

Weismann, Aug., über den Ursprung der Hippursäure im Harn der Pflanzenfresser. Eine von der medicin. Facultät der Georgia Augusta am 13. Juni 1857 gekrönte Preisschrift. gr. 4. (IV und 40 S.) Göttingen 857, (Vandenhoeck und Ruprecht's Verlagsh.) * *

— über die Vererbung. Ein Vortrag. gr. 8. (IV, 59 S.) Jena 883. Fischer. n. 1. 50

— üb. die Vererbung. Ein Vortrag. 2. Aufl. gr. 8. (49 S.) Ebd. 892. n. 1. 50

— neue Versuche z. Saison-Dimorphismus der Schmetterlinge. [Aus: „Zoolog. Jahrbb."] gr. 8. (74 S.) Ebd. 895. n. 1. 50

— Vorträge über Descendenztheorie, geh. an der Universität zu Freiburg im Breisgau. Mit 3 farb. Taf. u. 131 Textfig. 2 Bde. gr. 8. (XII, 456 u. VI, 462 S. m. 3 Bl. Erklärgn.) Ebd. 902. n. 20. —; geb. n.n. 22.50

Weismann, Aug., Vorträge üb. Deszendenztheorie, geh. an der Universität zu Freiburg i. B. 2. verb. Aufl. 2 Tle. in 1 Bd. (XII, 340 u. VI, 344 S. m. 131 Fig., 3 farb. Taf. u. 3 Bl. Erklärgn.) Lex.-8. Jena 904. G. Fischer. n. 10. —; geb. n. 12. —

— über das Wandern der Vögel, s. Sammlung gemeinverständl. wissenschaftl. Vorträge. 291.

—— über die Zahl der Richtungskörper und über ihre Bedeutung auf die Vererbung. gr. 8. (VIII, 75 S.) Jena 887, Fischer. *

Weismann, Carl, s. Weismann, Karl

Weis(s)mann, Christian Eberhard

geb. 2. Sept. 1677 in Hirsau als Sohn eines Klosterpräzeptors, 1699 1701 Repetent, 1701 Diakonus in Calw, 1704 Hofkaplan in Stuttgart, 1707 Gymnasialprofessor und Mittwochsprediger an der Stiftskirche, 1721 Professor und Stadtpfarrer in Tübingen, gest. 26. Mai 1747.

Weismann, Chr. Eberh., akadem. Abhandlungen, frey übers. von P. H. Laug. 8. Stuttg. Erhart. (a. Löflund.) 735.

– DE MALIS ADESPOTIS ECCLESIAE oder von dem Niemand, der alles allein solle gethan haben. Dissertation. – Tübingen 1740. 60 S.

– AN ET QUIBUS CONDITIONIBUS CUIQUE LICEAT, vel non liceat de rebus religionis judicare? Ex act. 17,11.12. illustrata. Dissertatio. – Tubingae 1726. 20 S.

– BEYTRAG ZUR CHRISTLICHEN SITTENLEHRE durch freye Uebersetzung einiger akademischen Abhandlungen des seligen D. Christian Eberhard Weismanns, schon vor mehreren Jahren unternommen von dem inzwischen auch in die Ewigkeit nachgefolgten Special-Superintendenten und Stadt-Pfarrer in Böblingen, Philipp Heinrich Lang, aus dessen hinterlassener Handschrift nun zum Druck befördert. – Stuttgart: Erhard 1784. 273 S.
1. Aergernüsse des Fleisches über der Langmuth Gottes, und richtige Anzeige, wie solchen gründlich zu begegnen. 1743 (S. 1–53).
2. Eigentliche Quellen eines gründlichen und verständigen Urtheils über die Lehre von der Verläugnung, zu sorgfältiger Vermeidung zerschiedener auf beeden Seiten sich äussernder Abwege. 1734 (S. 53–72).
3. Das Aufleben der vergangenen und bereits vergebenen Sünden, vornehmlich der Jugend-Sünden; auch ausser dem Rückfall aus dem Gnadenstand. 1736 (S. 72–110).
4./5. Die Lehre vom wahren und falschen Trost. 1734 (S. 110–153).
6. Der eigentliche, theils wahre, theils falsche Sinn, des von einigen gegebenen Raths, Kirchlein in der Kirche aufzurichten. 1744 (S. 153–184).
7. Allerley Formen und Weisen, wie der verdorbene Wille, seine Lust zu sündigen, entschuldiget. 1745 (S. 184–207).
8. Wie nach dem ersten Anblick das Christenthum dem Beleidiger mehr, als dem beleidigten Theil günstig zu seyn scheine, oder von der christlichen Versöhnlichkeit. 1745 (S. 207–227).
9. Die hohe Würde und Ehre des menschlichen Leibes, ja des ganzen Menschen, soferne er ein Christ ist; daher bewiesen, daß er ein Haus und Tempel Gottes heißt. 1746 (S. 227–253).
10. Von den bürgerlichen Streitigkeiten, der Christen, obs nicht besser seye, selbige unter sich, als vor einem heidnischen Richter abzuthun, und auszumachen. Nach 1. Cor. 6,1 folg. 1732 (S. 254–273).

– CAPERNAISMUS FORMULAE FIDEI Berengario quondam obtrusae male a Bossueto et Gravesono incrustatus. Dissertatio. – Tubingae 1742. 20 S.

– DE CAUSIS ERRORUM circa doctrinam de ecclesia. Dissertatio. – Tubingae 1722. 28 S.

– CAUTELAE INSIGNIORES Campegii Vitringae circa indicia nostri temporis de ministerio ecclesiastico et cultu publico illustratae. Dissertatio. – Tubingae 1739 20 S.

– COMPROMISSA CHRISTIANORUM foro gentili secundum Apostolum praeferenda. Dissertatio. – Tubingae 1732.

Conatus arcem CAUSAE INVADENDI per inversionem argumentorum probantium partis adversariae. Dissertatio. – Tubingae 1740. 48 S.

– CONFIRMATIO BONORUM ANGELORUM in N.T. et fine mundi vox demum futura. Dissertatio. – Tubingae 1741. 18 S.

– CONSOLATORES molestiae verba ventis proferentes ... sive doctrina de vero et falso solatio. – Tubingae 1737.

– – Tubingae 1738.

– VERA DAMNA utilitatis imaginatiae in rebus religionis. Dissertatio. – Tubingae 1741. 16 S.

– DEISTA inter Christianos ex Scripturae sententia Deo abominabilis. Dissertatio. – Tubingae 1742. 20 S.

– DEUS TENTARI ET TENTARE NESCIUS. Dissertatio. – Tubingae 1742. 24 S.

– DIGNITAS CORPORIS, imo totius hominis Christiani ex qualitate domus et templi Dei. Dissertatio. – Tubingae 1746. 32 S.

Weismann, Christian Eberhard (Stuttgart)
Thl. I, 238

Förtsch, Michael: Dissertationum theologicarum selectarum decas. Tübingen (Cotta) 1704.

15 Resp. 36186

– DE DISTINCTIONE APOSTOLICA in hominem animalem et spiritualem. Dissertatio. – Tubingae 1731. 40 S.

– APOCALYPSEOS EXCELLENS DOCTRINA FIDEI ET MORUM. Dissertatio. – Tubingae 1732. 40 S.

– DOCTRINA APOSTOLICA de nomine, ne Christo quidem, amplius secundum carnem cognoscendo. ex 2. Cor. 5,16,17. Dissertatio. – Tubingae 1732. 32 S.

DOCTRINA DE VERO ET FALSO SOLATIO. – Tubingae 1737.

– D. Christian Eberhard Weißmanns CHRISTLICHE EINSEEGNUNGS-PREDIGT Von den Versuchungen des Satans bey den Lehrern, sonderlich bey dem Eintritt in das Predigt-Amt, Nebst einer Antrits-Rede Von dem Gecreutzigten Jesus, als dem Haupt-Innhalt aller Predigten des Neuen Bundes gehalten und auf Verlangen zum Druck übergeben von D. Johann Friederich Cotta öffentlichen Lehrern der Theologie, wie auch Stadt-Pfarrern und Superintendenten der allhiesigen Gemeine. – Tübingen: Cotta (1740). 46 S.

– ELECTA MALE SELECTA Caroli Piettre de S. Benedicto ex controversiis Romanae ecclesiae cum Protestantibus. Dissertatio. – Tubingae 1732. 44 S.

— Ermahnung z. Glauben u. Ausübung des wahrhaftigen Gottesdienstes. 8. Ebend. 734.

– DE ERRORIBUS quibusdam et abusibus vero theologiae naturalis pretio usuique legitimo contrariis. Dissertatio. – Tubingae 1725. 24 S.

– RENOVATAE EXCEPTIONES contra divinam institutionem baptismi et S. coenae. Dissertatio. – Tubingae 1736.

– DIE HEFFTIGE UND GEFÄHRLICHE FEUERS-BRUNST, Als der Greuel der Verwüstung, Mit welchem Gott uns empfindlich heimgesucht, Auch dabey gnädiglich verschonet, Den er aber ins künfftige mit Ernst will verhütet wissen: An Dom. 25. nach Fest. Trinit. A.D. 1742. Als dem dazu erwehlten Buß- Bett- und Danck-Tag in offentlicher Gemeine vorgestellt, Und anjetzo zu desto kräfftigerem Eindruck und bleibendem Seegen Auf Begehren zum Druck übergeben von D. Christian Eberhard Weißmann, Prof. Theol. Ord. der Kirchen Decano und des Hochfürstl. Theol. Stip. Superattendenten. – Tübingen: Sigmund (1742). 31 S.

– DE FIDE ET OFFICIIS CHRISTIANORUM. doctrina Pauli apostoli ex illius ad Romanos epistola. Dissertatio. – Tubingae 1728. 20 S.

– DE INGENTI FIDUCIA principe non raro malae causae praesidio et supplemento. Dissertatio. – Tubingae 1741. 16 S.

– FONTES GENUINI JUDICII solidi et prudentis de doctrina abnegationis. Dissertatio. – Tubingae 1734. 20 S.

– FONTES SOLUTIONUM adversus sex impedimenta saluti Protestantium aeternae totidem epistolis publice editis objecta a Scheffmachero aperti. Dissertatio. – Tubingae 1730. 50 S.

– VARIAE FORMAE voluntatis peccandi et non peccandi. – Tubingae 1745.

– FORTUNA FINIUM CREATIONIS, hominis maxime, in systemate praedestinationis. – Tubingae 1743.

– Die bewahrende Gnade Gottes als eine seiner theuersten Gnaden-Bezeugungen gegen seine Kinder, bey der LEICH-BEGÄNGNISS DES ANDREAS CHRISTOPH ZELLERS vorgetragen von Christian Eberhard Weissmann. – Tübingen 1743.

– JUSTA ET TUTA GRADATIO probationis doctrinae de paedo-baptismi veritate et innocentia. – Tubingae 1735. 40 S.

– DIE ERSTE GRUND-LEHREN VON DER NÖTHIGEN TÜCHTIGKEIT EINES EVANGELISCHEN CHRISTEN Zur Verantwortung seiner Religion und Gottesdiensts. – Tübingen 1729.

– GRUND-LEHREN DER EVANGELISCHEN RELIGION. So ferne sie zugleich dienen Zu Heilsamer Verwahrung Gegen dem Papstthum, als Papstthum, Allen Denen es ernst und nöthig ist, solchen Wahrheiten, um Gottes und des Gewissens willen, zu dieser Zeit reiflich nachzudencken, Vorgeleget von Christian Eberh. Weißmann. 2., u. verm. Aufl. – Tübingen: Cotta 1737. 496 S.

– HISTORIA VITAE ET CONTROVERSIARUM VICTORINI STRIGELII. Resp.: Hieronymus Merz. – Tubingae 1732.

– HYPOTHESES GENERALES pro sensu spirituali et sublimi revelationis divinae in Veteri Testamento. Dissertatio. – Tubingae 1735. 41 S.

– HYPOTHESES SPECIALES systematis cuiusdam deistici moderni examinatae. Dissertatio. – Tubingae 1743. 26 S.

– JANSENISMUS BIFRONS in doctrina de ecclesia. – Tubingae 1747. 20 S.

– HORRENDA INSANIA DOCENDI apud Christianos inter deum et hominem non dari peccatum. – Tubingae 1746. 24 S.

– INSTITUTIONES THEOLOGIAE EXEGETICO-DOGMATICAE. – Tubingae 1739.

– Christiani Eberhardi Weismanni INTRODUCTIO IN MEMORABILIA ECCLESIASTICA historiae sacrae Novi Testamenti maxime vero seculorum primorum et novissimorum ad juvandam notitiam regni dei et satanae cordisque humani salutarem plana & facili methodo in gratiam Studiosae juventutis concinnata. Bd 1. 2. – Stuttgart: Mezler & Roessler 1718–1719. 1072, 23, 1340, 19 S. (Bd 1 mit 1 Bildnis und dem Zusatz auf dem Titelblatt: Praemittitur Dissertatio de praecipuis quibusdam impedimentis scribendae legendaeque cum fructu Historiae Ecclesiasticae una cum characteribus selectis singulorum Seculorum & Notitia Autorum classicorum & celebrium necessaria (S. 1–28)).

– – Introductio in memorabilia ecclesiastica historiae sacrae Novi Testamenti ad juvandam notitiam regni dei & satanae & cordis humani salutarem. Revisa et aucta. Bd 1. 2. – Halae 1745.

— introductio in historiam ecclesiasticam, emendata atque innumeris additionibus aucta. II Tmi. 4. Halae, Waisenh. Bhdl. 745.

[–] CHRISTIANUM JUDICIUM super molimine quorundam in Wirtembergia praesertim Theologorum irenico pro reformatis, aliquot Aphorismis indicatum & omnium, qui veritatem cum pietate & charitate colunt, libero examini propositum ab Irenico [d.i. Christian Eberhard Weissmann]. – o.O. 1722. 47 S.

– Die zwar tief verborgene, aber heyls-volle und seelige Leitungen und Führungen an dem Tage der BEERDIGUNG DES GOTTFRIED HOFFMANNS. Vorgetragen von Christian Eberhard Weissmann. – Tübingen 1728.

– LETTRES CHRÉTIENNES OPPOSÉES AUX LETTRES JUIVES [du Marquis d'Argens] ou avertissements raisonnables a l'auteur des lettres juives a l'occasion de sa lettre imprimée a La Haye et addressée au professeur Weismann. Avec le corps du delit ou la Dissertation *(S. 25ff)*: Porismata Sapientiae & Religionis ex Laudibus Mahomedi & Mahomedismo in Fraudem Religionis Christianae nimis liberali Mensura impertitis: revue et corrigée avec des nouvelles notes latines. – Tubingue 1740. 64 S.

[–] LITTERAE AMICI AD AMICUM in quibus de statu negotii Irenici apud Tubingenses Eum reddit certiorem Suasu nonnullorum, qui hanc notitiam aliis etiam non fore ingratam existimarunt. editae ab Irenico [d.i. Christian Eberhard Weissmann]. – Francofurti 1723. 27 S.

– METHODUS BRILLIANA conciliandi religionis controversias. Dissertatio. – Tubingae 1732. 20 S.

– MOTIVUM GRATITUDINIS IN SANCTIFICATIONE ex mente Protestantium a cavillis quaestionibus recentioribus purgatum. Dissertatio. – Tubingae 1736. 40 S.

– SUPERFLUA et noxia formae docendi de lege et Evangelio in ecclesiis nostris usitatae MUTATIO. Dissertatio. – Tubingae 1746. 24 S.

– DE NEMINE, ne Christo quidem, amplius secundum carnem cognoscendo 2. Cor. 5,16.17. Resp.: Joh. Pregizer. – Tubingae 1732.

– NOTAE COURAYERII ET CALIXTI in concilii Tridentini canones praecipuos ulterius illustratae. Resp.: Frid. David Geyer. – Tubingae 1741. 56 S.

– NUM VERBA APOSTOLI Pauli 1. Cor. 1,12. Ego sum Christi laudis vel censurae SENSUM HABEANT ?. – Tubingae 1744. 16 S.

– DE OBLIGATIONE REPROBORUM CREDENDI IN CHRISTUM, occasione nuperrimae censurae Johannis Marckii in disputationem quandam Lampianam. Dissertatio. – Tubingae 1730. 20 S.

– Christ. Eberh. Weismanni Theologi Tubingensis ORATIONES ACADEMICAE. – Tubingae: Ebertus 1729. 512 S.
1. De causis, cur tot eximia dei dona, nostra maxime aetate, utplurimum sine fructu pereant? (S. 223–270)
2. De virtutibus, vitiis, et fatis missionum (S. 271–354).
3. De religionum indifferentismo (S. 355–412).
4. De gloria Christo infanti a spiritu dei vere, atque ab hominibus falso attributa (S. 413–460).
5. De humiliatione Christo maxime infanti a spiritu dei vere, falso autem et lubrica fide ab hominibus adscripta (S. 461–512).
Praemittuntur Dissertationes geminae:
1. De erroribus quibusdam et abusibus vero theologiae naturalis pretio usuique legitimo contrariis (S. 1–121).
2. De liturgia, ut praetenditur, coelitus inspirata, utraque necessariis, iisque amplissimis, notis et commentationibus illustrata (S. 122–2?2).

— **Orationes academicae materiae de theologia difficiliores atque arduas continentes; praemittuntur dissertationes duae. 8. Tübing. Heerbrand. ?44.**

– PORISMATA SAPIENTIAE ET RELIGIONIS ex laudibus Mahomedi et Mahomedismo in fraudem religionis christianae impertitis. Dissertatio. – Tubingae 1737. 26 S.

– PRAEJUDICIA GRAVISSIMA pro juramento in N.T. nequaquam absolute prohibito. Dissertatio. – Tubingae 1744. 36 S.

– DE PRAEJUDICIO QUOD ADCRESCIT VERITATIBUS DE PROVIDENTIA DEI. Dissertatio. – Tubingae 1721. 86 S.

– – Tubingae 1722.

– DE PRAEJUDICIO, QUOD ADCRESCIT VERITATIBUS PRIMARIIS PER IMPRUDENTEM. Dissertatio. – Tubingae 1721. 76 S.

– PRIVILEGIUM POPULI CHRISTIANI et Judaici contra vexationes satanae, et fidelium adversus tentationes illius internas. Dissertatio. – Tubingae 1745. 28 S.

– QUAESTIONES NONNULLAE insigniores ex doctrina de miraculis. Dissertatio. – Tubingae 1729. 18 S.

– QUAESTIONES OCTO QUAEDAM SELECTIORES. – Tubingae 1734.

– PRAGMATICA DOCENDI RATIO de bono proposito poenitentium subtilitatibus speculativis merito praeferenda. Resp.: Georg Leonhard Seiz, Lucas Wagner. – Tubingae 1746. 28 S.

– JUSTAE ET PIAE RATIONES collectionis canonicae Scripturarum sacrarum contra modernas quasdam objectiones vindicatae. Dissertatio. – Tubingae 1737. 38 S

– PRAEPOSTERA EUCHARISTIAE INFANTUM IN ECCLESIAM REDUCTIO. Dissertatio. – Tubingae 1744. 24 S.

– RELIGIO CHRISTIANA PRIMA SPECIE LAEDENTIBUS MAGIS, QUAM LAESIS AMICA. Dissertatio. – Tubingae 1745. 24 S.

– REMISSIO ANTICIPATA PECCATORUM FUTURORUM malum systematis praedestinatiani consectarium. Resp.: Joh. Henr. Hochstetter. – Tubingae 1742. 18 S.

– RESPONSIONES SPECIALES ad Georgii Bulli contra doctrinam de iustificatione fidei objectiones praecipuas. Resp.: Joh. Christoph Heckling. – Tubingae 1732. 60 S.

– – Tubingae 1733. 60 S.

– REVIVISCENTIA PECCATORUM PRAETERITORUM ... jam remissorum ... e statu gratiae. Dissertatio. – Tubingae 1736. 40 S.

– SCANDALA CARNIS ex longanimitate Dei accepta justaeque rationes ea tollendi. Dissertatio. – Tubingae 1743. 28 S.

– **Der herrliche Schatz heiliger Wahrheiten in dem Wohlgefallen Gottes an denen, die ihn fürchten und auf seine Güte hoffen, bey der LEICHBEGÄNGNISS DES CHRISTIAN HAGMAJERS vorgestellet von Christian Eberhard Weissmann. – Tübingen 1746.**

– Christian Eberh. Weismanni SCHEDIASMATA ACADEMICA sive dissertationes varii argumenti nostrorum maxime temporum controversiis absque studio partium expendendis accomodatae. – Tubingae: Cotta 1725. 844 S.
1. De praejudicio, quod adcrescit veritatibus (S. 1–119).
2. De providentia dei contra malum (S. 120–258).
3. Rationes contra systema Leibnitianum de providentia dei circa peccatum (S. 259–434).
4. Praejudiciam quod adcrescit veritatibus Novis exemplis confirmatum (S. 435–565).
5. Novum Axioma: ou deiste, ou catholique (S. 566–635).
6. Abusus nominis divini porismaticus (S. 636–736).
7. De causis errorum circa doctrinam de ecclesia (S. 737–824).
8. Oratio inauguralis de gravissimis docentis hodie in ecclesia theologi tentationibus, mediisque ad eas superandas idoneis (S. 826–844).

– SEDIMENTA ERRORUM post inundationem subsidentium nequaquam contemnenda aut innoxia esse. Dissertatio. – Tubingae 1713. 16 S.

– SENSUS TUTISSIMUS confessionis mutuae apud Jacobum Apostolum. C.5 v.16sqq. Dissertatio. – Tubingae 1746. 16 S.

– SENSUS VERUS ET FALSUS consilii de ecclesiolis in ecclesiis erigendis. Dissertatio. – Tubingae 1744. 36 S.

– VERUS AC GENUINUS SENSUS doctrinae de sufficientia verbi Dei scripti in rebus ad salutem necessariis. Dissertatio. – Tubingae 1735. 24 S.

– CLEMENTIS ROMANI de justificatione per fidem absque operibus sanctitatis, insignis SENTENTIA. Dissertatio. – Tubingae 1732. 40 S.

– SEPARATIO FIDELIUM ex 10 tribubus ab ecclesia Judaica. Dissertatio. – Tubingae 1740. 16 S.

– *Σιδηρόξυλον* confessionis fidei retentae quidem, sed neminem obligantis. – Tubingae 1747. 24 S.

— SPECIMEN MAGNI NIHILI in controversiis religionis ad nauseam usque continuatis. Dissertatio. – Tubingae 1739. 30 S.

– RABULISMI EXEGETICI partis Socinianae a Luca Mellioro Artemonio continuati nuper et aucti SPECIMINA. Resp.: Iman. Hofmann. – Tubingae 1731. 36 S.

– SPICILEGIUM DOCTRINAE DE VERO ET FALSO SOLATIO. Dissertatio. – Tubingae 1741. 20 S.

– DE STATU SALUTIS REPROBORUM INFANTUM ex felicitate nascendi. Dissertatio. – Tubingae 1745. 28 S.

– STATUS PRAESENS controversiae vexatissimae de creatura gemebunda. Rom. 8,19sqq. Dissertatio. – Tubingae 1745.

– Die Stille des Hertzens zu Gott als ein gesegnetes Mittel, unsere Hertzen zu bewahren, bey der LEICH BEGANGNUSS DER ANNA ROSINA ZELLER vorgestellt von Christian Eberhard Weissmann. – Tübingen 1730.

Weismann, Christian Eberhard [Praes.], s. Stockmajer, Christoph Friedrich: Fontes solutionum adversus sex impedimenta saluti Protestantium aeternae totidem epistolis publice editis objecta aperti in dissertatione academica.

– DE STUDIO SAPIENTIAE quod non est secundum Christum, sollicite fugiendo. Dissertatio. – Tubingae 1727. 40 S.

– TORTURA FINIUM CREATIONIS, hominis maxime, in systemate praedestinatiano. Dissertatio. – Tubingae 1743. 20 S.

– Der kräfftige Trost derer, die Gott lieben, bey der LEICH-BEGÄNGNUSS DES JOHANN EBERHARD RÖSSLERS vorgestellet von Christian Eberhard Weissmann. – Tübingen 1733.

– TYMPANITIS SPIRITUALIS scientiae inflantis sine charitate. Dissertatio. – Tubingae 1738. 32 S.

– TYPUS NOVISSIMUS THEOLOGIAE SOCIETATIS trementium ex Benj. Holme et Josia Martin delineatus ac illustratus. Resp.: Georg Jac. Klein. – Tubingae 1716. 24 S.

– USUS ET ABUSUS CENSURAE PETRI PAULINAE. Gal. 2, 12 ff. Dissertatio. – Tubingae 1745. 28 S.

– USUS LEGIS LEGITIMUS a studio et effectu justitiae propriae alienissimus. – Tubingae 1746.

– VARIA SACRA seu doctrinae diversi generis. Dissertatio. – Tubingae 1738. 32 S.

– IN VERBUM CHRISTI IN CRUCE PENDENTIS: Deus meus quare dereliquisti me? Resp.: Joh. Andr. Wagner. – Tubingae 1716.

– VERITAS DIVINA FURCA licet expulsa tamen usque recurrens. Dissertatio. – Tubingae 1740. 40 S.

– VERITATES SPIRITUS, problemata scholae et mendacia carnis circa doctrinam de ministerio ecclesiastico. Dissertatio. – Tubingae 1728.

– VIS RECIPROCA ERRORUM in errantes et errantium in errores. Dissertatio. – Tubingae 1741. 24 S.

– DEI INVISIBILIS VISIO BEATIFICA modestissime exponenda. Dissertatio. – Tubingae 1746. 16 S.

– VITIA DISTINCTIONIS CELEBRIS in ea, quae sunt de fide et non sunt de fide male intellectae et applicatae. Dissertatio. – Tubingae 1738. 18 S.

Weismann, Ehrenreich

Weismann, Ehrenr., Kinderbibel, d. i. Kern u. Auszug biblischer Historien alt. u. neuen Testaments. 12. Leipzig, Metzler. 733.

Weismanni, Er., Lexicon bipartitum latino-germanicum et germanico-latinum. Ed. 5. auct. et emend. Francof. 703. 4. und öfter. C. praef. J. A. Ernesti. Lips. 774. 8. 2 rthlr. 20 gr.

Weismann, Erici, (†...) **Lexicon bipartitum latino-germanicum et germano-latinum etc. Verb. u. verm. v. Chr. Zimmermann. Cum praef. J. A. Ernesti. 8. Leipz. (Stuttg.) ... Ed. nova 774. Metzler. 2 ₰ 20 ℛ**

Weismann, Ernst

Weismann, Ernestvs (geb. am 7 Apr. 1843 in Frankfurt a. M.): De Francorvm primordiis ... Bonnae, form. C. Georgi (1868). 2 Bl. 8. ¶ Nur Titelbl., Vita u. Thesen.
Bonn, Phil. Fak., Thes. v. 31 Juli 1868

Weismann, Ernestvs (geb. am 7 Apr. 1843 in Frankfurt a. M.): De Francorvm primordiis ... Bonnae, form. C. Georgi (1868). 3 Bl., 41 S., 2 Bl. 8. ¶ Erschien zugleich selbständig bei Cohen & Sohn in Bonn.
Bonn, Phil. Fak., Diss. v. 31 Juli 1868

Weismann, F. H., De divisoribus et sequestribus, ambitus apud Romanos instrumentis. Diss. 1881. 20 S. 4°. 1.20

Wei(s)mann, Friedrich Ludwig A. S. 187/29

Advocatia ab imperatore protestantium ecclesiis non minus ac Rom. catholicis aequali jure praestanda. Präs. Gabriel Schweder.
Tübingen (Sigmund) XII. 1723. 48 S.

W. v.: Präs., Christoph Matth. Pfaff, Georg Friedrich Harpprecht, Michael Grass, Ernst Theophil Mayer, Jakob David Moegling, Christian Eberhard Weismann (Onkel), Christian Heinrich Hiller, Johann Eberhard Roesler, Georg Konrad Pregizer (Grossonkel), Christoph David Gerlach (Opp.), C. L. de Chadenier (Opp.), G. F. von Burgermeister (Opp.), Georg Friedrich Steinweeg, Ernst Erhard Renz, Heinrich Scheinemann. 36235

Weismann, Georg Christoph (Weikersheim) F, zc/32

Experimenta et cogitata circa lixivium sanguinis. Präs. Heinrich Friedrich Delius.
Erlangen (Walther) IV. 1764. 23 S.
36188

Weismann, Georg Tobias, vgl. Weissmann, Georg Tobias

Weismann, Georg Tobias (Nürtingen) A. S. 1261/25

Disputatio medica exhibens casum salivationis sine salivatione. Präs. Elias Camerarius.
Tübingen (Franck) 18. XII. 1711. 24 S.
36189

Weismann, Heinrich

„Auf welche Eigenschaften haben wir bei den Aufzunehmenden zu sehen?" (über die wahre Wohltätigkeit.) Vortrag, gehalten am 4. Dec. 5861 in der Loge zur Einigkeit [in Frankfurt a. M.] Von **Heinr. Weismann.** Frankfurt a. M. 1861: Krebs-Schmitt. 13 S. 8° [Umschlagtit.]
Abgedr. in: Bh. 7 (1864) S. 90—102. Tt. 2242. 140.

Aufrichtigkeit, Liebe, Ernst und Ausdauer, Selbstüberwindung. Vortrag bei einer Doppel-Aufnahme. Gehalten am 23. April 1862. Von H[einr.] **Weismann.** Frankfurt a. M. 1862: Krebs-Schmitt. 9 S. 8° [Umschlagtit.]
Abgedr. in: A. 19 (1868—1869) S. 52—60; T. 16 (1870) S. 122—125; 19 (1873) S. 11—13, 19—20.
Tt. 2244. Die Vollendung des menschl. Wesens in uns, das Ziel der gemeinsamen Mrtätigkeit. 140.

Begrüssungsvortrag gehalten bei der Feier der 25-jährigen Maurerwirksamkeit des Br.·. J. W. Pfarr, am 5. Febr. 1862 von H[einr.] **Weismann.** Frankfurt a/M. [1862]: Krebs-Schmitt. 11 S. 8° [Umschlagtit.]
Tt. 2243. Beigefügt 2 Sonette als Widmung an den Jubilar. 193. 358a.

Weismann, Heinr., Blätter der Erinnerung an das erste deutsche Sängerfest in Frankfurt a. M. 28. bis 30. Juli 1838 und an die Gründung der Mozartstiftung. Lex.-8. (VIII und 87 S. mit 2 lithogr. Illustr. von K. Ballenberger und H. Rustige.) Frankfurt a. M. 863, Auffarth. *

„Die Deutschen sollen national zu werden trachten; aber vor Allem human, also ächt maurerisch." „Nur wer an Gott glaubt, kann ein wahrer Freimaurer sein." Zwei maurerische Vorträge, gehalten in der Loge zur Einigkeit [in Frankfurt a. M.] von Heinr. Weismann u. Jul. Fester am 7. Oct. Gedr. als Festschrift zum 25jährigen Jubiläum des Br. Joh. Kaspar Jos. Einbigler am 21. Nov. 1863. Frankfurt a. M. 1863: Krebs-Schmitt. 29 S. 8⁰ [Umschlagtit.]
Tt. 2230. Weismanns Vortrag (S. 9—19) ist auch abgedr. in: A. 27 (1866) S. 26—35; Frmrische Vorträge, Ansprachen, Gedichte u. Tafelreden. 1880 S. 202—209; im Auszug in: T. 15 (1869) S. 164—165. 358 a.

Weismann, Heinr., Ludwig Uhland's dramatische Dichtungen. Für Schule und Haus erläutert. gr. 8. (XXIII und 327 S.) Frankfurt a. M. 863, Sauerländer's Verlag.

Weismann, Heinrich: Über Uhland's Ernst von Schwaben. Fra. a. M. 1863.
Schul-/Univ.-Schrift

Gedächtnissrede auf Friedr. Maxim. Hessemer bei Enthüllung des Gedenksteines auf seinem Grabe am 31. Oct. 1863 gesprochen von Heinr. Weismann. Frankfurt a/M. [1863]: Krebs-Schmitt. 8 S. 8⁰ [Umschlagtit.]
Tt. 945. 140.

Gedichte von Heinr. Weismann. Mit biographischer Einl. nach des Verf. Tode hrsg. von Heinr. Bulle. Mit einem Bilde Weismanns. Frankfurt a. M.: Diesterweg 1891. VIII, 211 S. 8⁰ [Vortit.:] Hinterlassene Gedichte.
Enth. S. 187—196 mrische Gedichte. 140.

Weismann, H., aus Göthe's Knabenzeit, s. Aus.

Weismann, d. Kunst im Dienste der Schule. Frankf. a/M. 52 p. 1864
Schul-/Univ.-Schrift

—— Miniatur-Salon, s. Miniatur-Salon.

Rede bei der Feier der fünfzigjährigen Maurerwirksamkeit des Brs.·. Tilmann Jac. Speltz. Gehalten am Johannisfeste der Hochw.·. Mutterloge des Eklekt.·. Freimaurerbundes zu Frankfurt a. M. von H[einr.] Weismann den 28. Juni 5863. In bes. Abdr. aus dem Protokoll der Johannisloge ausgegeben an die Brr. [Frankfurt a. M. 1863]: Krebs-Schmitt. 23 S. 8⁰ [Umschlagtit.]
Abgedr. in: MitthF. 15 (1863) S. 7—12 der 2. Pag.

Weismann, Heinr., Die erste Säcularfeier der St. Joh. Loge zur Einigkeit zu Frankfurt a. M. am 27. Juni 1842. 8. Titkpfr. 2 Bl. 124 S. 2 Bl. Musikbeilage.

Schiller, ein Vorbild des Maurers. Vortrag gehalten in der Jahresschlussloge der □ Carl z. a[ufgehenden] L[icht in Frankfurt a. M.] am 29. Dec. 1859 von H[einr.] Weismann. [Frankfurt a. M. 1859.] 8 S. 8⁰ [Kopftit.]
Abgedr. in: FZ. 14 (1860) S. 353—358; T. 15 (1869) S. 73—74, 81—83.
Tt. 2241. 193.

—— das allgemeine deutsche Schützenfest zu Frankfurt a. M., Juli 1862. Ein Gedenkbuch. Mit Benutzung der Schriften des Central-Comité's hrsg. Unter Mitwirkung verschied. Künstler auf Stein gez. von Ferd. Carl Klimsch. 10 Lfgn. Fol. (80 S. mit 20 Stnt.) Frankfurt a. M. 862, Keller. *
ill. *

Weismann, Heinrich. Das allgemeine deutsche Schutzenfest zu Frankfurt am Main. Juli 1862. Ein Gedenkbuch. Mit Benutzung der Schriftstucke des Central-Comite's herausgegeben von Heinrich Weismann. Mit Abbildungen. Unter Mitwirkung verschiedener Kunstler auf Stein gezeichnet von Ferd. Carl Klimsch. Frankfurt am Main. Verlag von Heinrich Keller. 1863
IV S., 2 Bl., 170 S., 23 Taf. in Lithogr., davon 10 kol. 2°

Weismann, (Jakob), Begünstigung u. Hehlerei, s.: Darstellung, vergleichende, des deutsch. u. ausländ. Strafrechts. VII. (Beling.)

WEISMANN, Jakob: Beitrag zur Tracheotomie mit Rücksicht auf die Bedeutung der Canüle zur Verhütung von Emphysem.- München: Ernst 1888. 17 S.
23.2.1888 - Chr 1887/88,19; Jv 1887/88,218
Diss. Ingolst.-Landsh.-Mchn.

Weismann, Jac., die Feststellungsklage. 2 Abhandlungen. gr. 8. (VI, 165 S.) Bonn 879. Marcus. n. 2. 80

Weismann, Jak., Hauptintervention u. Streitgenossenschaft. Ein Beitrag zu den Grundlehren d. Actionen- u. Processrechtes. gr. 8. (VIII, 176 S.) Leipzig 884. Duncker & Humblot. n. 4. —

Weismann, J., Lehrbuch des deutschen Zivilprozessrechtes. (2 Bde.) 1. Bd. (X, 574 S.) gr. 8. Stuttgart '03, F. Enke. 13. —; geb. in Leinw. 14. 20.

Weismann, J., Lehrbuch des deutschen Zivilprozessrechtes. 2. Bd. (X, 322 S.) gr. 8. Stuttgart, F. Enke. 1905. 7. 40; geb. in Leinw. 8. 60.

Ein Vierteljahrhundert deutscher Strafgesetzgebung. Rede geh. zum Antr. d. Rekt. . . . am 15. Mai 1897 v. Prof. Dr. Jakob Weismann. *Greifswald: J. Abel 1898.* (25 S.) 1 Bd 8.
= Festreden d. Univ. Greifswald. No 3. [98. 7310

Weismann, Immanuel, s. Weissmann, Immanuel

Weismann, Johann Friedrich, s. Weissmann, Johann Friedrich

Weismann, Johann Heinrich, s. W e i s s m a n n , Johann Heinrich

Weismann, Carl, über Sophokles Aias. Gymnasialprogramm. gr. 4. (48 S.) Fulda 852, (Müller'sche Buchh.) *

Weismann, K., u. Rich. Mauritius Ansprache zur Einweihung des neuhergestellten Festsaales. 6 S. — Rede zur Stiftungsfeier des Gymnasiums. S. 6—20 **Progr.** G. *Coburg* 1883.

Weismann, Krit. u. exeget. Erörterungen zu Sophokles König Oedipus. Pr. 1868. 46 S. 1.—

Weismann, C., s. Lucian's Dialoge.

Weismann, Carl Jul., de Dionysii Halicarnassei vita et scriptis. Dissertat. inaug. 4maj. (4 B.) Rintelii 837. (Gottingae, Vandenhoeck et Ruprecht.) *

Weismann, Peter Lorenz Christ. (Neustadt/Aisch)
F, ze/27

Dissertatio inauguralis medica de caussis praedisponentibus. Präs. Jakob Friedrich Isenflamm.
Erlangen (Kunstmann) (5.)VII. 1780. 24 S.
36192

Weismann, R., Die nassauischen Gesindeverhältnisse nach dem Edikt vom 15. V. 1819 u. dem bürgerlichen Gesetzbuch gr. 8 (31 S) Wiesbaden, H Staadt 1900 1. —

Weismantel, Johann Just., s. W e i s s m a n t e l , Johann Just.

Weismantel, Johann Nikolaus, s. W e i s s m a n t e l , Johann Nikolaus.

Weismantel, Leo, die Köhlerin im Waldsee. Ländliche Tragödie in 3 Akten. (60 S.) 8. Leipzig-Gohlis 909. 10. Naschwitz b. Leipzig, B. Volger. 2. —

Weismantel, Otto [aus Frankfurt a. M.]: Die Erdbeben des vorderen Kleinasiens in geschichtlicher Zeit Progr. d. Gymn. in Wiesbaden v. 1891.) Marburg, *Wiesbaden, L. Schellenberg'sche Hof-Buchdr.*, 1891; 31 S., 1 Bl., 1 Kart 4°
Marburg, Phil. Fak., Inaug.-Diss. v. [16. März] 1891

Weismantel, Otto: Die Erdbeben des vorderen Kleinasiens in geschichtlicher Zeit. (= Inaug.-Diss. Marburg 1891.) Wiesbaden, L. Schellenberg'sche Hof-Buchdr., 1891; S. 3—29, 1 Kte; 4°
Wiesbaden, k. G, OP 1891 (391)

Weismayr, Alexander Ritter von: H e r z und Lunge in ihren pathologischen Wechselbeziehungen. Leipzig: Breitkopf & Härtel 1898. (14 S.) 8°
(Sammlung Klinischer Vorträge. N. F. No 230.)

Weismayr, Alexander Ritter von: Zur K l i n i k d. primären Neoplasmen, s. B e i t r ä g e zur klin. Medicin u. Chirurgie, 17. Hft.

WEISMAYR, Alexander Ritter von
(F) Die Lungenschwindsucht, ihre Verhütung, Behandlung und Heilung. In gemeinverständlicher Weise dargestellt von Doc. Dr. Alexander Ritter von W e i s m a y r. Wien und Leipzig. 1901. Braumüller. 8°. VIII, 131 S.
K 1.60

Weismayr, A. v., s.: Pathologie, die chemische, der Tuberkulose.

— s.: Tuberculose, die.

Weismuller: **Maschinelle Einrichtungen für den Getreide-Verkehr, sowie Auslade- und Hebe-Vorrichtungen für sonstige Stück- und Massengüter.** Bockenheim-Frankfurt a. M. 1888

W e i s m ü l l e r Gebr., maschinelle Einrichtungen für den Getreideverkehr sowie Auslade- und Hebevorrichtungen für sonstige Stück- und Massengüter. 2. Auflage. (31 S) Bockenheim 1890

Weismüller, J.: Moselland, das, u. die westdeutsche Eisenindustrie.

Weismüller, Gebr.: Jllustrirtes Verzeichniß von Hebezeugen, Magazin-Einrichtungen usw. (Frankfurt a. M.) 1883

Weismüller, A., s.: Veldenz, A.

Weismüller, Christian: Das N a p h t h a l i n bei Diarrhöen jüngerer Kinder . . . Bonn, Hauptmann'sche Buchdr., 1889; 38 S. + 1 Bl. 8°
Bonn, Med. Fak., Inaug.-Diss. v. 7. Jun. 1889.

Weismüller, E.

Geschichte des Frankfurter Bezirksvereines [des V e r e i n s] D e u t s c h e r I n g e n i e u r e. Verf. von E. Weismüller zur Feier des 25jähr. Bestehens. — Frankfurt a. M. 1900: Adelmann. 32 S. 8" [Umschlagt.:] Festschrift z. Feier des 25jähr. Bestehens d. Frankfurter Bezirksvereins Deutscher Ingen.

Weismüller, Sigismund Ferdinand, vgl. W e i s s m ü l l e r , Sigismund Ferdinand.

Weismüller, Sigismund Ferdinand (Ansbach)
A. S. 1325/71

Specimen physicae ad theologiam naturalem adplicatae, sistens notionem intellectus divini per opera naturae illustratam. Präs. Christian Wolf.
Halle (Zahn) 7. VIII. 1717. 14 S.

Gew.: Johann Philipp Baumgärtner, Helwig Christoph Sinold gen. Schütz, Johann Wilhelm von der Lith, Benedikt Andreas Stautacher, Jo. Sigismund Reisenleiter
36193

Weisner, Marie, ein Wildling, s.: Trewendt's Jugendbibliothek.

Weispfenning, Friedrich, approb. Arzt aus Heiligenbrunn b. Danzig: Aus d. chirurg. Klinik zu Kiel. Zur operativen Behandlung des durch Lebercirrhose bedingten Ascites. Talma'sche Operation. *Kiel 1902: Schmidt & Klaunig.* (42 S.) 8°
Kiel, Med. Diss. v. [25. März] 1902

Weispfenning, Gisbert [aus Dortmund]: Aus d. pharmakol. Institut d. Univ. Würzburg. Über die Zusammensetzung der Frauenmilch . . . Würzburg, P. Scheiner's Buchdr., 1892; 22 S. 8.
Würzburg, Med. Fak., Inaug.-Diss. v. 1892

Weispfenning, Karl

Weispfenning, Car. [illegible] De coxarthrocace. Berolini 1853. (33 S.) 8°
Berlin, Med. Diss. v. 13. Apr. 1853

Weiss [Sachl. OW]

Weiss und Blau. [München 1848.] V: *Caspar, Franz von.* (Bücher-Samml. d. hist. Ver. v. u. f. Oberbayern. Münch. 1867.)

Weiss, Friedericke, und ihre Töchter . . . Berlin 1805. V: *Thielau, Antoinette Wilhelmine von geb. von Honrodt.* (GGr) (ADB) (A) (Ky) (Schl)

Weiß, Friederike, u. ihre Töchter, herausgeg. v. E. C. Trapp. 8. Berl. Dunker u. H. 805.

Weiß, Friederike, u. ihre Töchter, eine Geschichte, (v. Antoin. Wilhelm. v. Thielau); hrsgg. von E. Ch. Trapp. 8. Berl. 806. Duncker u. H. 12 *K*

Weiß od. **rot?**, s.: Gabelsberger-Bibliothek 18. Bd.

Weiß u. Schwarz, s. Saat u. Ernte.

Weiss [Verfasser]

Weiss, nouv. ABC pour les enfans, av. fig. 8. Berl. Schöne 790.
enlum.

Weiß, (Stadt-Pfarrer M.) Ansichten, Erfahrungen u. Winke aus d. Gebiete d. prakt. Theologie u. d. Pastoralwesens. 8. Ellwangen 831. Schönbrod. 12 *K*

Weiß, die Aufgabe des Seminars. 6 Ansprachen, geh. am Seminar zu Heiligenstadt in der Zeit von 1886 bis 1892. Hrsg. v. W. 8. (30 S.) Paderborn 893. F. Schöningh. n. — 60

Weiß, Exerzier- u. Schießausbildung der Maschinengewehrkompagnien. Auszug aus: Anl. f. d. Ausb. d. Masch.-Gew.-Komp. Ex.-Rglt. f. d. Inf. Ex.-Rglt. f. Masch.-Gew.-Abt. Schießvorschrift f. d. Inf. Schießvorschrift f. Masch.-Gew.-Abt. Pistole 08. (109 S.) kl. 8. Regensburg 910. H. Bauhof. — 55

Weiss und Schreiber: Führer für Ragaz-Pfäfers. Mit Kärtchen u. Ansicht. 64 Stn. 12. Ragaz, Selbstverlag d. Verf. 1871.

Weiß, Geschichte des Fußartillerie-Regiments Encke (magdeburg.) Nr. 4 u. seine Stammtruppenteile, auf Veranlassg. des Regiments bearb. 1899, vervollständigt 1909 v. Richter (Hans) u. Loppe. (XV, 325 S. m. eingedr. Kartenskizzen, 1 Karte u. z. Tl. farb. Taf.) gr. 8. Magdeburg (910). K. Peters. Geb. in Leinw. 13. —

Weiss: Leitfaden für den chemischen Unterricht nach Dr. R. Arendt's Methode. 2. Hälfte. 40 S. — Prenzlau, Progr. 1872.

Weiss und **Nagelschmidt,** Orientirungs-Kärtchen vom Ammer-See und Umgebung. Bearb. nach dem topograph. Atlas und den Landgerichts-Uebersichts-Karten. 1 : 100,000. Chromolithogr. und color. gr. Fol. Landsberg a. L. 878, Verza. * — 70

Weiß u. **Wertheimer,** ein gestörtes Rendezvous, s.: Theater, neues Wiener.

Weiß, rentable Schweinehaltung d. Landwirts. 1. u. 2. verm. u. verb. Aufl. (32 S.) 8. Neudamm 908. J. Neumann. — 50

Weiss, Spazierwege u. Lagen in der Umgebung v. St. Blasien. gr. 8. (IV, 65 S. m. eingedr. Plänen.) Freiburg i/Br. 876. Exped. v. Seidlitz' Wegweiser in Comm. n.n. 1. 50

Weiß, Dr., die neuesten Vergiftungen durch verdorbene Würste beobachtet an 29 Menschen ꝛc. Mit e. Vorr. u. Anh. v. (A. Just. Kerner. gr. 8. Karlsr. 824. Braun. 1 *ℛ*

Weiß: Waffenkunde, s. Weiß, Robert

Weiß, was kann die Kirche tun, um die Pflege der Kranken auf dem Lande zu fördern?, s.: Werner.

Weiß, A., Kärnthen's Adel bis zum Jahre 1300. Verfaßt im Vereine mit mehreren Geschichtsfreunden. Wien 869. Braumüller. gr. 8. (324 S.) n. 1 *ℛ* 20 *ngr.*

Weiss, A. u. Thdr. **Kormos,** Aufzählung der Weichthiere des Balatonsees, s.: Resultate der wissenschaftlichen Erforschg. des Balatonsees.

Weiss, A., Der Handwerker sonst und jetzt. (Dr. L. Hubertis prakt.-gewerbl. Bibliothek.) gr. 8°. Leipzig, H. Klasing, 1902. (VIII, 109 S.)

Weiss, A., Tafeln zur Verwandlung und Preisumrechnung der alten und neuen Maasse und Gewichte. Tabelle zur Verwandlung von Silbergroschen und Pfennigen in Decimaltheile des Thalers und umgekehrt. Bestimmungen über die Beschaffenheit der eichungspflicht. Maasse und Gewichte. 2. Aufl. 2 Tab. in gr. Fol. Münster 870, (Coppenrath'sche Buchh.)

Weiß, A., elektrische Wirkungen. Höchst wichtig f. Leben zur Erhaltg. d. Gesundheit u. Leben ꝛc. gr. 8. (15 S.) Berlin 894. G. Priewe. — 60

Weiß, A., das Wort des Herrn über Jerusalem. Predigt bei der Stiftungsfeier des evangel. Bisthums in Jerusalem, gehalten am 21. Jan. 1857 in der Kirche zu St. Barbara. gr. 8. (13 S.) Breslau 857, (Dülfer.) *

Weiß, A. L., s. J. H. C. Bornhardt, gründl. Anweis. die Guitarre ꝛc.

Weiß, Ad. Eph., s. Weise.

Weiß, Adalb., fallendes Laub. (83 S.) 8. Straßburg 905. J. Singer. n. 2. —

Weiss, Adalb., Sonate pathétique. (158 S.) 8. Dresden (907). E. Pierson. 2.—; geb. n 3. —

WEISS, Adelbert G. (München): Die altkirchliche Pädagogik dargestellt in Katechumenat und Katechese der ersten sechs Jahrhunderte.- Freiburg i.Br.: Herder 1869. VI S., 1 Bl., 171 S., 2 Bl. 30.7.1870 - Urk (Titel: Paedagogia ab ecclesia vetere in catechumenatus instituto adhibita.); F 44; Chr 1870/71,13
Diss. Ingolst.-Landsh.-Mchn.

Weiss, Adam

Weiss, Ad. Dr (Prof.) „Die Elemente der analytischen Dioptrik". pg. 1—32. 4°. Fr. Campe & Sohn.
Nürnberg, Progr. 1856/57

Weiss, Adam, die Elemente der analytischen Dioptrik. Nürnberg 857. J. L. Schmid. 4. (IV, 60 S.) n. 1 *ℛ*. 10 *ngr.*

Weiss, Ad. Dr. (Professor) „Independente Entwicklung der höheren Differentialquotienten mittelbarer und inverser Functionen". pg. 3—11. 4°. Fr. Campe & Sohn.
Nürnberg, Progr. 1858/59

Weiss, Ad. Dr. (Rector) „Mathematische Erklärung einiger Erscheinungen bei sphärischen Linsen, ohne Rücksicht auf Kugel- und Farben-Abweichung". pg. 3—10. 4°. Brügel.
Ansbach, Progr. 1850/51

Weiss, Adam, die galvanischen Grundversuche, mathematisch erklärt und die Theorie des Condensators. gr. 4. (VIII und 70 S.) Ansbach 851, Gummi. *

Weiss, Adam, die galvanischen Grundversuche, mathematisch erklärt u. die Theorie des Condensators. gr. 4. (VIII u. 70 S.) Ansbach 852, Gummi. n. 1 1/3 ₰

—— Handbuch der Trigonometrie. Lex.-8. (XII und 463 S.) Fürth 851, Schmid's Buchh. *

— Handbuch der Trigonometrie. Lex. 8. (XII u. 463 S.) Fürth 852, Schmid. n. 1 5/6 ₰

—— Handbuch der Trigonometrie. 2., unveränd. (Titel-) Aufl. Lex.-8. (XII und 463 S. mit eingedr. Holzschn. und 1 Tab. in qu. Fol.) Nürnberg (851)59, J. L. Schmid's Verlag. *

— **Lehrbuch** der elementaren Stereometrie und darstellenden Geometrie zum Gebrauche beim Unterricht in Gewerbsschulen, Gymnasien ꝛc. ꝛc. Ansbach 854. Gummi. gr. 8. (XXIII. 183 S. u. 2 lith. Taf. in Fol.) n. 24 ngr.

— **Rede** bei der Preiseverteilung der königlichen Landwirthschafts- und Gewerbsschule in Ansbach gehalten am 3. Sept. 1851. Ansbach 851. Gummi. gr. 8. (16 S.) n. 2 ngr.

Weiss, A. Dr. „Theorie des Condensators". pg. 3—13. 4°. Jul. Volkhart.
Fürth, Progr. 1847/48

Weiß, Adolf (J.): Über die Abhängigkeit der Liniendistanzen im Spektrum des Gases der Untersalpetersäure von der Dicke der durchlaufenen Schicht. Separatabdruck aus: Sitzungsber. d. k. Akad. d. Wiss. in Wien. Bd. 43. II. S. 208.

Weiss, Adf., zum Baue u. der Natur der Diatomaceen. [Mit 2 (lith.) Taf. (in gr. 4.)] [Aus: „Sitzungsber. d. k. Akad. d. Wiss."] Lex.-8. (37 S.) Wien 871. (Gerold's Sohn.) n. 2. —

Weiss, Adolph (Freiwaldau)
Beitrag zur Kenntnis der Spaltöffnungen.
[In: Verhandl. d. Zoolog. Botan. Vereins, Wien. Bd 7, 1857, S. 191-200.]
Dr. phil. Giessen 14.6.1858.

Weiss, Adf., üb. spontane Bewegungen u. Formänderungen v. pflanzlichen Farbstoffkörpern. [Arbeiten d. k. k. pflanzen-physiolog. Institutes in Prag. XIII.] [Mit 3 (lith. u. color.) Taf.] Lex.-8. (17 S.) Wien 884. (Gerold's Sohn.) n. 1. 80

— Über spontane Bewegungen und Formänderungen von pflanzlichen Farbstoffkörpern (mit 3 Taf.). S. 90. I. 91 . . . . „ 1.80
Separatabdruck

WEISS, Ad., Die Bluträcherin oder die Verbannte. Historischer Roman. Wien, Verlag v. Wilh. Schneider's Buchhandlung, Druck v. C. Burkert in Wien. Heft 37.
Verboten v. L.-G. Wien, 1880. § 516.

Weiss, Adf., Entwicklungsgeschichte der Trichome im Corallenschlunde v. Pinguicula vulgaris L. [Aus: „Sitzungsber. d. k. Akad. d. Wiss."] Lex.-8. (8 S. m. 1 Taf.) Wien 891. (F. Tempsky.) n. — 60

— Über einen eigentümlichen gelösten gelben Farbstoff in der Blüte einiger Papaverarten. Vorläufige Mitteilung. S. 90. I. 109 . . . . — .10
Separatabdruck

Weiß, Adolf: Über die Fluoreszenz der Pilzfarbstoffe. Vorläufige Mitteilung. Separatabdruck aus: Sitzungsber. d. k. Akad. d. Wiss. in Wien. Bd. 91. I. S. 446.

Weiss, Adolf: Die Fortpflanzung und Befruchtung blüthenloser Pflanzen. (Aus Schriften d. Naturf. Ver.) Wien. 1862. 8°

Weiß, Fürstensohn u. Maitresse oder ein Würgengel der Unschuld. Illustrirter histor. Roman. 20 Lfgn. gr. 8. (1. u. 2. Lfg. 96 S. m. 2 eingedr. Holzschn.) Berlin 878. Hohorst. à — 50

Weiss, Dr. Adolf, Die Biblische Geschichte nach den Worten der heiligen Schrift für die israelitische Jugend bearbeitet. I. Teil. Von der Erschaffung der Welt bis zum Tode Moses. Wien 1903. K. k. Schulbücher-Verlag. Preis, geheftet 2 K 20 h, gebunden 2 K 40 h.

Weiss, Adolf: Die biblische Geschichte nach den Worten der Heiligen Schrift. Für die israelitische Jugend bearbeitet. II. Teil: Vom Tode Moses' bis zum babylonischen Exil. Wien 1909. Schulbücherverlag.

Weiß, Adf., Isabella II., Spaniens entthronte Königin, oder das Ende der Tyrannei. Illustrirter histor. Roman aus Spaniens neuester Geschichte. 30 Lfgn. gr. 8. (1440 S. mit eingedr. Holzschn.) Berlin 868—70, Humburg und Comp. à Lfg. 40 Pf.

Weiss, Adolf
Isabella II. Spaniens entthronte Königin oder: Das Ende der Tyrannei. Illustrirter historischer Roman aus Spaniens neuester Geschichte. Bd 1-5.
Berlin: Humburg 1869. 8°

Weiss, Dr. Adolf, Isabella II., Spaniens entthronte Königin, oder: Das Ende der Tyrannei. Illustr. historischer Roman aus Spaniens neuester Geschichte. 5 Thle. Mit vielen Holzschnitten. Berlin 1871. 8°. (2 Mk. Th. Ackermann, 1885.)
Vorher: Ebd. 1869. V. 8°. (Gmähle's Münchner Leihbibl., no. 28998—29002.)

Weiss, Adolf Die römischen Kaiser in ihrem Verhältnisse zu Juden und Christen. 16, 24 SS. 8. **Progr.** Ak. G. *Wien* 1882. 1883.

Weiß Adolf, Dr. Die Kristallformen einiger chemischer Verbindungen (mit 1 Taf.). 1. Unterschwefelsaures Kali $KO.S_2O_5$. 2. Chromsaures Ammoniak. 3. Doppelt chromsaures Ammoniak $AmO.2CrO_3$. 4. Mellithsäure. 5. Jod-Nikotin. S. 37. 71 . . — 50
Separatabdruck

Weiß, Adf., Lehrbuch der jüdischen Religionsgeschichte f. die höheren Klassen der Mittelschulen. 1. Thl.: Von der Offenbarg. bis zum vorläuf. Abschlusse des bibl. Kanons. gr. 8. (V, 184 S.) Prag 894. J. B. Brandeis. Geb. in Leinw. n. 2. —

Weiss, Adf., über gegliederte Milchsaftgefässe im Fruchtkörper von Lactarius deliciosus. [Arbeiten des k. k. pflanzenphysiolog. Institutes der deutschen Universität in Prag. XV.] Lex.-8. (37 S. mit 4 chromolithogr. Taf.) Wien 885, (Tempsky.) *
Aus: Sitzungsberichte der k. Akademie der Wissenschaften, besonders abgedruckt.

und Wiesner Julius Ritter von, Dr.: Vorläufige Notiz über directe Nachweisung des Eisens in den Zellen der Pflanze. S. 40. 276. Sep.-Abdr. . . . . .

Weiss, Adolphus *(geb. Triesch in Mähr. 29. 6. 1849)*: De libri Jobi paraphrasi Chaldaica. Vratislaviae 1873. (60 S.) 8°
Breslau, Phil. Diss. v. 14. Aug. 1873

—— Studien aus der Natur. Beiträge zur Erweiterung unsrer Kenntnisse der belebten und unbelebten Schöpfung. Nach eigenen Forschungen und den besten Quellen für Leser aus allen Ständen bearb. gr. 8. (VIII und 172 S. mit 13 Abbild. im Texte in Holzschn. und 9 meist ill. Stnt.) Troppau 857, Trassler's Verlag. *

Weiss, Adf., Untersuchungen über die Entwickelungsgeschichte des Farbstoffes in Pflanzenzellen. (I. und II.) Lex.-8. Wien, (Gerold's Sohn.) [I. (30 S. mit 8 chromolithogr. Taf.) 864. * 20 Ngr., II. (61 S. mit 4 chromolithogr. Taf. in Lex.-8. und 4.) 867. * 25 Ngr.] *
Aus: Sitzungsberichte der k. Akademie der Wissenschaften, besonders abgedruckt.

Weiss, Adf., Untersuchungen üb. die Trichome v. Corokia budleoides Hort. [Aus: „Sitzungsber. d. k. Akad. d. Wiss."] Lex.-8. (15 S. m. 1 Taf. u. 1 Textfig.) Wien 890. (Tempsky.) n. — 60

— weitere Untersuchungen üb. die Zahlen- u. Grössenverhältnisse der Spaltöffnungen mit Einschluss der eigentlichen Spalte derselben. [Aus: „Sitzungsber. d. k. Akad. d. Wiss."] Lex.-8. (76 S. m. 2 farb. Taf.) Ebd. 890. n. 2. 20

—— und Edm. Weiss, Untersuchungen über den Zusammenhang in den Aenderungen der Dichten und Brechungs-Exponenten in Gemengen von Flüssigkeiten. Lex.-8. (70 S. mit eingedr. Holzschn.) Wien 858, (Gerold's Sohn.) **
Aus: Sitzungsberichte der k. Akademie der Wissenschaften, Jahrg. 1858, besonders abgedruckt.

—— und Alois Handl, Untersuchungen über den Zusammenhang in den Aenderungen der Dichten in Gemengen von Flüssigkeiten etc., s. Handl, Alois.

Weiß. Adolf u. Julius v. Wiesner
— — Über das Verhalten des Kupferoxydammoniaks zur Membran der Pflanzenzellen, zum Zellkerne und Primordialschlauche. S. 44 II 77 Sep.-Abdr.

— — Über das Verhalten des Kupferoxydammoniaks zur Stärke. S. 46 II. 30 vgl.
Separatabdruck

—— über ein eigenthümliches Vorkommen von Kalkoxalatmassen in der Oberhaut der Organe einiger Acanthaceen. [Arbeiten des k. k. pflanzen-physiolog. Institutes in Prag. XII.] Lex.-8. (12 S. mit 1 lithogr. und color. Taf.) (Ebendas.) 884.
Vorstehende drei Schriften sind aus: Sitzungsberichte der k. Akademie der Wissenschaften, besonders abgedruckt.

Weiss, A(dolf) Béla, a. Ungarn: Das Österreichisch-ungarische Zoll- und Handelsbündnis und seine Bedeutung für die ungarische Landwirtschaft. (Berlin 1908: G. Schade.) (118 S.) 8°
Berlin, Phil. Fak., Ref. Orth, Diss. v. 20. Juni 1908
[Geb. 28. Nov. 85 Budapest; Wohnort: Budapest; Staatsangeh.: Ungarn; Vorbildung: Obergymn. Budapest Reife M. 04; Studium: Bonn 1, Jena 2, Landw. Hochsch. Berlin 3 S.; Rig. 5. März 08.]

Weiß, Dr. Al. Ad., neues Regulativ zur Wendung. (Geburtshülflich). 8. Wien 825. Heubner. 8 K

Weiss, Albert, prakt. Arzt a. Goch: Die Bedeutung der Probe-Abrasio des Uterus im klimakterischen Alter. Gießen 1907: v. Münchow. (21 S.) 8°
Gießen, Med. Fak., Ref. Pfannenstiel, Diss. v. 4. Nov. 1907
[Geb. 23. April 75 Rosenberg (Oberschlesien); Wohnort: Oberreifenberg; Staatsangeh.: Preußen; Vorbildung: Gymn. Heiligenstadt Reife O. 96; Studium: Göttingen 2, Würzburg 2, Halle 7 S.; Coll. 10. März 07; Approb. 26. Sept. 03.]

Weiß, Alb., Christrosen. Dichtungen u. Nachdichtgn. (5. Tl.) gr. 8. (178 u. V S.) Berlin 900. J. Martinelli. n.n. 2. 75; geb. in Leinw. n. 4. —

Weiß, Alb., polnische Dichtung in deutschem Gewande, s.: Bibliothek der Gesamt-Litteratur d. In- u. Auslandes.

Weiß, Alb., Dur u. Moll. Dichtungen u. Nachdichtungen. 6. Sammlg. (157 S.) gr. 8. Kiel 905. R. Mißfeldt.

Weiss, A[lbert]. Erfahrungen beim Betrieb von Vertikalöfen. Von Ingenieur A. W', Gasdirektor in Zürich. (Mit Tafel I.) Sonderabdruck aus dem Journal für Gasbeleuchtung und Wasserversorgung. Nr. 26, vom 27. Juni 1908. II + 19 S. 8. (München, R. Oldenbourg.)

Weiss, A., das neue Gaswerk d. Stadt Zürich in Schlieren. gr. 4. (31 S. m. 42 Abbildgn. u. 4 Taf.) Zürich 900. (E. Rascher's Erben.) n. 2. —
Sonderabdruck aus: „Schweiz. Bauzeitung".

Weiss, A[lbert]. Das Gaswerk der Stadt Zürich. Rückblick auf die Entwicklung in den letzten zehn Jahren und Beschreibung des neuen Werkes in Schlieren. [Mit Figuren und 4 Tafeln.] Separatabdruck aus der Festschrift: «Die industriellen Unternehmungen der Stadt Zürich». II + 56 S. 4. Zürich, Hofer & Co., 1903. [fr. 2. 50]

Weiss, A[lbert]. Das Gaswerk der Stadt Zürich, dessen Entwicklung und weiterer Ausbau. [Mit Illustrationen und 1 Tafel.] Sonder-Abdruck aus der «Schweizerischen Bauzeitung», Bd. 54, Nr. 10 bis 16, 1909. II + 24 S. 4. Zürich, Jean Frey

Weiss, A., das Gaswerk der Stadt Zürich, dessen Entwicklung u. weiterer Ausbau. (24 S. m. Abbildgn. u. 1 Taf.) 32,5×23,5 cm. Zürich 909. Rascher & Co. 1. 60
Sonderabdruck aus: „Schweiz. Bauztg."

Weiss, Alb., der Geheimmittel-Unfug im Lichte gerichtlicher Urtheile. 1. Hft gr. 8. (82 S.) Düsseldorf 890. Schwann. cart. n. 1. 50

Weiß, Alb., Generalbericht über das öffentliche Gesundheitswesen des Reg.-Bez. Gumbinnen für die J. 1872 bis 1875. gr. 8. (VI, 154 S.) Rudolstadt 878, [Froebel.] Mißlaff. *

Weiß, Alb., s.: Generalbericht, 4., üb. d. öffentl. Gesundheitswesen d. Reg.-Bez. Cassel.

— s. Gesundheits-Wesen, d. öffentl., d. Reg.-Bez. Düsseldorf.

Weiss, Alb., das öffentliche Gesundheits-Wesen des Reg.-Bez. Düsseldorf in den J. 1883—1885. 3. Verwaltungsbericht. gr. 8. (V, 268 S. mit Illustr.) Düsseldorf 888, Schwann. **

—— Das öffentliche Gesundheits-Wesen d. Reg.-Bez. Düsseldorf in den J. 1886—1888. 4. Verwaltungsbericht. gr. 8. (VIII, 313 S.) Ebd. 890. cart. ** 6 —

Weiß, Albert, s. Gesundheitswesen, D. öffentl., im Reg.-Bez. Cassel.

—— das öffentliche Gesundheitswesen des Reg.-Bez. Stettin im J. 1880, dargestellt nach den Sanitätsberichten und eigenen Wahrnehmungen. gr. 8. (VI, 148 S.) Ebendas. 882. *

—— dass. — im J. 1881. Dritter Verwaltungs-Bericht. gr. 8. (IV, 168 S.) Ebendas. 883. *

—— dass. — im J. 1882. Vierter Verwaltungs-Bericht. gr. 8. (IV, 196 S.) Ebendas. 884. *

— Herbstfäden v. Nah u. Fern. Dichtungen u. Nachdichtgn. 8. (IV, 81 S.) Dresden 891. E. Pierson. n. 1. —; geb. m. Goldschn. n. 2. —

Weiß, Alb., Lehrkursus der prakt. Trichinen- u. Finnenschau f. angehende u. angestellte Fleischbeschauer. 1. u. 2. Aufl. 16. (69 u. Anh. 19 S. m. 31 Abbildgn.) Düsseldorf 891. 892. L. Schwann. Geb. in Leinw. n. 1. 20

— dasselbe. 3. Aufl. Ausg. f. d. Reg.-Bez. Cassel. 12. (69 u. 16 S. m. 31 Abb.) Ebd. (894).
Geb. in Leinw. n. 1. 20

Weiß, Albert: Lehrkursus der praktischen Trichinen- und Finnenschau f. angehende u. angestellte Fleischbeschauer. M. 31 Abb. 4. Aufl. [Nebst] Anhang. Düsseldorf: L. Schwann (1896). 2 Bde 8°
Lehrkursus. (69 S.) Anh. [m.d.T.:] Verordnungen d. Kgl. Reg. zu Düsseldorf . . . (18 S., 1 Bl.)

[F.] Lehrkursus der praktischen Trichinen- u. Finnenschau f. angehende u. angestellte Fleischbeschauer v. Dr. Albert **Weiss**, . . . Geh. Medizinalr. M. 31 Abb. 5. verm. Aufl. *Düsseldorf: L. Schwann [1898.]* (73 S.) 1 Bd 8. 98. 11464 Bo

Weiß, Alb., Lehrkursus der prakt. Trichinen- u. Finnenschau für angehende u. angestellte Trichinenschauer im Deutschen Reich u. in Preußen. 6. verm. Aufl. (127 S.) 12. Düsseldorf (903). L. Schwann.
Geb. in Leinw. n. 1. 50

— polnisches Novellenbuch in deutschem Gewande, s.: Bibliothek der Gesamt-Litteratur d. In- u. Auslandes.

Polnisches Novellenbuch in deutschem Gewande von Albert **Weiss**. Bd 1. Halle a. S.: O. Hendel [1908]. 8° [F.]
(Otto Hendel's Reisebibliothek. Ser. 1. No 15.) 08. 16884 3

Weiß, Alb., polnisches Novellenbuch in deutschem Gewande, s. L. Hendel's, Otto, Reisebibliothek.

— die Ostsee-Badeorte des Reg.-Bez. Stettin. Balneologisch-kulturhistorische Skizze, nach amtlichen Quellen entworfen. 8. (V, 183 S.) Ebend. 881. geb. n. 1. 60

— Preußisch-Littauen u. Masuren. Historische u. topographisch-statist. Studie betr. den Reg.-Bez. Gumbinnen. Nach amtlichen Quellen entworfen. 3 Thle. gr. 8. Ebend. 878. 79. n. 15. —
1. 2. Geschichte, Geographie u. Statistik des Reg.-Bez. Gumbinnen. (VIII, 187 u. 346 S.) n. 10. —
3. Generalbericht über das öffentliche Gesundheitswesen des Reg.-Bez. Gumbinnen für die J. 1872 bis 1875. (VI, 154 S.) n. 5. —

Weiß, Alb., Ranken und Reben. Gedichte. Rudolstadt 861. Fröbel. (Leipzig, Wagner.) 16. (2 Bl., 220 S. u. 1 Photogr.) n. 1 ₰ 6 ngr.

— Schneeflocken. Dichtungen u. Nachdichtgn. (4. Tl.) 8. (XI, 144 S.) Dresden 896. Lehmann'sche Buchdr.
n. 2. —; geb. in Leinw. n. 2. 50

Schneeflocken. Dichtungen u. Nachdichtungen von Albert Weiss. 2. Aufl. *Wesel: K. H. Düms [1901].* (XL, 144 S.) 8° [F.] 04. 2566 5

— Schneeflocken. Dichtungen u. Nachdichtgn. 2. Aufl. 8. (XI, 144 S.) Wesel (902). Berlin, K. H. Düms.
Geb. in Leinw. n. 3. —

Weiß, Alb., der Reg.-Bez. Stettin. Verwaltungsbericht über dessen Medicinal- und Veterinär-Wesen in den J. 1876 und 1877. gr. 8. (VI, 174 S.) Rudolstadt 880, Hofbuchdruckerei.

— Tatra-Geschichten, s.: Balucki, Michal.

— **Waldtraut. Bühnendichtung in 1 Aufzuge m. Vor- u. Nachspiel. Nach e. Erzählg. v. L. Pfeiffer.** (16 S.) kl. 8. Kiel 905. A. Mißfeldt. n. — 50

Weiß, Alb., Zeitlosen aus Heimat und Fremde. Dichtungen und Nachdichtungen. 8. (232 S.) Billerbeck i. W. 885. Leipzig, F. Schneider. geb. *
geb. mit Goldschn. *

Weiß, Albert Maria

Weiß, Alb. Maria, Apologie des Christenthums vom Standpunkte der Sittenlehre. 1. Bd. A. u. d. T.: Erst Mensch, dann Christ, u. so ein ganzer Mensch. gr. 8. (IX, 464 S.) Freiburg i/Br. 878. Herder. n. 4. —

— dasselbe. 2. Bd. A. u. d. T.: Humanität u. Humanismus. Grundzüge einer Kulturgeschichte. 1. Thl. 8. (XIII, 882 S.) Ebend. 879. n. 6. —

Weiß, Alb. Maria, Apologie des Christenthums vom Standpunkte der Sittenlehre. 3. und 4. Bd. gr. 8. Freiburg i. Br., Herder'sche Verlagsh. *
Inhalt:
Bd. 3. Natur und Uebernatur. Grundzüge einer Kulturgeschichte. 2. Thl. (XIII, 926 S.) 884. * ℳ 6.
„ 4. —— dass. — 3. Thl. (X, 1038 S.) 884. * ℳ 8.
1. und 2. Bd. Ebendas. 1878,79. * ℳ 10.

Weiß, Alb. Maria, **Apologie d. Christenthums vom Standpunkte der Sitte u. Cultur. 6. (Schluß-)Bd. Die Vollkommenheit. 8. (XIV, 777 S.) Freiburg i/Br. 889.** Herder. n. 6. —; geb. n. 7. 80 (cplt.: n. 30. —)

Weiß, Alb. Maria, Apologie des Christenthums vom Standpunkte der Sitte und Cultur. 2. Aufl. 1. Bd.: Der ganze Mensch. 8. (XVI, 843 S.) Freiburg i. Br. 888, Herder'sche Verlagsh. *

Weiß, Alb. Maria. Apologie d. Christenthums vom Standpunkte der Sitte u. Cultur. 2.—4. Bd. 2. Aufl. u. 5. (Schluß-)Bd. 8. Freib. i. Br., 890, Herder. * 28 40; geb. 38 40
2. Humanität u. Humanismus. (XVI, 988 S.) * 7 —; geb. * 8 80.
3. Natur u. Uebernatur. 2 Thle. (XX, 1192 S.) * 8 40; geb. in 2 Halbfrz.-Bde. * 11 60.
Aus dem 3. Bde. apart:
Die Entstehung d. Christenthums. (IV, 158 S.) * 1 50.
4. Soziale Frage u. soziale Ordnung od. Institutionen der Gesellschaftslehre. 2 Thle. (XIII, X, 1026 S.) * 7 —; geb. in Halbfrz. * 10 20.
5. Die Vollkommenheit. (XVI, 778 S.) * 6 —; geb. * 7 80.
1. Bd. Ebd. 1888. * 6 —; geb. * 7 80.

Weiß, Alb. Maria, Apologie d. Christenthums vom Standpunkte der Sitte u. Cultur. 1., 3. u. 4. Bd. gr. 8. Freiburg i/B., Herder. n. 21. 40; geb. in Halbfrz. n. 29. 60
1. Der ganze Mensch. Handbuch der Ethik. 3. Aufl. (XV, 567 S.) 894. n. 6. —; geb. n. 7. 80
3. Natur u. Uebernatur. 2 Thle. 2. Aufl. (XIX, 1192 S.) 891. n. 8. 40; geb. in 2 Halbfrzbde. n. 11. 60
4. Soziale Frage u. soziale Ordnung od. Institutionen der Gesellschaftslehre. 2 Thle. 2. Aufl. (XIII, X, 1026 S.) 892. n. 7. —; geb. n. 10. 20

Weiß, Alb. Maria, O. Pr., Apologie d. Christenthums. 2.—5. Bd. 8. Freiburg i/B., Herder. n. 30. 50;
geb. in Halbfrz. n. 40. 50
(kplt. n. 36. 50; geb. in Halbfrz. n. 48. 30)
2. Humanität u. Humanismus. Philosophie u. Culturgeschichte des Bösen. 3. Aufl. (XV, 1010 S.) 895. n. 7. —; geb. n. 8. 80
3. Natur u. Uebernatur. 2 Thle. 3. Aufl. (XII, IX, 1283 S.) 897. n. 9. —; geb. n. 12. 20
4. Sociale Frage u. sociale Ordnung od. Handbuch der Gesellschaftslehre. 3. Aufl. 2 Thle. (XVII, XI, 1162 S.) 896. n. 8. —; geb. n. 11. 20
5. Die Philosophie d. Vollkommenheit, d. Lehre v. d. höchsten sittl. Aufgabe d. Menschen. 2. u. 3. Aufl. (XVIII, 953 S.) 898. n. 6. 50; geb. n. 8. 30

Woiss, Albert Maria. Apologie des Christentums. Von Fr. A' M' Woiss O. Pr. [Prof. in Freiburg i. d. Schweiz]. 5 Bände. 4. Aufl. 8. Freiburg im Breisgau, Herder, 1904—1908.

Band 1.... — *A. u. d. T.:* Der ganze Mensch. Handbuch der Ethik. 4. Aufl. XVI + 947 S. 1905. (M. 6. 80, geb. 8. 80)

Band 2.... — *A. u. d. T.:* Humanität und Humanismus. Philosophie und Kulturgeschichte des Bösen. 4. Aufl. XVI + 1024 S. 1908. [M. 8. —, geb. 10. —]

Band 3.... In zwei Teilon. — *A. u. d. T.:* Natur und Übernatur. Geist und Leben des Christentums. 4. Aufl. 2 Teile. X + 666 S. *u.* X S. + S. 667—1288. 1907. [*zus.* M. 9. —, geb. 12. 60]

Band 4.... In zwei Toilen. — *A. u. d. T.:* Soziale Frage und Soziale Ordnung oder Handbuch der Gesellschaftslehre. 4. Aufl. 2 Teile. XVI + 582 S. *u.* XII S. + S. 583—1219. 1904. (*zus.* M. 9. —, geb. 12. 50)

5. ⟨Schluss-⟩ Band.... — *A. u. d. T.:* Die Philosophie der Vollkommenheit, die Lehre von der höchsten sittlichen Aufgabe des Menschen. 4. Aufl. XVI + 988 S. 1905. (M. 7. —, geb. 9. —)

Weiss, P. Albert M., Die besonderen socialen Aufgaben des Clerus in der heutigen Zeit. (Sociale Vorträge, geh. bei dem Wiener socialen Vortragscurse 1894.) gr. 8°. Wien 1895.

— die Entstehung d. Christenthums. [Aus: „Apologie d. Christenthums".] gr. 8. (IV, 158 S.) Ebd. 891. n. 1. 50

Weiss, A. M., Sociale Frage und sociale Ordnung oder Institutionen der Gesellschaftslehre. 2 Theile. 8°. Freiburg i. Br., Herder, 1892. 3. Aufl. 2 Bde. gr. 8°. Freiburg i. Br. 1896.

— sociale Frage u. sociale Ordnung od. Handbuch d. Gesellschaftslehre. [Aus: „W., Apologie des Christenthums".] 3. Aufl. 2 Thle. gr. 8. (XVII, XI, 1162 S.) Ebd. 896. n. 8. —; geb. in Halbfrz. n. 11. 20

Weiss, A. M., Soziale Frage u. soziale Ordnung od. Handbuch der Gesellschaftslehre. 4. Aufl. 2 Tle. (XVI, XI, 1219 S.) 8. Freiburg i/B., Herder. 1904. 9. —; geb. in Halbfrz. 12. 50.

Weiss, Albert Maria. Die religiöse Gefahr. Von A' M' Weiss O. Pr. [Prof. an der Universität Freiburg i. d. Schweiz]. XX + 521 S. 8. Freiburg im Breisgau, Herder, 1904. [M. 4. 50, geb. 5. 50]

Weiss, Albert Maria. Die religiöse Gefahr. Von A' M' Weiss O. Pr. 2. und 3., unveränderte Aufl. XX + 521 S. 8. Freiburg im Breisgau, Herder, 1904. [M. 4. 50, geb. 5. 50]

Weiß, Fr. Alb. Maria, die Gesetze f. Berechnung d. Kapitalzins u. Arbeitslohn. Erste Beilage zur Apologie d. Christenthums. gr. 8. (XII, 77 S.) Freiburg i/Br. 883. Herder. n. 1. —

— Benjamin Herder. 50 Jahre e. geist. Befreiungskampfes. Mit dem Bildnisse B. Herder's. 1. u. 2. Aufl. gr. 8. (III, 157 S.) Ebd. 889. 890. 1. 50; geb. n. 3. —

—— Benjamin Herder. 50 Jahre e. geist. Befreiungskampfes. Mit dem Bildnisse B. Herders. 1. Aufl., und 2. durchgeseh. Aufl. gr. 8. (IV, 158 S.) Ebd. 890. 1 50; geb. * 3 —

— die Herrlichkeiten d. göttl. Gnade, s.: Scheeben, M. Jos.

Humanität und Humanismus. Grundzüge einer Kulturgeschichte. Von Fr. Albert Maria Weiss. Th. 1. Freiburg i. Br.: Herder 1879. XIII, 882 S. 8°
(Weiss, F. A. M.: Apologie des Christenthums. 2.)
[Kayser: Bücher-Lexikon. 22 (1883) S. 847.]

[2. Aufl. u. d. Tit.:]
Humanität und Humanismus. Durch Fr. Albert Maria Weiss. 2. Aufl. Mit Approbation des hochw. Herrn Erzbischofs von Freiburg und Gutheissung der Ordensobern. Freiburg i. Br.: Herder 1890. XV, 987 S. 8°
(Weiss, F. A. M.: Apologie des Christenthums. 2.)

[3. Aufl. u. d. Tit.:]
°Humanität und Humanismus, Philosophie und Culturgeschichte des Bösen. Von Fr. Albert Maria Weiss. 3. Aufl. Freiburg i. Br.: Herder 1895. XV, 1010 S. 8°
(Weiss, F. A. M.: Apologie d. Christentums. 2.)
[Kayser: Bücher-Lexikon. 30 (1900) S. 978.]

°[Dasselbe.] 4. Aufl. Ebendas. 1908. 1024 S. 8°
cf. Bh. 53 (1910) S. 340—342 (Michael). Spricht sich auch gegen den Frmrbund u. seine Zwecke aus.

—— Individuum und Gesellschaft. Sociale Vorträge, geh. bei dem Wiener socialen Vortragscurse 1894. gr. 8°. Wien 1895.

Weiß, Alb. Maria, O. Pr., die Kunst zu leben. 3. u. 4. Aufl. 12. (XV, 541 S.) Freiburg i/B. 901. Herder.

Weiss, Albert Maria. Die Kunst zu leben. Ein Handbüchlein für Erzieher und zur Selbsterziehung. Von Fr. A' M' Weiss O. Pr. 8. Freiburg im Breisgau, Herder.

5., durchgesehene Aufl. XX + 565 S. 1904. [M. 3. —, geb. 4. — *u.* 5. 80]

6., unveränderte Aufl. XX + 565 S. 1906. [M. 3. —, geb. 4. — *u.* 5. 80]
7., durchgesehene Aufl. XX + 561 S. 1909. [M. 3. 20, geb. 4. 20 *u.* 6. —]

— Lebensweisheit in der Tasche. Splitter u. Späne aus der Werkstätte e. Apologeten. 12. (XII, 424 S.) Ebd. 893. n. 2. 40; geb. in Leinw. n. 3. 20

— dasselbe. 2., umgearb. Aufl. 12. (XIX, 491 S.) Ebd. 893. n. 2. 80; geb. in Leinw. m. Goldschn. n. 3. 60

— dasselbe. 3., durchgearb. Aufl. 12. (XIX, 507 S.) Ebd. 893. n. 2. 80; geb. in Leinw. n. 3. 60; in Halbfrz. n. 5. 50

— dasselbe. 4. Aufl. 12. (XIX, 507 S.) Ebd. 894. n. 2. 80; geb. in Leinw. n. 3. 60; in Liebhaber-Halbfrz. n. 5. 50

— Lebensweisheit in d. Tasche. 6. Aufl. (Unveränd. Abdr. der 5., neu bearb. Aufl.) 12. (XVIII, 499 S.) Freiburg i/B. 897. Herder. n. 2. 80; geb. in Leinw. n. 3. 60; in Liebh.-Halbfrz. n. 5. 50

— Lebensweisheit in der Tasche. 7.—9. Aufl. 12. (à XVIII, 504 S.) Ebd. 899—902. n. 3. —; geb. in Leinw. n. 4. —; in Halbfrz. n. 5. 80

Weiss, Albert Maria. Lebensweisheit in der Tasche. Von Fr. A' M' Weiss O. Pr. [Prof. in Freiburg i. d. Schweiz]. 10., unveränderte Aufl. XVIII + 504 S. 8. Freiburg im Breisgau, Herder, 1904. [M. 3. —, geb. 4. — u. 5. 80]

— Lebensweisheit in der Tasche. 11 u. 12. Aufl. (XVIII, 504 S.) kl. 8. Ebd. 908. 10. 3. —; geb. in Leinw. 4.—; in Halbfrz. 5. 80

— Luther u. das Luthertum, s.: Denifle, Heinr.

Weiss, Albert Maria. Lutherpsychologie als Schlüssel zur Lutherlegende. Denifles Untersuchungen kritisch nachgeprüft von A' M' Weiss O. P. [Prof. in Freiburg i. d. Schweiz]. XVI + 220 S. 8. Mainz, Kirchheim & Co., 1906. [M. 3. —]
Ergänzungen zu (Heinrich) Denifle's (Martin) Luther und Luthertum. Band 2....

Lutherpsychologie als Schlüssel zur Lutherlegende. Denifles Untersuchungen krit. nachgeprüft von Albert Maria Weiß O. P. 2. durchgearb. u. verm. Aufl. Mainz: Kirchheim & Co. 1906. (XIII, 310 S.) 8° [J.]
= Denifle: Luther u. Luthertum. [2. Aufl.] Erg.Bd 2. 106. 13087

— Wesen und Zweck des menschlichen Gesellschaftslebens. (Sociale Vorträge, geh. bei dem Wiener socialen Vortragscurse, 1894.) gr. 8°. Wien 1895.

Weiss, Albert Maria. Worte gesprochen bei der Leichenfeier für den hochwürdigen Herrn P. Heinrich Denifle, Ord. Praed., Subarchivar des Hl. Stuhles, in der Basilika des hl. Bonifacius in München am 12. Juni 1905 von P. A' M' W' Ord. Praed. [Prof. in Freiburg i. d. Schw. Mit Vignetten und Porträt]. 12 S. 8. München, J. J. Lentner, 1905. [M. —. 20]

Weiß, Alexander

Weiß, Alex., Jesus, Dir lebe ich. Vollständiges Gebetbuch f. Katholiken. 16. (IV, 395 S. m. 1 Stahlst.) Graz 886. Moser. geb. in Calico. n. 1. 80; in Ldr. n. 2. —

Weiß, Alex., Jesus, Dir lebe ich. Vollständiges Gebetbuch f. Katholiken. 2., verm. Aufl. 16. (VI, 442 S. m. 1 Stahlst.) Graz 893. U. Moser. Geb. in Ldr. m. Goldschn. n. 2. —

Weiß, Alexander, Jesus, Dir lebe ich! Vollständiges Gebetbuch für Katholiken. Ausgabe II in Großdruck. 8. (XII, 588 S.) Geb. in Chagrin-Leder mit Goldschnitt Graz: Moser 1896. 1.50

Weiß, Alex., ein Wort über die herrschende Wasserkurmethode, für Freunde und Feinde derselben. 8. Wien 838. (Mayer u. Comp.) 1/4 ₰

Weiss, Alfred: Zur Kasuistik der Pseudarthrosen. Königsberg i. Pr. 1899: M. Liedtke. (70 S.) 8°
Königsberg, Med. Diss. v. 10. Nov. 1899.

Weiß, Alois, s.: Bericht üb. die Alp- u. Weide-Inspektionen im Kanton Zug im Sommer 1908.

WEISS, Alois: Der Borkenkäfer, oder auch Holzwurm genannt; der Mordskerl in der Insektenwelt. - München 1882. 22 S.

—— s. Borkenkäfer, der.

Weiss, Alois, Handbuch zum Gebrauche beim Unterrichte in Volkswirthschafts- u. Handelslehre an Handels- u. Gewerbeschulen. gr. 8. (VII, 208 S.) Wien 884. Gerold's Sohn. n. 4. —

WEISS, Alois
Handbuch zum Gebrauche beim Unterrichte in Volkswirtschafts- und Handelslehre an Handels- und Gewerbeschulen. Von Alois Weiss. 4., vermehrte und verbesserte Auflage. Wien. 1900. Gerold's Sohn. Gr.-8°. X, 242 S, Geb. K 3.40

Weiss, Alois, Poesie und Leben. Gedichte und Lieder, verfasst und den gesammten Kollegen gewidmet. 8°. München, Müller u. Renkewitz, 1891.

Weiss, Andreas: De autocheiria (voluntaria suiipsius laesione). (Resp.: Joh.Bernhard Merian). 11 S.–
Basel, Phil.Diss.v.31.Mai 1740.

Weiss, Andreas: De bello hominis privati. (Resp.: Andreas Ortmann). 17 S.–
Basel, Phil.Diss.v.25.Mai 1742.

Weiss, Andreas: De vera gloria. (Resp.: Joh.Jakob Christ). 7 S.–
Basel, Phil.Diss.v. 8.Mai 1739.

Weiss, Andreas: De arcana historia. (Resp.: Daniel Mitz). 15 S.–
Basel, Phil.Diss.v. 12.Mai 1741.

Weiss, Andreas: De jure naturali et moribus hominum, s. König, Emanuel (Praes.)

Weiss, Andreas: De jure talionis. (Resp.: Lukas Faesch). 7 S.–
Basel, Phil.Diss.v.20.Dez.1740.

Weiss, Andreas: De jure victoriae. (Resp.: Joh.Jakob Merian). 17 S.–
Basel, Phil.Diss.v. 28.Mai 1738.

Weiss, Andreas: Observationes subitariae ex jure pandectarum et ecclesiastico. (Resp.: Joh.Heinrich Faesch). 15 S.–
Basel, Jur.Diss.v. 2.Dez.1746.

Weiss, Andreas A. S. 1342/53

Dissertatio de officiis erga mortuos ratione sepulturae atque famae. Präs. Aug. Johann Buxtorf.
Basel (Brandmyller) 24. X. 1727. 12 S.
36194

Weiss, Andreas: De officiis erga mortuos ratione sepulturae atque famae, s.a. Buxtorf, August Joh. (Praes.)

Weiss, Andreas: Theses miscellaneae morales. (Resp.: Joh.Heinrich Wieland). 7 S.–
Basel, Jur.Diss.v. 3.März 1734.

Weiss, Andreas: De usu aequitatis in interpretatione legum. 42 S.–
Basel, Jur.Diss.v.9.April 1737.

Weiß, Anna Maria, symbolische Bilder und Erscheinungen von Verstorbenen. Mit einer Vorrede versehen von Carl Stugau [Aug. Schmidt auf Altenstadt]. gr. 8. (VI, 445 S.) Leipzig 869, Wagner. *

Weiß, Anna Maria, symbolische Bilder u. Erscheinungen von Verstorbenen. Mit einer Vorrede versehen von Carl Stugau [Aug. Schmidt auf Altenstadt]. Leipzig 870. Wagner. gr. 8. (VI, 445 S.) n. 2 ₰ 10 ngr.

Weiss, Annie, Beiträge zur Kenntnis der australischen Turbellarien, s.: Arbeiten aus dem zoolog. Institut zu Graz. IX. 1 u. 4.

Weiss, Annie: Turbellaria, Rhabdocoelida u. Tricladida poludicola, s. Fauna, Die, Südwest-Australiens. II.

Weiß, Anton

Beiträge zur Geschichte des österreichischen Elementarunterrichtes. ⟨Mit Neudrucken (Johann Ignaz v.) Felbiger'scher Schriften.⟩ Von Anton Weiß, Prof. in Prag. *(Wien & Leipzig: W. Braumüller 1904.)* (S. 99–290.) 8°
= Beiträge z. Österr. Erziehungs- u. Schulgeschichte. H. 5. 3. [04. 5011

Weiß, Ant., die Entstehungs-Geschichte des Volksschul-Planes v. 1804. Nach den Archivalien des k. u. k. Haus-, Hof- u. Staats-Archives u. k. k. Unterrichts-Archives in Wien. Festschrift der Universität Graz aus Anlaß der Jahresfeier am 15. XI. 1899. gr. 8. (VII, 227 S.) Graz 900. Karl-Franzens-Universität. n. 5. —

Die Entstehungsgeschichte des Volksschul-Planes von 1804. Von Dr. Anton **Weiß**, Univ.-Prof. in Graz. Nach Archivalien d. k. u. k. Haus-, Hof- u. Staatsarchivs u. d. Archivs d. k. k. Minist. f. Cultus u. Unterr. in Wien. *Graz: Styria 1904.* (IX, 237 S.) 8° [F.]
= Weiß: Geschichte d. Österr. Volksschule 1792–1848. Bd 1.
= Beiträge, Außerordentliche, z. Österr. Erziehungs- u. Schulgeschichte. Bd 1. [04. 12.35

Weiss, Ant., s.: **Felbiger's, J. J., Forderungen an Schulmeister u. Lehrer.**

Weiss, Anton: Geschichte der Erlanger Glacéhandschuh-Fabrikation. Mindelheim 1909: Fackler. V, 128 S. 8°
Erlangen, Phil. Diss. v. 23. Okt. 1909, Ref. v. Eheberg
[Geb. 28. Febr. 85 Mindelheim; Wohnort: Mindelheim; Staatsangeh.: Bayern; Vorbildung: Gymn. Kempten Reife 04; Studium: München 6, Erlangen 2 S.; Rig. 19. Jan. 09.] [U 10. 913

Weiß, Anton: Geschichte der Theresianischen Schulreform in Böhmen. Zsgest. aus den halbjähr. Berichten der Schulen-Oberdirektion 17. September 1777 —14. März 1792. T. 1—3. — Wien und Lpg: Fromme 1905—1910. XIX, 528 S.; VIII, 456 S.; 24 S. (Beiträge zur Oesterreichischen Erziehungs- und Schulgeschichte. H. 7, 10, 12.) [T. 3 erschien als Aufsatz in den Beiträgen Nr 12]

Geschichte der Theresianischen Schulreform in Böhmen. Zsgest. aus d. halbjähr. Berichten d. Schulen-Oberdirektion 17. Sept. 1777–14. März 1792. Von Anton **Weiss**, Prof. Bd 1. 2. Wien & Leipzig: C. Fromme 1906–08. 2 Bde 8°
= **Beiträge** z. Österr. Erziehungs- u. Schulgeschichte. H. 7. 10. [08. 7771

Weiss, Anton: Geschichte der österreichischen Volksschule 1792—1848. Bd 1. 2. Graz: Styria 1904. IX, 237 und XVIII, 1103 S. (Außerordentl. Beiträge zur österreichischen Erziehungs- und Schulgeschichte. Bd 1. 2.)

(F) **Weiss, A.**, Geschichte der österr. Volksschule. 1. Bd. Die Entstehungsgeschichte des Volksschulplanes von 1804. [Außerordentliche Beiträge zur österr. Erziehungs- und Schulgeschichte. 1. Bd.] Gr.-8°. (IX, 237 S.) K 5.— Graz: Styria 1904.

(F) **Weiss, A.**, Geschichte der österr. Volksschule. 2. Bd. Geschichte der österr. Volksschule unter Franz I. und Ferdinand I. 1792—1848. [Außerordentliche Beiträge zur österr. Erziehungs- und Schulgeschichte. 2. Bd.] Gr.-8°. (XVIII, 1102 S.) K 20.— Graz: Styria 1904.

— Geschichte der österreich. Volksschule 1792—1848, s. **Beiträge**, außerordentliche, zur österreich. Erziehungs- u. Schulgeschichte.

Weiss, Ant., historia ecclesiastica. Tom I u. II pars 1. (XI, 798 u. VIII, 695 S.) gr. 8. Graz 907. 10. Styria. à 12. —

Aeneas Sylvius Piccolomini als Papst Pius II. Sein Leben u. Einfluss auf die literar. Cultur Deutschlands. Rede, geh. b. der feierl. Inauguration als Rector Magnificus ... 1896. M. 149 bisher ungedr. Briefen ... sowie e. Anh. Hrsg. v. Prof. Dr. Anton **Weiss** ... *Graz: U. Moser 1897.* (IV, 297 S.) 1 Bd 8. [97. 3959

WEISS, Anton (Landshut): Quae in scriptis Tertulliani et Cypriani ad cultum dei spectant dogmaticeet liturgice exponuntur. (Titel nach der Urkunde)
22.7.1871 - Urk; F 44; Chr 1871/72,18
Diss. Ingolst.-Landsh.-Mchn.

— Quellenbuch für den Unterricht in der Pädagogik an österreich. Lehrer- u. Lehrerinnen-Bildungsanstalten. Ein zu allen Lehrbüchern der Pädagogik pass. Hilfsbuch. (VIII, 192 S. m. 26 Abbildgn.) gr. 8. Wien 906. A. Pichler's Wwe. & Sohn. Geb. 2. 50

Weiß, Ant., Franz v. Schober. Lebensbild e. Freundes Franz Schuberts. Vortrag, geh. in der 16. Schubertiade des Schubertbundes. (34 S.) 8. Wien 907. (C. Vetter.) — 60
Sonderabdr. aus: „Jahresber. d. Schubertbundes üb. d. 44. Vereinsj."

— s.: **Schulordnung, d. allgem., d. Kaiserin Maria Theresia.**

Weiss, Arno, aus Leipzig: **Untersuchungen zur Kenntnis bimolekularer Dicarboxylglutaconsäureester** (w, w,'-Propentetracarbonsäureester). *Leipzig 1902: Metzger & Wittig.* (43 S.) 8°
Leipzig, Phil. Diss. v. [10. Febr.] 1902

Weiss, *Arthur*: I. Ueber die Esterbildung schwacher organischer Säuren. II. Ueber Paranitroorthojodoso- und Paranitroorthojodbenzoësäure ... Schwanheim a. M., Buchdr. P. Hartmann, 1894; 33 S. 8°
Heidelberg, Naturw.-math. Fak., Inaug.-Diss. v. [20. Mai] 1894.

Weiss, Arthur: Die Fauna des Herzogr. Sachsen-Meiningen, s. Schriften des Vereins f. sachsen-meiningische Geschichte u. Landeskunde. 61. Heft.

Weiss (Arthur). Die Conchylienfauna der altpleistocänen Travertine des Weimarisch-Taubacher Kalktuffbeckens und Vergleich der Fauna mit aequivalenten Pleistocaenablagerungen. (Sep.-Abdr. a. „Nachrichtsblatt d. deutschen Malakozool. Ges., 1894.) 8.

Das Pleistocän der Umgegend von Weimar. Nach d. bisherigen Forschungen krit. behandelt von Dr. phil. Arthur **Weiß**. Hildburghausen: Gadow in Komm. [1910] 65 S. 8° [10. 12758

Weiss, Art., Textil-Technik u. Textil-Handel. Vorlesungen, geh. in dem kommerziellen Textilkurs an der Export-Akademie des k. k. österr. Handels-Museums in Wien. (VII, 276 S. m. 94 Abbildgn.) Lex.-8. Wien 906. F. Deuticke. n. 7. —

Weiss, Art., Textil-Technik u. Textil-Handel. 2., verm. u. verb. Aufl. (VII, 292 S. m. 94 Abb.) Lex. 8. Wien 907. F. Deuticke. 7. —

WEISS, August (München): Ueber die akute allgemeine Anaemie und deren Behandlung durch die Transfusion.- München: Schurich 1865. 40 S.
17.8.1853 - Urk (Titel: De anaemia acuta universa eiusque curatione per transfusionem.); F 68
Diss.Ingolst.-Landsh.Mchn.

Weiss, Aug., die einfache u. doppelte Buchhaltung. s.: Reischle, M.

Weiss, A[ugust]: Erinnerungsschrift aus Anlass des vierzigjährigen Bestehens der städt. Riemerschmid'schen Handelsschule f. Mädchen in München. — München: Kellerer 1902. 31 S. 8°

WEISS, August (Lenggries): Ueber einige chronische Erkrankungen der Gesichtshaut und deren chirurgisch-cosmetische Behandlung.- München: Gradinger 1882. 50 S.
21.7.1882 - Urk (Titel: De faciei et cutis morbis quibusdam chronicis.); Chr 1882/83,16
Diss.Ingolst.-Landsh.-Mchn.

Weiss, August *Joseph* [aus Bonn]: Aus d. chirurg. Klinik zu Bonn. Ueber das primäre Extremitätencarcinom ... Bonn, Druck v. E. Heydorn, *1894*; 30 S. 8.
Bonn, Med. Fak., Inaug.-Diss. v. [10. März] 1894

Weiss, August: Die Frau nach ihrem Wesen und ihrer Bestimmung. — Leipzig: Roßberg 1892. 85 S. 8°

Weiß, Aug., Grundzüge d. griechischen u. lateinischen Verbums. gr. 8. (28 S.) Regensburg 891. J. Habbel n.n. — 60

— u. Christian Weiß, Handelskunde. Die gesetzl. Grundlagen u. der Betrieb des Handels. (XI, 254 S.) 8. Nürnberg 909. J. Korn. Geb. in Leinw. 3. 20

Weiss, August, (von Leutershausen [in Mittelfranken]): Das Handwerk der Goldschmiede in Augsburg bis zum Jahre 1681. [Erschien gleichzeitig als Heft 24 N. F. der: Beiträge zur Kunstgeschichte.] Gotha F. A. Perthes Dr. [Leipz. E. A. Seemann Verl.] 1897. VIII, 359 S. 8°.
Zürich, Phil. Diss. I. S. [v. 6. Oct. 1897]

Das Handwerk der Goldschmiede in Augsburg bis z. J. 1681 v. Dr. August **Weiss**. *Leipzig: E. A. Seemann 1897.* (1 Bl., VIII, 359 S.) 1 Bd 8. = Beiträge z. Kunstgeschichte. N. F. [No] 24. [97. 2274

Weiss, A., Lehrbuch der Gabelsberger'schen Stenographie. Für Handels-, Real-, Gewerbe- u. höhere Bürgerschulen, kaufmänn. u. gewerbl. Fortbildungsschulen sowie zum Vereins- u. Selbstunterricht. 2. nach den Beschlüssen des 7. deutschen Gabelsberger Stenographentages vom Jahre 1902 neu bearb. Aufl. Sonderausg. f. Bayern. (X, 162 S.) 8. Leipzig (903). (München, M. Kellerer.) Kart. n. 2. 30

— Lehrbuch d. Gabelsbergerschen Stenographie. Für Handels-, Real-, Gewerbe- u. höhere Bürgerschulen, kaufmänn. u. gewerbl. Fortbildungsschulen, sowie z. Vereins- u. Selbstunterricht. 5. u. 6. nach den Beschlüssen d. 7. deutschen Gabelsberger Stenographentages v. J. 1902 neu bearb. Aufl. Sonderausg. f. Bayern. (XII, 206 S. m. 1 Bildnis.) 8. Leipzig (910). München, M. Kellerer. Geb. 2. 30

— stenographisches Lesebuch f. Handels- u. Realschulen. Geschrieben v. Mathilde Stapf. gr. 8. (VII, 209 S.) München 901. M. Kellerer.
Geb. in Leinw. n. 3. 60; erm. Pr. n. 2. —

— stenographisches Lesebuch für Handels- u. Realschulen. 2. nach den Beschlüssen des 7. deutschen Stenographentages neu bearb. Aufl. I. u. II. Tl. 8. Ebd. n. 4. 10
I. Verkehrsschrift. Stenographische Schönschrift v. Mathilde Stapf. (VII, 175 S. m. 1 Bildnis.) 903. n. 2. 60
II. Redeschrift. Stenographische Schönschrift v. Mathilde Stapf. (VI, 86 S.) 904. n. 1. 50

— Stenographisches Lesebuch f. Handels- u. Realschulen. 3. nach den Wiener Beschlüssen neu bearb. Aufl. I. Tl.: Verkehrsschrift. Stenographische Schönschrift v. Mathilde Stapf. (IV, 175 S. m. 1 Bildnis.) 8. Ebd. 907. Geb. nn 2. 60

Weiß, Aug., Luftschlösser. Skizzen. (139 S.) 8. Straßburg 910. J. Singer. 2. 50

Der Odd-Fellow-Orden. Von August Weiss. Leipzig: Leibing 1891. 15 S. 8°. [Umschlagtit.]

Weiß, Aug., der Odd-Fellow-Orden [J. O. O. F.], seine geschichtliche Entwickelung, Verfassung u. Grundsätze. 2., durchgesch. Aufl. gr. 8. (40 S.) Augsburg 889. (Leipzig, Leibing.) n. — 60

— der Odd-Fellow-Orden [I. O. O. F.], seine geschichtliche Entwickelung, Verfassung u. Grundsätze. 3., durchgesch. Aufl. gr. 8. (IV, 47 S.) Ebd. 892. n. — 60

Ideales und praktisches Odd-Fellowtum. Von August Weiss. Der Wert der Odd-Fellow-Tage. Von Friedrich Rabe. Zwei Vorträge gehalten auf dem XI. Deutschen Odd-Fellow-Tag zu Kiel am 24. Juli 1905. Leipzig 1905: Leibing. 29 S. 8°. 21.

Weiss, Aug., üb. Ohrerkrankungen bei Influenza. Diss. gr. 8. (39 S.) Göttingen 890. (Vandenhoeck & Ruprecht.) n. — 80

Weiß, Aug., Schweigen. Schauspiel in 3 Aufzügen. (III, 143 S.) 8. München 904. A. Langen. n. 2. —; geb. in Leinw. n. 3. —

— Stenographie f. Kaufleute. Lehrbuch der Gabelsbergerschen Stenographie f. Handels-, Real-, Gewerbe- u. höhere Bürgerschulen, kaufmänn. u. gewerbl. Fortbildungsschulen, sowie zum Vereins- u. Selbstunterricht. Schrift des 1. Tls. v. A. Weiss. — Schrift des 2. Tls. v. M. Stapf. (Dr. Ludw. Huberti's moderne kaufmänn. Bibliothek.) gr. 8. (VIII, 140 S.) Leipzig (901). Dr. L. Huberti. Geb. in Leinw. n. 2. 75

— Stenographie f. Kaufleute. Lehrbuch der Gabelsbergerschen Stenographie. Für Handels-, Real-, Gewerbe- u. höh. Bürgerschulen, kaufmänn. u. gewerbl. Fortbildungsschulen, sowie z. Vereins- u. Selbstunterricht. 5. u. 6. nach den Beschlüssen des 7. deutschen Gabelsberger Stenographentages v. J. 1902 neu bearb. Aufl. (Moderne kaufmänn. Bibliothek.) (XII, 206 S. m. 1 Bildnis.) gr. 8. Leipzig 910. Verlag der mod. kaufmänn. Bibliothek. Geb. in Leinw. 2. 75

Weiß, Auguste, und Ernst Marticke, praktisches Kochbuch für alle Stände oder gründliche Anweisung alle Arten Speisen, Backwerk und Getränke auf die wohlfeilste und schmackhafteste Art zuzubereiten. Ein unentbehrl. Rathgeber für Hausfrauen, Haushälterinnen und Köchinnen. 8. (XXVIII und 499 S. mit 1 lithogr. Titelbild.) Glogau 854, Flemming's Verlag.

Weiß, Auguste, u. Ernst Marticke, praktisches Kochbuch. Eine gründl. Anweisg., alle Arten Speisen, Backwerke u. Getränke auf die schmackhafteste u. wohlfeilste Art zu bereiten. 2. verm. u. verb. Aufl. Mit in den Text gedr. Holzschn. u. e. (chromolith.) Titelbilde v. Bürkner. gr. 8. (XXVIII, 539 S.) Glogau 875. Flemming. geb. n. 5. —

Weiß, Auguste, und Ernst Marticke, praktisches Kochbuch. Eine gründl. Anweisung, alle Arten Speisen, Backwerke und Getränke auf die schmackhafteste und wohlfeilste Art zu bereiten. Mit in den Text gedr. Holzschn. und einem (chromolithogr.) Titelbilde von Bürkner. 2. verm. und verb. Aufl. (XXVIII, 539 S.) 1875; 3. und 4. verm. und verb. Aufl. gr. 8. (XXVIII, 541 S.) Glogau 878,79, Flemming. geb. *

Weiß, Auguste, u. Ernst Marticke, praktisches Kochbuch. 5. Aufl. Mit in den Text gedr. Holzschn. u. e. (farb.) Titelbilde v. Bürkner. gr. 8. (XXVIII, 541 S.) Glogau 890. Flemming. geb. 4. —

Weiß, Auguste, u. Ernst Marticke, praktisches Kochbuch. E. gründl. Anweisg., alle Arten Speisen, Backwerke u. Getränke schmackhaft u. wohlfeil zu bereiten. 6. Aufl. M. in d. Text gedr. Holzschn. u. 1 (farb.) Titelbilde v. Bürkner. gr. 8. (XXVIII, 541 S.) Glogau 895. C. Flemming. Geb. in Leinw. 4. —

Weiss, B., dio Massage, ihre Geschichte, ihre Anwendung u. Wirkung, s.: Klinik, Wiener, 1879.

Weiß, Bernhard

Weiß, Bernh., die beiden Apostel-Evangelien. Vorlesung am 27. December 1859 gehalten im Danziger Gewerbehause. Danzig 860. (Leipzig, Bredt.) gr. 8. (48 S.) n. 6 ngr.

Weiss, Bernh.: Die Apostelgeschichte, s. Texte u. Untersuchungen zur Geschichte der altchristlichen Literatur.

Weiss, Bernh., die Apostelgeschichte, katholischen Briefe, Apokalypse im berichtigten Text m. kurzer Erläuterung zum Handgebrauch bei der Schriftlektüre. 2. neubearb. Aufl. gr. 8. (VI, 534 S.) Leipzig 902. J. C. Hinrichs' Verl. n. 8. —; geb. in Halbfrz. n. 10. —

Weiss, Bernh., üb. die Bedeutung der geschichtlichen Betrachtung f. die neuere Theologie. Rede beim Antritt d. Rectorats der kgl. Christian-Albrechts-Universität zu Kiel am 6. März 1876 geh. gr. 4. (21 S.) Kiel 876. Universitäts-Buchh. n. 1. —

Weiß, Bernh., neutestamentliche Betrachtungen f. alle Tage d. Kirchenjahres. 2 Bde. gr. 8. Berlin, M. Warneck. Geb. in Leinw. à 6. 50

1. Morgenandachten üb. evangel. Texte. (VII, 556 S.) 909.
2. Abendandachten üb. epistol. Texte. (539 S.) 910.

Der Brief an die Hebräer. Von d. 5. Aufl. an bearb. v. Dr. Bernhard Weiss, Wirkl. Oberconsistorialr. ... Berlin. 5. verb. Aufl. *Göttingen: Vandenhoeck & Ruprecht 1897.* (1 Bl., 371 S.) 1 Bd 8.
= Meyer, Heinr. Aug. Wilh.: Krit.-exeget. Kommentar üb. d. Neue Testament. 6. Aufl. Abth. 13. [97. 877

Weiss, Bernh., d. Brief an d. Hebräer, s. a. Kommentar, kritisch-exeget., üb. d. Neue Testament, 13.

Der Brief an die Römer. Von d. 6. Aufl. an neu bearb. v. Dr. Bernhard Weiss, ... o. Prof. an d. Univ. Berlin. *Göttingen: Vandenhoeck & Ruprecht 1899.* (IV, 613 S.) 1 Bd 8.
= Meyer, Heinr. Aug. Wilh.: Krit.-exeget. Kommentar üb. d. Neue Testament. 9. Aufl. Abth. IV. [99. 813

— der Brief an die Römer, s. a. Kommentar, krit.-exeget., üb. das Neue Testament. IV.

Weiß, Bernhard: Die drei Briefe des Apostel Johannes. Von d. 5. Aufl. an neu bearb. (6. Aufl.) Göttingen: Vandenhoeck & Ruprecht 1899. (195 S.) 8°
Meyer, Heinr. Aug. Wilh.: Krit.-exeget. Kommentar üb. d. Neue Testament. Abth. 14. (Vgl. Kommentar, Krit.-exeget., ...)

— die katholischen Briefe, s.: Texte u. Untersuchungen zur Geschichte der altchristlichen Literatur.

Die Briefe Pauli an Timotheus und Titus. Von der 5. Aufl. an neu bearb. von Bernhard Weiss. (7. verb. Aufl.) *Göttingen: Vandenhoeck & Ruprecht 1902.* (379 S.) 8° [F. u. Ant.]
= Meyer, Heinr. Aug. Wilh.: Krit.-exeget. Kommentar über d. Neue Testament. Abth. 11. [02. 1431] 3

— die Briefe Pauli an Timotheus u. Titus, s. a. Kommentar, krit.-exeget., über das Neue Testament. XI.

— die paulinischen Briefe im berichtigten Text. M. kurzer Erläuterg. zum Handgebrauch bei d. Schriftlektüre. gr. 8. (V, 682 S.) Leipzig 896. J. C. Hinrichs' Verl. n. 12. 50

Der Codex D in der Apostelgeschichte. Textkrit. Untersuchg v. Dr. Bernhard Weiss. *Leipzig: J. C. Hinrichs 1897.* (2 Bl., 112 S.) 8.
= Texte u. Untersuchgn z. Geschichte d. altchristl. Literatur. Bd 17. H. 1. (N. F. Bd II. H. 1.) [97. 4185

Weiß, Bernh., Entstehungsgeschichte des Neuen Testaments. Kurz dargestellt. [Erw. Sonderabdr. aus: „W., d. Neue Test., deutsch".] (20 S.) 8. Leipzig 904. J. C. Hinrichs' Verlag. n. — 20

Die Evangelien des Markus und Lukas ... bearb. von Bernhard Weiss. (9. Aufl.) *Göttingen: Vandenhoeck & Ruprecht 1901.* (IV, 694 S.) 8°
= Meyer, Heinr. Aug. Wilh.: Krit.-exeget. Kommentar über d. Neue Testament. Abth. 1, Hälfte 2. [01. 6940 3

— die Evangelien des Markus u. Lukas, s. a. Kommentar, krit.-exeget., üb. das Neue Testament. I. 2.

— die vier Evangelien im berichtigten Text. Mit kurzer Erläuterg. zum Handgebrauch bei der Schriftlektüre. [Aus: „W., d. Neue Testament".] gr. 8. (IX, 604 S.) Leipzig 900. J. C. Hinrichs' Verl. n. 12. —; geb. in Halbfrz. n. 14. —

— das Evangelium u. die Evangelien. Vortrag, geh. im Evangel. Verein am 16. Jan. 1894. gr. 8. (32 S.) Berlin 894. Besser. n. — 60

— das Evangelium d. Markus, s.: Meyer, Heinr. Aug. Wilh., kritisch-exegetischer Kommentar üb. das Neue Testament.

Weiss, Bernh., 50 Fälle von Hämatocele retrouterina Aus der Königsberger gynäkolog. Klinik in den J. 1878. 1881 u. 1889. Inaug.-Diss. gr. 8. (55 S.) Königsberg i/Pr. 889. (Koch.) n. 1. —

— Festrede zur Einweihung d. neuen Universitäts-Gebäudes, geh. am 25. Octb. 1876. gr. 8. (40 S.) Kiel 876. Schwers. n. — 60

— das Geheimnis des Kreuzes. Ein Vortrag. (36 S.) gr. 8. Berlin 903. Trowitzsch & Sohn. n. — 80
Sonderabdruck aus: „Kirchl. Wochenschrift f. ev. Christen".

Die Geschichtlichkeit des Markusevangeliums. Von D. Bernhard Weiß, Prof., Berlin. Gr.Lichterfelde-Berlin: E. Runge 1905. (67 S.) 8° [F.]
= Zeit- u. Streitfragen, Biblische. Ser. 1. H. 3. [06. 690

Gotteskindschaft und Gottesknechtschaft, die beiden Seiten des Heilsstandes in Schrift und Predigt. Vortrag geh. zu Potsdam 1898 von D. B[ernhard] Weiß, Wirkl. Oberkonsist.R. zu Berlin. *Gr. Lichterfelde-Berlin: E. Runge [1899].* (18 S.) 8° [F.]
Aus: Kirchl. Monatsschrift.
= Hefte f. evangel. Weltanschauung u. christl. Erkenntnis. Ser. 1, No 3. [04. 7990 11

— vom irdischen Gut. 4 bibl. Ansprachen üb. Evangelium Lucae 12, 13—34. Zur Begrüßg. d. 27. Kongresses f. innere Mission in Dortmund in den Druck gegeben. 8. (45 S.) Hamburg 893. Agentur des Rauhen Hauses. n. — 60; feine Ausg. n. — 75

Weiß, Bernh., kleines Handbuch der sämmtl. Realkenntnisse, nebst den wichtigsten Regeln der deutschen Sprache u. 650 zweckmäßigen Aufgaben zu schriftl. Arbeiten. 8. Chemnitz 839. Expedition des Gewerbeblattes (Binder). n. 1/6 ℛ

Weiß, Bernh., kleines Handbuch d. sämmtl. Realkenntnisse, nebst d. wichtigsten Regeln d. deutschen Sprache u. 650 zweckmäß. Aufgaben zu schriftl. Arbeiten. 8. (8½ B.) Chemnitz 839. [Leipzig, Kittler.]

Weiß, Bernh., kleines Handbuch der sämmtlichen Realkenntnisse und der wichtigsten Regeln der deutschen Sprache, mit zweckmäß. Aufgaben zu schriftl. Arbeiten; nebst 30 Schulgebeten für Volksschulen. 2. Aufl. 8. Leipzig 842, Binder. (Bamberg.) n. 4 ngr

Weiss, Bernh., kritisch-exegetisches Handbuch über den Brief an die Hebräer,
—— dass. — über den Brief des Paulus an die Römer,
—— dass. — über die drei Briefe des Apostels Johannes,
—— dass. — über die Briefe Pauli an Timotheus und Titus,
—— dass. — über die Evangelien des Markus und Lukas,
—— dass. — über das Evangelium des Johannes,
} s. Meyer, H. A. W., kritisch-exegetischer Kommentar über das Neue Testament.

Weiß, Bernhard: Der Hebräerbrief in zeitgeschichtlicher Beleuchtung. Leipzig: Hinrichs 1910. 109 S. 8°
(Texte u. Untersuchungen z. Geschichte d. altchristl. Literatur. Bd 35, H. 3.)

Weiß, Bernhard: Die Herberge zur Heimath. Rede, geh. am 2. Febr. 1869. (Kiel. 1869.) 8°

— der Jakobusbrief u. die neuere Kritik. (50 S.) gr. 8. Leipzig 904. A. Deichert Nachf. n. 1. —

Weiß, Bernhard, a. Berlin: Inwieweit ist der deutsche Reichstag Herr seiner Geschäftsordnung? ⟨Die Rechte des deutschen Reichstages in bezug auf Ergänzung, Auslegung und Abänderung der Geschäftsordnung⟩. Berlin: C. Heymann 1906. (VIII, 76 S.) 8° [F.]
Würzburg, Jur. Fak., Ref. Piloty, Diss. v. 2. Jan. 1906
[Geb. 30. Juli 80 Berlin; Wohnort: Berlin; Staatsangeh.: Preußen; Vorbildung: Gymn. Rudolstadt Reife O. 98; Studium: Berlin 2, München 2, Freiburg i. B. 2 S.; Rig. 29. Juli 04]

— die Johannes-Apokalypse, s.: Texte u. Untersuchungen zur Geschichte der altchristlichen Literatur.

Das Johannes-Evangelium. Von d. 6. Aufl. an neu bearb. von Bernhard Weiss. (9. neu bearb. Aufl.) *Göttingen: Vandenhoeck & Ruprecht 1902.* (543 S.) 8° [F. u. Ant.]
= Meyer, Heinr. Aug. Wilh.: Krit.-exeget. Kommentar über d. neue Testament. Abth. 2. [02. 13265 3

— das Johannes-Evangelium, s. a. Kommentar, krit.-exeget., über das Neue Testament. II.

Weiß, Bernh., das Leben Jesu. 2 Bde. gr. 8. Berlin 882, Hertz. [1. Bd. (XVI, 565 S.) *ℳ 8,60., geb. *ℳ 10.; 2. Bd. (IV, 636 S.) *ℳ 9,40., geb. *ℳ 11.] * geb. *

— das Leben Jesu. In 2 Bdn. 2. Aufl. gr. 8. (VIII, 556 u. IV, 630 S.) Berlin 884. Hertz. n. 18. —

— das Leben Jesu. 3. Aufl. 2 Bde. gr. 8. (VIII, 539; IV, 604 S.) Berlin 888. Hertz. à Bd. n. 9. —; geb. n.n. 10. 50

— das Leben Jesu. 2 Bde. 4. umgearb. Aufl. gr. 8. (VIII, 541 u. VI, 600 S.) Stuttgart 902. J. G. Cotta Nachf. n. 18. —; geb. in Halbfrz. n. 22. —

— der Johanneische Lehrbegriff in seinen Grundzügen untersucht. Berlin 862. Hertz. gr. 8. (XII, 299 S.) n. 1 ₰ 18 ngr.

Weiß, Bernh., der petrinische Lehrbegriff. Beiträge zur bibl. Theologie, sowie zur Kritik und Exegese des I. Briefes Petri und der petrin. Reden. gr. 8. (VIII und 444 S.) Berlin 855, W. Schultze.

— Lehrbuch der Einleitung in das Neue Testament. Lex.-8. (XIV, 643 S.) Ebend. 886. n. 11. —; geb. n.n. 12. 50

— Lehrbuch der Einleitung in das Neue Testament. 2., verb. Aufl. gr. 8. (XII, 644 S.) Ebd. 889. n. 11. —; geb. n.n. 12. 50

Lehrbuch der Einleitung in das Neue Testament v. D. Bernhard Weiss, Wirkl. Oberkonsistorialr. u. Prof. d. Theol. 3. verb. Aufl. *Berlin: W. Hertz 1897.* (XIV, 617 S.) 1 Bd. 8.

Weiß, Bernh., Lehrbuch der biblischen Theologie des Neuen Testaments. 1. Aufl. (XV, 756 S.) 1868, und 2. vollständig umgearb. Aufl. gr. 8. (XIII, 704 S.) Berlin 873, Hertz. *

—— Lehrbuch der biblischen Theologie des Neuen Testaments. 3. umgearb. Aufl. (XI, 708 S.) 1880. *ℳ 11.; 4. Aufl. gr. 8. (XVI, 704 S.) Ebendas. 884. *

— Lehrbuch der biblischen Theologie des Neuen Testaments. 5. Aufl. gr. 8. (VIII, 700 S.) Ebd. 888. n. 11. —; geb. n.n. 12. 50

— Lehrbuch d. biblischen Theologie d. Neuen Testaments. 6., verb. Aufl. 2 Hälften. gr. 8. (VIII, 682 S.) Ebd. 895. n. 11. —

Lehrbuch der Biblischen Theologie des Neuen Testaments von D. Bernhard Weiß, Wirkl. Ober-Konsist.R. u. Prof. zu Berlin. 7. verb. Aufl. *Stuttgart & Berlin: J. G. Cotta Nachf. 1903.* (X, 680 S.) 8° [F.]

Weiss, Bernh., das Marcusevangelium u. seine synoptischen Parallelen erklärt. gr. 8. (XII, 516 S.) Ebend. 872. n. 12. —

Das Matthaeus-Evangelium. Von d. 7. Aufl. an bearb. v. Dr. Bernhard Weiss, ... Prof. an d. Univ. Berlin. 9. Aufl. *Göttingen: Vandenhoeck & Ruprecht 1898.* (VI S., 1 Bl., 510 S.) 8.
= Meyer, Heinr. Aug. Wilh.: Krit.-exeget. Kommentar üb. d. Neue Testament. 9. Aufl. Abth. 1., Hälfte 1. [98. 1152

— d. Matthäus-Evangelium, s. a. Kommentar, kritisch-exeget., üb. d. Neue Testament, I, 1.

— das Matthäusevangelium u. seine Lucas-Parallelen erklärt. Lex.-8. (VIII, 584 S.) Halle 876. Buchh. d. Waisenh. n. 15. —

— die innere Mission an der Wende des Jahrhunderts. Festrede, geh. bei der 50jähr. Jubelfeier des Stadtvereins f. innere Mission im Stadtmissionshause zu Königsberg am 2. XI. 1899. gr. 8. (19 S.) Königsberg 899. (Ev. Buchh. d. ostpr. Provinzialvereins f. innere Mission.) n. — 30

Weiss, Bernhard. (geb. Uschitz 1807): De operationibus in stricturas instituendis generatim et de operatione fistulae lacrymalis in specie. Berolini (1834). (29 S.) 8°
Berlin, Med. Diss. v. 12. Nov. 1834

Der erste Petrusbrief und die neuere Kritik von D. Bernhard **Weiß**, Prof., Berlin. Gr.Lichterfelde-Berlin: E. Runge 1906. (65 S.) 8° [F.]
= **Zeit-** u. Streit**fragen**, Bibl., z. Aufklär. d. Gebildeten. Ser. 2. H. 9. [07. 16166 11

— der Philipper-Brief ausgelegt und die Geschichte seiner Auslegung kritisch dargestellt. Ebenb. 859. gr. 8. (XV, 356 S.) n. 1 ₰ 24 ngr.

Die Quellen des Lukasevangeliums von D. Bernhard **Weiss**, Prof., Berlin. Stuttgart & Berlin: J. G. Cotta Nachf. 1907. (XII, 296 S.) 8° [07. 3931

— Die Quellen der synoptischen Überlieferung, s.: Texte u. Untersuchungen zur Geschichte der altchristlichen Literatur. III. 2. III.

Der deutsche Reichstag und seine Geschäftsordnung. Von Bernhard **Weiss**. Berlin: C. Heymann 1906. (VIII, 76 S.) 8° [F.] [06. 3453 6

Die Religion des Neuen Testaments von D. Bernhard Weiß. *Stuttgart & Berlin: J. G. Cotta Nachf. 1903.* (XII, 371 S.) 8° [F.] [03. 5169

— Die Religion des Neuen Testaments. 2. Aufl. (VIII, 323 S.) gr. 8. Stuttgart 908. J. G. Cotta Nachf. 6.—; geb. in Halbfrz. 8. —

— das Neue Testament. Textkritische Untersuchg. u. Textherstellg 1. Thl. Apostelgeschichte. Katholische Briefe. Apokalypse. [Aus: „Texte u. Untersuchgn. zur Geschichte der altchristl. Literatur, hrsg. von Osc. v. Gebhardt u. Adf. Harnack".] gr. 8. (III, III, 313; VI, 230 u. VI, 225 S.) Leipzig 894. J. C. Hinrichs' Verl. n. 20. —

— d. Neue Testament. Textkrit. Untersuchungen u. Textherstellg. II. Thl. D. paulin. Briefe einschliessl. des Hebräerbriefs. 2 Thle. in 1 Bd. gr. 8. Berlin, Besser. n. 18. — (I. u. II.: n. 43. —; erh. Preis d. I. Thls. n. 25. —)

1. Textkritik. (V, 161 S.) — 2. Bericht. Text m. kurzer Erläuterg. (V, 682 S.)

— dasselbe. Textkritische Untersuchgn. u. Textherstellg. 3. Thl. Die vier Evangelien. gr. 8. (III, V, 246 u. IX, 604 S.) Ebd. 900. n. 20. —

— das Neue Testament. Handausg. Berichtigter Text m. kurzer Erläuterung zum Handgebrauch bei der Schriftlektüre. 3 Bde. gr. 8. Leipzig 902. J. C. Hinrichs' Verlag. n. 24. —; geb. in Halbfrz. n. 30. —

1. Die vier Evangelien. (IX, 604 S.) n. 8. —; geb. n. 10. —
2. Die paulinischen Briefe u. der Hebräerbrief. 2. Aufl. (694 S.) n. 8. —; geb. n. 10. —
3. Die Apostelgeschichte, katholischen Briefe, Apokalypse. 2. neubearb. Aufl. (VI, 534 S.) n. 8. —; geb. n. 10. —

— dasselbe. Ausg. in 11 Hftn. gr. 8. Ebd. 902. n. 26. —

1. Das Evangelium Matthaeus. (1. Bd. S. 18—170.) n. 2. 20
2. Das Evangelium Markus. (1. Bd. S. 171—277.) n. 2. 20
3. Das Evangelium Lukas. (1. Bd. S. 278—446.) n. 2. 20
4. Das Evangelium Johannes. (1. Bd. S. 447—604.) n. 2. 20
5. Der Brief an die Römer. 2. (neubearb.) Aufl. (2. Bd. S. 21—131.) n. 2. 20
6. Die Korintherbriefe. 2. (neubearb.) Aufl. (2. Bd. S. 133—320.) n. 2. 20
7. Der Brief an die Galater, Epheser, Philipper, Kolosser, Thessalonicher. 2. (neubearb.) Aufl. (2. Bd. S. 321—520.) n. 2. 20
8. Der Hebräerbrief u. die Briefe an Timotheus, Titus, Philemon. 2. (neubearb.) Aufl. (2. Bd. S. 521—694.) n. 2. 20
9. Die Apostelgeschichte. 2. neubearb. Aufl. (3. Bd. S. 19—261.) n. 4. —
10. Die katholischen Briefe. 2. neubearb. Aufl. (3. Bd. S. 263—416.) n. 2. 20
11. Die Apokalypse. 2. neubearb. Aufl. (3. Bd. S. 417—584.) n. 2. 20

— das Neue Testament. Handausg. 1. Bd. gr. 8. Leipzig, J. C. Hinrichs' Verl. n. 8. —; geb. in Halbfrz. n. 10. —

Die vier Evangelien im berichtigten Text m. kurzer Erläuterung zum Handgebrauch bei der Schriftlektüre. 2. Aufl. (VIII, 616 S.) 905.

— dasselbe nach D. Martin Luthers berichtigter Uebersetzg. m. fortlaufender Erläuterg. versehen. 2 Hälften. 2. verb. Aufl. gr. 8. Ebd. 907. à n. 5. —; geb. in Leinw. à n. 6. —

1. Kurze Entstehungsgeschichte des Neuen Testaments. Evangelien. Apostelgeschichte. (XXI, 568 S.)
2. Apostolische Briefe. Offenbarung Johannis. (544 S.)
   1. Aufl. (XX, 566 u. 546 S.) 901.

— s. a. Testament, das Neue, in Luthers Übersetzg.

Textkritik der Paulinischen Briefe v. D. Bernhard Weiss. *Leipzig: J. C. Hinrichs 1896.* (IV S., 1 Bl., 161 S.) 8.
= Texte u. Untersuchgn z. Geschichte d. altchristl. Literatur. Bd 14. H. 3. [96. 2134

Weiß, Bernhard: Textkritik der vier Evangelien. Leipzig: J. C. Hinrichs 1899. (IV, 246 S.) 8°
(Texte u. Untersuchungen z. Geschichte d. altchristl. Literatur. 19,2. N. F. Bd 4. H. 2.)

Weiß, (Bernh.), über ordinatorische Verpflichtung. Ein Wort zum Frieden mit Rücksicht auf die Arbeiten der Evangel. Generalsynode. gr. 8. (28 S.) Königsberg 847, Gräfe & Unzer in Comm. n. 4 ngr

— wie lerne ich die Bibel lesen u. gebrauchen? Vortrag. (18 S.) 8. Leipzig 905. J. C. Hinrichs' Verl. n. — 30

— ethische Worte. Zusammengestellt v. W. 12. (125 S.) Leipzig (902). O. Weber. Geb. in Leinw. n. 2. 50

Berthold Weiß. Atheisten. Schauspiel in 3 Aufz. Zürich: Verl.-Magazin 1893. (41 S.) 8° [F.] [06. 12580

Weiss, Berth., die ethische Aufgabe d. Menschen. gr. 8. (23 S.) Wien 890. Deuticke. n. — 75

Weiss, Berthold, die ethische Aufgabe d. Menschen. 2., umgearb. Aufl. gr. 8. (16 S.) Berlin 898. F. Dümmler's Verl. n. — 80

Weiss Berthold: Rousseaus Beziehungen zu Hume u. Kant und die Umgestaltung seiner Gedanken durch den letzteren.
H. 1884 PN 350 Diss. Wien, Univ.

— Caesar Borgia. Schauspiel. In-12°. 55 S. Zürich, Verlags-Magazin (J. Schabelitz). 1893.

Entwicklung. Versuch e. einheitl. Weltanschauung von Dr. Berthold Weiß. (Stuttgart): Schweizerbart 1908. 207 S. 8° [10. 14322

— aphoristische Grundlegung e. Philosophie des Geschehens. gr. 8. (73 S.) Ebd. 895. n. 1. 20

Weiß, Berth., ein Tag. 2. Aufl. 8. (80 S.) Leipzig (900). M. Altmann. n. 1. —

Weiss, Berthold, die Zukunft der Menschheit. 8. (16 S.) Leipzig 898. O. Weber. n. — 40

Weiss, Berth. Übersichtliche Zusammenstellung der meteorologischen Verhältnisse von Oberhollabrunn in den Jahren 1878 ff. Je 2 S. 8. *Oberhollabrunn* 1879. 1880. 1882. 1883. 1884. 1885.
Progr.

Weiß, Bruno, Abendmahlsreform. (25 S.) gr. 8. Bremen 903. G. Winter. n. — 50

Weiß, Bruno, Bilder aus der Bremischen Kirchengeschichte um die Mitte des 19. Jahrh. 8. (72 S.) Bremen 896. M. Nößler. n. — 80

Weiss, Bruno: Ueber secundäre Dialpharylhydrazine. Wien 1900: F. Brück & Söhne. (30 S.) 8°
Erlangen, Phil. Diss. v. 28. Juni 1900.

Weiß, Bruno, der Friede Gottes. Gedichte. 8. (192 S.) Bremen 889. Kühtmann. n. 3. —; geb. n. 4. —

Weiß, Bruno, der Humanismus u. Ulrich v. Hutten. Vortrag, geh. im Protestantenverein zu Bremen u. Hamburg. gr. 8. (32 S.) Bremen 883. Roussell. n. — 50

Weiss, Bruno: Zur Kenntniss der von versprengten Nebennierenkeimen ausgehenden Geschwülste. *Jena: G. Fischer 1898.* (25 S.) 8°
Königsberg, Med. Diss. v. 10. Juni 1898

Weiß, Bruno, Konfirmationsrede, geh. den 27. III. 1904 in der Rembertikirche zu Bremen. (9 S.) 8. Bremen 904. G. Winter. n. — 30

Das Logengeheimnis. Lustspiel in 1 Akt [4 Bildern] von Bruno Weiss. Leipzig: Rochter o. J. 42 S. 8°. (Lustspiele 37.)
Recens: H. 22 (1911) S. 575 (Otto Phil. Neumann). 1.

Weiß, Bruno, aus der Märchenwelt. Scherzhafte u. ernste Erzählgn. 8. (VII, 164 S. m. 4 Bildern.) Gotha 894. F. A. Perthes. Geb. in Leinw. 3.—

— aus der Märchenwelt. Scherzhafte u. ernste Erzählgn. 3. u. 4. Tauf. (VII, 164 S. m. 4 [1 farb.] Bildern.) 8. Gotha 904. F. A. Perthes. Geb. in Leinw. n. 2.—

Weiß, Bruno, mehr als 50 Jahre auf Chatham Island. Kulturgeschichtliche u. biograph. Schildergn. in Bearbeitgn. u. Auszügen aus den Briefen eines Deutschen, unter Heranziehung einiger anderer Quellen hrsg. gr. 8. (99 S. m. 1 Taf.) Berlin 901. Deutscher Kolonial-Verlag. n. 1. 80

Weiß, Bruno, Monismus, Monistenbund, Radikalismus u. Christentum. 2. Aufl. (46 S.) gr. 8. Bremen 907. G. Winter Verl. 1.—
1. Aufl. (34 S.) 907 —80.

Die drei Rosen. Festrede zum 24. Juni 1894. Von Bruno Weiss. [Bützow 1894: Buhr.] 6 S. 4° [Kopftit.]
Aus: ML. 23 (1894—1895) S. 11—15. 110.

Weiß, (Julius Theodor) Bruno (*geb. Breslau 9. 6. 1852*): Untersuchungen über Friedrich Schleiermachers Dialektik. Halle a. S. 1878. (31 S.) 8° [F.] (*Vollst. in: Zeitschr. f. Philos. u. philos. Kritik N. F. Bd 73. (1878 u. 74. 1879.)*)
Breslau, Phil. Diss. v. 30. März 1878.

— **Volkssitten u. religiöse Gebräuche.** Eine kulturgeschichtl. Studie. 8. (54 S.) Bremen 892. J. Kühtmann. n. 1.—

Weiß, Bruno, eine **Weihnachts-Feier** der Remberti-gemeinde zu Bremen. Dichtung. gr. 8. (28 u. 8 S.) Bremen 901. G. Winter. n. 1.—

— Worte der Schrift zum Auswendiglernen, nebst e. Anh., enth. Gebete rc. gr. 8. (32 S.) Ebd. 889. cart. n. —25

— **Worte der Schrift zum Auswendiglernen, nebst e. Anh., enth. Gebete rc. 2. Aufl. gr. 8. (32 S.) Ebd. 891. Kart. n. —40**

— **Worte der Schrift zum Auswendiglernen, nebst einem Anh., enth. Gebete rc. 3. Aufl. gr. 8. (32 S.) Ebd. 900. Kart. n. —50**

— Worte der Schrift sowie Tabellen zur Religionsgeschichte, Bibel, Liederdichtg. u. zu d. Unterscheidungslehren. 4. umgearb. Aufl. (32 S.) 8. Ebd. 910. Geb. —50

Weiß, C., zur Abwehr. Eine Abhandlung über das Verhältniß der Methodisten zur Landeskirche. [Ein Wort zur Verständigung und zum Frieden.] 8. (32 S.) Bremen 880, Verlag des Tractathauses.

—— und A. Kraus, das Stadt-Thor, s. Kraus, A.

W(eiss), C. von

— — Napoleons Strategie im Jahre 1813. Von der Schlacht von Gross-Görschen bis zur Schlacht von Leipzig.
8. Berlin, Posen und Bromberg 1827.

Weiss, C. Über endoneurale Wucherungen in den peripherischen Nerven des Hundes. M. 1 Taf. In-8°. 31 S. Bern. These. 1894

Weiß, C. F., Erinnerungen aus meiner Rundfahrt nach Salzburg, Innsbruck, Bregenz, dem Bodensee, Lindau, Schaffhausen rc. im J. 1857. Mit Bemerkungen aus dem J. 1861. 16. (IX und 209 S.) St. Pölten 861, Hofmann.

Weiß, C. F. H., Anleitung zur Erkennung und Beurtheilung der Hauptmängel der Hausthiere. Mit dem diesfallsigen Badischen und Württembergischen Gesetze, nebst den Motiven und Verfügungen, einer Erläuterung dieser Gesetze rc. Für Rechtsgelehrte, Thierärzte, Thierbesitzer rc. Stuttgart 862. Metzler. gr. 8. (VIII, 192 S.) n. 24 ngr.

Weiss, C. F. H., Anleitung zum Verordnen der thierärztlichen Arzneimittel, mit einer Uebersicht über Gabe, Form, passende Verbindung derselben und die chem. Cautelen. Bearb. und durch viele Beispiele erläutert. 8. (VIII und 159 S.) Stuttgart 848, J. F. Steinkopf.

—— Anleitung zum Verordnen der thierärztlichen Arzneimittel, mit einer Uebersicht über Gabe, Form, passende Verbindung derselben, nebst einer Sammlung von Heilformeln. 2., vielfach verb. und verm. Aufl. gr. 16. (VIII und 283 S.) Stuttgart 867, J. F. Steinkopf. *

— s. Grognier, L. F., Grundriß der Veterinär-Zoologie.

—— **Leitfaden** zur Erkennung und Beurtheilung der gesetzlichen Hauptmängel der Hausthiere in den deutschen Staaten und in der Schweiz, mit Angabe der Gewährzeiten. Für Thierärzte, Landwirthe, Rechtsgelehrte rc. gr. 8. (VI und 186 S.) Stuttgart 863, Metzler's Verlag.

Weiss, C. F. H., specielle Physiologie für Thierärzte und Landwirthe. Zum Gebrauche bei Vorlesungen und zum Selbststudium. gr. 8. (VIII und 456 S. mit 60 eingedr. Holzschn.) Stuttgart 860, Metzler'sche Buchh. Verlags-Conto. *

Weiss, D. C. F. H., specielle Physiologie der Haussäugethiere für Thierärzte und Landwirthe. Zum Gebrauche bei Vorlesungen und zum Selbststudium. 2. umgearb., verb. und verm. Aufl. gr. 8. (XII, 548 S. mit 80 eingedr. Holzschn.) Stuttgart 869, Metzler's Verlag. *

(Weiss, C. F. H. u. J. C. Gross): Sammlung der die Veterinär-Polizei im Königreich Württemberg betreffenden Verordnungen, Belehrungen etc. mit Notizen über die K. Thier-Arzneischule zu Stuttgart, erl. Anm. u. e. Steintaf. Stuttgart 1843. XII, 277 S.

Weiß, C. F. H., veterinär-medicin. Wörterbuch. Verzeichniß u. Erklärung der in der Thierheilkunde vorkommenden Kunstausdrücke u. Fremdwörter, mit besond. Berücksichtigung der Etymologie bearb. 12. Stuttgart 843, J. F. Steinkopf. 1/3 ℔

Weiss, C. F. H.: Veterinair-medicinisches Wörterbuch. Verzeichniss u. Erklärung d. in d. Thierheilkunde vorkommenden Kunstausdrücke u. Fremdwörter mit bes. Berücks. d. Etymologie. Stuttgart 1843. VI, 99 S.

Weiß, C. F. H. [Übers. u. Komm.], s. Youatt, W.: Der Hund. – Das Schwein. (Vgl. Viehzucht, Die engl. Bd. 4. 5.)

Weiß, C. H., „daß d. apostol. Predigt immer noch d. rechte sei, auch f. uns. Zeit.“ Eine Pfingstpredigt, nebst e. Beilage v. ausgewählten Stellen aus Dr. Luther's, Joh. Arnd's, Tersteegen's Schriften. 8. (5 B.) Königsberg 834, (Bon.)

Weiß, C. H. L.: Kurze Anweisung den Aepfel- und Johannisbeerwein richtig und gut anzufertigen, ausfrierend und edler darzustellen. Hirschberg: Nesener 1824.
-- (Zit. nach Kayser)
Thienemann: Weiß, L.G.L. 1825.

Weiß, (C. H. L.,) kurze Anweisung, den Aepfel- u. Johannisbeerwein richtig u. gut anzufertigen, ausfrierend u. edler darzustellen. 8. Hirschb. 824, Thomas.

Weiß, (C. J.,) neuester allgem. Gelegenheits-Dichter, s. Gelegenheitsdichter.

Weiss, Carl. s. Weiss, Karl

Weiss, Ch. D., dissert. de doctore, quem vocant, Joh. Fausto, circuli Wittembergensis olim habitatore. Altenb. 728. fol.

Weiß, Chr., (Regier.- u. Schul-Rath), über die Behandlungsart der Geschichte der Philosophie auf Universitäten. 8. Leipz. 799.

— Beitrr. zur Erziehungskunst, s. E. Tillich.

Weiss, Ch. Ueber Beurtheilung und Behandlung verwahrloseter Kinder. Halle, E. Anton 1827. zweite Ausgabe. Halle 1829.

Weiss, Chr., de scepticismi causis atque natura. Commentatio philosophica. 4. Lips. Tauchnitz. 802.

— de scepticismi natura atque causis. Prolusio inaug. 4. Leipz. 802. Tauchnitz. 6 gl

— de cultu divino, interno et externo recte judicando. 4. Leipz. 796 (List in Berl.) 4 gl

— Fragmente über Seyn, Werden u. Handeln, nebst einigen Beilagen. 8. Leipz. 797. Martini. (Knobloch). 16 gl

Ch. Weiss v. d. lebend. Gott u. wie d. Mensch zu ihm gelange; nebst Beilagen zu *F. H. Jacobi's* Schr. v. d. g. D. u. i. O., u. zu d. Vfs. Untersuchh. üb. d. Wes. u. Wirken der menschl. Seele. *Lpz.*, (Vogel in Comm.) 812. 8° 20 gl

Ch. Weiss: Lehrb. d. Logik, nebst e. Einleit. z. Philos. überh. u. besond. zu d. bisher. Metaph. *Lpz.*, Göschen. 801. gr 8° 18 gl

— Lehrbuch der Philosophie d. Rechts, zu Vorlesungen u. zum Privatgebrauch. gr. 8. Leipz. 804. (Wienbrack). 18 gl

Ch. Weiss: Lehrb. d. Philos. d. Rechts. *Lpz.*, Gräff. 804. 8° 18 gl

— Resultate d. krit. Philosophie, vornehmlich in Hinsicht auf Religion u. Offenbarung. 8. Leipz. 799.

Weiß, Chr., Stoff zum Anschauungs-Unterrichte für die drei ersten Schuljahre. 2. umgearb. und verm. Aufl. gr. 8. (VIII, 80 S.) [Eichstätt 879, Krüll'sche Buchh.] Nürnberg, Korn'sche Buchh. *

Ch. Weiss: Untersuchh. üb. d. Wesen u. Wirken d. menschl. Seele, als Beitrag z. e. wissenschaftl. Naturlehre derselben. *Lpz.*, Vogel. 811. gr 8° 2 ß

Weiß, Chr. : Ueber die Verbindung zwischen Seele und Körper, mit Beziehung auf die Krankheiten der Seele. 8°
Aus: Zeitschrift für psychische Aerzte. Bd 2.1818. H. 1.

— s. Chr. Lebr. Traug. Wandel's, nachgelassene Predigten.

Weiß, M. Chr., Wanderungen in Sachsen, Schlesien, Glatz u. Böhmen. 2 Bde. gr. 8. Leipz. 796, 97. Neuer Titel 807. (W. Rauck.) 1 ß 12 gl

— Winke, üb. eine durchaus prakt. Philosophie. 8. Ebend 801.

— Winke, über e. durchaus prakt. Philosophie. 8. Leipz. 810. Göschen. 4 gl

Weiß, Chr. Gottlob: Über die Ansteckung d. Viehseuche, s. Camper.

Weiß, Chr. Glo., Versuch e. Beweises, daß d. Gefährlichkeit d. Kinderpocken in einer beschwerl. Veränderung des Pockengiftes in gutes Eiter bestehe rc. 8. Duisb. 773.

Weiß, Chr. Samuel

Weiß, Chr. Sam. († d. 16. März 1805.) über Predigergravität. 8. Leipz. 783. Hilscher. 2 gl

Weiß, C. S., üb. Predigergravität. 8. Lpz. Hilscher. 795.

Weiß, Christ. Konrad

Weiß, Christ. Conr., Beiträge z. Beurtheilung u. Behandlung der psychischen Krankheiten u. der Epilepsie. 1. Bd. 1. Hft. gr. 8. (8¼ B.) Leipzig 812, Friedr. Fleischer. —

Weiß, Chr. Conr., Coffea arabica, nach seiner zerstörenden Wirkung auf animal. Dünste als Schutzmittel gegen Contagien vorgeschlagen. 8. (5 B.) Freiberg 832, Craz u. Gerlach.

Weiß, Christian

Weiß, Chrstn., Betrachtungen üb. Rationalismus u. Offenbarung. Ein Versuch z. Verständigung. 8. (11¼ B.) Eisleben 846, Reichardt.

Weiß, Chrn., († d. 10. Febr. 1853), Bibelstunden für denkende Christen, nach Anleitung des Evangeliums Matthäi. gr. 8. (X u. 457 S.) Eisleben 847, Reichardt. n. 1⅓ ß

Weiß, Chrstn., Erfahrungen u. Rathschläge aus d. Leben e. Schulfreundes. Zunächst f. d. Volksschullehrer d. Regier.-Bezirks Merseburg zusammengest. u. Denselben gewidmet. 2 Bde. gr. 8. Halle, Schwetschke u. Sohn. [1. (4½ B.) 835. ¼ Thlr., 2. (15¼ B.) 839. ⅞ Thlr.] Thlr.
Der 2. Bd. a. u. d. T.:
Zur Fundamental- u. Methoden-Lehre f. e. einfacheres Lehrsystem in d. Volksschulen uns. Zeit.

— Erfahrungen und Rathschläge aus dem Leben eines Schulfreundes. Zunächst f. die Volksschullehrer d. Regier.-Bezirks Merseburg zusammengestellt. 1. Bd. 2. verm. u. verb. Ausg. gr. 8. Halle 843, Schwetschke u. Sohn. ⅓ ß

Weiß, Chr., Erfahrungen u. Rathschläge aus dem Leben eines Schulfreundes. 3. Bd. A. u. d. T.: Das 3. u. 5. Hauptstück des kleinen Katechismus von M. Luther praktisch bearb. zunächst für Volksschullehrer. gr. 8. Halle 844, Schwetschke u. Sohn. 1 3/8 ß

— dass. 4. Bd. A. u. d. T.: Ueber die Beschränkung des Unterrichts in den Volksschulen überhaupt und den deutschen Sprachunterricht insbesondere. gr. 8. Ebend. 845. 1 ß (1—4: 3 7/12 ß)

Weiß, Christian, das Fischereigesetz f. das Königr. Bayern nebst der Landesfischereiordnung, der Vollzugsbekanntmachung u. den sonstigen d. Fischereiwesen betr. Vorschriften. (XI, 738 S.) kl. 8. Nürnberg 909. U. E. Sebald. Geb. in Leinw. 5. 20

— Gesetz gegen den unlauteren Wettbewerb. Vom 7. VI. 1909. 2. Aufl. des Kommentars z. Gesetz zur Bekämpfg. d. unlauteren Wettbewerbs v. 27. V. 1896 v. Jul. Kahn. (Schweitzers Handausgaben m. Erläutergn.) (XV, 404 S.) 8. München 910. J. Schweitzer Verl. Geb. in Lw. 7. 50

— u. Konr. Weiß, Gesetzes- u. Bürgerkunde. Ein Merk- u. Nachschlagebuch f. die reifere Jugend m. e. Anh. üb. Kalkulation u. Buchführg. v. Geo. Maier. (VII, 186 S.) 8. Nürnberg 911. F. Korn. — 80

Weiß, Chrstn., über Grund, Wesen u. Entwickelung des religiösen Glaubens. Ein Beitrag z. Würdig. der rationalen Ansicht vom Christenthume. gr. 8. (14 1/4 B.) Eisleben 845, Reichardt. Thlr. *

Weiß, Chrstn., Gymnasien u. Realschulen in ihrem gegenseit. Verhältnisse. Mit Bezugnahme auf d. Schrift d. Hrn. Mor. Seebeck „üb. Sinn u. Zweck uns. Gymnasial-Unterrichts." gr. 8. (3 B.) Leipzig 841, [Hartung.] *

Weiß, Christian: H a n d e l s k u n d e , s. W e i ß , August.

— das reinmenschliche Interesse des constitutionellen Staates an der religiösen Bildung durch Schule und Kirche. Nebst einem Anhange über Volkssouveränetät und Revolution. 8. (VI und 104 S.) Eisleben 848, Reichardt. *

Weiß, Christian, s. L u t h e r , Martin: Kl. Katechismus.

Rede am Johannisfeste 5819. Gesprochen in der Freimaurerloge zu den drei Hammern in Naumburg a. d. Saale, vom Br. Chr[istian] **Weiss.** [Naumburg 1819.] 8 S. 4° [Kopftit.]

Kl. 1215. Üb. mrische Freiheit u. Wirksamkeit. 193.

WEISS, Christian (Speyer): Die pathischen Seorete der Pleura.- München: Deschler 1841. 40 S.,1 Bl., Taf.
30.7.1839 - Urk; F 64
Diss.Ingolst.-Landsh.-Mchn

Weiß, Christian, Rechtspraktikant in München: Verjährung und gesetzliche Befristung nach dem bürgerlichen Rechte des deutschen Reiches. München 1905: C. Gerber. (140 S.) 8° [F.] ¶[Preisschr. mit dem Accessit, erschien 1905 in gleichem Umfang im Verlag v. J. Schweitzer, München.]

München, Jur. Fak., Ref. Gareis, Diss. v. 31. Jan. 1905

[Geb. 21. März 82 Augsburg; Wohnort: München; Staatsangeh.: Bayern; Vorbildung: Maximiliansgymn. München Reife Juli 00; Studium: München 8 S.; Rig. 18. Febr. 05.]

Weiß, Christian, Verjährung u. gesetzliche Befristung nach dem bürgerl. Rechte des deutschen Reiches. Von der jurist. Fakultät der Universität München m. dem Accessit ausgezeichnete Preisschrift. (V, 149 S.) gr. 8. München 905. J. Schweitzer Verl. n. 3. 60

— s. Vorleneblätter zum Unterr. im Schönschreiben. —

— Vorschlag zu einem Denkmale Pestalozzi's m. Rücksicht auf dessen Grundsätze d. Erziehung u. des Unterrichts. gr. 8. (2 1/2 B.) Merseburg 846, [Garcke.] *

— Vorschlag zu einem Denkmale P e s t a l o z z i ' s mit Rücksicht auf dessen Grundsätze d. Erziehung u. des Unterrichts. gr. 8. Merseburg 846, Nulandt'sche Buchh. n. 1/6 ß

Wodurch dem Freimaurer in den Logenversammlungen wohl werde, was er dazu mitbringe und was er darin finde. Von Christian **Weiss.** o. O. [ca 1819?].

Ermuntert, auf die poetische Seite der Mrei einzugehen u. sich durch sie beglücken zu lassen.

[Schroeder, R.: Gesch. d. Frmrei i. O. Naumburg a. d. S. 1896 S. 95.]

Weiß, Christian Ernst

Weiss, Ch. Ernst. Begründung von fünf geognostischen Abtheilungen in den Steinkohlen führenden Schichten des Saar-Rheingebirges. Bonn 1868.

Weiss, Ch. E., Beiträge zur fossilen Flora, s. **Abhandlungen** zur geologischen Specialkarte von Preussen und den Thüringischen Staaten.

— (Ch. E.), Beiträge zur Kenntniss der Feldspathbildung. Haarlem 1866. 4.

Weiß, Chrstn. Ernst, erläut. Bemerkungen z. Criminalgesetzbuch f. Sachsen, s. Criminalgesetzbuch.

Weiß, Christian Ernst: B e m e r k u n g e n zur Fructification von Nöggerathia. 1879.

Ueber die Entwickelung der fossilen Floren in den geologischen Perioden. (Bes. Abdr. a. d. Zeitschr. d. Deutsch. geol. Gesellsch., Jahrg. 1877.) 8.

Weiß, Christianus Ernestus: 1. Über die krystallographische Entwickelung des Quarzsystems und über krystallographische Entwicklungen im Allgemeinen. 166 S. m. 2 Zeichn. 2. [Ein Teil derselben in lateinischer Bearbeitung.]

Halle-Wittenberg, Phil. Diss. v. 12. Nov. 1859

Geb. [Eilenburg 12. 5. 1832]

Beide Mss. fehlen. Die 2. (latein.) Arbeit wurde gedruckt und am 7. April 1860 pro impetratis honoribus verteidigt. Die 1. (deutsche) Arbeit ersch. im Buchhandel Halle: Schmidt 1860. 102 S. 4°, 1 Taf. 2°. Aus: Abhandlungen der naturforschenden Gesellschaft zu Halle. Bd 5. Halle 1860. S. 51—152.

Weiss, Christianus Ernestus: De indaganda quarzi systematis evolutione et de amplificandis evolutionibus crystallographicis. P. prior. Berolini (1860): Büxenstein. 31 S. 8°

Halle-Wittenberg, Phil. Diss. pro impetratis honoribus v. 5. [vielmehr: 7.] Apr. 1860

Geb. Eilenburg [12.] 5. 1833. V.

Es gibt Exemplare mit Datum vom 5. und vom 7. Nach Matr. prom. war die Disputation am 10. — Verf. war am 12. Nov. 1859 promoviert worden.

Weiss, Ch. Ernst, fossile Flora der jüngsten Steinkohlenformation und des Rothliegenden im Saar-Rhein-Gebiete. 2 Hefte. Imp.-4. Bonn, Henry. *

Inhalt:

Heft 1. Geognostische Uebersicht, Litteratur, Farne. (IV, S. 1—100 mit 12 lithogr. Taf.) 869. *ℳ 14.

» 2. 1. Thl.: Calamarien. (S. 101—140 mit 3 lithogr. Taf.) 871. *ℳ 6. — 2. Thl.: Schluss des systemat. Theiles. (S. 141—212 mit 5 lithogr. und chromolithogr. Taf. in gr. 4. und Fol.) 872. — 3. Thl.: Geologisches und Schluss. (III, S. 213—250.) 872. *ℳ 3.

Weiss, Ch. E., die Flora des Rothliegenden von Wünschendorf bei Lauban in Schlesien, s.: Abhandlungen zur geologischen Specialkarte von Preussen u. den Thüringischen Staaten.

—— aus der Flora der Steinkohlenformation. Zur Erläuterung der wichtigeren Pflanzen dieser Formation, mit besond. Berücksicht. der Steinkohlengebiete in Preussen, bearb. Hrsg. von der königl. geolog. Landesanstalt in Berlin. Hierzu 20 Taf. Abbild., lithogr. von E. Ohmann und W. Pütz. gr. 8. (19 S.) Berlin 881, Schropp'sche Hof-Landkartenh. geb. *

WEISS, E.: Aus der Flora der Steinkohlenformation. Zur Erläuterung der wichtigeren Pflanzen dieser Formation mit besonderer Berücksichtigung der Steinkohlengebiete in Preussen bearbeitet. - Berlin 1882. 20 S., 20 Taf. m. Abb.

Ueber neue Funde von Sigillarien in der Wettiner Steinkohlengrube. (Abdr. a. d. Zeitschr. d. Deutsch. geol. Gesellsch., Jahrg. 1888.) 8.

Weiß, Chrn. Ernst, Criminalgesetzbuch für das K. Sachsen rc. s. Criminalgesetzbuch.

—— (Ch. E.), Die Krystallisationsgesetze seit Ch. S. Weiss, insbesondere die Lehre von den Hemiëdrieen, erläutert am Diamant. (Neues Jahrbuch für Mineralogie etc. 1880. II. Band.) (Ohne Druckort.) 8.

Weiß, Ernst, die Mineralien der freiberger Erzgänge. Bevorwortet und mit Bemerkungen versehen von B. v. Cotta. gr. 8. (15 S.) Freiberg 860. [Leipzig, Felix.]
Aus der „Berg- und hüttenmännischen Zeitung" besonders abgedruckt.

Weiss, Ch. Ernst: Vorläufige Mittheilung über Fructificationen der fossilen Calamarien. 1873.

Weiss, Ch. E.: Mittheilungen über das ligurische Erdbeben vom 23. Februar 1887 und folgende Tage. (Zeitschrift der Deutschen Geologischen Gesellschaft. Jahrg. 1887. Bd. 39. S. 529—539.) (Berlin 1887.) 11 S. 8°

Weiss, Ch. Ernst: Die Steinkohlen führenden Schichten bei Ballenstedt. 1882?

Weiss, E., die Sigillarien der preuss. Steinkohlengebiete, s.: Abhandlungen zur geolog. Specialkarte von Preussen u. den Thüring. Staaten.

—— Studien über Odontopteriden. (Abdr. a. d. Zeitschr. d. Deutsch. geol. Gesellsch., Jahrg. 1870.) 8. Mit 3 Tafeln.

Weiss, Ernst, und Hugo Laspeyres, geognostische Uebersichtskarte des kohlenführenden Saar-Rhein-Gebietes. 1 : 160,000. Fol. (20 S. Text in gr. 8.) Berlin 868, Neumann. In Carton * 5 —

Ueber neuere Untersuchungen an Fructificationen der Steinkohlen-Calamarien. (Ibid. 1877.) 8.

Weiß, Christian Friedrich

Weiß, Chrn. Friedr., Taschenwörterbuch der gleich- und ähnlich lautenden, in der Rechtschreibung aber sich unterscheidenden Wörter der deutschen reinen Schriftsprache; mit Worterklärungen, Beispielen, Bezeichnung unrichtiger Wortumendungs-, Abwandlungs- und Sprechweisen und Stoff zur Uebung rc. Zugleich ein Handbuch zum Nachschlagen bei Zweifeln in der Rechtschreibung der lautverwandten Wörter. Nürnberg (853.) v. Ebner. 16. (VIII, 260 S.) n. 10 ngr.

Weiß, Chrn. Friedr., Taschenwörterbuch der gleich- und ähnlich lautenden, in der Rechtschreibung aber sich unterscheidenden Wörter der deutschen reinen Schriftsprache; mit Worterklärungen, Beispielen, Bezeichnung unrichtiger Wortumendungs-, Abwandlungs- und Sprechweisen rc. Zugleich ein Handbuch zum Nachschlagen bei Zweifeln in der Rechtschreibung der lautverwandten Wörter. 16. (VIII und 260 S.) Nürnberg 854, v. Ebner'sche Buchh., Verlags-Conto. Thlr. *

Weiss, Christian Lebrecht (Meissen) A. S. 47/34

De sacris clandestinis. Präs. Friedrich Platner. Leipzig (Loeper) 4. IV. 1766. 28 S. **36195**

Weiss, C. L., de sacris clandestinis. Lips. 1776. 4.

Weiß, Christian Samuel

— **Abhandl. über die von der physikal. Classe d. Akad. d. Wissensch. aufgegebenen Preisfr.: Ist die Materie des Lichts u. d. Feuers die nämliche oder eine verschiedene? giebt es eine eigene Wärmematerie? u. s. w., nebst e. Nachtrage, worin besonders neue Versuche über die Farben aufgestellt sind. 8. Münch. 803. (Franz). 14 K**

Weiß, Chr. Sam. zwei Abhandlungen über Werners Verdienste rc., s. S. G. Frisch, Lebensbeschreib. rc. Werners.

Bemerkungen über den Zustand der Berliner Universitäts-Wittwenkasse. [Verf.: Prof. Christian Samuel **Weiss.**] (Berlin 1847.) (2 Bl.) 4° [Kopftit.]

—— Ueber rechts und links gewundene Bergkrystalle. (Aus den Abhandl. d. Berl. Akad. d. Wiss.) 1836. 4

—— Neue Bestimmung einer Rhomboederfläche am Kalkspath. (Aus d. Abhandl. d. Berl. Akad.) Berlin. 1836. 4.

Weiß, Christian Samuel: Betrachtung der Dimensions-Verhältnisse in den Hauptkörpern des sphaeroëdrischen Systems und ihren Gegenkörpern. (Aus den Abhandl. der Berliner Akad. d. Wiss.) 1818. 4°

Betrachtung eines merkwürdigen Gesetzes der Farbenänderung organischer Körper durch den Einfluss des Lichtes — Im Namen der Linneischen Societät zu Leipzig herausgegeben von CHRISTIAN SAMUEL WEISS. Leipzig 1801. Bei Karl Tauchnitz. 8°. (136 S.)

—— Ueber eine ausführlichere, für die mathem. Theorie der Krystalle besonders vortheilhafte Bezeichnung der Krystallflächen des sphäroëdrischen Systems. (Aus den Abhandl. d. Berliner Akad. d. Wiss.) 1819. 4.

Weiß, Christian Samuel: Über die Bezeichnung der Flächen eines Krystallisations-Systemes. 1817.

—— Ueber eine versteckte gegenseitige Beziehung zwischen den Krystallsystemen des Feldspathes und des Kalkspathes. (Aus den Abh. d. Berl. Akad. der Wiss.) Berlin. 1835. 4.

Weiß, Christian Samuel, s. Carnot: Grundsätze d. Mechanik.

— **commentatio de charactere geometrico principali formarum crystallinarum octaëdricarum pyramidibus rectis basi rectangula oblonga. 4. Leipz. 809.**

— **Diss. de indagando formarum crystallinarum charactere geometrico principali. 4. Leipz. 809.**

Weiß, Christian Samuel: Uebersichtliche Darstellung der verschieden natürlichen Abtheilungen der Krystallisationssysteme. (Aus d. Abhandl. der Berl. Akad. d. Wiss.) 1815. 4°

—— Ueber das Dihexaeder, nebst allgemeineren Betrachtungen über Invertirungskörper. (Aus den Abhandlungen der Berliner Akad.) 1829. 4.

Weiss, Ch. S. Ueber das südliche Ende des Gebirgszuges von Brasilien in der Provinz S. Pedro do Sul und der Banda oriental oder dem Staate von Monte Video. Nach den Sammlungen des H. Fr. Sellow. (Aus d. Abh. d. Berl. Akad.) Berlin. 1828. 4.

Weiss. Zur Erläuterung der Abbildungen des Steinbruches von Weinböhlo boi Meissen. (Aus Karsten's Arch. f. Mineral. u. Bergbau.) Berlin. 1829. 8.

Weiss, C. S. Krystallographische Fundamentalbestimmung des Feldspathes. (Aus d. Abh. d. Berl. Akad. d. Wiss.) Berlin. 1816. 4.

Weiss (Chr. S.), Krystallographische Fundamentalbestimmung des Feldspaths. — Ueber eine verbesserte Methode für die Bezeichnung der verschiedenen Flächen eines Krystallisationssystems. (Separat-Abdruck aus den Abhandlungen der Akademie.) Berlin 1817. 8.

—— Grundzüge der Theorie der Sechsundsechskantuer und Dreiunddreikantner. Berlin 1823. 4.

Weiß, Christian Samuel: F o r t s e t z u n g d. Abhandlung: Theorie der Sechsundsechskantner u. Dreiunddreikantner. (Aus d. Abhandlung d. Berliner Akad. d. Wiss.) 1840. 4°

Weiß, Christian Samuel, s. H a u n : Handb. d. Physik u. dess. Lehrbuch d. Mineralogie.

Weiss, Chr. S. Ueber den Haytorit. (Aus den Abhandlungen der k. Akad.) Berlin. 1828. 4.

—— Ueber mehrere neu beobachtete Krystallflächen des Feldspathes und die Theorie seines Krystallsystems im Allgemeinen. (Aus den Abhandl. d. Berliner Akad. d. Wiss.) Berlin. 1820. 4.

—— Ueber das Krystallsystem des Euklases. (Aus den Abh. der Akad. d. Wiss.) Berlin. 1841. 4.

Weiß, Christian Samuel: Ueber das M a a s der körperlichen Winkel. (Aus den Abhandlungen der Berliner Akad. d. Wiss.) 1843. 4°

Weiss (Chr. S.), Ueber eine verbesserte Methode für die Bezeichnung der verschiedenen Flächen eines Krystallisationssystems etc. (Separatabdruck aus den Abhandlungen der Akademie der Wissenschaften zu Berlin. Phys. Klasse 1816—17.) Siehe: C. S. Weiss, Krystallographische Fundamentalbestimmungen des Feldspaths.

Weiss, Christianus Samuel, De notionibus rigidi et fluidi accurate definiendis dissertatio physica. Lipsiae 1801.

—— Ueber die dem Kalkspath-Rhomboeder in den Winkeln nahe kommenden Rhomboeder mehrerer Gattungen. (Aus den Abhandl. der Berliner Akad. der Wissensch.) Berlin. 1822. 4.

—— Ueber des Staurolithsystem, als abgeleitet aus dem regularen Krystallsystem. (Aus d. Abh. d. Berl. Akad.) Berlin. 1831. 4.

—— Ueber die Theorie des Epidotsystemes. (Aus d. Abhandl. d. Berl. Akad. d. Wissensch.) Berlin. 1818. 4.

Weiß, Christian Samuel: T h e o r i e der Hexakis-Octaeder (Sechsmalachtflächner) des regulären Krystallsystems, entwickelt aus den Dimensionszeichen für ihre Flächen. (Aus den Abhandlungen der Akad. d. Wissensch. zu Berlin.) 1837. 4°

Weiß, Christian Samuel: Weiterer V e r f o l g des Lehrsatzes über die Theilung des Dreieckes. (Aus den Schriften der Berliner Akad.) 1826. 4°

— **Versuch einer Beantwortung d. Preisschr.: über die Identität oder Verschiedenheit d. Materien d. Lichts u. d. Wärme. Gekr. Preisschrift am 18. März 1801. 8. Leipz. 801.**

—— Ueber die herzförmig genannten Zwillingskrystalle von Kalkspath und gewisse analoge von Quarz. (Aus den Abhandl. d. Berl. Akad. d. Wiss.) Berlin 1829. 4.

Weiss, Clara, s. W e i s s , Klara

Weiss, Curt, s. W e i s s , Kurt

Weiß, D., u. G. Schmid, das Gebet des Herrn, dargestellt in 8 Kupfern. Mit erklärendem Texte von Jh. M. Leonhard. 2. Aufl. gr. 8. Wien 843, Pichler's Wwe. (Leipzig, Liebeskind.) 5/6 ℛ

Weiß, D. und G. Schmid, das Gebet des Herrn. Dargestellt in 8 Kpfrn. Mit einem erklärenden Texte von Joh. M. Leonhard. 3. Aufl. Wien 861. Pichler. (Leipzig, Liebeskind.) gr. 8. (72 S.) 18 *ngr.*

[F.] Die Grundzüge des Baumschnittes. E. Kapitel üb. Bildg u. Instandhaltg d. Pyramiden-, Spalier- u. Schnurbaumes ... v. D. **Weiss**, techn. Leiter d. Baumschulen d. Obstbaumzuchtges. e. G. Themar. *Themar, S. M.: H. Adler (1896).* (44 S., 2 Bl.) 1 Bd 8. 96. 3709

Weiß, D., die Grundzüge des Baumschnittes. Ein Kapitel üb. Bildg. u. Instandhaltg. des Pyramiden-, Spalier- u. Schnurbaumes m. Vorausschickg. e. Abhandlg. über das Leben des Obstbaumes u. Anfügg. e. solchen über Düngg. der Obstbäume, sowie e. Verzeichnisses der für Zwergkultur besonders empfehlenswerten Kernobstsorten. (2. [Umschlag-]Aufl.) gr. 8. (46 S.) Themar [896.] (898). Leipzig. H. Adler. — 90; geb. 1. 20

v. Weiß, D., Lebensgeschichte weiland Hs. Kasp. Eschers, Bürgermeisters d. Republik Zürich. 8. Zürich 790. Orell. 1 ℛ

Weiß, D., der Obstbaum. Seine Erziehg. u. Pflege. gr. 8. (72 S. m. 51 Abbildgn.) Hildburghausen 893. F. W. Gadow & Sohn. n. 1. —

— d. Stachelbeer- u. Johannisbeerpflanze. Ihre Kultur u. ihr Wein. gr. 8. (27 S. m. 14 Abb.) Hildburghausen 895. F. W. Gadow & Sohn. n. — 50

Weiss, David

Weiss, Dav., ärztliche Gedanken. gr. 8. (62 S.) Wien 901. M. Ebivit. n.n. — 80

Weiss, David, das Gesetz der Arbeit der Dickdarmmuskulatur. I. Allgem. Tl. (79 S. m. 2 Taf.) 8. Prag 905. J. G. Calvo. n. 3. —

Weiss, David De nonnullis Plutarchi Moralium locis ab Herwerdeno tractatis. 8 (21 S.) **Progr.** Studienanst. *Zweibrucken* 1888.

Weiss, Dav., das Tastsymptom. (18 S. m. 5 Abb.) Lex. 8. Leipzig 908. F. C. W. Vogel. 1. 50

Weiß, E. O. Max, die metaphysische Theorie der griechischen Philosophie nach ihren Principien dargestellt. gr. 8. (VI, 64 S.) Dresden 873. Huhle. n. 1. 50

Weiss, E. O. M., Die metaphysische Theorie der griech. Philosophie nach ihren Principien dargestellt. Diss. 1873. 64 S. 1.50

Weiß, Ed., der Hopfen. Betrachtet vom prakt. u. wissenschaftl. Standpunkte. Nach besten Quellen, sowie auf Grund eigener Erfahrungen u. Untersuchungen für Landwirthe, Bierbrauer u. andere Hopfen-Interessenten bearb. Mit 35 (eingedr. Holzschn.-)Illustr. gr. 8. (IV, 142 S.) Wien 878. Hartleben. 2. 25

Weiss, Edgar, Untersuchungen üb. die spontane Gangraen der Extremitäten u. ihre Abhängigkeit v. Gefäss-Erkrankungen. Diss. gr. 8. (70 S. m. 1 Taf.) Jurjow (Dorpat) 893. (E. J. Karow.) n. 1. 50

Weiss, Edmund, üb. sprungweise Aenderungen in einzelnen Reductionselementen e. Instrumentes. [Aus: „Sitzungsber. d. k. Akad. d. Wiss."] Lex.-8. (25 S.) Wien 871. (Gerold's Sohn.) n. — 40

Weiss, Edm., s.: Annalen der k. k. Universitäts-Sternwarte in Wien.

Weiss, Prof. Dr. Edmund und **Dr. Robert Schram,** Astronomische Arbeiten des k. k. Gradmessungs-Bureau ausgeführt unter der Leitung des Hofrathes Theodor v. Oppolzer. Nach dessen Tode herausgegeben. I. Band. Längenbestimmungen. 4. (VI, 162 S.) 8.—
Wien: Tempsky 1889.

— **s. Arbeiten, astronom., d. k. k. Gradmessungs-Bureau.**

Weiss, Edm., über die Bahn der Ariadne. Lex.-8. (13 S.) Wien 858, (Gerold's Sohn.)

Weiß, Edmund: Über die Bahn der Ariadne. 1. Mitteilung. Separatabdruck aus: Sitzungsber. d. k. Akad. d. Wiss. in Wien. Bd. 31. S. 68.

— Über die Bahn der Ariadne. 2. Mitteilung. S. 38. [illegible] . . . vgr.
— — 3. Mitteilung. S. 42. [illegible] . . . vgr.
Separatabdruck

— Über die Bahn von (59) Elpis. S. 15. II. [illegible] . . . —20
Separatabdruck

—— über die Bahn des Cometen VIII des J. 1858. Lex.-8. (8 S.) Wien 859, (Gerold's Sohn.) *
aus: Sitzungsberichte der k. Akademie der Wissenschaften, Jahrg. 1858, besonders abgedruckt.

Weiss, E., über die Bahn des Kometen 1843 I u. 1880a. [Aus: „Sitzungsber. d. k. Akad. d. Wiss."] Lex.-8. (20 S.) Wien 880. (Gerold's Sohn.) n. — 40

Weiss, Edm., Bahnbestimmungen von (66) Maja. Lex.-8. (16 S.) Wien 865, (Gerold's Sohn.)

Weiss, Edm., Bahnbestimmungen von (66) Maja. [Aus den Sitzungsber. der k. Akad. der Wiss.] Wien 866. (Gerold's Sohn.) Lex.-8. (16 S.) 3 *ngr.*

— Beitrag zur Klimatologie von Aden, s. a. Berichte der zur Beobachtung der Sonnenfinsterniss des J. 1866 unternomm. oesterr. Exped.

Weiss, Edmund, Dr., Beitrag zur Klimatologie von Aden. (Aus dem LVIII. Bde. d. Sitzb. d. K. Akad. d. Wissensch., II. Abth., November-Heft, Jahrg. 1868.)

—— Beiträge zur Kenntniss der Sternschnuppen. [1. und 2. Abhandlung.] Lex.-8. (62; 68 S., mit eingedr. Holzschn.) (Ebendas.) 868,70. à Abhandl. ** 90 Pf. **
aus: Sitzungsberichte der k. Akademie der Wissenschaften, besonders abgedruckt.

Beiträge zur Kenntnis der Sternschnuppen. 2. Abhandlung: Höhenbestimmungen von Sternschnuppen der Augustperiode 1869 (mit 1 Holzschnitten). S. 62. II. [illegible] vgr.
Separatabdruck

Weiss, E[dm.], Beobachtung allgemeiner Phaenomene am Himmel, s. Anleitung zu wissenschaftl. Beobachtungen auf Reisen.

Weiss, E., Beobachtung des Venusdurchganges vom 8. Decbr. 1874 in Jassy und Bestimmung der geograph. Länge des Beobachtungsortes. Lex.-8. (19 S.) Wien 875, (Gerold's Sohn.) *
Aus: Sitzungsberichte der k. Akademie der Wissenschaften, besonders abgedruckt.

—— und C. v. Littrow, meteorologische Beobachtungen an der k. k. Sternwarte in Wien, s. a. Beobachtungen.

— meteorologische Beobachtungen an der k. k. Sternwarte zu Wien, s. a. Littrow, C. v.

-- Beobachtgn. üb. Niederschlagselektrizität, s. a. Beiträge zur Kenntnis der atmosphärischen Elektrizität. XXVI.

Weiss, E., Beiträge zur Kenntnis der atmosphärischen Elektrizität. XXVI. Beobachtungen über Niederschlagselektrizität. [Aus: Sitzungsber. d. k. Akad. d. Wiss., mathem.-naturw. Klasse.] Gr.-8°. (ill. 36 S.) † K 1.35
Wien: A.Hölder 1907.

— Beobachtungen während der Sonnenfinsterniss des J. 1868, s. Berichte der österr. Expedition.

—— über die Berechnung der Differentialquotienten der wahren Anomalie und des Radius vector nach der Excentricität in stark excentrischen Bahnen. 8. (11 S.) (Ebendas.) 881. **
aus: Sitzungsberichte der k. Akademie der Wissenschaften, besonders abgedruckt.

-- Über die Berechnung e. Ellipse aus zwei Radien u. dem eingeschlossenen Winkel. (22 S.) gr. 8. Wien 907. A. Hölder. — 70
Sonderabdr. a.: „Sitzungsber. d. k. Akad. d. Wiss."

—— Ueber die Berechnung e. Kometenbahn m. Berücksicht. v. Gliedern höherer Ordnung. Lex.-8. (19 S.) Wien 891, (Tempsky). * — 70
Aus: Sitzungsber. d. k. Akad. d. Wiss., besonders abgedruckt.

Weiss, E., üb. die Berechnung der Präcession m. besond. Rücksicht auf die Reduction e. Sternkataloges auf e. andere Epoche. [Mit 1 Holzschn.] Imp.-4. (28 S.) Wien 886. (Gerold's Sohn.) n. 1. 50

—— über die Berechnung der Präcession mit besonderer Rücksicht auf die Reduction eines Sternkataloges auf eine andere Epoche. Imp.-4. (28 S. mit 1 Holzschn.) Wien 886, (Tempsky.) *
Aus: Denkschriften der k. Akademie der Wissenschaften, besonders abgedruckt.

— Berechnung der totalen Sonnenfinsternis vom 31. Dezember 1861 (mit 1 Karte). Einleitung. I. Berührungen des Schattenkegel mit dem Erdkörper. II. Grenzlinien der Sichtbarkeit der Finsternis. III. Punkte der Kurve der größten Phase im Horizonte. IV. Kurve der größten Phase im Mittage. V. Zone der Totalität. S. 4[illegible] II. [illegible] . . . 1.—
Separatabdruck

— Berechnung der Sonnenfinsternisse des J. 1867. [Aus den Sitzungsber. der k. Akad. der Wiss.] Wien 867. Gerold's Sohn. Lex.-8. (15 S. mit 2 lith. Karten in Lex.-8. u. gr. 4.) n. 9 *ngr.*

—— Berechnung der Sonnenfinsternisse in den J. 1868 bis 1870. Lex.-8. (27 S. mit 4 lithogr. Karten in qu. 4. und Fol.) Wien 868, (Gerold's Sohn.) *

—— Bericht über die Beobachtungen während der ringförmigen Sonnenfinsterniss am 6. März 1867 in Dalmatien. Lex.-8. (40 S. mit 2 chromolithogr. Taf.) Wien 867, (Gerold's Sohn.) *
Vorstehende drei Schriften des Verf. wurden aus: Sitzungsberichte der k. Akademie der Wissenschaften, besonders abgedruckt.

Berichte der zur Beobachtung der totalen Sonnenfinsternis des Jahres 1868 nach Aden unternommenen österreichischen Expedition. 1. Bericht: Beobachtungen des Leiters der Expedition Dr. Edmund Weiss während der Finsternis (mit 1 Taf. und 2 Holzschnitten). S. 58. II. [illegible] . . . vgr.
— 5. Bericht: Beitrag zur Klimatologie von Aden. S. 58. II. 882 . . . vgr.
— 7. Bericht: Schluß: Sternschnuppenbeobachtungen in Aden (mit 3 Karten). S. 60. II. [illegible] . . . 1.20
2., 4. und 6. Bericht siehe Oppolzer, Theodor Ritter von.
3. Bericht siehe Riha, J.
Separatabdruck

-- üb. die Bestimmung der Bahn e. Himmelskörpers aus drei Beobachtungen. [Aus: „Denkschr. d. k. Akad. d. Wiss."] Imp.-4. (50 S.) Ebd. 893. n. 2. 50

Weiss.: Bestimmung der Längendifferenz.... s. a. Bruhns

—— Bestimmung der Längendifferenz Wien-Wiener-Neustadt durch Chronometer-Uebertragungen. Lex.-8. (23 S.) (Ebendas.) 872. *
aus: Sitzungsberichte der k. Akademie der Wissenschaften, besonders abgedruckt.

—— über die Bestimmung von *M* bei Olbers' Methode der Berechnung einer Kometenbahn, mit besond. Rücksicht auf den Ausnahmefall. Lex-8. (22 S.) (Ebendas.) 886. **
Aus: Sitzungsberichte der k. Akademie der Wissenschaften, besonders abgedruckt.

Weiss, Edm. Über die Bestimmung des Ortes eines Gestirns durch den Durchschnitt zweier grösster Kugelkreise. Wien 1881.

—— Bestimmungen der Breite, s. Littrow, C. v.

Weiss E. Bilderatlas der Sternenwelt. 1. u 2. Aufl. 4° Esslingen 1887. 92

—— Bilder-Atlas der Sternenwelt. 41 fein lithogr. Taf., nebst erklär. Texte und mehreren Text-Illustr. Eine Astronomie für jedermann. Fol. (VII, 54 S.) Eßlingen 888, Schreiber.

— Bilder-Atlas der Sternenwelt. 41 fein lith. Taf., nebst erklär. Texte u. mehreren Text-Illustr. Eine Astronomie f. jedermann. 2., verm. Aufl. 20 Lfgn. gr. 4. (II, VII, 52 S.) Eßlingen 891. 892. J. F. Schreiber. à n. — 50 (kplt. geb.: n. 12. —)

—— Discussion der während der totalen Sonnenfinsterniss am 18. Aug. 1868 angestellten Beobachtungen und der daraus folgenden Ergebnisse. Lex.-8. (144 S. mit 2 lithogr. Taf.) Wien 871, (Gerold's Sohn.) *
Aus: Sitzungsberichte der k. Akademie der Wissenschaften, besonders abgedruckt.

Weiss, Edm. Über die Entwicklung der wichtigsten Kalenderformen. 1877.

—— Entwickelungen zum Lagrange'schen Reversionstheorem, und Anwendung derselben auf die Lösung der Keppler'schen Gleichung. Imp.-4. (38 S.) Wien 885, (Tempsky.) *
Aus: Denkschriften der k. Akademie der Wissenschaften, besonders abgedruckt.

Weiss, E[dm.], Entwickelungen zum Lagrange'schen Reversionstheorem, und Anwendung derselben auf die Lösung der Keppler'schen Gleichung. [Auszug aus einer für die Denkschriften bestimmten Abhandlung.] Lex.-8. (28 S.) Wien 885, (Tempsky.) *
Aus: Sitzungsberichte der k. Akademie der Wissenschaften, besonders abgedruckt.

Weiß, Edmund: Über Fixsternsysteme. Vortrag. Wien 1865.

—— die Frage der Weltzeit. gr. 8. (37 S.) Wien 886, Gerold's Sohn. *
Aus: Astronomischer Kalender für 1886, besonders abgedruckt.

Weiß, E: Ueber Geschichte der Gradmessungen. 2 Vorträge. Wien 1864

Weiss, Edm., Höhenberechnung der Sternschnuppen. (102 S.) 4. Wien 905. (A. Hölder.) n. 6. 40
Sonderabdruck aus: „Denkschr. d. k. Akad. d. Wiss."

— Über Kometen m. besond. Beziehung auf den Halleyschen, s.: Vorträge des Vereines zur Verbreitung naturwissenschaftl. Kenntnisse in Wien. 50. Jahrg. 3. Heft.

Weiss, Edm. Über Cometen und deren Zusammenhang mit Sternschnuppen. Wien 1867.

Weiß, Edmund: Karl von Littrow. Wien 1877.

Weiß, Edmund: Ueber Meteoriten. (Aus den Schriften des naturw. Vereins.) Wien. 1862. 8°

Weiss, Prof. Dr. E., Notiz über zwei d. Binomialreihe verwandte Reihengruppen. S.-A. gr. 8. (10 S.) Wien, *Carl Gerold's Sohn. 10 kr. 1885.

—— Notiz über zwei der Binomialreihe verwandte Reihengruppen. Lex.-8. (10 S.) Wien 885, (Tempsky.) *
Aus: Sitzungsberichte der k. Akademie der Wissenschaften, besonders abgedruckt.

— über die Oberflächenbeschaffenheit der Planeten unseres Sonnensystems, s.: Vorträge d. Vereines zur Verbreitung naturwissenschaftlicher Kenntnisse in Wien.

— Phänomene am Himmel, s.: Anleitung zu wissenschaftl. Beobachtungen auf Reisen.

— Üb. d. Sichtbarkeitsverhältnisse d. Kometen 1905 IV im Februar u. März 1907. (14 S.) gr. 8. Wien 907. A. Hölder. — 50
Sonderabdr. a.: „Sitzungsber. d. k. Akad. d. Wiss."

— dasselbe. (51 Doppelf.) 34×21,5 cm. Hugen (909). Schlegel & v. der Heyden. Geb. 2. —

—— und Jos. Grailich, über das Singen der Flammen, s. Grailich, Jos.

— Die totale Sonnenfinsternis vom 31. Dezember 1861 in Griechenland. S. 45 II. 85 vgl
Separatabdruck

Weiss, Ed., zwei Sternkarten. Nr. 1. Nördlicher Sternhimmel. Nr. 2. Südlicher Sternhimmel. Fol. Berlin 874, D. Reimer.* 2 —

— Ueber Sternschnuppen (Aus den Schriften des naturwissensch. Vereins.) Wien. 1863. 8

Weiss, Edmund: Berichte der zur Beobachtung der totalen Sonnenfinsterniss des Jahres 1868 nach Aden unternommenen österreichischen Expedition. VII. Bericht. Schluss. Sternschnuppenbeobachtungen in Aden. Mit III Karten. (Sonder-Abdr. a. d. Sitzungsber. d. k. Akad. d. Wiss.) gr. 8. (15 S.) Wien: Gerold in Comm. 1869.

— Untersuchung der systematischen Differenzen einiger südlicher Sternkataloge. [Aus: „Sitzungsber. d. k. Akad. d. Wiss."] Lex.-8. (138 S.) Wien 892. (F. Tempsky.) n. 2. 40

— Untersuchungen üb. d. Bahnelemente d. Kometen 1907 II u. 1742. (14 S.) 31,5×25 cm. Ebd. 908. 1. 35
Sonderabdr. a.: „Denkschr. d. k. Akad. d. Wiss."

—— und Jul. Peterin, Untersuchungen über das Tönen der Flammen, s. Peterin, Jul.

—— und Adolf Weiss, Untersuchungen über den Zusammenhang in den Aenderungen der Dichten und Brechungs-Exponenten in Gemengen von Flüssigkeiten, s. Weiss, Adolf.

— über die Ursache des Ausbleibens der Leoniden, nebst Notizen üb. Yey-Sings Sternwarten, s.: Vorträge des Vereines zur Verbreitung naturwiss. Kenntnisse in Wien. 43. Jhrg. 15. Heft.

— Wunder des Himmels, s.: Littrow.

Weiss, Eduard

Beobachtungen aus dem Bereiche des chronischen Gelenkrheumatismus. Von Dr. Eduard Weisz, Curarzt in Pistyan-Meran. *Wien: Urban & Schwarzenberg 1896.* (69—92 S.) 8.
= Klinik, Wiener. 1896. H. 3. 96. 2155

Weiss, E., s.: Eisenbahn-Technik, die, der Gegenwart.

Weiss, Ed., das Evangelium Johannis mit Hindeutungen auf das Freimaurerthum. 8. (IV, 111 S.) Leipzig 887, Findel. *

Das Evangelium Johannis. Mit Hindeutungen auf das Freimaurerthum. Von Edu. Weiss. Leipzig: Findel 1888. IV, 109 S. 8°
Recens: Al. 13 (1887) S. 339—340.
Die Kapitelüberschriften sind der Frmrsprache entnommen, bezieht sich sonst nicht direkt auf Frmrei. 23.

Ueber Hydrops articulorum intermittens. Von Dr. Eduard **Weisz.** *Berlin: Fischer 1898.* (20 S.) 8.
= **Klinik, Berliner.** H. 119. [98. 6464

Landtransportmittel. Vortrag geh. von Ministerialrat Eduard v. **Weiß.** (München [um 1909]: Bruckmann.) 32 S. 8° [Umschlagt.]
(Deutsches Museum. Vorträge u. Berichte. H. 5.) A 12. 10,04

Militär- und Volkshygiene. Nach einem auf d. 76. Naturforscher-Versammlung geh. Vortrage. Von Dr. Eduard **Weiß.** Halle a. S.: C. Marhold 1905. (22 S.) 8° [05. 5710

Weiss, Eduard (Giessen)
Ueber diverticuläre Nabelhernien und die aus ihnen hervorgehenden Nabelfisteln.
Giessen 1868. 16 S.
Diss. med. 15. Dez. 1868. vorh. 26.7.

Weiss, Edwart, appr. Arzt aus Darmstadt: Aus d. geburtshülflich-gynäkol. Klinik zu Giessen. Über die Geburten junger Erstgebärender. *Giessen 1900: v. Münchow.* (45 S.) 8°
Giessen, Med. Diss. v. 1900

Retinitis pigmentosa und Glaukom. Von Dr. med. Edwart **Weiß,** Assist. zu Gießen. *Halle a. S.: C. Marhold 1903.* (20 S.) 8°
= **Sammlung** zwangloser Abhandlungen aus d. Geb. d. Augenheilkunde. Bd 5, H. 5. [03. 9895 3

Weiss, Egon

Weiss, E., Pfandrechtliche Untersuchungen. I. Abtlg. Beiträge zum röm. u. hellen. Pfandrecht enth. (IX, 154 S.) gr. 8. Weimar, H. Böhlau's Nachf. 1909 4. —

Weiss, E., Pfandrechtliche Untersuchungen. II. Abtlg., Beiträge zur Dogmengeschichte, dann zur österreich., sächs. u preuss. Gesetzgebg. enth. (XII, 150 S.) gr. 8. Weimar, H. Böhlau's Nachf 1910. 4. —

Weiss, Emanuel: De transmissione actorum judicialium. (Aktenversendung). 28 S.
Basel, Jur.Diss.v. 28.Nov.1707.

Weiss, Emil: Aus d. Univ.-Frauenklin. zu Breslau. Die operative Behandlung der Bauchhernien mit besonderer Berücksichtigung der Küstner'schen Methode. Breslau 1909: Fleischmann. 47 S. 8°
Breslau, Med. Diss. v. 14. Juni 1909, Ref. Küstner
[Geb. 23. Dez. 83 Sulmirschütz; Wohnort: Ostrowo; Staatsangeh.: Preußen; Vorbildung: Gymn. Ostrowo Reife O. 03; Studium: Breslau 4, Straßburg 3, Breslau 3 S.; Coll. 30. Jan. 09; Approb. 7. Juni 09.] [U 09. 581

Weiss, Emil. Jahresbericht und Mitgliederverzeichniss d. Sängervereins „Harmonie Zürich", 1882. In-8°, 69 S. Zürich, Druck von Schiller & Cie. 1883.

Sängerverein „Harmonie" Zürich. Jahresbericht und Mitgliederverzeichniss pro 1884. Verfasst von Emil Weiss, Aktuar. In-8°, 82 S. Zürich, Druck von Schiller & Cie. (B. Cotti). 1885.

Weiss, Emil, aus Breslau: Zur Kenntnis der tertiären aromatischen Arsine. *Rostock 1899: C. Hinstorff.* (42 S.) 8°
Rostock, Phil. Diss. v. [23. Juni] 1899

Weiss, Emil Rudolf

Weiss, E. R., d. blassen Cantilenen. gr. 8. (39 Bl.) Florenz 896. Leipzig, E. Diederichs. n. 3. —

— Elisabeth Eleanor. Eine Liebe. 12. (83 S.) Ebd. 896. n. 3. —

Weiss, Emil Rud., Trübungen. Verse u. Prosa in Auswahl. gr. 8. (110 S.) Leipzig 896. Verlag „Kreisende Ringe". n. 2. —

Weiss, Emil Rud., der Wanderer. Mit 8 symbol. Holzschn. u. Buchumschlag v. E. R. Weiss. 1895—1900. (214 S.) 8. Jena 906. E. Diederichs. n. 4. —

Emil Rudolf **Weiss.** Der Wanderer. Berlin: J. Bard 1907. (219 S.) 8° [08.11651

Weiss, Emil Rud., der Wanderer. (2. veränd. Ausg., verm. um d. seit 1900 entstandenen Gedichte.) (222 S.) kl. 8. Berlin 907. J. Bard. Kart. 4. —; Luxusausg. 10. —

Weiss, Erich: Über drei in gesäuerten Rübenschnitzeln neu aufgefundene Milchsäurebakterien. Mit 5 Microphotogrammen. *Langensalza 1898: H. Beyer & Söhne.* (39 S.) 8°
Göttingen, Phil. Diss. v. [3. Sept.] 1898

Weiß, Ernst, Mineralog u. Geolog, 1833–1890, s. Weiß, Christian Ernst.

Weiss, Ernst. Basels Anteil am Kriege gegen Giangiacomo de Medici, den Kastellan von Musso. 1531—1532. Ein Beitrag zur politischen Geschichte der Reformationszeit. 166 S. 8.
Ausg. A: Diss. Phil. Bern. Basel, Buchdr. M. Werner-Riehm, 1902.
Ausg. B: [Mit 1 Tafel.] Basel, R. Reich. 1902. [fr. 3.50]

Weiß, Ernst, Basels Anteil am Kriege gegen Giangiacomo de Medici, den Kastellan v. Musso. 1531—1532. Ein Beitrag zur polit. Geschichte der Reformationszeit. gr. 8. (166 S. m. Titelbild.) Basel 902. Helbing & Lichtenhahn. n. 2. 80

Weiss, Ernst: Anzahlbestimmungen für das Strahlennetz (lineare Kongruenz). Breslau 1907: H. Fleischmann. (64 S.) 8°
Breslau, Phil. Fak., Ref. Sturm, Diss. v. 13. März 1907
[Geb. 20 Nov. 83 Oßig bei Luben; Wohnort: Sanitz bei Luben; Staatsangeh.: Preußen; Vorbildung: Gymn. d. kgl. Ritterakad. Liegnitz Reife O 03; Studium: Breslau 8 S.; Rig. 20. Febr. 07.]

Weiß, Ernst: Die Herrschaft Brody. Ein nutzvieh-schwacher Landwirtschaftsbetrieb in Posen. *Merseburg 1903: F. Stollberg.* (74 S.) 8°
Breslau, Phil. Diss. v. 12. Mai 1903

Weiss, Ernst, k. k. Oberlieut. und Regiments-Adjutant im Regimente. Gedenkblätter aus der Geschichte des k. k. Jazygier und Kumanier Husaren-Regiments General der Cavallerie Prinz zu Liechtenstein Nr. 13 von seiner Errichtung 1859 bis Ende 1878. (137 S) 8. Temesvár 1879.

Weiß, Ernst, der Pilger aus Torgau. 32. (20 S.) Nonnenweier 871. (Barmen, Klein.)

Weiß, Ernst: Psychologische Streifzüge über Oscar Wilde. (Vorr.: Dr. R[udolf] Foerster, Psychiater, Leipzig.) Leipzig: Apian-Bennewitz 1908 [übergekl.: Leipzig: Xenien Verl. 1909]. XX, 182 S. 8°

Weiß, Ernst, über das Wesen der Wein-Reinhefe. Ihre vorteilhafte Anwendung in der Praxis, sowie Ratschläge zur Herstellung guter, gesunder Weine, Moste, Obst-, Rosinen- u. Beerenweine rc. In gemeinverständl. Fassg. bearb. gr. 8. (IV, 54 S.) Stuttgart 899. E. Ulmer. n. 1. 20

Weiss, Ernst Leo. Das Recht des Finders. Diss. gr. 8. (V, 80 S.) Gött. 891. (Vandenhoeck u. Ruprecht). * 2 —

Weiss, Eugen. 1. Zur Kenntnis der synthetischen p.-Dialkyldioxychinone; 2. Über die Kondensation von Piperonal mit Bernsteinsäure. Diss. Phil. Basel. 52 S. 8. Basel, Basler Berichthaus, 1905.

Weiß, F., neuester Fahrplan mit Preisangabe nach Schliersee, Peißenberg, Penzberg rc. München 869. (L. Finsterlin.) 16. (8 S.) n. 1 ngr.

Weiss F.: Gebrauch der Fragesätze bei Juv. 26. Stockerau 82.
Progr.

v. **Weiss**, F. Carte der Europäischen Türkey nebst einem Theile von Kleinasien. Wien 1829. 21 Bl. c. K. Ff.

Weiss, F. v. Karte der europ. Türkei. Herausg. vom k. k. österr. Gen.-Quart.-Stabe im Jahre 1829. Wien. Fol.

Weiß, F. G. Adolf

Weiß, F. G. Ad., Chronik der Stadt Breslau v. der ältesten bis zur neuesten Zeit, nach den besten Quellen bearb. (In 20 Lfgn.) 1–4. Lfg. gr. 8. (192 S.) Breslau 886. Woywod. à n. — 50

Weiß, F. G. Ad., Chronik der Stadt Breslau von der ältesten bis zur neuesten Zeit. 5.–24. (Schluß-)Lfg. gr. 8. (VII u. S. 193–1185.) Breslau 887. 888. Woywod. à n. — 50

— dasselbe. Suppl.-Hft.: 27 Taf. Abbildgn. gr. 8. Ebd. 887. n. 1. 50 (cplt. m. Suppl.-Hft.: n. 13. 50; geb. n. 15. —)
(B) — Chronik d. Stadt Breslau. 888. (KBL 26.) Jetzt: Breslau, F. Goerlich. Erm. Pr. geb. 10.

— Gedenkblätter der evangelischen Kirchengemeinde Hillersdorf in Österreichisch-Schlesien aus den J. 1878 bis 1882. Als Beitrag zur Geschichte d. österr. Protestantismus im Auftrage d. Presbyteriums hrsg. gr. 8. (VII, 155 S.) Leipzig 883. (Webel.) n. 2. —

— protestantische Hornsignale. Poetische Flugblätter zur Lutherfeier. gr. 8. (48 S.) Berlin 883. A. Senff. n. 1. —

Weiß, F. G. Adf., die Breslauer Klabatschke. Eine humoristisch-lokalsprachl. Studie. 12. (112 S.) Grünberg i/Schl. 891. F. Weiß Nachf. Verl. n. 1. —

Weiss, F. G. A. Lieder und Fanfaren. Gedichte. In-8°. VII, 102 S. Zürich, Verlags-Magazin (J. Schabelitz). 1890. 1 50

Wie Breslau wurde. Von F. G. A(dolf) **Weiß**. Breslau: L. Freund (1906). (XIII, 257 S.) 8° [F.] [07. 376 2

Weiß, F. G. Ad., wie Breslau wurde. (XIII, 257 S. m Abb. u. 1 Bildnis.) gr. 8. Breslau (907). L. Freund. Geb. in Leinw. 4. 50

Wie Breslau wurde von F. G. A[dolf] **Weiß**. (Hrsg. von Paul Barsch.) 2. Aufl. Breslau: L. Freund (1907). (286, VI S.) 8° [F.] [08. 1691

Weiß, Fr., praktisches Handbuch f. die Konditorei. 2. Aufl. (168 S. m. Abbildgn. u. 82 Taf.) 8. Heilbronn 906. (Stuttgart, A. Koch & Co.) Kart. 5. —

Weiss, Franz [aus St. Blasien '(Baden)']: Ueber die Anhydroester der α-Aminosäuren und eine Synthese der Mercaptursäuren ... Strassburg, K. J. Trübner, 1895; 2 Bl., 28 S., 1 Bl. 8. Rostock, Phil. Fak., Inaug.-Diss. v. [31. Okt.] 1894

Weiß, Frz., Briefe von Abälard und Heloise. Nach dem Französ. poetisch bearb. Neue (Titel-)Ausg. mit (2) Stahlst. Stuttgart (843.) 854. Rieger. 8. (2 Bl., 132 S.) 15 ngr.

Weiß, Frz. (Hrsg.), s. A b a i l a r d , Pierre: Abälard's und Heloisen's Briefe.

Weiß, Frz., Erdkunde für österreichische Bürgerschulen. gr. 8. (VIII, 138 S. mit 45 erläut. Skizzen in eingedr. Holzschn.) Graz 876, Cieslar. *

Weiß, Frz., Erdkunde f. österreichische Bürgerschulen. 2. verb. Aufl. Mit 45 erläut. Skizzen. gr. 8. (XI, 195 S.) Graz 885. Cieslar. n. 1. 60

Freimaurerkränzchen zur Brudertreue am Rosenbach in Sulzbach. 1878–1903. [Unterz.:] Franz Weiss. Erlangen 1904: Junge & S. 27 S. 8°
Gesch. des Kränzchens. 343.

Weiß (v. Schleussenburg), Franz: L e h r b u c h der Baukunst zum Gebrauche der Kaiserlich Königl. Ingenieur-Academie. 2 Bde. oder 5 Thle. in 4. Wien. 1820–1832.
1r Bd. 1r Theil. Bautechnologie. 1820.
2r Theil. bürgerliche Baukunst. 1825.
2r Bd. 3r Theil. Wasserbaukunst. 1830.
4r Theil. Straßen- und Brückenbaukunst.
5r Theil. Kriegsbaukunst (noch nicht erschienen).

Weiß, (Major im k. k. Ingenieurs-Corps) Frz., Lehrbuch d. Baukunst, zum Gebrauche d. k. k. Ingenieurs-Akademie. Auf höchsten Befehl verfaßt. 1r u. 2r Bd. 1r–3r Thl. — 2r Bd. 3r Thl. Von d. Wasserbaukunst. Mit 6 Kpft. in gr. Fol. gr. 4. Wien (Bauer 830. Dirnböck). 2 rß 16 gr

Weiß, Frz., Lehrbuch d. Baukunst zum Gebr. d. k. k. Ingenieurs-Akademie. Auf höchsten Befehl verfaßt. 2 Bde. (od. 4 Thle.) gr. 4. Wien, verlegt v. d. k. k. Ingenieurs-Akad. (Gerold.) [1. (50½ B. incl. Tabn. u. 27 Kpfrt. Fol.) 820., 2. (23 B. u. 12 Kpfrt. Fol.) 830.]

Weiß, Frz., Lehrbuch der Baukunst zum Gebrauche der k. k. Ingenieurs-Akademie. Auf höchsten Befehl verfaßt 1820. (Unveränd. Abdr.) 1. Bd. 2 Thle. Wien 854. (Seidel.) gr. 4. (2 Bl., 383 S., 15 Tab. und 27 Kpfrtaf. in Fol.) n. 6 rß. 20 ngr.

Weiss von Schleussenburg, Franz, k. k. General-Major. L e h r b u c h d e r B a u k u n s t zum Gebrauche der k. k. Genie-Akademie. Neue wesentlich veränderte und vermehrte Aufl. I. Th. Bau-Technologie. 1. Abth. Mit 9 Taf. in Fol. II. Th. Bürgerliche Baukunst. 1 Abth. Mit 28 Taf. in Fol. (2 Bde. Text in 8. und 2 Hefte Taf. in Fol.) Wien 1861.

Weiß v. Schleußenburg, Frz., Lehrbuch der Baukunst zum Gebrauche der k. k. Genie-Akademie. 1. Thl 2. Abthlg. u. 2. Thl. 2. Abthlg. Neue wesentlich veränd. u. verm. Aufl. Wien 867,68. (Seidel & Sohn.) gr. 8. n. 2 rß 21 ngr.
1. Thl. Bau-Technologie. 2. Abthlg. Die technischen Gewerbe u. Fundirung der Hochbauten. (XII, 298 S. mit 11 Steintaff. in Fol.) n. 1 rß 24 ngr.
2. Thl. Bürgerliche Baukunst. 2. Abthlg. Entwurf der Häuser. (IX, 107 S. u. 6 Steintaff. in Fol.) n. 27 ngr.

—— **Lehrbuch für Bürger- und Fortbildungsschulen 2. und 3. Thl. 2. verb. Aufl. gr. 8. Graz 875, Verlagsh. Leykam. [2. Thl. (VIII, 256 S.) *M 2.24.; 3. Thl. (VIII, 339 S.) *M 2.40.]** *
1. Thl. 3. Aufl. Ebendas. 1884. **M 1.66.

Weiß, Frz., Lesebuch, s.a. Eisfeldt, G.

Weiß, Frz., Lesebuch für Bürger- und Fortbildungsschulen. 3. unveränd. Aufl. 1. Thl. gr. 8. (X, 224 S.) Graz 884, Verlagsh. „Leykam".

Weiss, Franz, Oberl. aus Gross-Lichterfelde: Die geodätischen Linien auf dem Catenoid. *(Gr.-Lichterfelde 1902: F. Herrmann.)* (46 S.) 8°
Jena, Phil. Diss. v. (3. März) 1902

Weiß, Franz: Die geodätischen Linien auf dem Catenoid. 46 S. 8.
Progr. Realschule *Groß-Lichterfelde* 1902 (140).

Weiss, Franz, die malerische u. romantische Pfalz. Mit 24 (prächtigen) Stahlst. Neustadt a. d. Haardt, A. H. Gottschick, 1840. Gr. 8°. Ppb.
2 Bll., 193 S. Lat. Lettern. Vergriffen! 1 Trifels. 2. Zweibrücken. 3. Schloss Kirkel. 4. Der Jungfernsprung. 5. Berwartstein. 6. Madenburg. 7. Schloss Hambach (das Dorf in der Nähe bekannt durch die grosse Volksversammlung am 27. Mai 1832). 8. Neustadt. 9. Haardt u. Burg Winzingen. 10. Dürkheim. 11. Spangenberg u. Erphenstein. 12. Diemerstein. 13. Kloster Limburg. 14. Hartenburg. 15. Altleiningen. 16. Kloster Rosenthal. 17. Falkenstein. 18. Moschellandsberg. 19. Altenbaumberg. 20. Ebernburg. 21. Remigiusberg. 22. Kaiserslautern. 23. Landstuhl. 24. Speier.

Weiß, Frz., die malerische und romantische Rheinpfalz, s. Rhein-Pfalz.

Weiß, Franz, s. Saint-Hilaire, E. M.: Geschichte Napoleons.

WEISS, FRANC. IGNAT., Diss. inaug. med. aegram morbo Pliniano scelotyrpe laborantem sistens. Kiliae Holsat. 1764. 4. P.

Weiss, F[ranz] J[oseph]. **Kondensation. Ein Lehr- und Handbuch über Kondensation und alle damit zusammenhängenden Fragen, auch einschliesslich der Wasserrückkühlung. Für Studierende des Maschinenbaues, Ingenieure, Leiter grösserer Dampfbetriebe, Chemiker und Zuckertechniker.** Von F. J. Weiss, Civilingenieur in Basel. Mit 96 in den Text gedruckten Figuren. XVI + 384 S. 8. Berlin, Julius Springer, 1901.

Weiss, F[ranz] J[oseph]. **Kondensation.** Ein Lehr- und Handbuch über K' und alle damit zusammenhängenden Fragen, auch einschliesslich der Wasserrückkühlung. Für Studierende des Maschinenbaues, Ingenieure, Leiter grösserer Dampfbetriebe, Chemiker und Zuckertechniker. 2., ergänzte Aufl. Bearb. von E[duard] Wiki, Ingenieur, Luzern. Mit 141 Textfiguren und 10 Tafeln. XX + 429 S. 8. Berlin, Julius Springer, 1910. [geb. M. 12. —]

WEISS, Franz von Paula (Tannenberg): De sarcomate.- Monachii: Giesser 1834. 20 S.
21.11.1833 - Urk; F 61
Diss. Ingolst.-Landsh.-Mchn.

Weiß, Franz Rudolf von

— politisch-philosophisch-moralische Abhandlungen u. Grundsätze. 3 Thle. Aus d. Französ. (v. J. J. Stolz 1.) gr. 8. Hannov. 801. Hahn. 2 Rthlr 8 gr

Weiss, [François-Rodolphe] de. Blick auf das politische Verhältniß zwischen der Französischen Republik und der Schweizerischen Eidgenossenschaft. Durch den Stadtmajor von Weiß.... 26. Hornung 93. Aus dem Französischen nach der zweyten Originalausgabe übersetzt. 8. Schweiz [1793].

Weiss, [François-Rodolphe] de. Du début de la Revolution Suisse, ou Défense du cy-devant General de Weiss (de Lucens) contre ses détracteurs. 8. *s. l.* Avril 1799.

Weiss, [François-Rodolphe] de. Zur Geschichte des Anfangs der Schweizerischen Revolution, oder Vertheidigung des ehemaligen General von Weiß (von Lucens) gegen seine Verläumder. April 1799. Aus dem Französischen. 8. Nürnberg [1799].

Weiss, François Rodolphe de. Philosophische, politische und moralische Grundsätze. . . . übersetzt. Hannover 1795—96. Ü: *Stolz, Johann Jacob.* (MGT) (Cat. d. Stadtbibl. Zürich. Zürich 1864--97.) »1801.« (Ky)

(Fr. Rdf.) v. **Weiss:** philos., polit. u. moral. Grundsätze, nach d. 3ⁿ A. d. franz. Urschr. übers. *Hann.*, Ritscher. 795-96. 3 Thle. 8° 4 Rthlr

o ***Weiss*, Frz. Rud., (✝ Ende Juli 1818.) mémoire à Bonaparte, premier Consul etc. Avec une Lettre d'envoi aux deux Conseils de la République Helvetique. 4. Bern 801.**

— par tout il y a des maux, par tout de l'oppression et de l'esclavage: mais nul part plus que dans les pays revolutionnés. 8. Frankf. a. M. 801.

Weiss, [François-Rodolphe de]. Schreiben des General Weiß, an den Bürger [Napoleon] Bonaparte, erster Consul der fränkischen Republik. (Bern, im Jenner 1801.) 8. Basel.

Weiß, Franz Sebastian

Weiß, Frz. Sebast., deutliche Anweisung zur gründl. Erlernung der Rechenkunst, mit allen ihren Theilen u. ganzen Inbegriff zc. Mit 1 Tabelle. 8. Augsb. 763. M. Rieger. 16 gr

Franz. Seb. Weise's deutliche Anweisung zur Erlernung der Rechenkunst. Augsp. Rieger. 8 maj. 1766.

Weiss, Friedrich [aus Cassel]: Über die chemischen Bestandteile der Blätter von Myrtus Cheken (Spreng.) .... Berlin, Druck d. Norddeutsch. Buchdr. u. Verlagsanst., 1888; 24 S. + 1 Bl. 8°
Leipzig, Phil. Fak., Inaug. Diss. v. 7. Aug. 1888

Weiss, Friedrich, über die chemischen Bestandteile der Blätter von Myrtus Cheken (Spreng). Diss. Leipzig 1888, Gustav Fock. 8°. 24 S.

Weiss, Friedr., die Gesetze der Satellitenbildung. Einleitung zur Geschichte der Erde. gr. 8. (VIII und 328 S. mit 4 Taf. Abbild., wovon 3 lithogr. und 1 chromolithogr., in gr. 4.) Gotha 860, J. Perthes. *

Weiß, Fr., die Homonymen, laut- oder klangverwandten Wörter der teutschen Sprache, was sie sind (grammatisch) u. bedeuten, erläutert durch Beispiele u. zusammengestellt nach ihrer Klangverwandtschaft u. d. sie unterscheidenden Schreibart; mit Beigabe von Materialien zu Uebungen. 1.—3. Hft. Lex.-8. Nürnberg 845, 46. (Leipzig, Klinkhardt.) à n. 1/2 Rthlr

Weiß, Frdr., die Homonymen, laut- oder klangverwandten Wörter der teutschen Sprache. Ein Handwörterbuch zc. 4 u 5. Hft. Plagge — Z. Lex. 8. (S. 313—492.) Nürnberg 847. Leipzig, Klinkhardt in Comm. à n. 1/2 Rthlr (cmpl. n. 2 1/2 Rthlr)

Weiss, Friedrich, a. Komotau ⟨Böhmen⟩: Moses Maimonides' Commentar zum Mischnah-Traktat Nazir ⟨Abschn. I—IV⟩. Arabischer Text nach zwei Handschriften z. ersten Mal hrsg. unter Beifügung d. verbess. hebr. Übersetzung des Jakob ibn Abbâs. Berlin 1906: H. Itzkowski. (22, 26 S.) 8°
Heidelberg, Phil. Fak., Ref. Bezold, Diss. v. 1906
[Geb. 14. Febr. 81 Eidlitz in Böhmen; Wohnort: Komotau; Staatsangeh.: Österreich; Vorbildung: Ober-Gymn. Komotau Reife Juli 00; Studium: Breslau 7, Heidelberg 2 S.; Rig. 16. Jan. 05.]

Weiss, F., s. Maimonides', Moses, Kommentar zum Mischnah-Traktat Nazir.

Weiß, Frdr., Sprachstoff für die Elementarklasse, s.: Heuner, Fr.

WEISS, Friedrich Ad. F. (Speyer): An licet vivo foetu perforationem facere, si foemina sectionem caesaream recusaverit?- Monachii: Rösl 1831. 20 S.
29.8.1831 - Urk (Titel: De perforatione.); F 60
Diss.Ingolst.-Landsh.-Mchn.

WEISS, Friedrich Wilhelm: Entwurf einer Forstbotanik zum Gebrauch akademischer Vorlesungen. - Göttingen 1775. 358 S., 8 Taf.

— Entwurf einer Forstbotanik. 1r Bd. Mit Kpf. gr. 8. Götting. 775. Vandenhöck u. R. 1 Rthlr

***Weiss*, Fr. G., s. Jh. Sebast. *Müller*, illustratio systematis sexualis Linnaei.**

Fridericus Guilielmus Weis: Plantae cryptogamicae florae Gottingensis specimen. Gottingae (1769): J.H. Schulz. XII, 35 S. 8°

Göttingen, Med. Hab.-Schr. v. 7. Okt. 1769

— plantae cryptogamicae florae Gottingensis. Cum fig. 8maj. Götting. 770. Vandenhök u. R. 16 gr

Weiß, Fr. Wlh., Vorbereitung zum Unterricht in den Grundkenntnissen der Botanik. 8. Götting. 782. Dieterich. 2 gr (Varrentrapp in Frankf.) 3 gr

Weiß, Fr. Wilh., Vorbereitung zum Unterricht in d. Grundkenntnissen der Botanik. 4. Frankft. Varrentrapp u. W. 791.

Weiss, Fritz, s.: Apulejus v. Madaura, des, Apologie.

Weiss, Fritz, über Scharlach, s.: Pospischill, Dionys.

Weiß, G. A., die moderne Erziehung u. ihre Folgen in körperlicher u. sittlicher Beziehung, s. a. Schuhr's Sammlung volkstümlicher Vorträge auf dem Gebiete der Gesundheitspflege rc.

Die moderne Erziehung u. ihre Folgen in körperl. u. sittl. Beziehung. Ein Weck- u. Mahnruf von G. A. **Weiß**: Berlin: G. Schuhr 1890. (48 S.) 8° [F.]
= **Sammlung**, Schuhr's, volkstüml. Vorträge auf d. Geb. d. Gesundheitspflege. H. 2. [06. 1557]

Weiss, G. A., neueste u. ausführlichste Methode zur Erlernung der Schönschrift. 2 Hfte. Zum Selbstunterricht f. Unterrichts-Anstalten jeden Grades, f. Techniker, Geometer u. ähnl. Berufsklassen hrsg. qu. 4. Köln 885. Mayer. n. 6. —
I. Theoretische Abtheilung. (II, 72 S.)
II. Uebungsheft. (90 S.)

—— Die Ursachen der Familien-Tragödien, s.: Schuhr's Sammlung volkstümlicher Vorträge auf dem Gebiete der Gesundheitspflege, der körperlichen Erziehung u. der Unfall-Verhütung.

Weiß, G. B., Beschlüsse der evangel. Generalsynode zu Berlin im Jahre 1846. Uebersichtl. aus den Urkunden zusammengestellt. gr. 8. (9 B.) Königsberg 846, Gräfe u. Unzer. *

— s. a. Beschlüsse d. evangel. Generalsynode.

Weiß, G. B., Beschlüsse der evangel. Synode zu Berlin, s. Beschlüsse.

Weiß, G. B., Gebetbüchlein für Kinder, nebst einem Anhange von Gebetliedern für Kinder, gesammelt. 12. Königsberg 841, Hartung. n. 1/3 ℛ

Weiß, G. B., Dr. Mart. Luthers kleiner Katechismus nebst kurzer Auslegung. [Auszug aus des Verf. „Religionsbüchlein."] 31. Aufl. Königsberg 869. Hartung. 8. (52 S.) geb. n. 2 ngr

Weiß, G. B., Dr. Martin Luther's kleiner Katechismus nebst kurzer Auslegung. [Auszug aus d. Verf. „Religionsbüchlein".] 80. Aufl., rev. v. M. Lackner. 8. (52 S.) Königsberg 887. Hartung. — 15; cart. n. — 25

Weiß, G. B., Martin Luthers kleiner Katechismus, nebst kurzer Auslegg. Neu bearb. f. gehobene Schulen u. f. den Konfirmandenunterricht v. Lackner. Ausg. B. 8. (64 S.) Königsberg 894. Hartung. n. — 16; kart. n. — 25

—— Religionsbüchlein, od. christl. Religionslehre n. M. Luthers klein. Katechismus. Der neuen Ausg. 2. Aufl. Schmal 12. (6 1/2 B.) Königsberg 840, Hartung's Buchdruckerei. *

—— dass. in polnischer Sprache. Schmal 12. (6 B.) Ebds. 841. *

Weiß, G. B., „Die völlige Liebe treibet die Furcht aus." Predigt. gr. 8. Königsberg 831. (Berlin, Th. Enslin.) 1/8 ℛ

Weiß, G. B., „die völlige Liebe treibet d. Furcht aus." Predigt. gr. 8. (1 B.) Königsberg 831. Hartung. (Leipzig, Fort.)

Weiß, G. B., Zeitstimmen. Zwei Vorträge, gehalten in Danzig den 19. Februar 1861 und den 24. Februar 1863. Königsberg 863. Gräfe & Unzer in Komm. gr. 8. (IV, 51 S.) n. 7 1/2 ngr

Weiß, G. F., die mittelbare Bergeigenthums-Erwerbung, oder Nachweisung, was bei der mittelbaren Erwerbung von Bergtheilen zu beobachten ist, um auf dem kürzesten Wege die Gewähr derselben im Gegenbuche u. somit das Eigenthum daran zu erlangen, zunächst für die Mansfeldischen Kupferschieferbau-Gewerkschaften, besond. für die außer Preußen wohnenden Gewerken derselben aufgestellt. 8. 842. (Eisleben, Reichardt.) n. 1/3 ℛ

Weiß, G. Gottfried

Weiss, G. Gfr., Denkschrift zur Orientirung üb. den neuen Lehr- u. Studienzweig Sing- u. Sprech-Gymnastik u. die Einrichtung e. Lehranstalt zu gesundheitsgemässer gesanglicher u. rednerischer Vollverwerthung des Stimmorgans u. Beseitigung v. Stimmleiden durch Anwendung der Lehrgrundsätze der Sing- u. Sprech-Gymnastik. gr. 8. (15 S.) Berlin 894. O. Elsner. — 50

Weiß, G. Gfried., über die Möglichkeit einer wirklich allgemeinen Stimmbildungslehre und das Wesen derselben. Ein Vortrag. 8. (31 S.) Leipzig 872, Kahnt.

Weiß, G. Gfr., Sing- u. Sprech-Gymnastik. Der Weg zur Meisterschaft in der gesangl. u. redner. Vollverwerthg. d. Stimmorgans. gr. 8. (XIX, 196 S. m. 49 Illustr.) Berlin 890. H. Paetel. n. 5. —; geb. n. 5. 75

—— allgemeine Stimmbildungslehre für Gesang und Rede mit anatomisch-physiolog. Begründung dargestellt. gr. 8. (XVII, 223 S. mit in den Text eingedr. Holzst.) Braunschweig 868, Vieweg und Sohn.

Weiss, Gaspard François: Kurze Beschreibung der weltberühmten Prozession zu Echternach. Luxemburg: Lamort 1815. 8 S. 12°

Weiß, Gebhard —. Der Patriot am Vorabende der Vermählungsfeier seines Kaisers. Gedicht in der Bregenzer Mundart von — —. 4. (2 Blätter.) Bregenz. 1854. Gedruckt bei J. N. Teutsch.

Weiss, Georg: Ueber die quantitative Bestimmung und Trennung von Zink und Nickel. 1906. 64 S. 8°
München, Dr.-Ing.-Diss. v. 13. 6. 1906

WEISS, Georg (Frankenthal): Ueber eitrige Peritonitis im Anschluss an Periproctitis und Retroperitonealphlegmone.- München: Wolf 1902. 36 S.
20.6.1902 - Chr 1901/02,27; Jv 1901/02,281
Diss.Ingolst.-Landsh.-Mchn.

Weiss, Georg Heinrich (Leipzig) A. S. 1155/25

De fonte soterio Kukussensi in Bohoemia dissertatio.
Präs. Christian Michael Adolphi.
Leipzig (Schede) 24. V. 1726. 60 S.
36198

Weiß, Guido

Weiss, G., Für Johann Jacoby. 8⁰. Berlin 1862.

Weiß, Guido [Hrsg.], s. R e f o r m , Berliner.

Weiss, Guido. Vide: Wage (Die).

Weiss, Guido. Vide: Zeitschrift des Central-vereins in Preussen f. das Wohl der arbeitenden Klassen.

s. Zukunft (Die).

Weiss, Gustav, (aus Wien): Untersuchungen über das Carvol. Uster-Zür. A. Gull Dr. 1894. 39 S. 8⁰.
Zürich. Phil. Diss. [v. 21. Mai 1894].

Weiss, Gust. Adf., **allgemeine Botanik. [Anatomie, Morphologie, Physiologie.] [2 Bde.] 1. Bd. Anatomie der Pflanzen. Mit 267 (eingedr.) Holzschn. u. 2 Farbendrtaf. gr. 8. (XVI, 531 S.) Wien 878. Braumüller. n. 20. —**

Weiss, Gust. Albert (geb. Kloster Lindow in d. Mark 28. 8. 1831): De remediis anaesthetics. Berolini (1853). (42 S.) 8⁰
Berlin, Med. Diss. v. 24. März 1853

Weiß, H., Heimatkunde d. Kreises Rawitsch. Unt. Benutzg. amtl. Quellen. gr. 8. (16 S.) Lissa 898. F. Ebbecke. n. — 20; m. Karte n. — 60

Weiss, H., Kefir, kaukasischer Milchwein [Kuhmilch-Kumiss], s.: Zeit- u. Streitfragen, klinische.

Weiss, H. (Red.), s. S c h u l - A n z e i g e r für Oberfranken.

Weiss, H. G. J., **atmosphärischer Bau oder die Erde, der Kern einer Frucht. Ursprung der magnet. Polkraft, des Lichts, der Farben, u. s. w. begründet auf und erklärt durch das Gesetz der Verwandtschaft. gr. 8. (VI und 43 S.) Amsterdam 853. (Leipzig, Thomas.)** *

Weiss, H.G.J., das Schöpfungs-System oder der Ursprung und der individuelle Charakter der Erde, des Himmels, der Sonne und des Mondes. Alles mit Bezug auf die Metalle und die Unsterblichkeit. Nach Naturgesetzen erklärt. Aus dem Holländ. übers. gr. 8. (VI, 63 S.) Amsterdam 871. (Berlin, Wiegandt, Hempel und Parey.)

Weiss, Hans v., k. und k. Oberlieut. Zur E r i n n e r u n g an das 250jährige J u b i l ä u m des k. und k. Inft.-Reg. Erzherzog Carl. Stephan Nr. 8. Fol. Brünn 1892.

WEISS, Hans (Bayreuth): Ueber Furfurol. Seine toxischen und temperaturherabsetzenden Eigenschaften.- München: Kastner & Lossen 1899. 34 S.
24.2.1899 - Chr 1898/99,13; Jv 1898/99,222
Diss. Ingolst.-Landsh.-Mchn.

[F.] Der Kampf ums Recht und der deutsche Apothekerstand. Von Dr. jur. H a n s **Weiss**, Kgl. preuss. Gerichtsass. ... *Berlin: R. Mickisch [1897]*. (3 Bl., 154 S., 1 Bl.) 1 Bd 8. [98. 2550

Nachwort zu: Der Kampf ums Recht und der deutsche Apothekerstand. Von Dr. jur. H a n s **Weiss**, Ger. Ass. *Berlin: R. Mickisch (1898)*. (30 S.) 8° [F.] [00. 3207

Weiß, Hans Ritter v., Offizier, s.: W a s soll ich werden.

Weiß, Hans: Experimentelle Untersuchung über die Ausbreitung elektromagnetischer Wellen an zwei Paralleldrähten mit coaxialer dielektrischer Hülle. Würzburg 1909: F. Scheiner. 30 S. 8°
Würzburg, Phil. Diss. v. 26. April 1909, Ref. Wien
[Geb. 15. Dez. 82 Reichmannsdorf; Wohnort: Würzburg; Staatsangeh.: Bayern; Vorbildung: Gymn. Bamberg Reife Juli 03; Studium: Bamberg Lyz. 1, Würzburg 9 S.; Rig. 21. Juli 08.] [U 09. 4180

Weiß, Hans v. der, fröhliche Weihnachten. Gedichte zum Vortrag bei Weihnachtsfeierlichkeiten, nebst e. Weihnachtsspiel. 8. (60 S. m. Illustr.) Wiesbaden 893. R. Bechtold & Co. n. 1. —; geb. n. 1. 50

Weiß, Hans Ritter v.: W i e werde ich Officier, s. B e r u f s - a r t e n des Mannes. 1.

Weiß, Harry, der Freiherr od. durch Nacht zum Licht, s.: E d e l w e i ß.

Weiss, Hedw., Weihnachtsbuch. (8 Bl. in Farben-Steindr.) gr. 4. Berlin 904. (Leipzig, P. H. Boyer & Sohn.) n.n. 6. —

— dasselbe. (Neue Aufl.) (16 S. m. z. Tl. farb. Abbildgn.) qu. Fol. Hamburg 906. Gutenberg-Verlag Dr. E. Schultze. Kart. n. 5. —

W e i s s , Heinrich [1779–1842]. Basilea sepulta, oder die seit mehreren hundert Jahren gestorbenen Bürger, welche bey E. E. Regimente ... sowohl der Stadt und Landschaft Basel, als auch in ausserwärtigen Diensten vorgestanden, nebst ihren Frauen. Aus verschiedenen Hülfsquellen zusammengetragen durch M. H' Weiss. 4. Basel 1830.

Weiss, Heinrich: Ueber die B e d e u t u n g der Verdünnung des Urins bei der Untersuchung auf Eiweiss, Zucker und Gallenfarbstoff . . . Nürnberg, Druck d. Kgl. Bayer. Hofbuchdr. Bieling-Dietz, 1895; 32 S. 8⁰
Erlangen, Med. Fak., Inaug.-Diss. v. 1895.

W e i s s , H[einrich] [geb. 1789]. Beitrag zur Geschichte der Revolution vom 6ten September 1839. 8. Winterthur.

W e i s s , [Johann] Heinrich. Kurze Beschreibung der Schweiz. Ein Leitfaden für den geographischen Unterricht in Realschulen. 8. Zürich.
[1. Aufl.] 1835. — 2. verbesserte Aufl. 1836.

Weiß, Heinr., kurze Beschreibung der Schweiz. Ein Leitfaden für den geograph. Unterricht in Realschulen. 4e verm. u. verb. Aufl. gr. 8. Zürich 837. (Höhr.) 1/8 ß

W e i s s , [Johann] Heinrich. Kurze Beschreibung der Schweiz.... 8. Zürich.
6. verbesserte Aufl. 1840.
7. verbesserte und vermehrte Aufl. 1844.
8. Aufl. [Mit 1 Kartenskizze.] 1848.
9. verbesserte Aufl. 1851.

W e i s s , [Johann] Heinrich. Kurze Beschreibung der Schweiz.... 12. verbesserte Aufl. [Mit 1 Kartenskizze.] 8. Zürich 1862.

Weiss, H., Beweis, dass ungleich c^{2n+1} **u.** $a^{2n+1} + b^{2n+1}$, **wenn jedes der Zeichen a, b, c, n bedeutet: „Positive ganze Zahl". (4 S.) 8. Dresden 909. A. Köhler. — 50**

Weiss, Heinrich (Braunschweig) 4⁰Phs. I, 14ᵃᵃ/7b

Dissertatio de cerevisia.
Präs. Johann Andreas Schmidt.
In: Schmidt: Miscellaneorum physicorum fasciculus ...
Ed. 2. o.O. (Ehrten) (ca. 1720). S. 15-26.

Diss. Jena. 36200

Weiß, H., kurze Darstellung der Gasbeleuchtung, eine Anleitung zur Bereitung und zweckmäßigen Verwendung des Leuchtgases. gr. 8. (IV und 80 S. mit 3 Stnt. in Fol. und qu. gr. Fol.) Zürich 855, Orell, Füßli und Comp. *

WEISS, Heinrich (Frankenthal): Über einen Fall von Myelom des Darmbeins mit Metastasenbildung.- München: Ernst 1905. 33 S.
2.4.1906 - Chr 1905/06,26; Jv 1905/06,478
Diss. Ingolst.-Landsh.-Mchn.

Weiß, Heinr., tausend und ein Gedanke. Aphorismen für Geist und Herz zusammengestellt. 3. verb. und verm. Aufl. 8. (XI, 516 S.) Dresden 880, Selbstverlag. geb. mit Goldschn. *

Weiß, Heinr. 1001 Gedanke. Aphorismen f. Geist u. Herz, zusammengestellt v. H. W. 5. verb. Aufl. 8. (XI, 516 S.) Dresd. 889, Heinr. Weiß. geb. m. Goldschn. * 6 —

Weiß, Heinr., 1001 Gedanke. Aphorismen f. Geist u. Herz. 6., verb. u. verm. Aufl. (XV, 560 S.) 8. Dresden (904). H. Weiß. Geb. in Leinw. m. Goldschn. n. 6. —

Weiss, Heinr., Grundsätze der Kinematik. 1. Hft. Mit e. Atlas v. 10 Taf. (in qu. Fol.). gr. 8. (S. 1—256.) Leipzig 900. A. Felix. n. 10. —

Weiss, Heinr., s.: Kalender f. Elektrotechnik.

Weiß, (J.) Hnr., die Kirchenverfassung der Piemontesischen Waldensergemeinden aus ihren Synodalprotokollen von 1690—1828 in einzelne Sätze zusammengestellt. Nebst einigen ausgewählten Stellen aus den ältesten Bekenntnißschriften der Waldenser. gr. 8. Zürich 844, Meyer u. Zeller. 1/3 ♯ß

Weiss, Heinrich, Versuch einer kleinen... Beschreibung der Kirchen und Klöster in der Stadt und Landschaft Basel, nebst derselben Lehrer und Vorsteher, nach chronologischer Ordnung hrg. von u. H' Weiss. 4. Basel 1834.

Weiss, Heinr., die Werkzeugmaschinen zur Bearbeitg. d. Metalle. Grundzüge d. Construction u. Entwicklg. nach d. Erfahrgn. der Praxis. gr. 8. (VIII, 246 S. m. 64 Taf.) Wien 897. A. Hartleben. n. 7. 20; geb. n. 9. —

Weiss H, die Werkzeugmaschinen zur Bearbeitung der Metalle. (246 S 64 T) (Bibliothek, Mechanisch-technische 8) Wien 1897

Weiss, Henriette, ein Hilferuf f. unsere armen Kranken. Streiflichter auf die Krankenpflege in Oesterreich. (Bestrebungen u. Enttäuschgn.) (67 S.) gr. 8. Wien 903. M. Perles. n. 1. —

Weiss, Henriette [Hrsg.], s. Weiss, S. A.: Gedichte.

Weiß, Hermann

Weiß, H., die Bedeutung des Christenthums für das sociale Leben der Gegenwart, s. Vorträge, wissenschaftliche, über religiöse Fragen.

Weiss, Herm., über die hauptsächlichsten Bildungsideale der Gegenwart, besonders ihr Verhältniss zum Christenthum. Akademie-Antrittsrede gehalten zu Tübingen den 4. Mai 1876. gr. 8. (35 S.) Tübingen 876, Fues'sche Sortimentsh. *

Weiss, Herm., Börsen- u. Geschäfts-Handbuch. [I. Allgemeiner Thl. II. Die Anlehensloose, nebst deren genauen Ziehungsplänen.] gr. 8. (229 S.) Basel 883. Meyri. n. 2. —

Weiss, Herm. Einleitung in die christliche Ethik. gr. 8. (VIII, 239 S.) Freib. i. Br. 889, Mohr. * 5 —; geb. ** 7 —

Weiss, Hermann. Geschichte des Kostums. Die Tracht, die baulichen Einrichtungen und das Geräth der vornehmsten Völker der östlichen Erdhälfte. Erste Abtheilung. Geschichte des Kostüms der vornehmsten Völker des Alterthums. Berlin, Ferd. Dümmlers Verlagsbuchhandlung 1853.
„Erster Theil. Afrika". XXII + 406 S., 1 Bl. 8°.

Weiß, Herm., die christliche Idee des Guten u. ihre modernen Gegensätze. Ein theologischer Beitrag zur christlichen Ethik. gr. 8. (XI, 156 S.) Gotha 877. F. A. Perthes. n. 2. 40

Weiss, Hermann. Kostumkunde ... Stuttgart, Ebner & Seubert 1860—1872.
3 Teile. 8°.
I: Handbuch der Geschichte der Tracht, des Baues und des Gerathes der Völker des Alterthums. 1860. 1: Die Völker des Ostens: XXIV + 543 S. 2: Die Völker von Europa: Vortit., Tit., Untertit., S. 544—1434: zusammen mit 538 Holzschn.
II: Geschichte der Tracht und des Gerathes im Mittelalter vom 4. bis zum 14. Jahrhundert. 1864: XX + 932 S. m. 336 Holzschn.
III: Geschichte der Tracht und des Gerathes vom 14. Jahrhundert bis auf die Gegenwart. 1872. 1. Das Kostüm vom 14. bis zum 16. Jahrhundert: XL + 509 S. 2. Das Kostüm vom 16. Jahrhundert bis auf die Gegenwart. Vortit., Tit., Untertit., S. 510—1432; zusammen mit 418 Holzschn.
Die Abbildungen im 1. Teil nach Zeichnungen des Verfassers, im 2. und 3. Teil nach Zeichnungen von F. Weiss.

—. Kostumkunde. Geschichte der Tracht und des Geraths ... Zweite, ganzlich umgearbeitete Auflage ... Stuttgart, Ebner & Seubert 1881—1883.
2 Bde. 8°
I: Geschichte der Tracht und des Geräths der Völker des Alterthums. 1881: XLI + 603 S. m. 454 Holzschn.; 8 farb. Taf.
II: Geschichte der Tracht und des Geraths im Mittelalter 1883: XXVIII + 625 S. m. 367 Holzschn.; 8 farb. Taf.
Mehr nicht erschienen.

—— dass. — Neue Ausg. 3 Bde. in 16 Lfgn. gr. 8. Ebendas. 872.

Inhalt:

Lfg. 1—5. 1. Bd.: Alterthum. (à Lfg. *M 5,28.) *M 26,40.
» 6—9. 2. Bd.: Mittelalter. (à Lfg. *M 5,10.) *M 20,40.
» 10—16. 3. Bd.: Neuere Zeit vom 14. Jahrh. bis zur Gegenwart. (à Lfg. *M 4,80.) *M 33,60.

Weiss, Herm., Kostümkunde. Geschichte der Tracht u. des Geräths. 2., gänzlich umgearb. Aufl. 1. Bd. Das Alterthum. Mit 454 (eingedr.) Fig. in Holzschn. u. 8 farb. Taf. gr. 8. (XLI, 603 S.) Stuttgart 881. Ebner & Seubert. n. 16. —

Weiss, Herm., Kostümkunde. Geschichte der Tracht u. d. Geräths. 2., gänzlich umgearb. Aufl. 2. Bd. Mittelalter vom 4. bis zum 14. Jahrh. Mit 367 Fig. in (eingedr.) Holzschn. u. 8 farb. (lith.) Taf. gr. 8. (XXVIII, 625 S.) Stuttgart 883. Ebner & Seubert. n. 16. — (I. u. II.: n. 32. —)

Weiss, Hermannus (Godofredus) *(geb. Konradswaldau bei Landeshut in Schles. 25. 12. 1816)*: De motibus animi eorumque, quem in corpus exercent, effectu. Suidnicii (1841). (27 S.) 8°
Breslau, Med. Diss. v. 24. Juli 1841

Weiß, H., Predigt, beim Abschieds-Gottesdienste in der evangel. Predigtanstalt geh. in der Spitalkirche zu Tübingen 15. Aug. 1886 [8. Sonntag nach Trin.]. gr. 8. (13 S.) Tübingen 886. Fues. n. — 20

— u. E. **Kautzsch**, Predigten üb. den 2. Jahrgang der württembergischen Evangelien. gr. 8. (VIII, 679 S.) Ebend. 887. n. 5. 60; geb. n. 6. 75

—— u. E. Kautzsch. Predigten üb. den 2. Jahrgang der württembergischen Evangelien. 2. (Titel-)Ausg. gr. 8. (VIII, 679 S.) [Tüb. 889, Osiander.] Stuttg., Greiner u. Pfeiffer. [* 4 —] * 5 60 geb. [* 5 20] * 6 75

— u. **Günther**, 2 Reden, geh. bei dem Eröffnungs-Gottesdienst in der restaurierten Schloßkirche zu Tübingen am Sonntag, 31. Oktbr. 1886. gr. 8. (30 S.) Tübingen 886. Osiander. n.n. — 50

Weiß, Hermann, s. Übersicht, Tabellarische, üb. d. stattfindenden Kunstausstellungen.

Weiß, Hermann, a. Plettenberg i. Westf.: Pharmakognostische und phytochemische Untersuchung der Rinde und der Früchte von Aegiceras majus G., mit besonderer Berücksichtigung des Saponins. Straßburg i. E. 1906: C. Müh. (82 S.) 8°
Straßburg, Math.-naturwiss. Fak., Ref. Schaer, Diss. v. 1906
[Geb. 6. Mai 77 Plettenberg; Wohnort: Plettenberg; Staatsangeh.: Preußen; Vorbildung: Realgymn. Münster i. W. Reife für Obersekunda O. 94; Studium: Marburg 3, Straßburg 4 S.]

Weiß, Kautzsch und Kirn, drei Vorträge, am Lutherfest 10. und 11. Novbr. 1883 zu Tübingen gehalten. gr. 8. (61 S.) Tübingen 883, Heckenhauer'sche Buchh. *

Weiß, Herm., Sechs Vorträge über die Person Jesu Christi, gehalten im Saale der Bürgergesellschaft zu Stuttgart im Frühjahr 1863. Ingolstadt, Krüll, 1863, gr. 8°, X, 165 S., 1,80 Mk.

Weiss, Hieronymus, Quousque tandem? Die Agrarfrage im Lichte der Wahrheit. 8⁰. Graz, Styria, 1908. (58 S.)

Weiss, Hugo, De aetate, qua Obadja propheta vaticinatus sit, commentatio. Braunsberg, 4°, 13 S., 75 Pf. Proömium zum Index lectionum Lycei Hosiani für d. Wintersemester 1873—1874.

Weiß, Hugo, Die großen Kappadocier Basilius, Gregor von Nazianz und Gregor von Nyssa als Exegeten. Ein Beitrag zur Geschichte der Exegese. Braunsberg und Leipzig, Peter, 1872, 8°, 109 S., 1,80 Mk.
Recens. von Rump, Litt. Handw. 1872, S. 39.

Weiss, H., die grossen Kappadocier Basilius, Gregor von Nazianz und Gregor von Nissa als Exegeten. gr. 8. Leipzig 872. Karlsruhe, Reuther. * 1 80

Weiß, H., Die Bergpredigt Christi in ihrem organischen Zusammenhang erklärt. Freiburg, Herder, 1892, gr. 8°, III u. 111 S., 1,80 Mk.
Recens. von Felten, Litt. Rundsch. 1892, S. 295—297; von K. J. Müller, Litt. Handw. 1893, S. 51—53; von Heller, (Innsbr.) Ztschr. f. k. Theol. 1893, Heft 4; von Vogt, (Tüb.) Th. Quartalschr. 1893, S. 674—676.

Index lectionum ... per aest. a d. xv. Apr. a. 1894 instituendarum. — Praecedit Prof. Dr. Hugonis **Weiss** commentatio: De concordantia Assyriologiae cum S. Scriptura. - ([Enth. ausserdem:] **Renuntiatio judiciorum** de certamine literario a commilitonibus Lycei Regii Hosiani anno superiore inito et quaestionum in annum currentem propositarum promulgatio.) Brunsbergae ... 1894; 18 S. 4.

Weiss, Hugo, David und seine Zeit. Historisch-exegetische Studien vornehmlich zu den Büchern Samuel's. gr. 8. (271 S.) Münster 880, Theissing'sche Buchh.

Weiss, Hugo: Das Gelübde Jephthe's. Braunsberg 1907: Heyne. (S. 3—33.) 8°
Braunsberg, Vorl.-Verz. WS 1907/08

Weiß, Hugo, das Heimatrecht nach der Heimatgesetznovelle vom 5. XII. 1906, RGBl. Nr. 222 u. den einschlägigen Bestimmungen des Gesetzes vom 3. XII. 1863, RGBl. Nr. 105. Mit Berücksicht. der Judikatur der Verwaltungsbehörden, sowie des Verwaltungsgerichtshofes. Systematisch dargestellt. (IV, 83 S.) 8. Wien 906. Manz. n. 1. 70

Judas Makkabaeus. E. Lebensbild aus d. letzten grossen Tagen d. israel. Volkes. Entworfen v. Dr. Hugo **Weiss**, o. Prof. ... zu Braunsberg ... *Freiburg i. B.: Herder 1897.* (VIII, 122 S.) 1 Bd 8. [97. 7378]

Weiss, Hugo, Moses u. sein Volk. Eine historisch-exeget. Studie. gr. 8. (IV, 162 S.) Freiburg i/Br. 885. Herder. n. 2. 40

Weiss, Hugo, Prof. Dr.: Quid de immortalitate animarum Hebraei et gentes Hebraeis finitimae antiquiore tempore senserint. P. 1. — (Enthält ausserdem: Renuntiatio judiciorum de certamine litterario a Commilitonibus anno superiore inito et quaestionum in annum currentem propositarum promulgatio.) *Brunsbergae 1902: Heyne.* (S. 1—15.) 4°
Braunsberg, Ind. lect. SS 1902

Weiß, Hugo, Prof. Dr.: Quid de immortalitate animarum Hebraei et gentes Hebraeis finitimae antiquiore tempore senserint. P. 2. (Enthält außerdem: Renuntiatio judiciorum de certamine litterario a Commilitonibus Lycei Regii Hosiani anno superiore inito et quaestionum in annum currentem propositarum promulgatio.) *Brunsbergae 1904: Heyne.* (S. 1—14.) 4°
Braunsberg: Ind. lect. SS 1904

Weiss, Hugo, Roland Stürmer, s.: Sakolowski, Paul.

Die messianischen Vorbilder im alten Testament. Ein Beitrag f. d. Religionsunterr. von Dr. Hugo **Weiß**, Prof. zu Braunsberg. Freiburg i. Br.: Herder 1905. (VIII, 100 S.) 8° [05. 7065 6]

Weiss, Hugo, approb. Arzt aus Kaschau i. Ungarn: **Das Wesen der wichtigsten Störungen der Magenthätigkeit bei der chronischen Lungenschwindsucht.** (Preisgekr. Arbeit.) *Leipzig 1901: B. Georgi.* (48 S.) 8°
Leipzig, Med. Diss. v. (6. Dez.) 1901

Weiß, J., s.: **Adreß-Buch deutscher Hypothekenbanken.**

Weiß, J. Assekuranzwahrheiten. Wien 1881.

Weiß, Dr. J. Berichte über die Eroberung Belgrads v. Jahre 1688. T. 1. 2. Budapest 1895.

Weiss, J., üb. Epilepsie u. deren Behandlung, s.: Klinik, Wiener.

Weiß, J., etwas üb. doppelte Buchführung (italienische u. amerikanische) im allgemeinen u. üb. „Register-Buchführung m. Schlüssel" im besonderen. Praktische Winke v. e. Praktiker. Verf. u. als Anleitg. zur genannten Buchführg. hrsg. (16 S.) gr. 8. Leipzig 904. Webel's Verl. n. — 60

— Halbseide. Novellen. Bern 1882. 8⁰. (1 Mk. H. Hugendubel, München, c. 1905.)

Weiß, J., Handbuch der Wasserheilkunde f. Aerzte u. Laien, die sich über den jetzigen Stand dieser Wissenschaft unterrichten wollen. Nebst e. Anhange über zweckmäßige Anlage von Wasserheilanstalten. gr. 12. (20 B.) Leipzig 844, [Brandstetter.]

Weiß, J., Handbuch der Wasserheilkunde für Aerzte u. Laien, die sich über den jetzigen Stand dieser Wissenschaft unterrichten wollen. Nebst e. Anhange über zweckmäßige Anlage von Wasserheilanstalten. gr. 12. Leipzig 844, Einhorn. 1½ ℛ

Weiß, J., Handbuch der Wasserheilkunde für Aerzte u. Laien. Resultate 15jähriger Erfahrungen. 2. verb. u. verm. Aufl. 8. (IV u. 506 S.) Leipzig 847, Einhorn. (Brandstetter.) 1 ℛ 6 ngl

Weiss, J., Compendium der Psychiatrie, s. a. Salgó, J.

Weiss, J., Compendium der Psychiatrie für praktische Ärzte und Studierende. gr. 8. (VIII, 273 S.) Wien 881, Bermann und Altmann.

Weiß, J. Der Prämienschwund und die Rückversicherer. Wien 1882.

Weiss, J., Trauerrede bei d. Gedächtnissfeier für uns. unvergessl. Landes-Rabbiner Abraham Placzek, gehalten am 28. Dec. 1884 im Tempel zu Boscowitz. 8. (10 S.) Brünn, B. Epstein 20 kr. 1885.

Weiß, J., jüdische Weisheit u. Minne, s.: Universal-Bibliothek, jüdische.

Weiß, J. Aus großer u. kleiner Welt. Gedichte. gr. 8. (136 S.) Brünn 891, Irrgang. * 2 —

Weiß, J.B. (Hrsg.), s. Abbildung der neuen preuss. Armee-Uniformen.

Weiß, J. Chr., Erziehung u. Unterricht, od. Andeutungen f. erziehende Lehrer. 8. (2 B.) Augsburg 829, Bürgler. (?)

Weiss, J. F. (Hauptm. etc.), Süd-Baierns Oberfläche nach ihrer äussern Gestalt. Geognost.-topographisch entworfen im Jahre 1815. Nebst e. *Anhange* über trigonometr. Höhen-Berechnung, e. Niveau-Verz., TKpf., dann Karten u. Profilen. München, J. J. Lentner, 1820. 8⁰. Name auf d. Titel. Ppb.
TK., VIII—312 S., 1 Bll. Err., 3 Karten.

Weiß, J. G., das Germanenthum und seine Erben. 8. (29 S.) Heidelberg 882, C. Winter's Universitäts-Buchh.

Weiß, J. G., 25 Jahre. E. Festspiel zur Erinnerg. an d. großen Krieg. 12. (27 S.) Karlsruhe 895. J. J. Reiff. n. — 60

Weiss, Dr. J. G., Die Lehre Henry George's. (Deutsche Zeit- und Streitfragen, N. F. Heft 92.) gr.8°. Hamburg 1891.

—— Die Lehre Henry Georges, s. Zeit- u. Streitfragen, deutsche.

Weiß, J. G., Referat über Schriftguß, Buch- und Kunstdruck, s. Bericht der Beurtheilungs-Commission zu München.

Weiß, J. G., die Reform der Presse. gr. 8. (47 S.) Karlsruhe 890. Braun. n. — 80

Weiß, Dr. J. G., s. a. Religionsbüchlein, christl.

Weiß, J. G., christl. Religionsbüchlein, oder Unterricht in der Religion und der Lehre Jesu f. d. Jugend. 3te Aufl. 8. (Königsberg, Univers.-Buchhdl. in Comm.) 820.

Weiß, J. G., s. Unterricht, kurzer, in der Erdbeschreibung.

(Weiß, J. G.,) kurzer Unterricht in d. Erdbeschreibung, nach e. stufenweisen Fortsetzung. 6., verb. u. verm. Aufl. 8. (6 B.) Königsberg 828, Unzer.

(Weiß, J. G.,) kurzer Unterricht in d. Erdbeschreibung, nach e. stufenweisen Fortsetzung. 8. Aufl. Verm. u. verb. v. A. E. Preuß. 8. (6½ B.) Königsberg 840, Unzer.

Weiß, J. G., die Wirkungen der Gleichheitsidee u. der Lehre vom Vertragsstaat auf das moderne Staatsleben, s.: Zeit- u. Streitfragen, deutsche. NF 8.

Weiss, J. H., u. J. E. Wörl, Atlas v. Europa, s. Atlas.

Weiss, J. H. Atlas de la Suisse. Partie du canton de Lucerne, Unterwalden, Uri, Zürich, Glarus, Schweiz, Zug, Berne, Vallais, Fribourg. Arau 1796 und 1797. 2 Bl. c. K. v.

Weiss, J. H., u. J. E. Woerl, Carte de la France, s. Atlas v. Europa.

Weiß, J. J., Berta od. Haß u. Liebe. Romant. Geschichte aus d. Zeiten d. Kreuzzüge. 8. (11½ B.) Cassel 840. (Göttingen, Dieterichsche Buchh.) *

Weiß, J. J., Berta oder Haß u. Liebe. Romant. Geschichte aus den Zeiten der Kreuzzüge. 2. Aufl. 8. Cassel 847 (846), Meßner. 1 Thlr.

— Carlos della Fiarra, der gefürchtetste u. blutgierigste Räuber der Provinz Valencia, der Schrecken von ganz Spanien. Eine Räubergeschichte der neuern Zeit. 2 Thle. 8. Göttingen 840. (Dieterich.) n. 2 Thlr.

—— Carlos della Fiarra, d. gefürchtetste u. blutgierigste Räuber d. Provinz Valencia, der Schrecken v. ganz Spanien. Eine Räubergesch. d. neu. Zeit. 2 Thle. 8. (25½ B.) Cassel 841. (Göttingen, Dieterichsche Buchh.) *

Weiß, J. J., der Typendruck-Telegraph nebst vorbereitender Beschreibung der nöthigsten Apparate und Vorrichtungen zur elektro-magnetischen Telegraphie, sowie des Morse'schen Schreibtelegraphen mit erläut. Zeichnungen. Winterthur 854. (Central-Bureau f. nützl. Erfindungen.) 8. (27 S. u. 1 lith. Taf. in Fol.) n. 10 ngr.

Weiß, J. J., die Wege des Lebens. Drei Erzählungen zur Beherzigung der reifern Jugend. Mit einem Vorwort von Joh. Ev. Stadler. 12. (112 S. m. 1 Stahlst.) Augsburg 847. (Schlosser.) ⅛ Thlr.

Weiß, J. J. G., systemat.-theoret.-prakt. Anweisung z. Fruchtbranntweinbrennerei, nach 46jähr. Erfahrr. Mit e. Vorrede v. Westrumb. 2 Bde. mit 8 Kpft. u. 1 Tabelle. 8. Leipz. 801. Göschen. 3 Thlr. 12 gr.

Weiß, J. Jos., die neuesten Erfahrungen u. Heilungen aus d. Gebiete d. Wasserheilkunde. Nebst e. Vorw. v. Starke. Ein medizin. Volksbuch. 8. (7½ B.) Breslau 837, Leuckart.

Weiß J. M., d. Berchtesgadener Stock. E. teilbarer breitwab. Etagenständer m. seitlich geschloss. Rähmchen. Für Freunde e. einf. u. lohn. Bienenzuchtbetriebes. gr. 8. (39 S. m. Abb.) Leipzig-Reudnitz 896. R. Michaelis. n. — 75

Weiss Jakob: Das Gebiet zwischen Donau und Balkan in römischer Zeit.
1906 PN 2010 Diss. Wien, Univ.

Weiss, Jac., die cerebralen Grundzustände der Psychosen. gr. 8. (V, 46 S.) Stuttgart 877, Enke.

Weiss, J[acob]: R. Meir. Sein Leben und Wirken. 119 S. 4° (2°)
Halle-Wittenberg, Phil. Diss. v. 24. Juli 1873
Geb. [Nagy Megyer bei Komorn (Ungarn) 1847]
S. 1—17 lateinisch, S. 18—119 u. alle Anm. deutsch.

Weiss, Jakob: Ueber die Voraussetzungen der Haftpflicht der Eisenbahn bei Verlust, Minderung, Beschädigung und Versäumnis der Lieferfrist nach dem Internationalen Uebereinkommen vom 14. Oktober 1890, modifiziert durch das Pariser Zusatz-Uebereinkommen vom 16. Juni 1898. *Affoltern a. A. 1902: J. Weiss.* (68 S.) 8°
Leipzig, Jur. Diss. v. 1902

—— Werth und Bedeutung der Reformbestrebungen in der Classifikation der Psychosen. gr. 8. (27 S.) Ebendas. 877.

Weiß, Jakob Friedrich

— Anleit. f. d. Schullehrer, od. wiederholter Unterricht f. d. lehrbegier. Jugend. 8. Tübing. Heerbrand. 791.

— Anleitung für den Schullehrer, oder wiederholter Unterricht für die lehrbegierige Jugend. 8. Tübing. 791. (Osiander). 8 kr.

Weiss, Jakob Friedrich (Stuttgart) A. S. 1350/6

Disputatio philosophica contra harmoniam animi et corporis praestabilitam. Präs. Gottfried Ploucquet.
Tübingen (Löffler) 16. VII. 1751. 16 S.

W. v.: Präs.

36202

— s. Gedanken von d. freien Untersuchung d. Canons.

— Katechismus über die Glückseligkeitslehre Jesu Christi, in der heutigen Volkssprache. 8. Tübing. 791. (Osiander). 8 kr.

Weiss, Jakob Friedrich (Stuttgart) A. S. 1348/31

Disputatio philosophica de materialismo.
Präs. Gottfried Ploucquet.
Tübingen (Erhardt) 14. VIII. 1750. 16 S.

36201

— kleine Metaphysik, oder erste Gründe unserer Kenntnisse von Gott, der menschlichen Seele u. d. Welt überhaupt. 8. Tübing. 790. (Osiander). 8 gr.

— tract. philos. de natura animi et potissimum cordis humani. 8. Stuttg. 761. Metzler. 12 gr.

— Untersuchung d. Frage; was die Sünde wider den heil. Geist sei? 8. Stuttg. 772. Metzler. 3 gr.

Weiß, Jakob Friedrich, s. Wider den Fanatismus.

Weiß, Jak. Fr., († d. 10. März 1793.) wie d. Christenthum d. Geschäfte d. irdischen Berufs erleichtere u. befördere, eine Volkspredigt über 1. Timoth. 4. 8. 8. Tübing. 791. (Osiander). 3 gr.

Weiß, Ignaz

Weiß, Ign., Anleitung zum Lesenlernen für Schulen. 8. Dresden, Hilscher. 798.

Weiß, Ign., Versuch einer Anweisung zur deutschen Rechtschreibung. 8. Prag 806. Widtmann. 6 gr.

Weiß, Johann

Ueber die Absicht und den literarischen Charakter der Apostelgeschichte v. Johannes Weiss, ... Prof. ... a. d. Univ. Marburg. *Göttingen: Vandenhoeck & Ruprecht 1897.* (1 Bl., 60 S.) 1 Bd 4. [97. 7084

Weiss, Johannes: Ueber die Absicht und den literarischen Charakter der Apostel-Geschichte. Marburg 1897: (C. L. Pfeil). (60 S.) 4°
Marburg, Progr. z. Einführung d. Rektors am 17. Okt. 1897.

— Die Aufgaben der neutestamentlichen Wissenschaft in der Gegenwart. (Vortrag, geh. im bad. wissenschaftl. Predigerverein zu Karlsruhe am 1. VI. 1908.) (56 S.) gr. 8. Göttingen 908. Vandenhoeck & Ruprecht. 1. 40

Weiß, Johannes [cand. theol.]: Der Barnabasbrief kritisch untersucht mit besonderer Berücksichtigung seiner Beurteilung des A. Ts. und seines Verhältnisses zu den neutestamentlichen Schriften. Erster Teil. (Analyse der Capp. 5—7, 1. 9—12.) — Neu-Ruppin, Druck v. E. Buchbinder, 1888; 1 Bl. + 37 S. 8°
Göttingen, Theol. Fak., Inaug.-Diss. v. 18. Febr. 1888

Weiß, Johs., der Barnabasbrief, kritisch untersucht. gr. 8. (144 S.) Berlin 888. Hertz. n. 2. 80

— Beiträge zur paulinischen Rhetorik. [Aus: „Theolog. Studien, Festschr. f. B. Weiss".] gr. 8. (87 S.) Ebd. 897. n. 2. 80

Weiss, Johann: Physiologisch-chemischer Bericht über die Bestimmung der gesamten Blutmenge und ihrer Verteilung in tierischen Organismen. Separatabdruck aus: Sitzungsber. d. k. Akad. d. Wiss. in Wien. Bd. 5. S. 492.

Weiß, Johannes; Christus. Die Anfänge des Dogmas. 1.–10. Taus. Tübingen: Mohr 1909. 88 S. 8°
(Religionsgeschichtl. Volksbücher f. d. deutsche christl. Gegenwart. Reihe 1. H. 18/19.)

Weiss, Johs., das älteste Evangelium. Ein Beitrag zum Verständnis des Markus-Evangeliums u. der ältesten evangel. Ueberlieferg. (XII, 414 S.) gr. 8. Göttingen 903. Vandenhoeck & Ruprecht. n. 10. —; geb. n. 11. —

Weiss, Joh., Das Evangelium d. Lukas, s. Meyer, Heinr. Aug. Wilh. Krit.-exeget. Kommentar üb. das N. T.

Weiss, Johannes: Das Examen in strafrechtlicher Betrachtung. Ein Beitr. z. Lehre v. d. sog. intellectuellen Urkundenfälschg. ... Leipzig, Druck d. Rossberger'schen Buchdr., 1891; 32 S. 8°
Erlangen, Jur. Fak., Inaug.-Diss. v. 1891.

Weiss, Joh., das Buch Exodus. Übers. u. erklärt. (LXXI, 363 S.) gr. 8. Graz 911. Styria. nn 5. —

Weiß, Johannes: Frauenberuf. Ein Beitrag zur Frauenfrage. — Leipzig: Grunow 1892. 45 S. 8° (Evang.-soziale Zeitfragen. R. 2, H. 7.)

Weiß, Johs., die christliche Freiheit nach der Verkündigung des Apostels Paulus. Ein Vortrag. gr. 8. (39 S.) Göttingen 902. Vandenhoeck & Ruprecht. n. 1. —

— u. Geo. Grützmacher, die Geschichtlichkeit Jesu. 2 Reden, geh. auf dem evangel. Gemeindeabend am 24. IV. 1910 zu Mannheim. (30 S.) 8. Tübingen 910. J. C. B. Mohr. — 20

Die Idee des Reiches Gottes in der Theologie. Von Johannes Weiss, Prof. in Marburg. *Giessen: J. Ricker 1901.* (155 S.) 8° [8].
= Vorträge d. theol. Konferenz zu Giessen. Folge 16. [01. 12788 5

— Jesus im Glauben des Urchristentums. (VII, 57 S.) 8. Tübingen 910. J. C. B. Mohr. 1. —

— Jesus v. Nazareth Mythus od. Geschichte? Eine Auseinandersetzg. m. Kalthoff, Drews, Jensen. Vorträge, geh. auf dem theolog. Ferienkurs in Berlin am 31. III. u. 1. IV. 1910. (VIII, 171 S.) 8. Ebd. 910. 2. —; geb. 3. —

Weiss, Joh., d. musikalischen Instrumente in d. hl. Schriften d. Alten Testamentes. Festschrift d. k. k. Universität Graz, aus Anlass d. Jahresfeier am 15. Novbr. 1895. (Im Anh.: Bericht üb. d. Studienj. 1894/95, erstatt. bei d. Inaugurations-Feier am 4. Novbr. 1895 v. A. Rollet.) gr. 8. (104 u. 14 S. m. 7 Taf.) Graz 895. Leuschner & Lubensky. n. 7. —

Der erste Korintherbrief. Völlig neu bearb. von D. Johannes Weiß, Prof., Heidelberg. Göttingen: Vandenhoeck & Ruprecht 1910. XLVIII, 388 S. 8°
(Krit.-exeget. Kommentar über d. Neue Testament begr. von Heinr. Aug. Wilh. Meyer. Abt. 5. 9. Aufl.) [10. 17210

— Der 1. Korintherbrief, s. a. Kommentar, kritisch-exegetischer, üb. das Neue Testament.

— über die Kraft. Björnsons Drama u. das religiöse Problem. Vortrag, geh. am 21. I. 1902 im Berliner Zweigverein des evangel. Bundes. gr. 8. (29 S.) Berlin 902. G. Nauck. n. — 50

— die Nachfolge Christi u. d. Predigt d. Gegenwart. gr. 8. (VII, 183 S.) Ebd. 895. n. 3. 60

Weiß, Joh., die Naturgeschichte in der Schule. Ein Lese- u. Wiederholungsbuch f. Elementarschüler, auch fürs Haus. Im strengsten Anschluß an den Lehrplan d. Hrn. Schoenen. 8. (154 S.) Bonn 890. Haustein. n. 1. —

Die Offenbarung des Johannes. Ein Beitrag z. Literatur- u. Religionsgesch. von Johannes Weiß, Prof., Marburg. *Göttingen: Vandenhoeck & Ruprecht 1904.* (164 S.) 8°
= Forschungen z. Religion u. Literatur d. Alten u. Neuen Testaments. H. 3. [04. 3963

— Paulus u. Jesus. (III, 72 S.) gr. 8. Berlin 909. Reuther & Reichard. 1. 50
Erweiterter Sonderabdr. aus: „Monatschr. f. Pastoraltheol."

—— Die Predigt Jesu vom Reiche Gottes. gr. 8. (67 S.) Gött. 892, Vandenhoeck u. Ruprecht's Verlag. * 1 40

Die Predigt Jesu vom Reiche Gottes. Von Johannes Weiss, Prof. zu Marburg. 2., völlig neubearb. Aufl. *Göttingen: Vandenhoeck & Ruprecht 1900.* (VIII, 214 S.) 8° [Ant. u. 5]

Weiss, **Jh., Pyretologia practica, tentamen. II Ptes. 8maj. Wien 783. (List in Berl.) 14 ℛ**
Vgl. Weise, Joh.

Weiß, Joh., Reise nach Jerusalem u. Wanderungen im hl. Lande. Dem kathol. Volke erzählt. 1. Thl. Mit zahlreichen Bildern, 1 Plane u. 1 Panorama v. Jerusalem. (162 S.) gr. 8. Graz 903. Styria. n. 1. 20

Weiss, Joh., s.: Rundschau, gregorianische.

Weiss, Joh., Nicolas Gilberts Satiren. E. literar. Studie. Progr. Lex.-8. (II, 66 S.) Leipa 896. J. Hamann. n. 1. —

— s.: Schriften, die, des Neuen Testaments.

Weiss, Joh., Goethe's Tancredübersetzung. Eine litterar. Studie. gr. 8. (III, 78 S.) Troppau 886. Zenker. n. 1. —

Weiss Joh.: G. Tankredübersetzung. 76. Troppau R. 80.
Progr.

Weiss, Johannes: Thesen ... Neu-Ruppin, Druck v. E. Buchbinder (1888); 1 Bl. 8°
Göttingen, Theol. Fak., Thes. v. 25. Febr. 1888.

Weiß, Johann Adam

Weiß, Jh. Adm., († ...) Beantw. der Preisfrage: wie können Fleischtaxen in Städten am sichersten bestimmt werden rc. 8. (Mannh.) 788. Löffler. 4 ℛ

Weiß, Jh. Adm., v. Helm, d. Freigeist, ein Heuchler. Trspl. in 5 A. 8. Manh. 779. Löffler. 8 ℛ

ROSE, die Nonne wider Willen. Ein Trauerspiel in fünf Aufzügen (von *Joh. Adam Weiss*). Erste Auflage. (Nachdruck.) München (o. Adresse), 1778. 8°. Zahm.
Tit. u. 100 S. Auf Rücks. d. Titels Citat aus Wieland (die Kunstrichter betreffend). Selten! — Das Original erschien Karlsruhe b. Braun, in demselb. Jahre.
Anon.-Lex. III. p. 393 (nach Weller, Meusel, Goedeke).

— die Rückkunft aus d. Gesellschaft; Schspl. in 1 A. 8. Speyer **802.**

PHILOPATRIDES (d. i. *Joh. Adam Weiss*). — Wahrheiten für Eleutheropoliten im Elysium aufgefangen von *Philopatriden*, nebst erster Fortsetzung (soviel ersch.). Amsterdam (Basel, Serini) 1783—84. 8°. 169 S. (In München: Var. 387.)
(s.a. Wahrheiten f. Eleutheropoliten...)

Weiss, Johann Adam: „Ueber das Zunftwesen und die Frage: Sind die Zünfte beizubehalten oder abzuschaffen? Eine von der hamburgischen Gesellschaft zur Beförderung der Künste und nützlichen Gewerbe am 25. October 1792 gekrönte Preisschrift", Frankfurt a. M. 1798 (Brönner). — Vorh.: Bibl. des Kammergerichts Berlin — Ee. 246 — Com. Bibl Hamburg, StB Nürnberg und Preuß. Staatsbibliothek Berlin.

Weiß, Johann Baptist

Weiss, Joh. Bapt., Atlas österreichischer Werkzeuge für Holzarbeiter, namentl. für Tischer, Instrumentenmacher, Mechaniker etc. ferner Werkzeuge für Buchbinder, Riemer, Glaser und Dilettanten, der k. k. ersten landesbef. Werkzeug-Fabrik von Joh. Weiss & Sohn in Wien. gr. Fol. (43 Stnt. mit 16 S. Text.) Wien 861, Gerold's Sohn. Thlr. *

Weiß, Jh. Bapt., Blumenzeichnungschule für Mädchen oder Vorlagen z. leichtesten Erlernung des Blumenzeichnens, nebst Musterblättern für die Anfangsgründe der Blumenmalerei. In 3 Hftn. I. u. II. Hft. qu. 8. (60 lith. Blätter u. Text.) Kempten 845, Dannheimer. n. 3/4 ℛ

Weiss, Joh. Bapt., Elemente d. Ornamentenzeichn. in Umrissen nach d. vorzügl. Mustern, f. Zeichnungsschulen u. Architekten. 1—3. Hft. à 24 (lith.) Blätter. qu. ½ Fol. Kempten 835, 36, Dannheimer. à ½ Thlr.
Hieran schliesst sich als Fortsetzung:
XXIV Blätter Ornamenten-Zeichnn. in Detaillen f. d. Unterr. in Zeichnungsschulen, nach d. vorzügl. Mustern ins Grössere bearb. Fol. Kempten 838, Dannheimer. 1 Thlr.

Weiß, J. B., Geschichte Alfreds des Großen. gr. 8. (X u. 384 S. u. Anh. 47 S.) Schaffhausen 852, Hurter. 1½ ℛ

— Geschichte der französischen Revolution. 4 Bde. 2., verb. Aufl. gr. 8. (IX, 1517 u. XI, 1405 S.) Ebd. 888. à Bd. n. 10. —
Bd. 7. 8 des Lehrbuchs der Weltgeschichte.

Weiß, Joh. Bapt. v., byzantin. Geschichten, s.: Gfrörer, Aug. Fr.

—— Handatlas der griechischen u. röm. Säulen-Ordnungen. (Mit vielen Details über Construktion, Zusammenstellung u. Verzierung der architekton. Glieder. 146 Bl., mit erläut. Texte systematisch u. chronolog. geordnet v. e. Architekten.) 4. (3½ B.) Eßlingen 842, Dannheimer'sche Buchh.

Weiß, Joh. Bapt., Handatlas der griechischen und römischen Säulenordnungen, mit vielen Details über Construktion, Zusammenstellung und Verzierung der architekton. Glieder. 146 (lithogr.) Blätter, zum Gebrauche für Architekten, Handwerker, Bau- und Gewerbschulen, nach den vorzüglichsten Quellen bearb. und mit erläut. Texte systematisch und chronologisch geordnet von einem Architekten. 2. Ausg. 4. (IV und 24 S.) Eßlingen 850, Weychardt. *

Weiß, J. B., Lehrbuch der Weltgeschichte. 1. u. 2. Bd. Wien 859, 62. Braumüller. Lex.-8.
1. Bd. Die vorchristliche Zeit. (2 Bl., 653 S.) n. 3 ℛ 10 ngr.
2. Bd. Die christliche Zeit. I. Das Mittelalter. (VIII, 935 S.) n. 4 ℛ 20 ngr.

Weiß, J. B., Lehrbuch der Weltgeschichte. 3. Bd.: Die christliche Zeit. I. Das Mittelalter. 2. Thl. Lex.-8. (XV und 1091 S.) Wien 868, Braumüller. *
1. und 2. Bd. Ebendas. 1859,62. * 8 Thlr.

Weiß, J. B., Lehrbuch der Weltgeschichte. 4. und 5. Bd. Lex.-8. Wien, Braumüller. à Bd. * ℳ 15. *
Inhalt:
Bd. 4. Die neuere Zeit. Die Entdeckung Amerikas. — Das Zeitalter der Reformation. (IX, 1048 S.) 870.
" 5. Die neuere Zeit. — Der dreißigjährige Krieg. — Die engl. Revolution. — Das Zeitalter Ludwigs XIV. und Kaiser Leopold's I. (VIII, 1134 S.) 872.
1.—3. Bd. Ebendas. 1859—68. * ℳ 39.

Weiß, J. B., Lehrbuch der Weltgeschichte. 1.—3. und 6. Bd. gr. 8. Wien, Braumüller. *
Inhalt:
Bd. 1. Die vorchristliche Zeit. 2 Thle. 3. verm. und verb. Aufl. (LXXX, 1422 S.) 876 * ℳ 20.
Bd. 2. Die christliche Zeit. I. 2. verb. und verm. Aufl. (CCVIII, 1203 S.) 878. * ℳ 20.
" 3. —— dass. — II. 2. verb. und verm. Aufl. (XII, 1596 S.) 879. * ℳ 20.
" 6. Das 18. Jahrhundert. (IV, 1143 S.) 877. * ℳ 15.
4. und 5. Bd. Ebendas. 1871,72. à * ℳ 15.

Weiß, J. B., Lehrbuch der Weltgeschichte. 4., 5. und 7. Bd. und Einleitung zum 7. Bd. gr. 8. Wien, Braumüller. à Bd. *M 20. *

Inhalt:
Bd. 4. Die neuere Zeit. I. 2. verb. und verm. Aufl. 2 Hälften. (II, VIII, 1369 S.) 881.
" 5. —— dass. — II. 2. verb. und verm. Aufl. 2 Hälften. (II, 658; IX, 1577 S.) 882,84.
" 7. Einleitung: Das Zeitalter der aufgeklärten Selbstherrschaft. 2 Hälften. (10, MCC S.) 884.
" 7. Die französische Revolution. 2 Hälften. (II, VIII, 1379 S.) 881,83.
1.—3. und 6. Bd. Ebendas. 1876—79. *M 75.

Weiß, J. B., Lehrbuch der Weltgeschichte. 7. und 8. Bd. à Bd. 2 Hälften. gr. 8. [Wien, Braumüller.] Graz, Styria. à Hälfte *M 10.—. *

Inhalt:
Bd. 7. Die französische Revolution. 2. verb. und verm. Aufl. (IX, 1517 S.) 888.
" 8. Die Schreckenszeit der französischen Revolution. (XI, 1405 S.) 887.
1.—6. Bd. und Einleitung zum 7. Bde. Ebendas. 1876—84. *M 135.—.

— dasselbe. 9. Bd. 1. Hälfte. gr. 8. (VII, 770 S.) Ebd. 889. n. 10. — (1—9, I.: n. 185. —)

Weiß, Joh. Bapt. v., Lehrbuch der Weltgeschichte. 9. Bd. 2. Hälfte. gr. 8. (VI u. S. 771—1508.) Graz 891. Styria. n. 10. — (1—9.: n. 195. —)

— dasselbe. 1. u. 2. Aufl. 10. Bd. 1. Hälfte. gr. 8. (VIII, 720 S.) Ebd. 894. n. 10. —; Einbd. n.n n. 2. —

– Lehrbuch d. Weltgeschichte. 1. u. 2. Aufl. 10. Bd. 2. Hälfte. (Schluß.) gr. 8. (XIV, 914 S. u. Register zur 1. Hälfte S. 721—748.) Graz 898. Styria. n. 12. —; Einbd. n.n. 2. — (kplt.: n. 217. —)
In 3. Aufl. u. d. T.: Weltgeschichte erschienen.

— Maria Theresia, s.: Geschichte, österreichische.

Weiß, J., praktisches Rechenbuch rc. Grätz, Tusch. 799.

Weiß, J. B., prakt. Rechenbuch, od. Anleit. d. vorkommend. Rechn. kurz u. geschwind auszurechn. m. 110 Rechnungsaufgaben. 8. Grätz, Ferstl. 808.

Weiß, J. B., prakt. Rechenbuch, od. Anleitung vorkommende Rechnungen kurz abzuthun. 5te Aufl. 8. Grätz, Ferstl. (Leipz. Kummer.) 815.

Weiß, Joh. Bapt., prakt. Rechenbuch, oder Anleitung, die vorkommenden Rechnungen auf die möglich kürzeste Handlungs-Art zu berechnen. Mit besondern Vortheilen beim Verkaufe im Maaße u. Gewichte, dann Belehrung in Grundsteuer-Berechnungen, Curs-Rechnungen, sowohl zum Einkaufe der Waaren, als bei dem Geld-Wechsel, Interesse-Rechnungen, Reductionen der gangbaren in- u. ausländischen Münzen nach dem 24 fl. Fuße; endlich Vergleichung des Handelsgewichtes und des Ellenmaßes. Ganz umgearb., verb. u. mit Zusätzen verm. 7e Aufl. 8. Grätz 841. Kienreich. 5/6 ₰

— Samml. von fünfhundert funfzig Rechnungsaufgaben sammt ihren beigefugten Ausarbeitungen zum Behufe für Lehrer und Hausinstruktoren bei dem prakt. Unterrichte in der Rechnenkunst. 8. Grätz 802. Kienreich. 5/6 ₰

Weiß, Jh. Bapt., über die Verbindung guter Sitten mit d. Wissenschaften; eine Ermahnungsrede an die Zöglinge d. k. k. Gymnasiums zu Konstanz. 8. Konstanz 795.

[F.] Weltgeschichte v. Dr. Joh. Bapt. v. Weiss, ... Prof. and. k. k. Univ. Graz. 3. verb. Aufl. (11 — 12, 20 — 22: 2. u. 3. Aufl.) Bd 1 — 22. *Graz & Leipzig: Styria 1890 — 98.* 22 Bde 8.
1. Geschichte d. Orients. 1890. (LXXXVIII, 688 S., 1 Port.)

— dasselbe. 3., verb. Aufl. 1.–15. Bd. gr. 8. Ebd. n. 104. 20; geb. in Halbfrz. n.n. 129. 70
1. Geschichte d. Orients. (LXXXVIII, 688 S.) 889. n. 6. 80; geb. n.n. 8. 50
2. Hellas u. Rom. (VII, 912 S.) 890. n. 8. 20; geb. n.n. 9. 90
3. Das Christenthum. Die Völkerwanderg. (VIII, 839 S.) 891. n. 7. 65; geb. n.n. 9. 35
4. Der Islam. Karl der Große. Gregor VII. (VIII, 875 S.) 891. n. 6. 10; geb. n.n. 7. 80
5. Die Zeit der Kreuzzüge. (VIII, 820 S.) 891. n. 7. 40; geb. n.n. 9. 10
6. Rudolf I. Columbus. (VII, 778 S.) 891. n. 6. 80; geb. n.n. 8. 50
7. Die neue Welt. Maximilian I. Luther. Karl V. (VII, 852 S.) 891. n. 7. 65; geb. n.n. 9. 35
8. Religionsstreit. Kunst u. Literatur 1530—1618. (VII, 792 S.) 892. n. 7. 10; geb. n.n. 8. 80
9. Nordeuropa. Dreißigjähriger Krieg. Literatur, Kunst, Sitte. (VIII, 748 S.) 892. n. 6. 80; geb. n.n. 8. 50
10. Die Revolution in England. Die Zeit Kaiser Leopolds I. u. König Ludwigs XIV. (VII, 830 S.) 893. n. 7. 50; geb. n.n. 9. 20
11. Staatengeschichte v. Europa von 1700—1741. Kunst u. Wissenschaft. (VIII, 801 S.) 893. n. 7. 10; geb. n.n. 8. 80
12. Maria Theresia. Friedrich II. Französische Literatur. Polen. (VI, 683 S.) 891. n. 6. 10; geb. n.n. 7. 80
13. Joseph II. Katharina II. Friedrich II. Karl III. Gustav III. Pombal. Struensee. (VIII, 760 S.) 894. n. 6. 80; geb. n.n. 8. 50
14. Kaiser Leopold II. Abfall Nordamerikas v. England. Beginn der französischen Revolution. (XV, 667 S.) 891. n. 6. 10; geb. n.n. 7. 80
15. Ludwig XVI. u. die Revolution. (VIII, 863 S.) 894. n. 6. 10; geb. n.n. 7. 80

— dasselbe. 1.—4., 11., 12. u. 16.—22. (Schluß-) Bd. gr. 8. Ebd. n. 94. 95; Einbde. in Halbfrz. à n.n. 1. 70; (kplt. n. 162. 20)
1. Geschichte d. Orients. 5., verb. u. verm. Aufl. (LXXXVIII, 731 S. m. Bildn.) 898. n. 7. 30
2. Hellas u. Rom. 5., verb. u. verm. Aufl. (XXIV, 962 S.) 896. n. 8. 50
3. Das Christenthum. — Die Völkerwanderg. 5., verb. u. verm. Aufl. (VIII, 870 S.) 896. n. 7. 80
4. Der Islam. Karl d. Große. Gregor VII. 4., verb. Aufl. (VIII, 875 S.) 897. n. 7. 65
11. Staatengeschichte Europas v. 1700—1744. Kunst u. Wissenschaft. 4., verb. Aufl. (VIII, 806 S.) 898. n. 8. 10
12. Maria Theresia. Friedrich II. Französ. Literatur. Polen. 4., verb. u. verm. Aufl. (VI, 683 S.) 898. n. 7. 10
16. Der Umsturz d. französ. Thrones. D. Septembermorde. D. Convent. D. Königsmord u. s. Folgen. D. Krieg m. Europa. Napoleons Jugend. 3., verb. Aufl. (XI, 659 S.) 895. n. 6. 10
17. Die Schreckenszeit. Krieg in Belgien u. am Rhein. Bürgerkrieg. Sieg d. Berges üb. d. Gironde. Charlotte Corday u. Marat. Glorreicher Aufstand in d. Vendée u. Bretagne. D. Verfassg. v. 1793. Das Revolutions-Tribunal od. Blutgericht u. s. Opfer. 3., verb. Aufl. (VII, 676 S.) 895. n. 6. 10
18. 1793—1796. Krieg um Lyon u. Belgien. Parteikampf im Innern. Das Fest des höchsten Wesens. Höhe u. Fall des Schreckenssystems. Ende d. Convents. 3., verb. Aufl. (IX, 751 S.) 895. n. 6. 80
19. Polen. D. Directorium. D. große Krieg 1795—1799. 3., verb. Aufl. (XII, 820 S.) 896. n. 7. 40
20. Allgemeine Geschichte von 1800 bis 1806. (VII, 748 S.) 896. n. 6. 80
21. Allgem. Geschichte v. 1806 bis 1809. 2. u. 3. Aufl. (VIII, 763 S.) 897. n. 6. 80
22. 1809 bis 1815. Napoleons Höhe u. Fall. Der Wiener Congreß. 2. u. 3. Aufl. (XIV, 914 S.) 898. n. 8. 50

Weiß, Joh. Bapt. v., Weltgeschichte. 2.—4., 9., 10. u. 13.—20. Bd. gr. 8. Graz, Styria à n. 7. —; Einbde. in Halbfrz. à n.n. 1. 70
2. Hellas u. Rom. 6. verb. u. verm. Aufl., bearb. von Ferd. Bockenhuber. (XXVII, 1018 S.) 900.
3. Das Christenthum. — Die Völkerwanderung. 6. verb. u. verm. Aufl., bearb. v. Ferd. Bockenhuber. (VIII, 907 S.) 900.
4. Der Islam. Karl der Große. Gregor VII. 5., verb. u. verm. Aufl., bearb. v. Ferd. Bockenhuber. (X, 731 S.) 901.
9. Nordeuropa. Dreißigjähriger Krieg. Literatur, Kunst, Sitte. 4. u. 5. Aufl. (VIII, 748 S.) 898.
10. Die Revolution in England. Die Zeit Kaiser Leopolds I. u. König Ludwigs XIV. 4. u. 5. Aufl. (VII, 830 S.) 898.
13. Die Jansenisten. Unterdrückung des Ordens der Jesuiten. Pombal. Friedrich II. Maria Theresia u. Joseph II. Katharina II. Gustav III. v. Schweden. Struensee in Dänemark. 4. verb. Aufl. (VIII, 760 S.) 899.
14. Kaiser Leopold II. Abfall Nordamerikas v. England. Beginn der französ. Revolution. 4. verb. Aufl. (XV, 668 S.) 899.
15. Ludwig XVI. u. die Revolution. 4. u. 5. verb. u. verm. Aufl., besorgt v. Ferd. Bockenhuber. (VIII, 664 S.) 900.
16. Der Umsturz des französischen Thrones. Die Septembermorde. Der Convent. Der Königsmord u. seine Folgen. Der Krieg m. Europa. Napoleons Jugend. 4. u. 5. verb. Aufl., bearb. v. Ferd. Bockenhuber. (XII, 659 S.) 900.
17. Die Schreckenszeit. Krieg in Belgien u. am Rhein. Bürgerkrieg. Sieg des Berges üb. die Gironde. Charlotte Corday u. Marat. Glorreicher Aufstand in der Vendée u. Bretagne. Die Verfassg. v. 1793. Das Revolutions-Tribunal od. Blutgericht u. seine Opfer. 4. u. 5., verb. Aufl., bearb. v. Ferd. Bockenhuber. (VII, 676 S.) 901.

18. 1793—1795. Krieg um Lyon u. Belgien. Parteikampf im Innern. Das Fest des höchsten Wesens. Höhe u. Fall des Schreckenssystems. Ende des Convents. 4. u. 5. verb. Aufl., bearb. v. Ferd. Bockenhuber. (VIII, 751 S.) 901.
19. Polen. Das Directorium. Der große Krieg 1795—1799. 4. u. 5. verb. Aufl., bearb v. Ferd. Bockenhuber. (XII, 820 S.) 902.
20. Allgemeine Geschichte von 1800—1806. 4. u. 5. verb. Aufl., bearb. v. Ferd. Bockenhuber. (VII, 748 S.) 902.

— dasselbe. (In 180 Lfgn.) 1.—96. Lfg. gr. 8. Ebd. à n. —85
1. Bd. 5. Aufl. (LXXXVIII, VII u. 731 S. m. 1 Bildnis.) 899. — 2. Bd. 6. Aufl. (XXVII, 1018 S.) 900. — 3. Bd. 6. Aufl. (VIII, 907 S.) 900. — 11. Bd. 4. u. 5. Aufl. (VIII, 805 S.) 900. — 12. Bd. 4. verb. u. verm. Aufl. (VI, 683 S.) 899. — 13. Bd. 4. verb. Aufl. (VIII, 760 S.) 899. — 14. Bd. 4. Aufl. (XV, 668 S.) 899. — 15. Bd. 4. u. 5. Aufl. (VIII, 664 S.) 900. — 16. Bd. 4. u. 5. Aufl. (XII, 659 S.) 900. — 17. Bd. 4. u. 5. Aufl. (VII, 676 S.) — 18. Bd. 4. u. 5. Aufl. (VIII, 751 S.) 901. — 19. Bd. 4. u. 5. Aufl. (S. 1—6 2.) 902.

— dasselbe. 5.—8., 21. u. 22. Bd. gr. 8. Ebd. n. 44.—; geb. in Halbfrz. n. 54. 20
5. Die Zeit der Kreuzzüge. 4. u. 5. verb. u. verm. Aufl., bearb. v. Ferd. Bockenhuber. (XI, 896 S.) 903. n. 7.—; geb. n.n. 8.70
6. Von Rudolf v. Habsburg bis Sigismund. 4. u. 5. verb. u. verm. Aufl., bearb. v. Ferd. Bockenhuber. (VIII, 872 S.) 904. n. 7.—; geb. n.n. 8.70
7. Die neue Welt. Maximilian I. Die Reformation. Karl V. 4. u. 5., verb. u. verm. Aufl., bearb. v. Ferd. Bockenhuber. (VIII, 1007 S.) 904. n. 7.—; geb. n. 8.70
8. Religionsstreit von 1630—1618. Literatur u. Kunst. 4. u. 5., verb. u. verm. Aufl., bearb. v. Ferd. Bockenhuber. (VIII, 968 S.) 905. n. 9.—; geb. n.n. 10.70
21. Allgemeine Geschichte von 1806 bis 1809. 4. u. 5., verb. u. verm. Aufl., bearb. v. Ferd. Bockenhuber. (VIII, 763 S.) 905. n. 7.—; geb. n.n. 8.70
22. 1809 bis 1815. Napoleons Höhe u. Fall. Der Wiener Congreß. 4. u. 5., verb. u. verm. Aufl., bearb. v. Ferd. Bockenhuber. (XVI, 936 S.) 906. n. 7.—; geb. n.n. 8.70

Weiß, Jh. Bapt., systemat. Zeichnungsschule, oder vollständ. Anleitung f. alle Fächer der Zeichenkunst, in einer vom Leichtern zum Schwerern fortschreit. Reihe der zweckmäß. Vorlegeblätter für die deutschen Schulen 2c. Elementar-Unterricht. 15 Hefte à 30 Blätter. qu. Fol. Kempten 831, 32. Dannheimer. 7 ₰ 6 ℊ

Weiss, Joh. Bapt., systemat. Zeichnungsschule, od. vollständ. Anleit. f. alle Fächer d. Zeichenkunst, in einer vom Leichtern zum Schwerern fortschreit. Reihe d. zweckmäss. Vorlegeblätter f. d. deutschen Schulen u. Gymnasien. (8 Hfte.) qu. Fol. Kempten, Dannheimer.
Blumen-Zeichnung. 1. Hft. (30 lith. Bl.) 831. 10 Gr.
Elementar-Zeichnungen. 1. u. 2. Hft. (à 30 lith. Bl.) 831. 22 Gr.
Figuren-Zeichnung. 1. Hft. (30 lith. Bl.) 831. 10 Gr.
Landschaft-Zeichnung. 1. Hft. (30 lith. Bl.) 832. 12 Gr.
Linear-Zeichnung. 1. Hft. (30 lith. Bl. u. 1 B. Text.) 832. 12 Gr.
Ornamenten-Zeichnung. 1. u. 2. Hft. (à 30 lith. Bl.) 832. à 12 Gr.

— systematische Zeichnungsschule, oder vollständ. Anleitung für alle Fächer der Zeichenkunst, in einer vom Leichtern zum Schwerern fortschreit. Reihe der zweckmaß. Vorlegeblatter für die deutschen Schulen u. Gymnasien, in Entwürfen gezeichnet. — Blumen-Zeichnungen. 26 Heft, in 30 (lithogr.) Bl. qu. Fol. Kempten 833. Dannheimer. In Etui 1/2 ₰

— ders. Landschaft-Zeichnungen. 26 Heft, in 30 (lithogr.) Blätt. qu. Fol. Ebd. 833. In Etui 1/2 ₰

— ders. Linear-Zeichnungen. 36 Heft, in 30 (lithogr.) Blättern. qu. Fol. Ebd. 833. In Etui 1/2 ₰

—— systematische Zeichnungsschule oder vollständige Anleitung f. alle Fächer der Zeichenkunst, in einer vom Leichtern zum Schwerern fortschreit. Reihe d. zweckmässigsten Vorlegeblätter f. d. deutschen Schulen u. Gymnasien. Blumenzeichnungen 1. u. 2. Hft. (à 30 Bl.) qu. hoch 4. Kempten 846, Dannheimer.

—— dass. 3. Hft. qu. 8. (30 Bl. wov. 19 ill.) Ebds. 846. *

Weiss, Johann Christian (Altdorf) U.S. Altdorf lose med.

Dissertatio medica de flexibilitate actionum in corpore humano. Präs. Johann Nikolaus Weiss (Vater). Altdorf (Hessel) 11.X.1776. 30 S. 36208

Weiss, Johann Christoph (Darmstadt) A.S.1310/34

Disputatio inauguralis medica de malo punica. Altdorf (Meyer) 28.VI.1712. 28 S.

W.v.: Johann Moritz Hoffmann, Johann Philipp Burggraf. 36209

Weiß, Johann Evangelist

Weiss, J. E., methodische Anleitung zur gründlichen Erlernung der Weltsprache „Volapük". Mit Genehmigg. d. Erfinders hrsg. 8. (96 S.) München 888. L. Finsterlin's Verl. n. 1.50

Weiss, J. E., Beiträge zur Kenntniss der Korkbildung. [Aus: „Denkschr. d. k. bayer. botan. Gesellsch. zu Regensburg".] 4. (69 S. m. 1 Taf.) Stadtamhof 890. (München, Dr. E. Wolff.) n. 2.50

Weiß, J. E., s.: Blätter, praktische, f. Pflanzenschutz.

Weiss, J. E., Flora von Deutschland. München 1895. 8.

Weiß, J. E., Grundriß d. Botanik. E. Leitfaden f. d. botan. Unterr. z. Gebrauche an Mittelschulen u. z. Selbstunterricht. M. 490 in d. Text gedr. Abb. (650 Einzelfig.) 2., verm. u. verb. Aufl. gr. 8. (VIII, 299 S.) München 898. Dr. E. Wolff. Geb. in Leinw. n. 2.80

Grundriß der Botanik. Ein Leitfaden f. d. botan. Unterr. z. Gebr. an Mittelschulen u. z. Selbstunterr. Von Prof. Dr. J[ohann] E[vangelist] **Weiß**. Mit 527 Abb. 4., verm. u. verb. Aufl. *München & Berlin: R. Oldenbourg 1902.* (VIII, 317 S.) 8° [F.] [03 1113]

Weiß, J. E., Grundriß der Botanik. Ein Leitfaden f. den botan. Unterricht zum Gebrauche an Mittelschulen u. zum Selbstunterricht. Mit 522 in den Text gedr. Abbildgn. (690 Einzelfig.) 5. verb. Aufl. (VIII, 334 S.) gr. 8. München 905. R. Oldenbourg. Geb. n. 3.—

Weiß, J. E., Grundriß der Botanik. Ein Leitfaden f. den botan. Unterricht zum Gebrauche an Mittelschulen u. zum Selbstunterricht. Mit 522 in den Text gedr. Abb. (690 Einzelfig.) 6. Aufl. (VIII, 334 S.) 8. München 907. R. Oldenbourg. Geb. 3.—

Der Haus- und Küchengarten von Prof. Dr. J[oh.] E[v.] **Weiß**. Mit 72 Ill. Berlin, Leipzig: H. Hillger [1905]. (126 S.) 8° [F.]
= **Volksbücher**, Hillgers illustrierte. Bd 38. [07. 15089]

— der Haus- u. Küchengarten, s. Hillger's illustr. Volksbücher.

Weiß, Joh. Ev. u. J. Bleibinhaus: Die Hasselmann'sche Imprägnier-Methode. München 1898.

-- die schädlichsten Krankheiten uns. Feld-, Obst-, Gemüse- u. Garten-Gewächse, ihre Erkenng. u. erfolgr. Bekämpfg. Lex.-8. (72 S.) München 898. V. Höfling. n. 1.—

Die schädlichsten Krankheiten unserer Feld-, Obst-, Gemüse- und Garten-Gewächse, ihre Erkennung u. erfolgreiche Bekämpfung. Von Dr. J[ohann] E[vangelist] **Weiß**, Prof., Weihenstephan. (Frankfurt a. d. Oder: Trowitzsch & Sohn) 1898 (1905). (71 S.) 4°(8°) [F.] [06. 1066]

— kurzgefaßtes Lehrbuch der Krankheiten u. Beschädigungen unserer Kulturgewächse. Ein Leitfaden zum Unterricht an Schulen sowie zur Selbstbelehrg. gr. 8. (VIII, 179 S. m. 134 Abbildgn.) Stuttgart 901. E. Ulmer. Geb. n. 1.75

Weiß, Joh. Ev. (Hrsg.), s. Monatshefte, Illustrierte, f. d. Gesamtinteressen des Gartenbaues.

— s.: Natur u. Glaube.

— s.: Neubert's, W., Garten-Magazin.

Weiß, J. E., die deutschen Pflanzen im deutschen Garten. Eine kurze Anleitg. üb. Kultur u. Verwendg. der schönsten deutschen Pflanzen im Zimmer, Garten u. Parke. 8. (VIII, 248 S.) Stuttgart 884. Ulmer. n. 3. —; Einbd. n.n. — 55

— der Pflanzenarzt, s.: Landmann's, des, Winterabende.

— Schul- u. Excursions-Flora von Bayern. 8. (XXXIX, 520 S.) München 894. Stuttgart, F. Grub. Geb. 4. 50; erm. Pr. n. 4. —

— Schul- u. Excursions-Flora v. Bayern. 8. (XXXIX, 520 S.) München 894. Dr. E. Wolff. Geb. in Leinw. n. 4. 50

— dasselbe von Deutschland. 8. (XXXIX, 575 S.) Ebd. 894. Geb. 4. —; erm. Pr. n. 3. —

(B) — Schul- u. Excursionsflora v. Deutschland. 894. (KBL 32.) Jetzt: Stuttgart, F. Grub. Ladenpr. aufgehob.

— Vademecum botanicorum. Verzeichniss der Pflanzen d. deutschen Florengebietes, zum Gebrauche auf botan. Excursionen, bei phänolog. Beobachtungen u. als Herbarkatalog zusammengestellt. 8. (216 S.) Passau 888. Waldbauer. geb. n. 2. 50

Weiß, Johann Heinrich, s. Weiß, Heinrich

Weiss, Johann Jakob (Zürich) F, ze/21

Dissertatio inauguralis medica de musculorum pathologia. Präs. Jakob Friedrich Isenflamm. Erlangen (Walther) 25. V. 1774. 51 S.

Gew.: Johann Kaspar Weiss (Onkel), Salomon Schinz, Paul Uster, David Lavater, Jo. Heinrich Voegelin, Johann Konrad Weiss (Vater).
W. v.: Heinrich Friedrich Delius, Präs., Jo. Christian Daniel Schreber, Johann Philipp Julius Rudolph, Christian Masius (Opp.), Johann Ludwig Meier (Opp.), Anton Statius Müller (Opp.).

Weiss, Joh. Conrad. Accurater Abriss, von der Auswechslung Ihro Romische Kayserl. Mayest. Groß Bottschaffter, mit dem Groß-Bott-Schaffter der Ottomanischen Portte So den 15. Juny, 1719. Jeremias Wolff exc. Aug. V. [um 1720]
Tit., 18 Doppeltaf. in kol. Kupferst. 4°.
Stecher: Georg David Nessenthaler

Weiss, Johann Konrad Jakob, s. Weis, Johann Konrad Jakob

Weiß, Johann Nepomuk

Weiß, Joh. Nep., der Handels- und Gewerbe-Freund, ein mehrseitig belehr. und nützl. Buch zum Privatgebrauch für junge Leute aus dem Handels- und Gewerbestande; besonders aber als Lehrbuch für Sonntags-Schulen geeignet. gr. 8. (IV und 364 S.) Olmütz 866. (Wien, Mechitharisten-Congregations-Buchh.)

Weiß, Johann Nep. — Neue französische Conversations-Schule. Nach Jacotot'schen Grundsätzen, für sich Selbstunterrichtende besonders geeignet, leichtfaßlich und praktisch dargestellt von — —. 1tes Heft. Pesth, 1856. Druck von Joh. Herz. (17 S. 8.)

Weiss, Johann Nikolaus (Hof/B.) A. S. 1310/35

Theses medicae inaugurales sistens viscerum glandularum et ulcerum quorundam analogiam. Altdorf (Meyer) 6. V. 1729. 32 S.

W. v.: C. G. Schwarz. 36213

Ioannes Nicolaus Weissius [Weiss]: De Arteriis viscerum propriis. [Resp.:] Ioannes Sigismundus Leipcker. Altorfii (1744:) I.G.Meyer. 24 S. 8°
Altdorf, Med. Disp. v. 24. Apr. 1744

Iohannes Nicolaus Weisius [Weiss]: De Causis cur humanum corpus e materia valde corruptibili sit compositum. [Resp.:] Iohannes Ludovicus Dieterich. Altorfii (1764:) I.G.Meyer. 38 S. 8°
Altdorf, Med. Disp. v. 28. Aug. 1764

Weiss, Jo. Nik. resp. J. Starckmann, Disp. quod alia sensatio alium inferat motum. Altd. 4°. 1752

Weiss, Jo. Nic., resp. C. G. Meyer, De discrimine motus elastici et vitalis librarum. Altd. 4°. 1735

Weiss, Johann Nikolaus: De haemorrhoidibus cristatis. Altdorf 1764. 4°

— Historia partus impediti ex membrana tendinosa os uteri internum arctante. 4. Altdorf 761.

Weiss, Johann Nikolaus [Praes.], s. Schaeffer, Johann Gottlieb: Theorema medicum quod alia sensatio alium motum inferat prima hac dissertatione assertum.

Weiss, Johann Nikolaus [Praes.], s. Schmidbauer, Christoph Melchior: De re medica veterum Graecorum ad illustranda quaedam divini codicis loca.

Weis, Johann Nikolaus [Praes.], s. Schreck, Christoph Jakob: Theorema medicum quod alia sensatio alium motum inferat.

Weis, Johann Nikolaus [Praes.], s. Starckmann, Andreas Joachim: Theorema medicum quod alia sensatio alium motum inferat.

Weiss, Jh. Nik., († d. 5. Juli 1783.) Tetras Dissertationum medicarum, quibus Theorema medicum: alia sensatio, alii motus, adstruitur, applicatur, limitatur; cum praefatione de variante partium irritabilitate. 4. Altdorf 759.

Weis, Johann Nikolaus [Praes.], s. Tretzel, Andreas Gottfried: Historia partus impediti ex membrana tendinosa os uteri internum arctante.

Weiss, Johann Nikolaus: De unguento fusco Felicis Würzii. Altdorf 1764. 4°

Iohannes Nicolaus Weisius [Weiss]: De dextro cordis Ventriculo post mortem ampliore. [Resp.:] Gottlob Ioh[annes] Georg[ius] Wilhelmus Gmelin. Altorfii (1767:) Hessel. 28 S. 8°
Altdorf, Med. Diss. v. 23. Febr. 1767

Weiss, Johann Nikolaus [Praes.], s. Volckamer, Heinrich Samuel: De abusu purgantium in recens natis.

Weiss, Johann Nikolaus [Praes.], s. Weiss, Johann Christian: De flexibilitate actionum in corpore humano.

Weis, Johann Nikolaus [Praes.], s. Zwinger, Gustav Philipp: Theorema medicum quod alia sensatio alium motum inferat IV. et ultima hac dissertatione limitatum.

Weiß, Johann Sebastian

Weiß, Jh. Sebast., das Ganze d. Siegellakfabrikation, od. Geheimnisse zur Bereitung aller Sorten rothen, braunen, schwarzen etc. Lacke, wie denselben d. erforderl. Eigenschaften zu geben etc. Aus 20jähr. Erfahr. 8. Helmst. 825. Fleckeisen. 1 ℔

Weiß, Johannes, s. Weiß, Johann

Weiß, John Gustav

Die Einrichtung der Großschiffahrt auf dem Neckar und die Verbindung von Rhein und Donau durch Württemberg. Von Bürgermeister Dr. **Weiß**-Eberbach. *Berlin-Grunewald: A. Troschel 1903.* (17 S.) 8°
= Deutsch-Oesterr.-Ung. Verband f. Binnenschiffahrt. **Verbands-Schriften.** N. F. No 25. [04. 4692

Geschichte der Stadt Eberbach am Neckar von Dr. John Gustav **Weiss**, Bürgermeister. Eberbach: Wieprecht 1900. 390 S. 8° [11. 7380

Weiß, Josef

Der Alkohol, sein Wesen und seine Wirkung. Von Dr. Joseph **Weiss**, prakt. Arzt in Rothenfels a. Main. *Leipzig, Berlin [&] Neuwied a. Rh.: Heuser 1895.* (69 S.) 1 Bd 8. [96. 63,3

Weiss, Jos., d. Alkohol, s. Wesen u. s. Wirkg. gr. 8. (69 S.) Neuwied 895. Leipzig, Max Spohr. n. 1. —

Weiß, Jos., unser Bayerland, s.: Denk, O.

Weiß, Joseph: Berthold von Henneberg, Erzbischof von Mainz (1484–1504). Seine kirchenpolitische und kirchliche Stellung ... Freiburg im Breisgau, Herdersche Verlagsh., 1889; VI S. + 1 Bl. + 71 S. 8°
München, Phil. Fa., Inaug.-Diss. v. 1889.

Weiss, Jos. Luthers Einfluſs auf die deutsche Litteratur. 36 S. 8. **Progr.** *Cilli* 1878.

Weiss Josef: Clement Marots Elegien an Diane und Anne.
H. 1910 PN 2849 **Diss.** Wien, Univ.

Weiss, Jos., histor. Führer v. München, s.: Bruckmann's illustr. Reiseführer.

Weis, Joseph. Vollständiges Gebetbuch zur Verehrung des heiligsten Herzens Jesu. Mit Titelbild. kl. 8. (VII u. 254 S.) Innsbruck, Wagner'sche Univ.-Buchh. 1867.
50 kr.,
geb. Einband Nr. II mit Schuber 80 kr.
Einband Nr III mit Schuber 1 fl.

Weiss, J[oseph]. Der Geschlechtstrieb so wie er ist. Und ein Wörtchen zu August[e]) Forels «Die sexuelle Frage». Von Dr. med. J. W'-Basel. 48 S. 8. München, Seitz & Schauer, 1906. [M. 1.50]

Weiss, J., d. Geschlechtstrieb. 906. (KBl. 34.) Jetzt: **München, Verlag d. ärztl. Rundschau.**

Weiß, Jos., Gespräche zwischen der Seele und ihrem Erlöser **Jesus Christus**, der sie zum **Wege** der christlichen Vollkommenheit einladet, auf selben behutsam führet und ihr heilsame Lehren vorschreibet. **Bearb.** nach Stephan. **Christ.** (2. Aufl.) 12. (275 S.) **Innsbruck** 859, **C. Rauch.**

— s.: Jahrbuch, histor.

WEISS, Josef (Bruck/Opf.): Über die Jodreaktion bei fluoreszierenden Stoffen.- München: Wolf 1904. 24 S.
30.7.1904 - Chr 1904/05,13; Jv 1904/05,461 (Prom.-Datum: 28.11.1904)
Diss. Ingolst.-Landsh.-Mchn.

Die deutsche Kolonie an der Sierra Morena und ihr Gründer Johann Kaspar von Thurriegel, ein bayerischer Abenteurer d. 18. Jahrhunderts. Ein Beitrag z. Gesch. unseres Volkstums von Joseph **Weiß**, (Archivrat). Köln: J. P. Bachem in Komm. 1907. (119 S.) 8° [F.]
= Görres-Gesellschaft z. Pflege d. Wiss. **Vereinsschrift.** 1907, 1. [07. 10126

— Die deutsche Kolonie an d. Sierra Morena u. ihr Gründer Joh. Kasp. v. Thürriegel, s. a. Görres-Gesellschaft. 1.

— s.: München. Seine geschichtl. etc. Entwicklg.

Schematismus der a. p. Kaiser Ferdinands-Nordbahn. Verfaßt von Joseph Weiß. 8. (98 S.) Wien. Gedruckt bei Joseph Stöckholzer v. Hirschfeld. 1854.

Weiß, J[oseph]: Stoff und Kraft. 39 S. 4.
Oberrealschule (Vormalige Höhere Bürgerschule) *Freiburg i. Br.*
Progr. 1909 (zu 838).

Weiss, J[oseph]. Der Streit um's Gläs'chen Bier. Ein Wort zur Klärung und Beruhigung. Von Dr. med. J. W'-Basel. 16 S. 8. München, Seitz & Schauer, 1906. M. —. 10

— s.: Studien, theologische.

Weiss, Joseph: Über den Tetanus als Infectionskrankheit .. Augsburg, Druck d. F. C. Kremer'schen Buchdr. (A. Manz), 1889; 23 S. 8°
Erlangen, Med. Fak., Inaug.-Diss. v. [6. Jul.] 1889.

Weiss, Jos., Unterrichtsbriefe f. kaufmännische Stenographie, System Gabelsberger. Leichtfassliche Anleitg. f. das Selbststudium. 10 Briefe m. Beilage. (92 S.) Lex.-8. Wien 905. C. Konegen. In Mappe n. 5. —

— der Vernunftbeweis f. das Dasein Gottes. Eine dialekt. Studie. gr. 8. (16 S.) Breslau 894. F. Goerlich. n. — 60

Weiß, Jos., Der Vernunftbeweis für das Dasein Gottes. Breslau, Görlich, 1895, gr. 8°, 16 S., 30 Pf.

Weiß, Jos., theoret.-prakt. Vorlesungen üb. Chirurgie od. Wundarzneikunst, nach Brownischen Grundsätze. 3 Thle. 8. Wien 803. Kaulfuß. 2 ℔ 16 ₰

Weiss, Jos., allgemeine Waldbestandestafeln nach R. Feistmantel. Für Eiche, Buche, Tanne, Fichte, Lärche, Weiss- u. Schwarzföhre. Bearb. u. erweitert. (VIII, 147 S.) 8. Wien 909. C. Fromme.
Geb. in Leinw. 3. —

Weiß, Josef [Hrsg.], s. Zeitschrift f. (Diagnostik u.) Therapie.

Weiß, Josef Anton

Weiß, Jos. Ant., erster Unterricht im Rechnen auf Anschauung und 60jährige Erfahrung gegründet. Zum Gebrauche für den Privat- und Schulunterricht. 1. Abthl. qu. 4. (V und 49 lithogr. S.) München 865, L. Finsterlin. *

Weiß, Isaak Hirsch

Weiß, J. H., Biographien berühmter jüdischer Gelehrten des Mittelalters. 1.—3. Heft. (In hebr. Sprache.) gr. 8. Wien, [D. Löwy.] Lippe.
Inhalt:
Heft 1. Rabbi Moses ben Maimon. (III, 55 S.) 881. *ℳ 1.
" 2. Rabbi Salomon bar Jizchok [genannt Raschi]. (72 S.) 882. *ℳ 1,20.
" 3. Rabbi Jacob ben Mëir. (50 S.) 883. *ℳ 1.
Aus: Beth Talmud, besonders abgedruckt.

Weiss, J. H., zur Geschichte der jüdischen Tradition. 1. Thl.: Von den ältesten Zeiten bis zur Zerstörung des 2. Tempels. gr. 8. (XIV, 242 S.) Wien 871, Herzfeld und Bauer. [Brüder Winter.]

Weiss, J. H., zur Geschichte der jüdischen Tradition. II. u. III. Thl. Subventionirt v. der israelit. Allianz u. Bet ha-Midrasch in Wien. (In hebr. Sprache.) gr. 8. Wien 883. (D. Löwy.) n. 11. — (1—3.: n. 16. —)
II. Von der Zerstörug d. 2. Tempels bis zum Abschluss der Mischna. (VIII, 264 S.) n. 5. —
III. Vom Abschluss der Mischna bis zur Vollendg. d. babilon. Talmuds. (VIII, 327 S.) n. 6. —

Weiss, J. H., zur Geschichte der jüdischen Tradition. 4. Thl. Vom Abschluss d. Talmud's bis Ende des 5. Jahrtausends jüd. Z. R. Subventionirt v. der israelit. Allianz in Wien. (In hebr. Sprache.) gr. 8. (VIII, 367 S.) Wien 887. (Lippe.) n. 6. — (1—4.: n. 22. —)

Weiss, J. H. Zur Geschichte der jüdischen Tradition. V. Thl.: Vom Anfange d. 6. Jahrtausends jüd. Z.-R. bis zur Vertreibg. der Juden aus Spanien. (In hebr. Sprache.) gr. 8. (X, 303 S.) Wien 891, (Lippe). * 6 —
I.—IV. Thl. Ebd. 1871—87. * 23 —.

[Hebr.] Dōr dōr we-dōršaw. Mē-itti Eiziq Hirš Weiss [Jiṣḥāq Hirsch **Weiss**]. Tōṣaā 4. Ḥēleq 1–5. [Russ.] Dor dor vedoršov. Istorija evrejskoj tradicij. Soc. A. G. Vajsa. Elisavetgrad: L. Goľdenberg 1904. 5 Bde 8°
[Nebent.:] Zur Gesch. d. jüd. Tradition. Von J. H. Weiss, Lector in Wien. 4. Aufl.
1. Von d. ältesten Zeiten bis z. Zerstörung d. zweiten Tempels.
2. Von d. Zerstörung d. zweiten Tempels bis zum Abschluss d. Mischna.
3. Vom Abschluss d. Mischna bis z. Vollendung d. babilon. Talmuds.
4. Vom Abschluss d. Talmuds bis z. Ende d. 5. Jahrtausends jüd. Z. R.
5. Vom Anfange d. 6. Jahrtausends jud Z. R. bis z. Vertreibung d. Juden aus Spanien. [06. 10099

Weiss, I. H., **Mechilta** der älteste halachische und hagadische Commentar zum 2. Buche Moses. Kritisch bearb. und commentirt nebst einer Einleitung über die histor. Entwicklung der Halacha und Hagada in den ältesten Zeiten. (In hebr. Sprache.) gr. 8. (XLVIII und 224 S.) Wien 865, (Herzfeld und Bauer.) * *

—— Nezach Israel. (Sieg Israels.) Eine Vertheidigung für Rabbiner Lazar Horwitz über die gerichtliche Beeidigung bezüglich der Gerichtsverhandlung des Preßprocesses Kuranda contra Brunner. 8. (21 S.) Wien 866, (J. Knöpflmacher.) *

—— Studien über die Sprache der Mischna. gr. 8. (XVIII und 128 S.) Wien 867, (Herzfeld und Bauer.) *

Weiß, Julian, Backfischträume. Lose Tagebuchblätter. 8. (V, 234 S.) Leipzig 890. Werther. geb. n. 4. —

Weiß, Julian, kleiner Lachspiegel. Skizzen u. Bilder. 8. (V, 69 S.) Leipzig 891. R. Werther. n. 1. —

— aus den Memoiren e. Wickelkindes. Vertrauliche Mittheilgn. 1.—3. Aufl. 8 (228 S.) Ebd. 887. 888. n 3. —; geb. n. 4. —

Weiß, Julian, aus den Memoiren e. Wickelkindes. Vertrauliche Mitteilgn. 8. Aufl. (Neue [Titel-]Ausg.) (228 S.) kl. 8. Leipzig [888] (905). A. Hasert & Co. 1. 80

Weiß, Julian, Nippsachen. Allerlei Moquantes. 12. (76 S.) Leipzig 882, Thiel. geb.

— leichte Reizungen. Gereimtes u. Ungereimtes. 8. (80 S.) Ebd. 888. n. 1. —

— von der heiteren Seite, s.: Universal-Bibliothek.

— aus dem Tollhause d. Lebens. Zeitgenössische Satiren. 8. (76 S.) Ebd. 888. n. 1. —

Weiß, Julius

Weiss, Jul., Beiträge zur Entzündungslehre. Eine histor. Studie. gr. 8. (76 S. m. 2 Abbildgn.) Wien 893. F. Deuticke. n. 2. —

Weiss, Jul., s.: Bibliothek d. ges. medicin. Wissenschaften.

Weiss, Jul[ius]. Chirurgie. Mit Beiträgen von: ... Doc. Dr. [Constantin] Kaufmann, Zürich ... redigirt von Doc. Dr. Jul. Weiss. Mit zahlreichen Figuren und zwei Farbentafeln. IV + 1229 S. 8. Teschen in Schlesien-Wien-Leipzig, Karl Prochaska, 1901. (br. M. 27. —, geb. M. 29. 50)
Bibliothek der gesammten medicinischen Wissenschaften für praktische Aerzte und Specialaerzte. Hrg. von Hofrath Prof. Dr. A[nton] Drasche in Wien, unter Mitwirkung der Herren.... Redigirt von Dr. Jul. Weiss und A[ugust] Brestowski.

Weiss, Julius, über Cholin und verwandte Verbindungen. Diss. Erlangen 1887, Th. Blaesing. 8°. 57 S.

Weiß, Jul., die Galvanoplastik oder sichere Anleitung und ausführliche Darstellung des galvanoplastischen Verfahrens in all' seinen Theilen. In leicht faßl. Weise bearb. 8. (IV, 302 S. mit 14 eingedr. Holzschn.-Abbild.) Wien 878, Hartleben's Verlag.

Weiß, Jul., die Galvanoplastik. Ausführliche prakt. Darstellung des galvanoplastischen Verfahrens in allen seinen Einzelheiten. 2. durchaus umgearb. und zeitgemäß verb. Aufl. 8. (IV, 334 S. mit eingedr. Holzschn.-Abbild.) Wien 883, Hartleben's Verlagsh.

Weiß, Jul., die Galvanoplastik. Ausführliches Lehrbuch der galvanoplast. Praxis, nach den neuesten theoret. Grundsätzen u. prakt. Erfahrgn. bearb. 3., umgearb. Aufl. Mit 48 Abbildgn. 8. (VIII, 405 S.) Wien 887. Hartleben. n. 4. —; geb. n. 4. 80

Weiß, Julius, Die Galvanoplastik. Ausführliches Lehrbuch der Galvanoplastik und Galvanostegie nach den neuesten theoretischen Grundsätzen und praktischen Erfahrungen bearbeitet. Vierte, völlig umgearbeitete, vermehrte und verbesserte Auflage, von Josef Franz Bachmann, Ingenieur. Mit 61 Abbildungen. 8. (XII, 404 S.) — [Chemisch-technische Bibliothek. Band 38. 4. Aufl.] 2.20
Dasselbe. Geb. (nur fest) 2.65
Wien: Hartleben 1896.

Weiß, Jul., die Galvanoplastik. Ausführliches Lehrbuch der Galvanoplastik u. Galvanostegie, nach den neuesten theoret. Grundsätzen u. prakt. Erfahrgn. bearb. 5., völlig umgearb., verm. u. verb. Aufl. (VIII, 384 S. m. 66 Abbildgn.) 8. Wien 909. A. Hartleben. 5. —; geb. 5. 80

— s.: Gesundheit, die.

— s.: Heilkunde, die.

— u. Siegfr. **Schweiger,** therapeutische Indikationen f. interne Krankheiten. 2., vielfach ergänzte u. umgearb. Aufl. 8. (IV, 320 S.) München 900. Seitz & Schauer. n. 4. —; geb. n. 5. —

— Lungenemphysem u. Lungenatrophie, s.: Sammlung medicinischer Abhandlungen f. prakt. Aerzte u. Studierende.

Weiss, J., s. Mann u. Weib.

Weiss, J., Nahrungsmittel u. Ernährung. (26 S. m. Abbildgn.) 8. Wien, Wiener Volksbuchhg. 1907. —. 20.
Volksschriften üb. Gesundheitswesen u. Sozialpolitik. Bd. 8.

Weiss, Jul. [Red.], s. Ohren-, Nasen-, Rachen- u. Kehlkopfkrankheiten.

— hämatologische Untersuchungen. gr. 8. (VII, 112 S. m. 1 Taf.) Teschen 896. K. Prochaska. n. 3. 60

— s.: Vierteljahrsschrift, österreichisch-ungar., f. Zahnheilkunde.

Weiss, Julius, Wegweiser in der Pianoforte-Literatur. Verzeichniss von Pianoforte-Werken älterer u. neuerer Zeit [mit u. ohne Begleitung] in stufenweiser Schwierigkeitsfolge geordnet u. hrsg. gr. 16. (IV, 128 S.) Berlin 877. Jul. Weiss. n. 1. —

Weiss, K.: Wiener Baedeker, s. Bucher, B.

Weiß, K. (Red.), s. Coiffeur, Der.

Weiß, Karl, s. a. Karlweis, C.

Weiß, Karl, s. a. Schrattenthal, Karl.

Weiss, Carl, Alt- und Neu-Wien in seinen Bauwerken, s. a. Alt- und Neu-Wien.

Weiss, Karl. Alt- und Neu-Wien in seinen Bauwerken. 2. verm. und verbess. Aufl. des der 14. Versammlung deutscher Architekten und Ingenieure gewidmeten Fest-Albums. Herausgegeben vom österreichischen Ingenieur- und Architekten-Vereine. Mit 35 Illustrationen und 1 Plan. gr. 8. Wien 1865.

Weiss, K., Wiener Baedeker, s. Bucher, W.

Weiß, Carl, das wahre Bedürfniß der preußischen Volksschule in Hinblick auf die Volksschulconferenz Sr. Exc. des Hrn. Unterrichtsministers Dr. Falk vom 11.—20. Juni 1872. gr. 8. (47 S.) Berlin 873, Wiegandt und Grieben. *

Weiss, Carl, d. homöopathische Behandlg. d. Ranulageschwulst, s.: Schlegel, Emil, inn. Heilkunst bei sogen. chirurg. Krankheiten.

Weiss, Carl. Beichtgebot und Beichtmoral der römisch-katholischen Kirche. Mit Auszügen aus den von den kirchlichen Obern approbierten Lehrbüchern der Moraltheologie des Heiligen und Kirchenlehrers Alfons Maria de Liguori, der Jesuiten P. Joh[ann Peter] Gury, Augustinus Lehmkuhl und des Redemptoristen J(os[eph]) Aertnys. Eine christkatholische Antwort auf einen römisch-katholischen Angriff von Dr. Karl Weiss.... 1. bis 10. Tausend. 144 S. 8. St. Gallen und Leipzig, Wiser & Frey, 1901. [fr. —. 75]

Weiss, Carl, Beleuchtung der Innungsfrage durch einen praktischen Handwerker. (Aus: „Schles. Morgenblatt.") Lex.-8⁰. Breslau, Dülfer, 1883. (10 S.)

Weiß, Carl, Bilder aus dem Jugendleben des Christkindleins. Ein Bilderbuch für gute Kinder. Nürnberg (855.) (Leipzig, Rocca.) 4. (24 S. u. 11 color. Lithogr.) 1 ₰. 6 ngr.

— Blüthen und Dornen. Ein lyrisch-episches Zeitbild aus dem XVI. Jahrhundert. 853. — 2. Aufl. Nürnberg 854. Bauer u. Raspe. 16. (VI, 119 S.) 15 ngr.

Weiß, Karl, „zum täglichen Brot!" Lebensworte f. denk. Frauen u. Jungfrauen. gr. 8. (IV, 158 S.) Stuttgart 884. Schröter & Meyer. n. 2. —

Weiß, Karl, Herders „Cid", ethisch ausgelegt. gr. 8. (VI, 101 S.) Leipzig 892. J. Baedeker. n. 1. —; geb. n. 1. 50

Weiss, Karl (Ps.: Karl Schrattenthal) (Hrsg.), s. Dichterstimmen aus dem Volke.

Weiss jun., Karl, deutsche Dichtung. Hrsg. v. W. 1. Bd. 8. (VIII, 96 S.) Dresden 899. E. Pierson. n. 1. 50; geb. n. 2. 50

— die ritterliche Dichtung deutscher Litteratur im 12. bis 14. Jahrh. [1. Culturbild. 2. Nibelungen. 3. Gudrun. 4. Parcival. 5. Minnesänger.] Für Fortbildungs-Schulen. 8. (95 S.) Berlin 886. Oehmigke's Verl. n. — 60

—— und Jul. Merz, Dir, f. Merz, Jul.

Weiss, Carol., S. Thomae Aquinatis de septem donis Spiritus sancti doctrina proposita et explicata. gr. 8. (VIII, 209 S.) Viennae 895. (Salzburg, M. Mittermüller.) n. 3. 60

— S. Thomae Aquinatis de satisfactione et indulgentia doctrina proposita et explicata. gr. 8. (VII, 156 S.) Graz 896. U. Moser. n. 2. 50

WEISS, KARL: Der Dom zu Agram. Beschrieben von Karl Weiss. Mit 18 Holzschn. In: Mitt. d. Centr. com. Jg. 4. 1859, S. 229-237, 260-268. Inst. f. östr. Gesch. Forsch. - Dass. SA. Wien 1860. Aus der k. k. Hof- u. Staatsdruckerei. 38 S. 1 t. - 238 mm

—— der Dom zu Agram. Lex.-8. (38 S. mit 1 Taf. in Stahlst. in Fol. und 27 eingedr. Holzschn.) Wien 860, (Gerold's Sohn.) *

Weiss, Karl: Über die Eiweissstoffe der Leguminosensamen. München 1899: C. Wolf & Sohn. (36 S.) 8⁰
München, Phil. Diss. v. 1899

Weiß, Karl, religiös-sittliches Element, deutsche Sprache und Literatur in weiblichen Fortbildungsanstalten. gr. 8. (26 S.) Erfurt 876, Keyser'sche Buchh.

Weiß, Carl, die Elemente des Zeichnens mit freier Hand, gestützt auf Anschauung und Darstellung geometrischer Objekte und einem System der freien Auffassung, als Vorbereitung zum perspektiv. Abzeichnen von Linien, Flächen und Körpern nach plastischen Modellen. Methodischer Thl. gr. 8. (VII und 95 S. mit 5 Stnt. in qu. gr. Fol.) Wien 856, Seidel. *

Weiss, Karl: Erziehung und Unterricht durch deutsche Frauen und Jungfrauen. Ein neuer Beitrag z. prakt. Lösung d. Frauenfrage. — Erfurt: Keyser 1877. 60 S. 8⁰

—— die deutsche Erziehungs- und Bildungs-Anstalt, Gewerbe- und Handelsschule für Frauen und Töchter zu Erfurt. Grundsätze, Einrichtung und erstes Lebensjahr. gr. 8. (30 S.) Ebendas. 875.

Weiß, Karl, Dr. theol., z. Z. in Pottenstein ⟨Bayern⟩: Die Erziehungslehre der drei Kappadozier. Eine pädagogisch-philos. Studie. *Freiburg i. B.: Herder 1903.* (IX, 86 S.) 8⁰
¶ [Erschien vollst. als: Straßburger theol. Studien. Bd 5, H. 3/4.]
Freiburg i. B., Phil. Diss. v. 1903

Die Erziehungslehre der drei Kappadozier. Ein Beitrag z. patrist. Pädagogik von Dr. Karl **Weiss**. *Freiburg i. Br.: Herder 1903.* (XI, 242 S.) 8°
= Studien, Strassburger theologische. Bd 5, H. 3. 4. (o3. 5944

Weiß, Karl, P. Antonio de Escobar y Mendoza als Moraltheologe in Pascals Beleuchtung u. im Lichte der Wahrheit. Auf Grund der Quellen. Festschrift der k. k. Karl-Franzens-Universität in Graz aus Anlaß der Jahresfeier am 15. XI. 1907. (336 S. m. 1 Bildnis.) gr. 8. Klagenfurt 908. (Buch- u. Kunsthandlg. des St. Josef-Vereins.) 4. 50

— **der lustige Essenschmied.** Ein Wander- und Stromerleben aus früherer Zeit, in poetischen Bildern. Nürnberg 858. Bauer u. Raspe. 8. (IV, 122 S. u. 1 Lithogr.) 12 ngr.

Weiss, Carl, Fabrikanten-Adressbuch für Kleidermacher. Verzeichniss leistungsfähiger Firmen der Wollenwaaren-, Baumwollenwaaren-, Leinenwaaren-, Seidenwaaren-, sowie der Posamentirwaaren-Branche des In- und Auslandes. 16. (VI, 84 S.) Dresden 875, Expedition der europ. Modenzeitung *

Weiss, Carl, Fabrikanten-Adressbuch f. Kleidermacher, Verzeichniss leistungsfäh. Firmen der Wollwaaren-, Baumwollwaaren-, Seidenwaaren-, Leinenwaaren-, sowie der Posamentirwaaren-Branche. gr. 16. (76 S.) Dresden 886. Exped. der Europ. Modenzeitg. n. — 50

Weiss, Carl. Ein Fall von Hernia diaphragmatica traumatica dextra spuria im Kindesalter. Diss. Med. Univ. Zürich. [Mit 1 Tafel.] *Kopftitel:* Aus dem Kinderspital Zürich. 34 S. 8. Zug, J. Speck & Cie., 1909.

Weiß, C., die Feierstunde. Prosa und Poesie. 8. Nürnberg 871, Himmer. (Leipzig, Wartig.)

Weiß, **Karl**, Festschrift aus Anlaß der Vollendung des neuen Rathhauses, im Auftrage des Gemeinderathes der Reichshaupt- und Residenzstadt Wien verfaßt. Fol. (60 S. mit eingedr. Holzschn., 3 lithogr. Grundriß-Taf. und 11 Taf. in Kupferst. und Lichtdr.) Wien 883, Selbstverlag des Gemeinderathes.
Nicht im Handel.

Weiß, Karl, die Fortbildungsschule f. Mädchen. 8. (80 S.) Berlin 888. Wiegandt & Grieben. n. 1. —

— über Frauenarbeit, s.: Bildungsblätter f. unser Volk.

Freimaurerei und Persönlichkeit Rede, gehalten bei der Tempelweihe der Loge Constantia z. Zuversicht am 1. Mai 1910 in Konstanz. Von Karl **Weiss.** [Konstanz 1910: Reuss & Itta.] 14 S. 8°. [Umschlagtit.] 430.

Freimaurerei Teufelswerk? Enthüllte Wahrheiten von Karl Weiss. Konstanz: Reuss & Itta 1910. VIII, 119 S. 8°.

Weiß, **C.**, **Gedichte.** 16. Nürnberg 845, Bauer u. Raspe. In Leinw. geb. mit Goldschn. 1 1/3 ℔

Weiß, C., Gedichte. 2. verm. Aufl. 16. (XVI u. 199 S.) Nürnberg 848, Bauer & Raspe. In Engl. Einb. m. Goldschnitt 1 1/3 ℔

Das Geheimnis der Freimaurerei. Ein Wort zur Wehr von *** [Karl Weiss?] Konstanz 1908: Reuss & Itta. 22 S. 8°
Auszug in: Brh. 5 (1908) S. 229, 231, 233.
Sonderabdr. von Artikeln, die ein Mitglied der Konstanzer Loge zur Abwehr von Angriffen des Konst. Zentrumblattes („Konst. Nachrichten") in der liberalen „Konst. Ztg." veröffentlichte. 140. 225.

—— Geschichte der öffentlichen Anstalten, Fonde und Stiftungen für die Armenversorgung in Wien. Im Auftrage des Gemeinderathes der k. k. Reichshaupt- und Residenzstadt Wien bearb. gr. 8. (VIII und 574 S.) Wien 867, Braumüller. *

Weiss, C., Geschichte der Stadt Speier. gr. 8. (131 S.) m. 1 lith. Plan in qu. gr. Fol.) Speier 876. (Lang.) n. 1. 50

Weiss, C. Geschichte der Stadt Speyer. (131) 8. M. 1 Pl. Leipzig 1877. 1,50.

Weiß, Carl, Geschichte der Stadt Wien. 11 Lfgn. gr. 8. (280; XII, 417 S., mit eingedr. Holzschn., 1 lithogr. Karte und 1 chromolithogr. Plan in gr. 4.) Wien 871, Lechner's Verlag. à Lfg. * ℳ 1. *

Weiss, K. Geschichte der Stadt Wien. (XII 417) 8. M. 2 Pl., 2 Ans. u. 80 Holzschn. Wien 1872. 13,00

Weiß, Karl, Geschichte der Stadt Wien. 2. umgearb. Aufl. mit Farbendr.-Bildern, Holzschn., Facs., Photolithogr. und 4 Plänen in Farbendr. 40 Lfgn. oder 2 Bde. gr. 8. (X, 609; VIII, 664 S.) Wien 881,82, [Lechner's Verlag.] Konegen. à Lfg.
compl. * ℳ 28,40.; geb.

WEISS, Karl, Geschichte der Stadt Wien. Neue Auflage. 2 Bde. Mit vielen farbigen u. schwarzen Tafeln und vielen Holzschnitten. Wien 1882—83. Gr. 8°. Vergriffen! (32 Kr., Hlwdbde., Carl Greif, 1914.)

—— s. Geschichtsquellen der Stadt Wien.

—— Glück und Frieden. Goethe's Herrmann und Dorothea ethisch ausgelegt. 1. und 2. (Titel-)Aufl. 8. (128 S.) Berlin 880,82, Oehmigke's Verlag.
Ausg. auf Velin-Pap. geb.

Weiss jun., Karl, Goldregen. Ausgew. Gedichte. 8. (120 S.) Dresden 899. E. Pierson. n. 2. —; geb. n. 3. —

Weiss, Karl *Heinrich Christian* [Referendar in Apenrade]: Haftet der Auftraggeber dem Beauftragten für den zufälligen Schaden, welchen dieser bei Ausführung des Auftrags erlitten hat? ... Flensburg, Druck v. L. P. H. Maass, 1896; 47 S., 2 Bl. 8.
Erlangen, Jur. Fak., Inaug.-Diss. v. Sept. 1896

Weiß, Karl —. Die Wiener Haupt- und Staatsaktionen. Ein Beitrag zur Geschichte des deutschen Theaters. Mit einem Anhange: Enthaltend den vollständigen Abdruck eines Manuskriptes der kais. Hof-Bibliothek in Wien. 8. (192 S.) Wien. Verlag und Druck von Karl Gerold und Sohn. 1854.

Weiß, Carl, Heinrich der Erste, der Städtegründer. Poetische Erzählung in Bildern. 16. (VIII und 109 S.) Leipzig 864, Brockhaus. * 16 Ngr.; geb. mit Goldschn.

— Hohentwiel. Ein Erinnerungsblatt, den Besuchern des Twiels, den Verehrern des „Ekkehard" gewidmet. 8. (47 S. m. Abbildgn.) Ebd. (901). n. — 50

Weiss, Carl. Hohentwiel und Ekkehard in Geschichte, Sage und Dichtung. Von Dr. Karl Weiss. Mit circa 100 Illustrationen in Autotypiedruck nach Original-Kompositionen von Karl Jauslin und Otto Hertel und photographischen Aufnahmen von Wilhelm Weiss. VIII + 343 S. 8. St. Gallen und Leipzig, Wiser & Frey, 1901. [Subscr. br. fr. 10. —, geb. fr. 11.25; Ladenpreis br. fr. 12.50, geb. fr. 15. —]

Weiß, Karl, 25 Jahre im Kampfe gegen Rom. Geschichte der christkathol. Gemeinde St. Gallen. Quellenmäßig dargestellt. (308 S. m. 32 Abbildgn.) gr. 8. St. Gallen 903. Buchdr. u. Verl.-Anstalt Merkur. (Nur direkt.) n. 5. 20

Weiss, Carl. Fünfundzwanzig Jahre im Kampfe gegen Rom. Geschichte der christkatholischen Gemeinde St. Gallen. Quellenmässig dargestellt von Dr. K' W'. Mit 32 Illustrationen in Autotypiedruck. 308 S. 8. St. Gallen und Leipzig, Wiser & Frey In Komm., [1903]. [geb. fr. 5. —]

[Weiss, Carl.] Fünfundzwanzigjähriges Jubiläum des Christkatholischen Kirchenchors Melodia und des Damenvereins St. Gallen. 1878—1903. [SA. aus: Der Katholik. Jahrg. 26, 1903, N° 45.] II + 12 S. 8. Bern, H. Jent, [1903].

— aus dem Jugendleben unserer Frau Kronprinzeß. 8. (55 S.) Ebend. 884. n. — 50

Weiß, K[arl]: Kant u. das Christentum. Ein Beitrag z. Kant-Gedächtnißfeier 1904. Köln: J. P. Bachem in Komm. 1904 (101 S.) 8°
(Görres-Gesellschaft z. Pflege d. Wiss. Vereinsschrift 1904, 1.)

— der kleine Käsperle. Eine ernste und lustige Geschichte zur Belehrung und Unterhaltung für brave Kinder. qu. gr. 4. (16 S. mit 8 lithogr. und ill. Bildern in Tondr. und lithogr. Titel.) Fürth 857, Löwensohn. *

Weiß, C., Kinderfreuden. Ein Bilderbüchlein für die lieben Kleinen. Nürnberg 867. Lotzbeck. qu. 8. (8 S. Text mit 8 lith. u. in Ton gedr. color. Bildern u. passenden Geschichtchen.) cart. 7½ ngr.

Weiß, Karl, im souveränen Staat freie Kirchen. Gedanken zur Trenng. v. Staat u. Kirche. (91 S.) 8. Konstanz 908. Reuß & Itta. (Nur direkt.) nn — 50; erh. Pr. — 60
Sonderabdruck aus: „Konstanzer Ztg."

Weiss, Karl: Herr Onno Klopp u. das Verhalten der Bürger Wiens im Jahre 1683. (33 S.) 8°
Wien: Lechner 1882.

Weiß, Carl, Paul de Kock. Lustspiel in 1 Aufzuge. gr. 16. (32 S.) Wien 876. Wallishausser. n. 1. 20

Weiß, Karl, bayerische Kommunalpolitik, s.: Handbücherei, politische.

— munterer Knaben Kriegs-Spiele. Ein Bilderbuch mit Text. Stuttgart (853.) Gebr. Scheitlin. 4. (8 Bl. Text u. 6 lith. Taf.) 15 ngr.

Weiss, Karl, a. Hasloch a. M.: Kritik der allgemeinen Grundlagen und Grundbegriffe des Rechts. Eine rechtsphilosophische Skizze. Würzburg 1905: Drescher u. Reichart. (42 S.) 8°
Würzburg, Jur. Fak., Ref. Meurer, Diss. v. 20. März 1905
[Geb. 13. März 81 Hasloch a. Main; Wohnort: Würzburg; Staatsangeh.: Bayern; Vorbildung: Gymn. Offenbach a. M. Reife O. 01; Studium: Gießen 1, München 1, Marburg 2, Würzburg 1 S.; Rig. 2. März 05.]

— Aus dem Leben u. der Natur. Dichtungen in hochdeutscher Sprache u. Nürnberger Mundart. Nürnberg 861. Bauer & Raspe. 8. (246 S.) 20 ngr.

Von der Lebensreise. Gedichte von Karl Weiß. Leipzig: J. Baedeker in Comm. [1898]. (VIII, 138 S., 8°) [3.] [97. 571]

Weiß, Karl, Marksteine deutscher Cultur u. Litteratur. 1. u. 2. (Titel-)Aufl. gr. 8. (IV, 484 S.) Leipzig 889. 890. Jul. Baedeker. n. 3. 60; in Schulbd. n. 4. —; in Geschenkbd. n. 5. —

Weiss, Karl (Hrsg.), s. Meier, Emerenz: Aus dem bayrischen Wald.

— Cousine Melanie. Lustspiel in 3 Aufzügen. 8. (78 S.) Graz 879, (Verlag Leykam-Josefsthal.) *

— Vom Modernismus Tyrells. (44 S.) gr. 8. Passau 908. (G. Kleiter.) nn — 60
Sonderabdruck aus: „Theol.-prakt. Monatsschr."

Weiss, K.: Nachrichten über den Anfang der Buchdruckerkunst in Speier mit besonderer Berücksichtigung der ersten Druckerfamilie Drach. 52 S. Speier. Progr. 1869. 1870.

— Der Nothstand unter den Frauen und die Abhülfe desselben. Ein Beitrag zur Frauenfrage. — Berlin: Brigl 1870. 38 S. 8°

Weiß, Karl, die Pilgerfahrt zur Madonna Sixtina. (66 S.) 8. Weimar 908. Putze & Hölzer. nn — 90; geb. in Leinw. 1. 25

Weiss, Karl: Der Prolog des heiligen Johannes, eine Apologie in Antithesen. Freiburg i. B.: Herder 1899. (XII, 208 S.) 8°
(Strassburger theol. Studien. Bd 3, H. 2 u. 3.)
Würzburg, Theol. Diss. v. 1899.

— Realien-Handbuch. Leitfaden zum Selbst-Unterricht. Lehrgang und Material für Fortbildungsanstalten; Waarenkunde, Handels-Geographie und Geschichte für Gewerbe- und Handelsschulen für Frauen und Töchter. gr. 8. (VI, 267 S.) Erfurt 878. (Villaret.)

— Realien-Handbuch für Frauen- und Töchter-Fortbildungsschulen. 2. Aufl. gr. 8. (VI, 249 S.) Langensalza 885. Beyer und Söhne. *

Ritual für eine Fest- und Receptionsloge der Loge Constantia z. Zuversicht in Konstanz. Entworfen von Karl Weiss. Konstanz 1910: Stadler. 76 S. 4°. 430.

Ritual für eine Schwestern-Festloge der Loge Constantia z. Zuversicht in Konstanz a. B. Entworfen von Karl Weiss. Konstanz 1910: Stadler. 26 S. 4°. 430.

Ritual für eine Trauerloge der Loge Constantia z. Zuversicht in Konstanz a. B. Entworfen von Karl Weiss. Konstanz 1910: Stadler. 21 S. 4°. 21.

Weiß, Karl, Rückblicke auf die Gemeindeverwaltung der Stadt Wien in den J. 1838—1848. gr. 8. (VI, 120 S. mit 12 Tab. in qu. Fol.) Wien 875, Manz'sche Hofbuchh.

Weiss, Karl, a. Reichthal in Schl.: König Ruprecht und die Luxemburger bis zu seiner Rückkehr aus Italien. Halle a. S. 1905: Wischan & Burkhardt. (43 S.) 8°

Halle, Phil. Fak., Ref. Lindner, Diss. v. 7. Aug. 1905

[Geb. 5 Apr. 75 Strzyllok b. Luisdmitz, Schles.; Wohnort: Reichthal d. Schles.; Staatsangeh.: Preußen; Vorbildung: Gymn. Jauer Reife M. 97; Studium: Theol. Breslau 6, Gesch. Breslau 6, Halle 4 S.; Rig. 13 Febr. 05.]

Weiss, Carl *(geb. Schömberg bei Landeshut in Schles. [2. 1. 1841])*: Sarcom der Leber. Breslau (1867). (30 S.) 8°

Breslau, Med. Diss. v. 12. Nov. 1867

Weiß, Karl, Schiller, Wilhelm Tell u. die Welt der Frauen. Den Frauen gewidmet. 8. (182 S.) Zürich 899. Th. Schröter. n. 1. 60; geb. n. 2. 40

—— Schreiben, Rechnen, Lesen und Buchführung in weiblichen Fortbildungsschulen. 4. Jahresbericht der Gewerbe-, Handels- und allgemeinen Fortbildungsschule für Frauen und Töchter zu Erfurt. gr. 8. (31 S.) Ebendas. 878. *

— Schreiben, Rechnen, Lesen u Buchführung in weibl. Fortbildungsschulen. Erfurt 1879

Die Schriftstelle: „Alles rein den Reinen, den Befleckten und Ungläubigen nichts rein!" Eine exegetische und häreseologische Studie. — Von Dr. K. Weiss, Benef. u. Rel.-L. 1899, Bamberg, W. Gärtner. P. 1—70.
Progr. Bamberg, K. Lyceum und
K. Altes Gymnasium

Der neue Simson. Komödie in 3 Aufz. von C. Karlweis [d. i. Karl Weiss]. Mit d. Bilde d. Verf. *Berlin, Köln, Leipzig: A. Ahn 1902* (115 S.) 8° [δ]
[∞. 0315]

Weiss, Carl, der romanische Speisekelch des Stiftes Wilten in Tirol nebst einer Uebersicht der Entwickelung des Kelches im Mittelalter. Imp.-4. (38 S. mit 6 Taf. in Stahlst. und eingedr. Holzschn.) Wien 860, Braumüller's Sortiment. Thlr. *
Aus: Jahrbuch der Central-Commission zur Erforschung und Erhaltung der Baudenkmale, besonders abgedruckt.

Weiss, Carl, s. Stadtplan, Wien's ältester ...

Weiss, Carl: Zur Statistik und Aetiologie der unter dem Landvolke Livlands am häufigsten vorkommenden Augenkrankheiten, besonders des Trachoms. Diss. Dorpat 1861. 4°. 53 pp. mit einer Karte Livlands.

—— unsere Töchter und ihre Zukunft. Mädchen-Erziehungs-Buch. gr. 8. (146 S.) Berlin 876, Oehmigke's Verlag.

Weiss, Karl: Unsere Töchter und ihreZukunft. Mädchen-Erziehungs-Buch. — Berlin: Oehmigke 1877. 146 S. 8°

—— unsere Töchter und ihre Zukunft. Mädchen-Erziehungs-Buch. 2. und 3. umgearb. Aufl. gr. 8. (130 S.) Ebendas. 880,84.

—— unsere Töchter und ihre Zukunft. Mädchen-Erziehungs-Buch. 4. Aufl. gr. 8. (130 S.) Berlin 886, Oehmigke's Verlag. *

Weiß, Karl, unsere Töchter u. ihre Zukunft. Mädchen-Erziehungs-Buch. 6. (Titel-)Aufl. gr. 8. (130 S.) Berlin 893. L. Oehmigke's Verl. n. 2. —

[Weiss, Karl:] Das Töchterbildungs- und Erziehungsinstitut des Director Karl Weiss zu Erfurt in Thüringen. — [Erfurt um 1880]. 8°

Onkel Toni. Eine Komödie aus d. Gesellschaft in 4 Aufz. von C. Karlweis [d. i. Karl Weiss]. *Berlin, Köln, Leipzig: A. Ahn 1900.* (143 S.) 8° [δ]
[∞. 9305]

—— Topographie der Stadt Wien. Hrsg. vom Verein für Landeskunde von Niederösterreich. gr. 4. (168 S.) Wien 876, (Gerold und Comp.)
Aus: Topographie von Niederösterreich, besonders abgedruckt.

Weiss, Carl, über Transplantation gänzlich abgetrennter Hautstücke. gr. 8. (78 S. mit 1 lithogr. Taf.) Tübingen 872, Fues'sche Sortimentsb.)

Weiß, Carl, **Unser Vater. Das Gebet des Herrn. In Bildern für gute und fromme Kinder gezeichnet von Ferd. Rothbart. Stuttgart (853.) Gebr. Scheitlin. 4. (16 S. Text u. 7 lith. Taf.)** 15 ngr.

Weiss, **Carl. Wir Väter und Mütter und des kommenden Geschlechtes Gesundheit und Kraft. Von Dr. K' W', Basel. 8. 26—50. 8.**
Jahresbericht des Naturheilvereins Basel über das Vereinsjahr 1906. ... Beigabe... . Basel, Froese & Co., 1907.

— **Wir Väter u. Mütter u. des kommenden Geschlechts Gesundheit u. Kraft. 1.—2. Taus. (XI, 88 S. m. Titelbild.) gr. 8. Ebd. 910. 1.40; geb. 2. 40**

— **Vienne-Mignon,** s.: **Bucher, W.**

—— Aus dem Volksleben. Autobiographie. 8. (VI und 164 S.) Nürnberg 863, Bauer und Raspe.

Weiss, K. Von Gibraltar nach Moskau. Skizzen aus der Mappe eines Litteraten. In-8°. 220 S. Zürich, Th. Schröter. 1894

— dasselbe. 2., verb. Aufl. 8. (IV, 251 S.) Ebd. 894. n. 3. —; geb. in Leinw. n. 4. —

—— Was ist wahre Bildung? Vortrag, gehalten im Lokal „Eiskeller" den 31. März 1881. 16. (16 S.) Berlin 881, Deutsche evangel. Buch- und Tractat-Gesellschaft.

—— Wie sorgen wir für die Zukunft unserer erwachsenen Töchter? 2. Aufl. 8. (89 S.) Berlin [Bielefeld] 874, Gülker und Comp. *

Wien, Das gemüthliche (von *Carl Weiss*). Wien 1885. 8°. (50 Pfg. A. Bielefeld, 1892.)
Anon.-Lex. V. p. 331. (Eigenbericht.)

— die glücklichste Zeit. Bilderbuch mit 8 (lith. u.) color. Bildern in Tondr. Fürth 865. Löwensohn. qu. gr. 4. (8 Bl.) cart. 15 ngr.

Weiß, Karl August

Weiß, Karl Aug., Sendschreiben an den Herrn Geh. Hofrath Eichstädt über dessen Polemik wider die akademische Klinik zu Jena, nebst einem Worte zur Verständigung an die Bewohner Jena's u. dessen Umgegend. Lex.-8. Leipzig 841, Otto Wigand. n. 1/6 ℔

Weiß, Karl Eduard

Weiß, Karl Ed., Archiv d. Kirchenrechtswissensch., s. Archiv.

— corpus juris ecclesiastici Catholicorum hodierni, quod per Germaniam obtinet, academicum. 8maj. Giessen 833 (832.) Heyer. 1 ℛ 8 𝒢

Weiss, Carl Ed., Corpus jur. ecclesiastici catholicor. etc., s. Corpus etc.

Weiß, Dr. Karl Eduard, Professor des Staatsrechts an der großherzogl. hessischen Universität zu Gießen, Fragmente zu einem Reichs-Grundvertrage für Deutschland. Ein Entwurf, der im Mai 1848 zu Frankfurt a. M. zusammentretenden constituirenden deutschen National-Versammlung gewidmet. Gießen, G. D. Brühl I., 1848. 24 S. 8º.

Weiß, Carl Ed., Fragmente zu einem Reichs-Grundvertrage für Deutschland. Ein Entwurf. gr. 8. (24 S.) Gießen 848, (Ferber'sche Universitäts-Buchh.) *

—— Grundriss d. deutschen Kirchenrechtswissenschaft. Zum Gebr. akadem. Vorträge. Nebst e. Anh., enthalt. d. sämmtl. neueren deutsch-kathol. Kirchenrechtsquellen. gr. 8. (17 B.) Mainz 829, Kupferberg.

Weiß, Carl Eduard, Grundzüge zu XXIV Büchern vom Recht. Ein Leitfaden zu den akadem. Vorträgen über Rechtswissenschaft. gr. 8. (5 1/8 B.) Regensburg 845, Manz. *

Weiss, Carl Eduard (geb. Potsdam 16. ? 1805): De linteo Anglici parandi methodo, deque machinis, quibus hunc in finem Angli utuntur. Berolini (1827). (26 S.) 8º

Berlin, Med. Diss. v. 27. Okt. 1827

Weiß, [Emanuel] Karl [Ludwig] Eduard (Breuberg)
Ueber die Stellung der Lehre von den Obligationen im heutigen römischen Recht. Eine Probeschrift.
Giessen: Heyer 1828. 76 S.
Habil. jur. 1828 vorh. 4.

Weiß, Karl Ed., System des öffentl. Rechts des Großherzogth. Hessen. 1r Bd. A. u. d. T.: System des Verfassungsrechts etc. gr. 8. Darmstadt 837. Heil. (Pabst.) 2 ℛ

—— System des deutschen Staatsrechts. gr. 8. (61 3/4 B.) Regensburg 843, Manz.

Weiss, [Emanuel] Karl [Ludwig] Eduard (Breuberg)
XII Thesen zur Erlangung der juristischen Doctorwürde beider Rechte.
Giessen: Schröder 1827.
Dr. jur. 21.12.1827.

Weiss, Karl Erhard, appr. Arzt a. Schwäbisch-Gmünd: Ueber den otitischen Hirnabszess. München 1904: C. Wolf & Sohn. (51 S.) 8°

München, Med. Fak., Ref. v. Bauer, Diss. v. 18. Aug. 1904

[Geb. 14. Nov. 79 Schwäbisch-Gmünd, Württemberg; Wohnort: Schwäbisch-Gmünd; Staatsangeh.: Württemberg; Vorbildung: Realgymn. Schwäbisch-Gmünd Reife 31. Juli 98, Karlsgymn. Stuttgart Nachprüfung 98; Studium: Tübingen 6, München 3 S.; Coll. 20. Mai 03; Approb. 11. Febr. 04.]

Weiß, Karl Friedrich

Weiss, Karl Friedr., Zur Arbeiterfrage.
8º. Chemnitz, W. Kohlmann, 1868.

Weiss, K. F. Die kirchlichen Exemtionen der Klöster von ihrer Entstehung bis zur gregorianisch-cluniacensischen Zeit. Ein Beitrag zur Geschichte der Klosterexemtionen. In-8º. 88 S. Basel. These. (Georg & Co.) 1893

Weiss, Karl Frdr., die kirchlichen Exemtionen der Klöster von ihrer Entstehung bis zur gregorianisch-cluniacensischen Zeit. Ein Beitrag zur Geschichte der Klosterexemtionen. Diss. gr. 8. (88 S.) Basel 893. (Leipzig, G. Fock.) n. 2. 50

Weiss, Karl Leopold (Zwickau) A. S. 580/63

Ex quo tempore usurae conferendorum sint pendendae.
Präs. Friedrich Gottlieb Zoller.
Leipzig (Langenheim) 14. V. 1767. 22 S.
36214

Weiss, Carl Theodor: Geschichte und rechtliche Stellung der Juden im Fürstbistum Strassburg, bes. in d. jetzt badischen Teile, nach Akten dargest. ... Bonn, P. Hanstein, *1895*; XVI, 216 S., 1 Doppeltaf. 8.

Heidelberg, Phil. Fak., Inaug.-Diss. v. [2. Dez.] 1895

Geschichte und rechtliche Stellung der Juden im Fürstbistum Strassburg, besonders in dem jetzt badischen Teile, nach Akten dargestellt v. Dr. Carl Theodor Weiss. *Bonn: P. Hanstein (1896).* (XVI, 216 S., 2 Taf.) 1 Bd 8. [96. 3269

Weiß, Karl Wilhelm

Weiss, Carolus Wilhelmus (*geb. Münsterberg in Schles. 1783*): De metastasibus. Vratislaviae 1819. (24 S.) 4º

Breslau, Med. Diss. v. [30. März] 1819

Weiss, Frau Clara, Kochbuch f. vegetarische u. gemischte Küche. gr. 8. (167 S.) Chemnitz 893. (C. Winter.) Kart. n. 2. —

Weiss, Frau Clara, Kochbuch f. vegetarische u. gemischte Küche. 9. Aufl. (167 S.) gr. 8. Chemnitz (903). C. Winter. Kart. n. 1. 50

Weiss, Frau Clara, Kochbuch f. vegetarische u. gemischte Küche. 9. Aufl. (167 S.) 8. Chemnitz (907). C. Winter. Kart. 1. 50

Weiß, Konrad

Weiss, Konr., die gewerbliche Ausbildung durch Fortbildungs- u. Fachschulen, Lehrwerkstätten u. Kunstgewerbeschulen. (Dr. Ludw. Huberti's prakt. geworbl. Bibliothek.) (VII, 112 S.) gr. 8. Leipzig 903. H. Klasing. Geb. in Leinw. n. 2. 50

— Nürnberger Fortbildungsschullesebuch. In Verbindg. m. Joh. Dürr u. Wilh. Lacher. hrsg. (VIII, 377 S.) gr. 8. Nürnberg 907. F. Korn. Geb. n. 1. 60

Weiß, Konr., Geschichte der Stadt Nürnberg bis zum Übergang der Reichsstadt an das Königr. Bayern im J. 1806. Im Auftrag des Stadtmagistrats f. Jugend u. Volk bearb. (II, 142 S. m. 66 Abbildgn. u. 1 Plan.) gr. 8. Nürnberg (909). C. Koch. 1. —

— Gesetzes- u. Bürgerkunde, s.: Weiß, Christn.

— Lesebuch f. Mädchenfortbildungsschulen, s.: Göhring, Ludw.

Weiß, Curt, Ref. am Kgl. Amtsgericht in Jauer i. Schl.: Kann der zum Vertragsschlusse durch die arglistige Täuschung Bestimmte nur das sogen. negative Interesse oder auch das sogen. Erfüllungsinteresse fordern? (Unter Berücksichtigung der geschichtlichen Entwicklung.) Borna-Leipzig 1906: R. Noske. (VIII, 36 S.) 8°

Erlangen, Jur. Fak., Ref. Örtmann, Diss. v. 23. Mai 1906

[Geb. 7. Dez. 84 Breslau; Wohnort: Jauer i. Schl.; Staatsangeh.: Preußen; Vorbildung: Gymn. Breslau Reife M. 02; Studium: Breslau 3, Freiburg i. B. 1, Breslau 2 S.; Rig. 6. März 06.]

Weiß, Kurt, Lehrbuch d. russischen Sprache f. militär. Zwecke. gr. 8. (VIII, 118 S. m. 2 Zeichentaf.) Berlin 895. A. Seydel. Geb. in Leinw. n. 8. —

Weiß, Kurt, meine Reise nach dem Kilima-Udjarogebiet im Auftrage der Deutsch-Ostafrikanischen Gesellschaft. Mit e. lith. Karte u. e. Zusammenstellg. der meteorolog. Beobachtgn. u. Höhenangaben. 8. (46 S.) Berlin 886. F. Luckhardt. n. 1. —

Weiß, [Kurt]: Ueber moderne S c h l a c h t f e l d b e f e s t i g u n g . Vortrag, geh. zu Berlin 1899. Berlin: E. S. Mittler & Sohn 1899. (S. 209–226.) 8⁰
(Militär-Wochenblatt. 1899, Beiheft 5.)

Weiss, Kurt [aus Berlin]: Richard Brinsley Sheridan als Lustspieldichter . . . *Erfurt, Druck v. Otto Conrad,* 1888; 3 Bl. + 110 S. + 1 Bl. 8⁰
Leipzig, Phil. Fak., Inaug.-Diss. v. 17. Mai 1888

Weiss, Kurt, Richard Brinsley Sheridan als Lustspieldichter. gr. 8. (110 S.) Leipzig 888. (Fock.) n. 2. 50

Weiß, Kurt, Sherlock Holmes, s.: R a b e r m a c h e r ' s, J., Vereinsbühne.

Weiß, Kurt, üb. Verkehrswege in Ostafrika. [Aus: „Deutsche Kolonialzeitg."] gr. 8. (22 S. m. 1 Karte.) Berlin 890. (C. Heymann's Verl.) n. — 50

Weiß, Leo, Lieder ohne Noten. Gedichte. (64 S.) 8. Dresden (906). E. Pierson. Geb. in Leinw. n. 2. 80

Weiß, Leonhard, appr. Arzt a. Bückeburg: Aus der chirurgischen Klinik ⟨Direktor: Prof. Dr. Küttner⟩ und dem anatomischen Institut ⟨Direktor: Geh. Med. Rat Prof. Dr. Gasser⟩ der Universität Marburg. Klinische und anatomische Beiträge zur Kenntnis der Tendovaginitis crepitans. Marburg 1907: Tübingen, H. Laupp jr. (19 S.) 8° ¶ (Aus: Beiträge zur klinischen Chirurgie Bd 54.)
Marburg, Med. Fak., Ref. Küttner, Diss. v. 2. Juni 1907
[Geb. 2. Sept. 81 Bari, Italien; Wohnort: Bückeburg; Staatsangeh.: Lippe-Schaumburg; Vorbildung: Gymn. Bückeburg Reife O. 01; Studium: Marburg 4, Freiburg i. B. 2, Berlin 2, Marburg 2 S.; Coll. 4. Sept. 06; Approb. 1 Juni 07.]

Weiss, Leonh., zur Morphologie des Tuberkulosevirus unter besond. Berücksicht. der Muchschen granulären Form u. e. neuen Doppelfärbung, s.: M i t t e i l u n g e n aus den hamburg. Staatskrankenanstalten. XI, 9

Weiss, Leopold

W e i s s, Beiträge zur Anatomie des myopischen Auges, s. M i t t h e i l u n g e n aus der ophthalmiatrischen Klinik in Tübingen.

W e i s s, Leop., Beiträge zur Anatomie der Orbita. I. Über Länge und Krümmung der Sehnerven und deren Beziehung zu den Veränderungen an der Pupille [Makroskopischer Befund]. gr. 8. (V, 176 S. mit 2 Taf.) Tübingen 888, Laupp'sche Buchh. *

Weiss, Leop. Beitrage zur Anatomie der Orbita. III.: Über das Verhalten der Orbita bei den verschiedenen Kopf- u. Gesichtsformen. Mit 24 in den Text gedr. Abbildgn. u. 9 Tab. gr. 8. (IV, 132 S.) Tüb. 890, Laupp. * 10 —
I. Ebd. 1888. * 8 —; II. ist noch nicht erschienen.

W e i s s, Leop., Beiträge zur quantitativen Bestimmung des Zuckers auf optischem Wege. [Aus dem physiolog. Insitute der Wiener Universität.] Lex.-8. (24 S.) Wien 874, (Gerold's Sohn.) *
Aus: Sitzungsberichte der k. Akademie der Wissenschaften, besonders abgedruckt.

Weiss, Leop., augenärztliche D e m o n s t r a t i o n s t a f e l n. 4 Bl. à 67,5×54 cm. Farbendr. Wiesbaden 895. J. F. Bergmann. In Mappe n. 12. —

W e i s s, Leop., zur Flüssigkeitsströmung im Auge. gr. 8. (4 S.) Heidelberg 878, C. Winter's Universitäts-Buchh.
Aus: Verhandlungen des naturhistorisch-medicinischen Vereins zu Heidelberg, besonders abgedruckt.

Ueber das Gesichtsfeld der Kurzsichtigen v. Dr. L e o p o l d **Weiss,** a. o. Prof. . . . an d. Univ. Heidelberg. M. 32 Fig. *Leipzig & Wien: F. Deuticke 1898.* (XII, 113 S.) 1 Bd 8. [98. 9213

— **S e h p r o b e t a f e l n zur Bestimmg. d. Sehschärfe f. d. Ferne. Fol. (5 Taf.) M. Text. gr. 8. (12 S.) Wiesbaden 895. J. F. Bergmann.** n. 2. 40

Über das Vorkommen von scharfbegrenzten Ektasien im Augengrunde und über partielle Farbenblindheit bei hochgradiger Myopie. Von Dr. L e o p o l d **Weiss,** a. o. Prof. . . . a. d. Univ. Heidelberg. M. 15 Abb. im Text u. 8 Taf. *Wiesbaden: J. F. Bergmann 1897.* (VI S., 1 Bl., 72 S., 8 Taf.) 1 Bd 8. [97. 7085

— **über d. W a c h s t u m d. menschl. Auges u. über d. Veränderung d. Muskelinsertionen am wachs. Auge. [Aus: „Anatom. Hefte".] gr. 8. (58 S. m. 2 eingedr. Kurventaf. u. 3 Taf.) Ebd. 897.** n. 2. 80

Weiß, Leopold Friedrich

Weiß, Leop. Frdr., Lehrbuch der englischen Sprache zum Selbstunterricht mittelst Uebergangs-System. Spielend leichte Methode! Unentbehrlich für Schüler, Kaufleute, Reisende, Artisten, Handwerker, Kellner, Auswanderer u. s. w. (239 S. m. Abbildgen.) 8. Leipzig (906). C. Schubert. Geb. in Leinw. n. 9. —

Weiß, Leop. Frdr., englische Zauber-Fibel. Selbst-Unterricht. (Uebergangs-System.) Lesen, sprechen, schreiben in wenigen Wochen. Verblüffend einfache Methode! Einige Merkzeichen ersetzen Hunderte v. kopfzerbrech. Aussprachsregeln. 15., verb. Aufl. (143 S.) 8. Berlin-Charlottenburg (910). L. F. Weiß. 3. —

Die Tarife der deutschen Straßenbahnen, ihre Technik u. wirtschaftl. Bedeutung. Von Dr. L o t h a r **Weiß.** *Karlsruhe: G. Braun 1904.* (VI, 139 S.) 8°
— A b h a n d l u n g e n, V o l k s w i r t s c h a f t l i c h e, d. Badischen Hochschulen Bd 7, Erg.Bd 3. [04. 8370

WEISS, Lothar (München): Wesen und Behandlung der Diphtherie.- München: Straub 1870. 25 S. 24.7.1869 - Urk (Titel: De diphtheria.); F 72; Chr 1869/70,12
Diss. Ingolst.-Landsh.-Mchn.

Weiss, Louis *(geb. Sulmierzyce in Pos. 14. 10. 1848)*: Ueber Icterus typhoides. Breslau 1873. (30 S.) 8⁰
Breslau, Med. Diss. v. 15. Dez. 1873

Weiß, Louise, Veilchen. Gedichte. gr. 8. (XII u. 158 S.) Stuttgart 848. (Sonnewald.) n. 24 ngr

Weiss, Ludwig: Beiträge zur Kenntnis der in Gerste und Malz vorkommenden Phosphorverbindungen. 1907. 63 S. 8⁰
München, Dr.-Ing.-Diss. v. 31. 12. 1906

Weiß, Ludw., lose Blätter. 12. (187 S. mit 1 Holzschn.) Berlin 851, Decker'sche geheime Ober-Hofbuchdr.

Weiss, Ludwig: Ueber die Darstellung der Metalle der Cergruppe durch Schmelzelektrolyse. Mit 4 Taf. 1902. 47 S., 4 Taf. 8⁰ ¶ Auch in: J. Liebig's Annalen d. Chemie. Bd 320.
München, Dr.-Ing.-Diss. v. 8. 3. 1902

Weiss, Ludw. Zur Isomerie der Pyridindicarbonsäuren. Zürich 1866.

Weiß, Ludw., aus Nordamerika und Preußen. Basel 861. Georg. Lex.-8. (2 Bl., 17 S.) n. 5 ngr.

Weiß, Ludwig. Streifzüge in das Gebiet der Nationalökonomie. Berlin 1855. 34 S. 8.

—— Tagesfragen. Lex.-8. (III und 51 S.) Basel 861, Georg's Verlag. *

Weiss, Ludw., das medicinische Wien. Braumüller's Wegweiser für Aerzte und Naturforscher. Nach authent. Daten. 4. umgearb. Aufl. 16. (IX, 214 S.) Wien 879, Braumüller. cart.
Vgl.: Das medicinische Wien.

Weiss, Ludw. Friedr.: De caussa mortis ac vitae Christi. . . , s. Benner, Johann Hermann [Praes.]

Weiss, Ludwig Samuel

Weiss, Ludw. Sam., die Augenheilkunde u. d. Lehre d. wichtigsten Augenoperationen. Nach d. Erfahrungen Jüngken's, Beer's, Himly's, Scarpa's u. a. berühmten Augenärzte, sowie auch nach eigenen Beobachtn. in gedrängter Kürze dargestellt. gr. 8. (16 B.) Quedlinburg 837, Basse.

Weiss, Ludov. Samuel (geb. Posen 1804): Cura syphilidis antiphlogistica. Berolini (1831). (29 S.) 8°
Berlin, Med. Diss. v. 28. Apr. 1831

—— die Geburtskunde, mit Einschluss d. wichtigsten Krankheiten d. Schwangeren, d. Wöchnerinnen u. d. neugebor. Kinder, f. Lernende u. Examinanden in gedrängter Kürze dargest. gr. 8. (11 B.) Berlin 835, [G. W. F. Müller's Verl.]

Weiss, Ludw. Sam., die Geburtskunde m. Einschluss der wichtigsten Krankheiten der Schwangeren, der Wöchnerinnen u. der neugeborenen Kinder f. Lernende u. Examinanden in gedrängter Kürze dargestellt. 2. neu v. Dedroit bearb. Aufl. A. u. d. Tl.: Cursus der Geburtshilfe. Nach den neuesten Erfahrungen u. Bereicherungen der Wissenschaft bearb. v. Eduard Dedroit. gr. 8. (... B.) Berlin 845, Müller's Verlag. *

Weiss, L. S., die Geburtskunde mit Einschluss der wichtigsten Krankheiten der Schwangeren, der Wöchnerinnen und der neugeborenen Kinder für Lernende und Examinanden. 2., nach dem Tode des Verf. herausg. und revid. Aufl. gr. 8. (X und 182 S.) Berlin 847, Müller's Verlag. *

Weiss, M., s.: Festgabe, Alois Knöpfler zur Vollendung d. 60. Lebensjahres gewidmet.

Weiss, M., über das symmetrische Gangrän, s.: Klinik, Wiener, 1882.

Weiss, M., üb. Myoclonie (Paramyoclonus multiplex Friedreich), s.: Klinik, Wiener.

Nach Schottland, Island und Norwegen. Ein Reisebericht m. Bemerkungen über Land- u. Volkswirtschaft, Geschichte u. nord. Sprachen von Dr. M. **Weiss**. Berlin: D. Reimer (1910). VIII, 186 S. 8°
[11. 12262

Weiß, Malwine, Weihnachtszauber. Weihnachtsspiel in 2 Aufzügen. (32 S.) kl. 8. Leipzig 910. F. Jansa. —50

(Weiss, Margaretha, und Roos, J[oseph]. Fränzeli; Geheilter Aberglaube. Erzählungen aus dem schweizerischen Volksleben. Illustriert von C[aroline] Müller.) 160 S. 8. [fr. 1. 50]
Bergkristalle... Serie II. Band 1. 1. bis 4. Tausend. Biel, Ernst Kuhn, 1903.

(Weiss, Margaretha, und Roos, J[oseph]. Das Fronfastenkind — Christians Vermächtnis und Opfer — ... — Meine Nachbarn. Erzählungen ... von Margareta W' und J. R'....) 144 S. 8. [fr. 1. 50]
Bergkristalle... Serie II. Band 8. ... Biel, Ernst Kuhn, 1904.

Weiss, Mathilde: Erzählunge in Stroßburjer Mundart. Straßburg: Heitz [1899]. 50 S. 8°
(Elsässische Volksschriften. 42.)

Weiß, Mathilde, Erzählunge in Stroßburjer Mundart, s. a. Volksschriften, elsässische. Nr. 42.

Weiss, Maurus, aus Temesvár (Ungarn): Zur **Kenntnis** des Hydantoïns und seiner Derivate. *Berlin (1902): G. Schade.* (54 S.) 8°
Berlin, Phil. Diss. v. 28. Mai 1902

Weiss, Max: Über die finanzpolitische Bedeutung der Gemeindeunternehmungen. Referat f. d. Generalversammlung d. Vereins f. Socialpolitik 1909. Als Ms. gedr. Leipzig: Duncker & Humblot 1909. 9 S. 8° [Umschlagt.]

[F.] Zweckmässigste Behandlung und Düngung v. Wiesen und Weiden mineralischen wie Moorbodens, um dauernd die quantitativ, wie qualitativ höchsten Erträge zu erzielen. Von Dr. Max **Weiss** '(Meiningen)'. *Berlin: F. Telge 1896.* (62 S.) 1 Bd 8.
= **Preisschriften** u. Sonderabdr. d. Illustrierten Landwirtschaftl. Zeitung. No 8. [96. 2591

Weiss, Max [aus Meiningen]: Beitrag zur Kenntnis der Verwitterungsböden und zur Entscheidung der Frage über die Bedeutung der geologischen Kartierung für die Landwirtschaft innerhalb der Verwitterungsregion ... Jena, Frommannsche Hof-Buchdr., 1894; VI, 96 S., 1 Bl. 8.
Jena, Phil. Fak., Inaug.-Diss. v. 1894.

Weiß, Max, der Bureaubeamte im königl. sächsischen Staatsdienste. Ein Handbuch zur Vorbereitg. f. die Assistenten-, Aktuar- u. Sekretär-Prüfg. 1. Bd.: Die Vorbereitung zur Assistenten- u. Aktuar-Prüfg. 8. (VI, 189 S.) Leipzig 894. A. Berger. n. 2. 25; kart. n. 2. 60

— dasselbe. 2. Bd.: Die Vorbereitg. zur Sekretär-Prüfg. 1. u. 2. Abth. 8. Ebd. 894. n. 6. 40; kart. n. 7. 20
1. (VI, 204 S.) n. 3. —; kart. n. 3. 40
2. (IV u. S. 206—451.) n. 3. 40; kart. n. 3. 80

Weiß, Max, d. Bureaubeamte im kgl. sächs. Staatsdienste. E. Handbuch zur Vorbereitg. f. d. Assistenten-, Aktuar- u. Sekretär-Prüfg. 1. Bd.: D. Gegenstände d. Prüfgn. in systemat. Darstellgn. 2 Hälften. 2., umgearb. u. verm. Aufl. gr. 8. (VI, 431 S.) Leipzig 895. A. Berger. à n. 3. 50; in 1 Leinwd.-Bd. n. 7. 50

Weiss, Max, „Caïssa Bambergensis!" 111 Schach-Probleme Bamberger Autoren, im Auftrage des Schachklub Bamberg gesammelt u. hrsg. gr. 8. (80 S. m. Diagr.) Bamberg 902. (W. E. Hepple.) n. 2. 20

Weiss, Max, English-German and German-English medical dictionary, s.: Waller, Jos. R.

Geologie und Landwirtschaft. Eine Abhandlung über d. allgem. geol.-landwirtsch. Verhältnisse d. norddeutschen Flachlandes u. die besonderen d. Blattes Königsberg Nm. von Dr. [Max] **Weiss**, Landwirtschaftslehrer. Königsberg Nm.: J.G.Striese 1903. (31 S.) 8° [F.] [03. 25687

Landwirtschaftliche Inventur. Mit Anleitung z. Inventur d. landwirtschaftl. Betriebes von Dr. Max **Weiss**, Landw.L. zu Königsberg i. N. *Berlin: Trowitzsch & Sohn 1901.* (20 Bl.) 2° [Umschlagt.] [01. 5830

— landwirtschaftliche Inventur. Mit Anleitg. zur Inventur des landwirtschaftl. Betriebes. 2., verm. u. verb. Aufl. (48 S.) Berlin 905. Trowitzsch & Sohn. n. 2. —

Landwirtschaftliche Inventur. Mit Anleitung z. Inventur d. landwirtsch. Betriebes von Dr. [Max] **Weiss**, Dir., Seelow. 3., verb. Aufl. Berlin: Trowitzsch & Sohn 1907. (24 Bl.) 2° [Umschlagt.] [07 10920

Weiss, landwirtschaftliche Inventur. Mit Anleitg. zur Inventur des landwirtschaftl. Betriebes. 4., verb. Aufl. (48 S.) 37×28 cm. Berlin 910. Trowitzsch & Sohn. 2. —

Weiss, Max, Katalog der hebräischen Handschriften u. Bücher in der Bibliothek des Professors David Kaufmann s. A. (IV, 199 u. 80 S.) gr. 8. Frankfurt a/M. 906. J. Kauffmann. n. 3. —

Weiss, Max, s. Loyd, Sam.: 120 Schachprobleme.

— s.: Menachem ben Josef ben Jehuda Chasan, Seder Troyes.

Weiss, Max, die Pferdebahnen im öffentl. Rechte. gr. 8. (40 S.) Wien 897. A. Hölder. n. — 72

Weiß, Max, die Polizeischule. Ein Lehrbuch u. Leitfaden zum Unterrichte an Polizeischulen u. in kriminalist. Unterrichtskursen, ferner e. Buch zum Selbstunterrichte f. Polizeianwärter u. e. Nachschlagebuch f. Beamte der Sicherheits-, Kriminal- u. Wohlfahrtspolizei, bearb. f. Preußen u. Sachsen. (1. Bd.) (XX, 602 S. m. Abbildgn.) gr. 8. Dresden 910. J. Breyer. Geb. in Halbfrz. 12. 50

Weiss, Max, Prozess des Neustolzeaners Max Bäckler gegen den Gabelsbergerianer Dr. Max Weiss, s. Sammlung von Vorträgen aus dem Gebiete der Stenographie.

— das Radfahrer-Recht in dem Königr. Sachsen u. den angrenzenden Ländern, nämlich in Preußen (Prov. Sachsen, Brandenburg, Schlesien), Böhmen, Bayern (Oberfranken), Reuß-Schleiz-Gera, Reuß-Greiz, Sachsen-Altenburg u. Sachsen-Weimar-Eisenach. Eine Zusammenstellg. der f. den Verkehr m. Fahrrädern auf den öffentl. Wegen gelt. polizeil. Verordngn. (Ausg. f. Radfahrer.) 12. (VI, 74 S.) Ebd. 895. n. 1. —

Weiss, Max, kaufmännische Rechtskunde. Eine gemeinfassliche Darstellg. des Rechtes im Handel, Gewerbe u. Verkehr, zugleich e. Abriss der allgemeinen Bürgerkunde, der alles enthält, was der Kaufmann als Staatsbürger wissen muss; auf Grund der neuen Reichsgesetzgebg. u. unter besond. Berücksicht. der Bedürfnisse des Handels- u. Gewerbestandes bearb. (Sammlg. kaufmänn. Rechtsbücher.) gr. 8. (VIII, 216 S.) Leipzig (900). Dr. L. Huberti. Geb. in Leinw. n. 2. 75

[S.] Die Revolutionsjahre 1848 und 1849 m. bes. Berücks. d. Stadt u. d. Amtsbezirks Sinsheim. E. Skizze v. Max Weiss, (Pastorationsgeistlicher in Waldshut). *Waldshut: Selbstv.; Buchdr. v. H. Zimmermann 1897.* (IV, 39 S.) 1 Bd 8. [98. 1033

Einhundertfünfzig exzentrische Schachaufgaben gesammelt von Max Weiß. Halle a. S.: Hendel [1910]. 200 S. 8° [10. 17444

— 200 in Problemturnieren je m. dem ersten Preise ausgezeichnete dreizügige Schachaufgaben. (109 S. m. Diagr.) 8. Ansbach 903. C. Brügel & Sohn. n. 1. —

— 240 Schachaufgaben, s.: Shinkman, W. A.

Weiß, M., die wirtschaftlichen Unternehmungen der Gemeinden, s.: Schriften d. Vereins f. Socialpolitik. 132. Bd. (Fuchs, Carl Joh.)

Weiss, Max, die Völkerstämme im Norden Deutsch-Ostafrikas. (XX, 455 S. m. 558 Abbildgn., 21 Taf. u. 1 Karte.) Lex. 8. Berlin 910. C. Marschner. (Urspr. Pr. 15.—; geb. n 16. —)

Weiss, Max, d. Vorurtheile gegen d. Stenographie u. ihre wirksamste Bekämpfg., s.: Büchersammlung f. Gabelsberger Stenographen.

— 200 in Problemturnieren ausgezeichnete Zweizüger. (107 S. m. Diagr.) 8. Ebd. 903. n. 1. —

Weiß, M[aximilian]: Die gemeingefährlichen Delikte des Reichsstrafgesetzbuches. Rostock 1902: C. Hinstorff. (130, 17 S.) 8°
Rostock, Jur. Diss. v. [24. Dez.] 1902.

Weiss, Melchior

Primordia novae bibliographiae b. Alberti Magni Ratisponensis episcopi, ordinis praedicatorum. Cura et labore Melchior Weiss, socerdotis [!] Frisingensis... *Freising: Impr. per Antonii Fellererciduum 1898.* (16 S.) 1 Bd 8. [98. 4636

(Weiss, Melchior:) Über mariologische Schriften des seligen Albertus. (Paris: Vives 1898.) (20 S.) 8° [Kopft.]

Weiß(-Taurke), Meta

Weiß, M., französische Grammatik f. Mädchen. 2 Tle. gr. 8. Paderborn 890. F. Schöningh. n. 3. 40
1. Mittelstufe. (VIII, 144 S.) n. 1. 40
2. Oberstufe. (VIII, 244 S.) n. 2. —

Weiß, M., französische Grammatik f. Mädchen. 1. Tl. Mittelstufe. 2., verb. Aufl. gr. 8. (VIII, 159 S.) Paderborn 894. F. Schöningh. n. 1. 50

Weiß, M., französische Grammatik f. Mädchen. 2 Tle. gr. 8. Paderborn, F. Schöningh. n. 3. 80
1. Mittelstufe. 3. Aufl. Neu bearb. nach d. Bestimmgn. v. 31. V. 1894. (VIII, 198 S.) 897. n. 1. 80
2. Oberstufe. 2., verb. Aufl. (VIII, 265 S.) 895. n. 2. —

Weiß, Meta (Frau M. Taurke), französische Grammatik f. Mädchen. II. Tl. Oberstufe. 3. Aufl. Neu bearb. nach den Bestimmgn. vom 31. V. 1894. gr. 8. (VIII, 355 S.) Paderborn 900. F. Schöningh. n. 3. —

Weiß, M. (M. Taurke), französische Grammatik für Mädchen. I. Tl. Mittelstufe. 4. Aufl. (VIII, 200 S.) gr. 8. Paderborn 903. F. Schöningh. n. 1. 80

Weiß, Meta, französische Grammatik f. Mädchen. I. u. II. Tl. 8. Paderborn, F. Schöningh. 5. 40
I. Mittelstufe. 5. Aufl. (VIII, 204 S.) 908. 2. —
II. Oberstufe. 4., verb. Aufl. (VIII, 343 S.) 907. 3. 40

Weiss, Meta, Livre de lecture. 2 tomes. gr. 8. Breslau, Morgenstern. *

Inhalt:

Tome I. Recueil d'historiettes et de poésies pour l'enfance. (XII, 180 S.) 880. *ℳ 1,20.; 2. édit. revue et augmentée. (XII, 233 S.) 883. *ℳ 1,60.

» 2. Recueil de morceaux choisis de prose et de vers. Extraits des meilleurs écrivains français pour la jeunesse. (XII, 276 S.) 883. *ℳ 1,80.

— livre de lecture. Tome I. Recueil d'historiettes et de poésies pour l'enfance. 3. éd. revue et augmentée. gr. 8. (XIV, 244 S.) Breslau 888. Morgenstern's Verl. n. 1. 60

Weiss, M., livre de lecture. Tome I. Recueil d'historiettes et de poésie pour l'enfance. 4. éd. revue et augmentée. gr. 8. (XII, 242 S.) Breslau 893. E. Morgenstern, Verl. n. 1. 60

Weiss, M. (Meta Taurke), livre de lecture. Tome II. Recueil de morceaux choisis de prose et de vers pour la jeunesse. 2. éd. soigneusement revue et corrigée. gr. 8. (VIII, 235 S.) Breslau 895. E. Morgenstern, Verl. n. 1. 60

Weiss, M. (M. Taurke), Livre de lecture. Tome I. Recueil d'historiettes et de poésies pour l'enfance. 5. éd. revue et augmentée. (8, 231 S.) gr. 8. Breslau 903. E. Morgenstern, Verl. n. 1. 60

(S) — Livre de lecture. 908. (KBl. 84.) Jetzt: Leipzig, F. Hirt & Sohn.

Weiss, Meta, recueil d'historiettes et de poésies pour l'enfance. 8. (XII, 180 S.) Breslau 882. Morgenstern. n. 1. 20; geb. n. 1. 50

— französisches **Übungsbuch** f. Mädchen. 2 Tle. gr. 8. Paderborn 890. F. Schöningh. à n. — 80
1. Gemischte Übungen, Übgn. zur Vorschule u. Übgn. zur französ. Grammatik. Tl. I. (IV, 80 S.)
2. Zum Gebrauch f. Lehrer u. Erzieher, sowie fürs Haus. Enth.: Französische u. deutsche Sätze, wie auch zusammenhäng. Stücke in beiden Sprachen als Diktatstoff. (III, 80 S.)

Weiß, M., **Vorschule für den Unterricht in der französischen Sprache, begründet auf die Anschauungsmethode.** gr. 8. (VIII, 176 S. mit 36 Holzschn.) Breslau 885, Morgenstern's Verlag. *

— **Vorschule** f. den Unterricht in der französischen Sprache, begründet auf die Anschauungsmethode. 2., verm. Aufl. gr. 8. (VIII, 180 S. m. 36 Holzschn.) Ebd. 892. n. 1. 60

Weiß, M. (Meta Taurke), Vorschule f. d. Unterricht in d. französ. Sprache, begründ. auf d. Anschauungsmethode. 3., verm. u. verb. Aufl. gr. 8. (VIII, 180 S. m. 34 Holzschn.) Breslau 897. E. Morgenstern, Verl. n. 1. 60

Vorschule für den Unterricht in der französischen Sprache begründet auf die Anschauungsmethode von M(eta) **Weiß**-(Taurke). 4., verm. u. verb. Aufl. Mit 34 Holzschn. Breslau: E. Morgenstern 1904. (180 S.) 8° [F.] [05. 4751]

— **Vorschule** f. den Unterricht in der französ. Sprache, begründet auf die Anschauungsmethode unter gleichzeit. Berücksicht. der sich aus dem Stoff ergebenden Grammatik. Mit 36 Bildern v. Otto Kubel u. a. 5., neu bearb. Aufl. (12.—14. Tausend.) (VIII, 180 S.) gr. 8. Leipzig 910. F. Hirt & Sohn. Geb. in Leinw. 2. 50

Weiß, Frau Milka, s.: Koninski-Weiß, M.

Weiss, Moses [aus Tyrnau i. Ungarn]: Zur Kenntnis der mediastinalen Tumoren ... Berlin, C. Vogts Buchdr., *1895*; 37 S., 1 Bl. 8.
Berlin, Med. Fak., Inaug.-Diss. v. 30. Apr. 1895

Weiss, N., über die Histiogenesis der Hinterstrangsklerose. [Aus dem Institute für allgemeine und experimentelle Pathologie in Wien. Lex.-8. (7 S. mit 1 lithogr. Taf.) Wien 879, (Gerold's Sohn.) *
Aus: Sitzungsberichte der k. Akademie der Wissenschaften, besonders abgedruckt.

Weiss, N., über Tabes dorsalis, s.: **Klinik**, Wiener, 1878.

—— über Tetanie, s. **Sammlung** klinischer Vorträge.

Weiss, N., Untersuchungen über die Leitungsbahnen im Rückenmarke des Hundes. [Aus dem Institute für allgemeine und experimentelle Pathologie in Wien.] Lex.-8. (17 S.) Wien 879, (Gerold's Sohn.) **
Aus: Sitzungsberichte der k. Akademie der Wissenschaften, besonders abgedruckt.

Weiß, Nikl., kurzgefaßte Abhandl. einer ungewöhnlichen u. sonderbaren Krankheit der weibl. Fortpflanzungstheile, mit Kpf. 4. Straßb. 786. Akadem. Buchh. 9 ggr.

Weiss, l'art d'apprendre la langue. 8. Strasb. König. 808.

Weiss, Choix de différens morceaux de littérature allemande en vers et en prose avec la traduction française (auch Auswahl deutscher Literatur in Vers. u. Prosa m. d. frz. Uebers.) 12. Paris et Strasbourg, König. 800.

Weiß, (Prof.,) die Kunst, Sprachen zu lernen, s. **Aristodemus.**

Weiss, Olga. Histologische Beiträge über die Wirkung der Trichloressigsäure, Chromsäure, Milchsäure und Argentum nitricum. Diss. Med. Bern. 16 S. 8. Bern, R. Suter & Cie., 1909.

Weiß, Oskar

Friede auf Erden oder Im Felde. Weihnachtsstück in 1 Akt von Oscar **Weiss**. 2. Aufl. Landsberg a. W.: Volger & Klein [1906]. (20 S.) 8° [F.]
— **Weihnachts-Bühne.** No 2. [07. 208]

Weiss, Osc.: De personis, quibus servorum stipulationes acquiruntur. Berolini (1862). (77 S.) 8°
Berlin, Jur. Diss. v. 14. Apr. 1862

Weiss, Oskar: Aus der Universitäts-Frauenklinik zu Kiel. Über Pyelitis bei Schwangeren und ihre Behandlung durch künstliche Frühgeburt. *Kiel 1898: H. Fiencke.* (17 S.) 8°
Kiel, Med. Diss. v. [15. Apr.] 1898

Weiss, Osc., Spitzen-Motive. (18 Lichtdr.-Taf.) gr. Fol. Plauen (905). Ch. Stoll. In Mappe n. 18. —

Weiß, Ottmar, s. **Text** d. Oberammergauer Passionsspiels.

Weiß, R[udolph] O[tto]: De Graeciae Amphictyonibus libros tres scripsit. VI, 134 S. [vielmehr: 89 Bl.] 2°
Halle-Wittenberg, Phil. Diss. v. 30. Dez. 1846
Geb. [Berlin 10. 2. 1822]
Die Arbeit enthält nur den liber I.

WEISS, Otto: Die Behandlung der Cervix im Anschluss an einige Fälle von supravaginaler Abtragung des myomatösen Uterus.- München: Kastner & Losson 1897. 55 S.
12.11.1897 - Chr 1897/98,10; Jv 1897/98,221
Diss. Ingolst.-Landsh.-Mchn.

Weiss, Otto v., zur **Behandlung** der Gesichts- u. Stirnlagen, s.: **Sammlung** klinischer Vorträge.

—— Zur Behandlung der Vorderscheitellagen, s. **Sammlung** klinischer Vorträge.

Weiss, Otto, Beitrag zur Kenntniss der Nauheimer Soolsprudel, s. **Schriften** der Gesellschaft zur Beförderung der gesammten Naturwissenschaften zu Marburg.

Weiss, O. (Hrsg.), s. **Beiträge** zur Physiologie und Pathologie.

Das Curettement bei Endometritis puerperalis m. besond. Berücks. d. Endometritis putrida sub partu. Ein Beitrag z. Frage d. Localbehandlung d. Puerperal-Fiebers von Dr. Otto v. **Weiss**. Wien: Perles 1892. 88 S. 8° [11. 1293: 11]

Weiss, Dr. Otto von, Aus der Abtheilung für Geburtshilfe und Gynäkologie des bosn.-herceg. Landes-Spitales in Sarajevo. Inhalt: Ueber einen Fall von primärer Graviditas extrauterina tubo-abdominalis. (Mit zwei Abbildungen im Texte.) Zur klinischen Bedeutung der placenta membranacea. (Mit fünf Abbildungen im Texte.) Zur Kenntniss der placenta praevia centralis. Mit drei Abbildungen im Texte. Lex.-8. (26 S.) —.80
Wien: Šafář 1898.

Weiss, Otto v., über e. **Fall** v. primärer **Graviditas extra-uterina** tubo-abdominalis. Zur klin. Bedeutg. d. Placenta membranacea. Zur Kenntnis d. Placenta praevia centralis, s.: **Aus** d. Abtheilg. f. Geburtshülfe u. Gynäkologie des bosn.-hercog. Landesspitales in Sarajevo.

Zur Genesis der Schopenhauerschen Metaphysik. Von Otto **Weiss**, Karlsruhe-Leipzig. Leipzig: Th. Thomas 1907. (34 S.) 8° [07. 3537]

Weiss, Otto, zur Genesis der Schopenhauerschen Metaphysik. (34 S.) gr. 8. Leipzig 908. Th. Thomas. 1. —

Weiß, Otto, zur Gründung und Entwickelung des Soolbades Nauheim. gr. 8. (32 S. mit 1 eingedr. Holzschn.) Bad-Nauheim 875. (Frankfurt a. M., Auffarth.)

Weiss, Otto, s. Handbuch der Physiologie des Menschen.

Weiss, Otto, s. Jahresbericht üb. die Fortschritte der Physiologie.

— s.: **Mitteilungen aus d. Abtheilg. f. Geburtshilfe u. Gynäkologie des bosn.-herceg. Landesspitales in Sarajevo.**

—— Soolbad Nauheim. Führer für Kurgäste. 8. (III, 63 S. mit 1 Titelbild in Holzschn. und 1 lithogr. Umgebungskarte in qu. 4.) Friedberg 871, Bindernagel und Schimpff.

—— Soolbad Nauheim. Führer für Kurgäste. 2. verm. und verb. Aufl. 8. (73 S. mit 1 lithogr. Umgebungskarte in Fol.) Friedberg 878, Bindernagel.

Weiss, Otto, Soolbad Nauheim. Führer für Kurgäste. Mit einer medicin. Abhandlung von Groedel. 3. verm. und verb. Aufl. 8. (V, 97 S.) Friedberg 885, Bindernagel.
4. Aufl. u. d. T.:

— — und Groedel, Bad Nauheim. Führer für Kurgäste und Aerzte. 4. verm. und wesentlich verb. Aufl. 8. (V, 122 S. mit Ansicht, Plan und Karte.) Ebendas. 888. geb. *

Weiss, Otto, u. **Groedel,** Bad Nauheim. Führer für Aerzte u. Kurgäste. 5., verb. Aufl., m. Ansicht, Plan u. Karte. 8. (V, 122 S.) Friedberg i/H. 890. Bindernagel. geb. n. 1. 60

Weiss, Otto, u. **Groedel,** Bad-Nauheim. Führer f. Kurgäste u. Aerzte. 6., verb. Aufl. m. Ansicht, Plan, Strassen-Karte u. Quellen-Profil. 12. (VIII, 216 S.) Friedberg 893. C. Bindernagel. Kart. n. 2. —

Weiss, Otto, u. **Croedel,** Bad-Nauheim. Führer f. Kurgäste u. Aerzte. 7., verm. Aufl., m. 2 Ansichten, Plan, Strassen-Karte u. Quellen-Profil. 8. (VIII, 216 S.) Friedberg 897. C. Bindernagel. Geb. in Leinw. n. 2. —

Weiss, Otto, u. Groedel, Bad-Nauheim. Führer f. Kurgäste u. Aerzte. 8. verm. Aufl. m. 2 Ansichten, Plan, Strassen-Karte u. Quellen-Profil. 8. (X, 244 S.) Friedberg 900. C. Bindernagel. Geb. in Leinw. n. 2. 20

Weiss, Otto: Phono-Kardiogramme. Mit 41 Fig. Jena: Fischer 1909. 37 S. 8°
(Sammlung anatom. u. physiolog. Vorträge u. Aufsätze. H. 7.)

— u. Gerh. **Joachim,** Registrierung u. Reproduktion menschlicher Herztöne u. Herzgeräusche. (S. 841—386 m. 31 Fig.) gr. 8. Bonn 908. M. Hager. 1. 80
Sonderabdruck aus: „Archiv f. d. ges. Physiol."

Weiss, Otto. So seid Ihr! Aphorismen von O' W' [Kilchberg bei Zürich]. Mit einem Vorwort von Georg Brandes. 8. Stuttgart und Leipzig, Deutsche Verlags-Anstalt. [M. 3. —, geb. 4. —]
[1. Aufl.] 180 S. 1906. 2. Aufl. 168 S. 1907.

Weiß, Otto, so seid Ihr! Aphorismen. Mit e. Vorwort v. Geo. Brandes. 3. u. 4. Aufl. (168 S.) 8. Stuttgart 907. Deutsche Verlags-Anstalt. 3.—; geb. 4. —

Weiss, Otto. So seid Ihr! Aphorismen von O' W'. 2. Folge. 146 S. 8. Stuttgart und Leipzig, Deutsche Verlags-Anstalt, 1909. [M. 3.—, geb. 4.—]

Weiss, Otto, die Nauheimer grossen Soolsprudel und ihr Verhalten zu den übrigen dortigen Soolquellen. Cassel 855. Vollmann. 8. (46 S.) 7½ ngr.

Weiss, O., s.: Untersuchungen, chem. u. medicin.

Weiss, Otto [app. Arzt aus Visselhövede]: Ueber die Wirkungen von Blutserum-Injectionen ins Blut ... (Aus: Arch. f. d. ges. Physiol., Bd. 64.) Bonn, E. Strauss, 1890; 1 Bl., 16 S. 8.
Göttingen, Med. Fak., Inaug.-Diss. v. [1. Aug.] 1890

Weiß, Ottomar, über die erste u. für die erste juristische Prüfung. I. Heft. 1. Strafrecht. 2. Zivilrecht. 3. Wechselrecht. (IV, 140 S.) 8. Leipzig 906. W. Strübig. n. 2. —

Weiß, P.: Anleitung zur Karpfenzucht in einzeln gelegenen Fischteichen. Augsburg 1893.

WEISS, Paul (Speyer): Die Entwicklung der Deutschen Reichs-Krankenversicherung.- München: Unions-Dr. u. Verl.-Anst. 1908. 128 S.
26.6.1908 - Chr 1907/08,16; U 09.3278
Diss. Ingolst.-Landsh.-Mchn.

Weiss, Paul, Die Entwicklung der deutschen Reichskrankenversicherung. Eine socialpolitisch-statistische Untersuchung. Diss. 8°. München, W. Foth Nachf., 1908.

Weiss, Paul, appr. Arzt a. Bad Homburg: Ueber den Wert der Serumtherapie bei Tetanus mit spezieller Berücksichtigung der Duralinfusion. München 1904: Kastner & Callwey. (43 S.) 8°
München, Med. Fak., Ref. v. Bauer, Diss. v. 28. Nov. 1904
[Geb. 8. Okt. 78 Homburg v. d. Höhe; Wohnort: Homburg; Staatsangeh.: Preußen; Vorbildung: Gymn Offenbach a. M. Reife O. 99; Studium: München 5, Berlin 2, München 3 S.; Coll. 11. Mai 04; Approb. 18. März 04.]

Weiß, Peter, China nach den besten Materialien mit Anwendung der neuesten Entdeckungen der engl.-chines. Expedition geographisch bearb. im Maßstabe 1 : 13,000000. Imp.-Fol. (Mit Randbemerkungen.) München 843. (Mey u. Widmayer.) n. 2/3 Rthlr.

Weiß, (P.,) Tabellen üb. Vergleichung d. Maaßes u. Preises d. gebräuchl. Ellen nach Pariser Linien, neu bearbeitet. gr. 8. Augsb. 825, (Wolff.)

Weiss, Pet., Tabellen zur Vergleichung d. Maasses u. Preises d. bayer., brabanter, pariser, engl., italien., leipziger u. wiener Elle, nach dem Verhältniss d. pariser Linien ganz neu bearb. Nebst e. Calculations-Tab. d. Souverainsd'or u. Ducaten. 2. Aufl. 8. (7½ B.) Augsburg 828, Wolff. (Kollmann.)

Weiß, (ehemal. Stabsarzt ꝛc.) Dr. R., ein Beitrag zu nähern Begründung der Natur der Cholera. Mit 1 Steindr. gr. 8. München ... 2e A. 831. (Jaquet). 2 fl.

Weiss, R., de digammo in hymnis homericis quaestiones. Pars I: De digammo in hymnis IV. II. I. et XXIV. gr. 8. (63 S.) Budapest 889. (Leipzig, Fock.) n. 1. 60

Weiss, R., De digammo in hymnis Homericis quaestiones. I. De digammo in hymnis IV. II. I. et XXIV. Diss. 1889. 68 S.

Weiß, R.: Functiones logarithmicae et circulares integralibus definitae. 35 S. – Progr. Liegnitz R.A. 1859.

Strafprozeßrecht unter Berücks. d. Entwurfs d. neuen Strafprozeßordnung. Von Dr. jur. R. **Weiß**. Mit e. Anh.: Strafprozeßakten z. Einführung in d. Prozeßpraxis von Dr. jur. R. Weiß u. J. Kamp. Berlin: E. Weber 1910. 135, 113 S. 8°
(Sammlung kurzgefaßter, übersichtl. Darstellungen d. wichtigsten Lehrstoffes z. Vorbereitung f. d. erste jurist. u. d. Doktorexamen. Bd 2.) [11. 3187

Weiss, R.: Verzeichnis der in den naturhistorischen Sammlungen der R. Ak. vorhandenen Wirbelthiere und Mollusken. 13 S. – Liegnitz, R. Ak., Progr. 1870.

Weiß, Reinhard

Über die Ausgrabungen auf der Stelle der alten Burg Arnheim. Vortrag des Herrn Sanitätsrath Dr. R. WEISS, gehalten zu Bückeburg am 29. November 1892 im Vereine für Geschichte, Landeskunde und Alterthümer von Schaumburg-Lippe. (o. O. 1892.) 8°.

Über die Ausgrabungen auf der Stelle der alten Burg Arnheim. Vortrag d. San.R. Dr. R[einhard] **Weiß**, geh. zu Bückeburg 1892. *(Bückeburg 1892.)* (23 S.) 8° [Kopft. F.]

Weiß, das Hünenschloß am Heisterberg oberhalb Bekedorf. Vortrag, geh. d. 13. XII. 1893, im Verein f. Geschichte rc. d. Fürstenth. Schaumburg-Lippe. gr. 8. (19 S.) Bückeburg (895). (Münster, H. Schöningh.) n. — 40

Das Hünenschloß am Histerberg oberhalb Bekedorf. Vortrag geh. 1893 im Ver. f. Gesch. d. Fürstenthums Schaumburg-Lippe. [Verf.: San.R. Dr. Reinhard **Weiß**.] *(Bückeburg 1903.)* (23 S.) 8° [Kopft. F.]

WEISS, Richard (Kandel): Ueber metastatische Abscesse im Gehirn bei diffuser eitriger Bronchitis und Bronchopneumonie.- München: Kastner & Callwey 1904. 34 S.
11.11.1904 - Chr 1904/05,14; Jv 1904/05,462 (Prom.-Datum: 17.1.1905)
Diss.Ingolst.-Landsh.-Mchn.

Weiss, Richard, bacc. iur., Referendar: Die Abtretung rechtshängiger Ansprüche. Ein Beitr. z. Auslegung des § 265 d. Reichszivilprozessordnung. Bielefeld 1909: Gundlach. VIII, 50 S. 8°
Leipzig, Jur. Diss. v. 1. Mai 1909
[Geb. 31. Okt. 83 Bielefeld; Wohnort: Bielefeld; Staatsangeh.: Preußen; Vorbildung: Gymn. Bielefeld Reife O. 02; Studium: Heidelberg 1, München 2, Berlin 1, Bonn 2 S.; Rig. 27. Juli 06.] [U 09. 1722

Weiss, Richard [Apotheker aus Karlsruhe i. B.]: Über die Bakterienflora der sauern Gährung einiger Nahrungs- und Genussmittel. Karlsruhe 1899. 105 S. 4 Taf. 8°.
Basel. Phil. Diss. 1898/99.

Weiss, Rich., üb. die Bakterienflora der saueru Gährung einiger Nahrungs- u. Genussmittel. Diss. gr. 8. (121 S.) Karlsruhe 899. Wiesbaden, O. Nemnich. n. 4. —

Weiss, Richard: Über die Bakterienflora der sauern Gährung einiger Nahrungs- und Genussmittel. Wiesbaden: O. Nemmich (1902). (S. 166–271.) 8°
(Arbeiten aus d. Bacteriol. Institut d. Techn. Hochschule zu Karlsruhe. Bd 2, H. 3.)

Weiss, Rich. (Theod.) (geb. Strasburg in d. Uckerm. 22. 3. 1857): Ueber heisse Douchen und Pilocarpinum muriaticum als Mittel zur Einleitung der künstlichen Frühgeburt. Berlin (1880). (47 S.) 8°
Berlin, Med. Diss. v. 31. Juli 1880

Weiss, Richard, aus Nürnberg: Über 2 **Fälle** von primärem Leberkrebs nebst Bemerkungen über die Beziehungen des Lebercarcinoms zur Cirrhose. *Würzburg 1902: C. J. Becker.* (29 S.) 8°
Würzburg, Med. Diss. v. 1902

Weiss, [Richard], Stadtbaumeister i. Glogau: Das Mangan im Grundwasser und seine Beseitigung. [1910.] 61 S., 3 Taf. 8° ¶ Auch in: Der städtische Tiefbau. Jg. 1910. Darmstadt, Dr.-Ing.-Diss. v. 10. 6. 1910

Weiß, Rich., Doctor Belcke, f.: Raltsch, D.

Am Pferdefuß. Schwank in 1 Akt von Richard **Weiß**. Landsberg a. W.: Volger & Klein [1906]. (23 S.) 8° [F.]
= **Liebhaber-Bühne,** Neue. No 83. [07. 1866

Weiss, Richard: I. Zur Synthese hydroaromatischer Verbingungen. II. Beitrag zur Kenntnis des Benzamarons. Heidelberg 1898: J. Hörning. (35 S.) 8°
Heidelberg, Naturw.-math. Diss. v. [31. Okt.] 1898.

Weiss Richard: Die Titel der deutschen Dramen. 1908 PN 2539 Diss. Wien Univ.

Weiß, Robert

Weiß, Rob., die Einkehr des Allerhöchsten. Unterweisungen und Ermahnungen für Erstkommunikanten. 16. (30 S.) Straubing 888, Hirmer.

—— Firmbüchlein. Belehrungen über das heil. Sakrament der Firmung. 16. (32 S.) Ebendas. 888.

Weiß, Rob., Lesebuch f. d. dritten Klassen d. Volksschulen, mit d. nöthigen Elementen u. Regeln, Denkübungen u. Sprüchen versehen. 8. (1 1/4 B.) Meißen 841, Goedsche. Thlr.

Weiß, Robert: Studien an den Bowman'schen Drüsen des Frosches. (Altenburg) 1909: (Pierer). 16 S. 8° ¶ (Aus: Archiv f. d. ges. Physiol. d. Menschen u. d. Tiere. Bd 130.)
Leipzig, Med. Diss. v. 12. Okt. 1909, Ref. Hering
[Geb. 11 Aug 83 Rodewisch; Wohnort: Leipzig; Staatsangeh.: Sachsen; Vorbildung: König-Albert-Gymn. Leipzig Reife O. 04; Studium: Leipzig 10 S.; Coll. 30. Okt. 09; Approb. 14. Juni 10.] [U 10. 3083

Weiß, Waffenkunde. Ein Führer durch das Waffenwesen der Neuzeit. Für Offiziere aller Waffen. 3 Tle. gr. 8. Berlin, Liebel. 12. —
I. Treibmittel u. Sprengstoffe, Handfeuerwaffen, Maschinengewehre u. blanke Waffen. (VIII, 93 S.) 908. 3. —
II. Mit zahlreichen Abbildgn. u. Fig. Die Geschütze. (VII u. S. 95—349.) 908. 6. —
III. Mit zahlreichen Abbildgn. u. Fig. Wirkung u. Gebrauch der Feuerwaffen. (VIII u. S. 351—506.) 909. 3. —

Weiß, *Rudolf*: Über die stofflichen Beziehungen der Lyrik von Salis-Seewis zur Dichtung Höltys und Matthissons. 8 (S. 3—25). **Progr.** Communal-Oberg. *Komotau* 1897.

Weiß Rudolf: M. Tullius Cicero quid ex Platone nec non ex Aristotele habeat in libris suis de re publica. II. 1887 PN 478 **Diss.** Wien. Univ.

Weiss, Rudolf, aus Langensalza: Ueber Cinnamylessigester und die beiden (α- und β-) Naphtoylessigester, nebst einigen Abkömmlingen derselben. *Kiel 1902: P. Peters.* (50 S.) 8°
Kiel, Phil. Diss. v. [25. Jan.] 1902

Weiß Dr. Rudolf: Graphische Darstellungen im Dienste des historischen Unterrichtes. 9. Gmunden 903.
Progr.

— Die Entstehung von Städtewesen in den Rheinländern 25. Gmunden 98.
Progr.

Weiss, Rud*olf* Über Matthissons Gedichte, mit besonderer Berücksichtigung der Sprache und des bildlichen Ausdruckes. 8 (S. 3—40). Communal-Oberg. *Komotau* 1895.
Progr.

Weiß, Rud. Leichenrede f. den † hochw. Hrn. Bischof Joseph Franz v. Weckert. gr. 8. (8 S.) Passau 889, (Waldbauer). * — 10

Gedichte von S. A. **Weiss**. Hrsg. von seiner Witwe (Henriette Weiss). Mit d. Portr. d. Dichters. *Berlin: Concordia 1899.* (94 S.) 8° [F.] [00. 4317]

Weiss, Sam: Ueber die Infiltrationen der Hirngefässe bei der progressiven Paralyse. Berlin 1908: Schumacher. 23 S. 8° ¶(Aus: Archiv f. Psychiatrie u. Nervenkrankh. Bd 45, H. 1.)
Freiburg i. B., Med. Diss. v. 1908, Ref. Hoche
[Geb. 25. Mai 83 Berlin; Wohnort: Freiburg i. B.; Staatsangeh.: Preußen; Vorbildung: Gymn. z. Grauen Kloster Berlin Reife O. 02; Studium: Berlin 8, Freiburg i. B. 2 S.; Coll. 31. Mai 07; Approb. 16. Mai 07.] [U 09. 990

Weiß, Sebastian, s. Weiß, Johann Sebastian

Weiß, Siegfried

Weiss, Siegfr. Beleuchtender Beitrag zur österreichischen Finanzepoche. 8°. Wien, Schaumburg u. Co. in Comm., 1850. (16 S.)

Weiß, Siegfr., weitere Betrachtungen zur Geschichte der österreich. Finanzen. (Staatswissenschaft und Politik VII.) gr. 8. (69 S.) Wien 852, [Typograf.-literar.-artist. Anstalt.]

Die metaphysische und psychologische Erklärung über I°. Das Dasein Gottes. II°. Die Unsterblichkeit der Seele und III°. Das Böse und das Gute. Theilweise vorgetragen in der vollk. u. ger. Log[e] zur Einigkeit in Danzig vom O.-Br. Siegfr. **Weiss.** Berlin: May 1860. 15 S. 8° [Umschlagtit.] 23. 26.

Grundregeln für Freimaurerei. Vom OBr. Siegfr. **Weiss.** Berlin: Mai 1861. 8°
[FZ. 15 (1861) S. 24.]

—— **Memoiren zum neuen politischen Deutschland. Staatsrechtlich und populär. „Staatswissenschaft und Politik I.“ gr. 8. (XIII und 136 S.) Wien 850, (Schaumburg.)** *

—— **der Mensch und die Aesthetik der Religionen. Ein philosophisches Studium, auch zur Auflösung philosophisch-theolog. Probleme. gr. 8. (IV und 42 S.) Leipzig 851, Fernau.**

—— an die deutsche Nation. Oesterreich, Deutschland und das Einheitsproject. 8. (61 S.) Berlin 860, Stuhr'sche Buchh. *

Weiss, Siegfr., die praktische deutsche Nationalökonomie in Verbindung mit ihrer Politik. gr. 8. (IV und 352 S.) Leipzig 851(52,) Fernau. Thlr. 1

—— Oesterreich, Deutschland und das Einheitsproject. Eine juridisch-polit. Abhandlung und Vorlage bei dem in Berlin zusammenberufenen deutschen Juristentage. 2. Aufl. 8. (61 S.) Berlin 860, Mai. *

—— **Preussen, Dänemark und die Herzogth. Schleswig-Holstein; nebst Staatsplan zur möglichen Regulirung der streitigen Verhältnisse. (Staatswissenschaft und Politik II.) gr. 8. (75 S.) Wien 850, (Schaumburg.)** *

—— Preußen oder Oesterreich? Eine politisch-staatsrechtl. Abhandlung. 8. (61 S.) Berlin (861)62, Weiß' Selbstverlag. *

— Reform der deutschen Gymnasien, eine Anleitung für Lehrer, Schüler u. Eltern. 12. (72 S.) Hamburg 850, Schuberth & Co. n. 1/3 ℛ

—— **vollständige erste Sitzung des Kriegsgerichts zu Berlin, gehalten am 23. Juni 1849 im Hausvoigtei-Gebäude, gegen die angeklagten Demokraten: Dr. Gehrke, Behrends, früherer Abgeordneter, Dr. Waldeck, Gubitz, Assessor, Pfeiffer, Justizrath, Dr. Weiss, Mecklenburg, Thierazt etc. Nebst Kritik. gr. 8. (12 S.) Berlin 849, (Eichenhauer.)**

—— **juridisch-politische Staats-Grundsätze mit besond. Rücksicht auf Deutschland. Neue (Titel-)Ausg. der polit. Memoiren. (I.) gr. 8. (XIII und 136 S.) Wien 853, [Schaumburg.]** *

—— **Zur deutschen Staats- und Handelspolitik der Gegenwart. (Staatswissenschaft und Politik III.) gr. 8. (167 S.) Wien 851, [Schaumburg.]** *

Weiß Siegfr. Juristisches Urtheil über den politischen Rechtsbestand des Deutschen Zollvereins a. 1851—1854. kl. 8. Wien, Selbstverlag 1852.

— juristisches Urtheil über den positiven Rechtsbestand des deutschen Zollvereins im J. 1851—54. br. 8. (15 S.) Wien 852. (Wenedikt.) 6 ngl

(Weiß, Siegfried, aus Danzig), Widerlegung der Enthüllungen des Treubundes oder Wirksamkeit des Treubundes. Von einem Mitgliede des Treubundes. Berlin, C. Schultze, 1849. 8 S. 8°.

WEISS, Sigismund Friedrich Carl Adolf Alexander (Tirschenreuth): De emollitione encephali.- Monachii: Giesser 1838. 12 S.
26.7.1838 - Urk; F 64
Diss. Ingolst.-Landsh.-**Mchn.**

Weiss, Sigmund

Weiss, Sigm., üb. die Quelle d. Leberglycogens. [Aus: „Sitzungsber. d. k. Akad. der Wiss.“] Lex.-8. (11 S.) Wien 873. (Gerold's Sohn.) n. — 20

—— zur Statik des Glycogens im Thierkörper. Lex.-8. (8 S.) (Ebendas.) 871. *
Vorstehende zwei Schriften sind aus: Sitzungsberichte der k. Akademie der Wissenschaften, besonders abgedruckt.

Weiss, Sim., kleines Vademecum f. Priester am Kranken- u. Sterbebette. (79 S. m. 1 Stahlst.) kl. 8. Regensburg 909. F. Pustet. -60; geb. in Leinw. 1. —

Weiß, Th., Atlas der mechanischen Technik, s. Hartig, E.

Weiss, Th., die Darstellung künstlicher Mineralwässer. gr. 8. (63 S.) Friedrichshafen 871, (Lincke.)

Weiß, Th., s. A. L. Matthey, Anleitung.

Weiss, Th., Regeln und Formeln zur Construction und Berechnung der Grössenverhältnisse von Dampf-Generatoren abgeleitet aus den Experimenten und Beobachtungen in Mühlhausen und Wesserling. gr. 8. (IV und 319 S. mit 7 Stnt. in qu. Fol.) Leipzig 862, T. O. Weigel. *

Weiss, Th., allgemeine Theorie der Feuerungsanlagen. gr. 8. (XXIV und 423 S. mit 2 Stnt. in qu. 4. und 68 in den Text gedr. Holzschn.) Leipzig (861)62, T. O. Weigel. *

Weiss, Theodor: Die Behandlung connexer Civil- und Strafsachen in der schweizerischen Prozessgesetzgebung. Zür. F. Schulthess Dr. [u. Verl.] 1893. XV, 342 S., 1 Bl. 8°
Zürich, Jur. Diss. [v. 6. Mai 1893].

Weiss, Theodor. Die Berufung an das Bundesgericht in Zivilsachen, nach dem Bundesgesetz über die Organisation der Bundesrechtspflege vom 22. März 1893. Eine systematische Darstellung auf Grundlage der bundesgerichtlichen Praxis. XVI + 431 S. gr.-8. Bern, Stämpfli & Cie., 1908. [fr. 9. —]

Weiss, Theodor, Assist. am k. hum. Gymn. zu Ansbach: Die **Beziehungen** der Stadt Donauwörth zu Bayern von 1260—1459 und ihre Eroberung durch Herzog Ludwig den Reichen 1458. *Dillingen 1901: J. Keller.* (72 S.) 8°
München, Phil. Diss. v. 1901

— die Concurrence déloyale, ihr Begriff u. ihre Behandlung im Civil- u. Strafrecht. Von dem schweizer. Juristenvereine m. dem 1. Preise gekrönte Arbeit. gr. 8. (VI, 70 S.) Basel 894. R. Reich. n. 1. 60

Weiß, Theo., Liebe, Freunde u. anderes. Gedichte. (VIII, 127 S.) kl. 8. Dresden (906). E. Pierson. n. 2. —; geb. n. 3. —

Weiß, Th., neue Lieder. (110 S.) kl. 8. München(-Schwabing) (909). E. W. Bonsels & Co. 2.—; geb. in Leinw. n 3. —

Pirmasens in der Franzosenzeit. — Von Dr. Th. Weiss, G.-L. — 1905, Pirmasens, W. Neumann. — P. 3 42.
Progr. Pirmasens, Progymn.

Weiss, Th , Pirmasens in der Franzosenzeit. (42 S.) 8. Pirmasens 905. (Lützel & Co.) n. 1. —

Die Prostitutionsfrage in der Schweiz und das schweizerische Strafgesetzbuch. Materialien, Betrachtungen u. Vorschläge. Von Dr. jur. Theodor **Weiss**, Lausanne. Bern: Stämpfli & Cie 1906. (XI, 236 S.) 8° [F.] 06. 2007

Weiss, Thdr., Register, s.: **Blätter,** schweizer, f. handelsrechtl. Entscheidgn.

Weiss, Tobias

Weiss, Tob., „sceptra mortis". E. bibl. Todtentanz. 16 Kunstblätter (in Lichtdr.) nach den Orig.-Cartons zu d. Gemälden in d. St. Michaelscapelle zu Morgentheim. qu. Fol. Mit erklär. Texte v. W. Kreiten, S. J. gr. 8. (26 S.) M.-Gladbach 891. B. Kühlen. In Leinw.-Mappe n. 18. —

— **ein moderner Todtentanz.** 20 Blätter aus dem Bilderbuche d. Todes. M. Vorwort u. Sprüchlein von W. Kreiten, S. J. gr. 4. (8 S. Text.) Ebd. (895). Geb. n. 7. 50

[Bildert.:] Ein moderner Todtentanz. 20 Blätter aus d. Bilderbuche d. Todes gezeichn. v. Prof. Tobias **Weiss.** M. Vorw. u. Sprüchl. v. P. W[ilh.] Kreiten, S. J. *M. Gladbach: B. Kühlen 1896.* (1 Bl., 8 S., 1 Bl., 20 Taf.) 1 Bd 2. [98. 961

Weiß, U. [Hrsg.], s. Althauß, Der Graf.

Weiss, Udalr., De emendatione intellectus humani. 2 Vol. 1747. 4°.

Weiss, V. Der Canton Bern in Oberämter eingetheilt. Bern 1830. 1 Bl. L. Ff.

Weiß, Valentin, a. Neustadt a. W.: Zur Konstitution aromatischer Verbindungen. Kiel 1905: Lüdtke & Martens. (45 S.) 8°
Kiel, Phil. Fak., Ref. Harries, Diss. v. 19. Jan. 1906
[Geb. 14. April 82 Neustadt a. W.; Wohnort: Berlin; Staatsangeh.: Preußen; Vorbildung: Friedr. Wilh.-Oberrealsch. Berlin Reife M. 01; Studium: Berlin 6, Kiel 2 S.]

Weiß, Viktor

Weiss, V., über e. gewisse projective Beziehung v. vier Strahlenbüscheln I. Ordnung. (8 S. m. 1 Fig.) gr. 8. Wien 902. (A. Hölder.) n. — 30

Weiss, V., Ueber eine gewisse projective Beziehung von vier Strahlenbüscheln 1. Ordnung. [**Aus:** Sitzungsber. d. k. Akad. d. Wiss.] Gr.-8°. (8 S.) † Wien: Gerold 1903. K —.30

Weiss, Vikt., über das Flächengebüsch 2. Ordnung m. 4 Basispunkten. (17 S.) gr. 8. Wien 909. A. Hölder. — 55
Sonderabdr. aus: „Sitzungsber. d. k. Akad. d. Wiss."

— eine Construction einer quadratischen Verwandtschaft zweier ebener Punktfelder aus sieben Paaren entsprechender Punkte. (7 S. m. 1 Fig.) gr. 8. Ebd. 902. n. — 30
Sonderabdruck aus: „Sitzungsber. d. k. Akad. d. Wiss."

Weiss, (Rud. Conr.) Vitus (geb. Neumarkt in Schles. 18. 8. 1822). De signis graviditatis. Berolini (1850). (32 S.) 8°.
Berlin, Med. Diss. v. 12. Okt. 1850.

Weiss, W., die Sonntagsschule. Text- u. Spruchbüchlein m. Stoffverteilg. auf 3 Jahreskurse. 12. (72 S.) Zürich 886. Höhr. cart. n. — 50

Weiss, W. R., Lieder. 12. (IV, 66 S.) Weinheim 897. F. Ackermann. n. — 75; geb. m. Goldschn. n. 1. 20

Weiß, Wilhelm

Weiß, Wilh., die Aufgabe d. Schule im Kampfe gegen d. Alkoholismus. Vortrag. [Aus: „Monatsschr. z. Bekämpfg. d. Trinksitten".] 8. (16 S.) Basel (Spalenvorst. 14) 895. Schriftstelle des Internat. Verein zur Bekämpfg. d. Alkoholgenusses. n.n. — 10

Weiß, Wilh., die Aufgabe der Schule im Kampfe gegen den Alkoholismus. Vortrag. 2., verm. Aufl. 2.—3. Tausd. 8. (31 S.) Basel (901). Schriftstelle des Alkoholgegnerbundes. (Nur direkt.) n. — 08

Weiss, Wilhelm. Die Aufgabe der Schule im Kampfe gegen den Alkoholismus. 2., vermehrte Aufl. (1901). 4.—5. Tausend. IV + 32 S. 8. Basel, Schriftstelle des Alkoholgegnerbundes, [1902]. fr.—.10
Alkoholgegnerbund. (Internationaler Verein zur Bekämpfung des Alkoholgenusses.) [Flugschriften.] Nr. 21.

Weiß, Wilh., die Aufgabe der Schule im Kampfe gegen den Alkoholismus. Vortrag. 3., verb. Aufl. 9.—10. Taus. (31 S.) 8. Basel (907). Schriftstelle des Alkoholgegnerbundes. — 10

Weiß, Wilh., Aufgaben f. deutsche Sprache, Rechtschreiben, Beschreibungen u. Briefe f. das 2., 3. u. 4. Schuljahr. 23. Aufl. 8. (127 S.) Kempten 885. Dannheimer. geb. n.n. — 50; in besserem Schulbd. n.n. — 60

Weiß, Wilh., Blicke des Kindes in Gottes schöne Welt. Auch ein Anhang zum Kinder-Conversations-Lexikon. 8. (III und 100 S.) Dillingen 850, (Aulinger'sche Vrlgsh.)

— **Jugend u. Lebensfreude ohne Alkohol,** s.: **Tages- u. Lebensfragen,** Nr. 21.

—— Kinder-Conversations-Lexikon in 425 Artikeln. Eine Gabe für die wiß- und lernbegierige Jugend; auch für Eltern, Lehrer, Erzieher und für jeden Kinderfreund. 8. (VIII und 368 S.) Dillingen 849, Friedrich.

Weiß, Wilh., Kinder-Conversations-Lexikon in 458 Artikeln. Eine Gabe für die wiß- und lernbegierige Jugend; auch für Eltern, Lehrer, Erzieher und für jeden Kinderfreund. 2., verm. Aufl. gr. 12. (VIII und 520 S.) Dillingen 856, Kränzle. *

Weiß, Wilh., Kinder-Conversations-Lexikon. Eine Gabe für die wiß- u. lernbegierige Jugend; auch für Eltern, Lehrer Erzieher rc. 4. Aufl. 12 Liefgn. Dillingen 867,68. Leipzig, Zieger. Lex.-8. (1. Bd. VIII, 312 S.; 2. u. 3. Bd. IV, 545 S.) Jede Liefg. n. 5 ngr.;
Ermäßigter Preis 1 rf; geb. 1 rf 20 ngr.

Weiß, Wilh., Kinder=Conversations=Lexikon. Eine Gabe für die wiß= und lernbegier. Jugend. 5. umgearb. und verm. Aufl. 12 Hefte. 8. (IV, 936 S.) Dillingen 874, Manz'sche Buchh. (à Heft 50 Pf.)

Weiß, W., Kinder=Conversations=Lexikon. 12 Hefte. 8. Dillingen 874. Hamburg, Rudolphi.

Weiß, Wilh., Kinder=Conversations=Lexikon. Eine Gabe für die wiß= u. lernbegier. Jugend. 6., umgearb. Aufl. gr. 8. (IV, 893 S.) Augsburg 880. Kranzfelder. n. 7. —

Weiß, Wilh., Kinder=Konversations=Lexikon. Eine Gabe für die wiß= und lernbegierige Jugend. 6. umgearb. Aufl. 10 Lfgn. gr. 8. (IV, 893 S.) Augsburg 881, Kranzfelder'sche Buchh. à Lfg. * 70 Pf. *

Weiss, Wilh., Die Concerte d. Hermannstädter Musikvereins 1839—1889. Ein Beitrag zur Geschichte dieses Vereines, anlässl. der Feier d. 50jähr. Bestandes hrsg. gr. 8. (75 S.) Hermannstadt 889, (Krafft). * 1 —

Weiss, Wilh., der Hermannstädter Musikverein. Eine Skizze seiner Geschichte, zur Feier der Grundsteinlegung des neuzuerbauenden Vereinshauses [Septbr. 1877] im Auftrage des Vereinsausschusses zusammengestellt. gr. 8. (40 S.) Hermannstadt 877, (Michaelis.)

Weiss, Guilelmus: Quaestiones philosophicae quibus continentur Analysis metaphysicae Dei notionis dialectica atque Expositio et disceptatio pantheismi et theismi respectis imprimis Spinozae et Leibnitii systematis. X. 200 S. 4° (2°) [6 Seiten sind bei der Bezifferung übersprungen.] [Nebst einer deutsch geschriebenen Erläuterung:] * Stand und Resultat der Gedankenentwickelung, die in den vorausgeschickten Quaestiones philos. enthalten ist. 37 S. 4° (2°)
Halle-Wittenberg, Phil. Diss. v. 26. Juli 1866
Geb. [Breslau 20. 3. 1836]

—— 1000 und einige Rechnungsaufgaben für das 2., 3., 4. und etwa auch 5. Schuljahr. 22., mit Rücksicht auf metr. Maß und Gewicht, sowie auf die neue Reichsmünze umgearb. Aufl. gr. 16. (58 S.) Kempten 873, Dannheimer. cart.
Auflösungen dazu. (15 S.)

— Sprach= u. Rechtschreib=Aufgaben f. das 2., 3., 4. u. etwa auch 5. Schuljahr. 20. Aufl. gr. 16. (94 S.) Ebend. 873. — 30

Weiß, Wilh., Sprach= und Rechtschreib=Aufgaben für das 2., 3., 4. und etwa auch 5. Schuljahr. 20. und 21. Aufl. gr. 16. (94 S.) Ebendas. 874. cart.

Weiß, Wilh., Sprach= und Rechtschreib=Aufgaben für das zweite, dritte, vierte und etwa auch das fünfte Schuljahr. 22. Aufl. gr. 16. (107 S.) Kempten 878, Dannheimer. cart.

Weiss, Wilhelm: Über eine algebraische Theorie der Schaaren nichtadjungirter Berührungscurven welche zu einer algebraischen Curve gehören. . . . (Aus: Sitzungsber. d. kais. Akad. d. Wiss. in Wien. Mathem.-naturw. Cl. Bd. XCIX. Abth. II. a. März 1890.) Prag, *aus d. k. k. Hof- u. Staatsdr. in Wien,* 1890; 2 Bl. + 31 S. 8°
Erlangen, Phil. Fak., Inaug.-Diss. v. 1890

Weiss, Wilh., Ueber e. algebraische Theorie der Schaaren nicht adjungirter Berührungscurven, welche zu e. algebraischen Curve gehören. Lex.-8. (34 S.) Wien 890, (Tempsky). * — 60
Aus: Sitzungsber. d. k. Akad. d. Wiss., besonders abgedruckt.

Weiss Wilhelm: Über eine algebraische Theorie der Schaaren nicht adjungirter Berührungskurven, welche zu einer algebraischen Kurve gehören. 1. Mitteilung S. 29. IIa. 98 . . . . —60
— — 2. Mitteilung S. 102 IIa. 1025 . . . . —30
Separatabdruck

Weiss, Wilh., üb. e. algebraische Theorie der Schaaren nichtadjungirter Berührungscurven, welche zu e. algebraischen Curve gehören. [Aus: „Sitzungsber. d. k. Akad. d. Wiss."] Lex.-8. (10 S.) Wien 893. (F. Tempsky.) n. — 30

Weiss, Wilhelm [aus Suhl]: Untersuchungen zur Bestimmung des Dialekts des Codex Teplensis . . . . Halle a. S., Hof-Buchdr. v. C. A. Kaemmerer & Co., 1887; 54 S. + 1 Bl. 8°.
Halle, Phil. Fak., Inaug.-Diss. v. [25. Apr.] 1887.

Weiss, Wilh., Untersuchungen zur Bestimmung des Dialekts des Codex Teplensis. Inaugural-Dissertation. gr. 8. (51 S.) Halle 887. (Leipzig, Fock.)

[F. u. Ant.] **Weiss,** Wilhelm [Referendar]: Das Verhältnis der Spolienklage zum interdictum unde vi . . . Greifswald, Druck v. J. Abel, 1895; 90 S. 8.
Greifswald, Jur. Fak., Inaug.-Diss. v. 1895

Weiss, Willibald Emil: Über den Begriff des Minderkaufmanns. Leipzig: Veit & Comp. 1905. (44 S.) 8°
Leipzig, Jur. Fak., Diss. v. 3. Juli 1905.

Weiss, Wold., experimentelle Untersuchungen über den Lymphstrom. Inaugural-Dissertation. gr. 8. (64 S. mit 1 Stat. in qu. Fol.) Dorpat 860. (Mitau, Reyher'sche Verlagsbuchh.)

Weiß-Flukenau, Baronin Alfonsine, „Eros". 5 Novellen. (111 S.) 8. Berlin (900). Zehlendorf, M. Eckstein Nachf. 1.50

Weiß-Haas, J. A.

Weiss, J. A., vocabulaire allemand-français étymologique. Ouvrage autorisé pour les établissements publics d'instruction secondaire du Canton de Genève. 8. (231 S.) Genf 859, [Müller-Darier.]

Weiss-Haas, J. A., Vocabulaire allemand-français étymologique. 3e édit. revue et augm. 8. (XIII, 253 S.) Basel 868, Georg. *M 2,25.; cart. *

Weiß-Haas, J. A., französisch=deutsches etymologisches Wörterbuch enth. eine Sammlung von mehr als 11000 nach Wurzeln geordneten französ. Wörtern und Redensarten. gr. 8. (XII und 396 S.) Basel 864, (Georg's Verlag.) cart. *

Weiß-Haas, J. A., französisch=deutsches etymologisches Wörterbuch, enth. e. Sammlg. v. mehr als 11000 nach Wurzeln geordneten französ. Wörtern u. Redensarten. gr. 8. (XII, 395 S.) Genf 873. Menz. n. 3. —

Weiß=Morre, Ella, Balthasars Entdeckung. Lustsp. in 3 Aufzgn. 8. (52 S.) Graz 895. (Leykam.) n. 1.20

Weiß=Rostin, die Erhöhung der Spiritussteuer, ihre finanzielle und landwirthschaftliche Seite. gr. 8. (22 S.) Berlin 869. van Muyden.

Weiß von Schleußenburg, Franz, s. Weiß, Franz

WEISS von Starkenfels, Alfons
Gesetzliche Grundlagen des Wasserbau- und Meliorationswesens. Von Freiherrn Alfons Weiss von Starkenfels. Separatabdruck aus dem zur Feier des Regierungs-Jubiläums Sr. Majestät des Kaisers Franz Josef I. herausgegebenen Werke: „Geschichte der österreichischen Land- und Forstwirtschaft und ihrer Industrien 1848 bis 1898". Wien. 1899. In Comm. Perles. Lex.-8°. 10 S.

Weiß von Starkenfels, Viktor

Weiß v. Starkenfels, Vict., die k. k. oriental. Akademie zu Wien, ihre Gründung, Fortbild. u. gegenwärt. Einrichtung. gr. 8. (8 B.) Wien 839, [Gerold's Vrlgsb.]

Weiß-Starkenfels, Vikt., kleiner politischer Katechismus der österreichischen Rechtspartei. 2. Aufl. 8. (89 S.) Wien 873. Regensburg, Manz. — 50

—— die oesterreichische Rechtspartei. 12 Hefte. (à ca. 2 Bog.) 8. Ebendas. 873.

—— Sal u. Rudabeh. Episch-lyr. Gedicht, frei n. d. Persischen d. Ebu'l Kaasim Mansur el Firdewsi. gr. 8. (5¼ B.) Wien 840, [Braumüller.]

Weiß-Taurke, Meta, s. Weiß, Meta

Weiss-Wellenstein, Gustav von, s. Börsenorganisationen. 5. Österreich.

Weissach [Schlagwort]

Weissach. s.: **Württemberg. Höhenkurvenkarte.**

Weissagung, die vielfach besprochene berühmte, des Eremiten v. Orval. Uebers. aus dem Franz. u. m. einigen Erläuterungen versehen von F. Wenner [Rennew]. 8. (11 S.) Coesfeld 849, Riese. 1½ ngl

— die höchstdenkwürdige, des hochwürdigen Pater Abt Herrm. v. Lehnin, über Preußens ältere u. neuere Geschichte, von 1322 bis 2000 bisher buchstäblich eingetroffen, u. eben in der Entwickelung begriffen. 3. verm. Aufl. 8. (36 S.) Bremen 851, Geisler. ⅛ ℛ

Eine neu entdeckte Sibyllinische Weissagung, i. Orig. u. i. dtsch. Uebers. z. 1. Mal hrsg. v. d. Mitgliedern d. Griech. Ges. (Bunsen, Curtius, Diels u. a.). Gel. 1886. 11 S. 4°. 1.—

Weissagung von der gewiss zu erwartenden Erfüllung des alten Sprichworts: Tandem bona caussa triumphat. O. O. 1773. V: *Krohne, Joh. Wilh. Franz Freih. v.* (Bruun, Bibl. Danica III, 553.) (Collin, Anonymer. Kiobenh. 1869.)

— durch d. Rechenkunst in Versen erfundene, welche auf alle vorgelegte Fragen die geschickt. Antworten darstellet, m. K. 8. 745.

Durch die Rechenkunst in Versen erfundene Weissagung, lat. u. deutsch. 2. Aufl. Leyden 760. 8.

Weissagung, erste, Frankreichs. 8. Frankf. u. Leipz. 792. Richter. 2 ℛ

Weissagung üb. die Geschicke d. Preußen u. Deutschland v. Hermann, Abt v. Lehnin. Aus dem Lat. übers. u. m. den Belegstellen aus der preuß. Regentengeschichte neu hrsg. im Jahre der Beendigg. d. Kulturkampfes. gr. 8. (15 S.) Celle 887. Literar. Anstalt. — 25

—— des Hermann v. Lehnin, s. a. Hermann.

Weissagung des Abtes Herrmann v. Lehnin, siehe a. Meinhold, das Vaticinium Lehninense.

Weissagung, Des Hermann von Lehnin, über Preussens Schicksale. Zweite Aufl. Regensburg 1873 . . . V: *Firnstein, J.* (Sabell, Litt. d. sog. Lehninschen Weissagungen. Heilbr. 1879. S. 106.)

— die, der Friesin Hertje vor fünftehalbhundert Jahren, betreff. das Herzogth. Schleswig u. die Neue Zeit. Von K. J. Clement. Lex. 8. (8 S.) Altona 850, Lange. n. 1 ngl

Weissagung, Horazens. [Berlin 1789.] V: *Gedicke, Frdr.* (MGT)

— höchst interessante u. merkwürdige, der Seherin Lenormand [Prophetin Napoleons u. Alexanders von Rußland] über die Zukunft der Jahre 1848 bis 1860. Nebst kurzer Lebensbeschreibung der Seherin. 8. (15 S.) Leipzig 850, Wengler. 1½ ngl

Weissagung des sel. Vaters Bruders Claus von Flüe, worin er das traurige Schicksal erzählt, welches die Schweiz und sonderlich den Kanton Luzern und ihre Nachkommen treffen soll. 8. (Bern) *o. J.* [1860/70].

Weissagung, Die Lehninsche, kein Zeugnis gegen, sondern für . . . Friedrich Wilhelm IV. . . . Berlin 1849. V: *Franke, St. M. A.* (ABJP) (Sabell, Litt. d. Lehn. Weiss. 1879. S. 95.)

— sehr merkwürdige, e. franzöf. Offiziers üb. die deutsche Nation; übersetzt von e. preuß. Tambour. 8. Leipz. 791. Weidmann. 14 ℛ

Weissagung des Simon Speer, Benediktinermönchs zu Benediktbeuern, von dem J. 1599 . . . München 1819. V: *Hoheneicher, Frz de Paula Ldw.* (Bücher-Samml. d. hist. Ver. v. u. f. Oberbayern. Münch. 1867.)

Weissagung über das bekannte Sprüchwort: Tandem bona causa triumphat. O. O. 1774. V: *Krohne, Joh. Wilh. Franz Freih. v.* (Holz)

Weissagungen, ausgewählte, entnommen kirchlich approbirten Schriften, nebst Lebensumriß der betr. begnadigten Personen. Ein Trostbüchlein für das kathol. Volk in den Wirren der Gegenwart. 8. (80 S.) Regensburg 877, Manz.

Einige Weissagungen die auf die Umstände gegenwärtiger Zeit zu deuten scheinen. 1757, welches ein überaus merkwürdiges Jahr wird seyn. 4. 12 S.

Weissagungen, die erfüllten und noch zu erfüllenden, und Prophezeiungen des Astrologen, Sehers und Propheten K. B. in München, namentlich von der Krankheit des Königs von Preußen, dem Kriege in Ostindien, dem Kriege, welcher 1858 ganz Europa verheeren soll, den ferneren Schicksalen des Kaisers Napoleon ꝛc., so wie Enthüllungen über den Propheten. Altona 858. Heilbutt. 8. (48 S.) 7½ ngl

Weissagungen, die, Hennoch's auf Christus u. sein Reich, als Anh. z. Bibel; a. d. Latein. übers. u. im Ausz. mit einzelnen Erläuterungen allen Freunden d. Weissagung z. Förderung d. Schriftverständnisses mitgetheilt v. E. K. gr. 8. (3 B.) Ansbach 841, Brügel. (Erlangen, Enke's Vrlsbuchh.)

Weissagungen, Die, Hermann's von Lehnin über die Geschicke Preussens und Deutschlands . . . Zweite Aufl. Tuttlingen 1861. V: *Bucher, Jordan.* (Sabell, Litt. d. sog. Lehninschen Weissagungen. Heilbronn 1879. S. 103.) (ABJP)

— merkwürdige, d. flüchtigen Paters über d. letzten Schicksale der Welt. Neue Aufl. 8. 806. (Hennings in Gotha). 18 ℛ

Weissagungen, die merkwürdigsten Messianischen. Nach dem Urtexte und der Vulgata zum Gebrauche für Vorlesungen zusammengestellt und mit einem hebr. Wortverzeichnisse versehen von Fr. Schiml. Regensburg 855. Manz. gr. 8. (78 S.) 18 ngr.

Weissagungen, Messianische, des alten Testaments übersetzt . . . Leipzig 1792. Ü: *Kühnöl, Christian Gottlieb.* (MGT) (HS) (Stri) (NN) (Winer)

Weissagungen, messianische, des alten Testaments, übers. u. erläut. z. Gebrauch für angehende Theologen von Kühnoel. gr. 8. Leipz. 792. (W. Vogel). 12 gr

Weissagungen, Prophezeihungen u. Betrachtungen über das Jahr 1845. gr. 8. (1 B.) Ulm 844. (Leipzig, Klinkhardt.) -

Weissagungen u. Prophezeihungen, der Sybillen, od. Salomonischer Schlüssel zur Zukunft. Aus d. schriftl. Nachlasse e. im J. 1830 in d. Kloster Tschenstochau auf d. Berge Jasnogora in Polen verstorb. Mönchs vom Orden d. heil. Paul des Eremiten, u. wie diese Weissagungen rc. in diesen letzten Zeiten werden erfüllt werden rc. A. d. Poln. ins Deutsche übers. 1. u. 2. Aufl. (à 2 B.) Hanau 831, (König.) à Thlr.

Weissagungen, Die, der Sibyllen von der Menschwerdung Gottes . . . [Frankf.] 1786. V: *Ziehen, Conr. Sigm.* (EB)

—— sibyllinische, der Seherin Lenormand über die Zukunft d. J. 1848 bis 1860. gr. 16. (15 S.) Colmar 848. (Schwäbisch Hall, Haspel'sche Buchh.)

Weissagungen, die Sibyllinischen, gesammelt und hrsg. von J. H. Friedlieb, s. Oracula Sibyllina.

Die Sybillinischen Weissagungen. Uebersetzt von Nehring. Essen 702. Halle 719. 8. 10 gr.

Weissagungen, sieben, der Ludmilla Chmel, Nonne im Kloster St. Francisci zu Prag, über die für Böhmen und das übrige Deutschland wichtigern, bis zum Abschlusse dieses Jahrtausends sich ereignenden Weltbegebenheiten; worunter der jüngst erfolgte durch Mißdeutung des Orakels verunglückte Czechenaufstand. Aus einer im Prämonstratenserstift Strahow zu Prag aufbewahrten böhm. Handschrift aus dem 13. Jahrh. zum ersten Male verdeutscht rc. von Aloys Minarpik, zum Druck befördert von J. C. Polatschek. gr. 8. (IV und 42 S.) Weimar 848, Voigt.

Einige Weissagungen, so auf die Umstände gegenwärtiger Zeit zu deuten scheinen, und gestellte Prophezeyungen über das Königreich Böhmen und andere benachbarte Länder, von nachfolgenden Scribenten beschrieben, Als: I. Von D. Nicolaus Drabitius, 1654. II. Von D. Philippo Theophrasto Paracelso, 1546 dem öffentlichen Druck übergeben von einem ehrlichen Histo Biographo. Franckfurth und Leipzig 1758. 4. 36 S.

— unschuldige u. nützliche, ein Spiel (von Fr. Wlh. Klöden). 8. Stendal 789. Franzen u. G. 4 gr

Weissagungen, uralte merkwürdige, über Oesterreich, Baiern, Frankreich, Rußland, die Türkei und die Herstellung des jüdischen Reiches Palästina für die J. 1859—1864 von Theophilus. Aus einem alten böhm. Klostermanuscript übers. von Jacobus Major. gr. 8. (7 S.) Berlin 859, Verlags-Magazin. (Leipzig, R. Hoffmann.) *

Weissagungen und Verheissungen der Kirche Christi auf die letzten Zeiten der Heiden . . . Nürnberg 1818. V: *Meyer, Joh. Frdr. v.* H: *Kanne, Johann Arnold.* (GGr)

Weissagungen, Die, welche den Schriften des Propheten Zacharias beygegeben sind . . . Hamb. 1784. Ü: *Flügge, Benedict Gilbert.* (ML) (Rotermund, Gel. Hannover. Bremen 1822.)

— die, welche d. Schriften d. Propheten Zacharias beigelogen sind, übers. u. krit. erläut. 8. Hamb. 784. Hoffmann. 6 gr

Weissagungen, höchst wichtige, über die nächsten sieben Jahre von einem 100jähr. Priester eines Kapuziner-Klosters. gr. 16. (32 S.) Stuttgart 865, Cammerer.

Weissagungen, höchst wicht. u. sehr interessante, von d. Gegenwart u. Zukunft aus d. 70 Wochen Daniels, in Uebereinstimmung mit andern Propheten, u. Einiges vom 1000jähr. Reiche, welches 1836 den Anfang nehmen wird, u. von d. guten Zeiten, welche 1837 folgen werden. 8. (1 B.) Straßburg 832. (Regensburg, Manz.)

Weissagungen, höchst wichtige u. sehr interessante, von der Gegenwart u. Zukunft aus den 70 Wochen Daniels, in Uebereinstimmung mit andern Propheten, und Einiges vom 1000jähr. Reiche rc. 8. Straßburg 832. (Landshut, Krüll.) 1½ gr

— auf unsere Zeit u. die zukünftigen Geschlechter von den Propheten Spiel-Bähn, dem alten Jasper, dem Cardinal Laroche rc. auf unsere Zeit bis zum J. 2000, dem Ende der Welt. Mit erläut. Erklärungen u. der Lebensgeschichte Spiel-Bähns. 2. Aufl. 16. (32 S.) Bonn 848, Wittmann. 1/12 ℔

—— auf unsere Zeit und die zukünft. Geschlechter von den Propheten Spiel-Bähn, dem alten Jasper, dem Cardinal Laroche rc. auf unsere Zeit bis zum J. 2000, dem Ende der Welt. Mit erläut. Erklärungen und der Lebensgeschichte Spiel-Bähns. 2. Aufl. 16. (32 S.) Bonn 849, Wittmann.

Weissagungs-Freund. Hrsg. v. verbundenen Freunden d. prophet. Wortes. Red.: G. Fleischhauer. Jahrg. 1871—1876 à 6 Nrn. (B.) gr. 4. Basel, Spittler. à Jahrg. n. 1. —

Weissagungs-Freund. Hrsg. von verbundenen Freunden des prophet. Wortes. Redact.: G. Fleischhauer. Jahrg. 1872/73 und 1874. à Jahrg. 6 Nrn. (Bog.) gr. 4. Basel, Spittler. à Jahrg. *

Weissagungs-Freund. Hrsg. von verbundenen Freunden des prophet. Wortes. Redact.: G. Fleischhauer. Jahrg. 1875 und 1876. à Jahrg. 6 Nrn. (à 1—1½ Bog.) gr. 4. Basel, Spittler. à Jahrg. (* M. 1.)

—— dass. — Hrsg. von verbundenen Freunden des prophet. Wortes. Jahrg. 1877—1879. à Jahrg. 6 Nrn. (à 1—1½ Bog.) gr. 4. Ebendas. à Jahrg. (* M. 1.)

Weissagungsfreund, herausg. v. verbundenen Freunden des prophetischen Wortes, redig. von C. F. Spittler. 6. Jahrg. 1878. 6 Nummern. 4°. Basel, Spittler.

Weissagungsfreund, hrsg. v. verbundenen Freunden d. prophetisch. Wortes, redig. v. C. F. Spittler. 7. Jahrg. 1879. 6 Nrn. in-4°. Basel, Spittler. Fr. 1 — per Post 1 50

Weissagungsfreund, hrsg. v. verbundenen Freunden d. prophetisch. Wortes, redig. v. C. F. Spittler. 8. Jahrg. 1880. 6 Nrn. in-4°. Basel, Spittler. Fr. 1 — per Post 1 50

Weissagungsfreund, hrsg. v. verbundenen Freunden des prophetischen Wortes, redig. von C. F. Spittler. 9. Jahrg. 1881. 6 Nrn. in-4°. Basel, Spittler. Pro Jahr für die Schweiz

Weissagungsfreund. Herausgegeben von verbundenen Freunden des prophetischen Wortes, redigirt von *C. F. Spittler.* 10. Jahrg. 1882. 6 Nrn. In-4°. Basel, C. F. Spittler.
Pro Jahr für die Schweiz 1 50

Weissagungs-Freund. Hrsg. von verbundenen Freunden des prophet. Wortes. Jahrg. 1883–1884. à Jahrg. 6 Nrn (à Nr. 1–1½ Bog.) gr. 4. Basel, Spittler. à Jahrg.

Weissagungs-Freund. Hrsg. von verbundenen Freunden des prophet. Wortes. Jahrg. 1885—1888. à Jahrg. 6 Nrn. (à Nr. 1—1½ Bog.) gr. 4. Basel, Spittler. à Jahrg.

Weissagungs-Freund. Hrsg. v. verbundenen Freunden d. prophet. Wortes. Jahrg. 1889–1892. à Jahrg. 6 Nrn. (à Nr. 1—1½ Bog.) gr. 4. Basel, Jaeger u. Kober. à Jahrg. * 1 —

Weissagungs-Freund. Hrsg. v. verbundenen Freunden des prophet. Wortes. 19.—22. Jahrg. 1891—1894. à 6 Nrn. (à ca. 1 Bog.) gr. 4. Basel, Jaeger & Kober.
à Jahrg. n. 1. —

Weissagungs-Freund. Hrsg. v. verbund. Freunden des prophet. Wortes. 23.–26. Jahrg. 1895—1898. à 6 Nrn. (Bog.) gr. 4. Basel, Kober. à Jahrg. n. 1.—

Weissagungs-Freund. Hrsg. von verbundenen Freunden des prophet. Worts. 27.—30. Jahrg. 1899—1902. à 6 Nrn. gr. 4. (à ca. 10 S.) Basel, Kober. à Jahrg. n. 1.—

Weissagungs-Freund. Hrsg. v. verbundenen Freunden des prophet. Worts. 31.—34. Jahrg. 1903—1906. à 6 Nrn. (à Jahrg. 48 S.) gr. 4. Basel, Kober. à Jhrg. 1.—

Weissagungs-Freund. Hrsg. v. verbundenen Freunden des prophet. Worts. 35.—38. Jahrg. 1907—1910. à 6 Nrn. (48, 96, 96 u. 96 S.) gr. 8. Basel, Kober. à Jahrg. 1.—

Weißagungsgesang Mosis an die Israeliten, s. C. J. K. Justi.

Weißbach, Christian: Dissertatio inauguralis medica de intentione et inventione naturae in administratione oeconomiae vitalis.
Basel; Med. Diss. 1711.

Warhaffte und gründliche Cur [Kur] aller dem menschlichen Leibe zustossenden Kranckheiten, nach der vernünfftigen... Methode der Natur samt e. physicomoralischen Vorbericht von dem menschlichen Leibe und der darin wirckenden Seele, entworfen von Christian Weißbach. Strasburg: Dulßecker 1712. 84,491 [vielm.490]S. 8°

Christian Weisbachs [Weissbach]Wahrhafte und gründliche Cur [Kur] aller dem menschlichen Leibe zustossenden Krankheiten, nach der vernünftigen und unverrückten Methode der Natur, samt e. physischmoralischen Vorbericht von dem menschlichen Leibe u. der darin würkenden Seele, entworfen u.mit vielen Medicamentis specificis versehen. Bey dieser 9. Aufl. von e. gelehrten u. erfahrnen Arzte...übersehen, sorgfältig verb. u. m....Anm. ...verm. Frankfurt & Leipzig: Brönner 1764. 80,742 S. 8°

Weißbach, Curt, s. Weißbach, Kurt

Weissbach, Ernst, approb. Arzt aus Heichelheim b. Weimar: ⟨Aus d. Augen-Klinik zu Jena.⟩ Pathologisch-anatomische **Untersuchung** eines infolge von Exophthalmus pulsans erblindeten Auges. *Jena 1901: A. Kämpfe.* (40 S.) 8°
Jena, Med. Diss. v. (3. Juli) 1901

Weissbach, Fr. Ed., das hohe Lied Salomo's erklärt, übersetzt und in seiner kunstreichen poetischen Form dargestellt. gr. 8. (X und 288 S.) Leipzig 858, T. O. Weigel. *

Weissbach, Franz Heinrich (Hrsg.), s. Achaemenideninschriften.

Weisbach, F. H.: Über die Achämenideninschriften zweiter Art....
(Aus: Assyriolog. Bibliothek, Bd. 9). Leipzig, Druck v. August Pries, 1889; 24 S. + 1 Bl. 4°
Leipzig, Phil. Fak., Inaug.-Diss. v. 23. Mai 1889

Weisbach, F. H., die Achämenideninschriften zweiter Art, s.a. Bibliothek, assyriologische.

Weissbach, Franz H., Beiträge zur Kunde d. Irak-Arabischen, s.: Studien, Leipziger semitistische. IV.

Weissbach, F. H., neue Beiträge zur Kunde der susischen Inschriften. [Aus: „Abhandlgn. d. sächs. Gesellsch. d. Wiss."] Lex.-8. (49 S. m 5 Taf.) Leipzig 894. S. Hirzel. n. 3. 60

Weissbach, F. H., neue Beiträge zur Kunde der susischen Inschriften. Lex.-8. (49 S. m. 5 Taf.) Leipzig 894. [Hirzel.] B. G. Teubner. n. 3.60; erm. Pr. n. 1.80

Die sumerische Frage v. F[ranz] H. Weissbach. *Leipzig: J. C. Hinrichs 1898.* (IV S., 2 Bl., 184 S.) 1 Bd 8.
[98. 129]

Weissbach, F. H. Anzanische Inschriften u. Vorarbeiten zu ihrer Entzifferung. Lex.-8. (34 S. m. 6 Taf.) Lpz. 891, Hirzel. * 3 —
Aus: Abhandlgn. d. k. sächs. Gesellsch. d. Wissensch., besonders abgedruckt.

F[ranz] H[einrich] **Weissbach:** Über die Inschriften des Darius Hystaspis von Nakš-i-Rustam. Leipzig: Teubner 1910. 9 S. 8° [Umschlagt.]
(Berichte über d. Verhandlungen d. Kgl. Sächs. Gesellsch. d. Wiss. Philol.-hist. Kl. Bd 62, H. 1.)
[11. 1015]

Weissbach, F. H., die Inschriften Nebukadnezars II. im Wâdi Brîsâ u. am Nahr el-Kelb, s.: Veröffentlichungen, wissenschaftl., der deutschen Orient-Gesellschaft, 5.

Weißbach, Franz Heinrich [Hrsg.], s. Keilinschriften, Die altpersischen.

— u. W. **Bang,** die altpersischen Keilinschriften in Umschrift u. Übersetzung, s.: Bibliothek, assyriologische. X.

Weissbach, F[ranz] H[einrich]: Zur Lösung der sumerischen Frage. *Leipzig 1897: A. Pries.* (40 S.) 8° *[Erschien vollständig 1898 u. d. T.: Die sumerische Frage.]
Leipzig, Phil. Hab.-Schr. v. 15. Dez. 1897

Babylonische Miscellen. Hrsg. von F[ranz] H. Weißbach. Mit 1 Lichtdr., 3 Fig. u. 15 Taf. *Leipzig: J. C. Hinrichs 1903.* (51 S.) 4°
— Veröffentlichungen, Wissenschaftliche, d. deutschen Orient-Gesellschaft. 4.
[03. 9078]

Das Stadtbild von Babylon. Von Fr[anz] H. Weißbach. Mit 2 Pl. u. 1 Skizze. *Leipzig: J. C. Hinrichs 1904.* (31 S.) 8° [F.]
== Orient, Der alte. Jg. 5, H. 4.
[04. 4727]

Weissbach, Friedrich, s. Weiszbach, Friedrich

Weißbach, Hans, aus Dresden: Zur **Kenntnis** des Phenylhydrazoncyanessigesters und seiner Homologen, sowie des Benzolazocyanessigesters. *Dresden 1903: Lehmann.* (31 S.) 8°
Leipzig, Phil. Diss. v. [21. Febr.] 1903

Weißbach, Herm., s.: Buchhändler-Akademie.

— s.: Buchhändler-Kalender.

—— s. Encyklopädie d. ges. buchhändler. Wissens. — Handkatalog d. Sortimenters.

Weißbach, Herm., deutsches Hausbuch. 11.—14. Hft. gr. 8. Weimar 891. Weißbach. à n. — 10
Hand u. Ring. Roman aus dem Engl. v. Anna Katharina Green. — Sein eigener Verräther. Roman v. Th. Almar. (S. 241—836.)
s.a. Hausbuch, deutsches.

Weißbach, Herm. Deutsches Hausbuch, s.a. Sch… … Romane.

—— Praktische Versendungs- u. Kontinuationsliste. Nach dem Alphabet der Städtenamen geordnet. Mit Angabe der Einwohnerzahlen, der Länder etc. 9. Aufl. gr. 4. (151 S.) Weim. 889, Weissbach. ** 1 75; geb. ** 2 25; m. Löschpap. durchsch. ** 2 40

Weissbach, Julius, s. Weisbach, Julius.

Weissbach, Karl, u. Walt. Mackowsky, das Arbeiterwohnhaus. Anlage, innere Einrichtg. u. künstler. Ausgestaltg., Arbeiterkolonien u. Gartenstädte m. 439 Abb. im Text. (XII, 295 S.) Lex. 8. Berlin 910. E. Wasmuth. 18 --

Das Arbeiterwohnhaus. Hrsg. von Karl Weißbach †, Prof., u. Dr.-Ing. Walter Mackowsky. Anlage, innere Einrichtung u. künstlerische Ausgestaltung. Arbeiterkolonien u. Gartenstädte. Mit 439 Abb. 2. Aufl. Berlin: Wasmuth 1910. XII, 295 S. 8° [11. 6419 11

Weissbach, Karl, s. Fehrmann, E. G., die architektonischen Formen der Renaissance und ihre Decoration.

Weissbach u. **Lottermoser**, Architektonische Motive für den Ausbau u. die Decoration von Gebäuden aller Art nach beendigtem Rohbau. 30 Tfln. Leipzig 1871. Fol.

Weissbach, K., s.a. Motive, architektonische.

Wohnhäuser. Von Karl Weissbach, Prof. zu Dresden. Mit 496 Abb. u. 1 Taf. *Stuttgart: A. Bergstrasser 1902.* (VIII, 440 S.) 4°(8°)
= Handbuch d. Architektur. T. 4, Halbbd 2, H. 1.

Weißbach, Curt, s. Buchhändler-Akademie, deutsche.

Weissbach, Curt, s.: Buchhändler-Kalender, deutscher.

Weißbach, M., statistische Uebersicht über die Finanz- u. Steuerverhältnisse vieler Gemeinden d. Königr. Sachsen. Zusammengestellt auf Grund amtl. Unterlagen. gr. 8. (4 S. m. 1 Tab. in gr. Fol.) Leipzig 889. L. Seidel. n.n. 1. 25

Weißbach, Paul, u. Karl Bartsch, Aufgaben zur Buchführg. Bearb. im Anschluß an die Kalkulationsaufgaben f. Schlosser. (12 S.) gr. 8. Hannover 909. C. Meyer. — 15

— — Kalkulationsaufgaben f. Schlosser. (45 S.) gr. 8. Ebd. 909. — 60

Weißbacher, Jos., und Ulr. Hartenschneider, das Decanat Altmünster rc., —— und Aloys Schützenberger, das Decanat Peyerbach rc., } s. Darstellung, hist. u. topograph., d. Pfarren im Erzhrzgth. Oesterreich, 14. u. 17. Bd.

Weißbacher, Jos., kurze Geschichte d. Erzhrzgth. Oesterreich ob der Enns. Den Liebhabern d. vaterländ. Geschichte, besond. aber d. aufblühenden Jugend zur nützl. Unterhalt. gewid. 2. Aufl. 8. (15 B.) Ried 832, Kränzl. (Leipzig, Central-Comptoir.)

Weissbad. Das W'.... Alpenziegenmolken-, Milch-, Bade- und Luft-Kurort bei Appenzell. [Illustriert.] 8. St. Gallen *o. J.* [1875/80].
Ausg. A. — Ausg. B.

Weissbad. Le W'.... Station climatérique et balnéaire, cures d'air, de lait et de petit-lait, près d'Appenzell.... [Illustré.] 8. St-Gall *s. d.* [1895/1900].

Weissbad. Das W'... bei Appenzell. [Illustriert.] 8. St. Gallen 1880.

Weissbad. Das W'... bei Appenzell. [Illustriert.] 8. St. Gallen 1884.

Weissbad. Hôtel & Kurhaus W' bei Appenzell.... [Umschlag illustriert.] 8. *o. O. u. J.* [ca. 1900].

Weißbart, der Wildschütz. Romantische Erzählg. 1.—4. Hft. gr. 8. (S. 1—96 m. je 1 Holzschn.-Taf.) Dresden 890. A. Wolf. à n. — 10

Weißbart, der Wildschütz. Romantische Erzählg. 5.—80. (Schluß-)Hft. gr. 8. (S. 97—1912 m. je 1 Holzschn.-Taf.) Dresden 891. 892. A. Wolf. à — 10

Weissbart, J.: Börsengesetz, s. Apt, Max

Weissbart, J., Contre-danse u. Quadrille à la cour. 16. (8 S.) Berlin (901). (Berolina-Versand-Buchh.) — 15

Weissbart, J., Geschichtl. Mitteilungen über Ende der alten etc. israelitischen Gemeinde Würzburg. Würzburg 1882. 8. Enthält Familiennachrichten über das freiherrlich von Hirsch'sche Geschlecht.

Weissbart, Jacob, Rechtspraktikant a. Würzburg: Die Strafrechtliche Würdigung des Hydrasystems. Würzburg 1907: F. Drescher u. G. Reichart. (61 S.) 8°
Würzburg, Jur. Fak., Ref. Oetker, Diss. v. 14. Sept. 1907
[Geb. 9. Febr. 82 Würzburg; Wohnort: Würzburg; Staatsangeh.: Bayern; Vorbildung: Gymn. Würzburg Reife Juli 01; Studium: München 6, Würzburg 2 S.; Rig. 24. Juli 07.]

Weissbart, Joseph, Rechtspraktikant aus Würzburg: Das Befriedigungsrecht Dritter in der Zwangsvollstreckung nach § 268 des bürgerlichen Gesetzbuches. *Würzburg 1899: Verlagsdruckerei.* (64 S.) 8°
Würzburg, Jur. Diss. v. 1899

Weissbart, Jos., das Befriedigungsrecht Dritter in der Zwangsvollstreckung nach § 268 des bürgerl. Gesetzbuches. Eine civilist. Abhandlg. gr. 8. (IV, 63 S.) Würzburg 899. Gnad & Co. n. 1. 20

Weissbart, Moses: Über Bronchopneumonie. Würzburg 1895: P. Scheiner. (42 S.) 8°
Würzburg, Med. Diss. 1895.

Weißbeck, Jh. Mich., († d. 1. Mai 1808.) erneuertes Andenken des musikal. Wunderkinds Wlh. Grotch. 4. Nürnb. 806.

— etwas über D. G. Türks wichtige Organisten-Pflichten. 8. Nürnb. 798.

— der große Musikus George Fr. Händel im Universalruhme und ein neuerfundenes Taktsystem. 4. Nürnb. 805.

— Protestationsschrift oder exemplar. Widerlegung einiger Stellen u. Perioden d. Voglerischen Tonwissenschaft u. Tonsetzkunst. 4. Erlang. 783. Anh. 4. Ebd. 784.

Weissbecker, H., Wappenzeichnungen nach den Siegeln in dem Archive der ehemals freien Reichsstadt Dinkelsbühl. gr. 8. (51 S. mit 21 autogr. Taf.) Berlin 886. (Nürnberg, Bauer und Raspe.)
Aus: Vierteljahrsschrift für Heraldik etc., besonders abgedruckt.

Weissbein, Salo (geb. Inowrazlaw 1. 9. 1848): De paenitentia efficaci post delictum consummatum. (Pars I.) Dissertatio praemio regio ornata. Berolini (1868). (45 S.) 8° * Fortsetzung bis 1898 nicht erschienen.
Berlin, Jur. Diss. v. 9. Juni 1868

Weißbein, Siegfr., s.: Gesundheit, die, in Wort u. Bild.

Weissbein, Siegfried: Hygiene des Sports. (711 S. m. 129 Abb.) (Bibliothek f. Sport u. Spiel No. 40 u. 41). 2 Bde 8°. Leipzig 1910.

— **Hygiene des Sports,** s. a. Bibliothek f. Sport u. Spiel.

Weissbein, Siegfried (Hrsg.), s. Rundschau, Russische medicinische.

Weissbein, Siegfried: Farbenanalytische Untersuchungen über Nährpräparate. Berlin (1899): G. Schade. (30 S.) 8°
Berlin, Med. Diss. v. 21. März 1899.

Weissberg, J. Über einige 1, 4-Naphtalinderivate. In-8°. 31 S. Basel. Thèse. 1895.

Weissberg, J.: Kritische Studien über die Vorgänge der Autoxydation, s. Engler, C.

Weissberg, Marcus. Über Perforation der Urethra durch Harnröhrensteine im kindlichen Alter. ⟨Aus dem Kinderspital zu Basel.⟩ Diss. Med. Basel ... von Markus W'.... 19 S. 8. Basel, Friedrich Reinhardt, 1907.

Weissberg, Max, d. neuhebräische Aufklärungs-Literatur in Galizien. Eine literar-histor. Charakteristik. gr. 8. (VII, 88 S.) Wien 898. M. Breitenstein. n. 1. 80

Weissberg, Meïr, Wölbel Zbarażer, der fahrende Sänger des galizisch-jüdischen Humanismus. (43 S. m. 1 Bildnis.) 8. Leipzig 909. M. W. Kaufmann. 1. —
Sonderabdr. aus: „Mittlgn. z. jüd. Volkskde."

Weißbierphilister, der, und sein Begriff von der Freiheit. Ein burleskes Lebensbild. gr. 8. (8 S.) Berlin 848, [Grobe.]

Der **Weißbierphilister** und sein Begriff von der Freiheit. Ein burleskes Lebensbild. Berlin, L. Schlesinger 1848. 8 S. 8.

Weissblum, Georg: Aus der Greifswalder medizinischen Klinik. Zur Beurteilung der Purpurafrage nebst zwei Fällen von purpura rheumatica. *Greifswald 1898: C. Sell.* (37 S.) 8°
Greifswald, Med. Diss. v. 1. Juli 1898

Weissblum, Isidor [pr. Arzt in Karlsruhe]: Ueber die Heilwirkung der Sklerotomie beim Glaukom ... Karlsruhe, J. Liepmannssohn, 1894; 23 S., 5 Taf. 8.
Würzburg, Med. Fak., Inaug.-Diss. v. 1894

Weissblum, Julius, über primäre und secundäre Magensarcome. Diss. Greifswald 1886, Jul. Bindewald. 8°. 29 S.

Der wahrhaft Grosse in einer Rede geschildert und bey dem feyerlichen Neujahrsfeste 5.·. 7.·. 75 in der ger. und vollk. Loge die wachsende zu den dreyen Schlüsseln in Regensburg abgelesen von dem Br. Redner. [Unterz.: J. D.] W[eissböck?]. [Regensburg:] Selbstverl. d. L. [1775]. 28 S. 4° [Umschlagtit.]
(Sammlung v. Frmrreden d. L. z. d. 3 Schlüsseln in Regensburg. 23.)
Sehr selten.

Von der Nothwendigkeit einer frühen Zubereitung zum Tode. Eine Rede, bey dem Antritte des Redneramtes gehalten und abgelesen an einem Versammsammlungstage in der ger. und vollk. Loge „Die Wachsende zu den dreien Schlüsseln" in Regensburg von dem Br. Redner. 5.·. 7.·. 72. [Unterz.:] J.·. D.·. **W[eissböck?].** [Regensburg]: Selbstverl. d. Loge (1772]. 15 S. 4°
15. in: Sammlung einiger Frmrreden d. L. in Regensburg. 1773.
Selten.

Rede bey der feyerlichen Begehung des Johannisfestes 5.·. 7.·. 84.·. in der ger. und vollk. Loge zu den dreyen Schlüsseln in Regensburg, gehalten von dem Brr Redner [Unterz.: J. D.] **W[eissböck?].** [Regensburg]: Selbstverl. d. L. [1784.] 11 S. 4° [Umschlagtit.]
(Sammlung v. Frmrreden d. L. z. d. 3 Schlüsseln i. Regensburg. 42.)
Thema: „Für den wahren Mr. ist die pflichtmässige Bearb. der ersten drei Stufen hinreichend, um zum mrischen Endziel zu gelangen."

Theoretische Einzelheiten: Rede an dem feyerlichen Johannisfeste 5.·. 7.·. 82.·. in der ger. u. vollk. Loge zu den dreyen Schlüsseln in Regensburg. [Unterz.: J. D.] **W[eissböck?].** [Regensburg]: Selbstverl. d. Loge [1782]. 12 S. 4° [Umschlagtit.]
(Sammlung v. Frmreden d. L. z. d. 3 Schlüsseln i. Regensburg. 38.)
Selten. Üb. den Wert der Moral, die uns die gesellige Tugend lehrt.

Reden am Neujahrsfeste 5.·. 7.·. 77.·. in der ger. und vollk. Loge zu den dreyen Schlüsseln in Regensburg fürgetragen von dem vorsizenden [!] Logenmeister und von dem Br. Redner. [Unterz.: J. D.] **W[eissböck?].** [Regensburg]: Selbstverl. d. Loge [1784]. 24 S. 4⁰ [Umschlagtit.]
(Sammlung von Frmrreden d. L. in Regensburg. 27.)
Selten. 2 Reden. 1.: Üb. den Rückgang in der profanen Welt sowohl als in der Mrei. 2.: Üb. die Mrei, die ohne wahre Religion nicht tätig sein kann.

Reden am Neujahrsfeste 5.·. 7.·. 78 in der ger. und vollk. Loge zu den dreyen Schlüsseln in Regensburg fürgetragen von dem vicarirenden Logenmeister und Br. Redner [d. i. J. D. **Weissböck?**]. [Regensburg]: Selbstverl. d. Loge [1778]. 28 S. 4⁰ [Umschlagtit.]
(Sammlung von Frmrreden d. L. in Regensburg. 29.)
Selten. Einleitungsworte u. Rede üb. die Empfindungen eines Mrs bei dem unglücklichen Schicksal seiner Nebenmenschen.

Das erlaubte Vergnügen an gewissen traurigen Gegenständen. Eine Rede, welche am St. Johannisfeste 5. 7. 73.·. in der ger. und vollk. Loge „Die wachsende zu den dreien Schlüsseln" in Regensburg, gehalten worden, von dem Br. Redner. [Unterz.: J. D.] **W[eissböck?].** [Regensburg]: Selbstverl. d. Loge [1773]. 16 S. 4⁰
Darin: [1.] D. Ausübung der Tugend. 1773. [2.] W[eissböck?], J. D.: Zärtliche Empfindungen brüderl. Liebe. 1773.
18. in: Sammlung einiger Frmrreden d. L. in Regensburg. 1773.
Selten.

Das unschuldige Vergnügen, freimäurerisch betrachtet und an dem feierlichen Johannisfeste 5. 7. 74.·. in der ger. und vollk. Loge „Die wachsende zu den dreien Schlüsseln" in Regensburg abgehandelt. von dem Br. Redner. [Unterz.: J. D.] **W[eissböck?].** Gedr. auf Kosten der Loge. N.·. 22.·. [Regensburg 1774.] 20 S. 4⁰ [Umschlagtit.]
Sehr selten. 215.

Weissbraun Taube: Novalis und Fichte. Ihr gegenseitiger Einfluß.
M. 1910 PN 3067 Diss. Innsbruck, Univ.

Weissbrem, Willibald: Aus der Kgl. Universitäts-Augenklinik Königsberg i. Pr. Zur Kenntnis der Cataracta complicata. Königsberg i. Pr. 1906: Karg & Manneck. (37 S.) 8⁰
Königsberg, Med. Fak., Ref. Kuhnt, Diss. v. 2. Juni 1906
[Geb. 23. Aug. 80 Eydtkuhnen; Wohnort: Königsberg i. Pr.; Staatsangeh.: Preußen; Vorbildung: Kneiphöfisches Gymn. Königsberg i. Pr. Reife O. 99; Studium: Königsberg 8, Freiburg i. B. 1 S.; Coll. 31. Mai 06; Approb. 7. Dez. 05.]

Weissbrenner, Heinrich: Über Phenylglycin-o-carbonsäure. Halle a. S. 1900: O. Thiele. (38 S.) 8⁰
Halle, Phil. Diss. v. 1900.

Weißbrenner, Carl Gust., vier Predigten und eine Confirmationsrede, in der Stadtkirche zu Großenhain gehalten. gr. 8. (46 S.) Großenhain 870, (Hentze.)

—— Predigten auf verschiedene Sonn- und Festtage. 2. Heft. gr. 8. (49 S.) (Ebendas.) 872.

Weissbrenner, Ludwig, approb. Arzt aus Grossenhain: Ueber Knochenerkrankungen bei und nach Typhus abdominalis. *Leipzig 1900: B. Georgi.* (48 S.) 8⁰
Leipzig, Med. Diss. v. (28. Juli) 1900

WEISSBROD, Anton (Mühldorf): Die Arzneikunde in Indien. Historische Skizze.- München: Deschler 1846. 16 S.
20.1.1837 - Urk; F 64
Diss. Ingolst.-Landsh.-Mchn.

Weissbrod, Hans, Schule des Schattirens nach Wandtabellen in 8 Aufgaben und 14 (lithogr.) Blättern. Imp.-Fol. Aarau 872, Sauerländer's Verlag. *

WEISSBROD, Heinrich (Mühldorf): Observationes pathologicae duae, praecipue venam cavam descendentem tangentes.- Monachii: Wolf 1831. 34 S.
6.2.1829 - Urk (Titel: Observationes pathologicae.); F 59
Diss. Ingolst.-Landsh.-Mchn.

v. **Weißbrod,** Joh. Bapt., Denkschrift über die asiatische Cholera in sanitätspolizeilicher Beziehung nebst einem Anhang aphoristischer Bemerkungen über die Epidemie vom J. 1836 in München. gr. 4. (XX u. 100 S.) München 852. Leipzig, Thomas in Comm. n. 1 Thlr.

Weißbrod, Joh. Bapt. v., Denkschrift über die Orientalische Pest in sanitätspolizeilicher Beziehung nebst einer Beilage: über den Typhus ikterodes, das sogenannte gelbe Fieber. München 853. (Fleischmann.) gr. 4. (VIII, 103 S.) n. 1 Thlr. 8 ngr.

—— Leitfaden der geburtshilflichen Klinik. Versuch einer wissenschaftlich-dogmat. Bearbeitung dieser Doctrin. gr. 8. (XIX und 475 S.) München 854, (Fleischmann.) *

—— dass. — 2. Bd. gr. 8. (364 S.) Ebds. 855. *

WEISSBROD, Johann Baptist (Mühldorf): Observatio pathologica reproductionem ossium, in specie post trepanationem tangens.- Monachii: Poessenbacher 1831. 15 S.
6.2.1829 - Urk; F 59
Diss. Ingolst.-Landsh.-Mchn.

— einige methodologische Worte über Theorie und Praktik der Geburtshilfe. München 853. Kaiser. gr. 8. (19 S. u. 4 S. Tab. in 4.) 6 ngr.

Weißbrod, Max, Homilien-Buch. Meine Erlebnisse in Griechenland und im Bayernland. Nach der Carnevalszeit veröffentlicht. München 861. (J. A. Finsterlin.) gr. 8. (48 S. u. lith. Portr.) 3 ngr.

WEISSBROD, Maximilian (Mühldorf): Über das Miserere.- München: Rösl 1839. 55 S.
20.1.1837 - Urk; F 64
Diss. Ingolst.-Landsh.-Mchn.

Weissbrodt [Ernst], Dr.: Die fünfzig ältesten Druckwerke der Lemgoer Gymnasialbibliothek. Lemgo 1907: F. L. Wagener. (13 S.) 4⁰
Lemgo, fürstl. G P 1907 (887)

Weissbrodt, E., De r et l consonantium Latinarum mutua ratione praecipue e glossariis Latinis illustranda. Diss. 1899. 47 S. 1.50

Weißbrodt, Johannes

Weißbrodt, Johs., Anreden an christl. Mütter. Aus dem Nachlasse des Verf. hrsg. v. J. Schlicker. (XVI, 276 S.) gr. 8. Kempten 909. J. Kösel. 2.40; geb. 3. —

Weißbrodt, J., Cäcilia. Historische Tragödie. 16. (VIII und 133 S.) Münster 863, Theissing'sche Buchh.

Weißbrodt, Johs., Fastenpredigten. Aus d. Nachlasse d. Verf. hrsg. v. F. Hüllen. 8. (7, 200 S.) Mainz 896. F. Kirchheim. n. 2. —

Weißbrodt, J., Prinz Ferdinand. Tragödie. 8. (X u. 222 S.) Trier 851, Troschel. 5/6 ₰

Weißbrodt, J., Genovefa. Gedicht. 16. (356 S.) Münster 859, Theissing'sche Buchh. *

Weißbrodt, J., s.: Gertrud der Großen, der hl., Gesandter der göttlichen Liebe.

—— Gregor der Siebente. 2 Thle. 16. [1. Thl.: Dramatisches Gedicht in 5 Aufzügen. (172 S.) 2. Thl.: Dramatisches Gedicht in 5 Aufzügen. (160 S.)] Münster 865, Theissing'sche Buchh. à Thl. 20 Ngr.

Weißbrodt, J., Officium divinum. Vollständiges Gebet- und Andachtsbuch, lateinisch und deutsch, nach der Sprache der heil. Kirche. 12. (IX und 528 S. mit 1 Stahlst.) Saarlouis 863, Stein. 12 Ngr.; feine Ausg.
Ausg. mit einem Anh. für die Diöcese Trier. (72 S.) Feine Ausg.

Weißbrodt, J., officium divinum. Vollständiges Gebet- u. Andachtsbuch, lateinisch u. deutsch, nach der Sprache der heil. Kirche. Ausg. Nr. 2. 5. Aufl. 16. (748 S. m. 2 Stahlst. u. farb. Titel.) Saarlouis 883. Stein. 1.50

Weißbrodt, J., officium divinum. Vollständiges Gebet- u. Andachtsbuch, lateinisch u. deutsch, nach der Sprache der hl. Kirche. 7. Aufl. 16. (768 S. m. farb. Titel u. 1 Stahlst.) Saarlouis 892. F. Stein Nachf. 1.20

[Ant. u. F.] Officium divinum. Vollständ. Gebet- u. Andachtsb., lat. u. deutsch, nach d. Sprache d. heil. Kirche. Von J. **Weissbrodt**, Pastor. Ausg. No 2. 9. Aufl. ... *Saarlouis: Hausen & C. 1897.* (1 Bl. 708 S., 1 Taf.) 1 Bd 8. [98. 4339

— Officium divinum. Vollständiges Gebet- u. Andachts-Buch, lateinisch u. deutsch, nach der Sprache der heil. Kirche. Ausg. Nr. 2. 11. Aufl. gr. 16. (768 S. m. farb. Titel u. 1 Stahlst.) Saarlouis 900. F. Stein Nachf. 1.20; geb. von n. 1.20 bis n. 2.70

Officium divinum. Vollst. Gebet- u. Andachtsbuch, lat. u. deutsch, nach d. Sprache d. heiligen Kirche. Von J. **Weißbrodt**, weil. Ehrendomherr in Koblenz. Ausg. No 2. 12. Aufl. *Saarlouis: F. Stein Nachf. 1903.* (768 S.) 8° [F.] [04. 1815

Weißbrodt, Johs., Officium divinum. Vollständiges Gebet- u. Andachtsbuch, lateinisch u. deutsch, nach der Sprache der hl. Kirche. 13. Aufl. (783 S. m. Titelbild.) 16. Saarlouis (908). F. Stein Nachf. Geb. in Leinw. 1.20

— dasselbe, neue Aufl., s.: Weber, P.

—— der Seraph der Liebe. Ein Sonettenkranz. gr. 16. (97 S.) Trier 863, Braun's Verlag. *
cart. mit Goldschn. *

— Sonntags-Predigten. Aus d. Nachlasse d. Verf. hrsg. v. F. Hüllen. gr. 8. (VIII, 456 S.) Ebd. 897. n. 5.40

Weißbrodt, Karl, das Ehebett, christlich und ärztlich beleuchtet. Ein Hochzeitsbrevier für Brautleute und Vermählte. Nach einer älteren gleichnam. Schrift auf Grund des neuesten wissenschaftl. Standpunktes bearb. und vervollständigt. 12. (128 S.) Bern 880, Frobeen's Verlag. *
Auch u. d. T.: Gattenpflichten, christlich und ärztlich beleuchtet, erschienen.

Weissbrodt, Karl. Gattenpflichten, nach Bibel u. Talmud dargestellt. 12. (173 S.) Berl. 891, Steinitz Verlag. * 2 —

Weissbrodt, Karl, Gattenpflichten. Nach Bibel u. Talmud dargestellt. 2. Aufl. (144 S.) 8. Berlin (905). H. Steinitz. n. 2. —

Gattenpflichten. Nach Bibel u. Talmud dargest. von Dr. Karl **Weissbrodt**. 2. Aufl. Berlin: H. Steinitz (1906). (144 S.) 8° [07. 5213

— Gesetze u. Mysterien der Liebe. s.: Weill.

Weißbrodt, Karl, Lebens-, Leidens- und Heilungsgeschichte eines Lungenschwindsüchtigen. Von ihm selbst erzählt und den Gesunden zur Warnung, den Kranken zum Trost, der natur- und vernunftgemäßen Heilkunst zur Ehre veröffentlicht und mit Anmerkungen versehen. 12. [Bern 881, Frobeen.] Leipzig, Brehse. *

Weißbrodt, Karl, Luft u. Duft als wahre Lebensquellen oder wie wird u. bleibt man munter, gesund u. seuchenfest? Grundsteine zu einer einfachen u. prakt. Gesundheitslehre, nach Gust. Jäger's neuester „Entdeckung der Seele" u. anderen Autoritäten niedergelegt. gr. 8. (46 S.) Bern 880. Frobeen's Verl. n. 1. —

Weißbrodt, Karl, Luft und Duft als wahre Lebensquellen oder wie wird und bleibt man munter, gesund und seuchenfest? gr. 8. Bern 880. Leipzig, Brehse.

Weißbrodt, Karl, d. eheliche Pflicht, christlich u. ärztl. beleuchtet. 4., durchaus neubearb. Aufl. 12. (248 S.) Leipzig 895. Berlin, L. Frobeen. Geb. in Leinw. m. Schließe n. 4. —

[F.] Des Christen eheliche Pflicht ärztlich und biblisch beleuchtet v. Dr. Karl **Weissbrodt** ... 5. unveränd. Aufl. *Leipzig [& Berlin-Friedenau]: L. Frobeen (1895).* (253 S.) 1 Bd 8. [96. 7235

Die eheliche Pflicht. Ein biblischer u. ärztl. Führer zu heilsamem Verständniß u. nothwendiger Weisheit im ehelichen Leben. Von Dr. Karl **Weißbrodt**. 6. Aufl. Berlin: L. Frobeen 1899. (253 S.) 8° [F.] [06. 8536

— die eheliche Pflicht. Ein ärztl. Führer zu heilsamem Verständnis u. notwend. Wissen im ehel. Leben. 7. u. 8. Aufl. (254 S.) kl. 8. Berlin 904. 906. L. Frobeen. n. 3. —; geb. n. 4. —

Weissbrodt, W(ilhelm): Ein aegyptischer christlicher Grabstein mit Inschrift aus der griechischen Liturgie im Königlichen Lyceum Hosianum zu Braunsberg und ähnliche Denkmäler in auswärtigen Museen. T. 1. Braunsberg 1905: Heyne. (S. 1—26.) 4°
Braunsberg, Vorl.-Verz. WS 1905/06

Weißbrodt, W(ilhelm): Ein aegyptischer christlicher Grabstein mit Inschrift aus der griechischen Liturgie im Königlichen Lyceum Hosianum zu Braunsberg und ähnliche Denkmäler in auswärtigen Museen. T. 2. Braunsberg 1909: Heyne. S. 3—32. 4° ¶ (T. 1 s. Vorl.-Verz. WS 1905/06.)
Braunsberg, Vorl.-Verz. SS 1909 [U 09. 444

Weisbrodt, W., Miscellanea epigraphica, numismatica, grammatica. Pr. 1888. 22 S. 4°

— Observationum in senatusconsultum de bacchanalibus p. I. Pr. 1879. 36 S. 4°.

— Quaestionum grammaticarum part. II. Pr. 1872. 19 S. 4°.

Die antik-archäologische Sammlung des Königlichen Lyceum Hosianum. (Verf.: Wilhelm Weißbrodt) (*Braunsberg 1902.*) (2 Bl.) 8° [Kopft. F.]
[04. 8681 10

Die archäologische Sammlung am Königlichen Lyceum Hosianum. (Vf.: Prof. Dr. [Wilhelm] Weissbrodt.) *Braunsberg: Dr. d. Ermländ. Zeitgs-Verlagsdr. 1892.* (1 Bl., 18 S.) 1 Bd 8. [96. 4550

— W., Specimen grammaticum. Diss. 1869. 36 S.

Weissbrodt, W., Spicilegium in agro populi Romani I. Pr. 1875. 18 S. 4°.

Weissbrodt, W., De versionibus script. sacrae latinis. I. Pr. 1887. 18 S. 4°.

Weissbuch, I—XX. Vorgelegt dem deut. Reichstage Berlin.
I. Togogebiet u. Biafra-Bai, Angra Pequena, deut. Interessen i. d. Südsee etc. 885.
II. Fidji u. Interessen i. d. Südsee. II. 885.
III. Congo-Frage. Egypten. 885.
IV. Aufstand in Ost-Afrika. 889.
V. Samoa. 889.
VI. Samoa II u. Aufstand in Ost-Afrika II. 889.
VII. Nigergebiet u. Aufstand in Ost-Afrika III 889.
VIII. Aufstand in Ost-Afrika IV. Samoa III. 891.
IX. Ermordg. d. Deutschen in Witu. Aufstand in Ost-Afrika V. etc. 891.
X. Ost-Afrika. 891.
XI. Vorgänge in Chile. 892.
XII. Dasselbe. 892.
XIII. Samoa. 893.
XIV. u. XV. Denkschrift betr. d. südwestafrikan. Schutzgebiet. Marschall-Inseln. Kamerun. Togo. 895.
XVI. Jahresbericht üb. d. Entwickelg. d. Schutzgebiete. Südafrikan. Republik. 896.
XVII. dasselbe. 897.
XVIII. dasselbe. 898.
XIX. dasselbe. 899.
XX. dasselbe. 900

Weißbuch. Vorgelegt dem Deutschen Reichstage in der 1. Session der 6. Legislatur-Periode. 1—3. Thl. hoch 4. (XII, 191, X, 196 u. X, 116 S.) Berlin 885. C. Heymann's Verl. à n. 4. —

Weißbuch. Vorgelegt dem deutschen Reichstage. 4.—12. Thl. Berl., C. Heymann. * 38 —
4. Thl. Aufstand in Ost-Afrika. Fol. (XII, 84 S.) 889. * 4 —.
5. Thl. Samoa. hoch 4. (XII, 95 S.) 889. * 4 —.
6. Thl. 1. u. 2. Lfg.: Samoa. [Fortsetzg.] hoch 4. (S. 1—62.) * 1 60; 3. Lfg.: Aufstand in Ostafrika. II. (VI, S. 63—106.) 889. * 2 40.
7. Thl. Deutsche Interessen im Nigergebiete. — Aufstand in Ostafrika. III. Fol. (VII, 84 S. m. 1 Karte.) 889. * 4 —.
8. Thl. Aufstand in Ostafrika. IV. — Samoa. Fol. (VIII, 99 S.) 891. * 4 —.
9. Thl. Ermordung d. Deutschen im Sultanat Witu. — Aufstand in Ostafrika. V. — Aktenstücke betr. Abmachungen d. Reichs m. Frankreich, Großbritannien u. d. deutschostafrikan. Gesellschaft. hoch 4. (VIII, 138 S.) 891. * 4 —.
10. Thl. Ost-Afrika. hoch 4. (X, 66 S.) 891. * 4 —.
11. Thl. Vorgänge in Chile. I.—IV. Abschn. hoch 4. (XIX, 132 S.) 891. * 5 —.
12. Thl. —— dass. — V.—VIII. Abschn. Fol. (XX, 164 S.) 891. * 5 —.

Weißbuch. Vorgelegt dem deutschen Reichstage in der 4. u. 5. Session der 7. Legislatur-Periode. 4. Thl. (Aufstand in Ostafrika.) Fol. (XII, 84 S.) Berlin 889. C. Heymann's Verl. n. 4. —

— Vorgelegt dem Reichstage in der 2. Session der 8. Legislatur-Periode. 13. Thl.: Samoa. IV. Fol. (XXII, 218 S.) Ebd. 893. n. 5. —

Weißbuch. Vorgelegt d. Reichstage in der 3. Session der 9. Legislatur-Periode. 14. u. 15. Thl. Fol. Berlin 895. C. Heymann's Verl. n. 9. —
14. Denkschriften betr. d. südwestafrikan. Schutzgebiet u. d. Schutzgebiet d. Marshall-Inseln. (V, 205 S.) n. 5. —
15. Denkschriften, betr. d. Verwendg. d. Afrikafonds, d. ostafrikan. Schutzgebiet, Kamerun u. Togo. (V, 156 S.) n. 4. —

— Vorgelegt d. Reichstage in d. 4. Session der 9. Legislatur-Periode. 16. u. 17. Thl. Fol. Ebd. à n. 5. —
16. Jahresberichte üb. d. Entwicklg. der Schutzgebiete Togo u. Kamerun, von Deutsch-Ostafrika u. Deutsch-Südwestafrika. Denkschriften, betr. d. Schutzgebiet d. Marshall-Inseln u. die Verwendg. d. Afrikafonds. Aktenstücke, betr. die südafrikan. Republik. (III, 240 S.)
17. Jahresbericht üb. die Entwicklg. der Schutzgebiete Togo u. Kamerun, v. Deutsch-Ostafrika u. Deutsch-Südwestafrika, üb. d. Schutzgebiet der Marshall-Inseln. Denkschrift, betr. die Verwendg. d. Afrikafonds u. üb. d. im südwestafrikan. Schutzgebiet thät. Gesellschaften. (III, 189 S.)

— Vorgelegt d. Reichstage in d. 5. Session der 9. Legislatur-Periode. 18. Thl. Fol. Ebd. 898. n. 4. —
Jahresbericht üb. die Entwicklg. der Schutzgebiete Togo u. Kamerun, d. ostafrikan. Schutzgebietes, d. Deutsch-Südwestafrika u. d. Schutzgebietes d. Marshall-Inseln. Denkschrift, betr. d. Verwendg. d. Afrikafonds. (III, 155 S.)

Weißbuch. Vorgelegt dem Reichstage in der 1. Session der 10. Legislatur-Periode. 19. Thl. Fol. Berlin, C. Heymann's Verl. n. 5. —
Jahresbericht üb. die Entwickelung des Schutzgebietes Togo, des ostafrikanischen Schutzgebietes u. von Deutsch-Südwestafrika. Denkschrift üb. die Entwicklg. der Marshall-Inseln. Denkschrift, betr. die Verwendg. des Afrikafonds. Jahresbericht üb. die Entwicklg. des Schutzgebietes Kamerun. (218 S.) 899.

— Vorgelegt dem Reichstage in der I. u. II. Session der 10. Legislatur-Periode. 20. u. 21. Thl. Fol. Ebd. n. 11. —
20. (317 S.) 900. n. 6. —. — 21. (266 S.) 901. n. 5. —.

Weissbuch. Vorgelegt dem Reichstage in der II. Session der 10. Legislatur-Periode. 22. Thl. (352 S.) Fol. Berlin, C. Heymann. 1902.

Weissbuch über die Ergebnisse der i. J. 1907 im Haag abgehaltenen Zweiten Internationalen Friedenskonferenz (= Anlage Nr. 527 zu dem Stenogr. Berichte des D. Reichstags 12. Leg.-Per. I. Sess. 1907. 4°).

Weißbuch m. Erläutergn. zu den Ergebnissen der in London vom 4. XII. 1908 bis zum 26. II. 1909 abgehaltenen Seekriegsrechts-Konferenz. (Reichstag 12. Legislatur-Periode II. Session 1909/10 Nr. 33.) (106 S.) 31×22,5 cm. Berlin 909. (C. Heymann.) 1. 40

Weisschedel, Ewald: Über die A m p u t a t i o sub talo ... Freiburg i.B., Universitätsbuchdr. v. Ch. Lehmann, 1893; 29 S. 8°
Freiburg i. B., Med. Fak., Inaug.-Diss. v. 1893.

Weisschedel, Hans, Sekundärarzt d. Augusta-Kranken-Anst.: Aus der Augusta-Kranken-Anst. in Bochum. Zur Schnittführung bei Resektion des Wurmfortsatzes. Bonn (1909): Trapp. 33 S. 8°
Bonn, Med. Diss. v. 5. Aug. 1909, Ref. Garrè
[Geb. 15. Juli 76 Florenz; Wohnort: Bochum; Staatsangeh.: Württemberg; Vorbildung: Gymn. Dante Allighieri Florenz Reife M. 94; Studium: München 6, Freiburg i. B. 1, Berlin 1, München 5, Freiburg i. B. 4 S.; Coll. 5. Aug. 09; Approb. 29. Juni 03.] [U 09. 273

Weißdorf, s.: Leuckart v. Weißdorf.

Weiße, der, und der Rothe, Schauspiel von W. Lögler. 8. Augsburg, Jenisch-Stage. 817.

Weisse (Hrsg.), s. A b h a n d l u n g e n, Vermischte, aus dem Gebiete der Heilkunde.

Weiße, Student. Paris und Deutschland. Berlin Ende Juni 1848. Druck von F. Zschiesche. 1 Bl. Fol.
Flugblatt. Berlin, 30. Juni 1848.

Weiße, ..., s. Versuch e. philosoph. Beweises etc.

In rauher Schule. Erinnerungen aus amerikan. Wanderjahren von Albert **Weiße**. Berlin: Vita (1907). (332 S.) 8° [F.] [08. 4809

Weiße, Arnold, Eis- u. Sonnenblumen. Novellen. 2 Bde. 8. (VII, 245 u. V, 231 S.) Hamburg 895. P. Jenichen Sort. n. 4. —; geb. in Leinw. n. 6. —; in 1 Bd. n. 5. 50

Weisse, Arthur: B e i t r ä g e zur mechanischen Theorie der Blattstellungen an Axillarknospen ... (Aus: Flora oder allg. botan. Zeitung. 1889. H. 2.) Marburg, Univ.-Buchdr. (R. Friedrich), 1889; 32 S. + 1 Bl. u. 1 Taf. 8°
Berlin, Phil. Fak., Inaug.-Diss. v. 17. Jun. 1889.

Weisse, A., s.: Verhandlungen des botanischen Vereins der Prov. Brandenburg.

Weiße, C. H., s. Gelegenheitsdichter.

Weiße, C. H., der neue Gelegenheitsdichter. Eine Samml. von Geburtstags-, Hochzeit- u. a. Gedichten. 8. Nordhausen 818, auch 822. (Leipzig, Klinkhardt.) 5/8 Thlr.

Weiße, C. W., s. Weiße, Karl Wilhelm

Weiße, Chr. Fr., († d. 24. März 1792.) Lehrbuch f. junge Bräute, an J. C. F. Haustein. 4. Meißen 780.

— das erhabene Verhalten Jesu bei seinen Zorngerichten, e. Predigt. 4. Meißen 773.

Weiße, Chr. Friedrich

Weisse, Chr. Frdr. Jubelrede von den grossen Verdiensten des glorwürdigsten Churfürsten zu Sachsen, Herzogs Mauritius. 4. Dresden 1744.

Weise, Chr. Fr., vitae octo principum Saxoniae Electorum stirpis Albertinae. 8. Dresd. 734.

Weisse, Christian Benjamin (Mochau) A. S. 767/21

Dissertatio inauguralis juridica de his, quae mulier Saxonica valida citra curatorem agit.
Präs. Heinrich Bode.
Halle (Henckel) 13. IV. 1712. 32 S.

Gew.: August Beyer, Karl Christian Kirchner.

36219

Weiße, Christian Ernst

— Anleit. zur Geschichte der sächs. Staaten. gr. 8. Leipz. 796. Göschen. 18 Gr.

Weiße, Chr. Er., († d. 6. Sept. 1832.) Aufsätze üb. einige neu erört. Gegenstände des deutschen Staatsrechts. gr. 8. Leipz. 794. (W. Vogel). 18 Gr.

— diplomatische Beitrr. zur sächs. Geschichte u. Staatskunde. gr. 8. Leipz. 799. Martini. (Cnobloch). 20 Gr.

— über die Berichterstattung auf Klagen deutscher Unterthanen an d. Reichsgerichte. 8. Wetzlar 792 Winkler. 12 Gr.

Weisse, Christian Ernst. Bruchstücke aus dem Leben Christophs von Carlowitz. 8. Freiberg 1801.

— Bruchstücke aus dem Leben C. v. Carlowitz. gr. 8. Frberg 801. Craz u. G. 6 Gr.

Weisse, Chr. Ernst, de VI consuetudinibus in causis criminalibus commentatio. 8. Halae, Hemmerde et Schw. 813.

Weisse, Christian Ernst [Praes.], s. Doerrien, Heinrich: De justo rigoris cambialis usu praesertim in cambiis trassatis.

— üb. die Einführ. d. Galanterie in d. Mittelalter. gr. 8. Leipz. Crusius. (Vogel). 793.

Weiße, C. E., Einleitung in das gemeine deutsche Privatrecht. gr. 8. Leipzig, Gerh. Fleischer. 817.

Weiße, Chrstn. Ernst, Einleitung in das gem. teutsche Privatrecht. Nebst e. tabellar. Grundriß d. teutschen Privatrechts. 2., verm. Aufl. — A. u. d. T.: Lehrbuch d. gem. teutschen Privatrechts. gr. 8. (12¼ B.) Leipzig 832, Hartknoch.

— Geschichte Friedrich Augusts, Königs v. Sachsen bis zum Posener Frieden. Mit 1 Bildn. gr. 8. Leipz. 812. Hinrichs. 1 Thlr. 12 Gr.

— Geschichte Friedrich Augusts, Königs von Sachsen, s. a. Geschichte

— Geschichte der chursächs. Staaten. 4 Bde. gr. 8. Leipz. 802—6. Breitkopf u. H. 5 Thlr. 8 Gr. Hbg. Pr. 3 Thlr. 5r—7r Bd. (A. u. d. T.: neueste Geschichte des Königr. Sachsen seit dem Prager Frieden 1635 bis auf unsere Zeiten. 1r—3r Bd.) gr. 8. Ebd. 808—11. Hinrichs. 5 Thlr. Schreibp. 5 Thlr. 16 Gr. Velinp. 7 Thlr.

— — dies. der chursächs. Staaten. 7r u. letzt. Bd.
Auch unt. d. Titel:
Neueste Geschichte d. Königr. Sachsens seit dem Prager Frieden 1635 bis auf uns. Zeiten. 3r Bd. Mit dem Portrait des Königs Friedrich August. gr. 8. Leipz. Hinrichs. 812.
Schreibp.
Velinp.

Weisse, Christian Ernst [Praes.], s. Guenther, Maximilian: De mutata feudorum extra curtem inter principes foederi Rhenano adscriptos ratione commentatio Präs. Christian Ernst Weisse.

Weisse, Christian Ernst [Praes.], s. Krug, August Otto: De tutela usufructuaria jure Germanico communi reprobata.

Weisse, Chr. Ern.: Lehrbuch des königl. sächs. Staatsrechts. 2 Bde. *Leipzig*, Hartknoch. 823. 27. gr. 8. (4 Thl. 12 Gr.)

Weiße, (Ch. E.,) Lehrbuch des königl. sächs. Staatsrechts. 2 Bde. gr. 8. Leipz. 824 u. 27, Hartknoch. 4 Rthl. 12 gr. Schreibp.

— Museum für die sächs. Geschichte, Literatur u. Staatskunde. 3 Bde. od. 6 Stücke. gr. 8. Leipz. 794—96. Weidmann. 4 Thlr. 12 Gr.

— neues Museum f. die sächs. Literatur u. Statistik. 1r u. 2r Bd. od. 4 Quartale. gr. 8. Frberg 800, 1. Craz u. G. 3 Thlr.

— desselben 3r u. 4r Bd. od. 4 Stücke. gr. 8. Leipz. 803—7. Breitkopf u. H. 3 Thlr.

—— Opuscula academica, aucta et emendata. Tom. I. 8 maj. (15½ B.) Lipsiae 829, [Klinkhardt.]

Weisse, Christian Ernst [Praes.], s. Platner, Eduard: De dominio agrorum incultorum intra confinia pagorum Germaniae sitorum commentatio.

— über die deutschen Reichsdeputationen zu Friedensverhandlungen. 8. Leipz. 797. Gr. Fleischer. 12 Gr.

Weisse, Ch. E.: Ueb. d. Säcularisation deutscher geistl. Reichsländer in Rücksicht auf Geschichte und Staatsrecht. *Lpz.*, Göschen. 798. 8. (18 Gr.)

— Nachtrag hierzu. gr. 8. Leipz. 800. Gr. Fleischer. 12 Gr.

— Comment. de vi consuetudinis in causis criminalibus. 8. Leipz. 813. Breitkopf u. H. 8 Gr.

Weisse, C. E., Comment. de vi consuetudinis in causis criminalibus. 8. Lips. Breitkopf et H. 814.

— von den Vortheilen der deutschen Reichsverbindung, nebst e. kl. Beiträgen z. Staatsrecht des Mittelalters nach Anleitung der schwäbischen Dichter. gr. 8. Leipz. 790. Dyck. 16 Gr.

Weiße, Christian Ernst [Hrsg.], s. W e i ß e , Christian Felix: Selbstbiographie.

Weiße, Christian Ernst [Hrsg.], s. Z a c h a r i ä , K. Sal.: Handbuch d. kursächs. Lehnrechts.

— Zusätze u. Berichtigungen zu Schrebers ausführl. Nachricht von den sächs. Land- u. Ausschußtagen; nebst e. wicht. Landtagsverhandlungen. gr. 8. Leipz. 799. Martini. (Cnobloch). 10 gl

Weiße, Christian Felix

Weiße, Chrn. Felix, Vortrag üb. ihn, s.: W i l d e n h a h n , J.

— Todesfeier, in der Rathsfreischule zu Leipzig, (v. K. G. Plato u. J. Ch. Dolz). gr. 8. Leipz. 805. Barth. 4 gl

Weiße, Chr. Felix, († d. 16. Dec. 1804.) neues ABC-Buch, nebst einigen kleinen Uebungen u. Unterhaltungen für Kinder, mit neuen Kpf. von Schubert. gr. 8. Leipz. 772. N. A. 810. u. 817. (W. Vogel). mit ill. Kpf. geb. 1 Thl. 8 gl mit schwarzen Kpf. in 8. 18 gl mit kleinern ill. Kpf. geb. in 8. 10 gl in Pappe geb. 12 gl mit kleinern schwarz. Kpf. in 8. geb. 10 gl Dasselbe mit Holzschnitten. 8. Ebd. N. A. 810. 4 gl Mit neuen Kpf. 16 gl mit ill. Kpf. 1 Thl.

Weiße, Christian Felix, s. A i k i n : Naturkalender.

— Albert; e Drama. Leipz. 774.

Weiße, Christian Felix, s. A m a z o n e n l i e d e r .

[Weiße, Christian Felix]. Amazonen-Lieder. Zwote vermehrte Auflage. Leipzig, Weidmanns Erben & Reich, 1762. Kl. 8°. 2 Bl. 180 S. *Mit 1 Titelvign. und 1 Schlußvign. (von Oeser).*
G. IV.[1] 139. 4.

— Armuth u. Tugend; Schspl. 8. Leipz. 772. Dyck. 4 gl

Weiße, Christian Felix, s. B a r d e n , Von dem.

Weiße, Christian Felix, s. B e i t r ä g e zum deutschen Theater.

Weiße, Christian Felix, Beytrag // zum // Deutschen Theater. // Erster Theil. // Zwote, verbesserte und vermehrte Auflage. // Leipzig, // in der Dykischen Buchhandlung, // 1765. - 4 Blatt (nicht paginiert) Titelblatt und Vorrede. - 447 S.
Inhalt:
Eduard der Dritte. - Richard der Dritte. - Die Poeten nach der Mode. - Die unerwartete Zusammenkunft oder der Naturaliensammler.

Beytrag // zum // deutschen Theater. // Zweiter Theil. // Leipzig, in der Dyckischen Handlung, // 1763. - 6 Blatt (nicht paginiert) Titelblatt, Widmung und Vorrede. - 436 S. und noch 1 Blatt (nicht paginiert) Druckfehler.
Inhalt:
Mustapha und Zeangir. - Rosemunde. - Die Haushälterinn.

Beytrag // zum // deutschen Theater. // Dritter Theil. / Leipzig / in der Dyckischen Handlung, // 1764. - 3 Blatt (nicht paginiert) Titelblatt und Vorrede. - 356 S.
Inhalt:
Crispus. - Die Befreyung von Theben. - Der Mißtrauische gegen sich selbst.

Weiße, Christian Felix, s. B i b l i o t h e k f. Jünglinge.

Weiße, Christian Felix, s. B r i e f e d. Miss. F. Buttler.

Weiße, Christian Felix, s. B r i e f w e c h s e l d. Familie d. Kinderfreundes.

[WEISSE]. *Briefwechsel der Familie des Kinderfreundes.* Erster Theil [bis 12. Theil.) Reutlingen, Joh. Grözinger, 1792. Mit zahlreichen Kupfern, Notenbeilagen und Titelvignetten in jedem Bd. Kl.-8°. 12 braune Halbldbde. d. Zt. m. Titel u. Nummernschildchen. 48.—
Reutlinger Nachdruck der 1. Ausgabe (Leipzig, Crusius, 1784—1792, vgl. Goedeke IV. 1, S. 140, Nr. 15). Diese Fortsetzung oder Erweiterung von Weißes weitverbreitetem „Kinderfreund" erfreute sich ebenfalls großer Beliebtheit. — Die Einbände leicht berieben und wenig benutzt.

Weiße, Christian Felix, s. B u r t o n : Vorlesungen.

Weiße, Christian Felix, s. C e c i l i a , od. Geschichte e. reichen Waise.

W e i s s e, C. F.,) petites Comédies pour les enfans et la Jeunesse, trad. en françois par J. Naudé. 2 Tomes. 8. Halle 795, Verl. v. Reinicke u. C.

— correspondance d'une petite famille récueillie et publiée par un ami des adolescents, imitée de l'Allemand par J. la Chaise. IV Vols. 8. Leipz. 799, 800. (W. Vogel). 4 Thl.

Weiße, Christian Felix, s. C r e b i l l o n : Catilina.

Weiße, Christian Felix, s. D r a m e n .

Weiße, Christian Felix, s. E d u a r d d. Dritte.

— Elegie auf Gellerts Tod. 4. Leipz. 770.

Weiße, Ch. F., der E r n t e k r a n z , s.: M o d e ' s , G., Operntextbibliothek.

— der Aerndtekranz. Komische Oper in 3 A. In Musik gesetzt von J. A. Hiller. 4. Leipz. 772. Gleditsch. 1 Thl. 12 gl

Weiße, Christ. Fel., Erzählgn. aus dem „Kinderfreund", s.: A m b r o s , Jos., Bücherei. 1. Bd.

Weiße, Christ. Fel.: E r z ä h l u n g e n aus dem „Kinderfreund", s. B ü c h e r e i f. d. Jugend. 1. Bdchn.

Weisse's, C. F., († d. 16. Dec. 1804), schönste Erzählungen des Kinderfreundes. Für die Jugend, insbesondere für Volks- u. Schulbibliotheken herausgeg. von Gust. P l i e n i n g e r . 8. (IV u. 140 S.) Pforzheim 849, Flammer & Hoffmann. 9 ngl; mit 2 Kupfern n. 2/3 Thl.

Weisse's, C. F., schönste Erzählungen des Kinderfreundes. Für die Jugend, insbesond. für Volks- und Schulbibliotheken hrsg. von Gust. Plieninger. 8. (IV und 140 S.) Pforzheim 849. [Stuttgart, Scheitlin's Verlgsh.] Thlr.
Mit 2 Kpfrn. •

Weisse's, C. F., Kinderfreund, die schönsten Erzählungen daraus, s. P l i e n i n g e r , G.

Weiße, Christian Felix, s. E v e l i n a .

— der Fanatismus, oder Jean Calas. Trspl. 8. Frankf. 785. (v. Jenisch u. St. in Augsb.) 8 gl

Weiße, Christian Felix, s. J. F o r d y c e : Predigten.

Weiße, Christian Felix, s. F r a n k l y : Wanderung.

— kleine lyrische Gedichte. 3 Thle. 8. Leipz. 772. Weidmann. 1 Thl. 12 gl mit Kpf. 5 Thl. 12 gl

Weiße, Christian Felix, s. v. G e n l i s : Erziehungs-Theater.

Weiße, Christian Felix, s. G r a m m o n t , Julie.

Weiße, Christian Felix, s. G r e e n w i l l e , Julie.

Weiße, Christian Felix, s. G u y : Reise.

Weiße, Christian Felix, s. H e l m e , Clara u. Emmeline.

Weiße, Christian Felix, s. H e n n u y e r , Johann.

Weiße, Christian Felix, s. H ü t e , Die beiden.

Weiße, Christian Felix, s. J a c k , D. kleine.

Weiße, Christian Fel., die Jagd, s. H i l l e r , Joh. Adam.

— die Jagd, s.: M o d e ' s Operntextbibliothek.

— die Jagd. Oper. 8. Leipz. 770. 2e A. 771. Dyck. 9 gr.

Weiße, Christian Felix, s. J a h r 2440.

— die Jubelhochzeit. Oper. 8. Leipz. 773. Dyck. 9 gr.

Weiße, Christian Felix, s. K i n d e r f r e u n d , e. Wochenblatt.

— d. K i n d e r f r e u n d , eine Wochenblatt f. Kinder. 24 Thle. m. 18 K. u. Musik. 8. Lpz. Crusius. (W. Vogel.) 775–84. (à 12 gr.)

WEISSE. *Der Kinderfreund*. Ein Wochenblatt. 21. & 22. Theil in 1 Bd. Leipzig,, S. L. Crusius, 1781. Mit zahlreichen Kupfern, Notenbeilagen und 2 Titelvignetten von CRUSIUS, ENDNER u. a. Kl.-8°. (Etwas berieb.) Hldr. d. Z. m. Rückenvergold. & Schildchen. 12.—

[WEISSE, CHRISTIAN FELIX]. *Der Kinderfreund*. Ein Wochenblatt.. Dritte verbesserte Auflage. 12 Bde. (1—12) in 6. Leipzig, Siegfried Lebrecht Crusius, 1780/82. Mit 12 hübschen Titelvignetten, 1 Porträt Weißes von GEYSER nach GRAFF, 16 Kupferstichen von ENDNER u. a. nach ROSMAESLER, SCHOENAU u. a., Familienszenen, Tiere u. a. darstellend, und 16 gestoch. Musikbeilagen. 8°. Schöne Halbldrbde. d. Z. auf Bünden mit roten Rsch. u. Rv. (leicht berieb.). 70.—

Goed. IV, 1, 140, 14. „Erste bedeutende periodische Jugendschrift" (Merget S. 19). Es erschienen noch 12 weitere Bände dieser weitverbreiteten, in viele Sprachen übersetzten Zeitschrift. —

— — derselbe, m. Kupf. in 12 Bdn. wovon jed. Bd. 2 Thle. d. vorhergeh. Aufl. enth. 8. Ebend. 780—83.
Schreibp.

— — Fortsetz. desselb. od. Briefwechsel des K i n d e r f r e u n d e s. 12 Thle. mit 36 Kpf. 8. Ebend. 784—92. (à 12 gr.)
Schreibp. (à 20 gr.)

[WEISSE]. *Der Kinderfreund*. 12 Teile (I—XII) in 6 Bdn. Reutlingen, bei Grözinger u. Ensslin. 1818. Mit Titelvignetten, Musikbeilagen und Frontispiz zum 1. Teil. Kl.-8°. Hübsche marmor. Pappbde. d. Z. 25.—

Vierte, verbess. Auflage des bekannten Werkes, von der nur diese 12 Teile erschienen sein dürften. — Einige Titelkupfer scheinen zu fehlen. Einbände ein wenig abgenutzt, hie und da unbedeut. Fleckchen. Gutes Ex.

W e i ß e , Chr. F. —. Der Kinderfreund. Ein Wochenblatt von — —. Neu bearbeitete Auflage. 1.—7. Theil. (148, 144, 152, 152, 144, 128, 140 S.) 16. Wien. Druck und Verlag von A. Dorfmeister. (Alle 14 Tage vom 15. Jänner 1854 an erscheint eine Doppellieferung à 12 kr.) 1854.

W e i ß e , Chr. F — Der Kinderfreund. Ein Wochenblatt. Von — —. 8. Theil. Neu bearbeitete Auflage. (140 S.) 16. Wien. A. Dorfmeister. 1854. (2958.)

Weiße, Christian Felix, s. L a w : Ermahnungen.

Weiße, Christian Felix, s. L i e b e , Die, auf d. Lande.

— Lieder u. Fabeln f. Kinder u. junge Leute, nach seinem Wunsche gesammelt u. herausg. v. S. G. Frisch. mit 1 Kpf. 8. Leipz. 807. (W. Vogel). 16 gr.

Weiße, Chr. Felix, Lieder f. Kinder, mit Melodien. 2 Thle. Fol. Altona 766, 68. Hammerich. 1 rthl. 20 gr.

— Lieder für Kinder. 8. Leipz. 767. 2e A. 769. 3e A. 770. Weidmann. 6 gr. Zugabe zur ersten Aufl. derselben. 8. Ebd. 769. Weidmann. 2 gr. dieselben mit Melodien, v. J. A. Hiller. gr. 8. Ebd. 775. Weidmann. 1 rthl. 12 gr. dieselben mit neuen Melodien von G. G. Hunger. 4. Ebd. 772. Weidmann. 1 rthl. 4 gr.

[—] Lieder für Kinder, vermehrte Auflage. Mit neuen Melodien von Johann Adam Hiller. Leipzig, bey Weidmanns Erben und Reich, 1769. 8°. 3 Bl. (incl. Titelblatt), 142 S., ohne das letzte weiße Bl.; *1 Titelkupfer (Mutter am Bette des Kindes mit der alten Seide); Titelvignette (Spielende Kinder), sowie 1 Schlußvign. (musizierende Kinder) und 71 Melodien für Singstimme und Klavier in Kupferstich.* Etwas beriebener Ldrbd. d. Z. mit 2 Rsch.

Hirsch III, 826 (Ausgabe von 1784). Eitner V, 147. Goed. IV[1], 139, 5. Schnapper I, 482. Oeser-Kemann: weiß nicht genau, ob OESER die Vorlagen zu den Kupfern geliefert hat, die J. M. STOCK gestochen hat. Der große Erfolg dieses Buches — es erschienen binnen weniger Jahre fünf z. T. vermehrte Auflagen — ist wohl zum großen Teile den gefälligen Kompositionen Hillers zuzuschreiben.

[WEISSE]. *Lieder für Kinder*, vermehrte Auflage. Mit Melodien von JOHANN ADAM HILLER. Zweyte Auflage. Leipzig, bey Weidmanns Erben und Reich. 1775. 3 Bl. 138 S., 2 Bl. mit 1 prächt. Frontispiz u. je 1 reizenden Titel- u. Schlußvignette von J. M. STOCK, sowie d. Komposition jedes Liedes in Kupferstich. 8°. Pappbd. d. Z. 35.—

Seinerzeit berühmtes Kinderliederbuch. Texte vom Herausgeber des „Kinderfreundes". Die hübschen Melodien f. 1 Gesangstimme m. Klavierbegl. Illustrationen v. Goethes Lehrer Stock.

Weiße, Christian Felix, s. L i e d e r , Scherzhafte.

' **LIEDER**, S c h e r z h a f t e (von *Christian Felix Weisse*). Leipzig, Weidmann, 1758. Kl. 8°. 160 S. (In Berlin 2 Expll.: Yl 5051, an Yl 5311.)

— Dasselbe. Mit Titelvignette. Neue, verbesserte Auflage. Leipzig, in der Weidemannischen (so!) Buchhandlung. 1759. 8°. (In Berlin 2 Expll.: Yl 5053; an Yl 4821 a.) 174 S. (incl. 5 S. Inhalt).

— Dasselbe. Dritte, vermehrte und verbesserte Auflage, Leipzig, bey M. G. Weidemanns Erben und Reich. 1763. 8°. 285 S. (In Berlin: Yl 5055; in München: P. o. germ. 1564 lxf, mit 2 Beibdn.)

Weiße, Christian Felix, s. L i s t über List.

Weiße, Christian Felix, s. L o t t c h e n am Hofe.

Weiße, Chr. Felix, Lustspiele. 3 Bde, mit Kpf. 8. Leipz. ... N. A. 783. Dyck. 3 rthl. 8 gr. (Enth.: 1) Amalie. 2) Die Freundschaft auf d. Probe. 3) Großmuth f. Großmuth. 4) Die Haushälterin. 5) List über List, u. das Weibergeklatsche. 6) Die Matrone von Ephesus. 7) Die Mißtrauische gegen sich selbst. 8) Der Naturaliensammler. 9) Die Poeten nach d. Mode. 10) Der Projektmacher. 11) Walder).

Weiße, Christian Felix, s. M a r i a n e , der liebenswürdigen, Begebenheiten.

Weiße, Christian Felix, s. M a s o n , W.: Engl. Garten.

Weiße, Christian Felix, s. M a t r o n e , Die, von Ephesus.

Weiße, Christian Felix, s. de M o i s s y : Die neue Weiberschule.

Weiße, Christian Felix, s. M o o r e : Fabeln.

— komische Opern. 3 Thle, mit Kpf. 8. Leipz. 767—71. N. A. 777. Dyck. 1 Rthl. 20 gr. (Enth.: 1) Der Erndtekranz. 8 gr. 2) Der Dorfbarbier. 4 gr. 3) Die Jagd. 4) Die Liebe auf dem Lande. 7 gr. 5) Lottchen am Hofe. 6) Die verwandelten Weiber, oder d. Teufel ist los. 1r Thl. 7 gr. Der lustige Schuster, oder d. Teufel ist los. 2r Thl.

W e i ß e, Christian Felix, komische O p e r n. 2 Bde. 8. Augsb. Stage. 769. Rthlr.

Weiße, Christian Felix, s. P o e t e n , Die.

Weiße, Chr. Felix.
Die Poeten nach der Mode. Ein Lustspiel in drey Aufzügen. — Ridentem dicere verum Quis vetat? Horat. O. O., Dr. u. J. [Hamburg 1757?]. 80 S.

Weiße, Christian Felix, s. R a b e n e r 's Briefe – dess. Satyren u. dess. sämmtl. Schriften.

— nouveau Recueil de Comédies et de Drames à l'usage de la jeunesse. Imités de allemand p. J. la Chaise. IV Vol. 8. Lpz. Crusius. (Vogel.) 802. 3. (I. II. 2 Rthlr. III. IV. 2 Rthlr.)

Weiße, Christian Felix, s. R e i s e a b e n t h e u e r , dreier Königssöhne.

Weiße, Christian Felix, s. R i c h a r d der Dritte.

Richard der Dritte. Ein Trauerspiel in 5 Aufz. von Christian Felix Weiße. Hrsg. von Daniel Jacoby u. August Sauer. *Berlin: B. Behr 1904.* (XXXII, 91 S.) 8°
= Quellenschriften z. Hamburg. Dramaturgie. 1.
= Literaturdenkmale, Deutsche, d. 18. u. 19. Jahrh. No 130.

Weiße, Christian Felix, s. R o m e o u. Julie.

Weiße, Christian Felix, s. R o w e : Andachtsübungen.

Weiße, Christian Felix, s. S a i n t - Lambert: Fabeln.

— Schauspiele für Kinder; aus d. Kinderfreund besonders abgedruckt. 3 Bde. 8. Leipz. 792. (W. Vogel). 2 Rthl. 8 gr. (Enth.: 1) Der Abschied, Schspl. 4 gr. 2) Die kleine Aehrenleserin, Lstspl. 4 gr. 3) Das Denkmal in Arkadien, Schspl. 4 gr. 4) Edelmuth in Niedrigkeit, Schspl. 4 gr. 5) Familienzwist ꝛc., Schspl. 4 gr. 6) Feuersbrunst, Schspl. 4 gr. 7) Die Freunde, oder das Vogelschießen, Lstspl. 4 gr. 8) Die Friedensfeier, Lstspl. 4 gr. 9) Der Geburtstag, Lstspl. 2 gr. 10) Geschwisterliebe, Schspl. 2 gr. 11) Ein gutes Herz, Lstspl. 4 gr. 12) Gute Kinder, Schspl. 4 gr. 13) Der ungezogene Knabe, Lstspl. 4 gr. 14) Die Milchschwestern, Schspl. 2 gr. 15) Das junge Modefrauenzimmer, Schspl. 4 gr. 16) Die Schadenfreude, Lstspl. 2 gr. 17) Die Schlittenfahrt. 4 gr. 18) Die jungen Spieler, Lstspl. 4 gr. 19) Die Ueberraschung, Lstspl. 4 gr. 20) Versprechen muß man halten, Lstspl. 4 gr. 21) Das Weihnachtsgeschenk, Lstspl. 2 gr. 22) Wer dem Andern eine Grube gräbt ꝛc., Lstspl. 4 gr. 23) Das Windspiel, Schspl. 4 gr. 24) Die natürl. Zauberei, Lstspl. 4 gr.)

Weiße, Christian Felix, s. S c h r e i b e p u l t , D. geöffnete.

Weiße, Christian Felix, s. S c h u s t e r , D. lustige.

— Selbstbiographie, herausg. von sm. Sohne C. E. Weiße, u. sm. Schwiegersohne S. G. Frisch, mit Zusätzen von d. Letztern. gr. 8. Leipz. 806. Voß. 1 Rthl. 16 gr. Wohlf. Ausg. gr. 8. Ebd. 807. 1 Rthl.

Weiße, Christian Felix, s. S m i t h , Emmeline.

Weiße, Christian Felix, s. S p i e g e l , Der, e. period. Blatt.

— die jungen Spieler, oder böse Gesellschaften verderben gute Sitten; Lstspl. 8. Leipz. 781. (W. Vogel).

— T r a u e r s p i e l e. 5 Thle, m. K. 8. Lpz. Dyk. 776—80. (I—IV. 2 Rthlr. 8 gr. V. 20 gr.) (darin ist enth. 1) Atreus u. Thyest. 6 gr. 2) d. Befreyung v. Theben. 6 gr. 3) Jean Calas, nebst d. Gesch. s. Hinrichtung. 10 gr. 4) Eduard III. 6 gr. 5) d. Flucht. 6 gr. 6) Krispus. 6 gr. 7) Mustapha u. Zeangir. 6 gr. 8) Richard III. 6 gr. 9) Romeo u. Julie 8 gr. 10) Rosemunde. 5 gr.)

Weiße, Christian Felix, s. T y r t ä u s : Kriegslieder.

— dramat. Unterhaltungen. 2e A. Leipz. 818. Wienbrack.

Weiße, Christian Felix, s. U z : Poet. Werke.

Weiße, Christian Felix, s. V e r s u c h über alte Jungfern.

Weiße, Christian Felix, s. W a l d e r , Lustspiel.

Weiße, Christian Felix, s. W e i b e r , Die verwandelten.

WEIBERGEKLATSCHE oder ein Qui pro Quo. Ein Lustspiel in einem Aufzuge (von *Chrn. Felix Weisse*). Leipzig 1769. 8°. Zahm. (In Berlin: Yr 2581.)

— Weibergeklatsche, oder ein qui pro quo. Lstspl. 8. Leipz. 769. Dyck. 3 gr.

Weiße, Christian Felix, s. W. W i l k e s : Erinnerungen.

Weiße, Christian Felix, s. W i l l i a m , Julie.

Weiße, Christian Heinrich

— Abhandl. von den typischen oder vorbildl. Strafen, deren hin u. wieder in d. heil. Schrift Meldung geschieht; aus d. eigenen Handschrift d. Verfass. mit Vorrede u. Anmerkk. herausg. von Chr. Karl Amende. 8. Augsb. 756.
Vgl. Weise, Joh. Chr.

Weisse, Christian. Henricus. De eo, quod decorum est, circa vestes ... Publice proponent et propositas defendent, praeses M. Christian Henricus Weiße. Lipsiae, literis Brandenburgerianis MDCCX [1710].
22 S. 8°

— Gutachten v. Schulsachen. 8. Chemnitz. 717.

— Imitationes d. geschwinden Lateiners. 2 Thle. 8. Nürnb. 739.

Weiße, Chr. Hnr., († ...) Latium in compendio, oder d. geschwinde Lateiner. 2 Thle. 8. Altenb. ... 7e Aufl., herausg. von Jh. Chr. Messerschmid, 756. 8e A. 769. 9e A. 778. Richter. 1 Rthl.

— Latium in compendio od. d. geschwinde Lateiner. 2 Thle. 8. (Jena, Akadem. Buchhdl.). 769.

Weiße, Chr. Heinr., antiquitatum Misnico-Saxonicarum singularia. 8. Chemnitz. 727.

— de stilo romano. 8. Chemnitz, Stössel. 724.

Weisse, Chri. Hch. Dissertatio de Ernesti, Saxoniae electoris, virtutibus. fol. Altenburg 1727

Weiße, Christian Hermann

Weiße, C.H. (Bearb.), s. A r i s t o t e l e s : Physik.

Weiße, C.H. (Bearb.), s. A r i s t o t e l e s : Von der Seele und von der Welt.

Weiße, C.H. (Bearb.), s. A r i s t o t e l e s : Von der Welt.

Weisse, Chrn. Herm., Beiträge zur Kritik der Paulinischen Briefe an die Galater, Römer, Philipper und Kolosser. Hrsg. von E. Sulze. Lex.-8. (III und 65 S.) Leipzig 867, Hirzel. *

Weiße, Chrn. Herm., die Christologie Luthers u. die christologische Aufgabe der evangel. Theologie. Zur dogmat. Begründung der evangel. Union. gr. 8. (XIV u. 254 S.) Leipzig 852, Dyk. 1¾ ß

Weiße, Ch. H., die Christologie Luthers und die christolog. Aufgabe der evangel. Theologie. Zur dogmat. Begründung der evangel. Union. 2., mit einer Abhandlung über progressive und conservative Union, Zusätzen und Verbesserungen verm. Ausg. Leipzig 855. Dyk. gr. 8. (LVIII, 256 S.)
n. 1 ß. 5 ngr.

— Darstell. d. griech. Mythologie. 1r Thl. A. u. d. T.: Ueber d. Begriff, die Behandl. u. die Quellen d. Mythologie. gr. 8. Leipz. 827, Barth.

— Darstell. d. griech. Mythologie. 1r Thl. Einleitende Abhandl. (A. u. d. T.: über d. Begriff, die Behandlung u. die Quellen d. Mythologie.) gr. 8. Leipz. 828. Barth. 2 ß

Ch. Hm. **Weisse** de Platonis et Aristotelis in constituendis summis philosophiae principiis differentia; comment. *Lpz.*, Barth. 828. gr8° 6gl

—— philosophische Dogmatik oder Philosophie des Christenthums. (In 2 Bdn.) 1. Bd. gr. 8. (VIII und 712 S.) Leipzig 855, Hirzel. *

Weisse, Ch. H., philosophische Dogmatik oder Philosophie des Christenthums. 2. Bd. A. u. d. T.: Die Welt- und Menschenschöpfung. gr. 8. (XVI und 543 S.) Leipzig 860, Hirzel. *
1. Bd. Ebendas. 1855. * 3 Thlr. 10 Ngr.

—— philosophische Dogmatik oder Philosophie des Christenthums. 3. Bd. A. u. d. T.: Die Heilslehre des Christenthums. gr. 8. (XXIII und 737 S.) Leipzig 862, Hirzel. *
1. und 2. Bd. Ebendas. 1855,66. * 6 Thlr. 10 Ngr.

—— die Evangelienfrage in ihrem gegenwärtigen Stadium. gr. 8. (XI und 292 S.) Leipzig 856, Breitkopf und Härtel.

Ch. Hm. **Weisse**: d. philos. Geheimlehre v. d. Unsterblichk. d. menschl. Individuums. (*Dresd.*, Grimmer. B. 834. N. wohlf. Ausg.:) *Dresd.*, Kori. 844. 8° 8gl

Weiße, Chrstn. Herm., die evangel. Geschichte, krit. u. philosoph. bearb. 2 Bde. gr. 8. (39½ u. 34½ B.) Leipzig 838, Breitkopf u. Härtel. à 3 Thlr.

—— Grundzüge d. Metaphysik. gr. 8. (36½ B.) Hamburg 835, Fr. Perthes.

Ch. Hm. **Weisse**: d. Idee d. Gottheit; e. philos. Abhandl., als wissenschaftl. Grundleg. z. Philos. d. Relig. *Dresden*, Grimmer. B., nachh. Kori. (833. N. wohlf. Ausg.) 844. gr8° 1ß 8gl

Weiße, Chrn. Herm., In welchem Sinne die deutsche Philosophie jetzt wieder an Kant sich zu orientiren hat. Eine akadem. Antrittsrede. gr. 8. (28 S.) Leipzig 847, Dyk'sche Buchh.

—— Kritik u. Erläuterung d. Goethe'schen Faust. Nebst e. Anh. z. sittl. Beurtheil. Goethe's. 8. (25½ B.) Leipzig 837, Gebr. Reichenbach.

—— über d. Legitimität d. gegenwärt. franz. Dynastie. gr. 12. (3¼ B.) Leipzig 832, Literar. Museum.

Weise, Chrstn. Herm., Martinus Lutherus quid de consilio mortis et resurrectionis Jesu Christi senserit. Dissert. theolog. Lex.-8. (6¼ B.) Lipsiae 845, Breitkopf et Härtel.

—— das philosophische Problem der Gegenwart. Sendschreiben an J. H. Fichte. gr. 8. (24½ B.) Leipzig 842, Gebr. Reichenbach. *

Weiße's, Chr. H., Psychologie und Unsterblichkeitslehre nebst Vorlesungen über den Materialismus und verwandten Beigaben. Aus Weiße's handschriftl. Nachlasse und akadem. Nachschriften zusammengestellt von Rud. Seydel. gr. 8. (XVI, 328 S.) Leipzig 869, Findel. *

—— Rede zum Andenken Joh. Glieb. Fichte's gehalten in der akademischen Aula zu Leipzig am 19. Mai 1862. gr. 8. (23 S.) Leipzig 862, Teubner.

—— kleine Schriften zur Aesthetik und ästhetischen Kritik. Aus dessen handschriftl. Nachlasse und aus bereits Gedrucktem zusammengestellt von Rud. Seydel. gr. 8. (X und 480 S.) Leipzig 867, Breitkopf und Härtel.

—— Platonis de natura doctrinae philosophicae sententia e libro VII. de republica exposita. Dissert. 8maj. (16 S.) Leipzig 847, libr. Dyk. *

(Weiße, Chr. H., Die Staatsregierung Sachsens und die ein und zwanzig Professoren. Von einem aus ihrer Mitte. Nebst einer Beilage. Leipzig, Dyk, 1850. 58 S. 8°.

—— über d. gegenwärt. Standpunkt d. philosoph. Wissenschaft. In besond. Bezieh. auf d. System Hegels. 8. (14½ B.) Leipzig 829, Barth.

— über das Studium d. Homer u. seine Bedeutung für unser Zeitalter. Nebst e. Anhange mytholog. Inhalts u. e. Rede über d. Verhältniß d. Studiums d. Geschichte zu d. allgem. Nationalbildung. gr. 8. Leipz. 826. Er. Fleischer. 2 ß

—— System d. Aesthetik, als Wissenschaft von d. Idee d. Schönheit. In drei Büchern. 2 Thle. gr. 8. (54 B.) Leipzig 830, [Böhme.]

Weiße, Prof. Chr. Herm., System der Aesthetik als Wissenschaft v. d. Idee der Schönheit. In 3 Büch. 2 Thle. gr. 8. Leipz. 830. Hartmann. 3 ß 16 gl

Weiße's, Ch. H., System der Aesthetik nach dem Collegienhefte letzter Hand hrsg. v. Rud. Seydel. gr. 8. (XII, 190 S.) Leipzig 872. Findel. 3. 60

Eb. üb. d. Verhältn. d. Publicums z. Philos. in d. Zeitpunkte v. Hegel's Abscheiden; nebst e. kurzen Darleg. mr. Ansicht d. Systems d. Philos. *Lpz.*, Schaarschmidt u. Volckmar. 832. gr8° 12*gl*

—— einleitende Worte zur Säcularfeier der Geburt Göthe's. In der akadem. Aula zu Leipzig gesprochen. gr. 8. (8 S.) Leipzig 849, Dyk'sche Buchh.

Weiße, Ch. H., Ueber das Zweikammersystem in den deutschen Einzelstaaten. Rede gehalten im deutschen Verein in Leipzig. Leipzig, Dyk, 1848. 21 S. 8°.

Weisse, Erich, a. Dresden: Anwendung der elliptischen Funktionen auf ein Problem aus der Theorie der Gelenkmechanismen. Mit 29 Fig. im Text u. auf Taf. Dresden 1907: B. G. Teubner. (102 S.) 8°

Rostock, Phil. Fak., Ref. Dieterici, Diss. v. 2. Aug. 1907

[Geb. 26. Okt. 81 Dresden; Wohnort: Rostock; Staatsangeh.: Sachsen; Vorbildung: Realgymn. Dresden-N. Reife O. 02; Studium: Techn. Hochsch. Dresden 9, Univ. Rostock 2 S.; Rig. 29. Juli 07.]

Weiße, (Lehrer), F. A., die Entdeckung von Ostindien durch den Admiral Vasco de Gama, ein geograph.-naturhistor. Lesebuch für die Jugend. Mit 6 ill. Kpf. 8. Leipz. 830. Lauffer. 18 gr

Weiße, Friedr., der kleine Declamator, od. Auswahl v. Gedichten u. Fabeln zum Vortrage in u. außer d. Schule, f. d. kindl. Alter bearb. 8. (9 B.) Kitzingen 834, Gundelach.

Weiße, Friedr., der kleine Declamator, oder Auswahl von Gedichten u. Fabeln zum Vortrage in u. außer der Schule, für das kindliche Alter bearb. 8. Kitzingen 834. (Köpplinger.) 1/3 Thl

Weisse, Friedr., Palästina. Gemälde v. Jerusalem, Bethlehem u. Nazareth, mit ihren Umgebungen. Nebst e. Gesch. d. Kreuzzüge, z. Belehr. u. Unterhalt. f. Bibelleser u. die Jugend bearb. 8. (8½ B. u. 1 Ansicht.) Kitzingen 836. [Nürnberg, Lotzbeck.]

Weisse, Friedr., Palästina. Gemälde v. Jerusalem, Bethlehem u. Nazareth, mit ihren Umgebungen. Nebst e. Geschichte der Kreuzzüge. 2. Aufl. 8. (8½ B. u. 1 Ans. v. Jerusalem.) Nürnberg 843, [Lotzbeck.]

Weisse, Fr., Palästina. Gemälde von Jerusalem, Bethlehem u. Nazareth, mit ihren Umgebungen. Nebst einer Geschichte der Kreuzzüge. 2. Aufl. Mit 1 Ansicht von Jerusalem. 8. Nürnberg 843, Zeh'sche Buchh. 1/4 Thl

Weiße, Gust., das philologische Abiturienten-Examen, oder das Wissenswürdigste aus der griechischen und römischen Literatur und der alten Geographie. Ein Vorbereitungs-Leitfaden für Abiturienten. gr. 8. (III und 137 S.) Breslau 864, Kern's Verlag.

Weiße, H. Schulter an Schulter m. Herrn v. Egidy. Für Freund u. Feind. gr. 8. (25 S.) Berl. 892, Bibliograph. Bureau. * — 30

Weiße, Heinr., Gedichte. gr. 8. (9 B.) Berlin 843, (v. Puttkammer.?) *

Weiße, Heinrich. Revolution und rettende That. Märzbedenken eines Urwählers zur preußischen 2. Kammer. Berlin, Selbstverlag 1849. 36 S. 8.

Weiße, Heinr., Revolution u. rettende That. Märzbedenken eines Urwählers zur preuß. zweiten Kammer. gr. 8. (IV u. 36 S.) Berlin 849. (Stargardt. — Springer.) n. 1/6 Thl

Weiße, Hermann

Weisse, Herm., der dynamische Flug-Apparat. Seine Vorfehmg., seine naturgesetzl. Grundlage u. seine Zukunft. gr. 8. (88 S. m. 1 Taf.) Berlin (901). (W. H. Kühl.) n.n. — 50

Der dynamische Flug-Apparat. Seine Verfehmung, s. naturgesetzl. Grundlage u. s. Zukunft. Hermann Weisse, Major z. D. *(Berlin: E. Lehmann [1901])* (38 S.) 8° [02. 10132 H

[F.] Das Flug-Gesetz als Grundlage zur Lösung des Flug-Problems im Sinne des Buttenstedt'schen Princips v. H[ermann] Weisse, Major z. D. im Ingen.-Corps. M. 1 Fig.-Taf. ... *Kiel: Selbst-V.; Dr. d. 'Kieler Neuest. Nachr.' 1897.* (1 Bl., 43 S., 1 Bl., 1 Taf.) 1 Bd 8. [98. 9678 Ki

— d. Flug-Gesetz als Grundlage zur Lösg. des Flug-Problems im Sinne d. Buttenstedt'schen Princips. Mit 1 Fig.-Taf. gr. 8. (45 S.)
Kiel: Lipsius u. Tischer 1897.

Weiße, Herm., der Tod u. was dann? E. Wort f. Alle, die dem Tode etwas Versöhnliches abgewinnen wollen. gr. 8. (30 S.) Kiel 896. (E. Marquardsen.) n. — 20

[F.] Wann werden wir fliegen? E. Studie an der Hand v. Autoritäten u. Naturgesetzen v. H[ermann] Weisse, Major z. D. im Ingen.-Corps ... *Kiel: Selbst-V.; Dr. d. 'Kieler Neuest. Nachr.' 1897.* (19 S.) 1 Bd 8. [98. 9699 Ki

Weiße, H., wann werden wir fliegen? E. Studie an d. Hand v. Autoritäten u. Naturgesetzen. gr. 8. (19 S.) Kiel 897. (Lipsius & Tischer.) n.n.n. — 50

Weisse, J. F., zur Oologie der Räderthiere, s. Mémoires de l'acad. imp. des sciences de St.-Pétersbourg. 7. Série, Tom. IV, Nr. 8.

Weisse, J. P., De elegia et peculiari eius operis indole apud Romanos, addita aestimatione scriptorum qui in eo restant. Hab. 1875. 17 S.

Weiße, Jak. Mich., († ...) auserles. Predigten f. denkende Christen, nach sm. Tode herausg. v. A. H. d'Autel. 1r Thl. Mit 1 Bildn. 8. Heilbr. 804.

Weiße, Johann Friedrich

Weiße, J. Fr., Erfahrungen über arzneyverständ. Somnambulen. 8. Berlin, Flittner. 819.

Weiße, Jh. Fr., Erfahrungen über arzneiverständ. Somnambulen. 8. Berl. 819. (Sander). 6 gr

— Paris u. London für den Arzt, besonders in Rücksicht der öffentlichen Kranken- u. Verpflegungs-Anstalten geschildert. 1s Bdchn. Paris. Mit 3 Tab. u. 1 Kpf. gr. 8. St. Petersburg. 820. (Schwetschke u. Sohn in Halle). 1 Thl 16 gr

Jo. Frid. Weisse Paris u. London für den Arzt besonders in Rücksicht der öffentlichen Kranken- u. Verpflegungsanstalten. 1. Bändchen. Paris. Mit 1 Kupf. Petersburg u. Halle 1821. 8. (Cfr. *Hufeland et Osann Biblioth.* 1820. *Bd.* 44.)

— Diss. inaug. med. de pathologia consensus. 8. Dorpat 815. (44 S.)

Weiße, Johann Martin

Weisse, Jh. Mart., (†im Sept. 1807.) Diss. inaug. med. de Prosopalgia. 4. Jena 796. (22 S.)

—, De praeclara virtute unguenti Neapolitani in prosopalgia. 22 pp. Jen. 4°. 1796.

Weiße, Karl Georg s.a. A l b u s .

Weiße, K. G. Über das Feld-Kriegs-Kommissariat der Kgl. Preuß. Armee im gegenwärtigen Kriege. o. O. 1794. 8°.

Weiße, Karl Geo., gen. Albus, über das Feldkriegskommissariat d. königl. preuß. Armee im gegenwärt. Kriege. 8. Ulm 794. Wohler. 6 gr

Weiße, Karl Georg, s. G e s p r ä c h e üb. e. systemat. Lehrmeinungen.

Weiße, Karl Georg, s. S a l o m o s hohes Lied, v. Brakel.

Weiße's, Schicksale u. Verfolgungen v. Deutschland u. Spanien, v. ihm selbst beschrieben. 8. Halle 792, Verl. v. Reinicke u. C.

— Uebertritt zur kathol. Kirche; e. lehrr. Geschichte von seinem Freunde D. W. (von ihm selbst). 8. Hannov. 789. Helwing. 5 gr

Weisse, Karl Heinrich Otto: Ueber die E i n f ü h r u n g eines vierten aromatischen Radikales in das Triphenylcarbinol . . . Heidelberg, Univ.-Buchdr. v. Ph. Wiese. 1896; 28 S. 1 Bl. 8°
Heidelberg, Naturw.-math. Fak., Inaug.-Diss. v. [6. Okt.] 1896.

Weiße, Karl Wilhelm

Weiße, C. W., erstes Buch f. Kinder, od. A B C= Buchstabir= und Lesebuch rc. Mit 14 ill. Kpf. 8. Nürnb. 825. Zeh. 12 gr

Weiße, C. W., das Kinderleben. Erzählungen mancherlei freud. u. trauriger Begebenheiten aus demselb. Ein Geschenk f. Kinder v. 6—9 Jahren. 8. (12½ B. u. 4 ill. Kpfr.) Nürnberg 829, Zeh.

Weiße, Carl Wilh., Kinderleben. Erzählungen freudiger u. trauriger Begebenheiten aus demselben. Neue wohlf. (Titel=) Ausg. Mit 4 color. Kpfrn. 8. (VI u. 194 S.) Nürnberg 849, Lotzbeck. 1/3 Thlr

—— Mancherlei zur Bildung d. Verstandes f. Kinder, e. angenehm belehr. Bilderbuch in alphabet. Ordn. 8. (7 B. u. 24 ill. Kpfr.) Nürnberg 832, Zeh.

—— Unterhaltungen für Geist und Gemüth kleiner Mädchen, in Charakter=Schilderungen und moral. Erzählungen. Neue wohlf. (Titel=)Ausg. Mit Bildern. 8. (IV und 136 S. mit 6 ill. Kpfrt.) Nürnberg 849, Lotzbeck.

Weiße, L. G., drei Ansprachen an den hamburger Kirchentag und: Unser Leben ist ein Wallen in die Heimath. Eine Gastpredigt, gehalten am 17. Sonntage nach Trinit., den 26. Septbr. 1858, in der reformirten Kirche. gr. 8. (40 S.) Hamburg 858. (Altona, Mentzel.) **

Weiße, Ludw., der vollkommene Hochzeits=Dichter. Eine Sammlg. der schönsten u. wirkungsvollsten Vorträge f. Herren u. Damen zu Hochzeit= u. Polterabendfesten. Nebst Material zur Zusammenstellung von Festzeitgn. („Hochzeits=Kladderadatsch"). 12. (95 S.) Köln 890. Püttmann. n. — 50

Weiße, Ludw., der vollkommene Hochzeit=Dichter. Eine Sammlg. der schönsten u. wirkungsvollsten Vorträge f. Herren u. Damen zu Hochzeit= u. Polterabendfesten. Nebst Material zur Zusammenstellg. v. Festzeitgn. („Hochzeit=Kladderadatsch"). 5. Aufl. 12. (95 S.) Köln 897. J. Püttmann. n. — 50

Weiße, Ludw., der vollkommene Hochzeit=Dichter. Eine Sammlg. der schönsten u. wirkungsvollsten Vorträge f. Herren u. Damen zu Hochzeit= u. Polterabendfesten. Nebst Material zur Zusammenstellung v. Festzeitgn. („Hochzeit=Kladderadatsch".) 6. Aufl. 12. (95 S.) Köln (901). J. Püttmann. n. — 50

Weisse, Max., *Dir. d. k. k. Sternwarte* und Dr. Adalbert Kuneš, *Adj. d. k. k. Sternwarte.* Stündliche Barometer-Beobachtungen zu Krakau. In den Jahren 1848—1856. Auf öffentliche Kosten herausgegeben. *Wien* 1857, *k. k. Hof- u. Staatsdr.* 107 S. gr. 4°.

Weisse, Max., Coordinatae Mercurii, Veneris, Martis, Jovis, Saturni et Urani. 4maj. Krakau 829. (Wien, Heubner). 1 Thlr 18 gr (W. G. Korn in Bresl.) 1 Thlr 12 gr

—Correctiones temporis ex altitudinibus correspondentibus. 4maj. Krakau 829. (Wien, Heubner). 16 gr (W.G. Korn in Bresl.) 12 gr

Weisse, Max., positiones mediae stellarum fixarum in zonis Regiomontanis a Besselio inter — 15° et + 15° declinationis observatarum ad a. 1825 reductae et in catalogum ordinatae. Jussu Acad. Imp. Petropolitanae ed. cur. et praefat. est F. G. W. Struve. Mit 3 Steintaf. Imp.-4. Petropoli 846. (Leipzig, Voss.) baar 5 Thlr

Weisse, Max, Positiones mediae stellarum fixarum in zonis Regiomontanis a Besselio inter — 15° et + 15° declinationis observatarum, s.a. Facsimile-Edition. Nr. 6.

Weisse, Max., Positiones mediae stellarum fixarum in zonis Regiomontanis a Besselio inter + 15° et + 45° declinationis observatarum, ad annum 1825 reductae et in catalogum ordinatae. Jussu academiae imperialis Petropolitanae edi curavit et praefatus est Otto Struve. Imp.-4. (XLIX und 300 S.) Petropoli 863. Leipzig, Voss.

Weiße, Dr. Max. — Sternbedeckungen und Mondsterne beobachtet auf der k. k. Sternwarte in Krakau. Herausgegeben von — —. Krakau, 1855. Gedr. in der k. k. Universitäts=Buchdruckerei. (43 Bl. 8.)

— Tafeln zur Berechnung der Höhen=Unterschiede aus beobachteten Barometer= u. Thermometerständen. gr. 4. Wien 831. Wallishauser. 1 Thlr 8 gr dass. Englisch. gr. 4. Ebd. 831. 1 Thlr 8 gr dass. Französisch. gr. 4. Ebd. 831. 1 Thlr 8 gr

— Tafeln z. Reduktion der ober 0° beobachteten Barometerstände auf d. Barometerstand v. 0° Reaumur. 8. Wien 827. Heubner. 1 Thlr

Weisse, Dr. Max —. Allgemeine Uebersicht der an der k. k. Krakauer Sternwarte vom Jahre 1826 bis 1852 gemachten meteorologischen Beobachtungen. Zusammengestellt von — —. Fol. Krakau. In der k. k. Universitäts-Buchdruckerei. 1853.

—— Variationen der Declination der Magnetnadel beobachtet in Krakau. Imp.-4. (38 S.) Wien 859, (Gerold's Sohn.) * *
Aus: Denkschriften der k. Akademie der Wissenschaften, besonders abgedruckt.

Weisse, Max., Vergleichung des Catalogus generalis pro 1830 in Struve's stellarum fixarum imprimis duplicium et multiplicium positiones mediae, Petropoli 1852, mit den beiden Katalogen aus Bessel's Zonen-Beobachtungen. Lex.-8. (20 S.) Wien 858, (Gerold's Sohn.) Thlr. *
Aus: Sitzungsberichte der k. Akademie der Wissenschaften, Jahrg. 1858, besonders abgedruckt.

Ein Wort zur Aufklärung über Freimaurerei von Mor. **Weisse.** Dresden: Selbstverl. 1909. 32 S. 8°
Recens: S. 16 (1909) S. 94—95 (F. Rackhorst).

Ein Wort zur Aufklärung über Freimaurerei. Von Mor. **Weisse.** 2. Aufl.
Cit. Lt. 2 (1911) S. 23.

Weiße, O. Th., All Heil! Am Ziel! od. Des Radfahrers Glück, s.: Rabermacher's, J., Vereinsbühne.

Weiße, Otto, Bestimmungen üb. die Eheschließung nach Maßgabe des bürgerl. Gesetzbuchs. Für die Eheschließg. sind die Vorschriften des bürgerl. Gesetzbuchs maßgebend. (Art. 46 II § 41 des E.-G. zum B.G.B.) In tabellar. Form zusammengestellt. gr. 4. (8 S.) Berlin 899. E. Grosser. — 50

Bestimmungen über die Eheschliessung nach Massgabe des Bürgerlichen Gesetzbuchs. In tabellar. Form zsgst. von Otto Weisse, Standesamts-Stellv. in Berlin. 2., verb. Aufl. *Berlin: E. Grosser 1899.* (8 S.) 4° [Ant. u. 5] [∞. 1278.

— die Führung der Standesregister, s.: Erichsen, A. v.

— Standesamts-Archiv. Sammlung der bis zum J. 1900 ergangenen Gesetze, Verordngn., Beschlüsse u. Entscheidgn. über die Beurkundung des Personenstandes u. die Eheschließung im Deutschen Reich u. in seinen Einzelstaaten. Aus den ersten 25 Jahrgängen der Zeitschrift „Der Standesbeamte" zusammengestellt u. m. chronolog. u. Sachregister versehen. (III, XXXII, 715 S.) 8. Berlin 904. E. Grosser. n. 6. —

Weisse, Rich. Dresdner alte Schmiedearbeiten d. Barock u. Rococo. Zeichnerische u. photograph. Aufnahmen. 3 Lfgn. Fol. (à Lfg. 10 Taf. in Lichtdr.) Dresd. 891,92, Gilbers' Verlag.
à Lfg. * 10 —; in Mappe * 30 —

Weisse, Richard: Die Sprachformen Matfre Ermengau's. Halle a/S. 1883: Karras. 23 S. 8°
Halle-Wittenberg, Phil. Diss. v. [31. Aug.] 1883
Geb. Köstritz (Reuss j. L.) 24. 8. 1860. V.
Um „Inhalt" (S. 5—6) verm. Abdr. aus: Zeitschrift f. roman. Philologie. Bd 7. Halle 1883. S. 390—406.

Weisse, Rob., Um die Erde. Erläuternder Text zu den Chromo-Facsimiles der Hildebrandt'schen Reise-Aquarelle. Berlin, R. Wagner, o. J. Breit-12°. Orig.-Cart.-Bd.
76 S. (incl. 1 Bl. Vorw. von Max Remy).

— Gedichte. 8. (VIII, 108 S.) Berlin 874. C. Duncker in Comm. 1. 50

Weisse, Rob., vom Fels zum Meer. Vaterlandslieder. gr. 16. (IV, 118 S.) Berlin 871, Wagner.

Weisse, Samson: Philo von Alexandrien und Moses Maimonides. Ein vergleichender Versuch. Halle a. S. 1884: Hofbuchdr. in Dessau. 31 S. 8°
Halle-Wittenberg, Phil. Diss. v. [18. Dez.] 1884
Geb. Vàg-Ujhely [Waag-Neustadtl] (Ungarn) 1857. V.
Diplom v. 30. Juni 1884, Vereidigung und Chronik 18. Dez.

Weiße, Théophile, die Dreschmaschine im Allgemeinen, so wie deren einzelne Theile. Deutliche Erklärung der Wirkung dieser wichtigen Maschine und der Grundsätze, nach welchen sie gebaut, aufgestellt und behandelt werden muß, um mit dem geringsten Kraftaufwande viel und Gutes zu leisten. Mit 1 detaillirten Zeichnung. gr. 8. Dresden 844, Walther'sche Hofb. n. 1/3 ₰

Weisse, Theoph., die Dreschmaschine im Allgemeinen, so wie deren einzelne Theile. Deutliche Erklärung der Wirkung dieser wichtigen Maschine u. der Grundsätze, nach welchen sie gebaut, aufgestellt u. behandelt werden muß, um mit d. geringsten Kraftaufwande viel u. Gutes zu leisten. gr. 8. (1½ B. u. 1 Zeichnung.) Dresden 844. [Stuttgart, Hoffmann'sche Vrlgsb.] *

Weiße, Tr. Heinr., Meeres- u. Lebenswellen. Gedichte. 2. Sammlg. 12. (III, 179 S.) Leipzig (900). M. Altmann. n. 2. —

Weisse-Brodtbeck, A[ugust]. Liestal und seine Umgebung. Hrg. vom Verkehrs- und Verschönerungsverein L., in dessen Auftrag verfasst von A. W.-B. Mit 35 Illustrationen, 1 Stadtplan und 1 Karte. 8. Liestal 1900.

Weißegger von Weißeneck, Fr. Leop., Theorie eines allgem. Wechselrechts. 2 Thle. 8. Frburg 818. Herder. 2 ₰

Weissegger von Weisseneck, F. Lp.: „Theorie des allgemeinen Wechselrechts, zum Behuf academischer Vorlesungen", 2 Teile, Freiburg i. B. 1818, 1819 (Herder). — Vorh.: Bibl. des Kammergerichts Berlin — Ff. 1767 — Com. Bibl. Hamburg und Bücherei der Industrie- und Handelskammer Leipzig.

Weißegger von Weißeneck, Josef Maria, s. a. Neuberger [Pseud.]

Weißegger v. Weißeneck, Jos. Maria, († d. 14. März 1817.)
— Beitr. zur Schilderung Wiens, s. Beitr.

— Gedichte. 8. Wien 771.

Weißegger von Weißeneck, Josef Maria, s. a. Gemälde, Histor., oder Schilderungen . . .

— histor. Gemälde oder Schilderungen aller Prinzen von Oesterreich. 5 Bde. gr. 8. Kempten 800—3. Dannheimer. 3 ₰

Weißegger, J. M., histor. Gemälde od. Schilderungen aller Prinzen von Oestreich. 5 Bde. gr. 8. Kempten, Dannheimer 804.

Weissegger, J. M. Historische Gemälde oder Schilderungen aller Prinzen von Österreich. 5 Bde. 8. Kempten 1805.

— kurzer Leitfaden d. Vernunftlehre. 8. Wien 779.

Weißegger, Jos. Maria, s. Louise v. Monfort.

Weißegger von Weißeneck, Josef Maria, s. Samml. verschied. Abhandll. über Weltweisheit.

Weißegger von Weißeneck, Josef Maria, s. Sirach, od. e. Wort d. Wahrheit.

— wohlgemeinter Unterr. f. unstudirte Layen. 16 Stück, von d. röm. Bischofe oder Päpste. 8. Wien 782.

Weissel, E. Der Entwurf eines österr. Gesetzes über den Versicherungsvertrag. Wien 1905.

Weissel Elisabeth: De Menandri quae inscribitur Περικειρομένη comoedia.
H. 1909 PN 2762 **Diss.** Wien, Univ.

Weissel, Josefine, le français parlé, s.: Bornecque, Henri.

James Thomson der Jüngere, s. Leben u. s. Werke. Dargest. von Josefine **Weissel** (Wien). Wien & Leipzig: W. Braumüller 1906. (VI, 159 S.) 8°
= **Beiträge,** Wiener, z. engl. Philologie. Bd 24. (06. 15668

Weissel, Leopoldo, Assist. am Labor. f. reine u. pharm. Chemie: Die Auxochrom-Gesetze bei Derivaten der Terephtalsäure. 1910. 69 S. 8⁰ ¶ Vgl. J. Liebig's Annalen d. Chemie. Bd 393. 1912.
Stuttgart, Dr.-Ing.-Diss. v. 26. 7. 1910

Weissel, Ludw. Der Mönch von Montandon. Eine provençalische Erzählung. In-8⁰, 119 S. Basel, 1881. Auf Chamois Pap. 3 —
Auf Holländ. Pap. 4 —

Weissel, Ludw., der Mönch v. Montaudon. Eine provençal. Erzählung. (Ausgabe auf Chamoispapier.) 8. (119 S.) Basel 882. Schwabe. n. 2. 40; Ausg. auf Büttenpap. n. 3. 20

Weißel, Ludw., Hanns Frhr. v. Schwarzenberg. Ein Bild aus deutscher Rechts- und Culturgeschichte. Vortrag, gehalten im „wissenschaftl. Club" zu Wien im Apr. 1877. gr. 8. (39 S.) Grünberg 878, Leysohn.

WEISSELBERG, Karl (Liebstadt): Ueber die Diuretische Wirkung des Calomel bei Lebercirrhose.- München: Ciriaci 1891. 36 S.
19.12.1890 - Chr 1890/91,19; Jv 1890/91,237 (Prom.-Datum: 1891)
Diss. Ingolst.-Landsh.-Mchn.

Weissemmel, P., s. Neumond. Ein Hausfreund für Kinder.

Weissenbach, Franz Joseph, Prof. der Theologie in Solothurn. Solothurn 1860. V: *Hänggi, Peter.* (BSchwLk V, 10 c)

Weissenbach, Franz und Leopold Wangenstein, oder Geschichte zweier Musensöhne auf der Universität . . . Berlin 1816. V: *Tzschucke, Carl Frdr.* (BGE;

WEISZENBACH, Franz, und Leopold Wangenstein, oder Geschichte zweier Musensöhne auf der Universität zu H. und L. Berlin, Schöne, 1816. 8⁰.

Weißenbach, Alois

Weißenbach, A., Aigen. Beschreib. und Dichtung. 8. (Salzburg, Mayr in Comm.) 817.

Weißenbach, Alois, Aigen. Beschreibung u. Dichtung. 2e, mit Ansicht verm. Aufl. gr. 8. Salzburg... Mayr. 1/2 ℛ

— der heilige Augenblick. 8. Salzb. 814. Mayr. 1 ϗ

— s. die Barmeciden, oder d. Egyptier in Bagdad.

Weißenbach, Prof. A., der Brautkranz. Trspl. in 5 A. 8. Wien Wallishausser. 12 ϗ

— der Einzug des Kaisers Franz I. in Wien, im Juni 1814. Fol. Wien, (Heubner). 16 ϗ gr. 8. 4 ϗ

Weißenbach, Alois, s. Palloni: Bemerkungen . . .

— meine Reise zum Congreß. Wahrheit u. Dichtung. 12. Wien 816. Wallishauser. 1 ℛ 8 ϗ Hbg. Pr. 16 ϗ

— biograph. Skizze von Jh. Jak. Hartenkeil. gr. 8. Salzb. 808. Mayr. 4 ϗ

— Teutonia, ein Denkmal d. vergangenen u. Taschenbuch d. neuern Zeit. 12. Wien 815. (Heubner). 1 ℛ (Miller in Grätz). 18 ϗ

Weissenbach, C. G. A. v., Abbildungen merkwürd. Gangverhältnisse aus d. sächs. Erzgebirge. Lex.-8. (5 B. u. 32 Stnt.) Leipzig 836, Voss. •

Weissenbach, C. G. A. v., Sachsens Bergbau, nationalökonom. betrachtet. Lex.-8. (11¼ B. u. 4 Tab. qu. gr. Fol.) Freyberg 833, (Craz u. Gerlach.)

Weissenbach, v., über Gangformationen, s. Gangstudien, I. Heft.

Weißenbach, Elisabeth, Arbeitsschulkunde. Systematisch geordneter Leitfaden für einen method. Schulunterricht in den weibl. Handarbeiten. Mit in den Text gedr. Abbild. in Holzschn. 2 Thle. gr. 8. Zürich, Schultheß.
Inhalt:
Thl. 1. Schul-, Unterrichts- und Erziehungs-Kunde für Arbeitsschulen. 1. Aufl. (V, 96 S.) 875; 2. Aufl. (VI, 96 S.) 876. *M. 1,40.
" 2. Arbeitskunde für Schule und Haus. 1. und 2. Aufl. (IV, 140 S.) 875,77. *M. 1,80.

Weißenbach, Elis., Arbeitsschulkunde, systematisch geordneter Leitfaden für einen method. Schulunterricht in den weibl. Handarbeiten. 3. Aufl. 2 Thle. gr. 8. Zürich, Schultheß. *
Inhalt:
Thl. 1. Schul-, Unterrichts- und Erziehungskunde für Arbeitsschulen. (VII, 96 S. mit in den Text gedr. Holzschn.-Abbild.) 880. *M 1,40.
" 2. Arbeitskunde für Schule und Haus. (IV, 160 S. mit 26 in den Text gedr. Abbild. und 1 lithogr. Schnittmustertaf.) 882. *M 2.

Weißenbach, Elis., Arbeitsschulkunde. Systematisch geordneter Leitfaden für einen method. Schulunterricht in den weibl. Handarbeiten. 1. Tl.: Schul-, Unterrichts- und Erziehungskunde für Arbeitsschulen. 4. durchges. Aufl. gr. 8. (VI, 100 S. mit in den Text gedr. Abbild.) Zürich 885, Schultheß.
2. Tl. Ebendas. 1882. *M 2.—.

Weissenbach, Elisabeth. Arbeitschulkunde. Systematisch geordneter Leitfaden für einen methodischen Schulunterricht in den weiblichen Handarbeiten. Zweiter Theil: Arbeitskunde f. Schule und Haus. Mit 26 Abbildgn. u. 1 lithogr. Tafel. 4. durchgesehene Aufl. Gr. in-8⁰, 164 S. Zürich, Friedr. Schulthess. 1888. 2 40

Weißenbach, Elisabeth. Arbeitsschulkunde. Systematisch geordneter Leitfaden f. e. method. Schulunterricht in den weibl. Handarbeiten. 1. Tl.: Schulunterrichts- u. Erziehungskunde f. Arbeitsschulen. 5. Aufl. gr. 8. (VIII, 100 S. m. Abbildgn.) Zür. 892, Schultheß. * 1 40
2. Tl. Ebd. 1882. * 2 —.

Weissenbach, Elisabeth. Arbeitsschulkunde. Systematisch geordneter Leitfaden für einen methodischen Schulunterricht in den weiblichen Handarbeiten, von (* *Teil 2:* †) E' W'.... 6. ... Aufl. 2 Teile. 8. Zürich. Friedrich Schulthess (* *Teil 2:* Sch' & Co.), 1899—1907.

Teil 1: Schul-, Unterrichts- und Erziehungskunde für Arbeitsschulen. Mit in den Text gedruckten Abbildungen. 6., abermal (* *Umschlag:* sorgfältig) durchgesehene Aufl. VIII + 100 S. 1899. (fr. 1. 60)
Teil 2: Arbeits-, Waren- und Haushaltungskunde samt kurzer Anstandslehre. Mit 86 in den Text gedr' Abb'. 6 Aufl., gänzlich umgearb. von Friederike Schnüriger-Martin.... IV + 173 S. 1907. (fr. 2. 80)

Weissenbach, Elisabeth. Arbeitschulkunde (**Teil 2:* Arbeitsschulk'). Systematisch geordneter Leitfaden für einen methodischen Schulunterricht in den weiblichen Handarbeiten, von † E' W'.... 7. Aufl., gänzlich umgearb. von Friederike Schnüriger-Martin.... 2 Teile. 8. Zürich, Schulthess & Co., 1909—1910.

Teil 1: Schul-, Unterrichts- und Erziehungskunde für Arbeitschulen. Mit 57 in den Text gedruckten Abbildungen [wovon 2 Tafeln]. VIII + 129 S. 1909. (fr. 2. 40)
Teil 2: Arbeits-, Waren- und Haushaltungskunde samt kurzer Anstandslehre. Mit 89 in den Text gedr' Abb'. IV + 174 S. 1910. (fr. 2. 80)

—— Lehrplan und Katechismus zur Arbeitsschulkunde, systematisch geordnetem Leitfaden für einen method. Unterricht in den weibl. Handarbeiten. gr. 8. (48 S.) Ebendas. 877.

Weissenbach, Elisabeth. Lehrplan und Katechismus zur Arbeitsschulkunde. Ein systematisch geordneter Leitfaden für einen methodischen Unterricht in den weiblichen Handarbeiten. Zweite Auflage. Gr. in-8°, 48 S. Zürich, Fr. Schulthess. 1881.

Weißenbach, F. J., Anleit. z. Besorgung u. Auferziehung neugeborner Kinder, nebst Beschreib. d. Kinderkrankheiten. 8. (Lpz. 825. Centr.-Compt.) 14 K

— ärztliche Lehren u. Regeln, f. Schwangere u. Kindbetterinnen. 8. (Leipz. 825. Centr.-Compt.) 12 K

Weissenbach, Fr[anz] Jos[eph]. Die Verehrung der Heiligen.... Dargestellt in zwei Predigten bei der Translations-Jubelfeier der Gebeine des hl. Synesius, Patron von Bremgarten, den 23. und 24. Oktober 1853. 8. Solothurn 1854.

Blattsammlungen des Herrn Prof. Dr. F^h^ [Hanns] v. **Weißenbach** in Leipzig. Verkaufsbedingungen. Summarischer Katalog. Gutachten ... Leipzig: O. Harrassowitz (1907). (34 S.) 8° [Umschlagt.] [07. 5661

Weißenbach, Hanns v. Der xylographische Farbendruck in den verschied. Phasen seiner Herstellung erläut. an dem Titelbild d. Missale Romanum 1801. Fol. (24 color. Taf. m. 4 S. Text.) Nürnb. 878.
Nicht im Handel.

Weissenbach, Hanns v., japanische Figuren im Style Toyo-Kunis u. A. Vorlagen f. Malerei, Brennerei, Sägerei u. s. w. gr. Fol. (5 Farbdr. m. 3 S. Text in Fol.) Leipzig 898. E. Haberland. n. 10. —; einz. Blätter n. 2. —

— humoristische Flachornamente f. Intarsia, Holzbrand, Holzmalerei, Metallätzg. u. s. w. 3. Hft. (Beschläge.) gr. 4. (12 farb. Taf. m. 4 S. Text.) Ebd. 896. n. 6. —; einz. Bl. n. — 75

— humorist. Möbelfüllungen f. Intarsia, Holzmalerei u. Holzbrand. qu. Fol. (4 Farbdr.) Ebd. 898. n. 6. —; einz. Blätter n. 2. —

von Weissenbach, Hanus, Freiherr. Kunstästhetische Sünden vom Mynherrn Dirk van Waterloo. Als Manuskript gedruckt. Leipzig 1888. 8°.

Weißenbach, Hanns Frh. v., Theorie u. Praxis der neudeutschen Stickerei. (38 S. m. 120 Abbildgn.) schmal Fol. Leipzig (903). Verlag der „Deutschen Modenzeitg." n. 1. —

Weissenbach H v, Theorie und Praxis der Neudeutschen Stickerei. 2. Auflage. (62 S) Leipzig (1906)

Weißenbach, Hanns Frh. v., Theorie u. Praxis der neudeutschen Stickerei. 3., verm. Aufl. (62 S. m. 250 Abb. u. Bildnis.) Lex. 8. Leipzig (908). Verlag der deutschen Moden-Zeitg. 1. 50

Weissenbach, Hans v., das Wappen der Grafen v. Schauenburg und Holstein. Eine historisch-genealog. Studie. gr. 8. (72 S. mit 1 chromolithogr. Titelbild, 3 autogr. Taf. in qu. Fol. und 1 Tab. in qu. gr. 4.) Schleswig 877, Bergas. *

Weissenbach, J. F[riedrich]: fā'ūl. München: G. Franz 1899. (2 Bl., 110 S.) 8°

Weissenbach, J. F[riedrich]: Seltenere Nominalformen im Arabischen. 1. Die Form [Arabisch] fā'ūl. München 1898: F. Straub. (35 S.) 8° (Wird fortgesetzt.)
München, Phil. Diss. v. 1898.

Weissenbach, J. F., die arabische Nominalform fā'ûl. gr. 8. (110 S.) München 899. H. Lukaschik. n. 6. —

Weissenbach, Johann Kaspar

Eydgnöszsisches Contrafeth Auff- und Abnehmender der Jungfrauen Helvetiae Von denen Edlen, Ehrenvesten, Vornehmen ... Herren gesambter Burgerschafft Löbl. Stadt Zug, Durch öffentliche Exhibition den 14. und 15. Herbst Anno 1672 vorgestellt. Anjetzo ... zum Zweyten mahl getruckt: Zug, bey Frantz Leonti Schäll, Anno 1701.

Auffnemmende Helvetica, Das ist: Kurtzer Entwurff, welcher gestalten ein hochlobliche Eydgenoszschafft an Freyheit, Macht, und Herrlichkeit zugenommen ... Vorgestellt Auff offentlichem Theatro von einer loblichen Burgerschaft der Statt Zug den 14. und 15. Sept. 1672 ... widerumb in offentlichen Truck gegeben, Anno 1702. In Zug zufinden bey Carle Frantz Haberer, Burger daselbst. Gedruckt, Zu Lucern bey Gottfrid Hautten seeligen Wittib.

Weißenbach, Josef Anton

Weißenbach, Jos. Ant., († d. 11. April 1801.) vom Ansehen. 8. Augsb. 794. Veith. 16 K

— 1ste u. 2te Antwort an d. noch weit kühnern Dorfschulmeister sammt Nachschreiben. 8. Basel 783. Em. Thurneisen. 6 K

— das Apostel-Amt des heil. Franz v. Xavier; 2 Reden. 8. Basel 781. Nachdr. 8. Augsb. 781. Doll. 3 K

— argumenta concionum pro diebus Dominicis et Festis etc. II Tomi. 8. Augsb. 796. J. A. Rieger. 1 fl

Weißenbach, Jos. Anton, Die kürzeste u. leichteste Art, einen Freigeist umzuschaffen. Basel 1779, 8°, 72 S.
Recens. Nova biblioth. Friburg. V, 199–202.

— kürzeste u. leichteste Art, einen Freigeist umzuschaffen. 8. Basel 779. Em. Thurneisen. 5 xr

WEISSENBACH, JOSEPH ANTON: Die kürzeste und leichteste Art einen Freigeist umzuschaffen. Zweite, verb. Aufl. Presburg 1782: Gebrüder Doll. 64 S. - kl. 8°

— de arte critica ac maxime illa, quae doctrinam, traditionem, disciplinam, histor. eccles. retractat, liber I.; in us. ecclesiast. etc. Cum tabulis duabus. 8. Augsb. 794.

Weißenbach, Josef Anton, s. J. Avila: Grundsätze.

Weissenbach, Jos. Ant., Beredsamkeit der Kirchenväter, s. Nickel, M. A.

— vom Bücherverfälschen. 8. Augsb. 796. Kranzfelder. 4 xr

Weisenbach, J. A., Carmina Hortensii Mauri Abbatis. Basil 782 4 Part. 8. 21 gr.

— Carmina lectissima, quae difficile apud nos fuit, reperire, Hortensi Mauri Abbatis illustr. Spiritus Fleschieri Episc. R. Lowth Episc. Lond. et Maki S. I. IV Ptes. 8. Basel, Em. Thurneisen. 783.

Weißenbach, Josef Anton, s. a. Carmina lectissima.

— carminum lib. V. 8. Basel 785. Em. Thurneisen. 8 xr

— der Charakter des jezigen Weltalters, e. Gelegenheitsrede über 1. Kor. 6. V. 2. 8. Basel 779. Em. Thurneisen. 2 xr

WEISSENBACH, JOSEPH ANTON: Der Charakter des itzigen Weltalters ... In einer Gelegenheitsrede auf die Seligsprechung Berards von Corleone eines Laienbruders aus dem Orden der Capuciner dargestellt von Joseph Anton Weißenbach. Preßburg 1780: Doll. 48 S. - 170 mm

— elogia aliquot funebria. 8. Basel 783. Em. Thurneisen. 3 xr

Weissenbach, Jos. Ant., de eloquentia Patrum libri XIII., in usum ecclesiast. IX Vols. 8. Augsb. 775. F. A. Veith. 5 fl 16 xr

Weissenbach, Jos. Ant., De eloquentia Scripturae libri IV, cui accedit psaltes laureatus, sive de pulchro et sublimi, quod est in psalmis. Augsburg, 1789, 8°, 2 Bde.

— de eloquentia scripturae libri IV., in usum Scholarum ac Templorum. 2 Tom. 8. Augsb. 789. Doll. (Landsh., Krüll). 1 fl

— erbauliche u. angenehme Erzähll., z. Zeitvertreib e. christlichen Haushaltung. 8. Augsb. 786. Rieger. 6 xr

— lehrr. u. anmuthige Erzähll., z. Zeitvertreibe e. christl. Haushaltung. 8. Basel 785. Em. Thurneisen. 8 xr

— etwas v. Controversien. 8. Augsb. 789. Doll. 1 xr

Weißenbach, Josef Anton, s. a. Excellenz, Auf e. neugeprägte.

— auf eine neugeprägte Excellenz in Freyburg. 8. Ebend. 786.

Weissenbach, Jos. Ant., Nova forma theologiae biblicae his temporibus accommodatae sive examen locorum eorum, quos novi gentiles falsitatis, superstitionis, absurditatis postulare solent secundum seriem librorum ss. mentemque patrum, interpretum ac criticorum. Summatim scripsit et discipulis explicavit. Augsburg, Wolff, 1785, 8°, 3 Bde, 253, 304 u. 348 S.
Bd. 1 u. 2: Examen locorum Vet. Test.; Bd. 3: Examen locorum Novi Test. Recens. Litterat. d. kath. Deutschl., Bd. VI, S. 252–253.

— Frage: ließ sich Ignaz v. Loyola nicht aus d. Register d. Heiligen schaffen? Beantw. 8. Augsb. 780. Em. Thurneisen. 4 xr

— vortheilhafte Fragen, die ein Pfarrer üb. Freiheit u. Anarchie stellen kann. 8. Augsb. 793. Bolling. 2 xr

Weißenbach, Josef Anton, s. Gebete u. Anmuthungen.

Weissenbach, Jos. Anton, Gedanken über fünf das gemeinschaftliche theologische Studium der Katholiken und Lutheraner betreffende Fragen. Basel, 1784, 8°.

Weißenbach, Josef Anton, s. a. Gedanken. Über fünf...

—— Hat man endlich der Theologie ihren Zusammenhang und eine natürliche Verbindung der Materien gegeben? Eine Konferenzfrage. Mit einigen Anmerkungen über das Wienerische Glaubensbekenntnis. Augsburg, Doll, 1789, 8°, 143 S.

— hat man endlich der Theologie ihren Zusammenhang, u. e. natürl. Verbindung d. Materie gegeben? 8. Augsb. 790. Doll. 5 xr

— de optimis interpretibus divinorum libror. Praelectiones biblicae IV extra ordinem scripturae divinitus inspiratae studium opes, gloriam etc. antecellit S. Joannis Damascenus praefatione in Parallela sua ipso initio. 8. Augsb. 782. Thurneisen.
Vgl. Rivius.

Weissenbach (Rivius), Jos. Ant., De optimis interpretibus divinorum librorum praelectiones IV. Augsburg, 1783, 8°.

— ist d. Recensirens, Fegens, Murrens noch kein Ende? 8. Augsb. 793. Bolling. 6 xr

Ist des Rezensierens, Fegens, Maurens noch kein Ende? Den deutschen Jakobinern gewiedmet von Jos. Anton **Weissenbach.** Im Jahre 1794, als dem vermutlichen Schlusse der Epoche: 86 Journalisten und 90 Rezensenten. Mit Erlaubnis der Obern. Augsburg: Styx [1794]. 118 S. 8° MLB. Brünn.

— kann d. Mensch was mehr bewundern als sich selbst? e. philosoph. Abhandl. 8. Basel 794. Thurneisen. 3 xr

— Keiner hat Recht. Ein Urtheil über den latein. Briefwechsel des Liberius u. Hübner. 8. Augsb. 789. Doll. 3 xr

— auf die Klage wider einen Geistlichen, der in einer Lobrede den heil. Joseph über alle Heilige erhoben hat. 8. Augsb. 799. Doll. (Landsh., Krüll). 4 xr

— die Kunst sich überall zu widersprechen, ohne mehr roth darüber zu werden, oder noch besser, als: und das heißt man Aufklären? 8. Basel 789. Thurneisen. 8 xr

Weissenbach, Joseph Anton. Leben, und Geschichte des Sel. Nikolaus von Flüe, auf Hohes Verlangen bey der Feyer seines dritten Jahrhunderts aus Urkunden verfaßt, und mit nöthigen Abhandlungen versehen. 8. ([Luzern] 1786).

Weißenbach, Josef Anton, s. Leben N. v. Flue.

— Leben u. Geschichte d. sel. Nicolaus v. Flüe, b. d. Feyer s. 3ten Jahrh. aus Urkund. verfaßt und mit nöth. Abhandl. versehen. 8. Basel, Em. Thurneisen. 787.

Weissenbach, Jos. Ant., Lebensgeschichte d. sel. Nikolaus v. Flüe. Neu hrsg. u. nach Weglassung d. gelehrten Abhandln. u. Urkunden dem christl. Volke mit nützl. Zusätzen u. Anwendungen empfehlungswürdig gemacht. gr. 12. (9 B. u. Abbild. d. Nic. v. Flüe nach d. Urbild zu Saxeln.) Luzern 832. (Leipzig, Schmidt.)

— ließ sich Ignaz von Loyola nicht aus d. Liste d. Heiligen schaffen? 8. Ebend. 789.

— Lobrede auf das Fest des heil. Benediktus. 8. Augsb. 789. Doll. (Landsh., Krüll). 2 K

— Loci Patrum illustres ad pleraque capita divinorum librorum et alia negotia religionis et hanc nostram aetatem spectantes. IV Part. 8. Augsb. 784. Doll. (Landsh., Krüll). 13 K

— der Mann zu seinen finstern Zeiten, wie man jetzt einen bei unsern aufgeklärten Zeiten brauchte, e. Rede auf d. heil. Bernhardus. 8. Basel 782. Thurneisen. 3 K

WEISSENBACH, JOSEPH ANTON Der Mann in seinen finstern Zeiten, wie man itzt einen bey unsern aufgeklärten Zeiten brauchete Eine Rede auf den heiligen Abbt Bernardus Preßburg 1782 Gebrüder Doll 132 S - 8°

Weißenbach, Jos. Ant., Von den Mißbräuchen beim Mariädienst u. was da abzuschaffen, einzuschränken, beizubehalten sei. Ein Hausbuch wider die Glaubensfeger. Basel 1786, 8°, 2 Bde, 218 u. 217 S.

— von den Mißbräuchen b. Mariädienst, ein Handbuch wider die Glaubensfeger. 2 Bde. u. Nachtrag. 8. Bas. 786. Thurneisen. 22 K

— neue durchaus verbesserte Monachologie, aus ächten Urkunden u. histor. Quellen verfaßt. 8. Augsb. 796. J. A. Rieger. 10 K

— noch einmal über die herrschende Mode, großmüthig zu sterben. 8. Basel 787. Thurneisen. 9 K

— oratio de conjunctione naturae divinae cum humana. 8. Basel 783. Thurneisen. 3 K

— de ratione inscriptionum. 8. Agsb. 796. Kranzfelder. 4 K

Weissenbach, Joseph Anton. Rechtfertigungs-Rede Dr. J' Antons W'..., welche er gegen die Anklage eines Staatsverbrechens vor dem Badenschen Kantonsgericht... den 19ten Brachmonat 1800. gehalten hat. [Mit 1 Vignette.] 8. Baden 1800.

— Rede auf d. heiligen Abt Bernardus. 8. Ebend. 779.

— Rede auf den heil. Johann v. Nepomuk. 8. Basel 782. Thurneisen; a. Augsb., Doll. 2 K

WEISSENBACH, JOSEPH ANTON: Rede auf den heiligen Johannes von Nepomuk an dessen Festtag gehalten von Joseph Anton Weißenbach. Pressburg 1782: Gebrüder Doll. 40 S. - 8°

— u. R. P. Reg. Crauer, zwei Reden auf d. heil. Franz v. Xavier. 8. Basel 780. Thurneisen. 5 K

— Sammlung auserlesener Gleichnisse aus den Kirchenvätern, z. Gebrauche besonders der Seelsorger u. Prediger. 8. Augsb. 788. N. A. 794. Doll. (Landsh., Krüll). 9 K

Weissenbach, Joseph Anton. Schutzschrift der katholischen Geistlichkeit in der Schweiz, über einen der wichtigsten Punkte, wegen welchem die Meinungen bisher getheilet waren. 8. Baden 1800.

— über die Selbstkenntniß, ihre Hindernisse u. Vortheile. 8. Regensb. 794.

— soll man die Bischöfe nicht anhalten, daß sie gewisse Titel der Mutter Gottes abwürdigen? 8. Basel 787. Thurneisen. (47 S.)

— von öffentlichen Strafen, u. was hat ein Seelsorger beim Lehramte darüber zu halten? Eine Conferenzfrage. 8. Augsb. 789. Doll. (Landsh., Krüll). 5 K

Weissenbach, Jos. Ant., transactiones diabolicae ubi omnia malorum spirituum quae nunc veniunt in Contentionem, citra Gratiam, Clamorem, Odium componuntur, in usus Parochor. 8. Basel 786. Thurneisen. 8 K

— meine Ueberzeugungen, e. Handbuch wider d. Modesätze u. Modesitten. 8. Basel 791. Thurneisen. 13 K

— u. d. heißt nun aufklären? 8. Basel, Em. Thurneisen. 787.

UND das heisst nun aufklären? . . (vom Jesuiten *Joseph Anton Weissenbach*). Ibi-ubi (Basel) 1788. Anon.-Lex. IV. p. 252 (nach Sommevogel).

— und wie lange, meine Herren, wird der Staat die Religion noch überleben? 8. Basel 792. Thurneisen. 12 K

— christl. Unterweisungen auf alle Feste d. Jahres ꝛc., z. Gebrauch einer Haushaltung u. d. Seelsorger. 8. Augsb. 796. J. A. Rieger. 16 K

— Vademecum Jesuiticum, halb lateinisch, halb deutsch. 8. Basel 789. Thurneisen. 5 K

— von d. Vereinigung d. göttl. Natur mit der menschlichen, eine Rede auf d. Verkündigung Mariä. 8. Basel 783. Thurneisen. 4 K

Weißenbach, Josef Anton, s. Vergilius: Opera.

— Versuch von Geheimnißreden, die Originale sind. 2 Thle. 8. Basel 788. Thurneisen. 1 ß

Weißenbach, Jos. Anton, Kritisches Verzeichnis der besten Schriften, welche in verschiedenen Sprachen zum Beweise und zur Vertheidigung der Religion herausgekommen. Basel, Thurneisen, 1784, 8°.

Weissenbach, Joseph Anton. La vie du Bienheureux Nicolas de Flüe, tirée de meilleurs Auteurs, & des Monuments les plus authentiques, avec des Notes historiques & critiques. Ouvrage traduit librement de l'Allemand de Mr. J' Antoine W'... Augmenté de quelques Lettres, & des Méditations du Bienheureux. [Avec 1 portrait hors texte.] 8. Einsidlen 1794.

Der letzte Vorboth des neüen Heidenthums Horus! oder Das Endurtheil, das man diess Jahr übers Evangelium abgesprochen, und zum Handbuch der Freymaurer gemacht hat. In einem Briefe vom Verf. der Vorbothen des neüen Heidenthums [d. i. Weissenbach]. Mit Genehmhaltung der Obern. Basel: Thurneysen 1784. 48 S. 8⁰

[Dasselbe.] Ebendas. 1786. 48 S. 8⁰
Recens: WJ. 1, 4 (1784) S. 223—224.
Tt. 2735. Selten. **1784 in 429: 1786 in 65.**

— die Vorboten des neuen Heidenthums u. d. Anstalten die dazu vorgekehret worden sind, nebst letzten Vorbot. 2 Thle. 8. Basel 779, 80. Thurneisen. 1 ℛ𝔱 10 𝔤ℊ Nachtrab zu d. Vorboten. 1s Heft. 8. Ebd. 780. 4 𝔤ℊ 2 Bde. 8. Augsb. 782. Doll; a. Al. Doll in Wien. 1 ℛ𝔱 (Nachdruck.)

—— Die Vorboten des neuen Heidentums u. die Anstalten, die dazu vorgekehrt worden sind, nebst letzten Vorbot. Ebendas. 1779—80, 8°, 2 Bde, 256 u. 376 S. — Neue stark verm. u. verbess. Aufl. 1782, 8°, 357 u. 333 S.

—— Nachtrag zu den Vorboten des neuen Heidentums an Verführer u. Verführte. Ebendas. Neue verbess. Aufl. 1782, 8°, 312 S.

— Vorstellungen über den Krieg, den man jetzt gefährl. Schriften anzukünden hat. 8. Augsb. 793.

(—) was? noch am Augustin zum Ritter werden! 8. Basel 790. Em. Thurneisen. 6 𝔤ℊ

Weißenbach, Josef Anton, s. W e n n dieses Aufklärung ist.

— über das Wesentliche in der Geschichtskunde, oder von d. Glaubwürdigkeit der Geschichtschreiber. 8. Zürich 789. Orell. 10 𝔤ℊ

— wie haben Seelsorger dem einreissenden Geist der Freiheit u. den Aposteln d. Anarchie entgegen zu wirken? 8. Augsb. 794. Bolling. 5 𝔤ℊ

— wie hat ein Seelsorger mit jenen umzugehen, welche fast vor Kummer u. Kleinmuth nicht zu trösten sind? 8. Augsb. 786. Doll. (Landsh., Krüll). 4 𝔤ℊ

W e i ß e n b a c h, L., sociale Probleme oder die Braut von Düsseldorf. Dramatisches Gedicht in 5 Akten. Den Bühnen gegenüber Mscr. gr. 8. (139 S.) Zürich 879, Schmidt. *

Weissenbach, Placid., s. B e i t r ä g e z. Geschichte u. Literatur.

W e i s s e n b a c h, Pl[acid]. Differenzialtarife. Sonderabdruck [aus:] Handwörterbuch der Schweizerischen Volkswirtschaft, Socialpolitik und Verwaltung. Hrg. von Dr. jur. N[aum] Reichesberg.... Band 1. II S. + S. 783-789. 8. Bern, Verlag Encyklopädie, 1903.

W e i s s e n b a c h, Placid. Die Durchführung der Verstaatlichung in der Schweiz. Sonderabdruck aus dem «Archiv für Eisenbahnwesen». ([Jahrg.] 1904, [Heft 6] u. [Jahrg.] 1905, [Heft 1].) S. 1259 - 1327 + 105—156. 8. ⟨Berlin, Julius Springer.⟩

Die Eisenbahnverstaatlichung in der Schweiz. Von Placid **Weißenbach**. Berlin: J. Springer 1905. (IV, 192 S.) 8°
Aus: Archiv f. Eisenbahnwesen. Jg. 1898. 1904. 1905. [05. 13103

W e i s s e n b a c h, Placid, die Nachnahmen im Frachtverkehr der Eisenbahnen. gr. 8. (21 S.) Zürich 881, (Orell, Füssli und Comp.) *

Weissenbach, P. Rückkauf oder Expropriation. Ein Beitrag zur Verstaatlichung der schweizerischen Eisenbahnen. In-8⁰. 58 S. Basel, Benno Schwabe, 1894 1 20

W e i s s e n b a c h, Placid. Die Siegel der Städte des Kantons Aargau s. S i e g e l. Die S' der Kantone St. Gallen, Graubünden, Aargau, Thurgau. Zürich 1858.

Weissenbach, Walther [von Bremgarten (Aargau)]: Die Schadenersatzpflicht aus Verträgen nach dem Schweizerischen Obligationenrecht. Zürich 1900. 127 S. 8⁰.
Zürich. Jur. Diss. 1899/1900.

Weissenbacher, Victor: G e s c h i c h t e des k. und k. Infanterie-Regimentes Nr. 19 Erzherzog Franz Ferdinand, von der Errichtung 1734 bis 1896. Wien 1896. 8⁰

W e i s s e n b e r g, das jod- und bromhaltige Soolbad Königsdorff-Jastrzemb in Ober-Schlesien, seine Kurmittel und Wirkungen. 8. (VII, 70 S.) Berlin 879, Hirschwald. *

Weissenberg, David (geb. Neuberun in Schles. 4. 6. 1838): De meningitide spinali. Berolini (1861). (32 S.) 8°
Berlin, Med. Diss. v. 9. Juli 1861

Weissenberg, Heinrich: K ö n n e n degenerative Processe am Nierenparenchym durch Coffein hervorgerufen werden? Würzburg 1894: P. Scheiner. (53 S.) 8⁰
Würzburg, Med. Diss. v. 1894.

Weissenberg, Hugo: Studien über Denitrification. *München 1897: R. Oldenbourg.* (21 S.) 8°
Würzburg, Med. Diss. v. 1897

Weissenberg, Ludwig

— s. A m E n d e, Ch. G. Er., Kornblumen.

Weissenberg, Ldw., (Am Ende,) Erinnerung an Wittenbergs Denkmäler. Mit e. Vorworte herausgeg. von J. Seelfisch. (Gedichte.) gr. 12. Dresden 842, Sillig. n. 6 𝔫𝔤ℊ

Weissenberg, Richard, prakt. Arzt a. Breslau: Über die quergestreiften Zellen der Thymus. Berlin (1907): G. Schade. (34 S.) 8°
Berlin, Med. Fak., Ref. Hertwig, Diss. v. 30. März 1907
[Geb. 18. März 82 Breslau; Wohnort: Breslau; Staatsangeh.: Preußen; Vorbildung: Gymn. Schoeneberg Reife O. 00; Studium: Freiburg i. B. 1, Berlin 9 S.; Coll. 27. März 07; Approb. 23. Nov. 05.]

Weissenberg, Rudolf, approb. Arzt aus Krassow in Schl.: Quantitative **Versuche** über die Giftigkeit von Benzin und Benzol. *Würzburg 1904: F. Staudenraus.* (74 S.) 8°
Würzburg, Med. Diss. v. 1904

Weissenberg, S.: Ein B e i t r a g zur Lehre von den Lesestörungen auf Grund eines Falles von Dyslexie . . . Berlin, gedr. bei L. Schumacher, 1890; 27 S. 8⁰
Heidelberg, Med. Fak., Inaug.-Diss. v. [9. Mai] 1890.

Weissenberg, S., d. südrussischen Juden. Eine anthropometr. Studie m. Berücksicht. d. allgem. Entwickelungsgesetze. [Aus: „Archiv f. Anthropologie".] gr. 4. (III, 126 S. m. 20 Abb. u. 15 Typenbildern.) Braunschweig 895. F. Vieweg & Sohn. n. 4. —

Weissenberger, der Raiffeisenmann C. W. Kaiser. Zu seinem 25jähr. Vereinstätigkeits-Jubiläum auf Grund vorhandener Akten verf. Ein Beitrag zur Geschichte d. bayer. Raiffeisenvereine. (IV, 121 S. m. Abbildgn. u. 1 Bildnis.) gr. 8. Kempten 907. (J. Kösel.) nn 1. —

Weißenberger u. Roger, Schätzungsbuch. 82. (IV, 24 S.) Wesel 897. C. Kühler. 100 Stück n. 3. 50; Skala dazu n.n. — 10

Weissenberger, Adele [med. pract. aus Riehen]: Diphtherieserumtherapie und Intubation im Kinderspital in Basel. s. l. 1899. 25 S. 8°. (S.-A. aus Jahrb. f. Kinderheilk., Bd. 52.)
Basel. Med. Diss. 1899/1900.

Weissenberger, Burkard: Geschichte des K. humanistischen Gymnasiums Straubing unter Berücksichtigung der Entwicklung des gesamten Gymnasialwesens in Bayern. *Straubing 1898: C. Attenkofer.* (66 S.) 8°
Straubing, k. humanist. G, P 1898*

Weissenberger, Burkard: Die Sprache Plutarchs von Chaeronea und die pseudoplutarchischen Schriften ... [S. 1—37 = Progr. d. Gymn. Straubing 1895.] Straubing, C. Attenkofersche Buchdr., 1895; 1 Bl., 95 S. 8.
Würzburg, Phil. Fak., Inaug.-Diss. v. 1895

Weissenberger, *Burkard* [Dr.]: Die Sprache Plutarchs von Chaeronea und die pseudoplutarchischen Schriften. 1. Tl. Straubing, C. Attenkofersche Buchdr., 1895; 37 S. 8.
Straubing, k. hum. G, P 1895*

Weissenberger, *Burkard* [Dr.]: Die Sprache Plutarchs von Chaeronea und die pseudoplutarchischen Schriften. II. Tl. [Forts. d. P-Beil. 1895; I u. II = Inaug.-Diss. v. Würzburg 1895.] Straubing, C. Attenkofersche Buchdr., 1896; 59 S. 8.
Straubing, k. hum. G, P 1896*

Weissenberger, B., d. Sprache Plutarchs v. Chaeronea u. d. pseudoplutarch. Schriften. I. u. II. Tl. Progr. gr. 8. (37 u. 59 S.) Straubing 895. 96. (M. Hirmer.) à n. 2. —

Weissenberger, Burkard, lateinisches Übungsbuch, s.: Engelmann, Lor., u. Haas.

Weißenberger, Karl. Die Fleischversorgung Wiens m. Rücksicht auf die Einbeziehung der Vororte u. die Regelung der Verzehrungssteuer. Nach den Ergebnissen e. 60jähr. prakt. Erfahrg. beleuchtet. gr. 8. (50 S.) Wien 891, Klinast. * 1 —

Weissenborn, Adolf, aus Langensalza: Über Homologe der Sorbinsäure. *Halle a. S. 1901: C. Gleditzsch.* (30 S.) 8°
Halle, Phil. Diss. v. 1901

Weissenborn, Bernhard [aus Mühlhausen i/Thur.]: Beiträge zur Phylogenie der Arachniden .... Jena, Gustav Fischer, 1886. 2 Bl. 1-71 S 8°.
Jena, Phil. Fak., Inaug.-Diss. v. 1886.

Weissenborn, Bernhard, aus Halle a. S.: Die Elbzölle und Elbstapelplätze im Mittelalter. *Halle a. S. 1900: C. A. Kaemmerer & Co.* (70 S.) 8° ¶ (Erscheint vollst. im gleichen Verlag.)
Halle, Phil. Diss. v. 1900

Die Elbzölle und Elbstapelplätze im Mittelalter. Von Dr. phil. Bernhard **Weissenborn**. *Halle: C. A. Kaemmerer & Co. 1901.* (VII, 246 S.) 8° [or. 211]

Weissenborn, Carl, s. Weissenborn, Karl

Weissenborn, Christoph, Leben und Werke, s. Geyer, Mor.

M. Christoph Weißenborns // FAC. PHIL. IEN. ADIUNCTI IAM- //QUE LYCEI EISENB. RECTORIS // Gebundene // Danck-Rede // Von // Der wahren Gelehrsamkeit // Bey // Seiner Solennen Installation // Zum // RECTORAT // Der Hochfürstlichen Stadt- und Land- //Schule zu Eisenberg // Auff hohen Befehl in teutscher Sprache // gehalten // Und // Seinen AUDITORIBUS zum Besten // ans Tages-Licht gestellet. // JENA /// Verlegte Heinrich Christoph Cröker. - 4 Blatt (nicht paginiert) Titelblatt und Widmung, d. d. 25. Julij 1707. - 19 S. und noch 2 Blatt (nicht paginiert) Nachwort von Nicolaus Prank.

Weißenborn, Christoph, M. Christoph Weißenborns /// der Philosoph. Facult. zu Jena Adjuncti // und Rectoris zu Eisenberg // gründliche Einleitung // zur // Teutschen und Lateinischen // ORATORIE // wie auch // POESIE // Welche nach dem Vorgang so wohl der // Alten als sonderlich der Neuesten // Redner und Poeten // durch deutliche Regeln und Exempel // Frag und Antworts-Weise // zum Besten seiner Scholaren // ausgeführet worden. // Franckfurth und Leipzig /// Verlegte Christian Pohl. // 1713. - 4 Blatt (nicht paginiert) Titelblatt und Vorrede. - 252 S. und noch 6 Blatt (nicht paginiert) Register.

— gründl. Einleit. z. latein. u. deutschen Oratorie u. Poesie. 8. Dresden, Harpeter. 742.

Weißenborn, Christoph [Praes.], s. Fleüter, Johann Basilius: De arte disputandi.

M. *Christoph Weißenborns* Der Philosophischen Facultät auf der Jenaischen Academie ADIVNCTI Poetische Frülings-Lust das ist Teutsche und Lateinische EPIGRAMMATA oder Uber-Schrifften und Vermischte Gedichte benebst Einer kurtzen Vor-Rede Von dem baldherauskommenden Poetischen Redner. JENA, Verlegts Johann Bielcke. 1705. 8°. (In Berlin: Yk 826; auch in Stuttgart.) (6 Mk. Jos. Baer & Co., 1894.)

Weisenborn, Christ., gründl. unterricht. Kirchendiener 8. Jena. 714.

Weißenborn, Christoph, M. Christoph Weißenborns // FAC. PHIL. IEN. ADI. ET. LYCET // EISENB RECT. // Poetischer // Schertz und Ernst // Der // Blühenden Jugend // Das ist // Allerhand Lust- und Lehr-reiche // Curiöse und Satyrische // Hochzeit- und Ehren-Gedichte // Wie auch // Briefe/ Oden / Uber-Schrifften // und // Zugabe von verschiedenen Versen. // LEIPZIG /// Im Verlag Johann Ludwig Gleditsch // und Moritz Georg Weidmanns. 1710. - 12 Blatt (nicht paginiert) Titelkupfer, Titelblatt, Widmung, Vorrede und Erklärung des Kupfers. - 368 S. und noch 3 Blatt (nicht paginiert) Verzeichnis von den Schriften Weißenborns und Druckfehler.

WEISSENBORNS, M. Cph., der Phil. Facultät zu Jena Adj., Poetischer Spazier-Gänger Teutsch- u. Lateinischer Epigrammatum, welcher als ein kurtzer Vor-Redner des unter der Presse schwitzenden Poetischen Redners voran geschickt wird. Jena, Hnr. Cpl. Croeker. 8°.
So im Frf. Fast. M. V. 1705. Bl. F 4b.

——— C., Statera latinitatis dubiae et variae. Lips. 709. 8.

Weissenborn, Christoph Wilh. (Resp.): De veris Signis vocationis divinae ad minist. ecclesiast., s. Baumgarten, Siegmund Jakob

Weissenborn, E. F., de negatione resurrectionis Chr. detestanda. Jen. 1735. 4.

Weissenborn, Edmund Achilleïs und Ilias, ein Versuch zur Einigung in der homerischen Frage. (Umschlagtitel: Achilleïs und Ilias.) 8 (30 S.) G. u. Rprg. *Mühlhausen i. Th.* 1890 (235).
Progr.

Weissenborn, Edmundus: De adiectivis compositis Homericis. Halis Saxonum (1865): Fischer in Bromberg. 52 S. 8°
Halle-Wittenberg, Phil. Diss. v. 14. März 1865
Geb. Mühlhausen (Thür.) 27. 12. 1841. V.

Weissenborn, Edm., Aufgabensammlung zum Übersetzen ins Griechische im Anschluss an die Lectüre für die oberen Klassen der Gymnasien. gr. 8. (XII, 306 S.) Leipzig 882. Teubner. 2. 70

Weissenborn, Edm. Aufgaben zum Übersetzen ins Griechische im engen Anschluss an Herodots Geschichte Buch 6—9, Xenophons Memorabilien, Platon, Demosthenes u. Thukydides. Für die oberen Klassen der Gymnasien. 2. (Titel-)Ausg. gr. 8. (XII, S. 91—208 u. 231—306.) Lpz. 892, Teubner. * 1 80

—— desgl. — im engen Anschluss an Xenophons Hellenika f. die Untersecunda der Gymnasien behufs Einübung der Kasuslehre. 2. (Titel-)Ausg. gr. 8. (VII, 90 S. u. S. 209—282.) Ebd. 892. * 1 50

Weißenborn, Edm., Aufgaben zum Übersetzen ins Griechische im Anschluß an Xenophons Hellenika. 2 Hfte. 2., verb. Aufl. gr. 8. Leipzig 901. B. G. Teubner. n. 1. 40; in 1 Bd. geb. n. 1.60
1. Zur Einübung der Kasuslehre. (VI, 58 S.) n. — 80
2. Zur Repetition der griech. Kasuslehre. (VI, 39 S.) n. — 60

Weißenborn, Edm., Aufgabensammlung zum Übersetzen ins Griechische im Anschluß an die Lectüre von Xenophons Anabasis für die mittleren Klassen der Gymnasien. gr. 8. (VIII, 216 S.) Leipzig 880, Teubner.

—— Aufgabensammlung zum Uebersetzen ins Griechische im Anschluß an die Lektüre von Xenophons Anabasis für die mittleren Klassen der Gymnasien. 2. verb. Aufl. gr. 8. (X, 232 S.) Leipzig 886, Teubner.

— Aufgabensammlung zum Übersetzen ins Griechische im Anschluß an die Lektüre v. Xenophons Anabasis f. die mittleren Klassen der Gymnasien. 3., verb. Aufl. gr. 8. (X, 234 S.) Ebd. 894.

— Aufgabensammlung zum Uebersetzen ins Griechische im Anschluß an die Lektüre v. Xenophons Anabasis für die mittleren Klassen der Gymnasien. 2 Hfte. 4., verb. Aufl. gr. 8. Ebd. 901. n. 1. 60; in 1 Bd. geb. n. 2.—
1. (VIII, 102 S.) n. 1.—
2. Zur Einübung der Kasuslehre. (VI, 60 S.) n. — 60

Aufgabensammlung zum Übersetzen ins Griechische im Anschluß an d. Lektüre f. Obersekunda u. Prima von Dr. Edmund **Weißenborn**, Prof. zu Mühlhausen i. Th. 2. Aufl. Leipzig & Berlin: B. G. Teubner 1906. (VIII, 226 S.) 8° [F.] 06. 11794

Weißenborn, Edm., Aufgabensammlung zum Uebersetzen ins Griechische im Anschluß an die Lektüre der Obertertia behufs Einübung der unregelmäßigen Verba u. Wiederholung der gesamten Formenlehre. gr. 8. (VIII, 108 S.) Leipzig 885. Teubner. 1. 20

Aufgabensammlung zum Übersetzen ins Griechische im Anschluß an die Lektüre der Obertertia, behufs Einübung d. unregelm. Verba u. Wiederholung d. gesamten Formenlehre von Dr. Edmund **Weißenborn**, Prof. zu Mühlhausen. 2. Ausg. Mit e. alphabet. geordn. Wörterverzeichnis. *Leipzig: B. G. Teubner 1892.* (VIII, 169 S.) 8° [F.] 01. 6041

Weissenborn, Edmund [Prof. Dr.]: Bemerkungen zu Xenophons Memorabilien I, 4. Mühlhausen i. Th., Druck v. G. Danner, 1893; 27 S. 8.
Mühlhausen i. Th., G u. RPG, OP 1893 (244)

Weissenborn, Edmund Festrede zur Vorfeier des Geburtstages Sr. Majestät des Kaisers und Königs Wilhelm's II., gehalten in der Aula der Anstalt am 26. Januar 1889. (Umschlagtitel: Festrede . . . II.) 4 (S. 1—7 der Schuln.).
Progr. G. u. Rprg. *Mühlhausen i. Th.* 1889 (229).

Weissenborn, Edm. Gedankengang und Gliederung von Ciceros Laelius. 13 S. **Progr.** G. *Mühlhausen i. Th.* 1882.

—— Gedankengang und Gliederung von Ciceros Laelius. 4. (13 S.) Mühlhausen i. Th. 882, (Heinrichshofen'sche Buchh.) *

— Leben u. Sitte bei Homer. Ein Hilfsheft zur Würdigg. u. Erklärg. von Ilias u. Odyssee in deutscher Übersetzg. 8. (IX, 68 S. m. Abbildgn., Titelbild u. 1 Karte.) Ebd. 901. n. — 80

Weissenborn, Edmund Über Xenophons Memorabilien als Schullektüre. 4 (1 Bl. S. 5—24.) G. u. Rprg. *Mühlhausen i. Th.* 1886 (223.)
Progr.

Weissenborn, Edm. Untersuchungen über den Satz- und Periodenbau in Vergils Aeneide. 50 S. G. *Mühlhausen Th.* 1879.
Progr.

Weissenborn, Edm., Untersuchungen über den Satz- und Periodenbau in Vergils Äneide. 4. (50 S.) Mühlhausen i. Th. 879, (Heinrichshofen'sche Buchh.)

— **Wörterbuch zu den Übersetzungsaufgaben im Anschluß an Xenophons Anabasis u. Hellenika. 4., sorgfältig durchgeseh. Aufl. gr. 8. (III, 92 S.) Ebd. 901. n. — 80**

Weissenborn: Ueber die Zusammensetzung der Nomina und der Compositionsvocal bei Homer. 18 S. Mühlhausen, Progr. 1870.

Weißenborn, Elisabeth

Weißenborn, Frl. Elisab., s. a. Theba, Ilse.

Weißenborn, E., Mamsellchen, s.: Epheuranken ums Mädchenstübchen. 16. Heft.

Weißenborn, E., Saumseelchen, s.: Kinderglocken.

Erich **Weissenborn**. Quellen und Hilfsmittel der Familiengeschichte. Leitfaden f. Freunde d. Familienforschung. Papiermühle S.-A. 1908: Gebr. Vogt 1908. (VII, 91 S.) 8° [F.] 08. 2962

Weißenborn, Erich: Radikaloperation der Retentio testis. Kiel 1903: H. Fiencke. (35 S.) 8°
Kiel, Med. Diss. v. [31. Dez.] 1903.

Weissenborn, Ernst, approb. Arzt: Verunreinigungsquellen kleinerer Wasserleitungen. *Leipzig 1900: A. Edelmann.* (20 S.) 8°
Leipzig, Med. Diss. v. (28. Juli) 1900

Weißenborn, Fritz

Weissenborn, Fr., Gesichtspunkte zu einer Bearbeitg. des Lehrplans f. den Zeichenunterricht an den Leipziger Volksschulen. Ein Vortrag nebst Leitsätzen. Geh. u. zur Beratg. gebracht im Verein der Leipziger Zeichenlehrer im Sommer 1904. (23 S.) 8. Leipzig 904. A. Hahn. n. — 50

Weißenborn, Fritz, s.: Wie wir unsere Heimat sehen.

Weissenborn, G. Soll und darf die Schule von der Kirche getrennt werden? 22 S.
Nordhausen, Progr. 1849

Weissenborn, Georgius: De cogitationibus Augustini philosophicis de trinitate Dei prolatis particula. Halis (1841): Semmler. 31 S. 8°
Halle-Wittenberg, Phil. Diss. v. 23. Aug. 1841
Geb. [Varchentin (Meckl.-Schwerin) 11. 4. 1816]

Weissenborn, G[eorgius]: Expositio philosophiae Schleiermacheri dialecticae. Halis (1843): Ruff. 37 S. 8°
Halle-Wittenberg, Phil. Hab.-Schr. v. 9. Mai 1843

Weißenborn, Georg, Logik u. Metaphysik f. Vorlesungen u. zum Selbststudium. 3 Abthlgn. Die Lehre vom Sein. Die Lehre vom Wesen, vom Begriffe u. von der Idee. gr. 8. (XIV u. 378 S.) Halle 850. 51, Knapps Sort. (Schrödel & Simon.) n. 2 ℛ

— Vorlesungen über Schleiermacher's Dialektik u. Dogmatik. 2 Thle. gr. 8. 1. Thl. A. u. d. T.: Darstellung u. Kritik der Schleiermacherschen Dialektik. (LXXII u. 315 S.) 2. Thl. A. u. d. T.: Darstellung u. Kritik der Schleiermacherschen Dogmatik. (XX u. 406 S.) Leipzig 847. 49, T. O. Weigel. (1: n. 1 ℛ 26 ngr 2: n. 2 ℛ) n. 3 ℛ 26 ngr

Weißenborn, Geo., Vorlesungen über Pantheismus und Theismus. Marburg 859. Elwert. (Frankfurt a. M., Völcker.) gr. 8. (VII, 243 S.) 1 ℛ 5 ngr.

Weißenborn, Georg Fr. Chr., s. Godwin: Denkschrift.

Weißenborn, Geo. Fr. Chr., Religionsvorträge, s. Jh. Wlh. Ausfeld.

Weißenborn, Georg Fr. Chr., s. Wolstonekraft: Erzähll. und Rettung.

Die Besteuerung nach dem Wertzuwachs insbesondere die direkte Wertzuwachssteuer. Von H. **Weissenborn**, Bürgermeister in Halberstadt. Berlin: Springer 1910. VI, 156 S. 8° [10 17599]

Weissenborn, H., De Xenophontis in commentariis scribendis fide historica. Diss. 1910. 53 S. 2.—

Weißenborn, Hermann

Weissenborn, Herm., Beiträge zur Lehre von der Transformation der Gleichungen. Eisenach 870. (Berlin, Calvary & Co.) gr. 8. (34 S.) n. 16 ngr.

Weissenborn, H., die Berechnung des Kreis-Umfanges bei Archimedes u. Leonardo Pisani, s.: Studien, Berliner, f. classische Philologie u. Archaeologie.

Weißenborn, Hermann: Die Boethiusfrage, s. Abhandlungen z. Geschichte d. Mathematik.

Weissenborn, H. Zur Boetius-Frage. 10 S. Rg. *Eisenach* 1880. **Progr.**

Weißenborn, Herm., die geometrische Deutung imaginärer und complexer Zahlen, und ihre Anwendung auf Geometrie. gr. 8. (28 S.) Eisenach 863, Baerecke. *

—— **die Elemente der Planimetrie. Für den Schulgebrauch bearb. gr. 8. (XII und 219 S. mit 8 lithogr. Fig.-Taf.) Halle 864, Schmidt's Verlag.** * –

Weissenborn, H. Die Entwicklung des Zifferrechnens. 22 S. **Progr.** Rg. *Eisenach* 1877

Weissenborn, H., Gerbert. Beiträge zur Kenntnis der Mathematik des Mittelalters. Mit 6 Fig.-Taf. gr. 8. (VII, 251 S.) Berlin 888. Mayer & Müller. n. 9. —

— zur Geschichte der Einführung der jetzigen Ziffern in Europa durch Gerbert. Eine Studie. gr. 8. (V, 123 S.) Berlin 892. Mayer & Müller. n. 3. —

Weissenborn, Herm., Grundzüge der analytischen Geometrie der Ebene für orthogonale und homogene Punkt- und Linien-Coordinaten. gr. 8. (VIII, 236 S.) Leipzig 876, Teubner. *

—— das Hyperboloid bei Räderwerken. gr. 8. (16 S. mit 2 Stnt.) Eisenach 873, (Bacmeister.)

Weissenborn, Herm., die cyclischen Curven methodisch und mit besond. Rücksicht auf Constructionen zum Gebrauche für Techniker, sowie als Uebungsbeispiel für angehende Mathematiker behandelt. gr. 8. (VIII und 318 S. mit 7 Stnt. in qu. gr. 4.) Eisenach 855(56,) Bärecke.

—— **Lebensbeschreibung des Ehrenfr. Walter v. Tschirnhaus auf Kiesslingswalde und Würdigung seiner Verdienste. Mit einem Vorwort über Prof. J. A. Grunert als Preisrichter. gr. 8. (XXXI und 206 S. mit 3 lithogr. Fig.-Taf.) Eisenach 866, Baerecke.** *

Weissenborn, H., griechische Musik, Rhytmik und Metrik, s. Griechenland.

—— die Principien der höheren Analysis in ihrer Entwickelung von Leibniz bis auf Lagrange, als ein historisch-krit. Beitrag zur Geschichte der Mathematik dargestellt. gr. 8. (IX und 166 S. mit 3 Stnt. in qu. gr. 4.) Halle 856, Schmidt. *

—— die Projection in der Ebene. gr. 8. (XXII und 512 S. mit 22 lithogr. Fig.-Taf. in gr. 4.) Berlin 862, Weidmann'sche Buchh. *

Weissenborn, H., die irrationalen Quadratwurzeln bei Archimedes u. Heron. gr. 8. (52 S.) Berlin 883. Calvary & Co. n. 3. 60

Die irrationalen Quadratwurzeln bei Archimedes und Heron von Dr. H[erm.] **Weissenborn**, Prof., Eisenach. (Berlin: S. Calvary & Co. 1884.) (S. 357–408.) 8°
= **Studien,** Berliner, f. classische Philologie u. Archaeologie. Bd 1, [3.] [06.7696]

Weissenborn, —— das Trapez bei Euklid, Heron und Brahmegupta, } s. Abhandlungen zur Geschichte der Mathematik.

Weissenborn, H., die Uebersetzungen des Euklid durch Campano und Zamberti. Eine mathematisch-histor. Studie. gr. 8. (71 S.) Halle 882, Schmidt's Verlagsh. *

—— **Übungs-Aufgaben zum Rechnen und zu den Anfangsgründen der Arithmetik, für den Gebrauch an Gymnasien, Realschulen und anderen höheren Unterrichtsanstalten, sowie zum Selbstunterricht zusammengestellt. 4 Hefte. gr. 8. Ebendas. 881.** *
Resultate à Heft * 20 Pf. *

Inhalt:
Heft 1. Die Grund-Operationen mit ganzen Zahlen, gewöhnlichen und Dezimal-Brüchen. (VIII, 85 S.) * 80 Pf.; Resultate (15 S.).
» 2. Rechnen mit benannten Zahlen; Zeit-Rechnung; Brutto, Tara, Netto, Gewinn und Verlust, Durchschnitt; Proportionen; einfache und zusammengesetzte Regel de tri; Gesellschafts-Rechnung. (77 S.) * 80 Pf.; Resultate (13 S.).
» 3. Zins-, Rabatt- und Diskont-, allgemeine Prozent-, Mischungs-Rechnung. (48 S.) * 60 Pf.; Resultate (12 S.).
» 4. Arithmetische Aufgaben: Die vier Grund-Operationen mit Buchstaben, Gleichungen ersten Grades mit einem und mehreren Unbekannten. (44 S.) * 60 Pf.; Resultate (15 S.).

Weissenborn, Hermann Johann Christian, s. W e i s s e n - b o r n , Johann Christian Hermann

W e i s s e n b o r n , J. F., de fermento Pharisaeorum. Jen. 1728. 4.

W e i s s e n b o r n , J. F., de Paulo Petri animadversore. Jen. 1728. 4.

Weißenborn, Joach. Fr., s. Staatsverfassung u. Gesetzgebung.

Weisenborn, J. F., üb. Staatsverfassung u. Gesetzgebung. 8. Berlin, Maurer. 782.

Weissenborn, Johann U. S. Erfurt 1784/1

Gravissima iuris publici momenta.
Erfurt (Nonne) 30. VIII. 1784. 62 S. 36223

Weissenborn, Johannes, a. Hohenstein-Ernsttal: Tierkult in Afrika. Eine ethnologisch-kulturhistorische Untersuchung. Mit zwei Tafeln. Leiden: E. J. Brill 1904. (85 S.) 4° ¶ [Aus: Internation. Archiv f. Ethnographie. Bd 17, H. 3 u. 4.]
Leipzig, Phil. Fak., Ref. Weule u. Ratzel, Diss. v. 10. Jan. 1905
[Geb. 19. Jan. 78 Hohenstein-Ernsttal; Wohnort: Bremen; Staatsangeh.: Sachsen; Vorbildung: Gymn. Dresden-N. Reife O. 99; Studium: Leipzig 9 S.; Rig. 10. Nov. 03.]

Weißenborn, Jh. Chr., († 1794.), s. Mittel, e. Staat reich zu machen.

Weissenborn, Johann Christian Hermann [Bearb.], s.a. A c t e n der Erfurter Universität.

Weissenborn, J. C. H., Acten der Erfurter Universität, s. G e s c h i c h t s q u e l l e n der Prov. Sachsen u. angrenzender Gebiete.

Weissenborn, J. C. H e r m., A c t e n der Erfurter Universitaet. Hrsg. von d. Hist. Comm. d. Prov. Sachsen. Tbl. 1. 2. Halle 1881. 1884. 8°. (4°).
1: 1. Päpstliche Stiftungsbullen.
2. Statuten von 1447.
3. Allg. Studentenmatrikel, Hälfte 1 (1392–1492.) 1881.
2: 2b–2o. Allg. u. Facultätsstatuten von 1390–1636.
3b. Allg. Studentenmatrikel. Hälfte 2 (1492–1636.) 1884.
(Geschichtsquellen d. Prov. Sachsen u. angrenz. Gebiete Bd 8.)

Weissenborn, Joh. Christian Hermann, s. A p p e n d i x librorum symbol. eccles. orient.

W e i ß e n b o r n , Herm., hellen. Beiträge zur genaueren Erforschung der altgriech. Geschichte, mit besond. Rücksicht auf Topographie. gr. 8. (16 B.) Jena 844, Mauke.

Weissenborn, J. Ch. Herm., Erinnerungen an Karl M. E. Herrmann, Stadtrath a. D. u. Eisenbahn-Director zu Erfurt. [Beiheft zu den Mittheilgn. d Ver. f. Geschichts- u. Alterthumskunde v. Erfurt.] gr. 8. (IV, 62 S.) Erfurt 875. Villaret in Comm. n. — 80

Weissenborn, Johann Christian Hermann: H i e r a n a . Beiträge zur Geschichte des Erfurtischen Gelehrtenschulwesens. Abth. 1.–2. (Progr.) Erfurt. 1861–62. 4°

W e i s s e n b o r n , Joh. Chr. Herm., Hierana. I. II. Beiträge zur Geschichte des Erfurtischen Gelehrtenschulwesens. gr. 4. (IV und 122 S.) Erfurt 862, Villaret. *

Weissenborn, H., Isaeus. S.-A. 1846. 25 S. 4°.

Weissenborn, H., Isokrates von Athen. S.-A. 1847. 84 S. 4°.

Weissenborn: Mittheilungen über die neuesten Ausgrabungen in Mesopotamien. Forts. v. 1851. 32 S. u 2 Lithogr. –Erfurt, Progr. 1856

Weißenborn, H. Joh. Christian: Ninive und sein Gebiet mit Rücksicht auf die neuesten Ausgrabungen im Tigristhale. 36 S. u. 2 Kupfertaf. – II. Fortgesetzte Mittheilungen über die neuesten Ausgrabungen in Mesopotamien. 32 S. u. 2 lithogr. Tafeln. – Progr. Erfurt 1851, 1856.

Weissenborn, Herm. Joh. Chr., Ninive und sein Gebiet. II. Fortgesetzte Mittheilungen über die neuesten Ausgrabungen in Mesopotamien. Mit 2 lith. Taf. Erfurt 856. (Villaret.) gr. 4. (32 S.) n. 10 ngr.
1. Heft. Ebend. 851. n. 10 ngr.

Amplonius Ratingk de Berka und seine Stiftung. Dem Königl. Preuss. Ober-Regierungsrathe Herrn Freiherrn von Tettau bei seinem fünfzigjährigen Amtsjubiläum im Namen der Königl. Bibliotheks-Verwaltung ehrfurchtsvoll überreicht von H. WEISSENBORN. (und) R. BOXBERGER. Erfurt 15. Dec. 1875. A. m. d. Umschlagtitel.: Amplonius Ratingk de Berka und seine Stiftung mit Benutzung der Urkunden in Magdeburg und Erfurt dargestellt von J. C. HERMANN WEISSENBORN. ib. 1878. Comm. bei C. Villaret. 8°.

— Amplonius Ratingk de Berka u. seine Stiftung, mit Benutzung der Urkunden in Magdeburg u. Erfurt dargestellt. 8. (38 S.) Erfurt 878. Villaret. n. — 80

Weissenborn, H. J. C., De versibus Glyconicis. I. De basi versuum Glyconeorum. Diss. 1840. 50 S. u. 1 Taf. 2.—
— — II. De numero versus Glyconei primario. Gel. 1841. 24 S. 1.20
Leipzig: Koehler [Winter].

W e i s s e n b o r n , Herm., de versibus jambico-antispasticis. 4. 42 S. Lipsiae 834, (Koehler.) Thlr.

Weißenborn, Johann Fr.

— Anleit. zur Geburtshülfe, für Hebammen u. angehende Geburtshelfer. 8. Erfurt 780. 2e Aufl. von L. Vogel durchgeseh. u. vermehrt. 8. Ebd. 800. Keyser. 20 gr.

Weißenborn, Jh. Fr., († d. 23. Okt. 1799.) Bemerk. üb. d. zeither. Gewohnheit, hohe Beinkleider zu tragen, als eine bis jetzt nicht bemerkte Ursache öfterer Leistenbrüche etc., mit 1 Kpf. 4. Erfurt 794. Keyser. 3 gr.

— Bemerkk. über eine oft unbemerkte äußerliche Ursache sowohl d. Augenentzündung als der Hornhaut-Geschwüre u. der daher entstandenen Blindheit etc. gr. 4. Erfurt 789. Keyser. 2 gr.

— von den Eitergeschwüren der Leber, durch einen merkwürdigen Fall erläutert. gr. 8. Erfurt 786. Keyser. 3 gr.

— Erläuter. e. merkwürd. Geschichte e. Lebergeschwürs. 4. Erf. 787. Keyser. 6 gr.

— observationes duae, de p a r t u Caesareo et quaestiones de praecip. huj. operationis momentis. 4. ibid. 793.

— Diss. inaug. de pupilla nimis coarctata vel clausa. 4. Erfurt 773.

Weissenborn, Übersichtstafel der Krankheiten, siehe: Small, M.

— von d. Umkehrung d. Gebärmutter, durch 2 merkwürdige Fälle erläutert. gr. 4. Erfurt 788. Keyser. 2 gr.

Weissenborn, Johann Friedrich [Praes.], s. N a u m b u r g, Johann Samuel: Delineationes Veronicae chamaedryos, dianthi Carthusianorum, lumii maculati et purpurei, Arabis Alpinae, violae grandiflorae, zanichelliae palustris ac polymorphi tremelloidis.

Weissenborn, K. H., muß der Rationalismus aus d. evangel. Kirche u. dem Gustav-Adolph-Vereine scheiden? Erörterung geknüpft an das Sendschreiben d. Reg.-Rath K. H. Schede an d. Pred. Jonas u. d. Dr. Chr. Fr. Elvers an d. Consistor.-Rath Abt Dr. Lücke. gr. 8. Magdeburg 845, Rubach'sche B. Fabricius u. Sch. n. 1/4 ₰

Weissenborn, Carl: Die Ansätze einer internationalen Rechtshülfe in der Bevölkerungscontrole. *Greifswald 1898: F. W. Kunike.* (38 S.) 8°
Greifswald, Jur. Diss. v. 1898

Weissenborn, Carl: De spectatissimis, quibus aequationes altioris gradus numericae solvuntur, methodis. III, 164 [vielmehr: 163] S. 4°
Halle-Wittenberg, Phil. Diss. v. 24. Nov. 1846
Geb. Demmin 18. 1. 1822. V.
Ersch. (ohne die Diagramme auf S. 140 u. 143 des Ms. und ohne V.) im Buchhandel Berolini Schneider 1847. 73 S. 8° vorh. Halle, Mathem. Sem.

Weißenborn, Ludwig Wilhelm

Weißenborn, Edw. Wlh., Briefe über die bürgerl. Selbstständigkeit der Weiber. 8. Gotha 806. Perthes. 18 K

— der Zeitvertreiber f. Kinder, welche noch nicht zu lesen verstehen; ein Buch zum Vorlesen u. Nacherzählen. 8. Schmalkald. 822. (Kesselring in Hildburgh.) 9 K

Weissenborn, Max (geb. Zühlsdorf bei Arnswalde 7. 9. 1850): Über das Heilverfahren bei Lungenverletzung. Berlin (1876). (29 S.) 8°
Berlin, Med. Diss. v. 10. März 1876

Weißenborn, W., die betrogene Welt oder drei Erzschelme. Posse in 1 Acte. 2., verm. Aufl. gr. 8. (48 S.) Weimar 852, (Goullon.) **.

Weißenborn, Wilhelm

Weissenborn, Wilh., de codice Livii Moguntino. Particula I. Dissertatio. Eisenach 865. (Baerecke.) gr. 4. (16 S.) 6 ngr.

— Ad C. Wexium de locis aliquot Livii epistola. Pr. 1856. 14 S. 4°.

Weissenborn, Wilh., de Gerundio et Gerundivo latinae linguae. Commentatio. 8maj. (9⅞ B.) Isenaci 844, Baerecke.

Weißenborn, W., sechs Jahre deutscher Colonialpolitik. Eine Ergänzung zu Dr. Fabri's Buch: Fünf Jahre deutscher Colonialpolitik. 1. u. 2. Tausend. gr. 8. (III, 64 S.) Berlin 890. [Deubner.] Bibliograph. Bureau. n. 1.—

Weissenborn, W., Lectionum Livianarum part. II. Pr. 1840. 14 S. 4°. 1.—

Weißenborn, Wilh., die Nahrungsstoffe des Menschen nach ihren diätet. Beziehungen, ihre Wahl, Zubereitung u. Anwendung rc. Nach N. A. Hébert frei bearb. gr. 8. (18 B.) Weimar 843, Voigt.

Weissenborn, W., De modorum apud Latinos natura et usu. 1. Pr. 1846. 12 S. 4°.

Weißenborn, W., Neues u. Nutzbares aus d. Gebiete d. Haus- u. Landwirthschaft rc., s. Neues rc.

Weissenborn, W., De ratione qua Sigismundus quartam T. Livii decadem emendaverit. Pr. o. J. 21 S. 4°. 1.50

Weißenborn, Wilh(elm) (Übers.):

s.: Reveillé-Parise, J(oseph) H(enri): Gesundheitslehre für Geistigbeschäftigte. (Physiologie et hygiène des hommes livrés aux travaux de l'esprit. Troisième édition. Dt.) Weimar: 1840

Weißenborn, Wilh., lateinische Schulgrammatik. Lex.-8. (35¼ B.) Eisenach 838, Bärecke. *

—— Syntax d. latein. Sprache f. d. oberen Klassen gelehrter Schulen. gr. 8. (27½ B.) Eisenach 835, Bärecke.

Weißenborn, Wilh., Verzeichnis der wichtigeren Lehrbücher u. Unterrichtsmittel auf dem Gebiete des Fortbildungsschulwesens, s.: Schüttler, Chr.

Weissenbruch, Johann Benjamin (Angelroda)
A. S. 767/20

Dissertatio solennis juridica de singulari praerogativa rei prae actore.
Giessen (Vulpius) 19. XI. 1711. 32 S.

Gew.: Jakob von Schroeder, Georg Berghöver, Bernhard Ludwig Mollenbek.
W. v.: Simon Nikolaus Orth, Bernhard Ludwig Mollenbek, M. D. Grolmann, Georg Theodor Bartholdt, Immanuel Weber, Georg Ludwig Handwerck.
36225

Weber, Immanuel [Präs.] u. Joh. Benjamin Weissenbruch (Engelrod) [Resp.]
Schediasma historicum de eruditis Hassiae principibus.
Giessae-Hassorum [26.] Febr. 1707: Vulpius (4), 44 S. 4°
publice ventilandum
— (u. d. T.: De eruditis Hassiae Principibus Schediasma historicum [ohne Nennung des Resp.] Gissae 1707: Joh. Reinh. Vulpius. (2) 44 S. 4°

Weißenbruch, Joh. Benj.: Ausführliche Relation von der famosen Ziegeuner-Diebs- Mord- u. Rauber-Bande, welche den 14. u. 15. Nov. Ao. 1726 zu Giessen durch Schwerdt, Strang u. Rad, resp. justificirt worden. Franckfurt u. Leipzig 1727.

Weissenbruch, Joh. Jac. Ernst Aug.: Juris ecclesiastici exercitatio. . . , s. B e n n e r , Johann Hermann [Praes.]

Weissenbruch, Joh. Justus Hartman (Angelroda Hassus)
Disputatio inauguralis de tortura non infamante.
Gissae Feb. 1707: Joh. Reinh. Vulpius. (2), 32 S. 4°
pro Licentia summos in utroque jure honores capessendi.

Weißenbruch, Johann Wilhelm Jos.

— prakt. Anweis. für den deutschen Landwirth den Futterkräuterbau empor zu bringen. 8. Frankf. a. M. 800. (Jäger). 4 K

Weißenbruch, Jh. Wlh. Jos., (J. Cph. Röhling's) die einfachste u. leicht. Bienenbehandlung, nach d. bewährt. Grundsätzen um daraus den höchsten Ertrag ziehen zu können. (Aus d. ökonom. Lehr- u. Hülfsbuch besond. abgedr.) gr. 8. Offenb. 796. Brede. 6 K

— das Ganze der Landwirthschaft. 4 Bde. 8. Frankf. 800. 2te A. 804—6. Brönner. 6 ₰ 14 K Hbg. Pr. 2 ₰ 16 K

Weissenbruch J. W. J.: Das Ganze d. Landwirthschaft ... Bd. (1)-4. Frankf. a. M. 1800-06.
(1. Grundsätze d. deutschen Landwirthschaft. [Agerdyrkn.]. 1800. — 2-4 m. Sœrtit.: 2. Das Ganze d. Küchengartenbaues ... 1802, se 548. — 3-4. Das Ganze d. Viehzucht. 1803-06, se 418).

Weissenbruch, Joh. Wilh. Jos., d. Ganze d. Küchengartenbaues; e. Buch f. angehende Landwirthe u. Bauersleute. Mit 17 Holzschn. 8. Frankfurt, 1802. (Brönner.) 1. 10

Weissenbruch, J. W. J.: Das Ganze der Viehzucht. Frankfurt am Main 1907. 478 S.

— das Ganze der Pferdezucht. 8. Frankf. 803. Brönner. 4 gr. (Aus d. Ganzen d. Landwirthschaft abgedr.)

— das Ganze der Rindviehzucht. 8. Frankf. 803. Brönner. 16 gr. (Aus d. Ganzen d. Landwirthschaft abgedr.)

Weissenbruch, J. W. J.: „Der kluge und belehrende Hausvater, oder Sammler bewährter Erfahrungen, Vortheile und guter Rathschläge, zum Nutzen in der Haus- und Landwirthschaft, nebst wohlfeilen, leichten und geprüften Mitteln in Krankheiten der Menschen und Thiere", 1. Auflage Frankfurt a. M. 1787 (F. Willmanns), 2. Auflage Bremen 1797.

— der kluge u. belehrende Hausvater, oder Samml. bewährter Erfahrr., Vortheile etc., zum Nutzen d. Haus- u. Landwirthschaft etc. 8. Bremen 797. (Müller). 10 gr.

Weißenbruch, Jh. Wlh. Jos., ökonom. Lehr- u. Hülfsbuch, oder prakt. Anweis. für Bürger u. Landleute, wie Aecker, Wiesen u Gärten anzubauen etc. gr. 8. Offenb. 796. Brede. 1 rß 8 gr.

— ökonom. Lehr- u. Hülfsbuch, od. prakt. Anweis. f. Bürger u. Landleute, wie Aecker, Wiesen u. Gärten anzubauen etc. gr. 8. Offenbach, 1796. (Darmstadt, Leske.) 1. 10

Weissenbruch, J. W. J.: „Oekonomisches Haus- und Hülfsbuch, oder praktische Anweisung für Bürger und Landleute, welche lehrt, wie Aecker, Wiesen, Gärten anzubauen, das Vieh zu füttern, vor Krankheiten zu bewahren und demselben zu helfen sey", Offenbach 1798.

Weissenbruch, J. W. J.: „Oekonomisches Lehr- und Hülfsbuch, oder praktische Anweisung für Bürger und Landleute", Offenbach 1799 (Brede).

— der kleine Obstbaumgärtner. 8. Frankf. a. M. 800. Behrens (Jäger). 6 gr.

Weissenbruch, L., die bibliograph. Dezimal-Klasseneinteilung u. ihre Anwendg. auf die Eisenbahnfachwissenschaften. Auszug aus d. Bulletin des internat. Eisenbahn-Kongress-Verbandes. (April 1908.) (Bibliographische internat. Anstalt. Veröffentlichg. Nr. 17.) (73 S.) gr. 8. Brüssel (Rue de Louvain 11) 908. Commission permanente de l'assosiation internationale du congrès des chemins de fer. nn 2. —

Weissenbruch, L: Das elektrische Kraftstellwerk für Weichen und Signale auf Hauptbahnhof Antwerpen. Berlin 1904

Weissenburg [Sachl. OW]

Weissenburg. Bad und Kuranstalt W' in der Schweiz. [Illustriert.] 8. Zürich *o. J.* [1880/96].
Ausg. A. — Ausg. B.

Weissenburg. Bad und Kurort W', Schweiz. [Illustriert.] 8. Aarau *o. J.* [1880/96].

Weissenburg u. Wörth. Erinnerungsblätter f. Besucher der beiden Schlachtfelder. 30 Orig.-Bilder, im Auftrage der Verlagsanstalt an Ort u. Stelle aufgenommen v. R. Morat. Mit beschreib. Text. Deutsche Ausg. (V, 12 S.) qu. Lex.-8. Mülhausen i/E. 905. A. Wieland & Co. Geb. in Leinw. 6. —

— — dasselbe. (Neue [Titel-]Ausg.) (V, 12 S. m. Titelbild u. 30 Taf.) qu. Lex.-8. Strassburg [905] (906). J. Singer. Geb. n. 3. 50

Weissenburg [Schlagwort]

Weissenburg i. E., s.: Deutschland. Kürschner-Pelp.

Weissenburg a. S., s.: Deutschland. Kürschner-Pelp. — Merseburg.

Weissenburg, s.: Geologische Karten (Elsass-Lothringen).

Weissenburg (Schlachtfelder), s.: Militärkarten.

Weissenburg, s.: Preussen. Messtischblätter. — Vogesen.

Weissenburg — Situations-Plan des Gefechtsfeldes bei — und Geissberg. 40,000. 1 Bl.

Weissenburg [Verf.]

Weißenburg, d. Ält., s. Demeter, Sommer-Taschenbuch.

Weißenburg, d. Aelt., Geschichte d. berüchtigten Bremer Giftmischerin Margarethe Gesine Gottfried, geb. Timm, u. ausführl. Erzählung ihrer schauderhaften Unthaten. Nebst e. Anh., welcher ihre gerichtl. Aussagen enthält. 8. Quedlinb. 829. Basse. 20 gr Hdg. Pr. 10 gr

Weißenburg, die ältere. Geschichte der berüchtigten Giftmischerin Margarethe Gesina Gottfried, geb. Timme, und ausführliche Erzählung ihrer schauderhaften Unthaten. Quedlinburg 1829. VIII, 119 S.

Weissenburg d. Aelt., Geschichte der berüchtigten Bremer Giftmischerin Margarethe Gesina Gottfried, geb. Timme, und ausführliche Erzählung ihrer schauderhaften Unthaten. Stuttgart 1829. 8°. 127 SS.

——, Gesinia, s. Gesinia.

Weißenburg d. Aelt., Davids u. Michals Leiden. Histor. Trauerspiel in 5 Acten. 8. (10 B.) Norden 828. (Rinteln, Osterwald.)

Weissenburg Camillo, Bevor es Tag wird. Gedichte. 12. (76 S.) geh. 90 kr.
— — Dasselbe geb. mit Goldschnitt 1 fl. 80 kr.
Mährisch-Ostrau: Prokisch 1882.

Am Rande des Abgrundes. Novelle von M. v. Weissenburg. Mit 3 Vollbildern. *Berlin: A. Weichert [1900].* (90 S.) 8° [J.]
= Wochen-Bibliothek, Weicherts. Bd 81.

Weißenburg, M. v., am Rande des Abgrundes, s.a. Weichert's Wochen-Bibliothek.

WEISSENBURG, M. von

(F) Am Rande des Abgrundes. Novelle von M. v. Weissenburg. Mit 3 Vollbildern. [Weichert's illustrirter Familienschatz. Bd. 81.] Wien. [1900.] In Comm. Derflinger & Fischer. 8°. 96 S. K —.30

Weissenburgensis, Monachus, Catechesis Theotisca, ed. J. G. Eccard, Hannover (17[illegible])
siehe Johann Georg Eccard.

Weissenfeld, Karl, ein Lesebuch für Mütter . . . Leipzig 1778—79. V: *Stroth, Friedrich Andreas.* (ML) (Ky) ›1770‹ (Krusche)

Weißenfeld, Karl; e. Lesebuch f. Mütter ꝛc. 2 Thle. 8. Lpz., Weygand. 778. (I. 1 Rthlr. II. 20 gr.) 1 20
m. K. (I. 1 Rthlr. 14 gr. II. 1 Rthlr. 6 gr.) 2 20

Weissenfeld, Carl, ein Lesebuch für Mütter angehende Erzieher und junge Leute, 2 Theile, 8. Leipzig, 778. 79. Weygand. Schreib-Pap. mit Kupf. 2 Rthl. 25 sgl.
Dasselbe Buch 2 Theile, Druck-Pap. ohne Kupf. 1 Rthl. 25 sgl.

Weißenfeld, E. G. L., der „geweihte Degen Daun's". Eine historigraph. Darlegg. gr. 8. (16 S.) Berlin 883. (R. L. Prager.) n. — 50

Weissenfeld, Joseph: Aus dem Pharmakologischen Institut der Universität zu Bonn. Der Wein als Erregungsmittel beim Menschen. *Bonn: E. Strauss 1898.* (16 S.) 8° (Aus: Archiv für die gesammte Physiologie, Bd 70.)
Bonn, Med. Diss. v. [7. Mai] 1898

Weissenfels [Schlagwort]

Weissenfels, s.: Geologische Karten. Karte (Preussen).

Weissenfels, s.: **Kreiskarten.** — **Preussen.** Messtischblätter.

Weissenfels. Karte der Kreise Weissenfels u. Zeitz nebst Umgebung. 1 : 90,000. 58×48,5 cm. Farbdr. Merseburg (901). F. Stollberg. n. 2. —; auf Leinw. in Etui n.n. 2. 80; m. Stäben n.n. 3. —

Weissenfels. Straube, C., Handkarte des Kreises Weissenfels. Nach amtl. Quellen gezeichnet. 2. Aufl. 1 : 100,000. Farbendr. gr. Fol. Weissenfels 890. Lehmstedt. n. — 20

Weissenfels. Straube, C., Handkarte d. Kreises Weissenfels. Nach amtl. Quellen gezeichnet. 1 : 100,000. 3. Aufl. Farbendr. 37,5×35,5 cm. Weissenfels 892. M. Lehmstedt. n. 20

— **Verkehrskarte** von Weissenfels an der Saale m. seiner weiteren Umgebung, nebst Abgangs- u. Ankunftszeiten der in Weissenfels ankomm. u. abfahr. Züge. 25,5×32,5 cm. Farbdr. (Mit 1 S. Text.) Weissenfels (900). Prange & Co. n. — 10

Weissenfels [Verf.]

Weissenfels, Heinr. (geb. Zehden in d. Neum. 17. 1. 1846): Ueber Diphtherie des Darms. Berlin (1868). (32 S.) 8°
Berlin, Med. Diss. v. 30. Juli 1868

Weissenfels, Joseph (geb. Eischeid im Rheinl. [24. 4.] 1832): De noma. Berolini (1858). (29 S.) 8°
Berlin, Med. Diss. v. 20. Apr. 1858

Weißenfels, Curt v., Knigge redivivus, s.: Knigge, Adph. Frhr. v.

Golgatha. Eine moderne Höllenfahrt. Von M. **Weißenfels.** Zürich: Verl.-Magazin 1893. (75 S.) 8° [Ꝟ.] [07. 8792

Weissenfels, *Oskar:* De Platonicae et Stoicae doctrinae affinitate. Berlin, Druck v. A. Haack, 1890; S. 81-120; 8°
Berlin, Collège royal franç., Festschr. 1890 ••

Auswahl aus Aristoteles und den nachfolgenden Philosophen. Hrsg. von Dr. Oskar **Weissenfels,** Prof. in Berlin. Text. Leipzig & Berlin: B. G. Teubner 1906. 8°
= **Auswahl** aus d. griech. Philosophen. T. 2.
(B. G. Teubners Schülerausgaben griech. u. lat. Schriftsteller.) [07. 10434

— s.: **Auswahl aus den griechischen Philosophen.**

Weißenfels, Osk., die **Bildungswirren** der Gegenwart. gr. 8. (XX, 384 S.) Berlin 901. F. Dümmler's Verl. n. 5. —; geb. n. 6. —

Weissenfels, Osc., de casu et substantia Aristotelis. Dissertatio inauguralis philosophica. gr. 8. (36 S.) Berlin 866, (Calvary und Comp.) *

Weissenfels, O., chrestomathia Ciceroniana, s.: **Lüders, C. F.**

Cicero als Schulschriftsteller. Von Dr. O[skar] **Weißenfels,** Prof. in Berlin. Leipzig: Teubner 1892. XV, 319 S. 8° [11. 9149

— **Einleitung** in die Schriften Ciceros, s.: **Cicero, M. Tullius, rhetorische Schriften.**

— die **Entwicklung** der Tragödie bei den Griechen, s.a. **Gymnasial-Bibliothek.**

Weissenfels, O., Die Entwicklung der Tragödie bei den Griechen. 1892. 86 S.

Weissenfels, Oskar, Prof. Dr.: Festrede. Gehalten am Geburtstage Sr. Maj. d. Kaisers u. Königs Wilhelms II. am 27. Jan. 1905. Berlin 1906: A. Haack. (S. 3—14.) 4°
Berlin, Collège r. français P 1906 (61)

Weissenfels, O., Horaz. Seine Bedeutg. f. das Unterrichtsziel d. Gymnasiums u. die Principien seiner Schulerklärg. gr. 8. (XVI, 247 S.) Berlin 885. Weidmann. n. 3. —

— **Kernfragen** des höheren Unterrichts. gr. 8. (XVI, 352 S.) Berlin 901. [R. Gaertner.] Weidmann. n. 6. —

— dasselbe. **Neue Folge.** gr. 8. (IV, 380 S.) Berlin 903. Weidmann. n. 6. —

Aristoteles' Lehre vom Staat. Von Dr. Oskar **Weißenfels,** Prof. Gütersloh: C. Bertelsmann 1906. (88 S.) 8° [Ꝟ.]
= **Gymnasial-Bibliothek.** H. 40. [06. 1067

— **loci** disputationis Horatianae ad discipulorum usus collecti brevibusque commentariis illustrati. gr. 8. (XVI, 184 S.) Ebend. 885. n. 2. 40

Weißenfels, O., Lucrez u. Epikur, s.a. **Magazin, neues, lausitzisches.**

Weissenfels, O., Lucrez u. Epikur. Analyse d. Lehrgedichts de rerum natura v. Lucretius u. Darlegung der darin verherrlichten Welt- u. Naturanschauung sowie der auf dieselbe gegründeten Sittenlehre. S.-A. 1889. 148 S.

Weissenfels, O.: Quae partes ab Aristotele τῷ νῷ tribuantur. 30 S. – Berlin Coll. Fr., Progr. 1870.

Weissenfels, O., quae partes ab Aristotele ΤΩΙ ΝΩΙ tribuantur. 4. (30 S.) Berlin 870, (Calvary und Comp.)

Weissenfels, Oscar De Seneca Epicureo. 4 (38 S.).
Progr. Collège français *Berlin* 1886 (54).

— syntaxe latine suivie d'un résumé de la versification latine, y compris le mètres d'Horace. gr. 8. (VIII, 204 S.) Ebend. 885. n. 3. 50

Syntaxe latine, suivie d'un résumé de la versification latine. Par O[scar] **Weissenfels**, … Prof. au coll. royal franç. de Berlin. 2. éd. *Berlin: Weidmann 1897.* (VI, 214 S.) 1 Bd 8. [97. 3586

Weissenfels, Paulus (Aemil[ius]) (geb. Zehden [illegible] Neum. [illegible] 1847) Ad poetas lyricos Graecos analecta. Berolini (1866). (45 S.) 8°
Berlin, Phil. Diss. v. 6. Juli 1866.

Weißenfels, P., griechisches Lese- u. Übungsbuch f. Tertia, im Anschl. an s. griech. Schulgrammatik bearb. 1. Tl.: Griech. Lese- u. Übungsbuch f. Untertertia. gr. 8. (VIII, 168 S.) Leipzig 898. B. G. Teubner. Geb. in Leinw. n. 1. 80

Weißenfels, P., griechisches Lese- u. Übungsbuch f. Tertia, im Anschluß an seine griech. Schulgrammatik bearb. 2. Tl.: Griechisches Lese- u. Übungsbuch f. Obertertia. gr. 8. (IV, 91 S.) Leipzig 899. B. G. Teubner. Geb. in Leinw. n. 1. 40

Griechisches Lese- und Übungsbuch für Tertia, mit e. Anh. z. unvorbereiteten Übersetzen aus d. Griechischen f. Obertertia u. Untersecunda, bearb. von Prof. Dr. P[aul] **Weißenfels**, Oberl. 2. Aufl. *Leipzig & Berlin: B. G. Teubner 1903.* (X, 274 S.) 8° [F.] [03. 6641

— **griechische Schulgrammatik, in Anlehng. an H. J. Müller's latein. Schulgrammatik hrsg. gr. 8. (VII, 226 S.) Ebd. 897. Geb. in Leinw. n. 2. 40**

Griechische Schulgrammatik in Anlehnung an H. J. Müllers Lateinische Schulgrammatik hrsg. von Prof. Dr. P[aul] **Weißenfels**, Oberl. 2. Aufl. Leipzig & Berlin: B. G. Teubner 1906. (VII, 232 S.) 8° [06. 11408

Weissenfels, P.: De versibus paucis Batrachomyomachiae graecae comm. critica. 17 S. – Züllichau, Progr. 1872.

— **Wörterbuch zu dem griechischen Lese- u. Übungsbuch f. Tertia. Mit e. Verzeichnis der zur Einübg. d. Flexionslehre dien. Vokabeln. gr. 8. (63 S.) Ebd. 899. Kart. n. — 80**

Weissenfels, Richard, über französische und antike Elemente im Stil Heinrich von Kleists. Hab.-Schr. Freiburg i. B. 1888. 8°. 96 S.
Sonder-Abdruck aus: Archiv für das Studium der neueren Sprachen und Literaturen, hrsg. von Ludw. Herrig. 80. Band. Braunschweig 1888, George Westermann.

Weißenfels, Rich., der junge Goethe. 8. (III, 86 S.) Freiburg i/B. 899. Tübingen, J. C. B. Mohr. n. — 75

Goethe im Sturm und Drang von Richard Weißenfels. Bd 1. [Mehr nicht erschienen.] *Halle: M. Niemeyer 1894.* (XIV, 519 S.) 8° [F.]

Weissenfels, Richard: Der daktylische Rhythmus bei den Minnesängern . . . Halle a. S., Druck v. Ehrhardt Karras, 1885; 4 + 161 S. 8°
Freiburg i. B., Phil. Fak., Inaug.-Diss. v. 1885.

Weissenfels, Rich., der daktylische Rhythmus bei den Minnesängern. gr. 8. (VIII, 272 S.) Halle 886. Niemeyer. n. 6. —

Weißenfels, Th., Winkel u. Oval. Anleitung zur Verbesserg. der Handschrift. gr. 8. (70 S.) Berlin 893. G. Pohlmann. Kart. n. 1. 50

Weissenfluh, Johann *I* v(on). [und] Weissenfluh, Johann *II* v(on). Aufzeichnungen zweier Haslitaler: I. Chronik 1792—1821 von J' v. W' dem Aeltern; II. Alpenreisen 1850—1851 von J' v. W' dem Jüngern. Hrg. von Dr. Andreas Fischer. [Mit 1 Facsimile, 3 Tafeln und illustriertem Umschlag.] 166 S. 8. Bern, A. Francke, 1910. [fr. 3. 75]

Weißenfluh d. J., Joh. v., Alpenreisen 1850–1851, s. a. Aufzeichnungen zweier Haslitaler.

— **Chronik 1792—1821**, s. a. Aufzeichnungen zweier Haslitaler.

WEISSENHOFER, Anselm: Zur Schönheitslehre des Christentums und der deutschen Philosophie mit besonderer Berücksichtigung des hl. Augustinus und Imanuel Kants. — (1907) 60 S. 8° (Handschr.) Diss. 773
Diss. Wien, Univ.

Weißenhofer, Robert

Bausteine zu einem Schülerbibliotheks-Katalog. Von Dr. Robert **Weißenhofer**, Prof. Wien. Hölder 1892. 28 S. 8°
Aus: Die Österreichische Mittelschule. 1892, H. 1. [11. 3118

—— Erwin von Prollingstein, s. Erzählungsschriften zur Hebg. der Vaterlandsliebe.

Weißenhofer, Rob., Erzählungsschriften zur Hebung der Vaterlandsliebe. 1.—4. Bdchn. 8. Linz 889. Ebenhöch. cart. à n. 1. 20
1. Die Waise vom Ybbsthal. Eine Erzählg. aus der Zeit der Franzosen-Einfälle in Österreich. 3. Aufl. (X, 146 S. m. e. Titelbild.)
2. Der Schwedenpeter. Eine Erzählg. aus der Zeit d. 30jähr. Krieges. (VIII, 135 S. m. e. Titelbild.)
3. Das Glöcklein v. Schwallenbach od.: Die Vorsehung wacht. 2. Aufl. (VIII, 132 S. m. e. Titelbild.)
4. Erwin v. Prollingstein. Vaterländische Erzählg. aus der Zeit der ersten Türkeneinfälle in Österreich. (VII, 92 S. m. e. Titelbild.)

Weißenhofer, Dr. Robert, Erzählungsschriften zur Hebung der Vaterlandsliebe. III. Bändchen. Inhalt: Dr. R. Weißenhofer, Das Glöcklein von Schwallenbach oder die Vorsehung wacht. Dritte Auflage. 8. (VIII, 135 S.) Cart.
Linz: Ebenhöch 1889.

Weissenhofer, Dr. Robert, Erzählungsschriften zur Hebung der Vaterlandsliebe. 5. Bändchen. Inhalt: Der kleine Tiroler oder: Die Macht der kindlichen Liebe. Erzählung aus dem Tiroler Freiheitskampfe im Jahre 1809. 8. (140 S.) Ebda. 1895. —.60

Weißenhofer, Rob., Erzählungsschriften zur Hebg. d. Vaterlandsliebe. 1.—3., 5. u. 6. Bdchn. 8. Linz, F. J. Ebenhöch. Kart. à n. 1.20
1. Die Waise vom Ybbsthal. Eine Erzählg. aus der Zeit der Franzoseneinfälle in Oesterreich. 4. Aufl. (X, 148 S. m. Titelbild.) 895.
2. Der Schweden-Peter. E. Erzählg. aus d. Zeit des 30jähr. Krieges. 3. Aufl. (VIII, 143 S. m. Titelbild.) 896.
3. Das Glöcklein von Schwallenbach od.: Die Vorsehg. wacht. 4. Aufl. (VIII, 136 S. m. Titelbild.) 897.
5. Der kleine Tiroler od. die Macht d. kindlichen Liebe. Eine Erzählg. aus d. Tiroler Freiheitskampfe im J. 1809. 2. Aufl. (VIII, 132 S.) 898.
6. Edelweiß. Märchen u. Sagen aus d. niederösterreich. Bergen. M. 1 Titelbilde u. d. Portr. d. Verf. (X, 147 S.) 897.

Weißenhofer, Rob., O. S. B., Erzählungsschriften zur Hebung der Vaterlandsliebe. 1.—3. Bdchn. kl. 8. Linz, F. J. Ebenhöch. Kart. à n. 1.20
1. Die Waise vom Ybbsthal. Eine Erzählg. aus der Zeit der Franzoseneinfälle in Oesterreich. 5. Aufl. Besorgt durch Anselm Salzer. (XII, 148 S. m. Titelbild.) 902.
2. Der Schweden-Peter. Eine Erzählg. aus der Zeit des 30 jähr. Krieges. 4. Aufl. Besorgt v. Anselm Salzer. (VII, 143 S. m. Titelbild.) 904.
3. Das Glöcklein von Schwallenbach od. Die Vorsehung wacht. 5. Aufl. Besorgt durch Anselm Salzer. (VIII, 136 S. m. Titelbild.) 906.

Weißenhofer, Rob., Erzählungsschriften zur Hebg. der Vaterlandsliebe. 4.—6. Bdchn. kl. 8. Linz, F. J. Ebenhöch. Kart. à 1.20
4. Erwin v. Prollingstein. Vaterländische Erzählung aus der Zeit der ersten Türkeneinfälle in Österreich. 3. Aufl., besorgt durch Anselm Salzer. (VIII, 92 S. m. Titelbild.) 907.
5. Der kleine Tiroler od. Die Macht der kindlichen Liebe. Eine Erzählung aus dem Tiroler Freiheitskampfe im J. 1809. 3. Aufl., besorgt durch Anselm Salzer. (VIII, 132 S. m. Titelbild.) 907.
6. Edelweiß. Märchen u. Sagen. Gesammelt u. hrsg. Mit 1 Titelbilde u. dem Portr. des Verf. 2. Aufl. Besorgt durch Anselm Salzer. (X, 147 S.) 907.

Weißenhofer, Rob., das Glöcklein von Schwallenbach, s. Erzählungsschriften zur Hebung der Vaterlandsliebe.

Andreas Hofer. Volksschauspiel in 5 Abt. Von Dr. Robert Weißenhofer. Wien: Kirsch 1893. VII, 216 S. 8° [10. 8739]

Weißenhofer, Rob., Klotilde, die Pilgerin von Lourdes. Volksschauspiel in 5 Aufzügen. 8. (102 S.) Linz 887, Ebenhöch'sche Buchh. *

— Kunimund v. Felix, s.: Für Hütte u. Palast. 26. Bd.

—— Maria Loreto. Volksschauspiel in 5 Aufzügen. 8. (V, 97 S.) Linz 891, Ebenhöch. * 1 —

Weißenhofer, Rob., das Passionsspiel v. Vorderthiersee. Nach den alten Motiven neu bearb. 8. (X, 153 S.) Wien 885. Hölder. n. 1.80

Weißenhofer, Rob., Schauspiele für jugendliche Kreise. 1. Die heil. Elisabeth v. Thüringen. — 2. Rosa v. Tannenburg. 8. (147 S.) Linz 876, Ebenhöch'sche Buchh. *

—— dass. — 3. Das Hirtenmädchen v. Lourdes. 8. (66 S.) Wien 878, Kirsch. *

—— dass. — 4. Das Mädchen vom Ennsthal. 8. (56 S.) Ebendas. 879. *

— dasselbe. 5. Hedwig u. Irmengard. 6. Das Trotzköpfchen. 8. (110 S.) Linz 880. Ebenhöch. n. 1.60

—— Schauspiele für jugendliche Kreise. 1. Die heil. Elisabeth von Thüringen. — 2. Rosa von Tannenburg. 2. durchges. Aufl. 8. (147 S.) Linz 883, Ebenhöch'sche Buchh. *

—— Schauspiele f. jugendliche Kreise. 3. Das Hirtenmädchen von Lourdes. 2. Aufl. 12. (64 S.) Wien 892. Kirsch. * — 80

Weißenhofer, Dr. Rob., Schauspiele für jugendliche Kreise 1. Die heil. Elisabeth von Thüringen. 2. Rosa von Tannenburg. 3. Aufl. 8. (141 S.) Linz: Ebenhöch 1893. —.90

Weißenhofer, Dr. Rob., Schauspiele für jugendliche Kreise. 4. Bdchn. Das Mädchen vom Ennsthale. 2. Aufl. 18. (56 S.) —.40
Wien: Kirsch 1896.

— Schauspiele f. jugendliche Kreise. 1, 2, 5 u. 6. 12. Ebd. 899. n. 3.40
1. Die hl. Elisabeth v. Thüringen. 2. Rosa v. Tannenburg. 4. Aufl. (VI, 161 S.) 899. n. 1.80
5. Hedwig u. Irmengard. 6. Das Trotzköpfchen. 2. Aufl. (IV, 108 S.) 896. n. 1.60

Weißenhofer, Rob., Schauspiele f. jugendliche Kreise. 3. Das Hirtenmädchen v. Lourdes. 3. Aufl., besorgt durch Anselm Salzer. 12. (64 S.) Wien 901. H. Kirsch. n. — 80

— Schauspiele f. jugendliche Kreise. 1. Die hl. Elisabeth v. Thüringen. 2. Rosa v. Tannenburg. 5. Aufl. Besorgt durch Anselm Salzer. (IV, 145 S.) kl. 8. Linz 906. F. J. Ebenhöch. n. 1.80

— dasselbe. 4. Das Mädchen vom Ennstal. 3. Aufl. Besorgt durch Anselm Salzer. (56 S.) kl. 8. Wien 906. H. Kirsch. n. 1.50

(F) Weissenhofer, R., Schauspiele für jugendliche Kreise. 3. Das Hirtenmädchen von Lourdes. 4. Aufl. 8°. (64 S.) K —.80
Wien: Kirsch 1908.

— Schauspiele f. jugendliche Kreise. 3. Das Hirtenmädchen v. Lourdes. 5. Aufl., besorgt durch Anselm Salzer. (64 S.) kl. 8. Wien 911. H. Kirsch. —80

—— der Schweden-Peter, s. Erzählungsschriften zur Hebung der Vaterlandsliebe.

WEISSENHOFER, Robert: Es ist der poetische Stil Hartmanns von Aue mit jenem Heinrichs von Veldeke zu vergleichen und das Ergebnis der ins Einzelne gehenden Untersuchung in übersichtlicher Folge darzustellen. — 1885. 92 S. Diss. Graz, Univ.

—— die Waise vom Ybbsthal. Eine Erzählung aus der Zeit der Franzosen-Einfälle in Oesterreich. 8. (IV, 158 S. mit 1 lithogr und color. Titelbilde.) Krems 878, (Löhner's Buchh.) cart. *

— dasselbe. s.: Erzählungsschriften zur Hebung der Vaterlandsliebe.

(F) Wendelin, der kleine Tiroler. Volksschauspiel in sechs Abtheilungen von Dr. Robert Weissenhofer. Linz. 1899. Ebenhöch'sche Buchhandlung. 8°. 127 S. fl. —.60

Weissenhorn. Gemessen im Jahre 1825, gravirt 1826.
Vom K. Steuer-Kataster. 1 : 2,500. 1 Bl.

Parataxis Plautina. — Von J. B. Weißenhorn, G. Ass. — 1884, Burghausen, M. Speth. — S. 3—22
Progr. Burghausen, K. Gymn.

Weissenhorn, Johann: Cornelius Nepos in seiner Bedeutung für den Unterricht gewürdigt. Aschaffenburg, Druck d. Wailandt'schen Druckerei, 1892; 38 S. 8.
Aschaffenburg, k. Humanist. G., P 1892*

Weißenhorst, O. v., der moralpolitische Antagonismus unserer Zeit. Ein Versuch. 2 Thle. 8. Zürich, Schultheß. [1. (XII und 127 S.) 21 Ngr., 2. (III und 207 S.) 854. 1 Thlr. 5 Ngr.]

v. Weißenhorst, O., Politische Aphorismen für denkende Leser. Dem Schriftsteller Schuselka. Mannheim, J. P. Grohe, 1848. 19 S. 8⁰.

—— Diagnose der Gegenwart (Septbr. 1848) für alle Parteien. gr. 8. (25 S.) Mannheim 848, Grohe.

— Diagnose der Gegenwart für alle Parteien. 1. Folge. [September 1849.] 8. (95 S.) Bern 849, Jent & Reinert. 1/4 ₰

— die orientalische Frage in ihrer genetischen Entwicklung skizzirt. St. Gallen 856. Scheitlin u. Zollikofer. 8. (2 Bl., 84 S.) 12 ngr.

— Fragmente aus der Vergangenheit als Warnung für Gegenwart u. Zukunft. gr. 8. (121 S.) Bern 849. (Fischer.) 12 ngr

Weißenhorst, O. v., die Krankenwartung, dargestellt für Wärter, Wärterinnen, Eltern, Erzieher und Jedermann nach den besten medicin. Vorschriften und mit einem kurzen Vocabularium in vier Sprachen versehen. 16. (VI und 95 S.) Frauenfeld 859, Huber's Buchh.

—— Prudenzius Schrotschuß, der erfahrene Waidmann auf der Niederjagd, oder lehrreiche und unterhaltende Darstellung alles dessen, was einem Waidmann Noth thut, mit einem Projecte über Hebung der Jagd in der Schweiz und einigen Jagdanekdoten und Waidsprüchen als Anhang. gr. 8. (V und 201 S.) Frauenfeld 858, Huber's Buchh.

— Studien in der Geschichte des Polnischen Volkes nach den besten Quellen bearb. 1. Thl. gr. 8. (XII u. 258 S.) Zürich 850, Schultheß. 24 ngr

—— Studien in der Geschichte des polnischen Volkes nach den besten Quellen bearb. 2. Thl. gr. 8. (VIII und 338 S.) Zürich 855, Schultheß.
1. Thl. Ebendas. 1850. 24 Ngr.

WEISSENRIEDER, Karl (Ebingen): Ein Fall von Aneurysma des Aortenbogens mit Singultus als Hauptsymptom.- München: Ernst 1893. 22 S.
22.7.1893 - Chr 1893/94,12; Jv 1893/94,205

Diss. Ingolst.-Landsh.-Mchn.

Weissensee [Sachl. OW]

Weißensee, d. Fräulein Charlotte v., Geschichte. 2 Thle. 8. Copenh. Proft. 765—76.

Weissensee, der Fräulein Charlotte von, Geschichte, 2 Theile, 8. Kopenhagen, 771-76. Proft. 1 Rtl.

Weisensee, die Geschichte Charlotte von. 2 Thle. Neue Aufl. 8. Copenhagen, Bonnier. 817.

Weissensee [Schlagwort]

Weissensee (Kärnten), s.: Alpen, Ullmann, G.

Weissensee, s.: Berlin. Straube, J.

Weissensee, s.: Preussen. Messtischblätter.

Weissensee [Verf.]

Weissensee, Aug., über den Werth der Ovariotomie unter Berücksichtigung der neueren Cautelen. Inaugural-Dissertation. gr. 8. (38 S.) Göttingen 875, (Vandenhoeck und Ruprecht's Verlag.) *

Weißensee, Frz. v., s.: Mikosch, Baron, auf der Ausstellung in Chicago.

Weissensee, Johann Heinrich (Stuttgart) A.S.112/22

Dissertatio inauguralis. Differentiae iuris Romani et Germanici in venatu eiusque regali.
Präs. Johann Peter von Ludewig.
Halle (Grunert) 8.II.1730. 72 S., 2 Taf.

W.v.: Präs., Justus Henning Böhmer, Johann Lorenz Fleischer.
36226

Weissensee, Johann Heinrich (Stuttgart) A.S. 20/19

Dissertatio inauguralis. Differentiae iuris Romani et Germanici in venatu eiusque regali.
Präs. Johann Peter von Ludewig. Rec.
Halle (Grunert) 1736. 72 S., 1 Taf.

W.v.: Justus Henning Böhmer, Johann Lorenz Fleischer.
36227

Weissenstein. Der W. Handbuch für Touristen.... Solothurn s. (S[cherer-Boccard, Theodor])

Weissenstein bei Solothurn. [Illustrierter Prospect, hrg. vom] Kurhaus Weissenstein.) II + 20 S. 8. [1903.]

Weißenstein, Johann

— neuer method. Unterricht in d. franzöf. Sprache, für die Deutschen, worin alles enthalten ist, was erfordert wird, diese Sprache zu lernen. 1r Thl. 8. Elberf. 800.

Weissenstein, J.: „Gründliche Unterweisung in der Handlungswissenschaft" (nach Johann Georg Büschs Darstellung), Elberfeld 1798 (Schönian); 2. Auflage, umgearbeitet und vermehrt von F. G. Cleminius, Leipzig und Elberfeld 1807, vorh.: Com. Bibl. Hamburg.

Weißenstein, Jh., († d. ... Jan. 1803.) gründl. Unterweisung in der Handlungswissenschaft nach J. G. Büsch Darstellung. 8. Elberf. 798. 2e A. umgearb. u. vermehrt v. Cleminius. gr. 8. Ebd. 807. Schönian. 1 ₰

Weißenstein, Johann Fr.

Weißenstein, Jh. Fr., († d. 15. Mai 1803.) der Christ im Alter, e. geistl. Rede. 8. Frankf. 780. (Hermann). 2 gl

— historisch-geograph. Erzähll., f. Kinder u. Erwachsene, a. d. J. 1783. 2 Thle. 8. Dessau 783. Gel. Handl. 12 gl

— Fragmente z. Erziehung u. zum Unterrichte, Kindern u. Kinderfreunden gewidmet. 6 Thle. 8. Frankf. a. M. 779—81. (Hermann; a. Wienbrack in Leipz.) 2 ₰

— erste Kenntniß d. Staaten in Europa. 8. Frankf. Reiffenstein. (Hermann, auch Gräff in Leipz.) 780.

— erste Kenntniß der Staaten in Europa. 8. Frankf. a. M. 780. (Wienbrack in Leipz.) 6 gl

— Regeln u. Bemerkk. über das Lesen u. Schreiben der deutschen Sprache. 8. Heidelb. 782. Pfähler. 16 ℊ

— goldner Spiegel für die adeliche Jugend. 16 Stück. 8. Heidelb. 783. Pfähler. 8 ℊ

— der große Vorzug d. christl. Religion vor d. Jüdischen; e. Rede. 8. Stuttg. 791.

Weissenstein, Karl [Dr. med., aus Dingelstädt]: Beiträge zur Kenntnis der Wirkung des Nitrobenzols auf Blut ... Würzburg, Etlinger's Buchdr., 1892; 21 S. 8.
Würzburg, Med. Fak., Inaug.-Diss. v. 1892.

Weißenstein, Rich. Frhr. v., d. deutsche Reichsstrafrecht nach d. Reichsstrafgesetzbuche u. den sonst. Reichsstrafgesetzen. s.: Heymann's jurist. Vorbereitungsbücher, XIV.

Weissenstein Wilhelm: De decennalibus similibus que imperatorum Romanorum votis.
II. 1884 PN 374 **Diss.** Wien, Univ.

Weißenthurn, Johanna Franul von

—— die Bestürmung v. Smolensk. Romant. Schausp. in 4 Aufz. (Neue Ausg.) gr. 8. (6¼ B.) Wien 833, Wallishausser.

—— die Ehescheuen. Lustsp. in 1 Acte. (Neue Ausg.) gr. 8. (¼ B.) Wien 833, Wallishausser.

—— beschämte Eifersucht. Lustsp. in 3 Aufz. (Neue Ausg.) gr. 8. (4½ B.) Wien 833, Wallishausser.

—— die Erben. Lustsp. in 4 Aufz. (Neue Ausg.) gr. 8. (7 B.) Wien 833, Wallishausser.

v. Weißenthurn, Johanne Franul, Graf, Lohrenburg. 12. Wien 819. Wallishauser. 12 ℊ

Weißenthurn, J. F. v., e. Mann hilft dem andern, s.: Bloch's, E., Theater-Correspodenz.

— ein Mann hilft dem andern; Lustspiel in 1 Aufz. 8. Weimar 823, Hoffmann.

—— das Mißverständniß. Lustsp. in 1 Aufz. (Neue Ausg.) gr. 8. (3¼ B.) Wien 833, Wallishausser.

Weißenthurn, Johanna Franul v. Das letzte Mittel, s. National-Bibliothek, deutsch-österreichische.

Weißenthurn, J. F. v., das letzte Mittel, s. Universal-Bibliothek Nr. 1614.

—— die Radikalkur. Orig.-Lustsp. in 3 Aufz. (Neue Ausg.) gr. 8. (5 B.) Wien 833, Wallishausser.

Weissenthurn, Made. de, la dernière **Ressource.** Comédie en 4 act. et en prose, imitée de l'Allemand par Henri Jouffroy. gr. in-8. (7¼ B.) Leipzig 838, Brockhaus et Avenarius.*

Weißenthurn, Johanne Franul v., Schauspiele. 2 Bde. 8. Wien, Degen. 803.

Schreibp.

v. Weißenthurn, Johanna Franul, Schauspiele. 8 Bde. Wien 804—17. 1r, 2r Bd. Degen. 1 ꝛß 10 ℊ 3r—6r Bd. (Mörschner u. J.) 3 ꝛß 12 ℊ 7r u. 8r Bd. oder neue Schauspiele. 1r u. 2r Bd. 8. Ebd. 817. (Schaumburg u. Comp.) 1 ꝛß 8 ℊ (Enthalten: Kindliche Liebe. — Haus zu verkaufen. — Der Reukauf. — Deutsche Treue. — Liebe u. Entsagung. — Beschämte Eifersucht. — Das Nachspiel. — Die Drusen. — Die Erben. — Totila, König d. Gothen. — Das Mißverständniß. — Adelheid v. Burgau. — Die Radikalkur. — Unterthanenliebe. — Der Wald bei Herrmanstadt. — Die Versöhnung. — Die Ehescheuen. — Die Bestürmung von Smolensk. — Die erste Liebe. — Das Waisenhaus. — Johann, Herzog v. Finnland. — Es spukt. — Die Schweizerhütte am Rheinfall. — Herrmann. — Welche ist die Braut? — Künstlerdank.)

— — derselben neue Auflage. 6 Bde. (enthalten: I. a) Kindliche Liebe, Schausp. in 5 Aufz. b) Haus zu verkaufen, Lustsp. in 1 Aufz. c) d. Reukauf, Lstsp. in 2 Aufz. d) deutsche Treue, Schsp. in 1 Aufz. II. a) Liebe u. Entsagung, Schsp. in 3 A. b) beschämte Eifersucht, Lstsp. in 3 A. c) d. Nachspiel, Lstsp in 1 A. d) d. Drusen, Schsp. in 3 A. III. a) d. Erben, Lstsp. in 4 A. b) Totila, König d. Gothen, Schsp. in 5 A. c) das Mißverständniß, Lstsp. in 1 A. IV. a) Adelheid v. Burgau, Schsp. in 4 A. b) d. Radicalcur, Lstsp. in 3 A. c) Unterthanenliebe, Lstsp. in 1 A. V. a) d. Wald bey Herrmannstadt, Schsp. in 4 A. b) d. Versöhnung, Schsp. in 3 A. c) d. Ehescheuen, Lstsp. in 1 A. VI. a) d. Bestürmung v. Smolensk, Schsp. in 4 A. b) d. erste Liebe, Lstsp. in 3 A. c) d. Waisenhaus, Schsp, in 2 A.) 8. Ebend. 810.

Weiß Papier.

Weissenthurn, Joh. Franul v., sämmtl. **Schauspiele.** 6 Bde. 2te Aufl. 8. Wien. 810. Ist jetzt Verlag von Mösle.

— neueste Schauspiele. 7r Bd. oder neue Schauspiele. 1r Bd. Berl. 2e A. 823. Schlesinger. 1 ꝛß Inhalt: Johann, Herzog v. Finnland, Schspl. in 5 Aufz., nach d Geschichte, mit den nöthigen theatral. Aenderungen. — Es spukt; Lstspl. in 2 Aufz. — Die Schweizerhütte am Rheinfall; Lstspl. in 1 Aufz. Nach einer wahren Begebenheit im Jahre 1813. 8r Bd. oder neue Schauspiele. 2r Bd. Inhalt: Herrmann; e. geschichtl. Schspl. in 5 Aufz., in Jamben. — Welche ist die Braut? Ein Lstspl. in 5 A. — Künstlerdank. Eine dramat. Scene. 2e A. 8. Ebd. 823. 1 ꝛß Beide Bände zusammen 1 ꝛß 18 ℊ 9r Bd., oder neue Folge 1r Bd. Inhalt: Die Schwestern Sankt Janvier, Schspl. in 5 Aufz. — Das Gut Sternberg, Lstspl. in 4 Aufz. — Welcher ist d. Bräutigam? Lstspl. in 4 Aufz. 8. Ebd. 821. 1 ꝛß 16 ℊ 10r Bd. oder neue Folge 2r Bd. Inhalt: Ruprecht, Graf zu Horneck, Trspl. in 5 Aufz. — Agnes van der Lille, Schspl. in 5 Aufz. — Das Consilium; Lstspl. in 1 Aufz. 8. Ebd. 822. 1 ꝛß 16 ℊ 11r Bd. oder neue Folge. 3r Bd. Inhalt: Das letzte Mittel. — Der Traum. — Die Reise nach Amerika. — Die Engländerin. gr. 8. Wien 826. Wallishausser. 1 ꝛß 12 ℊ 12r Bd., oder neue Folge 4r Bd. Enthalt.: Die Pilgerin, Lstspl. in 4 Aufz. — Die Burg Gölding, Schspl. in 5 A. — So lohnt sich die Kunst. Vorspl. gr. 8. Wien 829. Wallishausser. 1 ꝛß 12 ℊ 13r Bd., oder neue Folge 5r Bd.: Das Manuscript. Lstspl. in 5 Aufz. — Pauline, Schspl. in 5 A. 8. Wien 831. Wallishausser. 1 ꝛß 12 ℊ

— dessen 9r Bd. oder neue Folge 1r Bd. enth. die Schwester St. Janvier, Schausp. — Das Gut Sternberg, Lustspiel. — Welcher ist der Bräutigam? Lustspiel. Berlin, Schlesinger. 820.

Weissenthurn, Joha. Franul v., neueste Schauspiele. 12—14. Bd. od. neue Folge 4—6. Bd. gr. 8. Wien, Wallishausser.
Bd. 12. Die Pilgerinn, Lustsp. in 4 Aufz. — Die Burg Gölding, romant. Schausp. in 6 Aufz. — So lohnt sich Kunst, Vorsp. z. 4. Oct. 1829. (19½ B.) 829. 1 Thlr. 12 Gr.
" 13. Das Manuscript, Lustsp in 5 Aufz. — Pauline, Schausp. in 5 Aufz. (17½ B.) 832. 1 Thlr. 12 Gr.
" 14. Des Malers Meisterstück, Lustsp. in 2 Aufz. — Der erste Schritt, Lustsp. in 4 Aufz. — Der Brautschleyer, Lustsp. in 1 Aufz. — Die Geprüften, Lustsp. in 5 Aufz. (22¼ B.) 836. 1 Thlr. 18 Gr.
Deren „Schauspiele," 1—6 Bd. Wien, [Mörschner u. Jasper.] 1810—16. 3 Thlr. 12 Gr. (fehlen im Buchhandel). — Deren „neueste Schausp." 7. u. 8. Bd. od.: Neue Schauspiele, 1. u. 2. Bd. 2. Aufl. Berlin, Schlesinger. 1823. 1 Thlr. 18 Gr. — 9. u. 10. Bd.: od.: Neue Folge, 1. u. 2. Bd. Ebendas. 1821, 22. 3 Thlr. 8 Gr. — 11. Bd. od.: Neue Folge, 3. Bd. Wien, Wallishausser. 1826. 1 Thlr. 12 Gr.

v. Weißenthurn, Johanna Franul, († d. 18. Mai 1847), neueste Schauspiele. 15. Bd. od. neue Folge. 7. Bd.: Nachgelassene Schriften. Hrsg. von Carl Engelbrecht. 1. Bd. (VI u. 392 S.) Wien 848, Wallishausser. 1 ₰ 24 ngr (7—15.: 13 ₰ 4 ngr Bd. 1—6.: sind vergriffen.)

—– Versöhnung. Schausp. in 3 Aufz. N. d. Franz. (Neue Ausg. gr. 8. (5¼ B.) Wien 833, Wallishausser.

—– der Wald bei Herrmannstadt. Romant. Schausp. in 4 Aufz. N. d. Franz. (Neue Ausg.) gr. 8. (6 B.) Wien 833, Wallishausser.

Weissenthurn, J. F. v., welche ist die Braut?, s.: National-Bibliothek, deutsch-österreichische.

Weißenthurn, Max v., lose Blätter f. Haus u. Herz 8. (VIII, 206 S.) Wiesbaden 886. Bechtold & Co. n. 3.—; geb. n.n. 4.—

Weissenthurn, Max v.: Briefe einer Mutter. — Dresden: Pierson 1905. VIII, 349 S. 8°

Weißenthurn, Max v., auf einsamem Felsenriff. Roman. Deutsch bearb. 2 Bde. 8. (259 u. 198 S.) Stuttgart 879. Deutsche Verlags-Anstalt. n. 6.—

Weißenthurn, Max v., Frauenliebe. Novellen. 8. (294 S.) Leipzig 882. Friedrich. n. 4.—

— Lebensbilder, s.: National-Bibliothek, deutsch-österreichische.

Nemesis und andere Novellen. Von Max v. Weissenthurn. *Kindelbrück & Leipzig: K. Naumburg [1902].* (294 S.) 8°
= Bibliothek, Naumburg's moderne. Bd 1. [03. 1003 3

Weissenthurn, Max v., Nemesis u. andere Novellen, s.a. Naumburg's moderne Bibliothek. 1.

Weißenthurn, Max v. Eine Schicksalsfrage. Roman. 8. (274 S.) Hamb. 892, Laeisz. * 5 —

[F.] Selbst gerichtet. E. Inserat. Von Max v. Weissenthurn. *Breslau: S. Schottlaender 1898.* (1 Bl., 254 S.) 1 Bd 8. [98. 6726

—– „sie schreibt" und andere Novellen. 8. (352 S.) Leipzig 887, Peterson.

Weißenturn, Patchouli, s.: Eckstein's Reisebibliothek.

Weißenturn, Emil, die Kunst des Essens. Ein Handbuch f. alle Gesellschaftsklassen. Mit Berücksicht. der Sitten u. Gebräuche aller Länder u. Völker. gr. 8. (XX, 330 S.) Berlin 893. H. Steinitz' Verl. n. 3. 50; geb. in Leinw. n. 5.—

Weißenturn, Emil, Priesterinnen — Sünderinnen, s.: Eckstein's Reise-Bibliothek.

[F.] Drei Zwiegespräche f. Kinder zu Geburtstagsfesten v. Emil Weissenturn ... *Berlin: Kühling & Güttner [1895].* (14 S.) 1 Bd 8.
= Kindertheater, Neues. II. 10. [96. 3330

Weisser u. Albert Maassen: Zur Aetiologie des Texasfiebers. 4°
Aus: Arbeiten a. d. Kaiserl. Gesundheitsamte. Bd 11. [1895].

Weisser, Adolf

Weisser, Adf., der Blinde und sein Sohn. Ein Roman. 3 Bde. 8. (1034 S.) Hamburg 852, Hoffmann und Campe.

Weisser, Ad: Geschichte des glückhaften Schiffs oder Der warme Hirsbre: auf dem Freischießen zu Straßburg i. J. 1576. Zürich, 1856.

Weisser, A.: Zur Geschichte der gymnastischen Spiele. Zürich 1857. 95 S. (Volksgeschichten a. d. Schweiz. 4.)

—– die züricher Mordnacht. Eine Volksgeschichte aus dem deutschen Städte-Leben in der Mitte des 14. Jahrhunderts. 2 Bde. 8. (519 S.) Hamburg 856, Hoffmann und Campe.

Weisser, Ad., hinterlass. Papiere e. geistl. Selbstmörders, veröffentlicht. 8. (20¾ B.) Pforzheim 841. [Stuttgart, Schrible, Rieger u. Sattler.]

—– der Tanz um das goldne Kalb. Roman. 2 Bde. 8. (VI und 549 S.) Stuttgart 859, Franckh'sche Verlagsh.

— Volksgeschichten aus der Schweiz. 1—4. Bdchn. Zürich 856, 57. Meyer u. Zeller. 8. Jedes Bdchn. n. 10 ngr.
1. Bdchn.: Die Züricher Mordnacht. Ein geschichtliches Bild aus dem deutschen Städte-Leben des 14. Jahrh. (VII, 99 S.)
2. Bdchn.: Geschichte des glückhaften Schiffs oder der warme Hirsbrei auf dem Freischießen zu Straßburg im Jahre 1576. (X, 100 S.)
3. Bdchn.: Bruder Klaus von Unterwalden. Lebensbild eines patriotischen Einsiedlers. (XII, 114 S.)
4. Bdchn.: Zur Geschichte der gymnast. Spiele. Ein Büchlein für Jung und Alt. (VIII, 95 S.)

— Schubart's Wanderjahre oder Dichter und Pfaff. Roman. 2 Thle. Hamburg 855. Hoffmann u. Campe. 8. (2 Bl., 311; 2 Bl., 254 S.) 2 ₰. 15 ngr.

Weißer, Anna, Altes u. Neues vom hilligen Born. (239 S. m. 14 Taf.) 8. Pyrmont 907. Verlag der Pyrmonter Zeitg. 3.—

Weißer, A., Skalde Brun. E. alter Sang aus d. Harzgebirge. 8. (VII, 155 S.) Bad Harzburg 896. R. Stolle. n. 2.25; geb. n. 3.—

Weisser, Anna: Schleiermachers 10 Gebote der Frau. Ein Beitrag z. Frauenfrage. — Pyrmont: Vereins-Buchdr. 1898. 63 S. 8°

Weißer, Anna, Standrede von des Teufels Großmutter zur Walpurgisfeier, s.: Teufelspredigt. Nr. 2.

Weißer, Anton —. Lehrbuch der Arithmetik für die Unter-Realschule. Von — —. Erste Abtheilung. Für die I. und II. Klasse. 8. (VIII, 168 pag.) Wien. Gedruckt bei Leopold Sommer. Verlag von L. W. Seidel. 1854.

Weisser, C. F., s. Weisser, Karl Fr.

Weisser, Edmund, Tierarzt, St. Georgen im Schwarzwald: Kritische Studien über den Sexual-Trimorphismus. ⟨Aus dem zootechnischen Institut der Universität Bern. Professor Duerst.⟩ Hannover 1910. 99 S. 8°. [12. VII. 09.]
Bern. Vet.-med. Diss. 1909/10.

Weisser, Edmund. Kritische Studien über den Sexual-Trimorphismus. Aus dem zootechnischen Institut der Universität Bern.... Diss. Vet.-Med. Bern. [Mit 1 Tabelle.] 99 S. 8. Hannover, M. & H. Schaper, 1910.

Weisser, Eduard (geb. Schlettwein in Thür. 27. 1. 1835). De linguae structura pathologica. Berolini (1858). (38 S.) 8°.
Berlin, Med. Diss. v. 23. März 1858.

Weisser, Emile, extraits choisies et histoire résumée de la littérature française. A l'usage des écoles supérieures et de l'instruction privée. gr. 8. (VIII, 434 S.) Breslau 873. Gosohorsky. n. 2. 80

Weisser, E., Extraits choisis et histoire résumée de la littérature française. gr. 8. Breslau 873. Berlin, Simion. * 2 80

Weisser, Emil. Guizot, considéré principalement comme historien. Esquisse biographique et littéraire. 9 S.
Progr. *Wasselnheim* 1876.

Weisser, E. L'Hôtel de Rambouillet. Essai d'histoire littéraire. Breslau, H. T. am Ritterpl., 1873. 36 S. 4.
Progr.

— **l'hôtel de Rambouillet.** Essai d'histoire littéraire. 4. (36 S.) Breslau: Gosohorsky 1873. n. 2. —

Weisser, Friedrich Christoph

Weißer, Fr. Cph., epigrammat. Anthologie, s. J. C. F. Haug.

— **satyrische Blätter. 2 Thle, mit Kpf. 8. Leipz. 813. Dyck. 2 ℔**

— **Lilien u. Rosen od. ernstl. u. fröhliche Gesänge. 8. Ulm 823. Stettin. 1 ℔ 4 ℊ**

— **Mährchen, Erzählungen u. Anekdoten, mit Kpf. 8. Frankf. 816. Fr. Wilmans. 2 ℔**

Weisser, Fr. Cph., die Mährchen der Scheherazade. 6 Thle. 8. Leipz. 809—12. Dyck. 12 ℔ 12 ℊ

— Die Mährchen der Scheherazade. Neu erzählt. 6 Bde. Mit 6 Kpfrn. u. 2 Musikbeilagen. Leipzig 1809—12. 8°. (15 Mk. Gust. Fock, 1809; 25 Mk., unaufgeschn. Expl. auf Schreibpap., Friedr. Meyer, 1908.)

WEISSER, Friedr. Christoph (1761—1834), Scherz- und ernsthafte Miscellen (in Prosa). Mit gestoch. Titel, Titelkpfr. (von W. Böhm nach Schnorr) u. Titelvignette (unsign.). Leipzig, in der Dyk'schen Buchhandlung 1803. 8°. 4 Bll. u. 364 S.

— **scherz- u. ernsthafte Miscellen, mit Kpf. 8. Leipz. 808. Dyck. 1 ℔ 16 ℊ**

— **ernste, fröhliche u. scherzende Muse. Auswahl der letzten Hand. 2 Thle. 8. Halle 826. Renger. 3 ℔ 12 ℊ**

— **Muse u. Muße. In e. Kranz v. Erzähll., Lustspielen, Satyren u. verm. Aufsätzen. 8. Ulm 823. Stettin. 1 ℔ 16 ℊ**

— Muse u. Muße. In einem Kranz v. Erzählungen, Lustspielen, Satyren u. verm. Aufsätzen. 8. Ulm 824. Stettin.

— **poetisch-satyr. Pinselstriche in e. Auswahl. 8. Ulm 823. Stettin. 1 ℔ 18 ℊ**

— **8 Romanzen. 8. Leipz. 804. Dyck. 8 ℊ**

— **Romanzen u. erzähl. Gesänge, Fabeln u. Anekdoten. In einer Auswahl. 8. Berl. 823. Schüppel. 20 ℊ**

Weißer, Fr Cph., Romanzen u. erzählende Gesänge, Fabeln u. Anekdoten. 8. Berlin 823. (A. Förstner.) 5/6 ℔

— **neue Samml. auserlес. prosaischer Schriften. 3 Thle. 8. Augsb. 826. v. Jenisch u. Stage. 5 ℔**

— **kleine Satyren u. Tändeleien, mit 2 Kpf. 8. Leipz. 805. Dyck. 1 ℔ 12 ℊ**

— Kleine Satyren und Tändeleyen. Mit Titelkpfr. u. Titelvign. von Penzel. Ebd. 1805. 8°. X. u. 328 S. (In Warmbrunn.) (4 Mk. Max Jaeckel, Potsdam, 1909; 4 Mk., unaufgeschn. Expl. auf starkem Pap., Friedr. Meyer, 1909.)

— **poet. Satyren u. scherzhafte Gedichte. In e. Auswahl. 8. Berl. 823. Schüppel. 20 ℊ**

— **Schalkheit u. Einfalt; od. der Simplicissimus des 17n Jahrh. im Gewande des 19ten. Ein Roman in 2 Thlen. 8. Berl. 822. Schüppel. 2 ℔ 20 ℊ**

— Sinngedichte. 4 Bücher in 2 Bdn. Zürich 1805. 12°. (4 Mk., ohne Titel zu Bd. 2, Gust. Fock, 1909.)

— **Sinngedichte. 2 Thle. gr. 12. Zürich 805, 6. Orell. 1 ℔**

— ernste u. heitere Stunden. 8. Berl. 824, Schüppel.

— **die gelehrten Weiber; der After-Poet; der reiche Mann; die Gegner. Vier neue poetische Satyren, nebst e. poet. u. pros. Anhange. 12. Stuttg. 822. Sattler. 16 ℊ**

— neueste poetische und prosaische Werke. 1r Thl. gr. 8. Leipzig, Hartmann. 1820.

— Neueste poetische und prosaische Werke. 3 Bde. Leipzig 1820—22. 8°.
Martin Breslauer's Berliner Oct.-Auct. 1910. Nr. 2913.
— — Dasselbe. (Nachdruck.) 3 Bde. Brünn 1820—22. 8°. (6 Mk. Gust. Fock, 1909.)

Weißer, (F.,) neueste poet. u. prosaische Werke. 2r u. 3r Thl. gr. 8. Brünn 821—22, Traßler. (Leipz., Hartmann.) à 2 Rthl. 10 gr. 4 Rthl. 20 gr. 1r — 3r Thl.

— **sämmtl. Werke. 1r Thl. gr. 8. Stuttg. 817. v. Cotta. 2 ℔ 12 ℊ**

— **sämmtl. prosaische Werke. 6 Bde. 8. Stuttg. 818—20. Metzler. à 1 ℔ 20 ℊ 11 ℔ 2e wohlf. Ausg. 8. Ebd. 822. Ebd. 5 ℔ 12 ℊ**

Weißer, Jh., († d. 2. März 1804.) Geschichte einer mißrathenen u. einer glücklich gerathenen Kur bei 3 an der Löserdürre krank gewesenen Rindviehstücken. 8. (Tübing.) 800. (Osiander). 8 ℊ

Weisser J.: Geschichte einer missrathenen u. einer glücklich gerathenen Cur bei dreien an der Löserdürre krank gewesenen Rindviehstücken ... Tübing. 1800 (12) 94 S.

Weisser, Johann Friedrich Christoph

Weißer, Jh. Fr. Cph., Anleit. zur Berechnung der Verwandschaftsgrade nach Grundsätzen des römischen Rechts. 8. Tübing. 781. b. Cotta. 6 gr.

Weisser, J. F. Ch.: Anleit. zur Berechnung d. Verwandtschaftsgrade nach d. Grundss. d. röm. u. päpstl. Rechts. *Stuttg.*, Cotta. 791. 8. (6 Gr.)

— über die Fleischtaxen, e. Preisschrift. 8. Tübing. 788. b. Cotta. 10 gr.

— Gutachten über die Umlegung d. französ. Contribution &c., s. Gutachten, drei.

Weisser, Johann Friedrich Christoph: Nachricht von den Gesetzen des Herzogthum Wirtemberg. Stuttgardt 1781.

— Nachr. von den Gesetzen d. Herzogth. Würtembergs. 8. Stuttg. 787. Metzler. 12 gr.

— s. Preisschrift. Wie können d. Fleischtaxen.

Weisser JFrChr, das Recht der Handwerker nach allgemeinen Grundsätzen und insbesondere nach herzoglich württembergischen Gesetzen. Stuttgart 1779

Weisser, Johann Fridrich Christoph: „Das Recht der Handwerker nach allgemeinen Grundsätzen und insbesondere nach den Herzogl. Wirtembergischen Gesetzen entworfen", Stuttgart 1780 (Metzler). — Vorh.: Industrie- und Handelskammer Leipzig.

— das Recht der Handwerker nach allgemeinen Grundsätzen &c. 8. Stuttg. 787. Metzler. 1 thl.

Weisser, J. Fr. Cph.: Das Recht d. Handwerker, nach allgem. Grundsätzen u. insbes. nach würtemberg. Gesetzen. Neu bearb. v. W. C. Christlieb. *Ulm*, Ebner. (787.) 823. 8. (1 Thl. 12 Gr.)

Votum eines Kanzleiverwalters über Contributions-Umlage (von J. F. C. Weisser). 8°. Stuttgart, Metzler, 1797.

Weißer, Jh. Nik., († 1810.) Gedanken über die Erweiterung der Erkenntnisse des Landmanns zur Aufnahme d. Landwirthschaft. 4. Halle 773.

— specimen de sanguinis in pulmonibus condensatione haud defendenda. 4. Halle 774.

Weisser, Karl Fr.

Weisser, C. F., das revidirte Gesetz über das Gemeinde-, Bürger- u. Beisitz-Recht im Königreiche Württemberg vom 4. Dec. 1833, mit erläut. Zusätzen, Beilagen u. e. alphabet. Sachregister. 2. verm. Aufl. gr. 8. Stuttgart 841, J. F. Steinkopf. 5/12 thl.

Weisser, Karl Fr.: Das Verwaltungs-Edikt für die Gemeinden, Oberämter und Stiftungen im Kgr. Württemberg; mit Gesetzen, VO. und Normalien. Stuttgart: Steinkopf 1832. 2. Aufl. 2 Bde. Das. 1844, 45.

Weisser, C. F. v., das Verwaltungs-Edikt f. die Gemeinden &c. im Königr. Württemberg, s. Verwaltungs-Edikt.

Weisser, Ludwig

Weisser, Ludw., Bilder-Atlas zum Studium der Weltgeschichte in 100 grossen Tafeln. Nach berühmten Kunstwerken alter und neuer Zeit gez. u. herausg. Mit erläuterndem Text von Heinr. Mertz. 1—14. Liefg. Schwab. Hall (855—58.) (Stuttgart,) Nitzschke. (55 lith. Taf. in gr. Fol. mit 268 S. Text in gr. 8.) Jede Liefg. 21 ngr.

Weisser, Ludw., Bilder-Atlas zur Weltgeschichte. Nach Kunstwerken alter und neuer Zeit gez. u. herausg. Mit erläuterndem Text von Heinr. Merz und Herm. Kurz. 15—29. Liefg. Stuttgart 859—64. Nitzschke. gr. Fol. (Text 532 S. in gr. 8.) Jede Liefg. n. 21 ngr.

Weisser, Ludw., Bilder-Atlas zur Weltgeschichte. Nach Kunstwerken alter u. neuer Zeit gez. u. hersg. Mit erläut. Text von Heinr. Merz. 30—38. (Schluss-)Liefg. Stuttgart 865—67. Nitzschke. gr. Fol. (40 Steintaff. u. 1 Blatt Erklärungen u. 106 S. Text in gr. 8.) Jede Liefg. n. 21 ngr.

—— dass. — 2. Aufl. (In 3 Bdn.) 1. Bd. 1. Abthl.: Geschichte des Alterthums in 50 Stnt. (Mit 1750 Darstellungen.) gr. Fol. (Text. 1. Bd. 1. Abthl. 1. Hälfte. VIII und 192 S. in gr. 8.) Ebendas. 860. * 9 Thlr. 15 Ngr.; geb. *

Weisser, Ludw., Bilder-Atlas zur Weltgeschichte. Nach berühmten Kunstwerken alter und neuer Zeit. Mit erläut. Text von Heinr. Merz. 17 Lfgn. qu. Fol. (66 Stnt. mit Text.) Stuttgart 868,69, Nitzschke. à Lfg. * M 1,20. geb.

Weisser, Ludw., Bilder-Atlas zur Weltgeschichte. Mit Text von H. Merz. 17 Lfgn. und 2 Bde. Text. qu. Fol. Stuttgart 869, Neff.
Pracht-Ausg. (* M 80.) * M 30.; geb. (* M 108.) * 40 —
Volks-Ausg. 4. (* M 22,50.) * M 10.; geb. (* M 25.) * 12 —

Weisser, Prof. Ludw. (weil. Insp. d. kgl. Kpfstkab. in Stuttg.), *Bilder-Atlas zur Weltgeschichte* nach Kunstwerken alter u. neuer Zeit. 146 Taf., gez. u. hrsg. von —. Mit erläuternd. Text von Dr. *Heinr. Merz*. 2. verb. Aufl. Stuttgart, Paul Neff, 1881. (Lithogr. Druck von *A. Gatternicht.*) Imp.-Fol. Eleg. roth. Hsrsb.

Weisser, Ludw., Bilder-Atlas zur Weltgeschichte nach Kunstwerken alter und neuer Zeit. 146 Taf. mit über 5000 Darstellungen. Mit erläut. Text von Heinr. Merz. 2. verb. Aufl. 25 Lfgn. gr. Fol. (150 Bl. Text.) Stuttgart 881,82, Neff. à Lfg. M 1.

—— dass. — 146 Taf. mit über 5000 Darstellungen. Mit erläut. Text von Heinr. Merz. 3. Aufl. 50 Lfgn. gr. Fol. (150 Bl. Text.) Ebendas. 883. à Lfg. 50 Pf. geb. *

Weisser, Ludw., Bilder-Atlas zur Weltgeschichte nach Kunstwerken alter u. neuer Zeit. 146 Taf. m. üb. 5000 Darstellgn. Mit erläut. Text v. Heinr. Merz. 4. Aufl. 25 Lfgn. gr. Fol. (150 Bl. Text.) Stuttgart 885. Neff. à 1. —; cplt. geb. n. 30. —

Weisser, Ludw., Bilder-Atlas zur Weltgeschichte nach Kunstwerken alter u. neuer Zeit. 146 Taf. m. üb. 5000 Darstellungen. Mit erläut. Text v. Heinr. Merz. 5. (Titel-)Aufl. 25 Lfgn. gr. Fol. (12 S. u. 141 Bl. Text.) Stuttgart 894. P. Neff. à n. 1. — (kplt. geb.: n. 30. —)

Weisser, L., s. Kunst, die, für Alle.

Weisser, L., Lebensbilder aus dem class. Alterthume. Mit erläuterndem Texte von H. Kurz. Stuttgart 1863. Text 8°. Atlas 4°. (6 Lieferungen.)

Weisser, Ludw., Lebensbilder aus dem klassischen Alterthum. Nach antiken Kunstwerken gez. und hrsg. Mit erläut. Text von Herm. Kurz. 6 Lfgn. gr. Fol. (44 Stnt. und 392 S. Text in gr. 8.) Stuttgart 864, Nitzschke. In Couvert. à Lfg. * 27 Ngr. *

Weisser, Paul (Gust. Theod.) (geb. Prezlubie in Posen [illegible] 10. 1852): Ueber Melanosarcoma. Berlin (1876). (32 S.) 8°.
Berlin, Med. Diss. v. 4. Aug. 1876.

Weisser, W., der Arzt und Wundarzt als ausübender Zahnarzt, oder: Vorschläge, wie Aerzte u. Wundärzte in kleinen Städten u. auf dem Lande das Technische der Zahnheilkunde ausüben können, ohne darin Unterricht erhalten zu haben. Mit 1 Zahnfarben-Tafel. 8. Berlin 842. (Challier u. Co.) verklebt n. 1 ₰

Weißer, [Wilhelm]: Die Ulmer Filialgalerie als Unterrichtsstoff. 36 S. 8.
Kgl. Realgymn. u. Kgl. Oberrealschule *Ulm* 1910 (818 statt 834).
Progr.

Weißer, Wilhelm: Wein-Gesetz vom 7. April 1909 nebst Ausführungsbestimmungen. Kirchheimbolanden: Thieme 1909. VII, 276 S. [illegible] 1,07. Geb 1*

Weisseritzthal [Schlagwort]

Weisseritzthal. Karte des Weisseritzthales (Schmiedeberg u. Umgebung.) 1 : 100,000. [Aus: „Polle, Führer durch das Weisseritzthal".] 33,5 × 23 cm. Farbendr. Dresden 895. A. Huhle. n. — 40

Weißeritz-Thäler, die, und ihre Umgebung, oder Führer durch den Plauenschen Grund nach Tharand u. Rabenau. Nebst Notizen über die in diesen Gegenden befindl. Steinkohlenwerke. Mit 1 Charte u. 6 Ansicht. 16. Dresden 833. Grimmer. n. ⅔ ₰

Weißeritz-Zeitung. Ein unterhalt. Wochenblatt für den Bürger und Landmann. Redig. von D. Schladebach. 1. Jahrg. 1849. 52 Nrn. (à 1½ Bog.) gr. 4. Dippoldiswalde 849. Dresden, (Grimm.)

Weissermel, Waldemar

——, Bericht über die Aufnahme von Blatt Rambow 1899.
Aus: Jahrbuch d. Kgl. Preuss. Geol. Landesanstalt f. 1899.

Weissermel (Wald.), Bericht über die Aufnahme von Blatt Schnackenburg.
Aus: Jahrbuch d. Kgl. Preuss. Geol. Landesanstalt f. 1898.

Weißermel, W., Die (ältere) Braunkohlenformation im westlichen Teile des Regierungsbezirkes Merseburg und in den Thüringischen Staaten. Halle a. S., 1907. 17 S.

Weissermel, Waldemar (Siegfried Otto): . . . Die Korallen der Silurgeschiebe Ostpreussens und östlichen Westpreussens . . . Königsberg, Hartungsche Buchdr., 1894; 1 Bl., 135 S., 1 Bl., 1 Tab. 8°
Königsberg, Phil. Fak., Inaug.-Diss. v. 20. März 1894.

Weissermel, Wald., die Korallen der Silurgeschiebe Ostpreussens u. östlichen Westpreussens. Diss. gr. 8. (135 S. m. 1 Tab.) Königsberg 894. (W. Koch.) n. 1. 60

Weißern, A., Serena, Mittheilungen aus d. Reiche des Komus, zur Aufmunterung nach ernsten Geschäften. 8. Leipz. 824. Wienbrack. 1 ₰ 8 ₰

WEISSERN, A., Serena. Mittheilungen aus dem Reiche des Komus etc. Leipzig 1824. 8°. IV—288 S. (2 Mk., gebraucht u. sporfleckig, W. H. Kühl, Berlin, vor 1885; jetzt theurer!)

Weissfeld, Moses. Kants Gesellschaftslehre. IV + 136 S. 8. Bern, Scheitlin, Spring & Cie., 1907.
Ausg. A: Diss. Phil. Bern... von Moses W'...
Ausg. B: Von Dr. M[oses] W'. [fr. 1. 50.] — Berner Studien zur Philosophie und ihrer Geschichte... Band 52.

Weißflog, Chr. Gotthlf., s. Lauterensis.

Weißflog, Chr. Gtthlf., († d. 21. März 1804.) Samml. von Sterbe- u. Begräbnißliedern. 8. Bunzl. u. Leipz. 782. (W. Vogel). 4 ₰

— kurzer Unterricht im Rechtschreiben d. deutschen Sprache. 8. Sagan 785. 2e A. 786.

Weißflog, Eugen Willy, aus Leipzig: Aus d. anat. Institut d. Kgl. Thierärztl. Hochschule in Dresden (Prof. Dr. Baum). Faserverlauf der Muskulatur des Magens von Pferd, Schwein, Hund und Katze. Mit 18 Abb. im Text. *Berlin 1902: L. Schumacher.* (46 S.) 8° ¶(Aus: Archiv f. wiss. u. prakt. Thierheilk., Bd 29, 1903.)
Erlangen, Phil. Diss. v. 21. Nov. 1901

Weissgerber, Carl, s. Weissgerber, Karl

Weißgerber, F. F., können unsre Pastoren Sünden bei Gott vergeben u. behalten? Predigt üb. Matth. 16, 18—20. Joh. 20, 23. 2. Cor. 2, 10, geh. am 1. Sonntag nach Ostern 1880. 12. (16 S.) St. Louis, Mo. 880. (Philadelphia, Schäfer & Koradi.) — 25

Franz Weissgerber. Curae Theocriteae ad Adoniazusas sive idyllium XV. pertinentes, quibus praeter disputationem de difficilioribus aliquot locis inest specimen editionis ab huius opusculi auctore paratae. 52 S. Rastatt, P 1848

Franz Weissgerber. Curae Theocriteae. Particula altera, continens notas criticas atque exegeticas, quibus idyllii XV. loci aliquot difficiliores explicantur et ab divi Godofredi Hermanni incursionibus doctis (quas coniecturas vocant) defenduntur. 36 S.
Derselbe. Curae Theocriteae ad Adoniazusas spectantes. Particulae 1 et 2. 52 S
Freiburg, P 1851, 1852

Weissgerber, Franc., Curae Theocriteae ad Adoniazusas spectantes. Particulae I. et II., quae cont. commentarios crit. atque exeget. quibus loci difficiliores explanantur, antiquae lectiones, cod. Parisinis diligenter collatis fultae, a conjecturis G. Hermanni vindicantur, editionis Parisinae princ. hucusque incognitae accurata notitia praebetur, et ex literis ab illustri Prokeschio e Graecia datis nonnulla, ad inscriptionem Aeolicam pertinentia, communicantur. Post uberrimam Valckenaerii messem spicilegium. 8. (88 S.) Friburgi Br. 852, libr. Wagner. *

Weissgerber, Franz: I. Als Nachtrag zum vorjährigen Programm: Erklärung der Inschrift einer in der Gegend von Offenburg aufgefundenen römischen Meilensäule. II. Als Beigabe zum diesjährigen: Carmen elegiacum in laudem Josephi Loreye. X S. Offenburg, Progr. 1841.

Franz Weissgerber. Forschungen auf dem Gebiet der Etymologie und lateinischen Grammatik, mit besonderem Hinblick auf Zumpts Sprachlehre und Forcellinis Lexicon. S. 21 — 50 des Programms. Offenburg, P 1835

Franz Weissgerber. Index ac recensio aliquot codicum manuscriptorum in Lycei Constantiensis bibliotheca repositorum nec non Ciceronianae lectionis specimina e codice nostro desumta notisque criticis instructa. 16 S. Konstanz, P 1832

Franz Weissgerber. Observationes ad Theocriti pharmaceutriam sive idyllium secundum quibus praeter scholia codicis Parisini etc. inest longior de Hecates nomine officio atque cultu excursus. 52 S. vor den Schulnachrichten. Freiburg, P 1828

Weißgerber, Sophokles und Schiller. Eine poetische Vision zu Schiller's Jubelfeier am 10. November 1859. Freiburg im Br., Diernfellner in Comm. gr. 8. (11 S.) n. 4 ngr.

Weissgerber, Franz, Theokrit'sche Studien, s. Studien.

Franz Weissgerber. Theokritische Studien in 2 Abteilungen. 1) Theokrits 15. Idyll: „Die Syracusanerinnen", übersetzt von J. P. Hebel. Eine bisher ungedruckte Arbeit des allemannischen Dichters. 2) 3. Idyll: „Des Ziegenhirten Liebesklage" oder Amaryllis, metrisch übersetzt nebst Anmerkungen zu Idyll 15. 28 S.
Freiburg, P 1858

Derselbe. Theokrits 1. Idyll nach Meineckes Ausgabe, metrisch übersetzt und der Philologenversammlung im Jahr 1842 als Festgruss gewidmet. 16 S.
Offenburg, P 1842

Weißgerber, Frz. W., das am 1. Febr. 1839 zu Offenburg gefeierte Fest d. Erinnerung an d. Ausmarsch d. großh. bad. Landwehr-Bataillone u. d. freiwill. Jäger zu Pferde im J. 1814. Nach d. Wunsche d. Fest-Comité's u. nach e. von demf. vorgezeichn. Plane beschrieben. gr. 8. (5 B. u. Bildn. d. General-Lieut. 2c. Wilhelm Markgraf v. Baden.) Karlsruhe 839. (Offenburg, Braun.) *

Weissgerber, Fritz: Kritische Betrachtungen über die Zweckmässigkeit alter und neuer Wochenbettsdiätetik. Emmendingen: Dölter 1908. 21 S. 8°
Freiburg i. B., Med. Diss. v. 1908, Ref. Krönig
[Geb. 14. Mai 83 Schotten; Wohnort: Leipzig; Staatsangeh.: Hessen; Vorbildung: Gymn. Büdingen Reife O. 01; Studium: Leipzig 5, Jena 1, Kiel 1, Freiburg i. B. 3 S.; Coll. 7. Juni 07.] [U 08. 991

Weißgerber, H., s. W e i s g e r b e r, H.

Weissgerber, Karl: Ueber die B e h a n d l u n g der Nachgeburtsperiode . . . Giessen, C. v. Münchow, Univ.-Druckerei, 1889; 23 S. 8°
Giessen, Med. Fak., Inaug.-Diss. v. 1889

Casperinne. Posse in 1 Akt von Carl **Weissgerber**. *Mühlhausen i. Th.: G. Danner [1901].* (30 S.) 8° [F.]
= Theater f. Herrenabende. No 5. [01. 9336 3

— das Künstlerheim. Frankfurter Lokalschwank in 1 Akt. 12. (III, 18 S.) Frankfurt a/M. (901). C. Blažek. n. 1. —

Weissgerber, Paul

Weissgerber, P., Schwere Schädigung bei der Regelung v. Eisenbahnunfällen u. die Notwendigkeit e. Rechtspflege-Hygiene. Ausführungen zu seinem Prozess gegen den preussisch-hess. Eisenbahnfiskus. (120 S.) 8. Leipzig, M. Spohr. 1907. 1. 50.

Weissgerber, Rudolf [aus Sondershausen]: I. Ueber raumisomere Benzamarone. II. Ueber Benzylidendesoxybenzoin ... Heidelberg, *Druck v. F. A. Eupel in Sondershausen*, 1892; 39 S. 8.
Heidelberg, Naturw.-math. Fak., Inaug.-Diss. v. [3. Aug.] 1892

Weißgerber, W[ilhelm]. Johann Sebastian Bach in Arnstadt. Festrede zur Feier des 73. Geburtstages Sr. Durchlaucht des regierenden Fürsten. (Umschlagtitel: ... Arnstadt.) S. 3—14. 4. **Progr.** Fürstl. Realschule *Arnstadt* 1904 (836).

Weissgerber, Wilh.: Der K o n i u n c t i v bei den frz. Prosaikern des 16. Jhr. mit Ausschluss des Koniunctivs im adverbial determinirenden Nebensatze. Oppeln, E. Franck (Druck v. E. Raabe, Oppeln), 1886; 24 + 2 S. 8°
Giessen, Phil. Fak., Inaug.-Diss. v. 26. Nov. 1885.

Weissgerber, Wilh., der Koniunctiv bei den frz. Prosaikern des 16. Jahrh. mit Ausschluss des Koniunctivs im adverbial determinirenden Nebensatze. Diss. Giessen 1886, J. Rickersche Buchh. 8°. 24 S.

Weisshappel, Frdr., d. Vortheile d. **Jankó-Claviatur** u. ihre unberecht. Gegnerschaft. gr. 8. (15 S.) Wien 896. (M. Trömel.) n. — 40

Weißhar, G., der Frohnhof und seine Bewohner. Eine sehr nützl. Erzählung sowohl in religiöser als auch in ökonom. Hinsicht für Familien. gr. 16. (IV und 123 S.) Innsbruck 862, Wagner'sche Universitäts-Buchh. *

Weisshäupl, Rudolph Die römischen Alterthümer in Pola. 8 (S. 3—25). **Progr** K. k. Staats-G. *Pola* 1892.

Weißhäupl Rudolf: Die Grabepigramme der griechischen Anthologie. Diss.Wien, Univ.
D: Abhandlung des Archäolog.-epigraph. Seminars in Wien 1889.
H. 1886 PN 438

Weisshäupl, Rud. Die Grabgedichte der griechischen Anthologie, s. A b h a n d l u n g e n d. archäologisch-epigraphischen Seminares der Universität Wien.

Weißhäupl, R[udolf]: Zum Kranz des Philippos. S. 57—63. 8.
In: Festschrift zur Feier des zweihundertjährigen Bestandes
Progr. K. k. Staatsgymn im VIII. Bezirke *Wien* 1901.

W e i s s h a u p t, Johann Baptist. Bestätigung und Befolgung des christlichen Grundsatzes, dass alle oberkeitliche Gewalt von Gott sey. Selbstvertheidigungsschrift. 8. Glarus 1800.

Weissheimer, Friedrich [pr. Arzt zu Osthofen '(Rheinhessen)']: Die Eklampsiefälle an der Marburger Klinik in den letzten 13 Jahren ... Marburg, Buchdr. v. C. Weigt zu Andernach, 1896; 39 S. 8.
Marburg, Med. Fak., Inaug.-Diss. v. 4. Sept. 1896

Weißheimer, Paul: A d d i t i o n von Natriummalonester an ungesättigte Verbindungen. Halle a. S. 1905: (C. Weigt, Andernach a. Rh.) (61 S.) 8°
Halle, Phil. Fak., Ref. Volhard, Diss. v. 17. Febr. 1905.

Weißheimer, Wendelin

Weißheimer, W., Erlebnisse m. Richard Wagner, Franz Liszt u. vielen and. Zeitgenossen, nebst deren Briefen. M. d. Bildnis d. Verf. u. (3) Fksms. v. Briefen Wagners, Liszts u. Bülows. gr. 8. (X, 408 S.) Stuttgart 898. Deutsche Verlags-Anstalt. n. 4. 50

[F.] Erlebnisse mit Richard Wagner, Franz Liszt u. vielen anderen Zeitgenossen nebst deren Briefen. Von W(endelin) **Weissheimer**. M. d. Bildn. d. Vfs u. Faks. v. Briefen Wagners, Liszts u. Bülows. 2. Aufl. *Stuttgart & Leipzig: Deutsche Verl.-Anst. 1898.* (X, 408 S., 3 Bl., 1 Portr., 3 Facs.) 1 Bd 8. [98. 4340

Weißheimer, Wendelin, Meister Martin u. seine Gesellen. Oper in 3 Acten. Text, nach der E. T. A. Hoffmann'schen Erzählung von ..... Alleinige mit der Partitur übereinstimmende Textausg. 12. (64 S.) Leipzig 880. Thiel in Comm. n. — 50

Press-Manipulationen des Wagner-Syndikats gegen Weissheimer's 'Erlebnisse mit Richard Wagner'. Als Materialbeitrag z. d. Verhandlungen d. Deutschen Reichstags über d. Urheberrecht ⟨Jan. 1901⟩ zsgest. von W e n d e l i n **Weissheimer**. Selbstverlag. *Berlin: Vorwärts in Komm. 1901.* (16 S.) 8° [F.] [01. 6097

Weissheit, Benjamin (Breslau) A. S. 1272/11

Dissertatio inauguralis medica de salvia.
Präs. Georg Wolffgang Wedel.
Jena (Breslau) I. 1715. 40 S.

Gew.: Stadt Breslau.
W. v.: Präs. 36231

Weißhun, Bruno

Weisshun, B., preuss. Lieut. Das D e n k m a l auf dem kais. österreichischen Kirchhofe bei S c h l o s s B e n s b e r g. (Für die im Feldzuge 1792—1794 Gefallenen.) Seine Lage, Veranlassung, Gestalt und Einweihung. Mit der Abbildung des Denkmals. 4. Köln 1858.

Weißhun, Dienst=Unterricht der Ersatz=Reservisten der Infanterie. 8. Aufl. 8. (VI, 82 S. m. Fig.) Potsdam 890. Döring. n.n. — 25

Weißhun. Dienst-Unterricht d. Ersatz-Reservisten der Infanterie. 10. Aufl. 8. (82 S. m. Abbildgn.) Potsd. 892, Döring. ** — 25
5.—9. Aufl. Ebd. 1888—91.

Weißhun, Bruno, Dienst=Unterricht des preuß. Infanterie=Gemeinen. Ein Leitfaden für den Offizier und Unteroffizier beim Ertheilen des Unterrichts, sowie ein Hülfs= und Handbuch für den Gemeinen zur Belehrung über seine Dienstobliegenheiten. 1.—81. Ausg. 8. (88 S. mit 47 in den Text gedr. Holzschn.) Potsdam 870—75, Döring. **

Weißhun, Dienst-Unterricht des preußischen Infanterie-Gemeinen. Ein Leitfaden für den Offizier und Unteroffizier beim Ertheilen des Unterrichts, sowie ein Hülfs= und Handbuch für den Gemeinen zur Belehrung über seine Dienstobliegenheiten. 82.—84. verb. und erweit. Aufl. (104 S. mit 50 in den Text gedr. Holzschn.) 1875,76; 85.—88. Aufl. (106 S. mit 76 in den Text gedr. Holzschn.) 1876,77; 89.—95. Aufl. 8. (112 S. mit vielen eingedr. Holzschn.) Potsdam 877—79, Döring. *

Weißhun, Dienst-Unterricht des Preußischen Infanterie-Gemeinen, 91. Ausg., m. Abb., Potsdam 1878, 110 S., 8°.

Weißhun, Oberst, Dienst-Unterricht des Infanterie-Gemeinen. Ein Leitfaden für den Offizier und Unteroffizier zum Ertheilen des Unterrichts, sowie ein Hülfsbuch für den Gemeinen zur Belehrung über seine Dienstobliegenheiten. 96. und 97. Ausg. (112 S. mit eingedr. Holzschn.) 1880; 98.—100. (Jubel-)Ausg. 8. (116 S. mit eingedr. Holzschn.) Potsdam 882—84, Döring. *

Weißhun, Dienst=Unterricht des Infanterie=Gemeinen. Ein Leitfaden für den Offizier und Unteroffizier zum Ertheilen des Unterrichts, sowie ein Hülfsbuch für den Gemeinen zur Belehrung über seine Dienstobliegenheiten. 102. Ausg. 8. (116 S. mit eingedr. Holzschn.) Potsdam 886, Döring.
—— dass. — 21. Jahrg. 8. (116 S.) Ebendas. 888.
Vgl.: Dienst=Unterricht der Ersatz=Reservisten der Infanterie.

—— Dienst-Unterricht d. Infanterie=Gemeinen. Ein Leitfaden f. den Offizier u. Unteroffizier beim Ertheilen d. Unterrichts, sowie e. Hülfsbuch f. den Gemeinen zur Belehrung üb. seine Dienstobliegenheiten. 22.—25. Jahrg. 12. (à Jahrg. VI, 116 S. m. Fig.) Ebd. 889—92. à Jahrg. * — 40

—— dass. — Anhang. Das Gewehr 88 nebst Munition. 1.—3. Aufl. 8. (26 S. m. Abbildgn.) Ebd. 890. * — 15

— Dienst=Unterricht des Infanterie=Gemeinen. Ein Leitfaden f. den Offizier u. Unteroffizier beim Ertheilen des Unterrichts, sowie ein Hülfsbuch f. den Gemeinen zur Belehrung üb. seine Dienstobliegenheiten. 28. Jahrg. Unter Berücksicht. der neuen Bestimmgn. (Leitfaden betr. das Gewehr 88 u. seine Munition, Schießauszeichngn., Beschwerdeführung) u. Vermehrung des Inhalts (Zielgewehr 88, Exerziren). 8. (120 S. m. Abbildgn.) Ebd. 894. n. — 40

Weißhun, Dienst-Unterricht der Infanterie=Gemeinen. Ein Leitfaden f. d. Offizier u. Unteroffizier b. Ertheilen d. Unterrichts, sow. e. Hülfsbuch f. d. Gemeinen zur Belehrg. üb. s. Dienstobliegenheiten. Fortgef. u. nach den neuesten Bestimmgn. ergänzt v. Weißhun. M. e. Bildn. Sr. Maj. d. Kaisers, 3 color. Taf., e. Karte d. Armee=Korps u. deren Uniformirg., zahlr. Abb., sow. e. kurzen Abriß v. Deutschlands Geschichte. 32. Jahrg. 1. 8. (119 S.) Berlin 899. R. Schröder. n. — 40

Weißhun, Dienst=Unterricht des Infanterie=Gemeinen. Ein Leitfaden f. den Offizier u. Unteroffizier beim Ertheilen des Unterrichts, sowie e. Hülfsbuch f. den Gemeinen zur Belehrg. bei seinen Dienstobliegenheiten. Fortgeführt u. nach den neuesten Bestimmgn. ergänzt durch Weißhun. Mit e. Bildniß Sr. Maj. des Kaisers, 4 color. Taf., e. Karte der Armee=Korps u. deren Uniformirg., zahlreichen Text=Abbildgn., sowie e. kurzen Abriß v. Brandenburg=Preußens Geschichte. 36. Jahrg. 8. (128 u. 24 S.) Berlin 903. R. Schröder. n. — 40

Weißhun. Dienstunterricht des Infanteristen. Umgearb. v. F. Immanuel. Jhrg. 37. Mit Abb., Taf. rc. Berlin 1904. 143 S.

Weißhun, Dienstunterricht des Infanteristen. Ein Leitfaden f. den Offizier u. Unteroffizier beim Erteilen des Unterrichts, sowie e. Hilfsbuch f. den Soldaten zur Belehrg. über seine Dienstobliegenheiten. Nach den neuesten Bestimmgn. umgearb. durch Immanuel. Mit e. Bildnis Sr. Maj. des Kaisers, 4 Bildertaf., e. Karte der Heereseinteilg., zahlr. Abbildgn. u. e. Uebersicht der Geschichte Brandenburg=Preußens. 40. Jhrg. (Ausg. m. Gewehr 88.) (168 S.) 8. Berlin 907. H. Muskalla. n. — 40;
Ausg. m. Gewehr 98 (169 S.) n. — 40

— dasselbe. Ausg. für Württemberg. Mit e. Bildnis Sr. Maj. des Königs, 5 Bildertaf., e. Karte der Heereseinteilg., zahlreichen Abbildgn. u. e. Uebersicht der württemberg. Geschichte. 40. Jahrg. (Ausg. m. Gewehr 98.) (16, 169 u. 4 S.) 8. Ebd. 907. n.n. — 50

Weißhun, Dienstunterricht des Infanteristen. Ein Leitfaden f. den Offizier u. Unteroffizier beim Erteilen des Unterrichts, sowie e. Hilfsbuch f. den Soldaten zur Belehrg. üb. seine Dienstobliegenheiten. Nach den neuesten Bestimmgn. umgearb. u. ergänzt durch Immanuel. Mit e. Bildnis Sr. Maj. des Kaisers, 5 Bildertaf., 1 (farb.) Karte der Heereseinteilg., zahlr. Abb. u. e. Übersicht der vaterländ. Geschichte. 44. Jahrg. (172 S.) 8. Berlin 911. H. Muskalla. nn — 40; geb. nn — 50

— Instruktions=Buch f. den Infanterie=Unteroffizier. Anknüpfend an den „Dienst=Unterricht des Infanterie=Gemeinen". Mit 3 Anlagen: „Kommando=Tabelle", „Berechtigung der Unteroffiziere zur Civilversorgung" u. „Alphabet. Register". 7., umgearb. Aufl. 12. (XV, 244 S.) Ebd. 894. n. 2. —; geb. in Leinw. n. 2. 50

Weißhun, Bruno, und E. v. Winterfeld, Wilhelm der Erste, König von Preußen. Dem königl. Kriegsheere und allen königstreuen Preußen gewidmet. 1.—7. Aufl. 8. (172 S.) Potsdam 864—68, Döring. *

—— und E. v. Winterfeld, Wilhelm I. König von Preußen. 8. Aufl. 8. (172 S.) Ebendas. 869. *

Weissig [Schlagwort]

Weissig. s.: Pillnitz.

Weissig, Karl Wilhelm (Hirschberg/Schl.) A. S. 1353/11

Dissertatio inauguralis de arca foederis ordinaria columnae nubis et ignis sede.
Präs. Johann Friedrich Stiebritz.
Halle (Hilliger) 4. X. 1753. 48 S.

Gew.: Stadt Hirschberg. 36232

Weissinger, Otto, aus Brandenburg: Aus d. pharmakolog. Institut zu Greifswald. Untersuchungen über die Wirkung metallischer Eisen auf den gesunden menschlichen Organismus. *Greifswald 1898: C. Sell.* (45 S.) 8°
Greifswald, Med. Diss. v. 30. Sept. 1898

Weißker, Fr. Chr., über das Verfahren des Richters bei einem angetragenen Eid, worüber sich Delat noch nicht erklärt hat, in denjen. Ländern, wo die kursächs. alte Prozeßordnung v. J. 1622 recipirt, die achttägige Nothfrist der Anerbietung zur Eidesleistung aber durch besond. Landesgesetze aufgehoben ist. 8. Jena 827. Cröker. 2 ℛ

Weißker, Heinrich Wilhelm

Weissker, H. W., Carmina latina praemissa brevi ejusdem de exercitationum metricarum fatis expositione. Pr. 1858. 11 S. 4°.

Weißker, Heinr. Wilh., Jesus Christus unser Trost beim Scheiden der Jahre. Predigt am Sylvesterabend 1856 zu Schleiz gehalten. 8. (14 S.) Schleiz 857, (Hübscher's Buchh.)

— der Mahnruf: „Das scheidende Jahr ist ein Christjahr gewesen." Predigt am Sylvesterabend 1854 zu Schleiz gehalten. Schleiz 855. Hübscher. 8. (16 S.) 1⅓ ngr.

Weissker, J. C., quae fuerint ante Christum de morte ejus piaculari sententiae. Schleiz. 1845. 4.

Weissker, Max Adolf: Beiträge zur Geschichte und Genealogie der Familie Weißker. (Mit Taf.) Dresden 1899: C. R. Gärtner. (XXXI, 519 S.) 8°

Weissker, Max Adf., Beiträge zur Geschichte u. Genealogie der Familie Weissker. gr. 8. (XXXI, 519 S. m. 18 [1 farb.] Taf.) Dresden (Striesener Platz 2) 899. Selbstverlag. n.n. 15. —

Geschichte der Familie Weißker von Max **Weißker**. (Dresden 1910: Gärtner.) 208 S. 4° [illegible]

WEISSKOPF, Emil

(F) Die Erklärungspflicht nach § 301 E.-O. Von Dr. Emil Weisskopf. Separat-Abdruck aus der „Allgemeinen österreichischen Gerichts-Zeitung". Nr. 11—15, 17 u. 18. Wien. 1901. Manz. Gr.-8°. 47 S. K 1.—

Weißkopf, Walt. Leo, ein italienischer Tannhäuser. Romantische Erzählg. aus dem 16. Jahrh. 8. (42 S.) Dresden 900. E. Pierson. n. 1. —; geb. n. 2. —

Weisskugel [Schlagwort]

Weisskugel, s.: Oetzthal.

Weisskunig, der, s. Max. Treitzsaurwein.

Weisskunig, Der, eine Erzählung von den Thaten K. Maximilians. Wien 1775. V: *Treitzsauerwein von Ehrentreitz, Marx.* (ADB 38, 559 ff.) (Dn)

Weisskunig, der, e. Erzählung v. d. Thaten Kaiser Maximilians I. von Max Treitzsaurwein. Fol. Wien, Kurzböck. 775.

Weisskunig, der. Nach den Dictaten u. eigenhänd. Aufzeichngn. Kaiser Maximilians I. zusammengestellt v. Marx Treitzsauerwein v. Ehrentreitz. Hrsg. v. Alwin Schultz. Mit 238 Holzschn. nach Zeichngn. v. Hans Burgkmair, Leonh. Beck, Hans Springinklee u. Schäufelein, abgedr. unmittelbar von den Orig.-Holztaf. vom J. 1516 u. 19 zinkograph. Taf. [Aus: „Jahrbuch d. kunsthistor. Sammlgn. d. allerhöchsten Kaiserhauses".] Imp.-4. (XXVIII, 558 S.) Wien 891. (F. Tempsky.) n. 60. —

Weisskunig, der, s. a. Jahrbuch der kunsthistor. Sammlgn. d. Allerh. Kaiserhauses. 6. Bd. 2. Hälfte.

Gute Gesellschaft. Roman von August **Weissl**. Berlin: R. Eckstein Nachf. [1905]. (206 S.) 8° [illegible] 11

Weissl, Aug., Ich—Du: Wir. Ein Ausschnitt aus dem Liebesleben. gr. 8. (99 S.) Leipzig (902). Berlin, H. Seemann Nachf. n. 2. —

Gräfin Julia. Ein Kapitel Liebeswahnsinn. Ebd. 1903. 8°. (Kr. 3,60.) (2 Kr. 40 H., eleg. gebd., wie neu, der Vorige, 1905.)

— **Gräfin Julie**, s.: Seemann's kleine Unterhaltungsbibliothek.

Weißl von Ehrentreu, Fanny

— Marie Antoinette, Königin von Frankreich. Historisches Drama in 4 Akten, nach dem Roman: „Le chevalier de maison rouge" von Dumas. Ofen 855. (Pest, Lauffer u. Stolp.) 16. (108 S.) n. 18 ngr.

Weißl v. Ehrentreu, Fanny, geb. Bôrik v. Dorsa, An mein Vaterland. Ofen 856. (Pest, Lauffer u. Stolp.) 16. (16 S.) n. 4 ngr.

Weisslahnbad, Das Dolomitenhotel, am Rosengarten bei Bozen. Innsbruck [1902]. V; *Christomannos, Theodor.* (Margr)

Weisslahnbad, das Dolomitenhotel, am Rosengarten bei Bozen in Tirol. qu. 12. (16 S. m. farb. Abbildgn.) Innsbruck (902). A. Edlinger. n. 1. —

Weissleder, Maximil. (Frid. Wilibald) (geb. Samter 17. 8. 1840) De [illegible] Berolini (1864). (32 S.) 8°
Berlin, Med. Diss. v. 1. Apr. 1864

Weißler, Adolf

Weißler, Adf., s.: Archiv, preußisches.

— Formularbuch f. die freiwillige u. streitige Gerichtsbarkeit, s. a. Hilse, Benno.

— Formularbuch f. freiwillige Gerichtsbarkeit. 12. Aufl. (XVI, 444 S.) 8. Berlin 911. C. Heymann. Geb. in Leinw. 10. —

Geschichte der Rechtsanwaltschaft. Von Adolf **Weißler**, Rechtsanw., Halle a. S. Leipzig: C. E. M. Pfeffer 1905. (VIII, 623 S.) 8° [illegible] 3

— Kommentar zum Reichsgesetz üb. die Angelegenheiten der freiwilligen Gerichtsbarkeit vom 17. V. 1898. gr. 8. (VI, 339 S.) Berlin 900. O. Liebmann. n. 7. 50; geb. in Halbfrz. n. 9. 50

Preussisches Landesprivatrecht. Sammlung der neben d. BGB in Kraft bleibenden Quellen d. preuss. Privatrechts. Hrsg. von **Adolf Weissler**, Rechtsanw. zu Halle a. S. Lfg 1(–3.) [Mehr nicht erschienen.] *Leipzig: C. E. M. Pfeffer 1897(–98).* (368 S.) 4°(8°) [F.] [illegible]

— dasselbe. 1. Bd. (1.—3. Lfg.) 2. Aufl. gr. 8. (X, 592 S.) Ebd. 900. n. 10. 50

— dasselbe. 4.—9. Lfg. gr. 8. (2. Bd. IV, 750 S.) Ebd. 900. 901. n. 13. 80; (kplt. geb. in Leinw. n. 26. —)

— Das deutsche Nachlassverfahren. gr. 8. (VIII, 493 S.) Berlin, C. Heymann's Verl. 1900.

— d. Notariat d. Preuß. Monarchie. gr. 8. (LXXXIX, 461 S. m. 4 Tab.) Ebd. 896. n. 12.—; geb. in Halbfrz. n. 14.—

Weißler, Adf., das preußische Notariat im Geltungsgebiete der allgemeinen Gerichts-Ordnung. Unter Benutzung der gesetzgeberischen Vorarbeiten zu den beiden Gesetzen vom 11. Juli 1845 dargestellt. gr. 8. (X, 588 S. mit 1 Tab.) Berlin 888, Vahlen. *M 10.—.; geb.

Reform der vorbeugenden bürgerlichen Rechtspflege in Oesterreich. Von Adolf Weissler. *Wien: Manz 1900.* (VIII, 106 S.) 8° [F.]
Aus: Zeitschr. f. Notariat u. freiwill. Gerichtsbark. in Oesterr. 1899. [00. 2613

— Reichs-Archiv. Sammlung des gesamten Reichsrechts in seiner heute gült. Gestalt. I.—VII. Bd. (1.—37. Lfg. des Gesamtwerkes.) Lex. 8. Leipzig, C. E. M. Pfeffer. 113.25; geb. in Halbfrz. 133. 25

I. (8 Lfgn.) (V, 995 S.) 907. 22.—; geb. 25. —
II. (3 Lfgn.) (428 S.) 907. 08. 9.50; geb. n 12. —
III. (3 Lfgn.) (451 S.) 908. 10.25; geb. n 12. 75
IV. (6 Lfgn.) (742 u. 34 S.) 908. 09. 16.50; geb. 19. 50
V. (4 Lfgn.) (IV, 524 u. 3 S.) 909. 11.50; geb. 14. 50
VI. (5 Lfgn.) (756 S.) 909. 10. 17.—; geb. 20. —
VII. (8 Lfgn.) (1088 S.) 910. 26.50; geb. 29. 50

Weißler, Adolf: Reichs-Archiv. Sammlung d. gesamten Reichsrechts in seiner heute gültigen Gestalt. Bd 1–8. Leipzig: Pfeffer 1907–11. 8°
1. (1815–76.) 1907. 2. (1877.) 1908. 3. (1878–85.) 1908.
4. (1886–96.) 1908. 5. BGB. 1909. 6. (1896–99.) 1910.
7. (1900–09.) 1910. 8. (Nachträge u. Berichtigungen. Reg.) 1911.

— Das im Königreich Preußen geltende Reichs- u. Landesrecht, s.: Block, A.

Weißler, Adf., die Umbildung der Anwaltschaft unter Friedrich dem Großen. gr. 8. (166 S.) Königshütte 891. Weißler's Selbstverl. n. 4. —

— s.: Zeitschrift des deutschen Notarvereins.

Weissler E., Rückblick auf Entstehung, Tätigkeit und Erfolge des Verbandes der selbständigen Buchbinder Württembergs 1898–1908. (16 S.) Gmünd 1908

Weißlinger, Johann Nikolaus, s. Weislinger, Johann Nikolaus

Weisslovits, Nathan [aus Péchy Ujfalu (Ungarn.)]: Abraham bar Samuel ha-Levi ibn Chisdai ha-Nasi. Sein Leben und seine Schriften insbesondere das ספר בן המלך והנזיר Vergleichung des hebräischen, arabischen und griechischen Textes. . . . München, Theodor Ackermann, k. Hofbuchh., 1889; IV + 38 S. + 1 Bl. 8°
München, Phil. Fak., Inaug.-Diss. v. 1889

Weisslovits, Nath., Prinz u. Derwisch. Ein ind. Roman, enth. die Jugendgeschichte Buddha's in hebr. Darstellung aus dem Mittelalter, nebst e. Vergleichg. der arab. u. griech. Paralleltexte. Mit e. Anh. v. Fritz Hommel. gr. 8. (IV, 178 S.) München 890. Th. Ackermann's Verl. n. 5. 40

Weißmann, Lic. (A. U. Mayer), kurze Bemerkk. üb. das Resultat d. Emser Kongresses, nebst Beilagen. 8. Straßb. (Regensb.) 787. Montag u. W. 8 K

— neue Bemerkk., in welchen seine ersten Bemerkk. gegen einige vorläuf. Bemerkk. vertheidigt werden. 8. ... 788. (124 S.)

Weißmann, die Elemente der Kriegs-Wissenschaft, s. Ansin, v.

FRANZOSE, Der, zu Frankfurt. Aus d. Französ. (Deutsches Original von *Weissmann*.) Frankfurt a. M. 1742.
Anon.-Lex. II. p. 117 (nach W. v. Maltzahn).

Weissmann, A. L'influenza del Malebranche sulla filosofia del Leibniz. In-8°. 46 pp. Berna. Dissert. 1896.

Weißmann, Adolf: Musikalische Anlage (a. d. Umschl.: Begabung) und Erlernung fremder (Kopft. u. a. d. P.-Umschl.: lebender) Sprachen. Berlin: Weidmann 1903. (9 S.) 4°
Progr. Zwölfte Realschule Berlin.

Bizet von Adolf **Weißmann**. Mit 4 Vollbild., 5 Faks. u. zahlr. Notenbeil. Berlin: Marquardt & Co. [1907]. (104 S.) 8° [F.]
= **Musik**, Die. Bd 24. 25. [07. 17291

Weissmann, Arthur S.

Weissmann, Arth. S., ernste Antworten auf ernste Fragen: Frz. Delitzsch's neueste Schrift. 1. und 2. Aufl. gr. 8. (35 S.) Wien 888, (Lippe.) *

Weissmann, A. S., ernste Antworten auf ernste Fragen: Frz. Delitzsch's neueste Schrift. 1. u. 2. Aufl. gr. 8. (35 S.) Wien 889. (Lippe.) n. — 80

Weißmann, A. S., Chajin Prostak. Historische Erzählung aus der Entstehungszeit des Chassidismus in der 2. Hälfte des 18. Jahrh. gr. 8. (108 S.) Lemberg 881. (Wien, D. Löwy.) n. 1. 60

—— s. Eibenschitz, Jonathan. Schem Olam.

—— Zur Geschichte der Sectenbildung im Judenthume während der 2. Tempelperiode, nach dem Tode „Simons d. Gerechten". Quellenmässige Studie. 1. u. 2. Heft. (Hebräisch.) gr. 8. (S. 1—96.) (Ebd.) 890. à Heft * 1 —; * 2 —

—— Das Buch Judith, historisch-kritisch beleuchtet. gr. 8. (28 S.) (Ebd.) 890. * — 80

Weissmann, Arth. S., zum 26. Juni, Adolf Jellinek's 70. Geburtstage. Eine Charakteristik. gr. 8. (14 S.) Wien 891. (Ch. D. Lippe.) n. 80

Weissmann, Arth. S., Kanonisirung u. Feststellung d. Textes der heiligen Schriften d. alten Testamentes nach primären Quellen. (In hebr. Sprache.) gr. 8. (20 S.) Wien 887. Lippe. n. — 80

Weissmann, Christian Eberhard, s. Weismann, Christian Eberhard

Weissmann, Christian Martin (Leipzig) A. S. 139/7

De indole caussarum minimarum.
Präs. Gottfried Ludwig Mencken.
Leipzig (Breitkopf) 17. XII. 1739. 23 S.

W. v.: Präs. 36234

Weißmann, Frdr., die Wucher-Frage. gr. 8. (III, 107 S.) Chur 880. Kellenberger in Comm. n. 1. 60

Weissmann, Friedrich Ludwig, s. Weismann, Friedrich Ludwig

Weissmann, Georg, Referendar, a. Kattowitz: Abgrenzung zwischen Gattungsschuld und Wahlschuld (unter Berücksichtigung d. geschichtl. Entwicklung). Breslau 1907: H. Fleischmann. (53 S.) 8°
Erlangen, Jur. Fak., Ref. Siber, Diss. v. 6. Nov. 1907
[Geb. 4. Sept. 84 Kattowitz, O.-S.; Wohnort: Beuthen, O.-S.; Staatsangeh.: Preußen; Vorbildung: Gymn. Kattowitz Reife O. 02; Studium: Breslau 4, Freiburg i. B. 1, Berlin 1 S.; Rig. 22. Dez. 06.]

Weissmann, Georg Tobias, vgl. Weismann, Georg Tobias

Weissmann, Georg Tobias (Nürtingen) A. S. 1260/11

Dissertatio inauguralis medica, de abusu venae sectionum. Präs. Rudolph Jakob Camerarius. Tübingen (Franck) III. 1715. 24 S. 36236

Weissmann, Immanuel (Waiblingen) A. S. 1262/3

Docimasia, signa, causae, et noxa vini lithargyro **mangonisati** Des mit Silberglette verfälschten Weins **variis experimentis illustrata.**
Präs. Johann Zeller.
Tübingen (Reis) 23. IV. 1707. 24 S.

Gew.: Johann Ulrich Pregizer, Johann Burkhard Mögling, Johann Eberhard Knoll, Christoph Tobias Cantstetter. 36237

Weissmann, Immanuel (Waiblingen) A. S. 459/41

Docimasia, signa, causae, et noxa vini lithargyro **mangonisato** Des mit Silberglette verfaelschten Weins **variis experimentis illustrata.**
Präs. Johann Zeller.
Altdorf (Kohles) 1721. 28 S.

Diss. Tübingen 23. IV. 1707. 36238

Weissmann, Immanuel: Historia lithotocae mulieris, fascini inculpatae. Tübingen 1716. 4°

Weissmann, Johann Friedrich (Neustadt/Fr.) A. S. 1196/12

Balsamum verum, quod vulgo opobalsamum dicitur. Präs. Johann Adrian Slevogt.
Jena (Gollner) 4. II. 1705. 31 S. 36239

Weismann, Johann Friedrich (Neustadt/Aisch) Med. I, 637

Dissertatio inauguralis medica de partu difficili ex infante brachio prodeunte.
Präs. Johann Adolph Wedel.
Jena (Ritter) XI. 1732. 24 S. 36191

Weissmann, Johann Heinrich

WEISSMANN, Joh. Heinr., Idyllen. Rudolstadt, im Monat August, 1772. Leipzig, bey J. G. Müller. 8°. Selten! (In Warmbrunn.)
W. v. Maltzahn III. p. 422. no. 650. (an no. 649).

Weißmann, Jh. Hnr., (+ 181..) Idyllen. 2 Bücher. 8. Rudolst. 773. Müller. 4 gr.

— das Lehrbuch der Menschenliebe. gr. 8. Coburg 805. Sinner. 1 rthlr.

— Lieder auf die Geburt Jesu. 8. Rudolst. 774.

— Paris auf Ida; e. heroisches Pastorale. 4. Rudolst. 769.

— veredelnde Poesien. 8. Coburg 806. Sinner. 16 gr.

Weißmann, Jh. Hnr., Selinde; Singspl. 8. Leipz. 2e A. 786. Müller. 4 gr.

— die geoffenbarte Theologie, als Wissenschaft, nicht verschieden von der Philosophie, oder die Bestandtheile der christl. Religion rc. 8. Coburg 806. Sinner. 12 gr.

— die übereinstimmenden Theorien der französ., italien. u. engl. Sprache, wissenschaftl. bearb. 1r Bd. die wissenschaftl. Theorie der französ. Sprache enthalt. gr. 8. Coburg 805. Sinner. 1 rthlr. 12 gr.

— philosophische Unterhaltungen. 1r Thl. gr. 8. Coburg 806. Sinner. 1 rthlr.

Weissmann, Karl [Dr., Assist.]: Die scenischen Anweisungen in den Scholien zu Aischylos, Sophokles, Euripides und Aristophanes u. ihre Bedeutg f. d. Bühnenkunde. Bamberg, F. Humann'sche Buchdr., 1896; 1 Bl., 54 S. 8.
Bamberg, k. neues G, P 1896*

Weissmann, K., die scenische Aufführung der griechischen Dramen d. 5. Jahrh. Diss. gr. 8. (80 S.) München 893. Ch. Kaiser. n. 1. 80

Beiträge zur Erklärung und Beurteilung griechischer Kunstwerke. I. Teil: 1. Das sogen. Harpyienmonument von Xanthos. 2. Der Ostfries des Athena-Niketempels auf der Burg von Athen. 3. Zur Rekonstruktion des Erechtheionfrieses. — Von Dr. K. Weissmann, G.-L. — 1903, Schweinfurt, Fr. J. Reichardt (Wilh. Zinn). — P. 3—50.
Progr. Schweinfurt, K. Gymn.

Weissmann, K., Beiträge zur Erklärung u. Beurteilung griechischer Kunstwerke. I. 1. Das sog. Harpyienmonument v. Xanthos. 2. Der Ostfries des Athena-Niketempels auf der Burg v. Athen. 3. Zur Rekonstruktion des Erechtheionfrieses. Progr. (50 S.) gr. 8. Schweinfurt 903. (E. Stoer.) n. 1. —

— **Geschichte** der Studienanstalt Schweinfurt von dem Ende der Reichsunmittelbarkeit der Stadt bis zur Begründung des „Gymnasium Ludovicianum" (1802 – 1834). Ein Beitrag zur fränkisch-bayer. Schulgeschichte, gewidmet den Teilnehmern an dem Studiengenossenfest 1906 v. dem Lehrerkollegium des k. humanist. Gymnasiums Schweinfurt. (49 S.) 8. Ebd. 906. n. — 80

Weissmann, Kaspar Samuel(Erlangen) F, ze/14

Dissertatio inauguralis medica de remidiis arteriacis.
Präs. Jakob Friedrich Isenflamm.
Erlangen (Walther) (11.)XI. 1769. 50 S.

Gew.: Kasimir Christoph Schmidel.
W. v.: Präs., Johann Friedrich Weissmann (Vater), Johann Philipp Steimmig, Christian Masius, Johann Philipp Julius Rudolph (Opp.). 36240

Weissmann, Marcus. Sprüche der Weisen nebst Erläuterungen, fachlich u. sachlich erläutert u. alphabet. geordnet u. hrsg. 1. Thl. 1. Lfg., 2. Thl. 1. Lfg. u. 3. (Schluss-) Thl. (In hebr. Sprache.) 8. Wien 892, (Lippe). * 6 —
1. Die Räthselweisheit in den Talmudim u. Midraschim. 1. Lfg. (80 S.) * 2 —.
2. Die Räthselweisheit der Tanaim u. Amoraim. 1. Lfg. (80 S.) * 2 —.
3. Die Räthselweisheit in der talmud.-rabbinischen Litteratur. (80 S.) * 2 —.

[Hebr. u. Ant.] S. Dibre ḥakamim we-ḥidotam. Me-et Mordekaj Wwjjsm'n Hjwt [**Weissmann**-Ḥajjut]. Ḥeleq 1-3. Sprüche d. Weisen nebst Erl. von Marcus Weissmann. Bd 1-3. Wien: M. Weissmann 1892. 3 Bde 8°
[illegible] 13,65

Weissmann, R.

— über **Enteroptosie** (Magen- u. Darmatonie). (34 S.) gr. 8. München 905. Verlag der ärztl. Rundschau. n. — 80

Weissmann, R., über vierzehnjährige Erfahrungen m. Ichthyol. (8 S.) 8. Leipzig 908. B. Konegen. 1.—

Weissmann sen., Roman, über Nervenkrankheiten und Schlagfluss [Apoplexie — Hirnlähmung], Vorbeugung und Heilung. [10.—16. Aufl.] 8. (48 S.) Vilshofen 887. (Hannover und Celle, Schulbuchhandlung.)
—— dass. — [17.—21. Aufl.] 8. (56 S.) Freiburg i. Br. 888,89, Schmidt und Vogler.

Weißmann sen., Roman, üb. Nerven-Krankheiten u. Schlagfluß (Apoplexie — Hirnlähmung), Vorbeugg. u. Heilg. 25. Aufl. (Jubiläums-Ausg.) gr. 8. (46 S. m. Abbildgn.) Vilshofen 894. (Hannover u. Celle, Schulbuchh.) — 30

Weißmann, Roman, über Nerven-Krankheiten, Neurasthenie (Nervenschwäche) u. Schlagfluß (Apoplexie — Hirnlähmg.). Vorbeugung u. Heilg. 28. Aufl. gr. 8. (46 u. 12 S.) Vilshofen 898. (Hannover u. Celle, Schulbuchh. — 30

Weißmann sen., Roman, über Nerven-Krankheiten, Neurasthenie (Nervenschwäche) u. Schlagfluß (Apoplexie — Hirnlähmung). Vorbeugung u. Heilg. 30.—33. Aufl. gr. 8. (à 46 u. 12 S. m. Bildnis.) Celle 899—901. Hannover u. Celle, Schulbuchh. — 30

— Zenuwziekten en beroerte middelen ter voorkoming en genezing. Naar de 30. duitsche uitgave. gr. 8. (40 u. 8 S. m. Bildnis.) Vilshofen 900. Ebd. — 30

Weissmann, Rudolf

Weissmann, R., die Bedeutung der Hetolbehandlung der Tuberkulose f. die ärztliche Praxis. Vortrag, geh. auf dem 53. mittelrhein. Aerztetag am 18. VI. 1905 zu Ems. (8 S.) 8. Leipzig 905. B. Konegen. n. 1. —
Sonderabdruck aus: „Reichs-Medizinal-Anzeiger".

Weissmann, Rudolf: Beitrag zur Lehre von der anatomischen Localisation der Sprachstörungen ... Jena. Druck v. A. Neuenhahn. 1885; 48 S. 8°
Jena, Med. Fak., Inaug.-Diss. v. 13. Okt. 1886.

— die Hetol-(Zimtsäure-)Behandlung der Lungenschwindsucht, ihre Begründung durch Prof. Dr. Landerer u. ihre bisherigen Erfolge. (17 S.) gr. 8. Ebd. 905. n. — 60

— Die Hetolbehandlung der Tuberkulose nach Landerer. Vortrag, geh. im ärztl. Verein f. Stadt u. Kreis Offenbach am 8. IV. 1908. (15 S.) 8. Ebd. 908. 1.—
2 Sonderabdr. aus: „Reichs-Medizinal-Anzeiger".

Die Hetolbehandlung bei Tuberkulose. Von Dr. med. R[udolf] **Weissmann**, Lindenfels. Berlin: Fischer 1908. (17 S.) 8° [Umschlagt.]
== **Klinik**, Berliner. H. 240.

Weissmann, Srul: Ueber Peripleuritis. Berlin-Charlottenburg (1906): J. Zalachowski. (30 S.) 8°
Berlin, Med. Fak., Ref. v. Leyden, Diss. v. 28. Dez. 1906.

Weissmantel, Johann Justin [Praes.], s. Aster, Aug. Carl: De interpretatione legis dubiae, qua valor hypothecarum tacitarum anno hujus seculi trigesimo quarto restitutus est.

Weissmantel, Jo. Just.: De condemnatione facinorosorum ex indiciis ad art. 22 C. C. C. Progr. Erfordiae 1791.

***Weismantel*, Jh. Just.**, († im Febr. 1816.), s. G. C. *Gebauer* exercitationes.

Weissmantel, Johann Justin [Praes.], s. Wehren, Heinrich Ernst Ferdinand von: De exceptione non adimpleti contractus.

WEISSMANTEL, Johann Nicolaus: Vermischter physikalischer Beyträge I. Stück: die menschliche Dreyeinigkeit, oder Versuch eines Beweises, daß der Mensch bestehe 1) aus Leib, 2) Seele, und 3) Geist; II. Stück: der verbesserte Weidenbau; III. Stück: Schönheitsgeln der Nelken oder Grasblumen. - Leipzig 1777. 14 Bg.

Weismantel, Joh. Nic., sonst Schneider, vermischte physikal. Beyträge: 1) Versuch ein. Beweises, d. d. Mensch bestehe aus Leib, Seele u. Geist; 2) d. verbesserte Weidenbau; 3) Schönheitsregeln der Nelken od. Grasblumen. 8. Leipz. Böhme. 777.

Weismantel, sonst Schneider, Jh. Nikol., († d. 10. Juli 1790.) vermischte physikal. Beiträge: 1) Versuch eines Beweises, daß d. Mensch bestehe aus Leib, Seele u. Geist; 2) d. verbess. Weidenbau; 3) Schönheitsregeln d. Nelken u. Grasblumen. 8. Leipz. 777. (Enobloch). 10 ggr

— die Blumisten. 1r Thl. enth. d. Nelke oder Grasblume. 8. Leipz. 779. (Enobloch). 20 ggr 2r Thl. enthaltend d. Aurikeln. 8. Erf. 783. Keyser. 1 rthl Drei Erklärungen u. Supplementtabellen zum 2n Theile, auf welchen 18 Aurikeln nach d. Leben gemahlt u. kürzlich beschrieben sind. 8. Ebd. 785.

— d. Blumist. 2 Thle. 1. Thl: d. Nelke od. Grasblume. 8. Ebend. 1779. — 25
— — 2. Thl: d. Beschreib. u. Wartung d. Aurikeln. 8. Erfurt, 1783. (Winkler.) 1. —
— — zum 2. Thl: 3 Erklärungs- u. Supplementstabellen, auf welchen 18 Aurikeln nach d. Leben gemalt u. kürzl. beschrieben sind. 8. Ebend. 1785. 1. 25

— über die heilenden Kräfte des Guajukharzes im Podagra u. Gicht. gr. 4. Erf. 786. Keyser. 2 ggr

— historische Nachr. von deutschen Urnen u. Alterthümern, ausgegraben bei Erfurt. Mit 1 Kpf. gr. 4. Erf. 783. Keyser 3 ggr

Weissmantel, Johann Nikolaus (Gispersleben)
U. S. Erfurt 1771/2

Dissertatio inauguralis medica de refrigero sanguinis per respirationem.
Erfurt (Nonne) 4. VII. 1771. 27 S.
36241

Weissmüller, Andreas, Rechtspraktikant a. Kelheim: „Die Interessensphären". E. kolonialrechtl. Studie m. bes. Berücks. v. Deutschland. Würzburg 1908: A. Boegler. (VII, 105 S.) 8°
Würzburg, Jur. Fak., Ref. Meurer, Diss. v. 18. Juli 1908
[Geb. 2. Jan. 82 Kelheim; Wohnort: Ebersberg; Staatsangeh.: Bayern; Vorbildung: Gymn. Regensburg Reife Juli 02; Studium: Lyzeum Regensburg 2, Univ. München 5, Kiel 1 S.; Rig. 13. Juni 08.]

Weissmüller, Sigismund Ferdinand, vgl. Weismüller, Sigismund Ferdinand

Weissmüller, Sigismund Ferdinand (Ansbach)
A. S. 1361/34

Dissertatio theologica inauguralis. Festum tabernaculorum Novi Testamenti in festo nativitatis Christi celebrandum.
Altdorf (Kohles) 23. I. 1731. 28 S.

W. v.: Jo. David Baier, Jo Balthasar Bernhold, Jakob Wilhelm Feuerlin, Jo. Sigismund Holfelder, Johann Julius Koerner, Johann Hieronymus Boeswilibald, Johann Zuckermantel, Johann Paul Hoffmann, Jakob Friedrich Matusch. 36242

Weißmünster, ... (Dechant, † ...), das Dekanat Altmünster, s. Darstellung, historisch-topograph., der Pfarren etc. 14r Bd.

Weissport Zeitung: 1860?—? Weissport, PA
Weekly.

Weissschuh, Ernst Edu. Religion, Charakter und Sitte der Deutschen nach der Germania des Tacitus. 23 S. *Leisnig* 1882.
Progr.

Weissschuh, Joa., de rhotacismo linguae graecae. Dissertatio inauguralis. gr. 8. (46 S.) Leipzig 881. (Hinrichs' Sort.) n. 1. —

Weißstein, Ferdinand, aus Hirschberg i. Schl.: Die preußische **Erbschaftssteuergesetzgebung** zur Zeit des Feudalismus und Absolutismus. *Hirschberg 1903: Bote a. d. Riesengebirge.* (197 S.) 8°
Würzburg, Jur. Diss. v. 1903

Weissstein, Rudolf: Über die Anwendbarkeit des § 326 B.G.B. bei Abnahmeverzug des Käufers. Breslau 1909: Breslauer Genossensch.-Buchdr. 61 S. 8°
Breslau, Jur. Diss. v. 30. April 1909. Ref. Brie-Meyer.

Weißsteiner, Aldobr.: Vergleichende Erklärung der griechischen Casus-Endungen. 36 S. 8°. Brixen, Progr. 1869.

Weissteiner A.: De nonnullis stili C.Tac. proprietatibus ex collatione l. I. ab exc. d. Aug. et l. I. historiar. maxime desumptis. 26. Brixen 88.
Progr.

Weiss-Stickereien. Maschinenstickereien f. Wäsche auf Leinen, Cambric u. Batist-Stoffen. (12 Taf.) 48,5×33 cm. Plauen (910). Ch. Stoll. In Mappe 12. —

Weisstannen. Luft- & Alpenkurort W. bei Mels, Kanton St. Gallen. Hotel & Pension Alpenhof.... [Illustriert.] 8. Zürich *o. J.* [1890/97].

Weisstein, Gotthilf. s. Curiosa, Berliner.

Meininger Erinnerungen von Gotthilf **Weisstein**. Mit 2 Portr. Berlin: E. Meyer (1906). 21 S. 8° [10. 14916 7

Weisstein, G., s.: Freundesgaben f. C. A. H. Burkhardt.

Weisstein, Jos., die rationelle Mechanik. 1. Bd. Statik. — Dynamik d. Punktes. gr. 8. (XVIII, 350 S. m. 97 Fig.) Wien 898. W. Braumüller. n. 10. —

Die rationelle Mechanik von Dr. Josef Weisstein. II. Band: Dynamik der Systeme — Statik und Dynamik flüssiger Körper. Mit 31 Figuren im Texte. Wien und Leipzig. 1889. Braumüller. Gr.-8°. 255 S. fl. 4.20.

Weisstein, Jul., gezählt, gewogen u. zu leicht befunden. Aus dem Chines. übers. gr. 8. (II, 71 S.) Dresden 893. E. Pierson. n. 1. —

Weissvogel, Bernhard, über Destructions-Luxation im Hüftgelenk. Diss. Würzburg 1886, Stahelsche Univ.-Buchh. 8°. 36 S.

Wander-Karte des Zittauer Gebirges. Bearb. u. gezeichnet von Forstass. **Weißwange.** Maßst. 1:19413⅓ nat. Größe. (1.–3. Taus.) Zittau: J. Klotz [1907]; (Lith. Schiemann & Co.). (1 Kartenbl. 64×48 cm.) 8° [kol.] [07. 11797

Weisswange, Fritz [aus Kottenhaide '(Kgr. Sachsen)']: Aus d. patholog. Institut zu Freiburg i. B. Beitrag zur Lehre von den primären Sarkomen der Wände der Schädelhöhle m. bes. Berücks. d. Histogenese ... Tübingen, F. Pietzcker, 1897; 23 S. 8.
Freiburg i. B., Med. Fak., Inaug.-Diss. v. 1897

Ueber die Nervosität der Frauen und ihre Verhütung von Dr. [Fritz] **Weisswange** in Dresden. Halle a. S.: C. Marhold 1907. (16 S.) 8° [F.] = **Volksbücherei**, Medizinische. H. 26. [07. 14848 3

Weisswange, *Johann Friedrich* Otto [app. Arzt aus Falkenberg]: Operative Erfolge bei Hautcarcinom ... Halle a. S., Hofbuchdr. v. C. A. Kaemmerer & C., 1894; 38 S., 2 Bl. 8.
Halle, Med. Fak., Inaug.-Diss. v. 23. Nov. 1894.

Weisswange, Werner, a. Tharandt b. Dresden: Einwirkung starker Tertiärbasen auf die Chloride einiger organischen Säuren. Tübingen: F. Pietzcker 1904. (75 S.) 8°
Tübingen, Naturw. Fak., Ref. Wislicenus, Diss. v. 7. Dez. 1904
[Geb. 12. Sept. 79 Tharandt b. Dresden; Wohnort: Tübingen; Staatsangeh.: Sachsen; Vorbildung: Gymn. Dresden-Neustadt Reife O. 99; Studium: Tübingen 3, Leipzig 1, Tübingen 2, München 1, Tübingen 4 S.; Rig. 7. Dez. 04.]

Weisswasser [Schlagwort]

Weisswasser, s.: Preussen. Messtischblätter.

Weissweiler, J[osef]: Die Ausübung der elterlichen Gewalt u. die Stellung des Beistandes. E. gemeinverständl. Leitfaden. — Hannover, Berlin: Meyer 1900. 106 S. 8°

Der Geschäftskreis des Vormundschaftsgerichts. Handbuch d. gesammten Vormundschaftsrechtes. Von J[osef] **Weissweiler**, Landrichter. *Düsseldorf: L. Schwann 1900.* (VIII, 356 S.) 8° [F.] [01. 6395 5

Weissweiler, J., Leitfaden zur Führung der Vormundschaft, Gegenvormundschaft u. Pflegschaft nach den Bestimmungen des bürgerlichen Gesetzbuchs, des Gesetzes üb. die Angelegenheiten der freiwilligen Gerichtsbarkeit u. der Ausführungsgesetze. 8. (99 S.) Hannover, C. Meyer. In Leinw. kart 1 — 1900

[F.] Leitfaden für preussische Waisenräthe. Von J. **Weissweiler**, Amtsrichter. Hannover. *Berlin: C. Meyer 1896.* (46 S.) 1 Bd 8. [97. 3050

Weißweiler, J., Leitfaden f. preußische Waisenräthe. 5. Aufl. M. e. Sachregister. 8. (52 S.) Hannover 897. C. Meyer. Kart. n. — 80

Weissweiler, J[osef]: Leitfaden für preussische Waisenräthe unter d. Herrschaft d. BGB. 13. Aufl. Mit e. Sachregister. Hannover, Berlin: C. Meyer 1900. (78 S.) 8°

Weissweiler, J., Leitfaden f. preussische Gemeindewaisenräthe unter der Herrschaft des bürgerlichen Gesetzbuches. 14. Doppel-Aufl. Mit e. Sachregister. 8. (82 S.) Hannover, C. Meyer. 1901. Kart. 1. —

Weißweiler, J., Leitfaden f. preußische Gemeindewaisenräte unter der Herrschaft des bürgerlichen Gesetzbuches. 16. u. 17. Aufl. Mit e. Sachregister. (82 S.) 8. Hannover 903. 905. C. Meyer. Kart. n. 1. —

Leitfaden für preußische Gemeindewaisenräte. Von J[osef] **Weißweiler**, Landger.R. 18. ⟨Ster.⟩ Aufl. Mit 1 Sachreg. Berlin & Hannover-List: C. Meyer 1908. (82 S.) 8° [F.] [08. 16927

Weißweiler, J., Leitfaden f. preuß. Gemeindewaisenräte. 19. (Ster.-)Aufl. Mit e. Sachregister. (82 S.) 8. Hannover 910. C. Meyer. Kart. n 1. —

Weißweiler, N., der Artikulations-Unterricht in der Taubstummenschule. 8. (III, 58 S.) Köln 883. Du Mont-Schauberg. n. 1. 20

Weißweiler, N., erste Beschäftigungen für kleine Kinder zur Uebung des Auges und der Hand. gr. 8. (20 lithogr. S.) Cöln 856, F. C. Eisen. *

Weißweiler, N., biblische Geschichte f. die Mittel- u. Oberklasse katholischer Elementarschulen. 8. (258 S.) Freiburg i/B. 874. Herder. n. — 75

Weißweiler, N., biblische Geschichten des alten u. neuen Testaments für Kinder bearb. Köln 870. Du Mont-Schauberg. 8. (XII, 87 S.) n. 6 ngr.

Weißweiler, N., biblische Geschichten des alten und neuen Testamentes für Kinder. 2. verb. Aufl. 8. (X, 89 S.) Köln 885, Du Mont-Schauberg'sche Buchh. cart. *

Weißweiler, N., biblische Geschichten des alten u. neuen Testamentes f. Kinder. 3., verb. Aufl. 8. (X, 87 S.) Köln 893. M. Du Mont-Schauberg. Kart. u.n. — 80

— Sprach- u. Leseübungen f. das 1. u. 3. Schuljahr der Taubstummen. 2. Aufl. 8. Ebend. 886. geb. n.n. 1. 30
1. (IV, 98 S.) n.n. — 60. — 3. (VIII, 92 S.) n.n. — 70

Weißweiler, N., Sprach- u. Leseübungen f. das 2. Schuljahr der Taubstummen. 2. Aufl. 8. (V, 46 S.) Köln 887. Du Mont-Schauberg. geb. n.n. — 60

Weißweiler, U., die Zucht d. Maulbeerbaumes u. der Seidenraupe, f.: Bibliothek, landwirthschaftliche.

—— **dass. — s. Volksbücher, landwirthschaftliche.**

Weitt, N., die Zillerthaler, s.: Vereinsbühne.

Weist, David Sigismund A. S. 1229/11

Dissertatio inauguralis medica, de morbis ex vermibus. Präs. Michael Alberti.
Halle (Hendel) I. 1725. 16 S. 36243

Weist, Georg, prakt. Arzt in Bethel bei Bielefeld: Aus den von Bodelschwingkschen Anstalten zu Bethel. Beiträge zur Casuistik der Myoclonie bei Epileptischen. Kiel 1905: H. Fiencke. (40 S.) 8°
Kiel, Med. Fak., Ref. Siemerling, Diss. v. 12. Jan. 1005
[Geb. 24. Okt. 70 Fürstenwalde (Spree); Wohnort: Fürstenwalde; Staatsangeh.: Preußen; Vorbildung: Gymn. Fürstenwalde Reife O. 89; Studium: Berlin 6, Kiel 4 S.; Rig. 20. Jan. 04.]

Weist, Hermann: Bedeutung und Behandlung der Gleichungen im mathematischen Unterricht. S. 3—23, 1 S. ungez. 4.
Progr. Städt. Realgymn. (Reformschule) *Görlitz* 1908 (280).

Führer durch Juditten. Hrsg. von J. **Weist.** [Juditten b. Königsberg i. Pr.: Selbstverl.] 1909. 7 S. 8⁰ [Umschlagt.]

Weistritz, Ph. v. d. Lebensbeschreibung Tycho v. Brahe's. Aus dem Dänischen. Kopenhagen 1756. 2 Thle.

Weisthum, die Gesetze, Ordnungen u. Vorschriften der Nassauischen deutschen Lande, (v. Justiz-Rath Rühle v. Lilienstern). 3 Bde. 4. Marb. 800—3. Krieger. 5 ₰ 16 ℛ

Weisthum der Gesetze, Ordnungen und Vorschriften, welche in die Nassauische Teutsche Länder, Ottonischer Linie, von den ältesten Zeiten bis hierhin ergangen sind. - Hadamar 1802-1803. 3 Tl. LVII, 278, 417, 263 S., Anh.

Weisthum der Gesetze, Ordnungen und Vorschriften, welche in den nassauischen deutschen Ländern . . . ergangen sind. 1802—3. H: *Rühle von Lilienstern, August Friedem.* (NN) (MGT) (Ky) (schz)

Weistümer

—— drei ürdinger, aus dem J. 1454. Nach einer Handschrift des städtischen Archivs zu Uerdingen mit einer Einleitung über Weisthümer im Allgemeinen und über die mitgetheilten im Besonderen von A. Rein. gr. 8. (48 S.) Crefeld 854, [Kühler.]

Weisthümer, Magdeburger, aus den Originalen des Görlitzer Rathsarchives hrsg. v. Thcr. Neumann. Mit einem Vorwort v. Ernst Thdr. Gaupp. 8. (XXXVIII u. 256 S.) Görlitz 852, Heyn. n. 1 ₰

Österreichische Weistümer.

Gesammelt von der Kaiserlichen Akademie der Wissenschaften. 8°.

Erschienen im Verlage des k. und k. Hof- und Universitäts-Buchhändlers Wilhelm Braumüller.

I. Band. Die salzburgischen Taidinge, herausgegeben von Heinrich **Siegel** und Karl **Tomaschek.** 1870
II.—IV. Band. Die tirolischen Weistümer, herausgegeben von Dr. Ignaz V. **Zingerle** und Dr. Karl Theodor von **Inama-Sternegg.** I.—III. Teil: Unterinntal, Oberinntal, Vinstgau. 1875—1880
V. Band, I. Hälfte. Die tirolischen Weistümer. IV. Teil: Burggrafenamt und Etschland, herausgegeben von Dr. Ignaz V. **Zingerle** und Dr. Josef **Egger.** I. Hälfte (Bogen 1—35). 1888
V. Band, II. Hälfte. Die tirolischen Weistümer. IV. Teil: Burggrafenamt, Etschland, Eisacktal und Pustertal, herausgegeben von Dr. Ignaz V. **Zingerle** und Dr. Josef **Egger.** II. Hälfte (Bogen 36—76). 1891
VI. Band. Steirische und kärntische Taidinge, herausgegeben von Dr. Ferdinand **Bischoff** und Dr. Anton Emanuel **Schönbach.** 1881
VII. Band. Niederösterreichische Weistümer, herausgegeben von Dr. Gustav **Winter.** I. Teil: Das Viertel unter dem Wienerwalde. Mit einem Anhange westungarischer Weistümer. 1886
VIII. Band. Niederösterreichische Weistümer, herausgegeben von Dr. Gustav **Winter.** II. Teil: Die Viertel ob und unter dem Manhartsberge. 1896
I.—VIII. Band
Ermäßigter Preis für Band I.—VIII., wenn auf einmal bezogen
IX. Band. Niederösterreichische Weistümer, herausgegeben von Dr. Gustav **Winter.** III. Teil: Das Viertel ob dem Wienerwalde. 1909

Weisthümer, österreichische. Gesammelt v. der kaiserl. Akademie der Wissenschaften. 1. u. 2. Bd. gr. 8. Wien 870. 75. Braumüller. n. 20. —
1. **Die Salzburgischen Taidinge. Im Auftrage der kaiserl. Akademie der Wissenschaften hrsg. v. Heinr. Siegel u. Karl Tomaschek. (XXIII, 454 S.)** n. 12. —
2. **Die tirolischen Weisthümer. Im Auftrage der kaiserl. Akademie der Wissenschaften hrsg. von Ign. V. Zingerle u. K. Thdr. v. Inama-Sternegg. 1. Thl. Unterinnthal. (VIII, 298 S.)** n. 8. —

Weisthümer, österreichische. Gesammelt von der kaiserl. Akademie der Wissenschaften. 3. Bd.: Die tirolischen Weisthümer. Im Auftrage der kaiserl. Akademie der Wissenschaften hrsg. von Ign. V. Zingerle und R. Thdr. v. Inama-Sternegg. 2. Thl.: Oberinnthal. gr. 8. (IX, 404 S. mit 3 Stnt.) Wien 877, Braumüller. *
1. und 2. Bd. Ebendas. 1870,75. *ℳ 20.

Weisthümer, oesterreichische. Gesammelt von der kaiserl. Akademie der Wissenschaften. 4. und 6. Bd. gr. 8. Wien, Braumüller.
Inhalt:
Bd. 4. Die tirolischen Weisthümer. Im Auftrage der kaiserl. Akademie der Wissenschaften hrsg. von Ign. V. Zingerle und K. Thdr. v. Inama-Sternegg. 3. Thl.: Vinstgau. (VII, 389 S.) 880. *ℳ 12.
» 6. Steirische und kärnthische Taidinge. Im Auftrage der kaiserl. Akademie der Wissenschaften hrsg. von Ferd. Bischoff und Ant. Schönbach. (XX, 735 S.) 881 *ℳ 19.
1.—3. Bd. Ebendas. 1870—77. *ℳ 32.

Weisthümer, österreichische. Gesammelt v. der kaiserl Akademie der Wissenschaften. 5. Bd. 1. Hälfte. gr. 8. Wien 888. Braumüller. n. 14. — (I—V, 1. VI, VII.: n. 107. —)
Die tirolischen Weisthümer. Hrsg. von Ign. V. Zingerle u. Jos. Egger. IV. Thl.: Burggrafenamt u. Etschland, 1. Hälfte. (560 S.)

Weisthümer, österreichische. Gesammelt v. der kaiserl. Akademie der Wissenschaften. 5. Bd. 2. Hälfte. gr. 8. Wien 891. W. Braumüller. n. 40. —
(I—VII.: n. 147. —)
Die tirolischen Weisthümer. Hrsg. von Ign. V. Zingerle u. Jos. Egger. IV. Thl.: Burggrafenamt, Etschland, Eisackthal u. Pusterthal. 2. Hälfte. (VIII u. S. 561—1202.) (Tirol. Weisthümer kplt.: n. 86. —)

— — Egger, Jos., Glossarium zu dem 1.—IV. Thle. der tirolischen Weisthümer (II.—V. Bd. der von der kaiserl. Akademie der Wissenschaften hrsg. österreich. Weisthümer]. [Aus: „Österreich. Weisthümer".] gr. 8. (IV, 166 S.) Ebd. 891. n. 10. —

Weisthümer, österreichische. Gesammelt v. der kaiserl. Akademie der Wissenschaften. 7. Bd. gr. 8. Wien 886. Braumüller. n. 30. — (1—4. 6. 7.: n. 93. —)
Niederösterreichische Weisthümer. Hrsg. v. Gust. Winter. 1. Thl. Das Viertel unter dem Wiener Walde. Mit e. Anh. westungar. Weisthümer. (XXXIV, 1102 S.)

Weisthümer, österreichische. Ges. v. der k. Akademie d. Wissenschaften. 8. Bd. gr. 8. Wien 896. W. Braumüller. n. 50. — (1.—8.: n. 197. —)
Niederösterr. Weisthümer. Hrsg. v. Gust. Winter. 2. Thl. Die Viertel ob u. unter d. Mannhartsberge. (XXV, 1172 S.) (1. u. 2.: n. 80. —)

Weistümer, österreichische. Gesammelt v. der kaiserl. Akademie der Wissenschaften. 9. Bd. gr. 8. Wien, W. Braumüller. 20. —
9. Weistümer, niederösterreichische. Hrsg. v. Gust. Winter. 3. Tl. Das Viertel ob dem Wiener Walde. (X, 920 S.) 909.
1.—8. Bd. Ebd. 870—896. 197. —.

Die Weistümer der Rheinprovinz. Hrsg. von Hugo Loersch. Abt. 1, Bd 1. *Bonn: H. Behrendt 1900.* 8°
= Publikationen d. Gesellschaft f. rhein. Geschichtskunde. 18. (00.98172

Die Weistümer der Rheinprovinz. - Bonn 1900, 1913 u. 1914. 2 Abt. - 1. Abt.: 1900. L, 352 S., hrsg. v. Hugo Loersch. - 2. Abt. 1. 2 Bd.: 1913 u. 1914. XXX, 396 S. u. XXVI, 246 S. hrsg. v. Hermann Aubin

Weisthümer, zwei echternacher. (Hrsg. von Mathäus Michel.) gr. 12. (IV und 33 S.) Luxemburg 851, Bück. * *

Weisung zu den Beschlussesentwürfen betr. Staatsbetheiligung bei Eisenbahnen. 15 Stn. 8. Zürich 1872.

Weisung, praktische, an die Seelsorgsgeistlichkeit für ihre äußere Amtsthätigkeit in Ehesachen in Berücksichtigung der neuesten Ehegesetzgebung in Oesterreich. Graz 868. Moser. 8. (48 S.) n. 4 ngr.

Weisung des Reg. Rathes an den Gr. Rath betreff. Eisenbahn-Konzessionen. Zürich 1857.

Stadt Zürich. Kehrichtverbrennungsanstalt im Hard. Weisung des Stadtrates an den Grossen Stadtrat betreffend Errichtung. [N°] 160. Beschluss des Stadtrates 9. Juli 1902. — *Nebst:* Beilage: 1. Bauvoranschlag; 2. Betriebsvoranschlag. 1902. 32 + *Beilage* 16 S. 8.

Industriequartierstrassenbahn. Weisung des Stadtrates (Zürich) an den Grossen Stadtrat betreffend Rückkauf. Beschluss des Stadtrates 29. November 1902. 9 S. 8.
Dabei: [1.] Vertrag zwischen dem Stadtrate Zürich ... und der Aktiengesellschaft Industriequartier-Strassenbahn Zürich III.... (1902 Oktober 28/November 20/29.) 3 S. 8. — [2.] Anträge [der] Kommission [an den] Grossen Stadtrat. (1902 Dezember 27.) 2 S. 8.

(Stadt Zürich.) Berufsfeuerwehr. Weisung des Stadtrates an den Grossen Stadtrat betreffend Schaffung. [N°] 148. Beschluss des Stadtrates 21. Juni 1902. 24 S. 8.

Weisungen, betreffend die Anwendung des Militär-Tarifes für Eisenbahn-Transporte vom 1. November 1892 4. (4 S.) —.03
Wien: Hof- u. Staatsdruckerei 1892.

Weisungen zur Führung d. Schulamtes an den Gymnasien in Oesterreich als Anh. zu den „Instructionen f. den Unterricht". Einzige, vom k. k. Ministerium f. Cultus u. Unterricht autoris. Ausgabe. gr. 8. (95 S.) Wien 885. (Manz.) n. — 80

— dasselbe. gr. 8. (107 S.) Wien 885. Pichler's Wwe. & Sohn. n. 1. —

Weisungen zur Führung des Schulamtes an den Gymnasien in Österreich als Anh. zu den Instructionen f. den Unterricht. 2., ergänzte Aufl. gr. 8. (110 S.) Wien 891. A. Pichler's Wwe. & Sohn. n. — 80

Weisungen zur Führg. d. Schulamtes an d. Gymnasien in Österreich als Anh. zu d. „Instructionen f. d. Unterricht". 2., ergänzte Aufl. gr. 8. (III, 107 S.) Wien 895. A. Pichler's Wwe. & Sohn. n. — 80

(F) Anhang zu den Weisungen für die k. u. k. Missionen und Consularämter. Sub-Beilage 1 zur Beilage V der Wehr-Verschriften I. Theil. Wien. 1900. Hof- und Staatsdruckerei. Gr.-8°. Paginirt S. 460/1—460/3. K —.02

Weisungen des Obergerichts des Kantons Solothurn an die Richterämter und Amtschreibereien. (Vom 1. Januar 1892 *resp.* 1. Juni 1886 bis zum 1. Juli *resp.* 1. März 1903.) II + 37 S. 8. Balsthal, Baumann, 1903.

Weisungen über die mosaische Schöpfungsgeschichte von einer Seherin. (Als Manuscript gedruckt.) Mit fünf lithographirten Tafeln. Wien. 1855. Gedruckt bei M. Auer. (XVI, 528 S. und 5 Taf. 8.)

Weisungen über das von den bischöflichen Untersuchungs-Kommissären in Scheidungsklagen einzuhaltende Verfahren. (Vom bischöflichen Ehegerichte. Leitmeritz den 27. Januar 1857. Josef Lauermann, Präses. Dr. Josef Ginzel, Rath.) Leitmeritz. Dr. von C. W. Medau. (11 S. 2 Bl. 4.)

— f. Wiederholungskurse d. Infanterie. Von e. Instruktionsoffizier. 2., verb. Aufl. gr. 16. (16 S.) Aarau 895. H. R. Sauerländer & Co. n.n. — 30

Weisweiler, F. C., Liederbuch f. Fortbildungsschulen. 1. Hft. 12. (76 S.) Düren 902. L. Vetter & Co. Kart. n.n. — 40

Weisweiler, Heinrich

Weisweiler, geistl. Gewinn, d. i. nützl. Wissenschaft, alle Werke sehr verdienstlich zu verrichten. 8. Strasbg. Stein. 754.

Weisweiler, Hnr., geistl. Gewinn, d. i. nützl. Wissenschaft, alle Werke sehr verdienstlich zu verrichten. 8. Straßb. 754. (Streng in Frankf.) 6 gr.

Weisweiler, Joseph [Dr.]: Über Anordnung und Gestaltung des Lehrstoffs in der Lateinischen Schulgrammatik. Bedenken u. Vorschläge. Posen, Merzbach'sche Buchdr., 1895; 34 S. 4.
Posen, k. Marien-G, P 1895 (165)

Weisweiler, Jos., Aufgabensammlung zur Einübung der lateinischen Syntax, } s.: Schultz, Ferd.

Weisweiler, J., De causa Hermocopidarum. Diss. 1878. 72 S.

Weisweiler, Joseph: Die consecutio temporum nebst ihren Voraussetzungen aus der Modus- und Tempuslehre. Ein Kapitel der lateinischen Schulgrammatik. (Umschlagtitel: ... temporum. Ein Kapitel ...) 4 (S. 3—12). Kgl. Prg. *Tremessen* 1897 (174)
Progr.

Weisweiler, Josef, Dir. Dr.: Die **Einführung** des Direktors. *Düren 1903: Hamel.* (S. 3—8.) 4°
Düren, G, P 1903 (500)

Weisweiler, Joseph, Dr., Dir.: Die **Einführung** des Direktors am 20. September 1898. *Bonn 1899: Hauptmann.* (S. 3—11.) 4°
Münstereifel, k. G, P 1899 (483)

Weisweiler, Joseph Der finale Genetivus gerundii. Ein Beitrag zur lateinischen Kasuslehre. 4 (23 S.). Kaiser-Wilhelms-G. *Köln* 1890 (426).
Progr.

Weisweiler, Jos., die Litteratur u. Geschichte d. **klassischen Altertums im Dienste der nationalen u. patriotischen Jugenderziehung.** Erwägungen aus der **Schulpraxis.** gr. 8. (48 S.) Paderborn 891. F. Schöningh. n. — 60

Weisweiler, Joseph, Dr., Dir.: **Keine** lateinisch-griechische Parallelgrammatik! Ein Mahnruf vor d. Ende. *Bonn 1901: Hauptmann.* (S. 3—14.) 4°
Münstereifel, k. G, P 1901 (498)

Weisweiler, Joseph: Keine lateinisch-griechische Parallelsyntax! Ein Mahnruf vor dem Ende. (Umschlagtitel: . . . Parallelsyntax!) S. 3—14. 4. **Progr.** Kgl. Gymn. *Münstereifel* 1901 (498).

— das lateinische participium futuri passivi in seiner Bedeutung u. syntaktischen Verwendung. Grammatische Studie. gr. 8. (VII, 146 S.) Ebd. 890. n. 2. 80

Weisweiler, Joseph: Das Schulkonzert. Ein Beitrag zur Frage der Kunsterziehung am Gymnasium. 48 S. 8.
Progr. Gymn. *Düren* 1907 (541).

Weisweiler, Jos., das Schulkonzert. Ein Beitrag zur **Frage der Kunsterziehung** am Gymnasium. (48 S.) **gr. 8. Leipzig 907.** Quelle & Meyer. — 80

Weisweiler, Josef: Lat. Übungsbuch f. d. unt. Klassen, s. Schultz, Ferd.

Weisweiler, Joseph Über das Wesen und die Bedeutung der Chrie im deutschen Unterrichte. Kritische Bemerkungen zur Aufsatzlehre. 4 (25 S.). **Progr.** Kgl. Marien-G. *Posen* 1892 (161).

Weisweiller, Gustav: Über das Äthylphloroglucin und einige andere Derivate des Äthylbenzols. Separatabdruck aus: Sitzungsber. d. k. Akad. d. Wiss. in Wien. Bd. 108. IIb. S. 710.

Weisz, s. a. Weiss.

Weisz, Alfr., s. Krall's, J. B., österreich.-ungarischer Bank- u. Börse-Kalender.

Weisz August: Geschichte Arkadiens v. Jahre 500 bis 413 v. Chr.
H. 1883 PN 309 Diss. Wien, Univ.

Weisz, Bela, volkswirthschaftliche Betrachtungen üb. die Weltausstellung zu Wien im J. 1873. gr. 8. (36 S.) Budapest 873. Fekete. n. — 80

Weisz, Bela, der Einfluss von theueren und billigen Zeiten auf die Sterblichkeit, s. Jahrbücher für Nationalökonomie und Statistik.

Weisz, B., Einleitung in die Wirthschaftsgeschichte. I. Die Wirthschaftsgeschichte und die Nationalökonomie. II. Die wichtigsten Thatsachen der Wirthschaftsgeschichte seit der Entdeckung Amerika's. gr. 8. (76 S.) Budapest 878, Ráth. *

— Ungarn's Handelsbilanz u. Wirthschaftspolitik. [Aus: „Pester Lloyd."] gr. 8. (26 S.) Budapest 876. Kilian. n. 1. —

Weisz, Heinrich [aus Abauj-Szántó (Ungarn)]: Die Peschitta zu Deuterojesaia und ihr Verhältniss zu MT., LXX. u. Trg. . . . Halle, 1893; 66 S., 1 Bl. 8.
Halle, Phil. Fak., Inaug.-Diss. v. [23. Sept.] 1893

Weisz, Herman: Solarisation in Bromsilberschichten. Mit einer Figur im Text und einer Tafel. Leipzig: W. Engelmann 1906. (52 S.) 8° (Aus: Zeitschrift f. physikal. Chemie. Bd 54, H. 3.)
Leipzig, Phil. Fak., Ref. Ostwald, Hantzsch, Diss. v. 16. März 1906.

Weisz, Josef

Weiß, Jos., die einfache Einschreibung der regelmäßigen 10-, 14- u. 18-Ecke u. darausfolgend der r. 5-, 7- u. 9-Ecke. Für Lehrer u. Studirende in Gymnasien u. Realschulen, m. 3 in den Text gedr. Holzschn. gr. 8. (12 S.) Budapest 878. (Tettey & Co.) n. 1. —

Das 2000jährige Problem der Einschreibung des Siebeneckes oder der Siebentheilung d. Kreises auf element. Wege gelöst von Dr. Joseph **Weisz**. Mit 2 Fig. *Budapest 1899: (Révai & Salamon).* (15 S.) 8° [99. 9379

Weisz, Carl *(geb. Boldogasszony in Ung. 1846)*: Ein Fall von acuter Spinal-Lähmung (Poliomyelitis anterior acuta) bei Erwachsenen. Breslau (1875). (26 S.) 8°
Breslau, Med. Diss. v. 31. Juli 1875

Weisz, Moritz: Maimonides' Commentar zum Tractat Sanhedrin. Zum ersten Male im arab. Urtext hrsg., m. verbess. hebr. Uebs. u. erläut. Anm. versehen. Tl 1 . . . Halle, 1893; 17, 23 S. 8°
Halle, Phil. Fak., Inaug.-Diss. v. [24. März] 1893.

Weisz, Nathan, cand. phil. aus Bodokö-Váralja (Ungarn): „Traktat" über den Sabbat bei den Karäern von Samuel Ben Moses Ha-Ma'Arabi. Nach einer Berliner Handschrift kritisch herausgegeben, ins Deutsche übertragen und mit Anmerkungen versehen. Pressburg 1907. 50 + 36 S. 8°. [20. V. 05.]
Bern. Phil. Diss. 1906/1907.

Weisz, Nathan. **«Traktat» über den Sabbat bei den Karäern von Samuel ben Moses Ha-Ma'arabi. Nach einer Berliner Handschrift kritisch hrg., ins Deutsche übertragen und mit Anmerkungen versehen.** Diss. Phil. Bern ... von N' W' ... aus Bodokö-Váralja ⟨Ungarn⟩. VI + 49 + 35 S. 8. Pressburg, Adolf Alkalay & Sohn, 1907.
Mit arabisch-hebräischem Kopftitel.

Weisz, T. Der Bergbau in den Siebenbürgischen Landen. Abdruck. Budapest, 1891.

Weisz, T., der Bergbau in den Siebenbürgischen Landestheilen, s.: Mittheilungen aus dem Jahrbuche der kön. ungarischen geologischen Anstalt. Bd 9 H. 6.

Weiszbach, Friedrich, a. Annaberg im Erzgebirge: Wirtschaftsgeographische Verhältnisse, Ansiedlungen und Bevölkerungsverteilung im mittleren Teile des sächsischen Erzgebirges. Allg. Teil. Stuttgart 1908: Union. (66 S.) 8° ¶ (Erscheint vollst. in: „Forschungen z. deutschen Landes- u. Volkskunde Bd 17 H. 3 b. J. Engelhorn, Stuttgart.)
Heidelberg, Phil. Fak., Ref. Hettner, Diss. v. 11. Juli 1908
[Geb. 29. April 83 Annaberg; Wohnort: Heidelberg; Staatsangeh.: Sachsen; Vorbildung: Realgymn. Annaberg Reife O. 03; Studium: Leipzig 4, Heidelberg 4 S.; Rig. 19. Juli 07.]

Wirtschaftsgeographische Verhältnisse, Ansiedlungen und Bevölkerungsverteilung im mittleren Teile des sächsischen Erzgebirges. Von Dr. Friedrich **Weiszbach**. Mit 2 Karten. Stuttgart: J. Engelhorn 1908. (142 S.) 8°
= **Forschungen** z. deutschen Landes- u. Volkskunde. Bd 17, H. 3. [08. 14189

WEISZHUHN, Friedr. August (geb. 1759 zu Langenroda in Thüringen, † 21. April 1795 zu Jena als Dr. philos.), Sinngedichte (3 Bücher, das letzte in latein. Sprache). Mit famoser Titel-u. Schlußvignette (unsign.). Leipzig, im Verlage der Dykischen Buchhandlung. 1790. 8^0.

Vgl. Weishuhn, Friedrich August.

Weit, Rais, Heininger, Zluhan, das Sachrechnen nach seiner geschichtlichen Entwicklung, seiner psychologischen Begründung u. seiner methodischen Gestaltung. (Vorlage f. die Verhandlgn. der 4. Hauptversammlg. des Vereins f. erzieh. Unterricht am 10. X. 1904.) (110 S.) 8. Cannstatt 904. G. Hopf. n. 1.20

Weit, E., deutsche Turner. Deutsche Helden, s.a. Bilder, lebende, f. Turnvereine. Nr. 6.

Weit, E., deutsche Turner, deutsche Helden. 6 leb. Bilder m. Prologen aus der Zeit Frdr. Ludw. Jahns u. Friedr. Friesens. (15 S.) 8. Leipzig 906. Rauh & Pohle. n. 1.50

Weitbrecht, C. G., die Gliederung oder Logik der Geschichte. Eine pragmat. Uebersicht. gr. 8. (IX und 193 S.) Stuttgart 847, J. F. Steinkopf.

Weitbrecht, C. G., chronolog. Karten der bibl. Geschichte zum A. u. N. Testament. Herausgeg. von dem Calwer Verlags-Verein. 2 Blatt in Roy.-Fol. Calw 846, Vereinsbuchh. (Stuttgart, J. F. Steinkopf.) n. 4 ngl

Weitbrecht, C. G., biblischer Unterrichts-Cursus an Oberklassen in method. Ausführung mit Rücksicht auf gegebene Vorschriften. Ein Handbuch für evangel. Geistliche und Lehrer beim Religionsunterricht, sowie Anleitung zum Bibelstudium überhaupt. 2 Thle. gr. 8. Stuttgart 875, Belser'sche Buchh. *

Inhalt:

Thl. 1. Alttestamentlicher Jahreskurs. (XVI, 296 S.) *ℳ 2,80.
" 2. Neutestamentlicher Jahreskurs. (XVI, 247 S.) *ℳ 2,40.

Weitbrecht, Gottlieb

Weitbrecht, G., Abschiedspredigt, geh. am 9. I. 1898 in d. Hospitalkirche zu Stuttgart. 8. (15 S.) Stuttgart 898. J. F. Steinkopf. n. — 20

Weitbrecht, G., Anfang u. Ende der Menschheit auf Erden. Vortrag. 8. (23 S.) Stuttgart 888. J. F. Steinkopf. n. — 20

Weitbrecht, G., Antrittspredigt, geh. am Reformationsfest den 27. Juni 1886 [1. Sonntag nach Trinitatis] in der Hospitalkirche in Stuttgart. gr. 8. (14 S.) Stuttgart 886. J. F. Steinkopf. n. — 20

— Antrittspredigt, geh. am 16. I. 1898 im Münster zu Ulm. 8. (14 S.) Ebd. 898. n. — 20

Weitbrecht, Gottl. v., Antrittspredigt, geh. am Adventsfest 1900 in der Stiftskirche zu Stuttgart. 8. (15 S.) Stuttgart 900. J. F. Steinkopf. n. — 20

Weitbrecht, G., Chrn. Glob. Barth, s. Jugend- und Volks-Bibliothek, deutsche.

—— Johann Friedrich Flattich's, weil. Pfarrers in Münchingen, psychologische Beiträge zur Gymnasial-Pädagogik. 4. (28 S.) Stuttgart 873. (Tübingen, Fues'sche Sortimentsh.) *

— Fürst Bismarck. 12. (147 S. m. 3 Abb.) Ebd. 898. Geb. in Leinw. n. 1.50

— dasselbe, s.a. Jugend- u. Volksbibliothek, deutsche.

Weitbrecht, G., ein Blick hinüber übers Grab. 8. (24 S.) Stuttgart 884, J. F. Steinkopf. *

Weitbrecht, G. Ein Blick hinüber übers Grab. Neuer Abdr. 12. (24 S.) Stuttg. 890, J. F. Steinkopf. * — 20

Weitbrecht, G. v., s.: Bundespredigten, evangelische.

— Christenglaube u. Christenleben. Erinnerung an Konfirmandenunterr., Konfirmation u. erste Kommunion. Mit Titelbild v. L. Richter. gr. 16. (92 S.) Stuttgart 897. J. F. Steinkopf. Kart. n. — 40;

Weitbrecht, G. v., Christenglaube u. Christenleben. Erinnerg. an Konfirmandenunterricht, Konfirmation u. erste Kommunion. Mit Titelbild v. L. Richter. 3. Abdr. (92 S.) kl. 8. Stuttgart 909. J. F. Steinkopf. Kart. p — 40; geb. m. Gold- od. Silberschn. 1. —

—— 60 Denksprüche f. Konfirmanden, je e. Bibelspruch u. e. Liedervers. 1. u. 2. Sammlg. 16. Ebd. 889. à Sammlg. * 1 —

— 64 Denksprüche f. Konfirmanden. Je e. Bibelspruch u. e. Liedervers. 3. Sammlg., in kleinerem Format. qu. 16. Ebd. (900). Mit Goldschn. n. 1. —

— Dreisam, s.: Jugend- u. Volks-Bibliothek, deutsche.

— der christliche Ehestand. 8. (385 S.) Ebd. 901. n. 4. —; geb. in Leinw. n. 5. —; m. Goldschn. n. 5. 60

— Der christl. Ehestand. 2. Aufl. (386 S.) 8. Ebd. 909. 4. —; geb. in Leinw. 5. —; m. Goldschn. 5. 60

— Der Entwicklungsgedanke u. die christliche Hoffnung. Vortrag, geh. im Saale des Bürgermuseums zu Stuttgart. (24 S.) 8. Stuttgart 907. Buchh. der ev. Gesellschaft. — 30

— die christliche Familie. Predigt, geh. am 1. Sonntag nach Epiphanias 1887 in der Hospitalkirche zu Stuttgart. 8. (16 S.) Stuttgart 887. J. F. Steinkopf. n. — 20

— der Fels in den Wellen. Altes u. Neues. 8. (378 S.) Stuttgart 893. J. F. Steinkopf. n. 4. —; geb. in Leinw. n. 5. —

— der Fels in den Wellen. Altes u. Neues. 2. Aufl. 8. (373 S.) Ebd. 902. n. 4. —; geb in Leinw. n. 5. —

—— Festpredigt, s. Jünglingsbund, elsässischer evangelischer.

— d. Festzeit des Kirchenjahres. Evangelien-Predigten v. Advent bis Pfingsten. 8. (IV, 386 S.) Stuttgart 895. J. F. Steinkopf. n. 3. —; geb. in Leinw. n. 4. —

Weitbrecht, G.

— Johann Friedrich Flattich, s.: Jugend- u. Volks-Bibliothek, deutsche. Pfarrer in Münchingen,

—— Freund und Feind, s. Immergrün.

—— Der Friedensberuf der Jünger Jesu. Predigt vom 3. Sonntag nach Epiph. üb. Röm. 12, 17—21. 12. (14 S.) Stuttg. 892, J. F. Steinkopf. * — 20

— giebt es e. Himmel auf Erden? Vortrag. 8. (23 S.) Stuttgart 895. J. F. Steinkopf. n. — 20

— unser Glaube. Der Gemeinde dargelegt. 8. (331 S.) Ebd. 888. n. 3. —; geb. n. 4. —

— **moderne Glaubenshindernisse u. ihre Überwindung.** **Vortrag. 8. (23 S.) Ebd. 899. n. — 20**

— die Gottheit Christi. Vortrag. 8. (24 S.) Ebd. 893. n. — 20

— dasselbe, s. a. Vorträge, vier, zur Verantwortung d. christlichen Glaubens.

— **Gottseligkeit e. Gewinn. Predigt, geh. am 8. Sonntag nach Trinitatis üb. 1. Tim. 6, 6—10. (16 S.) kl. 8.** Ebd. 906. n. — 20

— s.: **Heil, das christliche.**

— **heilig ist die Jugendzeit. Ein Buch für Jünglinge. 1. Aufl. (390 S.) 1878; 2. verm. Aufl. 8. (410 S.) Stuttgart 879, J. F. Steinkopf.** *M 4.; geb. *

— heilig ist die Jugendzeit. Ein Buch für Jünglinge. 3. und 4. verm. Aufl. (419 S.) 1881,82; 5. Aufl. 8. (426 S.) Stuttgart 884, J. F. Steinkopf. *M 4.; geb. *

— **heilig ist die Jugendzeit. Ein Buch für Jünglinge. 6. Aufl. (431 S.) 886; 7. Aufl. 8. (438 S.) Ebendas. 888.** * geb. *

— **heilig ist die Jugendzeit. Ein Buch f. Jünglinge.** 8. Aufl. gr. 8. (433 S.) Ebd. 890. n. 4. —; geb. n. 5. —

— Heilig ist die Jugendzeit. Ein Buch f. Jünglinge. 9.—11. Aufl. Mit Titelbild (in Lichtdr.) v. J. Grünenwald. 8. (446 S.) Stuttgart 891—894. J. F. Steinkopf. n. 4. —; geb. in Leinw. n. 5. —; m. Goldschn. n. 5. 60

— heilig ist die Jugendzeit. Ein Buch f. Jünglinge. 13. Aufl. M. Titelbild v. J. Grünenwald. 8. (446 S.) Stuttgart 898. J. F. Steinkopf. n. 4. —; geb. in Leinw. n. 5. —; m. Goldschn. n. 5. 60

— heilig ist die Jugendzeit. Ein Buch für Jünglinge. 14. Aufl. Mit Titelbild v. J. Grünenwald. 8. (441 S.) Stuttgart 900. J. F. Steinkopf. Geb. in Leinw. n. 5. —; m. Goldschn. n. 5. 60

— **heilig ist die Jugendzeit. Ein Buch für Jünglinge. 15. Aufl. (446 S. m. Titelbild.) 8. Ebd. 903. Geb. in Leinw. n. 5. —; m. Goldschn. n. 5. 60**

— Heilig ist die Jugendzeit. Ein Buch f. Jünglinge. 17. Aufl. (443 S. m. Titelbild.) 8. Stuttgart 908. J. F. Steinkopf. 4.—; geb. in Leinw. 5.—; m. Goldschn. 5. 60

— **der sichtbare u. der unsichtbare Himmel. Vortrag. 8.** (22 S.) Ebend. 885. **n. — 20**

— unsere Hoffnung. 12 Predigten üb. d. letzten Dinge, geh. in der Trinitatiszeit 1897 in der Hospitalkirche zu Stuttgart. 8. (164 S.) Ebd. 898. Kart. n. 1. 50; geb. in Leinw. n. 2. 40

— unsre Hoffnung. 12 Predigten üb. die letzten Dinge, geh. in der Trinitatiszeit 1897 in der Hospitalkirche zu Stuttgart. 2. Aufl. 8. (164 S.) Ebd. 899. Kart. n. 1. 50; geb. in Leinw. n. 2. 40

— Jesus als Wunderthäter. Vortrag. 8. (23 S.) Ebd. 897. n. — 20

Weitbrecht, G., ist Christus wahrhaftig von den Todten auferstanden? Vortrag. gr. 8. (22 S.) Stuttgart 880. J. F. Steinkopf. n. — 20

— ist mit dem Tode alles aus? Vortrag. 1—3. Abdr. gr. 8. (24 S.) Stuttgart 879. J. F. Steinkopf. n. — 20

— **s.: Jugendblätter.**

— **Deutschlands Kampf gegen Frankreich 1870—71. Für Deutschlands Volk u. Jugend erzählt. Mit e. Titelbild u. 25 Text-Illustr. 3. Aufl. gr. 8. (94 S.) Stuttgart 888. Buchhandlg. d. Evang. Gesellschaft. n. — 40;** cart. n. — 50

— Deutschlands Kampf gegen Frankreich 1870—71. Für Deutschlands Volk u. Jugend erzählt. 4. Aufl. gr. 8. (95 S. m. 1 Titelbild u. 25 Text-Illustr.) Stuttgart 891. Buchhandlg. der Evangel. Gesellschaft. n. — 30

Weitbrecht, G., Deutschlands Kampf gegen Frankreich 1870/71. Für Deutschlands Volk u. Jugend erzählt. Mit 1 Titelbild u. 25 Text-Illustr. 5. Aufl. gr. 8. (96 S.) Stuttgart 897. Buchh. d. Evang. Gesellschaft. n. — 40

— Kämpfe u. Siege, s.: Jugend- u. Volksbibliothek, deutsche.

— das Leben Jesu, nach den vier Evangelien für die christl. Gemeinde dargestellt. 1. und 2. Aufl. 8. (VIII, 445 S.) Ebendas. 881,84. *M 4.; geb. *

— das Leben Jesu, f. d. christl. Gemeinde dargest. 3. Aufl. 8. (454 S.) Ebd. 896. n. 4. —; geb. in Leinw. n. 5. —

Weitbrecht, G., Dr. David Livingstone, der Missionar u. Reisende, s.: Jugend- u. Volksbibliothek, deutsche.

— Luther u. Bismarck. Vortrag bei der Lutherfeier in Ulm am 10. XI. 1898. 8. (22 S.) Ebd. 899. n. — 20

— Luther als Erzieher der Jugend. Ein Vortrag, gehalten in der Liederhalle zu Stuttgart am 7. Novbr. 1883. 8. (30 S.) Stuttgart 883, Buchh. der Evangel. Gesellschaft. *

— Maria u. Martha. Ein Buch f. Jungfrauen. 1.—3. Aufl. 8. (456 S. m. Titelbild.) Ebd. 890—92. * 4 —; geb. in Leinw. * 5 —; m. Goldschn. * 5 60

— **Maria u. Martha. Ein Buch f. Jungfrauen. Mit Titelbild v. C. G. Pfannschmidt. 6. Aufl. 8. (458 S.) Ebd. 897. Geb. in Leinw. 5. —; m. Goldschn. n. 5. 60**

— Maria u. Martha. Ein Buch für Jungfrauen. Mit Titelbild v. C. G. Pfannschmidt. 7. Aufl. 8. (458 S.) Ebd. 899. n. 4. —; geb. in Leinw. n. 5. —; m. Goldschn. n. 5. 60

— **Maria u. Martha. Ein Buch für Jungfrauen. Mit Titelbild v. C. G. Pfannschmidt. 9. Aufl. (458 S.) 8. Ebd. 904. n. 4. —; geb. in Leinw. n. 5. —**

— **Maria u. Martha. Ein Buch f. Jungfrauen. Mit Titelbild v. C. G. Pfannschmidt. 11. Aufl. (400 S.) 8. Ebd. 910. 4.—; geb. in Leinw. 5.—; m. Goldschn. 5. 60**

Weitbrecht, G. v., der moderne Mensch. Vortrag. (23 S.) kl. 8. Stuttgart 909. J. F. Steinkopf. — 20

— **Menschenwege u. Gotteswege,** s.: Jugend- u. Volks-**bibliothek,** deutsche.

— Predigt, am Tage der Beisetzg. d. Kaisers Wilhelm I., den 16. März 1888, geh. in der Hospitalkirche zu Stuttgart. gr. 8. (12 S.) Stuttgart 888. Fink. n. — 20

— s.: Predigten, 3, bei der 55. Hauptversammlung des evangel. Vereins der Gustav-Adolf-Stiftung geh.

— der Religionsunterricht an den Oberklassen d. Gymnasiums. Mitteilungen aus der Praxis. 8. (30 S.) Stuttgart 886. J. F. Steinkopf. n. — 40

— die Sittlichkeit, d. Mannes Ehre. Ein Wort an deutsche Männer u. Jünglinge. 8. (16 S.) Stuttgart 889. J. F. Steinkopf. n. — 20

— aus Stadt u. Land, s.: Jugend- u. Volksbibliothek, deutsche.

—— Umwege u. Abwege, s. Jugend- u. Volksbibliothek, deutsche.

— das hl. Vaterunser. 12 Predigten. 8. (179 S.) Stuttgart 902. J. F. Steinkopf. Kart. n. 1. 50; geb. in Leinw. n. 2. 40

— s.: Bergißmeinnicht, christliches.

— der Freiherr vom Stein, s.: Jugend- u. Volks-Bibliothek, deutsche.

— von der Blockhütte zum Präsidentenpalast, s.: Jugend- u. Volksbibliothek, deutsche.

— s.: Vorträge, gottesdienstliche.

Weitbrecht, G., Wanderungen durch Geislingen u. seine Umgebg. Prakt. Reiseführer f. Freunde u. Besucher d. Geislinger Alb. Nebst e. botan. u. geolog. Anh., 12 Illustr. u. 1 Karte d. Oberamts Geislingen. 2., vielf. verm. u. verb. Aufl. gr. 8. (183 S.) Geislingen 896. (Stuttgart, H. Lindemann.) n.n. 2. —

—— Was dünket Euch von Christo? Ein Vortrag. 1.—4. Abdr. gr. 8. (20 S.) Stuttgart 881, J. F. Steinkopf. *

—— was haben wir an unserer Bibel? 1. und 2. Abdr. 8. (22 S.) Ebendas. 885. *

— was uns not tut. Festpredigt, geh. am 29. IX. 1903 beim Festgottesdienst im Münster zu Ulm a. D. anläßlich der XVI. Generalversammlg. des evangel. Bundes. (13 S.) gr. 8. Leipzig 903. C. Braun. n.n. — 10

— Kaiser Wilhelm I., s.: Jugend- u. Volksbibliothek, deutsche.

— wir sind des Herrn. Predigt, geh. am 2. Adventssonntag 1898 in d. Hospitalkirche zu Stuttgart. 8. (14 S.) Stuttgart 898. J. F. Steinkopf. n. — 20

— Wo gehst du hin? Ein Geleitswort f. Konfirmanden. 1.—50. Taus. (19 S.) kl. 8. Stuttgart 910. J. F. Steinkopf. p — 10

—— Wo liegt die gute alte Zeit? Ein Vortrag. gr. 16. (40 S.) Stuttgart 876, J. F. Steinkopf.

— wo liegt die gute alte Zeit? Ein Vortrag. gr. 16. (40 S.) Ebend. 877. — 60

—— Woher und Wohin? Schlagwörter der Zeit im Licht der Ewigkeit. 16. (213 S.) Ebendas. 876. *

— Woher u. Wohin? Schlagwörter der Zeit im Licht der Ewigkeit. 16. (213 S.) Stuttgart 877. J. F. Steinkopf. n. 2. —; geb. n. 2. 80

— ein Wort d. Herrn v. der Missions-Arbeit. Predigt üb. Evang. Joh. 12, 32, geh. am Missionsfeste zu Nürnberg den 22. Juni 1886 in der Kirche zu St. Lorenzen. gr. 8. (11 S.) Nürnberg 886. Raw. n. — 20

– Aus stürmischer Zeit, s. Blüten u. Früchte, Nr. 2.

Weitbrecht, J. J., meine Heimreise von Ostindien nach Deutschland. Eine Erzählung für Missionsfreunde u. für die Jugend. Mit 1 Karte u. Abbild. 8. Stuttgart 843, J. F. Steinkopf. n. 1/2 ₰

— die protestant. Missionen in Indien mit besond. Rücksicht auf Bengalen, in einer Reihe von Vorträgen. Mit Vorwort von W. Hoffmann. 8. Heidelberg 844, K. Winter. n. 3/4 ₰

—— meine Rückreise v. Deutschland nach Ostindien üb. England u. Aegypten. Erzählung als Seitenstück zur Heimreise von Ostindien n. Deutschland. 12. (7 1/2 B. u. 7 Abbild.) Stuttgart 846, J. F. Steinkopf. *

Weitbrecht, Imman., s.: Arbeiterkalender, illdeutscher evang.

– Geläutert, s.a. Tannenzweige.

Geläutert. Erzählung von Immanuel **Weitbrecht**. Mit 3 Bild. Barmen: Wuppertaler Traktat-Gesellsch. [1905]. (32 S.) 8° [F.]
= **Tannenzweige**. H. 31. [07. 11142

Weitbrecht, Imman. Georg, s.a. Volksbücher, neue.

[F.] Georg. Erzählg v. Immanuel **Weitbrecht**. M. 3 Ill. *Berlin: Christl. Zeitschriftenver. 1896.* (70 S.) 1 Bd 8.
= Volksbücher, Neue. Bdch. 35. [97. 7733

Georg. Erzählung von Immanuel **Weitbrecht**. Mit 3 Bildern. Barmen: Wuppertaler Traktat-Gesellsch. [1903]. (36 S.) 8° [F.]
= **Tannenzweige**. H. 23. [06. 6679

— Georg. — Wiedergefunden, s.a. Christblumen.

Georg. Wiedergefunden. 2 Erzählungen von Immanuel **Weitbrecht**. Mit Bildern. Barmen: Wuppertaler Traktat-Gesellsch. [1905]. (62 S.) 8° [F.]
= **Christblumen**. Bdch. 15. [06. 6469

Weitbrecht, Imman., aus Henri Arnauds Heldenleben, s.a. Saat u. Ernte. 16. Bd.

Aus Henri Arnauds Heldenleben. Eine Volkserzählung als Festgruss z. 200j. Waldenserjub. d. Jahres 1899 von Immanuel **Weitbrecht**. 3 Tle (in 1 Bde) mit e. Bildn. von Henri Arnaud. Elberfeld: Buchh. d. Erzieh.-Ver. [1899]. 8°
(Saat u. Ernte. Bd 16.)

– Konrad od. Ein schöner Sieg, s.a. Tannenzweige.

Konrad oder Ein schöner Sieg. Eine Erzählung von Immanuel **Weitbrecht**. Mit 3 Bild. Barmen: Wuppertaler Traktat-Gesellsch. [1905]. (32 S.) 8° [F.]
= **Tannenzweige**. H. 32. [07. 11143

Weitbrecht, Imman., Adalbert Stifter. Ein Bild des Dichters. 8. (21 S.) Leipzig 887, Amelang's Verlag.

— Wiedergefunden, s.a. Tannenzweige.

Wiedergefunden. Erzählung von Immanuel **Weitbrecht**. Mit 2 Bild. Barmen: Wuppertaler Traktat-Gesellsch. [1903]. (31 S.) 8° [F.]
= **Tannenzweige**. H. 24. [06. 6673

Weitbrecht, Josias

Weitbrecht, Jos., **Syndesmologia s.** historia ligamentorum corporis humani. 4. Peterb. Acad. (Hartknoch, Lips.) 741.

Weitbrecht, Josias, Syndesmologie, od. Beschreib. d. Bänder des menschl. Körpers; aus d. Latein. mit 11 Kpf. 8. Straßb. 779. König. 20 K

Weitbrecht, K., s.: Jugendblätter.

Weitbrecht, K. J., wie gewinne ich im Lotterie-, Lotto- u. Hasardspiel? Neue wissenschaftl. Systeme, um durch untrügl. Berechngn. u. andere Vorteile das Glück im Spiel willkürlich zu lenken u. stets hohe Gewinne zu erzielen. (80 S.) 8. Leipzig (909). A. F. Schlössel. 1.75

Weitbrecht, Karl

Weitbrecht, Carl, schwäbisches Dichterbuch, s. Paulus, Ed.

Weitbrecht, Carl, das deutsche Drama. Grundzüge seiner Aesthetik. gr. 8. (268 S.) Berlin 900. Harmonie.
n. 6. —; geb. n. 7.60

Weitbrecht, Carl, das deutsche Drama. Grundzüge seiner Aesthetik. 2. [Titel-]Aufl. Volks-Ausg. (268 S.) 8. Berlin [900] 903. Harmonie. n. 4. —; geb. n. 5. —

— **das Gebet zu Jesu.** Vortrag. (22 S.) 8. Stuttgart 905. J. F. Steinkopf. n. — 20

— — Gedichte. Neue Ausg. [Zugleich 3. verm. Aufl. des „Liederbuchs".] 12. (VIII, 275 S.) Stuttgart 880, Bonz und Comp. *
geb. mit Goldschn. *

— gesammelte Gedichte. (VII, 336 S.) 12. Stuttgart 903. A. Bonz & Co. Geb. in Leinw. n. 3.60

— u. Rich. **Weitbrecht**, Gschichta-n aus-m Schwoba'land. 8. (VIII, 230 S.) Stuttgart 877. Kohlhammer. n. 2. —; geb. n. 3. —

—— und Rich. Weitbrecht, Gschichta-n aus-em Schwôbalaud. 2. durchges. Aufl. Mit 6 Lichtdr.-Bildern nach Zeichnungen von Geo. Jäger. 8. (X, 228 S.) Stuttgart 883, Kohlhammer. *M 3.; geb. *
Ausg. ohne Bilder *M 2.; geb. *

— **Geschichten eines Verstorbenen, nacherzählt v. W.** 12. (285 S.) Stuttgart 898. A. Bonz & Co. n. 3. —; geb. in Leinw. n. 4. —

Weitbrecht, Carl, **Geschichtenbuch**. 8. (V, 392 S.) Stuttgart 884. **Kohlhammer**. n. 2. 40; geb. n.n. 3. —

— der Hackelbernd, s.: Volksbibliothek d. Lahrer Hinkenden Boten.

— **Heimkehr.** Zwei Novellen u. e. Reiseerinnerung. 8. (142 S.) Stuttgart 886. Bonz & Co. n. 2. —; geb. n. 3. —

— der Kalenderstreit in Sindringen. Eine Geschichte aus dem vorigen Jahrhundert. 8. (218 S.) Ebend. 885. n. 2. —; geb. n. 3. —

—— verirrte Leute. Sechs Novellen. 8. (373 S.) Stuttgart 882, Bonz und Comp. *M. 4.; geb. *

Weitbrecht, Carl, Lieder von Einem der nicht mitdarf. Kriegslieder 1870. gr. 16. (VI, 61 S.) Stuttgart 871, Neff.

—— **Liederbuch.** 2. Aufl. 16. Stuttgart 870, Koch und Comp. geb. mit Goldschn. *

Weitbrecht, Carl, Liederbuch. 2. Aufl. 16. (V, 167 S.) Stuttgart 876, (Greiner'sche Verlagsh.) cart. mit Goldschn.

Weitbrecht, Carl, deutsche Litteraturgeschichte des 19. Jahrh., s.a. Sammlung Göschen.

Weitbrecht, Carl. Deutsche Litteraturgeschichte des 19. Jahrhunderts. 2 Teile. 144 u. 172 S. 8. Leipzig, G. J. Göschen, 1901. (geb. je M. —. 80)
Sammlung Göschen (Nr. 134–135).

Deutsche Literaturgeschichte des 19. Jahrhunderts von Carl **Weitbrecht**. 2. durchges. u. erg. Aufl. von Richard Weitbrecht. 1. 2. Leipzig: Göschen 1908. 8°
(Sammlung Göschen. 134. 135.) [10. 14939 II

— **deutsche Literaturgeschichte d. Klassikerzeit, s.: Sammlung Göschen.**

Weitbrecht, Carl, deutsche Literaturgeschichte der Klassikerzeit, 2. Aufl. v. **Karl Berger, s.a. Sammlung Göschen.**

Deutsche Literaturgeschichte der Klassikerzeit. Von Carl **Weitbrecht**. 2. durchges. u. erg. Aufl. von Karl Berger. Leipzig: Göschen 1910. 186 S. 8°
(Sammlung Göschen. 161.) [10. 14659 II

Weitbrecht, Carl, die Nibelungen im modernen Drama. Eine Antrittsvorlesung (geh. den 5. Novbr. 1892 am eidgen. Polytechnikum in Zürich). gr. 8. (37 S.) Zürich 892. F. Schulthess. n. 1. —

Weitbrecht, Carl, Das Pfarrhaus in Cleversulzbach. Zürich, Lehrerinnen-Seminar 1887.
Progr.

Weitbrecht, Carl. Phaläna. Das Leiden e. Buches. 8. (XI, 231 S.) Zür. 892, Th. Schröter. * 2 50; geb. * 3 30

— **Phaläna. D. Leiden e. Buches.** 2. Aufl. 12. (234 S.) Ebd. 896. n. 2. —; geb. in Leinw. n. 3. —

[F.] Schiller in seinen Dramen. Von Carl **Weitbrecht**. *Stuttgart: F. Frommann 1897.* (314 S.) 1 Bd 8. [97. 2680

— **Schiller in seinen Dramen.** 2. Aufl. (272 S.) 8. Stuttgart 907. F. Frommann. 3.60; geb. n 4.60

Schiller und die deutsche Gegenwart. Von Carl **Weitbrecht**. *Stuttgart: A. Bonz & Co. 1901.* (VII, 175 S.) 8° [F.] [01. 11266

— **Doktor Schmidt.** Lustsp. in 3 Akten. 8. (109 S.) Ebd. 896. n. 1.20

Schwarmgeister. Tragödie von Carl **Weitbrecht**. Stuttgart: Fromman 1900. 125 S. 8° [11. 9472

—— **schwerfällig**, s. Volksbibliothek des Lahrer Hinkenden Boten.

— u. Rich. **Weitbrecht**, Schwôbagschichta. 1. Sammlg., 1.—3. Hft., 2. Sammlg., 1. u. 2. Hft., u. 3. Sammlg., 1.—3. Hft. 8. Stuttgart, W. Kohlhammer. Kart. 6.20
I. (Neue Ausg. der Gschichta-n ausm Schwôbaland.) 1. 's Burgamolschters Hansjörg. Von Carl Weitbrecht. — Jez isch a'-so. Von Rich. Weitbrecht. (VIII, 97 S.) 897. — 80
Dasselbe. 2. A' Gschicht aus-em Schurwald. Von Carl Weitbrecht. — D' Stadtjompfer. Von Rich. Weitbrecht. (VI u. S. 99—167.) 898. — 60
Dasselbe. 3. Was goht ond was net goht. Von Carl Weitbrecht. (VI u. S. 171—228.) 898. — 60
II. (Neue Ausg. v. „Nohmôl Schwôbagschichta".) 1. Hear muaß Oine! 's End vom Liadle. Von Rich. Weitbrecht. — Wa'-mers übermacht. Von Carl Weitbrecht. (VIII, 96 S.) 897. — 80
Dasselbe. 2. Des Räpple. So a' Beck. Von Rich. Weitbrecht. — Vom Lisle. A. Kendergschicht. Von Carl Weitbrecht. (VI u. S. 99—204.) 898. 1. —
III. (Neue Ausg. v. „Allerhand Leut".) 1. Der fromm Wilhelm. Aber der Jubel. Von Rich. Weitbrecht. (VIII, 139 S.) 897. 1. —
Dasselbe. 2. Mörom au? Blöckesköpf. Von Rich. Weitbrecht. (VI u. S. 141—233.) 898. — 80
Dasselbe. 3. Gelt! Mändle! Weam ghairt 's Sächle? Von Rich. Weitbrecht. (VI u. S. 237—301.) 898. — 60

—— —— nohmôl Schwôbagschichta. 8. (X, 204 S.) Ebendas. 882. *ℳ 2,20.; geb. *

Sigrun. Tragödie in 5 Akten von Carl Weitbrecht. *Stuttgart: F. Frommann 1895.* (86 S.) 8° [G.]

—— Sonnenwende. Neue Dichtgn. 8. (VIII, 251 S.) Stuttg. 890, Bonz u. Comp. * 3 —; geb. m. Goldschn. * 4 —

Weitbrecht, C., s.: Was der Mond bescheint.

— was ist's mit der Socialdemokratie? Gemeinfaßlich beantwortet. 12. (96 S.) Stuttgart 879. Levy & Müller. n. — 60

— dasselbe. s. a Volks-Bibliothek, neue.

—— was ist's mit der Sozialdemokratie? 1.—6. durchgesehene Aufl. 8. (94 S.) Stuttgart 885, Levy und Müller. *

— was ist's m. der Sozialdemokratie? 6. Aufl. 8. (94 S.) Stuttgart 886. Levy & Müller. n. 1. —

— was ist's m. der Sozialdemokratie? 7., durchgeseh. Aufl. 8. (94 S.) Stuttgart 888. Levy & Müller. n. — 60

Weitbrecht, C. Was ist's mit der Sozialdemokratie? 7. Aufl. 8. Stuttg. 888, Schwabacher. * — 60

Weitbrecht, Carl, diesseits v. Weimar. Auch e. Buch über Goethe. gr. 8. (V, 313 S.) Stuttgart 895. F. Frommann. n. 3. 60; geb. n. 4. 50

— s.: **Württemberg**, wie es war u. ist.

Weitbrecht, Konr., die Hausfrau als Basrelief-Fries in 17 Darstellungen, mit erklär. Text von F. L. Bührlen. (12 Bl. Text.) Fol. Stuttgart 838. Brodhag. n. 3 ℛ

Weitbrecht, die Hausfrau als Basrelief-Fries in 17 Darstellungen, mit erklär. Text v. F. L. Bührlen. qu. ½ gr. Fol. (12 Blätt. Text.) Stuttgart 838, [Scheible, Rieger u. Sattler.] * 3 Thlr., hrbgs. Pr.

Weitbrecht, Conrad. Die vier Jahreszeiten, eine Folge ländlicher Darstellungen, componirt u. grösstentheils in Basrelief ausgeführt als Fries in dem Königl. Württembergischen Landhause Rosenstein. Stuttgart u. Tübingen (1828). Quer-fol.

Weitbrecht, Conr., die vier Jahrszeiten, e. Folge ländl. Darstellungen, grössten Theils in Basrelief ausgeführt; als Fries in d. Kgl. Würtemberg. Landhaus Rosenstein. 70 (v. C. Wenng) lith. Blätter. IV Hfte. Imp.-Fol. (Mit Text, 8.) Stuttgart 831 — 33, Cotta.
Hft. I. Frühling, 12 Bl. — II. Sommer, 18 Bl. — III. Herbst, 24 Bl. IV. Winter, 16 Bl.

— die vier Jahreszeiten, eine Folge ländlicher Darstellungen, größten Theils in Basreliefs ausgeführt; als Fries in d. Königl. Würtemberg. Landhaus Rosenstein. 70 lithogr. Blätter in 4 Hftn. — 3s u. 4s Hft. Herbst u. Winter. Imp.-Fol. Stuttgart 834. Cotta. n. 6 2/3 ℛ (alle 70 Blätter n. 13 1/3 ℛ)

Weitbrecht, Conr. Ornamenten-Zeichnungs-Schule in 100 Blättern. Stuttgart (1832.) Quer-fol.

—— Ornamenten-Zeichnungs-Schule, f. Künstler, Manufacturisten u. Gewerbsleute. V Hfte. Fol. (100 Bl. u. ¼ B. Text, 4.) Stuttgart 833, (Balz.) Zusamm. gen.
Einzeln: Hft. I. 1 Thlr. 20 Gr. — II. 2 Thlr. 4 Gr. — III. 2 Thlr. 16 Gr. IV. 3 Thlr. 16 Gr. — V. 4 Thlr. 8 Gr.

— Ornamenten-Zeichnungs-Schule in 100 Blättern, für Künstler, Manufacturisten u. Gewerbsleute. 5 Hfte. Lithogr. Fol. Stuttgart 833. (Schweizerbart.) n. 14 2/3 ℛ

Weitbrecht, Conr., Ornamenten-Zeichnungs-Schule in 100 (lith.) Blättern. Für Künstler, Manufacturisten und Gewerbsleute. 2. Aufl. Stuttgart (853.) Schweizerbart. qu. gr. Fol. n. 13 ℛ

Weitbrecht, Conr., Ornamenten-Zeichnungs-Schule in 100 Blättern für Künstler, Manufacturisten u. Gewerbsleute. 8. Aufl. qu. Fol. (II S. u. 100 Steintaf.) Stuttgart 878. Schweizerbart. n. 40. —

Weitbrecht, Marie, Frühlingsblüten. Eine Mitgabe auf d. Lebensweg. Mit 3 Orig.-Bild. v. R. E. Kepler. 12. (IV, 240 S. m. Zierstücken.) Reutlingen 897. Fleischhauer & Spohn. Geb. in Leinw. m. Goldschn. 2. 50

Weitbrecht, Martha

— s. Bild, das, einer treuen Gattin.

Weitbrecht, Frauen-Mission in Indien, s.: Lebensbilder aus der Heiden-Mission.

Weitbrecht, Martha, (Gattin des Missionärs Weitbrecht in Burdwan,) über weibliche Missionsthätigkeit in Indien. Uebersetzt von Alb. Ostertag. kl. 8. Basel 844, Bahnmaier. n. 1/4 ℛ

Weitbrecht, Frau, unsere Schwestern in Indien und die Arbeit in der Zenana. Aus dem Engl. von B. v. B. 16. (48 S.) [Bonn 882, Schergens.] Gernsbach, Christl. Kolportage-Verein. *

Weitbrecht, Martin: Der über seine starre Unterlage überhängende, nicht eingespannte Balken sowie die Druckverteilung unter dem Ablaufschlitten eines Schiffes während des Stapellaufes mit Berücksichtigung der elastischen Formänderungen des Schiffskörpers. Berlin: Schiffbau 1908. 12 S., 3 Taf. 4° ¶ Aus: Schiffbau. Jg. 9. 1907/08.
Berlin, Dr.-Ing.-Diss. v. 12. 6. 1908

Weitbrecht, Paul, Ehre sei Gott! Evang. Gebetbuch, enth. Gebete v. Arnd, Arnold, Augustin u. a. m. Schriftabschnitten u. Liederversen. Zur tägl. Morgen- u. Abendandacht, sow. f. Festzeiten, Beichte, Abendmahl u. besond. Zeiten u. Lagen hrsg. M. einem Vorwort v. Imman. Weitbrecht. 12. (XXIV, 576 S. m. Titelbild.) Ebd. 896. Einfach geb. in Leinw. n. 2. 40; elegant geb. in Leinw. 2. 70; m. Goldschn. n. 3. —

Weitbrecht, Rich.: Angriff u. Abwehr. Zur Geschichte der konfessionellen Polemik im 19. Jahrh. s. Flugschriften d. Evangelischen Bundes.

Deutsche Art. 3 Erzählungen aus d. vaterl. Geschichte v. Richard **Weitbrecht**. Mit 11 Abb. *Glogau: C. Flemming [1900]*. (VIII, 320 S.) 8° [F.]

Weitbrecht, Rich, der Bauernpfeifer. Eine Wallfahrergeschichte aus dem 15. Jahrh. 8. (V, 165 S.) Barmen 887. Klein. n. 2. 50; geb. n.n. 3. 50

Weitbrecht, Rich., Götz v. Berlichingen. Für d. Jugend erzählt unter Berücksicht. der neuen Rechtschreibg. Mit 10 schwarzen Textbildern v. E. Nietzsch sowie 3 farb. Bildern v. Eug. Hanetzog. (III, 103 S.) 8. Berlin (908). Verlag Jugendhort. Geb. 2. —

[F.] Der Blomabäure ihr Domme. Schwobagschicht v. Richard Weitbrecht. *Ulm: J. Ebner [1898]*. (1 Bl., 66 S.) 1 Bd 8.
= Weitbrecht, R.: Schwobagschichta. Bdch. 6.

— das Blutgericht in Calabrien, s.: Glaube, der evangelische, nach dem Zeugnis der Geschichte.

Weitbrecht, R., protestantische Bücherschau, s.: Brecht, Th.

— s.: Christenbuch, das.

— der Einsiedler vom Scharfenbach. Eine Geschichte aus dem Zillerthal. 12. (IV, 91 S.) Stuttgart 900. M. Kielmann. n. — 80

— dasselbe. Eine christl. Erzählg. Ins Poln. übers. von O. Gerß. 8. (51 S.) Königsberg 900. Hartung. — 30

(B) — Der Einsiedler vom Scharfenbach. 900. (KBV 32.) Jetzt: Stuttgart, J. F. Steinkopf.

— glänzendes Elend, s.: Familien-Bibliothek für's deutsche Volk.

(Fünf Erzählungen v. Richard Weitbrecht. Bdchn [1. 2.] 3.) *Ulm: J. Ebner [1893. 94]*. 8.

— Prinz Eugen u. seine Getreuen, s.: Lohmeyer's, Jul., vaterländische Jugendbücherei.

Weitbrecht, Rich., Johann Fischart als Dichter u. Deutscher, s.: Volks-Bibliothek, neue.

— s.: Flemming's, Carl, vaterländ. Jugendschriften.

Wackere Frauen. Eine Reichsstadtgeschichte von Richard Weitbrecht. Mit 2 Abb. *Glogau: C. Flemming [1900]*. (VI, 132 S.) 8° [F.]
= Jugendschriften, C. Flemmings Vaterländische. Bd 75.

— e. Gang durch die katholische Konvertitenlitteratur. 8. (70 S.) Barmen 890. Klein. n. — 60

— u. P. Lang, aus schwäbischen Gauen. Zwei Erzählgn. aus Schwabens Vergangenheit m. 20 Illustr. v. Fritz Bergen u. W. Eissel. gr. 8. (316 S.) Stuttgart 887. Süddeutsches Verlags-Institut. geb. n. 6. —

Weitbrecht, R., Geschichte der deutschen Dichtung von den Anfängen bis zur Gegenwart. s. Frauen-Bibliothek.

— e. Glassplitter, s.: Familien-Bibliothek für's deutsche Volk.

A' Goischt. A' Schwobagschicht v. Richard Weitbrecht. *Ulm: J. Ebner [1891]*. (1 Bl., 65 S.) 1 Bd 8.
= Weitbrecht, R.: (Fünf Erzählungen.) Bdch. 3.

Verzwickte Gschichta. Luschtiche Schwóbagschichta von Richard Weitbrecht. *Ulm: J. Ebner 1900*. (68 S.) 8° [F.]
= [Weitbrecht: Schwobagschichta.] Bdch. 7.

— verzwickte Gschichta. Luschtiche Schwobagschichta. 12. (68 S. m. Abbildgn.) Ulm (901). J. Ebner. n. — 80

— das Gudrunlied. In neuhochdeutschen Versen nachgedichtet. 8. (XVI, 120 S.) Stuttgart 884. Metzler's Verl. geb. n. 2. —

— der Haidebauer und seine Söhne, s. Familien-Bibliothek für's deutsche Volk.

Weitbrecht, Richard. Der Heidebauer und seine Söhne. Eine Wuchergeschichte. 2. Aufl. [Mit Titel-Vignette.] II + IV + 80 S. 8. Basel, Ernst Finckh, 1906. (cart. M. —. 40 = fr. —. 50)
Familienbibliothek für deutsche Volk. Bändchen 53.

Um Haus und Hof. s. Familien-Bibliothek für's deutsche Volk.

— deutsches Heldenbuch. Der deutschen Jugend erzählt. gr. 8. (VII, 511 S. mit 6 Farbdr.-Bildern und zahlreichen Textillustr. von R. E. Kepler.) Stuttgart 885, Gebr. Kröner. geb. *

— deutsches Heldenbuch. Der deutschen Jugend erzählt. Mit 6 Farbdr.-Bildern u. zahlreichen Textillustr. v. R. E. Kepler. gr. 8. (VII, 511 S.) Stuttgart 886. Kröner. geb. n. 7. —

— deutsches Heldenbuch. Dem deutschen Volke erzählt. Illustriert v. Johs. Gehrts u. R. E. Kepler. 2., durchgeseh. Aufl. (V, 491 S.) gr. 8. Stuttgart (903). Union. Geb. in Leinw. n. 5. —

— Deutsches Heldenbuch. Dem deutschen Volke erzählt. Illustriert v. Johs. Gehrts u. R. E. Kepler. 12. Taus. (V, 491 S. m. 6 Farbdr.) 8. Stuttgart (908). Union. Geb. in Leinw. 5. —

Weitbrecht, Richard: Andreas Hofer und der Volksaufstand in Tirol. s. Als Deutschland erwachte.

Weitbrecht, Richard: Andreas Hofer und der Volksaufstand in Tirol. Von —. Mit 16 Abb. Hamburg: Schloeßmann 1909. 83 S. 8°
(Als Deutschland erwachte. H. 5.)

— deutscher Humor neuer Zeit, s. Merkens, Heinr.

— in Treuen fest. Festspiel zur Feier des 400. Geburtstags Philipps des Großmütigen. (VIII, 46 S.) kl. 8. Darmstadt 904. J. Waitz. n. — 60

— die Inquisition, s.: Für die Feste u. Freunde d. Gustav-Adolf-Vereins.

— Ein Kampf um Rom, s. Familien-Bibliothek für's deutsche Volk.

—— Ketzergerichte. Neue geschichtl. Erzählgn. 8. (VII, 503 S.) Lpz. 892, Buchh. d. Evangel. Bundes. * 3 —; geb. * 4 50

Weitbrecht, Rich., Ketzergerichte. Neue geschichtl. Erzählgn. 2. (Titel-) Aufl. 8. (VII, 503 S.) Leipzig (892) 894. Buchh. d. Evang. Bundes v. C. Braun. n. 3. —; geb. in Leinw. n. 4. 60

Das Kleeblatt. Vaterländische Erzählung f. d. Jugend von Richard Weitbrecht. Mit 4 Abb. *Glogau: C. Flemming [1900]*. (105 S.) 8° [F.]
= Jugendschriften, C. Flemmings Vaterländische. Bd 76. [01. 4236

– Der Kopf d. Apostels, s. Familien-Bibliothek für's deutsche Volk.

— unterm Krummstab: Die Vertreibung der Salzburger Protestanten 1732, s.: Bruderliebe, evangelische.

— das religiöse Leben d. deutschen Volkes am Ausgange d. Mittelalters, s.a. Sammlung v. Vorträgen.

Weitbrecht, Rich., Das religiöse Leben des deutschen Volkes am Ausgange des Mittelalters. Heidelberg 1886. 8.
1-4: Samml. v. Vorträgen Bd. 15. H. 3. 4.

— ällerhand Leut. Schwôbagschichta. 8. (XI, 301 S.) Stuttgart 888. Kohlhammer. n. 3. —; geb. n. 4. —

— Bohlinger Leute. Ein schwäb. Bauern- u. Pfarrerroman. (313 S.) 8. Heilbronn 911. E. Salzer. 3.—; geb. 4. —

— der Leutfresser u. sein Bub, s.: Bohmeyer's, Jul., vaterländische Jugendbücherei. 17. Bd.

— die deutsche Litteratur in römischer Beleuchtung. 12. (46 S.) Barmen 886. Klein. n. — 40

— konfessioneller Literaturbetrieb, s.a. Flugschriften des evangelischen Bundes. 240.

Konfessioneller Literaturbetrieb. Von Dr. Richard Weitbrecht. Leipzig: C. Braun in Komm. 1906. (28 S.) 8° [F.]
= Flugschriften d. Evang. Bundes. 240. [06. 5483

— Deutsche Literaturgeschichte des 19. Jahrh., s.: Sammlung Göschen. (Weitbrecht, Carl.)

— religiöse Lyrik, s.: Elzevior-Ausgaben, illustr.

— feindliche Mächte. Historische Erzählungen aus 17 Jahrhunderten. 8. (VII, 371 S.) Barmen 882. Klein. n. 5. —

No 'gstät! A' Schwobagschicht v. Richard Weitbrecht. *Ulm: J. Ebner [1893]*. (1 Bl., 64 S.) 1 Bd 8.
= Weitbrecht, R.: (Fünf Erzählungen.) [Bdch. 2.] [97. 4252

Weitbrecht, Rich., Oinâweg! A Schwobagschicht. 12. (71 S.) Ulm (896). J. Ebner. n. — 60

Oinâweag! a Schwobagschicht v. Richard Weitbrecht. *Ulm: J. Ebner [1897]*. (1 Bl., 71 S.) 1 Bd 8.
= Weitbrecht, R.: Schwobagschichta. Bdch. 5. [98. 1471

— d'Pfarrmagd. A' Schwobagschicht'. 1. u. 2. Aufl. 12. (61 S.) Ulm 892. 894. Ebner. n. — 60

D' Pfarrmagd. A' Schwobagschicht v. Richard Weitbrecht. 2. Aufl. *Ulm: J. Ebner [1894]*. (1 Bl. 61 S.) 1 Bd 8.
= Weitbrecht, R.: (Fünf Erzählungen.) [Bdch. 1.] [97. 4252

— der Prophet von Siena, s.: Jugend- u. Volks-Bibliothek, deutsche.

—— Wodans Rache, s. Familien-Bibliothek für's deutsche Volk.

– Redemptoristen u. Jesuiten, s. Flugschriften d. Evangelischen Bundes.

Ein kühner Reiteroberst. Lebensbild aus d. Dreissigj. Kriege von Richard Weitbrecht. Mit 5 Abb. *Glogau: C. Flemming [1900]*. (139 S.) 8° [F.]
= Jugendschriften, C. Flemmings Vaterländische. Bd 74. [01. 4234

— die evangelischen Salzburger, s.: Für die Feste u. Freunde d. Gustav-Adolf-Vereins.

— Schwôbagschichta, s.: Weitbrecht, Carl.

— neue Schwobagschichta. 5 Bdchn. in 1 Bd. 12. Ulm 897. J. Ebner. Geb. in Leinw. n. 3. —
1. D' Pfarrmagd. 2. Aufl. (61 S.) — 2. No' gstät! 2. Aufl. (68 S.) — 3. A' Golscht. (65 S.) — 4. De Ueberzwerch. (63 S.) — 5. Oinâweag! (71 S.)

— neue Schwobagschichta. 6. Bdchn. 12 Ebd. 899. n. — 80
Der Blomabäure ihr Domme. A' Schwobagschicht. (60 S m. Abb.)

—— und Gust. Seuffer, 's Schwobaland in Lied und Wort. Eine Sammlung schwäb. Dialektdichtungen von den Anfängen bis zur Gegenwart. 8. (XXXI, 674 S.) Ulm 886, Ebner'sche Buchh. geb. *

— Simplizius Simplizissimus, der Jäger v. Soest. Ein Soldatenleben aus dem 30jähr. Kriege. Dem Roman d. Hans Jak. Chrf. v. Grimmelshausen f. die Jugend u. Familie nacherzählt. Mit 51 Abbildgn. gr. 8. (IV, 313 S.) Kreuznach 885. Voigtländer's Verl. geb. n. 4. —

— Simplizius Simplizissimus, der Jäger v. Soest. Ein Soldatenleben aus dem 30jähr. Kriege. Dem Roman d. Hans Jak. Chrf. v. Grimmelshausen f. die Jugend u. Familie nacherzählt. Mit 51 Abbildgn. 2. Aufl. gr. 8. (IV, 313 S.) Leipzig 890. Geibel & Brockhaus. n. 2. —; geb. n. 2. 50

— Simplizius Simplizissimus, der Jäger von Soest. Ein Soldatenleben aus dem 30jähr. Kriege, nach Hans Jakob Christof v. Grimmelshausen für die Jugend u. Familie erzählt. 8. durchgeseh. Aufl. in neuer Rechtschreibg. gr. 8. (336 S.) Berlin (902). Neufeld & Henius. Geb. in Leinw. 5. —

— Simplizius Simplizissimus, der Jäger von Soest. Ein Soldatenleben aus dem 30jährigen Kriege, nach Hans Jakob Christof v. Grimmelshausen f. die Jugend u. Familie erzählt. 4., durchgeseh. Aufl. in neuer Rechtschreibg. (336 S. m. 51 Abbildgn.) gr. 8. Berlin (904). Neufeld & Henius. Geb. in Leinw. 5. —

— Simplizius Simplizissimus, der Jäger v. Soest. Ein Soldatenleben aus dem 30jähr. Kriege, nach Hans Jakob Christof v. Grimmelshausen f. die Jugend u. Familie erzählt. 5. durchgeseh. Aufl. in neuer Rechtschreibg. (336 S. m. 51 Abb. im Text u. auf 4 Taf.) 8. Berlin (910). Neufeld & Henius. Geb. in Leinw. 3. —

—— die Stadtjompfer, s. Novellenschatz, neuer deutscher.

— des Meisters Tochter, s.a. Familien-Bibliothek für's deutsche Volk.

— Des Meisters Tochter. Eine Handwerkergeschichte. 2. Aufl. (88 S.) kl. 8. Basel (909). E. Finckh. Kart. — 40; geb. — 60

— de Ueberzwerch. A Schwobagschicht. 12. (63 S.) Ebd. 895. n. — 60

De Überzwerch, a Schwobagschicht v. Richard Weitbrecht. *Ulm: J. Ebner [1897].* (1 Bl., 63 S.) 1 Bd 8.
= Weitbrecht, R.: Schwobagschichta. Bdch. 4. [98. 1470

Verzeichnis dramatischer Spiele, die sich zu Aufführungen für das evangelische Volk eignen. Zsgest. im Auftr. d. Zentralvorst. d. Ev. Bundes von Richard **Weitbrecht**. 2. Ausg. Leipzig: C. Braun in Komm. 1906. (39 S.) 8° [Umschlagt. F.] [06. 18581

— von Stufe zu Stufe, s.a. Familien-Bibliothek für's deutsche Volk.

Weitbrecht, Rich(ard). Von Stufe zu Stufe -- Um Haus und Hof. Zwei Erzählungen (*Innentitel: Z'moralische Geschichten). 2. Aufl. 85 S. 8. Basel, Ernst Finckh, (1907). (cart. M. —.40 = fr. —.50)
Familien-Bibliothek fürs deutsche Volk. Nr. 96.

— Der Waffenschmied v. Dortmund, s.: Scipio, R.

— auf der Wanderschaft; Wodans Rache, s.: Familien-Bibliothek für's deutsche Volk.

—— Was ists m. § 166? 12. (77 S.) Barmen 889, Klein.

— dasselbe, s.a. Schriften f. das evangelische Volk.

— was ist's m. § 166? 12. (77 S.) Barmen 890. Klein. n. — 60

Wer hat angefangen? s. Flugschriften d. Evangel. Bundes.

— wie d. Päpste d. Kirchenstaat regierten od. d. Geld- u. Finanzwirtschaft d. ehemal. Kirchenstaates, s.: Schriften f. d. evang. Deutschland. Nr. 28.

— wie gewinnen wir unser Volk für den evangelischen Bund? Ansprache, geh. bei der XV. Generalversammlg. des evangel. Bundes zu Hagen i. W. am 7. X. 1902 gr. 8. (12 S.) Leipzig 902. Buchh. des ev Bundes v. C. Braun. n.n. — 10

— stürmische Zeiten, s.: Scipio, R.

Weitbrecht, Th., s.: Jugendblätter.

Weitbrecht, Th., und H. Mögling, das Kurgland und die evangelische Mission in Kurg, s. Mögling, H.

Weitbrecht, Theodor, a. Blaubeuren: Über die elastische Deformation eines kreisförmigen Rings. Leipzig 1900: B. G. Teubner. (S. 384—401) 8° ¶(Aus: Zeitschrift für Mathematik u. Physik Bd 52, H. 4.)
Tübingen, Naturw. Fak., Ref. v. Brill, Diss. v. 15. Mai 1900
[Geb. 14. Mai 80 Maulbronn; Wohnort: Blaubeuren; Staatsangeh.: Württemberg; Vorbildung: Seminar Blaubeuren Reife M. 99; Studium: Tübingen 9 S.; Coll. 15. Mai 00.]

Weitbrecht, Wilh., Ausgleichungsrechnung nach der Methode der kleinsten Quadrate, s.a. Sammlung Göschen.

Weitbrecht, Wilh.: Ausgleichungsrechnung nach der Methode der kleinsten Quadrate von –. Mit 15 Fig. u. 2 Taf. Leipzig: Göschen 1906. 180 S. 8°
(Sammlung Göschen. 302.)

Weitbrecht, W., praktische Geometrie. Leitfaden für den Unterricht an techn. Lehranstalten, sowie f. die Einführg. v. Landmessereleven in ihren Beruf u. zum Gebrauch f. praktisch thät. Techniker u. Landwirte bearb. gr. 8. (VIII, 219 S. m. 128 Fig.) Stuttgart 901. K. Wittwer. Geb. in Leinw. n. 8. 60

— praktische Geometrie. Leitfaden f. den Unterricht an techn. Lehranstalten, sowie f. die Einführg. von Landmessereleven in ihren Beruf u. zum Gebrauch f. praktisch tät. Techniker u. Landwirte. 2., verm. u. verb. Aufl. Mit 134 in den Text gedr. Fig. u. 1 lith. Beilage. (VIII, 199 S.) gr. 8. Stuttgart 906. K. Wittwer. Geb. in Leinw. n. 3. 50

Weitbrecht, Wilh., Lehrbuch der Vermessungskunde. 1. Tl.: Horizontalmessungen. Mit 368 Fig. u. 1 (farb.) lith. Beilage. (VIII, 704 S.) gr. 8. Stuttgart 910. K. Wittwer. 13.—; geb. in Leinw. n 14. 50

— meine Studienreise nach Nordamerika. (46 S.) gr. 8. Ebd. 905. n. 1. 50
Sonderabdruck aus: „Ztschr. f. Vermessgswesen".

— Taschenbuch zum Abstecken der Kurven an Strassen- u. Eisenbahnen, s.: Knoll, C.

Weitemeyer, H., Dänemark. Geschichte u. Beschreibg., Litteratur u. Kunst, sociale u. ökonomische Verhältnisse. Unter Mitwirkg. namhafter Schriftsteller hrsg. Mit 1 Karte in Farbendr. 8. (VII, 335 S.) Kopenhagen 889. Höst & Sohn. n. 6. —

Weitemeyer, H., die Grundstückszusammenlegung in der Feldmark Apelern im Kreise Rinteln. Hierzu 2, den alten und neuen Zustand der Feldmark Apelern nachweisende (lithogr.) Karten. gr. 8. (52 S.) Rinteln 883, Bösendahl. *
—— dass. — Ein der Praxis entnommenes Beispiel, betreffend die Ausführung und nächsten Erfolge dieses Verfahrens. Hierzu 2 den alten und neuen Zustand der Feldmark Apelern nachweisende (lithogr.) Karten. 2. Aufl. gr. 8. (VIII, 52 S.) Berlin 884, v. Decker's Verlag. *

Weitemeyer, Max, die Arbeit u. ihre soziale Bewertung. Vortrag, geh. in der ordentl. Sitzg. der königl. Akademie gemeinnütz. Wissenschaften am 14. III. 1900. gr. 8. (26 S.) Erfurt 900. C. Villaret. n. — 50
Sonderabdruck aus: „Jahrbb. d. kgl. Akad. gemeinnütz. Wiss. zu Erfurt".

— die Päpstin Johanna. Drama in 5 Aufzügen m. Prolog. gr. 8. (126 S.) Erfurt (900). (H. Güther.) 3.—

Weitemeyer, Max [app. Arzt aus Eisenach]: Münchens Tuberculosemortalität in den Jahren 1814—1888. Ein Beitr. z. Aetiologie d. Tuberkulose ... München, J. F. Lehmann, 1892; 20 S. 8.
München, Med. Fak., Inaug.-Diss. v. 1892

Weitemeyer, Max. Münchens Tuberculosemortalität in d. J. 1814—1888, s.a. Abhandlungen, Münchener medicinische.

Weiten, Wilh., s.: Gründungsreden, die, der Ortsgruppe Saarbrücken des Hansabundes.

Weitenauer, Felix Anton von

v. Weitenauer, Frhr. Fel. Ant., († 1769.) centuria consiliorum criminalium in supremo dicasterio Neoburgico approbatorum. Fol. Augsb. 763. M. Rieger. 2 ₰ 16 gr

Weittenau, Fel. Ant. v., Centuria Consiliorum criminalium, 100 rechtl. Urtheile u. Gutachten in peinlich. Rechtssachen. Fol. Augsb. Rieger. 765.

— **Compendium scientiarum et eruditionis omnigenae. 2 Part. 8maj. Augsb.... Wagner. 1 rß 4 Kr**

***Weitenauer*, Ign., († d. 4. Febr. 1783.) Apologiae Forosempronensis ex Italico sermone in germanicum translatae libri IV. Oberamergau 761.**

— **Apparatus eloquentiae catecheticae libri VI, quibus historiae 1500 continentur. 8. Augsb. 775. Wagner. 2 rß 12 Kr**

***Weitenauer*, Ign., auxilia sacri tribunalis, seu eloquentia arcani. 8. Augsb. 775. Wagner. 8 Kr**

— **hundert Berge; Sinnbilder in 26 Sprachen. 8. Frburg 765. Wagner. 8 Kr**

— — hundert B e r g e in 100 Sinnbildern des durchlauchtigsten Erzhauses Oesterreich, mit zwanzig Sprachen ausgeziert. 4. Ebend. Schreibpap.

– s.a. B i b l i a sacra utriusque Test.

Weitenauer, Ignatius, Biblia sacra utriusque Testamenti e linguis primaevis ad mentem Vulgatae sensu litterali per metaphrasin et commentarios dilucide explicata. Augsburg und Freiburg, Wagner, 1772—1773, 8°, 7 Bde.

— **Carmina selecta, quorum liber I. heroica, lib. II. lyrica, appendix elegias complectitur. Augsb. 757. Wagner. 5 Kr**

Weitenauer, Ignatz, Christus der Lehrmeister des menschlichen Geschlechts. Aus dem Französ. von Saint Jure. Salmansweiler 1776, 8°. Augsburg 1786, 8°.

— **Cultus divae Walburgae, carminibus XII laudatus in Sanct. Eystettensi. 8. Ingolst. 759. N. A. Münch. 759.**

— **das Einzige. 8. Augsb. 763.**

– s. E v a n g e l i e n u. Episteln.

– s. E v a n g e l i s t e n , Die vier.

— **de difficillimo genere epistolarum, seu litteris officiosis. 8. Augsb. 756. 2e A. 763. 3e A. 769. Wagner. 6 Kr**

— **Hexaglotton, seu modus addiscendi intra brevissimum tempus linguam Gallicam, Italicam, Hispanicam, Graecam, Hebraicam et Chaldaicam, ut ope lexici libros explicare queas. 4. Frankf. a. M. 756. N. A. ibid. eod. (Varrentrapp). 8 Kr**

——— Hexaglotton seu modus addiscendi intra brevissimum tempus linguam Gallicam, Jtalicam, Hispanicam, Graecam, H e b r a i c a m et C h a l d a i c a m, ut ope lexici libros explicare queas. Frankfurt, Varrentrapp, 1756, 4°, 2. Aufl., 106 S.

— **Hexaglotton alterum docens XII linguas. 4. Augsb. 762. N. A. 776. Wagner. 1 rß 4 Kr**

Weitenauer, Jgnat., Hexaglotton alterum (cfr. Seite 44) docens linguam Anglicam, Germanicam, Belgicam, Latinam, Lusitanicam, S y r i a c a m etc. Augsburg, 1772, 4°.
Vorstehendes Werk erschien mit dem S. 44 angeführten hexaglotton zusammen als hexaglotton geminum ibid. 1762, 2 Bde, 4°.

— — H e x a g l o t t o n geminum, docens Linguas, gallicam, italicam, hispanicam, graecam, hebraicam, chaldaicam, anglicam, germanicam, belgicam, latinam, lusitanicam, syriacam: ut intra brevissimum tempus, ope Lexici, omnia explicare, et pronuntiare discas. 2 partes. 4. Ibid.

——— H e x a g l o t t o n g e m i n u m docens linguas Gallicam, Italicam, Hispanicam, Graecam, H e b r a i c a m, C h a l d a i c a m, Anglicam, Germanicam, Belgicam, Latinam, Lusitanicam, S y r i a c a m, ut intra brevissimum tempus ope lexici omnia explicare discas. Accessit ubique appendix de pronuntiatione harum XII linguarum. Ebendas. 1762, 4°, 2 Bde., 135 u. 227 S.

— **Hierolexicon linguarum orientalium, Hebr., Chald. et Syriacae, in quo radices imperfectae omnes integrantur etc. 8. Augsb. 750. Wagner. 1 rß 4 Kr**

Weitenauer, Ignat., Hierolexicon linguarum orientalium Hebraicae, Chaldaicae et Syriacae, in quo radices imperfectae omnes integrantur, hermeneutica a radicibus ad ordinem alphabeticum revocantur et cuiuscunque harum linguarum grammatica intra paucissimas horas absolvitur. Augsburg und Freiburg i. B., Wagner, 1759, 8°, 379 S.

— **Historia provinciae Germaniae superioris Societatis Jesu. Decadis X. pars postrema. 8. Augsb. 754.**

s. H o r a t i i ars poetica.

— **Lexicon biblicum, in quo explicantur phrases quaecunque, quae propter linguae Hebraicae et Graecae peregrinitatem injicere moram legendi possunt. 8maj. Augsb. 758. N. A. 780. Wagner. 1 rß 4 Kr**

Weitenauer, Ignat., L e x i c o n b i b l i c u m, in quo explicantur Vulgatae vocabula et phrases, quaecunque propter linguae Hebraicae Graecaeque peregrinitatem iniicere moram legenti possunt. Ad usum eorum omnium, qui absque magnorum voluminum ambagibus divinae Scripturae textum et contextum iniicere et verbum Dei solide populo proponere desiderant. Augsurg und Freiburg i. B., Wagner, 1758, 8°, XVI u. 631 S. Sehr geschätzt und vielgebraucht. Für die Brauchbarkeit zeugen am besten die wiederholten Abdrücke: Augsburg, 1780; Venedig, 1760; Avignon, 1835; Lyon, 1857; Turin, 1867, vgl. Litt. Handw. 1867, S. 115 und de Backer, biblioth. des écrivains de la compagnie de Jésus, VII (1861), 780—781.

— **Liber Psalmorum ex Hebraicis Graecisque fontibus ad mentem Vulgatae et latini sermonis consuetudinem dilucide explicatus. 8. Augsb. 757. Wolff. 12 Kr**

— **nova Grammaticae biblicae methodus. .. Ulm 756.**

— **Miscella litterarum humaniorum, ex orationibus, elegiis, lyricis, symbolicis, lapidariis, crisicis collata. Liber I. II. 8. Augsb. 752, 53. Wagner. 21 Kr**

— **de modo legendi et excerpendi. Libri IV. 8. Augsb 775. Wagner. 20 Kr**

W e i t e n a u e r, Ignat., modus addiscendi intra dies duos l i n g u a s, gallicam, italicam etc. 4. Francf. Varrentrapp. 756.

— **Orationes academicae ad Philosophos, Jureconsultos et Theologos. 8. Augsb. 756.**

— **die Psalmen Davids verdeutscht u. mit Anmerkk. versehen. gr. 8. Augsb. 781. Kranzfelder. 16 Kr**

— **allgem. Regeln der Rechenkunst, oder allgem. Kettenpraktik. 8. Salmannsweiler 777.**

– (Übers.), s. S a i n t - J u r e , Jean Baptiste de: Das Buch der Auserwählten.

— **Samml. kürzerer Gedichte, meistens aus neuen deutschen Dichtern. 2 Thle, 8. Augsb. 768, 69. Wagner. 18 Kr**

— — Subsidia Eloquentiae sacrae, in quibus Sylvulae concionum in annos VIII. ars conceptuum, 700 Exempla figurarum, Apparatus historiarum pro catechesi, bibliotheca concionatoris, aliaque plura exhibentur. 19 Theile. 8. Ebend.

— **subsidia eloquentiae sacrae. Libri XIX. 8. Augsb. 764 —69. Wagner. 4 rß 6 gr**

— **Symbolica, Epigrammata, Lapidaria. Lib. III. 8. Augsburg 757. Wagner. 9 gr**

— **Theatrum parthenicum, seu dramata Mariana decem. 8. Augsb. 758. Wagner. 8 gr**

— **Tragoediae autumnales, cum animadvers. 8. Augsb. 758. Wagner. 8 gr**

Weitenauer, Ignaz u. Karl de la Rue, Trauerspiele aus d. Latein. übersetzt. 1) Hannibal. 2) Herrmann. 3) Cyrus. 4) Lysimachus. 8. Augsb. 777. Wolff. 8 gr

—— Trifolium Chaldaicum sive nova grammaticae methodus, qua intra aliquot horas explicare canonem bibliorum Chaldaicum ope lexici possis. Ebendas. 1759, 8°, 50 S.

— Trifolium hebraicum, sive nova Grammaticae hebraicae methodus. 8. ibid. 756.

—— Trifolium Hebraicum sive nova grammaticae biblicae methodus, qua intra aliquot horas cum lexico explicare biblia Hebraica possis. Augsburg und Freiburg i. B., Wagner, 1759, 8°, 48 S.

— **Trifolium Hebraicum, Chaldaicum, Syriacum, per quod possis intra aliquot horas cum hierolexico auctoris explicare canonem bibliorum Hebraicum, Chaldaicum et Syriacum. 8. Augsb. 759. Wolf. 3 gr**

— **Zweifel von der deutschen Sprache, sammt e. orthograph. Lexikon. 8. Augsb. 764. N. A. 764, 66, 68. u. 74. Insbr. 771, 72. Wagner. 7 gr**

Ferdinand Weitenkampf

Ferdinand(us) Weitenkampf: De Morbis cum peticulis. Berolini (1824): Platenus. 37 S. 8°

Berlin, Med.Diss. v. 27. Aug. 1824

Weitenkampf, Frank, Joseph Pennell. (16 S. m. 14 Abb. u. 5 Taf.) 41×81 cm. Wien (910). Gesellschaft f. vervielfältigende Kunst. 12. —
Sonderabdruck aus: „Graph. Künste".

Weitenkampf, Johann Friedrich

— **Gedanken über wicht. Wahrheiten d. Vernunft u. Religion. 3 Thle. (3r Thl. v. Jh. Cph. Harenberg.) 8. Braunschw. 753 —55. Schröder. 1 rß 12 gr Hildesh. 761. (W. Nauck in Lpz.) 2 rß**

Weitenkampf, Jh. Fr., († im April 1758.) Lehrgebäude vom Untergang der Erde. 8. Braunschw. 762. Schröder. 10 gr

— **vernünftige Trostgründe bei den traurigen Schicksalen d. Menschen. 3 Thle. (2r Thl. v. Jh. Cph. Harenberg.) 8. Braunschw. 753—80. Schröder. 1 rß 8 gr**

Weitenkampf, Johann Fr. Weitenkampfs vernünftige Trostgründe bei den traurigen Schicksalen der Menschen. Lancaster, 1825.

Weitenweber, Wilh. Rud., die medicinischen Anstalten Prags, nach ihrem gegenwärtigen Zustande geschildert. gr. 16. (23 B., 12 Ans. in Stahlst. u. 1 medizin.-topograph. Grundr.) Prag 845, Borrosch u. André. *

Weitenweber, Wilh. Rud., Beiträge zur Literärgeschichte Böhmens. Lex.-8. (40 S.) Wien 856. (Prag, Tempsky.) * *
Aus: Sitzungsberichte der k. Akademie der Wissenschaften J. 1856, besonders abgedruckt.

Weitenweber, Wilh. Rud., Beiträge z. gesammten Natur- u. Heilwissenschaft. 1—4. Bd. à 3 Hfte. u. 5. Bd. 1. Hft. gr. 8. Prag, (Kronberger'sche Buchh.) [1. (29 B. u. 3 Stnt.) 836, 37. * 3 Thlr., 2. (30 B. u. 1 Stnt.) 837. * 3 Thlr., 3. (21¾ B. u. 1 Stnt.) 838. * 2½ Thlr., 4. (23¼ B. u. 4 Stnt.) 839, 40. * 2½ Thlr., 5. 1. (9 B. u. 6 Stnt.) 840. * 1 Thlr.] Thlr *

Weitenweber, Wlh. Rud., neue Beiträge zur Medicin und Chirurgie. Jahrg. 1841 u. 1842. à 6 Hefte. gr. 8. Prag, Haase Söhne. J. 1841 n. 4⅓ rß J. 1842 n. 4 rß — Vergl. Beiträge.

Weitenweber, Dr. Wilh. Rudolph — Denkrede auf Prof. Franz Adam Petrina. Vorgetragen in der Sitzung der naturwissenschaftlich-mathematischen Sektion der k. böhm. Gesellschaft der Wissenschaften am 10. Dezember 1855. Von — —. (Aus den Abhandlungen der königl. böhm. Gesellschaft der Wissenschaften. 5. Folge 9. Band.) Prag, 1856. Druck des artistisch-typogr. Instituts von C. Bellmann. (22 S. 4.)

Weitenweber, Wilh. Rud., Denkschrift über August Joseph Corda's Leben und literarisches Wirken. (Aus der Abhandlung der königl. Böhmischen Gesellschaft der Wissenschaften. V. 7.) 4. (38 S.) Prag, Calvische Buchhandl. Kommiss. Druck, Gottl. Haase Söhne 1852.

—— Denkschrift über August Joseph Corda's Leben und literärisches Wirken. gr. 4. (38 S.) Prag 852, (Tempsky.) *
Aus: Abhandlungen der königl. böhm. Gesellschaft der Wissenschaften 5. Folge, 7. Bd., besonders abgedruckt.

Weitenweber, Wilh. Rud., Denkschrift über die Gebrüder Joh. Swat. und Carl Bor. Presl. gr. 4. (27 S.) Prag 854, (Tempsky.) Thlr. *
Aus: Abhandlungen der königl. böhm. Gesellschaft der Wissenschaften 5. Folge. 8. Bd., besonders abgedruckt.

Weitenweber, Wilh. Rud., der arabische Kaffee, in naturhistor., diätetischer u. medicin. Hinsicht geschildert. gr. 8. Prag 835. (Kronberger u. Rziwnatz.) ⅔ rß

Weitenweber, Wilh. Rud., die Medicinal-Anstalten, die naturwissenschaftl. und Humanitäts-Institute zu Prag, nach ihrem gegenwärt. Zustande geschildert. 2., verb. Ausg. gr. 16. (XV und 360 S. mit 12 Ansichten in Aquatinta und einem medicin.-topograph. Grundrisse von Prag in Kpfrst. und ill. in gr. 4.) Prag 850, André. *

Weitenweber, Wilh. Rud., Mittheilungen über die Pest zu Prag in den Jahren 1713—1714. Beitrag zur medizinischen Geschichte Böhmens. (Vorgetragen in der historischen Sektion der k. k. Böhm. Gesellsch. der Wissenschaften am 14. Juli 1851.) Abtheil. V. 7. B. 4. Prag, Gottl. Haase Söhne.

— Mittheilungen über die Pest zu Prag in den J. 1713—1714. Ein Beitrag zur medicin. Geschichte Böhmens. [Vorgetragen in der histor. Section der königl. böhm. Gesellschaft der Wissenschaften am 14. Juli 1851.] gr. 4. (32 S.) Prag 852. (Calve.) n. ⅓ rß

—— **Mittheilungen über die Pest zu Prag in den J. 1713 — 1714. Ein Beitrag zur medicin. Geschichte Böhmens.** gr. 4. (32 S.) Prag 852, (Tempsky.) *

Weitenweber, Wilh. Rud., Repertorium sämmtlicher Schriften der königl. böhmischen Gesellschaft der Wissenschaften vom J. 1769 bis 1868. Zur Feier des 100jährigen Bestandes der Gesellschaft zusammengestellt. gr. 8. (VIII, 120 S.) Prag 869, (Tempsky.) *

***Weitenweber*, Wlh. Rud., Synopsis nosologica febrium et Phlegmasiarum juxta Swediaveri** *Ιάτρικὴν* **disposita.** 8maj. Prag 830. Enders. 1 ℳ 8 𝒦 (Leipz., Centr.-Cpt.) 1 ℳ 4 𝒦

Weitenweber, W. R. Systematisches Verzeichniss der böhmischen Trilobiten, welche sich in der Sammlung des H. Prälaten Dr. H. Jos. Leidler im Stifte Strahow in Prag vorfinden. (Aus Zeitsch. „Lotos".) Prag. 1847. 8.

Weitenweber, Dr. Wilh. Rudolph — Ueber den Marsilius Ficinus Werk: De vita studiosorum, nebst einigen Bemerkungen über den Hellenismus. Von — — (Aus den Abhandlungen der königl. böhm. Ges. der Wissenschaften. V. Folge 9. Bd.) Vorgetragen in der philosophischen Section der königl. böhm. Gesellschaft der Wissenschaften am 26. Jänner 1852. Prag, 1855. Artistisch-typographisches Institut von Karl Bellmann. (22 S. 4.)

— uber des Marsilius Ficinus Werk: De vita studiosorum, nebst einigen Bemerkungen über den Hellenismus. Vorgetragen in der philosoph. Section der k. böhm. Gesellschaft d. W. am 26. Jänner 1852. (Aus den Abhdlgn. der k. böhm. Ges. d. W.) Prag 855. (Tempsky.) gr. 4. (22 S.) n. 12 ngr.

Weiter, Ghelf., Bühnenspiele. 1. Bdchn.: Karl Martel, Drama in 5 Aufzügen. Gunda, Oper in 3 Aufzügen. (Den Bühnen gegenüber Mscr.) 8. (III und 234 S.) Lübeck 856(57,) Dittmer'sche Buchh. *

Weiter, Ghelf., Bühnenspiele. 2. Bdchn.: Die fahrenden Schüler. Schwank in 5 Aufzügen. (Den Bühnen gegenüber Mscr.) 8. (III und 256 S.) Lübeck 857, Dittmer'sche Buchh. *

Um das Gute! Verse von Karl **Weiter**. *Berlin: A. Duncker 1899.* (110 S.) 8° [F.] [ov. 9580

Weiterbildung der Kataster-Gesetzgebung. Solothurn 3. Mai 1873.

Weiterbildung, die, des Lehrers im Amte. Handbücher der Lehrfächer u. ihre Methoden, in Verbindg. m. Bürgel, Götting, Reuter u. a. hrsg. v. Jos. Freundgen. II., VII. —IX. u. XI.—XIV. Bd. gr. 8. Düsseldorf, L. Schwann. 17,45; geb. in Leinw. 21. 65

Bürgel, Fr. Wilh., Handbuch der Geschichte u. Methode des kathol. Religionsunterrichts. (XII, 464 S.) 909. (Bd. II.) 4.—; geb. in Leinw. 4. 60

Götting, Johs., der Schreib-Unterricht in der Volksschule. (IX, 78 S.) 909. (Bd. XI.) 1.—; geb. in Leinw. 1. 50

— Der Turn-Unterricht in der Volksschule. (XI, 175 S.) 909. (Bd. XIII.) 1.80; geb. in Leinw. 2. 30

— Der Zeichen-Unterricht in der Volksschule. (X, 115 S.) 909. (Bd. XII.) 1.25; geb. in Leinw. 1. 75

Reuter, J., Anleitung zum Studium der englischen Sprache u. der Methodik des Unterrichts in dieser Sprache. (IX, 74 S.) 909. (Bd. VII.) 1.—; geb. in Leinw. 1. 50

Klauke, P., u. J. Sassenfeld, Lehrbuch der Mathematik. Zum Selbststudium, insbesondere zum Gebrauche bei der Vorbereitg. auf die Mittelschullehrerprüfg. bearb. (XII, 333 S. m. Fig.) 909. (Bd. VIII.) 3.40; geb. in Leinw. 4. —

May, Frz., Methodik der Naturkunde auf Grund der Reformbestrebungen der Gegenwart m. Anschluß v. mehreren Lehrproben. 4., verm. u. verb. Aufl. (IX, 232 S.) 909. (Bd. IX.) 2.50; geb. in Leinw. 3. —

Pelzer, Eduard, Gesang. Handbuch zur wissenschaftl. Fortbildung der Lehrer u. zur Vorbereitg. auf die 2. Lehrer-, Mittelschul- u. Rektorprüfg. (XII, 280 S.) 909. (Bd. XIV.) 2.50; geb. in Leinw. 3. —

Weiterbildung, die, des Tarifvertrags im Deutschen Reich, s. a Beiträge zur Arbeiterstatistik.

Die **Weiterbildung** des Tarifvertrags im Deutschen Reich. Bearb. im Kaiserlichen Statistischen Amt, Abt. für Arbeiterstatistik (von V. Leo). Berlin, 1908 423 S.

Die **Weiterbildung** des Tarifvertrags im Deutschen Reich. Bearb. im Kais. Statist. Amt, Abt. f. Arbeiterstatistik. Berlin: C. Heymann 1908. (XII, 411 S.) 8°
(Beiträge z. Arbeiterstatistik. No 8.)

Weiteres über die Eis- und Kälte-Erzeugungs-Maschinen nach dem neuen System Raoul Pictet. [Berlin 1887.] V: *Rüdloff-Grübs, R.* (Zuwachsverz. der Bibl. Zürich 1898 ff. 8.)

Weiteres zur Mund- und Zahnpflege, besonders in der Volksschule. O. O. [1904]. V: *Günther, Rich. Frdr.* (Berl)

Weiterhausen, Karl

Weiterhausen, Carl. Gedichte. Allegheny City, Pa.: Selbstverlag, 1870. GSP

Weitershausen, Heinrich Joseph von, Grossh. Hessischer Generallieutenant und Divisionär. Allgemeine Militärzeitung, 39. Jahrg. [Darmstadt 1864], S. 211—213, 219f., 234—236). V: *Brodrück, Carl August.* (Heinsche Biographien. Hgbn. von Herman Haupt. Darmstadt II/1 (1920), S. 25)

Weitershausen, Heinrich Joseph von, Großherzogl. Hess. Generallieutenant und Divisionär. (Abdr. aus der „Allgemeinen Militär-Zeitung.") Darmstadt 864. Zernin. gr. 8. (16 S.) n. 2½ ngr.

Weitershausen, Ernst Gottfried (Grossen Buseck) A. S. 632/4

Dissertatio philosophica inauguralis de impossibilitate creationis universi sine initio essendi.
Präs. Andreas Boehm.
Giessen (Braun) III. 1757. 32 S. 36244

— ed. 2. aucta. Giessae 1767. 8°

WEITERSHAUSEN, Heinrich Frhr. v.: Die Großherzoglich Hessische Oberförsterei Erbach, Forstamt Wald-Michelsbach, zum Andenken an die Gründung des Hessischen Forstvereins zu Darmstadt, 30. September 1875. - Erbach 1875. 7 S.

Arnoldi, Joh. Conr. [Präs.] u. Joh. Weitershausen (Großen-Buseck)
Satura notionum aliquot ex philosophia prima palmariarum.
Giessae 31. Okt. 1726: vidua Joh. Reinh. Vulpii. 24 S. 4°
pro Magisterii gradu rite consequendo

Weitershausen, Karl

Weitershausen, Carl, 260 frohe Gesänge f. Bürger u. Landleute zur Aufheiterung bei ihren häusl. Geschäften u. ihren Feldarbeiten, sowie zur Erhöhung u. Veredlung ländl. Feste. Anh.: Verschiedene Wort- u. Sacherklärn., gemeinnütz. Erfindungen, biograph. Notizen rc. gr. 12. (14½ B.) Darmstadt 833, Leske. Thlr.

Weitershausen, Carl, Lehrbuch d. Geographie, mit besond. Rücksicht auf d. Vortrag in Kriegsschulen. gr. 8. (55½ B.) Darmstadt 835, Leske.

—— sechszig Lieder, größtenth. aus d. Liederbuche f. deutsche Krieger u. deutsches Volk. 2., durchgeseh. Aufl. 16. (6 B.) Darmstadt 836, [Diehl.]

— sechszig Lieder, größtentheils aus dem Liederbuche für deutsche Krieger u. deutsches Volk. 2e Aufl. kl. 16. Darmstadt 836. Heil. (Dingeldey.) 1/12 ℛ

Weitershausen, Carl, Liederbuch zum Gebr. beim Gesangunterr. in höheren Schulen u. Gymnasien. 2 Bdchn. gr. 12. (25⅞ B.) Gießen 829, [Heyer, Vater.]

—— Liederbuch f. deutsche Krieger, s.a. Liederbuch ꝛc.

Weitershausen, Karl, Liederbuch für deutsche Krieger u. deutsches Volk. Mit Melodien. gr. 12. Darmst. 830. (Leske). 1 ℛ 18 𝒢

—— Liederbuch f. deutsche Krieger u. deutsches Volk. 2. Aufl. gr. 12. (18½ B.) Darmstadt 837, [Diehl.]
Melodieen hierzu. Lithogr. qu. gr. 16. (11½ B.) Ebds. 837. * 16 Gr.

— Liederbuch für deutsche Krieger u. deutsches Volk. 2e Aufl. gr. 12. Darmstadt 837. Heil. (Dingeldey.) 5 𝒢

— über die Nothwendigkeit d. Einheit im Wirken d. Eltern u. der Lehrer, mit einigen Bemerkk. über das innere Leben meiner Erziehungsanstalt. 4. Darmst. 824. Heyer. 4 𝒢.

Weitershausen, (K.,) über d. Nothwendigkeit d. Einheit im Wirken d. Aeltern u. d. Lehrer, mit einigen Bemerkk. über das innere Leben meiner Erziehungsanst. 2e Aufl. 4. Darmst. 824, Heyer.

—— der Sänger Teutscher Volkslieder. 12. (9 B.) Gießen 832. (Marburg, Garthe.)

Weitershausen, Carl (Großen-Buseck)
Versuch eines Leitfadens der Geschichte des Kriegswesens der Alten.
Diss. phil. Giessen 29.9.1815.
(Hat lt. Promot.-Akten handschriftlich vorgelegen, sollte gedruckt werden.)

Weitershausen, Philipp Ludwig v., (†d. 22. Juli 1795.), s. Gesundbrunnen zu Steben u. Langenau.

Weitershausen, Philipp Ludwig v., (†d. 22. Juli 1795.), s.a. Uebersicht d. Stadt u. Landeshauptmannschaft Hof.

Weitershausen, Phpp. Ludw. v., Uebersicht der Stadt- u. Landeshauptmannschaft Hof. Nach der ersten Ausgabe v. J. 1787 m. Hinzufügg. der in der zweiten v. 1792 enth. Zusätze nebst handschriftl. Nachträgen d. Verf. v. Neuem abgedruckt. gr. 8. (VIII, 86 S.) Hof 874. Grau & Co. n. 2. —

Weith, Hans, eine Stimme. Gedichte. 8. (XVI, 140 S.) Dresden 902. E. Pierson. n. 2. 50; geb. n. 3. 50

Weith, Heinrich, aus Homburg vor der Höhe [Preussen]: Topologische Untersuchung der Kurven-Verschlingung. Zür. Orell Füssli Cie Dr. 1876. 41 S., 1 Taf. 8°.
Zürich, Phil. Diss. [v. 26. Febr. 1876].

Weith, Wilhelm. Chemische Untersuchungen schweiz. Gewässer mit Rücksicht auf deren Fauna. Zürich 1880.

Weithas, C. F., Buchdruckerpresse v. Gusseisen, s. Hoffmann, Chr.

Weithase, Hugo

Weithase H, Geschichte des Weltpostvereins. 2. Aufl. (182 S) Strassburg 1892

Weithase, Hugo, Geschichte d. Weltpostvereins. 2., erhebl. verm. u. verb. Aufl. gr. 8. (184 S.) Strassburg 895. J. H. E. Heitz. n. 5. —

Weithase, Hugo, Geschichte des Weltpostvereins. Von der rechts- u. staatswissenschaftl. Fakultät der Kaiser-Wilhelms-Universität zu Straßburg (Elsaß) preisgekrönt. gr. 8. (III, 88 S.) Straßburg 893. J. H. E. Heitz. n. 2. 50

Weithase, Hugo: Die internationalen Postbeziehungen bis zum Zusammentritt des Berner Postkongresses ... [Erschien vollst. 1895 u. d. T.: Geschichte des Weltpostvereins. 2. Aufl.] Strassburg, J. H. E. Heitz, 1894; 43 S. 8.
Strassburg, Rechts- u. staatswiss. Fak., Inaug.-Diss. v. 1894

Weithoener, Gustav [aus Enger (Westf.)]: Ein Fall von Coma diabeticum mit Hämoglobinurie und Anurie ... Berlin, Buchdr. v. G. Schade, *1895*; 27 S., 1 Bl. 8.
Berlin, Med. Fak., Inaug.-Diss. v. 15. März 1895

Weithofer, K. Anton

Weithofer, Ant., Beiträge zur Kenntniss der Fauna von Pikermi bei Athen, s. Beiträge zur Paläontologie Oesterreich-Ungarns.

Weithofer, A., üb. e. neuen Dicynodonten [Dicynodon simocephalus] aus der Karrooformation Südafrikas. Mit 1 Taf. [Aus: „Annalen d. k. k. naturhistor. Hofmuseums".] Lex.-8. (6 S.) Wien 888. Hölder. n. 1. 40

Weithofer, K. A., zur Frage d. gegenseit. Altersverhältnisse d. mittel- u. nordböhmischen Carbon- u. Permablagerungen. [Aus: „Sitzungsber. der k. Akad. d. Wiss."] gr. 8. (21 S.) Wien 898. (C. Gerold's Sohn.) n. — 40

— die fossilen Hyänen d. Arnothales. [Aus: „Denkschr. d. k. Akad. d. Wiss."] Imp.-4. (24 S. m. 4 Taf.) Wien 889. (Tempsky.) n. 3. 50

— üb. Jura u. Kreide aus dem nordwestlichen Persien. [Aus: „Sitzungsber. d. k. Akad. d. Wiss."] Lex.-8. (18 S. m. 2 Taf.) Ebd. 890. n. — 80

— zur Kenntniss der fossilen Cheiropteren der französischen Phosphorite. [Mit 1 Taf.] [Aus: „Sitzungsberichte d. k. Akad. d. Wiss."] Lex.-8. (20 S.) Ebd. 888. n. — 60

—— Die fossilen Proboscidier des Arnothales in Toskana, s. Beiträge zur Palaeontologie Oesterreich-Ungarns etc. 8. Bd.

— üb. e. Vorkommen v. Eselsresten in der Höhle „Pytina jama" bei Gabrowitza nächst Prosecco im Küstenlande. Mit 1 Taf. [Aus: „Annalen d. k. k. naturhistor. Hofmuseums".] Lex.-8. (8 S.) Ebd. 888. n. 1. 40

Weitig, F. C., über Lua's Tragödie „ein Schwur". gr. 8. (16 S.) Danzig 868, (Bertling.)

Weithofer, K. Ant.: Die Wiederkäuer der Fauna v. Maragha, s. Rodler, Alfr.

Weitkamp, Heinr.: Pestalozzis Gertrud als Muster e. Mutter u. Erzieherin, s.a. Abhandlungen, Pädag. VII. 5.

Pestalozzis Gertrud als Muster einer Mutter und Erzieherin. Von Heinrich Weitkamp. Lehrer in Elberfeld. *Bielefeld: A. Helmich (1902).* (15 S.) 8° [F.]
— Abhandlungen, Pädagogische. N. F. Bd 7, H. 5.

Weitkamp, Heinr., aus goldner Zeit. Eine Auswahl aus der alt-, mittel- u. neuhochdeutschen Dichtg., im Auftrage u. unter Mitarbeit der Elberfelder u. des Münchener Jugendschriftenausschusses hrsg. (V, 400 S.) 8. München (909). Verlag der Jugendblätter. Geb. in Leinw. 2. 80; Schulausg., in Pappbd. 2. —

Weltkemper, Julius [app. Arzt aus Nordwalde (Westfalen)]: Die rheumatische Muskelschwiele. *Magdeburg, Druck Robert Wapler* (1888); 22 S. 8°
Würzburg, Med. Fak., Inaug.-Diss. v. 1888

Weitland, E., das Dorf Pirow in der Westprignitz, s.a. Volksbücher, Prignitzer.

Das Dorf Pirow in der Westprignitz. Von Lehrer E. **Weitland**. Pritzwalk: Tienken [1908]. 16 S. 8°
(Prignitzer Volksbücher. H. 4) [10. 7446

Weitlaner, Frz., neue Untersuchungen üb. d. Seekrankheit. gr. 8. (28 S.) Wien 902. (W. Braumüller.) n. — 70

Weitlauer, Frz., Untersuchungen üb. die Seekrankheit. 902. (KBL 82.) Jetzt: Hamburg, Gebr. Lüdeking. Erb. Pr. 1. –

Weitling, Der Schriftsteller Wilhelm, und der Kommunistenlärm in Zürich . . . Bern 1843. V: *Seiler, Sebast.* (stams)

Weitling, der Schriftsteller Wilhelm, u. der Kommunistenlärm in Zürich. Eine Vertheidigungsschrift, die, bereits gesetzt, aber vom walliser Staatsrath unterdrückt, jetzt hier dem Publikum geboten wird. gr. 8. (1¾ B. u. Titvign.) Bern 843, Jenni, Sohn.

Weitling, C.

Weitling. Berliner Leichengebühren u. das Leichenreglement vom J. 1748. Ein Kapitel aus der Kirchengeschichte Berlins. gr. 8. (16 S.) Berl. 892, K. J. Müller. * — 20

Weitling, Hans, pr. Arzt: Das Marmoreksche Antituberkuloseserum und seine Anwendung. Berlin 1910: Ebering. 54 S. 8°
Berlin, Med. Diss. v. 17. Juni 1910, Ref. Hildebrand
[Geb. 1. Jan. 83 Berlin; Wohnort: Schoneberg b. Berlin; Staatsangeh.: Preußen; Vorbildung: Sophien-Gymn. Berlin Reife O. 02; Studium: Tübingen 2, Berlin 8 S.; Coll. 11. Juni 10; Approb. 1. Okt. 08.] [U 10. 114

Weitling, J. C.: Rede am Sarge des Direktors Dr. E. F. August, gehalten am 30 März 1870. Berlin K. G., Progr. 1871.

Weitling, J. C. F., Geschichte des großen Friedrichs-Hospitals u. Waisenhauses zu Berlin. 1. Lfg., umfassend den Zeitraum von 1697 bis 1729, nebst einer Einleitung, in welcher die Geschichte der Armenpflege Berlins bis 1697 dargestellt ist. Mit 1 (lith.) Abbildg. (in 4.) gr. 8. (XLII u. 128 S.) Berlin 852, Hertz in Comm. n. ½ ℛ

Weitling, J. C. F., Handreichung beim Unterricht in der biblischen Geschichte, s. Handreichung.

Weitling, Osc. (geb. Berlin 20. 3. 1845): Ueber die Hypertroph des linken Ventrikels nach Nierenschrumpfung ⟨nach den Anschauunge der Cellular-Physiologie bearbeitet⟩. Berlin (1870). (33 S.) 8°
Berlin, Med. Diss. v. 26. März 1870

Weitling, Wilh., Briefe an die Landsleute. 1847.

Weitling, Wilh., das Evangelium e. armen Sünders, s.a. Sammlung gesellschaftswissenschaftlicher Aufsätze.

WEITLING, Wilh., Das Evangelium eines armen Sünders. Bern 1844. 8°. (7 Mk. 50 Pfg. Jul. Neumann, Magdeb., 1908.)

— Das Evangelium eines armen Sünders. gr.-8°. Bern, Jenni, 1845. 2. vollst. verm. u. verb. Aufl. gr.-8°. Birsfeld 1846. 3. Aufl. New York 1847.
Französisch als: Critique religieuse du communisme. Vevay 1846.

Weitling, Evangelium eines armen Sünders. München 894.

Weitling, Wilhelm. Evangelium d armen Sunder. Munich, 1895.

Weitling, W., Das Evangelium eines armen Sünders. 2. Neudruck, mit einem Vorwort von E. Fuchs. (Sammlung gesellschaftswiss. Aufsätze, Heft 4 u. 5.) gr. 8°. München 1897.

— — Garantien der Harmonie und Freiheit. Vivis im Verlage des Verfassers 1842. 8°. (15 Mk., br., A. Bielefeld, Carlsruhe, 1911.)
Sehr selten! I. Die Entstehung der gesellschaftlichen Uebel: 1 Urzustand der Gesellschaft. 2. 3. Entstehung des beweglichen u. unbewegl. Eigenthums. 4. Die Erfindung d. Erbschaft. 5. Entstehung der Kriege, der Sklaverei, des Handels, die Erfindung des Geldes, Titelkramerei. Soldatenwesen; Vaterland, Grenzen u. Sprachen; Religion u. Sitten. II. Ideen einer Reorganisation der Gesellschaft: Elemente der gesellschaftlichen Ordnung. Von der Verwaltung. Von den Wissenschaften. Von den Wahlen. Von den Arbeiten. Meisterkompagnien. Geschaftssperre. Akademie d. schonen Kunste. Stellung des Weibes. Von der Schularmee. Die philosoph. Heilkunde. Vorteile der Gemeinschaft.

— Garantien der Harmonie und Freiheit. 8°. Vivis, Selbstverl., 1842, December. 2. Aufl. 8°. Ebd. 1845. 3. Aufl. gr.-8°. Hamburg 1849.

Weitling, Wilh., Garantien d. Harmonie u. Freiheit. Mit e. biograph. Einleitg. u. Anmerkgn. hrsg. v. Fr. Mehring. s.a. Neudrucke, sozialistische. II.

Weitling, Wilhelm: Garantien der Harmonie und Freiheit. Von . Jubiläums-Ausg. Mit e. biogr. Einl. u. Anm. hrsg. von Fr[anz] Mehring. Berlin: Vorwärts 1908. (LII, 268 S.) 8°
(Neudrucke, Sozialistische, 2.)

— — Generation (Die junge).

Weitling, W., Kerkerpoesien. 8. Hamburg 844, Hoffmann u. Campe. ½ ℛ

— — Hilferuf (Der) der deutschen Jugend.

— Der Katechismus der Arbeiter. 8°. New York, Druck der „Republik der Arbeiter", 1854.

-- Des seligen Schneider's Weitling Lehre v Sozialismus und Communismus. Neu hrsg v Silvius Landsberg. NY. 1879.

Weitling, Wilh. s.a. Sammlung gesellschaftswissenschaftl. Aufsätze,

— die Menschheit, wie sie ist u. wie sie sein sollte, 9. Hft.

— Die Menschheit, wie sie ist und sein sollte. 1. Aufl. anonym 1838. 2. Aufl. Bern, Jenni Sohn, 1845.

— Die Menschheit, wie sie ist und sein sollte. 4. Aufl. 8⁰. New York, Druckerei der „Republik der Arbeiter", 1854.

— Die Menschheit wie sie ist und wie sie sein sollte. Nebst einem Anhang: Nachtrag zu: Das Evangelium eines armen Sünders. Von Wilh. Weitling. (Sammlung gesellschaftswiss. Aufsätze, Heft 9.) gr. 8⁰. München 1895.

— Ein Nothruf an die Männer der Arbeit und Sorge. 8⁰. New York 1847. 2. Aufl. 1848.

— Ein Nothschrei an die Männer der Arbeit und Sorge. 2. Aufl. 8⁰. New York, Druckerei der „Republik der Arbeiter", 1854.

— — Republik der Arbeiter.

— — Urwähler (Der).

— — Urwählerzeitung.

Weitmann, Viktor

Weitmann, V.: Wiener Liebesbriefsteller. [Wenedikts Musterbücher.] Wien: Michl 1908. (143 S.) 16⁰

Weitmann, Vikt., Wiener Liebesbriefsteller. Gediegene Anleitg., eindrucksvolle, gutstilisierte Liebes-Briefe korrekt u. vernünftig abzufassen od. zu beantworten. (Wenedikt's Musterbücher.) 2. verb. Aufl. in neuer Rechtschreibung. (143 S.) 16. Wien 908. F. C. Mickl. 1. 25

Weitnauer, Hans, diplomierter techn. Chemiker aus Basel: Zur Kenntnis des β-Phenylhydroxylamins und des o-Amidobenzaldehyds. Basel 1904. 88 S. 8°. [30. VII. 04.]
Zürich. Phil. Diss. II. S. 1904/1905.

Weitnauer, Hans. Zur Kenntnis des β-Phenylhydroxylamins und des o-Amidobenzaldehyds. Diss. Phil. [II.] Univ. Zürich. 88 S. 8. Basel, Kreis, 1904.

Weitnauer, Karl: Ossian in der italienischen Litteratur bis etwa 1832, vorwiegend bei Monti. Jena-Ziegenhain 1905: Thüringer Verl.-Druck. (72 S.) 8° ¶ [Aus: Zeitschrift f. vergleich. Litteraturgeschichte N. F. Bd 16.]
München, Phil. Fak., Ref. Breymann, Diss. v. 25. Mai 1905
[Geb. 8. Aug. 74 Kempten; Wohnort: Kempten; Staatsangeh.: Bayern; Vorbildung: Gymn. Kempten Reife Juli 93; Studium: München 10 S.; Rig. 25. Mai 05.]

Weitpert, Konrad: Die Steuern vom Immobiliarbesitzwechsel in den deutschen Staaten. (Cöthen 1908: Schettler.) 116 S. 8° ¶ (Ersch. auch als Buch b. Roth, Gießen.)
Erlangen, Phil. Diss. v. 26. Nov. 1908, Ref. v. Eheberg
[Geb. 11. Juli 81 Oberkirchberg; Wohnort: München; Staatsangeh.: Württemberg u. Bayern; Vorbildung: Gymn. Ellwangen Reife 02; Studium: Dillingen Lyzeum 3, München 5 S.; Rig. 25. Juni 08.] [U 09. 809

Weitpert, Konr., die Steuern vom Immobiliarbesitzwechsel in den deutschen Staaten. (116 S.) 8. Gießen (908). E. Roth. 1. 50

Weitra, E. v. (E. v. Juncker), die trauernde Madonna. Ein Spiel aus dem Mittelalter. Preisgekrönte Dichtg. (29 S.) 8. Saarbrücken 903. (H. Hecker). n. — 50

— Seelenfäden. (Novellen.) (288 S.) 8. Berlin 906. Gose & Tetzlaff. n. 3. —; geb. n. 4. —

Weitra, E. v. (Frl. Elisab. Juncker v. Ober-Conreut), Rübezahls Tochter. Ein Märchenspiel in 1 Akt. (20 S.) 8. Berlin-Friedenau 910. Bureau Fischer. — 75

Weitra, E. v., wenn d. Schatten dunkeln ... Dichtgn. 12. (45 S.) Dresden 896. E. Pierson. n. — 75; geb. n. 1. 75

Weitsch, Johann Christian (Halberstadt) F, zm/1

De aro maculato dissertatio.
Erlangen (Junge) 1798. 42 S.

Gew.: Gottlieb Michael, Wilhelm von Schickfuss. 36246

Weitsch, Johann Christian, s. Handbuch z. Nutzen u. Vergnügen.

Weitsch, Johann Christian, s.a. Schule d. Prüfung.

SCHULE, Die, der Prüfung, oder das Informatorleben .... (von *Joh. Chrn. Weitsch*). Berlin 1789.
Anon.-Lex. IV. p. 55.

Weitsch, Jh. Chr., s. Wilhelm u. Karl.

Wilhelm und Carl, oder Der entdeckte Zärtlichkeitsorden. Aus den Acten der zärtlichen Brüder. [Von Joh. Christian **Weitsch.**] Berlin: 1789 [d. i. Warschau: Wilke.] 182 S. 8⁰

°[Dasselbe.] Warschau: Wilke 1792. 182 S. 8⁰
Kl. 3701, TB. 68, 89.

Weitsch, Maximilianus: Dissertatio ... sistens nonnulla de varioloidum concursu. Halae (1831): Ruff. 32 S. 8⁰
Halle-Wittenberg, Med. Diss. v. 20. Aug. 1831
Geb. Berlin [22. 5.] 1807. V.

Weitsel, Daniel (Bremen) A. S. 582/2a

Dissertatio inauguralis iuridica de cautione a bonorum immobilium possessore non exigenda.
Präs. Georg Heinrich Ayrer.
Göttingen (Schulz) 5. II. 1751. 66 S.

Gew.: Stadt Bremen.
W. v.: Chr. Fr. Georg Meister, Johann Daniel von den Steenhoff, Bernhard Otto (Opp.), Eberhard Andreas Alssen. 36247

Weittenau, Felix Anton von, s. Weitenauer

Weittenhiller, Eberh. v., es werde Licht! Dramatische Dichtung in 4 Aufzügen. (76 S.) 8. Wien (904). A. W. Künast. n. 1. 60

Kleopatra. Tragödie in 1 Aufzug von Eberhard v. **Weittenhiller**. Berlin-Friedenau: Bureau Fischer [1909]. 36 S. 8°

Weittenhiller, J., Beschreibung d. Antiaërophthora, od. Schutzmittels gegen jede verdorb. Luft. M. 2 lith. Tafeln. gr. 8. Eichstätt 829, Beyer. (Nürnberg, Riegel u. Wiessner.) Versiegelt.

Weittenhiller, Moriz Marie Edler v. Die Hackher zu Hart. (1480—1873.) Dieses Geschlechtes Geschichte und Genealogie. Mit 5 Holzschnitten. 8. Wien 1873.

Weittenhiller, Mor. v.: Heraldik, s. Sacken, Ed. Frhr. v.

Weitz: Autorechtliche Entscheidungen für Automobilhalter und Chauffeure, zsgest. u. erl. Berlin (1910). 8°

Weitz, Reichsgesetz üb. den Verkehr m. Kraftfahrzeugen vom 3. V. 1909 nebst Bundesratsverordnung vom 8. II. 1910, sowie Ausführungs-Anweisung des Ministers der öffentlichen Arbeiten u. des Ministers des Innern u. der Bekanntmachung des Polizei-Präsidenten v. Berlin vom 31. III. 1910, unter Berücksicht. der gelt. internationalen Vorschriften erläutert. (124 S.) kl. 8. Berlin (910). Helm & Co. 1. —

Weitz, E., kurze Anleitung zum Rechenunterrichte in der Volksschule. gr. 8. (91 S.) Breslau 885. F. Hirt. n. 1. 25

Festschrift zur Feier des 50 jähr. Stiftungsfestes der Johannisloge „Zur Goldenen Kette" in Bunzlau. Von [Ernst] **Weitz.** Bunzlau, den 14. Mai 1899. [Bunzlau 1899: Fernbach.] 42 S. 8° [Umschlagtit.]
Recens: BZC. 28 (1899) S. 279—281.
Gesch. der Begründung u. Ausgestaltung der Loge, ihre Stiftungen, Verzeichn. der Mitgl. u. Ehrenmitgl. seit 1849.

Weitz, Ernst, Führer durch Stadt u. Kreis Bunzlau. Ein Wegweiser f. Einheimische u. Fremde. Nachschlagebuch f. Schule u. Haus. Mit e. Stadtplane, e. Kreiskarte u. e. Anh. f. Touristen. 2., vollständig neu bearb. Aufl. der Schrift „Der Kreis Bunzlau" v. A. Stenzel. 12. (IV, 71 S.) Bunzlau 899. G. Kreuschmer. n. 1. 25

Weitz, Ernst: Reaktionen des Ortho-Phtalaldehyds. Strassburg 1909: Goeller. 111 S. 8°
Straßburg, Math.-naturwiss. Diss. v. 2. Juni 1908, Ref. Thiele
[Geb. 21. Juni 83 Pfirt; Wohnort: Altkirch, O.-Els.; Staatsangeh.: Elsaß-Lothringen; Vorbildung: Gymn. Mülhausen Reife M. 02; Studium: Straßburg 2, München 2, Straßburg 7 S.] [U 09. 3877

Weitz, F. A.: Neue Samml. kl. acad. Schriften über Gegenstände der gerichtl. Arzneiwissenschaft u. medizin. Rechtsgel. Aus dem Lat. 1. Bd. Comburg: Rösler 1802. (12 Gr.) 8°

Weitz, Geo., **Wahrheit u. Klarheit auf dem Gebiete der Zimmer-Gymnastik. Die Körper-Ausbildung ohne Geräte. (8 S.) Lex.-8. Hierzu 5 Uebungstaf. in Mappe. (Mit untergedr. Text.)** qu. gr.-Fol. **Hannover 906. Hahn.** n. 4. —

Weitz, Geo., Wahrheit u. Klarheit auf dem Gebiete d. Zimmer-Gymnastik. Die Körper-Ausbildg. ohne Geräte. (8 S.) gr. 8. Hierzu e. Mappe m. 5 Übungstaf. in Lichtdr. nach dem Leben. (Kleine Ausg.) 23,5×32 cm. Hannover 907. Hahn. In Mappe 2. 50; grosse Ausg. 33×48 cm 4. —

Weitz, Hans, Gott u. die Götter. Ein nord. Lied. (100 S. 8. Leipzig 906. Modernes Verlagsbureau. n. 2. —

Gott und die Götter. Ein nordisches Lied gesungen von Hans **Weitz**. Berlin-Leipzig: C. Wigand 1900. (100 S.) 8° [08. 5087

Weitz, Hermann, Grh. Gerichtsassessor aus Offenbach a. M.: Die **Facultas** alternativa. *Würzburg 1904: C. J. Becker.* (VIII, 97 S.) 8°
Erlangen, Jur. Diss. v. 3. Dez. 1903

Weitz, J. S. — Was bey einer neu-angelegten Weitzen-Mühle zu obseviren seye? Gedicht bei der am 15. Juni 1728 celebrirten gesegneten Verbindung des Herrn Müllers mit Jungfer Susanna Elisabeth Weitzin v. *J. S. Weitz*, Secretarius bey Fürstl. Hess.-Cassel. Berg-Rahts (!)-Collegio. Cassel 1728. Fol. (2 Mk. der Vorige, 1884.)

Weitz, Johann Lambert Severin

Weitz, J. L. S., Gedächtnißrede auf d. hochsel. König v. Preußen, Friedrich Wilhelm III. gr. 8. (1 ½ B.) Köln 840, Eisen.

— s. Mohren, J., Compendium rituum ac caerimoniarum Missae.

Weitz, Jh. Lamb. Sev., Predigt auf das 25jähr. Jubelfest des hochwürdigen Landdechanten u. Oberpfarrers, Herrn Joh. Gottfr. Reinarz. Gehalten in der Pfarrkirche zu Crefeld, am 15. Mai 1844. 12. Köln 844, Bachem. n. 1/6 Rß

—— Trauerrede auf d. Erzbischof Ferdinand August Grafen Spiegel zum Desenberg u. Canstein. gr. 8. (.. B.) Cöln 835, Du Mont-Schauberg.

Weitz, J. L. S., Trauerrede auf Sr. Päpstl. Heiligkeit Pius VIII. gr. 8. Bonn 831. Habicht. 3 gGr

Weitz, Karl

Weitz, Carl: Casuistik zur chirurgischen Eröffnung des Warzenfortsatzes Halle (1874): Plötz. 35 S. 8°
Halle-Wittenberg, Med. Diss. v. 26. Jan. 1874
Geb. Pyrmont (Waldeck) 24. 3. 1851. V.
Verf. erlebte die Diplomerneuerung 1924 und das 60jährige Dr.-Jubiläum 1934 als Geheimer Sanitätsrat in Pyrmont. vgl. Anh. Nr. 463.

Catalog der ausgezeichneten Sammlung von Kupferstichen, Radirungen, Holzschnitten, Photographien u. Kupferwerken aus dem Nachlasse von *Carl Weitz*, Prof. d. Zeichnungskunst an der Universität Breslau († am 2. Septbr. 1876 im 70. Lebensj.), ... welche . . . . 3. Febr. sq. 1879 . . . . im Auctionslokale der *Montmorillon*'schen Kunsthandlung . . . . versteigert werden. München 1879. 8°. Cart.
2 Bll., 75 S. m. 1070 Nrn. — Angebd. noch 2 weitere Cat. derselben Auct.-Anstalt, d[illegible] 704 u. [illegible] Nrn. enthaltend.

Weitz, Carl, die ersten Klänge der Muse. Gedichte. (XII, 236 S.) 8. Dresden 903. E. Pierson. n. 3. —; geb. n. 4. —

Weitz, L. Otto, steuerlos. Eine Dichtg. in 1 Aufzuge. (VII, 32 S.) 8. Dresden (907). E. Pierson. 1. —

Weitz, M., Abteufen von Schächten, Bohrlöchern, Strecken und Ausschachtungen aller Art durch Gefrierenlassen, nach dem System von F. H. Poetsch. Dresden, 1883. 12 S.

Weitz, M.: Die Poetsch'sche Methode zum Abteufen von Schächten und Ausschachtungen aller Art im wasserreichen und schwimmenden Gebirge durch Gefrierenlassen desselben. Berlin 1885

Der Chilisalpeter als Düngemittel. Von Dr. M[ax] **Weitz**. Mit 228 Abb. u. 8 Taf. Berlin: P. Parey 1905. (487 S.) 4° [05. 371

Weitz, M: Der Chilisalpeter als Düngemittel. Berlin 1906

Weitz, Max. Geschichte der Chemie in synchronistischer Darstellung. Ein kurzgefasster Leitfaden f. Fachmänner u. Laien, Studirende u. Praktiker, f. Schüler u. zum Selbstunterricht. qu. gr. 4. (36 S.) Berl. 889, Fischer's technolog. Verlag. * 1 50

—— Naturwissenschaftliches im täglichen Leben, s. Volksbücher, wissenschaftliche.

— der landwirthschaftliche „Raubbau". Ein Mahnruf. gr. 8. (44 S. m. Abbildgn.) Berlin 893. S. Fischer, Verl. n. 1. —

Weitz, Max, d. landwirthschaftl. „Raubbau." E. Mahnruf. 3. Aufl. gr. 8. (44 S. m. 4 Abb.) Berlin 895. S. Fischer, Verl. n. 1. —

Weitz M.: Vorkommen u. Gewinnung d. Chilisalpeters. Berl.-Charlottenb. 1900. 9 S. 31 Tvl. (heraf 28 dobbeltsid.). Fol.

Weitz, Otto: Studium über Oximirung des Benzylidenacetophenons. *Freiburg i. B. 1898: Ch. Lehmann's Nachf.* (42 S.) 8°
Freiburg i. B., Phil. Diss. v. 1898

Weitz, Philipp, Kammergerichts-Ref.: Das örtliche Recht und der Gerichtsstand für die Alimentationsansprüche ausserehelicher Kinder. *Greifswald 1899: J. Abel.* (54 S.) 8°
Greifswald, Jur. Diss. v. 1899

Weitz, Theodor: Ueber Krampfwehen. Halle (1869): Lipke. 37 S. 8°
Halle-Wittenberg, Med. Diss. v. 30. Okt. 1869
Geb. Breslau 20. 4. 1845. V.

Weitz, Wilhelm, Medizinalpraktikant a. Pyrmont ⟨Fürstent. Waldeck⟩: Über einen eigenartigen Fall von Syphilis haemorrhagica bei einem Erwachsenen. Hamburg und Leipzig: L. Voss 1905. (15 S.) 8°
Kiel, Med. Fak., Ref. Quincke, Diss. v. 9. Dez. 1905
[Geb. 5. Mai 81 Pyrmont, Waldeck; Wohnort: Pyrmont; Staatsangeh.: Waldeck; Vorbildung: Gymn. Hameln Reife O. 00; Studium: Göttingen 2, Tübingen 3, Berlin 2, Kiel 2 S.; Coll. 29. Sept. 05; Approb. 1. Okt. 05.]

Weitz, Wilh., die Aachener Mundart, s. Jos. Müller.

Weitz, Wilhelm, Prof.: Einfache physikalische Schülerversuche. *Köln 1900: J. P. Bachem.* (S. 3—21.) 4°
Köln, k. kath. G. an Aposteln, P. 1900 (478)

Weitz v. Menge, J. A. F., (†...) Fragmente zur Toleranzgeschichte; in vier erklärten Kupfertaf. Mit sm. Bildn. 8. ...785.

Weitze, F., Anleitung z. Uebung im französ. Briefstyle durch gegeb. Beispiele z. Uebersetzen; f. höh. Töchterschulen u. Unterrichtsinstitute. 8. (6½ B.) Neuhaldensleben 836, Eyraud.

Weitze, Jh. Fr., Predigt am 14. Nov. 1813, als an dem Feste für die herrl. Siege d. Verbündeten in d. letzten Hälfte des Oktob. u. für die glückl. Wiederherstellung des lieben preuß. Vaterlandes. 8. Halberst. (814.) Vogler in Potsd. 2 K

— patriot. Predigten. 8. Goslar 815.

Weitzel, Iohannes Albinus: *De avium furcula. 25 Bl. 4° (2°)
Halle-Wittenberg, Phil. Diss. v. 20. Dez. 1864
Geb. [Zeitz 4. 12. 1840]
Ersch. in deutscher Bearbeitung u. d. T.: Die Furcula. Ein Beitrag zur Osteologie der Vögel. In: Zeitschrift f. d. ges. Naturwissenschaften. Bd. 25 Berlin 1865. S. 317—359.

Weitzel, C., Blätter der Erinnerung aus drei Jahrzehnten in Ulm. Eine Auswahl v. Festreden u. Vorträgen. (VII, 184 S.) 8. Ulm 905. (J. Ebner.) n. 2. —

Weitzel, Carl Georg, s. Weitzel, Karl Georg

Weitzel, Ed., Aufschluß für ernst-religiös gesinnte Christen über Jenseits, Verkehr mit der Geisterwelt und Spiritismus. Auf Grund langjähr. Beobachtungen und eigener Lebens-Erfahrungen mitgetheilt. gr. 8. (44 S.) Hegnach 888. (Berlin, Siegismund.) *

—— Aufschluß über den Verkehr mit der Geisterwelt und den Spiritismus. Auf Grund langjähr. Beobachtungen und eigener Lebens-Erfahrungen mitgetheilt. 8. (22 S.) Ebendas. 887. *

Lindau oder Der unsichtbare Bund; eine Geschichte aus dem Revolutionskriege von Joh. **Weitzel.** Frankfurt: Kerner 1805. 315 S. 8°
TB. 187.

Weitzel, Jh. Jgn., Archiv, rheinisches, s. N. Vogt.

Weitzel, Jh. Jgn., August u. Wilhelmine, od. das Mißverständniß. 2 Thle. 2e Aufl. 8. Wiesbad. 819. Schellenberg. 1 ß 12 K

— über die Bestimmung des Menschen u. des Bürgers. 8. Mainz 800. (Levrault in Straßb.) 16 K

(—) Betrachtt. üb. e. d. wichtigsten Begebenheiten unserer Tage. gr. 8. Wiesbad. 814. ... (Aus d. rhein. Archiv abgedr.)

— Betrachtt. über Deutschland. Von d. letzten Hälfte des 8ten bis zur ersten des 13ten Jahrh., oder von Karl dem Großen bis auf Friedrich II. gr. 12. Leipz. 828. Brockhaus. 1 ß 8 K

Weitzel, Joh. Jgn., Briefe vom Rhein. kl. 8. Leipzig u. Stuttgart 834. Literatur-Compt. 2¼ ß, jetzt n. 1⅙ ß

— der heil. Bund. gr. 8. Wiesbad. 824. Schellenberg. 1 ß 12 K
(Auch u. d. T.: vermischte Schriften. 1r Bd.)

— s. Denkschrift auf Napoleon Bonaparte, u. setze hinzu: (v. J. J. Weitzel). — Egeria, e. Monatsschrift, u. setze hinzu: (v. J. J. Weitzel).

— Eugen, od. die Feindschaft aus Liebe. 8. Mainz 809. Kupferberg. 1 ß 8 K

— Europa in seinem gegenwärt. Zustande. gr. 8. Wiesbad. 824. Ritter. 1 ß 12 K

—— Geschichte d. Staatswissenschaft. 2 Thle. gr. 8. Stuttgart, Cotta.
Thl. 1. 1. Geschichte d. Staatswissensch. v. ihrem Entstehen bis zum Untergange d. römischen Reichs. 2. Vom Untergange d. römischen Reichs bis zur franz. Revolution. (21 B.) 831. 1 Thlr. 16 Gr.
„ 2. Vom Anfange d. franz. Revolution bis zur Restauration. (24 B.) 833. 2 Thlr.

— hat Deutschland eine Revolution zu fürchten? 2e verm. Aufl. 8. Wiesbad. 819. Schellenberg. 16 K

— Lindau, od. der unsichtbare Bund. 8. Frankf., Körner. 16 K

— das Merkwürdigste aus meinem Leben u. aus meiner Zeit. 2 Bde. 8. Leipz. 821, 22. Brockhaus. 4 ß 8 K

— Napoleon durch sich selbst gerichtet. gr. 12. Frankf. 829. Sauerländer. 16 K

— die Rheinreise. 1r Thl. gr. 8. Wiesbad. 825. Ritter. 1 ß 12 K

— Scherz u. Ernst; zur Charakteristik unserer Zeit. 8. Frankf. 830. Sauerländer. 1 ß 18 K

— vermischte Schriften. 3 Bde. gr. 8. Wiesbad. 820, 21. Schellenberg. (à 1 Thlr 12 gGr) 4 Thlr 12 gGr

— was soll man lernen? oder Zweck des Unterrichts. gr. 12. Lpz. 828. Brockhaus. 12 gGr

Weitzel, C. L., Conrad Widerhold, der Commandant von Hohentwiel u. Obervogt in Kirchheim u. Teck; ein gedrängtes Lebens- u. Characterbild. Mittheilungen aus der Kirchheimer Säcularfeier seines Todestags 13. Juni 1867. Kirchheim 867. Riethmüller. 8. (54 S.) n. 7½ ngr.

Weitzel, K. L., die christl. Passafeier der drei ersten Jahrhunderte. Zugleich ein Beitrag zur Geschichte des Christenthums u. zur Evangelienkritik. Mit einem Anh.: Die Passafragmente im Originaltext. gr. 8. (VIII u. 330 S.) Pforzheim 848, Flammer & Hoffmann (jetzt: Stuttgart, Scheitlin). 2 Thlr 6 ngr

Weitzel, Karl: Diebstahl und Frevel und ihre Beziehungen zu Hoch- und Niedergerichtsbarkeit in den alamannischen Rechtsquellen des Mittelalters. Borna-Leipzig 1909: Noske. 79 S. 8°

Leipzig, Phil. Diss. v. 7. Sept. 1909, Ref. Seeliger, Brandenburg

[Geb. 4. März 87 Mittweida; Wohnort: Dresden; Staatsangeh.: Sachsen; Vorbildung: Kgl. Gymn. Dresden-N. Reife O. 06; Studium: Leipzig 7 S.; Rig. 9. Juli 09.] [U 10. 3271

Weitzel, Carl, der Kunststil und seine Hauptformen mit besonderer Beziehung auf die dramatische Kunst. Eine kunstwissenschaftl. Studie. gr. 8. (VIII und 198 S.) Stuttgart 866, E. Ebner.

Weitzel, Carl: Aus dem pathologischen Institut zu Giessen. Über ein Teratom des Ovarium. *Giessen 1897: v. Münchow.* (34 S.) 8°

Giessen, Med. Diss. v. 1897

Weitzel, Karl Geo., s.: Echo, maschinentechnisches.

Weitzel, Karl Geo., Grundzüge e. allgemeinen Unterrichtskunde f. technische Fachschulen. Erfahrungen, Ratschläge, Winke aus e. 25jähr. Lehr- u. Direktortätigkeit. (IV, 112 S.) gr. 8. Leipzig 906. (M. Schäfer.) n. 2. —; geb. in Leinw. n. 2. 50

— Pädagogik f. technische Lehranstalten, s.a. Hartleben's, A., mechanisch-technische Bibliothek.

Weitzel, C. G, Pädagogik für technische Lehranstalten. [A. Hartleben's mechanisch-technische Bibliothek. Bd. XVI.] Gr.-8°. (VII, 124 S.) K 3.30, geb. K 4.40

Wien: Hartleben 1908.

Weitzel, Karl Georg (Hrsg.), s.a. Schule, Die, des Maschinentechnikers.

— die Schule des Maschinentechnikers. Lehrhefte f. den Maschinenbau u. die nöt. Hilfswissenschaften. 1.—52. Hft. Lex.-8. (à 1½ Bog. m. Abbildgn. u. 56 Taf.) Leipzig 891—894. M. Schäfer. à n. — 50

— dasselbe. 1.—9. Bd., 10. Bd., 2 Tle. u. 11.—15. Bd. gr. 8. Ebd. n. 46. 50; Einbde. à n.n. 1. 25

1. Die Arithmetik u. Algebra. Von H. Vieweger u. Alb. Behr. (VII, 248 S.) (894.) n. 4. —
2. D. Planimetrie (ebene Geometrie). Von Alb. Behr. (VII, 104 S. m. 171 Fig.) (894.) n. 1. 50
3. Die Trigonometrie. Von Paul Killmann. (X, 128 S. m. 61 Fig.) (894.) n. 2. —
4. Die Stereometrie. Von Paul Killmann. (XI, 104 S. m. 53 Fig.) (895.) n. 1. 50
5. Das Wichtigste aus d. geometr. Zeichnen u. d. Projektionslehre. Von Frz. Stado u. Max Seidel. (VIII, 87 S. m. Fig. u. 25 Taf. (894.) n. 4. 50
6. D. Wissenswerteste aus d. Physik. Von A. Nagl. (X, 58 S. m. 51 Fig.) (894.) n. 1. —
7. Die Mechanik. Von R. Geigenmüller. (XII, 224 S. m. 156 Fig.) (894.) n. 3. 50
8. D. Festigkeitslehre. Von L. Hummel. (VII, 48 S. m. 37 Fig.) (894.) n. 1. —
9. Das Wichtigste aus d. Differential- u. Integralrechnung. Von R. Geigenmüller. (VII, 96 S. m. 42 Fig.) (895.) n. 1. 50
10. (1 Tl.) Die Maschinen-Elemente, m. e. besond. Atlas v. Konstruktionszeichngn. Von Aug. Pohlhausen. (51 Bl. m. 1 Bl. Text.) (X, 354 S. m. 73 Fig. (895.) n. 12. —
10. 2, dasselbe. 2. Tl. (IV u. S. 355 u. 438 m. 12 Fig. u. 11 Taf.) 898. n. 3. —
11. Das Wichtigste aus der Graphostatik. Von Paul Killmann. (VI, 96 S. m. 70 Fig. u. 3 Taf.) 897. n. 2. —
12. Die Dampfkesselanlagen. Von Aug. Pohlhausen. (IV, 91 S. m. Abb. u. 6 Taf.) 898. n. 2. 50
13. Die Hebemaschinen. Von Aug. Pohlhausen. (V, 89 S. m. Abb. u. 4 Taf.) 898. n. 2. —
14. Die hydraul. Motoren. Von C. G. O. Deckert. (VII, 60 S. m. 1 Taf.) 898. n. 1. 50
15. D. Dampfmaschinenlehre. Von L. Hummel. (VI, 153 S. m. Abb. u. 4 Taf.) 898. n. 3. —

Weitzel, Karl Geo., die Schule des Maschinentechnikers. Lehrhefte f. den Maschinenbau u. d. nötigen Hilfswissenschaften. 53.—90. (Schluss-) Hft. Lex.-8. (1030 S. m. Abb. u. 49 Taf.) Leipzig 895—898. M. Schäfer. à Lfg. n. — 50

— die Schule des Maschinentechnikers. Lehrbuch zum Selbstunterrichte im Maschinenbau u. den dazu gehör. Hilfswissenschaften. Begründet v. W. 3., völlig neue Bearbeitg., hrsg. v. Alfr. Holzt. (In 100—120 Heften.) 1.—39. Heft. (912 S. m. Abbildgn. u. 33 z. Tl. farb. Taf.) Lex.-8. Ebd. (904—906). à n. — 50

— dasselbe. 1. Bd. Lex.-8. Ebd. n. 4. 50; geb. n. 5. 50
Die Arithmetik u. Algebra. Lehrbuch zum Selbstunterrichte. Von Hugo Vieweger. (X, 272 S.) (906.)

— Die Schule des Maschinentechnikers. Lehrbuch zum Selbstunterricht im Maschinenbau u. den dazu gehör. Hilfswissenschaften. Begründet v. W. 3. völlig neue Bearbeitg., hrsg. v. Alfr. Holzt. 40.—83. Heft. (1302 S. m. Abbildgn. u. 22 meist farb. Taf.) Lex. 8. Leipzig (907—10). M. Schäfer. à — 50

— dasselbe. 6. u. 7. Bd. Lex. 8. Ebd. 8.50; geb. n 10.50
6. Die Physik. Lehrbuch zum Selbstunterricht. Von Hugo Vieweger. (X, 272 S.) (910.) 4.50; geb. n 5.50
7. Die Mechanik. Lehrbuch zum Selbstunterricht. Von R. Geigenmüller. 3. Aufl., bearb. v. Karl Kneip. (X, 247 S.) (910.) 4.—; geb. n 5.—

— Unterrichtsbriefe f. die Buchstabenrechnung u. Algebra sowie f. ebene Geometrie (Planimetrie) und Anwendung der Algebra auf Geometrie. In Gesprächsform zum Selbstunterricht verf. 2 Bde. (VIII, 480 u. 479 S.) Lex. 8. Wien 910. A. Hartleben. à 7. 50; geb. in Leinw. à n 8.75; auch in 30 Lfgn. à — 50

Weitzel, Carl Geo., Unterrichtshefte für den gesammten Maschinenbau und die ihm verwandten Zweige des technischen Wissens. Unter Mitwirkung einer Anzahl Professoren und Lehrer deutscher techn. Lehranstalten hrsg. 1.—56. Lfg. (à 4 Bog. mit eingedr. Holzschn.) hoch 4. Leipzig 871—75, M. Schäfer. à Lfg. 50 Pf.

—— dass. — 1.—6. Lfg. 2. Aufl. (à 4 Bog.) hoch 4. Ebendas. 874. à Lfg. 50 Pf.

Weitzel, Carl Geo., Unterrichtshefte für den gesammten Maschinenbau und die ihm verwandten Zweige des techn. Wissens. Unter Mitwirkung einer Anzahl Professoren und Lehrer deutscher techn. Lehranstalten hrsg. 57.—77. (Schluß-)Lfg. Lex.-8. (à Lfg. 1½ Bog. mit eingedr. Holzschn. und Stnt.) Leipzig 876—78, M. Schäfer. à Lfg. *M. 50 Pf. *

—— dass. — 6 Bde. Mit 652 (eingedr.) Holzschn. und 101 (lithogr. und chromolithogr.) Taf. Constructions-Zeichnungen. Lex.-8. Ebendas. 878. *

Inhalt:

Bd. 1. 2. Maschinenbau. 2 Bde. Mit 231 (eingedr.) Holzschn. und 80 color. Taf., enth.: Die Maschinen-Elemente. (442; 414 S.) *M. 20.
" 3. Mathematik. 1. Bd.: Arithmetik. Mit vielen ausgerechneten Beispielen. (482 S. mit 3 Logarithmentaf.) *M. 10.
" 4. Mathematik. 2. Bd.: Ebene Geometrie. Mit 262 Holzschn. im Texte und vielen aufgelösten Aufgaben und Beispielen. (128 S.) *M. 2.
" 5. Darstellende Geometrie. I. Das Wichtigste aus der Projectionslehre. Mit 40 Holzschn. im Texte und 1 (lithogr.) Taf. II. Die darstellende Geometrie. Mit 41 Holzschn. im Texte und 20 (lithogr.) Taf. (24 und 93 S.) *M. 4.
" 6. Mechanik. Mit 38 Holzschn. im Texte. (148 S.) *M. 2.50.

Weitzel, Carl Geo., Unterrichtshefte für den gesammten Maschinenbau und die ihm verwandten Zweige des techn. Wissens. Unter Mitwirkung einer Anzahl Professoren und Lehrer deutscher techn. Lehranstalten hrsg. 2. Aufl. 77 Lfgn. oder 6 Bde. Lex.-8. (442; 414; 482; 128; 98; 148 S. mit eingedr. Holzschn. und 80 Stnt.) Leipzig 880—82, M. Schäfer. à Lfg. * 50 Pf. *

Weitzel, Carl Geo., **Unterrichtshefte** f. den gesammten Maschinenbau u. die ihm verwandten Zweige d. technischen Wissens. Unter Mitwirkg. e. Anzahl Professoren u. Lehrer deutscher techn. Lehranstalten hrsg. Mit zahlreichen Abbildgn. u. Constructions-Zeichngn. 3. Aufl. 72 Hfte. Lex.-8. (à $1\frac{1}{2}$—2 B.) Leipzig 884—86. M. Schäfer. à n. — 50 (cplt.: n. 38. 50)

Weitzel, Carl Geo., Unterrichtshefte für den gesammten Maschinenbau und die ihm verwandten Zweige des technischen Wissens. Unter Mitwirkung einer Anzahl Professoren und Lehrer deutscher techn. Lehranstalten hrsg. Mit zahlreichen Abbild. und Constructions-Zeichnungen. 3. Aufl. 6 Bde. in 77 Lfgn. Lex.-8. Leipzig 885,86, M. Schäfer. à Lfg. * 50 Pf. *

Inhalt:
Bd. 1. 2. Die Maschinen-Elemente. 2 Bde. (412; 414 S.) à Bd. * ℳ 6.—. Atlas dazu. (80 Taf.) * ℳ 8.—.
- 3. Die Arithmetik. (482 S. mit 3 Taf.) * ℳ 10.—.
- 4. Die ebene Geometrie. (128 S.) * ℳ 2.—.
- 5. 1) Das Wichtigste aus der Projektionslehre. (24 S. mit 1 Taf.) 2) Die darstellende Geometrie mit Atlas. (98 S. mit 20 Taf.) * ℳ 4.—.
- 6. Die Mechanik. (148 S.) * ℳ 2.50.

—— Wie wird man Maschinentechniker? Winke und Ratschläge bei der Wahl des maschinentechn. Berufes. 1.—3. Aufl. gr. 8. (30 S.) Mittweida 884. (Leipzig, M. Schäfer.)

—— wie wird man Maschinentechniker? Winke und Ratschläge bei der Wahl des maschinentechn. Berufes, nebst einem Anhang: Wie wird man Elektrotechniker? 5.—7. Aufl. gr. 8. (40 S.) Ebendas. 885—87. *

Weitzel, Karl Geo., wie wird man Maschinentechniker? Winke u. Ratschläge bei Wahl des maschinentechn. Berufes, nebst e. Anh.: Wie wird man Elektrotechniker? 8. Aufl. gr. 8. (40 u. 3 S.) Leipzig 892. (M. Schäfer.) n. 1. —

Weitzel, Karl Ludw., Grundlagen für den deutschen Sprachunterricht in der Volksschule, aus der Wort- Satz- Rede- Schreibe- Lese- und Aufsatz-Lehre für die Hand des Lehrers. Stuttgart 853. Belser. gr. 8. (XII, 123 S.) 12 ngr.

Weitzel, Karl L[illegible] [illegible] Evangelische Kirche Württembergs und der Reiseprediger Gustav Werner [illegible] [illegible]

—— der Lesebuch-Unterricht in der Volksschule. Lehrplan und pract. Lehrgang in Lehrproben. I. Thl.: Der Sprachunterricht am württemberg. Lesebuch mit angewandter höherer Leselehre, Wort- und Rechtschreiblehre, Satz- und Aufsatzlehre für Volksschulen. gr. 8. (VII und 256 S. mit 1 Tab. in gr. Fol.) Stuttgart 856, Belser'sche Buchh. *

Weitzel, Leop., kerndeutsche Worte in Reimen. schmal gr. 8. (24 S.) Dresden 900. (E. Weise.) n. — 75

Weitzel, Vikt., der Handelsgewächsbau, s.: **Zeeb, Heinr.**

— das Jahr des Landwirts, s.: **Möhrlin, Fritz.**

— Lehr- u. Handbuch der gesamten einfach bürgerlichen u. ländlichen Hauswirtschaft. Der Hausfrau zur Anregg., der heranwachs. Tochter zur Belehrg., den Haushaltungsschulen u. Fortbildungsschulen f. die weibl. Jugend als Lehrbuch gewidmet. gr. 8. (XI, 408 S. m. Abbildgn. u. 4 farb. Taf. Ulm 901. J. Ebner. Geb. in Leinw. n. 4.—

— **Peter Schmids Lehrjahre, s.: Möhrlin, Fritz.**

— die Natur als Lehrmeisterin des Landmannes, s.: **Möhrlin, Fritz.**

— der Pfennig in der Landwirtschaft, s.: **Möhrlin, Fritz.**

— Peter Schmid, der Fortschrittsbauer, s.: **Möhrlin, Fritz.**

Weitzel, W., die deutschen Kaiserpfalzen u. Königshöfe vom 8. bis zum 16. Jahrh. (131 S. m. 45 Abbildgn.) Lex.-8. Halle 905. Buchh. des Waisenhauses. n. 3. —; geb. n. 3.60

[**Weitzel**, Henricus Ferdinandus **Guilelmus**]: •De radiorum in spectro solari actionibus opticis, chemicis, thermicis. Pars prior. 25 gez. Bl. 4° (2°)
Halle-Wittenberg, Phil. Diss. v. 13. Juli 1860

Geb. [Zeitz 12. 11. 1836]

Hallische gekrönte philos. Preisschrift v. 1859.

Ersch. überarb. u. verm. deutsch u. d. T.: Das prismatisch zerlegte Sonnenlicht. (Ein Beitrag zur Geschichte der Optik.) In: Zeitschrift f. d. ges. Naturwissenschaften. Bd 17. Berlin 1861. S 293—393. Cap. 1—39 der Diss. = S. 293—352, der Verf. fügte im Druck hinzu § 40—60 u. Taf. 1—5 S. 352—393.

Verf. erlebte die Diplomerneuerung 1910 als Gymnasial-Professor a. D. in Halle, vgl. Anh. Nr. 645.

Weitzel, Wilh. Elementare Untersuchungen der Eigenschaften einer gemeinen windschiefen Fläche. 20 S. u. 3 Taf. *Greifswald* 1881
Progr.

Weitzenbeck (G. A.), Oekonomische Pflanzengeschichte für Schule . . . Muenchen. 1787. 8.

WEITZENBECK, Georg Anton: Einige zufällige Bemerkungen über den dermaligen Holzzustand in Bayern, veranlaßt durch die fast allgemeine Klage über Holzmangel. - Burghausen 1790. 28 S.

Weitzenböck, Georg: Bestand der Lehrerbücherei an der steiermärkischen Landes-Oberrealschule in Graz. [illegible] (Schluß: S. 49—95. 8. Steiermärkische Landes-Oberrealschule Graz [illegible] 1902.
Progr.

Weitzenböck, Geo., Lehrbuch der französischen Sprache, s. a. Lehrbuch der französischen Sprache.

Weitzenböck, Geo., Lehrbuch der französischen Sprache. 1. Thl. gr. 8. (III, 140 S.) Prag 892. F. Tempsky. — Leipzig, G. Freytag. Kart. n. 1. 80

Weitzenböck, Georg, Lehrbuch der französischen Sprache. I. Theil. Wien 1893. Tempsky. (Min.-Erl. v. 21. März 1893, Z. 5453.) Geb. —.90

Weitzenböck, Georg, Lehrbuch der französischen Sprache. I. Theil. 2. umgearbeitete Auflage. Wien und Prag 1898. F. Tempsky. —.75
Geb. 1.—

Weitzenböck, Georg, Lehrbuch der französischen Sprache. I. Teil. Wien 1902. F. Tempsky. Preis, geheftet 1 K 70 h, in Ganzleinwand gebunden 2 K 20 h.
(Min.-Erl. vom 31. Mai 1902, Z. 16987.)

Weitzenböck, Geo., Lehrbuch der französischen Sprache. II. Tl. gr. 8. (VI, 259 S. m. 21 Abb. u. 2 Karten.) Wien u. Prag 895. F. Tempsky. — Leipzig, G. Freytag. n. 2. 60; geb. in Leinw. n. 3. —
(I u. II.: n. 4. 30)

Weitzenböck, Geo., Lehrbuch der französischen Sprache. 1. u. 2. Tl. A u. B. gr. 8. Leipzig, G. Freytag.
Geb. in Leinw. n. 6. —
1. 4. inhaltlich unveränd. Aufl. (II, 171 S.) 902. n. 2. —
2. A. Übungsbuch. Mit 21 Abbildgn. u. 2 Karten. 3. Aufl. (XVIII, 198 S.) 900. n. 2. 50
B. Sprachlehre. 3. erweit. Aufl. (XVI, 80 S.) n. 1. 50

Weitzenböck, Georg, Lehrbuch der französischen Sprache. I. Teil. 5., durchgesehene Auflage. Wien 1903. F. Tempsky. Preis, geheftet 1 K 70 h, gebunden 2 K 20 h.

Weitzenböck Georg, Lehrbuch der französischen Sprache. I. Teil. 6., durchgesehene Auflage. Wien 1905. F. Tempsky. Geh. K 1.70, geb. K 2.20.

Weitzenböck Georg, Lehrbuch der französischen Sprache. I. Teil. 7. Auflage. Mit einer Münztafel. Wien 1907. F. Tempsky. Geh. K 2.—, geb. K 2.50.

Weitzenböck Georg, Lehrbuch der französischen Sprache. II. Teil A. Übungsbuch. *B.* Sprachlehre. 4., durchgesehene Auflage. Wien 1903. F. Tempsky.
Preis des Übungsbuches, geheftet 2 K, gebunden 2 K 50 h.
Preis der Sprachlehre, geheftet 1 K, gebunden 1 K 50 h.

Weltzenböck Georg, Lehrbuch der französischen Sprache. II. Teil. *A.* Übungsbuch. 5., durchgesehene Auflage. Wien 1905. F. Tempsky. Preis, geheftet 2 K, gebunden 2 K 50 h.

Weltzenböck Georg, Lehrbuch der französischen Sprache. II. Teil. B. Sprachlehre. 5., durchgesehene Auflage. (5., im wesentlichen unveränderte, allgemein zulässige Auflage.) Wien 1905. F. Tempsky. Geh. K 1.—, geb. K 1.50.

Weltzenböck Georg, Lehrbuch der französischen Sprache. II. Teil. A. Übungsbuch. 6., unveränderte, sonach gemäß Min.-Erl. vom 19. August 1904, Z. 29445, allgemein zulässige Auflage. Wien 1907 Tempsky. Geh. K 2.—, geb. K 2.50.

— dasselbe f. höhere Mädchenschulen u. Lehrerinnen-Seminarien. 1. Tl. gr. 8. (II, 180 S.) Ebd. 902. Geb. in Leinw. n. 2. 50

Welzenböck, Georg, Lehrbuch der französischen Sprache für Mädchenlyzeen. Wien. F. Tempsky.

I. Teil. Inhaltlich unveränderter, nach der neuen Rechtschreibung hergestellter Abdruck der mit dem Erlasse des k. k. Ministeriums für Kultus und Unterricht vom 14. November 1901, Z. 33023, für den Unterrichtsgebrauch an Mädchenlyzeen approbierten 1. Auflage. Preis, geheftet 2 K 40 h, gebunden 2 K 90 h.

II. Teil A. Übungsbuch. Mit 24 Abbildungen, einem Kärtchen von Frankreich und einem Plane von Paris. Mit Ministerialerlaß vom 18 September 1903, Z. 30829, für den Unterrichtsgebrauch an Mädchenlyzeen allgemein zulässig erklärt Preis, gebunden 3 K 80 h

II. Teil B. Sprachlehre. Mit Ministerialerlaß vom 12. September 1903, Z. 20794, für den Unterrichtsgebrauch an Mädchenlyzeen allgemein zulässig erklärt. Preis, geheftet 1 K 20 h, gebunden 1 K 70 h.

Weltzenböck Georg, Lehrbuch der französischen Sprache für Mädchenlyzeen, Lehrerinnenbildungsanstalten und verwandte Lehranstalten. I. Teil. 2., durchgesehene Auflage. Wien 1904. F. Tempsky. Preis, gebunden 2 K 90 h.

Weltzenböck Georg, Lehrbuch der französischen Sprache für Mädchenlyzeen, Lehrerinnenbildungsanstalten und verwandte Anstalten. I. Teil. Mit einer Münztafel. 3., im wesentlichen unveränderte, sonach gemäß Min.-Erl. vom 21. April 1901, Z. 12615. allgemein zulässige Auflage. Wien 1907. F. Tempsky. Geb. K 2.90.

Weltzenböck, Georg, Lehrbuch der französischen Sprache für Mädchenlyzeen. II. Teil. *A.* Übungsbuch. Wien 1903. F. Tempsky. Preis, geheftet 3 K 30 h, in Ganzleinwand gebunden 3 K 80 h.

Weltzenböck Georg, Lehrbuch der französischen Sprache für Mädchenlyzeen, Lehrerinnenbildungsanstalten und verwandte Lehranstalten. II. Teil. A. Übungsbuch. 2., im wesentlichen unveränderte, sonach gemäß Min.-Erl. vom 18. September 1903, Z. 30829. allgemein zulässige Auflage. Wien 1907. F. Tempsky. Geb. K 3.80

Weltzenböck, Georg, Lehrbuch der französischen Sprache für Mädchenlyzeen. II. Teil. *B.* Sprachlehre. Wien 1903. F. Tempsky. Preis, geheftet 1 K 20 h, gebunden 1 K 70 h.

Weltzenböck Georg, Lehrbuch der französischen Sprache für Mädchenlyzeen, Lehrerinnenbildungsanstalten und verwandte Lehranstalten. II. Teil. B. Sprachlehre. 2., im wesentlichen unveränderte, somit gemäß Min.-Erl. vom 24. Februar 1904, Z. 4156, zulässige Auflage. Wien 1907. Verlag von F. Tempsky. Geh. K 1.20, geb. K 1.70.

Weltzenböck Georg, Lehrbuch der französischen Sprache für Mädchenlyzeen, Lehrerinnenbildungsanstalten und verwandte Lehranstalten. II. Teil. B. Sprachlehre. 2., im wesentlichen unveränderte, somit gemäß Min.-Erl. vom 12. September 1907, Z. 20794, allgemein zulässige Auflage. Wien 1907. F. Tempsky. Geb. K 1.20, geb. K 1.70.

Weitzenböck, Geo., zur Reform des Sprachunterrichtes. Mit einem Anhang über die österreich. Realschule. gr. 8. (III, 76 S.) Wien 888, Graeser. *

Weitzenböck, Georg Tagebuch des französischen Unterrichts in der ersten Klasse. 8 (32 S.). Steierm. Landes-Oberrsch. *Graz* 1894. **Progr.**

—, Tagebuch des französischen Unterrichts in der zweiten Classe. 8 (28 S.). **Progr.** Steierm. Landes-Oberrsch. *Graz* 1895.

Weitzenböck, G. Texte in Lautschrift für den französischen Anfangsunterricht. Graz, Landes O.R., 1890. 12 S. **Progr.**

Weitzenböck, Richard

und Seer [illegible] vgr.
— [illegible] vgr.
Separatabdruck

Weitzenböck, Richard: Über die Natur und Konstitution der Rhizocholsäure, s.a. Schrötter, Hugo

Weitzenböck, Richard, und Schrötter, Hugo

— — Über die Natur und Konstitution der Rhizocholsäure. S. 117. IIb. 461 . . . vgr.
Separatabdruck

— und Lieb Hans: Eine neue Synthese des Chrysens. S. 121. IIb. [illegible] . . . vgr.
Separatabdruck

[illegible] S. 121. IIb. [illegible] vgr.
Separatabdruck

WEITZENBOECK, Richard: Über das Vorkommen von Isoleucin in Kasein. — 1907. 20 S. Diss. Graz, Univ.

Weitzenböck, Richard: Über die Zusammengehörigkeit des Cholesterins und der Cholasäure ..., s.a. Schrötter, Hugo

— und Schrötter Hugo: Über die Zusammengehörigkeit des Cholesterins und der Cholalsäure mit dem Kampfer und dem Terpentinol. S. 117. IIb. 131 . . . . . vgr.

Weitzenböck, Roland

— Über Bewegungsinvarianten. 1. Mitteilung. S. 122. IIa. 1241 . . . . — .60
Separatabdruck

— Über Bewegungsinvarianten. 2. Mitteilung. S. 122. IIa. 1565 . . . . —.40
— — 3. Mitteilung. S. 122. IIa. 1577 . . . . —.60
— — 4. Mitteilung. S. 122. IIa. 1595 . . . . —.40
— — 5. Mitteilung. S. 123. IIa. 105 . . . . —.80
— — 6. Mitteilung. S. 123. IIa. 567 . . . . —.60
— — 7. Mitteilung. S. 123. IIa. 679 . . . . —.60
Separatabdruck

— Beweis des ersten Fundamentalsatzes der symbolischen Methode. S. 122. IIa. 153 . — .60
Separatabdruck

— Beweis des zweiten Fundamentalsatzes der symbolischen Methode. S. 122. IIa. 379 . . . . 1.20
Separatabdruck

— Über Drehungsinvarianten. D 89. 709 . . . . 2.50
Separatabdruck

— Zur projektiven Geometrie des R_4 (mit 39 Textfiguren). S. 121. IIa. 253 . . . . 3.—
Separatabdruck

Weitzenböck, Roland, Komplex-Symbolik, s.a. Sammlung Schubert.

Komplex-Symbolik. Eine Einführung in d. analyt. Geometrie mehrdimensionaler Räume von Roland **Weitzenböck.** Leipzig: Göschen 1908. VI, 191 S. 8°
(Sammlung Schubert. 57.) [U. 12679 II

— Zum System v. 4 Ebenen im R 4. (12 S.) gr. 8. Wien 910. A. Hölder. — 40
Sonderabdr. a.: „Sitzungsber. d. k. Akad. d. Wiss."

Weitzenbreyer, Karl Gtthrd., († d. 15. April 1812.) Diss inaug. med. de cupro medicato. 4. Erfurt 783. (38 S.)

Weitzenfeld, Jh. Nep., s.a. Beschreib. d. Bildergallerie zu Schleißheim.

(*Weizenfeld,* Joh. Nep. Edler v., churfl. wirkl. Hof-Kammerrath u. Gallerie-Direktor). Beschreibung der Churfl. Bildergallerie in Schleisheim (sic). Mit 1 Vign. (*Jos. Störcklin* sc.). München (o. Aug. d. V. u. D.), 1775. 8°. Gleichzeit. Frzb.
8 Bll., 231 S. m. 1 Vign. (Abbild. d. Schlosses), 1 Bl. Err.

Weitzenmiller, Franc. (geb. Thorn 8. 5. 1842): De tabe dorsuali. Berolini (1867). (31 S.) 8°
Berlin, Med. Diss. v. 27. Nov. 1867

Karl Weitzenmiller

De Fungo durae matris. Gryphiae (1823:) Kunike. 44 S. 8°
Greifswald, Med. Diss. v. 23. Juni 1823

Weitzenmiller, Marie: Der heil. Adalbert, s.a. Vereinstheater, Neues. Nr. 10.

Der heilige Adalbert. E. Lebensbild in 4 Akten v. Marie Weitzenmiller. Essen (Ruhr): Fredebeul & Koenen 1897. (55 S.) 1 Bd 8°
(Vereinstheater, Neues. No 10.)

— der hl. Andreas, s.: Dilettantenbühne, katholische.

Weitzenmiller, Marie, Festklänge im Munde der Jugend. Eine Sammlg. v. Gelegenheitsgedichten u. kleinen Festakten. 8. (46 S.) Münster i/W. 894. A. Russell. n. — 70

— die Kinder an der Krippe. Weihnachtsdarstellung f. Schule u. Haus. 8. (14 S.) Ebd. 893. n. — 50

— Kindertheater f. Schule u. Haus. 8. Ebd. 894. n. — 70
Des Kindes Brief. Schauspiel in 2 Akten. Prüfungen. Schauspiel in 1 Akt. Das Christkind die Erwartg. der Völker. Festakt f. Weihnachten. (40 S.)

— das Kirchenjahr, durchlebt v. guten Kindern. 8. (120 S. m. Abbildgn.) Ebd. 894. n. 1. 40; geb. in Leinw. 1. 70; m. Buntdr. n. 2. 20

— Schauspiele f. Kinder im häuslichen Kreise. 1. Bdchn. (Zum Namens-[Geburts-]tage der Mutter. Zum Namens-[Geburts-]tage der Großmutter. Die Waldfee.) 8. (24 S.) Ebd. 893. n. — 70

Weitzenmiller, Walther Franz Adolf, Oberarzt b. Leib-Garde-Hus.-Reg.: Über einen Fall von Tremor bei einem Nieter. Borna-Leipzig 1910: Noske. 34 S. 8°
Leipzig, Med. Diss. v. 3. Aug. 1910, Ref. Flechsig
[Geb. 23. Sept. 78 Oderberg i. M.; Wohnort: Potsdam; Staatsangeh.: Preußen; Vorbildung: Gymn. Gotha Reife O. 97; Studium: Berlin K. W. A. 9 S.; Coll. 10. Aug. 10; Approb. 17. Juli 02.] [U 10. 3084

Weitzenmüller, Frid. Guil. Armin. (geb. Braunsberg in Ostpr. 20. 1. 1841): De laesionibus acido nitrico concentrato in corpore humano effectis earumque sanandarum ratione probabili. Berolini (1863). (32 S.) 8°
Berlin, Med. Diss. v. 14. Aug. 1863

Weitzer, D., verschwendete Kräfte. 8. (67 S.) Leipzig 902. Theosoph. Centralbuchh. n. 1.20; geb. n. 2.20

LOUISE, Prinzessin, v. Sachsen-Coburg-Gotha. — Weitzer, J., Die Flucht der Prinzessin Luise von Sachsen-Coburg-Gotha aus Bad Elster. Nach eigenen Erlebnissen. 2. Aufl. Mit 2 Portraits. Floridsdorf 1904. 8°. (1 Kr. A. H. Huber, Salzburg, c. 1905.)

Weitzer, Jos., die Flucht der Prinzessin Luise v. Sachsen-Coburg-Gotha aus Bad Elster. Nach eigenen Erlebnissen erzählt. 5. Aufl. (IV, 76 S. m. 2 Bildnissen.) 8. Floridsdorf 904. A. Lehar. n. 1. 50

Ⓔ **Weitzer,** J., die Flucht d. Prinzessin Luise. 904. (KBL 34.)
Jetzt: Wien, J. Brenner.

Weitzig, Fritz, Stabsveterinär im Drag.-Reg. „König" (2. W.) Nr. 26 in Stuttgart: Aus d. Institut f. Seuchenlehre d. Tierärztl. Hochschule zu Stuttgart. Vorstand Prof. Dr. Zwick. Untersuchungen über die pathogenen und Coli-Bakterien beim Puerperal-Fieber des Rindes. Stuttgart 1908: R. Enzig. (50 S.) 8°
Gießen, Veterinär-Med. Koll., Ref. Olt, Diss. v. 29. April 1908
(Geb. 16. Aug. 69 Lobsens (Posen); Wohnort: Stuttgart; Staatsangeh.: Preußen; Vorbildung: Leibniz-Gymn. Berlin Reife M. 88; Studium: Tierärztl. Hochsch. Berlin 7 S.; Rig. 18. Dez. 07.]

Weitzler, Georg Christoph

— Entwurf d. ersten Anfangsgründe auf d. Klavier, nach Noten zu spielen. 4. Königsb. 755.

Weitzler, Geo. Chph., († d. 13. Okt. 1775.) kurzer Entwurf der ersten Anfangsgründe, den Generalbaß auf d. Klavier nach Zahlen zu spielen. 4. Königsb. 756.

— s. die Hexe von 4 Wochen

HEXE, Die, von vier Wochen (von *Georg Christoph Weitzler).* Mit Titelvign. Breslau und Leipzig 1763. 8°. 224 S.
Hier nur des Titels halber erwähnt. — Anon.-Lex. II p. 283 (nach Kayser u. Meusel). (4 Mk. L. Rosenthal 1907.) Rar!

WEITZLERS, Geo. Chr., Nachrichten von den Sitten der Thiere und Menschen, in 3 Büchern, nebst einem Fabelspiel. Berlin 1766. Gr. 8°. 14 Bogen. (14 Sgr. Scheible, 1868; jetzt höher!)
Cat. Meissner III. p. 564. — Selten!

— Nachr. von den Sitten der Menschen u. Thiere. gr. 8. Berl. 767. Birnstiel. 10 Gr.

Weitzmann, B., Untersuchungen üb. die Einwirkung der frischen u. getrockneten Biertrābern auf die Milchsecretion d. Rindes, s.: Berichte aus dem physiolog. Laboratorium u. der Versuchsanstalt d. landwirthschaftl. Instituts der Universität Halle.

Weitzmann, E. Bruno [aus Pulsnitz, Kgr. Sachsen]: Untersuchungen über die Einwirkung der frischen und getrockneten Biertrābern auf die Milchsekretion des Rindes .... Halle a. S., *G. Schoenfelds Verlagsbuchh., Dresden,* 1885; 66 S. u. 2 Taf. 4°.
Halle, Phil. Fak., Inaug.-Diss. v. [21. Dez.] 1885.

Weitzmann, Erwin, Gedichte. 16. (29 S.) Stuttgart 880, Loebell.

Weitzmann, Friedr., Ströme lebendigen Wassers, s.a. Ströme.

Weitzmann, Frdr., Ströme lebendigen Wassers oder Kern geistlicher Lieder aus dem Mund und Herzen gläubiger christlicher Dichter besonders der neuern Zeit. Mit einem Vorwort von Alb. Knapp. 2. verm. Aufl. Stuttgart 860. (Cammerer.) 8. (160 S.) n. 15 ngr.

Weitzmann, Karl

— — Der schwäbische Bauer im Beichtstuhl. O. O. u. J. (ca. 1800). 8°. 4 Bll. (3 Mk. 50 Pfg. H. Kerler, Ulm, vor 1885.)

Anonym. Sehr seltener und früher Einzeldruck der berüchtigten „schwäbischen Bauernbeichte".

Weizmann, Karl, der Bauern-Congreß in Poppelfingen im schwäbischen Dialekte mit d. Wörtererklärungen. 8. Ulm 823. (Ebner). 12 gr

WEITZMANN, Carl (von Ehingen, 1767—1828), Gedichte (meist in schwäbischem Dialekt). O. O. (Ehingen) 1803. 8°. 212 S. (4 Mk. 50 Pfg. M. Edelmann, Nürnb., 1907; 5 Mk., Expl. auf Schreibpap., H. Kerler, Ulm, vor 1885; 12 Mk., Expl. auf Velinpap., Th. Ackermann, München, 1913.)

— — Auserlesene Gedichte sowol in reindeutscher und schwäbischer Mundart. Hrsg. von F. Weitzmann. Stuttgart 1854. 8°. (In Carlsruhe: Qb 1749.)

Weitzmann, C., heit. Gedichte in schwäb. Mundart, s.: Bames.

Weitzmann's, C., Gedichte in schwäbischer Mundart. (IV, 73 u. Anh. X S.) kl. 8. Stuttgart (908). P. Mähler. Geb. u. geh. — 85

— neueste Gedichte. 1r Bd. 8. Ulm 819. Stettinische Buchh. 1 rß

— — Neueste Gedichte. Bd. 1. (einz.). Mit 1 Kpfr. Ulm 1819. Gedrukt (!) bei Joh. D. Wagner. 8°. XXVI—241 S. (1 Mk. 50 Pfg. Scheible, 1880; 5 Mk., Expl. wie ob., H. Kerler.)

— sämmtl. Gedichte. Vollständige, von d. Verfass. selbst revidirte Ausg. 1s u. 2s Bdchen.: Gedichte in reindeutscher Mundart. 829. 2e A. 830. 1 rß 3s Bdchen: Gedichte in schwäb. Mundart. 829. 2e A. 832. 12 gr gr. 16. Ludwigsb., Nast. 1 rß 12 gr

Weizmann's, Karl, sämmtl. Gedichte in reindeutscher u. schwäbischer Mundart. 3e Aufl. (In 1 Bdchn.) 12. Ludwigsburg 833. Nast. 1 rß — 4e Aufl. 12. Reutlingen 839. Fleischhauer u. Spohn. 11/12 rß

Weitzmann, C., sämmtl. Gedichte in reindeutscher u. schwäbischer Mundart. 5. Aufl. 12. (17½ B. u. 1 Stnt.) Reutlingen 843, Fleischhauer u. Spohn. -

Weitzmann's, C., sämmtliche Gedichte in reindeutscher und schwäbischer Mundart. 6. Aufl. Reutlingen 860. Fleischhauer & Spohn. 16. (2 Bl., 459 S.) 1 rß 6 ngr.

— — Dasselbe. 7. Aufl. Ebd. 1868. 16°.

Weitzmann, C., sämmtliche Gedichte in schwäbischer Mundart. Vollständige Ausg. 1. Aufl. 1873, und 2. Aufl. gr. 16. (IV, 212 S.) Stuttgart 874, Gutzkow. 75 Pf.; cart. *

Weitzmann's, C., sämmtliche Gedichte in schwäbischer Mundart. 3. Aufl. 16. Stuttgart 878. Kannstatt, Bosheuyer's Buchh. *

Weitzmann's, C., sämmtliche Gedichte in schwäbischer Mundart. Vollständigste Ausg. 3. Aufl. 16. (IV, 212 S.) Stuttgart 878. Gutzkow. cart. n. 1. —

— — Dasselbe. 4. Aufl. Ebd. 1878. 8°. (1 Mk., Orig.-Cartonbd., H. Hugendubel, 1904.)

Weitzmann's, C., sämmtliche Gedichte in schwäbischer Mundart. Vollständigste Ausg. 8. Aufl. 16. (IV, 200 S.) Cannstatt 886. Bosheuyer. cart. n. 1. —

Weitzmann's, C., sämmtliche Gedichte in schwäbischer Mundart. Vollständigste Ausg. 9. Aufl. Mit e. Anh. 16. (IV, 200 u. X S.) Straßburg i/E. 892. Straßburger Druckerei u. Verlagsanstalt. Kart. n. 1. —

-- dasselbe. Nebst e. Auswahl seiner besten hochdeutschen Dichtgn. 8., veränd. Aufl. 12. (VIII, 311 S.) Reutlingen 894. Fleischhauer & Spohn. 2. —

— sämmtliche Gedichte in schwäb. Mundart. Vollständigste Ausg. 10. Aufl. 16. (IV, 200 S.) Straßburg 895. Straßburger Druckerei u. Verlagsanst. Kart. n. 1. —

Weitzmann's, C., sämmtl. Gedichte in schwäbischer Mundart. Vollständige Ausg. 12. u. 13. Aufl. (IV, 200 S.) 16. Straßburg (903—906). Straßburger Druckerei u. Verlagsanstalt. Kart. n. 1. —

Weitzmann, C[arl]: Poetischer Nachlass. Nebst einer Auswahl seiner beliebtesten rein deutschen u. schwäbischen Gedichte, einer kurzen Biographie u. dessen wohlgetroffenem Bildnisse. Hrsg. von Friedr. Weitzmann. Stuttgart: Selbstverlag 1853. 160 S. 1 Kpfr. 8°

Tt. 2382. Enth. auf S. 116 ein Mrlied: „An einen Neophiten", abgedr. FZ. 27 1873 S. 151.

— an einen Neophyten. 4. Ulm 180..

— — Volks-Gedichte. O. O. u. J. 8°. 16 S. (2 Mk. 75 Pfg. Max Harrwitz, Berlin, 1904.)

Weizmann, ..., das Weltgericht, oder der schwäbische Jupiter in seinem Grimm. Eine tragikom. Bauern-Oper in 2 Aufz. 8. Ulm, Ebner. 6 gr

— — Das Welt-Gericht oder der schwäbische Jupiter in seinem Grimm. Eine tragi-komische Bauernoper in zween Aufzügen. Ehingen, 1826. Gedruckt bei J. Franz Häfele. 8°. 54 S. (5 Mk. Ernst Frensdorff, Berlin, 1906.)

Weitzmann, Karl Borrom., ausgewählte Dialektdichtungen, s. a. Dialektdichtungen, ausgewählte, aus den Schriften älterer schwäbischer Dichter. II.

Ausgewählte Dialektdichtungen aus den Schriften Karl Borromäus **Weitzmanns**. Mit e. Bildn. u. e. Lebensbeschreibung d. Dichters. Hrsg. von Joh. Schneiderhan. Ravensburg: F. Alber 1907. (200 S.) 8° [6.]

— **Dialektdichtungen**, Ausgewählte, aus d. Schriften älterer oberschwäb. Dichter. 2.

108. 413

Weitzmann, Carl Ernst, Seid fromm und fleißig. Ein Bilderbüchlein für Kinder. gr. 8. (15 S. mit 8 lithogr. und ill. Bildern in Tondr.) Stuttgart 852, Scheitlin.

Weitzmann, Carl Ernst, seid fromm und fleißig. Ein Bilderbüchlein für Kinder. 2. Aufl. gr. 8. (15 S. mit 8 lithogr. ill. Bildern.) Stuttgart 863, Schober. cart.

Weitzmann, Carl Ernst, Seid fromm und fleißig! Ein Bilderbüchlein für Kinder. 2. Aufl. 1871, und 3. Aufl. gr. 8. (15 S. mit 8 color. Bildern.) Stuttgart 874, Schober. cart.

Weitzmann, Carl Friedr., der übermässige Dreiklang. 4. (V und 32 S.) Berlin 853, [Guttentag.] *

Weitzmann, Carl Friedr., der übermässige Dreiklang. Berlin 853. Trautwein'sche Buchhdlg. 4. (3 Bl., 32 S.) n. 20 ngr.

Weitzmann, C. F., Geschichte des Clavierspiels, f. Lebert, S., und L. Stark, grosse theoretisch-praktische Clavierschule.

Weitzmann, C. F., Geschichte d. Klavierspiels, 3. Aufl., s.: Seiffert, Max, Geschichte d. Klaviermusik.

Weitzmann, C. F., Geschichte des Clavierspiels u. der Clavierliteratur. 2., vollständig umgearb. u. verm. Ausg. Mit Musikbeilagen u. einem Supplement, enth. die Geschichte des Claviers nach den neuesten Forschungen, nebst den dazu gehörigen (eingedr. Holzschn.-)Abbildgn. gr. 8. (XX, 387 S.) Stuttgart 879. Cotta. n. 8. —

Weitzmann [C. F.], Geschichte des Clavierspiels und der Clavierliteratur. Nachtrag zur 2. Aufl., von Otto Lessmann. gr. 8. (IV, 14 S. mit W.'s Lichtdr.-Bild.) Berlin 887, Th. Ch. F. Enslin.
Hauptwork [Stuttgart 1879, Cotta'sche Buchh.]. Berlin, Th. Chr. Fr. Enslin. *M 8.—.

—— Geschichte der griechischen Musik. Mit einer Musikbeilage, enth. die sämmtl. noch vorhandenen Proben altgriech. Melodien und 40 neugriech. Volksmelodien. gr. 4. (36 S. und 12 S. Musikbeilagen.) Berlin 855, Peters.

—— Geschichte des Septimen-Akkordes. gr. 4. (23 S.) Berlin 854, Guttentag. *

—— Hand-Buch der Theorie der Musik. Hrsg. von Fel. Schmidt. gr. 8. (XVI, 224 S.) Ebendas. 888. geb. *

Weitzmann, C. F., die neue Harmonielehre im Streit mit der alten. Mit einer musikal. Beilage: Albumblätter zur Emancipation der Quinten, und Anthologie klass. Quintenparallelen. 8. (28 S.) Leipzig 861, Kahnt.

—— Harmoniesystem. Gekrönte Preisschrift. 8. (VIII und 63 S.) Leipzig 860, Kahnt.

Weitzmann, C. F., Harmoniesystem. Gekrönte Preisschrift. Neue Aufl. 8. (VII, 63 S.) Leipzig 896. C. F. Kahnt Nachf. 1.20

Weitzmann, C. F., der letzte der Virtuosen. Leipzig 868. Kahnt. Lex.-8. (19 S.) 6 ngr.

—— der verminderte Septimenakkord. gr. 4. (VIII und 45 S.) Berlin 854, Peters. *

Weitzmann, Max, auf des Lebens Wogen. Erzählung. (41 S.) gr. 8. Vorhalle 902. Wetter, B. Engelmann.

Weitzmann, Philipp Polykarp (Neumark) A. S. 1368/13

Dissertatio philosophica de ingenio ad philosophandum nato. Präs. Samuel Friedrich Weitzmann (Bruder). Jena (Heller) II. 1721. 64 S.

W. v.: Johann Franz Budde, Iesaias Friedrich Weissenborn, Johann Reinhard Rus, Jo. Jakob Lehmann, Johann Weissenborn, Johann Gottlieb Scholz, Johann Adam Lipp, Samuel Ludwig Wilcke. 36252

Weitzmann, Samuel Friedrich (Friedeberg/Nmk.) A. S. 288/50

Quaestio: an potentiores rebelles, aliique huius fere generis, secundum leges gentium in vicinis regnis iure asyli frui possint ? Dissertatio publica. Präs. Johann Jakob Lehmann. Jena (Heller) IX. 1716. 48 S.

W. v.: Jo. Franz Buddeus, Jesaias Friedrich Weisenborn, Johann Reinhard Rus, Präs., Johann Christoph Hornung, J. D. Ritter. 36253

Weitzmann, Samuel Friedrich [Praes.], s. Weitzmann, Philipp Polykarp: De ingenio ad philosophandum nato.

Weitzmann, Wilhelm, a. Cassel: Die soziale Bedeutung des Humanisten Vives. Eine Analyse und Würdigung seiner Schrift: de subventione pauperum. Borna-Leipzig 1905: R. Noske. (44 S.) 8°
Erlangen, Phil. Fak., Ref. Römer und v. Eheberg, Diss. v. 18. Aug. 1905
[Geb. 15. Juni 70 Cassel; Staatsangeh.: Preußen; Vorbildung: Friedrichsgymn. Cassel Reife O. 89; Studium: Marburg 4, Greifswald 1, Marburg 3, Leipzig 1 S.; Rig. 13. Febr. 05.]

Weitzner, Emil: Versuche zur Synthese des α-Methylallantoins. 1907. 22 S. 8°
¶ Gekürzt in: J. Liebig's Annalen d. Chemie. Bd 361. 1908.
Hannover, Dr.-Ing.-Diss. v. 3. 12. 1906

Weitzner, Fr., Anweisung zum Gebrauche des deutsch-grammatikalischen Sprach-Stoffes nebst Anleitung zur Behandlung der Orthographie und der Stylübungen für Lehrer an Volksschulen. 8. (80 S. mit 1 Stnt.) Breslau 855, Graß, Barth und Comp. Verlag.

—— vollständiger schlesischer Blüthen-Kalender oder die schles. Flora, nach ihrer Blüthenzeit geordnet, mit Angabe der bekannten Fundorte rc. zur Erleichterung und planmäß. Ausführung botan. Exkursionen, mit Benutzung der neuesten und besten Hilfsquellen entworfen für Lehrer, Botaniker rc. 8. (IV und 151 S.) Breslau 854, (Graß, Barth und Comp. Verlag.) *

—— Pflanzen-Topographie des breslauer Kreises für angehende Botaniker, Schüler auf Realschulen und Gymnasien rc. 16. (VI und 45 S.) Breslau 852, Graß, Barth und Comp. Verlag. *

—— Schul-Botanik oder Pflanzenkunde in Verbindung mit Technologie für Volksschulen, sowie zum Privatgebrauche. 8. (VI und 144 S.) Breslau 853, Graß, Barth und Comp. Verlag. *

—— deutsch-grammatikalischer Sprachstoff für Volksschulen, gesammelt und geordnet. 8. (56 S.) Breslau 855, Graß, Barth und Comp. Verlag. *

Weiwers, J[ohann]: Ueber den unvergärbaren Zucker im Wein. 1906. 33 S. 4⁰
¶ Aus: Apothekerzeitung. Jg. 21.
Aachen, Dr.-Ing.-Diss. v. 30. 6. 1906

Weiwers, J.: Über den unvergärbaren Zucker im Wein. Luxemburg 1906: Huss. 33 S. Aachen, TeH., Diss. 1906 -- 5°. Bibliothèque Nationale de Luxembourg*

Weixelbaum, Andr., das summarische Verfahren für geringfügige Rechtssachen, zusammengestellt für das nicht juristische Publicum. gr. 8. Wien 846, Braumüller u. S. 18 ngl

Weixelberger, Passibus, von den Vortheilen, Pflichten u. d. Art, d. Kinder nach allerhöchster Verordnung in d. öffentlichen Schulen zu schicken. In 3 Predigten 2c. 8. Wien 799. 2e Aufl. ... Pichler. 6 gl

Weixelgärtner, Thiere, s. Originalien, wiener.

Weixer, Roman, Ehrenruhm u. Glorie der Frag: „Ob das lutherische Evangelium das wahre u. unverfälschte sei?" München 1757, 8°.

Weixer, Roman, Klare Wahrheitsfackel oder Vernunftschlüsse, sonnenklar an den Tag legend, welche die wahre Kirche Gottes sei. Landshut 1737, 8°.

Weixler, Adf., Ausgleichung trigonometr. Messgn. nach der Methode d. geometrischen Oerter. [Aus: „Mittheilgn. des k. u. k. militärgeograph. Institutes."] gr. 8. (57 S. m. 2 Taf.) Wien 897. (R. Lechner's Sort.) n.n. 1.—

WEIXLER, Adolf
Bearbeitung des trigonometrischen Gradmessungsnetzes für Zwecke der Landesvermessung. Von Adolf Weixler. (Hiezu Tafel 6.) Separat-Abdruck aus den „Mittheilungen des k. u. k. militär-geographischen Institutes", XX. Bd. Wien. 1901. Verlag des k. u. k. militär-geographischen Institutes. In Comm. R. Lechner (Wilh. Müller). Gr.-8°. Pag. 65—96 S. K 1.—

Weixler, Aug.: Das Tannheimer Thal, s. Kübler, Aug.

Weixlgärntner Arpad: Zu Dürers Akt- und Proportionsstudien.
1899 PN 1227 Diss.Wien, Univ. 1876

Weixlgärtner, Arpad, zu Dürers Anbetung der Könige in den Uffizien, s.a. Jahrbuch der kunsthistorischen Sammlungen des allerhöchsten Kaiserhauses. 28, I.

Zu Dürers Anbetung der Könige in den Uffizien. Von Arpad **Weixlgärtner**. Mit 1 Taf. u. 1 Textabb. Wien: Tempsky; Leipzig: Freytag 1909. S. 27–30. 2⁰(4⁰)
(Jahrbuch d. kunsthist. Sammlungen d. Allerh. Kaiserhauses. Bd 28, 1, [2.])

— Ein **Prunkschrank des Prinzen Eugen,** s.a. Jahrbuch der kunsthistorischen Sammlungen des allerhöchsten Kaiserhauses. 26, VI.

Ein Prunkschrank des Prinzen Eugen von Arpad **Weixlgärtner**. Mit 3 Taf. u. 6 Textabb. Wien: F. Tempsky; Leipzig: G. Freytag 1907. (S. 373–93.) gr. 2°
=**Jahrbuch** d. kunsthist. Sammlungen d. Allerh. Kaiserhauses. Bd 26, H. 6.
[06. 2228

Weiz, Ant., verbessertes Leipzig. 8. Leipz. Juntus. 728.

Weiz, Friedrich August, s.a. Waitz

Friedrich August Weiz

Friedrich August Waitz's [Weiz] kleine Aufsätze, die Geschichte des mineralischen Brunnens zu Bibra betr., ges.u.mit Zusätzen hrsg. von Johann Gottlieb Ziegler. Altenburg: Richter 1798. VI,76 S. 8°

Weiz, Friedrich August, Neue Auszüge aus Dissertationen, s.a. Auszüge, Neue...

Weiz, Friedrich August: Neue Auszüge aus Dissertationen für Wundärzte. Bd 1 - 3, 7 - 9, gbd.

Frankfurth u.Leipzig: Böhme 1774 - 1779

JB 3.042

Friedrich August Weiz, Vollständige Auszüge aus den besten chirurgischen Dispueten aller Akademien nebst Anzeigen der neuesten chirurgischen Bücher u.e. Anh. chirurgischer Neuigkeiten. Bd 1-6. Budißin (2 ff.: Leipzig & Budißin:) Deinzer 1769-74. 5 Bde 8°

Bd 1: 1769.	Bd 4: 1772.
Bd 2: 1770.	Bd 5: 1773.
Bd 3: 1771.	Bd 6: 1774.

Forts. s. Auszuege.- Neue Auszüge aus Dissertationen für Wundärzte. Bd 1. 1774 ff.

Weiz, Friedrich August: Vermischte Beiträge zur gerichtlichen Arzneygelahrtheit in verschiedenen vorgekommenen Fällen für Aerzte und Rechtsgelehrte. 296 S., gbd.

Leipzig: Böhme 1776

JB 5.298

Weiz, Friedrich August: Vermischte Beiträge zur gerichtlichen Arzneygelahrtheit in verschiedenen vorgekommenen Fällen für Aerzte und Rechtsgelehrte. 424 S., gbd.

Frankenthal: Verlag einer typographischen Gesellschaft 1787

JB 5.299

WEIZ, Dr. Frdr. Aug. (1739—1815), Die Betrügereyen der Ammen. Eine gemeinnützige Schrift, dem Publikum in deutscher Sprache mitgetheilt. Leipzig, b. Adam Fr. Böhmen. 1782. 8⁰.

Weiz, Friedrich August (Übers.u.Comm.):

s.: Fabricius Hildanus, Wilhelm: Chirurgische Beobachtungen und Curen. (Observationum et curationum chirurgicarum centuriae. Dt.) Cent.1 - 6. Flensburg u. Leipzig: 1780 - 1783

JB 3.090

Weiz, Friedrich August (Übers., Comm.u.Hrsg.):

s.: Haller, Albrecht von: Auserlesene chirurgische Disputationes. (Disputationes chirurgicae selectae. Dt.) In einen Auszug gebracht. Bd 1 - 2, 4. Leipzig: 1777-1784

JB 3.047

Friedrich August Weiz

Friedrich August Weiz Anatomisch- chirurgischer Catechismus [Katechismus] für Lehrlinge in der Wundarzneykunst. Bdg. 4. Leipzig: Böhme 1784. 8°

Bdg.4: Die Chirurgie enth. 1784.

Weiz, Friedrich August (Übers.u.Comm.):

s.: Lancisi, Giovanni Maria: Abhandlung von plözlichen Todesfällen und ihren Ursachen. (de subitaneis mortibus libri duo. Dt.) Buch 1 - 2. Leipzig: 1785

JB 5.288

Weizel, Schwurgericht od. Schöffengericht, s.: Zeugnisse, zwei.

Weizel, C., philosoph. jurist. Abhandlung v. d. Macht weltlicher Regenten, wider die göttl. Rechte Gesetze zu geben. 4. Frankf. Eßlinger. 750.

— de crebro usu brocardiorum jurid. diss. 4. ibid. 747.

Weizel, G., das badische Gesetz vom 5. Octbr. 1863 über die Organisation der innern Verwaltung mit den dazu gehörigen Verordnungen, sammt geschichtl. Einleitung und Erläuterungen. Nach amtl. Quellen bearb. gr. 8. (X und 400 S.) Karlsruhe 864, Braun'sche Hofbuchh. *

Weizel, J., üb. die Bestimmung d. Menschen u. des Bürgers. 8. Maynz. (Levrault in Strasb.) 800.

Weizel, Wilhelm, Zur Schulturnfrage, Dresden 1869, 43 S., 8°.

Weizen und Wicken. Eine Erzählung. Nach der 2. Aufl. des englischen Originals ins Deutsche übertragen. 2 Thle. Leipzig 864. Kollmann. 8. (313 S.) 1 ₰

Weizenähre, Die. Drama in 5 Aufzügen . . . Wien 1869. V: *Patiss, Georg.* (EB)

Weizenähre, die. Drama in 5 Aufzügen. Von H. F. P. Wien 869. Mayer & Co. 8. (116 S.) n. 10 ngr.

Weizenbeck, Georg Anton

— Anzeigen der um München wildwachsenden oder allgemein gebauten Pflanzen mit ihren Kennzeichen in tabellar. Form. 8. Münch. 786. (Fleischmann). 8 ℛ

Weizenbeck, Geo. Ant., Bemerkk. üb. d. jetz. Holzzustand in Baiern, s. Fr. Mayr, üb. die öffentl. Lustbarkeiten rc.

Weizenbeck, Geo. Ant., († ...) zufällige Bemerkungen über den dermaligen Holzzustand in Baiern rc. 4. Burghaus. (Regensb.) 790. Montag u. W. 3 ℛ

– s.a. Linne, Pflanzensystem.

Weizenbeck, Ge. Ant., Linné's vollständiges deutsches Pflanzensystem in tabellarische Form gebracht. H. 1. [einziges.] München 1785. 8.

— ökonom. Pflanzengeschichte, für Schulen u. d. gemeinen Mann. 8. Münch. 787. Lentner. 8 ℛ

— vollständ. deutsch. Pflanzensystem des Ritter Linné in tabellar. Ordnung rc. 8. Ebend. 788.

– s. Unterhaltungen, Botan.

Weizenbeck, Rudolf von: Geschichte der Bayerischen Fabriken- und Gewerbe-Inspektion. Erlangen 1909: Jacob. XIV, 137 S. 8°

Erlangen, Phil. Diss. v. 27. Okt. 1909, Ref. v. Eheberg

[Geb. 25. Aug. 72 München; Wohnort: München; Staatsangeh.: Bayern; Vorbildung: Luitpold-Gymn. München Reife 92; Studium: München 8 S.; Rig. 14. Juli 09.] [U 10. 914

Weizenberg, A., Licht u. Schatten. Betrachtungen. gr. 8. (123 S. m. 2 Taf.) Jurjeff 900. (J. Anderson.) n. 2. —

Weizenböck, Georg, s. Weitzenböck, Georg

Weizenbreyer, C. G., s. Weitzenbreyer, Karl Gotthard

Weizenegger, Frz. Jos., Vorarlberg. Bearb. aus d. Papieren d. in Bregenz verstorb. Verf. v. M. Merkle. 3 Abthln. gr. 8. Innsbruck 839, Wagner'sche Buchh. à 1⅓ Thlr.

Abthl. 1. Allgem. Uebersicht d. Landes. Merkwürd. Personen. Ständische Verfassung. Landesvertheidigung. Rechtspflege. Natur-Erzeugnisse. Fabriken, Handel u. Gewerbe. Auswanderung. Kirchl. ält. u. neueste Eintheilung. Volkscharakter. (22½ B.)

" 2. Landesadel. Seine Besitzungen u. ihre Veräußerung. Münzwesen d. ältern Zeit. Nachrichten üb. einzelne Städte, Klöster u. Orte d. Herrschaften: Feldkirch, Bludenz, Bregenz, Hohenegg, Blumenegg, Hohenems u. des Reichshofes Lustenau. } (48⅛ B.)

" 3. Landesgeschichte, von d. vorchristl. Zeiten bis z. Ende d. österreich. Erbfolgekriege. }

Weizenfeld, Johann Nepomuk von, s. Weitzenfeld

Weizenmalsyrup. [Halberstadt 1798.] V: *Fischer, Gottlob Nathanael.* (MI.)

Weizinger, Franz Xaver: Die Malerfamilie der 'Strigel' in der ehemals freien Reichsstadt Memmingen. T. 1. Hans Strigel † 1461. Ivo Strigel 1430—1516. Claus Strigel um 1500. München 1908: Beck. 48 S. 8°

München, Phil. Diss. v. 16. Juli 1908, Ref. Riehl, Wolters

[Geb. 7. Jan. 83 Sollern; Wohnort: München; Staatsangeh.: Bayern; Vorbildung: Neues Gymn. Regensburg Reife Juli 02; Studium: Phil. Regensburg Lyz. 2, Theol. u. Phil. München 10 S.; Rig. 16. Juli 08.] [U 09. 3530

Weizler, G. Ch., Nachrichten v. d. Sitten der Thiere u. Menschen. gr. 8. Berlin, Birnstiel. 766.

Weizmann, die Eisenbahn als öffentliche Straße. 8. (28 S.) Berlin 875. Stuhr. n. — 50

— die deutsche Reichsbahn. 8. (58 S.) Ebend. 876. n. 1. 20

Weizmann, Chaim. [Dr. aus Pinsk]: I. Elektrolytische Reduktion von 1-Nitroanthrachinon. II. Über die Kondensation von Phenanthrenchinon und 1-Nitroanthrachinon mit einigen Phenolen. Bern 1899. 52 S. 8°.

Freiburg. Mathem.-naturw. Diss. 1898/99.

Weizmann, Hans, Gerichtsreferendar: Das Berufsgeheimnis. ⟨§ 300 RStGB.⟩ Borna-Leipzig 1909: Noske. X, 54 S. 8°

Breslau, Jur. Diss. v. 28. Febr. 1909, Ref. Gretener-Fischer

[Geb. 20. Juni 83 Oppeln; Wohnort: Breslau; Staatsangeh.: Preußen; Vorbildung: Gymn. Graudenz Reife O. 03; Studium: Freiburg i. B. 1, München 1, Breslau 4 S.; Rig. 18. Febr. 09.] [U 09. 533

Weizmann, K. W., üb. d. Verhältniß d. Volksschule z. Staat u. z. Kirche. Einige Worte z. Entgegnung auf d. neuesten Aeußerungen d. Seminar-Dir. Dr. Diesterweg. gr. 12. (2 B.) Berlin 839, Voßische Buchh.

Weizmann, Karl Ludwig

Weizmann, Karl, s.: Festbuch z. V. Stenographentage d. deutschen Gabelsberger=Stenographenbundes.

Weizmann, Karl, Lehr- und Uebungsbuch der Gabelsberger'schen Stenographie (Verkehrsschrift und Debattenschrift) nach dem gegenwärtigen Stande des Systems. Hiezu eine Mappe mit 48 stenographischen Tafeln. Gr.-8. (109 S.) In Lnwd. geb. 1.25
Wien: Bermann & Altmann 1895.

Weizmann, Karl, Lehr= und Uebungsbuch der Gabelsberger'schen Stenographie. Mit 48 stenographischen Tafeln. Wien 1895. Verlag des Verfassers. In Commission bei Bermann und Altmann. (Min.=Erl. v. 11. Januar 1896, Z. 30590 ex 1895.) Geb. 1.25

Weizmann, Karl, Lehr= und Uebungsbuch der Gabelsberger'schen Stenographie. Wien 1896. Verlag des Verfassers. In Commission bei Bermann & Altmann. (Min.=Erl. vom 9. Oct. 1896. Z. 24211) 1.30

— Lehr- u. Uebungsbuch der Gabelsberger'schen Stenographie (Verkehrs- u. Debattenschrift) nach d. gegenwärt. Stande d. Systems. Buchdruck u. stenograph. Thl. 3., erweit. u. verb. Aufl. gr. 8. (132 u. 64 S. m. Bildnis.) Wien 896. (Bermann u. Altmann.) Geb. in Leinw. n. 2. 20

Weizmann, Karl, Lehr= und Uebungsbuch der Gabelsberger'schen Stenographie Buchdruck und stenographischer Theil. 4. erweiterte und verbesserte Auflage. Selbstverlag. In Commission bei Bermann und Altmann. Wien 1897. (Min.=Erl. v. 30. October 1897, Z. 27267.) Geb. 1.30

Weizmann, Karl, Lehr= und Uebungsbuch der Gabelsberger'schen Stenographie nach dem gegenwärtigen Stande des Systems. 4. erweiterte und verbesserte Auflage. Wien 1897. Verlag des Verfassers. In Commission bei Bermann und Altmann. (Min.=Erl. v. 28. November 1897, Z. 29112.) Geb. 1.30

Weizmann, Karl, Lehr- u. Übungsbuch der Gabelsberger'schen Stenographie (Verkehrs- u. Debattenschrift) nach dem gegenwärtigen Stande des Systems. Buchdruck u. stenograph. Thl. 5., im Vergleiche m. der 4., unveränd. Aufl. gr. 8. (134 u. 80 S. m. Bildnis.) Wien 899. [Bermann & Altmann] Manz. Geb. in Leinw. n.n. 2. 20

Weizmann, K., Lehr- und Übungsbuch der Gabelsberger'schen Stenographie nach dem gegenwärtigen Stande des Systems. Buchdruck und stenographischer Teil. 7. Auflage. Unveränderter, nach der neuen Rechtschreibung hergestellter Abdruck der mit Ministerial-Erlaß vom 1. August 1899, Z. 18963, zum Unterrichtsgebrauche an kommerziellen Lehranstalten allgemein zulässig erklärten fünften Auflage Wien 1903. Manz'scher Verlag. Preis, gebunden 2 K 80 h.

Weizmann Karl, Lehr- und Übungsbuch der Gabelsbergerschen Stenographie. (Verkehrs- und Debattenschrift.) Buchdruck und stenographischer Teil. 8. Auflage. Wien 1904. Manz'sche Verlagsbuchhandlung. Preis, gebunden 2 K 80 h.

Weizmann, Karl, Lehr- und Uebungsbuch der Gabelsbergerschen Stenographie (Verkehrsschrift u. Debattenschrift). Buchdruck u. stenograph. Tl. 9., umgearb. Aufl. (146 u. 79 S. m. 1 Bildnis.) gr. 8. Wien 906. Manz. Geb. u. geh. n. 2. 40

Weizmann, Karl Ludw., Lehr- u. Übungsbuch der Gabelsbergerschen Stenographie (Verkehrs- u. Debattenschrift). Buchdruck u. stenograph. Tl. 10., gegenüber der 9. unveränd. Aufl. (146 S. m. 1 Bildnis u. 79 S. in 8.) gr. 8. Wien 908. Manz. Geb. u. geh. 2.40

— **kurzgefasster Lehrgang der Gabelsbergerschen Stenographie (Verkehrsschrift u. Debattenschrift).** (IV, 92 S. m. 1 Bildnis.) gr. 8. Ebd. 906. Geb. n. 1. 50

Weizmann, Karl Ludwig: Kurzgefaßter Lehrgang der Gabelsbergerschen Stenographie. (Verkehrs- und Debattenschrift.) 2., verbesserte Auflage. Wien 1909. Manz.

— Kurzgefasster Lehrgang der Gabelsbergerschen Stenographie. (Verkehrsschrift u. Debattenschrift.) 3. Aufl. (IV, 86 S. m. 1 Bildnis.) gr. 8. Ebd. 910. Geb. 1. 50

— **stenographisches Lesebuch (System Gabelsberger) f. Verkehrsschrift u. Debattenschrift.** (VII, 192 S. m. 1 Bildnis.) gr. 8. Ebd. 904. Geb. in Leinw. n. 2. 90

Weizmann Karl Ludwig, Stenographisches Lesebuch (System Gabelsberger) für Verkehrsschrift und Debattenschrift. Wien 1908. Manz'sche k. u. k. Hofverlags- und Universitätsbuchhandlung. I. Verkehrsschrift. Brosch. K 1.30, kart. K 1.60. II. Debattenschrift. Brosch. K 1.30, kart. K 1.60. Ausgabe in einem Bande. Wien 1904. Geh. K 2.40, geb. K 2.90.

— **Stenographisches Lesebuch (System Gabelsberger) f. Verkehrsschrift u. Debattenschrift. 2 Tle. 2. verb. Aufl. gr. 8. Ebd. Geb. à 1. 40; in 1 Bd. geb. 2. 50**
1. Verkehrsschrift. (VI, 96 S. m. 1 Bildnis.) 909.
2. Satzkürzung („Debattenschrift"). (III, 96 S. m. 1 Bildnis.) 910.

— **Stenographische Unterrichtsbriefe. Verkehrsschrift u. Debattenschrift. (820 S.) gr. 8. Ebd. 907—09. In Leinw.-Karton 6.—; auch in 20 Lfgn. à — 25**

Weizmann, Louis, Dickens und Daudet in deutscher Uebersetzung. gr. 8. (44 S.) Berlin 880, Hermann.

Weizmann, M., neuer Versuch, der 4 Evangelisten, insonderheit aber d. Evangelia gründlich zu erklären. 8. Berlin, Haude. 739.

Weizsäcker. – Julius Weizsäcker.

—— [Gedenkrede auf ihn], s. Weiland, Ludw.

Weizsäcker v, Geschichte der 25jährigen Wirksamkeit des Schwäbischen Frauenvereins 1873-1898. (82 S) Stuttgart 1898

Weizsaecker: Antiquissima tria statuta facultatis theologicae Tubingensis. Tubingae. 20 S. 4°
Schul-/Univ.-Schrift 1867

– s. Textbibel des Alten und Neuen Testaments.

Weizsäcker, v., s.: Verfassungsrevision.

Weizsäcker, C., biblische Theologie, s. Schmid, C. F.

Weizsäcker, C., Untersuchungen über die evangelische Geschichte, ihre Quellen und den Gang ihrer Entwicklung. Gotha 864. Besser. gr. 8. (XVI, 580 S.) 2 *n/ß* 15 *ngr.*

Weizsäcker, H. [aus Berlin]: Über die Behandlung der Pferdedarstellungen in der Kunst der italienischen Frührenaissance ... Berlin (Gedr. i. d. Reichsdr.) 1886. 22 S. 4°
Gottingen, Phil. Fak., Inaug.-Diss. v. 1886.

Weizsäcker, H., über die Behandlung der Pferdedarstellungen in der Kunst der italienischen Frührenaissance. Diss. Göttingen 1886, Dieterichsche Univ.-Buchh. 4°. 22 S.

Weizsäcker, Heinrich

— üb. die Bedeutung der Archäologie f. das Gymnasium. [Aus: „Korresp.-Bl. f. d. Gelehrten- u. Realschulen".] gr. 8. (8 S.) Tübingen 891. Fues. n.n. — 30

Weizsäcker, Heinr., s.: Beiträge, kunstwissenschaftliche

— die Bildnisse Wielands. [Aus: „Württ. Vierteljahrshefte f. Landesgesch."] gr. 8. (52 S. m. 11 Abbildgn. u. 2 Lichtdr.-Taf.) Stuttgart 893. W. Kohlhammer. n. 1. 50

Weizsäcker, Heinr., Peter Halm. M. 6 Taf. u. 16 Abb. im Text. [Aus: „Die graph. Künste."] Fol. (14 S.) Wien 898. Gesellschaft f. vervielfältig. Kunst. n. 12. —

Catalog der Gemälde-Gallerie des Städelschen Kunstinstituts in Frankfurt am Main. Im Auftr. d. Inst. bearb. von Heinrich Weizsäcker. Abth. 1. Frankfurt a. M. 1900: A. Osterrieth. 8°

— u. Alb. **Dessoff,** Kunst u. Künstler in Frankfurt am Main im 19. Jahrh. Hrsg. auf Veranlassg. des Frankfurter Kunstvereins. 2 Bde. 32×22 cm. Frankfurt a/M., H. Keller. Geb. in Leinw. 24. —
1. Das Frankfurter Kunstleben im 19. Jahrh., in seinen grundlegenden Zügen geschildert v. W. (VIII, 118 S. m. 52 Lichtdr.-Taf.) (907.)
2. Biographisches Lexikon der Frankfurter Künstler im 19. Jahrh., bearb. v. D. Mit 1 Origin.-Radierg. v. P. Halm (XIII, 177 S.) 909.

Das Frankfurter Kunstleben im neunzehnten Jahrhundert in seinen grundlegenden Zügen geschildert von Heinrich **Weizsäcker**. Mit 52 Taf. Frankfurt a. M.: J. Baer & Co. (1907). (VII, 118 S.) 4°(8°) [F.]
= **Weizsäcker**: Kunst u. Künstler in Frankfurt a. M. im 19. Jh. Bd 1. [07. 17906

Weizsäcker, Heinr., s.: Lithographien, neue.

Weizsäcker, H., die Meisterwerke der Gemälde-Galerie des Städelschen Kunstinstitutes in Frankfurt am Main. 60 Lichtdr. m. erläut. Text. gr. Fol. (VIII, 43 S.) München (899). Verlagsanst. F. Bruckmann. Geb. in Leinw. n. 75.—

Formularbuch für die freiwillige Gerichtsbarkeit zum Gebrauche der Preussischen Gerichte. Auf amtl. Veranlassung hrsg. von Hugo **Weizsäcker**, Landrichter, u. Karl Lorenz, Amtsrichter. Lfg 1. *Berlin: R. Kühn 1900.* 8° [00. 8356

— u. **Karl Lorenz,** Formularbuch f. die freiwillige Gerichtsbarkeit zum Gebrauche der preuß. Gerichte. Auf amtl. Veranlassg. hrsg. (Anastat. Neudr.) gr. 8. (X, 336 S.) Ebd. 900. (901). n. 3. 60; geb. n. 5. 60

Weizsäcker, Hugo, u. **Karl Lorenz,** Formularbuch f. die freiwillige Gerichtsbarkeit zum Gebrauche der preuß. Gerichte. Auf amtl. Veranlassg. hrsg. 2., verm. Aufl. (XII, 369 S.) gr. 8. Berlin 904. R. Kühn. n. 5. —; geb. in Halbfrz. n. 7. —

Weizsäcker, Hugo, Formularbuch zu d. deutschen Prozeßordngn. für d. Gebrauch d. Gerichte u. Staatsanwaltschaften. 1. Abth.: Formulare zur Civilprozeßordng. u. zur Konkursordng. Auf d. Grundlage d. Formularbuchs v. Fel. Vierhaus auf amtl. Veranlassg. neu bearb. gr. 8. (XVI, 205 S.) Berlin 895. R. Kühn's Verl. n. 2. 50

Weizsäcker, Hugo, Formularbuch zu den deutschen Prozeßordnungen f. den Gebrauch der Gerichte u. Staatsanwaltschaften. 1. u. 2. Abth. gr. 8. Berlin, R. Kühn. n. 5. 70; geb. n. 9. 25
1. Formulare zur Civilprozeßordng. u. zur Konkursordng. Auf der Grundlage des Formularbuchs von Fel. Vierhaus auf amtl. Veranlassg. neu bearb. 2. Aufl., m. Berücksicht. der seit dem 1. I. 1900 gelt. Fassg. der Gesetze. (XVI, 231 S.) 901. n. 3. 20; geb. n. 5. —
2. Formulare zur Strafprozeßordnung. Auf der Grundlage des Formularbuchs von Fel. Vierhaus auf amtl. Veranlassung neu bearb. (XVI, 231 S.) 899. n. 2. 50; geb. n. 4. 25

Weizsäcker, Hugo, Formularbuch zu den deutschen Prozeßordnungen, Ergänzungsheft, s.: Dürrenfeld, Art., die neuen amtlichen Formulare nach der Novelle zur Zivilprozeßordnung.

— Musterbeispiele zu Eingaben in Kirchenbausachen f. d. 7 östl. Provinzen d. Landeskirche Preußens. Auf Grund amtl. Materialien f. Kirchenälteste u. Gemeindevertreter bearb. 8. (47 S.) Berlin 895. Trowitzsch & Sohn. n. — 80

Weizsäcker, Hugo, juristischer Wegweiser f. Kirchenbau u. Parochialteilung in den 7 östlichen Provinzen der Landeskirche Preußens. Auf Grund amtl. Materialien f. Kirchenälteste u. Gemeindevertreter bearb. gr. 8. (VIII, 136 S.) Berlin 891. Trowitzsch & Sohn. n. 1. 20

Weizsäcker, Jul., der Rheinische Bund 1254. gr. 8. (V, 218 S.) [Tübingen 879, Laupp'sche Buchh.] Freiburg i. Br., Mohr. *

Geschichtliche Entwickelung der Idee einer allgemeinen Reichssteuer in Deutschlands Vergangenheit. Festrede am Geburtstage Seiner Maj. des Kaisers und Königs gehalten in der Aula der Königl. Friedrich-Wilhelms-Universität am 22. März 1882 von Julius **Weizsäcker** Berlin 1882. (16 S.) 4°

Weizsäcker, Jul., der Kampf gegen den Chorepiskopat des fränkischen Reichs im 9. Jahrh. Eine histor. Untersuchung. Lex.-8. (IV und 51 S.) Tübingen 859, Laupp'sche Buchh. Thlr. *

Weizsäcker, Jul., der Pfalzgraf als Richter über den König. gr. 4. (84 S.) Göttingen 886, Dieterich'sche Verlagsh. *
Aus: Abhandlungen der k. Gesellschaft der Wissenschaften zu Göttingen, besonders abgedruckt.

Weizsäcker, J. Rede über die geschichtliche Entwickelung einer allgemeinen Reichssteuer in Deutschlands Vergangenheit. 8°. Berlin 1882.

Weizsäcker, J., deutsche Reichstagsakten unter König Wenzel, s. a. Reichstagsacten, deutsche.

Weizsäcker, Jul. Deutsche Reichstagsacten unter König Wenzel. [1376—1400] 3 Tle. (CXLIV; 1527) 4. München 1868—77. 47,00.

— Renso als Wahlort. [Aus: „Abhandlgn. d. k. preuss. Akad. d. Wiss."] gr. 4. (66 S.) Berlin 890. (G. Reimer.) n. 3. —

—— die Urkunden der Approbation König Ruprecht's. gr. 4. (117 S.) Berlin 888, (G. Reimer.) *
Aus: Abhandlungen der k. preuss. Akademie der Wissenschaften zu Berlin, besonders abgedruckt.

Weizsäcker, Karl

Weizsäcker, Carl, Ferdinand Christian Baur. Rede, zur akadem. Feier seines 100. Geburtstages 21. Juni 1892 in der Aula in Tübingen gesprochen. gr. 8. (22 S.) Stuttgart 892. F. Frommann. n. — 40

Weizsäcker, K[arl]: Einleitung zu der Akademischen Preisverteilung. Tübingen den 6. November 1893. [Miszellen zur Universitätsgeschichte von 1714 und 1806. 19.] Tübingen: Laupp [1893]

Weizsäcker, Carl v., Festrede bei der 4. Säcularfeier der Universität Tübingen am 9. Aug. 1877 gehalten. Lex.-8. (15 S.) Tübingen 877, Fues'sche Sortimentsh. *

— Lehrer u. Unterricht an der evangelisch-theologischen Facultät der Universität Tübingen von der Reformation bis zur Gegenwart beschrieben. [Aus: „Beiträge zur Geschichte der Universität Tübingen".] Lex.-8. (172 S.) Tübingen 877. Fues. n. 3. 80

Weizsäcker, Carl, das römische Schiedsrichteramt unter Vergleichung mit dem Officium judicis. gr. 8. (III, 99 S.) Tübingen 879. Freiburg i/B., Mohr. n. 2. 80

Weizsäcker, Carl, s. Testament, Das Neue.

Weizsäcker, Carl, Untersuchungen üb. die evangelische Geschichte, ihre Quellen u. den Gang ihrer Entwicklung. 2. unveränd. (Titel-)Ausg. gr. 8. (XVI, 580 S.) Freiburg i/B. 891. J. C. B. Mohr. n. 6. —

— Untersuchungen üb. die evangelische Geschichte, ihre Quellen u. den Gang ihrer Entwicklung. 2. Aufl. gr. 8. (XIV, 379 S.) Tübingen 901. J. C. B. Mohr. n. 7. —; geb. n.n. 8. —

Weizsäcker, Carl, das apostolische Zeitalter der christlichen Kirche. gr. 8. (VIII, 698 S.) Freiburg i/Br. 886. Mohr. n. 14. —; geb. n. 16. 50

— das apostolische Zeitalter der christl. Kirche. Sach- u. Stellenregister. gr. 8. (XXXVII S.) Freiburg i/Br. 889. J. C. B. Mohr. n. 2. — (cplt. m. Reg.: n. 16. —)

—— Das apostolische Zeitalter der christlichen Kirche. 2., m. e. Sach- u. Stellenregister verseh. Ausg. gr. 8. (VIII, 698 u. Reg. XVIII, XIX S.) Ebd. 890. * 16 —; geb. ** 18 50
Sach- u. Stellenregister allein * 2 —

— das apostolische Zeitalter der christlichen Kirche. 2., neu bearb. Aufl. 4 Lfgn. gr. 8. (VIII, 700 S.) Ebd. 891. 892. à n. 4. — (kplt. geb.: n.n. 18. 50)

— das apostol. Zeitalter der christl. Kirche. 3. Aufl. gr. 8. (VIII, 700 S.) Ebd. 902. n. 16. —; geb. n.n. 18. 50

Weizsäcker, Karl Heinr. v., zur Kritik des Barnabasbriefes aus dem Codex Sinaiticus. gr. 4. (III und 50 S.) Tübingen 863, (Fues'sche Sortimentsh.) * —

Weizsäcker, P. Ueber die Bedeutung der Archäologie f. das Gymnasium. gr. 8. (8 S.) Tüb. 891, F. Fues. ** — 30
Aus: Korresp.-Bl. f. d. Gelehrten- u. Realschulen, besonders abgedruckt.

Weizsäcker, P., Zum Herakles Epitrapezios. S.-A. 1889. 8 S. u. 1 Taf. 4°. —.90

Weizsäcker, P., Vorträge, geh. bei der Wieland-Feier in Biberach a. Riß, s.: Seuffert, B.

Weizsäcker, Paul: Anna Amalia, Herzogin v. Sachsen-Weimar-Eisenach, die Begründerin d. Weimarischen Musenhofes, s.a. Sammlung gemeinverständlicher wissenschaftlicher Vorträge.

- Weizsäcker P, Anna Amalia, Herzogin von Sachsen-Weimar-Eisenach. (Samml. gemeinverständl. wiss. Vortr. NF 161) Hamburg 1892

— kurzer Führer durch d. Geschichte u. d. Ruinen des Klosters Hirsau. M. e. Plan d. neuen Klosters. 12. (86 S.) Stuttgart 898. P. Neff, Verl. n. — 40

— Polygnots Gemälde in der Lesche d. Knidier in Delphi. gr. 8. (68 S. m. 8 Abb. u. 2 Taf.) Ebd. 895. n. 1. 80

Weizsäcker, Paul, zur östlichen Giebelgruppe des Zeustempels zu Olympia. gr. 8. (8 S.) Tübingen 887, Frz. Fues' Verlag. *
Aus: Korrespondenzblatt für die württembergischen Gelehrten- und Realschulen, besonders abgedruckt.

Weizsäcker, Paul, die Organisation des höheren Unterrichts im Königr. Württemberg. [Aus: „Baumeister's Handb. d. Erziehungs- u. Unterrichtslehre f. höhere Schulen."] gr. 8. (24 S.) München 897. C. H. Beck. n. — 60

Weizsaecker, Th., die Arthropathie bei Tabes. Diss. Tübingen 1887, Fues' Sort. 8°. 79 S.

Weizsaecker, Th. [approb. Arzt aus Stuttgart]: Die Arthropathie bei Tabes ... Tübingen: Druck v. H. Laupp jr. 1887. 79 S. 8°
Tübingen, Med. Fak., Inaug.-Diss. v. 1887.

Weizsaecker, Th., Wildbad im württemberg. Schwarzwald. Ein Führer f. Kurgäste. Mit Orig.-Beiträgen, Abb., Plänen u. Karten. 8. (V, 122 S.) Stuttgart 901. Holland & Josenhans. n. 1. —

Weizsaecker, Th., Wildbad im württemberg. Schwarzwald. Ein Führer f. Kurgäste. Mit Orig.-Beiträgen, Abbildgn. u. Plänen. 2. verm. Aufl. (VI, 166 S.) kl. 8. Stuttgart 905. Holland & Josenhans. n. 1. 40

Wetzstein, Otto, Die geschichtliche Entwicklung des Realschulwesens in Deutschland. Abschn. 1–5. Neustrelitz 1906–1910. 8° (4°) -- Qn 199. —
1. D. Entsteh. deutscher Realschulen im 18. Jh. 1906.
2. Gymnasium u. Realschule in d. 1. Hälfte d. 19. Jh. 1907.
3. D. Ausbau d. Realschulen zu 9klass. Lehranstalten. 1908.
4. D. 9klass. Realschulen u. ihr Kampf um Gleichberechtigung m. d. Gymnasium. 1909.
5. D. Streben d. Realschulen I. O. nach Gleichberechtig. m. d. Gymnasium. 1910.
Neustrelitz, Grossherz. Realschule, P. 1906–1910.

Wejzwalda Karl: Destouches, La Fausse Agnés, die Quellen und die Stellung in der Entwicklung in der französischen Komödie.
1907 PN 2279 Diss. Wien, Univ. 2277

Wekebrod, s.a. Weckebrod.

Wekebrod, F. X., Sammlung sämmtlicher v. J. 1729 bis 1. März 1792 zur Abwendung d. Viehseuchen erlassenen allerhöchsten Gesetze u. hohen Anordnungen zum Besten d. Landmanns herausg. 8. Leipz. Joachim.

Wekebrod F. X.: Sammlung sammentlicher v. Jahre 1729 bis 1. März 1792 z. Abwendung d. Viehseuchen erflossenen allerhöchsten Gesäzen u. hohen Anordnungen ... Prag u. Leipz. 1799. (22) 103 S.

— Sammlung d. seit d. Jahren 1600 bis 1740 ergangenen Gesetze, in chronologisch. Ordnung. 8. Brünn, Gastl.

— Sammlung d. Verordnungen u. Generalien f. sämmtl. Zünfte u. Innungen. 2 Thle. gr. 8. Ebend.

Wekerle, Ladisl., die Philosophie d. Schach. Mit einer Tab. gr. 8. (VIII, 136 S.) Leipzig 879. Voit & Co. n. 3. 60

—— zeitgerechte Reform der Filosofie. Ein Zukunftsprogramm. gr. 8. (128 S.) [Leipzig 876, Koschny.] Heidelberg, Weiss. *

Weferle, Ladisl., Urentstehung und Leben der Organismen. gr. 8. (XVI, 101 S. mit 1 Taf. in Farbendr.) Leipzig 881, [Schlicke.] Elischer.

Wekherlin A v, landwirtschaftliche Tierproduktionslehre. Vorgetragen zu Hohenheim 1838-39. 2 Bde Manuskript von Holland.

Wekhrlin, s.a. Weckherlin; — Weckhrlin.

Wekhrlin, v., hyperboräische Briefe. 6 Bde. 8. Nürnb. Felßecker. 788—89. (à 18 gr.)

— Chronologen, s. Chronologen.

PANTALON-PHÖBUS und HASCHKA (,) eine Diatribe des Verfassers der Chronologen *(Wekhrlin)* (,) nebst des Barden *Lorenz Leopold Haschka* Biographie, u. den nöthigen Beylagen Salzburg 1784. 8⁰. (1 fl. 50 xr. Gilhofer & Ranschburg, c. 1890; jetzt theurer!)

Wekhrlin, d. jüngere, an die Völker Europens. 8. (Verlagsgesellschaft.) 797.

LEBEN, Das, und die Narrheiten des Don Pantalone Rodriguez Papefiguira .... Aus d. Spanischen. (Deutsches Original von *Ludw. Wekhrlin.*) Riga 1778. Ungemein rar!
Anon.-Lex. III. p. 24 (nach Böhm, Wekhrlin. München 1893. S. 163).

Wekhrlin, Wlh. Ldw., s. Weckhrlin.

DENKWÜRDIGKEITEN von Wien. Aus d. Französ. übers. (Deutsches Original von *Wilh. Ludw. Wekhrlin*, 1739—92.) 3 Parthieen (in 1 Bde.). Gedr. für Henrich Lyonel, Herrn von Visp (Nördlingen), 1777, 77, 79. Kl. 8⁰. (In Wien, Stadtbibl.) (8 Kr., sehr schönes Expl. in Halbsaffianbd., Vict. Eytelhuber, Wien, 1904; steigt im Preise!)
Baader's Lex. verstorb. baier. Schriftst. II. 2. Augsb. u. Leipz. 1825. p. 228 citirt nur ein Stück von 1777. —

Historia, Die affenthewrliche, des lächerlichen Pritschmeisters und Erzgauklers Pips von Hasenfus (von *Wilh. Ludw. Wekhrlin*). Neue Auflage. Gedruckt mit Presfreyheitsschriften (so!). O. J. 8⁰. 34 S., 1 Bl. Sehr selten! — Max Perl's Berliner Oct.-Auct. 1911, no. 1005.

RABIOSUS, Anselmus (d. i. *Wilh. Ludw. Wekhrlin*, 1739—92), Die Papageye. Eine Präsidentengeschichte im Kürbislande, nebst einer Urkunde in Betreff der seit Ende des Jahres 1782 in Wien verfallenen Preßfreiheit. O. O. 1782. 8⁰. Sehr selten! (6 Mk. 50 Pfg. L. Rosenthal, 1886.)

— Paragraphen. 2 Bde. 8. Nürnb. Felßecker. (à 18 gr.)

PARAGRAFEN (von *Wilh. Ludw. Wekhrlin*). 2 Thle. O. O. (Nürnberg) 1791. 8⁰. Sehr selten! (10 Mk. Hfrz., Bernh. Liebisch, Lpz., 1908.)

RABIOSUS, Anselmus (d. i. *Wilh. Ludw. Wekhrlin*, geb. 7. Juli 1739 zu Bothnang im Würtembergischen, † 24. Novbr. 1792 zu Ansbach), Reise durch Ober-Deutschland (d. h. Oesterreich, Nieder- u. Ober-Bayern, Oberschwaben, Würtemberg, Baden). 2 Thle. I: Salzburg und Leipzig (Nördlingen, Beck). 1778. 8⁰. (In Leipzig: Bibl. d. Börsenver. d. dtsch. Buchh.) Titel, 2 Bll., 152 S. — II: (satyrische Gegenschrift, von einem andern ungenannten Verf., enthaltend Glossen zu I): Frankfurt und Leipzig 1778. 8⁰. 29 S. (incl. Tit.). (12 Mk. Frdr. Klüber, München, 1908; 25 Mk. B. Liebisch, Lpz., 1911; 5 Mk., Th. 1 apart, Leo Liepmannssohn, Berlin, 1907; 10 Mk., Th. 1 apart, Emil Hirsch, München, 1909.)
W. hatte in Nördlingen gute Aufnahme gefunden und verspottete (aus Augsburg vertrieben) von hier aus besonders die Augsburger. Ueberhaupt voll boshafter Invectiven auf die damal. Zustände in Süddeutschland, besonders in Bezug auf Wien, Linz, Regensburg, München (Bayern u. Oberschwaben kommen besonders schlecht weg), die Gassner'schen Wunderkuren (I, 90ff.), die Universität Tübingen (bis c. 1770), etc. etc. Baden lobt W.
Laut Weller, fing. Dr., erschien neue Aufl. (Nürnberg) und noch 2 andere Ausgaben. — Anon.-Lex. III. p. 360 (nach Meusel, Goedeke, v. Maltzahn, Baader).

— d. graue Ungeheuer, s. Ungeheuer.

Wekhrlin, Wilh. Ludw., Das graue Ungeheuer. (Polemisch-satyrische Zeitschrift mit Sottisen auf litterar. u. politische Zustände im letzten Viertel des 18. Jahrh.) 12 Bde. = 36 Nrn. (cplt.). Mit Holzschnitt-Vign. u. 1 Kpfr. O. O. (Nürnberg) 1784—87. 8⁰. (Cplt. 60 Mk. Oskar Rauthe, Berlin, 1908; 35 Mk., Prachtexpl. in gleichzeit. marmorierten Kalbldrbdn., jeder mit Superexlibris, Paul Graupe, Berlin, 1908.)
Bringt auch Einiges über die Päpstin Johanna.

Wekker, J. D., Hochverdientes immerwährendes Wrissbergisches Ehrengedächtniss. Hildesheim 1733. fol.

Wekwerth, Max, Sammlung v. Aufgaben aus d. nied. Mathematik f. d. Gebr. an Baugewerkschulen u. and. techn. u. höh. Lehranst. 8. (VII, 171 S. m. Fig.) Leipzig 895. Seemann & Co. Kart. n. 1. 60

— dasselbe. Lösungen z. d. Zahlenbeispielen. 8. (IV, 68 S.) Ebd. 896. Kart. n. 1. —

Welaate, H., Gedichte. (V, 93 S.) 8. Dorpat 908. E. Bergmann. Geb. in Leinw. 2. 50

Weland, De urbe, agro atque moribus Agrigentinorum. Gel. 1838. 14 S. 4⁰. 1.20

Weland, Ant., de praecipuis parodiarum Homericarum scriptoribus apud Graecos. Dissertat. inaug. 8 maj. (3¼ B.) Gottingae 833, (Kuebler.)

Weland, Hermann Gerhard

— s. Beantwortung dr. Fr.: ob es recht sei.

Weland, Herm. Gerhrd., († . . .) Compendium librorum Symbol. eccles. Luther. et Balth. Mentzeri etc. ed. K.F. E. Bierling. 4. Rinteln 753.

Weland, Jak. Chr., († d. 10. März 1813.) über die Beruhigung bei plötzlichen Unfällen, e. Predigt nach e. Feuersbrunst. gr. 8. Braunschw. 791. Vieweg. 4 gr.

— Einleitung in die Bibel, nach d. Bedürfnissen unserer Zeit, für Schulen. 8. Hannov. 812. Hahn. 4 gr.

— auserlesene Erzählungen aus den Schriften des A. u. N. Testaments nach Hübner. 2 Thle. 8. Ebend. 811.

— bibl. Erzählungen zur Beförderung der Achtung gegen die Bibel u. die Wirksamkeit des relig. u. moral. Unterrichts. 2 Thle. 8. Hannov. 811. 2e von J. H. Trefurt umgearb. Aufl. 8. Ebd. 819. 3e A. 820. 4e A. 829. Hahn. 8 gr.

– s. Fragmente e. Versuchs üb. Offenbarung.

– s. Henke, F. L. A.: Predigten.

Weland, J. C., religiöse Naturbetrachtungen z. Vorbereitung a. d. Unterricht in d. christl. Religion, 8. Jena, Frommann. 808.

— Predigten üb. die Evangelien aller Sonn- u. Festtage d. Jahres. 2 Bde. gr. 8. Braunschw. Pluchart. (Vieweg, auch Sommer in Leipz.) 801—2.

— Predigten üb. die Evangelien aller Sonn- u. Festtage des Jahres. 2 Bde. gr. 8. Königslutter u. Braunschw. 800—2. (Vieweg). 3 Rthl. (W. Nauck in Leipz.) 3 Rthl. 6 gr. Wohlf. Ausg. 2 Bde. gr. 8. Ebd. 812. Plüchart. 1 Rthl. 12 gr.

— Predigten üb. die Evangelien auf alle Sonn- u. Festtage d. Jahres 1805. 2 Thle. gr. 8. Leipz. 806. Gr. Fleischer. 2 Rthl. 8 gr.

— Predigten üb. die Evang. all. Sonn- u. Festtage des Jahres. 2 Thle. wohlf. Ausg. gr. 8. Braunschw. Plüchart. 813.

— über d. Schicksale unseres Landes im 18ten Jahrh., e. Predigt. 8. Braunschw. 801. Reichard. 3 gr. Schreibp. 4 gr.

— Sittenlehren, durch Beispiele aus der Weltgeschichte erläutert; zur Vorbereitung auf den Unterricht in d. christl. Religion in latein. Schulen. 4 Bde. 8. Braunschw. 795–98. 1r Bd. N. A. 800. 3r Bd. N. A. 806. Schulbuchh. 2 Rthl. 14 gr.

— über Wunder, nach den Bedürfnissen unserer Zeit. 8. Züllich. 789. Frommann in Jena. 10 gr.

Welander, Eduard

— Zur Frage der Behandlung der syphilitischen Krankheit, s. a. Klinik, medizinische. 1909. Beiheft 6.

Welander, E., Zur Frage der Behandlung der syphilitischen Krankheit. [Beihefte zur medizinischen Klinik. V. Jahrg. Heft 6.] Gr.-8°. K 1.20
Wien: Urban & Schwarzenberg 1909.

Welander, Eduard, über den Einfluss der venerischen Krankheiten auf die Ehe sowie üb. ihre Übertragung auf kleine Kinder, s. a. Beiträge zur Kinderforschung u. Heilerziehung.

Über den Einfluss der venerischen Krankheiten auf die Ehe sowie über ihre Übertragung auf kleine Kinder. Von Eduard Welander. Langensalza: Beyer 1909. 43 S. 8°
(Beiträge z. Kinderforschung u. Heilerziehung. H. 55.)

Welbel B. und Zeisel S. Über die Kondensation von Furfurol mit Phloroglucin und eine auf diese gegründete Methode der quantitativen Bestimmung des Furfurols in Pentosen und Pentosanen. 1. Mitteilung. S. 101. 116. 58 vgr.
Separatabdruck

Welbergen, G., deutsch-niederländisches Konversationsbuch, s.: Connor, James.

— Kleine fransche spraakkunst. (Petite grammaire française à l'usage des Néerlandais.) (Methode Gaspey-Otto-Sauer.) (VII, 248 S. m. 1 Karte u. 1 Plan.) 8. Heidelberg 908. J. Groos. Geb. in Leinw. 2.—

Welby, Ellen, Blumen u. Schmetterlinge. 6 (chromolith.) Studien-Blätter. Fol. Leipzig 889. Baldamus, Sep.-Cto. n. 6.—; einzelne Blätter à 1.50

Welby, Ellen, Blumen u. Vögel. schmal gr. Fol. (6 farb. Taf.) Leipzig 893. E. Baldamus, Sep.-Cto. n. 12.—; einzelne Blätter n. 2.—

— Blüthenzweige u. Schmetterlinge. Studienblätter. 1. u. 2. Lfg. Fol. (à 6 Farbendr.-Taf.) Ebd. 889. à n. 6.—; einzelne Blätter à 1.50

—— Lydia B. King und H. Saunders, Kinderköpfe. Sechs Studien. Chromolithogr. Fol. Ebendas. 888. In Mappe * Einzeln à Bl.

— Schmetterlinge u. Blüthenzweige. 6 Studienblätter (in Farbendr.). Fol. Ebd. 891. n. 7.50; einzelne Blätter 1.80

Welby, Ellen, 6 studies of floral sprays. Farbdr. Fol. Leipzig (896). Wezel & Naumann. n. 7.50

Welby, Ellen, 6 decorative Vogelstudien. Chromolithogr. Fol. Leipzig 887, Baldamus, Sep.-Cto. * Einzeln à Bl.

Welch ein Spaß! Lstspl. nach Marivaux. gr. 8. Berl. 783. (Sander). 6 gr.

Welch ein Tag! od. d. sieben Weiber, a. d. Russischen v. Lacroix. 8. Berl. Himburg. 805.

Welch ein Tag! oder die sieben Weiber; aus d. Russ. v. J. A. F. de Lacroix. 8. Berl. 805. (Recht). 8 gr.

Welche Aenderungen in der Verfassung der Reichsbank sind bei Ablauf ihres Privilegiums zu erstreben? 2. Auflage. Herausgegeben von der Redaction des »Berliner Actionär«. Berlin 1898.

Welche allgemeinen Anforderungen sind an eine rationelle deutsche Stenographie zu stellen? Berlin. o.J. 8°

Welche Aufgaben haben die preußischen Kammern zu lösen und wen sollen wir in dieselben wählen? Königsberg 1849. 30 S. 8.

Welche Aufgaben haben die Sicherheitsmänner? Hrsg. v. Vorstande d. Verbandes d. Bergarbeiter Deutschlands. Bochum 1910: Hansmann. 34 S. 8° 10. 18354

Welche Aussichten eröffneten sich f. Deutschland, wenn der Rhein die künftige Grenze bilden sollte? 8. Nürnb. 814. Campe. 4 gr.

Welche Bedeutung kann die Freimaurerei noch für unsere Zeit haben? Mit einigen Bemerkungen über die Aufnahme der Juden in den Orden. [Karlsruhe: Marx] 1838. 24 S. 8° [Umschlagtit.]
Kl. 2722, Tt. 1457. Für Aufnahme der Juden.

Welche Berechtigung die evang. Kirchengemeinschaft der weltl. Macht niemals zugestehen kann? Eine Betrachtung üb. Matth. 22, 21, mit Rücksicht auf das Reformationsfest. [Abdr. aus Nr. 12. der „evangel. Zeitblätter" 1847.] Hrsg. v. C. W. A. Krause. gr. 8. (15 S.) Breslau 848, Graß, Barth & Co. Sort. n. 1/12 Rthl.

Welche Eisenbahnen sind dem hannoverschen Lande nothwendig? Zu beantworten versucht u. der Prüfung unterzogen v. e. Mitgliede der allgem. Ständeversammlung. gr. 8. (2 B.) Hannover 1842, Hahn'sche Hofbuchh.

Welche Ereignisse brachten einst Christus an d. Kreuz ꝛc., s. a. Friederich, Gerh.

— Ereignisse brachten einst Christus an das Kreuz, u. was würde ihm ein ähnliches Schicksal noch heute bereiten? oder der Parteienkampf zu seiner u. unserer Zeit, u. „Vater vergieb ihnen, sie wissen nicht, was sie thun!" Drei Passionsbetrachtt. f. denkende Verehrer Jesu. gr. 8. Frankf. 832. Boselli. 6 K

—— Folgen dürfte d. Fehde haben, die d. Erzbischof v. Köln veranlaßte? Erwogen v. d. Verf. „Teutschland u. Rom" (Fetzer d. Aelt.) gr. 8. (.. B.) Reutlingen 839, Mäcken Sohn.

Welche Folgen hat die Heranziehung des weiblichen Geschlechtes zum Lehrberufe auf pädagogischem und socialem Gebiete? Zwei preisgekrönte Abhandlungen, veröffentlicht vom Curatorium der Wiener Pestalozzi-Stiftung. Gr.-8. (23 S.) —.20 Wien: Manz 1896.

— Folgen können u. würden daraus entstehen, daß d. junge Landmann in d. k. dän. Staaten zwei Jahr bei den Regimentern in d. Garnison verbleiben soll? Von e. dän. Patrioten beantwortet. 8. Hamb. ... 2e A. 803. Nastler u. M. 2 K

Welche Forderungen ergeben sich aus dem ozeanischen Wassergürtel der Erde, aus d. Anhäufg v. Wasserstoff u. Sauerstoff also rings am Erdrand, an der Gränze v. Kälte u. Wärme, f. d. Materie d. Weltraums u. d. Erdinnern. Nach Neptun. Schweinfurt: Dr. v. F. J. Reichardt 1897. (26 S.) 1 Bd 8°

Welcho Freude rechtfertiget sich in der Seele des Tugendhaften? Diese Frage beantwortete an dem freudigen, dem Gedächtniss der Stiftung des Ehrw. Ordens der Freymäurer, gewidmeten Tage des 1769sten Jahres im Nahmen [!] und auf Befehl des Ordens der Redner. Berlin [1769]: Decker. 16 S. 8°

Welche Gefahren entstehen durch den Saar- und Mosel-Kanal? o. O. [um 1904]. (13 S.) 8° [Umschlagt. F.] [03. 1776]

Gründe, Welche, sprechen für den Bau einer neuen Börse am Adolphsplatze. Hamb. 1836. V: *Geffcken, Johannes.* (schr)

WELCHE GRUNDSÄTZE SOLLEN BEI HERSTELLUNG VON SCHUL-LANDKARTEN MASSGEBEND SEIN? Diesbezügliche pädagogisch-geographische Vorarbeit, ausgegeben vom Verein für Erdkunde in Cassel. Den geographischen und anderen wissenschaftlichen Gesellschaften gegenüber zugleich als 1. Jahresbericht des Vereines. Cassel, 1883. Druck von Baier & Lewalter. 8°.

Welche ist die beste Nation? Ein Lustspiel mit Gesang in zwey Aufzügen. Wien 1782. V: *Ayrenhoff, Corn. Herm. von.* ([Hch. Wolfgang Behrisch], Die Wiener Autoren. Bressb. 1784) (Ludw. Nohl: Mozarts Briefe. Salzburg 1865, S. 392—393) (Bibl port)

Welche ist die beste Nation? Lstsp. 8. Wien, Kurzböck. 783.

—— ist eigentl. die aus d. Bewegungen uns. Zeit drohende Gefahr? Polit. Abhandl. v. L. F. gr. 8. (3¼ B.) Zerbst 832, Kummer.

— ist sie nun? Lustsp. in 5 A. gr. 8. Leipz. Kummer. 799.

[F.] Welche Kenntnisse werden von den Militär-Anwärtern in den Vorprüfungen verlangt? E. Sammlg thatsächl. gestellter Aufg. aus den letzten Jahren. H. 1. n. *Berlin: S. Gerstmann [1898].* 8. [98 5428]

Lasten (Welche) legt die Arbeiterschutzgesetzgebung den Arbeitgebern auf? (Zeitschr. f. Handel u. Gewerbe, Jhrg. 5, 1892.)

—— Lebensweise hat der Hämorrhoidalkranke zu führen, wenn er d. Uebel nicht unterliegen will? Treuer Rath eines, von dies. Krankheit genes. Mannes an seine leidenden Mitmenschen. Mit e. empfehl. Vorwort v. Hochhauser. gr. 12. (1 B.) Berlin 841, A. Hirschwald.

Verband deutscher Lebensversicherungs-Gesellschaften. Welche Maßnahmen empfehlen sich bei der Lebensversicherung zugunsten Dritter, damit die versicherte Person vor dem Zugriff der Gläubiger des Versicherungsnehmers geschützt wird? Rundfrage der Urania. Dresden 1909.

—— Mittel haben wir den Holz-Excessen auf d. wirksamste zu begegnen u. zugleich dem Holzmangel d. ärmeren Classen neben Bezweckung e. allgem. geregelten Holzverbrauchs zu steuern? Von e. Finanz-Beamten. 8. (2½ B.) Ludwigsburg 827. (Heilbronn, Claß.)

Welche Partei ist eine wahre Volkspartei? Klgft., St. Josefs-Druck., 1904. 256 S.

Welche Rechte stehen in Kurhessen den sog. Deutschkatholiken in Ansehung ihrer Religionsübung verfassungsmäßig zu, u. soll etwa die Gesetzgebung diese Rechte erweitern? A. a. O. S. 624—33.

— Religion ist die beste? Für Christen aller Confessionen. gr. 8. (36 S.) Leipzig 847, O. Wigand. 6 ngl

Welche sollen d. neuen deutschen Reiches Farben u. Flaggen sein? Mit e. Flaggen-Karte in Farbendr. Lex.-8. (14 S.) München 871. Manz. n. 1. —

— theologische Partei soll von der Staatsgewalt heimlich oder öffentlich unterdrückt werden, die alte oder die neue? (v. Fr. A. Klein). 8. Jena 819. Mauke. 12 K

Welche Tugend rechtfertigt sich in der Seele des Tugendhaften? Diese Frage beantwortet an dem dem Gedächtniss der Stiftung des Ehrw. O. der F. M. gewidmeten Tage des 1769r Jahres im Namen und auf Befehl des Ordens, der Redner. Berlin: Decker [1769]. 16 S. 8⁰
Kl. 886.

—— Verfassung ist die beste? Eine Frage, beantwortet durch eine übersichtl. Zusammenstellung der Verfassungen 5 anderer Staaten (Belgien, Norwegen, England, Frankreich, New-York) mit der preuß., nach den correspondirenden Paragraphen geordnet. 4. (72 S.) Wesel 849, Bagel.

Welche von d. alten Räthen, Lehrern u. and. Dienern d. säcularisirten od. doch diess- u. jenseits d. Rheins vertheilten Kur- u. Fürstenthümer, Stifter, Klöster, Universitäten u. dgl. haben auch in Deutschland Pension oder Besoldd. u. wie viel zu fordern? a. rechtl. u. staatswirthschaftl. Grundsätzen beantw. Heidelb. u. Mannh., Schwan u. Götz, 1804. 8⁰ (9 Gr.)

— von den Staatsdienern d. säcularisirten u. vertheilten Kur- u. Fürstenthümer ꝛc. haben auch noch in Deutschland Pension ꝛc. u. wieviel zu fordern? ꝛc. 8. Mannh. 804. Schwan u. G. 9 gl

Welche Vorteile brächte die gesetzliche Anerkennung der Freimaurerei in Oesterreich? o. O. [ca 1906]. 2 Bl. 8⁰ [Kopftit.]

Welche Vortheile muß sich der Waldbesitzer anrechnen lassen, um danach die Entschädigung zu gewähren, wenn der Antrag auf Ablösung von dem Berechtigten ausgehet? Verb. Abdr. aus „Pfeil's krit. Blättern für Forstwissenschaft 31. Bd. 2. Heft.“ gr. 8. (14 S.) Leipzig 853, Baumgärtners Buchh. Thlr.

Hofrat Dr. Schmitt's Laboratorien. Untersuchungs-Anstalt und Chemische Versuchs-Stationen Wiesbaden. Welche Vorteile verschafft dem Weinbergsbesitzer die genaue Kenntnis seines Boden? Wiesbaden 1897. Bechtold. 12 S. -- 121

— Wahrscheinlichkeit auf einen Gewinn haben die Theilnehmer an dem neuen Großherz. Badischen Anlehen nach dem genehmigten Plane im Regierungsblatt vom 3. Aug. 1840 No. XXII? 8. Karlsruhe 841, Artist. Institut. 1/8 rß

— wichtige Ereignisse u. welchen Gewinn an menschlicher u. bürgerl. Glückseligkeit haben wir im künftigen Jahrhundert zu erwarten? 8. Zerbst 797. Füchsel. 16 gl

Bund der Landwirthe. -- WELCHE WIRTHSCHAFTLICHEN VORTHEILE HAT EIN LANDWIRTH, der als Mitglied des „Bundes der Landwirthe“ 2 Mark jährlichen Beitrag zahlt? Berlin. Wilhelm Issleib (Inhaber: Gustav Schuhr). (Ohne bes. Titelblatt.) 8⁰.

Bund der Landwirthe. — WELCHE WIRTHSCHAFTLICHEN VORTHEILE HAT EIN LANDWIRTH, der als Mitglied des „Bundes der Landwirthe“ den Normalbeitrag von 2 Mark für das Jahr zahlt? (Berlin 1896. Gedruckt bei Wilhelm Möller.) (Ohne bes. Titelblatt.) fol.

— Zeit ist's jetzt bei unsern Gerichtsstätten, durch Belege vom Gr. v. B. ** 8. Leipz. 805. Joachim. 12 gl

— Zeit ist es im deutschen Reiche? 4. Gera 804. Heinsius. 1 rß

— Zeit ist es im Gehirne d. Superintendenten (Typke) zu Dobrilugk? e. kurze Beleucht. d. Schrift: Welche Zeit ist es im Reiche Gottes? 8. (Linke in Lpz.) 799.

— Zeit ist's im Reiche der Menschheit? Resultate eines von Fanatismus u. apokalyptischer Schwärmerei entfernten Beobachters (v. C. G. Anton). 8. Görlitz 800. Anton. 7 gl

—— Zeit ist's im Reiche Gottes? Von Johannes. 8. (3⁵/₈ B.) Grimma 845, Verlags-Comptoir. *

—— Zeit ist es im Reiche Gottes 1830? schriftmäßig beantw. v. e. vormal. Superintendenten in Dobrilugk (C. F. A. Fritzsche). 8. (3½ B.) Halle 830, (Buchh. d. Waisenhauses.)

— Zeit ist es in der evangel. Kirche, s. W. Albert.

Welche Zeitungen soll der katholische Arbeiter nicht lesen und wie soll er sich gegen sie verhalten? Paderborn: F. Schöningh 1899. (160 S.) 8⁰
(Broschüren-Cyclus f. d. kathol. Deutschland. Jg 34, H. 10.)

Welche Ziele und Schranken sind der Frauenbewegung durch das Evangelium gesetzt? — Berlin: Centralausschuss f. d. Innere Mission 1899. 1 Bl. 4⁰ [Kopft.]

Welchem Münzfuß soll das schweiz. Volk den Vorzug geben, dem französischen oder dem schweizerischen? 8. (23 S.) St. Gallen 850. (Scheitlin & Zollikofer.) 1½ ngl

Welchen

— Einfluß hat das schlesische Credit-System u. die fortdauernde Vermehrung d. Pfandbriefe auf d. Staat? 8. Bresl. 800. W. G. Korn. 2 gl

Welchen Einfluß hat die Landwirthschaft der Geistlichen auf das Wohl d. Kirche u. des Staats? von e. Pfarrer in Baiern (Ant. Selmar). gr. 8. Salzb. 803. Oberer. 3 gl

Welchen Einfluß nimmt die Vorschrift des §. 2 des Gesetzes über das Summarverfahren auf die Klagsschluß-Bitte und das Urtheil? Olmütz. A. Halauska's Universitäts-Buchdr. 1857. (8 S. 8⁰)

Welchen Nutzen gewährt die Chemie nach ihrem jetzigen Standpunkte der prakt. Landwirthschaft? Vorgetragen in der Plenarversammlung des landwirthschaftl. Vereins zu Braunschweig 1843 v. Forke u. beleuchtet v. Ign. Neska. gr. 8. (4 B.) Prag 845, Calve'sche Brlgsh. * -

Anonym: „Welchen Vortheil hat Deutschland davon, dass die Hansestädte von aller Theilnahme an künftigen Reichskriegen ausgeschlossen bleiben?“ Oktober 1802.

Welchen Werth haben die christlichen Glaubenslehren? Die ganze Entstehungsgeschichte u. das eigentl. Wesen d. Christenthums nach dem heut. Stande d. Wissens u. Erkennens allgemein verständlich dargestellt v. e. unabhäng. u. unpart. Theologen 8. (IV, 95 S.) Greifswald 872. Bamberg. n. 1. —

Welcher? drey Geschichten verwandten Inhalts v. Fr. Laun. 8. Dresden, Arnold. 821.

Welcher Anspruch auf Duldung ist Sekten zuzugestehen? Ein Versuch d. Beantwort. dieser Frage aus dem Gesichtspunkte d. Politik. 8. Zürich 825. Geßner. 8 gr.

Welcher Einfluss ist von der Einführung der schwebenden Reichswertzuwachssteuer auf den Kleinwohnungsbau zu erwarten? Die Frage d. Geldbeschaffung f. d. Kleinwohnungsbau. Düsseldorf: Selbstverl. 1910. 94 S. 8°
(Bericht über d. Generalversammlung d. Verbandes rhein. Baugenossenschaften. 8.) [11. 1003 3

Welcher ist mein Vetter? ein Lustspiel in 1 Act nach Pains Vaudeville ... Chemnitz 1811. V: *Lindau, Wilhelm Adolph.* (NN) (MGT)

Welcher ist mein Vetter? Ein Lustsp. in 1 Aufz. nach Pains Vaudeville bearbeit. Vom Verf. des Romans: Heliodora. 8. Görlitz, Anton. 811.

Welcher Weihnachtsabend ist der schönste? Eine Weihnachtsgabe für die christliche Jugend. Diesdorf 867. (Berlin, E. Beck.) 32. (32 S.) n. 1 ngr.

Welcherlei Wahlmänner wir wollen. — Eine Anzahl gleichgesinnter Urwähler aus dem 76 Bezirk. Gedruckt bei J. Sittenfeld 1 Bl. Fol.
Flugblatt Berlin, 29. Dez. 1848.

Welchert, W., Reisebilder a. Syrien, Palästina u. Italien. (231 S.) gr. 8. Lage 902. H. Welchert. n 1.50

Welches Bekenntniß! Von der Verfasserin von „Suchen und Finden." Berlin 862. Wiegandt & Grieben. 8. (168 S.) n. 15 ngr.

Welches ist das beste Mittel zur Verhütung der Conception? Von ***. Gemeinverständlich abgefasst zur Hebg. des socialen Elends aus Ehenoth. gr. 16. (15 S.) Leipzig 899. (R. Gröger.) — 60

Welches ist das wahre Evangelium? (Eine bemerkenswerte Ansprache, gegeben bei Gelegenheit der Florida Sitzung des «Chatauqua» Vereins, ... den 4ten März, 1900: Das Ev' der Röm.-Kath. Kirche — Das Ev' [Jean] Calvin's — Das Ev' Arminian's.) 16 S. 8. Allegheny, Pa., U. S. A., Watch Tower Bible and Tract Society, 1902.
[Flugschrift der] Zions Wacht Thurm (Bibel & Traktat Gesellschaft).

Welches ist der Gesichtspunkt, aus dem man Schlesien überhaupt, besonders aber in Rücksicht seiner Leinwand- und Tuchfabriken betrachten muss? ... Breslau 1807. V: *Ölsner, Johann Wilhelm.* (ADB) (Nowack, Schles. Schriftst.-Lex. Breslau 1836—43. I, 124.)

— ist der Gesichtspunkt? 8. Bresl. 807. W. G. Korn. 4 gr.

Welches ist der Umfang der an Chur-Mainz und Chur-Hessen durch den Reichsdeputations-Recess ertheilten Aufträge? ... O. O. 1804. V: *Schwarzenau, Ludwig Friedrich von.* (MGT)

Welches ist die Aufgabe des gegenwärtigen Preußischen Landtags? Hamburg 860. Hoffmann & Campe. 8. (IV, 72 S.) 7½ ngr.

Welches ist die dem Menschen zuträglichste Staatsverwaltung? Mainz 1792. V: *Müller, Nicolaus.* (GGr) (Ky)

— ist die ächte u. natürl. Grenze zwischen Deutschland u. Frankreich? 8. Münch. 813. Finsterlin. 3 gr.

Welches ist die eigentliche Hauptbestimmung der Maurerei? Eine Abhandlung nebst zwei merkwürdigen Reden über die Einigkeit, als die erste Stüzze[!] des Ordens gehalten in ger. und vollk. St. Joh. Logen im Or. der österreichischen Staaten. Wien u. Leipzig: Hartmann 1784. 38 S. 8°
Recens: Archiv f. Frmr. u. Rosenkreuzer. 2 (1785) S. 413.
cf. Frmr-Bibliothek. 3, 2. Aufl. (1793) S. 191 bis 193.
Kl. 1061, Tt. 2054. Selten.

Welches ist f. Photographen d. beste u. practischste Einrichtung d. Bestell- u. Aufnahmebücher? Von e. practisch geübten Buchhalter. [Aus: „Photograph. Archiv".] Lex.-8. (13 S.) Düsseldorf (885). E. Liesegang. n. — 40

Welches Mittel schützt gegen Effectenentwerthung? Wichtigster Fingerzeig f. Actionäre u. Besitzer v. Effecten aller Gattgn. Von e. Bankbeamten. 8. (13 S.) Greiz 875. Teich. — 30

Welches Münzsystem für Deutschland zu befürworten ist. Von Gr. 1. und 2. Aufl. 8. (34 S.) Berlin 872, Peiser's Verlag.
3. und 4. Aufl. s. Behalten? oder amendiren?

Welches Schicksal wird d. fünfte Artikel des Pariser Friedens, der von d. freien Rheinschiffahrt u. einem freien Völkerverkehr spricht, haben? 8. Frankf. Andreä. 814.

— Schicksal wird d. fünfte Artikel des Pariser Friedens, der von d. freien Rheinschiffahrt u. einem freien Völkerverkehr spricht, haben? 8. Frankf. 815. Andreä. 6 gr.

Welches sind die bedeutendsten und wichtigsten Prophezeiungen? s. a. Buch, das, der Wahr- und Weissagungen.

Welches sind die bedeutendsten und wichtigsten Prophezeiungen auf unsere nächste Zukunft? ... Regensb. 1854. V: *Truelle, Joh. Nep.* (Ky)

Welches sind die besten und ausführbaren Mittel, dem Kindermorde abzuhelfen ... Mannheim 1784. V: *Klipstein, Philipp Engel.* (Call)

Welches sind die Bewegungsgründe der Lehre Jesu zur Verminderung d. Wollust? gr. 8. Götting. 797. Dieterich. 6 gr.

Welches sind die Folgen der Harnsäure-Ansammlung in unserem Körper u. wie behandelt man dieselben? Eine kurze, leichtverständl., populärwissenschaftl. Darstellg. Von e. prakt. Arzte. (16 S.) 16. Teschen (909). K. Prochaska. — 18

Welches sind die Quellen des wirklichen Elends in Helvetien? Beantwortet ([von] R) in einer kleinen Vorlesung in einer Gesellschaft von Schweitzern im Canton Schweitz. ([Hrg. von] T .) 8. *o. O.* 1802.
Mutmasslicher Verfasser: Aloys Reding.

— sind die Ursachen des so häufig bei Frauenzimmern vorkommenden weißen Flusses? ꝛc. 8. Berl. 810. Schöne. 4 gr.

— sind die Ursachen, welches die Verhinderungsmittel der Theuerung? 8. Quedlinb. 805. Ernst. 9 gr.

Welches sind die wahren Bundesfestungen und ist Ulm eine solche? o. O. 1818. 8°.

Welches sind die wahren und natürlichen Bundesfestungen, und ist Ulm eine solche? gr. 8. Frankfurt a. M., Boselli. 819.

Welches sind die Ziele der modernen Hydrotechnik? Eine zeitgemässe Frage an die Herren Hydrotechniker u. Nationalökonomen v. e. Wissbegierigen aus dem Volke. gr. 8. (24 S.) Wien 884. F. Beck. n. — 80

Welches Stenographie-System ist das beste für Schule, Bureau und Parlament? Berlin. o. J. 8°

Welches Stenographie-System soll ich erlernen? Leipzig: Verl. f. Kunst u. Wissenschaft [1897]. (29 S.) 8°
(Zehn-Pfennig-Miniatur-Bibliothek. 32.)

[Kopftit.:] Verband Gabelsbergerscher Stenographen d. Provinz Sachsen u. d. Herzogthums Anhalt ... Welches Stenographie-System soll man erlernen? *(Magdeburg: Dr. v. L. Mosche) [1896].* 1 Bl. 4.

System (Welches) der directen Steuern ist das gerechteste und zweckmässigste? Eine brennende Zeitfrage und deren Beantwortung. Hrsg. vom 1. schwäbischen Bauernverein in Mertingen. gr. 8°. Augsburg (Donauwörth) 1883.

Welches von beiden? Tramlingen-Breuleux-Saignelégier oder Tr'-Br'-Noirmont? 1. Eingabe des Komitees der Tr'-Br'-S'-Bahn (1906 Januar 29); 2. Bericht und Gutachten eines Postverwalters (Emil[e] Fromaigeat), der über eine 18jährige Erfahrung verfügt (1906 September 22); 3. Statistisches. II + 34 S. 4. Bern, Ott & Bolliger, 1907.
Innentitel: Eingabe an den Regierungsrat des Kantons Bern für sich und zu Handen des Grossen Rates betreffend eine Bahn Tr'- Les Breuleux mit Anschluss in Les Emibois an die Linie Saignelégier-Chaux-de-Fonds. ([Mit 2 Anhängen:] Bericht ... [und] Statistisches.) Bern ... 1907.

Welches Wetter werden wir im Jahre 1851 in Mittel-Europa haben? Ein Versuch die Witterungs-Veränderungen mit Bezug auf einige einfache Naturgesetze voraus zu bestimmen. 8. (7 S.) Zürich 851, Höhr. Chur, Grubenmann. 2 ngr.

Welchs-Glon, finanzielles u. soziales Wesen der modernen Verkehrsmittel. Tübingen 894.

Welck, Fr. v., ein Bekenntnis, s. a. Waldesrauschen — Waldesfrieden Nr. 23.

Ein Bekenntnis. Erzählung von Fr. v. Welck. *Lengerich: Bischoff & Klein [1903].* (16 S.) 8° [S.]
= Waldesrauschen Waldesfrieden. No 23.

Welck, Fr.: Das Marienbild, s. Hausfreund, Neuer. Nr. 4.

Welck, Heinr. Frhr. v., Georg der Bärtige, Herzog von Sachsen. Sein Leben u. Wirken. Ein Beitrag zur deutschen Reformationsgeschichte. Mit d. Portr. d. Herzogs. gr. 8. (III, 196 S.) Braunschweig 900. R. Sattler. n. 4.80

Welck, M. Frhr. v., die Prüfungsordnung f. Aerzte, s.: Handbibliothek, Leipziger juristische.

Welck, Marie v., Novellen. 8. (334 S.) Leipzig 886, [Lehmann.] Fr. Richter. *M 4.—; geb. *
—— dass. — 2. Aufl. 8. (334 S.) Leipzig 888, Fr. Richter. * geb. *

Welck, Otto Frhr. v., erneuter Nothruf nach e. Berufungsinstanz in Strafkammersachen, gerichtet an alle m. der Gesetzgebg. im Deutschen Reiche betrauten Factoren u. zu begründen versucht aus innenbezeichneter Untersuchungssache. gr. 8. (IV, 83 S.) Leipzig 892. Th. Grieben. n. 1. —

Welck, R. v., Gedichte. (80 S.) kl. 8. Strassburg 905. J. Singer. n. 1.50

v. Welck-Riesa, C. A. Frhr., einige Worte über die rechtliche Bedeutung der Bekanntmachung des K. Justizministeriums d. d. 26. April 1838, die Abgabe der Patrimonial-Gerichte betreff., u. deren Beilage. gr. 8. (46 S.) Dresden 852, Naumann in Comm. n. 1/6 ₰

Welcke, Emil, Dr. med.: Kritisches zur Frage der Konsonanz. München 1907: Kastner & Callwey. (64 S.) 8°
München, Phil. Fak., Ref. Lipps, Diss. v. 15. Febr. 1906
[Geb. 19. Apr. 70 Iserlohn, Westf.; Wohnort: München; Staatsangeh.: Preußen; Vorbildung: Realgymn. Iserlohn Reife O. 89, Ergänzungsprüfung Gymn. Hagen i. Westf. Reife O. 92; Studium: München Med. 8, Phil. 2, Berlin Med. 3, München als Hörer Phil. 4 S.; Rig. 15. Febr. 06.]

WELCKE, Emil (Iserlohn): Über die Nerven der Schilddrüse. (Titel nach der Urkunde) 28.7.1896 - Urk: Chr 1896/97,19
Diss. Ingolst.-Landsh.-Mchn.

Welcker's, Frdr. Gllob., Leben, s.: Kokulé, R.

Welcker, s.a. Welker

Welcker, über Bau u. Entwicklung der Wirbelsäule. Vortrag in der Sitzg. der naturforsch. Gesellschaft vom 26. Oct. 1878 geh. gr. 8. (8 S.) Halle 878. Schmidt. n — 40

Louis XVI by Adair Welcker. o. O. (1905). (50 gez. Bl.) quer-8° [Schreibmaschinenschrift.]

Welcker, Alfred [app. Arzt u. Assist. am hygien. Inst.]: Ueber die phagocytäre Rolle der Riesenzellen bei Tuberculose. Hierzu 1 Taf. Aus d. hygien. Institute d. Univ. Jena ... Jena, G. Fischer, 1895; 2 Bl., 55 S., 1 Taf. 8°
Jena, Med. Fak., Inaug.-Diss. v. [12. Dez.] 1895.

Welcker, Arnold, appr. Arzt aus Miehlen: Aus d. Universitäts-Kinder-Klinik; Abt. d. Hrn Prof. Dr. Herzog. Ein Fall von operativ geheiltem, angeborenem Spindelzellensarkom am Finger. München 1897 [vielm. 1899]: Kastner & Lossen. (49 S.) 8°
München, Med. Diss. v. 1899.

Welcker, Bernt, Vermieter u. Mieter. Das Mietrecht nach dem bürgerl. Gesetzbuch. Mit dem Text des Gesetzes u. Formularen zu Mietverträgen, gemeinverständlich dargestellt. 8. (48 S.) Berlin 900. Graph. Verlag. — 30

Welcker, C. (Hrsg.), s. Klüber, Johann Ludwig: Wichtige Urkunden für den Rechtszustand der deutschen Nation.

Welcker, Carl, s. Welcker, Karl Theodor

Welcker, F. Die Redetheile der lateinischen Sprache in ihrer Beziehung zur Idee der Sprache, oder was ist am Bau der Sprache wesentlich, was aufserwesentlich? Rottweil, G., 1838. 16 S. 4. Progr.

Welcker, Friedrich Gottlieb

—— Zu den Alterthümern der Heilkunde bei den Griechen. gr. 8. (VII und 237 S.) Bonn 850, Weber. *
Aus des Verf.: Kleine Schriften. 3. Thl., besonders abgedruckt.

— kleine lyrische Anthologie, vorzüglich für Deklamationsübungen der obern Klassen in Gymnasien. 2 Thle. 8. Gießen 809. (Leske in Darmst.) 1 ℛ 4 g

Welker, F. G., kleine lyrische Anthologie, vorzügl. f. Deklamationsübung. d. obern Classen in Gymnasien. 2 Thle. 8. Gießen, Tasche. 809. (à 14 gr.)

Welcker, Friedrich Gottlieb (Bearb.), s. Aristophanes: Komoedien.

—, Aristophanes u. Menander. (E. Doppelbüste). S.-A. 1855. 16 S.

Welcker, F. G., Philolog. Beyträge (Πελεθρόνιος. — Cic. de div. I, 13 — Bruchst. d. hesiod. Landbaues — E. Wort des Hipponax. — E. lyr. Bruchstück v. Alkman. — Semele Thyone — Teles bei Stobaeus.) S.-A. 1833. 30 S. —.75

— Bemerkk. über einen wichtigen Gegenstand des Unterrichts in Gymnasien. 4. Gießen 811. Tasche. 6 g

— philolog.-exeget. Clavis üb. d. kathol. Bücher, s. J. C. Chr. Schmidt, exeget. Clavis.

— alte Denkmäler erklärt. 1—3. Thl. gr. 8. 1. Thl. A. u. d. T.: Die Giebelgruppen u. andere Griechische Gruppen u. Statuen. (XIV u. 512 S. m. 7 lith. Taf. in 8, 4. u. Fol.) 2. Thl. A. u. d. T.: Basreliefs u. geschnittene Steine. (VIII u. 346 S. m. 15 lith. Taf. in gr. 4. u. qu. Fol.) 3. Thl. A. u. d. T.: Griechische Vasengemälde. (XVI u. 567 S. m. 33 lith. Taf. in gr. 4. u. qu. Fol.) Göttingen 849. 50. 51, Dieterich. (I u. II: à n. 2 2/3 ℛ III: n. 4 ℛ) n. 9 1/3 ℛ

Welcker, Fr. Gottlieb, alte Denkmäler erklärt. 4. Thl. A. u. d. T.: Die Ternitesschen Wandgemälde von Herculaneum und Pompeji. Mit einer Abhandlung über Wandmalerei und Tafelmalerei. gr. 8. (X und 249 S. mit 2 Kpfrt.) Göttingen 861, Dieterich'sche Buchh.

Welcker, Fr. Gottlieb, alte Denkmäler erklärt. 5. Thl. A. u. d. T.: Statuen, Basreliefe und Vasengemälde. gr. 8. (VIII und 488 S. mit 2 Kpfr.- und 23 Stnt. in gr. 8., 4. und qu. Fol.) Göttingen 864, Dieterich'sche Buchh. *

Rector et senatvs vniversitatis Fridericiae Gvilelmiae Rhenanae S. P. D. Friderico Theophilo Welckero ... D. Bonnae Kal. Aug. a. 1868. [Bonnae, typ. C. Georgii 1868.] 1 Bl. qu.-4. ¶ Wieder abgedr. in d. Bericht über d. 50j. Jub. d. Univ. Bonn. Bonn 1868 S. 10 f.
Einleitung d. Jubiläumsfeier durch die Begrüssung des infolge seines hohen Alters an der thätigen Teilnahme verhinderten Veteranen

— Einleitung zu Vorträgen üb. die deutsche Geschichte. 8. Gießen 815. Heyer. 6 g

Welcker's, Frdr. Glieb., Einleitung zu Vorträgen üb. d. deutsche Geschichte (1816), neu hrsg. u. erläut. v. Rob. Fritzsche. [Aus: „Mitteilungen d. oberhess. Geschichtsvereins".] gr. 8. (40 S.) Gießen 898. J. Ricker. n. 1.—

— die Elegien des Jeremias. 8. Gießen, Müller. 809.

Diem natalem ... Friderici Guilelmi III d. III Aug. oratione celebrandum indicit rector cum senatu. — Praemissa sunt epigrammata Graeca ex marmoribus collecta [a Friderico Theophilo Welckero. Spicil. I]. Bonnae, typ. Kupferbergerianis [!] 1819. 14 S. 4. ¶ Spicil. II: Progr. zum 3 Aug. 1822. — Beide Abh. erschienen zusammengef. 1828 bei Marcus in Bonn u. d. T.: Sylloge epigrammatum graec. Ed II recogn. et aucta.

Diem natalem ... Friderici Guilelmi III ab alma universitate Borussica Rhenana d. III Aug. ... celebrandum ... indicit Fridericus Theophilus Welcker ... ord. phil. h. a. decanus. — Epigrammatum Graecorum Spicil. II. Bonnae, typ. Thormannianis 1822. 35 S. 4. ¶ Spicil. [I]: Progr. zum 3 Aug. 1819. — Beide Abh. erschienen zusammengef. 1828 bei Marcus in Bonn u. d. T.: Sylloge epigrammatum graec. Ed. II recogn. et aucta.
Enth. zugleich d. Namen d. Sieger in d. Preisbewerbung d. J. 1820—21 und d. Preisaufgaben f. d. J. 1822—23

— Pr. Epigrammata graeca ex marmoribus collecta. Spicileg. I. II. 4. Bonn 819, 21.

—— Erinnerungen an Ludolph Dissen, s. Dissen, L.

Welcker, Fr. Gtlieb., der Felsaltar des höchsten Zeus oder das Pelasgikon zu Athen, bisher genannt die Pnyx. Eine in der königl. Akademie der Wissenschaften zu Berlin gelesene Abhandlung. gr. 4. (75 S. mit 1 Stnt. in Fol.) Berlin 852. (Bonn, Weber.) *

— fragmenta Alcmanis lyrici collegit et recens. 4. Giessen 816. Heyer. 20 g Schreibp. 1 ℛ, s. a. *Alcman.*

Welcker, F. G, Alcmanis fragmenta de Tantalo et de sacris in summis montibus peractis. S.-A. 1855. 23 S. Ebendarin: Danae, ein Vasengemälde, von Welcker. 9 S.

Rector et senatvs vniversitatis Fridericiae Gvilelmiae Rhenanae S. D. F. Friderico Theophilo Welckero ... conlegae dilectissimo [interprete Friderico Ritschelio] ... Bonnae, d. XVI m. Oct. a. 1859. [Bonnae, typ. C. Georgii 1859.] 1 Bl. 2. ¶ Wieder abgedr. in des Verf. Opusc. philol. V 1879 S. 709 ff.
Glückwunsch zum 50j. Prof.-Jubiläum

—— griechische Götterlehre. 2 Bde. gr. 8. Göttingen, Dieterich'sche Buchh. [1. Bd. (XVI und 723 S.) 857. * 3 Thlr. 20 Ngr., 2. Bd. 1. Lfg. (IV und 384 S.) 859., 2. Lfg. (IV und S. 385—817.) à Lfg. * 2 Thlr.] *

Welcker, F. G., griechische Götterlehre. 2. u. 3. Bd. Göttingen 860—63. Dieterich. gr. 8. (VIII, 817 S.; XXXVI, 381 S.) n. 6 ℛ

Welcker, F. G.. Meine griech. Götterlehre betreffend. S.-A. 1858. 34 S.

—— üb. d. Gruppirung d. Niobe u. ihrer Kinder. gr. 8. (5 B. u. 1 Stnt.) Bonn 836, Weber.
Aus: Rhein. Museum f. Philologie, besond. abgedruckt.

— s. Hipponactis fragmenta.

— s. Jeremias: Elegien.

Welcker, Friedrich Gottlieb (Grünberg)
Exercitatio philologica imaginem Ulyssis quae in Iliade exstat adumbrans.
[Lt. ADB Bd 41, S. 654.]
Dr. phil. Giessen 23.12.1803.

— über eine Kretische Kolonie in Theben, d. Göttin Europa und Kadmos d. König. gr. 8. Bonn 824. Marcus. 12 g

Welcker, Fr. Gtli., die Composition der polygnotischen Gemälde in der Lesche zu Delphi. Eine in der k. Akademie der Wissenschaften zu Berlin gelesene Abhandlung. gr. 4. (71 S. und 2 Kpfrt. in qu. Imp.-Fol.) Berlin 848. (Bonn, Weber.) *

— das academ. Kunstmuseum zu Bonn. gr. 8. Bonn 827. (Weber). 10 ggr.

Welcker, Fr. Gli., das akademische Kunstmuseum zu Bonn. 2. stark verm. Aufl. gr. 8. Bonn 841. (Weber.) n. 2/3 rthlr.

— Geo. Zoega's Leben. Samml. seiner Briefe u. Beurtheilung seiner Werke. 2 Thle, mit Zoega's Bildn. gr. 8. Stuttg. 819. b. Cotta. 5 rthlr.

Welcker, F. G., Der erste Monolog d. Sophokl. Ajas. S.-A. 1860. 9 S.

Welcker, Fr. G., s. Müller, K. O., Handbuch der Archäologie der Kunst.

—— und A. F. Näke, Rhein. Museum f. Philologie, s. Museum.

—— u. F. Ritschl, rheinisches Museum f. Philologie, s. Museum.

— s. Naeke, Aug. Fd.: Opuscula philologica.

Welcker, F. G., Ueb. die beiden Oden der Sappho. S. A. 1857. 34 S.

— observationes in Pindari carmen Olympium primum. 4. Giessen 806. Heyer. 4 ggr.

s. Philostratorum.

—— Pnyx oder Pelasgikon? gr. 8. (48 S. mit 1 Stnt. in qu. gr. 4.) Bonn 854. (Frankfurt a. M., Sauerländer's Verlag.) *
Aus: Rheinisches Museum, besonders abgedruckt.

Welcker, Fr. G., Sappho von einem herrschenden Vorurtheil befreyt. Göttingen 1816. 8⁰. 151 S. (2 Mk. 50 Pfg., br. unbeschn., R. Bertling, Dresden, 1907.) Ueber die Homosexualität bei den Alten.

— Sappho von einem herrschenden Vorurtheile befreit. 8. Götting. 817. Vandenhöck u. R. 12 ggr. Schreibp. 16 ggr.

Welcker, Fr. Gtli., kleine Schriften. 1. u. 2. Thl. A. u. d. Tit.: Kleine Schriften z. griechischen Litteraturgeschichte. 1. u. 2. Thl. gr. 8. Bonn, (Weber.) [1. (29½ B.) 844. * 2 Thlr. 20 Ngr., 2. (45⅛ B.) 45. * 4 Thlr.] *

Welcker, Fr. Gtli., kleine Schriften. 3. Thl. A. u. d. T.: Kleine Schriften zu den Alterthümern der Heilkunde bei den Griechen, griech. Inschriften, zur alten Kunstgeschichte. gr. 8. (VIII und 555 S. mit 2 Stnt. und 1 lithogr. Karte im Imp.-4. für den 2. Thl.) Bonn 850, Weber. Thlr. *

—— kleine Schriften. 4. Thl. A. u. d. T.: Kleine Schriften zur griechischen Litteratur. 3. Thl. gr. 8. (V und 258 S.) Bonn 861, Weber. *

—— kleine Schriften. 5. Thl. A. u. d. T.: Kleine Schriften zur griechischen Mythologie, Kunst- und Litteraturgeschichte. Hrsg. von Otto Lüders. gr. 8. (V und 293 S. mit 2 Kpfrt. in qu. gr. Fol.) Elberfeld 867, Friderichs. *

— s. Schwenk, K.: Etymolog.-mytholog. Andeutungen.

— s. Simonidis Amorgini Jambi qui supersunt.

Welcker, F. G., Ueb. die neuentdeckten Sculpturen v. Olympia, nach d. Gypsabgüssen i. Museum zu Bonn. S.-A. 1833. 30 S. —.90

—— Sylloge epigrammatum graecorum ex marmoribus et libris collegit et illustravit. Edit. II. recogn. et aucta. 8 maj. (21½ B. u. 1 Stnt.) Bonnae 828, Marcus.

—— zu der Sylloge epigrammatum graecorum. Abweisung d. verunglückten Conjecturen d. Hrn. Prof. Hermann. gr. 8. (4½ B.) Bonn 829, Marcus. –

— Tagebuch einer griechischen Reise. 2 Bde. Berlin 865. Hertz. 8. (XI, 683 S.) n. 3 rthlr. 10 ngr.

—— die Hesiodische Theogonie mit einem Versuch über die Hesiodische Poesie überhaupt, einer Einleitung und krit. und exeget. Anmerkungen zur Theogonie. Auch als Anh. zu seiner griech. Götterlehre. gr. 8. (IV und 160 S.) Elberfeld 865, Friderichs. *

s. Thirlwall's Geschichte von Griechenland.

— die Griech. Tragödien, mit Rücksicht auf den epischen Cyclus geordnet, s. Museum, Rhein., für Philologie, Supplem.

Welcker, Fr. Gli., die Aeschylische Trilogie, Prometheus u. d. Kabirenweihe zu Lemnos, nebst Winken über die Trilogie d. Aeschylus überhaupt. Mit 1 Kpft. gr. 8. Darmst. 824. Leske. 3 rthlr.

— Nachtrag zu d. Schrift üb. die Aeschylische Trilogie, nebst einer Abhandl. üb. das Satyrspiel. gr. 8. Frankf. 826. Brönner. 1 rthlr. 16 ggr. Velinp. 2 rthlr. 12 ggr.

Welker, F. G., Zwei Trilogien des Aeschylus berichtigt. Gel. 1837. 50 S.

Welcker, F. G., Unächtheit d. Rede d. Lysias geg. den Sokratiker Aeschines. S.-A. 1834. 20 S. —.80

Oratio natalitiis quinquagesimis Friderici Guilelmi III ... celebrandis auctoritate universitatis litt. Borussicae Rhenanae d. III Aug. 1819 habita [a Friderico Theophilo **Welckero** De universitate Bonnensi recens condita]. Bonnae, form. Kupferbergii (1819). 15 S. 4.

—— von ständischer Verfassung u. üb. Deutschlands Zukunft. gr. 8. (5 B.) Karlsruhe 831, Groos. –

— Die Vorstellungen der Giebelfelder u. Metopen an d. Tempel zu Delphi. S.-A. 1841. 28 S.

s. Wandgemälde von Pompeji.

— warum muß d. franzöf. Sprache weichen, u. wo zunächst? 8. Gießen 814. Heyer. 6 ggr.

— Zeitschrift für Geschichte u. Auslegung d. alten Kunst. 1sten Bdes 1s—3s Heft. Mit 6 Kpf. gr. 8. Götting. 817—19. Vandenhöck u. R. (1s, 2s Hft. à 22 ggr. 3s H. 1 rthlr. 4 ggr.) 3 rthlr. Schrbp. 4 rthlr.

s. Zoega, G.: Abhandl.

— s. Zoega, G.: Basreliefs.

—— neuester Zuwachs des akadem. Kunstmuseums zu Bonn. gr. 8. (1¾ B.) Bonn 844, Weber. *

Welcker, Fr. Gli.: Der epische Cyclus, oder die Homer. Dichter, s. Museum, Rheinisches, 1er Supplementband.

Welcker, Fr. Gottlieb, der epische Cyclus oder die Homerischen Dichter. 1. Thl. 2. Aufl. Bonn 865. Weber. gr. 8. (XVI, 450 S.) n. 2 rthlr. 20 ngr.

Welcker, F. G., der epische Cyclus oder die Homerischen Dichter. 2. Thl. Die Gedichte nach Inhalt u. Composition. 2., um einen Anh. verm. Aufl. gr. 8. (IX, 580 S.) Bonn 882. Weber. n. 10. — (cplt.: n. 18. —)

Welcker, Gust. Das Fieber u. seine Behandlung nach der Natur-Heil-methode. gr. 8. (45 S. m. 4 Illustr.) Frankf. a. M. 891, Gebr. Knauer. * — 80

Welcker, Heinrich, s.a. Welcker von Gontershausen, Heinrich

— es war e. Traum. Drama in 4 Aufzügen. 8. (III, 111 S.) Ebd. 896. n. 2. —

Welcker, Heinr., Etwas was uns Noth thut! oder Fenster, die keinen Luftzug durchlassen und die im Winter weder schwitzen noch zufrieren. Eine Erfindung von Geo. Jung. Darmstadt 860. Küchler in Comm. 8. (15 S.) n. 2½ ngr.

Der Heiland aus den Bergen. Ein psycholog. Schauspiel von Heinrich Welcker. Dresden & Leipzig: E. Pierson 1894. (122 S.) 8° [F.] 06. 1938

Welcker, Heinr., die Heiterethei. Ein Thüringer Volksstück in 3 Aufzügen (nach Otto Ludwigs gleichbetitelter Novelle). gr. 8. (88 S.) Leipzig 900. H. Haacke. n. 1. 60

Welcker, Heinr., der Pfarrer v. St. Georgen. Ein Schauspiel in 5 Aufzügen. (116 S.) 8. Leipzig (908). O. Wigand. 3. 20

Welcker, Heinr., d. erste Pflicht. Schausp. in 3 Aufzgn. gr. 8. (III, 110 S.) Leipzig 897. H. Haacke. n. 2. —

Welcker, Heinr., u. Emil Clemen, der Rechtsfreund f. den Geflügelzüchter. 1. Tl. Das Geflügel im Rechtsverkehr. Von W. — II. Tl. Praktische Fragen, Verordngn., Muster zu Vereinsgesetzen, Zeugnissen u. Gesuchen f. Geflügelzüchter u. Geflügelzüchtervereine. Von C. (109 S.) 8. Leipzig 907. A. Michaelis. 1.20; geb. 2. —

— Robespierre. Drama in 4 Aufzgn. 2. Aufl. gr. 8. (III, 111 S.) Ebd. 897. n. 2. —

Welcker, Hermann [Lehramtsprakt.]: Fricks Ansichten über Psychologie als Grundlage der Didaktik. Pforzheim, Druck v. F. Hamberger, 1894; 1 Bl., 19 S. 4.
Pforzheim, G, MP 1894 (614)

Welcker, Herm., Anweisung zum Gebrauche der Blut-Fleckenscala, eines Mittels zur Erforschung des Blutfarbestoffgehaltes. Nebst einem Exemplar der Scala, mehreren Probeflecken und einer Anzahl leerer Feldchen zur Ausführung von Proben. gr. 8. (16 S.) Giessen 854, Ricker. **

Welcker, Herm., die Asymmetrien der Nase u. des Nasenskeletes. Mit 7 (eingedr.) Holzschn. [Aus: „Beiträge z. Biologie, Jubil.-Schrift f. Geh.-R. v. Bischoff".] Lex.-8. (35 S.) Stuttgart 882. Cotta. n. 1. 20

— uber Aufbewahrung mikroskopischer Objekte nebst Mittheilungen über das Mikroskop und dessen Zubehör. Im Auftrag des Vereins fur Mikroskopie zu Giessen verfasst. Mit 1 lith. Taf. Giessen 856. Ricker. gr. 8. (44 S.) n. 10 ngr.

Welcker, Herm., s. a. Dialektgedichte.

Welcker, H., Dialektgedichte. Sammlung v. Dichtgn. in allen deutschen Mundarten, nebst poet. Proben aus dem Alt-, Mittel- u. Norddeutschen, sowie den german. Schwestersprachen. 2., verm. Aufl. v. „Die deutschen Mundarten im Liede". 8. (XXVIII, 426 S.) Leipzig 889. Brockhaus. n. 5. —; geb. n. 6. —

Welcker, Herm., uber zwei seltnere Difformitaten des menschlichen Schadels, Scaphocephalus u. Trigonocephalus, und uber die Frage nach dem zwischen Hirngrosse und geistiger Begabung bestehenden Wechselverhaltnisse. Mit 1 (lith.) Taf. (Aus den Abhdlgn. der naturforsch. Gesellsch. zu Halle abgedr.) Halle 863. Schmidt's Verlag. gr. 4. (20 S.) n. 21 ngr.

—— über die Entwicklung und den Bau der Haut und der Haare bei Bradypus, nebst Mittheilungen über eine im Innern des Faulthierhaares lebende Alge. gr. 4. (60 S. mit 2 Stnt.) Halle 864, Schmidt's Verlag. *

Welcker, Hermann (Giessen)
Ueber Irradiation und einige andere Erscheinungen des Sehens.
Giessen: Ricker 1852. 198 S.u. 8 Taf. (m Δ mit „Thesen")
Diss. med. 27.5.1852.

Welckerus, H[ermannus]: Commentatio de pollicis ossis primi natura. Halis 1884: Hendel. S. 2–18, 1 Taf. 4°
Halle-Wittenberg, Progr. z. akad. Preisverteilung 1884
[Kopft.:] Die morphologische Bedeutung des ersten Daumengliedes. – Wortlaut der Abhandlung in deutscher Sprache.

Welcker, Herm., Schiller's Schädel u. Todtenmaske, nebst Mittheilgn. üb. Schädel u. Todtenmaske Kant's. Mit e. (heliotyp.) Titelbilde, 6 lith. Taf. u. 29 Holzst. gr. 8. (IX, 160 S.) Braunschweig 883. Vieweg & Sohn. n. 10. —

— Untersuchungen uber Wachsthum und Bau des menschlichen Schadels. Leipzig 862. Engelmann. Fol.
1. Thl.: Allgemeine Verhaltnisse des Schadelwachsthums und Schadelbaues. Normaler Schadel deutschen Stammes. Mit 17 Taf. in Steindr. (XVI, 148 S.) n. 8 ₰

Welcker, J., s. a. Frickhöffer, K., Uebungsbuch zum Rechnen.

Welcker, J., Uebungsbuch zum mündlichen u. schriftlichen Rechnen. Bearb. nach dem Leitfaden zum Unterrichte im Rechnen v. K. Frickhöffer. Mit Berücksicht. der neuen Maß- u. Gewichtsordng. Neu bearb. 2. Hft. 6. Aufl. 8. (66 S.) Wiesbaden 871. Limbarth. n. — 40

Welcker, J., Uebungsbuch zum mündlichen und schriftlichen Rechnen. Vollständige Umarbeitung des Uebungsbuches von K. Frickhöffer. 3 Hefte. 8. Wiesbaden, Limbarth. [1. Heft. 1. und 2. Abthl. 3. Aufl. (60; 76 S.) 875,79. à Abthl. * 40 Pf.; 2. Heft. 9. Aufl. (64 S.) 880. * 40 Pf.; 3. Heft. 10. Aufl. (80 S.) 877. * 40 Pf.] *

Welcker, J., Uebungsbuch zum mündlichen und schriftlichen Rechnen. Vollständige Umarbeitung des Uebungsbuches von K. Frickhöffer. 3 Hefte. 8. Wiesbaden, Limbarth. [1. Heft. 1. und 2. Abthl. 4. Aufl. (60; 76 S.) 881,85. à * 40 Pf.; 2. Heft. 10. Aufl. (64 S.) 885. * 40 Pf.; 3. Heft. 11. Aufl. (80 S.) 880. * 40 Pf.] *
—— dass. — Resultate zum 3. Hefte. 10. Aufl. 8. (32 S.) Ebendas. 880. *

Welcker, J., Uebungsbuch zum mündlichen u. schriftlichen Rechnen. Vollständige Umarbeitg. d. Uebungsbuches v. K. Frickhöffer. 1. Hft. 2 Abth. 2. u. 3. Hft. 8. Wiesbaden 885. 86. Limbarth. à n. — 40
I. 4. Aufl. (IV, 76 S.) — II. 10. Aufl. (64 S.) — III. 12. Aufl. (80 S.)

Welcker, J. Übungsbuch zum mündlichen u. schriftlichen Rechnen. Vollständige Umarbeitg. d. Übungsbuches v. K. Frickhöffer. 1. Abtl., 1.—3. Heft. 8. Wiesb. 890, Limbarth. [1. Heft. 5. Aufl. (IV, 60 S.); 2. Heft. 11. Aufl. (56 S.); 3. Heft. 13. Aufl. (80 S.)]
à Heft * — 40; * 1 20; cart. à Heft * — 60; * 1 80

Welcker, J., Uebungsbuch z. mündl. u. schriftl. Rechnen. Vollst. Umarbeitg. d. Uebungsbuches v. K. Frickhöffer. 1. Hft. 2. Abtlg. 5. Aufl. 8. (80 S.) Wiesbaden 894. Ch. Limbarth's Verl. n. — 40

— dasselbe. 3. Hft. 14. Aufl. 8. (80 S.) Ebd. 895. n. — 40; kart. n. — 60

Welcker, J. Friedr. Christoph, liturgische Beiträge, nebst e. homilet. Anhange. Mit e. Vorw. u. einigen Mittheilungen üb. des Verf. Leben u. Wirken hrsg. v. Ernst Ludw. Ritsert. gr. 8. (13⅛ B.) Darmstadt 842, Diehl. Thlr.

Welcker, (Pfarrer) J. F. C., Religionslehre in bibl. Sprüchen. 8. Darmst. 832. Heyer. 5 gr

Welcker, J. F. C., Religionslehre in bibl. Sprüchen. 2., verb. Aufl. 835. * 1/6 Thlr., u. 3., verb. A. 8. (à 6 1/2 B.) Gießen 840. [Frankfurt a. M., Heyer's Verl.]

Welcker, J. F. C., Religionslehre in biblischen Sprüchen. 4. Aufl. Gießen 863. Heinemann. 8. (X, 94 S.) n. 4 ngr.

Welcker, J. J., Beiträge z. Einleitung eines Läuterungsprozesses f. unsere popularisirende Grammatik in ihrer jetzt vorherrschenden Richtung. 1. Beitrag. Der zusammengezogene u. der zusammengesetzte Satz der Sprachdenklehre Wurst's vor d. Richterstuhle des Becker'schen Systemes u. einer unbefangenen Ansicht der Sache überhaupt. gr. 8. (5 B.) Gießen 846, Heyer's Verl. *

Gründliche Beschreibung des Schlangen-Bads, worinnen zugleich desselben vortreffliche Tugenden durch außerlesene eigene Observationes bestättiget werden. Von Johann Petro Welcker. Zum 2.mahl gedr. Franckfurth a.M.: Verf. 1724: Möller. 56 S. 8°

Gründliche Beschreibung des Schlangen-Bads, worinnen zugleich desselben vortreffliche Tugenden durch auserlesene eigene Observationes bestättiget werden. Von Johann Peter Welcker. Bey dieser 3.Aufl. mit e. Beytrag zu diesen Nachrichten vom Schlangenwasser (Beytrag zu denen Welckerischen Nachrichten vom Schlangen-Wasser) von Jo(hann) Sam(uel) Carl. Idstein 1747: Kürßner. 104 S. 8°

Welcker, Karl Theodor

Welcker, Carl, die rechtliche Begründung unserer Reform mit ihren wichtigsten Folgen. Nebenbei die Beleuchtung eines ungerechten Angriffs. Frankfurt a. M. 861. Sauerländer's Verlag. gr. 8. (IV, 108 S.) 15 ngr.

Welcker, Carl Theod., neuer Beitrag zur Lehre v. d. Injurien u. d. Preßfreiheit durch die Rechtsgutachten d. Spruchcollegien v. Heidelberg, Kiel u. Tübingen üb. d. Preßproceß d. Hofr. Welcker u. durch d. Prüfung d. hofgerichtl. Entscheidungsgründe in d. Appellationsschriften d. Gehr. Duttlinger u. d. Hofr. Welcker. Zugleich mit e. Vorw. üb. seine Grundsätze, seine Pensionirung u. üb. d. Geist d. „Freisinnigen." gr. 8. (20 B.) Freiburg 833, [Gebr. Groos, Brls.-Expedit.]

– s. Blätter, Kieler.

Welcker, Karl Thdr., über Bundesverfassung u. Bundesreform, über Bildung u. Gränzen der Bundesgewalt. Zunächst in Beziehung auf den Schweizerbund und die Schriften von Troxler u. Zachariä über denselben. gr. 8. Leipzig 834. Literatur-Comptoir. 5/12 Rthl

– s. Deutschlands Freiheit.

Welcker, Carl (Theod.), der reichsgräflich Bentinckische Erbfolgestreit rechtlich beurtheilt. gr. 8. (X und 150 S.) Heidelberg 847, C. F. Winter'sche Vrlgsh. *

Welker, Karl Theod., Deutschlands Freiheit, eine Rede an die Fürsten u. an das Volk, vor Eröffnung d. Wiener Versammlung. gr. 8. Ebend. 814.

Welcker, Carl Theod., die Gefahren d. Vaterlandes u. die Schutzmittel geg. dieselben. Als Motion in d. badischen Kammer d. Abgeordneten am 4. Nov. 1833 vorgetragen. Nebst der darüber stattgehabten Discussion. 8. (5 1/4 B.) Karlsruhe 833, Groos. Thlr.
Aus der „Landtagszeitung" abgedruckt.

Welcker, Karl Thdr., d. letzten Gründe von Recht, Staat u. Strafe, philosophisch u. nach den Gesetzen d. merkwürd. Völker rechts-histor. entwickelt. gr. 8. Gießen 813. Heyer. 2 Rthl

—— Grundgesetz und Grundvertrag. Grundlagen zur Beurtheilung der preuß. Verfassungsfrage. 1. Aufl. (90 S.) 1847. 15 Ngr. und 2. (Titel-)Aufl. gr. 8. (XIV und 90 S.) Altona 851, Hammerich.

—— der Hochverrathsproceß des pract. Arztes Dr. Rud. Welcker, actenmäßig mitgetheilt durch dessen Vater. gr. 8. (VI und 46 S.) Mannheim 850, Bassermann.

Welcker, Carl (Theod.), ein staatsrechtl. Injurien-Prozeß in actenmäßiger Mittheilung. gr. 8. (3 1/4 B.) Mannheim 843, Bassermann.

— Inquisition, geheime Censur rc., s. Schulz, W.

—— die geheimen Inquisitionsprozesse gegen Weidig u. Jordan. Zur neuen Unterstützung des Antrags auf öffentl. Anklageverfahren u. Schwurgericht. 8. (3 B.) Karlsruhe 843, Braun'sche Hofbuchh. *

Welcker, Carolus Theodorus (Hasso - Oberofleidanus)
Dissertatio juridica inauguralis interpretationem exhibens legis 9 de negotiis gestis juncta lege 60 de diversis regulis juris.
Giessae: Schroeder 1813. 20 S.
Diss. jur. 24.4.1813.

Welcker, Karl, s. E. Jordan, die Jesuiten.

Welcker, Carl Theod., Jury, Schwur- od. Geschwornengericht als Rechtsanstalt u. als polit. Institut. — Die großen Gebrechen uns. deutschen Strafrechtspflege u. d. Schwurgericht als d. einzige Mittel, ihnen gründl. abzuhelfen. gr. 8. (10 1/4 B.) Altona 840, Hammerich.
Aus: Rotteck u. Welcker, Staats-Lexikon, 9. Bd., besond. abgedruckt.

– Motion, Aufhebung der Censur betreff., s. Begründung.

—— Motion, daß die erste Kammer eine Adresse auf die Eröffnungsrede beschließen möge. (Vorgetragen in der 7. öffentl. Sitzung der badischen 2. Kammer am 9. Dec. 1845.) gr. 4. (1 1/2 B.) Mannheim 846, Hoff.

– Motion auf eine Wehrverfassung, s. Begründung.

—— die vollkomm. u. ganze Preßfreiheit nach ihrer sittl., rechtl. u. polit. Nothwendigkeit, u. ihrer Uebereinstimmung mit deutschem Fürstenwort u. nach ihrer völligen Zeitgemäßheit dargestellt in ehrerbiet. Petition an d. Hohe deutsche Bundesversammlung. gr. 8. (10 1/2 B.) Freiburg 830, [Gebr. Groos, Brls.-Expedit.]

—— und Carl v. Rotteck, das Staats-Lexikon, s. Staats-Lexikon, das.

—— das innere u. äußere System d. pratt., natürl. u. röm.-christ.-germanischen Rechts-, Staats- u. Gesetzgebungslehre. 1. Bd. — A. u. d. T.: Die Universal- u. d. jurist.-polit. Encyklopädie u. Methodologie, zum Gebr. bei Vorlesn. u. für d. Selbststudium. gr. 8. (48 B.) Stuttgart 829, Metzler.

Welcker, Carl Theodor s. (Troxler, I[gnaz] P[aul] V[ital].) Zur Aufklärung.... Stäfa 1834.

— die Universal- u. d. jurist.-politische Encyklopädie u. Methodologie. 1r Bd. gr. 8. Stuttg. 829. Metzler. Subscr.-Pr. 3 Rthl 12 gr

—— der preußische Verfassungskampf. Denkschrift zu der Heidelberger Petition an die 2. badische Kammer. gr. 8. (49 S.) Frankfurt a. M. 863, Auffahrth. *

—— über d. rechte Verhältniss v. bürgerlicher Ordnung, Kirche u. Schule, mit Rücksicht auf badische Staatsgrundsätze. Eine academ. Rede. gr. 8. (3 B.) Freiburg 828, Herder.

—— zur gerichtl. Vertheidigung gegen die Ehrenkränkungsklage der großherzogl. hess. Regierung wegen der Schrift: „Geheime Inquisition, Censur u. Cabinetsjustiz." gr. 8. (4 B.) Carlsruhe 846, Braun'sche Hofbuchh. *

Welcker, (C. Th.,) öffentl. Actenmäß. Vertheidigung gegen d. öffentl. Verdächtigung der Theilnahme od. Mitwissenschaft an demagog. Umtrieben in u. mit Abhandl. für das öffentl. Recht. 1e u. 2e Abthlg. gr. 8. Stuttg 823 u. 24, Metzler.

—— die Vervollkommnung d. organ. Entwickelung d. deutschen Bundes zur bestmöglichsten Förderung deutscher Nationaleinheit u. deutscher staatsbürgerl. Freiheit. Als Motionsbegründung vorgetr. in d. 2. Kammer d. Bad. Ständeversamml. gr. 8. (4 B.) Karlsruhe 831, Groos.

– s. Vorträge des Geh. Raths Duttlinger u. Welcker . . .

— über Wehrverfassung, s. Begründung d. Motion (nicht Motive) d. Abgeordneten Welcker.

Welcker, Philipp Heinrich

Welcker, Ph. H., der Ahnherr u. sein Haus. Zum Andenken an die Grundsteinlegung des Friedensteines durch Herzog Ernst den Frommen den 26. Oct. 1643. — Gedichte. gr. 8. (1½ B.) Gotha 843, Müller.

Welcker, Ph. H., Deutschlands Auferstehung. Freiheitslieder. gr. 12. (IV u. 60 S.) Gotha 849, Stollberg'sche Buchdr. ¼ ℛ

Welcker, Ph. H., die tönenden Bilder. Eine Reihe v. 43 Holzschnitten. gr. 8. (17½ B.) Gotha 835, Müller.

— s. Bridel-Brideri Chant de deuil.

—— Thüringens Grüße bei der Ankunft der Königin Victoria von Großbritannien u. Irland. 8. (1 B.) Gotha 845, Müller. In 4. (2 B.)

— dass. 4. Ebend. 846. mit Goldschn. 6 ngr

—— Hauser. Ein lyr. Gedicht mit e. Anh. d. wichtigsten bis jetzt bekannt geword. Nachrichten üb. d. unglückl. Findling. 8. (6½ B.) Gotha 835, Müller.

Welcker, Ph. H., lateinische und deutsche Lieder. Eine Festgabe zur 300jähr. Jubelfeier der Universität Jena den 15., 16. u. 17. Aug. 1858. Gotha 858. Müller. gr. 8. (16 S.) 5 ngr

Welcker, (Prof.) Ph. Hnr., Thüringer Lieder. gr. 12. Gotha 831. Müller. 1 ℛ 8 gl

Welcker, Ph. H., Nachruf für Se. königl. Hoheit, den Prinzen Albert, Herzog zu Sachsen. Gotha 862 Müller. gr. 8 (8 S.) 2 ngr

— s. Fr. v. Schiller, Carmina.

Welcker, Ph. H., Vogelherd-Klänge aus dem thüringer Wald. Sonnette. 16. (IX und 68 S.) Gotha 854, Stollberg'sche Buchdr. *

—— Worte zur Erinnerung an Friedrich Jacobs. (Gedicht.) 4. (46 S.) Gotha 849, Henning'sche Buchh.

—— Worte zu Prume's Violinentönen. (Gedicht.) 32. (24 Seiten.) Gotha 839, Wenige.

Welcker, R., Frankfurt a. M., s.: Beckmann-Führer.

Welcker, Rob., der praktische Brennereibetrieb nebst der neuesten Malzbereitungs-Methode sowie gründliche Anweisung zum Schwefeln des Malzes u. zur Bereitung einer ganz neuen, sehr vortheilhaft bewährten, 28stündigen Kunsthefe. Als Anhang: die in der Brennerei vorkommenden verschiedenen Berechnungen, sowie eine Uebersicht der strafbaren Handlungen beim Brennereibetriebe und der damit verbundenen Strafen. Neu u. practisch bearb. Berlin 859. R. Kühn. gr. 8. (VI, 90 S.) n. 20 ngr

R. Welcker, Der prakt. Brennereibetrieb. 5. A. Berl. 1860.

Welcker, Theodor (Hirschhorn)
Ueber typische Neuralgie des Supraorbitalis.
Giessen: Brühl 1869. 29 S. u. 2 Bl. Thesen.
Diss. med. 12.6.1869. vorh. 7.

† Welcker, Theod., (Geo. C. L. Schöpfer,) der Retter in Feuersgefahr, od.: Belehr. üb. d. schnelle Löschen brennender Gebäude u. Schornsteine, nebst Anweis., wie man Häuser, Kleidung, Papier u. Hausgeräthe, so wie auch sich selbst, unverbrennbar machen u. Menschen aus d. obern Stockwerken brenn. Gebäude retten kann. Als Anh.: ein Bericht üb. d. vorzügl. Feuer-Versicherungs-Anstalten in Europa u. ihre Grundgesetze. 16. (4¼ B.) Nordhausen 837, Fürst.

Welcker, Vikt. Hugo, die nationalen u. sozialen Aufgaben d. Antisemitismus. Vortrag, geh. am 9. Febr. 1892 im Saale der „Neuen Akademie" zu München. [Aus: „Ulmer Schnellpost".] 8. (37 S.) Ulm 892. Gebr. Nübling. — 10

Welcker von Gontershausen, Heinrich, s.a. Welcker, Heinrich

Welcker v. Gontershausen, H., über den Bau der Saiteninstrumente u. deren Akustik, nebst Uebersicht der Entstehung u. Verbesserung der Orgel. Ein Anh. zum Clavierbau in seiner Theorie, Technik u. Geschichte. Frankfurt a. M. 870. Winter. gr. 8. (XV, 130 S. mit eingedr. Holzschn.) n. 24 ngr

Welcker v. Gontershausen, Heinr., der Flügel oder die Beschaffenheit des Piano's in allen Formen. Eine umfassende Darstellung der Fortepiano-Baukunst vom Entstehen bis zu den neuesten Verbesserungen mit specieller Hinweisung auf die rationelle Praxis für Bearbeitung und Zusammensetzung der Mechanismen, nebst gründl. Anweisung zur Intonirung, Stimmung und Saitenbemessung. Für Clavierspieler und Instrumentenmacher bearb. Mit 75 Zeichnungen. gr. 4. (IV und 88 S. mit 21 Stnt.) Frankfurt a. M. 853, Brönner. *

—— dass. — 2. Abthl.: Geschichte des Clavierbaues. gr. 4. (S. 89—127.) Ebds. 855. *

—— dass. — Neue (Titel-)Ausg. gr. 4. (IV und 127 S. mit 21 Stnt. und eingedr. Holzschn.) Ebds. 856. *

—— die technischen Hölzer oder specielle Beschreibung aller Nutz- und Werkhölzer des In- und Auslandes mit Einschluß der brauchbarsten Horn- und Beinarten nebst Angabe ihrer Heimath und Bezugsquellen. Ein nützl. Handbuch für techn. Holzarbeiter, besonders Schreiner, Wagner, Faßbinder 2c. gr. 12. (IV und 92 S.) Frankfurt a. M. 853, Brönner.

— die technischen Hölzer oder specielle Beschreibung aller Nutz- und Werkhölzer des In- und Auslandes mit Einschluß der brauchbarsten Horn- und Beinarten nebst Angabe ihrer Heimath und Bezugsquellen. Ein nützliches Handbuch für technische Holzarbeiter, besonders Schreiner, 2c. Frankfurt a. M. 854. Brönner. 12. (IV, 92 S.) 7½ ngr

Welcker von Gontershausen, H., der Clavierbau in seiner Theorie, Technik und Geschichte, unter Hinweisung seiner Beziehungen zu den Gesetzen der Akustik. 3. verm. u. umgearb. Aufl. Mit 80 Abbildgn. (Holzschn.) Frankfurt a. M. 1864. Brönner. (Ch. Winter.) gr. 8. (VIII, 236 S.) n. 2 ℛ

—— der Clavierbau in seiner Theorie, Technik und Geschichte. 4. Aufl. gr. 8. Ebendas. 870. (* ℳ 8.) *

—— neu eröffnetes **Magazin** musikalischer Tonwerkzeuge, dargestellt in technischen Zeichnungen aller Saiten- Blas- Schlag- und Friktions-Instrumente: unter Aufnahme der neuesten Verbesserungen und darauf bezügl. statist. Notizen, nebst geschichtl. Uebersicht der Musik und Instrumente vom ersten Ursprung bis in die Jetztzeit, mit specieller Beschreibung ihres Baues, Tonumfangs und fassl. Angabe ihrer Behandlung und Erhaltung. (Mit 160 Abbildungen.) 1—3. Lfg. gr. 8. (IV und 442 S. mit 3 Stnt. in qu. gr. 4. und eingedr. Holzschn.) Frankfurt a. M. 854. 55. (Brönner. — Henkel.) *

Welczeck, Adelheid von

Welczeck, A. v., die (deutsche) Frau in der öffentlichen Armen- u. Waisenpflege. s. a. Fortschritt, sozialer. Nr. 26.

Welczeck, A(delheid) v.: Die deutsche Frau in der öffentlichen Armen- u. Waisenpflege. Auf Grund d. vom Verb. Fortschrittl. Frauenvereine veranst. Umfrage vom 12. Febr. 1904. — Leipzig: Dietrich 1904. 16 S. 8° [Umschlagt.] (Sozialer Fortschritt. 25.)

Welczeck, Adelh. v., das Frauenstimmrecht in den verschiedenen Ländern, s. a. Kultur u. Fortschritt.

Welczeck, Adelheid v., Das Frauenstimmrecht in den verschiedenen Ländern. Gautzsch b. Leipzig 1908. 8°. (Kultur u. Fortschritt. Nr. 135.)

Reisen durch die vereinigten Staaten von Nord-Amerika und durch die Provinzen Ober- und Unter-Kanada in den Jahren 1795, 1796 und 1797 v. Isaac **Weld**. Nach der 2. Ausgabe aus dem Englischen übersetzt, mit Anmerkungen. Bd. 1 u. 2. = Archiv für die neuesten und merkwürdigsten Reisebeschreibungen. Th. 1–2. Berlin. 1800.

Weld, Isaak, Reise durch Nordamerika rc.; aus d. Engl. gr. 8. Berl. 800. Haude u. Sp. 1 ℛ 12 ℊ

— Reise durch d. vereinigten Staaten von Nordamerika in d. J. 1795—97, nach d. 2ten engl. Ausg. übersetzt von K. D. C. König). 2 Bde. gr. 8. Berl. 800. Voß. 1 ℛ 20 ℊ (s. auch Magazin von n. Reisebeschreibb. 20r Thl.)

— Reisen durch d. vereinigt. Staaten v. Nordamerika u. d. Ober- u. Unter-Canada in d. J. 1795, 96 u. 97. nach der 2ten engl. Ausg. mit 6 Kpf. 2 Bde. gr. 8. Berlin, Wilh. Oehmigke. 800.

— Reisen durch d. vereinigten Staaten von Nordamerika u. Ober- u. Unter-Canada in d. J. 1795, 96 u. 97; nach d. 2ten engl. Ausg. 2 Bde, mit 6 Kpf. gr. 8. Berl. 800. 2e A. 820. (Sander). 2 ℛ 16 ℊ

[Weld, Isaac]: Isaac Weld's Reisen durch die Staaten von Nordamerika, und die Provinzen Ober- u. Unter-Canada, während den Jahren 1795, 1796 u. 1797. *Aus dem Englischen übersetzt. Berlin und Hamburg 1801. 475 S., ill., Karte. = Bibliothek der neuesten und interessantesten Reisebeschreibungen. Band IV.*

— Reisen durch die vereinigten Staaten von Nord-Amerika und durch die Provinzen Ober- und Unter Kanada in den Jahren 1795, 1796 und 1797. *Nach der letzten Ausgabe aus dem Englischen übersetzt mit Anmerkungen. 2 Bde. Zweite Auflage. Berlin: C. G. Flittnersche Buchhandlung 1820. (6), XIV, 395 S., ill.; . . . . S.*

Welde, Ernst, appr. Arzt: Ein Beitrag zum Wesen und der Behandlung von Magendarmerkrankungen im Säuglingsalter. Leipzig 1907: B. Georgi. (32 S.) 8°
Leipzig, Med. Fak., Ref. Curschmann, Diss. v. 11. März 1907
[Geb. 24. Dez. 81 Leipzig; Wohnort: Leipzig; Staatsangeh.: Sachsen; Vorbildung: König-Albert-Gymn. Leipzig Reife O. 01; Studium: Leipzig 4, München 1, Leipzig 5 S.; Coll. 19. März 07; Approb. Wintersem. 05/06.]

Welde, Ernst: Ueber die Umlagerung von Diazoacetylglycinester in Triazolonderivate. Heidelberg 1908: K. Rössler. 56 S. 8°
Heidelberg, Naturw.-math. Diss. v. 28. Okt. 1908, Ref. Curtius
[Geb. 20. Febr. 83 Donaueschingen; Wohnort: Heidelberg; Staatsangeh.: Baden; Vorbildung: Gymn. Heidelberg Reife Juli 01; Studium: Heidelberg 10, Kiel 1 S.; Rig. 27. Juli 08.] [U 09. 2058

Welde, Hermann. Beiträge zur Kenntniss der Sulfodicarbonsäuren. Leipzig. 1876.

Welde, Leonh., Hausmusik. Dialektlustsp. in 3 Aufzgn. 12. (III, 66 S.) Aarau 897. H. R. Sauerländer & Co. n. — 80

Welde, Robert, aus Donaueschingen: Zur **Kenntnis des Bromhydrats** des Dibromanhydro-p-oxypseudocumylalkohols und seiner Umwandlungsprodukte. *Heidelberg: Ph. Wiese 1899.* (66 S.) 8°
Heidelberg, Naturw.-math. Diss. v. [2. Mai] 1899

v. **Welden,** Frhr. ..., Rede bei der Feier des 25jährigen Bestehens des polytechn. Vereines für Bayern, gehalten von dem ersten Vorstande am 4. August 1841. gr. 4. München 841. (Franz.) n. 1/4 ℛ

Welden, Fr. v. Geschichte der Einrichtung des Straf- und Arbeitshauses mit der damit verbundenen Marmorfabrik zu St. Georgen bei Baireuth, und seiner dermaligen Einrichtung. Eine Gelegenheitsschrift zur Jubelfeier der vor 100 Jahren erfolgten Erbauung dieses nützlichen Instituts. 8. *Baireuth.* 1830

Welden, Ludwig von

— — Beispiele für die Benützung der Plane zur praktischen Erläuterung mehrerer Theorien der Kriegskunst. Wien 1830. 32 S.

Welden, L. Frh. v. Entwurf für die Verfertigung u. Benützung der Plane zur praktischen Erläuterung mehrerer Theorien der Kriegskunst. Mit Pl. Wien 1825. 14 S. 8° u. 4°

Welden, Ludw. v., Episoden aus meinem Leben. Beiträge zur Geschichte der Feldzüge der österreich. Armee in den J. 1848 und 1849. 1. und 2., unveränd. Abdr. 1853. * 2 Thlr. und 3. (wohlf.) Ausg. gr. 8. (XII und 276 S. mit 4 Tab. in qu. 4.) Graz 855, Damian und Sorge. *

Welden, Ludw. Frhr. v., der Feldzug der Oesterreicher gegen Rußland im Jahre 1812. Aus officiellen Quellen. Wien 870. Gerold's Sohn. gr. 8. (XI, 160 S.) n. 1 Thlr. 6 ngr.

Welden, Ludw. Frhr. v., der Krieg v. 1809 zwischen Oesterreich u. Frankreich von Anfang Mai bis zum Friedensschlusse. Aus officiellen Quellen. Mit e. (lith.) Uebersichtskarte d. Marchfeldes (in Imp.-Fol.) Wien 872. Gerold's Sohn. n. 8. —

—— der Krieg der Oesterreicher in Italien gegen die Franzosen in den J. 1813 und 1814. 1. Ausg. 1853. * 1 Thlr. 18 Ngr. und 2. (wohlf.) Ausg. gr. 8. (XX und 161 S. mit 1 lithogr. Karte in Imp.-Fol.) Graz 855, Damian und Sorge. *

—— militärische Memoiren. Der Krieg der Oesterreicher in Italien gegen die Franzosen in den J. 1813 und 1814. — Geschichte der Feldzüge der österreich. Armee in den J. 1848 und 1849. Neue (Titel-)Ausg. gr. 8. (XX, 159; XII, 274 S. mit 8 Tab. in gr. 4. und 1 lithogr. Karte in qu. Fol. Wien (855) 875, Braumüller. *

v. Welden, Frhr. Ldw., d. Monte-Rosa. Eine topograph. u. naturhistor. Skizze, nebst e. Anh. d. von Hrn. Zumstein gemachten Reisen zur Ersteigung seiner Gipfel. Mit e. topograph. Karte, 1 Kpf. u. 6 Steintaf. gr. 8. Wien 824. Gerold. 2 Thlr.

Welden. L. Freih. v.: Der Monte Rosa. Eine topographische und naturhist. Skizze, nebst einem Anhange der von H. Zumstein gemachten Reisen zur Ersteigung seiner Gipfel. Wien. 1834. 8°

Welden, Walther, Bem. üb. d. verschiedenen Arten des Harnblasenstiches. A. d. Engl. Lpz. 8°. Salzb. med. chir. Zt. 1795, II, p. 378. N. A. D. B., XXVII, p. 513.

1794

Welden, Xaver von

— Polizei-Lexikon, oder prakt. Anleit. für Polizeibeamte in alphabet. Ordnung. gr. 8. Ulm 823. Ebner. 22 kr.

v. Welden, Frhr. X., über den Staats-Straßenbau in Würtemberg. 8. Ulm 825. Ebner. 4 kr.

Weldenhammer, d. Landwirthsch. im Grossherzogth. Hessen. Festschrift. Darmstadt 882.

Welderen Baron Rengers, E. van, die staatlichen Massregeln zur Förderung der Rindviehzucht in der Schweiz u. in Dänemark. gr. 8. (260 S.) Halle 901. (J. M. Reichardt.) n. 2. 50

Weldert. Referat üb. die Simultanschule auf dem Hessen-Nassauischen Städtetage am 27. Febr. 1892. gr. 8. (16 S.) Wiesb. 892, Bechtold u. Comp. — 30

Weldert, K., Geschichte d. städt. höheren Mädchenschule zu Wiesbaden. Festschrift zur Feier d. 50jähr. Bestehens d. Anstalt. 1847—1897. gr. 8. (88 S.) Wiesbaden 897. (H. Staadt.) n.n. 1. —

Weldert, R., s.: Wasser u. Abwasser.

Weldert, Robert, aus Wiesbaden: Ueber **Ketochloride und Chinone des Indazols.** *Marburg 1901: F. Sömmering.* (49 S.) 8°
Marburg, Phil. Diss. v. [7. Aug.] 1901

Weldig, G., griechisches Lesebuch f. Tertia. gr. 8. (IV, 144 S.) Dresden 893. L. Ehlermann. n. 1. 50; geb. n. 1. 80

Weldig, Gustav: * Vindiciae Xenophonteae. Xenophontis Hellenicorum libri duo priores utrum integri nobis servati sint an excerpti tantum atque imminuti diiudicetur ex testimoniis potissimum scriptorum veterum eorum, qui libris illis usi sunt. 76 S. 4° (2°)
Halle-Wittenberg, Phil. Diss. v. 22. Juli 1869
Geb. Neuhaldensleben 11. 12. 1844. V.

de Weldige, gen. Cremer, s. Ph. Gerbet, Ueberblick.

Weldige, Anton de [prakt. Arzt aus Dorsten, Westf.]: Zusammenstellung derjenigen Fälle von Puerperalfieber, bei welchen Mikroorganismen nachgewiesen und seit 1874 veröffentlicht worden sind.... Dorsten, Druck von M. J. Reichartz, o. J.; 64 S. 8°.
Würzburg, Med. Fak., Inaug.-Diss. v. 1886.

Weldige, Anton de, Zusammenstellung derjenigen Fälle von Puerperalfieber, bei welchen Microorganismen nachgewiesen und seit 1874 veröffentlicht worden sind. Diss. Würzburg 1886, Stahelsche Univ.-Buch. 8°. 64 S.

de Weldige, Jos., gen. Cremer, s. Boubler de Villemer, philosophische Gedanken. — Seele, die, auf dem Kalvarienberge.

Weldige-Cremer, August de, und Walter Fahrenhorst

Weldige-Cremer, de, u. **Fahrenhorst,** die Grundstücksumlegung in Stadtfeldmarken u. in der Südostfeldmark Dortmund. I. Die Entwicklg. der Bebaug. Dortmunds u. die Vorteile der Grundstücksumlegg. f. städt. Straßennetze. Von W.-C. — II. Die Umlegg. städt. Feldmarken nach Gesetz u. Praxis u. die Zusammenlegg. der Südostfeldmark Dortmund. Von F. Mit 3 Karten. (32 S.) Lex.-8. Dortmund 903. (F. W. Ruhfus.) n. 1. 60

Weldige-Cremer, Urbanus de, de Joannis Cochlaei vita et scriptis. Commentatio historica. Münster 865. (Mitsdörffer.) gr. 8. (65 S.) n. 7½ ngr.

Weldler-Steinberg, A., s.: Körner's, Thdr., Briefwechsel m. den Seinen.

Weldon, Walter, Bemerkk. üb. d. verschiedenen Arten des Harnblasenstiches. Mit e. Anh. prakt. Bemerkk. über e. Ursachen d. Herunterdrückungen u. über d. Gebrauch d. Katheder. Aus d. Engl. 8. Leipz. 794. Weygand. 7 gr.

Weldycz, Sylvest., der Antheil der Polen an dem Ungarischen Freiheitskampfe 1848—1849. gr. 12. (80 S.) Altona 850, Lange. n. ⅓ Thlr.

Welebil, Lina. Das Haus auf dem Felsen. Erzählung. 91 S. 8. Aarburg, Burk, 1903. (fr. —. 20)
Schweizer Familien-Bibliothek. Band 19.

Weleminsky, Fdr., Krankheitsübertragungen durch Milch, s. a. Sammlung gemeinnütz. Vorträge.

Weleminsky, F., Krankheitsübertragungen durch Milch. Gegenwärtige Anschauungen über ihr Zustandekommen und ihre Verhütung mit besonderer Bezugnahme auf die Bekämpfung der Perlsucht b. Rinde. (15 S.) Prag 97. F. Haerpfer. M. —30

Weleminsky F.: Ueber Sporenbildung bei *Dematium pullulans De Bary.* 1899. [Rostr. Saml.].

Weleu, der hinkende Teufel in der Paulskirche. (Gedichte.) 1. Hft. 8. (20 S.) Grünberg 849, Levysohn. n. 1/12 ₰

Welf, Paul, ein seltenes Leben. (Friedrich Wilh. Rogge.) gr. 8. (IV, 442 S.) Zürich 877. Schmidt. n. 8. —

Welfaub, F., was erwartet das Volk u. was erwartet Deutschland von Bayerns Ständen? gr. 8. (16 S.) München 848, Henzel. 3 ngr

Welfenfonds, der. Actenmäßige Darstellg. der Entwickelg. der Vermögensfrage, d. Abschlusses d. Vermögensvertrages u. der Beschlagnahme des Vermögensobjects. 12. (126 S.) Hannov. 891. (Celle, Schulbuchh.) * 1 —
Aus: Deutsche Volkszeitg., besonders abgedruckt.

Welfenfonds, der. Actenmässige Darstellg. der Entwickelg. der Vermögensfrage, d. Abschlusses d. Vermögensvertrages u. der Beschlagnahme d. Vermögensobjects. Hannover u. Celle 892.

Welfenliederbuch f. die deutschhannoverschen Clubs u. Vereine. Zusammengestellt u. hrsg. v. e. Jung-Hannoveraner. 16. (X, 212 S.) Hannov. 892. (Celle, Schulbuchh.) 1 50

Welfen-Museum, Das Königliche, zu Hannover im Jahre 1863. Hannover 1864. V: *Müller, J. H.* (Loewe, Bibliogr. d. Hann. und Braunschw. Gesch. Hann. 1908. S. 226.) (JStBbH)

Welfen-Museum, das königliche, in Hannover im Jahre 1863. Hannover 864. Hahn. gr. 8. (IV, 124 S.) n. 20 ngr.

Welfenthum, das, u. seine Vorkämpfer. 1—4. Aufl. Potsdam 868. Döring. gr. 8. (70 S.) n. 10 ngr.

Welfen-Urkunden, die, des Tower zu London u. des Exchequer zu Westminster. Hrsg. nach beglaubigten Abschriften der kgl. Bibliothek zu Hannover u. mit e. geschichtl. Einleitung versehen v. H. Sudendorf. gr. 8. (9¼ B.) Hannover 844, Hahn'sche Hofbuchh.

Omar, oder der Freund gesetzlicher Verfassungen und der gesellschaftlichen Ordnung an seinen Freund Ali die geheimen Illuminaten unserer Zeit betreffend. [Von Alois Welfinger.] o. O. 1799. 28 S. 8°.
Macht die Illum. für die französ. Revolution verantwortlich.
Sehr selten.

Welfisch oder deutsch? Eine Ansprache an das hannoversche Volk von einem aus Hannover gebürtigen Deutschen. Bremen 866. (Celle, Schulze'sche Buchh.) gr. 8. (15 S.) 1½ ngr.

Welge, Joa. Ldw., Diss. inaug. med. de morbis sinuum frontalium adjectis nonnullis observationibus medico-practicis. 4. Götting. 786. Dieterich. 2 gr

De Morbis sinuum frontalium adiectis nonnullis observationibus medico practicis. Gottingae (1786:) Welge. 34 S. 8°
Göttingen, Med. Diss. v. 22. Juli 1786

Welge, Karl, Hennig Brabant. Histor. Trauerspiel in 5 Akten. (145 S.) kl. 8. Leipzig 907. Verlag f. Literatur, Kunst u. Musik. 2.—; geb. n 3.—

Welge, Karl, et kummt anrest ar man denkt. Plattdeutsches Volksschauspiel in 4 Akten. (71 S.) 8. Leipzig-Gohlis 910. Raschwitz b. Leipzig, B. Volger. 2.—

— Des Lebens Leid u. Trost in Liedern. (159 S.) kl. 8. Leipzig 906. Verlag f. Literatur, Kunst u. Musik. 3.—; geb. n 4.—

— Die Schlacht bei Delper am 1. VIII. 1809. Dramatisiert. (64 S.) 8. Leipzig-Gohlis 910. Raschwitz b. Leipzig, B. Volger. 1.50

Welhaven, Johan, ausgewählte Gedichte. Im ursprüngl. Versmaße aus dem Norweg. übertr. v. Herm. Neumann. 8. (VIII, 104 S.) Kottbus 884. Kantz. n. 2.40

Welhorn, J. L. H., k. preuss. Rittmeister: System der Evolutionen einer Escadron und eines Regimentes nach dem Exercir-Reglement für die preussische Cavallerie und nach allgemeinen Grundsätzen, erläutert durch Zeichnungen und verbunden mit einer vergleichenden Übersicht dieser Evolutionen und ihrer Ausführung nach den Reglements von Baden, Bayern, Frankreich, Hannover, Kur-Hessen, Sachsen, Oesterreich und Württemberg. I. Th. Die Evolution einer Escadron. II. Th.: Die Evolutionen eines Regimentes. Zeichnungen zum I. Th. 17 Taf., zum II. Th. 44 Taf. (2 Bde. Text und 1 Bd. Taf.) qu. 4° Elbing 1839.

Weli bey Bolland, deutsches Lesebuch f. Türken. (Methode Gaspey-Otto-Sauer.) (VIII, 267 S. m. 1 farb. Karte u. 1 farb. Plan.) 8. Heidelberg 910. G. Groos. Geb. in Leinw. 3.—

Weli Bey Bolland (Willi Bolland), kleine deutsche Sprachlehre. Bearb. f. das Türkische. (Methode Gaspey-Otto-Sauer.) (IX, 248 S. m. 2 Schrifttaf., 1 Karte u. 1 Plan.) gr. 8. Heidelberg 904. J. Groos. Geb. in Leinw. n. 3.—

Weljaminof-Zernof, W., Beiträge zur Geschichte der Völker Mittelasiens. Band I. Untersuchungen über die Kasimofschen Zaren und Zarewitsche. Aus dem Russischen übersetzt von Julius Theodor Zenker. I. Theil. Leipzig 1867.

Weljaminof-Zernof, W., über die Kasimof'schen Zaren u. Zarewitsche, s. Beiträge zur Geschichte der Völker des Mittelalters.

Welicher, Frz., s. Beleuchtung der über die homöopath. Heilart noch bestehenden Vorurtheile.

Weling, Briefe an ein. Freund üb. die Achner Mineralquellen. 8. Frankf. Andreä. 791.

Weling, A. v., von der evangelischen Allianz. 12. (4 S.) Blankenburg i/Th. (900). Verl. des ev. Allianzblattes. —05

Welisch, Ernst: Beiträge zur Geschichte der Augsburger Maler im 18. Jahrhundert. *Augsburg [1900]: Th. Lampart.* (VIII, 146 S.) 8°
München, Phil. Diss. v. 1900

Welisch, Ernst, d. ehrbare Frau, s.: Schaumberger, J.

Welisch, Ernst, Augsburger Maler im 18. Jahrh. Ein Beitrag zur Geschichte des Barock u. Rokoko. gr. 8. (VI, 146 S.) Augsburg 901. Lampart & Co. n. 4.—

WELISCH, Ludwig: Beitrag zur Kenntnis der Diabase der Steiermark. — 1910. S. 53—82. Diss. Graz, Univ.

Welislaw's Bilderbibel aus dem 13. Jahrh. in der Bibliothek d. Fürsten Georg Lobbowic in Prag. Veröffentlicht v. Joh. Erasm. Wocel. Mit 30 (lith.) Bildertaf. (in gr. 4. u. gr. Fol.) gr. 4. (VI, 61 S.) Prag 871. (Tempsky. — Rziwnatz.) n. 6. —

Welitschkina, Marie [aus Moskau]: Untersuchungen über das Abhängigkeitsverhältnis zwischen Länge und Virulenz der Diphtheriebacillen. Bern 1898. 24 S. 1 Tafel. 8°.
Bern. Med. Diss. 1897/98.

Welitschkina, Wera [aus Moskau]: Zur Behandlung der Magendarmkatarrhe der Säuglinge. Bern 1899. 42 S. 8°.
Bern. Med. Diss. 1899/1900.

v. **Welk**, Reichsfrhr. Karl Wolfg. Max., († d. 10. Dec. 1809.), s. Laugier, Gesch. d. Friedensunterhandll.

Welker, s. a. Welcker.

Welker, die vielverleumdete Festrede des Predigers W. bei der Dewet-Feier in Schierstein am 17. XI. 1901. (14 S.) gr. 8. Wiesbaden 901. Wiesbadener Verlag „Humanität". — 30

Welker, Geo., die Entstehung der verschiedenen Religionen. Vortrag im Anschluss an die Babel-Bibel-Frage, geh. am 22. III. 1903 in der freireligiösen Gemeinde Ludwigshafen a. Rh. (E. V.) (19 S.) gr. 8. Ludwigshafen 903. (A. Lauterborn.) n. — 25

Welker, Geo., s.: Es werde Licht.

Welker, Geo., freireligiöse Predigten. Beiträge z. Verbreitg. e. vernünft. Religion. I. Bd. 2. Aufl. gr. 8. (215 S.) Wiesbaden 901. Wiesbadener Verlag „Humanität". n. 2. 40; geb. n. 3.—

Welker, Geo., Schulrevolution gegen Schulreaktion. Deutsches Volk, befreie dich v. der Herrschaft des Klerikalismus! (20 S.) gr. 8. Frankfurt a/M. 906. Neuer Frankfurter Verlag. n. — 25

O schenk uns grosser Meister. Gedicht v. F[riedr.] Günther, comp. [Karl] **Welker**. [Altenburg] o. J. 1 Bl. 4°
[Lithogr.] [Kopftit.]
Mit Noten: „O schenk uns, grosser Meister,..."

Welker, Peter Mathijs Hubert

Das Archiv der Familie Welcker ⟨nach älterer Schreibung: Welker⟩ zur Zeit im Besitze von P. M. H. **Welker** zu Numansdorp, Süd-Holland. Neugeordnet Anno 1899. Catalog. Als Ms. gedr. Venloo: P. Welker 1899. (31 S.) 4°(8°)

Ein deutsches Bürgergeschlecht im Lauf von 7 Jahrhunderten. Urkunden und Aufstellungen zur Genealogie und Geschichte der Familie Welcker ⟨Nach älterer Schreibung: Welker⟩. Gesammelt u. geordn. von P(eter) M(athijs) H(ubert) **Welker**. Numansdorp ⟨Süd-Holland⟩: Archiv d. Familie Welker 1907. (XVI, 241 S.) 4°(8°) [07. 4714

Weikner, G., die Locomotive. Grundzüge für ihre Construktions-Verhältnisse. Mit 38 in den Text gedr. Holzschn. Göttingen 859. Vandenhoeck & Ruprecht. gr. 8. (VI, 152 S.) n. 1 ℛ

—— und C. Köpcke, die steuerfreie Niederlage zu Harburg, s. Köpcke, C.

Welky, Ant., einige Gedanken über d. Frage: Wird es in d. Folge keine Kriege mehr geben? 8. Berl. 798. Maurers B. 1 ℛ

Well, Pauline, Gegenstück z. Schmiedtgens Hagestolz. m. K. 8. Lpz. Hinrichs. 804.

Well, A., die Kirche Santa Maria Maggiore u. das Konzil v. Trient. 8. (86 S.) Trient 883. Seiser. n. 1. —

Well, Charl., s. *Collection* of the Master-Pieces.

Well, Eduard, histor. Geographie d. alten u. neuen Testaments, a. d. Engl. von Panzer, m. Kpf. gr. 8. Nürnberg, Riegel u. W. 765.

Well, J. A., hinterlass. Schriften. 2 Bde. 8. Wien. (Dannheimer in Kempten.) 786.

Well, Joh. Jak., ökonom. Abhandl. üb. einige z. Nahrung dienende Erdgewächse. 8. Wien, 1781. 2. Aufl. 1784. (Heubner.) — 1¼

Well, Jh. Jak., († d. 4. April 1787.) ökonom. Abhandl. über e. zur Nahrung dienende Erdgewächse. 8. Wien ... 2e A. 784. (Heubner). 1 ℛ (1e Aufl., s. a. Abhandl., ökonom.)

Well, Johann Jakob von: Apologia doctrinae Blackianae de aëre fixo contra objectiones editas a Ioanne Christiano Wiegleb... (Rechtfertigung der Black'schen Lehre von der figirten Luft gegen die von Herrn Wiegleb dawider gemachten Einwürfe. Lat.) 152 S., gbd.

Viennae: typ. Gerold o.J.
beigedr.: Well, J.J.v.: Examen causae incalescentiae calcis vivae... (Forschung in die Ursache... Lat.) o.J.
Langmajer, Ignaz Joseph: Supplementum in praemissos libellos... o.J.

JB 239

— methodische Eintheilung mineral. Körper, zum Gebrauch seiner Vorlesungen. Mit 4 Kpft. gr. 8. Wien 786. Kraus. 1 ℛ

Well, Johann Jakob von: Examen causae incalescentiae calcis vivae cum epicrisi de materia ignis tamquam causa incalescentiae huius proposita. (Forschung in die Ursache der Erhitzung des ungelöschten Kalkes, nebst einigen freymüthigen Gedanken über die dessen Erhitzung bewirken sollende Feuermaterie. Lat.) 198 S. (S.155 - 206), gbd.

Viennae: typ. Gerold o.J.
in: Well, J.J.v.: Apologia doctrinae Blackianae... (Rechtfertigung der Black'schen Lehre... Lat.) o.J.

JB 239

Weil, Examen physico-medicum. 8. Vien. Camesina.

— examen physico-medicum. 8. Wien ... (Heubner). 21 ℛ

Well, Johann Jakob von: Forschung in die Ursache der Erhitzung des ungelöschten Kalkes, nebst einigen freymüthigen Gedanken über die dessen Erhitzung bewirken sollende Feuermaterie. 164 S., gbd.

Wien: Kraus 1772

JB 240

— kurzgefaßte Gründe zur Pflanzenlehre, als ein zur Naturgeschichte unumgänglicher nöthiger Theil. 8. Wien 785. Gräffer. 12 ℛ

Well, Johann Jakob von: Kurz verfassete Gründe zur Pflanzenlehre als ein zur Naturgeschichte unumgänglich nöthiger Theil. 237 S., gbd.

Wien: typ.mit Grundischen Schriften 1785

JB 33

— Rechtfertigung d. Blackischen Lehre von d. fixirten Luft gegen Wiegleb. 8. Wien 771. Kraus. 8 K

(WELL Johann Jakob von). Physikalisch-chemische Untersuchung der Freudenthaler Sauerbrunnen in Schlesien (von -) . . . Kurzbeck, Wien 1782. 1 vol. 72 S

Well, W. C., s. Wells, Wilhelm Karl

Wellau, G., Erinnerung an Dresden u. seine Umgebungen. Ein Wegweiser für Fremde. (Mit 15 Ansichten.) 32. Leipzig 839. (Meißner.) geb. mit Futteral n. 7/12 Thlr

Wellau, G., Erinnerung an Dresden u. seine Umgebungen. Ein Wegweiser f. Fremde. 32. (176 Seit. u. 15 Ansichten.) Leipzig 839. [Dresden, Otto u. Lehmann.] •

Wellau, G., Erinnerung an die Sächsische und Böhmische Schweiz. Ein treuer Führer durch diese so schöne Gegend. Mit 8 Ansichten. 32. Leipzig 841. (Meißner.) n. 6½ ngr

—— Erinnerung an d. sächs. u. böhm. Schweiz. Ein treuer Führer durch diese so schöne Gegend. 32. (64 Seit. u. 8 Ansichten.] Leipzig 841. [Dresden, Otto u. Lehmann.] •

— drei Tage in der sächs. Schweiz, zur Erinnerung an dieselbe. (Mit 15 Ansichten.) kl. 16. Dresden 837. (Leipzig, Meißner.) n. ½ Thlr — 2e verb. Aufl. (Mit 15 Ansichten.) 32. Ebd. 839. geb. mit Futteral n. 7/12 Thlr

—— drei Tage in d. sächs. Schweiz, z. Erinnerung an dieselbe. 16. (7½ B. u. 15 Ansichten.) 837. ½ Thlr., 2., verb. Aufl. 32. (152 Seit. u. 15 Ansichten.) Dresden 839, Otto u. Lehmann.*

— malerische Wanderung durch die sächs. Schweiz. Mit 15 fein in Stahl gestoch. Ansichten. (15 Blätter Text u. elegant. lithogr. Titel.) qu. 8. Leipzig 840. (Meißner.) geb. u. in eleg. Etui n. 1⅔ Thlr — sehr sauber illum. n. 4 Thlr

—— maler. Wanderung durch d. sächs. Schweiz. qu. 8. (15 Stahlst. u. 16 Bl. Text u. lith. Ttl.) Leipzig 840. [Dresden, Otto u. Lehmann.] • 1 Thlr. 16 Gr., ill.

Wellauer, August

Wellauer, A. Additamenta ad Vechneri Hellenolexian (de partic. τε et que.) 25 S. . . . .
Breslau, E., Progr. 1828

- s. Apollonii Rhod. Argonautica.

Wellauer, Augustus *(geb. Breslau 17. 7. 1798)*: Commentationum Aeschylearum specimen. Vratislaviae 1819. (68 S.) 8°
[Buchausg. 1819 bei Max & Ko. in Breslau.]
Breslau, Phil. Diss. v. 30. Okt. 1819

Wellauer, **Aug., Commentationum Aeschylearum specimen, adjecta est varietas lectionis Aldinae. 8maj. Bresl. 819. Max u. Comp. 10 K**

Wellauer, **Aug., Lexicon Aeschyleum, s.** ***Aeschylus***, **Tragoediae.**

Wellauer, Augustus: De Thesmophoriis. Adjectum est thesium loco corollarium criticum. Vratislaviae (1820). (XII, 60 S.) 8° *[Im Buchhandel 1820 bei Max & Ko. in Breslau.]*
Breslau, Phil. Fak., Hab.-Schr. v. 21. Okt. 1820

— de Thesmophoriis. 8. ibid. 820. 8 K

Wellauer, F., pfleget die Zähne! Rat und Belehrung für Jung und Alt. 2. umgearb. und mit Abbild. verm. Ausg. 8. (VIII, 72 S.) Frauenfeld 887, Huber. cart. *
geb. *

Wellauer, F., pfleget die Zähne! Rat u. Belehrg. f. Jung u. Alt. 2., umgearb. u. m. Abbildgn. verm. Ausg. 8. (VIII, 72 S.) Frauenfeld 888. Huber. cart. n. 1. 40; geb. n. 1. 80

Wellauer, F., die Zähne d. Rindes u. deren Substanzen. Ein Beitrag zur Kenntniss derselben, nebst Anweisg. zur Anfertigg. mikroskop. Zahnschliffe. Mit 4 lith. Taf. gr. 8. (60 S. m. 1 lith. Tab. u. 1 Lichtdr.) Frauenfeld 883. (Huber.) n. 4. —

Wellauer, J., über Kleinkindererziehung. Mit besond. Rücksicht auf die Fröbel'schen Kindergärten und ihre Anwendung im St. Gallischen Waisenhause. Eine Conferenzarbeit. gr. 8. (VII, 66 S.) Stuttgart 870, Gebr. Scheitlin. [Hofmann und Hohl.]

Wellauer, J. K., Blumen aus dem Paradies. Gedichte. St. Gallen 867. Altwegg-Weber. 16. (100 S.) 9 ngr.

(W[ellauer, Johannes].) Zum Andenken an Johannes Muller, Lehrer, von Rauchlisberg im Thurgau. Geb. ... 1812. Gest. den 15. Nov. 1880 in Uettligen bei Bern. SA. 8. Zurich 1881.

Wellauer, Joh., u. **Müller,** Joh., Die schweizerischen Armenerziehungs-Anstalten, Waisenhäuser und Rettungsanstalten. 2. bericht. u. vervollst. Aufl. 8°. Schaffhausen 1878.

Wellauer, Joh. u. **Joh. Müller.** Die schweizerischen Armenerziehungs-Anstalten, Waisenhäuser und Rettungs-Anstalten, Taubstummen- u. Blinden-Anstalten, Anstalten für schwachsinnige Kinder, u. industrielle Armenerziehungs-Anstalten. 2. Aufl. berichtigt und vervollständigt. In-4°. St. Gallen, Altwegg-Weber. 1879 6 —

Wellauer, M., der Fröbel'sche Kindergarten u. sein erziehender Einfluß, s.: Vorträge, 4 öffentliche.

Wellauer, V. Der Selbstmord, insbesondre Anstiftung u. Beihilfe zum Selbstmord. In-8°. 99 S. Bern (1895). These.

Wellberg, Hans, Thomas Becket. Ein Passionsspiel in 5 Akten. 8. (III. 104 S.) Berlin 900. Freund & Jeckel. n. 2. —

Wellberg, Johs., klinische Beiträge zur Kenntniss der Lepra in den Ostseeprovinzen Russlands. [Mit 3 Lichtdr.-Taf.] gr. 4. (44 S.) Dorpat 884. (Karow.) n. 3. —

Führer durch die Kunstgeschichte bis zum Beginn des 19. Jahrhunderts. Mit 16 Selbstportr. Hrsg. von H. V. **Wellberger**. Berlin: Globus Verl. [1908]. 237 S. 8°

Wellberger, H. B., Führer durch die Kunstgeschichte bis zum Beginn des 19. Jahrh. Mit 16 Selbstporträts v. Dürer, van Dyck, Hals, Raffael, Rembrandt, Rubens, Titian, Velasquez u. a. (220 S.) kl. 8. Berlin (910). Globus Verlag. Geb. in Leinw. 1.—

— **u. Rich. Kühn,** Führer durch die deutsche Literaturgeschichte von Beginn bis zur Moderne. In alphabet. Ordng. allgemeinverständlich dargestellt. (271 S. m. 16 Bildnissen.) kl. 8. Ebd. (909). Geb. in Leinw. 1.—

Wellbrock u. **Schäfers,** Architekten: Baubeschreibung (des Neubaues). Durlach (1908): Mattern. S. 8—12. 4°
Durlach, PG u. RPG, in Festschr. z. Feier d. Einweihung d. Anstaltsgeb., P 1908** [S 08. 522

Welle, Benedkt., († 179..) die vier letzten Dinge des Menschen in Reimen. 8. Augsb. 768.

Welle, C. J., s. W e l l e , Karl Joseph

Welle, Gottfr., unter der Erde u. üb. den Sternen. Ein Polenschicksal. (Gedicht.) gr. 8. (31 S.) Bonn 847, Henry & Cohen. 1/4 ₰

***Welle*, Hnr., disquisitio de lumine rationis contra naturalistas praesertim vero M. Pindalum. 4. Hamb. 756. Brand. 2 gr**

Welle, Karl Joseph

***Welle*, C. J., commentatio de laudemio, jure protimiseos atque retractus. 4. Wittenb. 752. (Zimmermann). 6 gr**

Welle, Karl Joseph (Fulda) A. S. 14/28

Dissertatio inauguralis juridica, de praelatione in rebus alienatis ex jure retractus, praecipue juxta consuetudines Fuldenses considerati.
Giessen (Vulpius) 6. VII. 1712. 136 S. 36261

Welle, Car. Jos.: Commentatio de praelatione in rebus alienatis ex iure retractus. Denuo rec. Francofurti et Lipsiae 1752.

— Giessae 1752.

— commentatio de praelatione in rebus alienatis ex jure retractus. 4. Wittenb. 752. (Zimmermann). 6 gr

Welleba C.: Rede, gehalten gelegentlich der Habsburgfeier. 11. Wien Schott. 83.
Progr.

Welleba, Col.: B e g r ü n d u n g des Successionsrechtes der Habsburger auf den ungarischen Thron durch Maximilian I. 62 S. 8° – Wien, OG.Schott., Progr. 1870.

Jahres-Bericht des k. k. Ober-Gymnasiums zu den Schotten in Wien am Schlusse des Schuljahres 1858. *Wien.* Druck von *C. Gerold's S.* 38 S., 4°.
INHALT. Heinrich II., Jasomirgott, der **erste Herzog** von Oesterreich. Von Columban Welleba. (S. 5—24.)

Welleba, Fr., Anleitung zur Mikroskopie u. Mikrophotographie f. Anfänger. (V, 78 S. m. 70 Abbildgn. u. 7 Tab.) gr. 8. Wien 907. A. Pichler's Wwe. & Sohn. 2. 10

Welleba, W. F., die berühmte Prager Brücke mit ihren Statuen, mit 37 Kpf. gr. 8. Prag... Bohmanns Erb. 16 gr

Welleba, W. F., die berühmte prager Brücke u. ihre Statuen in 37 Kupfern dargest., mit Beschreib. u. Legenden. gr. 8. (11½ B.) Prag 827, Verf. (Sommersche Buchdr.)

Welleba, W. F., vollkomm. Darstellung d. Merkwürdigkeiten v. Jerusalem, d. heil. Orten, u. d. heil. Grabe. Nach d. neuesten u. bewährt. Reisebeschreibungen geschildert. 16. (4½ B. u. 2 Ansichten.) Prag 827. (Leipzig, Central-Compt.)

— Gefühle für jene Welt. Zur Erbauung für Christen, dargestellt in religiösen Betrachtungen, Gebeten u. Gesängen. Mit 1 Kpf. 8. Prag 820. Calve. 18 gr Schrbp. 1 ₰

W e l l e b a, W. F. – Glanz, Pracht und Herrlichkeit, dann Staub und Asche. Eine stille Betrachtung im Geiste als Fortsetzung der vorhergehenden. Gewidmet der Auferstehungsfeier oder dem Triumph der Christenheit. Begangen auf dem Kleinseitner Friedhofe den 17. Mai 1855 und verfaßt von — --. Stifter und Gründer dieses Fest.s. Prag, 1855. Druck von Friedrich Rohlicek. (4 Bl. 8.)

— die Glorie d. hellstrahlenden Sterne des heil. Johannes v. Nepomuk. **Zu d. 1000jähr.** Jubelfeste seiner Heiligsprechung **dargestellt in 24 merkwürd.** Denkmalen d. Vorzeit u. Gegenwart seines ewigwährenden Ruhmes. **kl. 8.** Prag 830. Enders. 12 gr

— d. Merkwürdigkeiten d. Metropolitankirche zu St. Veit in Prag. Mit 2 Kpf. 8. Prag... Bohmanns Erb. 8 gr

— Trost u. Beruhigung in Gesängen. Mit 1 Titelkpf. 8. Prag 820. Calve. 1 ₰ 8 gr

Wellek, Bronislav: A n l e i t u n g zur Bemessung. . . ,
s. K a n n , Alexander.

— Friedrich Smetana's Leben u. Wirken. 2. [Titel-] Aufl. gr. 8. (101 S. m. 1 Bildnis.) Prag (895.) 900. F. Urbánek. n. 2.—

Wellek, Bronislaw, Friedrich Smetana. Mit e. Anh. v. Correspondenzen Smetanas an Liszt. [Aus: „Oesterr.-ung. Revue".] gr. 8. (101 S. m. 1 Bildn.) Prag 895. **H. Dominicus.** n. 2. 40

Wellen aus dem Meer der Gefühle emporgelockt zum Lichte durch die Namensfeier König Ludwig's von Bayern. Amberg 1841. V: *Klemm, Alb.* (Bücher-Samml. d. hist. Ver. v. u. f. Oberbayern. Münch. 1867.)

Wellen u. Wogen. Meeresgrüße in Bild u. Wort. 16. (12 S.) Leipzig 888. Baldamus, Sep.-Cto. cart. m. Goldschn. n. — 70

Wellen, Haar-Krankheiten u. die Pflege des Haares, s.a. **Hausbücher f. Gesundheitspflege.**

H a a r - K r a n k h e i t e n und Die Pflege des Haares im gesunden und kranken Zustande. Nach d. neuesten Erfahrungen volkstüml. dargest. von Dr. **Wellen.** Berlin: W. Möller (1900). (82 S.) 8°
(Hausbücher f. Gesundheitspflege. Bd 13.)

Wellen, Alexander von- Zur Wiener Theatergeschichte. Die vom Jahre 1629 bis zum Jahre 1740 am Wiener Hofe zur Aufführung gelangten Werke theatralischen Charakters und Oratorien. (Schriften des österr. Vereins für Bibliothekswesen.) Wien 1901.

Wellen, Horst v. (André Norz), neuester Führer durch Nizza (die Metropole vom Land d. Sonne). Saison 1902. 12. (63 S. m. Abb. u. 1 Plan.) Nizza (L. Gross.) — 70

Wellen's, Jann, Kriegs-Geschichte auf Erden und im Himmel. gr. 8. (8 S.) Bremen 877, [Tannen.] Haake. *

Wellenberg, Der; Erinnerungen betreffend den in den Jahren 1837 und 1838 demolirten uralten Wellenberg-Thurm. Zürich 1838. V: *Nuescheler, David.* (CLZür Forts. II)

Wellenberg, Peter, s. Wellendorf, Peter

Wellenbergh, J. H. J., Abhandlung üb. einen Pelvimeter, nebst Wahrnehmungen üb. d. Anwendung desselb. Durchges. u. mit e. Vorr. begl. v. W. F. P. Kiehl. gr. 8. (6 B. u. 4 Stnt. qu. gr. Fol.) Haag 831, [Rotterdam,] Hartmann jun.

Wellenbergh, Petrus Heinrich Jakob

Wellenbergh, P. H. J., Erfahrungen in Betreff des Einimpfens der Lungenseuche, siehe: Lüdersdorff.

Wellenbergh, Petrus Henr. Jac, Observationes anatomicae de Orthragorisco Mola. Dissert. inaug. (Mit 1 Steint.) 4 maj. Lugduni-Batav. 840. Luchtmans. (Leipzig, Weidmann; T. O. Weigel.) n. 1 ₰

Wellenborn, s.: Fischer v. Wellenborn, Carl.

Wellenbraut, Die, oder die gespenstigen Rächer im Riesengebirge. ... Wien 1839. V: *Gleich, Joseph Alois.* (GGr)

Wellenbrief, unsere Kinder u. ihre Erziehung in der Familie, s.: Culemann.

Wellbrook, J., u. anderer Lehrer in England, geistreiche Schriften. 4. Frankf. 707.

Wellendorf, Peter, Meningitis mit hydropischem Erguss oder Rückenwassersucht bei Pferden. Ein Bericht für praktic. Fachgenossen. gr. 8. (IV, 20 S.) Kiel 869, (Schwers'sche Buchh.)

Wellenberg, P[eter]: Gebärlähme oder Milchfieber der Kühe und natürliche Fütterung der Wiederkäuer. E. Vortrag. Schönberg i. Holstein 1893. 30 S.

Wellenhof, s.: Hofmann v. Wellenhof.

Wellenkamp, Dorette, Biller ut'n Leben. Geschichten u. Gedichten in uns leew ol Modersprak. Schleswig-Holsteinsche Dialect-Dichtg. 8. (241 S.) Großenhain 886. Baumert & Ronge. n. 2. 50; geb. n. 3. 50

Wellenkamp, Dorette, Biller ut'n Leben. Geschichten u. Gedichten in uns leew ol Modersprak. Schleswig-Holsteinsche Dialect-Dichtung. 8. (241 S.) Großenhain 888. Baumert & Ronge. n. 2. 50; geb. n. 3. 50

Wellenkamp, D., u. a., to Pulterabend un Hochtied. Plattdeutsche Dichtgn. f. Polterabend u. Hochzeit. 3 Bdchn. 8. Erfurt (901). F. Bartholomäus. à — 75
I. II. Nebst e. Anh. v. Julklapp-Versen als Begleiter zu Geschenken. (78 u. 96 S.) — III. (80 S.)

Wellenkamp, D., s. Sammlung von plattdeutschen Dichtungen für Polterabend und Hochzeit.

Wellenkamp, Klam. Chr., Anleit. zum histor. Unterricht in d. geoffenbarten Religion. 8. Osnabr. 791.

Neujahrsblatt, hrsg. von d. Naturforschenden Gesellschaft auf d. J. 1876. Mit einer Figuren-Tafel. 29 Stn. 4. Zürich, Druck von Zürcher & Furrer.
Inh.: Prof. A. Wellenmann, Ueber die Luftströmungen, insbesondere die Stürme Europa's.

Wellenraub, Friedrich, oder d. neuere Philosophie. Eine Erzählung. 8. Brünn ... Gastl. 2 gr

Wellenstein, Fridolin v., laßt mich schwimmen! Lieder aus dem Reiche Poseidon's. Mit Illustr. v. C. Ernesti. 8. (63 S.) Breslau 890. Schles. Verlagsanstalt. n. 1. —; geb. n. 2. —

Wellenstein, Gustavus (*geb. Schönecken in d. Eifel 29. 1. 1834*): De haematocele retrouterina. Vratislaviae (1863). (30 S.) 8°
Breslau, Med. Diss. v. 13. Aug. 1863

Wellenstein, Karl Adolf

Wellenstein, Carl Adolf, aus Prüm (Rgb. Trier): Ueber die Veränderungen des Bienenwachses durch die chemische Bleiche. *Bonn-Poppelsdorf 1901: J. Paffenholz.* (44 S.) 8°
Würzburg, Phil. Diss. v. 1901

Wellenthal; e. romant. Geschichte unserer Zeiten; aus d. Papieren der Prinzessin Natalie u. der Aebtissin zu Marienau, (v. Chr. A. Vulpius). 8. Penig 805. (Leich in Leipz.) 20 gr

Wellenthal, eine romantische Geschichte unserer Zeiten ... Penig 1805. V: *Vulpius, Christian August.* (Ky) (EE)

Wellentreter, Frischm., (J. A. Zeune), Schwimmlieder. 8. Berl. 826. Enslin. 4 gr

Wellentreter, Treumund [Pseud.], s.a. Heinroth, J. C. A.

Wellentreter, T., gesammelte Blätter rc. s. a. Blätter.

Wellentreter, Treumund, (J. C. A. Heinroth), gesammelte Blätter. 3 Thle. 8. Leipz. 818—20. (Brockhaus.) 5 ₰ 4r Bd. A. u. d. T.: heitere Stunden. 8. Leipz. 826. (Lehnhold). 1 ₰ 16 gr

Wellentreter, (Treumund, Dr. Heinroth,) gesammelte Blätter. 4r Bd. — A. u. d. T.: Heitere Stunden. 8. Leipz. 826, Hartmann.

Weller's Archiv f. Stamm- u. Wappenkunde, Fortsetzg., s. a. Archiv f. Stamm- u. Wappenkunde.

Weller's Archiv f. Stamm- u. Wappenkunde. Früher: Der Wappensammler. Monatsschrift zur Festlegg. v. Familiengeschichten u. Familienwappen, zum Austausch für Familiengeschichtsforscher, Wappen-, Ex Libris-, Siegel- u. Münzsammler, sowie f. heraldische Vereine u. Kunstgewerbetreibende. Unter Mitwirkg. hervorrag. Fachleute hrsg. 2. Jahrg. Juli 1901—Juni 1902. 12 Nrn. Lex.-8. (à ca. 16 S. m. Abb., Taf. u. Stammtaf.) Kahla, Papiermühle b/Roda, Gebr. Vogt. n. 4. —

— dasselbe. Organ des Vereins zur Förderung der Stammkunde. 3. Jahrg. Juli 1902—Juni 1903. à 12 Nrn. Lex.-8. (à ca. 16 S. m. Abbildgn., Taf. u. Stammtaf.) Papiermühle b/Roda, Gebr. Vogt. n.n. 5. —
Vergl.: Wappensammler, der.

Weller, Bemerk. üb. d. Uebersetzen in die Muttersprache. II. Der tropische Ausdruck. Fortsetz. 8. 5. Gel. 1863, 69. 26, 27 S. 4°. à —.90

Welleri, Grammatica graeca nova. Ed. ultima. Curavit J. F. Fischer. Lips. 781. 8. 14 gr. Dazu gehören: Fischeri *animadversiones*.

Weller's lateinisches Lesebuch aus Herodot. 18., umgearb. Aufl., besorgt v. Ed. Wolff. gr. 8. (XIII, 157 S. m. 1 Karte.) Frankfurt a/M. 893. Kesselring. Geb. in Leinw. n. 1. 80

Weller, d. Lucy, Gesch., od. d. oft geprüfte u. endl. belohnte Tugend. 8. Hannover, Schmidt. 755.

— — dies., oder Fallstricke der Schönheit und Unschuld. 8. Lpz. Holle. 755.

Weller, zur Methodik des geographischen Unterrichts in der Volksschule, s.: Magazin, pädagogisches.

— Die kindlichen Spiele in ihrer pädagogischen Bedeutung bei Locke, Jean Paul u. Herbart, s.a. Magazin, pädagog.

Die kindlichen Spiele in ihrer pädagogischen Bedeutung bei Locke, Jean Paul und Herbart von Dr. phil. Weller, Schuldir. Langensalza: Beyer 1908. IV, 199 S. 8°
(Pädagogisches Magazin. H. 320.)

— Wappenbeschreibung IV, 1-40. III, 41-80. 4° Papiermühle (1908-10)

Wellers Wappensammlung in Buntdruck. Serie I-V. 4° Papiermühle 1901-07

Weller's Wappensammlung. Serie 1-5 und Alphabetisches Verzeichnis. 1. Nachtrag. 4° Papiermühle 1907

Weller, was muss man v. der Volkswirtschaftslehre wissen? Berlin 899.

Weller, A., die wilde Katze, s.: Mannstädt, W.

Weller, A., s. Stuttgarter, der.

Weller, A., die schöne Ungarin, s.: Mannstädt, W.

Weller, A., Vorhalle der Andacht! Ein Lehr-, Gebet- und Erbauungsbuch für kathol. Christen, welche das Reich Gottes und Seine Gerechtigkeit vor Allem suchen. Zur Kirchen- u. Haus-Andacht. Mit 1 Stahlst. kl. 8. Berlin 843, Berliner Verlagsbuchh. 1 ₰

Weller, A., Vorhalle der Andacht! Ein Lehr-, Gebet- u. Erbauungsbuch f. kathol. Christen, welche das Reich Gottes u. seine Gerechtigkeit vor Allem suchen. Zur Kirchen- u. Haus-Andacht. 8. (41½ B. u. 1 Stahlst.) Berlin 843, [Stuhr'sche Bh.]

Weller, Arnold, a. Königsberg in Ostpreußen: Über Disulfide mit benachbarten Doppelbindungen. Derivate der Thiurete. Freiburg i. Br.: Speyer & Kaerner 1907. (50 S.) 8°
Freiburg i. B., Phil. Fak., Ref. Gattermann, Diss. v. 1908
[Geb. 17. Dez. 83 Königsberg (Preußen); Wohnort: Freiburg i. B.; Staatsangeh.: Preußen; Vorbildung: Gymn. Groß-Lichterfelde Reife M. 03; Studium: Königsberg 1, Freiburg i. B. 7 S.; Rig. 8. Nov. 07.]

Weller, August Heinrich. Versuch einer Anleitung, Klaviere und Orgeln . . . gleichschwebend zu temperiren. Leipzig 1803.

Weller, E. H., Diätetik für gesunde und schwache Augen, oder was hat man zu thun, um sein Gesicht bis ins hohe Alter möglichst zu erhalten. Ein Handbuch für Aerzte und gebildete Nichtärzte. Mit Kupf. gr. 8. Berlin, Schüppel. 821.

Weller, (C. H,,) Icones ophthalmologicae seu selecta circa morbos humani oculi. Fasc. I. 4 maj. Lips. (825,) Voss.

— — die Krankheiten des menschlichen Auges, ein Handbuch für angehende Aerzte. Nach den besten in- und ausländischen Werken, mit besonderer Berücksichtigung der Beer'schen Erfahrungen bearbeitet und durch eigene Beobachtungen vermehrt. Mit Kupf. gr. 8. Ebend. 819.

— d. Krankheiten d. menschl. Auges, ein prakt. Handbuch f. angehende Aerzte. 3e Aufl. Mit 5 Kpfrt. gr. 8. Berl. 826, Schüppel.

— — über künstliche Pupillen, und eine besondere Methode, diese zu fertigen. Mit 1 Kupf. gr. 8. Ebend. 821.

Weller, E., s. Altaroche, M.: Reformation u. Revolution.

Weller, E., s. Dezamy, Th.: Der Sieg des Sozialismus.

Weller, E., August Petermann, s.: Quellen u. Forschungen zur Erd- u. Kulturgeschichte. 4. Bd.

Weller, E. de tribus etc. s. De tribus.

Weller, E. O.

— Die Freiheitsbestrebungen der Deutschen im 18. und 19. Jahrhundert dargestellt in Zeugnissen ihrer Literatur. 1. Aufl. 8°. Leipzig, Weller. 2. verm. Aufl. 8°. Leipzig, Weller, 1849.

Weller, E. O., die Freiheitsbestrebungen der Deutschen im 18. u. 19. Jahrhundert dargestellt in Zeugnissen ihrer Literatur. 2. verm. Aufl. 8. (352 S.) Leipzig 849, Weller. 1⅙ ₰

— s.: Katalog der unter falscher Firma erschienenen Schriften.

— Vide: Schwarz-Roth-Gold!

—— Volk oder Stand? Polemische Blätter. (Neue Titel-Ausg. von: Schwarz, Roth, Gold! I—III.) 8. (106 S.) Leipzig 848, Weller.

— — Volksfreund.

Weller, Ed., der Friede Gottes, welcher höher ist als alle Vernunft. Acht Predigten. 8. (91 S.) Frankfurt a. M. 871. Alt in Comm. n. 1. 20

Weller, Emil, Annalen der poetischen National-Literatur der Deutschen im 16. und 17. Jahrhundert. Nach den Quellen bearb. 2 Bde. gr. 8. Freiburg im Br., Herder'sche Verlagsh. [1. Bd. (IX und 444 S.) 862. * 1 Thlr. 15 Ngr., 2. Bd. (VII und 597 S.) 864. * 2 Thlr.] *

Weller, Emil, s. Bibliothek des litterarischen Vereins in Stuttgart CXI, CXIX.

Weller, Emil, Dichtungen des sechzehnten Jahrhunderts. Nach den Originaldrucken hrsg., s. Bibliothek des litterarischen Vereins in Stuttgart, Bd. 119.

Weller, Emil, die falschen und fingirten Druckorte. Repertorium der mit Erfindung der Buchdruckerkunst unter falscher Firma erschienenen deutschen Schriften. Zugleich als der „Maskirten Literatur“ 2. Theil. Leipzig 858. Falcke u. Rössler. 4. (VII, 200 S.) 1 ₰. 27½ ngr.

—— die falschen und fingirten Druckorte. Repertorium der seit Erfindung der Buchdruckerkunst unter falscher Firma erschien. deutschen, latein. und französ. Schriften. 2 Bde. 2., verm. und verb. Aufl. Lex.-8. Leipzig 864, Engelmann. [1. Bd. enth. die deutschen und latein. Schriften. (VIII und 333 S.) 2 Thlr. 22½ Ngr., 2. Bd. enth. die französ. Schriften. (VII und 309 S.) 2 Thlr. 15 Ngr.]

—— Index pseudonymorum. Wörterbuch der Pseudonymen oder Verzeichniss aller Autoren, die sich falscher Namen bedienten. 3. Suppl.-Heft. (Neue Nachträge zu den „Falschen und fingirten Druckorten“. 2. Aufl. Leipzig 1864.) Lex.-8. (IV und 179 S.) Glauchau 867, Moritz' Verlag.

—— lexicon pseudonymorum. Wörterbuch der Pseudonymen aller Zeiten und Völker und Verzeichniss jener Autoren, die sich falscher Namen bedienten. 2. durchaus verb. und verm. Aufl. Lex.-8. (X, 627 S.) Regensburg 886, Coppenrath's Verlag.

Weller, Emil, die Lieder des dreißigjährigen Krieges, s. Lieder.

— die Lieder des dreißigjährigen Krieges nach den Originalen abgedruckt. Zum ersten Male gesammelt. Mit einer Einleitung von W. Wackernagel. 855. n. 2 ₰. — 2. verm. Ausg. Basel 858. Georg. 8. (LXVI, 272 S.) n. 1 ₰.

—— die maskirte Literatur der älteren und neueren Sprachen. I. A. u. d. T.: Index pseudonymorum. Wörterbuch der Pseudonymen oder Verzeichniss aller Autoren, die sich falscher Namen bedienten. hoch 4. (XI und 282 S.) Leipzig 856, Falcke und Rössler. *

—— die maskirte Literatur der älteren und neueren Sprachen. I.: Index pseudonymorum. Wörterbuch der Pseudonymen oder Verzeichniss aller Autoren, die sich falscher Namen bedienten. 2., neuverm. Ausg. hoch 4. (XVIII und 390 S.) Leipzig (861)62. [Glauchau, Moritz.]

— Nachtraege zum Index Pseudonymorum. Leipzig 857. Falcke u. Rössler. 4. (2 Bl., 36 S.) n. 10 ngr.

Weller, Emil, Nachtraege zum Index pseudonymorum. hoch 4. (IV und 36 S.) Leipzig 857. [Glauchau, Moritz.] Thlr. *

—— neue Nachträge zum Index pseudonymorum und zu den falschen und fingirten Druckorten. Lex.-8. (IV und 72 S.) [Ebendas.] (861)62. *

— Repertorium typographicum. Die deutsche Literatur im ersten Viertel des 16. Jahrhunderts. Im Anschluß an Hains Repertorium u. Panzers deutsche Annalen. Nördlingen 864. Beck. Lex.-8. (XVIII, 506 S.) n. 3 ₰ 5 ngr.

Weller, Emil, Repertorium typographicum. Die deutsche Literatur im ersten Viertel d. 16. Jahrh. Im Anschluß an Hains Repertorium u. Panzer's deutsche Annalen. Supplement. gr. 8. (70 S.) Nördlingen 874. Beck. n. 1. 60 (Hauptwerk u. Suppl.: n. 11. 10)

Weller, Emil, Repertorium typographicum. Die deutsche Literatur im ersten Viertel des 16. Jahrh. Im Anschluß an Hains Repertorium und Panzers deutsche Annalen. 2. Suppl. gr. 8. (30 S.) Nördlingen 885, Beck'sche Buchh. *
Hauptwerk und 1. Suppl. Ebendas. 1864,74. *ℳ 11,20.

Weller, Emil, der Volksdichter Hans Sachs u. seine Dichtungen. Eine Bibliographie. Nürnberg 868. Sichling. 8. (XIV. 137 S. mit 1 Holzschntaf.) 20 ngr.

—— das alte Volks-Theater der Schweiz. Nach den Quellen der Schweizer und süddeutschen Bibliotheken bearb. gr. 8. (IV und 289 S.) Frauenfeld 863, Huber.

Weller, deutsche Zeitungen, dritte Nachlese, s.: Hoyer, A.
Nachlese I. u. II. sind separat nicht erschienen.

Weller's deutsche Zeitungen. Dritte Nachlese, s. Centralblatt f. Bibliothekswesen. Beihefte V.

—— die ersten deutschen Zeitungen (1505—1599), s. Bibliothek des litterarischen Vereins in Stuttgart, Bd. 111.

Weller, Emil, Die ersten deutschen Zeitungen mit einer Bibliographie (1505—1599). Tübingen 1872. 8. . . . . (D.; RPA.)

Weller, F. E.

—— Auflösungen der Rechnungsaufgaben des methodischen Lehrbuchs der Geometrie. gr. 8. (28 S.) Ebendas. 879. *

Weller, F. E., ausführliches Lehrbuch der ebenen und körperlichen Geometrie zum gründlichen Unterricht an Bürger-, Real- und Gewerbeschulen, Schullehrer-Seminarien und Gymnasien, sowie zum Selbstunterricht, nach einem streng genet. Verfahren bearb. gr. 8. (XXXII und 495 S. mit 380 in den Text eingedr. Holzschn.) Braunschweig 852, Vieweg und Sohn. *

Weller, F., methodisches Lehrbuch der Geometrie f. höhere Lehranstalten nebst e. Anleitg. zum Feldmessen. Mit 166 in den Text gedr. Holzschn. gr. 8. (VIII, 172 S.) Aarau 871. Sauerländer. n. 1. 80

Weller, F., methodisches Lehrbuch der Geometrie f. höhere Lehranstalten, nebst einer Anleitung zum Feldmessen. 2, verb. Aufl. Mit 175 in den Text gedr. Holzschn. gr. 8. (XI, 175 S.) Aarau 879. Sauerländer. n. 2. 20

Weller, F. E., methodischer Leitfaden zum gründlichen Unterricht in der Geometrie für Bürger-, Real- und Gewerbeschulen, Schullehrer-Seminarien und Gymnasien. Mit in den Text eingedr. Holzschn. 1. Abthl. A. u. d. T.: Methodischer Leitfaden zum gründl. Unterricht in der ebenen Geometrie. gr. 8. (XXIV und 126 S.) Braunschweig 850, Vieweg und Sohn.

—— dass. — 2. Abthl. A. u. d. T.: Methodischer Leitfaden zum gründl. Unterricht in der körperlichen Geometrie. gr. 8. (VIII und 133 S.) Ebds. 850.

Weller, Frz.: Die Braut von Straßburg, s. Zeitvertreib.

Weller, Frz., die kaiserlichen Burgen und Schlösser in Bild und Wort. Auf Grund von Quellenwerken dargestellt. gr. 8. (454 S. mit 20 Illustr., Holzschntaf.) Wien 880, [Zamarski.] Verlag „Steyrermühl“. *ℳ 8.; geb. *

– Ein Duell am Schlachtfelde, s. Zeitvertreib.

– Das Geheimniß eines Klosters, s. Zeitvertreib.

– Unser Georg, s. Zeitvertreib.

– Eine Jugendliebe Kaiser Josef's III., s. Zeitvertreib.

Weller. Frz., der Liebesadvokat. s. Zeitvertreib.

– Marionetten, s. Zeitvertreib.

— W. A. Mozart. Mit dem (Holzschn.-)Portr. Mozart's. 8. (80 S.) Wien 880. Hölder. cart. n. 1. 20

– Ein Opfer der Freundschaft, s. Zeitvertreib.

— Der Spion, s. Zeitvertreib.

— Ein kurzer Traum des Glückes, s. Zeitvertreib.

— Niclas Graf v. Zrinyi [Zrinj'ski], der Held v. Szigeth. Mit Zrinyi's (Holzschn.-)Portr. u. dem (Holzschn.-) Plane v. Szigeth. 8. (51 S.) Wien 880. Hölder. cart. n. — 90

Weller, Frz. X., der betende Christ. Ein kathol. Andachts- u. Erbauungsbuch f. gebildete Stände. Mit 4 Stahlst. 16. Wien 846, Grottendieck. 12 ngl

Weller, Frz. X., der betende Christ. Ein katholisches Andachts- u. Erbauungsbuch für gebildete Stände. Mit 4 Stahlst. 2. verm. Aufl. Wien 863. Grottendiek. 16. (288 S.) 12 ngr.

Weller, Fritz, Gedanken üb. die Emanzipation d. Arbeiters. Vortrag, geh. im Bürgermuseum in Stuttgart. 12. (60 S.) Stuttgart 892. R. Roth. n. — 30

Weller, G., lateinisches Lesebuch für Anfänger, enth. zusammenhängende Erzählungen aus Herodot, 4—6. Aufl. Hildburghausen 861—63. Kesselring. 8. (VIII, 126 S.) n. 10 ngr.

Weller, G., lateinisches Lesebuch für Anfänger, enth. zusammenhängende Erzählungen aus Herodot. 5.—9. Aufl. 8. (V und 126 S.) Hildburghausen 867—68, Kesselring'sche Hofbuchh. *

Weller, G., lateinisches Lesebuch für Anfänger enth. zusammenhäng. Erzählungen aus Herodot. 10.—13. Aufl. 8. (VIII, 126 S.) Hildburghausen 869—74, Kesselring'sche Hofbuchh.

Weller, G., lateinisches Lesebuch für Anfänger, enth. zusammenhängende Erzählungen aus Herodot. 14. Aufl. 8. (VII, 126 S.) Hildburghausen 877, Kesselring'sche Hofbuchh.

Weller, G., lateinisches Lesebuch f. Anfänger, enth. zusammenhäng. Erzählungen aus Herodot. 15. Aufl. 8. (VII, 126 S.) Hildburghausen 880. Kesselring. n. 1. —

Weller, G., lateinisches Lesebuch für Anfänger, enthaltend zusammenhäng. Erzählungen aus Herodot. 15. und 16. Aufl. 8. (VII, 126 S.) Hildburghausen 880,83, Kesselring'sche Hofbuchh. *

Weller, G., lateinisches Lesebuch für Anfänger, enth. zusammenhängende Erzählungen aus Herodot. 16. Aufl. 8. (VII, 126 S.) Hildburghausen 885, Kesselring'sche Hofbuchh.

Weller, G., lateinisches Lesebuch f. Anfänger, enth. zusammenhängende Erzählgn. aus Herodot. 17. durchgeseh. u. verb. Aufl., besorgt v. Karl Rittweger. Neuer Abdr. gr. 8. (XI, 126 u. 32 S.) Frankfurt a/M. 900. Kesselring. Geb. in Leinw. n. 1. 80

— lateinisches Lesebuch aus Herodot. Wörterverzeichniss. Neue Aufl. 862. — 3. Aufl. Ebend. 863. 8. (30 S.) 1½ ngr.

— dass. — Wörterverzeichniss dazu. 2.—4. Aufl. 8. (30 S.) Ebendas. 862—66.

— — Wörterverzeichniss dazu. 4—7. Aufl. Ebend. 866—70. 8. (30 S.) 1½ ngr.

— Wörterverzeichniss dazu. 7. und 8. Aufl. 1869,71. * 70 Pf., und 9. Aufl. 1873. 8. (31 S.)

— lateinisches Lesebuch aus Herodot. Wörterverzeichniss. 10. Aufl. 8. (31 S.) Ebend. 876. n. — 50

— dasselbe. Wörterverzeichniss. 11. Aufl. 8. (32 S.) Ebend. 877. n. — 20

— dass. — 12. und 13. Aufl. 8. (32 S.) Ebendas. 881,83. *

— dass. — Wörter-Verzeichnis. 14. Aufl. 8. (32 S.) Ebendas. 886.

Weller, G., Lateinisches Lesebuch aus Livius, für die Quarta der Gymnasien u. die entsprechenden Klassen der Realschulen. 8. (VIII u. 239 S.) Hildburghausen 852, Kesselring'sche Hofbuchhandlung. n. 18 ngl

Weller, G., lateinisches Lesebuch aus Livius, für die Quarta der Gymnasien und die entsprechenden Klassen der Realschulen. 2. Aufl. Hildburghausen 855. Kesselring'sche Hofbuchhdlg. 8. (VIII, 240 S.) n. 15 ngr.

— lateinisches Lesebuch aus Livius für die Quarta der Gymnasien und die entsprechenden Classen der Realschulen. 3. Aufl. 8. (VIII und 231 S.) Hildburghausen 861, Kesselring'sche Hofbuchh. *

— lateinisches Lesebuch aus Livius für die Quarta der Gymnasien und die entsprechenden Classen der Realschulen. 4.—6. Aufl. 8. (VIII und 231 S.) Hildburghausen 864—69, Kesselring'sche Hofbuchh. *

— lateinisches Lesebuch aus Livius für die Quarta der Gymnasien und die entsprech. Classen der Realschulen. 7.—9. Aufl. 8. (VIII, 231 S.) Ebendas. 871—75.

— dasselbe, aus Livius f. die Quarta der Gymnasien u. die entsprechenden Classen der Realschulen. 10. Aufl. 8. (VII, 231 S.) Ebend. 878. n. 1. 50

— lateinisches Lesebuch aus Livius für die Quarta der Gymnasien und die entsprechenden Klassen der Realschulen. 11. Aufl. 8. (VII, 231 S.) Ebendas. 885.

— dass. — Wörterverzeichniss dazu. 8. (74 S.) Ebendas. 866,69.

— Wörterbuch dazu. 2.—4. verm. und verb. Aufl. (78 S.) 1871—75.

— lateinisches Lesebuch aus Livius für die Quarta der Gymnasien und die entsprechenden Classen der Realschulen. Wörterverzeichniss dazu. 5. verm. und verb. Aufl. 8. (77 S.) Ebendas. 879.

— dass. — Wörter-Verzeichnis. 6. Aufl. 8. (77 S.) Ebendas. 885.

Weller, Glo., s. Cicero ad M. Brutum orator.

Weller, Gust. Adf., Friede auf Erden, s.: Tannenzweige.

— Zur grünen, silbernen u. goldenen Hochzeit. Christliche Deklamationen. 2. verm. Aufl. (48 S.) kl. 8. Barmen (908). E. Biermann. — 50

Weller, Gust. Adf., Ja od. Nein? Jugend-Predigt über Matth. 21, 28—31a. (12 S.) kl. 8. Barmen (904). Wuppertaler Traktat-Gesellschaft. n. — 10

Ja oder Nein? Jugend-Predigt über Matth. 21,28–31a von G[ustav] A[dolf] **Weller**, Pastor in Barmen. Barmen: Wuppertaler Traktat-Gesellsch. [1905]. (12 S.) 8° [F.]
= [**Schriften** d. Wuppertaler Traktat-Gesellschaft.] No 718. 06. 691

— **unser Kaiser. Deklamatorium f. Schulen, Vereine, Soldaten u. A. (11 S.) 12. Elberfeld 904. Barmen, Westdeutscher Jünglingsbund.** n. — 10

Unser Kaiser. Deklamatorium f. Schulen, Vereine, Soldaten u. A. Von Pastor Gustav Adolf **Weller** in Barmen. (2. Aufl.) Elberfeld: Westdeutscher Jünglingsbund 1904. (11 S.) 8°

Falsche Propheten. Ein Wort wider die Mormonen. Von P. Gust. Ad. **Weller**-Barmen. *Barmen: Wupperthaler Trakt.-Ges. [1902].* (16 S.) 8° [F.]
= [**Schriften** d. Wupperthaler Traktatgesellschaft.] No 716. 03. 3576

— **Rosen u. Dornen. Dichtungen für die Freuden- u. Trauertage des christl. Hauses. 2 Tle. 8. Barmen (904). E. Biermann. Geb. à 1.—; in Leinw.-Bd. m. Goldschn. 3.—**
1. Für die Freudentage. Nebst e. Anh.: Für Vereins- u. Schulfeste. (113 S.) — 2. Für die Trauertage. (60 S.)

— **Rosen u. Dornen. Ein neuer Strauß v. Dichtgn. f. Freudentage in Haus, Schule u. Verein. (3. Bd.) (103 S.) Ebd. (907).** Geb. 1.—

Wer ist ein Mann? Predigt, geh. d. 10. Nov. 1901, zu Barmen-Wupperfeld von Pastor G[ustav] A. **Weller**. Barmen: Wupperthaler Trakt.-Ges. [1902]. (16 S.) 8°
([Schriften d. Wupperthaler Traktatgesellschaft.] No 713.)

— **Wie erkenne ich den Willen Gottes? Predigt üb. Apostelgeschichte 9, 6. Geh. am 28. IV. 1907 in der Johanniskirche zu Barmen. (15 S.) kl. 8. Barmen 907. Wuppertaler Traktat-Gesellschaft.** -- 10

WELLER, HEINRICH. Beiträge zur Kenntniss des Cinchonidin's. Freiburg im Breisgau, 1882.

Weller, Hi., Opera omnia theologica cum latina, tum germanica. II Tmi. fol. Lips. Stock. 702. Rthlr.

Weller, Hub., vollständige Anleitung alle bekannten Stubenvögel auf die einfachste Art zu fangen, zu zähmen, zu füttern u. zu unterrichten. Nebst gründlichen Belehrungen über die Behandlung der Vögel in der Hecke u. bei Krankheiten. Nach langjähriger Erfahrung herausg. Quedlinburg 864. Ernst. 16. (IV, 112 S.) 10 ngr.

Weller, Hub., vollständ. Anleitg., alle bekannten einheim. Stubenvögel, als Nachtigallen, Grasmücken, Rotkehlchen, Zaunkönige, Buchfinken, Hänflinge, Stieglitze, Kanarienvögel, Kernbeißer, Lerchen, Drosseln, Meisen, Stare auf d. einfachste Weise zu fangen, zu zähmen, zu füttern u. zu unterrichten. Nebst Belehrgn. üb. d. Behandlg. d. Vögel in d. Hecke u. bei Krankheiten. 2., verm. u. verb. Aufl., bearb. v. Carl Wahl. 8. (IV, 106 S.) Halberstadt 895. Leipzig, Ernst. n. 1.—

Weller, Hub., der Kanarienvogel, sowie unsere anderen gefiederten Freunde, wie Kanarien-Bastarde, Nachtigallen, Rotkelchen, Buchfinken, Stieglitze, Hänflinge, Zeisige, Dompfaffen, Amseln, Staare, Lerchen, Zaunkönige u. s. w. Ihre Behandlg., Zucht u. Pflege in gesunden u. kranken Tagen. 18. verb. Aufl. (IV, 130 S. m. Abbildgn.) 8. Leipzig (905). Ernst. 1.—

Weller, Hub., unsere einheimischen Stubenvögel. Ein prakt. Handbuch üb. Naturgeschichte, Aufzucht u. Pflege unserer bekannten einheim. Wald- u Singvogel. Nebst e. Anleitg. üb. das Einfangen der Vögel u. die Behandlung ihrer Krankheiten. Mit e. Anh.: Die Behandlg. der Kanarienvögel in der Hecke. 3., bedeutend verm. u. verb. Aufl., bearb. v. L. Walter. 8. (VI, 143 S. m. Abbildgn.) Leipzig (902). Ernst. 1.—

Weller, Hugo, Arzt a. Osterode am Harz, einj.-freiw. Arzt beim Eisenbahn-Reg. Nr. 1: Beiträge zur Frage der doppelseitigen Ovariotomie in der Schwangerschaft. Dortmund 1906: K. Strauch. (28 S.) 8°
Berlin, Med. Fak., Ref. Olshausen, Diss. v. 30. März 1906.
[Geb. 22. Sept. 79 Osterode a. Harz; Wohnort: Berlin; Staatsangeh.: Preußen; Vorbildung: Luisen-Gymn. Berlin Reife O. 00; Studium: Berlin 9 S.; Coll. 19. März 06; Approb. 29. Jan. 06.]

Zur Methodik des geographischen Unterrichts in der Volksschule. Von Dr. [Hugo Ewald] **Weller**, Schuldir. Langensalza: Beyer 1909. 52 S. 8°
(Pädagogisches Magazin. H. 366.) 11. 9507

Weller, Hugo Ewald, Leipzig-Gohlis: August Petermann als praktisch-organisatorisch tätiger Geograph. Bruchstück zu (!) August Petermann und seine Schule. Ein Beitrag zur Geschichte der Entdeckungen der Geographie und der Kartographie des 19. Jahrhunderts. (Gotha 1904: J. Perthes.) (120 S.) 8°
Leipzig, Phil. Fak., Ref. Ratzel u. Friedrich, Diss. v. 19. Sept. 1904
[Geb. 13. Jan. 71 Saalig i. V.; Wohnort: Leipzig-Gohlis; Staatsangeh.: Sachsen; Vorbildung: Seminar Auerbach i. V. Wahlfähigkeitsprüf. Nov. 93; Studium: Leipzig 6 S.; Rig. 19. Febr. 04.]

Weller sen., J. A. H., **Klänge der Andacht. Neues vollständiges Gebet- und Erbauungsbuch für katholische Christen. Mit 1 feinen Stahlst. Neustadt-Eberswalde 853. Ernst. 16.** (XVI, 480 S.) 18 *ngr.*

— Quelle des Heils. Belehrungen über die wichtigsten katholischen Glaubenswahrheiten nebst Gebet- und Andachtsbuch für katholische Christen aller Stände. 2 Thle. in 1 Bde. mit 2 Stahlst. Berlin 854. Hasselberg. 8. (VIII, 336; 288 S.) 24 *ngr.*; feine Ausg. 1 *rf*.

Weller, J. A. H., Quelle des Heils. Vollständiges Gebet u. Andachtsbuch zum kirchl. u. häusl. Gebrauche für katholische Christen aller Stände. (In 12 Liefgn.) 1. Liefg. Dresden 867. Tittel & Wolf. 8. (48 S. mit 1 color. Steintaf.) 2½ *ngr.*

Weller, Jakob

— — animadversiones ad hunc librum per Fischerum, vide Fischer.

Weller, J. Grammatica graeca nova. Lips. 1749. H: *Kriegel, Abraham.* (MI.)

Weller, Jak., grammatica graeca nova, emend. et novis animadv. auxit Jh. Fr. Fischer. 8maj. Leipz. 756. Ed. nova 781. Hahn. 12 *K*

Weller, Jakob, s.: Schubert, G. H. v.

Weller, Jh. Gf., († 1780.) einzelne Abhandll. aus d. bibl. Philologie u. zur Erläuterung e. wichtigen Stellen d. heil. Schrift. 8. Leipz. 756. ... 8 *K*

— s. Altes aus allen Theilen d. Geschichte.

— Anleit. zu schriftmäßiger Erklärung u. erbaul. Anwendung d. Bußtexte. 8. Leipz. 758.

— vereinigte Bemühungen in den theolog. Wissenschaften einiger Diener des göttl. Worts in d. Zwickauischen Inspektion. 2 Thle. 8. Leipz. 756. ... 16 *K*

— felicitas vitae gratia divina suffultae, ex Joh. X, 12. 4. Zwickau 758.

— Gedanken über einige Stellen d. heil. Schrift u. d. theolog. Lehrpunkte. 8. Leipz. 756. (W. Vogel). 16 *K*

— historia rei judiciariae Zwickaviensis. 4. Zwickau 753.

— zwei Leichenpredigten bei Beerdigung seiner Eltern gehalten. 4. Leipz. 750.

— Samml. einiger Bußpredigten. 8. Bresl. 753. (Gosohorsky). 5 gr.

Weller, Johann Gottlob

— epistola gratul. de ecclesiae primitivae incertis multis rebus gestis et morte apostolorum, tanquam divinae sapientiae documentis. 4. Zwickau 758.

Weller, Jh. Glo., († nach 1787.) von dem Gebrauch des alten Testaments, daß den Priestern bei ihrer Einweihung d. Hände gefüllet worden. 4. Altenb. 756.

Weller, Jo. Jakob (Molsdorf) Thl. (XVIII, 91)/13

Dissertatio inauguralis quaestiones de S. Coena ex theologia pastorali et casuistica complexa.
Altdorf (Meyer) 9. VII. 1759. 22 S. 36266

Weller, Joseph, über Meta- und Para-Xylyl-Phosphor-Chlorür und einige Derivate derselben. Diss. Rostock 1888, G. B. Leopolds Univ.-Buchh. 8°. 48 S.

Weller, Joseph [aus Oberlahnstein]: Über Meta- und Para-Xylyl-Phosphor-Chlorür und einige Derivate derselben .... Aachen, Druck v. F. N. Palm, 1888; 48 S. 8°
Rostock, Phil. Fak., Inaug.-Diss. v. 28. Dez. 1887

Weller, Karl, s.a. Weller, Karl Heinrich

Weller, Karl, die Besiedlung d. Alamannenlandes. [Aus: „Württ. Vierteljahrshfte."] gr. 8. (III, 52 S.) Stuttgart 898. W. Kohlhammer. n. — 80

Weller, Karl, Dichterstimmen der Gegenwart. Eine Sammlung vom Felde der deutschen Lyrik seit 1850. Leipzig 856. Hübner. 16. (VIII, 600 S. u. 1 Holzschn.) n. 1 β. 6 ngr.

Weller, Karl, Deutschlands Erhebung. Ein Ruf an Volk und Heer. gr. 16. (7 S.) Dresden 870, Schöpff. [Demuth.]

Geschichte des Hauses Hohenlohe. Von Karl Weller. T. 1. *Stuttgart: W. Kohlhammer 1903.* 8° [F.] 164 5641

Weller, Karl, Geschichte des Hauses Hohenlohe. (In 3 Tln.) 1. Tl. Bis zum Untergang der Hohenstaufen. (VII, 164 S.) gr. 8. Stuttgart 904. W. Kohlhammer. n. 3. —

Weller, Karl, Geschichte des Hauses Hohenlohe. 2. Tl. Vom Untergang der Hohenstaufen bis zur Mitte des 14. Jahrh. (VII, 492 S. m. 2 Stammtaf.) gr. 8. Stuttgart 908. W. Kohlhammer. 9. —

— Württembergische Geschichte, s. a. Sammlung Göschen.

Württembergische Geschichte von Dr. Karl Weller. Leipzig: Göschen 1909. 176 S. 8°
(Sammlung Göschen. 462.)

Weller, Karl, ärztliche Hausbücher. Leipzig 859. Hübner. (Plauen, Schröter.) 8.
III.: Rathgeber für Brustkranke u. Alle, die es nicht werden wollen. (IV, 156 S.) n. 10 ngr.

—— teutsche Kaiser- und bunte Tageslieder. 8. (24 S.) Leipzig 848, Weller.

—— Kartätschenpolitik und Barrikadenwunder. Gedicht. 8. (4 S.) Leipzig 848, Weller.

Weller, Carl (II.): Das Licht des Auges, s.a. Hausbücher, Ärztliche.

— das Licht des Auges und dessen Erhaltung und Pflege im gesunden wie kranken Zustande. Leipzig 857. Hübner. 16. (VIII, 136 S.) n. 10 ngr.
Aerztliche Hausbücher. 1. Bdchn.

Weller, Carl, das Licht des Auges und dessen Pflege im gesunden wie kranken Zustande. Ein ärztl. Hausbuch für Alle, die ihre Sehkraft gesund erhalten wollen. 3. Aufl. gr. 16. (XVI und 136 S.) Leipzig 864, Abel. *

— Rathgeber für Brustkranke, s.a. Hausbücher, Ärztliche.

Weller, Carl, Rathgeber für Brustleidende und Alle, die es nicht werden wollen. Ein ärztl. Hausbuch. 2. (Titel-)Aufl. 8. (X und 156 S.) Plauen (859)65, Schröter.

— Taschenbuch für Badereisende nebst Frühjahrs-Anzeiger für Bäder, Kurorte, Heilanstalten. 3., ganz neu bearb. Ausg. Dresden 867. Schöpff. 16. (96 S.) n. 7½ ngr.

— — Ein Jahrbuch der Bäder, Curorte u. Heilanstalten Deutschland, der Schweiz u. der angrenzenden Länder. 4., neu bearb. u. verm. Aufl. Leipzig 868. (Berlin, Denicke.) 8. (VIII, 91 S.) n. 10 ngr.

Weller, K., Taschenbuch f. Badereisende. Ein Jahrbuch der Bäder, Curorte, Heilanstalten Deutschlands, der Schweiz u. der angrenz. Länder. 5. neu bearb. u. verm. Aufl. 8. (95 S.) Berlin 873. Denicke's Verlag. n. 1. —

Taschenbuch der Gesundbrunnen, s.a. Hausbücher, Ärztliche.

— Taschenbuch der Gesundbrunnen, Bäder, Curorte und Heilanstalten Deutschlands, der Schweiz und der angrenzenden Länder, nebst Anleitung zum Gebrauch der Trink- und Bade-Curen. Leipzig 858. Hübner. 16. (3 Bl., 152 S.) n. 15 ngr.
Aerztliche Hausbücher. 2. Bdchn.

—, —— 5. neu bearb. u. verm. Aufl. Berlin 1873. 8.

Weller, Carl, Blums Todtenfeier. (Gedicht.) 8. (4 S.) Leipzig 848, Weller

Weller, Karl, s. Urkundenbuch, Hohenlohisches.

—— Wegweiser durch die Bäder und Curorte Deutschlands, der Schweiz und der angrenzenden Länder. Ein Notizbuch für Curgäste und Aerzte. Ausg. 1869. gr. 16. (67 S.) Dresden, Schöpff. [Demuth.]

— die Weiber v. Weinsberg. (42 S.) gr. 8. Ebd. 903. n. — 30
Sonderabdruck aus: „Württ. Vierteljahrshefte f. Landesgesch."

— Württemberg in der deutschen Geschichte. gr. 8. (65 S.) Stuttgart 900. W. Kohlhammer. n. 1. —

Weller, Carl Alexis, von Dresden: Beiträge zur Statistik der Lungenkrankheiten nebst Notizen aus der medicinischen Klinik zu Zürich. Zür. F. Schulthess Dr. 1854. 2 Bl., 54 S., 1 Bl. 8°.
Zürich, Med. Diss. v. 12. Juli 1854.

Weller, Karl Gust., († d. 11. Oct. 1818.) Anweisung wie d. deutschen Schulmeister hier u. auf d. Land ihre Kinder im Alphabet, Syllabiren, Buchstabiren u. Lesen ꝛc. unterrichten sollen. Fol. Ulm 785.

Weller, Karl Hnr., Diätetik für gesunde u. schwache Augen, oder was hat man zu thun, um sein Gesicht bis ins hohe Alter möglichst zu erhalten. Ein Handbuch für Aerzte u. gebildete Nichtärzte. Mit 2 Kpf. gr. 8. Berl. 821. Schüppel. 1 Thlr 20 Gr

Weller, Carolus: Dissertatio ... sistens experimenta quaedam circa animalium classium inferiarum incrementum et vitam. Halae (1817): Schimmelpfennig. 32 S. 8°
Halle, Med. Diss. v. 19. April 1817
Geb. [Halle a. d. S. 22. 10. 1794]
Im Buchhandel 1817 in Halle ohne Angabe der Firma.

— Icones ophthalmologicae seu selecta circa morbos humani oculi. Fasc. I. 4maj. Leipz. (825.) Voss. 5 Thlr

— d. Krankheiten des menschl. Auges. Ein Handbuch für angehende Aerzte. Nach den besten in- u. ausländ. Werken, mit besond. Berücksichtigung d. Beer'schen Erfahrungen bearbeitet u. durch eigene Beobachtungen vermehrt. Mit 5 Kpf. gr. 8. Berl. 819. 2e A. 822. 3e A. 825. 4e A. 830. Schüppel. 5 Thlr

Weller, Karl Heinrich: Die Krankheiten des menschlichen Auges, ein Handbuch für angehende Aerzte. Nach den besten in- und ausländischen Werken, mit besonderer Berücksichtigung der Beer'schen Erfahrungen bearbeitet und durch eigene Beobachtungen vermehrt. 348 S., gbd., 5 Taf.

Wien: Grund 1821 JB 4.248

Weller, Karl Heinrich: Die Krankheiten des menschlichen Auges, ein practisches Handbuch für angehende Aerzte. Dem gegenwärtigen Standpunkte der Ophthalmologie gemäß, nach fremden und eigenen Erfahrungen bearbeitet. 3.verbess.und verm.Aufl. 610 S., gbd., 5 Taf.

Berlin: Schüppel 1826

JB 4.249

Weller, Karl Heinrich: Die Krankheiten des menschlichen Auges, ein practisches Handbuch für angehende Aerzte. Dem gegenwärtigen Standpunkte der Ophthalmologie gemäß, nach fremden und eigenen Erfahrungen bearbeitet. 3.verbess.und verm.Aufl. 484 S., gbd., 5 Taf.

Wien: v.Haykul & Lechner 1828

JB 4.250

Weller, Carl Heinr., die Krankheiten d. menschl. Auges, e. pract. Handb. f. angeh. Aerzte. Dem gegenwärt. Standpunkte d. Ophthalmologie gemäss, nach fremden u. eigenen Erfahrn. bearb. 4., verm. u. verb. Aufl. gr. 8. (40½ B., 4 ill. u. 1 schw. Kpfrt.) Berlin 830, [Förstner.]

Weller, Karl Heinrich: Die Krankheiten des menschlichen Auges, ein practisches Handbuch für angehende Aerzte. Dem gegenwärtigen Standpunkte der Ophthalmologie gemäß, nach fremden und eigenen Erfahrungen bearbeitet. 4.verbess.und verm.Aufl. 566 S., gbd., 5 Taf.

Wien: Lechner 1831

JB 4.251

— über künstl. Pupillen, u. eine besondere Methode, diese zu fertigen. Mit 1 Kpf. gr. 8. Berl. 821. Schüppel. 14 Gr

Weller, L., der Begleiter auf dem Wege der Tugend z. Belehrung u. Erbauung, nach den Grundsätzen u. Lehren der Heiligen rc., f. kathol. Christen. 16. (10 B. u. 1 Stahlst.) Berlin 843, Simion.

— s. Bruns, R., das kathol. Glaubensbekenntniß.

Weller, L., Gloria! (Ehre sei Gott in der Höhe!) Neues Gebet- u. Betrachtungs-Buch für kathol. Christen. Gesammelt u. bearb. nach d. vorzügl. Erbauungsschriften. 2. verm. u. verb. Aufl. Mit 1 Stahlst. kl. 8. Berlin 845, Meyer u. Hofmann. ⅔ Thlr

— Gloria! (Ehre sei Gott in der Höhe!) Neues Gebet- u. Betrachtungs-Buch für kathol. Christen. Gesammelt u. bearb. nach den vorzügl. Erbauungsschriften. 2., verm. u. verb. Aufl. 8. (28 B. u. 1 Stahlst.) Berlin 845, [Moeser u. Kühn.]

Weller, L., Gloria! (Ehre sei Gott in der Höhe!) Neues Gebet- und Betrachtungs-Buch für kathol. Christen. Gesammelt und bearb. nach den vorzüglichsten Erbauungsschriften. 3., verm. und verb. Aufl. 8. (XII und 546 S. mit 1 Stahlst.) Glatz 850, Hirschberg —

Weller, L., Gloria! [Ehre sei Gott in der Höhe!] Neues Gebet- u. Betrachtungs-Buch f. kathol. Christen. Gesammelt u. bearb. nach den vorzüglichsten Erbauungsschriften. 3. verm. u. verb. Aufl. Mit 1 Stahlst. 8. (XII u. 546 S.) Glatz 851, Hirschberg. ¾ Thlr

Weller, L., Gloria. (Ehre sei Gott in der Höhe.) Neues Gebet- und Betrachtungsbuch für kathol. Christen. Gesammelt u. bearb. nach den vorzüglichsten Erbauungsschriften. 4. verm. u. verb. Aufl. Glatz 853. Hirschberg. 12. (XI, 564 S. u. 1 Stahlst.) 22½ ngr

— dass. Feine Ausg. Mit 1 Stahlst. 8. Ebend. 844. 1 Thlr

— dass. Feine Ausgabe. (34¾ B., 1 Stahlst. u. farbig. Titel.) Ebds. 845.

— Grundfesten des christl. Glaubens. Ein Lehr- u. Erbauungs-Buch f. kathol. Christen, welche nach Wahrheit suchen. 2., verm. Aufl. 12. (16 B. u. 1 Stahlst.) Berlin 843, Simion. -

— das Kind in seinem Gebete. Neues Lehr-, Gebet- u. Gesangbuch zur häusl. u. kirchl. Andacht zunächst f. die kathol. Schuljugend. 2. stark verm. u. verb. Aufl. 16. (252 S.) Berlin 850, Schneider & Co. n. ⅙ Thlr; geb. n. ¼ Thlr; in Engl. Einb. n. 12 ngr

(---) Messias! oder die Stimme des Himmels, s. Messias.

Jenseits der Liebe. Erziehertragödie in 3 Aufz. von Martin **Weller** [d. i. Georg Münch]. Als Ms. gedr. Leipzig 1902: (Thieme & Scheidemann). (102 S.) 8° [Umschlagt. F.] 107. 6829

Weller, N., s. A d r e s s - u. Bezugsquellen b u c h f. die Zuckerindustrie.

Weller, O.

— Zur Bekämpfung des Alkoholismus. Vortrag. Ragaz 1883. 15 S. 8°.

Weller, O. Ueber den Einfluss weingeisthaltiger Getränke auf das Nervensystem. Ragaz 1883. 11 S. 8°.

Weller, Otto, aus Augst, Kt. Baselland, Secundararzt der Irrenanstalt Burghölzli: Ueber die Veränderungen des Gehirns und Rückenmarks bei Lyssa. [S. A. aus: Archiv für Psychiatrie u. Nervenkrankheiten, red. v. C. Westphal. Bd IX, S. 493–509]. Berl. L. Schumacher Dc. 1879. 19 S., 1 Taf. 8°.
Zürich, Med. Diss. [v. 25. März 1879].

Weller, P(aul): Zwei F ä l l e von primärem Sarkom des Dünndarms. Mit 2 Taf. Jena 1902: G. Neuenhahn. (42 S.) 8°
Jena, Med. Diss. v. (12. Nov.) 1902.

Weller, Philipp, aus Kirchheim-Teck: Joshuah Sylvesters Englische Übersetzungen Der Religiösen Epen des Du Bartas. *Tübingen 1902: G. Schnürlen.* (111 S.) 8° ¶ (Ein 2. Teil d. eingereichten Arbeit, m. d. T.: Bemerkungen üb. d. Einfluss des Du Bartas auf d. engl. Dichtung . . ., erscheint später.)
Strassburg, Phil. Diss. v. 1902

Wellersberg, Karl von

Die Freimaurer, oder: Europa's enthüllte Staatsgeheimnisse. Grosser histor. Roman aus den Jahren 1854—1874 von Graf Carl v. Wellersberg. Strassburg, Mainz & Neustadt a. d. Haardt: Rheinische Verlangsbuchh. [1875]. 1680 S. 8°
TB. 379. Nicht mehr erschienen. Enth. S. 1128–1148 den Verlauf der geschichtl. Entwickelung der Frmrei u. eine Klarlegung ihres Prinzips.

[F.] Chemie für Ackerbau- und landwirtschaftliche Winter-Schulen. Von Wilh. **Wellershaus,** Landwirtschaftslehrer. Tl 1. u. *Berlin: P. Parey 1897.* 2 Bde 8.
I. Anorgan. Chemie. (30 S., 1 kl. Bl.) II. Organ. Chemie. (30 S., 1 kl. Bl.)
(Landwirtschaftliche Unterrichtsbücher. [Bd 30.]) (97. 6507

Chemie für Ackerbau- und landwirtschaftliche Winter-Schulen. Von Wilh. **Wellershaus**, Dir. 2., verb. Aufl. T. 1. 2. Berlin: P. Parey 1903–06. 2 Bde 8°
1. Anorgan. Chemie. 1903. 2. Organ. Chemie. 1906.
(Unterrichtsbücher, Landwirtschaftliche. [30.])

Wellershausen, Egon v. Das Drama v. Mayerling. Historischer Roman. 1.—10. Aufl. 8. (207 S. m. 3 Lichtdr.) Mannh. 889,90, Bensheimer's Verlag. * 3 —

Wellershausen, Egon v. (ps.), Das Drama von Mayerling. Histor. Roman. 3. Auflage. Mit 3 Lichtdruckbildern. Mannheim, Druck und Verlag v. J. Bensheimer 1889.
Verboten v. K.-G. Reichenberg, 26. April 1889. § 64. — Auch die Pränumerations-Einladung hiezu verboten v. L.-G. Zara, 17. Juni 1889. § 305.

Wellershausen, Egon v., die einzige Wahrheit üb. das Drama v. Mayerling. Der Tod des Kronprinzen Rudolf v. Oesterreich. 10. Aufl. 8. (201 S. m. 2 Bildnissen.) Zürich 900. C. Schmidt. n. 2. —

Wellerswalde [Schlagwort]

Wellerswalde, s.: Sachsen. Karte. Messtischblätter.

Welles, Joh., leichtfaßliche Singschule, in welcher die möglichst frühzeitige Verbindung des Taktes mit dem Gesange nach einer neuen, schnell zum Ziele führenden Methode gelehrt wird. Für den Unterricht im regulären Gesange in Markt- u. Landschulen, sowie für den Privat-Unterricht bearb. 2 Thle. Kochel 860. (München, J. A. Finsterlin.) qu. 4. (VI, 106 S.) n. 1 [illegible]

Wellesley, Marquis Rich. († d. 26. Sept. 1842), Memoiren u. Briefwechsel, siehe a. Weltpanorama.

Wellesley, Rich. Cowley. Memoiren und Briefwechsel. Mit Dokumenten und Briefen herausgeg. von R. Pearce. Dtsch. von W. Schöttlen. 2 Bde. 8. Stuttgart 1847. 4,80

Wellesley, Marquis Richard, Generalgouverneur und Obergeneral in Indien, britischer Botschafter in Spanien, Staatssekretär des Auswärtigen und Lordstatthalter von Irland. Memoiren und Briefwechsel. Mit vielen, zum ersten Male nach Originalmanuscripten abgedruckten Briefen und Documenten von Robert Rouiere **Pearce**. Nach dem Englischen bearbeitet von Wilhelm Schöttlen. (**3** Bde.) 8. Stuttgart **1847**.

Wellesz Egon: Die Ballett-[illegible] von Johann Heinrich und Anton Andreas Schmelzer. Ein Beitrag zur Geschichte der Musik am österreichischen Hofe im XVII. Jahrhundert. S. 176 [illegible] 2.10
Separatabdruck

Wellesz Egon: Die Opern und Oratorien Giuseppe Bonnos. **Diss.** Wien, Univ.
D: Sammelbände der Int. Musikgesellschaft Bd. 11, Leipzig 1909 unter dem Titel: Giuseppe Bonno. (1710—1788). Sein Leben und seine dramatischen Werke.
1908 PN 2458 2141

Wellewill, M., Praktische Grammatik der Finnischen Sprache für den Selbstunterricht. Mit Lesestücken, Gesprächen und Wörterbuch. 8. (VIII, 199 S.) Geb. (Bibliothek der Sprachenkunde. 30. Theil) 1.10
Wien: Hartleben 1890.

Wellewill, M. Grammatik der finnischen Sprache, s. a. Kunst, die, der Polyglottie.

Praktische Grammatik der Finnischen Sprache für den Selbstunterricht. Mit zahlr. Lesestücken, Gesprächen u. Wörterbuch. Von M. **Wellewill.** 2. Aufl. Wien, Leipzig: A. Hartleben [1906]. (VIII, 200 S.) 8° [F.]
= **Kunst** d. Polyglottie. T. 30.
([A. Hartleben's] Bibliothek d. Sprachenkunde.) [06. 14238

— s.: **Zum ältesten Strafrecht der Kulturvölker.**

Wellhausen, Ed., vornehmes Heim. Decoration u. Möblirg. v. Herrenzimmern, Wohnzimmern, Speisezimmern, Salons, Boudoirs, Schlafzimmern, Vorzimmern, Veranden etc. 30 Lichtdr.-Taf. gr. Fol. (1 Bl. Text.) Berlin 893. Hessling & Spielmeyer. In Mappe. n. 28. —

Wellhausen, Ed., Vornehmes Heim. Decoration u. Möblirung v. Herrenzimmern, Wohnzimmern, Speisezimmern, Salons, Boudoirs, Schlafzimmern, Veranden etc. 2. [Titel-] Aufl. 6 Lfgn. gr. Fol. (à 5 Lichtdr.-Taf.) Berlin (893) 897. M. Spielmeyer. à Lfg. n. 4. 80

Wellhausen, Ernst, Skizzen und Vorarbeiten. 1. Heft. gr. 8. Berlin 884, G. Reimer.
Inhalt:
1. Abriss der Geschichte Israels und Judas. (S. 1—102.) — 2. Lieder der Hudhailiten, arabisch und deutsch. (S. 103—175 und 129 S. arab. Text.)

Wellhausen, Jul., Analyse der Offenbarung Johannis, s. a. Abhandlungen der königl. Gesellschaft der Wissenschaften zu Göttingen. Phil.-histor. Klasse. IX, 4.

Analyse der Offenbarung Johannis. Von J[ulius] **Wellhausen**. Berlin: Weidmann 1907. (34 S.) 4°
(Abhandlungen d. Kgl. Gesellschaft d. Wiss. zu Göttingen. Philol.-hist. Kl. N. F. Bd 9, No 4.)

— s. Bleek, Friedr., Einleitung in die heilige Schrift.

Wellhausen, J., the book of Psalms, s.: **Books, the sacred, of the Old Testament,** p. 14.

— **Einleitung in die drei ersten Evangelien.** (116 S.) gr. 8. Berlin 905. G. Reimer. n. 3. —

— **Erweiterungen u. Änderungen im vierten Evangelium.** (38 S.) gr. 8. Berlin 907. G. Reimer. 1. —

— **Das Evangelium Johannis.** (146 S.) gr. 8. Ebd. 908. 4. —

— **das Evangelium Lucae. Uebers. u. erklärt.** (142 S.) gr. 8. Ebd. 904. n. 4. —

— **das Evangelium Marci, übers. u. erklärt.** (146 S.) gr. 8. Ebd. 903. n. 4. —

— **Das Evangelium Marci.** Übers. u. erklärt. 2. Ausg. (187 S.) gr. 8. Ebd. 909. 4.—

— das **Evangelium Matthaei.** Uebersetzt u. erklärt. (152 S.) gr. 8. Ebd. 904. n. 4.—

Wellhausen, J[ulius]: Ein Gemeinwesen ohne Obrigkeit. *Göttingen (1900): Dieterich.* (16 S.) 8°
Göttingen, Rede am Geburtstag d. Kaisers 1900

— ein **Gemeinwesen ohne Obrigkeit.** Rede zur Feier des Geburtstages Sr. Maj. des Kaisers u. Königs, am 27. I. 1900 im Namen der Georg-Augusts-Universität geh. gr. 8. (16 S.) Göttingen 900. Vandenhoeck & Ruprecht. n. — 40

Wellhausen, Jul., de gentibus et familiis Judaeis quae 1. Chr. 2. 4. enumerantur. Dissertatio. gr. 8. (41 S.) Göttingen 871. (Vandenhoeck & Ruprecht.) n. 1. —

Wellhausen, J., israelitische u. jüdische Geschichte. gr. 8. (VI, 342 S.) Berlin 894. G. Reimer. n. 7.—; geb. in Halbfrz. n.n. 8.50

Israelitische und jüdische Geschichte v. J[ulius] Wellhausen. 3. Ausg. *Berlin: G. Reimer 1897.* (4 Bl., 388 S.) 1 Bd 8. [97. 5975

— **israelitische u. jüdische Geschichte.** 4. Ausg. gr. 8. (395 S.) Berlin 901. G. Reimer. n. 10.—; geb. in Halbfrz. n. 11.80

— **israelitische u. jüdische Geschichte.** 5. Ausg. (395 S.) gr. 8. Ebd. 904. n. 10.—; geb. in Halbfrz. n. 11.80

— **Israelitische u. jüdische Geschichte.** 6. Ausg. (V, 386 S.) gr. 8. Berlin 907. G. Reimer. 10.—; geb. in Halbfrz. n 12.—

Wellhausen, J., Geschichte Israels. [In 2 Bdn.] 1. Bd. gr. 8. (VIII, 442 S.) Berlin 878. Reimer. n. 6.—

— s.: Geschichte der christlichen Religion.

— Der arabische Josippus, s.a. Abhandlungen d. kgl. Gesellschaft d. Wissenschaften zu Göttingen.

Der arabische Josippus. Von J[ulius] Wellhausen. *Berlin: Weidmann 1897.* (50 S.) 4.
= Abhandlungen d. Kgl. Gesellschaft d. Wissenschaften zu Göttingen. Phil.-hist. Kl. N. F. Bd 1. No 4. [97. 1167

Wellhausen, J. Die Composition d. Hexateuchs u. der historischen Bücher d. alten Testaments. 2. Druck. Mit Nachträgen. gr. 8. (361 S.) Berl. 889, G. Reimer. * 9 —
1. Aufl. erschien 1885 als 2. Heft der nachstehenden Skizzen u. Vorarbeiten.

— die **Composition des Hexateuchs u. der histor. Bücher des alten Testaments.** 3. Aufl. gr. 8. (373 S.) Ebd. 899. n. 10.—

Wellhausen, J., Muhammed in Medina. Das ist Vakidi's Kitab al Maghazi, in verkürzter deutscher Wiedergabe hrsg. gr. 8. (472 S.) Berlin 882, G. Reimer. *

— Die religiös-polit. Oppositionsparteien im alten Islam, s.a. Abhandlungen der kgl. Gesellsch. der Wiss. zu Göttingen. Philol.-hist. Klasse N. F. V. 2.

Die religiös-politischen Oppositionsparteien im alten Islam. Von Julius Wellhausen. *Berlin: Weidmann 1901.* (99 S.) 4°
= Abhandlungen d. Königl. Gesellschaft d. Wiss. zu Göttingen. Phil.-hist. Kl. N. F. Bd. 5, No 2. [01. 13037

—— die **Pharisäer und Sadducäer.** Eine Untersuchung zur inneren jüd. Geschichte. gr. 8. (164 S.) Greifswald 874, Bamberg. *

—— **Prolegomena zur Geschichte Israels.** 2. Ausg. der Geschichte Israels. 1. Bd. gr. 8. (X, 455 S.) Ebendas. 883. *

Wellhausen, J., Prolegomena zur Geschichte Israels. 3. Ausg. gr. 8. (VIII, 468 S) Berlin 886. G Reimer. n. 8.—

— **Prolegomena zur Geschichte Israels.** 4. Ausg. gr. 8. (VIII, 432 S.) Berlin 895. G. Reimer. n. 8.—

— **Prolegomena zur Geschichte Israels.** 5. Ausg. gr. 8. (VIII, 431 S.) Berlin 899. G. Reimer. n. 8.—

— **Prolegomena zur Geschichte Israels.** 6. Ausg. (VIII, 424 S.) gr. 8. Ebd. 905. n. 8.—; geb. in Halbfrz. n. 9.80

— d. **kleinen Propheten.** Uebers. u. erklärt. 3. Ausg. gr. 8. (222 S.) Ebd. 898. n. 7.—

Das arabische Reich und sein Sturz. Von J[ulius] Wellhausen. Berlin: G. Reimer 1902. (VII, 352 S.) 8°

— s.: Religion, die christliche.

Reste arabischen Heidenthums. Gesammelt u. erl. v. J[ulius] Wellhausen. 2. Ausg. *Berlin: G. Reimer 1897.* (VIII, 250 S.) 1 Bd 8. [97. 3337

— **Skizzen u. Vorarbeiten.** 1. u. 2. Hft. gr. 8. Ebend. 884. n. 15.—
I. 1. Abriss der Geschichte Israels u. Judas. (102 S.) —
2. Lieder der Hudhailiten, arabisch u. deutsch. (S. 103—175 u. 129 S. arab. Text.) 884. n. 9.—
II. Die Compositionen d. Hexateuchs. 885. n. 6.—

— **Skizzen u. Vorarbeiten.** 3. u. 4. Hft. gr. 8. Ebd. n. 17.— (1—4.: n. 32.—)
3. Hft. Reste arab. Heidentumes. (VI, 224 S.) 887. n. 8.—
4. Hft. 1. Medina vor dem Islam. 2. Muhammad's Gemeindeordnungen v. Medina. 3. Seine Schreiben, u. die Gesandtschaften an ihn. (194 u. 78 S. arab. Text.) 889. n. 9.—

Wellhausen, J., Skizzen u. Vorarbeiten. 5. Hft. Die kleinen Propheten übers., m. Noten. 1. u. 2. Aufl. gr. 8. (214 S.) Berlin 892. 893. G. Reimer. n. 7.— (1—5.: n. 39.—)

— **Skizzen u. Vorarbeiten.** 6. Hft. 1. Prolegomena zur ältesten Geschichte des Islams. — 2. Verschiedenes. gr. 8. (VIII, 260 S.) Ebd. 899. n. 8.—

Wellhausen, Jul., der Text der Bücher Samuelis untersucht. gr. 8. (XVI, 224 S.) Göttingen 871. Vandenhoeck & Ruprecht's Verl. n. 4.—

Wellhäuser, Albrecht. Derivate der Korksäure. (Bern) Cannstatt, 1891.

Wellhes, A., üb. Arbeit, Regierung u. Steuern. In Briefen an e. Deputirten. gr. 8. ($10\frac{3}{4}$ B.) Berlin 839, Hayn.

Wellhöfer, Fr.

— naturhistor. Kinderlust. 8. Schwabach 790.

Wellhöfer, Fr., des Hrn. Friedrich Josias, k. k. Feldmarschalls, Sieg bei Martinesti am Rimnik d. 22. Sept., mit theolog.-philosophischen Auge betrachtet. 4. Schwabach 789.

Wellhoff, Ed., le français commercial, s.: Berlitz, M. D.

Well- und Wetterhorn, das. Nach der Natur aufgenommen und gestochen von *C. Huber*. Stichgrösse: 75 cm. breit, 50 cm. hoch. Berlin, Stiefbold & Cie. Weiss mit Schrift 27 —
1881

Wellick, Jos., s. Anleit. zum Gebrauch des Christianbrunnens. — Anleit. zum Gebrauch des Stahlbrunnens.

Wellig, Arnold (Hrsg.), s.o. Beiträge zur lettischen Sprachkunde.

Wellig, Arnold Gust., Beitr. zur lettischen Sprachkunde. 8. Mitau 828. (XXIV. u. 216 S.)

Wellik, Alb., Über das radioaktive Verhalten des Wassers v. Graz u. seiner Umgebung. (36 S.) gr. 8. Wien 908. A. Hölder. 1. —
Sonderabdr. aus: „Sitzungsber. d. k. Akad. d. Wiss."

Welling im Auszug; mit Anmerkungen über sein Opus magocabbalisticum et theosophicum ... Frankf. u. Leipzig 1786. V: *Schubert, Carl Friedrich.* (Ky)

Welling im Auszug; mit Anmerkk. über sein Opus magocabbalisticum et theosophicum, u. Angabe d. philosoph. Materie, d. Feuers u. d. Arbeit rc., (von K. F. Schubert). Nebst e. Anhang aus ächt philosoph. Druck- u. Handschriften, von Barutsch. 8. Frankf. u. Leipz. (Markt Breit) 786.

Welling, Gotthard, und Joh. Derenthal, zwey ausgezeichnete Staatsmänner ... [Riga 1806.] V: *Brotze, Johann Christoph.* (R-N)

Welling, Christ. Friedr. v., s.o. Naturgeschichte d. Gewächse.

Welling, C. F. v., Naturgeschichte d. Gewächse, den Liebhabern d. Pflanzenkunde gewidmet, m. 36 Kpf. gr. 8. Gotha, Ettinger. 791.
m. illum. K.

Opus mago-cabalisticum et theologicum. Vom Uhrsprung und Erzeugung des Saltzes...auffgesetzt u. zusammen getragen von...Gregorius Anglus Sallwigt [d.i. Georg von Welling]. Franckfurth a.M.1719: Heinscheidt. 80 S. 2°

Angeb.an: Valentini, Michael Bernhard: Viridarium reformatum. Franckfurth a.M. 1719.

Georgii von Welling Opus mago-cabbalisticum et theosophicum. Darinnen der Ursprung, Natur... des Saltzes, Schwefels und Mercurii, in 3 Th.beschrieben... Deme noch beygefüget (Die ewige Weißheit [Weisheit])Ein Tractätlein [Traktätlein] von der göttlichen Weißheit; u.e.bes.Anh. etlicher sehr rar-u.kostbahrer chymischer Piecen. Nunmehro das 1.mahl also zusammen zum Druck befördert von e. Liebhaber göttlicher u.natürlicher Geheimnüsse. Homburg vor der Höhe 1735: Helwig. 582 S. 1 Bd 8°

v. Welling, G., opus mago-cabbalisticum et theosophicum, darin d. Ursprung, Natur, Eigenschaften u. Gebrauch des Salzes, Schwefels u. Mercurii rc. beschrieben wird. Mit vielen Kpf. 4. Frankf. a. M.... 3e A. 784. (Fr. Fleischer in Leipz.) 2 ₰

Wellingdorf [Schlagwort]

Wellingdorf, s. Kiel. Lipsius & Tischer.

Wellinghoff, H. F., Fingerzeige für Auswanderer nach den Vereinigten Staaten von Nordamerika. Bremen 855. Strack. 8. (56 S.) 3 ngr.

Wellingsdorf, Amal. Friedr.: „Kluge Hausmutter", Nürnberg 1712 (Lochner).

Wellington. – Arthur Herzog von Wellington.

— ein histor. Gemälde. 8. Quedlinb. 816. Basse. 1 ₰ 8 ₰

Wellington, Arthur Herzog von. Sein Leben als Feldherr und Staatsmann. ... Leipz. u. Altenburg 1817. V: *Wagner, Gottlob Heinrich Adolph.* (Fortgesetzt): *Hasse, Friedrich Christian August.* (BrMm) (Ky)

v. Wellington, Herz. Arthur, sein Leben als Feldherr u. Staatsmann. Nach engl. Quellen, vorzügl. nach Elliot, (von Glo. H. Ad. Wagner) u. Clarke bearbeitet u. bis zum September 1816 fortgeführt (v. F. C. A. Hasse). gr. 8. Leipz. 817. Brockhaus. 2 ₰ 12 ₰

Wellington, Arthur Herzog v., und seine Zeit, s. Ehrentempel des 19. Jahrh.

Wellington u. Massena, oder d. Befreiung Portugals. 8. Pesth 813. Hartleben. 10 ₰

— Dass. 8. Leipz. 814. (Rein). 10 ₰

Wellington, Charles: Ueber die Einwirkung des Formaldehyds auf verschiedene organische Amine sowie die Darstellung einiger sauren aromatischen Sulfate .... Göttingen, Druck d. Dieterich'schen Univ.-Buchdr. W. Fr. Kästner, 1885; 96 S. + 1 Bl. 8°.
Göttingen, Phil. Fak., Inaug.-Diss. v. 1885.

Wellington, Charles, üb. die Einwirkung d. Formaldehyds auf verschiedene organische Amine, sowie die Darstellung einiger sauren aromatischen Sulfate. gr. 8. (36 S.) Göttingen 885. Deuerlich. n. — 60

Wellisch, Sam., wie man Privatsecretär wird. Lustspiel in 2 Acten. Nach e. Novelle f. die Bühne bearb. gr. 8. (32 S.) Ung.-Weisskirchen 885. Hepke. n. — 40

Wellisch, Siegm., d. Alter d. Welt. Auf mechanisch-astronom. Grundlage berechnet. gr. 8. (80 S.) Wien 899. A. Hartleben. n. 2. —

Wellisch, S., die Berechnungen in der praktischen Polygonometrie. Mit e. Aufstellg. v. Fehlergrenzen f. die Zugmessg. Handbuch f. Vermessungsingenieure u. Geometer. 8. (VIII, 95 S. m. 11 Abbildgn. u. 3 Tab.) Wien 893. Spielhagen & Schurich. n. 2. —

Wellisch, S., Fehlerausgleichung nach der Theorie des Gleichgewichtes elastischer Systeme. (44 S. m. Fig.) Lex.-8. Wien 904. (O. Möbius.) n. 1. 20

– D. 2000jähr. Problem d. Trisection d. Winkels. s.a. Vorträge u. Abhandlungen. Techn., XXIX.

Das 2000jährige Problem der Trisection des Winkels. Von Ingen. Sigismund Wellisch. SA. aus d. Ztschr. d. Oesterr. Ing.- u. Archit.-Ver., Nr. 3, 1896. M. 11 Textfig. *Wien: Spielhagen & Schurich 1896.* (19 S.) 1 Bd 8.
= Vorträge, Technische, u. Abhandlungen. [No] 29. 96. 945

Wellisch, Siegm., Theorie u. Praxis der Ausgleichungsrechnung. 2 Bde. Lex. 8. Wien, C. Fromme. 17.50
1. Elemente der Ausgleichungsrechng. Mit e. Bildnisse v. K. F. Gauss. (XI, 276 S.) 909. 10. —
2. Probleme der Ausgleichungsrechg. (XI, 217 S. m. Fig.) 910. 7.50

Wellmann: Der Bauern-Aufstand in Ungarn aus dem J. 1514 unter dem Szekler Georg Dozsa. 13 S.–Hermannstadt ev., Progr. 1865

Wellmann: 1. Ein Brief d. siebenbürgischen Fürsten Michael Apafi I. an Karl XI. König v. Schweden aus d. Jahre 1687. 11 S. 2. Eine siebenbürgische Tragödie, aus den J. 1738. 17 S.–Hermannstadt ev. Progr. 1865

Wellmann, A. Das gothische Adjectivum. 64 S. . . . .
Stettin, Progr. 1835

Wellmann, Geschichte des Infanterie-Regiments v. Horn (3. Rheinisches) Nr. 29, im Auftr. d. Regiments bearb. gr. 8. (XII, 772 S. m. Abb., farb. Titel u. 15 Plänen.) Trier 894. F. Lintz. n. 13.50; geb., d. Pläne in Mappe n.n. 15.50

Wellmann, A. v., Geschichte d. Rheinischen Kürassier-Regiments Nr. 8. [Mit e. Portrait (Photogr.) u. e. (lith.) Taf. (in qu. gr. 4.)] gr. 8. (63 S.) Berlin 874. Mittler & Sohn. n. 1.50

Wellmann, das Leben d. Generallieutenant Heinrich Wilhelm v. Horn. gr. 8. (VII, 160 S. m. 1 Bildniß u. Skizzen.) Berlin 890. Mittler & Sohn. n. 4. —; Einbd. n.n. — 60

— das Offizier-Korps d. Infanterie-Regiments v. Horn [3. Rheinisches] Nr. 29, 1815—1890. Gedenkblätter, im Auftrage d. Regiments zusammengestellt. Mit e. Bildniß d. Gen.-Lieut. v. Horn. gr. 8. (VI, 417 S.) Ebd. 890. n.n. 9.50

Wellmann, A. v., die Reiter-Regimenter der königl. preussischen Armee 1571—1876 graphisch dargestellt. gr. 4. (5 Tabellen in Imp.-Fol. m. 2 S. Text.) Hannover 877. Helwing's Verl. n. 3. —

Wellmann, v., die Reiter-Regimenter der königl. preussischen Armee. Graphisch dargestellt. 2. nachgetragene und vervollständ. Ausg. 5 Tab. gr. Fol. (1 Bl. Text.) Hannover 885, Helwing's Verlag. *

Wellmann, A., Sternschnuppen in den Jahren 1840 und 1841 zu Fogarasch in Siebenbürgen. (Aus dem XVIII. Bde. der Annal. der k. k. Sternwarte zu Wien.) Fol.

Wellmann, Andr., Reisebriefe aus dem Lande der Sachsen in Siebenbürgen. 8. (8⅞ B.) Kronstadt 843, (Németh.) *

— **Reisen nach der Stadt der Khalifen, die Ufer des Persischen Meerbusens u. des Mittelländ. Meeres entlang. Mit Einschluß einer Reise nach der Küste von Arabien und der Insel Socotra. 2 Thle. Aus dem Engl. in's Deutsche übertragen von H. Künzel. gr. 8. Pforzheim 841, Dennig, Finck u. Co. (Stuttg., Scheible, R. u. S.) 2 ₰**

Wellmann, Arth., Grundriß der landwirtschaftl. Volkswirtschafts- u. Betriebslehre f. den Unterricht in Landwirtschaftslehre. (X, 108 S.) 8. Leipzig 907. Berlin, Landwirtschaftl. Schulbuchh. Geb. in Leinw. 1.80

Wellmann, Arthur *Richard* [aus Schönfeld bei Crossen]: Untersuchungen über den Einfluss der Düngung auf die äusseren Wachstumerscheinungen und die Nährstoffaufnahme bei Gerste ... Kiel, Druck d. »Nord-Ostsee-Zeitg«, 1897; 95 S., 1 Bl., 4 Bl. Taf. 8.
Göttingen, Phil. Fak., Inaug.-Diss. v. [25. Juni] 1897

Wellmann, E. (Hrsg.), s. Aristoteles: Metaphysik.

Wellmann, Ed., Historia philosophiae graecae, s.: Ritter, H.

Wellmann, Ed. Zenos, Beweise gegen die Bewegung u. ihre Widerlegungen. gr. 4. (23 S.) Frankfurt a/O. 870. (Berlin, Calvary & Co.) n. 1.20

Wellmann, Eduard (Hrsg.), s. Galeni qui fertur . . .

Wellmann, Eduard, die Philosophie der Griechen, s.: Zeller, Eduard.

Wellmann, E., Die Philosophie des Stoikers Zenon. Diss. 1873. 58 S. 2.—

Wellmann, E[duard], Dir. Prof. Dr.: [**Rede** bei der Trauerfeier für den Oberlehrer Dr. Ernst Miething, gest. am 12. Juni 1898.] *Berlin (1899): Nauck.* (S. 21—23.) 4°
Berlin, Königstädt. G, OP 1899 (59)

Wellmann, E[duard]: [Professor Dr. Waldemar Waege † 8. April 1901 in Davos.] S. 21–22 der Schuln. 4.
Progr. Königstädtisches Gymn. *Berlin* 1902 (61).

Wellmann, Erich, a. Berlin: Abstammung, Beruf und Heeresersatz in ihren gesetzlichen Zusammenhängen. Eine theoretische und praktische Untersuchung. (Altenburg 1907: Pierer.) (40 S.) 8° *(Teil der eingereichten Arbeit; d. Ganze erschien 1907 bei Duncker & Humblot in Leipzig.)
Berlin, Phil. Fak., Ref. Sering, Diss. v. 15. Juni 1907
[Geb. 7. Juni 80 Berlin; Wohnort: Berlin; Staatsangeb.: Preußen; Vorbildung: Gymn. Kolberg Reife O. 04; Studium: Berlin 6 S.; Rig. 4. März 07.]

Wellmann, Erich, Abstammung, Beruf u. Heeresersatz in ihren gesetzlichen Zusammenhängen. Eine theoret. u. prakt. Untersnchg. Mit 3 mehrfarb. Diagr. u. zahlreichen Tab. (VIII, 122 S.) gr. 8. Leipzig 907. Duncker & Humblot. 5. —

Wellmann, Erich, Dr. phil.: Die Stellung der impensae voluptuariae im Dotalsystem. (Interpretation der l. 9. D. de impensis 25, 1.) Kirchhain N.-L. 1909: Schmersow. X, 92 S. 8°
Heidelberg, Jur. Diss. v. 27. Juni 1909, Ref. Bekker
[Geb. 7. Juni 80 Berlin; Wohnort: Steglitz; Staatsangeh.: Preußen; Vorbildung: Realgymn. Kolberg Reife O. 04; Studium: Berlin 6 S.; Rig. 9. Dez. 08.]
[U 09. 1932

Wellmann, F., s.: Arbeiten der deutschen Landwirtschafts-Gesellschaft. (Betriebsverhältnisse der deutschen Landwirtschaft.)

Wellmann, Fr. Karl Hnr., Rede zur Feier des Reformationsfestes über d. Verdienste Luthers um Religions-Unterricht in Schulen, zunächst durch Einführung d. Bibel u. des Katechismus. 8. Greifsw. 818.

Wellmann, Franz, a. Schinkel (Bez. Osnabrück): Untersuchungen über die Betriebsorganisation der Landwirtschaft im Fürstentum Osnabrück. Berlin 1908 [Buchdr. „Die Post".] (114 S.) 8° [Aus: Arbeiten d. deutschen Landwirtschafts-Gesellschaft H. 137.]
Gießen, Phil. Fak., Ref. Gisevius, Diss. v. 10. April 1908.
[Geb. 25. Juli 76 Schinkel; Wohnort: Gießen, Staatsangeh. Preußen; Vorbildung: Gymn. Carolinum Osnabrück Reife M. 97; Studium: Landw. Hochsch. Berlin 2, Halle 6, Univ. Gießen 2 S.; Rig. 19. Juli 07.]

Wellmann, H.: Bei welcher auf ein rechtwinkl. Coordinatensystem bezogenen Linie ist die Abscisse jedes Punktes die mittlere Proportionale zwischen dem Krümmungshalbmesser u. einer gegeb. constanten Länge? 1875. 8°
Diss. Rostock

H. WELLMANN, Eberhard Klüver ein Zeitgenosse und Freund von Olbers. Aus dem Programm der Realschule beim Doventhor. Separat-Abdruck herausgegeben vom naturwissenschaftlichen Vereine zu Bremen. ib. 1880. C. Ed. Müller. 4°.

Wellmann J. C., aus d. Acten ertheilte umständl. Historie d. Frankfurtischen Mordbrenner, sammt deren Leben u. Tod, m. K. 4. Frankf. Strauß. 725.

Wellmann, Joh. Chr.: Das von der göttlichen Regierung an denen Mord-Brennern (Joh. Friedr. **Gottlieb** [u. a.]), welche in der Nacht zwischen den 19. u. 20. May 1723 die Lebusische Vorstadt zu Franckfurt a. d. O. angesteckt, bewiesene <u>Denck-Mahl</u>. Franckfurt a. O. 1725.

Wellmann, Joh. Chr.: Des bekanten Kirchen-Räubers u. Diebes, Jac. **Neumanns** <u>Leben</u> u. Uebelthaten, als welcher den 16. Jan. 1720 mit dem Rade vom Leben zum Tode gebracht worden. Franckfurt a. O. (1720).

Wellmann, Johann Christian (Magdeburg) A. S. 799/16

Disputatio juridica inauguralis de potestate justi tituli in ficto dominio ad l. 45. ff. de usur.
Präs. Heinrich Cocceius.
Frankfurt/O. (Schwartz) VI. 1717. 54 S.
36268

Wellmann, Karl

Wellmann, Carl, appr. Arzt, Volontärassistent an d. Patholog.-Anatom. Anstalt d. St. Magdeburg: Experimentelle Untersuchungen über die Fettsynthese in stark veränderten, insbesondere in kernlos gewordenen Zellen. Berlin 1907: G. Reimer. (57 S.) 8°
Rostock, Med. Fak., Ref. Thierfelder, Diss. v. 30. Aug. 1907
[Geb. 30. Sept. 81 Magdeburg; Wohnort: Magdeburg; Staatsangeh.: Preußen; Vorbildung: Gymn. z. Kloster U. L. Fr. Magdeburg Reife O. 01; Studium: Jena 4, München 2, Rostock 3 S.; Coll. 19. Jan. 01; Approb. 28. Jan. 07.]

Wellmann, Max (Hrsg.), s. A c r o Agrigentinus: Die Fragmente der sikelischen Ärzte. . .

Wellmann, M., Aegyptisches. (Isis, Osiris, Kultus etc.) S.-A. 1896. 33 S.

Wellmann, M., Acxander von Myndos (als Zoologe u. Paradoxograph). S.-A. 1890. 86 S.

Wellmann, Max, s.: **Dioscuridis Anazarbei, de materia medica.**

Wellmann, M., Euphorionea. — Analecta medica. S.-A. 1888. 14 S.

Wellmann, M., s.: Fragmentsammlung der griechischen Ärzte.

Wellmann, Max: G e n e r a l r e g i s t e r , s. H e r m e s .

Wellmann, Max, Aelius Promotus *Ἰατρικὰ φυσικὰ καὶ ἀντιπαθητικά.* (S. 772—777.) Lex. 8. Berlin 908. (G. Reimer.) — 50

Wellmann, Maximilianus [Pomeranus]: De Istro Callimachio . . . .
Gryphiswaldiae, *Jenae, typ. Frommanni,* 1886: 4 + 123 + 1 S. 8°.
Greifswald, Phil. Fak., Inaug.-Diss. v. 24. Febr. 1886.

Wellmann, **Max.,** de Istro Callimachio. **Dissertatio inauguralis philologica.** gr. 8. (124 S.) Gryphiswaldiae 886. (Berlin, Mayer und Müller.) *

Wellmann, Max, Krateuas, s. a. **Abhandlungen d. kgl. Gesellschaft d. Wissenschaften zu Göttingen.**

Krateuas. Von M[aximilian] **Wellmann** in Stettin. M. 2 Taf. *Berlin: Weidmann 1897.* (32 S., 2 Taf.) 4.
= **Abhandlungen** d. Kgl. Gesellschaft d. Wissenschaften zu Göttingen. Phil.-hist. Klasse. N. F. Bd 2. No 1. [97. 7577]

Wellmann, Max: D. älteste Kräuterbuch d. Griechen. *Leipzig 1898.*
in: Festgabe f. Franz Susemihl. [98. 1022]

Wellmann, M., Das älteste Kräuterbuch der Griechen. S.-A. 81 S.

— **Pseudodemocritea Vaticana.** (S. 625—630.) **Lex. 8.** Ebd. 908. — 50

— **d. pneumatische Schule bis auf Archigenes in ihrer Entwickelg., s.: Untersuchungen, philolog., 14.**

Wellmann, M., Sostratos, e. Beitrag zur Quellenanalyse des Aelian. S.-A. 1890. 80 S.

— Zwei V o r t r ä g e zur Geschichte der antiken Medizin, s. I l b e r g , Johs.

Wellmann, Otto, bacc. iur. a. Bremen: Ein B e i t r a g zur Frage der Rückverweisung im heutigen deutschen bürgerlichen Recht (E.G. z. B.G.B. Artikel 27 und 28). Leipzig: O. Wigand 1906. (138 S.) 8°
Leipzig, Jur. Fak., Diss. v. 14. Dez. 1906
[Geb. 23. Juni 82 Bremen; Wohnort: Bremen; Staatsangeh.: Bremen; Vorbildung: Gymn. Bremen Reife M. 01; Studium: Freiburg i. B. 2, Berlin 1, Leipzig 7 S.; Rig. 5. Febr. 06.]

Wellmann, Richard, Referendar: Der Schuldschein nach getilgter Schuld. Borna-Leipzig 1909: **Noske. VII, 83** S. 8°
Jena, Jur. Diss. v. 31. Dez. 1910, Ref. Danz
[Geb. 25. Juli 85 Magdeburg; Wohnort: Magdeburg; Staatsangeh.: Preußen; Vorbildung: Gymn. Magdeburg Reife O. 04; Studium: Jena 4, Kiel 2 S.; Rig. 30. Nov. 09.] [U 10. 2273

Wellmann, Th, Geschworene od. Schöffen? gr. 8. (147 S.) Berlin 873. Springer's Verlag. n. 2. 80

Wellmann, Th., die Grundlagen des preußischen Prozesses zur Kritik der Tagesmeinung erörtert. Berlin 870. Springer's Verl. gr. 8. (61 S.) n. 10 *ngr.*

— der Kampf um die norddeutsche Prozeßordnung. In allgemein faßl. Darstellung erörtert. (Aus der Breslauer Zeitung.) Breslau 870. Trewendt. gr. 8. (74 S.) n. 10 *ngr.*

Wellmann, Th.: Die preußische Rechtspflege nach dem 1. Oct. 1879. (Greiffenberg i. Pomm. 1879.)

— **Werders Wacht am Rhein. 2. Aufl. gr. 8. (32 S.) Freiburg i/Br. 871. Herder.** — 40

Wellmann, U.: Ueber den E i n f l u s s der Abplattung des Erdsphäroids auf die Bewegung eines vom Pole aus mit gegebener Geschwindigkeit in Bewegung gesetzten schweren Körpers. 1875. 8°
Diss. Marburg

Wellmann, Ulrich

'Aller Anfang ist schwer'. Erinnerungen aus d. ersten Zeit meines Urwaldlebens. Von Pfarrer **Wellmann**. Potsdam: Stiftungsverl. [1910]. 10 S. 8° [Umschlagt.]
(Gut deutsch u. evangelisch allewege. 11.) [10. 14350

Wellmann, Ullrich [Oberl. Dr.]: **Anwendung der Reihen auf Zinseszins und Rentenrechnung.** (Umschl.-Tit.: **Einige wichtigere Reihen und ihre Anwendung.**) Colberg, Druck v. R. Knobloch, **1890;** S. 1—11; 4°
Colberg, **k.** Dom-G u. k. RG, P 1890 (126)

Wellmann, *Ullrich* Die Binomialcoefficienten und einige wichtigere Reihen. (Pensum der Prima.) 4 (S. 3—16).
Progr. Domg. u. Rg. *Colberg* 1888 (121).

Deutsche Hausfrauen im Urwald. Von Pfarrer **Wellmann**, Klein-Furra. Potsdam: Stiftungsverl. [1910]. 16 S. 8° [Umschlagt.]
(Gut deutsch u. evangelisch allewege. 6.) [10. 14345

Über die Bewegung der Planeten im widerstehenden Mittel. Von Dr. Victor Wollmann. *[Marburg 1904: J. Hamel.]* (11 S.) 8° [Kopft.] [illegible]

Wellmann, V.: Doppelstern-Beobachtungen m. dem doppelbrechenden Mikrometer, s. Beobachtungs-Ergebnisse der königl. Sternwarte zu Berlin.

– Über den Einfluss der Temperatur auf die Messungen m. doppelbrechenden Prismen u. üb. die bei solchen Beobachtungen auftretenden chromatischen Abweichungen, s. Beobachtungs-Ergebnisse der königl. Sternwarte zu Berlin.

Wellmann, Victor: Zur Photometrie der Jupiters-Trabanten ... Berlin, P. Stankiewicz' Buchdr., 1887; 1 Bl. + 46 S. + 1 Bl. u. 2 Taf. 4°. Erlangen, Phil. Fak., Inaug.-Diss. v. 1887.

Wellmann, Vict., zur Photometrie der Jupiters-Trabanten. gr. 4. (46 S. mit 2 Taf.) Berlin 887, (Mayer und Müller.) *

Wellmer, Predigt über Matth. 4, 4., s. Zur Erinnerung an den Eröffnungs-Gottesdienst etc.

Wellmer, Arnold

— als Kaiser Wilhelm jung war. Preußische Hof- und Herzensgeschichten. 1. Bd. [1797—1810.] Mit 2 Jugendportraits des Kaisers und der Kaiserin, gezeichnet von L. Burger (in Holzschn.) 8. (IV, 336 S.) Ebendas. 879. *M 5.; geb. *

Wellmer, Arnold, Anna Gräfin zu Stolberg-Wernigerode, Oberin zu Bethanien. Ein Lebensbild aus unseren Tagen. 1. Aufl. 1868. *M 2.; und 2. verm. Aufl. gr. 16. (III, 146 S. mit 1 Holzschntaf.) Bielefeld 870, Velhagen und Klasing. cart. mit Goldschn. *

— — 2. verm. Aufl. Ebend. 869. gr. 16. (III, 146 S. mit 1 Holzschntaf.) n. 22½ ngr.

Wellmer, A., Auferstanden. 2. Aufl. 16. Berlin 874. Osnabrück, Meinders. cart. *

— s. Bauer, Karoline.

Wellmer, Arn., drei Treppen hoch. Bilderbuch eines alten Junggesellen. 16. (III und 134 S.) Berlin 865, Gerschel's Verlagsh.

Wellmer, Arnold, fröhliche Feste! 6 Feiertags-Geschichten. gr. 8. (322 S.) Berlin 878. Gerschel. n. 4. 50; geb. m. Goldschn. n. 6. —

Wellmer, Arnold, Aus dem Leben einer Verstorbenen. 1. Bd.: Karoline Bauer in ihren Briefen. 1. Thl. gr. 8. (VIII, 356 S.) Berlin 878, Gerschel. *

Wellmer, Arnold, aus dem Leben einer Verstorbenen. 2.—4. (Schluß-)Bd.: Verschollene Herzensgeschichten. Nachgelassene Memoiren von Karoline Bauer. Bearb. von Arnold Wellmer. 3 Bde. gr. 8. (VII, 416; VII, 355; IV, 592 S.) Berlin 880, Gerschel. à Bd. *M 6. *

Wellmer, Arnold, de olle Pfeiffer un sine Wildswien, s.: Gabelsberger-Bibliothek 66. Bd.

— die Rose v. Jericho. Eine Oster- u. Frühlingsgeschichte. Mit einer Titelzeichnung (Holzschn.) v. Paul Thumann. 12. (174 S.) Ebend. 881. n. 2. —; geb. m. Goldschn. n. 3. —

— Bruder Studio! Studentengeschichten aus 4 Jahrhunderten. 8. (355 S.) Berlin 871. Gerschel. n. 3. 60

— dasselbe. Neue Folge. 8. (336 S.) Ebend. 873. n. 4. 50

Wellmer, Aug., der Gemeinde- und Chorgesang in der evangelischen Kirche, ein Erbteil derselben aus altkirchlicher und reformatorischer Zeit. Ein Wort zur Förderung des evangel. Kirchengesanges. gr. 8. (29 S.) Demmin 887, Frantz. *

— Karl Loewe, s. a. Musikheroen der Neuzeit.

Wellmer, Aug., Karl Loewe. Ein deutscher Tonmeister. Mit e. Bilde, e. Biographie u. e. Verzeichnis sämtl. Werke Loewes. 8. (74 S.) Leipzig 886. M. Hesse. n. 1. 20

— die geistliche, insonderheit die geistliche Oratorien-Musik unseres Jahrhunderts. Ein Beitrag zur Würdigg. der geistl. Musik in ihrer Bedeutg. f. das christl. Gemeinde- u. Volksleben. Vortrag. 8. (V, 63 S.) Hildburghausen 885. Gadow & Sohn. n. — 70

— musikalische Skizzen u. Studien. Ein Beitrag zur Kultur- u. Musikgeschichte. 8. (III, 176 S.) Ebend. 885. n. 2. 20

Wellmer, Aug., Kaiser Wilhelm, s. Bibliothek der Gesamt-Litteratur des In- und Auslandes.

Wellmer, Ernst, zur Luther-Feier 1883. 18 Festgedichte zu Deklamationen f. Schüler. gr. 8. (32 S.) Königsberg 883. Gräfe & Unzer. n.n. — 50

Wellmer, Johannes, aus Saalfeld/Ostpr.: Ueber die Einwirkung von Chlor auf Salicylsäure. Königsberg i. Pr. 1903: G. Kemsies. (44 S.) 8°
Königsberg, Phil. Diss. v. 5. Aug. 1903.

Wellmer, K. B., s. Wellmer, Michael Ludwig

Wellmer, Meta, deutsche Erzieherinnen u. deren Wirkungskreis. 8. (II, 128 S.) Leipzig 877. Gebr. Senf. n. 2. —

Wellmer, Meta, deutsche Erzieherinnen und deren Wirkungskreis. 2. (Titel-)Ausg. 8. (III, 128 S.) Leipzig 881, Gebr. Senf. *

Wellmer, Meta, deutsche Erzieherinnen u. deren Wirkungskreis. 3. (Titel-)Ausg. 12. (III, 128 S.) Leipzig 890. Reinboth. n. 1. —

Wellmer Meta, Gedichte. 16. (VIII, 104 S.) Leipzig 871. Matthes. geb. m. Goldschn. n. 2. —

— Gedichte. 2., verm. Aufl. 12. (VII, 107 S.) Zürich 883. Schröter. n. 2. —

— Geistergeschichten aus neuerer Zeit. 8. (110 S.) Nordhausen 875. Leipzig, Scholtze. n. 2. —

— Geistergeschichten aus neuerer Zeit. 8. (110 S.) Nordhausen 875, Förstemann. *

— dass. — 2. (Titel-)Aufl. 8. (110 S.) Leipzig 877, Scholtze. *

Wellmer, Meta, Geistergeschichten aus neuerer Zeit. 3. Aufl. 8. (III, 110 S.) Leipzig 884. Scholtze. n. 1. —

— die vegetarische Lebensweise u. die Vegetarier. gr. 8. (56 S.) Köthen 878. Schettler's Verl. n. — 80

Wellmer, Meta, die vegetarische Lebensweise und die Vegetarier. 2. verm. und durchges. Aufl. gr. 8. (50 S.) Köthen 883, Schettler's Verlag. *

— die vegetarische Lebensweise u. die Vegetarier. 3., verm. Aufl. 8. (63 S.) Berlin 889. H. & H. Zeidler. n.n. — 75

—— Theophile. Eine Erzählung. 2. Ausg. 8. (108 S.) Halle 876, Mühlmann.
Aus: Volksblatt für Stadt und Land, besonders abgedruckt.
Die 1. Aufl. erschien 1862 u. d. Pseudonym M. Wirth

Wellmer, Mch. Ldw., Abschiedsworte bei d. Uebergabe des k. Landgerichts Markt Erlbach gesprochen. gr. 8. Nürnb. 830. Riegel u. W. 4 kr

— s. Actenstücke, Scherzburger.

Wellmer, Mich. Ludw.: Bemerk. üb. d. Entwurf des Strafgesetzbuchs für d. Königr. Baiern. Nürnberg, Riegel u. Wiessner. 1824. gr. 8° (18 Gr.)

— Bemerkk. über den Entwurf des Strafgesetzbuches für d. Königreich Baiern. gr. 8. Nürnb. 825. Riegel u. W. 18 kr

Wellmer, Mich. Ludw.: Bemerkk. z. Hypothekenordn. f. d. Königr. Baiern u. zur Verordn. über die Einführung derselben. Nürnberg, Riegel u. Wiessner. 1819. gr. 4° (4 Gr.)

Wellmer, M. L., Bericht an d. Hren. Actionäre u. an d. Publikum üb. d. Ludwigs-Eisenbahn-Angelegenheit. 8. (3½ B.) Nürnberg 835, Bäumler. (?)

— Entwurf eines neuen Militär-Einreihungsgesetzes für d. Königr. Baiern. gr. 4. Nürnb. 819. Riegel u. W. 18 kr

— gutgemeinter Rath u. ausführbarer Vorschlag durch Verminderung der aus dem gerichtl. Proceßführen erwachs. Uebel. gr. 8. Nürnb. 823. Campe. 12 kr

— s. Mich. Wahrmann.

— was haben wir Baiern von d. jüngsten Thronveränderung zu hoffen? Eine freimüth. Frage, freimüthig erörtert. 8. Markt Erlbach 826. Verf. (Nürnb., Riegel u. W.) 12 kr

— e. Worte an seine Mitbürger über d. Frage: durch welche gesetzl. Mittel sollen wir die, unserer Freiheit u. Ruhe drohende Gefahr abwenden? nebst Postscript. gr. 8. Nürnb. 831. Riegel u. W. 3 kr

Wellmer, Rudolf [pr. Arzt in Berlin]: Aus d. inneren Abteilg d. Elisabeth-Krankenhauses in Berlin. Zwei Fälle von Aneurysmen der Aorta thoracica descendens mit starken Zerstörungen der hinteren Brustwand ... Berlin, gedr. bei W. Röwer, 1892; 31 S. 8.
Berlin, Med. Fak., Inaug.-Diss. v. 21. Mai 1892

Wellnau, F., die Findlinge oder durch Nacht zum Licht. Volks-Roman. 1—15. Lfg. gr. 8. (1. Bd. 348 S. u. 2. Bd. S. 1—372.) Frankfurt a/M. 876. Scherl & Sohn. à — 40

Wellnau, F., die Findlinge oder durch Nacht zum Licht. Volks-Roman. 3 Bde. gr. 8. (348; 414; 282 S.) [Frankfurt a. M. 877, Scherl und Sohn.] München, Scherl.

Wellnau, Rud., Amor u. Hymen. Komische Vorträge u. Tafel-Lieder f. Polterabend u. Hochzeit. Beiträge f. Hochzeits-Zeitgn. u. Kladderadatsche. 8. (176 S.) Berlin (901). A. Weichert. 1.—

Wellnau, Rud., der Bettler von Thorn. Orig.-Novelle. 2 Thle. Leipzig 863. Häfele jun. 8. (468 S.) 1 Thlr 15 ngr.

Wellnau, Rud., u. a., heiteres Deklamatorium f. Damen. Neue kom. Vorträge. 12. (80 S.) Styrum 898. A. Spaarmann. n. — 50

Wellnau, Rud., Festklänge f. die Jugend. 540 Glückwünsche u. Vorträge ernsten u. heiteren Inhalts zu Geburtstagen, Polterabenden, Hochzeiten, Weihnachten u. Neujahr f. jedes Kindesalter. Mit Anh.: Kindergebete, Albumblätter, Stammbuchverse rc. 8. (IV, 186 S.) Oranienburg 891. E. Freyhoff. n. 1.—

Wellnau, R., immer m. Humor! Reichhaltige Auswahl kom. Vorträge u. Solo-Scenen m. Gesang f. Herren u. Damen. 1.—3. Bd. 8. (VIII, 128; IV, 136; IV, 128 S.) Oranienburg 887—890. Freyhoff. à n. 1.—

— immer m. Humor! Reichhaltige Auswahl kom. Vorträge u. Solo-Scenen m. Gesang f. Herren u. Damen. 4. Bd. 8. (139 S.) Ebd. 892. n. 1.— (1—4.: n. 4.—)

—— der Irre von Saalheim. Orig.-Roman. 4 Bde. 8. (XXIV und 862 S.) Leipzig 864, Häfele sen.

— der perfekte Kartenspieler, s.: Opel, Karl.

— unsere Kinderwelt, s. a. Eckstein's humoristische Bibliothek.

Wellnau, Rud., unsere Kinderwelt. Humoristika aus Kinder- u. Schulstube. 8. (V, 145 S.) Berlin 886. Eckstein Nachf. n. 1. 50; Einbd. n.n. 1.—

—— um's Lenerl. Schwäbische Orig.-Novelle. 2 Bde. 8. (385 S.) Leipzig 863, Häfele sen.

Wellnau, Rud., Paul Schlimpert oder Graf Rosenkranz. Ein Räuberleben. 3 Bde. Leipzig 865. Haefele sen. 8. (649 S.) 1 Thlr 15 ngr.

— Taschen-Liederbuch f. sangeslustige Leute. 302 Turner-, Schützen- u. Jäger-, Soldaten-, Volks- u. Vaterlands-, Trink- u. Gesellschaftslieder. 4. Aufl. 16. (XVI, 240 S.) Oranienburg 892. E. Freyhoff. Kart. n. — 50

Wellnau, Rud., Richard Trommelfell. Ein Bayreuther Zukunfts-Schnadahüpfl. Mit Orig.-Illustr. (in eingedr. Holzschn.) v. O. Guthknecht. 8. (31 S.) Berlin 876. Levit. n. — 50

— — Tutti Frutti. Die neuesten u. besten kom. Vorträge. 12. (80 S.) Ebd. 898. n. — 50

— Volks-Liederbuch f. frohe Kreise. 200 der schönsten u. beliebtesten Volks- u. Vaterlandslieder. 26. Aufl. 16. (VIII, 152 S.) Ebd. 892. Kart. — 30

Wellnau, Rud., Wladimir der Große. Epische Dichtung frei nach dem Schwed. des Eric. Joh. Stagnelius. gr. 16. (250 S.) Leipzig 874, Mentzel. *M. 3,60.; geb. *

Wellners, u. einiger seiner Getreuen, Leben, Meinungen u. Thaten. 2 Thle. (d. a. Tit: Denkwürdigkeiten d. Nachtwächters Robert zu Zwäzen.) 8. Dresd. Arnold. 802.

Wellners u. seiner Getreuen Leben, Meinungen u. Thaten. 2 Thle. N. A. 8. Dresd. 802. Arnold. 1 Thlr 12 gr

Wellner, Antonie, neuestes Magazin geschmackvoller Stickmuster. N. Aufl. (20 Steintaf.) gr. 4. Quedlinb. 833. Basse. 11/12 Thlr

Wellner, C. (Frl. Clara Wessner): Der Stellvertreter, s. Schulze's Zehnpfennigbücher.

Wellner, C. G., wat sick dat Volk vertellt. Plattdütsche Geschichten, dei würklich passirt sünd. 8. (96 S.) Rostock 876. Stiller. n. 1. 25

Wellner, Frdr. G., Fernsprecher f. den Hausbedarf. — Die Prüfung, Wartung u. Instandsetzung v. elektrischen Klingelanlagen, s.: Bénard, G.

Wellner, Georg

Wellner, G: Der dynamische Flug. Brünn 1899

Wellner, Geo., die Flugmaschinen. Theorie u. Praxis. Berechnung der Drachenflieger. (VIII, 152 S. m. 100 Abb. u. 2 Taf.) Lex. 8. Wien 910. A. Hartleben. 10.— ; geb. in Halbldr. 12. —

Wellner, Geo., üb. die Möglichkeit der Luftschifffahrt. Mit 18 in den Text gedr. Fig. gr. 4. (III, 36 S.) Brünn 880. Hauptmann in Comm. n. 3. —

Wellner, Geo., üb. die Möglichkeit der Luftschifffahrt. Mit 18 in den Text gedr. Fig. 2. Aufl. gr. 4. (III, 36 S.) Brünn 883. (Winiker.) n. 3. —

Wellner, K., Kopfzeichnen. Kurzgefaßte Anleitg. zur zeichner. Darstellg. des menschl. Kopfes. Mit zahlreichen Bildern u. Vorlagen. (IV, 72 u. 16 S.) 8. Ravensburg (909). O. Maier. 1.50; kart. 2. —

— Schwarzweiss-Kunst. (Pinzelzeichnen 3. Heft.) 8 (9) Taf. Vorlagen. (1 S. Text.) 23×30,5 cm. Ebd. (910). 1.50

Wellner, Karl

[Wellner, Carl. Waffenrocke und Westen der Offiziere der Preussischen Armee. Um 1760.] 37 Bl. m. 148 Abb. in Aquarellmalerei 8°

Wellner, Leopold: Über die Beeinflussung einiger Reden Ulrichs von Hutten durch Cicero. S. 3—23. 8.
Progr. K. k. Staats-Gymn. *Mähr.-Neustadt* 1910.
Aus den Verrinen. Philippica. Reden gegen Catilina. Aus anderen Ciceronianischen Reden. Pompeiana.

Wellner Leopold: Quomodo Hortensius Verrem defenderit.
H. 1908 PN 2441 Diss. Wien, Univ. 1632

Wellner, Max, lose Blätter. Aus dem polit. Tagebuche. 8. (62 S.) Leipzig 875. O. Wigand in Comm. n. 1. —

Einleitung in die Geschichte der Wissenschaften. Von Dr. Max **Wellner**, Notar in Neugedein. Selbstverl. Taus 1895: E. Prunar. (14 S.) 8°

Wellner, Max, 203 unbeantwortete Fragen aus den Gebieten der Naturwissenschaft u. Philosophie. (Katholische Bibliothek. 1. Thl.) gr. 8. (68 S.) Würzburg 894. L. Woerl. n. 1. —

Wellner, JUDr. Max., Fünfundzwanzig Karten von Palästina, enthaltend alle in den vier heiligen Evangelien angedeuteten Wege unseres Herrn Jesu Christi. Maßstab 1:1,200.000. In Mappe 3.—
Prag: Rivnac 1898.

— die jungczechische Partei. gr. 8. (70 S.) Prag 877. Grégr & Dattel. n. 1. 20

Wellner, Max, die Production des Volksvermögens. Volkswirthschaftliche Abhandlung. Graz 864. Hesse. gr. 8. (IV, 43 S.) n. 12 ngr.

Wellner, Max, volkswirthschaftliche Skizzen. gr. 8. (XIV, 257 S.) Wien 870, v. Waldheim. *

Wellner, Max, chronologische Tabellen zur Culturgeschichte m. Berücksichtigung volkswirthschaftl. Zustände seit 1750. gr. 8. (87 S.) Prag 877. Bellmann. n. 2. —

Wellner, W., Jubiläum d. Tierwelt, s.: Siebel, R.

Wellnitz, E. v., auf der Dobenau, s.: Daheimbibliothek.

Wells' Jedermann sein eigener Anwalt und Formularbuch, für Deutsche bearb. von Wilh. Landsberg. Ein vollständ. Leitfaden in allen Rechts- und Geschäftsangelegenheiten für jeden Staat in der Union. gr. 8. (449 S. mit eingedr. Holzschn.) Philadelphia 868, (Schäfer und Koradi.) geb. *

Wells, Amos R.

Wells, A. R., Jugendbund-Grüsse. Ein Handbuch zur Unterweisg. u. des Rates f. neue Mitglieder. (32 S.) kl. 8. Friedrichshagen (904). Jugendbund-Verlag. n. — 25

Die Krone unserer Versammlungen. Von Prof. Amos R. Wells. Mit Hinzufügungen von Otto Stockmayer u. G. Berner. Bielefeld: F. Blecker [ca 1898]. (48 S.) 8°

Wells, Amos R., die Krone unsrer Versammlungen. Mit Hinzufüggn. v. Otto Stockmayer u. G. Berner. 8. (48 S.) Bielefeld (899). Berlin-Friedrichshagen, Jugendbund-Verlag. — 25

Wells, Amos R., Randbemerkungen f. die Bibel. Ein Kursus f. Anmerkgn. in der Bibel, der in einfacher u. gedrängter Zusammenstellg. die wichtigsten bibl. Themata umfaßt, u. f. den Zeitraum e. Jahres eingerichtet ist. Mit e. Anh.: Winke f. das Bibelstudium. Mit Genehmigg. des Verf. aus dem Engl. übertr. v. H. v. Unruh. (127 S.) 8. Friedrichshagen b/Berlin 910. Jugendbund-Buchh. Geb. in Leinw. 1. 80

Wells, D. A. Recent economic changes, deutsch, s. Arbeiterbibliothek, Berliner. 3. Serie. 2. Heft.

Wells, D. A., recent economic changes, deutsch, s.: Schippel, Max, technisch-wirthschaftliche Revolutionen der Gegenwart.

Wells, Ed., histor. Geographie des A. u. N. Testaments, in 4 Thlen, übersetzt mit Anmerkk. von G. W. Panzer. Mit Kpf. Nürnb. 765. Riegel u. W. 2 Rthl.

Wells, Harry Edward: Ein Beitrag zur Kenntnis der tautomeren Formen des Dibenzoylmethans. *Leipzig-R. 1897: O. Schmidt.* (31 S.) 8°
Leipzig, Phil. Diss. v. [25. Aug.] 1897

Wells, Herbert George

Wells, H. G.: Anticipations of the reaction of mechanical and scientific progress upon human life and thought, s.a. Collection of British authors.

Anticipations of the reaction of mechanical and scientific progress upon human life and thought. By H[erbert] G[eorge] **Wells**. Copyright ed. Leipzig: Tauchnitz 1902. 286 S. 8°
(Collection of British authors. Tauchnitz Ed. Vol. 3558.) [11. 8432

Wells, H. G., Ausblicke auf die Folgen des technischen u. wissenschaftlichen Fortschritts f. Leben u. Denken des Menschen. Deutsche vom Autor genehmigte Uebertragg. v. Fel. Paul Greve. (XI, 384 S.) 8. Minden (905). J. C. C. Bruns. n. 4. 25; geb. n. 5. 25

Wells, H. G., der gestohlene Bazillus u. andere Geschichten. (V, 333 S.) 8. Stuttgart (910). J. Hoffmann. 3.—; geb. 4.—

Wells, H. G., the stolen bacillus and other incidents, s.a. Collection of British authors.

The stolen Bacillus, and other incidents. By H[erbert] G[eorge] **Wells**. Copyright ed. Leipzig: Tauchnitz 1896. 285 S. 8°
(Collection of British authors. Tauchnitz Ed. Vol. 3128.) [11. 8113

— in the days of the comet, s.a. Collection of British authors.

In the Days of the comet. By H[erbert] G[eorge] **Wells**. Copyright ed. Leipzig: Tauchnitz 1906. 319 S. 8°
(Collection of British authors. Tauchnitz Ed. Vol. 3927.) [11. 8591

— the food of the gods, s.: Collection of British authors.

— The future in America, s.a. Collection of British authors.

The Future in America. A search after realities. By H[erbert] G[eorge] **Wells**. Copyright ed. Leipzig: Tauchnitz 1907. 279 S. 8°
(Collection of British authors. Tauchnitz Ed. Vol. 3942.) [11. 8702

— Im Jahre des Kometen. Phantastischer Roman. (Berechtigte Übersetzg. v. Karl Reunert.) (V, 336 S.) 8. Stuttgart (908). J. Hoffmann. 3.—; geb. 4.—

H. G. **Wells**. Doktor Moreaus Insel [The island of Doctor Moreau]. Deutsch von Felix Paul Greve. Minden i. W.: J. C. C. Bruns [1904]. (IV, 220 S.) 8°
[05. 3713

— Kipps, s.a. Collection of British authors.

Kipps, the story of a simple soul. By H[erbert] G[eorge] **Wells**. Copyright ed. In 2 vol. Vol. 1. 2. Leipzig: Tauchnitz 1905. 8°
(Collection of British authors. Tauchnitz Ed. Vol. 3857/8.) [11. 8641

— der Krieg der Welten. Roman. Autoris. Uebersetzung aus dem Engl. v. G. A. Crüwell. gr. 8. (III, 244 S.) Wien 901. M. Perles. n. 3.—

— Love and Mr. Lewisham, s.a. Collection of British authors.

Love and Mr. Lewisham. By H[erbert] G[eorge] **Wells**. Copyright ed. Leipzig: Tauchnitz 1900. 288 S. 8°
(Collection of British authors. Tauchnitz Ed. Vol. 3446.) [11. 8342

— Der Luftkrieg. Roman. (Berechtigte Übersetzg. v. Gertr. J. Klett.) (416 S.) 8. Ebd. (909). 3.—; geb. 4.—

— the invisible man, s.a. Collection of British authors.

The invisible Man. A grotesque romance. By H[erbert] G[eorge] **Wells**. Copyright ed. Leipzig: Tauchnitz 1898. 278 S. 8°
(Collection of British authors. Tauchnitz Ed. Vol. 3282.) [11. 8219

— Mankind in the Making, s.a. Collection of British authors.

Mankind in the making. By H[erbert] G[eorge] **Wells**. Copyright ed. In 2 vol. Vol. 1. 2. Leipzig: Tauchnitz 1903. 8°
(Collection of British authors. Tauchnitz Ed. Vol. 3698/9.) [11. 8529

— The first men in the moon, s.a. Collection of British authors.

The first Men in the moon. By H[erbert] G[eorge] **Wells**. Copyright ed. Leipzig: Tauchnitz 1902. 287 S. 8°
(Collection of British authors. Tauchnitz Ed. Vol. 3577.) [11. 8436

— die ersten Menschen im Mond. Vom Autor genehmigte deutsche Uebertragg. v. Fel. Paul Greve. (IV, 348 S.) 8. Minden (905). J. C. C. Bruns. n. 4.—; geb. n. 5.—

— The Plattner story and others, s.a. Collection of British authors.

The Plattner Story and others. By H[erbert] G[eorge] **Wells**. Copyright ed. Leipzig: Tauchnitz 1900. 294 S. 8°
(Collection of British authors. Tauchnitz Ed. Vol. 3136.) [11. 8334

H. G. **Wells**. Die Riesen kommen!! Deutsch von Felix Paul Greve. Minden i. W.: J. C. C. Bruns [1904]. (388 S.) 8° [05 3714

— The sea lady, s.a. Collection of British authors.

The Sea Lady. A tissue of moonshine. By H[erbert] G[eorge] **Wells**. Copyright ed. Leipzig: Tauchnitz 1902. 271 S. 8°
(Collection of British authors. Tauchnitz Ed. Vol. 3618.) [11. 8470

— Twelve stories and a dream, s.a. Collection of British authors.

Twelve Stories and a dream. By H[erbert] G[eorge] **Wells**. Copyright ed. Leipzig: Tauchnitz 1904. 272 S. 8°
(Collection of British authors. Tauchnitz Ed. Vol. 3712.) [11. 8539

Wells, H. G.: Tales of space and time, s.a. Collection of British authors.

Tales of space and time. By H[erbert] G[eorge] **Wells**. Copyright ed. Leipzig: Tauchnitz 1900. 278 S. 8°
(Collection of British authors. Tauchnitz Ed. Vol. 3413.) [11. 8316

— First and last things, s.a. Collection of British authors.

First and last Things. A confession of faith and rule of life. By H[erbert] G[eorge] **Wells**. Copyright ed. Leipzig: Tauchnitz 1909. 279 S. 8°
(Collection of British authors. Tauchnitz Ed. Vol. 4129.) [11. 8849

— the time machine, s.a. Collection of British authors.

The Time Machine, and The island of Doctor Moreau. By H[erbert] G[eorge] **Wells**. Copyright ed. Leipzig: Tauchnitz 1898. 288 S. 8°
(Collection of British authors. Tauchnitz Ed. Vol. 3324.) [11. 8250

— Tono Bungay, s.a. Collection of British authors.

Tono-Bungay. By H[erbert] G[eorge] **Wells**. Copyright ed. In 2 vol. Vol. 1. 2. Leipzig: Tauchnitz 1909. 8°
(Collection of British authors. Tauchnitz Ed. Vol. 4122/3.) [11. 8843

— A modern utopia, s.a. Collection of British authors.

A modern Utopia. By H[erbert] G[eorge] **Wells**. Copyright ed. Leipzig: Tauchnitz 1905. 335 S. 8°
(Collection of British authors. Tauchnitz Ed. Vol. 3821.) [11. 8612

— Ann Veronica, s.: Unwin's library.

— The war in the air, and particularly how Mr. Bert Smallways fared while it lasted, s.a. Collection of British authors.

The War in the air, and particularly, how Mr. Bert Smallways fared while it lasted. By H[erbert] G[eorge] **Wells**. Copyright ed. Leipzig: Tauchnitz 1909. 343 S. 8°
(Collection of British authors. Tauchnitz Ed. Vol. 4097.) [11. 8823

— the war of the worlds, s.a. Collection of British authors.

The War of the worlds. By H[erbert] G[eorge] **Wells**. Copyright ed. Leipzig: Tauchnitz 1898. 288 S. 8°
(Collection of British authors. Tauchnitz Ed. Vol. 3274.) [11. 8313

H[erbert] G[eorge] **Wells**. Wenn der Schläfer erwacht [When the sleeper wakes]. Deutsche v. Autor genehm. Übertr. von Felix Paul Greve. Minden i. W.: J. C. C. Bruns [1906]. (IV, 416 S.) 8° [07. 13547

— The wheels of chance. s.a. Collection of British authors.

The Wheels of chance. A holiday adventure. By H[erbert] G[eorge] **Wells**. Copyright ed. Leipzig: Tauchnitz 1901. 280 S. 8°
(Collection of British authors. Tauchnitz Ed. Vol. 3526.) [11. 8398

— When the sleeper wakes. s.a. Collection of British authors.

When the sleeper wakes. By H[erbert] G[eorge] **Wells**. Copyright ed. Leipzig: Tauchnitz 1899. 302 S. 8°
(Collection of British authors. Tauchnitz Edition. Vol 3365.) [10. 220 2

— New worlds for old, s.a. Collection of British authors.

New Worlds for old. By H[erbert] G[eorge] **Wells**. Copyright ed. Leipzig: Tauchnitz 1908. 303 S. 8°
(Collection of British authors. Tauchnitz Ed. Vol. 4048.) [11. 8785

Wells, H. G.: Die Zeitmaschine [The time machine]. Deutsch von Felix Paul Greve. Minden i. W.: J. C. C. Bruns [1904]. (175 S.) 8°

Vergleichende Studie über den Einfluß von Dorsch-Lebertran und von Lebertran-Emulsion auf die Ernährung gesunder und tuberkulöser Schweine. Von Dr. med. J. W. Wells. Manchester: Universitätspresse 1907. (84 S.) 8°

Wells, Sir Thomas Spencer: Die moderne Chirurgie d. Unterleibes, s. Sammlung klinischer Vorträge.

Wells, T. Spencer, die Diagnose und chirurgische Behandlung der Unterleibsgeschwülste, s. **Sammlung** klinischer Vorträge.

Wells, Sir Thomas Spencer, Bart.
Ueber Krebs u. carcinomatöse Krankheiten. — Die Operationen v. Gebärmutter-Geschwülsten etc., s. **Sammlung** klinischer Vorträge.

Wells, W. K., Bemerkk. über Rheumatismus des Herzens, s. J. F. David, Untersuchung.

English Education. The law, the church and the government of the British Empire. W[ilfrid] H. **Wells**. Engl. Lecturer in the Univ. of Munich. Munich & Berlin: R. Oldenbourg 1910. VIII, 131 S. 8°

Wells, Wlh. Karl, Versuch über den Thau u. einige damit verbundene Erscheinungen. Nach d. Engl. von J. C. Horner. gr. 8. Zürich 821. Geßner. 12 gr.

Wells, Will., Erinnerungen an das deutsche Vaterland. Aus dem Engl. übers. von Caspar Heß. 16. (23 S.) Allentown 862. (Philadelphia, Schäfer und Koradi.) *

Wells, William V., Walker's Expedition nach Nicaragua u. der centralamerikanische Krieg nebst der vollständigen diplomat. Correspondenz. Aus dem Engl. Mit General Walker's Portr. (in Holzschn.) u. 1 (lith. u. color.) Karte von Centralamerika (in Fol.). Braunschweig 857. Schulbuchhandlung. 12. (X, 217 S.) n. 1 ₰.

Wellspacher, Mor., Versio in rem. Eine Studie zu den Problemen d. Rechtsentwicklg. u. Gesetzes-Interpretation auf Grundlage des österreich. Rechtes. gr. 8. (XV, 177 S.) Wien 900. Manz. n. 3. 60

Wellspacher, Mor., das Vertrauen auf äußere Tatbestände im bürgerlichen Rechte. (X, 272 S.) gr. 8. **Wien 906.** Manz. n. 6. —

Wellspacher, Mor., die Zukunft der österreichischen Privatrechtswissenschaft. Eine akadem. Antrittsvorlesg., geh. an der Universität Wien, am 4. XI. 1907. (16 S.) gr. 8. Wien 907. Manz. — 40

Wellsted, J. Raymond

Wellsted's, J. R., Reisen in Arabien. Deutsche Bearbeitung, hrsg. mit berichtig. u. erläut. Anmerkgn. u. e. Excurs über himjaritische Inschriften von E. Rödiger. gr. 8. (46½ B. mit Karten u. Inschriften auf 2 Stnt. u. 1 Tab.) Halle 842, Buchh. des Waisenhauses.

Wellsted, J. R., Reisen nach d. Stadt d. Khalifen, die Ufer d. persischen Meerbusens u. d. mittelländ. Meeres entlang. Mit Einschluß e. Reise nach d. Küste v. Arabien u. d. Insel Socotra. 2 Thle. A. d. Engl. ins Deutsche übertr. v. H. Künzel. gr. 8. (30½ B.) Pforzheim 841. [Stuttgart, Scheible, Rieger u. Sattler.]

Wellstein, Geo., s.: Bericht der XV. Kommission, betr. d. Entwurf e. preuß. Gesetzes üb. die freiw. Gerichtsbarkeit.

— s.: Bericht der XI. Kommission (des Reichtags) über den Entwurf e. Gesetzes über das Verlagsrecht.

— preußisches Gesetz über die freiwillige Gerichtsbarkeit. Vom 21. IX. 1899. Mit Erläutergn. gr. 8. (VIII, 236 S.) Berlin 900. H. W. Müller. Kart. n. 4. 50

Wellstein, Geo., d. Reichsgesetz üb. d. Angelegenheiten d. freiwilligen Gerichtsbarkeit. Vom 17. V. 1898. (In d. Fassg. v. 20. V. 1898.) M. Erläutergn. gr. 8. (VIII, 206 S.) Berlin 899. H. W. Müller. Kart. n. 4. —

Wellstein, Geo., das Reichsgesetz üb. die Angelegenheiten der freiwilligen Gerichtsbarkeit. Vom 17. V. 1898. (In der Fassg. vom 20. V. 1898.) Mit Erläutergn. 2., umgearb. Aufl. (VIII, 434 S.) gr. 8. Berlin 906. H. W. Müller. Kart. n. 8. —

Die Cisterzienserabtei Marienstatt im Westerwalde von P. Gilbert Wellstein S.O.Cist. 2. u. 3. verm. Aufl. Mit 23 Abb. u. 1 Grundriß. Marienstatt: Selbstverl. 1907. (120 S.) 8°

Wellstein, J., zur Funktionen- u. Invarianten-Theorie der binomischen Gebilde, s.a. Acta, nova, academiae caesareae Leopoldino-Carolinae germanicae naturae curiosorum. 74.

Zur Funktionen- und Invarianten-Theorie der binomischen Gebilde. Von J. Wellstein, Strassburg i.E. Halle; Leipzig: W. Engelmann in Comm. 1899. (69 S.) 4°
(Acta, Nova, Academiae Caes. Leopold.-Carol. German. naturae curiosorum. T. 74. No 2.)

Wellstein, Jos., Encyklopädie der Elementar-Mathematik, s.: Weber, Heinr.

Wellstein, Joseph [aus Wetzlar]: Über das Lindemannsche Uebertragungsprincip ... Strassburg i. E., Buchdr. C. Goeller, 1894; 30 S., 1 Bl. 8.
Strassburg, Math.-naturw. Fak., Inaug.-Diss. v. 1894

Wellstein, Rich. v., und Julius Wiesner. Untersuchungen üb. die Wachsthumsgesetze der Pflanzen-Organe. I. Reihe: Nutirende Internodien. (S.-A.) gr. 8. (84 S.) Wien, *Carl Gerold's Sohn. 65 kr.
1883

Wellstod, J. R., s. Welisted, J. Raymond

WELLWICH, Laurentius: De religione christiana nonnisi unica et haec Romano catholica. — (1845) 58 S. 2° (Handschr.) Diss. 101
Diss. Wien, Univ.

Wellwood, Will., d. perfekte Engländer, s.a. Cray's, O., Sammlg. v. Sprachführern, Nr. 1.

Wellwood, Will., der perfecte Engländer. Anweisung, die engl. Sprache in 14 Tagen richtig lesen, schreiben u. sprechen zu lernen. Mit beigefügter vollständ. Aussprache-Bezeichng., e. Konversationsstücke „Die Reise nach London", e. Handels- u. Familien-Korrespondenz, e. alphabet. Vocabularium, engl. Münz-, Maaß- u. Gewichtskunde. 16. (124 S.) Berlin 885. Berliner Verlagsanstalt. — 60

Wellwood, W., der perfecte Engländer. Eine Anleitg., in 14 Tagen Englisch richtig lesen, schreiben u. sprechen zu lernen. Mit vollständig beigefügter Aussprache. (1. Thl.) 4., verm. Aufl. 16. (164 S.) Berlin 890. Berliner Verlagsanstalt. — 60; geb. n. — 90

Wellwood, William, the perfect Englishman, s.a. Cray's, O., Sammlung v. Sprachführern. Nr. 1.

[F. u. Ant.] The perfect Englishman 1. 2. Der perfecte Engländer. E. Anl. ohne Lehrer Engl. lesen, schreiben u. sprechen zu lernen ... M. vollst. beigefügterAusspr. v. William **Wellwood**. Tl 1. 2. *Berlin (2.: Schweidnitz) & Leipzig: Berl. Verl.-Anst. (2: C. Lerch) 1895—97.* 2 Bde 8.
1. ... M. 2 Ansichten v. London. 20. Taus. Durchges. u. durch e. Anh. 'D. Verkäufer' verm. Ausg. 1895. (170 S., 1 Taf.)
2. ... 6.—8. Taus. 1897. (179 S.)
= **Sammlung**, O. Cray's, v. Sprachführern. No 1. 13. [98. 3276

The perfect Englishman. Der perfekte Engländer. Eine Anleitung, ohne Lehrer Englisch richtig lesen... zu lernen... Mit vollständig beigefügter Aussprache von William **Wellwood**. T. 1. Schweidnitz & Leipzig: C. Lerch [1907]. 8° [F.]
= **Sammlung**, O. Cray's, von Sprachführern. No 1. [08. 7866 2

The perfect Englishman. Der perfekte Engländer. Eine Anleitung ohne Lehrer Englisch richtig lesen, schreiben und sprechen zu lernen... Mit vollst. beigefügter Aussprache. Von William **Wellwood**. 25. Taus. T. 1. Schweidnitz & Leipzig: C. Lerch [1907]. 8° [Ant. u. F.]
= **Sammlung**, O. Cray's, von Sprachführern. No 1. [08. 3259

Welmer, (M. L.,) Bemerkk. üb. den Entwurf des Strafgesetzbuches für das Königreich Baiern. gr. 8. Nürnb. 825, Riegel u. W.

— gutgemeinter Rath u. ausführbarer Vorschlag durch Verminderung der aus den gerichtl. Prozeßführen erwachs. Uebel. gr. 8. Nürnb. 823. Campe.

— Was haben wir Baiern von der jüngsten Thronveränderung zu hoffen? Eine freimüth. Frage, freimüthig erörtert. 8. Markt Erlbach 826, Verf. (Nürnb., Riegel u. W.)

Welmor, od. Gesch. d. unglückl. Wahnsinnigen, genannt d. Salzburger. 8. Berl. Himburg. 801.

Welmor, oder die Geschichte des unglücklichen Wahnsinnigen. 8. Berlin, Himburg. 801. (Reimer.)

Welp, Fritz: Aus dem Laboratorium der pharmakognostischen Sammlung in Kiel. Beitrag zur Kenntnis der Wirkung des Quecksilbercyanidcyankalium. Kiel 1898: A. F. Jensen. (23 S.) 8°
Kiel, Med. Diss. v. [21. Apr.] 1898.

Welp, Fritz, s. Kehr, Hans: Beiträge z. Bauchchirurgie.

Welp, L. E. J., Schul-Charte d. Königl. Preuß. Provinz Schlesien. Nach d. zuverläss. Hülfsmitteln u. mit Berücksichtigungen der besten Lehrbücher bearb. (Kupferstich u. ill.) Fol. Breslau 835. Pelz. 1/3 ₰

Welp, Treumund

— s. auch **Pelz, Ed.**

† **Welp**, Treum., (Ed. Pelz,) Andeutungen zu e. Gewerbe-Ordnung f. den preuß. Staat. 12. (2⅓ B.) Neiße 844, Hennings.

Welp, Treumund, (Ed. Pelz,) die Dorfgerichte in Preußen. Bruchstück aus d. Memoiren eines Schlesischen Bauern. gr. 8. Braunschweig 843. (Leipzig, Literar. Museum.) 1/3 ₰

Welp, T. (E. Pelz): „Ueber den Einfluss der Fabriken und Manufacturen in Schlesien", 4 Briefe, Leipzig 1843 bis 1846. — Vorh.. Com. Bibl. Hamburg.

—— über den Einfluß der Fabriken u. Manufakturen in Schlesien. 1. Brief. Die Gebirgsdistrikte. 8. (2 B.) Braunschweig 844. (Leipzig, Literar. Museum.)

—— dass. 2. Brief. Polemisches. 8. (3⅞ B.) Ebds. 844.

Welp, Treumund, Geschichte Peters d. Gr., siehe: Hausbibliothek, historische, 7. Bd.

—— die Patrimonial-Gerichtsbarkeit. Bruchstück aus den Memoiren eines schlesischen Bauern. 8. (3 B.) Leipzig 843, Hunger.

—— petersburger Skizzen. 3 Thle. 8. (51 B.) Leipzig 842, Weber.

Welp, Treumund: Petersburger Skizzen. Th. 1, 2, 3. Leipzig 1842. 2 Bde. XXVI. 215; 217; 304 S. 8°.

†Welp, Treum., (Ed. Pelz,) neue petersburger Skizzen. 8. (21 B.) Schweidnitz 844, (Heege.) Thlr. .

—— Wanderungen im Norden. Bemerkungen auf e. Reise durch Esthland, Finnland, Schweden, Dänemark u. die Insel Rügen nach Schlesien. 3 Bdchn. 12. (33⅚ B.) Braunschweig 844, Vieweg u. Sohn. *

—— einige Worte über d. neue preuß. Ehegesetz. 8. (3¼ B.) Leipzig 843, Hunger.

Welper. Plan u. Nachricht v. d. neben d. langen Brücke in Berlin errichteten Bade-Anstalt. Berlin 1802. Fol.

Neu-verm.Welperische [Eberhard Welper]Gnomonica oder Gründlicher Unterricht und Beschreibung,wie man alle regulare Sonnen-Uhren auf ebenen Orten leichtlich aufreissen...soll. Zum 3.Mal aufgeleget u.mit d.4.Th.verm. ...Th.(1-4.) Nebst e.Anh. (W[illiam] D[erham]: The artificial Clock-maker. Deutsch:] Der kunstreiche Uhrmacher.Aus d.Engl. in d.Teutsche übers.von e.Liebhaber der mathemat. Wissenschaften [d.i. Johann Christoph Sturm].) Nürnberg: Weigel 1708. 1 Bd 200,38 S. 2°
(Th.1:) 1672.
(Th.2-4 [u.d.T.]:) [Sturm,Johann Christoph:] Gnomonices oder gründlichen Unterrichts von Beschreibung allerhand Sonnenuhren Th.2-4. Durch e.Liebhaber d.mathem.Wissenschaften [d.i.Johann Christoph Sturm] 1718.

Welper, E. Rota Fortunae: Oder Glücks-Rad, Durch welches man nach Astrologischer Art, auf unterschiedliche Fragen, so den zwölff himmlischen Häussern nach abgetheilt sind, eine Antwort finden kan, was einem darauf glückliches oder widerwärtiges begegnen werde. Sehr kurtzweilig für jedermann ... Gestellt und beschrieben Durch M. Eberhard Welper, Mathematicum. Augspurg, zu finden bei Albrecht Schmid (ca. 1740?). 4°. 24 Bl. inkl. Titel *mit einem größeren Holzschnitt*. Mit 1 gefalt. gedruckten Tabelle.

Welper, E[illegible] [illegible] astronomici geometrici das ist Beschreibung des [illegible] eines astron. u. geometr. Quadranten. Nürnberg. 4.

Welper, Emil, Platon u. seine Zeit. Historisch-biograph. Lebensbild in 3 Abthlgn. Kassel 865. Jungklaus 8. (IV, 437 S.) n. 1 ₰ 10 ngr.

Welpmann, Karl, Prof.: Eine **Reise** im südöstlichen Frankreich. *Hagen 1901: G. Butz.* (33 S.) 4°
Hagen i. W., RG u. G, P 1901 (402)

Welpmann, C. Zur Syntax des Kasus im Heliand. 9 S. *Hagen* 1880
Progr.

Wels, Erdmuthe v., die wir Flügel suchen. Gedichte. (123 S.) 8. München 908. R. Piper & Co. 2.50; geb. in Leinw. 4. —

Wels, F. A., kleine brandenburgische Heimaths-Kunde für Elementarschulen. Neu bearb. von L. Fritze. 3., verb. Aufl. 16. (32 S.) Wriezen 863, Roeder. [Brandenburg, Müller.] *

Wels, Heinr., Haß u. Liebe. Roman. Beilage d. „Westungar. Grenzbote". 8. (124 S.) Preßburg 896. (G. Heckenast's Nachf.) n. 1. —

Wels, Heinr. Rudelsburg. Novelle. 8. (120 S. m. Illustr.) Münch. 889, Verlag der Akadem. Monatshefte. * 2 —

Wels, Helen., Constantia Neville. III Vols. 8. Hamb. 803. (Campe). 3 ₰

Wels, Johann Adam, s. Alexander, d. Künstebeschützer.

Wels, Jh. Adm., († d. 27. März 1785.) hinterlassene Schriften. 2 Bde. 8. Wien 786. (Dannheimer in Kempt.) 1 ₰ 10 gr

Wels, Joh. Adam. Sämtliche Schriften. 1. Th. Wien 1786. H: *Bödecker, Johann Ebert.* (MGT)

s. Vertheidigung d. kaiserl. Reichsposten.

Wels, Karl

Wels, Carl, Beitrag zur Steuerreform u. zur Abhülfe der wirthschaftlichen Notlage. gr. 8. (15 S.) Hagen i/W. 890. Rath. n. — 40

Kloster Leubus in Schlesien. Von Paul **Wels**. Mit 6 Abb. Breslau 1908: Buchdr. d. Schles. Volkszeitung; (Jauer: O. Hellmann in Komm.) (70 S.) 8° [F.] [08. 18494 2

Wels, Welda, Tante Rösel's Geburtstag, s.: Theater-Bibliothek.

Wels, Willi: Die Nothwendigkeit eines neuen fünften Religions-Systems '(Welsentum)'. Hagen i.W.: H. Risel & C. [1898]. (31 S.) 1 Bd 8°

Wels, Willi, die Nothwendigkeit e. neuen, fünften Religions-Systems (Welsentum). 8. (31 S.) Hagen 899. H. Risel & Co. n. — 50

Welsbach, s. Auer v. Welsbach.

Welsch, Kreuznach, s.: Schneegans, W.

An die Ketzer deutscher Nation. Ein Beitrag z. Erklärung d. neuesten Berliner Gewissens-Bedrängung. Von A. L. [Verf.: Adolf **Welsch**, Pastor.] Breslau: Th. Schatzky 1905. (28 S.) 8° [07. 1913

Welsch, Alb., die kleinen Arzneigaben u. das Aehnlichkeitsgesetz in der homöopathischen Heilmethode. In Kürze besprochen. gr. 8. (19 S.) Augsburg 879. Schlosser. n. — 30

Welsch, Albert: Ueber einen seltenen Fall von Missbildung. München 1909: Kastner & Callwey. 43 S. 8°
München, Med. Diss. v. 11. März 1910, Ref. Döderlein
[Geb. 17. Aug. 83 Augsburg; Wohnort: München; Staatsangeh.: Bayern; Vorbildung: Gymn. St. Anna Augsburg Reife Juli 03; Studium: München 10 S.; Coll. 11. März 10; Approb. 31. Jan. 10.] [U 10. 3612

Welsch, A., Heilung der Rachenbräune, Diphtheritis auf einfachem Wege. Für jeden Gebildeten faßlich dargestellt. 8. (16 S.) Augsburg 890. Schlosser. n. — 40

Welsch, Alb. Heilung u. Verhütung der Diphtheritis. 2. Aufl. 8. (32 S.) Augsb. 891, Schlosser. * — 60
1. Aufl. (16 S.) 1890. * — 40.

Welsch, Alfred, Referendar a. Halle a. S.: **Die Konkurrenzklausel des Handlungsgehilfen vor und nach dem Jahre 1898.** Borna-Leipzig 1906: R. Noske. (IX, 85 S.) 8° [F.]
Leipzig, Jur. Fak., Diss. v. 8. Dez. 1906
[Geb. 15. Apr. 77 Halle a. S.; Wohnort: Halle; Staatsangeh.: Preußen; Vorbildung: Gymn. Sangerhausen Reife M. 00; Studium: Berlin 2, München 1, Halle 4 S.; Rig. 22. Dez. 04.]

Welsch, August: Über das Vorkommen und die Verbreitung der Sterine im Tier- und Pflanzenreich. Offenbach a. M. 1909: Scherz. 58 S. 8°
Freiburg i. B., Phil. Diss. v. Juli 1909, Ref. Gattermann.
[Geb. 31. Aug. 83 Konstanz; Wohnort: Freiburg i. B.; Staatsangeh.: Baden; Vorbildung: Gymn. Konstanz Reife Juli 02; Studium: Berlin 1, Freiburg i. B. 6 S.; Rig. 30. Apr. 09.] [U 09.1057

Welsch, Bruno: Haftet nach gemeinem Rechte der conductor operis aus dem Werkverdingungsvertrage für die culpa der Arbeiter, deren er sich zur Erfüllung seiner Verbindlichkeit bedient? *Greifswald 1897: J. Abel.* (63 S.) 8° [F. u. Ant.]
Greifswald, Jur. Diss. v. 1897

Welsch, C., Baumwoll-Paritäts-Tabellen. 16. (23 S.) Augsburg 876. (Lampart & Co.) geb. n. 3. —

Welsch, C., das Sool- u. Thermal-Bad Münster a. Stein. 8. (V, 36 S. m. 1 Holzschn.) Kreuznach 886. Schmithals. n. — 80

Welsch, Christian Ludwig [Praes.], s. Schmider, Sigismund: De superstitiosa morborum cura Christiano atque dogmatico medico indigna.

Welsch, Fr., vollständ. Anweisung zur Restauration d. Gemälde in Oel-, Wachs-, Tempera-, Wasser-, Miniatur- u. Pastellfarben. Nebst Belehr. üb. d. Bereitung d. vorzügl. Firnisse f. Gemälde etc., sowie üb. d. Reinigen, Bleichen, Aufziehen u. Einrahmen d. Kupferstiche etc. Für Kunstliebhaber, Maler, Bronzirer, Tapezierer etc. 8. (7½ B.) Quedlinburg 834, Basse. Thlr.

Welsch, Fr., d. Lehre von den Säulenordnungen, nebst Anhang über d. Schattenlehre. Mit 48 Steintaf. u. 1 Vign. 8. Basel 827. Becker. 1 ℳ

Welsch, Friedrich, Rechtsprakt. a. Straubing, geb. in Landshut: Die Novation unter besonderer Berücksichtigung des modernen deutschen Zivilrechts. Straubing 1907: Buchdr. Niederbayrischer Anzeiger. (IV, 85 S.) 8°
Erlangen, Jur. Fak., Ref. Siber, Diss. v. 3. Okt. 1907
[Geb. 22. Febr. 81 Landshut; Wohnort: Straubing; Staatsangeh.: Bayern; Vorbildung: Gymn. Straubing Reife Juli 00; Studium: München 6, Erlangen 2 S.; Rig. 22. Juni 07.]

Welsch, Friedr. Jac., ich freue mich, daß ich mich alles Guten zu euch versehen darf. Eine Antrittspred., in d. Stadtkirche zu Cusel üb. 2. Cor. 7, 16. geh. gr. 8. (1 B.) Mannheim 835, (Löffler.)

Welsch, Ch. L., resp. Sig. **Schmider**, De superstitiosa morborum cura christiano atque dogmatico medico indigna. 64 pp. Lps. 4°.
1710

Biblisches Handwörterbuch. Zusammenstellung d. bibl. Personen, Orte u. Sachen, u. Erklärung derselben nach d. geogr., hist., archäol., natur- u. kulturgeschichtl. Seite hin f. Lehrer ... Von H. **Welsch**. Mit 46 Ill. u. 8 Bibelkarten. Paderborn: F. Schöningh 1905. (432 S.) 8° [J.] (16 676)

Welsch, H., Jubiläums-Büchlein f. den v. Sr. Heil. Papst Leo XIII. am 25. XII. 1900 verkündeten allgemeinen Jubiläums-Ablaß, nebst den oberhirtl. Anordngn. f. die Diöcese Speyer. 2. Aufl. gr. 16. (48 S.) Speyer 901. Jäger. n. — 20

Welsch, Heinrich, s. Welsch, Karl Heinrich

Welsch jun., Herm., the springs a. baths of Kissingen. 1873. gr. 16. (77 S.) Kissingen 873. Hailmann. 1. 50

Welsch, Herm., the springs and baths of Kissingen 2. ed., improved and enlarged. 8. (VIII, 73 S. mit einer lith. Karte.) Kissingen 880. Hailmann. n. 2. —

Welsch, I. B., disquisit. critica de juramentis. 8. Landshut, Weber. 802.

Welsch, **Ignaz** [aus Ottensoos (Mittelfranken)]: Ueber die Einwirkung von wasserfreier Ameisensäure bezw. von Essigsäureanhydrid auf Amido-, Anilido- und Toluidosubstituiertes Phenylacetamid und
Ueber Reduktion von Phenylanilidoacetonitril. München 1898. 33 S. 8°.
Basel. Phil. Diss. 1897/98.

Welsch, Jh. Bapt., noch einige Bedenken gegen d. Princip d. Specialität einer neuen Hypothekenordnung in Baiern. gr. 8. Ebd. 819. 5 gr.

Welsch, Jh. Bapt., Bedenken gegen d. Princip d. Specialität einer neuen Hypothekenordnung in Baiern. gr. 8. Münch. 819. Fleischmann. 5 gr.

Welsch, J. B., Gutachten über den Vollzug des Gesetzes die Ablösung der bäuerlichen Grundlasten betreffend. gr. 8. (8 S.) München 848, Franz. 2 ngr

— Handbuch des baier. Universal-Concurs-Processes. gr. 8. Erlang. 819. Palm. 20 gr.

— Leistungen der bayer. Stände-Versammlungen in den ersten 30 Jahren u. Anforderungen des Volkes an die zum XIII. Landtage einberufene Kammer der Abgeordneten im J. 1849. In teutscher, auch dem Bürger u. Landmanne verständl. Sprache geschrieben. gr. 8. (VIII u. 120 S.) München 849, Palm. n. ⅓ ℳ

— Reichersbofen, Markt u. Landgericht; ein Beitrag zur Geschichte, Topographie u. Statistik von Pfalzbaiern. 8. Landsh. 802. Weber in Münch. 12 gr.

— Revision d. Gesetzgebung u. Rechtspflege in Baiern. 1s, 2s Heft. gr. 8. Münch. 819. Fleischmann. à 9 gr. 18 gr.

Welsch, J. B., über Steigung und Ablösung der bäuerl. Grundlasten mit besond. Rücksicht auf Bayern, Würtemberg, Baden, Hessen, Preußen und Oesterreich. gr. 8. (XXIII und 215 S.) Landshut 848, Krüll. Thlr.

— s. System e. Steuerrectification.

System einer Steuerrectification, nach rechtlichen Grundsätzen (Von Jh. Bapt. Welsch.) gr. 8°. Pappenheim 1806. (Krüll in Landshut.)

— wann u. in welcher Art ist nach baier. Processen ein besserer Beweis zulässig? gr. 8. Landsh. 816. Krüll. 3 gr.

Welsch, J. Bapt.: Wann u. in welcher Art ist nach baier. Processe ein besserer Beweis zulässig? Ein Beitr. zur baier. Process-Theorie. Landshut, (Manz in Regensburg.) 1816. gr. 8° (3 Gr.)

Welsch, Johann Christian U. S. Leipzig 1679/1

Tractatio iuridica de vagabundo, seu eo, qui est sine domicilio, occasione l. 27. $. 2 ad municip.
Präs. Christian Thomasius.
Frankfurt, Leipzig (Vogt) 1731. 80 S.

Diss. Leipzig XII. 1679.
Der Resp. ist nicht genannt. 36273

Welsch, Johann Gottlieb (Leipzig) **A. S. 813/32**

Dissertatio moralis de eo, quod aequum est circa feras ex custodia dilapsas, ad H. Grot. de j. b. et p. I. II. c. IIX. $III. Präs. Michael Heinrich Gribner. Leipzig (Titius) 28. X. (ca. 1703). 12 Bl.

Gew.: Heinrich Born. 36274

Welsch, Johann Gottlieb A. S. 742/14

Dissertatio juris Saxonici de praejudicio tertii ex hypotheca rei immobilis extrajudiciali.
Präs. Michael Heinrich Gribner.
Leipzig (Titius) 15. XI. 1703. 24 S. 36275

Welsch, Johann Jacob. Auszug der Beschreibung des Lebens und Schicksals des J' Jakob Welsch (1761–1828). 8. *o. O.* 1830.

Welsch, Johann Lorenz (Berolzheim/Mfr.)
Thl. I, 232 (2/2)

Disputatio II. de contristatione spiritus obsignatoris ex Ephes. IV. 30. Präs. Gottlieb Wernsdorf.
In: Wernsdorf: Disputationes academicae. Vol. 2.
Wittenberg (Ahlfeld) 1737. S. 40-74.

Diss. 22. IX. 1705. 36276

Welsch, Johann Melchior (Nördlingen) A. S. 1279/3

Dissertatio medica de epilepsia.
Präs. Christian Ludwig Wucherer.
Jena (Müller) II. 1719. 48 S. 36278

Welsch, Johann Melchior (Nördlingen) A. S. 1148/8

Dissertatio inauguralis physico-medica de vini Hungarici excellente natura, virtute et usu.
Präs. Friedrich Hoffmann.
Halle (Henckel) XI. 1721. 32 S. 36279

Welsch, Karl, approb. Arzt aus Bad Kissingen: Ueber Sarkom des Magens. München 1898: M. Ernst. (30 S.) 8°
München, Med. Diss. v. 1899.

Welsch, Carl, approb. Arzt aus Münster a. Stein: Ueber Spondylitis und ihre moderne Behandlung nebst einer Statistik der von 1892–1901 in der Münchener chirurgischen Klinik behandelten Fälle. München 1903: C. Wolf & Sohn. (29 S.) 8°
München, Med. Diss. v. 1903.

Welsch jun., Karl Heinr., **Anwendung u. Wirkung** der Heilquellen u. **Kurmittel v.** Bad Kissingen. Mit besond. Rücksichtnahme **auf das** Verständniss d. Laien dargestellt. 8. (VIII, **96** S.) Kissingen 886. (Hailmann.) n. 1. —

Welsch jun., K. H., Anwendg. u. Wirkg. der Heilquellen u. Kurmittel v. Bad Kissingen. Mit besond. Rücksichtnahme auf das Verständniss d. Laien dargestellt. 2., erweit. Aufl. 8. (VIII, 101 u. 4 S.) Kissingen 890. Weinberger. n. 1.20

Welsch jun., K. Heinr., Anwendung u. Wirkung der Heilquellen u. Kurmittel v. Bad Kissingen. Mit besond. Rücksichtnahme auf das Verständniss des Laien dargestellt. 3., erweit. u. verb. Aufl. 12. (X, 104 u. 4 S.) Kissingen 893. F. Weinberger. n. 1. —

Welsch, Heinr., Anwendg. u. Wirkg. d. Heilquellen u. Kurmittel v. Bad Kissingen. Mit bes. Rücksichtnahme auf d. Verständniss d. Laien dargestellt. 4., erweit. u. verb. Aufl. 8. (X, 95 u. 4 S.) Kissingen 895. F. Weinberger. n. 1. —

Welsch, Heinr., Anwendung u. Wirkung der Heilquellen u. Kurmittel v. Bad Kissingen. Mit besond. Rücksichtnahme auf d. Verständniss d. Laien dargest. 7., erweit. u. verb. Aufl. 8. (VII, 126 S.) Kissingen 902. F. Weinberger. n. 1. —

Welsch, Heinr., the application and effects of the waters and remedies of Bad Kissingen. With special reference to the requirements of visitors. 8. (84 S. m. 1 farb. Karte.) Kissingen 895. F. Weinberger.
Kart. n. 1.50

Welsch, Heinr., the application and effects of the mineral-waters and remedies of Bad Kissingen. Written after a 25 years experience with spezial preference to the require ments of visitors. 2. ed. With a short guide through the environs and a map. (VII, 97 S.) 8. Kissingen 905. Brückner & Renner. n. 1.50

Welsch, Heinr., über Blinddarm-Entzündung (Wurmfortsatz-Entzündung, Appendizitis) u. die Bedeutung Bad Kissingens f. ihre Heilung u. Verhütung. (25 S. m. 1 Fig.) 8. Kissingen (907). F. Weinberger. — 60

— the manifold causes of costiveness and their treatment by the Kissingen springs and remedies. Popularly written. 8. (24 S.) Ebd. 895. n. — 80

Welsch, Heinr. Carl, Kissingen mit seinen Heilquellen u. Bädern in mehr. Beziehungen dargest. 8. (22½ B.) Würzburg 839, (Stahel'sche Buchh.) •

— die mannigfachen Ursachen der Stuhlverstopfung u. deren Behandlung m. den Kissinger Kurmitteln, gemeinverständlich dargestellt. 2., verb. Aufl. 8. (24 S.) Ebd. 892. n. — 50

— d. mannichfachen Ursachen d. Stuhlträgheit (Constipation) u. deren Behandlg. m. den Kissinger Kurmitteln, gemeinverständl. dargest. 3., verb. Aufl. 8. (23 S.) Ebd. 897. n. — 60

— die mannigfachen Ursachen der Stuhlträgheit (Constipation) u. deren Behandlung m. den Kissinger Kurmitteln, gemeinfasslich dargestellt. 4. verb. Aufl. gr. 8. (23 S.) Ebd. 901. n. — 60

Welsch, O., Beiträge zum praktischen Armenwesen. 8°. Würzburg 1841.

Welsch, Otto [Friedrich]: Die Bestrafung des Ebebruchs nach römischem, canonischem und älterem deutschen Recht. Emmendingen 1908: vorm. Dölter. (55 S.) 8°
Heidelberg, Jur. Fak., Ref. v. Lilienthal, Diss. v. 1908
[Geb. 4. März 85 Konstanz; Wohnort: Konstanz; Staatsangeh.: Baden; Vorbildung: Gymn. Konstanz Reife Juli 03; Studium: München 1, Freiburg i. B. 1, Berlin 2, Heidelberg 2, Freiburg i. B. 2 S.; Rig. 20. Nov. 07.]

Welschbillig [Schlagwort]

Welschbillig, s. Geologische Karten (Preussen).

Welschbillig, s.: Preussen. Messtischblätter.

te Welscher, Dr., die Stigmatisirte zu Gendringen. Nach genauen Beobachtungen. 12. Borken 845. (Braun.) 1/12 ℔

Welscher, te, die Stigmatisirte zu Gendringen. Nach genauen Beobachtungen. 12. (1 B.) Borken 845. [Münster, Coppenrath'sche Buchh.]

Welschinger, Henry, Mirabeau in Berlin als geheimer Agent der französischen Regierung 1786—1787, s. a. Napoleon I.

Welschinger, Henry, Mirabeau in Berlin als geheimer Agent der französischen Regierung 1786—1787. Nach Orig.-Berichten in den Staatsarchiven v. Berlin u. Paris. Übertr. u. bearb. von Osk. Marschall v. Bieberstein. gr. 8. (VIII, 487 S. m. 1 Bildnis.) Leipzig 900. H. Schmidt & C. Günther. n. 7. 50; geb. n. 10. —

Welschnofen, Sommerfrische und Luft-Kurort, . . . Bozen 1904. V: *Kaufmann, Ferdinand.* (margr)

Welschnofen, Sommerfrische u. Luft-Kurort, 1180 Meter üb. dem Meere, bei Karersee in Tirol u. dessen Umgebung. (64 S. m. Abbildgn. u. 1 Kartenskizze.) kl. 8. Welschnofen-Karersee 904. (Bozen, Deutsche Buchh.) — 40

Welschnofen-Karersee in den Bozener Dolomiten. Innsbruck [1902]. V: *Christomannos, Theodor.* (margr)

Welschnofen-Karersee in den Bozener Dolomiten. Hrsg. vom Verschönerungs-Verein Welschnofen. qu. 12. (28 S. m. farb. Abbildgn. u. 1 farb. Karte.) Innsbruck (902). A. Edlinger. n. 1. —

Welsenburg, Gerh. v., das Versehen der Frauen in Vergangenheit u. Gegenwart u. die Anschauungen der Aerzte, Naturforscher u. Philosophen darüber. gr. 8. (IV, 183 S. m. 10 Abb.) Leipzig 898. Charlottenburg, H. Barsdorf. n. 4. —; geb. 5. —

Welser, Philippine, dramat. Gemälde in 1 Akt von W. F. Zerneke. 12. Danzig, Alberti. 821.

Welser, die schöne Philippine. Historische Volkserzählung, aus authentischen Quellen geschöpft von G. u. B. Ovm. 16. (47 S.) Urfahr-Linz 878. Kraußlich. — 20

Welser, Hans Frhr. v., die Reblaus u. deren Bekämpfung, f. die pfälzer Winzer gemeinfaßlich dargestellt. (V, 34 S.) 8. Neustadt a. d. H. (908). L. Witter. — 60

Welser, Hans Frhr. v., der Vogelschutz in Bayern. An der Hand der gelt. Vorschriften erläutert. (VIII, 121 S.) kl. 8. München (909). C. H. Beck. Geb. in Leinw. 1. 50

— Der Vogelschutz nach deutschem Reichsrecht. An der Hand der reichsgesetzl. Bestimmgn. erläutert. (IV, 74 S.) kl. 8. Ebd. 910. Geb. in Leinw. 1. —

Welser, Jak., Stilwahrheit u. Stilschönheit in Caesars Periode Bell. civ. II, 22, Massilienses . . . mit Einberufung der Periode des Livius 1, 6. Numitor . . . Studie. gr. 8. (52 S.) Wien 880. Gerold's Sohn. n. 1. —

Welser, Karl Wilhelm (Neunhof) A. S. 681/9

Commentatio de sacri Romani imperii summis officialibus et eorundem subofficialibus.
Präs. Johann Christoph Wagenseil.
Frankfurt, Leipzig (Buchta) o. J. 314 S.

Diss. Altdorf 23. VI. 1686.
Gew.: Stadt Nürnberg. 36285

Welser, Marcus (duumvir August., 1558 – 1614), rerum Boicarum libri V, una c. libro sexto hactenus inedito historiam a gentis origine ad annum 844 complexi. . . . . Ed. et praefatus est *Jo. Casp. Lippertus* (eques Bojus). Aug. Vindel., C. H. Stage, 1777. Gr. 8⁰. Schreibpap. Auf d. Vorsatzbl. steht: „Ex dono nobilis ac generosi Dom. Editoris." Schöner alter Frzb. m. Fileten.
Tit. m. Vign. (Söckler fec.), gestoch. Widm.-Bl. (B. Hübner sc. Bas.), 11 Bll. Vorst., 486 S., 1 Bl. Err. — Das berühmte Werk erschien zuerst 1602.

Welser, von u. zu Neunhof, Hans Karl, († d. 25. April 1800.), s. Gellerts Briefwechsel mit d. Gr. v. Widmann, u. setze hinzu: (herausg. von H. K. Welser). — Taschenbuch, genealog., des Adels zu Nürnberg. — Vorbericht e. neuen Uebersetzung d. Odyssee.

Welser v. Neunhof, Frhr. Paul Karl, s. Jos. Friedel, Lehrbuch.

Welserin, eine Geschichte, vom Verf. der Barbara Pfisterin, 1r Theil, 8. Heidelberg, 784. Pfähler. 10 sgl.

Welserin, Amalie, e. Gesch. v. Prof. Seybold. 8. Heidelb. Pfähler.

— Philippe, e. Gesch. a. d. 16ten Jahrh. 8. Berl. Akadem. Buchhandl. 792.

Welserin, Philippe, eine Geschichte aus dem sechszehnten Jahrhunderte, 8. Berlin, 797. Akademie. 23 sgl.

Welserinn, Philippine. Eine Geschichte aus dem 16. Jahrhundert. Berlin 1792. Berlin 1797. Neue wohlfeile Ausgabe. Leipzig 1823. V: *Durach, Joh. Bapt.* (Neue Allg. Deutsche Bibl. 39/73) (GGr V/518, Nr. 24/4) (Ky 8/150) (BGE VIII³, 364) (Bibl port)

Welserin, Philippe, Gesch. aus d. 16. Jahrh. Neue Ausg. 8. Leipz. 823, Hinrichs.

Welserin, Philippine, die schöne Herzogin von Tyrol. Ein Schauspiel in fünf Aufzügen. [Wien 1792.] V: *Schickaneder, Emanuel.* (margr)

v. Welsersheimb, Carl Graf, s. Pascale, Lebensgeschichte des heil. Stanislaus Kostka.

Welsersheimb, Zeno, Elemente der Kriegskunst. s.: Militär-Bibliothek.

Welsersheimb, Z. Graf, Uebersicht des französischen Heerwesens zu Anfang des J. 1861. gr. Lex.-8. (62 S. mit einer Druckbeilage in qu. Fol.) Wien 861, (Gerold's Sohn.) * *
Aus: Oesterreichische militärische Zeitschrift, besonders abgedruckt.

Welsing, Karl

Welsing, Carolus [Monasteriensis]: De inquilinorum et peregrinorum apud Athenienses iudiciis .... Monasterii Guestfalorum, ex typogr. Coppenrathiana, 1887; 53 S. + 2 Bl. 8°.
Münster, Phil. Fak., Inaug.-Diss. v. 15. Aug. 1887.

Welsing, Carolus, de inquilinorum et peregrinorum apud Atheniensis iudiciis. Diss. Münster 1887, H. Mitsdörffer. 8°. 53 S.

Welsmann, H., Theodor Körners Leier u. Schwert, vom biographischen, ästhetischen u. kulturgeschichtlichen Standpunkte aus betrachtet. gr. 8. (52 S.) St. Wendel 891. (Leipzig, G. Fock.) n. 1. —

Welsmann, Ludwig, approb. Arzt aus Oberaden (Westf.): Ein Fall von primärer Tuberkulose des Uterus mit Ausgang in acute Miliartuberkulose und perniciöse Anaemie. München 1902: C. Wolf & Sohn. (34 S.) 8°
München, Med. Diss. v. 1902.

Welson, P. Phales., viridarium sacrarum meditat. 8. Norimbergae. 731.

Welt, Die, eine Wochenschrift. Erfurt 1753. H: *Wedekind, Rudolph.* (ML) (Ky)

— die, eine Wochenschrift, (von R. Wedekind). 2 Thle. 8. Erfurt 753.

Welt, die, eine period. Schrift, durch Adam Fitz-Adam, aus d. Engl. 2 Thle. 8. Götting. Luzac. 757.

Welt, die, eine period. Schrift; aus d. Engl. (von Jh. Gf. Gellius). 2 Thle. 8. Leipz. 757.

Welt, Die, eine periodische Schrift; a. d. Engl. Leipzig 1759. Ü: *Gellius, Johann Gottfried.* (Ky) (ML)

Welt, Die. Eine Wochenschrift. I. Jgg., II. Jhgg. Wien 1768. H: *Klemm, Chn. Gottlob.* (WrDiar 1775, Nr. 37 Beilage, Bücherverzeichniss 1 1/2 Jggc. = 4 Bde.) (WrDiar. 1768, Nr. 78 Beilage, Bücherverzeichnis Schulz) (BiblPort)

Welt, Die, eine Wochenschrift von Adam Fitz-Adam. A. d. Engl. . . . Altenburg 1779—83. Ü: *Bode, Joh. Joach. Chph.* (JL)

— die, v. Adam Fitz-Adam. 4 Bde. gr. 8. Altenb. Richter. (Akad. Bhdl. in Jena.) 779—84.

Welt. Versuch einer Theorie der Schwere und einer Elementar-Theorie der Welt. Magdeburg. 1819. 8.

— die, unterhaltende und belehrende Vierteljahrsschrift, herausgeg. von Th. Tetzner u. F. G. L. Greßler. 1. u. 2. Jahrg. 1844—1845. à 4 Hfte. gr. 8. Langensalza, Schulbuchh. d. Th. L.-V. à 1/4 Thlr.

Welt, die, unterhaltende u. belehrende Vierteljahrsschrift, hrsg. von Th. Tetzner u. F. G. L. Greßler. 1. Jahrg., 1844. 2. Hft. 2. Aufl. 4. Jahrg., 1847. 4 Hfte. gr. 8. (1844, 2: S. 97—192. 1847: 364 S.) Langensalza, Schulbuchhandl. des Thüring. Lehrer-Vereins. à Hft. 1/4 Thlr.

Welt, die. Eine Sammlung politischer u. belletristischer Aufsätze. Herausgeg. von L. Meyer. 1.—4. Bd. (Revue des Auslandes.) gr. 8. Leipzig 844, O. Wigand. 4 Thlr.

Welt, die. Unterhaltungen und Belehrungen im Gebiete der Naturwissenschaften, der Länder- und Völkerkunde, der Künste u. Gewerbe. Mit erläuternden Abbildgn. (Holzschn. im Text). Herausg. von einem Verein von Gelehrten und Technikern. Red.: J. Scherl. 1. Jahrg. Octbr.—Decbr. 1855. 13 Nrn. (à 1 Bgn.). Berlin, Scherl. 4. n. 25 ngr.

— — 2. u. 3. Jahrg. 1856 u. 57. à 52 Nrn. (à 1 Bgn.). Ebend. 4. Jeder Jahrg. n. 3 Thlr. 10 ngr.

Durch die Welt. Allgemeine illustrirte Zeitung für die Jugend. Herausg. von Dr. Ad. Jos. Pick. 1. Jahrg. 1862 Mit Holzschnitten. Nr. 1—30. (Nicht weiter erschienen.) gr. 4. (à 1 Bg.) Wien, Lechner in Comm. 3 fl. 50 kr.

Die Welt: Jahrgang 1 - 7, no. 52, 1865 - Sept. 23, 1871.
Weekly. Sub-title, Journal für Literatur, Kunst und Leben. Slight variations in title appear on general title page, and in running-title. Absorbed DAS MUSEUM, Dec. 7, 1869, and title reads: DIE WELT. In Verbindung mit der Wochenschrift MUSEUM: Wochenschrift für Literatur, Kunst und Leben. Absorbed GERHARD'S DEUTSCH AMERIKANISCHE GARTENLAUBE, Dec. 24, 1870, and title reads: GERHARD'S GARTENLAUBE. In Verbindung mit DIE WELT, Wochenschrift für Literatur, Kunst und Leben. Continued as DAS NEUE HEIM. Large quarto, each issue, usually, 16 pages. Circulation: 1870, 10,000 (est.). Edited & published by Georg Degen.
New York, NY

Die Welt: 1868 - ?
Revell, 1862, by title but with note, "No report."
Buffalo, NY

Welt, die. Organ f. Jedermann. Hrsg.: Ed. Kiehnel. Red.: M. H. Tietzen. 1. u. 2. Jahrg. 1897 u. 1898. à 24 Nrn. (à ca. 10 S.) gr. 4. Breslau (M. Tietzen). à Jahrg. 4. —

— die. Hrsg.: Paul Naschauer. Red.: S. R. Landau. 1. Jahrg. Juni 1897—Mai 1898. 52 Nrn. (à ca. 2 Bog.) gr. 4. Wien, Administration. 10. —; einz. Nrn. n. — 25

— die. Hrsg.: Paul Naschauer. Red.: Siegm. Werner. 2. Jahrg. 1898. 52 Nrn. (à ca. 2 Bog.) gr. 4. Ebd. n. 13. 70

Welt, die. Hrsg.: Paul Naschauer. Red.: Siegm. Werner. 3. Jahrg. 1899. 52 Nrn. gr. 4. (à ca. 16 S.) Wien, Administration. n. 13. 70

— dasselbe. Hrsg. u. Red.: A. H. Reich. 4.—6. Jahrg. 1900—1902. à 52 Nrn. gr. 4. (à ca. 16 S.) Ebd. à Jahrg. n. 13. 70
Der 4. Jahrg. ist v. E. Rosenberger, der 5. v. B. Feiwel redig.

— die. Zentral-Organ der zionist. Bewegg. Red.: Berth. Feiwel, A. Coralnik. 10. Jahrg. 1906. 52 Nrn. (à ca. 24 S.) Lex.-8. Köln, Verlag der Welt. n. 10. —

Welt, die, Zentral-Organ der zionist. Bewegg. Red.: Jul. Berger. 11.—14. Jahrg. 1907—1910. à 52 Nrn. (à ca. 24 S. m. Abb.) Lex. 8. Köln, Die Welt. à Jahrg. 10. —

Welt: Die Welt
① Illustrierte Chronik der Ereignisse (1897?—26. 3. 1904, 1. Untertitel). Gutenbergs Illustriertes Sonntagsblatt - Neue Illustrierte Zeitung (15. 2. 1913—10. 10. 1914, letzter Untertitel) ② Illustrirte Schweiz (2. 7. 1904). Illustrirte Schweizer-Zeitung (Die Welt) (6. 7. 1904). Illustrirte Schweizer-Zeitung (9. 7. 1904—16. 5. 1908). Neue Illustrirte Zeitung (23. 5. 1908—1. 7. 1911). Gutenbergs illustrirtes Sonntagsblatt (8. 7. 1911 — 29. 12. 1912). Zürcher Illustrirte Zeitung (4. 1. 1913—10. 10. 1914) ⑤ 1897—10. 10. 1914 ⑥ 2° (1897—25. 8. 1906, 15. 9. 1906—1. 7. 1911, verkleinert 23. 5. 1908, 10. 10. 1908, 31. 8. 1908, vergrößert 8. 8. 1908); 4° (1. 9. 1906—8. 9. 1906, 8. 7. 1911—10. 10. 1914) ⑦ Wochenblatt (1897?—27. 9. 1902, 27. 8. 1904—25. 2. 1905, 12. 8. 1905—10. 10. 1914); wöchentlich 2× (1. 10. 1902—13. 8. 1904); Wochenblatt (17. 8. 1904—20. 8. 1904); wöchentlich 3× (2. 3. 1905-5. 8. 1905) ⑧ Zürich: Albert Newe 1897—24. 9. 1910), Aktiendruckerei (1. 10. 1910—28. 1. 1911). O. Kaelin-Müri (11. 2. 1911—3. 6. 1911). Kopp-Tanner (10. 6. 1911—10. 10. 1914) ⑨ Unterhaltungsbeilage (1900—1902; 2°): Land- und hauswirtschaftliche Zeitung (1900—?; 8°; Wochenbeilage); Blätter für Mode und Handarbeit (Beilage zur Zeitung »Die Welt«, um 1903—um 1905; 4°; Monatsbeilage); Humoristische Blätter (Beilage zur Zeitung »Die Welt«; Illustrirte Chronik der Ereignisse; um Januar 1903—?; 4°; Monatsbeilage) ⑩ Albert Newe (1897—24. 9. 1910). Gustav Hollinger (1. 10. 1910—4. 2. 1912). Kopp-Tanner (11. 2. 1912—10. 10. 1914) ⑪ die Herausgeber ⑫ Bis ungefähr 1908 wird der Hauptwert auf sensationelle Bilder in großem Format und deren Beschreibung gelegt; ausführlicher Textteil, der sich an die breiten Bevölkerungsschichten richtet; seit 1911 nimmt die Zeitung den Charakter eines Familienblattes an; neutral ⑭ Be: L (seit 1900).

— die. Wochenschrift f. das deutsche Volk. (1. Jahrg.) 1. u. 2. Bd. April 1900—März 1901. 52 Hfte. hoch 4. (à ca. 16 S. m. Abb.) Berlin, Germania. n. 5. 20

— dasselbe. Illustrierte Wochenschrift f. das deutsche Volk. Red.: F. Kempel. (2. Jahrg.) 3. u. 4. Bd. April 1901—März 1902. 52 Nrn. hoch 4. (à ca. 20 S.) Ebd. 6. 60

— dasselbe. Red.: Paul Müller. (3. Jahrg.) 5. u. 6. Bd. April 1902—März 1903. 52 Nrn. hoch 4. (à ca. 20 S.) Ebd. 7. 80

Welt, die. Red.: Paul Lerch. (6. Jahrg.) 13. u. 14. Bd. März 1906—März 1907. 52 Nrn. (à ca. 20 S. m. Abbildgn.) 4. Berlin, Germania. n. 5. 20

— die. Red.: P. Lerch. 22. u. 23. Bd. Oktbr. 1910—Septbr. 1911. 52 Hefte. (à ca. 16 S. m. Abb.) Lex. 8. Berlin, Germania. à Heft — 10

Durch die **Welt**. Monatsschrift für das gesamte Reisewesen. Prag: Administration 1900 (1902). 8°
Hrsg.: V. Hawlich-Staffel.

Welt, Die. Ein deutsches Magazin für die Familien. Mon. ?ov Winona, Minn. 1901-1939.

Die Welt: Band 1—54, 1901—1955.
Quarterly, 1901—26?; monthly, 1927?—1954. Contains literary articles, historical and biographical sketches, fiction, scientific and applied arts material; illustrated, including portraits, cartoons. Sub-title: 1) Eine illustrierte Vierteljahrsschrift für deutsche Familien, 1901—26; 2) Ein deutsches Magazin für deutsche Familien, 1927—1950?; 3) Deutschsprachige Monatsschrift für das amerikanische Heim, 1951?—55. Large quarto, each issue about 64 pages. Circulation: 1930, 52,000; 1940, 29,497; 1944, 16,500. Place of publication varies: Lincoln, Nebr., 1901—25? Edited by G. Meyer, ?—1926; by Carl Eichstaedt, 1927—37?; by Dr. H. E. Fritsch, 1937—41; by Dorothy Leicht, 1941—?; by Margarethe Benz, ?—1953; by Otto Hoerman, 1954. Published by The Press Publishing Co., 1901—25?, by National Weeklies, Inc., 1926?—1955.
Winona, MN

Welt --- , Die abentheuerliche Welt in einer Pickelheerings-Kappe, (1718 und 1719)
a.a. Johann Friedrich Riederer.

Welt, Die abentheuerliche, in einer Pickelheerings-Kappe Oder Satirische Gedichte . . . O. O. 1718—20. V: *Riederer, Joh. Frdr.* (BrMm) (BGE) (will) (Verz. d. v. Meusebachschen Bibl. Berl. 1855. S. 85.)

Für alle Welt. Illustrirtes Hausblatt. Jg. 1. Nürnberg: Neugebauer 1878. 2°

Für alle Welt. Illustrirte Familien-Zeitschrift. Herausgegeben von Richard Bong. Jahrg. 1896. 13.—14. Heft. Gr.-8. (S. 291—338) à —.25
Berlin: „Deutsches Verlagshaus Bong & Cie." 1896.

Für alle Welt. Illustrirte Familien-Zeitschrift. Herausgegeben von Richard Bong. Jahrg. 1896. 15. Heft. Gr.-8. (S. 339—362) à —.25
Ebd. 1896

Für alle Welt. Illustrirte Familien-Zeitschrift. Herausgegeben von Richard Bong. Jahrg. 1896. 16.—17. Heft. Gr.-8. (S. 363—410) à —.25
Ebd. 1896

Für alle Welt. Illustrirte Familien-Zeitschrift. Herausgegeben von Richard Bong. Jahrg. 1896. 18. Heft. Gr.-8. (S. 411—434) à —.25
Ebd. 1896

Für alle Welt. Illustrirte Familien-Zeitschrift. Herausgegeben von Richard Bong. Jahrg. 1896. 19. Heft. Gr.-8. (S. 435—458) à —.25
Ebd. 1896

Für alle Welt. Illustrirte Familien-Zeitschrift. Herausgegeben von Richard Bong. Jahrg. 1896. 21.—22. Heft. Gr.-8. (S. 483—530) à —.25
Ebd. 1896

Für alle Welt. Illustrirte Familien-Zeitschrift. Herausgegeben von Richard Bong. Jahrg. 1896. 23. Heft. Gr.-8. (S. 531—554) à —.25
Ebd. 1896

Für alle Welt. Illustrirte Familien-Zeitschrift. Herausgegeben von Richard Bong. Jahrg. 1896. 24. Heft. Gr.-8. (S. 555—578) à —.25
Ebd. 1896

Für alle Welt. Illustrirte Familien-Zeitschrift. Herausgegeben von Richard Bong. Jahrg. 1896. 25. Heft. Gr.-8. (S. 579—602) à —.25
Ebd. 1896

Für alle Welt. Illustrirte Familien-Zeitschrift. Herausgegeben von Richard Bong. Jahrg. 1896. 26. Heft. Gr.-8. (S. 603—626) à —.25
Ebd. 1896

Für alle Welt. Illustrirte Familien-Zeitschrift. Herausgegeben von Richard Bong. Jahrg. 1896. 28. Heft. 4. (S. 651—670) à —.25
— — X. Jahrgang. 1896—1897. 1. Heft. 4. (S. 1—26) à —.25
Ebd. 1896

Für alle Welt. Illustrirte Familien-Zeitschrift. Herausgegeben von Richard Bong. X. Jahrgang. 1896—1897. 2. Heft. 4. (S. 27—52) à —.25
Ebd. 1896

Für alle Welt. Illustrirte Familien-Zeitschrift. Herausgegeben von Richard Bong. X. Jahrgang. 1896—1897. 3. Heft. 4. (S. 53—76) à —.25
Ebd. 1896

Für alle Welt. Illustrirte Familien-Zeitschrift. Herausgegeben von Richard Bong. X. Jahrgang. 1896—1897. 4. Heft. 4. (S. 77—98) à —.25
Ebd. 1896

Für alle Welt. Illustrirte Familien-Zeitschrift. Herausgegeben von Richard Bong. X. Jahrgang. 1897—1898. 4. Heft. 4. (S. 79—102) à —.25
Ebd. 1897

Für alle Welt. Illustrirte Familien-Zeitschrift. Herausgegeben von Richard Bong. X. Jahrgang. 1896—1897. 5. Heft. 4. (S. 99—124) à —.25
Ebd. 1897

Für alle Welt. Illustrirte Familien-Zeitschrift. Herausgegeben von Richard Bong. X. Jahrgang. 1896—1897. 6. Heft. 4. (S. 125—148) à —.28
Ebd. 1897

Für alle Welt. Illustrirte Familien-Zeitschrift. Herausgegeben von Richard Bong. X. Jahrgang. 1896—1897. 8. Heft. 4. (S. 173—196) à —.25
Ebd. 1897

Für alle Welt. Illustrirte Familien-Zeitschrift. Herausgegeben von Richard Bong. X. Jahrgang. 1896—1897. 9. Heft. 4. (S. 197—220) à —.25
Ebd. 1897

Für alle Welt. Illustrirte Familien-Zeitschrift. Herausgegeben von Richard Bong. X. Jahrgang. 1896—1897. 11.—12. Heft. 4. (S. 245—292) à —.28
Ebd. 1897

Für alle Welt. Illustrirte Familien-Zeitschrift. Herausgegeben von Richard Bong. X. Jahrgang. 1896—1897. 13.—14. Heft. 4. (S. 293—346) à —.25
Ebd. 1897

Für alle Welt. Illustrirte Familien-Zeitschrift. Herausgegeben von Richard Bong. X. Jahrgang. 1896—1897. 15. Heft. 4. (S. 347—360) à —.25
Ebd. 1897

Für alle Welt. Illustrirte Familien-Zeitschrift. Herausgegeben von Richard Bong. X. Jahrgang. 1896—1897. 16. Heft. 4. (S. 361—384) à —.25
Ebd. 1897

Für alle Welt. Illustrirte Familien-Zeitschrift. Herausgegeben von Richard Bong. X. Jahrgang. 1896—1897. 17. Heft. 4. (S. 385—408) à —.25
Ebd. 1897

Für alle Welt. Illustrirte Familien-Zeitschrift. Herausgegeben von Richard Bong. X. Jahrgang. 1896—1897. 18. Heft. 4. (S. 409—432) à —.25
Ebd. 1897

Für alle Welt. Illustrirte Familien-Zeitschrift. Herausgegeben von Richard Bong. X. Jahrgang. 1896—1897. 19. Heft. 4. (S. 433—456) à —.25
Ebd. 1897

Für alle Welt. Illustrirte Familien-Zeitschrift. Herausgegeben von Richard Bong. X. Jahrgang. 1896—1897. 20. Heft. 4. (S. 457—478) à —.25
Ebd. 1897

Für alle Welt. Illustrirte Familien-Zeitschrift. Herausgegeben von Richard Bong. X. Jahrgang. 1896—1897. 21. Heft. 4. (S. 481—504) à —.25
Ebd. 1897

Für alle Welt. Illustrirte Familien-Zeitschrift. Herausgegeben von Richard Bong. X. Jahrgang. 1896—1897. 22. Heft. 4. (S. 507—528) à —.25
Ebd. 1897

Für alle Welt. Illustrirte Familien-Zeitschrift. Herausgegeben von Richard Bong. X. Jahrgang. 1896—1897. 23. Heft. 4. (S. 529—550) à —.25
Ebd. 1897

Für alle Welt. Illustrirte Familien-Zeitschrift. Herausgegeben von Richard Bong. IV. Jahrgang. 1897—1898. 1.—2. Heft. 4. (S. 1—54) à —.25
Ebd. 1897

Für alle Welt. Illustrirte Familien-Zeitschrift. Herausgegeben von Richard Bong. IV. Jahrgang. 1897—1898. 3. Heft. 4. (S. 55—78) à —.25
Ebd. 1897

Für alle Welt. Illustrirte Familien-Zeitschrift. Herausgegeben von Richard Bong. X. Jahrgang. 1897/1898. 5.—6. Heft. 4. (S. 103/150) à —.25
Ebd. 1897

Für alle Welt. Illustrirte Familien-Zeitschrift. Herausgegeben von Richard Bong. X. Jahrgang. 1897—1898. 7. Heft. 4. (S. 151—174) à —.25
Ebd. 1897

Für alle Welt. Illustrirte Familien-Zeitschrift. Herausgegeben von Richard Bong. X. Jahrgang. 1897—1898. 7. Heft. 4. (S. 175—222) à —.25
Ebd. 1897

Für alle Welt. Illustrirte Familien-Zeitschrift. Herausgegeben von Richard Bong. X. Jahrgang. 1898. 10. Heft. 4. (S. 223—246) à —.25
Ebd. 1897

Für alle Welt. Illustrirte Familien-Zeitschrift. Herausgegeben von Richard Bong. X. Jahrgang. 1898. 11. Heft. 4. (S. 247—270) à —.25
Ebd. 1897

— **alle.** Romansammlung des In- u. Auslandes. 1.—60. Bd. 8. (Mit Abbildgn.) Berlin, A. Weichert. à — 10

Inhaltsübersicht in alphabetischer Ordnung:

Bach, O., schwere Tage. Novelle. (48 S.) (900.) (Bd. 34.)
Bensey-Schuppe, A., glühendes Eisen. Roman. (48 S.) (900.) (Bd. 28.)
Berger, William, auch e. Kiautschou-Fahrt. Eine tragikom. Geschichte aus dem himml. Reiche. (47 S.) (901.) (Bd. 46.)
Björnson, Björnstjerne, Staub. Erzählung. Deutsch v. Emil Jonas. (48 S.) (900.) (Bd. 9.)
Bliß, Paul, der erste Ball. — Der arme Mann. 2 humorist. Erzählgn. (46 S.) (900.) (Bd. 6.)
— junge Liebe. — Böses Blut. Erzählungen. (48 S.) (900.) (Bd. 19.)
Borgstede, E. v., Johannes Demut. Novelle. (48 S.) (900.) (Bd. 2.)
Brenkendorf, Loth., ohne Liebe. Novelle. (48 S.) (900.) (Bd. 13.)
Brun-Barnow, J. v., durch Liebe gesühnt. Novelle. (48 S.) (900.) (Bd. 33.)
Diniz, Julio, die Mündel des Herrn Pfarrers. Novelle. Aus dem Portugies. v. Franziska Panzer. (48 S.) (900.) (Bd. 29.)
Felden, Karl, Liebe u. Ehre. Erzählung. (48 S.) (901.) (Bd. 48.)
Grosse, Walt., Schmetterlinge. Novelle. (48 S.) (900.) (Bd. 3.)
— fremder Wille. Kriminal-Erzählg. (48 S.) (900.) (Bd. 16.)
— Wuchergold. Novelle. (48 S.) (900.) (Bd. 27.)
Hahn, A. v., russisch Blut. Erzählung. (48 S.) (901.) (Bd. 45.)
Hansen, Osk., das Mädchen vom Waldsee. Novelle. (48 S.) (900.) (Bd. 21.)
Harms, Erich, unt. Verschwörern. Novelle. (47 S.) (900.) (Bd. 18.)
Harmstorf, Gerd, aus dem Papierkorb. Novelle. (48 S.) (900.) (Bd. 10.)
Herzog, L., Glück! Novelle. (48 S.) (900.) (Bd. 24.)
— das alte Lied. Erzählung. (48 S.) (900.) (Bd. 8.)
Hyan, Hans, Johannistrieb. — Das Kind. — Novellen. (48 S.) (901.) (Bd. 43.)
Katscher, Berta, die Studentin. Orig.-Erzählg. (48 S.) (900.) (Bd. 14.)
Koch, Luise, der Sohn des Millionärs. Novelle aus dem Franz. (48 S.) (900.) (Bd. 26.)
Köhler, Heinr., ein Sensationsprozeß. Kriminal-Erzählung. (48 S.) (900.) (Bd. 39.)
— der Troubadour. Novelle. (48 S.) (900.) (Bd. 23.)
Lechmann-Tharnau, Paul, die Kleinodien der Felsecks. Kriminal-Novelle. (48 S.) (900.) (Bd. 35.)
Lewil, Hans, der Glücksbatzen. Historische Kriminal-Erzählg. (48 S.) (901.) (Bd. 47.)
Litten, M., Mano Miela. Eine Erzählg. aus Litauen. (48 S.) (901.) (Bd. 49.)
Lohde, Clarissa, ein Frühling in Athen. Aus dem Tagebuche einer Deutschen. (48 S.) (900.) (Bd. 40.)
Mancke, Marie, eine unverstandene Frau. Original-Novelle. (48 S.) (900.) (Bd. 7.)
Ortmann, Rhold., aus den Erinnerungen e. Polizeikommissars. Kriminal-Erzählgn. (48 S.) (900.) (Bd. 42.)
— schwere Schuld. Novelle. (48 S.) (900.) (Bd. 17.)
— ein falsches Signal. Novelle. (48 S.) (900.) (Bd. 4.)
— im Wolkenbruch. Novelle. (48 S.) (900.) (Bd. 25.)
Paulsen, John, Pasquarella. Novelle. (48 S.) (900.) (Bd. 12.)
Prigge-Brook, Marie, spätes Glück. Novelle. (48 S.) (900.) (Bd. 32.)
Röhl, Arth., Goldlocke. Nach dem Engl. (47 S.) (900.) (Bd. 22.)
Rosseg, Wilh., die Ruhmesbahn. Novelle. (48 S.) (900.) (Bd. 20.)
Rüst, Edela, das Recht des Lebens. — Der Fledermaus-Ball. Novellen. (48 S.) (900.) (Bd. 30.)
Schiener, Joh. Leop., Liebeszauber. Novelle. (48 S.) (900.) (Bd. 36.)
— Theresa. Roman aus dem Leben. (48 S.) (900.) (Bd. 5.)
Simson, Arth. Eug., das Wappen der Reichenstein. Historische Erzählg. (47 S.) (900.) (Bd. 11.)
Stein, Gerh., die Freunde. Eine Kleinstadtgeschichte. (48 S.) (900.) (Bd. 38.)
Tolstoi, Graf Leo, Schicksalstücke. Aus dem Russ. des T. Deutsch v. A. Roehl. (48 S.) (900.) (Bd. 41.)
Walter, M., der Fluch des Hauses. Roman nach dem Engl. (48 S.) (900.) (Bd. 31.)
Wegner, Lite (M. Olivar), vom Sanderhof. Eine Erzählung aus Südtirol. (47 S.) (900.) (Bd. 15.)
Wichmann, Frz., ein Vermißter. Erzählung aus Südtirol. (48 S.) (901.) (Bd. 44.)
Widdern, Marie, die Familie des Verbannten. Orig.-Novelle. (48 S.) (900.) (Bd. 1.)
Zola, Emile, rasch tritt der Tod den Menschen an. — In Hochwassersnot. Erzählungen. Deutsch v. Paul Heichen. (56 S.) (901.) (Bd. 50.)
— der Sträfling v. Rumea. (Jacques Damour.) Erzählung. Uebers. v. Paul Heichen. (48 S.) (900.) (Bd. 37.)

Welt: Aus aller Welt
v. Schweizer Kriminal-Zeitung.

Aus aller Welt. Illustrierte Jugendschrift für die Familie. Bd 1. Stuttgart: Glaeßer 1890. 8°
Red.: Eugen Palmer.

Aus aller Welt. Wochenblatt für das deutsche Haus. Bd 1 24. Berlin: Verlag des deutschen Zeitschriftenvereins 1896/97 1920. 8°
Red.: E. Hülle; sp. H. Pankow u. Th. Brandin.

Die Alte und Neue Welt: Jan. 4, 1834—1844?

Weekly. Prospectus dated Dec. 9, 1833. Sub-title: Eine gemeinnützige Volkszeitung für Politik, Handel, Gewerbe, Kunst, Literatur, Haus- und Landwirthschaft &c. Official organ of the Deutsche Ansiedlungs-Gesellschaft zu Philadelphia, Sept. 28, 1838 ?. Title varies. ALTE UND NEUE WELT, July 4– Dec. 1834; 2) DIE ALTE UND DIE NEUE WELT. Very well run paper. Excellent source for German American journalism. For supplement, see PHILADELPHIER WÖCHENTLICHER ANZEIGER UND UNTERHALTUNGSBLATT. Small folio, with slight variations in size; each issue 4 pages. Not published Feb. 25 Mar. 1834? Subscription held by Harmony Society, 1834 –43. Edited by Ernst Ludwig Walz, Jan. 4, 1834 – Fall 1837; by Samuel Ludvigh [few months], July –Aug.? 1837; by Maximilian Schele de Vere, Nov. 12, 1842 – Dec. 28, 1844; by Wilhelm Ludwig Joseph Kiderlen, 1844; by Wilhelm Langenheim, June 5, 1841 – Nov. 5, 1842; by Dr. Daniel Christian Ludwig Lehmus. Published by Johann Georg Wesselhoft [with C. L. Rademacher, as J. G. Wesselhoft & Co., Apr. 9, 1842 Feb. 25, 1843], Jan. 4, 1834 –Feb. 25, 1843; by Schreiber & Schwacke, Mar. 18, 1843 Mar. 1844; by J. H. Schwacke, Mar. 16– Dec. 1844.
Philadelphia, PA

— **die alte und neue.** Wanderungen nach Nord und Süd, Ost und West, zu den Wohnstätten der Gesittung und den Bewohnern der Wildniß. (2 Bde.) 2. (Titel-) Ausg. Leipzig (851.) 857. Spamer. br. 8. Jeder Bd. n. 25 ngr.
(1. Bd.) Die alte Welt. Herausg. von F. Körner. Mit 115 in den Text gedr. Abbildgn. und 3 Buntbildern (Holzschn.). (2 Bl., 190 S.)
(2. Bd.) Gesittetes und wildes Leben in der neuen Welt. Geschildert von Jul. Moritz. Mit 80 in den Text gedr. Abbildgn., 1 Titelbild rc. (Holzschn.). (VI, 182 S.)

Welt, alt' und neue. Drei Erzählungen zum Besten der Schillerstiftung herausg als Jubelfestgabe aus Westpreußen. Berlin 859. Schlingmann in Comm. 16. (183 S.) n. 22½ ngr.

Alte und Neue Welt: Jahrgang 1—34?, 1866 – 1900?

Monthly. Roman Catholic. Sub-title: Illustrierte katholische Monatsschrift für Unterhaltung und Belehrung, herausgegeben unter Mitwirkung hervorragender Schriftsteller geistlichen und weltlichen Standes aus Amerika, Deutschland und der Schweiz, 1866—74; Illustriertes katholisches Familienblatt zur Unterhaltung und Belehrung, 1875—?; Illustriertes katholisches Wochenblatt [in 1894]. Dated also at Cincinnati; St. Louis; Chicago. There is "Ausgabe für Europa," the "Jahrgang" numbering of which differs from that of the "Ausgabe für Amerika;" first seen in American edition, "Jahrgang" 13, which is "Ausgabe für Europa," Jahrgang 12. Quarto, each issue 32—64 pages; illustrated; each "Jahrgang" has title-page and contents. Published by Benziger Bros., 1866? – 1900.
New York, NY

Welt: Alte und Neue Welt

① Illustrierte katholische Monatsschrift zur Unterhaltung und Belehrung (1867—1923). Illustriertes Familienblatt zur Unterhaltung und Belehrung (seit 1924) ③ Der Pilger ⑤ 1867—September 1945 ⑥ 4°; 2° (seit 1895) ⑦ monatlich 1× (1867—1874), 16 Hefte jährlich (1875—1877), 18 Hefte jährlich (1878—1880), 24 Hefte jährlich (1881—1917), 12 Hefte jährlich (1918—1924), 24 Hefte jährlich (1925—1934), 12 Hefte jährlich (1935—1945) ⑧ Einsiedeln: Gebrüder Karl u. Nikolaus Benziger (1867—1886), Benziger & Co. (1887—1897), Verlagsanstalt Benziger & Co. AG (1897—1945) ⑩ die Drucker ⑪ Jos. Anton Pflanz (1867), v. Müller (1867—1874), Franz Meister (1874—1887), Dr. Thönes (1887—1891), Adam Reinheimer (1892—1895), Karl Muth (1895—1903), Kaspar Fransfeld (1903—1904), Leo Wirth (1904—1906), Franz von Matt (1906—1917), Franz Xaver Böni (1917—1925), Josef Heimgartner (1925—1936), Dr. Karl Schönenberger (1936—1945) ⑫ katholisch-konservativ ⑬ Be L; Ei Sb und Verlagshaus Benziger ⑮ Fast jedes Heft hat eine Übersicht des politischen Weltgeschehens

Welt, alte u. neue. Illustrirte kathol. Monatsschrift zur Unterhaltung u. Belehrung. Redig. unter Mitwirkung hervorragender Schriftsteller geistlichen u. weltlichen Standes in Amerika, Deutschland u. der Schweiz von J. A. Pflanz. 1—5. Jahrg. 1867—1871. à 12 Hefte (à 64 S. mit eingedr. Holzschn.). Einsiedeln, Gebr. Benziger. hoch 4. Jeder Jahrg. 1 ℛ 18 ngr.

— **alte u. neue.** Illustrirte kathol. Monatsschrift zur Unterhaltg. u. Belehrg. Hrsg. unter Mitwirkg. hervorrag. Schriftsteller geistl. u. weltl. Standes in Amerika, Deutschland u. der Schweiz. 6—8. Jahrg. 1872 1874 à 12 Hfte. hoch 4. (1. Hft. 36 S. m. eingedr. Holzschn. u. 1 Holzschntaf.) Einsiedeln, Gebr. Benziger. à Hft. — 40

— dasselbe. 9. u. 10. Jahrg. 1875 u. 1876 à 16 Hfte. hoch 4. (1. Hft. 48 S. m. eingedr. Holzschn. u. 1 Holzschntaf.) Ebend. à Hft. — 40

Welt, alte u. neue. Illustrirtes kathol. Familienblatt zur Unterhaltung u. Belehrung. Hrsg. unter Mitwirkung hervorragender Schriftsteller geistl. u. weltl. Standes in Amerika, Deutschland u. der Schweiz. 12—14. Jahrg. 1878—1880. à 18 Hfte. (6 B. m. eingedr. Holzschn.) hoch 4. Einsiedeln, Benziger. à Jahrg. n. 4. 80; geb. à n. 6. 40

— dasselbe. 15—17. Jahrg. 1881—1883. à 24 Hfte. (4 B. m. eingedr. Holzschn.) hoch 4. Ebend. à Hft. — 25; cplt. à Jahrg. n. 6. —; geb. n. 7. 60

Welt, alte u. neue. Illustrirtes kathol. Familienblatt zur Unterhaltg. u. Belehrg. 18–20. Jahrg. 1884–1886. à 24 Hfte. (4 B. m. Holzschn.) hoch 4. Einsiedeln, Benziger & Co. à Hft. — 25

— dasselbe. 21. Jahrg. 1887. 12 Hfte. (9 B. m. Holzschn.) hoch 4. Ebend. à Hft. — 60

Welt, alte u. neue. Illustrirtes kathol. Familienblatt zur Unterhaltg. u. Belehrg. 22.–25. Jahrg. 1887–1891. à 12 Hfte. (9 B. m. eingedr. Holzschn.) hoch 4. Einsiedeln, Benziger & Co. à Hft. — 50

Welt, alte u. neue. Illustr. kathol. Familienblatt. 26.–29. Jahrg. 1892–1895. (Octbr. 1891 – Septbr. 1895.) à 12 Hfte. (8 Bog.) Fol. Einsiedeln, Benziger & Co. à Hft. — 50

— **alte u. neue.** Illustr. kathol. Familienblatt. 30.–33. Jahrg. 1896–1899. (Octbr. 1895–Septbr. 1899.) à 12 Hfte. (à ca. 64 S.) Fol. Einsiedeln, Verlagsanstalt Benziger & Co. à Hft. — 50

Welt, alte u. neue. Illustr. Familienblatt zur Unterhaltung u. Belehrg. Chefred.: Karl Muth. Red. f. Oesterreich-Ungarn: Ferd. Zöhrer. 34. u. 35. Jahrg. 1900 u. 1901. (Septbr. 1899–1901.) à 12 Hfte. Fol. (768 u. 764 S. m. 6 bezw. 4 Taf.) Einsiedeln, Verlagsanstalt Benziger & Co. à Hft. — 50

— dasselbe. Chefred.: Karl Muth. 36. Jahrg. 1902. (Aug. 1901–1902.) 24 Hfte. Fol. (766 S. m. 3 Taf.) Ebd. à Hft. — 35

— dasselbe. Mit den Beilagen: „Rundschau in Wort u. Bild" u. „Für die Frauen u. Kinder". 37. Jahrg. 1903. (Aug. 1902–1903.) 24 Hfte. Fol. (766 S. m. 20 Taf.) Ebd. n. 8. 40; geb. n. 10. 80

— **alte u. neue.** Illustriertes kathol. Familienblatt zur Unterhaltg. u. Belehrg. Mit den Beilagen: „Rundschau in Wort u. Bild" u. „Für die Frauen u. Kinder". 38.–41. Jahrg. 1903/1904–1906/1907. (Septbr. 1903 bis 1907.) à 24 Hefte. (à ca. 48 S.) Fol. Einsiedeln, Verlagsanstalt Benziger & Co. à Heft — 35

— **alte u. neue.** Illustriertes Familienblatt zur Unterhaltg. u. Belehrg. 42.–45. Jahrg. 1907/08–1910/1911. (Septbr. 1907–Septbr. 1911.) à 24 Hefte. (42.–44. Jahrg. XII, 968; XII, 968 u. X, 968 S. m. 17, 14 u. 13 Taf.) 34×24,5 cm. Einsiedeln, Verlagsanstalt Benziger & Co. à Heft — 35

Welt, eine andere. Illustrirt v. J. J. Grandville. Beschrieben v. Plinius dem Jüngsten. (16 Lfgn.) gr. Lex.-8. (17 1/8 B., 32 ill. u. 1 schwarze Holzstichtaf.) Leipzig 846, 47, Lorck. (à L. * 10 Ngr.) *

— die, im Argen, mit d. Geißel verfolgt v. Heraklitos Demokritos, 1ste Geißelung, enth. 1) Hymen, 2) d. Jugend, 3) die Hauszucht, 4) d. Kirche, 5) Schriftstellerey. 8. Berlin, Dieterici. 805.

— die, im Argen, mit d. Geißel verfolgt von Heraklitos Demokritos, 1ste Geißelung, enthalt. 1) Hymen, 2) d. Jugend, 3) die Hauszucht, 4) d. Kirche, 5) Schriftstellerei. 8. Berl. 805. (Mittler). 16 gr

Welt, die Außer-Europäische, oder Jahrbuch des Wissenswürdigsten aus der Kunde fremder Länder und Völker. Nach den besten vorhandenen Quellen herausg. von einem Vereine Gelehrter. 1. Bd. (In 12 Liefgn.) 1–8. Liefg. Karlsruhe 858. Kunstverlag. Lex.-8. (Text: S. 1–256 und: Das Neueste aus der Länder- und Völkerkunde S. 1–56.) Jede Liefg. mit 2 Stahlst. n. 7 ngr; Ausg. in 4. n. 10 ngr

— die Außer-Europäische, oder Jahrbuch des Wissenswürdigsten aus der Kunde fremder Länder u. Völker. Nach den besten vorhandenen Quellen herausg. von einem Vereine Gelehrter. 1. Bd. 9–12. Liefg. u. 2. Bd. 1–12. Liefg. Karlsruhe 859, 60. Kunstverlag. Lex.-8. (1 Bd.: S. 257–372; 2. Bd.: 384 S. u. 2 lith. Karten in 4.) Jede Liefg. mit 2 Stahlst. n. 7 ngr; à Bd. n. 2 Thlr 20 ngr; Ausg. in 4. à Bd. n. 4 Thlr

— die begriffene. Blätter f. wissenschaftl. Unterhaltung. Red. u. hrsg. v. Wilh. Jordan. 1–6. Hft. hoch 4. (24 B. u. 1 Stnt.) Leipzig 845, 46, Otto Wigand. à * 8 Ngr. *

Welt, die begriffene. Blätter für wissenschaftliche Unterhaltung. Herausg. von Wilh. Jordan. 2. (Titel-) Ausg. hoch 4. (192 S. m. 1 lith. Taf.) Leipzig (845. 46) 849, O. Wigand. 1 Thlr

— die belletristische. Elegante Hausbibliothek der besten Romane unserer Zeit herausgeg. von A. Diezmann. 1.–10. Bdchen. A. u. d. T.: Gräfin Chateaubriant. Roman von Hnr. Laube. 2. Aufl. 3 Bde. 16. (Mit Laube's Portrait.) Leipzig 846, Teubner. Jedes Bdchn. 1/12 Thlr

— die belletristische. Hrsg. v. A. Diezmann. 11–34. Bdchn. Dombey u. Sohn, von Ch. Dickens. 6 Bde. à 4 Lfgn. 16. Leipzig 847. 48, Teubner. (à Bdchn. 1/12 Thlr) 4 Thlr; herabges. Preis 3/4 Thlr

— dies. 35–40. Bdchn. Amerikan. Reisenovellen. Von Gabriel Ferry. 16. (398 S.) Ebd. 847. (à Bdchn. 1/12 Thlr) 1 Thlr; herabges. Pr. 6 ngr

Welt belletristische

Die belletristische Welt. Elegante Hausbibliothek der besten Romane unserer Zeit. Hrsg. von A. Diezmann. Bdchn 41-57. 1847

s.a. Dumas, Alexandre: Die Funfundvierzig.

— dies. 41–57. Bdchn. Die Fünf- u. Vierzig, v. Alex. Dumas. 17 Bdchn. 16. Ebd. 847. (à 1/12 Thlr) 1 5/12 Thlr

— dies. 58–65. Bdchn. Der Piccinino. Von George Sand. 2 Bde. à 4 Lfgn. 16. Ebd. 847. (à Bdchn. 1/12 Thlr) 2/3 Thlr

— dies. 68–78. Bdchn. Geld u. Arbeit. Von Onkel Adam. [Wetterstett.] Aus dem Schwed. übers. von G. v. Rosen. 3 Bde. 16. Ebd. 848. (à Bdchn. 1/12 Thlr) 11/12 Thlr; herabges. Preis 5/12 Thlr

-- dies. 79–97. Bdchn. Der Markt des Lebens. Ein Roman ohne einen Helden von William Makepeace Thackeray. 6 Bde. (1031 S.) Ebd. 849. (à Bdchn. 1/12 Thlr) 1 7/12 Thlr herabges. Pr. 1/2 Thlr

— dies. II. Serie. 1–13. Bdchn. Die sieben Todsünden. Von Eug. Sue. 1. Hoffart. 1. Bd. 4 Lfgn. u. 2–4. Bd. 16. Ebd. 848. (à Bdchn. 1/12 Thlr) 1 1/12 Thlr

— dies. Die Hexen v. Lancashire. Ein Roman aus dem Pendle-Walde. Von William Harrison Ainsworth. Deutsch v. A. Kretzschmar. 6 Bde. 16. (1117 S.) Ebd. 849. (à 1/4 Thlr) 1 1/2 Thlr; herabges. Pr. 1/2 Thlr

— dies. Novellen v. St. St. Blicher. Aus d. Dän. übers. v. M. u. P. 6 Bde. 16. Ebd. 849. (à 1/4 Thlr) 1 1/2 Thlr; herabges. Pr. 12 ngr

— dies. David Kupferfeld's des Jüngern v. Stolperbein-Krähenhorst persönl. Geschichte, Abenteuer, Erfahrungen u. Beobachtungen, [die er unter keiner Bedingung zu veröffentlichen gedachte]. Von Charles Dickens. Deutsch v. A. Kretzschmar. 1 u. 2. Bd. à 3 Lfgn. u. 3–9. Bd. 16. Ebd. 849. 50. (à Bd. 1/4 Thlr) 2 1/4 Thlr; herabges. Pr. 27 ngr

*Die mit Teufeln besessene Welt in drei Gesprächen, von dem losgelassenen Teufel von schwartzen und weißen Teufeln. A. d. Engl. d. Addison. Offenb. s. a. 8.

— die mit Teufeln besessene, in 3 Gesprächen: 1) von dem losgelassenen Teufel, 2) von schwarzen Teufeln, 3) von weißen Teufeln. Aus d. Engl. 8. Bresl. ... W. G. Korn. 4 gl

— —, Die mit Teuffeln besessene, In drey Gesprächen: 1. Von dem loßgelassenen Teuffel, 2. Von schwartzen Teuffeln, 3. Von weißen Teuffeln; Aus dem Englischen übersetzt. Offenbach, Gedruckt in diesem Jahr (um 1725?). 8°. 160 S. (incl. Tit.). (8 Kr. Halm & Goldmann, Wien, 1907.)

— die beste, von Gleim u. Jacobi. 8. Leipz. Sommer.

Welt, die beste. Den Beschuldigungen ihrer Feinde unter die Augen gestellt und in einem poetischen Sendschreiben an Probst Joh. Gustav Reinbeck gegen ihre Lästerer vertheidigt. Berlin u. Leipzig 1739. 4°. 16 S.

Welt, Die beste. Halle 1746. V: *Sucro, Johann Georg.* (ML)

Welt im Bild. Ill. Wochenschau f. Ostpreußen. Jg. 1, No 1. Königsberg i. Pr.: Hartung 1908. 4° [J.] 10

Welt, Die, in Bildern, ein Wochenblatt zum Vergnügen und Unterricht der Jugend. Wien 1787—1788. H: *Baumeister, Joseph Edler von.* (Zahn 280/1037) (Gilhofer 111/624) (Malota 2/444) (Stadtbibliothek Wien) (zenker 151, Nr. 262) (wrztg 1787, Nr. 10/11, S. 35; 1793, S. 287) (Biblport)

— die, in Bildern, vorzügl. z. Vergnügen u. Unterricht d. Jugend in 5 Sprachen. 5 Bde m. K. gr. 8. Wien, Stahel. 788—90.

— die, in Bildern, vorzügl. z. Vergnügen u. Unterr. d. Jugend, von Edlen v. Baumeister. 6 Thle m. K. 4. Wien, Wallishaußer. 790—94.
Text a. Schreibp. mit ill. K. a. Holl. Pap.
Text m. ill. K. a. Holl. Pap.

— die, in Bildern, ein lehrreiches u. angenehmes Geschenk für Kinder gebild. Eltern. 2 Thle, jeder mit 121 sauber color. Kpf. 8. Berl. 832. (Krause). à 18 gl 1 ₰ 12 gl

Welt, die, in Bildern. Ein lehrr. u. angenehmes Geschenk f. Kinder gebild. Eltern. 2 Thle. 8. (à 121 ill. Kpfr. u. 2½ Bog. Text.) Berlin 832, (Zesch.) à 18 Gr.

—— die, in Bildern. Ein lehrr. u. angenehmes Geschenk f. Kinder gebild. Eltern. 2 Thle. 8. (242 col. Kpfrt. u. 5¼ B.) Berlin 841. (Leipzig, Melzer.) à ⅔ Thlr.

Welt, die, in Bildern. Eine Festgabe f. Kinder. 4. (300 Abbildn. u. 21 Bl. Text.) Stuttgart 841, Hoffmann'sche Vrlsbuchh. 1 Thlr., col.

— die, in Bildern. Ein Volksbuch zur Unterhaltung und Belehrung. 1. Bd. 1.—6. Heft. Jedes mit 4 Stahlstichen. Lex.-8. (à 2 halbe Bog.) Leipzig 842, Reclam jun. à n. ⅙ ₰

—— die, in Bildern. Eine Festgabe f. Kinder. 3. Aufl. 4. (5½ B., 21 Stnt. m. 300 ill. Abbild. u. Ttlbld.) Stuttgart 844, Schmidt u. Spring.

— die, in Bildern. Ein Bilderbuch für Beobachtung und Unterhaltung in 100 Tafeln erläutert von W. Curtman. 4. u. 5. Heft. Weimar 853. Landes-Industrie-Comptoir. 4. (S. 57—98 u. 8 Stahlstichtaf.) Jedes Heft 12 ngr.

— die, in Bildern. **Neue Aquarell-Albums.** Nr. 1. qu. gr. 8. **Leipzig 893. Internationale Verlags- u. Kunstanstalt (J. Laurencic). In Leinw.-Decke.** 3. —
Chicago u. die Columbische Weltausstellung. Aquarell- u. Farbendrucke nach Originalen v. E. Schlemo u. W. Oertel. (14 Taf. in Farbendr. u. Zinkogr.)

Welt. Die Welt in Bildern. [Gratis-Beilage zum „Aarburger Anzeiger". Hrg. von Dr. Heinrich Ingenhoven.] 4 Lieferungen. [*je* Mit 1 Tafel.] 8. Aarburg [1900].
Lfg. 1. Inhalt: Illustration und Beschreibung von Aarburg.
Lfg. 2. Inhalt: Beschr' von Oftringen und Rothrist.
Lfg. 3. Inhalt: Zofingen in Wort und Bild.
Lfg. 4. Inhalt: Olten in Wort und Bild.

—— die, in 102 Bildern f. d. Jugend, oder Schauplatz der Natur, der Kunst u. des Menschenlebens. 8. (7½ B.) Presburg 842. (Leipzig, Kummer.)

Bucklige Welt, s.a. Ausflugskarten.

Bucklige Welt und Wechselgebiet. [G. Freytag's Ausflug-karten. Blatt IX.] Wien: Freytag & Berndt 1910. K —.40

— die buddhistische, s.a. **Buddhist, der.**

DIE BUDDHISTISCHE WELT. DEUTSCHE MONATSSCHRIFT FÜR BUDDHISMUS. Organ der deutschen Pāli-Gesellschaft.[1])
Jahrg. III. (1. Juli 1909 — 1. Juni 1910.) Schriftleiter: KARL B. SEIDENSTÜCKER in Leipzig und Dr. WOLFGANG BOHN in Bad Ziegenhals. Breslau. Verlag und Auslieferung: Walter Markgraf.
Herausgeber: WALTER MARKGRAF.
[1]) Erst von Jahrg. III an Organ (und herausgegeben) von der Pāli-Gesellschaft.

— die buddhistische. Deutsche Monatsschrift f. Buddhismus. Organ der deutschen Pāli-Gesellschaft. Hrsg. u. Red.: Walt. Markgraf. 4. Jahrg. Juli 1910—Juni 1911. 12 Nrn. (à ca. 24 S.) gr. 8. Breslau, W. Markgraf. 5. —

Welt, Die bunte, oder Bilder und Geschichten . . . zur Ergötzung und Belehrung . . . München 1828. V: *Massmann, Hans Ferdinand.* (Sch)

—— die bunte, od. Bilder u. Geschichten, Lieder u. Weisen zur Ergötzung u. Belehr. f. wißbegier. Kinder. qu. 8. (2 B., 9 ill. Stnt. u. 1 Musikbeil.) München 828, [Jaquet]

— d. bunte, oder Bilder u. Geschichten, Lieder u. Weisen zur Ergötzung u. Belehrung f. wißbegier. Kinder. Mit 9 ill. Steindr. qu. 8. Münch. 828. Michaelis. 12 gl

—— die bunte. Geschichten und Bilder zur Unterhaltung und Belehrung. Buch für Alle. 1. und 2. Bd. à 15 Hefte. (à 2 Bog. mit 2 Chromolithogr.) hoch 4. Dresden 868—71, A. Wolf. à Heft 30 Pf.; à Bd.

—— dass. — Illustrirtes Volksblatt. Hrsgbr.: Wilh. Uhland. Jahrg. 1872 und 1873. à 15 Hefte. (à 4 Bog. mit eingedr. Holzschn. und 1 Farbendr.) hoch 4. Ebendas. à Heft 50 Pf.; à Jahrg.

—— dass. — Illustrirte Zeitschrift. Hrsgbr.: Wilh. Uhland. Jahrg. 1874 und 1875. à 18 Hefte. (à 5 Bog. mit eingedr. Holzschn.) hoch 4. Ebendas. à Heft 50 Pf.; à Jahrg.

—— die bunte. Illustrirte Zeitschrift. Hrsg. von Wilh. Uhland. 5. Jahrg. 1875—1876. 18 Hefte oder 52 Nrn. (à 2 Bog. mit eingedr. Holzschn.) hoch 4. Dresden, A. Wolf. à Heft 50 Pf.
Nicht weiter erschienen.

— bunte. Red.: Ludw. Lenz. 1. Jahrg. 1886. 52 Nrn. (3 B. m. farb. Illustr.) Fol. Berlin, Expedition. n. 5. 60; in 24 Hftn. à n. — 30

— bunte. Red.: L. Lenz. 2. Jahrg. 1887. 52 Nrn. (3 B. m. farb. Illustr.) Fol. Berlin, Expedition. n. 7. 20; in 24 Hftn. à n. — 30

— dasselbe. 3. Jahrg. 1888. 52 Nrn. (B. m. z. Thl. farb. Illustr.) gr. 4. Berlin, Nagel. n. 6. —

— dasselbe. 4. Jahrg. 1889. 52 Nrn. (B. m. Illustr.) gr. 4. Ebd. n.n. 5. 20; in 26 Hftn. à n. — 20

— bunte. 12. (8 farb. Taf. m. Text.) Leipzig 889. Fr. Pfau. cart. — 15

— bunte. (Bilderbuch.) 12. (6 farb. Taf. m. eingedr. u. 8 S. Text.) Düsseldorf 895. A. Bagel. — 20

— bunte. 4. (8 farb. S.) Eßlingen 895. J. F. Schreiber. — 20

— bunte. gr. 8. (12 farb. S. ohne Text.) Stuttgart 898. G. Weise. — 25

— die christliche. Evangelisch-lutherisches Gemeindeblatt f. die Gebildeten. Hrsg.: M. Rade. 2. u. 3. Jahrg. 1888. 1889. à 52 Nrn. (B.) gr. 4. Leipzig, Grunow. à Jahrg. n. 6. —

1. Jahrg., s. Gemeindeblatt, evangelisch-lutherisches.

— dasselbe. 4. Jahrg. 1890. 52 Nrn. (B.) gr. 4. Ebd. n. 8. —

1. Jahrg. s.: Gemeindeblatt, evangelisch-lutherisches.

— die christliche. Evangelisch-luther. Gemeindeblatt f. Gebildete aller Stände. Hrsg.: Rade. 5.—8. Jahrg. 1891—1894. à 52 Nrn. (à ca. 1½ Bog.) gr. 4. Leipzig, F. W. Grunow. à Jahrg. n. 8. —

— die christliche. Evangelisch-luther. Gemeindeblatt für Gebildete aller Stände. Hrsg.: Rade. 9.—12. Jahrg. 1895—1898. à 52 Nrn. (à ca. 24 Sp.) gr. 4. Leipzig. Marburg, Verlag d. christl. Welt. à Jahrg. n. 8. —
Kann auch vierteljährlich bezogen werden.

— die christliche. Evangelisches Gemeindeblatt f. Gebildete aller Stände. Hrsg.: Rade. 13.—16. Jahrg. 1899—1902. à 52 Nrn. gr. 4. (à 24 Sp.) Marburg, Verlag der christl. Welt. à Jahrg. n. 8. —

— die christliche. Evangelisches Gemeindeblatt f. Gebildete aller Stände. Hrsg.: Rade. 17.—20. Jahrg. 1903—1906. à 52 Nrn. (X, 1260; XII, 1272; XI, 1250 u. XI, 1258 Sp.) gr. 4. Marburg, Verlag der christl. Welt. à Jhrg. n. 8. —

— die christliche. Evangelisches Gemeindeblatt f. Gebildete aller Stände. Hrsg.: Rade. 21.—24. Jahrg. 1907—1910. à 52 Nrn. (à ca. 24 Sp.) 34×25 cm. Marburg, Verlag der Christl. Welt. à Jahrg. 10. —

— dasselbe, Register, s.: Balzer, Christian.

— dasselbe, s. a: Chronik d. Christlichen Welt.

— die christliche, u. das weltliche Christenthum. Aus dem Norweg. v. M. Simonsen. 12. (205 S.) Flensburg (900). Th. Kordt. n. — 60; geb. in Leinw. n. 1. 20

Deutsche Welt: 1889 1890

Democratic weekly. Circulation: 1890, 500 (est.). Edited & published by Kahmann & Mintrop. Washington, MO

— deutsche, thu' einmal wegen d. Philosophie d. Augen auf! oder Beitrr. über wechselseitige Verhältnisse d. Philosophie u. Religion, des Staats, d. Kirche rc., (von Fidel. Deubl). 2 Thle. gr. 8. Germanien 807. (Löffler in Manh.) 1 ℔ 14 K

Welt, Deutsche, thu einmal wegen der Philosophie und Geistlichkeit die Augen auf! . . . Germanien 1870. V: *Deubl, Fidel.* (AarK)

— durchlauchtige, s. a. Th. Berger.

Welt, Die Durchläuchtige, oder kurtz-gefasste Genealogische, Historische und politische Beschreibung, meist aller jetzt-lebenden Durchläuchtigen hohen Personen . . . Hamburg 1697. 1710—11. V: *Schmidt, Samuel Heinrich.* (Plas) V: *Berger, Theod.* (BrMm)

Welt, Die Durchläuchtige, . . . Theil 1—3. Hamb. 1698. Teil 4. Hamburg 1731. V: *Schmidt, Samuel Heinrich.* (Mitth. Geh. O.-R.-R. Dr. Adam-Stuttgart.) S. a. IV, 12082.

Die durchlauchtige Welt oder kurtzgefasste genealogische, historische und politische Beschreibung meist aller jetzt lebenden durchlauchtigen hohen Personen, sonderlich in Europa. 4 Bde. (Mit Wappen u. Seeflaggen.) Hamburg: Schiller 1698, Kissner 1731.
1: Kaiser, Könige, Chur- und Fürsten, Erz- und Bischöfe, Aebte. 1698.
2: Sämtliche Grafen des H. Röm. Reichs. 1698.
3: Die vornehmsten Regenten in den übrigen Welttheilen; die Ritterorden und Seeflaggen. Nebst Europa ill. anagrammatica epigrammatica von S. H. S. 1698.
4: Reichs- und Kayserhistorie bis 1731. Heroldskunst. Nachricht von den Historicis und Geographis. 1731.

Welt, die elegante, s. a. Alt-Wien.

— die elegante, im J. 1831. Jan.—Juni. (26 Nrn.) M. 24 ill. Stnt. qu. Fol. Karlsruhe, Müller.

— dass. — Ein Mode-Journal f. Damen, J. 1831. Juli—Dec., u. J. 1832. gr. 8. Ebds. [831. (26 Nrn. [¼ Bog.] u. 26 ill. Stnt.) 1 Thlr. 16 Gr., 32. (52 Nrn. [¼ Bog.] u. 52 ill. Stnt.) 3 Thlr. 8 Gr.]

— dass. — Ein Mode-Journal f. Herren, J. 1831. Juli—Dec., u. J. 1832. gr. 8. Ebds. [831. (26 Nrn. [¼ Bog.] u. 26 ill. Stnt.) 1 Thlr. 16 Gr., 32. (52 Nrn. [¼ Bog.] u. 52 ill. Stnt.) 3 Thlr. 8 Gr.]

— dass. — Ein Mode-Journal f. Tischler, Tapezierer rc., J. 1831. Juli—Dec., u. J. 1832. gr. 4. Ebds. [831. (26 ill. Stnt.) 2 Thlr., 32. (52 ill. Stnt.) 4 Thlr.]

— die elegante, od. deutsche u. franz. Modenberichte. 1. Jahrg. 1833. 52 Nrn. (½ Bog.) u. 104 ill. Stnt. gr. 8. Köln 833, Renard u. Dübyen.

Welt, die elegante, Meubles u. Verzierungen im modernsten Geschmacke. — Le beau monde. Meubles et Décorations de goût. Nach Osmonts u. dess. Nachfolger Methode zu Paris. I. Samml. 1—4. Hft. Jedes m. 8 col. Kpfrt. qu. ½ Fol. Augsburg 838—40, Rieger'sche Buchh. à Thlr.*

Welt. — Die elegante Welt, s.a. Welt, Fromme's elegante.

— die elegante. Illustrirte Wochen-Revue. Hrsgbr.: A. M. Konody. Redact.: M. v. Hohenberg. 1. Jahrg. 1887. 52 Nrn. (à Nr. 3—4 Bog. mit eingedr. Illustr. und Kunstbeilagen.) gr. 4. Wien. (Berlin, Stuhr'sche Buchh.) *

— dass. — Hrsgbr.: H. Miekus und Sueti. 2. Jahrg. 1888. 1. Semester. 26 Nrn. (à Nr. 3—4 Bog. mit eingedr. Illustr. und Kunstbeilagen.) gr. 4. Wien. (Berlin, Siegismund.) *

— dass. — 2. Jahrg. 1888. 2. Semester. 13 Nrn. (à Nr. 3—4 Bog. mit eingedr. Illustr. und Kunstbeilagen.) gr. 4. (Ebendas.) *

Welt, die elegante. Illustrirte Wiener Revue. Hrsgbr.: F. A. Bacciocco. 3. Jahrg. 1889. 24 Nrn., u. 4. Jahrg. 1890. 12 Nrn. (à Nr. 3—4 Bog. m. eingedr. Illustr. u. Kunstbeilagen.) Imp.-4. Wien. (Berl., Siegismund.) à Jahrg. * 20 —

— dasselbe. Hrsg.: F. A. Bacciocco. 4. Jahrg. 1890. 12 Nrn. (à 3—4 B. m. eingedr. Illustr. u. Kunstbeilagen.) Imp.-4. Ebd. n. 20. —

— der, Ende im Jahre 2000!!! oder das Buch der entsiegelten Geheimnisse. 144 höchst denkwürd. u. wichtigste Prophezeihungen aller Jahrh. bis zum J. 2000. Auf die göttl. Offenbarung gegründet. Aufgefunden im Urtexte u. aus Manuscripten alter Kloster-Chroniken entlehnt. Mit biograph. Skizzen ꝛc. 8. (23 S.) Dresden 849, Birr in Comm. n. 2 ngl.

— die entlarvte. 8. Dresden, Hilscher. 805.

— die entlarvte, nach ihrer Gestalt durch vielerley Personen in artig. u. lustigen Gesprächen entdecket. 10 Thle. 8. Freystadt. 722 — 24.

— die, d. Fahrten u. Abenteuer. I.—VI. Bd. 8. Freiburg i/B., F. E. Fehsenfeld. à Bd. n. 3. —; geb. in Leinw. à n. 4. —

I. Das unerforschte Land. Aus dem Engl. d. H. Rider Haggard. Autorif. Uebersetzg. v. E. A. Witte. Mit 31 Illustr. v. A. Wald. 1.—5. Tauf. (476 S.) 896.
II. Die Schatzinsel. Von Rob. Louis Stevenson. Aus d. Engl. übers. v. E. A. Witte. Mit 25 Illustr. v. A. Wald. 1.—5. Tauf. (402 S.) 897.
III. Die Erbin von Nevers. Von Paul Féval. M. 69 Illustr. u. farb. Titelbild v. A. Grob. 1. Bd. 1.—5. Tauf. (VI, 456 S.) 897.
IV. Dasselbe. 2. Bd. M. 50 Illustr. v. A. Grob. 1.—5. Tauf. (460 S.) 897.
V. Der Zauberer im Sululande. Von H. Rider Haggard. Autorif. Uebersetzg. aus d. Engl. v. O. Eggert. M. 64 Illustr. v. A. Grob. 1.—5. Tauf. (342 S.) 897.
VI. Im Dschungel. Von Rudyard Kipling. Autorif. Uebertragg. aus d. Engl. v. Curt Abel-Musgrave. M. 80 Illustr. v. A. Grob. 1.—5. Tauf. (VII, 344 S.) 898.

Welt, die, der Fahrten u. Abenteuer. VII. Bd. 8. Freiburg i/B., F. E. Fehsenfeld. n. 3. —; geb. n. 4. —
Der Hexenmeister. Von Stanley J. Weyman. Autorif. freie Bearbeitg. nach dem Engl. v. Kurt Abel-Musgrave. Mit 12 Illustr. v. Mal Paget u. H. M. Paget. (VII, 288 S.) 900.

— die, in Farben. Hrsg. v. Johs. Emmer. I. Abtlg.: Deutschland, Oesterreich-Ungarn u. die Schweiz. 1. Mappe. 42 Taf. u. 44 Textbilder nach photograph. Aufnahmen in natürl. Farben. 15 Hefte. (Text IV u. 60 S. m. farb. Abb.) gr. 4. Berlin-Schöneberg (906. 907.) Internationaler Weltverlag. (Für Oesterreich-Ungarn: Wien, J. Lenobel.) Subskr.-Pr. à n. 1. 50; Einzelpr. à n. 3. — (1. Mappe vollst. in Leinw.-Mappe n. 30. —)

— die, in Farben. Hrsg. v. Johs. Emmer. I. Abtlg.: Deutschland, Oesterreich-Ungarn u. die Schweiz. Leitung der Aufnahmen u. der Herstellg. d. Werkes: Bernh. Esch. Tafeln u. Textbilder nach photograph. Aufnahmen in natürl. Farben. 16.—40. (Schluss-)Heft. (75 Taf. m. Text IV u. S. 61—160 m. farb. Abb.) 37×28,5 cm. Berlin 907. 08. [Internationaler Weltverlag.] C. A. Weller. Subskr.-Pr. à 1.50; Einzelpr. à 3.— (vollständig in 3 Leinw.-Mappen 90.—)

—— die fashionable, ihre feinen Manieren im Salon, bei Visiten, Diners u. Bällen, u. ihre Toilette u. Kunst d. Conversation. Ein Führer durchs moderne Leben. Frei nach dem Französ. 16. (6¾ B.) Leipzig 846, Hentze.

—— die feine. Elegantes Tage- und Notiz-Buch pro 1877—1880. 1.—4. Jahrg. 16. (248; 245; 250; 248 S. mit 1 Photogr.) Wien, Perles. geb. in Leinw. à Jahrg. * geb. in Leder oder elfenbeinähnl. Einbd. à Jahrg. *

—— die feine. Elegantes Tage- und Notizbuch pro 1881—1885. 5.—9. Jahrg. 16. (à Jahrg. ca. 250 S. mit 1 Photogr.) Wien, Perles. geb. mit Goldschn. à Jahrg. *

—— die feine. Elegantes Tage- und Notizbuch pro 1886. 10. Jahrg. 16. (249 S. mit Photogr. von I. kaiserl. Hoh. Erzherzogin Valerie.) Wien, Perles. geb. mit Goldschn. *

— die feine. Elegantes Tage- u. Notizbuch pro 1887. 11. Jahrg. Mit Photogr. v. J. kais. Hoh. Kronprinzessin Stefanie m. Erzherzogin Elisabeth. 16. (III, 249 S.) Wien, Perles. geb. in Leinw. m. Goldschn. n. 2. 50; in Ldr. n. 4. —

—— dass. — pro 1888. 12. Jahrg. 16. (III, 244 S. mit Photogr. Ihrer kaiserl. Hoh. Frau Erzherzogin Maria Josefa.) Ebendas. geb. in Leinw. mit Goldschn. * geb. in Leder *

—— dass. — pro 1889. 13. Jahrg. 16. (III, 243 S. mit Photogr. Ihrer Durchl. der Prinzessin Aglaja Auersperg.) Ebendas. geb. in Leinw. mit Goldschn. * geb. in Leder *

— die feine. Elegantes Tage- u. Notizbuch pro 1891. 15. Jahrg. 16. (248 S. m. 1 Photogr.) Wien, Perles. geb. in Leinw. m. Goldschn. n. 2. 50; in Ldr. n. 4. —

Welt, Die feine. Elegantes Tage- und Notizbuch pro 1892. 16. Jahrg. Mit Photographie Ihrer k. u. k. Hoheit Erzherzogin Margarethe. 16. (III. 256 S.) Geb. in Leinw. m. Goldschn. 1.25. in Leder Wien: Moritz Perles 1891. 2.—

—— die feine. Elegantes Tage- u. Notizbuch pro 1893. 17. Jahrg. 16. (III, 248 S. m. 1 Photogr.) Wien, Perles. Geb. in Leinw. m. Goldschn. * 2 50; in Ldr. * 4 —

Welt, Die feine. Elegantes Tage- und Notizbuch pro 1894. XVIII. Jahrg. Mit Portrait der Prinzessin Mary von Rumänien. 16. (256 S.) In Leinwand geb. 1.25, in Leder gebunden Wien: Perles 1893. 2.—

— die feine. Elegantes Tage- u. Notizbuch pro 1895. 19. Jahrg. 16. (III, 248 S. m 1 Photogr.) Wien, M. Perles. Geb. in Leinw. m. Goldschn. n. 2. 50; in Ldr. n. 4. —

Welt, Die feine, Elegantes Tage- und Notizbuch pro 1896. XX. Jahrg. Mit Portrait der Erzherzogin Elisabeth. 16. (256 S.) In Lnwd. geb. 1.25, in Leder geb. 2.— Wien: Moritz Perles 1895.

Welt, Die feine, im Jahre 1897. XXI. Jahrgang. Elegantes Tage- und Notizbuch. Mit Porträt Ihrer k. u. k. Hoheit Erzherzogin Maria Josefa. 16. (256 S.) Eleg. in Lnwd. gebunden 1.25
Dieselbe in Leder geb. 2 —
Wien: Perles 1896.

Welt, Die feine, Elegantes Tage- und Notizbuch pro 1898. XXII. Jahrg. Mit Porträt der Prinzessin Dorothea von Coburg. 16. (256 S.) In Leinwand geb. 1.25, in Leder geb. Wien: Perles 1897. 2.—

— die feine, u. Wiener Damen-Almanach. Elegantes Tage- u. Notizbuch pro 1899. 23. Jahrg. 16. (III, 248 S. m. 1 Photogr.) Wien, M. Perles. Geb. in Leinw. m. Goldschn. n. 2. 50; in Ldr. n. 4. —

— die feine. Elegantes Tage- u. Notizbuch pro 1903. 27. Jahrg. 16. (III, 248 S. m. 1 Bildnis.) Wien, M. Perles. Geb. in Leinw. m. Goldschn. n. 2.50; in Ldr. n. 4. —

Welt, die feine. Elegantes Tage- u. Notizbuch pro 1907. 31. Jahrg. (III, 248 S. m. 1 Bildnis.) 16. Wien, M. Perles. Geb. in Leinw. m. Goldschn. n. 2. 50

Die feine Welt. Elegantes Tage- und Notizbuch pro 1908. 32. Jahrg. 8°. geb. K 2 50, in Leder K 4.—
Wien: Moritz Perles, K.u.k. Hofbuchh. 1907.

Die feine Welt. Elegantes Tage- und Notizbuch pro 1909. 33. Jahrg. 8°. (256 S.) geb. K 2.50, in Leder K 4.—
Wien: Perles 1908.

Die feine Welt. Elegantes Tage- und Notizbuch pro 1910. 34. Jahrg. 8°. (256 S.) geb. K 2.50, in Leder K 4.—
Wien: Perles 1909.

— die feine. Elegantes Tage- u. Notizbuch pro 1911. 35. Jahrg. (III, 248 S. m. 1 Bildnis.) 16. Wien, M. Perles. Geb. in Leinw. m. Goldschn. 2. 50

— die feine, v. Gothenburg, **Bibliothek**, Europäische. 635. 856 – 858. 863 u. 864. Bd.

GOTHENBURG. — Die feine Welt von Gothenburg. Ein Roman. Aus d. Schwed. v. A. Kretzschmar. 6 Thle. Grimma 1852—53. 8°. (2½ Rthl.) (1 Rthl. herabges. Pr., Lpz., C. F. Schmidt.)
Cat. Kuhlmey. Liegnitz 1855. S. 721.

Welt: Die Welt der Frau
s.a. Hochwacht, Vorwärts (IV), Neue Zürcher Nachrichten.

— die, der Frau. Red.: W. Walther. 1. Jahrg. 1900. 52 Nrn. gr. 4. (à ca. 16 S. m. Abbildgn.) Oldenburg, Fr. Büttner. 4. 80

Welt, Fromme's elegante

—— elegante. Notiz-Kalender für 1875 — 1880. 15.—20. Jahrg. Mit (photogr.) Portr. 16. (à Jahrg. ca. 266 S.) Wien, Fromme. geb. in Leinw. à Jahrg. * geb. in Leder oder Pergament à Jahrg. *

—— Fromme's elegante. 21.—25. Jahrg. 1881—1885. 16. (à Jahrg. ca. 260 S. mit photogr. Titelbild.) Wien, Fromme. geb. in Leinw. mit Goldschn. à Jahrg. geb. in Ldr. à Jahrg. *M* 4.; in Pergament

Welt, Fromme's elegante. 26. Jahrg. 1886. 16. (266 S. mit photogr. Titelbild: Ihre k. Hoh. Prinzessin Hilda, Erbgroßherzogin von Baden.) Wien, Fromme. geb. *M* 2.40. und

—— dass. — 27. Jahrg. 1887. 16. (268 S. mit Portr. Ihrer kaiserl. königl. Hoh. Kronprinzessin Erzherzogin Stephanie.) Ebendas. geb. in Leinw. mit Goldschn. geb. in Leder oder Pergament

—— dass. — 28. und 29. Jahrg. 1888 und 1889. 16. (à Jahrg. 268 S. mit je 1 Portr.) Ebendas. geb. in Leinw. mit Goldschn. à Jahrg. *M* 2.40., *M* 3.40. und

Welt, Fromme's elegante, Notizkalender für das Jahr 1890. 30. Jahrgang. Mit Porträts Ihrer k. k. Hoheiten des Erzherzogs Franz Salvator und der Erzherzogin Marie Valerie. 12. (48 S. und Tagebuch.) In altfranzösischem Leinenband mit Goldschnitt 1.20
— — In Leinwand mit Blumen- und Schmetterlingsmuster in Gold und Farben 1.70
— — In gepreßtem Leder, altdeutsch, heraldisches Muster 1.80
— — In echtem Kalbleder, altfranz. Muster 2.—
— — In echtem Pergament, altfranz. Muster 2.—
— — In feinstem Rindsleder mit Spangen in Golddruck (schmiegsamer Einband) 2.—
Wien: Fromme 1889.

— Fromme's elegante. 31. Jahrg. 1891. 16. (48 S. u. Tagebuch m. 1 Portr.) Wien, Fromme. geb. in Leinw. m. Goldschn. n. 2. 40 u. 3. 40; in Ldr. 3. 60 u. 4. —; in Pergament 4. —

Welt, Fromme's Elegante, Notiz-Kalender pro 1892. 32. Jahrg. Mit Lichtdruck-Porträt der Erzherzogin Aebtissin Margaretha. In altfranzös. Leinenband mit Goldschnitt 1.20
— In Leinwand, mit Blumen- und Schmetterlings-Muster in Gold und Farben 1.70
— — In gepresstem Leder, altdeutsch, heraldisches Muster Wien: Fromme 1891. 1.80

—— Fromme's elegante. 33. Jahrg. 1893. 16. (48 S. u. Tagebuch m. 1 Bildnis.) Wien, Fromme. geb. * 2 40—4 40

Welt, Fromme's Elegante. Notiz-Kalender pro 1894. 34. Jahrg. Mit Lichtdruck-Porträts der Erzherzoginnen Maria Theresia, Maria Annunciata und Elisabeth Amalia. In altfranzösischem Leinenband mit Goldschnitt 1.20
Derselbe. In Leinwand, mit Blumen- u. Schmetterlings-Muster in Gold und Farben 1.80
Derselbe. In braunem Saffian-Leder mit Barock-Ecken und Kanten und mit Goldlinien 2.—
Derselbe. In braunem Saffian-Leder. Titel und innere Kante in Goldpressung 1.80
Derselbe. In echtem Kalbleder, altfranzösisches Muster 2.—
Derselbe. In echtem Pergament, altfranzösisches Muster 2.—
Derselbe. In braunem Saffian-Leder mit Maiglöckchen in Email-Malerei. Titel in Goldpressung 2.—
Wien: Fromme 1893.

— Fromme's elegante. 35. Jahrg. 1895. 16. (48 S. u. Tagebuch m. 1 Bildnis.) Wien, C. Fromme. Geb. in Leinw. m. Goldschn. n. 2. 40 u. n. 3. 60; in Ldr. n. 3. 60 u. n. 4. —; in Pergament od. Saffian-Ldr. n. 4. —

— Fromme's elegante. 36. Jahrg. 1896. 16. (48 S. u. Tagebuch m. 1 Bildn.) Wien, C. Fromme. Geb. in Leinw. m. Goldschn. n. 2. 40 u. n. 3. 60; in Ldr. n. 3. 60 u. n. 4. —; in Pergament od. Saffian-Ldr. n. 4. —

Welt, Elegante, Fromme's. Notiz-Kalender. 38. Jahrg. 1898. Mit Lichtdruck-Porträt Sr. Majestät des Kaisers in altfranzösischem Leinenbande mit Goldschnitt 1.20
Derselbe. In Saffian-Leder mit Barock-Ecken und Kanten und mit Goldlinien * 2.—
Derselbe. In Saffian-Leder. Titel und innere Kante in Goldpressung * 1.80
Derselbe. In echtem Kalbleder, altfranzösisches Muster 2.—
Derselbe. In echtem Pergamente, altfranzösisches Muster * 2.—
Derselbe. In braunem Krokodilleder * 2.20
Derselbe. In Ecrasé-Leder mit Kleeblatt in Email * 2.50
Wien: Fromme 1897.

— **Fromme's elegante.** 39. Jahrg. 1899. gr. 16. (48 S. u. Tagebuch m. 1 Bildnistaf.) Wien, C. Fromme. Geb. in Leinw. m. Goldschn. n. 2.40; in Ldr. n. 3.—; n. 4.—; n. 4.40 u. n. 6.—

— **Fromme's elegante.** 41. Jahrg. 1901. gr. 16. (48 S. u. Tagebuch m. 1 Bildnis.) Wien, C. Fromme. Geb. in Leinw. m. Goldschn. n. 2.40 u. n. 3.—; in Ldr. n. 3.60; n. 4.— u. n. 4.80
Fortsetzung s.: Fromme.

Fromme's elegante Welt. 48. Jahrg. 1908. 8° geb. K 2.40
Wien: Carl Fromme, K. u. K. Hofbuchh. 1907.

Welt, Fromme's musikalische

—— **musikalische.** Notiz-Kalender für 1876—1880. Redig. von Thdr. Helm. 16. (VI, 237; VI, 130, 15, 107; VIII, 199 S. mit 1 phototyp. Portr.; 198; VIII, 225, 108 S.) Wien, Fromme. geb. à Jahrg. *

—— Fromme's **musikalische.** Notiz-Kalender für die J. 1882—1885. 7.—10. Jahrg. Redig. von Thdr. Helm. 16. (à Jahrg. ca. VIII, 244, 112 S.) Ebendas. geb. à Jahrg.

—— Fromme's **musikalische.** Notiz-Kalender für die J. 1886—1888. 11.—13. Jahrg. Redact.: Thdr. Helm. 16. (à Jahrg. ca. 340 S.) Wien, Fromme. geb. in Leinw. à Jahrg. Brieftaschen-Ausg. à Jahrg. *

—— dass. — für das J. 1889. 14. Jahrg. Redig. von Thdr. Helm. 16. (340 S.) Ebendas. geb. in Leinw. * Brieftaschen-Ausg. *

— Fromme's **musikalische.** Notizkalender 1891. 16. Jahrg. Red. v. Thdr. Helm. 16. (VIII, 329 S.) Wien, Fromme. geb. in Leinw. n. 3.20; Brieftaschen-Ausg. n. 4.40

Welt, Fromme's musikalische. Notiz-Kalender für das Schaltjahr 1892. 17. Jahrg. (319 S.) In Leinwand geb. Wien: Carl Fromme 1891. 1.60

—— Fromme's **musikalische.** Notiz-Kalender f. d. J. 1893. 18. Jahrg. Redig. v. Thdr. Helm. 16. (VIII, 365 S.) Wien, Fromme. geb. in Leinw. * 3 20; Brieftaschen-Ausg. * 4 40

— Fromme's **musikalische.** Notiz-Kalender f. d. J. 1895. 20. Jahrg. Red. v. Thdr. Helm. 16. (XIV, 402 S. m. 1 Bildnis.) Wien, C. Fromme. Geb. in Leinw. n. 3.20; Brieftaschen-Ausg. n. 4.40

Welt, Fromme's musikalische. Notizkalender für das Jahr 1896. 21. Jahrg. Redigirt von Dr. Theodor Helm. 16. (XII, 408 S.) Geb. in Leinwd. 1.60
— — Derselbe in Brieftaschen-Ausgabe 2.20
Wien: Carl Fromme 1895.

Welt, Fromme's musikalische. Notizkalender für das Jahr 1897. 22. Jahrg. Red. v. Dr. Theod. Helm. 16. (397 S.) Geb. in Lnwd. 1.60
— — Derselbe, in Brieftaschen-Ausgabe * 2.20
Wien: Fromme 1896.

— **Fromme's musikalische.** Notiz-Kalender f. d. J. 1898. 23. Jahrg. Red. v. Thdr. Helm. 16. (XI, 433 S.) Wien, C. Fromme. Geb. in Leinw. n. 3.20 Brieftaschen-Ausg. n. 4.40

Fromme's Musikalische Welt. Notiz-Kalender für das Jahr 1899. XXIV. Jahrgang. Redigirt von Dr. Theodor Helm. Wien. Fromme. 16°. 371 S. Geb. * fl. 1.60, in Brieftaschenform * fl. 2.20

— **Fromme's musikalische.** Notiz-Kalender f. d. J. 1901. 26. Jahrg. Red. v. Thdr. Helm. gr. 16. (VIII, 253 S.) Wien, C. Fromme. Geb. in Leinw. n. 3.20; Brieftaschenausg. n. 4.40
Erscheint nicht mehr.

—— **galante.** 8. (99 S. mit Illustr.) Budapest 887, Grimm's Verlag. *

Die Welt ohne Gebet. (Cassel: J. G. Oncken Nachf. [1902].) (8 S.) 8° [Kepft. J.] = [Traktato d. Christl. Traktatgesellschaft.] Neue Serie. No 115.
[illegible]

Welt, Die gebildete. Wien 1886. V: *Wengraf, Edmund.* (EB)

—— die **gefiederte.** Zeitschrift für Vogelliebhaber, -Züchter und -Händler. Hrsg. von Karl Ruß. 1. und 2. Jahrg. 1872 und 1873. à Jahrg. 24—28 Nrn. (Bog. mit eingedr. Holzschn.) gr. 4. Berlin, Gerschel. à Jahrg. *

—— dass. — 3. und 4. Jahrg. 1874 und 1875. à Jahrg. 52 Nrn. (Bog. mit eingedr. Holzschn.) gr. 4. Ebendas. à Jahrg. *

Welt, die gefiederte. Zeitschrift für Vogelliebhaber, -Züchter und Händler. Hrsg. von Karl Ruß. 5.—8. Jahrg. 1876—1879. à Jahrg. 52 Nrn. (à 1—2 Bog. mit eingedr. Holzschn.) gr. 4. Berlin, Gerschel. à Jahrg. *

—— die **gefiederte.** Zeitschrift für Vogelliebhaber; -Züchter und -Händler. Hrsg. von Karl Ruß. 9.—13. Jahrg. 1880—1884. à Jahrg. 52 Nrn. (à Nr. 1—2 Bog. mit eingedr. Holzschn.) gr. 4. [Berlin, Gerschel.] Magdeburg, Creutz'sche Buchh. à Jahrg. *

—— die **gefiederte.** Zeitschrift für Vogelliebhaber, -Züchter und -Händler. Hrsg. von Karl Ruß. 14.—17. Jahrg. 1885—1888. à Jahrg. 52 Nrn. (à Nr. 1—2 Bog. mit eingedr. Holzschn.) gr. 4. Magdeburg, Creutz'sche Buchh. à Jahrg. *

—— die **gefiederte.** Zeitschrift f. Vogelliebhaber, -Züchter u. -Händler. Hrsg. v. Karl Ruß. 18.—21. Jahrg. 1889—1892. à Jahrg. 52 Nrn. (à Nr. 1—2 Bog. m. eingedr. Holzschn.) gr. 4. Magdeb., Creutz. à Jahrg. * 12 —

— die **gefiederte.** Zeitschrift f. Vogelliebhaber, -Züchter u. -Händler. Hrsg. v. Karl Ruß. 20.—22. Jahrg. 1891—1893. à 52 Nrn. (à 1—2 Bog. m. eingedr. Holzschn.) gr. 4. Magdeburg, Creutz. à Jahrg. n. 12.—

— **dasselbe.** Wochenschrift f. Vogelliebhaber, -Züchter u. -Händler. Hrsg. v. Karl Ruß. 23. Jahrg. 1894. 52 Nrn. gr. 4. (Nr. 1. 8 S. m. Abbildgn.) Ebd. n. 6.—

— die gefiederte. Wochenschrift f. Vogelliebhaber, -Züchter u. -Händler. Hrsg. v. Karl Ruß. 24.—27. Jahrg. 1895—1898. à 52 Nrn. (Bog. m. Abb.) gr. 4. Magdeburg, Creutz. à Jahrg. n. 6. —
Kann auch vierteljährlich bezogen werden.

— die gefiederte. Wochenschrift f. Vogelliebhaber. Begründet von Karl Ruß. Hrsg. u. Schriftleitung: Karl Neunzig. 28.—31. Jahrg. 1899—1902. à 52 Hfte. gr. 4. (VII, 416; VIII, 416; VIII, 416 u. X, 416 S. m. Abb. u. je 4 Taf.) Magdeburg, Creutz. à Jahrg. n. 6. —

— die gefiederte. Wochenschrift f. Vogelliebhaber. Begründet von Karl Ruß. Hrsg. u. Schriftleitung: Karl Neunzig. 32.—35. Jahrg. 1903—1906. à 52 Hefte. (à Jhrg. X, 416 S. m. Abbildgn.) gr. 4. Magdeburg, Creutz. à Jhrg. n. 6. —

— die gefiederte. Wochenschrift f. Vogelliebhaber. Begründet v. Karl Ruß. Hrsg. u. Schriftleitung: Karl Neunzig. 36.—39. Jahrg. 1907—1910. à 52 Hefte. (à Jahrg. X, 416 S. m. Abb. u. je 4 Taf.) 30,5×21,5 cm. Magdeburg, Creutz. à Jahrg. 6.—; geb. 8. —

— gefiederte, u. Blüthen. 4 (farb.) Studien nach der Natur. Fol. Teplitz 894. Willner & Pick. n. 6. —; einzelne Blätter n. 2. —

Welt, Die geheimnissvolle. Illustr. Unterhaltungsblatt. 4. II. Band. 1882. Heft 1—31. (S 1—832). Wien, Carl Fleischmann. à 8 kr. Heft 32—35 (S. 833—928). à 16 kr. III. Bd. Heft 1—11 (S 1—192). à 8 kr. 1883.

— Die geheimnissvolle Illustr. Unterhaltungsblatt. III. Band. 4. Heft 12—23. (S. 193—576.) Wien. Hugo Engel. à 16 kr. 1883.

Welt, die geheimnissvolle. Illustr. Unterhaltungsblatt. III. Bd. 4. Heft 25—27. (S. 609—704.) Wien, Hugo Engel. à 16 kr. 1884

—— die, geht nicht unter! Oder: Was haben wir von dem am 13. Juni a. c. erscheinenden Kometen zu befürchten? Allen ängstl. Gemüthern zur Beruhigung vom Alten vom Berge. gr. 8. (8 S.) Freienwalde 857. (Wriezen, Köhler.) **

Die gelahrte Welt, oder unpartheiische Conferentien ... Conferenz 1. 2. Frankfurt a/M. u. Leipzig 1700. 8°
Hrsg.: Ariste.

— die gemalte s. d. kleine Lateiner.

Welt, Die gemahlte, oder der kleine Lateiner, d. i. gemeinnützige Kenntnisse ... Nürnb. 2. Ausg. 1790. V: *Lederer, Johann Georg.* (will) (ML)

— die gemalte, s. Orbis pictus.

—— die gemalte, od. Abbildungen aller sichtbaren Gegenstände; e. unterhalt. Bilderbuch f. Kinder, die noch nicht lesen können. 2 Abthln. (Neue Aufl.) 8. (50 Bl. ill. Abbild. u. 6 Bl. Text.) Berlin 828, (Th. Enslin.)

Die geschminkte Welt. X-Strahlen in das Dunkle des Coulissenlebens. *** von einem Eingeweihten. 1. Aufl. Berlin: R. Herrmann [1899] (30 S. 8°

— —, Die, durch das Teleskop, Mikroskop und die monistische Brille eines Narren gesehen. Mit einigen Illustrationen. Potsdam 1874. Imp.-8°.

Die gesunde Welt. Naumburg (Saale): Expedition 1900–? 8°

Welt, Eine, des Glanzes und der Lüge. Modernes Zeitgemälde in fünf Aufzügen und sieben Bildern. (Als Manuscript gedruckt.) Berlin 1868. V: *Mundt, Clara* (pseud. *Luise Mühlbach?*). (Hdschr. Mitth. von Friedrich Müller, München) (biblport)

Welt und Glauben. Münster 1844. V: *Schlüter, Christoph Bernhard.* (Zeitschr. f. Büch. N. F. 15, 1923, 127)

—— u. Glauben. (Gedichte.) 8. (29 B.) Münster 844, Deiters.
Inhalt: 1. Thl. Zorn u. Zuflucht. 2. Thl. Offenbarung u. Kirche. 3. Thl. Glaube u. Gnade.

Welt, die graphische. Deutsche Faktoren-Zeitung. Central-Organ für die Interessen d. Faktoren in Buchdruckereien, Schriftgiessereien u. verw. Zweigen. Organ für die Faktoren-Vereine Deutschlands. Hrsg.: Alex Stadthagen. Red.: Herm. Thieme. 1. Jahrg. Mai—Dezbr. 1896. 17 Nrn (à ca. 10 S.) gr. 4. Berlin (C. Heymann's Verl.) n. 3. 50

— dasselbe. 2. u. 3. Jahrg. 1897 u. 1898. à 26 Nrn. (à ca. 10 S. m. Abb.) gr. 4. Ebd. à Jahrg. n. 5. —
Kann auch halbjährlich bezogen werden.

— die graphische. Deutsche Faktoren-Zeitg. Centralblatt f. die Interessen der Faktoren in Buch- u. Steindruckereien, Schriftgiessereien u. verwandten Zweigen. Offizielles Organ f. den deutschen Faktoren-Bund (E. V.). Organ f. die Faktoren-Vereine Deutschlands. Hrsg.: Alex Stadthagen. Red.: Herm. Thieme. 4.—7. Jahrg. 1899—1902. à 26 Nrn. gr. 4. (à ca. 12 S. m. Abb.) Berlin (C. Heymann). à Jahrg. n. 5. —

— die graphische. Deutsche Faktoren-Zeitg. Central-Blatt f. die Interessen der Faktoren in Buch- u. Steindruckereien, Schriftgiessereien u. verwandten Zweigen. Offizielles Organ für den deutschen Faktoren-Bund (E. V.). Organ f. die Faktoren-Vereine Deutschlands. Hrsg. u. Red.: Alex. Stadthagen. 8.—11. Jahrg. 1903 bis 1906. à 26 Nrn. (à ca. 12 S. m. Abbildgn.) gr. 4. Berlin (C. Heymann). à Jhrg. n. 5. —

— die graphische. Deutsche Faktoren-Zeitg. Central-Blatt f. die Interessen der Faktoren in Buch- u. Steindruckereien, Schriftgiessereien u. verwandten Zweigen. Offizielles Organ f. d. deutschen Faktoren-Bund (E.V.). Organ f. die Faktoren-Vereine Deutschlands. Hrsg. u. Red.: Alex Stadthagen. 12.—15. Jahrg. 1907—1910. à 26 Nrn. (à ca. 16 S. m. Abb.) 32×24 cm. Berlin (C. Heymann). à Jahrg. 5. —

— die graziöse. Illustr. Zeitung f. Mode u. Unterhaltg. Red.: Gust. Dahms. 1. Jahrg. Oktbr.—Dezbr. 1896. 7 Hfte. gr. 4. (140 S.) Berlin, Bazar-Aktien-Gesellschaft. 1. 50

— dasselbe. Modenzeitg. m. Unterhaltg. Red.: Gust. Dahms. 2. Jahrg. 1. Quartal. Jan.—März 1897. 6 Hfte. (à ca. 20 S. m. z. Tl. farb. Bild u. 1 Schnitt.) gr. 4. Ebd. 1. 50

— dasselbe. Große Modenzeitg. m. Schnittmustern. Red.: Gust. Dahms. 2. Jahrg. 2.—4. Quartal. April—Decbr. 1897. 18 Nrn. (à ca. 12 S. m. Abb. u. 1 Schnittbog.) Fol. Ebd. 4. 50

— dasselbe. 3. Jahrg. 1. Quartal. Jan.—März 1898. 6 Nrn. (à ca. 16 S. m. Abb. u. 1 Schnittbog.) Fol. Ebd. 1. 50

— dasselbe, Fortsetzg., s.: Modenzeitung, Große.

Welt, Die griechisch-slawische. Griechenland, Serbien, Ungarn, Polen und Russland. Leipzig 1845. V: *Robert, Cyprian.* (EngG)

—— die griechisch-slawische. — Griechenland, Serbien, Ungarn, Polen u. Rußland. gr. 8. (6 B.) Leipzig 845, Michelsen.
Uebersetzung aus der Revue des deux Mondes.

— die große, oder Erscheinungen an d. Himmel so mancher Haupt- und Residenzstädte Deutschlands. 8. Halle 795. Fr. Ruff. 16 ℊ

— —, Die große, in der kleinen. Hamburg 1709. 12°. (In Leipzig, Stadtbibl.)

—— die, u. Hamburg 1829. Universelle Panoramen in Fibel-Reimen f. Kinder, die aus der Fibel sind. Nicht — von — Saphir. gr. 16. (4 B.) Hamburg, [Nestler u. Melle.]

— u. Haus vormals Die oberen Zehntausend. Wöchentl. Unterhaltungsblatt m. Kunstbeilagen. Red.: Rich. Bühle. 1. Jahrg. Oktbr.—Dezbr. 1902. 13 Nrn. gr. 4. (à ca. 24 S.) Leipzig, Verl. d. Wochenschr. Welt u. Haus. 2.50
Vergl.: Zehntausend, die oberen.

Welt u. **Haus.** Moderne deutsche Wochenschrift m. Bilderschmuck. Red.: Curt Jul. Wolf. In Oesterreich-Ungarn verantwortlich: Osc. Lechner. 2.—6. Jahrg. Oktbr. 1902 bis Septbr. 1907. à 52 Hefte. (à ca. 24 S. m. Taf.) gr. 4. Leipzig, Verlag der Wochenschrift Welt u. Haus. à Jhrg. 10. —

— u. Haus. Das deutsche Familienblatt. Schriftleiter: Curt Jul. Wolf. Verantwortlich: Egon Fr. Kirschstein, E. Hentschel, Mary May. In Österreich-Ungarn verantwortlich: Heinr. E. Schwarz, J. Tenger. 7.—10. Jahrg. Oktbr. 1907—Septbr. 1911. à 52 Hefte. (à ca. 32 S. m. Taf.) 30,5×23 cm. Leipzig, Verlag Welt u. Haus. à Jahrg. 10.—; auch in 26 Heften à — 25

—— die heitere. Lustiges Wochenblatt mit komischen Illustr. 1. Jahrg. 1862. Juli bis Decbr. 26 Nrn. ** 26 Ngr. und 2. Jahrg. 1863. 52 Nrn. (½ Bog. mit eingedr. Holzschn.) gr. 4. Berlin, J. Abelsdorff. **

— heitere. Illustr. humorist. Wochenschrift. Red.: M. v. Schaumburg. 1. Jahrg. Mai—Dezbr. 1896. 36 Nrn. gr. 4. (à ca. 3 Bog.) Berlin, G. E. Nagel. n.n. 5. —

— dasselbe. Red.: Osc. Wagner. 2. Jahrg. 1897. 52 Nrn. (à ca. 3 Bog.) gr. 4. Ebd. Postfrei 6. —

— dasselbe. Red.: E. Nagel. 3. Jahrg. 1898. 52 Nrn. (à ca. 2 Bog.) gr. 4. Ebd. 6. —
Kann auch halbjährlich für 3.50 u. vierteljährlich für 2.— bezogen werden.

— heitere. Illustrierte Wochenschrift. Nagel's humorist. flieg. Blätter. Red.: E. Nagel. 4.—7. Jahrg. 1899—1902. à 52 Nrn. gr. 4. (à ca. 16 S.) Berlin, G. E. Nagel. à Jahrg. 6.—; halbjährlich 3.50; vierteljährlich 2.—
A. u. d. T.: Welt, lustige.

— heitere, Fortsetzg., s. a. Nagel's humoristische fliegende Blätter Heitere Welt.

Welt, die heutige, ein Gemälde der Sitten u. Lebensart verschied. Stände u. Abtheill. der menschl. Gesellschaft. In der eigenhändigen Lebensbeschreib. e. gewesenen Staatsministers. 2 Thle. 8. Leipz. 792. Weygand. 1 ℛ 12 ℊ

— — Dasselbe (Nachdruck), tit.: Die heutige Welt. Ein lebhaftes Gemälde der Sitten und Lebensart verschiedener Stände. In einer eigenhändigen Lebensbeschreibung eines gewesenen Staatsministers. 2 Thle. Mit Titelkpfrn. u. Titelvignetten (hübschen Radirungen, unsign.). Frankfurt und Leipzig. 1793. 8°.

— — Dasselbe. 2 Thle. Mit 2 Vignetten. Ebd. 1793. 8°. (2 Mk. 50 Pfg. M. Edelmann, Nürnb., 1907.)

Welt, Die heutige, in kleinen Romanen und Erzählungen, vom Verfasser des schönen Bereuters. Leipzig 1802. V: *Rehkopf, Carl Wilhelm.* (BGE VIII³, 368)

— die heutige, in kleinen Romanen u. Erzähll. Vom Verf. des schönen Bereiters. 8. Leipz. 802. Joachim. 1 ℛ

— die, in 100 Jahren. Unter Mitwirkg. v.: Herm. Bahr, Eduard Bernstein, B. Björnson u. a. hrsg. v. Arth. Brehmer. Mit Illustr. v. Ernst Lübbert. (319 S.) Lex. 8. Berlin (910). Verlagsanstalt Buntdruck. 2.50; geb. in Leinw. 3. —

— die illustrirte. Blätter aus Natur und Leben, Wissenschaft und Kunst. Zur Unterhaltung und Belehrung für die Familie. 1—6. Jahrg. 1853—58. à 52 Nrn. (à 1 Bgn. mit Holzschn. im Text). Stuttgart, Ed. Hallberger. 4. Jeder Jahrg. n. 2 ℛ

— die illustrirte. Blätter aus Natur u. Leben, Wissenschaft u. Kunst. Zur Unterhaltung u. Belehrung für die Familie, für Alle u. Jeden. 7—13. Jahrg. 1859—65. à 12 Hefte (à 6 Bgn. mit Holzschn.). Stuttgart, E. Hallberger. gr. 4. Jeder Jahrg. 2 ℛ

— die illustrirte. Blätter aus Natur u. Leben, Wissenschaft u. Kunst. Zur Unterhaltung u. Belehrung für die Familie, für Alle u. Jeden. 14. Jahrg. 1866. 12 Hefte, u. 15—18. Jahrg. 1867—1870. à Jahrg. 52 Nrn. (à 1½ Bgn. mit eingedr. Holzschn.) oder 13 Hefte. Stuttgart, E. Hallberger. hoch 4. Jeder Jahrg. 2 ℛ; Ausg. in Heften à 5 ngr.

— — 19. Jahrg. 1871. 52 Nrn. (à 1½ Bgn. mit eingedr. Holzschn.) oder 17 Hefte. Ebend. hoch 4. 2 ℛ; Ausg. in Heften à 4 ngr.

— die illustrirte. Blätter aus Natur u. Leben, Wissenschaft u. Kunst. Zur Unterhaltg. u. Belehrg. f. die Familie, f. Alle u. Jeden. 20—22. Jahrg. 1872—1874 à 52 Nrn. (1½ B. m. eingedr. Holzschn.) od. 17 Hfte. hoch 4. Stuttgart, Hallberger. à Jahrg. 6. —; Ausg. in Hftn. à — 40

— dasselbe. Deutsches Familienbuch. 23. Jahrg. 1875. 24 Hfte. (à 28 S. m. eingedr. Holzschn. u. Holzschntaf.) Fol. Ebend. à — 40

—— die illustrirte. Deutsches Familienbuch. 24. und 25. Jahrg. 1876 und 1877. à Jahrg. 20 Hefte. (à Heft 28 S. mit eingedr. Holzschn.) Fol. Stuttgart, [Hallberger.] Deutsche Verlags-Anstalt. à Heft 35 Pf.; à Jahrg.

—— dass. — 26. und 27. Jahrg. 1878 und 1879. à Jahrg. 26 Hefte. Fol. (à Heft 28 S. mit eingedr. Holzschn.) Ebendas. à Heft 30 Pf.; à Jahrg.

—— dass. — 28. Jahrg. 1880. 52 Nrn. (à 4 Bog. mit eingedr. Holzschn.) Fol. Ebendas. In 26 Heften à Heft 30 Pf.

—— illustrirte. Deutsches Familienbuch. 29. Jahrg. 1881. 52 Nrn. (à Nr. 4 Bog. mit eingedr. Holzschn.) Fol. Stuttgart, Hallberger. In 26 Heften à 30 Pf.

—— dass. — Redact.: Hugo Rosenthal-Bonin. 30.—32. Jahrg. 1882—1884. à Jahrg. 52 Nrn. (à Nr. 3 Bog. mit eingedr. Holzschn.) Fol. Stuttgart, Deutsche Verlags-Anstalt. à Jahrg.

— illustrirte. Deutsches Familienbuch. Red.: Hugo Rosenthal-Bonin. 32—34. Jahrg. 1884—1886. à 52 Nrn. (3 B. m. eingedr. Holzschn.) Fol. Stuttgart, Deutsche Verlags-Anstalt. à Jahrg. 7. 80

— dasselbe. 35. Jahrg. 1887. 26 Hfte. (7 B. m. eingedr. Holzschn.) Fol. Ebend. à Hft. — 30

— illustrirte. Deutsches Familienbuch. Red.: O. Baisch u. H. Rosenthal-Bonin. 36. u. 37. Jahrg. 1888. 1889. à 26 Hfte. (7 B. m. eingedr. Holzschn.) Fol. Stuttgart, Deutsche Verlags-Anstalt. à Hft. n. — 30; à Jahrg. n. 7. 80; geb. n. 9. 50

— dasselbe. Hrsg.: J. Kürschner. Red.: W. Wetter. 38. 39. Jahrg. 1889. 1890. à 26 Hfte. (7 B. m. eingedr. Holzschn.) Fol. Ebd. à Hft. n. — 30; à Jahrg. n. 7. 80; geb. n. 9. 50

— illustrirte. Deutsches Familienbuch. Hrsg.: Jos. Kürschner. Red.: Wilh. Wetter. 40. u. 41. Jahrg. 1892. 1893. (Juli 1891—Juni 1893.) à 26 Hfte. (7 Bog.) Fol. Stuttgart, Deutsche Verlags-Anstalt. à Hft. n. — 30

— dasselbe. Red.: Wilh. Wetter. 42. Jahrg. 1894. (Juli 1893—Juni 1894.) 28 Hfte. (7 Bog.) Fol. Ebd. à Hft. — 30

— illustrirte. Deutsches Familienbuch. Red.: Wilh. Wetter. 43.—47. Jahrg. 1895—1899. (Juli 1894—Juli 1899.) à 28 Hfte. (à ca. 28 S. m. farb. Taf. u. z. Tl. farb. Textill.) Fol. Stuttgart, Deutsche Verlags-Anstalt. à Hft. — 30

— illustrirte. Deutsches Familienbuch. Red.: Wilh. Wetter. 48.—50. Jahrg. 1900—1902. (Aug. 1899—Juli 1902.) à 28 Hfte. Fol. (à ca. 28 S. m. z. Tl. farb. Textillustr. u. farb. Taf.) Stuttgart, Deutsche Verlags-Anstalt. à Hft. — 30

— dasselbe, vereinigt m. „Buch f. Alle". Red.: Thdr. Freund, f. Österreich-Ungarn: Ernst Perles. Jahrg. 1903. (Aug. 1902—Juli 1903.) 28 Hfte. Fol. (à ca. 26 S. m. Farbdr.) Stuttgart, Union. à Hft. — 30

— die illustrierte, Fortsetzg., s. Buch, das, f. Alle.

Die Illustrierte Welt: Band 1–4?, Apr. 9, 1859—Mar. 23, 1861?

Fortnightly. Sub-title: Eine Sammlung interessanter Erzählungen, Novellen, Correspondenzen und Criminal-Berichte aus allen Theilen der Vereinigten Staaten. Title varies: 1) Die Illustrirte Welt und Amerikanische Criminal-Berichte, Apr. 23, 1859—Apr., 7, 1860; 2) Die Illustrirte Welt und New Yorker Humorist, Apr. 14, 1860—Mar. 23, 1861. Small folio; illustrated. Edited by Carl Hallberger

New York, NY

— illustrierte. Hrsg.: J. S. Sachs. Chefred.: Sigism. Wellner-Van d'Or. Verantwortlich: Jos. C. Liebenwein. 3. Jahrg. 1910. 24 Nrn. (à ca. 16 S.) 42,5×30,5 cm. Wien (III, Obere Weissgärberstr. 19), Administration. 28. —

Illustrierte Welt. Wiener Halbmonatschrift. 3. Jahrg. 1910. Nr. 1. kompl. Luxusausgabe K 30.—, Volksausgabe K 20.— Wien: Szelinski 1910.

— die illustrierte alte u. neue. Der Unterhaltg. u. dem Amüsement gewidmet. 1. u. 2. Jahrg. 1882/84. à 52 Nrn. (3 B. m. Illustr.) Fol. Dresden, Dietrich. à Jahrg. 8. —; in Hftn. à — 30

Erscheint nicht mehr.

—— dass. — und new-yorker Humorist. Redig. von C. Pfirsching. 3—6. Bd. Jahrg. April 1860 bis März 1862. à Jahrg. 52 Nrn. (à 4 Bog. mit eingedr. Holzschn.) gr. Fol. Ebendas. à Jahrg. *

— illustrirte humoristische. Red.: S. Fischer. 7 Nrn. in 1 Hft. Berlin 891. [J. Brehse.] Bruer & Co. 3. —

—— die illustrirte, und amerikanische Criminal-Berichte. Redig. von C. Pfirsching. 1. Bd. Jahrg. April 1859 bis März 1860. 52 Nrn. (à 4 Bog. mit eingedr. Holzschn.) gr. Fol. New-York. (Philadelphia, Schäfer und Koradi.) *

— illustrirte technische. Hrsg. u. Red.: Sigm. Figdor. 1. Jahrg. 1880. 52 Nrn. (B. m. Illustr.) Imp.-Fol. Wien. (Leipzig, Scholtze.) n. 10. —

(Mehr nicht erschienen.)

—— die, der Jugend. Hrsg. in Verbindung mit Th. Armin, B. Auerswald, Bär ꝛc. Illustrirt durch zahlreiche in den Text gedr. Abbild., Ton- und Buntbilder. Nach Zeichnungen von L. Burger, F. W. Keyl, E. Kirchhoff ꝛc. Nebst Karten, Musikbeilagen, Zeichnenvorlagen ꝛc. Haupt-Gruppe. Nr. 1—6. gr. 8. Leipzig 865, Spamer. à Nr. * 7½ Ngr. *
cart. à Nr. * 10 Ngr. *

Inhalt:

Nr. 1. Heute und Ehedem. (72 S. mit 2 Holzschntaf.)
" 2. Draußen und Daheim. (IV und 82 S. mit 2 Holzschntaf.)
" 3. Oben und Unten. (IV und 86 S. mit 1 Holzschntaf. und 1 Tab.)
" 4. Sonst und Jetzt. (IV und 74 S. mit 1 Holzschntaf.)
" 5. Auf- und Abwärts. (100 S. mit 1 Holzschntaf. und 1 Musikbeilage.)
" 6. Fern und Nah. (104 S. mit 2 Holzschntaf.)

—— dass. — 2. Sammlung. Nr. 7—12. gr. 8. Ebendas. 867. à Nr. * 7½ Ngr. *
cart. à Nr. * 10 Ngr. *

Inhalt:

Nr. 7. Licht und Schatten. (XII und 72 S. mit 1 Holzschntaf. in Buntdr. und 1 Musikbeilage.)
" 8. Krieg und Frieden. (88 S. mit 1 Holzschntaf. in qu. 4.)
" 9. Kampf und Sieg. (112 S. mit 3 Holzschntaf., wovon 1 in Buntdr.)
" 10. Diesseits und Jenseits. (VIII und 62 S. mit 1 Holzschntaf.)
" 11. Ost und West. (XII und 72 S. mit 1 Holzschntaf. in Tondr.)
" 12. Scherz und Ernst. (76 S. mit 1 Holzschntaf. in Buntdr.)

— — 3. Sammlung. Nr. 11—12. Ebend. 868. gr. 8. Jede Nr. n. 7½ ngr.; cart. n. 10 ngr.
Nr. 11. Ost u. West. (XII 72 S. mit 1 Holzschntaf. in Tondr.)
Nr. 12. Scherz u. Ernst. (76 S. mit 1 Holzschntaf. in Buntdr.)

—— dass. — 3. Sammlung. Nr. 13—15. gr. 8. Ebendas. 868. à Nr. * 7½ Ngr. * —
cart. à Nr. * 10 Ngr. *

Inhalt:

Nr. 13. Land und Meer. Sittenbilder, Naturschilderungen und Erzählungen. (78 S. mit 1 Holzschntaf. in Tondr.)

Welt, die, der Jugend ꝛc.

Nr. 14. Morgen und Abend. Schilderungen aus Natur und Leben. (VI und 78 S. mit 1 Holzschntaf. in Tondr.)
" 15. Thiergärten und Menagerien mit ihren Insassen. Neue Streifereien, Beobachtungen und Studien eines Malers. Außereuropäische Baumriesen. Wanderungen in Wort und Bild durch Wald und Busch der alten und neuen Welt. (80 S. mit 1 Bunt- sowie 1 Tonbilde und 60 Text-Illustr.)

Vgl.: Jugend- und Hausbibliothek, illustrirte. Neue Folge.

—— die, der Jugend. Hrsg. in Verbindung mit Th. Armin, B. Auerswald, Bär ꝛc. Illustrirt durch zahlreiche in den Text gedr. Abbild., Ton- und Buntbilder. Nebst Karten, Musikbeilagen, Zeichenvorlagen ꝛc. 4. Sammlung. Nr. 16—18. gr. 8. Leipzig 869, Spamer. à Nr. * 75 Pf.; cart. à Nr. *

Inhalt:

Nr. 16. Der Freiwillige des Kaisers. Erinnerungen eines mexikan. freiwill. Husaren-Unteroffiziers aus den J. 1864—1867. — Aus Onkels Reisemappe. I. Nacherzählt von Frz. Otto. (78 S. mit 1 Tonbilde, sowie gegen 30 Textillustr. in Holzschn.)
17. Mohl, Osw. M., die Wunder der Weltausstellung zu Paris. Schilderungen der Erlebnisse in einer Weltstadt im J. 1867. — Stötzner, H. E., im Innern der Erde. Erinnerungen aus einer Fahrt in die Unterwelt. (106 S. mit 1 Titelbilde und gegen 60 Text-Illustr. in Holzschn.)
18. —— Streifereien durch den Weltausstellungs-Palast zu Paris im J. 1867. (106 S. mit 1 Titelbilde in qu. 4. und über 50 Text-Illustr. in Holzschn.)

— — 5. Sammlung. Nr. 19—22. Ebend. 869. gr. 8. Jede Nr. n. 7½ *ngr.*; cart. n. 10 *ngr.*

Nr. 19. Ein deutscher Meister u. sein größtes Werk. Von Ralph Kühne. — Erd- u. Meerbeben. Blicke in die geheimnißvollen Werkstätten des Erdinnern. Von H. E. Stötzner. Mit einem Titelbilde (in Holzschn.) u. 24 Text-Illustr. (in Holzschn.) (78 S.)

Nr. 20. Feste der wehrhaften Jugend. Von Frz. Otto. — Friedrich Friesen, der deutsche Heldenjüngling u. Freiheitskämpfer. Von Ed. Grosse. — Ein Verbannter im Lande der Jakuten. Von Thadäus Markowski. Mit 1 Tonbilde (auf 1 Holzschntaf.) u. gegen 30 Text-Illustr. (in Holzschn.) (78 S.)

Nr. 21. König Mongkut. Lebensbild eines morgenländischen Herrschers. — Drei Tage bei dem Bienenonkel. — Das Reisen heute u. vor 25 Jahren. Mit 30 Text-Illustr. (in Holzschn.) u. 1 Titelbilde. (II, 78 S.)

Nr. 22. Die liebe Weihnachtszeit. In Haus u. Straße, Stadt u. Land. — Max Frost. Eine Weihnachtsgeschichte. — Leuchtende Thiere. — Aus der Jugendwelt im klassischen Alterthum. Hellenische Knabenspiele u. altrömisches Jugendleben. Mit 30 Text-Abbild. (in Holzschn.) 1 Ton- u. 1 Buntbild. (II, 86 S.)

— — 6. Sammlung. Nr. 23 u. 24. Ebend. 870,71. 8. Jede Nr. n. 7½ *ngr.*; geb. n. 10 *ngr.*

Nr. 23. Eröffnung des Suezkanals. Bilder aus dem Orient. I. Leben u. Treiben in Kairo. Von Karl Oppel. — Pantherkatzenjagd zu Wasser u. zu Lande. Nacherzählt von Frz. Otto. — Vetter Jakob. Eine Erinnerung aus der Kindheit. Von Osk. Lemcke. — Der vollkommene Zauberkünstler. Erklärung der wichtigsten Geheimnisse aus der höheren Magie. Von Stanisl. Nejedly. Mit 23 in den Text gedr. Abbild. u. einem Tonbilde (in Holzschn.) (78 S.)

Nr. 24. Bilder aus dem Orient. II. Die Eröffnung des Suezkanals. Von Karl Oppel. — Der Walfischfang in der Südsee. Von Seekapit. E. Lehmann. — Orangen u. Goldäpfel. In den Fruchtgärten der Westtropen. Schilderungen aus der Pflanzenwelt. Von Frz. Engel. Mit etwa 20 Text-Abbild. u. einem Tonbilde (in Holzschn.) (62 S.)

— der Jugend. 25. Bdchn. gr. 8. Leipzig 871—73. Spamer. à n. — 75

25. Ludwig van Beethoven. Leben u. Schaffen d. Großmeisters im Reiche der Töne. Von J. Schucht. — Der Lebenslauf e. Pferdes. Eine lehrreiche Thiergeschichte v. H. E. Stötzner. — Ehrenreiche Tage. Bilder aus der ersten Zeit d. deutschen Nationalkrieges gegen Frankreich 1870. Streitkräfte u. Heerführer der kriegführ. Parteien. Von K. G. Berneck. Mit e. Tonbilde u. gegen 30 Text-Illustr. (in Holzschn. wovon 1 in qu. 4.) (98 S.)

26. Die großen Schlachttage aus d. Nationalkampf d. einigen Deutschlands gegen Frankreich im J. 1870. Geschildert v. M. O. Mohl. Mit e. Buntbilde u. 30 in den Text gedr. Abbildgn. (in Holzschn.) (104 S.)

27. u. 28. Aus unseren Tagen. Mit 27—36 in den Text gedr. Illustr. (in Holzschn.) sowie Tondruckbildern. (1. Bd. 446 S. u. 2. Bd. S. 1—306.)

—— dass. — Neue Folge. 1. Bd. 1.—6. Heft: Aus unseren Tagen. 1. Bd. (76; 78; 78; 78; 78; 78 S., mit je 25 in den Text gedr. Illustr., sowie 1 Tondruckbilde, Holzschntaf.) [Der ganzen Folge Nr. 27—32.] gr. 8. Ebendas. 872.
à Nr. * 75 Pf. *
geb. *

—— dass. — Neue Folge. 2. Bd. 7.—10. Heft: Aus unseren Tagen. 2. Bd. (74; 76; 78; 78 S., mit je 25 in den Text gedr. Illustr., sowie 1 Tondruckbilde, Holzschntaf.) [Der ganzen Folge 33.—36. Heft.] gr. 8. Ebendas. 873. à Heft * 75 Pf. *
geb. *

—— dass. — 2. Reihenfolge. Hrsg. in Verbindung mit Th. Armin, H. Birnbaum, E. Diethoff rc. von H. Ernst Stötzner. 1. Sammlung. Zeitbilder. Schilderungen aus dem Leben diesseit und jenseit des Ozeans, aus Gegenwart und Vergangenheit. Mit Beiträgen von Fr. Engel, Th. Hacker, Ed. Hintze rc. gr. 8. (VIII, 466 S.) mit 200 Text-Abbild., 5 Tonbildern und 1 Buntbilde.) Ebendas. 873. *
geb. *

—— dass. — 2. Reihenfolge. 2. Sammlung. Unsere Zeit. Bilder aus dem Natur- und Menschenleben. Mit Beiträgen von E. Besser, G. Bochmann, C. Cornelius u. A. gr. 8. (306 S. mit 100 Text-Abbild. und 4 Tonbildern.) Ebendas. 873. *
geb. *

—— dass. — 2. Reihenfolge. 3. Sammlung. Jahrbuch der Welt der Jugend. Schilderungen aus Vergangenheit und Gegenwart, aus Heimat und Fremde. Mit Beiträgen von Ed. Hintze, Gust. Höckner, R. Klee rc. Hrsg. von H. Ernst Stötzner. gr. 8. (VIII, 278 S. mit 80 eingedr. Text-Abbild. in Holzschn. und 1 Tonbilde.) Ebendas. 874. *ℳ 3.; geb. *

Für die junge Welt. Illustr. Monatsschrift, red. von *E. Frei.* 3. Jahrg. 1890. Nº 1. In-8º. 24 S. St. Gallen, M. Kälin'sche Buchdr. 1890. Jährlich 2 —

— junge. Thilo's illustr. Wochenschrift f. junge Mädchen. Red.: Max Battke. 1. Jahrg. 1899. 52 Hfte. (à ca. 20 S.) gr. 8. Berlin, H. L. Thilo. 7. 80; einz. Hfte. — 15

—— die katholische, s. a. Broschüren-Cyclus für das kathol. Deutschland.

Welt, die, katholische. Friedliche Blätter für Unterhaltung, Belehrung u. öffentliches Leben mit Bildern. Unter Mitwirkung von Wilh. Herchenbach, Ludw. Clarus, Lebr. Dreves herSg. von Bernh. Kleine. Jahrg. 1866. April bis Decbr. 9 Hefte (à 40 S. mit eingedr. Holzschn.). Paderborn, Expedition. hoch 4. 1 ₰

— — Redig. von L. v. Heemstede. 2. u. 3. Jahrg. 1867 u. 1868. à Jahrg. 12 Hefte (à 40 S. mit eingedr. Holzschn.). Aachen, (Jacobi & Co.) hoch 4. Jeder Jahrg. 1 ₰ 18 *ngr.*

—— die katholische. Illustriertes Familienblatt. Nebst „Hausfreund", Ratgeber f. Haus, Küche u. Garten. Redact.: Leonz Niderberger. 1.—5. Jahrg. Oktbr. 1888—Septbr. 1893. à Jahrg. 52 Nrn. (à Nr. 1¼ Bog.) Lex.-8. M. Gladbach, Riffarth. à Jahrg. * 4 —
Auch in je 18 Heften à — 25

— die katholische. Illustriertes Familienblatt. Mit der Beilage: „Der Hausfreund". Red.: Leonz Niderberger. 4.—6. Jahrg. Oktbr. 1891—Septbr. 1894. à 52 Nrn. (1¼ Bog.) Lex.-8. M.-Gladbach, A. Riffarth.
à Jahrg. n. 4. —; in 18 Hftn. à — 25

— dasselbe. Mit den Beilagen „Der Hausfreund" u. „Für fleiß. Hände". Red.: Leonz Niderberger. 7. Jahrg. Oktbr. 1894—Septbr. 1895. 52 Nrn. Lex.-8. (Nr. 1. 16, 4 u. 4 S.) Ebd. n. 4. —; in 18 Hftn. à — 25

— die katholische. Illustr. Familienblatt. M. d. Beilagen „D. Hausfreund" u. „Für fleiß. Hände". Red.: Leonz Niderberger. 8. u. 9. Jahrg. Oktbr. 1896—Septbr. 1897. à 12 Hfte. (à ca. 80 S.) Lex.-8. M.-Gladbach, Limburg, Kongregation d. Pallottiner. à Hft. n. — 40

— dasselbe. Illustr. Familienblatt m. d. Beilagen: „Für uns. Frauen u. Töchter" u. „Der Büchertisch". Red.: Leonz Niderberger. (Seit Oktober 1898 Otto Denk [Otto v. Schaching].) 10.—11. Jahrg. Oktbr. 1897—Septbr. 1899. à 12 Hfte. (à ca. 80 S.) Lex.-8. Ebd.
à Hft. n. — 40

— die katholische. Illustriertes Familienblatt. Mit den Beilagen: „Für die Frauen u. Töchter" u. „Der Büchertisch". Red.: Leonz Niderberger. 12.—15. Jahrg. Oktbr. 1899—Septbr. 1903. à 12 Hfte. Fol. (à ca. 48 u. 8 S.) Limburg, Kongregation der Pallottiner. à Hft. n. — 40

— die katholische. Illustriertes Familienblatt. Mit der Beilage: „Für die Frauen u. Töchter". Red.: Leonz Niderberger. 16.—19. Jahrg. Oktbr. 1903—Septbr. 1907. à 12 Hefte. (à Jhrg. IV, 576 S.) Fol. Limburg, Kongregation der Pallottiner. à Hft. n. — 40

— die katholische. Illustriertes Familienblatt. Red.: Leonz Niderberger. Mit der Beilage: „Für die Frauen u. Töchter". Red.: Maria Növer. 20.—23. Jahrg. Oktbr. 1907—Septbr. 1911. à 12 Hefte. (20.—22. Jahrg. à IV, 576, 96 u. 54 S. m. Abb. u. Taf.) 30,5×22,5 cm. Limburg, Kongregation der Pallottiner. à Heft — 40

— die katholische. Eine Zeitschrift f. das kathol. Volk. Hrsg. v. mehreren Geistlichen der Erzdiöcese Köln. 1. Jahrg. Febr.—Decbr. 1889. 26 Nrn. (B.) gr. 8. M.-Gladbach, Riffarth. n. 3. —

Welt, Die katholische, von Obermayer. V: *Hald, Franz.* (Hans Viktor Pisk: Joseph Richter, Diss. Wien 1927, S. 88)

— die, des Kaufmanns. Eine Monatsschrift. Neue Folge der Kulturfragen. Hrsg.: Johs. Buschmann. 5. u. 6. Jahrg. 1909 u. 1910. à 12 Hefte. (V, 510 S. m. 22 Abb. u. 15 Taf. u. V, 500 S. m. 36 Abb. u. 13 Taf.) Lex. 8. München, G. D. W. Callwey. à Jahrg. 6.—

Welt: Für die Kleine Welt
s. a. Schweizer Frauen-Zeitung.

— kleine. 8. (8 Holzschntaf. in Buntdr. mit Text.) Stuttgart 872, G. Weise.

Welt, kleine. 3 Sorten. 8. (8 Chromolith. m. Text.) Wesel. 885 Düms. à — 10

— kleine. Kinderträume in Bild u. Wort. 16. (12 S.) Leipzig 889. Baldamus, Sep.-Cto. n. — 50

— kleine. 4. (8 farb. Taf. m. Text.) Leipzig 889. Fr. Pfau. cart. n. — 25

Für die kleine **Welt**. Zeitschrift für Unterhaltung, Erziehung und Gesundheitspflege der Jugend. Jg. 1. 2. Oelsnitz u. Leipzig: Doenger 1894/95. 1896. 8⁰

— die kleine neue, nach Bonaparte, ein geograph. Spiel. 12. Halle, Dietlein. 802.

— die, im Kleinen; aus d. Französ. von Fr. Hayne. Mit 18 ill. Kpf. Berl. 822. Hasselberg. 1 Thlr. 12 Gr.

— die, im Kleinen. Ein ABC- u. Lesebuch für gute Kinder. Mit 22 ill. Bildern. 8. Nürnb. 828. 2e A. 831. Bauer u. Raspe. 6 Gr. (à 1½ B. u. 22 ill. Kpfr.)

— die, im Kleinen, e. Journal gemischten Inhalts f. d. gebild. Stände. Hrsg. v. F. L. v. Lindeman. 1. Jahrg. 1831. 12 Hfte. gr. 8. Eisenberg. (Zeitz, Webel.)

— die, im Kleinen. Leporello-Album. qu. gr. 8. (24 Chromolith. auf Carton.) Stuttgart 887. G. Weise. n. 5. —

— die, im Kleinen. (Bilderbuch.) gr. 8. (2 farb. u. 2 schwarze Taf. m. 4 S. Text.) Düsseldorf 895. A. Bagel. — 40

— die, im Kleinen. Wochenschrift f. Litteratur u. Leben. Mit monatl. Beilage: Blumensträuße. Hrsg.: Karl Storck. 1. Jahrg. 1897. 52 Nrn. (à ca. 20 S. m. Bildn.) gr. 4. Charlottenburg, Exped. n. 4. —

— die, im Kleinen, zum Nutzen u. Vergnügen lieber Kinder, (von J. F. Roth). 3 Thle, mit Kpf. gr. 8. Nürnb. 784—86. Winterschmid. 1 Thlr. 20 Gr. ill. 2 Thlr. 16 Gr.

Welt, Die, im Kleinen, zum Nutzen und Vergnügen lieber Kinder. Nürnberg 1787. V: *Roth, Johann Ferdinand.* (MGT) (Ky)

— die, im Kleinen, z. Nutzen u. Vergnügen für die Jugend. 3 Thle od. 1r Bd. d. Thierreich enthalt. mit 36 Kpf. gr. 8. Nürnb. Winterschmidt d. ält. 787.
mit illum. Kpf.

— die, im Kleinen f. die kleine Welt. Ein Bilderbuch zu Lust u. Lehr' f. Mutter u. Kind. In Friesen nach Orig.-Aquarellen v. Wold. Friedrich, Carl u. Johs. Gehrts, Adf. v. Grundherr, Jul. Kleinmichel, Carl Röhling, Frz. Simm, Herm. Vogel u. m. begleit. Strophen v. Jul. Lohmeyer, Frida Schanz u. Johs. Trojan. gr. 4 (16 Chromolith. m. 14 Bl. Text.) Stuttgart 885. G. Weise. geb. n. 6. —

— —, Die kluge und närrische. Theil 1. (einz.?). O. O. 1722. 12⁰. 15 Bogen. (In Carlsruhe: Qb 1510.)
Format u. Bogenzahl nennt Georgi's Europ. B.-Lex. — Höchst selten!

Welt, Die Komische. Närrische Bilder aus dem Volksleben der Oktober-Zeit. München, o. J. (18**). 8⁰. 15 SS. (1 Mk. E. Hirsch. 1904.)

Welt, die komische. Illustrirte humoristische Monatsschrift. Herausg. u. Red.: Märzroth. Jahrg. 1862. 12 Hefte (à 4 Bgn. mit Holzschn.). Wien Markgraf & Co. gr. 4. n. 2 Thlr.
(Nicht weiter erschienen.)

Die Welt und die Neuschottlaendische Correspondenz
Projected as a weekly, to be published by Anthony Henry at Halifax on Fridays beginning Jan. 4, 1788
Halifax, N.S.

— die lachende. Blüten des Witzes u. Humors aller Nationen. 1. u. 2. Sammlg. 8. (144; 156 S.) Berlin 894. H. Steinitz' Verl. n. 1. —

— die lachende. Blüten des Witzes u. Humors aller Nationen. 3. Sammlg. 8. (144 S.) Berlin 895. H. Steinitz, Verl. n. 1. —

— dasselbe, neue Ausg., s.: Blüten d. Witzes u. Humors aller Nationen.

Welt und Leben
v. Aargauer Volksfreund, Illustrierte Schweizer Hauszeitung.

— Leipziger lustige. Humoristisches Wochenblatt. Red.: Geo. E. Nagel. 1.—3. Jahrg. Juli 1892—Juni 1895. à 52 Nrn. (Bog. m. Abbildgn.) gr. 4. Berlin. (Leipzig, A. Dörffel.) à Jahrg. n. 2. 40

— und Leute. Ein Buch zur Unterhaltung und Belehrung. hoch 4. (264 S. mit 3 Stnt. und eingedr. Holzschn.) Leipzig 850, [Keil.] *
Hat gleichen Inhalt mit dem Leuchtthurm. Jahrg. 1850. Nr. 25—36. und Deutsche Reichs-Bremse. Jahrg. 1850. Nr. 25—36.

Die losende Welt // Oder // Neuvermehrtes // Ohnpartheiliches Register // Und // SPECIFICATION // Aller der Gewinste /// Welche aus der jüngst aufgerichteten /// und in der grossen Stadt Cosmopolis // vollzogener // State Lotterie /// Jedem unter den jetztregirenden // Hohen Christlichen= und Un= //christlichen Potentaten, Fürsten/ Re- //publiquen, Freyen Städten auch // andern Virtuosen // Durche Loß zugefallen /// Der curiösen Welt zum angenehmen Zeit= //vertreib Communiciret. // COSMOPOLIS. // Im Jahr da man zu Regensburg lauter // neue Calender machte. - 3 Blatt (nicht paginiert) Titelkupfer, Titelblatt und Vorrede. - 113 S.
Aus dem Jahre 17oo.
B. S. T. 8°.57.

Welt --- , Die Losende Welt // oder // die auff das Jahr //17o4. // Von dem Verhängnis // auffgerichtete // Neue ESTATS // LOTTERIE. // Cosmopoli Anno 17o4. - 176 S.
B. S. T. 8°.33.

Welt, lustige. Humoristisches Unterhaltungsblatt. Jahrg. 1888. 1889. à 52 Nrn. (½ B. m. Illustr.) gr. 4. Berlin, G. E. Nagel. à Jahrg. n. 4. —

— die lustige, od. der beste Gesellschafter f. Alle, welche lachen wollen. Nebst e. Anleitg., richtig zu deklamieren. 1. u. 2. Sammlg. 12. Leipzig 893. G. A. Kaufmann. à n. — 50
1. 3. Aufl. (69 S.) — 2. 2. Aufl. (77 S.)

— die lustige, od. der beste Gesellschafter f. Alle, welche lachen wollen. 2. Sammlg. 3. (Titel-)Ausg. 12. Leipzig (893). G. A. Kaufmann. n. — 50

— **lustige. Humorist. flieg. Blätter. Jahrg. 1896—1898. à 52 Nrn. (à ca. 12 S. m. Abb.) gr. 4. Berlin, G. E. Nagel.** à Jahrg. n.n. 5. 20
Kann auch vierteljährlich bezogen werden.

— dasselbe, s. a.: Blätter, humorist. flieg.

— lustige. Nagel's humorist. flieg. Blätter. Red.: E. Nagel. (1899—1902.) à 52 Nrn. gr. 4. (à ca. 16 S. m. Abbildgn.) Berlin, G. E. Nagel. à Jahrg. 5. 20
Die Zeitschriften „Lose Blätter", „Das humor. Deutschland" u. „Unsere Gesellschaft" wurden hiermit vereinigt. — Fortsetzung s.: Nagel's lustige Welt.

— meine. Hrsg. in zwanglosen Bdn. v. W. Eick, red. v. A. Hinrichsen. 1. Bd. gr. 8. (III, 83 S.) Rostock 887. Danzig. C. Hinstorff's Verl. n. 1. 50

Welt, meine, und Gesellschaft. s. Meister, H.

—— meine kleine. Eine Erzählung für das Volk. Aus dem Englischen von J. D. M. 12. (129 S.) Bremen 885, Verlag des Tractathauses. cart. *

— die militärische. Illustrierte Monatsschrift f. alle Gebiete des Militärwesens in der neueren Geschichte. Hrsg. v. Karl Harbauer. Red.: Joh. Schmidt. 1. Jahrg. April 1906—März 1907. 12 Hefte. (II. Bd. VIII, 680 S.) gr. 8. Wien. C. W. Stern. n. 15. —

Welt, die militärische. Illustrierte Monatsschr. f. alle Gebiete des Militärwesens u. der neueren Geschichte m. e. literar. Beiblatt u. e. humorist. Beilage. Hrsg. v. J. Karl Harbauer. Red.: Joh. Schmidt. 2. Jahrg. April 1907—März 1908. 3 Hefte. (1. Heft 111 S.) gr. 8. Wien, C. W. Stern. 4. —
Erscheint nicht mehr.

— moderne. Hrsg. u. Red.: Max Böttcher. Jahrg. 1895. (Oktbr. 1894—Septbr. 1895.) 52 Nrn. (2 Bog. m. Abbildgn.) gr. 4. Berlin, Verlag der „Modernen Welt". n. 4. 80

Welt, die, im Monde. Kom. Oper in 3 A. 8. Bresl. Gehr. 796.

Welt. – Die Welt am Montag. – Berlin. – (?)1895 – 27.II.1933.

Welt, Musikalische, s. Welt, Fromme's musikalische

Aus der Musikalischen Welt: Jahrgang 1--3, no. 1, Dec. 1, 1906--Jan. 1909.
Roman Catholic quarterly. Devoted to church music; some news and articles, reviews. Octavo, each issue 16--20 pages; illustrated. "Musikbeilage," 8 pages, published with each Jahrgang. Edited & published by J. Fischer & Bro., 1906--09.
New York, NY

Welt: Die neue Welt
s.a. Arbeiterstimme (Zh—Be). Echo vom Rheinfall. Die **Tagwacht.**

—, Die neue. Mit Kpf. Wien, Rehm, 1803. 8°.
Citirt Kayser 1827

Welt (Die neue) oder das Reich des Geistes auf Erden. Verkündigung. (Von Kuhlmann.) 8°. Genf, Marc Vaney, 1845.

Welt: Die neue Welt (Zh)
① Organ für die Auswanderung ⑤ Juli 1855--Dezember 1855 ⑥ 4° ⑦ Halbmonatsschrift ⑧ Zürich: Zürcher & Furrer ⑩ «Schweizer Phalanx», Zürich ⑫ «Phalansterianer» (Anhänger von Charles Fourier); Organ der «Europäisch-amerikanischen Kolonisationsgesellschaft»; Nachrichten über die Erfolge der sozialistischen Kolonisationsgemeinschaften, von Karl Bürkli und Victor Considerant in Amerika ⑬ Paul Lang: Karl Bürkli (Zürich 1920), p 32--44 ⑭ Zh: Z.

Die Neue Welt: Jahrgang 1--51, Aug. 24, 1856--June 16, 1908.
Sunday edition of PHILADELPHIA DEMOKRAT. Sub-title: Sonntagsblatt für Literatur, Kunst, Wissenschaft, Politik und Unterhaltung. Circulation: 1870, 5800 (est.); 1880, 7227; 1895, 10,000; 1908, 10,000.
Philadelphia, PA

—— die neue. Sonntagsblätter für Kunst, Wissenschaft, Politik und Unterhaltung. 6. und 7. Jahrg. August 1861 bis Juli 1863. à Jahrg. 52 Nrn. (à 4 Bog.) Fol. Philadelphia, (Schäfer und Koradi.) à Jahrg. *

Die Neue Welt – Sonntagsblatt: Nov. 15, 1868--1871?
Sunday edition of DIE NEUE WELT. Slight variations in title, SONNTAGSBLATT DIE NEUE WELT. Circulation: 1870, 2800 (est.)
St. Louis, MO

Die Neue Welt: Nov. 16, 1868--1871?
Non-partisan. Daily, morning except Sunday. Absorbed ST. LOUISER ABENDZEITUNG. For weekly edition, see DIE WÖCHENTLICHE NEUE WELT. For Sunday edition, see DIE NEUE WELT – SONNTAGSBLATT. Circulation: 1870, 1700 (est.).
Edited by Heinrich Binder & Karl Roser, Nov. 16, 1868--?, by C. von Rotteck & R. Rombauer. Published by German Publishing Co., 1868--71.
St. Louis, MO

Neue Welt, die. Illustrirtes Unterhaltungsblatt f. d. Volk. (Wochenschr.) Hrsg. unter der Redaktion von *Bruno Geiser* in Leipzig. Jahrg. 1—3. (3 voll.) Leipzig 1870—78. Fol. (Die *fehlenden* Nummern *confiscirt.*) Saubere Ppbde. m. roth. Lwdruck.
Das Blatt wurde auch als Samstags-Gratisbeilage der „Berliner Fr. Presse" ausgegeben.

—— die neue. Illustrirtes Unterhaltungsblatt für das Volk. Redact.: W. Liebknecht. 1. Jahrg. 1876. 52 Nrn. (Bog. mit eingedr. Holzschn.) gr. 4. Leipzig, [Genossenschaftsbuchdruckerei.] Goldhausen.

—— dass. — Redact.: Bruno Geiser. 2.—4. Jahrg. 1877—1879. à Jahrg. 52 Nrn. (à 1½ Bog. mit eingedr. Holzschn.) gr. 4. Ebendas. à Jahrg.
In 18 Heften à Heft 30 Pf.; à Jahrg.

—— die neue. Illustrirtes Unterhaltungsblatt für das Volk. Redact.: Bruno Geiser. 5. Jahrg. 1880. 52 Nrn. (à Nr. 1½ Bog. mit eingedr. Holzschn.) gr. 4. Leipzig, Genossenschafts-Buchdruckerei. *

—— dass. — 6. Jahrg. 1881. 52 Nrn. (à Nr. 1½—2 Bog. mit eingedr. Holzschn.) gr. 4. Leipzig, Goldhausen. *

Welt, die neue. Illustrirtes Unterhaltungsblatt für das Volk. Redact.: Bruno Geiser. 7. Jahrg. 1882. 52 Nrn. (à Nr. 2 Bog. mit eingedr. Holzschn.) gr. 4. Stuttgart, Dietz. *

—— dass. — 8. und 9. Jahrg. 1883 und 1884. à Jahrg. 26 Hefte. gr. 4. (à Heft 28 S. mit eingedr. Holzschn.) Ebendas. à Heft 25 Pf.; à Jahrg.

Welt, die neue. Illustrirtes Unterhaltungsblatt für das Volk. Redact.: Bruno Geiser. 11. Jahrg. 1886. 26 Hefte. (à Heft 8 Bog. mit eingedr. Holzschn.) gr. 4. Hamburg, Dietz. à Heft 25 Pf.

—— dass. — 12. Jahrg. 1887. 12 Hefte. (à Heft 2 Bog.) Nebst illustr. Sonntags-Beilage. 52 Nrn. (Bog.) gr. 4. Breslau, Geiser. à Heft 50 Pf. Ohne Sonntags-Beilage à Heft 35 Pf.

Erscheint nicht mehr.

—— neue. Illustrirtes Familien-Journal zur Unterhaltung und Belehrung. 1. Jahrg. 1880/81. 24 Hefte. (à Heft 3 Bog. mit eingedr. Holzschn.) gr. 4. Wien, Czaki. à Heft * 25 Pf. *

—— dass. — 2. und 3. Jahrg. 1881/82 und 1882/83. à Jahrg. 24 Hefte. (à Heft 3 Bog. mit eingedr. Holzschn.) Mit Gratis-Beilage: „Neue Wiener Modenwelt". gr. 4. Ebendas. à Heft * 30 Pf.; à Jahrg. *

—— dass. — 4. und 5. Jahrg. 1883/84 und 1884/85. à Jahrg. 52 Nrn. (à Nr. 3 Bog. mit eingedr. Holzschn.) gr. 4. Ebendas. à Jahrg. *

Neue Welt : [illegible]

Weekly. Edited & published by Henry A. Schwebe, later, by Franz Schumacher. Circulation 1886, 200. Rowell, 1885, refers this title to Philadelphia, Pa. Ayer, 1886–87, 1892 gives place of publication as New Orleans.

New Orleans, LA

Die Neue Welt : 1893?—1894? Denver, CO

Weekly edition of DAS COLORADO JOURNAL.

Welt, eine neue. 7. Aufl. 8. (16 S.) Stuttgart 896. Buchh. d. Evang. Gesellschaft. n. — 04

Welt, Die neue. Sammlung photographischer Ansichten der grossartigen Naturwunder, Städte und Meisterwerke von Nord-, Central- und Süd-Amerika. Nr. 1—16. (Schluss.) Quer-Folio. Je acht doppelseitige Blätter à — 30, per Post —.35

Wien: Administration des Neuen Wiener Journal 1896.

WELT, die neue, entdeckt in 1830. Straßburg 1831. 8⁰. (2 Mk. 50 Pfg., Max Jaeckel, Potsdam, 1910.)
Scharfe antikatholische Schrift, welche nicht in den Handel kam.

— —, Neu entdeckte, nebst einem *Anhange* von der Beschaffenheit des Menschen, denen Weltweisen nützlich zu lesen. Wittenberg 1738. 4⁰.
Bibl. quaedam illustris. Lips. 1750. p. 83; Cat. Nicolai. —

— d. nützliche. 1ste — 4te Abtheil., mit 104 ill. Holzschnitten. 8. Bresl. 811—13. (Graß, B. u. Comp.) 6 ₰

Welt, die nützliche. 1ste—4te Abthl. mit 104 illum. Holzschnitten. 8. Bresl. Holäufer. 811 — 15.

— photographische. Monatsblatt f. Amateur- u. Fachphotographen. Früher „Der Amateurphotograph". Red.: Hans Spörl. 19. Bd. 2. Halbj. Juli—Dezbr. 1905. 6 Hefte. (96 S. m. 37 Abbildgn. u. 23 Taf.) Lex.-8. Leipzig, E. Liesegang. n. 2. 50
Vergl.: Amateur-Photograph, der.

— dasselbe. 20. Bd. 1906. 12 Hefte. (190 S m. 81 Abbildgn. u. 48 Taf.) Lex.-8. Ebd. n. 5. —

— photographische. Monatsblatt f. Amateur- u. Berufsphotographen. Red.: Hans Spörl. 21.—24. Bd. 1907–1910. à 12 Hefte. (24. Bd. IV, 188 S. m. Abb. u. 48 Taf.) Lex. 8. Leipzig, E. Liesegang. à Jahrg. 5.—

Die Poetisirende Welt, Hamburg (1705)
s. a. Menander.

— —, Die Poëtisirende: das ist allerhand auserlesene und noch niemals zusammen gedruckte teutsche Gedichte. Herausgegeben von Menandern (D. C. Walther?). Hamburg In Verlegung Chrn. Liebezeit. Lauenburg, gedr. bey Chrn. Albrecht Pfeiffer, 1705. 8⁰. (In Berlin: Yf 2191; auch in Stuttgart; ferner in Darmstadt: E 4324.) (6 Mk. Rich. Bertling, Dresden, 1888.)

— die, auf Reisen. Central-Organ f. Touristik u. Weltverkehr. Hrsg.: Gotthard Müller. 1. u. 2. Jahrg. 1901 u. 1902. à 24 Nrn. gr. 4. (à Jahrg. 480 S. m. Abb.) Berlin, Verlag der „Welt auf Reisen". à Jahrg. n. 6. —

— die, auf Reisen. Central-Organ f. Touristik u. Weltverkehr. Hrsg.: J. Landau. Verantwortlich: Gotthard Müller. 3.—6. Jahrg. 1903—1906. à 24 Nrn. (484, 500, 480 u. 776 S. m. Abbildgn.) 4. Berlin (W 62, Nettelbeckstr. 26), Verlag der „Welt auf Reisen". à Jhrg. n. 6. —

— die, auf Reisen. Zentral-Organ f. Touristik u. Weltverkehr. Hrsg.: J. Landau. 7.—10. Jahrg. 1907—1910. à 24 Nrn. (9. u. 10. Jahrg. 748 u. 712 S. m. Abb.) 30,5×22,5 cm. Berlin-Wilmersdorf (Berlinerstr. 17), Verlag der „Welt auf Reisen". à Jahrg. 6. —

(Die Welt des Schönen. 1.) Düsseldorf & Leipzig: Langewiesche 1907. 4⁰

Die sittliche Welt. Zeitschrift für praktische Philosophie. H. 1. Erlangen: Palm 1840. 8⁰
Hrsg. Karl Bayer.

Die STOLZE Welt. Ein erbauliches Lied. Stolze Welt! vergänglich Wesen, der man alles anvertraut. Ungarisch-Altenburg 1847: Alexander Czéh.

[Le Noble, Eugene?]. Die Wahrheit suchende Welt In dem Brunnen der Warheit. Zur angenehmen Ergötzung Frantzösisch beschrieben. Par Mr. Noble Und wegen seiner Würde ins Hoch-Teutsche übersetzt von einem Wahrheit Liebenden Freunde. Halle, J. G. Renger. 1700. 8⁰. *Titelkupfer.* 2 Bl. 143 S.

Die **Welt** der Technik. Eine techn. Rundschau f. d. Gebildeten aller Stände. Hervorgegangen aus d. 'Techn. Centralblatt'. Amtl. Organ d. Polytechn. Ges. zu Berlin. Red.: Reg.R. Max Geitel, Berlin-Schöneberg. Jg. [1.] 1903, No 1. *Berlin: O. Elsner 1903.* 4⁰ [15.]
Auf. s. u. d. T.: Bericht über d. Verhältnisse u. d. Wirksamkeit d. polytechn. Ges. zu Berlin; Verhandlungen d. polytechn. Ges. (zu Berlin), Polytechn. Centralblatt
[04 16,6]

— die, der Technik. Eine techn. Rundschau f. die Gebildeten aller Stände. Hervorgegangen aus dem „Polytechn. Centralblatt". Amtliches Organ der polytechn. Gesellschaft zu Berlin. Red.: Max Geitel. Jahrgang 1904—1906, 66.–68. der Gesamt-Folge. à 24 Nrn. (à ca. 20 S. m. Abbildgn.) 4. Berlin, O. Elsner. à Jhrg. n. 8. —
Uckermann's, J. C. illustr. Wiener Gewerbe-Zeitung wurde hiermit vereinigt. — Vergl. a.: Centralblatt, polytechn.

— die, der Technik. Illustriertes Fachblatt f. d. Fortschritte in Technik, Industrie, Kunstgewerbe. Hervorgegangen aus d. „Polytechn. Centralblatt". Amtliches Organ der polytechn. Gesellschaft zu Berlin. Red.: Max Geitel. Jahrg. 1907—1910. (69.—72. der Gesamt-Folge. à 24 Nrn. (510, 480, 480 u. 480 S.) 31,5×22,5 cm. Berlin, O. Elsner. à Jahrg. 8.—; geb. 10. —

Welt, die, durch das Teleskop, Mikroskop u. die monistische Brille e. Narren gesehen. 1. Abth. Mit diversen Illustr. (in eingedr. Holzschn.) gr. 8. (48 S.) Potsdam 873. Rentel. n. 1. —

Welt, Tolle. Ein Roman. Leipzig 1843. V: *Oelckers, Theodor.* (EE)

Welt, Die thörichte, der weisen fürgezogen, in 24 Spaziergängen dreyer Freunde, Criton eines Phliosophen, Philon eines Advokaten und Erasten eines Kaufmanns. Aus d. Französischen. Franckfurt 1736. Ü: *Huber, Marie.* (BGE VIII³, 366/367)

WELT, DIE THÖRICHTE, der Weisen forgezogen, in Vier und Zwantzig Spazier-Gängen Dreyer Freunde, Criton eines Philosophen, Philon eines Advocaten, und Erasten eines Kaufmanns. Aus dem Frantzösischen übersetzt. Frankfurt a. M., Andreäsche Buchhandlung 1736. [illegible]
[illegible]

Die übersinnliche **Welt**. Mitteilungen aus dem Gebiete des Okkultismus (sp. Untertitel: Monatsschrift für okkultistische Forschung). Jg. 1–30, H. 8. Münster i.W., (sp. Berlin): A. Weinholtz (sp. Linser) 1893. 8⁰
Hrsg.: Max Rahn, sp. Red.: L. Nagel.

— die übersinnliche. Mittheilungen aus d. Gebiete d. Okkultismus. Organ d. „Wissenschaftl. Vereinigg. Sphinx in Berlin". Hrsg. u. red. v. Max Rahn. 6. Jahrg. 1898. 12 Hfte. (à ca. 40 S.) Lex.-8. Berlin. (München, F. C. Mickl.) n. 8. —; einz. Hfte n. — 80

— die übersinnliche. Mittheilungen aus dem Gebiete des Okkultismus. Organ der „Wissenschaftl. Vereinigg. Sphinx in Berlin". In seinem amtl. Theile Organ des „Verbandes deutscher Okkultisten". Hrsg. u. red. v. Max Rahn. 7. u. 8. Jahrg. 1899 u. 1900. à 12 Hfte. Lex.-8. (à ca. 40 S.) Berlin, A. Weinholtz. à Jahrg. n. 8. —

— dasselbe. Halbmonatsschrift f. okkultist. Forschung. Organ der wissenschaftl. Vereinigg. „Sphinx" in Berlin u. der Gesellschaft f. wissenschaftl. Psychologie in München. Hrsg.: A. Weinholtz. Red.: Max Rahn. 9. u. 10. Jahrg. 1901 u. 1902. à 24 Nrn. Lex.-8. (à ca. 20 S. m. Abbildgn. u. Taf.) Ebd. à Jahrg. n. 8. —

— die übersinnliche. Monatsschrift für okkultist. Forschg. Organ der wissenschaftl. Vereinigg. „Sphinx" in Berlin, der Gesellschaft f. wissenschaftl. Psychologie in München u. des alten Ordens der Mystiker u. Spiritisten. Hrsg.: A. Weinholtz. Red.: Max Rahn. 11.—14. Jahrg. 1903—1906. à 12 Nrn. (484, 479, 479 u. 479 S.) Lex.-8. Berlin, A. Weinholtz. à Jhrg. n. 8. —; geb. n. 9. 50

— die übersinnliche. Monatsschrift f. okkultist. Forschg. Organ der wissenschaftl. Vereinigg. Sphinx in Berlin, Berliner Gesellschaft f. psych. Forschg., Gesellschaft f. wissenschaftl. Psychologie in München u. des alten Ordens der Mystiker. Hrsg.: A. Weinholtz. Red.: Max Rahn. 15.—18. Jahrg. 1907—1910. à 12 Nrn. (à ca. 40 S. m. Abb.) Lex. 8. Berlin, A. Weinholtz. à Jahrg. 8. —

— eine ungetannte. Erzählungen aus dem jüd. Familienleben. Von Judäus. (III, 518 S.) 8. Frankfurt a/M. 907. Sänger & Friedberg. 2.50; geb. in Leinw. 3. 50

Unsere Welt 1850 ? Erie, NY

Unsere Welt: 1851? ? Erie, PA
Democratic weekly. Edited & published by Karl Benzon.

— unsere. Illustrierte Monatschrift zur Förderung der Naturerkenntnis. Unter Mitwirkung zahlreicher Fachgelehrten hrsg. v. Keplerbund. Mit regelmäß. Beilage: „Aus der Welt des Mikroskop" u. „Keplerbund". Schriftleitung: E. Dennert. 1. u. 2. Jahrg. 1909 u. 1910. à 12 Nrn. (à ca. 32 S.) Lex. 8. Godesberg, Naturwissenschaftl. Verlag. à Jahrg. 4. 80; geb. 6. —

AUS DER UNTEREN WELT. Eine Lebensgeschichte. Autorisierte Übersetzung aus dem Schwedischen. 2. Auflage. Plötzensee. Verlag: Geschäftsstelle des Deutschen Sittlichkeitsvereins. Für den Buchhandel durch H. G. Wallmann-Leipzig. kl. 8°.

—— die, der Verbrechen. Merkwürdige Criminalgeschichten und interessante Strafrechtsfälle der alten und neuen Welt aus Vorzeit und Gegenwart. (Volksschriften des deutsch-amerikan. Vereins. I.) Deutsche Ausg. 1. Thl. 1—10. Lfg. 8. (S. 1—155.) Hamburg 853—54, Verlags-Comptoir. à Lfg. * 1 Ngr.

Welt, d. verkehrte. Ein Spiel für Alt u. Jung. Nürnb., Campe. 16 K

— d. verkehrte, od. allerhand seltsame Liebeshändel v. Celander. 8. Cöln. 718.

— —, die verkehrte, in Kupfern und Versen vorgestellt. Nürnberg, Monath, o. J. (c. 1750). Fol. Rarl

Die verkehrte **Welt**. St. 1–13. Hamburg: Chr. Benecke 1751. 8⁰

— —, Die Verkehrte, in einem Lust-Spiel. Erfurth und Leipzig. 1764. 8⁰. (In Berlin: Yr 3441, mit 2 Beibdn.)

— —, Die verkehrte. Mit 12 Bildern von Hoppelpopel (so!; Zugg (!) 1809. 8⁰. (1 Mk. 20 Pfg. Th. Ackermann. 1883.)

— die verkehrte, ein angenehmes u. unterhaltend. Spiel. Leipz. Fleischer. 811.

— die verkehrte, ein Gesellschaftsspiel für 3 bis 12 u. mehrere Personen. Mit 32 ill. Karten. — Le jeu du monde renversé. (Mit deutscher u. franz. Erklärung.) 32. Wien 836. Müller. In Etui 5/6 ₰

— die verkehrte, in Bildern u. Reimen. qu. 4. (12 lith. u. col. Bl.) Stuttgart 850, Hoffmann. ½ ₰

— die verkehrte. schmal Fol. (14 S. m. z. Tl. farb. Abb.) Konstanz 895. C. Hirsch. — 75

Welt, Die verkehrte, welche anders spricht wie sie denkt und anders denkt wie sie spricht . . . Frankf. u. Leipzig 1769. V: *Hauffe, Christian Gotthold* [?]. (will) (Ullrich, Robinson u. Robinsonaden. Weimar 1898. S. 169.)

— —, Die, in ihrer Verkommenheit. Ein Werk, daraus man ersieht, wie alles in der Welt maust, schwindelt, betrügt, stiehlt, prellt, mordet, brandschatzt, wie die Tugend zu Füßen des Lasters kriecht. Graz, Sophie Laßwitz, o. J. 8⁰. (Br. 1 fl. 30 xr.; eleg. gebd. fl. 1,60.)
Gehört zu Sophie Lasswitz' „Damen-Bibliothek".

— d. verliebte u. galante. 2 Thle. 8. Hamb. 730.

— die vornehme. Illustr. Wochenschrift f. d. Gesellschaft, Kunst, Wissenschaft, Litteratur, Mystik, Sport, Mode etc. Hrsg.: F. Ghiglione, M. Hahn. Red. v. Ferry Bératon u. Vinc. Huttor. 1. Jahrg. 1897. 52 Nrn. (à ca. 24 S.) Fol. Wien, Administration. n. 20. —

— vornehme. Zeitschrift f. die Gesellschaft. Red.: v. Kleist u. seit 1901: C. F. v. Schlichtegroll-Engelswacht. Jahrg. 1900 u. 1901. à 24 Nrn. Fol. (à ca. 12 S. m. Abb.) Berlin, R. Teßmer. à Jahrg. n. 4. —
Vergl.: Adels-Herold.

Welt, die, in Waffen. 4 Bände. Leipzig 1869. 8.

— die, in Waffen von d. ältesten Zeiten bis zur Gegenwart. 8 Tle. Wohlf. (Titel-) Ausg. gr. 8. Leipzig 895. O. Spamer. à n. 3. —; geb. in Leinw. à n. 4. —
1. Heldenzeit, Rittertum u. Kriegswesen im Altertum, Mittelalter u. in d. neueren Zeit bis zur 1. französ. Revolution. Von K. G. v. Berneck. 4. Aufl. des „Illustr. Soldaten-Buches", neu bearb. v. E. Schnackenburg. M. 300 Text-Abb. (XVI, 430 S.) (887.)
2. Kriegswesen u. Kriegführg. vom Ausbruch d. französ. Revolution im J. 1789 bis zum J. 1860. Von K. G. v. Berneck. 4. Aufl. d. „Illustr. Soldatenbuches", neu bearb. v. E. Schnackenburg. M. 168 Text-Abb. u. 4 Buntbild. (XII, 384 S.) (888.)
3. Kriegswesen u. Kriegführg. v. J. 1861 bis zur Gegenwart. In 6. Aufl. bearb. von G. v. Marées. M. 128 Text-Abb., 6 Buntbild., 2 Tonbild. u. 1 Karte. (VIII, 420 S.) (889.)

— die weite. Vom Fels zum Meer. Wochenausg. 20. Jahrg. 1901. (Septbr. 1900—Juli 1901.) 44 Nrn. gr. 4. (à ca. 36 S. m. z. Tl. farb. Abbildgn.) Stuttgart, Union. à Nr. — 25

Welt, die weite. Vom Fels zum Meer. Wochenausg. Red.: Paul Dobert. 20. Jahrg. 1901. Nr. 45—52 (Juli—Septbr.) gr. 4. (à ca. 36 S. m. z. Tl. farb. Abbildgn.) Berlin, A. Scherl. à Nr. — 25

— dasselbe. Red.: Paul v. Szczepanski, f. Oesterreich-Ungarn B. Wirth. 21. Jahrg. Septbr. 1901—Aug. 1902. 52 Nrn. gr. 4. (à ca. 36 S. m. Abb.) Ebd. à Nr. — 25

— die weite. Vom Fels zum Meer-Wochenausg. Red.: Paul v. Szczepanski, für Oesterreich-Ungarn B. Wirth. 22.—24. Jahrg. Septbr. 1902—Aug. 1905. à 52 Nrn. (1828, 1810 u. 1794 S. m. Abbildgn.) gr. 4. Berlin, A. Scherl. à Hft. — 25

— dasselbe, vereinigt m. Gartenlaube. Red: Herm. Tischler. In Oesterreich-Ungarn verantwortlich: Ant. Bettelheim. 24. Jahrg. (3. Bd.) Septbr.—Dezbr. 1905. 19 Nrn. (580 u. 416 S. m. Abbildgn. u. 1 farb. Taf.) gr. 4. Leipzig, E. Keil's Nachf. à Hft. — 25

— die weite, weite. Bunte Bilder von deutschen Reisen. Hrsg. v. Hanns Dobeneck. (VIII, 384 S.) 8. Leipzig 910. J. Zeitler. Geb. in Leinw. 5.50; Vorzugseinbd. 12.—

Aus der weiten Welt. Hamburg: Expedition 1891. 8°

— der Wirkwaren-Industrie 1908. Verzeichnis der Adressen sämtl. Strumpf-, Handschuh-, Trikotagen- u. Phantasiewirkwaren-Fabrikanten u. Grossisten in allen Kulturstaaten. M. e. Anh.: Lederhandschuh-Fabrikanten u. Lieferanten aller Bedarfsartikel. Bearb. von Hans Säuberlich. (VIII, 488 S.) 8. Chemnitz (909). H. Wilisch. Geb. in Leinw. 10. —

— die, des Wissens. Wissenschaftliche Wochenschrift für die Gebildeten aller Stände. Hrsg.: J. Wiese. Schriftleiter: Walth. Schindler. Jahrg. Novbr. 1905—Oktbr. 1906. 52 Nrn. (à ca. 16 S.) 4. Berlin, Verlag Welt des Wissens. n. 7. 20
Erscheint nicht mehr.

Welt und Zeit. Germanien [Berlin] 1815—28. V: *Jassoy, Daniel Ludwig.* (Wr) (ErschDL) (MGT) (Ky) (BrMm) (Schles)

— u. Zeit, (von Dr. Jassoy). 1r—4r Thl. gr. 8. (Berl. 816—18. Reimer). 4 ℛ 14 g 5r Thl., oder kalte Aufschläge für d. herrschenden Kopfkrankheiten, von Jonath. Kurzrock. gr. 8. Stuttg. 822. Metzler. 1 ℛ 18 g

— und Zeit. (Von Jassoy.) 6. (letzt.) Thl. gr. 8. (24½ B. u. 1 Stndr. Fol.) Heidelberg 828, Winter.
1—4. Thl. Berlin, Reimer. 1816—18. 4 Thlr. 14 Gr. — 5. Thl. Stuttgart, Metzler. 1822. 1 Thlr. 18 Gr.

WELT und Zeit. Von einem freymüthigen Wahrheitsfreund. Philadelphia, Friedrich Ruhbein (Metzler in Stuttgart), 1821. 8°. 2 Bll. u. 92 S. (In München: L. eleg. m. 830 b.) Rar!

— und Zeit, s. Blätter aus der Gegenwart.

(— und Zeit.) — Blätter aus d. Gegenwart f. nützl. Unterhalt. u. wissenschaftl. Belehr. Hrsg. v. A. Diezmann. 4—6. Jahrg. 1833—35. à 52 Nrn. (Bog.) Mit vielen Abbild. gr. 4. Leipzig, Industrie-Compt. à J.
1—3. Jahrg. 1830—32, vgl. Blätter aus d. Gegenwart ꝛc.
Vorh. u.d.T.: Blätter aus der Gegenwart. Leipzig 1830 ff.
Forts. u.d.T.: Die neue Zeit. Leipzig 1846 ff.

(— und Zeit.) Blätter aus d. Gegenwart f. nützl. Unterhalt. u. wissenschaftl. Belehr. Hrsg. v. A. Diezmann. 7—13. Jahrg. 1836—42. à 52 Nrn. (od. 64 Bog.) Jeder m. geg. 200 Abbildn. gr. 4. Leipzig, Baumgärtners Buchh. [836—40 à * 3 Thlr., 41 u. 42. à * 4 Thlr.] *

— u. Zeit. Blätter aus d. Gegenwart. Hrsg. v. A. Diezmann. 14—16. Jahrg. 1843—45. à 52 Nrn. (64 B.) Mit viel. Abbild. gr. 4. Leipzig, Baumgärtner's Buchh. à J. *

— und Zeit. 2 Hfte. 8. Leipzig 840. E. Klein. 1/6 ℛ

— und Zeit. Aus dem Nachlaß eines russ. Diplomaten (Carl Friedr. v. Schweizer). Hrsg. von Levin Schücking. 16. (VII und 152 S.) Berlin 854 (55,) Schindler. *

Welt und Zeit. Sammlung wichtiger Aktenstücke, Erlasse u. Zeitstimmen ꝛc. zur Geschichte der Gegenwart. Aachen 861. (Leipzig, Wengler.) Lex.-8. (16 S.) n. 2 ngr.

— und Zeitblatt f. d. Jahr 1819. 4. (Leipzig, Joachim in Comm.) 819.

Welt, Alexius, „der schwarze Tod" oder die orientalische Beulenpest. Erscheinungen, Verlauf der Seuche u. Schutzmaßregeln. Nebst historisch-statist. Notizen. Mit Bezugnahme auf Wien populär dargestellt. gr. 16. (32 S.) Wien 879. Wenedikt in Comm. — 90

Welt, Eduard. Der Gerichtsstand in Forderungsstreiten nach den bis 1798 abgeschlossenen eidgenössischen Staatsverträgen. Inaugural-Dissertation. In-8°, 131 S. Bern. 1881.

Welt, Ernst: Die Rechtsbeziehungen „befreundeter Staaten" nach deutschem Reichsrecht ... Greifswald, Druck v. F. W. Kunike, 1893; 4 Bl., 46 S. 8.
Greifswald, Jur. Fak., Inaug.-Diss. v. 1893

Welt, Leonore, pract. Arzt aus Czernowitz, Österreich: Ueber Character-Veränderungen des Menschen in Folge von Laesionen des Stirnhirns. '(Aus der medicinischen Klinik in Zürich)'. Mit 1 Tafel. [S. A. aus: Deutsches Archiv f. klinische Medicin. Bd 42. S. 339—390.] Leipz. J. B. Hirschfeld Dr. 1888. 2 Bl., 58 S., 1 Taf. 8°.
Zürich, Med. Diss. [v. 27. Febr. 1888].

Welt, Sara, med. pract. aus Czernowitz. Oesterreich: Klinische Beobachtungen über die antifebrile Wirkung des Antipyrin und Thallin. nebst Bemerkungen über individuelle Antipyrese. '(Gesammelt auf der medicinischen Klinik in Zürich)'. [S.A. aus: Deutsches Archiv f. klinische Medicin, Bd 38, S. 81—121]. Leipz. J. B. Hirschfeld Dr. 1885. 41 S. 8⁰.
Zürich, Med. Diss. [v. 14. Dec. 1885].

Welt-Löwenstein, Rosa, falbe Blätter. (Aus der Jugendzeit.) Lieder u. Gedichte. (VIII, 180 S.) 8. Dresden (907). E. Pierson. 3.—; geb. n 4.—

Welt-ABC. gr. 4. (16 S. m. farb. Abb.) Stuttgart 898. G. Weise. Kart. 1. 20

Welt-Adressbuch

— erstes philatelistisches, in Taschenformat. Red. v. Willy Bruder. Hrsg.: H. J. Dauth. 1. Jahrg. 12. (III, 64 S.) Frankfurt a/M. 896. (Kottbus, A. Petersdorf.) n. 2.—

Welt-Adressbuch der Industriellen, s. Meyer und Bilitz.

Weltadressbuch der gesammten Musikinstrumenten-Industrie. Zusammengestellt v. P. de Wit. Lex.-8. (VIII, 384 S.) Leipzig 890. de Wit. geb. 15.—

Weltadressbuch der gesammten Musikinstrumenten-Industrie. Zusammengestellt v. Paul de Wit. 1893. Lex.-8. (XIII, 448 S.) Leipzig, P. de Wit. Geb. in Leinw. n. 20.—

Welt-Adressbuch d. ges. Musikinstrumenten-Industrie, m. e. Anh., enth. die Eingangszölle auf Musikinstrumente in allen Ländern u. e. Wörterbuch d. in d. Musikinstrumenten-Industrie vorkomm. techn. Ausdrücke in deutsch-französisch-engl. Sprache. Hrsg. von Paul de Wit. (5. Ausg. 1897.) gr. 8. (VIII, IV, 680 S.) Leipzig 897. P. de Wit. Geb. in Leinw. n. 20.—

Welt-Adressbuch der gesammten Musikinstrumenten-Industrie. m. e. Anh., enth. die Eingangszölle auf Musikinstrumente in allen Ländern u. e. Wörterbuch der in der Musikinstrumenten-Industrie vorkomm. techn. Ausdrücke in deutsch-französisch-engl. Sprache. Hrsg. v. Paul de Wit. (6. Ausg. 1900.) gr. 8. (VIII, IV, 653 S.) Leipzig, Paul de Wit. Geb. in Leinw. n. 20.—

Welt-Adressbuch der gesamten Musikinstrumenten-Industrie. Hrsg. v. Paul de Wit. Ausg. 1906. (III, 974 S.) gr. 8. Leipzig, P. de Wit. Geb. n. 20.—

Welt-Adressbuch d. gesamt. Musikinstrumenten-Industrie, m. e. Anh., enth. die Eingangszölle auf Musikinstrumente in allen Ländern u. e. Wörterbuch der in der Musikinstrumenten-Industrie vorkomm. techn. Ausdrücke in deutsch-französ.-engl. Sprache. Hrsg. v. Paul de Wit. (Neue Ausg.) (III, VIII, XII, 1058 S.) Lex. 8. Leipzig 909. P. de Wit. Geb. in Leinw. 22. 50

Weltadressenbuch: „Auskunftsreform". Credit-Auskünfte auf ca. 700 Ortschaften d. In- u. Auslandes. 3., verb. Aufl. gr. 8. (47 S.) Chemnitz 898. (B. Troitzsch Nachf.) 4.—

Welt-Album, pittoreskes, od. neueste Sammlung v. 160 malerischen Ansichten aus allen 5 Welttheilen. Nebst e. erklärenden Texte v. F. C. Weidmann. qu. gr. Lex.-8. (3³/₄ B. u. 160 Kpfrt.) Wien 843, Sammer. *

Weltall

— **das, oder Wörterspiel, ein Spiel für d. Jugend, mit 200 Karten. Gotha, Perthes. 20 Ѱ**

Weltall, Das. Ein geographisch-statistisch-naturhistorisches Handwörterbuch mit Berücksichtigung des Wissenswürdigsten aus der Weltgeschichte. Aus authentischen und den neuesten Quellen geschöpft und in alphabetischer Ordnung zusammengestellt. Bd. 1—16. Frankfurt a. M. 1828—1834. H: *Friederich, Johann Conrad.* (Ebrard, Friedr. Clemens & Louis Liebmann: Joh. Konrad Friederich. Frankfurt a. M. 1918, S. 305/6)

Weltall, das, ein geograph.-statist.-naturhistor. Handwörterbuch, mit Berücksichtigung des Wissenswürdigsten aus d. Weltgeschichte. Aus authent. u. den neuesten Quellen geschöpft u. in alphab. Ordnung zusammengestellt. 1r—16r Bd., od. 1s—81s Heft, mit Steindr. 12. Frankf. 828—32. (Friedrich). Subscr.-Pr. à Heft 4½ Ѱ

Weltall, Das. Ein Lesestück für die Schüler in den oberen Classen der Bürger- und Volksschulen . . . Magdeburg 1852. V: *Sondermann, Frz Wilh.* (EngG)

Weltall, das. Ein Lesestück f. die Schüler in den oberen Classen der Bürger- u. Volksschulen von F. W. S. gr. 8. (48 S.) Magdeburg 852, Heinrichshofen. ¹/₆ ₰

Weltall, das. Zeitschrift für populäre Naturkunde. Herausg. unter Mitwirkung der Herren Cotta, Eschricht, v. Littrow, v. Martius, Reichenbach, Schacht ꝛc. u. A. von C. Giebel und J. Schaller. 1. Jahrg. 1854. 52 Nrn. (à 1 Bgn. mit Holzschn. im Text). Leipzig, T. O. Weigel. gr. 4. n. 4 ₰.

Weltall, das. Encyklopädie der gesammten Naturwissenschaften in leichtfaßl. Darstellung. Mit über 200 Abbild. in Holzschn. und Buntdruckbildern. 4 Bde. gr. 8. Berlin 866, Schlingmann. [Leipzig, Zander.]
Ermäßigter Preis * 1 Thlr. 20 Ngr.; geb. in 2 Bdn. *
Inhalt:
Bd. 1. Die Wunder der Sternenwelt. Populaire Astronomie für Laien. Von A. Guillemin. (502 S.)
„ 2. Der Ocean, seine Geheimnisse und Wunder. Von A. Mangin. (VIII und 303 S.)
„ 3. Die Erde und das Meer. Illustrirte phys. Geographie. (V und 410 S.)
„ 4. Das Reich der Luft. Von A. Mangin. (IV und 432 S.)

Weltall, das. Illustrierte Zeitschrift f. Astronomie u. verwandte Gebiete. Hrsg. v. F. S. Archenhold. 1.—3. Jahrg. Oktbr. 1900—Septbr. 1903. à 24 Hfte. gr. 4. (X, 224 S. m. 58 Abb. u. 7 Taf.; X, 300 S. m. 73 Abb. u. 11 Taf. u. XII, 312 S. m. 78 Abb. u. 14 Taf.) Berlin, C. A. Schwetschke & Sohn. à Jahrg. n. 8.—
Der Jahrespreis beträgt v. 4. Jahrg. an n. 12.—.

Weltall, das. Illustrierte Zeitschrift f. Astronomie u. verwandte Gebiete. Hrsg. v. F. S. Archenhold. 4.—7. Jahrg. Oktbr. 1903—Septbr. 1907. à 24 Hefte. (XII, 454; XII, 426; XII, 418 u. XII, 388 S. m. Abb. u. 10, 14, 14 u. 16 Taf.) hoch 4. Berlin [C. A. Schwetschke & Sohn]. Treptow, Verlag d. Treptow-Sternwarte. à Jhrg. n. 12.—; geb. n. 14.—

Weltall, das. **Illustr. Zeitschrift f. Astronomie und verwandte Gebiete. Hrsg. v. F. S. Archenhold. 8. bis 11. Jahrg. Oktbr. 1907—Septbr. 1911. à 24 Hefte. (8.—10. Jahrg. XII, 400; XII, 402 u. XII, 366 S. m.** Abb. u. 17, 11 u. 9 Taf.) Lex. 8. Treptow-Berlin, Verlag der Treptow-Sternwarte. à Jahrg. 12. —
Der Gesamtpreis der Jahrgänge 1—11 beträgt jetzt n 110.—; geb. n 125.—; Jahrg. I 18.—; II 13.—; III. IV à 28.—; V 23.—; VI 18.— u. VII 12.—.

Weltall und Menschheit. Geschichte der Erforschung der Natur und der Verwertung der Naturkräfte im Dienste der Völker. Hrg. von Hans Kraemer in Verbindung mit Professor ... Louis Beushausen, Berlin; geh. Hofrat Max v. Eyth; ... u. a. m. Band 1. 1. bis 50. Tausend. [Mit vielen Text-Abbildungen und 44 Beilagen, Tafeln etc.] XII + 492 S. 4. Berlin-Leipzig-Wien-Stuttgart, Bong & Co., [1902]. [geb. M. 16. —]
Darin Text und zahlreiche Abbildungen (worunter 6 Tafeln) die Schweiz betr.
Cpl. 1902—1904, in 100 Liefg., à M. —.60, = 5 Bänden.

—— das, und seine Naturwunder. Eine Wanderung durch die Räume des Himmels und durch alle Regionen der Erde. (In 12 Lfgn.) 1.—8. Lfg. 4. (VIII und 128 S. mit 8 ill. Stnt.) Dresden 863, Breyer. à Lfg. 3 Ngr.
Für Sachsen à Lfg. 2½ Ngr.

—— das, die Räthsel und Schönheiten seiner Lebensfülle, seine Erzeugnisse, Geschöpfe und Bewohner. Lebensbilder der Pflanzen-, Thier- und Menschenwelt. Zugleich ergänzende Fortsetzung der Naturwunder von W. F. A. Zimmermann. Mit Vorwort zur 2. Aufl. von A. B. Reichenbach. 1. Aufl. in 15 Lfgn. à * 5 Ngr. 1865,66. gr. 8. (VIII und 712 S. mit 1 Holzschntaf. und vielen 100 Illustr. in Holzschn.) Leipzig 868, R. Schäfer. [Dresden, Tittel.] *

Weltall, das, die Räthsel und Schönheiten seiner Lebensfülle, seine Erzeugnisse, Geschöpfe und Bewohner. Lebensbilder der Pflanzen-, Thier- und Menschenwelt. Zugleich ergänz. Fortsetzung der Naturwunder von W. F. A. Zimmermann. 3. Aufl. 1. und 2. Heft. gr. 8. (S. 1—96 mit eingedr. Holzschn. und 1 Holzschntaf.) Dresden 869,70. à Heft

Weltalter, das neue, u. seine Propheten. Von e. Protestanten. (136 S.) 8. Dresden 905. E. Pierson. n. 2. 50

Weltalter, Die vier, nach dem Ovid . . . Wien 1793. V: *Giovane, Julie Herzogin von geb. Reichsfreiin von Mudersbach.* (EB)

Weltangelegenheiten, Die neuesten, zuverlässig erzählt, auf das Jahr 1781. Mainz 1782. V: *Köster, Heinrich Martin Gottfried.* (MGT) (Stri) (HS) (Ky)

Weltangelegenheiten, d. neuesten, zuverlässig erzählt, fürs J. 1781, (von H. M. G. Köster). 8. Marb. 782. Krieger. 1 ₰ 12 gr

Weltanschauung. Philosophie u. Religion in Darstellgn. von Wilh. Dilthey, Bernh. Groethuysen, Geo. Misch u. a. (Schriftleitg.: Max Frischeisen-Köhler.) (Einbd. u. Umschlag entworfen v. M. J. Gradl.) (XXII, 484 S.) Lex. 8. Berlin 911. Reichl & Co. 17.—;
geb. in Halbfrz. 20. —

Weltanschauung, ästhetische, eines Veteranen. Gewidmet den Rittern vom Geiste. Wien 853. Gerold. 12. (IV, 391 S.) 1 ₰. 10 ngr.

— eine höhere, zur Lösung der allgemeinen Lebensfrage und zur Versöhnung aller Parteien. Hamburg 854. Nestler u. Melle in Comm. 8. (XI, 202 S.) n. 1 ₰.

Weltanschauung. — Materialistische Weltanschauung eines Nichtgelehrten, s. a. Billwiller, C. F.

Weltanschauung, Materialistische, eines Nichtgelehrten Th. 1. Zürich 1895. V: *Billwiller, C. F.* (Berl)

Weltanschauung, materialistische, e. Nichtgelehrten. I. Tl. gr. 8. (III, 111 S.) Zürich 895. (E. Speidel.) n. 2. 50

Weltanschauung, die neue. Beiträge zu ihrer Geschichte u. Vollendg. in zwanglosen Einzelschriften. 1.—3. 8. Berlin, A. Kohler. n. 7. 10
1. Nietzsche als Geschichtsphilosoph. Eine Quellenstudie. Von Carl Lory. (VII, 63 S.) 904. n. 1. 60
2. Pluralismus od. Monismus. Eine naturwissenschaftlich-philosoph. Studie. Von P. Lauer. (36 S.) 905. n. 1. —
3. Das Tragische als Gesetz des Weltorganismus. Von Ernst Aug. Georgy. (XIV, 214 S.) 905. n. 4. 60; geb. n. 5. 60

(B) — die neue. Nr. 1. Lory, C., Nietzsche als Geschichtsphilosoph. 904. Erm. Pr. —75; Nr. 2. Lauer, P., Pluralismus. 905. 1.—. Jetzt: Baden-Baden, F. Spies.

(B) — dasselbe. Nr. 3. Georgy, d. Tragische. 905. Jetzt: München, Verlag d. deutschen Monistenbundes. Erm. Pr. 1. —

— neue. Monatschrift f. Kulturfortschritt auf naturwissenschaftl. Grundlage. Red.: W. Breitenbach. Jahrg. 1908 u. 1909. à 12 Hefte. (à ca. 40 S.) Lex. 8. Stuttgart [F. Lehmann]. Leipzig, J. A. Barth.
à Jahrg. 4. —

— dasselbe. Jahrg. 1910. 12 Hefte. (à ca. 40 S.) Lex. 8. Leipzig, J. A. Barth. 6. —

— positive. (IV. Bd. der Religion der Menschheit.) Organ der deutschen positivist. Vereinigg. Hrsg.: H. Molenaar. (192 S. m. 1 Bildnis.) 8. München (Holzkirchnerstr. 5.), Dr. H. Molenaar. n. 2. —
Vergl.: Religion, die, der Menschheit.

— dasselbe. Ein Jahrbuch f. freie Denker u. ernste Wahrheitsucher. V. Bd. der „Religion der Menschheit", hrsg. v. H. Molenaar. (226 S.) gr. 8. Leipzig 906. O. Wigand. n. 2. 50; geb. n. 3. —

Weltanschauung, Die reformierende, oder die Natur nach der Vernunft ausgelegt . . . Berlin 1858. V: *Benda, Dan. Alexander* (Verlags Katalog J. Springer-Berlin 1900. S. 239.) (Ky)

Weltanschauung, die reformirende, oder die Natur nach Vernunft ausgelegt. Von D. A. B(enda.) Lex.-8. (30 S.) Berlin 858, Springer's Verlag. *

—— dass. — Neue vollständ. Ausg., s. a. Benda, D. A.

Weltanschauung, religiöse. Gedanken eines hochbetagten Laien über Glauben, Religion und Kirche. 8. (X, 104 S.) Karlsruhe 883, Reuther. *
geb. mit Goldschn. *

Weltanschauung, religiöse. Gedanken e. hochbetagten Laien üb. Glauben, Religion u. Kirche. 2. Aufl. 8. (X, 104 S.) Berlin 885. Reuther. n. 2. —; geb. m. Goldschn. n. 3. —

Ultramontane **Weltanschauung** und moderne Lebenskunde, Orthodoxie und Monismus. Die Anschauungen d. Jesuitenpaters Erich Wasmann u. die gegen ihn in Berlin gehaltenen Reden. Hrsg. von Prof. Dr. L[udwig] Plate, Berlin. Mit 12 Textfig. Jena: G. Fischer 1907. (147 S.) 8° [G.] (07. 12200

Weltanschauungs-Fragen. 1.—5. Bd. 8. Stuttgart. [F. Lehmann.] J. E. G. Wegner. 5.—; geb. 8. —
Lessner, Rud., Glaube u. Wissenschaft. (103 S.) 908. (Bd. 3.) 1.—; geb. 2. —
Neumann, Carl W., ins Menschenland. Eine Wanderg. durch die Entwickelungsgeschichte des Menschengeschlechts. Mit zahlr. Abbildgn. (VIII, 208 S.) 908. (Bd. 4. 5.) 2.—; geb. 3. —
Paris, Alf., Neues üb. die Weltentwicklung. Eine zeitgemässe Kosmogonie zur notwend. Ergänzg. d. Darwinismus. Mit zahlr. Abbildgn. (166 S.) 908. (Bd. 1, 2.) 2.—; geb. 3. —

— dasselbe. Beiträge zu e. modernen Weltanschauung auf naturwissenschaftl. Grundlage. 1.—4. Bd. 8. Ebd. 4.—; geb. 7. —
Ohm, P., das Seelenleben der Tiere. (117 S. m. Abb.) 909. (Bd. 4.) 1.—; geb. 2. —
Pohlig, Hans, Abstammungstheorie m. Rücksicht auf Erdgeschichte. Nach seinen Vorlesgn. (192 S. m. Abb. u. 1 Taf.) 909. (Bd. 2. 3.) 2.—; geb. 3. —
Schulz, Otto Th., Entwickelung und Untergang des Kopernikanischen Weltsystems bei den Alten. Ein historisch-geograph. u. astronom. Beitrag zur Gesch. der Naturwissenschaften im griechisch-röm. Altertum. Mit zahlr. Abbild. (143 S.) 909. (Bd. 1.) 1.—; geb. 2. —

Weltansicht, die, oder populär-prakt. Uebersicht der Philosophie. In zwölf Vorlesungen. gr. 8. Riga 836. (Frantzen.) n. 1⅓ ℛℓ

Weltansicht, die, od. populär-pract. Uebersicht d. Philosophie. In zwölf Vorlesn. Ein Handb. f. gebild. Freunde religiös-philosoph. Wahrheit. gr. 8. (18⅛ B.) Riga 830, (Kymmel.) *

Weltansicht und Religion der Denker besonders der neueren und neuesten Zeit Luxemburg 1845. V: *Macyszh.* (Ky)

Weltansicht u. Religion der Denker, besonders der neuen u. neuesten Zeit. 2 Abthlgn. gr. 8. (28 B.) Luxemburg 845, Michaelis.

Weltansichten. Pesth 1816. V: *Benzel-Sternau, Carl Christan Ernst Graf von.* (streisand 23)

Weltansichten in dem unvergeßl. Jahr 1815. gr. 8. (Frankf. a. M. 816. Jäger). 8 ℛ

Weltauge. Beschreibung eines besonderen Weltauges, welches in dem Cabinete eines Naturfreundes zu Hamburg befindlich. An Herrn J. Edlen v. Born. Hamburg. 1779. 4°

Die Weltausstellung : 1892. Chicago, IL

Die Weltausstellung. Philadelphia, PA
Sub-title: Beilage zum Sonntags-Journal.
GyAIZ: 30. IV. 1893; 6. VIII. 1893.

— Verzeichnis der an die deutschen Aussteller und deren Mitarbeiter verliehenen Auszeichnungen. (158 S) Leipzig 1905

Weltausstellung 1873. Special-Katalog der Beiträge aus dem Oriente zu den additionellen Ausstellgn. d. Welthandels u. der Geschichte der Preise. Cercle oriental im 1. Stocke. gr. 8. (34 S.) Wien 873. Hölder. n. — 75

Weltausstellung, Antwerpener 1894. Die französische Einfuhr in Belgien und die deutsche Industrie. (31 S) Antwerpen 1893

Weltausstellung in Brüssel 1910. (Vorr.: Reichskommissar [Heinrich] Albert.) (Bln '08). 16 S. [Ausstellungsprogr. u. Klassifikation d. Ausstellungsgegenstände.]

Weltausstellung Brüssel 1910. Deutsches Reich. Amtlicher Katalog. (375 S) Berlin 1910

Brüsseler Allgemeine **Weltausstellung** von 1910. Allgem. Programm. Aufruf an d. Produzenten. Reglement. Klasseneinteilung. Freie Uebers. Brüssel 1908: Mertens. 26 S. 8°

— die, in Chicago. 1893. (Programm) (16 S)

(Die Weltausstellung in) Chicago 1893. Programm. Thomas Cook & Son. 2. Aufl. Cöln. (1893.) 4°.

— Chicago 1893. 107 Bl Phot. v. K Liebhardt auf 85 T fol in 2 Mapp. Esslingen 1893

Weltausstellung, internationale, 1878 in Paris. Schweiz. Classe 1. 2. 6ª. 6ᵇ. 8. 11. 13. 15—18. 26. 29. 30. 34. 37—39. 47—54. 66. 75. 78. gr. 8. Zürich 879. Orell, Füssli & Co. Verl. n. 29. —
1. 2. Beaux-arts. Rapport par Th. de Saussure. (21 S.) n. 1. —
6ª. Unterrichtswesen. Bericht von Wettstein. (37 S.) n. 2. —
6ᵇ. Machines destinées à produire des courants électriques. Rapport par A. Achard. (17 S.) n. 1. —
8. Education et enseignement. Enseignement supérieur. Rapport par Eug. Rambert. (36 S.) n. 1. —
11. Anwendung der Zeichnungskunst auf industrielle Zwecke. Bericht von Eug. Stettler. (7 S.) n. 1. —
13. Musikalische Instrumente. Bericht von Osc. Hegar. (6 S.) n. 1. —
15. Instruments de précision. Rapport par J. L. Soret. (5 S.) n. 1. —
16. Geographische u. cosmographische Karten u. Apparate. Bericht von H. Siegfried. (71 S.) n. 2. —
17. 18. Möbel u. Tapezier-Arbeiten. Bericht von Jul. Stadler. (14 S.) n. 1. —
26. Horlogerie. Rapport par D. Perret. (34 S.) n. 1. —
29. Kurzwaaren. Bericht von G. Kiefer-Baer. (11 S.) n. 1. —
30. Baumwollgespinnste u. Baumwollgewebe. Bericht von H. Rieter-Fenner. (67 S.) n. 2. —
34. Seiden-Industrie. Bericht von M. A. Meyer-Bürkli. (13 S.) n. 1. —
37. Bonneterie, Lingerie, Strumpfwirkerei, Bekleidungsgegenstände. Bericht von J. Blumer-Egloff. (71 S.) n. 2. —
38. Strohwaaren. Bericht von J. Isler-Cabezas. (16 S.) n. 1. —
39. Bijouterie, Joaillerie. Rapport par J. Rossel. (6 S.) n. 1. —
47. Produits chimiques et pharmaceutiques. Rapport par J. Piccard. (9 S.) n. 1. —
48. Bleiche, Färberei, Druck u. Appretur. Bericht von Em. Meyer. (12 S.) n. 1. —
49. Cuirs et peaux. Rapport par Ernest Mercier. (20 S.) n. 1. —
50—54. Maschinen u. Apparate der allgemeinen Mechanik. Bericht von Frdr. Autenheimer. (43 S.) n. 2. —
66. Bau- u. Civil-Ingenieurwesen. Bericht von R. Moser. (41 S.) n. 2. —
75. Boissons fermentées. Rapport par J. Doge. (13 S.) n. 1 —
78. Viehzucht. Bericht von D. Flückiger. (12 S.) n. 1. —

Weltausstellung, Columbische, in Chicago. Amtlicher Katalog der Ausstellung des Deutschen Reiches. (256 S) Berlin 1893

Weltausstellung, Columbische, Chicago. Die sächsische Textilindustrie und ihre Bedeutung. (77 S) Leipzig 1893

Columbische Welt-Ausstellung in Wort und Bild : 1892. Chicago, IL

Weltausstellung London 1862. Specialkatalog der gewerbl. Ausstell. des Zollvereins. Berlin 1862.

Weltausstellung Paris 1867, Catalog der österreich. Abtheilung. 2. A. Wien.

Weltausstellung Paris 1867. Catalog der Erzeugnisse des Königreichs Württemberg. Stuttg. 1867.

Weltausstellung Paris 1867, Catalog für die Sammlung der Bergwerks- und Steinbruchsprodukte Preussens. Berlin.

Weltausstellung Paris 1867. Specialkatalog d. Aussteller Preussens u. der norddeutschen **Staaten**. Berl. 1867.

— in Paris 1878. Deutsche Abteilung. Verzeichnis d. ausgest. Werke. Berlin 1878

Weltausstellung in Paris 1878. Ausstellung des K. K. österreichischen Museums, der Kunstgewerbe-Schule, der chemisch-technischen Versuchs-Anstalt und der kunstgewerblichen Fachschulen. Wien. 8".

Weltausstellung in Paris 1878. Schweiz. Berichte. 16 Hefte. Zürich 1879

Die **Weltausstellung** in **Paris** 1900. Mit zahlr. photogr. Aufnahmen, farb. Kunstbeil. u. Plänen. Unter Mitw. von Fachmännern hrsg. von A. J[ul. Meier-Graefe. *Paris & Leipzig: F. Krüger 1900.* (211 S.) 4° [00 1379

Weltausstellung **Paris** 1900. Katalog der österreichischen Abtheilung. Herausgegeben von dem k. k. österreichischen General-Commissariate. Heft 3. Gruppe IV u. V. **Maschinenbau. Elektrotechnik.** Wien. [1900.] [In Comm. Lehmann & Wentzel.] 8°. VIII, 120 S. mit 2 Tafeln. K 1.—

Weltausstellung **Paris** 1900. Katalog der österreichischen Abtheilung. Herausgegeben von dem k. k. österreichischen General-Commissariate. Heft 4a. Gruppe VI. **Ingenieur. Eisenbahnwesen.** Wien. [1900.] [In Comm. Lehmann & Wentzel.] 8°. VIII, 191 S. mit 3 Tafeln. K 1.—

Weltausstellung **Paris** 1900. Katalog der österreichischen Abtheilung. Herausgegeben von dem k. k. österreichischen General-Commissariate. Heft 4b. Gruppe VI. **Handelsschiffahrt.** Wien. [1900.] [In Comm. Lehmann & Wentzel.] 8°. VII, 93 S. mit einer Tafel. K 1.—

Weltausstellung **Paris** 1900. Katalog der österreichischen Abtheilung. Herausgegeben von dem k. k. österreichischen General-Commissariate. Heft 7. Gruppe XI. **Bergwesen, Metallverarbeitung.** Wien. [1900.] [In Comm. Lehmann & Wentzel.] 8°. VIII, 151 S. mit 4 Tafeln. K 1.—

Weltausstellung Paris 1900. Katalog der österreichischen Abtheilung. Herausgegeben von dem k. k. österreichischen General-Commissariate. Heft 8. Gruppe XII u. XV. **Ausschmückung der Wohnstätten.** Verschiedene Industrien. Wien. [1900.] [In Comm. Lehmann & Wentzel.] 8°. VIII, 204 S. mit 4 Tafeln. K 1.—

Weltausstellung Paris 1900. Katalog der österreichischen Abtheilung. Herausgegeben von dem k. k. österreichischen General-Commissariate. Heft 9. Gruppe XIII. **Garne — Gewebe — Färberei — Kleidung.** Wien. [1900.] [In Comm. Lehmann & Wentzel.] 8°. VII, 75, 9 S. K 1.—

Weltausstellung Paris 1900. Katalog der österreichischen Abtheilung. Herausgegeben von dem k. k. österreichischen General-Commissariate. Heft 10. Gruppe XIV. **Chemische Industrie.** Wien. [1900.] [In Comm. Lehmann & Wentzel.] 8°. 9, VIII, 133 S. mit 4 Tafeln. K 1.—

Weltausstellung in Paris 1900. Amtlicher Katalog ... [Berlin 1900.] Red: *Witt, Otto Nicolaus.* (EB)

Weltausstellung in Paris 1900. Amtlicher Katalog der Ausstellung des Deutschen Reichs. (440, 80 S) 4° Berlin 1900

Weltausstellung Paris 1900. Soziale Wohlfahrtspflege in Deutschland. Hrsg. von H[einrich] Albrecht. Berlin: Sittenfeld 1900. XI, 164 S. 8°

Weltausstellung in Paris 1900. 8. Bern, K. J. Wyss, 1901.

Klasse 19. Schweiz. Dampfmaschinen. Bericht ... von Prof. A[urel] Stodola in Zürich, Mitglied der internationalen Jury. 16 S.

Klasse 27. Die Schweizerische Industrie für Elektrische Messinstrumente auf der Pariser Weltausstellung von 1900 und zu Hause. Bericht von Prof. Dr. H[einrich] F[riedrich] Weber, Mitglied der Jury.... 15 S.

Klasse 35. Schweiz. Material und Verfahren des landwirtschaftlichen Betriebes. Bericht von C[arl] Moser, ... Mitglied der internationalen Jury. 23 S.

Klasse 86. Schweiz. Verschiedenartige Industrien der Bekleidung, im besonderen Wirk- und Strickwaren (la bonneterie et le tricot). Bericht von Werner Rumpf. Mitglied der internationalen Jury. [Mit 15 Tabellen.] 90 S.

s. *auch* Exposition universelle.

Weltausstellung in Paris. 1900. Schweiz. 8. Bern, K. J. Wyss, 1901.

Klasse 40. Landwirtschaftliche Produkte, Nahrungsmittel tierischen Ursprungs. Milch, Butter, Käse. Berichte von Louis Martin ... und E[mile]-L[ouis] Roussy.... Deutsche Übersetzung. [Mit 2 Tafeln.] 34 S.

Weltausstellung in Paris 1900. Schweiz. 8. 1901.

Gruppe III, Klassen 11 und 13. Die Graphischen Druckverfahren. Mit 6 Illustrationen. Bericht ... von H(einrich) J[acob] Burger, ... Mitglied der internationalen Jury. 66 S. Zürich, Polygraphisches Institut A. G.

Klasse 20. Diverse Motoren. Bericht ... von Professor F[ranz] Prášil in Zürich, Mitglied der internationalen Jury. 8 S. Bern, K. J. Wyss.

Klasse 22. Werkzeugmaschinen. Bericht ... von Direktor R[obert] Meier in Gerlafingen, Mitglied der Internationalen Jury. 19 S. Bern, K. J. Wyss.

Klasse 36. Der Weinbau, seine Materialien und Verfahren. Bericht ... von Prof. Dr. (H[ermann]) Müller-Thurgau.... Mitglied der internationalen Jury. 44 S. Bern, K. J. Wyss.

Gruppe X. (Klasse 61.) Nahrungsmittel. Abteilung: Liqueurs, Spirituosen und gewerbliche Alkohole. Bericht von Aug[ust] F[riedrich] Dennler, Mitglied des internationalen Preisgerichtes.... 11 S. Interlaken, Otto Schlaefli.

Klasse 76. Maschinen und Verfahren der Spinnerei und Seilerei. Bericht ... Erstattet von Rudolf Escher, Professor ..., Mitglied der internationalen Jury. 17 S. Bern, K J. Wyss.

Weltausstellung in Paris 1900. Schweiz. 8. 1901.

Klasse 23. «Production et Utilisation mécaniques de l'Electricité». Bericht... von Prof. W[alther] Wyssling... Suppleant der Jury der Kl. 23. Gr. V. II + 47 S. Bern, K. J. Wyss.

Klasse 32. Material der Eisenbahnen und Tramways. Bericht von Roman Abt..., Mitglied der internationalen Jury. 13 S. Neuchâtel, Delachaux & Niestlé.

Klasse 66. Feste Dekoration von öffentlichen Gebäuden und Wohnräumen. Bericht von E[rnst] Jung..., Mitglied der internationalen Jury. 9 S. Neuchâtel, Delachaux & Niestlé.

Klasse 84. Spitzen, Stickereien und Passementerien. Bericht von Léopold Iklé und C[arl Wilhelm] Wetter-Rüsch..., Mitglieder der internationalen Jury. 21 S. Neuchâtel, Delachaux & Niestlé.

Weltausstellung in Paris 1900. Schweiz. 8. 1901.

Gruppe XV, Klasse 94. Orfèvrerie. Bericht ... von J[ohann] Bossard ..., Juror Suppleant der Klasse 94. 5 S. Bern, K. J. Wyss.

Klasse 98. Holzschnitzerei. Bericht ... von Edmund v(on) Steiger ..., Mitglied der internationalen Jury. 9 S. Bern, K. J. Wyss.

Klasse 111. Hygiene. Bericht ... von Dr. O[tto] Roth und Dr. Lucius Spengler, Mitglieder der internationalen Jury. 8 S. Bern, K. J. Wyss.

s. *auch* Exposition universelle.

Welt-Ausstellung, Pariser. Illustrirter periodischer Bericht über sämmtliche Gruppen u. Klassen der Ausstellung. Unter Mitwirkung von Fachmännern herausg. u. redig. von Jul. Hirsch. Wien 867. Beck'sche Universitäts-Buchh (Jede Nr. 1 Bog. mit eingedr. Holzschn.) Fol. n. 2 ℳ

Weltausstellung, Die Pariser, 1878. Illustrirte von der Commission autorisirte deutsche Ausgabe. München 1878. H: *Brunfaut, Jules.* Red: *Regnet, C. A.* (B MARSCH 1076)

— die Pariser, 1878. Illustr., v. der Commission **autoris. deutsche Ausg. Nr. 1—68. (2 B. m. eingedr. Holzschn.) Fol. München, Exped. der Pariser Welt-ausstellungs-Zeitung. n. 27.** —; in Hftn. zu 2 Nrn. à n. 1.—

—— die Pariser, 1878. Illustrirte von der Commission autorisirte deutsche Ausg. 82 Nrn. (Bog. mit eingedr. Holzschn.) Fol. München 879, Bruckmann's Verlag. Nr. 1—52 à Nr. * 25 Pf.; Nr. 53—82 à Nr. * 50 Pf.; compl. *

Weltausstellung, die Pariser, v. 1889. Anhang zur 12. Aufl. v. Baedeker's Paris. 12. (24 S. m. 3 Plänen.) Leipzig 889. K. Baedeker. n. — 50

— Pariser, 1900. Preisgekrönte Konkurrenzentwürfe der Ausstellungs-Paläste auf den Champs-Elysées. (18 T) fol Berlin 1897

Pariser Welt-Ausstellung 1900. Sonder-Katalog für Mechanik und Optik. Berlin 1900. 8°.

Weltausstellung, die Pariser in Wort u. Bild. Unter Mitarbeit v. Paul Apostol, Jul. Arató, Frhr. v. Boenigk etc. u. anderen Fachgelehrten u. Schriftstellern red. v. Geo. Malkowsky. gr. 4. (XVI, 512 S.) Berlin 900. A. Dochow. n. 10. —; geb. in Leinw. n. 12. —

Die Pariser **Weltausstellung** in Wort und Bild. Hrsg. Arthur Kirchhoff. H. 1. *Berlin: (Verlag d. Pariser Weltaussst. [1900].)* 4° [oo. 10708

Weltausstellung, Die, in Philadelphia

— — Deutsche Abteilung: Amtlicher Katalog. Berlin 1876

Welt-Ausstellung in Philadelphia 1876. Gutachten der internationalen Preisrichter über die Ausstellungs-Gegenstände der preisgekrönten deutschen Aussteller. Zusammengestellt seitens der Reichskommission. Berlin 1877. 8°.

Weltausstellung, die, in Philadelphia im Jahre 1876 u. Geschichte früherer Ausstellungen. Mit vielen (eingedr.) Holzschn. nach Zeichnungen hervorragender Künstler. 6 Hfte. Fol. (IV, 192 S. m. 1 chromolith. Flaggenkarte.) New-York 879. Leslie. (Philadelphia, Schäfer & Koradi.) n. 18. —

— — Bericht der internationalen Jury uber die Proben von Turbinen u Wasserrädern, Dampffeuerspritzen und Dampfkesseln. Berlin 1879

Die **Welt-Ausstellung**. St. Louis, 1903. *St. Louis: Louisiana Purchase Expos. Co. 1901.* (15 S.) 8° [Umschlagt.] [01. 11215

Weltausstellung in St. Louis 1904. Amtlicher Katalog der Ausstellung des Deutschen Reichs. (548 u 32 S 1 T) kl 4° Berlin 1904

Weltausstellung, unsere. Eine Beschreibg. der Columb. Weltausstellg. in Chicago, 1893. Mit üb. 1000 der besten, aus 15,000 Meisterwerken der Photographie sorgfältig ausgewählten Illustr. Die v. den Behörden der Weltausstellg. autoris. u. zur Benutzg. der offiziellen Abbildgn. contractlich berecht. deutsche Orig.-Ausg. (In 36 Lfgn.) 1. Lfg. Fol. (16 S.) Chicago 894. (Berlin, Schall & Grund.) n. 1. —

Weltausstellung in Wien 1873. Abteil. der tunesischen Regentschaft. Wien 1873

— — Ausstellung der Republik Uruguay. Wien 1873

— — Bauten auf dem Ausstellungsplatze. 66 Bl. Photographien von der Wiener Photogr. Association. fol In Kasten. Wien 1873

— — Beiträge zur Geschichte der Gewerbe und Erfindungen Österreichs von der Mitte des 18. Jahrhunderts bis zur Gegenwart. Reihe 1: Rohproduktion und Industrie. Reihe 2: Ingenieurwesen. Wien 1873

— — Schweiz. Berichte. 15 Hefte. Schaffhausen 1874

— — Elsass-Lothringen. Katalog der Bergwerks-, Hütten-, Salinen- und Steinbruchprodukte. Strassburg 1873

— — Farbstoffe und chemische Produkte. III. Gruppe. Paris 1873

— — Finnland. Helsingfors 1873

Welt-Ausstellung 1873 in Wien. (2 Kataloger). Wien 1873. (Officieller General-Cat. 1028 S. — Amtlicher Cat. d. Ausst. ... Oesterreichs. (50) 519 S. 3 Pl.).

Weltausstellung Wien 1873. Catalog der schweiz. Abteilung. Winterthur 1873.

— — Katalog des k. k. Ackerbauministeriums, der Staatssalinen und der österreichischen Tabakregie. Wien 1873

— — Amtlicher Katalog der Ausstellung der im Reichsrat vereinigten Königreiche und Länder Österreichs. Wien 1873

— — Katalog der ersten temporären Ausstellung des Gartenbaues. Wien 1873

Weltausstellung Wien 1873. Catalog der kaiserl. japan. Ausstellung. Wien 1873.

Weltausstellung Wien 1873. Catalog der Gegenstände der Handelstrophäe, von der niederländ. Handel-gesellschaft gesandt.

Weltausstellung Wien 1873. Catalog der von Neuseeland gesandten Gegenstände. 4.

Weltausstellung Wien 1873. Catalog über die Collectivausstellung der steiermärkischen Waldprodukte. Wien 1873.

— — Offizieller Kunstkatalog. Wien 1873

— — Liste der Mitglieder der internationalen Jury. III. Ausgabe. 4° Wien 1873

— — Sammlung von Plänen, Grundrissen, Karten. fol In Mappe.

— — Schweden. Stockholm 1873

— — Spezialkatalog der chinesischen Abteilung. Abteilung 3 Prag 1873

Weltausstellung Wien 1873. Spezialkatalog d. Ausstell. des preussischen Reiches. Wien 1873.

Weltausstellung Wien 1873. Spezialkatalog Griechenlands. Wien 1873.

— — Spezialkat. d. Kollektivausst. d. kärntner. Montan-Industriellen. Klagenfurt 1873

— — Spezialkatalog der Niederlande. Wien 1873

Weltausstellung Wien 1873. Norwegischer Spezialkatalog. Mit Beilage: Die Fischerei Norwegens. Christiania 1873

— — Spezialkatalog des persischen Reichs. Wien 1873

— — Amtliches Verzeichnis der Aussteller, welchen von der internationalen Jury Ehrenpreise zuerkannt wurden. 4° Wien 1873

—— **Wiener.** Amtlicher Katalog der Ausstellung des deutschen Reiches. 1. Aufl. (XL, 587 S. mit 2 Stnt. in 4.); und 2. Aufl. 8. (XLIV, 672 S. mit 2 Stnt. in 4.) Berlin 873, v. Decker'sche Geh. Ober-Hofbuchdr. **

Wiener Weltausstellung 1873, Beiträge zur Geschichte der Gewerbe und Erfindungen Oesterreichs von der Mitte des 18. Jahrhunderts bis zur Gegenwart. Herausgeg. von der General-Direction, redigirt von Dr. W. F. Exner. Wien 1873. 8°. 1. Reihe: Roh-Producte u. Industrie. 2. Reihe: Ingenieurwesen, wissenschaftliche und musikalische Instrumente, Unterricht.

Welt-Ausstellung, Wiener, 1873. Schweiz. 1.—14. Heft. gr. 8. Schaffhausen 874, Baader. *

Inhalt:

Heft 1. Delabar, G., Bericht über Gruppe XIII. Maschinenwesen und Transportmittel. (74 S.) *M. 1,50.
» 2. Landolt, El., Bericht über Gruppe II. Landwirthschaft, Forstwirthschaft, Wein- und Obstbau und Gartenbau. (45 S.) *M. 1.
» 3. Ott, Adf., Bericht über Gruppe IV. Nahrungs- und Genussmittel als Erzeugnisse der Industrie. (52 S.) *M. 1.
» 4. Salvisberg, F., Gruppe VIII. Holz-Industrie. (46 S.) *M. 1.
» 5. Wartmann, Elie, I. Instruments de précision et de l'art médical. Hirsch, Adph., II. Horlogerie. (55 S.) *M. 1.
» 6. Kopp, Charles, Rapport sur le développement de l'industrie horlogère dans le canton de Neuchâtel. [Groupe XIV.] (50 S.) *M. 1.
» 7. Bericht über Gruppe V. Textil-Industrie. Section IV von C. Baumann-Zürrer. Sectionen I—III. V. VI. nebst Gruppe XXI, Hausindustrie von Ib. Steiger-Meyer. (112 S.) *M. 2,25.
» 8. Kopp, Emil, Bericht über Gruppe III. Chemische Industrie. (166 S.) *M. 2,70.
» 9. Herzog, General Hans, Bericht über Gruppe XVI. Heereswesen. (128 S. mit 15 lithogr. Taf. in qu. gr. 4.) *M. 4.40.
» 10. Kiefer-Baer, Kurzwaaren-Industrie. (31 S.) * 60 Pf.
» 11. Mercier, Ernest, Rapport sur le groupe VI. Cuirs et peaux. (19 S.) * 50 Pf.

» 12. Arx, B. v., Glas-, Stein-, Thon- und Cement-Industrie. (13 S.) * 40 Pf.
» 13. Tschudi, F. v., Bericht über Gruppe XXVI. Erziehungs-, Unterrichts- und Bildungswesen. 1. und 2. Thl. (151 S.) *ℳ 2,75. — Auch in französ. Sprache.
» 14. Saussure, Thdre. de, Rapport sur le groupe XXI. Beaux-Arts. (14 S.) * 50 Pf.

Weltausstellungs-Album. Erinnerung an Wien 1873. Mit beschreibendem Text von Franz Weller. Illustrirt von V. Katzler und E. Juch. 4. Wien 873, v. Waldheim. *

Weltausstellungs-Album, das Columbische, enth. Abbildgn. des Platzes, der Haupt- u. Staats-Gebäude, Statuen, architekton. Details, innere Ansichten, Scenen der Midway Plaisance u. andere interessante Gegenstände, dargestellt auf der Columb. Weltausstellg., Chicago 1893. qu. gr. 4. (III, 220 S. m. Abbildgn.) Chicago 894. (Berlin, D. Reimer.) Geb. in Seidenzeug n. 12. —; in Halbldr. n. 18. —; in Ldr. n. 24. —; engl. Ausg. zu gleichen Preisen.

Weltausstellungs-Bibliothek, deutsche. Hrsg. v. Frdr. Reusche. 1. Hft. gr. 8. Berlin 892. C. Ulrich & Co. n. 1. —
Chicago u. Berlin. Alte u. neue Bahnen im Ausstellungswesen v. Frdr. Reusche. (72 S.)

Weltausstellungs-Gallerie, illustrirte Wiener. 1. Bd. 24 Lfgn. (B. m. eingedr. Holzschn.) Fol. Wien 873. (Leipzig, Exped. d. illustrirten Kinderzeitung „Kleine Leute".) n. 4. —

Weltausstellungs-Gallerie, illustrirte Wiener. 1. Bd. 24 Lfgn. (Bog. mit eingedr. Holzschn.) Fol. Wien 873. (Leipzig, Expeb.) *

Weltausstellungs-Wegweiser v. Wien u. Umgebung. Mit e. Plane (in Holzschn.) der Stadt Wien nebst den Vororten u. dem Grundrisse der Weltausstellg. in (Imp.-Fol.) 16. (46 S.) Wien 873. Kuppitsch Wwe. n. 1. —

Weltausstellungs-Zeitung, allgemeine illustrirte. 1. Bd. 25 Nrn. (à 1—2 B.) gr. 4. Wien 872. Hölder. n. 8. —

— Wiener. Central-Organ f. die Weltausstellg. im J. 1873 sowie f. alle Interessen d. Handels u. der Industrie. Hrsg.: Carl Cikanek. Red.: J. Chr. Schreyer. 1. Jahrg. 1871. Fol. Wien, (Perles.) pro 20 Nrn. n.n. 2. 70

— dasselbe. 3. Jahrg. 1873. ca. 200 Nrn. (B. m. eingedr. Holzschn.) Fol. Ebend. n. 45. —
cf.: Ausstellungs-Zeitung u. Industrie- u. Kunst-Zeitung allgemeine illustr.

—— s. Ausstellungs-Zeitung, internationale.

Weltbegebenheiten. – Neueste Weltbegebenheiten. – Kempten. – 2.I.1784(?) – 31.XII.1840.
Fortges. u.d.T.: Kemptner Zeitung.

Weltbegebenheiten, neueste, erzählt von e. Weltbürger, vom J. 1784—1832. gr. 8. u. 4. Kempten, Dannheimer. à Jahr 1 ꝛf 14 K

Weltbegebenheiten, neueste genealogische, Fortsetzung v. Walch. gr. 8. Bremen, Müller. 810.

Weltbeglücker, moderne. Eine Replik auf den öffentl. Vortrag Dr. M. G. Conrads üb. „die Ziele der Gesellschaft f. modernes Leben" in Literatur, Wissenschaft u. Kunst v. e. Unmodernen. Münchener Flugschrift. Hrsg. v. der „Gesellschaft f. modernes Leben". gr. 8. (14 S.) Münch. 891, Lentner. * — 20
Vgl.: Flugschriften, Münchener. 1. Serie, 1.

Weltbeglücker, Die vorgeblichen, können und wollen uns weder glücklich noch selig machen . . . Augsb. 1794—97. V: *Kiepach, Stanislaus.* (Th) (schmal)

Weltbeglücker, die vorgeblichen, können und wollen uns weder glücklich noch glückselig machen, in Predigten 2 Jahrg. od. 10 Bde. 8. Augsb. Veith. (a. Doll.) 794–97. (d. Bd. à 16 gr.)

— d. wahre, am Ende des 18. Jahrhunderts, in Predigten. 8. Augsb. 798. Veith. (Doll). 4 K

Weltbeglücker, Der wahre, am Ende des 18 ten Jahrhunderts . . . Augsb. 1799. V: *Kiepach, Stanislaus.* (schmal)

Weltbegriff, Durchläuchtiger, oder Kurtze Vorstellung der vordersten Regenten und Häupter des Erd-Krayses . . . Zürich 1736. V: *Leu, Hans Jacob.* (AarK) »1705—45« (Ml.)

Weltbeobachter, s. C. T. H. Hahn.

Der **Weltbeobachter**. Bd 1 (= St. 1–3). Leipzig: Grieshammer 1794.
Neuausg. u.d.T.: Blicke auf die Natur. 1795.
Hrsg.: Ch. Traug. H. Hahn.

Weltbeobachter: Republikanischer Weltbeobachter
oder Proben einer gemeinnützigen Zeitung für die Nationalbildung nach den Bedürfnissen der Zeit ⑤ 5. 6. 1798 – 30. 3. 1799 ⑥ 4° ⑧ Bern: Hallersche Buchdruckerei ⑩ J. G. Heinzmann, Pfr. Tribolet (12. 6.—15. 8. 1798) ⑪ BGSZ 12, 107, 973 ⑭ Be S; Lu Z

Welt-Bibliothek. 1.—7. Bd. 8. Leipzig, Schulze & Co. n. 7.60
1. Die dritte Braut. Erinnerungen e. Malers. Von Henryk Sienkiewicz. Deutsch v. R. Löwenfeld. (98 S.) 902. n. 1.—
2. Lilian Moris. (Durch die Steppen Amerikas.) Von Henryk Sienkiewicz. Deutsch v. R. Löwenfeld. (113 S.) 902. n. 1.—
3. Der Judas v. Zengg. (Čuvaj se senjske ruke.) Historische Novelle. Von Aug. Šenoa. Aus dem Kroat. Deutsch v. Jul. Kaiser. (XII, 206 S.) 902. n. 1. 50
4. Sein einziger Sohn. Von M. Krestowskaja. Aus dem Russ. Deutsch v. Clara Berger. (165 S.) 903. n. 1.—
5. Hilda Strafford. Eine kalifornische Geschichte. Von Beatrice Harraden. Deutsch v. Luise Niemeyer. (120 S.) 902. n. 1.—
6. Der Roman e. Lehrerin. Preisgekrönte Novelle. Von Tadeus Micinski. Deutsch v. Clara Hillebrand. (132 S.) 903. n. 1.—
7. Ein Ritualmord? Kriminalgeschichte. Von A. Schkljarewski. Deutsch von C. v. Gütschow. (99 S.) 903. n. 1.—

Welt- u. Reisebibliothek, illustr., „Städte u. Landschaften in Wort u. Bild". Hrsg. v. Jul. Laurencic. Nr. 1—6. 8. Leipzig 893. Internationale Verlags- u. Kunstanstalt. Kart. n. 3. 70
1—4. Zürich u. der Zürich-See. Eine Schilderg. v. Stadt u. Land, Leben u. Sitten. Nach den neuesten offiziellen Quellen v. Eug. Rasp i m. 11 Aquarell-Farbendr., 46 Voll- u. Textbildern nach Originalen v. W. Oertel u. E. Schlemo. Sonstige Beilagen: Kurzer Führer f. Fremde u. Einheimische, mehrfarb. Stadtplan u. Umgebungskarte d. Zürich-See m. Eisenbahn-, Dampfschiff- u. Touristenweg-Verbindgn. u. a. m. 3. Taus. (109 u. XIII S.) n. 2. 50
5. 6. Stralsund u. Rügen. Nach den neuesten u. besten Quellen bearb. v. Arth. Waldeck. Mit 2 Aquarell-Farbendr., 18 Voll- u. Textbildern nach Originalen v. E. Schlemo u. W. Oertel, 2 Specialkärtchen u. 1 farb. Uebersichtskarte der Insel Rügen. (55 S.) Kart. n. 1. 20

— — dasselbe. 1.—5. Lfg. gr. 8. Hannover 893. Behrenberg's Druckerei. à n. — 50
Amerikanische Städtebilder. I. Serie. Chicago u. die columbische Weltausstellung 1893 v. Emil Blum. Mit 85 Illustr., darunter 8 Aquarell-Farbendr., 29 farb. Voll- u. 48 Textbilder nach Originalen v. E. Schlemo u. W. Oertel, ferner 1 in Farbendr. ausgeführten Panorama der Stadt, e. Aussicht der Ausstellung aus der Vogelschau, 1 Stadt- u. Ausstellungsplane. 5 Lfgn. (128 S.)

Weltbilder
⑤ 1857 ⑦ Wochenblatt ⑧ Bern ⑬ BGSZ: 12, p. 156.

Das Welt-Blatt : 1888—1890?
Semi-monthly, published in interest of Germans who speak *Plattdeutsch*. Large quarto, each issue 16 pages. Circulation: 1890, 1500. Edited & published by G. M. Hein, 1888—90.
Grand Island, NE

Welt-Blatt : Jahrgang 1—2, Oct. 15, 1895—Sept. 15, 1896?
Literary monthly; a family paper of good quality, the editor of which reports "Tendenz:" „Für Unterhaltung, Belehrung und Aufklärung in schlichter, leichtfaßlicher Form." Contains many short articles, several brief "Criminal-Romane;" illustrated, with portraits, cartoons, etc. Quarto, each issue 20—24 pages. Circulation: 1896, *17,000*. Edited & published by D. Schnitzel [Schnitzer?], 1895—96.
Chicago, IL

Das Welt-Blatt : 1895?—1903?
Literary monthly. Large quarto, each issue 28 pages. Circulation: 1900, 25,000. Published by Polyglott Publishing Co.
New York, NY

Welt- und Zeitblatt für 1819. O. O. H: *Joachim, G. A.* & *Joh. Adam Bergk.* (Ky)

Weltboth. – Eilfertiger Welt- und Staatsboth. –
Köln. – 24.III.1791 – 1800.
Vorh. u.d.T.: Kölnischer Staatsboth.
Fortges. u.d.T.: Welt- und Staatsbote.

Welt-Both. – Kölnischer eilfertiger Welt- und Staats-Both. –
1773 – 1780.
Vorh. u.d.T.: Eilfertiger Welt- und Staats-Bothe.
Fortges. u.d.T.: Kölnischer Staatsboth.

Weltboth. – Welt-und Staatsboth zu Köln. –
1804 – 1839.
Vorh. u. fortges. u.d.T.: Welt- und Staatsbote.

Welt-Bote : Nov. 25, 1854—1916?
Independent weekly. Circulation: 1870, 12,000 (est.); 1880, 15,000; 1886, 23,000; 1905, 15,000; 1910, 2500; 1916, 7000. Subscription held by Harmony Society. Edited & published by Benjamin F. Trexler, 1854—June 1858, by B. F. Trexler, Ephraim B. Harlacher & Nelson Weiser, July 1858—July 1867; by Harlacher & Weiser, July 1867—1870?; by Leisenring, Trexler & Co., 1870?—?; edited by Karl Joseph Koch, by Henry A. Shuler, 1893—1903. Published by Leisenring, Trexler & Co., by Trexler & Härtzel, by Welt Bote Publishing Co.
Allentown, PA

Welt-Bote. Für gute Unterhaltung und Belehrung über allgemeine Zustände und Ereignisse. Hrsg. von Trexler, Harlacher und Weiser. 4—7. Bd. Jahrg. 1858—61. à Jahrg. 52 Nrn. (à 2 Bog.) gr. Fol. Allentown, Pa. (Philadelphia, Schäfer und Koradi.) 4. Bd. * 2 Thlr., 5—7. Bd. à *

Welt-Bote. Für gute Unterhaltung u. Belehrung über allgemeine Zustände u. Ereignisse. Hrsgbr.: Trexler, Harlacher u. Weiser. 8. Bd. Jahrg. 1862. 52 Nrn. (à 2 Bgn.) Allentown, Pa. (Philadelphia, Schäfer & Koradi.) gr. Fol. n. 2 ℛ 20 ngr.

Weltbote, der. Internat. Organ f. d. Interessen d. Handels. 1890. 4° Stuttgart 1890

Weltbote, der. Internat. Organ f. d. Interessen d. Handels u. d. Industrie, sow. f. Patentwesen u. neue Erfindgn. Red. v. Alfr. Dieterich. XI. Jahrg. 1897. 24 Nrn. (à ca. 1 Bog.) gr. 4. Stuttgart, C. Dieterich. 2. 40

— **dasselbe.** XII. Jahrg. 1898. 24 Nrn. (Bog.) gr. 4. Ebd. n. 4. —
Kann auch vierteljährlich bezogen werden.

Weltbote, der. Internationales Organ f. die Interessen des Handels u. der Industrie, sowie f. Patentwesen u. neue Erfindgn. auf allen Gebieten. Red.: J. Glässer. XIII. Jahrg. 1899. 24 Nrn. gr. 4. (à ca. 8 S.) Stuttgart, C. Dieterich. 4. —

Basler Weltbote
③ Oberrheinische Zeitung ⑤ für 1799 vorgesehen ⑦ wöchentlich 3× ⑧ Basel: Samuel Flick ⑮ Aus einer Verlagsmitteilung in Nr. 230 der »Oberrheinischen Zeitung« v. 27. 12. 1798 ist ersichtlich, daß Flick eine Fortsetzung unter obigem Titel plante. Die Zeitung konnte aber nicht erscheinen.

Welt-Bothe. – Eilfertiger Welt- und Staats-Bothe. –
Köln 1738 – 1773.
Fortges. u.d.T.: Kölnischer eilfertiger Welt- und Staats-Both.

Weltbote, neuer, mit sich bring. e. wahrhafte Historie d. von d. Vätern der Gesellsch. Jesu in Paraquaria neubekehrten Völker. 8. Wien. 735.

Der Weltbothe, und Wahre Republikaner von Berks Caunty : July 1810—Dec. 1827.
Weekly. Large quarto, 9×15, later enlarged slightly. The issue numbered 912, Dec. 20, 1827, carries this information from the publisher: „Der Herausgeber dieser Zeitung ist gesonnen, die Buchdruckerey und das Etablissement des Welt-Bothen aus freyer Hand zu verkaufen." Edited & published by Heinrich B. Sage, 1810—27.
Reading, PA

Weltbote. – Welt-und Staatsbote. –
Köln. – 5.I.1802 – 1804.
Vorh. u.d.T.: Eilfertiger Welt- und Staatsboth.
Fortges. u.d.T.: Welt- und Staatsboth zu Köln.

Weltbote. – Welt-und Staatsbote. –
Köln. – 1839.
Vorh. u.d.T.: Welt- und Staatsboth zu Köln.

Der Weltbothe, und Libanoner Wochenschrift : no. 1, Jan. 3, 1809—?
Weekly. Title varies: Der Weltbothe, und Unpartheyische Libanoner Wochenschrift, Mar. 7, 1809—?
Edited & published by Heinrich Sage
Lebanon, PA

Welt-Bruder, der fidele, oder Scherz und Ernst aus allen Herren Länder. Ein echtes Volksbuch für Alle, ohne Unterschied des Standes. 20 Lfgn. 4. (320 S. mit 20 ill. Stnt.) Löbau 861, Walde. à Lfg. 2½ Ngr.
Für Sachsen à Lfg. 2 Ngr.

Weltbruder, der fidele, oder Scherz u. Ernst aus aller Herren Länder. Ein echtes Volksbuch für Alle, ohne Unterschied des Standes. Löbau 862. Walde. 4. (320 S. u. 20 color. Lithogr.) 1 ℛ 20 ngr.;
für Sachsen nur 1 ℛ 10 ngr.

Weltbücherei, moderne. Hrsg. v. Wold. Elben. 8. Magdeburg, Berlin, Magdeburger Verlags-Anstalt.
Geb. in Leinw., à Bd. 3. —
Balzac, H. v., Modeste Mignon. Roman. (314 S.) (908.)
Cooper, der Spion. Roman. (351 S.) (908.)
Dumas, Alex., Memoiren e. Sängerin od. Vier Abenteuer e. Frau. Roman. (333 S.) (908.)
Hackländer, F. W., der Tannhäuser. Roman. (312 S.) (908.)
Spiller v. Hauenschild, aus der Junkerwelt. (380 S.) (908.)
Spindler, C., Meister-Erzählungen. (Die Mohrin v. Toledo. Des Vampirs Braut. Der schönen Nanni Lebenslauf. Sonnenblüte.) (71, 73, 67 u. 60 S.) (908.)
— Die Nonne von Gnadenzell. Sittengemälde des 15. Jahrh. (384 S.) (908.)
Sue, Eug., der weibl. Blaubart od. Das Geheimnis d. Teufelshügels auf Martinique. Histor. Roman. (352 S.) (908.)
— Die Kinder der Liebe. Roman. (290 S.) (908.)
Warren, Sam., aus dem Tagebuch e. Arztes. (352 S.) (908.)

Weltbühne, neue allgemeine. Eine polit.-statist. Zeitschrift. Mit Kpf. u. Steindr. 1r—7r Jahrg. 8. Erfurt 815—21. Keyser. (Jeder Jahrg. von 12 Heften à 1 ℛ 12 𝒦) 10 ℛ 12 𝒦

Weltbund. Budapest 1910: Markus. 31 S. 8°.
Wie kann die Frmrei zu einem Weltbunde ausgestaltet werden?
Recens: BayrBbl. 11 (1910/11) S. 54.

Weltbund, Der neugeplante jüdisch-freimaurerische. Eine kritische Beleuchtung . . . Wien 1896. V: *Deckert, Jos.* (EB)

Der neugeplante jüdisch-freimaurerische Weltbund. Beleuchtung der Broschüre des L. Ernst: Kein Judenstaat, sondern Gewissensfreiheit. 1896. Wien. Warnsdorf: Opitz 1896. 31 S. 8°

abgedr. in: Z. 37 (1906—1907) S. 198—199, u. in DrL. 37 (1906—1907) S. 176—176; °Oesterr. Volksztg. (Warnsdorf) 1907.

Gegen den Bund von ultramontan-antisemitischer Seite. Die Broschüre von Ernst ist in mehreren Aufl. in Leipzig bei Schulze 1896 erschienen.

[Georg: Schlagwort-Katalog. 3, 1 (1900) S. 441.]

Der Weltbund der Thierfreunde. Darmstadt: Weltbund 1900. 8°

Weltbürger

— der, s. Geschichte d. gegenwärt. Zeit.

Weltbürger, Der. Wöchentlich an das Licht gestellet. In Berlin (Nr. 1—52 vom 2. Febr. 1741 bis 25. Jan. 1742). H: *Lamprecht, Jacob Friedrich.* V: *Gleim, Joh. Wilh. Ludwig & Andere.* (GGr) (Bibl. lit. Verein in Stuttg. 218, 449.)

WELTBÜRGER, Der. Wöchentlich an das Licht gestellet in Berlin (von Jacob Friedrich Lamprecht, geb. 1707, † 1744). 52 Nrn. (vom 2. Febr. 1741 bis 25. Jan. 1742). Bey Ambrosius Haude. (1742.) 4°. (40 Mk. E. Frensdorff, 1908.)
Goedeke IV, 12, 5, 4. „Nur dieser Jahrgang (1741) (so!) ist erschienen." (6 Mk. 50 Pf., Expl. in Hprgt., Max Mai, Berlin, Cat. 85. [1895.] No. 811.) Aeusserst selten!

Weltbürger, der,. Lustsp. v. Reichard. 8. Berl. Sander. 780.

WELTBÜRGER, Der, oder Briefe eines chinesischen Philosophen aus London (verfasst von *Joh. Carl Wezel*). 2 Thle. Leipzig 1781. 8°.
Goedeke IV, 352, 20. — Selten!

— d., od. Briefe eines chinesischen Philosophen aus London, a. s. Freunde im Orient a. d. Engl. des O. Goldsmith, v. J. K. Wetzel. 2 Bde. 8. Lpz. Schwickert. 781.

Weltbürger: Der Weltbürger (I)
① Oder deutsche Annalen der Menschheit und Unmenschheit, der Aufklärung und Unaufgeklärtheit, der Sittlichkeit und Unsittlichkeit für die Jetztwelt und Nachwelt ③ Der neue deutsche Zuschauer ⑤ Juli 1781—1792 (9 Hefte und Register) ⑥ 8° ⑦ Monatsblatt ⑧ Zürich: Orell, Geßner, Füßli & Comp. ⑩ Freunde der Publicität; Germanien: Auf Kosten der Herausgeber ⑫ politische, für Deutschland bestimmte Zeitschrift ⑭ Lu: Z; Zh: Z.

Weltbürger, Der, oder deutsche Annalen der Menschheit und Unmenschheit. Germanien [Zürich] 1791. V: *Ehrmann, Theophil Friedrich.* (Wr) (Ky)

— —, Der. (Hrsg. von Joh. Friedr. Simon u. A. Meyer.) Strasburg (so!) 1792 ff.
Anon.-Lex. IV. p. 388 (nach Meusel). — Rar!

Weltbürger, der, oder deutsche Annalen d. Menschheit u. Unmenschheit, d. Aufklärung u. Unaufgeklärtheit, d. Sittlichkeit u. Unsittlichkeit, für d. Jetztwelt u. Nachwelt. 9 Hefte. 8. Zürich, 792. Orell. 2 ₰ (Einzeln jedes Heft à 9 ℊ)

Weltbürger, Der, oder die Aufgeklärten; ein Gegenstück zum Märtyrer der Wahrheit. O. O. 1800. V: *Grüner, Christoph Sigmund.* (MGT)

Weltbürger, der, oder d. Aufgeklärten. 8. Danzig 800. Troschel. 1 ₰ 18 ℊ

— der, oder Jahrbücher d. neuesten Weltbegebenheiten auf 1800. 12 Stücke. 8. Leipz., (H. Richter). 3 ₰

Der Weltbürger: Oct. 7, 1834—1835.
Whig weekly. Rattermann, in his "Deutsch-Amerikanischer Journalismus," states that 14 numbers were published. Followed by DER DEUTSCHE FRANKLIN. Edited & published by Karl Eduard [?] Hartmann. Subscription held by Harmony Society.
Cincinnati, OH

Weltbürger, der. Blätter für die gesellschaftl. Wohlfahrt des Handwerker- u. Arbeiterstandes. Hrsg. v. Siegm. Frankenberg. 1. Jahrg. 1848. April — Decbr. 39 Nrn. hoch 4. (B.) Leipzig, Kollmann. 1½ ₰

Der Weltbürger: 1882—1892
Roman Catholic weekly. Continued from KATHOLISCHER VOLKSBOTE. Merged with KATHOLISCHES SONNTAGSBLATT. Dated also at Fort Wayne, Ind. Circulation: 1887, 2000. Editors: Caspar Richter; Joseph Westhoff. Publishers: Joseph Riesewald, 1885—87; Catholic Press & Printing Association, 1883—84. Edited & published by William Kuhlmann & Otto King, 1885—86, by William Kuhlmann, 1887—92.
Chicago, IL

Der Weltbürger: 1885— Fort Wayne, IL
Weekly. Edited by Jos. Westhoff

Der Weltbürger und Demokrat: 1837—1918 Buffalo, NY
A weekly published first by Fran Held.

— d. erfahrne, oder Beschreibung d. Welt. 2 Bde. 8. Wien 797. Schmidtbauer. 2 ₰

Weltbürger, Der, an Fürsten und Unterthanen. (Zum Besten der verunglückten Pickfelder.) Grätz 1793. V: *Kalchberg, Joh. Nep. von.* (Auct. Schlögl. 1399) (Bibl Port)

— —, Die, durch das Teleskop, Mikroskop und die monistische Brille eines Narren gesehen.

Welt-Christenthum, s. Bibel- und Welt-Christenthum.

Weltchronik

— eine Zeitschrift für d. bildungsfähige u. gebildete Publikum. 1r Bd. Juli—Dec. 1801, u. 2r Bd. Jan.—Juli 1802. gr. 8. Sulzb., v. Seidel. 4 ₰

Weltchronik
① Schweizerische Wochenschrift zur Belehrung und Unterhaltung ④ Das Schweizer Heim ⑤ Probe-Nummern am 17., 24. u. 31. 3. 1894; 1894—13. 8. 1930 ⑥ 4° ⑦ Wochenblatt ⑧ Bern: Obrecht & Käser (am Anfang und erneut 6. 1895—14. 8. 1897), Neukomm & Zimmermann (folgt auf Obrecht & Käser); Winterthur: A. Cociffi-Steffen (5. 1. 1895—6. 1895); Bern: Steiger & Cie. (21. 8. 1897 — 29. 7. 1899 und 7. 1. 1905 — 29. 5. 1915), C. Sturzenegger (5. 8. 1899—9. 9. 1899), A. Benteli & Co. (16. 9. 1899—24. 2. 1900), Gottfr. Iseli (3. 3. 1900—12. 1902), A. Lauterburg (4. 1. 1902—Ende 1904 ?), Robichon & Nußbaum (5. 6. 1915—15. 2. 1918), Robichon & Schnorf (ab 22. 2. 1918) (in der Folge erscheint die Zeitung vorübergehend nicht); Olten: W. Trösch (1921-1922); Bern: Furrer-Lehmann (1922), A. Schmid & Cie (1923—22. 11. 1924), Schären, Haeni & Salz (6. 12. 1924—28. 3. 1925), Schären & Haeni (4. 4. 1925), Mettler & Salz (11. 4. 1925—26. 3. 1927) (ab 2. 4. 1927 ohne Angabe des Druckers); Zürich: W. Coradi-Maag (ab 1928) ⑨ Feuilleton-Beilage (1895—18. 8. 1900), Berner-Chronik (25. 8. 1900 — 1922) ⑪ Dr. A. Schär, Basel, Dr. A. Lauterburg, E. A. Müller-Elliot, Dr. M. Sulser ⑫ unterhaltend und belehrend ⑬ BGSZ: 973 ⑭ Be: L. S ⑮ Lt. BGSZ 18 (Jahrbuch der Schweizer Presse 1917/18, p. 317) erscheint die «Weltchronik» vorübergehend nicht.

Eine Alexandrinische **Weltchronik**, Text u. Miniaturen e. griech. Papyrus d. Sammlung W. Goleniščev hrsg. u. erkl. von Adolf Bauer u. Josef Strzygowski. Mit 8 Doppeltaf. u. 20 Abb. Wien: C. Gerold's Sohn in Komm. 1905. (204 S.) 4°
= **Denkschriften** d. Kais. Akademie d. Wissenschaften in Wien. Philos.-hist. Cl. Bd 51, 2. [05. 10811 4

Weltchronik, Allgemeine, oder neue und wichtige Zeitgeschichte aller Länder und Völker . . . Zittau 1796—98. H: *May, Christian Gottlieb.* (KY) (MGT) (OL)

— allgemeine, oder neue u. wichtige Zeitgeschichte aller Länder u. Völker rc., (von Chr. Gli. May). 1r—3r Jahrg. Mit Kpf. 4. Zittau 796—98.

Weltchronik, allgemeine. Zur Beförderung d. Natur-, Menschen-, Sitten-, Staaten-, Länder- u. Völkerkunde. Für d. Begebenheiten des Tags u. andern Nachrichten, welche zur Zeitgeschichte dienen. 9 Hefte. gr. 8. Leipz. 811—13. Joachim. 4 ℛ 6 gℊ

Weltchronik, allgem., uns. Zeit. (Alles für Alle) hrsg. v. E. Strahlheim. 2—4. Jahrg. 1833—35. Mit Portraits u. Modebildern. gr. 8. Frankfurt a. M., [Comptoir f. Lit.] à J.
1. Jahrg. 1832, vgl. Alles f. Alle.

Weltcorrespondent, Der Triester. Triest 1781—1782. H: *Moll, Chn. Hieron.* (Joh. Bernoullis Sammlung kurzer Reisebeschreibung, 4/428) (F. Nicolai, Beschreibung einer Reise, 3/270) (**WBL XIX/13**) (BiblPort)

Welt-Correspondenz. Organ der internationalen Correspondenz-Gesellschaft in Wien. II. Jahrg. 1900. 12 Nrn. gr. 8. (à ca. 82 S.) Wien (III/2, Hansalgasse 3), Administration. n. 5.—

Weltcourier, s. Weltkurier

Welt-Detektiv, der. Salon-Ausg. 108. Bd. (96 S.) 8. Berlin (909). Verlagshaus f. Volksliteratur u. Kunst.
Vgl.: Aus den Geheimakten des Weltdetektivs. — 30

Welte, Adf., die Burgen Alt- u. Neu-Windeck in der Ortenau u. ihre einst. Bewohner. gr. 8. (95 S. m. Titelbild.) Bonndorf 894. J. A. Binder's Nachf. n. — 80

Welte, Adf., ausgewählte Gedichte. Aus dessen dichter. Nachlasse zusammengestellt von A. Ott. (62 S. m. Bildnis.) kl. 8. Bühl 906. Konkordia. n. — 60

Welte, Bened., die deuterokanonischen Bücher, s. Herbst, J. G.

Welte, Benedikt, histor.-krit. Einleitung in d. heil. Schriften d. alt. Testaments, s. Herbst, J. G.

Welte, B(ened)., das Buch Job, übers. u. erklärt. gr. 8. (XXIV u. 400 S.) Freiburg im Br. 849. Herder. n. 1½ ℛ

Welte, Benedict, und Jos. Wetzer, Kirchen-Lexikon, s. Kirchen-Lexikon.

—— Nachmosaisches im Pentateuch, beleuchtet. gr. 8. (15 B.) Freiburg 841, Herder'sche Vrlsbuchh.

— s. **Quartalschrift, theologische.**

Welte, Eugen [aus Bräunlingen '(Baden)']: Biologische und pathologische Untersuchungen über das Verschimmeln des Brotes. '(Aus d. hygien. Institut in Würzburg.)' . . . München, Druck v. R. Oldenbourg, 1895; 27 S. 8°
Würzburg, Med. Fak., Inaug.-Diss. v. 1895.

Welte, M. Gau und Archidiakonat Nisan in der Markgrafschaft Meifsen. 52 S. **Progr.** Ann. Rg. *Dresden* 1876.

Welte, M., Gau u. Archidiakonat Nisan in der Markgrafschaft Meissen. gr. 4. (52 S.) Dresden 876. Türk. n. 1. —

Welte, Melch., kurze Darstellung d. Lehrganges in d. Schule zu Steinbach bei Bühl. 2 Abthln. 8. (13¼ B.) Rastatt 832. (Frankfurt a. M., Andreä.)
Abthl. 1. Schreib-, Lese-, Sprech- u. Sprach-Unterricht.
" 2. 1) Kopf-Rechnen u. 2) Schrift-Rechnen, f. d. 1. u. 2. Klasse.

Welt-Echo, das. Internat. illustr. Zeitschrift f. Gesellschaft, Politik, Wissenschaft, Kunst, Literatur, Hygiene, Mode, Sport, Ausstellgn., Erfindgn., Industrie, Handel u. Verkehrswesen. Revue aller interessanten Ereignisse. Hrsg.: M. Hahn, C. Jahnke. Red.: Joh. Mayer. 1. Jahrg. Decbr. 1897. 2 Hfte. (à 2 Bog.) gr. 4. Wien, Administration. à — 30

— dasselbe. 2. Jahrg. 1898. 86 Hfte. (à ca. 2 Bog.) gr. 4. Ebd. 12. —; einz. Hfte. — 30
Kann auch vierteljährlich bezogen werden.

Welt-Echo, das. Zeitschrift f. Politik, Handel, Gewerbe, Theater u. Sport. Hrsg.: Adf. Grünwald. Chef-Red.: Rob. Wolf. 8. Jahrg. 1899. 52 Hfte. gr. 4. (à ca. 16 S.) Wien, Administration. 15. —

Aus beiden Welten: 1873- Baltimore, MD
Edited & published by R. Wehrhahn.

WELTEN, Leonore v. (Roman.) Neue Auflage. Leipzig 1807. 8°. (1/6 Rthl.)
Fehlt Kayser p. 132.

Welten, Leonore v., 8. Lpz. Commer. 807.

Welten, wie viel, waren, sind u. sein werden; aus einer persischen Handschrift, mit Kpf. 8. Götting. 790. Brose. 6 gℊ

In zwei **Welten**. Ein Lebensbild d. Pastor prim. Rudolf Hermann Gurland. Gütersloh: C. Bertelsmann 1907. (XIII, 448 S.) 8° [F.] [07. 9635 6

Welten, Heinz (Mart. Philipsohn), die Waffen der Wehrlosen. Eine Sammlung naturwissenschaftl. Plaudereien. (136 S.) gr. 8. Berlin 908. Rich. Müller. 1.80; geb. 2.50

Welten, Heinz. Die Waffen der Wehrlosen. **Eine Sammlung naturwissenschaftlicher Plaudereien.** [Mit illustriertem Umschlag.] 136 S. 8. Berlin, P. Schober, 1908. [M. 1. 80]
Darin S. 104—110: (Jean Jacques) Rousseau und die Pflanze.

Die Waffen der Wehrlosen. Eine Sammlung naturwissenschaftlicher Plaudereien von Heinz **Welten**. 2. Aufl. Berlin: Schober 1908. 136 S. 8° [09. 8689

Welten, Osk., Buch der Unschuld. Neue Novellen. 8. (XV, 237 S.) Berlin 885. Issleib. n. 3. —

Welten, Osk., An der schönen blauen Donau, s. Theater, neues Wiener.

WELTEN, O., Mit schönen Frauen. Novellistische Gespräche. Berlin 1887. 8°. 246 S. (Mk. 3—.) (1 Mk. 50 Pfg. Friedr. Klüber, München, 1904.)

— Früchte der Erkenntniß. Ein neues Novellenbuch. 8. (XV, 238 S.) Ebend. 886. n. 3. —

— fatale Geschichten, s.: Eckstein's humoristische Bibliothek.

—— Das schlechtere Geschlecht. Ein Novellenkranz. 1.—3. Aufl. 8. (VII, 291 S.) Berl. 892. Schuhr. * 3 —

—— die Heilanstalten von Görbersdorf. Was sie versprechen und was sie halten. Für Aerzte und Kranke auf Grund eigener Anschauungen und authent. Quellen dargestellt. [Mit 1 Karte.] (III, 135 S.) 887; 2. verb. Aufl. 8. (XIII, 153 S.) Berlin 888, Issleib. *

Welten, Osk., Nicht für Kinder! Ein Novellenbuch. Mit einem Vorwort: „Unser Recht gegen die Leih-Bibliotheken". 8. (XX, 298 S.) Berlin 884, Ißleib. *

— nicht f. Kinder! Ein Novellenbuch. 4. Aufl. 8. (303 S.) Ebend. 886. n. 3. —

— nicht f. Kinder. Ein Novellenbuch. 6. Aufl. 8. (VIII, 302 S.) Dresden 891. E. Pierson. n. 3. —

Welten, Osk., nicht f. Kinder! Ein Novellenbuch. 7. Aufl. (VIII, 297 S.) 8. Dresden 905. E. Pierson. n. 2. 50; geb. n. 3. 50

(B) Welten, Osk., nicht für Kinder. 905. Jetzt: Berlin, Verlag Berlin-Wien.

— die Pantoffeln d. Hofmeisters. Eine weiberfeindl. Geschichte. Mit e. Vorwort: Die Prüderie in der Litteratur. 8. (XIX, 92 S.) Ebd. 887. n. 1. 50

— der Tugendwächter. Charakter-Lustspiel in 4 Aufzügen. Mit e. Vorwort: Die klass. Bearbeitgn. d. Tugendwächter-Problems. 8. (XI, 115 S.) Ebd. 888. n. 1. 50

Welten, Osc., e. Weib der Revolution. Tragödie in 5 Akten. 16. (VI, 87 S.) Wien 871. Hölder. n. 2. 50

Welten, O., wenn junge Frauen durchgeh'n, s.: Eckstein's Reisebibliothek.

Welten, Osk., wie Frauen strafen, } s.: Eckstein's humoristische Bibliothek.

—— Zola-Abende bei Frau von S. Eine krit. Studie in Gesprächen. Mit Zola's (Holzschn.-)Portr. 8. (VI, 303 S.) [Berlin 883, Auerbach.] Leipzig, Unflad. *

Welten, Rich., d. Helden im Blockhause, s.: Indianer- u. Volksbibliothek.

Welten, Vict., Gedenkbüchlein für Welt und Leben. Worte der Lebensweisheit. 32. (384 S. mit 12 Holzschn.) Leipzig 888, Siegismund und Volkening. cart. * 80 Pf.; geb. * geb. mit Goldschn. *

Welten, Vict., Talismann gegen das Unglück. In fremden u. eigenen Gedanken. gr. 16. (30 S.) Göttingen 872. Ellissen. n. 1. —

Weltenbaum, Der, von Neuschwanstein. Elberfeld [1886]. V: *Szczepanski, G. v.* (H. Hayn, Thesaurus librorum Ph. Pfister, München 1888) (Hdschr. Mitth. von Friedrich Müller, München) (BIBLPORT)

Weltenbummler, der. Interessantes Unterhaltungsblatt f. Jedermann. Red.: Alb. Brinitzer. 2. Jahrg. 1906. 24 Nrn. (à ca. 16 S. m. Abb.) 4. Berlin, Humboldt-Verlag. 5. 20

Weltenbummler, der. Illustr. interessante Ztg. Red.: Alb. Brinitzer. 5. Jahrg. 1909. 52 Nrn. (à ca. 16 S.) 32,5×25 cm. Berlin, Verlags-Gesellschaft Berlin. à Nr. — 10
Vergl.: Blatt, das Berliner interessante.

Welten-Untergang, e., od.: Die furchtbare Katastrophe auf der Insel Martinique u. die Vernichtung v. ca. 50,000 Menschenleben durch Ausbruch des feuerspeienden Berges Mont Pelé am 8. V. 1902. Nach authent. Berichten. gr. 8. (47 S.) Berlin (902). A. Weichert. — 50

Welter, A. C., s. Welter, A. K.

Welter, A. K., die münstersche eheliche Gütergemeinschaft, sistemat. dargest., nach d. Bestimmungen d. Polizeiordn. d. Stadt Münster u. dem Herkommen, in Verbindung mit d. ergänz. Vorschriften d. allgem. Landrechts. gr. 8. (11½ B.) Münster 829, Coppenrath.

Welter, A. C., theoretisch-praktisches Handbuch über das eheliche Güterrecht in Westfalen u. den rheinischen Kreisen Essen, Duisburg u. Rees nach den alten Provinzialgesetzen, Statuten u. Gewohnheiten u. nach dem neuen Provinzialgütergemeinschaftsgesetze vom 16. April 1860, nebst der Lehre von der Einkindschaft in Verbindung mit der Provinzialgütergemeinschaft. Rechtshistorisch entwickelt u. sistematisch dargestellt. Paderborn 861. Schöningh. gr. 8. (XX, 572 S.) n. 2 *rℬ* 20 *ngr.*

Welter, A. C., theoretisch-praktisches Handbuch üb. das eheliche Güterrecht in Westfalen u. den rheinischen Kreisen Essen [Stadt], Essen [Land], Duisburg, Rees u. Mülheim a. d. Ruhr nach den alten Provinzialgesetzen, Statuten u. Gewohnheiten u. nach dem Gesetz vom 16. Apr. 1860, nebst der Lehre v. der Einkindschaft in Verbindg. m. der Provinzialgütergemeinschaft. 2. Ausg., nach d. Verf. Tode im Anschluß an die Judikatur bearb. u. m. e. (lith. u. color.) Karte der alten westfäl. Territorien versehen v. Ferd. Schultz. gr. 8. (XIX, 485 S.) Paderborn 883. F. Schöningh. n. 7. 20

Welter, A. C., die Jagdgerechtigkeit gegenüber dem Grundbesitz in Westfalen, m. Rücksicht auf d. Jagdtheilung. gr. 8. (9¾ B.) Münster 815, Theissingsche Buchh. Thlr. —

Welter, A. K., das gutsherrl.-bäuerl. Rechtsverhältniß, in besond. Bezieh. auf d. vormal. Eigenhörigen, Erbpächter u. Hofhörigen im früh. Hochstifte Münster u. auf bäuerl. Grundbesitzer in anderen Gegenden Westfalens, in seinem Ursprunge, seiner Fortbild. u. seinem jetzt besteh. Zustande, nach den neueren preuß. Gesetzen v. 21. Apr. 1825, deren Deklarationen u. nach d. Ablösungs-Ordn. v. 13. Juli 1829. Ein Beitr. z. Lehre d. deutschen Privatrechts. gr. 8. (30½ B.) Münster 836, Theissingsche Buchh.

Welter, Adf., d. tiefen Temperaturen, ihre künstl. Erzeugg., ihre Einwirkg. auf Tiere, Pflanzen, Mikroorganismen, chem. Prozesse, physikal. Vorgänge etc., sow. ihre Anwendg. in d. Industrie. Nach d. neuesten Untersuchgn. bearb. f. Chemiker, Physiker, Mediziner, Bakteriologen, Lehrer d. Naturwissenschaften, sow. f. sämtl. Interessenten der Kälte-Industrie. gr. 8. (86 S.) Crefeld 895. J. Greven. n. 2. 50

Welter, Aloyse André, u. Jean Pierre Bisdorff: Begleitwort zur neuen Schul-Lese-Fibel für das erste Schuljahr. Luxemburg: Bück 1883. 12 S. 8°

Welter, Aloyse André: Eldorado u. Golgatha. Original-Novelle von Andreas Retlew. Diekirch: J. Schröll 1878. 109 S. 12°

Welter, Aloyse André: Zur Enthüllungsfeier des Denkmals Wilhelm's II. am 5. November 1884. Luxemburg: Hary 1884. 40 S. 8°

Welter, Aloyse André: Klöster und Verfassung. Luxemburg: Hary. 4 S. 12°

Welter, Aloyse André, u. Jean Pierre Bisdorff: Neues Lesebuch für das zweite Schuljahr. Luxemburg: Bück 1884. 76, III S. ill. 8°

— Dass. 2. Aufl. Ebd. 1886.

Dass. 3. Aufl. Ebd. 1889.

— Dass. 4. Aufl. Ebd. 1891.

Dass. 5. Aufl. Ebd. 1894.

— Dass. 6. Aufl. Ebd. 1896.

Dass. 7. Aufl. Ebd. 1899.

Welter, Aloyse André: Prozess der ehrwürdigen Mutter Dominica Clara, Priorin von Clairefontaine, gegen Herrn Pierre Brück, Verleger des Blattes „das Freie Wort". Luxemburg: Hary 1886. 23 S. 12°

Welter, Aloyse André: Der Prozess des hochwürdigsten Herrn Johannes Joseph Koppes, Bischof von Luxemburg, gegen Herrn Pierre Brück, Verleger des „Freie Wort". Luxemburg: Hary 1885. 16 S. 8°

Welter, Aloyse André, u. Jean Pierre Bisdorff: Neue Schreib-Lese-Fibel für das erste Schuljahr. Luxemburg: Bück 1883. 58 S. ill. 8°

Welter, Franz

Welter, F. J. [Dr.]: Über die Sprache Froissart's. I. Teil: Verschwundene Substantiva. Essen, Druck v. G. D. Baedeker, 1889; 30 S. 4°
Essen, RG u. HB. OP 1889 (453)

Welter, Frz. [Dr.]: Verzeichnisse A. der Abiturienten der Realschule II. Ordnung, des Realgymnasiums und der höheren Bürgerschule, sowie B. derjenigen Schüler, die mit dem Zeugnis für den einjährigen Dienst die Realschule . . . und das Realgymnasium verlassen haben. Essen, Druck v. G. D. Baedeker, 1889; S. 25–31; 8°
Essen, RG u. HB, Festschr. 1889–1890

Welter, H., voir: *Glätti.*

Welter, H., voir: *Stebler, F. G.*

Welter, Hubert (geb. am 25 Okt. 1859 in Köln): Aus d. Klinik f. Syph. u. Hautkrankh. — Ueber die Natur des Lupus . . . Ehrenfeld, Buchdr. v. P. Brandts 1884. 29 S., 1 Bl. 8.
Bonn, Med. Fak., Diss. v. 21 Juli 1884

Welter, Julian [aus Westpreussen]: Studien zur Geschichte des hamburgischen Zunftwesens im Mittelalter . . . Berlin, C. Vogts Buchdr., *1895*; 2 Bl., 107 S., 2 Bl. 8.
Berlin, Phil. Fak., Inaug.-Diss. v. 21. Dez. 1895

Welter, Louis, die Fortschritte der Privat-Telephonie. Vortrag, geh. in der Sitzg. d. Kölner Bezirks-Vereins deutscher Ingenieure am 13. Juli 1892. gr. 8. (15 S. m. Abbildgn.) Köln 892. (B. Neubner.) — 30

— das Bergmann'sche Röhrensystem. Vortrag, geh. in der electrotechn. Gesellschaft zu Köln am 31. Mai 1892. gr. 8. (8 S. m. Abbildgn.) Ebd. 892. — 30

Welter, Michel, u. Spoo, C. M.: Der Canton Esch und die Wahlen. Ein offenes Wort an die Wähler. Special-Abdruck aus dem „Escher Courrier". Esch a. d. Alzette: Willems 1896. 40 S. 8°

Welter, Nik., Theodor Aubanel, e. provenzalischer Sänger der Schönheit. Mit Aubanels Bildnis. 8. (III, 223 S.) Marburg 902. N. G. Elwert's Verl. n. 3. —; geb. n. 4. —

Nik[olaus] **Welter**. Die Dichter der luxemburgischen Mundart. Literar. Unterhaltungen. Diekirch 1906: Schroell. 145 S. 8°
[11. 14457

Welter, Nik., die Dichter der luxemburgischen Mundart. Literarische Unterhaltgn. (147 S.) 8. Diekirch 906. (Leipzig, P. Stiehl.) n. 2. —

— Frühlichter. Gedichte. 2. Aufl. (116 S.) 8. München 903. Allgemeine Verlags-Gesellschaft. n. 2. —; geb. n. 2. 80

Welter, Nikol., Geschichte der französischen Literatur, s. a. Sammlung Kösel.

Geschichte der französischen Literatur. Von Prof. Dr. Nikolaus **Welter**. Kempten & München: Kösel 1909. x, 324 S. 8°
(Sammlung Kösel. 26/27.) [10. 10688

Welter, Nik., Griselinde. Eine Dichtung. 8. (126 S.) Luxemburg 901. M. Huß. (Nur direkt.) n. 2. —; geb. n. 3. —

Welter, Nicolas: Ein Königsbegräbnis. Luxemburg: St. Paulus-Ges. 1899. 12 S. 12°

— Frederi Mistral, der Dichter der Provence. 8. (VII, 356 S. m. 1 Bildnis.) Marburg 899. N. G. Elwert's Verlag. n. 4. —; geb. n. 5. —

Welter, Nicolas: Jousé Roumanille. Sein Lebensgang und seine Werke. Diekirch. Gymn., Progr. 1898/99

— Segnungen der Stunde. Aus meinem Wiener Tagebuch. (100 S. m. Bildnis.) 8. Leipzig 910. Verlag für Literatur, Kunst u. Musik. 2. —

Welter, Nicolas: Siegfried und Melusine. Dramatisierte Volkssage in drei Abteilungen. Berlin: Concordia Deutsche Verlags-Anstalt 1900 (i.e. 1899.) 144 S. 12°

Die Söhne des Oeslings. Ein Bauerndrama aus d. Zeit d. franz. Revolution. Von Nikolaus **Welter**. Diekirch: J. Schroell 1904. (118 S.) 8°
[J. u. Ant.] [07. 6830

— In Staub u. Gluten. Neue Gedichte. 2. Aufl. (IV, 120 S.) kl. 8. Ebd. 909. 2. —

Welter, Nicolas: Literarhistorische Studie über „Goliath" von F. W. Weber. Dissertation. Luxembourg 1895.

Welter, Nicolas: Aus alten Tagen. Balladen und Romanzen aus Luxemburgs Sage und Geschichte. Luxemburg: Huss 1900. 150 S. 12°

Welter, Otto, a. Essen: Zur Kenntnis des p-Xylylaldehydes. Freiburg i. B.: Speyer & Kaerner 1904. (37 S.) 8°
Freiburg i. B., Phil. Fak., Ref. Gattermann, Diss. v. 23. Jan. 1904
[Geb. 23. März 81 Essen (Ruhr); Wohnort: Freiburg; Staatsangeh.: Preußen; Vorbildung: Oberrealschule Essen Reife 16. Mai 00; Studium: Freiburg 3, Kiel 1, Freiburg 4 S.; Rig. 8. Juli 04.]

Welter, Otto, zur Kenntnis des p-Xylylaldehydes. Diss. (37 S.) 8. Freiburg i/B. 904. Speyer & Kaerner. n. 1. —

Welter, Theodor Bernhard

Welter, T. B., compendio di storia universale. Fasc. I—III. gr. 8. Wien 877—79. Gerold's Sohn. n. 2. 60
I. Storia dei tempi antichi. (IV, 88 S.) n. — 80
II. Storia del medio evo. (IV, 91 S.) n. — 80
III. Contenente le parti III e IV della storia dei tempi moderni. (130 S.) n. 1. —

—— **compendio della storia universale** per gl' istituti superiori d' istruzione. Versione italiana dall' originale tedesco delle Francesco Rappagliosi. 3 parte. gr. 8. Innsbruck, Wagner'sche Universitäts-Buchh. *
Inhalt:
Parte I. Storia antica. (XII, 287 S.) 885. *ℳ 2.—.
» II. Storia del medioevo. (VII, 278 S.) 885. *ℳ 2.—.
» III. Storia moderna. (VII, 349 S.) 886. *ℳ 2.80.

Welter, Th. B. Einführung des Christenthums in Westfalen. Eine historisch-kritische Abhandlung. 79 S.
Münster, Progr. 1830

Welter, Th. B., Einführung d. Christenthums in Westfalen; e. histor.-krit. Abhandl. als Beitr. zur Geschichte d. Landes. 4. (10¼ B.) Münster 830, Coppenrath.

Welter, Th. B. De fide Taciti in rebus Germanorum. Quaestio I. 34 S.
Münster, Progr. 1846

Welter, Th. B., de fide Taciti in rebus Germanorum quaestiones. Quaestio I. 4. (4½ B.) Monasterii 846, (libr. Coppenrath.)

Welter, Th. B., Geschichte d. Griechen v. d. ältesten Zeiten bis auf ihre Unterjochung durch d. Römer, nebst e. kurzen Abrisse d. Hauptbegebenheiten bis auf uns. Zeit; f. Gymnasien u. d. Selbstunterr. gr. 8. (23½ B.) Münster 839, Coppenrath-sche Buchh.

Welter, Th. B., Geschichte der Griechen für Gymnasien und Realschulen. 2., verm. u. verb. Aufl. Münster 854. Coppenrath. gr. 8. (VIII, 378 S.) 1 Thlr.

Welter, Th. B., Geschichte der Römer f. Gymnasien u. den Selbstunterricht. 8. (VIII u. 405 S.) Münster 849, Coppenrath. 1 Thlr.

Welter, Th. B., Geschichte der Römer für Gymnasien u. den Selbstunterricht. 2. verb. Aufl. Münster 863. Coppenrath. gr. 8. (VIII, 408 S.) 1 Thlr.

Welter's Lehrbuch d. Geschichte des Altertums, f. die 1. Klasse der österreich. Realschulen bearb. von Osk. v. Gratzy. (94 S.) 8. Münster (910). Universitäts-Buchh. F. Coppenrath. —80; geb. 1. 30

Welter, (Th. B.,) Lehrbuch d. Weltgeschichte f. Gymnasien u. höhere Bürgerschulen. 1r Thl. Alte Geschichte. 8. Münst. 826, Coppenrath.

Welter, Th. B., Lehrbuch d. Weltgeschichte f. Gymnasien u. höhere Bürgerschulen. 3 Thle. 8. Münster, Coppenrath. Thlr.
Thl. 1. Die alte Geschichte. 2, verm. u. verb. Aufl (21½ B.) 831. 12 Gr.
" 2. Die Geschichte d. Mittelalters. 1 Aufl. (21 B.) 828., 2., verm. u. verb A. (19 B.) 832. à 12 Gr.
" 3. Die Geschichte d. neuern Zeit. 1. Aufl. (26½ B.) 830., 2., verm. u. verb. A. (25¼ B.) 833. à 16 Gr.

—— **Lehrbuch d. Weltgeschichte f. Gymnasien u. höh. Bürgerschulen.** 3 Thle. 8. Münster, Coppenrathsche Buchh.
Thl. 1. Die alte Geschichte. 3., verm. u. verb. Aufl. (21½ B.) 834., 4., verm. u. verb. A. (21 B.) 837. à 12 Gr.
" 2. Die Geschichte d. Mittelalters. 3., verm. u. verb. Aufl. (19 B.) 835., 4. u. 5., verb. u. verm. A. (à 18¾ B.) 838, 41. à 12 Gr.
" 3. Die Geschichte d. neuern u. neuesten Zeit. 3., verm. u. verb. Aufl. (26 B.) 837. 16 Gr.

—— Lehrbuch der Weltgeschichte f. Gymnasien u. höhere Bürgerschulen. 3 Thle. 8. Münster, Coppenrath'sche Buchh.
Thl. 1. Die alte Geschichte. 6. u. 7. Aufl. 843, 44. u. 8., verm. u. verb. Ausg. (24⅛ B.) 846. 15 Ngr.
" 2. Die Geschichte des Mittelalters. 6. Aufl. (18¾ B.) 844. u. 7., verm. u. verb. Aufl. (20 B.) 846. 15 Ngr.
" 3. Die Geschichte der neueren u. neuesten Zeit. 5., verm. u. verb. Ausg. (25¼ B.) 843. 20 Ngr.

—— **Lehrbuch der Weltgeschichte für Gymnasien und höhere Bürgerschulen.** 1. Thl.: Die alte Geschichte. 10. Aufl. (XVI und 359 S.) 1848., 11. Aufl. (XVI und 367 S.) 1850. und 12., verm. und verb. Ausg. 8. (XVI und 371 S.) Münster 851, Coppenrathsche Buchh.

—— **dass. — 2. Thl.: Geschichte des Mittelalters.** 8. Aufl. (VI und 312 S.) 1847., 9. Aufl.?, 10. Aufl. (VI und 317 S.) 1850. und 11., verm. und verb. Ausg. 8. (VI und 325 S.) Ebds. 851.

—— **dass. — 3. Thl.: Die Geschichte der neueren und neuesten Zeit.** 7. Aufl. (VI und 400 S.) 1846., 8. Aufl.?, 9. Aufl. (VI und 401 S.) 1850. und 11., verm. und verb. Ausg. 8. (VI und 424 S.) Ebds. 851.

—— Lehrbuch der Weltgeschichte für Gymnasien und höhere Bürgerschulen. 1. Thl.: Die alte Geschichte. 13., verm. und verb. Aufl. und 2. und 3. Thl.: Geschichte des Mittelalters. — Geschichte der neueren und neuesten Zeit. 12., verm. und verb. Aufl. 8. (1. Thl. XVI und 371 S., 2. und 3. Thl. XIII und 749 S.) Münster 853, Coppenrathsche Buchh. [1. und 2. Thl. à 15 Ngr., 3. Thl. 20 Ngr.]

— **Lehrbuch der Weltgeschichte für Gymnasien und höhere Bürgerschulen.** 3 Thle. Münster, Coppenrath. 8. 1 Thlr. 20 ngr.
1. Thl.: Die alte Geschichte. 13. verm. 2c. Aufl. 853. (XVI, 372 S.) — 14. Aufl. 854. (XVI, 374 S.) — 15. Aufl. 855. (XVI, 374 S.) — 16. Aufl. 857. (XVI, 366 S.) — 17. Aufl. 858. (XVI, 382 S.) 15 ngr.
2. Thl.: Geschichte des Mittelalters. 12. verm. u. verb. Aufl. 853. (VI, 325 S.) — 13. Aufl. 854. (VI, 325 S.) — 14. Aufl. 855. (VIII, 320 S.) — 15. Aufl. 858. (328 S.) 15 ngr.
3. Thl.: Geschichte der neueren und neuesten Zeit. 12. verm. u. verb. Ausg. 853. (VI, 424 S.) — 13. Aufl. 854. (VI, 436 S.) — 14. Aufl. 856. (VI, 435 S.) 20 ngr.

Welter, Th. B., Lehrbuch der Weltgeschichte für Gymnasien und höhere Bürgerschulen. 3 Thle. 8. Münster, Coppenrath'sche Buchh.
Inhalt:
Thl. 1. Die alte Geschichte. 16—19. Aufl. (XVI und 388 S.) 857—61. 15 Ngr.
" 2. Geschichte des Mittelalters. 15., verm. und verb. Aufl. (328 S.) 858. 15 Ngr.
" 3. Geschichte der neueren und neuesten Zeit. 14. verm. und verb. Aufl. (VI und 435 S.) 856. 20 Ngr.

— Lehrbuch der Weltgeschichte für Gymnasien u. höhere Bürgerschulen. 1. Thl.: Die alte Geschichte. 18. Aufl. 859. — 19. verm. u. verb. Aufl. Ebend. 861. gr. 8. (XVI, 388 S.) 15 ngr.

Welter, Th. B., Lehrbuch der Weltgeschichte für Gymnasien u. höhere Bürgerschulen. 1—3. Thl. Münster, Coppenrath'sche Buchh. 8. 1 Thlr. 20 ngr.
1. Thl. Die alte Geschichte. 20—24., verm. u. verb. Aufl. (XV, 392 S.) 861—66. 15 ngr.
2. Thl. Geschichte des Mittelalters. 15—21., verm. u. verb. Aufl. (V, 328 S.) 861—67. 15 ngr.
3. Thl. Geschichte der neueren u. neuesten Zeit. 15—19., verm. u. verb. Aufl. (VI, 455 S.) 862—67. 20 ngr.

Welter, Th. B., Lehrbuch der Weltgeschichte 2c.
Thl. 2. Geschichte des Mittelalters. 22.—24. verm. und verb. Aufl. (V, 328 S.) (ℳ 1,50.) ℳ 1,80.
" 3. Geschichte der neueren und neuesten Zeit. 20.—24. verm. und verb. Aufl. (VI, 392 S.) (ℳ 2.) ℳ 2,40.

Welter, Th. B., Lehrbuch der Weltgeschichte für Gymnasien und höhere Bürgerschulen. 3 Thle. 8. Münster 868—75, Coppenrath'sche Buchh.
Inhalt:
Thl. 1. Die alte Geschichte. 25.—32., verm. und verb. Aufl. (XII, 324 S.) (ℳ 1,50.) ℳ 1,80.

Welter, Th. B., Lehrbuch der Weltgeschichte f. Gymnasien u. höhere Bürgerschulen. 1. u. 3. Thl. gr. 8. Münster 875. Coppenrath. n. 4. 20
1. 32. verm. u. verb. Aufl. (XII, 324 S.) n. 1. 80
3. 24. verm. u. verb. Aufl. (VI, 392 S.) n. 2. 40

— dasselbe. f. Schulen. Ein frei bearb. Auszug aus d. Verf. größerem Werk. 32. verm. u. verb. Aufl. gr. 8. (XIV, 459 S.) Ebend. 873. n. 2. 50

—— **Lehrbuch der Weltgeschichte für höhere Lehranstalten. 3 Thle. gr. 8. Münster, Coppenrath'sche Buchh.** *

Inhalt:
Thl. 1. Die Geschichte des Alterthums. 33. und 34. Aufl., bearb. von A. Hechelmann. (XIV, 320 S.) 877,79. *ℳ 1,80.
„ 2. Geschichte des Mittelalters. 25.—28. verm. und verb. Aufl. (V, 307 S.) 872—78. *ℳ 1,80.
„ 3. Geschichte der neueren und neuesten Zeit. 25. und 26. verm. und verb. Aufl. (VI, 379 S.) 878. *ℳ 2,40

— Lehrbuch der Weltgeschichte für höhere Lehranstalten. 1. Thl.: Die Geschichte des Alterthums. 34. Aufl., bearb. von A. Hechelmann. gr. 8. (XIV, 320 S.) Münster 879. Coppenrath. n. 1. 80

Welter, Th. B., Lehrbuch der Weltgeschichte für höhere Lehranstalten. Bearb. von A. Hechelmann. 3 Thle. gr. 8. Münster, Coppenrath'sche Buchh. *

Inhalt:
Thl. 1. Die Geschichte des Alterthums. 35. Aufl. (XIV, 320 S.) 881. *ℳ 1,80.
„ 2. Geschichte des Mittelalters. 29. verb. Aufl. (VIII, 306 S.) 880; 30. Aufl. (VIII, 312 S.) 883. *ℳ 1,80.
„ 3. Geschichte der neueren und neuesten Zeit. 27. verm. und verb. Aufl. (VIII, 376 S.) 882; 28. Aufl. (VII, 384 S.) 884. *ℳ 2,40.

—— dass. — Auszug. 33.—38. Aufl., bearb. von A. Hechelmann. gr. 8. (XV, 456 S.) Ebendas. 875—84. *

—— dass. — Zeittafeln, s. Hechelmann, A.

— Lehrbuch der Weltgeschichte für höhere Lehranstalten. 2. u. 3. Tl., bearb. v. A. Hechelmann. gr. 8. Münster, Coppenrath. n. 4. 20
2. Die Geschichte d. Mittelalters. 30. Aufl. (VIII, 312 S.) 883. n. 1. 80
3. Die Geschichte der neueren Zeit. 28. Aufl. (VII, 384 S.) 881. n. 2. 40

— dasselbe. Auszug. 39. Aufl., bearb. v. A. Hechelmann. gr. 8. (XV, 455 S.) Ebend. 884. n. 2. 50

Welter, Th. B., Lehrbuch der Weltgeschichte f. höhere Lehranstalten. Bearb. u. hrsg. v. A. Hechelmann. 3 Tle. 8. Münster, Coppenrath. n. 6. —
1. Die Geschichte d. Altertums. 38. Aufl. (XIV, 359 S.) 888. n. 1. 80
2. Die Geschichte d. Mittelalters. 32. Aufl. (VIII, 320 S.) 889. n. 1. 80
3. Die Geschichte der neueren Zeit. 30. Aufl. (VIII, 395 S.) 889. n. 2. 40

— dasselbe. Auszug. Bearb. u. hrsg. v. A. Hechelmann. 42. Aufl. gr. 8. (XV, 464 S.) Ebd. 890. n. 2. 50

Welter's [Th. B.] Lehrbuch der Weltgeschichte f. höhere Lehranstalten. Bearb. u. hrsg. v. A. Hechelmann. 3 Tle. gr. 8. Münster i. W., Coppenrath. * 6 20
1. Die Geschichte des Altertums. 39. Aufl. (XIV, 364 S.) 891. * 2 —.
2. Die Geschichte d. Mittelalters. 32. Aufl. (VIII, 320 S.) 889. * 1 80.
3. Die Geschichte der neueren Zeit. 30. Aufl. (VIII, 395 S.) 889; 31. Aufl. (VIII, 406 S.) 891. * 2 40.

Welter's Lehrbuch der Weltgeschichte f. höhere Lehranstalten. Bearb. u. hrsg. v. A. Hechelmann. 3 Tle. gr. 8. Münster i/W., Coppenrath. n. 6. 20; geb. n. 7. 50
1. Die Geschichte d. Altertums. 39. Aufl. (XIV, 361 S.) 891. n. 2. —; geb. n. 2. 40
2. Die Geschichte d. Mittelalters. 33. Aufl. (VIII, 334 S.) 892. n. 1. 80; geb. n. 2. 20
3. Die Geschichte d. neueren Zeit. 32. Aufl. (VIII, 415 S.) 894. n. 2. 40; geb. n. 2. 90

—— dass. — Auszug. Bearb. u. hrsg. v. A. Hechelmann. 42. Aufl. (XV, 464 S.) 890; 43. Aufl. gr. 8. (XV, 474 S.) Ebd. 891. * 2 50
Vgl.: Hechelmann, A. Zeittafeln. — Baders, Jos. Grundriß der Geschichte.

[F.] [Theodor Bernhard] Welter's Lehrbuch der Weltgeschichte f. höh. Lehranst., bearb. u. hrsg. v. Dr. A. Hechelmann ... T. 1–3. *Münster: Coppenrath 1895—97.* 3 Bde 8.
1. D. Geschichte d. Altertumes. 41. Aufl. 1897. (XIV S., 1 Bl., 366 S.)
2. D. Geschichte d. Mittelalters. 34. Aufl. 1895. (VIII, 333 S.)
3. D. Geschichte d. neueren Zeit. 33. Aufl. 1897. (VIII, 415 S.) [98. 1704 M]

Welter's Lehrbuch der Weltgeschichte f. höhere Lehranstalten, bearb. u. hrsg. v. A. Hechelmann. 3 Tle. gr. 8. Münster 900. Coppenrath. Geb. in Halbldr. n. 7. 70
1. Die Geschichte d. Altertumes. 42. Aufl. (XIV, 366 S.) n. 2. 50
2. Die Geschichte des Mittelalters. 35. Aufl. (VIII, 335 S.) n. 2. 30
3. Die Geschichte der neueren Zeit. 34. Aufl. (VIII, 418 S.) n. 2. 90

Welter's Lehrbuch der Weltgeschichte f. höh. Lehranstalten, bearb. u. hrsg. v. A. Hechelmann. 3 Tle. 8. Münster 903. Univers.-Buchh. F. Coppenrath. Geb. in Halbldr. n. 7. 80
1. Geschichte d. Altertumes. 43. Aufl. (XIV, 368 S.) 2. 50
2. Geschichte d. Mittelalters. 36. Aufl. (VIII, 335 S.) 2. 30
3. Geschichte der neueren Zeit. 35. Aufl. (VIII, 430 S.) 3. —

— Lehrbuch der Weltgeschichte für höhere Lehranstalten. Bearb. u. hrsg. v. A. Hechelmann. 3 Tle. 8. Ebd. Geb. in Leinw. 8. —
1. Die Geschichte des Altertums. 44. Aufl. (XIV, 376 S.) 908. Geb. 2. 50
2. Die Geschichte des Mittelalters. 37. Aufl. (VIII, 339 S.) 908. Geb. 2. 50
3. Die Geschichte der neueren Zeit. 38. Aufl. (VIII, 410 S.) 910. Geb. 3. —

— Lehrbuch der Weltgeschichte, Repetitorium zur alten Geschichte, s.: Lehmann, B.

—— Lehrbuch d. Weltgeschichte f. Schulen. 1. Aufl. (24½ B.) 835., 2., verb. u. verm. A. (25 B.) 838. u. 3., verb. u. verm. A. gr. 8. (24¾ B.) Münster 842, Coppenrathsche Buchh. à

—— Lehrbuch der Weltgeschichte f. Schulen. Ein frei bearb. Auszug aus des Verf. größerem Werke. 4 Aufl. 844. u. 5., verm. u. verb. Aufl. gr. 8. (à 25 B.) Münster 846, Coppenrath'sche Buchh.

Welter, Th. B., Lehrbuch der Weltgeschichte f. Schulen. Ein frei bearb. Auszug aus des Verfass. größerem Werke. 8. verm. u. verb. Aufl. gr. 8. (XIV u. 393 S.) Münster 850, Coppenrath. ⅚ ℛ

— Lehrbuch der Weltgeschichte für Schulen. Ein frei bearb. Auszug aus des Verf. größerem Werke. 9—15., sehr verb. Aufl. Ebend. 853—58. gr. 8. (XVI, 374 S.) 25 *ngr.*
Vgl.: Gedächtnißtafeln.

Welter, Th. B., Lehrbuch der Weltgeschichte für Schulen. Ein frei bearb. Auszug aus des Verf. größerem Werke. 16.—22., verb. Aufl. gr. 8. (XVI und 383 S.) Münster 860—66, Coppenrath'sche Buchh.

—— Lehrbuch der Weltgeschichte für Schulen. Ein frei bearb. Auszug aus des Verf. größerem Werke. 23.—32. verm. und verb. Aufl. gr. 8. (XIV, 459 S.) Münster 868—74, Coppenrath'sche Buchh. *
Vgl.: Gedächtnißtafeln.

Welter, Th. B., Auszug aus dem Lehrbuche der Weltgeschichte für Schulen. 40. und 41. Aufl., bearb. von A. Hechelmann. gr. 8. (XV, 463 S.) Münster 886,87, Coppenrath'sche Buchh. *

— dasselbe f. Schulen. Auszug, bearb. u. hrsg. v. A. Hechelmann. 44. Aufl. gr. 8. (XV, 478 S.) Ebd. 893. n. 2. 50; geb. n. 3. —

— Lehrbuch der Weltgeschichte f. Schulen, Auszug, bearb. u. hrsg. v. A. Hechelmann. 44. Aufl. gr. 8. (XV, 480 S.) Ebd. 900. Geb. in Halbldr. n. 3. —

— dasselbe f. Schulen. Auszug, bearb. von A. Hechelmann. 45. Aufl. gr. 8. (XV, 478 S.) Ebd. 895. n. 2. 50; geb. in Halbldr. n. 3.—

Auszug aus [Theodor Bernhard] Wolters Lehrbuch der Weltgeschichte für Schulen, bearb. u. hrsg. von Dr. A[dolf] Hechelmann, Geh. Reg.R. 48. Aufl. *Münster i. W.: Coppenrath 1904.* (XIII, 452 S.) 8° [F.] [04. 6371 6]

— dasselbe f. Schulen. Auszug, bearb. u. hrsg. von A. Hechelmann. 49. Aufl. (XV, 459 S.) 8. Ebd. 907. Geb. in Halbldr. n. 3. —

Welter, Victor ‹geb. am 16 Apr. 1844 in Anholt Westf.›: Herpes circinnatus ... Bonn, gedr. bei J. F. Carthaus (1869). 28 S., 1 Bl. 8. Bonn, Med. Fak., Diss. v. 8 Juli 1869

Welter, W. L., die rechte Liebe. Worte am Sarge des Hrn. Joh. v. Muralt, gewes. Past. der deutsch-reformirten Gemeinde zu St. Petersburg. Begleitet von einem Nekrolog des Verstorbenen u. dessen letzter Schulrede. Nebst 3 Predigten an der deutsch-reformirten Gemeinde gehalten von K. Frommann. Mit Muralt's (lith.) Bildniß. Lex.-8. (60 S.) Nördlingen 850, Beck. n. 7 ngr

Welteräugnisse: Neueste Welteräugnisse

⑤ 1. 1. 1799—5. 3. 1799 ⑥ 4° ⑦ wöchentlich 2× ⑨ Marschlins: J. G. Berthold ⑩ J. G. Berthold ⑪ J. G. Berthold ⑫ Organ der Altbündner ⑬ BGSZ: 1035 ⑭ Aa K ⑮ Diese Zeitung ist in Graubünden unter dem Namen »Marschlinser Zeitung« bekannt. Die einzelnen Nummern tragen keinen Kopf.

Weltert, Joseph [prakt. Arzt in Neuenkirch (Kt. Luzern)]: 23 Fälle von Antrumempyem mit consecutiver Orbitalphlegmone. Zürich 1899. 80 S. 8°. Basel. Med. Diss. 1898/99.

Welt-Flaggenkarte. Die Handels- u. Kriegsflaggen aller seefahr. Nationen. 72 Abbildgn. in lith. Farbendr. gr. 16. (4 Taf.) Mitau 891. E. Behre's Verl. n. — 50

Welt-Flaggenkarte. Die Handels- u. Kriegsflaggen d. Erde. 88 Abb. in lith. Farbendr. 2. Aufl. 8. (8 Taf.) Darmstadt (900). Städtebilder-Verlag. K. P. Geuter. n. — 50

Welt-Flaggenkarte. 133 Abb. der Handels-, Kriegs- u. Lotsenflaggen aller Länder, der internationalen Signalflaggen, der Standarten des dtschn. Kaiserhauses, d. deutschen Lokalflaggen, sowie d. Landesfarben aller dtschn. Bundesstaaten in lith. Farbendr. 3. Aufl. 16,5×60,5 cm. Darmstadt (908). Leipzig, K. P. Geuter. — 60

Weltfrage, die erste: s.: Philaletbes

Weltfrage, europäische — in Bezug auf die Riesenmacht Rußlands. Von Th. T. Eigenthum des Verfassers. Sanct. 1855. Gedruckt bei Karl Pollak. (7, 26 S. 8)

Weltfriede, der. Eine internationale Beurtheilung staatlich-gesellschaftlicher Verhältnisse vom Standpunkte der Naturmoral; zugleich ein Katechismus für Zweifler von einem alten Soldaten (Anton Selohsemj). 8. (23 S.) Wien 888, (Mayer und Comp.) *

Welt-Frieden durch Welt-Macht. Ein Vorschlag zur Abrüstungskonferenz v. Mundus. gr. 8. (14 S.) Dresden 899. E. Pierson. n. — 30

Welt-Friedens-Blatt. Monatsschrift f. Politik u. Wissenschaft. Organ des Welt-Wohlfahrts-Comités. Hrsg.: Eduard Loewenthal. 1. Jahrg. Juni 1906—Mai 1907. 12 Nrn. (à ca. 4 S.) 4. Berlin (N. 65, Kamerunerstr. 6811), Dr. E. Loewenthal. n. 1. 50

Weltgang, Semilassos vorletzter, Traum und Wachen. Aus den Papieren des Verstorbenen. Stuttgart 1835. V: *Pückler-Muskau, Ludw. Hnr. Hermann Fürst zu.* (EE) »Weltgang, Vorletzter, von Semilasso ...« (Cat. d. Stadtbibl. Zürich. Zürich 1864—97.)

Weltgegenden. (Eine Samml. schöngeist. Produkte d. beliebtesten u. berühmtesten Dichter u. Schriftsteller Deutschlands.) Hrsg. v. Chlodwig. Mit Beiträgen v. Theod. Apel, Berth. Auerbach, Ludw. Bechstein, Edu. Duller, Bernd v. Guseck, Rob. Heller, Isidorus orientalis, Richard Morning, Theod. Mügge, Ernst Münch, Paudira, Adolf Peters, Fürst Pückler-Muskau, Maria v. R., Ludw. Rellstab, Friedr. v. Sallet, Leop. Schefer, Heinr. Seidel, M. v. W. rc. 1. Jahrg. 4 Bde. u. 2. Jahrg. 2 Bde. 8. (159¼ B.) Cottbus 841, 42. [Leipzig, Berger's Buchh.]

Weltgegenden. (Eine Sammlung schöngeistiger Produkte der beliebtesten und berühmtesten Dichter und Schriftsteller Deutschlands.) Herausgeg. von Chlodwig. Mit Beiträgen von Thdr. Apel. Berth. Auerbach. Ldw. Bechstein. Ed. Duller. Bernd v. Guseck. Rob. Heller. Isidorus Orientalis. Rich. Morning. Thdr. Mügge. Er. Münch. Paudira. Ad. Peters. Fürst Pückler-Muskau. Maria v. R. Ldw. Rellstab. Fr. v. Sallet. Leop. Schefer. Hnr. Seidel. M. v. W. rc. 1. Jahrg. 1. Bd. Osten. 8. Cottbus 841, Meyer. 1⅔ ℛ — 1. Jahrg. 2. u. 3. Bd. Süden. Westen. 8. Ebend. 841. 3⅙ ℛ — 1. Jahrg. 4. Bd. Norden. (Mit Beiträgen von Ad. Zelsing, Th. Mügge, H. Püttmann, Bernd v. Guseck, Thdr. Apel, Chlodwig, Maria v. R., Arthur Lutze, L. —, Leop. Schefer.) 8. Ebend. 841. 1⅔ ℛ

— dass. 2. Jahrg. 1. Bd. Osten. 8. Ebend. 842. 1½ ℛ — 2. Bd. Süden. (Schluß.) 8. Ebend. 842. 1⅔ ℛ — Alle 6 Bde. unt. d. Titel: Geistesspenden aus allen Weltgegenden, ungetrennt 9⅔ ℛ

Weltgeist, Der, unter den Bürgern und Bauern Tirols. Salzb. 1848. V: *Schöpf, Joseph Anton.* (Hr)

Welt- u. Zeitgeist, e. Archiv polit.-philosoph.-literar. Inhalts. 6 Hefte. gr. 8. Leipz. 810. Bruder. 2 ℛ 12 gr

Welt-Gemälde-Gallerie, od. Geschichte u. Beschreib. aller Länder u. Völker, ihrer Religionen, Sitten, Gebräuche rc. In 10 Bdn., m. 800 bildl. Darstellungen v. Lagen wichtiger Orte, alten u. neuen Denkmälern, Trachten, Geräthschaften, Kunstsachen rc. Bearb. v. Artaud, Alex. Delaborde, Champollion-Figeac, Denys, Dureau de la Malle, Hereau, Jouannin, Pouqueville u. vielen Anderen, deutsch v. C. A. Mebold. 1—60. Lfg. gr. 8. (à 1 B. u. 4 Stndr.) Stuttgart 834, 35, Schweizerbart. Für je 6 Lfgn.

Welt-Gemälde-Gallerie, od. Gesch. u. Beschreib. aller Länder u. Völker, ihrer Religionen, Sitten, Gebräuche rc. Bearb. v. Artaud, Alex. Delaborde, Champollion-Figeac, Denys, Dureau de la Malle, Hereau, Jouannin, Pouqueville rc. A. d. Franz. 12 Bde. (od. 363 Lfgn.) M. ca. 1100 Kpfrn. u. Stahlstn. u. viel. Karten. gr. 8. Stuttgart 834—40, Schweizerbart'sche Buchh. 22⅔ Thlr., hrbgs. Pr.

Weltgericht, das, ein Freiheitslied in drei Epochen. 16. (12½ B.) Leipzig 842, Otto Wigand.

Weltgericht der Philosophen, von Thales bis zu Fichte rc. 8. Leipz. ... N. A. 807. (Rauck). 18 gr

Weltgericht d. Philosophen, v. Thales bis zu Fichte rc. 8. Leipzig, Sommer. 807.

Weltgericht der Philosophie von Thales bis zu Fichte . . . Leipz. 1801. V: *Rückert, Joseph.* (MGT) (BB)

Weltgesang vor und in Gibraltar. Baireuth 1782. V: *Krauseneck, Joh. Chph.* (JL)

Weltgeschichte

— die. Für die Hände der Schüler in gehobenen Volksschulen. 8. Ulm 843, Wagner. 1/8 ℔

Weltgeschichte, die. Für die Hände der Schüler in gehobenen Volksschulen. 8. (4 3/4 B.) Ulm 843. [Heidelberg, Carl Winter.]

Weltgeschichte, die. Ein Auszug für die Jugend. [Aus dem Lesebuch von Dr. Bumüller und Dr. Schuster.] 7.—9. Aufl. 8. (170 S. mit vielen Abbild. in eingedr. Holzschn. und 1 Holzschntaf.) Freiburg i. Br. 868—72, Herder'sche Verlagsh. * geb. *

Weltgeschichte. Unter Mitarbeit v. Thom. Achelis, Geo. Adler, Karl Arendt, Karl Geo. Brandis rc. hrsg. v. Hans F. Helmolt. Mit etwa 51 Karten, 48 Farbendr.-Taf. u. 186 schwarzen Beilagen. I.—IV. u. VII. Bd. u. VIII. Bd. 1. Hälfte. Lex.-8. Leipzig, Bibliograph. Institut. n. 44.—; Einbde. in Halbfrz. à n.n. 2.—;

I. Allgemeines. — Die Vorgeschichte. — Amerika. — Der stille Ozean. Von Hans F. Helmolt, Jos. Kohler, Fr. Ratzel, Johs. Ranke, Konr. Haebler, Ed. Graf Wilczek u. Karl Weule. Mit 8 Karten, 4 Farbendr.-Taf. u. 16 schwarzen Beilagen v. Frz. Etzold, Max Kühnert, Hans Messerschmidt, Karl Oenike u. Osk. Schulz. (X, 630 S.) 899. n. 8.—; geb. n.n. 10.—

II. Ostasien u. Ozeanien. Der Indische Ozean. Von Max von Brandt, Heinr. Schurtz, Karl Weule u. Emil Schmidt. Mit 10 Karten, 6 Farbendr.-Taf. u. 16 schwarzen Beilagen v. Frz. Etzold, Osk. Schulz u. L. Sütterlin. (XVI, 598 S.) 902. n. 8.—; geb. n. 10.—

III. Westasien u. Afrika. Von Hugo Winkler, Heinr. Schurtz u. Carl Niebuhr. Mit 7 Karten, 7 Farbendr.-Taf. u. 22 schwarzen Beilagen v. Adph. Billerbeck, Frz. Etzold, Max Kühnert, Max Lübke, Karl Oenike u. Osk. Schulz. (XIV, 735 S.) 901. n. 8.—; geb. n. 10.—

IV. Die Randländer des Mittelmeeres. Von Ed. Graf Wilczek, Hans F. Helmolt, Karl Geo. Brandis, Wilh. Walther, Heinr. Schurtz, Rud. v. Scala, Karl Pauli u. Jul. Jung. Mit 8 Karten, 7 Farbendr.-Taf. u. 15 schwarzen Beilagen v. Rich. Bohn, M. Gilliéron u. Osk. Schulz. (X, 574 S.) 900. n. 8.—; geb. n. 10.—

VII. Westeuropa. 1. Tl. Von Rich. Mayr, Armin Tille, Wilh. Walther, Geo. Adler u. Hans v. Zwiedineck-Südenhorst. Mit 6 (farb.) Karten, 8 Farbendr.-Taf. u. 16 schwarzen Beilagen v. Karl Rich. Klaubert, Osk. Schulz u. Willy Stöwer. (XII, 573 S.) 900. n. 8.—; geb. n. 10.—

VIII. 1. (246 S. m. Abbildgn. u. Taf.) 902. n. 4.—

Weltgeschichte. Unter Mitarbeit v. Thom. Achelis, Geo Adler, Karl Geo. Brandis u. a. hrsg. v. Hans F. Helmolt. Mit etwa 51 Karten, 42 Farbendr.-Taf. u. 128 schwarzen Beilagen. 5. u. 6. Bd. u. 8. Bd. II. Hälfte. Lex.-8. Leipzig, Bibliograph. Institut. n. 20.— (Geb. in Halbfrz. à Bd. n. 10.—)

5. Südeuropa u. Osteuropa. Von Rud. v. Scala, Heinr. Zimmerer, Karl Pauli, Hans F. Helmolt, Berth. Bretholz, Wladimir Milkowicz u. Heinr. v. Wlislocki. Mit 5 Karten, 4 Farbendr.-Taf. u. 16 schwarzen Beilagen v. Frz. Etzold, Frz. Winter u. a. (XVI, 630 S. m. Abb.) 905. n. 8.—; geb. n. 10.—

6. Mitteleuropa u. Nordeuropa. Von Karl Weule, Jos. Girgensohn, Eduard Heyck, Karl Pauli, Hans F. Helmolt, Rich. Mahrenholtz, Wilh. Walther, Rich. Mayr, Clem. Klein, Hans Schjöth u. Alex. Tille. Mit 7 Karten, 9 Farbendr.-Taf. u. 16 schwarzen Beilagen v. Frz. Etzold, Paul Krauß, Osk. Schulz u. a. (XVIII, 630 S.) 905. n. 8.—; geb. n. 10.—

8. Westeuropa, 2. Tl. Der Atlant. Ozean. Von Arth. Kleinschmidt, Hans v. Zwiedineck-Südenhorst, Heinr. Friedjung, Glob. Egelhaaf, Rich. Mayr u. Karl Weule. Mit 7 Karten, 3 Farbendr.-Taf. u. 13 schwarzen Beilagen v. Fidr. Kulnigg, Paul Krauß u. a. 2. Hälfte. (XIV u. S. 247—646.) 903. n. 4.— (VIII. Bd. vollst.: Geb. in Halbfrz. n. 10.—)

Weltgeschichte. Unter Mitarbeitg. v. Thom. Achelis, Geo Adler, Karl Geo. Brandis u. a. hrsg. v. Hans F. Helmolt. Mit 55 Karten, 46 Farbendr.-Taf. u. 132 schwarzen Beilagen. IX. Bd. Nachträge. Quellenkunde. Generalregister. Von Alex. Tille, Rich. Mayr, Vikt. Hantzsch, Thom. Achelis, Hans F. Helmolt u. Frdr. Richter. Mit 2 Karten u. 2 schwarzen Beilagen. (VIII, 677 S.) Lex. 8. Leipzig 907. Bibliograph. Institut. 8.—; geb. in Halbfrz. 10.— (Vollst. 72.—; geb. 90.—)

— Weltgeschichte, Zeittafel dazu, s.: Hechelmann, A.

— **Die Entwicklg. der Menschheit in Staat u. Gesellschaft, in Kultur u. Geistesleben.** Hrsg. von J. v. Pflugk-Harttung, unter Mitwirkg. v. J. Beloch, C. Bezold, E. Brandenburg u. a. (6 Bde.) Lex. 8. Berlin, Ullstein & Co. à Bd. 16.—; geb. in Leinw. od. Halbfrz. 20.—; auch in 80 Lfgn. à —60

(1.) Geschichte des Altertums. (Leitung der illustrativen Ausstattg.: Kunstmaler Carl Langhammer.) (XVI, 631 u. XXIII S. m. Abb. u. 41 Taf.) (910.)

(2.) Geschichte des Mittelalters. Pflugk-Harttung, J. v., Völkerwanderung u. Frankenreich. — Kaufmann, G., Kaisertum u. Papsttum bis zum Ende des 13. Jahrh. — Friedensburg, W., der Ausgang des Mittelalters. — Brückner, A., Eintritt der Slaven in die Weltgeschichte. (XVI, 666 S. m. Abb., 38 Taf. u. 2 farb. Karten.) (909.)

(3.) Geschichte des Orients. Bezold, C., die Kulturwelt des alten Orients. — Brockelmann, C., der Islam v. seinen Anfängen bis zur Gegenwart. — Stübe, R., die Reiche der Indogermanen in Asien u. die Völker Zentralasiens. — Conrady, A., China. — Nachod, O., Japan. (Leitung der illustrativen Ausstattg.: Carl Langhammer.) (XIX, 653 u. XXII S.) (910.)

(4.) Geschichte der Neuzeit. Das religiöse Zeitalter 1500—1650. (XVII, 629 u. 22 S. m. Abb. u. 44 Taf. u. Beilagen.) (907.)

(5.) Geschichte der Neuzeit. Das polit. Zeitalter 1650—1815. (XIX, 643, 629 u. 20 S. m. Abb. u. 40 Taf. u. Beilagen.) (908.)

(6.) Geschichte der Neuzeit. Das nationale u. soziale Zeitalter seit 1815. (XIX, 648 S. m. Abb., 44 Taf., 8 farb. Karten u. II S. u. 8 Bl. Erklärgn.) (908.)

Weltgeschichte, allgemeine. Aus dem Engl. von Baumgarten und andern. Mit Kupf. und Charten. Halle 745-60. 18 Th. 4. 54 rthl. Fortgesetzt von mehreren Gelehrten. Eb. 761-803. 47 Thle. 4. 165 rthl. Dazu gehören noch: Sammlung von Erläuterungsschriften und Zusätzen. Halle 747-65. 4. 18 rthl. Das Ganze 71 Theile in 4. 237 rthl.

Weltgeschichte, Allgemeine. Breslau 1821. V: *Geiser, Joh. Chn Daniel.* (MGT)

—— allgemeine. Von Thdr. Flathe, Gust. Hertzberg, Ferd. Justi, J. v. Pflugk-Harttung, Mart. Philippson. Mit kulturhistor. Abbild., Portr., Beilagen und Karten. [In 12 Bdn.] 1.—131. Lfg. oder 1.—4., 7.—11. Bd. gr. 8. Berlin, Grote'sche Verlagsh. Subsc.-Pr. à Lfg. ℳ 1.—. cart. à Bd. ℳ 12.50. geb. à Bd. *ℳ 14.—. *

Inhalt:

Bd. 1. Justi, Ferd., Geschichte der orientalischen Völker im Altertum. (VI, 547 S.) 885.
" 2. Hertzberg, G. F., Geschichte der Griechen im Altertum. (476 S.) 885.
" 3. —— Geschichte der Römer im Altertum. (720 S.) 886.
" 4. Pflugk-Harttung, J. v., das Mittelalter. 1. Tl. (V, 761 S.) 888.
" 7—9. Philippson, Mart., die Neuere Zeit. 1.—3. Tl. (III, 698; 669; 765 S.) 887—89.
" 10. 11. Flathe, Thdr., die Neueste Zeit. 1. nnd 2. Tl. (615; 634 S.) 887,88.

5., 6. und 12. Bd. noch nicht erschienen.

Weltgeschichte, allgemeine. Von Thdr. Flathe, G. F. Hertzberg, Ferd. Justi, Hans Prutz, J. v. Pflugk-Harttung, M. Philippson. Mit kulturhistor. Abbildgn., Porträts, Beilagen u. Karten (z. Tl. in Farbendr.). 132.—174. Lfg. oder 5., 6. u. 12. (Schluß-) Bd. gr. 8. Berl. 892, G. Grote'sche Verlagsbuchh. Sep.-Cto. à Bd. 12 25; cart. * 12 75; geb. in Halbfrz. * 14 25

5. 6. Prutz, Hans. Geschichte d. Mittelalters. 2. u. 3. Tl. (655; 696 S.)
12. Flathe, Thdr. Geschichte der neuesten Zeit. 3. Bd. (776 S.)
1.—4., 7.—11. Bd. Ebd. 1885, zu gleichen Preisen.
Inhalt der 4 Abtlgn.: Altertum. Mittelalter. Neuere Zeit. Neueste Zeit. à Abtlg. (nebst Register VIII, 146; IV, 104; VI, 68; VI, 88 S.) geb. in je 3 Halbfrz.-Bde. * 45 —.

—— dass. — 175.—182. Lfg. oder Register. gr. 8. (VI, 404 S.) Ebd. 892. 7 50; geb. in Hlbfrz. * 9 50

—allgemeine, m. kulturhistorischen Abbildgn., Porträts, Beilagen u. Karten. Das Altertum v. G. F. Hertzberg. Das Mittelalter v. Hans Prutz. Die neuere Zeit v. M. Philippson. Die neueste Zeit v. Th. Flathe u. Hans Prutz. 2. vollständig neubearb. Aufl. in 20 Bdn., eingeführt v. Hans Prutz. 1. Bd. gr. 8. Berlin, Historischer Verlag Baumgärtel. Geb. in Leinw. 10.—; auch in 60 Abtlgn. à 3.—
(Geschichte des Altertums. Von G. F. Hertzberg. 1. Bd. m. authent. Illustr. in 456 Abb. im Text u. auf 23 (z. Tl. farb.) Taf. u. 8 (1 farb.) Karten. (XXXI, 448 S.) (910.)

—die allgemeine, d. geist- u. weltl. Begebenheiten vom Anfange d. Welt bis zur Regier. Clemens XIII.; aus d. Ital. v. J. J. Schatz. 8. Augsb. 769.

—— allgem., mit besond. Berücksichtigung d. Kirchen- u. Staaten-Geschichte bis auf uns. Zeiten, f. alle Stände. 6 Bde. gr. 8. Regensburg, Manz.
A. u. d. Ttln.:
Bd. 1. Allgem. Geschichte d. Alterthums. (25 B. u. 1 Stahlst.) 840. 20 Gr.
- 2,3. Allgem. Geschichte d. Mittelalters. 2 Bde. [1. (29½ B. u. 1 Stahlst.) 840. 1 Thlr., 2. (31½ B. u. 1 Stahlst.) 841. 1⅙ Thlr.] 2 Thlr. 4 Gr.
- 4,5. Allgem. Geschichte d. neueren Zeit. 2 Bde. [1. (36½ B. u. 1 Stahlst.) 841. 1¼ Thlr., 2. (27 B. u. 1 Stahlst.) 842. 1 Thlr.] 2 Thlr. 6 Gr.
- 6. Allgem. Geschichte d. neuesten Zeit. (55½ B. u. 1 Stahlst.) 842. 2 Thlr.

Weltgeschichte, allgemeine, mit besonderer Berücksichtigung der Kirchen- und Staaten-Geschichte bis auf unsere Zeiten für alle Stände. 7—9. Bd. Nebst einem allgem. Namen- und Sachregister. Mit einer Einleitung in das Studium der Allgem. Geschichte von Pet. Jos. Andr. Schmitz. A. u. d. T.: Allgemeine Geschichte der neuesten Zeit rc. Neue Folge. Die Geschichte bis in das Jahr 1853. 1—3. Bd. Mit 3 Stahlst. Regensburg 853—55. Manz. gr. 8. (7. Bd.: XXXII, 770 S. 2 ℛ; 8. Bd.: XXVIII, 841 S. 2 ℛ; 9. Bd.: XXIV, 406 S. 1 ℛ 15 ngr) n. 5 ℛ 15 ngr

—— allgemeine, mit besond. Berücksicht. der Kirchen- und Staatengeschichte bis auf unsere Zeiten für alle Stände. 1. Bd. A. u. d. T.: Allgemeine Geschichte des Alterthums. 2. durchgeseh. und verb. Aufl. gr. 8. (XXIV, 370 S. mit 1 Stahlst.) Regensburg 868, Manz.

—allgemeine, in Bildern, für alle Stände, oder Bildergallerie zur Weltgeschichte der frühesten Zeiten bis zum Jahre 1832 (als Bilderwerk zur Weltgeschichte von Becker, Pölitz, v. Rotteck u. a. Verfassern.) Nebst e. Lehrbuche der Weltgeschichte vom Prof. A. L. Herrmann. Mit erläut. Texte zu d. Abbildd. (16 Hft.) Mit 4 Steindr. gr. 8. Meißen 832. Goedsche. 4 gr Ohne d. Lehrbuch. 3 gr

Weltgeschichte, allgem., in Bildern, f. alle Stände, od. Bildergallerie zur Weltgeschichte v. Becker, Pölitz, v. Rotteck u. a. Verfassern. Nebst e. Lehrbuche d. allgem. Weltgeschichte u. erläut. Texte. 1—16. Hft. gr. 8. (à 4 Stndr. u. 1½ B.) Meißen 834, 35, Goedsche. à 4 Gr., ill.

Weltgeschichte, allgem., in Bildern, f. alle Stände, od. Bildergallerie z. Weltgesch. v. Becker, Pölitz, v. Rotteck u. a. Verfassern. Nebst e. Lehrb. d. allgem. Weltgesch. u. erläut. Texte. 17—26. (letzt.) Hft. gr. 8. Meißen 836, 37, Goedsche. [17—25. (à 4 Stnt. u. 1½ B. Text.) à ⅙ Thlr., ill. à * ⅓ Thlr., 26. (10¼ B.) u. 4 ill. Kart.) ¾ Thlr.] 2 Thlr. 6 Gr., ill.
1—16. Lfg. Ebendas. 1834, 35. à 4 Gr., ill. à * 8 Gr.

Weltgeschichte, allgemeine, in bildlicher Darstellung von ihrem Ursprunge bis zum Jahre 1859, ein grosses, illum. Tableau. Wien, J. Dirnböck. In Carton. 1860. 2 fl.

—allgemeine, ein Gemälde d. Erde u. ihrer Bewohner (v. F. W. A. Bratring.) 1s Bdchn. A. u. d. T.: Portugall u. d. Portugiesen. Mit 1 Karte. gr. 8. Berl. 810. (Rücker). 20 gr — 2s B. A. u. d. T.: Spanien u. die Spanier. Mit 3 Kpf. u. 1 Grundr. von Gibraltar. Ebd. 811. 1 ℛ 12 gr 3s B. A. u. d. T.: Großbritanien u. d. Briten. Mit Kpf. u. 1 Karte. Ebd. 813. 1 ℛ 16 gr

Weltgeschichte, die allgem., nach bibl. Grundsätzen bearb. f. nachdenksame Leser. Hrsg. v. d. Calwer Verlags-Verein. 1—3. Aufl. gr. 12. (à 16 B.) Calw 837—42. (Stuttgart, J. F. Steinkopf.) à Thlr. *

Weltgeschichte, die allgemeine, nach bibl. Grundsätzen bearb. für nachdenksame Leser. Herausg. von dem Calwer Verlagsverein. 4. Aufl. 12. (VIII u. 362 S.) Calw 847. Stuttgart, J. F. Steinkopf. n. 9 ngr

— allgemeine, zum Hausbedarf f. jeden Gebildeten. 1r u. 2r Bd. mit K. 4. Bresl. Kreutzer u. Scholz. 815.

Weltgeschichte, allgemeine, von der Schöpfung an bis auf gegenwärtige Zeit; ausgefert. von Wlh. Guthrie, Jh. Gray u. Andern, aus d. Engl. (v. Jh. Gf. Gellius); mit Zusätzen, Anmerkk. rc. von Chr. Glo. Heyne, J. M. Schröckh, mit J. A. Ernesti's Vorrede. 17 Bde. gr. 8. Leipz. 765—808. Weidmann. 92 ℛ 16 gr 1r—4r Bd. enth. alte Gesch., von C. G. Heyne. Mit Vorrede von Ernesti. 765—67. 9 ℛ 8 gr 5r Bd. in 4 Abtheill. Gesch. d. orientalischen Kaiserthums, der alten Gallier, germanische Völker rc. von Jh. Dn. Ritter u. Jh. Hnr. Reitemaier. 768—83. 6 ℛ 16 gr 6r Bd. in 2 Abtheil. Geschichte d. Araber u. Asier, von C. G. Heyne. 768, 69. 3 ℛ 12 gr 7r Bd. 1e, 2e Abtheil. Türkische Geschichte, von C. G. Heyne. 772. 2 ℛ 8 gr 8r Bd. Gesch. von Italien, v. J. M. Schröckh. 770. 2 ℛ 4 gr 9r Bd. 1e—9e Abtheil. deutsche Reichsgeschichte, v. Cph. Glo. Heinrich. Mit Register 787—805. 17 ℛ Schrbp. 21 ℛ 10r Bd. 1e, 2e Abtheil. Gesch. von Frankreich, von J. M. Schröckh. 771. 3 ℛ 16 gr 11r Bd. Gesch. der vereinigten Niederlande, von J. M. Schröckh. 773. 2 ℛ 12r Bd. Gesch. von Spanien u. Portugal, von Dieze. 774. 1 ℛ 4 gr 13r Bd. 1e, 2e Abtheil. Ol. Goldsmith, Gesch. v. England, übers. v. J. M. Schröckh. 774—76. 3 ℛ 20 gr 14r Bd. 1e—3e Abtheil. Gesch. von Polen, von D. E. Wagner. 775—77. 5 ℛ 8 gr 15r Bd. 1e—4e Abtheil. Gesch. d. Reichs Hungarn u. d. damit verbundenen Staaten, v. L. A. Gebhardi. 778—82. Mit Register. 6 ℛ 12 gr 16r Bd. 1e—9e Abtheil. Gesch. d. europäischen Nordens, von D. E. Wagner. 778—89. Mit Register. 18 ℛ 12 gr 17r Bd. 1r—4r Thl. u. 5r Thl. 1e Abtheil. J. v. Müller, Gesch. d. Schweitzerischen Eidgenossenschaft. Neue Aufl. (1r, 2r, 3r Thl. 806. 7 ℛ 4r Thl. 805. 2 ℛ 8 gr) 8 ℛ 16 gr

Weltgeschichte, Allgemeine synchronistische, oder Zeitungen aus der alten Welt. Berlin u. Halle 1777—81. V: *Reiche, Carl Chph.* (ML) ›1778—82‹ (Ky)

—allgemeine synchronistische, oder Zeitungen aus d. alten Welt (v. K. Cph. Reiche.) Mit Kart. u. Regist. 6 Bde. 4. Berl. u. Halle 778—82. Lange. 18 ℛ

—allgemeine, zur Unterhaltung für Liebhaber u. Ungelehrte (v. Jh. Cph. Majer.) 4 Thle. gr. 8. Frankf. 792—799. Hermann. 5 ℛ 16 gr (4r Thl. a. u. d. T.: Geschichte d. Deutschen, zur Unterhaltung. 1r Thl. 1 ℛ 8 gr)

Weltgeschichte, Allgemeine, zur Unterhaltung für Liebhaber und Ungelehrte. Frankfurt a. M. 1793—94. V: *Maier, Joh. Chph.* (MGT) ›1792—99‹ (Ky)

—vom Anfange der Erde bis auf jetzige Zeiten. gr. 8. Halle ... Dreyssig. 2 ℛ

Weltgeschichte, im Anschluß an das Lesebuch von J. Bumüller und J. Schuster. Illustr. Ausg. 11. verb. Aufl. 8. (200 S.) Freiburg i. Br. 888, Herder'sche Verlagsh. *
geb. *

Weltgeschichte im Anschluß an d. Lesebuch v. J. Bumüller u. J. Schuster. 12. Aufl., s. Bilder aus der Weltgeschichte rc.

Weltgeschichte in einem gedrängten Auszuge für die Jugend ... Zeitz 1810. V: *Heinse, Gottlob Hnr.* (MGT) (Ky)

Weltgeschichte in einem gedrängten Auszuge für die Jugend und ihrer Lehrer, auch solche, welche sich selbst unterrichten wollen. 2te bis 1818 fortges. Ausgabe. 8. Zeitz, Webel. 818. Rthlr.
Nachtrag hierzu apart.

— in einem gedrängten Auszuge für die Jugend u. ihre Lehrer, auch solche, welche sich selbst unterrichten wollen, aus dem Elementarbuche d. empirischen Kenntnisse bearb. v. d. Verfass. der Geschichte d. Feldzugs Napoleons (G. H. Heinse.) 8. Zeitz 810. N. Ausg. bis 1824 fortgesetzt. 8. Ebd. 824. Webel. 1 ₰ 12 ℋ

Welt- u. Kirchengeschichte, Berliner. Glossen zu Prof. R. Seebergs Schrift: „An der Schwelle des 20. Jahrhunderts". Von Theophilos. (80 S.) 8. Melsungen 902. W. Hopf. n. — 50
Sonderabdruck aus: „Deutsche Reichspartei".

Weltgeschichte, die, in Bildern. Auszug aus dem geschichtlichen Prachtwerke: Das Welttheater von C. Strahlheim. Mit 26 histor. Stahlst. und 44 Bildnissen der berühmtesten Menschen des Zeitabschnittes von 1789 bis 1840. Frankfurt a. M. 852. Comptoir für Literatur u. Kunst. Lex.-8. (31 S. u. 11 Kpfrtaf.) 2 ₰

Weltgeschichte, die, in Bildern. Ein Sammelwerk der hervorragendsten Künstler. Darstellgn. aus der Geschichts-, Länder- u. Völkerkunde. Nach Gemälden der berühmtesten Künstler aller Nationen reproduciert in Meisterwerken der Holzschneidekunst. 2.—40. Heft. (X u. S. 21—636.) 4. Dresden 902—903. R. H. Dietrich. à Hft. — 30

Weltgeschichte in Biographien. Hrsg. von Lehrern der Realschule zu Annaberg. 3 Kurse. Hrsg. von Mor. Spieß und Bruno Berlet. gr. 8. Hildburghausen, Nonne's Verlag. *
Inhalt:
1. Kursus, für einen einjähr. Unterricht in einer untern Klasse berechnet. 3. Aufl. 1862. 22 Ngr., 4. Aufl. 1864. 22½ Ngr. und 5. Aufl (248 S.) 867. 22½ Ngr.
2. Kursus, für einen einjähr. Unterricht in einer mittleren Klasse berechnet. 2., verb. Aufl. (XIV und 285 S.) 861. * 22 Ngr.
3. Kursus, für einen einjähr. Unterricht in einer höheren Mittelklasse berechnet. 1. Aufl. 1864. * 22 Ngr. und 2. Aufl. (XX und 279 S.) 868. * 25 Ngr.

—— in Biographien. Hrsg. von Lehrern der Realschule zu Annaberg. In drei „concentrisch sich erweit." Kreisen. 1. Kursus, für den Unterricht in einer untern Klasse berechnet. Hrsg. von Mor. Spieß und Bruno Berlet. 6. verb. und bis auf die Gegenwart fortgeführte Aufl. gr. 8. (XII, 267 S.) Hildburghausen 870, Nonne.
Vgl.: Spieß, Mor., und B. Berlet.

—— in Biographien für höhere Schulen. Hrsg. von Lehrern der Realschule zu Annaberg. In drei „koncentrisch sich erweiternden" Kursen. 1. Kursus, für einen einjähr. Unterricht in der untersten Klasse berechnet. Hrsg von Mor. Spieß. gr. 8. (XIX und 254 S.) Buchholz 855. [Annaberg, Nonne.] *

Weltgeschichte in Biographien für höhere Schulen. Hrsg. von Lehrern der Realschule zu Annaberg. In drei „koncentrisch sich erweiternden" Kursen. 1. Kursus. A. u. d. T.: Weltgeschichte in Biographien für höhere Schulen. Hrsg. von Mor. Spieß und Bruno Berlet. 1. Kursus, für einen einjähr. Unterricht in einer untern Klasse berechnet. 2., verb. Aufl. gr. 8. (XVI und 248 S.) Annaberg 858. [Hildburghausen,] Nonne. *

Weltgeschichte in Charakterbildern

Weltgeschichte in Karakterbildern, hrsg. von Franz *Kampers*, Sebastian *Merkle* u. Martin *Spahn*. Abt. 1—5. Mainz 1902—1905. 4° (8°). *[Mit Sondertit.]*
1. Altertum. [Bd 1—4.]
2. Mittelalter. [Bd 1—4.]
3. Uebergangszeit. [1—2.]
4. Neuere Zeit. [1—2.]
5. D. neueste Zeit. [1—5.]

— in Karakterbildern, hrsg. v. Frz. Kampers, Seb. Merkle u. Mart. Spahn. Lex.-8. Mainz, Kirchheim & Co.
Christus. Das Evangelium u. seine weltgeschichtl. Bedeutg. Von Herm. Schell. Textlich u. illustrativ verm. Aufl. Mit 1 Gravüre, 2 Tonätzgn., 90 Abbildgn. u. reichem Buchschmuck. 16. u. 17. Taus. (181 S.) München 906. In Leinw. kart. n. 5. —

— dasselbe. IV. Abtlg. Die neuere Zeit. Lex.-8. Ebd.
Napoleon I. Die Vollendg. der Revolution. Von Karl Ritter v. Landmann. Mit 119 Abbildgn. 6. u. 7. Taus. (IV, 116 S.) München 906. In Leinw. kart. n. 4. —
Bisher nur unter den betr. Sondertiteln aufgenommen.

— dasselbe. V. Abtlg. Die neueste Zeit. Lex. 8. Ebd.
Kienzl, Wilh., Richard Wagner. (Die Gesamtkunst des XIX. Jahrh.) Durchgeseh. u. verm. Aufl. Mit 1 Beilage u. 93 Abb. 6. u. 7. Taus. (147 S.) 908. In Leinw. kart. 4. —

— in Karakterbildern, hrsg. v. Frz. Kampers, Seb. Merkle u. Mart. Spahn. II. Abtlg. Mittelalter. Lex. 8. Mainz, Kirchheim & Co.
Kampers, Frz., Karl der Große. Die Grundlegg. der mittelalterl. Kultur u. Weltanschauung. Mit Mosaik-Titelbild u. 74 Abb. 1.—5. Taus. (VII, 128 S.) 910. Kart. 4. —
Pfeilschifter, Geo., Theoderich der Große. Die Germanen im röm. Reich. Mit Mosaikdr.-Titelbild u. 100 Abb. 1.—5. Taus. (VIII, 137 S.) 910. Kart. 4. —
Schnürer, Gust., Bonifatius. Die Bekehrg. der Deutschen zum Christentum. Mit 59 Abb. 1. bis 5. Taus. (VIII, 110 S.) 909. Kart. 4. —

Weltgeschichte in Karakterbildern, hrsg. v. Frz. Kampers, Seb. Merkle u. Mart. Spahn. III. Abtlg. Uebergangszeit. Lex. 8. Mainz, Kirchheim & Co.
Endres, Jos. Ant., Thomas v. Aquin. Die Zeit der Hochscholastik. 1.—5. Taus. (107 S. m. 64 Abb.) 910. In Leinw. kart. 4. —
Schnürer, Gust., Franz v. Assisi. (Die Vertiefg des religiösen Lebens im Abendlande zur Zeit der Kreuzzüge.) Durchgeseh. u. verm. Aufl. Mit 76 Abb. 6.—8. Taus. (139 S.) 907. In Leinw. kart. 4. —

— v. Erschaffung der Welt bis zur Geburt Christi, nach chronolog. Ordnung, in Lehrstunden eingetheilt nach Schröckh. 8. Prag 804. Krammer. 4 ℋ

— die, belehrendes u. unterhaltendes Gesellschaftsspiel für die Jugend. — Ein aufgeklebtes Tabl. in gr. Fol. u. 8 Kärtchen in Etui. Wien 846, Bermann u. Sohn. 1 ₰

Weltgeschichte, Die heilige, oder die alten Religionen und Christus. Ein Gedicht ... von J. G. S. Strassburg [1815] V: *Schweighäuser, Johann Gottfried.* (GGr X, 552) (Zeitschr. f. Büch. N. F. 15, 1923, 127

Sechstausend od. mehr Jahre Weltgeschichte in gewaltigen Zügen, aber nur 1 Aufz. u. daher m. Übergehung mancher Datas, dargest. v. M. Z. Gh., Königsberg i. Pr. 1884, 13 S., 16°.

Weltgeschichte, Jllustrierte, in vier Bänden. Hrsg. von S. Widmann u. a. München
Bd 1. Geschichte des Altertums. (1907)
Bd 2. Geschichte des Mittelalters. (1907)
Bd 3. Geschichte der neueren Zeit. (1906)
Bd 4. Geschichte der neuesten Zeit. (1906)

Illustrierte **Weltgeschichte** in 4 Bden. Hrsg. von Dr. S[imon] Widmann, Dr. P. Fischer u. Dr. W[ilhelm] Felten. Bd 4. München: Allg. Verl.-Gesellsch. [1905]. 4°(8°) [Ѣ.] 05. 13259

—— illustrirte, für das Volk. Begründet von Otto v. Corvin und Fr. Wilh. Held. Pracht-Ausg. 2., bis zur Gegenwart fortgeführte Aufl. 1. Bd. A. u. d. T.: Illustrirte Geschichte des Alterthums. Von Otto v. Corvin. 1. Bd.: Von den ersten Anfängen der Geschichte bis zum Verfall der Selbständigkeit von Hellas. 2. neu bearb. Aufl. gr. 8. (XVI, 648 S. mit 280 Text-Abbild. in eingedr. Holzschn., 9 Tontaf. und 6 lithogr. Karten.) Leipzig und Berlin 880, Spamer. *
geb. *

—— illustrirte, für das Volk. Begründet von Otto v. Corvin und Fr. Wilh. Held. Pracht-Ausg. 2. bis zur Gegenwart fortgeführte Aufl. 2.—8. (Schluß-)Bd. gr. 8. Leipzig, Spamer. *ℳ 61,50.; geb. *
- compl. 8 Bde. *ℳ 68.; geb. *
Erschien in 142 Lfgn. à * 50 Pf.
Inhalt:
Bd. 2. Von Alexander dem Großen bis zur Theilung des römischen Weltreichs. (XII, 545 S. mit 205 Text-Abbild., 13 Tontaf., 3 lithogr. Karten und 5 Geschichtstab.) 880. *ℳ 7,50.; geb. *ℳ 9,50.
„ 3. Von der Völkerwanderung bis zu den Kreuzzügen. (XIII, 700 S. mit 280 Text-Abbild., 11 Tonbildern und 2 lithogr. Karten.) 880. *ℳ 9.; geb. *ℳ 10,50.
„ 4. Vom Interregnum in Deutschland bis zum Ausgang des Mittelalters. (XII, 756 S. mit 340 Text-Abbild., 13 Tontaf. und 1 lithogr. Karte.) 881. *ℳ 9.; geb. *ℳ 10,50.
Bd. 5. Kämmel, Otto, Geschichte der neueren Zeit. 1. Bd.: Vom Beginn der großen Entdeckungen bis zum Anfang des 17. Jahrh. (XIV, 702 S. mit 390 Text-Abbild., 10 Tonbildern und 2 lithogr. Karten.) 882. *ℳ 9.; geb. *ℳ 10,50.
„ 6. —— dass. — 2. Bd.: Vom Beginn des dreißigjährigen Krieges bis zum Beginn der ersten französischen Revolution. (XIV, 722 S. mit 400 Text-Abbild., 14 Tonbildern und 1 lithogr. Karte.) 883. *ℳ 8,50.; geb. *ℳ 10.
„ 7. Volz, Berthold, Geschichte der neuesten Zeit. 1. Bd.: Von der französischen Revolution von 1789 bis zur Julirevolution und der englischen Parlamentsreform. (XIII, 670 S. mit 270 Text-Abbild., 10 Tontaf. und 2 lithogr. Karten.) 883. *ℳ 9.; geb. *ℳ 10,50.
„ 8. —— dass. — 2. Bd.: Von der Julirevolution bis zur Wiederaufrichtung des deutschen Kaiserreichs. (XII, 566, OVIII S. mit 290 Text-Abbild., 10 Tontaf. und 2 lithogr. Karten.) 884. *ℳ 9,50.; geb. *ℳ 11.
1. Bd. Ebendas. 1880. *ℳ 8.; geb. *ℳ 9,50.

— die, für die Jugend. Nürnb. 821. Campe. 4 gr

—— für die Jugend. 8. und 9. Aufl. 8. (192 S. mit vielen Abbild. in eingedr. Holzschn.) Freiburg i. Br. 871,75, Herder'sche Verlagsh. * 90 Pf.; geb. *

Weltgeschichte für die Jugend. 10. Aufl. (Feine Ausg.) 8. (188 S. mit vielen eingedr. Holzschn.-Abbild.) Freiburg i. Br. 878, Herder'sche Verlagsh. *

Weltgeschichte für die reifere Jugend und das nicht gelehrte Publikum . . . Pforzh. 1841. V: *Strahlheim, Conrad Frdr.* (Ky)

— für die reifere Jugend u. das nicht gelehrte Publikum, bearb. vom Verfasser der heil. Geschichte. (C. Strahlheim.) Mit 72 Stahlst., die interessant. histor. Begebenheiten darstellend. 1.—11. Hft. nebst 35 Stahlst. gr. 8. Pforzheim 841, Dennig, Finck u. Co.; Stuttgart, Scheible, R. u. S. (à 3/8 ℛ) 3 1/8 ℛ — jetzt 2 1/4 ℛ

—— für d. reif. Jugend u. das nicht gelehrte Publikum, bearb. v. Verf. d. heil. Geschichte. 5 Bde. (od. 20 Hfte.) gr. 8. (..B. u. 72 Stahlst.) Pforzheim 841, 42. [Stuttgart, Scheible, Rieger u. Sattler.] 7 1/2 Thlr., hrbas. Pr.

Weltgeschichte in Karakterbildern, s. Weltgeschichte in Charakterbildern

— kleine, oder Geschichts-Katechismus in Gedächtnißversen zu Assmann's Abriß und Handbuch der allgemeinen Geschichte, s. Assmann.

Weltgeschichte, Kleine, oder Geschichts-Katechismus in Gedächtnissversen zu Abriß und Handbuch der allgemeinen Geschichte. Braunschweig 1855. V: *Assmann, Wilhelm.* (Bibliotheca hist.-geogr. hg. v. G. Schmidt. III, 5.)

Welt- u. Menschengeschichte, v. Christi Geburt an bis auf jetzige Zeiten, von ein. gelehrt. Gesellschaft in Paris herausg., a. d. Franz. 2 Thle. 8. Münst. Perrenon. (Coppenrath.) 781—82. (I. 1 Thlr. 12 gr. II. 1 Thlr. 4 gr.)

Welt- u. Menschengeschichte, neue, vom Anfang d. Welt bis auf gegenwärt. Zeit. Aus d. Französ. mit Anmerkk. u. Zusätzen. 1r—5r Bd. v. M. Hissmann. 6r—17r Bd. (v. Jh. Lor. Benzler.) gr. 8. Münster 781—96. (Leipz., W. Nauck.) 27 ℛ 4 gr (A. u. folg. Titeln: Gesch. der Römer (von de Lisle de Sales). 2 Bde. 3 ℛ 8 gr — Gesch. d. Griechen, Egypter 2c. 5 Bde. 8 ℛ 8 gr — Gesch. d. Römer 2c. 5 Bde. 8 ℛ 8 gr)

— neue, a. d. Franz. d. Delille, mit Zusätz u. Anmerk. v. Hißmann, m. vielen Kpf. 17 Bd. 8. Münster, Perrenon. (Sommer in Lpz.) 781—794.

Weltgeschichte, neueste. 1868. Nr. 1—3. 12. Wien, Hummel. à 15 kr.
Inhalt: 1. Heft. Eine geheimnißvolle Vergiftungsgeschichte. — 2. Heft. Graf Urban von Quelen gegen die Garibaldianer.

— — Dasselbe. 9. 10. Heft. 12. Ebds. 1868. à 10 kr.

Welt-Geschichte, die, in chronologischer Ordnung. 16. (27 S.) München 873. Stahl. — 20

—— populäre, vom Anfange der histor. Kenntniß bis zur Gegenwart. 16 Thle. 2. Aufl. 16. (217 1/4 B.) Leipzig 845, 46, [Berger's Buchh.]

—— dass. 3. u. 4. Aufl. 6 Bde. 16. (à 228 B.) Ebds. 846, 47.

— populäre, vom Anfange der histor. Kenntniß bis zur Gegenwart. Vollständ. in 14 Thln. 2. Aufl. kl. 16. Leipzig 845, 46, Thomas. 2 ℛ 18 ngr

—— die, f. Stadt- u. Land-Schulen, so wie z. Selbstunterr. f. Bürger u. gebild. Landleute. 3 Bdchn. 8. (32 B.) Grimma 835, Verlags-Comptoir. *
Wohlfeile Ausgabe von „F. Philippi, Weltgeschichte."

Weltgeschichte in Tabellen. O. O. u. J. V: *Bredow, Gabr. Gfr.* (Hauptkat. d. Univ.-Bibl. Tübingen. F. Nachtr. 1.)

[S.] Weltgeschichte in Umrissen. Federzeichngn e. Deutschen, e. Rückblick am Schlusse d. neunzehnten Jhs. (Vorr.: Graf [Friedrich Wilhelm] zu Limburg-Stirum, Mitgl. d. Reichstags . . .). *Berlin: E. S. Mittler & Sohn 1897.* (IV, 525 S., 2 Bl., 1 Tab.) 1 Bd 8. [98. 713

— in Umrissen. Federzeichngn. e. Deutschen, e. Rückblick am Schlusse d. 19. Jahrh. 2. Aufl. gr. 8. (V, 525 S. m. 1 Tab.) Berlin 898. E. S. Mittler & Sohn. n. 9. —; geb. in Halbfrz. n. 11. —

Weltgeschichte in Umrissen. Federzeichnungen eines Deutschen . . . Berl. 1897. 2. Aufl. 1898. 3. Aufl. 1900. V: *Yorck von Wartenburg, Maximilian Graf.* (Vorrede): *Limburg-Stirum, Frdr. Wilh. Graf zu.* (Berl) (KA) (Bücherverz. d. Hauptbibl. d. Reichsmarineamts. Berlin 1902.)

— in Umrissen. Federzeichngn. e. Deutschen, e. Rückblick am Schlusse d. 19. Jahrh. 6. u. 7. Aufl. Mit e. Bildn. des Verf., des Grafen Yorck v. Wartenburg. gr. 8. (à V, 525 S.) Berlin 901. 902. E. S. Mittler & Sohn. n. 9. —; geb. in Halbfrz. n. 11. —

— in Umrissen. Federzeichnungen eines Deutschen, ein Rückblick am Schlusse des 19. Jahrh. 8. Aufl. Mit e. Bildniß des Verf., Grafen York v. Wartenburg. (V, 525 S.) gr. 8. Berlin 904. E. S. Mittler & Sohn. n. 9. —; geb. in Halbfrz. n. 11. —

— in Umrissen, neue Aufl., s. a. Yorck v. Wartenburg, Graf.

—— die, in sangbaren Weisen. Zur Unterstützung des Gedächtnisses und zur Erheiterung für Jung und Alt bearb. von Karl Neophilus. Musikalischer Scherz. Für eine Singstimme mit Begleitung des Pianoforte eingerichtet von Aug. Wagner. I. Griechische Geschichte. 1.—3. Aufl. Lex.-8. (16 S.) Leipzig 877, E. A. Koch's Verlagsh. *

—— dass. — bearb. von Karl Androphilus. Musikalischer Scherz. Für eine Singstimme mit Begleitung des Pianoforte eingerichtet von Aug. Wagner. 2. und 3. Thl. gr. 8. Ebendas. *
Inhalt:
Thl. 2. Römische Geschichte. 1. Aufl. (22 S.) 1878. 75 Pf.; 2. und 3. Aufl. (16 S.) 878,79. * 50 Pf.
» 3. Brandenburgisch-preußische Geschichte. 1. Thl. 2. Aufl. (24 S.) 879. * 60 Pf.

— die, in sangbaren Weisen. Zur Unterstützg. d. Gedächtnisses u. zur Erheiterg. f. Jung u. Alt bearb. v. Karl Androphilus. Musikalischer Scherz. Für e. Singstimme m. Begleitg. d. Pianoforte eingerichtet v. Aug. Wagner. 1., 2., 4. u. 5. Thl. gr. 8. Leipzig, E. A. Koch. n. 3. 20
1. Griechische Geschichte. 5. Aufl. (16 S.) 888. n. — 50
2. Römische Geschichte. 3. Aufl. (16 S.) 888. n. — 50
4. Brandenburg-preuß. Geschichte. 2. Thl. (S. 23—71.) 888. n. 1. 60
5. — dasselbe. 3. Thl. 1. Hälfte. (S. 73—96.) 889. n. — 60
90*

—— die, und das Weltgericht, oder die Mythologie als Geschichte. (Von Carl Chrn. Heffter.) 1. und 2. Buch. 8. Jüterbog, Colditz. à Buch 1 Thlr.
Inhalt:
Buch 1. Das goldene Weltalter. (VIII und 260 S.) 849.
» 2. Das silberne Weltalter. (VIII und 262 S.) 851.

Weltgeschichte, Wöchentliche politische und neue, [eine politische Zeitung]. Strasburg 1744—45.
H: *Behr, Georg Heinrich.* (ML)

— worin die Hauptbegebenheiten d. Religionen, Reiche ꝛc. enthalten sind. 4. Gießen 766. Krieger. 2 ℔ 8 ₰

— der neuern Zeiten, nach Anleitung d. Schröckh'schen Weltgeschichte für Kinder. 16 Heft. gr. 8. Nürnb. 795. Zeh. 10 ₰

— die, der Zukunft in kurzen Umrissen für das Volk. Ravensberg 865. (Ulmer.) gr. 8. (IV, 23 S.) n. 4 ngr.

Weltgeschicht-Kalender mit mehr als 10,000 historischen Thatsachen, sammt einem Kalendarium für Katholiken, Protestanten, Russen, Griechen, Juden und Türken für das gemeine Jahr 1857, nebst den heiligen sonntägigen Evangelien in Wort und Bild. Als Beilage zu allen größern Kalendern. 1ter Jahrg. Wien. Druck und Verlag von M. Auer. (24, 40 S. 4.)

Weltgeschichtskarte [Schlagwort]

Weltgeschichtskarte. Suchor, Jos., chronologisch-synchronistische Karte der allgemeinen Weltgeschichte. Nach den neuesten Werken frei bearb. 6., verb. Aufl. Farbendr. 91×56 cm. Mit Text am Rande. Wien 892. C. Graeser. n. 2. —

Weltglück. Braunschweig 1845.
V: *Bacheracht, Therese von.* (SChr)

Weltglück. Von Therese, Verf. der „Briefe aus d. Süden" ꝛc. gr. 8. (19⅝ B.) Braunschweig 845, Vieweg u. Sohn. *

Welthandel [Sachliches OW]

Welthandel, der. Illustrirte Monatshefte für Handel und Industrie, Länder- und Völkerkunde. 1.—7. Jahrg. Oktbr. 1868—Septbr. 1875. à Jahrg. 12 Hefte. Lex.-8. (à Heft 48—60 S. theilweis mit eingedr. Holzschn. und Karten.) Stuttgart, Maier. à Heft 75 Pf.; à Jahrg.
Vgl.: Vorwärts! Magazin für Kaufleute.

Welthandel, der. Monatshefte für Handel und Industrie, Länder- und Völkerkunde. 8. und 9. Jahrg. 1875/76 und 1876/77. à Jahrg. 12 Hefte. (à ca. 3 Bog.) Lex.-8. Stuttgart, Maier. à Heft 75 Pf.; à Jahrg.

—— dass. — 10. Jahrg. 1878. 12 Hefte. (à 3 Bog.) gr. 8. Ebendas. à Heft 75 Pf.
Die Fortsetzung bildet: Neumann-Spallart, F. X. v., Uebersichten über Produktion, Verkehr und Handel in der Weltwirthschaft.

Der Welthandel in Bildern. The World's Commerce Illustrated. [1.] Berlin: Boll & Pickardt 1910. gr. 2° [10. 1331]

Welthandel, der, u. d. Eisenbahnen in ihrer Wechselwirkung, od. Betrachtn. üb. e. preuß.-hannöv. Eisenbahnsystem. Von G. v. S. 8. (3½ B.) Halle 838, [Knapp.]

Welthandel, der, und die Eisenbahnen in ihrer Wechselwirkung, oder Betrachtungen über ein preußisch-hannöverisches Eisenbahnsystem. Von G. v. S. 8. Halle 838. Kümmel. ¼ ℔

Welthandel [Schlagwort]

Welthandel. Freytag, G., Export-Atlas f. Welthandel u. Industrie. Statistische Darstellg. der Ein- u. Ausfuhr aller wicht. Handelsartikel nach ihrem Werte nebst den Konsular-Vertretgn. des Deutschen Reichs und Österreich-Ungarns. 28 Taf. u. Karten, 1 Karte der Verkehrswege f. den Weltexport m. der Verbreitg. der Verkehrssprachen. Hrsg. m. Unterstützg. des k. k. österr. Handelsmuseums in Wien. qu. Fol. (VII S. Text.) Wien (901). G. Freytag & Berndt. Geb. in Leinw. n. 17. —

Welthändel, die neuesten. Hamb., Bollner. (Herold jun.) 1 ℔

Welthandels-Adressbuch. Hrsg. vom Export-Verein im Königr. Sachsen, Dresden-N., unter dem Ehrenpräsidium Sr. königl. Hoh. des Kronprinzen Friedrich August v. Sachsen. (XI, 690 S.) 8. Dresden 904. (Leipzig, Buchh. G. Fock.) Geb. in Leinw. n. 10. —

Welthandels-Zeitschrift f. Exportindustrie u. Exporthandel, s.: Globus.

Welt- und Kriegs-Häupter, Höchste, welche den friedbrüchigen türkischen Hochmuth, durch zwei Feldzüge in Ungarn also gedemüthiget, dass er im Dritten den Frieden bittlich suchen und annehmen müssen. Durch Kupffer und Beschreibung der Welt vorgestellt von dem Hoch-fürstlichen Collegio S. Hieronimi in Dillingen. Fol. Augspurg und Dillingen 1718.

Welt- und Kriegshäupter, in Kupfern vorgestellt. Fol. Augsb. Wolf. 719.

Weltherrschaft, die, das Grab d. Menschheit, s. a. Feuerbach.

Weltherrschaft, Die, das Grab der Menschheit. [Nürnberg] 1814.
V: *Feuerbach, Paul Joseph Anselm von.* (MGT) (AarK) (Ky) (LS)

Weltherrschaft, die, d. Grab d. Menschheit (v. A. v. Feuerbach). 8. o. O. (Nürnb.) 814. Schrag. 7 ℊ

Welthistorie

— allgemeine. In e. ausführl. u. pragmat. Auszuge. Neue Historie. 27 Thle. gr. 8. Halle 767—90. — 1r bis 12r Thl. von Fr. Dom. Häberlin. — 13r u. 14r Thl. von L. A. Gerbhardi. — 15r Thl. von M. E. Toze. — 16r—20r Thl. v. J. G. Meusel. 21r—27r Thl. von J. F. Le Bret. gr. 8. Ebd. 767—790. (à 1 ℛß 21 ℊ) 50 ℛß 15 ℊ

Welthistorie, allgemeine, die in England durch eine Gesellschaft von Gelehrten ausgefertigt, nebst den Anmerkungen des holländischen Uebersetzers, mit vielen Kupfern u. Karten, genau durchgesehen, mit häufigen Anmerkk. vermehrt u. einer Vorrede herausg. von S. J. **Baumgarten**. 1r bis 18r Thl. gr. 4. Halle 746—59. Gebauer. (à 3 ℛß) 54 ℛß 19r bis 30r Thl. (oder neuer Zeiten 1r—12r Thl.) fortgesetzt unter d. Aufsicht u. mit e. Vorrede von J. S. Semler. gr. 4. Ebd. 759—66. (à 3 ℛß) 36 ℛß 31r Thl. (oder neuer Zeiten 13r Thl.) enthaltend A. L. Schlözers allgemeine Geschichte von dem Norden. gr. 4. Ebd. 771. 3 ℛß 32r bis 35r Thl. (oder neuer Zeiten 14r bis 17r Thl.) von J. C. **Gatterer** (der 32e u. 33e Thl. enthalten L. A. **Gebhardi**, Geschichte der Königreiche Dänemark u. Norwegen. 2 Thle. der 34e u. 35e Thl. enthalten M. E. **Toze** vaterländische Geschichte). 2 Thle. gr. 4. Ebd. 768—71. (à 3 ℛß) 12 ℛß 36r bis 39r Thl. (oder neuer Zeiten 18r—21r Thl.) enthaltend Jh. G. **Meusel**, Geschichte von Frankreich. 1r—4r Thl. gr. 4. Ebd. 772—76. (à 3 ℊ) 12 ℛß 40r bis 45r u. 46r Thl. 1e, 2e, 3e Abtheil. (oder neuer Zeiten 22r—27r u. 28r Thl. 1e, 2e, 3e Abtheil.) enthaltend J. F. **Le Bret**, Geschichte von Italien u. allen allda gegründeten ältern u. neuern Staaten, aus ächten Quellen geschöpft, mit Landkarten u. Kupfern. 1r—9r Thl. gr. 4. Ebd. 778—87. (à 3 ℛß) 27 ℛß 47r Thl. (oder neuer Zeiten 29r Thl.) enthaltend Matth. Chr. **Sprengels** Gesch. von Großbrittannien u. Irland. 1r Thl. gr. 4. Ebd. 780. 3 ℛß 48r Thl. (oder neuer Zeiten 30r Thl.) enthaltend J. C. v. **Engels** Gesch. d. Ukraine u. d. ukrainischen Cosaken, wie auch d. Königreiche Halitsch u. Wladimir. gr. 8. Ebd. 796. 3 ℛß 49r Thl. 1r—4r Bd. (oder neuer Zeiten 31r Thl. 1r—3r u. 4r Bd. 1e, 2e Abtheil.) (1r Bd. A. u. d. T.: Gesch. d. alt. Pannoniens u. d. Bulgarei ꝛc. 797. 3 ℛß 2r Bd. a. u. d. T.: J. G. **Engel**, Staatskunde u. Gesch. v. Dalmatien, Croatien u. Slavonien, nebst einigen ungedruckten Denkmälern ungarischer Gesch. 1798. 3 ℛß 3r Bd. A. u. d. T.: J. C. v. **Engel**, Gesch. von Servien u. Bosnien, nebst Fortsetzung der Denkmäler ungarischer Geschichten, u. d. historischen Literatur u. d. ungarischen Nebenländer 1801. 3 ℛß des 4n Bds. 1e, 2e Abtheil. enthaltem Gesch. d. Moldau u. Wallachei, nebst d. historischen u. statist. Literatur beider Länder 1804.) gr. 4. Ebd. (à 3 ℛß) 15 ℛß 50r Thl. (oder neuer Zeiten 32r Thl. enthaltend A. L. **Schlözer** u. L. A. **Gebhardi**, Gesch. von Lithauen als einem eigenen Großfürstenthum, bis zum Jahre 1500 oder Gesch. von Liefland, Esthland, Kurland u. Semgallen.) gr. 4. Ebd. 785. 3 ℛß 51r Thl. u. 52r Thl. 1r bis 3r Bd. (oder neuer Zeiten 33r u. 34r Thl. 1r, 2r, 3r Bd enthaltend L. A. **Gebhardi**, Gesch. aller wendisch-slavischen Staaten, welche die älteste Geschichte d. Wenden u. Slaven, u. die Geschichte d. Reichs der Wenden in Deutschland enthält. 1r bis 4r Bd.) gr. 4. Ebd. 789—97. (à 3 ℛß) 12 ℛß 53r bis 62r Thl. (oder neuer Zeiten 35r—44r Thl. enthaltend J. G. A. **Galletti**, Gesch. Deutschlands 1r bis 10r Thl.) gr. 4. Ebd. 787—96. (à 3 ℛß) 30 ℛß 63r bis 66r Thl. (oder neuer Zeiten 45r bis 48r Thl. von Fr. **Rühs**. gr. 4. Ebd. 801—3. (à 3 ℛß) 12 ℛß — Sammlung von Erläuterungsschriften u. Zusätzen zur allgemeinen Welthistorie. (1r — 4r v. S. J. **Baumgarten**, 5r u. 6r v. J. S. **Semler**). 6 Thle. gr. 4. Halle 747—765. Gebauer. (à 3 ℛß) 18 ℛß Preis d. ganzen Werks. 240 ℛß

Welthistorie, d. allgem., durch e. Gesellschaft v. Gelehrten in England ausgefertigt, in einem vollständigen u. pragmatischen Auszuge. 10 Thle., enthaltend alte Historie von Fr. E. **Boysen**. gr. 8. Halle 767—72. Gebauer. (à 1 ℛß 21 ℊ) 18 ℛß 18 ℊ

Welthorizont, der, e. Universalzeit. f. gebild. Stände. Redig. v. Jul. Krebs. 1. Jahrg. 1837. 156 Nrn. (½ Bog.) gr. 4. Leipzig, Fort. •

Welthumor, der. Humoristisch-satyr. Echo „Der Dieb". 2. Jahrg. 4. Viertelj. Oktbr.—Dezbr. 1904. 13 Nrn. (à ca. 12 S. m. Abbildgn.) 4. Wien (Wollzeile 16), F. Krauss. à Nr. — 10
Vergl.: **Dieb**, der.

Welti, (Albert). Welti Mappe. Hrg. vom Kunstwart. ([Text, mit 2 Abbildungen, von] Leopold Weber, München.) 8 S. + 15 Tafeln. *in Umschlag*, 4. München, Georg D. W. Callwey, Kunstwart-Verlag, [1905]. M. 6. —

Welti, Rektor Dr. J. J. (1828—1900). [Aarau 1901.] •V: *Biedermann, Charl.* (Zuwachsverz. d. Bibl. Zürich 1898 ff.)

Welti, A., die Organisation der Aktiengesellschaft nach dem Bundesgesetz üb. das Obligationenrecht, m. spezieller Berücksicht. der deutschen Handelsgesetzgebg. gr. 8. (VII, 143 S.) Zürich 890. Orell Füssli Verl. n. 3. —

(Welti, Adolf.) Soolbad Kurort Möhlin-Ryburg. [Illustrierter Prospekt nebst Anzeigen.] Hrg. vom Verschönerungs- u. Verkehrs-Verein. II + 23 S. quer-8. (Basel, Rickenbacher & Scheerle, [1905].)

Welti, Adolf [med. pract. von Aarburg]: Über multiple Cysten der Milz. Zürich-Oberstrass 1901. 44 S. 8°.
Zürich. Med. Diss. 1900 1901.

Welti, Adolf. Ueber Multiple Cysten der Milz. Diss. Med. Univ. Zürich. *Kopftitel:* Aus dem pathologischen Institut der Universität Zürich. — [Mit 2 Figuren.] 44 S. 8. Zürich-Oberstrass, Hans Fischer, 1901.

Welti, A[ugust]. Zur Frage der Herabsetzung der Taxe für Presstelegramme. [Bericht erstattet am:] 8. Internationaler Presskongress, Bern, Juli 1902. 10 S. 8. [Bern, H. Jent.]

Welti, A[ugust]. De la réduction des tarifs télégraphiques de presse. [Rapport présenté au] 8e Congrès international de la Presse, Berne, juillet 1902. 9 p. 8. [Berne, H. Jent.]

Welti, Emil, Todesursachen nach Hautverbrennungen, s. a. **Beiträge** zur pathologischen Anatomie und zur allgemeinen Pathologie.

Welti, Emil, med. pract. aus Aarburg, Assistent der chirurg. Klinik zu Zürich [von Zurzach, Kt. Aargau]: Ueber die Todesursachen nach Hautverbrennungen. Mit 1 lithographischen Tafel. [S. A. aus: Beiträge z. pathol. Anatomie u. allg. Pathologie — Ziegler. Bd IV. S. 519—556]. Jena G. Fischer Dr. 1889. 39 S., 1 Taf. 8°.
Zürich, Med. Diss. [v. 9. März 1889].

Welti, Ernst J., aus Zürich: Ueber Ol-Metallammoniake. Zürich, Gebr. Leemann & Co., 1910. 56 S. 8° [20. IX. 10.]
Zürich, Univ. Phil. Diss. H. S. 1910/11.

Welti, Ernst J[ulius]. Ueber Ol-Metallammoniake. Diss. Phil. [II.] Univ. Zürich. 55 S. 8. Zürich, Gebr. Leemann & Co., 1910.

Welti, Franz, a. Zurzach: Auslieferungswesen und Auslieferungsverkehr zwischen der Schweiz und Deutschland. Basel 1904: F. Reinhardt. (VII, 85 S.) 8°
Leipzig, Jur. Fak., Diss. v. 15. Okt. 1904
[Geb. 25. März 79 Aarburg; Wohnort: Basel; Staatsangeh.: Schweiz; Vorbildung: Gymn. Zürich Reife O. 99; Studium: Zürich 2, Basel 1, Leipzig 1, Basel 2, Leipzig 1 S.; Rig. 28. Febr. 03.]

Welti, Frdr. Emil, Beiträge zur Geschichte des älteren Stadtrechtes v. Freiburg im Uechtland, s. a. **Abhandlungen** zum schweizerischen Recht.

Welti, Friedrich Emil. Beiträge zur Geschichte des älteren Stadtrechtes von Freiburg im Üechtland. Im Anhange [mit Abdruck von]: 1. Die Handveste von Flümet von 1228; 2. Die H' von Diessenhofen von 1260. IV + 136 S. 8. Bern, Stämpfli & Cie., 1908. [fr. 3.—]
Abhandlungen zum schweizerischen Recht, hrg. von Dr. Max Gmür, Professor.... Heft 25.

Welti, Friedrich Emil (Hrsg.), s.a. Stadtrechnungen, Die, von Bern ...

Welti, Friedrich Emil. Die Stadtrechnungen von Bern aus den Jahren 1375–1384. Hrg. von F' E' W'. (Dem Historischen Verein des Kantons Bern zur Feier seines fünfzigjährigen Bestandes.) 8. Bern 1896.

Welti, Friedrich Emil. Die Stadtrechnungen von Bern aus den Jahren 1430–1452. Hrg. von F' E' W'. XII + 336 S. 8. Bern, Stämpfli, 1904.
[Zu beziehen durch das Staatsarchiv, Bern.]

Das Stadtrecht von Baden bearb. u. hrsg. von Friedrich Emil Welti. *(Arau: H. R. Sauerländer & Co. 1899.)* (XXIV, 449 S.) 8°
= Rechtsquellen d. Kantons Argau. T. 1, Bd 2, [...]
= Sammlung schweizer. Rechtsquellen. Abt. 16, T. 1, Bd 2, [...]

— das Stadtrecht v. Bern, s.a. Sammlung schweizer. Rechtsquellen.

Das Stadtrecht von Bern. Bearb. u. hrsg. von Dr. Friedrich Emil Welti. Bd 1. *Arau: H. R. Sauerländer & Co.* 4°(8°)
= Rechtsquellen d. Kantons Bern. T. 1, Bd 1.
= Sammlung schweizerischer Rechtsquellen. Abt. 2, T. 1, Bd 1. [...]

— u. Walth. Merz, die Stadtrechte v. Baden u. Brugg, s.a. Sammlung schweizer. Rechtsquellen.

Welti, Frdr. Emil, die Stadtrechte v. Kaiserstuhl u. Klingnau, s.a. Sammlung schweizerischer Rechtsquellen.

Die Stadtrechte von Kaiserstuhl und Klingnau bearb. u. hrsg. von Friedrich Emil Welti. Arau: H. R. Sauerländer & Co. 1905. (XVI, 420 S.) 4°(8°)
= Rechtsquellen, Die, d. Kantons Argau. T. 1, Bd 3.
= Sammlung schweizer. Rechtsquellen. Abt. 14 [vielm. 16]. T. 1, Bd 3. [07. 10127]

Welti, Friedrich Emil s. Urkunden. Die U' des Stadtarchivs zu Baden im Aargau. Bern 1896–1899.

Welti, H., Schiesspulver, s. Handbuch für schweizer. Artillerie-Offiziere.

Welti, Heinrich

Welti, H., Gluck's Biographie, s.a. Universal-Bibliothek Nr. 2421.

(Welti, Heinrich.) Johannes Brahms ([1833]–1897). [A.] 4. (Berlin 1897.)

Berlin. Philharmon. Chor... Gedächtnissrede auf Dr. Hans v. Bülow. (Verf.: Heinrich Welti.) Bei d. Trauerfeier am 9. März 1894 gesprochen von Joseph Kainz. (Berlin: Philharmon. Chor 1894.) 8 S. 8° [09. 11926]

Welti, Heinr., Geschichte d. Sonettes in der deutschen Dichtung. Mit e. Einleitg. üb. Heimat, Entstehg. u. Wesen der Sonettform. gr. 8. (VII, 256 S.) Leipzig 884. Veit & Co. n. 6. 40

Welti, Heinr. Geschichte des Sonetts in der deutschen Dichtung. Mit einer Einleitung über Heimat, Entstehung und Wesen der Sonettform. In-8°, 256 S. Leipzig, Veit & Cie. 1893. 7 75

Welti, Heinr. Gluck. (Musiker-Biographien. Bd. 9.) Leipzig (1888).

Welti, Heinr., der Religionsunterricht in der Volksschule. Methodologische Anleitung für Seminaristen, Lehrer u. Lehrerinnen. Zürich 859. Schultheß. gr. 8. (VII, 179 S.) n. 16 ngr.
2. Kursus, für einen einjährigen Unterricht in einer mittleren Klasse berechnet. Herausg. von Mor. Spieß u. Bruno Berlet, 2. verb. Aufl. 861. (XIV, 285 S.) n. 22 ngr.
3. Kursus, für einen einjährigen Unterricht in einer höheren Mittelklasse berechnet. Herausg. von Mor. Spieß u. Bruno Berlet. 864. (XX, 270 S.) n. 22 ngr.

Welti, Heinz, von Zürich: Die Testamentsvollstreckung auf Grund des deutschen bürgerlichen Gesetzbuches und des schweizerischen kantonalen Privatrechts, unter Berücksichtigung des Entwurfes zu einem schweizerischen Zivilgesetzbuche. Zürich 1906. 78 S. 8°. [11. VI. 06.]
Zürich. Jur. Diss. 1905/1906.

Welti, Heinz. Die Testamentsvollstreckung auf Grund des deutschen bürgerlichen Gesetzbuches und des schweizerischen kantonalen Privatrechts, unter Berücksichtigung des Entwurfes zu einem schweizerischen Zivilgesetzbuche. Diss. Staatsw. Univ. Zürich. 78 S. 8. Zürich, Komm. C. Bachmann, 1906.
Ausg. A: Umschlag = Titel.
Ausg. B: auf gutem Papier; Umschlag: Die Test'. Von Dr. jur. H' W'. [fr. 2.—]

Welti, Joh., exanthematum fons abdominalis. 4. Göttingen, Dieterich. 784.

***Welti*, Jh., exanthematum fons abdominalis. 4. Götting 785. Dieterich. 6 gr.**

Welti, Johann Jakob

Welti, J. J., Ueber die Abfassungszeit des Thukydideischen Geschichtswerkes. Winterthur 1869. 29 S. 4°.
Progr.

Welti, Joh. Jac., Kaiserstuhl: Dissertatio inauguralis medica de aneurismate vero pectoris externo hemiplegiae sobole. Basel, Med. Diss. 1750.

Welti, Johann Jakob [Hrsg.], s. Beroaldo, Philippo: Eine Temperenzschrift aus der Reformationszeit.

Welti, J[ohann] J[acob] *I.* Kurze Darstellung über Zurzach und seine ... Lage, so wie über die in dort errichtete Cur-Anstalt .... 8. (Aarau) 1843.

Welti, J. J., Darstellung d. Möglichkeit u. Zweckmäßigkeit d. Einführung d. Seidenzucht in d. Schweiz. In ihrem ganzen Verfahren nach d. neuesten Systemen theoret. u. prakt. beleuchtet. Breit gr. 16. (4½ B.) Zurzach 840. (Aarau, Christen.) *

Welti, J[ohann] J[acob] *II* [1828–1900]. Erinnerungen an Dr. Georg Geilfus (1815–1891). [Progr.] 8. Winterthur 1894.

Winterthur: Programm der höheren Stadtschulen in Winterthur 1879-80, mit Beigabe: Gymnasium und allgemeine Bildung. Ein Beitrag zur Mittelschulfrage, von Dr. J. J. Welti. In-4°, 54 S. Winterthur, Druck von Bleuler-Hausheer & Cie. 1880.

Welti, J. J., Das Gymnasium und die Industrieschule in Winterthur von 1862–1887. Winterthur 1887.
Progr.

Welti, J[ohann] J[acob] *II.* Aus den ersten christlichen Jahrhunderten. Njbl. Hülfsges. Winterthur 1899. 8. Winterthur 1898.

Welti, J. J. In wie weit sind Klagen über Ueberbürdung an den schweizer. Gymnasien gerechtfertigt, eventuell wie ist Abhülfe zu schaffen? Gr. in-8°, 30 S. Aarau, Sauerländer.

Welti, J(ohann) J(acob). Reden und Aufsätze. Ausgewählt von der Welti-Kommission der Alt-Vitodurania. Hrg. [mit biographischen und bibliographischen Nachträgen] von Dr. Rudolf Hunziker. [Mit Porträt-Tafel.] 382 S. 8. Winterthur, Verlag der Alt-Vitodurania (Buchdr. Geschwister Ziegler), 1909. [geb. fr. 5. —]

Welti, Rudolf [prakt. Arzt in Yverdon]: Ueber einen Fall von Prostata-Sarkom im Kindesalter. Bern 1898. 32 S. (Mit 1 Tafel.) 8°.
Zürich. Med. Diss. 1897/98.

Welti-Kettiger, H., Dornröschen. Dramatisirtes Volksmärchen für die reifere Jugend. 8. (42 S.) Aarau 886, (Sauerländer's Verlag.) *

Welti-Kettiger, H., die biblischen Geschichten des alten Testamentes in der Volksschule. Vortrag, gehalten in der Konferenz der oberen aargau. Pastoralgesellschaft den 13. Dezbr. 1871. 8. (22 S.) Frauenfeld 873, Huber.
Aus: Schweizer. Lehrerzeitung, besonders abgedruckt.

Welti-Kettiger, H., zur Confirmation f. Jung u. Alt. Religiöses Lehrgedicht. 12. (104 S.) Aarau 892. H. R. Sauerländer & Co. n. 1. —; geb. n. 1. 80

Welti-Kettiger, H., Referat üb. die Trennung v. Staat u. Kirche. Vorgetragen in der Sitzg. d. aarg. reformirten Synode den 2. Oktober 1872. gr. 8. (12 S.) Aarau 873. Sauerländer. — 30

Welti-Kettiger, H., Weihnachtspoesie im Kreise der reiferen weiblichen Jugend. gr. 8. (36 S.) Aarau 876, Sauerländer's Verlag. *

Welti-Kettiger, H., Weihnachtspoesie. 2. Aufl. 8. (71 S.) Aarau 901. H. R. Sauerländer & Co. n. 1, 20

Welt-Jahrbuch. Weltkalender. [Jg. 1.] Für d. J. 1904. Berlin: Germania [1903]. 4°(8°) [F.] 106. 309

Welt-Jahrbuch f. d. J. 1906. (145 S. m. Abbildgn., 2 Taf. u. Wandkalender.) Lex.-8. Berlin, Germania. n. 1. —; geb. n. 1. 50

Welt-Jahrbuch f. d. J. 1911. (159 S. m. Abbildgn., 2 Taf. u. Wandkalender.) Lex. 8. Berlin, Germania. 1.—; geb. 1. 50

Welti-Mappe, Hrsg. vom Kunstwart. (17 Bl. m. 8 S. Text v. Leop. Weber.) gr. 4. München (905). G. D. W. Callwey. n. 6. —
Vgl. Welti, Albert

Weltin, Joh(ann) Jakob: De aneurysmate vero pectoris externo hemiplegiae sobole. Diss. 28 S.(S.469 - 497), gbd.

Basileae: 1750
in: Collectio, Scriptorum Latinorum de aneurysmatibus. Edidit...Thomas Lauth. Argentorati: 1785

JB 3.130

Weltin, Julius Car. (geb. Haigerloch in Sigmaringen 6. 9. 1824): De delirio tremente. Berolini (1853). (30 S.) 8°
Berlin, Med. Diss. v. 11. Febr. 1853

WELT- und Staats-Cabinet. 12 Monate. Erfurt, Schröder, 1732. 8°. (1 fl. 15 xr.)
Cat. Monath I. Nürnb. 1782. p. 401.

Des italiänischen Jahrsagers und weitberühmten Astrologi verbesserter und neuer vortrefflicher allgemeiner Welt-und Staats-Calender [Weltkalender] auf das Jahr... durch Paul Conrad-Balthasar Han. 1719. 1725. 1738. 1742. 1747. 1748. Nürnberg: Endter [1718-47]. 8°

Bunte Weltkalender, Der, für das gemeine Jahr 1890. Mit Illustrationen und Farbendruck. Gr.-4. (162 S.) Mit effectvollem Farbendruck umschlag —.50
— — Steif geb. Winterberg: Steinbrenner 1889. —.45

Bunte Weltkalender, Der, für das gemeine Jahr 1891. 4. (128 S. und Jahrmärkte-Verzeichniß.) Cart. Winterberg: Steinbrenner 1890. —.50

Bunte Weltkalender, Der, für das Schaltjahr 1892. 4. (128 S. u. Jahrmärkte-Verzeichniß) —.45, Cart. Winterberg: Steinbrenner 1891. —.50

Bunte Weltkalender, Der, für das Jahr 1893. 4. (128 S. u. Jahrmärkte-Verzeichniß) —.45 Cart. Winterberg: Steinbrenner 1892. —.50

Bunte Weltkalender, Der, für das Jahr 1894. 4. (128 S. und Jahrmärkte-Verzeichniß —.45 Cartonnirt Winterberg: Steinbrenner 1893. —.50

Bunte Weltkalender, Der, für das Jahr 1895. 4. (128 S. und Jahrmärkte-Verzeichniß) —.45 Cartonnirt Winterberg: Steinbrenner 1894. —.50

Bunte Weltkalender, Der, für das Jahr 1896. 4. (128 S. und Jahrmärkte-Verzeichniß) —.45 Cartonnirt Winterberg: Steinbrenner 1895. —.50

Bunte Weltkalender, Der, für das Jahr 1897. 4. (128 S. und Jahrmärkte-Verzeichniß) —.45 Cartonnirt Winterberg: Steinbrenner 1896. —.50

Bunte Weltkalender, Der, für das Jahr 1898. 4. (128 S. und Jahrmärkte-Verzeichniß) —.45 Cartonnirt Winterberg: Steinbrenner 1897. —.50

Bunte Weltkalender, Der, für das Jahr 1899. 4. (128 S. und Jahrmärkte-Verzeichniß) —.45 Cart. Winterberg: Steinbrenner 1898. —.50

(F) **Der bunte Weltkalender** für das Jahr 1905. Gr.-8°. (144 S.) Winterberg: Steinbrenner 1904. K —.90, geb. K 1.—

(F) **Der Bunte Weltkalender für das Jahr 1906. Gr.-8°. (144 S.)** Winterberg: Steinbrenner 1905. **K —.90, kart. K 1.—**

Weltkalender, der bunte, f. d. J. 1907. (144, XVI u. XVI S. m. Abbildgn. u. 2 Taf.) gr. 8. Winterberg, J. Steinbrener. — 70; geb. — 80

(F) **Der bunte Weltkalender** für das Schaltjahr 1908. 20. Jahrg. Gr.-8°. K —.90, geb. K 1.—
Winterberg: Steinbrenner 1907.

(F) **Der bunte Weltkalender** 1909. Gr.-8°.
Winterberg: Steinbrenner 1908. K —.90, geb. K 1.—

Welt-Kalender, der bunte, f. d. J. 1911. 23. Jahrg. (128, VIII u. 22 S. m. z. Tl. farb. Abbildgn., 5 [2 farb., davon 1 Doppel-]Taf. u. Wandkalender.) gr. 8. Winterberg, J. Steinbrener. — 70

Welt-Kalender, illustrierter, die Welt, f. d. J. 1908. Lex.-8. (96 S.) Berlin, Germania. n. — 50

Allgemeine Weltkarte nach Merkators Projection. Weimar im Verlage des geographischen Instituts. 1805. 1 Bl.

Ebstorfer Weltkarte. Hrsg. von Ernst Sommerbrodt. Hannover 1891. 25 Bl. Lichtdruck und 1 Bd. Text.

Welt-Karte, historische, nach der berühmt. engl. Karte des Dr. Priestley, s. Darstellung, histor. summar., der vorzügl. Staatsveränderungen.

Neue Welt-Karte, welche auf zwei Kugelflächen die Hauptheile der Erde, Inseln, Insel-Gruppen, Theile des Weltmeeres und deren Benennungen, den fünften Welttheil, und die neuesten Entdeckungen, nach den Karten und Reise-Beschreibungen der berühmtesten Seefahrer und Gelehrten unsers Zeitalters, den Herren Cook, Forster, Pallas u. a. m., nebst einer kurzen Erklärung enthält. Nürnberg bey den Homannischen Erben verbessert. 1805. 1 Bl.

Philatelistische **Weltkarte**. 1 : 30,000,000. ([Von] F. v. F., Mitgl. d. Deutschen Philatel.-Verb.) [Mit 3 Nebenkarten.] [Nebst] Anhang. (Berlin: Voß [1905].) (1 Kartenbl. 97 × 67 cm, 21 S.) 4° [lith.] [kol.]

Welt-Charte in Mercators Projection; von Christian Gottlieb Reichard. Nürnberg bey Friedrich Campe 1825. 4 Bl.

Weltkarte zum Studium der Entdeckungen mit dem colonialen Besitze der Gegenwart, entworfen und bearbeitet von E. Mayer und J. Luksch, Professoren an der k. u. k. Marine-Akademie in Fiume. Aequatorial-Maßstab: 1 : 20,000.000. 6 Blatt. Wien 1990 bei Artaria und Comp. (Min.-Erl. v. 28. Mai 1893, Z. 6583) 6.— zusammenlegbar, aufgezogen in Mappe 9.60 zwischen Halbrollen (oben einfacher, unten Doppelstab) 10.80

Weltkarte zum Studium der Entdeckungen mit dem colonialen Besitze der Gegenwart. Entworfen und bearbeitet von E Mayer und J. Luksch, Professoren an der k. u. k. Marine-Akademie in Fiume Aequatorial-Maßstab: 1 : 20,000.000. 6 Blatt. (Min.-Erl. v. 8. Juni 1893, Z. 10974) 6.—, zusammenlegbar, aufgezogen in Mappe 9.60 Zwischen Rollstäben 10.80

Weltkarte zum Studium der Entdeckungen, mit dem colonialen Besitze der Gegenwart. Entworfen und bearbeitet von E. Mayer und J. Luksch. Aequatorial-Massstab 1 : 20,000.000. Ausgabe 1893. Als Beigabe: Tabellarische Zusammenstellungen der wichtigsten Entdeckungsreisen zur See und zu Lande und des Besitzes europäischer Staaten in fremden Welttheilen. Als Beikarte: Die Besitzungen der Spanier und Portugiesen im 16. Jahrhundert. 6 Blätter 144/172 *cm*, in 7fachem Farbendruck Wien: Artaria 6.—

Weltkarte zur Uebersicht der Meerestiefen, mit Angabe der unterseeischen Telegraphen-Kabel und Ueberland-Telegraphen sowie der Kohlenstationen und Docks. Hrsg. vom Reichs-Marine-Amt, Nautische Abtheilung. Ausgabe mit Höhenschichten und Meerestiefen. Berlin 1893. 3 Bl. c. L.

Weltkarten [Sachliches OW]

Weltkarten, drei, in Merkator's Projection zur Veranschaulichung 1) der Linien gleicher magnetischer Variation [Deklination] 1880,0; 2) der Linien gleicher magnetischer Inklination 1880,0; 3) der Linien gleicher magnetischer Horizontal-Intensität nach Gauss'schen Einheiten 1880,0. Hrsg. von der deutschen Seewarte, Abthl. II. Lithogr. qu. Fol. Hamburg 880, Friederichsen und Comp. *

Hamburg, Deutsche Seewarte. Drei Weltkarten zur Veranschaulichung der Linien gleicher magnetischer Variation (Deklination), Inklination und Horizontal-Intensität, 1880. Hamburg 1880. Fol.

Weltkarten [Schlagwort]

Weltkarten, s.: Eisenbahnkarten.

Weltkarten, s.: Erdkarten.

– s. Generalkarten. Flemming.

– s. Meeresströmungen.

– s. Seekarten.

Welt-Katastrophen, Die vier grossen, im Jahr 1906. Mit Bildern. Spiez [1907]. V: *Maurer, Gilgian.* (BBullschw. 16, S. 392)

Welt- und Menschenkenntnis, Des Freiherrn von Knigge, ein Pendant zu dessen Buche: Umgang mit Menschen. Giessen 1797. V: *Grolmann, Frdr. Ludwig Adolph von.* (HS) (Ky) (MGT)

Weltkind u. Gotteskind. Eine Novelle von der Verf. von „Stolz u. Still". Berlin 866. Rauh. gr. 8. (275 S.) 27 ngr.

Weltkind, das, eine Warnungstafel, v. Tristan Rosenblüth. 8. Halberstadt, Büreau f. Lit. u. Kunst. 815.

Weltkirchen od. Gemeinden v. Gläubigen? 12. (46 S.) Bern 883. (Bonn, Schergens.) n. — 20

Weltklugheit u. Herzensgüte. Lustsp. 8. Halle, Franke. (Anton in Görlitz.) 792.

Weltkongress, 5., f. freies Christentum u. religiösen Fortschritt, Berlin 5.—10. VIII. 1910. (2 Bde.) Protokoll der Verhandlgn. Hrsg. v. Max Fischer u. Frdr. Mich. Schiele. 1.—2. Taus. (812 S.) gr. 8. Berlin-Schöneberg 910. Protestant. Schriftenvertrieb. 7. 50

Weltkongress für freies Christentum und religiösen Fortschritt, Berlin, 5. bis 10. Aug. 1910. (Görlitz 1910: Hoffmann & Reiber.) 44 S. 8°

Weltcongress u. Weltarmee od. d. Weltfrieden. Ein Versuch zur Lösg. d. „socialen Frage" v. psycholog. Standpunkte — populär dargest. Von N. gr. 8. (51 S.) Wien 895. Dresden, E. Pierson. n. — 80; erhöht. Preis n. 1. —

— dasselbe. I. Militarismus. (2., verm. Aufl.) gr. 8. (III, 79 S.) Dresden 896. E. Pierson. n. 1.—

Weltcongress und Weltarmee oder der Weltfriede. Dresden, Leipzig und Wien 1896—99. V: *Neuwirth, Ferd.* (KA)

Weltkongress u. **Weltarmee** od. der Weltfriede. Ein Versuch zur Lösg. der „Abrüstungsfrage" (resp. ihres Urgrundes, der „sozialen Frage") vom empirisch-psycholog. Standpunkte. Von N. II. Absolute Nothwendigkeit e. „Weltcentralstelle". gr. 8. (IV, 136 S.) Dresden 899. E. Pierson. n. 2.—

Weltkörper-Hypothese, e. neue. Von G. M. S. 8. (20 S.) Königsberg 896. Braun & Weber. n. — 50

Weltkörpern, von den, zur gemeinnütz. Kenntniß d. großen Werke Gottes (v. Nik. Ehrenr. Ant. Schmid). Mit Kpf. 8. Hannov. 766. 2e Aufl. gr. 8. Leipz. 772. 3e Aufl. mit d. Leben d. Verfassers verm. 789. Dyck. 14 ℛ

Weltkrankheit, die. Wie kann man der Gefahr entgehen, durch Herz-, Gehirn- od. Lungenschlag zu sterben?? Wie kommt es, daß so viele Menschen durch Schlaganfall den Tod finden? Hrsg.: Der Wahrheitsmund. (39 S. m. Abb.) gr. 8. Egen i/Baden 906. (M. Trapp.) n. 3. 50

Weltkrieg, der, um China, von Monitor. gr. 8. (47 S.) Berlin 900. Herm. Walther. n. 1.—

Weltkunde

— die, im J. 1860 mit Rücksicht auf die Napoleonischen „Studien" vom deutschen Standpunkte aus kritisch beleuchtet. gr. 8. (28 S.) Augsburg 860, Schmid'sche Verlagsh. *

Welt- u. Menschenkunde, allgemeine, 16 Bdchn ꝛc. s. Portugal u. d. Portugiesen

Welt- u. Völkerkunde, allgem., hrsg. v. Ed. Zimmermann. 1—3. Jahrg. 1833—35. à 104 Nrn. (½ Bog.) gr. 4. Naumburg, Zimmermann. à 3.

Welt- u. Völkerkunde, allgem., hrsg. v. Ed. Zimmermann. 4. Jahrg. 1836. 104 Nrn. (½ Bog.) gr. 8. Naumburg, [Halle,] Zimmermann. *

Weltkunde für die Jugend. Aus dem Lesebuch von DD. Bumüller und Schuster. 6. Aufl. 8. (87 S. mit vielen Abbild. in eingedr. Holzschn. und 1 Holzschntaf.) Freiburg i. Br. 873, Herder'sche Verlagsh. *

Weltkunde f. die Jugend. [Aus: „Bumüller u. Schuster, Lesebuch".] 6. Aufl. Mit vielen Abbildgn. (in eingedr. Holzschn. u. Holzschntaf.) 8. (132 S.) Freiburg i/Br. 875. Herder. n. — 30; geb. n. — 75

Welt- und Menschenkunde. Mit Kupfern u. Karten. . . . Berlin 1810—13. V: *Bratring, Frdr. Wilh. August.* (Hitzig) (Ky) (MGT)

Welt- und Menschenkunde ꝛc. 3 Thle. gr. 8. 810—812. Ist Verlag von Rücker in Berlin.
(1r Theil auch unter dem Titel: Portugal und die Portugiesen. 810. 20 Gr. 2r Theil Spanien und die Spanier. 811. 1 Rthlr. 12 Gr. 3r Theil Großbritannien und die Britten. 812. 1 Rthlr. 16 Gr.)

Weltkunde. – Neueste Weltkunde. – Tübingen („Cotta'sche Zeitung"), sp. Augsburg. – 1.I.1798 – 8.IX.1798.
Fortges. u.d.T.: Allgemeine Zeitung.

Weltkunde, neueste, herausgegeben v. E. L. Posselt. 4. Tübing. 798. v. Cotta. 10 ℛ

— — Fortsetz. desselb. s. Zeitung, allgemeine.

Weltkunde, neueste, von H. M. Malten. 1841—1846. à 12 Hfte. gr. 8. Frankfurt a/M. 841—46, Brönner. à J. 6⅓ ℛ
Vorh. u.d.T. Bibliothek der neuesten Weltkunde. Aarau 1828ff.

— dass. Supplement-Heft. zum Jahrg. 1844. gr. 8. (10¾ B.) Ebds. 845. *

— dass. Jahrg. 1847. 1—4. Beilagenheft. A. u. d. Ttl.: Germania, Archiv z. Kunde des deutschen Elements in allen Ländern d. Erde. Hrsg. v. Wilh. Stricker. 1. Bd. 1—4. Hft. gr. 8. (29½ B.) Ebds. 847. *
Vgl.: Bibliothek der neuesten Weltkunde

— neueste. Von H. Mr. Malten. 1848. 4 Bde. à 3 Hefte. (à ca. 8 Bog.) gr. 8. Frankfurt a. M., Brönner. *

Weltkunde, die, in einer planmäßig geordneten Rundschau der wichtigsten Land- u. Seereisen für das Jünglingsalter u. die Gebildeteren aller Stände auf Grund des Reisewerkes v. Wilhelm Harnisch dargest. u. hrsg. von Fr. Heinzelmann. 1. Bd. A. u. d. T.: Reisebilder u. Skizzen aus Dänemark, Schweden u. Norwegen. Nach Thdr. v. Wedderkop, Victor de Nouvion, Sam. Laing, Heinr. Laube, Thdr. Mügge u. A. m. Mit 1 Stahlst. u. 1 Karte (lith. in Fol.) 1 u. 2. Hälfte. gr. 8. (XVI u. 368 S.) Leipzig 847, Weichardt (jetzt Fr. Fleischer). 1 ℛ

— dies. 2. Bd. A. u. d. T.: Reisen nach Färö, Island, Sibirien u. den Nord-Polarländern. 1 u. 2. Hälfte. Mit 1 Stahlst. u. 2 (lith.) Karten (in gr. 4.) gr. 8. (VIII u. 457 S.) Ebd. 848. 1 ℛ

— dies. 3. Bd. A. u. d. T.: Reisen durch Belgien, Holland u. Großbritannien. Nach F. W. Dethmar, Ign. Kuranda, Luise v. Ploennies u. Roscoe, Kohl, Carus, Leon Faucher u. A. 3 Abthlgn. Mit 2 Stahlst. u. 1 (lith.) Karte (in Fol.) gr. 8. (X u. 561 S.) Ebd. 848. 1½ ℛ

— dies. 4. Bd. A. u. d. T.: Reisen durch die Vereinigt. Staaten von Nordamerika nebst einem Ausfluge nach Canada. Nach F. v. Raumer, F. Gerstäcker, C. v. Gerstner u. A. m. sowie nach dem Felsengebirge im J. 1842 u. nach dem Oregongebiet u. Nord-Californien in den J. 1843 u. 1844. v. J. C. Fremont (von Aug. Carl Weichardt). Mit 1 Stahlstich u. 1 (lith.) Karte. gr. 8. (X u. 447 S.) Ebd. 848. 1 ℛ

— dies. 5. Bd. A. u. d. T.: Reisebilder u. Skizzen aus Frankreich. Hrsg. v. Frdr. Heinzelmann. Mit 1 Stahlst. u. 1 (lith.) Karte (in Fol.) gr. 8. (VI u. 378 S.) Leipzig 850, Fr. Fleischer. 1 ℛ

— dies. 6. Bd. A. u. d. T.: J. Dumont d'Urville's Reise nach dem Südpol u. Oceanien nebst Reisen auf Neuholland u. Tasmanien. Hrsg. v. Friedr. Heinzelmann. Mit 1 Stahlst. u. 1 (lith.) Karte (in Fol.) gr. 8. (VIII u. 545 S.) Ebd. 851. 1½ ℛ

— dies. 7. Bd. A. u. d. T.: Reisebilder und Skizzen aus der pyrenäischen Halbinsel nebst Blicken auf die Länder des mexican. Golfes u. Californien. Hrsg. v. Fr. Heinzelmann. Mit 1 Stahlst. und 1 (lith.) Karte (in Fol.) gr. 8. (VIII u. 475 S.) Ebd. 851. 1½ ℛ

— dies. 8. Bd. A. u. d. T.: Reisen in Südamerika u. Westindien. Hrsg. von Frdr. Heinzelmann. Mit 1 Stahlst. u. 1 (lith.) Karte (in Fol.) gr. 8. (VIII u. 528 S.) Ebd. 851. 1½ ℛ

— dies. 9. Bd. A. u. d. T.: Reisebilder u. Skizzen aus Italien, Sicilien u. Sardinien. Hrsg. von Frdr. Heinzelmann. Mit 1 Stahlst. u. 1 (lith.) Karte (in Fol.) gr. 8. (X u. 570 S.) Ebd. 852. 1½ ℛ

— dies. 10. Bd. A. u. d. T.: Reisen in Afrika durch die Länder der Nordküste u. die Sahara, Senegambien, den Sudan, beide Guinea's u. das Gebiet des Südens. Hrsg. v. Frdr. Heinzelmann. Mit 1 Stahlst. u. 1 (lith.) Karte (in Fol.) gr. 8. (X u. 509 S.) Ebd. 852. 1½ ℛ

— dies. 11. Bd. A. u. d. T.: Reisebilder u. Skizzen aus Gallizien, Ungarn, dem Banat u. Siebenbürgen, der europ. Türkei, Griechenland, dem Archipel, den jonischen Inseln u. Montenegro. Hrsg. v. Frdr. Heinzelmann. Mit 1 Kupfertaf. gr. 8. (X u. 545 S.) Ebd. 853. 1½ ℛ (1—11: 14½ ℛ)

Weltkunde, die, in einer planmäßig geordneten Rundschau der wichtigsten neueren Land- und Seereisen für das Jünglingsalter und die Gebildeteren aller Stände, auf Grund des Reisewerkes von Wilh. Harnisch dargestellt u. herausg. von Friedr. Heinzelmann. 12—16. Bd. Leipzig 854, 55. Fr. Fleischer. gr. 8. Jeder Bd. 1 ℛ. 15 ngr.

12. Bd.: Reisen in den Nil-Ländern Afrika's und Arabien. Herausg. von F. Heinzelmann. Mit 1 Stahlst. u. 1 (lith.) Karte. 854. (X, 404 S.)

13. Bd.: Reisen in den Ländern der asiatischen Türkei und des Kaukasus. Herausg. von F. Heinzelmann. Mit 1 Stahlst. u. 1 Karte (in Kpfrst.). 854. (XIV, 504 S.)

14. Bd.: Reisen in Persien und den beiden Indien. Herausg. von F. Heinzelmann. Mit 1 Stahlst. 855. (X, 587 S.)

15. Bd.: Reisebilder und Skizzen aus dem europäischen Rußland u. Polen. Herausg. von F. Heinzelmann. Mit 1 Stahlst. 855. (X, 372 S.)

16. (letzter) Bd.: Reisen in den mittleren und nördlichen Festländern Asiens, in Japan und den Sandwichs-Inseln. Mit 1 (lith.) Landschaftsbild u. 1 (lith.) Karte. 855. (XX, 588 S.)

Fortsetzung hiervon, s. Heinzelmann.

Weltkunde, die, in einer planmäßig geordneten Rundschau der wichtigsten neueren Land- u. Seereisen, auf Grund des Reisewerkes von Wilh. Harnisch dargestellt u. herausg. von Frdr. Heinzelmann. Supplemente. 3—5. Bd. Leipzig 859—61. Fr. Fleischer. gr. 8. Jeder Bd. 1 ℛ 15 ngr.

3. Bd.: Das deutsche Vaterland in Reisebildern u. Skizzen für das Jünglingsalter u. die Gebildeteren aller Stände dargestellt von Frdr. Heinzelmann. 3. Bd.: Schlesien, das Erzgebirge u. der Thüringer Wald sammt den Umgebungen, die Landschaften an der oberen Weser u. am Mittelrhein mit ihren Nebenthälern bis zur Mainmündung. (XVIII, 525 S.)

4. Bd.: Frankfurt a. M., Hessen-Darmstadt, Baden, Württemberg, Baiern, das Herzogth. Salzburg u. das Salzkammergut. (XIII, 509 S.)

5. u. letzter Bd.: Böhmen, Mähren, ein Theil von Oberöstreich, Niederöstreich, Steiermark, Kärnthen, Krain, das östreichische Küstenland, Tirol nebst dem Pinzgau. (XVI, 459 S.)

Vgl.: Heinzelmann, Frdr. (in Bd. XIII.)

Weltkurier, der. Illustrierte Monatsschrift f. Reise u. Verkehr. Red.: Alfr. Eidlitz. 1. Jahrg. Dezbr. 1905 bis Novbr. 1906. 12 Hefte. (à ca. 24 S.) 4. München. Berlin, Hobbing & Co. n. 2.—

Weltcourier, der. Illustr. Zeitschrift f. Gesellschaftsleben u. Reise. Red.: Wilh. Hochstetter. 2.—6. Jahrg. Oktbr. 1906—Septbr. 1911. à 24 Hefte. (à ca. 32 S.) 31,5×24 cm. Berlin, Welt-Reise-Verlag. à Jahrg. 8.—

Der **Weltcourier**. Ill. Monatsschrift f. Reise u. Verkehr. Jg. 1. (München: Weltcourier 1907.) 4° [07. 16974

Weltlage, die, in ihrer geschichtlichen Entwickelung u. nach den jeweilig herrschenden Grundsätzen mit dem gegenwärtigen Zeitgeiste u. seinen Gefahren dargestellt mit besonderer Rücksichtnahme auf die deutsche Nation nach ihrer Geschichte, ihrer Macht, ihrer Politik u. ihrem Berufe. Leipzig 861. Schrag. gr. 8. (VI, 120 S.) 15 ngr.

Weltlage, die, im Jahre 1860 mit Rücksicht auf die Napoleonischen „Studien" vom deutschen Standpunkte aus kritisch beleuchtet. Augsburg 860. Schmid. gr. 8. (28 S.) n. 4 ngr.

Weltlauf, Der, in Ansehung der Verderbnis aller Menschen in einigen Begebenheiten dargestellt. 3 Teile. Halle 1754/56. V: *Büchner, Georg Heinrich.* (Die Bücherstube, V, S. 231f.)

WELT-LAUF, Der, in Ansehung des Verderbens aller Menschen, in einigen sonderbaren u. meistentheils selbst erlebten Begebenheiten vorgestellet, und mit moralischer Feder entworfen. Th. (1)—3 (cplt.). Mit Kpfrn. HALLE, verlegt (sic) Carl Hermann Hemmerde 1754, 55, 56. 8°. (In Dresden: Lit. Germ. rec. C. 1274, 3 voll.)

Weltlauf, der, in Ansehung d. Verderbniß aller Menschen in einigen Begebenheiten dargestellt. 3 Thle. 8. Halle 754—56. Schwetschke u. S. 1 ℛ

Welt- und Menschenleben nach der Natur geschildert und der Jugend zur Belehrung aufgestellt von Franz Ehrenberg, (G. C. Claudius) 8. Hamburg, 793. Hoffmann. 25 sgl.

Weltlehre, Die, des Gottthums. Konstruktiv positiver Teil. Zürich 1858. V: *Clement, Aug.* (ZUWZÜR)

Weltlich Evangelium. Ein Blüthenkranz deutscher Lyrik 3. Aufl. Berlin 865. Dümmler's Verlag. 16. (V, 236 S. mit Titel in Holzschn.) geb. mit Goldschn. n. 1 ℛ

Welt-Literatur. Perlen d. Poesie. (2. Lfg.) — A. u. d. T.: The Beauties of Byron. 12. (10¼ B.) Stuttgart 838, Neff.

(1. Lfg.) bildet: Dodel's Beauties of Shakspeare, vgl. dies.

Weltliteratur, die medicin., s.: Index medicus novus.

Welt- u. Wundermagazin, s. K. Lang.

Weltmann, Der; eine Wochenschrift. ... Wien 1782—83. H: *Gemmingen, Otto Heinrich Freih. von.* (MGT) (Ky) (GGr) (ERSCHDL) (Flaischlen, Gemmingen. Stuttg. 1890. S. 155.) (Arch. f. d. Alt. 25, 81.)

Weltmann, Der, eine Geschichte. A. d. Engl. . . . Leipzig 1802. V: *Mackenzie, Heinrich.* (EE)

Weltmann, der; aus d. Engl. von Benzler. 2 Thle. 8. Leipz. 802. Junius. (Brockhaus). 1 ℛ 12 gl

Weltmann, d., a. d. Engl. übers. v. Benzler. 2 Thle. 8. Lpz. Junius. (Gleditsch.) 802.

— der, ein Taschenbuch für 1806. 12. Leipz., Joachim. 6 Gr.

Weltmann, der, s. a. Conversations-Bibliothek, I. u. II.

Weltmann, der, oder die Kunst, sich anständig u. fein zu betragen. Das neueste u. vorzügl. Anstands- u. Complimentirbuch. 2 Bdchn. 2e Aufl. (Aus der Conversations-Bibliothek). Mit 1 Steindr. 16. Lissa 832. E. Günter. 8 Gr. (Vergl. J. J. Alberti, Complimentirbuch. 2r Thl.)

Weltmann, der; neues Mode-Journal für Herren, für Kleidermacher u. Modewaaren-Handlungen. Jahrg. 1847—1849. à 24 Nrn. Mit color. Modekpfrn. u. (lith.) Musterbogen. gr. 4. (B.) Stuttgart, Hoffmann. à Jahrg. 4 Thlr.

— dass. Jahrg. 1850 u. 1851. à 24 Nrn. gr. 4. (à ½ B. m. 1 color. Modekpfr. u. 1 lith. Musterbog. in Fol.) Stuttgart, C. A. Schmidt. à Jahrg. 4 Thlr.

Weltmann, der angehende, oder die Kunst zu leben, den Anforderungen und Gebräuchen der feinen Gesellschaft und des Anstandes zu entsprechen, zu gefallen ꝛc. Nebst Winken über Mode, Toilette, Propretät ꝛc. und alles das, was zum Savoir vivre gehört. Von Sapientius Flottwell. 856. — 2. unveränd. Aufl. Weimar 857. Voigt. 12. (IV, 94 S.) 7½ ngr.

Weltmann, der angehende, oder die Kunst zu leben, den Anforderungen u. Gebräuchen der feinen Gesellschaft u. des Anstandes zu entsprechen, zu gefallen, das Anstößige u. Lächerliche zu vermeiden ꝛc. Nebst Winken über Mode, Toilette, Propretät, Einladungen, Conversation ꝛc. Von Sapientius Flottwell. 3. unveränd. Aufl. 859. — 4. Aufl. Weimar 862. Voigt. 8. (IV, 94 S.) n. 7½ ngr.

Weltmann, Der, und die Dame von feinem und grossem Ton; ein Versuch. Halle 1790. V: *Siede, Johann Christian.* (BGE VIII[a] 371)

Weltmann, Der, und der Dichter. Leipz. 1798. V: *Klinger, Frdr. Max von.* (GGr)

— der, u. d. Dichter, v. F. M. v. Klinger. 8. Lpz. Hartknoch. 798.

Velinp.

Weltmann, der vollendete. Neuestes Komplimentirbuch. Leichtfaßliche Anleitung, sich bei Jedermann beliebt zu machen u. die Gunst der Damenwelt zu gewinnen. Nebst e. Anh. der beliebtesten Gesellschaftsspiele u. Pfänderlösgn. (80 S.) 8. Neuweißensee, E. Bartels. — 75; geb. 1. 25

Weltmann, der vollkommene, oder: der Führer durch das gesell. Leben. Ein unentbehrl. Rathgeber für alle Jünglinge und Jungfrauen, welche nach Bildung und Unterhaltung des Geistes streben. 12 Hefte. gr. 8. (384 S.) Dresden 869, Tittel. à Heft 25 Pf.

Weltmann, de Karoli Mart. patriciatu. Mnst. Schul-/Univ.-Schrift 1863.

Weltmann, Martin, Referendar in Berlin: Das Pfandrecht an einem Geschäftsanteile einer Gesellschaft mit beschränkter Haftung. Berlin 1908: E. Streisand. (71 S.) 8°
Heidelberg, Jur. Fak., Ref. Schroeder, Diss. v. 1908
[Geb. 6. Okt. 83 Rawitsch; Wohnort: Berlin; Staatsangeh.: Preußen; Vorbildung: Gymn. Rawitsch Reife O. 02; Studium: Berlin 6 S.; Rig. 1. Mai 08.]

Weltmarkt, Der. Internationale Zeitschrift f. Industrie u. Handel. Jg. 1880—1886. Berlin: Meyer & Bilitz. Fol.

Weltmarkt, der. Internationale Zeitschrift f. Industrie u. Handel. Jahrg. 1887—1890. à 24 Nrn. (4 B.) Fol. Berlin, Meyer & Bilitz. à Jahrg. n. 15. —; deutsche, engl. u. französ. Ausg. zusammen (48 Nrn.) n. 24. —

Weltmarkt, der. Internationale Zeitschrift f. Industrie u. Handel. Red.: H. Hartrath. Jahrg. 1891—1893. à 24 Nrn. (à ca. 4 Bog.) Fol. Berlin, Meyer & Bilitz. à Jahrg. n. 10. —; deutsche, engl. u. französ. Ausg. zusammen (48 Nrn.) n. 16. —

Weltmarkt, der. Internat. Zeitschrift für Industrie, Innen- u. Aussenhandel. Red.: H. Hartrath. 9.—12. Jahrg. 1895—1898. à 24 Nrn. (à ca. 2 Bog. m. Abb.) Fol. Berlin (W. 30), Verlag u. Expedition. à Jahrg. n. 10. —; deutsche, engl. u. französ. Ausg. zusammen (48 Nrn.) à Jahrg. n. 20. —

Weltmarkt, der. Zeitschrift für Maschinen-, Eisen- u. Metall-Industrie u. Handel. Red.: Hugo Böttger u. seit 1902: Paul Gartmann. 13.—16. Jahrg. 1899—1902. à 24 Nrn. gr. 4. (à ca. 20 S. m. Abbildgn.) (Berlin u.) Braunschweig, A. Limbach. à Jahrg. 10. —
Vergl.: Marché, le, universelle. — Universal-Market, the.

Weltmarkt, der. Zeitschrift f. Maschinen- u. Metall-Industrie, Berg- u. Hüttenwesen. Red.: Paul Gartmann. 17. u. 18. Jahrg. 1903 u. 1904. à 24 Nrn. (à ca. 24 S.) gr. 4. Berlin, Braunschweig, A. Limbach. 1903 n. 10. —; 1904 n. 6. —

— dasselbe. Verantwortlich: Alb. Ohnstein u. Paul Gartmann. 19. u. 20. Jahrg. 1905 u. 1906. à 52 Nrn. (à ca. 24 S.) gr. 4. Ebd. à Jhrg. n. 6. —
Vergl.: Marché, le, universelle. — Universal-Market, the.

— dasselbe. Engl. Ausg., s.: Universal-Market.

— dasselbe. Französ. Ausg., s.: Marché universelle.

Weltmarkt, der, Fortsetzg., s.: Wochenschrift f. Maschinen- u. Metall-Industrie.

Weltmarkt, der. Offerten-Blatt f. den Export. Organ der freien Vereinigg. „Deutsche Export-Gesellschaft". Internationale Ausg. 6. Jahrg. 1884. 12 Nrn. (B.) Fol. Hamburg. (Leipzig, C. A. Koch.) n. 4. —
cf.: Offerten-Blatt f. den Export. Jg. 1—6, 1879—1884.

Weltmeer, das. Red. von K. J. Clement u. Geo. Blum. 1. Jahrg. 1860. April—Decbr. 39 Nrn. (à 1 Bgn.) Hamburg. (Altona, Mentzel.) gr. 4. n. 2 Thlr. 7½ ngr.

WELTMENSCH. Der beliebte —, welcher Lehret die üblichsten Arten der Spiele in kurzer Zeit nach den Regeln und der Kunst von sich selbst zu begreifen und in allen Gesellschaften als Meister aufzutretten. Nebst 6 Abhandlungen von dem Werth der Spiele. Gerold, Wien 1795. 1 Stich + 3 Bl. Vorwort + XXXII + 473 S.

Weltmensch, der beliebte, welcher lehret, die üblichsten Arten der Spiele in kurzer Zeit nach den Regeln u. d. Kunst von sich selbst zu begreifen. gr. 8. Wien 795. (Gerold). 1 Thlr.

WELT-MERCURIUS und Zeitvertreiber, Der curiöse philosophische (hrsg. von Detlev Barthold Clüver & Joh. Otto Hannemann). Hamburg 1701. Anon.-Lex. IV. p. 389 (nach Schröder u. Mylius).

Welt-Missions-Konferenz, die Edinburger. Bilder u. Berichte v. Vertretern deutscher Missions-Gesellschaften, gesammelt v. A. W. Schreiber. (180 S. m. 4 Taf.) 8. Basel 910. Basler Missionsbuchh. 2. —; geb. 2. 80

Die Edinburger **Welt-Missions-Konferenz.** Bilder u. Berichte von Vertretern deutscher Missions-Gesellschaften, gesammelt von A. W. Schreiber, Dir. d. Norddeutsch. Missions-Gesellsch. 2. Aufl. Basel: Basler Missionsbuchh. 1910. 183 S. 8°

WELTNER, ALBERT: Ueber die Einwirkung von Chlor- und Bromaceton, Acetophenonbromid und Phenylbromessigsäure auf Acetessigsäure. Marburg, 1885.

Weltner, Alb. Jos., Gedichte. (199 S.) 8. Wien 906. St. Norbertus. n. 2. --

Weltner, Alb. Jos., Alois Przistaupinsky, Ferd. Graf, das k. k. Hofoperntheater in Wien. Statistischer Rückblick auf die Personal-Verhältnisse u. die künstler. Thätigkeit während des Zeitraumes vom 26. Mai 1869 bis 30. Apr. 1894. gr. 8. (XXXVIII, 232 S. m. Titelbild.) Wien 894. A. W. Künast. n. 6. —

Weltner, Alb. Jos., Mozart's Werke u. die Wiener Hof-Theater. Statistisches u. Histor., nebst e. Anh.: Mozart betr. Dichtgn. gr. 8. (VI, 108 S.) Wien 896. A. W. Künast. n. 2. 50

Weltner, Hugo: De osteopsathyrosi. Halae 1841: Ploetz. 40 S. 8°
Halle-Wittenberg, Med. Diss., nachgeliefert von dem am 16. Dez. 1840 auf Thesen promovierten Verf.
Geb. Dalldorf (Holstein) [14. 8.] 1816. V.

Weltner, Hugo: Theses controversae. Halae (1840): Ploetz. 2 Bl. 8°
Halle-Wittenberg. Med. Thesen v. 16. Dez. 1840

Weltner, Wilhelm

Weltner, W., Anleitung zum Sammeln v. Süsswasserschwämmen, nebst Bemerkgn. üb. die in ihnen lebenden Insektenlarven. gr. 8. (10 S. m. 10 Abbildgn.) Berlin 894. R. Friedländer & Sohn. n. 1.—

Weltner, W., s.: Archiv f. Naturgeschichte.

Weltner, W., s.: Bericht üb. die wissenschaftlichen Leistungen in d. Naturgeschichte der niederen Thiere.

Weltner, W., s.: Bericht üb. die etc. Naturgeschichte der niederen Thiere.

— Cirripedien, s.: Ergebnisse der Hamburger Magalhaensischen Sammelreise.

Cirripedien bearb. v. Dr. W[ilhelm] Weltner '(Berlin)'. Hamburg: L. Friederichsen & C. 1898. (15 S.) 4°(8°)
(Ergebnisse d. Hamburger Magalhaensischen Sammelreise. Lfg 4. [No] 6.)

— Cirripedien v. Ostafrika, s.: Reise in Ostafrika. II, 5.

— Cladoceren, } s. Deutsch-Ost-Afrika, Bd. 4, Lfg. 2 u. 3.

Weltner, W., ostafrikanische Cladoceren, gesammelt v. Hrn. Dr. Stuhlmann 1888 u. 1889. Lex.-8. (12 S. m. 2 Abbildgn.) Hamburg 898. (L. Gräfe & Sillem.) n. — 50
Sonderabdruck aus: „Mittellgn. a. d. naturhistor. Museum".

Ostafrikanische Cladoceren gesammelt von Herrn Dr. Stuhlmann 1888 und 1889. Von Dr. W[ilhelm] Weltner (Berlin). Mit 2 Abb. *Hamburg 1898; (Berlin: D. Reimer 1901).* (12 S.) 4°(8°)
Aus: Mitth. aus d. Naturhist. Mus. 15.
= Ergebnisse, Zoolog., einer ... in d. Küstengebiete von Ost-Afrika unternomm. Reise. Bd 2, No 18.

— Coelenteraten u. Süsswasserschwämme, } s.: Deutsch-Ost-Afrika, Bd. 4, Lfg. 2 u. 3.

— Hydroiden von Amboina u. Thursday Island, s.: Denkschriften der medicin.-naturwissensch. Gesellschaft zu Jena. VIII. 5.

Weltner, Wilhelm, Referendar: Das Pfandrecht des Vermieters gegenüber dem Mieter nach dem B.G.B. Königsberg i. Pr. 1904: O. Kümmel. (54 S.) 8° [J.]
Rostock, Jur. Fak., Ref. Bernhöft, Diss. v. 5. Nov. 1904
[Geb. 2. Mai 77 Norgehnen, Kreis Fischhausen, Ostpr.; Wohnort: Norgehnen; Staatsangeh.: Preußen; Vorbildung: Gymn. Königsberg i. Pr. und Lübeck Reife O. 97; Studium: Jena 3, Königsberg 5 S.; Rig. 12. Juli 04.]

— Spongillidae, s.: Fauna, die, Südwest-Australiens. III. 1–5.

— s.: Süsswasserfauna, die, Deutschlands.

— Süsswasser-Schwämme, s.: Denkschriften der medicin.-naturwissensch. Gesellschaft zu Jena. VIII. 5.

Ostafrikanische Süsswasserschwämme, gesammelt von Herrn Dr. F. Stuhlmann 1888 und 1889. Von Dr. W[ilhelm] Weltner (Berlin). Mit 1 Taf. u. 1 Abb. *Hamburg 1898; (Berlin: D. Reimer 1901).* (13 S.) 4°(8°)
Aus: Mitth. aus d. Naturhist. Mus. 15.
= Ergebnisse, Zoolog., einer ... in d. Küstengebiete von Ost-Afrika unternomm. Reise. Bd 2, No 17.

— symbolae physicae, s.: Hemprich, Fridor. Guilelm., et Ehrenberg, Chrn. Godofr.

Weltordnung, Die, und die Aufgaben Oesterreichs und Deutschlands. Wien 1862. V: *Öhri, Franz Joseph.* (WFM II, S. 196)

Weltordnung, die, u. die Aufgaben Oesterreichs u. Deutschlands. Wien 862. Typograf.-literar.-artist. Anstalt. gr. 8. (V, 92 S.) n. 16 *ngr.*

Weltpanorama. Eine Chronik der neuesten Reisen u. Abenteuer bei allen Nationen der Welt; mit besond. Rücksicht auf die politischen Ereignisse der Gegenwart. Nach den besten Quellen des Auslandes. 1.—3. Bd. — A. u. d. T.: Amerikanische Reisebemerkungen, geschrieben für Jedermann. Von Carl Dickens. (Boz.) Aus d. Engl. 1.—3. Thl. 16. Stuttgart 843, Franckh'sche Verlagsbuchh. à 4 *ngl*

— dass. 4.—6. Bd. Tagebuch über einen Aufenthalt in der Somalila, dem Hoflager Abd-el-Kaders, so wie über Reisen in Marocco u. Algier. Vom Oberst Scott. Aus dem Engl. gr. 16. Ebend. 843. à 4 *ngl*

— dass. 7.—15. Bd. Reisen in Beludschistan, Afghanistan u. dem Pendschab 1826—1838. Von Carl Masson. Aus dem Engl. 9 Thle. gr. 16. Ebend. 843, 44. à 4 *ngl*

— dass. 16.—19. Bd. Tagebuch über eine Reise durch Norwegen 1834—1836. Darstellung der sittlichen, staatswirthschaftl. u. polit. Zustände dieses Landes. Von Samuel Laing. 4 Thle. Nach der 2. engl. Original-Aufl. übersetzt. gr. 16. Ebend. 844. à 4 *ngl*

— dass. 20.—23. Bd. Reise in Schweden im Jahre 1838. Betrachtungen über den moralischen, politischen u. ökonom. Zustand der schwed. Nation. Von Sam. Laing. Aus d. Engl. 4 Thle. gr. 16. Ebend. 844. à 4 *ngl*

— dass. 24.—29. Bd. Die Slawen der Türkei, nämlich: Serbier, Montenegriner, Bosniaken, Albanesen u. Bulgaren; oder Darstellung ihrer Hilfsquellen, ihrer Tendenzen u. ihrer polit. Fortschritte. Von Cyprien Robert. Aus d. Französ. 6 Thle. gr. 16. Ebend. 844. à 4 ngl

— dass. 30.—39., 44.—50. Bd. Die wahren Mysterien von Paris v. Vidocq. Aus d. Französ. v. Aug. Zoller. 17 Thle. gr. 16. Ebend. 844, 45. à 4 ngl

— dass. 40.—43. Bd. A. u. d. T.: Tagebuch über die Unfälle der Engländer in Affghanistan, 1841—1842. Von Lady Sale. Aus d. Engl. von Aug. Zoller. 4 Thle. gr. 16. Ebend. 844. à 4 ngl

— dass. 44.—50. Bd., s. oben 30.—39. Bd.

— dass. 51.—71. Bd. (51.—56. Bd.: Irländische Zustände geschildert von M. A. Titmarsch. Aus d. Engl. von E. F. Lenzor. 6 Thle. — 57.—60. Bd.: Marokko u. seine Nomadenstämme nach dem Engl. von Drummond Hay. 4 Thle. — 61.—64. Bd.: Spanische Zustände in den Jahren 1813 u. 1814 von J. Tansky. Aus dem Französ. 4 Thle. — 65.—71. Bd.: Das englische Indien im Jahre 1843 von Ed. v. Warren, übers. von E. A. Schmitt. 7 Thle.) 16. Ebend. 846. à 4 ngl

Weltpanorama. Eine Chronik der neuesten Reisen u. Abenteuer bei allen Nationen der Welt rc. 72.—90. Bd. (72.—77. Bd.: Die Abenteuer eines Auswanderers in den Colonien von Vandiemensland. Von Charl. Rowkroft. Frei nach d. Engl. von Dr. Scherr. 6 Bdchn. — 78.—86. Bd.: Drei Jahre in Konstantinopel, oder Sitten u. Einrichtungen der Türken. Von Charl. White. Aus dem Engl. übers. von G. Fink. 9 Bdchn. — 87.—90. Bd.: Reise in Senegambien. Auf Befehl der französ. Regierung in den J. 1843 u. 44 ausgeführt durch Huard-Bessinieres, Jamin, Raffenel, Peyre-Ferry u. Pottin-Patterson, redig. v. Anne Raffenel. 4 Thle.) 16. Stuttgart 846, Franckh'sche Verlagsbuchh. à 4 ngl

Weltpanorama. Eine Chronik der neuesten Reisen u. Abenteuer bei allen Nationen der Welt. 91—93. Bdchn. Bilder aus Italien. Von Karl Dickens (Boz). Aus d. Engl. v. L. Tafel. 3 Bdchn. gr. 16. (240 S.) Stuttgart 847, Franckh. (à 4 ngl) 12 ngl

— dass. 94—99. Bdchn. Wanderungen durch die Prairien u. das nördl. Mexico. Von Jos. Gregg. Aus d. Engl. v. G. Fink. 6 Bdchn. gr. 16. (XII u. 548 S.) Ebd. 847. (à 4 ngl) 24 ngl

— dass. 100—102. Bdchn. Rochet d'Héricourt's Reise in das Königr. Schoa. Deutsch von A. Schraishoun. 3 Bdchn. gr. 16. (207 S.) Ebd. 847. (à 4 ngl) 12 ngl

— dass. 103 u. 104. Bdchn. Ein Sommer im südlichen Europa. Von G. Sand. Uebersetzt von H. Elsner. 2 Bdchn. gr. 16. (172 S.) Ebd. 847. (à 4 ngl) 8 ngl

— dass. 105—122. Bdchn. Die Antillen mit besond. Rücksicht auf die Emancipation der Negersclaven geschildert v. Viktor Schölcher. Uebers. v. G. Fink. 18 Bdchn. gr. 16. (1540 S.) Ebd. 847. (à 4 ngl) 2 ℛ 12 ngl

— dass. 123—129. Bdchn. Ein Jahr im Orient oder Sicilien unter Ferdinand II., Griechenland unter Otto I. u. die Türkei unter Abdul-Medschid. Von Vicomte Alexis de Valon. Aus d. Franz. v. Wilh. Schöttlen. 7 Bdchn. gr. 16. (500 S.) Ebd. 847. (à 4 ngl) 28 ngl

— dass. 130—133. Bdchn. Die Felsengebirge, Oregon u. Nordcalifornien. Von (J. C.) Fremont. Aus d. Engl. v. Kottenkamp. 4 Bdchn. gr. 16. (VIII u. 324 S.) Ebd. 847. (à 4 ngl) 16 ngl

— dass. 134—145. Bdchn. Memoiren u. Briefwechsel des Marquis Richard Wellesley, General-Gouverneurs u. Obergenerals in Indien, Staatssekr. des Auswärtigen rc. Mit vielen, zum ersten Male nach Originalmanuscripten abgedr. Briefen u. Documenten v. Rob. Roniere Pearce. Nach d. Engl. bearb. von Wilh. Schöttlen. 3 Bde. gr. 16. (1016 S.) Ebd. 847. (à 4 ngl) 1 ℛ 18 ngl

— dass. 146—153. Bdchn. Reise-Eindrücke. Von Paris nach Cadix von Alex. Dumas. Deutsch von Aug. Zoller. 8 Bdchn. gr. 16. (274 u. 330 S.) Ebd. 847. 50. (à 4 ngl) 1 ℛ 2 ngl

— dass. 160—192. Bdchn. Chateaubriand's Memoiren. Deutsch von Glob. Fink. 8 Thle. gr. 16. (1: 222 S. 2: 354 S. 3: 404 S. 4: 320 S. 5: 310 S. 6: 340 S. 7: 324 S. 8: 380 S.) Ebd. 849—51. (à Bdchn. 4 ngl) 4 ℛ 12 ngl

Welt-Panorama, das große, der Reisen, Abenteuer, Wunder, Entdeckungen u. Kulturthaten in Wort u. Bild. Ein Jahrbuch f. alle Gebildeten. (1. u. 2. Bd.) gr. 8. (VII, 605 u. VII, 603 S. m. Abbildgn. u. Taf.) Berlin (901. 902). Stuttgart, W. Spemann. Geb. in Leinw. à n. 7.50

Welt-Panorama, das große, der Reisen, Abenteuer, Wunder, Entdeckungen u. Kulturtaten in Wort u. Bild. Ein Jahrbuch f. alle Gebildeten. (3.—6. Bd.) (VII, 602; VII, 602; VII, 602 u. VII, 604 S. m. Abbildgn. u. Taf.) gr. 8. Stuttgart (903—906). W. Spemann.
Geb. in Leinw. à n. 7.50

Welt-Panorama, das große, der Reisen, Abenteuer, Wunder, Entdeckungen u. Kulturtaten in Wort u. Bild. Ein Jahrbuch f. alle Gebildeten. (7.—10. Bd.) (VIII, 575; VIII, 576; VIII, 576 u. VIII, 572 S. m. Abbildgn. u. Taf.) gr. 8. Stuttgart (907—10). W. Spemann.
Geb. in Leinw. à Bd. 7.50
Der Ladenpreis der früheren Bände ist aufgehoben.

Welt-Pennyporto, s. Flugschriften, handelspolitische.

Welt-Pennyporto. Berlin: Liebheit & Thiesen 1910. 25 S. 8°
(Handelspolit. Flugschriften. H. 6.) In. 50 δ 2

Weltpest, die politische, oder der Liberalismus im wahren Lichte nach der Zeitgeschichte. Von einem Menschen- und Staatenfreunde. 1. Aufl. 8. (VIII, 64 S.) Wien 870, (Mayer und Comp.) *

Weltpost

—— Illustrirtes philat. Organ für Post- und Verkehrswesen. Organ des „Wiener Philatelisten-Club". Hrsgbr. und Chefredact.: Sigm. Friedl. 5.—8. Jahrg. 1880—1883. à Jahrg. 12 Nrn. (à Nr. 1½ Bog.) gr. 4. Wien, (Perles.)
Jahrg. 1880 * ℳ 3.; 1881 *
Jahrg. 1882 * ℳ 2.; 1883 *
1.—4. Jahrg. u. d. T.: Briefmarkenzeitung, Wiener illustrirte.

Welt-Post. Internat. Zeitschrift f. Sammelwesen, Kunst u. Kunstgewerbe. Hrsg.: Sigm. Friedl. Chef-Red.: Karl Goldmann. 22. Jahrg. April 1897—März 1898. 24 Nrn. (à ca. 24 S. m. Abb.) gr. 4. Wien (M. Perles). n. 12.—

—— dass. — Organ des Internat. Post-Werthzeichen-Museum zu Wien-Unter-Döbling. Hrsgbr. und Chefredact.: Sigm. Friedl. 9. Jahrg. 1884. 12 Nrn. (à Nr. 1½ Bog.) gr. 4. (Ebendas.) *

Weltpost. Blätter für deutsche Auswanderung, Colonisation u. Weltverkehr. Hrsg.: Rich. Lesser. 1. Jahrg. 1881. 12 Hfte. gr. 8. (à Hft. 20 S.) Leipzig, Weltpost-Verl. n. 4. —; einzelne Hfte. à n. — 35

— dasselbe. 2. Jahrg. 1882. 1. Semester. 6 Hfte. gr. 8. (à Hft. ca. 20 S.) Ebend. n. 3. —

Weltpost. Blätter f. deutsche Auswanderg., Kolonisation u. Weltverkehr. Hrsg.: Rich. Lesser. 3. Jahrg. 1883. 24 Hfte. gr. 8. (1. Hft. 20 S.) Gera 883. Weltpost-Verl. n. 6. —; einzelne Hfte. à — 30

— dasselbe. Hrsg. v. Rich. Oberländer. 4. Jahrg. 1885. 52 Nrn. ($1^1/_2$ B.) gr. 4. Ebend. n. 8. —; in 26 Hftn. à — 35

—— deutsche, früher: Amerikanische Nachrichten. Organ für Colonisation, Export, Spedition und Seeschifffahrt. Redact.: Geo. G. Brückner. 3. Jahrg. 1885. 52 Nrn. (à Nr. $1^1/_2$ Bog.) Fol. Berlin, Expedition.

—— dass. — Central-Organ für Colonisation und Förderung der wirthschaftl. und geist. Interessen aller Deutschen im Auslande. Redact.: Geo. G. Brückner. 4. Jahrg. April 1886—März 1887. 52 Nrn. (à Nr. 2—$2^1/_2$ Bog. mit Illustr.) gr. 4. Berlin, Verlag der Deutschen Weltpost. *

—— dass. — Central-Organ für alle Interessen Deutscher Fischerei und Schifffahrt, Kolonisation, Ausfuhr und ausländische Submissionen. 5. Jahrg. April 1887—März 1888. 52 Nrn. (à Nr. $1^1/_2$—2 Bog. mit Illustr.) gr. 8. Ebendas. *

Weltpost und Luftschifffahrt. Berlin 1874. V: *Stephan, Heinr.* (TübZ 21, 22)

Weltposthandbuch. Bearb. im Reichs-Postamt. Amtl. Ausg. (338 S.) Lex. 8. Berlin 907. R. v. Decker. Geb. nn 5. —

Weltpost-Porto. Bericht der Ältesten der Kaufmannschaft von Berlin. Berlin, 1906. 17 S.

Weltpostvertrag, s. Gareis, C., deutsche Reichsgesetze in Einzel-Abdrucken.

Weltpostvertrag. — Convention postale universelle. (Französisch u. deutsch.) (41, 20, 15, 26, 10, 8 u. 8 S.) 31,5 : 22,5 cm. Berlin (907). (C. Heymann.) 3. —

Weltpostvertrag vom 4. Juli 1891, s. Gesetze, Sep.-Ausg. der neuen österreichischen. Nr. 73.

— der, vom 4. Juli 1891 u. die Vereinbarungen üb. den Austausch v. Briefen u. Schachteln m. Wertangabe, Postanweisungen u. Postpaketen, den Postauftragsdienst u. die Vermittlung v. Abonnements auf Zeitungen u. periodische Druckschriften. Mit e. alphabet. Sachregister. 8. (70 S.) Prag 892. Höfer & Klouček. n. 1. —

WELTPRIESTER, Der, und Mönch. Wien (Esslinger in Frankfurt.) 1782. 8⁰.
Magaz. d. Buch- u. Kunst-Handels. Jahrg. 1782. Lpz. 8⁰. S. 836; Weller, fing. Dr.

Weltreich, e. deutsches?, s. Sammlung deutscher Schriften.

Weltreich, das neue. (Ein Beitrag zur Geschichte des 20. Jahrh.) Psychologische u. politische Phantasieen, m. erläut. Anmerkgn. versehen u. in 3 Tln. hrsg. v. Mehemed Emin Efendi. (Pseudonym.) 1. Thl. gr. 8. (V, VI, 148 S.) München 901. [C. Staegmeyr.] Leipzig, F. Luckhardt. n. 3. —

Weltreich, das neue. (Ein Beitrag zur Geschichte des 20. Jahrh.) Psychologische u. polit. Phantasieen, m. erläut. Anmerkgn. versehen u. in 3 Tln. hrsg. von Mehemed Emin Efendi. (Pseudonym.) 1. u. 2. Tl. gr. 8. Leipzig [F. Luckhardt], O. Gracklauer. n. 5. —
1. (Neue [Titel-]Ausg.) (V, VI, 148 S.) [901] 903. n. 3. —
2. Von der Eroberung Konstantinopels bis zum Ende Oesterreich-Ungarns. (V, 110 S.) 903. n. 2. —

Weltreichthum, Nationalreichthum und Staatswirtschaft. München 1821. V: *Kankrin (Cancrin), Georg Graf v.* (ADB) (GGr) (WFM) (CBH)

Weltreichthum, Nationalreichthum u. Staatswirthschaft, oder Versuch neuer Ansichten d. polit. Oekonomie. 8. Münch. 821. (Finsterlin). 22 Gr

Weltreichthum, Nationalreichthum und Staatswirthschaft, oder Versuch neuer Ansichten d. polit. Oekonomie. 8. München, Thienemann. 821.

Weltreise. Mit 27 Karten, 39 Pl. u. 1 Flaggentaf. Leipzig & Wien: Bibliogr. Inst. 1907. (XII, 516 S.) 8°
(Meyers Reisebücher.) 07. 11798

Weltreise, eine photographische. 320 Orig.-Aufnahmen d. schönsten u. bemerkenswertesten Punkte d. Erde. (In 40 Lfgn.) 1. Lfg. qu. gr. 4. (8 S. m. erläut. Text.) Leipzig 897. Administr. der Pariser Mode. — 25

Weltrekruten, für. gr. 8. Wien 786. Wappler. 6 Gr

Weltreligion, die neue: Das Reich der Wahrheit oder die letzte Offenbarung. Eine neue Tempel-Erscheinung in Jerusalem von einem Pilger verkündet im Völker-Weltkinder-Katechismus zu ihrer Kirche, wo auch alle socialen Fragen natürlich gelöst sind. Fol. (18 S. mit eingedr. Holzschn.) Berlin 873. (Moeser.) *

Weltreligionen, die, in gemeinverständl. Darstellung. III. Bd. gr. 8. Leipzig, A. Owen & Co. n. 1. —; geb. n. 1. 60
Die Religion der Griechen. Kurzer Abriss der Mythen, Theologie u. hauptsächlichsten philosoph. Lehren der alten Griechen. Von W. Loftus Hare. Autoris. Uebersetzg. aus dem Engl. u. m. e. Vorworte versehen v. Alois Ant. Führer. (96 S.) 906.
Bd. I u. II sind noch nicht erschienen.

Weltrich, J. A. P.

Weltrich, Erinnerungen für d. Einwohner des Fürstenthums Bayreuth aus d. preuss. Regierungsjahren v. 1792—1807. 8. Erlang. Breuning. 808.

Weltrich, J. A. P., Erinnerungen für d. Einwohner des Fürstenthums Bayreuth aus den preußischen Regierungsjahren von 1792 bis 1807. 8. Erlang. 808. (Heyder). 12 Gr

— Krankheits- u. Heilungsgeschichte einer sogenannten Somnambüle. gr. 8. Nürnb. 816. Monath u. K. 8 Gr

Weltrich, J. A. P.: „Ueber Taxation der Grundstücke, ein Versuch mit XVII Tabellen", Culmbach 1815 (Erlangen, Palm).

Weltrich, J. A. P., über Zimmer-Erwärmung, nebst Entwickelung d. Grundsätze, nach welchen d. sogen. Gesundheits- u. Ersparungs- od. Proportionalöfen in d. Probefabrik zu Culmbach im Obermainkreise Bayerns gefertigt werden. gr. 8. ($4^3/_4$ B., 4 Stnt. Fol. u. 2 tabellar. Uebersichten.) Culmbach 831. (Nürnberg, Stein.)

Weltrich, Rich., Schillers Ahnen. Eine familiengeschichtl. Untersuchg. Mit 6 Stammtaf. u. 4 in den Text gedr. Wappen. (VII, 103 S.) Lex. 8. Weimar 907. H. Böhlau's Nachf. 4. —

Weltrich, Rich., Wilhelm Hertz. Zu seinem Andenken. 2 litteraturgeschichtl. u. ästhetisch-krit. Abhandlungen. gr. 8. (92 S.) Stuttgart 902. J. G. Cotta Nachf. n. 1. 50; geb. in Halbfrz. n. 3. —

Weltrich, Rich, Friedrich Schiller. Geschichte seines Lebens u. Charakteristik seiner Werke. Unter krit. Nachweis der biograph. Quellen. (In 4 Lfgn.) 1. Lfg. gr. 8. (1. Bd. XII u. S. 1—384 m. 1 Lichtdr.) Stuttgart 885. Cotta. n. 4. —

Weltrich, R., Friedrich Schiller. Geschichte seines Lebens u. Charakteristik seiner Werke. Unter krit. Nachweis der biograph. Quellen. 2. Lfg. gr. 8. (1. Bd. S. 385—640.) Stuttgart 889. Cotta Nachf. n. 3. — (1. u. 2.: n. 7. —)

— Friedrich Schiller. Geschichte seines Lebens u. Charakteristik seiner Werke. Unter krit. Nachweis der biograph. Quellen. 3. Lfg. gr. 8. (1. Bd. V u. S. 641—900 m. 1 Stamm-Taf.) Ebd. 899. n. 3. —; (1. Bd. kplt. n. 10. —; geb. in Halbfrz. n. 12. —)

Weltrich, Rich., Richard Wagners Tristan u. Isolde als Dichtung. Nebst einigen allgemeinen Bemerkungen üb. Wagners Kunst. (V, 172 S.) 8. Berlin 904. G. Reimer. n. 2. 40

Weltrich, R., Friedr. Vischer als Poet, s. Bücherei, deutsche.

Weltrich, Rich., Christian Wagner, d. Bauer u. Dichter zu Warmbronn. E. ästhetisch-krit. u. sozialeth. Studie. M. d. Bildnis d. Dichters in Lichtdr. nach d. Gemälde v. Emilie Weisser. 8. (XII, 497 S.) Stuttgart 898. Strecker & Schröder. n. 6. —; geb. in Leinw. n. 7. —

Weltrubský, J. v., über die Formen der Funkenwellen, s.: Mach, E.

Weltsinn und Gemüth. Eine Erzählung. Liegnitz 1823. V: *Haugwitz, Caroline Albertine Eleonore Luise geb. von Kohr.* (Nowack, Schles. Schriftst.-Lex. Bresl. 1836—43. V, 71.) (schl)

Weltsinn u. Gemüth, eine Erzählung v. Arminia. gr. 12. Liegnitz 823, Kuhlmey.

Hamburg. Deutsche Seewarte.
— — Welt-Skelettkarte. Hamburg 1879.

Weltsonne. Deutsches Volksblatt f. Natur u. Leben. Hrsg. von Paul Gangolf. H. 1. Charlottenburg: Verl. d. Weltsonne 1905. 4° [illegible]

Weltspiegel

— s. a.: Heimat u. Fremde.

Weltspiegel, der. Blätter für heitere Leser. Redig. von R. Büchner. (1.) Jahrg. 1851. 52 Nrn. (Bog.) Mit 4 Prämien. gr. 4. Leipzig, Expedition. *
Mit 4 ill. Prämien. *

Weltspiegel. Schilderungen aus dem Natur- und Menschenleben, herausg. unter Mitwirkung Mehrerer von Friedr. Körner. 1—3. Bdchn. Halle 854. Delbrück. 16. Jedes Bdchn. n. 7½ ngr.

1. Bdchn.: Die Wunder der Winterwelt. Von F. Körner. (152 S.)
2. „ Weltgeschichtliche Bilder aus dem Alltagsleben. Von F Körner. (164 S.)
3. „ Aelfred der Große, oder England unter den Angelsachsen. Von W. Osterwald. (143 S.)

Weltspiegel. Illustrirte Zeitschrift zur Unterhaltung und Belehrung für Jedermann. 1. und 2. Jahrg. 1877 und 1878. à Jahrg. 26 Hefte (à 4 Bog. mit eingedr. Holzschn.) gr. 4. Dresden, A. Wolf. à Heft 40 Pf.; à Jahrg.

—— dass. — 3. Jahrg. 1879. 28 Hefte. (à 4 Bog. mit eingedr. Holzschn.) gr. 4. Ebendas. à Heft 40 Pf.

Weltspiegel. Illustrirtes Familienblatt zur Unterbaltung für Jedermann. 4. Jahrg. 1880. 20 Nrn. (à Nr. 2 Bog. mit eingedr. Holzschn.) gr. 4. Dresden, A. Wolf. *
In 20 Heften (à 6 Bog.) à * 40 Pf. *

—— dass. — 5. Jahrg. 1881. 30 Hefte. (à Heft 4 Bog. mit eingedr. Holzschn.) gr. 4. Ebendas. à Heft * 25 Pf. *

—— dass. — Illustrirtes Familienblatt. 6.—8. Jahrg. 1882—1884. à Jahrg. 30 Hefte. (à Heft 4 Bog. mit eingedr. Holzschn.) gr. 4. Ebendas. à Heft * 25 Pf.; à Jahrg. *

Weltspiegel. Illustrirtes Familienblatt. Chef-Redact.: Ad. Söndermann. 9.—11. Bd. à Bd. 60 Lfgn. (à Lfg. 2 Bog. mit Holzschn.) gr. 4. Dresden 885, A. Wolf. à Lfg. à Bd.

Weltspiegel. Illustrirtes Familienblatt. Red.: Ad. Söndermann. Septbr. 1890—Aug. 1891. 72 Nrn. (2 B.) gr. 4. Dresden, Ad. Wolf. à — 10; 36 Hfte. (4 B.) à — 20

s.: Familienfreund.

Weltspiegel. Illustrirtes Familienblatt. **Red.: Ad. Söndermann. 16. Bd. Jahrg. 1891/92. 72 Nrn.** (2 Bog.) **gr. 4. Dresden, Ad. Wolf. à Nr. — 10; 36 Hfte.** (4 Bog.) à — 20

— dasselbe. **Nebst: Im Heim der Hausfrau.** 17. Bd. Jahrg. 1892/93. 72 Nrn. (2 Bog.) gr. 4. Ebd. à Nr. — 10; 36 Hfte. (4 Bog.) à — 20

Weltspiegel. Illustr. Familienblatt f. Stadt u. Land. 20. Bd. Oktbr. 1895—Septbr. 1896. 80 Nrn. (à ca. 2 Bog.) gr. 4. Dresden, A. Wolf. à Nr. — 10; in Hftn. à — 20

Weltspiegel. Illustr. Familienblatt f. Stadt u. Land. 21. Jahrg. Oktbr. 1896—Septbr. 1897. 80 Nrn. (à ca. 2 Bg.) gr. 4. Nebst: Für's Haus u. d. Familie. Beilage z. Weltspiegel. (à ca. 4 S.) Dresden, A. Wolf.
à Nr. — 10; in Hftn. à — 20
Weiter nicht erschienen; die Fortsetzg. bildet: „Die praktische Hausfrau".

Weltspiegel. Mit 4 Monatsbeilagen: Im Heim der Hausfrau. Lustige Welt. Spiel u. Beschäftigung. Deutsche Jugendpost. 17. Bd. (Neue Ausg.) 52 Hefte. (à ca. 12 S.) hoch 4. Leipzig 904. Leipziger Verlags- u. Spar-Gesellschaft. à — 15

Welt- und Modenspiegel, berliner. Eine Zeitschrift für Literatur, Kunst und Moden. 1. Jahrg. Hrsg. von Theod. Mügge, 2. und 3. Jahrg. fortgesetzt von R. Wegener. Jahrg. 1853—55. à Jahrg. 52 Nrn. (à 1—1¼ Bog.) à Jahrg. mit 88 ill. Modenkpfrn. hoch 4. Berlin, Janke.
à Jahrg. * 5 Thlr.; halbjährl. Thlr. *
Mit den Damenmoden allein à Jahrg. * 4 Thlr.; halbjährl. *
Mit den Herrenmoden allein à Jahrg. * 4 Thlr.; halbjährl. *

Weltspiegel nach historischen Haupterscheinungen. Mannheim 1830. V: *Keller-Schleidheim, Franz de Paula Ignaz Joseph Freih. v.* (Ky)

Weltspiegel nach histor. Haupterscheinungen. Metrisch gezeich. v. Uebersetzer d. Religion nach Racine, der Naturtheologie des Paley, u. mehr. Erzähln. d. Bern. de Saint-Pierre rc. rc. gr. 8. (3 B.) Mannheim 830, Schwan u. Götz.

Zschackwitz, Joh. Ehrenfried (Herausgeber): „Neu-Eröffneter Welt- und Staatsspiegel", Th. 1—100, Haag (d. i. Leipzig) 1709 bis 1716. — Vorh.: UB Göttingen.
Angefangen unter dem Titel: „Monatlicher Staats-Spiegel; Worinnen der Kern aller Avisen; Ein Begriff der vornehmsten im H. Röm. Reich vorfallenden Affairen mit vilen Curiosen Beylagen, samt einigen Politischen Reflexionen sich repraesentirt und vorstellet" (Hersg. S. R. Axtelmeier), Augsburg 1698—1709 (Jacob Koppmayer und Andr. Maschenbauer, sp. Andreas Maschenbauer).

Politischer WELT-SPIEGEL, Oder: Neu vermehrter Politischer Nach-Tisch, Darinnen Alle Reiche und Staaten der gantzen Welt curieux und gründlich in Fragen und Antwort vorgestellet werden, Nebst einem Anhange Von aller Kayser, Könige, Päbste, Churfürsten, Fürsten . . . Leben und Thaten, Herausgegeben und bis auf gegenwärtige Zeit continuiret. Dresden & Leipzig, G. Lesch, 1727. Kl. 8°. (fast 12°) *Titelkupfer (Fürsten an einem Tisch)*, 3 Bl. 1342 S. 8 Bl. Etwas fleckiger und benutzter Pgtbd. d. Z.

Welt- u. Staatsspiegel, wöchentlicher, v. J. 1747—48 8. Erlangen.

Welt-Sprache, die. Ein neuer Versuch, e. Universal-Sprache m. Zugrundelegg. d. latein. Wort-Stammes zu bilden. 8. (177 S.) Bamberg 887. Schmidt. n. 1.—

Weltsprache u. Wissenschaft. Gedanken üb. die Einführg. der internationalen Hilfssprache in die Wissenschaft v. L. Couturat, O. Jespersen, R. Lorenz, W. Ostwald, L. Pfaundler. (V, 75 S.) gr. 8. Jena 909. G. Fischer. 1.—

Weltsprachеblatt, s.a. Volapükabled.

Weltsprachеblatt. Volapükabled. Redact. und Hrsgbr.: Joh. Mart. Schleyer. 1.—4. Jahrg. 1881—1884. à Jahrg. 12 Nrn. (à Nr. ½ Bog.) gr. 4. Litzelstetten bei Konstanz, Schleyer. à Jahrg. *

Weltsprachеblatt. Volapükabled zenodik. Redact. und Hrsgbr.: Joh. Mart. Schleyer. 5.—8. Jahrg. 1885—1888. à Jahrg. 12 Nrn. (Bog.) gr. 4. Konstanz, Schleyer. à Jahrg. *

Weltsprachеblatt. Volapükabled zenodik. Red. u Hrsg.: J. M. Schleyer. 6.—9. Jahrg. 1886—1889. à 12 Nrn. (B.) gr. 4. Konstanz, Schleyer. à Jahrg. n. 2. 40

[F.] **Welt-Sprachen-Lexikon.** '(Deutsch - Engl. - Franz. - Ital. — Latein.)'. Hrsg. v. Joseph Kürschner. M. e. fünfsprach. Lexikon geogr. u. Personennamen, e. Sammlg geflügelter Worte, Sentenzen etc. . . . *Berlin, Eisenach, Leipzig, Chicago: H. Hillger [1897]*. (IV S., 3204 Sp.) 1 Bd 8. [98. 3205

(F) **Um Österreichs Weltstellung.** Von einem Großösterreicher. 8°. (55 S.) Wien: Opitz 1909. K 1.—

Weltsystem, neues, oder Materialien zu einer festen Grundlage d. allgemeinen Körperlehre, v. J. K. G. L. gr. 8. Kempt. 804. Dannheimer. 10 gr.

Weltsystem, Das veranschaulichte — mittelst Maschinen. Erklärung der Erdmaschine (Tellurium) und Ansichten der merkwürdigsten Erscheinungen. Wien, 1856. Gedruckt bei A. Pichlers Witwe und Sohn. (32 S. 8. Mit einer Litographie: Erdmaschine (Tellurium.)

Weltsystem, das veranschaulichte — mittelst Maschinen. Erklärung der Mondmaschine. (Lunarium) und Ansichten der merkwürdigsten Erscheinungen. Wien, 1856. Gedr. bei A. Pichlers Witwe & Sohn. (24 S. 8. Mit einer Lithographie: Die Mondmaschine. (Lunarium.)

Welt-Taschenkalender (1911), v. Johs. Wilmersdorf. 2. Jahrg. (XV, 411 S.) kl. 8. Dresden, Gebr. Fahdt. Geb. in Leinw. 1. 50

Hoffmann, Franz [Hrsg.]

Aus allen Welttheilen. Scenen und Bilder zur Unterhaltung und Belehrung für die reifere Jugend herausgeg. von Franz Hoffmann. Mit 8 Lthogr.
Stuttgart: Schmidt & Spring 1855. 355 S. 8°

Aus allen Welttheilen. Illustrirte Monatshefte für Länder- und Völkerkunde und verwandte Fächer. Jahrg. 1. (1870) — 28. (1897). Leipzig-(Berlin) 1870—1897 28 Bde. 4°.

Welttheater, das, s.a. Strahlheim, C.

Welttheater, od. Begebenh. wie sie seyn, u. nicht seyn sollten. 8. Erfurt, Rudolphi. 803.

— Collectaneen aus d. phys.-histor.-geograph. Welt. Eine Zeitschrift (als Fortsetz. d. Weltchronik). 1r Bd. 8. Leipz., Centr.-Cpt. 3 gr. Weiss P. 4 gr.

Welttheater, Collectaneen aus der phys.-histor.-geographischen Welt (als Forts. der Weltchronik). Eine Zeitschrift. . . . Leipzig 1814. H: *Joachim, G. A.* (Ky)

Welttheater, das große, oder Begebenheiten, wie seyn u. nicht seyn sollen. 8. Erf., (Otto). 16 gr.

Welttheater, d. große, od. Begebenheiten wie sie seyn und nicht seyn sollen. 8. Erfurt, Rudolphi.

WELT- UND STAATS-THEATRUM, VERBESSERTES, worauf alle vorfallende Staats- Kriegs- u. Friedens-Affairen, wie auch die neuesten Kirchen- und Gelehrte Sachen, nebst anderen Merckwurdigkeiten, mit gehorigen Documenten und nutzl. Anmerckungen aus der Historie, Genealogie und Geographie etc. vorgestellt werden. Erfurt, J. H. Nonne, 1741. 8°. 886 S. (inkl. *das Frontispizportrat des Erzbischofs Philipp Carl von Mainz*), 5 Bl. und *12 (statt 13) Kupfer*. Lädierter und beriebener Pbd. d. Z.
Kirchner, Grundlagen 410. Kirchner, Das alte Zeitungswesen S. 93. Nicht bei Diesch. Erschien in 14 „Eröffnungen" (= alles Publizierte) für das Jahr 1741, die Berichte gehen oft über das rein Zeitungsmäßige hinaus.

Weltton, der, allgemeine Zeitung der Moden von London, Paris, Berlin, Wien. Ein Organ zur Verbreitung des Wissenswürdigsten u. Neuesten im Gebiete der schönen Künste, d. Literatur u. der Moden. Redigirt von Dr. Morvel. 1r Jahrg. 1839. 52 Lfrgg. Mit 104 Modebildern u. 52 Lithographien u. Stahlst. Ler.-8. Stuttgart, Expedition. n. 8½ Rthl.

Weltton u. Herzensgüte. Familiengem. v. Ziegler. 8. Wien, Wallishäußer.

Weltuhr, die, nebst Datumdifferenz. Entworfen v. Ludw. Fialowski. Construirt v. Carl Kogutowicz. (Farbige drehbare Scheibe, 2 S.) 26×26 cm. Nebst Erläutergn. (15 S. m. 3 Fig.) gr. 8. Budapest (905). (Leipzig, Leipziger Lehrmittel-Anstalt) n. 1. 25

Weltumsegelung, meine, s.: Jugend-Bibliothek, Laumann'sche. 31. 32. Lfg.

Weltumsegler, der, s. Schäffer.

Weltumsegler, der, außer Dienst, s.: Gabelsberger-Bibliothek.

Weltuntergang, der, s.: Volksbibliothek. Nr. 1.

Weltuntergang, der bevorstehende. Darstellung d. muthmasslichen Katastrophe. 8. (16. S.) Wien, Carl Fritz. 10 kr. 1884.

Der **Weltuntergang** nach Bibel und Astronomie. *Paderborn: F. Schöningh 1900.* (58 S.) 8° [F.]
= Broschüren-Cyklus f. d. kathol. Deutschland. Jg. 35, H. 3. [00. 4606

Welt-Untergang, der, am 13. Novbr. 1899 nach Rud. Falb. 3. Aufl. 8. (16 S. m. 9 Abbildgn.) Chemnitz 894. C. A. Hager. — 15

Weltuntergangsdämonen an der Arbeit. Von Z. gr. 8. (164 S.) Dresden 891. E. Pierson. n. 2. —

Welt-Un ergangs-Kladderadatsch, illustrirter. Hrsg. von B. Heßlein. Fol. (4 S. mit eingedr. Holzschn.) Berlin 857, Verlags-Magazin. (Leipzig, R. Hoffmann.) *

Welturkunde, die. Metaphysiologie des menschlichen Gehirnes. Die Welt-Regung in ihrem Grund- u. Ausbau zu der regen Welt d. Anubhavan-Ahamkrita-Bauppa. 1. Thl.: Anubhâvanâ: die Welt-Auffaszung in Erkenntnis u. Sprache. Leipzig 869. M. Schäfer. gr. 8. (378 S. mit 1 Steintaf. in qu. 4.) n. 2 ₰ 20 ngr.

Welt-Vereins-Jahrbuch. Officielles Adressen-, Auskunfts- u. Bezugsquellen-Nachschlagebuch. gr. 8. (160 S.) München, J. Winkler. 8. —

Weltvereins-Jahrbuch, illustr. General-Statuten u. Mitglieder-Verzeichniss d. Welt-Vereins. Prakt. Nachschlagebuch für's Geschäft u. Hauswesen. 8. (124 S.) München 898. Verlag d. Welt-Vereins (J. Winkler). 6. —

Welt-Vereins-Jahrbuch, offizielles, 1906. Verzeichnis der Mitglieder des Weltvereins u. Leser der Zeitgn. des Weltvereins. Adressen-, Auskunfts- u. Bezugsquellen-Nachschlagebuch. (120 S.) 8. München, J. Winkler. 2. —

Welt-Vereins-Jahrbuch, offizielles, 1910. Verzeichnis v. Mitgliedern des Weltvereins u. Lesern der Zeitgn. des Weltvereins. Adressen-, Auskunfts- u. Bezugsquellen-Nachschlagebuch. (88 S.) 8. München, J. Winkler. 2. —

Weltverkehr (1, 9ff.: u. Weltwirtschaf 4, 10ff.: Weltwirtschaft. Ztschr. f. Weltwirtsch., [später:] Auslandkde u. Auslanddtm. Hrsg. v. d. dt. weltwirtsch. Ges. u. d. dt. Auslandinstit. Stuttg.). Jg. [1ff.] Bln '11ff. 4°

Weltverkehr, der, und seine Mittel, s. a. Buch der Erfindungen, Gewerbe und Industrien.

Weltverkehr, der, u. seine Mittel. Rundschau über Schifffahrt u. Welthandel. Industrie-Ausstellungen u. die Pariser Weltausstellung im Jahre 1878. Von Jul. Engelmann, Alb. Schlick u. Jul. Zöllner. 3., vollständig umgearb. Aufl. Mit gegen 500 Text-Illustr., einem Titelbilde, mehreren Ton- u. Buntbildern, Karten etc. 23 Lfgn. gr. 8. (1. Abth. VI, 426 u. 2. Abth. VI, 471 S.) Leipzig 879. Spamer. à n. — 50

Weltverkehr, der, u. seine Mittel. 2 Bde. 8., umgearb. u. bedeutend erweit. Aufl. Unter Mitwirkg. v. W. Annecke, H. Haedicke, A. Münch etc. hrsg. v. F. Reuleaux. Lex.-8. Leipzig 889. Spamer. à Bd. n. 8. —; geb. n. 10. —

1. Rundschau üb. Schiffahrt, Landfahrt u. Welthandel. Mit 10 Tonbildern, 513 Text-Illustr., 1 Flaggen- u. Weltverkehrskarte. (VII, 670 S.)
2. Rundschau üb. Weltwirtschaft u. Industrieverkehr. Mit 8 Tonbildern u. 168 Text-Illustr. (VI, 548 S.)

Weltverkehr. Der Weltverkehr und seine Mittel. Mit einer Übersicht über Welthandel und Weltwirtschaft. In 9. Aufl. neu bearb. von Ingenieur C(urt) Merckel, Geheimer Ober-Postrat Münch,... und Prof. L Troske.... Mit 846 Text-Abbildungen, 14 teils farbigen Tafeln und einer Weltverkehrskarte. (Sonderausg. aus dem Buch der Erfindungen, Gewerbe und Industrien.) X + 981 S. 8. Leipzig. Otto Spamer. 1901. [geb. M. 15. —]

— dasselbe, s. a. Buch, das, der Erfindungen. IX. u. X.

Weltverkehrskarten [Schlagwort]

Weltverkehrskarten, s.: Erdkarten.

Weltwarte. Offizielles Organ der freien internationalen humanist. Vereinigg. „Weltwarte". Chefred.: Hans Rhaue. 1. u. 2. Jahrg. Oktbr. 1904—Septbr. 1906. à 12 Nrn. (à ca. 20 S. m. Abb.) 4. Leipzig-Stötteritz, Verlag der Weltwarte. à Jhrg. n. 6. —

Weltwarte, die. Internationales Vereins- u. Familienblatt. Offizielles Organ der „Union internationale" u. der Fremdsprachenvereine (Mezzofantibund). Red.: Gust. Jährig. 3. u. 4. Jahrg. Oktbr. 1906—Septbr. 1908. à 12 Nrn. (à ca. 16 S. m. Abb.) Lex. 8. Leipzig-Stötteritz (Wasserturmstr. 29), Verlag der Weltwarte. à Jahrg. 6. —

Weltweise, der,. Oper. 8. Berl. Haude. 750.

— oder Unterschied von der Beschaffenheit des Kriegs u. d. Charakter einer Soldatenfrau. 8. Leipz. 758. 2 K

Weltweise, Der christliche, in der Allgegenwart Gottes. Wien 1769. V: *Nunn, Johann Joseph.* (Kn) (MGT) (Ky)

Weltweise, d. englische, od. Historie d. Hrn. Clevelands, naturlichen Sohnes d. Cromwels, a. d. Engl. m. K. gr. 8. Rostock, Koppe. (Stiller) 777.

Weltweise, d. geduldige, bey d. Anblick jetziger Zeiten, wie er durch monatliche Sammlungen allerhand auf e. last. Art vorstellt. 8. Leipz. Schonermark. 740. 1 Thlr.

— der von sich selbst gelehrte, oder eine angenehme u. sinnreiche Erzählung der wunderbaren Begebenheiten Hai Eben Jockdahns, m. K. 8. Frkft. 726.

— der indianische, oder die Kunst glücklich zu leben. 8. Stuttg. 778. (Krieger in Marb.) 4 K

— der indische, od. d. Kunst, glücklich zu leben, a. d. Franz. 8. Altona, Kaven. (Gräff in Lpz.) 790.

— dass., aus d. Französ. 8. Leipz. 790. (Wienbrack). 10 K

[Krüger, Joh. Chr.? — Jourdan, J. B.]. Der Kriegerische Weltweise, Oder Begebenheiten des Hertzogs von ** Worinnen enthalten Betrachtungen über die verschiedenen Eigenschafften der Liebe, nebst einigen besondern Anmerckungen über den letzten Frantzösischen Krieg in Italien. Aus dem Frantzösischen des J** übersetzt von J. C. K. Breslau & Leipzig, Mich. Hubert, 1746. *Gestochenes Frontispiz (von B. Strahowsky: Kampf zwischen 2 Schiffen)*, 9 Bl. 388 S. Kl.8°. HLd. d. 19. Jh. mit Rsch.

H.-G. VIII, 371/80. Ein galanter Roman mit Kriegs- und Liebesabenteuern. Das französische Original, verfaßt von J. B. JOURDAN aus Marseille, war 1744 in 2 Bänden in La Haye (Paris) erschienen. Im Vorwort verteidigt der Verfasser das Genre seines Romans. — Die Initialen des Verdeutschers deuten höchstwahrscheinlich auf JOH. CHR. KRÜGER, der um diese Zeit eine Reihe französischer Lustspiele übersetzte

— —, Der reisende, oder sonderbare Begebenheiten und seltsame Schicksale M** P** mit nutzbaren Anmerkungen u. Nachrichten. Frankfurt u. Leipzig, 1766. 8°. 13½ Bogen.

O. M. V. 1766. S. 712, ohne Nennung d. Verlegers; Cat. Meissner II; war auch ohne Ortsangabe in Brentano's Bibl. (1. Sammlg.) Berlin 1819. S. 95.

— d. reisende, od. Begebenh. M... P... 8. Frkf. u. Lpz. Gsellius. 766.

— der unwissende, aus d. Französ. von Wilke. 8. Leipz. 767. Müller. 8 K

— d. wahre, od. v. d. Anwendung d. Philosophie in Bezieh. a. d. bürgerl. Gesellschaft, a. d. Franz. 8. Prag, Mangold. 777.

— der, wider seinen Willen, in Briefen, a. d. Franz. des Chamberlan. 2 Thle. 8. Ulm, Bartholomäi. (Stettin.) 761.

Weltweisheit, die, u. das einige wahre Christentum. gr. 8. (35 S.) Brem. 892, (Valett u. Comp.). * — 50
Aus: Einiges wahres Christenthum, besonders abgedruckt.

Weltwirtschaft

— die. Zeitschrift f. Kolonialwesen u. Handelsgeographie. Red.: Jos. Halperson. 1. u. 2. Jahrg. 1905 u. 1906. à 12 Hefte. (à ca. 20 S. m. Taf.) gr. 8. Wien, C. W. Stern. à Jhrg. n. 8. 50

— die. Zeitschrift f. Kolonialwesen u. Handelsgeographie. Red.: Jos. Halperson. 3. u. 4. Jahrg. 1907 u. 1908. à 12 Hefte. (à ca. 24 S. m. Taf.) gr. 8. Wien, C. W. Stern. à Jahrg. 8. 50
Erscheint nicht mehr.

Weltwirtschaft, die. Ein Jahr- u. Lesebuch. Unter Mitwirkg. zahlreicher Fachleute hrsg. von Ernst v. Halle. I. Jahrg. 1906: I. u. II. Tl. Lex.-8. Leipzig 906. B. G. Teubner. n. 10. —
I. Internationale Uebersichten. Bearb. v. E. Francke, Ed. Roghé, Fr. Zahn u. a. (VIII, 366 S.) n. 6. —
II. Deutschland. Bearb. v. R. Anschütz, M. Frhr. v. Ascheraden, C. Ballod u. a. (VI, 253 S.) n. 4. —

Weltwirtschaft, die. Ein Jahr- u. Lesebuch. Unter Mitwirkg. zahlr. Fachleute hrsg. von Ernst v. Halle. I. Jahrg. 1906: III. Tl. Das Ausland. Bearb. v. C. Ballod, Henry C. Emery, J. Flodström u. a. (VI, 281 S. u. S. 236a.) Lex. 8. Leipzig 906. B. G. Teubner. 5. —; geb. 5. 80 (I. Jahrg. vollst.: 12. —; geb. 13. 20)

— dasselbe. II. Jahrg. 1907. 3 Tle. Lex. 8. Ebd. 15. —; geb. in Lw. 17. 40; erm. Pr. 12. —; in 1 Lw.-Bd. 13. 20
I. Internationale Übersichten. Bearb. v. K. Riezler, Ed. Roghé, W. Zimmermann u. a. (VI, 368 S. m. 2 Taf.) 907. 6. —; geb. 6. 80
II. Deutschland. Bearb. von W. v. Altrock, A. Anschütz, M. Frhr. v. Ascheraden u. a. (VIII, 281 S.) 907. 4. —; geb. 4. 80
III. Ausland, das. Bearb. v. C. Ballod, J. R. Commons, Henry C. Emery u. a. (VIII, 288 S.) 907. 5. —; geb. 5. 80

— dasselbe. III. Jahrg. 1908. 3 Tle. 32,5×25,5 cm. Ebd. 15. —; in 1 Leinw.-Bd. 13. 20
I. Internationale Übersichten. Bearb. v. H. Plehn, E. Helft, C. Ballot u. a. (IV, 150 S.) 908. 6. —; geb. 6. 80
II. Deutschland. Bearb. v. W. v. Altrock, M. Frhr. v. Ascheraden, A. Bartens u. a. (VII, 212 S.) 908. 4. —; geb. 4. 80
III. Ausland, das. Bearb. v. E. Apelqvist, C. Ballod, J. R. Commons u. a. (IV, 170 S.) 909. 5. —; geb. 5. 80

Weltwirtschaftszeitung. Die fünf **Erdteile.** Org. f. dt. Wirtschafts- u. Kulturinteressen im Ausland. Jg. 11 ff. 1919 ff. Malmö. 4°

Weltwunder, neue Hundert, s. a. Propriac.

Weltwunder, neue 100, Naturereignisse u. außerordentl. Erscheinungen auf u. unter d. Erde, im Stein-, Thier- u. Pflanzenreiche, im Meere, in d. Luft u. an d. Monde. Zweckmäßig geord. u. viel verm. Uebersetz. von v. Propriac's merveilles du monde. 2., verm. Aufl. 8. (21¼ B. u. 4 Kpfr.) Kaschau 828, Wigand.

— neue hundert, Naturereignisse u. außerordentl. Erscheinungen auf u. unter d. Erde ꝛc. Zweckmäßig geordnete u. viel verm. Uebersetzung von v. Propriac's neu erschienenen merveilles du monde. Mit 4 Kpf. 8. Kaschau ... 2e A. 828. Wigand. 2 ℔ 3e Aufl.: 114 neue Weltwunder ꝛc. Mit 2 Kpft. u. 3 Steindr. gr. 8. Leipz. 830. Brüggemann. 2 ℔

—— neue 114, Naturgeheimnisse u. außerordentl. Erscheinungen auf u. unter d. Erde ꝛc. 3., verm. u. umgearb. Aufl. (der 100 Weltwunder.) gr. 8. (25 B., 2 Kpfr.- u. 3 Stnt.) Pesth 830, [Heckenast.]

Welt- u. Naturwunder, die, Darstellungen d. Merkwürdigsten aus ihnen. Ein physikal. Leseb. f. d. Jugend. 1. Aufl. (8¼ B. u. 1 ill. Kpfr.) 828., 2., verm. A. (12¼ B. u. Ttl.-kpfr.) 829. à 12 Gr., 3., verm. A. (14¾ B. u. Ttlkpfr.) 8. Kitzingen 832, Gundelach.

Weltwunder, die sieben. Mit 7 Kpf. in Fol. u. 1 Hft. Text. Prag ... Bohmanns Erb. 16 ℊ ill. 1 ℔ 12 ℊ

Welty, die Gutspachtverhältnisse in Lothringen, im Auftrage der Red. der landwirtschaftl. Zeitschrift f. Elsaß-Lothringen. (55 S.) 8. Metz 909. R. Lupus. 1. —

Welty H.: Dissertatio inaug. sistens anatomiam suis scrophæ. Tubing. [1820]. 31 S. P.

Welty, Theodorvs (geb. am 12 Febr. 1839 in Jülich): De strabismo ... Bonnae, typ. F. Krvegeri (1864). 28 S., 2 Bl. 8.
Bonn, Med. Fak., Diss. v. 13 Aug. 1864

Weltz, Frdr., 5 Fälle v. Haematocele retrouterina. Inaugural-Dissertation. 8. (31 S. m. 2 Steintaf.) Jena 875. Neuenhahn. n. — 80

Weltz, Heinrich. Ueber einige Abkömmlinge der Chlornitrobenzole. Freiburg im Breisgau, 1884.

Weltz, J., der deutsche Postüberweisungs- u. Scheckverkehr. Einführung in die Postscheckordng. v. 6. XI. 1908. Mit zahlreichen Erläutergn., Beispielen u. Musterformularen gemeinverständlich bearb. (63 S.) kl. 8. Pößneck 909. H. Schneider Nachf. — 60

Weltz, Jo. F., praes. M. **Alberti,** De medici officio circa animam in causa sanitatis; ob die Medicin in Curen mit der Seele etwas zu schaffen habe. 36 pp. Hal. 4°. (Einwirkung der Seele auf die Krankheiten. Ohne Vorurtheile gegen Irre.) 1745

Weltz, Max: Zur Anatomie der monandrischen sympodialen Orchideen. *Heidelberg 1897: J. Hörning.* (65 S. mit Taf.) 8°
Heidelberg, Naturw.-math. Diss. v. [16. Nov.] 1897

Weltzel, Augustin

Weltzel, A., Besiedelungen d. nördlich d. Oppa gelegenen Landes. Nach Urkunden u. amtl. Actenstücken bearb. 1. Thl. gr. 8. (144 S.) Leobschütz 890. Kothe. n. 1. —

Weltzel, Augustin, Besiedelungen d. nördlich der Oppa gelegenen Landes. Nach Urkunden u. amtl. Actenstücken bearb. 2. Thl. gr. 8. (171 S.) Leobschütz 891. C. Kothe. n. 1. — (1. 2.: n. 2. —)

Weltzel, Augustin, Chronik der Parochie Ostrog bei Ratibor. gr. 8. (70 S.) Ratibor 882. (Riedinger.) n. — 50

Geschichte des Ratiborer Archipresbyterats. Hist.-topogr.-statist. Beschreibung der zu demselben gehörigen Orte, Kirchen, Kapellen ... Aus Urkunden u. amtl. Acten verf. von Dr. A[ugustin] **Weltzel,** Pfarrer von Tworkau. 2. umgearb. u. verm. Aufl. Breslau: Selbstverl.; Ratibor: Marcellus-Dr. in Comm. 1896. (XVI, 640 S.) 8° [F.] [07. 17465

Weltzel, A., Geschichte des edlen und freiherrlichen Geschlechts von Eichendorff. Mit geneal. Tfl. Ratibor 1876. 8. Nicht im Handel.

— Geschichte der Stadt u. Herrschaft Guttentag. Nach Urkunden u. amtl. Actenstücken bearb. gr. 8. (X, 488 S.) Ebend. 882. n. 3. —

Weltzel, Augustin, Geschichte der Stadt, Herrschaft u. Festung Cosel. Berlin 866. (Ratibor, Thiele.) 8. (XXII, 560 S.) n. 1 ngr. 15 ngr.

— **Geschichte d. Stadt, Herrschaft u. ehemaligen Festung Kosel. Nach Urkunden u. amtl. Actenstücken bearb. 2., verm. Aufl. gr. 8. (XVI, 784 S.) Kosel 888. Mode.** n. 5. —; geb. n. 6. 50

Weltzel, A., Geschichte des edlen, freiherrlichen und gräflichen Geschlechts von Praschma. Als Manuscript gedruckt. Ratibor 1883. 4.

Weltzel, A., Geschichte des edlen freiherrlichen und gräflichen Geschlechtes von Prazma. Ratibor 1883. 8. Nicht im Handel.

Weltzel, August., Geschichte der Stadt Ratibor. (5 Hefte.) Ratibor 861. (Thiele.) 8. (490 S.) n. 1 ℛ 10 ngr.

— **Geschichte der Stadt u. Herrschaft Ratibor. Nach Urkunden u. Handschriften bearb. 2. Aufl. gr. 8. (VI, 940 S.) Ebend. 881.** n. 6. —

Weltzel, A., Geschichte des Geschlechts der Saurma und Sauerma. Mit 3 Stammtfln. Ratibor 1869. 4. Nicht im Handel.

Weltzien, v., kurzer Lebensabriß des Marschalls Moritz von Sachsen u. Auszüge aus seinen Betrachtungen über die Kriegskunst. Oldenburg 867. Schulze'sche Buchh. gr. 8. (40 S.) n. 5 ngr.

Weltzien, C., s. W e l t z i e n , Karl

W e l t z i e n, C. C. v., Briefe auf einer Reise in Deutschland in den J. 1821 und 1822 geschrieben. Hrsg. von C. v. Seidlitz. gr. 8. (122 S.) Dorpat 874, Glaeser. [Schnafenburg.] *

Weltzien, Carl, s. W e l t z i e n , Karl

Weltzien, Gerhard: Untersuchung italienischer Quellen zum Römerzuge Ludwigs des Baiern 1327—1329. Halle 1882: Karras. 41 S. 8°
Halle-Wittenberg, Phil. Diss. v. [12. Juli] 1882
Geb. Berlin 17. 10. 1859. V.

Weltzien, Johann Chr. Ritter v.

—**Rede, welche im kaiserl. medicin.-chirurg. Institute bei der feierl. Eröffnung ihres (sic) neuen Wohngebäudes gehalten worden. 4. St. Petersb. 791. (14 S.)**

v. *Weltzien*, Ritter Jh. Chr., (Vater), Diss. inaug. de affectuum animi usu medico. 4. Götting. 789. Dieterich. 2 ℛ 44 S.

Weltzien, Karl

Weltzien, C., A p e r ç u systématique des combinaisons dites inorganiques. Édition française publiée avec le concours de M. Ed. Willm. Heidelberg 867. Bassermann'sche Verlagsh. gr. 4. (VII, 105 S.) cart. n. 1 ℛ 18 ngr.

Weltzien, Carl [Dr.]: Über die Bedingungen, unter denen eine ganze rationale Funktion von mehreren Veränderlichen die vollständige Potenz einer andern darstellt. Berlin, R. Gaertner, 1892; 23 S. 4.
Berlin, Friedrichs-Werdersche OR, OP 1892 (100)

Weltzin, Carl, üb. die Bedingungen, unter denen e. ganze rationale Funktion v. mehreren Veränderlichen die vollständige Potenz e. andern darstellt. Progr. gr. 4. (23 S.) Berlin 892. R. Gaertner. n. 1. —

— die B r u n n e n w a s s e r der Stadt Carlsruhe. Drei Vorträge, gehalten am 29. u. 31. März u. 5. April 1865. Bearb. von C. B i r n b a u m. Carlsruhe 866. Braun'sche Hofbuchh. gr. 8. (III, 55 S. mit 1 Tab. in qu. gr. 4.) n. 12 ngr.

Weltzien, C., Grundriss der theoretischen Chemie insbesondere für Artillerie- und Ingenieur-Officiere bearbeitet. Mit 18 (lith.) Taf. (in 4.) u. 40 in den Text eingedr. Holzschn. Carlsruhe 854. Müller. gr. 8. (XVIII, 371 S.) n. 1 ℛ. 14 ngr.

—— **und H. Lang, das chemische Laboratorium an der grossherzogl. polytechnischen Schule zu Carlsruhe. gr. Fol. (6 S. mit 3 Stnt. und lithogr. Titel.) Carlsruhe 853, Müller'sche Hofbuchh.** *

Weltzien, Carl [Prof. Dr.]: Über Produkte und Potenzen von Determinanten '(oder über Komposition v. linearen Substitutionen)'. Berlin, R. Gaertner, 1897; 23 S. 4.
Berlin, Friedrichs-Werdersche OR, OP 1897 (114)

Weltzien, Carl, üb. Produkte u. Potenzen v. Determinanten (od. üb. Komposition v. linearen Substitutionen). Progr. 4. (23 S.) Berlin 897. R. Gaertner. n. 1. —

W e l t z i e n, *Carl* Zur Theorie der homogenen linearen Substitutionen. 4 (20 S.). Friedrichs-Werdersche Gewerbesch. *Berlin* 1886 (97) **Progr.**

Weltzien, C., zur Theorie der homogenen linearen Substitutionen. gr. 4. (23 S.) Berlin 886. Gaertner. n. 1. —

Weltzien, C., systematische Uebersicht der Silicate. Giessen 864. Ricker. gr. 8. (XXIII, 96 S.) n. 1 ℛ

—. systematische U e b e r s i c h t der sogenannten unorganischen Verbindungen. Heidelberg 867. Bassermann'sche Verlagsh. gr. 4. (VII, 105 S.) cart. n. 1 ℛ 10 ngr.

Weltzien, Vorlesungen. Gehalten im Gewerbverein zu Carlsruhe im Winter 1846—1847. 1. Abth. Beleuchtungsmaterialien. Bearb. von G e o. M o s m a n n. Hrsg. vom Gewerbverein in Carlsruhe. gr. 8. (44 S. m. 12 lith. Taf.) Carlsruhe 847. (Braun.) baar 5/12 ℛ

Weltzien, Vorträge über Chemie. Gehalten am Gewerbverein zu Carlsruhe. Nach einem nachgeschriebenen Heft hrsg. vom Gewerbverein. gr. 8. (75 S.) Carlsruhe 846, (Braun.) Thlr. *

Weltzien, Karl, Die n^te^ Wurzel aus einer linearen Substitution. *Berlin: Weidmann 1903.* (22 S.) 4°
Berlin, Friedrichs-Werdersche OR, OP 1903 (125)

Weltzien, Karl, die n^te^ Wurzel aus e. linearen Substitution. Progr. (22 S.) gr. 4. Berlin 903. Weidmann. n. 1. —

Weltzien, Carl (geb. Schwerin in Meckl. 15. 8. 1852): Über die Zerlegung einer ganzen homogenen Funktion von mehreren Veränderlichen in lineare Faktoren. Berlin (1882). (15 S.) 4°
Berlin, Phil. Diss. v. 28. Apr. 1882

W e l t z i e n, C., systematische Zusammenstellung der organischen Verbindungen. gr. 8. (LII und 720 S.) Braunschweig 860, Vieweg und Sohn. *

v. Weltzien, **Konst. Emanuel, (Sohn) († ...) Diss. inaug. med. de pulmonum antenergia in organico respirationis mechanismo. 8. Dorp 819. (136 S.)**

Weltzien, Ludw. v., militairische Studien aus Oldenburg's Vorzeit und Geschichte des Oldenburgischen Contingents. Oldenburg 858. Schulze. gr. 8. (VI, 358 S.) n. 1 ℛ. 10 ngr.

Weltzien, O., zur Geschichte Parchims. Streifzüge durch 7 Jahrhunderte. (163 S.) schmal gr. 8. Parchim 903. H. Wehdemann. n. 1. 80; geb. n. 2. 50

— tosamsöcht Wor. Gerimtes u. Ungerimtes. (68 S.) 8. Plau (903). L. Hancke. n. — 80

Kronika van Rostock. Vörklaent van Otto **Weltzien**. Mit allerand Biller-warks. Leipzig: O. Lenz 1908. (140 S.) 8° [F.] [08. 1880

— Kronika van Swerin. Vörklaent van W. Mit allerand Billerwarks. (102 S.) kl. 8. Ebd. 909. 1.50; geb. n 2. 50

Weltzien, G., s. J. v. Heym, russ. Sprachlehre.

Weltzien, Viktor v.

Weltzien, V. v., s. Gropius und Schmieden, das zweite Garnison-Lazareth für Berlin bei Tempelhof.

Weltzien, Vikt. v., Lungenheilstätten, s.: Handbuch der Architektur. IV. 5.

Weltzin, Karl, s. Weltzien

Weltzolltarif, der. Auskunftsblatt f. Handel, Spedition, Gewerbe u. Industrie in Zollfragen d. Auslandes. Beiblatt zur „Umschau auf dem Gebiete d. Zoll- u. Steuerwesens". 2. Jahrg. 1889. 12 Nrn. (3/4 B.) gr. 4. Minden, Schneider. n. 2. —

Welvert, Theophil [pr. Arzt aus Fentsch '(Lothr.)']: Casuistischer Beitrag zu der Lehre von der Hautatrophie, im speziellen der idiopathischen ... Strassburg i. E., Buchdr. C. Gœller, 1893; 47 S. 8.
Strassburg, Med. Fak., Inaug.-Diss. v. 1893

Welwitsch (F.). Synopsis Nostochinearum Austriae inferioris. Wien, 1836. 8°.

Wely, J., das Ewig-Weibliche. Zeichnungen nach dem Pariser Leben. (24 [14 farb.] Bl. m. 1 Bl. Text.) 4. Leipzig (904). [Internationaler Verlag.] Berlin, R. Eckstein Nachf. 3. —

Welyczko Dr. Gregor: Der Einfluß der Winde auf die Assymmetrie der Flußtäler der osteuropäischen Tiefebene. (ruth. Text). 72. Przemyśl ruth. G. 96.
Progr.

Welz, Alfred, Medizinalprakt.: Experimentelle Untersuchungen über den Antagonismus zwischen dem Bacterium fluorescens und der Typhaceen-Gruppe. Freiburg i. B.: Speyer & Kaerner 1909. 59 S. 8°
Freiburg i. B., Med. Diss. v. 1909, Ref. Schottelius
[Geb. 2. Okt. 82 Lauban; Wohnort: Freiburg i. B.; Staatsangeh.: Preußen; Vorbildung: Gymn. Lauban Reife O. 03; Studium: München 2, Berlin 1, Kiel 3, Breslau 1, Freiburg i. B. 3 S.; Coll. 25. Juni 09.] [U 10. 1014

Welz, Ed.: Adnotationes criticae in quosdam locos Livianos. 20 S. – Progr. Leobschütz 1852.

Welz, Ed.: Commentationes criticae de quibusdam locis Livianis. 23 S. – Progr. Leobschütz 1851.

Welz, (Carolus Guilelmus) Eduardus *(geb. Hirschberg in Schles. 17. 3. 1820)*: Emendationes Livianae. Neostadii S./S. (1844). (72 S.) 8°
Breslau, Phil. Diss. v. [11. Dez.] 1844

Welz: Französische Casuslehre. Th. 1. 28 S. – Gleiwitz, Progr. 1869

Welz: Mittheilung aus Justus Mösers Ansichten über Erziehung und Unterricht. 36 S. – Leobschütz, Progr. 1858.

Welz: Eine metrische Uebersetzung des rasenden Herakles von Euripides. 40 S. – Leobschütz, Progr. 1863.

Welz, Ed. v. 12 Weihnachtsfänge, s. Weihnachtsklänge.

Welz, Eduardus Adolphus de, Kelheimensi-Bavariensis: De typho abdominali epidemico, qui Turici et in agro circumiacente grassatus est anno MDCCCXXXV et VI. Tur. typ. Or. Fuessl. et soc. 1836. VIII. 37 S., 1 Bl. 8°.
Zürich, Med. Diss. v. 16. Juli 1836.

Welz, Franz [aus Rothenfels '(b. Rastatt)']: Bacteriologische Untersuchung der Luft in Freiburg i. B. und Umgebung ... (Aus: Zeitschr. f. Hygiene u. Infectionskrankh. 11. Bd.) Leipzig, Veit & C., 1891; 37 S. 8.
Freiburg i. B., Phil. Fak., Inaug.-Diss. v. 1891

Welz, Herm., ist die Taufe der rongeschen Sekte giltig oder ungiltig? Eine Frage der Zeit, beantwortet. 8. Breslau 845, G. P. Aderholz. 3 ngl 30 S.

Welz, Herm., das heil. Sacrament der Firmung. Eine dogmat. Abhandlung für gebildete christl. Leser. Nebst einem Anhang, enth. die Kirchengebete bei der feierl. Ausspendung der heil. Firmung. 8. (IV u. 118 S.) Breslau 847, G. P. Aderholz. 1/4 rtl

Welz, Joann. Henr. Herm.: Cur deus homo factus sit? Vratislaviae (1841). (34 S.) 8° *[Verf. schrieb sich auch Weltz]*
Breslau, Kath.-theol. Fak., Hab.-Schr. v. 20. März 1841

Welz, Joann. Henr. Herm. *[geb. Goldberg in Schles. 25. 7. 1814]*: Theses theologicae ... pro licentiati in theologia honoribus rite capessendis. Vratislaviae (1839). (2 Bl.) 8° *[Verf. schrieb sich auch Weltz]*
Breslau, Kath.-theol. Liz.-Thesen v. 10. Aug. 1839

Welz, Johann Konrad (Lindau) A. S. 75/23

Dissertatio historica de variis modis decernendi successorem in regnis. Präs. Burkhard Gotthelf Struve. Jena (Krebs) I. 1703. 24 S.

Gew.: Christoph Viati, Georg Walter von Ebertz, Philipp von Ebertz, Thomas Weltz (Vater).
36288

WELZ, Joseph Eduard von (Kelheim): De natura medicatrice.- Parisiis: Marchand du Breuil 1831. 16 S. 1.4.1830 - Urk (Titel: De morbis genitalium muliebrium externorum.); F 60
Diss. Ingolst.-Landsh.-Mchn.

Welz, Baron Justinian v., der Missionsweckruf, s.: Faber's Missionsbibliothek.

Welz, Karl Wilhelm Eduard, s. Welz, Eduard

Welz, O. (Red.), s. Fleischer-Zeitung, internationale.

v. Welz, Ritter Rob., s. Asklepiades v. Bithynien Gesundheitsvorschriften.

—— de pulmonum collapsu, qui fit thorace aperto, et quae hujus rei causa sit et quid consequens, una cum nova ad instituendam pulmonum docimasiam aerostaticam apparatu invento et illustrato tractatus medico-physico-forensis. 4maj. (VI und 29 S.) Würzburg 850, Halm. *

Welz, Rob. v., die Einathmung der Aether-Dämpfe in ihrer verschied. Wirkungsweise, mit prakt. Anleitung für Jene, welche dieses Mittel in Gebrauch ziehen. Nach eignen Erfahrungen bearb. gr. 8. (28 S. und 1 Stnt.) Würzburg 847. [Leipzig, Rein'sche Buchh.] *

v. Welz, Rob. Ritter, die Einathmung der Aether-Dämpfe in ihrer verschiedenen Wirkungsweise, mit prakt. Anleitung für Jene, welche dieses Mittel in Gebrauch ziehen. Nach eignen Erfahrungen bearb. Mit 1 lith. Abbildg. gr. 8. (28 S.) Würzburg 847, Voigt & Mocker. n. 7 ngl

v. Welz, Rob. Ritter, die Einimpfung der Syphilis auf Thiere, nach eigenen Versuchen bearb. gr. 8. (16 S.) Würzburg 851, Halm. n. 1/4 ℔

Welz, R. v.: Des Asclepiades von Bithynien Gesundheitsvorschriften. 8°. Würzburg. 1841.

—— deux réponses à deux lettres de Mr. le docteur Ricord sur la syphilis. gr. 8. (23 S.) Würzburg 850, Halm. *

Welzbacher, C.

—— Karte des Mainthales von Aschaffenburg-Miltenberg bis Wertheim. 1 : 100,000. Chromolithogr. qu. Fol. Darmstadt 881. (Heidelberg, C. Winter's Sortiment.) *

Welzbacher, C. Karte der Prov. Oberhessen m. Angabe der Eisenbahnen, Staatsstrassen u. Kreisstrassen. 1 : 80,000. 4 Blatt. Farbendr. à 52,5×52,5 cm. Darmst. 892. (Giessen, Roth.) * 3 50
Auf Leinw. m. lackierten Stäben ** 8 —

—— Karte des nördlichen und südlichen Theiles des hessischen Odenwaldes und der Bergstrasse zwischen Odenwald-Bahn und Main-Neckar-Bahn. 1 : 80,000. 2 Bl. Chromolithogr. gr. Fol. Darmstadt 885. (Heidelberg, C. Winter's Universitäts-Buchh.) à Bl. *

Welzbacher, C., neueste Comptoir- und Reise-Karte der Rhein-Pfalz. Nach den besten Quellen bearb. Chromolithogr. und color. Imp.-Fol. Neustadt a. d. Haardt 881, Gottschick-Witter's Buchh. In Leinw.-Carton *
Auf Leinw. gedr. *

Welzbacher, C., neueste Comptoir- und Reisekarte der Rhein-Pfalz. Nach den besten Quellen bearb. Chromolithogr. und color. Neue Aufl. Imp.-Fol. Neustadt a. d. Haardt 889, Gottschick-Witter's Buchh. In Leinw.-Carton *
Auf Leinw. gedr. *

Welzbacher, C., Specialkarte der Bergstrasse. 1 : 55,000. Chromolithogr. gr. Fol. Darmstadt 881. (Heidelberg, C. Winter's Sortiment.) *

Welzbacher, C., Specialkarte des Odenwaldes und der Bergstrasse. 1 : 80,000. 1. und 2. Aufl. Chromolithogr. gr. Fol. Frankfurt a. M. 886,87, Jaeger'sche Buchh. *

Welzbacher, C. Specialkarte des Odenwaldes u. der Bergstrasse. 1 : 80,000. 3. Aufl. Farbendr. gr. Fol. Frankf. a. M. 891, Jaeger's Verlag. *

Specialkarte des Odenwaldes und der Bergstrasse. Maassst. 1 : 80,000. Bearb. von C. Welzbacher. 4. Aufl. *Frankfurt a. M.: Jaeger 1891.* (1 Kartenbl. 79×54 cm.) 8° [Umschlagt.]

—— Spezialkarte des Spessart. 1 : 100,000. 1.—4. Aufl. Chromolithogr. gr. Fol. Frankfurt a. M. 881—84, Jaeger'sche Buchh. *

Welzbacher, C., Specialkarte des Spessart. 1 : 100,000. 6.—8. Aufl. Chromolithogr. gr. Fol. Frankfurt a. M. 885—87, Jaeger'sche Buchh. *

Welzbacher, C. Spezialkarte des Spessart. 1 : 100,000. 10. Aufl. Farbendruck. 56,5×50 cm. Frankf. a. M. 891, Jaeger. * 1 50

[Umschlagt.:] Spezialkarte des Spessart. Massstab: 1:100.000. Bearb. v. C.Welzbacher. Rev. v. Spessart-Klub. 12. Aufl. ... *Frankfurt a. M.: Jaeger 1896* (a. d. Kt.: *1897*). (1 Ktnbl. 3) 1 Bd 8. (96. 7479

Welzel, die Rechte u. Pflichten der Unternehmer gewerblicher Anlagen, s.: Roth.

[Chines. u. Ant.] ... Deutsch-Chinesisches Taschenwörterbuch mit Aussprachebezeichn. d. Chines. Wörter unter bes. Berücks. d. Schantung-dialectes von A(lbrecht) Welzel, Polizeichef beim Gouv. Kiautschou. *Tsingtau: Deutsche Dr. u. Verl.-Anst. [1902].* (VI, 148, 5 S.) 8° 103. 2534

Welzel, A., deutsch-chinesisches Taschenwörterbuch m. Aussprachebezeichnungen der chinesischen Wörter, unter besond. Berücksicht. des Schantungdialectes. 12. (VI, 148 u. 5 S.) Tsingtau (902). (Berlin, E. S. Mittler & Sohn.) n. 8. —

Welzel, Alfons, aus Reinerz: Über den Nachweis des Kohlenoxydhaemoglobins. *Würzburg: Stahel 1889 [richt. 1901,02].* (20 S.) 8°
Würzburg, Med. Diss. v. 1889

Welzel, Alfons. Über den Nachweis d. Kohlenoxydhaemoglobins. gr. 8. (20 S.) Würzb. 889, Stahel. * — 80
Aus: Verhandlungen d. phys.-med. Gesellsch. zu Würzburg, besonders abgedruckt.

Welzel, Alfredus, Vratislaviensis: De Claudiani et Corippi sermone epico. Vratislaviae 1908: H. Fleischmann. (99 S.) 8°
Breslau, Phil. Fak., Ref. Skutsch, Diss. v. 30. Juni 1908
[Geb. 19. Febr. 81 Reichenbach (Schlesien); Wohnort: Breslau; Staatsangeh.: Preußen; Vorbildung: Gymn. Leobschütz Reife O. 03; Studium: Breslau 10 S.; Rig. 26. Febr. 08.]

Welzel, B., deutsches Lesebuch, s.: Mühlau, A.

— Semiramis. Drama in 5 Akten. (III, 160 S.) 8. Dresden 905. E. Pierson. n. 2. —

Welzel, B., was muß der prakt. Landwirt üb. die künstlichen Düngemittel wissen? 12. (48 S.) Habelschwerdt 898. Franke. Kart. n. — 60

Welzel, C. J., u. C. P. Welzel, die Molken-, Brunnen- u. Bade-Kur-Anstalt Reinerz in d. preuss.-schles. Grafschaft Glatz. 2 Thle. gr. 8. (19 B., 1 Karte u. 1 Ansicht.) Breslau 841, G. P. Aderholz. *

Welzel, C. J., u. C. P. Welzel, die Molken-, Brunnen- u. Bade-Kur-Anstalt Reinerz in d. Preußisch-schlesischen Grafschaft Glatz. 2 Thle.: Für die Aerzte. — Für die Kurgäste. Nebst 1 physikalischen Karte u. 1 Ansicht von Reinerz. gr. 8. Breslau 841, G. P. Aderholz. n. 1 1/3 ℔

Welzel, Car. Bor. Paul, s. Welzel, Karl Bor. Paul

Welzel, Christian: Eingewachsene Feldspatkristalle aus dem Fichtelgebirg. Ein kristallogr. Versuch. Mit 3 Taf. (Hof 1908: Mintzel.) 41 S. 8°
Hof, k. G P 1908* [S 08. 523

Welzel, Christian, eingewachsene Feldspatkristalle aus dem Fichtelgebirg. Ein kristallograph. Versuch. Progr. (41 S. m. 3 Taf. u. 3 Bl. Erklärgn.) gr. 8. Hof (908). G. A. Grau & Co. 1. 25

Welzel, Chrph., das Gerichtsverfassungs-Gesetz des Königr. Bayern. München 862. Literar.-artistische Anstalt. gr. 8. (XVIII, 207 S.) n. 1 ℔

Welzel, Franciscus (*geb. Reinerz in Schles. 1. 5. 1803*): De fistula sacci lacrymalis. Vratislaviae (1828). (40 S.) 8°
Breslau, Med. Diss. v. 11. Nov. 1828

Welzel, Friedrich, approb. Arzt: Geschichte der Quecksilberpräparate. *Berlin (1900): E. Ebering.* (36 S.) 8°
Leipzig, Med. Diss. v. (15. Mai) 1900

Welzel, Hans, Einführung in die Geschäfte d. Naturpflege, s.: Veröffentlichungen des bayerischen Landesausschusses f. Naturpflege. Nr. 2.

KATALOG der Bibliothek der Alpenvereins-Sektion München (anerkannter Verein). Bearbeitet von H. WELZEL. Bestand vom 15. November 1899. München 1899. 8°.

Welzel, Karl Bor. Paul

Welzel, Car. Bor. Paulus (geb. Glatz 5. 4. 1811): De febri lenta nonnulla. Berolini (1834). (36 S.) 8°
Berlin, Med. Diss. v. 26. Juni 1834

Welzel, Otto [aus Ottmachau in Schlesien]: **Ueber die Sulfonsäuren des Normalpropylbenzol's** .... Freiburg i. B., Buchdr. v. Chr. Ströcker, 1888; 64 S. + 1 Bl. 8°
Freiburg i. B., Phil. Fak., Inaug.-Diss. v. 1888

Welzel, Paul, Dr.: **Betrachtungen** über Homers Odyssee als Kunstwerk. ⟨T. 1.⟩ *Breslau 1901: R. Nischkowsky.* (S. 1–XVIII.) 4°
Breslau, k. kath. St. Matthias-G, OP 1901 (192)

Welzel, Paul, Dr.: **Betrachtungen** über Homers Odyssee als Kunstwerk. ⟨T. 2.⟩ *Breslau 1903: R. Nischkowsky.* (S. I—XXIV.) 4° ¶(Forts. d. P-Beil. 1901.)
Breslau, k. kath. St. Matthias-G, P 1903 (210)

Welzel, Paulus (Florianus) *(geb. Langenbrück bei Neustadt in Oberschles 4 5 1852)*: De Jove et Pane dis Arcadicis. Vratislaviae (1879). (38 S.) 8° *[Im Buchhandel 1879 bei Goerlich & Coch in Breslau]*
Breslau, Phil. Diss. v. 23. Aug. 1879

Welzel, Paul, de Jove et Pane dis arcadicis. Dissertatio inauguralis philologica. gr. 8. (38 S.) Breslau 879. (Görlich & Coch.) n. -- 80

Welzel, Paul Kallias, ein Beitrag zur athenischen Geschichte. 4 (XXXIV S.) **Progr.** Kath. Matthias-G. *Breslau* 1888 (166)

Welzel, Paul, Kallias. Ein Beitrag zur athenischen Geschichte. 4. (34 S.) Leipzig 888, (Fock.) *

Welzhofer, Heinrich

—— Sophokles' Antigone. Ein Beitrag zur Geschichte u. Beurteilg. d. antiken Dramas. 8. (60 S.) Ebd. 892. * 1 —

Welzhofer, Heinr, das Büchlein vom Höchsten. Natürliche Gotteslehre m. Betrachtgn. üb. alte u. neue Religion. Umschlagzeichnung v. Adf. Stattmann. 1. bis 3. Taus. (204 S.) 8. Stuttgart (906). Strecker & Schröder. n. 1. —; geb. n. 1. 60

Welzhofer, Heinr., d. Büchlein vom Höchsten. Natürl. Gotteslehre m. Betrachtgn. üb. alte u. neue Religion. 4. Taus. (204 S.) 8. Stuttgart (907). Strecker & Schröder. 1.—; geb. 1. 60

— Die großen Religionsstifter Buddha, Jesu, Mohammed. Leben u. Lehre, Wahrheit u. Irrtum. 1.—6. Taus. (265 S.) 8. Ebd. 907. 1.40; geb. 2. 20

Welzhofer, Heinr., allgemeine Geschichte d. Altertums. 1. Bd. gr. 8. (V, 330 S.) Gotha 886. F. A. Perthes. n. 6. —

Welzhofer, H., allgemeine Geschichte d. Altertums. 2. Bd. gr. 8. (X, 256 S.) Gotha 889. F. A. Perthes. n. 4. — (1. u. 2.: n. 10. —)
Geschichte d. griechischen Volkes bis zur Zeit Solon's.

Geschichte des Orients und Griechenlands im sechsten Jahrhundert v. Chr. Von Heinrich **Welzhofer**. Berlin: O. Seehagen 1892. (IV, 322 S.) 8° [F.]
— **Welzhofer**: Allgemeine Geschichte d. Altertums. Bd 3. [06. 13400

—— Der Kriegszug des Datis u. die Schlacht bei Marathon. s. Taschenbuch, historisches.

Welzhofer, Heinr., Kaiser Otto III. Drama in 4 Akten. 8. (151 S.) Dresden 902. E. Pierson. n. 2. —

— Die Seeschlacht bei Salamis, s. Taschenbuch, historisches.

Welzhofer, Heinr., **Thukydides u. sein Geschichtswerk. Ein Beitrag zur Geschichte der Historiographie.** gr. 8. (IX, 156 S.) München 878. Literar.-artist. Anstalt. n. 4. —

Welzhofer, Heinr., Untersuchungen üb. die deutsche Kaiserchronik d. 12. Jahrhunderts. gr. 8. (69 S.) München 874. A. Ackermann. n. 1. 20

[F.] Der Europäische Völkerverein. S. Entwicklg u. Zukunft v. Dr. Heinrich **Welzhofer**. *Berlin: O. Seehagen 1897.* (2 Bl., 115 S.) 1 Bd 8. [97 3976

Welzhofer, Heinr., der europäische Völkerverein, s. Entwicklg. u. Zukunft. 2. Aufl. 8. (V, 115 S.) Berlin 898. O. Seehagen. n. 1. 50

Welzhofer, Karl, die ars poetica des Horaz. Kritisch-exeget. Untersuchg. gr. 8. (III, 64 S.) Straubing 898. C. Attenkofer. n. 1. —

Welzhofer, Karl Ein Beitrag zur Handschriftenkunde der naturalis historia des Plinius. 90 S. 8. Ludw. G. *München* 1878.
Progr.

Welzhofer, Karl, lateinisches Elementarbuch f. die 1. Klasse d. Lateinschule, s.: Englmann, Lor.

— Grammatik der lateinischen Sprache, s.: Englmann, Lor.

Welzhofer, Karl, Gymnasialrektor: Die Komposition der Staatsreden des Demosthenes. 1. Die drei olynthischen Reden. Straubing 1904: Cl. Attenkofer. (56 S.) 8°
Straubing, k. humanist. G P 1904*

Welzhofer, Karl, Gymnasialrektor: **Die Komposition der** Staatsreden des Demosthenes. (T.) 2. **Straubing** (1906): Cl. Attenkofer. (31 S.) 8° ¶(Forts. d. P-Beil. 1904.)
Straubing, k. G P 1906*

Welzhofer, Karl: Die Komposition der Staatsreden **des Demosthenes**. 3. Die 4. Philippika. Straubing (1908): **Attenkofer.** 56 S. 8° ¶[Forts. d. P-Beil. 1904. 06.]
Straubing, k. G P 1908* [S 08. 524

Welzhofer, Karl, die Komposition der Staatsreden des Demosthenes. I. u. II. gr. 8. Straubing (H. Appel.) à n. 2. —
I. Die drei olynth. Reden. Progr. (56 S.) (904.)
II. Die Rede auf den Brief Philipps u. das Fragment der Rede an die Messenier u Argiver. Progr. (31 S.) (906.)

— Die Komposition der Staatsreden des Demosthenes. 3. Die 4. Philippika. Progr. (56 S.) gr. 8. Straubing (908). (H. Appel.) 2. —

Welzhofer, Max Mor., die Republik Mexico. Historische u. sociale Betrachtungen über das Land u. seine Bewohner. Mit Bezugnahme auf die französische Intervention u. ihre Pläne. Leipzig 862. O. Voigt. gr. 8. (XIV, 127 S.) n. 12 *ngr.*

Welzhofer, Max Mor., über die Organisation der Arbeit und ihr Verhältniß zur Gegenwart. Für National-Oekonomen, Arbeitsherren und Arbeiter. Nach Briefen der Prinzessin Maria v. Solms an den Prinzen ...... gr. 8. (IV und 74 S.) Leipzig 862, O. Voigt. *

Welzhofer, Siegm., († d. 20. Jan. 1810.) die wesentliche Gegenwart Jesu Christi in der heil. Hostie rc., nebst 24 Beilagen. gr. 8. Augsb. 799. Wolf. 12 kr Schrbp. 16 kr

Welzien, S.: Russische G r a m m a t i k für Deutsche, s. W e l t z i e n

W e l z l, Emanuel — Auszug aus den Bestimmungen über die Behandlung der Fahrpost-Sendungen nach dem Auslande und nach den deutsch-österreichischen Post-Vereins-Staaten. Zusammengestellt vom k. k. Postamts-Controllor — —. Gratz, 1857. Druck und Papier von Josef A. Kienreich. (32 S. 8.)

Welzl, P., die Speculation an der Wiener Börse. Praktische Darstellung u. Anleitung zur Ausführung von Börsenspeculationen für Private u. Speculanten. 2. Ausg. 8. (IV, 73 S.) Wien 881. Bormann & Altmann. n. 1. 20

Wem gehören die Schulkinder?, s. B r o s c h ü r e n - C y c l u s für das kathol. Volk.

Wem gehört die Schule? s. B r o s c h ü r e n - C y c l u s für das kathol. Deutschland.

Wem gehört die Zukunft? Rom oder der Sozialdemokratie? Wo ist das Antichristentum? Bei Rom oder bei der Sozialdemokratie? Basel [1903]. V: *Reinhardt, Ldw.* (BBullSchw 4, 1904)

Wem ist das Ministerium verantwortlich? — Ein wahrer Volksfreund. G. Reimer. 1 Bl. Fol.
Flugblatt. Berlin, 15. Mai 1848.

Wem sollen wir glauben, dem Lehramte der kath. Kirche od. der Bibel allein? od.: Das „reine Evangelium" der Abfallsprediger, s. a. Volksbroschüre, kathol. 5. 6.

(F) **Wem sollen wir glauben**, dem Lehramte der kath. Kirche oder der Bibel allein? oder das „reine Evangelium" der Abfallsprediger, kritisch beleuchtet von zwei Cooperatoren. (Kath. Volksbroschüre Nr. 5/6.) (39 S.)
Verlag des katholischen Pressvereines in Linz-Urfahr.

Wem steht in der katholischen Kirche das Recht zu in geistlichen Sachen zu dispensiren? 8. Münster 787. Theißing. 3 gr

Wem wird „Das Beste in der Welt"? 1.—7. Aufl. 8. (47 S.) Leipzig 891. Fr. Richter. n. — 75

Weman, Axel. Über die schwedische Heilgymnastik u. Massage u. ihre Anwendg. Nach schwed. Quellen. gr. 8. (34 S.) Erf. 890, Keyser. * — 60

W e m d i n g im Jahre 1823. Vom K. Steuer-Kataster. 1 : 2,500. 1 Bl.

Wemer, Paul, unsere Schwalben. Naturwissenschaftliche Plauderei. (96 S. m. Abb.) kl. 8. Steyl 909. Missionsdruckerei. — 30

Wemhoff, Franz: Ueber die therapeutische Wirkung des Chloralhydrat. Halle 1873: Lipke. 35 S. 8°
Halle-Wittenberg, Med. Diss. v. 1. Juli 1873
Geb. Legden (Westf.) 17. 1. 1843. V.

Wemme, Hans, Referendar: Das Recht des Empfängers im Frachtgeschäft. Leipzig: Wigand 1909. 51 S. 8°
Leipzig, Jur. Diss. v. 31. Dez. 1909
[Geb. 4. Okt. 83 Eibenstock; Wohnort: Pirna; Staatsangeh.: Sachsen; Vorbildung: Kgl. Gymn. Dresden-N. Reife O. 03; Studium: Heidelberg 2, Leipzig 6 S.; Rig. 3. Febr. 08.] [U 10. 2921

Wemme, Hans, Referendar in Bautzen: Der Selbsteintritt des Spediteurs. Borna-Leipzig 1905: R. Noske. (VIII, 81 S.) 8° [F.]
Leipzig, Jur. Fak., Diss. v. 24. Febr. 1905
[Geb. 14. Juni 79 Zittau; Wohnort: Bautzen; Staatsangeh.: Sachsen; Vorbildung: Gymn. Zittau Reife O. 98; Studium: München 3, Berlin 1, Leipzig 5 S.; Rig. 2. Febr. 03.]

Wemmer, Maximilian, Bergrefer. a. Steele: Die Erzlagerstätten der Eifel mit Ausschluss der näheren Umgebung von Aachen. Mit 1 Erzlagerstättentaf. Iserlohn 1909: Bormann. VII, 27 S. 4°
Münster, Phil. Diss. v. 29. Juli 1909, Ref. Busz
[Geb. 25. Nov. 82 Homberg a. Rh.; Wohnort: Aachen; Staatsangeh.: Preußen; Vorbildung: Realgymn. Essen Reife O. 02; Studium: Bonn 3, Berlin Bergakad. 1, Aachen Techn. Hochsch. 3 S.; Rig. 27. Mai 08.] [U 09. 3626

Wemmers, Johannes, approb. Arzt aus Annaberg: Zur **Casuistik** der traumatischen Ruptur der Harnblase. *München 1900: Kastner & Lossen.* (45 S.) 8°
München, Med. Diss. v. 1901

Wĕn dĕng hsiën [Schlagwort]

Wĕn dĕng hsiën, s.: T s c h i l i.

Wen sollen wir wählen in die zweite Kammer? Eine Wahlpredigt. Lüchow 1863. V: *Erck, O.* (Löwe, Bibl. d. Hann. u. Braunschw. Gesch. Hann. 1908. S. 156.)

Wen sollen wir wählen in die zweite Kammer! Eine Wahlpredigt geschrieben am Sonntag Quinquagesimä. Von Peregrinus. Lüchow, 863. Saur. gr. 8. (27 S.) 3 ngr.

Wen wählen wir? Deutsche Gedanken eines Braunschweigers. gr. 8. (16 S.) Braunschweig 881. Goeritz & zu Putlitz in Comm. — 30

Wen wählen wir? Ein Wort an alle reichstreuen Wähler zur bevorsteh. Reichstagswahl. gr. 8. (20 S.) Spandau 884. Neugebauer. — 30

Wen wählt e. evangelische Gemeinde in die kirchl. Körperschaften? Eine wicht. Frage. Beantwortet v. e. ehemal. Kirchenältesten. (32 S.) 8. Berlin (SW. 68, Charlottenstraße 88) (909). J. Windolff. — 35

Wenborn, Mrs. Emma, Philipp's Vermächtnis, s.: Berlepsch, Lina Freifrau v., Romanbibliothek. 58.

Wencel, Jo. Christoph [Praes.], s. J e n i c h , Christian Sigismund: De tempore, quo populi annum auspicari solent.

Wencelides, F., Hilfsmaschinen u. Werkzeuge für Eisen- u. Metall-Bearbeitung, s.: Bericht über die Weltausstellung in Philadelphia 1876.

Wencélius, **Alb.**, analythische Methoden f. Thomasstahlhütten-Laboratorien. Zum Gebrauche f. Chemiker u. Laboranten bearb. Autoris. deutsche Ausg. v. Ed. de Lorme. (X, 92 S. m. 14 Fig.) 12. Berlin 903. J. Springer. Geb. in Leinw. n. 2. 40

Wencelius, Leop. (geb. Cöln a. Rh. 30. 5. 1808): De plethora. Berolini (1831). (32 S.) 8°
Berlin, Med. Diss. v. 3. Sept. 1831

Wenceslaus auss Hass des Glaubens von seinem Bruder Boleslao ... Getödtet. Auf offentlicher Schau-Bühn Vorgestellet ... O. O. 1715. V: *Schulte, Bernhard.* (Jes)

Wencker, Geschichte d. Grenadier-Regiments König Karl [5. Württembergisches] Nr. 123, s.: Muff.

Wenck, s.a. Wenk.

Wenck, A. H., Beschreibung eines Chronometers, oder musikalischen Taktmessers u. seines vortheilhaften Gebrauchs für das Musik liebende Publikum. 8. Magdeb. 798. Heinrichshofen. 4 𝒦

Wenk, A. H., Beschreibung e. Chronometers od. musikalischen Taktmessers u. s. vortheilhaft. Gebr. f. d. Musik lieb. Publikum. 8. Magdeburg, Keil. (Heinrichshofen). 798.

Geschichte der g. u. v. St. Johannis-Loge Apollo im Or. zu Leipzig. Auf Grund der Akten verf. bis 1851 von E[dm.] **Meissner,** überarb. und fortges. von A[dolf] **Wenck.** Leipzig: Frmr-Ztg in Komm. 1905. 99 S. 8 Taf. 8°
[Umschlagtit.:] ▭ Apollo. 1805—1905.
cf. BZC. 34 (1905) S. 147.

Wenck, W. K. A. Zur indogermanischen Kasusbildung. Borna, Rg., 1884. 29 S. 4. **Progr.**

Wenck, Adolf [Dr.]: Das Ratsarchiv zu Borna '(bis 1600)'. (Th. 1.) Borna, Druck v. R. Noske, 1897; 43 S. 4.
Borna, st. RG, OP 1897 (570)

Wenck, Adf., das Ratsarchiv zu Borna (bis 1600). Progr. 4. (43 S.) Borna 897. (R. Noske.) n. 1. 20

Wenck, Adolf: Das Ratsarchiv zu Borna ⟨bis 1600⟩. II. Abteilung: Urkunden. *Borna 1898: A. Reiche.* (21—63 S.) 4° ¶ (Fortsetzung d. P-Beilage 1897.)
Borna, st. RG, Festschr. 1898 (574)

Wenck, aus Borna's Vergangenheit, s.: Plan v. Borna. (Im Anhang: Karten u. Pläne.)

Wenck, Arth., Bericht üb. die Tätigkeit der Versuchswirtschaft Waldgarten der Landwirtschaftskammer f. die Prov. Ostpreußen im J. 1907, s.: Arbeiten der Landwirtschaftskammer f. die Prov. Ostpreußen.

Wenck, Arthur: Über den Einfluss der Hegelundschen Melkmethode auf die Milchsekretion. Langensalza [1905]: H. Beyer & Söhne. (70 S.) 8°
Leipzig, Phil. Fak., Ref. Kirchner u. Eber, Diss. v. 31. Jan. 1905
[Geb. Klein-Drebnau, Kr. Fischhausen; Wohnort: Drebnau; Staatsangeh.: Preußen; Vorbildung: Realgymn. Königsberg Reife O. 98; Studium: Königsberg 4, Leipzig 4 S.; Rig. 7. Juli 04.]

— Die Versuchswirtschaft Waldgarten als landwirtschaftlicher Betrieb im J. 1905, s.a. Arbeiten der Landwirtschaftskammer f. die Prov. Ostpreußen.

Die Versuchswirtschaft Waldgarten der Landwirtschaftskammer für die Provinz Ostpreußen als landwirtschaftlicher Betrieb 1901 bis 1905 von Administrator Dr. Arthur **Wenck.** Königsberg i. Pr. 1906: Ostpr. Dr. (43 S.) 8° [F.]
— **Arbeiten** d. Landwirtschaftskammer f. d. Prov. Ostpreußen. No 16.
[07. 16633 **10**

Wenck, Bhrd. Hnr. Wlh., († d. 2. Nov. 1813.) de dominio partium metallicarum exercitatio juris metallici Saxonici P. I. cathedrae juridicae destinata, post obitum fratris brevi epilogo instructa. a fratre Karl Fr. Chr. Wenck. 4. Leipz. 814.

Wenck, Carl, s. Wenck, Karl

Wenck, Carl Friedrich Chr., s. Wenck, Karl Friedrich Chr.

Wenck, Fr., das amerikanische Petroleum, in Bezug auf Vorkommen u. Gewinnung, Eigenschaften, Verarbeitung rc. für Fabrikanten, Techniker, Chemiker rc. Cassel 863. Krieger. gr. 8. (19 S.) n. 5 ngr.

Wenck, Fr. Aug. Wlh., († d. 15. Juni 1810.) codex juris gentium Europaearum recentissimi, inde a pace Vindobonensi a. 1735; e tabulariorum exemplorumque publica auctor. editorum fide compositus. 3 Tom. 8maj. Leipz. 781—95. Weidmann. 6 rß 16 𝒦 Schrbp. 8 rß 8 𝒦

— commentatio VI de concessione insignium in Imperio Romano-Germanico. 4. Leipz. 801.

— Entwurf d. Geschichte d. österreich. u. preuß. Staaten. 1e Abtheil. gr. 8. Leipz. 782. Weidmann. 18 𝒦

— s. E. Gibbons Geschichte d. Verfalls rc. 1r Thl.

— commentatio I. de Henrico I. Missniae et Lusatiae Marchione. 4. Leipz. 798.

Wenck, Frd. Aug. Guill. Historia Alberti II., Romanorum, Hungariae et Bohemiae regis. I. 4. Lipsiae 1770.

— oratio secularis de viris eruditis qui inde a seculari solennitate anni 1709 Lipsiensem Academiam doctrina scriptisque ornaverunt atque illustraverunt. 4. Leipz. 810. Kühn. 18 𝒦

Wenck, H. W., s. Wenck, Helfr. Bernhard

Wenck, Helfr. Bhd., († d. 27. April 1803.) historische Abhandlungen. 1s Heft. gr. 4. Frankf. a. M. 778. Fleischer. 16 𝒦

— von d. Aufmunterung der Wissenschaften unter den Alten. 4. Darmst. 770.

— Bemerkk. aus d. Schul- u. Akadem. Verfassung der Engländer. 1r Abschn. 4. Darmst. 772.

(Wenck, H. W.,) Georg d. Erste, s.a. Georg.

(**Wenck,** Helfr. Bernh.) Georg I., Landgraf von Hessen; biogr. Skizze hrsg. von J. W. Chr. Steiner. 8. Darmstadt 1829.

— latein. Grammatik für Schulen. 2 Bde. Frankf. a. M. 791. 2e A. 794. 3e A. 798. 4e A. 803. 5e A. 806. 6e A. 811. 7e A. v. G. F. Grotefend umgearb. 1r Bd. 815. 2r Bd. 816. Varrentrapp. 1 rß 6 𝒦 (NB. Mit dieser 7n Aufl. schließt sich d. Wencksche Werk). 8e (oder 2e) Aufl., s. Grotefend.

Wenk, H. B., lateinische Grammatik f. Schulen. 1r u. 2r Bd. 7te durchaus umgearb. Aufl. von G. F. Grotefend. gr. 8. Frankf. Varrentrapp. 814 u. 16. (à 15 gr.)

Wenck, H. B., lateinische Grammatik. 8te Aufl. gr. 8. Frankfurt a. M., Varrentrapp. 818.

Wenck, H. B, De diverso mulierum graecarum et romanarum ad literas habitu ejusque causis Pr. 1769. 15 S. 4°. 2.—

— Progr. Die Herkunft d. deutschen Königs Conrad I., aus den Welfischen Stamm. 4. Frankf. a. M. 792. Varrentrapp. 8 gl

— die Herkunft d. deutschen Königs Conrad I. aus d. Welfischen Stamm. 4. Frankf. Varrentrapp u. W. 793.

— von der Hofbibliothek in Darmstadt, u. e. Merkwürdigkeiten derselben. 16 Stck. 4. Frankf. u. Leipz. 789.

v. Homers Ilias.

— de hypocrisi veterum Romanorum. 4. Darmst. 773.

— hessische Landesgeschichte, mit e. Urkundenbuche, Kupfern, Karten u. Tabellen. 3 Bde. 4. Frankf. u. Leipz. 783—803. Varrentrapp. 24 ₰ 20 gl

— Leben u. Charakter des verstorb. L. J. F. Höpfner. gr. 8. Frankf. 797. Varrentrapp. 1 ₰

Wenck, H. B., Diplomat. Nachrichten von den ausgestorbenen Dynasten von Eppenstein. Darmstadt 1775. 4.

— von d. Partikulargeschichte deutscher Staaten überhaupt, u. von der Hessen-Darmstädt. insbesondere. 4. Darmst. 774.

— Rede von der Unsterblichkeit d. Seele. 8. Darmst. 774. 2r Abdruck. 8. Büdingen 774.

— Rede von der wahren Kunst glücklich zu seyn. 8. Büdingen 776.

— Siegslied d. Debora u. d. Borak. 4. Darmst. 773.

Wenck's, H. B., kleinere lateinische Sprachlehre oder Grammatik für Schulen. Ausgabe 7. Frankf. 815. 8. 10 gr. Ebend. 818. 8. 8 gr.

— kleinere latein. Sprachlehre oder Grammatik für Schulen. 7e berichtigte Ausg. gr. 8. Frankf. 815. 9e bericht. Ausg. 8. 823. Varrentrapp. 10 gl

— über die Trennung des gelehrten Unterrichts auf Schulen, von dem gemeinnützigen. gr. 4. Darmst. 799. Heyer. 3 gl

— Versuch e. synchronist. Entwurfs d. allgem. europ. Staats- u. Kirchengeschichte. 4. Darmst. 765.

Wenck, Herbert, a. Borna: Die Alliteration im eddischen Fornyrđislag. Ein Beitrag zur Kenntnis des altgermanischen Satzaccentes. Halle a. d. S. 1905: E. Karras. (148 S.) 8° ¶(Aus: Beiträge zur Geschichte der deutschen Sprache und Literatur Bd 31.)
Leipzig, Phil. Fak., Ref. Sievers, Mogk, Diss. v. 20. Dez. 1905
[Geb. 1. Juli 82 Borna; Wohnort: Borna; Staatsangeh.: Sachsen; Vorbildung: Realgymn. Borna Reife O. 01; Studium: Leipzig 7 S.; Rig. 28. Febr. und 1. März 05.]

Wenck, J. M., s. Wenk, Johann Martin

Wenck, Johannes, Gerichtsreferendar u. bacc. iur. a. Leipzig: Verschollenheit und Todeserklärung, insbesondere die Wiederverheiratung im Falle der Todeserklärung, historisch und dogmatisch ⟨nach dem neuen Bürgerlichen Gesetzbuche⟩ dargestellt. Leipzig: O. Wigand 1907. (94 S.) 8°
Leipzig, Jur. Fak., Diss. v. 16. Sept. 1907
[Geb. 15. Juni 76 Leipzig; Wohnort: Leipzig; Staatsangeh.: Sachsen; Vorbildung: Nikolai-Gymn. Leipzig Reife O. 96; Studium: Leipzig 13 S.; Rig. 23. Febr. 03.]

Wenck, Jul., die Arithmetik. Ein Handbuch für Schüler gewerbl. Lehranstalten. gr. 8. (VIII und 80 S.) Leipzig (861)62, Klinkhardt.

Wenck, Jul., die graphische Arithmetik u. ihre Anwendungen auf die Geometrie. Ein Lehrbuch. Mit 13 lith. Taf. gr. 8. (X, 142 S.) Berlin 879. Nicolai's Verl. n. 3. —

Wenck, J., die Baumechanik, s. a. Uhlands technische Bibliothek.

Wenck, Jul. Die Baumechanik. Leipzig 1870.

Wenck, Jul., die Baumechanik. 2. Aufl. gr. 8. Leipzig 882. Dresden, Kühtmann. *

Wenck, Jul., die Baumechanik. Ein Lehr- und Handbuch für Bauschulen, Gewerbeschulen und andere techn. Bildungsanstalten, so wie zum Privatstudium und Gebrauche für Architekten, Bauunternehmer, Werkmeister, Werkführer und Baugewerbtreibende. 2. vollständig neu bearb. Aufl. gr. 8. (IV, 336 S. mit 148 eingedr. Fig.) Leipzig 882, Baumgärtner's Buchh. *

Wenck, Jul., die Baumechanik. Ein Lehr- u. Handbuch f. Bauschulen, Gewerbeschulen u. andere techn. Bildungsanstalten, sowie zum Privatstudium u. Gebrauche f. Architekten, Bauunternehmer, Werkmeister, Werkführer u. Baugewerbtreibende. Mit 148 Fig. 2. Aufl. Neue, gebundene Ausg. gr. 8. (IV, 336 S.) Leipzig 884. Baumgärtner. geb. n. 6. —

—— die darstellende Geometrie. Ein Handbuch für Schüler gewerbl. Lehranstalten so wie zum Selbstunterricht. gr. 8. (IV und 140 S. mit 214 in den Text gedr. Holzschn.) Leipzig 861, Klinkhardt.

—— die construirende Geometrie als Grundlage für das geometrische Zeichnen. Ein Handbuch zum Gebrauche an Gewerbe- und Handwerkerschulen. gr. 8. (X und 101 S. mit 242 in den Text gedr. Holzschn.) Leipzig 861, Klinkhardt.

—— die Geometrie enthaltend Planimetrie, Stereometrie und ebene Trigonometrie. Ein Lehr- und Handbuch für Schüler gewerbl. Lehranstalten sowie zum Selbstunterricht. gr. 8. (VI und 161 S. mit 213 in den Text gedr. Holzschn.) Leipzig (861)62, Klinkhardt.

— die synthetische Geometrie der Ebene. Ein Lehrbuch für den Schulgebrauch u. Selbstunterricht. Mit 243 (eingedr. Holzschn.-)Fig. gr. 8. (VII, 274 S.) Leipzig 882. C. F. Winter. n. 4. —

Wenck, Jul., die Grundlehren der höheren Analysis. Ein Lehr- u. Handbuch f. den ersten Unterricht in der höheren Mathematik. Zum Gebrauche an Lehranstalten sowie zum Selbstunterrichte. Mit besond. Berücksicht. derer, welche e. techn. Berufe sich widmen. gr. 8. (VII, 432 S. m. 140 eingedr. Holzschn.) Leipzig 872. Teubner. n. 6. —

Wenck, Jul., Grundriß der chemischen Technologie. Ein Leitfaden für den Unterricht auf Gewerbschulen, Realschulen, Handelsschulen u. höh. Bürgerschulen. 8. (VIII u. 228 S.) Leipzig 850, Matthes. 18 ngl

—— Grundriß der chemischen Technologie. Ein Leitfaden für den Unterricht auf Gewerbschulen, Realschulen, Handelsschulen und höheren Bürgerschulen. 2. (Titel-)Aufl. 8. (VIII und 228 S.) Leipzig (850)58, Matthes

Wenck, Jul., die Lehre von den Baumaterialien, s. a. Schule, die, der Baukunst.

Wenk, Dr. J., Die Lehre von den Baumaterialien u. den im Baufache zur Verwendung kommenden technischen Erzeugnissen. Leipzig 1863. 8°. Angebunden: Ueber den Hausschwamm etc. von Leube. Ulm 1862. 8°.

Wenck, Julius, die Lehre von den *Baumaterialien* und den im Baufach zur Verwendung kommenden technischen Erzeugnissen. Leipzig 1863. 8°. 232 S. Beibd.

—— die Mechanik. Ein Lehr- und Handbuch zum Gebrauche an Gewerbe- und Realschulen, sowie zum Privatstudium. gr. 8. (VIII und 493 S. mit 175 Fig. in eingedr. Holzschn.) Leipzig 866, Brockhaus. *

Wenck, Jul., die Physik mit Rücksicht ihrer Anwendung auf die Technik. Für Schüler höherer, namentlich techn. Lehranstalten, Cameralisten und Techniker. Nach dem gegenwärt. Standpunkte der Wissenschaft bearb. 8. (XII und 612 S. mit 313 in den Text eingedr. Holzschn.) Leipzig 852, Matthes.

Wenck, Jul., die Physik mit Rücksicht ihrer Anwendung auf die Technik. Für Schüler höherer, namentlich technischer Lehranstalten, Cameralisten u. Techniker. Nach dem gegenwärtigen Standpunkte der Wissenschaft bearb. Mit 313 in den Text eingedr. Holzschn. 2. (Titel-)Aufl. Leipzig (852.) 858. Matthes. 8. (XII, 642 S.) 2 ₰. 7½ ngr.

Wenck, Jul., der sächs. Prinzenraub. Ein dramat. Gedicht in 5 Aufz. 8. (6¼ B.) Leipzig 841, Glück.

— das Projectionszeichnen für Schüler in Handwerker- u. Fortbildungsschulen. 14 (lith.) Taf. mit (12 S.) erläut. Texte. Gotha 861. Thienemann. gr. 4. n. 10 ngr.

— das Projectionszeichnen f. Schüler in Handwerker- u. Fortbildungsschulen. 14 (lith.) Taf. m. erläut. Texte. 4. (12 S.) Gotha 872. Thienemann. n. 1. —

— die graphische Statik. Ein Lehrbuch für den Unterricht in Baugewerbeschulen u. ähnlichen technischen Bildungsanstalten, sowie zum Privatstudium für Bautechniker. gr. 8 (VI, 104 S. m. 17 Steintaf.) Berlin 879. Nicolai's Verl n. 3. —

Wenck, Karl, die hl. Elisabeth. s.a. Sammlung gemeinverständlicher Vorträge u. Schriften aus d. Gebiet der Theologie u. Religionsgeschichte. 52.

Die heilige Elisabeth. Von Dr. Karl **Wenck**, Prof. Tübingen: J. C. B. Mohr 1908. (56 S.) 8°
— Sammlung gemeinverständlicher Vorträge u. Schriften aus d. Gebiet d. Theol. u. Religionsgeschichte. 52. [08. 9694]

Wenck, Carl, die Entstehung der Reinhardsbrunner Geschichtsbücher. Im Anhang: Eine Reinhardsbrunner Chronik des XIII. Jahrh. und Schedel's Excerpte nach der Münchener Handschrift. gr. 8. (VI, 115 S.) Halle 878, Niemeyer. *

Wenck, Karl, e. mailändisch-thüringische Heiratsgeschichte aus d. Zeit König Wenzels. [Aus: „Neues Archiv f. sächs. Geschichte u. Altertumskde."] gr. 8. (42 S.) Dresden 895. W. Baensch. 1. —

Wenck, Carl: Clemens V. und Heinrich VII. Die Anfänge des französischen Papstthums. Th. 1. Die Wahl Clemens V. Halle 1881: Karras. 47 S. 8°
Halle-Wittenberg, Phil. Hab.-Schr. v. 30. Mai 1881
Ersch. vollst. im Buchhandel Halle: Niemeyer 1882. X, 183 S. 8°

Wenck, Carl, Clemens V. u. Heinrich VII. Die Anfänge des französischen Papstthums. Ein Beitrag zur Geschichte des XIV. Jahrhunderts. gr. 8. (X, 183 S.) Halle 882. Niemeyer. n. 6. —

—— der vogtländische Krieg, seine Ursachen, sein Verlauf und seine Folgen. gr. 8. (II, 33 S.) Leipzig 877, Duncker und Humblot. *
Aus: Die Wettiner im XIV. Jahrh., besonders abgedruckt.

— Landgraf Philipp der Grossmütige. Rede, geh. auf der 7. Jahresversammlg. der histor. Kommission f. Hessen u. Waldeck am 7. V. 1904. (III, 13 S.) 8. Ebd. 904. n. — 40
Sonderabdruck aus: „Ztschr. des Ver. f. hess. Gesch. etc."

Wenck, Karl, Philipp der Schöne v. Frankreich, seine Persönlichkeit u. das Urteil der Zeitgenossen. Im Anh.: Urkundliche Beiträge zur Geschichte der Erwerbg. Lyons f. Frankreich. (74 S.) 4. Marburg 905. N. G. Elwert's Verl. n. 2. 50

Wenck, Karl, Prof.: Philipp der Schöne von Frankreich, seine Persönlichkeit und das Urteil der Zeitgenossen. Marburg 1905: J. A. Koch. (74 S.) 4°
Marburg, Progr. zur Einführung des Rektors 1905.

Wenck, Karl, die Stellung d. Erzstiftes Mainz im Gange d. deutschen Geschichte. (43 S.) 8. Kassel 909. G. Dufayel. 1. —
Sonderabdruck aus: „Ztschr. d. Ver. f. hess. Gesch. u. Landeskde".

Wenck, Carl, die Wettiner im XIV. Jahrh. insbesondere Markgraf Wilhelm u. König Wenzel. Nebst e. Excurs: Der vogtländ Krieg, seine Ursachen, sein Verlauf u. seine Folgen. gr. 8. (128 u. Excurs 33 S. m. e. genealog. Tab. in qu. gr. 4.) Leipzig 877. Duncker & Humblot. n. 3. 60; Excurs ap. n. — 80

Wenck, Karl Friedrich Christian

Wenk, (C. Fr. Ch.,) Anrede an seine Zuhörer, in den Vorträgen üb. die Geschichte des Röm. Rechts, am Tage nach Haubold's Tode den 15. März 1824 gehalten. Nebst Verzeichniß der Haubold'schen Schriften. gr. 8. Leipzig 824, Hartmann. Rthlr.

Wenck, Karl Fr. Chr., († ...) Anrede an seine Zuhörer, in den Vorträgen über d. Geschichte d. röm. Rechts, am Tage nach Haubolds Tode d. 15. März 1824 gehalten. Nebst Verzeichniß der Haubold'schen Schriften. gr. 8. Leipz. 824. (Lehnhold) 4 g/

Wenck, Carl Fr. Chr., Beitrag zur rechtl. Beurtheilung d. Städelschen Beerbungsfalles. gr. 8. (3¼ B.) Leipzig 828, Barth.

Wenck, Karl Friedrich Christian [Praes.], s. Bursian, Gustav: Theses juris controversi.

— s. **K. G. Haubold, opuscula.**

— die Criminalprocedur, wie sie nicht seyn soll, in einer streng chronolog. Darstellung des 6jähr. Verfahrens gegen P. A. Fonk nachgewiesen, nebst 1 Anhange über den Thatbestand in e. Sendschreiben an d. Hrn. Herausgeber, von J. C. A. Clarus. gr. 8. Leipz. 824, Hartmann.

— die Criminalprocedur, wie sie nicht seyn soll, in einer streng chronolog. Darstellung des 6jähr. Verfahrens gegen P. A. Fonk nachgewiesen, nebst 1 Anhange über d. Thatbestand in e. Sendschreiben an den Hrn. Herausgeber von J. C. A. Clarus. gr. 8. Leipz. 824. (Lehnhold). 1 ₰ 8 g/

Wenck, Karl Fr. Chr., Lehrbuch d. Encyklopädie u. Methodologie der Rechtswissenschaft. gr. 8. Leipz. 810. Märker. 1 ₰ 12 g/

WENCK, C. F. Ch.: Opusc. acadd. adjectis oratt. ineditis et appendic. ed. Fried. Car. Gust. STIEBER. Acced. auct. effigies. *Lips.*. Cnobloch. 834. 8maj. (3 Thl.)

— oratio de juris naturae in studio juris civilis usu nunc sine ratione spreto. 8maj. Leipz. 821. Märker. 15 gr.

— Diss. I. et II.: Divus Pius sive ad leges Imp. Titi Aelii Antonini Pii commentarius. 4. Leipz. 805.

— s. Theodosiani, Codicis.

— Diss. inaug. de traditione inter possessionis et proprietatis transferendae modum fluctuante. 4. Leipz. 809.

— Diss. observationum ad juris prudentiam elegantiorem facientium triga. 4. Leipz. 825.

WENK, K. F. Ch.: Mag. Vacarius primus jur. rom. in Anglia professor, ex annal. monum. et opere accur. descr. illustr., jur. rom. in Bonon. scholae initiis fortunam illustr., emend. interpret. hod. juvans. *Lpz.*, Hartmann. 820. gr. 8. (2 Thl.)

— Magister Vicarius primus juris romani in Anglia professor, ex annalium monumentis et opere accurate descripto illustratus, juris romani in Bononiensis scholae initiis fortunam illustrans, emendationem interpretationemque hodiernam juvans. 8maj. Leipz. 820. (Lehnhold). 2 Thl. Schrbp. 2 Thl. 16 gr.

— s. B. H. W. Wenck, de dominio partium metallicarum.

— s. Abr. Wieling, jurisprudentia restituta.

Wenck, Ludov. Henr. Frider., de exemplis nonnullis carcinomatis epithelialis exorti in cicatrice post lupum exedentem relicta. Dissertatio inauguralis medica. Kiel 867. (Schwers'sche Buchh.) gr. 4. (20 S. mit 2 Steintaff.) n. 4 ngr.

Wenck, Mart., die Geschichte der Nationalsozialen v. 1895 bis 1903. (VII, 140 S.) gr. 8. Berlin-Schöneberg 905. Verlag der „Hilfe". Geb. in Leinw. n. 2. 50
Sonderabdruck aus: „Patria".

Wenck, Mart., die Geschichte u. Ziele der deutschen Sozialpolitik, s.a. Politik, die, des Deutschen Reiches. 2. Bd.

Die Geschichte und Ziele der deutschen Sozialpolitik. Von Martin Wenck. Leipzig: G. H. Wigand 1908. (X, 242 S.) 8° [F.]
= Politik, Die, d. Deutschen Reiches. Bd 2. (08. 6039

Wenck, Mart., von d. Hauswirtschaft z. Weltwirtschaft, s.a. Arbeiterbibliothek, Göttinger, I. Bd., Nr. 5.

[F.] Von der Hauswirtschaft zur Weltwirtschaft v. (Pfarrer) Martin Wenck in Darmstadt. *Göttingen: Vandenhoeck & Ruprecht 1896.* (65—80 S.) 8.
= Arbeiterbibliothek, Göttinger. Bd 1. H. 5. (96. 3371

— Kirchenregiment od. Gewissenssache. E. Wort üb. d. Stellg. d. evang. Geistlichen z. sozialen Frage, sozialer u. polit. Thätigkeit. gr. 8. (10 S.) Hann.-Münden 898. R. Werther. n. — 30

— die Pflichten der Mütter bei d. Erziehg. d. Kinder im Blick auf das 6. Gebot. Vortrag, geh. im evangel. Frauenverein der Johannesgemeinde zu Darmstadt, den 26. Jan. 1896. gr. 8. (20 S.) Darmstadt 896. J. Waltz. n. — 40

Wenck, Rud.

—— Verordnung, das Verfahren in nichtstreitigen Rechtssachen betr., und Ein- und Ausführungsverordnung zum bürgerlichen Gesetzbuch für das Königr. Sachsen vom 9. Jan. 1865. Mit erläut. Anmerkungen und einem Sachregister. 8. (VIII und 174 S.) Leipzig 865, Roßberg'sche Buchh. *

Wenck, Rud., die königl. sächsische Civilproceßnovelle. Das Gesetz, die Abkürzung und Vereinfachung des bürgerl. Proceß-Verfahrens betr., vom 30. Decbr. 1861. Mit erläut. Anmerkungen hrsg. Nebst einem Anh. enth.: das Mandat vom 28. Novbr. 1753, — die Ges. vom 16. Mai 1839, — vom 21. Septbr. 1833 rc. 1. Aufl. 1862. und 2., verm. und verb. Aufl. 8. (VIII und 192 S.) Leipzig 866, Roßberg'sche Buchh. *

[Umschlagt.:][F.] Abschieds-Predigt gehalten v. Wilhelm Wenck, Pred. d. Brüdergem. in Neusalz a. O. am 27. Juni 1897. Text: Apostelgesch. 20, 31, 32. *Neusalz a. O.: Dr. [& Verl.] v. J. Pröbster 1897.* (8 S.) 1 Bd 8. (97. 5977

Wenck, Wilhelm Karl Adolf, s. Wenck, Adolf

Wenck, Woldemar Bernhard

Wenck, Wold., lose Blätter u. leichte Waare. Gedichte f. Stunden heiterer Einsamkeit u. banger Freiwilligenprüfg. 8. (VI, 112 S.) Leipzig 877. Schlicke. n. 2. —; geb. n. 2. 70

Wenck, W., Deutschland vor 100 Jahren. I. II. 8. Leipzig, Grunow. à Bd. n. 6. —; geb. in Leinw. n. 6. 25; in Halbfrz. n. 7. 50
I. Politische Meingn. u. Stimmgn. bei Anbruch d. Revolutionszeit. (VIII, 276 S.) 887.
II. Politische Meingn. u. Stimmgn. in der Revolutionszeit. Eintritt in das letzte Jahrzehnt d. vor. Jahrh. (VIII, 283 S.) 890.

Wenck, Woldemar Bernh., die Erhebung Arnulfs u. der Zerfall des karolingischen Reiches. gr. 8. (IV u. 103 S.) Leipzig 852, G. Wigand. 2/3 Thl.

Wenck, Wold., der Kampf um Schleswig-Holstein in den J. 1848—1850. Lex.-8. (IV und 60 S.) Leipzig 864, Grunow. *
Aus: Die Grenzboten, besonders abgedruckt.

Wenck, W(oldem.) B(ernh.), das fränkische Reich nach dem Vertrage von Verdun (843—861.) gr. 8. (VII und 511 S.) Leipzig 851, G. Wigand.

— das fränkische Reich nach dem Vertrage v. Verdun [843—861]. gr. 8. (VIII u. 511 S.) Ebd. 852. 2 1/2 Thl.

Le 'De ignota litteratura' de Jean Wenck de Herrenberg contre Nicolas de Cuse. Texte inéd. et étude par E. Vansteenberghe, Dr. Münster: Aschendorff 1910. 41 S. 8°
(Beiträge z. Gesch. d. Philosophie d. Mittelalters. Bd 8, H. 6.) (10. 10225 2

Wencke, Eduard

Die Bremer Wollkämmerei, Blumenthal <Hannover>. 1884 bis 1909. (Verf.: Eduard Wencke.) — Berlin: Eckstein (1909). 67 S. 4°
Aus: [Histor.-biogr. Blätter.] Der Staat Bremen.

Wenckebach, Carl, s. Wenckebach, Karl

Wenckebach, Caspar, s. Wenckebach, Kaspar

Wenckebach, Chr. Ebhd., s. Ksp. *Wenckebach,* jus Theelachticum.

Wenckebach, K. F., die Arhythmie als Ausdruck bestimmter Funktionsstörungen des Herzens. Eine physiologisch-klin. Studie. (VII, 193 S. m. 20 Fig. u. 7 Taf.) gr. 8. Leipzig 903. W. Engelmann. n. 11. —

Wenckebach, K. F., über patholog. Beziehungen zwischen Atmung u. Kreislauf beim Menschen, s.a. Sammlung klin. Vorträge.

Über pathologische Beziehungen zwischen Atmung und Kreislauf beim Menschen von K. F. **Wenckebach**, Groningen. Leipzig: Breitkopf & Härtel 1907. (57 S.) 8° [Umschlagt.]
— **Sammlung** klinischer Vorträge. No 405,406. 10E. 1374

Wenckebach, Karla

Wenckebach, Carla, u. Helene **Wenckebach,** deutscher Anschauungs-Unterricht f. Amerikaner. Ein Hilfsbuch zu Wenckebach-Schrakamp's „Deutsche Grammatik". 8. (XIV, 451 S.) Wellesley, Mass. 886. (Leipzig, Fock.) geb. n. 5. —

Wenckebach, Carla, u. Josepha **Schrakamp,** deutsche Grammatik f. Amerikaner. Nach e. neuen prakt. Methode. 4. ed. 8. (VIII, 291 S.) Wellesley, Mass. 887. (Leipzig, Fock.) geb. n. 5. —

— — die schönsten deutschen Lieder. Eine Sammlg. v. 300 der hervorragendsten u. bekanntesten Lieder u. Balladen, 45 Volks- u. Kirchenlieder, letztere m. Singstimme u. Klavierbegleitg., nebst 444 Anführgn. aus den Dramen Goethe's, Schiller's, Lessing's u. den Prosawerken Jean Paul's. Für den Gebrauch in Colleges, Academies, High Schools, and private schools. 8. (VI, 363 S.) Ebd. 886. geb. n. 6. —

Wenckebach, Carla. Deutsche Literaturgeschichte auf kulturhistorischer Grundlage (for universities, colls. and acads). Boston. 1890.

Wenckebach, Carla (ed). Ausgewählte Meisterwerke des Mittelalters. Boston. 1893

Wenckebach, Kaspar

Wenckebach, Caspar. Ius Theelachticum redivivum oder neu revidirtes Theelrecht ... Halle 1759. H: *Wenckebach, Christian Eberhard.* (Ky) (EngJ)

Wenckebach, Ksp., jus Theelachticum redivivum oder neu revidirtes Theelrecht, nebst e. Historie d. Theelrechte, verm. u. zum Druck beförd. (v. Chr. E. Wenckbach). 4. Halle 759. (Hahn in Hann.) 12 gGr

Wenckebach, Caspar, jus Theelachticum redivivum, oder neu revidirtes Theel-Recht nebst einer Vorerinnerung u. Historie der Theel-Rechte, ingleichen vielen Anmerckungen, von denen bey Vererbung u. Antretung der Theelen auch Empfang der Gelder eingeführten u. herkömmlich gewordenen Gewohnheiten, sodann ein. nachgefügten Urkunden, zusammen getragen, nun vermehret u. zum Druck befördert von seinem Sohne Chrn. Eberh. Wenckebach. Bremen 870. Kühtmann & Co. 4. (160 S.) n. 1 Rthlr

Wenckebach, L. W. R., in d. Mäusewelt, s.: Snellen, Agatha v.

Wenckebach, Guliel., Disputat. mathemat. inaug. de pontium lapideorum forma et mensuris ex aequilibrii doctrina determinandis. 4 maj. (15¾ B. u. 2 Stnt. qu. ½ gr. Fol.) Amstelodami 830. (Hannover, Hahn.)

Wenckenbach, Fr., Beschreibung der im Herzogth. Nassau an der Lahn u. dem Rhein aufsetzenden Erzgänge. Mit 1 (lith.) Kärtchen u. 2 (lith.) Taf. (in 4. u. Fol.) (Aus den nassauischen naturwissensch. Jahrbüchern.) Wiesbaden 861. Niedner. gr. 8. (39 S.) n. 12 ngr

Wenckenbach, Fr., Beschreibung des Bergreviers Weilburg. Bearb. im Auftrage des königl. Oberbergamts zu Bonn. Mit einer Karte in Farbendr. (in Imp.-Fol.). gr. 8. (III, 175 S.) Bonn 879. Marcus. n. 4. —

— bergmännisches Wörterbuch. Nebst einem Anhang über das Herzogl. nassauische Mas u. Gewicht. Wiesbaden 864. Limbarth. 16. (138 S.) n. 12 ngr

Wenckenbach, Philipp Christian: Historiae ecclesiasticae exercitatio. . . . s. Benner, Johann Hermann [Praes.]

Wenker, Iac., apparatus et instructus archivorum. 4 Strasb. Treuttel et W. 713.

— collectanea juris publici, quibus res Germaniae per aliquo saecula illustrantur. 4. ibid. 702.

— collecta archivi et cancellariae jura. 4. ibid. 715.

Wencklewicz, Bronislaw, das Verhalten des Schimmelgenus Mucor zu Antisepticis u. einigen verwandten Stoffen, mit besond. Berücksicht. seines Verhaltens in zuckerhaltigen Flüssigkeiten. Inaugural-Dissertation. gr. 8. (50 S.) Dorpat 880. (Karow.) n. 1. —

Wenckstern, v., Herzogs Geburtstag bei den ollen Cheruskern, s.: Theater-Bibliothek für Vereine.

— das deutsche Lied, s.: Theater-Bibliothek für Vereine.

— das Stationsgespenst, s.: Theater-Bibliothek für Vereine.

— s.: Theater-Bibliothek f. Vereine.

Wenckstern, v., Theatralia. Harmloses aus der Kulissenwelt. gr. 8. (III, 138 S.) Berlin 887, Walther und Apolant. *

— der Vereinsbruder, s.: Theater-Bibliothek für Vereine.

Wenckstern, Adph. v., Arbeitsvertragsgesetzgebung. Positive Politik gegen die rothen Gewerkvereine. gr. 8°. Berlin, Puttkammer u. Mühlbrecht, 1899.

Wenckstern, Adph. v., Arbeitsvertragsgesetzgebung. Positive Politik gegen die rothen Gewerkvereine. gr. 8. (58 S.) Berlin 900. Puttkammer & Mühlbrecht. n. — 80

Wenckstern, Adph. v., theoret. Begründg. d. Nothwendigkeit e. **starken deutschen Flotte** u. e. Systems v. deutschen Flottenstationen. Vortrag, geh. am 16. XII. 1897 in d. staatswissenschaftl. Vereinigg. zu Berlin. [Aus: „Tägl. Rundschau."] 8. (20 S.) Berlin 898. B. Brigl. — 25

Wenckstern, Adph. v., Einführung in die Volkswirtschaftslehre. (VII, 239 S.) gr. 8. Leipzig 903. Duncker & Humblot. n. 5. —

— **Frieden im Land.** Ansprachen in der sozialdemokrat. Wählerversammlung am 23. IV. 1903 in der Berliner Bockbrauerei m. den Berichten des „Vorwärts" als Vorwort u. dem Bericht des „Berliner Tageblatt" als Nachwort. 1.—10. Taus. (16 S.) gr. 8. Berlin (903). H. Schild. — 10

Wenckstern, Adph. v., Glossen staatswirtschaftl. Inhalts. I. Sommer-Sem. 1908. (VI, 112 S.) 8. Berlin 908. Vossische Buchh. 1. —

Wenckstern, Adolf v.: Glossen staatswissenschaftl. Inhalts. 2. Aufl. 1909, s. Wenckstern: Staatswiss. Probleme d. Gegenwart. Bd 1.

— **die neuen Handelsverträge;** ihre Wirkung auf unser wirtschaftl. Leben. Referat, erstattet in der XXX. General-Versammlg. der Vereinigg. der Steuer- u. Wirtschafts-Reformer zu Berlin. (40 S.) gr. 8. Berlin 905. (Friedenau, Allgemeine Verlags-Agentur.) n.n. — 50

Die neuen Handelsverträge; ihre Wirkung auf unser wirtschaftliches Leben. Referat erstattet zu Berlin 1905 von Prof. Dr. Adolph v. **Wenckstern**, Privatd. Berlin: Bur. d. Vereinigung d. Steuer- & Wirtsch.-Reformer 1905. (40 S.) 8° [F.]
[Aus: Stenogr. Bericht über d. Verhandl. d. Gen.-Versamml. d. Vereinigung d. Steuer- u. Wirtschafts-Reformer. 30.] 07. 17466 B

— s.: Haus-Bibliothek, patriotische.

— **Heiligenblut.** (227 S.) 8. Ebd. 909. 3.50; geb. 4.50

— **Heimatpolitik durch Weltpolitik. Reden zur Flottenvorlage 1900. 1. u. 2. Aufl. gr. 8. (VI, 180 S.) Ebd. 900. n. 2. —**

— Generalregister, s.: Jahrbuch f. Gesetzgebg., Verwaltg. u. Volkswirtschaft im Deutschen Reich.

— **Imme.** Roman. Mit e. Bilde d. Groß-Glockner-Kreuzes. (V, 512 S.) 8. Ebd. 910. 5. —

Wenckstern, Adph. v., ist er etwas? Schauspiel in 5 Aufzügen. 8. (III, 196 S.) Dresden 902. E. Pierson. n. 2.50

— **Marx.** gr. 8. (VI, 265 S.) Leipzig 896. Duncker & Humblot. n. 5. 20

— **„Mein Auge war auf's hohe Meer gezogen". Adam Smith, Karl Marx u. die Seemacht des Reichs. gr. 8. (77 S.) Berlin 900. H. Walther. n. 1. —**

'Mein Auge war auf's hohe Meer gezogen'. Adam Smith, Karl Marx und Seemacht des Reichs. Von Adolph v. **Wenckstern**. 2. Aufl. *Berlin: H. Walther 1900.* (77 S.) 8° [F.] 00. 8337

von Wenckstern, Adolph [aus Stettin]: Le Play ...
(Th. 1. u. 11.) Berlin, Druck v. J. S. Preuss, 1893; 62 S., 1 Bl. 8.
Berlin, Phil. Fak., Inaug.-Diss. v. 7. Sept. 1893

— **Staatswissenschaftliche Probleme d. Gegenwart.** 1. Bd. 8. Berlin 909. Vossische Buchh. 6. 50
1. Schmoller. Kathedersozialismus u. Schlesische Zeitg. Sozialismus. Arbeiterrecht. Handelsverträge. Teures Geld. Wirtschaftspolitik. Angebliche Besonderheiten der Finanzwirtschaft. 1806—1906. Mit e. Bilde v. Gustav Schmoller's. Ergänzte u. verm. Neuaufl. der Glossen staatswissenschaftl. Inhalts. (XV, 372 S.)

Das deutsche Reich in seinen Beziehungen zu denjenigen Staaten, mit welchen Handelsverträge nicht abgeschlossen sind, insbesond. zu d. Ver. Staaten von Nordamerika. Referat erstattet ... zu Berlin 1906 von Prof. Dr. Adolph v. **Wenckstern**-Greifswald. Berlin: Bur. d. Vereinigung d. Steuer- & Wirtschafts-Reformer 1906. (40 S.) 8° [F.]
[Aus: Stenogr. Bericht über d. Verhandl. d. Gen.-Versamml. d. Vereinigung d. Steuer- u. Wirtschafts-Reformer. 30.] 07. 17467 B

— Zur Reichsfinanzreform, s.: Nostitz, v.

— **1%. Die Schaffung u. Erhaltung e. deutschen Schlachtflotte. gr. 8. (V, 65 S.) Leipzig 899. Duncker & Humblot. n. 1. 40**

Wenckstern, Adolph v.: Gustav Schmoller am 24. Juni 1908. Von . Breslau: R. Nischkowsky (1908). (23 S.) 8° [Umschlagt.]
Aus: Breslauer Akad. Mitteilungen.

Wenckstern, Adph. v., auf Scholle u. Welle. Reden in Ost- u. Westdeutschland zur Flottenvorlage 1900. 1. u. 2. Aufl. gr. 8. (VI, 81 S.) Leipzig 900. Duncker & Humblot. n. 1. 40

— **dasselbe. 3., um Reden in Frankfurt a. M. u. Hannover verm. Aufl. gr. 8. (VI, 105 S.) Ebd. 900. n. 1. 60**

— u. **Karl Böhme,** Die Vererbung des ländlichen Grundbesitzes in der Prov. Ostpreussen, s. a. Vererbung, die, des ländlichen Grundbesitzes in Preussen. XII.

Wenckstern, A. v., u. Böhme, K., Die Vererbung des ländlichen Grundbesitzes in der Provinz Ostpreussen. Lex.-8°. Berlin 1905.

Wenckstern, Herm. v.: Existenz-Bedingungen sesshafter Landarbeiter, s. a. Abhandlungen, Landwirtschaftliche des Instituts für exakte Wirtschaftsforschung. I.

Wenckstern, Hermann v.: Existenz-Bedingungen sesshafter Landarbeiter. Bearb. von . 1. Berlin: Parey 1909. 8°
(Landwirtschaftliche Abhandlungen d. Instituts f. Exakte Wirtschaftsforschung. H. 1.)

Wenckstern, H. v., Existenzbedingungen sesshafter Landarbeiter. 2 Teile. 8°. Berlin, P. Parey, 1911, (Landwirtsch. Abhandlungen des Institutes für exakte Wirtschaftsforschung.)

Wenckstern, L. v.

Wenckstern, v., Amtsreden f. Bürgermeister, Gemeindevorsteher u. Amtsvorsteher. 8. (572 S.) Braunschweig 892. Patriotischer Verlag Schlegel. Geb. in Leinw. n n. 10. —

Wenckstern, [L.] v., der Kapitulant. Ein Hand- und Nachschlagebuch für jüngere Unteroffiziere und Kapitulanten aller Waffen und Solche, die es werden wollen. [Mit besond. Berücksicht. der Versorgungs-Ansprüche.] 12. (244 S. mit 2 Croquis.) Minden 887, Köhler. geb. *

-- der Kapitulant. Ein Hand- u. Nachschlagebuch f. jüngere Unteroffiziere, Einjährig-Freiwillige u. Kapitulanten aller Waffen u. Solche, die es werden wollen. 2., umgearb. u. bis zur Neuzeit ergänzte Aufl., bearb. von v. Scriba. 12. (245 S. m. Fig. u. 2 Plänen.) Minden 894. W. Köhler. Geb. in Leinw. n. 1. 50

— der Kapitulant. Ein Hand- u. Nachschlagebuch für jüng. Unteroffiziere, Einjährig-Freiwillige u. Kapitulanten aller Waffen u. Solche, die es werden wollen. (M. bes. Berücksicht. d. Versorgungs-Ansprüche.) 3., umgearb. u. bis z. Neuzeit ergänzte Aufl., bearb. von v. Scriba. 12. (XII, 244 S. m. 2 Taf.) Minden 898. W. Köhler. Geb. in Leinw. n. 1. 50

Wenckstern, L. v., zum Militär! Handbuch f. Wehrpflichtige. 8. (VI, 106 S.) Hagen 886. Risel & Co. n. — 75

— Prologe in Versen zu Festlichkeiten v. Krieger-, Turn-, Gesang- u. patriotischen Vereinen. 15 Hfte. gr. 8. (à 16 S.) Braunschweig 894. Patriot. Verlag Schlegel. n. 16. —; Einzelpreis à n. 1. 50

1. 2. Prologe zur Feier des Geburtstages Sr. Maj. des Kaisers.
3. Prologe zur Feier des Geburtstages Ihrer Maj. der Kaiserin.
4. 5. Prologe zur Feier des Geburtstages des Landesherrn.
6. Prologe zur Feier des Vorabends v. Sedan.
7. 8. Prologe zur Sedanfeier.
9. 10. Prologe zum Stiftungsfest.
11. 12. Prologe zur Fahnenweihe.
13–15. Prologe f. besondere patriotische Feste.

Wenckstern, v., praktische Rathschläge für Einjährig-Freiwillige und Solche, die es werden wollen. 8. (XIII, 138 S.) Hagen 884, Risel und Comp. *

Wenckstern, L. v., praktische Rathschläge f. Offiziere d. Beurlaubtenstandes u. Solche, die es werden wollen. 8. (167 S.) Jena 885. Costenoble. 1. 50

— patriotische Reden u. Toaste. Ein Handbuch f. Jedermann, insbesondere f. patriot. u. Krieger-Vereine. 8. (VIII, 150 S.) Minden 887. Schlegel. n. 1. 50

— patriotische Reden u. Toaste f. Kriegervereine. Ein Hand- u. Hülfsbuch. 4., bedeutend verm. Aufl. 8. (140 S.) Ebd. 893. n. 3. –

Wenckstern, L. v., patriotische Reden u. Toaste f. Turnvereine. E. Hand- u. Hülfsbuch. 8. (179 S.) Braunschweig 895. Patriot. Verlag Schlegel. n. 3. —

[Leo] v. **Wenckstern**: Festzeichnung bei der 100 Jahr-Feier der Loge Hercynia zum flammenden Stern im Or. Goslar 14. November 1909. Salzgitter [1909]: Witt. 23 S. 8°.

Flüchtige Gedanken. Vortrag bei dem Schw[estern]-F[est der Loge Hercynia zum flammenden Stern in Goslar] am 13. Febr. 1909. [Unterz.:] Leo **v. Wenckstern.** o. O. [1909]. 8 S. 8° [Kopftit.]
Betrachtung üb. die moderne Frauenbewegung.

Wenckstern, Otto v., Gedichte. 16. (17⅞ B.) Frankfurt a. M. 845, Sauerländer's Verl. *

—— die deutsche Industrie u. der Verein z. Abhülfe des Nothstandes der deutschen Fabrikarbeiter. gr. 8. (1¾ B.) Bonn 841, (König.) *

—— 17 Polenlieder. 16. (3 B.) Leipzig 843, Otto Wigand.

— s. Selbst.

—— Verhandlungen des 7. rheinischen Provinzial-Landtages, s. Verhandlungen.

Wend. s.a. Wendt.

Wend, Christoph Gottlieb

Abrisz der wahren Helden-Tugend, oder Lebens-Geschichte des Sethos, Königes in Egypten, aus Geheimen Urkunden des alten Egypten-Landes gezogen, und nach der Frantzösischen Uebersetzung Eines Griechischen Originals verteutschet von C.G.W. Erster [-Dritter und letzter] Theil. Hamburg, Gedruckt und verlegt von seel. Thomas von Wierings Erben, bey der Börse, im güldnen A,B,C. 1732–37. . . .

— *Die Glückliche und Unglückliche Liebe, Oder Der Unterscheid der Menschlichen Gemüther, In einigen Wahrhafften Geschichten, so das heutige Seculum, Zum Beweiszthum der allgemeinen Thorheit, erleben müssen, Abgebildet Von Selamintes. Hamburg, Verlegts Christian Liebezeit, Buchhändler in der St. Johannis Kirchen 1711.*

— *Poetische Waaren, zu Marckte gebracht von Selimantes. Erste Ladung. [All published.] Hamburg, Gedruckt und verlegt durch seel. Thomas von Wierings Erben, bey der Börse, im güldnen A.B.C., 1729. Ist auch in Leipzig bey Philip Hertel zu bekommen.*

Wend, F(ridolin) B(aron), die beste Regierungsform. Auf das Gesetz der Natur gegründet. Dr. Alfred Meißner gewidmet. gr. 8. (18 S.) Graz 848, Kienreich. 6 ngr

—— Witz der französischen Sprache. Eine Sammlung komischer und sinnreicher volksthüml. Redensarten. 16. (127 S.) Graz 848, Kienreich's Verlags-Comptoir.

Wend, Gotthelff Ehrenfried. Poenas militum famosas Vulgo: Ehren-Straffen der Soldaten. Observationibus praecipue Forensibus illustratas exhibet. (Donation Liechtenstein.)
kl. 4. Chemnitii A. R. S. 1741.

Wend, Heinrich Oskar [aus Niederwartha]: Über ein mit der Differentialgleichung $\frac{d^2f}{dx^2} + \frac{d^2f}{dy^2} + \frac{d^2f}{dz^2} = k^2f$ zusammenhängendes physikalisches Problem. . . . Dresden, Druck v. B. G. Teubner, 1888; 83 + 1 S. 8°
Leipzig, Phil. Fak., Inaug.-Diss. v. 11. Sept. 1888

Wend, Jos., Mancherlei aus d. Gebiete d. Gesch. u. Dichtkunst. gr. 12. Wien 824. Tendler. 1 fl. 4 kr

Wend, Matthaeus Elieser (Bütow) A. S. 1319/38

Nova de animae humanae propagatione sententia.
Präs. Johann Andreas Planer.
Wittenberg (Koberstein) 30. VI. 1712. 71 S.

W. v.: Präs. 36294

Wend, Matthaeus Elieser (Bütow) A. S. 1421/29

Nova de animae humanae propagatione sententia.
Präs. Johann Andreas Planer.
Wittenberg (Koberstein) 1733. 61 S.

Diss. 30. VI. 1712.
W. v.: Präs. 36295

Wend, Matthaeus Elieser A. S. 1339/11

Nova de animae humanae propagatione sententia.
Präs. Johann Andreas Planer. Rec.
Wittenberg (Tzschiedrich) 1748. 62 S.

Diss. 30. VI. 1712.
W. v.: Präs. 36296

Wend, Oskar, Prof. Dr.: Cayleysche Lösungen mathematischer Elementaraufgaben. Chemnitz 1906: Pickenhahn & S. (42 S.) 4° [J.]
Chemnitz, techn. Staatslehr-A OP 1906**

Wend-Buchholz [Schlagwort]

Wend-Buchholz, s.: Deutschland. Kürschner-Peip.

Wenda, Fürstin v. Polen; od. d. unglückl. Heirath. Trsp. in 3 A. v. Wurrwitz. 8. Berl. Schöne. 804. — 6

Wendal, S. J. F., † (S. J. F. Walden,) Bermudez, od. d. Schule d. Leiden. A. d. Geschichte Fortunio's, Königes v. Navarra. 8. (15 B.) Breslau 837, Max u. Komp.

Wendal, S. J. F., † (S. J. F. Walden,) Eugenius, od. Treue bis in d. Tod. gr. 12. (6 B.) Münster 830, Theissing.

—— die Feuersbrunst, od.: Was Gott thut, das ist wohlgethan. Eine Erzähl. der Jugend gewid. gr. 12. (6 B. u. 1 Stndr.) Münster 832, Theissing.

——, Gonsalvo, od. Er führt — ich gehe. 2 Thle. gr. 12. (21¼ B.) Münster 832, Theissing.

——, Maria, od. Wahrheit u. Liebe. Eine Brief-Samml. gr. 12. (9½ B.) Münster 830, Theissing. 18 Gr., Blnp.

—— die Stiefmutter. Ein Briefwechsel. 8. (12 B.) Breslau 837, Max u. Komp.

——, Pfarrer Trostheim u. seine Freunde. Ein Briefwechsel. gr. 12. (15½ B.) Münster 830, Theissing.

Wendal, S. J. F., Victorin oder das Duell. Das Testament. Zwei Erzählungen. Aachen 865. Cremer'sche Buchh. 8. (91 S.) 12½ ngr.

Wendau, Konr. v., **Erzählungen.** (Umschlag: Mädchen am Wege.) (92 S.) kl. 8. Berlin (910). K. Benekendorff. 1.50

Um die **Wende** des Jahrhunderts. (1900.) Ein Denkmal zu Ehren d. Namens Jesus. Unter Mitw. mehrerer Geistlichen hrsg. von Christian Jensen, Hauptpastor zu Breklum. *Breklum: Sonntagsblatt für's Haus 1900.* (1006 S.) 8° [J.] [03. 12023

Wende, Bernhard (geb. Klein-Althammer in Schles. 26. 11. 1845): Beiträge zur Geschichte und zur Anatomie des Ciliarmuskels. Berlin (1869). (32 S.) 8°
Berlin, Med. Diss. v. 26. Jan. 1869

Wende, Bernh., Elias. Eine Humoreske nach Busch m. 64 Illustr. gr. 8. (48 S.) Leipzig (899). Gutenberg-Druckerei. 1.50

Wende, Bernh., Elias. Eine Humoreske nach Busch mit 64 Abbildgn. 2. Aufl. (50 S.) gr. 8. Leipzig (905). H. Beyer. n. 1.—

Göthe und das Nibelungenlied. v. Eduard **Wende.** Breklum. 1884. 4°.

Wende, Emil (Theodor Ferdinand) *(geb. Oels 15. 6. 1860)*: Ueberlieferung und Sprache der mittelenglischen Version des Psalters und ihr Verhältnis zur lateinischen Vorlage. Breslau (1884). (39 S.) 8° *[Im Buchhandel 1884 bei Köhler in Breslau.]*
Breslau, Phil. Diss. v. 24. Juli 1884

Wende, Emil, **Ueberlieferung u. Sprache der mittelenglischen Version d. Psalters u. ihr Verhältnis zur lateinischen Vorlage.** gr. 8. (39 S.) Breslau 884. (Köhler.) n. 1.—

Wende, Emil, die Verloosungs-Pläne der europäischen Lotterie-Anlehen, nebst Verloosungs-Kalender u. den für Prämien-Anlehen wissenswerthen Daten. gr. 16. (133 S.) Berlin 878. C. Heymann's Verl. geb. n. 3.—

Wende, Ephr., Böhmens glückliche Aussichten, oder die Aufnahme des Staats u. d. Wissenschaften. 4. Prag 771. Göbl. 3 K

— Briefe litterar. Inhalts. 1r Thl. 8. Prag 771.

Wende, Friedrich

Wende, F., einfache u. doppelte Buchführg. m. e. Anh. üb. amerikan. Buchführung, s. a. **Bibliothek,** neue kaufmännische. 3. Bd.

Einfache und doppelte Buchführung mit e. Anh. über Amerikanische Buchführung f. d. Selbstunterr. u. d. Praxis. Leichtverständl. Anleitung f. d. verschiedenen Arten d. Buchführung auf Grund d. neuen kaufmänn. Gesetzgebung. Von F[riedrich] **Wende,** Berlin. Berlin: R. Wichert 1907. (VIII, 312 S.) 8° [J.]
→ **Bibliothek,** Neue Kaufmännische. Bd 3. [07. 13347

Wende, F., Buchführung f. Kaufleute. (Sammlung v. Lehrmitteln f. Fach- u. Fortbildungsschulen, hrsg. v. Otto Knörk.) 2 Tle. 8. Berlin 905. E. S. Mittler & Sohn. à n. —75; geb. à n. 1.—
1. Einfachere Vorfälle des Warengeschäfts. (V, 54 S.)
2. Schwierigere Vorfälle m. Berücksicht. des Kommissions-, Speditions- u. Partizipationsgeschäftes, amerikan. Buchführung u. Steuererklärung. (III, 51 S.)

— **Rechenbuch für Handwerker- und gewerbliche Fortbildungsschulen, s.: Pagel, Frz.**

Wende, G., Genealogie des hochadelichen Hauses von Debschitz und Schadow, aufs neue erläutert von W. H. v. Döbschitz. Lauban 1745. fol.

Wende, Gustav

Wende, G., üb. Benutzg. v. Wandlesetafeln f. den ersten Schreibleseunterricht. 2., unveränd. Aufl. Begleitschrift zu Wende's Wandlesetafeln. gr. 8. (11 S. m. 1 Taf.) Bunzlau 895. G. Kreuschmer. — 30

Wende, Gustav, Deutschlands Kolonieen in 8 Bildern. Für Schulen bearb. 1.—3. unveränd. Abdr. Mit 1 Karte v H. Reinsdorf. gr. 8. (32 S.) Hannover 892—894. C Meyer. n. — 25

— dasselbe, s. a. Frenzel, C.

Wende, Gust., Deutschlands Kolonien in 9 Bildern. Für Schulen bearb. M. 1 (farb.) Karte v. Kiaotschau. 5. Aufl. gr. 8. (36 S.) Hannover 898. C. Meyer. n. — 30

Wende, Gust., Deutschlands Kolonieen in zwölf Bildern. Für Schule u. Volk bearb. 6. verm. Aufl. gr. 8. (49 S.) Hannover 900. C. Meyer. n. — 30

Wende, Gust., Deutschlands Kolonien in zwölf Bildern. Für Schule u. Volk bearb. 7. verm. Aufl. (56 S.) 8. Hannover 905. C. Meyer. n.n. — 35

Wende, G., 65 Wandlesetafeln f. d. ersten Schreibleseunterricht. à 48,5×70 cm. Bunzlau 895. G. Kreuschmer. n. 8. —; auf 33 Papptaf. aufgez. m. Oesen n.n. 15. —; m. Holzschutzkasten n.n. 18. —

Wende, Hermann [aus Reichenbach i. Schl.]: **(I.) Beiträge zur Kenntniss der homologen Oxyanthrachinone. (II.) Ueber alkylierte Imide der Traubensäure** ... **Breslau, Druck v. Dr. R. Galle's Buchdr.**, 1896; 50 S., 1 Bl. 8.
Breslau, Phil. Fak., Inaug.-Diss. v. 28. Juli 1896

Wende, Herm., Beiträge zur Kenntniss der homologen Oxyanthrachinone. — Ueber alkylierte Imide d. Traubensäure. Diss. gr. 8. (50 S.) Breslau 896. (Schletter.) n. — 60

Wende, J. Ch., merkwürdige Scene aus dem Leben Josephs II. u. Pius VI. 8. Wien 782. Hörling. 4 gr

Wende, Johannes, approb. Arzt: **Erfahrungen über die Blut-Serumbehandlung der Epilepsie nach Ceni in einer Irrenanstalt.** *Leipzig 1902: A. Edelmann.* (72 S.) 8°
Leipzig, Med. Diss. v. (16. Dez.) 1902

Wende, Martinus (*geb. am 2 Febr. 1852 in Steinau a. O. i. Schl.*): De Caeciliis Metellis commentationis Pars I [*un.*] ... Bonnae, form. C. Georgi (1875). 2 Bl., 77 S., 1 Bl. 8. ¶ Erschien zugleich selbständig bei Weber in Bonn.
Bonn, Phil. Fak., Diss. v. 6 Aug. 1875

Wende, Mart., de Caeciliis Metellis commentationis pars I. gr. 8. (77 S.) Bonn 875. Weber's Verl. n. 1. 50

Wende, M. Über die zwischen Rom und Karthago vor Ausbruch des ersten punischen Krieges abgeschlossenen Handelsverträge. 30 S. **Progr.** Korteg. *Bonn* 1876.

— über die zwischen Rom u. Karthago vor Ausbruch des 1. punischen Krieges abgeschlossenen Verträge. gr. 4. (30 S.) Bonn 876. (Lempertz.) n. 1. —

Wende, O., Wohnungs-Anzeiger u. Adreßbuch für Bromberg, s. Wohnungs-Anzeiger.

Wende, Oskar, Architekt: Wendel Roskopf „Meister zu Görlitz und in der Schlesy". Ein Beitrag zur Geschichte der Renaissance in Schlesien. 1908. 44 S. 4°
¶ Etwas gekürzt, aber um eine ganze Reihe v. Abb. verm. in: Schlesiens Vorzeit in Bild u. Schrift. Zeitschrift d. Schles. Altertumsvereins. N. F. Bd 5. (Jahrbuch d. Schles. Museums f. Kunstgewerbe u. Altertümer. Bd 5.) 1909.
Hannover, Dr.-Ing.-Diss. v. 22. 7. 1907

Wende, Richardus (*geb. Goniembice in Pos. 21. 7. 1850*): Quaestiones mythologicae de Hesperidum fabula. Vratislaviae (1875). (69 S.) 8°
Breslau, Phil. Diss. v. 7. Aug. 1875

Wende, Samuel (Glogau) A. S. 288/17
Simulatio religionis ipso iure naturae illicita.
Präs. Johann Gottlieb Bohn.
Wittenberg (Gerdes) 12. VII. 1719. 30 S.
36298

Wendeborn, G. A., Briefe an einen angesehenen Geistlichen in B. über seine Londner Schicksale. 8. Bremen, Cramer. 770.

Wendeborn, F. P. **De discrimine poesis antiquae et recentioris.** Diss. Göttingen 1853. 58 S.

Wendeborn, Fd., junges Leben. Dichtungen. gr. 12. Altona 844. **Wendeborn. n. 1 1/3 Thlr**

Wendeborn, F., eines Dichters Liebe, s. Liebe.

LIEBE eines Dichters. Roman in Versen (von *F. Wendeborn*). Göttingen 1859.

Wedeborn, Gebhard Friedrich August

— s. Beitr. zur Kenntniß v. Großbritannien.

Wendeborn, Gebh. Fr. Aug., (**† d. 24. Mai 1811.**) Briefe an einen angesehenen Geistlichen in Berlin, über seine Londner Schicksale. 8. Bremen 770. Cramer. 6 gr

— Erinnerungen aus seinem Leben. Von ihm selbst geschrieben. Herausg. von C. D. Ebeling. 2 Thle. 8. Hamb. 813. (Campe). 2 Thlr 20 gr

— über die allgemeine Literaturzeitung u. e. allgem. Recensenten den Prof. Sprengel in Halle. 8. Frankf. 787. Varrentrapp. 8 gr

— Reise durch einige westl. u. südl. Provinzen Englands. 2 Bde. 8. Hamb. 793. Gundermann. (Aue in Alt.) 2 Thlr

— Samml. einiger Predigten. gr. 8. Braunschw. 774. Meyer. 20 gr

Wendeborn, Geb. Fr. A., Vorlesungen üb. die Geschichte des Menschen u. sein. natürl. Bestimmung. Neue wohlf. Ausg. mit e. Vorrede von C. D. Ebeling. 8. Hamburg, Bohn. 813. Rthlr.

— Vorlesungen über die Geschichte des Menschen u. seiner natürlichen Bestimmung. 8. Hamb. 807. Bohn. 2 Thlr 8 gr Neue wohlf. Ausg. mit e. Vorrede v. Ebeling. 8. Leipz. 818. W. Vogel. 1 Thlr 16 gr

— der Zustand d. Staats, d. Religion, d. Gelehrsamkeit u. Kunst in Großbrittannien gegen das Ende d. 18. Jahrhunderts. 4 Thle. Mit vollständ. Register. 8. Berl. 785—88. Haude u. Spener. 4 ℔

Wendeborn, J., Samml. einiger Predigten. gr. 8. Braunschweig, Meyer. 774.

Wendeborn, Johann Rudolph (Einbeck) A. S. 316/19

De iure erigendi cauponas et hospitia publica tam in genere quam in specie in terris Brunsvico Luneburgicis von der Wirthschaffts= und Krug=Nahrung. Präs. Christian Ludwig Scheid. Göttingen (Hager) 12. I. 1739. 74 S.

Gew.: Gerlach Adolph Fhr. von Münchhausen.

36299

Wendeborn, Rudolf, a. Pinneberg: **Aus der chirurgischen Klinik zu Kiel.** Ein Beitrag zur **operativen Behandlung der Larynxstenosen und -Defekte (v. Mangoldtsche Plastik).** Kiel 1906: K. Jansen. (18 S.) 8°
Kiel, Med. Fak., Ref. Helferich, Diss. v. 14. April 1906
[Geb. 16. März 79 Quickborn; Wohnort: Pinneberg; Staatsangeh.: Preußen; Vorbildung: Gymn. Altona Reife O. 00; Studium: Kiel 4, München 1, Berlin 1, Kiel 4 S.; Coll. 4. April 06; Approb. 14. März 06.]

Wendebourg, H., Konkordanz zu dem evangel.-lutherischen Gesangbuche der hannoverschen Landeskirche, hrsg. in Verbindung m. K. Rahn, E. Waitz, E. Wecken, H. Wendebourg-Sudwalde u. W. Wendebourg. gr. 8. (V, 352 S.) Hannover 888. Wolff & Hohorst. n. 6. —; geb. n. 7. —

Wendebourg, H., siehe: Liederleben der evangel. Kirche.

Wendebourg, H., des Herzogs Anton Ulrich zu Braunschweig ꝛc. geistliche Lieder, s. Sänger, geistliche, ꝛc.

Wendebourg, Wilh., Draußen u. Daheim. Gedichte. (191 S.) 8. Hannover 908. E. Wendebourg. Geb. in Leinw. 2. 80

— Louis Harms als Missionsmann. Missionsgedanken u. Missionstaten des Begründers der Hermannsburger Mission. (XIII, 431 S. m. 18 Taf.) 8. Hermannsburg 910. Missionshandlg. 3. 60

Wendebourg, Wilh., die Hannoversche Katechismustradition ihre Entwickelung, ihr Recht u. ihre Weiterbildung Vortrag, auf der Hildesheimer Prediger-Konferenz am 1. Septbr. 1892 geh. u. durch Ergänzgn. u. Zusätze erweitert. gr. 8. (VI, 74 S.) Hannover 892. E. Wendebourg. n. 1.

Wendebourg, Wilhelm: Die freie Mission ein Werk der Kirche. Vortrag, geh. auf d. Missionskonferenzen in Lehrte am 4. Mai u. in Wunstorf am 5. Mai 1898, v. W[ilhelm] Wendebourg, Pastor in Kl. Mahner. (SA. aus d. 'Hannov. Pastoral-Korrespondenz'.) Hannover: H. Feesche 1898. (26 S.) 1 Bd 8°

— Lutherische Missionsarbeit an e. aussterbenden Volke, s.: Missionsschriften, kleine Hermannsburger.

— ein Tag im Missionshause zu Leipzig, s.: Palmzweige v. d. ostind. Missionsfelde, Kl. Ser., Nr. 13.

Wendeburg [Schlagwort]

Wendeburg, s.: Preussen. Messtischblätter.

Wendeburg [Verfasser]

Wendeburg, O. Ueber die Bearbeitung von Gottfried von Monmouth's Historia regum Britanniae in der HS. Brit. Mus. Harl. 1605. Diss. Erlangen 1881. 37 S.

Wendeburg, O[tto]: Repetitorium des französischen Wortschatzes der Unter- und Mittelklassen. Im Anschl. an Dr. W. Ricken's Franz. Gymnasialbuch zsgest. Braunschweig 1908: Meyer. 28 S. 8°
Braunschweig, herz. Wilhelm-G OP 1908 (901) [S 08. 525

Wendehake, Bruno, aus Quedlinburg: **Anatomische Untersuchungen einiger Bambuseen.** Mit 1 Taf. *Groitzsch 1901: G. Reichardt.* (56 S.) 8°
Heidelberg, Naturw.-math. Diss. v. 1901

St. Wendel [Schlagwort]

St. Wendel, s.: Deutschland. Karte (Abt. Preussen). — Preussen. Messtischblätter.

St. Wendel, Kreis, s.: Trier, Reg.-Bez.

Wendel [Verfasser]

Wendel, ..., (Pfarrer) Festrede, s. Jahresbericht, fünfter, des evangel. Missions-Vereins in Kurhessen.

Wendel, Adolf, a. Magdeburg: Zur Kenntnis der Leucinfraktion des Eiweisses. Über die Spaltung einiger racemischer Aminosäuren mittels Hefe. Berlin: J. Springer 1908. (83 S.) 8°
Rostock, Phil. Fak., Ref. Michaelis, Diss. v. 2. Nov. 1907
[Geb. 29. Juni 79 Wegeleben; Wohnort: Rostock; Staatsangeh.: Preußen; Vorbildung: Gymn. Magdeburg Reife M. 99; Studium: München 2, Jena 4, Techn. Hochsch. Karlsruhe 3, Univ. Berlin 1, Rostock 2 S.; Rig. 28. Nov. 07.]

Wendel, E., liturgische Vesper-Andachten, s. a. Vesper-Andachten.

Wendel, E., liturgische Vesper-Andachten für die St. Matthäus-Gemeinde. Im Auftrage herausg. Berlin 857. W. Schultze in Comm. Lex.-8. (2 Bl., 76 S.) n. 15 ngr.

Wendel, Carl, s. Wendel, Karl

Wendel, Ernst, approb. Arzt aus Cassel: Ein Fall von Carcinoma ventriculi mit carcinomatöser Pfortaderthrombose und Ascites chylosus. *München 1901: C. Wolf & Sohn.* (31 S.) 8°
München, Med. Diss. v. 1901

Wendel, Eugen [aus Brackenheim]: Über angeborne Pigmentirung der vorderen Linsenkapsel als Ueberrest der fötalen Pupillarmembran. ... Tübingen: Druck v. Heinrich Laupp jr., 1888. 22 S. u. 1 Taf. 8°
Tübingen, Med. Fak., Inaug.-Diss. v. 1888

Wendel, Eug. Über angeborne Pigmentirung der vorderen Linsenkapsel als Ueberrest der fötalen Pupillarmembran. Diss. gr. 8. (22 S. m. 1 Taf.) Tüb. 888, (Moser). * * — 80

Wendel, F., erstes allgemeines Handels- u. Adreß-Buch der Stadt Iserlohn, s. Handels- u. Adreß-Buch.

Wendel, Frederick C. H. [New-York]: Ueber die in altägyptischen Texten erwähnten Bau- und Edelsteine und deren Beschaffung, Bearbeitung und Verwendung ... Leipzig, Druck v. Breitkopf & Härtel, 1888; 121 S. 8°
Strassburg, Phil. Fak., Inaug.-Diss. v. 1889.

Wendel, Friedrich, a. Berlin: Ueber Doppelsalze der Salpetersäure. (Berlin 1905: E. Ebering.) (81 S.) 8°
Berlin, Phil. Fak., Ref. Landolt, Fischer, Diss. v. 4. März 1905
[Geb. 29. Juni 80 Berlin; Heimatsort: Berlin; Staatsangeh.: Preußen; Vorbildung: Kaiser Wilhelms-Realgymn. Berlin Reife M. 99; Studium: Charlottenburg T.H. 5. Berlin 6 S.; Rig. 23. Febr. 05.]

Wendel, G., Antritts-Predigt, s.: Krebs, J.

Wendel, G. Petition an den Reichstag, betr. e. Anzahl schreiender Rechtsverletzungen in verschiedenen Zivilprozessen. gr. 8. (112 S.) Lpz. 891, E. Thiele. * 1 —

Wendel, G., der Krankheiten letzte Ursache, s. a. Bibliothek des Seelen- u. Sexuallebens. I. 5.

Der Krankheiten letzte Ursache. Mit Benutzung e. älteren Schrift von Dr. med. Rosch [Die wahre einzige Grundursache d. meisten chron. Krankheiten] bearb. u. hrsg. von Dr. G. **Wendel**. Oranienburg: Orania [1904]. (30 S.) 8° [F.]
= **Bibliothek** d. Seelen- u. Sexuallebens. Ser. 1. H. 5. 106. 2033

— vogelfrei! 2. Petition wegen schreiender Rechtsverletzgn. gr. 8. (III, 41 S.) Ebd. 894. n.n. — 50

Wendel, wie schütze ich mich vor Ansteckung? Ein Buch f. Männer. gr. 8. (87 S. m. Abbildgn.) Oranienburg (902). Orania-Verlag. n. 1. —

— Wie verhüten wir d. Verblühen der Frauen. Eine Schönheitslehre in 5 Kapiteln, nebst Anh.: Die Schönheitspflege d. Kindes. (Neue [Titel-]Aufl.) (V, 137 S. m. Abb., 1 farb. zerlegbaren Modell u. 2 S. Erklärgn.) gr. 8. Ebd. [906] 907. 3.—; geb. 4.—

— wie verhüten wir das Verblühen der Frauen. Eine Schönheitslehre in 5 Kapiteln, nebst Anh.: Die Schönheitspflege des Kindes. (V, 137 S. m. Abbildgn., 1 farb. zerlegbaren Modell u. 2 S. Erklärgn.) gr. 8. Ebd. (908). n. 3. —; geb. n. 4. —

— wie wir die Mannesschönheit u. Manneskraft wiedergewinnen u. erhalten. Erprobte Ratschläge f. junge u. alte Männer. (IV, 130 S. m. Abbildgn., 1 farb. zerlegbaren Modell u. 2 S. Erklärgn.) gr. 8. Oranienburg (906). [Orania-Verlag.] Berlin, Verl.-Gesellsch. Coranin. 3.—; geb. 4.—

Wendel, G., wie wir d. Mannesschönheit u. Manneskraft wiedergewinnen u. erhalten. Erprobte Ratschläge f. junge u. alte Männer. (Neue [Titel-]Ausg.) (V, 130 S. m. Abb., 1 farb. zerlegbaren Modell u. 2 S. Erklärgn.) gr. 8. Berlin [906] 907. Charlottenburg, Gesellschaft f. rationelle Körperpflege. 3.—; geb. 4.—

Wendel, G. M., das Mahnverfahren, die Zwangs-Vollstreckung u. der Prozeßgang, wie sie vom 1. Octbr. 1879 an in's Leben treten. Anweisung zum Handgebrauch für Jedermann. 1—3. Aufl. 16. (48 S.) Groß-Gerau 879. (Darmstadt, Mühl.) — 50

Wendel, Geo., üb. das Genie. Eine psycholog. Studie. (71 S.) 8. Strassburg 909. J. H. E. Heitz. 2. —

Wendel, Gustav: Aus d. Univ.-Frauenklinik in Giessen. Über Rezidivoperationen nach Uteruskarzinom mit besonderer Berücksichtigung der Ergebnisse der histologischen Untersuchung der Primär- und Rezidivtumoren und der Ausbreitungsart des Uteruskarzinoms. Prag: Selbstverl. 1909: Bellmann. 27 S. 8° [Umschlagt.] ¶(Aus: Prager Med. Wochenschrift. 34, No 38—39.)
Gießen, Med. Diss. v. 15. April 1910, Ref. v. Franqué
[Geb. 22. Mai 83 Flamersheim; Wohnort: Gießen; Staatsangeh.: Preußen; Vorbildung: Gymn. Siegburg Reife O. 04; Studium: Bonn 1, München 1, Marburg 3, München 1, Gießen 3 S.; Coll. 14. Juli 09; Approb. 14. Juli 09.] [U 10. 1171

— Ästhet. Skizzenbuch. (52 S.) 8. Ebd. 910. 1.50

— Der Schönheitsbegriff in der bildenden Kunst. (87 S.) 8. Ebd. 908. 1.50; geb. 2. 20

Wendel, Gust., d. sexuell-nervösen Schwächezustände, Onanie u. Impotenz d. männl. Geschlechts. Ihre Behandlg. u. Heilg. durch e. rationell-kombin. Heilverfahren. 8. (V, 56 S.) Wiesbaden 893. Institut f. Gesundheitspflege. n. 1. —

Wendel, H. Die Aussprache des Französischen nach Angabe der Zeitgenossen Franz I. (Vocalismus.) Plauen i. V., G. u. R., 1874. 32 S. 4. Progr.

Wendel, H., Francisco Ferrer. Ein Kapitel Reaktion u. Inquisition. Erweit. Vortrag. 26—30. Taus. (16 S.) gr. 8. Frankfurt a. M., Buchh. Volksstimme. —. 10.

Wendel, H. R., der Rechtsanwalt. Neuester Rechtsbeistand u. Ratgeber f. alle Rechts- u. Prozeß-Angelegenheiten im deutschen Gerichtsverfahren vor den Amts- u. Landgerichten. 12., verm. Aufl. 12. (136 S.) Reutlingen 893. R. Bardtenschlager. Kart. n. — 80

Wendel, Hans [aus Utenbach]: Ein Beitrag zur Casuistik des Oesophagusdivertikels ... Bonn, Univ.-Buchdr. v. C. Georgi, 1896; 34 S., 1 Bl. 8.
Bonn, Med. Fak., Inaug.-Diss. v. [7.] März 1896

Wendel, Heinrich

Wendel, Heinr., die gegenseitige Disciplin der Geistlichen. Ein Vortrag gehalten am 17. Mai 1853 auf der gnadenberger Conferenz des evangelisch-lutherisch-kirchl. Provinzial-Vereins und durch denselben hrsg. gr. 8. (27 S.) Breslau 853, (Dülfer's Buchh.)

— die heiligen Episteln und Evangelien der Sonn- und Fest-Tage des christl. Kirchenjahres, nebst Reim-Gebetlein von Joh. Heermann, Wochenspruch und Liedervers zu jedem Evangelio. Mit einem Anhange, darin die heiligen Zeiten und Festtage der christl. Kirche durch Frag und Antwort erklärt sind. 857. — 2. Ausg. Breslau 858. Dülfer. 8. (118 S.) n. 3 ngr.
Vgl.: Lernbuch f. d. Religions-Unterricht 2c., — Lieder- und Perikopenbuch.

—— dass. — Wochenspruch und Liedervers zu jeder Perikope. 2., verm. Aufl. 8. (125 S.) Ebendas. 859. *

Wendel, Heinrich, prakt. Arzt aus Bierstadt: **Ein Fall von** croupöser Pneumonie im Anschluß an Trauma und Erkältung. *München 1904: Kastner & Callwey.* (18 S.) 8°
München, Med. Diss. v. 1904

— evangelisches Gebet-Büchlein f. die Haus-Andacht zusammengestellt. 16. (151 S. m. 1 Holzschntaf.) Ebend. 872. n. — 35; geb. n. — 50; in Leinw. geb. n. 75

— Gebets-Opfer. Evangelische Gebete für Kirchen- und Haus-Andacht ausgewählt. Ausgabe mit Luthers kleinem Katechismus u. der Augsburgischen Confession als Anhang zu den „Geistlichen Liedern" herausg. von Anders und Stolzenburg. Ebend. 859. 8. (96 S.) n. 2½ ngr.

—— Gebets-Opfer oder evangelische Gebete und Lieder, für die Haus-Andacht ausgewählt. Ausg. mit großer Schrift. 16. (XVI und 368 S. mit 1 Holzschn.) Breslau 860, Dülfer. * geb. * —

—— Gebets-Opfer oder evangelische Gebete für Morgen und Abend und die heil. Feste, für Beichte und Communion, für mancherlei Beruf und Stand, in Kreuz und Trübsal, Noth und Tod. 8. (64 S. mit 1 Holzschn.) Breslau 861, Dülfer. *

—— Gebets-Opfer und Lectionarium. Anhang zu den von Friedr. Anders und W. Stolzenburg herausgegebenen geistl. Liedern für Kirche, Schule und Haus, sowie zu anderen Kirchengesangbüchern. 8. (222 S.) Breslau 859, Dülfer. *

—— biblische Geschichten des alten und neuen Testaments, für Schulen mit den Worten der Schrift erzählt und mit Bibelsprüchen und Liederversen erläutert. 1—6., verm. und verb. Aufl. 8. (199 S.) Breslau 857—61, Dülfer. *
geb. *

Wendel, Heinr., biblische Geschichten des alten und neuen Testaments, für Schulen mit den Worten der Schrift erzählt und mit Bibelsprüchen und Liederversen erläutert. 7.—17. Aufl. 8. (206 S.) Breslau 862—68, Dülfer. * 5½ Ngr.; geb. *

—— dass. — Ausg. auf Velinp. mit 52 (eingedr.) Holzschn. 8. (235 S.) Ebendas. 866. geb. *

—— biblische Geschichten des alten und neuen Testaments für Schulen mit den Worten der Schrift erzählt und mit Bibelsprüchen und Liederversen erläut. 18.—59. [Ster.-]Aufl. 8. (206 S.) Ebendas. 868—75. (* 55 Pf.) * 60 Pf.; geb. *
Vgl.: Sperber, Ed., Religionsbüchlein.

Wendel, Heinr., biblische Geschichten des alten und neuen Testaments, für Schulen mit den Worten der Schrift erzählt und mit Bibelsprüchen und Liederversen erläutert. 60.—82. [Ster.-] Aufl. 8. (206 S.) Breslau 876—79, Dülfer's Verlag. *
geb. *

Wendel, Heinr., biblische Geschichten des alten und neuen Testaments, für Schulen mit den Worten der Schrift erzählt und mit Bibelsprüchen und Liederversen erläutert. 83.—119. [Ster.-]Aufl. 8. (206 S.) Breslau 880—884, Dülfer's Verlag. * 60 Pf.; geb. *

Wendel, Heinr., biblische Geschichten des alten und neuen Testaments, für Schulen mit den Worten der Schrift erzählt und mit Bibelsprüchen und Liederversen erläutert. 120.—141. [Ster.-] Aufl. 8. (206 S.) Breslau 885—87, Dülfer's Verlag. *
geb. *

—— dass. — 144.—152. [Ster.]-Aufl. Mit einem kirchengeschichtl. Anhang. 8. (246 S. mit 3 color. Karten.) Ebendas. 887,88.
* 80 Pf.; geb. **
Anhang u. d. T.: Bilder aus der Kirchengeschichte. (S. 209—246 mit 3 color. Karten.) allein *
Ohne Anhang * 60 Pf.; geb. **
Vgl.: Sperber, Ed., Religionsbüchlein für die Unterstufe.

Wendel, Heinr., biblische Geschichten d. alten u. neuen Testaments, f. Schulen m. den Worten der Schrift erzählt u. m. Bibelsprüchen u. Liederversen erläutert. 173. (Ster.-)Aufl. Mit kirchengeschichtl. Anh. u. 3 color. Karten. 8. (246 S.) Breslau 890. Dülfer. n. — 80; geb. n.n. 1. —; Anh. u. d. T.: Bilder aus d. Kirchengeschichte. (S. 209—246 m. 3 color. Karten) apart n. — 20; ohne Anh. (208 S.) n. — 60; geb. n.n. — 77

Wendel, Heinr. Biblische Geschichten d. alten u. neuen Testaments, f. Schulen m. den Worten der Schrift erzählt u. m. Bibelsprüchen u. Liederversen erläutert. 192. [Ster.-] Aufl. 8. (208 S.) Bresl. 892, Dülfer. * — 60; geb. ** — 77
Mit kirchengeschichtl. Anh. (S. 209—246, m. 3 Karten.) * — 80
142.—181. Aufl. 1887—92. geb. ** 1 —
Vgl. Sperber, Ed. Religionsbüchlein.

Wendel, Heinr., biblische Geschichten des alten u. neuen Testaments, f. Schulen m. den Worten der Schrift erzählt u. m. Bibelsprüchen u. Liederversen erläutert. 210. [Ster.-]Aufl. 8. (XV, 200 S.) Breslau 894. C. Dülfer. n. — 60; geb. in Halbleinw. n.n. — 77; m. Anh.: Bilder aus der Kirchengeschichte. (S. 201—244 m. 3 farb. Karten.) n. — 80; geb. in Halbleinw. n.n. 1. —;
Anh. allein n. — 25; geb. n.n. — 38

Wendel, Heinr., biblische Geschichten d. alten u. neuen Testaments, f. Schulen m. d. Worten d. Schrift erzählt u. m. Bibelsprüchen u. Liederversen erläut. Neu bearb. u. durch Bibelkunde, Holzschn. u. (3 farb.) Karten verm. v. Johs. Wendel. Ausg. A. 249. u. 250. (Ster.-) Aufl. 8. (à 224 S.) Breslau 898. C. Dülfer. n. — 55;
geb. n. — 75

— dasselbe. Ausg. B. M. Kirchengeschichte. 251. (Ster.-) Aufl. 8. (272 S.) Ebd. 898. à n. — 65; geb. n.n. — 85

Wendel, Heinr., biblische Geschichten des alten u. neuen Testaments, f. Schulen m. den Worten der Schrift erzählt u. m. Bibelsprüchen u. Liederversen erläutert. Neu bearb. u. durch Bibelkunde, Holzschn. u. (3 farb.) Karten verm. v. Johs. Wendel. Ausg. A. 287. (Ster.-)Aufl. 8. (224 S.) Breslau 902. C. Dülfer. n. — 55; geb. n. — 75

Wendel, Heinr., biblische Geschichten des alten u. neuen Testaments, f. Schulen m. den Worten der Schrift erzählt u. m. Bibelsprüchen u. Liederversen erläutert. Neu bearb. v. Johs. Wendel. Ausg. A. 323. (Ster.-)Aufl. In neuer Rechtschreibg. (232 S. m. 3 farb. Karten.) 8. Breslau 906. C. Dülfer. n. — 55; geb. n. — 75

— dasselbe. Ausg. B. Mit Kirchengeschichte. 284. u. 286. (Ster.-)Aufl. 8. (à 272 S.) Ebd. 902. n. — 65;
geb n.n. — 85

— dasselbe. Ausg. B. Mit Kirchengeschichte. 324. (Ster.-) Aufl. In neuer Rechtschreibg. (280 S. m. 3 farb. Karten.) 8. Ebd. 906. n. — 65; geb. n. — 85

Wendel, Heinr., biblische Geschichten des Alten u. Neuen Testaments f. Schulen. Neue Bearbeitg. v. Johs. Wendel. Ausg. A. Mit Bibelkunde u. (4 farb.) Karten. 362. (Ster.-)Aufl. (1806.—1810. Taus.) (200 S.) 8. Breslau 910. C. Dülfer. — 60; geb. n — 85

— dasselbe. Ausg. B. Mit Bibelkunde, Kirchengeschichte u. (4 farb.) Karten. 356. (Ster.-)Aufl. (1771.—1775. Taus.) (256 S.) 8. Ebd. 910. — 75; geb. 1. —

Wendel, Heinr., Dr. Martin Luther's kleiner Katechismus unter Zugrundelegung des alten breslauer (ölser) Katechismus in Frag- und Antwort für die liebe Jugend auf's Neue erklärt und durch Bibel-Sprüche und bibl. Geschichten, sowie durch Kirchen-Lieder erläutert. 8. (X und 197 S.) Breslau 856, Dülfer's Buchh. Thlr. *

—— Dr. Mart. Luthers kleiner Katechismus unter Zugrundelegung des alten breslau-oelser, ursprünglich lüneburg-celleschen Katechismus in Frag und Antwort erklärt und durch Bibel-Sprüche und bibl. Geschichten, sowie durch Kirchen-Lieder erläutert. Ausg. A. (für Confirmanden und Seminaristen.) 2., verb. Aufl. 1858. und 3. Aufl. 8. (VII und 191 S.) Breslau 860, Dülfer. *

—— dass. — Ausg. B. (Auszug für Schulen.) 1—6. Aufl. 8. (144 S.) Ebendas. 857—60. * 4½ Ngr.; geb. *

—— Dr. Mart. Luther's kleiner Katechismus unter Zugrundelegung des alten Breslau-Oelser, ursprünglich Lüneburg-Celle'schen Katechismus in Frag und Antwort erklärt ꝛc. Ausg. B. (Auszug für Schulen.) 7.—10., verb. Aufl. 8. (VIII und 135 S.) Breslau 862—67, Dülfer. * 4½ Ngr.; geb. *
Mit den 80 Kirchenliedern. *

—— Dr. Mart. Luthers kleiner Katechismus unter Zugrundelegung des alten Breslau-Oelser, ursprünglich Lüneburg-Celleschen Katechismus in Frag und Antwort erklärt und durch Bibelsprüche und bibl. Geschichten, sowie durch Kirchen-Lieder erläutert. 11.—32. [Ster.-]Aufl. 8. (VIII, 134 S.) Ebendas. 868—74. * 45 Pf.; geb. *

—— dass. — Mit den 80 Kirchenliedern der „Regulative". 8. (VIII, 134; 80 S.) Ebendas. 873. geb. *

—— Dr. Martin Luthers kleiner Katechismus, unter Zugrundelegung des alten Breslau-Oelser, ursprünglich Lüneburg-Celleschen Katechismus in Frag und Antwort erklärt und durch Bibel-Sprüche und bibl. Geschichten, sowie durch Kirchen-Lieder erläut. 33.—40. [Ster.-]Aufl. 8. (VIII, 134 S.) Ebendas. 876—79. * geb. *
Mit 80 Kirchenliedern und 26 Psalmen (80 S.) geb. *

—— Dr. Martin Luthers kleiner Katechismus, unter Zugrundelegung des alten Breslau-Oelser, ursprünglich Lüneburg-Celleschen Katechismus in Frag und Antwort erklärt und durch Bibel-Sprüche und bibl. Geschichten, sowie durch Kirchen-Lieder erläutert. 41.—43. [Ster.-]Aufl. 8. (VIII, 134 S.) Ebendas. 880,81. * 45 Pf.; geb. *
Mit 80 Kirchenliedern und 26 Psalmen. (60 S.) geb. *

—— dass. — 44.—50. Aufl. 8. (VIII, 149 S.) Ebendas. 882—84. * 50 Pf.; geb. *
Mit 80 Kirchenliedern und 18 Psalmen. (77 S.) geb. *

—— Dr. Martin Luthers kleiner Katechismus, unter Zugrundelegung des alten Breslau-Ölser, ursprünglich Lüneburg-Celleschen Katechismus in Frag und Antwort erklärt und durch Bibelsprüche und bibl. Geschichten, sowie durch Kirchenlieder erläutert. 51.—57. Aufl. 8. (VIII, 149 S.) Breslau 885—88, Dülfer's Verlag. * 50 Pf.; geb. **
Mit 80 Kirchenliedern und 18 Psalmen (77 S.) geb. **

— Dr. Martin Luther's kleiner Katechismus, unter Zugrundelegg. d. alten Breslau-Ölser, ursprünglich Lüneburg-Celleschen Katechismus in Frag u. Antwort erklärt u. durch Bibelsprüche u. bibl. Geschichten, sowie durch Kirchenlieder erläutert. 61. Aufl. 8. (VIII, 149 S.) Ebd. 890. n. — 50; geb. n.n. — 65; m. 80 Kirchenliedern u. 18 Psalmen (77 S.) geb. n.n. — 80

—— Dr. Mart. Luthers kleiner Katechismus, unter Zugrundelegg. d. alten Breslau-Ölser, ursprünglich Lüneburg-Celleschen Katechismus in Frag u. Antwort erklärt u. durch Bibelsprüche u. bibl. Geschichten, sowie durch Kirchenlieder erläutert. 64. Aufl. 8. (VIII, 149 S.) Ebd. 892. * — 50; geb. ** — 65
Mit 80 Kirchenliedern u. Psalmen (77 S.) in 1 Bd. geb. ** — 80

— Mart. Luther's kleiner Katechismus, unter Zugrundelegg. des alten Breslau-Ölser, ursprünglich Lüneburg-Celleschen Katechismus in Frag u. Antwort erklärt u. durch Bibelsprüche u. bibl. Geschichten sowie durch Kirchenlieder erläutert. 66., verb. Aufl. 8. (VIII, 150 S.) Ebd. 894. n. — 50; geb. in Halbleinw. n.n. — 65; m. 80 Kirchenliedern u. Psalmen (78 S.) in 1 Bd. geb. n.n. — 80

— dasselbe. 68. (Ster.-) Aufl. m. 80 Kirchenliedern u. Psalmen. 8. (VIII, 150 u. 94 S.) Ebd. In 1 Bd. geb. n.n. — 80

— Dr. Martin Luther's kleiner Katechismus, unt. Zugrundelegg. d. alten Breslau-Oelser, ursprüngl. Lüneburg-Celleschen Katechismus in Frag u. Antwort erklärt u. durch Bibelsprüche u. bibl. Geschichten sow. durch Kirchenlieder erläutert. 69. (Ster.-) Aufl. 8. (VIII, 150 S.) Ebd. 897. n. — 50; geb. in Halbleinw. n.n. — 65

— Dr. Martin Luther's kleiner Katechismus, unter Zugrundelegg. des alten Breslau-Ölser, ursprünglich Lüneburg-Celleschen Katechismus in Frag u. Antwort erklärt u. durch Bibelsprüche u. bibl. Geschichten, sowie durch Kirchenlieder erläutert. 74. (Ster.-) Aufl. 8. (VIII, 150 S.) Ebd. 903. n. — 50; geb. in Halbleinw. n.n. — 65; m.: 80 Kirchenlieder, geb. in Halbleinw. n.n. — 80

— Dr. Martin Luther's kleiner Katechismus, unter Zugrundelegg. des alten Breslau-Oelser, ursprüngl. Lüneburg-Celleschen Katechismus in Frage u. Antwort erklärt u. durch Bibelsprüche u. bibl. Geschichten, sowie durch Kirchenlieder erläutert. 76. (Ster.-) Aufl. In neuer Rechtschreibg. (VIII, 147 S.) 8. Ebd. 906. n. — 50; geb. n. — 65

— Dr. Martin Luthers kleiner Katechismus, unter Zugrundelegg. des alten Breslau-Ölser, ursprünglich Lüneburg-Celleschen Katechismus in Frage u. Antwort erklärt u. durch Bibelsprüche u. bibl. Geschichten, sowie durch Kirchenlieder erläutert. 77. (Ster.-) Aufl. (356. bis 360. Taus.) (VIII, 147 S.) 8. Ebd. 909. — 50; geb. — 70

— das christliche Kirchenjahr, oder: die heiligen Episteln u. Evangelien der Sonn- u. Festtage des ganzen Jahres mit kurzen Betrachtungen des Dr. C. G. Hofmann zu jeder Perikope u. vorausgehender Erklärung der heiligen Zeiten u. Festtage. Nebst einem Anh., enthltd. die Geschichte des Leidens u. Sterbens unsers Herrn Jesu Christi. 3. u. 4. Aufl. Ebend. 865,69. 8. (194 S.) n. 6 ngr.; Velinp. n. 9 ngr.

Wendel, Heinr., evangelisches Communion-Büchlein, enth. Beicht- u. Abendmahls-Gebete u. Betrachtungen für Neu-Confirmirte u. ältere Communikanten. Nebst einem Anhang: Morgen- u. Abend-, Fest- u. Berufs-Gebete u. Gebete für Kranke u. Sterbende. Mit 1 Holzschn. Breslau 861. Dülfer. 16. (XVI, 316 S.) n. 7 ngr.

Wendel, Heinr., evangelisches Communion-Büchlein, enth.: Beicht- und Abendmahls-Gebete und Betrachtungen. Nebst einem Anhang: Morgen- und Abend-, Fest- und Berufsgebete. 16. (144 S. mit 1 Holzschntaf.) Breslau 872, Dülfer's Verlag. * geb. * 50 Pf.; in Leinwd. *

—— Probst Krause an der evangel. Pfarrkirche zu St. Bernhardin in Breslau, ein Widersacher des Bekenntnisses der heil. christlichen Kirche, daß Christus empfangen ist von dem heil. Geist. Ein Vortrag auf der Conferenz zu Gnadenberg am 5. Juli 1855 gehalten und nach dem Beschluß der Conferenz veröffentlicht, nebst einem offenen Briefe an den Herrn Probst. 8. (24 S.) Breslau 855, Dülfer's Buchh.

—— dass. — 2. und 3., mit der „wissenschaftl." Entgegnung des Hrn. Probstes in den breslauer Zeitungen vom 5. Aug. c. verm. Aufl. 8. (27 S.) Ebds. 855.

—— Lernbuch für den Religionsunterricht, s. Lernbuch für den Religionsunterricht.

— geistliche Lieder, s.: Anders, F.

—— Perikopenbuch d. i. die heiligen Episteln und Evangelien der Sonn- und Festtage des christl. Kirchenjahres, nebst Reim-Gebetlein von Joh. Heermann, Wochenspruch und Liedervers zu jeder Perikope. Mit einem Anh. 3. Ausg. 8. (125 S.) Breslau 862, Dülfer. * 3¾ Ngr.; geb. *

—— Predigten und Amtsreden, s. Predigten.

—— evangelisches Religionsbuch für Schulen. 1. Aufl. 1862. und Neue Ausg. 8. (416 S.) Breslau 867, Dülfer. * —

— evangelisches Religionsbuch für Schulen. Neue Ausg. Breslau 869. Dülfer. 8. (420 S.) n. 11¼ ngr.; geb. n. 15 ngr.

Wendel, Heinr., evangelisches Religionsbuch f. Schulen. Inhalt: Biblische Geschichten d. alten u. neuen Testaments hrsg. v. H. Wendel. Luther's kl. Katechismus [nach dem Breslau-Oelser ursprünglich Lüneburg-Celleschen Katechismus hrsg. v. H. Wendel.] 80 Kirchenlieder u. 26 Psalmen, hrsg. v. Anders und Stolzenburg. Neue [Ster.-]Ausg. 8. (206; VIII, 134 u. 80 S.) Breslau 873. Dülfer. n 1. 20; geb. n. 1. 60

— evangelisches Religionsbuch für Schulen. Neue [Ster.-]Ausg. 8. (206; VIII, 149 u. 77 S.) Ebend. 882. n. 1. 35; geb. n. 1. 65

— evangelisches Religionsbuch f. Schulen. Neue [Ster.-] Ausg. (m. kirchengeschichtl. Anh. zur bibl. Geschichte). 8. (Biblische Geschichten 246, Luther's kleiner Katechismus VIII, 149 u. achtzig Kirchenlieder 77 S.) Ebd. 887. n. 1. 60; geb. n. 2. —

— u. Johs. **Wendel**, evangelisches Religionsbuch für Schulen. Der bibl. Geschichten. 244. Aufl. (M. 3 (farb.) Bibelkarten. 8. (336 S.) Ebd. 898. n. — 80; geb. n.n. 1. —

— u. Johs. **Wendel**, evangelisches Religionsbuch f. Schulen. Der bibl. Geschichten 282. (Ster.-)Aufl. Mit 3 (farb.) Bibelkarten. 8. (336 S.) Ebd. 902. n. — 80; geb. n.n. 1. —

Wendel, Heinr.: Evangelisches Religionsbuch für Schulen, enth. Bibelkunde, Bibl. Geschichten, Kirchengesch., Katechismus, Bibelsprüche, Kirchenjahr u. Gottesdienstordnung, Kirchenlieder u. Psalmen. Von Heinrich Wendel u. Johannes Wendel. Mit 3 Bibelkarten u. 9 Abb. Allg. Ausg. C. 290. Aufl. Breslau: C. Dülfer 1903. (352 S.) 8°

Evangelisches Religionsbuch für Schulen, enthaltend: Bibelkunde, Bibl. Geschichten, Kirchengesch., Katechismus, Bibelsprüche, Kirchenjahr u. Gottesdienstordnung, Kirchenlieder u. Psalmen. Von Heinrich **Wendel**, † Schulrat, u. Johannes Wendel, Pastor. Mit 3 Bibelkarten u. 9 Abb. Ausg. D f. Schlesien. 291. Aufl. In neuer Rechtschreibung. *Breslau: C. Dülfer 1903.* (352 S.) 8° [F.] (o> >79 2

Wendel, Heinr.: Evangelisches Religionsbuch für Schulen, enth. Bibelkunde, Bibl. Geschichten, Kirchengesch., Katechismus, Bibelsprüche, Kirchenjahr u. Gottesdienstordnung, Kirchenlieder, u. Psalmen. Von Heinrich Wendel u. Johannes Wendel. Mit 3 Bibelkarten u. 9 Abb. Ausg. E. f. Brandenburg. 299. (Ster.) Aufl. Breslau: C. Dülfer 1904. (352 S.) 8°

— u. Johs. **Wendel**, evangelisches Religionsbuch f. Schulen, enth.: Bibelkunde, biblische Geschichten, Kirchengeschichte, Katechismus, Bibelsprüche, Kirchenjahr u. Gottesdienstordng., Kirchenlieder u. Psalmen. Mit 3 Bibelkarten u. 9 Abbildgn. In neuer Rechtschreibg. Allgemeine Ausg. C. 320. (Ster.-)Aufl. (352 S.) 8. Breslau 906. C. Dülfer. n. — 80; geb. n. 1. —

Wendel, Heinrich: Evangelisches Religionsbuch für Schulen, enthaltend: Bibelkunde, Bibl. Geschichte, Kirchengeschichte . . . Von Heinrich Wendel, Schulrat u. Johannes Wendel, Pastor. Mit 4 Karten. Ausg. D für d. Prov. Schlesien. 335. Aufl. Breslau: C. Dülfer 1908. (324 S.) 8°

— u. Johs. **Wendel**, evangelisches Religionsbuch f. Schulen, enth.: Bibelkunde, bibl. Geschichten, Kirchengeschichte, Kirchenjahr u. Gottesdienstordng., Katechismus, Bibelsprüche, Kirchenlieder, geistl. Volkslieder u. Psalmen. Mit 4 Karten. Allgem. Ausg. C. 350. (Ster.-)Aufl. (1746.—1750. Tauf.) (324 S.) 8. Ebd. 909. Geb. 1. 20

— — dasselbe. Ausg. D f. Schlesien. 321. (Ster.-)Aufl. (352 S.) 8. Ebd. 906. n. — 80; geb. n.n. 1. —

— — dasselbe. Ausg. E f. Brandenburg. 322. (Ster.-)Aufl. (352 S.) 8. Ebd. 906. n. — 80; geb. n.n. 1. —

Wendel, Heinr., u. Johs. **Wendel**, evangelisches Religionsbuch f. Schulen, enth.: Bibelkunde, bibl. Geschichten, Kirchengeschichte, Kirchenjahr u. Gottesdienstordng., Katechismus, Bibelsprüche, Kirchenlieder, geistl. Volkslieder u. Psalmen. Ausg. D f. die Prov. Schlesien. 359. (Ster.-)Aufl. (1791.—1795. Tauf.) (324 S. m. Abb. u. 4 farb. Karten.) 8. Breslau 910. C. Dülfer. — 90; geb. 1. 20

— — dasselbe. Ausg. E f. die Prov. Brandenburg. 357. (Ster.-)Aufl. (1776.—1780. Tauf.) (320 S. m. Abb. u. 4 farb. Karten.) 8. Ebd. 910. — 90; geb. 1. 20

— — dasselbe. Ausg. F f. die Prov. Posen. 358. (Ster.-) Aufl. (1781.—1785. Tauf.) (324 S. m. Abb. u. 4 farb. Karten.) 8. Ebd. 910. — 90; geb. 1. 20

— — dasselbe. Ausg. G f. die Prov. Pommern. 361. (Ster.-)Aufl. (1801.—1805. Tauf.) (320 S.) 8. Ebd. 910. Geb. 1. 20

— — dasselbe. Ausg. H. Gekürzte Ausg. (ohne Volkslieder u. Psalmen) f. Schlesien, bearb. auf Veranlassg. d. königl. Regierg. zu Breslau. 363. Aufl. (1811.—1815. Tauf.) (270 S. m. 4 farb. Karten.) 8. Ebd. 911. — 75; geb. 1. —

Wendel, Hermann

— Otto Erich Hartleben's Erziehung zur Ehe, s.: Volksbühne, die.

Wendel, Herm., Francisco Ferrer. Ein Kapitel Reaktion u. Inquisition. Erweit. Vortrag. 26.—30. Tauf. (16 S.) gr. 8. Frankfurt a/M. 909. Buchh. Volksstimme. — 10

— Hie Fleischwucher! Hie Gottesgnadentum! Rede, geh. im Gallussaal zu Frankfurt a. M. am 1. IX. 1910. 1.—10. Tauf. (16 S.) gr. 8. Ebd. (910). — 10

— Frankfurt am Main von der großen Revolution bis zur Revolution v. oben (1789—1866). (VII, 191 S.) gr. 8. Ebd. 910. 2.50; geb. 3. 50

— Max Halbe's Jugend, s.: Volksbühne, die.

— Emil Rosenow's Kater Lampe, s.: Volksbühne, die.

— Die preußische Polenpolitik in ihren Ursachen u. Wirkgn. (86 S.) 8. Berlin 908. Buchh. Vorwärts. 1. 20

— Sozialdemokratie u. antikirchl. Propaganda. Ein erweiterter Vortrag. (31 S.) 8. Leipzig 907. Leipziger Buchdruckerei. — 20

Wendel, Hugo

— Granada's Alhambra, erobert 1492. Festrede, bei der Nachfeier d. Geburtstages Sr. Maj. d. Königs Albert in der Gymnasial- und Realschulanstalt zu Plauen geh. den 28. April. gr. 8. (19 S.) Ebend. 870. n. — 40

Wendel, Hugo, die Aussprache des Französischen nach Angabe der Zeitgenossen Franz I. [Vocalismus.] gr. 4. (30 S.) Plauen 875. Hohmann. 1. 80

Wendel, Hugo, die Entwicklung der Nachtonvokale aus dem Lateinischen ins Altprovenzalische. (Diss.) (VII, 123 S.) 8. Leipzig 906. O. Harrassowitz. 2.—

Wendel, Hugo, üb. die in den letzten 10 Jahren in Livland begutachteten Schussverletzungen. Diss. gr. 8. (62 S. m. 10 Tab.) Jurjew (Dorpat) 893. (E. J. Karow.) n. 3. —

Wendel, Hugo Rud., das Schuldklagwesen nach dem neuen Gerichtsverfahren oder wie gelangt man ohne besondere Auslagen am schnellsten und am billigsten zu seinem Guthaben? Eine prakt. und allgemein verständl. Darstellung des Mahnverfahrens nach der vom 1. Oktbr. 1879 an gült. Civilprozeßordnung. Mit einer Masse von Beispielen und Formularien, nebst der neuen Konkursordnung [das Gantverfahren], und einem Anhang: Das Verfahren beim Gemeindegericht betr. Für das Volk bearb. 8. (32 S.) Reutlingen 887, Bardtenschlager.

—— der deutsche Volksadvokat oder Rechtsbeistand vor den deutschen Amtsgerichten. Eine gemeinfaßl. Anleitung für Jedermann, in Rechtsangelegenheiten aller Art sich selbst zu vertreten, und durch eine Masse von Beispielen erläutert, wie alle hierzu erforderl. Schriftstücke rechtsgiltig ohne jede Hilfe abzufassen sind. Auf Grund der neuen Justiz-Gesetze für das deutsche Reich bearb. und hrsg. 8. Aufl. 8. (112 S.) Ebendas. 887. *

Wendel, J., Predigt zur Gedächtnißfeier des Apostels der Deutschen Winfried Bonifacius, gehalten am 10. Juni 1855 in der evangel. Kirche zu Fulda. 8. (15 S.) Fulda 855, Müller'sche Buchh. *

Wendel, J. G., Beschreib. einer einfachen und holzerspar. Einrichtung von Oefen und Kochheerden. gr. 8. Weimar, L. Ind.-Cptr. 819.

— — desselben 2te Aufl. 8. Leipzig, Mag. f. Ind. 820.

Wendel, J. G., Nachrichten v. Schnepfenthal, gr. 8. m. K. in Qfol. Erfurt. 794.
illum.

Wendel, J. J., Beschreib. einer einfachen u. holzerspar. Einrichtung von Oefen u. Kochheerden. Mit 1 Kpf. gr. 8. Weim. 819. L.-Ind.-Cpt. 4 gr 2e Aufl. 8. Leipz. 820. Mag. f. Ind. 8 gr

— Nachrichten von Schnepfenthal. Mit Kpf. in qu. Fol. r. 8. Erfurt 794. 2 ꝛß 12 gr ill. 3 ꝛß 16 gr

Wendel, Jh., de laudibus Sulae, carmen, c. praef. et notis J. G. Eckius. 8maj. Leipz. 777. Hilscher. 5 gr

Wendel, Jh. Andr.

Wendel, J. A., Anfangsgründe d. Logik. 8. Coburg, Ahl. 814.

J. And. Wendel's Anfangsgrr. d. Logik. *Cob.*, Ahl. 815. 8° 12 gr

— Anfangsgründe d. Logik. 8. Coburg 815. (Riemann). 12 gr

Wendel, J. A., Beiträge zur Interpretation d. Odendichters Horaz, od. Auswahl d. Besseren aus Lambins u. and. ältern u. neueren Erklärungen d. Horazischen Oden u. Epoden, mit krit. u. erklär. Zusätzen. Auch als Nachlese zu d. bereits erschien. Vorlesn. desselb. üb. Horaz dienend. gr. 8. (7¾ B.) Leipzig 834, Barth. Thlr.

— Beurtheilung der Hegelschen Philosophie nach ihren neuern Erklärern, Mayer u. Chalybäus. 8. Coburg … Riemann. ⅓ ꝛß

Wendel, Jh. Andr., Jul. Cäsar, das Vorbild v. Napoleon Bonaparte; e. Progr. 4. Cob. 820.

— von der Errichtung des Reichs d. Schönheit, e. vollständ. Theorie d. schönen Künste für Dichter, Schauspieler, Musiker, Maler, Kritiker &c. 8. Nürnb. 808. Wittwer. 12 gr

— deutsche Grammatik für Schulen, mit Hinsicht auf Schöttel, Adelung u. Andere. 8. Coburg 821. Meusel. 10 gr

— Grundzüge u. Kritik der Philosophien Kant's, Fichte's u. Schellings z. Erleicht. des Selbststudiums dieser Philosophien u. z. Verbreitung nützl. Ansichten desselben. 8. Coburg, Ahl. 810.

Wendel, Jh. Andr., Grundzüge u. Kritik d. Philosophie Kants Fichte's u. Schelling's zur Erleichterung des Selbststudiums dieser Philosophien u. zur Verbreitung nützlicher Ansichten desselben 8. Coburg 812. 2e umgearb. u. mit Zusätzen aus u. über Hegel, Klein, Oken, Rixner u. Steffens verm. Ausg. 8. Cob 824. (Riemann). 1 ꝛß

– Grundzüge u. Kritik d. Philosophien Kant's, Fichte's u. Schelling's 2e umgearb. u. mit Zusätzen aus u. üb. Hegel, Klein, Oken, Rixner u. Steffens verm. Ausg. 8. Coburg 824, Biedermann.

Wendel, (Joh. Andr.,) einige fragmentarische Ideen üb. sogen. allgem. Grammatik. Programm. 4. Coburg 825, (Leipz., Hinrichs.)

— Lehrbuch d. deutschen Styls. 8. Cob. 817. Sinner. 1 ꝛß

— skeptische Logik, oder Darstellung d. vermeintl. Wissenschaft d Logiker von ihrer schwachen Seite, vornehml. in Hinsicht auf Begriff, Satz u. Schluß. 8. Cob. 819. Sinner. 12 gr

— die Reformation, ein nothwendiges Erzeugniß d. deutscher Nationalität, eine Rede, gehalten am Jubelfeste der Reformation. gr. 8. Cob. 817. Ahl. 2 gr

Wendel, J. A., Commentatio de reditibus reipubl. Romanae. Gekr. Pr. 1801. 82 S. 4°.

Wendel, Ioh. And., Commentatio de reditib. reipubl. romanae. 4. maj. Götting. Dieterich. 802.

— Progr. von verschied. Schriftsystemen. 4. Cob. 810.

— s. Taschenbuch, Coburgisches.

— moralische Vorlesungen nach Gellerts Idee. 8. Cob. 817. Sinner. 20 gr

— Vorlesungen über die Horazischen Oden u. Epoden, ästhetischen, krit. u. erklärenden Inhalts, als fortlaufender Commentar. 1r u. 2r Thl. 1s u. 2s Buch d. Oden. gr. 8. Cob. 822 u. 25. Meusel. 2 ꝛß

— über d. Werth u. d. Bedeutung d. Nibelungsliedes, vorzügl. in Hinsicht auf Homer u. d. neuere allgemeine Erklärung. gr. 8. Cob. 811. Ahl. 6 gr

— Josua Zipplein, s. Zipplein.

Wendel, Johs., Bibelkunde. [Aus: „Religionsbuch".] 8. (S. 17—29.) Ebd. (901). n. — 10

Wendel, Johs., kleine Bibelkunde. 2. Aufl. [Aus: „Religionsbuch".] (16 S. m. Abbildgn.) 8. Ebd. (903). n. — 10

Wendel, Johs., Bilder aus der Kirchengeschichte. Anh. zu H. Wendel's bibl. Geschichten des alten u. neuen Testaments f. Schulen. 13. Aufl. 8. (S. 201–244 m. 3 farb. Karten.) Breslau 894. C. Dülfer. n. — 25; geb. in Halbleinw. n.n. — 38

Wendel, Johs., Bilder aus d. Kirchengeschichte. I. Anhang zu H. Wendel's Biblischen Geschichten d. alten u. neuen Testaments f. Schulen. 22. Aufl. 8. (S. 225–272.) Ebd. 898. n. — 15; kart. n. — 20

— **Bilder aus der Kirchengeschichte.** I. Anh. zu H. Wendel's Biblischen Geschichten des alten u. neuen Testaments f. Schulen. 34. Aufl. 8. (S. 225–272.) Ebd. 902. n. — 15; kart. n. — 20

— **Bilder aus der Kirchengeschichte.** [Aus: „Religionsbuch".] 50. u. 51. Aufl. In neuer Rechtschreibg. (Je S. 233–280.) 8. Ebd. (906). n. — 15; kart. n. — 20

Wendel, Johs., Bilder aus der Kirchengeschichte. [Aus: „Wendels ev. Religionsbuch f. Schulen".] 67.–72. Ster.-Aufl. (S. 201–256.) 8. Breslau 910. C. Dülfer. p — 20

— **Luthers kleiner Katechismus** m. 184 Bibelsprüchen, 50 Kirchenlieder u. 10 Psalmen. II. Anhang zu H. Wendel's Biblischen Geschichten d. alten u. neuen Testaments f. Schulen. 2. Aufl. 8. (S. 273–336.) Ebd. 898. n. — 15; kart. n. — 20

— **Luthers kleiner Katechismus** m. 184 Bibelsprüchen, 60 Kirchenlieder u. 10 Psalmen. II. Anh. zu H. Wendel's Biblischen Geschichten d. alten u. neuen Testaments f. Schulen. 9. Aufl. 8. (S. 273–336.) Ebd. (902). n. — 15; kart. n. — 20

— **Memorierstoff** f. den evangelischen Religionsunterricht, enth.: Katechismus, Bibelsprüche, Kirchenjahr u. Gottesdienstordng., Kirchenlieder u. Psalmen. In neuer Rechtschreibg. Allgemeine Ausg. [Aus: „Ev. Religionsbuch". 20. Aufl.] (S. 281–352.) 8. Ebd. (906). n. — 20; steif brosch. n. — 25

— dasselbe. Ausg. f. Brandenburg. [Aus: „Ev. Religionsbuch". 21. Aufl.] (S. 281–352.) 8. Ebd. (906). n. — 20; steif brosch. n. — 25

— dasselbe. Ausg. f. Schlesien. [Aus: „Ev. Religionsbuch". 18. Aufl.] (S. 281–352.) 8. Ebd. (905.) n. — 20; steif brosch. n. — 25

— **Memorierstoff** f. den evangel. Religionsunterricht, enth.: Katechismus, Sprüche, Lieder u. Psalmen, nebst Kirchenjahr u. Gottesdienstordng. (Allgem. Ausg.) [Aus: „Wendels evangel. Religionsbuch f. Schulen", 29. Aufl.] (S. 257–324.) 8. Ebd. (910). p — 20

— dasselbe. Ausg. f. die Prov. Brandenburg. [Aus: „Ev. Religionsbuch". 30. Aufl.] (S. 257–320.) 8. Ebd. (910). p — 20

— dasselbe. Ausg. f. die Prov. Pommern. [Aus: „Ev. Religionsbuch". 25. Aufl.] (S. 257–320.) 8. Ebd. (908.) p — 20

— dasselbe. Ausg. f. die Prov. Posen. [Aus: „Ev. Religionsbuch". 24. Aufl.] (S. 257–324.) 8. Ebd. (908). p — 20

— dasselbe. Ausg. f. die Prov. Schlesien. [Aus: Ev. Religionsbuch". 31. Aufl.] (S. 257–324.) 8. Ebd. (910). p — 20

Wendel, Josef v.

— s. M. Basilius, Predigten.

Wendel, Jos. v., Gang d. göttl. Anstalten z. Beseligung d. Menschen u. ihre Vollendung durch Jesum. 4 Qtale. gr. 8. Wien, Rötzl. (Kaulfuß). 794.

v. Wendel, Jos., Gang d. göttlichen Anstalten zur Beseligung d. Menschen u. ihrer Vollendung durch Jesum. 4 Quartale. gr. 8. Wien 794. (Schaumburg.) 4 ℛ Hbg. Pr. 2 ℛ 16 ℊ

— Predigt über die Frage: Wie soll man Kindern beten lehren? 8. Augsb. 789. Doll. (Landsh., Krüll). 2 ℊ

— Predigten auf alle Sonn- u. Festtage d. Jahres. 8 Bde. 8. Augsb. 789–93. Doll. 3 ℛ 4 ℊ

— Rede von d. Bruderliebe. 8. Prag 781.

— die wichtigsten Wahrheiten aus der Lehre Jesu Christi durch Predigten auf alle Sonn- u. Festtage des Jahres vorgetr. 8 Bde. 8. Ebend. 789–93.

* **WENDEL,** Justus Christian, von Lindberg, Stellet In Labyrintho concurrentium Sponsaliorum requirirtermassen seine Antwort, Und lässet das Responsum Juris Mit einer Staffete auf dem Pegaso schleunig nacher Pensylvanien abgehen: Der guten Zuversicht, weil selbiges eine utroque jure privilegirte Ehe-Materie begreifft, man werde diesen geflügelten Post Klepper zu Wasser und Land aller Orten frey, sicher und ohngehindert passiren lassen, damit auch Dr. Chremes, der alte 60jährige Courtisan, und Magister Nullenius, der junge Lecker, durch Korb desto ehender zurück- und ihrem Glück weiter nachlauffen mögen. Stück 1 (einz.). Franckfurt u. Leipzig 1719. 4°. (In Berlin: Yz 731, mit 1 Beibd.; auch in Frankfurt a. M. u. in Marburg, Univbibl.)
Satyre. 90 S. Prosa u. Verse, zum Theil lateinisch. — Selten!

Wendel, Karl

Wendel, Carolus, Erfordiensis: De nominibus bucolicis. P. 1: De Theocriti nominibus bucolicis. *Halis Sax. 1899: [B. G. Teubner in Leipzig].* (34 S.) 8° ¶ [Erschien vollst. in: Jahrbücher f. klass. Philologie, Suppl.Bd 26.]
Halle, Phil. Diss. v. 18. Nov. 1899

Wendel, Carol., de nominibus bucolicis. gr. 8. (90 S.) Leipzig 900. B. G. Teubner. n. 3.40
Sonderabdruck aus: „Jahrbücher f. class. Philologie".

Wendel, Karl: Eine vergessene Schrift Luthers? Von Hilfsbibliothekar Dr. Carl Wendel in Greifswald. Berlin: C. A. Schwetschke & Sohn 1905. (S. 201–205.) 8°
(Archiv f. Reformationsgeschichte. Jg. 2, H. 2, [5.])

— **Wortregister,** s.: Sammlung der griechischen Dialekt-Inschriften. IV. 2.

Wendel, **Max.** Ein Beitrag zur Lehre vom Kindesmorde. Diss. gr. 8. (85 S. m. 7 Tab.) Dorpat 891, (Karow). * 3 —

Wendel, Max, e. Beitrag zur Lehre vom Kindesmorde. Diss. gr. 8. (85 S. m. 7 Tab.) Jurjew (Dorpat) 893. (E. J. Karow.) n. 3. —

Wendel, Max, Wesen u. Heilwerth der Luft- u. Badekuren am Ostseestrande bei Riga in allgemeinverständlicher Darstellg. 8. (134 S.) Riga 902. E. Bruhns. n.n. 1.40

Wendel, Oskar, topographisch-statistisch-historischer Führer zu den schönsten Standpunkten u. vorzüglichsten Naturschönheiten der Schweiz. Ein sicherer, belehr. Wegweiser f. Künstler, Vergnügungs-Geschäftsreisende, u. ein zweckmäßiges Handbuch f. Lehrer beim Unterrichte in d. speciellen Geographie, nach eigener Anschauung u. den neuesten literar. Nachrichten. 12. (X u. 359 S. m. 1 Tab. in qu. Fol.) Weimar 851, Voigt in Comm. 1 ℔

Wendel, Oskar, topographisch-statistisch-historischer Führer in der Schweiz, ein sicherer und belehrender Wegweiser zu den schönsten Standpunkten und vorzüglichsten Naturschönheiten der Schweiz und des im Norden und im Süden an dieselbe grenzenden Gebietes, für Künstler, Vergnügungs- und Geschäftsreisende rc. 2. (Titel-)Aufl. 12. (X und 359 S. mit einer in Kpfr. gest. und ill. Karte über die Schweiz in 4. und einer Tab. in Fol.) Weimar 854, Kühn. *

Wendel, Osk., Predigt zum Gedächtniß Ihrer Kaiserl. Hoh., der Durchl. Höchstsel. Frau Großherzogin-Großfürstin Maria Paulowna am 4. Sonntage nach Trin., den 17. Juli 1859. Weimar, Kühn. 8. (15 S.) n. 3 *ngr.*

Wendel, Otto [aus Brackenheim]: Ein Fall von Erysipelas laryngis nach Influenza ... Berlin, C. Vogt's Buchdr., *1892;* 26 S., 2 Bl. 8.
Berlin, Med. Fak., Inaug.-Diss. v. 6. Aug. 1892

Wendel, Pet. Jos., Verwaltungs-Volontär aus Erstdorf: Die Rechtsstellung der Komplementare und Kommanditisten gegenüber der Kommanditgesellschaft und deren Gläubiger während Bestehens und im Konkurs der Gesellschaft. *Bonn 1898: K. Drobnig.* (69 S.) 8°
Erlangen, Jur. Diss. v. 18. März 1898

Wendel, Walther, Dr., Assistenzarzt d. chirurg. Universitätsklinik: Beiträge zur Lehre von den Blasengeschwülsten. ⟨Aus d. Pathol. Institut ⟨Geh. Rat Marchand⟩ u. d. Chirurg. Klinik ⟨Geh.-Rat Küster⟩ zu Marburg.⟩ Mit 2 Taf. *Jena: G. Fischer 1900.* (82 S.) 8°
Marburg, Med. Hab.-Schr. v. [24. Febr.] 1900

Wendel, Walter, Referendar: § 1004 B.G.B. ⟨Der Eigentumsfreiheitsanspruch.⟩ Magdeburg 1909: Faber. XI, 42 S. 8°
Rostock, Jur. Diss. v. 10. Juli 1909, Ref. Matthiaß
[Geb. 10. April 81 Magdeburg; Wohnort: Magdeburg; Staatsangeh.: Preußen; Vorbildung: Dom-Gymn. Magdeburg Reife O. 01; Studium: Jena 3, Kiel 3 S.; Rig. 5. Mai 09.] [U 09. 370]

Wendel, Walter [aus Potsdam]: Ueber die Wirkung des Narceïnphenylhydrazons ... Berlin, C. Vogt's Buchdr., *1894;* 33 S., 1 Bl. 8.
Berlin, Med. Fak., Inaug.-Diss. v. 23. Febr. 1894

Wendel-Hippler (pseud. für G. Allhusen), Aufruf an die Arbeiter. 1850.

Wendel-Schratz, Adelheid, aus Herz u. Welt. gr. 8. (124 S.) München 896. Seitz & Schauer. n. 2.—; geb. n. 3.—

Wendelborn, *Friedrich* [Dr.]: Zur Theorie und Praxis des Unterrichts in den fremden Sprachen ... Barmen, L. Langewiesche Buchdr., 1893; 5—24 S. 4.
Unter-Barmen, st. HM, P 1893**

Wendelborn, Fritz [ord. Lehrer am Realprogymn. zu Langenberg, Rheinland]: Sprachliche Untersuchung der Reime der Végèce-Versification des Priorat von Besançon .... Würzburg, Druck d. Thein'schen Druck. (Stürtz), 1887; 44 S. + 1 Bl. 8°.
Bonn, Phil. Fak., Inaug.-Diss. v. 19. März 1887.

(Wendeler, Camillus.) Zum Strassburger Freischiessen von 1576. [A.] 8. [Bonn 1877.]

Wendeler, Camillus, s. Liebesidylle eines Zürichers vom Glückhaften Schiff auf dem Freischieszen zu Straszburg im J. 1576.

— s.: Mousobach, Frhr. K. H. G. v., Fischartstudien.

Wendeler, Camillus: De praeambulis eorumque historia in Germania. P. prior: De praeambulorum indole, nomine, origine. Halis (1870): Orphanotropheum. 58 S. 8°
Halle-Wittenberg, Phil. Diss. v. 7. Mai 1870
Geb. Simonsdorf b. Soldin (Brandenburg) 23. 6. 1843. V.
Im Buchhandel Halle: Waisenhaus 1870. III, 55 S. 8°
T. 2 sollte deutsch erscheinen, erschien aber nicht.

Wendeler, Camillus, de praeambulis eorumque historia in Germania. Part. I. de praeambulorum indole, nomine, origine. Halle 870. Buchh. des Waisenhauses. gr. 8. (III, 55 S.) n. 10 *ngr.*

Wendeler, Paul [approb. Arzt]: Ein Versuch die Schallbewegung einiger Konsonanten und anderer Geräusche mit dem Hensen'schen Sprachzeichner graphisch darzustellen. Gekrönte Preisschrift aus dem physiologischen Institut der Universität Kiel .... München, Druck v. R. Oldenbourg, 1886; 2 Bl + 16 + 4 S. u. 2 Taf. 8°.
Kiel, Med. Fak., Inaug.-Diss. v. 28. Jul. 1886.

Wendeler, Paul, ein Versuch die Schallbewegung einiger Konsonanten und anderer Geräusche mit dem Hensen'schen Sprachzeichner graphisch darzustellen. Gekrönte Preisschrift aus dem physiologischen Institut der Universität Kiel. Diss. Kiel 1886, Haeselersche Sort.-Buchh. 8°. 16 S. mit 2 Taf.

Wendelgarde von Linzgau, oder, Glaube, Liebe, Hoffnung, von J. C. Appenzeller. 3 Thle. 8. St. Gallen, Huber u. Comp. 816.

Wendelheim, Die Familie, eine Geschichte aus unsern Tagen ... Halle 1792. V: *Hammerdörfer, Carl.* (ML) (GGr) (Ky)

Wendelheim, d. Familie; e. Gesch. a. unsern Tagen, v. d. Verfasser d. Liebe. (Hammerdörfer.) 8. Lpz. Dyk. 792. 1 8

Wendelin v. Carlsberg, od. der Don Quixote, (von Jh. Glo. Schulz). 8. Leipz. 789. Gleditsch. (Brockhaus). 14 *gr*

Wendelin von Carlsberg, oder der Don Quixotte d. 18ten Jahrh. 8. Lpz. Heinsius. (Gleditsch.) 789. — 14

Wendelin von Höllenstein, oder die Todtenglocke, eine Geistergeschichte. Wien u. Leipz. 1798. V: *Gleich, Joseph Alois.* (MGT) (NN) (Ky) (WBL)

WENDELIN von Höllenstein, oder die Todenglocke (!). Eine Geistergeschichte. Mit TKpf. u. TVign. Wien u. Prag, Haas, 1798. 8°.
Haydinger's Bibl. I. 2. no. 390. —
— — Dasselbe. Ebd. 1822. 8°. (5/6 Rthl.)
Kayser p. 132.

Wendelin von Höllenstein, oder die Todtenglocke um Mitternacht, Ritter- und Geisterroman. M. Kupf. 8. Prag und Wien, Haas. 821.

— von Hollenstein, od. die Todtenglocke, (v. Jos. Al. Gleich). 8. Wien 822. K. Haas. 16 *gr*

Wendelin von Höllenstein od. die Todtenglocke, eine Geistergeschichte. Neueste Aufl. gr. 8. (20¼ B., 1 Stnt. u. lith. Ttl.) Wien 844, Haas'sche Buchh.

Wendelin v. Höllenstein, oder die Todtenglocke. Schauersage aus dem 12. Jahrh. 2 Thle. in 1 Bde. Neue verb. Aufl. Wien 864. Bachmann. 8. (285 S. mit 1 Titelkpfr.) n. 24 *ngr.*

Wendelin von Höllenstein oder: die Todtenglocke . . . Wien [1865]. V: *Gleich, Joh. Alois.* (FB)

Wendelin v. Höllenstein oder die Todtenglocke um Mitternacht. Romantisches Ritterschauspiel aus dem 12. Jahrh. in 3 Aufzügen. Frei für Kindertheater bearb. von G. u. B. Dvm. 32. (24 S.) Urfahr-Linz 878. Kraußlich. – 5

Wendelin von Karlsberg, oder der Don Quixote des achtzehnten Jahrhunderts. Leipzig 1789. V: *Schulz, Johann Gottlob.* (MGT) (Ky)

Wendelin von Carlsberg oder der Don Quixott des achtzehnten Jahrhunderts, 8. Daselbst, 789. Heinsius. 18 sgl.

Wendelin, Ernest., geistlicher Taschen-Humorist. Ein Unterhaltungsbüchlein für Seelsorger, Prediger, Katecheten, nicht minder für Schullehrer, Familien u. jeden Freund einer angenehmen u. nützlichen Lektüre. Regensburg 859. Manz. 21. (VIII, 272 S.) 12 *ngr.*

Wendelin, Johann Andreas (Frankenhausen) A. S. 1271/5

Dissertatio inauguralis medica de calculo renum et vesicae. Präs. Johann Philipp Eysel.
Erfurt (Grosch) 8. V. 1717. 48 S. 36302

Wendelin, Karl, große und kleine Struwelpeter. Halberstadt 854. Frantz. 8. (90 S.) n. 10 *ngr.*

Wendelin's, P., humoristische Pilln kägn ollerhand Muck u. Grilln. 2. Schachtl. (El obrschläs'scher Schprooche.) 8 (VI und 72 S. mit eingedr. Holzschn.) Ober-Glogau 867 (Handel.) *
Vgl.: **Pillen, humoristische.**

Wendelinus-Büchlein enth. d. Leben d. h. Abtes u. Hirten Wendelinus nebst e. Andacht zu diesem Heiligen, dem bes. Patron in Gichtkrankheiten u. Viehseuchen. *Dülmen: A. Laumann 1900.* (16 S.) 8° [J.] (Gr. 4426

Rendsburger Kgl. privileg. Wochenblatt. Fra 30. Jahrg. Nr. 11. Redig. und herausgeg. von F[RIEDR.] M[ATTH.] WENDELL). 30—37. Jahrg. Rendsburg. 1837—40. 4. [De første 29 Aarg. mangler i U. B.]. (fortsættes).

Wendell, George Vincent: Über die Rotationsdispersion der Weinsäure und des Terpentinöls. *Leipzig: J. A. Barth 1898.* (22 S.) 8°
Leipzig, Phil. Diss. v. [9. Aug.] 1898

WENDELL, J. G. F., Gesellschaftliches Lieder-Buch. Gesammelt von Freunden und Freundinnen des Gesangs in Rendsburg. 1. Th. Rendsburg. 1816.

Wendelmuth, R., T. Labienus. Diss. 1882. 72 S.

Wendelmuth, Richard (Hrsg.), s. Schulz, Alfred: J. Perthes Geschichtsatlas.

Wendelstadt, A(ugustus): De hepatis cirrhosi. Halis Saxonum (1850): Schmidt. 38 S. 8°
Halle-Wittenberg, Med. Diss. v. 23. Aug. 1850
Geb. Wetzlar 7. 7. 1827. V.

Wendelstadt, Georg Friedrich Christian

Wendelstadt, G. F. C., medicinische u. chirurg. Aufsätze üb. merkw. praktische Fälle, m. K. gr. 8. Hadamar, Gelehrten Handl. 807.

-- über d. lächerliche deutsche Brieftitulatur. 8. Wetzlar 805.

—Durchflug durchs Fürstenthum Siegen. 8. Dortmund 817. (Schulz in Hamm.) 8 gr.

s. Fragmente, geschichtl. u. naturhistor.

-- s. Krebsbüchlein, medizin., u. setze hinzu: (v. J. F. C. Wendelstadt.)

— über die Pflichten gesunder Mütter, ihre Kinder selbst zu stillen. 8. (Marb.) 798. Krieger. 6 gr.

Wendelstadt, Geo. Fr. Chr., Rance. Romant. Tragödie. gr. 8. Hadamar 804. (Lanz in Weilb.) 12 gr.

Wendelstadt, Georg Friedrich Christian. Rheinreise von Mainz bis Neuwied im July 1812 . . . Hadamar 1813. H: *Abel, J. W.* (BrMm)

— Rheinreise von Mainz bis Neuwied, im Juli 1812, in Briefen an seinen Freund P. A. in H. gr. 8. Hadam. 813. (Lanz in Weilb.) 12 gr.

Wendelstadt, Geo. Fr. Chr., († d. 10. Aug. 1819.) Samml. medicin. u. chirurg. Aufsätze über merkwürd. prakt. Fälle, mit Kupf. gr. 8. Hadamar 807. (Lanz in Weilb.) 1 rß

Wendelstadt, G(eorg) F(riedrich) C(hristian) (Übers., Comm. u. Hrsg.):

s.: Tissot, (Simon André): Über die Krankheiten der Selbstbefleckung. (Tentamen de morbis ex manustupratione. Dt.) 2. Aufl. Marburg: 1800

JB 4.573

Wendelstadt, G(eorg) F(riedrich) C(hristian): Anhang. 19 S. (S. 89 - 117).

s.: Tissot, (Simon André): Über die Krankheiten der Selbstbefleckung. (Tentamen de morbis ex manustupratione. Dt.) Übers.; mit Anmerkungen...begleitet (hrsg.) von G.F.C.Wendelstadt. 2. Aufl. Marburg: 1800

JB 4.573

— die Völkerschlacht von Leipzig, ein Heldengedicht in 4 Gesängen. Als Anh.: J. W. Abel, erklär. Anmerkk. über d. Völkerschlacht 2c. Mit 1 Bildn. gr. 8. Hadam. 815. (Lanz in Weilb.) 1 rß 19 gr.

— Wahrnehmungen am medicin.-chirurg. Krankenbette. 1r Bd. Mit 1 Kpft. gr. 8. Osnabr. 801. Blothe. 1 Thlr. 8 Gr.

Wendelstadt, Guillaume

Wendelstadt, G., Ornements de la mémoire, s.a. Ornements.

Wendelstadt, Mlle Guill., ornaments de la mémoire. Contes et poésies pour le premier âge illustrés. Francfort s. M. (858.) Jügel's Verlag. gr. 4. (24 lith. Bl. m. Text u. lith. u. color. Titel.) 2 Thlr.

Wendelstadt, Hermann (geb. am 31 Jan. 1862 in Köln): Ueber angeborene Hauteinstülpungen und haarhaltige Fisteln in der Sacrococcygeal-Gegend ... Bonn, Univ.-Buchdr. v. C. Georgi 1885. 34 S., 1 Bl. 8.
Bonn, Med. Fak., Diss. v. 24 Juni 1885

Wendelstein, Ludwig, aus Rottenburg a. Neckar: Beitrag zur Vorgeschichte des Euphuismus. *Halle a. S. 1902: C. A. Kaemmerer & Co.* (89 S.) 8°
Halle, Phil. Diss. v. 1902

Wendelstein-Bahn. München 1904. V: *Strub, Emil.* (BBullSchw 4, 1904)

Wendelsteingebiet [Schlagwort]

Wendelsteingebiet. Karte des Wendelsteingebietes. Aufgenommen vom k. b. topograph. Bureau im J. 1887. 1 : 25,000. Lith. u. color. qu. gr. Fol. München 888. (Literarisch-artist. Anstalt.) n.n. 1. —

WENDEMANN, Karl, eine Alltagsgeschichte. Leipzig, Dyk, 1791. 8°.
— — Dasselbe. (Nachdruck.) 2 Thle. Hohenzollern (Wien) bey Johann Baptist Wallishausser, 1792. (Nebst 2 gestoch. Titeln: Wienerische Landbibliothek. Jahrg. II, Bd. 10—11.) Mit 2 hübschen Titelkpfrn. u. 2 ebensolchen Titelvignetten (letztere auf den gestoch. Titeln), Seb. Mansfeld sc. 8°. I: 206 S. (incl. 16 Bll. Vorst.). II: 211 S. (incl. Drucktitel.).

Wenden [Schlagwort]

Wenden, s.: Geologische Karten. Karte (Preussen).

Wenden, s.: Preussen. Messtischblätter.

Wenden [Verfasser]

Wenden, Henry, Gott ist allgütig u. weise! Ein Mene Tekel. 8. (66 S.) Zürich 899. Verlags-Magazin. n. — 80

Wenden, Henry (Henry Jul. Hans Wechselmann), St. Elmsfeuer, s.: Miniatur-Bibliothek, deutsch-österreich.

Wenden, Henry (Henry Jul. Hans Wechselmann), die Tote. Eine Artistengeschichte. 12. (205 S.) Leipzig 902. Berlin, H. Seemann Nachf. n. 2. 50; geb. n. 3. 50

— Tropenkoller. Ein Kolonial-Roman. Nebst e. Nachwort. 1.—3. Tausd. (203 S.) 8. Braunschweig 904. Leipzig, R. Sattler. n. 2. 50

Wenden, Henry, Tropenkoller. Ein Kolonial-Roman. 9. Tausd. (208 S.) 8. Leipzig (908). R. Sattler. 2.50; geb. 3.50

— wie ich dazu kam, s.: Weber's moderne Bibliothek.

Wenden, Margarethe v., verwehte Blätter. Gesammelte Gedichte. 8. (IV, 43 S.) Dresden-Potschappel 900. Herm. Limbach. (Nur direkt.) n. 1. 25

Wendenburg, Rechenbuch, s.: Büttner, A.

Wendenburg, Alex., Früchte der Tugend. Drama in 4 Akten. (76 S.) gr. 8. Leipzig 904. Berlin. H. Seemann Nachf. n. 2. —

Wendenburg, Bern. (Guil.) (geb. Ulzigerode in d. Prov. Sachs. 7. 1. 1824): De dislocatione placentae. Berolini (1849). (25 S.) 8°
Berlin, Med. Diss. v. 8. Okt. 1849

Wendenburg, Carl, s. Wendenburg, Karl

Wendenburg, Eduardus: De varice et cirsotomia. Halis (1846): Ploetz. 27 S. 8°
Halle-Wittenberg, Med. Diss. v. 1. Dez. 1846
Geb. Ulzigerode (Gebirgskr. Mansfeld) 14. 1. 1821. V.

Wendenburg, Fr., Märchenherrlichkeit aus der Weihnachtszeit! Ein Festspiel f. Kinder in 3 Aufzügen. (42 S.) kl. 8. Langensalza 904. Schulbuchh. n. — 50

Wendenburg, Karl

Wendenburg, Car. (Frid.) (geb. Meisdorf in d. Prov. Sachs. 7. 5. 1820): De encephalomalacia. Berolini (1843). (26 S.) 8°
Berlin, Med. Diss. v. 15. Aug. 1843

Wendenburg, Karl Friedrich, Vol.-Assist. am pathol. Inst., aus Braunschweig: Poliomyelitis anterior acuta. Statistik der in d. Göttinger med. Klinik u. Poliklinik von 1874 bis 1901 beobachteten Fälle. *Göttingen 1903: L. Hofer.* (46 S.) 8°
Göttingen, Med. Diss. v. [29. Aug.] 1903

Wendenburg, Karl Frdr., Poliomyelitis anterior acuta. Statistik der in der Göttinger medizin. Klinik u. Poliklinik von 1874—1901 beobachteten Fälle. Diss. (48 S.) gr. 8. Göttingen 903. (Vandenhoeck & Ruprecht.) n. 1. —

Wendenscher Kreis [Schlagwort]

Wendenscher Kreis. Wegekarte des Wendenschen Kreises mit den Kirchspiels- u. Gutsgrenzen. Hrsg. vom liv-estländ. Landeskulturbureau auf Grund der im Besitz der livländ. Ritterschaft befindlichen Kreis-Wegekarte. 1 : 210,000. 51,5×64 cm. Photolith. Nebst Namens-Verzeichniss der Güter, Pastorate u. der zugehörigen Gemeindeverwaltgn. (auf dem Umschlag). Riga 903. Jonck & Poliewsky. n. 2. —; Farbdr. n. 3. —

Wendenschlegl, Johann Georg, s.a. Wentenschlegel

— Diss. judiciarius probatorialis ac reprobatorialis. 8. Münch. 771. Lentner. 2 Gr.

Wendenschlegl, Jh. Geo., († ...) Processus judiciarius probatorialis ac reprobatorialis. 8. Münch. 783. Lentner. 3 Gr.

Wender, Max, s.a. Wender, Neumann

Wender, Max, prakt. Anleitg. zur Fabrikation kohlensäurehaltiger Erfrischungs- u. Luxus-Getränke. Nach d. neuesten Standpunkte d. Wissenschaft u. Praxis gemeinverständl. bearb. unt. Mitwirkg. v. N. Wender. gr. 8. (VIII, 296 S. m. 170 Abb.) Berlin 898. M. Brandt. — Wien, Spielhagen & Schurich. n. 5. —

— die Verwertung des Spiritus f. technische Zwecke. Eine Darstellg. der Entwicklg. u. des gegenwärt. Standes der techn. Spiritusverwertg. m. besond. Berücksicht. der Spiritusbeleuchtg., Spiritusbeheizg. u. der Verwendg. v. Spiritus zum Antriebe v. Motoren, Lokomobilen u. Lokomotiven. (VIII, 174 S. m. 82 Abbildgn.) gr. 8. Wien 904. A. Hartleben. n. 5. —; geb. n. 6. 50

Wender, M., s.: Zeitschrift f. die ges. Kohlensäure-Industrie.

Wender, Neumann, s.a. Wender, Max

Wender, Neumann, s: Brennerei-Zeitung, österreich.

Wender, Neumann, landwirtschaftliche Chemie. Lehrbuch zum Gebrauche f. landwirtschaftl. Lehranst. u. z. Selbstunterr. gr. 8. (VIII, 259 S. m. 33 Abb. u. 8 Taf.) Berlin 897. P. Parey. Geb. in Leinw. n. 5. —

— Über die wesentlichsten Fortschritte, welche in den letzten 20 Jahren auf dem Gebiete der Spiritusfabrikation (Branntweinbrennerei) gemacht wurden. 15. ibd. 91.
Progr.

— Gesetz v. 16. I. 1896, R. G. B. Nr. 89 ex 1897, betr. d. Verkehr m. Lebensmitteln u. ein. Gebrauchsgegenständen, nebst d. noch weiterhin gelt. einschläg. Gesetzen u. Verordnungen. M. Benützg. d. Gesetzesmaterialien zusammengest. u. erläut. 8. (XII, 80 S.) Wien 897. M. Perles. n. 1. 20; geb. n. 2. —

Wender, Neumann, die Kohlensäure-Industrie. Eine Darstellg. der Entwickelg. u. des gegenwärt. Standes derselben. Mit zahlreichen in den Text gedr. Abb. u. e. Uebersichtskarte gr. 8. (IV, 176 S.) Berlin (N.W., Spenerstr. 19) (900). Max Brandt & Co. n. 2. —

Wender, Neumann: Die Kohlensäure-Industrie. Eine Darstell. d. Entwickelung u. d. gegenwärt. Standes ders. hrsg. von Prof. Dr. . Mit zahlr. Abb. u. 1 Karte. Berlin: M. Brandt 1901. (176 S.) 8°

Wender, Neumann: Die Lebensmittel und Gebrauchsgegenstände der Stadt Czernowitz Czernowitz 1891

Wender Dr. N.: Eine neue Methode zum Nachweis und zur Bestimmung von Traubenzucker im Harn. 10. Czernowitz landw. Mittelsch. 93.
Progr.

Wender, Neumann: Portland- und Roman-Zementwerke in Putna. Czernowitz 1899.

— u. Geo. **Gregor,** über d. Untersuchung u. Beurtheilung v. Limonade-Essenzen. gr. 8. (15 S.) Ebd. 900. n. 1. —
2 Sonderabdrucke aus: „Zeitschr. f. d. ges. Kohlensäure-Industrie".

Wender, N., Die Verwertung des Spiritus für technische Zwecke. Gr.-8°. (VIII, 184 S.) K 5.50, geb. K 7.20
Wien: Hartleben 1904.

Wender, N. (Hrsg.), s. Zeitschrift für die gesamte Kohlensäure-Industrie.

Wenderhold, Bernhard: Zur Metaphysik und Psychologie des Raumes Halle a. S. 1882: Plötz. 31 S. 8°
Halle-Wittenberg, Phil. Diss. v. [8. Dez.] 1882
Geb. Kassel 1. 11. 1855. V.

Wenderlein A., Jimba, d. erste Station d. evang.-luther. Wakamba-Mission in Ostafrika, s.: Lichtstrahlen im dunkeln Erdteile, Nr. 5.

Wenderoth, E., Die „Kohlwaage" bei Saarbrücken. Berlin, 1891. 27 S.

Wenderoth, Erich, Gerichtsref. aus St. Johann a. d. Saar: **Die sogenannte Chikane** nach römischem **Recht und dem bürgerlichen** Gesetzbuche. *St. Johann a. d. Saar 1898: F. Courths.* (49 S.) 8° [F.]
Erlangen, Jur. Diss. v. 28. Juli 1898

Wenderoth, G. F., kurze u. faßl. Anweis. zu einer zweckmäß. u. vernünftigen Behandlung d. Taschenuhren, nebst e. Anleitung, solche richtig nach der Sonne zu stellen u. deshalb die Mittagslinie zu finden. Mit 1 Kpf. 8. Eisenach 804. (Bärecke). 12 ℊ

Wenderoth, Georg, aus Frankfurt a. M.: **Estienne Pasquiers poetische Theorien und seine Tätigkeit als Literarhistoriker. Unvollst. Abdruck.** *Marburg 1903: Junge & Sohn, Erlangen.* (38 S.) 8° ¶ (Erscheint vollst. in: Romanische Forschungen Bd 19, H. 1.)
Marburg, Phil. Diss. v. [16. Nov.] 1903

Wenderoth, Geo. Wilh. Frz., das Akonit u. die Akonitarzneien. 8. (1½ B.) Cassel 837, [Kriegersche Buchh.]

Wenderoth, **G(eorg) W(ilh.) F(ranz), Analecten kritischer Bemerkungen, weiterer Erläuterungen und Nachträge zu und über einige bis dahin theils wenig, theils gar nicht gekannte Gewächse der deutschen und anderer Floren.** I. Heft. Mit 1 Lithogr. Ein Beitrag zu den Schriften der Gesellschaft zur Beförderung der gesammten Naturwissenschaften zu Marburg und den in diesen bereits von dem Verf. beschriebenen neuen Pflanzen. Fol. (V und 12 S.) Cassel 852, Hotop.

Wenderoth, Geo. Wlh. Frz., über Apotheker u. Apothekerwesen, nebst Vorschlägen zu höchst nöthigen Reformen und Verbesserungen d. pharmazeutischen u. d. damit zusammenhänden Veranstaltungen im Staate. gr. 8. Gießen 805. (Ferber). 20 ℊ Schrbp. 1 ℛ

Wenderoth, G. W. Fr., über Apotheker und Apothekerwesen nebst Vorschlagen zu hochstnöth. Reformen u. Verbess. d. pharmaceut. u. d. damit zusammenhängend. Veranstalt. im Staate. gr. 8. Gießen, Müller. 805. Rthlr.

— **Bemerkungen üb. wichtige, einheim. Arzneipflanzen, nebst Vorschlägen in Betreff ders., den Hrn. Apothekern, zunächst Kurhessens ertheilt** rc. gr. 12. (1 B.) Kassel 837, [Kriegersche Buchh.]

Wenderoth, Geo. Wilh. Frz., einige Bemerkungen üb. verschied. neue Pflanzenarten d. botan. Gartens in Marburg, s. a. Schriften d. Gesellsch. z. Beförderung d. ges. Naturwissensch., 2. Bd. 6. Hft.

— **einige Bemerkungen über verschied. neue Pflanzenarten d. botan. Gartens in Marburg. Mit 1 Kpf. 8. Cassel 831. Krieger. 8 ℊ (Auch in d. Schriften zur Beförder. d. Naturwissenschaft. 2r Bd. 6s Hft.)**

Wenderoth, Geo. Wilh. Frz., **Flora Hassiaca od. system. Verzeichniss aller bis jetzt in Kurhessen u. (hinsichtl. der selteneren) in den nächst angrenzenden Gegenden d. Grossh. Hessen-Darmstadt u. s. w. beob. Pflanzen enthalt. die offen blühenden Gewächse.** gr. 8. (26⅞ B.) **Cassel 846, Fischer.**

— **systemat. Handbuch d. Botanik. 1r Thl. Allgemeine Botanik, oder Anleit. z. Pflanzenkenntniß. 8. Marb. 818. (NB. Ist wohl gar nicht erschienen?)**

Wenderoth, Geo. Wlh. Frz., Lehrbuch d. Botanik zu Vorlesungen u. zum Selbststudium. gr. 8. Marb. 821. Krieger. 3 ℛ

— **Diss. inaug. med. sistens Materiae pharmaceuticae Hassiacae specimen. 8. Marb. 802. Krieger. 6 ℊ**

Wenderoth, G(eorg) W(ilh.) F(ranz), die Pflanzen botanischer Gärten, zunächst die des Pflanzengartens der Universität Marburg, unter ihren Catalognummern systematisch aufgeführt und synoptisch beschrieben, zum Gebrauche bei dem Besuche solcher Gärten für Studirende und Freunde der Pflanzenwelt. I. Heft: Die natürl. Ordnung der Coniferen enthaltend. gr. 8. (XVIII und 64 S.) Cassel 851, Hotop.

— s. Schriften d. Gesellschaft zur Beförderung d. Naturwissenschaft.

— über d. Studium der Botanik; e. Worte an seine akadem. Mitbürger ꝛc. 8. Marb. 805.

—— Versuch e. Charakteristik d. Vegetation v. Kurhessen, s.a. Schriften d. Gesellschaft z. Beförd. d. Naturwissensch. zu Marburg, 4. Bd.

WENDEROTH, G. W. Franz: Versuch einer Charakteristik der Vegetation von Kurhessen als Einleitung in die Flora dieses Landes. Nebst 2 Probebogen: einer der Flora hassiaca und einer der Flora Marburgiensis. - Kassel 1839. XII, 155, 16, 16 S. - (Schr. d. Ges. z. Beförderung d. ges. Naturwiss. zu Marburg Bd. 4)

Wenderoth, Geo. Wilh. Frz., u. G. Wenderoth, landwirthschaftl. Zeitung f. Kurhessen, s. Zeitung.

Wenderoth, Julius [pr. Arzt aus Allendorf a/Werra]: Beiträge zur Lehre vom Erysipel . . . Göttingen, Druck d. Univ.-Buchdr. v. W. Fr. Kästner, 1888; 34 S. 8°
Göttingen, Med. Fak., Inaug.-Diss. v. 25. Sept. 1888.

Wenderoth, Jul., Beiträge zur Lehre vom Erysipel. Inaugural-Dissertation. gr. 8. (34 S.) Göttingen 888, (Vandenhoeck und Ruprecht's Verlag) *

Wenderoth, Oskar, a. Frankfurt a. M.: Der junge Quinet und seine Übersetzung von Herders „Ideen". **Ein Beitrag zur** Geschichte der literarischen **Wechselbeziehungen zwischen** Frankreich und Deutschland. Erlangen 1906: **Junge &** Sohn. (88 S.) 8°
Tübingen, Phil. Fak., Ref. Voretzsch, Diss. v. 8. Nov. 1906
[Geb. 20. Juli 75 Frankfurt a. M.; Wohnort: Frankfurt; Staatsangeh.: **Preußen**; Vorbildung: Klinger-Oberrealsch. Frankfurt a. M. Reife O. 94, Wöhler-Realgymn. Frankfurt Ergänzungsprüfung 95; Studium: **Marburg** 7, **Berlin** 1 S.; Coll. 1. März 06.]

Wenderoth, Osk., der junge Quinet u. seine Übersetzg. v. Herders „Ideen". Ein Beitrag zur Geschichte der literar. Wechselbeziehungen zwischen Frankreich u. Deutschland. (88 S.) Lex. 8. Erlangen 908. F. Junge. 2.80
Sonderabdr. aus: „Roman. Forschgn."

Wenderoth, G., Vorschläge z. Verbesserung d. inländ. Landwirthschaft. I. Abthl., die Rindviehzucht u. d. Leinbau. gr. 8. (3 B.) Kassel 839, Luckhardt'sche Buchh. Thlr. *

Wenderoth, G., s. Zeitung, landwirthschaftl., f. Kurhessen.

Wendeßen, B. H. v.

Relation. Wahrhaffte des enormen Facti, so von dem Hertzog Carl Leopold zu Mecklenburg und Dero Bedienten wieder Deroselben gewesenen Hofmarschall in Wismar 9. Sept. 1735 vorgenommen worden. Dem Publico zu Rettung seiner Ehren und Unschuld mitgetheilet von B. H. von Wendeßen. O. O. 1735. 1 Bl., 10 S., 7 Bl. Fol. Kart. 15.—
Rechtfertigungsschrift v. Wendessens, der in Wismar als Hofmarschall mit seinem Herzoge Karl Leopold von Mecklenburg in einen schweren, sogar in Tätlichkeiten ausartenden Konflikt geraten war: er hatte in einer Streitigkeit mit seinem Diener die Jurisdiktion der Schweden, denen damals Wismar unterstand, angerufen.

Wendhausen, Albrecht, Großh. Mecklenburgischer Referendar: Die offene Handelsgesellschaft im Zivilprozess. Borna-Leipzig 1907: R. Noske. (VIII, 62 S.) 8°
Heidelberg, Jur. Fak., Ref. Buhl, Diss. v. 18. Febr. 1907
[Geb. 31. Aug. 80 Rostock i. M.; Wohnort: Spotendorf b. Laage; Staatsangeh.: Mecklenburg-Schwerin; Vorbildung: Gymn. Rostock, Putbus, Neubrandenburg Reife O. 01; Studium: Heidelberg 4, München 1, Rostock 4 S.; Rig. 28. Juli 06.]

Wendhausen, Wilh., u. Friedr. Besser, zwei Reden zur Gedächtnißfeier des hochsel. Großherzogs Paul Friederich, sowie zum Regierungs-Antritte des Großherzogs Friederich Franz II. gr. 8. (1¼ B.) Güstrow 842, Opitz u. Comp.

Wendisch, Ernst, prakt. Anleitg. z. Spargelbau, } s.a. Neumann's, J., gärtnerische Büchersammlung, Bd. 10 u. 6.

[F.] Praktische Anleitung zum Spargelbau nach den neuesten Erfahrgn aufgest. v. Ernst **Wendisch,** Obergärtner zu Berlin. M. 59 Abb. im Text. *Neudamm: J. Neumann 1895.* (2 Bl., 144 S.) 1 Bd 8.
= **Büchersammlung,** J. Neumanns Gärtnerische. Bd 10. [96. 636

Der Champignon von der Spore bis zum Konsum. 3. vollst. neubearb. u. bedeutend verm. Aufl. von 'Die Champignonskultur in ihrem ganzen Umfange'. Von Ernst **Wendisch.** Mit 108 Abb. Neudamm: J. Neumann 1905. (VI, 152 S.) 8° [F.]
= **Büchersammlung,** J. Neumanns Gärtnerische. [Bd 6.] [06. 3895

Wendisch, Ernst, die Champignons-Cultur, s.a. Büchersammlung, gärtnerische.

— d. Champignonskultur, s.a. Neumann's, J., gärtnerische Büchersammlung, Bd. 10 u. 6.

[F.] Die Champignonskultur in ihrem ganzen Umfange. Die neuesten wissenschaftl. u. prakt. Erfahrgn berücksichtigend. Den Züchtern gewidmet. Aus d. Praxis geschöpft. F. d. Erfolg berechnet. Von Ernst **Wendisch.** (2., wesentl. verm. Aufl. m. 94 Abb.) *Neudamm: J. Neumann 1898.* (2 Bl., 152 S., 1 Bl.) 1 Bd 8.
— **Büchersammlung,** J. Neumanns Gärtnerische. Bd 6. [98. 449

— Trüffeln u. Morcheln, s.: Neumann's, J., gärtnerische Büchersammlung

Wendisch, Georg, a. Charlottenburg: **Streiks und Aussperrungen** in Deutschland nach der **Statistik des Deutschen** Reiches. Erlangen 1906: E. Th. Jakob. (76 S.) 8°
Erlangen, Phil. Fak., Ref. v. Eheberg, Diss. v. 16. Juni 1906
[Geb. 25. Febr. 73 Charlottenburg; Wohnort: Charlottenburg; Staatsangeh.: Preußen; Vorbildung: Königstädt. Gymn. Berlin Reife M. 03; Studium: Berlin 6 S.; Rig. 24 April 06.]

Wendisch, Th. (Red.). s. Erzähler, Stenographischer.

Wendisch-Buchholz [Schlagwort]

Wendisch-Buchholz, s. Mark.

Wendisch-Buchholz, s: Preussen. Messtischblätter.

Wendisch-Buchholz, s. Wanderkarten.

Wendisch-Drehns [Schlagwort]

Wendisch-Drehns, s.: Preussen. Messtischblätter.

Wendishainer Wald [Schlagwort]

Wendishainer Wald, s.: Forstkarten.

Io[annes] Andreas Planerus [Planer] Nova de animae humanae propagatione Sententia. [Resp.:] Matthaeus Elieser Wendius. Vitembergae (1712:) Koberstein. 71 S. 8°
Wittenberg, Med. Disp. v. 30. Juni 1712

WENDL, GEORG: Herzliche Bitte an alle Verehrer der seligsten Jungfrau Maria um Beihilfe zur gänzlichen Herstellung der abgebrannten Marienkirche zu Mariadorf (Máriafalva), einer der ältesten Kirchen Ungarns. Wien o. J. (1859). 4 S.

Wendland, Das hannoversche. Festschrift, dem Central-Ausschusse der königl. Landwirtschafts-Gesellschaft zu Celle . . . gewidmet . . . Lüchow 1862. H: *Hennings, Carl.* (CBH) (Kat. d. Bibl. d. dtsch. Reichstags)

Wendland, das hannoversche. Festschrift von dem landwirthschaftlichen Lokalverein des Wendlandes zu Lüchow. Lüchow 862. (Saur.) 4. (161 S.) n. 1 Rthlr. 5 ngr.; mit Titelbild n. 1 Rthlr. 12½ ngr.

Wendland, Lidie von,. Trauersp. 8. Wien, Gerold. (Barth in Lpz.) 782. — 4

Wendland, A., Bilder aus unserer Könige Häuser. F. d. erwachsene weibl. Jugend. gr. 8. (VI, 139 S. m. 7 Abb.) Hannover 895. C. Meyer. 1. 80; geb. m. Goldschn. n. 3. 50

Wendland, die Paulinenaue-Neu-Ruppiner Eisenbahn [normalspurige Lokalbahn]. [Aus: „Zeitschr. des Archit.- u. Ingen.-Vereins zu Hannover".] gr. 8. (19 S. m. 1 Steintaf.) Hannover 881. (Berlin, Polytechn. Buchh.) n. 1. —

—— Veranschlagung der Betriebskosten von Primär- und Sekundärbahnen. gr. 8. (48 S. mit 2 Tab.) Berlin 881, (Polytechn. Buchhandlung.) *
Aus: Annalen für Gewerbe und Bauwesen, besonders abgedruckt.

Wendland, Adf., s.: Haus u. Schule.

Wendland, Anna, s.: Stuart, Elisab., Königin v. Böhmen, Briefe an ihren Sohn.

Wendland, E., kritische Anmerkungen zu dem Vortrag des Hrn. Pfarrer Jatho üb.: Jesus u. der Protestantismus d. Gegenwart. (6 S.) gr. 8. Köln 907. (C. Roemke & Co.) — 10

— Der **Vortrag** des Herrn Pastor Jatho: Welche Bedeutung hat f. uns das Abendmahl? Kritisch beleuchtet. (26 S.) 8. Ebd. 907. — 25

Wendland, C. Fr., kurze Anleitung zur kubischen Berechnung vierkantiger u. runder Körper nach den verschiedenen Methoden mit erläut. Beispielen u. einer concentrirten Kubik-Tabelle bearb. u. hrsg. 16. (16 S. m. 1 Tab. in gr. 8.) Schwerin 850, Kürschner (jetzt: Hildebrand). ⅛ Rthlr.

Wendland, C. Fr., Cubik-Tabellen über vierkantige u. runde Hölzer, nebst einem Anhang mehrerer sehr nützl. Erfahrungs-Tabellen über Maaß u. Gewicht des Holzes ꝛc. 1. Aufl. (4 B.) 845. * 12½ Ngr. u. 2., verb. u. verm. Aufl. (4½ B.) Schwerin 847, Kürschner'sche Vrlgsh. Thlr. *

—— **Cubik-Tabellen über vierkantige und runde Hölzer**, nebst einem Anhange mehrerer sehr nützl. Erfahrungs-Tabellen über Maaß und Gewicht des Holzes ꝛc. Nach den zuverlässigsten Hülfsquellen bearb. 2., verb. und verm. Aufl. gr. 8. (71 S.) Schwerin 847, [Hildebrand.] *

Wendland, Carl, s. Wendland, Karl

Wendland, F., einige Gedanken über Bürgerschulen, u. den in derselben zu ertheilenden zweckmäßigen Unterricht. 8. Neustrelitz 805. Albanus. 4 gGr

Wendland, G.

Wendland, illustr. Führer durch Schleswig-Holstein u. Lauenburg. Mit e. ausführl. Landkarte. (105 S. m. Abbildgn.) 8. Altona (904). (Hamburg, J. Kriebel. — Kiel, K. Beuck.) n. — 50

Wendland's, Glieb., Sonntage. Von G. W. 8. (136 S.) Zwickau 851, Verein zur Verbreitung v. Volksschriften. 6 ngr

Wendland, Hans, über neue Bildwerke. Mit e. Abhandlg. über den Begriff des Schönen als Kunsturteil. (II, 47 S. m. 6 Lichtdr.-Taf.) 8. Berlin 907. J. Bard. n. 4. —; geb. in Ldr. n. 6. —

Wendland, Hans: Die Deutschen Getreidezölle, ihre Geschichte und ihre Wirkungen . . . Berlin, Druck v. Knoll & Wölbling, 1892: 54 S., 1 Bl. 8°
Leipzig, Phil. Fak., Inaug.-Diss. v. [20. Jan.] 1893.

Wendland, Hans, die deutschen Getreidezölle, ihre Geschichte u. ihre Wirkungen. gr. 8. (III, 54 S.) Berlin 892. W. Weber. n. 1. —

Wendland, Hans, a. Neu-Ruppin: Martin Schongauer als Kupferstecher. (Zossen-Berlin 1906: Deutsche Buch- u. Kunstdruckerei.) (40 S.) 8° (Teil der eingereichten Arbeit. Das Ganze erscheint im Verlage von E. Meyer in Berlin.)
Berlin, Phil. Fak., Ref. Wölfflin, Diss. v. 28. Juli 1906.

Wendland, Hans, Martin Schongauer als Kupferstecher. (VII, 130 S. m. 32 Abbild.) gr. 8. Berlin 907. Edm. Meyer. 6.—; geb. in Halbperg. 8. —

Wendland, Heinrich [pr. Arzt aus Homburg v. d. H.]: Differentielle Diagnose über Bau und Histiogenese einer am Boden der Mundhöhle entstandenen Geschwulst. . . . Würzburg, Paul Scheiner's Buchh., 1888; 24 S. 8°
Würzburg, Med. Fak., [illegible] v. [illegible]

Wendland, Heinrich Ludwig

— commentatio de acaciis aphyllis. 4maj. Hannov. 820. Hahn. 2 Rthlr. 6 gGr

Wendland, Hnr. Ldw., Beitrr. zur Botanik, s. J. G. Bartling.

Wendland, Herm., die Königl. Gärten zu Herrenhausen bei Hannover. Ein Führer durch dieselben. Mit 2 (lith.) Plänen (in 4. u. qu. Fol.) gr. 12. (VIII u. 90 S.) Hannover 852, Hahn. ⅓ Rthlr.

Wendland, Herm., index Palmarum, Cyclanthearum, Pandanearum, Cycadearum, quae in hortis europaeis coluntur, synonymis gravioribus interpositis. Praefatione sermone germanico addita. Hannoverae 854. Hahn. gr. 8. (XIV, 68 S.) 15 ngr.

Wendland, Johann, s. Wendland, Johannes

Wendland, Jh. Cph., botanische Beobachtungen, nebst einigen neuen Gattungen u. Arten. Mit illum. Kpf. Fol. Hannov. 798. Hahn. 1 Rthlr. 12 gGr Hbg. Pr. 18 gGr

— **Handbuch d. Gartenbaukunst**, enthält einen vollständigen Kalender über den Obst- u. Küchengarten. gr. 8. Hannov. 813. Hahn. 12 gGr (Ist des „Verwalters" 3r Thl. Zusätze.)

Wendland (J. C.). Hortus herrenhusanus . . . Hannoverae, 1798-1801. (4 Fasc.), fol.

— hortus Herrenhusanus seu plantae rariores quae in horto regio Herrenhusano prope Hannoveram coluntur. Fasc. 1 bis IV. Cum 24 tabb. pict. Fol. maj. Hannov., Hahn. (à 2 Rthlr 12 gGr) 10 Rthlr Hbg. Pr. 5 Rthlr

— Ericarum Icones et descriptio, oder Abbild. u. Beschreib. d. Haiden. Mit 150 illum. Kpf. 1s bis 25s Heft. gr. 4. Hannov. 798—819. (à 2 Rthlr 6 gGr) 56 Rthlr 6 gGr Hbg. Pr. 33 Rthlr 8 gGr 26s, 27s Hft. Mit ill. Kpf. gr. 4. Ebd. 823. Ebd. 4 Rthlr 12 gGr

— Samml. ausländ. u. einheim. Pflanzen, mit ihrer Abbildung, Beschreibung u. Cultur. 1r u. 2r Bd. à 6 Hefte. u. 3r Bd. 1s u. 2s Heft. Mit 84 ill. Kpf. gr. 4. Hannov. 806—19. Hahn. (à 2 Rthlr) 28 Rthlr Hbg. Pr. 18 Rthlr

— Sertum Hannov. seu plantae rariores, quae in hortis regis Hannov. vicinis coluntur. Vol. I. Fasc. 1—4. Cum XXIV tabb. pict. Fol. Hannov., Hahn. (à 2 Rthlr 12 gGr) 9 Rthlr 16 gGr Hbg. Pr. 5 Rthlr Vergl. H. A. *Schrader.*

— s. Verwalter, der.

Wendland, Johs., Monismus in alter u. neuer Zeit. (34 S.) 8. Basel 908. Helbing & Lichtenhahn. —70

Wendland, Johs., Albrecht Ritschl u. seine Schüler im Verhältnis zur Theologie, zur Philosophie u. zur Frömmigkeit unsrer Zeit, dargestellt u. beurteilt. gr. 8. (X, 135 S.) Berlin 899. G. Reimer. n. 2. 80

Wendland, Joh., die Schöpfung der Welt, s. a. Volksbücher, religionsgeschichtliche. III. 6.

Wendland, Joh(annes). Die Schöpfung der Welt (*Rückumschlag:* Die Sch' in Dichtung und Wissenschaft) von Professor Joh. W' [Basel]. 1.—10. Tausend. IV + 52 S. 8. Halle a. S., Gebauer-Schwetschke, 1905. (M. —. 40)
(Religionsgeschichtliche Volksbücher für die deutsche christliche Gegenwart. Hrg. von Lic. theol. Friedrich Michael Schiele-Marburg i. H. III. Reihe. Heft 6....)

— Der Wunderglaube im Christentum. (VIII, 134 S.) gr. 8. Göttingen 910. Vandenhoeck & Ruprecht. 3.—; geb. 3. 60

Wendland, Karl

Wendland, *Carl* [cand. med., aus Langlingen]: Beiträge zur Lehre von den Erkrankungen der Speiseröhre ... Göttingen, Druck d. Dieterich'schen Univ.-Buchdr., 1896; 43 S. 8.
Göttingen, Med. Fak., Inaug.-Diss. v. [11. Dez.] 1895

Wendland, C., Beiträge zur Lehre v. d. Erkrankungen d. Speiseröhre. Diss. gr. 8. (48 S.) Göttingen 896. (Vandenhoeck & Ruprecht.) n. 1. 20

Wendland, Marg., u. Blanka v. Wobeser: Vorlagen für Brandmalerei, Einlegearbeit, Aquarell- u. Emaille-Malerei, s. Vorlagen f. Brandmalerei.

Wendland, Olga [jetziger Name]
s. Wohlbrück, Olga [Mädchenname]. [10. 14004

Wendland, Paul, Anaximenes v. Lampsakos. Studien zur ältesten Geschichte der Rhetorik. Festschrift f. die XLVIII. Versammlg. deutscher Philologen u. Schulmänner in Hamburg. (IV, 104 S.) gr. 8. Berlin 905. Weidmann. n. 2. 80

— u. Otto Kern, Beiträge z. Geschichte d. griechischen Philosophie u. Religion. gr. 8. (119 S.) Ebd. 895. n. 2. —

Wendland, Paul, Christentum u. Hellenismus in ihren litterarischen Beziehungen. Vortrag, geh. auf der Strassburger Philologenversammlg. am 1. X. 1901. Lex.-8. (VI, 19 S.) Leipzig 902. B. G. Teubner. n. — 60
Sonderabdruck aus: „Neue Jahrbb. f. d. klass. Altertum".

Wendland, Paul, neu entdeckte Fragmente Philos, nebst e. Untersuchg. üb. die ursprüngl. Gestalt der Schrift de sacrificiis Abelis et Caini. gr. 8. (XI, 152 S.) Berlin 891. G. Reimer. n. 5. —

Wendland, Paul, s.: Jahresbericht üb. die Fortschritte d. class. Altertumswissenschaft.

Wendland, Paul: Die hellenistisch-römische Kultur in ihren Beziehungen zu Judentum u. Christentum, s. a. Handbuch zum Neuen Testament.

Die Hellenistisch-Römische Kultur in ihren Beziehungen zu Judentum und Christentum von Dr. Paul **Wendland**, Prof. in Breslau. (In 2 Lfgen.) Mit 5 Abb. u. 12 Taf. Tübingen: J. C. B. Mohr 1907. (IV, 190 S.) 8°
= **Handbuch** z. Neuen Testament. Bd 1, T. 2. [07. 10911

Wendland, Paulus [aus Hohenstein]: Quaestiones Musonianae ... Berolini, apud Mayerum et Muellerum, 1886. Typ. expr. Carl Salewski. 2 + 38 + 2 S. 8°
Berlin, Phil. Fak., Inaug.-Diss. v. 21. Jul. 1886.

Wendland, Paul, quaestiones Musonianae de Musonio Stoico Clementis Alexandrini aliorumque auctore. gr. 8. (V, 66 S.) Berlin 886. Mayer & Müller. n. 1. 80

— e. doxograph. Quelle Philo's. [Aus: „Sitzungsber. d. k. preuss. Akad. d. Wiss."] gr. 8. (6 S.) Berlin 897. (G. Reimer.) n. — 50

Wendland, Paul [Dr.]: Die philosophischen Quellen des Philo von Alexandria in seiner Schrift über die Vorsehung. Berlin, R. Gaertner, 1892; 27 S. 4.
Berlin, Köllnisches G, OP 1892 (59)

— d. philosoph. Quellen d. Philo v. Alexandria in s. Schrift üb. d. Vorsehg. Progr. 4. (27 S.) Berlin 892. R. Gaertner. n. 1. —

— Schlussrede der 48. Versammlg. deutscher Philologen u. Schulmänner nebst e. Zukunftsprogramm. (20 S.) Lex.-8. Leipzig 905. B. G. Teubner. n. — 80
Sonderabdruck aus: „Neue Jahrbb. f. d. klass. Altertum, Gesch. u. deut. Literatur".

— Philos Schrift üb. die Vorsehung. Ein Beitrag zur Geschichte der nacharistotel. Philosophie. gr. 8. (VIII, 120 S.) Berlin 892. R. Gaertner. n. 4. —

— d. Therapeuten u. d. philon. Schrift v. beschaul. Leben. E. Beitrag zur Geschichte d. hellenist. Judentums. [Aus: „Jahrbb. f. class. Philol., 22. Suppl.-Bd."] gr. 8. (80 S.) Leipzig 896. B. G. Teubner. n. 2. 80

— Universität u. Schule, s.: Klein, Fel.

— ein Wort d. Heraklit im Neuen Testament. [Aus: „Sitzungsber. der preuss. Akad. d. Wiss."] gr. 8. (9 S.) Berlin 898. (G. Reimer.) n. — 50

Wendland, Sylvester [aus Posen]: Ueber die Total-Exstirpation des carcinomatösen Uterus . . . Greifswald, Druck v. Julius Abel, 1887; 26 S. 8°
Greifswald, Med. Fak., Inaug.-Diss. v. 25. Nove. 1887.

Wendland, W., kurze Anweisung z. Anbau d. rothen Klees. 8. (1⅛ B.) Lissa 836, E. Günther.

Wendland, W., s. Musarion, e. Unterhaltungsblatt.

Wendland, Waldemar

Das kluge Felleisen. Komische Spiel-Oper in 1 Akt (nach e. Andersen'schen Märchen) von Richard Schott. Musik von Waldemar **Wendland**. Textbuch. Berlin: Bote & Bock (1909). 34 S. 8° [11. 11337

Wendland, Walt., Ludwig Ernst v. Borowski, Erzbischof der evangel. Kirche in Preußen. s.a Schriften der Synodalkommission f. ostpreuß. Kirchengeschichte. 9. Heft.

Ludwig Ernst von Borowski, Erzbischof der evangelischen Kirche in Preußen. Ein Beitrag z. Geschichte d. ostpreuß. Kirche im Zeitalter d. Aufklärung von Walter **Wendland**, Pastor in Berlin-Wilmersdorf. Königsberg i. Pr.: Beyer in Komm. 1910. 104 S. 8°
(Schriften d. Synodalkommission f. ostpreuß. Kirchengeschichte. H. 9.) [10. 14300

— **Die Religiosität u. die kirchenpolit. Grundsätze Friedrich Wilhelms III. in ihrer Bedeutung f. die Geschichte der kirchlichen Restauration**, s.a Studien zur Geschichte des neueren Protestantismus. 5.

Wendland, Walter: Die Religiosität und die kirchenpolitischen Grundsätze Friedrich Wilhelms des Dritten in ihrer Bedeutung für die Geschichte der kirchlichen Restauration von Walter Wendland, Pred. in Wilmersdorf. Gießen: Töpelmann 1909. VII, 188 S. 8°
(Studien z. Geschichte d. neueren Protestantismus. H. 5.)

Wendland, Wilh., Entwurf zur Gründung einer Hypotheken-Ablösungs-Bank für Deutschland. Glauchau 869. (Vieweg.) gr. 8. (24 S.) n. 5 *ngr.*

Wendland, Wilhelm [pr. Arzt aus Liebwalde]: Zur Kenntnis des fieberlosen Verlaufs des Typhus abdominalis . . . Berlin, Druck v. C. H. Müller, *1891*; 39 S. 8.
Berlin, Med. Fak., Inaug.-Diss. v. 7. Nov. 1891

Wendland, Wilh., Versuche e. allgemeinen Volksbewaffnung in Süddeutschland während der J. 1791—1794, s.a Studien, historische.

Versuche einer allgemeinen Volksbewaffnung in Süddeutschland während der Jahre 1791 bis 1794. Von Wilhelm **Wendland**, Dr. phil. *Berlin: E. Ebering 1901.* (VIII, 222 S.) 8°
= Studien, Historische. H. 24. [01. 6396 6

Wendland, Wilhelm, aus Hannover: Volksbewaffnungsversuche am Oberrhein 1791. *Berlin 1900: E. Ebering.* (38 S.) 8° ¶ [Erschien vollst. 1901 als: Hist. Studien, H. 24.]
Göttingen, Phil. Diss. v. [16. Jan.] 1901

Wendlandt, Beobachtungen üb. einige bemerkenswerthe palaearctische Lepidopteren. Vortrag, geh. in der Sections-Versammlg. des nassauischen Vereins f. Naturkunde in St. Georgshausen a. Rhein, d. 16. VI. 1901. gr. 8. (S. 73—87.) Wiesbaden 901. J. F. Bergmann. n. — 60
Sonderabdruck aus: „Jahrbb. d. nass. Ver. f. Naturkde."

Wendlandt, F., Lampra. Epische Dichtg. aus der Zeit d. Perikles. 8. (VII, 182 S.) Norden 889. Fischer Nachf. n. 4. —

Wendlandt, F. W. L., Die Förderung des Außenhandels. Entstehen und Wirken der Handelsmuseen, Exportmusterlager, Handelsauskunftsstellen und ähnlichen Einrichtungen des In- und Auslandes und die sich im Interesse des deutschen Außenhandels daraus ergebenden Forderungen. Winke für den deutschen Industriellen und Kaufmann zur Benutzung der bestehenden Export- und Import-Förderungsstellen. Halle a. S., 1905. 157 S.

Wendlandt, Frz., Schenkwirthes Minna. Gedichte der Liebe. 12. (97 S.) Hagen 887, Risel und Comp. *

— **Hertha Stelzner.** Eine Novelle. 8. (100 S.) Anklam 887. Wolter. n. 1. —

Die Bedeutung des heiligen Abendmahls für die Gemeinde nach dem Willen des Herrn. Vortrag von Hofpred. [Friedrich] **Wendlandt**-Potsdam. (Berlin: Positive Union 1910.) 13 S. 8° [Kopft.]
(Kirchlich-Positiv. H. 18.) [11. 84

. . . Die Friedenskirche bei Sanssouci, ein Rückblick auf d. ersten 50 Jahre ihres Bestehens 1848—1898 z. 50jähr. Jubelfeste d. 24. Sept. 1898. Der Gemeinde dargeboten v. ihrem derzeitigen Pfarrer [Hofprediger F. **Wendlandt**]. *Potsdam: [hsl.: Commr. v. Riegel]; Kramer's Buchdr. 1898.* (1 Bl., 69 S., 1 Bl., 1 Taf., 2 Portr.) 1 Bd 8. [98. 10335

Wendlandt, Frdr., zum Gedächtnis an D. Ludwig Wiese. Ansprache, an seinem Sarge in der Friedenskirche zu Sanssouci geh. (14 S.) 8. Berlin 900. Wiegandt & Grieben. n. — 40

Wendlandt, weshalb bedarf die evangel. Kirche e. formulierten Bekenntnisses?, s.: Kirchlich-positiv.

Wendlandt, Heinr., die Sturm'schen Functionen 2. Gattung. Inaugural-Dissertation. 8. (77 S.) Greifswald 878. (Göttingen, Vandenhoeck & Ruprecht.) n. 1. 80

Wendlandt, Rob., der Arzt. Erzählungen. 8. (III, 200 S.) Berlin (900). Vaterländ. Verlags- u. Kunstanstalt. n. 1. 50; geb. n. 2. 20

Wendlandt, Rob. P. G., das Christgeschenk. Ein Weihnachtsbild in 2 Abtlgn. (24 S.) kl. 8. Stuttgart (905). Holland & Josenhans. n. — 40

— der Findling des Fenlandes, s.a Bücherschatz, Barmer.

Der Findling des Fenlandes. Eine Erzählung von (Rob[ert]) P. G. **Wendlandt**. Mit Bild. Barmen: Wuppertaler Traktat-Gesellsch. [1905]. (98 S.) 8° [F.]
= **Bücherschatz.** Barmer. N. F. Bd 4. [07. 10772

ein Gottesgeschenk, s.a Christblumen. 17.

— dasselbe, s.a Tannenzweige. 29.

Ein Gottesgeschenk. Erzählung von Robert P. G. **Wendlandt.** Mit Bild. Barmen: Wuppertaler Traktat-Gesellsch. [1905]. (40 S.) 8° [F.]
= **Tannenzweige.** H. 29. [07. 11140

Wendlandt, Rob., Herzenskämpfe. Deklamatorium in 2 Abtlgn. 8. (31 S.) Berlin 898. Buchh. d. ostdeutschen Jünglingsbundes. n. — 60

— Kollin u. Roßbach. 2 Tage preuß. Geschichte. Deklamatorium in 2 Abtlgn. 12. (20 S.) Dessau 901. [Buchh. des ev. Vereinshauses.] Stuttgart, Holland & Josenhans. n. — 60; erm. Pr. n. — 40

— neues Leben, s.a. Osterglocken 2.

Neues Leben. 3 Erzählungen von Rob. **Wendlandt**. *Berlin: Ostdeutscher Junglingsbund [1900].* (16 S.) 8° [F.]
= Osterglocken. H. 2. [00. 11267

— die Meduse. Roman. 8. (242 S.) Berlin 899. E. Ebering. n. 3. —

Osterfreuden, s.a. Osterglocken. 10.

Wendlandt, Rob.: Osterfreuden. 2 Erzählungen von . Berlin: Ostdeutscher Jünglingsbund [1900]. (16 S.) 8⁰
(Osterglocken. H. 10.)

— **der dritte Saller. Tragödie in 5 Akten. 8. (VII, 179 S.) Berlin 899. E. Ebering. n. 2. 50**

— Sanssouci. Ein Tag preuß. Geschichte. Deklamatorium. 12. (29 S.) Dessau 901. [Buchh. d. ev. Vereinshauses.] Stuttgart, Holland & Josenhans. n. — 50
Auch desselb. Verf. „Treue um Treue" u. „Deutsche Treue" sind in obigen Verlag übergegangen.

— wahre Schönheit. Erzählung. 8. (182 S.) Berlin 900. Buchh. des ostdeutschen Jünglingsbundes. n. 2. 25; geb. in Leinw. n. 3. —

[F.] Germanias Stolz. Festspiel z. Geburtstag d. Kaiserin f. 4 Personen v. Robert P. G. **Wendlandt.** *Berlin: Buchh. d. Ostdeutschen Jünglingsbundes 1897.* (12 S.) 1 Bd 8. 98 4942

— die steinernen Tafeln. Erzählungen. 8. (VII, 138 S.) Berlin (899). Vaterländ. Verlags- u. Kunstanstalt. n. 1. —; geb. in Leinw. n. 1. 80

— **dasselbe, s.a. Hausschatz christl. Erzählungen. I. 4.**

— **deutsche Treue. Spiel in 3 Akten. 12. (52 S.) Dessau 898. Buchh. d. ev. Vereinshauses. n. — 70**

— **Treue um Treue. Ein deutsches Spiel in 4 Akten. 12. (47 S) Ebd. 898. n. — 70**

— **russische Vögel od.: Die Spione, s.a. Album f. Liebhaber-Bühnen.**

Wendlandt, Robert: Russische Vögel oder: Die Spione. Schwank in 1 Akt von . Berlin: Kühling & Güttner [1901]. (24 S.) 8⁰
(Album f. Liebhaber-Bühnen. No 360.)

— **der Wendenhof. Roman. 8. (368 S.) Berlin 901. G. Grote. n. 8. 60; geb. n. 4. 60**

Wendlandt, Wilh., Alt-Berlin. Vaterländ. Schausp. in 3 Aufzgn. gr. 8. (138 S.) Berlin 895. A. Entsch. n. 3. —

Wendlandt, W[ilh.], Die Förderung des Aussenhandels. Entstehen u. Wirken d. Handelsmuseen [illegible] M. Benutz. a[illegible] Quellen verf. Halle a. S. 1901, [illegible]

Wendlandt, W[ilhelm]. Die Förderung des Aussenhandels. Entstehen und Wirken der Handelsmuseen, Exportmusterlager, Handelsauskunftsstellen und ähnlichen Einrichtungen des In- und Auslandes und die sich im Interesse des deutschen A' daraus ergebenden Forderungen. Winke für den deutschen Industriellen und Kaufmann.... Mit Benutzung amtlicher Quellen verfasst. [Mit Vignetten.] XIV+158 S. 8. Halle a. S., Gebauer-Schwetschke, [1905.] [M. 2. 40]
Darin S. IX. XIII. 76 f.: Schweiz.

Wendlandt, Wilhelm: 1. Grundplan für die Errichtung einer Reichshandelsstelle angenommen vom Gesammtausschuss . . . am 14. Dez. 1900. 2. Denkschr. über d. Errichtung e. Reichshandelsstelle vom 7. Jan. 1901 . . . hrsg. von Dr. Wilhelm Wendlandt. Berlin: H. Klokow 1901. (12 S.) 8⁰
(Schriften d. Ausschusses f. d. Errichtung e. Reichshandelsstelle. No 5.)

Wendlandt, Wilh., Handels-Auskunftsstellen des Auslandes. — Verzeichnis einschläg. Litteratur. Materialien f. e. Uebersicht üb. die bereits vorhand. ähnl. Einrichtungen im In- u. Auslande. Entwurf e. Grundplanes f. die Errichtung e. Reichshandelsstelle, s.a. Schriften des Ausschusses f. die Errichtung e. Reichshandelsstelle.

Wendlandt, Wilhelm: Handels-Auskunftsstellen des Auslandes. Eine vergleich. Darstellung d. Einrichtungen z. Förderung d. Aussenhandels in Belgien, Nord-Amerika, Frankreich, England u. Oesterr.-Ungarn . . . verf. von Dr. Wilhelm Wendlandt. Berlin: H. Klokow 1900. (46 S.) 8⁰
(Schriften d. Ausschusses f. d. Errichtung e. Reichshandelsstelle. No 4.)

Wendlandt, W., Friedrich v. Hohenzollern, Burggraf v. Nürnberg, erster Markgraf u. Kurfürst v. Brandenburg. Ein nationales Schauspiel in 5 Aufzügen. 8. (117 S.) Berlin 888. Verlag der deutschen Presse (A. Burmester). n. 1. 50

Wendlandt, W., Das Kartellwesen. Referat, geh. am 9. X. 1902 auf der Generalversammlung des Bundes der Industriellen zu Berlin. 8⁰. s. l. s. a. (Berlin 1902).

Wendlandt, Wilh., Magnus. Geschichtliches Trauerspiel in 5 Aufzügen. gr. 8. (116 S.) Berlin 886. Funcke & Naeter. n. 3. —

Wendlandt, Wilh., der Marinedirektor. Lustspiel in 4 Aufzügen. (119 S.) 8. Emden 904. W. Schwalbe. n. 2. —

Wendlandt, Wilhelm: 1. Verzeichnis einschlägiger Litteratur. 2. Materialien f. e. Uebers. über d. bereits vorhand. ähnlichen Einrichtungen im In- u. Auslande. 3. Entwurf e. Grundplanes f. d. Errichtung einer Reichshandelsstelle. Hrsg. von Dr. Wilhelm Wendlandt. Berlin: H. Klokow 1900. (6, 3, 8 S.) 8⁰
(Schriften d. Ausschusses f. d. Errichtung e. Reichshandelsstelle. No 1 - 3.)

Wendleng, B., praktisch-theoretisches Handbuch der französischen Sprache. Mit Übungen nach einem ganz neuen System. Leipzig 853. Brockhaus. gr. 8. (VIII, 231 S.) n. 20 ngr.

Wendler, Dem Br., zur zwanzigjährigen Jubelfeier seiner Hammerführung gewidmet vom Br. S. »Willkommen theurer Meister!« Leipzig 1847. V: *Simon, Karl Hermann.* (wolfstieg I, 954)

Wendler, Aufgaben f. das Zahlenrechnen in Realschulen. 1. Tl.: Für Sexta. gr. 8. (42 S.) Mittweida 903. H. Schlüter. n. — 60; Resultate (nur f. Lehrer) (32 S.) n.n. 1. —

Wendler, Aufgaben f. das Zahlenrechnen in Realschulen. I. u. II. Tl. gr. 8. Dresden 904. A. Huhle. à n. — 60
I. Für Sexta. Mit 1 Fig. im Text u. 8 Anschauungstaf. (Neue Ausg.) (40 S.) — II. Für Quinta. (52 S.)

— dasselbe. Auflösungen. gr. 8. Ebd. (904). à n.n. — 50
I. Für Sexta. (Neue Ausg.) (8 S.) — II. Für Quinta. (16 S.)

Gesänge der Loge Minerva zu den drei Palmen in Leipzig. [Hrsg. von Adolf Wendler.] Leipzig 1855: Leiner. X, 158 S. 8°
94 Lieder ohne Noten.

Loge Minerva zu den drei Palmen. Schluss-Lied am 6. Jan. [Unterz.:] Wendler. [Leipzig] o. J.: [Leiner]. 1 Bl. 8° [Kopftit.]
Ohne Noten: „Wie lieblich ist's hienieden...“

Wendler, Alfr., der Bleischnitt. Was muss der Akzidenzsetzer üb. den Bleischnitt wissen? (18 S. m. Abbildgn.) 8. Leipzig (904). S. Schnurpfeil. n. — 50

— s.: Linie, die moderne.

— neuzeitliche Linien f. Akzidenzsetzer, s.: Fachbücher, buchgewerbliche. 1.

Wendler, Alfr., typograph. Linienstudien. 1. Heft. Skizzenblätter zeitgemäßer u. entwicklungsfäh. Linienbewegn., als Anschauungsmaterial f. Akzidenzsetzer entworfen. (24 S.) Lex. 8. Braunschweig 910. (Leipzig, G. Hedeler.) 1. 10

Wendler, Alfred [aus Breslau]: Ueber die Nipecotinsäure '(Hexahydropyridin-β-carbonsäure)' ... Breslau, Buchdr. z. Gutenberg A. Schreiber, *1892*: 2 Bl., 32 S., 1 Bl. 8.
Breslau, Phil. Fak., Inaug.-Diss. v. 10. Sept. 1892

Wendler, Alfr., üb. die Nipecotinsäure (Hexahydropyridin-β-carbonsäure). Diss. gr. 8. (32 S.) Breslau 892. (L. Köhler.) n. 1. —

— neue Ornamentierungsformen, s.: Broschüren f. Accidenzsetzer. 1. Hft.

Wendler, August: Dr.: Beiträge zur Theorie der Translationsflächen. München 1904: C. Wolf & S. (47 S.) 8°
München, k. Theresien-G P 1904*

Wendler, August, kgl. Gymnasiallehrer: Über die Flächen, welche dem partikulären Integrale der Differentialgleichung $\frac{\delta^2 z}{\delta x\, \delta y} = 0$ entsprechen. *München: H. Lüneburg 1900.* (48 S.) 8°
München, Phil. Diss. v. 1901

Wendler, Aug., über die Flächen, welche dem partikulären Integrale der Differentialgleichung $\frac{\delta^2 x}{\delta x \delta y} = 0$ entsprechen. Diss. gr. 8. (48 S. m. 1 Taf.) München 900 E. Reinhardt. n. 1. 50

Wendler, C., Geschichte des Waldenburger Schulwesens bis zur Eröffnung des Gymnasiums. Waldenburg (1871). 8° (4°).
Waldenburg, Städt. Evangel. Gymnas., P 1871.

Wendler, Christian Adolph [Praes.], s. Friedrich, Karl Ludwig: De oesophagotomia.

[Gedicht.] Am Schluss des Jahres. [Unterz.:] [Christian Adolf?] W[endler]. o. O. u. J. 1 Bl. 8° [Kopftit.]
[Dasselbe.] Am Schluss des Jahres, den 27. Dec. 1819. [Unterz.:] [Christian Adolf Wendler. o. O. [1819]. 1 Bl. 8°
„Willkommen, o, willkommen, Tag der Freude!“

Wendler, Christian Adolph [Praes.], s. Gruenewald, Karl Eduard: Nonnulla de sectionis caesareae indicationibus. Adjectus est sectionis caesareae casus prosperrimo cum eventu institutus.

Wendler, Christian Adolph [Praes.], s. Immisch, Franz Armin: De sialolithiasi morbo.

Wendler, Christian Adolph [Praes.], s. Kirsten, Traugott Ferdinand: Nonnulla de chloroformio.

Wendler, Chr. Ad., Lehrbuch d. allgemeinen Pathologie. Zum Gebrauche akadem. Vorlesungen entworfen. gr. 8. Leipz. 826. W. Vogel. 21 ⅔

— s. J. Cordat, Blutflüsse.

— Diss. inaug. de Magnetismo animali. 4. Leipz. 805.

Wendler, Christian Adolph [Praes.], s. Milde, Karl August Johann: Nonnulla de tumoribus emphysematosis capitis.

Wendler, Christian Adolph [Praes.], s. Moeckel, Hermann: De periculis in operanda phimosi obviis.

Wendler, Christian Adolph [Praes.], s. Platner, Ernst: Quaestiones medicinae forensis XXIV. De veneficio per arsenicum alia observatio quaedam.

Wendler, Christian Adolph [Praes.], s. Prinz, Paul Otto: Nonnulla de trepanatione sterni.

— Diss. de somno. 4. Leipz. 805.

Wendler, Christian Gottlieb: Doctrinae physiolog. de turgore vitali brevis expositio, s. Hebenstreit, Ernst Benj. Gottlieb.

Wendler, Chr. Edw., († d. 16. Jan. 1806.) ein kleiner Beitrag z. Beförderung d. Erbauung e. christlichen Schuljugend. 8. Leipz. 793.

— s. Isocratis Panegyricus.

— s. Katechismus der prakt. Sittenlehre.

Wendler, Conrad, s. Wendler, Konrad

Wendler, Friedrich David (Triptis) A. S. 602/45

Commentationum ad constitutiones Iuliani imp. specimen I. Präs. Christian Gottlob Einert. Leipzig (Breitkopf) 11. IV. 1771. 22 S.

W. v.: Präs. 36304

Wendler, Fritz, aus Werl i. Westf.: Ein **Fall** von spontanen Glaskörperblutungen mit multiplen Hautblutungen. *Greifswald 1901: H. Adler.* (27 S.) 8°
Greifswald, Med. Diss. v. 30. März 1901

Wendler, G., Kraft, Gesundheit, Jugendblüte. s.: Berlina. Reinh.

Wendler, Gustav, aus Nürnberg: **Untersuchungen über Zusammensetzung und Düngebedürfnis bestimmter typischer** Bodenarten Thüringens und über die **Wirksamkeit der im** Geflügeldünger enthaltenen **Pflanzennährstoffe auf diesen** Böden. *München 1904: C. Wolf & Sohn.* (67 S.) 8°
Jena, Phil. Diss. v. (19. Mai) 1903

Wendler, Hans Conrad [aus Waldenburg i. Schl.]: Beitrag zur Lehre vom Erythema exsudativum multiforme und nodosum ... Berlin, C. Vogt's Buchdr., *1893;* 28 S., 2 Bl. 8.
Berlin, Med. Fak., Inaug.-Diss. v. 20. Jan. 1893

Wendler, Johann Christoph [Praes.], s. Amberger, Paul: Diss. repraesentantem Augustam litteratam.

Wendler, Jo. Christoph (Neustadt a. d. Orla) A. S. 131/21 d

Dissertatio IV. de doctis Italiae naturalistis.
Präs. Burkhard Gotthelf Struve.
Jena (Nies) 1705. S. 25 - 32. 36307

— de libris a pontificibus suppressis. 4. ibid. 714.

Wendler, Ioh. Chr., prodromus bibliothecae biblicae. 8. Ienae, Meyer. 721.

Wendler, Johann Christoph [Praes.], s. Schwarz, Johann Nikolaus: Dissertatio praeliminaris qua asseritur adversus Stanislaum Rescium, Baronium ... Lutheranos in praeiudicium doctrinae purioris neque supprimere neque corrumpere scriptores ecclesiasticos et profanos.

Wendler, Johann David (Kemberg) A. S. 753/13

Exercitatio juridica. Selectae conclusiones forenses.
Präs. Johann Balthasar Wernher.
Wittenberg (Gerdes) 31. XI. 1705. 186 S. 36308

Wendler, Johann Friedrich [Praes.], s. Zeumer, Justus Christian: De sacramentalibus.

Wendler, Johann Gottlieb (Auma) A. S. 78/5

Dissertatio iuridica sistens decisionem casus cuiusdam exhibentis legatum ad heredes non transiens.
Präs. Gottlieb Wilhelm Dinckler.
Leipzig (Schede) 4. IV. 1727. 20 S.

Gew.: Johann Christian Hennicke. 36309

Wendler, Johann Ludwig

— Commentatio de Cura Aegrotorum Pastorali. ... ibid. 842. 1/6 Rthlr.

Wendler, J. L., veterum auctorum lectio quantum prosit proficere in virtutis studio cupientibus, breviter exposuit. 8. Leipz., Mittler. 4 Gr.

Wendler, Joh. Ludw., Predigten f. denk. Verehrer Jesu üb. d. Evangelia an Sonn- u. Fest-Tagen d. Kirchenjahres z. Erbau. f. Kirche, Schule u. Haus. gr. 8. (35 1/8 B. incl. Anh.) Oschatz 841. (Leipzig, Kollmann.)
Der Anhang apart • 6 Gr.

Wendler, J. L., Predigten für denkende Verehrer Jesu über die Evangelia an Sonn- u. Fest-Tagen des Kirchenjahres zur Erbauung für Kirche, Schule u. Haus. Mit Anhang. gr. 8. Oschatz 841, Oldecop's Erben. 1 1/2 Rthlr. — Der Anhang allein n. 1/4 Rthlr.

— praktischer Rathgeber bei **Pfarrvergleichen, für junge Landprediger.** 8. Leipzig 838. Kayser. 1/4 Rthlr.

— pract. **Rathgeber** bei Pfarrvergleichen, f. junge Landprediger. 8. (3 B.) Leipzig 838. [Köhling'sche Buchh.]

— neuester **Wegweiser** f. junge Landprediger. 2 Bdchn. (Von d. Predigt u. Liturgie. — Die allgem. u. besond. Amtswirksamkeit d. Landpredigers u. sein häusl. Leben.) gr. 8. (25 3/4 B.) Leipzig 835, C. H. Reclam sen.

Wendler, Johann Wilhelm (Regensburg) A. S. 740/14

Disputatio juridica de gravamine legitimae.
Präs. Samuel Stryk.
Halle (Gruner) II. 1702. 76 S. 36310

Wendler, Jo. Wilhelm (Regensburg) U. S. Halle 1702/10

Disputatio juridica de gravamine legitimae.
Präs. Samuel Stryk. Rec.
Halle (Gruner) o. J. 71 S.

Diss. II. 1702. 36311

Wendler, Konrad

Wendler, Conr., schriftmäß. Erklärung d. kanonischen Epistel St. Judä. 4. Schleitz, Trenner. 746.

Wendler, M: Preis-Verzeichniß von Werkzeugmaschinen. Breslau 1892

Wendler, Oskar, aus Strassburg: **Verhalten von substituierten** aromatischen Aldehyden gegenüber **N-Alkylhydroxylaminen.** *Leipzig 1901: B. Georgi.* (36 S.) 8°
Leipzig, Phil. Diss. v. [19. Juni] 1901

Wendler, Otto, Maria Flint. Ein Stralsunder Roman aus dem 18. Jahrh. (226 S.) 8. Stettin 906. A. Schuster. n. 2. 50; geb. n. 3. 50

Wendler, Otto, Geschichte Rügens von d. ältesten Zeit bis auf d. Gegenwart. 8. (159 S.) Bergen a/R. 895. F. Becker. Kart. 1. 50

Wendler, Otto v., de Rügensche Kaut, s.: Sammlung plattdeutscher Werke.

— Rügensche Kinner u. Nahwerslüd. s.: Sammlung plattdeutscher Werke.

— um u. durch Rügen. Skizzen u. Bilder v. d. Insel. qu. gr. 8. (59 S. m. 26 Abb.) Ebd. 898. 2. —

— Rügen, die Perle der Ostsee. Wanderungen durch die Natur u. Geschichte der Insel. (126 S.) 8. Ebd. 906. n. 1. 50; kart. n. 2. —

Wendler, Paulus (Fridericus Augustus) *(geb. Görlitz 21. 10. 1846)*: Mediae ac recentioris comoediae Atticae poetae quid de diis senserint. P. 1. Gorlicii (1870). (57 S.) 8° *[Im Buchhandel 1870 bei Maruschke & Berendt in Breslau.]*
Breslau, Phil. Diss. v. 30. Juli 1870

Wendler, Th., zu e. Reform d. Zeichenunterrichts, s.: Hertzer, H.

— Wandtafeln zur Zeichenmethode, s.: Hertzer, H.

— Zeichenhefte, s.: Hertzer, H.

Wendler, W. Jasques Jasmin. Zwickau, G., 1870. 32 S. 4. Progr.

Wendler, Wilhelm, Rechtsanwalt u. K. imm. Notar zu Heilbronn a. N.: **Beiträge zur Lehre von den quasipossessorischen Interdikten.** *Tübingen 1899: H. Laupp jr.* (50 S.) 8° [F.]
Tübingen, Jur. Diss. v. 1899

Wendler, Wilh., Zusammenstellung der Fremdwörter des Alt- und Mittelhochdeutschen nach sachlichen Kategorien. Zwickau 1865. 4.
(Progr.) . . . . (D.)

Wendler, W. Zusammenstellung der französischen Wörter germanischen Ursprungs nach sachlichen Kategorien. Greiz, H. B., 1874. 20 S. 4. Progr.

Wendling, Pastor, **Leitfaden zum Unterrichte in der Deutschen Sprache für Bürger- u. Landschulen. 8. Danzig 836. Gerhard.** 1/8 ₰

Wendling, E., neues System zum technischen Kopfrechnen, s.: Bojko, J.

Wendling, Emil, Dr.: Goethes Bühnenbearbeitung von „Romeo und Julia". (Zabern 1907: X. Gilliot.) (22 S.) 4°
Zabern, G P 1907 (660)

Wendling, Emil, die Entstehg. d. Marcus-Evangeliums. Philolog. Untersuchgn. (VIII, 246 S.) Lex. 8. Tübingen 908. J. C. B. Mohr. 8.—

Wendorf, Emil *Wilhelm* [aus Hedersleben]: Über zwei Fälle von Gelenkerkrankungen bei Syringomyelie ... Greifswald, Buchdr. C. Sell, 1895; 35 S., 1 Bl. 8.
Greifswald, Med. Fak., Inaug.-Diss. v. 22. Juli 1895

Wendling, Aemilius [Rhenanus]: De Peplo Aristotelico quaestiones selectae ... Argentorati, *Frommann'sche Buchdr. in Jena,* 1891; VII, 82 S. 8.
Strassburg, Phil. Fak., Inaug.-Diss. v. 1891

Wendling, Emil, de Peplo Aristotelico quaestiones selectae. Diss. gr. 8. (82 S.) Argentorati 891. (Jena, H. Pohle.) n. 1. 50

Wendling, Emil, Ur-Marcus. Versuch e. Wiederherstellg. der ältesten Mitteilgn. üb. das Leben Jesu. (III, 75 S.) 8. Tübingen 905. J. C. B. Mohr. n. 1. 50

Wendling, G.

— **Allerlei Dorfgeschichten. (V, 156 S.) 8. Ebd. 907.** 2.—; geb. 3.—

Wendling, G., der Doktor v. Dubow. Weggenossen. (335 S.) 8. Hamburg 907. Gebr. Lüdeking. Geb. in Leinw. 4.—

WENDLING, Georg (München): Pathologie der Coxarthrocace.- München: Rösl 1838. 21 S.
29.8.1838 - Urk (Titel: De coxalgia.); F 64
Diss. Ingolst.-Landsh.-Mchn.

Wendling, J., s.: Kirchen- u. Hauskalender f. das kathol. Elsass.

— s.: Pfarr- u. Vereinskalender f. die Katholiken Strassburgs.

Wendling, K., deutsche Bürgerkunde f. elementare Schulverhältnisse. (112 S.) 8. Wien 908. F. Tempsky. — Leipzig, G. Freytag. Geb. 1.—

Wendling, P., deutsche Fibel, s.: Schneider, K. Th.

Wendling, P., Fibel nach vereinfachter analytisch-synthetischer Methode. Unter Mitwirkg. v. Wagner u. Schmarje bearb. Zeichnungen v. Ad. Möller. gr. 8. (80 S.) Neuwied 900. Heuser's Verl. Geb. n. — 50

Wendling, P., Fibel nach vereinfachter analytisch-synthetischer Methode. Unter Mitwirkg. v. Wagner u. Schmarje bearb. Ausg. B (m. Schreibschrift beginnend). Zeichngn. v. Ad. Möller. 3. Aufl. (82 S. m. 1 Taf.) 8. Neuwied 904. Heuser's Verl. Geb. — 50

— **zur Methodik des Schreib- u. Leseunterrichts im ersten Schuljahre. gr. 8. (52 S.) Ebd. 900.** n. — 80

Wendling, P., zur Methodik d. Schreib- u. Leseunterrichts im ersten Schuljahre. 2. Aufl. (VI, 51 S.) gr. 8. Neuwied 908. Heuser's Verl. — 80

Wendorff, Carl, s. Wendorff, Karl

Wendorff, Frz., Erklärung aller mythologie aus der annahme der erringung des sprechvermögens [mit vorzügl. berücksicht. des griech. und sanskrit. idioms]. gr. 8. (V, 199 S.) Berlin 888, G. Nauck. *

Wendorff, Franziscus, Pomeranus: **Ex usu convivali Theognideam syllogen fluxisse demonstratur.** *Berolini 1902: E. Ebering.* (80 S.) 8°
Berlin, Phil. Diss. v. 16. Aug. 1902

Wendorff, Franz, Ex usu convivali Theognideam syllogen fluxisse demonstratur. Diss. (80 S.) gr. 8. Berlin 902. (E. Ebering.) n. 2. 40

Wendorff, Frz., die aristokrat. Sprecher der Theognis-Sammlg. (II, 84 S.) gr. 8. Göttingen 909. Vandenhoeck & Ruprecht. 3.—

Wendorff, Hugo [aus Stralsund]: Zwei Jahrhunderte landwirtschaftlicher Entwickelung auf drei gräfl. Stolberg-Wernigeroder Domänen ... Halle a. S. (Druck v. Hermann Beyer & Söhne in Langensalza) 1890; IV + 87 + 1 S. + 1 Bl. 8°
Halle, Phil. Fak., Inaug.-Diss. v. 7. März 1890

Wendorff, Hugo, zwei Jahrhunderte landwirtschaftlicher Entwickelung auf drei gräfl. Stolberg-Wernigeroder Domänen. Auf Grund archival. Materials u. der Wirthschaftsbücher zusammengestellt. gr. 8. (IV, 210 S.) Berlin 890. Parey. n. 5.—

Wendorff, Karl

Wendorff, Carl (warnt vor der Republik): Deutsche Männer und Mitbürger! Friedrich Wilhelm IV., unser hochverehrter König — Druck von A. Obst. 1 Bl. Fol.
Flugblatt. Berlin, 10. April 1848.

Wendorff, W., der Kampf der Deutschen u. Polen um die Prov. Posen. (47 S.) 8. Posen 904. F. Ebbecke. n. — 50

Wendorff, W., die Schuld-Entlastung des ländlichen Grundbesitzes. gr. 8. (61 S.) Posen 900. F. Ebbecke. n. 1.—

Wendorff, W., üb. die Ursachen der Noth bei den Landwirthen u. Grundbesitzern. gr. 8. (63 S.) Gnesen 884. (Lange.) n. 1. —

Wendrich, Alfr. de. Organisation du bureau central et des bureaux de contrôle pour les groupes de lignes, sous l'ordre des états-majors pendant la guerre. gr. 4. (40 S.) St. Petersb. 888, (Ricker). ** 6 —

Wendrich, Arth., A schlesches Bichel, ei damselba stihn a virtelhundert schlesche Gedichte gereimt, wie si ei der Schlesch ufm Durfe sprecha. (III, 74 S.) gr. 8. Schweidnitz (904). G. Brieger. n. — 80

Wendrimer, Richard, Föhn. 8. (119 S.) —.72
Breslau: Frankenstein 1897.

Wendriner, B, der Diabetes mellitus. Zuckerharnruhr im Lichte der modernen Forschung. Mit chem. Beiträgen u. Diätvorschriften v. Frdr. Kaeppel. (68 S.) gr. 8. Bonn (Stockenstr. 8) (905). S. Foppen. n. 1. 20

Wendriner, Berthold *(geb. Breslau 23.12.1856)*: Ein Beitrag zur Contusionspneumonie. Breslau (1884). (30 S.) 8° *[Im Buchhandel 1884 bei Köhler in Breslau.]*
Breslau, Med. Diss. v. 26. Jan. 1884

Wendriner, Berthold, e. Beitrag zur Contusionspneumonie. gr. 8. (30 S.) Breslau 884. (Köhler.) n. 1. —

Wendriner, Carl Georg, s. Wendriner, Karl Georg

Wendriner, Hans [app. Arzt aus Breslau]: Über Gravidität compliciert mit Uteruscarcinom ... Tübingen, F. Pietzcker, 1893; 30 S. 8.
Tübingen, Med. Fak., Inaug.-Diss. v. 1893

Wendriner, Hans, üb. Gravidität compliciert m. Uteruscarcinom. Diss. gr. 8. (30 S.) Tübingen 893. F. Pietzcker. n.n. — 70

Wendriner, H., ärztliche Winke f. Lungenkranke. 8. (III, 93 S.) Paderborn 902. F. Schöningh. n. — 90

Wendriner, Hans, die Winterkur im Süden. Ein ärztl. Vademekum f. Rekonvaleszenten u. Lungenkranke. (94 S.) kl. 8. Stuttgart 908. E. H. Moritz. 2. —

Wendriner, Herbert, appr. Arzt a. Breslau: Aus d. 1. Mediz. Univ. Klinik zu Berlin. (Dir.: G. M.-R. Prof. Dr. E. v. Leyden.) Über Unfälle durch den elektrischen Starkstrom. Berlin (1905): G. Schade. (46 S.) 8°
Berlin, Med. Fak., Ref. v. Leyden, Diss. v. 8. Aug. 1905
Geb. 14. Nov. 79 Breslau; Heimatsort: Berlin; Staatsangeh.: Preußen; Vorbildung: Kgl. Wilh.-Gymn. Berlin Reife O. 98; Studium: Freiburg i. B. 1, Berlin 7, Bern 1, Berlin 2 S.; Coll. 2. Aug. 05; Approb. 19. Apr. 04.]

Wendriner, Karl Georg

Wendriner, Karl Geo., das romantische Drama. Eine Studie üb. den Einfluss v. Goethes Wilhelm Meister auf d. Drama d. Romantiker. (168 S.) 8. Berlin 909. Oesterheld & Co. 3.—; geb. 4. —

Wendriner, Carl Georg, aus Landeshut, Schlesien: Der Einfluss von Goethes Wilhelm Meister auf das Drama der Romantiker. Leipzig 1909. 168 S. 8°. Bildet einen Teil der Schrift: Das romantische Drama. Berlin 1909. [24. X. 07.]
Bern, Phil. Diss. 1908/09.

Wendriner, Carl Georg. Der Einfluss von Goethes Wilhelm Meister auf das Drama der Romantiker. Diss. Phil. Bern ... von K' G' W'.... 168 S. 8. Leipzig, Oscar Brandstetter, 1909.

Wendriner, Richard

—— Ein tosco-venezianischer Bestiarius, s. Goldstaub, Max.

[F.] Föhn. Von Richard **Wendriner**. *Breslau, Leipzig, Wien: L. Frankenstein 1897.* (119 S.) 1 Bd 8. (97. 1837

Wendriner, Rich., Föhn. 8. (119 S.) Breslau 897. Oppeln, G. Maske. 1. 20

Wendriner, Richard [aus Breslau]: Die paduanische Mundart bei Ruzante ... Breslau, Wilhelm Koebner, 1889; 3 Bl. + 32 S.
Breslau, Phil. Fak., Inaug.-Diss. v. 31. Jan. 1889.

Wendriner, Rich. Die paduanische Mundart bei Ruzante. gr. 8. (103 S.) Bresl. 889, Koebner. * 2 80

Wendrinsky, Joh., Kaiser Josef II. Ein Lebens- u. Charakterbild zur hundertjähr. Gedenkfeier seiner Thronbesteigung. Mit Portr. (in Kpfrst.). gr. 8. (VIII, 400 S.) Wien 880. Braumüller. n. 8. —

Wendrinsky, J., Kaiser Joseph II. gr. 8. Wien 880. Leipzig, Greßner und Schramm. * 8 —

Wendroth, Adolph. Guil. (geb. Sangerhausen 3. 1. 1829): De alimentorum adulteratione. Berolini (1853). (29 S.) 8°
Berlin, Med. Diss. v. 31. März 1853

Wendroth, Aemilius (Maximilianus Georgius) *(geb. Breslau 22. 1. 1839)*: De institutis quibusdam juris dotalis Saxonico-Vratislaviensis. Vratislaviae (1862). (53 S.) 8°
Breslau, Jur. Diss. v. 1. Aug. 1862

Leitfaden für den Unterricht an der Königlichen Baugewerkschule Eckernförde. Naturlehre. Klasse 4. Ausgearb. v. [G.] **Wendroth.** Eckernförde 1897. 8°

Wendroth, K. W. M., die Leiden d. protestant. Kirche u. ihre Heilmittel. 8. (3¼ B.) Aschersleben 832, Lorleberg.

— faßliche Worte d. Wahrheit an alle gebildete Protestanten rc. 8. Altenb. 831. Literat.-Cpt. 16 gGr.

—— faßliche Worte d. Wahrheit an alle gebild. Protestanten, od. offene Erklärung gegen d. D. de Valenti u. seine Glaubensgenossen. 8. (10 B.) Altenburg 831, [Pierer.]

Wendroth, Karl, unser Dank am Friedensfeste. Predigt am Dank- u. Friedensfeste den 11. Novbr. 1866 in der Kirche zu Rieder in Anhalt gehalten. Quedlinburg 866. Franke. gr. 8. (14 S.) n. 2 ngr.

Wendroth. Karl, der Ruf des Herrn zur Erquickung. Eine Predigt, am Tage der Kirchenvisitation, den 27. September 1857, über Matth. 11, 28 zu Rieder gehalten. Quedlinburg 857. Franke. gr. 8. (13 S.) n. 3 ngr.

Wendroth, Karl, was unser christl. Bußtag und sein soll. Eine Pred. gr. 8. (1 B.) Quedlinburg 840, Franke.

Wendroth, Karl, woran uns das Wort Gottes mahnet am Tage der Sedanfeier. Predigt zur Feier dieses Tages am 2. Septbr. 1872 in der Kirche zu Rieder in Anhalt geh. gr. 8. (14 S.) Quedlinburg 872. Basse. n. — 25

Wendroth, Karl, wozu fordert die diesjährige Ernte uns auf? Eine Predigt am Erntedankfeste 1842 gehalten. gr. 8. Quedlinburg 843, Franke. n. 1/6 Thlr.

Wendroth, Wilh(elm) Friedr(ich): Anleitung zur Untersuchung der Militairpflichtigen und invaliden Soldaten, mit Angabe der in Preussen, Oesterreich, Baiern und dem Grossherzogthum Hessen über die Auswahl der Rekruten und Invalidisirung der Soldaten bestehenden gesetzlichen Verordnungen etc., und mit Berücksichtigung der simulirten und verhehlten Krankheiten.

Eisleben: Reichart 1839
Th.1: Die Untersuchung der Militairpflichtigen und invaliden Soldaten und die gesetzlichen Bestimmungen.
Th.2: Die Diagnose der bei der Untersuchung vorkommenden Krankheiten und Gebrechen so wie deren Simulation und Dissimulation.

JB 3.616

Wendroth, Wilh(elm) Friedr(ich): Die Diagnose der bei der Untersuchung vorkommenden Krankheiten und Gebrechen, so wie deren Simulation und Dissimulation. 370 S., gbd.

Eisleben: Reichart 1839
(Wendroth, W.F.: Anleitung zur Untersuchung der Militairpflichtigen und invaliden Soldaten...mit Berücksichtigung der simulirten und verhehlten Krankheiten. Th.2)

JB 3.616/$_2$

Wendroth, Wilh(elm) Friedr(ich): Ueber die Erkenntnis der, bei Untersuchung der Militairpflichtigen und invaliden Soldaten, vorkommenden simulirten und verhehlten Krankheiten. Eisleben: 1839

s.: Wendroth, W.F.: Die Diagnose der bei der Untersuchung vorkommenden Krankheiten und Gebrechen, so wie deren Simulation und Dissimulation.

JB 3.616/$_2$

Wendroth, Wilh(elm) Friedr(ich): Die Untersuchung der Militairpflichtigen und invaliden Soldaten und die gesetzlichen Bestimmungen. 351 S., gbd.

Eisleben: Reichart 1839
(Wendroth. W.F.: Anleitung zur Untersuchung der Militairpflichtigen und invaliden Soldaten...mit Berücksichtigung der simulirten und verhehlten Krankheiten. Th.1)

JB 3.616/$_1$

—— üb. d. Ursachen, Erkenntniss u. Behandl. d. contagiösen Carbunkels. 8. (13 1/2 B.) Sangerhausen 838. (Eisleben, Reichardt.) *

Wendschuch, Carl, s. Wendschuch, Karl

Wendschuch, Georg, cand. theol.: Verhältnis des Glaubens zum Wissen bei Anselm von Canterbury. Ein Beitr. zu Anselms Erkenntnistheorie. Weida i.Th. 1909: Thomas & Hubert. 56 S. 8°
Leipzig, Phil. Diss. v. 21. Juni 1909, Ref. M. Heinze, Volkelt.

Wendschuch, Jh. Traug., Anleitung zur Cultur der Camellien, nebst einer systemat. Beschreibung der Gattung u. ihrer Arten. gr. 8. Dresden 835. (Grimmer.) n. 5 gl

Wendschuch, Joh. Traug., Anleitung z. Cultur d. Camellien, nebst e. systemat. Beschreib. d. Gattung u. ihrer Arten. Für angeh. Gärtner u. Blumenfreunde. gr. 8. (1 3/4 B.) Dresden 835, (Korische Buchh.) *

Wendschuch, Joh. Traug., Anleit. z. Cultur d. Camellien, nebst e. systemat. Beschreib. d. Gattung u. ihrer Arten. gr. 8. Dresden, 2. Aufl. 1835. (Zeh.) — 6 1/4

Wendschuch, Karl

Wendschuch, C: Beschreibung der von der Firma Carl Wendschuch construierten, gesetzlich geschützten Arbeiter-Schutzbrillen. Dresden 1899

Wendschuch, Carl: Beschreibung von Arbeiter-Schutzgeräthen und Sicherheits-Schutzvorrichtungen. Dresden 1892

Wendschuch, Carl: Beschreibung und Detail-Preisliste über Arbeiter-Schutzgeräthe und Sicherheits-Schutzvorrichtungen. 2. Aufl. Dresden 1901

Wendschuch, Carl: Beschreibung und Engros-Preisliste über Arbeiter-Schutzgeräthe und Sicherheits-Schutzvorrichtungen. Dresden 1897

Wendschuch, Carl: Kataloge betr. chirurgische Jnstrumente usw. 1910 ff. Dresden

Wendschuch, Carl: Preisliste über chirurgische Jnstrumente usw. Dresden (1891 ?)

Wendschuch, C: Gruppenweise geordnetes Verzeichnis der im Selbstverlage seit dem Jahre 1883 erschienenen Drucksachen. Nr 2. Dresden-A. 1904

Wendschuch, M. E., wie schütze ich mich vor Verlusten u. ziehe meine Außenstände ein, auch nach fruchtloser Auspfändung od. Manifestierg. des Schuldners. Aus der Praxis beantwortet. (101 S.) gr. 8. Lausa b. Dresden (907). (Dresden, Welt-Reform-Verlag.) 1.50

Wendschuh, Ludwig [aus Coblenz]: Über Jos. Haydn's Opern ... *Halle a. S., Hofbuchdr. v. C. A. Kaemmerer & C.*, 1896; 145 S., 2 Bl. mus. Beil. 8.
Rostock, Phil. Fak., Inaug.-Diss. v. [23. Mai] 1896

Wendt, s.a. Wend.

Wendt [Praes.], s. Agassiz, J.G.: De therapia maniae.

Wendt, feuersichere Baumaterialien u. ihre Verwendung im Hochbau, s.a. Jung's deutsche Feuerwehrbücher.

Wendt: Feuersichere Baumaterialien und ihre Verwendung im Hochbau. München [1910]

Wendt: Gutachtlicher Bericht über die Einrichtung von Irren-kolonien, s. Jensen, Julius Friedrich Wilhelm

Zur Feier des hundertjährigen Stiftungsfestes der deutschen Gesellschaft in Leipzig. Den 23. December 1827. (Gedicht v. Wendt.) o. O. (1827.) 8°.

Wendt, d. anhaltischen Gesetze, betr. d. Einführg. a) e. Gewerbesteuer, b) e. Kapitalrentensteuer. 12. (III, 92 S.) Dessau 898. C. Dünnhaupt. Geb. in Leinw. n. 1.50

[Lied.] Dem Koenig. [Unterz.:] **Wendt.** o. O. u. J. 1 Bl. 8° [Kopftit.]
Ohne Noten: „Wie heisst der Fürst im silbernen Haar, . . .“

Wendt. De oratione Herodoti. 32 S.
Greifenberg, Progr. 1856

Wendt, de oratione Herodoti. Stettin 856. (Greiffenberg, Gruss.) 4. (32 S.) 6 ngr.

Wendt. Rede zur Einführung des Directors. 4 S.
Cöslin, Progr. 1852

Wendt u. W. **Höchstetter**, der Religionsunterricht in der Schule. Referate, geh. auf dem 10. deutschen Protestantentag zu Heidelberg am 30. Aug. 1876. Hrsg. im Auftrage d. geschäftsführ. Ausschusses d. deutschen Protestantenvereins. gr. 8. (25 S.) Berlin 876. Haack. n. — 50

Wendt, der deutsche Ritterorden u. seine Burg. Rede zum „Deutschen Tag", geh. im großen Remter des Schlosses Marienburg, den 26. VIII. 1906. (16 S.) gr. 8. Leipzig 906. Dürr'sche Buchh. n. — 40

Wendt: Themata zu deutschen Privat-Arbeiten. Hamm 1863.
Schul-/Univ.-Schrift

Wendt, ..., s. Was ist die beste Vorbereitung zu Concurs-Prüfungen?

Wendt, A., dativ u. accusativ im Englischen, s.: Studien, englische. 15. Bd.

Wendt, A., u. L. **Wendt**, Führer f. Görbersdorf u. Umgegend. Mit 1 (lith.) Karte v. Görbersdorf u. Umgegend. 8. (VII, 62 S.) Görbersdorf 884. (Wüstegiersdorf, Jacob.) n. 1. —

Wendt, A., Nozomi no hoshi, s.: Nakamura, Shun- u.

— in den Tropen, s.: Engslin's Roman- u. Novellenschatz.

Wendt, Adolf: Die Behandlung des geographischen Unterrichts auf höheren Lehranstalten. Lennep, Druck v. H. Schumacher, 1889; 19 S. 4°
Lennep, RPG, OP 1889 (469)

Wendt, Adf., Sogoro. Ein Lebensbild aus Alt-Japan. 12. (XV, 152 S.) Heidelberg 901. Ev. Verl.
Geb. in Leinw. m. Goldschn. n. 3. —

Wendt, Adolf Ernst, s. Wendt, Ernst

Wendt, Agnes

Wendt, A., ein Mädchenschicksal, s.a. Goldschmidt's Bibliothek f. Haus u. Reise.

Ein Mädchenschicksal. Erzählung von A[gnes] Wendt. *Berlin: A. Goldschmidt 1900.* (108 S.) 8° [F.]
== Bibliothek, Goldschmidts, f. Haus u. Reise. Bd 89. [00 10:35]

Wendt, (Joannes Ludovicus) Alphonsus *(geb. Breslau 26. 12. 1811)*: De epidermide humana. Vratislaviae (1833). (VI, 36 S., 1 Taf.) 4° *[Verf. erlebte die Diplomerneuerung 1883 als Geh. Sanitätsrat in Breslau, vgl. Anh. Nr 298.]*
Breslau, Med. Diss. v. 11. Juli 1833

Wendt, Amad., commentatio de poëseos epicae atque historiae confinio. 4. Leipz. 811. (Barth). 9 gr.

Wendt, Amad., Commentatio de poëseos epicae atque historiae confinio. 4. Lips. Köhler. (in Comm.) 811.

— Diss. juris naturalis de fundamento et origine dominii. 4. Leipz. 808.

[Gedicht.] Ihrem verehrten Meister v. St. [Aug. Mahlmann] die Brüder der Loge M[inerva] z. d. 3 P[almen in Leipzig] am 24. Juni 5823. [Unterz.: Amad.] W[endt?]. [Leipzig 1823.] 1 Bl. 8° [Kopftit.]
„Wohl sieht man zu Minervas Friedens-Hallen, . . ."

– Grundriß der vergleich. Darstellung des Criminalrechts rc. Mit dreifachen Register. gr. 8. Nürnb. 825, Riegel u. W.

– Grundzüge d. deutsch. u. besond. baierischen Criminal-Prozesses f. akadem. Studien u. gerichtl. Gebrauch. gr. 8. Erl. 826, Palm u. E.

Amad. **Wendt's** Grundzüge d. philos. Rechtslehre; z. Gebr. b. Vorless. *Lpz.*, Barth. 811. gr8° 1 Thlr.

Wendt, A.: Grundzüge d. philos. Rechtslehre. *Leipz.*, Barth. 812. 8. (1 Thl.)

— Grundzüge d. philosophischen Rechtslehre. Zum Gebrauch bei Vorlesungen. gr. 8. Leipz. 812. Barth. 1 Thlr.

– vollständ. Handbuch des baiersch. Civil-Prozesses. Mit Anhang. gr. 8. Nürnb. 827, Riegel u. W.

— über die Hauptperioden d. schönen Kunst, oder die Kunst im Laufe d. Weltgeschichte dargestellt. gr. 8. Leipz. 831. Barth. 2 Thlr.

– s. Kunstblatt, d. Leipziger.

Wendt, Amadeus. Rossini's Leben und Treiben, vornehmlich nach den Nachrichten des Herrn v. Stendhal geschildert. Leipzig 1824.

[Lied.] Dem Br. Heeren zu seiner maurerischen Jubelfeier am St. Johannistage 1835. [Unterz.: Amad.] W[endt. Göttingen 1835.] 2 Bl. 8° [Kopftit.]
Ohne Noten: „Heute, Lehrling und Ge-Gesellen, . . ."

—— Musenalmanach, s. Musenalmanach f. d. J. 1830—32.

– s. J. G. Pfranger, der Mönch.

Wendt, Amad., de philosophia Cyrenaica. 4maj. Gottingae 842, libr. Dieterich. n. 1/2 Thlr.

Wendt, Amadeus, de philosophia Cyrenaica. 4maj. (6 1/2 B.) Gottingae 843, libr. Dietrich. *

— de rerum principiis secundum Pythagoreos. 8maj. Leipz. 827. Tauchnitz. 4 gr.

— de ratione quae inter religionem et philosophiam intercedit. Comment. philosoph. 4maj. Götting. 829. (Vandenhöck u. R.) 5 gr.

Amad. **Wendt's** Reden üb. d. Religion; f. Gebildete, namentl. diejenigen, welche sich d. Wissenschh. widmen. Auch unt. d. T.: d. Relig. an sich u. in ihrem Verhältn. zu Wissensch., Kunst, Leben u. zu d. posit. Formen ders., in e. Reihe v. Vorträgen an Gebildete dargestellt. *Sulzb.*, v. Seidel. B. 813. gr 8° 20 gl

— die Religion an sich u. in ihrem Verhältnisse zur Wissenschaft, Kunst, Leben rc. A. u. d. T.: Reden über die Religion. gr. 8. Sulzbach 813. v. Seidel. 20 gl

— s. Rossini's Leben.

s. Taschenbuch zum geselligen Vergnügen.

– s. W. G. Tennemann, Grundr. d. Gesch. d. Philosophie.

Trauerrede und Nekrolog an dem Sarkophage des Brs Siegfr. Aug. Mahlmann, vorgetragen von A[mad.] **Wendt.** In der Trauerloge am 20. März 1827. Als Ms. gedr. f. Brr. Altenburg [1827]: Literatur-Comptoir. 22 S. 8° [Umschlagtit.]
Abgedr. in: AZ. 1827–1831 S. 83–103.
Auszug in: FZ. 17 (1863) S. 153–157.
Kl. 1465.

s.a. Weihgeschenk d. Universität zu Leipzig rc.

Weihgeschenk der Universität zu Leipzig bei ihrer vierten Säcularfeier den 4. December 1809. dargebracht von der ästhetischen Gesellschaft unter dem Vorsitze des M. AMADEUS WENDT. Leipzig s. a. Bei Johann Gottlob Beygang. 8°.

Wendt, Amad., üb. d. gegenwärt. Zustand d. Musik, besond. in Deutschland, u. wie er geworden. Eine beurtheil. Schilderung. gr. 12. (4 B.) Göttingen 836, Dieterichsche Buchh.

Wendt, Amad., über Zweck u. Mittel, Gegenwart u. Zukunft d. Freimaurerei. Ein Cyclus von Maurerreden. (Als Manuscript für Brüder). 8. Leipz. 828. W. Vogel. 14 gl

Wendt, Amandus (Theod. Augustin) (geb. Danzig [19. 1.] 1855): Zur Theorie der geodätischen Linie auf einer Fläche zweiten Grades. Berlin (1880). (21 S.) 4° *) Der Text der Diss. ist metallographiert.
Berlin, Phil. Diss. v. 9. Juli 1880

Wendt, Amandus, zur Theorie der geodätischen Linie auf einer Fläche 2. Grades. Inaugural-Dissertation. gr. 4. (21 autogr. S.) Berlin 880. (Mayer & Müller.) n. 1. 20

Wendt, Bernh., zwei Bücher von der Kirche. Eine Apologie der Lehre Luthers von der Kirche. Ueberarbeitung einer gekrönten Preisschrift. Halle 859. Fricke. gr. 8. (VII, 192 S.) 15 ngr.

Wendt, Bernh., kirchliche Ethik vom Standpunkt der christlichen Freiheit. 2 Thle. gr. 8. Leipzig 864,65, Bredt. *
Inhalt:
Thl. 1. Einleitung in die Ethik: Entwickelungsgeschichte der christl. Freiheit in der Kirche und Theologie. (XXVII und 345 S.) * 1 Thlr. 22½ Ngr.
" 2. Das Reich Gottes und das Reich der Welt oder die Voraussetzungen der kirchl. Ethik. (VIII und 423 S.) * 2 Thlr.

Wendt, Bernh., ein Gräuel der Verwüstung an heiliger Stätte. Ein Wort der Warnung u. Mahnung. 8. (22 S.) Breklum 880. Christl. Buchh. n. — 10

— die Idee des geistlichen Priesterthums aller Christen in ihrer Verwirklichung. Eine prakt. Theologie für die christl. Gemeinde. br. 8. (III und 260 S.) Berlin 863, Rauh. 25 Ngr.; geb. * geb. mit Goldschn. *

— der Kampf des Glaubens in der Mecklenburgischen Landeskirche. Eine Appellation an den Großherzog von Mecklenburg-Schwerin, betr. die schweren Verirrungen des dermal. Mecklenburg. Oberkirchenraths, im Interesse der ganzen luther. Kirche. gr. 8. (46 S.) Leipzig 864, Bredt.

Wendt, Bernh., christologische Meditationen. Eine zusammenhängende Darstellung der gottmenschlichen Persönlichkeit u. Wirksamkeit Jesu Christi. Ebend. 864. gr. 8. (XII, 310 S.) n. 1 ℛ

Wendt, Bernh., die Sache der lutherischen Kirche vor dem Consistorium in Kiel u. dem Cultusministerium in Berlin. Aktenmäßige Geschichte e. Kampfes um das luther. Bekenntniß. gr. 8. (III, 144 S.) Hannover 893. (Wolff & Hohorst Nachf.) n. 1. 20

— dasselbe. 2., verb. u. verm. Aufl. gr. 8. (VII, 131 S. m. Bildnis.) Ebd. 892. n. 2. 40; geb. n. 3. —

— Symbolik der römisch-katholischen Kirche. 1. Abthl. gr. 8. (XI, 299 S.) Gotha 880, F. A. Perthes. *

— nothgedrungenes Zeugniß in einer mecklenburgischen Sache. Zum Schutz und Trutz gegen falsche Angriffe. gr. 8. (16 S.) Leipzig 865, Bredt. *

Wendt, Bruno, der preußische Amtsanwalt. Kommentar zur Geschäftsanweisung für die Amtsanwälte vom 28. Aug. 1879, nebst Anh., zum Handgebrauche für die Amtsanwälte des Preuß. Staates. 12. (VII, 176 S.) Düsseldorf 882. Schwann. n. 1. 50

Wendt, Bruno, Referendar in Frankfurt a. M.: Zwei geschichtliche Beiträge zur Lehre von der Legitimation durch nachfolgende Ehe. Borna-Leipzig 1908: R. Noske. (59 S.) 8° [F.]
Leipzig, Jur. Fak., Diss. v. 5. März 1908
[Geb. 5. März 80 Mühlheim a. Rh.; Wohnort: Frankfurt a. M.; Staatsangeh.: Preußen; Vorbildung: Realgymn. Wöhler-Sch. Frankfurt a. M. Reife O. 98; Studium: Leipzig 3, Berlin 2, Marburg 3 S.; Rig. 15 Dez. 04.]

Wendt, Bruno, approb. Arzt aus Freienwalde a. d. O.: **Aus d.** Jenaer Universitäts-Augenklinik. **Über einen Fall von** doppelseitiger metastatischen [!] **Ophthalmie bei einem** 42 Wochen alten Kinde. *Erlangen 1901: H. Vollrath.* (15 S.) 8°
Jena, Med. Diss. v. (17. Dez.) 1901

Wendt, Bruno, Gesinde-Ordnung für sämmtliche alte Provinzen der preußischen Monarchie mit Ausschluß von Neu-Vorpommern, des Fürstenthum Rügen und der Rheinprovinz vom 8. Novbr. 1810. Nebst allen Nachträgen und den wichtigsten Entscheidungen. gr. 8. (72 S.) Berlin 878, C. Heymann's Verlag. cart. *

Wendt, C. H. A. Perikles u. Kleon. Ein Beitrag zu der politischen Entwickelungsgeschichte Athens. 45 S. . . . .
Posen, F. W., Progr. 1836

Wendt, C. W., die Irrlehren des Darwinismus widerlegt aus der Natur, s.: Flugblätter für Stadt u. Land.

Wendt, Christian Ernst von

v. **Wendt,** Chr. Er., Abhandlungen und Rechtsfälle zu Erläuterung des gemeinen bayrischen u. sächsischen Civilrechts und Civilprocesses. gr. 8. München 836. Lentner. (Leipzig, Volckmar.) 1⅚ ℛ

v. Wendt, Chr. Er. B., Beitrr. zur jurist. Praxis auf Akademien. Als Annalen d. jurist.-prakt. Instituts zu Erlangen. 1s Heft. gr. 8. Nürnb. 825. Riegel u. W. 8 gl

— Bemerkk. über die Referirmethode in Justiz-Collegien. gr. 8. Nürnb. 808. Campe. 16 gl

—— die Beweiskraft d. Gutsrechnungen. Für Gutsherren, Patrimonial-Beamte, Consulenten, Anwälte u. Richter theoret.-prakt., in administrat. u. jurid. Rücksicht erörtert. gr. 8. (9 B.) Nürnberg 835, Riegel u. Wießner.

—— die teutsche Facultäts-Praxis in Strafrechtsfällen. Dargest. aus d. Arbeiten d. Spruchcollegiums zu Erlangen von d. J. 1820—1834 u. aus Privat-Arbeiten. gr. 8. (32 B.) Neustadt a. d. O. 836, Wagner.

— Grundriß d. vergleichenden Darstellung d. Criminalrechts rc. Mit dreifachem Register. gr. 8. Nürnb. 825. Riegel u. W. 20 gl

— Grundzüge d. deutschen u. besonders baierischen Criminalprozesses für akad. Studien u. gerichtl. Gebrauch. gr. 8. Erl. 826. Palm u. E. 22 gl

— vollständ. Handbuch d. baierischen Civilprozesses. Mit Anhang. gr. 8. Nürnb. 827. Riegel u. W. 3 ß

—— vollständ. Handbuch d. bayer. Civilprozesses. 1. u. 2. Bd. 2., sehr verm. Ausg. u. 3. Bd. 1. Abthl. gr. 8. Nürnberg, Riegel u. Wießner. [1. u. 2. (.. B.) 835. 3⅚ Thlr., 3. 1. (35 B.) 830. 2⅓ Thlr.]
Der 3. Bd. 1. Abthl. a. u. d. T.:
Vollständige Darstellung d. bayer. Verfahrens in administrativ-contentiösen Rechtssachen.

— Leitfaden zu Vorlesungen über d. baierischen Civilprozeß nach der Ordnung des Codex jur. bavar. jud. mit besond. Rücksicht auf d. Verfassers vollständ. Handbuch. Mit 7 Zugaben. gr. 8. Nürnb. 828. Riegel u. W. 12 gl

— erste Nachr. von d. wirkl. Bestehen d. jurist.-prakt. Instituts zu Erlangen, d. 27. Mai 1824. 8. Erl. 824.

Wendt, Christian Ernst (Erlangen)
U. S. Erlangen Phs. 1796/2

Num Marcus Attilius Regulus Romanorum dux a Carthaginiensibus adfectus sit supplicio dissertatio historico-antiquaria.
Präs. Georg Wolfgang Augustin Fikenscher.
Erlangen (Kunstmann) 17. VI. 1796. S. 41 - 66.

Gew.: Johann Georg Wunderlich, Johann Georg Kapp, Andreas Schumann, Erhard Friedrich Vogel.
W. v.: Präs. 36317

Wendt, Christian Ernst (Erlangen) F, zu/8

De politia Atheniensium.
Erlangen (Hilpert) 1. V. 1798. 40 S.

Gew.: Gottlieb Christoph Harless, Jo. Christian Daniel von Schreber, Friedrich Wendt (Vater).
W. v.: G. C. Harless. 36319

— Stemma, sistens imperatores, reges principesque Europae a Bothone VII. Comite Stollbergae et Wernigerodae descendentes. Specimen genealog.-historicum. Fol. maj. (Nürnb. 820. Stein). 10 gl

v. Wendt, Chr. Er., Supplement zu dessen Grundrisse f. Vorlesungen üb. d. baier. Civilprozeß, nach Martin's u. Bayer's Ordnung. gr. 8. Nürnberg 841, Riegel u. Wießner. ⅓ ß

Wendt, Christian Ernst (Erlangen)
U. S. Erlangen Phs. 1797/4

Theoriae motus cylindrorum ventigenorum tentamen. Dissertatio mathematica.
Präs. Karl Christian Langsdorf.
Erlangen (Hilpert) 26. V. 1797. 54 S.

Gew.: Universität Kopenhagen. 36318

— e. Worte über Vorbereitung zur jurist. Praxis auf Akademien. Ein Schärflein zur Feier des 16. Februar 1824. 8. Erlang. 824.

Wendt, Christoph Gottlieb, s. Wend.

Wendt, Dan., Anweisung im Kopf- u. Tafelrechnen. Method. bearb. u. mit d. nöthigen Beispielen versehen. 1. u. 2. Thl. gr. 8. Leipzig, [Böhme.] [1. (22 B.) 834. 21 Gr., 2. (23 B.) 835. 1 Thlr. 6 Gr.]

Wendt, D(an.), Aufgaben f. Denkrechner. 1. Bdchn. 12. (IV u. 99 S.) Cöthen 852, Schettler. n. 1/6 ß

Wendt, Dan., Aufgaben für den Denkrechner. 2. Bdchn. Dessau 856. Neubürger. 8. (IV, 164 S.) 9 ngr

—— Auflösungen zu Obigem. 1. Bdchn. 8. (48 S.) Cöthen 852, Schettler. *

Wendt, D(an.), der Kalender. Eine Erklärung alles dessen, was der Kalender enthält, nebst Verzeichniß der höchsten und niedrigsten Getreidepreise in den letzten 150 Jahren rc., und Gesetze der Sterblichkeit. Für Lehrer und Schüler, sowie für Bürger und Landmann geschrieben. Mit 6 Tab. in 8. und 4., wovon 1 lithogr. Cöthen 851, Schletter. ½ Thlr. *

Wendt, E.: De epicae poeseos atque historiae confinio, s. Wendt, Amadeus

Wendt, E., und Comp., Uebersicht der preuss. Handels-Marine, s.a. Uebersicht.

Wendt, E. Uebersicht der preußischen Handelsmarine. Stettin 1848. 31 S. 8.

Wendt, E., die Verletzungen des Ellenbogengelenks im Röntgenogramm m. besond. Berücksicht. der Fakturen des unteren Humerusendes, s.: Fortschritte auf dem Gebiete der Röntgenstrahlen. 23. Erg.-Heft.

Wendt, E., Vorlagen für Holzmalerei. 2 Hefte. gr. 4. (à Heft 6 Chromolithogr.) Leipzig 881, [Glaser und Garte.] Garte. à Heft * *M* 4. ∘

v. Wendt, E. E.: Grundriss d. vergleichenden Darstellung des Criminalrechts. Als Repertorium für academ. Studium, gerichtl. Praxis und Revision d. Gesetzgebung, entworfen und in Verbindung mit einigen Mitgliedern des juristisch-pract. Instituts berarb. u. heausgegeben. (1stes H.) *Nürnb.*, Riegel u. Wiessner. 825. gr. 8. (20 Gr.)

Wendt, Edmund C.

Wendt, Edm., Atlas der Naturgeschichte der drei Reiche für Schule u. Haus. In 52 nach der Natur gezeichn. u. fein color. Taf. Stuttgart 860. Nitzschke. qu. Fol. (Mit 12 S. Text.) n. 4 ß 10 ngr

Wendt, Edm. C., über die Harder'sche Drüse der Säugethiere. Mit 2 lith. Taf. gr. 4. (30 S.) Strassburg 877. Schultz & Co. n. 3. —

— die fossilen Faunen früherer Erdepochen. Abdr. u. Einleitung aus dem „Atlas der Naturgeschichte der drei Reiche" für Schule u. Haus. Ebend. 862. qu. 4. (4 S. u. 4 lith. Taf.) 12 ngr.

—— die fossilen Faunen früherer Erdepochen. qu. gr. 4. (4 S. mit 4 Stnt. in Tondr.) Stuttgart (861)62, Nitzschke.
Bildet auch die Einleitung aus dem „Atlas der Naturgeschichte der drei Reiche" für Schule und Haus.

Wendt, Emanuel [cand. med. aus Nienburg a. S.]: '[Aus d. medizin. Klinik zu Jena.]' Über Anwendung, Indicationen und Erfolge der Ernährung per rectum ... M. 2 Taf. Jena, Univ.-Buchdr. G. Neuenhahn, 1896; 52 S., 1 Doppeltaf. 8.
Jena, Med. Fak., Inaug.-Diss. v. [8. Juli] 1896

Aus dem Krankenhause 'Bergmannstrost' (Geheimr. Oberst) zu Halle a. S. Die Verletzungen des Ellenbogengelenks im Röntgenogramm m. besond. Berücks. d. Frakturen d. unteren Humerusendes von Dr. E[manuel] **Wendt** in Halle. Mit 179 Röntgenbild. auf 18 Taf. Hamburg: Gräfe & Sillem 1910. 38 S. 4°
(Archiv u. Atlas d. normalen u. pathol. Anatomie in typischen Röntgenbildern.)
(Fortschritte auf d. Gebiete d. Röntgenstrahlen. Erg.-Bd 23.) (10. 15033)

(Wendt, Emil,) Album für Freunde der Länder- und Völkerkunde, s. Album.

(Wendt, Emil,) Bildermappe, s. Bildermappe.

—— Buch der Räthsel. Ein Festgeschenk für die Jugend. 16. (12¾ B., 14 Kpfrtaf., ill. Ttlbl. u. verz. Titel.) Leipzig 842, [Dörffling u. Franke.]

Wendt, Emil, Declamationssaal für das mittlere Jugendalter. gr. 16. (XIV u. 224 S. m. 1 Stahlst.) Leipzig 848, Dörffling & Franke. ½ rf

Wendt, Emil., Declamationssaal für das mittlere Jugendalter. 4. umgearb. Aufl. Leipzig 853. Dörffling u. Franke. 16. (VIII, 152 S. u. 1 Stahlst.) 12 ngr.

—— Declamationsübungen, s. Loßnitzer, C. E.

—— geographisches Dominospiel. (Europa.) 16. (1 B., 1 ill. Karte in Fol. u. 8 Karten auf Pappe.) Leipzig 843, [Dörffling u. Franke.] *

Wendt, Emil [aus Landsberg a. W.]: Die Entwickelung der Leibnizischen Monadenlehre bis zum Jahre 1695. ...
Berlin: A. W. Schade's Buchdr. (L. Schade) 1885. 40 S. 8°
Berlin, Phil. Fak., Inaug.-Diss. v. 18. Dez. 1885

Wendt, Emil, die Entwickelung der Leibnizinischen Monadenlehre bis zum Jahre 1695. Diss. Berlin 1885, Mayer & Müller. 8°. 40 S.

Wendt, Emil, **die Entwickelung der Leibnizischen Monadenlehre bis zum J. 1695. gr. 8. (38 S.) Berlin 886.** Weidmann. **n. 1. —**

—— **Erläuterungen zum Bilder-Atlas der Länderkunde mit besond. Rücksicht auf Völkerkunde, Geschichte und Naturgeschichte. Lex.-8. (196 S.) Leipzig 855(56,) Dörffling und Franke. ***

Wendt's, Emil, Familien-Bibliothek. Nr. 4—28. 8. Zerbst 865—69, Dörffling. à Nr. 60 Pf.
Inhalt:
Nr. 4 — 9. Das Stift. Nordische Photographieen. 3 Bde.
" 10. Wendt, Emil, Kindergarten. Eine Auswahl von bildenden Lese- und Gedächtnißübungen für das früheste Jugendalter. 7. verb. Aufl.
" 11. 12. —— Lehren und Beispiele für das mittlere Jugendalter gesammelt. 5. verb. Aufl.
" 13. 14. —— Kindertheater. Leicht aufführbare kleine Lustspiele für Kinder, nebst einem Anhange von Gelegenheits-Gedichten zum Sprechen und Singen. 2. Aufl.
" 15. 16. Schröter, L., der Zimmergärtner. Kurzgefaßte praktische Unterweisung die beliebtesten Pflanzen im Wohnzimmer zu ziehen.
" 17—19. Titan von Jean Paul. Durch Weglassung der am schwersten verständl. Stellen und durch Namen und Worterklärungen einem größeren Lesekreise zugänglich gemacht von Emil Wendt. 1. Bd. (X, 306 S.)
" 20—22. —— dass. — 2. Bd.: Die fürstlichen Geschwister. (VIII, 280 S.)
" 23. 24. Baum, F., biblisches Hausbuch. Die Ehe, die Familie und das Hauswesen nach der heil. Schrift. Mit einem Vorwort von Chr. Ernst Luthardt. Eine Gabe für Verlobte und Eheleute. (XII, 234 S.)
" 25—28. Dörffling, Max, der Dichter der Griechen. Das Schönste aus der poet. Literatur der Hellenen für gebildete Leser besprochen. (VIII, 304 S.)

Wendt, Emil, Gelegenheitsgedichte für Kinder zum Sprechen u. Singen. Leipzig 863. Dörffling & Franke. 8. (48 S.) 4½ ngr.

—— u. Th. Bockerode, Jahrbuch der Reisen f. junge Freunde der Länder- u. Völker-Kunde. 1. Jahrg. Gützlaff's Reisen in China. 8. (22 B., 8 Kpfr. u. 2 Karten.) Leipzig 843, [Dörffling u. Franke.]

Wendt, Emil, das Kind auf d. Schooße d. Mutter. ABC- u. Lesebuch. Breit 16. (9¾ B. u. 6 ill. Bild.) Leipzig 838, [Dörffling u. Franke.]

—— **und C. E. Loßnitzer, Kindergarten,** s.a. **Loßnitzer.**

—— **Kindergarten. Eine Auswahl von Gedichten zu bildenden Lese- und Gedächtnißübungen für das früheste Jugendalter, nebst vielen Fest- und Gelegenheitsgedichten und Gebeten. 7.,** verb. Aufl. 8. (XII und 154 S.) Leipzig 863, Dörffling und Franke.

Wendt, Emil, Kindergarten. Eine Auswahl von Gedichten zu bild. Lese- u. Gedächtnißübungen für das früheste Jugendalter, nebst vielen Fest- u. Gelegenheitsgedichten u. Gebeten. 8., verb. Aufl. 8. (166 S.) Leipzig 877. Dörffling & Franke. 1. 20; cart. m. 2 Stahlst. 1. 50

—— Kindertheater, s.a. Loßnitzer, C. E.

—— **Kindertheater.** Leicht aufführbare kleine Lustspiele für **Kinder.** Nebst vielen Gelegenheitsgedichten. 2., verb. Aufl. 8. (VIII und 192 S.) Leipzig 863, Dörffling und Franke.

—— und C. E. **Loßnitzer,** Lehren und Beispiele für das mittlere Jugendalter, s. Loßnitzer, C. E.

— Museum für die Jugend, s. C. E. Loßnitzer.

—— **des Missionar Gützlaff Reisen nach den Küstengegenden des chines. Reichs. Nebst Auszügen aus vielen andern Reiseberichten, welche Religion, Regierungsverfassung, Volkssitten u. s. w. in China darstellen, für die Jugend bearb. gr. 16. (VIII und 344 S. mit 9 Kpfrn. und Karten.) Leipzig 848, Dörffling und Franke.**

—— geograph. Spiele f. d. Jugend, z. Uebung d. Scharfsinns, u. z. Erlangung d. wichtigsten geograph. Kenntnisse auf belustigendem Wege. 8. (79 Karten u. ¾ B. Text.) Leipzig 838, 39, [Dörffling u. Franke.] *
In Etui *

—— maler. Wanderungen nach Süden u. Norden, nach Osten u. Westen. Für junge Freunde der Länder- u. Völkerkunde, der Geschichte u. Naturgeschichte. Lex.-8. (26½ B. u. 2 Stahlst.) Leipzig 846, [Dörffling u. Franke.] *

Wendt, Emil, was muß man v. der Kaninchenzucht wissen? (70 S.) 8. Berlin (904). H. Steinitz. **n. 1. —**

Wendt, Emil, wie pflege ich meinen Zimmergarten? (Gemeinverständlich beantwortet.) gr. 8. (84 S.) Berlin (899). H. Steinitz. n. 1. —

Wendt, Erich, cand. med. aus Neubrandenburg: **Beiträge zur** Casuistik der Perityphlitis. *München 1897: Kastner & Lossen.* (30 S.) 8°
München, Med. Diss. v. 1898

Wendt, Erich: Der Hopfenbau in der Altmark und die Mittel zu seiner Hebung. Weida i. Th. 1909: Thomas & Hubert. 117 S. 8°

Leipzig, Phil. Diss. v. 30. Juni 1909, Ref. Kirchner, Stieda

[Geb. 23. Juli 78 Bernikow; Wohnort: Leipzig; Staatsangeh.: Preußen; Vorbildung: Friedrich-Wilhelms-Gymn. Königsberg i. N. Reife M. 97; Studium: Berlin 1, Leipzig 5 S.; Rig. 27. Febr. 09.] [U 09. 3081

Wendt, Ernst [aus Trebenow in d. Uckermark]: Klinisches und Experimentelles über streifenförmige Hornhauttrübungen bei eitriger Keratitis ... Greifswald, Druck v. C. Sell, 1895; 41 S., 1 Bl. 8.

Greifswald, Med. Fak., Inaug.-Diss. v. 22. Jan. 1895

Sammlung kaufmännischer Formulare bestimmt für den Unterricht in der Kontorkunde, zsgest. von E[rnst] **Wendt**, Lehrer. T. 1. 2. *Cöln: Selbstverl. 1903.* 1 Bd 4°, 1 Bd quer-8° [04. 10181

Wendt, E., Sammlung kaufmännischer Formulare, bestimmt f. den Unterricht in der Kontorkunde. 2 Tle. Cöln a/Rh. (Maybachstr. 174) 904. Lehrer Wendt. Kart. 1. 80

Wendt, *Adolf* Ernst [aus Berlin]: Arithmetische Studien über den „letzten" Fermatschen Satz, welcher aussagt, dass die Gleichung $a^n = b^n + c^n$ für $n > 2$ in ganzen Zahlen nicht auflösbar ist ... (Aus: Journ. f. d. reine u. angew. Math., Bd. 113 Heft 4.) Berlin, Druck v. G. Reimer, 1894; 17 S. 4.

Berlin, Phil. Fak., Inaug.-Diss. v. 4. Juli 1894

Wendt, Ferdinand Maria (Hrsg.), s. Abhandlungen, Pädagogische, von Mitgliedern d. wiss.-pädagog. Practicums an der Univ. Leipzig.

Wendt, Ferd. Maria, Elisabeths-Rosen, s.: Lintemer, H.

Wendt, Ferd. Maria, freiwillige Feuerwehr, s.: Universal-Bibliothek.

Wendt Ferd. Maria: Die neuere Gedächtnistheorie nnd ihre methodische Verwertung beim Unterrichte. 29. Troppau LBA. 08.
Progr.

Wendt, Ferd. Maria, frisches Grün. Lieder u. Balladen. Leipzig 864. Jackowitz in Comm. 8. (VIII, 145 S.) n. 15 *ngr.*

Wendt, Ferd. Maria, frisches Grün. Gedichte zum „Singen und Sagen" für die Jugend. 2. Aufl. 12. (IV, 144 S.) Troppau 886, Zenker. *

WENDT, Ferdinand M.
(F) Frisches Grün. Gedichte für die Jugend zum Singen und Sagen. Von Ferdinand M. Wendt. 3. veränderte, erweiterte Auflage. Herausgegeben von Maria Th. May. Troppau. 1900. Zenker. 8°. XI, 137 S. K 2.—

— psychologische Kindergartenpädagogik. 2. verb. Aufl. Hrsg. u. durch e. biograph. Anh. 40 Jahre pädagog. Tätigkeit vermehrt v. Irene Sponner-Wendt. (VIII, 142 S. m. Abbildgn.) 8. Wien 903. K. Graeser & Co. (Leipzig, B. G. Teubner.) n. 2. —

Wendt, F. M. (Hrsg.), s. Mädchenschule, Die.

Wendt, Ferdinand Maria: Psychologische Methodik des Mädchenunterrichtes. Ein Versuch. — Leipzig: Böhme 1887. VI, 227 S. 8°

— **Methodik d. schönen Vortrags beim Lesen u. Declamieren, sowie bei der freien Rede, s.a. Erziehung, Unterricht, Schulwesen.**

— — Methodik des schönen Vortrages beim Lesen, Declamiren, sowie bei der freien Rede. Für Lehranstalten und zum Unterrichte. (Erziehung, Unterricht, Schulwesen, Sammlung pädagogischer Schriften. XV.) 8°. (76 S.) Wien, Graeser. fl. —.60. 1886.

Wendt, F. M., Vide: Neuzeit.

Wendt, Ferd. Maria, Pädagogik der Kleinkinderstube, e. Buch f. Mütter, sowie f. alle Freundinnen u. Freunde der Frauenbildg. gr. 8. (VII, 96 S.) Hermannstadt 871. Pfaundler. 1. 50

— Repetitorium zur Geschichte der Pädagogik. Mit besonderer Berücksichtigung Oesterreich-Ungarns. Zum Gebrauche beim Unterrichte in Lehrer- u. Lehrerinnen-Bildungsanstalten, sowie bei der Vorbereitung der Lehrer u. Lehrerinnen für die Volks- u. Bürgerschulprüfung. Nach den Quellen zusammengestellt. 8. (X, 166 S.) Wien 879. Graeser. n 1 84

Wendt, Ferd. Maria. Die Seele d. Weibes. Versuch e. Frauen-Psychologie. 1. Aufl. (VI, 128 S. m. Bildnis.) 891; 2. verb. u. verm. Aufl. gr. 8. (VII, 131 S. m. Bildnis.) Korneuburg 892, Kühkopf. * 2 40; geb. * 3 —

Wendt, Ferd. Maria, vergelt's Gott tausendmal! Selig sind die Barmherzigen, s.a. Pichler's Jugendbücherei.

Wendt, F. M., vergelt's Gott tausendmal! Selig sind die Barmherzigen, s.a. Volks- u. Jugend-Bibliothek.

(F) **Wendt,** F. M., Vergelt's Gott tausendmal! Selig sind die Barmherzigen. Zwei Erzählungen für Mädchen von 12 bis 15 Jahren. [Pichler's Jugendbücherei. Bd. 10.] 8°. (71 S.) Wien: Pichler 1904. geb. K 1.—

—— Herr Walther von der Vogelweide, s.a. Jugendbibliothek.

— — Herr Walther von der Vogelweide. Ein Lebensbild für die Jugend, auf Grundlage fremder u. eigener Forschg. Mit 3 Abb. (Aus Rothaug's Jugendbibliothek.) 8°. (72 S.) Prag, Tempsky. geb. fl. —.40. 1886.

Wendt, F. M.: Das wahre Wesen der Gefühle, s. Zeit- u. Streitfragen. Pädagogische.

— die Willensbildung vom psychologischen Standpunkte, s.: Sammelmappe, pädagogische.

Wendt, Fr. (Hrsg.), s. Zeitung, Allgemeine für deutsche Land- und Forstwirthe.

Wendt, Friedrich v.

— s. nova Acta physico-medica Acad. caes. Leopold.-Carol.

v. Wendt, Ritter Fr., († d. 2. Mai 1818.) Annalen des klinischen Instituts auf d. Akademie zu Erlangen. 16, 26 Heft. gr. 8. Erl. 808—9. Palm. (à 12 gr) 1 ß

Arzenei-Formeln [Arzneiformeln] oder Zusammengesetzte Arzeneien, welche im klinischen Institute zu Erlangen üblich sind. Entworfen von Friedrich [von] Wendt. Erlangen 1811: Junge. 52 S. 8°

Wendt, Fr., Arzneiformeln od. zusammen gesetzte Arzneien, welche im klinischen Institute zu Erlangen üblich sind, auf Verlangen deutsch herausgegeben. gr. 8. Erlangen, Breuning. 812.

— Arzneiformeln, oder zusammengesetzte Arzneien, welche im klinischen Institute zu Erlangen üblich sind. gr. 8. Erl. 812. 2e A. 818. Heyder. 8 gr

— wiederholte Beweise, daß die Kuhpocken vor den natürl. Blattern schützen. 8. Erl. 804.

Wendt, Friedrich, approb. Arzt aus Kolberg a. Ostsee: Aus d. Chirurg. Klinik (Prof. Kraske) zu Freiburg i. B. 2 Fälle von Parotistumoren. *Freiburg i. B. 1902: Ch. Lehmann's Nachf.* (32 S.) 8°
Freiburg i. B., Med. Diss. v. 1902

— de febribus remittentibus semestris hiberni 1795—1796. 8. Erl. 796. Palm. 6 ℛ

— formulae medicamentorum in instituto clinico Erlangensi usitatorum introductae. 8maj. Erl. 808. Palm. 6 ℛ

Wendt, Friedrich [Kgl. Sem.-Oberl.]: Herbart und Willmann inbezug auf die Auffassung der Stellung und Bedeutung des Unterrichts im System der Erziehung ... Breslau, Druck d. Bresl. Gen.-Buchdr., 1894; 2 Bl., 61 S. 8.
Jena, Phil. Fak., Inaug.-Diss. v. 1894

— historia Tracheotomiae nuperrime administratae. 4. Bresl. 774.

Wendt, Friedrich, prakt. Arzt: Aus d. Kgl. hygien. Universitäts-Institut zu Königsberg i. Pr. Nachprüfung der Weil'schen Methode zur Schnelldiagnose der Typhusbacillen. *Königsberg i. Pr. 1902: O. Kümmel.* (53 S.) 8°
Königsberg, Med. Diss. v. 11. Apr. 1902

Wendt, Fr., Nachricht v. d. Krankeninstitut in Erlangen. 2 H. in 1 Bd. 143, 144 S. Erl. 8°. 1783.

Nachricht von der gegenwärtigen Einrichtung und dem Fortgang des Instituti clinici, gegeben von Friedrich [von] Wendt. [1]-6. Erlangen: Palm 1785-86. 1 Bd 8°

[Fortges. u. d. T.:]
Nachricht von dem Fortgang des Instituti clinici. 2. 1786.
Nachricht von dem Kranken-Institut zu Erlangen. 3-6. 1785-86.
[1]-3/4: 2. Aufl. 1786.
5/6: 1785.

Wendt, Friedrich (Sora) U. S. Göttingen 1762/1

Dissertatio inauguralis sistens observationes de pleuritide et peripneumonia.
Göttingen (Schultz) 25. VI. 1762. 36 S.

W. v.: Rudolph Aug. Vogel. 36320

— Vorschläge zur Anstellung prakt. Uebung in d. Medicin. 8. Erl. 779.

Wendt, Fridericus Guilelmus: De metrorrhagia gravidarum et puerperarum. Halae (1837): Karl Grunert. 28 S. 8°
Halle-Wittenberg, Med. Diss. v. 23. Dez. 1837
Geb. Litschen bei Marienwerder 4. 3. 1812. V.

Wendt, G. v.: A b h a n d l u n g e n aus dem Gebiete der Thierhaltung, s. M ü l l e r, W.

Wendt, G., Darstellung der Kulturkampfgesetze in ihrer Gültigkeit nach dem Friedensschluß. 8. (III, 52 S.) Berlin 887. Brachvogel & Ranft. n. — 75

Wendt, G., d. christl. äuß. Liebesthätigkeit im Verhältnis z. Reiche Gottes, s.: Allotria, ernste.

Wendt, Ge. Gttf., praes. M. **Alberti,** De anima nec cogitante nec volente, corpus suum internum movente. Ob die Seele ihren Leib innerlich ohne Wissen und Willen bewegen könne. 42 pp. Hal. 4°. 1744

Wendt, Georg (geb. Berlin 2. 12. 1849): Ueber Aneurysma der Brustaorta mit Berücksichtigung zweier Fälle. Berlin (1874). (31 [vielmehr 29] S.) 8°
Berlin, Med. Diss. v. 1. Apr. 1874

Wendt, Georg *Karl Ludwig* [aus Pommern]: Ueber die Einwirkung aromatischer Amine auf Azooxycarbonsäuren ... Greifswald, Druck v. J. Abel, 1891; 48 S., 1 Tab. 8.
Greifswald, Phil. Fak., Inaug.-Diss. v. 23. Dez. 1891

Wendt, Georg [Dr.]: Die Germanisierung der Länder östlich der Elbe. Teil II. 1137—1181. Liegnitz, Druck v. O. Heinze, 1889; 77 S. 8°
Liegnitz, k. RAk, OP 1889 (186)

Wendt, Geo. Die Germanisierung der Länder östlich der Elbe. Tl. II. 1137—1181. gr. 8. (78 S.) Liegnitz 889, (Reisner). * 1 20
I. (Ebd.) 1884. * 1 —.

[Ant. u. F.] **Wendt,** Georg [Dr.]: Geschichte der Königlichen Ritter-Akademie zu Liegnitz. Tl 1. 1708—1840. Liegnitz, Druck v. O. Heinze, *1893;* 79 S. 4.
Liegnitz, k. RAk, OP 1893 (197)

Wendt, Geo., die Nationalität der Bevölkerung der deutschen Ostmarken vor dem Beginne der Germanisirung. 8. (63 S.) Göttingen 878. Peppmüller. n. 1. 20

Wendt, Georg v.: Die P r o p o r t i o n a l w a h l zur finnischen Volksvertretung, ihre Entstehung, Voraussetzungen u. Anwendung. Von Dr. Georg v. Wendt in Helsingfors. Leipzig: Veit & Co. 1906. (46 S.) 8°

Wendt, Geo. Schul-Atlas zur brandenburgisch-preussischen Geschichte. 1. u. 2. Aufl. qu. 4. (12 farb. Karten m. 4 S. Text) Glogau 889, Flemming. cart. ** — 50

WENDT, Georg von

Untersuchungen über den Eiweiss- und Salz-Stoffwechsel beim Menschen. Leipzig 1905. 83 pg. 8:o. Diss. Hels.
1904-05, 12

Wendt, Georg von, Dr. med. a. Helsingfors (Finnland): Zur Variabilität der Milch. Über den Einfluss verschiedener Salzbeigaben auf die Zusammensetzung und Menge der Milch. Leipzig: Veit & Co. 1908. (67 S.) 8°
¶ (Aus: Skandinavisches Archiv für Physiologie.)
Leipzig, Phil. Fak., Ref. Kirchner-Eber, Diss. v. 8. Aug. 1908
[Geb. 21. März 76 Helsingfors; Wohnort: Leipzig-Stötteritz; Staatsangeh.: Rußland; Vorbildung: Schule Helsingfors Reife O. 93; Studium: Helsingfors 23, Göttingen 1, Leipzig 3 S.]

Wendt, Geo. Fr. Karl, Deutschlands Baumzucht, oder Verzeichniß d. Holzarten, welche das Klima von Deutschland im Freien aushalten rc. 4. Eisenach 804. (Bärecke.) 12 ℛ

Wendt, G. F. Karl, Deutschlands Baumzucht od. Verzeichn. d. Holzarten, welche d. Klima v. Deutschland im Freyen aushalten rc. 4. Eisenach, Wittekindt. 804.

Wendt, (Pfarrer Dr.) Gf. Ph., wie viel darauf ankomme, daß christl. Religionslehrer ihren Beruf als ein Werk ansehen, wozu sie von Gott gesandt sind. Eine Gedächtnißpredigt auf M. Sam. Ebert. gr. 8. Leipz. 808.

— s. S. Ebert, Landprediger.

Wendt, Gotthard Richard, Referendar: Die Hypothek am Erbbaurechte. Borna-Leipzig 1910: Noske. VIII, 62 S. 8°
Leipzig, Jur. Diss. v. 7. März 1910
[Geb. 4. Sept. 85 Kamenz i. Sa.; Wohnort: Kamenz; Staatsangeh.: Sachsen; Vorbildung: Kgl. Gymn. Dresden-N. Reife O. 05; Studium: München 1, Leipzig 6 S.; Rig. 27. Jan. 09.] [U 10. 2922

Wendt, Gottlob

Beobachtungen und Bemerkungen über die hitzige Gehirnhöhlenwassersucht bei den Kindern. Nach d. Franz. d. Mitivié bearb. von Gottlob Wendt. Leipzig: Hartknoch 1823. XII, 44 S. 8°

Wendt, D. Glo., († ...) Beobachtt. u. Bemerkk. üb. d. hitzige Gehirnhöhlenwassersucht bei d. Kindern; nach d. Französ. des Mitivié bearbeitet. gr. 8. Leipz. 824. Hartknoch. 8 ℛ

– s. **Deleau, prakt. Bemerkk.**

Wendt, Gottlob (Übers.):

s.: Dubouchet de Romans, (H.): Von den Ursachen und Folgen des Mutterkatarrhs, oder weissen Flusses; ingleichen von dem nöthigen Heilverfahren und denen Mitteln, die seinem Entstehen vorbeugen und die Fortschritte desselben hemmen können. Aus dem Französischen. Leipzig: 1826

JB 3.987

s. **Falret, über Hypochondrie.**

s. **Falret, d. Selbstmord.**

s.a. **Fieber, über d. gelbe.**

— über das gelbe Fieber, d. Typhus u. d. sogenannten pestilenz. Krankheiten. Aus d. Französ. gr. 8. Leipz. 824. Glück. 8 ℛ

Wendt, Glo., über das gelbe Fieber etc. gr. 8. Leipzig 824, jetzt Bade in Berlin. ..

– s. **M. L. Fournier, Handbuch.**

s. **Lebreton. Untersuchungen.**

s. **Matthey, über die Gehirnwassersucht.**

Wendt, Gottlob (Übers. u. Bearb.):

s.: Mitivié, (Jean Étienne Frumenthal): Beobachtungen und Bemerkungen über die hitzige Gehirnhöhlenwassersucht bei den Kindern. (Observations et réflexions pour servir à l'histoire de l'hydrocéphale aigue chez les enfants. Dt.) Leipzig: 1823

JB 4.100

– s. **C. J. Morin, Gesundheitsfreund.**

– s. **Osiander, über d. monatl. Reinigung.**

– s. **S. Tanchou, neue etc. Ansichten.**

– s. **Voisin, über d. Stammeln.**

Wendt, Günther, Festpredigt, geh. bei der Feier des 25jähr. Bestehens des Cadettenhauses Ploen am 18. Juni 1893. gr. 8. (11 S.) Ploen 893. Hahn. n. — 40

Wendt, Günther, Jesus Christus gestern und heute, und derselbe auch in Ewigkeit. Ein Abschiedswort am Sylvesterabend 1887. gr. 8. (16 S.) Marburg 888, Elwert's Verlag. *

Wendt, Günther. Confirmations-Rede, geh. am Sonntag Oculi, den 24. März 1889, bei der Einsegng. der Cadetten in der Schloßkirche zu Ploen. gr. 8. (11 S.) Ploen 889, Hahn. ** — 30

Wendt, Gust., Aufgaben zu deutschen Aufsätzen aus dem Altertume. gr. 8. (XI, 161 S.) Berlin 884. Grote. n. 2. 40

— u. Karl Schnelle, Aufgabensammlung zum Uebersetzen ins Griechische. 2. Abthlg. Für Secunda u. Prima. Ebend. 870. gr. 8. (VIII, 335 S.) n. 28 ngr.

—— und Karl Schnelle, Aufgabensammlung zum Uebersetzen in's Griechische. 1. Abthl., bearb. von Karl Schnelle. 1. Heft. gr. 8. (III, 113 S.) Berlin 876, Grote'sche Verlagsh. *

—— und Karl Schnelle, Aufgabensammlung zum Uebersetzen ins Griechische. 1. Abthl., bearb. von Karl Schnelle. 2. Heft. gr. 8. (115 S.) Ebendas. 882. *
geb. *

1. Heft. Ebendas. 1876. *ℳ 1.—.; geb. *ℳ 1.40.

—— dass. — 2. Abthl.: Für Sekunda und Prima. 3. unveränd. Aufl. gr. 8. (X, 336 S.) Ebendas. 885. *
geb. *

Wendt, Gust., Balladenkranz aus deutschen Dichtern gesammelt. Mit Illustr. (in Holzschn.) von A. Baur, Hugo Becker, M. v. Beckerath etc. Berlin 866. Grote'sche Verlagsh. 8. (VII, 322 S. mit 1 Holzschntaf.) geb. mit Goldschn. 2 ℛ 15 ngr.

—— deutscher Balladenschatz. Mit Orig.-Zeichnungen Düsseldorfer Künstler in Holz geschn. von R. Brend'amour. 4. (XV und 216 S.) Berlin 867, Grote'sche Verlagsh. geb. mit Goldschn. *

Wendt, Gust., die italienischen u. französischen Bearbeitungen der Merope-Fabel. Inaugural-Dissertation. gr. 8. (35 S.) Jena 876. (Deistung.) n. — 80

Wendt, Gustav [Dir. Dr.]: Beitrag zur Geschichte der badischen Gymnasien seit vierzig Jahren. Z. 29. Apr. 1892. Karlsruhe, Druck d. G. Braun'schen Hofbuchdr., 1892; 16 S. 4.
Karlsruhe, grossh. G, Festschr. 1892 (662)

Wendt, Gustav: Beitrag zur Geschichte unseres Gymnasiums. *Karlsruhe 1902: F. Gutsch.* (S. 5—12.) 4°
Karlsruhe, großh. G, Festschr. 1902 (681)**

— *Bericht über das dreihundertjährige Jubelfest des Gymnasiums.* — *Wilhelm Mangelsdorf* †. 4 (S. 3—14). G. *Karlsruhe* 1887 (566)

Progr.

Wendt, Gust., Didaktik u. Methodik d. deutschen Unterrichts u. d. philosoph. Propädeutik. [Aus: „A. Baumeisters Handb. d. Erziehungs- u. Unterrichtslehre f. höh. Schulen".] gr. 8. (160 S.) München 896. C. H. Beck. n. 3. 50

— dasselbe, s.a. Handbuch d. Erziehungs- u. Unterrichtslehre f. höh. Schulen, III.

Wendt, Gust, Didaktik u. Methodik des deutschen Unterrichts u. der philosophischen Propädeutik. 2. Aufl. (VI, 153 S.) gr. 8. München 905. C. H. Beck. n. 3. 50; geb. in Leinw. n. 4. 50
Sonderabdruck aus: „A. Baumeister's Hdb. d. Erziehungs- u. Unterr.-Lehre f. höh. Schulen".

Wendt, Gustav [Dr.]: *Professor Friedrich Dürr, gest. am 2. Juli 1893.* Karlsruhe, Druck d. G. Braun'schen Hofbuchdr., 1891; S. 3. 4.
Karlsruhe, grossh. G, MP 1894 (608)

Wendt, G., England. Seine Geschichte, Verfassg. u. staatl. Einrichtgn. gr. 8. (XVI, 349 S.) Leipzig 892. O. R. Reisland. n. 5. 50; geb. n. 6. —

Wendt, G., England. Seine Geschichte, Verfassg. u. staatl. Einrichtgn. 2. Aufl. gr. 8. (XVI, 350 S.) Leipzig 898. O. R. Reisland. n. 5. 50; geb. n.n. 6. —

Wendt, G., England. Seine Geschichte, Verfassung u. staatl. Einrichtgn. 3. Aufl. (XII, 379 S.) gr. 8. Leipzig 907. O. R. Reisland. 6.—; geb. 6. 80

Wendt, Gust., die Entwicklung der Elemente. Entwurf zu e. biogenet. Grundlage f. Chemie u. Physik. gr. 8. (50 S. m. 1 Taf.) Berlin 891. (Hirschwald.) n. 2. —

Derselbe. Festrede zum dreihundertjährigen Jubiläum des Gymnasiums. In der Chronik des Programms abgedruckt. S. 5—11. Karlsruhe, P 1887

Wendt, G. Der Gebrauch des bestimmten Artikels im Englischen. Hamburg, Rg. des Johanneums, 1887. 29 S. 4. **Progr.**

Wendt, G., der **Gebrauch** d. bestimmten Artikels im Englischen. gr. 4. (29 S.) Hamburg 887. (Herold's Verl.) n.n. 2. 50

Wendt, G. Zur Geschichte des Gymnasiums. 21 S.
Hamm, Progr. 1857

Wendt, G., Grundriß der deutschen Satzlehre für untere Klassen der Gymnasien u. Realschulen. Hamm 863. Grote. 8. (46 S.) n. 4 ngr.

Wendt, Gust., Grundriß der deutschen Satzlehre für untere Klassen der Gymnasien und Realschulen. 1.—3., verb. Aufl. 8. (47 S.) Berlin 863—68, Grote'sche Verlagsh. *

Wendt, Gust., Grundriß der deutschen Satzlehre für untere Klassen der Gymnasien und Realschulen. 4. verb. Aufl. 8. (47 S.) Berlin 869, Grote'sche Verlagsh. cart. *

Wendt, Gust., Grundriß der deutschen Satzlehre für untere Klassen der Gymnasien und Realschulen. 16. Aufl., 5. der orthographischen Neubearbeitung. 8. (48 S.) Berlin 887, Grote'sche Verlagsh. *

Wendt, G[ust.]. Grundriß der deutschen Satzlehre f. untere Klassen d. Gymnasien u. Realschulen. 17. u. 18. Aufl. 12. (53 S.) Berl. 889,90, Grote. cart. * — 50

Wendt, G., Grundriß der deutschen Satzlehre f. untere Klassen der Gymnasien u. Realschulen. 19. Aufl. 12. (53 S.) Berlin 892. G. Grote. Kart. n. — 50

— **Grundriß d. deutschen Satzlehre f. unt. Klassen der Gymnasien u. Realschulen. 23. Aufl. 12. (53 S.) Berlin 898. G. Grote.** Kart. n. — 50

— **Grundriß der deutschen Satzlehre für untere Klassen der Gymnasien u. Realschulen. 28. Aufl. (53 S.) kl. 8. Berlin 905. G. Grote.** Kart. n. — 50

Wendt, Gust., Grundriß der deutschen Satzlehre f. untere Klassen der Gymnasien u. Realschulen. 29. Aufl. (53 S.) kl. 8. Berlin 907. G. Grote. Kart. — 50

Wendt, G., die Gymnasien u. die öffentliche Meinung. 2. Aufl. gr. 8. (54 S.) Karlsruhe 883. Bielefeld's Verl. n. — 80

— **das englische haus der gemeinen,** s.: **Studien, englische. 13.** Bd.

Wendt, G., s. Hiecke, Rob. Heinr., deutsches Lesebuch.

— **homo rule,** s.: **Schulbibliothek** französ. u. engl. Prosaschriften aus d. neueren Zeit.

—— Irland im 19. Jahrh., s. Studien, englische, 11. Bd. 1. Heft.

— **Lebenserinnerungen e. Schulmannes. (171 S. m. Bildnis.) 8. Ebd. 909.** 3.—; geb. 4. —

Dr. Gustav Wendt. Zum Lehrplan der Geographie und Geschichte. 18 S. Karlsruhe, P 1879

Dr. Gustav Wendt. Zum Lehrplan des Gymnasiums. (Der lateinische, deutsche und griechische Unterricht.) 34 S. Karlsruhe, P 1877

Wendt, Lernheft zur Erdkunde. Eine Beilage zu jedem geograph. Lehrbuch. Mit 500 Fragen f. Schulen u. zum Selbstunterricht. (IV, 49 S.) 8. Kassel 904. (F. Keßler.) n. — 60

Lernheft zur Erdkunde. Eine Beilage zu jedem geogr. Lehrbuch. Mit 500 Fragen f. Schulen u. z. Selbstunterr. von Dr. **Wendt.** Kassel: F. Kessler in Komm. [1905]. (49 S.) 8° [F.] [illegible]

—— **deutsches Lesebuch.** 3 Thle. Für Gymnasien und Realschulen. gr. 8. Lahr, Schauenburg. geb. *
Inhalt:
Thl. 1. Für die beiden unteren Klassen. (V, 142 S.) 882. * ℳ 1,50.
" 2. Für die vierte und dritte Klasse. (VI, 224 S.) 882. * ℳ 2,50.
" 3. Für die zweite und erste Klasse. (V, 282 S.) 884. * ℳ 3,50.

— **deutsches Lesebuch. I. Tl. f. die beiden unteren Klassen der Gymnasien u. Realschulen.** 2., verm. Aufl. gr. 8. (V, 151 S.) Lahr 890. Schauenburg. geb. n. 1. 50

— deutsches Lesebuch. 2. Tl. f. die 4. u. 3. Klasse der Gymnasien u. Realschulen. 2. Aufl. gr. 8. (VI, 225 S.) Lahr 891. M. Schauenburg. Geb. in Leinw. n. 2. 50

Wendt, G., deutsches Lesebuch. 1. u. 3. Tl. gr. 8. Karlsruhe, F. Gutsch. Geb. in Leinw. n. 6. —
1. Für die beiden unteren Klassen der Gymnasien u. Realschulen. 3. Aufl. (V, 151 S.) Lahr 896. n. 2. 50
3. Für die Prima u. Obersekunda der Gymnasien u. Realschulen. 2. Aufl. (VI, 308 S.) (898) n. 3. 50

— **deutsches Lesebuch. 2. Tl. f. d. Quarta, Tertia u. Untersekunda d. Gymnasien u. Realschulen. 3. Aufl. gr. 8. (VI, 225 S.)** Karlsruhe 898. F. Gutsch. Geb. in Leinw. n. 2. 50

Wendt, Gustav [aus Danzig]: Von den beiden isomeren Methylnaphtalinen . . . Berlin, A. W. Schade's Buchdr., *1891*: 36 S., 1 Bl. 8°
Berlin, Phil. Fak., Inaug.-Diss. v. 13. Aug. 1891

Wendt, Gustavus: De philosophiae Platonicae cum Eleatica necessitudine. Halis (1848): Ploetz. 33 S. 8°
Halle-Wittenberg, Phil. Diss. v. 26. Jan. 1848
Geb. [Berlin 24. 1. 1827]
Verf. erlebte die Diplomerneuerung 1898 als Oberschul- und Geheimer Rat und Lyzealdirektor in Karlsruhe (Baden), vgl. Anh. Nr. 614, und 1908 als n. D. das 60 jährige Dr.-Jubiläum.

Wendt, Gust., d. **Organisation d. höheren Unterrichts im Grossherzogt. Baden.** [Aus: „Baumeister's Handb. d. Erziehungs- u. Unterrichtslehre f. höhere Schulen".] gr. 8. (28 S.) München 897. C. H. Beck. n. — 80

Wendt, G., Ueber den Philoktet des Sophokles. Pr. 1866. 20 S. 4°. 1.50

Wendt, G[ustav]: Prolog zur Schillerfeier 1905. S. 7—8. 4.
In: Festschrift zu den Jubiläumsfestlichkeiten im September.
Progr. Großh. Gymn. *Karlsruhe* 1906 (zu 762).

Wendt, G[ustav]: Rede zur Entlassung der Abiturienten am 26. Juli 1905. S. 9—12. 4.
In: Festschrift zu d. Jubiläumsfestlichkeiten im Sept. Großh.
Progr. Gymn. *Karlsruhe* 1906 (zu 762).

Wendt, G., Rede zum Gedächtniß an Dr. Herm. Haedenkamp, Oberlehrer am k. Gymnasium in Hamm, gehalten im Hörsaale des Gymnasiums am 20. Decbr. 1860. gr. 8. (15 S.) Hamm 861, Grote'sche Buchh. *

— Reden aus der Schule u. für die Schule. gr. 8. (VII, 152 S.) Ebd. 899. n. 2. 50; geb. n. 3. 50

—— Sammlung deutscher Gedichte für Schule und Haus. gr. 8. (IV und 492 S.) Berlin 867, Grote'sche Verlagsh. *
geb. *

Wendt, Gust., Sammlung deutscher Gedichte f. Schule u. Haus. 2. Aufl. gr. 8. (IV, 492 S,) Berlin 875. Grote. n. 3. —; geb. n. 4. —

—— Sammlung deutscher Gedichte für Schule und Haus. 3. und 4. nach den Regeln der neuen Rechtschreibung gedr. Aufl. gr. 8. (XII, 532 S.) Berlin 881,84, Grote'sche Verlagsh. *ℳ 3.; geb. *

— Sammlung deutscher Gedichte f. Schule u. Haus. 4. nach den Regeln der neuen Rechtschreibg. gedr. Aufl. gr. 8. (XII, 532 S.) Berlin 883. Grote. n. 3. —

—— Sammlung deutscher Gedichte für Schule und Haus. 5. Aufl. gr. 8. (532 S.) Ebendas. 886. *ℳ 3.—.; geb. *

— Sammlung deutscher Gedichte f. Schule u. Haus. 6. Aufl. gr. 8. (XII, 532 S.) Berlin 892. G. Grote. n. 3. —; geb. n. 3. 60

— Sammlung deutscher Gedichte f. Schule u. Haus. 7. Aufl. gr. 8. (XII, 532 S.) Berlin 897. G. Grote. n. 3. —; geb. in Halbldr. n. 3. 60

— Sammlung deutscher Gedichte f. Schule u. Haus. 9., verb. Aufl. (XII, 536 S.) 8. Ebd. 904. n. 3.—; geb. in Leinw. n. 3. 60

Wendt, Gust., Sammlung deutscher Gedichte f. Schule u. Haus. 10. Aufl. (XII, 536 S.) 8. Berlin 907. G. Grote. 3.—; geb. 3. 60

Wendt, G., die alte u. die neue Schule. Ein Wort an gebildete Laien. gr. 8. (40 S.) Hamburg (902). A. Janssen. n. 1. —

—— griechische Schulgrammatik. gr. 8. (XVI, 287 S.) Ebendas. 888. geb. *

—— Griechische Schulgrammatik. 2. Aufl. gr. 8. (XIV, 286 S.) Ebd. 890. * 2 60

— griechische Schulgrammatik. 6., durchgeseh. Aufl. (VI, 285 S.) gr. 8. Ebd. 904. Geb in Halbldr. n. 2. 60

— Griechische Schulgrammatik. 8. Aufl. (VII, 285 S.) 8. Ebd. 910. Geb. in Leinw. 2. 60

Wendt, G., die Syntax des Adjektivs im heutigen Englisch. Den Teilnehmern der 48. Versammlung deutscher Philologen u. Schulmänner zu Hamburg 1905 als Festgabe dargeboten von dem Ortskomitee. (III, 48 S.) Lex.-8. Hamburg 905. (Herold.) n. 2. —

48. Versammlung deutscher Philologen u. Schulmänner zu Hamburg 1905. Dr. G[ustav] **Wendt,** Prof. Die Syntax des Adjektivs im heutigen Englisch. Den Teilnehmern d. Versammlung als Festgabe dargeboten von d. Ortskomitee. Hamburg 1905: Lütcke & Wulff. (48 S.) 8° [07. 14178]1

Wendt, Gustav *(geb. Breslau 27. 3. 1859)*: Tragweite der Bestimmung des Allgemeinen Deutschen Handelsgesetzbuchs, dass Verträge über unbewegliche Sachen keine Handelsgeschäfte sind. Breslau (1882). (49 S.) 8° *[Im Buchhandel 1882 bei Köhler in Breslau.]*
Breslau, Jur. Diss. v. 14. Jan. 1882

Dr. Gustav Wendt. Überblick der Geschichte des Gymnasiums. Festschrift zur dreihundertjährigen Jubelfeier des Grossh. Gymnasiums in Karlsruhe, 20. November 1886. S. 3—38. Karlsruhe, P 1886

Wendt, Gustav: Der deutsche Unterricht und die philosophische Propädeutik v. Dr. Gustav Wendt, ... Dir. ... in Karlsruhe. (München: C. H. Beck 1896.) 8°
Handbuch d. Erziehungs- u. Unterrichtslehre f. hoh. Schulen. Bd 3. Abt. 3.

Wendt, G. Zum geschichtlichen und geographischen Unterricht. 18 S. **Progr.** G. *Karlsruhe* 1879.

Wendt, Gust., über einige Unvollkommenheit des Substanzgesetzes u. ihre Abstellung. gr. 8. (18 S.) Berlin 900. (L. Simion Nachf.) n. — 80

Wendt, Gust., über das Verhältnis zwischen Staat u. Gesellschaft. Mit besond. Berücksicht. des Grosskapitalismus u. der Agrarnot. (42 S.) gr. 8. Berlin 903. Deutsch-Eylau, H. Priebe & Co. 1. 50

Wendt, G(ustav), Dr., Prof. Das **Vokabellernen** im französischen Anfangsunterricht. Ein Beitrag zur neusprachl. Methodik. *Hamburg 1901: Lütcke & Wulff.* (38 S.) 8°
Hamburg, OR u. R vor d. Holstenthore, OP 1901 (801)

— das Vokabellernen im französischen Anfangsunterricht. Ein Beitrag zur neusprachl. Methodik. gr. 8. (38 S.) Leipzig 901. B. G. Teubner. n. — 60

Wendt, *Gustav: Worte bei der Einweihung des neuen Gymnasialgebäudes.* 4 (S. 16). Großh. G. *Heidelberg* 1894 (607)
Progr

Wendt, Gustav Friedrich (Rostock) A. S. 579/24

Dissertatio juridica, de gradibus homicidiorum.
Präs. Ernst Johann Friedrich Mantzel.
Rostock (Rösen) 21. IX. 1754. 26 S.

W. v.: Präs. 36321

Wendt, H., die freie deutsche Arbeit in Prima. I. u. II. Rostock 857, 58. Stiller. gr. 4. (41; 61 S.) n. 16 ngr.

Wendt, H., Festrede am Schiller-Feste im Fürstensaale zu Rostock gehalten. Rostock 859. Leopold. gr. 8. (16 S.) n. 5 ngr.

Wendt, H., das Latein auf der Realschule. Zwei Gutachten (1859 u. 1864). Rostock 865. Stiller'sche Hofbuchh. gr. 8. (50 S.) 9 ngr.

Wendt, O., zur inneren deutschen Politik, s.: Saenger, H.

—— Rede am 81. Octbr. 1864 vor den versammelten Schülern des Gymnasiums und der Realschule gehalten. 8. (24 S.) Rostock 865, Stiller'sche Hofbuchh.

Wendt, Hans, vom deutschen Blütenbaum. Gedichte. (115 S.) kl. 8. Wismar 909. Hinstorff's Verl. Geb. in Leinw. 3. —

— Ein ewig Evangelium. (63 S.) gr. 8. Leipzig (907) O. Wigand. 1.50

Wendt, Hans, erste Lieder. (Deckenzeichnung v. Paul Fehmer.) (82 S.) 8. Halle (906). Gebauer-Schwetschke. Geb. in Leinw. n. 2.50

— Die Temperenzler. Humorist.-satyr. Komödie. (40 S.) 8. Leipzig-Gohlis 910. Raschwitz, B. Volger. 1. —

— Mecklenburgische Wirtschaftspolitik im Hinblick auf die notwendige Verfassungsänderung. (35 S.) gr. 8. Wismar 908. Hinstorff's Verl. — 60

Wendt, Hans Hinr., die Apostelgeschichte, s.a. Kommentar, kritisch-exegetischer, üb. d. Neue Testament.

Wendt, H. H., die Apostelgeschichte, s.a. Meyer, H. A. W., kritisch exegetischer Kommentar üb. das Neue Testament.

Wendt, Hans Hinrich: Die Apostelgeschichte. Von d. 5. Aufl. an neu bearb. v. D. Hans Hinrich Wendt, ... 8. Aufl. Göttingen: Vandenhoeck & Ruprecht 1899. (2 Bl., 427 S.) 1 Bd. 8°
Meyer, Heinr. Aug. Wilh.: Krit.-exeget. Kommentar üb. d. Neue Testament. 8. Aufl. Abth. 3.

Wendt, Hans Hinr., die Aufgabe der systematischen Theologie. (Academische Antrittsvorlesg. in Jena, geh. am 28. Octbr. 1893. gr. 8. (24 S.) Göttingen 894. Vandenhoeck & Ruprecht. n. — 60

Wendt, Hans Hinrich, o. Prof. d. Theol., d. Z. Prorektor: Christentum und Dualismus. (Enthält zugleich: Preisaufgaben und Chronik der Universität 1908/09.) Jena 1909: Neuenhahn. 43 S. 4°
Jena, Rede zur Feier der akad. Preisverteilung am 19. Juni 1909 [U 09. 2240

Wendt, Hans Hinr., Christentum u. Dualismus. Rede, geh. bei der Feier der akadem. Preisverteilung am 19. VI. 1909. (43 S.) Lex. 8. Jena 909. (G. Neuenhahn.) 1.50

—— über Ad. Harnack's Dogmen-Geschichte. Vortrag, geh. im bad. „wissenschaftl. Prediger-Verein" zu Karlsruhe, den 27. Juni 1888. gr. 8. (27 S.) Göttingen 888, Vandenhoeck und Ruprecht's Verlag. *

— d. Erfahrungsbeweis f. d. Wahrheit des Christenthums. gr. 8. (40 S.) Göttingen 897. Vandenhoeck & Ruprecht. n. — 80

Wendt, H. H., über das sittlich Erlaubte, s.a. Sammlung gemeinverständl. wissenschaftl. Vorträge.

Wendt H., über das sittlich Erlaubte. (Sammlung wiss. Vorträge 345) Berlin 1880

Wendt, H. H., die Begriffe Fleisch u. Geist im biblischen Sprachgebrauch. gr. 8. (XI, 219 S.) Gotha 878. F. A. Perthes. n. 3. 60

Wendt, H. H., Der Gebrauch d. Wörter ἀλήθεια, ἀληθής u. ἀληθινός im Neuen Testamente. S.-A. 1888. 37 S. 1.—

Wendt, Hans Hinr., Geschichte des Thurmes der St. Catharinen-Kirche in Hamburg. Darin die von dem Hrn. Hauptpastor Wolters verfaßte Denkschrift, welche in den neuvergoldeten Knopf des Thurmes gelegt ist. gr. 8. (IV und 48 S.) Hamburg 852, Agentur des Rauhen Hauses. *

Wendt, Hans Hinr., das Johannesevangelium. Eine Untersuchg. seiner Entstehung u. seines geschichtl. Wortes. gr. 8. (VI, 239 S.) Göttingen 900. Vandenhoeck & Ruprecht. n. 6. —

Wendt, Hans Hinrich, über den bevorstehenden Kirchentag in Hamburg. Hamburg 858. Nolte u. Köhler. gr. 8. (24 S.) n. 3 ngr.

— die christliche Lehre von der menschlichen Vollkommenheit, untersucht. gr. 8. (VI, 230 S.) Göttingen 882. Vandenhoeck & Ruprecht. n. 4. —

Wendt, H. H., die Lehre Jesu. 1. Thl.: Die evangel. Quellenberichte üb. die Lehre Jesu. gr. 8. (IX, 354 S.) Göttingen 886. Vandenhoeck & Ruprecht's Verl. n. 7. —

— die Lehre Jesu. 2. Thl. Der Inhalt der Lehre Jesu. gr. 8. (XIV, 678 S.) Göttingen 890. Vandenhoeck & Ruprecht's Verl. n. 12. — (cplt.: n. 19. —)

— die Lehre Jesu. 2., verb. Aufl. gr. 8. (X, 640 S.) Ebd. 901. n. 12. —; geb. n. 13. 85

—— Dr. Philipp Nicolai, Hauptpastor zu St. Catharinen Hamburg. Vorlesungen gehalten auf Veranlassung des Vereins für Hamburg. Geschichte. gr. 8. (XI und 127 S. mit lithogr. Portr. von Nicolai.) Hamburg 859, Nolte. *

— die Norm d. echten Christentums, s.: Hefte zur „Christlichen Welt".

—— Notiones carnis et spiritus, quomodo in Vetere Testamento adhibeantur, exponantur. Dissertatio inauguralis. gr. 8. (46 S.) Göttingen 877, (Vandenhoeck und Ruprecht's Verlag.) *

— Sinneswahrnehmungen u. Sinnestäuschungen, s.a. Sammlung gemeinverständl. wissenschaftl. Vorträge.

Wendt H., Sinneswahrnehmungen und Sinnestäuschungen. (Sammlung gemeinverständlicher wissenschaftlicher Vorträge 166) Berlin 1872

Wendt, Hans Hinr., System der christl. Lehre. 1. Tl. (VIII, 250 S.) gr. 8. Göttingen 906. Vandenhoeck & Ruprecht. n. 6. —

— System der christlichen Lehre. 2. (Schluß-)Tl. (S. IX—XVI u. 251—676.) gr. 8. Göttingen 907. Vandenhoeck & Ruprecht. 9. —
1. Tl. Ebd. 906. 6.—: (I u. II in 1 Halbfrz.-Bd. 17.—).

Wendt, H., wie dünket euch um Christo? weß Sohn ist er? Sendschr. an ein. Freund. 8. (2 B.) Hamburg 840, Niemeyer. Thlr.

Georg v. Giesche's Erben. Verfassungs- und Verwaltungsgeschichte der Gesellschaft. Von Dr. Heinrich **Wendt**, Bibliothekar. Breslau 1904: (R. Nischkowsky). (199 S.) 4° [F.]
= **Geschichte d. Bergwerksgesellschaft Georg v. Giesche's Erben.** [3.] Jos. 1904

Wendt, Heinrich [App. Arzt aus Versmold in Westf.]: Ueber einen Fall von Vorderscheitelbeineinstellung bedingt durch einseitige Struma congenita ... Strassburg i. E., Buchdr. Ch. Müh & C., 1894; 22 S. 8.
Strassburg, Med. Fak., Inaug.-Diss. v. 1894

Wendt, Heinr., üb. e. Fall v. Vorderscheitelbeineinstellung, bedingt durch einseitige Struma congenita. Diss. gr. 8. (22 S.) Strassburg 894. (Tübingen, F. Pietzcker.) n.n. — 70

Wendt, Heinr., s.: Geschichte der Bergwerksgesellschaft Georg v. Gleiche's Erben.

Wendt, H., Handbuch der Krankheiten des chylopoetischen Apparates, s. Handbuch der speciellen Pathologie und Therapie.

Das erste Jahrhundert der Kaufmännischen Zwinger- und Ressourcen-Gesellschaft in Breslau. 1805–1905. Festschrift z. Jubelfeier. (Verf.: [Heinrich] **Wendt**.) (Breslau 1905: W. G. Korn.) (41 S.) quer-8°(4°) [F.] 05. 14854 2

Katalog der Druckschriften über die Stadt Breslau. Hrsg. von d. Verwaltung d. Stadtbibliothek. (Verf.: Dr. Heinr. **Wendt**. Bibliothekar; Vorr.: Dir. H[ermann] Markgraf.) *Breslau: E. Morgenstern 1903.* (XIII, 509 S.) 4°(8°) 03. 13584

Wendt, Heinr., politische Correspondenz Breslaus im Zeitalter d. Königs Matthias Corvinus, s.: Kronthal, Berth.

Wendt, H., Krankheiten d. chylopoëtischen Apparates, s.: Handbuch der speciellen Pathologie und Therapie

Vom Mittelalter zur Städteordnung. Umrisse d. Verwaltungsgeschichte Breslaus von Dr. H[einrich] **Wendt**. (Erw. Abdr. eines im Vereine f. Geschichte Schlesiens geh. 'Jahrhundertvortrags.') Breslau: Priebatsch 1906. (32 S.) 8° 07. 3319

WENDT, HENR., Observationes aliquot ad physiologiam ganglii ophthalmici pertinentes. Diss. inaug. Kiliæ. 1834. 4. P.

Wendt, H., der deutsche Reichstag unter König Sigmund, s.a. Untersuchungen zur deutschen Staats- u. Rechtsgeschichte.

Wendt, Heinrich [aus Philadelphia (Nordamerika)]: Der deutsche Reichstag unter König Sigmund bis zum Ende der Reichskriege gegen die Hussiten 1410–1431. (Capitel 1: Berufung, Ort, Zeit.) . . . Breslau, Wilhelm Koebner, 1889; 2 Bl. + 30 S. + 1 Bl. 8°
Breslau, Phil. Fak., Inaug.-Diss. v. 6. Jul. 1889.

Wendt, Heinrich: Die Breslauer Schützenkleinodien. 1. Teil, Die Kleinodien des Breslauer Schießwerders. Mit 4 Lichtdrucktafeln. Aus: Schlesiens Vorzeit in Bild und Schrift V, Nr. 9, April 1893. 742

Wendt, Heinr., s. a. Städteordnung, die Stein'sche, in Breslau.

Wendt, H., Die Stein'sche Städteordnung in Breslau. Denkschrift der Stadt Breslau zur Jahrhundertfeier der Selbstverwaltung. 2. Tle. VII, 368 u. XI, 558 S. gr. 8. Breslau, E. Morgenstern. 8. —
Mitteilungen aus dem Stadtarchiv u. der Stadtbibliothek zu Breslau. 9. u. 10. Heft.

Wendt, Heinr.: Die Breslauer Stadt- u. Hospital-Landgüter, s.a. Mitteilungen aus dem Stadtarchiv u. der Stadtbibliothek zu Breslau. 4. Hft.

Wendt, Heinrich: Die Breslauer Stadt- und Hospital-Landgüter von –. Th. 1. Breslau: E. Morgenstern 1899. 8°
Mittheilungen aus d. Stadtarchiv u. d. Stadtbibliothek zu Breslau. H. 4.

Die wissenschaftlichen Vereine Breslaus von H[einrich] **Wendt**. (Der Schles. Gesellschaft f. vaterländ. Kultur zu ihrer Hundertjahrfeier am 17. Dez. 1903 gewidmet v. Ver. f. Geschichte u. Altertum Schlesiens. Breslau 1903: R. Nischkowsky.) (39 S.) 8° [F.]
[Aus: Zeitschr. d. Ver. f. Geschichte u. Altertum Schlesiens. Bd 38.] 07. 6831 10

Wendt, Herm., Bilder aus der Geschichte der Erziehung, s.: Naßfeld, Karl.

Wendt, Herm., Facitheft, s.: Büttner u. Kirchhoff, Rechenaufgaben.

Wendt, Herm., religiöse Gedichte. 2. ausgewählte u. verm. Aufl. 8. (63 S.) Libau 899. E. Korn. 1. —

Wendt, Herm., Grundriß der Pädagogik, s.: Naßfeld, Karl.

Wendt, Herm., Herbart-Anthologie. Sammlung pädagog. Kernstellen aus Joh. Friedr. Herbart's Werken. gr. 8. (IV, 43 S.) Langensalza 886. Beyer & Söhne. n. — 40

— Wider das deutsche Lesebuch u. die deutschen Aufsätze, s.a. Magazin, pädagogisches.

Wider das deutsche Lesebuch und die deutschen Aufsätze. Erörterungen u. Vorschläge von Hermann **Wendt**, Sem.Lehrer. Langensalza: Beyer 1910. 30 S. 8°
(Pädagogisches Magazin. H. 398.) 11. 9535

—— Rechenaufgaben f. die oberen Klassen der Mädchenschulen. Auf Grund der Rechenaufgaben v. Büttner u. Kirchhoff, Ausg. C Heft V u. Ausg. D Heft IV bearb. 8. (48 S.) Bresl. 892, F. Hirt. * — 30

Wendt, Herm., Rechenaufgaben f. die oberen Klassen der Mädchenschulen. Auf Grund der Rechenaufgaben v. Büttner u. Kirchhoff, Ausg. C Hft. V u. Ausg. D Hft. IV bearb. 6. bis 8. Taus. gr. 8. (44 u. 8 S.) Leipzig (900). F. Hirt & Sohn. n. — 30

Wendt, Herm., Rechenaufgaben f. die oberen Klassen der Mädchenschulen. Auf Grund der Rechenaufgaben v. A. Büttner u. E. Kirchhoff bearb. 12.—14. Taus. (52 S.) 8. Leipzig 906. F. Hirt & Sohn. n. — 30

—— über Schülerexkursionen, mit besond. Rücksicht auf größere Städte. gr. 8. (32 S.) Berlin 885, L. Oehmigke's Verlag. * — 30
Aus: Deutsche Schulzeitung, besonders abgedruckt.

Wendt, (Julius) Herm. (geb. Freienwalde a. O. 1. 5. 1832): De spina bifida. Berolini (1858). (32 S.) 8°
Berlin, Med. Diss. v. 25. März 1858

Wendt, J., Abriß der Geographie für Stadt- und Landschulen. 3. Aufl. (190 S.) 1849. * 5 Ngr. und 4., verb. Aufl. 12. (87 S.) Celle 851, Schulze'sche Buchh.

—— 300 Aufgaben für den Unterricht in der deutschen Sprach- und Aufsatzlehre zur Selbstbeschäftigung für Kinder in Volksschulen. 2. Aufl. gr. 12. (98 S.) Celle 850, Schulze'sche Buchh.

Wendt, J., 300 Aufgaben für den Unterricht in der deutschen Sprach- u. Aufsatzlehre zur Selbstbeschäftigung der Kinder in Volksschulen. 3. verb. u. nach der auf Veranlassung des Königl. Ober-Schulcollegiums zu Hannover gedr. Anleitung zur Rechtschreibung veränd. Aufl. Celle 859. Schulze. 12. (104 S.) n. 5 ngr.

Wendt, J., 300 Aufgaben für den Unterricht in der deutschen Sprach- u. Aufsatzlehre zur Selbstbeschäftigung der Kinder in Volksschulen. 4., verb. Aufl. Celle 867. Schulze'sche Buchh. 8. (100 S.) n. 5 ngr.

Wendt, J., 320 Aufgaben f. den Unterricht in der deutschen Sprach- u. Aufsatzlehre z. Selbstbeschäftig. der Kinder in Volksschulen. 12. (4 B.) Celle 813, Schulze'sche Buchh.

Wendt, J., Rechnenbuch f. Elementarschüler. 1. u. 2. Hft. enth. 1510 Aufgaben z. Tafelrechnen mit Wiederholungs-Exempeln. gr. 12. (1 B.) Celle 841, Schulze'sche Buchh. [1. (1 B.) 1/12 Thlr., Antwortheft hierzu: (1 B.) 841. 1/12 Thlr.; 2. (3 B.) 842. * 1/6 Thlr.]

—— Rechnenbuch für Elementarschüler, enth.: 1130 Aufgaben zum Tafelrechnen mit Wiederholungs-Exempeln. (1. Heft.) 2. Aufl. 8. (32 S.) Celle 851, Schulze'sche Buchh.

—— Rechnenbuch für Elementarschüler. 1. Heft. 3., verm. Aufl. 12. (32 S.) Celle 860, Schulze'sche Buchh. *

Wendt, J. W., kurze Erläuterung üb. d. chines. Malerei auf Reispapier. 8. (1½ B.) Berlin 829, (Zesch. ?) *

Wendt, Jo. [Praes.], s. Laemmerhirt, Karl Heinr.: De inflammatione scarlatinosae natura et indole commentarius.

Wendt, Jo. Andreas: Epist. de mutatione temperamenti, s. Alberti, M. [Praes.]

Wendt, Jo. Andreas: De mutatione temperamenti, s. Stahl, Georg Ernst [Praes.]

Wendt, Johann

— Anleitung zum Receptschreiben, nach seinem latein. Lehrbuche zum Behuf akadem. Vorlesungen. Mit 1 Kpft., welche die chem. Zeichen enthält. gr. 8. Bresl. 826. W. G. Korn. 16 Gr.

— Ansichten über physische Erziehung, in 4 Vorlesungen. Mit 1 Titelvign. 8. Bresl. 812. W. G. Korn. 8 Gr.

Wendt, Ritter Jh., Apologie der Bemerkk. gegen Kruttge, oder über die wahrscheinliche Fortdauer d. Bewußtseyns in einem v. Rumpfe getrennten Kopfe. 8. Bresl. 803. Gehr. 8 Gr.

Wendt, Joh., über d. Bedeutung u. Wirkung d. russ. Dampfbäder, mit besond. Bezieh. auf die zu Breslau (Klosterstraße No. 80.) erricht. russ. Dampf-Bade-Anstalt. gr. 8. (7 B. u. 2 Stndr.) Breslau 830, Gosohorsky.

—— amtl. Bericht üb. d. Versamml. deutscher Naturforscher etc. in Breslau, s. a. Bericht etc.

Jo. Wendt u. A. W. Otto amtl. Bericht über die Vers. deutscher N. F. u. A. zu Breslau im Sept. 1833. Nebst einer lith. Samml. etc. (pagg. 19.) Breslau 1834. 4.

Wendt, Joh., üb. d. wissenschaftl. Bildung u. bürgerl. Stellung d. Aerzte u. Wundärzte, mit Bezug auf Preußens Medicinal-Verfassung. gr. 8. (4 B.) Breslau 838, [Gosohorsky's Buchh.]

—— über d. asiat. Cholera bei ihrem Uebertritte in Schlesiens südöstl. Gränzen. Ein Sendschreiben an seine Amtsgenossen in d. Provinz. Lex.-8. (3½ B.) Breslau 831, W. G. Korn.

— Darstellung eines zweckmäß. u. durch die Erfahrung erprobten Methode zur Verhütung d. Wasserscheu nach d. Bisse eines tollen Hundes. gr. 8. Bresl. 824. Gosohorsky. 12 Gr.

— über Enthauptung im Allgemeinen u. über d. Hinrichtung Troers insbesondere. Ein Beitrag zur Physiologie u. Psychologie. 8. Bresl. 803. Gehr. 6 Gr.

Wendt, Joh(ann): Die Gicht, ihre Zufälle, Ihre Gefahren und ihre ärztliche Behandlung, als Leitfaden am Krankenbette. 213 S., gbd.

Breslau: Gosohorsky 1844

JB 2.521

— über chirurg. Heilmittellehre, ein propädeutisches Fragment. 8. Bresl. 812. W. G. Korn. 8 Gr.

—— die Heilquellen zu Kissingen im Königr. Baiern, beschrieben. gr. 8. (13¾ B. u. 1 Stahlst.) Breslau 837, [Gosohorsky's Buchh.] *

— über d. Hülfe bei Vergiftungen u. bei d. verschiedenen Arten d. Scheintodes. gr. 8. Bresl. 818. W. G. Korn. 20 Gr.

— die Hülfe bei Vergiftungen u. bei den verschied. Arten des Scheintodes. 2e verm. Aufl. gr. 8. Bresl. 825. W. G. Korn.

Wendt, Johann: Ueber den tollen Hundsbiß und die Schrecknisse seiner unglücklichen Folgen. 54 S., gbd.

Breslau: typ.Korn 1811

JB 5.193

— über d. tollen Hundebiß u. die Schrecknisse seiner unglückl. Folgen. 8. Bresl. 811. (813 ?) W. G. Korn. 8 Gr.

Jatrologia, oder Eintheilung der Doktoren medicinae nach dem Linné'ischen System für Deutschland. Nach e. engl. Originale bearb. von J[ohann] Wendt. Breslau, Berlin u.Leipzig: Gehr 1802. 46 S. 8°

Wendt, Johann: Die Kinderkrankheiten systematisch dargestellt. 2.mit den Beobachtungen der neusten Zeit verm...Ausg. 692 S., gbd., Abb.

Breslau u.Leipzig: Korn 1826

JB 4.106

Wendt, Johann: Die Kinderkrankheiten systematisch dargestellt. 2.mit den Beobachtungen der neusten Zeit verm.Ausg. 387 S., gbd.

Wien: Lechner 1832

JB 4.107

Wendt, Johann: Die Kinderkrankheiten systematisch dargestellt. 3.mit den Beobachtungen der neusten Zeit verm.Ausg. 479 S., gbd. Abb.

Breslau: Korn
Wien: Gerold } 1835

JB 4.108

— Gab heraus: Correspondenzblatt d. Schles. Gesellschaft f. vaterländ. Kultur 1810—14.

— die alte Lehre von den verborgenen Entzündungen, durch neue Beobachtungen bestätigt. 1824. 2e mit Zusätzen verm. Aufl. 8. Bresl. 826. Gosohorsky. 6 Gr.

— die Lustseuche in allen ihren Richtungen u. Gestalten. gr. 8. Bresl. 816. 2e A. 819. W. G. Korn. 1 Rthlr. 8 Gr.

Wendt, Johann: Die Lustseuche in allen ihren Richtungen und in allen ihren Gestalten zum Behufe akademischer Vorlesungen dargestellt. 3.Aufl. 326 S., gbd.

Breslau: Korn 1825

JB 4.687

Wendt, Johann: Die Lustseuche in allen ihren Richtungen und allen ihren Gestalten zum Behufe akademischer Vorlesungen dargestellt. 3.Aufl. 228 S., gbd.

Wien: v.Haykul & Lechner 1827

JB 4.688

Wendt, Johann: Praktische Materia medica als Grundlage am Krankenbette und als Leitfaden zu akademischen Vorlesungen. 415 S., gbd.

Breslau: Korn } 1830
Wien: Gerold }

JB 1.503

—— prakt. Materia medica, als Grundlage am Krankenbette u. als Leitfaden zu akadem. Vorlesn. 1. Aufl. (27½ B.) 830., 2., mit einigen Zusätzen verm. Ausg. gr. 8. (31 B.) Breslau 833, W. G. Korn. a

— de methodo formulas medicas concinnandi libellum in usum praelectionum edidit. 8. Bresl. 813. W. G. Korn. 12 gl.

Wendt, Joannes: De inflammationis scarlatinosae natura et indole. Vratislaviae 1812. (IV, 26 S.) 4°

Breslau, Med. Fak., Antr.-Progr. als außerord. Prof. v. 6. Juni 1812

Wendt, Joannes: Prospectus universae materiei medicae systematice divisae et usui clinico accommodatae. Vratislaviae 1824. (25 S.) 4°

Breslau, Progr. z. Rektoratswechsel am 18. Okt. 1824

—— die eisenhalt. Quellen zu Altwasser in Schlesien, beschrieben. gr. 8. (16 B. u. 10 lith. Abbildn.) Breslau 841, [Hirt's Verl.] •

— Rede zur feierl. Eröffnung d. chirurg. Lehranstalt in Breslau d. 29. Sept. 1823. gehalten. 8. Bresl. 823.

— Rede üb. die Möglichkeit in kuzer Zeit Feldwundärzte zu bilden 8. Ebend. 813.

— Rede über d. Möglichkeit in kurzer Zeit Feldwundärzte zu bilden. 8. Bresl. 814. W. G. Korn. 3 gl.

— Rede an Morgenbessers Sarcophag d. 20. Febr. 1804 in der Aula Leopoldina. 8. Bresl. 804. Gehr. 6 gl.

— in Sachen eines Streites gegen Dr. Zadig. 8. Bresl., Gehr. 3 gl.

—— das Selbstbewusstsein, forensisch aufgefasst. gr. 8. (7 B.) Breslau 841, Grass, Barth u. Comp.

— tabulae votivae, brevissimam historiam scholarum medicarum continentes. 8. Bresl. 822.

— üb. d. Tanz, als Vergnügen u. Schädlichkeit, e. Beytrag z. Diätetik, m. 1 K. 12. Breslau, Schall. 802.

— über den Tanz, als Vergnügen u. Schädlichkeit; ein Beitrag zur Diätetik. Mit 1 Kpf. 12. Bresl. 803. Schall. 8 gl.

—— die Thermen zu Warmbrunn im schles. Riesengebirge, beschrieben. gr. 8. (21 B. u. 1 Stahlst.) Breslau 840, [Gosohorsky's Buchh.] •

Der Verlauf der Cholera-Seuche und die dagegen schützenden Maßregeln. Ein Vortrag an die Studirenden der Königl. Universität zu Breslau, gehalten im Auftrage des Senates von . . . Joh. Wendt den 31sten October 1831. (Zur Vertheilung an die Studirenden abgedruckt.) Breslau (1831.) (23 S.) 8° [J.]

Wendt, Jh., die Versammlung d. Naturforscher zu Breslau, s. Bericht, amtl., über d. Versammlung deutscher Naturforscher v. Jahre 1833.

—— die Wassersucht in den edelsten Höhlen u. in ihren gefährlichsten Folgen dargestellt. gr. 8. (11¼ B.) Breslau 837, Korn.

Wendt, Johann: Das Wesen, die Bedeutung und die ärztliche Behandlung des Scharlachs. 178 S., gbd.

Breslau: Korn 1819

JB 4.931

Wendt, J. Wie können d. groß. Naturanlagen im Menschen vor d. schädl. Einfluß bewahrt werden, den Übervölkerg u. Demoralisation durch Mißbrauch d. Freiheit auf sie haben müssen? Breslau 1836.

Wendt, Johann Amadeus, s. Wendt, Amadeus

Wendt, Joh. Andr., zur Nachricht für die Freunde der lutherischen Mission in den Herzogth. Bremen u. Verden u. im Lande Hadeln. (Mit dem diesjähr. und vorjähr. Berichte.) Verden 855. Tressan. gr. 8. (16 S.) n. 2½ ngr.

Wendt, Joh. Andr., über das Verhältniß der Kirche in den Herzogthümern Bremen u. Verden zu den Symbolen der luther. Kirche, insbesond. zu der Concordien-Formel. gr. 8. (2 B.) Stade 845, Schaumburg. *

Wendt, J(ohan) C(hristian) W(ilhelm): Beyträge zur Geschichte der Menschenpocken, Kuhpocken und modificirten Menschenpocken im dänischen Staate. (Nogle Efterretinger om Börnekopper, Kokopper og de formildede Börnekopper. Dt.) Mit Zusätzen des Verfassers aus dem Dänischen übers. 73 S., gbd.

Kopenhagen: Brummer 1824

JB 4.897

Wendt, (J. C. W.,) Beitrr. z. Gesch. d. Menschenpocken, Kuhpocken u. modificirten Menschenpocken im dän. Staate. Mit Zusätzen des Verf. aus d. Dän. übers. 8. Kopenh. 825, Brummer.

Wendt, J. C. W., s.: Hamburg's allgem. Gartenbau-Ausstellung.

— s.: Hamburgs Vergangenheit u. Gegenwart.

(Wendt, Johan Christian Wilhelm): Das Militär-Sanitätswesen im Königreiche Dännemarck. 122 S., gbd. (Handschrift.)

O.O.: 1825

JB 3.724

— u. C. E. L. **Kappelhoff,** die deutschen Nordsee-Bäder. E. Sammlg. v. Ansichten aus den Nordsee-Bädern Cuxhaven, Helgoland, Norderney, Borkum, Juist, Langeroog, Spiekeroog, Wangeroog, Baltrum, Amrum, Sylt, Wyk a. F., Büsum u. St. Peter, sowie einige interessante Elb- u. Hochseebilder. Nach photograph. Aufnahmen künstler. reproducirt, zusammengest. u. hrsg. qu. 4. (128 S.) Hamburg 898. Wendt & Co. Geb. n. 3. —

— s. M. Ekjölddérup, Vorlesungen.

Wendt, J(ohan) C(hristian) W(ilhelm): Ueber Transportmittel der verwundeten und kranken Krieger. 60 S., gbd., 4 Taf.

Kopenhagen: Bonnier 1816

JB 3.546

Wendt, J(ohan) C(hristian) W(ilhelm): Uebersicht des Medicinalwesens der dänischen Armee. Nebst einer Darstellung der im Jahre 1812 verordneten neuen Einrichtung wegen der Versorgung der Kranken des Militärs mit Arzneimitteln. 91 S., gbd., 5 Tab.

Kopenhagen: typ.Seidlin 1826

JB 3.547

— **Untersuchung über den Transport der Verwundeten u. Kranken. 8. Kopenh. 816. Bonnier. 14 gGr**

Wendt, J. C. W., Versuch e. chem. Pflanzenphysiologie. 8. Copenh. Bonnier. 814.

Wendt, Joh. Friedr., was ist constitutionell? Eine Reihe publizistischer Abhandlungen, die die Tagesfragen behandeln, in der Absicht, die Beantwortung der vorstehenden, in der Entscheidung begriffenen, Frage der Bestimmtheit näher zu bringen. (Mit dem Umschlagstitel: Zeitfragen in publizist. Abhandlungen, über die wichtigern constitutionellen Interessen eine Verständigung herbeizuführen. 1. Heft.) gr. 8. (43 S.) Berlin 848, J. A. Wohlgemuth.

Wendt, Johann Ludwig Alfons, s. W e n d t, Alfons

Wendt, Johann Samuel (Magdeburg) A. S. 1251/10

Disputatio medica theoretico-practica de medicina critica. Präs. Michael Alberti.
Halle (Henckel) IX. 1709. 39 S.

W. v.: Johann Samuel Grave. 36323

Wendt, Johs., die Ansichtskarte, s.: Siedenburg's Sammlung v. Einaktern. Nr. 1.

Wendt, Johs., Blütenblatt. Gedichte. 8. (VIII, 118 S.) Dresden 896. E. Pierson. n. 2. 50; geb. in Damast m. Goldschn. n. 3. 50

Wendt, Johs., Prinzessin Edeltraut, s.: Danner's, G., deutsche Jugendbühne.

— das Geheimnis, s.a. Vereinstheater. Nr. 130.

Das Geheimnis. Lustspiel in 1 Aufzuge von Johannes **Wendt.** *Mühlhausen i. Th.: G. Danner [1904].* (48 S.) 8° [F.]
= **Vereinstheater.** 130. [04. 8430

— Zwerg Nase. Ein Märchenspiel in 7 Bildern. Nach dem gleichnam. Hauff'schen Märchen. (56 S.) 8. Leipzig (906). Rauh & Pohle. n. 1. 50

Die allgemeinen Störungen erster Ordnung des Kometen 1889^{V}, 1896^{VI}, 1903^{V} ⟨Brooks⟩ durch den Saturn. Von Dr. Johannes **Wendt.** Hamburg 1907: (Pierer in Altenburg). (51 S.) 4°
= **Archiv,** Aus d., d. Deutschen Seewarte. Jg. 30, No 3. [08. 5260

Wendt, Johannes, a. Danzig: Die allgemeinen Störungen erster Ordnung des Kometen 1889 V, 1890 VI, 1903 V, ⟨Brooks⟩ durch den Saturn. (Altenburg 1908: Pierer.) (51 S.) 4°
Berlin, Phil. Fak., Ref. Bauschinger, Diss. v. 29. Febr. 1908
[Geb. 17. Sept. 81 Danzig; Wohnort: Hamburg-Groß-Borstel; Staatsangeh.: Preußen; Vorbildung: Realgymn. Braunschweig Reife O. 00; Studium: Göttingen 4, Berlin 8 S.; Rig. 14. Nov. 07.]

Wendt, Julius Hermann, s. W e n d t, Hermann

Wendt, K., ums Majorat, s.: Weber's moderne Bibliothek.

— Schwarze Spuren, s.: Bibliothek, interessante.

— Der verschwundene Tote, s.: Sammlung, bunte, interessanter Erzählungen.

— Verkettungen, s.: Sammlung, bunte, interessanter Erzählungen.

Wendt, Karl, Pierre Charron als Pädagoge unter besond. Berücksicht. seines Verhältnisses zu Michael de Montaigne. Eine pädagogische Studie. (88 S.) gr. 8. Neubrandenburg 903. C. Brünslow. n. 1. 60

Wendt, Karl: Untersuchungen an den Gaserzeugern der Tiegelgußstahlfabrik „Poldihütte" zu Kladno in Böhmen. 1904. 27 S. 4° ¶ In kürzerer Form in: Zeitschrift d. Vereines deutscher Ingenieure. Bd 48, Halbj. 2 u. in: Mitteilungen über Forschungsarbeiten auf d. Gebiete d. Ingenieurwesens. H. 31. 1906.
Berlin, Dr.-Ing.-Diss. v. 12. 2. 1904

Wendt, Karl, Versuch e. histor.-statist.-geograph. Beschreibung der kaiserl. freien Reichsstädte, nach der Bestimmung des Regensburg. Reichsdeputations-Hauptschlusses im Jahre 1803. 8. Leipz. 804. Köhler. 8 gGr

Wendt, Kurt, Referendar in Königsberg i. Pr.: Die selbständigen S t r a f v e r s p r e c h e n des § 343 Abs. 2 B.G.B. Königsberg i. Pr. 1903: Königsb. Allgem. Zeitungsdruckerei. (34 S.) 8° [Ant. u. F.]
Rostock, Jur. Diss. v. [12. Mai] 1903.

Wendt, Kurt, die selbständigen Strafversprechen des § 343 Abs. 2. B. G. B. Diss. (34 S.) gr. 8. Königsberg 903. (Gräfe & Unzer, Buchh.) — 50

Wendt, Louise, das beste bürgerliche Kochbuch. Anleitung für Mädchen u. Hausfrauen, der Küche selbstständig vorstehen zu können u. billig u. schmackhaft zu kochen. Reichhaltige Auswahl von Recepten beim Kochen, Braten, Einmachen von Früchten u. Gemüsen, sowie bei Bereitung von Getränken. 8. (63 S.) Hamburg 877. Kramer. n. — 50

Wendt, Max

Wendt, M., Geschäftsgänge f. den Buchführungs-Unterricht in kaufmännischen Lehranstalten, s.: Scharf, Th.

Kolonialwaren-Großhandlung ⟨für die Oberstufe⟩ bearb. von M[ax] **Wendt,** Lehrer, Magdeburg. Magdeburg: Creutz 1905. (38 S.) 8°
= **Geschäftsgänge** f. d. Buchführ.-Unterr. in kaufm. Lehranst. H. 1. [05. 6888 3

Wendt, Mor., das Noth-Glöcklein unserer Zeit. 16. (IV u. 94 S.) Neusalza 852, Borndrück. baar 12 ngr

Wendt, Mor., Vater unser oder das Gebet des Herrn in Gesängen. gr. 4. (92 S. und 7 Stnt.) Neusalza 851(52,) Donath.

Wendt, O., Kirchweihfest, Kirchbau u. Kirche in Lerbeck. Ein Erinnerungsblatt f. meine Gemeinde. 8. (24 S.) Minden i/W. 893. (W. Köhler.) n. — 20

Wendt, Oskar: Zu Schillers 150jährigem Geburtstag: Seine Bedeutung für die nationale Erziehung unserer Zeit. Elbing 1909: Kühn. S. 3—6. 4°
Elbing, st. OR OP 1909 (57) [S 09. 497

Wendt, Osc., Lübeck's Schiffs- u. Warenverkehr in den J. 1368 u. 1369 in tabellarischer Uebersicht auf Grund der Lübecker Pfundzollbücher aus denselben Jahren. gr. 8. (65 S. m. 2 Tab.) Lübeck 902. Lübcke & Nöhring. n. 1. 60

Wendt, Oscar, aus Lübeck: Lübecks Schiffs- und Warenverkehr in den Jahren 1368 und 1369 in tabellarischer Uebersicht auf Grund der Lübecker Pfundzollbücher aus denselben Jahren. Marburg 1902: H. Bauer. (64 S.) 8°
Marburg, Phil. Diss. v. [9. Sept.] 1902.

Wendt, Otto, das allgemeine Anweisungsrecht. gr. 8. (IV, 299 S.) Jena 895. G. Fischer. n. 7. —

Wendt, Otto, i.: Archiv f. die zivilistische Praxis.

— Besitz u. Besitzwille, s. a. Festschrift f. die juristische Fakultät in Giessen.

Wendt, O. v.: Besitz und Besitzwille. Giessen 1907.
(In: Festschrift f. d. jur. Fak. in Giessen z. Univ.-Jub.)

Wendt, Otto, die Bierbrauerei in ihren neuesten Fortschritten. Eine Beschreibung der neuesten Malzdarren und Brauanlagen, der bewährtesten Verfahrungsweisen zur Reinigung des Wassers rc. sowie aller sonst. in den verschied. Zweigen der Brauerei gemachten neuesten wicht. Erfindungen und Verbesserungen. Nach den besten Quellen und eigener Anschauung bearb. 2. (Titel-)Ausg. gr. 8. (VIII und 192 S. mit in den Text gedr. Holzschn.) Berlin (863)68, Mode's Verlag.

Wendt, Otto, französische Briefschule. Systematische Anleitg. zur selbständ. Abfassg. franz. Briefe. Für den Unterrichtsgebrauch hrsg. gr. 8. (125 S.) Hannover 885. Meyer. n. 1. 20

Wendt, Otto, englische Briefschule. Systematische Anleitg. zur selbständ. Abfassg. engl. Briefe. Für den Unterrichtsgebrauch hrsg. gr. 8. (VI, 136 S.) Hannover 891. C. Meyer. n. 1. 50

Wendt, Otto, französische Briefschule. Systematische Anleitg. zur selbständ. Abfassg. französ. Briefe. Für den Unterrichtsgebrauch hrsg. 2. verm. u. verb. Aufl. gr. 8. (144 S.) Hannover 900. C. Meyer. n. 1. 50; geb. n. 1. 80

Wendt, Otto, Encyklopädie des englischen Unterrichts. Methodik u. Hilfsmittel f. Studierende u. Lehrer der engl. Sprache m. Rücksicht auf die Anfordergn. der Praxis. gr. 8. (VII, 260 S.) Hannover 893. C. Meyer. n. 4. —

—— Encyklopädie des französischen Unterrichts. Methodik und Hilfsmittel, für Studierende und Lehrer der französischen Sprache mit Rücksicht auf die Anforderungen der Praxis bearb. gr. 8. (VI, 202 S.) Ebendas. 888. *

Wendt, Otto, Encyklopädie d. französischen Unterrichts. Methodik u. Hilfsmittel f. Studier. u. Lehrer d. französ. Sprache, m. Rücksicht auf d. Anfordergn. d. Praxis bearb. 2., sehr verm. Aufl. 2 Tle. gr. 8. (VIII, 356 S.) Hannover 895. C. Meyer. n. 5. —

Enzyklopädie des französischen Unterrichts. Methodik u. Hilfsmittel f. Studierende u. Lehrer d. franz. Sprache mit Rücks. auf d. Anforderungen d. Praxis bearb. von Otto **Wendt**. 3., neu bearb. Aufl. Hannover-List [&] Berlin: C. Meyer 1909. (XI, 452 S.) 8° [08. 17764

—— Familienlexikon für das alltägliche Leben in der Stadt und auf dem Lande. Ein Nachschlagebuch für alle Bedürfnisse, Unfälle, Krankheiten, Privatneigungen und was sonst vorkommt in Haus und Hof. 11 Hefte. Lex.-8. (XXVI und 852 S.) Leipzig 862, Amelang's Verlag. à Heft 6 Ngr.
Neue wohlfeile (Titel-)Ausg. erschien u. d. T.:

Wendt, Otto (II.), das Faustrecht oder Besitzvertheidigung und Besitzverfolgung. gr. 8. (VIII, 287 S.) Jena 883, Fischer. *
Aus: Jahrbücher für die Dogmatik des heutigen römischen und deutschen Privatrechts, besonders abgedruckt.

— die neuesten Fortschritte in der Bierbrauerei, s. a. Fortschritte, die neuesten, in den Gewerben.

WENDT, O.
Neueste Fortschritte in der Bierbrauerei. Leipzig, 1863. 8vo. Ill.

—— kleines Haus-Lexikon. Encyklopädie des Wissenswürdigsten aus Haus- und Landwirthschaft, Gartenbau, Blumenzucht rc. und populäre Heilkunde der Menschen und Thiere. Nebst bewährten Heilmitteln und Recepten. Lex.-8. (XXVI und 852 S.) Leipzig (862)68, Zander. * 25 Ngr.; geb. *

Wendt, Otto, aus Rostock i. M.: Steeles litterarische **Kritik** über Shakespeare im Tatler und Spectator. *Rostock 1901: C. Boldt.* (44 S.) 8°
Rostock, Phil. Diss. v. [16. Nov.] 1901

Wendt, Otto, Lehrbuch der Pandekten. Lex.-8. (XX, 922 S.) Jena 888. Fischer. n. 15. —

Wendt, Otto, Steeles litterarische Kritik üb. Shakespeare im Tatler and Spectator. Diss. gr. 8. (43 S.) Rostock 901. (H. Warkentien.) n. — 80

— die Lehre vom bedingten Rechtsgeschäft. gr. 8. (VI, 174 S.) Erlangen 872. Deichert. n. 2. 80

– Die Rektoratsprüfung in der französischen u. englischen Sprache, s. Mittelschullehrer- und Rektoratsprüfung, Die. II. 8.

Wendt, Otto (I.), pädagogisches Repetitorium. Auszug aus der Geschichte der Pädagogik und Methodik mit Berücksicht. der Jugendlitteratur und Gesetzeskunde. (III, 132 S.) 1883; 2. Aufl. gr. 8. (IV, 140 S.) [Bernburg 884, Bacmeister.] Gotha, Behrend. *

Wendt, Otto (II.), Reurecht und Gebundenheit bei Rechtsgeschäften. 1. und 2. Heft. gr. 8. Erlangen, Deichert. *
Inhalt:
Heft 1. Die condictio ex poenitentia. (VII, 108 S.) 878. * M 2.
» 2. Die Reuverträge. (168 S.) 879. * M 3.

Wendt, Otto, französische u. englische Sprache f. die Mittelschullehrerprüfung, s. a. Mittelschullehrer- u. Rektoratsprüfung, die. I, 8.

[F.] Französische und englische Sprache. Von Otto **Wendt**, Rektor in Zerbst. *Breslau: F. Hirt 1898.* (48 S.) 1 Bd 8.
= Mittelschullehrer- u. d. Rektoratsprüfung, Die. Reihe 1. H. 8. [98. 5710

Wendt, Otto: Französische und englische Sprache. Von Otto Wendt, Rektorin in Zerbst. Breslau: F. Hirt 1899. (60 S.) 8°
Mittelschullehrer- u. Rektoratsprüfung. Reihe 2, H. 8.

Wendt, Otto: Französische und englische Sprache. Von —.
2., neubearb. Aufl. Breslau: Hirt 1907. 56 S. 8°
(Die Mittelschullehrer- u. d. Rektoratsprüfung. R. 1. H. 8.)

Wendt, Otto, Dr., d. Z. Rektor: Ueber die **Sprache der Gesetze.** *Tübingen 1904: G. Schnürlen.* (35 S.) 4°
Tübingen, Rede gehalten am Geburtsfest d. Königs 1904

— über die Sprache der Gesetze. Rede, geh. am Geburtsfest Sr. Maj. des Königs Wilhelm II. v. Württemberg am 25. II. 1904 im Festsaal d. Universität Tübingen. (35 S.) gr. 4. Tübingen 904. (G. Schnürlen.) n. 1. —

Wendt, Otto, Studium u. Methodik der französischen u. englischen Sprache, ein prakt. Hilfsmittel f. Lehrer u. Studierende. Unter Berücksicht. der Lehrpläne u. Lehraufgaben vom 1. VII. 1901. (IV, 176 S.) gr. 8. Leipzig 903. Dürr'sche Buchh. n. 2. 50

— Unterlassungen u. Versäumnisse im bürgerlichen Recht. gr. 8. (IV, 307 S.) Tübingen 901. J. C. B. Mohr. n. 6. 60
Sonderabdruck aus: „Archiv f. d. civilist. Praxis".

— der neusprachliche Unterricht im Lichte der neuen Lehrpläne u. Lehraufgaben f. die höheren Schulen, s.: Magazin, pädagogisches.

—— die Ursachen der geringen Erfolge des Unterrichts in der Naturbeschreibung und Entwurf eines Lehrplanes für denselben, s. a. Sammelmappe, pädagogische.

Wendt, Otto, die Ursachen der geringen Erfolge des Unterrichts in der Naturbeschreibung u. Entwurf eines Lehrplanes für denselben. gr. 8. (16 S.) Leipzig 877. Siegismund & Volkening in Comm. — 80

Wendt, O., s. Zum Entwurf e. deutschen bürgerlichen Gesetzbuches.

Wendt, Otto Heinr., das bedingte Forderungsrecht erläutert an e. Rechtsfall. Eine Gelegenheitsschrift. 8. (VI, 39 S.) Rostock 873. Stiller'sche Hofbuchh. — 75

Wendt, Paul, ein deutscher Brutus. Drama in 5 Aufzügen. gr. 8. (III, 76 S.) Stettin 880. Dannenberg. n. 2. —

Wendt, Paul, Colberg 1807 oder: Heldensinn u. Bürgertreue. Ein Schauspiel in 5 Aufzügen. Stettin 863. Dannenberg & Dühr in Comm. gr. 8. (IV, 80 S.) n. 15 ngr.

Dank der Schwestern. Dem Br. Hering zum 7. Mai 1881 gewidmet. [Unterz.:] Paul **Wendt.** o. O. [1881]. 2 Bl. 8°. [Umschlagtit.]
„Verschlossen ist das Heiligtum den Frauen" …

[J.] Hinter der Front. Ernste u. heitere Erinnergn eines Feld-Lazareth-Beamten aus d. deutsch-französ. Kriege 1870/71 v. Paul **Wendt.** M. 1 Kt. *Rathenow: M. Babenzien 1891.* (3 Bl., 167 S., 1 Kt.) 8.
= Ruhmestage, Deutschlands, 1870/71. [No 6.] (96. 5605

Wendt, Paul, Château Lafite. Roman. 2 Bde. Leipzig 867. Grunow. 8. (IV, 360 S.) 2 *℔* 20 *ngr.*

Wendt, Paul, die Rose v. Thiessow, s. a. Götze, Frz.

Wendt, Paul, die Rose v. Thiessow. Oper in 1 Aufzuge. Musik v. Frz. Götze. Textbuch. 12. (36 S.) Leipzig 894. Breitkopf & Härtel. n. — 50

Wendt, P., Schulandachten auf psychologischer Grundlage. (VIII, 104 S.) gr. 8. Leipzig 910. [Dürr'sche Buchh.] Berlin, Union, Zweigniederlassg. 1. 80

Wendt, Pt. Dav., Lieder d. gesellig. Freude geweiht. 8. Riga 831. (176 S.) — Der Anfang dieser Samml. erschien auch als: **Gesellschaftslieder. 8. Ebd. 831. (128 S.)**

Wendt, R., Geschichte von Huß u. den Hussiten f. das deutsche Volk erzählt. 8. (6¼ B.) Magdeburg 845, Creutz'sche Buchh.

Wendt, Rich., Jarolasch. Episoden aus dem Leben in Rußland. 3 Thle. 8. Hamburg 858. 59, Hoffmann und Campe. [1. Thl. (XVII und 295 S.) 1 Thlr., 2. (V und 367 S.) 1 Thlr. 15 Ngr., 3. (V und 389 S.) 1 Thlr. 15 Ngr.]

—— Kaiser Ottens Leibzeichen auf dem alten Markte in Magdeburg. Eine Gelegenheitsschrift. Lex.-8. (48 S. mit 1 lithogr. Abbild. des Denkmals in Farbendr.) Magdeburg 858, Schäfer's Buchh. *

Wendt, Ulr., Kultur u. Jagd. Ein Birschgang durch die Geschichte. gr. 8. Berlin, G. Reimer. à 8. —; geb. à 9. 50
1. Das Mittelalter. (XII, 340 S.) 907.
2. Die neuere Zeit. (XI, 385 S.) 908.

Wendt, Ulr., **die Technik als Kulturmacht** in sozialer u. in geistiger Beziehung. Eine Studie. (VIII, 322 S.) gr. 8. Berlin 906. G. Reimer. n. 6. —; geb. n. 7. —

Wendt, W., Ciceros Brief an Paetus IX 22. Diss. 1929. 45 S. 2.—

Wendt, W., die Entwicklungstendenzen u. die Zukunft der Menschheit. Essays. (43 S.) 8. Leipzig (907). Hildburghausen, Thüringische Verlags-Anstalt. — 75

Wendt, W. W., alte u. neue Gehirn-Probleme nebst e. 1078 Fälle umfass. Gehirngewichtsstatistik aus dem kgl. pathologisch-anatom. Institut zu München. (116 S.) 8. München 909. Verlag der ärztl. Rundschau. 2. 60

Wendt, Wilh., neuestes wohlf. ABC-Buch od. Leseschule, von d. einfachen Lauten an bis zu zusammengesetzten Sätzen, in e. naturgemäßen Stufenfolge nach d. Grundsätzen d. Lautmethode. 2. Aufl. 8. (6 B. u. 24 ill. Kpfr.) Cöthen 829. (Leipzig, Cnobloch.)

Wendt, (Car. Joan.) Guil. (geb. Perleberg 30. 7. 1821): De febrium puerperalium causis ac natura. Berolini (1845). (31 S.) 8°
Berlin, Med. Diss. v. 19. Mai 1845

Wendt, (Wilh.,) Leseschule von den einfach. Lauten an. ꝛc. 8. Köthen 823, Aue.

Wendt v. Wendtenthal, Jos., († d. 24. April 1786.), s. 1) *Austria* sacra. 2) J. N. v. *Vogel*, specimen bibliothecae.

Wendte, Vortrag, wichtig f. alle Creditgenossenschaften, s.: Colshorn.

Wendte: Zwei Vorträge bezüglich des bürgerlichen Gesetzbuches, s. Steinfeld.

Deutschland und Amerika. Ein Wort über ihre gegenseit. Beziehungen von Charles W. **Wendte** … Boston; [Berlin-Schöneberg: Protest. Schriftenvertrieb] 1910. 21 S. 8° (13. 1300)

Wendte, R., welche Rechte haben Mieter u. Vermieter? Gemeinverständliche Rechtsbelehrg. üb. das in der Prov. Hannover (m. Ausnahme v. Ostfriesland, Lingen u. dem Eichsfelde) gelt. Mietrecht. 8. (61 S.) Hannover 893. L. Ost. n. 1. —

Wendtland, A., üb. Anhydropropionyltoluylendiamin. gr. 8. (35 S.) Göttingen 883. (Vandenhoeck & Ruprecht.) n. — 80

Wendtland, C., drei Novellen. 8. (III, 107 S.) Dresden 901. E. Pierson. n. 1. 50; geb. n. 2. 50

Wendtland, Gust., Festklänge. Lieder für Arends'sche Stenographen. Gesammelt u. hrsg. 16. (45 S.) Brieg 883. Leipzig, Robolsky in Comm. n.n. — 60

Wendtland, Gust., Festklänge. Lieder f. Arends'sche Stenographen. Gesammelt u. hrsg. 4. Aufl. gr. 16. (VI, 52 S.) Leipzig 897. J. H. Robolsky. n. — 60

Wendtland, s.: Jahrbuch d. deutschen Handelskammern.

— Lehrbuch der leicht faßlichen u. in kurzer Zeit erlernbaren Neu-Arends'schen Kurzschrift (vereinfachtes System Arends), unter Berücksicht. d. Häufigkeitsuntersuchgn. in d. deutschen Sprache neu aufgestellt u. f. den Selbstunterr., d. Gebrauch in Schulen, im Verkehr, b. Militär, sow. zur Verwendung als Erwerbschrift bearb. 3. Aufl. Völlig geänd., wesentl. verb. u. verm. Inhalt. I. Tl.: Schulschrift. II. Tl.: Verkehr- u. Erwerbschrift. gr. 8. (VII, 23 u. 16 autogr. S.) Ebd. 897. n. 1.—

— Lehrbuch der in wenigen Stunden erlernbaren Neu-Arends'schen Stenographie. gr. 8. (II, 13 S. m. 16 stenograph. Taf.) Ebd. 896. n.n. 1. —

Wendtland, Gust., Lehrgang der Debattenschrift nach dem Arends'schen Stenographie-System. 2. verb. Aufl. gr. 8. (XV, 46 S., wovon V, 27 autogr.) Leipzig 888, Robolsky. **

Wendtland, Gust., Lehrgang der Debattenschrift, nach dem Arends'schen Stenographie-System unter eingehender Berücksicht. der Arends'schen rationellen Volksstenographie zum Selbstunterricht bearb. 3. Aufl. gr. 8. (VI, 64 u. 47 S.) Leipzig 894. J. H. Robolsky. n. 2. —; Schlüssel dazu (29 S.) n. 1. —

Wendtland, G., practischer Lehrgang der Arends'schen rationellen Volks-Stenographie. Vorzüglich zum Selbstunterricht geeignet und für Schulen. gr. 8. (VIII, 48 S.) Strassburg 876, (Astmann.) *

— practischer Lehrgang der Arends'schen rationellen Volks-Stenographie. Vorzüglich zum Selbstunterricht geeignet u. für Schulen. 2., umgearb. u. verb. Aufl. 8. (VIII. 74 S.) Halle 878. Koestler. n. 2. —

Wendtland, s. Mitteilgn. d. Handelsk. Leipzig.

— s.: Novellen, stenographische.

Wendtland, G., Gabelsberger's Vocalisation. gr. 16. (42 stenograph. und lithogr. S.) Strassburg i. E. 874, (Astmann.) *

Wendtlandt, J. A., Haupt-Maßbuch f. Schuhmacher. qu. 8. (120 S.) Hirschberg i/Schl. 888. (Kuh.) geb. n. 1. 25

Wendtlandt, Immanuel (Kolberg) A. S. 11/24

Exercitatio juridica, de jure jurando civium, Vom Bürger-Eyde. Präs. Lüder Mencken. Rec. o.O. 1730. 80 S.

Diss. Leipzig 2. VI. 1687. 36327

Wendtlandt, Willi, pr. Arzt: Zur Behandlung der Fremdkörper in Lunge und Bronchien. Berlin 1909: G. Schade. 36 S. 8°

Berlin, Med. Diss. v. 11. Juni 1909, Ref. Hildebrand

[Geb. 1. Aug. 84 Stettin; Wohnort: Kiel; Staatsangeh.: Preußen; Vorbildung: Gymn. Potsdam Reife M. 02; Studium: Berlin K. W. A. 10 S.; Coll. 11. Juni 09; Approb. 22. Febr. 09.] [U 09. 121

WENDTLING, Johannes. Lillis Lebenslauf. Skizzen aus der Gesellschaft. Leipzig, Otto Weber (um 1900).
Verb. d. Ldg. I Berlin 2 E. M. 34/04.

Wendtling, Johs., Lillis Lebenslauf. Skizzen aus der Gesellschaft. Mit Zeichnungen v. Arno Grimm. 1. u. 2. Aufl. (à 50 S.) gr. 8. Leipzig (903). O. Weber. n. 2. —

— Mizi vom Ballet. Scenen aus dem Theaterleben. Mit Zeichngn. v. Herm. Schulze. (55 S.) gr. 8. Ebd. (903). n. 1. 50; kart. n. 2. —; geb. n. 2. 50

Wendung, die unvermuthete. Schausp. v. Jünger. 8. Leipz. Göschen. 793. — 10

Wendung, welch eine! Bilder v. Gottes Walten in der Geschichte der Völker. Hrsg. v. Mart. Hennig. 1.—3. Tauf. (III, 298 S.) 8. Hamburg (908). Agentur des Rauhen Hauses. 3.—; geb. n 3.50; Geschenkausg. n 4. 50

Wendunmuth'.
Goed. II, 470.

Wendvnmuth. Darinnen fünff hundert vnd fünfftzig höflicher, züchtiger, vnd lustiger Historien, Schimpffreden vnd Gleichnüssen begriffen vnd gezogen seyn auss alten vnd jetzigen Scribenten . . . Vorhin niemals aussgezugen Beschrieben vnd zusammen gebracht durch Hans Wilhelm Kirchhof.

1869, Tübingen, 8°.
Hrsg. von Hermann Oesterley. (Bibliothek des Literar. Vereins in Stuttgart, Bd. 95–99.)

Wenedikt's Spielbücher. Nr. 30. 16. Wien 909. F. C. Mickl. — 50
30. Das Schachspiel, nach einfacher, leichter Methode dargestellt f. den Selbstunterricht. Von Vanderheid u. Brandowski. 6. Aufl. des Leitfadens, bearb. v. Frz. Mickl. (80 S. m. Diagr.)

— Tanzbücher. Nr. 1. 16. Ebd. 909. — 50
1. Die Quadrille française, wie man sie tanzt u. arrangiert. Hilfsbüchlein f. Tänzer u. Tanz-Arrangeure u. zum Selbstunterricht. Von J. Löwy. Mit 6 Taf. — Der Walzer, zur Selbsterlerng. beschrieben. 17. Aufl. Mit Aussprachebezeichng. der Fremdwörter, bearb. v. Frz. Unger. (36 S.)

WENEDIKT, A. A., Geschichte der Wiener Stadt und Vorstädte. Wien, o. J. Gr. 8⁰. (7 Kr., Hfz., Carl Greif, 1914.)

Wenedikter, Heinr., Ecce homo! Sechs Fastenpredigten. 8. (IV u. 97 S.) Wien 852, Mayer & Co. n. 9 ngr.

Wenedikter, Heinrich —. Fest- und Gelegenheits-Predigten, verfaßt von — —. 1. Band. 8. (120 S.) Wien. Druck von Anton Schweiger. In Kommission bei Mayer und Komp. 1854.

Wenetzki, (Frid.) Hugo (geb. Dollstädt in Ostpr. 1815): De arachnitide Berolini (1841). (24 S.) 8°
Berlin, Med. Diss. v. 27. Sept. 1841

Weng, Karte der Königreiche Bayern, Württemberg u. des Grossherzogthums Baden für den Schulgebrauch bearbeitet. München, Mey u. Widmayer, 1844. gr. 4. Lith. (4 ngr.)

Weng, (A[ug.]), Prof.: **Geometrie** der Kegelschnitte im Realschulunterricht. *Heilbronn 1899: Schell.* (47 S.) 4°
Heilbronn, k. RA, P 1899 (635)

Konservative und liberale Logen. Vortrag, gehalten in der Jahresversammlung des Vereins deutscher Freimaurer zu Stuttgart am 26. Sept. 1909 von Aug. **Weng.** Leipzig 1910: Zechel. 15 S. 8⁰ [Umschlagtit.]
Aus: MitthVdF. 1909—1910 S. 153—165.
Betr. die Glaubensfrage im Frmrbunde.

Weng, Gust, Schopenhauer — Darwin. Pessimismus od. Optimismus? Ein Beitrag zur Fortschrittsbewegg. (189 S.) 8. Berlin 911. E. Hofmann & Co. 2.—; geb. in Leinw. 2. 80

Weng, Joh. Friedr., die Hexen-Prozesse d. ehemal. Reichsstadt Nördlingen in d. Jahren 1590—94. Aus d. Kriminal-Akten d. nördling. Archives gezogen. gr. 8. (5½ B.) Nördlingen 838, Beck'sche Buchh.
Aus der Zeitschrift: Das Ries, besond. abgedruckt.

—s.a. Ries, das, wie es war.

Weng, Joh. Fr., u. J. B. Guth, Das Ries wie es war und wie es ist. Eine historisch-statistische Zeitschrift. 10 Hefte. Nördlingen 1836—44. 8⁰. Cplt. selten! (10 Mk. J. Halle, c. 1905.)
Heft 6—7: Die Hexenprocesse der Reichsstadt Nördlingen.

Weng, Joh. Friedr., die Schlacht bei Nördlingen u. Belagerung dieser Stadt in d. Monaten August u. Sept. 1634. Ein Beitrag zur Geschichte d. 30jähr. Krieges bei Gelegenheit d. Sekularfeier dieser Begebenheiten. Mit e. Vorw. v. Friedr. Wilh. Doppelmayr. (1. u. 2 Lfg.) 8. (10¾ B. u. 1 ill. Schlacht-plan, Fol.) Nördlingen 834, Beck.

Weng, Wilhelm: I. Ueber quantitative Metalltrennungen in ammoniakalischer Lösung durch Wasserstoffsuperoxyd. II. Ueber die quantitative Trennung des Quecksilbers von anderen Metallen durch Destillation im Sauerstoffstrome. *Heidelberg 1898: J. Hörning.* (41 S. mit Taf.) 8°
Heidelberg, Naturw.-math. Diss. v. [24. März] 1898

Wengatz, Carolus: De Plauti senariorum iambicorum compositione artificiosiore. Marpurgi Cattorum 1910: Noske, Bornensis. 106 S. 8⁰
Marburg, Phil. Diss. v. 29. Juli 1910, Ref. Birt.

Wenge, Walt., s.: Sammlung criminalanthropolog. Vorträge.

— s.: Zeitschrift f. Criminal-Anthropologie etc.

Wengel, Otto, prakt. Arzt: Aus d. pathol. Institut zu Königsberg. Ein neuer Beitrag zur Lehre von der Porencephalie. *Königsberg i. Pr. 1900: H. Jaeger.* (23 S.) 8°
Königsberg, Med. Diss. v. 26. Mai 1900

Wengen, Friedrich

Wengen, Fr. v. der, die Belagerung v. Freiburg im Breisgau 1713, s.: Harrsch, Frhr. v.

Wengen, Fr. von der. Bestallungs-Dekret für den herzoglich württembergischen Hofmeister Leopold Ludwig Freiherrn Gayling von Altheim, dd. 22. März 1713. 8. (1889).

Wengen, Fr. von der. Kleine Bilder vom Oberrhein aus dem Jahre 1701. (Relation über die gethane Visitation der Oesterreich. Statt Neuenburg am Rhein wie auch deren Stätt und Schlösser Burckheimb, Sponeckh und Limburg.) 8. (1889.)

Wengen, Fr. v. der, der letzte Feldzug der hannoverschen Armee 1866. gr. 8. (79 S.) Berlin 901. A. Bath. n. 1. 50
Sonderabdruck a.: „Jahrbb. f. d. deutsche Armee u. Marine".

Wengen, Fried. von der: Der Feldzug der französischen Ostarmee von 1870/71. (Aus:) „Allgemeine Militär-Zeitung." 70. Jahrg. Nr. 52–65. Fol. Darmstadt 1895.

Wengen, Fr. v. der, der Feldzug der großherzogl. badischen Truppen unter Oberst Frhrn. Karl v. Stockhorn gegen die Vorarlberger u. Tiroler 1809. Nach archival. Quellen. Hrsg. von Frhrn. O. v. Stockhorn. (IX, 227 S. m. 2 Bildnissen u. 1 Karte.) gr. 8. Heidelberg 910. Carl Winter. 8. —

Wengen, Frdr. v. der, Geschichte des k. k. österreichischen 13. Dragoner-Regiments Prinz Eugen v. Savoyen seit seiner Errichtung 1682 bis zur Gegenwart. Im Auftrage des Regiments nach archivar. u. sonst. authent. Quellen bearb. gr. 8. (XI, 1116 S.) Wien 879. Hölder in Comm. n. 16. —

Wengen, Fr. v. der, Geschichte der Kriegsereignisse zwischen Preußen und Hannover 1866. Mit Benutzung authent. Quellen. gr. 8. (XX, 1206 S. mit 2 Karten.) Gotha 886, F. A. Perthes. *

— s.: Harrsch, Frhr. v., die Belagerg. v. Freiburg i/B.

Wengen, Frdr. v. der, die Kämpfe vor Belfort im Jan. 1871. Ein Beitrag zur Geschichte d. deutsch-französischen Krieges. Mit 3 (lith. u. chromolith.) Karten (in 4. u. gr. Fol.) gr. 8. (XXIV, 632 S.) Leipzig 875. Brockhaus. n. 12. —

— die Kämpfe vor Belfort im Januar 1871 u. die historische Wahrheit. gr. 8. (152 S.) Berlin 899. Militär-Verlag R. Felix. n. 3. —

Wengen, F. v. der. Das Fürstlich Fürstenbergische Contingent im Kriege 1792—1796. (Freiburg i. B. 1888.) 8°. (Aus: Zeitschr. d. Gesellsch. f. Beförderung der Geschichtskunde von Freiburg 7.)

Wengen, Fr. von der: Das fürstbischöflich Osnabrück'sche Leib-Regiment zu Fuss in Freiburg 1701–1705. (Jetzt Inft.-Reg. Nr. 15.) Separat-Abdruck aus „Zeitschrift f. Geschichte des Oberrheins" N. F. VI. 3. (Freiburg 1891:) 8⁰

— die Schlacht v. Vionville — Mars la Tour u. das königl. preuß. X. Armee-Korps. Eine krit. Studie über die 19. Division. gr. 8. (34 S.) Berlin 900. [Militär-Verlagsanstalt.] W. Thoms. n. — 80

Wengen, F. v. der. Die Schlacht von Zorndorf Berlin 1894. 2°.

Wengen, Fr. von der. Die Uebergabe der Stadt Freiburg i. Br. am 1. November 1713. Sonderabdruck aus der „Zeitschrift für die Geschichte des Oberrheins", Neue Folge. 8. Karlsruhe 1893.

—— Villersexel und Belfort. Streiflichter aus dem deutsch-französ. Kriege 1871. Offenes Sendschreiben an den k. preuß. Generalmajor und Commandeur der 28. Infanteriebrigade etc. etc. Herrn v. Loos. gr. 8. (III, 60 S.) Ebendas. 876. *

Wengen, Fr. v. der, General Vogel v. Falckenstein u. der hannoversche Feldzug 1866. Offenes Sendschreiben an seine Kritiker. Lex.-8. (76 S.) Gotha 887. F. A. Perthes. n. 1. 60

Wengen, Fr. v. der. Karl Graf zu Wied, Königl. Preußischer Generallieutenant. Ein Lebensbild zur Geschichte der Kriege von 1734 bis 1763, nach den hinterlassenen Papieren d. Verewigten u. anderen ungedruckten Quellen. gr. 8. (XV, 528 S.) Gotha 890, F. A. Perthes. * 10 —

Wengenheim, Felicia, aus vergangenen Zeiten. Ihre zweite Ehe. Durch eig. Schuld. Novellen. 8. (52 S.) Großenhain 896. Baumert & Ronge. n. 1.—

Wengenmayr, Florian: Bauernschutz – Bauerntrutz, s. Volks-Bibliothek, Katholische. 5.

Wengenmayr, Florian, die Vergißzen, s.: Dilettantenbühne, katholische.

— dreimal hoch d. Eisenbahnl, s.: Jugend-Bibliothek, kathol., 2. u. 11. Bdchn.

— d. Engel d. Blinden, s.: Jugend-Bibliothek, kathol., 2. u. 11. Bdchn.

Wengenmayr, Florian, der Krüppels-Verl, s.a. Jugend-Bibliothek, katholische.

Der Krüppels-Verl. Eine kulturhist. Erzählung aus Schwaben von Florian **Wengenmayr**. Mit 1 (auf d. Umschl.: 2) Farbenlichtdr. u. 6 Ansichten. 2. Aufl. Kempten & München: J. Kösel 1900. (VIII, 92 S.) 8° [S.] = **Jugend-Bibliothek**, Katholische. Bdch. 4. (o8. 5088

— himmlische Liebe, s.: Jugend-Bibliothek, katholische.

— d. Macht d. christl. Nächstenliebe, s.: Dilettantenbühne, kathol.

— s'katholisch Mädeli, s. Volks-Bibliothek, Katholische.

— o dolce Napoli od. Sieh' Neapel u. stirb!, s.: Dilettantenbühne, kathol.

Wengenmayr, Florian, der Arbeit Preis, s.: Dilettantenbühne, kathol.

Wengenmayr, Florian, Wandern und Stillesteh'n. Studien über den Umgang mit der Natur nach Erfahrung und Dichtung. 8. (V, 282 S.) Kempten 887, Kösel'sche Buchh.

— der Welt ist ein Lump, s.: Dilettantenbühne, kathol.

— im Zukunftsstaate, s.: Dilettantenbühne, kathol.

Wenger, Albert

Wenger, A. Altes und Neues aus Indien. In-8°, 54 S. Basel, Missionsbuchhandlung. 1880. — 30

Wenger, Alb., s.: Bericht üb. die christlichen Jahresfeste in Basel.

Wenger, A[lbert]: Bestimmung des Maximalwertes des thermo-dynamischen Wirkungsgrades und der günstigsten Stufenzahl bei Dampfturbinen. Berlin: Springer 1908. 84 S., 2 Taf. 8° ¶ Auch als Buch. Berlin, Dr.-Ing.-Diss. v. 13. 3. 1908

Wenger, A[lbert]. Zum Christfest. Weihnachtsgedichte und Weihnachtsaufführungen für Schule und Haus. Hrg. von A. W', Lehrer. Bändchen 1. 46 S. 8. Lyss, Verlag «Helvetia» ⟨A. Wenger-Kocher⟩, [1907]. [fr. 1. —]

[Wenger, Albert.] Im Dienst des Meisters. Züge aus dem Leben der † Pfr. Rud(olf) Wenger (1831–1899). [Mit Illustrationen und Porträt-Tafel.] 8. Basel 1899.

(**Wenger, Alb[ert].**) Führer durch Kirchen, Schulen und Liebeswerke der Stadt Basel. Samt [Illustrationen und] Stadtplan mit Bezeichnung der Kirchgemeinden. IV + 128 S. 8. Basel, Missionsbuchh., 1905. [fr. 1. 25]

Wenger, Alfred, Arzt in Dornach: Ein neuer Fall von spontaner Nabelschnurruptur bei normaler Geburt. *Strassburg i. E.: J. Singer 1900.* (23 S.) 8°
Strassburg, Med. Diss. v. 1900

Wenger, Alfr., ein neuer Fall v. spontaner Nabelschnurruptur bei normaler Geburt. gr. 8. (24 S.) Strassburg 900. J. Singer. n. — 75

Wenger, Anton Josef

Wenger, A. J., die Onanie oder Selbstbefleckung in ihren schädl. Folgen, sowohl im Einzelnen, als im Ganzen; sammt den Veranlassungen u. d. Mitteln dagegen. 8. Landsh. 826. (Münch., Jaquet). 10 K

Wenger, (A. J.) die Onanie od. Selbstbefleckung in ihren schädl. Folgen, sowohl im Einzelnen, als im Ganzen; sammt d. Veranlassungen u. d. Mitteln dagegen. 8. Landsh. 826, (München) Michaelis.

Wenger, Ant. Jos., die Onanie od. Selbstbefleckung in ihren schädlichen Folgen sowohl im Einzelnen als im Ganzen; sammt d. Veranlassungen u. d. Mitteln dagegen. 2. Ausg. 8. (6 B.) München 833, Jaquet.

Wenger, Bernh., kleinste Geschichte der Kirche Christi, für das junge evangel. Volk bearb. 8. (39 S.) Löbau Wpr. 881. Strzeczek. n. — 20

—— neue deutsche Rechtschreibschule. 3 Hefte. 8. Leipzig 884, Peter's Verlag. *
geb. in 1 Bd. *

Inhalt:
Heft 1. 1.—3. Schuljahr. (16 S.) * 12 Pf.
" 2. 4. und 5. Schuljahr. (28 S.) * 16 Pf.
" 3. 6. und 7. Schuljahr. (41 S.) * 25 Pf.

Wenger, C., Fastenpredigt gegen die um sich greifende Gleichgültigkeit in Glaubenslehren gehalten. 8. (19 S.) Salzburg 849. (Mayr.) n. n. 3 ngl

Wenger, C., s.a. Zeichenunterricht, der, in der Volksschule.

Wenger, C. Der Zeichenunterricht in der Volksschule. II. Teil. In-8°. 98 S. Bern. W. Kaiser. 1893. 3 —

Werner, Carl, s. Werner, Karl

Wenger, Ernst. Gastritis traumatica beim Rind. 8.
Ausg. A: Diss. Vet.-Med. Bern. 142 S. Bern, Buchdr. W. Wälchli, 1910.
Ausg. B: Von Dr. E' W'.... 140 S. B', Verlag A. Francke, 1910. [fr. 4. —]

Wenger, F. R.

— unseres Volkes Erneuerung. Abendpredigt während des Congresses für Innere Mission zu Stuttgart, geh. am 24. Septbr. 1879 in der Wanderkirche. gr. 8. (12 S.) Stuttgart 879. Knapp. n. — 20

Wenger, F. R., das Evangelium des Marcus, der Hausgemeinde ausgelegt. 2. Aufl. 8. (VIII, 296 S.) Stuttgart 879. Knapp. n. 2. —; in Leinw. n. 3. —

— der Herr ist nahe. Eine Adventspredigt üb. Philipper 4, 4—7. gr. 8. (14 S.) St. Gallen 882. Buchhandl. der Evang. Gesellschaft. n. — 20

— Hirt u. Wirth. Morgen-Andacht üb. Psalm 23, geh. am 15. Juni 1880. 8. (8 S.) Ebend. 880. n.n. — 15

— stille Stunden vor dem heiligen Abendmahl. 8. (IV, 351 S.) Calw 883. Vereinsbuchh. — St. Gallen, Buchh. der Evangel. Gesellschaft. n. 2. 40; geb. n. 3. 50; m. Goldschn. n. 4. —

— mancherlei Sturm. Predigt üb. Psalm 107, 23—31. 8. (14 S.) St. Gallen 881. Buchh. der Evang. Gesellschaft. n. — 20

— die Verklärung Christi. Predigt üb. Matth. 17, 1—9. 8. (13 S.) Ebend. 881. n. — 20

— wie beurtheilt der Herr unsere Thränen? Predigt üb. Luc. 23, 28—31. 2. Aufl. 8. (13 S.) St. Gallen 880. Buchh. d. Evang. Gesellschaft. n. — 20

— wozu uns der heilige Geist treibt? Eine Bibelstunde über Röm. 8, 12—17. 8. (8 S.) Ebend. 880. n.n. — 15

Wenger, Frz., Geographie v. Bayern, s.: Bayhmer, Dav.

Wenger, Geo., Chemie u. Technik im Fleischer-Gewerbe. M. 38 Abb. 8. (VIII, 152 S.) Wien 898. A. Hartleben. n. 3. —; geb. n. 3. 80

— d. prakt. Fleischer (Metzger), s.a. Handwerkerbibliothek, illustr. deutsche, 2. Bd.

— Der praktische Fleischer. (165 S) (Handwerker-Bibliothek 2) Stuttgart 1897

Wenger, Geo., s.: Fleischer-Kalender, deutscher.

Wenger, Geo., das Passionsspiel v. Oberammergau im J. 1900. 8. (32 S. m. 1 Karte.) München (900). [Wenger.] Berlin, J. Gnadenfeld & Co. — 30

Wenger, Geo., die internationale Wurst- u. Fleischwaren-Fabrikation, s.: Merges, Alf.

Wenger, H., Blicke in das Leben der Seligen. Vortrag. 8. (16 S.) Basel 889. Missionsbuchhandlg. n. — 20

Wenger, J., Beiträge z. Kenntniß d. gegenwärt. Geistes u. Zustandes d. griech. Kirche in Griechenland u. d. Türkey. gr. 8. (19¾ B.) Berlin 839, Geo. Reimer.

Wenger, J., Telegraphen- u. Telephon-Handbuch f. d. Schweiz 1897. 2., verm., umgearb. Aufl. 12. (VIII, 167 S.) Bern 897. Neukomm & Zimmermann. Kart. n. 1. —

Wenger, J., Unglücks-Chronik oder die denkwürdigsten elementaren Verheerungen und Zerstörungen in Natur- und Kulturleben aller Zeiten. 8. (VIII, 152 S.) Bern 888, [Jenni.] Koehler'sche Buchh. *

v. Wenger, Jgn., Versuch eines kurzen Begriffs d. Universalgeschichte. 8. Grätz 777.

WENGER, Jul., Gedichte. Wien 1883. Eigenverlag d. Verfassers. Druck v. H. Huppmann in Wien.

Wener, Karl [Dr.]: Jeder Herr ist Kaiser in seinem Lande ... München, Buchdr. v. J. B. Lindl, 1890; 36 S. 8.
Erlangen, Jur. Fak., Inaug.-Diss. v. 1890

Wenger, Karl, histor. Romane deutscher Romantiker, s.a. Untersuchungen zur neueren Sprach- u. Literaturgeschichte.

Wenger, Carl. Historische Romane deutscher Romantiker. ‹Untersuchungen über den Einfluss Walter Scotts.› 8. Bern ... 1905.
Ausg. A (Teil-Ausg.): Diss. Phil. Bern ... von K' W' ... VI + 90 S. B', Buchdr. Büchler & Co.
Ausg. B: ... von Dr. K' W'. VIII + 123 S. B', Verlag A. Francke. (fr. 3. —.) — Untersuchungen zur neueren Sprach- und Literaturgeschichte. Hrg. von Professor Dr. Oskar F[ranz] Walzel. Heft 7....

Wenger, Karl: Historische Romane deutscher Romantiker ‹Untersuchungen über d. Einfluß Walter Scotts› von Dr. Karl Wenger. Bern: A. Francke 1905. (VII, 121 S.) 8°
Untersuchungen z. neueren Sprach- u. Literaturgeschichte. H. 7.

Wenger, Dr. Karl Josef —. Theologische Aphorismen. Für gebildete Katholiken. Von — —. 1. Heft. Salzburg. 1855. Druck und Verlag von Duyle. (1. Bl. 94 S. 8.) geh.

Wenger, Dr. Karl Josef —. Theologische Aphorismen. Für gebildete Katholiken. Von — — 2tes Heft, enthaltend eine Abhandlung über die sakramentale Beicht, eine Predigt am Feste Mariä Verkündigung a. 1854 und „Streiflichter auf das Verhältniß zwischen Kirche und Staat." Salzburg, 1856. Druck und Verlag der Duyle'schen Hofbuchdruckerei. (198 S. 8.)

Wenger, Dr. Karl Josef —. Theologische Aphorismen. Für gebildete Christen. Von — —. In zwanglosen Heften. 3tes Heft. Salzburg, 1857. Endl und Penker Buchdr. (VII. 183 S. 8.) (Vergleiche 1016/1855.)

Wenger, Dr. Karl Jos. — Die Himmelfahrt Christi und die himmlische Siegespalme seiner echten Jünger. Für gebildete Katholiken. Zur tröstlichen Betrachtung und wissenschaftlichen Bestärkung des Glaubens, besonders für die Oktave des Festes Christi Himmelfahrt geeignet. Von — —. Salzburg. 1855. Druck und Verlag der Duyle'schen Buchdruckerei. (96 S. 8.)

—— das Jenseits, oder das Reich Gottes in der andern Welt. Für gebildete Katholiken, namentlich für Studirende der Theologie. gr. 8. (70 S.) Salzburg 849, (Mayr'sche Buchh.) **

Wenger, Dr. C. J. — Das Jenseits oder das Reich Gottes in der andern Welt. Für gebildete Katholiken. Von — —. Zweite verbesserte Auflage. Salzburg. 1855. Druck und Verlag der Duyle'schen Buchdruckerei. (160 S. 8.) geh.

Wenger, Dr. C. J. —. Unglaube und Aberglaube. Maiandacht-Predigt, gehalten in der Franziskanerkirche von — —. Der Reinertrag ist der weiblichen Dienstboten-Bildungs-Anstalt gewidmet. Salzburg, 1855. Verlag der Duyleschen Buchdruckerei. (15 S. 8.)

Wenger, Leopold: Die Erzählung in der Rede des Hypereides gegen Athenogenes. 27 S. 8. Progr. K. k. Staats-Gymn. *Cilli* 1903.

Wenger, Leop., zur Lehre v. der Actio iudicati. Eine rechtshistor. Studie. gr. 8. (X, 270 S.) Graz 901. Leuschner & Lubensky. n. 4. 60

Wenger Leopold: Observationes de Latinitate Gregorii I epistularum.
II. 1896 PN 976 **Diss.** Wien, Univ. 1534

Papyrusforschung und Rechtswissenschaft. Ein Vortrag geh. im Grazer Juristenvereine am 31. Jan. 1902 von Dr. Leopold Wenger, Prof., Graz. *Graz: Leuschner & Lubensky 1903.* (56 S.) 8° (o). 1517

WENGER, Leopold
Rechtshistorische Papyrusstudien von Dr. Leopold Wenger. Graz. 1902. Leuschner & Lubensky. Gr.-8°. IX, 173 S. K 5.40

— römische u. antike Rechtsgeschichte. Akademische Antrittsvorlesg., an der Universität Wien geh. am 26. X. 1904. (31 S.) gr. 8. Ebd. 905. n. — 70

— Die Rede des Hypereides gegen Athenogenes. II. Teil. S. 3 bis 29. 8. Fortsetzung und Schluß. (Umschlagtitel: . . . II. Teil) (Schluß.) S. 3–12. 8. K. k. Staats-Gymn. *Krems* 1905. 1906. Progr

— Zum 101. Semester im akademischen Lehramt August Tewes, Professor an der Universität Graz. (24 S.) Lex. 8. Graz 909. Leuschner & Lubensky. — 70

Wenger, Leop., die Stellung des öffentl. römischen Rechts im Universitätsunterrichte. 2 Vorträge, geh. im Grazer Juristenvereine. (40 S.) gr. 8. Wien 907. Manz. 1. 20
Sonderabdruck aus: „Allg. öst. Gerichts-Zeitg."

— die Stellvertretung im Rechte der Papyri. Festschrift der k. k. Karl Franzens-Universität in Graz aus Anlass der Jubelfeier am 15. XI. (VI, 278 S.) gr. 8. Leipzig 906. B. G. Teubner. n. 8. —

— Zum Wohn- u. Wirtschaftsrecht in den Papyri, s. a. Aus römischem u. bürgerlichem Recht.

Wenger, Leop.: Zum Wohn- u. Wirtschaftsrecht in den Papyri. Weimar 1907.

(in: Aus röm. u. bürgerl. Recht. Festschrift für E. I. Bekker.)

Wenger M.: Beitrag zum Gebrauche der Participien. (38.) Seitenstetten 82. **Progr.**

Wenger, Pet., S. J., Grundsätze für das innere Leben, s.: Crou, J.

Wenger, Robert, a. Saargemünd: Untersuchungen über die Mechanik und Thermodynamik der freien Atmosphäre im nordatlantischen Passatgebiet. Leipzig: Nemnich 1910. 35 S. 8°
Straßburg, Math.-naturwiss. Diss. v. 29. Juli 1909, Ref. Hergesell
[Geb. 1. Febr. 86 Steinbach b. Saargemünd; Wohnort: Straßburg; Staatsangeh.: Elsaß-Lothringen; Vorbildung: Gymn. Saargemünd Reife Sommer 03; Studium: Straßburg 1, Heidelberg 3, Berlin 2, Straßburg 6 S.] [U 10. 4119

Wenger, Rud., A B C f. Töchter u. andere Leute, die nicht zu weise sind, um noch etwas zu lernen. 3. Aufl. 8. (15 S.) Basel 901. (Missionsbuchh.) n. — 10

Wenger, R., der Anker. Predigt üb. Hebr. 6, 17—20. gr. 8. (11 S.) St. Gallen 883. Buchh. der Evangel. Gesellschaft. n. — 15

Wenger, R. Die Aufgabe der Gläubigen in unsern Tagen. Vortrag. 8. (20 S.) Basel, 889, Jaeger u. Kober. * — 20

Wenger, R., die Aufgabe der Gläubigen in unsern Tagen. Vortrag. 8. (20 S.) Basel 889. Spittler. n. — 20

—— Blicke in das Leben der Seligen. 1. u. 2. Aufl. 8. (16 S.) Basel 889,90, Missionsbuchhandlg. * — 20

—— Gottes Brünnlein hat Wassers die Fülle. Tägliche Hausandachten. gr. 8. (500 S.) Ebendas. 889. * 4 80
geb. in Leinw. * ℳ 6.—.; geb. in Halbfrz. * 6 50
geb. mit Goldschn. * 7 —

Wenger, R., Demas. Felix. Paulus. Worte ernster Mahng. u. Prüfg. 12. (16 S.) Basel 892. Missionsbuchh. n. — 10

Wenger, R. Im Dienst des Meisters. Züge aus dem Leben. 8°. 75 S. m. Bildnis. Basel, Missionsbuchhandlung. 1899. — 35

— dürfen wir nach der Stunde der Wiederkunft Christi forschen? Was lehrt mich die heilige Schrift über das Friedensreich? Zwei Morgenandachten üb. Apostelgesch. 1, 7 u. Sacharja 12, 8. 8. (20 S.) Ebend. 880. n. — 20

—— unseres Volkes Erneuerung. Abendpredigt während des Congresses für Innere Mission zu Stuttgart gehalten am 24 Septbr. 1879 in der Wanderkirche. gr. 8. (12 S.) Stuttgart 878, [Lindemann's Buchh.] Knapp. *

Wenger, Rud., das Evangelium des Marcus der Hausgemeinde ausgelegt. 8. (III, 295 S.) Stuttgart 878, Lindemann's Buchh. * ℳ 2.; geb. in Leinw. *
geb. in Halbfrz. *
geb. in Leinw. mit Goldschn. *

—— dass. — 2. Aufl. 8. (VIII, 296 S.) Stuttgart 879, Knapp. * ℳ 2.; geb. in Leinw. *

Wenger, R., das Evangelium des Markus. Der Hausgemeinde ausgelegt. 3. Aufl. 8. (296 S.) Calw 886, Vereinsbuchhandlung. * ℳ 2.—.; geb. *

— die Frauen d. Neuen Testaments. 8. (IV, 394 S.) Ebend. 886. n. 3. —; geb. n. 4. —; m. Goldschn. n. 4. 50

— die Frauen d. Neuen Testaments. 2., durchgeseh. Aufl. 8. (390 S.) Calw u. Stuttgart 890. Vereinsbuchhandlg. n. 3. —

— der Gnadenstand. Predigt üb. Römer 5, 1—5, geh. am 30. Juli 1882. gr. 8. (11 S.) St. Gallen 883. Buchh. d. Evangel. Gesellschaft n. — 15

—— Aus der Heimat in die Heimat. Eine kurze Missionslaufbahn in Westafrika. 3. Aufl. 8. (32 S.) Bas. 890, Missionsbuchhdlg. * — 20

Wenger, R., aus der Heimat in d. Heimat. Eine kurze Missionslaufbahn in Westafrika. 4. Aufl. 8. (32 S. m. Abb.) Basel 895. Missionsbuchh. n. — 15

—— der Herr ist nahe. Eine Adventspredigt über Philipper 4, 4—7. gr. 8. (14 S.) Ebendas. 882. *

—— Hirth und Wirth. Morgen-Andacht über Psalm 23, gehalten am 15. Juni 1880. 8. (8 S.) Ebendas. 880. * *

Wenger, R., im Lichte des Ewigen. Briefe, Predigten u. Andachten. Mit e. Lebensskizze des Heimgegangenen. 8. (335 S. m. Bildnis.) Calw u. Stuttgart 900. Vereinsbuchh. n. 2. 40; geb. n. 3. —; m. Goldschn. n. 3. 50

— 2 **Morgenandachten** üb. Apostelgesch. 1, 7: Dürfen wir nach der Stunde der Wiederkunft Christi forschen? u. Sacharja 12, 8: Was lehrt mich die hl. Schrift üb. das Friedensreich? 2. Aufl. gr. 8. (20 S.) St. Gallen 892. Buchh. der evangel. Gesellsch. n. — 20

—— zehn **Predigten**, geh. vor der Hausgemeinde in Heinrichsbad. 8. (128 S.) St. Gallen 885, (Buchhandlung der Evangel. Gesellschaft.)

—— dass. — 2. Aufl. 8. (127 S.) Calw 886, Vereinsbuchhandlung. *ℳ 1.—.; geb. *

— die ewige **Ruhe**. Predigt üb. Hebräer 4, 9—11. gr. 8. (12 S.) St. Gallen 883. Buchh. d. Evang. Gesellschaft. n. — 15

Wenger, R[udolf, und] Strasser, Joh[ann]. Standrede bei der am 3. Heumonat 1861 erfolgten Hinrichtung der vier Raubmörder Verene Wyssler...; Jakob Wyssler...; Sam[uel] Krähenbühl...; Jakob Stucki.... Gehalten im Ramserngraben von R. W'.... Nebst dem am Abend zuvor... zu Langnau an sie gerichteten Lebens-Abspruch vom Pfarrer des Orts: Joh. St'. 8. Langnau 1861.

—— stille **Stunden** vor dem heil. Abendmahl. (IV, 351 S.) 1883; 2. Aufl. 8. (352 S.) Calw 884, Vereinsbuchhandlung. *

—— Stille **Stunden** vor dem hl. Abendmahl. 3. durchgeseh. Aufl. 8. (343 S.) Calw u. Stuttg. 889, Vereinsbuchhandlg. * 2 40

—— mancherlei **Sturm**. Predigt über Psalm 107, 23—31. 8. (14 S.) St. Gallen 881, Buchh. der Evangel. Gesellschaft. *

—— **Thut** Buße. Eine Adventspredigt über Matth. 3, 1—12. gr. 8. (10 S.) Ebendas. 882.

—— die **Verklärung** Christi. Predigt über Matth. 17, 1—9. 8. (13 S.) Ebendas. 881. *

—— **Wie** beurtheilt der Herr unsere Thränen? Predigt über Luc. 23, 28—31. 1. und 2. Aufl. gr. 8. (13 S.) Ebendas. 880. *

—— **Wozu** uns der heilige Geist treibt? Eine Bibelstunde über Röm. 8, 12—17. 8. (8 S.) Ebendas. 880. **

— für **Zeit** u. **Ewigkeit**. Bruchstücke aus Andachten u. Predigten. 8. (144 S.) Calw u. Stuttgart 898. Vereinsbuchh. — St. Gallen, Buchh. d. evang. Gesellschaft. n. 1. —; geb. in Leinw. n. 1. 60; m. Goldschn. n. 2. —

— für **Zeit** u. **Ewigkeit**. Bruchstücke aus Andachten u. Predigten. 2. Aufl. 8. (142 S.) Calw u. Stuttgart 902. Vereinsbuchh. — St. Gallen, Buchh. der ev. Gesellschaft. n. 1. —

Wenger[-Ruutz], Lisa. Der Einzige. [Erzählung.] Von L' W' in Basel. 8.

In: Süddeutsche Monatshefte ... Hrg. von P(aul) N(ikolaus) Cossmann. Jahrg. 5, Heft 10. Oktober 1908. München, Süddeutsche Mon' G. m. b. H. (M. 1. 50.) S. 379–396.

Wenger-Ruutz, Lisa, das weiße Häschen. Ein Märchen m. 8 (farb.) Bildern. (17 S.) 22×31,5 cm. Stuttgart (908). G. Weise. Geb. 2. 40

Wenger[-Ruutz], Lisa. Eine Heimkehr. [Erzählung.] Von L' W' in Basel. 8.

In: Süddeutsche Monatshefte ... Hrg. von P(aul) N(ikolaus) Cossmann. Jahrg. 5, Heft 3. März 1908. München, Süddeutsche Mon' G. m. b. H. (M. 1. 50.) S. 257—263.

Wenger[-Ruutz], Lisa. Hüt isch wider Fasenacht, wo-n-is d' Muetter Chüechli bacht. Ein Bilderbuch mit 15 farbigen Tafeln nebst Text. [16 Bl.] quer-4. Bern, A. Francke, [1910]. [cart. fr. 2. —]

Wenger[-Ruutz], Lisa. Vom ungehorsamen Jockel. Ein Bilderbuch mit 15 farbigen Tafeln [und illustriertem Umschlag] nebst Text von L' W'. [31 S.] schmal-quer-4. Stuttgart, Loewes Verlag, [1908]. [cart. M. 1. 20]

Hochdeutsche Ausg. von: Wenger[-Ruutz], Lisa. Joggeli söll ga Birli schüttle!

Wenger[-Ruutz], Lisa. Joggeli söll ga Birli schüttle! Ein Bilderbuch mit 15 farbigen Tafeln [und illustriertem Umschlag] nebst Text von L' W'. [31 S.] schmal-quer-4. Bern, A. Francke, [1908]. [cart. fr. 2. —]

Wenger, Lisa, Kinder, heut ist Fasenacht, wo die Mutter Kuchen backt. Ein Bilderbuch m. 15 farb. Taf. nebst Text. (15 Bl.) 11×30 cm. Stuttgart (910). Loewe. Geb. 1. 20

Wenger-Ruutz, Lisa. Das blaue Märchenbuch. Mit Buchschmuck von der Verfasserin. VIII + 225 S. 8. Frauenfeld, Huber & Co., [1905]. [geb. fr. 4. 80]

— **Prüfungen**. Roman. (268 S.) 8. Frauenfeld (908). Huber & Co. 8.20; geb. in Leinw. 4. —

Wenger-Ruutz, Lisa. Von Sonne, Mond und Sternen, in Bildern und Versen von L' W'-R'. [12 farbige Bilder, illustrierte Textseiten und Vorsatz-Blätter, farbiges Umschlag-Bild.] [25 S.] quer-fol. Stuttgart, Gustav Weise, [1907]. [cart. M. 2. 50]

Ausg. auf unzerreissbaren Cartonblättern. [geb. M. 3. —]

Wenger[-Ruutz], Lisa. Wie der Wald still ward. [Mit illustrierten Vorsatz-Blättern.] IV + 222 S. 8. Frauenfeld, Huber & Co., 1907. [geb. fr. 5. 50]

Wenger[-Ruutz], Lisa. Die Wunderdoktorin. Roman. IV + 301 S. 8. Heilbronn, Eugen Salzer, 1910. [M. 3. 50, geb. 4. 50]

Wengerhoff, Philipp (Frau Clara Wenghoffer), Adam u. Eva, s.: Enßlin's Roman- u. Novellenschatz.

Wengerhoff, Philipp [Autorname] = Wenghoffer, Frau Clara s. Familienbibliothek, Schweizer. Nr. 36.

Wengerhoff, Philipp (Frau Clara Wenghoffer), freue dich, freue dich! 10 stimmungsvolle Weihnachtsgeschichten f. Jung u. Alt. (98 S. m. Bildnis.) 8. Leipzig (910). G. Müller-Mann. 1. —

Wengerhoff, Php. (Clara Wenghoffer), die Geschwister. Roman. 8. (302 S.) Leipzig 897. E. Keil's Nachf. 8. —; geb. in Leinw. n. 4. —

Wengerhoff, Philipp (Frau Clara Wenghoffer), in Herzensnot, s.: Eckstein's Miniaturbibliothek.

— die kleine **Komtesse**. Roman. 8. (256 S.) Dresden 898. E. Reißner. n. 3. —; geb. n. 4. —

— Der Liebe **Lust** u. Leid. Novellen. (III, 199 S.) kl. 8. Dessau 910. H. Franke. 1. —

— **Nippsächelchen**. Novellen. (III, 159 S.) kl. 8. Ebd. 909. 1. —

— vor verschlossener Pforte. Roman. (197 S.) 8. Berlin 905. A. Goldschmidt. n. 1. —; geb. in Leinw. n. 1. 60

— Rehabilitiert, s. Hellmuth-Bräm, W.

— Reisebegleiter. Humoresken. (96 S.) 8. Leipzig (910). G. Müller-Mann. 1. —

— nach äußerem Schein. Roman. 8. (277 S.) Leipzig (901). P. List. n. 3. —; geb. 4. —

— ohne Segen. Roman. 8. (271 S.) Jena 900. Berlin, H. Costenoble. n. 3. —

— Sühne. (112 S.) 8. Leipzig (905). G. Müller-Mann. n. 1. —

— der andere Tag. Roman. (212 S.) 8. Berlin (906). R. Taendler. n. 3. —; geb. n. 4. —

— Tragödie e. Ehe, s.a Eckstein's moderne Bibliothek. Nr. 31.

Tragödie einer Ehe. Von Philipp Wengerhoff [d. i. Klara Wenghoffer]. 1. bis 10. Taus. *Berlin: R. Eckstein Nachf. [1903].* (96 S.) 8°
— Bibliothek, Ecksteins Moderne. No 31. (03. 13611

— Va banque. Roman in 2 Abtlgn. 8. (269 S.) Jena 898. H. Costenoble. n. 3. —

— übers Ziel hinaus, s.: Bobach's illustr. Roman-Bibliothek. III, 6.

Wengerický Ondřej. Reč nad otewřeným hrobem kňstojn. P. Jana Szeberinyho, Dra. bohoslovi, baňského okoli Superintendenta a sl. církwe ew. b. slawnické kazatele welezaslouzilého, dne 13. Unora 1857 držaná od Ondřeje Wengerického. W. B. Śtáwnici, tiskem Frantiska Lortera, 1857. Wengerický Andreas: Rede, gehalten am offenen Grabe des einst hochw. und hochgelehrten Mannes und Herrn Johann Szeberinyi, Dr. der Theologie und Superintendenten der evang. Kirche in dem Schemnizer Kirchensprengel, am 13. Febr. 1857 von — —. Schemnitz. Druck v. Frz. Lorber, 1857. (Slovákisch).

Wengernalp [Schlagwort]

Wengernalp, s.: Westentasche-Panorama-Collection.

Wengeroff, Pauline, Memoiren e. Grossmutter. Bilder aus der Kulturgeschichte der Juden Russlands im 19. Jahrh. 2 Bde. Mit e. Geleitwort v. Gust. Karpeles. (VIII, 200 S. m. Bildnis u. IV, 220 S.) 8. Berlin 908. 10. M. Poppelauer. à 3. —; geb. à 4. —; in 1 Bd. 7. —

Wengerow, S. A., Grundzüge d. Geschichte d. neuesten russischen Litteratur. Übers. u. eingeführt v. Traug. Pech. gr. 8. (IV, 35 S.) Berlin 899. J. Raede. n. 1. —

Wengerský, M. L. Gräfin v., wieder dieselbe. 8. (14 S.) Leipzig 901. Sächs. Volksschriftenverlag. n. — 30

Wengg, G., Topograph. Atlas von München in seinem ganzen Burgfrieden. München. q. Fol.

Wengg, Ludwig

—— Neuester Stadtplan von München. 1 : 10,000. Farbendr. gr. Fol. Mit Wegweiser zu den Sehenswürdigkeiten, Strassen, Plätzen etc. gr. 16. (12 S.) Würzb. 890, Staudinger. * — 40

Wenghart, E. F., geometrische Formenlehre, s.: Močnik.

Wenghöfer, Walter, a. Halberstadt: Das Problem der Persönlichkeit bei Jean Paul. Jena 1907: G. Neuenhahn. (51 S.) 8°
Jena, Phil. Fak., Ref. Eucken, Diss. v. 14. Okt. 1907
[Geb. 6. Okt. 77 Magdeburg; Wohnort: Magdeburg; Staatsangeh.: Preußen; Vorbildung: Realgymn. Osterode a. H. Reife O. 98; Studium: Berlin 2, Zürich 1, Berlin 6, Jena 3 S.; Rig. 13. Juli 07.]

Wenghoffer, Clara, s.: Wengerhoff, Phpp.

Wenghöffer, Ludw., die wichtigsten Forschungsresultate auf dem Gebiete der Chemie der Kohlenstoff-Verbindungen 1882. Zugleich Nachtrag zu seinem Lehrbuch der Chemie der Kohlenstoffverbindgn. gr. 8. (60 S.) Stuttgart 883. Wittwer's Verl. n. 1. 20

—— Lehrbuch der anorganischen reinen und technischen Chemie, auf Grundlage der neuesten Forschungen und der Fortschritte der Technik, wesentlich für Studirende auf Universitäten und techn. Lehranstalten, sowie zum Selbststudium für Techniker u. A. 2 Abthlgn. gr. 8. (VIII, 637 S. mit eingedr. Fig. und 1 Spectraltaf.) Ebendas. 883,84. à Abthl. *M 5.

Wenghöffer (L.), Kurzes Lehrbuch der Chemie der Kohlenstoffverbindungen. Stuttgart 1881. 8.

Wenghöffer, Ludw., kurzes Lehrbuch der Chemie der Kohlenstoffverbindungen unter besonderer Berücksichtigung der neuesten Forschungen. gr. 8. (VIII, 756 S.) Stuttgart 882. Wittwer. n. 12. —

Wenghöffer, Ludwig. Ueber das Verhalten von Sulfurylchlorid und Aethylschwefelsäurechlorid gegen Aniline und Amide. Leipzig, 1877.

Wenghöffer, L., s.: Zeitschrift f. angewandte Chemie.

Wengibad. Das W' bei Aeugst im Bezirke Affoltern, Kanton Zürich. 8. Zürich 1845.

Wengibad. Das W' bei Aeugst im Bezirke Affoltern, Kanton Zürich. 8. Affoltern *o. J.* [1850 70].

Wenglerski, Graf, Aufruf an die Juden, welche die Länder der Mitternacht u. alle die Länder bewohnen, dahin sie der Herr verstoßen hat. [Jer. 23, 8.] Erlangen 869. Deichert. 8. (40 S.) 3 ngr.

Wenglerski, Adb. [Wojciech], Chronik der evangelischen Gemeinde zu Krakau von ihren Anfängen bis 1657, in poln. Sprache verf., deutsch bearb. u. mit einem Nachtrage versehen von C. F. Wilh. Altmann. gr. 8. (XII, 152 S.) Breslau 880. M. Schlesinger in Comm. n. n. 3. —

Wenglein, Ludwig [aus München]: Ueber 3-Phenylpyrazol und 3-Benzoylpyrazol ... Jena, Druck v. A. Kämpfe, 1895; 37 S., 1 Bl. 8.
Jena, Phil. Fak., Inaug.-Diss. v. [22. Juli] 1895

Wenglein, Otto, aus München: Über Perthitfeldspäthe. *Kiel 1903: P. Peters Erben.* (70 S.) 8°
Kiel. Phil. Diss. v. [8. Aug.] 1903

Wengler, Alb., der Miethvertrag nach königl. sächsischem Rechte. Unter Berücksichtigung der Spruchpraxis dargestellt. Mit einem ausführl. Gesetz- u. Sachregister. 8. (VIII, 256 S.) Leipzig 882. Roßberg. n. 2. 70

Wengler, Alfred

Wengler, Alfr., das deutsche Arbeiterrecht in seiner Gestaltung durch die neue Gesetzgebung üb. die Arbeiterversicherung. Für den Handels- u. Gewerbestand dargestellt. (Sammlung kaufmänn. Rechtsbücher.) gr. 8. (VI, 106 S.) Leipzig (899). Dr. L. Huberti. Geb. in Leinw. n. 2. 75

Wengler, A., s.: Archiv f. Arbeiterversicherung.

Wengler A, Beitr. z. Lehre v. Speditionsgeschäft f. Juristen u Kaufleute. Chemnitz 1860

— Electricität u. Recht im Deutschen Reiche. Versuch e. systemat. Darstellg. gr. 8. (XIV, 478 S.) Leipzig 900. Duncker & Humblot. n. 9. 60; geb. n. 11. 60

— das deutsche Gewerberecht nach der Reichsgewerbeordnung u. der sonstigen neuen Gesetzgebung, gemeinverständlich dargestellt f. den Handels- u. Gewerbestand. (Sammlung kaufmänn. Rechtsbücher.) gr. 8. (VI, 120 S.) Leipzig 899. Dr. L. Huberti. Geb. in Leinw. n. 2. 75

Wengler, A., das allgemeine deutsche Handelsgesetzbuch mit Ausschluß des 5. Buches vom Seehandel unter Berücksichtigung der von den deutschen Gerichtshöfen ausgesproch. Präjudizien sowie der neueren handelsrechtl. Literatur dargestellt. gr. 8. (VIII und 430 S.) Leipzig 867, B. Tauchnitz.

Handwörterbuch der Krankenversicherung von A[lfred] **Wengler**, Ober-Reg.R. Leipzig: Breitkopf & Härtel 1906. (IV, 221 S.) 4°(8°) [06. 11568

Wengler, Alfred: Invaliditäts- u. Altersversicherung. (137 S.) (Web. Kat. 170) Leipzig 1898.

Wengler, Alfr., Katechismus d. deutschen Arbeiterversicherg. (Unfall-, Kranken-, Invaliditäts- u. Altersversicherg.), s. a. Weber's illustr. Katechismen.

Katechismus der deutschen Arbeiterversicherung. von Alfred **Wengler**, Reg.R. T. 1–3. Leipzig: J. J. Weber 1898–1900. 8°
1. Krankenversicherung. 1898. 2. Unfallversicherung. 1898.
3. Invalidenversicherung. 1900.
(Webers Ill. Katechismus. Nr 168–170.) [11. 217

— Katechismus der Invalidenversicherung, s. a. Weber's illustr. Katechismen.

Katechismus der Invalidenversicherung nach d. Invalidenversicherungsgesetze v. 13. Juli 1899. Von Alfred **Wengler**, Reg.R. Leipzig: J. J. Weber 1900. VIII, 166 S. 8°
(Wengler: Katechismus d. deutschen Arbeiterversicherung. T. 3.)
(Webers Ill. Katechismen. Nr 170.) [11. 250

Katechismus der Krankenversicherung. Von Alfred **Wengler**, Reg.R. Leipzig: J. J. Weber 1898. VI, 114 S. 8°
(Wengler: Katechismus d. deutschen Arbeiterversicherung. T. 1.)
(Webers Ill. Katechismen. Nr 168.) [11. 248

Katechismus der Unfallversicherung. Von Alfred **Wengler**, Reg.R. Leipzig: J. J. Weber 1898. 122 S. 8°
(Wengler: Katechismus d. deutschen Arbeiterversicherung. T. 2.)
(Webers Ill. Katechismen. Nr 169.) [11. 249

Wengler, Alfr. Das Recht der Polizeibehörden im Königr. Sachsen zur Ausweisung bestrafter Personen nach dem Gesetze vom 15. April 1886, die Befugniß der Polizeibehörden zum Erlasse v. Aufenthaltsverboten gegenüber v. bestraften Personen betreffend, unter besond. Berücksicht. der Polizeiaufsicht u. der Bestimmg. in § 3 Abs. 2 des Bundesgesetzes üb. die Freizügigkeit v. 1. Novbr. 1867 erläutert. Mit ausführl. Sachregister. 8. (IV, 51 S.) Lpz. 890, Roßberg. * 1 20; geb. ** 1 50

Wengler A, Unfallversicherung. (122 S) (Weber's Katechismen 169) Leipzig 1898

— Verzeichnis des Hauptinhalts, s.: Wochenblatt, sächsisches, für Verwaltung u. Polizei.

Wengler, D., der Hausschatz in geistlichen Liedern und Trauerklängen. Wilsdruf (854.) Haffner in Comm. 8. (3 Bl., VIII, 235 S.) n. 15 ngr.

Wengler, D., der Hausschatz in geistlichen Liedern und Trauerklängen. 8. (XXII und 235 S.) Wilsdruf 855, (Haffner.) **

Wengler, Ed., die künstlichen Augen des Herrn Boissonneau in Paris. Eine freie Uebersetzg. von: „Mémoire sur la prothèse-oculaire. I. et II. partie." Mit eigenen Beobachtungen u. Zusätzen. gr. 8. (19 S.) Dresden 851, Adler & Dietze. 3 ngl; für Sachsen n. 2 ngl

Wengler, Ed., Augendiätetik, oder Pflege des menschlichen Auges im gesunden und schwachen Zustande. 8. (XII und 130 S. mit 1 Stnt. und 7 eingedr. Holzschn.) Dresden 852, Adler und Dietze. *

—— meine Heilung durch Teplitz. Worte des Trostes für Gelähmte. gr. 8. (72 S.) Dresden 850, Adler und Dietze. —

Wengler, Eduard

Wengler, Ed., Bilanz-Journal oder Buchhaltung nebst übersichtl. Calculations- und Lager-Tabellen für Buchhändler. Mit einem ernsten Anhange. 1. Aufl. 1849, und 2., verb. und verm. Aufl. 4. (32 S.) Leipzig 851, Wengler. **

Wengler, Ed., Bilanz-Journal oder Cassa-Führung für Buchhändler. 3., verm. und verb. Aufl. gr. 4. (27 S.) Leipzig 866, Wengler.

Wengler's, Ed., Bilanz-Journal od. Cassa-Führung für Buchhändler. 4., umgearb. u. verb. Aufl. von Rob. Hahn. gr. 4. (32 S.) Leipzig 877. C. A. Koch. n.n. 1. —

Wengler, Eduard, erklärendes Fremdwörterbuch für Buchhändler. A—Z. 16. (VIII und 88 S.) Leipzig 854, Wengler.

Wengler, Ed., erklärendes Fremdwörterbuch für Buchhändler. A—Z. Leipzig 855. Wengler. 16. (VIII, 88 S.) 15 ngr.

Wengler, Eduard, General-Register zum Börsenblatt für den deutschen Buchhandel, s. a. Börsenblatt.

General-Register zum Börsenblatt für den Deutschen Buchhandel. 1834—58. Leipzig 1859. V: *Wengler, Eduard.* 1859—68. Leipzig 1869. V: *Büchting, Adolph.* (Russell VII, 2, 1227)

(EDUARD WENGLER), General-Register zum Börsenblatt für den deutschen Buchhandel. 1834—1858. Eine Festgabe zum fünfundzwanzigjährigen Bestehen des Börsenblattes. Leipzig. 1859. Expedition des Börsenblattes. 4°.

—— praktisches Handbuch für Buchhändler und Geschäftsverwandte. Ein Compendium des buchhändler. geschäftl. Wissens. Nach alphabet. Ordnung. gr. 16. (IV und 160 S.) Leipzig 865, Wengler. Subscr.-Pr. Ladenpr. *

—— practisches Handbuch für Buchhändler und Geschäftsverwandte. Ein Compendium des buchhändler. geschäftl. Wissens. Nach alphabet. Ordnung. 2. verb. und verm. Aufl. gr. 16. (IV, 152 S.) Ebendas. 870.

Wengler, E., praktisches Handbuch für Buchhändler und Geschäftsverwandte. Ein Kompendium des buchhändler. geschäftl. Wissens. Nach alphabet. Ordnung. 3. Aufl., völlig neu bearb. von Karl Fr. Pfau. 8. (IV, 132 S.) Leipzig 882, C. A. Koch's Verlagsh. r. r.

Wengler, E., praktisches Handbuch f. Buchhändler u. Geschäftsverwandte. Ein Kompendium des buchhändler. u. graph. Wissens. Nach alphabet. Ordng. 4., verm. Aufl. v. Karl Fr. Pfau. 12. (IV, 139 S.) Leipzig 893. Dresden, C. A. Koch. n.n.n. 1. —

— dasselbe. 4. Aufl. Nachtrag. 12. (S 141—166.) Ebd. 893. Unentgeltlich.

Wengler, Edu., Handwörterbuch der deutschen Sprache, mit Bezeichnung der Aussprache u. Betonung, nebst Angabe der nächsten sinnverwandten und der gebräuchlichsten Fremdwörter u. Eigennamen. 4., sorgfältig durchgesehene, verb. u. verm. Aufl. bearb. von L. Kellner. Köln 1861. gr. 8.

— aus dem Hannoverschen. Ebend. 867. 8. (15 S.) 1 ngr.

—— Calculation und Abschluss nebst Anleitung zur richtigen Inventur und Abschätzung der Vorräthe. Für Verlagsbuchhändler fasslich dargestellt. 1. Aufl. 1862. * 8 Ngr. und 2. Aufl. gr. 4. (15 S.) Leipzig 866, Wengler.

Wengler, E., Calculation und Abschluss nebst Anleitung zur richtigen Inventur und Abschätzung der Vorräthe. Für Verlagsbuchhändler fasslich dargestellt. 3. Aufl. gr. 4. (16 S.) Leipzig 870, Wengler's Nachf. [Koch's Verlag.] *

Wengler, E., Kalkulation u. Abschluss, nebst Anleitg. zur richt. Inventur u. Abschätzg. der Vorräte. 4. Aufl. hoch 4. (18 S.) Leipzig 887. C. A. Koch. n.n. — 80

Wengler, E. Kalkulation u. Abschluss, nebst Anleitg. zur richt. Inventur u. Abschätzg. der Vorräte. 5. Aufl. gr. 4. (18 S.) Lpz. 891, C. A. Koch. ** — 80

— über das Loos der Schriftsteller. Oeffentlicher Vortrag gehalten im Hôtel de Saxe zu Leipzig. Leipzig 861. Wengler. 8. (16 S.) 1⅓ ngr.

OSTEREIER für Buchhändler. Mit Salz, Pfeffer, Essig, oder Senf zu verspeisen im Jahre 1863 — im J. 1864. (Vf.: *Eduard Wengler.*) Leipzig 1863—64. (In Leipzig, Bibl. d. Börsenvereins d. dtsch. Buchh.)
Anon.-Lex. V. p. 225 (nach d. Cat. genannter Bibl.).

—— Ostereier für Buchhändler. Mit Salz, Pfeffer, Essig oder Senf zu verspeisen im J. 1864. 16. (80 S.) Leipzig 864, Wengler.
Vgl.: Ostereier.

REICH. Das grosse, der Buchhändler von Sonst und Jetzt. Nebst *Anhang:* enthaltend Kladderadatsche und humoristische Nachdrücke. (Vf.: *Eduard Wengler.*) Leipzig 1856. (In Leipzig: Bibl. d. Börsenvereins d. dtsch. Buchh.)
Anon.-Lex. V. p. 247 (nach d. Cat. genannter Bibl.).

—— Reise- und Wander-Memoiren eines Buchhändlers. 8. (IV und 300 S.) Leipzig 867, Wengler.
Daraus einzeln:

Wengler, Ed., Singspielhalle für Gesang und Declamation. 1.—3. Heft. gr. 8. (S. 1—119.) Leipzig 868, Wengler's Verlags-Institut. à Heft * 5 Ngr. *

—— Singspielhalle. Für Gesang und Declamation. 4.—6. Heft. gr. 8. (S. 121—235.) Leipzig 869,70, Wengler's Verlags-Institut. [Zieger.] à Heft 50 Pf. Complet *M.* 3.; geb. mit Goldschn.

—— Usancen-Codex für Buchhändler und Geschäftsverwandte. Mit Berücksicht. der Rechtsverhältnisse und Rechtsfragen und Erklärung buchhändl. Ausdrücke. Nach alphabet. Ordnung. 16. (VIII und 86 S.) Leipzig 859, Wengler. * * -

Wengler, E., Usancen-Codex für Buchhändler und Geschäftsverwandte. Mit Berücksicht. der Rechtsfragen und Rechtsverhältnisse alphabet. geordnet. 2. Aufl., völlig neu bearb. von Karl Fr. Pfau. 8. (IV, 84 S.) Leipzig 882, C. A. Koch's Verlagsh. **

— 32 Verlags-Calculations-Tabellen. 4. Aufl. gr. 4. (64 S.) Ebend. 882. n.n. 1. —

—— sechs humoristische Vorlesungen, s. Eduard.

Wengler, Friedrich, a. Mannheim: Ueber Leberlymphome bei Infektionskrankheiten im Anschluß an einen eigenartigen Fall derselben. Heidelberg 1907: C. F. Beisel Nachf. (23 S.) 8°
Heidelberg, Med. Fak., Ref. Arnold, Diss. v. 1907
[Geb. 5. Apr. 80 Mannheim; Wohnort: Heidelberg; Staatsangeh.: Baden; Vorbildung: Gymn. Mannheim Reife M. 00; Studium: Göttingen 1, München 1, Heidelberg 3, München 1, Heidelberg 4 S.; Coll. 13. Juli 06; Approb. 23. Aug. 06.]

Wengler, Frdr. Alb., Beiträge zu der Lehre vom Speditionsgeschäfte für Juristen u. Kaufleute. Chemnitz 860. Focke. gr. 8. (XV, 151 S.) n. 20 ngr.

Wengler, Frdr. Alb., das königl. sächsische Executionsgesetz vom 28. Febr. 1838 m. erläut. Anmerkg. hrsg. 8. (VIII, 206 S.) Leipzig 871. Roßberg. n. 1. 50

Wengler, Friedr. Alb., bürgerliches Gesetzbuch für das Königr. Sachsen, s.a. Gesetzbuch, bürgerliches.

—— und H. A. Brachmann, das bürgerliche Gesetzbuch für das Königr. Sachsen nach den hierzu ergangenen Entscheidungen der Spruchbehörden erläutert und unter Berücksicht. der neueren Gesetzgebung hrsg. 2 Bde. gr. 8. (1. Bd. 5 Lfgn. XII, 644 S.; 2. Bd. 3 Lfgn. VIII, 372 S.) Ebendas. 876,77. à Lfg. * *M.* 2. *

— F A. allgemeines deutsches Handelsgesetzbuch. 3. Auflage. Dresden 1870

Wengler, Frdr. Alb., Handelsgesetzbuch f. d. Deutsche Reich, 4. Aufl. v. Rich. Behrend, s.: Reinhold's juristische Handbibliothek.

Wengler, Friedr. Alb., der Concurs der Gläubiger nach königl. sächsischem Rechte unter vergleich. Berücksicht. gemeinrechtl. Grundsätze dargestellt. gr. 8. (VIII, 248 S.) Leipzig 870, Roßberg'sche Buchh. *

Wengler, F. A., die Konkursordnung für das Deutsche Reich. Unter Benützung der Materialien sowie mit Berücksichtigung der seitherigen Judicatur des Reichsoberhandelsgerichts u. anderer deutscher Gerichtshöfe, insbesondere des königl. preuß. Ober-Tribunals erläutert. gr. 8. (VII, 768 S.) Leipzig 877—79. Roßberg. n. 12. —

Wengler, Friedr. Alb. Der Miethvertrag nach Königl. Sächsischem Rechte. 2. unter vergleich. Berücksicht. der im Entwurfe e. bürgerl. Gesetzbuchs für das Deutsche Reich vorgeleb. Bestimmgn. vollständig umgearb. Aufl., hrsg. v. e. Sächs. Richter. Mit ausführl. Sachregister. 8. (VIII, 229 S.) Lpz. 891. Roßberg. * 3 —; geb. ** 3 40

Wengler, Fr. Alb., Reichsgesetz, betreffend die Abwehr und Unterdrückung von Viehseuchen, erläutert, s.a. Gesetzgebung, die, des Deutschen Reiches mit Erläuterungen.

Wengler F A, Reichsgesetz betreffend die Abwehr u Unterdrückung der Viehseuchen vom 23.10.80 m. Erläuterungen. (Gesetzgeb d. Deutschen Reichs III, 4) Erlangen 1881

— ausführliches alphabetisch u. chronologisch geordnetes Sach- u. Wortregister zum bürgerlichen Gesetzbuche für das Königr. Sachsen, unter vergleichender Berücksichtigung der speciellen Motiven desselben, sowie unter Aufnahme der dem heutigen römischen Rechte angehörenden lateinischen Kunstausdrücke. Dresden 863. Meinhold & Söhne. 8. (128 S.) n. 10 ngr.

Wengler, Fr. Alb., der Thatbestand d. Civilurtheiles, nebst e. Anh., enth. Formulare v. Thatbeständen. gr. 8. (III, 223 S.) Erlangen 884. Palm & Enke. n. 3. 60

Wengler, F. A.: Die Viehseuchengesetzgebung Deutschlands. Komm. (314 S.) Erlangen 1881.

Wengler, G., reichhaltige Auswahl v. ernsten u. heiteren Vorträgen f. Polterabend u. Hochzeit. Mit e. Sammlg. v. Gedichten zur silbernen u. goldenen Hochzeit. 8. (144 S.) Reutlingen 894. Stuttgart, R. Bardtenschlager. Geb. 1. —

Wengler, G., reichhaltige Auswahl v. ernsten u. heiteren Vorträgen f. Polterabend u. Hochzeit. M. e. Sammlg. v. Gedichten z. silb. u. gold. Hochzeit. 12. (144 S.) Reutlingen 896. R. Bardtenschlager. Geb. 1. 60

— viel Humor! Eine Sammlg. heiterer Vorträge zur gesellschaftl. Unterhaltg. 8. (144 S.) Ebd. 894. Geb. 1. —

— viel Humor! Eine Sammlg. heit. Vorträge zur gesellschaftl. Unterhaltung. 12. (144 S.) Ebd. 896. Geb. 1.60

Wengler, G., viel Humor! Eine Sammlg. heiterer Vorträge zur gesellschaftl. Unterhaltg. (144 S.) kl. 8. Reutlingen (905). R. Bardtenschlager. — 75; kart. 1. 20

Wengler, Jh. Dav., Herzensergüsse in 4 Predigten. gr. 8. Dresd. 824. (Arnold). 8 gl.

Wengler, (J. D.,) Herzensergüsse in 4 Predigten. gr. 8. Dresden 824. (Arnold.)

Wengler, Jos., der Arzt in Vergangenheit u. Gegenwart. Sozial-medizin. Betrachtgn. (24 S.) gr. 8. Berlin 906. Herm. Walther. n. — 60

Wengler, Josef [appr. Arzt aus Schweidnitz]: **Nachweis dass** der äussere Bruchschnitt nach Petit bei dem gegenwärtigen Stande der Wissenschaft völlig an Bedeutung verloren hat .... München, G. Franz'sche H. B. Hof-Buchdr. (G. Emil Mayer), 1886; 20 S. 8°.
München, Med. Fak., Inaug.-Diss. v. 1886.

Wengler, Josef, Nachweiss dass der äussere Bruchschnitt nach Petit bei dem gegenwärtigen Stande der Wissenschaft völlig an Bedeutung verloren hat. Diss. München 1886, A. Buchholz. 8°. 20 S.

Wengler, Rich., üb. die Heilungsvorgänge nach Verletzung der vodern Linsenkapsel. Inaugural-Dissertation. gr. 8. (36 S.) Göttingen 874. (Vandenhoeck & Ruprecht's Verl.) n. — 80

Wengner, Max, theoretische u. experimentelle Untersuchungen an der synchronen Einphasen-Maschine. (VI, 88 S. m. 44 Abb. u. 1 Taf.) gr. 8. München 910. R. Oldenbourg. 2. 40

Wengraf, Edmund

— St. Georg v. Zwettl, s.a. Flugschriften, Wiener.

Wengraf, Dr. Edmund, St. Georg von Zwettl. 1.—4. Aufl. (Wiener Flugschriften. Heft 1.) gr. 8°. (46 S.) Wien, Gottlieb. fl. —.30. 1887.

Wengraf, Edm., lustige Heiratsgeschichten, s.: Zehnpfennig-Bibliothek.

Wengraf, Edm., armer Leute Kinder. Ein Gesellschaftsbild. 8. (297 S.) Dresden 894. E. Pierson. n. 3. —; geb. in Leinw. n. 4. —

— die Phrase. Zur Kritik der Gesellschaftslügen. gr. 8. (30 S.) Wien 893. A. Bauer. n. — 50

Wengraf, Edm., s.: Revue, neue.

— die gebildete Welt, s.a. Gegen den Strom.

— Welt

— —, Die gebildete (von *Edmund Wengraf*). Wien 1886.
Anon.-Lex. V. p. 327. (Eigenbericht.)

— wie man Socialist wird, s.a. Tagesfragen.

Wengraf, Edmund, Wie man ein Socialist wird. 8°. Wien, Pollak, 1888. (Tagesfragen, Neue Wiener Flugschriften, Heft 1.)

—— wie wir wirthschaften, s. Gegen den Strom.

Wengraf, Edm., s. Zehnpfennig-Bibliothek. 2. 5. 12.

Wengritzky, Josef

Programm, Fünftes — des k. k. Gymnasiums zu Temesvar am Schlusse des Schuljahres 1855. Veröffentlicht am 31. Juli durch den Direktor des Gymnasiums Ignaz Mannhardt. Temesvar. 1855. Buchdruckerei von Beichels Erben. (42 S. 4.)
Inhalt: Aeußere Erziehungsmittel und Worte an Eltern bezüglich der Zukunft ihrer Kinder. Dr. Josef Wengritzky.

Wenham, s.: Abhandlungen zur Geschichte des Stereoskops.

Wenham-Lampe, Die echte. Berlin (1891?)

Wenham-Lampe, Die echte. Berlin . . . (1892)

Wenhart, W., Bilder aus Steyr und Umgebung. Ein Sonetten-Kranz. Mit photographischer Ansicht von Steyr. 16. Steyr, Sandbök. 50 kr. Mit 10 Photographien 1869. 2 fl.

Wenhart, W., Efeuranken. Lieder u. Sonette. 8. (VIII, 120 S.) Wien 875. Hölder in Comm. n. 2. —

Wenhart, W., Singrün. Eine poetische Spende f. Schule u. Haus. 8. (136 S.) Linz 878. Quirein. n. 1. 60

Wenig u. viel, oder Hoffnung besserer Zeiten. 8. Prag 810. Enders. 12 gl.

WENIG und Viel, oder die Hoffnung besserer Zeiten nebst einem *Anhang* von einigen Gedichten. Prag, C. W. Enders. 1811.
Goedeke VI, 785, 171 (ohne Formatsangabe).

Wenig, Bernh., Berchtesgaden, s.: Teuerdank.

— Exlibris. 4. (59 Bl. m. VII S. Text.) Berlin. Düsseldorf, Fischer & Franke. Geb. n. 9. —

— Königskinder, s.a. Jungbrunnen.

Königskinder. Fünf Märlein von Prinzen und Prinzessinnen in Bildern von B Wenig. (56 S) (Jungbrunnen) Berlin 1900

Wenig, Chrn., zum 28. Aug. 1849, dem hundertjahr. Geburtsfeste Goethe's. Denkschrift auf denselben in seiner welthistor. Bedeutung als eine der Hauptsäulen am Tempelbau d. Menschheit. Ein möglichst vollständ. Repertorium der v. seinen denkwürdigsten Zeitgenossen bekannt gewordenen Urtheile über ihn u. der gesammten Goethe-Literatur überhaupt. Während eines Menschenalters zusammengetragen. A. u. d. T.: Goethe's sämmtliche Werke. Supplement zu allen Ausgaben. gr. 16. (XVI u. 478 S.) Weimar 849, Voigt 1 $^{2}/_{3}$ Thlr.

Wenig, Chrn., Goethe in seiner welthistorischen Bedeutung, als eine der Hauptsäulen am Tempelbau der Menschheit. Ein möglichst vollständiges Repertorium der von seinen denkwürdigsten Zeitgenossen bekannt gewordenen Urtheile über ihn und der gesammten Goethe-Literatur überhaupt. Während eines Menschenalters zusammengetragen. 2., mit Nachträgen verm. Ausg., besorgt von Heinr. Doering. Weimar 857. Voigt. 16. (XVI, 551 S.) 1 Thlr. 20 ngr.

Wenig, Chrn,) Gedrängtes Handwörterbuch der deutschen Sprache mit Bezeichnung der Aussprache u. Betonung, nebst Angabe der nächsten sinnverwandten Wörter ... Abth. 1. 2. Erfurt 1821. gr. 8.

Wenig, Chr., gedrängtes Handwörterbuch d. deutschen Sprache, mit Bezeichn. d. Aussprache u. Betonung, nebst Angabe d. nächsten sinnverwandten Wörter. Nach d. Werken d. vorzügl. Sprachforscher u. nach eignen Untersuchungen bearb. Mit e. kurzen Sprachlehre u. 1 Tab. d. unregelmäß. Zeitwörter. (6 Lfgn.) 2., sorgfältig durchgeseh., vielfach verb. u. überh., besond. durch Hinzufügung d. gangbarsten Fremdwörter bedeut. verm. Aufl. gr. 8. (10 B.) Erfurt 837, Müller'sche Buchh. *

Wenig, Chr., Handwörterbuch der deutschen Sprache. Mit Bezeichnung der Aussprache und Betonung, nebst Angabe der nächsten sinnverwandten und der Fremdwörter, so wie von einer kurzen Sprachlehre begleitet. 3., neu bearb., vielfach erweiterte und mit einem Reimlexikon versehene Aufl., hrsg. von Aug. Arnold. gr. 8. (VIII und 792 S.) Köln 854, Du Mont-Schauberg'sche Buchh.

Wenig's, Chr., Handwörterbuch der deutschen Sprache, mit Bezeichnung der Aussprache u. Betonung, nebst Angabe der nächsten sinnverwandten u. der gebräuchlichsten Fremdwörter u. Eigennamen. 4., sorgfältig durchgesehene, verb. u. verm. Aufl., bearb. von L. Kellner. Köln 861. Du Mont-Schauberg. gr. 8. (VIII, 1006 S.) 2 Thlr. 15 ngr.

Wenig, Chr., Handwörterbuch der deutschen Sprache, mit Bezeichnung der Aussprache und Betonung, nebst Angabe der nächsten sinnverwandten und der gebräuchlichsten Fremdwörter und Eigennamen. Neu bearb. von L. Kellner. 5., sorgfältig verb. und verm. Aufl. gr. 8. (VIII, 1007 S.) Köln 870, DuMont-Schauberg'sche Buchh.

Wenig's, Chr., Handwörterbuch der deutschen Sprache, m. Bezeichng. der Aussprache u. Betong. nebst Angabe der nächsten sinnverwandten u. der gebräuchlichsten Fremdwörter u. Eigennamen. Neu bearb. u. L. Kellner. 6., sorgfältig verb. u. verm. Aufl. gr. 8. (VIII, 1014 S.) Köln 876. Du Mont-Schauberg. 8. —

Wenig's, Chr., Handwörterbuch der deutschen Sprache m. Bezeichng. der Aussprache u. Betong., nebst Angabe der nächsten sinnverwandten u. der gebräuchlichsten Fremdwörter u. Eigennamen. Neu bearb. v. G. Schumann. 7., m. Berücksicht. der neuen Rechtschreibg. sorgfältig vermehrte Aufl. gr. 8. (X, 1111 S.) Köln 884. 85. Du Mont-Schauberg. 9. —

Wenig's Chr., Handwörterbuch der deutschen Sprache, m. Bezeichng. d. Aussprache u. Betonung, nebst Angabe d. nächsten sinnverw. u. d. gebräuchlichsten Fremdwörter u. Eigennamen. Neu bearb. v. G. Schumann. 8., sorgfältig verb. u. verm. Aufl. 10 Lfgn. gr. 8. (X, 1056 S.) Köln 896. M. Du Mont-Schauberg. à Lfg. — 90

Wenig's, Chr., Handwörterbuch der deutschen Sprache, m. Bezeichnung der Aussprache u. Betonung, nebst Angabe der gebräuchlichsten Fremdwörter u. Eigennamen. Neu bearb. v. J. Buschmann. 9. Aufl. (VIII, 980 S.) gr. 8. Köln 906. M. Du Mont-Schauberg. n. 10. —; geb. n. 11. 50

Wenig, Emil, appr. Arzt a. Schweina (Sachsen-Meiningen): Ueber einen Fall von Adams-Stokes'scher Krankheit. München 1904: C. Wolf. (28 S.) 8°
München, Med. Fak., Ref. v. Bauer, Diss. v. 21. Sept. 1904.

Wenig, Jaromir, Beiträge zur Kenntnis der Geschlechtsorgane v. Lumbriculus variegatus Gr. gr. 8. (11 S. m. 1 Fig. u. 1 Taf.) Prag 902. (F. Řivnáč.) n. — 40
Sonderabdruck a.: „Sitzungber. d. böhm. Gesellsch. d. Wiss."

Wenig, Jaromir, über neue Sinnesorgane des Isopoden. (12 S.) gr. 8. Prag 903. (F. Řivnáč.) n. — 40
Sonderabdr. a.: „Sitzungsber. d. böhm. Gesellschaft d. Wiss."

Wenig, Johann Baptist

Wenig, J. B., zur allgemeinen Charakteristik der arabischen Poesie. Vortrag. Innsbruck 870. Wagner. gr. 8. (78 S.) n. 20 ngr.

Chrestomathia Syriaca cum apparatu grammatico. Auctore Ioanne Bapt. Wenig. [= Wenig, Scholia Syriaca I.] Oeniponte 1866.

Wenig, Joa. Bapt., über die Freiheit der Wissenschaft. Rede gehalten zum Amtsantritte. gr. 8. (27 S.) Innsbruck 866, Wagner'sche Universitäts-Buchh. *

Wenig, Jo. Bapt., Regulae de tono vocum Arabicarum, quas concepit, exemplis illustravit atque exercitationis specimine explanavit. Innsbruck, Wagner, 1870, 8°, 22 S., 40 Kr. oder 80 Pf.

—— Schola syriaca complectens chrestomathiam cum apparatu grammatico et lexicon chrestomathiae accomodatum. Pars I. Chrestomathia syriaca cum apparatu grammatico. gr. 8. (LXXX und 270 S.) Innsbruck 866, Wagner'sche Universitäts-Buchh. *

Wenig, J. B., uber den Wesensbestand des Menschen. Rede Innsbruck 863. Wagner. gr. 8. (20 S.) n. 4 ngr.

Wenigenjena [Schlagwort]

Wenigenjena, s.: Jena.

Weniger, Frohburg u. seine Umgebung. (20 S. m. 4 Taf. u. 1 Karte.) 8. Frohburg 909. (Leipzig, A. F. Krug.) — 50

Weniger, A., zur Geschichte des Lindauer Schulwesens im XVI. Jahrh. [Aus: „Schriften des Ver. f. Gesch. d. Bodensees".] Lex.-8. (17 S.) Lindau 890. (J. Th. Stettner.) n. — 60
s.a. Weninger.

Weniger, E., wider Herrn Klapp. Ein Wort der Abwehr gegen die Wanderredner d. Protestantenvereins. gr. 8. (15 S.) Lüneburg 876. Engel. n. — 25

Weniger, Friedr., die vollständige Lehre der Mannsschneiderei nach den neuesten Schnitten. 4. (3 $^{1}/_{2}$ B. u. 6 Stnt.) Merseburg 845, (Garcke.) *

Weniger, Fr., die vollständ. Lehre der Mannsschneiderei nach den neuesten Schnitten. Mit 5 lith. Foliotaf. (u. 1 Quarttaf.) 4. Merseburg 845. (Rulandt'sche B.) n. $^{1}/_{2}$ Thlr.

Weniger, H., Predigt auf dem Missionsfest zu Raven am 20. Juli 1892 üb. 1. Joh. 3, 1. 8. (12 S.) Hermannsburg 883. Missionshandlg. —10

Weniger's, J., Eisenbahn-Courier. Taschen-Ausgabe. Neueste und richtigste officielle Fahrordnungen der Eisenbahnen u. Dampfschiffe. 12 Hefte. 8. (à 67 S.) Wien. F. Klemm. 1855 à 20 kr., cpl. 2 fl.

Weniger's J., Eisenbahn-Courier. T. A. Neueste u. wichtigste officielle Fahrordnungen der Eisenbahnen u. Dampfschiffe. II. Jahrg. 12 Hefte. 8. (à 67 S.) Wien, F. Klemm. 1856 à 20 kr., cpl. 2 fl.

(7.) **Weniger's J.**, Eisenbahn-Courier. T. A. Neueste und wichtigste officielle Fahrordnungen der Eisenbahnen und Dampfschiffe. III. Jahrgang. 1857. 12 Hefte. 8. (à 67 S.) Mit 1 grossen Karte Mittel-Europas. Wien, Ferd. Klemm. à 20 kr., cpl. 2 fl.

— dass. — [Taschen-Ausg.] 4.—11. Jahrg. 1868—1875. à Jahrg. 8 Nrn. Mit einer grossen (lithogr.) Eisenbahn- und Postkarte Mittel-Europas (in Imp.-Fol.). gr. 16. (à Jahrg. ca. 156 S.) Ebendas. 1868—1871 à Nr. *
1872—1875 à Nr. *

— dass. — [Taschen-Ausg.] 12.—15. Jahrg. 1876—1879. à Jahrg. 8 Nrn. gr. 16. (à Nr. ca. 160—170 S. mit 1 lithogr. Karte in gr. Fol.) Ebendas. à Nr. 80 Pf.; à Jahrg. *

Weniger's, J., Eisenbahn-Courier. [Quart-Ausg.] 15.—22. Jahrg. 1868—1875. à Jahrg. 8 Nrn. Mit einer grossen (lithogr.) Eisenbahn- und Postkarte von Mittel-Europa (in Imp.-Fol.). gr. 4. (à Jahrg. ca. 64 S.) Wien, (Klemm.) 1868—1871 à Nr. *
1872 und 1873 à Nr. *
1874 und 1875 à Nr. *

Weniger's, J., Eisenbahn-Courier. [Quart-Ausg.] 23.—26. Jahrg. 1876—1879. à Jahrg. 8 Nrn. (à Nr. ca. 75 S. mit 1 lithogr. Karte in gr. Fol.) Wien, Steckler's Buchh. à Nr. ℳ 1,20.; à Jahrg. *

Wenigers, J., Eisenbahn-Courier. [Quart-Ausg.] 27. und 28. Jahrg. 1880 und 1881. à Jahrg. 8 Nrn. hoch 4. (à Jahrg. ca. X, 68 S. mit 1 lithogr. Karte in gr. Fol.) Wien, Steckler und Erben. à Jahrg. *
— dass. — 29.—31. Jahrg. 1882—1884. à Jahrg. 8 Nrn. hoch 4. (à Nr. ca. XII, 127 S. mit 1 lithogr. Karte in gr. Fol.) Wien, Administration. à Jahrg. *
— dass. — [Taschen-Ausg.] 16. Jahrg. 1881. 8 Nrn. gr. 16. (à Nr. ca. VIII, 169 S. mit 1 lithogr. Karte in gr. Fol.) Ebendas. à Nr. 80 Pf. *

Weniger's, J., Eisenbahn-Courier. Mit e. grossen Eisenbahn- u. Post-Karte von Mittel-Europa. N. officiell. Quellen. XXXII Jahrg. 1885. 4. Jänner—Mai (à X u. 126) Wien, F. Erben à 60 kr. Juni—Juli. 4. Wien, Carl Michna, (X u. 126 S.) 60 kr.

Weniger's J., Eisenbahn-Courier. Mit einer Eisenbahn- u. Postkarte v. Mittel-Europa. Nach officiell. Quellen. XXXII. Jahrg. 1885. Juli—December. 4. (X u. 126 S.) Wien, Carl Michna. à 60 kr.

Weniger's J., Eisenbahn-Courier. Mit einer grossen Eisenbahn- und Post-Karte von Mittel-Europa. Nach officiellen Quellen. 4°. XXXIII. Jahrgang, 1886. Jänner—Juni. (Je VII, 126 S.) Wien, Michna. fl. —.60.

Weniger's, J., Eisenbahn-Courir. Erstes Wiener Coursbuch. Nach officiellen Quellen. Mit einer grossen Eisenbahn- und Postkarte von Mittel-Europa. XXXIII. Jahrgang 1886. Juli—December. Hoch-4°. (je VII, 126 S.) Wien, Michna. à fl. —.60.

Weniger's, J., Eisenbahn-Courier. Erstes Wiener Coursbuch. Nach officiellen Quellen. Mit einer grossen Eisenbahn- und Postkarte von Mittel-Europa. XXXIII. Jahrg. 1887. Januar—Juli. Hoch-4°. (je VII, 126 S.) Wien, Michna. à fl. —.60.

Weniger's, J., Eisenbahn-Courier. 1887. XXXIV. Jahrg. Juli-August. Hoch-4°. (127 S.) Wien, Michna. fl. —.60.

Weniger's Eisenbahn-Courier. Erstes Wiener Coursbuch nach officiellen Quellen mit internationalem Index empfehlenswerther Bezugsquellen nach Branchen und Orten. 41. Jahrg. 1894. September. 8. (749 S.) * —.50
5 Exemplare * 1.60
Wien: Administration von Weniger's Eisenbahn-Courier 1894.

Weniger's Eisenbahn-Courier. Erstes Wiener Coursbuch nach officiellen Quellen mit internationalem Index empfehlenswerther Bezugsquellen nach Branchen und Orten. 41. Jahrg. 1894. October. 8. (614 S.) * —.50
5 Exemplare * 1.60
Wien: Administration von Weniger's Eisenbahn-Courier 1894.

Weniger's Eisenbahn-Courier. Erstes Wiener Coursbuch nach officiellen Quellen mit internationalem Index empfehlenswerther Bezugsquellen nach Branchen und Orten. 41. Jahrgang. 1894. November—December. 8. (614 S.) * —.50, 5 Exemplare * 1.50
Wien: Administration von Weniger's Eisenbahn-Courier 1894.

Weniger's Eisenbahn-Courier. Erstes Wiener Coursbuch nach officiellen Quellen mit internationalem Index empfehlenswerther Bezugsquellen nach Branchen und Orten. 42. Jahrgang. 1895. Januar—Februar. 8. (565 S.)
Wien: Administration von Weniger's Eisenbahn-Courier 1895.

Weniger's Eisenbahn-Courier. Erstes Wiener Coursbuch nach officiellen Quellen. Fahrpläne der österr.-ungar. Eisenbahnen, nebst den wichtigsten Bahn-Anschlüssen mit dem Auslande. 42. Jahrgang. 1895. März—April. 8. (70, 581 S.) —.50
Wien: Administration von Weniger's Eisenbahn-Courier 1895.

Weniger's Eisenbahn-Courier. Erstes Wiener Coursbuch nach officiellen Quellen. Fahrpläne der österr.-ungar. Eisenbahnen, nebst den wichtigsten Bahn-Anschlüssen mit dem Auslande. 42. Jahrgang. 1895. Mai. 8. (70, 581 S.) —.50
Wien: Administration von Weniger's Eisenbahn-Courier 1895.

Weniger's Eisenbahn-Courier. Erstes Wiener Coursbuch nach officiellen Quellen. Fahrpläne der österr.-ungar. Eisenbahnen, nebst den wichtigsten Bahn-Anschlüssen mit dem Auslande. 42. Jahrgang. 1895. Juni. 8. (70, 581 S.) —.50
Wien: Administration von Weniger's Eisenbahn-Courier 1895.

Weniger's Eisenbahn-Courier. Erstes Wiener Coursbuch nach officiellen Quellen. Fahrpläne der österr.-ungar. Eisenbahnen, nebst den wichtigsten Bahn-Anschlüssen mit dem Auslande. 42. Jahrgang. 1895. Juli—August. 8. (70, 573 S.) —.50
Wien: Administration von Weniger's Eisenbahn-Courier 1895.

Weniger's Eisenbahn-Courier. Erstes Wiener Coursbuch nach officiellen Quellen. Fahrpläne der österr.-ungar. Eisenbahnen, nebst den wichtigsten Bahn-Anschlüssen mit dem Auslande. 42. Jahrgang. 1895. September. 8. (585 S.) * —.50, 5 Exemplare * 1.50
Wien: Administration von Weniger's Eisenbahn-Courier 1895.

Weniger's Eisenbahn-Courier. Erstes Wiener Coursbuch nach officiellen Quellen. Fahrpläne der österr.-ungar. Eisenbahnen, nebst den wichtigsten Bahn-Anschlüssen mit dem Auslande. 42. Jahrgang. 1895. October. 8. (567 S.) * —.50
Wien: Administration von Weniger's Eisenbahn-Courier 1895.

Weniger's, J., Eisenbahn-Courier. 1. Wiener Coursbuch nach offic. Quellen. Fahrpläne d. öst. u. ung. Eisenbahnen, nebst den wichtigsten Bahn-Anschlüssen m. d. Auslande. 42. Jahrg. 1895. 9—10 Nrn. 8. (à Nr. ca. 70 u. 568 S.) Wien, Administration (H. Winkler). à 1.—

Weniger's, J., Eisenbahn-Courier. Fahrpläne der öst. u. ung. Eisenbahnen, nebst den wichtigsten Bahn-Anschlüssen m. dem Auslande. 44. Jahrg. 1894. 10 Nrn. 8. (Octbr. 70 u. 616 S.) Wien, Administration. (H. Winkler.) à 1.—

Weniger, Johannes: Geschichte des Schlosses Oranienstein vormals Kloster Dirstein, jetziges Kadettenhaus. Bearb. von Dr. [Johannes] Weniger, Stabsarzt. Mit Bild u. Pl. Diez a. L.: Meckel 1899. 46 S. 8°
(Veröffentlichungen d. Ortsgruppe Dietz d. Vereins f. Nassauische Altertumskunde u. Geschichtsforschung. Nr 1.)

Weniger, Johannes [aus Muhlhausen i. Th.]: Ueber Rectovestibularfisteln entstanden durch chronische Ulcerationen an der hinteren Commissur .... Berlin, Buchdr. v. Knoll & Wölbling (1887); 29 + 1 S. + 1 Bl. 8°.
Berlin, Med. Fak., Inaug. Diss. v. 11. Jun. 1887.

Weniger, Johannes, über Rectovestibularfisteln entstanden durch chronische Ulcerationen an der hinteren Commissur. Diss. Berlin 1887, Mayer & Müller. 8°. 29 S.

Weniger, Jos., das Ganze des Eisenbahn-Frachtenverkehres. Eine Sammlung sämmtl. Special-Frachten-Tarife, Ausnahmsbestimmungen, Versicherungs-Tarife und Lieferfristen aller Eisenbahn-Gesellschaften des österreich. Kaiserstaates. Praktisch und leichtfassl. zusammengestellt. 4. (72 S.) Wien 861, Sommer. F. Klemm. *

Weniger, Karl Aug., der prakt. Schmelzmeister. gr. 8. (VIII u. 160 S. m. 57 lith. Taf. in gr. 8., 4. u. Fol.) Karlsbad 851, Gebr. Franieck. 2 ₰

Weniger, K. A.: Der praktische Schmelzmeister. Prag 1860

Weniger, Ludov., de Anaxandrida, Polemone, Hegesandro rerum Delphicarum scriptoribus. Berlin 865, Calvary & Co. gr. 8. (60 S.) n. 12 *ngr.*

Weniger, Ludwig [Dir. Dr.]: Bericht über ein Urkundenbuch des Gymnasiums aus dem XVII. Jahrhundert. Weimar, Druck d. Hof-Buchdr., 1892; 5—9 S. 4.
Weimar, Wilhelm-Ernstisches G, OP 1892 (673)

Weniger, Ludw.: Die Dominikaner in Eisenach, s.a. Sammlung gemeinverständlicher wissenschaftlicher Vorträge.

Weniger L., die Dominikaner in Eisenach. (Sammlung gemeinverständlicher wissenschaftlicher Vorträge NF 199) Hamburg 1894

Weniger, Ludw., zur Erinnerung an Karl Herm. Funkhänel. Schulrede, geh. am 22. Aug. 1874. gr. 8. (24 S.) Eisenach 874. Bacmeister. n. — 60

Weniger, Ludwig: Zur Erinnerung an Otto Heine [Ostern 1862 bis Michaelis 1868 Lehrer an der Anstalt]. S. 4—5 der Schuln. 4. — Zur Erinnerung an Hermann Rassow, einstigen Direktor der Anstalt. S. 6—11 der Schuln. 4.
Progr. Wilhelm-Ernstisches Gymn. *Weimar* 1907 (860).

Weniger, Ludwig [Dir. Dr.]: Zur Erinnerung an Professor *Oskar* Schieck. Weimar, Druck d. Hof-Buchdr., 1894; 5—7 S. 4.
Weimar, Wilhelm-Ernstisches G, OP 1894 (677)

Weniger, Ludwig, Dir. Dr.: Zur Erinnerung an Friedrich Urtel, (Reg.- u. Schulrat, gest. am 4. April 1899). *Weimar 1899: Hof-Buchdr.* (S. 5—7.) 4°
Weimar, Wilhelm-Ernstisches G, OP 1899 (721)

Weniger, Ludw. Erlebnisse e. griechischen Arztes, s.a. Sammlung gemeinverständlicher wissenschaftlicher Vorträge.

Weniger L., Erlebnisse e. griechischen Arztes. (S. wiss. Vortr. NF 104) Hamburg 1890

Weniger, L., der Gottesdienst in Olympia, s.a. Sammlung gemeinverständlicher wissenschaftlicher Vorträge.

Weniger L., der Gottesdienst in Olympia. (Slg wiss. Vorträge 443) Berlin 1884

Weniger, Ludwig, Dir. Dr.: [Grossherzog Carl Alexander von Sachsen-Weimar-Eisenach, gest. am 5. Jan. 1901. Nachruf.] *Weimar 1901: Hof-Buchdr.* (S. 3.) 4°
Weimar, Wilhelm-Ernstisches G, OP 1901 (740)

— Das Collegium der 16 Frauen u. der Dionysosdienst in Elis. Pr. 1883. 24 S. 4°.

Weniger, Ludw. Über das Kollegium der Thyaden zu Delphi. 21 S. **Progr.** G. *Eisenach* 1876.

Weniger, Ludwig, (Direktor Dr.): Johannes Kromayer. Zwei Schulschriften von 1629 und 1640. Weimar 1906. Hof-Buchdruckerei. (15 S.) 4°
Weimar, G P 1906 (845)

Weniger, das alexandrinische Museum, s.a. Sammlung gemeinverständl. wissenschaftl. Vorträge.

Weniger L. das alexandrinische Museum. (Sammlung wissensch. Vorträge 231) Berlin 1875

Weniger, Ludwig [Dir. Dr.]: Der Heilige Ölbaum in Olympia. Weimar, Druck d. Hof-Buchdr., 1895; 1 Bl., 21 S. 4.
Weimar, Wilhelm-Ernstisches G, OP 1895 (701)

Weniger, Ludw., s.: Preller's, des Jüngeren, Frdr., Cartons zu d. Wandgemälden altgriech. Landschaften.

Weniger, Lvdovicvs (geb. am 10 März 1841 in Neumarkt Schl.): Qvaestionvm Delphicarvm Specimen ... Bonnae, form. C. Georgi (1865). 60 S., 1 Bl. 8. ¶ Erschien zugleich selbständig bei Calvary & Co. in Berlin *u. d. T.:* De Anaxandrida Polemone Hegesandro rervm Delphicarvm scriptoribvs.
Bonn, Phil. Fak., Diss. v. 14 Aug. 1865

Weniger, Ludw., Ratschläge auf den Lebensweg. Deutschen Jünglingen erteilt. (VII, 291 S.) 8. Berlin 906. Weidmann. n. 5.—; geb. n. 6.—

Das neue Schulhaus. A. Abschied und Einzug. Abschiedsrede beim Scheiden aus dem alten Gymnasium geh. von Ludwig Weniger am 23. September 1887. Weiherede geh. von Generalsup. *Bernhard* Hesse. Ansprache Sr. Excellenz des Staatsministers Dr. *Gottfried Theodor* Stichling am 10. Oktober 1887. Eröffnungsrede geh. von Ludwig Weniger am 10. Oktober 1887. B. Der Bau. C. Die innere Einrichtung. 4 (S. 5 - 20 der Schuln.). **Progr.** Wilhelm-Ernstisch. G. *Weimar* 1888 (636).

Weniger, Ludwig, (Dir. Dr.): Johannes Kromayers Weimarische Schulordnungen von 1614 und 1617 (aus den Gothaer Handschriften) hrsg. *Weimar 1900: Hof-Buchdr.* (56 S.) 4°
Weimar, Wilhelm-Ernstisches G, OP 1900 (728)

– Die religiöse Seite der grossen Pythien. I. Pr. 1870. 3: S. ·

– Zur Symbolik der Biene in der antiken Mythologie. I. Pr. 1871. 33 S. 4°.

Weniger, M., Vocal-Tafel. 61×70 cm. M. Anleitg. z. Gebrauch. 8. (16 S.) Gera 895. Max Lange. n. 2.25; erm. Preis 1.75

Weniger, Mor., nicht geistig, sondern nur sprachlich zurückgebliebene Kinder. gr. 8. (32 S.) Gera 894. (R. Bauch.) n. — 60

Wenigk, Joh. Ern., e. gottsel. Christen hell. Betaltar rc. 8. Erfurt, Jungnickel. 739.

— doxologia sacra Vet. Test. od gründl. Erzähl. d. Herrlichkeit des Gottesdienstes im ersten Bunde. 2 Thle. 4. Ebend. 738—39.

— evangel. Gewissensschule üb. d. Evangelia. 4. Bauzen, Drachstädt. 734.

— hilaria sacra, Sonntagslust, in geistlichen Oden. 12. Arnstadt, Bennelburg. 731.

Wenin, Hans, s.: Fleimstalbahn, die deutsche.

v. Wening, einige Worte über Hebung u. Befestigung des Nationalwohlstandes in Bayern. 8. (20 S.) Passau 849. (Elsässer & Waldbauer.) n. 3 Ngr

Wening, Adam, s. W e n i n g , Johann Adam

Wening, Adolf v., Vineta. Märchen in 5 Akten. (Drama in Versen.) München 1883. 12°. Sehr eleg. Orig.-Hklbldrb. Geschenk d. Verfassers.
151 S. Zeit d. Handl. ca. 1050, Ort grösstentheils die Insel Vineta (= U s e d o m, an d. Oder-Mündung).

Wening, Frz. Xav., rechtliche Ansichten über die Nothwendigkeit, die Entscheidungsgründe bei der Beschlagnahme oder Confiscation d. Schriften öffentlich bekannt zu machen. 8. Landsh. 821. Weber in Münch. 8 gr

Wening, Johann Adam

Wening, Adm., († d. 23. März 1800.) histor. u. moral. Erzählungen für d. gemeinen Mann u. d. Jugend. 8. Münch. 784. 2e A. Ebd. 788. 3e A. Ebd. 792. Fleischmann. 4 gr (Leipz., Wienbrack) 10 gr

Wening, J. A., historisch-moralische Erzählungen f. d. gemeinen Mann u. d. Jugend. 8. Leipz. Gräff.

— moralische Erzählungen für die Jugend u. das Volk. 8. München, Fleischmann.

— s.a. Leben Georg Schweigharts.

LEBEN, Reisen und Schicksale Georgs Schweigharts. eines Schlossers. Ein Büchlein für Meister, Gesellen u. Lehrjungen von *A. W. C.* (d. i. *Joh. Adam Wening*). 3 Bde. Mit Titelkpf. u. hübscher Titelvignette (eine Schlosserwerkstatt darstellend). Salzburg, bey Fr. Duyle, 1791—92. 8°. Rar! (7 Mk. 50 Pfg. L. Rosenthal, 1907; 12 Kr., ohne Titelkpf., A. H. Huber, Salzburg, 1908.)
Anon.-Lex. III. p. 18 (nach Meusel, Baader, Kayser).

(Wening, Mich.) Topograph. Beschreib. von München. Mit 26 Ansichten in verschied. Format (dabei die Hauptansicht von M., schmal sehr gr. qu.-Fol., *Wening* del. et sc. 1700). Haupttitel fehlt. Der Columnentitel lautet: *Chur-Bayrische Land-Beschreibung. Statt* (sic) *München.* (München 1701.) Fol. Ppb.
48 S. (à 2 Col.) Cfr. Cat. Maillinger I. p. 50.

Historico-Topographica DESCRIPTIO. Das ist: Beschreibung, dess Churfürsten- vnd Herzogthums Ober- vnd Nidern Bayrn. Welches *in vier Theil oder Renntämbter* als Oberlandts *München* vnd *Burgkhausen*. Vnderlandts aber in *Landshuet* vnnd *Straubing* abgetheilt ist: Warbey (!) alle Statt, Marckt, Clöster, Graf- vnd Herrschafften, Schlösser, Probsteyen, Commendaren (sic), Hofmarchen, Sitz, vnd Sedl, dess gantzen Lands Gelegen- vnd Fruchtbarkeit, als Mineralien, Perlen, Saltz, See, Fischereyen, Waldungen, vnd Jagdbarkeiten. Wie auch anderen merckwurdigen Historien. . . . . vorgestellt werden. So von *Michael Wening*, Churfürstl. Portier vnd Kupfferstecher in loco delinirter (!) ins Kupffer gegeben worden, vnd allda zu finden ist. Mit Churfürstl. Gnad vnd Freyheit auff kein Form oder Weiss, weder nachzutrucken, noch nachzustechen. 4 Thle. Getruckt zu München bey Johann Lucas Straub, Gem: Lobl. Landtschafft Buchtruckern. 1701—26. Fol. Uniforme gepr. Pgmtbde. m. Tit.: gutes Expl. des beruhmten Werkes. (4 voll.)
Ausser Vor- u. Nachstücken enth. I. 268 S. m. 218 Kpfrn.; II. 70 S. m. 78 Kpfrn.; III. 179 S. m. 193 Kpfrn.; IV. 132 S. m. 101 Kpfrn. — So cplt. rar!

Wening-Ingenheim, Johann Nepomuk

v. Wening-Ingenheim, s. J. A. L. *Fürstenthal*, Corpus juris.

— über d. Geist d. Studiums d. Jurisprudenz. gr. 8. Landsh. 814. Krüll. 16 gr

Wening-Ingenheim, Joh. Nep. de, **de impensis earumque restitutione.** Dissert. 4maj. (3¼ B.) Heidelbergae 841, (J. C. Mohr.)

— Lehrbuch d. Encyklopädie u. Methodologie d. deutschen Rechtswissenschaft. 8. Landsh. 821. Weber in Münch. 1 ℛ 12 gr

v. Wening-Ingenheim, Jh. Nep., († ...) Lehrbuch d. gemeinen Civilrechts, nach Heises Grundriß e. Systems d. gemeinen Civilrechts zum Behuf von Pandektenvorlesungen bearbeitet. gr. 8. Münch. 822—25. 2e A. 824, 25, 26. 3e A. 827. 4e verb. Aufl. Mit e. Vorrede von dem Bruder d. Verklärten Frz. X. Wening. 4 Bde. gr. 8. Münch. 831, 32. Fleischmann. 7 ℛ

—— **Lehrbuch** d. gem. Civilrechtes, nach Heise's Grundriß e. Systems d. gemeinen Civil-Rechts z. Behufe v. Pandekten-Vorlesungen bearb. 3 Bde. 5. Aufl., besorgt durch Joh. Adam Fritz. gr. 8. München, Fleischmann. [1. (30¾ B.), 2. (30 B.) 837. à 1⅓ Thlr., 3. (33 B.) 838. 2 Thlr.]

—— die **Lehre** v. Schadenersatze nach röm. Rechte. Eine civilist. Abhandl. gr. 8. (19 B.) Heidelberg 841, J. C. B. Mohr.

— über d. Mängel u. Gebrechen d. jurist. Lehrmethode, u. d. nothwendigen, unserer Zeit entsprechenden Einrichtungen derselben. gr. 8. Ebd. 820. Ebd. 8 gr

— über d. Verhältniß d. Wesens zur Form in d. Philosophie. gr. 8. Landsh. 811. Krüll. 20 gr

— über d. Wichtigkeit u. d. Einfluß d. polit. u. gemeintl. Beredsamkeit in unsern Tagen. gr. 8. Landsh. 820. Weber in Münch. 3 gr

Zur Geschichte des Lindauer Schulwesens im 16. Jahrhundert. Ein Vortrag, gehalten im Museumsverein Lindau am 21. Februar 1890 von — Dr. A. Weninger, St.-L. — 1891, Lindau, J. B. Thoma. -- S. 1—17.
Progr. Lindau im Bodensee, Kgl. Lateinschule

Weninger, A. Zur Geschichte des Lindauer Schulwesens im 16. Jahrh. Lex. 8. (18 S.) Lindau 890. (Stettner). * — 50
s.a. Weniger.

Weninger, A., s.: Lesebuch, deutsches, f. bayer. Mittelschulen.

Weninger, A.: De parataxis in Terenti fabulis vestigiis.... Erlangen, Druck d. Univ.-Buchdr. v. E. Th. Jacob (1888); 114 S. 8°
Erlangen, Phil. Fak., Inaug.-Diss. v. 1888

WENINGER, ALEXANDER: Fromme Erinnerungen an die Kanzelvorträge über den Aberglauben, welche P. Alexander Weninger ... in der St. Salvator-Kirche zu Preßburg im Jahre 1857. und 1858 gehalten hat... Verfasst, in Reime gesetzt Comtesse C. P. Pressburg 1858: F. J. Schindler. 61, 4 S. - 12°

WENINGER, ALEXANDER: Maimonat. »O mächtige, o gütige, o getreue Jungfrau Maria!« oder: Der Gnadenort Unserer lieben Frau von Lourdes. Regensburg 1878: Friedrich Pustet. 480 S. - 8°

WENINGER, ALEXANDER S. J.: Marienpredigten. Die Wunder von Lourdes. Regensburg. New York u. Cincinnati 1881: Friedrich Pustet. 16, VIII, 406 S. - 8°

Weninger, Frz. Xav., alles zur größeren Ehre Gottes! Eine Fest-Novenne zu Ehren der Heiligen aus der Gesellschaft Jesu. Mit 12 Lithographien. 12. Grätz 840. Kienreich. 5/6 ₰ — dass. Innsbruck 840. (Regensburg, Manz.) n. 2/3 ₰

(Weninger, Frz. Xav.,) Andenken an die geistlichen Uebungen, s. Andenken.

Weninger, F. X., Anreden u. Predigten f. die verschiedenen Festlichkeiten u. Einweihungen im Laufe d. Kirchenjahres. (Sämmtliche Predigten X. Bd.) gr. 8. (VI, 560 S.) Mainz 888. Kirchheim. 4. 20

Weninger, Frz. Xav., Betrachtungsbuch für alle Tage u. Fest-Zeiten des Kirchenjahres. I. Thl. gr. 8. Innsbruck 845, Rauch. (Wagner.) 3/4 ₰

—— dass. 2. Thl. 1. Abthlg. Vom ersten Sonntage in der Faste bis zum ersten Sonntage nach Ostern. gr. 8. (9 7/8 B.) Ebds. 846. —

—— dass. 2. Thl. 2. Abthlg. vom weißen Sonnt. bis zum Feste der allerheil. Dreifaltigkeit. gr. 8. (9 3/4 B.) Ebds. 846. —

—— Betrachtungsbuch für alle Tage und Festzeiten des Kirchenjahres. 3. und 4. Thl. gr. 8. Innsbruck 848—49, (Wagner'sche Buchh.) à Thl. * 24 Ngr. *

Inhalt:
Thl. 3. Vom Feste der allerheiligsten Dreifaltigkeit bis zum 15. Sonnt. nach Pfingsten. (285 S.)
„ 4. Vom 15. Sonnt. nach Pfingsten bis zum Feste des heil. Franziskus Xaverius. (246 S.)
1. und 2. Thl. Ebendas. 1845—46. 1 Thlr. 15 Ngr.

Weninger, Frz. Xav., Bilder im Sinnspruch und Gleichniß. 3 Bdchn. Regensburg 857. Manz. 32. (272; 272; 272 S.) Jedes Bdchn. 15 ngr.

Weninger, Frz. Xav., Canisius-Büchlein. 8. (VIII, 44 S. m. lith. Portr.) München 881. Stahl in Comm. n. — 40

Weninger, Frz. Xav., Erneuerung der heiligen Mission. Predigten, auf allen Kanzeln zu verwenden. 1. Abth. Die Fahne Christi u. die d. Luzifer. 2. Abth. Die Merkmale der Kirche, reflectirt im Leben der wahren Kinder der Kirche. gr. 8. (VI, 468 S.) Mainz 886. Kirchheim. 6. —

—— Exercitia spiritualia S. Ignatii de Loyola. Meditationibus illustrata ad usum cleri tam regularis quam saecularis. gr. 8. (VIII, 319 S.) Mainz 883, Kirchheim. *

—— originelle, kurz-gefaßte, praktische Festtags-Predigten für das ganze Kirchenjahr. Drei Predigten für jedes Fest. 1. und 2. Aufl. gr. 8. (V, 614 S.) Ebendas. 881.

—— originelle, kurz-gefaßte, praktische Fest-Predigten zu Ehren der heil. Apostel, Ordensstifter, Landes-Patrone und Schutzheiligen. 2 Abthlgn. gr. 8. (XII, 730 S.) Ebendas. 884.

— originelle, kurz-gefaßte, praktische marianische Fest-Reden. Zur Feier des Maimonates. 3 Jahrgänge in 1 Bde. Für alle Marienfeste im Kirchenjahr u. als Anreden in marianischen Sodalitäten verwendbar. gr. 8. (VI, 616 S.) Mainz 882. Kirchheim. 5. 40

— Handbuch der christkatholischen Religion. Originalausg. für Deutschland. Regensburg 858. Manz. gr. 8. (VIII, 403 S.) 1 ₰. 7½ ngr.

Weninger, F. X., vollständiges Handbuch der katholischen Religion für Katecheten, Lehrer und zum Selbstunterricht. Orig.-Ausg. für Deutschland. 2. Aufl. gr. 8. (VIII und 403 S.) Regensburg 862, Manz.

—— die christl. Jungfrau nach dem Vorbilde der heil. Angela. Ein Gebet- u. Tugend-Buch zur Bewahrung der Unschuld. gr. 12. (17 B.) Grätz 842, (Kienreich's Vrlgs.-Compt.)

Weninger, P Franz X. — Die christliche Jungfrau nach dem Vorbilde der heil. Angela. Ein Gebet- und Tugendbuch zur Bewahrung der Unschuld. Von — —. Zweite Auflage. 8. (280 S.) Gratz Druck von J. A. Kienreich. Verlag von J. Sirolla. 1854.

—— großer Katechismus der katholischen Lehre. Deutsche Orig.-Ausg. gr. 16. (VIII und 162 S.) Regensburg 861, Manz. *

Weninger, Fr. X., kleiner Katechismus der katholischen Lehre für die niederen deutschen Schulen. Deutsche Orig.-Ausg. 16. (III und 59 S.) Regensburg 861, Manz. Thlr. *

—— Katholicismus, Protestantismus und Unglaube. Ein Aufruf an Alle zur Rückkehr zu Christenthum und Kirche. (4., für Deutschland bestimmte Aufl.) 8. (XVIII und 226 S.) Mainz 864, Kirchheim.

Weninger, F. X., Katholismus, Protestantismus u. Unglaube. Ein Aufruf an Alle zur Rückkehr zu Christenthum u. Kirche. [5., für Deutschland bestimmte Aufl.] Mainz 869. Kirchheim. 8. (XVIII, 226 S.) 10 ngr.

—— Katholicismus, Protestantismus und Unglaube. Ein Aufruf an Alle zur Rückkehr zu Christenthum und Kirche. 6. für Deutschland bestimmte Aufl. 8. (XVI, 179 S.) Ebendas. 885.

—— die vollkommene Klosterfrau nach Anleitung der Regel des h. Augustinus. Ein Unterrichtsbuch für alle Frauenklöster. 1. Aufl. 844., 3. Aufl. 12. (10 5/6 B.) Innsbruck 846, Rauch, (Wagner'sche Buchh.)

—— heiliger Liebes-Bund. Ein vollständiges Gebet- u. Tugendbuch für alle Verehrer der heil. Herzen Jesus u. Mariä. 4. Aufl. 8. (21 B. u. 4 Stahlst.) Grätz 842, Ferstl'sche Buchh. (Leipzig, Kummer.)

Weninger, Frz. Xav., heiliger Liebes-Bund. Ein vollständ. Gebet- und Tugend-Buch für alle Verehrer der heiligsten Herzen Jesu und Mariä. 11. Aufl. (VIII und 422 S.) 1852. * 1 Thlr. 6 Ngr. und 12., verb. und verm. Aufl. 8. (464 S. mit 4 Stahlst.) Gratz 856, Ferstlsche Buchh. *

— heiliger Liebes-Bund. Ein vollständiges Gebet- und Tugend-Buch für alle Verehrer der heiligsten Herzen Jesu u. Mariä. 12. verb. u. verm. Aufl. Mit (4) Stahlst. Gratz 857. (Ferstl.) 8. (164 S.) n. 1 ₰.

Weninger, S. J. P. Franz Xaver — Heiliger Liebes-Bund. Ein vollständiges Gebet- und Tugendbuch von — —. 12te verbesserte und vermehrte Auflage. Mit Stahlstichen. Gratz, 1857. Druck von C. Tanzer. Verlag von Josef Sirolla. (464 S. 8.)

—— heiliger Liebesbund. Ein vollständ. Gebet- und Tugend-Buch für alle Verehrer der heiligsten Herzen Jesu und Mariä. 13., verb. und verm. Aufl. 8. (XXII und 392 S. mit 4 Stahlst.) Grätz 861, Kienreich.

Weninger, Frz. Xav., S. J., heiliger Liebes-Bund. Ein vollständ. Gebet- u. Belehrungsbuch f. alle Verehrer der heiligsten Herzen Jesu u. Mariä, besonders f. die Mitglieder der beiden Bruderschaften derselben. 14. Aufl. Rev. u. hrsg. v. Frz. Ser. Hattler, S. J. (VIII, 380 S. m. Abb. u. Titelbild.) 8. Innsbruck 907. F. Rauch. 2.20

—— römisches Martyrologium, oder Verzeichniß aller jener durch Heiligkeit u. Martertod gekrönten Christgläubigen, deren Leben, Wirken u. Heldentod die röm. kathol. Kirche gesammelt, geprüft, verzeichnet u. aufbewahrt hat. Gereiht nach den Tagen jedes Monats als Anhang zu Vogels Legende der Heiligen. 2 Hfte. gr. 8. (14¾ B.) Grätz 842, [Kienreich's Vrlgs.-Compt.]

— Missions-Predigten, auf allen Kanzeln während d. Kirchenjahres zu verwenden. gr. 8. (XVIII, 612 S.) Ebend. 885. 6. —

Weninger, Frz. Xav., Novene z. Feier des heil. Pirminius, Apostel von Deutschland, Schutz-Heiliger gegen die Pest u. ansteckenden Krankheiten u. besonderer Schutz-Patron der Stadt Innsbruck. gr. 12. (4⅙ B. u. 1 Stnt.) Innsbruck 842, Rauch. (Regensburg, Manz.) Thlr.

—— Ostern im Himmel. Betrachtungen über die Freuden des Himmels. 16. (XII und 240 S.) Mainz 865, Kirchheim.

—— Ostern im Himmel. Betrachtungen über die Freuden des Himmels. 2. Aufl. 16. (XII, 240 S.) Ebendas. 869.

—— Ostern im Himmel. Betrachtungen über die Freuden des Himmels. 3. Aufl. 16. (XII, 240 S.) Ebendas. 880.

Weninger, F. X., S. J., Ostern im Himmel. Betrachtgn. üb. die Freuden des Himmels. 4. Aufl. (XIV, 240 S.) kl. 8. Mainz 905. Kirchheim & Co. n. 1.50; geb. in Leinw. n. 2.—

— originelle, kurz-gefaßte, praktische Predigten zu Ehren d. allerheiligsten Sakramentes. 36 Predigten in 12 Abtheilgn. v. je 3 Predigten. gr. 8. (X, 348 S.) Ebend. 883. 4. —

—seyd heilig! Eine zehntägige Geistesversammlung zur Belebung des Eifers nach christlicher Vollkommenheit in Verehrung und Nachfolge des heil. Franz von Hieronymo. 2e Aufl. Mit 1 Titelkpfr. 12. Ebd. 840. 5/12 ℔

—— originelle, kurz-gefaßte, praktische Sonntags-Predigten für das ganze Kirchenjahr. Drei Predigten für jeden Sonntag. 1.—3. Aufl. (VI, 761 S.) 1880; 4. Aufl. gr. 8. (XIII, 761 S.) Ebendas. 882.

— s. v. Spee, Fr., Trutz-Nachtigall.

— originelle, kurzgefaßte, praktische Standes-Predigten für Ehemänner, Ehefrauen, Jünglinge u. Jungfrauen. Für jeden dieser Stände 36 monatliche Conferenzen, mithin 3 Jahrgänge. 2 Abthlgn. gr. 8. (VII, 932 S.) Ebend. 881. 8. —

—— die drei letzten Stunden Jesu am Kreuze. Eine Andachtsübung f. die Freitage der heil. Fastenzeit, u. besonders f. den heil. Charfreitag. 2. Aufl. 12. (6⅔ B. u. 1 Kpfr.) Innsbruck 841, Rauch.

—— Summa doctrinae christianae in usum docentium proposita. 8maj. (25⅜ B.) Oeniponte 844, Rauch (et libr. Wagner.) *

— Tagzeiten zu Ehren des heil. Ignazius, Stifters d. Gesellschaft Jesu. 8. Ebd. 840. 1 ℔

—— die Unfehlbarkeit des Papstes als Lehrer der Kirche und dessen Beziehungen zu einem allgemeinen Concilium. 8. (402 S.) Einsiedeln 869, Gebr. Benziger. (ℳ 4,50.)

—— Verehrung u. Nachfolge des heil. Ignazius. Ein Gebet- u. Tugendbuch besond. f. die 10 Sonntage z. Feier dies. Heiligen. 12. (12 B. u. 1 Stahlst.) Innsbruck 843, Rauch.

Weninger, Fr. Xav., Die apostolische Vollmacht des Papstes in Glaubensentscheidungen. Innsbruck, Fel. Rauch, 1841, gr. 8°, 321 S., 2,40 Mk. — 2. verbess. u. verm. Aufl. Augsburg, Kollmann (jetzt Regensburg, Verlagsanst.), 1842, gr. 8°, 4 Mk.

Recenss. zur 1. Aufl. Theol. Quartalschr. 1842, S. 305—7. Kath. Littblätt zur Sion 1842, S. 9—11. Archiv f. theol. Litt. (Regensburg) 1842, S. 23—9. Zur 2. Aufl.: Katholik Bd. 89, S. 284—5.

—— der Weg zur christl. Vollkommenheit nach d. Vorbilde des heil. Stanislaus Kostka. Ein Gebet- u. Unterrichtsbuch f. die Verehrer dieses Heiligen. 12. (10⅔ B. u. 1 Stnt.) Innsbruck 844, Rauch.

— heilige Xaveri-Andacht und Nachfolge. Ein vollständ. Gebeth- und Tugendbüchlein. Mit 1 Stahlst. 12. Ebd. 840. ¼ ℔

Weninger, Ludw. H., Gedichte. 12. (68 S.) Dresden 897. E. Pierson. n. 1.60; geb. n. 2.60

Weninger, V., Anweisung zur mathematischen Begründung einiger kaufmännischen Rechnungsoperationen für höhere Handelsschulen. Pest 858. Ráth. gr. 8. (IV, 55 S.) n. 12 ngr.

Wenisch, Ed., Dichterbuch zur Pflege der österreichischen Vaterlandsliebe. Für Schule u. Haus gesammelt u. zusammengestellt. 1. Hft. Epische Poesie. 8. (VII, 120 S. m. Portr. d. Kaisers in Holzschn.) Prag 877. Bellmann. n. 1. 20

Wenisch, Frz., Grundriß des Weinbaues u. der Kellerwirtschaft. Ein Leitfaden f. den Unterricht an Weinbauschulen u. zum Selbst-Unterricht. (VIII, 266 S. m. 136 Abbildgn.) 8. Leipzig 905. Landwirtschaftl. Schulbuchh. Geb. in Leinw. n. 2.60

Wenisch, Jos., Wilhelm Kienzl's „Der Evangelimann", s.a. Opernführer.

Der Evangelimann. Musikal. Schauspiel in 2 Aufz. Dichtung u. Musik von Dr. Wilhelm Kienzl. Textl. u. musikal. erl. von Josef **Wenisch**. *Leipzig: H. Seemann Nachf. [1902].* (56 S.) 8° [F.]
= Opernführer. No 51. [03. 5148

Weniselos, Miltiades Pal(aeologus) (geb. Athen Nov. 1822): De membrana decidua. Berolini (1848). (30 S.) 8°
Berlin, Med. Diss. v. 12. Okt. 1848

Wenjukoff (P. N.), Die Fauna des devonischen Systems im nordwestlichen und centralen Russland. Aus dem Geolog. Cabinet der Kaiserl. Universität zu St. Petersburg. (Russisch, mit deutschem Resumé.) St. Petersburg 1886. 8. Mit 11 Tafeln.

Wenjukow, die russisch-asiatischen Grenzlande. Aus dem Russ. übertr. v. Krahmer. Mit 3 Uebersichtskarten. gr. 8. (531 S.) Leipzig 874. Grunow. n. 15. —

Wenk, s.a. Wenck

Wenk, A. H., s. Wenck.

(W[enk, Eduard].) Zur Erinnerung an die Feier des 25-jährigen Bestandes des Evangelischen Schulvereins Basel. 1882—1907. II + 49 S. 8. Basel, Froese & Co., (1908).

Wenk, Ernst, aus Freiburg i. B.: **Beiträge zur Kenntnis des β-Naphtochinolins.** *Freiburg i. B. 1899: H. M. Poppen & Sohn.* (42 S.) 8°
Freiburg i. B., Phil. Diss. v. 1899

Wenk, F Johann. Ein Wort zu seiner Zeit über Gleichheit und Freiheit.... Ein vaterländisches Wort zunächst an den Kanton St. Gallen, dann aber auch an alle Eidgenossen. 2., vermehrte und verbesserte Aufl. 8. Wattwyl 1833.

Wenk Friedrich: **Fremdsprachliche Schulrezitationen. 35. Prag I. St. R. 05. Progr.**

Wenk Friedrich: **Die internationale Stellung des Französischen. 23. Prag I. St. R. 94. Progr.**

Wenk, Friedrich August Wilhelm, s. Wenck.

Wenk, Helfr. Bernhard, s. Wenck.

Wenk, J. G. W., Lehrbuch der christl. Religion. 8. Berlin, Dieterici. 810.

Wenk, Jh. Mart., (†d. 19. Dec. 1761.) Geschichte d. Hessen von ihrem ersten Ursprunge an bis auf gegenwärtige Zeiten. gr. 8. Frankf. a. M. 762. (Brönner; a. Gebhardt u. K.) 6 ₰

Wenk, Joh. Mart., Geschichte der Hessen, von ihr. erster Urspr. an bis auf gegenwrt. Zeiten. gr. 8. Frankf. Garbe (Gebhardt u. K. auch Hermann). 762.

— historia graece loquens. 8. Frankf. a. M. 757. Andreae. 8 ₰

— Salomo et Paulus. 8. ibid. 749.

Wenk, Jos. Die Kultur der Zwergobstbäume mit Berücksichtigung ihrer Formen, sowie die Kultur der Beerenfrüchte nebst einem Anhang, der immerwährende Arbeitskalender, 4. vermehrte u. vollständig umgearb. Auflage mit 50 Holzschn. Gr. in-8°. 204 S. Aarau, E. Wirz. Lwd. 3 20 1895.

Wenk, Julius, s. Wenck.

Wenk, Karl Friedrich Chr., s. Wenck.

Wenk, Th., s.: Adreßbuch der Stadt Pforzheim.

Wenk, Waldemar Bernhard, s. Wenck, Woldemar Bernhard

Wenk, Walther: Über die Beeinflussung der Krystallisationsgeschwindigkeit und des Krystallhabitus des Kaliumsulfates durch Lösungsgenossen. Leipzig: W. Engelmann 1909. S. 125—162. 8° ¶(Aus: Zeitschrift f. Krystallogr. u. Mineral. Bd 47, H. 2.)
Jena, Phil. Diss. v. 10. Dez. 1909, Ref. Linck
[Geb. 4. Juli 85 Gotha; Wohnort: Gotha; Staatsangeh.: Sachsen-Koburg-Gotha; Vorbildung: Realgymn. Gotha Reife O. 04; Studium: Berlin 2, Göttingen 2, Jena 7 S.; Rig. 1. Juli 09.] [U 10. 2389

Wenke u. Krüger, Zeittafel, siehe: Krüger.

Wenke, Artur. Junghegeltum und Pietismus in Schwaben. Ein Kulturbild aus der Mitte des 19. Jahrhunderts. Diss. Phil. Bern. 112 S. 8. Dresden-A., Druck und Komm. Ernst H. Meyer, 1907. [Ausg. im Buchh., 1908, M. 3. —]

Wenke, Art., in der Freiheit Morgenrot. Eine vaterländ. Erzählg. f. die reifere Jugend. (III, 192 S.) gr. 8. Dresden 910. E. H. Meyer. Geb. in Leinw. 3. —

Wenke, E., das Bier und seine Verfälschungen. Zwei populäre Vorträge über den Brauprozeß, die Zusammensetzung des Bieres und die Wirkung seiner Bestandtheile auf den gesunden und kranken Körper, sowie über die Verfälschungen des Bieres, ihre Ausmittelung und ihre Dignität für den menschl. Organismus. 8. (IV und 71 S.) Weimar 861, Voigt.

Wenke, Ernst: Geschichte des k. und k. 1. böhmischen Dragoner-Regiments Kaiser Franz. Illustriert von Oscar Rex. (Mit 8 Vollbildern, 2 Karten und zahlreichen Abbild. im Text.) Prag 1896.

Wenke, Friedrich Wilhelm, a. Herne: Die Prinzipien des modernen Kunstgewerbes. Erlangen 1908: Junge & Sohn. (80 S.) 8°
Erlangen, Phil. Fak., Ref. Bulle-Haack, Diss. v. 22. Jan. 1908.

Wenke, J. G. W.

— Lehrbuch d. christl. Religion für Volksschulen, mit besond. Berücksicht. d. Katechismus Lutheri. 8. Berl. 810. 2e A. 814. Mittler. 12 ₰

Wenke, (J. G. W.,) Lehrbuch d. christl. Religion f. Volksschulen, mit besond. Berücksicht. d. Katechismus Lutheri. 2e Aufl. 8 Berl. 824, Mittler.

Wenke, J. G. W., wie kann der geistl. Stand unter den Protestanten geachteter u. wirksamer werden? 8. Brandenb. 817. Wiesike. 8 ₰

Wenke, Karl, a. Berlin: **Anatomie eines Argynnis paphia-Zwitters nebst vergleichend anatomischen Betrachtungen über den Hermaphroditismus bei Lepidopteren. (Berlin** 1906: E. Ebering.) (36 S.) 8° ¶(Teil der eingereichten Arbeit. Das Ganze erschien 1906 in: Zeitschrift für wissenschaftl. Zoologie Bd 84.)
Berlin, Phil. Fak., Ref. F. E. Schulze, Diss. v. 13. Jan. 1906
[Geb. 9. Jan. 74 Lobositz; Wohnort: Berlin; Staatsangeh.: Preußen; Vorbildung: Sophien-Realgymn. Berlin Reife O. 04; Studium; Zürich 2, Berlin 10 S.; Rig. 7. Dez. 05.]

Wenke, Karl, gefiederte Bewohner des Meeres, s. a. Meereskunde. IV. 5.

Wenke, Karl: Gefiederte Bewohner des Meeres. Von Dr. Karl Wenke, Ass. am Inst. f. Meereskunde. 1. Berlin: Mittler 1910. 8°
(Meereskunde. Jg. 4, H. 5.)

Wenke, Karl Wilh., die Natur, der Mensch u. sein Wissen. An d. Naturforscher u. Denker d. 19. Jahrhunderts. — Die Vorr. seiner Schriften. gr. 8. (4¾ B.) Leipzig 837, Brockhaus.

Wenke, Paul, im Glanze des Christbaumes. Ansprachen u. Gedichte bei öffentl. Weihnachtseinbeschergn. (24 S.) kl. 8. Frankenstein (906). H. Lonsky. — 25

Wenke, Paul: Im Glanze des Christbaumes. Ansprachen u. Gedichte bei öffentl. Weihnachtseinbescherungen, bearb. von P(aul) Wenke in Reichenstein. Frankenstein: H. Lonsky [1907]. (23 S.) 8°

Wenke, Wilhelm, a. **Berlin:** Die Augen von Apus productus. (Berlin 1907: E. Ebering.) (29 S.) 8° ¶(Erscheint mit Tafeln u. Figuren in einer wissensch. Zeitschrift.)
Berlin, Phil. Fak., Ref. Brauer, Diss. v. 14. Aug. 1907
[Geb. 19. Aug. 76 Lobositz; Wohnort: Berlin; Staatsangeh.: Preußen; Vorbildung: Königst. Realgymn. Berlin Reife M. 00; Studium: Berlin 7 S.; Rig. 25. Juli 07.]

Wenkebach, Ernestus, Saxo-Borussus: **Quaestiones Dioneae.** (De Dionis Chrysostomi studiis rhetoricis capita selecta.) *Kirchhaini Lusat. 1903: M. Schmersow.* (XI, 91 S.) 8°
Berlin, Phil. Diss. v. 10. Juni 1903

Wenkebach, Herm., Leben u. Traum. Gedichte. 12. (191 S.) Stuttgart 895. Greiner & Pfeiffer. Geb. in Leinw. m. Goldschn. n. 3. —

Wenkebach, Kaspar, s. Wenckebach.

Wenkel, Heinrich

Wenkel, H. Einiges über die Spartaner und Athener mit besonderer Berücksichtigung der „Charakterbilder aus der Geschichte und Sage" von Grube. 26 S. Progr. G. *Sondershausen* 1885.

[Ş.] **Wenkel,** *Heinrich* [Prof.]: Zur Erinnerung an den Geheimen Schulrat Dr. Wilh. Kieser. Sondershausen, Hofbuchdr. v. F. A. Eupel, 1896; 3—20 S. 4.
Sondershausen, fürstl. G, OP 1896 (737)

Wenkel: Die Lehre des Aristoteles über das höchste Gut oder die Glückseligkeit. Sondershausen 1864. 23 S. 4⁰
Schul-/Univ.-Schrift

Wenkel, Jh. Eph., Beschreib. e. neu erfund. Copirzirkels. Mit Kpf. gr. 8. Berl. 775. Reimer. 4 gr.

Wenkel, Wilh. Zur Methodik des arithmetischen Unterrichts. 11 S. Progr. *Schönebeck* 1884.

Wenkel, *Wilhelm* [Prof.]: *Direktor Dr. Gustav Adolf Völcker, gest. am 25. Januar 1894.* Schönebeck a. E., Druck v. C. Hirschfelder, *1894;* 14—17 S. 4.
Schönebeck a. E., RPG, OP 1894 (270)

Wenker, G., das rheinische Platt. Den Lehrern d. Rheinlandes gewidmet. gr. 8. (16 S. m. einer autogr. Karte in gr. 4.) Düsseldorf 877. (Schulte.) n. — 50

— Sprach-Atlas v. Nord- u. Mitteldeutschland. Auf Grund v. systematisch m. Hülfe der Volksschullehrer gesammeltem Material aus ca. 30,000 Orten bearb., entworfen u. gezeichnet. (In 13 Abtheilungen à 6 Lfgn.) 1. Abth. 1. Lfg. qu. Fol. (6 Bl. in Aubeldr. u. color. u. 1 Bl. Ortsverzeichniss, nebst Text. gr. 8., XXIII S.) Strassburg 881. Trübner. n. 8. —

Wenker, G., u. F. Wrede, der Sprachatlas d. Deutschen Reichs. Dichtg. u. Wahrheit. I. G. Wenker: Herrn Bremers Kritik d. Sprachatlas. II. F. Wrede: Ueber richtige Interpretation der Sprachatlas-Karten. gr. 8. (52 S.) Marburg 895. N. G. Elwert's Verl. n. 1. —

Wenker, G., über die Verschiebung d. Stammsilben-Auslauts im Germanischen. Tabellen u. Untersuchgn. gr. 4. (149 S.) Bonn 876. A. Marcus. n. 12. —

Die Pfarrkirche zu Meppen von 802–1902. Geschichtl. dargest. durch Prof. Herm. **Wenker.** *Meppen: H. Wegener (1902).* (146 S.) 8° [Ş.] [03.1168

Wenker, Hermann, Prof.: Meppener Urkundenbuch. T. 3. Die Urkunden der Jahre 1444—1470. Meppen 1905: Heinr. Wegener. (201—288 S.) 8° ¶(T. 1. 2. im Buchhandel ersch.)
Meppen, k. G OP 1905 (368)

Wenker, Hermann, Prof.: Meppener Urkundenbuch. T. 4. Die Urkunden der Jahre 1470—1485. Meppen 1906: H. Wegener. (S. 289—352.) 8° ¶(Forts. d. P-Beil. 1905. T. 1. 2. im Buchhandel ersch.)
Meppen, k. G OP 1906 (382)

Wenker, Jakob, s. Wencker.

Wenkstern, A., Oresteia, s.: Tanejew, S.

Wenn das gut geht, geht mehr gut. . . . Hamburg 1781. V: *Kühl, Glob Timoth. Mich.* (Ky)

Wenn das gut geht, geht mehr gut. Geschichte der Demoiselle Gesa Schmid, (v. Tim. Kühl). 8. Hamb. 781. Matthiesen. 8 gr.

Wenn das gut geht, geht mehr gut, od. Jugendgeschichte der Demoisf. Gesa Schmidt. 8. Hbg. Matthießen. 784. — 8

Wenn der Auerhahn balzt. Heiteres u. Ernstes aus dem Jägerleben v. Waldteufel (Rich. Muck). (182 S.) 8. Wien 908. Huber & Lahme Nachf. 2.—; geb. 3. —

WENN die Haare leise rauschen! (5 siebenzeil. sotad. Strophen mit 5zeil. Refrain.) O. O. u. J. Schmal-gr. 8⁰.

—— die Noth am größten, ist Gottes Hülfe am nächsten. Zwanzig Erzählungen für Jung und Alt. gr. 16. (63 S. mit 8 lithogr. und bunten Bildern geschmückt.) Neu-Ruppin 859, Bergemann.

Wenn die Schwalben wieder kommen. Wiener Volkslied. Neue Ausgabe. Wien [1890]. V: *Lorens, Carl.* (EB)

— die Sonne sinkt. Die Entwicklg. e. Seele. (VII, 187 S.) 8. Berlin (907). K. Curtius. 3.—; geb. in Leinw. 4. 50

Wenn dieses Aufklärung ist, was ist Unsinn? Philadelphia [Augsb.] 1790. V: *Weissenbach, Joseph Anton.* (Wr) (So) (Ky) (Jes)

Wenn dieses Aufklärung ist, was ist Unsinn? e. wichtige Frage, die Rèv. Ruef aufzulösen ersucht wird (v. J. A. Weißenbach). 8. (Augsb.) 790.

Wenn du artig bist, bekommst du dieses Bilderbuch mit den schönen Erzählungen und Bildern. gr. 4. (10 Chromolithogr. mit Text.) Wesel 868, Düms. cart.

Wenn es dem Esel zu wohl wird, geht er auf's Eis tanzen, s. Bilderbücher, münchener.

— es regnet. Ein Modellierbuch. (6 farb. perforierte Bl. m. 4 S. Text.) 30,5×26 cm. Nürnberg 910. Th. Stroefer. 1.20

Wenn euch nun der Sohn frei macht, so seid ihr recht frei. *(Cassel: J. G. Oncken Nachf. [1902].)* (8 S.) 8° [Kopft. Ş.]
↔ [Traktate d. Christl. Traktat-Gesellschaft.] Neue Serie. No 110. [03. 11591 4

Wenn Geedhe un Schiller gemiethlich sin . . . Leipz. 1899. V: *Bormann, Edwin.* (Berl)

Wenn Geedhe u. Schiller gemiethlich sin. A klass. Lorbeerkranz dargebracht v. ännen alden Leipz'ger (Edwin Bormann). qu. 8. (55 S. m. Abbildgn.) Leipzig 899. E. Bormann's Selbstverlag. n. 1. —

Wenn Heilige lieben. Novelle von L. v. H. Ravensburg 1909. V: *Haber, Louise von.* (Allg. Literaturblatt Nr. 8. 30. April 1910. Jg. XIX, S. 252.)

— dasselbe, 2. Tl., s.: Haber, Louisa v., unterm Gottesurteil.

— Heilige lieben. Novelle von L. v. H. (116 S.) 8. Ravensburg 909. F. Alber. 1.60; geb. 2. —

Wenn hört ein Mädchen auf ein Kind zu seyn? Roman, v. J. G. Gruber. 8. Leipz. Schiegg. 812. — 18

Wenn ich Ihn nur habe! Erzählung von M. v. O. 1. u. 2. Aufl. (à 288 S.) 8. Schwerin 905. F. Bahn. n. 3. —; geb. n. 4. —

— Jemand nicht neu geboren wird, so kann er das Reich Gottes nicht sehen; ein Gespräch zwischen e. Geistlichen u. e. reuevollen Sünder. 18. Mohrung. 817. 2 gl.

Wenn sind Monopolien schädlich, wenn unschädlich. [Hanau 1778.] V: *Fresenius, Johann Christian Ludwig.* (MGT)

Wenn, Karl, Erwin. Novelle. gr. 12. (11 B.) Berlin 828, Schlesinger. Thlr.

Wennagel, Emil, a. Wesserling i. E.: Ueber die Beziehungen zwischen Krankheitsdauer und Alter der Darmlaesionen bei Abdominaltyphus. Nach dem Material der Straßburger medizinischen Klinik. Straßburg i. E. 1900: C. Müh. (31 S.) 8°
Straßburg, Med. Fak., Ref. von Krehl, Diss. v. 21. März 1900
[Geb. 26. Dez. 80 Wesserling, Els.; Wohnort: Straßburg; Staatsangeh.: Elsaß-Lothringen; Vorbildung: Gymn. Mülhausen i. E. Reife S. 99; Studium: Straßburg 9 S.; Coll. 18. Jan. 00; Approb. 10. Juni 05.]

Wennagel, Paul, a. Wesserling i. E.: Das Kernig'sche Symptom und seine Bedeutung für die Diagnose der Meningitis. Straßburg i. E. 1905: C. Müh. (41 S.) 8°
Straßburg, Med. Fak., Ref. von Krehl, Diss. v. 24. Jan. 1900
[Geb. 19. Mai 82 Wesserling, Els.; Wohnort: Straßburg; Staatsangeh.: Elsaß Lothringen; Vorbildung: Gymn. Mülhausen i. E. Reife O. 00; Studium: Straßburg 9 S.; Coll. 9. Nov. 05; Approb. 10. Juni 05.]

Wennagel, R., la logique des disciples de M. Ritschl et la logique de la kénose ou l'argumentation et les conclusions du livre de M. P. Lobstein sur la notion de la préexistence du fils de Dieu examinées au point de vue logique. gr. 8. (II, 112 S.) Strassburg 883. Freiesleben. n. 2. —

Wenndrich, Christian August (Thür.) F, zc/41

Dissertatio inauguralis medica de scrobiculo cordis signo. Präs. Heinrich Friedrich Delius.
Erlangen (Walther) (29.)V. 1766. 26 S.

Gew.: Samuel Urlsperger, Sebastian Schalckhauser, Johann Wilhelm Hugel.
W. v.: Präs., Johann Georg Fleischmann (Opp.), Johann Heinrich Behr (Opp.), Ferdinand Gottlieb Heinrich Filzhofer (Opp.). 36332

Wennekamp, H., Gesangschule. Übungs- u. Liederbuch f. höhere Bürgerschulen, Rektoratschulen, höhere Töchterschulen, Präparanden-Anstalten, Lehrerseminare u. Gymnasien. 1. u. 2. Hft. 8. Essen, G. D. Baedeker. Kart. n. 2. 10
1. Für Unter- u. Mittelklassen. (IV, 63 S.) 893. n. — 60
2. Für höhere Stufen. (VI, 174 S.) 894. n. 1. 50

Wennekamp, H., der Schulgesang. Übungs- und Liederbuch für Volksschulen. Ausg. in Natorp'scher Zifferunotation. 2 Hefte. 8. Büren, Hagen. **
Inhalt:
Heft 1. Für die Mittelstufe. 1. und 2. verb. Aufl. (48 S.) 885,86. ** 30 Pf.
= 2. Für die Oberstufe. (72 S.) 885. * 45 Pf.

Wennekamp, H., Turn-Tabellen im engsten Anschluß an den „Neuen Leitfaden für den Turnunterricht in den preuß. Volksschulen." schmal 8. (46 S.) Paderborn 882, Junfermann'sche Buchh. cart. *

Wennekamp, H., Turn-Tabellen im engsten Anschluß an den „neuen Leitfaden f. den Turnunterricht in den preuß. Volksschulen". 2., verb. Aufl. schmal gr. 8. (46 S.) Paderborn 890. Junfermann. cart. n. — 75

Wennekes, Hermann, aus Gouda: **Ueber organische Phosphorstickstoffverbindungen.** *Rostock 1900: C. Hinstorff.* (45 S.) 8°
Rostock, Phil. Diss. v. [28. Juni] 1900

Wennemar, Pet., der Postillion. Ein livländ. Roman. 3 Bde. 8. (286, 318 u. 302 S.) Dresden 883. Minden. n. 12. —; geb. n. 15 —

Wennemer, Ecclesiae modis musicis quae ratio sit ad veterum Graecorum mu cam. Pr. 1856. 26 S. u. 1 Taf. 4°.

Wennemer, J.: Über die liturgische Brodbrechung (Fortsetzung). Consfeld 1865. 15 S. 4°
4. St. 1861. 18 S.
Schul-/Univ.-Schrift

Wennemer, Josef Die Bedeutung des Glaubens für die menschliche Gesellschaft. 25 S. Progr. *Vechta* 1883.

Wennemer: De Studiorum humaniorum quae vocantur post gentium migrationes initiis. Vechta 1867.
Schul-/Univ.-Schrift

Wenner: Zur Methodik des Gesangunterrichtes an höheren Schulen. Bonn 1908: Wurm. 19 S. 4°
Bonn, k. G P 1908 (560) [S 08. 526

Wenner, F. M., Beiträge zur mathemat. Philosophie, od. geometr. verbildlichtes System d. Wissens. 1. u. 2. Abthl. 8. 1. Abthl. Darmstadt, Leske; 2. Abthl. Bonn, Habicht. [1. (10½ B., 12 Stnt. u. 5 Holzschn.) 837. * 1 Thlr., 2. (7½ B. u. 6 Stnt.) 830. * ⅔ Thlr.] Thlr. *

Wenner, F. M., Sonnenstrahlen in d. wirre Treiben d. Philosophie u. Spekulazion. Od.: Versuch, die Leser z. Verständniß seines Systemes zu zwingen. gr. 8. (9 B. u. 1 Stnt.) Bonn 840, Habicht. *

Wenner, Franz. Tierarzt aus Wichagen (Westfalen): Beiträge zur Kenntnis der Cholelithiasis und Untersuchung von Cholelithen des Rindes. Cöln-Ehrenfeld 1909. 34 S. und eine Tafel. 8°. [15. VII. 09.]
Bern. Vet.-med. Diss. 1909/10.

Wenner, Franz. Beiträge zur Kenntnis der Cholelithiasis und Untersuchung von Cholelithen des Rindes. Diss. Vet.-Med. Bern. Mit 1 Tafel. 34 S. 8. Köln-Ehrenfeld, Hub. Schleypen, 1909.

Wenner, Karl

Wenner: Zur Methodik des Gesangunterrichtes an höheren Schulen. Bonn 1908: Wurm. 19 S. 4°
Bonn, k. G P 1908 (560) [S 08. 526

Wenner, Otto [aus St. Gallen]: Die Resultate der Diphtheriebehandlung seit Einführung des Diphtherieheilserums am Kinderspital Zürich. (Sep.-Abdr. aus d. „Archiv f. Kinderheilkunde", Bd. 27.) Stuttgart 1899. 1 Bl. 35 S. 8°.
Zürich. Med. Diss. 1898/99.

Wenner, Paul [aus St. Gallen]: A. Über Alkylirungen mittelst Dimethylsulfat und p-Toluolsulfosäureester. B. Über Phenylisocrotonsäureanilid. Basel 1902. 63 S. 8°.
Basel. Phil. Diss. 1901/1902.

Wenner, Paul. A. Über Alkylirungen mittelst Dimethylsulfat und p-Toluolsulfosäureester. B. Über Phenylisocrotonsäureanilid. Diss. Phil. Basel. 63 S. 8. Basel, Buchdr. des Basler Anzeiger, 1902.

Wenner, Vict., s.: **Assanierung,** die, v. Zürich.

— — Karte der Schweiz. 1 : 10,00,000. Zürich, C. Schmidt. In Mappe 1. 50
Auf Leinwand 1876. 2. 50

Wenner, V[iotor], und Schläpfer, A[rtur]. Bericht an den Stadtrat Zürich über den Ersten Internationalen Strassenkongress in Paris 1908. II + 36 S. 8. Zürich, Zürcher & Furrer, 1909.

— s.: Ingenieur-Kalender, schweizerischer.

Wennesheimer, Gregor, Referendar: Die Zusammensetzung der Gemeindevertretung in den Stadt- und Landgemeinden des Großherzogtums Hessen vom Beginne des neunzehnten Jahrhunderts bis zur Gegenwart geschichtlich entwickelt. Darmstadt 1910: Otto. VIII, 157 S. 8°
Gießen, Jur. Diss. v. 23. April 1910, Ref. van Calker
[Geb. 20. Aug. 85 Abenheim; Wohnort: Mainz; Staatsangeh.: Hessen; Vorbildung: Gymn. Worms Reife O. 04; Studium: Würzburg 2, Heidelberg 1, Gießen 5 S.; Rig. 15. Dez. 09.] [U 10. 1125

Wennesheimer, die Zusammensetzung des Gemeinderates u. der Stadtverordnetenversammlung im Großherzogt. Hessen vom Beginne des 19. Jahrh. bis zur Gegenwart. (VI, 157 S.) 8. Mainz 910. J. Diemer. 3. —

Wenng, C. G.

Wenng, C. G., Plan der Stadt Zürich. 1 : 4000. Zürich, H. Keller. 1876. 1. 40

Wenng, C. G. Der Rigi-Berg und seine Umgebungen. Zürich 1 Bl. c. L. Sch

Wenng, C. G., Uebersichtskarte von Zürich und Umgebung. 3. Blatt. 1 : 4000. Zürich, Selbstverlag. 1876. 1. —

Wenng, C. Gust., Schulkärtchen des Königr. Bayern, mit Württemberg und Baden. Für den Hand- und Schulgebrauch bearb. Lithogr. und color. qu. Fol. München 878, Mey und Widmayer. * — 30

Wenng, Christian Heinrich (Augsburg) A. S. 323/2

Dissertatio inauguralis de eo, quod justum est circa mutationem prioris investiturae feudalis.
Präs. Johann Jakob Helfferich.
Tübingen (Sigmund) V. 1734. 40 S.
36335

Wenng, Christoph Friedrich (Augsburg) A. S. 1326/27

Dissertatio de prudenti variarum methodorum applicatione pro ingeniorum ac disciplinarum varietate.
Halle (Grunert) 1731. 30 S. 36337

Wenng, Christoph Friedrich (Nördlingen) A. S. 245/15

Disputatio inauguralis, convenientiam et disconvenientiam iuris naturalis, constitutionumque imperii, de poenis criminalibus disponentium, exponens.
Altdorf (Meyer) 5. V. 1702. 99 S.

W. v.: Christoph Wegleiter, Adam Balthasar Werner, Heinrich Hildebrand, Johann Christoph Sturm, Magnus Daniel Omeis, Georg Paul Rötenbeck. 36336

G. L(udwig) **Wenng**'s Karte von Oberfranken. (Maaßst. 1 : 200,000. Würzburg: J. Staudinger [1905].) (1 Kartenbl. 78 × 54 cm.) 8° [lith.] [kol.] [Umschlagt.:] Kreis Oberfranken. Neueste u. genaueste Karte.
(Ludwig Wenng's Spezialkarten von Bayern.) [05. 18804

G. L(udwig) **Wenng**'s Karte der Oberpfalz. (Neue Aufl. Maassst. 1 : 200,000. Würzburg: J. Staudinger [1906].) (1 Kartenbl. 68 × 64 cm.) 8° [lith.] [kol.] [Umschlagt.:] Kreis Oberpfalz. Neueste u. genaueste Karte.
(Ludwig Wenng's Spezialkarten von Bayern.) [06. 14878

Wenng, Gust., Berg u. Bolze. Satyrische Charakterkomödie in 3 Akten. 8. (105 S.) Berlin-Friedrichshagen 897. Verlagshaus f. Volkslitteratur, C. Teistler & Co. n. 1. 50

Wenng, Gust., s.: Ecce homo.

Wenng, Gustav: Um ein Ideal. Schauspiel in 1 Akt v. –. Berlin-Friedrichshagen: C. Teistler & C. 1897. (76 S.) 1 Bd 8°

— um e. Ideal. Schausp. in 1 Akt. 8. (76 S.) Berlin-Friedrichshagen 897. Verlagshaus f. Volkslitteratur, C. Teistler & Co. n. 1. 20

[F.] Contraste des Lebens und der Liebe. E. Novellenbuch v. Gustav Wenng. Folge 1. *Berlin-Friedrichshagen: C. Teistler & C. 1897.* 8. [98. 1995

— aus Mitleid. Familiendrama in 5 Akten. 8. (90 S.) Bremen 895. Nordwestdtsch. Antiquariat, A. Wiechmann. n. 1. 80; ermäß. Pr. — 60

— Morituri od. Schauspielerblut. Lustsp. in 2 Akten. 8. (97 S.) Berlin-Friedrichshagen 897. Verlagshaus f. Volkslitteratur, C. Teistler & Co. n. 1. 20

[Ant. u. F.] Morituri oder Schauspielerblut. Lustspiel in 2 Akten v. Gustav Wenng. *Berlin-Friedrichshagen: C. Teistler & C. 1898.* (97 S.) 1 Bd 8. [98. 1997

Wenng's, Gust., Special-Atlas vom Königreich Bayern. 1 : 150,000. Oberbayern: 13 Blatt. Farbendr. qu. Fol. Münch. 890. (Augsb., Votsch.) à Blatt — 60
Augsburg. Schrobenhausen. Landshut. Pfarrkirchen. Mindelheim. München. Wasserburg. Burghausen. Kaufbeuren. Weilheim. Rosenheim. Traunstein. Oberammergau — Partenkirchen, Garmisch.

— Warbeck. Tragödie in 4 Akten u. 1 Vorsp. 8. (IV, 132 S.) Leipzig 894. Bremen, Nordwestdtsch. Antiquariat, A. Wiechmann. n. 2. —; ermäß. Pr. — 60

Warbek. Tragödie in 4 Akten u. 1 Vorspiel von Gustav **Wenng**. Leipzig 1894: (Schmidt & Baumann); [aufgekl.: Bremen: K. Behrens 1894]. (132 S.) 8° [F.] [06. 10583

Wenng, Gust., Warbek. Tragödie in 4 Akten u. 1 Vorspiel. 6. vom Verf. umgearb. Aufl. Bühnenausg. (Für die Uraufführg. am Stadttheater zu Straßburg i. Els. 31. I. 1902 eingerichtet v. Leo Ackermann.) 8. (169 S.) Goslar 902. Nordwestdeutscher Kunstverlag u. Antiquariat. n. 2. 50

Wenng, K. Heinr., die Geschichte u. Leistungen der neuen Erfindung: Kunstdruck ohne Presse nebst ihren Zweigen: Spiegelbildzeichnung, Perspectivaufnahme, Farbenauftrag u. einer neuen Handzeichnungs-Methode f. Kunstakademieen u. Kunstschulen. 8. (VI u. 67 S.) München 848, Franz. 9 ngl.

Wenng, Ludw., Administrativ-Karte des Königr. Bayern mit den Regierungsbezirken und Bezirksämtern, den Oberlandesgerichts-, Landgerichts- und Amtsgerichtsgrenzen und den Sitzen dieser Behörden. Nach amtl. Quellen bearb. 1 : 800,000. Chromolithogr. und color. gr. Fol. Würzburg 887, Staudinger'sche Buchh. * 1 20

Wenng's, Ludw., Administrativ-Karte d. Königr. Bayern m. den Regierungsbezirken u. Bezirksämtern, d. Oberlandesgerichts-, Landgerichts- u. Amtsgerichtsgrenzen u. den Sitzen dieser Behörden. 1 : 800,000. Nach amtl. Quellen bearb. Neue Ausg. 1890. Farbendruck. qu. gr. Fol. Mit Text am Rande. Würzburg, Staudinger. * 1 20

Wenng's, Ludw., illustrirter Führer durch München. Mit den Katalogen der Pinakotheken, Glyptothek u. Schack-Gallerie, dem neuesten Stadtplan u. 20 Ansichten. gr. 16. (44 S.) München 890. (Scherzer.) n. — 60

— illustr. Führer durch München, seine Umgebung u. die bayerischen Alpen zwischen Lech u. Isar, Oberammergau u. die bayerischen Königsschlösser. Mit Plänen, Spezialkarten u. zahlr. Ansichten. gr. 16. (IV, 44, 45, 16 u. 32 S.) Ebd. 890. cart. n. 1. 50

— Führer an den Starnberger See u. Umgebung. Mit e. Spezialkarte u. dem Fahrplan. gr. 16. (32 S. m. Abbildgn.) Ebd. 890. n.n. — 25

— Führer an den Starnberger- u. Ammersee m. Umgebung. Mit e. Spezialkarte, mehreren Ansichten, e. Panorama u. den offiziellen Fahrplänen der Starnberger- u. Ammersee-Dampfschifffahrt, nebst dem Eisenbahnfahrplan. gr. 16. (48 S.) Ebd. 890. n. — 40

Wenng, Ludw., topographische General-Karte von Südwestdeutschland. 1 : 400,000. Zone IV: Südbayern, Nordtyrol, Salzkammergut und Innviertel. Chromolithogr. und color. qu. gr. Fol. Würzburg 887, Staudinger'sche Buchh. * 2 50

Wenng, Ludw., Karte von Oberbayern. 1 : 400,000. Chromolithogr. gr. Fol. Würzburg 887, Staudinger'sche Buchh. * 1 20

Aus: Topographische Generalkarte von Südwestdeutschland, besonders abgedruckt.

—— Kreiskarten von Bayern. Reduction der grossen Generalstabskarten. 1 : 200,000. 8 Bl. Chromolithogr. gr. Fol. Ebendas. 885—88. * 17 25

Inhalt:

Bl. 1. Mittelfranken. * ℳ 2.—.
„ 2. Niederbayern. * ℳ 2.25.
„ 3. Oberbayern. * ℳ 3.—.
„ 4. Oberfranken. * ℳ 2.—.
„ 5. Oberpfalz und Regensburg. * ℳ 2.—.
„ 6. Rheinpfalz. * ℳ 1.50.
„ 7. Schwaben und Neuburg. * ℳ 2.50.
„ 8. Unterfranken und Aschaffenburg * ℳ 2.—.

—— Landgerichts-Karten von Bayern. Reduction der grossen Generalstabskarten. 1 : 200,000. Bl. 1—11. Chromolithogr. Fol. Ebendas. 885. * 10 —

Inhalt:

Bl. 1. Amberg. * ℳ 1.20.
„ 2. Ansbach. * 60 Pf.
„ 3. Aschaffenburg. Touristenkarte vom Spessart. * 60 Pf.
„ 4. Bamberg und Baireuth. Touristenkarte der Fränk. Schweiz und der Umgebung von Nurnberg. * ℳ 1.20.
„ 5. Eichstädt. * 60 Pf.
„ 6. Fürth. * ℳ 1.—.
„ 7. Hof. * ℳ 1.—.
„ 8. Nürnberg. * 60 Pf.
„ 9. Schweinfurt. Touristenkarte der Umgebung von Kissingen, des Rhöngebirges und des Steigerwaldes. * ℳ 1.20.
„ 10. Weiden. * ℳ 1.—.
„ 11. Würzburg. * ℳ 1.—.

Wenng, Ludw., Plan von München. 1 : 8000. Chromolithogr. gr. Fol. Mit Strassenverzeichniss. München 888, (Literarisch-artist. Anstalt.) ** 5 —

Wenng, Ludw. Spezialkarte der Umgebung von München m. den Voralpen. 1 : 200,000. Chromolithogr. qu. Fol. Münch. 890, (Scherzer). * 1 20

—— grosser Specialplan der Stadt München. 1 : 4000. 9 Bl. Chromolithogr. qu. gr. Fol. (Ebendas.) 888. * 18 —
Einzeln à Bl. * 2 50

—— neueste Verkehrs- und Reisekarte des Königr. Bayern, Württemberg, Baden und Hessen mit 1 Stadtplane von München. 1 : 800,000. Ausg. Frühj. 1887. Chromolithogr. und color. qu. gr. Fol. Ebendas. 887. * 1 20

Wenngg, C., Studien zum Landschaftszeichnen als Anleit. zum Selbstunterricht. gr. Fol. Stuttg. 822. (Leipz., Hartmann.) 12 ℊℊ

Wennhacke, W. Das Stelldichein, s. Maurice, Alph.

Wennhacke, Wilh., im Zwielicht. Märchen. gr. 16. (VIII, 192 S.) Berlin 877. Winckelmann & Söhne. cart. n. 2. 50; geb. n. 3. —

Wenning: Historico-Topographica Descriptio des Kurfürsten- und Herzogtums Bayern, 4. Teil (über des Landes „Fruchtbarkeit / als Mineralien, Perlen / Saltz / See / Fischereyen / Waldungen / und Jagdbarkeiten"). 1. Teil schon 1701. Straubing 1726.

Wenning, V. Über die Bestrebungen der französischen Könige des zehnten Jahrhunderts Lothringen für Frankreich zu gewinnen, mit besonderer Berücksichtigung der Darstellung Richers. 26 S.
Progr. G. *Hanau* 1884.

WENNINGER, EDMUND, Prediger-Ordens Prior: Predigt auf das Fest der heiligen Katharina und Martyrin, als dasselbe von einem löbl. königl. Oberinspektoratsamte und der sämmtlichen Kupferbergwerkschaft in . . . Schmöllnitz mit jährlichen Opfer geleyert wurde. Kaschau 1794: Mit von Landerschen Schriften. 28 S. - 8°

Wenninger, Frz., der Wucher im deutschen Strafgesetzbuch (§ 302 a u. e). (VI, 48 S.) 8. Bamberg 910. Handelsdruckerei u. Verlagsh. 1. 50

Ausbildung der Kavallerie im Felddienst. Von [Karl] **Wenninger**, Oberstlt., u. [Ralph] v. Bressensdorf, Rittm. T. 1. 2. Berlin: E. S. Mittler & Sohn 1908. 2 Bde 8° [ℑ.]
1. Ausbildung d. Eskadron ...
2. Ausbildung d. Offiziere u. d. Escadrons. Von Wenninger. Mit 2 Skizzen. [o8. 14190

Wenninger, das neue Exerzierreglement f. die Kavallerie. (20 S.) Lex. 8. Wien 909. (C. Konegen.) 1. —

(F) Wenninger, Das neue Exerzierreglement für die Kavallerie. [Separatabdruck aus den „Kavalleristischen Monatsheften".] Gr.-8°. (20 S.) Wien: Stülpnagel 1909. K 1.20

(Wenninger, Karl, Secondlieut. im k. 2. schweren Reiter-Reg.) Der Felddienst des Kavalleristen. 1. Hft. Leitfaden für den Unterricht des Kavalleristen im Felddienst. Mit Skizzen und (10) Beilagen. 2. Hft. Kurzes Lehrbuch für Unteroffiziere und Mannschaften der Kavallerie. Mit Skizzen und (5) Beilagen. (2 Bde.) 8. Berlin 1888.

Wenninger, K. Kriegsgeschichtl. Legenden und ihre Auflösung durch die neueste Forschung. München 1904. 19 S.

Wenninger, K. Europäische Strategie in Ostasien. München 1905. 7 S. 4°

— über Verlauf u. Ergebnis v. Reiterzusammenstößen. Ein offener Brief an alle noch leb. Zeugen v. Reiterkämpfen. (38 S. m. 1 Tab.) 8. Ebd. 909. 1.50
2 Sonderabdrucke aus: „Kavallerist. Monatshefte".

Wennisch, J., Der Donau-Oder-Kanal. 8°. (65 S.) K 1.40
Wien: Braumüller 1909.

Wennmohs, Franz Andr.

WENNMOHS, F. A. Über Gauner und über das zweckmäßigste vielmehr einzige Mittel zur Vertilgung des Übels. 1. (einziger) Teil. Güstrow 1823. 8°.

Wennmohs, Frz. Andr., über Gauner u. über das zweckmäßigste, vielmehr einzigste Mittel zur Vertilgung dieses Uebels. 1r Thl. oder Schilderung d. Gauners nach seiner Menge u. Schädlichkeit 2c. gr. 8. Berl. 824. Th. Enslin. 1 ℛ 16 ℊℊ

Wennonga, der Mohikaner-Häuptling. 1. Bd. (31 S.) gr. 8. Berlin (910). Verlagshaus f. Volksliteratur u. Kunst. — 10

Wennrich, [Aemilius Theofidus = Traugott]: * Rectene judicent illi historiographi ecclesiastici, qui contendunt medium quod dicitur aevum tempus esse tenebris prorsus obrutum, neque in eo quidquam inveniri, quod probari et laudari possit. 59 S. 4° (2°)
Halle-Wittenberg, Phil. Diss. v. 18. März 1871
Geb. [Neusalz (Kr. Freistadt, Schles.) 2. 11. 1837]

Wenn's regnet! Zur Unterhaltung in der Sommerfrische. (112 S. m. Abbildgn.) gr. 8. München (903). Braun & Schneider. n. 1. 50; kart. n. 1. 80

Wennsch, J. v., die Felda-Bahn. Ein Beitrag zur Lösung der Secundär-Bahnen-Frage. 4. (7 S.) Kirchberg 879. (Dresden, v. Zahn's Verlag.) *
Aus: Deutsche Allgemeine Zeitung, besonders abgedruckt.

Wennser, Johann Baptista. Copia Propositionis, so... Herr J' B' W'... an die Herren Häubter – Räthe – und gesambt Ehrsambe Gemaindten Lobl. hoch-rätischer Republic gethan den 19. Novemb. Anno 1706. 4. *o. O.*

(Wennser, Joh[ann] Bapt[ista].) Weitere Vorstellung Über das ienige, waß auf deß Kays. Herrn extraordinari Envoyé Antwort der in Chur versamblete so genante Jenner Congress replicieret hat. (Chur den 2. Aprill 1727.) 4. *o. O.*

Wennser, Johann Baptista. Abermahliger Vortrag Deß Kays. Extraordinari Abgesandten Herrn Johañ B' Wensers... An Die <tit.> Herrn Häupter einer Löbl. Rhaetischen Republic. (Schloß Ratzins den 27. Aprill 1727.) 4. *o. O.*

Wenrich, Joannes Geo., rerum ab Arabibus in Italia insulisque adjacentibus, Sicilia maxime, Sardinia atque Corsica gestarum commentarii. 8maj. Lipsiae 845, Vogel. n. 1⅔ ₰

Wenrich, Joh. Geo., Jak. Glatz, e. biograph. Skizze. gr. 12. (14½ B. u. G's. Bildn.) Wien 834, Heubner.

— de poeseos Hebraicae atque Arabicae origine, indole, mutuoque consensu atque discrimine commentatio praemio ornata. 8maj. ibid. 843. 2⅙ ₰

Wenrich, Joans. Geo., de auctorum graecorum versionibus et commentariis syriacis arabicis armeniacis persicisque commentatio, praemio ornata. 8maj. (21½ B.) Lipsiae 842, Vogel.

——, Joh. Wächter, als Mensch, als Diener d. Staates u. d. Kirche dargest. 8. (19¾ B.) Wien 831, (Heubner.)

Wens, Ferdinand [app. Arzt aus Bielefeld]: Ein seltener Fall von Parametritis... Tübingen, F. Pietzcker, 1892; 23 S. 8.
Tübingen, Med. Fak., Inaug.-Diss. v. 1892

Wens, Ferd. Ein seltener Fall v. Parametritis. Diss. gr. 8. (23 S.) Tüb. 892, A. Moser. * * — 70

WENSAUER, Heinrich (Dorfen): De variolis. (Titel nach der Urkunde)
5.8.1867 - Urk; F 71; Chr 1867/68,13
Diss.Ingolst.-Landsh.-Mchn.

WENSAUER, Joseph (Holzhof): De dysenteria, per aestatem et autumnum anni 1834 grassante in Provincia Bavariae Silvana.- Monachii: Giesser 1835. 12 S.
6.7.1835 - Urk; F 61
Diss. Ingolst.-Landsh.-Mchn.

WENSAUER, Simon (Schrobenhausen): (Titel nicht festgestellt)
21.7.1870 - F 72; Chr 1870/71,15
Diss. Ingolst.-Landsh.-Mchn.

Wensch, A. C. L., Jer. Marklandi Animadversionum in Bruti et Ciceronis epistolas ex Anglica in Latinam linguam translatarum in compendiumque redactarum I eaque grammatica. Gel. 1841. 86 S.

Wensch, W., De Aquila Romano. Gel. 1861. 9 S. 4°.

Wensch, Wilh., und Herm. Schmidt, Elementarbuch der griech. Sprache, s. Schmidt, Herm.

Wensch, Wlh. Fd., s. Ciceronis Paradoxa.

Wensch, Wilhelm Fr.

Wensch, Guil. Fr. De Prisciano P. Mosellani. 10 S. . .
Wittenberg, Progr. 1847

Wensch, W. F. Lexici Pliniani specimen. P. I. 21 S. P. II. 15 S. (Zu Plin. jun. Beide P. bis adeo.) . . . . . .
Wittenberg, Progr. 1837, 1839

Wensch, W. F. De Horatii Graecos imitandi studio ac ratione. Cum appendicula crit. 17 S. . . . .
Wittenberg, Progr. 1829

Wenschau [Schlagwort]

Wenschau, Hafen von, s.: **Seekarten.**

Wenschhof, Eduardus Guilielmus Theoph. Carolus
Theses quas gratiosi medicorum ordinis consensu et auctoritate pro summis in medicina et chirurgia honoribus rite obtinendis die 18.8.1831 ... publice defendet Eduard. Guil. Theoph. Car. Wenschhof, Lessa-Brunsuicensis.
Giessae: Lichtenberger 1831. 4 S. vorh. 7.
Dr. med. 9.4.1831.

Wenschke, Friedr., der letzte Titel vorn. — A. u. d. T.: Wurzeln, begraben im Gebiete d. Unregelmäßigkeit. 1834. Mundirt v. Joh. Aug. Zweck. 8. (8⅓ B.) Eisenberg 841, Schöne'sche Buchh. *

von der Wense, Vict. Fr. Ad., Handbuch für Küchen-Garten-Freunde. 8. Celle 800. 2e A. 801. Schulze. 14 gr

Wense, Wilhelm [aus Lüneburg]: Ueber Verbindungen des Guanidins mit Diketonen. — Ueber das Chinalizarin.... Erlangen, Druck d. Univ.-Buchdr. v. Junge & Sohn, 1887; 32 S. 8°
Erlangen, Phil. Fak., Inaug.-Diss. v. 1887

Ratzeburg von der Nordost-Seite. Nach d. Natur gez. v. **J. L. Wensel.** Lithogr. v. J. Tempeltey. Ratzeburg. o. J. 1 Bl. Imp.-Fol., 56/69,5 cm.

Wenser s. a. Wennser.

WENSER Ulrich von. 2. Sendschreiben an die Freundinnen des von Ihrer Magd den 10. Marz 1782 tödlich verwundeten Fräuleins von Stöckl. Von –. Groner, Wien (1782). 1 vol. 15 S.

Wensickendorf [Schlagwort]

Wensickendorf, s.: Mark.

Wensierski, J. v., Karte der Wasserstrasse von Magdeburg bis Frankfurt a. O. 1 : 100,000. 6 Bl. Lithogr. und color. qu. schmal Fol. Magdeburg 886, Rathke.
In Leinw.-Mappe * 6 —

Wensierski, J. v., Karte der Zucker-Fabriken und Raffinerien im deutschen Zollgebiete, zugleich Eisenbahn-Special-Karte von Deutschland. 1 : 1,000,000. Als neue Folge der Geyer'schen Karte der Zuckerfabriken entworfen und gezeichnet. 4 Bl. Chromolithogr. Imp.-Fol. Mit Adressbuch und Ortsweiser. 8. (30 S.) Magdeburg 883, Rathke. * 7 —
Auf Leinw. in Carton * ℳ 10.; **mit Stäben** * 10 —

Wensierski, J. v., Karte der Zuckerfabriken und Raffinerien im deutschen Zollgebiete, zugleich Eisenbahn-Specialkarte von Deutschland. Als neue Folge der Geyer'schen Karte der Zuckerfabriken entworfen und gezeichnet. 1:1,000,000. Neu revid. Ausg. Lithogr. Imp.-Fol. Magdeburg 888, Rathke. * 6 —
Verzeichniss dazu, s. S. 351: Rathke's, Alb., Bibliothek für Zucker-Interessenten.

Wensierski, J. v. Spezial-Karte vom Reg.-Bez. Merseburg. 1 : 200,000. 2 Blatt. Farbendr. gr. Fol. Magdeb. 890, (Rathke). * 6 —; auf Leinw. in Mappe od. m. Stäben * 9 —

Wensky, Hugo Coniectanea in Valerium Maximum. XVI S. Progr. Matth. G. *Breslau* 1879.

— Zu Valerius Maximus. S.-A. 1884. 16 S.

Went, Friedrich August Ferdinand Christian

Went, F. A. F. C., Untersuchungen üb. Podostemaceen. (III, 88 S. m. 12 Taf.) Lex. 8. Amsterdam 910. J. Müller. 6. —
Sonderabdr. a.: „Verhandelingen d. kgl. Akad. v. Wetenschappen te Amsterdam".

Went, K. Über einige melanokrate Gesteine des Monzoni (mit 1 Taf. und 6 Textfiguren) S. 112 [illegible] 1.30
Separatabdruck

Went, K., Über einige melanokrate Gesteine des Monzoni. [Aus den Sitzungsber. d. kais. Akad. d. Wissensch. in Wien.] Gr. 8°. (ill. 51 S. mit 1 Tafel) K 1.30
Wien: Gerolds Sohn 1903.

Went, K., über einige melanokrate Gesteine des Monzoni. (51 S. m. 6 Fig. u. 1 Taf.) gr. 8. Wien 903. (A. Hölder.) n. 1. 30
Sonderabdruck aus: „Sitzungsber. d. k. Akad. d. Wiss."

Went, Karl

Went, K. v., e. Urlaubsreise nach Griechenland u. der Türkei. gr. 8. (VII, 168 S.) Linz 889. Mareis. n. 3. —

Went, Karl v., e. Urlaubsreise nach Griechenland u. d. Türkei. 2., bill. (Titel-) Ausg. gr. 8. (II, 168 S.) Linz (889) 895. Darmstadt, Städtebilder-Verlag. n. 1. 50

Went v. Römö, Karl, ein Soldatenleben. Erinnerungen e. österreichisch-ungar. Kriegsmannes. (VII, 212 S.) gr. 8. W. Braumüller. n. 2. 50

Wente, H[einrich], Rev., aus Germaneus, Canada: **Beiträge zur Darstellung der psychologischen Anschauungen des Alten Testaments.** *Rostock 1902: Adler's Erben.* (29 S.) 8°
Rostock, Phil. Diss. v. [1. Okt.] 1902

Wentenschlegel, s.a. Wendenschlegl

Wentenschlegel, Ioh. Geo., de fideicommissis familiarum, in defectum masculorum, ad filias renuntiantes transmittendis etc. 8. Augsb. 747.

Wentenschlegel, Ioh. Geo., Processus judiciarius probatorialis ac reprobatorialis. 4. Pedep. (Wolf, Augsburg). 742. Rihle.

— — id. lib. 8. München, Lentner. 783.

Wentrup, Adolf, Gerichtsref. aus Lüdinghausen (Westfalen): **Der Gläubigerverzug im Bürgerlichen Gesetzbuch.** *Lingen 1899: R. van Acken.* (58 S.) 8° [J.]
Erlangen, Jur. Diss. v. 14. Febr. 1899

Wentrup, Adf., der Gläubigerverzug im bürgerl. Gesetzbuch. gr. 8. (V, 58 S.) Lingen 899. R. van Acken. 1. 20

Wentrup, Arnold, das preußische Gesinderecht unter Berücksicht. der durch das bürgerliche Gesetzbuch getroffenen Neuerungen in gemeinverständlicher Weise dargestellt. 3. Aufl. (40 S.) 8. Münster 909. Aschendorff. — 30

Wentrup, Arnold: Der Viehhandel nach dem BGB. Auf Veranlassung d. Westf. Bauernvereins bearb. von Arnold Wentrup, Ger.Ass. Münster i.W. [1900]: Der Westfale. (16 S.) 8°
(Bauer, Westfälischer. Jg 31, No 3, Beil.)

Wentrup, Franz, a. Ascheberg i. Westf.: **Beiträge zur Kenntnis der Saponine.** Straßburg i. E. 1908: Müh & Cie. (58 S., 1 Taf.) 8°
Straßburg, Math.-naturwiss. Fak., Ref. Schaer, Diss. v. 22. Febr. 1908
[Geb. 13. Dez. 77 Bispinghof b. Ascheberg (Westfalen); Wohnort: Gießen; Staatsangeh.: Preußen; Vorbildung: Gymn. Meppen, Vechta Reife f. Obersekunda 96; Studium: Freiburg i. B. 1, Gießen 2, Straßburg 5 S.]

Wentrup, Friedrich

Wentrup. Beiträge zur Kenntniß der Neapolitanischen Mundart. 27 S.
Wittenberg, Progr. 1855

Wentrup, F., Beiträge zur Kenntniss der neapolitanischen Mundart. gr. 4. (72 S.) Wittenberg 855, (Zimmermann'sche Buchh.) *

Wentrup, Frdr., Beiträge zur Kenntniß des sicilianischen Dialectes. 4. (40 S.) Halle 880. (Buchh. d. Waisenh.) n. 1. —

Wentrup, Fr., die Belagerung Wittenbergs im J. 1547. Nach den Quellen dargestellt. gr. 4. (24 S.) Wittenberg 861, Herrosé. *

Wentrup, Fr., zur Erinnerung an Hartmann Erasmus v. Witzleben. 4. (19 S.) Halle 879, (Buchh. des Waisenhauses.) *

Wentrup, F., und G. Stier, Reden aus dem Schulleben, s. Stier, G.

—— der Vesuv und die vulcanische Umgebung Neapels. Vortrag, gehalten zum Besten der innern Mission auf dem Rathhause zu Wittenberg den 29. Novbr. 1859. gr. 8. (35 S.) Wittenberg 860, Herrosé. *

Wentscher, Curt Wolfgang, s. Wentscher, Kurt Wolfgang

Wentscher, Elise, der Wille. Versuch e. psycholog. Analyse. (X, 189 S.) 8. Leipzig 910. B. G. Teubner. 2.40; geb. in Leinw. 2. 80

Wentscher, Else, das Kausalproblem in Lotzes Philosophie, s.a. Abhandlungen zur Philosophie u. ihrer Geschichte. 16. Hft.

Das Kausalproblem in Lotzes Philosophie von Else **Wentscher**. *Halle a. S.: M. Niemeyer 1903.* (VII, 66 S.) 8°
= Abhandlungen z. Philosophie u. ihrer Geschichte. 16. [03. 6938 S

Wentscher, Emil [cand. med. aus Rosenberg (Westpr.)]: Zur Diagnose der Mediastinaltumoren ... Würzburg, P. Scheiner's Buchdr., 1891; 35 S., 2 Taf. 8.
Würzburg, Med. Fak., Inaug.-Diss. v. 1891

Wentscher, Ernst

Wentscher, E: Maschinen der amerikanischen Druck-Jndustrie. Berlin 1897

Wentscher, Ernst, Schreibmaschinen, s.: Hoffmann, Alb.

Wentscher. E: Das Setzmaschinenproblem und seine Lösungen. Berlin 1890

Wentscher, Johannes *Max* [aus Culmsee (Westpr.)]: Beitrag zur Ätiologie und chirurgischen Behandlung der acuten eitrigen Pyelonephritis ... Greifswald, Buchdr. C. Sell, 1896; 32 S., 1 Bl. 8.
Greifswald, Med. Fak., Inaug.-Diss. v. 15. Apr. 1896

Wentscher, Kurt Wolfgang

Wentscher, Curt Wolfgang, appr. Arzt: Aus d. 1. Inn. Abt. u. d. medico-mechan. Inst. d. Berliner Rudolf Virchow-Krankenh. Ueber die mechanische Behandlung von Asthma bronchiale und Emphysem. Leipzig 1909: Georgi. 49 S. 8°
Leipzig, Med. Diss. v. 1. Mai 1909, Ref. Curschmann
[Geb. 28. Aug. 78 Bischofswerder; Wohnort: Charlottenburg; Staatsangeh.: Preußen; Vorbildung: Gymn. Thorn Reife O. 98; Studium: München 1, Göttingen 4, Leipzig 4. Würzburg 8 S.; Coll. 13. Mai 09; Approb. 17. Mai 07.] [U 09. 4901

Wentscher, Max, Einführung in die Philosophie, s.a. Sammlung Göschen.

Einführung in die Philosophie von Dr. Max **Wentscher**, Prof. Neudr. Leipzig: Göschen 1907. 174 S. 8°
(Sammlung Göschen. 281.) [10. 14916 11

Wentscher, Max: Einführung in die Philosophie. 2. Neudr. Leipzig 1911. 8°
[1. Aufl. 1906.]

Wentscher, Max, Ethik. 1. Thl. gr. 8. (XII, 368 S.) Leipzig 902. J. A. Barth. n. 7.—; geb. in Halbleinw. n. 8.50

— Ethik. II. Thl. (XII, 396 S.) gr. 8. Leipzig 905. J. A. Barth. n. 9.—: geb. n. 10. 50
I. Thl. Ebd. 902. n. 7. —; geb. n. 8. 50.

Wentscher, Max [aus Graudenz]: Lotze's Gottesbegriff und dessen metaphysische Begründung ... Halle a. S., Hofbuchdr. v. C. A. Kaemmerer & C., 1893; 91 S., 1 Bl. 8.
Halle, Phil. Fak., Inaug.-Diss. v. 27. Juli 1893

Wentscher, Max, Lotze's Gottesbegriff u. dessen metaphysische Begründung. Ein Beitrag zur Charakteristik der Lotze'schen Weltanschaug. gr. 8. (91 S.) Halle 893. C. A. Kaemmerer & Co. n. 1. 50

Wentscher, Max, üb. physische u. psychische Kausalität u. d. Prinzip d. psycho-physischen Parallelismus. gr. 8. (X, 122 S.) Leipzig 896. J. A. Barth. n. 4. —

Ueber den Pessimismus und seine Wurzeln. Akad. Antrittsrede geh. am 30. Januar 1897 v. Dr. phil. M[ax] Wentscher. *Bonn: Röhrscheid & Ebbecke 1897.* (27 S.) 1 Bd 8. [97. 2497

— **Das Problem der Lebensfreiheit, s.a. Hefte zur Christlichen Welt.**

Wentscher, Max: Das Problem der Lehrfreiheit. Von Dr. Max Wentscher, Prof. in Königsberg. Tübingen: J. C. B. Mohr 1907. (24 S.) 8°
(Hefte zur Christlichen Welt. H. 60.)

Wentscher, Max, das Problem der Willensfreiheit bei Lotze. gr. 8. (46 S.) Halle 902. M. Niemeyer. n. 1. 20
Sonderabdruck aus: „Philosoph. Abhandlgn. Gedenkschrift f. Rud. Haym".

Wenture, (Raulik), Kazania czyli rozprawy duchowne o rozumie filozoficznym i o rozumie katolickim. Z francuzkiego na polskie przetłomaczone przez M. J. gr. 8. (420 S.) Leipzig 855, Librairie étrangère.

Wenturini, J., höchst einfache, kompendieuse, an jed. Kutsche ꝛc. u. überh. an jedem Fuhrwerk mit wenig Kosten anzubring. Erfind. das Durchgehen d. Wagenpferde zu verhind. 8. Leipz. Joachim. 805.

Wentwort, K., Gesch., in einer Reihe v. Briefen, a. dem Engl. 8. Nürnb. Monath. 776. — 16

Wentworth, Alice. Aus dem Engl. von J. Ziethen. 3 Bde. Leipzig 854. Kollmann. 8. (232; 205; 190 S.) 2 ₰.

Wentz, s.a. Wenz.

Wentz, Gewichts-Tabelle des preuss. Geldes 1843. Fol. (Potsdam 844, Stuhr'sche Buchh.)

Wentz, die Thätigkeit des praktischen Arztes bei Psychosen. gr. 8. (19 S.) München 899. [Seitz & Schauer.] Verlag d. ärztl. Rundschau. n. — 60
Sonderabdruck aus: „Aerztliche Rundschau".

Wentz, Christian Friedrich (Karlsruhe) F, zh/24

Dissertatio inauguralis medica de deglutitionis mechanismo.
Erlangen (Kunstmann) (16.) I. 1790. 31 S.

36341

Ueber die Stiftung und Entwicklung der unter Konstitution der Grossen National-Mutterloge zu den drei Weltkugeln arbeitenden St. Johannisloge Johannes zum Wohl der Menschheit i. O. Salzwedel. Zur Feier des hundertjährigen Bestehens der Loge am 3. Juni 1902 gezeichnet von E. O. **Wentz.** [Salzwedel 1902.] 53 S. 2 Taf. [Umschlagtit.]
cf. Bbl. 17 (1903) S. 133—134 (G. Diercks).

Wentz, G., **C. Lintner, H. Eichhorn,** der Kugeltorf. Freising 867. Datterer. gr. 8. (III, 82 S. mit 1 Holzschntaf.) 15 *ngr.*

Wentz, J., Familienbuch. Frankfurt a. M. 1874. Nicht im Handel.

Wenz, Jh. Geo. II., († im Juli 1798.) prakt. Bemerkk. üb. das Forstwesen, ingleichen von Einweidung des Viehes u. Hegung des Wildes. 8. Nürnb. 792. Bauer u. M. 5 ₰

Wenz, J. C., prakt. Bemerk. üb. d. Forstwesen, ingleichen v. Einweidung d. Viehes u. Hegung d. Wildes. 8. Nürnberg, Raspe. 792.

Wentz, Jh. Geo. I., Comment. exeg. in Luc. XII, 35. 36. 4. Biponti 766.

Wentz, Jh. Geo. I., († im Nov. 1788.) Diss. epist. ad Herm. Venema, exhibens brev. historiam controversiae, ob divulgatum nuper Heumanni opus posthumum nunc agitari coeptae. 4. Biponti 765.

— symbolae historico-ecclesiastico-litterariae praesertim statum ecclesiarum Bipontinarum vicinarumque regionum inde a tempore reformationis illustrantes. Fasc. I. 8. Pirminishusae 777.

— vita et merita Jo. Carol. Obermanni. 4. Bip. 767.

Wentz, Jul., Kirche u. Schule in Gefahr. Offener Brief für alle Eltern, denen das Wohl ihrer Kinder am Herzen liegt. gr. 8. (22 S.) Cöslin 848, Hendeß in Comm. n. 1/6 ₰

Wentz, Jul., biblischer Volksschul-Kalender für Schulpfleger und Schullehrer. Lehrplan zur Betreibung der bibl. Geschichte in Verbindung mit Bibel, Katechismus, Gesangbuch. gr. 8. (64 S.) Cößlin 848, Hendeß. *

Wentz, Karl L., s. Viborch, Karl, Anweisung zur richtigen Behandlung des Beschälers.

Wentz, Leopold

Wentz, L., die Anatomie des Pferdekörpers in ihrer praktischen Anwendung auf die äussere Form des lebenden Thieres bildlich dargestellt und beschrieben. Ein Handatlas der wissenschaftlich prakt. Pferdekenntniss. qu. Imp.-Fol. (7 Chromolithogr. und 11 S. Text.) Carlsruhe 869, Creuzbauer's Verlag. *

Wentz, Leop., das Pferd und seine äußeren Theile in normalem wie in abnormem Zustande. Naturgetreue Abbild. mit erläut. Texte als prakt. Anleitung zur richt. Beurtheilung des Thieres in Bezug auf seinen Gebrauchszweck. 2 Thle. Lex.-8. Carlsruhe 866, Veith. *

Inhalt:

Thl. 1. Die äußeren Theile des Pferdes mit den daran vorkommenden Fehlern und krankhaften Veränderungen. (113 Abbild. nach der Natur auf 30 [lithogr.] Blättern.) (IV und 99 S.) * 2 Thlr. 7½ Ngr.

• 2. Das Pferd, seine Stellungen und Bewegungen mit den darin vorkommenden Mängeln. (32 Abbild. auf 22 [chromolithogr.] Blättern.) (VII und 74 S.) * 1 Thlr. 22½ Ngr.

Wentz, Ludwig: Ad quamquam certitudinem veritates morales perscrutanti pervenire liceat? (Resp.: Joh.Rudolf Burckhardt). 7 S.
Basel, Jur.Diss.v. 1.März 1734.

Wentz, Edw., (†1776.) demonstrative Einleitung zur gemeinen prakt. Rechenkunst. 8. Basel 748. N. A. 774. Thurneisen. 2 [illegible]

Wentz, Ludwig: De justitia in genere. (Resp.: Lukas Burckhardt). 7 S.
Basel, Phil.Diss.v. 1.Juni 1742.

Wentz, Ludwig: De pactis. (Resp.: Philipp Jakob Dienast). 7 S.
Basel, Phil.Diss.v. 31.Mai 1743.

Wentz, Ludwig: De remediis quibus existente pluralitate votorum ad sententiam pervenitur. 31 S.
Basel, Jur.Diss.v. 16.Juli 1720.

Wentz, Ludwig [Praes.], s. Ryhiner, Johann Heinrich: Structurae artificiosae machinae Lahireanae, eclipsium (solis) et (lunae) scrutionio aptae, ratio et emendatio. Cum annexis ex variis matheseos partibus desumtis.

Wentz, Ludwig: Theses juridicae. 7 S.
Basel, Jur.Diss.v. 25.Mai 1731.

Wentz, M. F. B., ausführl. Berechnung aller Münzsorten, nach d. Werthe, in welchen sie in d. königl. preuß. Kassen angenommen werden mussen, nebst den gesetzlichen Bestimmungen dieserhalb, u. einer ausführl. Tabelle rc. 4. Köln 819. Rommerskirchen. 18 Sgr.

Wentz, (M. F. B.,) Repertorium d. neuern preuß. Landesgesetze v. 1806 bis 1826, in alphabet.-chronolog. Ordnung. gr. 4. Potsdam 827, Horvath.

— **Vergleichungstabelle d. preuß. Münze den Thaler zu 24 Groschen mit d. Thaler zu 30 Groschen gerechnet u. umgekehrt. 4. Köln 822. Rommerskirchen.** 5 Sgr.

— **Vergleichungstabelle d. kölnischen Reichsthaler u. Stüber in Thaler, Silbergroschen u. Pfennigen preußisch. 4. Köln ... Rommerskirchen.** 5 [illegible]

Wentzcke, Paul, aus Koblenz: **Johann Frischmann, ein Publizist des 17. Jahrhunderts.** *Straßburg 1904: M. DuMont-Schauberg.* (VIII, 161 S.) 8°
Straßburg, Phil. Diss. v. 1904

Wentzcke, Paul, Johann Frischmann, e. Publizist des 17. Jahrh. (VIII, 163 S.) gr. 8. Straßburg 904. W. Heinrich. n. 4.—

Wentzcke, Paul, Geschichte der Stadt Schlettstadt, s.a. Studien, Tübinger, f. schwäbische u. deutsche Rechtsgeschichte. II, 3.

Geschichte der Stadt Schlettstadt. Von Dr. Paul **Wentzcke**. Zur Geschichte d. peinlichen Prozesses in Schwaben im späteren Mittelalter. Ellwanger Halsgerichtsordnung von 1460. Von Karl Otto Müller, Ravensburg. Tübingen: Laupp 1910. 79 S. 8°
(Tübinger Studien f. schwäb. u. deutsche Rechtsgeschichte. Bd 2, H 3.) 10. 9115

— **s.a. Regesten der Bischöfe v. Strassburg.**

Regesten der Bischöfe von Strassburg bis zum Jahre 1202. Von Paul **Wentzcke**. Innsbruck: Wagner 1908. (S. XIX–XXVII, 211–416.) 4°
= **Regesten** d. Bischöfe von Straßburg. Bd 1, T. 2. 08. 17356 2

— **Register, s.: Zeitschrift, historische.**

Wentzel, der Fahrstuhlführer, s.: Generlich.

[Gedicht u. Lieder.] Johannes-Fest 1837 unserm [Br.] v. Fritsch und v. Müller und Schwabe die Loge Amalia [in Weimar]. [Unterz.:] [Karl Aug.] Holzapfel und **Wentzel.** [Weimar 1837.] 2 Bl. 8° [Kopftit.]
Gedicht mit Liedereinlagen.

Wentzel, Kalendarium f. d. J. 1909 zum Taschenbuch f. die mittleren Justizbeamten Preußens. (2. Aufl. des gleichnam. Buches v. Wentzel u. Frauböse.) (104 S.) kl. 8. Breslau (908). J. U. Kern. —55

— **Der monatliche Kassenabschluß einschließlich der Anfertigung des Überweisungsauszuges. Nach der Kassenordng. f. die Justizbehörden vom 28. III. 1907. [Aus: „Taschenb. f. die mittl. Justizbeamten Preußens".] (15 S.) kl. 8. Ebd. 907.** —35

Wentzel: Ueber den sogenannten absoluten Nominativ der Participialconstruction. Zs.88 S. Gr.Glogau kth. 1856,57. **Progr.**

Wentzel u. **Frauböse**, Taschenbuch f. die mittleren Justizbeamten Preußens. Mit e. auswechselbaren Kalendarium. (159 u. 111 S.) kl. 8. Breslau 907. J. U. Kern. Geb. in Leinw. n. 2.—

Taschenbuch für die mittleren Justizbeamten Preußens. Mit e. auswechselbaren Kalendarium. Von Amtsger.Sekr. **Wentzel** (in Altona). (2. Aufl. d. gleichnamigen Buches von Wentzel u. Frauböse.) Breslau: J. U. Kern 1908. 2 Bde 8° [F.] 08. 3721

— **Taschenbuch f. die mittl. Justizbeamten Preußens. 3. Aufl. (224 u. 72 S.) kl. 8. Ebd. 909. Geb. in Leinw. 2. 25**

Wentzel, Taschenbuch f. die mittleren Justizbeamten Preussens. 3. Aufl. (224 u. 72 S) kl. 8. Breslau, J. U. Kern. 1910. Geb. in Leinw. 2. 25.

Wentzel, A., und C. Klose, die preußische Konkursordnung vom 8. Mai 1855, die Gesetze vom 8. und 9. Mai 1855 betr. die Einführung derselben und die Befugniß der Gläubiger zur Anfechtung der Rechtshandlungen zahlungsunfähiger Schuldner außerhalb des Konkurses und die Verordnung vom 4. Juni 1855 betr. die im Konkurse und erbschaftl. Liquidationsprozesse zu erhebenden Gerichtskosten, mit den Materialien zusammengestellt und für die Anwendung erläutert. gr. 8. (VIII und 618 S.) Berlin 855, Duncker und Humblot. *

Wentzel, A., Themen aus den verschiedenen Gebieten der Pädagogik, nebst Dispositionen und Winken zu ihrer weiteren Ausführung für Lehrer. 8. (VIII, 92 S.) Langensalza 884, Schulbuchh. von Greßler. *

Wentzel, A., Zeitfragen auf dem Rechtsgebiete. 1. Hft. gr. 8. (8 B.) Halle 842, Mühlmann. *

Wentzel, Albert [approb. Arzt aus Rosenfeld]: Casuistische und statistische Beiträge zur Lehre von den Trommelfell-Rupturen . . . . Göttingen, Druck v. Louis Hofer, 1888; 48 S. 8°
Leipzig, Med. Fak., Inaug.-Diss. v. 1888

Wentzel, Albert, casuistische und statistische Beiträge zur Lehre von den Trommelfell-Rupturen. Diss. Leipzig 1888, Gustav Fock. 8°. 48 S.

Wentzel, August

—— Ergänzung des Strafgesetzbuchs für die preuß. Staaten, s. Ergänzung.

— s. Ergänzungen u. Erläuterungen der preuß. Rechtsbücher.

Wentzel, Aug., der Preuß. Mandats-, summar.- u. Bagatell-Prozeß, nach d. Verordn. v. 1. Juni 1833; prakt. erläutert u. in Beispielen dargest. 3 Hfte. gr. 8. (32 B.) Breslau 833, Max u. Komp.

—— die Ministerial-Erläuterungen zur Verordn. v. 1. Juni 1833 u. Instruction v. 24. Juli 1833 üb. d. Mandats-, summar.- u. Bagatell-Prozeß rc. gr. 8. (6 B.) Breslau 834, Max u. Komp.

Wentzel, A.: Das jetzt bestehende Provinzial-Recht des Hertzogthums Schlesien und der Grafschaft Glatz. Im Auftr. des Justizministers v. Kamptz ausgearb. 2 Bde
Th. [1.] Breslau 1839.
" 2. Lokalrecht. [Nebentit.:] Wentzel, A. u. Wentzel, J.: Das jetzt bestehende Lokal-Recht des Herzogthums Schlesien und der Grafschaft Glatz. Breslau, Ratibor u. Pleß 1840.

Wentzel: Skizze des Schlesischen Lokalrechts. Berlin 1838.

Wentzel, A., das preuß. Straf-Recht aus d. jetzt gelt. gesetzl. Bestimmungen in fortlauf. Texte zusammengestellt. gr. 8. (31 3/4 B.) Breslau 837, Max u. Komp.

Wentzel, A., das Centrum u. meine politische Stellung als Abgeordneter der Wahlkreise Ratibor u. Cosel in der aufgelösten Zweiten Preuß. Kammer. gr. 8. (IV u. 88 S.) Breslau 849, Max & Co. 3/8 ℛ

Bericht über die Feier der Einweihung des neuen Logenhauses in Freiburg i. B. verbunden mit der Feier des 90jährigen Bestehens und dem Johannisfeste der dortigen Loge zur edlen Aussicht am 27. Sept. 1874. [Im Auftr. der Loge verf. von C. **Wentzel.**] Freiburg i/Br. [1874]: Poppen & S. 40 S. 8° [Umschlagtit.] (Mitt FrbB. 20.)
Tt. 470.

Wentzel, C. A., s. Wentzel, Karl Albert

Wentzel, Carl, s. Wentzel, Karl

Wentzel, Carl Albert, s. Wentzel, Karl Albert

Wentzel, Eduard

Wentzel, E., Ueber Demosth. Olynth. I, § 24. — Plato Phil. 12, B. — Thucyd. II. 98. Gel. 1861. 4 S.

Wentzel, Ed. Über den Gebrauch der Partikel τέ bei Homer. Untersuchungen über die Sprache des Homer. Fasc. III. Thl. I. 32 S. . . . .
Glogau, kath., Progr. 1847

Wentzel: Ueber einige besondere Gebrauchsweisen der Negationen in der griechischen Sprache. 10 S.-- Gr.Glogau kth., Progr. 1867.

Wentzel, Eduardus *(geb. Glogau 25. 2. 1803)*: De genitivis et dativis linguae Graecae, quos absolutos vocant. Vratislaviae (1828). (VI, 58 S.) 8° *[Im Buchhandel 1828 bei Max & Ko. in Breslau. — Verf. erlebte die Diplomerneuerung 1878 als Gymn.-Dir. a. D. in Glogau, vgl. Anh. Nr 310.]*
Breslau, Phil. Diss. v. 15. März 1828

Wentzel, Ed.: Über die scheinbar überflüssige Hinzufügung der Negation *ου* in der Redeweise *μαλλον η ου* . 14 S.-- Gr.-Glogau kath. G., Progr. 1871.

Wentzel, Ed. Nachtrag zu der Lehre über μή οὐ mit dem Participium und über μή οὐ mit dem Infinitiv. 30 S. . .
Glogau, K., Progr. 1843

Wentzel, E. De particulis μή οὐ participio praefixis. 39 S. . .
Oppeln, Progr. 1832

Wentzel, Ed. Ueber die sogenannte Participialconstruction der griechischen Sprache. 46 S.
Glogau, kath., Progr. 1856

Wentzel, Ed., über die sogenannte absolute Participialconstruction der griechischen Sprache. 1. Abth., enthltd. die Abhandlung über den sogenannten absoluten Nominativ der Participialconstruction und zwar: Einleitung. Die bedinglichen u. causalen s. g. absoluten Nominative. Glogau 857. Flemming in Comm. gr. 4. (42 S.) n. 15 ngr.

Ders. Qua vi posuit Homerus verba πέλω, πέλομαι, πωλέομαι, νωμάω, στρωφάω, πωτάομαι, τρωχάω, τρωπάω, πτώσσω. (Quaest. de dict. Homerica Fasc. II.) 27 S. . . . .
Glogau, k., Progr. 1840

Wentzel, E. Qua vi posuit Homerus verba, quae in θω cadunt. Quaest. de dictione Homer. Fasc. I. 42 S. . .
Oppeln, Progr. 1836

Wentzel, Edu., qua vi posuit Homerus verba, quae cadunt in ΘΩ, quaestiones de dictione Homerica. Fasc. I. 4. (4 1/4 B.) Vratislaviae 837. Leuckart.

Wentzel, E. De praepositionum tmesi ap. Herodotum. 32 S.
Oppeln, Progr. 1829

Wentzel, Ed. St. Untersuchungen über die logarithmische Spirale. 24 S. u. 5 Taf. 8. Progr. G. *Böhm. Leipa* 1879.

[F.] **Wentzel**, Emil [Oberl.]: Die Schulfragen und der altsprachliche Unterricht. Landeshut, Schnellpressendr. v. Th. Schimoneck, 1892; 3—19 S. 4.
Landeshut, RG, OP 1892 (215)

Wentzel, *Paul Otto Heinrich* Ernst [aus Breslau]: Ueber die Bildung von Azokörpern vermittelst der drei isomeren Diazobenzoësäuren ... Berlin, A. W. Schade's Buchdr., 1895; 22 S., 1 Bl. 8.
Giessen, Phil. Fak., Inaug.-Diss. v. 1895

Wentzel, Fr., u. F. Paech, photographisches Reise-Handbuch. Ein Ratgeber f. die photograph. Ausrüstg. u. Arbeit auf Reisen. Mit vielen Abbildgn. im Text u. e. Negativ-Register. (VIII, 208 u. 16 S.) kl. 8. Berlin 909. G. Schmidt. Geb. in Leinw. 3. —

Wentzel, Friedrich August, s. Wenzel.

Wentzel, Fritz: Beiträge zur optischen Sensibilisation der Chlorsilbergelatine. 1908. 117 S. 8° ¶ Ausz. in: Zeitschrift f. wiss. Photographie, Photophysik u. Photochemie. Bd 7. 1909.
Berlin, Dr.-Ing.-Diss. v. 17. 7. 1908

Wentzel, Georg

Wentzel, G., Beitr. zur Gesch. der griech. Lexikographen. Akad. 1895. 11 S. 4°. 1.20

Wentzel, Georgius [Oppoliensis]: Ἐπικλήσεις θεῶν sive de deorum cognominibus per grammaticorum graecorum scripta dispersis ... Gottingae, typ. expr. L. Hofer, 1889; 3 Bl. + 9 + 18 + 12 + 4 + 34 + 27 + 44 S. + 1 Bl. 8°
Göttingen, Phil. Fak., Inaug.-Diss. v. 25. Nov. 1888

Wentzel, Geo., de grammaticis graecis quaestiones selectae. I. Ἐπικλήσεις sive de deorum cognominibus per grammaticorum graecorum scripta dispersis scripsit G. W. gr. 8. (VI, 9; 13, 12, 4, 34, 27 u. 65 S.) Göttingen 890. Vandenhoeck & Ruprecht. n. 3. —
Berichtigung der Angabe in Bd. XXVI unter Wenzel, G.

Wentzel, Georg [aus Pillnitz (Kgr. Sachsen)]: Ein Fall von Dystrophia muscularis progressiva juvenum mit Gesichtsbeteiligung ... Berlin, C. Vogts Buchdr., *1894*; 29 S., 1 Bl. 8.
Berlin, Med. Fak., Inaug.-Diss. v. 11. Mai 1894

Wentzel, G., Zu den atticistischen Glossen in dem Lexikon d. Photios. S.-A. 1895. 18 S. —.75

Wentzel, G., Hesychiana. S.-A. 1898. 37 S.

Wentzel, G., Ein Pindar-Scholion u. ein Philostratisches Gemälde. S.-A. 1890. 15 S. —.75

—— **Die Göttinger Scholien zu Nikanders Alexipharmaka.** gr. 4. (95 S.) Gött. 892, Dieterich's Verlag. * 12 —
Aus: Abhandlgn. d. k. Gesellsch. d. Wiss. zu Göttingen, besonders abgedr.

Wentzel, Geo., d. griech. Uebersetzg. d. viri inlustres d. Hieronymus, s. a. Texte u. Untersuchungen zur Geschichte d. altchristl. Litteratur, XIII, 3.

Wentzel, G., Die griech. Uebersetzung der Viri inlustres d. Hieronymus. S.-A. 1895. 63 S. 1.25

Wenzel, H., und K. Viohl, des Kindes Lust und Freude, s. Viohl, K.

Wentzel, Hans v.: Charlotte v. Boyen, s. Runkel, Ferd.

— **Dämonen. Schauspiel in 4 Akten. (Bibliothek moderner Dramen.)** (142 S.) 8. Berlin-Ch. (907). Vita. 2. —

— **Epauletten**, s.: Erzählungen, 1001, f. Jung u. Alt.

Wentzel, Hans v., das Fähnrichsherz, s.: Eckstein's Miniatur-bibliothek. Nr. 88.

— **die Stärkere.** Roman. (254 S.) 8. Berlin 905. C. Freund. n. 3. —

— **nach Tisch in Sans Souci**, s.: Universal-Bibliothek.

Wentzel, Heinrich Wilhelm Friedrich (Treffurt) A. S. 605/4a

Dissertatio juridica inauguralis de praecipuis vasalli juribus circa feudum.
Präs. Hieronymus Friedrich Schorch.
Erfurt (Hering) 6. XI. 1748. 16 S.
36343

Wentzel, Hellmuth, Referendar: Die Entwickelung der Bekenntnisfreiheit in Brandenburg-Preußen und ihr heutiger Stand. Stettin 1909: Hessenland. VI, 144 S. 8°
Münster, Rechts- u. staatsw. Diss. v. 6. Mai 1909, Ref. v. Savigny, Rosenfeld.

Wentzel, Hermann, Medizinalprakt.: Aus d. Psychiatr. u. Nerven-Klinik d. Univ. Kiel. Beitrag zur Lehre von der Astasie und Abasie. Kiel 1908: Fiencke. 28 S. 8°
Kiel, Med. Diss. v. 9. Febr. 1909, Ref. Siemerling
[Geb. 2. April 82 Berlin; Wohnort: Gr. Lichterfelde; Staatsangeh.: Preußen; Vorbildung: Gymn. Gartz a. O. Reife M. 02; Studium: München 2, Berlin 1, Freiburg i. B. 2, Kiel 1, Berlin 2, Kiel 1 S.; Coll. 21. Jan. 08; Approb. 1. Febr. 07.] [U 09. 2296

Viro illustrissimo atque doctissimo Augusto Stinner gymnasii regii Oppoliensis directori emerito ... summos in philosophia honores ante quinquaginta annos rite collatos ea qua par est observantia congratulatur Philomathia Oppoliensis die XX. m. Mart. a. MDCCCLXXX. Accedunt commentationes HERMANI WENTZEL et AUGUSTI GRABOW. Oppolii 1880. Typis Erdmanni Raabe. 8°.

Wentzel, Herm., Goethe in Schlesien. 1790. Ein Beitrag zur Goethe-Literatur. 2. (Titel-)Ausg. gr. 8. (III, 80 S.) Oppeln (867)69, Clar.

Wentzel, Herm., de Juba metrico. Part. I. 4. (17 S.) Oppeln 881. (Breslau, Koebner.) n. 1. —

Wentzel, H.: De Probo artifice latino. Oppeln 1867.
Schul-/Univ.-Schrift

— Quaestiones metricae. Ebend. 864. Lex.-8. (17 S.) 7½ ngr.

Wentzel, Hermanus *(geb. Oppeln 29. 12. 1831)*: Symbolae criticae ad historiam scriptorum rei metricae Latinorum. Vratislaviae 1858. (VI, 71 S.) 8°
Breslau, Phil. Diss. v. 30. Juli 1858

Wentzel, Herm. u. Edm. Francke, Uebungsbuch zum Uebersetzen aus dem Deutschen in's Französische f. die oberen Klassen höherer Lehranstalten. gr. 8. (IX, 204 S.) Leipzig 875. Teubner. 2. 40

Wentzel, Hermann [Pomeranus]: **De infinitivi apud Iustinum usu. Berolini, M. Rüger, 1893; 72 S. 8.**
Rostock, Phil. Fak., Inaug.-Diss. v. [27. Juli] 1893

Wentzel, Herm., de infinitivi apud Iustinum usu. gr. 8. **(72 S.) Berlin 893. M. Rüger.** n. 1. 20

Wentzel, Hermann Oskar Johann, s. Wentzel, Johann

Wentzel, J., e. Beitrag zur Mechanik der Explosionen, s.: Mach, E.

Wentzel, J., s. Confession, die Augsburgische.

Wentzel, J., die augsburgische Konfession, s. Konfession.

Wentzel, James O., approb. Arzt aus Berlin: Aus d. Physiol. Institute d. Universität Rostock. Beiträge zur Electrophysiologie des Herzens. *Rostock 1902: H. Winterberg.* (49 S.) 8°
Rostock, Med. Diss. v. [10. Apr.] 1902

Wentzel, Immanuel Gottlieb (Friedeberg/Nmk.) A. S. 569/50

Dissertatio iuris gentium de caussis belli pro aliis suscipiendi. Präs. Joachim Georg Daries. Frankfurt/O. (Winter) III. 1769. 28 S.

W. v.: Präs., Wilhelm Christoph Pentz (Opp.), G. L. A. von Münchow (Opp.), A. I. Schulz (Opp.). 36344

Wentzel, Johann

Wentzel, (Herm. Osc.) Ioan. (geb. Haselberg in d. Mark 23. 12. 1848): De oneribus realibus quae vocantur. Berolini (1870). (97 S.) 8°
Berlin, Jur. Diss. v. 21. Dez. 1870

Wentzel, Joa., de oneribus realibus quae vocantur. Dissertatio inauguralis. gr. 8. (97 S.) **Berlin 870. (Puttkammer & Mühlbrecht.)** n. 1. 50

Wentzel, Johann Christoph

Wentzel, Johann Christoph, Geistliches // Brand=Opffer /// bestehend // in einem Vorrath // Christlicher ARIEN, // Nach Anleitung gewisser Bi= //blischer Sprüche auff alle Sonn= // und Fest=Tage des gantzen Jah= //res gerichtet. // Zur Ehre GOttes abgefasset // von // Joh. Christoph Wentzeln / D. // des Altenb. Gymn. Direct. // und // Zur Beförderung andächtiger Kir= //chen=Music in geringe Composition // gebracht // von // Hanns Jacob Gretselln /// der Zeit Organisten zu Dohna. // PIRNA /// druckts Georg Balthasar Ludewig. -95 S.
B. S. T. 8°.771.

- - , Geistliches // Brand=Opffer /// bestehend // in einem Vorrath // Christl. ARIEN, // Nach Anleitung gewisser // Biblischer Sprüche / auff alle // Sonn= und Fest=Tage des gan= //tzen Jahres gerichtet /// Zur Ehre GOttes abgefasset von // Joh. Christoph Wentzeln / D. // des Altenb. Gymn. Direct. // und // Zur Beförderung andächti= //ger Kirchen=Music in geringe // Composition ge= //bracht // von // Hans Jacob Gretselln /// der Zeit Organisten zu Dohna. // PIRNA /// druckts Georg Balthasar Ludewig /// Anno 17o7. - 1o6 S. und 1 Blatt (nicht paginiert) Register.
B. S. T. 12°.17o/1.

— eloquentia nova antiqua. 8. Altenb. Richter, 712.

- - , Der unerkandte // JESUS // zu // Christlicher Vorbereitung // auf das // Heilige // Weyhnacht= //Fest /// von der studirenden Jugend // in Zittau // den 21. Decembr. 1718. // in einem kurtzen // DRAMATE // vorgestellet // unter der Anstalt // D. Johann Christoph Wentzels /// Gymn. Direct. // Budißin / verlegts David Richter. 1719. - 94 S.
B. S. T. 8°.77o/2.

Wentzel, Johann Christoph, JOH. CHRIST. Wentzels / D. // GYMN. ALTENB. DIRECT. // Lorbeer=Hayn // Oder // Poetischer Vorraht // Von // Verschiedenen teutschen // Poematibus // Welche bey PROMOTIONEN, An= //tritt der Ehren=Aemter / Geburts= und // Nahmens=Tagen / u. s. w. // Meistens im Nahmen anderer ver= //fertiget worden. // JENA /// Verlegts Johann Bielcke. // Gedruckt mit Nisiischen Schrifften. ANNO 17oo. - 8 Blatt (nicht paginiert) Titelblatt und Vorrede. - 589 S.
B. S. T. 8°.769/3.

— histor. Redner, worinnen aus allen histor. Theilen Joh. Hübners d. merkwürd. Begebenh. applicirt werden. 8. Lpz. Gleditsch. 711.

Wentzel, Johann Christoph, D. Joh. Christ. Wentzels, // Gymn. Zittau. Directoris // Altenburgisches // Rosen=Gebüsche // oder // Vorrath // vermischter Gedichte, // welche ehemahls // bey vorfallender // Traur= und freudiger Gelegenheit // in Altenburg // verfertiget worden, // Auff Verlangen vornehmer Gönner // und Freunde an das Licht gestellet. // Budißin, // Verlegts David Richter, Buchh. // 1719. - 7 Blatt (nicht paginiert) Titelkupfer, Titelblatt und Vorrede. - 384 S. und noch 1 Blatt (nicht paginiert) Errata.
Auf dem vordern Einbanddeckel steht in Golddruck:
JO. GOTTL. GRINLER.
EDENB. HUNGAR.
SOCIET. PHILOTEUT.
POETICAE.
D. D. D.
1 7 2 4.
B. S. T. 8°.77o/1.

D. JOH. CHRIST. Wentzeln // Cedern=Wald // Meistens // Auf Durchlauchtige // Und andere hohe Persohnen // gerichtete // POEMATA // in sich haltend. // Dem als ein Anhang beygefüget // Das Geistliche Brand=Opffer // in Christlichen ARIEN auf alle Sonn= und Fest= //Tage bestehend. // JENA /// Bey Joh. Felix Bielcken /// 1714. Titelkupfer, Titelblatt, 462 S. und noch 7 Blatt (nicht paginiert) Register.
Auf dem vordern Einbanddeckel steht in Golddruck:
A. G. R.
COLLEGIO POET.
GORL:
SACRUM ESSE
VOLUIT.
1719.
B. S. T. 8°.769/1.

Wenzel, Joh. Chr., Cedernwald. 8. Jena, Bielke. 724.

Wentzel, Johann Christoph, D. JOH. CHRIST. Wentzels /// GYMN. ALTENB. DIRECT. // Cypressen=Wald /// In sich haltend // Diejenige // POEMATA, // Welche bey Beerdigung // seelig entschlaffener Christen // auffgesetzet worden. // JENA / // Verlegts Johann Bielcke /// M DCC I. - 7 Blatt (nicht paginiert) Titelkupfer, Titelblatt und Vorrede. - 591 Seiten.
B. S. T. 8°.769/2.

Wentzel, Johann Friedrich. 2 Blatt Vorzeichnungen zum Kronungszug König Friedrichs I 1701 [um 1701].
2 Bl. Aquarelle. gr 2°
Vgl. Sbb 9, Taf. 13—16.

Wentzel, Johann Werner (Werleshausen) A. S. 594/37

De praecipuis mulierum privilegiis ratione bonorum competentibus.
Giessen (Vulpius) X. 1707. 24 S. 36346

Wentzel Josef: Ein Beitrag zur Bildungsgeschichte des Thales der Neumarktler Feistritz. 13 u. Fig. T. Laibach R. 01.
Prag

Wentzel (Josef), Ueber die Beziehungen der Barrande'schen Etagen C, D und E zum britischen Silur. (Jahrbuch d. K. K. geol. Reichsanstalt 1891.) 8.

Wentzel Josef: Die Flora des tertiären Diatomaceenschiefers von Sulloditz im böhmischen Mittelgebirge (mit 1 Taf.) S. 83 [illegible] .70
Separatabdruck

Wentzel, Jos., die Flora d. tertiären Diatomaceenschiefers v. Sulloditz im böhmischen Mittelgebirge. [Mittheilungen aus dem geolog. Institute der k. k. Universität Prag Nr. 4.] [Mit 1 (lith.) Taf.] [Aus: „Sitzungsber. d. k. Akad. d. Wiss."] Lex.-8. (25 S.) Wien 881. (Gerold's Sohn.) n.n. — 70

Wentzel, Josef: Ueber fossile Hydrocorallinen (Stromatopora und ihre Verwandten) überhaupt mit besonderer Berücksichtigung der in den Unter-Permschichten (Middle Productus-Limestone) der Salt-Range auftretenden Formen. Nebst einem Anhange .... Prag, Druck v. Heinr. Mercy. — Selbstverl., 1888; 26 S. + 1 Bl. u. 3 Taf. 8°
Strassburg, Math.-Naturw. Fak., Inaug.-Diss. v. 1888

Zur Kenntnis der Zoantharia tabulata (mit 5 Taf.) 1062 [illegible] 4.20
Separatabdruck

Wentzel, Jos., zur Kenntniss der Zoantharia tabulata. [Aus: „Denkschr. d. k. Akad. d. Wiss."] Imp.-4. (40 S. m. 5 Taf.) Wien 895. (C. Gerold's Sohn.) n. 4. 20

Wentzel, Julius, a. Dresden: Über den Reim in der neueren französischen Dichtung. Borsdorf-Leipzig 1907: W. Hoppe. (46 S.) 8°
Leipzig, Phil. Fak., Ref. Birch-Hirschfeld u. Wülker, Diss. v. 8. Mai 1907
[Geb. 23. März 81 Dresden; Wohnort: Dresden; Staatsangeh.: Sachsen; Vorbildung: Wettiner Gymn. Dresden Reife O. 03; Studium: Leipzig 7 S.; Rig. 26. Febr. 07.]

Wentzel, Karl

Wentzel, Car. (Frid. Joan.) (geb. Stralsund 1813): Variarum coremorphoseos methodorum adumbratio anatomiae et physiologiae ratione habita. Berolini (1838). (35 S.) 8°
Berlin, Med. Diss. v. 16. Aug. 1838

Wentzel, Karl, pr. Arzt: Ueber Chylurie und Chylorrhoe. Heidelberg 1910: Pfeffer. 19 S. 8°
Heidelberg, Med. Diss. v. 26. Aug. 1910, Ref. Menge
[Geb. 26. Nov. 78 Pforzheim; Wohnort: Pforzheim; Staatsangeh.: Baden; Vorbildung: Gymn. Pforzheim Reife Juli 98; Studium: Erlangen 5, Heidelberg 2, Erlangen 3 S.; Coll. 28. Juni 10; Approb. 4. Aug. 07.] [U 11. 2230

Wentzel, Carl (geb. Bergen auf Rügen 6. 2. 1849): Ueber Kniegelenk-Schüsse und deren Behandlung im Felde. Berlin (1872). (32 S.) 8°
Berlin, Med. Diss. v. 10. Febr. 1872

Wentzel, Karl Albert

Wentzel, C. A., die Besoldung d. Volksschullehrer u. Volksschullehrerinnen auf Grund d. Lehrerbesoldungsgesetzes v. 3. III. 1897. 16. (40 S.) Lissa 898. F. Ebbecke. n. — 50

Wentzel, C. A., das Disziplinargesetz v. 21. VII. 1852 in seiner Anwendung auf die Lehrer an den öffentlichen Volksschulen in Preußen. Auf Grund der dazu ergangenen Staatsministerialbeschlüsse, Ministerial-Erlasse u. Erkenntnisse des Gerichtshofes zur Entscheidung der Kompetenzkonflikte, sowie des Ober-Verwaltungsgerichts ꝛc. bearb 8. (III, 74 S.) Langensalza 901. Schulbuchh. — 90

Wentzel, C. A., die Entwickelungsgeschichte der deutschen Jugendschriftenlitteratur, in ihren Hauptzügen als Repetitorium derselben dargestellt. 8. (VIII, 60 S.) Minden 888. Bruns. n. — 60

Wentzel, C. A., die Fortbildung des Volksschullehrers, zugleich e. Vorbereitg. auf die Mittelschullehrerprüfg. I. Bd. u. III. Bd. 1. Tl. 8. Langensalza, Schulbuchh. n. 4. 75
I. (VIII, 224 S.) (903.) n. 2. 25
III. 1. (III, 256 S.) (904.) n. 2. 50

Wentzel, C. A., die Fortbildung des Volksschullehrers (zugleich e. Vorbereitg. auf die Mittelschullehrerprüfung). III. u. VI. Bd. 8. Langensalza, Schulbuchh. 5. —
III. Schlüssel zur Algebra. (164 S.) 907. 2. —
VI. Die mathemat. Disziplinen. Geometrie. Die ebene Geometrie. 1. Tl. Die Longimetrie u. die Lehre v. den Winkeln, Dreiecken, Vier- u. Vielecken. Mit 162 Fig. im Texte. (270 S.) 907. 3. —

Wentzel, C. A.: Geometrie. Die ebene Geometrie. (Verf.: C. A. Wentzel.) T. 1. Langensalza: Greßler 1907. 8°
(Wentzel: Die Fortbildung d. Volksschullehrers. Bd 6.)

Erziehungs- und Unterrichtslehre. Geschichte der Pädagogik. (Verf.: C. A. **Wentzel**.) Bd 1. *Langensalza; F. G. L. Greßler 1903.* 8° [F.]
= **Wentzel**: Die Fortbildung d. Volksschullehrers. Bd 1. [03. 15184 S

— Heimatkunde d. Kreises Pleschen. Unt. Benutzg. amtl. Quellen bearb. gr. 8. (17 S.) Ebd. 898. n. — 20; m. Kreiskarte n. — 60

Wentzel, C. A., „Knacknüsse" aus dem Unterrichte. Ein ergänz. Beitrag zu meinem „Repetitorium der speciellen Methodik". (IV, 72 S.) Langensalza 886. Schulbuchh. cart. — 90

—— Lehrpläne für die gewerblichen Fortbildungsschulen, s.a. Sammelmappe, pädagogische, Heft 97.

— Lehrpläne f. die gewerblichen Fortbildungsschulen in den größeren, mittleren u. kleinen Städten unseres Vaterlandes, sowie in den kleineren Städten der Provinzen Westpreußen u. Posen. gr. 8. (28 S.) Leipzig 886 Siegismund & Volkening. n. — 50; geb. n. — 60

— die Lehrpläne f. die ein- u. sechsklassige Volksschule als Grundlage der in Preußen gebräuchlichen Volksschulsysteme. III. Tl. der „Speciellen Methodik". 8. (IV, 112 S. m. 1 Tab.) Langensalza 886. Schulbuchh. — 90

— d. Neuregelung d. Besoldungswesens d. Lehrer u. Lehrerinnen an den öffentl. Volksschulen Preußens, auf Grund des Lehrerbesoldungsgesetzes v. 3. III. 1897 dargestellt. 12. (31 S.) Minden 897. C. Marowsky. n. — 50

— Normativbestimmungen f. Lehrpläne der Volks-, Mittel- u. höheren Mädchenschulen. Zusammengestellt, ergänzt u. erweitert. 8. (90 S.) Gera 890. Th. Hofmann. n. — 80

—— die Pensionierung der Volksschullehrer. Auf Grund der bezügl. gesetzl. und ministeriellen Bestimmungen bearb. 8. (IV, 32 S.) Minden 888, Bruns' Verlag. *

— aus der Praxis f. die Praxis! Eine Handreichg. für Lehrer zur Erzielg. e. geordneten u. gewissenhaften Verwaltg. ihres Amtes. 8. (VI, 172 S. m. 1 Tab.) Ebd. (902.) Kart n. 2. —

— **Prüfungsordnungen.** I. Tl.: Für Volksschullehrer, Mittelschullehrer u. Rektoren, Lehrer u. Vorsteher an Taubstummenanstalten, sowie f. Turn- u. Zeichenlehrer, erweitert u. ergänzt durch die darüber ergangenen Ministerialbestimmgn. u. durch sachl. Erläutergn. u. Erklärgn. gr. 8. (56 S.) Wittenberg 889. R. Herrosé Verl. n. 1. —

Repetitorium ... Von C. A. **Wentzel**. (Bdch. 1–4.) *Langensalza: F. G. L. Gressler 1901.* 5 Bde 8° [F]
1. Repet. d. Gesch. d. Pädagogik. 7. verm. Aufl.
2. Didaktik, Hodegetik u. Schulkunde. 4. völlig umgearb. Aufl.
3. Psychologie. 4. verm. Aufl.
4. Spec. Methodik. T. 1. Religion, Deutsch u. Rechnen. 4. verm. Aufl.
T. 2. Raumlehre, Realien, Zeichnen, Gesang u. Turnen. 3. verm. Aufl. 73. 1427

—— **Repetitorium** der Didaktik und Schulkunde. 8. (VI, 42 S.) Langensalza 885, Schulbuchhandlung. cart.

—— **Repetitorium** der Didaktik u. Schulkunde. 2 Bdchn. 2. Aufl. 16. (VI, 42 S.) Langens. 889, Schulbuchhandlg. cart. — 75

Wentzel, C. A., Repetitorium der Didaktik u. Schulkunde. 3. Aufl. 12. (VI, 42 S.) Langensalza 893. Schulbuchh. Kart. — 75

— **Repetitorium** der **Didaktik**, Hodegetik u. Schulkunde. 4., völlig umgearb. Aufl. 8. (VI, 51 S.) Ebd. 901. Kart. n. 1. —

— **Repetitorium** der Didaktik, Hodegetik u. Schulkunde. 5. Aufl. (VI, 51 S.) kl. 8. Ebd. 906. Kart. n. 1. —

—— **Repetitorium** der Geschichte der Pädagogik. Zusammengestellt aus den histor. Werken von Schumann, Schorn, Kahle, Neumaier, Kehrein, Schmidt [Encyklopädie] u. a. 1.—3. Aufl. 8. (VI, 52 S.) Ebendas. 885—88. cart. *

— **Repetitorium** der Geschichte der Pädagogik. Zusammengestellt aus den histor. Werken v. Schumann, Schorn, Kahle u. a. 1. Bdchn. 4. Aufl. 12. (VI, 52 S.) Ebd. 890. cart. n. — 80

—— **Repetitorium** der Geschichte der Pädagogik. Zusammengestellt aus den histor. Werken v. Schumann, Schorn, Kahle u. a. 5. Aufl. 12. (VI, 52 S.) Ebd. 892. cart. * — 80

— **Repetitorium** der Geschichte der Pädagogik. Zusammengestellt aus den histor. Werken v. Schumann, Schorn, Kahle u. a. 6. Aufl. 12. (VI, 52 S.) Ebd. 894. Kart. n. — 80

— **Repetitorium** der Geschichte der Pädagogik. Zusammengestellt aus den histor. Werken v. Schumann, Schorn, Kahle, Neumaier, Kehrein, Schmidt (Encyklopädie) u. a. 8. verm. Aufl. (VI, 124 S.) kl. 8. Ebd. 905. Kart. n. 1. 50

—— **Repetitorium** der speciellen Methodik in den Fächern: Religion, Deutsch und Rechnen. 1. Tl. 8. (VIII, 131 S.) Ebendas. 885. *

—— dass. — in den Fächern: Raumlehre, Realien, Zeichnen, Gesang und Turnen. 2. Tl. 8. (IV, 92 S.) Ebendas. 886. cart.

—— **Repetitorium** der speciellen Methodik. 1. Tl., in den Fächern: Religion, Deutsch u. Rechnen. 2. Aufl. 8. (VIII, 131 S.) Ebd. 891. cart. * 1 —

— **Repetitorium** der speciellen **Methodik** in den Fächern: Religion, Deutsch u. Rechnen. 1. Tl. 4. verm. Aufl. 8. (VIII, 117 S.) Ebd. 901. Kart. 1. 50

— dasselbe in den Fächern: Raumlehre, Realien, Zeichnen, Gesang u. Turnen. 2. Tl. 3. Aufl. 8. (IV, 80 S.) Ebd. 901. Kart. 1. 20

— **Repetitorium** der speziellen Methodik. 1. u. 2. Tl. kl. 8. Ebd. Kart. n. 2. 70
1. In den Fächern: Religion, Deutsch u. Rechnen. 5. Aufl. (VIII, 117 S.) 906. Kart. n. 1. 50
2. In den Fächern: Raumlehre, Realien, Zeichnen, Gesang u. Turnen. 4. Aufl. (IV, 80 S.) 906. Kart. n. 1. 20

— **Repetitorium** der Psychologie. Als Anh.: Des Volksschullehrers Aufgabe hinsichtlich der körperl. Erziehg. der Jugend. 8. (VIII, 76 S.) Ebend. 885. cart. — 90

—— **Repetitorium** der Psychologie. Als Anh.: Des Volksschullehrers Aufgabe hinsichtlich der körperl. Erziehg. der Jugend. 2. Aufl. 8. (VIII, 76 S.) Ebd. 890. cart. — 90

— **Repetitorium** der Psychologie. Als Anh.: Des Volksschullehrers Aufgabe hinsichtlich der körperl. Erziehg. der Jugend. 3. Aufl. 12. (VIII, 76 S.) Ebd. 894. Kart. n. — 90

— **Repetitorium** der **Psychologie**. Als Anh.: Des Volksschullehrers Aufgabe hinsichtlich der körperl. Erziehg. der Jugend. 4. verm. Aufl. 8. (VIII, 101 S.) Ebd. 901. Kart. 1. 50

— **Repetitorium** der Psychologie. Als Anh.: Des Volksschullehrers Aufgabe hinsichtlich der körperl. Erziehg. der Jugend. 5. verm. Aufl. (VIII, 102 S.) kl. 8. Ebd. 905. Kart. n. 1. 50

— die amtliche u. bürgerliche **Stellung** d. Volksschullehrers. Auf Grund der einschläg. gesetzl. u. ministeriellen Bestimmgn. bearb. 8. (VIII, 82 S.) Minden 888. Bruns, n. — 75

— die rechtliche **Stellung** d. Lehrers in der Prov. Posen. Systematische u. übersichtl. Darstellg. der gesetzl. Bestimmgn., ministeriellen Verordngn. u. Regierungsverfüggn., soweit deren Kenntnis dem Lehrer unentbehrlich ist. 2., umgearb. u. verm. Aufl. 8. (IV, 150 S.) Gera 891. Th. Hofmann. n. 1. 20

— dasselbe im Königr. Preußen. 8. (IV, 120 S.) Ebd. 891. n. 1. —

— **Themen** aus den verschiedenen Gebieten der Pädagogik, nebst Dispositionen u. Winken zu ihrer weiteren Ausführg. f. Lehrer. 2. Aufl. 8. (VIII, 92 S.) Ebend. 886. n. — 80

— dasselbe. Neue Folge. 8. (VIII, 78 S.) Minden 886. Marowsky. n. 1. —

Wentzel, C. A. Themen aus den verschiedenen Gebieten der Pädagogik, nebst Dispositionen u. Winken zu ihrer weiteren Ausführung f. Lehrer. 3. verb. u. verm. Aufl. 8. (133 S.) Gera 890, Hofmann. * 1 —

— **Themen** aus den verschiedenen Gebieten der Pädagogik, nebst Dispositionen u. Winken zu ihrer weiteren Ausführg. f. Lehrer. Neue Folge. 2., verm. u. verb. Aufl. 8. (VIII, 100 S.) Minden 894. C. Marowsky. n. 1. 20

— die **Versorgung** der Relikten der Volksschullehrer. 8. (IV, 12 S.) Minden 888. Bruns. n. — 40

—— der **Volksschullehrer** in seiner Stellung als Staatsbeamter. Auf Grund der einschlägigen gesetzl. und ministeriellen Bestimmungen bearb. 8. (IV, 20 S.) Minden 888, Bruns' Verlag. *

— das Züchtigungsrecht d. Lehrers gegen seine Schüler. Auf Grund der einschläg. gesetzl., Reichsgerichts- u. Oberverwaltungsgerichts-Entscheidgn. bearb. 8. (16 S.) Ebd. 888. n. — 40

— das Züchtigungsrecht d. Lehrer im Lichte d. neueren Rechtsprechung. Auf Grund der betreff. Entscheidgn. des Reichsgerichts u. Ober-Verwaltungsgerichts &c. bearb. 8. (III, 86 S.) Ebd. 901. n. — 50

Das Züchtigungsrecht der Lehrer im Lichte der neueren Rechtsprechung. Auf Grund d. betr. Entscheidungen d. Reichsgerichts u. Ober-Verwaltungsgerichts &c. bearb. von C[arl] A[lbert] **Wentzel**, Rektor. (2. Aufl.) Langensalza: F. G. L. Greßler 1905. (35 S.) 8° [F.] [o6. 3456 3

Wentzel, Karl Friedrich, s. Wenzel.

Wentzel M u K Krumbholz, der gewerbliche Künstler. (8 T) fol Dresden 1849

Wentzel, M., Motive zu Ornamenten zum Gebrauch für Künstler u. Gewerbtreibende. 1.—4. Liefg. gr. 4. Leipzig 843, Hirschfeld. à 9 ngl

Wentzel, M., Motive zu Ornamenten z. Gebrauch f. Künstler u. Gewerbtreibende. 1. Aufl. 843. u. 2. Aufl. gr. 4. (30 Bl. m. 341 Abbild.) Leipzig 847, Hirschfeld.

Wentzel, M., Motive zu Ornamenten zum Gebrauch für Künstler u. Gewerbtreibende. 30 Blatt in Roy. 4., enth. 341 Abbild. 2. Ausg. Leipzig 849, Hirschfeld. 1 1/2 ß

Wentzel, Maximilian, aus Stettin: Ueber die chemischen Bestandteile der Mandragorawurzel. *Berlin (1900): E. Ebering.* (66 S.) 8°
Berlin, Phil. Diss. v. 3. Nov. 1900

Wentzel, O., Märchen für den Weihnachtstisch. 8. (159 S.) [Bernburg 881, Bacmeister.] Gotha, Behrend. cart. (* 80 Pf.) *

Wentzel, Paul Otto Heinrich Ernst, s. Wentzel, Ernst

Wentzel, Richard: Beitrag zur Lehre vom Papilloma cysticum des Uterus. *Würzburg 1897: Memminger.* (36 S.) 8°
Würzburg, Med. Diss. v. 1897

Wentzelius, Ricardus Adam [1907: von]: De successione hypothecaria. Halis Saxonum (1872): Ploetz. 50 S. 8°
Halle-Wittenberg, Jur. Diss. v. 24. Aug. 1872
Geb. [Jehserigk (Kr. Spremberg; Lausitz)] 13. 4. 1850. V.

Wentzel, Rob. Georg (geb. Friedrichsthal im Rheinl. 6. 11. 1847). Ueber Pseudarthrose der Clavicula. Berlin (1879). (30 S.) 8°
Berlin, Med. Diss. v. 9. Okt. 1879

Wentzel, Wilh. v., im Wirbelsturm der Freiheitskriege. Lebenserinnerungen. Hrsg. von Hans v. Wentzel. (183 S.) 8. Berlin 905. G. Stilke. n. 1. —

Wentzell, A., s. Wentzel, August

Wentzelmann, Ernst, Die Adler-Flügel der Allmacht, Treue u. Güte Gottes, bey Gelegenheit des zwischen Preussen, Wien u. Dressden, d. 25. Dec. 1745. zu Dressden, geschlossenen Friedens, in einer Danck-Predigt vorgestellet. Potsdam 1746. 4.

Wentzelmann, Ernst, die danckende Freude des Gesalbten des Herrn, — — — in einer Friedens- und Danck-Predigt, wegen des zwischen Ihro Königl. Maj. in Preussen u. Ihro Königl. Maj. von Ungarn u. Böhmen geschlossenen Friedens. Berlin 1742. 4.

Wentzelmann, Ernst, Wahrer Christen und treuer Unterthanen schuldige und nöthige Pflicht, bey dem glücklichen Fortgang der Waffen ihres Königes und Seiner herrlichen Siege in einer feierlichen Danck- und Sieges-Predigt wegen des Sieges des Königes, über die ganze Oesterreichische Armee, am 15. May 1757 zu Potsdam vorgetragen. Potsdam. 4. (48 S.)

Wentzelmann, Ernst, Heilige Pflichten gegen Gott und den König, am 68. Geburts-Tage Ihro Königl. Maj. von Preussen, Friederich des Grossen, 24. Jan. 1779. in einer Predigt. Potsdam (1779). 4.

Wentzke: Die Kategorien des Urteils, im Anschluss an Aristoteles. 15 S.–Culm, Progr. 1868

Wentzke, A. Quaestiones Thucydideae. 10 S.
Culm, Progr. 1854

Wentzke, J. A., Compendium der Psychologie u. Logik für die Gymnasien u. Realschulen erster Ordng. Leipzig 868. Teubner. gr. 8. (VIII, 65 S.) 12 ngr.

Wentzke, Joannes Franciscus Antonius *(geb. Beuchau bei Glogau 16. 3. 1789)*: Morbi haemorrhagici maculosi Werlhofii exemplum, adnexa de pathologia et therapia hujus morbi diatribe. Vratislaviae (1819). (24 S.) 4°
Breslau, Med. Diss. v. 24. Nov. 1819

Wentzke, Theodorus *(geb. Priedemost bei Glogau 5. 10. 1810)*: Cholera Asiatica cum febre intermittente perniciosa comparata. Vratislaviae (1833). (42 S.) 8°
Breslau, Med. Diss. v. 30. Jan. 1833

Wentzky, O., ein Beitrag zur physikalisch-chemischen Analyse der Mineralwässer. gr. 8. (12 S.) Berlin (N. W. 52, Spenerstr. 19) 900. Max Brandt & Co. n. 1. —
Sonderabdruck aus: „Ztschr. f. d. ges. Kohlensäure-Industrie".

Wentzlaff, J., Preußens Nationalfeste. Schulvorträge zur Feier der denkwürdigsten Tage der vaterländischen Geschichte. Ein Handbuch für Lehrer an Volksschulen. Mit einem Vorwort von F. Stiehl. Bromberg 854. (Berlin, Nauck'sche Buchhdlg.) 8. (VIII, 125 S.) 15 ngr.

Wentzlau, Herm. Über den Gang und jetzigen Stand der Frage nach der Entstehungszeit und nach einem Dichter des Nibelungenliedes. 28 S. Progr. Rg. *Magdeburg* 1879

Wentzlau, Hermann [Oberl. Dr.]: Unsere höheren Schulen. Magdeburg, Druck v. E. Baensch jun., 1891; 1 Bl., 18 S. 4°
Magdeburg, (st.) König Wilhelms-G, OP 1891 (234)

Wentzler & Droege: Katalog über haus- und landwirthschaftliche Maschinen. Hamburg (1897?)

Wenusch, Jos. Ritter v., Denkschrift üb. eine Bahnverbindung Zaras m. Oesterreich. Mit 1 Titelbild u. 1 Karte. (24 S.) gr. 8. Wien 905. W. Braumüller. n. 1. —

Wenusch, Jos. Ritter v., der Donau-Oder-Kanal. Schlagworte u. Glossen. (66 S.) gr. 8. Wien 909. W. Braumüller. 1.20
Sonderabdruck aus: „Rundschau f. Technik u. Wirtsch."

— die Schmalspurbahnen u. ihre volkswirtschaftliche Bedeutung. Vortrag, geh. in der Vollversammlg. des österr. Ingenieur- u. Architekten-Vereins am 19. III. 1904. (46 S.) gr. 8. Ebd. 904. n. 1. —
Sonderabdr. aus: „Ztschr. d. öster. Ingen.- u. Archit.-Ver."

Wenusch, Jul. Ritter v., Einiges über Kleintierzucht. Versuchsresultate einzelner Zweige der Kleintierzucht. (37 S.) gr. 8. Wien 905. W. Braumüller. n. 1. —
Sonderabdruck aus: „Oesterr. Kleintierzüchter".

Wenz, s.a. Wentz.

Wenz, Ueber das Wahre im Satze: „Eigentum ist Diebstahl". 8°. Oppeln 1850.

Wenz, Bdkt., synopsis theologiae dogmaticae. 8. Ulm 787.

Wenz, D., lehrreiches Exempelbuch. 4. Augsb. Rieger. 793.

Einweihung des neuerbauten Tempels der Loge Carl z. aufgeh. Licht im Or. Frankfurt a./M. [Unterz.:] Emil **Wenz.** [Leipzig 1876: Bär & Hermann.] 8 S. 8⁰ [Kopftit.]
Aus: Bh. 20 (1877) S. 49—51.
Bericht.

Insgesamt: Freiheit. Gleichheit. Brüderlichkeit. Vortrag, gehalten bei der Frühlingsfestloge (24. März 1875) in der Bundesloge zur Einigkeit in Frankfurt am Main von Emil **Wenz.** [Frankfurt a. M. 1875]: Werner & Winter. 8 S. 8⁰ [Umschlagtit.]

Geschichte der Loge Carl zum aufgehenden Licht im Or. Frankfurt a. M. 1816—1891. Eine Festgabe für seine Brüder von Emil **Wenz.** Frankfurt a. M. 1891: Mahlau & Waldschmidt. 58 S. 8⁰
cf. Bh. 35 (1892) S. 165—166.
S. 58: Verzeichn. der M. v. St. der Loge von 1816—1891.

Wenz, Erwin, Referendar zu Zabern i. Els.: Die **Voraussetzungen** des Gläubigerverzuges nach dem Rechte des Bürgerl. Gesetzbuches für das Deutsche Reich. *Strassburg 1902: Ch. Müh & Co.* (87 S.) 8°
Marburg, Jur. Diss. v. 1902

Wenz, Eug., offener **Brief** an das deutsche evangelische Volk über Glaube und Gerechtigkeit Gottes. Ein Adventswort. 8. (16 S.) Stuttgart 887, (Metzler'sche Buchh., Sortiment.) *

— der **heilige Geist** unser Führer zur Christus- u. Gotteserkenntnis, d. i. zum ewigen Leben. Ein Pilgerwort, dem deutsch-evangel. Volke zur Selbstprüfg. u. Erbaug. dargeboten. 8. (III, 74 S.) Ebd. 887. n.n. — 50

Wenz, Eug., „Der freie **Glaube**" od. Was ist Glauben, welches ist der rechte Glauben, wer ist Christus. (12 S.) gr. 8. Haimhausen 903. Lorch, K. Rohm. — 20

— **Neu-Liberalismus** od. die principielle Erneuerung des Liberalismus e. Gegenwartsforderung! Kritische Entgegng. auf Dr. Theodor Barth's Gegenwartsfrage: „Was ist Liberalismus?" Vortrag, geh. in der deutschen Partei-Versammlg. zu Ebingen. (40 S.) 8. Ebingen 906. (U. Nefflen). n.n. — 50

— göttliche **Offenbarung** u. menschliche Vernunft. Wahres Prophetentum u. der heutige Spiritismus in ihrem Verhältnis zu einander. Nebst e. Anh.: Winke f. die Heilg. Besessener. 8. (30 S.) Ebd. 887. n.n. — 50

— **Proclamation** Gottes d. Allmächtigen an die Fürsten u. Nationen Europas, an die Juden u. Christen, an die Hirten u. Lehrer d. Volkes. 8. (16 S.) Ebd. 887. n.n. — 25

— **wie willst** du gerecht werden vor Gott am Tage der Wiederkunft Jesu Christi? Eine Frage an alle denk. Christen. (48 S.) kl. 8. Bitterfeld 901. (Schmiedeberg, F. E. Baumann.) n. — 35

— **willst** du gesund werden? od. die wahre Lebenskunst als Heilmittel gegen zunehm. Verseuchung u. Entartung der Menschheit, dargestellt auf Grund gesammelter Erfahrgn. (31 S. m. 1 Taf.) kl. 8. Ebingen 905. (U. Nefflen.) n. — 60

Wenz, Friedr., **Simultanschule** und Lehrerinnen-Institut. gr. 8. (14 S.) Nürnberg 888, Raw'sche Buchh. *

Wenz, Friedr., **Volkskunde** von Baiern. Für Schule und Haus. 1. Abthl.: Oberbaiern, Niederbaiern und Oberpfalz. gr. 8. (VIII, 132 S.) München 879, Kellerer. *

Wenz, Friedr., **Volkskunde** von Baiern. Für Schule und Haus. 2.—4. Abtl. gr. 8. [München, Kellerer's Hofbuchh.] Nürnberg, Korn'sche Buchh. à Abtl. *ℳ 2. *
Inhalt:
Abtl. 2. Ober-, Mittel- und Unterfranken. (VI, 166 S.) 880.
„ 3. Schwaben und Neuburg. (VIII, 162 S.) 882.
„ 4. Bairische Rheinpfalz. (140 S.) 884.
1. Abtl. Ebendas. 1879. *ℳ 1,60.

Wenz, Gust., **Atlas** zur Landkarten-Entwurfs-Lehre. Für Freunde, Lehrer und Studierende der Erdkunde und Kartographie, gezeichnet und mit Erläuterungen und Konstruktions-Tabellen versehen. gr. 4. (III, 20 S. mit 14 color. Stnt.) München 885, Kellerer. cart. *

Wenz, G., methodischer **Atlas** f. bayerische Schulen, s.: Rohmeder, W.

Wenz, G., **Atlascommentar.** Theoretische u. prakt. Einführg. in die Landkarten Projection. Zur Förderg. d. erdkundl. Unterrichts u. Studiums gemeinfaßlich dargestellt. Mit 7 (lith.) Fig.-Taf. gr. 8. (IV, 86 S.) Nürnberg 876. Korn. n. 2. —

Wenz, G., **Atlascommentar.** Theoretische und prakt. Einführung in die Landkarten-Projection. Zur Förderung des erdkundl. Unterrichts und Studiums gemeinfaßlich dargestellt. gr. 8. (IV, 86 S. mit 7 lithogr. Fig.-Taf.) Nürnberg 877, Korn'sche Buchh. *

Wenz, Gust., die **mathematische Geographie** in Verbindung mit der Landkarten-Projektion. Für Schulen und zum Selbstunterricht bearb. gr. 8. (X, 299 S. mit 187 in den Text eingedr. Fig.) München 883, Expedition des k. Zentral-Schulbücher-Verlages. **

Wenz, Gust. **Karte von München** u. Umgebung. 1 : 800,000. 2. umgearb. Aufl. 4 Blatt. Farbendr. Imp.-Fol. Münch. 890, Th. Ackermann's Verlag. * 10 —
Auf Leinw. * 14 —; m. Stäben * 16 —

Wenz, G., **Karten-Netze.** Für den Schulgebrauch entworfen und systematisch geordnet. Mit einer Vorrede von W. Rohmeder. 4 Hefte. qu. gr. 4. München 879, Expedition des k. Central-Schulbücher-Verlages. [1. Heft. Netz 1—12. (4 S. Text.) ** 40 Pf.; 2. Heft. Netz 13—30. ** 58 Pf.; 3. Heft. Netz 31—45. ** 48 Pf.; 4. Heft. Netz 46—62. ** 54 Pf.] ** 2 —
Einzelne Netze à ** — 3

Wenz, G., das **Karten-Zeichnen** in der Schule. Methodisch dargestellt. Mit einem (chromolith.) Musterkärtchen u. zahlreichen in den Text gedr. Fig. gr. 8. (VIII, 64 S.) München 877. F. de Crignis. n. 1. 60; geb. n. 1. 80

— das Karten-Zeichnen in der Schule. Methodisch dargestellt. gr. 8. (VIII, 64 S. mit 1 chromolithogr. Musterkärtchen und zahlreichen in den Text gedr. Fig.) München 878, Kellerer. * ℳ 1.60.; geb. *

Wens, G., der kleine Kartograph. Eine Vorschule für den geograph. Unterricht nach Karten. Mit 75 lithogr. Fig. (auf 8 Taf.) von C. Hoffmann. 8. (24 S.) München 872, Lindauer'sche Buchh. * — 40

— Materialien f. den Unterricht in der Geographie nach der constructiven Methode. Text. 1. u. 2. Lfg. gr. 8. (248 S. m. eingedr. Holzschn.) München 879. 80. Exped. d. k. Zentral-Schulbücherverlages. n.n. 3. 80

— dasselbe. Atlas. 16. (50 chromolith. Kärtchen m. 4 S. Text.) Ebend. 879. In Carton. n.n. 2. 50

Wenz, G., Mittel-Franken mit einem Höhenprofil für den ersten geograph. Unterricht gezeichnet. 1 : 100,000. Fol. (6 Bl.) Nürnberg 872. Korn'sche Buchh. * 6 —

— die Reform d. geographischen Unterrichts in Schulen, Seminarien u. anderen Unterrichts-Anstalten. Mit 4 (lith.) Fig.-Taf.) gr. 8. (28 S.) München 874. Th. Ackermann. n. — 80

Wenz, Gust., Schul-Wandkarte von Südbayern. 2. und erweit. Aufl. der Karte „Bayern südlich der Donau". Im Auftrage des Verwaltungsrates des oberbayer. Kreislehrmittelmagazins und nach den Angaben von W. Rohmeder entworfen und gezeichnet. 1 : 200,000. 9 Bl. Chromolithogr. gr. Fol. München 882, Kellerer's Buchh. * 10 —
Auf Leinw. in Mappe oder mit Stäben * 14 —

— die Theorie d. Landkarten- u. Planzeichnens. Zur Förderg. e. richt. Kartenkenntniß leichtfaßlich dargestellt. Mit 8 (lith.) Figurentaf. v. C. Hoffmann. gr. 8. (32 S.) München 871. Lindauer. n. 1. 20

— geographischer Wegweiser. Zunächst für die zeichn. Unterrichtsmethode bearb. 1. Heft. 1. und 2. Abthl. gr. 8. Nürnberg 873, Korn'sche Buchh. *

Inhalt:
Abthl. 1. Die Heimat; München und Umgebung; Oberbaiern. Als Anhang ist beigegeben: Eine kurze Naturgeschichte für die Unterclassen. (24 S.) * 20 Pf.
" 2. Oberbaierns Land und Leute. (II, 39 S.) * 40 Pf.

— Zusammenstellung der wichtigsten arithmetischen und algebraischen Sätze in Formel, Wort und Beispiel. Ein Handbüchlein für den Rechenunterricht. 2 Abthlgn. gr. 8. München 873, Th. Ackermann.

Inhalt:
Abthl. 1. Die Rechnungsarten für die Volks- und Mittelschulen. (IV, 32 S.) 30 Pf.
" 2. Die Rechnungsarten für die höheren Lehranstalten. (IV, 58 S.) 45 Pf.

Wenz, J. C., s. Wentz, Johann Georg

WENZ, J. F., Gedichte (größtentheils zahme) meistens der Liebe geweiht. Mit 1 (freien) TKpf. Frankenthal, o. J. (18**). 8°. 248 S.

WENZ, Ifolde. Herr Doktor Stock. (190*). 8°.
Beschlagnahmt: Z. f. B. 1914, Beibl. S. 385.

Wenz, Ludwig, s. Wentz.

Wenz, P. A., chemische Untersuchung d. Lepidoliths, s. Chr. Glo. Gmelin.

Wenz, Paul, aus Grosshesselohe b. München: Die Kuppel des Domes Santa Maria del Fiore zu Florenz. Ein Beitrag zur Kenntnis d. Lebens u. d. Werke d. Baumeisters Filippo Brunelleschi. *Berlin (1901): E. Ebering.* (72 S.) 8°
Berlin, Phil. Diss. v. 15. Mai 1901

Wenz, Paul, die Kuppel des Domes Santa Maria del Fiore zu Florenz. Ein Beitrag zur Kenntnis des Lebens u. der Werke des Baumeisters Filippo Brunelleschi. gr. 8. (72 S.) Berlin 901. E. Ebering. n. 2. —

Wenz, Peter

Wenz, P., das preußische Gerichtskostengesetz, s.: Bartscher, F.

— u. J. Wagner, praktisches Handbuch für die Zwangsversteigerung u. die Zwangsverwaltung. Reichsgesetz vom 24. III. 1907 nebst dem Einführungsgesetz u. den Ausführungsgesetzen d. sämtl. Bundesstaaten. Mit Anmerkgn. u. prakt. Beispielen. 3., gänzlich neubearb. Aufl. 3 Lfgn. (444 S.) gr. 8. Ebd. 907. Subskr.-Pr. n.n. 6. 60; erhöht. Pr. n. 7. —; geb. n. 7. 60; in Halbfrz. n. 9. —

Wenz, P[eter] u. J[osef] *Wagner:* Handbuch für die Zwangsversteigerung und die Zwangsverwaltung. Reichsgesetz v. 24. März 1897 nebst d. Einführungsgesetze u. d. preuß. Ausführungsbestimm., sowie d. einschläg. Vorschriften d. Reichsstempelgesetzes, d. preuß. Landesstempelgesetzes, d. preuß. Gerichtskostengesetzes u. d. preuß. Gebührenordn. f. Rechtsanwälte. Mit Anm. u. Beisp. f. d. Praxis. 4. Aufl. Cöln 1912. 8° *[1. Aufl. 1899.]*

Wenz, P., Das Immobilar- u. Hypothekenrecht nach dem bürgerl. Gesetzbuch u. der Grundbuchordnung. Gemeinverständliche Darstellg. m. zahlreichen Beispielen, sowie m. Mustern zu Verträgen, Eintragungsbewilliggn. u. -Anträgen. (VIII, 199 S.) gr. 8 Königshütte, R. Giebler. 1906. 2. 50.

Wenz, P., das Immobilar- u. Hypothekenrecht nach dem bürgerl. Gesetzbuch u. der Grundbuchordnung. Gemeinverständliche Darstellg. m. zahlreichen Beispielen, sowie m. Mustern zu Verträgen, Eintragsbewilliggn. u. -Anträgen. (Neue [Titel-]Ausg.) (VIII, 199 S.) gr. 8. Königshütte [906] 906. K. Bater. n. 2. 50

Wenz, P.: Die Zwangsversteigerung in Grundstücke nach dem Reichsgesetze vom 24. März 1897. Mit besond. Berücks. d. Berechnung d. geringsten Gebots u. d. Verteilung d. Erlöses dargest. u. mit erl. Beisp. versehen von P. Wenz, Amtsger.Sekr. in Köln. Köln 1899: Kölner Verlags-Anst. u. Dr. (91 S.) 8°
(Zeitschrift d. Rhein. Justizsubalternbeamten-Vereins. 1899. Beilage.)

Wenz, P., die Zwangsversteigerung in Grundstücke nach dem Reichsgesetze v. 24. III. 1897. Mit besond. Berücksicht. der Berechng. des geringsten Gebots u. der Verteilg. des Erlöses, dargestellt u. m. erläut. Beispielen versehen. gr. 8. (92 S.) Köln 899. P. Neubner. n. 1.60

— u. J. Wagner, die Zwangsversteigerung u. die Zwangsverwaltung nach den Reichsgesetzen u. den Ausführungsbestimmungen der größeren Bundesstaaten. Systematisch dargestellt u. m. Musterbeispielen f. die Praxis versehen. 2. erweit. Aufl. der v. den Verff. getrennt hrsg. Schriften üb. die Zwangsversteigerung. gr. 8. (XI, 408 S.) Königshütte 901. J. Wagner. n. 5. —; geb. n. 6. 20

Wenz, Phil. Jac., des Glaubens Kraft, od. Denkwürdigkeiten aus d. Leben d. ersten Glaubens-Helden d. protestant. Kirche, vorzügl. in Fankreich, e. Beitr. zur Kirchengeschichte. Mit e. Vorr. v. K. H. Sack. gr. 8. (18½ B.) Bonn 834, Weber.

Wenz, Ph. Jak., Reformationsjubelrede, nebst Geschichte d. französ. reformirten Gemeinde in Emden. 8. Emden 819.

Wenz, Rich., s. a. Enzlo, R. W.

— Totes Geleise. Kleine Geschichten. (111 S.) 8. Köln (907). P. Neubner. 1.50

Wenz-Enzlo, Rich., Kind u. Erbe, s.: Weber's moderne Bibliothek.

Wenz, Rich., Knospen. Ausgewählte Gedichte. gr. 16. (80 S.) Leipzig 900. O. Mutze. n. 1. —; geb. n. 1. 50

— Heinrich Mittler. Roman. (214 S.) 8. Glogau 909. Hellmann. 3.—; geb. 4. —

Wenz, Wilhelm: Bestimmung der Schallgeschwindigkeit in Kaliumdampf und die daraus folgende Einatomigkeit seiner Molekeln. Marburg 1909: Köster & Schell. 69 S. 8°
Marburg, Phil. Diss. v. 3. Sept. 1909, Ref. Richarz
[Geb. 21. Okt. 86 Frankfurt a. M.; Wohnort: Frankfurt; Staatsangeh.: Preußen; Vorbildung: Klinger-Oberrealsch. Frankfurt Reife O. 05; Studium: Tübingen 2, Marburg 7 S.; Rig. 14. Juli 09.] [U 10. 3406

Wenz zu Niederlahnstein, O. v. Kriegstaten Angehöriger des 8. Inf.-Reg. Metz 1907. 136 S.

Wenzel u. Edeltrud; vaterländische Sage v. Plümicke. 8. Anton. 795. — 10

Wenzel und Edeltrud, eine vaterländische Sage der Vorzeit von C. M. Plümicke, mit 1 Kupf. 8. Görlitz, 795. Hermsdorf. 18 sgl.

Wenzel von Erfurt, eine Robinsonade. Erfurt 1784—85. V: *Timme, Christian Friedrich.* (Ullrich, Robinson u. Robinsonaden. Weimar 1898.) (GGr) »1784—86« (ML)

— v. Erfurt; e. Robinsonade, v. Timme. 4 Thle. 8. Erfurt, Keyser. 784—786. (I–III. 3 Rthlr. IV. 1 Rthlr. 4 gr.) 4 4

Wenzel, der Faule, deutscher Kaiser u. König v. Böhmen. Geschichtliche Erzählung aus dem 15. Jahrh. 8. (62 S.) Urfahr-Linz 878. Kraußlich. — 20

Wenzel, die, kommen, od.: Drei Ausreißer. Eine Skat-Buben-Polterabend-Komödie. 12. (8 S.) Berlin (895). M. Böhm. 1. 50

Wenzel, Panoniens Feldherr; od. Sieg d. Religion. Trsp. in 5 Akt. v. J. J. Zimmermann. 8. Luzern, Anich. 783. — 4

— v. d. Tanneburg. 8. Lpz. Schäfer. (Kühn.) 795. — 12

Wenzel, König, genannt der Wilde, und Hinko der Freiknecht. Schauspiel in 5 Aufzügen. Für Kindertheater bearbeitet frei nach Charlotte Birch-Pfeiffer. Wien [1910]. V: *Neidl, Jul.* (EB)

v. Wenzel, ..., Abhandlung vom Staar, nebst Beobachtt., welche beweisen, daß man, nach Beschaffenheit des Staars, d. Hornhaut u. die Kapsel d. Crystallinse auf verschiedene Art öffnen müsse; aus d. Französ. mit Kpf. 8. Nürnb. 788. Stein. 9 K

Wenzel. 1871. Vor Dijon. Verlust der Fahne d. 2. Bataillons d. 61. Regiments. Erlebnisse e. Frontoffiziers. Mit 18 Text-Illustr., 1 Lichtdr. u. 2 Karten. gr. 8. (VII, 44 S.) Charlottenb.-Berl. 892, Zieger Nachf. * 2 50

Wenzel. D. zweckmäßigste Beköstigg d. Mannschaften auf Schiffen. (S.-A.)

Wenzel, hie gut lutherisch alle Wege! Ein Reformationsspiel aus dem Erzgebirge in 3 Akten (nach geschichtl. Vorgängen). (30 S.) 8. Buchholz 907. (Annaberg, Graser.) — 40

Wenzel, ..., s. Lehrbuch d. Landwirthschaft.

[Lied.] An die Hohen und Sehr Würdigen Mitglieder der ger. und vollk. Loge zur Einigkeit im Or. zu Frankfurt [a. M.] am Sanct Johannistage 1822 mit ehrerbietiger Hochachtung gewidmet von einem suchenden Prophanen als Verf. [Unterz.:] **Wenzel** der Aeltere. o. O. [1822]. 2 Bl. 8° [Umschlagtit.]
Lied ohne Noten: „Gott grüss Euch Maurer hier!“

. *Pregel, Friedr.*: [Lied.] [Br.] Pregel am Sanct Johannistage 1822 mit hochachtungsvoller Verehrung gewidmet von einem suchenden Prophanen [!] als Verf. [d. i. **Wenzel** dem Aeltern]. [Frankfurt a. M. 1822.] 2 Bl. 8° [Umschlagtit.]
Ohne Noten: „Hochwürd'ger Meister! hör hier mein Gefühle!“

Allen hochw. Meistern vom Stuhl, hohen Deputierten, und sämmtlichen würdigen Mitgliedern der ger. und vollk. edlen Freimaurer-Logen im ganzen Orient. Mit hochachtungsvoller Ergebenheit gewidmet von dem Verf. [Unterz.:] **Wenzel** der Ältere. o. O. u. J. 2 Bl. 8° [Kopftit.]
Lied mit Chor. Ohne Noten: „Wie Gottes Himmels Festungs-Miene ...“

Plan von Helgoland. Aufgenommen von Festungsbauwart **Wenzel**. Gezeichnet von Wallmeister Alker u. Hahn. Massst. 1 : 3,000. [Mit 1 Nebenkarte.] Helgoland & Cuxhaven: A. Rauschenplat [1906]; Lith. H. Kahle, Eisenach. (1 Kartenbl. 52×45 cm.) 8° [kol.] [07. 944

Wenzel, A., Einiges üb. Stadt u. Schloß Weißenfels. 2. Aufl. 8. (16 S.) Weißenfels 889. Lehmstedt. n. — 20

Wenzel, Albrecht

Wenzel, A. Heinrichs IV. Sachsenkrieg mit besonderer Berücksichtigung der Schlacht bei Langensalza am 9. Juni 1075. (44.) 8. Langensalza 1875.

Wenzel, A[lbrecht]: Das höhere **Schulwesen** in Langensalza seit dem Übergange der Stadt an Preußen. Historische Skizze. (Festschr. z. Feier d. 50jähr. Jubiläums d. Realprogymnasiums in Langensalza 1902.) *(Langensalza 1902: Wendt & Klauwell.)* (76 S.) 8°
Langensalza, st. RPG, Festschr. 1903 (300)**

Wenzel, A., s.: Urkundenbuch der Stadt u. des Kreises Langensalza während des Mittelalters.

Wenzel, Alfred: Beiträge zur Logik der Socialwirthschaftslehre ... (Aus: Wundt, Philos. Studien, Bd. x Heft 3. u. 4.) Leipzig, W. Engelmann, 1894; 83 S. 8.
Leipzig, Phil. Fak., Inaug.-Diss. v. [21. Juli] 1894

Wenzel, Alfr., Gemeinschaft u. Persönlichkeit im Zusammenhange m. den Grundzügen geistigen Lebens, s.: Vorträge, philosophische. III. 7.

Wenzel, Alfred: G e m e i n s c h a f t und Persönlichkeit im Zusammenhange mit den Grundzügen geistigen Lebens. Ethische u. psycholog. Studien v. Dr. Alfred Wenzel. Berlin: R. Gaertner 1899. (2 Bl., 141 S.) 1 Bd 8°
(Vorträge, philosophische, hrsg. v. d. Philos. Gesellschaft zu Berlin. Folge III. H. 7.)

— der **Todeskampf** des altsprachlichen Gymnasial-Unterrichts. Eine patholog. Studie. gr. 8. (47 S.) Berlin 899. C. Duncker. n. 1. —

Wenzel, Alfr., die Weltanschauung Spinozas. I. Bd. Spinozas Lehre v. Gott, v. der menschl. Erkenntnis u. v. dem Wesen der Dinge. (VIII, 479 S.) gr. 8. Leipzig 907. W. Engelmann. 9. —

Wenzel Alois: Vergleich der Monadenlehre Leibnizens mit der Realenlehre Herbarts und Beurteilung derselben.
H. 1899 PN 1218 Diss Wien. Univ. 81

Wenzel, August: Einwirkung von Senfölen auf β-Alkylhydroxylamine ... Erlangen, Druck d. Univ.-Buchdr. v. E. Th. Jacob, 1896; 30 S., 1 Bl. 8.
Erlangen, Phil. Fak., Inaug.-Diss. v. 22. Juli 1896

Wenzel, August Iulius (geb. Schleusingen 4. 12. 1799): De hydrocephalo congenito. (Berolini 1823.) (34 S.) 8°
Berlin, Med. Diss. v. 4. Jan. 1823

Wenzel, B., s.: Edda, die ältere.

Wenzel, B.: Einiges über Alkohol und seine Wirkung. D. 8. 1 Bd Leipzig 1870.

Wenzel, Bernhard [aus Zirke]: C a m m e r l a n d e r und Vielfeld. Ein Beitrag zur Litteraturgeschichte des sechzehnten Jahrhunderts ... Berlin, Buchdr. v. Knoll & Wölbling, 1891; 72 S. 8°
Rostock, Phil. Fak., Inaug.-Diss. v. [14. Jan.] 1891.

Wenzel, Bernhard: K a t a l o g der Bibliothek des naturhistorischen Vereins der preussischen Rheinlande Westfalens und des Reg.-Bez. Osnabrück. Abgeschlossen im Sept. 1897. (Vf.: B[ernhard] Wenzel.) Bonn: Univ.-Buchdr. v. C. Georgi 1898. (VI, 323 S.) 1 Bd 8°
(Verhandlungen d. naturhist. Vereins d. preuss. Rheinlande, Westfalens. u. d. Reg.-Bez. Osnabrück. Jg 55. Beih.)

Wenzel, C., biblische Geschichten, s.: Clajus, H.

Wenzel, G. F., s. Verzeichniß d. Gemälde d. Gallerie in Dresden.

Wenzel, Cäcilie, Ratiputzli od. der Zuckerbäcker Huckesbuckes. Ein Weihnachtsmärchen. Mit Zeichngn. v. Müller-Schoenefeld. 4. (62 S.) Berlin (899). Düsseldorf, Fischer & Franke. Geb. in Leinw. n. 6. —

Wenzel, Carl, s. W e n z e l, Karl

Wenzel, Carl Albert, s. W e n z e l, Karl Albert

Wenzel, Carl Gustav, s. W e n z e l, Karl Gustav

Wenzel, Christoph Friedrich (Eisleben) A. S. 564/39

Dissertatio iuridica de differentiis iuris Romani et Germanici in legitima et querela inofficiosi testamenti liberorum. Präs. Christian Heinrich Breuning. Leipzig (Stopffel) 29. V. 1762. 29 S.

Gew.: Friedrich Abraham von Hofgarten.
W. v.: Präs. 36349

Wenzel, Christoph Friedrich (Eisleben) U. S. Halle 1760/4

Dissertatio iuris civilis de vera indole litterarum obligationis atque exceptionis non numeratae pecuniae earumque usu in foris nostris cessante.
Präs. Georg Samuel Madihn.
Halle (Schneider) 9. II. 1760. 70 S.

Gew.: Philipp Joseph von Iariges.
W. v.: Präs., Johann Lorenz Damm (Opp.), Johann Adam Hulbe, Friedrich Martin Ernst Knoll.
36348

Wenzel, E., anatomischer Atlas über den makroskopischen und mikroskopischen Bau der Organe des menschlichen Körpers. Zum Unterricht, sowie zum Selbstgebrauch. Originalzeichnung auf Stein von Fr. Foedisch. 1. Abthl.: Die Sinnesorgane. 3 Hefte. gr. Fol. (11 Taf. oder 13 Blatt in Farbendruck.) Dresden 874, Meinhold und Söhne. *

Inhalt:
Heft 1. Sehorgan. 5 Bl.: 1. Durchschnitt des Augapfels und Accomodations-Apparat in Thätigkeit. 2a. und b. Uebersichtstafel des gesammten Sehapparates. 3. Bau des Accomodationsapparates. 4. Bau der Netzhaut.
» 2. Gehörorgan. 4 Bl.: 5a. und b. Uebersichtstafel des Gehörorgans. 6. Cortisches Organ im Durchschnitt und in der Flächenansicht. 7. Ampulle, halbzirkelförmige Kanälchen.
» 3. Gefühls-, Geschmacks-, Geruchsorgan. 4 Bl.: 8. Durchschnitt der Haut. 9. Haar, Nagel. 10. Durchnitt der Zunge, Geschmacksbecher. 11. Nasendurchschnitt, Nasenschleimhaut.

—— dass. — Tafel-Erklärung. gr. 8. (38 S. mit 7 Stnt.) Ebendas. 874. *

Wenzel, E., anatomischer Atlas üb. den makroskopischen u. mikroskopischen Bau der Organe d. menschlichen Körpers. Zum Unterricht, sowie zum Selbstgebrauch. Orig.-Zeichnung auf Stein v. Fr. Foedisch. 1. Abth. Die Sinnesorgane. 2. Hälfte. gr. Fol. (6 chromolith. Taf.) Dresden 877. Meinhold & Söhne. n. 9. — (1. Abth. cplt.: n. 20. —); Tafel-Erklär. 2. Hft. gr. 8. (52 S. m. 6 Steintaf.) n. — 50 (1. u. 2.: n. 1. —)

— **Atlas** der Gewebelehre d. Menschen u. der höheren Thiere f. Aerzte u. Studirende der Medicin. Auf Stein gezeichnet v. Fr. Foedisch. (In ca. 8 Hftn.) 1—3 Hft. gr. 8. (96 S. m. 24 Steintaf.) Ebend. 878. 79. à n. 2. —

Wenzel, E.: Schematische Darstellung der Sinnesorgane des Menschen. Dresden 1875. 61 S. m. Abb.

— **Untersuchungen** üb. die Entwicklung der Zahnsubstanz. Mit 6 (lith.) Taf. gr. 8. (127 S.) Leipzig 871. O. Wigand. n. 3. —

Wenzel, Eduard, s.a. W e n t z e l.

Wenzel, Eduard: Bestimmung der Bahn des zweiten Kometen vom Jahre 1874. S. 77. II. [illegible] 30
Separatabdruck

Wenzel, Ed., Bestimmung der Bahn d. 2. Kometen vom Jahre 1874. [Aus „Sitzungsber. d. k. Akad. d. Wiss."] Lex.-8. (16 S.) Wien 878. Gerold's Sohn in Comm. n.n. — 30

Wenzel, **Er. Fr., († 1812.) de affectibus, naturae eorum in genere, differentiis atque ad affinia interni sensus phaenomena relatione. 4. Götting. 807. Dieterich. 8 gr.**

— Grundzüge e. pragmat. Anthropologie. 8. Götting. 807. Dieterich. 12 gr.

Wenzel, Ernst, aus Bernkastel: **Beitrag zur Kenntnis der Volumen- und Dichtigkeitsänderungen von Flüssigkeiten durch Absorption von Gasen.** *Coblenz 1901: Görres-Druckerei.* (27 S.) 8° [J.]
Bonn, Phil. Diss. v. 24. Juli 1901

Wenzel, F., s.: **Maler-Kalender,** illustrierter.

Wenzel, F., die Schmerzverhütung in der Chirurgie, s.: **Witzel.**

Wenzel, Fr., s.: **Auswahl deutscher, französischer u. englischer Gedichte.**

Wenzel, Franz

— Über räumliche Behinderung chemischer Reaktionen. 1. Mitteilung: Mesitylverbindungen. S. 123. IIb. [illegible] . . . vgr.
— — 2. Mitteilung: Dimesitylverbindungen. S. 123. IIb. 447 . . . vgr.
— — 3. Mitteilung: [illegible]dibenzoat. S. 123. IIb. [illegible] . . . vgr.
— — 4. Mitteilung: Dipseudocumylmethan. S. 123. IIb. [illegible] . . . vgr.
— — 5. Mitteilung: Dipseudocumylketon. S. 123. IIb. [illegible] . . . vgr.
Separatabdruck

Über die partielle Hydrolyse des [illegible]. S. 110. IIb. [illegible] . . . vgr.
Separatabdruck

— Über die Kondensation des Phloroglucins mit Aldehyden I. Mitteilung. S. 122. IIb. 1157 . . . vgr.
Separatabdruck

Über eine allgemein anwendbare Methode der Bestimmung von Acetylgruppen in organischen Verbindungen (mit 1 Textfigur). S. 106. IIb. [illegible] . . . vgr.
Separatabdruck

Wenzel Franz: Synthese des Kynurins. S. 103. IIb. [illegible] . . . vgr.
Separatabdruck

— und Schreier A.: Untersuchungen über die Konstitution des Tetramethyltrioxy[illegible]. S. 113. IIb. [illegible] . . . vgr.
Separatabdruck

Wenzel, Frz. J., die Kontorarbeiten des Malers. Ein Ratgeber f. das Kontor des Malers. gr. 8. (IV, 130 S.) München 902. G. D. W. Callwey. n. 3.—

Wenzel, Frz. Jos., die Kontorarbeiten des Malers. Ein Ratgeber f. das Kontor des Malers. 2. durchgeseh. u. verb. Aufl. (152 S. m. 1 Fig.) gr. 8. München 909. G. D. W. Callwey. 3.—

Wenzel, Frz. Jos., das Vermessen u. Berechnen v. Maler- u. Anstreicher-Arbeiten nebst den notwendigsten Hilfswissenschaften. Ein Handbuch f. den prakt. Gebrauch des Malers, sowie f. Innungs- u. Fachschulen. Nach langjähr. prakt. Erfahrgn. bearb. (VI, 126 S.) gr. 8. München 903. G. D. W. Callwey. n. 3.—

— **Das Vermessen u. Berechnen v. Maler- u. Anstreicher-Arbeiten nebst den notwendigsten Hilfswissenschaften. Ein Handbuch f. den prakt. Gebrauch des Malers, sowie f. Fachschulen. Nach langjähr. prakt. Erfahrgn. bearb. 2. verb. Aufl. (VII, 133 S. m. 39 Fig.) gr. 8. Ebd. 910. 3.—**

— Warenbestellung u. Wareneinkauf. s.: **Flugblätter,** technische, der deutschen Malerzeitung Die Mappe. Nr. 6.

Wenzel, Friedrich [aus Fulda i. H.]: Über Speichelsteine. Halle a. S., Hofbuchdr. v. C. A. Kaemmerer & C., 1896; [?] S., 1 Bl. 8°
Halle, Med. Fak., Inaug.-Diss. v. 13. Nov. 1896.

Wenzel, Friedrich August

— s. **Angelika, od. der weibl. Agathon.**

— s.a. **Aristobul.**

ARISTOBUL der Fürstengünstling (von *Friedr. Aug. Wentzel*). 2 Thle. Posen und Leipzig 1808. 8°.
— — Dasselbe. Neue Aufl. Ebd. 1817. 8°.
Anon.-Lex. I. p. 104 (nach Kayser u. Goedeke).

Wenzel, Fr. Aug., Aristobul, der Fürstengünstling. 2 Thle. 8. Posen 817. Kühn. 4 rthl 16 gr.

† **WENTZEL,** Friedr. Aug. (geb. 1773 in Breslau, Sekretär der Accis-Direktion daselbst, † als Privatgelehrter am 8. Juni 1823 ebd.), Matthias Corvinus und Maria, die Konsulstochter von Breslau, oder die Belagerung von Breslau im J. 1474. Ein historisches vaterländ. Schauspiel in 5 Akten. Breslau 1809. 8°.

— Matthias Corvinus, König v. Ungarn. gr. 8. Bresl. 811. Max u. C. 1 rthl

— — Dasselbe, titulo: Mathias Korvinus und Maria, die Konsulstochter von Breslau. Ein romantisches Gemälde in dramatischer Form. Neue Ausgabe. Mit Kupfer. Breslau, Jos. Max, 1817. 8°. 238 S. (Nur neue Titelauflage des vorhergehenden.)

— Kriegsgemälde d. neuen Zeitalters. 8. Bresl. 815. Kreuzer u. S. (Barth in Leipz.) 2 rthl 6 gr.

— Kunstgriffe, als ein Rechtfertigungsversuch geistiger Selbstständigkeit, entwickelt in poet. Form. 8. Bresl. 823.

LEONTE, der schöne Fackelträger, oder Glück durch Frauengunst. Ein jovialer (stellenw. etwas freier) Roman (von *Friedr. Aug. Wentzel*). 2 Thle. Breslau 1810. 8°.

— Leonte, der schöne Fackelträger. 8. Bresl. 812. Max u. C. 1 rthl 6 gr.

— — Dasselbe. Ebd. 1817. 8°.
Anon.-Lex. III. p. 46 (nach Goedeke), aber ohne die 3. bei G. citirte Auflage.

Wenzel, Fr. Aug., Lichtstrahlen für das höhere Leben. gr. 8. Breslau, K. u. Ind. Compt. 809.
(Leonte 2 Thle. — die merkwürdige Maskerade 2 Thle. — Angelika od. d. weibl. Agathon 2 Thle. — Vaterlandsopfer, s. in Romanen.)
(Matthias Corvinus od. d. Belager. v. Breslau 1474, s. unt. Schauspielen.)

Wenzel, Fr. Aug., († d. 8. Juni 1823.) Lichtstrahlen für das höhere Leben. gr. 8. Bresl. 809. Max u. Cp. 1 rthl 8 gr.

— s.a. **Maskerade, die merkwürdige.**

MASKERADE, Die merkwürdige, oder der seltsame Tausch. Vom Verfasser der Angelika, der weibliche Agathon *(Frdr. Aug. Wentzel).* 2 Bde. Posen und Leipzig, bei Johann Friedrich Kühn. 1806—8. 8°.
I: Titel, Nebentit., 412 S. II: Tit. u. 534 S. Einiges etwas frei. — Anon.-Lex. III. p. 119 (nach Meusel, Goedeke, Kayser).

— Edwins abentheuerl. Pfad zur Tugend. 8. Bresl. 815. Kreuzer u. S. 12 gr.

— s.a. **Rhapsodien e. Denkers, u. setze hinzu: (v. Fr. Aug. Wenzel).**

RHAPSODIEEN eines Denkers über die wichtigsten Gegenstände der Menschheit. Hrsg. vom Vf. der merkwürdigen Maskerade *(Frdr. Aug. Wentzel).* Zum Besten der durch Wassersnoth Verunglückten in Schmiedeberg veranst. Aufl. Breslau, im Kunst- u. Industrie-Comptoir. 1811. Gr. 8°. ($1^1/_3$ Rthl.)

VI—310 S. Enth. 52 Aufsätze, u. a.: Es ist kein Tod; der Judaismus; Charakteristik eines Juden; Betrachtungen (6) üb. den Traum; Potiphars Weib; Rockenphilosophie; das Schauspiel; die Leihbibliotheken; der Adel; der konsequente Bösewicht; der Mensch ist nicht immer s. Unglückes Schmied etc. etc.

— — Dasselbe. Neue Auflage. Breslau 1817, J. Max u. Komp. 8°. (In Warmbrunn.)

TAG und Nacht, Licht und Schatten .... (von *Frdr. Aug. Wenzel*). Breslau 1802.
Anon.-Lex. IV. p. 146 (nach Kayser).

— **Vaterlands-Opfer, in romant.-trag. Darstellungen. 8. Bresl. 809.** W. G. Korn. 1 ß

WENZEL, Friedrich Wilhelm Franz (Teterin): Ein Fall von Uterus rudimentarius bicornis mit Defectus vaginae.- München: Müller & Steinicke 1910. 17 S.
12.12.1910 - Chr 1910/11,24; U 11.5766
Diss. Ingolst.-Landsh.-Mchn.

Wenzel, G., de grammaticis graecis quaestiones selectae. I. Ἐπικλήσεις, s. de deorum cognominibus per grammaticorum graecorum scripta dispersis scripsit G. W. gr. 8. (VI, 9; 13, 12, 4, 34, 27 u. 65 S.) Göttingen 890. Vandenhoeck & Ruprecht's Verl. n. 3. —

Wenzel, G., Naturlehre f. Lehrer- u. Lehrerinnen-Bildungsanstalten, s.: Schušcik, E.

— **Physik u. Chemie f. Lehrerbildungsanstalten,** s.: Schušcik, E.

Wenzel, G.: Der Schulzeichenunterricht als Bildungsmittel und seine methodische Behandlung. Gera 1867.
Schul-/Univ.-Schrift

Wenzel, G. Aesthetische und sprachliche Studien über Antoine de Montchrétien im Vergleich zu seinen Zeitgenossen. Diss. Jena 1885. 101 S. **Progr.**

Wenzel, P. Gallus, die Grundlehren der Elektricität u. ihre moderne Verwendung. Gemeinverständlich dargestellt. 8. (VII, 102 S. m. 38 Abbildgn.) Wien 899. A. Hartleben. Geb. n. 1.50

Wenzel, Gallus, Klimatologie v. Oberösterreich. (138 S. m. Fig.) Linz a/D. 898. (Museum Francisco-Carolinum.) (Nur direkt.) n. — 85

Wenzel, Georg *(geb. Mittelwalde in Schles. 5. 9. 1847)*: Ueber die einfachste allgemeine Beziehung zwischen räumlichen Gebilden. Breslau 1870. (38 S.) 8° *[Im Buchhandel 1870 bei Maruschke & Berendt in Breslau.]*
Breslau, Phil. Diss. v. 19. Dez. 1870

Wenzel, Geo., über die einfachste allgemeine Beziehung zwischen räumlichen Gebilden. Inaugural-Dissertation. gr. 8. (38 S.) Breslau 870, (Maruschke und Berendt.) *

Wenzel, Georg: Über die Einwirkung von Halogen und Schwefelkohlenstoff auf Natriummethylenverbindungen. 1903. 32 S. 8°
Berlin, Dr.-Ing.-Diss. v. 26. 6. 1903

Wenzel, Georg Der naturwissenschaftliche Unterricht auf den Gymnasien. 21 S. **Progr.** *Wohlau* 1877.

Wenzel, Georg [aus Magdeburg]: Über die Wachstumsverhältnisse des weichen myelogenen Sarkoms der Knochen ... Würzburg, P. Scheiner's Buchdr., 1892; 31 S. 8.
Würzburg, Med. Fak., Inaug.-Diss. v. 1892

Wenzel, Georg Christian Friedrich (Treffurt)
A. S. 166/17

Dissertatio iuris universalis de unione ab imperio libera.
Leipzig (Langenheim) 12. IX. 1754. 21 S.

Gew.: Stadt Zittau. 36350

Wenzel, Geo. Wlh., Idee über die Einrichtung einer vollkommenen Apotheke. 8. Königsb. 800. Unzer. 8 gr.

Wenzel, G. W., Ideen üb. d. Einricht. einer vollkommenen Apothete. 8. Königsb. Unzer. 808.

Wenzel, Gottfried Immanuel

— **Abhandl. aus d. physikal. u. moral. Erziehungskunst. 8. Prag 788. Widtmann.** 1 ß 8 gr.

Wenzel, G. J., Alphabet edler Vergnügungen u. Freuden od. Angabe u. Benutzung der phys. u. moral. Vergnügungsquellen in d. Natur. 8. **Wien, Ant. Doll.** (a. Pazowsky). 800.

— üb. Ammen, Kinder, Frauen u. Wärterinnen, ein nothwendig. Unterricht f. Eltern d. dergl. Personen f. ihre Kinder unterhalt. müssen. 8. Wien, Rötzl. (Kaulfuß). 797.

— **über Ammen, Kinder, Frauen u. Wärterinnen,** ein nothwendiger Unterricht für Eltern die dergl. Personen für ihre Kinder unterhalten müssen. 8. Wien 797. (Schaumburg). 8 gr. Hbg. Pr. 6 gr.

— **Andachtsbuch für Beter von Verstand u. Gefühl, mit 10 Kpf. 12. Linz ... 2e A. 808.** 3e A. 815. 4e A. Mit 11 Kpf. 817. **Akadem. Buchh. 20 gr. in 8. ohne Kpf.** mit größ. Schrift. 817. 8 gr.

— Andachtsbuch f. Betende v. Verstand u. Gefühl, m. 7 K. 8. Bamberg, Lachmüller. 809.
Velinp.

Wenzel, G. J., Andachtsbuch f. Betende von Verstand u. Gefühl, neueste Ausgabe, mit 7 K 8. Bamb. Lachmüller. 816. Schreibp. R. thlr. -
Velinp. -

Wenzel, G. J., Andachtsbuch für Beter von Verstand und Gefühl. 4te umgearb. Aufl. Mit Kupf. 12. Linz, akadem. Buchhandl. (Schmidt in Leipzig.) 817.

— — **dasselbe in 8. ohne Kupfer.** 817.

— **die neuesten Beobachtungen u. Erfahrungen über die Verstandes- u. Körperkräfte der Thiere, in unterhalt. Geschichten vorgetragen. 8. Wien 801. Ant. Doll. a. Hartleben in Pesth. 12 gr.**

— neueste Beobacht. u. Erfahr. üb. d. Verstandes- u. Körperkräfte d. Thiere, in unterhalt. Gesch. vorgetrag. 8. Wien Ant. Doll. (Pazowsky.) 801.

— **Beobachtt. u. Versuche üb. einige interessante Gegenstände der Physik, Naturgeschichte, Chemie u. Oekonomie. 8. Wien 796. (Schaumburg).** 12 gr. Hbg. Pr. 9 gr.

— Betrachtungen u. Versuche üb. ein. interessante Gegenstände d. Physik, Naturgeschichte, Chemie u. Oekonomie. 8. Wien, Rözl. (Kaulfuß). 796.

s. **Biographien d. ber. Römer u. Römerinnen.**

— Blicke in die Natur. 8. Prag 793. Buchler. 12 gl

s. **Briefe über Religion.**

Wenzel, Gf. Imm., freimüth. Briefwechsel aufgehobener Nonnen mit e. Layen. 8. Wien 783.

— das Buch für alle Menschen. 8. Wien 795. Pazowsky. 8 gl

— 3 Bücher von den Pflichten d. Mütter. 8. Wien, Rözl. (Kaulfuß). 796.

— 3 Bücher v. den Pflichten d. Mütter. 8. Wien 796. (Schaumburg). 10 gl Hbg. Pr. 8 gl

— Nebenstück dazu, oder 3 Bücher von den Pflichten der Väter. 8. Wien 797. (Schaumburg). 10 gl Hbg. Pr. 8 gl

— Darstell. d. Größe d. Missethaten, auf welche das neue Gesetzbuch über Verbrechen u. schwere Polizeiübertretungen die Todesstrafe verhängt, zum Gebrauch der Seelsorger, Jugendlehrer ꝛc. in den k. k. Staaten. 8. Linz 800. 2e A. 804. Akadem. Buchh. 6 gl

— Diätetik der menschl. Seele oder Gesundheit des Herzens, Verstandes u. Willens ꝛc., ein Seitenstück zu Hufelands Kunst das Leben zu verlängern. 8. Grätz 800. Tusch. 8 gl

Wenzel, Gf. Imm., Diätetik der menschl. Seele; oder Gesundheitslehre des Herzens, Verstandes u. Willens. 2e Aufl. 8. Grätz 802. Kienreich. 1/2 rß

— Diss. inaug. solvens problema: quae sunt caussae, sive internae, sive externae, quibus factum est, ut critica Kantiana illos fructus saluberrimos, quos tanto rumore ejus asseclae initio pollicebantur et praedicebant, non tulerit? Acced.: Diss. Germ.: vom Einflusse d. krit. Philosophie auf d. Physik. 8. Linz 807. Academ. Buchh. 4 gl

— Elementa philosophiae methodo critica adornata. III Tom. 8. Linz 806, 7. Academ. Buchh. (I. Logica. 1 rß 4 gl II. Metaphysica. 1 rß 4 gl III. Elementa Eth., Jur. Natur. etc. 1 rß 4 gl) 3 rß 12 gl

Ej. Elementa philosoph. methodo crit. adornata. *Linz*, Eurich. 806-8. 3 Thle. 8° 5 rß 20 gl

— pädagogische Encyklopädie, worin in alphabet. Ordn. d. Noth. f. Väter, Mütter, Erzieher, Hebammen, Ammen ꝛc. gr. 8. Wien, Rözl. (Kaulfuß). 797.

— pädagog. Encyklopädie, worin in alphabet. Ordnung das Nöthigste, für Väter, Mütter, Erzieher, Hebammen, Ammen ꝛc. gr. 8. Wien 797. (Schaumburg). 1 rß 8 gl Hbg. Pr. 1 rß

— neue auf Vernunft u. Erfahrung gegründ. Entdeckung über d. Sprache d. Thiere. 8. Wien, Ant. Doll. (Pazowsky.) 800.

— neue auf Vernunft u. Erfahrung gegründete Entdeckung über die Sprache der Thiere. 8. Wien 801. Ant. Doll. 16 gl

— wichtige Erinnerungen an Eltern in Hinsicht des Einflusses der Dienstboten auf den phys. u. moral. Charakter der Kinder. 8. Wien 797. (Schaumburg). 8 gl Hbg. Pr. 6 gl

Wenzel, G. J., s. **Erzählungen, dramatische.**

ERZAHLUNGEN, Dramatisierte, aus dem Gebiete des Wunderbaren und dem Reiche der Zauberer, Schwarzkünstler, Hexen, Schatzgräber, Geisterbanner und Geisterseher (von *Gottfried Immanuel Wenzel*). Mit Titelkpf. u. Titelvign. (J. Gerstner sc.). Leipzig 1800, im Verlage bei Anton Doll (in Wien). Gr. 8°.

Gestoch. Tit. u. 268 S. (incl. Nebentit. u. 1 Bl. vom Vf. unterz. Vorber.), 2 Bll. Inh. (der XXV Nrn.). Viel auf Böhmen Bezügliches. Enth. ferner: Die Vampiren od. Blutsauger. — Einheer, der Riese aus Schwaben (u.) Paar Worte über die Riesen. — Auszug aus einem Hexen-Examen.

Anon.-Lex. II. p. 62 (nach Meusel). — Kayser u. Wurzbach haben „1796".

— —, Dramatisirte, aus d. Gebiete d. Wunderbaren u. d. Reiche d. Zauberer, Schwarzkünstler, Hexen, Schatzgräber, Geisterbanner u. Geisterseher (von *Gottfr. Imman. Wenzel*). Mit Titelkpfr. u. Vign. Leipzig 1800. 8°. (3 Mk. Franz Teubner, c. 1898.)

Zuerst gedr. Wien 1796. 8°. (Anon.-Lex. II. p. 62 (nach Kayser u. Wurzbach)

— auserles. Erziehungskenntnisse prakt. bearbeitet für Eltern u. Erzieher. 4 Thle. 4. Wien 796. (Schaumburg). 2 rß Hbg. Pr. 1 rß 8 gl

Wenzel, G. J., Erziehungskunst. 8. Prag, Widtmann. Rthlr.

WENZEL, G. J., Geister-, Wunder-, Hexen- und Zaubergeschichten. Prag und Leipzig 1793. 8°. 160 Seiten. (4 Mk. 50 Pfg. Oskar Rauthe, Friedenau-Berlin, 1908.)

Mit 1 Kupfervignette: Die Pferde ohne Kopf oder: Der Potsdamer Leichenwagen.

— Geister-, Wunder-, Hexen- u. Zaubergeschichten, vorzügl. neuester Zeit. 8. Prag 794. Schönfeld. 8 gl

— Grundzüge e. pragmatischen Anthropologie. 8. Ebend. 807.

— Canonik d. Verstandes u. d. Vernunft, ein Commentar üb. J. Kants Logik. gr. 8. Ebend. (Ant. Doll). 801.

— Kanonik des Verstandes u. der Vernunft; ein Commentar üb. J. Kants Logik. gr. 8. Wien 801. Pazowsky. (Hartleben in Pesth). 1 rß

— d. Kunst gesund, jugendlich, stark und schön auch im Alter zu bleiben. 8. Wien, Ant. Doll. (Pazowsky). 809.

— die Kunst gesund, jugendlich, stark u. schön auch im Alter zu bleiben. 8. Wien 800. N. A. 809. 3e A. 12. Pesth 816. Hartleben. 16 gl

— vollständ. Lehrbegriff der gesammten Philosophie, dem Bedürfnisse der Zeit gemäß eingerichtet. 4 Thle., mit e. Realregister. gr. 8. Linz 803—5. Akadem. Buchh. 4 rß 16 gl (I. Logik, od. die Wissenschaft von dem Gesetz des Denkens. 1 rß 4 gl II. Metaphysik des Sinnlichen u. Uebersinnlichen, oder die Wissenschaft von Dingen überhaupt, von d. Welt, von d. Seele u. von Gott. 1 rß 4 gl III. Moral u. Recht, oder die Wissenschaft von dem sinnl. u. rechtl. Verhalten d. Menschen. 1 rß 4 gl IV. Klugheitslehre, oder Anleitung zur vortheilhaften Menschenbehandlung, Haushaltungskunst u. Politik. 1 rß 4 gl)

— die Liebe unter den Thieren, in einer Reihe von Beobachtungen dargestellt u. mit philosoph.-naturhistor. Anmerkk. begleitet. Mit 1 Kpf. 8. Wien 801. Pichler. 16 gl

Wenzel, J. G., der Mann von Welt rc., s. a. Heusinger, J. H. G.

— der Mann von d. Welt, oder Grundsätze u. Regeln des Anstandes, der Grazie, der feinen Lebensart u. wahren Höflichkeit. 8. Wien 801. 3e A. 809. 4e A. 8. Pesth. ... 5e A. 8. Ebd. 816. Hartleben. 12 gr 6e A. 817. 7e A. 821. 8e A. gr. 12. 825. 18 gr

— d. Mann v. Welt od. Grundsätze u. Regeln d. Anstandes, der Grazie, der feinen Lebensart und wahren Höflichkeit. 8 Wien, Ant. Doll. (Pazowsky). 809.

Wenzel, J. G., der Mann von Welt, od. Grundsätze u. Regeln des Anstandes, der Grazie, der feinen Lebensart u. wahren Höflichkeit. Neue verb. Aufl. mit K. 8. Pesth, Hartleben. 815.

Wenzel, (Prof.) der Mann von Welt, od. dessen Grundsätze u. Regeln des Anstandes, der feinen Lebensart u. der wahren Höflichkeit, f. die verschiedenen Verhältnisse der Gesellschaft. 8e Aufl. gr. 12. Pesth. 825, Hartleben.

Wenzel, J. G., der Mann von Welt; oder Grundsätze und Regeln des Anstandes, der feinen Lebensart und der wahren Höflichkeit rc. 10e verb. Ausg. 16. Pesth 841. Hartleben. (Leipzig, Frohberger.) 3/8 ₰

Wenzel, J. G., der Mann von Welt oder Grundsätze und Regeln des Anstandes, der feinen Lebensart und der wahren Höflichkeit, für die verschied. Verhältnisse der Gesellschaft. 12., nach den herrschenden Sitten der Gegenwart umgearb. Aufl. 8. (VI und 156 S.) Wien 854(55,) Hartleben's Verlags-Expedition.

Wenzel, J. G., der Mann von Welt oder Grundsätze und Regeln des Anstandes, der feineren Lebensart und der wahren Höflichkeit, für die verschied. Verhältnisse der Gesellschaft. 12., nach den herrschenden Sitten der Gegenwart umgearb. Aufl. 8. (IV und 156 S.) Wien 867, Hartleben's Verlag.

Wenzel, J. G., der Mann von Welt. Grundsätze und Regeln des Anstandes, der feinen Lebensart und der wahren Höflichkeit für die verschied. Verhältnisse der Gesellschaft. 13., nach den herrschenden Sitten der Gegenwart umgearb. und verm. Aufl. 8. (VIII, 141 S.) Wien 872, Hartleben's Verlag.

Wenzel, J. G., der Mann v. Welt Grundsätze u. Regeln d. Anstandes, der feinen Lebensart u. der wahren Höflichkeit f. die verschiedenen Verhältnisse der Gesellschaft. 14., nach den herrsch. Sitten der Gegenwart umgearb. u. verm. Aufl. 12. (III, 163 S.) Wien 892. A. Hartleben. n. 1.20

Wenzel, J. G., der Mann v. Welt. Grundsätze u. Regeln des Anstandes, der freien Lebensart u. der wahren Höflichkeit f. die verschiedenen Verhältnisse der Gesellschaft. 15. nach den Anschaugn. u. Sitten d. Gegenwart umgearb. u. verm. Aufl. (VIII, 162 S.) kl. 8. Wien (907). A. Hartleben. 1.20; geb. n 2.25

— Menschenlehre, oder System einer Anthropologie, nach den neuesten Beobachtungen, Versuchen u. Grundsätzen der Physik u. Philosophie. gr. 8. Linz 802. 2e verb. Aufl. ... Akadem. Buchh. 1 ₰

Gf. Im. Wenzel's Menschenlehre, od. System e. Anthropologie nach d. neuesten Beobachtt., Versuchen u. Grundss. d. Physik u. Philosophie. *Linz*, Eurich. 802. 8° 1 ₰

— Naturbuch. 8. Wien 795. Pazowsky. 12 gr

— d. Philosoph, ein periodisches Werk. 12 Stücke od. 4 Bde. gr. 8. Wien 781, 82. Ghelen. 4 ₰ 8 gr

— neue Prüfung der Köpfe für Künste u. Wissenschaften rc. 8. Wien 800. Gräffer u. Schm. 6 gr

Gf. Im. Wenzel's neue Prüf. d. Köpfe f. Künste u. Wissenschaften. *Wien*, Geistinger. 801. 8° 10 gr

— neue Prüfung der Köpfe für Künste u. Wissenschaften rc 8. Wien. (Gräffer). 801.

Gf. Im. Wenzel's neues vollst. philos. Reallexicon. 1r B. 1-2e Abth. *Linz*, Eurich. 806. gr 8° 5 ₰ 12 gr 2r B. 808. 3 ₰ 12 gr

— neues vollständ. philosoph. Reallexikon. 1r u. 2r Bd. A. bis H. gr. 8. Linz 807, 8. Academ. Buchh. 5 ₰ 8 gr

— der goldene Schlüssel, oder neu entdeckte Zugänge zum menschl. Herzen, ein nothwend. Buch für das gesellsch. Leben, mit 1 Kpf. 8. Wien 801. Pichler. 16 gr

Wenzel, Gottfr. Im., der goldne Schlüssel, oder neuentdeckte Zugänge z. menschl. Herzen. Ein nothwendiges Buch f. das gesellschaftl. Leben. 2. Aufl. 12. (9 B.) Wien 813. (Leipzig, Liebeskind.)

Wenzel, Gf. Imm., auserlei. Schriften philosoph. u. physikal. Inhalts. 8. Prag 789. Widtmann. 16 gr

Scipio, der Afrikaner.

— biograph. Skizzen d. neuesten Abenteurer, Sonderlinge u. von dem Gewöhnlichen abweichenden Menschen. 8. Wien 800.

— die Spekulationskunst, auf ihre Grundsätze zurückgeführt u. erläutert. 8. Wien 800. Schaumburg u. C. 10 gr

— der Staat der Thiere, od. Lebensart, Beschäftigungen, Künste u. Handwerke der Thierwelt. 8. Linz 804. Academ. Buchh. 16 gr 2e A. Ebd. 822. 8 gr

— System e. Anthropologie nach d. neuesten Beobachtungen, Versuch. u. Grundsätzen d. Physik u. Philosophie. gr. 8. Linz, Akadem. Buchhdl. 802.

— Unterhaltungen üb. auffallende Geistererscheinungen, Träume u. Ahndungen, nebst Darstell. anderer sonderbarer Beobachtungen. 8. Grätz 800. Tusch. 8 gr

— Versuch einer praktischen Seelenarzneikunde rc. 8. Grätz 801. Tusch. 12 gr

— Versuch einer prakt. Seelenarzneikunde. 8. Grätz 801. ist Verlag von Kienreich, u. d. Pr. 1/2 ₰

— Versuch e. Sittenbuchs f. d. Nährstand od. allgem. faßl. Anweis. weise u. glückl. zu leben. 8. Wien, Rötzl. (Kaulfuß). 796.

— Versuch eines Sittenbuchs für den Nährstand, oder allgemein faßliche Anweisung, weise u. glücklich zu leben. 8. Wien 796. (Schaumburg). 8 gr Hbg. Pr. 6 gr

— Wahrheiten f. Ehegatten u. Verlobte, in Bezug auf Ehe-glück u. Ehefreuden. 8. Wien, Rötzl. (Kaulfuß.) 796.

— Wahrheiten für Ehegatten u. Verlobte, in Bezug auf Eheglück u. Ehefreuden. 8. Wien 796. (Schaumburg). 10 kr Hbg. Pr. 8 kr

— der Weise in den wichtigsten Verhältnissen des Lebens. 8. Wien 801. (Schaumburg). 12 kr Hbg. Pr. 9 kr

— welche Philosophie hat unser Zeitalter u. worin besteht in Ansehung dieser Philosophie die Pflicht des philos. Lehrens. 8. Linz 802. Akad. Buchh. 3 kr

Wenzel, Gf. Imm., dramat. Werke. 2 Thle. 8. Prag 788. Widtmann. 1 fl 8 kr.

— philosophische Werke vermischten Inhalts. 8. Wien 781. Ghelen. 6 kr

— Worterbuch der Gesundheit, welches alle diejenigen Dinge kurz u. deutlich erklärt, die die Erhaltung des gesunden Zustandes entweder befördern oder demselben nachtheilig sind. 8. Wien 795. Pazowsky. 4 kr

Wenzel, G. J., d. natürl. Zauberkräfte des Menschen, erklärt und in Geschichten, Anecdoten u. Beyspielen dargestellt. 8. Wien, Ant. Doll. (a. Pazowsky.) 800. Rthlr.

— die natürl. Zauberkräfte des Menschen, erklärt u. in Geschichten, Anekdoten u. Beispielen dargestellt. Mit Kpf. 8. Wien 800. (Hartleben in Pesth). 16 kr

Wenzel, Gf. Traugott

s. d'Arnaud, Erholungsstunden.

s. Dyche, Lesekunst.

s. Franklins Werke.

s. Magellans Anweisung.

Wenzel, G. Tr. s.a.: Meinungen (Polit. und statist.).

Wenzel, G. T., polit. u. statist. Meinungen üb. d. Auswanderungen d. Deutschen, u. der Mittel, ihnen vorzubeugen. 8. Dessau, Gel. Buchhdl. 781.

s. Seereise e. jung. Offiziers.

s. Successionsbewegung.

WERTH, Der, des Weibes. Ein (zahmes) Gedicht (von *Gottfr. Traugott Wenzel*). Dresden 1790. 8°.
Anon.-Lex. IV. p. 392 (nach Hayn u. W. v. Maltzahn), wo die beiden ff. Ausgaben fehlen.
— — Dasselbe. Ebd. 1802. 8°.

Wenzel, Gf. Trgtt., der Werth des Weibes; ein Gedicht. 8. Dresd. 790. (Richter). 4 kr 3e Aufl. (nebst d. Werthe d. Mannes) unt. d. Tit.: die Perle im Golde, oder: eins ist des andern werth. gr. 8. Ebd. 803.

(Wenzel, Guido, Prof. Dr.): Felicia **Hemans**. Ein Beitrag zur Geschichte d. engl. Litteratur d. 19. Jhs. *Magdeburg 1902: E. Baensch jun.* (24 S.) 4°
Magdeburg, RG, P 1902 (280)

Wenzel, Guido [Dr.]: Friedrich Hölderlin und John Keats als geistesverwandte Dichter. Magdeburg, Druck v. E. Baensch jun., 1896; 1 Bl., 28 S. 4.
Magdeburg, RG, OP 1896 (270)

Wenzel, Guido, **aesthetische u. sprachliche Studien üb. Antoine de Montchrétien im Vergleich zu seinen Zeitgenossen.** gr. 8. (101 S.) Weimar 885. (Jena, Dabis.) n. 1. 60

Wenzel, *G.* [Dr.]: John Wilson als Dramatiker. Vegesacker Buchdr., *1891;* S. 3 27; 4°
Vegesack, RG, P 1891 (718a)

Wenzel [illegible] Dr. Beiträge zur Quellenkunde der dalmatinischen Rechtsgeschichte [illegible] I. Teil Nr. 3 [illegible] 70
[illegible] Teil Nr. 1 [illegible] . . . . . . [illegible]
[illegible] Teil Nr. [illegible] . . . . . . [illegible]
Separatabdruck

Wenzel, Gust., Handbuch des allgemeinen österreichischen Bergrechtes auf Grundlage des Gesetzes vom 23. Mai 1854 und der Vollzugsvorschrift vom 25. Septbr. 1854. Wien 855. Braumuller. gr. 8. (XX, 629 S.) n. 2 *rf*. 20 *ngr.*

Wenzel Dr. Gustav — Handbuch des allgemeinen österr. Bergrechtes auf Grundlage des Gesetzes vom 23. Mai und der Vollzugsvorschrift v. 25. September 1854. Von — — 2. und 3. Lieferung. Wien, 1855. Gedruckt bei L. C. Zamarski. Wilh. Braumüller. (S. 129–628. XX. und 1 Bl. 8.) Schluß des Werkes.

Wenzel, H. Senior. Fest-Progr des goldenen Jubs d Gesangvereins Va (Richmond), nebst einer hist Sk d Vereins . . . 1.-3. Juli 1902. Richmond, 1902.

Wenzel, H. A. Ueber den Unterricht in der Musik auf Gymn. 14 S. . .
Progr. Salzwedel 1827.

Wenzel, Heinr., Gedichte. gr. 12. (9 B.) Glogau 836, Flemming.

Wenzel, Heinr., **über den Instrumentalis im Rigveda.** gr. 8. (VII, 110 S.) Tübingen 879. Laupp. n. 4. —

—— Reiseskizzen aus Tyrol u. dess. Nachbarschaft. 8. (16 B.) Bunzlau 837, Appun's Buchh.

Wenzel, H., s.a. **Suhrllekha.**

Wenzel, Heinrich [Dr.]: Suhrllekha Brief des Nāgārjuna an König Udayana. Übersetzung aus dem Tibetischen . . . . Leipzig, Druck v. G. Kreysing, 1886; 27 S. 8°.
Leipzig, Phil. Fak., Hab.-Schr. v. 8. Dez. 1886.

—— König Wilhelm. Tragödie in 5 Acten. gr. 12. (9½ B.) Hannover 836, Hahnsche Hofbuchh.

Wenzel, Herm., Deutschland u. Afrika, s.: Vereinsbühne.

Wenzel, Herm., überwunden, s.: Ungelenk's Vereinsbühne.

Wenzel, I., Alphonsi controversiae selectae ex universa theologia scholastica. fol. Regensb. 723-28.

— philosophia angelico-themistica. fol. Augsb. 739.

Wenzel, J. G., s. W e n z e l, Gottfried Immanuel

Wenzel, J. K., Veränderungen der Karte Europas seit 1815. Mit einer (lith. u. color.) Landkarte (in Imp.-Fol.). gr. 8. (IV, 53 S.) Prag 878. Calve. n. 1. 60

Wenzel, J. L. F., s. **Cäcilia u. Calliste.**

Wenzel, Immanuel August (Altenburg) A. S. 1371/9

Dissertatio theologica. Eusebianum doctrinae salvificae systema. Präs. Salomon Deyling.
Leipzig (Langenheim) 22. IV. 1732. 48 S.
36351

Wenzel, Immanuel Gottlieb (Zittau) A. S. 576/34a

Specimen contines caput iuris controversum de protestatione contra acceptationem conditionatam litterarum cambialium.
Präs. Christian Heinrich Breuning.
Leipzig (Langenheim) 22. IX. 1764. 18 S.

W. v.: Präs. 36352

Wenzel, Johann Christoph, s. W e n t z e l.

Wenzel, Johann David (Eisleben) U. S. Halle 1762/1

Dissertatio iuridica sistens caussam debitoris circa pecuniae solutionem mutato post contractum nummorum valore. Präs. Georg Samuel Madihn.
Halle (Schneider) I. 1762. 80 S.

Gew.: Lewin Friedrich von Bismarck.
36353

Wenzel, Johann David (Eisleben) A. S. 46/25

Commentatio sistens caussam debitoris circa pecuniae solutionem mutato post contractum nummorum valore.
Präs. Georg Samuel Madihn. Rec.
Halle (Halle) 1767. 62 S.

Diss. 24. IV. 1762. 36354

Wenzel, Johann Georg. Ein Blick auf die deutsche Kunst der Reformationszeit. 18 S. Progr. Lyz. *Metz* 1878.

Wenzel, Johann Gottlieb (Mihla) A. S. 269/11

Disputatio inauguralis iuridica de clausula formulae citationis inseri solita iusto tempore matutino Zu rechter früher Tages-Zeit.
Präs. Christian Wildvogel.
Jena (Müller) 23. I. 1715. 28 S.

W. v.: Präs., Johann Ch. Wenzel (Bruder), Johann Friedrich Wildvogel, David Otte, Philipp Adolph von Münchhausen, Hilmar von Münchhausen. 36355

Wenzel, Johann Heinrich

De Foraminibus post mortem in ventriculo inventis. Gottingae (1818:) Baier. 15 S. 8°

Göttingen, Med. Diss. v. Okt. 1818

Wenzel, Johs., Arbeiterschutz u. Centrum m. Berücksicht. der übrigen Parteien. Ein Beitrag zur Geschichte der Socialreform im Deutschen Reiche. Im Auftrage des Volksvereins f. das katholische Deutschland. verf. gr. 8. (269 u. VII S.) Berlin 893. Germania. n. 1. —

Wepf, Johs., der frohe Guitarrenspieler. Lieder für 1 Singstimme mit leichter Begleitung. 2. Heft. 3. Aufl. u. 5. Heft. Schaffhausen 865. Brodtmann'sche Buchh. qu. 4. (26 S. u. 20 S.) Jedes Heft 3 *ngr.*

— dreistimmige Jugend-Lieder. 3. Heft. 3. Aufl. Ebend. 865. 8. (59 S.) n. 2 *ngr.*

Wenzel, Johs., Wilhelm Emmanuel Freiherr v. Ketteler, s. a. Flugschriften, kathol., zur Wehr u. Lehr'.

Wenzel, Johannes: Wilhelm Emmanuel Freiherr von K e t t e l e r. Der Lehrer u. Vorkämpfer d. kathol.-socialen Bestrebungen. Von Johannes Wenzel, M.d.R. Berlin: Germania (1895). (84 S.) 8°
(Flugschriften, Kathol., z. Wehr u. Lehr No 95/96.)

Wilhelm Emmanuel Freiherr von Ketteler. Die wissenschaftl. Behandlung d. socialen Frage. Von Johannes Wenzel, M. d. R. *Berlin: Germania (1895).* (80 S.) 8° [F.]
— Flugschriften. Kathol., z. Wehr u. Lehr. No 100.

— Adolph Kolping, d. Gesellenvater, s. a. Flugschriften, kathol., zur Wehr u. Lehr'.

[F.] Adolph Kolping, der Gesellenvater. Von Johannes Wenzel, Mitgl. d. Reichstages. *Berlin: Germania (1896).* (64 S.) 1 Bd 8.
= Flugschriften, Kathol., z. Wehr u. Lehr. No 106.

— der Liederfreund. Sammlung vierstimmiger Lieder für den Männerchor mit einer Zugabe von Alpen-Liedern, besond. für vorgerücktere u. weiterstrebende Vereine. 2. Heft. 2., verm. u. verb. Aufl. Ebend. 865. gr. 16. (292 S.) 9 *ngr.*

Wenzel, Johs., gewerbliche Sonntagsruhe u. Zentrum, s. a. Zeitfragen, soziale u. politische. 4. Hft.

Gewerbliche Sonntagsruhe und Zentrum, mit Berücks. d. übrigen Parteien. Von Johannes **Wenzel**, Domvikar. Köln: J. P. Bachem 1904. (352 S.) 8° [F.]
— **Zeitfragen**. Soziale u. politische. H. 4.

— Adolph Kolping's sociale Thätigkeit, s. a. Flugschriften, kathol., zur Wehr u. Lehr'.

[F.] Adolph Kolping's sociale Thätigkeit. Von Johannes Wenzel, Mitgl. d. Reichstages. *Berlin: Germania (1896).* (115 S.) 1 Bd 8.
= Flugschriften, Kathol., z. Wehr u. Lehr. No 110/111.

Wenzel, Joseph (Übers.):

s.: Ackermann, J(akob) F(idelis): Ueber die körperliche Verschiedenheit des Mannes vom Weibe außer den Geschlechtstheilen. (De discrimina sexum praeter genitalia. Dt.) Koblenz: 1788

JB 625

Wenzel, Joseph: Über die schwammigen Auswüchse auf der äussern Hirnhaut von J. Wenzel und Karl Wenzel. 138 S., gbd., 6 Taf.

Mainz: Kupferberg 1811

JB 4.188

— Bemerk. üb. d. Hirnwassersucht. 4. Tübing. Cotta. 806.

— dies., Bemerkk. über die Hirnwassersucht. gr. 4. Tübing. 807. v. Cotta. 8 ℛ

Wenzel, Joseph: Bemerkungen über die Struktur der ausgewachsenen Schwung- und Schweif-Federn von J. Wenzel und Karl Wenzel. 46 S., gbd.

Tübingen: Cotta 1807

JB 115

— Bemerkk. über die Structur der ausgewachsenen Schwung- u. Schweiffedern. 4. Tübing. 808. v. Cotta. 9 gr.

— Beobachtt. über den Hirnanhang fallsüchtiger Personen, nach seinem Tode herausg. von Karl Wenzel, mit 9 Kpft., u. e. kurzen Lebensgeschichte des Verfass. v. Sam. Chr. Lucä. 4. Mainz 810. Kupferberg. 3 Thlr. Velinp. 4 Thlr.

— Diss. inaug. de ossium arthriticorum indole. 8. Frankf. 791.

Wenzel, Joseph: Über den Kretinismus von J. Wenzel und Karl Wenzel. 246 S., gbd.

Wien: Schaumburg 1802

JB 4.491

Wenzel, Joseph: Prodromus eines Werkes über das Hirn des Menschen und der Thiere von J. Wenzel und Karl Wenzel. 38 S., gbd.

Tübingen: Cotta 1806

JB 788

— de penitiori structura cerebri humani et brutorum, cum 30 Tabb. aen. Fol. maj. Tübing. 812. v. Cotta. 12 Thlr. 20 gr. Velinp. 19 Thlr.

— u. Karl Wenzel

— dies., Vorschläge zur Verbesserung d. chirurg. Anstalten auf dem Lande. 8. Frankf. 794.

Wenzel, Joseph (Übers. u. Comm.):

s.: Weidmann, Joh(ann) Pet(er): Über den Mißbrauch des glühenden Eisens, um brandige Knochenstücke abzusondern. (De abusu ferri candentis ad separandas partes ossium mortuas. Dt.) Frankfurt am Main: 1801

JB 3.142

Wenzel, Karl, die schriftl. Arbeiten aus d. bürgerl. Geschäftsleben, s.: Kerl, D.

Wenzel, Karl: Über die schwammigen Auswüchse auf der äussern Hirnhaut. Mainz: 1811

s.: Wenzel, Joseph

JB 4.188

Wenzel, Carl: Aus der chirurgischen Klinik zu Bonn. Beitrag zur Statistik des Carcinoma Penis. *Düsseldorf 1898: E. Lintz.* (22 S.) 8°
Bonn, Med. Diss. v. [7. März] 1898

Wenzel, Karl: Bemerkungen über die Struktur der ausgewachsenen Schwung- und Schweif-Federn. Tübingen: 1807

s.: Wenzel, Joseph

JB 115

Wenzel, Ritter Karl, allgemeine geburtshülfl. Betrachtungen, u. über künstliche Frühgeburt. gr. 4. Mainz 818. Kupferberg. 2 Thlr. 12 gr. Schreibp. 3 Thlr. Velinp. 4 Thlr.

— die gewerbliche Buchführung, s.: Lehrhefte f. den Einzelunterricht an Gewerbe- u. Handwerkerschulen.

— d. gewerbl. Buchführung f. Bäcker, s.: Lehrhefte für d. Einzelunterricht an Gewerbe- u. Handwerkerschulen, VI, 4.

Car. Wenzel comparatio inter forcipes Levretianam, Smellianam, Leackianam et Johnsonianam. Mogunt. 1791. 4.

Wenzel, Carl, alte Erfahrungen im Lichte der neuen Zeit u. ihrer Anschauungen üb. die Entstehung der Krankheiten. gr. 8. Wiesbaden 893. J. F. Bergmann. n. 3. 60
Ueber den Schutz gegen die Gefahren v. Scharlach-Masern. — Ueber die natürliche u. künstliche Entleerung d. Magens durch den Mund. — Eine Blasenmole im Eileiter u. einige andere Ergebnisse bei Leichen-Untersuchungen. (XII, 144 S.)

Wenzel, Karl [approb. Arzt aus Mainz]: Ein Fall von Hydrocephalus internus chronicus acquisitus ... Bonn, Univ.-Buchdr. v. Carl Georgi, 1886; 28 S. 8°.
Würzburg, Med. Fak., Inaug.-Diss. v. 1884.

Wenzel, Karl, ein Fall von Hydrocephalus internus chronicus acquisitus. Diss. Würzburg 1886, Stahelsche Univ.-Buchh. 8° 28 S.

Wenzel, Karl, die Fortschritte u. Entdeckungen uns. Zeit im Gebiete d. medicin. u. chirurg. Diagnostik, wissenschaftl. u. prakt. geordnet. 3 Thle. 8. Erlangen, Palm u. Enke. [1. (7 B.) 1/2 Thlr., 2. (12 1/2 B.) 836. 5/6 Thlr., 3. (9 1/2 B.) 838. 1/2 Thlr.]

— d. übermäßige Geistesanstrengung als Ursache vielfacher Krankheiten, eine patholog. Abhandl. gr. 8. Bamb. 826. Dresch. 6 gr.

— Geschäftsgänge f. den Unterricht in der gewerbl. Buchführung, s.: Lehrhefte für den Einzelunterricht an Gewerbe- u. Handwerkerschulen.

—— Handbuch d. medicin. u. chirurg. Diagnostik, od. kurzgefaßte aber deutl. Zusammenstell. derjen. innerl. u. äußerl. Krankheiten, die leicht eine Verwechselung zulassen, u. ihrer specif. diagnost. Zeichen, so wie auch d. verschiednen diagnost. Hülfsmittel. In alphabet. Ordn. 1. Bd. 1. u. 2. Abthl. Abortus — Herbes. gr. 8. Weimar, Landes-Indust.-Comtoir. [1. (8 1/4 B.) 837. 5/8 Thlr., 2. (5 1/2 B.) 838. 1/2 Thlr.]

—— Handlexicon od. Encyclopädie d. gesammten staatsärztl. Praxis, die gerichtl. Medicin, medicin. Gesetzgebung, Civil- u. Militair-Medicinalpolizei u. d. staatsärztl. Veterinärkunde umfassend. 1. Bd. 1. u. 2. Abthl. (A — Fleischbänke.) gr. 8. Erlangen, Palm u. Enke. [1. (13 1/2 B.) 837. 5/8 Thlr., 2. (8 1/2 B.) 838. 1/2 Thlr.]

Wenzel, Karl, die Heilkräfte d. Wasserfenchelsamens, besond. in Lungensuchten, im Psoasabscesse, in äusseren Geschwüren u. im Keichhusten, dann d. wurmwidrige Eigenschaft d. Krotonöls. gr. 8. (9 B.) Erlangen 828, Palm u. Enke.

— über die Induration u. d. Geschwür in indurirten Theilen. gr. 8. Mainz 815. Kupferberg. 18 gr.

Wenzel, Karl: Über die Krankheiten am Rückgrathe. 460 S., gbd., 8 Taf.

Bamberg: Weschè 1824

JB 6.321

— über die Krankheiten am Rückgrathe. Mit 8 Kpft. gr. Fol. Bamb. 825. 20 ß (Frankf., Wesché). Hbg. Pr. 6 ß

— üb. die Krankheiten des Uterus vorzüglich in Beziehung auf die Induration u. das Geschwür desselb., mit 12 Kpf. u. ebensoviel Linientafeln. gr. Fol. Bamb. 816. (Wesché in Frankf.) 22 ß Hbg. Pr. 6 ß Velinp. 30 ß

Wenzel, Karl: Über die Krankheiten des Uterus. 196 S., gbd., 24 Taf.

Mainz: Kupferberg 1816

JB 4.173

Wenzel, Ritter Karl, die wahre Krätze mit besond. Berücksichtig. ihrer unrichtigen u. Unheil stiftenden Behandlungsarten, als e. Quelle zahlloser, furchtbarer, chronischer Nachkrankheiten. 8. Bamb. 825. Dresch. 12 gr 2e A. 832. 8 gr

Wenzel, Karl: Über den Kretinismus.
Wien: 1802

s.: Wenzel, Joseph

JB 4.491

—— Leitfaden der Geographie des Großherzogtums Hessen, s. Pfaff, H.

Wenzel, Carl, die Marschfieber in ihren ursächlichen Beziehungen während des Hafenbaues im Jadegebiet von 1858—1869. Nach dem statist. Material der Physikatsberichte dargestellt. Mit 5 Curven-Tabellen. (2 Bl. in Imp.-Fol.) gr. 8. (73 S.) Prag 871, Reichenecker. [Leipzig, Hirschfeld.] *

— die Nachkrankheiten d. zurückgetretenen Krätze. gr. 8. Bamb. 826. Dresch. 18 gr N. A. 832. 10 gr

Wenzel, Karl: Über Natur und Kunst in der Arzneiwissenschaft. Einladungsprogramm zur feierlichen Eröffnung der Grossherzoglichen medizinisch-chirurgischen Specialschule am 9. November 1812. 40 S., gbd.

Frankfurt: Eichenberg 1812

JB 5.795

Wenzel, Karl: Prodromus eines Werkes über das Hirn des Menschen und der Thiere. Tübingen: 1806

s.: Wenzel, Joseph

JB 788

Wenzel, Karl, die Rabenarten Norddeutschlands. [Aus: „Zeitschr. f. Ornithol. u. prakt. Geflügelzucht".] gr. 8. (31 S.) Stettin 893. (Berlin, R. Friedländer & Sohn.) n. 1. —

Wenzel, K., Raumlehre, s.: Schmidt, Ph.

— Rechenbuch, s.: Magnus, K. H. L.

— **Rechenbuch** f. kaufmänn. Fortbildungsschulen. (In 3 Tln.) 1. u. 2. Tl. gr. 8. (67 u. 54 S.) Hannover 897. C. Meyer. à n. — 60

— dasselbe. Antwortenheft. 1. u. 2. Tl. gr. 8. (29 u. 40 S.) Ebd. 897. à n. — 60

— Rechenbuch f. kaufmännische Fortbildungsschulen. (In 3 Tln.) 3. Tl. gr. 8. (II, 96 S.) Hannover 899 C. Meyer. n. 1. —; Antwortenheft. (76 S.) n. 1. —

— A. Trapp u. K. H. L. Magnus, Rechenbuch f. Fortbildungsschulen (Winterschulen, ländl. u. kleinere gewerbl. Schulen). Ausg. B in 2 Tln. 1. Tl.: Die Grundrechnungsarten m. ganzen u. gebrochenen Zahlen. 2. u. 3. Aufl. gr. 8. (63 S.) Hannover 902. C. Meyer. n. — 40

— A. Trapp u. K. H. L. Magnus, Rechenbuch f. Fortbildungsschulen (Winterschulen, ländl. u. kleinere gewerbl. Schulen). Ausg. B in 2 Tln. 2. Tl.: Die Schlußrechnung., bürgerliche Rechnungsarten, Kosten-, Ertrags-, Raumberechngn., Aufgaben aus der Unfall- u. Invalidenversicherg. 2. u. 3. Aufl. (107 S.) gr. 8. Hannover 903. C. Meyer. n.n. — 70

— — — dasselbe. Ausg. B in 2 Tln. Lehrerheft. 8. Ebd. à n. 1. 25

1. Die Grundrechnungsarten m. ganzen u. gebrochenen Zahlen. 2. u. 3. Aufl. (68 S.) 904.
2. Die Schlußrechng., bürgerl. Rechnungsarten, Kosten-, Ertrags-, Raumberechngn., Aufgaben aus der Unfall- u. Invalidenversicherg. 2. u. 3. Aufl. (72 S.) 905.

Wenzel, Karl, Rechenbuch f. kaufmännische Fortbildungsschulen. Lehrerheft. I. u. II. Tl. 8. Hannover 904. C. Meyer. n. 2. 75

I. (72 S.) n. 1. 25. — II. (96 S.) n. 1. 50.

— Rechenbuch f. kaufmännische Fortbildungsschulen. 3 Tle. gr. 8. Hannover, C. Meyer. n. 2. 40

1. 3. verb. Aufl. (94 S.) 904. n. — 60
2. 3. verb. Aufl. (111 S.) 905. n. — 80
3. 2. verb. Aufl. (91 S.) 906. n. 1. —

Wenzel, Karl, Rechenbuch f. kaufmännische Fortbildungsschulen. 3 Tle. 8. Hannover, C. Meyer. 2. 40

1. 4., verb. Aufl. (94 S.) 907. — 60
2. 4., verb. Aufl. (111 S.) 908. — 80
3. 3. (Ster.-)Aufl. (91 S.) 910. 1. —

— **dasselbe. 3. Tl. Lehrerheft. 2., verb. Aufl. (94 S.) 8. Ebd. 907.** 1. 50

— **A. Trapp u. K. H. L. Magnus, Rechenbuch f. Fortbildungsschulen (Winterschulen, ländliche u. kleinere gewerbliche Schulen). Ausg. B. 2 Tle. 8. Hannover, C. Meyer.** 1. 15

1. Die Grundrechnungsarten m. ganzen u. gebrochenen Zahlen Die Schlußrechng. 4. u. 5. Aufl. (101 S.) 909. — 75
2. 4. u. 5. Aufl. (56 S.) 910. — 40

— Rechenbuch f. Handwerker- u. gewerbliche Fortbildungsschulen, s.: Magnus, K. H. L.

— die deutsche Rechtschreibung, s.: Kerl, O.

— Rede bei d. feierl. Eröffnung d. großherzogl. medicin.-chirurg. Specialschule in Frankf. am 9. Nov. 1812. Frankf., (Eichenberg). 6 gr

—— Recepttaschenbuch f. d. Gebiet d. Kinderkrankheiten. Nach d. einzelnen Krankheitsformen u. insbesond. nach d. Heilanzeigen, nach d. jedesmal. Stande u. d. Stadien d. Krankheiten etc. geord. u. mit Anmerkn. vers. 2 Thle. 8. Erlangen, [illegible] 1. (17½ B.) [illegible] 1 Thlr., 2. (24 B.) [illegible]

—— Sammlung auserles. Recepte d. neuesten Zeit. Nebst dahin bezügl. pharmaceut., heilmittelkund., patholog. u. therapeut. Bemerkn., aus d. neuesten Literatur d. Heilkunde. 1 — 5. Bdchn. 8. Erlangen, Palm u. Enke. [1. (17 B.) 833. 20 Gr., 2. (19 B.) 1 Thlr., 3. (13½ B.), 4. (13¼ B.) 834. à 18 Gr., 5. (7 B.) 835. 12 Gr.]
Das 3—5. Bdchn. haben hinter „Zeit" d. veränderten Zusatz: Nebst d. neuesten Erfahrungen d. In- u. Auslandes in der gesammten medicin., chirurg. u. geburtshilfl. Praxis. Hrsg. wurden sie unter Mitwirkung v. J. B. Friedreich.
Vgl. Wentzel. — Wenzl.

—— Sammlung auserles. Recepte d. neuesten Zeit. Nebst d. neuesten Erfahrn. d. In- u. Auslandes in d. gesammten medicin., chirurg. u. geburtshilfl. Praxis. 6—12. (letzt.) Bdchn. 8. Erlangen, Palm u. Enke. [6. (8 B.) ⅝ Thlr., 7. (13½ B.) 836. ¾ Thlr., 8. (9¾ B.) ½ Thlr., 9. (15½ B.) 837. ⅝ Thlr., 10. (13¼ B.) 838., 11. (16 B.) 839., 12. (15¼ B.) 840. à ¾ Thlr.]
6—9. Bdchn. hrsg. unt. Mitwirkung J. B. Friedrich's, 10—12. Bdchn. fortges. v. G. Meyer.
1—6. Bdchn. Ebendas. 1833—35. 3 Thlr. 20 Gr. — 12 Bdchn. vollständ. hrbgs. Pr. 4 Thlr.

—— Taschenbuch d. ärztl. Receptirkunst u. d. Arzneiformeln, nach Grundlage d. bayr. Pharmakopoe. Od.: die Dosen u. medizin. Eigenschaften der in d. bayr. Pharmakopoe vorkomm. zusammengesetzten Arzneimittel, nebst vielen Receptformeln darüber. Vornehmlich f. d. Aerzte u. Chirurgen Bayerns u. d. angränz. Länder. gr. 12. (9 B.) Stuttgart 836, [Scheible, Rieger u. Sattler.]

Wenzel, Karl, Übungshofte f. dio Rundschrift. 4 Hfte. 4. (à 24 S.) Hannover-Linden 892. Manz & Lange. à n.n. — 25

Wenzel, Karl (Übers.u.Comm.):

s.: Weidmann, Joh(ann) Pet(er): Über den Mißbrauch des glühenden Eisens, um brandige Knochenstücke abzusondern. (De abusu ferri candentis ad separandas partes ossium mortuas. Dt.) Frankfurt am Main: 1801

JB 3.142

Wenzel, Karl Ado.: Das Reglement der Gravamina in geistl. Sachen, u. d. Stolae-Tax-Ordnung für Schlesien. Nebst d. Edict v. Güntersblum, den Gesetzen üb. d. Parochial-Zehnten, n. den älteren Bestimmungen üb. d. Confessionsverhältnisse in Schlesien. *Breslau*, W. G. Korn. 833. gr. 8. (10 Gr.)

Wenzel, Karl Albert

Wenzel, Carl Alb., humoristische Episoden aus dem Dasein des verliebten Ayaytos. (35 S.) 8. Leipzig 907. Modernes Verlagsbureau. 1.—

— Immer lustig allesamt! Humor u. Satyre. (64 S.) 8. Frankfurt a/M. (909). Blažek & Bergmann. 1.50

— Raubjagd. — Teufelsföldner. 2 Einakter. (90 S.) gr. 8. Frankfurt a/M. (909). C. F. Schulz. 1.20

Wenzel, Karl August Wilhelm, s. Wenzel I.

Wenzel, Karl Fr., († d. 26. Febr. 1793.) Einleitung zur höhern Chemie. 1r Thl. 8. Leipz. 774. Holle. 6 gr.

Wenzel, K. F., Einleit. z. höhern Chemie. 1ster Thl. 8. Lpz, Holle. 773.

— Lehre von der Verwandschaft der Körper. 8. Dresd. 777. N. Aufl. 782, umgearb. u. vermehrt von Dr. H. Grindel. gr. 8. Ebd. 800. Gerlach. (Hilscher). 8 gr.

— chemische Untersuchung des Flußspathes. 8. Dresd. 783. Gerlach. 3 gr.

Wenzel, Carl Friedrich. Chemische Versuche die Metalle ... in ihre Bestandtheile zu zerlegen. Kopenhagen 1781. H: *Kratzenstein, Chn Glieb.* (BrMm)

Wenzel, Karl Gottlieb

Wenzel, C. G., Beyträge zur Ausfüllung geschäftsloser Stunden. Eine Unterhaltungsschrift für Freunde histor. Lectüre. 1r Theil. gr. 8. Riga, Hartmann. 819.

Wenzel, Karl Gli., Beiträge z. Ausfüllung geschäftsloser Stunden. Eine Unterhaltungsschrift für Freunde histor. Lectüre. 1r Thl. gr. 8. Riga 829. Hartmann. 1 ₰ 16 gr.

— Merkwürdigkeiten aus dem Gebiete der Kunst u. Natur. gr. 8. Riga 819. Hartmann. 1 ₰ 16 gr.

Wenzel, Karl Gustav

Wenzel, Carl Gust., aus Weimars goldenen Tagen. Bibliographische Jubelfestgabe zur 100jährigen Geburtstagsfeier Friedrich v. Schiller's. Dresden 859. Arnoldische Buchhdlg. Lex.-8. (VIII, 352 S.) n. 2 ₰ 20 ngr.

Wenzel, Kurt, Offizier-Stammliste des königl. preuß. Infanterie-Regiments v. Voigts-Rhetz (3. Hannoversches) Nr. 79, nebst Auszügen aus den Ranglisten seines Stamm-Regiments des ehemal. königl. hannov. 1. od. Leib-Regiments. Im Auftr. des Regiments zusammengestellt. Abgeschlossen am 1. II. 1902. (V, 253 S.) gr. 8. Berlin 902. E. S. Mittler & Sohn. 8.—

— *L.:* Über Flächen II. Ordnung im Allgemeinen u. das hyperbolische Paraboloid im Besonderen. 35. Mähr.-Trübau 84.
Progr.

Wenzel, Leodogar, o. Beitrag zur Schwingungstheorie elastischer Saiten. Progr. gr. 8. (30 S. m. 12 Fig.) Klagenfurt 893. (F. v. Kleinmayr.) 1.—

Wenzel, Leonh., Garmisch, Partenkirchen u. Umgebung. (III, 78 S. m. Abbildgn. u. 1 Karte.) 8. Partenkirchen (905). L. Wenzel. 1.—

Wenzel, Leonh., Garmisch, Partenkirchen u. Umgebung. 4. Aufl. Illustr. nach photograph. Aufnahmen der Kunstanstalt B. Johannes (M. Beckert), k. Hofphotograph, Partenkirchen. (86 S. m. 1 farb. Karte.) 8. Partenkirchen (910). L. Wenzel. 1.—

— logische Operationen in der Mathematik u. beim mathematischen Unterrichte. 1. Thl u. Fortsetzung. Progr. gr. 8. (21 u. 22 S. m. Fig.) St. Paul 892. (Klagenfurt, F. v. Kleinmayr.) à n. 1.—

— Partenkirchen, Garmisch, Kainzenbad u. Umgebung. (Umschlag: 3. Aufl.) (III, 78 S. m. Abbildgn. u. 1 Karte.) 8. Ebd. (905). 1.—

— Partenkirchen, Garmisch, Kainzenbad u. Umgebung. 4. Aufl. Illustr. nach photograph. Aufnahmen der Kunstanstalt B. Johannes (M. Beckert), k. Hofphotograph, Partenkirchen. (86 S. m. 1 farb. Karte.) 8. Ebd. (910). 1.—

Wenzel, Max

Wenzel, M., das östliche Erzgebirge, s. Meinhold's Routenführer.

Wenzel, Max (geb. Mittelwalde in Schles. 26. 6. 1845): Ein Fall von Uterus bicornis. Berlin (1868). (32 S.) 8°
Berlin, Med. Diss. v. 28. März 1868

Wenzel, Max, Humor u. Ernst aus dem Soldaten-Leben. Mit einleit. Vorwort von A. v. Winterfeld. 1. u. 2. Bd. gr. 16. Jena, Costenoble. à 1. —
1. Aus der Wachtstube. Eine Tigerjagd in Pommern. Eine böse Nacht. (XIII, 173 S.)
2. Eine Brautwerbung Blücher's. Verloren. (175 S.)

— Kriegswesen u. Heeres-Organisation der Römer. Eine kriegsgeschichtliche Studie. gr. 8. (VIII, 124 S.) Berlin 877. F. Luckhardt. n. 2. —

Wenzel, Max, Gerichtsreferendar: Zur Lehre der vertragsmässigen Elemente der Reichsverfassung. Eine krit. Studie aus d. Reichsstaatsrecht. Tübingen 1908: Laupp. VIII, 56 S. 8° ¶ (Ersch. vollst. als: Abhandlungen a. d. Staats-, Verwaltungs- u. Völkerrecht. Bd 5, H. 1.)
Bonn, Jur. Diss. v. 17. Okt. 1908, Ref. Zorn
[Geb. 22 Nov. 82 Berncastel; Wohnort: Bonn; Staatsangeh.: Preußen; Vorbildung: Gymn. Trier, Bonn Reife O. 03; Studium: Freiburg i. B. 1, Bonn 5 S.; Rig. 21. Febr. 08.] [U 09. 323

Wenzel, Max, zur Lehre der vertragsmässigen Elemente der Reichsverfassung, s. a. Abhandlungen aus dem Staats-, Verwaltungs- u. Völkerrecht. V, 1.

Wenzel, Max: Zur Lehre der vertragsmässigen Elemente der Reichsverfassung. Eine krit. Studie aus d. Reichsstaatsrecht. Von Dr. jur. Max Wenzel. Bonn. Tübingen: Mohr 1909. VIII, 176 S. 8°
(Abhandlungen aus d. Staats-, Verwaltungs- u. Völkerrecht. Bd 5. H. 1.)

— s' gruße Los. Schwank in 1 Aufzug. (Erzgebirgisches Vereinstheater. 16. Heft.) (14 S.) 8. Annaberg (909). Graser's Verl. — 60

— Ne Samel-Lob sei Christbaam. Schwank in 1 Aufzuge. (Erzgebirgisches Vereinstheater. 19. Heft.) (II, 15 S.) 8. Ebd. 909. — 60

Wenzel, Max, acht Tog virn heiling Ohmd. Ein Bild aus dem Obererzgebirge. (Erzgebirgisches Vereinstheater. 10. Heft.) (20 S.) kl. 8. Annaberg 906. Graser. n. — 40

Wenzel, Max, wu de Fichten rauschen, s. a. Gedichte u. Geschichten in erzgebirgischer Mundart.

Wu de Fichten rauschen. Von Max **Wenzel**. Annaberg: Graser 1910. 48 S. 8°
(Gedichte u. Geschichten in erzgebirgischer Mundart. H. 26.) [10. 1432

Wenzel, O. Handbuch des oesterreich. Bergrechts. Wien 1854. Tendler.

Wenzel, Otto, s. a. Adressbuch u. Waarenverzeichniss der chemischen Industrie d. Deutschen Reichs.

Wenzel, Otto: Adreßbuch und Waarenverzeichniß der chemischen Industrie des Deutschen Reichs. Jg. 1—11. Berlin 1888—1910

Wenzel, Otto Vide: Berufsgenossenschaft (Die).

Wenzel, (Theod. Rich.) Otto (geb. Neurode in Schles. 9. 1. 1816): De dysenteria. Berolini (1843). (32 S.) 8°
Berlin, Med. Diss. v. 22. Juli 1843

Wenzel, Otto, approb. Arzt aus Gross-Lohma: **Ein Fall von Osteomalacie.** *Leipzig (1899): F. Peter.* (30 S.) 8°
Leipzig, Med. Diss. v. 22. März 1899
(Nur in beschränkter Zahl für den Austausch)

Wenzel, Otto, was unsere Dichter vom Radel singen u. sagen. Zwanglose Aufsätze u. Gedichte (nur Orig.-Beiträge) von ersten zeitgenöss. Schriftstellerinnen u. Schriftstellern. Mit Buchschmuck v. Paul Bürck. 8. (142 S. m. 3 eingedr. Bildnissen u. 1 Taf.) Dresden 900. (Oschatz, H. Hackarath.) n. 2. —; geb. in Leinw. n. 3. —

Wenzel, Paul, Ass.-Arzt a. Bernkastel: Aus d. Krankenhaus d. barmherzigen Brüder, Bonn. Chirurg. Station, Leiter: Geh. Rat Prof. Dr. Rieder. Ueber Beckenbrüche. Bonn 1908: S. Foppen. (51 S.) 8°
Bonn, Med. Fak., Ref. Garrè, Diss. v. 19. Juni 1908
[Geb. 22. Nov. 82 Bernkastel; Wohnort: Elberfeld; Staatsangeh.: Preußen; Vorbildung: Gymn. Bonn Reife O. 02; Studium: Bonn 2, Freiburg i. B. 1, Bonn 7 S.; Coll. 24. Jan. 08; Approb. 9. Juni 08.]

Wenzel, Peregr., vernünft. Gottesdienst, oder kurze Gebete zur Erweckung guter Entschließungen. 8. Prag 819. Calve. 12 K.

Wenzel, Peter: Drei Frauenstifter der Diözese Lüttich nach ihrer ständischen Zusammensetzung bis zum XV. Jahrhundert. Bonn 1900: Broch. 102 S. 8°
Bonn, Phil. Diss. v. 10. März 1900, Ref. Schulte
[Geb. 6. März 81 Voßwinkel i. W.; Wohnort: Voßwinkel i. W.; Staatsangeh.: Preußen; Vorbildung: Gymn. Paderborn Reife O. 04; Studium: Münster 1, Bonn 7 S.; Rig. 25. Nov. 08.] [U 09. 438

Wenzel, R. Die Fassungen der Sage von Florence de Rome und ihr gegenseitiges Verhältnis. Diss. Marburg 1890. 62 S.

Wenzel, Richard [app. Arzt aus Forst in d. Lausitz]: Ohrerkrankungen bei Parotitis epidemica ... München, Buchdr. v. M. Ernst, 1893; 20 S. 8.
München, Med. Fak., Inaug.-Diss. v. 1893

Wenzel, Rob. Die Bindungslehre f. Gaze-Gewebe. Nebst e. Anh., bestehend aus verkleinerten Selbstübungsvorlagen f. Schüler. Imp. 4. (21 S. m. 30 Taf. u. Anh. 17 S. Fig.) (Glauchau 888, (Peschke). * 5 —

Wenzel, Rob., prakt. Handbuch f. die Garnberechnung der verschiedenen Webwaren. (VI, 142 S.) 8. Leipzig (908). „Spinner u. Weber". Geb. in Leinw. 2. —

Wenzel, Robert, Ref. a. Gießen: **Das vertragsmäßige Pfandrecht an Wertpapieren.** Berlin 1906: W. Pilz. (56 S.) 8°
Gießen, Jur. Fak., Ref. Biermann, Diss. v. 26. Juni 1906
[Geb. 12. Mai 80 Gießen; Wohnort: Gießen; Staatsangeh.: Hessen; Vorbildung: Gymn. Laubach Reife O. 01; Studium: Gießen 2, München 1, Gießen 3 S.; Rig. 19. März 06.]

Das vertragsmäßige Pfandrecht an Wertpapieren. Von Dr. iur. Robert **Wenzel**. Berlin: Struppe & Winckler 1906. (56 S.) 8°
[Erschien auch als Inaug.-Diss.] [07. 3540

Wenzel, Rudolf, Medizinalprakt. a. Schierstein a. Rh.: **Aus d. Universitätsklinik u. Poliklinik f. Augenkranke in München. Über einen malignen Bindehauttumor alveolärer Struktur.** München 1909: Wolf. 13 S. 8°
München, Med. Diss. v. 12. Juli 1909, Ref. Eversbusch
[Geb. 12. Mai 84 Esch, Hessen-Nassau; Wohnort: Offenbach a. M.; Staatsangeh.: Preußen; Vorbildung: Gymn. Wiesbaden Reife O. 03; Studium: Marburg 2, Heidelberg 3, Leipzig 2, München 3 S.; Coll. 12. Juli 09; Approb. 31. Mai 09.] [U 10. 3003

Wenzel, Rudolf [aus Grossalmerode]: Die Fassungen der Sage von Florence de Rome und ihr gegenseitiges Verhältnis ... Marburg, Buchdr. Fr. Sommering, 1890; 62 S.; 1 Bl. 8°
Marburg, Phil. Fak., Inaug.-Diss. v. 11. Jan. 1890

Wenzel, Rudolf, Dr.: Der französische **Nationalcharakter** im Spiegel der französischen Kriegsliteratur von 1870/71. (Festrede.) *Wetzlar 1903: F. Schnitzler Witwe & Kinder.* (S. 3—14.) 4°
Wetzlar, K. Gym. Ersatz-Unterr. f. d. Griechische in Tertia u. Untersekunda, OP 1903 (517)

Wenzel, Rud. Car. (geb. Ziegenrück in Thür. 21. 10. 1831): De pseudarthrosi. Berolini (1854). (32 S.) 8°
Berlin, Med. Diss. v. 21. Aug. 1854

Wenzel, S., die blamirte Ahnfrau, / —— Kunibert, / —— Salz-Häringe, } s. Wallner's, Edm., Thespiskarren,

Wenzel, Theodor Richard Otto, s. W e n z e l , Otto

Wenzel, W., Leitfaden der Geographie des Großherzogthums Hessen, s.: Pfaff, H.

Wenzel, W., Wohnungs-Anzeiger für die Stadt Halle a. d. S., s. Wohnungs-Anzeiger.

Wenzel, Wilhelm

[F.] Der Skat im Lichte unserer Klassiker oder Klassische Unterhaltungen beim Skatspiel. (Der kleine Skatbüchmann.) Von Geh. Skatsrath **Wenzel.** *Minden & Leipzig: W. Kohler [1895].* (1 Bl., 52 S.) 1 Bd 8.
95. 3P.10

Wenzel, Wilh., das Skat-Spiel. Eine leichtverständl. Anleitung zur gründl. und regelrechten Erlernung des Skat-Spiels mit deutschen und französischen Karten. 12. (64 S.) (Oberhausen 885.) Styrum, Spaarmann. *

Wenzel, Wilh., das Skat-Spiel. Eine leichtverständl. Anleitg. zur gründl. u. regelrechten Erlerng. des Skat-Spiels m. deutschen u. französ. Karten. 2. Aufl. 12. (64 S.) Styrum 892. A. Spaarmann. n. — 50

Wenzel-Ekkehard, Otto, was ist u. was will der Modernismus?, s.: **Kulturprobleme,** neudeutsche. 6.

Wenzelburger, K. Th., die Geschichte der Buren. (Umschlag: Um Gold u. Diamanten.) Lex.-8. (IV, 464 S. m. Abbildgn.) Nürnberg 900—902. F. Banckwitz. n. 10. —; geb. n. 11. 50
Erschien auch in 20 Lfgn. à n. — 50.

Wenzelburger, K. Th., Geschichte der Niederlande, s.a. G e s c h i c h t e der europäischen Staaten.

Wenzelburger, K. Th.: G e s c h i c h t e der Niederlande. (Aus: „Geschichte der europäischen Staaten, herausgegeben von Heeren, Ukert und Giesebrecht", 6. und 46. Lief.) (2 Bde.) 8. Gotha 1879–1886.

Wenzelburger, K. Th., Johan von Oldenbarnevelt, s. Taschenbuch, historisches.

Wenzelburger, Theodor

—— vollständige Handelswissenschaft. Theorie und Praxis derselben systematisch dargestellt für Kaufleute und Industrielle, besonders für Zöglinge des Handels. In Verbindung mit tücht. Geschäftsmännern und Gelehrten hrsg. 9 Lfgn. br. 8. (X und 661 S.) Stuttgart 866—69, Nübling. à Lfg. 5 Ngr.
geb.

Wenzelburger, Thdr., vollständige Handelswissenschaft. Theorie und Praxis derselben systematisch dargestellt für Kaufleute und Industrielle, besonders für Zöglinge des Handels. In Verbindung mit tüchtigen Geschäftsmännern und Gelehrten hrsg. 2. verb. Aufl. 1.—5. Lfg. 8. (S. 1—256.) Hannover 874, Cohen und Risch. à Lfg. 50 Pf.
Vgl.: Handel, der.

Wenzelburger, Thdr., vollständige Handelswissenschaft. Theorie u. Praxis derselben systematisch dargestellt für Kaufleute u. Industrielle, besonders für Zöglinge des Handels. In Verbindung mit tüchtigen Geschäftsmännern u. Gelehrten hrsg. 2., verb. Aufl. 6—15. (Schluß-)Lfg. 8. (IX u. S. 257—661.) Hannover 874—78. Cohen. à — 50 (cplt. geb.: n. 6. —)

Wenzelburger, Th., u. Karl Blümlein, die Organisation des höheren Unterrichts im Königreich d. Niederlande. [Aus: „Baumeister's Handb. d. Erziehungs- u. Unterrichtslehre f. höh. Schulen".] gr. 8. (31 S.) München 897. C. H. Beck. n. — 80

Wenzell, Ritter Karl Aug. Wilh., gewöhnlich blos C., Abhandl. über die Blitzableiter. Aus d. Französ. Mit 2 Steindr. 8. Wesel 818. Klönne. 1 ℔ 12 ℊ, s. auch Abhandlung.

Wenzel, C. A. W., Abhandlung über die Blitzableiter. Aus d. Franz. Mit 2 Steindr. 8. Wesel, Klönne. (Leipzig, Rein in Comm.) 818.

—Abhandl. über das Emplacement der Festungen, nebst e. Anh. üb. die flüchtige Wegebesserung im Felde. Mit 2 Kpf. 8. Berl. 818. Mittler. 1 ℔ 8 ℊ (Becker in Wesel). 2 ℔

—Angriff u. Vertheidigung fester Plätze u. Feldverschanzungen, in Bezug auf die neuere Kriegführung u. d. Fortschritte des Belagerungskrieges seit Vauban's Zeiten. 2 Thle. in 3 Abtheil. Mit 14 Kpft. gr. 8. Berl. 823, 24. Dümmler. 6 ℔ 8 ℊ

s. **Bousmard, Versuch d. Fortification.**

— die Feldbefestigung nach d. neuesten Ansichten u. Erfahrungen d. letzten Kriege Europa's. Zunächst z. Gebrauche f. sämmtl. Kön. Preuß. Militair-Schulen. Mit 7 Kupfertaf. gr. 8. Berl. 826, Amelang.

s.a. **Zeichnen, d. militairische.**

Wenzell, C. A. W. Das militairische Zeichnen, bearbeitet zur möglichst schnellen Selbsterlernung von einem Königl. Preuss. Officier. Breslau 1813. VI. 126 S. 4 Tf. 8°

Wenzelo, B. De methodo religionem dividendi in naturalem et revelatam. 14 S. . . . .
Münster, Progr. 1827

Wenzels-Kalender, Prager - auf das gemeine Jahr 1855, oder: Jahrbuch des Gemeinnützigsten, Neuesten und Unentbehrlichsten für das Berufs- und Familienleben des Bürgers und Landmannes, des Gewerbtreibenden, Marktthändlers und Arbeiters ꝛc., nebst einem praktischen Hausadvokaten für das Volk, der vaterländischen Topographie nach der neuesten Kreiseintheilung und einem regulirten Jahrmarkts-Verzeichnisse. Dreiundzwanzigster Jahrgang. 4. Druck und Verlag von Johann Spurny.

Wenzelstein s.: **Sallwürk v. Wenzelstein.**

v. **Wenzely,** A. Neueste Generalkarte von den sämtlichen österreichischen Niederlanden. Wien 1790. 4 Bl. c. K. v

Wenzely, Julius

Wenzely, J., das Geld-, Bank- u. Wechselwesen der aussereuropäischen Länder. I. Tl.: Nord- u. Südamerika. Für Bank- u. Handelskontore, Handelsschulen u. Handlungsgehilfen hrsg. (53 S.) 8. Leipzig 908. F. Hirt & Sohn. n — 80

— u. D. Dahlgren, Svensk handelskorrespondens, s.: Sammlung kaufmännischer Unterrichtswerke. 16. Bd.

Wenzely, Jul., die Contocorrent-Zinsrechnung. Für Zöglinge des Handelsstandes u. Schüler höherer Lehranstalten an 12 Beispielen erklärt u. mit Uebungsaufgaben versehen. Lex.-8. (38 S.) Chemnitz 881. Bülz. n. 1. 20

— d. Kontokorrent-Zinsrechnung in ihren verschied. Anwendungsformen. E. Lehrbuch f. Handelsschulen, sowie z. Selbstunterricht, m. Beispielen u. Uebungsaufgaben vers. 2., verb. u. verm. Aufl. gr. 8. (54 S.) Dresden 895. G. Kühtmann. n. 1. 20; geb. n. 1. 40

Wenzely, Jul., europäische Kurs-Paritäten u. Wechselstempel-Tarife m. Kommentar. Für Bank- u. Handelskontore bearb. u. hrsg. 8. (VI, 90 S. m. 2 Tab.) Erlangen 891. Palm & Enke. Kart. n. 3. —

— Lehrbuch der kaufmännischen Arithmetik. Zum Gebrauche für Handels-, Real-, Gewerbe- und höhere Bürgerschulen, kaufmänn. und gewerbl. Fortbildungsschulen, sowie als sicherer Wegweiser zum Selbstunterricht hrsg. 3 Thle. gr. 8. (VIII, S. 1—127; IV, S. 129—272; IV, S. 273—434.) Leipzig 883,84, Renger'sche Buchh. à Tl. ℳ 2. —

Wenzely, Jul., Lehrbuch der kaufmännischen Arithmetik. 2., verb. u. verm. Aufl. 3 Tle. gr. 8. Leipzig 886. Renger. n. 6. —; in 1 Bd. geb. n. 7. —
1. (XII, 119 S.) n. 1. 60. — 2. (III u. S. 121—264.) n. 2. —
3. (IV u. S. 265—454.) n. 2. 40

Wenzely, Jul. Lehrbuch der kaufmännischen Arithmetik. 3. verb. u. verm. Aufl. I. Tl. (Elementare Arithmetik als Vorstufe der kaufmänn.) gr. 8. (XII, 120 S.) Lpz. 892, Renger. * 1 60

Wenzely, Jul., Lehrbuch d. kaufmännischen Arithmetik. 3., verb. u. verm. Aufl. 3. Tl. gr. 8. (IV u. S. 265—452.) Leipzig 893. Renger. n. 2. 40 (kplt.: n. 6. —; geb. in Leinw. n.n. 6. 90; in 1 Bd. geb. n.n. 7. —)

Wenzely, J., Lehrbuch der kaufmännischen Arithmetik. 4., verb. u. verm. Aufl. II. u. III. Tl. gr. 8. Leipzig, Renger. n. 4. 70; geb. n.n. 5. 30
II. (V u. S. 121—264.) 899. n. 2. —; geb. n.n. 2. 30
III. (IV u. S. 265—462.) 902. n. 2. 70; geb. n. 3. —

Wenzely, Jul., Lehrbuch der kaufmännischen Arithmetik. (In 3 Tln.) 1. u. 2. Tl. 8. Leipzig, Renger. Geb. in Leinw. n.n. 10. —
1. Elementare Arithmetik als Vorstufe der kaufmännischen. 4., verb. u. verm. Aufl. (XIII, 462 S.) 903. Geb. n.n. 7. 50
2. 5., verb. u. verm. Aufl (V u. S. 121—264.) 905. n. 2. 20; geb. n. 2. 50

— Notions de correspondance commerciale, s.: Le Bourgeois, F.

— praktisches Rechnen. Method. geordn. Regeln, Beispiele u. Aufgaben. Für Handels-, Real-, Gewerbe- u. höh. Bürgerschulen, kaufmänn. u. gewerbl. Fortbildungsschulen hrsg. 3 Tle. gr. 8. (VIII, 96; III, 96 u. III, 96 S.) Ebd. 895. à n. 1. —

— praktisches Rechnen. Methodisch geordnete Regeln, Beispiele u. Aufgaben. Für Handels-, Real-, Gewerbe- u. höhere Bürgerschulen, kaufmänn. u. gewerbl. Fortbildungsschulen hrsg. 2., der Gegenwart entsprech. Aufl. 1. u. 2. Tl. (VIII, 96 u. III, 96 S.) 8. Leipzig 904. Renger. à n. 1. —; geb. à n.n. 1. 30

— Prakt. Rechnen. Methodisch geordnete Regeln, Beispiele u. Aufgaben. Für Handels-, Real-, Gewerbe- u. höhere Bürgerschulen, kaufmänn. u. gewerbl. Fortbildungsschulen hrsg. 8. Leipzig, Renger. Geb. à nn 1. 30
II. 3., der Gegenwart entsprech. Aufl. (IV, 96 S.) 908.
III. 2., der Gegenwart entsprech. Aufl. (IV, 96 S.) 907.

— Taschenbuch f. Kaufleute, enth. die Münzen, Masse u. Gewichte der 50 wichtigsten Verkehrsländer in alphabet. Reihenfolge, nebst genauen Reduktionszahlen zur schnellen Umrechng derselben. Ein Auszug m. Ergänzgn aus dem „Lehrbuch der kaufmänn. Arithmetik". 8. (32 S.) Chemnitz 884. Ebend. 886. n. — 60

— Uebersicht der Münzen, Masse u. Gewichte der 45 wichtigsten Verkehrsländer. Autoris. Ausg. Für Handelsschulen u. Kontorgebrauch. [Aus: „Lehrbuch d. kaufmänn. Arithmetik, 4. Aufl."] (1 Bl.) 29×54,5 cm. Ebd. (903). — 30; auf Pappe n. — 50

— u. Maurice d'Arcy, Unterricht in englischer Handelskorrespondenz, s. Sammlung kaufm. Unterrichtswerke.

Wenzely, Jul., Unterricht in deutscher Handelskorrespondenz. Beispiele u. Dispositionen f. Handels-Schüler u. -Lehrlinge, sow. z. Selbstunterr. gr. 8. (V, 174 S.) Stuttgart 898. Strecker & Schröder. Geb. in Leinw. n. 2. 50

— Unterricht in Kontorarbeiten u. bürgerlichen Geschäftsaufsätzen, s.: Sammlung kaufmännischer Unterrichtswerke. 4. Bd.

Wenzeslau, Klem., Beweise der wahren Kirche, s. Bibliothek guter kathol. Bücher.

Wenzeslaus, Sanct, Herzog, Märtyrer und Landespatron Böhmens. Nach einem der ältesten Originalgemälde ausgeführt von Josef Scheiwl. Oelfarbendruck. 19" h., 15" br. Prag. N. Lehmann. 1865. Auf Lwd. gesp. u. gefirn. 5 fl.

Wenzig: Ueber das Gedicht ‚Nova Rada' des Herrn Smil aus Pardubitz, aus dem 14. Jahrh. 2 S. Böhm. mit deutscher Uebersetzung einiger Fabeln Smil's. Zs. 4 S. Prag b. OR., Progr. 1854

Wenzig, Carl, s. Wenzig, Karl

Wenzig, Else, Durchlebtes, nicht Erlebtes. Novellen. (208 S.) 8. Breslau 907. Berlin, S. Schottlaender's schles. Verlags-Anstalt. n. 2. —; geb. n. 3. —

Wenzig, Ern. Herm.: De regula juris Romani, neminem pro parte testatum pro parte intestatum decedere posse. Berolini (1853). (45 S.) 8°
Berlin, Jur. Diss. v. 22. Jan. 1853

Wenzig, Josef

Wenzig, Jos., Betrachtungen eines Oesterreichers über das kaiserliche Handschreiben vom 9. Septbr. 1857. Leitomischl 860. (Prag, Calve.) gr. 8. (68 S.) n. 16 ngr.

Wenzig, J., s.: Bibliothek slavischer Poesien in deutscher Uebersetzung.

Wenzig, Jos., Blicke über das böhmische Volk, seine Geschichte und Literatur, mit einer reichen Auswahl von Literaturproben. gr. 8. (176 S.) Leipzig 855, Brandstetter. Thlr.

— Blumenlese aus der böhmischen Kunst- und Naturpoesie, s.a. Blumenlese.

— Blumenlese aus der böhmischen Kunst- und Naturpoesie neuerer und älterer Zeit. In deutschen Uebertragungen. 1. Bdchn. Prag 854. (Hess.) 16. (161 S.) n. 10 ngr.

— s. Blüthen, neuböhm. Poesie.

—— und Joh. Krejči, der Böhmerwald. Natur und Mensch. Mit einem Vorwort von Carl Ritter. Nebst 55 eingedr. Holzschn. nach Zeichnungen von Ed. Herold. 4 Lfgn. gr. 8. (V und 358 S.) Prag 859. 60, Bellmann's Verlag. à Lfg. * 20 Ngr. *

Wenzig, Josef, Dalibor. Oper in drei Aufzügen. Musik von Friedrich Smetana. Text. Die Neubearbeitung des Textes von V. J. Novotný. Inhalt und Scenarium. 8. (16 S.) .10
Prag: Böhm. Nationaltheater 1892.

—— die Durchführung der Gleichberechtigung beider Landessprachen in den Schulen Böhmens. Als commissionell zu prüfende Vorlage für den hohen Landtag Böhmens. gr. 8. (31 S.) Leitomischl 861, Augusta.

Wenzig, Jos., die Flächenräume u. Einwohnerzahlen der Welttheile u. wichtigsten Länder u. Städte, z. leichteren Erlernen u. besseren Behalten nach Reventlow's mnemotechnischer Methode in numerischen Ausdrücken dargestellt. gr. 8. (7½ B.) Prag 845, (Kronberger'sche Buchh.) *

Wenzig, Jos., illustrirtes vaterländisches Geschichtsbuch. Bilder aus der Staaten-, Völker- und Kulturgeschichte Oesterreichs. Für Freunde vaterländ. Geschichte, insbesond. für die Jugend bearb. 2 Bde. Neue billigere (Titel-)Ausg. br. 8. (XVI und 434 S. mit 160 in den Text gedr. Illustr., 5 Tonbildern nebst Frontispice in Holzschn.) Prag (860)66, Kober. geb. *

— illustrirtes vaterländisches Geschichtsbuch. Bilder aus der Staaten-, Völker- u. Kulturgeschichte Oesterreichs. Für Freunde vaterländischer Geschichte, insbesondere für die Jugend bearb. 2 Bde. Mit 160 in den Text gedr. Illustr., 5 Tonbildern nebst Frontispice (Holzschn.). Leipzig 861. Spamer. 8. (XVI, 434 S.) Jeder Bd. n. 1 ℛ 10 ngr.

Wenzig, Jos., vaterländisches Geschichtsbuch. Bilder aus der Staaten-, Völker- und Kulturgeschichte Oesterreichs. Für Freunde vaterländ. Geschichte, insbesondere für die Jugend bearb. 2 Thle. in 1 Bd. Neue billige (Titel-)Ausg. 8. (X, 220; VI, 214 S. mit 160 Illustr. und mehreren Tonbildern.) Prag (861)885, Kober. cart. *

—— Grundideen der Erziehung mit nationalem Charakter. gr. 8. (44 S.) Leitomischl 860. (Prag, Calve'sche Universitäts-Buchh.) *

Jahresbericht über den Zustand der höheren Handelslehranstalten in Prag, während des Studienjahres 1856/57. Erstattet von dem Direktor der Anstalt Karl Arenz. Prag, 1857. Druck der k. k. Hofbuchdr. von Gottl. Haase Söhne. (37 S. 4.)
Enthält: Cantate zur Eröffnung der höheren Handelslehranstalt in Prag. Gedichtet von Josef Wenzig, k. k. Schulrath. In Musik gesetzt von Franz Skraup.

—— Kränze aus dem böhmischen Dichtergarten, s.a. Kränze.

— Kränze aus dem Böhmischen Dichtergarten. Leipzig (856.) Wiedemann. 16. (XIX, 315 S.) 1 ℛ. 20 ngr.

—— Literaturbild des Königr. Böhmen aus den J. 1853 und 1854. In hohem Auftrage zusammengestellt. gr. 8. (III und 187 S.) Prag 858, Credner's Verlags-Conto. *

Wenzig, Jos., westslawischer Märchenschatz, s.a. Hausbibliothek, culturgeschichtliche.

—— westslawischer Märchenschatz. Ein Charakterbild der Böhmen, Mähren und Slowaken in ihren Märchen, Sagen, Geschichten, Volksgesängen und Sprüchwörtern. Mit Musikbeilagen. Neue (Titel-)Ausg. gr. 8. (XIX und 336 S.) Leipzig (857)66, Senf.

Wenzig, Jos., westslawischer Märchenschatz. Ein Charakterbild der Böhmen, Mährer und Slowaken in ihren Märchen, Sagen, Geschichten, Volksgesängen und Sprüchwörtern. Mit Musikbeilagen. 3. (Titel-)Ausg. gr. 8. (XIX, 336 S.) Leipzig (866)70, Senf.

—— Rosmarinkranz, s.a. Rosmarinkranz.

— Rosmarinkranz. Eine Sammlung böhmischer Dichtungen in deutscher Uebertragung. Regensburg 855. Manz. 16. (192 S.) 22½ ngr.

—— Sachunterricht und Sprachübung. Ein Vorschlag zu einer andern Betreibung der deutschen Sprache in den Stadt-, Haupt- und Mittelschulen mit Schülern böhm. Zunge, nebst einem Blicke auf die östl. Länder Oesterreichs. 8. (... S.) Leitomischl 860. (Prag, Calve'sche Universitäts-Buchh.) Thlr.

—— Studien über Ritter Thomas Stitné. Ein Beitrag zur europ. Culturgeschichte. gr. 8. (133 S.) Leipzig 856, Wiedemann.

— s. Stulc, Wencesl., Erinnerungs-Blumen.

Wenzig, Joseph. Uebersicht der Erdoberfläche zur Orientirung auf derselben mit Hilfe freien Handzeichnens aus dem Gedächtnisse von .... (mit einer lithographirten Karte.) (Zunächst für die I. Klasse vollständiger Unter-Realschulen.) Dritte Auflage. 8. (52 S.) Prag, J. Pospišil 1853.

— und Joh. Krejci, die Umgebungen Prags. Orographisch, pittoresk u. historisch geschildert. Mit 20 physiognomischen (lith.) Landschafts-Skizzen u. 1 (lith.) Karte. Prag 857 Bellmann. gr. 4. (198 S.) n. 2 ℛ. 20 ngr.

Wenzig, Jos., die Umgebungen Prags. Orographisch, pittoresk u. historisch geschildert. Mit 20 physiognomischen (lith.) Landschafts-Skizzen u. 1 (lith.) Karte. 2. unveränd. Ausg. Ebend. 859. 4. (198 S.) n. 2 ℛ 20 ngr.

Wenzig, Jos., s. Volkslieder, slavische.

Wenzig, Jos., Vorschule d. Erdkunde. Für Anfänger unt. Leitung e. Lehrers. gr. 8. (5 B. u. 2 lith. Kart.) Prag 839, (Kronberger'sche Buchh.) *

Wenzig, Jos., ein Wort über das Streben der Böhm. Literaten. 12. (72 S.) Prag 848, Rziwnatz. n. 8 ngr.

Wenzig, Karl [Dr.]: Der Gedankenzusammenhang in Schillers „Lied von der Glocke". Breslau, Druck v. O. Gutsmann, *1894*; 3—19 S. 4.
Breslau, k. König-Wilhelms-G, P 1894 (179)

Wenzig, Carl (Heinrich Gustav) *(geb. Breslau 22. 11. 1860)*: Die Conception der Ideeenlehre im Phaedrus bildet den einheitlichen Grundgedanken dieses Dialoges und liefert den Schlüssel zum Verständnis der Platonischen Ideeenlehre überhaupt. Preisgekrönte Bearbeitung der für das Jahr 1881/82 an hiesiger Universität gestellten philosophischen Preisaufgabe. Breslau 1883. (66 S.) 8° *[Im Buchhandel 1883 bei Köhler in Breslau.]*
Breslau, Phil. Diss. v. 20. Juni 1883

Wenzig, C., die Weltanschauungen der Gegenwart im Gegensatz u. Ausgleich, s.a. Wissenschaft u. Bildung.

Die Weltanschauungen der Gegenwart in Gegensatz und Ausgleich. Einführung in d. Grundprobleme u. Grundbegriffe d. Philosophie. Von Prof. Dr. C[arl] **Wenzig** in Breslau. Leipzig: Quelle & Meyer 1907. (VI, 152 S.) 8° [F.]
= **Wissenschaft** u. Bildung. 14. [07. 14179

WENZIG, Th.: Die Eichenarten Amerikas. - Berlin 1884. 44 S.

Wenzin, P. Maurus. Ina cuorta, mo fideivla informatiun della exemptiun, et immunitat della Venerabla Casa de Diu dal foro e tribunal secular.... Meß giu en Ramonsch... e Serit il Onn 1716. Dal R. P. Mauro W'.... Ussa aber En ina, ù l'autra Caussa suenter las Presentes Circumstantias, e Caschuns creschentau. Squitschau suenter Gl' exemplar digl onn 1748. 4. *s. l. n. d.* [1800 50].

Wenzin, (P.) Maurus. Mauri Wenzini Descriptio brevis Communitatis Desertinensis. Publié par le Dr C[aspar] Decurtins. [E.] 8. Lucerne 1882.

Wenzing, Max [aus Hof]: Über einige Derivate der drei Methylindole.... Wurzburg, Becker's Univ.-Buchdr., 1887; 20 S. 8°.
Würzburg, Phil. Fak., Inaug.-Diss. v. 1887.

Wenzing, Max, über einige Derivate der drei Methylindole. Diss. Würzburg 1887, Stahelsche Univ.-Buchh. 8°. 20 S.

Wenzke, A[lfred], prakt. Arzt a. Beuthen O.-S.: Beitrag zur typhösen Erkrankung der Gallenwege. Leipzig 1908: B. Georgi. (35 S.) 8°
Leipzig, Med. Fak., Ref. Curschmann, Diss. v. 19. Juni 1908
[Geb. 25. Mai 79 Beuthen; Wohnort: Breslau; Staatsangeh.: Preußen; Vorbildung: Gymn. Neustadt (O.-Schl.) Reife O. 99; Studium: Breslau 10 S.; Coll. 29. Juni 08; Approb. 5. April 04.]

Wenzl, Johann Baptist

Wenzl, J. Bapt. v., Bericht an Se. Maj. d. König v. Bayern üb. d. allgem. Sanitäts-Maßregeln, welche in Bayern zur Verhütung d. Einbruchs u. der Fortpflanzung d. asiat. Brechruhr zu treffen seyn dürften, mit Zusätzen. gr. 8. (2½ B.) München 831, Literar.-Artist. Anstalt.

—— Umriß d. Lebens- u. d. letzten Krankheits-Geschichte D. Sim. v. Häberl's, Kgl. Ober-Medizinal-Rathes in Baiern rc.; zunächst f. Aerzte. 8. (7 B., H's. Bildn. u. dess. Denkmal, Fol.) München 833. (Regensburg, Manz.)

Wenzl, Jh. Bapt., üb. den Zustand d. Augenheilkunde in Frankreich, nebst kritischen Bemerkk. üb. denselben in Deutschland. 8. Nürnb. 815. Schrag. 15 K

Wenzl, Jul., s.: Bericht üb. den I. österr. Mediziner-Kongress.

Wenzl, Karl, die Infanterie-Truppen-Division im Felde mit allen Commanden, Truppen u. Anstalten in der Feld- u. Gebirgs-Ausrüstung. Zur leichten, vollständigen Orientirung, sowie zu Unterrichtszwecken zusammengestellt. qu. 8. (56 S. m. 2 Steintaf.) Wiener-Neustadt 881. Lentner. n. 1. 60; geb. n. 2. 80

Wenzl, S. (Wilh. Frerking), D. blamirte Ahnfrau oder Der verhängnißvolle Kinderschuh, s.: Fastnachts-Bühne.

Wenzl, S., Jung-Afrika in Deutschland, s.: Wallner's allgemeine Schaubühne

— Jung-Deutschland in Afrika s.: Wallner's allgemeine Schaubühne

— Kunibert od. D. unbewußte Sohnesmord aus Liebe, s.: Fastnachts-Bühne.

Wenzl, S., Kunibert s.: Wallner's Thespiskarren.

— Salz-Häringe oder Die Macht des Kümmels, s.: Fastnachts-Bühne.

— Salz-Häringe, s.: Wallner's Thespiskarren.

Wenzl, S., die spröde Siegelinde od. Liebe u. Hiebe, s.: Fastnachts-Bühne.

Wenzlaff, Dr., Der Gestaltungstrieb im Anorganischen. Berlin 1859.

Wenzlaff, (F.), die Realschule der Gegenwart. Ein Beitrag zur Verständigung über das Realschulwesen. Berlin 856. Gebauer. 4. (32 S.) n. 10 ngr.

Wenzlaff, Franc. (geb. Märk.-Friedland 29. 9. 1810): De defoliatione plantarum. Berolini (1844). (49 S.) 8°
Berlin, Phil. Diss. v. 5. Aug. 1844

Wenzlaff, Frz., Wetterkunde, Meteorologie für das gebildetere Volk zur Belehrung über Witterungs- u. Luft-Erscheinungen u. zur Anregung einer allgemeinen Witterungs- u. Natur-Beobachtung leicht verständlich dargestellt. gr. 8. (VI u 149 S.) Schwerin 850, Kürschner (jetzt: Hildebrand). — 2. Aufl. gr. 8. (VI u. 149 S.) Ebd. 849. n. ¾ ₰

Wenzlaff, Frz., Wetterkunde, Meteorologie für das gebildetere Volk zur Belehrung über Witterungs- und Luft-Erscheinungen und zur Anregung einer allgem. Witterungs- und Natur-Beobachtung leicht verständlich dargestellt. 1. und 2. Aufl. gr. 8. (V und 149 S.) Schwerin 850, [Hildebrand.] *

Wenzlau, Friedrich, a. Groß-Salze: Zwei- und Dreigliedrigkeit in der deutschen Prosa des 14. und 15. Jahrhunderts. Ein Beitrag zur Geschichte des neuhochdeutschen Prosastils. Halle a. S. 1906: E. Karras. (53 S.) 8° ¶(Erscheint vollst. als: Hermaea, H. 4.)
Halle, Phil. Fak., Ref. Strauch, Diss. v. 7. Febr. 1906
[Geb. 3. Sept. 78 Gr.-Salze, Kr. Kalbe a. S.; Wohnort: Halle a. S.; Staatsangeh.: Preußen; Vorbildung: König Wilh.-Gymn. Magdeburg Reife O. 97; Studium: Münster 1, Berlin 3, Halle 5 S.; Rig. 26. Juli 05.]

Wenzlau, Frdr., Zwei- u. Dreigliedrigkeit in der deutschen Prosa des XIV. u. XV. Jahrh., s. Hermaea.

Zwei- und Dreigliedrigkeit in der deutschen Prosa des XIV. und XV. Jahrhunderts. Ein Beitrag z. Geschichte d. neuhochdeutschen Prosastils von Dr. Friedrich **Wenzlau**, Oberl. Halle: M. Niemeyer 1906. (XVI, 266 S.) 8°
= Hermaea. 4. [06. 13039 S

Wenzler, C., das Roulette-Spiel. Taschenbuch u. Ratgeber f. alle Interessenten dieses Spieles. 8. (VIII, 161 S.) Stuttgart 887. Litterar. Institut (C. L. Leipoldt). geb. n. 5. —

Wenzler, J. B., Beschreibung einer Thermo-Lampe, oder eines Leucht- u. Sparofens, welcher alle Zimmer im ganzen Hause heitzen u. beleuchten kann, mit 1 Kpf. 8. Passau 802. (Ambrosi). 6 K

Wenzlik, Carl. Ueber einige Derivate des Naphtochinon's. Freiburg i. B., 1884.

Wenzlik, Thdr., s.: Woller, Thdr.

Wenzlitzke, Fritz, Mähren unt. d. Regierg. Maria Theresia's u. Joseph's II., s.: Vorträge, geh. im mähr. Gewerbe-Museum.

Wepf, Johannes

Wepf, Joh., Alpenlieder für Männerstimmen hrsg. 1. Aufl. 1855. und 2., verb. und verm. Aufl. br. 8. (III und 64 S.) Schaffhausen 850, Brodtmann'sche Buchh. *

Wepf, Johs., Alpen-Lieder für Männer-Stimmen. 3. Aufl. 1858. und 4., verm. und verb. Aufl. gr. 16. (III und 66 S.) Schaffhausen 860, Brodtmann'sche Buchh.

Wepf, Johs., Alpen-Lieder für 4 Männerstimmen. 5., verm. und verb. Aufl. 8. (III und 73 S.) Schaffhausen 863, Brodtmann'sche Buchh.

Wepf, Johs., Alpen-Lieder für vier Männerstimmen. 7. verm. und verb. Aufl. 8. (92 S.) Schaffhausen 874, Brodtmann'sche Buchh.

—— Armonica. Sammlung 4stimmiger Lieder für Real- und Sekundarschulen. 1. Heft. 8. (IV und 71 S.) Schaffhausen 863, Brodtmann'sche Buchh.

—— der frohe Guitarrenspieler. Lieder für 1 Singstimme mit leichter Begleitung. 2. Heft. 3. Aufl. und 5. Heft. qu. 4. (26 S., 20 S.) Schaffhausen 865, Brodtmann'sche Buchh. à Heft 3 Ngr.

Wepf, Joh. Der frohe Guitarrespieler. Heft 1 u. 2. In-4°, 18 u. 20 S. 7., vielfach vermehrte und verbess. Aufl. Schaffhausen, J. Stötzner. 1885. pro Heft — 75

Wepf, Joh. Der frohe Guitarrenspieler. Lieder für eine Singstimme mit leichter Begleitung. 3. u. 4. Heft. Fünfte vermehrte Aufl. In-8°, à 18 S. Schaffhausen, J. Stötzner. 1886. à — 75

—— dreistimmige Jugendlieder. 1. Heft. 3. Aufl. und 2. Heft. br. 8. (III und 34, 54 S.) Schaffhausen 855, Brodtmann'sche Buchh. [1. Heft. 2 Ngr., 2. Heft. * 4 Ngr.] *

—— dass. — 1. Heft. 4., verm. Aufl. 8. (48 S.) Ebds. 856. *

—— dreistimmige Jugend-Lieder. 1. Heft. 5., verb. Aufl. 2. Heft. 2. Aufl., 3. Heft. 1. und 2. Aufl., 4. Heft. 1—3. Aufl. und 5. Heft. 8. Schaffhausen 857—61, Brodtmann'sche Buchh. [1. Heft. (48 S.) 2. (63 S.) 3. (56 S.) 4. (43 S.) 5. (44 S.) 1., 3—5. Heft à 2 Ngr., 2. Heft 4 Ngr.]

—— dreistimmige Jugend-Lieder. 1. Heft. 7., verb. Aufl., 2. Heft. 3., verm. Aufl. und 3. Heft. 3. Aufl. 8. (48 S., III und 59 S., 59 S.) Schaffhausen 864,65, Brodtmann'sche Buchh. à Heft * 2 Ngr. *

—— dreistimmige Jugend-Lieder. 1. und 3. Heft. Ebendas. 874. [1. Heft. 8. Aufl. (48 S.); 3. Heft. 4. Aufl. (58 S.)] à Heft 30 Pf.

—— heitere Lieder für den Männerchor. 1. Heft. Ebend. 863. 8. (2 Bl., 106 S.) 6 ngr.

—— der Liederfreund. Sammlung vierstimmiger Lieder für den Männerchor, mit einer Zugabe von Alpenliedern. 1. Heft. br. 8. (IV und 194 S.) Schaffhausen 855(56,) Brodtmann'sche Buchh.

—— der Liederfreund. 1. Heft: Sammlung vierstimm. Lieder für den Männerchor mit einer Zugabe von Alpen-Liedern. 2. Aufl. 1857. und 3., verm. und verb. Aufl. br. 8. (IV und 244 S.) Schaffhausen 861, Brodtmann'sche Buchh.

—— dass. — 2. Heft: Sammlung vierstimm. Lieder für den Männerchor, besonders für vorgerücktere und weiterstrebende Vereine. br. 8. (256 S.) Ebendas. 857.

—— der Liederfreund. Sammlung vierstimmiger Lieder für den Männerchor mit einer Zugabe von Alpen-Liedern, besond. für vorgerücktere und weiterstrebende Vereine. 2. Heft. 2., verm. und verb. Aufl. gr. 16. (292 S.) Schaffhausen 865, Brodtmann'sche Buchh.

—— der Liedergarten. Sammlung vierstimm. Lieder für den gemischten Chor. 1. Heft. gr. 16. (III und 172 S.) Schaffhausen 861, Brodtmann'sche Buchh.

—— der Liedergarten. Sammlung vierstimmiger Lieder für den gemischten Chor. 1. Heft. 2. Aufl. 8. (III und 184 S.) Schaffhausen 862, Brodtmann'sche Buchh.

Wepfer, Emil: Die nördliche Flyschzone im Bregenzer Wald. Stuttgart: Schweizerbart 1908. 71 S. 8° ¶ (Aus: Neues Jahrb. f. Mineral. Beil.-Bd 27.)
Königsberg, Phil. Diss. v. 15. Dez. 1908, Ref. Tornquist, Mügge
[Geb. 26. Febr. 83 Pordenone, Italien; Wohnort: Königsberg i. P.; Staatsangeh.: Schweiz; Vorbildung: Eberhard-Ludwigs-Gymn. Stuttgart Reife Juli 02; Studium: Tübingen 4, Marburg 3, Straßburg 3, Königsberg 1 S.; Rig. 27. Febr. 08.] [U 09. 2423

Wepfer, Georg Michael (Schaffhausen) A. S. 1152/25

Dissertatio medica inauguralis, de vitiis tympani. Utrecht (vande Water) 8. XI. 1715. 20 S.

Gew.: Johann Konrad Fhr. von Brunn, Bernhardin Wepfner (Bruder). 36358

WEPFER, Hermann (Schaffhausen): Annotationes quaedam anatomicae de cerebro et medulla spinali generis mustelae. (Titel nach der Urkunde)
30.8.1843 - Urk; F 66
Diss. Ingolst.-Landsh.-Mchn.

Wepfer, Jh. Jak., medicin.-prakt. Beobachtt. von den innern u. äußern Krankheiten des Kopfes; aus d. Latein. mit d. neuesten Erfahrungen von Fr. Aug. Waitz. gr. 8. Leipz. 786. Weygand. 1 ₰ 16 gl.

Wepfer, Johann Jakob: De cymbalaria. 20 S., gbd.

Basileae: Episcopius 1716
in: Wepfer, J.J.: Historia cicutae aquaticae... Curante Theodor Zwinger (jun.). 1716

JB 1.542

Wepfer, Johann Jakob: Historia cicutae aquaticae, qua non solum plantae hujus venenatae structura naturalis, vires et operationes deleteriae in hominibus ac brutis adcuratè describuntur, sciteque explicantur: sed et quamplurimorum venenorum...qualitates funestae...observationibus deteguntur... Curante Theodor Zwinger (jun.). 342 S., gbd., Abb.

Basileae: Episcopius 1716
beigedr.: Wepfer, J.J.: De thee helvetico. Vom Schweitzer-Thee. 1716
Wepfer, J.J.: De cymbalaria. 1716

JB 1.542

Joh(annis) Jacobi Wepferi [Wepfer] Observationes medico- practicae, de affectibus capitis internis & externis. Nunc demum publici juris redd., studio & opera Bernhardini Wepferi [Wepfer], et Georgii Mich[aelis] Wepferi [Wepfer]. Scaphusii: Ziegler 1727. 984 S. 8°

Wepfer, Joh. Iac., observationes medico-practicae de affectibus capitis internis et externis. 4. Zürich, Orell. 745.

Wepfer, Johann Jakob: De thee helvetico. Vom Schweitzer-Thee. 24 S., gbd.

Basileae: Episcopius 1716
in: Wepfer, J.J.: Histotia cicutae aquaticae... Curante Theodor Zwinger (jun.). 1716

JB 1.542

Wepler, Emilie, hessische Erzählungen u. Gedichte. 12. (VIII, 280 S.) Kassel 882. Kleimenhagen. n. 2. —

Wepler, Emilie, Geschichte der Wilhelmshöhe bei Kassel. 2. verm. Aufl. Cassel 870. Leipzig, Luckhardt's Verl. gr. 16. (IV, 80 S.) n. 10 ngr.

Wepler, H. B. F., Anfangsgründe d. deutschen Sprache, nebst e. Auswahl klein. Geschichten u. Anecdoten z. Bildung d. Jugend. 8. Götting. Deuerlich. 811.

Wepler, H. B. F., Anfangsgründe d. deutschen Sprache, so leicht u. faßlich dargestellt, als möglich. 8. Cassel 811. (Luckhardt). 10 K

Wepler, Johann Heinrich

— Diss. inaug. (Praes. J. Wlh. Schroedero) de Cherubis angelis tonantibus Hebraeorum. 4. Marb. 777.

Wepler, J. H., philog. u. krit. Fragmente. 4 Hefte. 8. Cassel, Cramer. (Krieger in Marburg.) 781–85.

Wepler, Jh. Hnr., († d. 30. Nov. 1792.) philologische u. kritische Fragmente. 4 Hefte. 8. Cassel 781—86. (Krieger in Marb.) 16 K

— Progr. Nachr. von den auf d. Casselschen Bibliothek befindl. morgenländ. Handschriften. 4. Cassel 778.

— Versuch über d. Stillstehen d. Sonne u. des Mondes, üb. Josua X, 12–14. 8. Cassel 780. (Krieger in Marb.) 2 K

Weppen, Jh. Aug., († d. 18. Aug. 1812.) Briefe eines Beamten über d. Justizwesen auf dem Lande. 8. Gotha 800. Ettinger. 8 K

s. Erzähll., Sinngedichte u. Sittengemälde.

WEPPEN, Johann August 1741 - 1812
Gedichte von Johann August Weppen.
Karlsruhe: Schmieder. 1783. 16, 416 S. 8°.
Stadt- und Universitätsbibliothek Frankfurt am Main
Nachdr. d. voraufgehenden Nr.

WEPPEN, Joh. Aug. (geb. 3. Febr. 1742 zu Nordheim in Hannover, † 18. Aug. 1813 als Gerichtsamtmann zu Wickershausen, ebd., Nachahmer Wieland's), Gedichte. 2 Thle. Mit 2 Titelkpfrn. (das erste etwas frei) u. 2 Titelvign. (nach Mechau von Thoenert gestoch.). Leipzig, bey Weidmanns Erben u. Reich. 1783. 8°. (4 Mk. Frdr. Klüber, München, 1896; 4 Mk. 50 Pfg. Rossberg, Lpz., 1910.)
— — Dasselbe. (Nachdruck.) Carlsruhe 1783. 8°. (In München: P. o. germ. 1571 m.)

s. Kirchenvisitation.

s.a. Liebesbrief, ein komisches Gedicht.

— d. Liebesbrief, e. komisches Gedicht in 4 Gesängen. 8. Götting. Dietrich. 778.

LIEBESBRIEF, Der, ein komisches (zahmes) Heldengedicht in 4 Gesängen, von *J. A. W. (Joh. Aug. Weppen*, 1741—1812). Göttingen, Bossiegel, 1780. 8°.

[WEPPEN, Johann August] 1741 - 1812
Der Hessische Officier in Amerika. Ein Lustspiel in drey Aufzügen. von J. A. W.
Göttingen: Dieterich. 1783. 96 S. 8°.
Staats- und Universitätsbibliothek Göttingen
Sabin 100870.

– s.a. Patronat, das städtische.

— d. städtische Patronat, e. komisch. Gedicht in 6 Gesängen. 8. Götting. Vandenhök u. R. 787.

— —, Sinngedichte und Episteln, auch Sittengemählde (von *Joh. Aug. Weppen*, 1741—1812). Th. 1 (einz.?). Mit Titelkpf. Hannover, Hahn, 1796. 8°. (In Warmbrunn.)

Weppler, Emil [aus Barmen]: **Beiträge zur Pathologie und Therapie der Schwangerschaft** ... **Berlin, Druck v. E. Streisand,** 1892; 32 S., 2 Bl. 8.
Berlin, Med. Fak., Inaug.-Diss. v. 6. Aug. 1892

Weppner, Richard, aus Cassel: **Ueber einige Tolacylamine und ein Isomeres des β-μ-Diphenylimidazols und seines Homologen.** *Rostock 1899: C. Boldt.* (33 S.) 8°
Rostock, Phil. Diss. v. [31. Jan.] 1899

Wer

— an Gott nicht glaubt, muß an Gespenster glauben, s.: Geschichten u. Bilder fürs deutsche Volk, Nr. 13.

Wer bedarf der Verbesserung? Die kath. Kirche oder jene, die sie verbessern wollen? Regensburg, Manz (jetzt Verlagsanst.), 1846. 16°. (Bonifatius-Denkmal IV, 2.)

Wer bezahlt die seit dem 1. Nov. 1813 in Deutschland entstandenen Kriegskosten? Frankf. a. M. 1815. V: *Reinhard, Wilhelm.* (MGT) (Ky)

— bezahlt die seit dem Nov. 1813 entstandenen Kriegskosten, (von Wlh. Reinhard). 8. Frankf. 815. Körner. 3 K

— bist du u. was glaubst du? Eine Anfrage an alle, die sich evangel. Christen nennen. (11 S.) 8. Stuttgart 903. M. Kielmann. n. — 15

Wer braucht Brillen? Allgemeinverständl. Darstellg d. Brillenlehre. Aus d. 'Ocularium' G.m.b.H. Aerztl. Inst. f. Augengläser Berlin C. ... Aerztl. Leiter: San.-Rath Prof. em. Dr. J. Albu ... (Berlin: Dr. v. Rosenthal & C. [1899].) (31 S.) 1 Bd 8°

Wer Christi Geist nicht hat, der ist nicht sein. [Teuf. 1869.] V: *Schoch, W. August, Georg Eberhard & Ernst Schoch.* (Cat. d. Stadtbibl. Zürich. Zürich 1864—97.)

Wer da lebet u. glaubet an Mich, der wird nimmermehr sterben. Für Christen, welche f. sich selbst u. f. d. Ihrigen den rechten Sterbenstrost begehren. 8. (1 B.) Nürnberg 831, Raw.

Wer das lieset, der merke zum Ersten auf die christliche Warnung vor der päpstlichen Lehre ... Singeburg 1706. V: *Hobbhan, Joh. Wilh.* (wr)

Wer den andern eine Grube gräbt, fällt oft selbst hinein, s.a. Chr. F. Weiße, Schauspiele.

Wer den andern eine Grube gräbt, fällt oft selbst hinein; od. die blinde Kuh. Lustsp. 8. Leipz. Crusius. 778. — 4

— den Schaden hat, darf für den Spott nicht sorgen. Schsp. 8. Lpz. Dyk. — 4

— den Schaden hat, darf f. den Spott nicht sorgen. Oper in 2 Aufz. v. Hensler. 8. Wien, Wallishäußer. 798. — 5

Wer dies lieset, der merke darauf, für sich und für andere. Hamburg 1882. 24 S. 8°

— dieses Wasser trinket, den wird wieder dürsten. An die Reichs-Synode zu Berlin. Stimme eines Laienschülers des sel. Pacificus Sincerus. gr. 8. (½ B.) Leipzig 846, Kirchner. *

Wer eignet sich aus Königsberg zum Volksvertreter? von einer Wahlcommission. 8. (16 S.) Königsberg 848, Samter.

Wer erbt in Schleswig? Eine Rechtsfrage. Karlsruhe 1846. V: *Radowitz, Joseph Marie v.* (schles) (schlesHolst)

Wer erbt in Schleswig? Eine Rechtsfrage. Karlsruhe, A. Bielefeld 1846. 15 S. 8.

— es liest, der merke darauf!, s.: Schriften, kleine. 41.

Wer führt falsche Lehre, die „Missourier" oder Hr. Past. Thdr. Harms? Zur Wehre gegen das Hermannsburger Missionsblatt. Nebst einem Anhang, die neuesten Kundgebungen Pfr. Hein's und seiner Gemeinde betreffend. gr. 8. (33 S.) Dresden 881, (H. J. Naumann.)
Aus: Evangelisch-lutherische Freikirche, besonders abgedruckt.

— gewinnt, da im Preußischen die Tabaks-Administration wirklich eingeführt wird. 8. (Fuchsel in Zerbst.) 798.

— gewinnt die Wahlen? Von e. alten Parlamentarier. (56 S.) gr. 8. Leipzig 903. F. Luckhardt. n. 1.—

— gewinnt, wenn im Preußischen die Tabaks-Administration eingeführt werden soll? 8. Leipz. 797. Göschen. 8 gr

— glaubt, der bleibt. 1. Bd. gr. 16. (96 S.) Barmen 874. Wiemann. — 75

Wer hat das Recht u. die Verpflichtung, der evangel. Landes-Gemeine eine gemeinschaftl. Agende zu geben? Von e. Preuß. Rechtsgelehrten. gr. 8. Berlin 825, Flittner.

— hat das Recht u. die Verpflichtung, der evangel. Landesgemeinde eine gemeinschaftl. Agende zu geben? Von e. preuß. Rechtsgelehrten. gr. 8. Berl. 825. (Sander). 10 gr

Wer hat den rechten, wahren und seligmachenden Glauben? oder freimüthiges Bekenntniss über Grund und Wesen des Rationalismus . . . Gotha 1857. V: *Hoffmann, J.* (zu)

Wer hat den rechten, wahren und seligmachenden Glauben? oder freimüthiges Bekenntniß über Grund u. Wesen des Rationalismus (Vernunftglaubens), seinen Widersachern gegenüber, als Beitrag zur Versöhnung evangel. Christen u. zur Förderung des Reiches Gottes auf Erden, für die gebildeten Stände von einem Sächs. Geistlichen (J. Hoffmann). Gotha 857. Müller. gr. 8. (VIII, 183 S.) 18 ngr.

Wer hat den Schaden zutragen, der durch heftiges Schlossenwetter verursacht worden ist? [Dresden 1811.] V: *Lindner, Johann Wilhelm Sigismund.* (MGT)

Wer hat der Bank ℳ 5,747,008. 45 ₰ zu bezahlen? Nach den Mittheilungen der ständ. Bürgerrepräsentation vom 22. Febr. 1867 beantwortet. 1. u. 2. Aufl. Frankfurt a. M. 867. Winter. 8. (22 S.) 3 ngr.

Wer hat Euch gesandt? Offene Anfrage an den protestantischen »Bischof« in Wallern . . . Linz-Urfahr 1890. V: *Ackerl, Joh.* (Ky)

— hat Euch gesandt? Offene Anfrage an d. protestant. „Bischof" in Wallern u. an s. Herren Collegen. Von d. Verf. d. beiden Broschüren: „U. L. Frau v. Lourdes" od.: „Wer hat Recht?" u. „D. größte Wunder d. Weltgeschichte". (Joh. Ackerl.) 8. (32 S.) Linz-Urfahr 890. Verl. d. kathol. Preßvereines. n. — 20

Wer hat gemacht, daß Paderborn u. das Paderborner Land noch katholisch ist? Ein geschichtl. Wort für die braven Paderborner Bürger, das auch die lieben Bauersleute gern hören wollen. Bei Gelegenheit der 200jähr. Feier der Laurentius-Prozession zur Römischen Kapelle. Von einem Freunde des Verfassers des „Buer paß up." Anhang: Einige Gebete zur Mutter Gottes. 8. (72 S.) Münster 850, Theissing. 3 ngr

Wer hat in Hamburg Recht und Macht und wer ist qualificirt und berechtigt an der höchsten Staatsgewalt Theil zu nehmen . . . Hamb. 1831. 2. Aufl. 1832. V: *Bartels, Joh. Hnr.* (schr)

Wer hat Lust und Belieben? ein satyrisches Schreiben an alle Buchhändler . . . Frankf. u. Leipzig 1764. V: *Reupsch, Johann Friedrich Lebrecht.* (ML)

— hat Lust u. Belieben, e. Einladungs-Schrift an alle Buchhändler über meine unvergleichlichen Handschriften. 8. Quedlinb. 764. Ernst. 3 gr

Wer hat mehr Anspruch auf den Namen „evangelisch", der Protestant oder der Katholik? Paderborn, Bonif.-Druckerei, 1893. kl. 8°, 10 Pf (Bonif.-Brosch. pro 1893 Nr. 10.)

— hat Recht? [Ueber die Vereinigg. der morgenländ. Kirche m. der abendländischen], s. a. Bibliothek, russische.

— hat recht?, s. a. Katholisches f. Jedermann. 5.

— hat Recht? der König von Ungarn oder sein Unterthan ꝛc. 8. Wien 786. Wucherer. 12 gr

Wer hat Recht? Eine Frage veranlaszt durch die 95 Thesen von Cl. Harms freimüthig beantwortet von einem Nichttheologen. U. St. 1817. P.

— hat Recht: Die Rationalisten, oder die Mystiker? Ein Gespräch. 8. Nürnberg 834. Raw. 1½ gr

Wer hat Recht? Die Krone oder die Nationalversammlung? Gutachten eines praktischen Juristen. Berlin 1848. 15 S. 8.

Wer hat Recht? Aphorismen in Briefform über die größten Fragen unserer Zeit vom frühern Pfarrer M. C. Jensen. Berlin, Germania, 1896, gr. 16°, 56 S., 10 Pf. (Flugschriften zur Wehr u. Lehr' Nr. 109.)

Wer hat Recht die Superrevisoren oder die Administration der . . . Donau-Dampfschiffahrts-Gesellschaft? . . . Dresd. 1845. V: *Rossetti, Carl von.* (EB)

—— hat Recht — die Superrevisoren oder die Administration der k. k. priv. ersten österr. Donau-Dampfschifffahrts-Gesellschaft? der Verf. des Sendschreibens oder jener der Beleuchtung? gr. 8. (7 B. u. 1 Tab.) Dresden 845, Bromme's Vrlgsh. *

Wer hat Recht, Professor Stolz od. Pfarrer Schneider? Gutachten eines Laien. Freiburg im Br. 851. Wangler. 8. (16 S.) 1 ngr

Wer hat sich nun betrogen? Ein Lustspiel in drey Aufzügen. Frey bearbeitet nach einem Bockischen Lustspiel. Wien 1779. B: ***Stephanie, Gottlieb* (= *Stephanie der Jüngere*)**. (Gothaer Theaterkalender auf 1781, S. LXIII); darnach. (A. Tulla, Kleine Bausteine z. Bibliogr. d. Wr. dtsch. Theaters in Zeitschr. f. Büch. 1919/20, S. 84) (Theater-Kalender 1780. Gotha, S. 159) (BiblPort)

— hätte das gedacht, s.a. Erzählungen aus dem illustr. schweizerischen Unterhaltungsblatt.

Wer hätte das gedacht? Lustspiel in drei A. Regensburg 1779. V: *Nesselrode, J. G. Freih. von.* (Ky) (GGr)

— hätte das gedacht? Lustsp. 8. Regensb. Montag. 780.

— hilft? Beantwortet durch die Hl. Schrift. (24 S. m. Abbildgn.) 16. Striegau (905). Th. Urban. n. — 10

Wer hilft? Beantwortet durch d. Heil. Schrift. Striegau: Th. Urban 1907. (15 S.) 8° [F] 08. 7079 2

Wer in Breslau war! Humoreske aus der 21. allgemeinen deutschen Lehrerversammlung vom 28. bis 30. Mai 1874. Breslau 1874. V: *Kempsky.* (Russell III, 665)

Wer in Breslau war! Humoreske aus der 21. allgemeinen deutschen Lehrer-Versammlg. vom 28., 29. u. 30. Mai 1874. Mit Anh.: Prolog zur Festvorstellg. im Stadttheater. [Aus: „Schles. Schulztg."] 8. (15 S.) Breslau 874. Priebatsch. n. — 25

Wer Johannes der Theolog, der Verfasser der Schrift: die Leipziger Bekenntnisswirren und Vogels Abfall sei? Grimma 1844. V: *Hanschmann, Joh. Glob.* (ZU)

—— Johannes der Theolog, der Verf. der Schrift: „die leipziger Bekenntnißwirren u. Dr. Vogels Abfall" sei? 8. (1⅛ B.) Grimma 844, (Verlags-Comptoir.)

Wer ist angeführt? ein Lustspiel in zwei Aufzügen n. d. Engl. der Miss Cowley. Berlin 1785. V: *Leonhardi, Joh.* (MI.) (Ky)

— ist angeführt? Lustsp. 8. Hamb. Herold. (Stiller in Rostock.) 785. — 4

—— ist bevorzugt im Etat — die katholische od. die evangel. Kirche? Eine Antwort an die Verfasser der „grünen Hefte". (Mitteilungen üb. die konfessionellen Verhältnisse in Württemberg.) gr. 8. (29 S.) Stuttg. 891, Verlag d. Deutschen Volksblatts. ** — 15

Wer ist das? Ein menschl. Rätsel. Eine wahre Geschichte aus 2 Weltteilen. 100 Hfte. gr. 8. (2400 S. m. je 1 Vollbild.) Berlin (900. 901). Verlagshaus für Volkslitteratur u. Kunst. à — 10; auch in 20 Bdn. à — 50

— ist dein Priester? s.: Streitschriften, freundschaftliche.

— ist denn mein Nächster? Uebersicht üb. die Arbeit des deutschen Hülfsbundes f. christl. Liebeswerk im Orient. (8 S. m. Abbildgn.) 8. Frankfurt a/M. 906. Verlag Orient. n.n. — 10

— ist denn mein Nächster? Uebersicht üb. die Arbeit des deutschen Hülfsbundes f. christl. Liebeswerk im Orient. E. V. (24 S. m. Abb.) 8. Frankfurt a/M. 907. Verlag Orient. — 15

Wer ist der Angreifer im konfessionellen Kampfe? Oeffentliche aktenmäß. Antwort auf die Landtagsrede des Hrn. Domkapitulars u. Abgeordneten Dr. Pichler vom 14. V. 1904. Erteilt vom Hauptverein des Evangel. Bundes in Bayern. (75 S.); 2. Aufl. (82 S.) gr. 8. Nördlingen 904. 905. C. H. Beck. n. — 80

Wer ist der Apostat? Eine Pesachgeschichte. Hamburg 855. Nolte u. Köhler in Comm. 12. (54 S.) n. 3 ngr

Wer ist der Betrogene? Eine deutsche Antwort auf d. russ. Abrüstungs-Vorschlag. Von Germanicus. gr. 8. (24 S.) Berlin 898. R. Schröder. n. — 50

— ist der Dieb? e. neues Gesellschaftsspiel, mit 12 ill. Kpf. und deutsch. u. französ. Erklärung. Wien ... Müller. 20 Kr

—— ist der Erfinder der Nähmaschine? Geschichtliche Darstellung dieser wichtigen Erfindung. Zusammengestellt nach authent., in Amerika und Europa gesammelten Aktenstücken. gr. 8. (24 S.) Hamburg 873, Grüning. * — 50

Wer ist der Glücklichste? Eine philosophische Untersuchung von K. Wien 1773. V: ***Kausch, Johann Joseph.*** (WrDiar 1773, Nr. 100, Anhang) (Ky 6/205) (Kausch's Schicksale. Leipz. 1797. S. 91) (BiblPort)

— ist der glücklichste? e. philosophische Unterredung. gr. 8. Wien 773. (Gerold). 3 Kr

Wer ist der größte Schinderknecht? Verlag der Hamb. Alton. Volksbuchhandlung in St. Pauli. Hamburg 1849. 1 Bl. Fol.
Flugblatt. Berlin, 1848/49.

— ist d. hl. Joseph? Erwäggn., Beispiele u. Gebete f. jeden Tag im Monat März. 16. (48 S.) Paderborn 895. Bonifacius-Druckerei. n. — 20

— ist der Klügste? Erzählung f. Jung u. Alt von M. v. O. 1. u. 2. Aufl. (à 67 S. m. 5 Vollbildern.) 8. Schwerin 907. F. Bahn. n. — 90; geb. n. 1. —

— ist der Liebe unbeständig? Sinds die Mannspersonen? Sinds die Frauenzimmer? e. Lstspl. in 2 Aufz. (v. Jh. Fr. Schmid III.) 8. Wien 777.

— ist der Pflaumendieb?, s.: Kinderfreund, der.

Wer ist der schlaueste? oder die Ausstellung. Lustspiel in zwei Akten. Leipzig o. J. V: *Bouilly, Jean Nicolas.* (Ky)

— ist der schlaueste? oder d. Ausstellung. Lstspl. in 2 A. (v. Bouilly). 8. Leipz., Baumgärtner. 16 ℊ

(F) Wer ist der Schuldige? Aus dem Französischen von Karl Wilhelm. Mit 8 Vollbildern. (Weichert's Illustrirter Familienschatz. Bd. 58.) Wien. [1899] In Comm. Derflinger & Fischer. 8°. 94 S. fl. —.16

Wer ist der Vater zum Kinde? ein komisches Gedicht. Hamburg 1783. V: *Tanck, Franz Johann Daniel.* (MGT)

Wer ist der wahre Erbfeind von Deutschland? München 1868. V: *Klopp, Onno.* (Biogr. Jahrb. 8, 123.) (SWKl)

Wer ist ein Dummkopf? und wer ist ein Schurke. [Wien 1786.] Tripstrill 6871. V: *Perinet, Joachim.* (EB)

Wer ist ein Jude? Gespräche zwischen einem Namens- und einem wahren Juden. Hamburg 855. (Nolte u. Köhler.) 12. (35 S.) n. 3 ngr

Wer ist ein Lutheraner? Tondern 1817. V: *Decker, Jacob.* (LS)

Wer ist ein österreichischer Patriot im Geist und in der Wahrheit? [Wien 1813.] V: *Armbruster, Joh. Michael.* (Wertheimer, Wien und das Kriegsjahr 1813. Wien 1893. S. 19.)

Wer ist's? Unsere Zeitgenossen. Zeitgenossenlexikon, enth. Biographien nebst Bibliographien. Angaben üb. Herkunft, Familie, Lebenslauf, Werke, Lieblingsbeschäftiggn., Parteiangehörigkeit, Mitgliedschaft bei Gesellschaften, Adresse. Andere Mitteilgn. von allgemeinem Interesse. Zusammengestellt u. hrsg. von Herm. A. L. Degener. 2. Jahrg. 1906. (CLVIII, 1359 S.) 8. Leipzig, H. A. L. Degener. Geb. in Leinw. n. 9. 50; erh. Pr. n. 10. —

— ist's? Zeitgenossenlexikon, enth. Biographien nebst Bibliographien. Angab. üb. Herkunft, Familie, Lebenslauf, Werke, Lieblingsbeschäftiggn., Parteiangehörigkeit, Mitgliedschaft bei Gesellschaften, Adresse. Andere Mitteilgn. v. allgemeinem Interesse. Zusammengestellt u. hrsg. v. Herm. A. L. Degener. 4. Ausg. Vollkommen neu bearb. u. wesentlich erweitert. (CLX, 1626 S.) 8. Leipzig 909. H. A. L. Degener. Geb. in Leinw. 12.50; Luxusausg. geb. 21. —

— ist Gott? Gedanken f. Denkende. Von *?*. gr. 8. (VIII, 44 S.) Leipzig 897. P. Thom. 1.20

— ist groß? von P. W. W. P. 8. Wien 814, v. Mösle. 4 ℊ

Wer ist gut lutherisch? Entwurf einer ehrerbietigsten Bittschrift an Se. Majestät König Johann von Sachsen. gr. 8. (16 S.) Leipzig 866, O. Wigand. *

Wer ist Herr Ingenieur Koller? [Herisau 1872.] V: *Alder, J. J. & A. Sulger.* (BSchwLk V, 9 h)

— ist Jesus von Nazareth, Sohn des einzigen wahren Gottes im Himmel, u. Menschen-Sohn, geboren auf Erden von der Jungfrau Maria? Versuch e. neuen Darstellung von dessen Verhältniß zu Gott dem Vater im Himmel u. zu den Menschen auf d. Erde. Nebst Anhang vom Verf. der: Gottsel. Betracht. üb. d. Gebet u. heil. Vater Unser. gr. 8. Baden 824, (Mannh., Schwan u. G.)

— ist Jesus von Nazareth, Sohn des einzigen wahren Gottes im Himmel, u. Menschen-Sohn, geboren auf Erden von d. Jungfrau Maria? Versuch e. neuen Darstell. von dessen Verhältniß zu Gott dem Vater im Himmel u. zu den Menschen auf d. Erde. Nebst Anh. vom Verfass. der: gottsel. Betracht. üb. d. Gebet u. heil. Vater Unser. gr. 8. Baden 825. (Mannh., Schwan u. G.) 1 ℊ

Wer ist in der Liebe unbeständig? Sind's die Mannspersonen? . . . ein Lustspiel in zwei Aufzügen. Wien 1777. V: *Schmid, Johann Frdr.* (Ky)

Wer ist konsequent? Reinhard oder Tzschirner? . . . Zeitz 1811. H: *Röhr, Johann Friedrich.* (MGT)

— ist consequent? Reinhard od. Tzschirner? od. keiner von beiden? gr. 8. Zeitz, Webel. 811.

Wer ist mein Nächster, s.: Familien-Bibliothek.

— ist meines Todes Tod? 4 Kreuze in Silberbronce. Chromolith. 12. Leipzig 883. (Baldamus Sep.-Cto.) n. 1. 20

— ist nun betrogen? od. d. spanische Bräutigam. Lustsp. von Kaffka. 8. Bresl. Gutsch. (Belitz in Berlin.) 789. — 4

— ist Reactionair? Ein fliegendes Blatt. Nr. 1. gr. 8. (8 S.) Leipzig 848, G. Mayer. 1 ngr

— ist schuld? Betrachtungen üb. das Leipziger Stadttheater v. e. Theaterfreunde. gr. 8. (21 S.) Leipzig 893. Dresden, C. Reißner. n. — 50

Wer ist schuld am Kriege zwischen Dänemark und Deutschland? Hamburg. 1489 (so statt 1849). 8°.

—— Hamburg. 1849. 8°.

—— 2. Aufl. ebd. 1849. 8°.

—— ist schuld am Kriege zwischen Dänemark und Deutschland? gr. 8. (31 S.) Hamburg 849, Perthes-Besser und Mauke.

Wer ist sie? Ein Lustspiel . . . in drei Acten nach Edw. Moores Findling. Schwerin 1790. V: *Schröder, Friedrich Ulrich Ludwig.* (BrMm)

— ist sie? Lustsp. v. Schröder. 8. Wismar, Bödner. 790. — 4

Wer ist sie denn? oder Wette man nur mit Frauenzimmern. Lustspiel in vier Aufz. Wien 1789. Klagenfurt 1789. V: *Korompay, Joseph.* (GGr)

— ist sie denn? Lustsp. 8. Klagenfurth, Kleinmayer. (Gräff in Lpz.) 789. — 6

— ist unter der Parabeli die Familie d. Amititier eigentlich zu verstehen, unpart. beantwortet v. Bruder Amicus Veritatis. 8. Berl. 801. Schmidt. (Curths). 3 K

Wer ist unter der Parabel: die Familie der Amicitier [im Beobachter an der Spree] eigentlich zu verstehen? und sollte sich der Verfasser derselben Persönlichkeiten haben zu Schulden kommen lassen oder nicht? Unpartheiisch beantwortet vom Bruder Amicus Veritatis. Berlin: J. W. Schmidt 1802. 48 S. 8°
Abgedr. in: HZC. 141 (1861) S. 35—47 der 3. Pag. cf. Ebendas. S. 12 der 3. Pag.
Kl. 2946. Sehr selten. Enth. mehrere bis dahin noch unbekannte, die Entstehung der höhern Grade u. die Einmischung der Jesuiten in die Mrei betreffenden Tatsachen. S. 6—16 u. a. Aufschlüsse üb. Entstehung u. Zweck der schottischen Mrei.

Wer ist Verfasser der seltenen Satyre Joach. Camerar., welche unter dem Titel: Lucii Vigilii Jesurbii Aegloga Hagnoe . . . gedruckt worden? [Zürich 1794.] V: *Waldau, Georg Ernst.* (MGT)

—— ist Waldeck? 4. (8 S.) Berlin 849, Weyl und Comp.

Wer ist Waldeck? 6. verm. Aufl. Berlin, L. Weyl u. Comp. 1849. 8 S. 8.

Wer kann das Ministerium stürzen? — Ein Freund der wahren Freiheit. Druck von E. Litfaß. 1 Bl. Fol.
Flugblatt. Berlin, 19. Mai 1848.

— kann rathen? Nachsp. a. d. Franz. d. Fr. v. Genlis. 8. Lüneb. Herold u. W. 808. — 6

— kann u. muß in Bayern Geschworener werden? u. Auf welche Weise wird man es? Kurze, gemeinfaßl. Erörterung der Fragen über Verpflichtung u. Befähigung zum Geschworenen-Dienste in Bayern. Augsburg 865. Lampart & Co. 16. (IV, 19 S.) 2 ngr.

Wer kauft!! Revolution nach dem Speisezettel. Druck von W. Fähndrich. 1 Bl. Fol.
Flugblatt. Berlin, 1848/49.

WER kauft Liebesgötter! Streifzüge in das Gebiet der Prostitution aller Zeiten und Völker. Verlag von Max Marcus, Berlin. Druck von A. Ostrowski, Berlin, o. J. (c. 1882). 8°. (2 Mk. Ed. Fischhaber, Reutl., 1885; 1 Mk. 50 Pfg. Gust. Klötzsch, Lpz., 1885.)
Verboten vom L.-G. Wien, 2. Juni 1884. § 516. — Vorher: Ebd. 1878. 8°. (1 Mk. 80 Pfg. L. M. Glogau Sohn, Hamburg, 1879.)

—— kauft Nestbäkchen? 32. (4 Chromolithogr.) Leipzig 880, Baldamus.

—— Kinder liebt. Neues für Kinder. 8. (69 S. mit eingedr. Holzschn.) Wien 869, Pichler's Witwe und Sohn. geb. — 75

— lacht da? Witz u. Satyre in Wort u. Bild. Ein Vademecum f. alle Freunde gesunden Humors. 8. (64 S.) Leipzig 892. E. Herrmann sen. — 25

— lacht mit? Das Buch zum Lachen, eine unerschöpfl. Quelle heiteren Humors u. Witzes. Reutlingen 867. Baur. 8. (48 S.) 2 ngr.

— leidet, der König oder das Land? Auch eine sächs. Zeitfrage, die nicht unnütz ist. Vom Verf. der drei Zeitfragen: „Wer war Herr v. Beust" rc. Leipzig 866. Häfele jun. gr. 8. (16 S.) $2\frac{1}{2}$ ngr.

Wer macht die Revolutionen? 8°. Leipzig. Th. Fritsch, s. a.

— macht sich zur Mauer? 12. (14 S.) Barmen 898. Wupperthaler Traktat-Gesellschaft. n. — 10

— meint es besser m. dem Sünder, Jesus od. die Welt? Zwei verschiedene Sünderfreunde, nach Luc. 22, 55—62., Matth. 27, 3—10. 8. (16 S.) Stuttgart 876. Buchh. d. evangel. Gesellschaft. n. — 4

— meint es redlich mit dem Volke? oder: allerlei kurzweil. Erzählungen u. Ermahnungen über einige ganz nagelneu fabricirte Frankfurter Nationalversammlungs-Glückseligkeiten, u. zwar üb. Volkssouveränität, Trennung der Kirche v. Staate rc. Von einem aufricht. Volksfreunde. 12. (80 S.) Augsburg 849, Herzog. (Regensburg, Manz.) 1/8 rf.

Wer mir Gutes gінnt!, s. Gedichte u. Scherze in jüdischer Mundart.

— mir nachfolget rc., 4. Ausg. Augsburg 845, steht unter Gärtner, C.

—— mir nachfolget, der wandelt nicht im Finstern. Joh. VIII. 12. Ein Gebetbuch f. kathol. Christen. Größentheils nach den Schriften des gottsel. Thomas von Kempis bearb. v. C. Gärtner. 4. Ausg. 8. ($20\frac{1}{2}$ B. u. 1 Stahlst.) Augsburg 845, Wolfische Buchh. (München, Finsterlin.)

— nicht „liebes Kind" will sein, kommt in diesen Schuh hinein. (Ausgestanzt.) qu. 4. (14 S. m. z. Tl. farb. Bildern.) München 891. Nürnberg, Th. Stroefer. n. — 75

Wer nicht wagt, gewinnt nicht. Lustspiel in drei Aufz. [nach d. Franz. de Mehul]. Leipzig 1804. V: *Franke, Chn Wilh.* (MGT) (Ky)

— nicht wagt, gewinnt nicht. Lustsp. in 3 A. 8. Leipz. Schäfer. (Kühn.) 804. — 12

— rettet Oesterreich aus gegenwärtiger schwerer Krisis? Von e. Freunde d. österr. Volkes. gr. 8. (8 S.) Wien 897. (St. Norbertus.) n. — 25

Wer sagt, daß der hl. Petrus nicht in Rom gewesen sei? Paderborn, Bonif.-Druckerei, 1882. kl. 8°. 10 Pf. (Bonif.-Broich Jahrg. 13, Heft 5.)

— schauet zu diesem Fenster heraus? 4. (14 S. m. z. Tl. farb. Abb.) Konstanz 895. C. Hirsch — 75; Leinen-Ausg. 1. 60

Wer seid ihr? Was sagt ihr von euch selbst? oder: Zwei Jahre unter dem Blauen Kreuz. Barmen 1894. 32 S. 8°

Wer sind die Aufklärer? ... Augsburg 1786. 2. A. 1787. V: *Widmann, Meinrad.* (ML) (AarK) (Ky)

— sind die Aufklärer? beantwortet nach d. ganzen Alphabete, (v. M. Widmann). 2 Bde. 8. Augsb. 786. 2e A. 787. ... Anmerkungen zu d. Fr., wer sind die Aufklärer? (v. demselb.) 4 Bde. 8. Ebd. 789, 90.

Wer sind die Aufklärer? Beantwortet nach dem ganzen Alphabet. 2. verb. Aufl. Augsb. 1787. 3. verb. Auflage Augsb. 1790. V: *Zeiller.* (F. Kratter, Bemerkungen, Brünn 1791, S. 101) (BiblPort)

Wer sind die Aufklärer? in alphabet. Ordnung betrachtet. 2 Bde. 8. Augsb. Styr. 788.

— sind die Koreaner? Neuester authent. Bericht. Von e. Kenner. 2. Aufl. gr. 8. (16 S.) Berlin 894. H. Lazarus. n. — 50

Wer sind die sogenannten Mystiker? Ein Gespräch zwischen den alten Zeugmacher Christian u. seinen jungen Vettern, den Seifensieder Gottlieb. 2e Aufl. 8. Nurnberg 835. Raw. 1½ K

Wer sind die Strikehetzer, und was bezwecken dieselben? 8°. Leipzig, Th. Hentzschel, s. a.

— sind die Volksverräther? E. Wort zur Beherzigg. v. e. warmen Freunde d. oberösterr. Volkes. M. e. Aufklärg. üb. d. 200 000 Gulden-Hetze. 8. (16 S.) Linz-Urfahr 898. Verlag d. kathol. Preßvereines. n. — 08

Wer sind diejenigen, denen nach den Landesgesetzen Hauslehrer zu halten gestattet wird? [Leipzig 1811.] V: *Schlegel, Gottlieb.* (R-N) (MGT)

Wer sind sie denn eigentlich, Herr N. oder M.? Enthüllungen einer seltsamen Geschichte im Oktober 1870 während der Belagerung von Metz ... Berlin 1871. V: *Regnier.* (Cat. der Stadtbibl. Zürich. Zürich 1864—97.) (Hauptkat. d. Univ.-Bibl. Tübingen. F. Nachtr. 4.)

— sind sie denn eigentlich, Herr N. od. Herr M.? Enthüllungen e. seltsamen Geschichte im Oktbr. 1870 während der Belagerg. v. Metz. Autorisirte deutsche Ausg. gr. 8. (83 S. m. 2 Steintaf.) Berlin 871. A. Abelsdorff. 1. 50

Wer sind und was glauben die Protestanten. Offenes Sendschreiben an seine lieben Tiroler von einem alten Freunde. München 864. Fleischmann. 8. (79 S.) n. 10 ngr.

— sind und was glauben die Protestanten. Offenes Sendschreiben an seine lieben Tiroler von einem alten Freunde. 8. (79 S.) München 864, [Merhoff's Verlag.]

— sind wir? Was wollen wir? Geschrieben im bayer. März für's bayer. Volk. 8. (16 S.) München 848, Kaiser. 1 ngr.

— singt mit? Sammlung der schönsten beliebtesten Volkslieder für fröhliche Sänger. 32. (132 S.) Wien 878. Neidl. n. — 40

— singt mit? Sammlung der schönsten u. beliebtesten Volkslieder f. fröhl. Sänger. 16. (128 S.) Wien 892. (Leipzig, Literar. Anstalt A. Schulze.) n. — 40

„Wer soll anfangen?" Keine Parteifrage v. e. Parteilosen. gr. 8. (16 S.) Berlin 890. Eckstein Nachf. — 30

Wer soll den deutschen katholischen Adel erziehen? ... Leipz. 1812. V: *Schultes, Joseph August.* (MGT) (Ky) (WBL)

Wer soll den deutschen kathol. Adel erziehen? vier Briefe an eine deutsche Dame, (v. Jos. A. Schultes). 8. Leipz. 812. W. Engelmann; (a. Mayr in Salzb.) 4 K

Wer soll der deutsche Kaiser sein? Eine Parteistimme aus Norddeutschland. (Hannover, Gebr. Jänecke.)

Wer soll der erbliche Kaiser werden? Ansprache an das deutsche Volk und dessen Vertreter zu Frankfurt a. M. von K. Ph. J. G**. gr. 8. (19 S.) München 848, (Franz.) Thlr.

Wer soll der erbliche Kaiser werden? Ansprache an das deutsche Volk und dessen Vertreter zu Frankfurt a. M. von Dr. j. K. Ph. J. G**. München, C. Wolf, 1848. 19 S. 8°.

— soll die Schule u. Jugenderziehung leiten? Ein Beitrag zur Schulfrage. 8. (16 S.) Augsburg 849. Schmid. 1/24 ß

Wer soll Seckelmeister sein? Eine Frage auf die Maiwahlen. SA. 8. Bern 1866.

Wer soll sich im gegenwärtigen Kriege dem Soldatenstande widmen? [Wien 1813.] V: *Jenull, Johann Ritter von.* (Wertheimer, Wien u. das Kriegsjahr 1813. Wien 1893. S. 19.) (WBL X, S. 166)

Wer soll unsere Mädchen erziehen u. unterrichten? Zur Beherzigg. f. Schulvorstände, Geistliche, Eltern u. Interessenten der Erziehg. der weibl. Jugend. Mit e. Vorwort v. A. K. Ohler. gr. 8. (VIII, 187 S.) Mainz 885. Kirchheim. 1. 50

Wer soll unter den gegenwärtigen Umständen sich dem Soldatenstande widmen? O. O. 1813. V: *Jenull, Johann Ritter von.* (GGr)

Wer sollte billig eine Lebensbeschreibung oder Denkmal erhalten. [Halberstadt 1798.] V: *Fischer, Glob Nathanael.* (ML)

Wer trägt die grösste Schuld am Unglücke des kath. Volkes im Kanton Aargau? Eine kurze Darstellung der Zustände und der jüngsten Ereignisse in diesem Kanton. Von einigen ausgewanderten Aargauern. 8. Zug 1841.

— trägt die Schuld an der Antisemiten-Bewegung? Ein Beitrag zur Geschichte unserer Zeit. 8. (IV, 23 S.) Berlin 886. (F. Luckhardt.) n. — 60

Wer macht Unruhe und Aufwiegelei? Antwort: Die preußische Regierung. v. Schlesinger. 1 Bl. Fol.
Flugblatt. Berlin, 1. Juli 1848.

Wer wagt — gewinnt! Das einzige praktische Lotto-Ruffspiel, oder genaue und umständliche Aufklärung, wie man bei geringen Einsätzen mit großer Wahrscheinlichkeit bedeutende Summen gewinnen muß, um sich eine sorgenfreie Zukunft zu bereiten und zwar durch Bildung von 2940 Ruf und 45 Versetzungen der 90 Nummern. Nebst einem Anhang mit 1800 Ambo-Solo. Verfaßt von J. W. Wien, 1856. Druck von U. Klopf sen. und Alexander Eurich. (37 S. 3 Bl. 8.)

Wer wagt — gewinnt! Das einzige, praktische Lotto-Ruf-Spiel, oder genaue und umständliche Aufklärung, wie man bei geringen Einsätzen mit großer Wahrscheinlichkeit bedeutende Summen gewinnen muß 2c. Nebst einem Anhange mit 1800 Ambo-Solo. Verfaßt von J. W. Wien 856. Wenedikt in Comm. 8. (43 S.) verklebt 12 *ngr.*

Wer wählt den Reichspräsidenten? Eine Frage und eine Antwort. Von d. Hrsg. d. »Flugschrift«. Berlin [1825]. V: *Weickhmann, Wilhelm von.* (Berlzu 1926, III, 2715)

Wer war der 1262 verstorbene Graf Rudolf von Rapperswil? [Zürich 1890.] V: *Zeller-Werdmüller, Hnr.* (Zuwachsverz. d. Bibliotheken in Zürich 1898 ff.)

Wer war ein grösserer Tyrann? Ein Gespräche zwischen dem Schatten Gesslers und dem französischen Regierungs-Kommissär Rapinat. 8. Schweiz 1798.

— war Gregor VII. von dem man so Vieles schreibt u. redet? 8. Augsb. 788. Doll. (Landsh., Krüll). 8 K

— war Herr v. Beust? Wo ist unser König? Wie steht's mit unserm Lande? Drei Zeitfragen kurz erörtert von einem sächs. Staatsbürger. 1. u. 2. Aufl. Halle 866. Fricke. gr. 8. (12 S.) n 2 *ngr.*

— war Herr v. Beust? Wo ist unser König? Wie steht's mit unserm Lande? Drei Zeitfragen kurz erörtert von einem sächs. Staatsbürger. 1. und 2. Aufl. gr. 8. (12 S.) Halle 866, Heynemann. *

— war Jesus? Authentische Mitteilgn. e. Zeitgenossen Jesu üb. Geburt, Jugend, Leben u. Todesart, sowie üb. die Mutter des Nazareners. Nach e. alten zu Alexandrien aufgefundenen Mskr. aus e. latein. Abschrift des Originals übers. (40 S.) 8. Oranienburg (906). Orania-Verlag. n. 1. —

Wer war Jesus? Authentische Mitteilgn. e. Zeitgenossen Jesu üb. Geburt, Jugend, Leben u. Todesart, sowie üb. die Mutter des Nazareners. Nach e. alten zu Alexandrien aufgefundenen Mskr. aus e. latein. Abschrift d. Originals übers. 11.—15. Tausd. (40 S.) gr. 8. Oranienburg (910). F. Koslowsky. 1. —

Wer war Meissler? Linz 1782. V: *Ebe, Lukas.* (KY 2/87) (Provinc.-Nachr. 1782, S. 39) (BiblPort)

Wer war sie? Die ehemalige Kronprinzessin Luise und die Beisetzungsfeierlichkeiten in Dresden. Eine Vision aus der jüngsten Vergangenheit. 63 S. 8. Zürich, Caesar Schmidt, 1905. [fr. 1. 25]

Wer war und wie hiess Melchisedecks Vater? ... Philadelphia [Triest] 1792. V: *Opitz, Johann Friedrich.* (Wr) (MGT) (Ky) (WBL)

— war u. wie hieß Melchisedechs Vater, e. gelehrte Dorfgeschichte in 3 Buch. (v. J. F. Opitz). 8. Philadelphia 792. (Andrä in Leipz.) 8 K

— war wohl mehr Jude? Schsp. v. Lottich. 8. Lpz. Jacobäer. 783. — 8

Wer weiß, wozu es gut ist? — Lustspiel für Kinder in einem Akte von P. M. H. Wien, 1856. Druck und Verlag von M. Auer. (32 S. kl. 8.)

Wer will bald lesen lernen? A-B-C- u. Lesebüchlein f. d. liebe Jugend. 8. (1 B. u. 15 ill. Bilder.) Wesel 841, Bagel.

— will bald lesen lernen? A-B-C- und Lesebüchlein. 8. (16 S. und 8 lithochrom. Taf.) Wesel 848, Bagel.

Wer will heirathen? oder wie gewinnt man eine Geliebte und wie fesselt man einen Geliebten. Leicht faßliche Anleitung in ganz kurzer Zeit Liebeslieder und Liebesbriefe zu schreiben u. zu beantworten nebst einem sympathet. Mittel, durch welches sich ein Jeder Gegenliebe verschaffen kann. Ein treuer Rathgeber für glücklich und unglücklich Liebende von Alcibiades. 1—3. Aufl. Berlin (858.) Friedländer'sche Buchhdr. 8. (40 S.) 6 *ngr.*

— will lachen? gr. 4. (36 z. Tl. farb. S. m. eingedr. Text.) Nürnberg 894. Th. Stroefer. Kart. n. 2. 50

WER will lachen? (Sammlung von Anekdoten.) Berlin, o. J. (c. 1900?). 8°. 24 S. (30 Pfg.. Expl. im illustr. Orig.-Umschl.; E. Frensdorff, 1907.)

— will lachen? Ein Bilderbuch f. Jung u. Alt. (82 S. m. farb. Abbildgn.) 4. München (904). Braun & Schneider. Kart. n. 2. —

Wer will Männer sind? — Vor einen Zechier! — Druck von G. Stricie. 1 Bl. Fol.
Flugblatt. Berlin, 30. Juni 1848.

— will unt. d. Soldaten. gr. 4. (16 S. m. z. Tl. farb. Bildern u. eingedr. Text.) Reutlingen 898. Enßlin & Laiblin. — 80;
auf Pappe (8 S. m. farb. Bild., ohne Text.) Kart. 1. 50;
als Leporello-Album (16 S. m. farb. Bild., ohne Text.) 2. —

— will zeichnen lernen? Einführung unserer Kleinen in die Anfangsgründe des Zeichnens. 2 Sorten. 8. (à 16 S. m. Abb. ohne Text.) Wesel (901). W. Düms. à — 25

Wer wird sie bekommen? in Einem Aufzuge. ca. 1800. V: *Grossmann, Gustav Friedrich Wilhelm.* (Schlichtegr. 1796, 2, S. 62f.)

Wer wird sie kriegen? Ein Lustspiel in einem Aufzuge. Von einem Soldaten. Wien 1780. V: *Eckardt, Fch. Samuel Lucas von.* (Allg. Theater-Alm. 1782, S. 54, 90, 144, 167) (GGr VII/462, Nr. 7/6) (Zeitschr. f. Büch. 1919/20, S. 85) (BiblPort)

— wischt's Kochpfandl aus od. Eine seltsame Krankheit, nach W. Pailler, s.: Schul- u. Vereinsbühne, christliche.

— wohl am glücklichsten wurde?, s.: Burmeister's Unterhaltungs-Bücherei.

— wollte nicht beten? Eine wahre Erzählung. [Aus dem Engl.] Hamburg 869. (Barmen, Klein.) 8. (12 S.) n. 2 ngr.

Wera, Wilma, s.: Jnez.

Werax, J., Centrum od. Bauernbund? Zeitgemäße Erzählg. 8. (56 S.) Kempten 898. J. Kösel. n. — 30

Werb, S., kleines deutsch-russisches Taschen-Wörterbuch f. den täglichen Gebrauch. Mit durchgeh. Angabe der Aussprache des Russischen. (64 S.) kl. 8. Berlin (905). Friedberg & Mode. n. — 60

Werba, A., Lehrbuch der praktischen Toxikologie. 2. Aufl., s. Kobert, Rud., Compendium der praktischen Toxikologie.

Werbatus, G.: Pflege u. Behandlung des Kindes während seines ersten Lebensjahres, s. Werbatus, M.: Grundlinien der Erziehung.

Werbatus, Gustav: Ein Beitrag zur Pericarditischen Pseudolebercirrhose. *Erlangen 1898: E. Th. Jacob.* (32 S.) 8°
Erlangen, Med. Diss. v. 16. Dez. 1897

Werbatus, M., Abriß der Heilsgeschichte nebst Bibelkunde. Für die obern Klassen höherer Lehranstalten. gr. 8. (VIII, 128 S.) Leipzig 901. A. Deichert Nachf. — Riga, N. Kymmel's Verl. Kart. n. 2. —

Werbatus, M., e. kurz gefasste u. populär gehaltene psychologische Anthropologie als Unterlage der Pädagogik. Programmschrift zur Feier d. 90jähr. Bestandes d. Stadt-Töchterschule zu Riga. Lex.-8. (VIII, 55 S.) Riga 895. (A. Stieda.) n. 1. 40

Werbatus, M., biblische Geschichte. Die Geschichte des Reiches Gottes auf Erden bis zum Tode der Apostel. Mit den Worten der heil. Schrift erzählt und verbunden mit einer kurzgefaßten Bibelkunde. 8. (X, 203 S.) Riga 881, Kymmel. cart. *

— heilige Geschichte. Die Geschichte des Reiches Gottes in histor. Darstellg. auf Grund der Quellen. Ein Handbuch f. Religionslehrer u. Hilfsbuch f. Bibelleser in Schule u. Haus in 2 Bdn. gr. 8. Leipzig 900. A. Deichert Nachf. n. 9. —
1. Aus der Urgeschichte u. die Geschichte des Volkes Israel. (Das alte Testament.) (XVIII, 388 S.) n. 5. —
2. Das Leben Jesu u. die Geschichte der apostolischen Zeit. (Das neue Testament.) (XV, 266 S.) n. 4. —

Werbatus, M., die Geschichte d. Reiches Gottes auf Erden bis zum Tode der Apostel. Mit den Worten der heil. Schrift erzählt u. verbunden m. e. kurzgefaßten Bibelkunde. 2. Aufl. 8. (VII, 212 S.) Riga 886. Kymmel's Verl. cart. n. 1. 60

— die Geschichte d. Reiches Gottes auf Erden bis z. Tode d. Apostel. Mit Worten d. hl. Schrift erzählt u. verbunden m. e. kurzgef. Bibelkunde. 3. Aufl. 8. (XV, 288 S. m. 2 Karten.) Riga 895. N. Kymmel's Verl. Kart. n. 1. 60

Werbatus, M., biblische Geschichten aus dem alten u. neuen Testament. In 2 concentr. Cursen für den vorbereitenden Unterricht. 8. (VIII, 92 S.) Riga 880. Kymmel. cart. n. — 80

Werbatus, M., biblische Geschichten aus dem alten u. neuen Testament. In 2 konzentr. Kursen f. den Elementarunterricht. 3. Aufl. gr. 8. (VI, 84 S. m. 1 Karte.) Riga 885. Kymmel's Verl. cart. n. — 80

— biblische Geschichten aus d. alten u. neuen Testament. In 2 konzentr. Kursen f. d. Elementarunterricht. 4. Aufl. 8. (VI, 84 S. m. 1 Karte.) Ebd. 893. Kart. n. — 80

Werbatus, M., biblische Geschichten aus dem Alten u. dem Neuen Testament. In zwei konzentr. Kursen f. den Elementarunterricht. 7., neubearb. Aufl. (101 S.) 8. Riga 907. N. Kymmel's Verl. Kart. — 80

Werbatus, M., Grundlinien der Erziehung. Jungen Eltern dargebracht. Nebst e. Anh. üb. die Pflege u. Behandlg. des Kindes während seines ersten Lebensjahres, v. G. Werbatus. (VII, 104 S.) 12. Riga 903. N. Kymmel's Verl. Kart. n. 1. 50

— Martin Luther's kleiner Katechismus, nebst einigen Bibelsprüchen, Gebeten u. dem Verzeichniß der biblischen Bücher. 1. oder vorbereitender Cursus der christlichen Religionslehre nach evangelisch-lutherischem Bekenntniß. 8. (24 S.) Ebend. 880. cart. n. — 30

— Dr. Mart. Luthers kleiner Katechismus, nebst einigen Gebeten, Bibelsprüchen, Beispielen, und dem Verzeichnis der bibl. Bücher. Zugleich enth. den 1. oder vorbereitenden Kursus der christl. Religionslehre nach evangelisch-luther. Bekenntnis. 2. erweit. Aufl. 8. (43 S.) Ebendas. 885. cart. *

Werbatus, M. Dr. Martin Luther's kleiner Katechismus, nebst einigen Gebeten, Bibelsprüchen, Beispielen u. dem Verzeichnis der bibl. Bücher. Zugleich enth. den ersten od. vorbereit. Kurs. der christl. Religionslehre nach evangelisch luther. Bekenntnis. 3. Aufl. 8. (43 S.) Riga 890, Kymmel's Verlag. cart. * — 40

Werbatus, M., Martin Luthers kleiner Katechismus, nebst einigen Gebeten, Bibelsprüchen, Beispielen u. d. Verzeichnis d. bibl. Bücher. Zugl. enth. d. 1. od. vorbereit. Kurs. d. christl. Religionslehre nach evangelisch-luther. Bekenntnis. 4. Aufl. 8. (53 S.) Riga 895. N. Kymmel's Verlag. Kart. n. — 40

— die Augsburgische Konfession. Eine Übersetzg. des lateln. Textes der confessio augustana, unter Mitarbeit von Th. Hoffmann u. A. Eckhardt. gr. 8. (46 S.) Riga 898. L. Hoerschelmann. n.n. — 80

Werbatus, M., Leitfaden durch die Geschichte der christlichen Kirche. Für die obern Klassen höherer weibl. Lehranstalten zusammengestellt. gr. 8. (VI, 69 S.) Riga 877, Kymmel. cart. * — 80

— Leitfaden durch die Geschichte der christlichen Kirche für die oberen Klassen höherer evangelischer Lehranstalten. 2., durchgeseh. Aufl. 8. (VI, 74 S.) Ebend. 880. cart. n. — 80

— Leitfaden durch die Geschichte der christlichen Kirche f. die oberen Klassen höherer evangelischer Lehranstalten. 3. Aufl. 8. (VIII, 99 S.) Ebd. 889. cart. n. — 80

— Leitfaden durch d. Geschichte d. christlichen Kirche f. d. obern Klassen höh. evang. Lehranst. 4. Aufl. 8. (VIII, 94 S.) Ebd. 895. Kart. n. — 80

— Leitfaden durch die Geschichte der christlichen Kirche f. die oberen Klassen höherer evangelischer Lehranstalten. 6., neu bearb. u. erweit. Aufl. (168 S.) 8. Eb. (905). Kart. n. 1. 80

— Leitfaden durch die Geschichte der christlichen Kirche f. die oberen Klassen höherer evangelischer Lehranstalten. 7. Aufl. (168 S.) 8. Ebd. (910). Geb. 1. 80

— christliche Religionslehre nach evangelisch-lutherischem Bekenntniß im Anschluß an Luther's kleinen Katechismus. In drei concentr. Cursen bearb. 8. (XI, 182 S.) Ebend. 880. cart. n. 1. 60

— christliche Religionslehre nach evangelisch-lutherischem Bekenntnis im Anschluß an Luther's kleinen Katechismus. In 3 konzentr. Kursen. 2. u. 3. Kurs. 3. Aufl. 8. (148 S.) Ebd. 889. cart. n. 1. 25

— Christliche Religionslehre nach evang.-lutherischem Bekenntnis im Anschluß an Luthers kleinen Katechismus. In 3 konzentr. Kursen f. den Schulgebrauch u. als Unterlage f. den Konfirmandenunterricht. 2. u. 3. Kurs. 4., neu bearb. Aufl. (128 S.) 8. Ebd. 908. Kart. 1. 25

— Sammlg. täglicher Morgenandachten f. d. Schulgebrauch. Zur Feier des 90jähr. Bestandes der Stadt-Töchterschule zu Riga. gr. 8. (XIV, 364 S.) Riga 895. A. Stieda. n. 4. 75

— die sechsklassige Stadt-Töchterschule zu Riga. Ein Beitrag zur weibl Bildungsfrage. Programmschrift zur Einweihungsfeier d. neuen Schulhauses am 14. Jan. 1884. gr. 8. (69 S.) Ebend. 884. n. 1. 50

Werbe, G., Ernährung u. Pflege des Säuglings m. besond. Berücksicht. des „Magendarmkatarrhs" u. der „englischen Krankheit". gr. 8. (32 S.) Hamburg 902. P. Conström. n. — 60

Werbe, G., die erste Hilfe bei plötzlichen Unglücksfällen einschliessl. der Verbandslehre. Kurzer Leitfaden f. Samariterkurse m. 100 Abbildgn. (IV, 92 S.) 8. Hamburg 909. P. Bendschneider. Kart. 1. 60

Werbe, Georg [aus Verden a/Aller]: Ueber Fibromyxoma lipomatodes testis . . . München, kgl. Hofbuchdr. Kastner & Lossen, 1897; 28 S. 8°
München, Med. Fak., Inaug.-Diss. v. 1897.

Werbeblatt der Lübecker Turnerschaft, 1907, 8 S., 8°.

Werbeblatt des Emdener Turnvereins, v. Vorst. 1909, 4 S., 4°.

Werbebüchlein. 2. verm. u. verb. Aufl. *Leipzig: C. Braun 1903.* (39 S.) 8° [F.]
= **Wartburghefte.** No 1. [03 1116 4

Werbebüchlein. 4. verb. Aufl. Leipzig: C. Braun in Komm. 1907. (42 S.) 8° [Umschlagt. F.]
= **Wartburghefte.** H. 1. [07. 386 3

Werbe- u. Merk-Büchlein, alldeutsches. 1. u. 2. Aufl. 12. (32 bezw. 38 S. m. 1 farb. Karte.) München 899. J. F. Lehmann's Verl. n. — 25

ALLDEUTSCHES WERBE- UND MERK-BÜCHLEIN. Taschenbuch und Kalender für 1901 und 1902. 4. Auflage. (Mit 1 Karte und 4 Tafeln.) ib. 1901. —
Dasselbe. 5. Auflage. (Mit 1 Karte und 4 Tafeln.) ib. 1901. —

ALLDEUTSCHES WERBE- UND MERK-BÜCHLEIN. Taschenbuch und Kalender für 1902 und 1903. 6. Auflage. Mit 1 Karte und 4 Tafeln.) ib. 1902. —

Werbebüchlein f. den Evangelischen Bund, s.: Wartburghefte. 1.

WERBE- UND MERKBÜCHLEIN DES ALLDEUTSCHEN VERBANDES. 7. Auflage. (Mit 1 Karte.) ib. 1903. —
Dasselbe. 8. Auflage. ib. 1904. —

Werbeck, Hermann [aus Barmen]: Über stickstoffhaltige Derivate der aromatischen Oxychlorphosphine . . . Rostock, C. Hinstorffs Buchdr., 1896; 37 S. 8.
Rostock, Phil. Fak., Inaug.-Diss. v. [27. Juli] 1890

Werbeck, Louis M. J., der Fruchtkorb. Neue Dichtungen. (132 u. III S.) gr. 8. Goslar (906). F. A. Lattmann. Geb. in Halbleinw. n. 3. —

Werbedrucksachen der „Turngemeinde" 1849 Mühlhausen i. Thür.,

Werbehistörchen, verschiedene, in Briefen d. Hrn. v. S. an seinen Freund in C. 8. Kopenh. 765. Rothe. 12 K

Werbellinsee [Schlagwort]

Werbellinsee, s.: Mark. — Wanderkarten.

Werbelow, *Paul Karl* Bernhard [aus Butterfelde i. d. Neumark]: Aus d. gynäkolog. Klinik d. Univ. Greifswald. Ein Fall von Fissura abdominalis inferior. Beitrag z. Casuistik d. Missgeburten . . . Greifswald, Buchdr. C. Sell, 1897; 21 S., 1 Bl. 8.
Greifswald, Med. Fak., Inaug.-Diss. v. 11. Aug. 1897

Werbe-Manifest, königl. preussisches. Fol. Berlin 1787.

Werben [Sachliches OW]

Werben, Graf Friedrich von. Roman . . . Leipz. 1802. V: *Köhler, Ludwig August.* (MGT)

Werben, Graf Friedrich von, e. Roman v. Filibert. 2 Thle. 8. Lpz. Göschen. 802. 2 —

Werben [Schlagwort]

Werben, s.: Geologische Karten (Preussen).

Werben i. Spreewald, s.: Preussen. Messtischblätter.

Werben, s.: Wanderkarten.

Werbeoffizier, der. Lstspl. 8. Frankf. u. Leipz. 769. (Schwickert in Leipz.) 7 gr.

WERBEPLATZ der Liebe, Neuer. Altenburg 1734. 8⁰.

Werber, Die, ein Lustspiel von fünf Aufzügen. Aufgeführt im kk. priv. Theater (Wien). Auf Kosten guter Freunde. Zu finden beim Logenmeister. O. J. V: *Stephanie, Gottlieb d. j.* (WBL 38/224) (GGR IV², 145, Nr. 18/1) (BiblPort)

Werber, die. Lstspl. 8. Frankf. 775. Andreä. 6 gr.

— die,. Lustsp. v. Stephani. gr. 8. Lpz. Rein. 795.

— der verliebte, in 1 A. 8. Leipz., Dyck. 4 gr.

Werber, Ant., Lehrbuch der praktischen Toxicologie zum Selbststudium und zum Gebrauch für Vorlesungen. gr. 8. (VIII, 140 S.) Erlangen [Stuttgart] 869, Enke. * 2 40

Werber, E
Die Bundesbruder. Erzahlung. Berlin 1881.
In: Roman-Zeitung, Deutsche. Bd 2.

Werber, E., Feuerseelen, s.a. Romanbibliothek der Gartenlaube.

Werber, E., Feuerseelen. Erzählungen. 8. (461 S.) Leipzig 879. Keil. 5. —

WERBER, J
 [illegible] Essig [illegible]

Werber, Isidor [aus Saybusch]: Über Extrakt- und Treberbestimmungen in Malz- und Getreidearten ... Zwickau i. S., Druck v. Forster & Bär, 1888; 30 S. + 2 Bl. 8⁰
Erlangen, Phil. Fak., Inaug.-Diss. v. [illegible]

Werber Karl: Quatenus Q. Septimii Florentis Tertulliani libellus de spectaculis e Varronis rerum divinarum libris pendeat.
H. 1890 PN 638 **Diss.** Wien, Univ 1496

Werber, Karl: Tertullians Schrift de spectaculis in ihrem Verhältnisse zu Varros rerum divinarum libri. 8. 31 S.
Progr. K. k. vereinigtes Staat. G. Teschen 1896.

Werber, Karl, Freiburger Wanderbuch. 1. u. 2. 12. Freiburg i/B., Lorenz & Waetzel. à n. 1.50
1. 100 Nachmittagsausflüge in d. Bergen zwischen Dreisam u. Glotter. Mit 2 Karten u. 12 Wege-Skizzen. (106 S.) 896.
2. 100 Nachmittagsausflüge in den Bergen zwischen Dreisam, Bohrer u. Hexenthal. Mit 2 Karten u. 12 Wege-Skizzen. (117 S.) 897.

Werber, Wilhelm Joseph Anton

Werber, W. J. A., Abhandlung über die wichtigsten Anästhetica, s. Brunn, Frz., über die Anwendung der Narkose in der Zahnheilkunde.

Werber, W. J. A., Deutschland im Wendepunkte unserer Zeit besond. in polit. u. socialer Beziehung. gr. 8. (IV u. 176 S.) Freiburg i. Br. 849, Wagner. 18 ngr.

Werber, W. J. A., die Entstehung der menschlichen Sprache u. ihre Fortbildung. Mit e. Einleitg.: Des Menschen Stellg. in Natur u. Geschichte. gr. 8. (VIII, 45 S.) Heidelberg 871. C. Winter. n. 1. 20

W. J. A. Werber Entwickelungsgeschichte der Physiologie und Medicin. Für Vorlesungen und zum Selbststudium. Stuttgart u. Leipz. 1835. 8.

Werber, W. J. A., üb. Gegensatz, Wendepunkt u. Ziel d. heutigen Physiologie u. Medizin z. Vermittlung d. Extreme, besond. d. Allopathie u. Homöopathie nach Geschichte, Vernunft u. Erfahr., u. mit vergleich. Rücksicht auf d. wichtigsten Bewegungen uns. Zeit in Wissenschaft u. Leben. Für Vorlesn. u. z. Selbststudium. 1. Thl. — A. u. d. T.: Entwicklungsgeschichte d. Physiologie u. Medizin. gr. 8. (23 B.) Stuttgart 835, [Scheible, Rieger u. Sattler.] Thlr.

— Grundlegung der Philosophie d. Schönen, (Aesthetik u. Kalligonie) u. der Philosophie d. Wahren (Erkenntniss- u. Wissenschaftslehre.) gr. 8. (IV, 79 S.) Ebend. 873. n. 1. 60

Werber, W. J. A., specielle Heilmittellehre. Chemisch, physiologisch und klinisch bearb. für Aerzte, Wundärzte und Studirende. 2. Bd. 1. Abthl. A. u. d. T.: Specielle Pharmacologie und Toxicologie. 1. Abthl.: Die unorgan. Körper. Lex.-8. (VI und 426 S.) Erlangen 853, Enke's Vrlgsh. *

—— dass. — 2. Bd. 2. Abthl. 1. Hälfte: Die organ. Körper. Lex.-8. (S. 1—288.) Ebds. 855. *

—— dass. — 2. Bd. 2. Abthl. 2. Hälfte. A. u. d. T.: Specielle Pharmacologie und Toxicologie. 2. Abthl.: Die organischen Körper. 2. Hälfte. Lex.-8. (S. 289—591.) Ebds. 856. *
Der 1. Bd. erschien zur Zeit noch nicht.

Werber, W. J. A., specielle Heilmittellehre. Physikalisch, chemisch, physiologisch etc. dargestellt. 1. Bd. A. u. d. T.: Specielle Bromatologie u. Diatetik. Erlangen 859. Enke. Lex.-8. (LXVI, 497 S.) n. 1 Thlr. 26 ngr.
2. Bd. erschien früher.

Werber, W. J. A., die Heilquellen u. Molkenkuranstalt zu Rippoldsau im Großherzogth. Baden. 8. (15 B., 1 Ans. u. Karte.) Freiburg 842, Emmerling. *

—— die Heilquellen vom Petersthal am Fuße d. Kniebis im Großhrzgth. Baden; mit besond. Rücksichtnahme auf d. Natur u. Entwicklungsweise d. wichtigsten chron. Krankheiten u. ihre Heilung durch Mineralwasser, vorzügl. Stahlsäuerlinge. gr. 8. (14¾ B. u. Ttlkpfr.) Freiburg 838, [Emmerling.] *

Werber, W. J. A., die Heilquellen vom Petersthal am Fuße des Kniebis im Großh. Baden; mit besond. Rucksichtnahme auf die Natur u. Entwicklungsweise d. wichtigst. chronischen Krankheiten und ihre Heilung durch Mineralwasser, vorzüglich Stahlsäuerlinge. Mit Titelkpfr. gr. 8. Freiburg 838. Gebr. Groos. (Ab. Emmerling.) n. 11/12 Thlr.

—— die Heilungsgesetze positiv und historisch mit besond. Rücksichtnahme auf die herrschenden Heilungssysteme. gr. 8. (VI und 178 S.) Freiburg im Br. 861, Wagner'sche Buchh. *

Werber, W. J. A., die wichtigsten klimatischen Kurorte der Schweiz. Mit besonderer Rücksichtnahme auf Lungenkranke u. deren Behandlung nach eigener Anschauung u. Erfahrung. Basel 870. Richter. gr. 8. (76 S.) n. 15 ngr.

—— Lehrbuch der speciellen Heilmittellehre für Vorlesungen und zum Selbststudium. Lex.-8. (XVI, 416 S.) Erlangen [Stuttgart] 868, Enke. * 7 20

—— die Lehre v. d. menschl. Erkenntniß, ihren Quellen, Methoden u. Systemen, dogmat. u. histor. dargest. 1. Thl. 8. (12¼ B.) Freiburg 841, Herder'sche Vrlsbuchh. *

Werber, (W. J. A.,) der Parallelismus zwischen Natur u. Kultur. Ein System der Natur- u. Geistesphilosophie. gr. 8. Carlsr. 824, Braun.

Werber W. J. A.: Specielle Pharmacologie u. Toxicologie . . . Chem., physiolog. u. klin. bearb. . . . 2 Abth. Erlang. 1853-56.
(=: Specielle Heilmittellehre . . . Bd. 2).

Werber, W[ilhelm] J[oseph] A[nton]. Die Schweizer-Alpenluft in ihren Wirkungen auf Gesunde und Kranke, mit Berücksichtigung der Mineralquellen und Kurorte. 8. Zürich 1862.

—— **die Schweizer-Alpenluft in ihren Wirkungen auf Gesunde und Kranke mit Berücksichtigung der Mineralquellen und Kurorte. 2. Aufl. gr. 8. (XII und 204 S.) Zürich 862, Kiesling. [Herzog's Verlagsh.]**

—— der Stahlsäuerling zu Griesbach am Fuße d. Kniebis im Großhrzgth. Baden, natur- u. heilkundig beschrieben. 8. ($3\frac{1}{2}$ B. u. 1 Karte.) Freiburg 840, Herder'sche Vrlsbuchh. *

Werber, W. J. A., die Kniebis-Bäder Sulzbach, Antogast, Freiersbach, Petersthal, Griesbach, Rippoldsau und Wolfach im Großherzogth. Baden naturwissenschaftlich und heilkundig dargestellt. Lex.-8. (VII und 159 S. mit 4 Stnt.) Erlangen 863, Enke's Verlag. *

Werber, M. J. A., Theorie d. Quellen, aus d. Standpunkte d. organ. Geologie, nebst e. medicin.-prakt. Abhandl. üb. d. Heilquellen am Kniebis im Großh. Baden. gr. 8. ($3\frac{1}{2}$ B.) Freiburg 832, Wagner.

—— das Wesen und System der Schulen mit Rücksicht auf Baden. 8. (IV und 60 S.) Zürich 863, Kiesling. [Herzog's Verlagsh.]

Werberstochter, die, zu Eichterheim. Roman. von Heinr. Frohreich. 8. Leipz. Hinrichs. 811. — 20

Werbeschrift Nr. 1 des Zentral-Verbandes der Einjährig-Berechtigten in Bayern (E. V.), Sitz in Nürnberg. 8. Nürnberg 909. (Heerdegen-Barbeck.) — 30
1. Vorbildung u. Arbeitslohn — e. Mittelstandsproblem! (53 S.)

Werb-Instruktion für das Grossfürstenthum Siebenburgen. Fol. Wien 1835.

Werb-Instruction für das Königreich Ungarn. Fol. Wien 1809.

Werbizkaja [illegible]
s. a. Verbickaja [illegible]

Werbizkaja, Anastasia, Manja. Roman. (Einzige autoris. Übertragg. aus dem Russ. v. Frieda Stock. Die Buchausstattg. ist v. Max Schwerdtfeger.) (504 S.) 8. Frankfurt a/M. 910. Literar. Anstalt. 5.—; geb. in Leinw. 6.50

WERBIZKAJA, Anastasia, Aus Sturmeszeit. Großer Roman aus dem Liebesleben der russischen Intelligenz. Einzig autorisierte Übersetzung von Frieda Stock. Titelzeichnung von Edmund Edel. Berlin, J. Ladyschnikow (190*). 8°. 847 S. (Br. Mk. 6.—, in Seideneinbd. 7,50.) Zahm.

— Aus Sturmeszeit. Roman. Einzig autoris. Übersetzg. v. Frieda Stock. (847 S.) 8. Berlin 909. J. Ladyschnikow. 6.—; geb. in Seide 7.50

— Wenn die Tuberosen blühn. (Frühlingserwachen.) Roman aus dem Leben der russ. Demi-Vierges. 2. Aufl. (236 S.) kl. 8. Berlin (910). Schweizer & Co. 2.—

Werbke, Uebersicht üb. das evangelische Kirchenjahr. 110,5×42,5 cm. Charlottenburg (904). Amelang. Auf Leinw. m. Stäben n. 2.50

Werblunski, S. L., Handbuch der russischen Umgangssprache od. prakt. Anleitg., sich im Russischen richtig u. geläufig auszudrücken. Enth. Grammatik, Gespräche u. Wörterbuch nebst durchgeh. Angabe der Aussprache. Zugleich e. Vademecum f. Reisende. 12. (VI, 244 u. 64 S.) Berlin 884. Friedberg & Mode. 3.—; geb. 3.50

Werblunski, S. L., Handbuch d. russischen Umgangssprache od. prakt. Anleitg., sich im Russischen richtig u. geläufig auszudrücken. Enth. Grammatik, Gespräche u. Wörterbuch, nebst durchgeh. Angabe d. Aussprache. Zugl. e. Vademecum f. Reisende. 2. Aufl. 12. (VI, 244 u. 64 S.) Berlin 898. Friedberg & Mode. Geb. in Leinw. 3.50

Werblunski, S. L., Handbuch der russischen Umgangssprache od. prakt. Anleitg., sich im Russischen richtig u. geläufig auszudrücken. Enth. Grammatik, Gespräche u. Wörterbuch, nebst durchgeh. Angabe der Aussprache. Zugleich e. Vademecum f. Reisende. 3. Aufl. (VI, 244 u. 64 S.) 12. Berlin (904). Friedberg & Mode. Geb. in Leinw. n. 3.50

Werblunski, S. L., Handbuch der russischen Umgangssprache od. prakt. Anleitg., sich im Russischen richtig u. geläufig auszudrücken. Enth. Grammatik, Gespräche u. Wörterbuch, nebst durchgeh. Angabe der Aussprache. Zugleich e. Vademecum f. Reisende. 4. Aufl. (VI, 244 u. 64 S.) kl. 8. Berlin (908). Friedberg & Mode. Geb. in Leinw. 3.50

Werblunski, S. L., neues ausführliches Handwörterbuch der russischen u. deutschen Sprache. Mit besond. Berücksicht. aller modernen polit., militair., techn. u. kaufmänn. Ausdrücke, der Ausdrücke der Umgangsformen im gesell. Verkehr u. der Eigennamen, nebst durchgeh. Angabe der Aussprache. 2 Tle. gr. 16. (III, 898 u. III, 1017 S.) Berlin 891. Friedberg & Mode. à n. 4.—; geb. à n.n. 5.—

Werblunski, S. L., neues ausführliches Handwörterbuch der russischen u. deutschen Sprache. Mit besond. Berücksicht. aller modernen polit., militair., techn. u. kaufmänn. Ausdrücke, der Ausdrücke der Umgangsformen im gesell. Verkehr u. der Eigennamen, nebst durchgeh. Angabe der Aussprache. 2 Tle. 2. Aufl. gr. 16. Berlin 902. Friedberg & Mode. à n. 4.—; geb. in Halbfrz. à n.n. 5.—
1. Russisch-Deutsch. (III, 898 S.)
2. Deutsch-Russisch. (III, 1017 S.)

— **neues ausführliches Handwörterbuch** der russischen u. deutschen Sprache. Mit besond. Berücksicht. aller modernen polit., militair., techn. u. kaufmänn. Ausdrücke, der Ausdrücke der Umgangsformen im gesell. Verkehr u. der Eigennamen, nebst durchgeh. Angabe der Aussprache. 2 Tle. 4. Aufl. 16. Ebd. 905. à 4.—; geb. in Halbfrz. à n.n. 5.—
1. Russisch-Deutsch. (III, 898 S.)
2. Deutsch-Russisch. (III, 1017 S.)

— der kleine Russe od. d. Kunst, die russ. Sprache in kurzer Zeit verstehen, schreiben u. sprechen zu lernen. Enth. e. kurzen Abriß der Grammatik, russ. u. deutsche Gespräche, welche im tägl. Leben, im Geschäftsverkehr, auf der Reise, in Gesellschaft 2c. vorzukommen pflegen. M. durchgeh. Angabe d. Aussprache d. Russischen. Ein Hülfsbuch f. Reisende. gr. 16. (VI, 234 S.) Ebd. 898. 2.—; kart. 2.25

— der perfekte Russe od. prakt. Unterricht in der russ. Umgangssprache f. jedermann, auch ohne Vorkenntnis d. Russischen. Enth. e. kurzen Abriß d. Grammatik, russ. u. deutsche Gespräche, welche im tägl. Leben, im Geschäftsverkehr, auf d. Reise, in Gesellschaften 2c. vorzukommen pflegen, sow. Korrespondenz, Schreibschrift u. Russicismen. M. durchgeh. Angabe d. Aussprache d. Russischen u. e. kleinen Wörterbuch f. d. alltägl. Verkehr. 12. (VI, 244 u. 64 S.) Ebd. 898. Kart. 3. —

— der perfekte Russe od. prakt. Unterricht in der russ. Umgangssprache für jedermann, auch ohne Vorkenntnis des Russischen. Enth. e. kurzen Abriß der Grammatik, russ. u. deutsche Gespräche, welche im täglichen Leben, im Geschäftsverkehr, auf der Reise, in Gesellschaften etc. vorzukommen pflegen, sowie Korrespondenz, Schreibschrift u. Russicismen. Mit durchgeh. Angabe der Aussprache des Russischen u. e. kleinen Wörterbuch f. den alltägl. Verkehr. 2. Aufl. (VI, 244 u. 64 S.) 12. Ebd. (904). Kart. n. 3. —

— Der perfekte Russe od. prakt. Unterricht in der russ. Umgangssprache f. jedermann, auch ohne Vorkenntnis d. Russischen. Enth. e. kurzen Abriß der Grammatik, russ. u. deutsche Gespräche, welche im tägl. Leben, im Geschäftsverkehr, auf der Reise, in Gesellschaften 2c. vorzukommen pflegen, sowie Korrespondenz, Schreibschrift u. Russicismen. Mit durchgeh. Angabe der Aussprache d. Russischen u. e. kleinen Wörterbuch f. den alltägl. Verkehr. 3. Aufl. (VI, 244 u. 64 S.) kl. 8. Ebd. (908). Geb. 3. —

— russische Taschen-Grammatik. Mit durchgeh. Angabe der Aussprache des Russischen u. unregelmäß. Verben. (112 S.) kl. 8. Ebd. (905). n. 1. —

Opus tripartitum Stephani de Werbőcz ex ed. anni 1517 primum in linguam Hungaricam transl. et praef. annotationibusque instructum ab Alexandro Kolosvári et Clemente Óvári ... explicationibusque significationibusque ill. a Desiderio Márkus. *Lipsiae: Duncker & Humblot 1902.* (LV, 137 S.) 8°
= Corpus juris Hungarici. Ed. millennaria. Vol. 6. [illegible]

Werboczius illustratus. 8. Budae, Typ.

Werbreglement. W-R' für den Kanton Aargau. (Gegeben in Aarau den 23ten May 1806.) 8. Aarau 1806.

Werbreglement. Allgemein-Eidgenossisches W-R' nebst beygefügter Vollziehungs-Verordnung für den Kanton Aargau. (Gegeben in Aarau den 1ten August 1806.) 8. Aarau 1806.

Werbrun, Götz, **Entstehung u. Wesen der gegenwärtigen braunschweigischen Regentschaft. (Diss.) (63 S.) gr. 8. Berlin 904. Struppe & Winckler.** n. 1.60

Werbrun, [Josef], Referendar, aus Mulheim a. d. Ruhr: **Entstehung** und Wesen der Gegenwärtigen braunschweigischen Regentschaft. *Hagen i. W. 1903: J. Fusangel.* (63 S.) 8°
Rostock, Jur. Diss. v. [28. Sept.] 1903

Werbung, die. Lustspiel in 4 Aufzügen vom Präses des Netphener Gesangvereins. 12. (47 S.) Paderborn 879. Bonifacius-Druckerei. — 45

— die, f. England. Ländl. Lustsp. v. Krausenek. 8. Bayreuth, Lübeck. 776. — 4

— — dass. 8. Augsb. Stage. 777. — 2

Werbung, d. glückl. od. d. Liebe z. König. Lustsp. v. Hagemann. 8. Hannov. Hahn. 793. — 2

Werbungsreglement. W-R' für auswärtige Kriegsdienste. (Gegeben in Aarau den 6 Herbstmonat 1816.) 8. *o. O.*

Werchota, Anna, G'schichtn ausn Grobn aussa. Erzählungen, Gedichte u. Sagen in steir. Mundart. 8. (III, 186 S.) Graz 890. „Leykam". n. 1.50

Werchota, Anna, was d' Nandl verzählt. G'schicht'n u. G'sangln in obersteier. Mundart. 8. (190 S.) Wien 900. C. Gerold's Sohn. n. 3. —; geb. in Leinw. n. 4. —

Werchowskij, Joann, Stimme e. griechisch-katholischen Christen gegen den Papismus. Aus dem Russ. Mit e. Vorwort d. Verf. zur deutschen Ausg., [nebst Beilagen] u. dem Portr. desselben. Lex.-8. (XLV, 94 S.) Leipzig 889. (Schmaler & Pech.) n. 4. —

Werchowsky, O., russische, kleinrussische u. südslavonische Stickmuster. Fol. (20 Chromolith.) St. Petersburg 882. (Röttger.) n. 8. —

Werchratskij, J., **üb. die Mundart der Mamaroscher** Ruthenen. [Ein Beitrag zur ruthen. Dialektologie.] Lex.-8. (50 S.) Stanislau 883. (Wien, Braumüller.) n.n. 1. —

Werchratzkij Joh.: Verzeichnis der wichtigeren botanischen Kunstausdrücke in ruthenischer Sprache mit Berücksichtigung des Schulunterrichtes in den höheren Klassen der Gymnasien. (ruth. Text). 48. Lemberg Ak. G. 92.
Progr.

Werck, Joseph

Werck, Jos., die Kultur der Zwergobstbäume mit besond. Berücksicht. ihrer Formen, sowie die Kultur der Beerenfrüchte, nebst einem Anhang über etliche Feinde dieser Kulturen. 2. verb. und sehr verm. Aufl. gr. 8. (IV, 167 S. mit 7 lithogr. Taf.) Ragaz 885. (Zürich, Meyer und Zeller.) cart. ** 3

3. Aufl. u. d. T.:

Werck, J., die Kultur der Zwergobstbäume, m. Berücksicht. ihrer Formen, sowie die Kultur der Beerenfrüchte, nebst e. Anh., der immerwähr. Arbeitskalender. Mit 9 lith. Taf. 3., verb. Aufl. gr. 8. (XII, 224 S.) Ragaz 887. (Aarau, Wirz-Christen.) cart. n. 3. —

Werck, Jos., die Kultur der Zwergobstbäume m. Berücksicht. ihrer Formen, sowie der Beerenfrüchte, nebst e. Anh., d. immerwähr. Arbeitskalender. 4., verm. u. vollst. umgearb. Aufl. M. ca. 50 Holzschn. gr. 8. (XII, 200 S.) Aarau 895. E. Wirz. Geb. in Leinw. n. 3.20

Werck, Joseph. Die Kultur der Zwergobstbäume mit Berücksichtigung ihrer Formen, sowie die Kultur der Beerenfrüchte, nebst einem Anhang: Der immerwährende Arbeitskalender. Neubearb. von Ulrich Kiebler.... 5., vollständig umgearbeitete Aufl. Mit zirca 40 Abbildungen. XVI + 157 S. 8. Aarau, Emil Wirz, 1905. [geb. fr. 3. 20]

Festversammlung zur Feier des hundertjährigen Bestehens der Loge Ferdinande Caroline im Or. Hamburg Sonntag, den 10. Sept. 1876. [Unterz.:] G[ust.] **Werckenthien.** [Hamburg 1876: Nobiling.] 5 S. 2° [Kopftit.]
Tt. 2020. Festrede von Chr. H. L. Eckstein: **Rückblick auf die Gesch. der Loge;** von J. Piza: **Stärke, Schönheit, Weisheit.**

Werckler, A.: Unterhaltungen aus der Naturlehre, s. Pfennig-Encyclopädie des ganzen menschlichen Wissens.

Werckmeister, Andreas. Harmonologia musica oder Kurtze Anleitung zur musicalischen Composition. Franckfurth und Leipzig 1702.

Werckmeister, Andreas. Musicalische Paradoxal-Discourse, Oder Ungemeine Vorstellungen, Wie Die Musica einen Hohen und Göttlichen Uhrsprung habe ... Quedlinburg 1707.

WERCKMEISTER, FRIEDRICH. *Ein Stückchen Eden.* Achtzehn Originalzeichnungen [in Holzschnitt v. H. BÜRKNER] mit Reimen von HEDWIG VON SWYKOWSKA. Berlin, Photograph. Gesellschaft [c. 1870]. 4°. Illustr. Orhlwd. (gelockert). ★ 1. Ausg. 9.—

Werckmeister, Frdr., ein Stückchen Eden. 18 Original-Zeichnungen. Mit Reimen von Hedw. von Swykowska. gr. 4. (II, 18 Bl. m. eingedr. Holzschn.) Berlin 877. Photograph. Gesellschaft. cart. 4. 50

Werckmeister, F., ein Stückchen Eden. gr. 4. Berlin 877. Frankfurt a. O., Waldmann's Verlag. cart. 4 —

— ein Stückchen Eden. 18 Orig.-Zeichngn. Mit Reimen von Hedw. v. Swykowska. 2. Aufl. 4. (18 Holzschn.-Taf. m. eingedr. Text.) Ebend. 885. geb. 4. —

— die Kinderwelt. 15 Original-Zeichnungen. Mit Reimen von Hedw. v. Swykowska. gr. 4. (15 Holzschnitttaf. m. eingedr. Text.) Ebend. 878. cart. 3. —

Werckmeister, Frdr., die Kinderwelt. 15 Orig.-Zeichngn. Mit Reimen von Hedw. v. Swykowska. 2. Aufl. 4. (15 Holzschn.-Taf. m. eingedr. Text.) Frankfurt a/O. 885. Waldmann. geb. 3. —

Werckmeister, F., Jung Mieze. Bilder aus dem Kinderleben. Mit Reimen von Vict. Blüthgen. hoch 4. (22 Bl. in Farbenholzschn. mit eingedr. Text.) [Berlin 882, Photogr. Gesellschaft.] Frankfurt a. O., Waldmann's Verlag. cart. (ℳ 4.50.)

— Jung Mieze. Bilder aus e. Kinderleben. Mit Reimen v. Vict. Blüthgen. 2. Aufl. 4. (22 Chromoxylogr. m. eingedr. Text.) Ebend. 885. geb. 5. —

Werckmeister, Karl, das 19. Jahrhundert in Bildnissen. M. Beiträgen v. Paul Ankel, Paul Baillou, Frz. Bendt u. a. 1.—20. Lfg. gr. 4. (à 8 Taf. in Autotypie m. illustr. Text 1. Bd. VIII u. S. 1—208.) Berlin 898. Photograph. Gesellschaft. à 1. 50; Einzelpr. d. 8. Lfg. (Beethoven) 2. —

Werckmeister, Karl, das 19. Jahrhundert in Bildnissen. Mit Beiträgen v. Paul Ankel, Ernst Berner, Frz. Bendt u. a. 21.—75. (Schluss-)Lfg. gr. 4. (à 8 Taf. in Autotypie m. illustr. Text, VIII, VIII. VIII u. XV S. u. S. 209—912.) Berlin 899—901. Photograph. Gesellschaft. à 1. 50; (kplt. in 5 Halbfrz.-Bdn. à n. 30. —)

* **WERCKMEISTER,** Rudolph, Meine Feierstunden oder Witz, Ernst und Scherz. (Engl. Motto aus Young.) Berlin, 1799. Auf Kosten des Verfassers, In Commission bei Friedrich Maurer. 8°.

Werckmeister W., Ein Kunstprinzip Homers. Gel. 1869. 12 S. 4°.

Werckmeister, W., Orchestra u. Bühne in d. griech. Tragödie. Pr. 1865. 28 S. 4°.

Werckmeister, Walth., der Leibnizsche Substanzbegriff. gr. 8. (VII, 69 S.) Halle 899. M. Niemeyer. n. 2. —

Werckmeister, Walther, aus Dramburg in Pommern: Ueber den Leibniz'schen **Substanzbegriff.** *Bonn 1899: C. Georgi.* (2 Bl.) 8° ¶ [Nur Titelblatt, Vita u. Thesen.]
Bonn, Phil. Diss. v. 14. Jan. 1899
(Nicht für den Austausch)

Werckmeister, Walther, aus Dramburg i. Pomm.: Über den Leibnizschen **Substanzbegriff.** *Halle a. S. 1899: E. Karras.* (32 S.) 8° ¶ [Erschien vollst. 1899 bei Niemeyer in Halle.] — [Vgl. 1898/99 Bonn No 74.]
Bonn, Phil. Diss. v. 14. Jan. 1899

Werckmeister, Wilh., philosophische Entwicklung der Raumbestimmungen. gr. 8. (VI u. 55 S.) Berlin 850, Hertz. 9 ngl

Werckmeister, Guilelmus: *De notionibus geometricis Dissertatio philosophica. 48 Bl. 4°
Halle-Wittenberg, Phil. Diss. v. 15. Aug. 1850
Geb. Breslau 20. 12. 1825. V.
Erschien in deutscher Übersetzung (um die letzten 1½ S. vermehrt) u. d. T.: Philosophische Entwicklung der Raumbestimmungen. Als Ms. gedr. Berlin 1850: Schade. [Im Buchhandel Berlin: Hertz]. VI, 55 S. 8°

Werckshagen, C., Michael Baumgarten, e. theologischer Charakter f. unsere Zeit. Vortrag, geh. im Berliner Unions-Verein. gr. 8. (26 S.) Berlin 894. K. G. Wiegandt. n. — 60

Werckshagen, C., v. der Pharisäer Gerechtigkeit. Predigt üb. Matth. 5, 20—25. gr. 8. (11 S.) Berlin 895. Carlshorst, H. Friedrich. n. — 20

Werckshagen, C., Luther u. Hutten. Eine histor. Studie üb. das Verhältnis Luther's zum Humanismus in den J. 1518—1520. Mit e. Vorwort v. W. Bender in Bonn. gr. 8. (VII, 94 S.) Wittenberg 888. R. Herrosé Verl. n. 1. 60

— s. Protestant, Der.

Werckshagen, C. Protestantisch sei unser Panier! Wider den neuen röm. Kurs. Ein Appell an das deutsche Gewissen. gr. 8. (32 S.) Berl. 892, Rentzel. * — 50

Werckshagen, C., s. Protestantismus, Der, in seiner Gesamtgeschichte.

— seine Sünden bekennet, dem wird Gott helfen, s.: Schriften, kleine.

— an der Wende d. Kirchenjahres. Zum Todtenfest u. 1. Advent. Zwei Predigten. gr. 8. (35 S.) Berlin (894). Carlshorst, H. Friedrich. n. — 60

Werckshagen, G(ustav) Adolf: Thesen, an Stelle der später zu veröffentlichenden Dissertation: De Lymphosarcomate. (Nebst Lebenslauf.) Halle (1870): Plötz. 2 Bl. 8°
Halle-Wittenberg, Med. Thesen v. 1. Aug. 1870
Geb. Schwerte a. d. Ruhr 1. 12. 1844. V.
Die Diss. ist nicht ersch.

Werckshagen, Karl, s. Dienst, Der, am Wort.

Werckshagen, C., s. Protestantismus, Der, am Ende des 19. Jahrh.

— s.: Schrift, die hl., in Bildern.

— Sonntagsgedanken eines Alltagsmenschen. Plaudereien. (VIII, 248 S.) 8. Berlin 906. F. Wunder. n. 2. —; geb. n. 3. —

An den Ufern des Rheins vom Bodensee bis zu den Niederlanden. Mit 550 Ansichten nach photogr. Aufnahmen. [Verf.: Pastor Karl Werckshagen.] *Berlin: Werner-Verl. [1901].* (68 Bl.) quer-4° [04. 103]

Werd, v., der Dorfmagnat. Ein schweizer. Gemälde aus d. neuern Zeit. gr. 8. (4½ B.) St. Gallen 836, [Scheitlin u. Zollikofer.]

Werdandi. Monatsschrift f. deutsche Kunst u. Wesensart, im Auftr. d. Werdandibundes hrsg. von Friedrich Seeßelberg. Jg. 1, H. 1. Leipzig: Werdandi-Verl. 1908. 4° [F.] 108. 1881

Werdandi. Monatsschrift f. deutsche Kunst u. Wesensart, im Auftrage des Werdandibundes hrsg. v. Frdr. Seeßelberg. 2. Jahrg. 1909. 12 Hefte. (XXIV, 718 S. m. 17 Taf.) Lex. 8. Leipzig, F. Eckardt. 16.—; geb. 20.—

Werdandibücherei. 1. Leipzig: Eckardt (1910). 8° 10. 2608

Werdandi-Bücherei. 1.—6. Bd. kl. 8. Ebd. Geb. in Leinw. à 2.—
Keyserling, Graf Herm., Schopenhauer als Verbilder. (IV, 127 S.) 910. (Bd. 2.)
Nordhausen, Rich., zwischen 14 u. 18. (IV, 144 S.) 910. (Bd. 1.)
Pastor, Willy, die Geburt der Musik. Eine Kulturstudie. (VIII, 148 S.) 910. (Bd. 6.)
— Altgermanische Monumentalkunst. Mit 26 Taf. v. Emma Pastor. (146 S.) 910. (Bd. 4.)
Reventlow, Graf Ernst zu, Volk u. Ich. (VIII, 173 S.) 910. (Bd. 5.)
Schemann, Ludw., Gobineau u. die deutsche Kultur. (168 S.) 910. (Bd. 3.)

Werdandi-Werke. Hrsg. im Auftrage des Werdandi-Bundes. 1. Bd. Lex. 8. Ebd. 909. 12.—; geb. in Leinw. 13.50
Schwerin, Sophie, ein Lebensbild aus ihren eigenen hinterlassenen Papieren zusammengest. v. ihrer jüngsten Schwester Amalie v. Romberg. Neu hrsg. v. Eberh. Koenig. (XV, 568 S.)

Werdau [Schlagwort]

Werdau, s.: Geologische Karten. Spezialkarte. (Sachs.)

Werdauer Wald [Schlagwort]

Werdauer Wald. Touristen-Karte des Werdauer Waldes, königl. sächs. u. fürstl. reuss. Staatsforst, das Gebiet zwischen Knottenmühle u. Werdau, Reichenbach u. Teichwolframsdorf umfassend. 27,5×30 cm. Autogr. Reichenbach i/V. (906). Haun & Sohn. n.n. — 30; auf Leinw. n.n. — 60

Werde gesund! Zeitschrift für Volksgesundheitspflege u. Krankheitsverhütg. Hrsg. v. Geo Liebe. Des Heilstättenboten 4.—6. Jahrg. 1904—1906. à 12 Hefte. (VII, 362; VIII, 350 u. VIII, 365 S.) gr. 8. Erlangen [Th. Krische]. Kötzschenbroda, H. F. A. Thalwitzer. à Jhrg. n. 3.—; geb. n. 4.—
Vergl.: Heilstättenbote, der.

Werde gesund! Zeitschrift f. Volksgesundheitspflege, Krankheitsverhütg. u. gesunde Erziehg. Hrsg. v. Geo. Liebe. Schriftleitg.: Geo. Liebe, Ludw. Gurlitt u. Frz. Thalwitzer. Des Heilstättenboten 8. Jahrg. 1908. 12 Hefte. (à ca. 30 S.) Lex. 8. Kötzschenbroda. Waldhof Elgershausen bei Katzenfurt, Dr. G. Liebe. Vierteljährl. 1.—
Fortsetzg., s.: Arzt, der, als Erzieher.

Werde ich Soldat? Für welche Truppengattg. bin ich tauglich? Tabellarische Uebersicht der bei Feststellg. der Tauglichkeit der Militärpflichtigen gelt. gesetzl. Bestimmgn. Tabelle. 42 × 52 cm. Mit 1 Blatt Text. 28 × 26 cm. Lpz. 891, Ruhl. * — 50

Werde Licht! 11 Epiphanias- u. Missionsfestpredigten v. Ad. Harnack, Fr. Rittelmeyer, H. Schultz, J. Smend, F. Niebergall, J. Herzog, H. Bassermann, E. Sulze u. Th. Häring, hrsg. v. E. Rolffs, s.: **Predigt-Bibliothek**, moderne. VI, 3.

Werdegang und Erlebnisse eines Orchester-Musikers, von ihm selbst erzählt. Leipzig: C. F. Kahnt Nachf. 1908. (75 S.) 8° [F.] 108. 4810

Der Werdegang der Firma Gebr. van **Eupen** (Spedition), Essen-Ruhr. (Festschrift.) — (Leipzig 1910: Eckert & Pflug 1910.) 23 S. 4° [Umschlagt.:] Gebr. van Eupen, Essen-Ruhr. 1910. **38.**

Werdelust des hallischen Dichterbundes. 8. (23 B.) Halle 838, Anton.

Werden u. **Walten**, deutsches, in Wort u. Lied, gesammelt v. Deutschen in Nord u. Süd. (Hrsg. v. J. Scheibert.) 4. (592 S.) Straßburg 900. Straßburger Druckerei u. Verlagsanstalt. Geb. in Leinw. n. 10.—

Werden die Hof-Staats- u. Militärdiener Bayerns u. ihre Hinterlassenen von Besoldungen, Ruhegehalten u. Pensionen künftig Erwerbsteuern zahlen müssen? gr. 8. (4 B.) Nürnberg 831, Riegel u. Wießner. Thlr.

Werden die Jesuiten auch in Deutschland wieder aufkommen? 8. Frankf. 815. Hermann. 5 gr.

Werden die Mäßigkeits-Vereine bestehen oder vergehen? 8. (2¾ B.) Rotenburg 846, (Luckhardt.) Thlr. *

Werden die schönen Künste bei uns, in unserer christl. Welt, gedeihen u. fortblühen? gr. 8. Mainz 827, Stenz.

v. Werden, Franz; ein Roman, (v. K. Nicolai). 4 Thle. 8. Penig 802. Dienemann. 4 rthl. (A. u. d. T.: Journal deutscher Original-Romane. 3e—6e Liefer.)

— **Julius v.**, e. komischer Roman, v. W. Arnoldi. 8. Berl. Schüppel. 809.

Werden, Das, der st. gallischen Kantonsverfassung von 1890. Eine historische Studie. St. Gallen 1917. V: *Oesch, Johannes.* (BBullschw 17, S. 294)

Werden und können Israeliten zu Freimäurern aufgenommen werden? ... Hamburg 1788. V: *Ecker und Eckhoffen, Hans Carl Freih. von.* (MGT)

— und können Israeliten zu Freimaurern aufgenommen werden? 8. Hamb. 788. Hoffmann. 6 gr.

Werden und Wachsen. Erinnerungen eines Arztes. Leipzig [1895]. V: *Scholz, Johann Paul Friedrich.* (Erman & Horn, Bibliographie der dtsch. Univ. 1. Leipz. u. Berl. 1904. S. 88.) (Berl)

Werden u. Wachsen. Erinnergn. e. Arztes. gr. 8. (III, 179 S.) Leipzig 895. E. H. Mayer. n. 3.—; geb. n. 4.—

Das **Werden** und Wachsen der Carlshöfer Anstalten in den ersten fünfundzwanzig Jahren. (Nebst Bericht über d. Jahr 1906/07 u. Kassenbericht f. d. Jahr 1905/06.) Rastenburg 1907: O. Lauter. (87 S.) 8° [F.]
= **Jahresbericht** über d. Carlshöfer Anstalten. 25. 108. 8181 10

Werden wir Katholiken noch im Jahre 1786 fasten müssen? Wien 1786. V: *Hoffmann, Leopold Alois.* (WBL) (MGT) (Ky)

— wir Katholiken noch im J. 1786 fasten müssen? (v. L. A. Hoffmann). 8. Wien 786. Wucherer. 5 gr.

Werden wir siegen? Ein Wort an das deutsche Volk u. Heer. gr. 8. (30 S.) Berlin 887. Mittler & Sohn. n. — 60

Werden wir uns nach diesem Leben wieder sehen . . . Leipz. 1826. V: *Bergk, Johann Adam.* (MGT)

Werden und Wirken der Deutschen Landwirtschafts-Gesellschaft, mitgeteilt v. Vorstande. 5. Aufl. Berlin 1900: (Gebr. Unger). (37 S.) 8° [F.]
[Umschlagt.:] Die Deutsche Landwirtschafts-Gesellschaft. 6. 2738

Werden und Wirken der Deutschen Landwirtschafts-Gesellschaft mitgeteilt v. Vorstande. 8. Aufl. Berlin 1908: (Gebr. Unger). 39 S. 8°

Werden u. Wirken des Verbandes deutscher Handlungsgehülfen zu Leipzig von 1881 bis 1906, s. a. Schrift, 12., des Verbandes deutscher Handlungsgehülfen zu Leipzig.

Werden und Wirken des Verbandes Deutscher Handlungsgehülfen zu Leipzig von 1881 bis 1906. Zur Feier s. 25jähr. Bestehens. Leipzig: Verb. Deutscher Handlungsgehülfen 1906. (108 S.) 8° [F. u. Ant.]
= **Schrift** d. Verbandes Dtsch Handlungsgehülfen zu Leipzig. 12. 1907 2

Werden. 8. Aufl. v. Briefe, die ihn erreichten. (243 S.) 8. Wien (904). Szelinski & Co. n. 5. —; geb. n. 6. —

Werden, Adolf [Pseud.], s. a. Mann, Alex.

Werden, Adolph (Pseud.), s. a. Mann, Friedrich Theodor

Werden, Ad. u. Jul., s. Apollon.

Werden, Ad., (Alex. Mann), Iduna. 8. Penig 803. Dienemann. (Leich in Leipz.) 1 ℛ (2r Jahrg. 6e Liefer. des „Journals deutscher Original-Romane.")

s. Taschenbuch. Musikal.

Werden, Frz., Gedichte. 8. (VIII und 103 S.) Berlin 847. [Leipzig, Baensch.]

Werden, Frz., Gedichte. 8. (VIII u. 103 S) Berlin 847, A. v. Schröter (jetzt: Guth). 1/2 ℛ

Franz Wilhelm van Werden

Franciscus Guilelmus van Werden: De Hepatis tuberculis, cum hydrothorace, hemiplegia aliisque morbis complicatis. Berolini (1829): Typis Brüschckianis. 32 S. 8°
Berlin, Med. Diss. v. 11. Sept. 1829

Werden, Heinr. v., der englische Bulldog. (111 S. m. Abbildgn.) gr. 8. Frankfurt a/M. (903). Kern & Birner. n. 2. 50; geb. n. 3. 50

Werden, Julius (Pseud.), s. a. Winzer, Johann Gottlieb

WERDEN, Julius (ps.), Iduna. Ein (mysteriös-erot.) Roman. Penig, Dienemann, 1803. 8°. 243 S. (1¼ Rthl.)
Kayser p. 133.

— — Friedrich Julius Lebensjahre und endliche Bildung. Ein Roman für die elegante Welt, hrsg von —. 2 Bde. Penig, bei Ferd. Dienemann u. Comp. 1803—5. 8°. (3 Rthl.)
267 u. 301 Seiten. Manches in Versen. Ziemlich zahmen Inhalts. — Kayser p. 133, wo d. Jahrz. fehlt. Dort wird noch eine wohlfeile Ausgabe (die folgende?) zum Preise von 1 Rthl. erwähnt.
— — Dasselbe. 2 Thle. Mit 1 Kpf. O. O. (Ebd.) 1805. 8°.
Laspeyre's Biblioth. Berlin 1818. p. 82.

Werden, Jul., (Fr. Mann), Friedr. Julius Lebensjahre u. endl. Bildung. 2 Bde. 8. Penig 804, 5. Dienemann. (Leich in Leipz.) Velinpap. 3 ℛ — Dass. wohlf. Ausg. 2 Bde. 8. Ebd. 1 ℛ 8 gr

Werden, Jul., musikal. Taschenbuch, s. Taschenb.

Werdenberg, Die Grafen von. (Heiligenb. und Sarg.). St. Gallen 1888. V: *Wartmann, Hermann.* (Cat. d. Stadtbibl. Zürich. Zürich 1864—97.)

Werdenberg, die Grafen v., [Heiligenberg u. Sargans]. Hrsg. vom histor. Verein in St. Gallen. Mit 1 Karte. gr. 4. (52 S.) St. Gallen 888. Huber & Co. n. 2. —

v. **Werdenberg**, Rudolph; romant. Schspl. in 4 A. 8. Prag, Polt. (Leipz., Centr.-Compt.) 8 gr

Werdenberg, Rudolph von,. Romant. Schausp. in 4 A. n. Lafontaine's Roman gleiches Namens. 8. Prag, Polt. (Joachim in Lpz.) — 8

Werdenberg, Rudolph von, eine Rittergeschichte aus den Revolutionszeiten Helvetiens, von A. Lafontaine, neue verbesserte Aufl. mit Kupf. und Vignetten, gr. 8. Berlin, 797. Voß. Auf Schweizerpapier 3 Rthl.
Dasselbe Buch, 8. auf Schreibpapier 1 Rtl. 20 sgl.

Werdenberg, Rudolph v., Rittergesch. a. d. Revolutionszeit Helvetiens, v. A. Lafontaine, m. K. 8. Berlin, Voß. 806. 1 16
Velinpap. 2 12

Werdenberg, Rudolph von, von A. Lafontaine, 3te verb. Aufl. m. Kupf. 8. Berlin, Voß. 819.

Werdenberg, Rober und Schlosser, Missions-Vorträge, s. Rober.

WERDENBERG, A. v. (ps?), Elvira, die Zigeunerkönigin, oder: Die Geraubte von Bezières. Großer Sensationsroman nach wahren Begebenheiten. 5 Bde. Berlin, o. J. (c. 1860?). 8°.

Werdenberg, A. v., Helene, die Tochter d. Millionär's, od. die Flucht nach Kamerun. Roman aus den deutschen Kolonien in Afrika. 3 Bde. gr. 8. (1906 S.) Berlin 886. Lohse n. 6. —

Werdenberg, A. v., der Rattenfänger von Hameln oder die Braut d. Spielmanns. Roman. 8. (968 S.) Berlin 887. Lose. [6. —] 3. —

Ed. Werdenberg, Gasapparate-Fabrik, Basel.... [Illustrierter Katalog.] 38 S. 8. Basel, Kreis, (1901).

Werdenberg, Heinrich [diplomirter Chemiker von Allschwil (Kt. Baselland)]: Über Sulfosäuren und einige andere Derivate des Diphenylamins. Zürich 1899. 61 S. 8°.
Zürich. Phil Diss. H. S. 1899/1900.

Werdenberger: Der Werdenberger (!)
⑤ Ende 1867 (Probenummern)—1868 ③ Altstätten: D. Knaus (?) ⑩ F. Döbeli ⑬ BGSZ: 1045, 1047.

Werdenberger: Der Werdenberger (II)
① Allgemeiner Anzeiger (1869); Amtliches obligatorisches Publikationsorgan der Gemeinden Wartau, Sevelen, Buchs, Grabs, Sennwald, Wildhaus und Alt St. Johann (31. 12. 1952) ② Der Werdenberger und Obertoggenburger (1. 7. 1882—5. 9. 1900); Werdenberger & Obertoggenburger (seit 8. 9. 1900) ⑤ 11. 12. 1869 (Probenummer) (cont.) ⑥ 4°, dann 2° ⑦ wöchentlich 2×; wöchentlich 3× (ab 1. 7. 1882) ⑧ Buchs (SG): J. Kuhn (1869—25. 7. 1905). Buchdruckerei der Werdenbergischen Spar- und Leihanstalt (27. 7. 1905—30. 12. 1905). Buchdruckerei Buchs AG (seit 4. 1. 1906) ⑨ Der Alvier ⑩ die Drucker ⑪ Dr. W. Rohner ⑫ freisinnig ⑬ BGSZ: 468. 1045—1047 ⑭ SG: Va (unvollst.); Be: L (1899 cont.) ⑮ Bis 1924 war der »Werdenberger Anzeiger« Kopfblatt des »Werdenberger und Obertoggenburger«.

Werdenberger & Obertoggenburger
v. Der **Werdenberger** (II).

Werdenden, die. Vers u. Prosa der litterar. Vereinigung „Die Werdenden". 12. (219 S.) Jena u. Berlin 901. H. Costenoble. n. 2. —

Werdenfels [Schlagwort]

Werdenfels — Situations-Karte des Königlich Bayerischen Landgerichts — als Anschluss an die grosse Finkische Karte von Bayern, verfasst im Jahr 1808. Jos. Rauschmayer sc. 1 : 270,000. 1 Bl.

Werdenfels — Situations-Carte des Königl. Bayerischen Landgerichts — copirt durch G. Max Cröninger, K. B. Ingenieur-Lieutenant. München 1812. 1 : 14,400 circa. 13 Bl. auf Oel-Papier.

Werdenfels [Verfasser]

Werdenfels, Hertha v., die Kunst, schön zu bleiben. (147 S.) 8. Berlin (909). H. Steinitz. 2. —

WERDENICH, Andreas: De pretio iusto. — (1897) 104 S. 4° (Handschr.)
Diss. Wien. Univ. Diss. 472

Werder [Sachliches OW]

Werder's, Graf Aug. v., Lebensbeschreibung, s.: Conrady, E. v.

Werder, Diederich von dem, s. Witkowski, G.

Werder [Schlagwort]

Werder, s.: Berlin. Karte.

Werder, s.: Deutschland. Kürschner-Pelp.

Werder, s.: Mark.

Werder, s.: Potsdam, Straube, J.

— s. Preußen. Meßtischblätter

— s. Wanderkarten.

Werder [Verfasser]

Werder, Diss. de consuetudine. Hal. 4°. **1703**

Werder, v., Liederborn, s.: Kaufmann.

Werder, v., die Unternehmungen der deutschen Armeen gegen Toul im J. 1870. Im Auftrage der königl. General-Inspection der Artillerie, unter besond. Berücksicht. der artillerist. Verhältnisse u. m. Benutzg. dienstl. Quellen bearb. Mit 2 Beilagen u. 1 (lith.) Plane (in Imp.-Fol.) gr. 8. (53 S.) Berlin 875. Voss. n. 2. —

Werder, A. v., Nachrichten über die Familie von Werder. Merseburg 1864. 8.

Werder, Alfr., der Wetterprophet. Lustspiel in 3 Akten [5 Verwandlungen]. gr. 8. (56 S.) Aarau 884. Sauerländer. n. 1. 20

Werder, Anna v., Bienchen, s. a. Hausbibliothek, kleine.

Werder, Anna v., Bienchen. Eine Erzählung. 2. Aufl. 8. (263 S.) Leipzig 883. Hinrichs' Verl. 2. 40; geb. n. 3. 20

—— Professor Irrgang. Eine Erzählung. 8. (336 S.) Leipzig 886, Hinrichs'sche Buchh., Verlag. 3 — geb. * 3 80

—— dass. — s. a. Hausbibliothek, kleine.

—— Frau Ludwike. Eine Erzählung. 8. (255 S.) Ebendas. 883. *M* 2,40.; geb. * 3 20

—— Frau Ludwike. Eine Erzählung. 2. Aufl. 8. (255 S.) Leipzig 885, Hinrichs'sche Buchh., Verlag. 2 40 geb. * 3 20

—— dass. — } s. a. Hausbibliothek, kleine.
—— an der Waldecke, }

— an der Waldecke. Eine Erzählung. 2. Aufl. 8. (301 S.) Ebend. 883. 3. —; geb. n. 3. 80

Werder, B. v., Erlebnisse eines Johanniter-Ritters auf dem Kriegsschauplatze in Böhmen. 8. (IV und 160 S.) Halle 867, Mühlmann. [Tausch und Behrens.] *

v. **Werder**, Bertha, der Erbe von Killmarnor. Roman. 2 Bde. 8. (236 u. 284 S.) Magdeburg 850, Baensch. 3 *ℛ*

Werder, Bertha von, altes Lieben, neues Hoffen. 12. (420 S.) Leipzig 847, Brockhaus.

— Traumfahrt in das Land des Aufgangs. Morgenländische Märchen. 16. (IV u. 364 S.) Bremen 851, Schlodtmann. 1 *ℛ*

Werder, C., der Fürst v. Hochland. Roman aus der Gegenwart. 8. (VIII, 347 S.) Nürnberg 872. Richter & Kappler. n. 4. 50

Werder, C. J., unt. den Weihnachtskerzen! Weihnachtslieder u. Weihnachts-Gedichte. gr. 16. (16 S.) Marienburg 897. L. Giesow. — 30

Werder, Federigo, s. Teatro italiano.

Werder, Fr., italienisches Arienbuch. Sammlung von 200 Opern- u. Concert-Arien der berühmtesten deutschen u. italienischen Componisten älterer u. neuerer Zeit mit Wörterbuch der poet. Ausdrücke u. Abkürzungen. Leipzig 870. Weber. 8. (XXIV, 215 S.) n. 24 *ngr.*

Denkschrift zum 25. Stiftungs-Feste der Loge „Zur Königlichen Eiche" Or. Hameln, am Sonnabend, den 26. Mai 1888. Im Auftr. der Meisterschaft verf. vom Br. Fr. v. **Werder.** [Hannover 1888: Jänecke.] 24 S. 8⁰ [Umschlagtit.]
Gesch. der Loge, Verzeichn. der Mitgl. von 1863--1888.

Werder, Frdr., frage nur! Ein prakt. Hülfsbüchlein f. jeden Freund unserer Dichter, enth. sofort. Angabe der Verfasser aller hervorrag. Gedichte. 8. (IV, 61 S.) Berlin 884. (Seeliger.) n. — 50

Werder, Frdr. v., Geschichte der Pädagogik, s.: Schorn, Aug.

Werder, Frdr., Lehrbuch der italienischen Sprache. gr. 8. (VIII, 165 S.) Leipzig 872. Weber. n. 2. —

Werder, Frdr., Lehrbuch der italienischen Sprache. 2., verb. Aufl. gr. 8. (VIII, 137 S.) Leipzig 880. Weber. n. 2. —

Werder, Friedr. Lehrbuch der italienischen Sprache nebst Arienbuch. 3. verm. Aufl. gr. 8. (VIII, 156 S.) Lpz. 890, J. J. Weber. * 3 —

—— Lehrbuch der spanischen Sprache. gr. 8. (VIII, 118 S.) Ebendas. 868. *

Werder, Frdr. v., Lehrplan für Präparandenanstalten u. Lehrerseminare. Auf Grund d. Bestimmgn. v. 1. VII. 1901 unter Mitwirkg. d. Seminarlehrer-Kollegiums aufgestellt u. hrsg. gr. 8. (144 S.) Leipzig 902. Dürr'sche Buchh. n. 3. —

Werder, Friedr. (III.), Eugen Richter, der Führer der Fortschrittspartei, nebst einer einleitenden Geschichte der Partei. 1.—4. Abdr. (Volks-Ausg.) gr. 8. (IV, 204 S.) Berlin 881,84, Engelmann. * 1 —

Werder, Hans [Autorname] = Bonin-von Zanthier, Anna von.

Werder, Hans (Frau A. v. Bonin), im Burgfrieden. Roman. 2. Aufl. (VIII, 378 S.) 8. Berlin 906. O. Janke. n. 4. —

Christophorus. Erzählung von Hans Werder [d. i. Anna von Bonin]. Jena: Costenoble [1897]. 237 S. 8⁰

Werder, Hans (A. v. Bonin, geb. v. Zanthier), Christophorus. Erzählg. 3. Aufl. 8. (237 S.) Jena 898. H. Costenoble. n. 3. —; geb. n. 4. —

Werder, Hans. Circe. Roman. 8. (261 S.) Berl. 889, Janke. * 5 —

— Circe. Novelle. 2. Aufl. 8. (261 S.) Berlin 897. O. Janke. n. 2. —

[Werder, Hans.] «Es taget!» Es Volksgmäld i vier Ufzüge. 48 S. 8. Brugg, «Effingerhof», 1904. [fr. —. 50]

[Werder, Hans.] «Es taget!» Es Volksgmäld i vier Ufzüge. ([Mit] Vervollständigung: fernerer Akt zwischen dem III. und IV. Aufzug.) 48 S. + S. 37—54. 8. Brugg, «Effingerhof», 1904 [—1905]. [fr. —. 50]
(*Der ferner beabsichtigte Zusatz, «Zehnjahresfeier» am Schluss, ist nicht erschienen.*) — *Die ursprüngliche Ausg. allein s. Bulletin 4, 334:* N 3960[10]

Werder, Hans, Fee. Novelle. 8. (152 S.) Berlin 888, Janke. * ℳ 3. —; geb. * 4 —

Werder, Hans (A. v. Bonin, geb. v. Zanthier), Fee. Novelle. 2. Aufl. 8. (143 S.) Berlin 899. O. Janke. n. 1. —

— Frühlingsstürme. Erzählung. 8. (156 S.) Ebd. (902). n. 1. —

Werder, Hans, und Berger, Fritz. Das landwirtschaftliche Genossenschaftswesen. Zehn Vorträge von H' W' und F' B', Genossenschaftsverwalter in Brugg. Ein Beitrag zur Belehrung und Aufklärung unserer landwirtschaftlichen Genossenschafter ..., sowie aller Kleinbauern. 99 S. 8. Brugg, Selbstverlag der Verfasser (Typ. E. Epprecht), 1904. [fr. —. 80]

— im Inselmeer. — Prinzessin Halszka. 2 Erzählgn. 8. (275 S.) Ebd. 899. n. 4. —; geb. n. 5. —

—— Junker Jürgen. Roman. 3 Bde. 8. (271; 220; 203 S.) Ebendas. 888. * 10 —

—— Junker Jürgen. Roman. 2. u. 3. Aufl. 3 Bde. 8. (VII, 271; V, 220; 204 S.) Ebd. 889,92. * 10 —; geb. * 13 —

— Junker Jürgen. Roman. 3 Bde. 4. Aufl. 8. (VII, 271; V, 220 u. 204 S.) Ebd. 897. n. 10. —; geb. n. 13. —

— Junker Jürgen. Roman. 5. Aufl. (372 S.) 8. Ebd. 904. n. 4. —

Werder, Hans (A. v. Bonin, geb. v. Zanthier), Junker Jürgen. Roman. 6. Aufl. (367 S.) 8. Berlin 907. O. Janke. 4. —

— der Pommernherzog. Roman aus alter Zeit. 3 Bde. 8. (198, 183 u. 178 S.) Ebd. 901. n. 10. —

— der wilde Reutlingen. Roman aus der Zeit d. Großen Königs. 2 Tle. in 1 Bd. 8. (330 u. 195 S.) Ebd. 891. n. 7. —

— dasselbe. 2 Tle. in 1 Bd. 2. Aufl. 8. (212 u. 176 S.) Ebd. 893. n. 7. —; geb. n. 8. 20

— der wilde Reutlingen. Roman aus der Zeit des großen Königs. 4. Aufl. 2 Tle. in 1 Bde. 8. (230 u. 195 S.) Ebd. 901. n. 7. —

— der wilde Reutlingen. Roman aus der Zeit des großen Königs. 2 Tle. in 1 Bd. 5. Aufl. (220 u. 190 S.) 8. Ebd. 905. n. 5. —

— Roland. Roman. 8. (330 S.) Ebd. 893. n. 6. —; geb. n. 7. 20

Werder, Hans (A. v. Bonin, geb. v. Zanthier). Schwertklingen. Vaterländ. Roman. 3 Bde. 8. (282, 238 u. 272 S.) Berlin 897. O. Janke. n. 12. —

— Schwertklingen. Vaterländ. Roman. 3 Bde. 2. Aufl. 8. (282, 238 u. 272 S.) Ebd. 900. n. 12. —; geb. n. 15. —

— Schwertklingen. Vaterländischer Roman. 4.—8. Taus. (IX, 434 S. m. 1 Bildnis.) 8. Ebd. (908). 6. —

— die Sonntagskinder. Roman. 3 Bde. 8. (288, 250 u. 205 S.) Ebd. 893. n. 12. —; geb. n.n. 15. —

— die Sonntagskinder. Roman. 3 Bde. 2. Aufl. 8. (264, 231 u. 191 S.) Ebd. 896. n. 10. —

— **Tiefer als der Tag gedacht.** Roman. 2 Tle. in 1 Bd. (III, 287 u. 221 S.) 8. Ebd. 907. 4. —

— **Weidmannsheil!** Novelle. 8. (232 S.) Ebd. 894. n. 5. —; geb. n. 6. —

Werder, J., Die Turnhalle im Klingentale zu Basel, Basel 1892, 16 S., 5 Pl., 8°.

Werder, Jo. Friedrich [Praes.], s. Koch, Friedrich Christian: De consuetudine.

Werder, Johann, aus St. Gallen: I. Ueber die Einwirkung von Kalium auf Naphtalin. II. Ueber einige Derivate des β- und α-Dinaphtyls. Uster-Zür. A. Gull Dr. 1894. 47 S. 8°.
Zürich, Phil. Diss. [v. 23. Juli 1894].

(Werder, Julius.) Erinnerung und Klage. (Dr. med. Hans Leder. 1851–1878.) 8. (Brugg 1878.)

Werder, Julius. Konstanz und die Eidgenossenschaft. Ein Beitrag zur Schweizergeschichte. Progr. 4. Basel 1885.

Werder, Jul., Die Methode der Realschule. Basel, Realschule 1883. **Progr.**

Werder, Jul[ius]. [Johann Heinrich] Pestalozzi und die Leibesuebungen. (S.A.) 8. [Basel 1896.]

(Werder, Jul[ius].) Das Schulwesen des Kantons Basel-Stadt. (Der 49. Versammlung Deutscher Philologen und Schulmänner zu Basel im Jahre 1907 überreicht vom Erziehungsdepartement.) II + 24 S. 8. (Basel, Emil Birkhäuser, 1907.)

Werder, Jul., vom Unterrichte in der Muttersprache mit besonderer Rücksicht auf die Mittelstufe. 8. (60 S.) Basel 878. Bahnmaier. n. 1. 20

Werder, Julius. [Ulrich] Zwingli als politischer Reformator. (S.A.) 8. Basel 1882.

Werder, K., Logik. Als Comment. u. Ergänz. zu Hegels Wissenschaft d. Logik. 1. Abthl. gr. 8. (15 B.) Berlin 841, Veit u. Comp. *

Werder, Karl

— Gedichte. Hrsg. v. Otto Gildemeister. 8. (XVI, 245 S. m. Bildnis.) Ebd. 895. n. 4. —; geb. n.n. 5. —

Werder, Karl, Columbus. Trauerspiel. Berlin 858. (Leipzig.) Veit u. Co. gr. 8. (3 Bl., 315 S.) n. 2 ⅔ ₰.

Werder, Karl, Columbus. Trauerspiel. In der Fassg. letzter Hand hrsg. v. Otto Gildemeister. gr. 8. (VI, 226 S.) Berlin 893. F. Fontane & Co. n. 3. —

Werder, Karl, Vorlesungen über Shakespeare's Hamlet gehalten an der Universitat zu Berlin [zuerst im Wintersemester 1859—1860, zuletzt 1871—1872.]. gr. 8. (252 S.) Berlin 875, Hertz. * 4 60

— Vorlesungen üb. Shakespeares Hamlet, geh. an der Universität zu Berlin (zuerst im Wintersemester 1859—1860, zuletzt 1871—1872). 2. Aufl. gr. 8. (297 S.) Ebd. 893. n. 3. 50; geb. n. 5. —

Vorlesungen über Shakespeares Hamlet, geh. an d. Univ. zu Berlin ⟨zuerst im Wintersem. 1859–1860, zuletzt 1871–1872⟩ von Karl **Werder**. 2. Aufl. [Tit.-Aufl.] *Berlin: E. Fleischel & Co. 1903.* (297 S.) 8° [F.] [04.6051,8]

Werder, Karl, Vorlesungen üb. Shakespeare's Macbeth, geh. an der Universität zu Berlin [zuerst im Winter 1860 als Skizze, dann ausgeführt u. mehrmals wiederholt]. 8. (292 S.) Berlin 885. Hertz. n. 5. —; geb. n. 6. 20

— Vorlesungen üb. Lessings Nathan, geh. an der Universität zu Berlin (zuerst im Winter 1862, wiederholt 1864 u. später). gr. 8. (248 S.) Ebd. 892. n. 5. —; geb. in Halbfrz. n.n. 6. 50

Werder, Karl. Vorlesungen üb. Schiller's Wallenstein, geh. an der Universität zu Berlin. gr. 8. (246 S.) Berl. 889, Hertz. * 5 —
geb. * 6 —

Werder, Car[l] [illegible] De Platonis Parmenide. Berolini 1834. [illegible] S. 8.
Berlin, Phil. Diss. [illegible] Sept. 1834.

Werder, L. Otto, dentelles nouvelles. Types dans le style nouveau pour dentelles, broderies et rideaux. 2. série gr. Fol. (20 Lichtdr.-Taf.) St. Gallen. (Plauen, Ch. Stoll.) n. 28 —

Werder, L. Otto, neue Spitzen. Entwürfe f. Spitzen, Stickereien u. Gardinen in moderner Auffassg. gr. Fol. **(20 Taf. m. 1 Bl. Text in deutscher, französ. u. engl. Sprache.) St. Gallen 898.** (Plauen, Ch. Stoll.) In Mappe n. 28. —

Werder, Ludw., Maschine zum Prüfen der Festigkeit der Materialien, ausgeführt von der Maschinen-Actien-Gesellschaft Nürnberg, vormals Klett & Comp., u. Instrumente zum Messen der Gestalts-Veränderung der Probekörper, construirt von Joh. Bauschinger, ausgeführt im mechanisch-technischen Laboratorium der k. techn. Hochschule in München. Imp.-4. (12 S. m. 4 Steintaf.) München 882. (Literar.-artist. Anstalt.) n. 3. —

Werder, Otto: Der weibliche Arzt, s.a. Eckstein's 50 Pfennig-Bibliothek. Nr. 43.

Der weibliche Arzt. Kriminal-Novellen von Otto **Werder**. *Berlin. R. Eckstein Nachf. [1900].* (64 S.) 8° [F.]
= 50 Pfennig-Bibliothek, Eckstein's. No 43. [00. 11613]

Werder-Gewehr, das. Kurze, systematische Zusammenstellung für die königl. bayerische Armee. Straubing 870. Mauter. 16. (III, 36 S.) 3 *ngr.*

—— das, in übersichtlicher Darstellung für die k. bayrische Infanterie nebst einer Uebersicht der Rückladungssysteme überhaupt. 8. (30 S. mit mehreren Abbild. in eingedr. Holzschn. und 1 Holzschntaf. in 4.) Eichstätt 870, Krüll'sche Buchh. *

Werdermann, Arthur, aus Stolp i. P.: Über die **Tautomerie-erscheinungen** eines cyklischen β-Diketonesters der Pentamethylenreihe. *Leipzig 1902: Thalacker & Schöffer.* (56 S.) 8°
Leipzig, Phil. Diss. v. [7. Juli] 1902

Werdermann, Fr., unpart. Bemerkk. über das Edikt d. erleicht. Besitz u. den freien Gebrauch des Grundeigenthums, so wie die persönl. Verhältnisse d. Landbewohner betreff. Memel den 9. Okt. 1807 in Rücksicht des königl. preuß. Schlesiens. 8. Bresl. 808. J. F. Korn. 4 gr.

Werdermann, Fritz, Reinecke Fuchs. Für die Jugend erzählt u. unter Berücksicht. der neuen Rechtschreibg. durchgesehen. Mit 6 ganzseit. Textbildern sowie 6 farb. Bild. v. F. Ronfort u. E. Hanetzog. (216 S.) 8. Berlin (907). Verlag Jugendhort. Geb. in Halbleinw. 3. —; gr. 8. Geb. in Leinw. 4. 50

Werdermann, J. C. G., s. Werdermann, Joh. Günther Karl

Werdermann, Jh. Günth. Karl, kurze Darstellung der Philosophie in ihrer neuesten Gestalt. 1r Bd. gr. 8. Leipz. 793. (W. Vogel). 1 rß 8 gl

WERDERMANN J[ ] C[ ] G[ ]. Kurze Darstellung der Philosophie. Gratz 1795.

Werdermann, J. Gth. K.: Einleit. in d. gem. Recht d. königl. Preuss. Staaten, 2 Bde. *Leipzig*, Crusius. 797. gr. 8. (2 Thl. 4 Gr.)

— Einleitung in das gemeine Recht der königl. preuß. Staaten. 2 Bde. gr. 8. Leipz. 797. (W. Vogel). 2 rß 4 gl

— s. Materialien für Maurer.

Werdermann, J. C. G. Ob und inwiefern die Gymn. zugleich höhere Bürgerschulen sein können? 4 S.
Progr. Liegnitz G. 1826

J. Gth. K. **Werdermann:** Principia jurisprud. natur. sec. ord. corp. jur. Boruss. *Lpz.*, Crusius. 798. 8° 1 rß

— Principia jurisprudentiae naturalis secundum ordinem corporis juris Borussici communis. 8maj. Leipz. 798. (W. Vogel). 1 rß

Werdermann, J. C. G. De revocando in scholas studio philosophiae. 4 S. . . . .
Progr. Liegnitz G. 1826

Werdermann, Jh. Günth. Karl: Versuch einer Geschichte d. Meinungen, s. a. Werdermann: Neuer Versuch zur Theodicee.

Werdermann, Versuch e. Geschichte d. Meinungen üb. Schicksal u. menschl. Freiheit. 454 S. Lpz. 8°.
1793

J. Gth. K. **Werdermann**'s neuer Versuch z. Theodicee, od. üb. Freyh., Schicksal, Gut, Uebel u. Moralität menschl. Handll. *Dessau* u. *Lpz.*, Crusius. 784–93. 3 Thle. gr 8° 2 rß 2 gl 3r Th. a. u. d. Titel: Vers. e. Gesch. d. Meinungen üb. Schicksal u. menschl. Freyh. 793. 8° 1 rß 8 gl

— neuer Versuch zur Theodicee, oder üb. Freiheit, Schicksal, Gut, Uebel u. Moralität menschl. Handlungen. 3 Thle. gr. 8. Leipz. 784—97. (W. Vogel). 2 rß 2 gl (3r Thl. A. u. d. T.: Versuch e. Gesch. d. Meinungen über Schicksal u. menschl. Freiheit. 793. 1 rß 8 gl)

Werdermann, J. C. G. Ueber die Wahl der Lebensart. 6 S.
Progr. Liegnitz G. 1829

Werdermann, Karl

Werdermann, Carl, Referendar: Die Abnahmepflicht des Käufers. Berlin: Borussia 1909. VIII, 54 S. 8°
Jena, Jur. Diss. v. 18. Dez. 1909, Ref. Thon
[Geb. 30. März 84 Berlin; Wohnort: Charlottenburg; Staatsangeh.: Preußen; Vorbildung: Gymn. Dramburg Reife O. 04; Studium: Jena 3, Berlin 2, Jena 1 S.; Rig. 21. Okt. 09.] [U 10. 1174

Werdermann, O., Paul Gerhardt. Ein Gedenkblatt zur 300. Wiederkehr seines Geburtstages. 1. u. 2. Aufl. (16 S.) 8. Zwickau 907. J. Herrmann. — 10

Werdermann, R., praktische Anleitung zum Drainiren. Nach den Mittheilungen von J. M. J. Leclerc bearbeitet. Berlin 856. Bosselmann. gr. 8. (66 S.) n. 15 ngr.

Werdermann, R., praktische Anleitung zum Drainiren. Nach den Mittheilungen von J. M. J. Leclerc bearb. gr. 8. (66 S.) Berlin 856, R. Wiegandt. *

Werdermann, Th., s.: Calvinstudien.

Werdermann, Theodor, cand. theol.: Calvins Lehre von der Kirche in ihrer geschichtlichen Entwicklung bis zu seiner Vertreibung aus Genf. Halle a. S. 1909: Waisenhaus. 47 S. 8° ¶(Ersch. vollst. in: Calvinstudien. Festschr. z. 400. Geburtst. J. Calvins red. v. Bohatec, b. Haupt, Leipzig.)
Bonn, Ev.-theol. Diss. v. 12. Okt. 1909, Ref. Sieffert
[Geb. 17. Dez. 81 Essen a. R.; Wohnort: Wanheim-Angerhausen; Staatsangeh.: Preußen; Vorbildung: Gymn. Essen Reife O. 02; Studium: Halle 6, Bonn 5 S.; Rig. 24. Juni 09.] [U 10. 294

Werder's, Graf Aug. v., Leben, s. Conrady, E. v.

Werders Wacht am Rhein. gr. 8. (31 S.) Freiburg i. B. 871. Herder. — 40

Werdet glücklich durch mein Unglück, s. Schule d. Erfahrung.

— gute Rechner! oder kurzer Unterricht in Fragen u. Beispielen, wie man durch Rechnen u. Nachdenken das Hauswesen in Aufnahme bringen kann. 8. Tübingen 805. Heerbrandt. (Osiander). 8 gl

Werdet gute Rechner und Denker: oder Kurzer Unterricht in Fragen und Beyspielen . . . Tübingen 1804. V: *Hosch, Wilhelm Ludwig.* (MGT)

Werdich, Frz. Jos., Gottes Anstalten zu der Menschen Glückseligkeit 2c., in Predigten. 8. Meersburg 805. (Freiburg, Herder). 16 gl

— kurze Christenlehrpredigten nach dem Katechismus in d. k. k. Staaten. 2 Thle. gr. 8. Augsb. 806. Doll. 1 rß 8 gl

— der Freund Gottes, des Nächsten u. sich selbst, oder Sittenbüchlein für kathol. Christen. 8. Augsb. 796. Rieger. 12 gl

— der Jugendfreund. 8. Augsb. 796. Rieger. 16 gl

— der Religionsfreund, oder Glaubens- u. Sittenlehre, nach Ordnung des Katechismus in den k. k. Staaten. 8. Augsb. 795. Rieger. 1 rß 8 gl

Werdig, s. Werdich

v. **Werdingen,** Adelheid; Schspl. in 4 A. 8. Wien 806. Wallishausser. 6 gl

Werdmüller, Anton. Memorabilia Tigurina, oder Merkwürdigkeiten der Stadt und Landschaft Zürich ([von Hans Heinrich] Bluntschli), berichtiget, vermehret, und bis auf itzt fortgesetzet, von Anthonius Werdmüller, von Elgg. 2 Theile. 4. Zürich 1780–1790.

Werdmüller, Beatus, Paulinische Gottesgelahrheit, in Zergliederung u. Erklärung d. Nachrichten, d. Lebens u. d. Verrichtungen, besonders aber d. Reden u. Schriften Pauli. gr. 4. Zürich, Orell. 742.

— das durch d. Glanz d. geoffenbarte Wahrheit ausgeloschene Irrlicht. 1r Thl. 8. Zürich. 736.

Werdmüller, Beat. Curiose Nachricht Von den Reisen Christoph Gaßmanns, des Steinmetzen von Albis-Rieden. Der in Sächsischen und Schwedischen Kriegs-Diensten gestanden, bey Pultawa gefangen, nach Moscau, Casan, Astrachan ... geführt worden ..., und endlich A. 1724. nach 22. jährigem Abwesen naher Hause gekommen. Als ein Anhang ist beygefügt die Nachricht von den Avanturen Jacob Mahlers, Dessen grausamer Behandlung auf den Galeeren und wunderbaren Erlösung. Zusamengetragen von Beat Werdmyller ... (*Vortitel:* Schweitzerischer Robinson). 8. Zürich (1725).

Werdmüller, Jakob Otto

Werdmüller, J. Otto, Apotheker: Über den Honduras-Balsam und über einen Myrocarpus-Balsam (Baume du Pérou en coques, Cabureiba-Balsam.) Zürich, Juchli & Beck, 1910. 58 S. 8°. [11.V.10.]
Bern, Phil. Diss. 1910/11.

Werdmüller, J[acob] Otto. Über den Honduras-Balsam und über einen Myrocarpus-B' ⟨Baume du Pérou en coques, Cabureiba-Balsam⟩. Diss. Phil. Bern. 57 S. 8. Zürich, Juchli & Beck, 1910.

Werdmüller, [Johann Heinrich]. Bemerkungen über Herrn Pfarrer [Johann Jacob] Schweizers zu Embrach Vorschläge zur Rettung des Vaterlandes. 8. Zürich 1800.

Werdmüller, Joh. Heinr.: Encyclopädie der Perspective. Zürich 1811. 4°

W[erdmüller], J[ohann] H[einrich]. Gespräch im Reiche der Todten, zwischen Grenadierhauptmann Leonhard Denzler von Zürich, und Hauptmann Heinrich Freyenmuth von da. Ein Traum am 4ten Julius 1799. Von J. H. W.***. 8. Zürich, Im 2ten Monat der wiederhergestellten Freyheit [1799].

[Werdmüller, Johann Heinrich.] Merkwurdigkeiten der Stadt und Landschaft Zürich. 2 Hefte. 8. [Zürich] 1805.
Heft 1. ... Vom Jahr 1801 [Mit 1 Vignette.]
(Heft 2. ... vom Jahr 1802.)

(Werdmüller, [Johann Heinrich].) Phönix in Helvetien, am Ende des XVIII Jahrhunderts. Ein Diskurs zu Zürich im Junius 1800. Der Eintracht gewidmet. 2. Aufl. [Mit 1 Vignette.] 8. *o. O.*

Werdmüller, J[ohann] H[einrich]. Das Wetter am 21. Abend Augusts, 1763. [Mit 1 Vignette.] 8. Zürch 1763.

Werdmüller, Johann Konrad, s. Werdmüller-Ott

Werdmüller, [Matthias]. Gegenantrag in Sachen der Befestigung Zürichs, gehalten in der Generalversammlung der Bürgergemeinde von Zürich den 8. November 1832. durch den gewesenen ... Oberstlieutenant von Wertmüller von Elgg. 8. Zürich 1832.

Werdmüller, Otto: Practisches Handbuch der Augenheilkunde zum Gebrauche für Aerzte und Studierende. 244 S., gbd.

Zürich: Orell & Füssli 1849

JB 4.285

Werdmüller, Otto, praktisches Handbuch der Augenheilkunde zum Gebrauche für Aerzte und Studirende. 1. Aufl. (XII und 244 S.) 1849. und 2. Aufl. gr. 8. (XVI und 264 S.) Zürich 852, Orell, Füssli und Comp.

Werdmüller, Otto Ant., der Glaubenszwang der zürcherischen Kirche im XVII. Jahrhundert. Eine kirchenhistor. Skizze. gr. 8. (8¾ B.) Zürich 845, Schulthess.

(Werdmüller, M. Otto W.) Njbl. s. [Vögelin, Anton Salomon].

Werdmüller, Phil. Otto, Höhenmessungen in den norischen u. rhätischen Alpen, s.: Abhandlungen, naturwissenschaftl., hrsg. v. W. Haidinger. III. Bd.

Werdmüller von Elgg, Ant., († 1782.) Memorabilia Tigurina, oder Merkwürdigkeiten d. Stadt u. Landschaft Zürich, berichtigt, verm. u. bis auf jetzt fortgesetzt. 1r u. 2r Thl. 4. Zürich 780, 90. ... (Vergl. Bluntschli; a. *Memorabilia* Tigurina.)

Werdmüller von Elgg, Ph. Otto, die allgemeine wechselseitige Capitalien- u. Renten-Versicherungs-Anstalt. Ihre Mängel u. Anträge zur beabsichtigten Statutenrevision. Wien 861. Gerold in Comm. gr. 8. (VI, 108 S.) n. 20 ngr.

— Offene Sendschreiben an die Interessenten und an die Administration der mit der ersten österreichischen Sparkasse vereinigten Allgemeinen Versorgungsanstalt. Wien 1851.

— Statutenentwurf für die mit der ersten österreichischen Sparkasse vereinigte Allgemeine Versorgungsanstalt etc. Wien 1852.

— Die mit der ersten österreichischen Sparkasse vereinigte Allgemeine Versorgungsanstalt als vollkommen untauglich dargestellt. Wien 1850.

Werdmüller-Ott, Johann Konrad

[N.] Zürcher Briefe aus der Franzosenzeit von 1798 und 1799. Mitgetheilt aus den Papieren von alt Rathsherr J. C(onrad) Werdmüller-Ott v. H. Zeller-Werdmüller. *Zürich: Kommr. Faesi & Beer; Dr. Artist. Inst. Orell Füssli 1897.* (36 S., 1 Taf.) 1 Bd 4.
= Neujahrsblatt hrsg. v. d. Stadtbibliothek in Zürich auf d. J. 1897.
197. 4386

Werdmyller s. a. Werdmüller.

Werdmyller, Heinrich A. S. 1319/29

Coelum triste ad Julias Calendas anni MDCCXXXI.
Präs. Johann Jakob Scheuchzer.
(Zürich) (Byrcklin) I. (1732). 41 S.

9 Resp. 36367

Werdmyller, Heinrich Thl. XI, 10/11

Dissertatio irenica de veritatis et charitatis amicissimo in ecclesia protestantium connubio.
Präs. Johann Jakob Hottinger.
Tübingen (Sigmund) o. J. 68 S.

Diss. Zürich III. 1721.
8 Resp. 36366

Werdnig, üb. Transportmittel f. Verwundete im Gebirgskriege. [Aus: „Allgem. militärärztl. Zeitg."] Lex.-8. (33 S. m. eingedr. Holzschn.) Wien 875. (Seidel & Sohn.) n. 1. 20

Werdnig, G., die Osellen od. Münz-Medaillen der Republik Venedig. Mit 12 Lichtdr.-Taf. u. 82 Holzschn. gr. 4. (VII, 209 S.) Wien 889. Frick. n. 25. —

Werdnig, Mich., († nach 1810.) einige Anmerkk. üb. Eibels Broschüre, die Ohrenbeichte betreff. 8. Grätz 804.

Werdoljak, Jeronim Luiz —. Od poglavarstva vrimenitoga Pape rimskoga razgovor privenden s' tatianskoga, po izhodu francuzkoga, na ilirski jezik po — —. 8. (84 S) U Becu. U tiskarnici Jermenskog Monastira. 1854 (Von der zeitlichen Oberherrschaft des römischen Pabstes. Abhandlung nach der aus dem Französischen ins Italienische gemachten Uebersetzung ins Illirische übertragen von — —.)

Werdow: Der Feldzug der Athener in Sicilien und die Belagerung von Syrakus. 1857.

Anti-Hephata oder Apologie der hohen Königlichen Kunst der Freimauerei. Von **Werdt.** Als Ms. f. Brr. Leipzig: Franke 1836. IV, 82 S. 8° Kl. 2027, Tt. 1131. Satirische Erwiderung auf die in „Hephata" enthaltenen Angriffe.

Werdt, Alex[ander] von. Traurede zur Copulation von Herrn Ernst Kocher von Thun, Pfarrer ..., und Fraulein Jacqueline Meyer von Bern, gehalten am 12. November 1889 ... zu Bern. 8. Thun.

Werdt, Eduard v., aus Bern: Ueber den Einfluss des Geburtsactes auf die Herzthätigkeit des Fötus. Bern Stämpfli Dr. 1883. 45 S., 1 Bl. 8°.
Zürich, Med. Diss. [v. 11. Febr. 1882].

Werdt, Felix v[on]. Ein Fall von Dystrophia musculorum progressiva mit Sektionsbefund. Aus der medizinischen Klinik ... und dem pathologisch-anatomischen Institut ⟨... in Basel⟩. (Mit 4 Abbildungen auf den Tafeln XXXIV/XXXV.) Sonderabdruck aus der Frankfurter Zeitschrift fur Pathologie .... Band 2. Heft 4 .... II S. + S. 577—590. 8. Wiesbaden, J. F. Bergmann, 1909.

Werdt, Felix v[on]. Beiderseitige diffuse Sarkomatose der Nieren bei Mediastinaltumor. Aus dem pathologisch-anatomischen Institut Basel .... (Mit 3 Abbildungen auf den Tafeln XXXVIII/XXXIX.) Sonderabdruck aus der Frankfurter Zeitschrift für Pathologie .... Band 2. Heft 4 .... III S. + S. 616—626. 8. Wiesbaden, J. F. Bergmann, 1909.

Werdt, Felix van der, Rechtskandidat in Berlin: Tier- und Personalpfändung dargestellt nach den Volksrechten und Rechtsbüchern. Borna-Leipzig 1908: **R. Noske.** (VI, 56 S.) 8° [J.]
Leipzig, Jur. Fak., Diss. v. 3. März 1908
[Geb. 28. April 81 Berlin; Wohnort: Berlin; Staatsangeh.: Preußen; Vorbildung: Gymn. Emmerich Reife O. 01; Studium: Philologie Freiburg i. B. 1, Greifswald 2, Bonn 3, Jura Berlin 6 S.; Rig. 7. Dez. 07.]

Werdt, Georg Friedrich von. Erinnerungen eines bernischen Offiziers aus dem Feldzuge von 1799. Nach dem Tagebuche von G' F' von W'... mitgetheilt von Ludwig Lauterburg .... ⟨SA.⟩ 8. Bern 1863.

(Werdtmiller, Jacob W'... Landvogt zu Locarno.) Njbl. s. [Füssli, Hans Heinrich].

Werenberg, Georg [Praes.], s. Berlepsch, Jo. Wilh. Ludwig von: Filius perjuris et rebellis Henricus V. praedicatur pius et justus.

Werenberg, Ioh. Geo., electorum origo nova methodo demonstr. 4. Halae, Krebs. 731.

Werenberg, Jo. Georg (Lüneburg) U. S. Halle 1729/7

Dissertatio inauguralis iuridica pactum remissorium maioris partis chirographariorum in concursu creditorum non esse iuris Romani.
Halle (Grunert) 14. IX. 1729. 52 S. 36368

— natürl. Ursachen d. Hitze im J. 1763 im August, aus d. neusten Physik bewiesen. 8. Hamb. 764.

Werenberg, Jh. Geo., († 1780.) die Witterungslehre, aus Beobachtungen eigener Erfahrung für den Landmann. 8. Offenb. 780. Brede. 6 gl.

Werenberg, **W.**, Erörterungen über den Entwurf einer Civilprozeß-Ordnung für den norddeutschen Bund. I. II. gr. 8. Berlin, Weidmann'sche Buchh. [I. (35 S.) 869. (* 50 Pf.) * 60 Pf.; II. (48 S.) 870. * 60 Pf.] *

Werenberg, Wilh., die Rechtsverhältnisse im Staatsschuldenwesen des Königreichs Hannover. Bremen 859. Strack. gr. 8. (68 S.) n. 10 ngr.

Werenfels, Joh[ann] Caspar. Der durch Leyden und Anfechtung geprüffte ... Christ. Vorgestellt In einer Christlichen Leich-Predigt ... [zu Basel] den 14. Junii 1766. Bey ... Beerdigung Des ... Herrn Samuel Burckhardt, des Handels-Herren .... 4. [Basel.]

Werenfels, Joh[ann] Caspar. Des betenden Jacobs Demuth-volles Rühmen Der genossenen Göttlichen Wohlthaten. Vorgestellt ... [zu Basel] ... Den 24ten Jenner 1748. Als daselbst ... zur Erden bestattet worden, Die ... Frau Sara Werthemännin, Weyland des ... Herrn Anthonius Winckelbleens Des Handels-Manns ... Wittib. 4. Basel.

WERENFELS, PETER. Außlegung der Sonntäglichen Evangelien durch das gantze Jahr. 2 Teile in 1 Bde. Basel, Brandmüller, 1762. 4°. 8 Bl. (einschl. *Frontispizportrait*) 639 u. 660 S. 11 Bl. Beschabter und bestoßener Hldbd. d. Z.

Werenfels, Samuel

— Abhandl. über die fleischl. Sicherheit, s. J. K. Lavater, Erweckungen.

Werenfels, Sam., Dissertationum volumina II. de logomachiis eruditorum et varii Argumenti. II Partes. 8 Amsterdam. 716.

— de logomachiis eruditorum. 8. Frcof. 736.

Werenfels, S., de sabbati moralitate. Basil. 1721. 4.

Werenfels, Sam., Opuscula theologica, philologica et philosophia. 4. Lausanne. 759. Rthlr.

— — id. lib. III Tom. 8. maj. Bas. (Pest, Eggenberger) 782

— — id. lib. gr. 8. Basel. Flick. 782.

Werenfels, **Sam., Opuscula theologica, philosophica et philologica; ed. nova auct. et emend. 3 Tom. 8. Basel 782. Thurneisen. 5 rthl. 8maj. ibid. 782 (Neukirch) 4 rthl.**

— Predigten, üb. einige Hauptlehren d. christl. Religion. 8. Basel, Em. Thurneisen. 734.

Werenfels, Samuel. Predigten über verschiedene wichtige Wahrheiten der Religion . . . a. d. Franz. Berlin 1781. V: *Troschel, Daniel Philipp.* (Ky)

— Predigten üb. verschied. wicht. Wahrheiten d. Religion, aufs neue a. d. Franz. übers. gr. 8. Berl. Lange. 781.

— **Predigten über verschiedene wichtige Wahrheiten der Religion, aufs neue aus d. Französ. übersetzt, (v. D. Ph. Troschel). gr. 8. Berl. 781. (Reimer). 18 gl.**

Kahl, L. M., (Gotting. 1737. 4.) Werenfels, S., (Basil. 1711. 4.) de scholis prophetarum.

Werenfels, S., Muhammedis de Jesu Chr. sententia. Basil. 1703. 4.

— Sermons sur des Vérites Importantes de la Relig. auxquels on a ajouté des Considérat. sur la Réunion des Protestants. 8. Basel, Schweighäuser. 744.

— sylloge Dissertationum theologicarum. 8. Basel. 709.

Werenfels, Samuel. Vita ... Joh[annis] Jacobi Buxtorfii, in Academ. Basiliensi linguae sanctae Professoris, funebri oratione ... die 30. Decemb. A. 1704. uteunque delineata a Samuele Werenfelsio ... cum varior. epicediis. 4. Basileae 1705.

Werenka, Daniel

Werenka, D., Kritische Bemerkungen üb. d. Gefechte der Thebaner von der Schlacht bei Haliartus bis zur Schlacht bei Mantinea. Pr. 1907. 30 S. 2.—

Werenka, Dan., Bukowinas Entstehen u. Aufblühen. Maria Theresias Zeit. Nach Acten aus folg. Archiven: k. u. k. Kriegsministerium; dessen Kartonarchiv; k. u. k. Haus-, Hof- u. Staatsarchiv; k. k. Ministerium d. Innern; dessen Adels-Archiv; k. k. Ministerium f. Cultus u. Unterricht. 1. Thl. 1772—Juni 1775. [Aus: „Archiv f. österr. Geschichte".] Lex.-8. (198 S. m. 19 Plänen, 1 Karte u. 1 Tab.) Wien 892. (F. Tempsky.) n. 5. —

Werenka Daniel: Die Gefechte der Thebaner von der Schlacht bei Huliartos bis zur Schlacht bei Mantincia.
1882 PN 274 Diss. Wien Univ. 678

— Der Kriegsruf an die Bukowina im Jahre 1809. 17 u. 2 Bl. Originaltext. Czernowitz R. 03.
Progr.

Werenka, Daniel: Urkundliche Nachrichten über die Städte „Cecina" und „Tschernowitz" und deren Besitzverhältnisse im Jahre 1782. In: 33. (und 34.) Jahresbericht der k. k. griechisch-orientalischen Oberrealschule in Czernowitz, 1896/97, S. 13-42; 1897/98, S. 1-46. Sonderdruck: Czernowitz: Selbstverl. 1898.

Werenka, D., Die Schlacht bei Mantinea am 13. Juli 362 v. Chr. (Mit Verwertung von Reiseerinnerungen.) Pr. 1904. 12 S. 1.20

Werenka, Dan., Topographie d. Bukowina z. Zeit ihrer Erwerbung durch Oesterreich. (1774—1785.) Nach Acten aus folg. Archiven: K. u. k. Kriegsministerium; dessen Kartenarchiv; k. k. Ministerium f. Cultus u. Unterricht. gr. 8. (272 S. m. 1 Karte.) Czernowitz 895. (H. Pardini.) n. 6. —

Werenka Dr. Daniel: Die Verhandlungen Österreichs mit der Türkei bezüglich der Erwerbung des Bukowinaer Districts nach der Convention vom 7. 5. 1775. (19). Wien V. R. 92.
Progr.

Wereschagin

Kataloge der Gemälde und Zeichnungen. 1882 und 1886. Berlin. 8°.

Wereschagin, Herr u. Frau, Reiseskizzen aus Indien. 1. Bdchn.: Ost-Himalaya. Mit (Holzschn.-)Illustr. 8. (80 S.) Leipzig 882. Teubner in Comm. n. 2. 50

—— und Frau Wereschagin, Reiseskizzen aus Indien. 2. Bdchn.: Kaschmir. Ladak. 8. (120 S. mit Illustr.) (Ebendas.) 885. * 2 50
1. Bdchn. (Ebendas.) 1882. *ℳ 2.50.

Wereschagin, W. W., der Kriegskorrespondent. Erzählung aus dem russisch-türk. Kriege. Deutsch hrsg. u. eingeleitet v. Eug. Zabel. 8. (231 S.) Stuttgart 894. J. G. Cotta Nachf. n. 2. —; geb. n. 3.

Wereschagin, W. W., Skizzen u. Erinnerungen. Aus dem Russ. übers. v. E. Kretschmann. Mit Illustr. gr. 8. (III, 227 S.) Leipzig 885. Teubner. n. 4. 60

Wereschtschagin, A. W., in der Heimath u. im Kriege. Erinnerungen u. Skizzen e. russ. Edelmanns aus der Zeit vor u. nach der Aufhebg. der Leibeigenschaft 1853—1881. Deutsch von A. v. Drygalski. gr. 8. (VI, 356 S.) Berlin 886. Eisenschmidt. n. 7. —

Wereschtschagin, A. W., Skobelew im Türkenkriege u. vor Achal-Teke. Erinnerungen e. Augenzeugen. Autoris. deutsche Ausg von A. v. Drygalski. 8. (III, 184 S. m. Bildnis.) Berlin 900. J. Räde. n. 2. 50; geb. in Leinw. n. 3. —

Alexander W. Wereschtschagin [Aleksandr Vasilevič Vereščagin], Oberst. Kriegsbilder aus Ostasien. Feldzugserinnerungen. Uebers. von R[ichard] Ullrich, Lt. im Inf. Rgt. v. Sparr. Berlin: K. Siegismund [1904]. (201 S.) 8° [5.]
— Vereščagin: Vom Kriegsschauplatze in d. Mandschurei. Bd 2. ...

Wereschtschagin, Alex. W., vom Kriegsschauplatz in der Mandschurei. Gesammelte Erzählgn. v. Mitkämpfern bei der Eroberg. der Mandschurei 1900/1901. Uebersetzt v. R. Ullrich. (229 S.) 8. Berlin (904). K. Siegismund. n. 3. —

— quer durch die Mandschurei in den Kämpfen gegen China 1900/01. Feldzugserinnerungen u. Erzählungen. Aus dem Russ. v. Ullrich. (200 S.) gr. 8. Mülheim a/Rh. 903. C. G. Künstler Wwe. n. 2. —

— russische Truppen u. Offiziere in China in d. J. 1901 u. 1902. Deutsch von Ullrich (159 S. m. Abbildgn.) gr. 8. Ebd. 903. n. 2. 50

Wereschtschagin, W. W., Kriegsfahrten in Asien u. Europa. Erinnergn. Aus d. Russ. übers. v. L. A. Hauff. 1. u. 2. Aufl. 8. (XI, 296 S.) Leipzig 895. P. E. Lindner. 2. 40

— vom Kriegsschauplatze in Asien u. Europa. Erinnergn. Aus d. Russ. übers. v. Alexis Markow. 8. (VII, 359 S.) Berlin 895. K. Siegismund. n. 2. 25

— Lebenserinnerungen. Meine Jugendjahre. Autor. Uebersetzg. Hrsg. u. m. e. Einleitg. vers. von Eug. Zabel. 8. (VI, 296 S.) Berlin 895. S. Cronbach. n. 3. —

— Selbstbiographien unbedeut. Leute. Skizzen aus d. russ. Volksleben u. Porträts. Einz. autor. Uebersetzg. v. Alexis Markow. 8. (V, 127 S. m. 7 Bildn.) Berlin 896. K. Siegismund. n. 2. —

Weressájew, W[ikentij Smidówitsch]

Weressajew, W., Beichten e. praktischen Arztes. Versehen u Fehlschlüsse. Erinnerungen. Deutsch von Carl v. Gütschow. 8. (314 S.) Leipzig 902. Leipziger Verlags-Comptoir. n. 3. —

— dasselbe. (Billige Volksausg.) 1.—9. Taus. 8. (314 S.) Ebd. 902. 1. 50

— Bekenntnisse e. Arztes. Einzige vom Verf. genehmigte Uebersetzg. v. Heinr. Johannson. 1.—3. Aufl. 8. (à 286 S. m. Bildnis.) Stuttgart 902. R. Lutz. n 2. —; geb. n. 3. —

Weressájew, W., Bekenntnisse e. Arztes. Einzige vom Verf. genehmigte Uebersetzg. v. Heinr. Johannson. 4. Aufl. (286 S. m. Bildnis.) 8. Stuttgart 903. R. Lutz. n. 2. —; geb. n. 3. —

Weressájew, W., Bekenntnisse e. Arztes. Einzige vom Verf. genehmigte Uebersetzg. v. Heinr. Johannson. Mit dem Bildnis des Verf. 5. Aufl. (286 S.) 8. Stuttgart (908). R. Lutz. 2.—; geb. 3. —

— Meine Erlebnisse im russisch-japanischen Krieg, s. a. Memoiren-bibliothek.

Weressájew, W[ikentij Smidówitsch]. Meine Erlebnisse im russisch-japanischen Krieg. Mit Erlaubnis des Verfassers übersetzt von L[y-dia] Meerowitsch und Dr. J[oseph] Bürli (Bern). [Mit 1 Porträt-tafel.] XVI + 393 S. 8. Stuttgart, Robert Lutz. 1908. [M. 5. —, geb. Lwd. 6. —, Hfz. 7. —]
(Memoirenbibliothek. Serie III. Band 1....)
4. unveränderte Aufl. 1909.

— Jung-Rußland, s.: Gorki, M.

Die Kolossows, s. Novellen-Bibliothek, Internationale.

— ohne Weg. Novelle. Aus dem Russ. übers. v. Heinr. Harff. (163 S.) kl. 8. Berlin 905. Dr. F. Ledermann. n. 2. —; geb. n.n. 3. —

(B) — Ohne Weg. 905. (KBL 34.) Ladenpr. aufgeh.

— **auf redlichem Wege. (Das Ende der Alexandra Michailowna.) Erzählung. (In russ. Sprache.)** (96 S.) 8. **München (903). Berlin, Bühnen- u. Buch-Verlag** russ. **Autoren, J. Ladyschnikow.** n. 1. —

Werestchagin, W., Napoleon Ier en Russie. Imp.-Fol. (14 Photograv. m. 2 Bl. Toxt.) Paris (898). Berlin, Photograph. Gesellschaft. In Halbldr.-Mappo 60. —

Werewkina, Marie [aus Staritza (Russland)]: Ein Fall von Venenthrombose im Rückenmarke. Stuttgart 1900. 32 S. 8°. (S.-A. aus Archiv für Kinderheilkunde. Bd. 29.)
Zürich. Med. Diss. 1900/1901

Werfel, ..., deutsch-dänisches Taschenwörterbuch. 2e A. 8. Ko-penh. 815. Bonnier. 14 ℛ

Werfel, Friedrich Wilhelm (Ravensberg)
U. S. Halle 1792/1

Dissertatio inauguralis medica inquirens quaestionem an morbi, qui dentium translocationem sequuntur venerei sint, nec ne ?
Präs. Philipp Friedrich Meckel.
Halle (Trampe) 1. IX. 1792. 30 S. 36371

Werfel, [Gustav]: Die Aussprache fremdländischer Eigennamen, besonders auf dem Gebiete der Schulwissenschaften. Delitzsch 1905: C. A. Walter. (S. 3—14.) 4°
Delitzsch, R P 1905 (309)

SCHNURRPFEIFEREIEN, Theologische. Hrsg. von Baldrian Schwarzbuckel, Schulmeister zu Buxtehude (d. i. *J. Werfel*). Halberstadt 1807. 8°. 150 S. (1 Mk. 40 Pfg. Scheible, vor 1885; 1 Mk. 80 Pfg. Kühl, c. 1883.) Zahm.

WERFEL, Rudolf
Die österreichische Handschuh-Industrie und die neuen Handelsverträge. Denkschrift an das k. k. österr. Handelsministerium von Rudolf Werfel. Prag. 1901. Verlag der Genossenschaft der Handschuhmacher Prags und der Vororte. [In Comm. Řivnáč.] 8°. 61 S. K —.70

***Werfenstein,** Franz. (Beschreibung der Durchreise des Kaiserhofes durch Kärnten im Jahre 1765. Klgft., 1765.)

Werfer, Albert

Werfer, Alb., eine Blume auf das Grab seiner sel. Tante Franziska Schmid. Augsburg 854. (München, Finsterlin.) 8. (19 S.) n. 2 ngr

Werfer, Alb., Blüthen u. Früchte. Ein Festgeschenk für die christkatholische Jugend. Mit 4 (lith. u.) illum. Bildern. Leipzig 864. Fues. 16. (206 S.) 24 ngr

Werfer, Alb., **Edelreben im Weinberge der Kirche oder die Heiligen und die Gottgegnadigten. Mit einer Vorrede von K. Ziegler. gr. 8. (XIX, 337 S.) Regensburg 887, Verlags-Anstalt.** 3 50

Werfer, Alb., Erzählungen. Mit Stahlst. u. vielen Illustr. gr. 8. (243 S.) Regensburg 885. Verlags-Anstalt. 1. 50

Werfer, Albert, Gedichte. 16. (XII u. 260 S.) Tübingen 851, Laupp. 24 ngr

— biblische Geschichte, Bemerkungen dazu, s.: Deigendesch, A.

Werfer, Alb., bibl. Geschichte, s.: Schmid, Chrph. v.

Werfer, Alb., die biblische Geschichte d. alten u. neuen Testaments f. kathol. Volksschulen. 8. (217 S.) Schw. Gmünd 873. Schmid. n. — 50; broch. n. — 60

Werfer, Alb., biblische Geschichte f. kathol. Volksschulen, s.: Schmid, Christoph v.

Werfer, Alb., K. J. v. Hefele, Bischof von Rottenburg, s. Deutschlands Episcopat in Lebensbildern.

—— große illustrirte Heiligen-Legende, s. a. Heiligen-Legende.

— u. Frz. Xav. **Steck,** große illustrirte Heiligen-Legende auf alle Tage des Jahres. 5. Aufl. (In 24 Heften.) 1. Heft. Ulm 867. Ebner'sche Buchh. gr. 4. (VI, 96 S. mit eingedr. Holzschn. u. 1 Holzschntaf.) 7½ ngr

Werfer, Albert, Heinrich das Findelkind. Eine Erzählung aus dem 14. Jahrhundert. 8. (VI und 250 S. mit 1 Stnt.) Tübingen 852, Laupp'sche Buchh. Thlr.

Werfer, Alb., Gottes Herrlichkeit in seinen Werken. 16. (XV und 391 S.) Ulm 861, Ebner'sche Buchh.

Werfer, Alb., Gottes Herrlichkeit in seinen Werken. Neue Folge: Gottes Herrlichkeit im Geiste des Menschen. Ulm 870. Ebner. 16. (XII, 179 S.) 15 ngr; in engl. Einb. n. 20 ngr

Werfer, Alb., **Gottes Herrlichkeit in seinen Werken. 2. (Titel-)** Ausg. 12. (XV, 391; **XII,** 179 S.) Ulm 884, Ebner'sche Buchh. geb. mit Goldschn. 3 30

— Gottes Herrlichkeit in seinen Werken. 2. Aufl. 12. (XVII, 528 S. m. Bildern u. farb. Titelbild.) Ulm 894. J. Ebner. 3. 50; geb. m. Goldschn. n. 5. —

— Gottes Herrlichkeit in seinen Werken. 3. Aufl. (XVII, 528 S. m. Abbildgn. u. 4 Farbdr.) 12. Ulm 904. J. Ebner. 4. —; geb. in Leinw. m. Goldschn. 5. —

— Leben des heil. Karl Borromäus, siehe: Leben ausgezeichneter Katholiken. 1. Bdchn.

—— Leben der heil. Elisabeth von Ungarn, Landgräfin von Thüringen und Hessen, s. Bibliothek für die reifere christliche Jugend.

Werfer, Alb., Leben der heil. Elisabeth von Ungarn, Landgräfin von Thüringen u. Hessen. Mit 1 Stahlst. 8. Regensburg 844, Manz. 3/8 ℛ — Vergl. Mission, die heilige.

— Leben des Franz Fenelon, siehe: Leben ausgezeichneter Katholiken. 4. Bdchn.

— Leben des heil. Fidelis von Sigmaringen, s. Leben ausgezeichneter Katholiken.

—— s. Leben ausgezeichneter Katholiken.

— Leben der ehrw. Maria Crescentia, s. Leben ausgezeichneter Katholiken.

— Leben des J. A. Möhler, s. Leben ausgezeichneter Katholiken.

— Leben des Pater Friedrich Spee, s. Leben ausgezeichneter Katholiken.

— Leben des heil. Vincenz von Paul, siehe: Leben ausgezeichneter Katholiken. 3. Bdchn.

— Leben des Georg Michael Wittmann und Leben des Alexander v. Hohenlohe, s. Leben ausgezeichneter Katholiken.

—— Lebensbilder aus dem Volke und für das Volk. 8. (V und 190 S.) Tübingen 848, Laupp'sche Buchh.

—— Lebensbilder aus dem Volke und für das Volk. 2. Aufl. 8. (VII und 190 S. mit Titelbild in Holzschn.) Tübingen 856, Laupp'sche Buchh.

—— Lebensbilder aus dem Volke und für das Volk. Neue Folge. 8. (III und 250 S. mit Titelbild in Holzschn.) Tübingen 863, Laupp'sche Buchh.

— Lebensbilder aus dem Volke u. f. das Volk. (IV, 176 S.) kl. 8. Ravensburg 909. F. Alber. 1. 60; kart. 2. —

— dasselbe. Neue Folge. (III, 238 S.) kl. 8. Ebd. 909. 2. —; kart. 2. 40

—— Lebensgeschichte des Bartholomäus Holzhauser, Weltpriester, s. Leben ausgezeichneter Katholiken der drei letzten Jahrhunderte.

— Legenden. Erzählt f. die christkathol. Jugend. Mit 1 Stahlst. br. 8. (VI u. 160 S.) Stuttgart 847, Steppani. 1/2 ℛ

—— deutsches Legendenbuch, oder Lebensgeschichte der berühmtesten Heiligen, welche in den deutschen Landen gewirkt haben u. daselbst im Herrn gestorben sind. Erzählt für Schule u. Haus. gr. 8. (11¾ B. u. Ttlkpfr.) Tübingen 845, Laupp'sche Bh.

—— kleines illustrirtes Legenden-Büchlein für die christkatholische Jugend. 2. (Titel-)Ausg. br. 8. (VI und 160 S. mit vielen Bildern 1 Stahlst. und 15 Holzschnt.) Ulm (847)60, Ebner'sche Buchh.

— s. Manzoni, die Verlobten.

—— Quintin Messis. Ein Gedicht in 12 Gesängen. 8. (7¼ B.) Augsburg 843, Wolff'sche Buchh.

— katholisches Missionsbüchlein oder Anleitung dazu, was man vor, während u. nach der Mission zu beobachten hat. 2. verm. Aufl. gr. 16. (132 S.) Schwäb. Gmünd 851, Schmid. 4 ngr

—— katholisches Missionsbüchlein, oder Anleitung dazu, was man vor, während und nach der Mission zu beobachten hat. 4. (Titel-)Aufl. 16. (132 S.) Passau 856, Elsässer und Waldbauer. *

— katholisches Missionsbüchlein, oder Anleitung dazu, was man vor, während und nach der Mission zu beobachten hat. 4. Aufl. 856. — 5. verm. Aufl. Passau 858. Elsässer u. Waldbauer. 18. (143 S.) 4 ngr.

— katholisches Missionsbüchlein od. Anleitg. dazu, was man vor, währ. u. nach d. hl. Mission zu beobachten hat. 6. Aufl. Neu hrsg. v. e. Franziskaner-Ordenspriester. 16. (214 S. m. farb. Titel u. 1 Farbdr.) München 897. R. Abt. Geb. in Leinw. n. — 50

—— die Poesie der Bibel. gr. 8. (III, 337 S.) Tübingen 875, Laupp'sche Buchh. *

—— s. Schmid, Chr. v., Erinnerungen aus meinem Leben, 4. Bdchn.

Werfer, Alb., s. Schmid's, Chrph. v., biblische Geschichte f. kathol. Volksschulen.

— die barmherzige Schwester. Eine Erzählung. 8. (IV u. 250 S.) Tübingen 850, Laupp. 18 ngr

— die barmherzige Schwester. Eine Erzählung. 2. Aufl. Mit Titelbild (in Holzschn.). Tübingen 856. Laupp. 8. (2 Bl., 250 S.) 18 ngr.

—— Ubald der Landsknecht des Truchseß Georg v. Waldburg. Eine histor. Novelle aus den Zeiten des Bauernkrieges. 2. wohlfellere (Titel-)Ausg. 8. (375 S. mit Titelbild, Holzschntaf.) Ebendas. (865)72.

— Ubald, der Landsknecht des Truchseß Georg v. Waldburg. Eine histor. Novelle aus den Zeiten des Bauernkriegs. (3. Aufl.) (374 S.) kl. 8. Ebd. 910. 3. —; kart. 3. 50

— die Verlobten, s. Manzoni, A.

Werfer, Albert, approb. Arzt aus Ellwangen, Assistenzarzt am Marienspital in Stuttgart: Kritische Zusammenstellung der in den Jahren 1897–1902 in der Tübinger Poliklinik zur Behandlung gekommenen Fälle von croupöser Pneumonie. *Tübingen: F. Pietzcker 1904.* (39 S.) 8°
Tübingen, Med. Diss. v. 1904

Werfer, Alb., kritische Zusammenstellung der in den J. 1897—1902 in der Tübinger Poliklinik zur Behandlung gekommener Fälle v. croupöser Pneumonie. Diss. (36 S.) gr. 8. Tübingen 904. F. Pietzcker. n.n. — 80

Werfer, Dr. F. J., Versuch e. medicin. Topographie der Stadt Gmünd an d. Rems im Königr. Würtemberg. Mit 2 kolor. Vign. 8. Gmünd 813. Ritter. 1 ℛ 4 gr ohne Vign. 1 ℛ

Werff's, Adriaan van der, Biographie u. Charakteristik, s.: Lemcke, C.

Werff, Adriaen van der, die Verstoßung der Hagar, s.: Blätter, bunte, aus aller Welt.

Werft, Leo, Loreley. Eine Rhein-Mär. 8. (226 S.) Berlin 884, Parrisius. *ℳ 3; geb. * 4 —

Neue Werft- und Hafen-Anlagen zu Köln. Festschrift zum 14. Mai 1898. (Vorr.: J[os.] Stübben.) Köln (1898): Th. Fuhrmann. (201 S.) 4°
[Umschlagt.:] Stadt Köln. Denkschrift z. Eröffn. d. Neuen Werft- u. Hafen-Anlagen.

Werft- u. Hafen-Anlagen, neue, zu Köln. Festschrift zum 14. V. 1898. gr. 4. (X, 201 S. m. Abb., farb. Titel u. 89 Taf.) Köln 898. (J. G. Schmitz.) Geb. in Leinw. n.n. 20. —

Werft- u. Hafenbote, der. Vaterländ. Zeitg. f. die Angehörigen v. Werften, Hafenbetrieben u. verw. Berufszweigen. Red.: Rich. Bahr. 1. Jahrg. 1898. 104 Nrn. (Bog.) Fol. M. d. Unterhaltungsblatt „Fürs deutsche Haus". 52 Nrn. (Bog.) gr. 4. Berlin, C. Heymann's Verl. n. 2. 40
Kann auch vierteljährlich bezogen werden.

Werft- u. Hafenbote, der Vaterländische Zeitg. f. die Angehörigen von Werften, Hafenbetrieben u. verwandten Berufszweigen. Red.: Hugo Böttger. 2.—5. Jahrg. 1899—1902 à 104 Nrn. gr. Fol. (à ca. 4 S.) Mit dem Unterhaltungsblatt „Fürs deutsche Haus". à 53 Nrn. gr. 4. Berlin, C. Heymann. à Jahrg. n. 2. 40
Der 2. Jahrg. ist von R. Bahr redigiert.

Werft- u. Hafenbote, der. Vaterländische Zeitg. f. die Angehörigen von Werften, Hafenbetrieben u. verwandten Berufszweigen. Red.: Hugo Böttger. 6. Jahrg. 1903. 1. Halbj. 49 Nrn. (à ca. 4 S.) Fol. Mit dem Unterhaltungsblatt „Fürs deutsche Haus". 53 Nrn. gr. 4. Berlin, C. Heymann. n. 1. 20
Erscheint nicht mehr.

Werftdienstordnung. (Kap. III, Tit. 3.) Beschaffungsbetrieb. Entwurf. gr. 8. (IV, 95 S.) Berlin 894. E. S. Mittler & Sohn. n.n. 1. 75 (Dienstordnung f. kaiserl. Werften [1882] m. 32 Deckblättern u. obigem Entwurf: Kart. n.n. 23. 50; geb. n.n. 24. 90)
f. 1882 Dienstordnung f. die kaiserl. Werften.

Werftdienstordnung. Thl. I: Organisation der Werft. Abschn. 1. Organisation, Bestimmgn. üb. den allgem. Geschäftsbetrieb u. Geschäftsvertheilungsplan. Entwurf. gr. 8. (III, 27 S.) Berlin 898. E. S. Mittler & Sohn. n. — 40

— Thl. II: Werftbetrieb. Abschn. 3: Werftsicherheits- u. Ordnungsdienst. Abschn. 4: Die Kriegsschiffe. Entwurf. gr. 8. (III, 7 u. IV, 53 S.) Ebd. 898. 97. n.n. 1. 25

— dasselbe. Abschn. 9. Kassenbetrieb. Entwurf. gr. 8. (V, 114 S.) Ebd. 898. n. 2. — (kplt. m. allen Nachträgen ꝛc. n.n. 28. 65; geb. n.n. 30. 15)

Werftdienstordnung. Thl. II: Werftbetrieb. Abschn. 5. Werkstattsordnung. Entwurf. gr. 8. (VI, 293 S.) Berlin 899. E. S. Mittler & Sohn. n. 6. —

Werg, August, s.a. Abendorf, Emil

Werg, Aug., histor. Bilder-Cabinet, enthalt. Erzähln. aus d. Preuß.-Brandenburg'schen Geschichte f. d. Jugend. 16. (11½ B. u. 6 ill. Kpfr.) Berlin 833, [Lüderitz'sche Vrlsbuchh.]

Werg, Aug., † (E. Abendorf,) Natalia Demidoff. Eine Erzähl. aus d. ersten Hälfte d. vorigen Jahrh. 8. (15 B.) Berlin 835, [C. G. Lüderitz'sche Vrlsbuchh.]

—— die Eingemauerten im Schlosse Szuniogh. Eine Erzähl. nach e. magyar. Volkssage. 8. (15½ B.) Berlin 837, [C. G. Lüderitz'sche Vrlsbuchh.]

—— der Engel von Augsburg. Eine histor.-romant. Erzähl. aus d. ersten Hälfte d. 15. Jahrh. 8. (14¼ B.) Berlin 837, [C. G. Lüderitz'sche Vrlsbuchh.]

Werg, Aug. † (E. Abendorf), Erichson oder der edle Flüchtling. Eine histor.-romantische Erzähluug aus d. I. Viertel des 16. Jahrh. 2 Thle. 8. (28⅞ B.) Berlin 843, Lüderitz'sche Vrlgsh.

—— die Erscheinung der Königin, oder die Rache des Litthauers. Romant. Erzählung. 8. (15¾ B.) Berlin 842, Lüderitz'sche Vrlgsh.

—— der Freigraf. Eine Erzähl. aus d. Zeiten d. heiml. Gerichte. 8. (13½ B.) Berlin 841, [C. G. Lüderitz'sche Vrlsbuchh.]

—— der Gang des Schicksals. Eine Erzähl. nach e. servischen Volkssage. 8. (16½ B.) Berlin 835, [Lüderitz'sche Vrlsbuchh.]

—— der Gebrandmarkte. Eine Erzählung. 8. (15 B.) Berlin 836, [C. G. Lüderitz'sche Vrlsbuchh.]

(——), Gormas der Schreckliche ꝛc., s. † Abendorf.

Werg, Aug., Gundeberga, Königin der Longobarden, od. der Gottesgerichts-Kampf in Pavia; eine Erzählung aus d. ersten Drittel des 7n Jahrhund. Mit 1 Kpf. 8. Berl. 826. (Curths). 1 ℛ 12 𝔤𝔤.

Werg, (A.,) Gundeberga, Königin d. Longobarden, oder der Gottesgerichts-Kampf in Pavia. Eine Erzählung aus dem ersten Drittel des 7. Jahrhund. Mit 1 Kpf. 8. Berl. 826, Schmidt'sche Verlagsh.

WERG, Aug. (nicht ps.), Gundeberga, Königin der Longobarden, oder der Gottesgerichts-Kampf in Pavia. Eine Erzahlung aus dem 1. Drittel des siebenten Jahrhunderts. Mit 1 Kpf. (Unzelmann del. et sc. Berlin). Berlin, Schmidt, 1827. 8°.
Tit., 266 S., 1 Bl. mit: Berlin. Gedr. bei C. A. W. Schmidt.

—— die beiden Zietenschen Husaren. Eine Erzähl. 8. (17 B.) Berlin 835, [C. G. Lüderitz'sche Vrlsbuchh.]

—— die Jüdin von Prag. Eine Kriminal-Geschichte a. d. Mittelalter. 8. (13 B.) Berlin 833, [Lüderitz'sche Vrlsbuchh.]

——, Leopold v. Oestreich u. die Solothurner. Eine histor. Erzähl. aus d. 1. Viertel d. 14. Jahrh., u. drei Erzähln. v. F. A. Crasselt. 8. (12 B.) Neuhaldensleben 834, Eyraud.

——, William Lithgow, od. die Gräuel d. Inquisition. Eine Erzähl. 8. (13 B.) Berlin 833, [Lüderitz'sche Vrlsbuchh.]

—— das Missionsdorf. Eine Erzähl. aus d. ersten Drittel d. vorigen Jahrh. 8. (14 B.) Berlin 836, [C. G. Lüderitz'sche Vrlsbuchh.]

— Nachtfalter. Romant. Erzählungen. 2 Thle. Mit Vign. 8. Berl. 825. (Curths). 2 ℛ 16 𝔤𝔤.

— Nachtfalter. Romant. Erzähll. 2 Thle. Mit Vign. 8. Berl. 825, Schmidt.

—— der Page von Brieg. Romant. Erzähl. aus e. schles. Volkssage. 8. (14 B.) Berlin 833, [Lüderitz'sche Vrlsbuchh.]

— Hans Pinzenauer auf dem Kufstein; eine histor.-romant. Erzählung aus dem Anfange des 16n Jahrhund. 8. Berl. 832. Lüderitz. 1 ℛ

——, Hans Pinzenauer auf d. Kufstein. Eine histor.-romant. Erzähl. aus d. Anfange d. 16. Jahrh. 8. (18 B.) Berlin 833, [Lüderitz'sche Vrlsbuchh.]

——, Placidia, Königin d. Westgothen. Eine histor.-romant. Erzähl. aus d. Zeiten d. großen Völkerwanderung. 8. (18 B. u. 1 Stndr.) Neuhaldensleben 832, Eyraud.

—— die Prenzlauer, od. Verrath auf Verrath. Eine histor.-romant. Erzähl. aus d. 1. Viertel d. 15. Jahrh. 8. (13 B.) Berlin 832, [Lüderitz'sche Vrlsbuchh.]

Werg, Aug., die Prenzlauer oder Verrat auf Verrat. Eine historisch-romant. Erzählung aus dem ersten Viertel des 15. Jahrh. 2. Aufl. 12. (180 S.) Prenzlau 883, Mieck. 2 —

Werg, Aug., die Prenzlauer od. Verrat auf Verrat. Eine historisch-romant. Erzählg. aus dem ersten Viertel d. 15. Jahrh. 2. Aufl. 12. (180 S.) Prenzlau 885. Mieck. n. 2. —

— die Prophezeihung. Romantische Erzählung. 8. Ebend. 842. 1 ₰

—— der Liebe Rache u. Lohn, od. die Normanen-Brüder. Eine romant. Erzähl. aus d. Zeiten d. Mittelalters. 8. (13 B. u. Ttlkpfr.) Neuhaldensleben 832, Eyraud.

——, Diogenes Romanus. Eine histor.-romant. Erzähl. aus d. letzten Hälfte d. 11. Jahrh. 2 Thle. Der Feldherr. — Der Kaiser. 8. (32¾ B.) Berlin 840, [C. G. Lüderitz'sche Vrlsbuchh.]

—— der Schacht von St. Ursula, oder das verhängnißvolle Bild. Romantische Erzählung. 8. (15½ B.) Berlin 842, Lüderitz'sche Vrlgsh.

—— Schilderungen aus d. Kriegsleben der letzten Jahrh. Für d. Jugend bearb. u. dargest. in angenehmen Erzähln. zur lehrr. Unterhalt. 8. (9 B. u. 6 ill. Abbild.) Neuhaldensleben 833, Eyraud.

—— das Schmuggler-Eiland. Eine romantische Erzählung. 8. (15¼ B.) Berlin 844, Lüderitz'sche Vrlgsh.

—— das Schnupftuch Katt's u. die Rettungsfrist. Zwei Erzähln. 8. (13¼ B.) Berlin 835, [C. G. Lüderitz'sche Vrlsbuchh.]

— die Schwüre, od. Ritter Just v. Hartenstein. Eine Gesch. aus den Zeiten des Faustrechts. Mit 1 Kpfr 8. Ebd. 826, Ebd.

— die Schwüre, od. Ritter Just v. Hartenstein. Eine Geschichte aus d. Zeiten des Faustrechts. Mit 1 Kpf. 8. Berl. 827. (Curths). 1 ₰ 8 gr

—— Stiefvater und Stiefsohn. Eine romant. Erzähl. 8. (17 B.) Berlin 837, [C. G. Lüderitz'sche Vrlsbuchh.]

—— die Tiefenbacher, u. die Brüder v. Roncavero. Zwei Erzähln. 8. (15 B.) Berlin 834, [Lüderitz'sche Vrlsbuchh.]

—— der Thurm d. sieben Straßen, od. d. Untergang d. Hauses Gherardesca. Eine Erzähl. aus d. Zeiten d. Gibellinen- u. Guelfen-Kämpfe. 8. (13½ B.) Berlin 836, [C. G. Lüderitz'sche Vrlsbuchh.]

— die Vergeltung. Romantische Erzählung. 8. Ebend. 842. 1 ₰

—— die Vergeltungsnacht auf Cypern. Eine histor.-romant. Erzähl. aus d. letzten Hälfte d. 14. Jahrh. 8. (15 B.) Berlin 841, [C. G. Lüderitz'sche Vrlsbuchh.]

—— der Verwaiste. Eine histor.-romantische Erzählung. 8. (16⅝ B.) Berlin 845, Lüderitz'sche Vrlgsh.

Werg, Aug. † (C. Abendorf,) König Wenzel u. sein Page. Eine histor.-romant. Erzähl. aus d. letzten Hälfte d. 14. Jahrh. 2 Bde. 8. (31 B. u. Ttlbild.) Berlin 838, [C. G. Lüderitz'sche Vrlsbuchh.] Thlr.

—, Hermann Werning, d. edle Soldat. Ein Heldengemälde aus d. Feldzuge d. Franzosen in Rußland unter Napoleon. Für d. Jugend bearb. 8. (13¼ B. u. 6 ill. Abbild.) Neuhaldensleben 833, Eyraud.

Werg, J. F., die Hexenprocesse der ehemaligen Reichsstadt Nördlingen. (Aus der hist.-statist. Zeitschrift: „das Ries, wie es war und ist,“ besonders abgedruckt). Nördlingen s. a. (838). 8.

Wergeland, Henrik: Die Jüdin, dramatisiert, s. Winter-Hjelm, Thorolf.

Wergeland, Henr., Carl Johann, König v. Schweden u. Norwegen. Eine geschichtl. Darstell. Nach d. 2., im J. 1839 in Christiania erschien. Aufl. a. d. Norweg. übers. 8. (9 B.) Kiel 841. (Leipzig, Gebhardt u. Reisland.)

Wergeland, Henrik, Norges Konstitutions Historie. 1. Hft. (Med Bilag.) stor 8. Kristiania 841, Guldberg u. Dzwonkowski. (Leipzig, Michelsen.) n. 1 ₰

Wergeland, Mathilde, Aettleiding. Ein Rechtsgeschäft, **mittelst dessen in Norwegen vordem unächt geborene Kinder in das Geschlecht eingeführt werden konnten. Inaug.-Diss. gr. 8.** (31 S.) München 890. Kaiser. n. — 60

Wergeland, N., Veikart over Norge, siehe: Waligorski.

Werger, Gust. A., interessante Residenz-Geschichten. Socialer Roman aus der Gegenwart. 20 Hfte. gr. 8. (1. u. 2. Hft. 96 S.) Stuttgart 878. Süddeutsche Verlagsbuchhandlung. à — 50

Werhan, s. Wehrhan.

Balder. Trauerspiel in 5 Akten von Armin **Werherr** [d. i. Dr. Michael Werner]. Aschach b. Kissingen: Selbstverl. 1894. (134 S.) 8° [F.] [06. 12584

Balder. Trauerspiel in 5 Akten von Armin **Werherr** [d. i. Dr. Michael Werner]. 2. Aufl. Als Ms. vervielfältigt. Leipzig: (Genossensch. dramat. Autoren u. Componisten.) 1894. (125 S.) 8° [F.] [06. 12585

Werherr, Armin, Bertha, e. Liebesgeschichte aus Bad Bocklet, s.: Büchersammlung, allgemeine, lebender Schriftsteller.

Werherr, Armin, Gedichte. 8. (XV, 224 S.) Würzburg 887, Stahel'sche Universitäts-Buchh. * 3 —
geb. mit Goldschn. * 4 —

Werherr, Armin, Lebenslauf e. verunglückten Poeten. 8. (IV, 83 S.) Würzburg 874. (Keller.) — 75

Werherr, Armin, Sommer-Astern. Gedichte. 12. (II, 125 S.) Straßburg. Basel 895. G. L. Kattentidt. n. 1. 80; geb. n. 3. —

Die Tochter des Wucherers, Trauerspiel in 4 Aufz. von Armin **Werherr** [d. i. Dr. Michael Werner]. Als Ms. vervielfältigt. Leipzig: (Genossensch. dramat. Autoren & Komponisten) 1895. (155 S.) 8° [F.] [06. 12586

WERHOVATZ, MAXIM(ILIAN): Rede die Se. Excellenz Maximilian von Werhovatz Bischof von Agram bei der von ihm selbst verrichteten Trauungs-Ceremonie des Frl. Maria Szilay von Nagy-Szigel mit Herrn Ignatz Baron Spleny von Mihaldy . . . den 17. Mai im J. 1807 an das Brautpaar gehalten wurde. Ofen 1808. Mit kön. ung. Universitäts-Schriften. 8 S. - gr. 8°

Werht, s. a. Wehrt.

Erklårung an das Publicum wegen eines Briefs [Joh. Aug. Frh. v.] Star[c]k betreffend. Aufgesezt [!] von dem Verf. des Briefs C[arl] D[ietr.] Werht. Nebst einigen neuen Erl. über Starcks Clericat. Leipzig: Kummer 1789. 144 S. 8°
cf. D. neuesten Religionsbegebenheiten. 12 (1789) S. 570—589; 13 (1790) S. 315—344.
Kl. 3417.

An das Publicum von Karl Dietr Werht. Mitau [Leipzig: Kummer] 1790. 16 S. 8°
cf. Berlinische Monatsschrift. 15 (1790) S. 284 bis 286; D. neuesten Religionsbegebenheiten. 13 (1790) S. 313—316.
Kl. 3423. Betr. J. A. Frh. v. Starcks documentirten Anti-Werht.

Werhun Dimitrij: Melchius Smotrickij, ein südrussicher Publizist und slawischer Grammatiker aus dem Anfang des 17. Jahrhunderts.
1898 PN 1170 Diss. Wien, Univ. 2685

Werigin. Militarische Betrachtungen des Feldzuges 1829 in der Türkei. (In russischer Sprache.) 8. St. Petersburg 1846.

Werigo, Br. Effecte der Nervenreizung durch intermittirende Kettenströme. Ein Beitrag zur Theorie d. Electrotonus u. der Nervenerregg. gr. 8. (V, 237 S. m. 9 Taf. u. 20 Holzschn.) Berl. 891, Hirschwald. * 9

Werinher, A., zum Streite der bayerischen Zentralgenossenschaft Regensburg gegen den niederbayerischen Bauernverein. Eine kaufmänn. Studie zum Bruderstreit. (48 S.) gr. 8. München 908. R. Beck (L. Haile). 1.—

Werk, das. Illustrierte Halbmonatschrift f. Architektur u. Kunstgewerbe. Organ des Bundes deutscher Architekten (B. D. A.) u. Veröffentlichungsorgan d. deutsch. Werkbundes (D. W. B.). Schriftleitg.: O. Voepel. Jahrg. 1909. 24 Hefte. (VIII, 384 S. m. Abbildgn.) Lex. 8. Leipzig, R. Voigtländer. 18.—
Erscheint nicht mehr.

—— das, der Münchener Künstlerfamilie Adam. Reproductionen nach den Originalen der Maler Albrecht, Benno, Emil, Eugen, Franz u. Julius Adam. Hrsg. von Sigm. Soldan. Mit Text v. H. Holland. qu. Fol. (84 Bl. in Lichtdr. m. 16 S.) Nürnb. 890, Soldan. In Mappe * 192 —

Werk, Das, vom „Brote des heil. Antonius". III. Aufl. Klgft., St. Josefs-Druck., 1900. 32 S.

Werk, Das eigene, Gottes . . . Bresl. 1762. V: *Burg, Joh. Friedrich.* (Kat. d. Druckschr. üb. Breslau. Breslau 1903. S. 19.)

Werk, das, e. Evangelisten. Zur Erinnerg. an d. Einsegng. d. Hrn. Pfarrer R. Burckhardt als Vereinsgeistlicher am evang. Vereinshaus zu Winterthur durch Herrn Pfarrer A. Ritter aus Neumünster, am 4. Oktbr. 1896. (Weiherede v. R. u. Antrittspredigt v. B.) 12. (16 S.) Zürich 896. (Depot d. Evang. Gesellschaft.) n.n. — 25

— das fortschreitende, d. Sünde im Herzen d. Menschen od. Der Weg zur Rettg. 12. (12 S.) Elberfeld 895. Buchh. d. evang. Gesellschaft. n. — 10

Werk, Das, der Glaubensverbreitung . . . Salzburg 1880. V: *Hager, Edmund.* (Hr)

Werk, Das hochwichtige, der Wiedergeburt. O. O. 1702. V: *Scharschmid, Anna Catharina.* (Myl)

Werk, das, des blauen Kreuzes. Eine Rettungsarbeit unter den Trinkern. Entstehung, Zweck und Grundsätze. [Kundgebung des Mäßigkeitsvereins des blauen Kreuzes, hrsg. vom Central-Comité.] 8. (8 S.) Bern 886. (Leipzig, Buchh. des Vereinshauses.) — 3

Werk, das, des Blauen Kreuzes. Leipzig 1886. 8. S. 8°. 2. Aufl. Bern 1889. 12 S. 12°.

[Kopft.:] Das **Werk** des Blauen Kreuzes. E. Rettgsarbeit unter d. Trinkern . . . *(Bern: Agentur d. Blauen Kreuzes; Barmen: Elon. Buchh. d. Blauen Kreuzes 1897.)* (1 S.) 1 Bl. 8. 198. 8039

Werk, das, der Liebe an den entlassenen Strafgefangenen. Eine Erzählung von Fr. Br. Gekrönte Preisschrift. Barmen 867. (Cöln, Roemke & Co.) 8. (72 S.) n. 3 ngr.

Werk, Des Lord M., von dem Ursprunge und Fortgange der Sprache übersetzt von E. A. Schmid. . . . Riga 1784—85. V: *Burnet Lord Monboddo, James.* (BrMm)

Werk, das, Adolph Menzel's. Vom Künstler autoris. Ausg. Mit Text v. Max Jordan u. Rob. Dohme. 23.—30. (Schluss-)Lfg. gr. Fol. (S. 57—100 m. eingedr. Illustr. u. 36 Taf. in Heliogravüre.) Münch. 891, Verlagsanstalt f. Kunst u. Wissenschaft. à Lfg. * 20 —; * 160 —
Lfg. 1.—22. (s. XVIII. Bd. 2. Abthl. S. 137: Menzel, Adolph.) Ebd. 1886—89. à * 20 —. Complet in 3 Thln., 1. Thl. geb., 2. u. 3. Thl. in je 1 Mappe. ** 650 —.

Werk, das, des Edvard Munch. Vier Beiträge v. Stanisl. Przybyszewski, Frz. Servaes, Willy Pastor, Jul. Meier-Graefe. Hrsg. v. Stanisl. Przybyszewski. gr. 8. (95 S.) Berlin 894. S. Fischer, Verl. n. 1.—

Werk, Das neue, Nürnberg der »Vereinigte Maschinenfabrik Augsburg und Maschinenbaugesellschaft Nürnberg A.-G.« Berlin 1903

Werk und Wort, Overbeck's. Ein Aufsatz von einem römischen Kunstfreunde . . . Frankfurt a. M. 1841. V: *Kestner, August.* (JStBbH)

Werk, Theoretisch-praktisches, die Künste, Manufacturen und Handelschaft betreffend . . . A. d. Engl. Münch. u. Leipz. 1779. V: *Bailay, Will.* (Kat. d. Bibl. d. tech. Hochsch. Hannover. Hann. 1893.)

Werk, theoret. prakt., d. Künste, Manufakturen u. Handelschaft betreff. oder Abrisse u. Beschr. d. nützl. Maschinen u. Modellen rc. welche in London rc. aufbewahrt werden, a. d. Engl. v. J. K. m. 55 K. 4. München, Lentner. 780.

Werk, Albert, appr. Tierarzt: Die angebliche practica avium et equorum des Lanfrancus de Mediolano. Ein Beitr. z. Geschichte d. Veterinärmedizin im 14. Jh. Mit 1 Taf. Danzig 1909: Kafemann. 74 S. 8°
Gießen, Veterinär-Med. Diss. v. 2. Sept. 1909, Ref. Martin
[Geb. 21. Sept. 83 Pristram; Wohnort: Pankow; Staatsangeh.: Preußen; Vorbildung: König-Wilhelms-Schule Reichenbach i. Schl. Reife O. 04; Studium: Berlin Tierärztl. Hochsch. 7 S.; Rig. 23. Juli 09.] [U 10. 1265

Werk, Franz Xaver, Über theologische Specialschulen. Eine Gelegenheitsschrift. Freiburg, Herder, 1818, 8°, 36 S., 60 Pf. (Fehlt.)

Werk, Frz. Xav., Stiftungs-Urkunden akademischer Stipendien u. anderer milden Gaben an der Hoch-Schule zu Freyburg im Breisgau von 1497 bis 1842 chronolog. geordnet, mit Summarien, Registern u. Anmerkungen versehen, sammt den neuern Verfügungen über das Stipendien-Wesen, auf Anordnung des akadem. Senats hrsg. Erster Druck. Lex.-8. (37 B., 1 Abbild. des Stifter's Babst u. 1 Facsim.) Freyburg 842, (Wagner'sche Buchh.) •

Werk, Hugo, s. Zeitschrift f. Theologie.

Werk, Joseph. Die Kultur der Zwergobstbäume mit Berücksichtigung ihrer Formen, sowie die Kultur der Beerenfrüchte nebst einem Anhang, der immerwährende Arbeitskalender, vierte vermehrte und vollständig umgearbeitete Auflage mit 50 Holzschnitten. Gr. in-8°. 204 S. Aarau, Emil Wirz. 1895. 3 20
*** Berichtigung der Aufnahme in N° 4 und 5.

Werk, Marion E. van de, aus Zevenbergen (Holland): **Zur Geschichte des javanischen Grundbesitzes.** *Freiburg i. B. 1899: E. Kuttruff.* (VIII, 71 S.) 8°
Freiburg i. B., Rechts- u. staatswiss. Diss. v. 1899

Werkamp, F. v. Versuch einer theoretisch-praktischen Anleitung zur Ausübung der Taktik in den Evolutionen u. beim Manövrieren. Mit Taf. Stuttgart 1791. 518 S.

v. Werkamp, Baron v. Irmtraut d. ält., gen. Alt-Barkhausen, Fr. Jh. Ldw. Ph., Versuch e. theoret.-prakt. Anleit. zur Ausübung der Taktik in den Evolutionen u. beim Mannövriren, mit Kpf. gr. 8. Stuttg. 792. N. A. 798. (Sattler). 3 ℛ

Werkblatt, das. Rundschau f. die künstler. u. wirtschaftl. Interessen aller Werkkultur. Schriftleitung: Rob. Breuer u. Gust. Siebmann. Jahrg. 1908. 24 Nrn. (à ca. 16 S.) 30,5×23,5 cm. Leipzig, W. Diebener. 8.— Erscheint nicht mehr.

Werke der Allmacht oder Wunder der Natur. Jg. 1–11. Breslau: Groß, Barth u. Co. 1826–36. 4°
Hrsg.: Fr. Paul Scholz.

— auserlesene kleine, dreier berühmter engl. Chymisten, Priestley, Henry u. Black; aus d. Engl. von J. L. Tode. 8. Kopenh. 774. Schubothe. 7 ℊ

Werke, ausgewählte klassische, mit vollständigen Commentaren. Schulausgaben. 2. Reihe: Die Klassiker des Mittelalters. Bearb. von J. W. O. Richter und W. U. Jütting. 1. Bdchn.: Einführung in die deutsche Literatur des Mittelalters. Ein Hülfsbuch für höhere Schulen, sowie zum Privatgebrauch. Von J. W. Otto Richter. 8. (128 S.) Leipzig 875, Siegismund und Volkening. *
1. Reihe vgl.: Schulausgaben ausgewählter klassischer Werke.

Werke, ausgewählte classische. Mit Einleitungen und Anmerkungen. [In 2 Bdn.] 1. Bd.: Wieland, Oberon. — Herder, Cid. — Kleist, Hermannsschlacht. — Körner, Zriny. gr. 8. (XV, 180; XII, 66; XIII, 95; XV, 82 S.) Wien 886, Graeser. geb. * 3 —

Ausgewählte Werke der Maler des Alterthums, begleitet von einer historischen Notiz über die antike Kunst. Paris und Leipzig. 4°.

(F) **Ausgewählte Werke** des Grafen Kaspar von Sternberg. 2. Bd. Materialien zu meiner Biographie. [Bibliothek deutscher Schriftsteller aus Böhmen. 27. Bd.] 8°. (XXX, 312 S. mit 6 Tafeln) Prag: Calve 1910. K 3.—

— einiger Barden Deutschlands. 1e Samml. 8. Götting. 809. Brose. 16 ℊ

— die, der Caledonischen Barden, aus dem Gallischen in's Englische u. aus diesem ins Deutsche übersetzt. 1r Bd. 8. Leipz. 779. Weidmann. 12 ℊ

Werke der höheren Baukunst, für die Ausführung erfunden und dargestellt. Potsdam 1841. Fol.

Werke der Bildhauerkunst vom Friedhof in Genua. 20 Photogr. 4. Zürich 893. Art. Institut Orell Füssli, Verl. n. 6. —

Werke und Missionen. **Don Boscos. Salesianische Mitarbeiter. Praktisches Mittel zur Förderung der Sittlichkeit zum Nutzen der menschlichen Gesellschaft. Turin 1910. V: *Amadei, Angelo.* (EB)**

— dramatische, v. L. v. Rango. s. Rango, L. v.

— dramatische, von Reinbeck. s. Reinbeck, G.

— dram., v. Mosi de Moissy. 3 Bde. 8. Berl. Himburg. 775. 2 —

Werke, dram., f. das Hoftheater in Dresd. bearb. v. J. Fr. E. Albrecht. 8. Prag, Calve. 790. 1 —

— dram., von L. W. C. v. Halem. 8. Rostock, Stiller. 794. — 20

— dram., a. d. Engl. d. S. Foote. 4 Thle. 8. Berlin, Fr. Nicolai. 796—98. (1r—3r à 1 Rthl. 4r 21 gr.) 3 21

— dram., a. d. Engl. d. Shakespeare neu bearb. v. A. W. Schlegel. 1r—9r Bd. 1ste Abth. gr. 8. Berl. Unger. 797—810. (I. a) Romeo u. Julie; b) ein Sommernachtstraum. 12 gr. II. a) Julius Cäsar; b) was ihr wollt. 12 gr. III. a) der Sturm; b) Hamlet. 16 gr. IV. a) d. Kaufmann v. Venedig b) wie es euch gefällt. 12 gr. V. a) König Johann; b) König Richard II. 12 gr. VI. König Heinrich IV. 1r 2r 6 gr. VII. a) König Heinrich V.; b) König Heinrich VI. 1r 16 gr. VIII. König Heinrich VI. 2r 3r. 16 gr. IX. König Richard III. 12 gr.) 5 4
Schreibp. (1r—5r à 1 Rthlr. 6r—8r à 1 Rthlr. 8 gr. 9r 1r 1 Rthlr.) 10 —
Velinp. (1r—5r à 1 Rthlr. 16 gr. 6r—8r à 2 Rthlr. 9r 1r 1 Rthlr. 12 gr.) 15 20

— dram., v. A. J. v. Guttenberg. 3 Bde. 8. Augsburg, Stage. 800—3. (1r 1 Rthlr. 16 gr. 2r 1 Rthlr. 10 gr. 3r 1 Rthlr. 12 gr.) 4 14

Werke, dramatische, von B. Lögler, mit K. 8. Augsb. v. Jenisch u. Stage. 815. Rthlr. 1 4

— dramatische, von F. X. Rümel, mit K. gr. 8. Augsb. Stage. 815. 1 16
(Enth. die Einsiedlerin am Kniebisberge. Die Rebellen in Ungarn. Emma von Rauhenlachsberg.)

— dramatische, von B. Lögler. 2r Band. 8. Augsburg, Jenisch-Stage. 817. 1 —

— dramat. v. Shakespeare, übersetzt v. Schlegel. 1r bis 9r Bd. Neue Aufl. gr. 8. Berlin, Reimer. 817 — 821. 5 4
Schreibpap. 10 —

— dieselben übersetzt v. J. H. Voß. s. im Alphabet.

Werke, dramatische, von Aug. Klingemann. 1r 2r Bd. gr. 8. Braunschweig, Meyer. 817. 818. (1r Bd. 1 Rthlr. 8 Gr. 2r Bd. 1 Rthlr. 10 Gr.) 2 18
Daraus ist einzeln zu haben:
(1r Bd. Rodrigo und Chimene, Trauerspiel in 5 Akten, 16 Gr. — die Wittwe von Ephesus, in 1 Akt, 8 Gr. — Heinrich der Finkler, dramat. Legende in 1 Akt, 6 Gr. — dramat. Kleinigkeiten und Gelegenheitsgedichte, 8 Gr. — 2r Band das Kreuz im Norden, Trauerspiel in 5 Akten, 18 Gr. — Ferd. Cortez, oder die Eroberung von Mexiko, histor. Drama in 5 Akten, 18 Gr.)

Werke, die ächten, apostolischer Männer, (sonst die apokryph. Bücher d. N. T.) enthaltend: die Briefe des Clemens, Ignatius, Polykarpus u. Barnabas rc. rc., aus d. Griech. übersetzt u. mit Anmerkk. von S. Grynäus. gr. 8. Basel 772. Schweighäuser. 20 Gr. dies. verb. v. Vit. Mösl. gr. 8. Augsb. 774. Wolff. 16 Gr.

Werke der Finsterniss aus dem Gebiete der Homöopathie . . . Altenburg 1824. V: *Meissner, Frdr. Ludw.* [?] (Call) (BiblHomoeo)

— der Finsterniß, aus dem Gebiete d. Homöopathie. Ans Licht gezogen durch Dr. Th.*** 8. Leipz. 824. Hartmann. 10 Gr.

Die Werke der Vereinigten Gummiwaren-Fabriken Harburg-Wien, vormals Menier-J. N. Reithoffer in Harburg an der Elbe, Wimpassing, Niederösterreich, und Linden-Hannover. [Mit Abb.] [Harburg a. d. E. usw.: Selbstverl. 1900.] 127 S. quer-8°

Werke, Die hervorragendsten, der Wohlthätigkeit im Kanton Uri. Zürich [1893]. V: *Muheim, Gustav.* (Cat. d. Stadtbibl. Zürich. Zürich 1864—97.)

— hinterlassene, des Verfassers, herausg. von Ireniko, Irenepsi. 1r Thl., mit Holzschn. 8. Leipz. 793. (Wienbrack). 12 Gr.

— **die industriellen,** Deutschlands. Geschichtliche Darstellung ihrer Entstehg. u. Entwicklg. bis zum gegenwärt. Stande ihrer Ausdehnung, nebst e. Beschreibg. ihrer Erzeugnisse. 1. Bd. gr. 4. (VIII, 289 S. m. Abb.) Bochum 900. Central-Anzeiger f. Industrie. Geb. in Leinw. n. 20. —

Die industriellen **Werke** Deutschlands. Geschichtl. Darstellung ihrer Entstehung u. Entwicklung bis z. gegenwärt. Stande ihrer Ausdehnung nebst e. Beschreibung ihrer Erzeugnisse. Bd. 1. *Bochum: F. Jahn 1900.* 4° [00. 10409

Werke des Institute für archäologische Correspondenz in Rom, bestehend in 3 Abthll. 1r—3r Jahrg. u. 4r u. 5r Jahrg. unt. d. T.: Annali dell' instituto di corrispondenza archeologica. Vol. I—V. — Annales de l'institut de correspondance archéologique. Tom. I—V. à 3 Cahs. Mit Kpfr. u. Tabell. gr. 8. Parigi 829—33. — Bullettino degli Annali dell' instituto di corrisp. archeolog. Bulletin de l'institut de corresp. archéolog. gr. 8. Roma 832, 33. — Monumenti inediti pubbl. dall' instituto di corrisp. archeol. per l'anno 1832 et 1833. Monuments inédits publ. par l'institut de corresp. archéolog. pour l'ann. 1832 et 1833. Roy.-Fol. Roma. (Bonnae, Marcus.) 1r — 3r Jahrg. à n. 24 Thlr. — J. 1832. n. 24 Thlr. — J. 1833. n. 18 Thlr.

Werke über Kartenzeichnen im geographischen Unterrichte (v. A. Frenzel), s.: Veröffentlichung des Schulmuseums des sächsischen Lehrervereins zu Dresden.

—— der griechischen Kirchenväter in Uebersetzungen. I. Bdchn. A. u. d. Ttl.: Gregor's von Nazianz Rede auf Athanasius den Großen, Erzbischof von Alexandrien. Aus dem Griech. u. mit Anmerk. versehen von Heinr. Mosner. 8. (3½ B.) Nürnberg 843, Felssecker. *

—— der griechischen Kirchenväter in Uebersetzungen. 2. Bdchn. A. u. d. T.: Gregor's v. Nyssa Lobrede auf unsern heil. Vater Ephraim den Syrer. Aus dem Griech. ins Deutsche übers. von Heinr. Mosner. 8. (31 S.) Bayreuth 850. (Bamberg, Buchner'sche Buchh.) *
1. Bdchn. Nürnberg 1843. * 5 Ngr.

Werke des tschinesischen Weisen Kung-Fu-Dsü u. seiner Schüler. Zum erstenmal aus d. Ursprache ins Deutsche übersetzt u. mit Anmerkk. begleitet von W. Schott. 1r Thl. gr. 8. Halle 826. Renger. 1 Thlr. 2r Thl. 8. Berl. 832. Jonas. 1 Thlr.

—— des chines. Weisen Khung-Fu-Dsii u. seiner Schüler. Zum ersten Mal aus d. Ursprache ins Deutsche übers., u. mit Anmerkn. v. Wilh. Schott. 2. Thl. 8. (11¼ B.) Berlin 832, [Jonas's Vrlsh.]
1. Thl. (unt. etwas veränd. Ttl.) gr. 8. Halle, Renger. [Leipzig, Volckmar.] 1826. 1 Thlr.

Werke, Ysop Lafleurs sämmtliche, oder meiner Herrschaft und meiner Wenigkeit malerische Reise in das sächsische Sandsteingebirge an der Elbe. Halle 1798. V: *Eberhard, Christian August Glob.* (EE)

Werke von Paul de Lagarde. O. O. 1892. V: *Nestle, Eberhard.* (KatDMG) (Berl)

Werke alter Meister 3 Tle. Je 32 Reproduktionen nach Originalen des königl. Museums, Berlin. (à 32 S.) gr. 4. Berlin (903). Globus Verlag. Geb. in Leinw. n. 1. 20

— **dasselbe.** 30 Reproduktionen nach Originalen der königl. Gemälde-Galerie Dresden. (30 S.) gr. 4. Ebd. (903). Geb. n. 1. 20

— **dasselbe.** 30 Reproduktionen nach Originalen des Louvre in Paris. (30 S.) gr. 4. Berlin (903). Globus Verlag. Geb. in Leinw. n. 1. 20

— **dasselbe.** 30 Reproduktionen nach Originalen der Galerien Pitti u. Uffici, Florenz. (30 S.) gr. 4. Ebd. (903). Geb. n. 1. 20

— **dasselbe.** 30 Reproduktionen nach Originalen aus dem Prado in Madrid u. anderen span. Galerien. (30 S.) gr. 4. Ebd. (903). Geb. in Leinw. n. 1. 20

— dasselbe. 32 Reproduktionen nach Originalen der königl. alten Pinakothek, München. (30 S.) gr. 4. Ebd. (903). Geb. n. 1.20

— dasselbe. 30 Reproduktionen nach Originalen der königl. Gemälde-Galerie Dresden. (32 S.) gr. 4. Dresden 903. Stuttgart, E. Engelmann's Nachf. Kart. n. 1.50

— dasselbe. 100 Reproduktionen nach Originalen der königl. Gemälde-Galerie, Dresden. (Prachtausg.) (100 S. m. IV S. Text.) gr. 4. Ebd. (904). Geb. in Leinw. 4.50; einseitig bedr. (100 Bl. m. V S. Text.) Geb. in Leinw. 5.—

— dasselbe. 100 Reproduktionen nach Originalen der königl. älteren Pinakothek, München. (VI S. Text.) gr. 4. München (904). G. E. Steinicke. Geb. n. 4.50

— dasselbe. 500 Reproduktionen nach Originalen aus europ. Galerien. (504 S.) gr. 4. Berlin (905). Globus Verlag. Geb. in Leinw. n. 12.—

— dasselbe. 80 Reproduktionen nach Originalen der Galerien im Haag u. in Haarlem. (30 S.) gr. 4. Ebd. (905). Geb. 1.20

— dasselbe. 30 Reproduktionen nach Originalen der königl. Gemälde-Galerie, Cassel. (30 S.) gr. 4. Ebd. (905). Geb. n. 1.20

— dasselbe. 100 Reproduktionen nach Originalen der königl. Gemälde-Galerie, Dresden. (100 Bl. m. IV S. Text.) gr. 4. Dresden 907. E. Beutelspacher & Co. Geb. in Leinw. n. 5.—

Werke alter Meister. 30 Reproduktionen nach Originalen der königl. Gemälde-Galerie, Dresden. (32 S.) 33,5×27,5 cm. Dresden 907. E. Beutelspacher & Co. Kart. 1.50; 100 Reproduktionen. (100 Bl. m. IV S. Text.) Geb. in Leinw. 5.—

Werke, die, der Inneren Mission u. verwandter Bestrebungen in der Prov. Sachsen. Statistische Uebersicht nach den Erhebgn. v. 1886 u. 1888, hrsg. vom sächs. Provinzialausschuß f. Innere Mission. gr. 8. (83 S.) Magdeburg 889. (Baensch Nachf.) n.n. — 75

Werke, die, der Inneren Mission u. verwandter Bestrebungen in der Prov. Sachsen. Statistische Uebersicht nach den Erhebgn. v. 1886 u. 1888, hrsg. vom sächs. Provinzialausschuß f. Innere Mission. gr. 8. (83 S.) Magdeb. 889, Selbstverlag (durch Diaconus Jaesrich). * ' — 75

— des Mittelalters im Rheinland u. Westphalen. 1. Hft. Die Doppelkirche zu Schwarzrheindorf. Aufgenommen, auf Stein gez. u. mit architecton. Erläut. begleitet von Andr. Simons. Nebst e. Gesch. der Stiftung, von Alex. Kaufmann. Fol. Bonn 846. (Düsseldorf, Buddeus.) n. 3 ₰

— des Mittelalters in Rheinland und in Westphalen. 1. Heft: Die Doppelkirche zu Schwarzrheindorf. Aufgenommen, auf Stein gez. und mit architekton. Erläut. begleitet von Andr. Simons. Nebst einer Geschichte der Stiftung, von Alex. Kaufmann. Fol. (11 Taf. und 112 S. Text in Lex.-8.) Bonn 847. Düsseldorf, Buddeus. *

Werke, Moralisch-philosoph.-polit., des wohlthätigen Weltweisen, s. Werke. Des wohlthätigen Weltweisen moralische philosophische und politische Werke.

— neue dram., v. A. W. Iffland, 1r Bd. m. K. 8. Berlin, Oehmigke d. jün. 807. (enth. a) die Hausfreunde; b) der Oheim; c) die Marionetten.) 1 12

Schreibp. 1 20

— neue metrische. 8. Schwabach 773 8 gr.

— n. theatr., v. Fr. Jos. Bodmer. 1r Bd. 8. Lindau, Otto. 768. — 12

— neueste, von ......s. 1r Thl. 1r u. 2r Bd. 8. Leipz. 814. Barth. 1 ₰ 8 gr.

— des Philosophen von Sanssouci, s. a. Friedrich II.

Werke des Philosophen von Sans-Souci; a. d. Franz. Erfurt 1762. V: *Friedrich II. König v. Preussen.* Ü: *Adelung, Johann Christoph.* (MGT) (Kläbe, Neuest. Gel. Dresden. Leipz. 1796.)

Werke, Des Philosophen von Sanssouci sämtliche. Berlin 1782—91. V: *Friedrich II. König von Preussen.* Ü: *Mylius, Wilh. Christhelf Sigm.* (MGT) (Ky)

Werke, prämiirte, der grossen Berliner Kunst-Ausstellung 1895. Fol. (18 Bl. in Lichtdr.) Berlin 895. Graph. Gesellschaft. In Mappe, Ausg. A. in photograph. Kunstdr. 10.—; Ausg. B. in Heliogravure-Imitation 15.—; ermäss. Preis f. Ausg. A. n. 6.—

Werke, sämmtliche, des Verfassers der Beatushöhle, s. a. Erzählungsschriften.

Werke, Sämmtliche, des Verfassers der Beatushöhle. Regensburg 1842—69. V: *Bauberger, Wilhelm.* (Russell IX, 802)

— sämmtliche, des Verfassers der Beatushöhle. (W. Bauberger) Wohlf. Ausg. 1—44. u. 50—55. Bd. 8. (333 B. u. 18 Stahlst.) Regensburg, Manz. à Bd. 5½ Ngr.

A. u. d. Ttln.:

Bd. 1., 2. Die Beatushöhle. Eine Erzählung f. d. gesammte edlere Lesewelt, besonders f. d. reifere Jugend. 2 Bde. 842.
„ 3., 4. Bilder aus d. Leben. 2 Bde. 843.
„ 5., 6. Scenen u. Gespräche. 2 Bde. 843.
„ 7., 8. Das Thal von Almeria. Eine Erzählung. 2 Bde.
„ 9., 10. Die irländische Hütte. Eine Erzählung f. die gesammte edlere Lesewelt, besond. f. d. reifere Jugend. 2 Bde. 846.
„ 11., 12. Blumenspende f. d. reiferblühende Alter. 2 Bde. 2., verm. Aufl. 843.
„ 13—36. Die heilige Sage. Fromme Abenderzählungen am Heerde christl. Familien. Der gesammten edleren Lesewelt, besond. der reiferen christl. Jugend dargereicht. 24 Bde. 843—47.
„ 37., 38. Parabeln, Sagen u. Erzählungen. 2 Bde. 847.

Werke, sämmtliche, des Verfassers der Beatushöhle. (W. Bauberger.) Wohlf. Ausg. 1—44. u. 50—55. Bd.

Bd. 39., 40. Der Einsiedler am Carmel. Eine erbaul. Legende. Allen Christen, besonders d. reif., christl. Jugend erzählt. 2 Bde. 842.
„ 41., 42. Erzählungen u. Mährchen. 2 Bde. 843.
„ 43., 44. Der Köhler aus Valencia. Eine Erzählung f. d. reifere Jugend. 2., verb. Aufl. 2 Bde. 846.
„ 50., 51. Heinrich von Dinkelsbühl. Eine Erzählung f. d. gesammte edlere Lesewelt, besonders f. d. reifere Jugend. 2 Bde. 842.
„ 52., 53. Die Geschichte von den Spielern. Ein Sittengemälde aus dem Volksleben. 2 Bde. 844.
„ 54., 55. Otto von Regensburg. Eine Geschichte aus der Zeit Rudolph's von Habsburg. 2 Bde. 845.

—— sämmtliche, des Verfassers der Beatushöhle. (Wilh. Bauberger.) Wohlf. Ausg. Mit Stahlst. nach Originalzeichnungen von J. Leudner. 45—49. Bd. 8. Regensburg 848, Manz. à Bd. $5\frac{3}{4}$ Ngr.

Inhalt:

Bd. 45., 46. Die Klausnerin vom Karrenberge. Eine Erzählung. 2 Bde. (193 S. und 2 Stahlst.)

" 47. Die Erlösung. Ein religiöser Harfengesang. (126 S. mit 1 Stahlst. und 1 Facsimile.)

" 48., 49. Die Negerin von Guayana. Eine Geschichte aus dem nördl. Südamerika. 2 Thle. (IV und 164 S. mit 2 Stahlst.)

1—44. Bd. und 50—55. Bd. Ebendas. 1842—47. 9 Thlr. 5 Ngr.

—— dass. — 56. und 57. Bd. 8. Regensburg 851, Manz. à Bd. $5\frac{3}{4}$ Ngr.

— sämmtl., des Wandsbecker Boten. 7 Bde., s. *Asmus* omnia secum portans etc.

Werke, sämmtl. dram., von J. C. Brandes. 8 Thle. 8. Hamb. (Dyk in Lpz.) 790. 791. Rthlr. 8 —
Holl. Pap. 10 —

— sämmtliche, d. Kirchenväter. Aus d. Urtexte in d. Deutsche übersetzt, mit e. Vorrede von G. Th. Ziegler. 1r Bd. 2e Aufl. u. 2r Bd. gr. 8. Kempten 830. Kösel. Subscr.-Pr. (à 20 gl) 1 rf 16 gl 3r u. 4r Bd. A. u. d. T.: Schriften des heil. Irenäus, Bischof u. Märtyrer zu Lyon, gegen d. Ketzereien. 1r u. 2r Bd. gr. 8. Ebd. 831. 1 rf 16 gl 5r Bd. (des heil. Cäcilius Thascius Cyprianus, Bischofs zu Karthago u. Märtyrers, sämmtliche ächte Werke. Briefe). gr. 8. Ebd. 832. 20 gl

Werke, Sämmtliche, der Kirchenväter, ins Deutsche übersetzt. Kempten 1837—41. Ü: *Waitzmann*, *Georg*. (winer)

—— sämmtl., der Kirchen-Väter. Aus d. Urtexte in d. Teutsche übers. Mit e. Vorr. v. G. Th. Ziegler. 1—11. Bd. gr. 8. Kempten, Kösel. à

Bd. 1., 2. (... Gespräch d. heil. Martyrers u. Philosophen Justinus mit d. Juden Trypho, u. dess. Rede an d. Griechen. — Des Tatianus Rede an d. Griechen. — Des Athenagoras Bittschrift f. d. Christen, u. dess. Abhandl. v. d. Auferstehung d. Todten. (52 B.) 830.

" 3., 4. Schriften d. heil. Irenäus gegen d. Ketzereien. ($22\frac{1}{2}$ u. 23 B.) 831.

" 5—7. Des heil. Cäcilius Thascius Cyprianus sämmtl. ächte Werke. (5., 6. Briefe. 7. Abhandlungen.) ($74\frac{1}{2}$ B.) 832.

" 8—11. Sämmtl. Schriften d. heil. Hilarius. (100 B.) 833, 34.

Werke, sämmtl., d. Kirchen-Väter. A. d. Urtexte in d. Teutsche übers. 12—26. Bd. gr. 8. Kempten, Kösel'sche Buchh. à

Bd. 12., 13. Sämmtl. Schriften d. heil. Hilarius. (Fortsetzung.) [12. ($24\frac{1}{4}$ B.) 834., 13. (25 B.) 835.]

" 14—18. Sämmtl. Werke d. heil. Athanasius. [14. (25 B.), 15. (25 B.), 16. (24 B.) 836., 17. (25 B.), 18. (24 B.) 837.]

" 19—26. Sämmtl. Schriften d. heil. Basilius d. Großen. [19. (25 B.), 20. (25 B.) 838., 21. (25 B.), 22. ($24\frac{1}{4}$ B.) 839., 23. (25 B.), 24. ($23\frac{1}{4}$ B.) 840., 25. (26 B.) 841., 26. (25 B.) 842.]

1—11. Bd. Ebendas. 1830—34. à 20 Gr.

Werke, sämmtliche, der Kirchen-Väter. Aus dem Urtexte in das Teutsche übersetzt. 27—37. Bd. (Ephräm aus Syrien.) gr. 8. Kempten, Kösel'sche Buchh. [27. (26 B.) 28. (25 B.) 842., 29. (24 B.) 30. ($25\frac{1}{8}$ B.) 43., 31. ($24\frac{5}{8}$ B.) 32. (25 B.) 33. ($25\frac{1}{2}$ B.) 44., 34. ($25\frac{1}{2}$ B) 45., 35. [25 B.) 36. ($24\frac{7}{8}$ B.) 37. (23 B.) 47. à 25 Ngr.]

Werke, sämmtliche, der Kirchen-Väter. Aus dem Urtexte in das Teutsche übersetzt. 38. Bd. 1. Abthl. gr. 8. (186 S.) Kempten 850, Kösel'sche Buchh.

—— sämmtliche, der Kirchen-Väter. Aus dem Urtexte in das Teutsche übers. 38. Bd. 2. Abthl. gr. 8. (S. 195—387.) Kempten 851, Kösel'sche Buchh.

Werke, sämmtliche, der Kirchen-Väter. Aus dem Urtexte in das Teutsche übers. 39. Bd. Kempten 853. Kösel. gr. 8. (270 S.) 20 ngr.

Inhalt: Sämmtliche Schriften d. h. Gregorius, Bischofs von Nyssa. 2. Bd.

— sämmtl. theatr., v. P. Weidmann. 8 Bde. 8. Wien, Wallishäußer. 6 16

— sämmtl. theatr., a. d. Franz. d. Regnard. 2 Thl. 8. Berl. Nicolai. 757. — 16

— sämmtl. theatr., v. Elisa Bürger. 1r Bd. (enth. 1) das Bouquet; 2) die Heirathslustigen.) 8. Hannover, Helwing. (Meyer in Lemgo.) 801. — 9

— zeitgenössischer Schriftsteller. 1. u. 2. 8. Zschopau, F. O. König. n. 5. —

1. Ut de Düt'n. Schauspiel in 4 Aufzügen. Von Heinr. Gahl. (92 S.) (906.) n. 2. —

2. Der Herr Patron. Charakterschauspiel in 5 Aufzügen. Von Heinr. Gahl. (119 S.) (906.) n. 3. —; geb. n. 4. —

Werke, die sieben, der leiblichen u. geistigen Barmherzigkeit. 16. (12 S.) München (900). J. Pfeiffer. — 06

Werke der Barmherzigkeit, die sieben leiblichen, zur Erbauung u. Belebung ächt christl. Glaubensthätigkeit. 8. (... u. 7 Kpfr.) Augsburg 831, Schlosser.

WERKE des Teufels, Die sogenannten, auf dem Erdboden. Mit Kpfrn. Freiburg (Erfurt. Nonne) 1751. 8⁰. Rar!

Cat. Monath IV. Nürnb. 1785. 8⁰. p. 407; Vilmar's Bibl., 1869, p. 142. no. 3633.

Werke: Soziale Werke
v. Der Werktag.

— f. Studium u. Bureau. Strelitz, M. Hittenkofer.

Krüger, Walt., Ratgeber u. Briefsteller f. Stellensuchende im technischen Berufe. Ausführliche Anleitg. f. Architekten, Ingenieure, Techniker, Meister, Baubuchhalter u. a., die sich richtig u. m. Erfolg um Stellung zu bewerben u. sich die erworbene Stellung dauernd zu sichern wünschen. (63 S.) gr. 8. (910.) Geb. in Leinw. 1. 80

Schmidt, Erich, mechanische Wärmetheorie. Für Praxis u. Unterricht bearb. III. Tl: Wärmemechanik der Dämpfe. (100 S. m. Fig.) (910.) Geb. in Halbleinw. 4. —

— theatr., a. d. Franz. des de St. Foix. 4 Thle. 8. Leipz. Fritsch. 750—68. 1 —

— theatr., a. d. Engl. d. Shakespeare v. C. M. Wieland. 8 Bde. gr. 8. Zurich, Orell. 762—66. 8 —

Werke, Theatralische, von J. C. A. Frankfurt 1771. V: *Ast*, *Joh. Christian* [?]. (Litzmann, Schröder. Hamb. u. Leipzig 1890. I, 75.)

— theatr., a. d. Engl. d. Shakespeare v. J. J. Eschenburg. 15 Bde. gr. 8. Ebend. 775—82. 13 —

— theatr., v. Em. Schikaneder. 2 Bde. (enth.: Hans Dollinger; der Bucentaurus; die Postknechte; Philipine Welserin; Sarmits Feuerbrände und die ungetreuen Unterthanen.) 8. Wien, Doll. (a. Doll in Augsb.) (Liebeskind in Lpz. in Commiss.) 792. 1 8

— — dies. 2 Bde. 8. Lpz. Jacobäer. 792.

— theatralische, von L. H. v. Nicolay. 2 Bde. 8. Königsb. Nicolovius. 811. 2 16

—— die, der Troubadours in provenzalischer Sprache, mit e. Grammatik u. e. Wörterbuche, von C. A. F. Mahn. 1. Bd. 8. ($26\frac{1}{4}$ B.) Berlin 846, (Plahnsche Buchh.) *

— die, der Troubadours, in provenzalischer Sprache, nach den Handschriften der Pariser Nationalbibliothek. Hrsg. von C. A. F. Mahn. 4. Bd. 8. (X u. 255 S.) Berlin 853, Dümmler's Verl. n. 2 ℛ

—— dass. — Epische Abthl. I. Bd.: Girartz de Rossilho, nach der pariser Handschrift hrsg. von Conr. Hofmann. 1. Lfg. 8. (S. 1—64.) Ebds. 855. **

—— die, der Troubadours, in provenzalischer Sprache, nach Raynouard, Rochegude, Diez und nach den Handschriften. Hrsg. von C. A. F. Mahn. 2. Bd. 1. Lfg. 8. (VIII und S. 1—64.) Berlin 855, Dümmler's Verlag. **

—— dass. — Epische Abtheilung. 1. Bd.: Girartz de Rossilho, nach der pariser Handschrift hrsg von Conr. Hofmann. 2. und 3. Lfg. 8. (S. 65—192.) Ebendas. 857. à Lfg. ** 15 Ngr. **
1. Lfg. Ebendas. 1855. ** 15 Ngr.
Der 1. Bd. erschien Berlin 1846 (Plahn'sche Buchh.) * 2 Thlr., der 4. Bd. Berlin 1853, Dümmler's Verlagsh. * 2 Thlr.

Werke, die, der Troubadours, in provenzalischer Sprache, nach Raynouard, Rochegude, Diez und nach den Handschriften. Hrsg. von C. A. F. Mahn. 2. Bd. 2. Lfg. 8. (S. 65—128.) Berlin 857, Dümmler's Verlagsh. **
2. Bd. 1. Lfg. Ebendas. 1855. * 15 Ngr.

Werke, die, der Troubadours in provenzalischer Sprache nach Raynouard, Rochegude, Diez und nach den Handschriften. Hrsg. von C. A. F. Mahn. Lyrische Abtheilung. 2. Bd. Lfg. 3. und 4. 8. (S. 129—256.) Berlin 864, Dümmler's Verlagsh. à Lfg. * 15 Ngr. *
Vgl. XIII. Bd. 2. Abthl. S. 559.
1. Bd., 2. Bd., 1. und 2. Lfg., und 4. Bd. Ebendas. 1846—57. à Bd. * 2 Thlr.

—— die, der Troubadours, in provenzalischer Sprache, nach Reynouard, Rochegude, Diez und nach den Handschriften. Hrsg von C. A. F. Mahn. (Lyrische Abthl.) 3. Bd. 1. und 2. Lfg. 8. (S. 1—123.) Berlin 879, Dümmler's Verlagsh. à Lfg. * M 1,50. * 3 —
Epische Abthl. 1. Bd. Ebendas. 1856,57. * M 4,50.; Lyrische Abthl. 1., 2. und 4. Bd. Ebendas. 1846—64. à Bd. * M 6.

Werke, die, der Troubadours, in provenzal. Sprache, nach Raynouard, Rochegude, Diez und nach den Handschriften. Hrsg. von C. A. F. Mahn. 3. Bd. 3.—5. Lfg. 8. (S. 129—320.) Berlin 880,82, Dümmler's Verlagsh. à Lfg. * M 1,50. * 4 50

—— die, der Troubadours in provenzalischer Sprache. Hrsg. von A. Mahn. (Lyrische Abthl.) 3. Bd. 6. (Schluss-)Lfg. 8. (IV, S. 321—380.) Berlin 886, (Dümmler's Verlag.) * 1 50
Epische Abthl. 1. Bd. (Ebendas.) 1856,57. * M 4.50. — Lyrische Abthl. 1., 2. und 4. Bd. (Ebendas.) 1846—64. à * M 6.—. — 3. Bd. 1.—5. Lfg. (Ebendas.) 1879—82. à Lfg. * M 1.50.

— übrige noch ungedruckte, d. Wolfenbüttelschen Fragmentisten, s. a. G. E. Lessing.

Werke, Uebrige noch ungedruckte, des Wolfenbüttlischen Fragmentisten. Ein Nachlass von Gotthold Ephraim Lessing. Hsg. v. C. A. E. Schmidt [vielmehr von A. Riem]. O. O. 1787. V: *Reimarus, Herm. Sam.* (Syst. Verz. d. Less.-Litt. Wolf. 1889.)

— noch unübersetzte, a. d. Engl. d. Shakespeare v. A. J. W. Schlegel. 1r Bd. Cymbeline, u. Ende gut alles gut, v. G. W. Keßler. gr. 8. Berl. Hitzig. 809. 1 12
Velinp. 2 16

— — ders. 2r Bd. a) viel Lärmen um Nichts, v. G. W. Keßler; b) ein Wintermährchen von L. Krause. gr. 8. Ebend. 810. 1 12
Velinp. 2 16

— — ders. 3n Bds 1e Hälfte, die lustigen Weiber v. Windsor, v. H. K. Dippold. r. 8. Ebend. 810. 1 —
Velinp. 1 8

Werke, Vermischte. Hamb. 1775. V: *Buschmann, Ehrenfried Engelbert.* (Ky)

— vermischte, (von E. E. Buschmann). Hamb. 775. Bohn. (Altenb., Schnuphase). 12 ggl

Werke des Wahnsinns von Wetzel dem Gottmenschen. Erfurt u. Gotha 1804. V: *Teubner, Gustav.* (GGr) *Teubner, Georg.* (HS) (Ky)

Werke des Wahnsinns, von Wezel dem Gottmenschen. Erfurt 1804—1805. V: *Becker, J. N.* (Siegfried Krampe: Joh. Karl Wezel. Leipzig 1772, S. 35, Anm.) (GGr IV[a], 926, Nr. 22/33x) (BiblPort) Teubner, Gustav (GGr IV/472, 10/6)

Werke d. Wahnsinns, v. (J. K.) Wezel, d. Gottmenschen (in Sondershausen) (a. unt. d. Tit.: Gott Wezels Zuchtruthe d. Menschengeschlechts.) 4 Thle. 8. Erfurt, Hennings. 804. 805. (I. II. à 20 gr. III. IV. à 18 gr.) 3 4

— verm. d. Weltweisen v. Sanssouci, s. Friedrich II.

— — desselben Werks. 1r Thl. Neue Auflage. 765.

Werke, Des wohlthätigen Weltweisen, Moralische, Philosophische und Politische. Hamb. u. Leipz. 1764. V: *Stanislaus, König v. Polen.* (AarK)

— moralisch-philosoph.-polit., des wohlthätigen Weltweisen; aus d. Französ. 4 Thle. 8. Hamb. 764. Holle. 1 Rthl. 8 ggl 5r u. 6r Thl., welche dessen Lebensbeschreibung enthalten. 8. Leipz. 767. (Brockhaus). 16 ggl

— — ders. 5r u. 6r Thl. welche dess. Lebensbeschr. enth. 8. Lpz. Heinsius. (Gleditsch.) 767.

Werke, Die, der Wohlthätigkeit im Kanton Schwyz. Zürich [1897]. V: *Meier, Gabriel.* (Cat. d. Stadtbibl. Zürich. Zürich 1864—97.) (Berl)

Werke, Yoriks nachgelassene. V: *Sterne, Lawrence.* Ü: *Gellius, Johann Gottfried.* (ML)

Werke, Yoriks nachgelassene. V: *Griffit, Richard* (nicht *L. Sterne*). (Zeitschr. f. Büch. N. F. 15, 1923, 127)

— und Zeitschriften in deutscher Sprache, s. Catalog, Österreichischer.

Werken, von: Das Ganze der Ziegelfabrikation, s. Bibliothek, Technologische.

Werkenthien, Albert, die Lehre vom Klavierspiel. (In 3 Thln.) 1. Thl.: Die Lehre von der Tonschrift (allgemeine Musiklehre). gr. 8. (185 S.) Berlin 888, C. Simon. * 4 50

Werkenthin, Alb. Die Lehre vom Klavierspiel. Lehrstoff u. Methode. 3 Bde. gr. 8. Berl. 889, C. Simon. Gesamtpreis * 10 —
1. Die Lehre v. der Tonschrift. (IX, 188 S.) * 4 —.
2. Die Lehre vom Anschlag u. v. der Technik. (210 S.) * 5 —.
3. Die Lehre vom Vortrag. (113 S.) * 3 —.

Werkenthin, Alb., die Lehre vom Klavierspiel. Lehrstoff u. Methode. 3 Bde. 2. [Titel-] Aufl. gr. 8. Berlin (889) 896. C. Simon. n. 7. 50
1. Die Lehre v. d. Tonschrift. (IX, 188 S.) n. 2. 50
2. Die Lehre v. Anschlag u. v. d. Technik. (210 S.) n. 3. —
3. Die Lehre v. Vortrag. (113 S.) n. 2. —

Werkenthin, Alb., die Zähne in hygien. u. aesthet. Beziehg. Gemeinverständl. Aufsätze. gr. 8. (VIII, 131 S.) Berlin 898. Berlinische Verlagsanst. 2. —

Werkenthin, Alb., die Zähne in hygienischer u. aesthetischer Beziehung. Gemeinverständliche Aufsätze. 2. neu durchgeseh. Aufl. Lex.-8. (VIII, 131 S.) Berlin 900. Berlinische Verlagsanstalt. n. 2. —

Werkenthin, Alb., die Zähne in hygienischer u. aesthetischer Beziehung. Gemeinverständl. Aufsätze. 3. Aufl. (VIII, 131 S.) gr. 8. Berlin (905). Berlin. Verlagsanstalt. n. 2. —

Werkenthin, Alb. Ernst, der silberne Mohrenkopf. Roman. In 2 Büchern. 2 Tle. in 1 Bde. (III, 339 u. III, 246 S.) 8. Braunschweig 904. Leipzig, R. Sattler. n. 6. —; geb. n. 7. —

Werkenthin, K. J. H.

Werkenthin, C. J. H., Friedrich Wilhelm IV. ein treuer Bekenner seines Herrn. Gedächtniß-Predigt gehalten am 17. Febr. 1861. Hirschberg, Resener in Comm. 8. (16 S.) n. 1½ ngr.

Werkenthin, K. J. H., das Hirtenwort des Apostels Petrus — im Dienst des Erzhirten — an die Hirten in den Gemeinden. Predigt über 1. Petri 5, 1—4 gehalten am 30. Juni 1863, dem Tage seiner Installation als Superintendent des Hirschberger Kirchenkreises. 8. (15 S.) Hirschberg 863, (Resener.) [Wandel.] *

—— und A. Dietrich, Reden zum 150jährigen Jubelfest des königl. evangelischen Gymnasiums zu Hirschberg am 29. Septbr. 1862 gehalten. gr. 8. (27 S.) Hirschberg 862. (Leipzig, Hunger.) *

Werkenthin, C. J. H., die Stimme der Gnadenkirche an die Glieder der evangelischen Kirchengemeine. Predigt gehalten am 27. April 1868. 8. (16 S.) Hirschberg 868, (Resener.) [Wandel.] **

Werkenthin, C. J. H., Tabea, ein Frauenbild aus apostolischer Zeit. Predigt zum Gedächtniß der am 14. Mai 1854 im Herrn entschlafenen Präsidentin der Buchwalder Bibel-Gesellschaft: Friederike Gräfin v. Reden, geb. Freiln v. Riedesel zu Eisenbach gehalten am Bibelfeste zu Buchwald, den 12. Juli 1854. Schreiberhau. (Breslau, Dülfer.) gr. 8. (15 S.) n. 2½ ngr.

Werkenthin, K. J. H., wann werden die neu eingerichteten Kreis-Synoden ein Segen für die Kirche werden? Predigt über 1. Petri 4, 10. 11, gehalten am 7. Novbr. 1865 zur Eröffnung der ersten Kreis-Synode. Hirschberg 866. (Resener.) Wandel. 8. (14 S.) n.n. 2½ ngr.

Werkenthin, Th., der Geist, der stets verneint. gr. 8. (11 S.) Berlin 896. M. Schildberger. n. — 50

Werkenthin, Theo. Der Kaiser allein! gr. 8. (20 S.) Berl. 892, Schildberger. * — 50

Werkentin, J. Sam., s. Sammlung von Charaden.

·erker, die Theorie der Tonalität, e. Beitrag zur Gründg. e. konsequenten Ton- u. Musiktheorie-Systems. gr. 8. (50 S.) Norden 898. H. Braams. n. 2. —

Werker, Pet., Ratgeber für Handwerker-Kranken- u. Sterbekassen sowie f. Innungskrankenkassen. Leitfaden zur Orientierg. üb. Gründg. u. Einrichtg. v. Kranken- u. Sterbekassen selbständ. Handwerker (auch Gewerbetreibender), sowie Innungs- (Gesellen-) Krankenkassen, gemäss dem Krankenversicherungsgesetz, nebst drei Musterstatuten. (Dr. Ludw. Huberti's prakt. gewerbl. Bibliothek.) gr. 8. (VIII, 118 S.) Leipzig 902. H. Klasing. Geb. in Leinw. n. 2. 75

Werker, W. M. J., die zusammengesetzte Zinsen- u. Zeitrenten- od. Annuitätenrechnung. Handbuch zur Lösg. v. Aufgaben der zusammengesetzten Zinsen- u. Diskonto-Rechng., besonders auch solcher, welche auf die Emission u. Amortisation v. Geldanleihen Bezug haben; m. zahlreichen Beispielen u. Formeln u. m. 5 Haupttaf.: Aufzinsungs- u. Abzinsungstaf., u. einigen suppletoiren Taf. 2 Bde. gr. 8. (VIII, 171 u. IV, 332 S.) Utrecht 893. Berlin, Puttkammer & Mühlbrecht. Geh. u. kart. n. 30. —

Werkhaupt, Gustav

Werkhaupt, G., russische Chrestomathie. Auswahl mustergült. Lesestücke aus der russ. Literatur unter besond. Berücksicht. der in den Lehrplänen des kaiserl. russ. Ministeriums der Volksaufklärung empfohlenen Schriftsteller. Accentuierte Texte m. Wörterbuch. 8. (V, 163 S.) Leipzig 901. C. F. Amelang. Geb. in Leinw. n. 3. —

— Einführung in die russische Handelskorrespondenz. Ausgewählte Handelsbriefe m. ausführl. Erläutergn. u. Worterklärgn. Für den Schul- u. Privat-Gebrauch hrsg. gr. 8. (III, 225 S.) Dresden 903. E. Haendcke. Geb. in Leinw. n. 4. —

Werkhaupt, G., Einführung in die russische Handelskorrespondenz. Ausgewählte Handelsbriefe m. ausführl. Erläutergn. u. Worterklärgn. Für den Schul- u. Privatgebrauch hrsg. Neue [Titel-]Ausg. (III, 226 S.) 8. Dresden [903] 909. W. Reuter. 3.—; geb. 4. —

— Einführung in die Lektüre russischer Schriftwerke nebst praktischen Übungen in der Konversation. Im Anschluß an W. Alexejew's Lehrbuch, Kurs. I. gr. 8. (98 S.) Leipzig 899. C. F. Amelang. Geb. in Leinw. n. 2. 40

— russisches Konversations-Lesebuch. Akzentuierte Texte m. deutscher Übersetzung, Sprechübgn. u. Wörterverzeichnis. (Methode Gaspey-Otto-Sauer.) gr. 8. (VII, 123 S. u. 2 Karten.) Heidelberg 902. J. Groos. Geb. in Leinw. n. 2. —

Werkhaupt, G., russische kaufmännische Korrespondenz-Grammatik f. Anfänger. Zum Schul- u. Selbstunterricht. (IV, 107 S.) 8. Leipzig 903. G. A. Gloeckner. n. 2. 40; geb. in Leinw. n. 2. 75

— et Ed. **Roller**, **lectures russes. Avec exercices de conversation. (Méthode Gaspey-Otto-Sauer.) gr. 8. (IV, 123 S. m. 2 Karten.) Heidelberg 902. J. Groos.** Geb. in Leinw. n. 2. —

— **Lehrbuch der russ. Sprache, s: Alexejew, W.**

— und Ed. Roller

— — Russian reader with exercises of conversation. (Method Gaspey-Otto-Sauer.) gr. 8. (IV, 124 S. m. 2 Karten.) Ebd. 902. Geb. in Leinw. n. 2. —

Methode Werkhaupt. Russisch, insbes. die russische Handelssprache u. Handelskorrespondenz durch Selbstunterr. Von G[ustav] **Werkhaupt**. [Nebst] Schlüssel. Berlin: S. Simon [1900]. 2 Bde 8° [F.] 108. 1883

— **Methode Werkhaupt. Russisch, insbesondere die russ. Handelssprache u. Handelskorrespondenz durch Selbstunterricht. Mit Schlüssel. (VIII, 587 u. 149 S.) gr. 8. Berlin (906). Verlag f. Sprach- u. Handelswissenschaft.** n. 15. —; in 2 Leinw.-Bdn. n. 18. —

— **s.: Sammlung russischer Schriftsteller.**

— Übungsheft f. russische Schreibschrift. gr. 8. (20 S.) Leipzig 902. C. F. Amelang. n. — 50

Werkhaupt, G., Wörterbuch zu den homerischen Gedichten nach der Reihenfolge der Verse. Für den Schul- u. Privat-Gebrauch hrsg. I. Odyssee. 1. Thl. Gesang I—XII. 8. (155 S.) Moskau 884. (Deubner.) n. 1. 50

Werkhaupt, G., Wörterbuch zu den Homerischen Gedichten. I. Odyssee. 1. Thl. 8. Moskau 884. Leipzig, Selbstverlag. * 1 50

— **Wörter-Verzeichnis zu Homers Odyssee. Nach der Reihenfolge der Verse. Nebst Erklärg. der homer. Formen. 1. Heft: Gesang I u. II. gr. 8. (IV, 52 S.) Paderborn 900. F. Schöningh.** n. — 75

Werkkunst, die. Zeitschrift des Vereins f. deutsches Kunstgewerbe in Berlin. Schriftleitung: Geo. Lehnert. 1. u. 2. Jahrg. Oktbr. 1905—Septbr. 1907 à 24 Hefte. (à ca. 16 S. m. Taf.) Lex.-8. Berlin, O. Salle. à Jhrg. n. 10. —

Werkkunst, die. Zeitschrift des Vereins f. deutsches Kunstgewerbe in Berlin, des Kunstgewerbevereins zu Magdeburg u. des Vereins f. Echtfärberei. Schriftleiter: Geo. Lehnert. 3.—5. Jahrg. Oktbr. 1907—Septbr. 1910. à 24 Hefte. (à ca. 16 S.) Lex. 8. Berlin (W. 9, Bellevuestr. 3), Geschäftsstelle des Vereins f. deutsches Kunstgewerbe. à Jahrg. 10. —

Werklein, Baron, Auszüge aus einem größeren Werke über Erfahrungen in den Gebieten der Kriegs- u. Staatskunst. [1. Hft.] gr. 8. (IV u. 68 S.) Gratz 848. (Damian & Sorge.) n. 1/3 ₰

v. **Werklein,** Frhr. J. F., Untersuchungen über den Dienst des Generalstab's, oder über das Detail bei Führung der Kriegsheere. Nebst e. Entwurfe zur Dienstvorschrift für dieses Corps. Mit 4 Plänen u. Tabellen. gr. 8. Wien ... Gammer, ist der Pr. jetzt 1 1/3 ₰

v. **Werklein,** Frhr. J. F., Untersuchungen über den Dienst des Generalstabes; oder über d. Detail bei d. Führung d. Kriegsheere. Mit 4 Pl. u. Tabellen. gr. 8. Wien 822. Wallishauser. 5 ₰ 2e verm. Aufl., mit 6 Plan., 2 lithogr. Schlachtordnn. u. Tabellen. gr. 8. Wien 828. Heubner. 4 ₰ 12 ℊ

Werklein, J. E. Frh. v. Untersuchungen über den Dienst des Generalstabs. Mit 1 Krtbd ꝛc. Wien 1823. 427 S.

Werklein, J. F. Frh. v., Untersuchungen üb. d. Dienst d. Generalstabes; od. üb. das Detail bei d. Führung d. Kriegsheere. Nebst e. Entwurfe zu e. Dienstvorschrift f. dieses Korps. 2., verm. Aufl. gr. 8. (23 1/2 B., 6 Kpfrt., 2 Stnt. u. Tabn.) Wien 823, (Heubner.)

Werklein, Jos. v., Erfahrungen in d. Gebieten d. Kriegs- u. Staatskunst, Finanz- u. Justizpflege, od. auch angewandte Staatswirthschaftslehre. Ein Buch f. Kriegs- u. Staats-Beamte u. f. Alle, die sich d. öffentl. Dienste widmen, so wie überh. f. alle Gebildete. 2 Bde. 2., umgearb. u. stark verm. Aufl. gr. 8. (39 1/4 B. u. 1 1/2 B. Tab.) Stuttgart 840, Hallberger'sche Vrlgh.

Werklein, Jos. Freiherr v., Oberst. Kriegskunst und Staatskunst, oder auch angewandte Staatswirthschaftslehre. 8. Stuttgart 1836.

Werkmann, der Meister. Ein Hülfsbuch zur Erinnerung für den Erfahrenen und zur Belehrung für den Unerfahrenen. I. Theil. Philadelphia (Williamsburgh) 1851. 49 S. 8° Uebersetzung des in Amerika am meisten gebräuchlichen Rituals, die 3 Grade des Lehrlings, Gesellen und Meisters enthaltend.

Werkmann August: De Xenophontis libelli, qui 'Αγησίλαος sive 'Αγησιλάου ἐγκώμιον' **inscribitur capite undecimo.**
H. 1899 PN 1249 **Diss.** Wien. Univ. 1561

Werkmann, Jos. (Jos. Medelsky), Justina Dunker. Eine Komödie in 4 Aufzügen. (99 S.) 8. Wien 905. J. Eisenstein & Co. n. 2. —

Werkmann, Jos., der Kreuzwegstürmer. Ein Volksschauspiel in 1 Vorspiele u. 3 Aufzügen. 8. (122 S.) Wien 902. J. Eisenstein & Co. n. 2. —

— der Kreuzwegstürmer. Ein Volksschauspiel in 1 Vorspiel u. 3 Aufzügen. 2. nach dem Regiebuche des Raimund-Theaters eingerichtete Aufl. (104 S.) gr. 8. Wien 904. J. Eisenstein & Co. n. 2. —

Werkmann, Jos. (Jos. Medelsky), Liebessünden. Ein ländl. Drama in 4 Aufzügen. 1. u. 2., durchgeseh. Aufl. (86 S.) 8. Wien 904. 905. J. Eisenstein & Co. n. 2. —

Werkmann, [Jul.]. Orts-Distanzen-Regulativ f. den Oberamts-Bez. Laupheim. 8. (22 S.) Laupheim 891, (C. Böhm). cart. ** — 35

Werkmann, Orts-Distanzen-Regulativ f. den Oberamts-Bez. Laupheim. Auf Grund früher erfolgter Vermessgn. 1891 zusammengestellt. 8. (22 S.) Laupheim 891. (C. Böhm.) Kart. n.n. — 35

Werkmeister, Der. Gemeinverständliches Handbuch zur Ausbildung von Werk- und Maschinenmeistern ... Potsdam, Leipz. u. Berl. [1896]. Red.: *Karsten, O.* & *Hugo Güldner.* (Berl)

Werkmeister, der vollkommene, s. **Wallace** Mechanics Pocket Guide.

Werkmeister: Orchestra und Bühne in der griechischen Tragödie. Ratibor 1865.
Schul-/Univ.-Schrift

Werkmeister, A. C., eine Anleitung zur Todtenfeier. Eine Predigt. 8. Halle 827. Kümmel. 2 gr.

— zwei Predigten. 1) Abschiedspredigt zu Beesenlaublingen, 2) Antrittspredigt zu Möglich. gr. Halle 826. Kümmel. 3 gr.

— der Zuruf aus dem Grabe. Eine Todesbetrachtung bei d. Todtenfeier d. 20. Nov. 1825. gr. 8. Halle 825. Kümmel. 2 gr.

Werkmeister, Alois [app. Arzt aus **Oberlauterbach]:** Ueber einen Fall von multipler Sklerose des Gehirns und des Rückenmarkes ... München, kgl. Hofbuchdr. **Kastner** & Lossen, 1897; 29 S. 8.
München, Med. Fak., Inaug.-Diss. v. 1897

Werkmeister, Andr., erweiterte u. verbesserte Orgelprobe. 8. Leipz. 754. (Reitmayr in Regensb.) 4 gr.

Werkmeister, And., erweiterte u. verbesserte Orgelprobe. 8. Lpz. (Lotter in Augsb.) 754.

Werkmeister, Benedict Maria Leonhard von

WERKMEISTER, Benedict Maria (v.), und Jac. Salat, Ueber die Aufhebung des Cölibats. Deutschland (Ulm, Wohler) 1818. 8°. (4 gr.) (1 Mk. A. Bielefeld, 1891.)
Ersch I. 2. 1822. Sp. 285. No. 2806; Weller, fing. Dr. I. p. 225.

— s.a. Beiträge zur Verbesserung der kathol. Liturgie

Werkmeister, Bened Maria, Beyträge z. Verbess. der kathol. Liturgie in Deutschland. 16 Heft. 8. Ulm, Wohler. 789.

— s.a. Bemerkungen über Jäger's Untersuchung ...

(WERKMEISTER, Bd. Mar.): Bemerkk. üb. Hn. *Jäger's* Untersuch.: ob d. Ehescheid. nach Lehre d. Schrift und d. Kirche ältesten Geschichte erlaubt sey, oder nicht? *Bamb.*, Göbhard. 804. gr. 8. (12 Gr.)

Werkmeister, Bemerkungen üb. Jägers Untersuchung ob d. Ehescheid. nach d. Lehre d. Schrift u. d. Kirche ältester Gesch. erlaubt sey, od. nicht? gr. 8. Bamb. Göbhard. 805.

— s.a. Beweis, daß die bei den Protestanten üblichen Ehescheidungen ...

BEWEIS, daß die bey den Potestanten üblichen Ehescheidungen vom Bande auch nach katholischen Grundsätzen gültig sind (von *Bened. Maria Leonh. Werkmeister* Carlsruhe 1804. 8°. (6 Sgr. A. Bielefeld, vor 1870; Carlsruhe 1891.)
Bibl. Günth. III. no. 6708; Anon.-Lex. I. p. 225 (nach Kayser u. Meusel).
— — Dasselbe (mit Weglassung des „vom Bande"). Ebend. 1820. 8°. (l. c. p. 229.)

(WERKMEISTER, Bd. Mar.): Beweis, dass d. bey d. Protestanten übl. Ehescheidd. vom Band auch nach kathol. Grundsätzen gültig sind, nebst 2 Gutachten, d. d. Gegenth. behaupten. *Karlsr.* (*Frankf. a. M.*, Gebhard.) 804. gr. 8. (16 Gr.)

— Beweise

†— — daß die bei d. Protestanten üblichen Ehescheidungen vom Bande auch nach kathol. Grundsätzen gültig seyen (sic!) (Von B. M. Werkmeister.) gr. 8. Carlsruhe 1810, Braun. ⅔ Thlr. — 1 fl.

— Über das Eigenthümliche der Pestalozzischen Methode, s. Eigenthümliche

v. Werkmeister, Ritter Bdkt. Maria, mit seinem Taufnamen Leonhard, († d. 16. Juli 1823.) Entwurf e. guten Dorfschule, v. e. kathol. Pfarrer in Schwaben. 8. Rothenb. 804. (Anonym.)

— s. Entwurf einer neuen Verfassung der deutschen kathol. Kirche ...

— (Vorr.), s. Fénelon, François de Salignac de la Mothe: Gespräch über die Beredtsamkeit ...

— s. Freykirch, Thomas.

— s. Furcht, Über die, einiger Protestanten vor dem Papste und den Jesuiten.

(—) neues Gebetbuch für aufgeklärte kathol. Christen. Mit einer Vorrede, herausg. von Ph. J. Brunner. 8. Heilbr. 801. Claß. 14e Aufl., s. Ph. J. Brunner.

— s.a. Gesangbuch nebst angehängtem öffentl. Gebet, zum Gebrauch d. kathol. Hofkapelle in Stuttgart.

— Gesangbuch nebst angehängt. öffentl. Gebeten z. Gebr. d. herzogl. wirtemb. kathol. Hofkapelle. 8. Ebend. 787.

— (Übers.), s. Gottesverehrungen in der Charwoche ...

— s. Gutachten, Theologisches, über die Frage ...

(—) zwei theolog. Gutachten: 1) über d. Richtigkeit d. unfreiwilligen Klosterprofession. 2) Ueber d. Eid d. Bischöfe an den Papst u. über d. Glaubensbekenntniß. 8. (Augsb.) 808.

— s. Henhöfer, Aloys: Religiöse Schwärmereien und Schicksale.

— s. Jahrsschriften für Theologie und Kirchenrecht der Katholiken.

— (Hrsg.), s. Journal für katholische Theologie.

— s. Katechismus, Über den neuen katholischen ...

— s.a. Meßanstalten. – Über die deutschen Meß- und Abendmahls-Anstalten.

— über d. deutsche Messe u. Abendmahlsanstalten in d. kathol. Hofkapelle zu Stuttgart, ein Sendschreiben. 8. Ulm 787. Wohler. 4 gr.

— positiones ex universa philosophia. 4. Diling. 772.

— Predigten in den Jahren 1784—91 zu Stuttgart u. Hohenheim gehalten. 3 Bde. gr. 8. Ulm 812—15. Wohler. 4 Rthlr. 12 gr.

— Rede, als d. Hrn. J. N. Reißweg u. Edm. Heiland ihre Ordensgelübde erneuerten. 4. Nördl. 781. Beck. 3 gr.

— s. Ritual, Deutsches, für kathol. Seelsorger.

– s. S a m m l u n g von Aufsätzen kathol. und protestant. Schriftsteller . . .

– s. S c h r e i b e n an einen guten Freund, über den Canonicus Fabritius zu Bruchsal.

– s.a. S e n d s c h r e i b e n an den Ritter von Lang . . .

Werkmeister, Ben. Maria v. (kathol. Hofprediger zu Stuttgart), S e n d s c h r e i b e n a n H e r r n R i t t e r v. L a n g, d i e A m o r e s J a c o b i M a r e l l i b e t r e f f e n d, mit Vorwissen und auf Ansuchen des Verfassers . . . . zum Druck befördert von Christian Jacob W a g e n s e i l. Kempten, Dannheimer. 1816.

Anzeige des Herausgebers am Schluss seines „Literar. Almanachs für 1832". 8°. S. 284.

– s. S e n d s c h r e i b e n eines deutschen Pfarrers . . .

— Sittenrede, in Gegenwart des Herzogs v. Würtemberg gehalten. 4. Nördl. 783. Beck. 2 ℊ.

— tentamen logicum. 8maj. Augsb. 779.

— tentamen philosophicum. 8. Freysing 779.

— tentamen psychologicum. 8. Freysing 779.

– s. T o l e r a n z, Über die christliche.

— neue Untersuchungen über d. Ehescheidungen vom Bande, nach kathol. Grundsätzen, worin Jägers Antwort auf d. Bemerk. u. Kübels Einwürfe auf den Beweis ꝛc. widerlegt werden. 8. Bamb. 806. (Wesche in Frankf.) 20 ℊ.

– s. V e r e h r e r, An die unbescheidenen, der Heiligen . . .

– s. V e r t h e i d i g u n g des von Brunner herausgegebenen neuen Gebetbuchs.

– s. V o r s c h l a g, Unmaßgeblicher, zur Reformation . . .

– s.a. V o r s c h l a g, wie in der deutschen katholischen Kirche die Priesterehe allmählig eingeführt werden könnte.

VORSCHLAG, wie in der deutschen katholischen Kirche die P r i e s t e r e h e allmählig eingeführt werden könnte. Nebst Materialien zu einem künftigen deutschen Concordate. (Vf.: *Bened. Maria Leonh. v. Werkmeister*). Ulm 1803. 8°. (1 Mk. A. Bielefeld, 1883.)

Anon.-Lex. IV. p. 355 (nach Meusel, Schmalhofer, Kayser und dem Thesaurus libror. rei catholicae).

Werkmeister, Carl. s. W e r k m e i s t e r, Karl

Werkmeister, C., die verkürzte Jungfrau v. Orleans, s.: F a s t n a c h t s - B ü h n e. 96. Heft.

Werkmeister, E., 20 ausgewählte Psalmen. Präparationen. Nach neueren Grundsätzen method. bearb. (Methodisches Hilfsbuch f. den evangel. Religionsunterricht.) (128 S.) 8. Berlin 907. W. Prausnitz. Geb. 1. 80

Werkmeister, E., Weihnachtsmann in Nöten od.: Warum der Weihnachtsmann dies Jahr beinahe zu spät gekommen wäre, s.: B l o c h ' s, Ludw., Kinder-Theater.

— Der dicke Weihnachtsmond, s.: B l o c h ' s, Ludw., Kinder-Theater.

W e r k m e i s t e r, K. Singweisen zu „Volks-Lieder". qu. 12. (80 S.) Miesbach 891, Werkmeister. cart. 1 50

Werkmeister, K., Oberbayerische Volks-Lieder u. ihre Singweisen. 3. (erweit.) Aufl. qu. 12. (106 S.) Tölz 898. J. Dewitz. Kart. 1. 20

W e r k m e i s t e r, Carl. Geographie u. Geschichte. Handreichung f. die Kapitulanten u. Militär-Anwärter der preuß. Armee. gr. 8. (III, 44 S. m. Abbildgn.) Erfurt 890, (Keyser). * — 40

— **der Kapitulantenfreund. Ein Wiederholungs-, Übungs- u. Lehrbuch f. den deutschen Unterricht in den Kapitulantenschulen, zugleich Handreichg. f. Militär-Anwärter. 1. u. 2. Stufe. gr. 8. (VIII, 138 u. IV, 142 S.) Erfurt 890. Bartholomäus. à n. 1. 20;** cart. à n. 1. 25

Werkmeister, Karl Herm., der Indizienbeweis, s.: H i l l g e r ' s, Herm., Sammlung illustrierter Kriminalromane.

Werkmeister, Konrad, prakt. Arzt a. Frankfurt a. Oder: Aus der Universitäts-Frauen-Klinik in Greifswald. Der zeitliche Abfall des Nabelschnurrestes beim Neugeborenen. Frankfurt a. Oder 1906. F. Köhler. (46 S.) 8°

Greifswald, Med. Fak., Ref. Martin, Diss. v. 17. Febr. 1906

[Geb. 13. Juli 79 Frankfurt a. O.; Wohnort: Frankfurt a. O.; Staatsangeh.: Preußen; Vorbildung: Friedrichs-Gymn. Frankfurt a. O. Reife O. 98; Studium: Greifswald 5, Berlin 2, Greifswald 6 S.; Coll. 10. Mai 05; Approb. 15. Dez. 05.]

Werkmeister, Maria. Vergebnis, Roman. Chicago: Gindele. 1885. GSP

Werkmeister, Otto: Über Bildung und Zerfall von Eisenkarbid und die gasförmigen Produkte der Einwirkung von Mineralsäuren. 1910. 78 S. 8°

Karlsruhe, Dr.-Ing.-Diss. v. 5. 7. 1909

Werkmeister, P., graphische Tachymetertafel f. alte Kreisteilung. Entworfen f. Entferngn. von 5 bis 500 m u. f. Höhenunterschiede von 0,1 bis 70 m. Mit e. Vorwort v. E. Hammer. (15 S. auf Karton in Leporelloform.) gr. 4. Stuttgart (906). K. Wittwer. Mit Zelluloidstab n. 4. 60

Werkmeister, P., Vermessungskunde, s.a. S a m m l u n g Göschen.

V e r m e s s u n g s k u n d e von Dipl.-Ing. P. Werkmeister. Mit Abb. 1. 2. Leipzig: Göschen 1910. 8°

1. Feldmessen u. Nivellieren. 2. Der Theodolit. Trigonometr. u. barometr. Höhenmessung. Tachymetrie.

(Sammlung Göschen. 468. 469.)

WERKMEISTER, P.: Vermessungskunde I und II. - Berlin 1910. - Tl. I: Feldmessen und Nivellieren. 176 S., 146 Abb. - Tl. II: Der Theodolit. Trigonometrische und barometrische Höhenmessung. Tachymetrie. 183 S., 109 Abb. - (Samml. Göschen Bd. 468 u. 469). - 2. Aufl. ebd. 1923. 3 Tl. - 7. Aufl. v. Tl. I ebd. 1942. 165 S. - 5. Aufl. v. Tl. II ebd. 1942. 151 S. - 8. Aufl. v. Tl. III ebd. 1965. 138 S., 102 Abb.

Werkmeister, Rudolph, meine Feierstunden, oder Witz, Ernst u. Scherz. 8. Berl. 799. Maurers B. 16 ℊ

Werkmeister, W.: Ein Kunstprinzip Homers. 12 S. – Ratibor, Progr. 1872.

Der Leibnizsche S u b s t a n z b e g r i f f von Dr. Walther Werkmeister. Halle a. S.: M. Niemeyer 1899. (VI, 69 S.) 8°

Werkmeister-Kalender 1890. Ein Hand- u. Hülfsbuch f. Werkmeister, Werkführer u. alle im Fabrik- bezw. Werkstättenbetriebe thätigen Techniker. Hrsg. u. bearb. v. R. Mittag. 3. Jahrg. 2 Thle. Mit e. Eisenbahnkarte u. Holzschn. gr. 16. (XII, 222 u. 92 S. m. Notizkalender.) Berlin, Tessmer. geb. u. geh. n. 2. 50

Werkmeister-Kalender 1893. Ein Hand- und Hülfsbüchlein für Werkmeister, Werkführer etc. Bearb. u. hrsg. v. Rich. Mittag. 6. Jahrg. gr. 16. (X, 216, 8 S., Schreibkalender u. 200 S. m. 188 Holzschn.) Berl., R. Tessmer. geb. u. geh. * 2 50

Werkmeister-Kalender 1894. Ein Hand- u. Hülfsbuch f. Werkmeister, Werkführer u. alle im Fabrik- bezw. Werkstättenbetriebe thät. Techniker. Bearb. u. hrsg. v. Rich. Mittag. 7. Jahrg. Mit 1 Beilage. gr. 16. (X, 220, 10 S., Schreibkalender u. 229 S. m. 185 Holzschn.) Berlin, R. Tessmer. Geb. in Leinw. u. geh. 2. 50

Werkmeister-Kalender 1899. E. Hand- u. Hülfsbuch f. Werkmeister, Werkführer u. alle im Dampf- u. Fabrikbetriebe thät. Techniker. Bearb. u. hrsg. von Rich. Mittag. 12. Jahrg. Nebst 1 Beilage. 12. (X, 216, 12 S., Schreibkal. u. 281 S. m. 196 Holzschn.) Berlin, R. Tessmer. Geb. in Leinw. u. geh. n.n. 2. 50

Werkmeister-Kalender 1903. Ein Hand- u. Hülfsbuch für Werkmeister, Werkführer u. alle im Dampf- u. Fabrikbetriebe thät. Techniker. Bearb. u. hrsg. von Rich. Mittag. 16. Jahrg. Hierzu 1 Beilage. 12. (XII, 245 S, Schreibkalender u. 336 S. m. Abb. u. 1 Karte.) Berlin, R. Tessmer. Geb. in Leinw. u. geh. n.n. 2. 50

Werkmeister-Kalender 1905. Ein Hand- u. Hülfsbuch f. Werkmeister, Werkführer u. alle im Dampf- u. Fabrikbetriebe tät. Techniker. Bearb. u. hrsg. v. Rich. Mittag. 18. Jahrg. Hierzu 1 Beilage. (VIII, 259 S., Schreibkalender u. 362 S. m. Abbildgn. u. 1 Karte.) kl. 8. Berlin, R. Tessmer. Geb. in Leinw. u. geh. n.n. 2. 50

Fortsetzung, s.: Kraft.

— illustrierter, f. d. J. 1899. Hrsg. v. Karl Grimm u. Jul. Hempel. 12. (178 S. m. 1 Bildn.) Korneuburg. (Kühkopf & Habel.) Geb. in Leinw. n. 1. 80

Werkmeister- u. Industriebeamten-Kalender, oesterreichischer, f. Betriebsleitung u. prakt. Maschinenbau 1911. 11. Jahrg. Hand- u. Hilfsbuch f. Besitzer u. Leiter maschineller Anlagen, Betriebsbeamte, Techniker, Monteure u. solche, die es werden wollen. Unter Mitwirkg. erfahrener Betriebsleiter hrsg. v. Hugo Güldner. 3 Tle. (VIII, 288, VII, 496 S. u. Schreibkalender m. ca. 520 Fig.) kl. 8. Leipzig, H. A. L. Degener. Geb. in Leinw. u. geh. 3. —; in Brieftaschenldrbd. u. geh. 4. —

Werkmeister-Liederbuch. Enth.: die beliebtesten Vaterlands-, Verbands- u. Volkslieder. 16. (IV, 64 S.) Düsseldorf 890. Kraus. n. — 40

Werkmeister-Verband, der deutsche, u. die staatliche Pensionsversicherung der Privatangestellten, s. a. Schriften des deutschen Werkmeister-Verbandes. 11. Heft.

Der Deutsche Werkmeister-Verband und die staatliche Pensionsversicherung der Privatangestellten. (Düsseldorf: Werkmeister-Buchh. 1909.) 15 S. 8°
Aus: Festschrift z. 25jähr. Bestehen d. Werkmeister-Verbandes 1909. (Schriften d. deutschen Werkmeister-Verbandes. H. 11.)

Werkmeister-Zeitung. Organ d. Deutschen-Werkmeister-Verbandes. Red.: G. Stoffers. 3. Jahrg. 1886. 52 Nrn. (2 B.) Fol. Düsseldorf, Kraus. n. 3. 20

Werkmeister-Zeitung. Organ d. Deutschen Werkmeister-Verbandes. Red.: G. Stoffers. 4.—6. Jahrg. 1887—1889. à 52 Nrn. (2 B.) Fol. Düsseldorf, C. Kraus. à Jahrg. n. 3. 20

Werkowitsch, Constantin, das Land Vorarlberg, vom geschichtlichen, topographisch-statistischen und landwirtschaftlichen Standpunkte dargestellt, und als Denkschrift zur Feier des 25jähr. Bestandes des Vorarlberg. Landwirtschafts-Vereines im J. 1887 hrsg. gr. 4. (IV, 191 S. mit Karten und Taf.) Innsbruck 887, Wagner'sche Universitäts-Buchh. * 4 80

Werksatz, der französische. [Aus: „Graph. Beobachter".] 12. (14 S.) Leipzig 892. R. Härtel. n. — 50

Werkshagen, P. E. Robert Reitzel, seine Persönlichkeit und seine Weltanschauung. Champaign, Ill. 1908.

Werkspitäler d. Provisions- u. Unterstützgs-Instit. i. Ungarn u. Böhmen. Wien 1876.

Werkstatt, die. Eine Monatsschrift f. Handwerker. Redact. Geo. Schirges. 1. Bd. Lex.-8. (11⅛ B. u. 2 Taf.) Hamburg 846, Verlags-Comptoir. Thlr. *

—— dass. 2. Bd. Lex.-8. (18⅞ B. u. 4 Taf.) Ebds. 846. *

—— dass. Supplementheft. gr. 8. (3 B.) Ebds. 847. *

Werkstatt, die. Vierteljahrsschrift f. Handwerker. Red.: Geo. Schirges. Suppl.-Heft zum 2. Bde. u. 3. Bd. gr. 8. (Suppl. S. 301—346. 3. Bd. 158 S.) Hamburg 847, Verlags-Comptoir. — Figurentafeln zum 3. Bd. qu. gr. 4. (12 lith. Taf.) Ebd. 847. Suppl. n. 4 ngl; 3. Bd. 12 ngl; Tafeln: n. 12 ngl

Werkstatt, die. Meister Konrads Wochenzeitung. Hrsg.: Frz. Woas. 1. Jahrg. 1885. 52 Nrn. (B.) gr. 4. Leipzig, Heitmann. n. 2. 40

— dasselbe. 2. Jahrg. 1885/86. 52 Nrn. (B.) gr. 4. Ebend. 885. n. 2. 40; große Ausg. in Umschlägen n. 4. 80

— dasselbe. 3. Jahrg. 1886/87. 52 Nrn. (1½ B. m. Illustr.) gr. 4. Ebend. n. 3. 20

Werkstatt, die. Meister Konrad's Wochenzeitg. Hrsg.: Frz. Woas. 4.—6. Jahrg. Oktbr. 1887—Septbr. 1890. à 52 Nrn. (1¼ B.) Fol. Berlin, Expedition. à Jahrg. n. 4. —

Werkstatt, die. Meister Konrads Wochenzeitg. Organ des Verbandes rheinisch-westfäl. Bildungs-Vereine, Zentral-Organ u. Anzeige-Blatt f. alle deutschen Gewerbe-Vereine, Inngn., Handwerker-Vereiniggn., Fortbildungs- u. Arbeiterbildungs-Vereine, Herbergen zur Heimath u. s. w. 7.—11. Jahrg. Oktbr. 1890—Septbr. 1895. à 52 Nrn. (à ca. 2 Bog. m. Abbildgn.) Fol. Saarbrücken, Franz Woas. à Jahrg. n. 4. —

Werkstatt, die. Meister Konrads Wochenzeitg. Organ d. Verbandes rheinisch-westfäl. Bildungs-Vereine u. s. w. 9. Jahrg. Oktbr. 1892—Septbr. 1893. 52 Nrn. (à Nr. 2 Bog. m. Abbildgn.) Fol. Saarbrücken. (Lpz., Heitmann). * 4 —

— dasselbe. Fachblatt f. Schlossereien, Schmieden, Maschinen-Fabriken, mechan. Werkstätten u. Eisenwaarenhandlgn. 7.—11. Jahrg. Oktbr. 1890—Septbr. 1895. à 52 Nrn. (à ca. 2 Bog. m. Abbildgn.) Fol. Ebd. à Jahrg. n. 4. —

Werkstatt, die. Meister Konrads Wochenzeitg. Organ des Verbandes rheinisch-westfäl. Bildungs-Vereine, Zentral-Organ u. Anzeige-Blatt f. alle deutschen Gewerbe-Vereine u. Handwerker-Vereiniggn. Organ des Verbandes bad. Arbeiterbildungs-Vereine. 12.—15. Jahrg. Oktbr. 1895—Septbr. 1899. à 52 Nrn. (à ca. 8 S. m. Abb.) Fol. Saarbrücken. Wiesbaden, F. Woas. à Jahrg. n. 4. —
Kann auch vierteljährlich bezogen werden; erscheint seit Oktbr. 1897 in Wiesbaden.

— dasselbe. Fachblatt f. Schlossereien, Schmieden, Maschinen-Fabriken, mechan. Werkstätten, Eisen- u. Stahlwerke, Eisenbahn- u. Artillerie-Werkstätten, sow. Eisenwaarenhandlgn. 12.—15. Jahrg. Oktbr. 1895—Septbr. 1899. à 52 Nrn. (à ca. 8 S. m. Abb.) Fol. Ebd. à Jahrg. n. 4. —
Kann auch vierteljährlich bezogen werden.

Werkstatt, die. Meister Konrads Wochenzeitg. Zentralorgan u. Anzeige-Blatt f. alle deutschen Gewerbe- u. Handwerker-Vereine. Organ des Verbandes bad. Arbeiter-Bildungs-Vereine. 16.—19. Jahrg. Oktbr. 1899—Septbr. 1903. à 52 Nrn. Fol. (à ca. 8 S. m. Abb.) Wiesbaden, F. Woas. à Jahrg. n. 4. —

— dasselbe. Meister Konrads Fachblatt f. Schlossereien, Schmieden, Maschinen-Fabriken, mechan. Werkstätten, Eisen- u. Stahlwerke, Eisenbahn- u. Artillerie-Werkstätten, sowie Eisenwaarenhandlgn. 16.—19. Jahrg. Oktbr. 1899—Septbr. 1903. à 52 Nrn. Fol. (à ca. 8 S. m. Abbildgn.) Wiesbaden, F. Woas. à Jahrg. n. 4. —

Werkstatt, die. Meister Konrads Wochenzeitg. Zentralorgan u. Anzeige-Blatt f. alle deutschen Gewerbe- u. Handwerker-Vereine. Organ des Verbandes bad. Arbeiter-Bildungs-Vereine. 20.—23. Jahrg. Oktbr. 1903—Septbr. 1907. à 52 Nrn. (à ca. 8 S. m. Abbildgn.) Fol. Wiesbaden, F. Woas. à Jhrg. n. 4. —

— dasselbe. Ausg. B. Meister Konrads Fachblatt f. Schlossereien, Schmieden, Maschinen-Fabriken, mechan. Werkstätten, Eisen- u. Stahlwerke, Eisenbahn- u. Artillerie-Werkstätten, sowie Eisenwarenhandlgn. 20.—23. Jahrg. Oktbr. 1903—Septbr. 1907 à 52 Nrn. (à ca. 8 S. m. Abbildgn.) Fol. Ebd. à Jhrg. n. 4. —

Werkstatt, die. Ausg. A. Meister Konrads Wochenzeitg. Zentralorgan u. Anzeigeblatt f. alle deutschen Gewerbe- u. Handwerker-Vereine. Organ des Verbandes bad. Arbeiter-Bildungs-Vereine. 24.—27. Jahrg. Oktbr. 1907—Septbr. 1911. à 52 Nrn. (à ca. 8 S. m. Abb.) 34,5×25 cm. Wiesbaden, F. Woas. à Jahrg. 4. —

— dasselbe. Ausg. B. Meister Konrads Fachblatt für Schlossereien, Schmieden, Maschinen-Fabriken, mechan. Werkstätten, Eisen- u. Stahlwerke, Eisenbahn- u. Artillerie-Werkstätten, sowie Eisenwarenhandlgn. 24.—27. Jahrg. Oktbr. 1907—Septbr. 1911. à 52 Nrn. (à ca. 8 S. m. Abb.) 34,5×25 cm. Ebd. à Jahrg. 4. —

— die. Eine Sammlg. v. Hilfs- u. Lehrbüchern f. das gesamte deutsche Handwerk u. Gewerbe. Hrsg. v. erfahrenen, in der Praxis steh. Fachmännern. 1. Bd. gr. 8. Leipzig 910. B. F. Voigt. 6.—; geb. 7. 50
1. Der Kupferschmied. Umfassendes Hilfs- u. Lehrbuch der Gewinng., Behandlg. u. Verarbeitg. des Kupfers u. dessen Legiergn. Zum Selbstunterricht u. f. die Praxis neubearb. Von Waldem. Petit. 4. vollst. neubearb. u. erweit. Aufl. v. Höhne u. Röslings Handbuch f. Kupferschmiede. (VIII, 152 S. m. 395 Abb.)

Werkstatt, die, der Kunst. Organ f. die Interessen der bild. Künstler. Hrsg.: J. F. Hartung. Schriftleiter: Fritz Hellwag. 1. Jahrg. Novbr. 1901—Oktbr. 1902. 52 Nrn. hoch 4. (à ca. 16 S.) München, Verlag der Werkstatt der Kunst. n.n. 6. —

— dasselbe. Hrsg.: J. F. Hartung. Schriftleiter: Ernst Cloß. 2. Jahrg. Oktbr. 1902—Septbr. 1903. 52 Nrn. hoch 4. (à ca. 16 S.) Ebd. à Jahrg. n. 8. —

— dasselbe. Künstler-Kalender f. d. J. 1902. Hrsg. v. der „Werkstatt der Kunst". hoch 4. (Schreibkalender u. 34 S.) Ebd. 1. —
Erscheint nicht weiter.

— die, der Kunst. Organ f. die Interessen der bild. Künstler. Schriftleiter: Ernst Cloß. 3. Jahrg. Oktbr. 1903—Septbr. 1904. 52 Nrn. (à ca. 16 S.) hoch 4. München, Verlag der Werkstatt der Kunst. n. 8. 75

— dasselbe. Mit der Beilage: Münchner kunsttechn. Blätter. Leitung: Ernst Berger. 4. Jahrg. Oktbr. 1904—Septbr. 1905. 52 Nrn. (à ca. 16 u. 8 S.) hoch 4. Ebd. n. 9. —
Erscheint nicht mehr.

— die, der Kunst. Organ f. die Interessen der bild. Künstler. Vereinsorgan der Allgemeinen deutschen Kunstgenossenschaft, des Vereins der Künstlerinnen u. Kunstfreundinnen zu Berlin u. Verkündigungsblatt des Künstlerverbandes deutscher Bildhauer usw. Red.: Fritz Hellwag. 7.—10. Jahrg. Oktbr. 1907—Septbr. 1911. à 48 Hefte. Mit Halbmonatsbeilage: Münchener kunsttechn. Blätter. Leitung: Ernst Berger. 7. Jahrg. 24 Nrn. (à ca. 12 u. 4 S.) Lex. 8. Leipzig, E. A. Seemann. à Jahrg. 9. —

Werkstatt od. Thron. Prozeß der Erben d. Uhrmachers Naundorf aus Spandau, angebl. Ludwig XVII. v. Frankreich. [Aus: „Berliner Gerichts-Zeitung."] 8. (54 S.) Berlin 874. Behrend. n. — 50

Werkstätte, Die. Heft 1—3. Der Schneider. Wien 1864. V: *Glatter, Ignaz Eduard.* (BGE V³, 117)

— die, d. Natur, Erzeugung u. Fortpflanzung d. Menschen, d. Thiere u. Pflanzen in Beispielen, (von Chr. G. Flittner). 8. Berl. 801. W. Oehmigke. 1 ℛ 8 𝒦 2e Aufl., s. F. W. Jung, Aphrodite.

WERKSTAETTE 60 eröffnete Werkstätte der gemeinnützigsten Künste und Handwerke für junge Leute zur Auswahl ihres künftigen Nahrungsstandes. Mit 60 jede Kunst, jedes Handwerk deutlich erklärenden Kupferstichen. Kurzbeck, Wien 1789. 1 vol. 3 Bl. + 283 S. + 1 Kpf.

Werkstätte, 60 eröffnete, d. gemeinnützigen Künste u. Handwerke für junge Leute zur Auswahl ihres künftigen Nahrungsstandes. Mit 6 Kpf. 4. Wien 789. (Heubner). 2 ℛ

Werkstätte, 60 eröffnete, d. gemeinnutz. Künste u. Handwerke, f. junge Leute, z. Auswahl ihres künftigen Nahrungsstandes, m. 6 K. 4. Wien, Kurzbeck. (Camesina.) 789. Rthlr.

Werkstätte, Die wunderbare, der Natur in Beispielen von der Fortpflanzungsweise der Thiere und Pflanzen. Berlin 1801. V: *Flittner, Chn Gfr.* (MGT) (Ky) (EBHN)

Werkstätten. Unter Mitw. von ... hrsg. von Ludwig R[t] v. Stockert, Prof. Mit 471 Textabb. u. 6 Taf. Berlin: J. Springer 1908. (VIII, 433 S.) 4°(8°) = Handbuch d. Eisenbahnmaschinenwesens. Bd 3. [08. 17139

Werkstätten, 48, von Handwerkern und Künstlern oder Schauplatz des bürgerl. Gewerbsfleißes. Ein lehrreiches Lesebuch für Knaben jedes Alters zur Erwerbung techn. Kenntnisse ꝛc. so wie für Eltern und Erzieher bei der Berufswahl für ihre Knaben. 1. Aufl. (u. d. T.: 40 Werkstätten ꝛc.) (IV und 148 S. mit 40 Stnt.) 1851. * 15 Ngr. und 2., umgearb. und verm. Aufl. 8. (VIII und 168 S. mit 48 lithogr. Abbildungen.) Zürich 852. (Leipzig, H. Fritzsche.)

Werkstätten, 48, von Handwerkern u. Künstlern oder Schauplatz des bürgerlichen Gewerbsfleißes. Ein lehrreiches Lesebuch für Knaben jedes Alters ꝛc., so wie für Eltern und Erzieher bei der Berufswahl für ihre Knaben. Mit 48 lith. Abbildgn. ꝛc. 2., ganz umgearb. u. verm. Aufl. Zürich 853. (Leipzig, H. Fritzsche.) 8. (VIII, 168 S.) 21 ngr.

Werkstätten, 30, von Handwerkern. Nebst ihren hauptsächlichsten Werkzeugen u. Fabrikaten. Mit erklärendem Text. 1. Aufl. 843. u. 2. Aufl. Fol. (à 30 ill. Stnt. u. 9 Bl. Text.) Eßlingen 844, [Schreiber u. Schill.]

Aus geistigen **Werkstätten**. Sammlung gemeinnütziger u. volksbildender Vorträge. H. 1–7. 9–12. [8 nicht erschienen.] Berlin: R. Lesser 1893. 11 Bde 8° [S.]
1 = Diercks, Gustav: Marokko u. d. deutschen Interessen.
2 = Cohn, Tobias: Israels Gemeinschaftsleben mit d. vorchristl. Völkern.
3 = Seler, Caecilie: Die Frau im alten u. im heutigen Mexiko.
4 = Lang, Julius: Die Forderungen d. Schulhygiene.
5 = Werner, Jac.: Der Alkohol u. d. menschl. Organismus.
6 = Goliner, Jos.: Das Wesen u. d. Behandlung d. Seekrankheit.
7 = Veeck, Otto: Buddha u. Christus.
9 = Linsenbarth, H.: Astronom. Neuigkeiten.
10 = Cauer, Minna: Die Frauen in d. Vereinigten Staaten von Nordamerika.
11 = Geiger, Ludwig: Augustin, Petrarca, Rousseau.
12 = Gnauck-Kühne, Elsbeth: Ursachen u. Ziele d. Frauenbewegung. [05. 6439

Werkstätten, graphische. Hrsg. u. red. v. Alb. Knab. 1. Jahrg. Oktbr. 1909—Septbr. 1910. 12 Nrn. (à ca. 24 S. m. z. Tl. farb. Abbildgn. u. 2 Taf.) 34×25 cm. Berlin, [A. Knab]. M. Reichel & Co. 24. —

Werkstätten, die, d. Künstler u. Handwerker, od. kleiner Schauplatz d. bürgerl. Gewerbfleißes. Ein Lese- u. Bilderb. f. lernbegier. Knaben v. Gust. Lehrreich. 12. (8 B. u. 6 ill. Bilder.) Ilmenau 834, [Weimar,] Voigt.

Die mechanischen Werkstätten der Stadt Göttingen. ihre Geschichte und ihre gegenwärtige Einrichtung. Denkschrift, herausgegeben bei Gelegenheit der Pariser Weltausstellung 1900. Melle 1900.

— Saalecker, G. m. b. H., Saaleck bei Kösen in Thüringen. Künstlerische Leitg.: Schultze-Naumburg, geschäftliche Leitg.: Frdr. Carstanjen. [Aus: „Dokumente d. modernen Kunstgewerbes".] (1. Heft.) 41,5×30 cm. Leipzig-Stötteritz (908). Moderner Kunstverlag Dr. Trenkler & Co. 2. —
Schultze-Naumburg. Von Heinr. Pudor. (32 S. m. Abb.)

Werkstätten, 40, von Handwerkern u. Künstlern oder Schauplatz des bürgerl. Gewerbsfleißes. Ein lehrreiches Lesebuch sowohl für Knaben von reiferem Alter als auch ein Wegweiser für Eltern, Lehrer u. Erzieher, bei der Berufswahl für ihre Knaben. Mit 40 Lith. 8. (IV u. 148 S.) Zürich 851. (Leipzig, H. Fritzsche.) n. 1/2 ℛ︀

Werkstatt-Erzählungen. Neue Folge. Von † Mich. Masson, s. Raymond, M.
[Fuge am a. D. hinzu: A. d. Franz. übertr. v. L. Kruse.]

Werkstatts-Erzählungen. Neue Folge der Erzählungen Daniels des Steinschneiders. Von Michel Masson (Michel Raymond). Aus d. Franz. übertragen von L. Kruse, 1r u. 2r Thl. Die Fabrik. — Die Blödsinnige Anna. — Das Unvermeidliche. 8. Leipzig 834. Kollmann. 2 5/6 ℛ︀

— dass. 3r Thl. Alles um einen Namen. — Die beiden Könige. 8. Ebd. 834. 1 1/6 ℛ︀

Werkstattstechnik. Zeitschrift f. Anlage u. Betrieb von Fabriken u. f. Herstellungsverfahren. Unter Mitarb. ... hrsg. von Dr.-Ing. G[eorg] Schlesinger, Prof. Jg. 1, H. 1. Berlin: J. Springer 1907. 4° [07. 5227

Werkstattstechnik. Zeitschrift f. Anlage u. Betrieb v. Fabriken u. f. Herstellungsverfahren. Unter Mitarbeit v. Armengaud-Jeune, E. Blum, O. Eckelt u. a. hrsg. v. G. Schlesinger. 1.—4. Jahrg. 1907—1910. à 12 Hefte. (XII, 678; XII, 672; XIII, 690 u. XIV, 716 S. m. Abbildgn.) Lex. 8. Berlin, J. Springer. à Jahrg. 15. —

Werkstücke aus den Bauhütten der Gr. Loge von Preussen gen. Royal York zur Freundschaft zu Berlin. Als Ms. f. Frm.-Mstr. gedr. [Berlin 1896: Denter & Nicolas.] 27 S. 8°
3 Vorträge von J. Bertrand, O. R. Schmidt-Cabanis u. Roenick.

Werktag: Der Werktag oder Berner Wochenblatt
v. **Der Werktag.**

Werktag: Der Werktag
① heute: Meistgelesenes Organ des oberen Kantonsteils; vormals «Berner Wochenblatt» ② Der Werktag oder Berner Wochenblatt (7. 7. 1900—14. 7. 1900); Berner Wochenblatt und Oberländer Zeitung (21. 7. 1900—10. 6. 1933); Berner Wochenblatt und Oberländer Volks-Zeitung (19. 6. 1933—31. 12. 1954); Berner Oberländer Volks-Zeitung (ab 3. 1. 1955) ⑤ Dezember 1897 (cont.) ⑥ 4; 2° (ab 7. 7. 1900) ⑦ Wochenblatt; wöchentlich 2× (ab 7. 12. 1907); wöchentlich 3× (ab 1. 11. 1926) ⑧ Saanen: Fritz Oesch; Spiez: Gilgian Maurer, heute G. Maurer AG ⑨ Der Schweizer Senn (1901—1911), Oberländer Sonntagsblatt (ab 1905), Stellen- und Offertenblatt (1908—1913), Der erfahrene Landwirt (1913—1917), Der Vieh-Händel (1917—1926), Der Landmann (ab 1926), Für Frauen und Töchter (halbmonatlich; 1913—1924), Allgemeine Frauen-Zeitung (später Frauen Zeitung), Humoristischer Beiwagen (ab 1913), Verkehr, Saison, Touristik, Ferien (1924—1926), Der Reise-Onkel (ab 1927), Soziale Werke (ab 1925), Illustrierte Tagesereignisse (1925—1927), Die Berner Illustrierte (1927—1929), Neue Illustrierte (1930—1933), Rundschau im Bild (ab 19. 6. 1933) ⑩ der Drucker ⑪ 1 Redaktor: Gilgian Maurer ⑫ bürgerlich ⑬ Berner Wochenblatt und Oberländer Volks-Zeitung vom 22. 3. 1948 ⑭ Be. L.

Werktags-Morgenbetrachtungen u. Gebete, 52 undogmatische, e. Bußtagsbetrachtung, e. Sonntagsbetrachtung. Gesammelt u. hrsg. v. H. gr. 8. (148 S.) Dresden 901. (W. Ulrich.) n.n. 1. 50; geb. n.n. 2. —

Werkzeichnungen, od. pract. u. detaillirte Zeichnungen, Beschreibn. u. Erläutern. d. verschied. Arten v. ausgeführten Maschinen u. Maschinerieen, v. Mühlwerken, Eisenwerken, Apparaten z. Brennen, Sieden, Spinnen, Weben, Zeug- u. Schrift-Drucken u. allen sonstigen Fabriken u. Manufacturen. Hrsg. v. d. polytechn. Agentur in Berlin unt. Leitung v. C. T. N. Mendelssohn u. A. F. Neukrantz. 1. Bd. 1—4. Hft. gr. Fol. Berlin, Geo. Reimer. *
Hft. 1., 2. Eine Dampf-Maschine von 20 Pferde Kraft nach Boulton u. Watt. [1. (6 Stnt. u. 1 B. Text.) 840. * 1 1/3 Thlr., 2. (7 Stnt. u. 2 1/8 B. Text.) 841. * 1 2/3 Thlr.] * 3 Thlr. 4 Gr.
3., 4. Eine engl.-amerikan. Mahlmühle nach Steele u. Atkins. (12 Stnt. u. 1 1/2 B.) Text.) 842. * 3 Thlr.

Werkzeichnungen oder practische u. detaillirte Zeichnungen, Beschreibungen u. Erläuterungen der verschied. Arten von ausgeführten Maschinen u. Maschinerieen, von Mühlwerken, Eisenwerken, Apparaten zum Brennen, Sieden, Spinnen, Weben, Drucken etc. Hrsg. v. C. T. N. Mendelssohn. 1. Bd. 5. u. 6. Hft. Berlin 843, G. Reimer. à *
Hft. 5. Eine hydraulische Oelpresse u. die Mühle zum Zerkleinen des Oelsamens. gr. Fol. (6 Stnt. u. 1 1/4 B. Text.)
- 6. Die Anlage einer vollständ. Oelfabrik mit Zubehör. (6 Stnt. u. 1 B. Text.)

— dass. 2. Bd. 1. Hft. enth. Furnier-Sägemaschine nach französ. Prinzip. Kreis-Säge f. Tischler etc. nach A. Galloway. Transportable eiserne Winde nach engl. Construction. gr. Fol. (6 Stnt. u. 1 B. Text.) Ebds. 843. *
1. Bd. 1–4. Hft. Ebendas. 1840–42. * 6 Thlr. 5 Ngr.

Werkzeug, Pneumatisch betriebenes, zur Bearbeitung von Steinen oder anderen harten Materialien. Berlin o. J. V: *Schleicher*. (Kat. d. Bibl. d. Kais. Patentamtes. Berlin 1896.)

Werkzeugbuch für die Feldbahn-Zwillings-Lokomotive Nr. . . . . Hrsg.: Eisenbahn-Brigade. 12. (16 S.) Berlin 899. E. S. Mittler & Sohn. n. — 40

Werkzeugtafeln u. gemeinnützige Mittheilungen für Gewerbtreibende, Land- u. Hauswirthe. Herausgeg. von Carl v. Frankenstein. Monats-Beilage zum i. ö. allgem. Industrieblatte 1845. 12 Numm. Mit lith. Taf. gr. 4. Gratz 845, Kienreich. (Leipzig, Weygand'sche B.) n. 1 1/2 ℛ︀

Werl, A., Albumblätter für die elegante Welt, s. **Albumblätter.**

Werl, Adph., Plan von Wurzen. Fol. Wurzen 869, Werl. * 1 —

Werl, Adph., Robinson's Stammbaum. Eine Skizze der Robinson-Jugendliteratur. Nebst einer Abfertigung der H.H. Jul. Petzholdt und Emil Hallier. 1. und 2. Aufl. gr. 16. (17 S. mit einer chromolithogr. Robinson-Stammtaf. in Fol.) Leipzig 862, Expedition des Campeschen Robinson.

Werl, Adph., Robinson's Stammbaum. Eine Skizze der Robinson-Jugendliteratur. Nebst einer Abfertigung der Herren Jul. Petzholdt und Emil Hallier. Mit 1 (lith.) Robinson-Stammtaf. (in Fol.) 1. u. 2. Aufl. Leipzig 862. Werl. 16. (17 S.) 5 ngr.

Sendenhorst. Festschrift z. Feier d. 25jähr. Bestehens d. freiwilligen Feuerwehr zu Sendenhorst am 7. u. 8. Aug. 1910 von Peter **Werland**, Münster. Münster i. W.: Der Westfale 1910. 78 S. 8° [10. 14578

Werlauff, Erich Christian

Werlauff, E. C., historiske Antegnelser til L. Holbergs Lystspil. 1ste Bind. stor 8. Kjöbenhaven 838. (Reitzel.) n. 1½ ₰

— **Arius multiscius primus islandorum historicus.** 8. Kopenh. 808. Schubothe. 12 gr Schreibp. 14 gr

— über die Constitutio Waldemari, s.: **Fragmente, antischleswig-holsteinische.** 5. Hft.

— Constitutio Waldemari, s.: **Portfolio, Skandinavisches.** Nr. 4.

W e r l a u f f, M. E. C., anecdoton historiam Sverreri regis Norvegiae illustrans, e Cod. membran. biblioth. Arna-Magnaeanae, c. vers. lat. et comment. 8. Hafniae, Bonnier. 815.

Werlauff, Er. Chr., **Anecdoton historiam Sverreri, regis Norvegiae illustrans. E codice bibliothecae Arna-Magnaeanae cum versione lat. et commentario. 8. Kopenh. 815. (Gyldendal). 1 ₰ 8 gr**

— **u. N. Outzen, Priisskrifter angaaende de danske Sprog i Hertugdömmet Slesvig,** oder Preisschriften, d. dänische Sprache im Herzogthum Schleswig betreffend. 8. Kopenh. 819. Schubothe. 2 ₰ 12 gr

— s. **Scriptores rerum Danicarum.**

Werlauff, E. C., det Kongelige Danske Selskab for Fædrelandets Historie og Sprog, i dets første Aarhundrede. gr. 8. (255 S.) Kopenhagen 847. (Gyldendal.) n. 2 ₰

— **Symbolae geographicae medii aevi; ex monumentis islandicis edidit, prolegom. et comment. illustravit. 4. Kopenh. 821. Gyldendal. 21 gr**

W e r l a u f f, (E. C.,) Symbolae geographium medii aevi; ex monumentis islandicis, edidit prolegom. et comment. illustravit. 4. Havniae 822, Gyldendal.

Werle, Ant., Almrausch. Almliada aus Steiermark. Gesammelt u. hrsg. 2. [Titel-]Aufl. 12. (XV, 488 S.) Graz [884.] 902. J. A. Kienreich. n. 1.70; geb. n. 2.—

Werle, Eduard (Heppenheim)
Beitrag zur Kenntnis der Körperwärme bei Geisteskranken. Giessen: W. Keller 1866. 90 S. u. 2 Bl. Thesen.
Diss. med. 16.3.1866. vorh. 26. 7.

Werle, Geo., die ältesten germanischen Personennamen, s.a. **Zeitschrift f. deutsche Wortforschung. 12. Bd. Beiheft.**

Die ältesten germanischen Personennamen. Von Georg **Werle**. Straßburg: Trübner 1910. 88 S. 8°
(Zeitschrift f. deutsche Wortforschung. Bd. 12, Beih.) [10. 16392

Werle, Herm., ein malerisches Bürger-Heim. Einf. bill., aber geschmackvolle Innen-Räume, Möbel u. Dekorationen. 25 Entwürfe. Illustrations-Text v. Alex. Koch. gr. Fol. (25 Taf. m. 11 Bl. Text.) Darmstadt 897. A. Koch. In Mappe: n. 40. —
Erschien auch in 5 Lfgn. à n. 8. —.

— **das vornehme deutsche Haus.** Innenräume, Möbel u. Dekorationen. Versuch e. Neugestaltg. uns. deutschen Wohnräume. Motivenwerk f. Architekten, Möbelfabrikanten, Dekoratöre, Dekorationsmaler, Kunstgewerbetreibende aller Art u. kunstsinn. Private. Nebst Vorwort u. Illustrations-Beschreibgn. v. Alex. Koch. 6 Lfgn. gr. Fol. (25 Taf. m. 9 Bl. Text.) Ebd. 895. 96. In Mappe à Lfg. n. 7. 50; (kplt. in Mappe n.n. 45. —)

Werle, J., Kurfürst Friedrich III. v. der Pfalz, s.: **Fürstenbilder, pfälzische.**

— Zacharias **Ursinus**, s.: **Reformatoren, pfälzische.**

W e r l e, Ioh. Mor., album jurid. sive tab. jurisprud. et aliorum quorumcunque doctrinal. 8. Augsb. Wolf. 753.

[J.] **Werle,** Josef: Grundzüge der englischen Grammatik an Realprogymnasien m. Berücks. d. neuen Lehrpläne. 1. Tl. Oberlahnstein, F. Schickel, 1893; 25—42 S. 4.
Oberlahnstein, st. RPG, OP 1893 (410)

Werle, Kandidus, († ...) **Arithmeticae, Geometriae et Trigonometr. tam planae, quam sphaericae specimina, una cum parergis ex Physica experimentali de terra et aqua, eorumque meteoris. 4. Salzb. 751.**

— **Mechanicae, Hydrostaticae, Hydraulicae et Astronomiae specimina, una cum parergis ex Physica experimentali de aëre et igne, eorumque meteoris. 4. Salzb. 755.**

Werlé, Karl, der Köhlersepp, s.a. **Jugend-Bibliothek, Laumann'sche. 18.**

Der K ö h l e r s e p p. Von Karl Werlé. Dülmen: A. Laumann 1901. (S. 131–192.) 8°
(Jugend-Bibliothek. Laumannsche. Lfg 18.)

— W e i h n a c h t s f e s t s p i e l, s.a. Vereinstheater, Neues.

W e i h n a c h t s f e s t s p i e l. Anbeten d. Hirten u. Weisen f. Schulen u. christl. Vereine in 4 Aufz., mit Gesang u. leb. Bild von Karl Werlé, Lehrer. Essen (Ruhr): Fredebeul & Koenen 1900. (28 S.) 8°
(Vereinstheater, Neues. No 33.)

Werle, W. O. von

— Vom Hannele, das doch zu etwas nütze war, s.: **Geschichten u. Bilder der Frauenhilfe.**

— Ein Helfer in der Not, s.a. **Dorfbühne, die.**

Ein H e l f e r in der Not. Volksstück f. Raiffeisenabende. Von W. O. v. **Werle**. Berlin: Deutsche Landbuchh. 1909. 32 S. 8°
(Die Dorfbühne. H. 1.)

Werle, W. O. v., der Freiheit Morgen, s.a. **Dorfbühne, die.**

Der Freiheit Morgen. Vaterländ. Festspiel aus d. Zeit d. Freiheitskriege von W. O. v. Werle. Berlin: Deutsche Landbuchh. 1909. 32 S. 8°
(Die Dorfbühne. H. 5.)

Werle, (Wilhelm), Prof. Dr.: **Deutschlands Beziehungen zu Marokko vom Beginn des Mittelalters bis zur Gegenwart.** *Coburg (1902): R. Dornheim.* (S. 3—33.) 4° [F.]
Coburg, G Casimirianum, OP 1902 (782)

Werle, Wilhelm Eis, quae in Theophrasteo characterum libello offendunt, quatenus transpositione medela afferenda sit. 4 (28 S.). **Progr.** G. Casimirianum *Coburg* 1887 (646).

Wilhelm
Werle, Guilielmus [Coburgensis]: **Eis quae in Theophrasteo characterum libello offendunt quatenus transpositione medela afferenda sit ....** Marburgi Chattorum, *Dietz'sche Hofbuchdr. Coburg*, 1887; 1 Bl. + 28 S. 4°.
Marburg, Phil. Fak., Inaug.-Diss. v. [16. Apr.] 1887.

Werle, Guilielmus, eis quae in Theophrasteo characterum libello offendunt quatenus transpositione medela afferenda sit. Diss. Marburg 1887, N. G. Elwertsche Univ.-Buchh. 4°. 28 S.

Werle, Wilhelm: Deutsche Kulturarbeit in Südamerika. (Coburg 1909: Dornheim.) S. 1—292. 8°
Koburg, G Casimirianum OP 1909 (943) [S 09. 408

[F.] **Werle,** *Wilhelm* [Prof. Dr.]: Welchen Einfluss haben die in den letzten dreissig Jahren erzielten Fortschritte der Kenntnis der deutschen Kolonieen in Afrika auf das staatliche und wirtschaftliche Leben des deutschen Reiches ausgeübt? Coburg, Druck d. Dietz'schen Hofbuchdr., *1896*; 1—37 S. 4.
Coburg, G Casimirianum, OP 1896 (717)

Werlemann, G. A. E., Thränen-, Dank- u. Freuden-Ernte, in Predigten. gr. 8. Lingen 807. Jülicher.

— s. Uebungen d. Andacht.

Werler, Oscar (Ernst Louis) (geb. Königsberg i. Pr. 26. 9. 1855): Ueber die Entstehung der angeborenen Gehirnbrüche im Anschluss an einen Fall eigener Beobachtung. Berlin (1881). (50 S.) 8°
Berlin, Med. Diss. v. 8. Okt. 1881

Werler, Osc.. das lösliche metallische Quecksilber als Heilmittel. Klinisch-therapeut. Untersuchungen. gr. 8. (36 S. m. 2 Taf.) Berlin 899. S. Karger. n. 1. 20; erm. Pr. n. 1. —
Sonderabdruck aus: „Dermatolog. Zeitschrift".

Werlhof's, ..., Blutflecken-Krankheit. Inaug.-Abhandl. von Frz. J. Hergt. 8. Hadamar 828. N. Gelehrten-B. 6 gr

v. **WERLHOF, Das Silphium (Laserpitium) von Cyrenaica. (Ohne besond. Titelblatt.)** 8o.

v. Werlhof, A. C. E., Handbuch der Griechischen Numismatik mit besond. Rücksicht auf deren Literatur. Unter Zugrundelegung von Akerman's Manual bearb. Nebst 5 lith. Taf. m. Münz-Typen u. Alphabeten, u. 22 in den Text eingedr. Münz-Abbildungen in Holzschn. gr. 8. (VIII u. 280 S.) Hannover 850, Hahn. 2 ℳ

Werlhof, Ernst von

— Unter Napoleons Fahnen, s.: Barquin.

Werlhof, Ernst v., Geschichte des 1. Husaren-Regiments „König Albert" Nr. 18, auf Veranlassg. des Regiments bearb. (VIII, 411 u. 164 S. m. 29 Skizzen im Text, 9 Taf. u. 4 Karten.) Lex. 8. Leipzig (909). O. R. Reisland. Geb. in Leinw. 20.—

Werlhof, Johann [Praes.], s. Buchholtz, Heinrich Franz: Vindiciae Grotiani dogmatis de praescriptione inter gentes liberas contra illustr. scriptorum Gallicum Petrum Puteanum.

Werlhof, Johann [Praes.], s. Eisenhart, Christian Silemann: De condemnatione voluntaria.

Werlhof, Johann [Praes.], s. Garssen, Johann Julius: Juris publici enucleati caput I. De juris publici prudentia & caput II. De origine Imperii Germanici.

Werlhof, Johann [Praes.], s. Hugo, Ludolph Dietrich: De examine testium extraordinario, cumprimis ad instruendam probationem futuram, vulgo zum ewigen Gedächtniß ad capit. quoniam frequenter. 5. X. ut lit. non contest. & capit. significavit. 41.X. de test. & attestat.

Werlhof, Johann [Praes.], s. Hugo, Ludolph Dietrich: Juris, maxime quo in foro Germani utimur, enucleati, et in succinctas theses memoriales digesti, specimen I. De jure Germanis patrio, universe tali.

Werlhof, Joh. De instrumento assecurationis vulgo polizza. Lipsiae 1736.

Werlhof, Johann [Praes.], s. Krueger, Johann Friedrich: De judicio admiralitatis Hamburgensis.

Werlhof, Johann [Praes.], s. Schele, Martin Lukas: De instrumento assecurationis vulgo Polizza.

Werlhofius, Joh.: Vindiciae Grotiani dogmatis de praescriptione inter gentes liberas contra illustrem scriptorem Gallicum Petr. Puteanum. Helmstadii 1746.

Werlhof, Johann [Praes.], s. Vogel, Johann Christoph: De iure et privilegio collectarum in concursibus creditorum in foro inprimis electorali Saxonico.

Werlhof, Paul Gottfried, s. Werlhof, Paul Gottlieb

Werlhof, Paul Gottlieb

— actorum medicorum Edinburgensium specimina duo ex anglico sermone latine reddita. 4. ibid. 735.

Werlhof, Paul Gf., († d. 26. Juli 1767.) auserlesene Aufsätze u. Schriften über d. Fieber u. andere wichtige Gegenstände d. prakt. Arzneikunde. Aus d. latein. Ausg. (4. Hannov. 732.) übersetzt. gr. 8. Kopenh. 785. Rothe. 1 ℛ 8 gr

— Bedenken üb. d. Gestank a. d. Munde. Frankft. u. Leipz. 745.

Werlhof, Paul Gottlieb: Cautiones medicae de limitandis laudibus et vituperiis morborum et remediorum. 344 S., gbd.

Hannoverae: Foerster 1734

JB 6.550

— cautiones medicae de limitandis laudibus et vituperiis morborum et remediorum. 4. Hannov. Helwing. 734.

D. Paul Gottlieb Werlhofs Gedichte, herausgeg. von der Deutschen Gesellschaft in Göttingen mit einer Vorrede D. Albrecht Hallers. Hannover. 1749. — Zeugnisse treuer Liebe nach dem Tode tugendhafter Frauen in gebundener deutscher Rede abgestattet von ihren Ehemännern. Hannover. 1743. 8o.

(—) Gedichte, herausg. von d. deutschen Gesellschaft in Göttingen, mit e. Vorrede Dr. Haller's. gr. 8. Hannov. 755. Helwing. 3 ℛ

Paul Godofr. Werlhof de medicinae sectae methodicae veteris ejusque usu et abusu. Helmestad 1723. 4.

Werlhof, Paul Gottfr., Obs. de febribus, praecipue intermittentibus et ex harum genere continuis etc. Hann. 1732. 1735. Vened. 1757. 1764. Deutsch Kopenh. 1785.

Werlhof, Paul Gottlieb: Observationes de febribus, praecipue intermittentibus et ex earum genere continuis deque earum periculis ac reversionibus praenoscendis et praecavendis... 335 S., gbd.

Hannoverae: Schultze 1732

JB 1.790

Paul Gottlieb Werlhof

Observationes de febribus praecipue intermittentibus,... scribebat Paul[us] Gottlieb Werlhof. Ed.2.,auctior & em. Hannoverae: Foerster 1745. 334 S. 8°

— observationes de febribus. 4. Hannov. Helwing. 745.

[Werke] Pauli Gottlieb Werlhofii [Werlhof] Opera medica. Coll.et auxit J[ohannes] E[rnestus] Wichmann. P.1-3. Hannoverae: Helwingius 1775-76. 1 Bd 8°

P.1: 1775.
P.2: 1775.
[Sondert.:] Behrens, Rudolphus Augustinus: Dissertatio epistolaris de affectionibus a comestis mytulis. 1735.
P.3: 1776.

Werlhof, Paul Gottfried.
Auserlesene Schriften über die Fieber . . . A. d. Lat. Kopenhagen 1785. Ü: *Ludwig, Carl Friedrich.* (MGT)

Werlhof, Paul Gottlieb: Sylloge epistolarum selectiora quaedam consilia continentium. 92 S.(S.111 - 202), gbd.

Berolini: Voss 1781
in: Engel, Karl Christian: Specimina medica. 1781

JB 2.192

Werlhof, Paul Gottlieb: Disquisitio medica et philologica de variolis et anthracibus ubi de utriusque affectus antiquitatibus signis differentiis medelis disserit. 130 S., gbd.

Hannoverae: Foerster 1735
beigedr.: Behrens, Rudolf August: Dissertatio epistolaris de affectionibus a comestis mytulis. 1735

JB 6.550

Werlhoff, Joh. De alienatione et concessione jurium, quae vocari solent Regalia. 8°. Helmstädt 1757.

Werlhoff, Joh.: Vindiciae *Grotiani* dogmatis L. II. cap. 4. de j. b. et p. de praescriptione inter gentes liberas; contra *Petr. Puteanum. Helmst.* 696. 720. 746. 4.

Werlich, August Karl Friedrich

— s.a. Romano.

Werlich, Karl Fr., Amaranth. 1r—3r Abschnitt. 8. Rudolst. 810. Hofbuchh. 1 ₰

Werlich, Aug. Karl Fr., Amor u. Psyche. Lyrisches Drama in 4 A. 16. Rudolst. 816. Hofbuchh. 8 ℛ

Werlich, Carl, die Wildweihe, od. der Frevel an dem Heiligen. Ein Trauersp. in 5 Aufz. 8. (7 B.) Rudolstadt 832, (Hofbuchhandl.)

— Schillers Gedächtnißfeier. 8. Rudolst. 806.

Werlich, Aug. Karl Fr., der Hausbau, oder erste Begriffe vom Staat, d. vorzügl. Ständen, Handwerken ꝛc., für Kinder. 8. Rudolst. 804. Dann unter d. T.: d. kleine Staatsbürger, oder erste Begriffe von d. Staat u. d. vorzügl. Ständen, Handwerken, Fabriken, Künsten ꝛc., für Kinder. 8. Rudolst. (808.) Hofbuchh. 6 ℛ

— Ideen zu e. Staatsorganisationslehre. gr. 8. Rudolst. 808. Hofbuchh. 1 ₰

ROMANO, Christian Joach. (d. i. *Aug. Carl Friedr. Werlich*). Lauretta. Novalis Andenken geweihet. (Zahmer Roman in Briefen u. mit sehr empfindsamen Versen.) Rudolstadt, bei G. Klüger. 1806. 8°.
220 SS. — *A. E.:* Ende d. 1. (einz.) Theils.

— s.a. Leben u. Liebe.

LEBEN und Liebe (von *Aug. Carl Friedr. Werlich*). Leipzig, bey Johann Friedrich Hartknoch. 1800. 8°. 96 S.

— Nachhall des Liedes d. Nibelungen. Aufgefaßt; als Handschrift durch den Druck verm. von Karl Ph. Fröbel. 8. Rudolst. 818.

— s. Schatten u. Licht.

— der kleine Staatsbürger, oder erste Begriffe v. Staat, f. Kinder. 8. Ebend. 806.

s.a. Unterhaltungen, Pierische.

UNTERHALTUNGEN, Pierische. (von *Karl Fr. Werlich*). Mit 1 Kpf. Leipzig, Meyer. 1795. 8°. (2/3 Rthl.)
Anon.-Lex. IV. p. 258 (nach Kayser u. Engelmann). — Rarl

Werlich, Carl, s. Werlich, Aug. Karl Fr.

Werlich, Karl Fr., s. Werlich, Aug. Karl Fr.

Werlin, Chrstn., de laudibus Judae Gen. c. XLIX. v. 8—12 celebratis. 8maj. (11 B.) Hauniae 838, Reitzel. *

Werlinus, Detlevus Augustus: Obitum huius temporis ... [Trauergedicht auf **Martin Bützer,** Geistlicher, † 21. Mai 1733.] — Kiliae 1733: Bartsch. 2 Bl. 4°

Werlisch, C. F. Reisebemerkungen über verschiedene Hüttenwerke und Fabriken. Handschrift. Sollingerhütte. 1821.

Werlisch, Julie, Harzer Waldblumen. Gedichte. Clausthal 857. Grosse. 8. (XV, 240 S.) n. 1 ₰.

Für und wider eine deutsche National-Grossloge. Zwei Berichte über den Jenenser September-Aufruf aus der Loge „Zu den drei Cedern" Or. Stuttgart. [Von Egon Werlitz und Ferd. Katsch.] Stuttgart: Hohl 1883. 45 S. 8⁰
„Für." [Unterz.:] Egon Werlitz. S. 8—16.
„Wider." [Unterz.:] F[erd.] Katsch. S. 17 bis 45.
Recens: Bh. 26 (1883) S. 47 (J. G. Findel), 77—78 (M. G. Conrad).
cf. Bh. 26 (1883) S. 69—70 (F. Katsch), 70—71 (J. G. Findel), 131—135, 138—139 (F. Katsch), 145—147 (J. G. Findel); FZ. 37 (1883) S. 139—140.
Tt. 1701. Vorgedr. ist der Aufruf der Loge Karl August, Jena.

Gustav(us) Adolphus Werlitz: Observationes de olei citri aetherei recens expressi usu in quibusdam oculorum morbis. Berolini (1828:) Petsch. 23 S. 8⁰

Berlin, Med. Diss. v. 29. Okt. 1828

Kassel im Bannkreis Hornelfers? Neuerschlossene Maßstäbe z. Nachprüfung u. Nachachtung von H. **Werlitz**. Dazu 2 offene Briefe aus Stadt u. Land an Dr. Ernst Horneffer nebst anderem Quellenmaterial. Kassel: H. Werlitz 1906. (42 S.) 8° [F.] (06. 14564 4

Kassel im Bannkreis Horneffers? Ein lokalgeschichtl. Zeitbild mit Maßstäben z. Nachprüfung u. Nachachtung von H. **Werlitz**. 2. wesentl. erg. u. verb. Aufl. Kassel: H. Werlitz 1906. (62, 7 S.) 8° [F.]
[Sondert.:] Verallgemeinerungstheorie E. Horneffer's u. Tina Pfeiffer's Anwendungspraxis. Pfingstnachklänge z. Einleitung d. Horneffer-Vortrages 'Katholizismus in d. Protestant. Kirche' ... Von H. Werlitz. 1906 (06. 14879 4

Werlitz, H., Wegweiser f. die Zukunftswahlen. 1. Heft. gr. 8. Kassel 909. H. Werlitz. — 75
1. Im Schlaglichte Bülow'scher Lapidarworte. Mit e. Hermannsbilde im Text u. e. Germanialiede als Anh. (30 S.)

Werloschnig, Johannes Baptist

Werloschnig, I. B., abusus curationis vernae et autumnalis. 8. Frcf. Sande. 703.

— historia pestis. 8. Stiriae. 715.

Werloschnig, Johannes Baptist: Historia pestis, quae anno 1713 Pragam, Ratisbonam et Welsium...depopulabatur...cum Antonio Loigk...duce...in posterorum bonum...communicata cui accedunt observationes practicae de welsensi peste. 497 S., gbd.

Styrae: Grünenwald (1716)

JB 4.856

Werloschnig, Johannes Baptist: Loimographia seu historia pestis, quae ab anno 1708 ad 1713...Transylvaniam,Hungariam...depopulabatur, per epistolas ex autopsia...exaratas primo a Joanne Baptista Werloschnig...deinde vero ab Antonio Loigk...ab ovo reassumpta et solidis medicinae fundamentis superstructa. 497 S., gbd.

Styrae : Grünenwald 1716

JB 4.857

Werloschnig, Johannes Baptist: Dissertatio de peste, in qua pestis nomen, definitio, subjectum, differentia, causa, diagnosis, prognosis nec non praecautio et curatio... docetur. 166 S., gbd.

Lincij: typ. Raedlmayr 1713

JB 4.855

Werlsee [Schlagwort]

Werlsee, s.: Wanderkarten.

Werlte [Schlagwort]

Werlte, s.: **Preussen Messtischblätter.**

Wermann, Jos., der Freischütz, s.a. Mehrakter. Nr. 21.

Der Freischütz. Romant. Volksstück mit Gesang in 5 Aufz. Nach Weber's Oper bearb. von Josef **Wermann**. Musik-Arrangement von Max Schmidt. Mühlhausen i. Th.: G. Danner [1905]. (52 S.) 8° [F.]
— **Mehrakter**. No 21. (05 1292) 3

Wermann, J., kleiner Leitfaden f. Dilettantenbühnen, sowie deren Regisseure u. Darsteller. 8. (64 S. m. Abb.) Mühlhausen i/Th. (901). G. Danner. n. 1. —

Wermann, J., Leitfaden f. Liebhaber-Bühnen. Praktische Winke u. Ratschläge f. die Regisseure u. Darsteller, um Erfolg m. den Aufführgn. zu haben. Unter Mitwirkg. bedeut. Fachleute hrsg. 2. veränd., verm. u. illustr. Aufl. (99 S.) 8. Mühlhausen i/Th. (908). G. Danner. 1. 50

— Lumpazi-Vagabundus od. Das lieder. Kleeblatt, nach Joh. Nestroy bearb., s.a Mehrakter.

Lumpazi-Vagabundus oder Das liederliche Kleeblatt. Posse mit Gesang in 5 Akten. Nach Johann Nestroy bearb. von J. **Wermann**. Musik arrangiert von Franz Hugo. Mühlhausen i. Th.: G. Danner [1907]. (56 S.) 8° [F.]
— **Mehrakter**. 29. (08. 5508 3

Wermann, J., ein Soldat v. 1870, s.: Vereinstheater.

Das Verlobungs-Hotel, nach Clauren bearb., s.a. Mehrakter.

Das Verlobungs-Hotel. Lustspiel in 4 Akten. Nach e. Komödie von Clauren bearb. von J. **Wermann**. Mühlhausen i. Th.: G. Danner [1907]. (50 S.) 8° [F.]
— **Mehrakter**. 27. (08. 5506 3

Wermann, Oskar

Wermann, O., Choralbuch f. vierstimmigen Männerchor, enth. sämtl. Melodien d. sächs. Landes-Choralbuchs m. untergelegtem Text. Im Anschlusse an das sächs. Landes-Choralbuch u. nach den Grundsätzen desselben. 8. (VI, 160 S.) Dresden 889. Huhle. n. 1. 40; geb. n. 1. 80

Wermann, Osk., Choralbuch f. vierstimm. Männerchor, enth. sämtl. Melodien d. sächs. Landes-Choralbuchs m. untergel. Text. Im Anschlusse an d. sächs. Landes-Choralbuch u. nach d. Grundsätzen desselben f. d. Gebrauch in Seminarien, Gymnasien, Realgymnasien u. Männergesangvereinen bearb. 3. Aufl. 8. (IV, 160 S.) Dresden 897. A. Huhle. n. 1. 40; geb. in Leinw. n. 1. 80

Wermann, Osk., Choralbuch f. vierstimmigen Männerchor, enth. sämtl. Melodien des sächs. Landes-Choralbuchs m. untergelegtem Text. Im Anschlusse an das sächs. Landes-Choralbuch u. nach den Grundsätzen desselben f. den Gebrauch in Seminarien, Gymnasien, Realgymnasien u. Männergesangvereien bearb. 5. Aufl. (IV, 160 S.) 8. Dresden 903. A. Huhle. Geb. n. 1. 80

Wermann, Osk., 100 Choräle f. vierstimmigen Männerchor, im Anschlusse an das sächs. Landeschoralbuch u. nach den Grundsätzen desselben f. den Gebrauch in Seminarien, Gymnasien, Realgymnasien u. Männergesangvereinen bearb. u. den sächs. Lehrergesangvereinen zugeeignet. (Partitur.) 8. (VII, 94 S.) Dresden 885. Huhle. n. 1. —; 4 Stimmen (à 48 S.) à n. — 30

— der Sommer. Ein Kinderfestspiel. Dichtung v. M. Roßberg. Musik v. W. Textbuch. (23 S.) 8. Berlin-Gr.-Lichterfelde-W. (906). Ch. F. Vieweg. — 30

Wermann, Osk., über Tonbildung, Aussprache und Atmen beim Singen mit besond. Rücksichtnahme auf den Gesangunterricht in der Schule für Lehrer, Dirigenten und Freunde des Gesanges. gr. 8. (40 S.) Essen 884, Bädeker. — 80

Wermbter, H., Sammlung genealogischer Wandkarten. Nr. 1. Die Hohenzollern. 4 Blatt à 64 × 99,5 cm. Farbdr. Leipzig 897. G. Lang. Auf Leinw. in Mappe od. m. Stäben n. 12. —

Wermbter, H., die höhere Schullaufbahn in Preussen. statistisch beleuchtet. gr. 8. (III, 66 S.) Schalke 901. E. Kannengiesser. n. 1. —

Wermbter, H(ans), Dr.: **Fragen** zur deutschen Geschichte im Prima-Unterricht. *Rastenburg (1899): W. Kowalski.* (24 S.) 8°
Rastenburg, k. Herzog-Albrechts-G, P 1899 (14)

Wermbter, Hans [aus Insterburg]: Der Gebirgsbau des Leinethales zwischen Greene und Banteln. . . . (Aus: N. Jahrb. f. Mineral. etc. Beil. Bd. VII.) Stuttgart, E. Schweizerbart'sche Verlagsh., 1890; 62 S., 1 Bl., 2 Taf. 8°
Göttingen, Phil. Fak., Inaug.-Diss. v. [8 März] 1890

Der Werdegang des höheren Lehrerstandes in Preußen. Rückblicke u. Ausblicke. Von Dr. [Hans] **Wermbter,** Oberl. Berlin: O. Salle 1898. (12 S.) 4° [F.]
Aus: Zeitschrift f. d. Reform d. höh. Schulen. 1898. No 3. 4. j.6.1669 10

Wermelskirchen, C. M., das bittere Leiden Jesu Christi, eine Tugendschule für den Christen. Sechs Fastenpredigten nebst einer Charfreitagspredigt. 1.—3. unveränd. Aufl. gr. 8. (IV, 76 S.) Aachen 883. Barth. 1 —

Das bittere Leiden Jesu Christi, eine Tugendschule f. den Christen. 6 Fastenpredigten nebst e. Charfreitagspredigt. Von C. M. **Wermolskirchen** in Koln. (4. unveränd. Aufl.) *Aachen: R. Barth 1900.* (73 S.) 8° [F.]
[illegible] 6

—— katechetische Predigten. 1. Bd.: Vom Glauben. 1.—4. Lfg. gr. 8. (VI, S. 1—618.) Ebendas. 881. à Lfg. *M 1,50. 6 —

Wermelskirchen, C. M., katechetische Predigten. 5.—9. Lfg. gr. 8. Aachen, Barth. à Lfg. *M 1.50.
Inhalt:
Lfg. 5—8. oder 2. Bd.: Von den Geboten. (IV, 651 S.) 885,86. *M 6.—; geb. *M 7.—.
„ 9. oder 3. Bd.: Von den Gnadenmitteln. 1. Lfg. (S. 1—60.) 886.
1.—4. Lfg. oder 1. Bd.: Vom Glauben. Ebendas. 1884. *M 6.—; geb. *M 7.—. — Nicht weiter erschienen.

Wermelskirchen, C. M. Katechetische Predigten. Nach dem Tode d. Verf. fortgesetzt v. A. Höhne. 10. u. 11. (Schluß-)Lfg. [3. Bd. Von den Gnadenmitteln. 2. u. 3. Lfg.] gr. 8. Aachen, Barth. [10. Lfg. (S. 161—320.) 889. * 1 50; 11. Lfg. (VIII, S. 321—519.) 892. * 2 —.] * 3 50
1.—9. Lfg. Ebd. 1884—86. * 13 50; compl. 3 Bde. * 17 —; geb. * 21 50.

Wermelskirchen, C. M., katechetische Predigten. (Neue [Titel-]Ausg.) 3 Bde. gr. 8. Aachen (892.) 898. R. Barth, Verlag. Geb. in Leinw. n. 15. —
1. Vom Glauben. (VIII, 618 S.) — 2. Von den Geboten. (VI, 651 S.) — 3. Von den Gnadenmitteln. Fortgesetzt von A. Höhne. (VI, 519 S.)

— dasselbe. Fortgesetzt von A. Höhne. (In 15 Hftn.) 1.—8. Hft. gr. 8. (1. Bd. Vom Glauben. VIII, 618 S. u. 2. Bd. S. 1—336.) Ebd. 902. à n. 1. —

Wermelskirchen, C. M. Katechetische Predigten. Fortgesetzt v. A. Höhne. 9.—15. (Schluß-)Heft. gr. 8. Aachen, R. Barth Verl. à n. 1. —
2. Bd. Von den Geboten. (VII u. S. 337—651.) 902.
3. Bd. Von den Gnadenmitteln. (VI, 619 S.) 903.

Wermer, Siegfried, aus Wien: Über schwefelhaltige Derivate ungesättigter Ketone. Greifswald 1903: J. Abel. (38 S.) 8°
Greifswald, Phil. Diss. v. 19. Dez. 1903.

Wermert, Georg [aus Epe bei Bramsche (Prov. Hannover)]: **Neuere** socialpolitische Anschauungen im Katholicismus innerhalb Deutschlands . . . . Jena, Gustav Fischer, 1885; 89 S. 8°.
Jena, Phil. Fak., Inaug.-Diss. v. 1885.

Wermert, Geo., neuere socialpolitische Anschauungen im Katholicismus innerhalb Deutschlands. gr. 8. (VII, 114 S.) Jena 885. Fischer. n. 2.

Wermert, Geo., Börse, Börsengesetz u. Börsengeschäfte. Studien zur Beleuchtg. gesetzgeber. Einwirkg. auf volkswirtschaftl. Gebilde. (VII, 391 S.) gr. 8. Leipzig 904. Duncker & Humblot. n. 7. 60

Wermert, Geo., das Handelsgesetzbuch u. der kaufmännische Unterricht. gr. 8. (64 S.) Halle 900. C. A. Kaemmerer & Co. n. 1. —

Ueber die Nordseeinsel Helgoland und ihre Bedeutung für das Deutsche Reich v. Georg **Wermert.** Siehe desselben: Pro Memoria. Nr. 2. Halle a. S. 1894. 8°.

Wermert, Geo., Herminnerl. Roman. 1.—2. Taus. (III, 683 S.) 8. Leipzig 907. [Moderner Dresdner Verlag.] Buchdr. Ferd. Peter. 5. —; geb. 6. —

Wermert, Geo., pro memoria. 2 Vorträge: I. Betrachtungen üb. die agrarischen Angriffe auf den Handelsstand u. die Handelsvertragspolitik der Reichsregierung; II. Über die Nordseeinsel Helgoland u. ihre Bedeutg. f. das Deutsche Reich. Mit mehreren statist. Taf. gr. 8. (130 S.) Halle 894. C. A. Kaemmerer & Co. n. 1. 50

— pro patria. 2 Vorträge: I. Über die wirthschaftl. Bedeutg. des Zwischenhandels u. seinen Einfluß auf die Waarenpreise; II. Über Individualismus u. Sozialismus in Bezug auf die zukünft. gesellschaftl. Entwicklg. gr. 8. (76 S. m. 2 Tab.) Ebd. 894. n. 1. 20

— die Insel Sicilien in volkswirtschaftl., kultureller u. sozialer Beziehung. Mit 1 (farb.) Karte v. Sicilien. (6, 488 S.) Lex.-8. Berlin 905. D. Reimer. n. 10. —; geb. n. 12. —

Wermert, Geo., pro societate. Zwei Abhandlgn.: I. Ueb. d. christl. Sozialismus u. s. wirtschaftl. Bedeutung. — II. Zur Würdigg. d. Rodbertus u. s. Staatssozialismus. gr. 8. (171 S.) Halle 897. C. A. Kaemmerer & Co. n. 2. —

— volkswirthschaftliche Studien. Gemeinverständl. Einzeldarstellgn. aus der prakt. Wirthschaftspolitik. gr. 8. (VII, 148 S.) Ebd. 902. n. 2. —

— üb. d. unlauteren Wettbewerb u. d. Konsumvereinsbewegg. Betrachtgn. gr. 8. (86 S.) Ebd. 895. n. — 75

Werminghoff, Alb.: Nationalkirchliche Bestrebungen im deutschen Mittelalter, s.a. Abhandlungen, Kirchenrechtliche. 61. Heft.

Nationalkirchliche Bestrebungen im deutschen Mittelalter. Von Dr. Albert **Werminghoff**, Prof. Stuttgart: Enke 1910. XVIII, 180 S. 8°
(Kirchenrechtliche Abhandlungen. H. 61.)

— s.: Concilia aevi Karolini.

Werminghoff, Alb., Geschichte der Kirchenverfassung Deutschlands im Mittelalter. 1. Bd. (VII, 301 S.) gr. 8. Hannover 905. Hahn. n. 7. —

Max Immich. Von A[lbert] **Werminghoff**. Heidelberg: C. Winter 1904. (S. 332–336.) 8°
Aus: Zeitschr. f. d. Gesch. d. Oberrheins. N. F. Bd 19. H. 2.

Deutsches Reich und Deutsche Nation. Rede z. Feier d. Geburtstages S. M. d. Kaisers u. Königs 1909 geh. in d. Albertus-Univ. von Dr. Albert **Werminghoff**, Prof. Königsberg i. Pr.: Gräfe & Unzer 1909. 15 S. 8°

Die Schlacht bei Tannenberg ⟨15. Juli 1410⟩ u. ihre Bedeutung f. d. Deutschtum im Osten von Albert **Werminghoff**, Prof. Berlin: Deutscher Ostmarkenverein 1910. 59 S. 8° [11. 3309 10

Werminghoff, Alb.: Zu den bayrischen Synoden am Ausgang des 8. Jahrhunderts. Weimar 1910.

Werminghoff, Albert: Verfassungsgeschichte der deutschen Kirche im Mittelalter. Leipzig 1907. 4 (8) *[Umschlagtit.]*
(Grundriß d. Geschichtswissenschaft. 2. 6.)

Werminghoff, Alb., die Verpfändungen der mittel- u. niederrheinischen Reichsstädte während des 13. u. 14. Jahrh., s. a. Untersuchungen zur deutschen Staats- u. Rechtsgeschichte.

Werminghoff, *Benjamin* Albert [aus Wiesbaden]: Die Verpfändungen der mittel- u. niederrheinischen Reichsstädte während des 13. und 14. Jahrhunderts. Tl 1 ... (Erscheint vollst. als Heft 45 d. Untersuch. z. Deutschen Staats- u. Rechtsgesch.) Breslau, W. Koebner, 1893; 2 Bl., 38 S., 1 Bl. 8.
Berlin, Phil. Fak., Inaug.-Diss. v. 29. März 1893

Wermonty, Alfons, historya literatury francuzkiéj. 4 Hefte (à 8 Bgn.). Berlin 861. Nicolai'sche Sorthdlg. (Posen, Jagielski.) gr. 8. n. 3 ₰

Wermuth (Dr. jur., k. hannöv. Polizei-Dir.) u. Stieber (Dr. jur., kgl. preuss. Polizei-Dir.), die *Communisten-Verschwörungen des* XIX. *Jahrhunderts.* Im amtl. Auftrage zur Benutzung der Polizei-Behörden der sämmtl. deutschen Bundesstaaten auf Grund der betreff. gerichtl. u. polizeil. Acten dargest. Th. 1. (einz.): Die histor. Darstellung der betreff. Untersuchungen. Berlin, 1853. Druck von A. W. Hayn. Gr. 8°. Präsidial-Stempel d. k. b. Regierung v. Schwaben u. Neuburg auf d. Tit. Sehr eleg. Hsafhanbd.
2 Bl., 319 S. — Vergriffen u. selten!

Wermuth und Stieber, Die kommunistischen Verschwörungen des 19. Jahrhunderts. Im amtlichen Auftrage zur Benutzung der Polizeibehörden der sämmtlichen deutschen Bundesstaaten. 2 Bde. 8°. Berlin 1853—54.

Wermuth, A., u. H. **Brendel**, Börsengesetz, s.: Guttentag's Sammlg. deutscher Reichsgesetze, Nr. 41.

Wermuth, A., u. H. **Brendel**, Börsengesetz. 2. Aufl., s.: Hemptenmacher, Th.

Wermuth, Adolph (Reichskommissar). Amtlicher Bericht über die Weltausstellung in Chi, 1893, erstattet vom Reichskommissar. 2v. Berlin, 1894.

Wermuth, Alfred, appr. Arzt: Über Ovarialsarkome, ihr Vorkommen und ihre Komplikationen. Leipzig: Knoth 1910. 28 S. 8°
Berlin, Med. Diss. v. 17. Juni 1910, Ref. Olshausen
[Geb. 29. Nov. 85 Lissa i. P.; Wohnort: Charlottenburg; Staatsangeb.: Preußen; Vorbildung: Gymn. Lissa Reife O. 04; Studium: Breslau 5, München 1, Freiburg i. B. 1, Berlin 3 S.; Coll. 7. Dez. 09; Approb. 18. Mai 10.]
[U 10. 115

Wermuth, C., De M. Tullii Ciceronis epistularum ad M. Brutum libris IX. Diss. 1887. 40 S.

Wermuth, Chrn., die römischen u. deutschen Kaiser von 44 vor Chr. bis 1711 nach Chr. in Abbildungen m. Wahlsprüchen nach Ch. W. Mit Vorwort u. deutscher Uebersetzg. v. Ludw. Bürchner. gr. 8. (32 S. m. 12 Lichtdr.-Taf. in qu. gr. 4.) Nürnberg 886. Bauer & Raspe. n. 18. —

Wermuth, Ernst [appr. Arzt aus Münder]: Beiträge zur Casuistik von Intoxikationen .... München, Druck v. A. Gradinger, 1887; 40 S. 8°.
München, Med. Fak., Inaug.-Diss. v. 1887.

Wermuth, Ernst, Beiträge zur Casuistik von Intoxikationen. Diss. München 1887, A. Buchholz. 8°. 40 S.

Wermuth, Gustav, prakt. Arzt a. Lissa in Posen: Ueber 1 Fall von Nitrobenzol-(Mirbanöl-)Vergiftung. Leipzig 1906: B. Georgi. (21 S.) 8°
Leipzig, Med. Fak., Ref. Boehm, Diss. v. 26. Febr. 1906
[Geb. 24. Juni 82 Lissa; Wohnort: Carlsfeld b. Brehna; Staatsangeb.: Preußen; Vorbildung: Comenius-Gymn. Lissa Reife O. 00; Studium: Berlin 4, Breslau 5 S.; Coll. 26. Febr. 06; Approb. 13. März 05.]

Wermuth, Sophie, die junge Köchin. Lehrbuch f. Koch- u. Haushaltungs-Schulen. 8. (IV, 326 S.) Basel 899. Basler Buch- u. Antiquar.-Handlg. Kart. n. 3. —

Wermuth, Sophie. Die junge Köchin. Lehrbuch für Koch- u. Haushaltungsschulen. 8°. IV, 326 S. Basel, Ad. Geering. 1899. geb. 3 60

Wermuth, Sophie. Die junge Köchin. Lehrbuch für Koch- und Haushaltungs-Schulen. 2. verbesserte und vermehrte Aufl. IV + 340 S. 8. Basel, Basler Buch- und Antiquariatsh., 1905. [geb. fr. 3. 60]

Wermuth, Sophie. Die junge Köchin. Lehrbuch für Koch- und Haushaltungs-Schulen. 3. vermehrte und verbesserte Aufl. IV + 372 S. 8. Basel, Basler Buch- und Antiquariatsh., 1908. [geb. fr. 3. 60]

Wern, Paul, a. Haigerloch ⟨Hohenzollern⟩: Über Komplikationen von intrathoracischen Strumen. Straßburg i. E. 1905: C. Müh & Cie. (34 S.) 8°
Straßburg, Med. Fak., Ref. Madelung, Diss. v. 3. Febr. 1905
[Geb. 12. Okt. 77 Haigerloch i. Hohenzollern; Wohnort: Sigmaringen; Staatsangeh.: Preußen; Vorbildung: Gymn. Sigmaringen u. Rottweil Reife M. 98; Studium: Straßburg 4, Kiel 1, Berlin 2, Straßburg 3 S.; Coll. 12. Jan. 05; Approb. 28. Juli 04.]

Wernadski, J., die Weltherrschaft Englands und das politische Gleichgewicht. Geschrieben im Sommer 1854. Uebers. aus dem Russischen. Mitau 856. Reyher. gr. 8. (157 S.) 20 *ngr.*

Wernaer, Ant. Ottomar, die Krankheiten der in der Landwirthschaft benutzten Haussäugethiere. Ein Handbuch beim Unterricht der Thierheilkunde auf Ackerbauschulen sowie zum Selbstunterricht f. Landwirthe. 1. Abth. Innere Krankheiten. gr. 8. (125 S.) Halberstadt 851. Franz. ½ ₰

Wernau, Charlotte. 8. Danzig, Brückner. 794.

Wernau, Frdr. [A. v. Boguslawski], die Kinder des Vaterlandes. Roman in 6 Bdn. 2. (Titel-)Aufl. 8. (269, 353, 310, 241, 204 u. 378 S.) Breslau (1876) 879. Trewendt. n. 15. —

Wernberger, E, Etymolog. Untersuchung üb. den Namen Jupiter. Diss. 1846. 24 S.

Wernberger, E. H., s. Wernberger, Heinrich

Wernberger, Erasm. Ldw., († d. 2. Oct. 1795.) Beitrag chym. Versuche u. Gedanken, in Absicht auf d. nähere Kenntniß d. Universal-Säure. 8. Frankf. u. Leipz. 776. (Wesché). 2 gl

Wernberger, E. L., Beyträge chem. Versuche u. Gedanken in Absicht a. e. nähere Kenntniß d. Universalsäure. 8. Bamb. Göbhard.

Wernberger, Erasmus Ludwig (Stierhöfstetten) F, zf/21

Observata et cogitata nonnulla chemica.
Erlangen (Walther) 3. VIII. 1776. 20 S.
36376

— s. Specifica u. Charlatanerie.

— Versuch einer Nachlese vom Zinnober. 4. Erlang. 775.

† Wernberger, Heinr., (G. Scheuerlin,) Bilder aus d. Jugendleben. gr. 12. (9 B. u. 6 ill. Kpfr.) Nürnberg 834, Bauer u. Raspe. Thlr.

——, Fedor u. Marie, od. die Kinder d. Schicksals. Eine Erzähl. zur Unterhalt. u. Herzens-Veredlung, dem jugendl. Alter beiderlei Geschlechts gewidmet. gr. 12. (8 B. u. 6 ill. Kpfr.) Nürnberg 832, Bauer u. Raspe.

——, Emiliens Kinder-Jahre, od. der Kindheit Lust u. Leid. Zur Unterhalt. u. Belehr. d. Jugend. qu. 16. (14 B. u. 6 ill. Kpfr.) Nürnberg 831, Bauer u. Raspe.

——, Otto's Lebens-Morgen, od. der Kindheit Lust u. Leid. Zur Unterhalt. u. Belehr. d. Jugend. qu. 16. (12 B. u. 6 ill. Kpfr.) Nürnberg 831, Bauer u. Raspe.

† Wernberger, Heinr., (G. Scheuerlin,) Otto's Lebens-Morgen, od. d. Kindheit Lust u. Leid. Zur Unterhalt. u. Belehr. d. Jugend. 2. Ausg. qu. 16. (12 B. u. 6 ill. Kpfrt.) Nürnberg 837, Bauer u. Raspe.

——, Rudolph's Reise durch Europa. In getreuen Schilderungen d. vorzügl. Städte, merkwürdigsten Natur-Ansichten, Sitten ꝛc. Ein Panorama f. d. heranreif. Jugend beiderlei Geschlechts. 2 Bde. Mit Ansichten u. Landkärtchen. qu. Lex.-8. ... Nürnberg 832, Bauer u. Raspe.

Wernberger, Johann (Nürnberg) A. S. 304/4

Exercitatio de sacri Romano-Germanici imperii matricula. Von des Heil. Römischen Reichs Matricul.
Präs. Erich Mauritius.
In: Mauritius: Dissertationes et opuscula. Strassburg (Dulssecker) 1724. S. 139 - 208.

Diss. Kiel 1667. 36382

Wernberger, Joh. Chr., erweiterte Grundrisse zu erbaulichen Leichenreden über auserlesene bibl. Texte. 8. Nürnb. Monath. 756.

Wernberger, Johann Sigmund (Nürnberg) A. S. 313/26

Disputatio juridica inauguralis de propolio juste prohibito, von Rechtmässigen Verbott dess schädlichen Fürkauffs. Präs. Michael Grass.
Tübingen (Eitel) 12. VI. 1702. 46 S.

Gew.: Stadt Nürnberg 36383

Wernburg, H., e. Beitrag zur Volksaufklärung üb. den Vatikanismus u. die sozialdemokratische Lehre. I u. II u. Auszugsblatt. gr. 4. (8, 8 u. 2 S.) Barmen 894. D. B. Wiemann. n. — 20; I u. II einzeln n. — 10

Werncke, Woldemar, über die Wirkung einiger Antiseptica u. verwandter Stoffe auf Hefe. Inaugural-Dissertation. gr. 8. (99 S.) Dorpat 879. (Karow.) n. 1. —

Werndle, Joh. von: „Tractat vom Zehend-Recht", 4. Aufl., herausgegeben von Casp. Lölius, Nürnberg 1708. — Vorh.: Bibl. des German. Museums Nürnberg.

J. v. **Werndle,** Tractat von Zehentrecht, wie solches im Römischen Reich, Oesterreich, B. und der Pfalz ... im Gebrauch ist.

1722 Nürnberg

Werndler, Joh., Zehendrecht, vermehrt. 8. Nrnb. 722.

Werndl-Gewehr, das. Kurze u. leichtfassl. Belehrg. im Waffenwesen in Fragen u. Antworten f. die Infanterie u. Jäger-Truppe d. k. k. Heeres. Böhmisch-deutsch. 8. (61 S.) Wien 884. Seidel & Sohn. n. — 40

Werndl-Gewehr, das. Kurze und leichtfaßliche Belehrung im Waffenwesen in Fragen und Antworten für die Infanterie- und Jägertruppe des k. k. Heeres. Slovenisch und deutsch. 8. (29 S.)
Klagenfurt: Raunecker 1889. —.20

Werne, Adalbert [approb. Arzt]: Über Carbolsäure-Intoxication ....
München, Druck v. M. Ernst (vorm. G. Pollner), 1888; 29 S. 8°
München, Med. Fak., Inaug.-Diss. v. 1888

Werne, Adalbert, über Carbolsäure-Intoxication. Inaugural-Dissertation. gr. 8. (29 S.) München 888, (Ernst.) *

Werne, Ferd., Expedition zur Entdeckung der Quellen des weißen Nil [1840—1841]. Mit einem Vorw. v. Carl Ritter. Mit 1 (lith.) Karte (in Imp. Fol.) u. 1 (lith.) Taf. Abbildgn. (in qu. gr. 4.) gr. 8. (VI u. 543 S.) Berlin 848, G. Reimer. 2¾ Thlr; herabges. Pr. n. 1⅓ Thlr

— Feldzug von Sennaar nach Taka, Basa u. Beni-Amer, mit besond. Hinblick auf die Völker von Bellad-Sudan. Mit 3 Lith. u. 1 (lith.) Landkarte (in gr. 8. u. qu. gr. 4.) gr. 8. (VI u. 272 S.) Stuttgart 851, Hofbuchdruckerei zu Guttenberg. 1 Thlr 18 ngr

— Reise durch Sennaar nach Mandera, Nasub, Cheli im Lande zwischen dem blauen Nil u. dem Atbara. Mit 1 (lith.) Karte u. 2 (lith.) Abbildgn. gr. 8. (125 S.) Berlin 852, Besser'sche Verl. (Frz. Duncker.) n. 1 Thlr 6 ngr

Werne, Joseph (geb. Recklinghausen 1811): De fluore albo. — Berolini (1837). (32 S.) 8°
Berlin, Med. Diss. v. 21. Dez. 1837

WERNEBURG, A.: Beiträge zur Schmetterlingskunde. Kritische Bearbeitung der wichtigsten entomologischen Werke des 17. und 18. Jahrhunderts bezüglich der darin abgehandelten Europäischen Schmetterlinge. - Erfurt 1864. 2 Bd. 595 u. 350 S.

Werneburg, A., Beiträge zur Schmetterlingskunde. Kritische Bearbeitung der wichtigsten entomologischen Werke des 17. u. 18. Jahrhunderts bezüglich der darin abgehandelten europäischen Schmetterlinge. 2 Bde. Erfurt 864. Neumann. gr. 8. (XII, 949 S.) n. 4 Thlr

Werneburg, A., üb. die Grenz-Beschreibungen in einigen thüringischen Urkunden, s.: Jahrbücher der königl. Akademie gemeinnütziger Wissenschaften zu Erfurt.

Werneburg, A., der Schmetterling u. sein Leben. Eine naturgeschichtl. Skizze. 8. (IV, 169 S.) Berlin 874. Springer's Verl. n. 2. 40

F. WERNEBURG, Die niederen Pflanzen im Walde. Vortrag gehalten im Thüringerwald-Verein zu Eisenach. Eisenach s. a. Hofbuchdruckerei. 8°.

Werneburg, F., antike Rechenaufgaben, s.: Menge, R.

Werneburg, Ferd., die am häufigsten vorkommenden eßbaren Pilze. Im Auftrage d. großherzogl. sächs. Staats-Ministeriums zu Weimar zum Zwecke der Verbreitg. in Schulen bearb. gr. 8. (22 S.) Weimar 890. Böhlau. — 30

Werneburg, (G. Ch.) über wissenschaftl. Bildung d. Gewerbtreibenden u. Vorschlag z. Einrichtung eines Gewerbe-Vereins für Erfurt u. dessen Umgebungen. 4. Erfurt 827, Maring.

Werneburg, G. Chr., Ueber wissenschaftliche Bildung der Gewerbetreibenden und Vorschlag zu Einrichtung eines Gewerbevereines für Erfurt und dessen Umgebungen. 4°. Erfurt, Otto, 1827.

Werneburg, G. Ch., über die Noth unserer Zeit u. über die Mittel zur Abhülfe derselben. gr. 8. (31 S.) Erfurt 850, Otto. 1/6 ℳ

Letzte maurerische Arbeit des am 8. Mai 1864 in den ewigen Osten eingegangenen [Brs] G[ottfried] C[hristoph] Werneburg, vorgetragen von dessen Sohne, dem Br [Joh. Wilh.] A[dolf] Werneburg, am 9ten Aug. 1865. [Erfurt 1865: Ohlenroth.] 18 S. 8° [Umschlagtit.]
Üb. das Suchen nach Gott.

Vortrag Nro 27—29 des Br. [Gottfr. Christoph] W[erneburg]. o.O. 1844 S. 295—322. 8° [Kopftit.]
27. am 24. Juni 1844; 28. am 7. Aug. 1844; 29. am 18. Sept. 1844.
Nicht etwa e. Bruchstück, sondern in dieser Form veröffentlicht.

Vortrag des Br [Gottfr. Christoph] W[erneburg] am 5. Sept. 1849. Als Ms. f. BBr des II. und III. Grades. Erfurt 1849: Ohlenroth. 11 S. 8°
Deutung der Ritualfragen: Können Sie schreiben? Ja, der Meister hat es mich gelehrt. Wodurch hat er es Sie gelehrt? Durch das Winkelmass.

Vortrag des Br [Gottfr. Christoph] W[erneburg?] am Sylvesterabend 1851. [Erfurt 1852: Ohlenroth.] S. 271—281. 8° [Kopftit.]

Vortrag des Br. [Gottfr. Christoph] W[erneburg?] am 12. Sept. 1860. [Erfurt 1860.] 15 S. 8° [Kopftit.]
Üb. die Göttlichkeit des Christentums u. sein Verhältnis zur Frmrei.

Worte eines Bruders an seine Brüder. In Vorträgen aus den letzten zehn Jahren. [Von Gottfr. Christoph Werneburg. Erfurt 1853: Ohlenroth.] IV, 333 S. 8°
39 Reden, 1 Gedicht.

Werneburg, J. P., latein. Lesebuch. 8. Cassel 805. 2e A. 821. Krieger. 6 gr. s. auch Fr. Gedike, latein. Lesebuch.

Werneburg, Johann Friedrich Christian

— über d. zeitherige Bestimmung d. Dauer eines Pendelschlags u. d. Fallhöhe in einer Sekunde. 4. Eisenach 817. Bärecke. 8 gr.

— Beweis, daß d. Taun-Zahlen-System (12 Zahlen-System) auch Grad-, Zeit-, Maß-, Gewicht- u. Münzsystem das einzig vollkommene ist rc. 8. o. O. (Leipz.) 808. Joachim. 12 gr.

— kurze wissenschaftl. Darstellung d. Unhaltbarkeit u. Grundlosigkeit sowohl d. transcendentalidealistischen Systems von Fichte, als auch des Systems d. eitlen Genußlehre, seiner Gegenfüßler u. d. krit. Systems. 8. Leipz. 800. Joachim. 4 gr.

— eine wissenschaftl. Deduktion oder Ableitung d. wahren Verhältnisse je zweier von den verschied. trigonometr. Linien zu einander, direkt in Theilen des einen von beiden in allgem. analyt. Formeln, frei von aller Anwendung d. unvollkomm. u. unmathemat. Differential- u. Integral- oder Fluxionsrechnung eines Leibnitz oder Newton rc. gr. 8. o. O. (Leipz.) 1060. (1800.) Joachim. 16 gr.

— Grundzüge von originellen alten u. neuen Systemen u. Theilen d. Mathematik. Mit 1 Kpf. gr. 8. Leipz. 805. (Rein). 1 ℳ 8 gr.

— inquisitio in principia, quibus ad meam usque memoriam altior mechanice superstructa erat, et conatus unice vera illius scientiae principia recte constituendi. 8. Leipz. 804.

Werneburg, Jh. Fr. Chr., Lehrbuch d. Arithmetik in bestimmten u. unbestimmten Zahlen, zum Gebrauch d. Vorlesungen u. des Selbstunterrichts. gr. 4. Jena 819. Cröker. 1 ℳ 8 gr.

Werneburg, J. Friedrich Christian. Allgemeine neue, viel einfachere Musik-Schule. Gotha 1812. [quer 8°.]

— allgemeine neue, viel einfachere Musikschule für jeden Dilettanten u. Musiker. Mit e. Vorrede von J. J. Rousseau. Mit 1 Kpf. 4. Gotha 813. Steudel. 1 ℳ 8 gr.

— merkwürdige Phänomene an u. durch verschiedene Prismen. Zur richtigen Würdigung d. Newton'schen u. v. Göthe'schen Farbenlehre. Mit 8 ill. Kpf. gr. 4. Nürnb. 817. Schrag. 21 gr.

(—) d. Philosoph od. Weise, wie er seyn u. nicht seyn — soll — muß — darf u. kann; eine Schrift, womit d. Ausfegen eines jeden alten u. neualten philosoph. Sauerteigs beginnt rc., von J. F. C. W. 8. o. O. (Leipz.) 1060. (1800.) Joachim. 10 gr. (A. u. d. T.: versuchte kurze faßl. Vorschilderung d. Allwissenschaftslehre, oder d. alleinige sogenannte Philosophie rc.)

— erste allgemeine Rechnenlehre für u. nach jegl. stetigen Eintheilung, vermittelst d. Dekadik, allen angehenden Civil- u. Bergbaukünstlern empfohlen, ein Bei- u. Nachtrag zu jedem mathemat. Lehrbuche. 4. Leipz. 804. Martini. (Enobloch). 3 ℛ

— curvarum aliquot nuper repertarum synopsis. 4. Jena 824. (Eisenach, Bärecke). 8 ℊ

Johann Friedrich Christian
Werneburg

Curvarum aliquot nuper repertarum Synopsis. Auct. J[ohanne] F[riderico] Chr[istiano] Werneburgio [Werneburg]. Jenae 1824: Schreiber. 19 S. 8°

— Teliosadik, oder d. allein vollkommene unter allen Zahlensystemen ꝛc. 1r Thl. (A. u. d. T.: das reine vollkommene Zahlensystem oder d. reine Taun- (Zwölf-) Zahlensystem. Mit 4 Kpft. gr. 8. o. O. (Leipz.) 1060. (1800.) Joachim. 3 ℛ 12 ℊ 2r Thl. kurze Darstell. d. neuen Zahlen- u. darnach angegebenen Maß-, Gewichts- u. Münzsystems. 8. Leipz. 800. Ebd. 1 ℛ 8 ℊ

— neue verbesserte gründl. Theorie d. Windmühlenflügel. 8. Leipz. 800. Joachim. 4 ℊ

Werneburg, P.: Lateinisches Lesebuch, s. Werneburg, J. P.

Werneburg, P. S. Chr., s. Werneburg, Johann Friedrich Christian

Werneburg, Paul

Werneburg, P., über die Ausführung u. Verwertung v. Wasserkraftwerken an kanalisierten Flüssen, insbesondere an der zu kanalisierenden Mosel u. Saar, s. a. Wirtschaftsfragen, südwestdeutsche. 14. Heft.

Ueber die Ausführung und Verwertung von Wasserkraftwerken an kanalisierten Flüssen, insbes. an der zu kanalisierenden Mosel u. Saar von P[aul] **Werneburg**, Reg.- u. Baurat. Saarbrücken: Schmidtke in Komm. 1909. 34 S. 4°
(Südwestdeutsche Wirtschaftsfragen. H. 14.)

Werneburg, P., Denkschrift üb. die Rentabilität der Moselkanalisierung unter Berücksicht. des Schleppmonopols, s. a. Wirtschaftsfragen, südwestdeutsche. 5. Hft.

Denkschrift über die Rentabilität der Moselkanalisierung unter Berücks. d. Schleppmonopols von P. **Werneburg**. Saarbrücken: Hecker 1906. (VI, 34 S.) 4°(8°) [F.]
= **Wirtschaftsfragen**, Südwestdeutsche. H. 5. [07. 16149

— Denkschrift üb. die Rentabilität der Saarkanalisierung, s. a. Wirtschaftsfragen, südwestdeutsche. 6. Hft.

Denkschrift über die Rentabilität der Saarkanalisierung, unter Berücks. d. Schleppmonopols von P. **Werneburg**. Saarbrücken: Hecker 1906. (38 S.) 4°(8°) [F.]
= **Wirtschaftsfragen**, Südwestdeutsche. H. 6. [07. 16150

– s. Handelshafen, Der, der Saarstädte.

Werneburg, P., Kette oder Schleppdampfer auf dem kanalisirten Main [von Frankfurt bis Mainz]. Im Auftrage der Handelskammer zu Frankfurt a/M. dargestellt. gr. 8. (26 S.) Frankfurt a/M. 880. (Koller.) n. 1. —

Werneburg, P., die Kettenschifffahrt auf dem kanalisirten Main. Entgegnung auf die vom Director der Kettenschifffahrt der Oberelbe, Hrn. Bellingrath, verfasste Schrift: „Die Reform der Mainschifffahrt". gr. 8. (56 S.) Frankfurt a. M. 880, Keller. *

— Schiffsbetrieb u. Schleusengröße auf kanalisierten Flüssen, s. a. Wirtschaftsfragen, südwestdeutsche. 11. Heft.

Schiffsbetrieb und Schleusengröße auf kanalisierten Flüssen. Von P. **Werneburg**. Saarbrücken: C. Schmidtke in Komm. 1907. (40 S.) 4°(8°) [F.]
= **Wirtschaftsfragen**, Südwestdeutsche. H. 11. [08. 1887

Werneburg, Rud., Gau, Grafschaft u. Herrschaft in Sachsen bis zum Uebergang in das Landesfürstentum, s. a. Forschungen zur Geschichte Niedersachsens. III, 1.

Gau, Grafschaft und Herrschaft in Sachsen bis zum Uebergang in das Landesfürstentum. Von Rudolf **Werneburg**. Hannover: Geibel 1910. 79 S. 8°
(Forschungen z. Geschichte Niedersachsens. Bd 3, H. 1.) [10. 17443

Werneburg, Sig. v., und Mor. **Beyer,** allgemeines praktisches Vieharzneibuch der allopathischen und homöopathischen Thierheilkunde. Vollständiger Unterricht zur Erkennung, Behandlung und Heilung der Krankheiten und Gebrechen der landwirthschaftl. Hausthiere: Pferde, Rinder, Schafe ꝛc. Mit einem Anhange: Die Geburtshülfe bei den Hausthieren, nebst Mitteln gegen das Ungeziefer der Hausthiere. Mit besond. Rücksicht auf die homöopath. Heilmethode und nach den besten Quellen bearb. 8. (XVI und 336 S.) Leipzig 851(52,) Spamer.

Werneburg, Sig. v., und Mor. **Beyer,** allgemeines praktisches Vieharzneibuch mit Berücksichtigung der allopathischen und homöopathischen Thierheilkunde. Vollständiger Unterricht zur Erkennung, Behandlung u. Heilung der Krankheiten u. Gebrechen der landwirthschaftlichen Hausthiere ꝛc. Nach den besten Quellen ursprünglich bearb. 2. Aufl. Neu bearb. u. verm. von K. Böhme. Mit einem Anhang: die Geburtshülfe bei den Hausthieren, nebst Mittel gegen das Ungeziefer der Hausthiere. Leipzig 859. Neumeister. (Hamm, Grote.) 8. (XII, 296 S.) 1 ℛ

v. Werneck, Leonhard; e. Roman in Kapiteln ohne Ueberschrift. 8. Leipz. 805. Köhler. 1 ℛ 20 ℊ

Werneck, Schloss, die Kreis-Irrenanstalt f. Unterfranken. (80 S. m. Abbildgn., 9 Taf. u. 2 Plänen.) 8. Würzburg 905. (Stahel's Sort.) n. 2. 80; geb. n. 3. 50

WERNECK, DR. Zur Geschichte des Paracelsus. Clarus und Radius. Beiträge zur Medicin. III Band. Leipzig, 1836. pp. 209–238, 8vo.

Werneck, C., s. Werneck, K.

Werneck, Frz. Ldw. von, s. Werneck, Ludwig Friedrich Franz von

Werneck, Frdr., Stammbaum d. bayer. Königshauses. 118,5×76,5 cm. Lith. München (897). Piloty & Loehle.
M. Leinw.-Einfassg. u. Metallstäben n. 2. —

Werneck, K. Militär-Reise- ꝛc. Vorschriften für die k. b. Armee. System. Zusammenstellung. München 1882. 98 S.
— — 3. Aufl. 1889.

Werneck, C., Kanzlei-Sekretär im k. bayer. Kriegs-Ministerium. Militär-Verfassung des deutschen Reichs, mit den Sonderbestimmungen für Bayern und den Militär-Konventionen der übrigen Bundesstaaten. In Verbindung mit den übrigen Verfassungs- und Verwaltungs-Bestimmungen des deutschen Reiches und des Königreiches Bayern für den Gebrauch des Militärs.
kl. 8. München 1883.

v. Werneck, Frhr. Karl, s. Manuscript des Klaueners.

WERNECK, Ludwig Friedrich Franz Frhr. v.: Physikalisch-chemische Abhandlungen über die spezifischen Gewichte der vorzüglichsten deutschen Holzarten und ihre verschiedene Brennkraft als Holz und Kohlen etc. - Giessen, Darmstadt 1808. 226 S., 1 Tab.

v. Werneck, Frhr. Ldw. Fr. Frz., physikal.-chemische Abhandll. über d. specifischen Gewichte d. vorzügl. deutschen Holzarten u. ihre verschiedene Brennkraft, als Holz u. Kohlen &c. Mit Kpf. u. Tabellen. 8. Gießen 808. Heyer. 20 gr.

— Anleit. zur Ahornzucht, mit besond. Benutzung ihrer Säfte auf Zucker, nebst e. Wiederlegung d. Ahornzuckererzeugung in gemäßigten Gegenden des europ. Continents. Cassel u. Marb. 814. Krieger. 16 gr.

WERNECK, Ludwig Friedrich Franz Frhr. v.: Anleitung zur gemeinnützlichen Kenntniß der Holzpflanzen, denjenigen Forstbedienten gewidmet, welche sich zu den obern Stellen brauchbar machen wollen. Mit einem Anhang. - Frankfurt a. M. 1791. 316 S.

— Anleit. z. gemeinnutz. Kenntniß d. Holzpflanzen &c. 2 Thle. 8. Frkft. Jäger. 791—92. (I. 1 Rthlr. II. reine und angewandte Forstbotanik. 1 Rthlr.)

WERNECK, Ludwig Friedrich Franz Frhr. v.: Beyträge zur Physik und höheren Forstwissenschaft. (Über das Verkohlen der vorzüglichsten Holzarten; über den Gehalt an Laugensalz der Holzarten und über das Verhältniß der Härte der Holzarten.) - Darmstadt 1810. Tl. 1

— Beyträge z. Physik u. Forstwissens. 1r Thl. m. Kupf. u. Tabellen. gr. 8. Darmst. Leske. 810.

WERNECK, Ludwig Friedrich Franz v.: Einleitung in das Studium der Natur- und Forstwissenschaft für diejenigen, welche sich zu obern Forststellen brauchbar bilden wollen. - Heilbronn 1808

WERNECK, Ludwig Friedrich Franz Frhr. v.: Gemeinnützige Entdeckungen und Beobachtungen im Gebiete der praktischen Forstwissenschaft für Forstmänner, Kameralisten, Hüttenvorsteher, Professionisten und Holzhändler. Hrsg. v. C. P. Laurop. - Karlsruhe 1811. 2 Tl. - Tl. 1: Versuche über das Verkohlen der vorzüglichsten Holzarten und die aus ihnen erzeugten Kohlen mit besonderer Rücksicht auf ihren Gehalt an Kohlenstoff. XVI, 211 S. m. 1 Taf. - Tl. 2: Versuche über den wahren körperlichen Gehalt einer Scheiterklafter nach Maasgabe der Holzarten und Holzgattungen woraus sie besteht und der Zahl der Scheiter, die sie enthält, sowie den Verlust an Holzmasse den sie binnen einer gemeinen Zeit durch das Schwinden der Scheiter unterliegt. 292 S.

— gemeinnützige Entdeckungen u. Beobachtungen im Gebiete d. prakt. Forstwissenschaft &c., mit e. Vorrede begleitet u. herausg. von C. P. Laurop. 2 Thle, mit 1 Kpf. gr. 8. Karlsr. 811. Braun. 2 Rthlr. 2 gr.

WERNECK, L. F. F. Baron v.: Vollständiger Forstcalender, worinnen alle einem Förster obliegende Verrichtungen von Monat zu Monat angezeigt werden, nach der angenommenen Ordnung Hrn. Johann Gottlieb Beckmanns etc. - Breslau 1777. 382 S., m. Abb. u. Tab.

— vollständiger Forstkalender, worin alle einem Förster obliegenden Verrichtungen von Monat zu Monat angezeigt werden. gr. 8. Bresl. 777. J. F. Korn. 1 Rthlr. 12 gr.

— Versuch einer Pflanzen-Pathologie u. Therapie, ein Beitrag zur höhern Forstwissenschaft. 8. Manh. 807. Schwan u. G. 12 gr.

Werneck, Otto, die Geschlechter. — Frau Elly. Novellen. 8. (82 S.) Dresden 901. E. Pierson. n. 1.50; geb. n. 2.50

Werneck, Wlh., kurzgefaßte Beiträge zur Kenntniß d. Natur, Entstehungsweise, Verhütung u. Heilung des Hospitalbrandes. gr. 8. Salzb. 820. Duyle. 12 gr.

Werneck, Wilh., kurzgefasste Beitrage zur Kenntniss der Natur, Entstehungsweise, der Verhütung u. Heilung des Hospital-Brandes. 2. Ausg. gr. 8. (115 S.) Salzburg 847, Duyle. 1/2 Rthlr.

Werneck, Wilh., kurzgefasste Beiträge zur Kenntniss der Natur, Entstehungsweise, der Verhütung und Heilung des Hospital-Brandes. 2. Ausg. gr. 8. (115 S.) Salzburg 847, [Glonner.]

Werneck de Aquilar, Amadeus [app. Arzt aus Wien]: Über Fibrinbildung bei den verschiedenen anatomischen Producten der Tuberkulose ... Rudolstadt, Druck d. fürstl. priv. Hofbuchdr. F. Mitzlaff, *1893*; 18 S., 1 Bl., 6 Taf. 8.
Tübingen, Med. Fak., Inaug.-Diss. v. 1893

Wernecke, Taschenbuch f. den Rekruten-Offizier der Fußartillerie. Nach den neuesten Reglements u. Dienstvorschriften zusammengestellt. gr. 16. (XV, 344 S. m. Fig. u. 3 Taf.) Berlin 902. Vossische Buchh. n. 3.50; geb. n. 4.—

Wernecke, Bernhard. s. Werneke

Wernecke, Carl, s. Wernecke, Karl

Wernecke, Christianus Ludovicus (Parthenopolitanus)
Analecta ad inflamationis indolem et exitum. Dissertatio inauguralis medica.
Giessae: Lichtenberger 1830. 16 S.
Diss. med. 13.6.1830. vorh. 7.

Sammlung der für die Stadtgemeinde M.Gladbach erlassenen Polizei-Verordnungen, wichtigen Ortsstatuten und Bekanntmachungen, nebst e. Anzahl d. f. d. Reg.Bez. Düsseldorf hrsg. Verordnungen. Mit amtl. Genehm. hrsg. von E. Wernecke, Polizei-Insp., L. Mertens, Stadtsekr. M.Gladbach: Westdeutsche Landeszeitung in Komm. 1910. XI, 400 S. 8° A 12.4143

Wernecke, H.

— Konkursordnung für das Deutsche Reich, nebst Einführungsgesetz. Text-Ausg. mit Rubriken, Parallelstellen u. Sachregister. gr. 8. (III, 86 S.) Ebend. 882. n. 1.20

— Strafprozeßordnung für das Deutsche Reich, nebst Einführungsgesetz. Text-Ausg. mit Rubriken, Parallelstellen u. Sachregister. gr. 8. (IV, 168 S.) Ebend. 882. n. 2.—

Wernecke, H., Civilprozeßordnung für das Deutsche Reich, nebst Einführungsgesetz. Text-Ausg. mit Rubriken, Parallelstellen u. Sachregister. gr. 8. (IV, 251 S.) Leipzig 882. C. F. Winter. n. 3.—

Wernecke, Herm. Die quadratischen Gleichungen mit einer und zwei Unbekannten, systematisch geordnet. 24 S. G. *Frankfurt a/O.* 1882. Progr.

Wernecke, Hermann, (Prof.): Arithmetische Reihen. *Berlin: R. Gaertner 1900.* (35 S.) 4°
Frankfurt a. d. O., k. Friedrichs-G, OP 1900 (73)

Wernecke, Johannes [Cand. med. aus Berlin]: Über die Schwierigkeiten der Differentialdiagnose zwischen Carcinom und Gumma ... Berlin, Buchdr. v. G. Schade, 1891; 31 S. 8°
Erlangen, Med. Fak., Inaug.-Diss. v. 13. Juli 1891.

Wernecke, Karl, Referendar: Anfechtungsrecht und Widerspruchsklage. Halle a. S. 1909: Kaemmerer. IX, 93 S. 8°
Halle, Jur. Diss. v. 18. Febr. 1909, Ref. Langheineken
[Geb. 4. Aug. 85 Wartenburg a. E.; Wohnort: Wartenburg; Staatsangeh.: Preußen; Vorbildung: Landessch. Pforta Reife O. 04; Studium: München 1, Leipzig 1, Berlin 2, Halle 2 S.; Rig. 18. Dez. 08.] [U 09. 1597

Wernecke, Carl: Ulrich von Hutten als deutscher Schriftsteller. Eine sprachgeschichtl. Betrachtung. *Dessau 1900: C. Dünnhaupt.* (S. 3–20.) 4°
Dessau, herz. Friedrichs-RG nebst R u. VS, P 1900 (735)

Wernecke, Levin Andreas: Specimen manuductionis ad vitam longam, quod tradit regulas generales circa motum et quietem hominibus observandas. Wie überhaupt in Beobachtung der Bewegung und der Ruhe des Körpers der Mensch sein Leben höher bringen könne.
Rostock, Med. F., Diss. 1723

Wernecke, M., d. Post-Unterbeamte, was er wissen u. können muß, welche Aussichten er hat, welche Pflichten er übernimmt u. welche Rechte er erhält. gr. 8. (45 S.) Berlin 898. W. Moeser. n. —50

Wernecke, Max [aus Dessau]: Beiträge zur Kenntniss des Coffeins und Coffeidins. . . . Marburg, Univ.-Buchdr. (R. Friedrich), 1887; 46 S. 8°.

Marburg, Phil. Fak., Inaug.-Diss. v. [5. März] 1887.

Wernecke, Max, Beiträge zur Kenntniss des Coffeins und Coffeidins. Diss. **Marburg** 1887, N. G. Elwertsche Univ.-Buchh. 8°. 46 S.

Wernecke, Otto, s. Werneke

Wernecke, Richard, appr. Arzt aus Lenzen a. E. **Dystrophia** muscularis progressiva und Unfall. Mit 2 Abb. im Text. *Berlin [1901]: E. Ebering.* (32 S.) 8°

Rostock, Med. Diss. v. [10. Apr.] 1901

Wernecke, Robert

Wernecke, Rob., heimatkundlicher Anschauungsunterricht im 2. u. 3. Schuljahre, Lehrstoffe u. Lehrproben. E. Anleitg. zu d. ersten grundleg. Naturbetrachtgn. u. e. nutzbring. Ausführung d. Spaziergänge. gr. 8. (XII, 284 S.) Gera 895. Th. Hofmann. n. 2. 80; geb. n.n. 3. 30

Wernecke, Rob., heimatkundlicher Anschauungsunterricht im 2. u. 3. Schulj. Lehrstoffe u. Lehrproben. Eine Anleitg. zu den ersten grundleg. Naturbeobachtgn. u. e. nutzbring. Ausführg. der Spaziergänge. 2., verm. u. verb. Aufl. (XII, 277 S.) gr. 8. Leipzig 902. [Th. Hofmann.] B. G. Teubner. n. 2. 80; geb. in Leinw. n.n. 3. 30

Wernecke, Rob., der vereinigte Anschauungs- und Sprachunterricht in der Elementarklasse. Mit Berücksicht. der Winckelmannschen und Leutemannschen Bilderwerke in ausgeführten Lektionen methodisch bearb. gr. 8. (112 S.) Wittenberg 879, Herrosé Verlag. *

—— dass. — 2. verb. und sehr verm. Aufl. gr. 8. (VIII, 179 S.) Berlin 882, Th. Hofmann. *

— der biblische Geschichtsunterricht in der Elementarklasse in ausgeführten Lektionen methodisch bearb. gr 8. (140 S.) Delitzsch 880. Pabst. n. 1. 50

Wernecke, Rob., der biblische Geschichtsunterricht in der Elementarklasse. In ausgeführten Lektionen methodisch bearb. 2. Aufl. gr. 8. (XVI, 182 S.) Delitzsch 886, Pabst. *

Wernecke, Rob. Der biblische Geschichtsunterricht in der Elementarklasse. In ausgeführten Lektionen methodisch bearb. 3. verm. Aufl. gr. 8. (VIII, 193 S.) Delitzsch 892, Pabst. * 1 50; geb. * 1 80

— d. biblische Geschichtsunterricht in d. Elementarklasse. In ausgef. Lektionen method. bearb. 6., unveränd. Aufl. gr. 8. (VIII, 193 S.) Delitzsch 898. R. Pabst. n. 1. 50; geb. n. 1. 80

Der biblische Geschichtsunterricht in der Elementarklasse. In ausgeführten Lektionen method. bearb. von Robert **Wernecke**. 6. unveränd. Aufl. *Delitzsch: R. Pabst 1900.* (VIII, 193 S.) 8° [F.] (01. 3762 3

Wernecke, Rob., der biblische Geschichtsunterricht in d. Elementarklasse. In ausgeführten Lektionen methodisch bearb. 7. unveränd. Aufl. gr. 8. (VIII, 193 S.) Delitzsch 902. R. Pabst. n. 1. 50; geb. n. 1. 80

Wernecke, Rob., der biblische Geschichtsunterricht in der Elementarklasse. In ausgeführten Lektionen methodisch bearb. 9. unveränd. Aufl. (VIII, 193 S.) 8. Delitzsch 908. R. Papst. 1.50; geb. 1. 80

— dasselbe auf der Mittelstufe. Eine Anleitg. zur Behandlung bibl. Geschichten in Gesprächslehrform. Unter Berücksicht. der Bilderwerke v. Wangemann u. Schnorr v. Carolsfeld bearb. 2 Tle. gr. 8. Ebd. 899. à n. 2. —; geb. in Halbleinw. à n.n. 2. 30; in 1 Bd. geb. n. 4. 40

1. Das alte Testament. (VIII, 220 S.)
2. Das neue Testament. (IV, 241 S.)

— dasselbe auf der Mittelstufe. Eine Anleitg. zur Behandlg. bibl. Geschichten in Gesprächslehrform. Unter **Berücksicht. der Bilderwerke v. Wangemann** u. Schnorr **v. Carolsfeld bearb. 2 Tle. 8. Ebd.** 910. à 2.—; **geb.** n **2.30; in 1 Bd.** geb. n 4. 50

1. Das alte Testament. 3., verb. Aufl. (VIII, 235 S.)
2. Das neue Testament. 3., verb. Aufl. (IV, 247 S.)

— der biblische Geschichtsunterricht auf der Mittelstufe. Eine Anleitg. zur Behandlg. bibl. Geschichten in Gesprächslehrform. Unter Berücksicht. der Bilderwerke v. Wangemann u. Schnorr v. Carolsfeld bearb. 2., verb. Aufl. 2 Tle. 8. Delitzsch 904. R. Pabst. à n. 2. —; geb. in Halbleinw. à n.n. 2. 30; in 1 Leinw.-Bd. n. 4. 50

1. Das alte Testament. (XII, 235 S.)
2. Das neue Testament. (IV, 247 S.)

Der biblische Geschichtsunterricht (in der Volksschule). In ausgeführten Lektionen method. bearb. (T. 2: Eine Anl. z. Behandlung bibl. Geschichten in Gesprächslehrform. Unter Berücks. d. Bilderwerke von Wangemann u. Schnorr v. Carolsfeld bearb.) von Robert **Wernecke** Bd [1–]3. Delitzsch: R. Pabst 1892–1905. 5 Bde 8° [F.]

1. Elementarklasse. (Unterstufe.) 3. (auf d. Umschl.: 2.) verm. Aufl. 1892.
2. Mittelstufe. 1899. T. 1. Das alte Test. 2. Das neue Test.
3. Oberstufe. Bearb. von Richard Wiener. T. 1. Das alte Test. 1905. 2. Das neue Test. 1903.

(05. 2503

— der biblische Geschichtsunterricht in der Volksschule. III. Bd. Oberstufe. Bearb. v. Rich. Wiener. 1. u. 2. Tl. 8. Ebd. n. 3. 60; geb. n. 4. 40

1. **Das alte Testament. (VI, 169 S.) 905. n. 1. 60;** geb. n. 2. —
2. **Das neue Testament. (VII, 224 S.) 903. n. 2. —; geb. n.n. 2. 30**

Wernecke, Rob., die **Praxis** der Elementarklasse. Ein **Führer auf dem Gebiete d. Elementarunterrichts.** gr. 8. (VIII, **317** S.) **Gera 885. Th.** Hofmann. n. 3. —; Einbd. n.n. — 40

—— Die Praxis der Elementarklasse. Ein Führer auf dem Gebiete d. Elementarunterrichts. 2. verm. Aufl. gr. 8. (X, 345 S.) Gera 890, Hofmann. * 3 50; geb. * 4 —

Die Ausgabe erfolgte in 7 Lfgn. à * — 50.

— d. Praxis d. Elementarklasse. E. Führer auf d. Gebiete d. Elementarunterrichts. 3., verm. Aufl. gr. 8. (V, 360 S) Gera 897. Th. Hofmann. n. 3. 50

— die Praxis d. Elementarklasse. Ein Führer auf d. Gebiete d. Elementarunterrichts. 4., verm. Aufl. gr. 8. (VII, 391 S.) Leipzig 901. Th. Hofmann. n. 3. 80; geb. n. 4. 40

— Die Praxis der Elementarklasse. Ein Führer auf dem Gebiete des Elementarunterrichts. 5., verm. Aufl. (X, 385 S.) 8. Leipzig 909. B. G. Teubner. 3.80; geb. 4. 40

— Rechenfibel. Uebungsbüchlein f. den ersten Anfang im schriftl. Rechnen, umfassend die Zahlen von 1—20 [monographisch behandelt] u. von 1—100. 8. (48 S.) Ebend. 885. n. — 20

— Rechenfibel. Übungsbüchlein f. den ersten Anfang im schriftl. Rechnen. 2. Aufl. 8. (48 S.) Ebd. 889. n — 20

Wernecke, Rob., Rechenfibel. Übungsbüchlein im schriftl. Rechnen, umfassend die Zahlen von 1 bis 20 (monographisch behandelt) u. von 1 bis 100. 5. verm. Aufl. 8. (74 S. m. Fig.) Gera 900. Leipzig, Th. Hofmann. n. — 25

Rechenfibel. Übungsbüchlein im schriftl. Rechnen, umfassend d. Zahlen von 1 bis 20 (monographisch behandelt) u. von 1 bis 100. Von Robert **Wernecke**. 6. verm. Aufl. Leipzig & Berlin: Th. Hoffmann 1904. (72 S.) 8°

— der Rechenunterricht in der Elementarklasse. Die Zahlen 1 bis 20 in ausgeführten Lektionen monographisch bearb. gr. 8. (95 S.) Berlin 883. Th. Hofmann. n. 1. —

—— Schreiblese=Fibel. Auf Grund des vereinigten Anschauungs= und Sprachunterrichts. Mit vielen Illustr. nach den Bilderwerken von Winckelmann und Leutemann. 2 Hefte. Nebst Begleitwort. gr. 8. (64; 72 S.; Begleitwort 13 S.) Ebendas. 884. à Heft * 30 Pf. *

— Schreiblese=Fibel. Auf Grund d. vereinigten Anschauungs= u. Sprachunterrichts. Mit vielen Illustr. nach den Bilderwerken v. Winckelmann u. Leutemann. Ausg. A. [in 1 Hfte.]. gr. 8. (96 S.) Ebend. 885. n. — 40

—— dass. — Ausg. B [in 2 Heften]. gr. 8. Ebendas. [1. Heft. 2. Aufl. (68 S.) 885; 3. erweit., 4. und 5. Aufl. (80 S.) 887,88. * 30 Pf.; 2. Heft. 2.—4. Aufl. (104 S.) 886—88. * 40 Pf.] *

— Schreiblese=Fibel. Auf Grund d. vereinigten Anschauungs= u. Sprachunterrichts. Mit vielen Illustr. nach den Bilderwerken v. Winckelmann u. Leutemann. Ausg. B [in 2 Hftn.]. gr. 8. Ebd. n. — 70; geb. n.n. — 90

1. 6. Aufl. (80 S.) 889. n. — 30; geb. n.n. — 40
2. Lesestücke zur Übung in der Lesefertigkeit u. als Grundlage f. den Anschauungsunterricht. 6. Aufl. (104 S.) 890. n. — 40; geb. n.n. — 50

—— Schreiblese=Fibel. Auf Grund d. vereinigten Anschauungs- u. Sprachunterrichts. Mit vielen Illustr. nach den Bilderwerken v. Winckelmann u. Leutemann. Ausg. A. [in 1 Heft]. 2. Aufl. gr. 8. (104 S.) Ebd. 890. * — 40

—— dass. — Ausg. B. [in 2 Heften]. gr. 8. Ebd. * — 70

1. 9. Aufl. (80 S.) 891. * — 30.
2. Lesestücke zur Übung in der Lesefertigkeit u. als Grundlage f. den Anschauungsunterricht. 7. Aufl. (104 S.) 892. * — 40.

— dasselbe. Ausg. B in 2 Hftn. gr. 8. Ebd. Geb in Halbleinw. n.n. — 90

1. 12. Aufl. (80 S.) 895. n.n. — 40
2. Lesestücke zur Übung in der Lesefertigkeit u. als Grundlage f. den Anschauungsunterricht. 10. Aufl. (104 S.) 894. n.n. — 50

— Schreiblese=Fibel. Auf Grund d. vereinigten Anschauungs= u. Sprachunterrichts. M. vielen Illustr. nach d. Bilderwerken v. Winckelmann u. Leutemann. Ausg. A (in 1 Hft.) 3. Aufl. gr. 8. (104 S.) Ebd. 895. Geb. in Halbleinw. n.n. — 50

— dasselbe. Ausg. B (in 2 Hftn). 1. Hft. 14. Aufl. gr. 8. (80 S.) Ebd. 896. n. — 30; geb. n. — 40

— dasselbe. (Ausg. B.) 2. Hft. Lesestücke zur Uebg. in d. Lesefertigkeit u. als Grundlage f. den Anschauungsunterricht. 12. Aufl. gr. 8. (104 S.) Ebd. 897. n. — 40; geb. n.n. — 50

— dasselbe. Ausg. B. 2 Hfte. gr. 8. Ebd. 899. n. — 70; Einbde. à n.n.n. — 10

1. 16. Aufl. (80 S.) n. — 30
2. Lesestücke zur Uebung in der Lesefertigkeit u. als Grundlage f. den Anschauungsunterricht. 13. Aufl. (104 S.) n. — 40

— Schreiblese=Fibel. Auf Grund des vereinigten Anschauungs= u. Sprachunterrichts. Mit vielen Illustr. nach den Bildwerken von Winckelmann u. Leutemann. Ausg. A (in 1 Hfte.). 5. Aufl. gr. 8. (104 S.) Ebd. 900. n. — 40; Einbd. n.n.n. — 10

— Schreiblese=Fibel. Auf Grund des vereinigten Anschauungs- u. Sprachunterrichts. Mit vielen Illustr. nach den Bildwerken v. Winckelmann & Leutemann. Ausg. A (in 1 Hefte). Neubearbeitung m. phonet. Aufbau. 1. Heft. 6. Aufl. Nach der neuen Rechtschreibg. v. 1902. (VI, 116 S.) gr. 8. Leipzig 903. [Th. Hofmann.] B. G. Teubner. Geb. n.n. — 60

— dasselbe. Ausg. B (in 2 Heften). Neubearbeitg. m. phonet. Aufbau. gr. 8. Ebd. Geb. n.n. — 50

1. 18. Aufl. Nach der neuen Rechtschreibg. v. 1902. (IV, 88 S. m. Abbildgn.) 903. n.n. — 50
2. 14. Aufl. Neubearbeitung nach der neuen Rechtschreibg. v. 1902. (IV, 112 S. m. Abbildgn.) 904. n. — 60

Wernecke, Rob., u. **Ed. Wießner.** Übungsstoffe für den deutschen Sprachunterricht. Im Anschlusse an das „Deutsche Volksschullesebuch“ bearb. 2 Hefte. gr. 8. Gera, Hofmann. * 1 35

1. Mittelstufe. (72 S.) 890. * — 60.
2. Oberstufe. (112 S.) 891. * — 75.

—— u. Ed. Wießner. Deutsches Volksschul=Lesebuch. Als Mittelpunkt f. den deutschen Sprachunterricht bearb. 2 Tle. gr. 8. Ebd. * 1 95 geb. ** 2 50

1. Mittelstufe. (XVI, 224 S.) 890. * — 70; geb. ** — 90.
2. Oberstufe. (XVI, 463 S.) * 1 25; geb. ** 1 60.

Wernecke, S., Darf nach der heil. Schrift die Trauung rechtskräftig geschiedener Personen verweigert werden? Eine biblisch=praktische Ausführung. Halle 856. Berner in Comm. gr. 8. (24 S.) n. 4 *ngr.*

vgl. Werneke, S.

Wernecke, Siegfredus Augustus: 1. De argumentis, quibus Sociniani in impugnando Christi merito refutari possunt. 2. De causis belli civilis a Sylla et Mario gesti.

Halle-Wittenberg. Phil. Diss. v. 25. Sept. 1826

Geb. [Aschersleben 15. 3. 1803]

Mss. fehlen.

Wernegitten [Schlagwort]

Wernegitten, s.: Geologische Karten (Preussen).

Wernei, G., technolog. Allerlei. Ein belehr. Handb. z. Selbstunterr. f. Alle, welche ihre Erholungsstunden zu Verfertig. kleiner mechan. Arbeiten zu benutzen wünschen u. eines Unterrichts dabei bedürfen. 8. (7¾ B.) Eisenach 835, Bärecke.

Wernei, G., kurze Anweisung feine u. dauerhaffte Pappenarbeiten auf e. zweckmäß. Art zu verfertigen, zu lackiren u. zu vergolden. 8. (8 B.) Eisenach 828, Bärecke.

Wernei, (G.,) Beitrr. z. zweckmäß. Einrichtung holzersparender Stuben= u. Heerdkochöfen, nebst Anweisung zum gefahrlosen Heitzen durch Wasserdämpfe, als erprobte Resultate eigener Erfahrungen. Mit 8 Kpfrt. 8. Eisenach 822, Bärecke.

Werneke: Die Einführung des Christentums in Island. Eine historische Skizze nach altnordischen Quellen. 22 S. – Coesfeld, Progr. 1856.

Werneke, Übersichtskarte der Zunahme der Förderung im niederrheinisch-westfälischen Steinkohlenbecken während der letzten 50 Jahre. 1 : 100 000. Dortmund, 1899.

Werneke, Bernhard

Werneke, Bernardus: De Arabum Hispanicorum agricultura et mercatura quales fuerint Omeiadis in Hispania regnantibus. [Diss.] Monasterii 1851.

Werneke, Bernh., über die Bedeutung des Lautes in der Sprache. Eine Studie. (Abdr. aus dem Programm des Gymnasiums zu Paderborn.) Paderborn 864. Junfermann. 4. (48 S.) n. 10 *ngr.*

Werneke, Bernh. „Dreizehnlinden“ von F. W. Weber. Inhalt und Bemerkungen. 18 S. Progr. *Montabaur* 1884

— Elsaß u. Lothringen. Ein Vortrag geh. im „Wissenschaftl. Verein" zu Paderborn am 30. Nov. 1870. [Aus: „Zeitgemäß. Brochüren."] gr. 8. (24 S.) Ebend. 871. — 30

Werneke, B., Die westfälischen Fehmgerichte. Kurz dargestellt und mit e. Auswahl erläuternder Urkunden versehen. Soest 1861. 8. . . . .

—— s. Hüppe, Bernh., Geschichte der deutschen National-Literatur.

Werneke, Bernh., die Confessionalität der höheren Schulen, zunächst in Preußen. [Aus: „zeitgemäße Broschüren."] gr. 8. (52 S.) Münster 872. Russell. — 30

Werneke, B.: Der deutsch-französische Krieg von 1870-71. Rede. 24 S. – Paderborn, Progr. 1872.

– praktischer Lehrgang des deutschen Aufsatzes für die obern Classen der Gymnasien und andrer höherer Lehranstalten. Eine Sammlung von deutschen Schulaufsätzen, prosaischen Lesestücken, Dispositionen, Materialien u. Thematen. Nebst einer theoretischen Einleitung über die Aufsätze im Allgemeinen. Soest 862. Nasse's Verlag. 8. (VIII, 414 S.) n. 1 ⅔

Werneke, Bernh., praktischer Lehrgang des deutschen Aufsatzes für die obern Klassen der Gymnasien und anderer höherer Lehranstalten. Eine Sammlung von deutschen Schulaufsätzen, prosaischen Lesestücken, Dispositionen, Materialien und Themen. Nebst einer theoret. Einleitung über die Aufsätze im Allgemeinen. 2. verb. Aufl. gr. 8. (XII, 347 S.) Münster 875, Nasse'sche Verlagsh.

Werneke, Bernh., praktischer Lehrgang d. deutschen Aufsatzes f. die oberen Klassen der Gymnasien u. anderer höherer Lehranstalten. Eine Sammlg. v. deutschen Schulaufsätzen, pros. Lesestücken, Dispositionen, Materialien u. Themen. Nebst e. theoret. Einleitg. üb. die Aufsätze im allgemeinen. 3. verb. Aufl. gr. 8. (XVI, 336 S.) Münster 885. F. Schöningh. n. 3. —

Werneke, Bernh., prakt. Lehrgang d. deutschen Aufsatzes f. d. oberen Klassen d. Gymnasien u. and. höh. Lehranstalten. E. Sammlg. v. deutschen Schulaufsätzen, prosaischen Lesestücken, Dispositionen, Materialien u. Themen. Nebst e. theoret. Einleitg. üb. die Aufsätze im allgemeinen. 4., verb. Aufl. gr. 8. (XII, 340 S.) Paderborn 896. F. Schöningh. n. 3. —

Werneke, Bernh., praktischer Lehrgang des deutschen Aufsatzes f. die oberen Klassen der Gymnasien u. anderer höherer Lehranstalten. Eine Sammlg. v deutschen Schulaufsätzen, prosaischen Lesestücken, Dispositionen, Materialien u. Themen. Nebst e. theoret. Einleitg. üb. die Aufsätze im allgemeinen. 5., verb. Aufl. gr. 8. (XII, 382 S.) Paderborn 902. F. Schöningh. n. 3. 80

Werneke, Bernh., praktischer Lehrgang des deutschen Aufsatzes f. die oberen Klassen der Gymnasien u. anderer höh. Lehranstalten. Eine Sammlg. v. deutschen Schulaufsätzen, prosaischen Lesestücken, Dispositionen, Materialien u. Themen. Nebst e. theoret. Einleitg. üb. die Aufsätze im allgemeinen. 6. Aufl. (XII, 382 S.) 8. Paderborn 907. F. Schöningh. 3. 80

[F.] **Werneke**, Bernhard [Dir. Dr.]: Neues aus Horaz. Montabaur, Buchdr. v. A. Sauerborn, *1895*; 3—17 S. 4.
Montabaur, Kaiser Wilhelms-G, OP 1895 (404)

Werneke, B.: Das eddische Rigsmal nebst Uebersetzung und Erläuterungen. 22 S. – Progr. Deutsch-Crone 1857.

—— die Statistik freiwilliger Handlungen, s. Broschüren, zeitgemäße.

Werneke, H., die deutsche Dichtung, s.: Buchner, W.

Werneke, H., s.: Mitteilungen aus d. Markscheiderwesen.

Werneke, H(einrich): Sprachreform und Doppelwörter. *Mülheim (Ruhr) 1900: E. Marks.* (23 S.) 4°
Mülheim (Ruhr), G u. R, P 1900 (480)

Werneke, H[einrich]: Sprachreform und Fremdwörter. *Mülheim (Ruhr) 1901: E. Marks.* (12 S.) 4° ¶(Vgl. P-Beil. 1900.)
Mülheim (Ruhr), G u. R, P 1901 (497)

Werneke, H., Versuch e. formalen Kritik des deutschen Wortschatzes. gr. 8. (42 S.) Mülheim (Ruhr) 902. Essen, G. D. Baedeker. n. — 80

Versuch einer formalen Kritik des deutschen Wortschatzes von H[einrich] **Werneke**, Oberl. in Mülheim (Ruhr). *(Essen: G. D. Baedeker 1903.)* (42 S.) 8°

Werneke, Otto

Wernecke, Otto, u. Georg Wedding: Katalog der Bibliothek des Königl. Domgymnasiums zu Merseburg. T. 1. Merseburg 1909: Stollberg. 32 S. 8°
Merseburg, k. Dom-G OP 1909 (331) [S 09. 499

Werneke, Otto: Sprichwörtliche und bildliche Redensarten des Französischen. (Th. 1.) Merseburg, Druck v. F. Stollberg, *1895*; 20 S. 4.
Merseburg, Dom-G, OP 1895 (244)

Werneke, S., Darf nach der heil. Schrift die Trauung rechtskräftig geschiedener Personen verweigert werden? Eine biblisch-pract. Ausführung. gr. 8. (28 S.) Halle 856, (Berner.) *

Wernekinck, A., das Buch vom allzeit gesunden Menschen. gr. 16. (110 S. m. Abbildgn.) Leipzig (Dorotheenstr. 10) (900). Rukin & Albrecht. 1. 50; geb. 2. —; erm. Pr. 1. —

Wernekinck, A. [Hrsg.], s. Saint-Pétersbourg et ses environs.

Wernekinck, A., St. Petersburg, s.: Grieben's Reisebücher.

Wernekinck, A., Setzmaschinen? Hände weg! (19 S.) gr. 8. **Halberstadt 908. O. Huhn. (Nur direkt.) Unentgeltlich.**

Wernekinck, Alex., Mensch bin ich. Schauspiel in 5 Akten. gr. 8. (V, 76 S.) Trier 891. Fr. Lintz. n. 2. 50

Wernekinck (F.). Icones plantarum . . . in episcopatu monasteriensi . . . Monasterii, 1798. fol.
Letterpress descriptive of certain plates which were never issued.

Werneking, (Pfarrer) Frz. Karl, d. Verklärte. Auf den Tod des Grafen Fr. Leopold zu Stolberg. 8. Göslin 820.

Wernekke. Die Eisenbahnen im Burenkriege. (Berlin 1909.) 4°. (Aus: Zentralbl. d. Bauverwalt.)

Wernekke, über den Unterricht im Englischen. Vortrag, geh. bei der 6. Versammlung des sächs. Realschulmänner-Vereins. [Aus: „Central-Organ für die Interessen des Realschulwesens".] gr. 8. (15 S.) Berlin 879. Friedberg & Mode. n. — 60

Wernekke, (Hugo, Direktor Dr.): Abriss der Schulgeschichte. Weimar 1906: Hofbuchdruckerei. (S. 3—19.) 8°
Weimar, großh. RG OP 1906 (846)

Bruno, Giordano: Giordano Bruno. **Vortrag, gehalten in der Loge Amalia zu Weimar am Johannisfeste 1889. Von** H. **Wernekke**. o. O. [1889]. 6 S. 4⁰. [Kopftit.]

[Festschrift.] Zum 24. Okt. 1908. [Von Hugo **Wernekke.** Weimar 1908: Hofbuchdr.] 38 S. 1 Bildn. 8⁰ [Umschlagtit.]
(Weimarische Frmr-Analekten. 15.)
cf. DrL. 39 (1908—1909) S. 71 (G. v. Gersdorff).
Chronol. Gesch. der Amalia 1764 bis 1907; Verzeichn. der Literatur zur Gesch. derselben; Angabe der von ihr geprägten Münzen; Verzeichn. ihrer Mitgl.

Das weimarische Fürstenhaus und die Loge Amalia. Ein Vortrag zum Stiftungsfeste der Loge Amalia in Weimar von H[ugo] **Wernekke.** [Hamburg 1908: Rademacher.] 11 S. 8⁰ [Kopftit.]
Aus: HL. 41 (1907—1908) S. 16—26.

Wernekke, Hugo, Goethe u. die königliche Kunst. (194 S. m. 12 Taf. u. 1 Fksm.) 8. Leipzig 905. Insel-Verlag. n. 5. — ; geb. in Leinw. n. 6. —

Goethe und die Königliche Kunst von Hugo **Wernekke.** Leipzig: Poeschel & Kippenberg 1905. 194 S. 12 Abb. 8⁰
Recens: Al. 31 (1905) S. 205; Wöchentl. Anzeiger d. Frmr-Logen v. Berlin. 37 (1905) S. 208; L. 28 (1905) S. 208 (P. Fischer); ML. 34 (1905—1906) S. 130 (O. Henckel); Bk. 25 (1906) No 87 (J. Feiner); Bifrøst. 1 (1906) S. 101—102 (A. J. Lange); MCG. 15 (1906) S. 48—49 (L. Keller).
cf. Bh. 48 (1905) S. 416; Brh. 2 (1905) S. 143 (W. Kunis); Bbl. 19 (1905) S. 751—752 (G. Diercks); FZ. 59 (1905) S. 420; ArSt. 2 (1905) S. 380—382; BZC. 34 (1905) S. 692 bis 694; DrL. 36 (1905—1906) S. 75—76 (A. Denecke); BrL. 23 (1905—1906) S. 55 (F. Heltschmidt); Z. 36 (1905—1906) S. 159 (H. Glücksmann); Acacia. (Paris) [8] (1906) S. 61—62 (O. Wirth); Bst. 15 (1906) S. 77—79 (L. Fürst); Preuss. Jahrbücher. 126 (1906) S. 165—167 (A. Metz), Auszug in: H. 19 (1908) No 26; SL. 26 (1906) S. 9 (H. Speck); R. 33 (1906) S. 24 (G. Schauerhammer); S. 13 (1906) S. 27 (H. Merker).

Wernekke, H(ugo): Vom **Kalender.** *Weimar 1898: Hof-Buchdr.* (3—19 S.) 4⁰
Weimar, RG, OP 1898 (710)

Wernekke, H., Giordano Bruno's Polemik gegen die Aristotelische Kosmologie. Diss. 1871. 54 S.

Wernekke, H. Zur Syntax des portugiesischen Verbs. Weimar, R. I. O., 1885. 20 S. 4. Progr.

Grossherzogl. Bibliothek in Weimar. Verzeichnis der von Dr. Reinhold Köhler hinterlassenen Büchersammlung. (Verf.: Hofrat Dr. [Hugo] **Wernekke**. Vorr.: P[aul] v. Bojanowski.) Weimar 1901: R. Wagner Sohn. (73 S.) 8⁰

Werner

— od. die Hütte des Seemanns. 8. Braunschw. 800. Vieweg. 12 gr

Werner, ein Bruchstück aus einem Tagebuche. Wesel [1801]. V: *Marechaux, Peter Ludwig.* (Ky) (MGT)

Werner; ein Bruchstück aus einem Tagebuche, (von P. L. Marechaux). 8. Wesel 801.

Werner (Abraham Gottlob), u. das Wernerfest, den 24. bis 26. Sept. 1850. Eine kurze Darstellung der Lebensverhältnisse u. der hohen Bedeutung Werner's in seinem segensreichen Wirken für das Aufblühen der Berg-Akademie Freibergs und überhaupt des in- u. ausländ. Bergbaues. gr. 8. (IV u. 23 S.) Freiberg 850. Reimmann. n. 4 ngr

Werner, Benjamin. Eine schlesische Geschichte aus den Jahren 1622—75. O. O. 1799. V: *Kropp.* (RHMBF I, 75)

Werner, Graf v. Bernburg, (von B. Naubert). 2 Bde. 8. Leipz. 789. Weygand. 2 rthl 8 gr

Werner, Graf v. Bernburg; e. Gesch. a. d. Zeiten des Mittel-Alters, v. Verf. d. Herrmann v. Unna ꝛc. 2 Bde. m. K. 8. Wien, Sammer. 795. — 20

— der edle, od. die Erscheinungen ꝛc. 8. Leipz. 805. Joachim. 1 rthl 12 gr

Werner, Fr. L. Zacharias; kein Katholik, oder vom wahren u. falschen Protestantismus. 8. Götting. 815. Vandenhöck u. R. 16 gr

Werner, Fr. L. Z. kein Katholik, od. v. wahren Katholicismus u. falschen Protestantism. 8. Gött. 825, Vandenhöck u. R.

Werner, Gustav, s. Ehlers, Rud.

Werner, Gust. Vide: Wurster: G. Werner.

Werner, Gustav. Ferdinand Römer — Wilhelm Flammer. Berlin 1800. V: *Tzschucke, Carl Friedrich.* (BGE VIII², 379)

Werner, Gustav, der Apostel der thätigen Menschenliebe und seine Rettungsanstalten. Ein Hülferuf. [Leipzig 1864.] V: *Findel, Jos. Gabr.* (Bibl. d. stat. Bureaus. Dresden 1890.)

Werner, Maria, die mutterlose Jungfrau in ihrem Leben u. ihrer Haushaltung. Ein unterhaltendes u. wirthschaftl. Bildungsbuch für Frauen u. Töchter. Von der Verfasserin des armen Martin. Mit 2 Kpfrn. 8. (IV u. 552 S.) Pforzheim 847, Flammer & Hoffmann. 1 rthl 18 ngr. In Engl Einband n. 2 rthl

Werner, Maria, die mutterlose Jungfrau in ihrem Leben und ihrer Haushaltung. Ein unterhaltendes und wirthschaftl. Bildungsbuch für Frauen und Töchter. Von der Verfasserin des armen Martin. 8. (IV und 552 S. mit 2 Kpfrt.) Pforzheim 847. [Stuttgart, Scheitlin's Vrlgsh.]

Werner

— u. Julie Morgenstern, od. so findet man f. Himmel auch schon auf Erden. 8. Lübben, Gottsch. 802.

Werner, Paul, od. Geschichte m. Freundes, f. Universitätsjünglinge. 8. Breslau, Gehr.

Werner, Paul, oder Geschichte meines Freundes für Universitäts-Jünglinge. Breslau 1799. V: *Bahr*, *Robert.* (NN) (MGT) (GGr) (Nowack, Schles. Schriftst.-Lex. Breslau 1836—43. IV, 8.)

Werner, Sophie, oder: Jugendgeschichte d. Schulmeisterstochter zu Langenbach. Ein Gemälde ländl. Sitten. Als Weihnachtsgeschenk für gute u. folgsame Kinder. Mit 6 ill. Abbildd. 12. Meißen 829. Klinkicht u. S. 18 ℳ

Werner, Stephan, der Freundesmörder von Bleichstetten. Seine Lebensbeschreibung, Flucht, Verurtheilung und Hinrichtung. Nach den öffentlichen Verhandlungen vor dem Schwurgerichte zu Tübingen vom 28. Juni bis 2. Juli 1858. Mit 1 Abbildg. der Guillotine (in Holzschn.). 1. u. 2. verb. Aufl. Tübingen 858. Riecker. gr. 8. (16 S.) 1 ngr.

(Werner, Stephan.) — Der Freundesmörder, Stephan Werner v. Bleichstetten. Seine Lebensbeschreibung, Flucht, Verurtheilung u. Hinrichtung. Nach den öffentlichen Verhandlungen vor dem Schwurgerichte zu Tübingen vom 28. Juni bis 2. Juli 1858. Mit einer Abbildg. der Guillotine (in Holzschn.). 2. verb. Aufl. Tübingen 859. Riecker. gr. 8. (16 S.) 1 ngr.

Werner, der Verirrte, f. Byron.

Werner. – Zacharias Werner, s. Düntzer, Heinrich: Zwei Bekehrte.

Werner, die landwirthschaftliche Abtheilung der Weltausstellung in Chicago. Vortrag, geh. in der Oekonom. Gesellschaft im Königr. Sachsen, Dresden, am 15. Dezbr. 1893. gr. 8. (18 S.) Dresden 894. G. Schönfeld. n. — 40

Werner, die Aktien-Zeichnung als Grundlage f. die Gründung der Aktien-Gesellschaft. Ein Beitrag zur Erforschg. der Rechtsnatur der Aktienzeichng. (63 S.) gr. 8. Gotha (907). Verlagsanstalt & Druckerei (H. Bartholomäus). 1.50

Werner et Schütte. De l'aménagement d'un lazaret portatif. Berlin 1891.

Werner, Ansprache, f.: Leimbach, J. H., d. 6. Säcularfeier d. Einweihung d. luther. Pfarr- u. Stadtkirche zu Marburg.

Aus dem Wasser gezogen oder: Der Findling von Trelagan. Eine Seefahrergesch. aus Cornwall. Nach d. Engl. der Grace Pettmann von Frau **Werner**. *Cassel: J. G. Oncken Nachf. (1903).* (78 S.) 8° [F.]
= Daheim u. auswärts. No 4.

Werner, Beitrag zur Klärung der Ansichten über den Nutzen der Mastviehschauen. Eine Parallele zwischen der 80. Mastviehschau des Smithfield-Club zu London vom 10. bis 14. Decbr. 1877 u. der 1. Schlachtviehschau zu Cöln vom 13. bis 14. April 1878. 8. (29 S.) Bonn 878. Hochgürtel. n. — 80

Werner: Beiträge zur Kulturgeschichte der kön. Kreis- und Bergstadt Iglau im 16. und 17. Jhrh. 16 S. –Iglau, Progr. 1854

Werner: Bemerkungen über die vorzüglichsten in der Berliner Gemälde-Galerie befindlichen Bilder aus der Blüthezeit der niederländischen Malerschulen. 16 S. – Hirschberg, Progr. 1872.

Werner, erster Bericht üb. d. orthopäd. Heilanstalt zu Königsberg, umfass. d. 10jähr. Zeitraum v. 1. Oct. 1826 bis 1. Oct. 1836. gr. 8. (6½ B.) Königsberg 837. (Berlin, A. Hirschwald.) *

Werner, v. und Dörtenbach. Bericht über den Gesetzes-Entwurf in Betreff des Eisenbahnwesens. Württemberg 1842.

Bestimmungen über den Diensteintritt der Einjährig-Freiwilligen im Deutschen Heer und in der Marine. Mit Anlagen u. Mustern. Von **Werner,** Oberlt. im Füs.Rgt Nr. 35. Berlin: Liebel 1904. (83 S.) 8° [F.]

Werner, M., freimüthige Betrachtungen über d. neue politisch-religiöse Gemeinde in Würtemberg. 8. Stuttg. 819. Sattler. 6 ℳ

Werner: Darstellung eines Lehrganges, bei welchem ein enger Zusammenhang zwischen der methodischen Erlernung griechischer Vokabeln und dem übrigen Unterrichte in dieser Sprache erreicht wird und Entwurf eines für diesen Zweck berechneten Vokabulars. 24 S. – Hirschberg, Progr. 1860.

Werner, H.: Entwürfe, ausgeführter städt. Gebäude.

Werner, Ferienreise nach Italien (Riviera, Rom, Florenz). Tagebuchblätter. 8. (III, 118 S.) Frankfurt a/M. 894. Mahlau & Waldschmidt. n. 2. —

Werner: Prüfende Gedanken üb. d. Recht d. Todesstrafen. *Landshut.* 810.

Gelbsucht und Gallensteinkrankheit. Gemeinverständl. Belehrungen u. Ratschläge von Dr. med. **Werner,** pr. Arzt. Zittau: Pahl (übergeklebt: Berlin: W. Möller) 1893. (50 S.) 8°

Werner. Handatlas f. die I. Stufe. Photogr. Verkleinerung der 6 W.'schen Unterrichtskarten. Zur häusl. Wiederholg. m. dem nöt. Text versehen. Farbendr. Imp.-4. Stuttg. 891, R. Hahn. * — 40

Werner (III.). Deutsch-französisches u. französisch-deutsches Handlexikon zu jeder französischen Handelskorrespondenz, f. Rudow.

Werner, v.: Hauptbericht über den Bau der württembergischen Eisenbahnen. 1845.

v. Werner, siehe: Im Recht des Königs das Recht des Volkes.

Werner, der Kampf gegen die Trunksucht als Aufgabe der Gemeindeglieder u. kirchlichen Organe. Referat, geh. auf der Kreissynode Haynau. (16 S.) gr. 8. Hannover 903. (Liegnitz, Buchh. des schles. Prov.-Vereins für innere Mission.) n.n. — 10

Werner. Karte der Sächsich-Baierischen Eisenbahn Leipzig-Altenburg-Hof. Plauen 1 Bl. c. I.

Werner, Bad Kissingen u. seine Umgebung. Praktischer Rathgeber u. Wegweiser f. Kurgäste. 8. (VIII, 152 S. m. 1 lith. Plane in gr. 8.) Würzburg 874. (Stuber.) n. 1. 50

Werner (IV.). Bad Kissingen u. seine Umgebung, nebst e. Führer durch das Rhöngebirge. 4. verm. u. verb. Aufl. 8. (XX, 216 S. m. 1 Ans. u. 1 Karte.) Kissingen 891. (Würzb., Stuber's Verlag.) * 1 50

(Werner,) die Kraft u. Herrlichkeit d. lebend. Glaubens, s. Kraft, die.

Werner, die transportable Lazareth-Baracke, s.: Langenbeck, v.

Werner: Zu Schiller's Mädchen aus der Fremde. 2 S. – Hirschberg, Progr. 1872.

Werner, Bergrath. Letztes Mineral-System; nun nach den neuesten und letzten Entdeckungen herausgegeben und mit neuen Beobachtungen und Zusätzen vermehrt von Christoph Mayr. Nebst einem Anhang die Beschreibung der nothwendigsten Theile eines Apparates enthaltend, um die Mineralien auf die zweckmässigste Weise zu sammeln und zu untersuchen. 8. Wien 1820.

Werner, s.: Mühlen, die unterirdischen.

Werner, Nachweis der Sanitätshilfsmittel, deren Sicherstellung od. Beschaffung im Frieden seitens der freiwilligen Krankenpflege f. die v. ihr einzurichtenden Verband- u. Erfrischungsstellen od. Krankensammelstellen, sowie f. ihre Hilfslazarettzüge u. -schiffe in Frage kommt. (S. H. fr. K.) Vom 1. VIII. 1909. Aufgestellt vom kgl. preuß. Kriegsministerium, Medizinal-Abteilg., u. m. dessen Einverständnis ergänzt u. hrsg. v. dem Central-Komitee des preuß. Landesvereins vom Roten Kreuz. (29 S.) 8. Berlin 909. Trowitzsch & Sohn. nn — 50

— der Nerven- u. Rückenmarks-Kranke. Unentbehrlicher Wegweiser zur Verhütg., Behandlg. u. Heilg. der Nerven- u. Rückenmarksleiden. Gemeinverständlich dargestellt. 12. (VII, 62 S.) Düsseldorf 894. J. B. Gerlach & Co. n. — 75

Werner, Physiologie od. Die Lehre vom Leben, s.: Miniatur-Bibliothek.

Werner, ..., (Pfarrer) s. Pilger, der, aus Sachsen.

Werner, Post- und Eisenbahn-Reise-Karte von Deutschland, der Schweiz und dem nördlichen Italien, mit Berücksichtigung des grossen Deutschen Zollverbandes. Nach den besten und zuverlässigsten Hülfsmitteln bearbeitet. Magdeburg, Fabricius, 1847. Imp.-Fol. Lith. u. kolor.

Werner, s.: Predigten, 8, bei der 55. Hauptversammlung des evangel. Vereins der Gustav Adolf-Stiftung geh.

(**Werner,** v.) Im Recht des Königs das Recht des Volkes. Danzig, Homann 1847. 49 S. 8.

Werner's Rechtsrath im Hause. 1. Buch. Rathgeber in Miethsangelegenheiten. 8. (40 S.) Leipzig 888. S. Werner. cart. — 30

Werner, Rede, s.: Parteitag, der antisemitische, zu Erfurt.

Werner, Rede bei der Trauerfeier f. die Opfer der russischen Judenverfolgung, geh. in der Synagoge zu München am 19. XI. 1905. (23 S.) 8. München (905). (Th. Ackermann.) n. — 60

Werner und **F. J. Schöpf,** der Stadt- und Landadvokat, s. Hausschatz, der große österreichische.

Werner's Unterrichtskarte von Deutschland für die 1. Stufe. 1 : 1,125,000. Lithogr. (Doppelseitig bedruckt.) gr. Imp.-Fol. (108/136 cm). Stuttgart 888, Rich. Hahn. 1 50

Namensverzeichnis dazu. 8. (4 S.) — 5

Farbbrettchen mit Material zum Kolorieren des Schwarzdrucks ** 1 80

Leitfaden dazu, s. S. 34.

Werner, Vergißmeinnicht f. das christliche Haus. Mit Tagesspruch, Gebetsvers u. Leseabschnitt f. jeden Tag des Jahres. (372 S. m. 1 Farbdr.) 8. Reutlingen (903). Enßlin & Laiblin. Geb. in Leinw. 2. —; m. 12 Farbdr., geb. in Leinw. m. Goldschn. 3. —; m. 20 Farbdr., geb. in Leinw. m. Goldschn. 4. —

Werner's, Dr., neuer Wegweiser zur Hilfe für alle Kranke u. Schwache durch den richtigen Gebrauch der alten, echten, berühmten schwedischen Lebensessenz. 6. Aufl. Leipzig 868. Arndt. 16. (46 S.) 6 ngr.

Werner's neuester unfehlbarer Wegweiser zur Selbsthilfe f. alle Kranke u. Schwache durch richt. Anwendg. der alten, weltberühmten, echten „schwed. Lebensessenz", deren wunderbare Heilkräfte in allen Krankheiten sich seit Jahrhunderten bewährt haben. 7. Aufl. gr. 16. (43 S.) Leipzig 871. Arndt. — 60

Werner's Wetterbuch für die Nord- und Ostsee. (Ein noch nicht ausgefülltes Schiffsjournal.) Stettin [o. J.]. qu. Fol.

Tante **Werners** Nützliche Winke. Berlin: Kosmos [1905]. (62 S.) 8°
(Kosmos-Bibliothek.)

— praktische Winke f. Einjährig-Freiwillige, s.: Hilken.

Werner, A., u. J. **Bernards,** Aufsatzübungen der Volksschule. 1. Tl. Aufsatzübungen f. die Mittelstufe. 8. (IX, 205 S.) Köln 889. Du Mont-Schauberg. n. 2. 50

Werner, A., u. J. **Bernards,** Aufsatzübungen der Volksschule. 2. Tl. Aufsatzübungen f. die Oberstufe. gr. 8. (385 S.) Köln 892. M. Du Mont-Schauberg. n. 4. 50 (kplt.: n. 7. —)

Werner (A.). Die mechanische Beanspruchung raschlaufender Magneträder ⟨Turbogeneratoren.⟩ Halle a. S. 1908. 95 S.
Aachen, Ing.-Diss.

Werner, A., Darstellung d. im rechtsrheinischen Bayern in Bezug auf örtliche Verbrauchssteuern derzeit geltenden Rechts. Mit Beiträgen zur Geschichte d. Aufschlagwesens in Augsburg, nebst e. Anh., welcher die in dieser Stadt zur Kontrole u. Sicherg. der örtl. Gefälle erlassenen ortspolizeil. Vorschriften enthält. gr. 8. (III, 35 S.) Augsburg 885. Rieger. n. — 80

Werner, A.: „Bergrechtliche Erörterungen: I. Soll der Staat von seinen Bergwerken baare Geldüberschüsse verlangen?" Berlin 1818. II. „Inwiefern kann der Bergbau ein Gegenstand des Privatbetriebs werden?" Berlin 1817. III. „Andeutung über den Bergbau in Beziehung auf Staat und Regierung; von N. . .", — Vorh.: Preuß. Oberbergamt Dortmund — E. h. 111.

Werner, A., Führer durch Kassel u. das hessische Bergland einschliesslich der Städte Marburg, Eisenach u. Fulda, bevorwortet v. F. Endemann. 12. (VI, 176 S. m. 6 z. Th. farb. Plänen u. 1 Panorama.) Kassel 889. Brunnemann. geb. n. 2. —; m. Karte n. 3. —

Werner, A., Gedenkbuch f. die Studiengenossen v. St. Stephan in Augsburg. gr. Lex.-8. (III, 55 S. m. Bildnissen.) Augsburg 892. (J. Wolff.) n. 1. 50

Werner, A., Gymnastik für Volksschulen. Nebst einer Anleitung dem weibl. Körper Gesundheit, Kraft und Anmuth zu verleihen, und einem Anhang von gymnast. Spielen zur Erheiterung. 4. Aufl. gr. 8. (XXVI und 272 S. mit 6 Stnt. in qu. Fol.) Leipzig 854, Arnoldische Buchh. Thlr.

Werner, A., naturgemäße Haarpflege oder Belehrung über die Bildung, das Leben und die Erhaltung der Haare durch einfache und wohlfeile Mittel. Nebst 1 erklärenden Abbildg. (Holzschn.) Leipzig 864. Pönicke. 16. (46 S.) 7½ ngr.

Werner, A., sichere Heilung für Nervenleidende. Ein zuverlässiger Rathgeber zum Nutzen aller Nervenkranken beiderlei Geschlechts, besonders für Alle, welche in Folge von Verdauungs- u. Unterleibsbeschwerden an sogenannter Nervenschwäche, Blutkrankheiten, Hysterie, Hypochondrie ꝛc. leiden u. sich eben so leicht als gründlich helfen wollen. 2., umgearb. u. verb. Aufl. Leipzig 865. G. Poenicke. 16. (42 S.) 7½ ngr.

Werner, A., Michael Kohlhaas, der Räuber u. Bandit aus verlorener Ehre od.: Geliebt — gelitten — gefehlt u. gesühnt. Historischer Roman, nach Akten, Kirchenbüchern u. Urkunden dem deutschen Volke wiedererzählt. 100 Hfte. gr. 8. (2398 S. m. je 1 Vollbild.) Berlin (900. 901). A. Weichert. à — 10

Werner, A., Myrrha, s.: Elb, F.

Werner, A., s.: Patentgesetzgebung.

Werner, A. [Hrsg.], s. Patent-, Muster- u. Markenschutzgesetze, Die, des Erdballs.

Werner, A., österr. Theater-Almanach, s. Theater-Almanach.

Werner, A., wie mache ich mein Testament? Die gesetzl. Erben, Erbeseinsetzg., Pflichtteile, das Testament, Kodizill, gemeinschaftl. Testament, Aufhebg. des Testaments, Erbvertrag, Erbschaftskauf, Leibrentenvertrag, sowie die Haftg. der Erben f. die Nachlaßverbindlichkeiten. Belehrungen nach dem bürgerl. Gesetzbuche nebst Mustern u. Beispielen. (80 S.) 8. Berlin (907). H. Steinitz. 1. —

Werner, A. C., de Samaritanis eorumque templo in monte Garizim aedificato. Jen. 1723. 4.

Dreissig Briefe von A. G. Werner an N. G. Leske. Leipzig 1850.

Werner, A. H., die Kaninchenzucht. Kurze Anleitg. zu nutzbring. Kaninchenzucht mit Zucht- u. Fütterungsregeln. Beschreibung der hauptsächlichsten Rassen u. Kreuzgn., sowie der wichtigsten Krankheiten. Neue Ster.-Ausg. 12. (23 S. m. 6 Abb.) Reutlingen (900). Enßlin & Laiblin. — 50

Werner, A. H., neuestes Dresdner Koch-, Back- u. Wirthschaftsbuch, s. Koch-, Back- u. Wirthschaftsbuch.

Werner, A. H., Tempelscene nach St. Marcus und Lucas. Ludwigsburg 862. Balmer & Riehm in Comm. 16. (38 S.) 2 ngr.

Werner, A. P., die Grundsätze, } s. Jahrbuch deutscher
— der Rückfall, } Bühnenspiele.

Werner, A. W., s. Wand-Kalender.

Werner, Abraham Gottlob

— Geognosie, s. Jamesons Reisen.

— von den verschiedenen Graden d. Festigkeit des Gesteins, als dem Hauptgrund u. d. Verschiedenheit d. Hauerarbeiten. 8. Frberg 788. Craz u. G. 2 ggr

Werner, Abraham Gottlob: Von den äußerlichen Kennzeichen der Foßilien. 302 S., gbd.

Leipzig: Crusius 1774
angeb.: Büsching, Anton Friedrich: Eigene Gedanken und gesammlete Nachrichten von der Tarantel... 1772

JB 77

— von den äußerl. Kennzeichen d. Fossilien. gr. 8. Leipz. 774. (W. Vogel). 12 ggr Dass. 8. Wien 785. Trattner. 5 ggr

Werner A. G.: Kurze Klassifikation u. Beschreibung d. verschiedenen Gebirgsarten. Dresd. 1787. 28 S.

— kurze Classification d. verschied. Gebirgsarten. 4. Dresd. 787. Walther. 4 ggr

— s. A. v. Kronstedt, Versuch.

— Letztes Mineral-System.

— Dass., mit Zusätzen von Breithaupt. Nebst Angabe d. spezif. Schwere d. Mineralien. Herausg. von Th. Hnr. Lor. Pansner. Fol. Halle, (Schwetschke u. S.) 8 ggr

Abraham Gottlob Werner's letztes Mineral-System. Aus dessen Nachlasse auf oberbergamtliche Anordnung hrsg. u. m. Erl. versehen. ([Hrsg.:] Johann Carl Freiesleben.) Freyberg & Wien: Craz & Gerlach u. Gerold 1817. XIV, 58 S. 8°

— Dass. in tabellar. Form. gr. Roy.-Fol. Münch. 817. J. Lindauer. 8 ggr

— letztes Mineralsystem. Aus dessen Nachlaß herausg. von J. K. Freiesleben, mit Erläuterungen von Breithaupt u. Custos Köhler. gr. 8. Frberg 818. Craz u. G. 9 ggr Schrbp. 12 ggr Velinp. 15 ggr

— — dasselbe nach den neuesten und letzten Entdeckungen herausg. v. Ch. Mayr. gr. 8. Wien, Grund. (Wimmer.) 820.

— Dass. nach den neuesten u. letzten Entdeckungen, herausg. von Chr. Mayr. gr. 8. Wien 820. (Wimmer; a. Fr. Fleischer in Leipz.) 1 rß 8 ggr

— neuestes Mineralsystem in einer Tabelle. Fol. Salzb. 805. Mayr. 5 ggr

— Dass. nach J. A. Schönbauers Determinationssystem. Fol. Insbr. 800. Wagner. 6 ggr

— s. a. Oryktognosie.

(————), Oryctognosie, oder Handbuch für die Liebhaber der Mineralogie. Leipzig 1792. 8.

— kleine Sammlung mineral., Berg- u. Hüttenmännischer Schriften. 16 Heft. gr. 8. Leipz. 811. W. Vogel. 20 ggr

Werner, A. G., Neue Theorie von der Entstehung der Gänge mit Anwendung auf den Bergbau, besonders den Freibergischen. Freiberg, 1791. 256 S.

Werner, Ab. Glo., neue Theorie v. d. Entstehung d. Gänge, mit Anwend. a. d. Bergbau, besond. d. Freyberg. 8. Craz u. G. 791.

Schreibpap.

Werner, Ritter Abrah. Glo., († d. 30. Juni 1817.) neue Theorie d. Entstehung d. Gänge, mit Anwendung auf den Bergbau, besonders den Freiberger. 8. Frberg 820. Craz u. G. 18 gr Schrbp. 20 gr

— nouvelle Théorie de la formation des filons, trad. de l'allemand par d'Aubuisson. 8. Frberg 802. Craz u. G. 18 gr Schrbp. 20 gr

— traité des caractères extérieures des fossiles. 8. Dresd. 795. Walther. 20 gr

Werner, A. G.: Versuch einer Erklärung der Entstehung der Vulkane durch die Entzündung mächtiger Steinkohlenschichten, als ein Beitrag zu der Naturgeschichte des Basaltes. (Aus Höpfner's Magazin für die Naturgeschichte Helvetiens. Vol. IV.) 1789.

— ausführl. u. systemat. Verzeichniß des K. E. Pabst v. Ohein: schen Mineralienkabinets. 2 Bde. gr. 8. Frberg 790—93. Crazu. G. 1 Rthlr 21 gr

Werner, Abrah. Gottl.: Vorlesungen über Geognosie. Mscr. von Casp. Hirzel. Freyberg 1812. 4°

Werner, Ad., Rigas Witterungs Verhaltnisse nebst einem Anhang: Wasserstand und Eisbedeckung der Duna bei Riga (1873–83.) [o. O. u. J.]

Werner, Adam Balthasar [Praes.], s. Breithaupt, Pet. Jacob: Restitutionis in integrum.

Werner, Adam Balthasar [Praes.], s. Charisius, Johann Georg: De civium Svidnicensium jure emendi feuda nobilia diss. I.

Werner, Adam Balthasar [Praes.], s. Heckmann, Nicolaus David: De crimine adulterii non-transigibili.

Werner, Adam Balthasar [Praes.], s. Mylius, Johann Ludwig: De errore jus faciente.

Werner, Adam Balthasar [Praes.], s. Runge, Johann: De injustis causis dissensus parentum a nuptiis liberorum.

Werner, Adam Balthasar [Praes.], s. Schürstab, Georg Wolfgang: Meditationum juridicarum succinctarum de impensis nuptialibus ex allodio petendis, sectio I.

Werner, Ademar, d. blinde Zeuge, s.: Romanwelt, illustr.

Werner, Adf., s. a. Biele, Wern. v. der.

Werner, Adf., Aehrenlese. Ergebnisse langjähriger Erfahrungen eines alten Landwirthschaftsbeamten. 1. Bd. 6 Hefte und 2. Bd. 2 Hefte. gr. 8. [Berlin.] Leipzig, Voigt. [1. Bd. 1. Heft. (60 S.) 876; 2.—6. Heft. (à 64 S.) 876—78; 2. Bd. 1. und 2. Heft. (à 64 S.) 877,78.] à Heft * M 1. *

Werner, Ado., prakt. Aufgaben z. Zifferrechnen. Ein Hülfsbuch beim Rechenunterr. f. mecklenburg. Stadt- u. Landschulen, in geordn. Stufenfolge entworfen. 2 Thle. 8. (11 1/2 B.) Parchim u. Ludwigslust 839, 40, Hinstorffsche Hofbuchh.
Antworten hierzu. 2 Thle. 8. (10 halbe B.) Ebds. 839, 40. * 6 Gr.

Werner, Ad., prakt. Aufgaben zum Zifferrechnen. Ein Hülfsmittel beim Rechenunterricht für Mecklenburgische Stadt- u. Landschulen, in geordneter Stufenfolge entworfen. 1. Thl., enthalt. die Grundrechnungsarten mit ganzen Zahlen, nebst ihren vorzügl. Anwendungen im bürgerl. Leben. 2. bericht. u. verm., so wie stereotyp. Aufl. gr. 12. Parchim u. Ludwigslust 841, Hinstorff'sche Hofbuchh. n. 6 1/4 Ngr

— Antworten hierzu. gr. 12. Ebend. 842. n. 1/8 Rthlr

Werner, Adph., praktische Aufgaben zum Zifferrechnen. Ein Hülfsmittel beim Rechenunterricht für Meklenburg. Stadt- und Landschulen, in geordneter Stufenfolge entworfen. 1. Thl., enth. die Grundrechnungsarten mit ganzen Zahlen, nebst ihren vorzüglichsten Anwendungen im bürgerl. Leben. 14., bericht. und verm., so wie stereot. Aufl. gr. 12. (128 S.) Wismar 851(52,) Hinstorff'sche Hofbuchh. Thlr. *

—— dass. — 2. Thl., enth. die Grundrechnungsarten mit Brüchen. 6., bericht. und verm., so wie stereot. Aufl. gr. 12. (IV und 80 S.) Ebds. 851. *

—— dass. — 3. Thl., enth. die höheren und kaufmänn. Rechnungen. 2., verb. und verm. Aufl. A. u. d. T.: Praktisches Rechenbuch für alle Geschäftszweige, vorzugsweise für den Handelsstand. 2., verb. und verm. Aufl. gr. 12. (VIII und 240 S.) Ebds. 852. *

Werner, Adolf, a. Schwerin i. M.: Die politischen Bewegungen in Mecklenburg im Frühjahr 1848. Berlin u. Leipzig: W. Rothschild 1900. (95 S.) 8° ¶(Erscheint vollst. u. d. T.: „Die politischen Bewegungen in Mecklenburg und der außerordentliche Landtag im Frühjahr 1848" in „Abhandlungen z. mittleren u. neueren Geschichte" H. 2.)
Freiburg i. B., Phil. Fak., Ref. Meinecke, Diss. v. 10. Nov. 1906
[Geb. 18. Juni 81 Boizenburg a. E.; Wohnort: Schwerin; Staatsangeh.: Mecklenburg-Schwerin; Vorbildung: Gymn. Muhlhausen, Thüringen, Reife M. 01; Studium: Berlin 2, Munchen 1, Freiburg i. B. 1, Straßburg 3 S.; Rig. 30. Juni 06.]

Werner, Adf., die politischen Bewegungen in Mecklenburg u. der ausserordentliche Landtag im Frühj. 1848, s. a. Abhandlungen zur mittleren u. neueren Geschichte. 2.

Die politischen Bewegungen in Mecklenburg und der ausserordentliche Landtag im Frühjahr 1848. Von Adolf Werner. Berlin & Leipzig: W. Rothschild 1907. (117 S.) 8°
[Ein T. erschien als Inaug.-Diss. Freiburg 1906.]
= Abhandlungen z. mittleren u. neueren Geschichte. H. 2. [07. 4379 G

Werner, Adf., die Beziehungen der Zahnheilkunst zur Gesamtmedizin. gr. 8. (46 S.) Emmendingen 900. Druck- u. Verlags-Gesellschaft vorm. Dölter. n. 2. —

Werner, Adf., Erbschleichereien. Roman aus der Gegenwart. gr. 8. (310 S.) Berlin 881. Kamlah in Comm. n. 4. —

Werner, Adf., der wahre Fortschritt. Randglossen eines Unparteiischen zu den Militärfragen der Gegenwart. gr. 8. (IV und 77 S.) Quedlinburg 865, Basse.

Werner, Adf., Kinder d. Humors. 8. (VII, 103 S.) Weimar 883. L. Werner. 1. 80

—— Lehrbuch der praktischen Landwirthschaft. Ein Handbuch zum Selbststudium und für den Gebrauch in Landwirthschaftsschulen eingerichtet. 7 Lfgn. oder 2 Bde. gr. 8. (VI, 317; VI, 345 S.) Leipzig 877,78, H. Voigt. à Lfg. * M 1,50. * geb. *

Werner, Adf., das Plombiren der Zähne u. die Behandlung der Zahnfisteln. 3 Vorträge. gr. 8. (IV, 64 S.) Heidelberg 881. C. Winter. n. 2. —

— Die Verfassungsfrage in Mecklenburg. Zeitgemässe historisch-polit. Betrachtg. (24 S.) gr. 8. Berlin 907. Wilmersdorf. Dr. W. Rothschild. 1. —

Werner, A., die Zahnheilkunst in Deutschland. gr. 8. (15 S.) Leipzig 883. (Strauch) — 15

Werner, Adolph. Aemil. Frid. (geb. Berlin 25. 6. 1837): De placenta praevia. Berolini (1859). (31 S.) 8°
Berlin, Med. Diss. v. 2. Aug. 1859

Werner, Albert

Werner, Alb., Geschichte der evangelischen Parochien in der Prov. Posen. Ueberarb. v. Johs. Steffani. Hrsg. v. dem königl. Konsistorium der Prov. Posen. 2. [Titel-] Aufl. (XII, 444 S.) gr. 8. Lissa [897] 904. O. Eulitz. Geb. in Leinw. n. 4. 50

[K.] Geschichte der evangelischen Parochieen in der Provinz Posen. Vf. v. Albert **Werner**, früher Pastor in Tremessen, überarb. v. Johannes Steffani, Diakonus ... zu Posen. Hrsg. v. d. Kgl. Consistorium d. Prov. Posen ... *Posen: W. Decker & C. 1898.* (XII, 444 S.) 1 Bd 8. [98. 5915

Geschichte der evangelischen Parochien in der Provinz Posen. Verf. von Albert **Werner**, früher Pastor in Tremessen, überarb. von Johannes Steffani, Diakonus zu Posen. Hrsg. von d. Königl. Konsist. d. Prov. Posen. [2. Aufl.] Lissa i. P.: F. Ebbecke 1904. (XII, 444 S.) 8°

Werner, Alb., zur Geschichte v. Tremessen u. Umgegend Vortrag, geh. in dem Tremessener Zweigverein der histor. Gesellschaft f. die Prov. Posen. 8. (20 S.) Tremessen 892. G. Olawski Nachf. n. — 30

Werner, Alb., Liebesglut. Gedichte der Liebe. (44 S.) 16. Oranienburg (903). Selbstverlag. n. 1. —

Werner, Alb., s. Luther, Mart.: Kleiner Katechismus, durch Bibelsprüche erläutert.

Werner Alexander: Die Entwicklung der tonlosen Vokale im Französischen.
H. 1890 PN 648 **Diss.** Wien, Univ. 2221

Werner, Alex., Lehrbuch der französischen Sprache, s.: Oberländer, Siegm.

Werner, Dr. Alex. und Szillay Albertine, Lehrbuch der französischen Sprache für Bürgerschulen. I. Teil. Brünn 1906. Karl Winiker. Geb. K 2.20.

Werner, Dr. Alexander und Szillay Albertine, Lehrbuch der französischen Sprache für Bürgerschulen. II. Teil. Brünn 1908. Karl Winiker. Geb. K 2.—.

Werner, Dr. Alexander und Szillay Albertine, Lehrbuch der französischen Sprache für Bürgerschulen. III. Teil. Brünn 1908. Karl Winiker. Geb. K 2.80.

Werner, Dr. Alexander, und Szillay Albertine, Lehrbuch der französischen Sprache für Bürgerschulen. IV. Teil. (Für den „einjährigen Lehrkurs".) Brünn 1909. Karl Winiker. Geb. K 3.80.

Werner, Dr. Alexander: Thomas May als Lustspieldichter. Budweis R. 1894. 22 S.
Progr.

Werner, Alfred, aus Mülhausen (Elsass): Ueber räumliche Anordnung der Atome in stickstoffhaltigen Molekülen. Uster-Zür. A. Diggelmann Dr. 1890. 49 S., 1 Bl. 8°.
Zürich, Phil. Diss. [v. 23. Juli 1890].

Werner, A., neuere Anschauungen auf dem Gebiete der anorgan. Chemie, s.a. Wissenschaft, die. 8. Hft.

Werner, A[lfred]. Neuere Anschauungen auf dem Gebiete der anorganischen Chemie. Von Prof. Dr. A. W' in Zürich. [Mit Figuren und 1 Tabelle.] XII + 189 S. 8. Braunschweig, Friedrich Vieweg & Sohn, 1905. [M. 5. —, geb. 5. 80]
Die Wissenschaft. Sammlung naturwissenschaftlicher und mathematischer Monographien. Heft 8....

Werner, A[lfred]. Neuere Anschauungen auf dem Gebiete der anorganischen Chemie. Von Prof. Dr. A. W' in Zürich. 2. durchgesehene und vermehrte Aufl. [Mit Figuren und 1 Tabelle.] XVI + 292 S. 8. Braunschweig, Friedrich Vieweg & Sohn, 1909. [M. 9. —]
Die Wissenschaft. Sammlung naturwissenschaftlicher und mathematischer Monographien. Heft 8....

Werner, Alfred: Über Chlorosalze. Zürich 1896.

Werner, Alfr.: Geburtstagsfreuden, s. Universal-Bibl.

Werner, A[lfred]. Lehrbuch der Stereochemie, von Dr. A. W', ord. Professor der Chemie an der Universität Zürich. Mit 116 Abbildungen im Text. XVI + 474 S. 8. Jena, Gustav Fischer, 1904. [M. 9. —, geb. 11. —]

Werner, Alfred, a. Kiel: Quantitative Messungen der An- und Abklingung getrennter Phosphorescenzbanden. Kiel 1907: Schmidt & Klaunig. (39 S.) 8°
Kiel, Phil. Fak., Ref. Lenard, Diss. v. 25. Nov. 1907
[Geb. 18. Okt. 80 Kiel; Wohnort: Kiel; Staatsangeh.: Preußen; Vorbildung: Oberrealsch. Kiel Reife M. 00; Studium: Kiel 8 S.; Rig. 26. Okt. 07.]

Werner, A(ndreas) [geprüfter Lehramtskandidat]: Jean de La Taille und sein Saül le furieux. Naumburg a. S.: Lippert & Co. 1908. (37 S.) 8° ¶ [Erschien vollst. als: Münchener Beiträge z. roman. u. engl. Philol. H. 40, 1908.]
München, Phil. Fak., Ref. Breymann, Diss. v. 28. Febr. 1907
[Geb. 25. März 71 Oerlenbach (Unterfranken); Wohnort: Oerlenbach; Staatsangeh.: Bayern; Vorbildung: Gymn. Münnerstadt Reife Juli 91; Studium: Theol. Würzburg 7, Phil. Erlangen 1, München 8 S.; Rig. 28. Febr. 07.]

Werner, A.: Jean de la Taille u. sein Saül le furieux. s.a. Beiträge, Münchener, zur romanischen u. englischen Philologie. XL.

Jean de La Taille und sein Saül le furieux. Von Dr. A. **Werner**. Leipzig: A. Deichert 1908. (XIV, LVIII, 69 S.) 8°
= **Beiträge**, Münchener, z. roman. u. engl. Philologie. H. 40. [08. 6625

Werner, And. Conr., duplici interpretatione illustratus liber Ruth etc. 4. Hamb. 740.

Werner, Andreas Konrad [Praes.], s. Zachariae, Justus Friedrich: ... sive de Samaritanis, eorumque templo in monte Garizim aedificato, ad varia commata tam Ioh. IV. quam alia illustranda dissertatio.

Werner, Anna v., Reisebriefe. Madeira, Teneriffa, Gran Canaria, Kamerun. (VI, 409 S.) 8. Dresden (907). E. Pierson. 5.—; geb. n 6. —

1896. Ansprachen und Reden d. Direktors A[nton] v. **Werner** an die Studirenden d. kgl. akadem. Hochschule f. d. bild. Künste zu Berlin u. Verzeichniss d. Lehrer, Beamten u. Schüler derselben seit 1875. Berlin: R. Schuster (1896). (320 S., 1 Bl.) 1 Bd 8°

Werner, Ant. v., s.: Aus Studienmappen deutscher Meister.

Werner, Ant. v., s. Blumen-, Kinder- und Vogelgeschichten, allerlei.

Werner, Ant., die Festtage Wiens vom 22. bis 30. April 1854. Vollständige und getreue Beschreibung aller Hof-, städtischen und Privat-Feste und Feierlichkeiten, welche bei der allerh. Vermälung Sr. Maj. des Kaisers in Wien und dessen Umgebung stattgefunden haben. Sammt der neuen Volkshymne und den besten, aus Anlaß des freudenvollen Ereignisses verfaßten Gedichten. Mit dem Portr. J. Maj. der Kaiserin Elisabeth (in Stahlst.) und einer Abbildg. der festlich geschmückten Elisabethenbrücke (Holzschn. in 4.). Nach Originalen und den besten Zeitungsberichten bearbeitet. Wien 854. Hügel. 16. (2 Bl., 124 S.) 12 ngr.

Werner, A. v., Illustrationen zu J. V. Scheffel's „Frau Aventiure". qu. Fol. (12 Photogr.) Mit Text. gr. 4. (4 S.) München 875, Bruckmann's Verlag. In Leinw.-Mappe
Einzelne Blätter à
Kleine Ausg. qu. 8. mit Text (8 S.) in Leinw.-Mappe
Einzelne Blätter à

Werner, Anton von [Hrsg.], s. Jubelfeier. — Zur Jubelfeier 1696—1896 [der] Kgl. Akad. Hochschule f. d. bild. Künste zu Berlin.

Werner, A[nton] v. Der Berliner Congress 1878. Sechsundzwanzig Studienkopfe und Namentafel gezeichnet von A. v. Werner. Nach den Originalhandzeichnungen aufgenommmen und gedruckt bei Albert Frisch. Berlin. Paul Bette [1881]
Tit., 1 Namentafel. u. 26 Taf. gr. 2°

Werner, Ant. v., die Kunstdebatte im deutschen Reichstag am 16. II. 1904. 1. u. 2. Aufl. (à 22 S.) gr. 8. Berlin 904. C. Heymann. n. — 50

[Kopft.:] Rede v. A[nton] v. **Werner** bei der Preisvertheilung in der Königlichen akademischen Hochschule für die bildenden Künste zu Berlin am 16. Juli 1898. *(Berlin: [Dr. v.] O. v. Holten 1898.)* (8 S.) 1 Bd 4.
[98. 10536

Rede bei der Preisverteilung in der Königlichen akademischen Hochschule für die bildenden Künste 22. Juli 1905 geh. von Dir. A[nton] v. **Werner**. (Berlin 1905: O. v. Holten.) (8 S.) 4° [Kopft.] [05. 14438

Rede zur Schillerfeier der Königlichen akademischen Hochschule für die bildenden Künste, am 9. Mai 1905, geh. von A[nton] v. **Werner**. (Berlin 1905: O. v. Holten.) (6 S.) 4° [Kopft.] [05. 14459

Kgl. Akad. d. Künste zu Berlin. Rede bei der Trauerfeier der Königl. Akademie der Künste für Adolph von Menzel am 6. März 1905 geh. von Anton v. **Werner**. Berlin: E. S. Mittler & Sohn 1905. (15 S.) 8° [05. 1290

— Rede bei der Trauerfeier der königl. Akademie der Künste f. Adolph v. Menzel, am 26. III. 1905 geb. (15 S.) gr. 8. Berlin 905. E. S. Mittler & Sohn. — 60

Werner, Ant. v., s. Scheffel, J. V.

Die örtlichen Stiftungen für die Zwecke des Unterrichts und der Wohlthätigkeit in der Stadt Augsburg. Histor. u. systemat. dargest. v. Anton **Werner**, rechtsk. Magistratsrat. Augsburg: M. Rieger 1899. (X S., 1 Bl., 236 S.) 1 Bd 8°

Werner, Anton [appr. Arzt aus Lehn-Langenau (Oberschl.)]: Die cavernösen Tumoren und deren Heilung .... München, Druck v. M. Ernst (vorm. G. Pollner), 1886; 41 S. 8°.
München, Med. Fak., Inaug.-Diss. v. 1886.

Werner, Ant., die cavernösen Tumoren und deren Heilung. Inaugural-Dissertation. gr. 8. (41 S.) München 886, (Ernst.) *

Werner, Ant., die Wasserkräfte der Stadt Augsburg im Dienste v. Industrie u. Gewerbe. Historisch-statistisch beschrieben. (VIII, 172 S. m. 3 Plänen u. 4 Taf.) Lex.-8. Augsburg 905. M. Rieger. n. 6. 50; geb. n.n. 7. 50

Werner, Ant., eine Weltumseglung. Reiseerinnerungen aus dem Tagebuche. (100 S. m. Titelbild.) 12. Brixen 904. Preßvereins-Buchh. n. — 80

Werner, Ant. v., 12 Zeichnungen zu J. V. Scheffel's „Frau Aventiure." Photographie von Kayser & Co. Stuttgart 868. Metzler's Verl. qu. Fol. (12 Blatt.) In Mappe. 10 ℛ

Werner, Armin, Bad-Kissingen als Kurort. 12. (VIII, 63 S.) Kissingen 902. F. Weinberger. n. — 60

Werner, Armin, Bad Kissingen als Kurort. 3. Aufl. (77 S.) kl. 8. Berlin 904. O. Rothacker. n. 1. —

Werner, Armin, aus Aschach: Über rote und weisse Muskeln und deren Hämoglobingehalt. Würzburg 1899 [vielm. 1900/1901]: P. Scheiner. (12 S.) 8°
Würzburg, Med. Diss. v. 1899.

Werner, Armin Wilh., s.: Lieder v. Vater u. Sohn.

Werner, Arno, Geschichte d. Kantorei-Gesellschaften im Gebiete des ehemal. Kurfürstent. Sachsen, s.a. Publikationen der internat. Musikgesellschaft. 9.

Geschichte der Kantorei-Gesellschaften im Gebiete des ehemaligen Kurfürstentums Sachsen von Arno **Werner**, Bitterfeld. Leipzig: Breitkopf & Härtel 1902. (84 S.) 8°
(Publikationen d. Internat. Musikgesellschaft. Beiheft 9.)

Werner, Arno, die Kantorei-Gesellschaft zu Bitterfeld. Im Auftrage der Kantorei hrsg. Jubiläumsschrift. Beilage: Bildnis v. Gustav Müller, Leiter der Kantorei v. 1853 bis 1889. (28 S.) gr. 8. Bitterfeld 903. (W. Meißner.) n. — 40

— Liederbuch f. höhere Knabenschulen, s.: Kuhne, Rich.

Werner, Arno: Samuel und Gottfried Scheidt. Neue Beiträge zu ihrer Biographie. 8°
Aus: Sammelbände d. internat. Musikgesellschaft. Jg 1. [1900.]

Werner, Arthur [app. Arzt aus Kaiserslautern]: Aus d. Dermatolog. Abtheilg d. Allerheiligen-Hospitals zu Breslau. Casuistische Beiträge zur Kenntnis der sogenannten Nervennaevi ... Wien & Leipzig, W. Braumüller, k. u. k. Hof- u. Universitätsbuchh., 1896; 18 S. 8.
München, Med. Fak., Inaug.-Diss. v. 1897

Werner, Arthur: Bericht über 255 Myomoperationen in der Universitäts-Frauenklinik zu Jena. Leipzig 1910: Günther, Kirstein & Wendler. 66 S. 8°
Jena, Med. Diss. v. 29. April 1910, Ref. Franz
[Geb. 4. Jan. 85 Burg b. Magdeburg; Wohnort: Leipzig; Staatsangeh.: Preußen; Vorbildung: Städt. Realgymn. Leipzig Reife O. 04; Studium: Leipzig 5, Jena 2, Leipzig 1, Jena 2 S.; Coll. 1. Nov. 09; Approb. 30. Juni 10.] [U 10. 2317

Werner, Arthur, prakt. Arzt aus Schalkau, S.-M.: (Aus d. med. Klinik zu Jena.) Ueber einen typischen Fall von spontaner symmetrischer Gangrän, der sogenannten 'Raynaudschen Krankheit'. *Jena 1900: Frommann.* (28 S.) 8°
Jena, Med. Diss. v. (31. Mai) 1900

Werner, Arth., über e. typischen Fall von spontaner symmetrischer Gangrän, der sogenannten „Raynaudschen Krankheit". Diss. gr. 8. (28 S.) Jena 900. (H. Pohle.) 1. 50

Lippspringe und die Heilstätten. Ein neues Programm. Von Dr. med. et phil. [Artur] **Werner**, Badearzt in Lippspringe. Paderborn: Schöningh 1908. IV, 102 S. 8°

Werner, Arth., Steine v. d. Lebens Wegen. (VII, 72 S.) 8. Dresden (908). E. Pierson. 1.50; geb. n 2.50

Werner, Artur: Über Systeme von drei Pfaffschen Gleichungen im Raume von fünf Dimensionen. Leipzig 1908: Teubner. 43 S. 8°
Greifswald, Phil. Diss. v. 30. Sept. 1908, Ref. Engel
[Geb. 4. Febr. 87 Stettin; Wohnort: Greifswald; Staatsangeh.: Preußen; Vorbildung: Marien-Stifts-Gymn. Stettin Reife O. 05; Studium: Berlin 4, Greifswald 2 S.; Rig. 27. Apr. 08.] [U. 09. 1574

Werner, [Arthur], Dr. med.: Schellings Verhältnis zur Medizin und Biologie. Paderborn 1909: Schöningh. 182 S. 8°
Leipzig, Phil. Diss. v. 19. Jan. 1909, Ref. Sudhoff, Wundt
[Geb. 9. Okt. 71 Vacha; Wohnort: Bad Lippspringe; Staatsangeh.: Bayern; Vorbildung: Gymn. Speyer Reife Juli 89; Studium: Med. Erlangen, Berlin, München zus. 10 S.; Rig. 28. Febr. 08.] [U 09. 3082

— Fritz Wellner. Ein Werdegang. (152 S.) 8. Ebd. 909. 2.—; geb. n 3.—

Werner, Aug., Bonifatius, s. Für die Feste und Freunde des Gustav-Adolf-Vereins.

Werner, Aug., Bonifacius, der Apostel der Deutschen u. die Romanisierung v. Mitteleuropa. Eine kirchengeschichtl. Studie. gr. 8. (VI, 466 S.) Leipzig 875. T. O. Weigel. n. 8. —

Werner, A., s.: Chronik, allgemeine kirchliche.

—— Einer ist Euer Meister. Gastpredigt, gehalten in der Stadtkirche zu Guben am 25. S. p. Trin. 1875. 8. (15 S.) Guben 875, König.

Werner, Aug., Feierstunden. Ein Andachtsbuch. gr. 8. (VIII, 349 S.) Leipzig 885. Breitkopf & Härtel. n. 3. —; geb. n. 4. —

Werner, Aug., die Helden der christlichen Kirche. Lebens- und Culturbilder für Haus und Schule. gr. 8. (XXVIII, 474 S. mit 180 Text-Abbild., 8 Tonbildern und 1 Titelbild, Holzschntaf.) Leipzig 874, Spamer. *M 7,50.; geb. *

Werner, Aug., die Helden der christlichen Kirche. Lebens- und Kulturbilder für Haus und Schule. 2. wohlf. (Titel-)Ausg. gr. 8. (XXVIII, 474 S. mit 180 Text-Abbild., 8 Tondr.-Bildern und 1 Titelbilde.) Leipzig 882, Spamer. geb. * 6 —

Werner, Aug., Helden der christlichen Kirche. Lebens- u. Kulturbilder für Haus u. Schule. 4. [Titel-]Aufl. Mit 48 Text-Abbildgn. (VIII, 334 S.) gr. 8. Leipzig [891] 904. O. Spamer. n. 5. —; geb. in Leinw. n.n. 6. 50

Werner, Aug., Helden d. christlichen Kirche. Lebens- u. Kulturbilder f. Haus u. Schule. 3., vollständ. umgearb. Aufl. M. 43 Text-Abb. gr. 8. (VIII, 334 S.) Leipzig 899. O. Spamer. n. 5. —; geb. in Leinw. n. 6. 50

— Herder als Theologe. Ein Beitrag zur Geschichte der protestant. Theologie. gr. 8. (VII, 423 S.) Berlin 871. Leipzig, Barth. n. 7. —

Werner, August, a. Schirmeck i. Elsaß, Assistent am pathol.-anatomischen Institut der Universität Gießen: Aus der Universitäts-Frauenklinik zu Gießen. Kindersterblichkeit bei engem Becken. Gießen 1906: v. Münchow. (35 S.) 8°
Gießen, Med. Fak., Ref. Pfannenstiel, Diss. v. 23. Juli 1906
[Geb. 29. Jan. 83 Schirmeck; Wohnort: Gießen; Staatsangeh.: Hessen; Vorbildung: Gymn. Friedberg Reife O. 01; Studium: Heidelberg 2, Straßburg 2, München 1, Berlin 2, Gießen 3 S.; Coll. 14. Juni 06; Approb. 11. Dez. 05.]

Werner, Aug.: Kaufmännische Mitarbeit an der Kolonialbetätigung, s.a. Abhandlungen, Koloniale. 10.

Kaufmännische Mitarbeit an der Kolonialbetätigung. Vortrag geh. 1907 von August **Werner**, Kommerzienrat. Berlin: W. Süsserott 1907. (16 S.) 8°
(Abhandlungen. Koloniale. H. 10.)

Werner, Aug.: Die treuen Sachsen im Zipser Lande, s. Für die Feste und Freunde des Gustav-Adolf-Vereins.

—— **Segnungen und Gefahren des deutschen Protestantismus in der Gegenwart. Ein Neujahrsgruß an die Freunde des Protestantenvereins und seine Gegner. gr. 8. (67 S.) [Ebendas.] 871.** *

— Evangelische Stromungen im deutschen Katholizismus, s. Für die Feste und Freunde des Gustav-Adolf-Vereins.

Werner, Auguste, die Reform-Ehe, s.: Bloch's, Ludw., Sammlung v. Zwie- u. Dreigesprächen. 31. Hft.

Werner, B. . Internationales Handbuch für die Brauerei-Industrie, unter besonderer Berücksichtigung der Zoll- und Handelsverhältnisse für Bier. Zusammenstellung der Ein- und Ausfuhrzölle von Bier in allen Kulturländern der Welt nach dem Stande vom 1. Juni 1908, nebst den wichtigsten zolltechnischen Bestimmungen. Darstellung der Absatzverhältnisse ... von Bier in den einzelnen Ländern. Nach amtlichen Quellen bearbeitet. 122 S. 8. Berlin, M. Krayn, 1908. ([geb.] M. 2.80)
Darin S. 55—57: Schweiz; *s. auch S. 117.*

Werner, B., Hermann d. Cherusker, e. dramat. Bild aus d. Urgesch. Teutschlands, in 5 Akten. gr. 12. (7 B.) Lemgo 839, Meyersche Hof-Buchh. *

Werner, B. v., die Kampfmittel zur See. — Schiffe, Fahrzeuge, Waffen, Hafensperren. — gr. 8. (VII, 152 S. m. 93 Abbildgn.) Leipzig 892. F. A. Brockhaus. n. 3. —

— **die deutsche Kolonial-Frage. Ein Vortrag. gr. 8. (36 S.) Leipzig 895. W. Friedrich.** n. 1. —

— **die Kriegsmarine, ihr Personal u. ihre Organisation. gr. 8. (VI, 226 S.) Ebd. 894.** n. 4. —

Werner, B. v., e. deutsches Kriegsschiff in der Südsee. 1. u. 2. Aufl. Mit zahlr. Abbildgn. u. 1 Karte. 13 Lfgn. gr. 8. (XX, 592 S.) Leipzig 889. Brockhaus. à n. 1. — (cplt.: n. 13. —; geb. n. 15. —)

— **dasselbe. Mit üb. 100 Abbildgn. u. 5 Karten. 3. Aufl. gr. 8. (XX, 592 S.) Ebd. 890. geb.** n. 15. —

—— Deutsches Kriegsschiffsleben u. Seefahrkunst. gr. 8. (XVIII, 450 S. m. 60 Abbildgn. u. 4 Karten.) Ebd. 891. * 9 —; geb. * 10 —
Die Ausgabe erfolgte in 18 Lfgn. à * — 50.
Vgl.: Lutken, Otto. Offenes Sendschreiben an B. v. W.

Leben der Naturvölker. Von Dr. B. **Werner**. Mit 227 Ill. u. 1 Titelbilde. Berlin: Oestergaard 1908. 415 S. 4°
(Wissen. Jg. 1, Beil.) [10. 15570

Die deutsche Reichsmarine. Vortrag, gehalten im Wiesbadener Kolonial-Zweigverein. Wiesbaden 1892

— **der Seekrieg, der Geschwaderdienst u. die Bedeutung der Kriegswerften. gr. 8. (VII, 160 S. m. 46 Abbildgn.) Darmstadt 893. A. Bergsträßer.** n. 4. —

Werner, B. G., d. Erhöhung d. allgemeinen Wohlstandes durch verbesserte Magazinanstalten. 8. Dresd. u. Leipz. 826. Arnold. 6 gl

Werner, Bernh., das Armenwesen, sein Ursprung u. die Mittel zur Abhülfe. gr. 8. (1 B.) Darmstadt 845, Kern.

—— **Bilder u. Lieder vom Rhein u. Main. 12. (12½ B.) Darmstadt 845, Kern.** *

—— die Erziehung des Volks z. Kriegerstande, in Umrissen, den Regierenden, Regierten u. insbesond. Erziehern gewidmet. gr. 8. (1 B.) Darmstadt 846, Kern. *

—— zum Feste alter Studiengenossen in Aschaffenburg am 10. u. 11. Septbr. 1845. 12. (1 B.) Darmstadt 845, Kern. *

—— die Freierei im Polizeihause. Deutsches Original-Lustspiel f. Heiraths-Lustige in 5 Acten. (Ein nicht gekröntes Preisstück. Als Manuscript gedr.) 12. (8½ B.) Darmstadt 846, Kern. *

—— Herrmann u. Thusnelde. Original-Schauspiel in 4 Akten. 12. (4 B.) Darmstadt 846, Kern. *

Werner, Bernh., Kinderlieder u. Einiges gegen Thierquälerei. Eine Weihnachtsgabe. gr. 8. (22 S.) Darmstadt 847, Kern. n. 3 ngl.

—— die preuß. Politik, betrachtet von Einem, den sie nichts angeht. Allen Herren Preußen in aller Freimüthigkeit u. Freundschaft zur Kritik vorgelegt. gr. 8. (3½ B.) Freiburg 846, Herder'sche Vrlgsh.

—— Unsterblichkeit, Heilige u. Fegefeuer u. was etwa noch daran hängt, in einigen Umrissen f. alle Christenthumfegenden Nationalisten. gr. 8. (1 B.) Darmstadt 845, Kern.

—— Unterschiede des Katholizismus u. Protestantismus, ein Versuch z. Hinwegräumung v. Mißverständnissen, z. Niederschlagung unwürd. Neckereien zc. 12. (2 B.) Darmstadt 844, Kern. *

—— dass. 2. Hftchn. Ansichten u. Aussichten des Streites. 12. (4 B.) Ebds. 845. * — 7½

—— dass. 3. Hftchn. Brennpunkt der Schlacht zwischen beiden Confessionen. 12. (3¾ B.) Ebds. 845. * — 7½

—— einige Verse zum Besten des Dr. Seydensticker in Hannover, an alle milden Nichtphilister Deutschlands. 12. (⅔ B.) Darmstadt 845, Kern. *

Werner, Bruno [aus Wurzen]: Ueber die Einwirkung von Orthobenztoluididimidchlorid auf Natriummalonsaeureester und Natracetessigester . . . . Leipzig, Leopold & Bär, 1886; 26 S. 4 1 Bl. 8°.
Leipzig, Phil. Fak., Inaug.-Diss. v. 22. Jan. 1887.

Werner, Bruno, über die Einwirkung von Orthobenztoluididimidchlorid auf Natriummalonsaeureester und Natracetessigester. Diss. Leipzig 1886, Leopold & Bär. 8°. 26 S.

Werner, C., s. a. Werner, Karl

Werner, C., s. a. Werner, Karoline

Werner, C., dem Andenken Kaiser Friedrich's. Rede, geh. am 24. Juni 1888 in der neuen Synagoge. gr. 8. (20 S.) Danzig 888. Kafemann. n. — 40

Werner, C., Antrittspredigt, geh. in d. Synagoge zu München am 22. März 1895. gr. 8. (12 S.) München 895. Th. Ackermann. n. — 30

Werner, geb. Brecht, C., s. Contes choisis de Bouilly.

Werner, C., das Eichsfeld. Geographisch-histor. Uebersicht f. den Unterricht in der Heimatskunde u. den Privatgebrauch. Mit e. Spezialkarte d. Eichsfeldes. 8. (VII, 198 S.) Heiligenstadt 886. Cordier. n. 1. 75; geb. n. 2. 75

Werner, C., u. G. Friesleben, zur Erinnerung an e. hl. Weihestunde. Weihrede u. Festpredigt, geh. bei der Einweihg. der Petruskirche in Dessau, am Sonntag Trinitatis, den 7. VI. 1903. (16 S.) gr. 8. Dessau 903. [P. Baumann's Verl.] C. Dünnhaupt. n. — 25

Werner, C., zur Erinnerung an Johannes Werner, Kandidaten des evangelischen Predigtamtes, gest. am 4. I. 1901. Ein kurzes Lebensbild, nebst der letzten Predigt des Heimgegangenen, seinen vielen Freunden u. lieben Verwandten gewidmet. gr. 8. (31 S.) Dessau 901. A. Haarth. n. — 25

Werner, C., die Generalsynode der evangelischen Kirche A. B. in Siebenbürgen vom J. 1708. Festschrift d. evangel. Gymnasiums A. B. in Medrasch zur 400jähr. Geburtsfeier Dr. Martin Luthers. gr. 8. (50 S.) Hermannstadt 883. (Michaelis.) n. — 80

Werner, C., kurzgefaßtes Lehrbuch über Weberei zum Gebrauche für Webeschulen und zum Selbstunterricht. Enth.: die Lehre vom Weben und Berechnung der Stoffe. gr. 8. (III und 188 S. mit 4 Taf. gewebter Muster und 60 lithogr. Mustertaf.) Burgstädt 865. Glauchau, Moritz' Verlag. *

Werner, C., Lesebuch u. Fibel im Gebrauch an Volksschulen, namentlich m. Kindern nicht deutscher Muttersprache, f. Seminaristen u. Lehrer. gr. 8. (IV, 160 S.) Heiligenstadt 900. F. W. Cordier. Geb. in Leinw. n. 2. —

Werner, C., der Lungenrotz des Pferdes. Ein Vortrag. 8. (37 S.) Berlin 878. Hirschwald. n. — 80

Werner, C., s.: Malbücher, neue.

Werner, C., Metrik u. Poetik. Zum Gebrauch für Lehrer u. Schüler an höheren Unterrichtsanstalten u. zum Selbststudium bearb. gr. 8. (XVI, 272 S.) Leipzig 880. Neumann. n. 3. 40

Werner, C., die Paranoia. Eine Monographie. gr. 8. (VIII, 239 S.) Stuttgart 891. F. Enke. n. 6. —

— Predigt, bei der Einweihung der neuen Synagoge in Danzig am 15. Septbr. 1887 gehalten. gr. 8. (24 S.) Ebd. 887. n.n. — 50

Werner, C., Rechenbuch, s.: Ehni, J. A.

Werner, C., Sterling-Umrechnungs-Tabelle. Kurstabellen f. die Umrechng. v. Pfund Sterling in Mark u. Pfennige u. umgekehrt, umfassend die ganzen u. die halben Kurse v. 20,15—20,60 einschl., zusammengestellt u. ausgearb. (95 S.) Lex. 8. Berlin-Schöneberg 909. C. Regenhardt. Geb. in Leinw. 5.50

Werner, C. (I.), Tabellen zur Naturkunde. Zum Gebrauch für Schüler höherer Unterrichts-Anstalten bearb. 8. (40 S.) Crossen 869, Appun's Buchh. *

Werner, C., Tabellen zur Naturkunde. Zum Gebrauch für Lehrer u. Schüler höherer Unterrichtsanstalten u. zum Selbstunterricht bearb. 2., wesentlich verm. u. verb. Aufl. 8. (44 S.) Crossen 880. Appun. n. — 75

Werner, C. (II.), die Tacheometrie und deren Anwendung bei Tracestudien. gr. 8. (IV, 95 S. mit 9 lithogr. Taf. in qu. 4.) Wien 873, Lehmann und Wentzel. *

Werner, C. (III.), die Tacheometrie [Tachymetrie] und deren Anwendung bei Tracestudien. 2. verm. Aufl. gr. 8. (V, 111 S. mit 5 photolithogr. Taf.) Wien 883, Spielhagen und Schurich. * 5 —

Werner, C. (III.), s. Urkundenbuch zur Geschichte des Mediascher Kapitels.

— Vorlagen f. Tischkarten, Einladungskarten, Menus etc. zum Selbstzeichnen in Federmanier. (4 Taf. m. 1 S. Text.) gr. 8. Ravensburg (910). O. Maier. — 50

— u. Welz, was kann die Kirche tun, um die Pflege der Kranken auf dem Lande zu fördern u. in die rechten Bahnen zu leiten? Referat, Korreferat u. Leitsätze, erstattet der deutschen evangel. Kirchenkonferenz in Eisenach 1904. (30 S.) gr. 8. Stuttgart 904. C. Grüninger. n. — 40

Werner, C. A., Vorschule des nöthigsten Wissens. 1s Bdchen. A. u. d. T.: Vorschule des nöthigsten Wissens für Kinder von 6—8 Jahren. Mit 1 Kpf. 8. 821. 18 gr. 2s Bdchen, für Kinder von 8—10 Jahren, Vorschule d. Religions- u. Sittenlehre rc. 8. 821. 1 Rthl. 3s u. 4s Bdchen, für Kinder von 10—12 Jahren. A. u. d. T.: d. Gemeinnützigste aus d. Naturgeschichte u. Gewerbkunde. 1s u. 2s Bdchen, mit 17 ill. Kpf. 2 Rthl. 8. Nürnb., Bauer u. R. 3 Rthl. 18 gr.

Werner, (C. A.,) Vorschule des nöthigsten Wissens. 1s Bdch. A. u. d. T.: Vorschule d. nöthigsten Wissens f. Kinder. 8. 822. 18 gr. — 2s Bdch. Vorschule d. Religions- u. Sittenlehre rc. 8. 822. 1 Rthl. — 3s u. 4s Bdch. A. u. d. T.: das Gemeinnützigste aus d. Naturgeschichte u. Gewerbekunde. 1s u. 2s Bdchn. Mit Kupf. 8. Nürnb. 822, Bauer u. R. 2 Rthl.

Werner, C.F. (Bearb.), s. Bengel, Johann Albrecht: Auslegung des Neuen Testaments.

Werner, C. F., s. Bengel's, Joh. Albr., Gnomon.

Werner, C. F., Harmonie der vier Evangelisten nach Bengels deutschem Neuen Testament. Ebend. 862. 16. (VIII, 286 S.) n. 12 ngr.

Werner, M. C. F. A., von d. ausgezeichneten Wirksamkeit d. Predigtamts, eine Synodalpredigt. gr. 8. Leipz. 819. (Barth). 2 gr.

Werner, C. G.

— Schreibebuch. (6 lith. u liniirte Bl.) 4. (Ebd. 838.) n. 1/6 Rthl.

(**Werner,** C. G.,) deutsche Vorschriften nebst Vorübungen f. Anfänger. qu. 1/4 gr. 4. (17 Bl.) Hamburg 838, (Herold-sche Buchh.)

Werner, Canisius M., S. D. S., das christliche Altertum in Kampf u. Sieg. In Einzelbildern dargestellt f. das Volk u. die reifere Jugend. (VIII, 191 S.) 8. Freiburg i/B. 909. Herder. 1.80; geb. in Leinw. 2.40

Werner, Carl, s. Werner, Karl

Werner, Caroline, s. Werner, Karoline

Werner, Chr. Fr., Anweisung, mit größerm Nutzen als von Getreide, aus Kartoffeln, Runkelrüben, Mohrrüben u. and. Erdgewächsen, Branntwein zu brennen rc. 8. Leipz. 808. Autor. (Hinrichs). 1 Rthl. 8 gr. 2e A. 822. Baumgärtner.

— Anweis., bei schlechter Erndtewitterung d. Getreide gut zu halten u. unverdorben in d. Scheune zu bringen. 8. (Leipz. 816. Fr. Fleischer). 2e A. Ebd. 823. Andrä. 8 gr.

— Beleuchtung d. Mögliner Wirthschaftsrechnung (des Hrn. A. Thaer) von den Jahren 1807—15. gr. 8. (Leipz. 816. Hinrichs). 1 Rthl. 8 gr.

— Beschreib. e. engl. Ventilators, mittelst welchem aus jedem Hause alle unreine Luft aus Kellern, Gewölbern, Souterins u. Zimmern abgeleitet rc. mit 1 K. 8. Leipz. Köhler. (in Comm.) geb.

— Beschreib. eines engl. Ventilators, mittelst welchem in jedem Hause alle unreine Luft abgeführt wird. Mit Kpf. 8. Leipz. 810. (Köhler). 10 gr.

Werner C. F.: Beschreibung eines Wasser-Ofens od. Wasser-Heitzers, wo das Feuer mitten im Wasser brennt ... Leipz. [1810]. 40 S. 1 Tvl. P.

— Beschreib. e. Wasserofens oder Wasserheizers. Mit 1 Kpf. 8. Leipz. 810. (Köhler). 16 gr.

— Beschreibung eines Wasserofens od. Wasserheizers, wo das Wasser im Feuer brennt, dadurch mehr als die Hälfte Holz erspart wird rc. mit 1 K. 8. Ebend. (in Comm.) 813.

Werner, Chr. Fr., Ep. gratulatoria (dyspnoeae causa concretio pulmonum ad pleuram). Lps. 4°. Weiz. N. Anz. VIII, 191.

1776

Werner, Chr. Fr., († d. 26. Jan. 1826.) d. Gesetze d. Bewegung d. Erde als einer fortrollenden Kugel, mit 2 Kpf. 8. Leipz. u. u. Erfurt 810. Autor. 1 Rthl. 8 gr.

— Materialien zu einem mit d. Natur übereinstimmenden System d. Landwirthschaft. 1r Thl., Theorie d. vollkomm. Saart, Mängel u. Gebrechen d. engl. Landwirthschaft für Deutschland. 8. Penig 803. Dienemann. (Leipz., Leich). 18 gr. (Baumgärtner in Leipz.) Hbg. Pr. 12 gr.

Werner C. F.: Materialien zu einem mit der Natur übereinstimmenden System d. Landwirthschaft. 2 Th. [1]Penig 1803, [2]Leipz. [1805]. (304) S.

— Materialien zu e. mit d. Natur übereinst. System der Landwirthschaft. 8. Lpz. Baumgärtner. 805.

— d. Produktionskraft d. Erde, oder d. Entstehung des Menschengeschlechts aus Naturkräften. gr. 8. Leipz. 811. 2e A. 819. 3e A. 826. Engelmann. 1 Rthl. 16 gr.

Werner, C. F., die Productionskraft d. Erde, od. üb. die Entstehung des Menschengeschlechts aus Naturkräften. 8. Leipz. Richter. 811. Rthlr.

Werner C. F.: Die Produktionskraft d. Erde od. die Entstehung d. Menschengeschlechts aus Naturkräften. 2. verb. u. verm. Aufl. Leipz 1820. 379 S.

— d. Thermoofen, d. vollkommenste Benutzung des Holzes. Mit 1 Kpf. 4. Leipz. 805.

— über d. Wachsthum d. Obst- u. anderer Bäume. gr. 8. Leipz. 823. Andrä. 16 gr.

Werner, Chr. G., geschichtl. Auffassung d. drei ersten Kapitel d. 1. Buchs Mose. Mit e. Anh. üb. d. Aechtheit d. 5. Buchs. gr. 8. (6 B.) Tübingen 829, (Osiander.)

Werner, Christian [app. Arzt aus Bad Ems (Hessen-Nassau)]: Ueber einen Fall von Verkleinerung einer Struma durch Cauterisation. . . . München, Buchdr. v. M. Ernst, 1889: 23 + 1 S. 8°
München, Med. Fak., Inaug.-Diss. v. 1889

Werner, Christian

Werner, C., Geschichte d. brandenburgisch-preuß. Staates. Lehrbuch zunächst f. den Unterricht an Seminaren u. Präparandenanstalten. 8. (VI, 148 S.) Heiligenstadt 890. Cordier. geb. n. 1.50

Werner, C., Geschichte d. brandenburgisch-preußischen Staates. Lehrbuch, zunächst f. den Unterricht an Seminaren u. Präparanden-Anstalten bearb. 2., verb. Aufl. Mit Brecher's histor. Uebersichtskarte. gr. 8. (III, 152 S. m. 4 genealog. Tab.) Heiligenstadt 891. F. W. Cordier. Geb. in Leinw. n. 2. —

[F.] Geschichte des brandenburgisch-preussischen Staates. Lehrbuch zunächst f. d. Unterr. an Seminaren ... bearb. v. C[hrist.] **Werner,** Kreisschulinsp. 3., verb. Aufl. M. Brechers histor. Übersichtskt. *Heiligenstadt '(Eichsfeld)': F. W. Cordier (1895).* (2 Bl., 159 S., 2 Bl., 1 Kt.) 1 Bd 8. [97. 5,78

Geschichte des brandenburgisch-preussischen Staates. Lehrb. zunächst f. d. Unterr. an Seminaren bearb. von C[hrist.] **Werner,** Kreisschulinsp. 4., verb. Aufl. Mit Brechers hist. Übersichtskarte. *Heiligenstadt: F. W. Cordier (1898).* (125 S.) 8° [F.] [01. 4103

Werner, C., Geschichte des brandenburg.-preuß. Staates. Lehrbuch, zunächst f. den Unterricht an Seminarien u. Präparanden-Anstalten bearb. 4., verb. Aufl. Mit Brechers histor. Übersichtskarte. 8. (III, 179 S. m. Schlachtenplänen.) Heiligenstadt 899. F. W. Cordier. Geb. n. 2. —

Geschichte des brandenburgisch-preußischen Staates. Lehrbuch zunächst f. d. Unterr. an Semin. u. Präparand.-Anst. bearb. von C[hristian] Werner, Kreisschulinsp. 5., verb. Aufl. Mit Brechers hist. Übersichtskarte. Heiligenstadt (Eichsf.): F. W. Cordier (1904). (230 S.) 8°

Werner, Ch[ristian] A[lbert]: Die mechanische Beanspruchung raschlaufender Magneträder ⟨Turbogeneratoren⟩. Halle: Knapp 1908. IV, 95 S. 8° ¶ Auch als Buch. 1909. Aachen, Dr.-Ing.-Diss. v. 4. 1. 1909

Werner, Ch. A., die mechan. Beanspruchg. raschlaufend. Magneträder (Turbogeneratoren). (VI, 95 S. m. 47 Fig.) gr. 8. Halle 909. W. Knapp. 4. 50

Werner, Christian Lukas (Marburg) A. S. 62/27

Dissertatio iuridica de variis casus in foro obvios decidendi modis in genere. Präs. Daniel Nettelbladt. Halle (Hilliger) 5. IX. 1750. 28 S.

Gew.: Johann Ulrich Fhr. von Cramer.
W. v.: Phil. Jakob Heisler (Opp.), J. F. Brand, A. G. Rham (Opp.), G. G. von Maydell, J. F. Weidemann, Fr. Eb. Frederking. 36389

Werner, Christiane, das große u. vollständige Frankfurter Koch- u. Haushaltungsbuch. 2 Thle. 8. Heidelb. 804. Mohr. 2 ₰

Werner, Christoph

Werner, Chr., Rechenbuch für Stadt- u. Landschulen. 8. Frkf. a. M. 818. H. Wilmans. (Gebhard in Grimma). 10 ℊ

— **Resultate d. Aufgaben zur Uebung in d. Rechenbuche für Stadt- u. Landschulen. 8. Ebd. 818. (Ebd.) 2 ℊ**

Werner, Chrstph., Rechenbuch f. Stadt- u. Landschulen. 2. Aufl. 8. (12½ B.) Frankfurt a. M. 836, [Varrentrapp's Verl.]

Werner, Cossmann, Johann Hyrkan. Ein Beitrag zur Geschichte Judäas im 2. vorchristl. Jahrh. gr. 8. (61 S. und Anmerkungen 28 S.) Wernigerode 877, Angerstein's Buchh. *

[F.] Predigt zur Einweihung der neuen Synagoge in Königsberg i. Pr. ... geh. v. Dr. C[ossman] **Werner,** Rabb. in München ... *Königsberg i. Pr.: Dr. v. R. Schenk;* (aufgest.: *F. Beyer) (1896).* (22 S.) 1 Bd 8. [97. 1552

— **Predigt** zur Einweihg. d. neuen Synagoge in Königsberg i. Pr. am 25. VIII. 1896. Voran gehen d. Worte desselben Redners bei d. Anzünden d. ewigen Lichtes. gr. 8. (22 S.) Königsberg 896. (F. Beyer.) n.n. — 50

Werner, Curt, s. Werner, Kurt

Werner, D.: Deutsche Handelsstädte im Mittelalter. 34 S. 8° — Reichenberg, H., Progr. 1872.

***Werner,* D. C., s. *Trotter,* medicinâ nautica.**

Werner, D. G., gallus gallinaceus, Petri monitor. Jen. 1724. 4.

Werner, Daniel Gottfried (Eisenberg) 4° Thl. XV, 270/6

In: Danz, Johann Andreas: ... sive inauguratio Christi ad docendum haud obscurior Mosaica, e spectaculis circa baptismum Christi. XI. Jena (Bielcke) 1717. 1 Bl. 36390

Werner, *David* T. [aus Avon, Penns., U. S. A.]: **Ueber isomere Menthylamine und Menthene ... Göttingen, Druck** d. Dieterich'schen Univ.-Buchdr., 1897; 59 S. 8.
Göttingen, Phil. Fak., Inaug.-Diss. v. [17. Juni] 1897

Werner, Dietr., Anleit. zur Bienenzucht. 8. Hannov. 766.

Werner Dominik: Die Poetischen Homilien der Edinburgher Handschrift nach der Edition Smalls.
H. 1902 PN 1534 Diss. Wien, Univ. 1953

Werner, E. v. (S. v. Niebelschütz), s. a.: Niebelschütz, Sophie v.

Anhalt und die Mission. Ein Stück anhaltischer Kirchengeschichte. Von E. Werner, Pastor in Coswig. Dessau 1909: Gutenberg. 32 S. 8°

Werner, E., Anhalt u. d. Mission. Ein Stück anhalt. Kirchengeschichte. (32 S.) 8. Dessau 909. (A. Haarth.) — 20

Werner, E., u. J. Appleton, deutsch-amerikanisches Buchhändler-Adressbuch. 1888—1889. Enth.: die Adressen v. mehr als 500 Buchhandlgn., welche sich ausschliesslich od. vorzugsweise mit dem Vertriebe deutscher Literatur beschäftigen. Mit Anh.: Prakt. Rathschläge zur Hebg. d. deutschen Buch-Exportes nach den Vereinigten Staaten v. Nord-Amerika. gr. 8. (51 u. 22 S.) Berlin 888. Bösendahl. n.n. 15. —

Werner, E., Die finanziellen Ergebnisse der deutschen Maschinenbau-Aktiengesellschaften. Jena, 1909. 116 S.

Werner, E., Geschichte der Philosophie. Methode Rustin. Selbstunterrichtsbriefe in Verbindg. m. eingeh. Fernunterricht. Hrsg. v. Rustinschen Lehrinstitut f. briefl. Unterricht. Red. v. C. Ilzig. 1.—7. Lfg. (S. 1—229.) Lex. 8. Potsdam (908.09). Bonneß & Hachfeld. Subskr.-Pr. à — 90; Einzelpr. à 1.25

Werner, E., Geschichtsstoff f. evangel. einfache Volksschulen. Praktisch durchgearb. u. als Handbuch f. Lehrer hrsg. 2 Tle. gr. 8. Döbeln, Schmidt. n. 3. 80
1. (VI, 147 S.) 888. n. 1. 80
2. Die Geschichten v. der Reformation bis auf unsere Zeit. (V, 150 S.) 889. n. 2. —

℗ **Werner,** E. v. [S. v. Niebelschütz]. Das Glück v. Rudeck. Roman. 8. (232 S.) Bresl. 889, Max u. Comp. * 3 —; geb. * 4 —

— das Glück v. Rudeck. Roman. (Neue [Titel=]Ausg.) 8. (232 S.) Breslau 893. Max & Co. n. 1. —; geb. n. 1. 50

Werner, E., „Kein Herz?!" Soziales Sittenbild in 1 Aufzuge. (III, 68 S.) 8. Dresden 903. E. Pierson. n. 1.50

—— Die Kinder der Oede. Ein Roman aus der Gegenwart. 8. (196 S.) Ebd. 892. * 3 —; geb. * 4 —

Werner, E., geometrische Ornamente. 55 Mustertafeln v. Parquetten, Fliesen u. Borduren zum Gebrauche an Gewerbe-, Fach-, Fortbildungsschulen etc., sowie f. Industrielle. Mit Unterstützung d. k. k. Ministeriums f. Cultus u. Unterricht hrsg. Mit e. Vorwort v. Alb. Hofmann. Fol. (55 lith. Bl. m. 2 Bl. Text.) Wien 890. C. Graeser. 12. —

Werner, E. (H.), und J. Appleton, **praktische Rathschläge zur Hebung des deutschen Buch-Exportes nach den Vereinigten Staaten von Nord-Amerika. Auf Grund langjähr. Thätigkeit im deutsch-amerikan. Buchhandel. gr. 8. (22 S.)** Berlin 888, Bösendahl. **

Aus: Buchhändler-Adressbuch, deutsch-amerikanisches (s. d.), besonders abgedruckt.

Werner, Ed., bunte Blätter. Humoresken u. Novellen. 8. (271 S.) Leipzig 883. Verlags-Magazin. n. 3. —

— e. tiefes Geheimnis, s.: Hausbuch, deutsches.

Werner, Ed. Ein tiefes Geheimnis, s. Schatzbuch der Romane.

Werner, Ed., der unschuldig Gerichtete oder der Raubmord von Lieursaint. Geschichte eines Verbrechens. Actenmäßig dargestellt. 8. (63 S.) Köln 878. Büttmann. n. — 25

Werner, Edmund, approb. Arzt aus Borck ⟨Prov. Posen⟩: **Die Behandlung der Syphilis durch Calomelinjectionen.** *Berlin (1903): G. Schade.* (32 S.) 8°
Berlin, Med. Diss. v. 6. Febr. 1903

Werner, Eduard. Ferd. Guil. (geb. Berlin 5. 3. 1802): De paedatrophia. Berolini (1826). (27 S.) 8°
Berlin, Med. Diss. v. 24. Juni 1826

Werner, Edward (Hrsg.), s. Anzeiger für den Deutsch-amerikanischen Buchhandel.

Werner, Egon, kurzes Repetitorium der klinischen Diagnostik (III. Thl. d. Repetitoriums d. internen Medicin), als Vademecum f. d. Prüfgn. u. f. d. Praxis, sow. als Katechismus f. Colloquium u. Rigorosum nach den Werken u. Vorlesgn. v. Eichhorst, Jaksch, Jürgensen etc. gearb. (Breitenstein's Repetitorien Nr. 3.) 3., verb. u. verm. Aufl. 8. (83 S.) Wien 895. Leipzig, J. A. Barth. n. 1. 35

Werner, Egon, kurzes Repetitorium der internen Medicin, Nervenkrankheiten u. der klinischen Untersuchungsmethoden, als Vademecum f. die Klinik u. die Praxis, sowie als Katechismus f. Colloquium u. Rigorosum nach den Werken u. Vorlesgn. v. Strümpell, Eichhorst, Leyden etc. gearb. I.—III. Thl. 8. Wien, M. Breitenstein. n. 4. 50

I. Specielle Pathologie u. Therapie. I. Thl. (VII, 134 S.) 891. n. 1. 80
II. — dasselbe. II. Thl. Nervenkrankheiten. 3., verm. Aufl. (IV, 87 S.) 893. n. 1. 35
III. Klinische Untersuchungsmethoden. 2., verm. Aufl. (IV, 68 S.) 892. n. 1. 35

— kurzes Repetitorium d. internen Medicin, als Vademecum f. d. Klinik u. d. Praxis, sow. als Katechismus f. Colloquium u. Rigorosum, nach d. Werken u. Vorlesgn. v. Eichhorst, Jaksch, Jürgensen etc. gearb. Specielle Pathologie u. Therapie. I. Thl. 6., verm. u. verb. Aufl. (Breitenstein's Repetitorien Nr. 1.) 8. (IV, 142 S.) Ebd. 895. n. 1. 80

— kurzes Repetitorium d. spec. Pathologie u. Therapie. II. Thl.: Nervenkrankheiten, s.: Repetitorium.

— kurzes Repetitorium der Pharmakologie zum Gebrauche f. Mediciner u. Pharmaceuten als Vademecum f. Colloquium u. Rigorosum, sowie als Handbuch f. die Praxis. Mit gleichmäss. Berücksicht. der deutschen u. österreich. Pharmakopöe nach den Werken u. Vorlesungen v. Bernatzik-Vogl, Böhm, Tappeiner, Buchheim, Nothnagel-Rossbach, Husemann, Kobert, Ewald, Liebreich u. a. gearb. 8. (III, 124 S.) Ebd. 891. n. 1. 60

Werner, Egon. Repetitorium d. inneren Medicin; desgl. d. Pharmakologie, s. Repetitorien, Breitenstein's.

Ehrhard Christian Friedrich Werner

Ehrhardus]Christia[nus] Frid[ericus] Werner: Descriptio anatomica pedis a nativitate incurvati. Ienae 1797: Fiedler. 2 Bl. 8°
Jena, Med.Diss.v.19.Aug.1797
[Enth. nur die Thesen.]
Beigeb.: Gruner, Christian Gottfried: Pandectae medicae. 2. Ienae 1797.

Werner, Elisabeth (Pseud.), s.a. Bürstenbinder, Elisabeth

†**Werner, Elis. [Elis. Buerstenbinder], Adlerflug. Erzählung. 8. (218 S. mit Illustr.) München 886, Richter und Kappler. * geb. ***

— Adlerflug. Roman. 2. Aufl. 8. (242 S. m. Titelbild.) München 894. Richter & Kappler. n. 4. —

Werner, E. [Elisabeth Bürstenbinder.] Die Alpenfee. Roman. 2 Bde. 8. (295; 311 S.) Lpz. 889, Keil's Nachf. 7 50; geb. * 8 50

— die Alpenfee. Roman. 2. Aufl. 8. (402 S.) Leipzig 894. E. Keil's Nachf. 4. 50; geb. in Leinw. n. 5. 50

Werner, Elisabeth, am Altar, s. a. Romanbibliothek der Gartenlaube.

Werner, E., Am Altar. Roman. 2 Bde. 1. und 2. Aufl. 8. (224; 197 S.) Leipzig 873, Keil. 6 —

—— am Altar. Roman. 2 Bde. 5. Aufl. 8. (215; 187 S.) Leipzig 887, Keil's Nachf. geb. in 1 Bd. *

— freie Bahn! Roman. 8. (368 S.) Ebd. 893. 5. —; geb. in Leinw. n. 6. —

— die Blume d. Glückes. Erzählung. 8. (299 S.) Leipzig 885. Keil's Nachf. n. 4. 50; geb. n. 5. 50

Werner, E., der Egoist. Roman. 12. (268 S. m. 1 Heliogravüre.) Stuttgart 882. Spemann. n. 5. —; geb. n. 6. —

— der Egoist. D. höhere Standpunkt. Zwei Novellen. 2. Aufl. 8. (216 S.) Ebd. 896. 3. —; geb. in Leinw. n. 4. —

Buerstenbinder, Elisabeth Ott 2067/4
Fata Morgana. Roman. Von E. Werner [d.i. Elisabeth Bürstenbinder].
Leipzig: Keil (1895). 462 S. 8°

— Fata Morgana. Roman. 8. (462 S.) Ebd. 896. 6. —; geb. in Leinw. n. 7. —; erm. Preis 3. —; geb 4. —

Werner, E. (Frl. Elis. Buerstenbinder), Fata Morgana. Roman. 3. Aufl. (456 S.) 8. Stuttgart (908). Union. 3.—; geb. 4. —

— gesprengte Fesseln, } s.a. Romanbibliothek der Gartenlaube.

Werner, E., gesprengte Fesseln. Roman. 2 Bde. 8. (243; 220 S.) Leipzig 875, Keil.

—— gesprengte Fesseln. Roman. 2 Bde. 4. Aufl. 8. (248; 224 S.) Ebendas. 887. geb. 1 Bd. *

— Flammenzeichen. Roman in 2 Bdn. 8. (300 u. 268 S.) Ebd. 890. 7. 50; in 1 Bd. geb. n. 8. 50

—— Frühlingsboten. Roman. 8. (354 S.) Leipzig 880, Keil's Nachf.

—— dass. — s.a. Romanbibliothek der Gartenlaube.

— Gartenlaubenblüthen. 2 Bde. gr. 8. (268 u. 267 S.) Ebend. 872. 6. —

—— Gartenlaubenblüthen. 2 Bde. 1. Aufl. 1872, und 2. Aufl. gr. 8. Ebendas. 873. 6 —
Inhalt:
Bd. 1. Ein Held der Feder. (268 S.)
" 2. Hermann. (267 S.)

—— Gartenlaubenblüthen. Hermann. — Verdächtig. Zwei Novellen. 3. Aufl. 8. (233 S.) Leipzig 887, Keil's Nachf. geb. *.

— gebannt u. erlöst. Roman in 2 Bdn. 8. (301 u. 288 S.) Leipzig 884. Keil's Nachf. 7. 50

— gewagt u. gewonnen. Erzählungen u. Novellen. 8. (III, 291 S.) Leipzig 891. E. Keil's Nachf. 4. 50; geb. in Leinw. n. 5. 50

— Glückauf, s.a. Romanbibliothek der Gartenlaube.

—— Glück auf. Roman. 2 Bde. 8. (286; 274 S.) Ebendas. 874. * 7 50

—— Glück auf! Roman. 2 Bde. 4. Aufl. 8. (286; 274 S.) Ebendas. 885. geb. in 1 Bd.

— Glück auf! Roman. 7. Aufl. (362 S.) 8. Ebd. (909). 3.—; geb. in Leinw. 4. —

—— ein Gottesurteil. Roman. 1. und 2. Aufl. 8. (263 S.) München 885,88, Richter und Kappler. *M. 4.—; geb. *

Werner, Elisab. (Frl. Elis. Buerstenbinder), ein Gottesurteil. Roman. 3. Aufl. 8. (264 S.) München (902). Richter & Kappler. n. 4. —; geb. n. 5. —

Ein Gottesurteil. Roman von E. Werner [d.i. Elisabeth Bürstenbinder]. [1.] Berlin: A. Scherl [1908]. 8°
(Bibliothek August Scherl. Folge 1, Bd 10.)

— Heimatklang. Roman. 8. (299 S.) Leipzig 887. Keil's Nachf. 4. —; geb. n. 5. —

— ein Held der Feder. Roman. 3. Aufl. 8. (352 S.) Ebd. 887. 5. —; geb. n. 6. —

— Hexengold. Roman. 8. (283 S.) Leipzig (900). [E. Keil's Nachf.] Stuttgart, Union. 3. —; geb. n. 4. —

— dasselbe. (Neue [Titel-]Ausg.) 8. (196 S.) Ebd. 893. n. 1. —; geb. n. 1. 50

†Werner, Elis. [Elis. Buerstenbinder], Sankt Michael. Roman. 2 Bde. 8. (286; 298 S.) Leipzig 887, Keil's Nachf. 7 50
geb. in 1 Bd. * 8 50

— blauer Montag, s.: Liebhaber-Bühne, neue.

— um hohen Preis, s.a. Romanbibliothek d. Gartenlaube.

— um hohen Preis. Roman in 2 Bdn. 8. (299 u. 281 S.) Ebend. 879. 8. —

— um hohen Preis. Roman in 2 Bdn. 2. Aufl. 8. (299 u. 281 S.) Leipzig 886. Keil's Nachf. 8. —; in 1 Bd. geb. 9. —

Werner's, E. (Elisabeth Bürstenbinder), gesammelte Romane u. Novellen. Illustr. Ausg. (In 75 Lfgn.) 1.—34. Lfg. 8. Leipzig, E. Keil's Nachf. à — 40; in Bdn. à 3. —; geb. in Leinw. à n. 4. —
1. Bd. Glück auf! Roman. Mit Illustr. v. W. Claudius. (358 S. m. Bildnis.) 893.
2. Bd. Am Altar. Hermann. Mit Illustr. v. A. Zick. (358 S.) 893.
3. Bd. Gesprengte Fesseln. Verdächtig. Mit Illustr. v. R. Gutschmidt. (322 S.) 894.
4. Bd. Frühlingsboten. Die Blume des Glückes. Mit Illustr. v. Erdmann Wagner. (398 S.) 894.
5. Bd. Gebannt u. erlöst. Roman. Mit Illustr. v. Karl Zopf. (S. 1—224.) 894.

Werner's, E. (E. Bürstenbinder), gesammelte Romane u. Novellen. Illustr. Ausg. 35.—75. (Schluß-) Lfg. 8. Leipzig, E. Keil's Nachf. à Lfg. — 40; in Bdn. à 3. —; geb. in Leinw. à n. 4. —
5. Bd. Gebannt u. erlöst. Roman. Mit Illustr. v. Karl Zopf. (S. 225—366.) 895.
6. Bd. E. Held d. Feder. Heimatklang. M. Illustr. v. René Reinicke u. Th. Rocholl. (352 S.) 895.
7. Bd. Um hohen Preis. Roman. Mit Illustr. v. Fritz Bergen. (352 S.) 895.
8. Bd. Vineta. Roman. M. Illustr. v. W. Claudius. (364 S.) 896.
9. Bd. Sankt Michael. Roman. M. Illustr. v. Fritz Bergen. (383 S.) 896.
10. Bd. D. Alpensee. Roman. M. Illustr. v. Osk. Gräf. (367 S.) 896.

— gesammelte Romane u. Novellen. Illustrierte Ausg. Neue Folge. (In 45 Lfgn.) 1.—27. Lfg. gr. 8. Ebd. (901. 902). à — 40; auch in 6 Bdn. à n. 3. —; geb. in Leinw. à n. 4. —
1. Bd. Freie Bahn! Roman. Mit Illustr. v. E. Siegert. (375 S.)
2. Bd. Flammenzeichen. Roman. Mit Illustr. v. W. Claudius. (396 S.)
3. Bd. Gewagt u. Gewonnen. Erzählungen u. Novellen. Mit Illustr. v. R. Mahn. (326 S.)
4. Bd. Fata Morgana. Roman. Mit Illustr. von Paul Hey. (S. 1—240.)

Werner's, E. (Frl. Elis. Bürstenbinder), gesammelte Romane u. Novellen. Illustrierte Ausg. Neue Folge. 28.—45. (Schluß-)Lfg. 8. Leipzig (902. 903). Stuttgart, Union. à — 40; auch in 6 Bdn. à n. 3 —; geb. in Leinw. à n. 4. —
4. Bd. Fata Morgana. Roman. Mit Illustr. v. Paul Hey. (S. 241—432.) — 5. Bd. Hexengold u. andere Erzählungen. Mit Illustr. von F. v. Reznicek, C. Wedenmeyer u. M. Flashar. (391 S.) — 6. Bd. Adlerflug. Ein Gottesurteil. 2 Romane. Mit Illustr. v. E. Flashar u. F. v. Myrbach. (394 S.)

— Runen. Roman. (395 S.) 8. Ebd. (903). n. 3. —; geb. in Leinw. n. 4. —

Siegwart. Roman von E. **Werner** [d. i. Elisabeth Bürstenbinder]. Stuttgart, Berlin, Leipzig: Union [1909]. 347 S. 8° [10. 12674

— Siegwart. Roman. 1.—3. Aufl. (347 S.) 8. Ebd. 909. 10. 3.—; geb. in Leinw. 4. —

— Vineta, s. a. Romanbibliothek der Gartenlaube.

— Vineta. Roman. 2 Bde. 8. (299 u. 297 S.) Ebend. 877. 7. 50

Werner, Emil, a. Barmen: Amortisationshypothek und Lebensversicherung als Mittel zur Schuldentilgung. Borna-Leipzig 1906: R. Noske. (VIII, 66 S.) 8°
Erlangen, Phil. Fak., Ref. v. Eheberg, Diss. v. 29. Juni 1906
[Geb. 8. Sept. 77 Barmen; Wohnort: Barmen; Staatsangeh.: Preußen; Vorbildung: Gymn. Barmen Reife O. 96; Studium: Bonn 2, Marburg 3, Erlangen 6 S.; Rig. 15. Febr. 06.]

Werner, Emil. Beiträge zur Kenntniss der Einwirkung der salpetrigen Säure auf Anethol. Bern, 1885.

Werner, Emil, Arzt aus Frankfurt a. M.: Aus d. pathol. Institut zu München. Terminale Blutungen bei Lebercirrhose. *Frankfurt a. M. 1900: L. Golde.* (45 S.) 8°
München, Med. Diss. v. 1900

Werner, Engelbert, Siebeth Papinga. Eine Erzählg. aus Frieslands Vergangenheit. 16. (141 S.) Emden 891. W. Haynel. n. 1. —

Werner, Ernst, appr. Arzt: Aus d. Univ.-Augenklinik zu Marburg. Beiträge zur Frage des Trachomerregers. Berlin: Karger 1910. 17 S. 8° (Aus: Zeitschr. f. Augenheilk. Bd 22.)
Marburg, Med. Diss. v. 15. März 1910, Ref. Bach
[Geb. 13. Febr. 83 Frankfurt a. M.; Wohnort: Potsdam; Staatsangeh.: Preußen; Vorbildung: Gymn. Potsdam Reife O. 03; Studium: Marburg 1, Berlin 1, Marburg 4, Berlin 2, Marburg 3 S.; Coll. 5. Juli 09; Approb. 28. Febr. 10.] [U 10. 3334

Werner, Ernst: Das Delikt der fahrlässigen Vermögensbeschädigung nach gemeinem Recht und dem BGB. *Greifswald 1902: J. Abel.* (52 S.) 8° [F.]
Greifswald, Jur. Diss. v. [1. Nov.] 1902

Werner, Ernst, griechische Geschichte, s.: Miniatur-Bibliothek.

Werner, Ernst Geschichte des Königlichen Gymnasiums zu Oels. Als Festschrift zur Feier des dreihundertjährigen Bestehens der Anstalt herausgegeben. Oels, am 4. Oktober 1894. 8 (96 S.). **Progr.** Kgl. G. *Oels* 1894.
Nicht im Tauschverkehr

Werner, Ernst, approb. Arzt aus Ulm: Zur Casuistik des pulsierenden Exophthalmus. *Tübingen: F. Pietzcker 1898.* (27 S.) 8°
Tübingen, Med. Diss. v. 1898

Werner, Ernst, zur Casuistik d. pulsierenden Exophthalmus. Diss. gr. 8. (27 S.) Tübingen 898. F. Pietzcker. n.n. — 70

Werner, Ernst, Legenden v. Rübezahl. Für die Jugend bearb. 12. (111 S. m. Illustr. u. 2 Buntbildern.) Berlin 891. H. Liebau. Kart. 1. —

Werner, Ernst Ottokar II. König von Böhmen als Herzog von Österreich. 20 S. **Progr.** *Öls* 1884.

Werner, Ernst: Das Recht auf eheliche Lebensgemeinschaft in seiner prozessualen Durchführung. Bamberg 1910: Gärtner. IV, 103 S. 8°
Würzburg, Jur. Diss. v. 17. Sept. 1910, Ref. Mendelssohn-Bartholdy
[Geb. 16. Juli 87 Bamberg; Wohnort: Bamberg; Staatsangeh.: Bayern; Vorbildung: Gymn. Bamberg Reife Juli 06; Studium: Erlangen 2, München 2, Berlin 1, Würzburg 3 S.; Rig. 2. Juni 10.] [U 11. 4554

Werner, Ernst, das Recht auf eheliche Lebensgemeinschaft in seiner prozessualen Durchführung. (IV, 103 S.) 8. Bamberg 910. (München, J. Schweitzer Sort.) 2. —

Werner, Ernst: Die Schulreformprojekte der französischen Revolution. Pforzheim, Druck v. F. Hamberger, 1893; 15 S. 4.
Pforzheim, G, MP 1893 (010)

Werner, Ernst Aug., der evangelische Verein der Gustav-Adolf-Stiftung in seiner Entwicklung und in seinem Wirken zugleich mit Berücksichtigung der religiösen Zeit-Verhältnisse kurz und faßlich dargestellt. 2. Aufl. Reichenbach 858. Haun. gr. 8. (95 S.) n. 3½ ngr.

Ernst Gustav Werner

De Casibus secundariis post artuum maiorum resectionem. Berolini (1826:) Brüschcke. 56 S. 8°
Berlin, Med. Diss. v. 25. März 1826

Werner, Ernestus Julius Mauritius *(geb. Paschkerwitz bei Breslau 5. 3. 1801)*: De Senecae philosophia. Vratislaviae (1825). (128 S.) 8° *[Im Buchhandel 1825 bei Max & Ko. in Breslau.]*
Breslau, Phil. Diss. v. 1. Juli 1825

Werner, **E. J. M., de Senecae philosophia dissertatio. 8maj. Bresl. 825. Max u. Comp. 12 ⅔**

Werner, Eugen, aus Abetifi (Westafrika): **Beiträge** zur Kenntnis des kohlensauren Kalkes. *Freiburg i. B.: Speyer & Kaerner 1903.* (49 S.) 8°
Freiburg i. B., Phil. Diss. v. 1903

Werner, Eug., Beiträge zur Kenntnis des kohlensauren Kalkes. Diss. (49 S.) gr. 8. Freiburg i/B. 903. Speyer & Kaerner. n. 1. 20

Werner, Eugen, Assistenzarzt im Gren.-Reg. König Wilhelm I (2. Westpr.) No 7: (Aus d. Kgl. Med. Klinik zu Breslau.) **Beiträge** zur Pathologie der Arsenvergiftung. *Breslau 1901: Bresl. Genossenschafts-Buchdr.* (45 S.) 8°
Breslau, Med. Diss. v. 27. Febr. 1901

Werner, Eug.: Katechismus der Milchwirtschaft, s. a. Weber's, J. J., illustr. Katechismen.

Werner, Eug., Katechismus der Milchwirtschaft. Mit 23 Abbildgn. 8. (X, 290 S.) Leipzig 884. Weber. geb. n. 3. —

— Katechismus der landwirtschaftlichen Tierzucht, s. a. Weber's, J. J., illustr. Katechismen.

Werner, Eug., Katechismus der landwirthschaftlichen Thierzucht. Mit 20 in den Text gedr. (Holzschn.-)Abbildgn. 8. (XII, 272 S.) Leipzig 880. Weber. geb. n. 2. 50

—— s. Kuhmilch, die.

Werner, Eug., die Ursachen der Vererbungskraft. Versuch zur Klärung thierzüchter. Streitfragen. Lex.-8. (32 S.) Leipzig 879, Thiel. *

—— das Viehversicherungswesen im Deutschen Reich. gr. 8. (100 S.) Berlin 876, (Parey.) *

Werner, Eug., das Viehversicherungswesen im Deutschen Reich. gr. 8. (100 S.) Berlin 876. Wiegandt, Hempel & Parey in Comm. n. 2. —

Werner, Eva, Pflege u. Ernährung des Kindes im 1. u. 2. Lebensjahre. 8. (VIII, 98 S.) Berlin (900). C. Habel. 1. 20; geb. n. 1. 60

Werner, F. Die freie Anwaltschaft in Preußen. Ein Vorschlag z. Beschränkg. der Niederlassungsfreiheit. 1. u. 2. Aufl. gr. 8. (32 S.) [Halle a. S. 890.] Lpz., Pfeffer. * — 75

Werner, F. Die Buchhaltung. Leipzig, 1907. 115 S.

—— populäre Darstellung des Subhastations-Verfahrens auf Grund der Subhastations-Ordnung vom 15. März 1869 und der außerdem für Subhastationen maßgebend gebliebenen gesetzl. Bestimmungen. gr. 8. (43 S.) Königsberg 869, Hartung'sche Zeitungsdruckerei. * — 50

Werner, F., siehe: *Gartenfreund.*

Werner, F., Geschichte der französischen Literatur, s.: Hillger's, Herm., illustr. Volksbücher.

Werner, F., die preußischen Grundbuch- u. Hypotheken-Gesetze vom 5. Mai 1872 nebst Materialien. 1. u. 2. Thl. hoch 4. Berlin 872. Kortkampf. n. 9. —
1. Gesetze u. Ausführungs-Verfügungen. (154 S.)
2. Materialien. (212 S.)

Werner, F., die preußischen Grundbuch- und Hypotheken-Gesetze vom 5. Mai 1872 nebst Ausführungs-Verfügungen. Mit Einleitung und Noten. 8. (LXIV, 173 S.) Berlin 873, Kortkampf. * 4 —

Werner, F., die schönsten Märchen aus 1001 Nacht, s.: Universal-Bibliothek für die Jugend.

— die preußischen Notariatsgesetze vom 11. Juli 1845, 8. März 1880, 15. Juli 1890. Mit Einleitg. u. Anmerkgn gr. 8. (VIII, 115 S.) Ebd. 890. cart. n. 2. —

Werner, F., das Ohr des Menschen in zerlegbaren (farb.) Abbildungen. (Zweifach vergrößert.) Kurze, leichtfaßl. Darstellg. der einzelnen Teile des Ohres u. seiner Funktionen. (12 S. Text.) gr. 8. Eßlingen (903). J. F. Schreiber. Geb. n. 2. —

Werner, F., s. Verkehr, d. schriftliche.

— die Vorbereitung zum höheren Justizdienst in Preußen. gr. 8. (IV, 135 S.) Ebd. 890. n. 2. 50

Werner, F., Wohnungs-Anzeiger für Zeitz, s. Wohnungs-Anzeiger.

Werner, F. A., üb. d. wechselseit. Anforderungen zwischen Eltern, Lehrer u. Schüler Behufs d. Musikunterrichts. gr. 8 ($2^1/_8$ B.) Berlin 837, Alex. Duncker.

Werner, F. A., Markscheider-Tabellen, die wirkl. Längen der trigonometr. Linien d. Streichungssin. u. Streichungscos. von 0. 0,5 Grad, od. von 3 zu 3 Minuten bis auf 7 Decimalen f. den Radius = 1 enth., zur Berechng. der Steigerteufen u. Sohlen, als auch Längen u. Breiten unter Berücksicht. d. Quadranten u. d. Streichungswinkels zur Mittagslinie. gr. 8. (XV, 46 S. m. eingedr. Holzschn.) Wien 876. Hartleben. 1. 65

Silesiae — Scenographia Urbium — Tabula XI repraesentans prospectus oppidorum in Dynastiis Wartenberg Militsch Freudenthal et Trachenberg sitorum. Auctore F. B. Wernero Impensis Homannianorum Heredum A 1752. Ohne M. 11 Bl.

Die Bauhütten des Mittelalters. Vortrag abgehalten vor der Hanselmann ▭ No 208, f. und a. m. Cincinnati, O. von F. J. **Werner.**
[Nach hs. Kat. d. ▭ Hanselmann, Cincinnati.]

Werner, F. X., allgemeine österreich. Gewerbe- u. Handels-Gesetzkunde mit vorzüglicher Rucksicht auf d. Herzogthum Steiermark u. Kärnthen nach dem Leitfaden des Grafen Barth-Barthenheim'schen Werkes. 4 Thle. 8. Grätz 835. Kienreich. $2^1/_2$ ℔

Werner, (Ferdinand): Die Bedeutung einer zeitgemässen Gedichtsammlung für die Schule. Grünberg 1905: Heinr. Robert. (S. 3—14.) 4°
Laubach, G Fridericianum P 1905 (766)

Werner, Ferd., die Galvanoplastik in ihrer technischen Anwendung. gr. 8. ($5^3/_4$ B. u. 12 Kpfrt.) St. Petersburg 844. (Berlin, Alex. Duncker.) **

Werner, F: Die Galvanoplastik in ihrer technischen Anwendung. 2. Aufl. St. Petersburg 1844

Werner, Ferdinand, a. Weidenhausen: Königtum und Lehnswesen im französischen Nationalepos. Erlangen 1907: Junge & Sohn. (34 S.) 8° ¶ (Erscheint vollst. in: Roman. Forschungen Bd 25.)
Gießen, Phil. Fak., Ref. Behrens, Diss. v. 11. Okt. 1907
[Geb. 27. Okt. 76 Weidenhausen; Wohnort: Gießen; Staatsangeh.: Hessen; Vorbildung: Gymn. Gießen Reife O. 96; Studium: Gießen 8 S.; Rig. 10. Juli 06.]

Werner, Ferdinand [Gerichtsref.]: Vom Untergang der Servituten durch Verjährung. . . . Paderborn, Druck v. Ferdinand Schöningh, 1888; 27 S. 8°
Göttingen, Jur. Fak., Inaug.-Diss. v. 25. Okt. 1888

Werner, Ferd., vom Untergang der Servituten durch Verjährung. Inaug.-Diss. gr. 8. (27 S.) Paderborn 888. (Göttingen, Vandenhoeck & Ruprecht's Verl.) n. — 80

Werner, [Ferdinand]: Zum Wesen des altfranzösischen Epos. Gießen 1908: Münchow. 17 S. 4°
Gießen, großh. RG u. OR P 1908 (843) [S 08. 527

Werner, Fr.

— Buch d. Lebens. 12. Ebend. 739.

— heller Bußspiegel e. Beichtkindes, das sich mit Gott versöhnen will. 12. Ebend. 738.

Werner, Fr., clavis scripturae sacrae, sive praxis theologiae exegeticae. 8. Frcft. et Lips. Cuno. 739. Rthlr.

Werner, Fr., dicta Biblica ex Vet. et Nov. Testamento desumta quae cum scopo evangeliorum conveniunt, disposita. 8. Lips. Gross. (Frommann, Iena.) 718.

— evangelia dominicat. et festivat. in meth. analyt. 8. Lips. Gleditsch. 720.

— nützl. Fragen v. d. Glückseligkeit, darin sich vormals uns. erst. Eltern befund. u. d. Unglück worin sie nach d. Fall gerathen. 12. Lpz. Groß. 738.

Werner, Dr. Fr., (†...) der richtige u. untrügliche Himmelsweg eines Christen ꝛc. 2 Thle. 8. Leipz. ... 23 X. 790. Weidmann. 1 ₰ 4 ℊ

— praecepta homiletica. 12. Lips. Gleditsch. 712.

— praecepta theolog. exegeticae de hermeneut. sacra. 12. ibid. 708.

— kurzer Weg f. einfält. Christen z. seligmach. Erkenntniß zu gelangen ꝛc. 12. Lpz. Hilscher. 714.

— Wegweiser zum Himmel, nach Anleit. d. Worte Christi, Joh. XVI., in Fragen u. Antworten. 12. Leipz. 753. Hilscher. 5 ℊ

Werner, Franz

— s. Abbildung d. Denkmäler d. Doms zu Mainz, u. setze hinzu von Frz. Werner.

Werner, Dr. Franz —. Ueber den kirchlichen Ablaß und im Besondern über die Bedingungen seiner Wirksamkeit. Eine dogmatische und dogmengeschichtliche Untersuchung von — — St. Pölten. 1856. In Kommission bei Passy und Sydy. — Pichlers Druck. (48 S. kl. 8.)

Werner, Frz., Amphibien u. Reptilien, s.: Wegweiser, naturwissenschaftliche.

Werner, Frz. I., († d. 4. Febr. 1758.) Tractatus theologicus de angelis. 4. Olmucii 756.

— Anleitung zum Bestimmen der Terrarientiere, s.: Krefft, Paul, das Terrarium.

Werner, Franz: Die Aussichten der Juristen in Preußen. Jena (1893).

— Beiträge zur Kenntnis der Fischfauna des Nils, s.: Ergebnisse d. usw. zoolog. Forschungsreise Dr. F. Werner's nach dem ägypt. Sudan u. Nord-Uganda. V.

Werner, Frz.: Beiträge zur Kenntniss der Reptilien- u. Batrachierfauna der Balkanhalbinsel, s.a. Mitteilungen, Wissenschaftliche aus Bosnien und der Hercegovina. VI.

WERNER, Franz

Beiträge zur Kenntniss der Reptilien- und Batrachierfauna der Balkanhalbinsel. Von Dr. Franz Werner. (Separat-Abdruck aus Wissenschaftliche Mittheilungen aus Bosnien und der Hercegovina. VI. Bd. 1899.) Wien. 1899. In Comm. Gerold's Sohn. Lex.-8°. 25 S. fl. —.20

Werner, F., Briefe eines alten Küsters an einen jungen Collegen, s. Briefe.

— die Dermapteren- u. Orthopterenfauna Kleinasiens. gr. 8. (48 S. m. 2 Taf.) Wien 901. (C. Gerold's Sohn.) n. 1. 70
Sonderabdruck aus: „Sitzungsber. d. k. Akad. d. Wiss."

— Die Dermapteren- und Orthopterenfauna Kleinasiens (mit 2 Taf.). S. 110. I. 26 . . . . . . 1.70
Separatabdruck

Werner, Frz. III., d. Dom von Mainz u. seine Denkmäler, nebst Darstell. d. Schicksale d. Stadt, u. d. Geschichte seiner Erzbischöfe ꝛc. 2 Bde, mit 1 Ansicht u. Kpf. gr. 8. Mainz 827—30. Müller. 4 ₰ 8 ℊ Fein weiß P. 7 ₰ 8 ℊ Velinp. 11 ₰

Werner, Frz., der Dom v. Mainz u. seine Denkmäler, nebst Darstell. d. Schicksale d. Stadt u. d. Gesch. ihrer Erzbischöfe. 3. Thl. Von d. westphäl. Frieden 1648 bis z. lüneviller Frieden 1801. gr. 8. (34 B.) Mainz 836, [Kirchheim u. Schott.] 2⅓ Thlr., f. wß. Drckp. 3⅓ Thlr., Vlnp.
1. u. 2. Bd. Ebendas. 1827, 29. à 2⅙ Thlr., f. wß. Drckp. 3⅔ Thlr., Vlnp. 5⅙ Thlr.

Werner, Frz., der Mainzer Dom u. seine Denkmäler, nebst Darstellung d. Schicksale d. Stadt, u. der Geschichte seiner Erzbischöfe bis zur Translation d. erzbischöfl. Sitzes nach Regensburg. 2. Thl. gr. 8. (37 B.) Mainz 829, [Kirchheim, Schott u. Thielmann.] 2 Thlr. 8 Gr., f. wß. Pap. 3 Thlr. 16 Gr., groß Vlnp.
1. Thl. Ebendas. 1827. 2 Thlr. 8 Gr., f. wß. Pap. 3 Thlr. 16 Gr., gr. Vlnp. 5 Thlr. 12 Gr.

Werner, Frz., über den neutestamentl. Ehetrennungsgrund bei Matthäus 5, 32. u. 19, 9. u. bei Paulus I. Cor. 7, 12—16. Eine exeget. Untersuchung in einem offenen Sendschreiben an Hrn. Prof. Dr. Schleyer in Freyburg im Breisgau. gr. 8. (5 B.) Regensburg 845, Manz.

Werner, Frz., Ergebnisse e. zoologischen Forschungsreise nach Aegypten u. dem ägyptischen Sudan, s.a. Ergebnisse.

Werner, F., Ergebnisse einer zoologischen Forschungsreise nach Ägypten und dem ägyptischen Sudan. I. Die Orthopterenfauna Ägyptens mit besonderer Berücksichtigung der Eremiaphilen [Aus: Sitzungsber. d. k. Akad. d. Wiss.] Gr.-8°. (80 S. mit 1 Tafel) †
Wien: Carl Gerold's Sohn 1905.

— Ergebnisse einer zoologischen Forschungsreise nach Ägypten und dem ägyptischen Sudan. I. Die Orthopterenfauna Ägyptens mit besonderer Berücksichtigung der Eremiaphilen (mit 1 Taf.). S. 114. I. 57 . . . . . . 1.60
Separatabdruck

Werner Franz, Dr.: Ergebnisse der mit Subvention aus der Erbschaft Treitl unternommenen zoologischen Forschungsreise Dr. Franz Werners in den ägyptischen Sudan und nach Nord-Uganda. 2. Cestoden aus Fischen, aus Varanus und Hyrax (mit 1 Taf.), siehe Klaptocz Bruno, Dr.
— — 3. Archaeophila Kordofanensis, eine neue Psychidengattung und -art, nebst Verzeichnis der übrigen gesammelten Lepidopteren (mit 1 Taf.), siehe Rebel Hans, Dr.
— — 4. Krokodile und Schildkröten (mit 8 Textfiguren), siehe Siebenrock Friedrich, Dr.
— — 5. Beiträge zur Kenntnis der Fischfauna des Nils (mit 1 Taf., 6 Textfiguren und 1 Kartenskizze). S. 115. I. 407 . . . . . . K 2.95
— — 6. Cestoden aus Numida ptilorhyncha Lebt. (mit 1 Taf.), siehe Klaptocz Bruno, Dr.
— — 7. Araneida, siehe Simon Eugène.
— — 8. Orthoptera Blattaeformia (mit einer Revision der Mantodeengattung Tarachodes) (mit 3 Taf. und 1 Textfigur). S. 116. I. 165 . . . . . . 3.30
— — 9. Die Orthopterenfauna des ägyptischen Sudans und von Nord-Uganda (Saltatoria, Gressoria, Dermaptera) mit besonderer Berücksichtigung der Acridoideengattung Catantops (mit 3 Taf.), siehe Karny H.
— — 10. Parasiten von Pachyuromys duprasi Lat. (mit 2 Taf.), siehe Glinkiewicz Anna.
— — 11. Liste der von Dr. Franz Werner am oberen Nil gesammelten Ameisen nebst Beschreibung einer neuen Art, siehe Mayr Gustav L., Dr.
— — 12. Die Reptilien und Amphibien (mit 4 Taf.). S. 116. I. 1823 . . . . . . 3.15
— — 13. Vogelcestoden (mit 2 Taf. und 1 Textfigur), siehe Klaptocz Bruno, Dr.
— — 14. Scorpiones und Solifugae, siehe Birula A. A.
— — 15. Beiträge zur Kenntnis der Mikrofauna des Nils (mit 3 Taf.), siehe Daday Eugen von, Dr.
— — 16. Myriopoden (mit 5 Textfiguren), siehe Attems Karl, Graf.
— — 17. Neuropteren, siehe Klapalek Fr.
— — 18. Libellen (Odonata) (mit 10 Textfiguren), siehe Ris F., Dr.
— — 19. und 20. Siehe weiter unten.
— — 21. Vogelcestoden (mit 7 Textfiguren), siehe Fuhrmann O., Dr.
— — 22. Liste der von Dr. Franz Werner im Sommer 1904 in Ägypten und im Jahre 1905 im ägyptischen Sudan und bei Gondokoro gesammelten Mollusken, siehe Sturany Rudolf, Dr.
— — 23. Verzeichnis der von Dr. Franz Werner gesammelten Hymenopteren mit Ausnahme der Formiciden (mit 1 Textfigur), siehe Maidl Franz, Dr.
Separatabdruck

— und Wasmann E.: Ergebnisse der mit Subvention aus der Erbschaft Treitl unternommenen zoologischen Forschungsreise Dr. Franz Werners nach dem ägyptischen Sudan und Nord-Uganda. 19. und 20. Termiten und Embideria (mit 7 Textfiguren). S. 121. I. 171 . . . . . . —.90
Siehe auch unter Brunnthaler Josef.
Separatabdruck

— Ergebnisse einer von Prof. Dr. Franz Werner im Sommer 1910 mit Unterstützung aus dem Legate Wedl ausgeführten zoologischen Forschungsreise nach Algerien. I. Einleitung (mit 3 Taf.). S. 123. I. 243 . . . . . . 1.20
— — II. Vertebrata (mit 1 Taf.). S. 123. I. 331 . . . . . . 1.20
— — III. Orthopteren. S. 123. I. 361 . . . . . . —.80
— — IV. Dipteren. Von Becker Th. S. 123. I. 65 . . . . . . —.40
— — V. Neuropteren. Von Klapálek Fr. S. 123. I. 715 . . . . . . —.30
— — VI. Skorpione und Solifugen (mit 4 Textfiguren). Von Birula A. A. S. 123. I. 63 . . . 1.10
— — VII. Mollusken, siehe Sturany Rudolf, Dr.
— — VIII. Hirudineen (mit 1 Taf. und 4 Textfiguren). Von Johansson Ludwig. S. 123. I. 87 . . . . . . 1.80
Separatabdruck

Werner, Frz., Gebete für die Schuljugend. 856. — 2. Aufl. Ludwigslust 857. Hinstorff. 16. (50 S.) nn. 2½ ngr

Werner, F., Gebete für die Schuljugend. 2. Aufl. 1857. und 8., verm. Aufl. gr. 16. (54 S.) Ludwigslust 860, Hinstorff'sche Hofbuchh. **.

Franz Werner. Heimatluft. Roman aus d. Ostmark. *Berlin: D. Dreyer & Co. [1903].* (199 S.) 8° [F.]
= Bibliothek, Dreyer's, moderner Schriftsteller. [Jg. 1, Bd 11.] [04. 96]

Werner, Frz., Heimatluft. Briefe aus der Ostmark. (396 S. m. Bildnis.) kl. 8. Berlin (905). D. Dreyer & Co. Geb. in Leinw. u. in Kästchen 3. —

Werner, Frz. U., der geograph. Jugendfreund. 1s Bdchen, mit beiden Erdkugeln. 8. Wien 826. Schrämbl. 8 gr.

—— G. Beyer und W. Conradi, Jugendklänge, s. Beyer, G.

— Tractatus de jure et justitia. 4. ibid. 756.

Werner, Frz, der kleine Katechismus Mart. Luthers, durch Fragen u. Antworten erläut. für den ersten Unterricht. 8. (XIV u. 71 S.) Güstrow 850, Opitz & Comp. — 2. Aufl. 8. (X u. 69 S.) Ebd. 851. 6 ngr

— der kleine Katechismus Dr. M. Luthers durch Fragen und Antworten erläutert f. den ersten Unterricht. 3. Aufl. 855. — 4. Aufl. Güstrow 856. Opitz u. Co. 8. (X, 69 S.) 5 ngr.

Werner, Frz., der kleine Katechismus Dr. Martin Luthers, durch Fragen u. Antworten erläutert. 5., sehr veränd. u. verm. Aufl. 8. (XII, 160 S.) Rostock 878. Stiller. 1. 20

— Tract. de legibus, 4. ibid. 757,

— s.: Naturgeschichtsunterricht, der moderne.

Franz Werner. Aus dem Nichts. Roman aus d. Ostmark. Berlin: D. Dreyer & Co. [1906]. (276 S.) 8° [F.] [07. 11208

Werner, Frz., u. Thdr. Kroschel, das deutsch-preußische Notariat. Kommentar zu den reichsgesetzl. u. preuß. Bestimmgn. üb. das Notariat m. einleit. Abhandlgn. gr. 8. (XII, 266 S.) Leipzig 900. C. E. M. Pfeffer. Geb. in Leinw. n. 4. 50

— Orthoptera Blattaeformia (m. e. Revision der Mantodeengattung Tarachodes), s.: Ergebnisse der usw. zoolog. Forschungsreise Dr. Fr. Werner's in den ägypt. Sudan. VIII.

Werner, Frz., der Paddenhof. Roman. (322 S.) 8. Dresden 910. C. Reißner. 4. —; geb. n 5. —

– Eine Reise nach Ägypten, s.: Lichtbildervortrag. Nr. 15.

— Reptilia et Amphibia des westl. u. zentral. Südafrika, s.: Denkschriften der medicinisch-naturwiss. Gesellschaft zu Jena. XVI, 2.

— Reptilia (Geckonidae u. Scincidae), s.: Fauna, die, Südwest-Australiens.

— Die Reptilien u. Amphibien, s.a. Ergebnisse der usw. zoolog. Forschungsreise Dr. Franz Werners nach d. ägypt. Sudan u. Nord-Uganda. XII.

Reptilien und Amphibien von Dr. Franz Werner. Mit 53 Abb. Leipzig: Göschen 1908. 184 S. 8°
(Das Tierreich. 3.)
(Sammlung Göschen. 383)

Werner, Frz., d. Reptilien u. Amphibien Oesterreich-Ungarns u. d. Occupationsländer. gr. 8. (162 S. m. 3 Taf.) Wien 897. A. Pichler's Wwe. & Sohn. n. 3. 60

— Reptilien u. Batrachier, s.a. Ergebnisse der Hamburger Magalhaensischen Sammelreise, 7. Lfg.

Reptilien und Batrachier bearb. von Dr. Franz Werner (Wien). Mit 1 Taf. Hamburg: L. Friederichsen & Co. 1904. (21 S.) 4°(8°)
= Ergebnisse d. Hamburger Magalhaens. Sammelreise. Lfg 7, 9. [05. 81

Ueber Reptilien und Batrachier aus Guatemala und China in d. zoologischen Staats-Sammlung in München nebst e. Anh. über seltene Formen aus anderen Gegenden. Von Dr. Franz Werner, Privatd., Wien. (Mit 1 Taf.) München: K. Akad. 1903. (S. 343–384.) 4°
= Abhandlungen d. math.-phys. Klasse d. Kgl. bayer. Akad. d. Wiss. Bd 22, Abt. 2, [3.] [03. 593

— über Reptilien u. Batrachier aus Guatemala u. China in der zoologischen Staats-Sammlung in München, nebst e. Anh. üb. seltene Formen aus anderen Gegenden. (S. 341—384 m. 1 farb. Taf.) gr. 4. München 905. G. Franz' Verl. n. 1. 20
Sonderabdruck aus: „Sitzungsber. d. bayer. Akad. d. Wiss."

— Reptilien u. Batrachier aus Peru u. Bolivien. Imp.-4. (14 S. m. 8 Fig.) Berlin 900. R. Friedländer & Sohn. n. 2. 40
Sonderabdruck aus: „Abhandlgn. u. Berichte d. kgl. zoolog. u. anthropologisch-ethnograph. Museums zu Dresden".

— Über neue od. seltene Reptilien des naturhistor. Museums in Hamburg. I. Schlangen. (S. 205—247 m. 14 Abbildgn.) Lex. 8. Hamburg 909. L. Gräfe & Sillem. 1. 50

— dasselbe. II. Eidechsen. (S. 1—46.) Lex. 8. Ebd. 910. 1. —
2 Sonderabdr. aus: „Mittlgn. a. d. naturhist. Mus."

Die nördlichsten Reptilien und Batrachier. Von Dr. F[ranz] Werner in Wien. (Jena: G. Fischer 1906.) (S. 530–544.) 2°(4°)
= Fauna Arctica. Bd 4, Lfg 3, [3.] [06. 9010

— die Reptilien- u. Amphibienfauna v. Kleinasien. (65 S. m. 3 farb. Taf.) gr. 8. Wien 902. (A. Hölder.) n. 2. 20
Sonderabdruck aus: „Abhandlgn. d. k. Akad. d. Wiss."

– Die Reptilien- und Amphibienfauna von Kleinasien (mit 3 Taf.). S. 111. I. 1057.
Separatabdruck

– Die Reptilien- und Batrachierfauna des Bismarck-Archipels, s.a. Mitteilungen aus der zoolog. Sammlung des Museums für Naturkunde in Berlin. I. 4.

Die Reptilien- und Batrachierfauna des Bismarck-Archipels. Auf Grundlage des von Prof. Dr. F. Dahl gesamm. Materials bearb. von Dr. Franz Werner, Privatd., Wien. *Berlin: R. Friedländer & Sohn in Komm. 1900.* (132 S.) 4°(8°)
= Mitteilungen aus d. Zoolog. Sammlung d. Museums f. Naturkunde in Berlin. Bd 1, H. 4. [00. 8611

Werner, Frz., zur Revision d. Genossenschafts-Gesetzes. Gegen Hrn. Ludolf Parisius. Mit 2 Tab. gr. 8. (16 S.) Berlin 889. Springer. n. — 40

— über die Schuppenbekleidung d. regenerirten Schwanzes bei Eidechsen. [Aus: „Sitzungsber. d. k. Akademie d. Wiss."] gr. 8. (24 S. m. 2 Taf.) Wien 896. (C. Gerold's Sohn.) n. — 90

Werner, Franz, Dr.: Über die Schuppenbekleidung des regenerierten Schwanzes bei Eidechsen (mit 2 Taf.) S. 105. I. 123.
Separatabdruck

— Das Tierreich. III. Reptilien u. Amphibien, s.: Sammlung Göschen.

— Wiedersehen. Briefe aus der Ostmark. (272 S.) kl. 8. Berlin 907. [D. Dreyer & Co.] B. Blaurock. 2.—; geb. 3. —

Werner, Franz A.

—— naturhistor. Bilder-Museum, s. Real-Lexikon.

— neuestes alphabet. geordnetes, naturhistorisches Bilder-Museum. I. Bd. 1. Liefg. Aa—Aff. gr. 8. (Mit 4 lith. Taf.) Prag 843, Sandtner. 7 ngl — color. $\frac{1}{3}$ ß

Werner, Frz. A., s. D. Foe, Leben Robinson Crusoe.

—— Reise-Routen durch Deutschland u. die angrenzenden Länder, nebst e. Vergleichung d. ausländ. Meilen m. d. deutschen, einer Tab. üb. Wechsel-Uso, Rechnungsgeld u. Münzfuß, üb. Getreide- u. Weinmaß rc. Mit e. Register üb. 3000 Routen. 16. ($12\frac{3}{8}$ B. u. 1 Post-Reisekarte.) Wien 846, Wenedickt's Buchh.

— s. Theater-Almanach.

Werner, Frz. A., dramatische Werke. 1—5. Bdchn. 16. Warasdin 842, 43. (Leipzig, Kummer.)

A. u. d. Ttln.:

Bdchn. 1. Fünf Brautwerber um eine Braut. Lustsp. ($5\frac{1}{2}$ B.) $7\frac{1}{2}$ Ngr.
" 2. Das brünner Rad. Volksmährchen, nebst e. Vorspiele: Die Unterschrift. (7 B.) $7\frac{1}{2}$ Ngr.
" 3. Die Vogelscheuche. Lustsp. Liebe u. Treue. Drama ($4\frac{1}{2}$ B.) $6\frac{1}{4}$ Ngr.
" 4. Die Seeräuberbraut. Dramat. Gedicht. ($5\frac{1}{2}$ B.) $7\frac{1}{2}$ Ngr.
" 5. Der Traum. Scherzspiel in 2 Acten. ($4\frac{3}{8}$ B.) $6\frac{1}{4}$ Ngr.

Werner, Frdr., praktische Anleitung der Bekleidungskunst für Civil und Militär. Mit 6 lith. Taf. (in 4. u. Fol.) Leipzig 864. Wilfferodt. 4. (IV, 23 S.) n. 10 ngr.

Werner, Frd., psycholog. Begründung der deutschen Methode des Taubstummen-Unterrichts, s.a. Sammlung v. Abhandlungen aus d. Gebiete der pädagog. Psychologie u. Physiologie.

Psychologische Begründung der deutschen Methode des Taubstummen-Unterrichts unter krit. Beleuchtung d. Fingeralphabets u. d. Gebärdensprache von Friedrich **Werner**, Dir. in Stade. Berlin: Reuther & Reichard 1906. (VIII, 50 S.) 8°
= **Sammlung** von Abhandlungen aus d. Geb. d. pädag. Psychologie u. Physiologie. Bd 8, H. 6. 06. 18095

Werner, Friedrich, aus Dresden: **Beiträge zur Collectivmasslehre.** Mit 6 Fig. im Text. *Leipzig: W. Engelmann 1899.* (50 S.) 8° ¶ (Aus: Philosophische Studien, 15, 4.)
Leipzig, Phil. Diss. v. [12. Okt.] 1899

Werner, Friedr., geographische Charakterbilder über das britische Reich u. die Vereinigten Staaten als stoffliche Grundlage für den mündl. u. schriftl. Gedankenausdruck im Englischen in den oberen Klassen höherer Unterrichtsanstalten. Bremen 867. (Halle, Gesenius.) br. 8. (XVI, 99 S.) n. 12 ngr.

Werner, Friedr., geographische Charakterbilder über das Britische Reich und die Vereinigten Staaten. Eine Lesebuch für die obere Stufe des Unterrichts im Englischen. 2. Aufl. 16. Bremen [Halle] 872, Gesenius. * 1 20

—— die Dichtersprache im Englischen an 50 Gedichten veranschaulicht; zugleich Musterstücke für die Behandlung der engl. Synonymen. 8. (VII und 86 S.) Bremen 866, Gesenius. *

— die Dichtersprache im Englischen an 50 Gedichten veranschaulicht; zugleich Musterstücke für die Behandlung der engl. Synonymen. Ebend. 868. 8. (VII, 86 S.) n. 10 ngr.

Werner, Friedrich: Die Entwicklung des Naturgefühls und der künstlerischen Wiedergabe desselben bei Henry Wadsworth Longfellow. Leipzig 1910: Sturm & Koppe. 85 S. 8°
Leipzig, Phil. Diss. v. 26. Juli 1910, Ref. Deutschbein, Birch-Hirschfeld
[Geb. 10. Nov. 87 Hainichen i. S.; Wohnort: Leipzig; Staatsangeh.: Sachsen; Vorbildung: Realgymn. Freiberg Reife O. 07; Studium: Leipzig 7 S.; Rig. 24. Juni 10.] U 10. 3272

Werner, Frdr. v., Gedichte. 8. (XI, 155 S.) Aachen 895. (O. Müller.) Geb. in Leinw. n. 3. —

Werner, Frdr., d. österreich. Gesetz üb. d. Haftg. f. Schäden aus dem Betriebe v. Kraftfahrzeugen unter Berücksicht. der ausländ. Gesetzgebung. (VI, 50 S.) gr. 8. Wien 908. Manz. 1. 10

Werner, Friedr., der richtige und untrügliche Himmels-Weg eines Christen, welcher einem Jeden klärlich zeigt, wie er der Verdammniß entgehen u. die Seligkeit unfehlbar überkommen könne. Christlichen Herzen aus Liebe nach Gottes Wort deutlich vor Augen gestellt. Auf's Neue herausg. von e. Freunde luther. Bekenntnisses. 854. n. 25 ngr. — (Neue Ausg.) Breslau 858. Dülfer. gr. 8. (VIII, 304 S.; 475 S.) n. 24 ngr.

Werner, Friedr., der richtige und untrügliche Himmels-Weg eines Christen, welcher einem Jeden klärlich zeigt, wie er der Verdammniß entgehen und die Seligkeit unfehlbar überkommen könne. Christlichen Herzen aus Liebe nach Gottes Wort deutlich vor Augen gestellt. Aufs Neue hrsg. von einem Freunde luther. Bekenntnisses. 1. Heft. gr. 8. (S. 1—80.) Breslau 858, Dülfer. *

Die Fortsetzung erschien unter dem Titel:

—— der richtige und untrügliche Himmelsweg, welcher einem jeden klärlich zeigt die vier großen Dinge: Tod, Gericht, Hölle und Himmel. Aufs Neue hrsg. von einem Freunde luther. Bekenntnisses. 1. Thl. 2—6. Heft. und 2. Thl. gr. 8. Ebendas. 858. [1. Thl. (S. 81—472.) 2. (VIII und 304 S.)]

Werner, Frdr., d. richt. u. untrügl. Himmelsweg e. Christen, welcher e. jeden klärlich zeigt, wie er d. Verdammnis entgehen u. d. Seligkeit unfehlbar überkommen könne. Christl. Herzen aus Liebe nach Gottes Wort deutlich vor Augen gestellt. Der neuen Ausg. 2. Aufl. 8. (264 S.) Calw u. Stuttgart 898. Vereinsbuchh. Geb. n. 1. 50

Werner, Fr., s. Husaren, die.

Werner, Friedr., die Kirche u. ihre Gegner. Vortrag, verfaßt für die Lehrer-Konferenz zu (Unter-)Gänserndorf. Wien 867. Mechitharisten-Congregations-Buchh. 8. (16 S.) 2 ngr.

Werner, Friedr., kurzer Leitfaden üb. mehr. Unterrichtsgegenstände in Landschulen. Zur Vorbereit. f. d. Kinder auf d. einzelnen Unterrichtsstunden u. z. Grundlage f. d. Lehrer. 1. Aufl. (8 B.), 2., verm. A. ($8\frac{1}{2}$ B.) 835., u. 3., verm. Aufl. 8. (9 B.) Darmstadt 837, [Diehl.]

Werner, Fr., kurzer Leitfaden über mehrere Unterrichtsgegenstände in Landschulen, nämlich: Religionslehre, ältere Religionsgeschichte, Geographie, Naturlehre, Naturgeschichte und Sprachlehre. Zur Vorbereitung für die Kinder auf die einzelnen Unterrichtsstunden und zur Grundlage für den Lehrer. 8. Darmstadt 835. Dingeldey. $\frac{1}{4}$ ß — 3e Aufl. 837. $\frac{1}{4}$ ß

— kurzgefaßter Leitfaden für den ersten Unterricht in der Geographie. Schwerin 863. Hildebrand. 8. (48 S.) n. $2\frac{1}{2}$ ngr.

Werner, F., kurzgefaßter Leitfaden für den ersten Unterricht in der Geographie. 2., verb. Aufl. Schwerin 865. Hildebrand's Verl. 8. (48 S.) n. $2\frac{1}{2}$ ngr.

—— kurzgefaßter Leitfaden für den ersten Unterricht in der Geographie. 3. verb. Aufl. 8. (48 S.) Schwerin 873, Hildebrand. * 25 Pf.; cart. * — 40

Werner, Friedrich: Über kongenitale Lipome und schwanzähnliche Bildungen beim Menschen. Ein Fall e. kongenitalen Lipo-Fibroms d. Kreuzsteissbeingegend. Berlin 1908: G. Reimer. (17 S.) 8°
Rostock, Med. Fak., Ref. Thierfelder, Diss. v. 13. Juli 1908
[Geb. 28. April 79 Boizenburg; Wohnort: Berlin; Staatsangeh.: Mecklenburg-Schwerin; Vorbildung: Realgymn. Reichenbach i. Schl. Reife O. 02; Studium: Leipzig 1, Berlin 1, Freiburg i. B. 2, Kiel 1, München 2, Rostock 3 S.; Coll. 17. Mai 07; Approb. 25. Mai 08.]

Werner, Frdr., das Marchfeld. Ein Blick auf Land und Leute. Wien 864. Mayer & Co. in Comm. 8. (70 S.) 7½ ngr.

Werner, Friedrich. Die Stellung der bayerischen Staatsregierung zu Deutschland mit Bezug auf den jüngsten Landtag. Ein Gespräch zweier Landleute. Augsburg, A. Herzog, 1849. 15 S. 8°.

Werner, Friedrich August (Schwarzburg) A. S. 799/11

Dissertatio iuridica de iure ex persona tertii quaesito. Präs. Friedrich Gottlieb Struve. Jena (Fickelscherr) IV. 1718. 52 S.

W. v.: Präs. 36393

Werner, Frdr. Emil Otto, Krankentransport u. -Unterkunft im Kriege, s.: Vorträge üb. ärztliche Kriegswissenschaft. 12.

Werner, Friedrich Ludwig Zacharias

Werner, Fr. Ldw. Zach., Attila, König der Hunnen in 5 A. 12. Berl. 812. (Dümmler). 1 Rthlr. Mit 5 Kpf. 2 Rthlr. 6 gr. Velinp. 3 Rthlr. 8 gr.

WERNER, Zacharias. Biographie und Charakteristik. Nebst Original-Mittheilungen aus dessen handschriftlichen Tagebüchern. Herausgegeben von Prof. Dr. Schütz. Grimmen, Verlags-Comptoir, 1841. 2 Bde. Gr. 8°. X und 224, 208 S. und 1 Bl. Inhalt und Berichtigungen.
Die beiden Bände bilden zugleich Bd. 14 und 15 von Werners »Ausgewählten Schriften«. Ohne jede Kürzung enthalten sie die erotischen Selbstbekenntnisse. Vgl. dazu »Der Amethyst«. herausgegeben von Fr. Blei, S. 175—179.

Bundeslied am Tage Johannes des Vollendeten, vom Verf. der Söhne des Thals [d. i. Friedr. Ludw. Zacharias **Werner**]. Gesungen in der ▭ zum goldnen Apfel, den 24. Jun. 1810. [Dresden 1810.] 2 Bl. 8° [Kopftit.]
Lied mit Chor. Ohne Noten: „Als kindlich und schön, vom Himmel gesendet, . . ."

Werner, Zacharias, der 24. Februar, s. a. Meyer's Volksbücher.

Werner, Zacharias, der 24. Februar, s. a. Theater-Bibliothek, classische.

—— dass. s. a. Universal-Bibliothek.

– der 24ste Februar. Tragödie in 1 A. 8. Leipz. 815. 2e A. 819. Brockhaus. 1 Rthlr.

Werner, F. L. Z., lyrische Gedichte, samt Oden aus dem Horaz. 8. Wien, Mösle. 785.

Werner, Fr. Ldw. Zach., († d. 17. Jan. 1823.) vermischte Gedichte. gr. 8. Königsb. 788. Hartung. 6 gr.

Werner, Friedr. Ludw. Zach., Geistes-Funken. Hrsg. v. Isidorus Regiomontanus. 2., unveränd. Ausg. gr. 8. (13 B. u W's. Bildn.) Würzburg 834, [Etlinger.]

Werner, Friedr. Ludw. Zachar., der christ-kathol. Glaube u. seine beselig. Gotteskraft. Für Freunde höh. relig. Erkenntniß, in 52 Predigten dargest. — A. u. d. T.: Zach. Werner's ausgewählte Predigten. 3 Bde. (Neue Ausg.) 8. (32¾ B.) Grimma 841, Verlags-Comptoir.

— Klagen um seine Königin, Louise von Preußen. 4. Rom 810. (Haude u. Sp. in Berl.) 6 gr.

— das Kreuz an d. Ostsee. Trspl., 1r Thl. die Brautnacht. 8. Berl. 806. 2e A. 823. Sander. 1 Rthlr. 12 gr. Velinp. 2 Rthlr. 6 gr.

Werner, [Zacharias]. Kriegslied für die zum heiligen Krieg verbündeten deutschen Heere. 8. Bern 1813.

— Kunigunde die Heilige; Schspl. in 5 A. 8. Leipz. 815. Brockhaus. 1 Rthlr. 4 gr.

Werner's, Fr. L. Z., Lebens-Abriß, von d. Herausgeber von Hoffmanns Leben u. Nachlaß. 8. Berl. 823. Sander. 18 gr.

— letzte Lebenstage u. Testament. gr. 8. Wien 823. Wallishausser. 1 gr.

— s. v. Lehndorf, Traité.

— Luther, s. Universal-Bibliothek.

Werner, Z., Martin Luther, s. a. Bibliothek der deutschen Nationalliteratur d. 18. u. 19. Jahrh.

Werner, Z.: Martin Luther, od. die Weihe der Kraft, s. a. Meyer's Volksbücher.

— Martin Luther, oder die Weihe d. Kraft. Eine Tragödie. 8. Berl. 807. Sander. 2 Rthlr. 20 gr. Velinp. 4 Rthlr. 12 gr.

— die Mutter d. Makkabäer; Tragödie in 4 A. gr. 8. Wien 820. Wallishausser. 1 Rthlr. 18 gr.

Werner, (Fr. L. Z.,) Posaunen des Weltgerichtes. Eine Predigt. Herausgeg. von einem Freunde des Seligen. Mit Vorwort v. J. G. Oettl. 8. Würzb. 825, Etlinger.

Werner, Friedr. Ludw. Zachar., die Posaunen des Weltgerichts. Eine Predigt. Mit einem Vorworte von Joh. G. v. Oettl. 2. unveränd. Aufl. Regensburg 856. Manz. 8. (29 S.) 3¾ ngr.

— Predigt, vorgetragen bei dem jährl. Dankfeste des Handlungs-Kranken-Instituts, d. 15. Mai 1815. gr. 8. Wien, Gerold. 3 gr.

— Predigt am 15. Mai gehalten, am Feste des heil. Augustins. gr. 8. Wien 815. Gerold. 4 gr.

—— nachgelass. Predigten. Geh. in d. J. 1814—16 in Wien, so wie in u. bei Aschaffenburg. gr. 8. (22½ B.) Wien 836, Wallishausser. 1 Thlr. 12 Gr., Vlnp.

Zacharias Werner. Adolf Müllner. Das Schicksals-Drama. Hrsg.: Ch. E. v. Houwald. Leipzig: Spemann.
= Deutsche National-Litteratur. 151.

Werner, Friedrich Ludwig Zacharias. Ausgewählte Schriften . . . Grimma 1840. H: *Zedlitz, Joseph Chn Frh. von & Andere.* (Th) (GGr)

—— ausgewählte Schriften. Aus seinem handschriftl. Nachlasse hrsg. v. seinen Freunden. Einzig rechtmäß. Orig.-Gesammtausg. 15 Bde. (od. 5 Lfgn.) 8. (202½ B.) Grimma 840, 41, Verlags-Comptoir. à Bd. ⅓ Thlr. 5 Thlr., hrbgs. Pr.
A. u. d. Ttln.:
Bd. 1—3. Poetische Werke. Hrsg. v. Jos. v. Zedlitz. 3 Bde.
Bd. 1. Gedichte bis z. Jahre 1810.
" 2. Gedichte v. J. 1810—23.
" 3. Geistliche Gedichte. — Disputa.

= 4—10. Dramatische Werke. 7 Bde.
Bd. 1., 2. Die Söhne des Thals. 2 Thle. Die Templer auf Cypern. — Die Kreuzesbrüder.
= 3. Mart. Luther, od.: Die Weihe d. Kraft. Histor. Schausp.
= 4. Das Kreuz an der Ostsee. Ein Trauersp. Wanda, Königin d. Sarmaten. Eine romant. Tragödie in 5 Acten.
= 5. Attila, König d. Hunnen. Eine romant. Tragödie in 5 Acten.
= 6. Der 24. Februar. Eine Tragödie in 1 Act. Cunegunde, die Heilige, röm.-deutsche Kaiserin. Romant. Schausp. in 5 Acten.
= 7. Die Mutter d. Makkabäer. Eine Tragödie in 5 Acten.
= 11—13. Ausgewählte Predigten. 3 Bde.
= 14., 15. Zacharias Werner's Biographie u. Charakteristik, nebst Orig.-Mittheilungen aus dess. handschriftl. Tagebüchern, hrsg. v. Schütz. 2 Bde. apart 1 Thlr. 12 Gr.

Die Söhne des Thales. Ein dramatisches Gedicht. [Von Friedr. Ludw. Zacharias **Werner.**] Th. 1. 2. Berlin: Sander 1803. 8⁰ [Kupfertit.]
1. D. Templer auf Cypern. IV, 346 S. 1 Kpfr.
2. D. Kreuzesbrüder. IV, 424 S. [Dasselbe.] 1804 IV, 424 S.

[Dasselbe.] [Mit Angabe des Verf.] 2. durchgängig verm. u. verb. Aufl. Ebendas. 1807—1819. 8⁰
1. VI, 392 S. 1 Kpfr. 1807.
2. VIII, 406 S. 1819.

[Dasselbe.] 3. mit des Verf. Lebens-Abriss verm. Aufl. Ebendas. 1823. 8⁰
1. VI, IV, 164, 392 S. 1 Kpfr.
2. VIII, 406 S. 1 Kpfr.
Wieder abgedr. in Schriften Werners Bd 4, 5. cf. AJ. 1 (1804) S. 455—462; A. 11 (1844—1845) S. 50—55; Fischer, R.: Geschichte d. Johloge Z. d. drei Kronen, Königsberg i. Pr. [1910] S. 126.
Kl. 4041, Tt. 2679, TB. 160. In Jamben. Verherrlicht die Templerei u. die höhere Gnosis.

Wieland, Christoph Martin: Tafel-Lied gesungen bei Wielands Einführung als Frey-Maurer in die ger. und vollk. □ Amalia zu Weimar den vierten April 1809. [Von Friedr. Ludw. Zacharias **Werner.**] [Weimar 1809.] 2 Bl. 4⁰ [Umschlagtit.]
Kl. 1803 Ohne Noten: „Ihr, der Menschheit treue Söhne, . . .“

[Andere Ausg. u. d. Tit.:]
Tafel-Lied am Tage der Einführung Wielands als Freimaurer in die ger. und vollk. □ Amalia in Weimar am 4ten April 1809. [Von Friedr. Ludw. Zacharias Werner.] [Weimar 1809.] 2 Bl. 8⁰ [Umschlagtit.]

[Dasselbe.] [Unterz.:] Friedr. Ludw. Zacharias Werner. o. O. [1809.] 2 Bl. 8⁰
Kl. 1803. Üb. Wieland s. Allgem. Deutsche Biographie Bd 42 1897 S. 400—419 (Koch); Goedeke: Grundriss zur Gesch. der deutschen Dichtung 2. Aufl. Bd 4 1891 S. 186 bis 208 d. In beiden Stellen reiche Literaturangaben.

WERNER, Friedr. Ludw. Zach. (trat 19. April 1811 zum Katholizismus über). — Die Tagebücher des Zacharias Werner (vom 19. Aug. 1808—14. Novbr. 1810).
Voll ungemein freier, stellenw. obscöner Reise-Notizen aus der Schweiz, Italien u. Deutschland. — Erster Druck, in: Der Amethyst. Heft 6, Mai 1906, S. 175—179. 4⁰.

Werner, Frdr. Ludw. Zachar. (1768–1823): Te Deum. Zur Feyer der Einnahme von Paris durch die zum heiligen Kriege verbündeten Heere. Nach dem lateinischen Hymnus der heil. Kirchenlehrer Ambrosius u. Augustinus. Mit beygef. Urtexte. Frankf. a. M., Andreä, 1814. 4⁰. Cart. 8 S. Sehr selten!

— — Theater. 6 Bde. M. K. 12. Prag und Wien, Haas. 816.

Werner, Fr. Ldw. Zach., geistl. Uebungen für drei Tage. 12. Wien 818. Wallishauser. 10 gr Hbg. Pr. 6 gr

— Wanda, Königin d. Sarmaten. 8. Tübing. (Stuttg.) 810. v. Cotta. 18 gr

Werner, Friedrich Ludwig Zacharias. Die Weihe der Unkraft nebst einer Antwort von einem Deutschen. Deutschland [Berlin] 1814. V: *Müchler, Carl.* (GGR VI, 95, 9) (BGE VIII², 378/9)

Die Weihe der Unkraft von *Fr. Ludw. Zacharias Werner.* Nebst einer Antwort von einem Deutschen *(Carl Müchler).* Deutschland (Berlin, Stuhr) 1814. 8⁰. 51 S.

— die Weihe d. Urkraft, ein Ergänzungsblatt zur deutschen Haus-tafel. Cum notis variorum, die besser sind als d. Text. gr. 8. Frankf. a. M. 814. Andreä. 6 gr Dass., nebst e. Antwort von e. Deutschen. 8. Berl. 814. Stuhr. 6 gr

Werner, Friedrich Wilhelm (Clausthal) A. S. 1336/48

Dissertatio de adfectuum remediis sanantibus.
Präs. Johann Friedrich Wucherer.
Jena (Ritter) 3. V. 1721. 24 S.

Gew.: Johann Matthias Meyenberg, Kaspar Wilhelm Werner (Vater). 36394

Werner, Fritz

— das Füsilier-Regiment General-Feldmarschall Graf Blumenthal, s.: Dalitz.

Werner, Fritz, aus Neurode: Ueber die Einwirkung des αα'-Lutidins auf Aldehyde. *Breslau 1903: H. Fleischmann.* (50 S.) 8⁰
Breslau, Phil. Diss. v. 27. Juni 1903

Werner, Fritz: Zwei Jahrhunderte unter dem Schwarzen Adler, s. Schultz, Edwin.

Werner, Fritz: Die Latinität der Getica des Jordanis. Halle 1908: Seele, Leipzig. XVI, 147 S. 8°
Halle, Phil. Diss. v. 7. Jan. 1909, Ref. Suchier
[Geb. 25. Febr. 83 Reinsdorf, Bez. Zwickau; Wohnort: Döbeln; Staatsangeh.: Sachsen; Vorbildung: Gymn. Zwickau Reife O. 03; Studium: Leipzig 3, Berlin 1, Leipzig 6 S.; Rig. 9. Juli 08.] [U 09. 1719

Werner, Fritz, Liederspiel zu Schuberts Säkularfeier am 31. I. 1897. (Verbind. Dichtg.) gr. 8. (13 S.) Leipzig 897. Gebr. Hug & Co. n. 1.—

Werner, Fritz, a. Leipzig: Untersuchungen über Salz- und Komplexsalzbildung bei Imidverbindungen. Weida i. Th. 1908: Thomas & Hubert. (52 S.) 8°
Leipzig, Phil. Fak., Ref. Hantzsch-Beckmann, Diss. v. 27. Juli 1908
[Geb. 25. Okt. 82 Leipzig; Wohnort: Stuttgart-Hohenheim; Staatsangeh.: Sachsen; Vorbildung: Realgymn. Leipzig Reife O. 02; Studium: München 1, Leipzig 10 S.]

Werner, Fritz: Das Wesen der Aktien-Zeichnung. Rechte und Pflichten aus der Zeichnung. (o. O. u. J.) (63 S.) 8°
Heidelberg, Jur. Fak., Ref. Schroeder, Diss. v. 22. Mai 1907
[Geb. 30. Juni 76 Weida (Großh. S.-Weimar); Wohnort: Erfurt; Staatsangeh.: Sachsen-Weimar; Vorbildung: Wilhelm-Ernst-Gymn. Weimar Reife O. 97; Studium: Leipzig 5, Jena 2 S.; Rig. 28. Febr. 07.]

Werner, G. Ein krystallographisches Anschauungsmittel. 28 S. **Progr.** Rg. *Stuttgart* 1882.

Werner, G. [pract. Arzt aus Breslau]: Beiträge zur Scharlach-Therapie ... Breslau, Druck v. S. Lilienfeld, 1888; 30 S. + 1 Bl. 8°
Freiburg i. B., Med. Fak., Inaug.-Diss. v. 1888.

Werner, G., Blicke aus meinem Eckstübchen ins Menschenleben. 8. (15 B.) Stettin 832, Hessenland.

[F.] **Werner**, G. [Justizrat u. Auditeur d. Garnison Ulm]: Erörterungen über die Grundzüge einer Strafgerichtsordnung für das Deutsche Heer ... Stuttgart, Druck v. W. Kohlhammer, 1896; 2 Bl., 64 S. 8.
Tübingen, Jur. Fak., Inaug.-Diss. v. 1896

Werner, G.: Formeln und Lehrsätze über die wichtigsten zum Dreiecke gehörigen Kreise. 32 S. 8° Wien, R.-OG. Als., Progr. 1873.

Werner, (Lieutenant) G., die Geschichte unseres Vaterlandes unter den Fürsten aus dem Hause Hohenzollern. Für Schulen. 8. Danzig 825. (Ewert). 12 K

Werner, (G.,) die Geschichte unseres Vaterlandes, unter den Fürsten aus dem Hause Hohenzollern. Für Schulen. 8. Danzig 825, Lohde.

—— die Geschichte uns. Vaterlandes unt. d. Fürsten aus d. Hause Hohenzollern. 2., verb. Aufl. — A. mit d. Umschl.-Tit.: Die Geschichte Preußens. 8. (7¼ B. u. 1 Tab.) Cöslin 836, Hendeß.

Werner, G., Kacholi, der tapfere Dakota-Häuptling, s.: Bibliothek interessanter Erzählungen.

— s. Miniaturbibliothek.

— Muscheln, gesammelt am Strande der Ostsee. 1e u. 2e Samml. 8. Cöslin 827, 28. Hendeß. 3 ß

—— Muscheln, gesammelt am Strande d. Ostsee. 2. Samml. gr. 8. (14½ B.) Cöslin 828, Hendeß.
Inh.: Die Romanze, od. d. Vaterfluch. — Der arme Jacob. — Der geheimnißvolle Thurm. — Die verkaufte Braut.
1. Bd. Ebendas. 1827. 1 Thlr. 12 Gr.

Werner, G., die Naturkunde. 2 Bde. 8. Calw 879. Vereinsbuchh. à Bd. * *M* 2. *
geb. à Bd. * *M* 2,75. *
Inhalt:
Bd. 1. Physik und Chemie. Nebst einem Anhang aus der Astronomie. (XVI, 375 S. mit 136 eingedr. Holzschn. und 1 Farbentaf.)
" 2. Naturgeschichte, enth. Mineralogie, Botanik, Zoologie, Geologie. (XII, 463 S. mit 245 eingedr. Holzschn.)

— die Rache. Denkwürdigkt. aus d. Leben des Ministers Battista Solani. Novelle. 8. Meiß. 832. Goedsche. 1 ß

—— die Rache. Denkwürdigkeiten aus d. Leben d. Ministers Battista Solani. Novelle. 8. (14½ B.) Meißen 832. [Leipzig, Rostosky u. Jackowitz.]

Werner, G., Dem Steiger sein Recht! [Essen-Ruhr, 1907.] 24 S.

Werner, G. (I.), mineralogische und geologische Tabellen. Für die Hand des Schülers an oberen Gymnasial- und Realklassen zusammengestellt. Lex.-8. (24 S. mit 30 Krystall-Fig. in eingedr. Holzschn.) Stuttgart 882, Knapp. *

Werner, G., Unfälle u. Erkrankungen im Ruhr-Bergbau. (46 S.) 8. Essen (908). (Leipzig, O. Maier.) —30

— Versuch e. allgem. Geographie, mit besond. Berücksichtigung d. preuß. Staats. Für Schulen. 8. Danzig 825. (Ewert). 12 K

Werner, (G.,) Versuch e. allgem. Geographie, mit besond. Berücksichtigung des preuß. Staats. Für Schulen. 8. Danzig 825, Lohde. Rthlr.

— Preußens Volk u. Heer. Ein Blick in d. Vergangenheit, Gegenwart u. Zukunft. 8. Danzig 825. Anhuth. 5 K

s. Volksbibliothek. 14. B.

Werner, G., Was kann der deutsche Bergbau von England lernen? Bericht über eine Reise zum Studium der Tarifverträge im englischen Bergbau. Essen-Ruhr, 1910. 72 S.

Werner, G.: Über das Wesen des Lichtes und des Schalles. Triest 1867. 41 p.
Schul-/Univ.-Schrift

—— Cypressen-Zweige. 2 Bde. 8. Cöslin, Hendeß.
Bd. 1. Das Kreuz auf Hela. — Führe uns nicht in Versuchung. — Ines de Castro. (16½ B.) 830. 16 Gr.
" 2. Der verlorne Sohn. — Liebe u. Täuschung. — Der Harfenspieler, od. Opfer um Opfer. (21 B.) 833. 21 Gr.

Werner, G. A., Regentenmaximen aus den Schriften Ludwig XIV., Friedrich II. u. Gustav III., in einem systemat. Zusammenhange. 2 Thle. 8. Wien 809. Bauer u. D. 2 ß 16 K

Werner, G. A., Regentenmaximen aus den Schriften Ludwig XIV., Friedrich II. u. Gustav III. in einem systemat. Zusammenhange. 2 Thle. 8. Wien, Bauer. (Leipz. J. G. H. Richter.) 812.

Werner (G. A.), Ausführliches und sistematisches Verzeichnis des Mineralien-Kabinets des Herrn K. E. Papst von Ohain. 2 Bände. Freyberg u. Annaberg 1791—92. 8.

Werner, G. W., Worte eines Sachsen an seine Landsleute bei d. 50jähr. Jubelfeier d. Regierung Friedrichs Augusts d. Gerechten. 4. Leipz. 824.

Werner, Geo., Algier. Eroberung durch die Franzosen, s. Volks-Bibliothek, wohlfeilste, 15. Bdchn.

Werner, Georg [pr. Arzt]: Über Ammoniakvergiftung Berlin, Druck v. M. Driesner, *1897*; 28 S., 2 Bl. 8.
Berlin, Med. Fak., Inaug.-Diss. v. 23. Apr. 1897

Werner, *Johann Ludwig Konrad* Georg [app. Arzt]: Über das Aneurysma popliteum und seine Behandlung ... Marburg, Univ.-Buchdr. '(C. L. Pfeil)', 1893; 57 S. 8.
Marburg, Med. Fak., Inaug.-Diss. v. [17. März] 1893

Werner, Georg [aus Klingenmünster in der Pfalz]: Über die Behandlung der Retroflexio uteri.... Strassburg, Buchdr. v. R. Schultz & Comp., 1888; 50 S. 8°
Würzburg, Med. Fak., Inaug.-Diss. v. 1888

Werner, Georg: **Beiträge** zur Lehre der **Chemotaxis der** Leucocyten. *Bonn 1900: J. Trapp.* (36 S.) 8°
Bonn, Med. Diss. v. [5. Juli] 1900

Werner, Georg [Assist. an d. agricultur-chem. Versuchsstat. zu Breslau]: Aus d. chem. Institut d. Univ. Breslau. Ueber die Einwirkung von m-Oxybenzaldehyd auf aliphatische und aliphatisch-aromatische Säuren ... Breslau, Druck v. Dr. R. Galle's Buchdr., 1896; 50 S., 3 Bl. 8.
Breslau, Phil. Fak., Inaug.-Diss. v. 28. Juli 1896

Werner, Geo., üb. d. Einwirkg. von m-Oxybenzaldehyd auf aliphatische u. aliphat.-aromat. Säuren. Diss. gr. 8. (50 S.) Breslau 896. (Schletter.) n. 1. —

Werner, Geo., Erzählungen für meine Kinder. 1. und 2. Bdchn. 8. Neu-Ruppin 848, Kühn. Leipzig, (Thomas.) à Bdchn. * 10 Ngr *
Inhalt:
Bdchn. 1. Die Reise ins Blaue. (119 S.)
" 2. Hüben und Drüben. (111 S.)

Werner, Geo., de l'exécution intercantonale des jugements des tribunaux pénaux suisses, s.: Verhandlungen des schweizer. Juristenvereins. 1908; I.

—— der amerikan. Freiheitskrieg, s. Volksbibliothek, wohlfeilste, 19. Bdchn.

— s. Fremdenführer, der illustrirte.

Werner, Geo., der illustrirte Fremdenführer durch Hamburg. Andenken an Hamburg u. seine Umgebungen. Mit 30 Ansichten in Stahlstichen nach A. H. Payne. Nebst Plan von Hamburg (in Fol.) Neue wohlf. Ausg. 16. (102 S.) Hamburg 847. Niemeyer. In Engl. Einbd. n. 1 1/2 Rthlr.

Werner, G., Führer durch bürgerliches Recht u. Prozeß f. Gerichtsschreibereibeamte. gr. 8. (VIII, 55 S.) Berlin 902. F. Vahlen. Kart. n. 1. 40

Werner, Georg [Praes.], s. Hake, Christian: De jure confusionis. Germanis: Wie das Recht aus der Verwirrung, wenn Glaubiger, Schuldner und Bürgen. durch Anweisung und Gegenrechnung etc. befangen, zu wickeln sey.

—— das illustrirte Hamburg, s. Fremdenführer.

Werner, Georg, aus Heilbronn a. N.: **Kondensationen von** Diazobenzolimid mit Cyaniden und Cyanessigester. *Tübingen 1903: H. Laupp jr.* (33 S.) 8°
Tübingen, Naturw. Diss. v. 1903

Werner, Georg [aus Berlin]: Gastrische Krisen als Initialsymptom einer Tabes dorsalis ... Berlin, Buchdr. v. Gustav Schade (Otto Francke) (1889); 31 + 1 S. 8°
Berlin, Med. Fak., Inaug.-Diss. v. 12. März 1889.

—— die Nachbarskinder. Eine Erzählung für die reifere Jugend, aus der vaterländ. Geschichte. 8. (V und 120 S.) Neu-Ruppin 850. (Leipzig, Thomas.) *

Werner, Geo., Prozeßvertretg. des Fiskus in Preußen u. im Reich, s.: Fritze, Ulr.

Werner, Georg (geb. Patschkau in Schles. 1. 6. 1848): Die Therapie der Schädelfracturen mit besonderer Berücksichtigung der Trepanation. Berlin (1872). (20 S.) 8°
Berlin, Med. Diss. v. 20. Juni 1872

Werner, G., Vorträge üb. das Binnenschiffahrtsrecht. Geh. im Oktbr. u. Novbr. 1902. Hrsg. v. der Handelskammer zu Magdeburg. (124 S.) gr. 8. Magdeburg 903. (Heinrichshofen's Sort.) n. 2. 50; geb. n. 3. —

Werner, Geo. Andr., († d. 16. Mai 1824.) prakt. Anleit. zur latein. Sprache, nach d. Bröderschen Grammatik mit J. G. Huttens Vorrede rc. 2 Thle. gr. 8. Stuttg. 792, 93. N. Aufl. 795. 1r Thl. 10e A. 822. 8 ggr. 2r Thl. 8e A. 823. 16 ggr. v. Cotta. 1 Rthlr.

Werner, G. A., prakt. Anleitung z. latein. Sprache, n. der Bröderschen Grammatik mit J. G. Hutten's Vorrede rc. 2 Thle. gr. 8. Tübingen, Cotta. (I. 809. 8 gr. II. 808. 16 gr.)

Werner, G. A., prakt. Anleitung z. latein. Sprache nach d. Bröderschen Grammatik. 2r Thl. neue Aufl. gr. 8. Tübingen, Cotta. 815.

Werner, G. A., prakt. Anleitung zur latein. Sprache. 2r Thl. 7te Aufl. gr. 8. Stuttgart, Cotta. 820.

— prakt. Anleit. z. latein. Sprache rc. 1r Thl. f. Anfänger. 10e Aufl. gr. 8. Wien 823, Wallishauser.

— Anleit. zum Uebersetzen aus d. Deutschen in d. Griechische. gr. 8. Stuttg. 804. v. Cotta. 1 Rthlr.

Werner's, G. A., Anleitung zum Übersetzen aus der deutschen in die griechische Sprache. Ausg. 3. Stuttg. 817. 8. 1 rthl.

— grammat. Elementarbuch, s. C. F. Roth.

Werner's, G. A., Latein. Lehrbuch für mittlere Klassen oder Sammlung interessanter Stücke aus den römischen Klassikern zur Vorbereitung auf das Lesen derselben. Mit Anmerkungen. Stuttg. 820. 8. 16 gr.

— griech. Lesebuch für Anfänger in e. grammat. Ordnung, nebst e. Anhange von verschied. Aufsätzen u. einem vollständ. Wortregister. gr. 8. Stuttg. 808. v. Cotta. 12 ggr.

— latein. Lesebuch für Anfänger, s. C. F. Roth.

— — lateinisches Lesebuch für mittlere Classen, in einer Sammlung interessanter Stücke aus den römischen Classikern, zur Vorbereit. auf d. Lesen derselben. gr. 8. Ebend. 820.

— latein. Lesebuch für mittlere Klassen, in einer Sammlung interessanter Stücke aus den röm. Classikern, zur Vorbereit. auf d. Lesen derselben. gr. 8. Stuttg. 825. v. Cotta. 1 Rthlr.

— latein. Uebungen. gr. 8. Ebend. 812.

— Uebungen zum Uebersetzen aus d. deutschen in d. latein. Sprache, für Knaben von 9—12 Jahren, nebst e. Anhang zur latein. Dichtkunst. gr. 8. Stuttg. 812. v. Cotta. 12 ggr.

Werner, Georg Franz (Bamberg) A. S. 171/21

De iure exemptionum fori declinatoriarum in processu mandati sine clausula.
Präs. Georg Friedrich Puels.
Bamberg (Klietsch) (6. XII.) 1780. 35 S.

36395

Werner, Georg Friedrich

Werner G. F.: Theoretisch-praktische Abhandlung üb. holzsparende Stubenöfen, Kochheerde u. Kochöfen. Hamb. 1797. (10) 228 S. 7 Tvl.

— theoret.-prakt. Abhandl. über Holz ersparende Stubenöfen, Kochheerde u. Kochöfen, mit 7 Kpf. gr. 8. Hamb. 797. Gundermann. (Aue in Altona). 1 rℓ

* Entwurf einer neuen Theorie der anziehenden Kräfte, des Ethers, der Wärme und des Lichts von *G. Fr. Werner*. (Fürst. Hess. Darmstädtischen Ingenieur-Lieuten. und öffentl. Lehrer der Messkunst in Giessen). Frankf. und Leipz. 8. 116 S. 1788.

Werner, Geo. Fr., († d. 23. April 1798.) Entwurf einer neuen Theorie d. anziehenden Kräfte des Aethers, d. Wärme u. des Lichts. 8. Frankf. 788. Varrentrapp. 8 ℊ

— s. Journal für Wahrheit.

— erster Versuch e. allgem. Aetiologie. 16 Buch. 8. Marb. 792. Krieger. 1 rℓ

Werner, Geo. Hnr., († d. 22. Jan. 1789.) Anweisung, alle Arten von Prospekten nach den Regeln d. Perspektiv von selbst zeichnen zu lernen rc. gr. 8. Erfurt 781. Keyser. 14 ℊ

— Anweisung, nach den Regeln d. 5 Säulenordnungen alle Vertikal- u. Horizontalgemälde zu zeichnen rc. gr. 8. Erfurt 782. Keyser. 12 ℊ

— Anweisung zu Zeichenkunst rc. m. K. 8. Erfurt. (Benj. Fleischer in Lpz.) 775.

— Anweis. zur Zeichenkunst durch d. Geometrie. 1r — 7r Thl., mit 183 Kpf. gr. 8. Erfurt ... 2e Aufl. 8. Götting. 796. Vandenhöck u. R. 2 rℓ 12 ℊ 8r u. 9r Thl., mit Kpf. gr. 8. Erfurt 781, 82. Keyser. 1 rℓ 2 ℊ

— Anweis. zur Zeichenkunst d. vierfüßigen Thiere. 8. Erf. 766.

— Anweis. in d. Zeichenkunst, wie d. Theile d. Menschen durch geometr. Regeln u. nach d. vollkomm. Ebenmaß ganz leicht zu zeichnen sind. Mit Kpf. 8. Erfurt 768. 2e verm. Ausg. 776. (Fr. Fleischer in Leipz.) 12 ℊ

— Erlernung d. Zeichenkunst durch gründl. Anweis. d. d. Geometrie u. Perspectiv rc. 7 Thle. m. 183 K. gr. 8. Erfurt, Hagen. (Feind in Lpz. auch Schneider in Götting.) 796.

— — desselben 8r u. 9r. Thl. m. K. gr. 8. Erfurt, Keyser. 781 — 82.

* Die Erlernung der Zeichen-Kunst durch die Geometrie und Perspectiv von G. H. W. Cehnet 1763. In 8. 1 Titelkupfer, 6 Bl. Zuschr. und Vorr. welche 1764. datirt ist, 160 Seiten, 2 Bl. Register, 19 Kupfertaf. 1764.

Der andere Theil hat den vorigen Kupfertitel, 110 Seiten, 1 Bl. Register, 11 Kupfertafeln. Der Urheber schreibt sich unter der Zuschrift, *George Heinrich Werner*, der Röm. Kayserl. und Churfürstl. Maynzischen Akademie freyer Künste und nützlichen Wissenschaften in Mathese Mitglied, wie auch Sr. Hochfürstl. Durchl. in Sondershausen Hoffmedailleur.

— die Erlernung d. Zeichenkunst durch d. Geometrie u. Perspektiv. 8. Erfurt 764.

— Erlernung d. Zeichenkunst durch Geometrie u. Perspektiv, nebst Anweis. zur Zeichenkunst d. Blumen, Thiere, Landschaften u. Anatomie. 8. Erfurt 775.

Werner, G. H.: Ausführl. Unterricht zur Feldmeßkunst, s. Unterricht.

WERNER, Georg Heinrich: Mathematischer Unterricht in Verbesserung des Forstwesens zu Cameral- und allgemeinen Benutzungen, benebst einer vorzüglichen Anmerkung, wie sumpfige Oerter durch Holzanpflanzung zu benutzen, und was ein Forstbedienter hierbey zu beobachten hat. - Bayreuth 1775. - Dass. ebd. 1780. 1 Alphab. u. 2 Bog. - 2. Aufl. Bayreuth 1797. 386 S., XXIV, Taf. - Neue Aufl. Leipzig 1813

Werner G. H.: Mathematischer Unterricht in Verbesserung d. Forstwesens ... benebst einer vorzüglichen Anmerkung, wie sumpfige Oerter durch Holzanpflanzung zu benutzen ... Bayreuth 1780. 386 S. 24 Tvl.

— mathemat. Unterricht in Verbesserung des Forstwesens zu Cameral- u. allgem. Benutzungen rc. Mit Kpf. 8. Bayr. 780. Lübeck. 20 ℊ 2e Aufl., mit 24 Kpf. 8. Leipz. 813. Hinrichs. 20 ℊ.

— nützl. Unterricht zu d. Landschaftszeichnen. 8. Erf. 767.

— Unterricht, wie die zur Zeichenkunst gehörige Anatomie, Maler, Bildhauer u. Anfänger d. Chirurgie zu erlernen haben. 8. Erfurt 770.

Werner, Geo. Heinr. Wilh., die verschiedenen Arten der Zubereitung u. Benutzung des Mais oder Welschkornes im In- u. Auslande, als Nahrungsmittel für Menschen, Futter für die Hausthiere u. zu mancherlei andern häuslichen u. gewerblichen Zwecken. Frankfurt a. M. 859. Brönner. (Ch. Winter.) 8. (VIII, 93 S. u. 1 Holzschntaf.) n. 8 ngr.

Werner, G. H. W., der Mais, auch türkischer Weizen, Kukuruz oder Welschkorn genannt. Sein Anbau und seine verschiedenartige Benutzung, nebst Beschreibung einer einfachen Handmaismühle. Von der 18. Versammlung deutscher Land- u. Forstwirthe zu Prag gekrönte Preisschrift. Mit 2 (lith.) Taf. Abbildgn. (in 4.) Darmstadt 857. Leske. 8. (XVI, 68 S.) 15 ngr.

—— der Mais, auch türkischer Weizen, Kukuruz oder Welschkorn. Sein Anbau und seine verschiedenartige Benutzung, nebst Beschreibung einer einfachen Handmaismühle. Gekrönte Preisschrift. 1. Aufl. 1857. * 15 Ngr. und 2., wohlf. (Titel-)Ausg. 8. (XVI und 68 S. mit 2 Stnt. Abbild. in gr. 4.) Darmstadt (857)60, Zernin. *

Ultramontanismus und Odd-Fellowtum. Eine Kritik der Schrift des Jesuiten Hildebrand Gerber [d. i. Herm. Gruber]: „Der Odd-Fellow-Orden und das Dekret der Kongregation der Inquisition vom 20. Aug. 1894." Von Georg J. F. Werner. Leipzig: Leibing 1897. 48 S. 8⁰.

Werner, Georg Philipp (Balingen) Thl. I, 238

Förtsch, Michael: Dissertationum theologicarum selectarum decas. Tübingen (Cotta) 1704.

15 Resp. 36396

Werner, Gf., († 1801.) Anleit. zu Fabrik- u. Manufaktur-Anlagen. 8. Dresd. 775. Walther. 4 ℊ

— kurzes Examen über d. christl. Lehre, für diejen., die zum erstenmal zum Tisch des Herrn gehen wollen. ... 754. 12. ... 3e A. 12. Waldenburg 779.

WERNER'N, Gotth. Hiſtoriſch-philologiſche Unterſuchung von den mancherley Arten der Küſſe. Vormals in Latein ... ins Teutſche überſetzt. Chemnitz 1727. (Neudruck unter dem Titel: Das Buch von den Küſſen.) Bei Blochs Selbſtverlag, Grimma 1852. 8°.

Werner, Gotthard, prakt. Arzt, a. Alt-Röhrsdorf, Kr. Bolkenhain-Schlesien: Aus d. chirurg. Universitäts-Klinik Greifswald. Ein Fall von traumatischem Aneurysma spurium arterio-venosum der obern Extremität. (Greifswald 1908: H. Adler. (52 S.) 8°

Greifswald, Med. Fak., Ref. Payr-Sauerbruch, Diss. v. 6. April 1908

[Geb. 28. März 80 Alt-Röhrsdorf, Kr. Bolkenhain (Schlesien); Wohnort: Kuranstalt Dietenmühle b. Wiesbaden; Staatsangeh.: Preußen; Vorbildung: Joachimsth. Gymn. Reife O. 99; Studium: Breslau 4, Berlin 3, Greifswald 2 S.; Coll. 3. Juni 04; Approb. 17. Juni 04.]

WERNER, GOTTHILF. Die Färbung der Löthrohrflamme durch Alkalien und Erdalkalien. (Tübingen) Stuttgart, 1864.

Werner, Gtthlf., († d. 2. April 1785.) Kern-Geographie. Mit 8 Landkärtchen. 8. Leipz. 740. 2e A. 751. 3e A. 761. 4e A. 764.

Werner, Ghilf., Leitfaden zum Studium der Krystallographie. Hannover 867. Rümpler. 8. (VI, 145 S. mit 82 in den Text eingedr. Holzschn.) n. 24 ngr.

Werner, Gottlob Ernst (Dresden) A.S. 257/14

Disputatio inauguralis juridica de probatione pertinentiarum feudalium. Präs. Gottfried Ludwig Mencken. Wittenberg (Gerdes) X. 1723. 19 S., 2 Bl.

Gew.: Christoph von Wackerbarth. 36398

Werner, Gottlob Ernst (Dresden) A.S. 136/21

Disputatio inauguralis juridica de probatione pertinentiarum feudalium Vom Erweiss derer Lehns-Zubehörungen. Präs. Gottfried Ludwig Mencken. Rec. Wittenberg 1741. 23 S., 2 Bl.

Diss. 10. X. 1723. 36399

Werner, Gottlob Ernst (Dresden) A.S. 1157/22

Dissertatio medico-legalis de infanticidii imputati signis diagnosticis. Präs. Christian Vater. Wittenberg (Gerdes) II. 1722. 24 S. 36397

Werner, Guido, zur Histologie der glatten Muskulatur. Diss. gr. 8. (59 S. m. 1 Taf.) Jurjew (Dorpat) 894. (E. J. Karow.) n. 1. 50

Werner, G., die Schiffsmühle in der Donau, s. a. Volks-Erzählungen, kleine.

Werner, Guido, die Schiffsmühle in der Donau. Erzählung aus dem Ungarlande. gr. 16. (62 S.) Mülheim 877. Bagel. n. — 25

Werner, Gust., deutsches und lateinisches Alphabet. qu. 4. (4 Stnt.) Görlitz 869, (Wollmann.) [Vierling.] * — 20

Werner, Gust., der Friedensbote. Eine Zeitschrift f. das Reich Gottes. In zwanglosen Hftn. hrsg. 1. Hft.: Die Entscheidung. (u.) 2 u. 3. Hft. 8. (IV u. 166 S.) Reutlingen 851. 52. Agentur des Bruderhauses. (à 1/6 Thlr.) 1/2 Thlr.

Werner, Gust., der Friedensbote. Eine Zeitschrift für das Reich Gottes. In zwanglosen Heften hrsg. 1—3. Heft. 8. (IV und 166 S.) Reutlingen 851 — 52, Agentur des Bruderhauses. à Heft 5 Ngr.

Werner, Gust., der Friedensbote. Eine Zeitschrift für das Reich Gottes. 4. Heft. 8. (S. 167—248.) Reutlingen 853, Agentur des Bruderhauses.
1—3. Heft. Ebendas. 1851—52. 15 Ngr.

Werner, Gust., und Gust. Adolf Süskind, Handbuch der württembergischen Ehe-Gesetze, s. Süskind, G. A.

Werner, Gust., die Konfirmationsfragen. Ein Leitfaden. (20 S.) 8. Leipzig 906. A. Deichert Nachf. n.n. — 15; Geleitswort (12 S.) — 40

Die Papierfabrik zum Bruderhaus [in Dettingen a. d. Erms] und ihre Eröffnung. Ein Vermächtnis an die Seinen. Von Gustav Werner. — Reutlingen: Agentur des Bruderhauses 1851. 22 S. 8°
Aus: Friedensbote.

Werner, Gust., Reden aus dem Wort. Eine Predigtsamml. (1—3. Lfg.) gr. 8. (14 B.) Tübingen 839, 40, Zu-Guttenberg, Vrlsh.

Werner, Gust., Reden aus dem Wort. 3. Liefg. gr. 8. Tübingen 841, Zu Guttenberg. n. 1/6 Thlr.

Werner, Gust., Reden aus dem Wort. Eine Predigtsammlung. 2. verm. Aufl. 1. Abth. Stuttgart 863. Rommelsbacher. gr. 8. (VIII, 295 S.) n. 22 ngr.

— Repertorium der Armengesetze in Württemberg. s. Süskind, G. A.

Werner, Gust.: Repertorium der evangelischen Kirchengesetze in Württemberg. s. Süskind, G. A.

Werner, Gust., Görlitzer Sagen f. Schule u. Haus. 16. (III, 36 S.) Görlitz 872. Vierling. n. — 30

Werner, Gust., Görlitzer Sagen f. Schule u. Haus. Gesammelt u. nacherzählt. 4. Aufl. 12. (III, 38 S.) Görlitz 893. O. Vierling Nachf. n. — 30

— s. Em. Swedenborg, Scripta Novae Domini ecclesiae.

Das Verwaltungsedikt für die Stiftungen im Königr Württemberg. s. Süskind, G. A.

Gust. Adolph. Werner diss. de origine ac progressu luis venereae animadversiones quaedam. Lips. 1819. 4.

Werner, H. [aus Bolchen in Lothringen]: **Ein Beitrag zur Kenntnis des Terpinens und Phellandrons.** ... **Bonn, Univ.-Buchdr. v. Carl Georgi,** 1890; 41 S. 8°
Erlangen, Phil. Fak., Inaug.-Diss. v. 1890

WERNER (H.). Beobachtungen ... Erscheinungen im ... Pflanzenreich. Tueb. 1831. 8°.

Werner, (Schneidermstr.,) H., Damen-Schnitte. 3 lith. Bogen in Imp.-Fol. Leipzig 841, Pönicke u. Sohn. 1/2 Thlr.

— Herren-Schnitte. 6 lith. Bogen in Imp.-Fol. Ebend. 841. 3/4 Thlr.

Werner, H., s.: **Kalender f. preuss. Lehrer-Bildungsanstalten u. Kreisschulinspektoren.**

Werner, (Schneidermeister in Leipzig) H., die Kunst in zwei Stunden das Zuschneiden aller Herren- u. Damen-Kleider zu erlernen, oder faßliche, durch Muster u. Schablonen erläuterte Anweisung, Herren- u. Damen-Kleider jeder Art u. Größe und nach jeder Mode so zuzuschneiden, daß sie gefertigt passend, bequem u. elegant sitzen. gr. 8. Leipzig 840. Pönicke u. Sohn. Verklebt 1/2 Thlr.

Werner, H., Jean Dominique Larrey. Ein Lebensbild aus der Geschichte der Chirurgie. Nach seinen Memoiren entworfen. gr. 8. (87 S.) Stuttgart 885. Enke. n. 2. 40

Werner, H., Prov. Posen. Das Land u. seine Bewohner, dargestellt. 8. (32 S. m. 1 Kartenskizze u. 1 chromolith. Heimatkarte.) Breslau 888. F. Hirt. n. — 30; als Anh. zu den Volksschullesebüchern v. Ed. Bock, J. Lepke, Günther u. Strübing, sowie Preuß u. Vetter (ohne Heimatkarte) n. — 10

Werner, H., die Prov. Posen. Das Land u. s. Bewohner. E. Ergänzg. zu jedem Volksschullesebuche. (Umschlag: Heimatkunde der Prov. Posen.) 3., durchgeseh. Aufl. gr. 8. (32 S. m. 1 Kartenskizze u. 2 farb. Karten.) Breslau 898. F. Hirt. n. — 30

— Sommer-Moden f. Damen. 1 lith. Blatt in Imp.-Fol. Ebend. 841. 1/4 ℛ

— Sommer-Moden f. Herren. 1 lith. Blatt in Imp.-Fol. Ebend. 841. 1/4 ℛ

Werner, H., drei Tage im Hause Gustav Werners des Reise-Predigers. Ein Beitrag zu Verständigung über ihn. gr. 8. (6 ¾ B.) Ulm 843. (Aderf, Müller's Buchh.)

— drei Tage im Hause Gustav Werners, des Reise-Predigers. Ein Beitrag z. Verständ. über ihn. gr. 8. Ulm 843, Seitz. 1/3 ℛ

Werner, H. A., Materialien zum Uebersetzen aus dem Deutschen in's Englische für obere Klassen höherer Schulen. Vorbereitender Theil. Zur Repetition der Formenlehre, sowie zur Einübung der wichtigsten Regeln der Syntax u. Wortfolge. Leipzig 870. Teubner. gr. 8. (VIII, 239 S.) 21 ngr.

—— dass. — 1. Thl. [in 2 Heften: Text und Präparationen.] gr. 8. (VI, 128; 115 S.) Ebendas. 868. 2 70

Werner, H. A. D., die Angelfischerei, nach allen ihren verschiedenen Betriebsweisen dargestellt. Nebst genauen Belehrungen über die Selbstverfertigung der Angelgeräthe u. s. w. 1. Aufl. 845. u. 2. Aufl. 8. (à 4 B.) Quedlinburg 846, Basse.

Werner, H. G. C., der vollkomm. Kunstbäcker u. Conditor. Od. gründl. Anweis., alle Arten Torten, Kuchen u. feines Backwerk, so wie Macaronen, Dragées 2c. zu verfertigen, u. alle Sorten feiner Liqueurs 2c. zu destilliren. 3., verb. Aufl. 8. (18 B. u. 4 Stnt.) Quedlinburg 833, Basse.

Werner, H. H., Zwei der Stillen im Land u. andere Novellen. (III, 183 S.) 8. Leipzig 904. E. Avenarius. n. 3.—; geb. in Leinw. n. 4. —

Werner, H. M., De Polybii vita et itineribus quaestiones chronologicae. Diss. 1877. 47 S.

WERNER, H. N. Die Einwirkung von Phosphoroxychlorid auf Piperidin und Diäthylamin. Rostock, 1896.

Werner, H. S., Süd-Europäische Kriegsgemälde. Aus d. Jahren 1806—1816. Nach Selbsterlebnissen niedergeschrieben. gr. 8. (11⅛ B.) Berlin 844, (C. H. Schultze.)

Werner, H. S., Süd-Europäische Kriegsgemälde. Aus den Jahren 1806—1816. Nach Selbsterlebnissen niedergeschrieben. gr. 8. Berlin 844. (Wolff u. Co.) 1 ℛ

Werner, H. Thdr., die richtigste Art Kartoffeln zu bauen, um den höchstmöglichsten Ernte-Ertrag zu erzielen, u. soviel als es nur möglich ihrer Krankheit entgegenzuwirken. 16. (16 S.) Kassel 852. (Raabé & Co.) baar n. n. 1/4 ℛ

Werner, H. Thdr., die richtigste Art Kartoffeln zu bauen, um den höchstmöglichsten Ernte-Ertrag zu erzielen, und soviel als es nur möglich ihrer Krankheit entgegenzuwirken. 16. (16 S.) Kassel 852, (Württenberger.) **

Werner, Hanns, „Dodo". Gedichte. (65 S.) 8. Dresden 910. E. Pierson. 1.50; geb. n 2.50

Werner, Hans. Fachkunde des Kleidermachergewerbes, s.: Salatsch, Adf.

Werner, Hans, Jung-Walther. E. Sang v. Kyffhäuser aus Deutschlands Blütetagen. 8. (96 S. m. 1 Abb.) Elberfeld 896. (Buchh. d. Erziehungs-Vereins.) 1. 30; geb. in Leinw. n. 1. 60

[F.] Hans Werner. Jung-Walther. E. Sang vom Kyffhäuser aus Deutschlands Blütetagen. *Elberfeld: A. Fostenrath [1896?]*. (95 S.) 1 Bd 8. (56. 6387

Licht. Schauspiel in 4 Akten von Hans **Werner**. Berlin-Leipzig: C. Wigand 1909. 69 S. 8°

Werner, Hans, Licht. Schauspiel in 4 Akten. (69 S.) 8. Leipzig 909. Modernes Verlagsbureau. 2. —

Werner, Hans, in Liebesbanden, s. Bakin.

Werner, Hans, a. Mannheim: Kritische Studien und Experimentaluntersuchungen über die elektrolytische Dissoziation in verschiedenen Lösungsmitteln. Freiburg i. B.: Speyer & Kaerner 1906. (82 S.) 8°

Freiburg i. B., Phil. Fak., Ref. Gattermann, Diss. v. 1906

[Geb. 13. Sept. 78 Mannheim; Wohnort: Freiburg i. B.; Staatsangeh.: Baden; Vorbildung: Realgymn. Karlsruhe Reife Juli 98; Studium: Heidelberg 3, Berlin 1, Freiburg i. B. 4 S.; Rig. 21. Juli 05.]

Werner, Hans, Schaffhausen: Verfassungsgeschichte der Stadt Schaffhausen im Mittelalter. Schaffhausen 1907. VIII + 276 S. 8°.

Bern. Jur. Diss. 1906/1907.

Werner, Hans. Verfassungsgeschichte der Stadt Schaffhausen im Mittelalter. Diss. Jur. Bern. VIII + 276 S. 8. Schaffhausen, Buchdr. Paul Schoch, 1907. [fr. 1. 50]

Werner's, Heinr., Autorensammlung. Kurze Biographien der Verfasser der Lesestücke in pfälzischen, sächsischen und hessischen Volksschul-Lesebüchern. 16. (X, 331 S.) Speyer 888, (Kleeberger.) * 1 20

Werner's, H., Autorensammlung. Speyer 888, Rederer u. Comp. [1 20] * — 50

Werner, Heinrich [Assistenzarzt a. d. amb. Klinik f. Kehlkopf- etc. Kranke, Heidelberg]: Beiträge zur Kenntniss der sogenannten Papillome des Kehlkopfes ... M. e. Doppeltaf. Heidelberg, C. Winter's Universitätsbuchh., 1894; 1 Bl., 81 S., 1 Taf. 8.

Heidelberg, Med. Fak., Inaug.-Diss. v. [2. Aug.] 1893

Werner, Heinr., Beiträge zur Kenntniss der sogenannten Papillome des Kehlkopfes. gr. 8. (81 S. m. 1 Doppeltaf.) Heidelberg 894. C. Winter. n. 2. 80

Werner, *Otto* Heinrich [aus Mühlhausen i. Thür.]: Die Dicke der menschlichen Gelenkknorpel ... Berlin, Druck v. E. Ebering, *1897;* 72 S., 1 Bl., 3 Taf. 8.

Berlin, Med. Fak., Inaug.-Diss. v. 15. Juni 1897

Werner, Heinr., Leitfaden zum Unterrichte in der Bibelkunde und im Kirchenjahr für evangelische Schulen und zum häusl. Gebrauche. 8. Aufl. 12. (27 S.) Lahr 879, Schauenburg. *

Werner, H., Leitfaden zum Unterricht in der Bibelkunde u. im Kirchenjahr f. evangel. Schulen u. zum häusl. Gebrauche. 12. Aufl. 12. (24 S.) Lahr 890. Schauenburg. n. — 20

Werner, Heinr., Leitfaden zum Unterricht in der Bibelkunde u. im Kirchenjahr f. evangelische Schulen u. zum häusl. Gebrauche. 13. Aufl. 12. (24 S.) Lahr 893. M. Schauenburg. n. — 20

Werner, Heinr., Leitfaden z. Unterr. in der Bibelkunde u. im Kirchenjahr f. evang. Schulen u. zum häusl. Gebrauche. 14. Aufl. 12. (24 S.) Lahr 898. M. Schauenburg. n. — 20

Werner, Heinr., Leitfaden zum Unterricht in der Bibelkunde u. im Kirchenjahr f. evangel. Schulen u. zum häusl. Gebrauche. 15. Aufl. 12. (24 S.) Lahr 900. M. Schauenburg. n. — 20

Werner, Heinr., über d. Nieren beim Schwarzwasserfieber m. besond. Berücksicht. der Therapie der Anurie, s.: Archiv f. Schiffs- u. Tropenhygiene. 1907. 6. Beiheft.

Werner, Heinrich, Lehramtsaccessist: Die Flugschrift 'onus ecclesiae'. *Giessen 1900: v. Münchow.* (37 S.) 8° ¶ [Erschien vollst. 1901 bei Ricker in Giessen.]
Giessen, Phil. Diss. v. 1900

Die Flugschrift 'onus ecclesiae' ⟨1519⟩ mit e. Anh. über sozial- u. kirchenpolit. Prophetien. Ein Beitrag z. Sitten- u. Kulturgesch. d. ausgehenden Mittelalters von Heinrich Wornor, Dr. phil. *Giessen: J. Ricker 1901.* (106 S.) 8° (01. 5393 7

Werner, Heinr., s.: Reformation, die, des Kaisers Sigmund.

Werner, Heinr., die Schutzgeister, od. merkwürd. Blicke zweier Seherinnen in die Geisterwelt, nebst d. wunderbaren Heilung e. zehn Jahre stumm Gewesenen durch d. Lebensmagnetismus, u. e. vergleich. Uebersicht aller bis jetzt beobacht. Erscheinn. desselben. gr. 8. (42 B.) Stuttgart u. Tübingen 839, Cotta'sche Buchh.

— Studien üb. pathogene Amöben, s.a. Archiv f. Schiffs- u. Tropenhygiene. 1908. 11. Beiheft.

Studien über pathogene Amöben. Von Dr. Heinrich Werner, Stabsarzt. Nach e. Vortrage, geh. zu Köln 1908. ⟨Aus d. Seemannskrankenh. u. Inst. f. Schiffs- u. Tropenkrankh. in Hamburg.⟩ Mit 6 Taf. Leipzig: Barth 1908. 17 S. 8°
(Archiv f. Schiffs- u. Tropenhygiene. Bd 12, Beih. 11.)

—— die Symbolik d. Sprache, mit besond. Berücksichtigung d. Somnambulismus. gr. 8. (12⅛ B.) Stuttgart u. Tübingen 841, Cotta'scher Verl.

Werner, Heinrich, aus Hildesheim: Der Vegetarismus im Gegensatze zur modernen Ernährungstheorie. *Erlangen 1899: E. Th. Jacob.* (40 S.) 8°
Erlangen, Med. Diss. v. 6. März 1899

Werner, Heinr., s. Wolf, Hugo: Briefe an Oskar Grohe.

Werner, Herbert, a. Kattowitz O.-S., Referendar am Königl. Landgericht zu Gleiwitz: Die rechtliche Stellung des Kaufpreisbürgen bei Sachmängeln nach dem Recht des B.G.B. Kattowitz O.-S. 1907: Gebr. Böhm. (VI, 43 S.) 8°
Erlangen, Jur. Fak., Ref. Binder, Diss. v. 10. Dez. 1907
[Geb. 3. Juni 84 Kattowitz, O.-S.; Wohnort: Gleiwitz; Staatsangeh.: Preußen; Vorbildung: Gymn. Kattowitz Reife O. 03; Studium: Breslau 2, München 1, Berlin 2, Breslau 1 S.; Rig. 31. Okt. 07.]

Werner, Herm. (I.). Tägliche Andachten, s. Tiesmeyer, L.

Werner, Hermann: Bestimmung der grössten Untergruppen derjenigen projectiven Gruppe, welche eine Gleichung zweiten Grades in *n* Veränderlichen invariant lässt. . . . Leipzig, Druck v. B. G. Teubner, 1889; 2 Bl. + 48 S. 8°
Leipzig, Phil. Fak., Inaug.-Diss. v. 13. Sept. 1889

Werner, Herm., biblische Bilder in erbaulichen Betrachtungen. 1. Heft. gr. 8. (48 S.) Langenberg 879, Joost.

Werner, Herm., biblische Bilder in erbaulichen Betrachtungen. 2.—7. (Schluß-)Heft. gr. 8. (S. 49—340.) Langenberg 880, Joost. à Lfg. * 60 Pf.; compl. * ℳ 3,50.; geb. *
1. Heft. Ebendas. 1879. * 60 Pf.

Werner, Herm., aus dem Bilderschatz der Bibel, s. Tiesmeyer, L.

Werner, Herm., Blicke ins Jenseits od. christl. Lehre vom Zustand nach dem Tode. 8. (VII, 197 S.) Elberfeld 875. Buchh. der evangel. Gesellschaft in Comm. n. 1. 50

—— Blicke ins Jenseits oder die christliche Lehre vom Zustand nach dem Tode. 2. verm. und verb. Aufl. (VIII, 182 S.) 885; 3. verm. und verb. Aufl. gr. 8. (VIII, 212 S.) Berlin 886, Deutsche Evangel. Buch- und Tractat-Gesellschaft. * 1 80
geb. ** ℳ 2.50.; geb. mit Goldschn. ** 2 75

Werner, Herm., Blicke ins Jenseits od. die christl. Lehre vom Zustand nach dem Tode. 4., verm. Aufl 8. (X, 234 S.) Berlin 892. Deutsche Evangel. Buch- u. Tractat-Gesellschaft. n. 1. 80; geb. n.n. 2. 50

—— zum Gedächtnis von Kaiser Friedrich III. Predigt, gehalten bei der Trauerfeier am 24. Juni 1888. gr. 8. (15 S.) Langenberg 888, Joost. — 15

Werner, Herm., Gedanken üb. die Stadtbauplangestaltung in der Umgebung des neuen Stuttgarter Hauptbahnhofs. (32 S. m. 4 Planzeichngn.) gr. 8. Stuttgart 910. K. Wittwer. — 80

Werner, Herm., die psychische Gesundheit Jesu, s.a. Zeit- u. Streitfragen, biblische. IV, 12.

Die psychische Gesundheit Jesu. Von Hermann Werner, em. Pastor, Andernach. 3. Taus. Gr. Lichterfelde-Berlin: Runge 1908. 64 S. 8°
(Biblische Zeit- u. Streitfragen. Ser. 4. H. 12.)

— Giebt es eine Seele?, s. Zeitfragen des christlichen Volkslebens.

Werner, Herm., die Heilsordnung in vier Betrachtungen. 1. Aufl. * ℳ 1., und 2. Aufl. 8. (III, 116 S.) Elberfeld 873, Buchh. der evangel. Gesellschaft. * — 80

Werner, Herm., die Heilsordnung, dargest. v. W. Neue Ausg. 12. (138 S. m. Titelbild.) Barmen 898. Wupperthaler Traktat-Gesellschaft. n. — 40;
kart. n. — 60; geb. in Leinw. n. — 80

Werner, H[ermann]. Kann das Christentum geisteskrank machen? (Sonderabdruck aus: Glauben und Wissen ... [Jahrg. 3, 1905, Heft 12].) 14 S. gr.-8. Askona, C. von Schmidtz, 1906. [fr. —.40]

Werner, Herm., die Kolik des Pferdes u. ihre Behandlung. Für Tierärzte u. Veterinärstudierende sowie f. Offiziere u. die interessierten Sport- u. wirtschaftl. Kreise. (IV, 90 S.) 8. Leipzig 904. Berlin, R. C. Schmidt & Co. Geb. in Leinw. n. 3. —

Ⓑ **Werner,** Herm., d. Kolik d. Pferdes. 904. (KBL 34.) Jetzt: Hannover, M. & H. Schaper.

Werner, Herm.: Christi Leidensgeschichte das Meisterwerk der göttlichen Vorsehung, s.a. Handreichung zur Vertiefung christlicher Erkenntnis. 7. H.

Christi Leidensgeschichte das Meisterwerk der göttlichen Vorsehung. Von Hermann Werner, em. Pfarrer in Düsseldorf-Grafenberg. Gütersloh: C. Bertelsmann 1902. (106 S.) 8°
(Handreichung z. Vertiefung christl. Erkenntnis. H. 7.)

Werner, Hermann [Dr. aus Sigmaringen]: Über die Scharlacherkrankungen des Gehörorganes ... M. e. Taf. Würzburg, kgl. Universitätsdr. v. H. Stürtz, 1892; 30 S., 1 Bl., 1 Taf. 8.
Würzburg, Med. Fak., Inaug.-Diss. v. 1892

Werner, Herm., der Schulgarten. [Aus: „Neue Blätter aus Süddeutschland f. Erziehg. u. Unterricht".] gr. 8. (IV, 39 S.) Stuttgart 891. Belser's Verl. n. — 50

Werner, Herm., der Sezessions-Tischler. Entwürfe v. Gebrauchs- u. Ziermöbeln in streng moderner Stilrichtg. I. Serie. 24 Lichtdr.-Taf. (In 4 Lfgn.) 1. Lfg. gr. Fol. (6 Lichtdr.-Taf. m. 1 S. Text.) Berlin (902). B. Hessling. n. 4. 50

Werner, Herm., der Sezessions-Tischler. Entwürfe v. Gebrauchs- u. Ziermöbeln in streng moderner Stilrichtg. I. Serie. 2.—4. (Schluss-)Lfg. (18 Lichtdr.-Taf. m. 2 Bl. Text.) gr. Fol. Berlin (903). B. Hessling. à n. 4. 50

(B) **Werner,** Herm., d. Sezessionstischler. 902. 903. (KBL 32. 34.) Erm. Pr. in Mappe 6. —

Der Sezessions-Tischler. Entwürfe von Gebrauchs- u. Ziermöbeln in streng moderner Stilrichtung von H(ermann) Werner. Ser. 1. Berlin: B. Heßling [1904]. 2°

—— über Darwin's Theorie von der Entstehung der Arten und der Abstammung des Menschen. Eine gemeinverständl. Abhandlung. gr. 8. (37 S.) Elberfeld 876, [Mosel.] Faßbender's Buchh. *

— die Verantwortung unserer Hoffnung. Predigt üb. 1. Petri 3, 15 u. 16, geh. am 28. Juli 1889 [anläßl. der amtl. Rundreise d. Erzbischofs v. Köln im Bergischen Lande]. 1. u. 2. Aufl. gr. 8. (15 S.) Ebd. 889. n. — 20

Werner, Herm., die Verwertung der heimischen Flora, in reichem Farbendr. nebst e. vorbereit. Tl. f. den Freihandzeichen-Unterricht an gewerbl. Lehranstalten, Seminarien, Präparandieen, Gymnasien, Real-, höheren Mädchen-, Mittel-, Bürger- u. Volksschulen. 1. Serie. 2. verb. Aufl. gr. Fol. (52 [40 farb.] Taf. m. 1 Bl. Text.) Elbing (Innerer Georgendamm 9) 900. Selbstverlag. In Mappe n. 20. —

— dasselbe. Motive f. Dekorationsmaler, Bildhauer, Lithographen etc., sowie f. Frauenhandarbeits- u. Webeschulen. 2. Serie. gr. Fol. (40 Taf.) Nebst Textheft. gr. 8. (20 S.) Ebd. (901). In Mappe n.n. 26. —

Werner, H., Verwertung der heimischen Flora f. den Freihandzeichenunterricht. I. Serie. Text-Heft. (24 S.) gr. 8. Augsburg 905. Schwäb. perm. Schulausstellg. n.n. — 50

— dasselbe. Kleine Sep.-Ausg. für die Volksschulen Bayerns. I. Serie. 3. Aufl. (24 Taf.) 53×34,5. Ebd. (906). In Mappe n.n. 7. 60; Text-Heft. (24 S.) gr. 8. n.n. — 50

—— Der religiöse Wahnsinn, s. Zeitfragen d. christlichen Volkslebens.

Werner, Herm., die verzauberte Welt. Die Erklärbarkeit der Natur, s. a. Naturstudien f. Jedermann. 4. Heft.

Die verzauberte Welt. Die Erklärbarkeit d. Natur. Von Hermann Werner. Godesberg: Naturwiss. Verl. 1909. 37 S. 8°
(Naturstudien f. Jedermann. H. 4.) [10. 2249 6

— Die Zweckmäßigkeit in der Natur, s. Zeitfragen des christlichen Volkslebens.

Die sittliche Bedeutung der Arbeit im Lichte des Evangeliums. Vortrag geh. zu Dortmund 1893 von Pfarrer Hermann Julius Werner aus Beckendorf. (Dortmund [1893]: W. Crüwell.) (25 S.) 8° [Kopft. F.] [(1. 7964 2

Werner, Hubert Victor [aus Protzan]: Über die Einwirkung von Phosphoroxychlorid auf Piperidin und Diäthylamin ... Rostock, C. Hinstorffs Buchdr., 1896; 36 S., 1 Bl. 8.
Rostock, Phil. Fak., Inaug.-Diss. v. [7. März] 1896

Werner, Hugo: Anleitung für das Richten von Rindern, s. Lydtin.

Werner, Hugo, Ausmessungen v. Thieren verschiedener Rinderracen. Tabelle in Imp.-Fol. Bonn 883. Strauss. n. 1. —

Werner, Hugo, e. Beitrag zur Geschichte d. europäischen Hausrindes. Mit 4 Abbildgn. u. 1 Karte. [Durchgesch. u. verb. Abdr. aus: „Naturwissenschaftl. Wochenschr."] gr. 8. (48 S.) Berlin 892. F. Dümmler's Verl. n. 1. —

— und Albert: Der Betrieb der deutschen Landwirtschaft am Schluss des XIX. Jahrh., s. a. Arbeiten der deutschen Landwirtschafts-Gesellschaft.

Der Betrieb der Deutschen Landwirtschaft am Schluss des XIX. Jahrh. Bearb. v. Dr. [Hugo] Werner-Berlin, Geh. Reg.R., u. Dr. [Friedrich] Albert-Halle a. S., Prof. Berlin 1900: Gebr. Unger. (96 S.) 8°
(Arbeiten d. Deutschen Landwirtschafts-Gesellschaft. H. 51.)

Werner, Hugo, die doppelte landwirthschaftliche Buchführung für mittel- und norddeutsche Landgüter. gr. 8. (48 S.) Berlin 870, R. Kühn. — 75

—— die eingerichtete landwirthschaftliche Buchführung. Fol. (96 lithogr. S.) Greifswald 868, Scharff. * 4 —

Werner, Hugo, die landwirthschaftliche Buchführung, s.: Bibliothek, landwirthschaftliche.

Werner, Hugo: Über den Einfluß der Wärme auf die optischen Eigenschaften von Adular und Sanidin. Kiel 1910: Schmidt & Klaunig. 61 S. 8°
Kiel, Phil. Diss. v. 14. April 1910, Ref. Johnsen
[Geb. 11. Sept. 82 Kiel; Wohnort: Kiel; Staatsangeh.: Preußen; Vorbildung: Oberrealsch. Kiel Reife O. 02; Studium: Kiel 13 S.; Rig. 22. Jan. 10.]
[U 10. 2544

— der landwirthschaftliche Ertrags-Anschlag, die Wirthschaftsorganisation u. Wirthschaftsführung. gr. 8. (VIII, 255 S. m. 2 Tabellen in qu. 4. u. qu. Fol.) Breslau 872. Korn. n. 4. —

Werner, H., der landwirtschaftl. Ertrags-Anschlag, die Wirtschaftsorganisation u. Wirtschaftsleitung. 2., neu bearb. Aufl. gr. 8. (VI, 200 S.) Breslau 887. Korn. n. 4. —

Werner, H., der rationelle Getreidebau. 8. Bonn 885. Berlin, Grundmann. geb. * 2 80

—— der rationelle Getreidebau. 8. (V, 188 S.) [Bonn 885, Strauß.] Braunschweig, Haering. geb. * 2 80

Werner, Hugo, d. ration. Getreidebau. 2., wohlf. (Titel-) Ausg. gr. 8. (V, 188 S.) Neudamm (885) 895. J. Neumann. Kart. n. 1. 50

Werner, Hugo, Handbuch des Futterbaues auf dem Ackerlande und der Fütterung der landwirthschaftlichen Nutzthiere. Lex.-8. (VIII, 824 S. mit 76 Holzschn. auf 35 Taf.) Berlin 875, Wiegandt, Hempel und Parey. * 16 —

Werner, Hugo. Handbuch d. Futterbaues. 2. vollständig neubearb. Aufl. Mit 79 in den Text gedr. Holzschn. gr. 8. (VII, 467 S.) Berl. 889, Parey. geb. * 10 —

Werner, Hugo, Handbuch des Futterbaues. 3., vollständig neubearb. Aufl. (VII, 478 S. m. 110 Abbildgn.) 8. Berlin 907. P. Parey. Geb. in Leinw. 10. —

—— Handbuch des Getreidebaues, s. Körnicke, F.

Der „Heidehof" in Holstein, ein kolonisatorisches Werk ersten Ranges, v. [Hugo] Werner. (Berlin. 1910.) Fol., geb. in 4° Ausschnitt aus: Deutsche landwirtschaftliche Presse. Jg. 37. Nr. 84.

— der Kartoffelbau nach seinem jetzigen rationellen Standpunkte. 2. Aufl. 8. (IV, 168 S.) Berlin 886. Parey. geb. n. 2. 50

—— der Kartoffelbau, s. Thaer-Bibliothek, Bd. 28.

[F.] Der Kartoffelbau nach seinem jetzigen rationellen Standpunkte. Von Dr. Hugo Werner, Prof. ... an d. Kgl. landw. Hochschule zu Berlin. 3., neubearb. Aufl. *Berlin: P. Parey 1895.* (2 Bl., 194 S.) 1 Bd 8.
= Thaer-Bibliothek. Bd 28. [96. 1336

Der Kartoffelbau nach seinem jetzigen rationellen Standpunkte. Von Dr. Hugo Werner, Geh. Reg. R. zu Berlin. 4. neubearb. Aufl. *Berlin: P. Parey 1902.* (205 S.) 8° [F.]
= Thaer-Bibliothek. Bd 28. [02. 5946

Der Kartoffelbau nach seinem jetzigen rationellen Standpunkte. Von Dr. Hugo Werner, Prof. zu Berlin. 5., neubearb. Aufl. Berlin: P. Parey 1906. (231 S.) 8° [F.]
= **Thaer-Bibliothek**. Bd 28. [07. 12505

—— s. Kuhmilch, die.

Werner, H., zeitgemäßer Landwirtschaftsbetrieb. 2. Aufl. (Früher: „Die Technik der modernen Landwirtschaft".) (79 S.) gr. 8. Berlin 906. Deutsche Tages-Zeitg. Geb. in Leinw. n. 1. 60

— Zeitgemäßer Landwirtschaftsbetrieb. 3. Aufl. (Früher: „Die Technik der modernen Landwirtschaft".) (80 S.) 8. Berlin 909. Deutsche Tageszeitg. Geb. in Leinw. 1. 60

— s. Landwirtschafts-Lexikon, Illustriertes.

— Lehrbuch der „einfachen" u. der „doppelten" landwirtschaftlichen Buchführung u. der Nachweis des steuerpflichtigen Einkommens. Zum Selbstunterrichte, wie zum Gebrauch an landwirtschaftl. Schulen. 2., verb. Aufl. 8. (VI, 99 S.) Leipzig 894. H. Voigt. n. 2. —; geb. in Leinw. n. 2.50

Werner, Hugo [aus Eisenach]: Ueber elektrische Reizversuche in der Rumpf- und Nackengegend des Grosshirns beim Hunde ... Jena, Druck v. A. Kämpfe, 1896; 39 S. 8.
Jena, Med. Fak., Inaug.-Diss. v. [6. Juli] 1896

— Das deutsche Rind, s. Lydtin, A.

— die Rinderzucht, Körperbau, Schläge, Züchtg., Haltg. u. Nutzg. d. Rindes. Praktisches Handbuch. Mit Abbildgn. im Text u. 136 Taf. m. Rinderporträts. gr. 8. (XII, 645 S.) Berlin 892. P. Parey. Geb. in Leinw. n. 20. —

— die Rinderzucht. Körperbau, Schläge, Züchtg., Haltg. u. Nutzg. des Rindes. 2., vollständig neu bearb. Aufl. Mit Abbildgn. im Text u. 128 Taf. m. Rinderportr. gr. 8. (XIV, 638 S.) Berlin 902. P. Parey. Geb. in Leinw. n. 20. —

— d. Technik d. modernen Landwirtschaft. 12. (60 S. m. 1 Tab.) Berlin 895. Schöneberg, F. Telge. — 75

Werner, H., Welche Zukunft hat die Getreideproduction Deutschlands? Bonn 879. Braunschweig, Gebr. Haering. * 1 20

—— **Welche Zukunft hat die Getreideproduction Deutschlands? gr. 8. (48 S.) Bonn 879, Strauß. ***

—— **der praktische Zuckerrübenbauer. Leitfaden zum rationellen Anbau der Zuckerrüben. gr. 8. (VII, 226 S.) Bonn 888, Cohen und Sohn. * 4 —**

Werner, J., der Alkohol u. der menschliche Organismus, s.: Aus geistigen Werkstätten.

Werner, J. Animir-Kneipen u. Nacht-Cafés od. Polizei u. Sittlichkeit. gr. 8. (31 S.) Berl. 892, van Groningen u. Comp. * — 50

Werner, J. Ueber d. Charakterbildung durch d. Methode d. Unterrichts. 7 S.
Progr. Liegnitz G. 1832

Werner, Dr. J., über die Charakterbildung durch die Methode des Unterrichts. 4. Liegnitz 832. Kuhlmey. 1/8 ℔

—— Mit Damenbedienung. Ein Beitrag z. Studium der Kellnerinnen-Bewegg. in Berlin. 8. (28 S.) Berl. 892, L. Schneider. — 50

Werner, J. De conditionalium enunciationum ap. Homer. formis. Part. I. II. 32 und 22 S. . . . .
Liegnitz, G., Progr. 1836, 1838

Werner, J., Fragen üb. d. griech. Formenlehre, e. Hülfsb. zum Unterr. nach d. drei Buttmannischen Sprachlehren f. drei Lehrkurse. Nebst e. Anh., enthalt. d. besond. Behandl. einiger Lehren. gr. 8. (26½ B.) Liegnitz 829, Kuhlmey.

Werner, J., e. falscher Freund od. durch Nacht zum Licht. Eine lehrreiche Erzählg. 8. (64 S.) Hamburg 884. Kramer. — 25

Werner, J. (K. Dilthey), Novellen und Erzählungen, s. Bibliothek, deutsch-amerikanische.

Werner, J. Über d. Philosophie d. Sokrates mit besond. Berücksichtigung d. Abhandlung Schleiermachers „Über den Wert des Sokrates als Philosophen". S. 1—14. Wöhl. Sch. *Frankfurt a/M.* 1880.
Progr.

Werner, J.: 12 Predigten ..., s. Werner, Karl Jos.

—— der verlorene Sohn. Eine Erzählung. 8. (63 S.) Ebendas. 884.

Werner, J. Ueber das Verhältniß der evangelischen Kirche zum Christenthum, und des evangelischen Christen zu seiner Kirche. Rede, geh. zur Gedächtnißfeier der A. C. 15 S.
Liegnitz, G., Progr. 1831

Werner, I., vindiciae Grotiani dogmatis de praescriptione inter gentes liberas contra P. Puteanum. 4. Helmstadt. 746.

Werner, J. Was ist Sprache? Ein Versuch zur Kritik und Feststellung dieses Begriffs. 7 S.
Liegnitz, G., Progr. 1835

Werner, J. A., prüfende Gedanken über d. Recht d. Todesstrafen. gr. 8. Regensb. 811. (Montag u. W.) 6 gr.

Werner, J. B., Ecce Homo f. Kölner u. Nichtkölner. (Gedichte.) 12.-8. (1½ B.) Zürich 838, (Höhr.)

– s. N o r d l i c h t e r .

Werner, J. B., die Willekuren. Eine Legende. Lex.-8. (1 B.) Zürich 838, Höhr. Thlr.

Werner, J. Balth., De saporibus et eorum differentiis. Lps. 4°. 1703.

Werner, I. C., Vocabula graeca ex Sect. Evangel. excerpta. 8. Hamb. Bohn. 760.

Werner, J.C., vocabula graeca ex Sanct. Evangel. excerpta. 8. Hamb. 760. (Campe). 5 gr

Werner, J. F.: L e i t f a d e n zum katechet. Unterricht . . . , s. W e r n e r , Jh. Fr. Aug.

Werner, J. F., Nachrichten von dem gräflichen und adelichen von Wallenrodschen Geschlechte. Königsberg. Wöchentl. Anzeigen. Königsberg 1763. 4. Auch als selbständiges Werk erschienen Königsberg 1764. 8.

Werner, J. G., der Brief-Concipient. Praktischer Briefsteller für Handwerker und Gewerbtreibende. Enthaltend: Unterricht in der Rechtschreibung, nebst Belehrung über den Briefstyl; 300 Muster-Briefe für alle Familien- und Geschäfts-Verhältnisse; Formulare zu gerichtl. und außergerichtl. Eingaben, sowie Rechnungen, Quittungen, Wechsel rc. 1. Lfg. gr. 8. (VI und S. 1—66.) Berlin 854(55,) Preußisches Literatur-Comtoir. *

Werner, J. G., der Brief-Concipient. Praktischer Briefsteller für Handwerker und Gewerbtreibende. Enthltd.: Unterricht in der Rechtschreibung, nebst Belehrung über den Briefstyl; 300 Muster-Briefe für alle Familien- und Geschäfts-Verhältnisse; Formulare zu gerichtlichen u. außergerichtlichen Eingaben, sowie zu Rechnungen, Quittungen rc. (In 4 Liefgn.) Berlin 855. Preußisches Literatur-Comptoir. gr. 8. (1. Liefg.: 3 Bl., S. 1—66.) n. 16 ngr.

Werners, J. G., allgemeiner praktischer Briefsteller. Sammlung von Mustern zur Abfaßung von Briefen und andern schriftl. Aufsätzen über alle Fälle des gewöhnl. Lebens nebst den nöthigen Titulaturen. Enthaltend: Unterricht in der Rechtschreibung, nebst Belehrung über den Briefstyl; 300 Muster-Briefe, Formulare rc. 2. Aufl. gr. 8. (IV und 226 S.) Berlin 858, Adolf und Comp.

Werner's, J. G., allgemeiner praktischer Briefsteller. Sammlung von Mustern zur Abfassung von Briefen u. andern schriftlichen Aufsätzen über alle Fälle des gewöhnlichen Lebens nebst den nöthigen Titulaturen rc. 2. Aufl. Berlin 859. Adolf & Co. gr. 8. (2 Bl., 226 S.) 12½ ngr.

Werner, J. G.: G e d a n k e n von der natürlichen und geoffenbarten Religion, s. W e r n h e r , Johann Georg

Werner J. H. Dankgebet für die wunderbare Errettung unsers vielgeliebten Allerdurchl. Kaisers u. Herrn Se. k. k. A. M. Franz Joseph I. Gesprochen bei dem Gottesdienste am 20. Februar 1853 im israelit. Bethause zu Kremsier. 8. (8 S.) Kremsier, Frz. Slawik.

Werner, J. P., the english scholar's Assistant or a collection of useful and entertaining extracts from english literature. gr. 8. Frankf. a. M. 817. Guilhaumann. 1 rß 8 gr

Werner, Jacob [aus Posen]: Aneurysma verum Aortae ascendentis. . . . Würzburg, Druck d. Ferdinand Röhrl'schen Buchdr., 1889; 22 S. + 1 Bl. u. 1 Taf. 8°
Würzburg, Med. Fak., Inaug.-Diss. v. 1889

Werner, Jac[ob]. Beiträge zur Kunde der lateinischen Literatur des Mittelalters, aus Handschriften gesammelt von Jak. W'. 2., durch einen Anhang vermehrte Ausgabe. II + 227 S. 8. Aarau, H. R. Sauerländer & Co., 1905. [fr. 5. —]
1. Ausg. s. u. d. T.: Über zwei Handschriften der Stadtbibliothek in Zürich... .

Werner, Jak., Fisch-Kochbuch, oder 274 Anweisungen, alle in Deutschland bekannten Fischarten zuzurichten rc. 8. Leipz. 799. Mittler. 20 gr

Werner, Jacob: Guiardinus. Bruchstücke eines lateinischen Tugendspiegels nach der Basler Handschrift. Erlangen 1908. 48 S. 8°. S.-A. aus den Romanischen Forschungen. Bd. 26. [.. X. 08.]
Zurich Phil Hab.-Schr. 1908/09

Werner, Jacob. Guiardinus. Bruchstücke eines lateinischen Tugendspiegels nach der Basler Handschrift. 8.
Ausg. A: Habilitationsschr. Phil. I. Univ. Zürich ... von Jakob W'. (Sonder-Abdruck aus Romanische Forschungen Bd. 26.) 48 S. Erlangen, Junge & Sohn, 1908.
Ausg. B: ... hg. von Jakob W'. ([SA. aus:] Rom' Forsch', [Band] 26.) S. 417—461. [Erlangen, Junge & Sohn, 1909.]

Werner, Jac[ob]. Über zwei Handschriften der Stadtbibliothek in Zürich. Beiträge zur Kunde der lat. Literatur des Mittelalters. Diss. Phil. I. Univ. Zürich von Joh[ann] Jak. W'.... II + 183 S. 8. Aarau, H. R. Sauerländer & Co., 1904.
1. Ausg. von: Beiträge zur K' der lateinischen L' des M'... .

Werner, Jacob s. a. H y m n e n s a m m l u n g e n. Die ältesten H' von Rheinau. Leipzig 1891.

Werner, Jak., die ältesten Hymnensammlungen v. Rheinau, s. a. M i t t h e i l u n g e n der antiquarischen Gesellschaft in Zürich.

Mittheilungen der Antiquar. Gesellschaft (der Gesellschaft für vaterländ. Alterthümer) in Zürich. Band XXIII, Heft 3: Die ältesten Hymnensammlungen von Rheinau, von *J. Werner*. Mit 2 Facs.-Lichtdrucktaf. Gr. in-4°. (S. 75 - 218). Leipzig, Karl W. Hiersemann. Mk. 3 20
1892.

Werner, die Jugend- u. Volksbibliotheken im Bez. Lenzburg. Referat an der Versammlg. der Kultur-Gesellschaft des Bez. Lenzburg in Niederlenz am 8. VI. 1902. [Aus: „Seethaler".] gr. 8. (27 S.) Seengen 902. Lenzburg (Schweiz), Bez.-Lehrer Werner. — 40

Werner, [Jacob]. Die Jugend- & Volksbibliotheken im Bezirk Lenzburg. Referat von Bezirkslehrer Werner an der Versammlung der Kultur-Gesellschaft des Bezirks Lenzburg ... am 8. Juni 1902. ⟨Separatabdruck aus dem «Seethaler»⟩. 27 S. 8. Seengen, Melliger, 1902. Bibl.

Werner, Jacob. N o t k e r s Sequenzen. Beiträge zur Geschichte der lateinischen Sequenzendichtung. Aus Handschriften gesammelt von Jakob Werner. IV + 130 S. 8. Aarau, H. R. Sauerländer & Co., 1901. [fr. 3. —]

Werner, Jacob. Zur mittellateinischen Spruchdichtung. Von Jakob W'. ([SA. aus:] Romanische Forschungen, [Band] 26, [Heft 1].) S. 167—180. 8. [Erlangen, F. Junge, 1909.]

Werner, Jac[ob]. Poetische Versuche und Sammlungen eines Basler Klerikers aus dem Ende des 13. Jahrhunderts. Von J[ohann] Jak. W'. Aus den Nachrichten der K. Gesellschaft der Wissenschaften zu Göttingen. Philologisch-historische Klasse. 1908. (Heft 5.) II S. + S. 449—496. 8. [Berlin, Weidmann.]

Werner, Jac. Fr., Prudentiae politicae a L. Junio Bruto consule edita specimina. Francof. 753. 4. (15 S.)

Werner, Jacob J. Auserlesene Predigten, nach seinem Tode mit einer Vorrede hsg. Pressburg 1791. H: *Tekusch, Joh. Michael.* (Ky)

Werner, Jak. J., († 1789.) auserlesene Predigten, nach seinem Tode mit e. Vorrede herausg. (von J. M. Tekusch). gr. 8. Preßb. 791. (Pesth, Strohmaier). 1 rß

WERNER, Jac. Tob.: Feststell. d. Rechtsgrundsätze v. jure postliminii d. deutschen Auswanderer u. s. w. Ein Beitrag z. Lehre v. Ausgleich. d. Schäden d. gegenw. franz. Krieges u. z. Gebr. f. Rechtslehrer u. s. w. abgefasst. *Lemgo.* 801. 8. (12 Gr.)

Werner, Jak. Tob., Feststellung d. Rechtsgrundsätze vom jus postliminii d. deutschen Auswanderer rc. gr. 8. Lemgo 801. Meyer. 12 gr

WERNER, J. Tob.: Handb. od. Commentar des peinlichen Rechts, z. Gebr. bei sämmtl. neueren Gesetzen und Lehrbüchern dieses Fachs, zugleich als Material und exegetisches Hülfsmittel zur künftigen Criminalgesetzg. etc. [Enth. 104 Beitr. über einige crimin. Fragen]. *Hadamar*, Gelehrtenbuchh. 819. 8. (3 Thl. 18 Gr.)

Werner, J. T., Handbuch oder Commentar des peinl. Rechts, zum Gebrauche bey sämmtl. neuen Gesetz- und Lehrbüchern dieses Faches. gr. 8. Hadamar und Coblenz, Gelehrten-Buchhandl. 820.

— Handbuch oder Commentar des peinl. Rechts, zum Gebrauch bei sämmtl. neuen Gesetz- u. Lehrbüchern dieses Faches. gr. 8. Hadamar u. Coblenz 820. (Lanz in Weilb.) 3 rß 18 gr

Werner, Jak. Tob., über bedingte Injurien und den Beweis der Wahrheit, ehreverletzender Aeußerungen überhaupt. gr. 8. Gießen 813. (Leipzig, Fr. Fleischer.) ⁷/₁₂ rß

— über bedingte Injurien u. d. Beweis d. Wahrheit ehreverletzender Aeußerungen überhaupt. gr. 8. Gießen 813. Tasché. 14 gr

WERNER, Jac. Tob.: Ueb. bedingte Injurien u. d. Beweis d. Wahrh. verletz. Aeusser. betr. *Giess.*, Taschó. (Müller.) 813. 8. (14 Gr.)

— Metakritik über Feuerbachs Kritik des Kleinschrodischen Entwurfs einer peinl. Gesetzgebung für Baiern. gr. 8. Marb. 808. Krieger. 10 gr

— Miscellaneen aus d. Staatsrecht u. d. Weltweisheit. 8. Gießen 800. Heyer. (Krieger in Marb). 8 gr

WERNER, Jac. Tob.: Miscellaneen aus d. Staatsrecht u. der Weltweisheit. *Giessen*, Heyer, Vater. 800. 8. (8 Gr.)

— der Pachter u. Verpachter, wer von beiden soll den, während d. jüngsten französ. Kriegs erlittenen Kriegsschaden tragen? 8. Gießen 799. Heyer. 8 gr Krieger in Cassel. 9 gr

Werner, J. T.: „Der Pachter oder Verpachter; wer von beyden soll den während dem jüngsten französischen Kriege erlittenen Kriegsschaden tragen? Eine rechtliche und wirthschaftliche Belehrung für practische Juristen", Gießen 1799 (Stamm).

Werner, Jac. Tob.: Die Rechtslehre von der Verbindlichkeit des erzwungenen Willens bei dem Antrit, oder der Entsagung einer Erbschaft, nach dem Fr. 21 § 5 u. 6 D. Quod metus causa (4, 2). Frankfurt a. M. 1817.

— die Rechtslehre von d. Verbindlichkeit des erzwungenen Willens bei d. Antritt u. d. Entsagung d. Erbschaft rc. gr. 8. Frkf. a. M. 817. Boselli. 16 gr

Werner, Jo. Friedrich (Eglosheim) A. S. 813/4

Tractatio moralis synoptica de jure poenarum. P. II. Präs. Andreas Adam Hochstetter. Tübingen (Reis) VII. 1702. S. 11-20.

W. v.: Präs. 36401

Werner, Jo. W., Ep. anat. de controversa nervi intercostalis origine quaedam disseruntur. 31 pp. Erl. 4°. 1747

Werner, Jo. Guil., praes. Andr. Jo. **Orlovius**, Diss. sistens observationes circa nonnulla remedia antepileptica usitatoria. Regiom. 4°. 1759

Werner, Joach,, die Heiratsannonce. Studien u. Briefe. (304 S.) kl. 8. Berlin (908). Südende, M. Aronhold. 3. —

Werner, Joach. Becht., Diss. inaug. med. de molcho. 4. Götting. 784. Dieterich. 2 gr

Werner. Johann

— späte, aber gründl. Anmerkk. über d. Ankündigungsblatt der Geißel d. Prediger. 8. Prag 782.

Werner, J[oh.]: Anweisung für jeden Pferd- und Schaaf-Besitzer. D. Drüsenkrankheit d. Pferde; d. Faul-, Egel- u. Lungenwürmer-Krankheit bei Schaafen; d. Raude bei Schaafen u. Pferden, zu erkennen u. zu heilen. Breslau 1821. VI, 82 S.

Werner, Jh. H., Anweis. für jeden Pferd- u. Schafbesitzer, die Drusenkrankheit d. Pferde, d. Faul-, Egel- u. Lungenwürmer-Krankheit bei Schafen u. Pferden, zu erkennen u. zu heilen. 8. Bresl. 821. Max u. Comp. 8 gr

Werner J.: Art u. Weise das Ungeziefer ohne Gift zu vertilgen ... Nebst einigen Verhaltungs-Regeln f. diejenigen Menschen, welche mit krankem Vieh umgehen müssen ... Bresl. (1801). 82 S.
— — 2 verb. Aufl. Ratibor [1803]. 84 S.

Werner, Joh., Art u. Weise d. Ungeziefer ohne Gift z. vertilgen. 8. Breslau, 1802. 2. Aufl. 1803. (Leipzig, Melzer.) — 7⁄₁

— Art u. Weise d. Ungeziefer ohne Gift zu vertilgen. 8. Ebend., (auch bey Hamberger.) 803.

— Art u. Weise das Ungeziefer ohne Gift zu vertilgen. 8. Bresl. ... 2e A. 803. (Holäufer). 6 gr

Werner, Johann: Art und Weise alles Ungeziefer ohne Gift zu vertilgen, oder faßlicher Unterricht, die Mäuse, Ratzen, Wanzen, Flöhe, Fliegen, Läuse, Erdflöhe, Ameisen, Füchse, Hamster, Maulwürfe, Schnecken ohne Häuser, Kornwürmer, Raupen, Maulwurfsgrillen oder Ackerwerren und Motten durch solche Mittel auszurotten, bey deren Gebrauch die Menschen keiner Gefahr für ihr Leben oder ihre Gesundheit ausgesetzt sind. Nebst einigen Verhaltungs-Regeln für diejenigen Menschen, welche mit krankem Viehe umgehen müssen. 2.Aufl. 76 S., gbd.

Wien: 1804 JB 5.898

v. Werner, J., des Auswanderers treuer Führer aus der alten in die neue Heimat. Ein vollständ. u. zuverlässiges Notizbuch. Mit einer vorzügl. (lith. u. color.) Karte (in Fol.) Abbildung der wichtigsten Münzen. 8. (IV u. 200 S. m. 1 lith. Taf. in 4.) Rudolstadt 850, Fröbel. 3/4 ₰

Werner, J[ohann]: Gedanken über Leitung und Reglung der Auswanderung. Reutlingen 1848: Mäcken. 23 S

Werner, Joh., Handbuch für Ökonomen und Landleute, von den Seuchen und anderen gewöhnl. Krankheiten des Hornviehes, der Schafe, Pferde, Schweine etc. 3. verb. Aufl. 8. Breslau (793.) 04. Barth. M. 3.-

— Handbuch für Oekonomen u. Landleute, von den Seuchen u. andern gewöhnl. Krankheiten des Hornviehes, d. Schafe, Pferde u. Schweine ꝛc. 8. Bresl. 793. 3e verb. Aufl. 804. (Holäufer). 1 ₰

— — dasselbe auch bey Joachim in Lpz.

Werner J.: Hand-Buch f. Oekonomen u. Land-Leute v. den Seuchen u. andern gewöhnlichen Krankheiten d. Horn-Viehes, d. Schaafe, Pferde u. Schweine ... 3. Aufl. Bresl. [1804]. (14) 367 S.

Werner, Jh. I., († 180..) Moral d. Alten, ein Beitrag zu d. neuesten Erziehungsschriften. 8. Prag 786. Schönfeld. 8 gr.

—— Plan einer deutschen Auswanderung und Ansiedelung in den verein. Staaten Nordamerika's mit besond. Berücksicht. unbemittelter Auswanderer. Verfaßt im Namen und aus Auftrag des württemberg. Zweigvereins des Nationalvereins für deutsche Auswanderung und Ansiedelung zu Darmstadt. 8. (60 S.) Reutlingen 848, [Mäcken, Vrlgsh.]

— kurzer Wegweiser für Auswanderer nach den vereinigt. Staaten von Nordamerika. (Im Anh.: Wohlgemeinter Rath der Vorsteher der deutschen Gesellschaft in New-York.) 12. (48 S.) Ebd. 848. 1/6 ₰ — 2. sehr verm. Aufl. 12. (120 S.) Ebd. 849. 9 ngl.

—— Wegweiser und Rathgeber für Auswanderer nach den verein. Staaten von Nordamerika. 1. Aufl. (48 S.) 1848. 5 Ngr. und 2., verm. Aufl. 12. (120 S.) Reutlingen 849, [Mäcken, Vrlgsh.]

Werner, Johann Adolf Ludwig, Amöna od. Das sicherste Mittel, d. weiblichen Körper f. s. naturgemäße Bestimmung zu bilden u. zu kräftigen, nach den Grundsätzen der Anatomie u. Ästhetik, m. Abb., Dresden u. Leipzig 1837, 101 S., 8°.

Werner, Joh. Ad. Ludw., Amöna, od. das sicherste Mittel, d. weibl. Körper f. seine naturgemäße Bestimmung zu bilden u. zu kräftigen; nach d. Grundsätzen d. Anatomie u. Aesthetik bearb. gr. 8. (7 B. u. 4 Stnt.) Dresden u. Leipzig 837, Arnoldische Buchh. *

Werner, J. A. L.: Amöna oder das sicherste Mittel, den weiblichen Körper für seine naturgemäße Bestimmung zu bilden u. zu kräftigen. Dresden & Leipzig 1837. 101 S. m. Abb.
— — 2. Ausg. 1850.

—— Bericht üb. d. Einrichtung u. Wirksamkeit d. hrzgl. anhalt-dessau. gymnast.-orthopäd. Heilanstalt u. d. Normalschule z. Ausbild. gymnast. Lehrer zu Dessau. gr. 8. (3 B. u. 2 Stnt.) Dessau 840, Fritsche u. Sohn.

Werner, J. A. L.: Einladung zu den Prüfungen in der Herzogl. gymnast. Akademie zu Dessau 1859. Dessau 1859. 12 S.

Werner, Jos. Adph. Ludw., das Fahnenspiel. Ein Festgeschenk zur Unterhaltung für lebensfrohe Knaben, zugleich ein Leitfaden für Lehrer der Gymnastik oder Turnkunst. Erläutert durch 100 fein ill. Fig. gr. 8. (30 S. und 6 Stnt. in qu. Fol.) Dessau 851(52,) Gebr. Katz.

Werner, J. A. L., das Ganze d. Gymnastik, od. ausführl. Lehrbuch d. Leibesübungen nach d. Grundsätzen d. bessern Erziehung; zum öffentl. u. besond. Unterr. bearb. gr. 8. (35½ B., 9 Stnt. gr. Fol. u. Titlbild.) Meißen 833, Goedsche.

—— das Ganze d. Gymnastik, od. ausführl. Lehrbuch d. Leibesübungen nach d. Grundsätzen d. bess. Erzieh. z. öffentl. u. besond. Unterricht bearb. (Neue Ausg.) gr. 8. (35½ B., 9 Stnt. u. Titlbild.) Meissen 834, Goedsche.

Werner (I.), Grundzüge einer wissenschaftlichen Orthopädie. I. Abthl., enthaltend die Knochenkrümmungen und die Therapie der Scoliosis habitualis und statica. gr. 8. (VIII und 173 S.) Berlin 852, Th. Enslin. *

—— dass. — 2. Abthl., enthaltend die Fortsetzung der Therapie der Scoliosen. gr. 8. (VII und S. 175—318.) Ebds. 853. *

—— Gymnastik f. d. weibl. Jugend, od. weibl. Körperbildung f. Gesundheit, Kraft u. Anmuth. gr. 8. (8½ B. u. 2 Stnt. gr. Fol.) Meißen 833, Goedsche.

Werner, Joh. Adolf Ludwig: Gymnastik für die weibliche Jugend oder weibliche Körperbildung für Gesundheit, Kraft und Anmuth. — Meissen: Goedsche 1834. 126 S. 8°

—— medicin. Gymnastik, od. d. Kunst, verunstaltete u. von ihren natürl. Form- u. Lageverhältnissen abweich. Theile d. menschl. Körpers nach anatom. u. physiolog. Grundsätzen in die ursprüngl. Richtungen zurückzuführen u. darin zu kräftigen. gr. 8. (15½ B. u. 8 Kpfrt.) Dresden u. Leipzig 838, Arnoldische Buchh. *

Werner, Jo. Ad. Ludw., medicin. Gymnastik, oder Kunst, verunstaltete u. von ihren natürl. Form- u. Lagenverhältnissen abweichende Theile des menschl. Körpers nach anatomischen u. physiolog. Grundsätzen in die ursprüngl. Richtungen zurückzuführen u. darin zu kräftigen, durch 100 Figuren erläutert. 2., unveränd. (wohlf.) Ausg. gr. 8. (15½ B. u. 8 Taf.) Dresden u. Leipzig 845, Arnoldische Buchh. *

Werner, Johann Adolf Ludwig, Medicinische Gymnastik oder die Kunst, verunstaltete und von ihren natürlichen Form- und Lage-Verhältnissen abweichende Teile des menschlichen Körpers nach anatomischen und physiologischen Grundsätzen in die ursprünglichen Richtungen zurückzuführen und darin zu kräftigen, m. Abb., 1. u. 3. Aufl., Dresden u. Leipzig 1838 u. 1850, 8°. 2 Bde.

Werner, Johann Adolf Ludwig, Gymnastik für Volksschulen ..., u. gymnastischen Spielen z. Erheiterung, m. Abb., Dresden u. Leipzig 1840, 127 S., 2 Taf., 8°.
(Angeb.): Gymnastik f. d. weibl. Jugend v. J. A. L. Werner, m. Abb., Meißen 1834.
— — u. e. Anleitung, d. weibl. Körper Gesundheit, Kraft u. Anmut zu verleihen, u. e. Anh. v. gymnast. Spielen z. Erheiterung, 4. Aufl., Leipzig 1854, 8°. 2 Bde.

—— Gymnastik f. Volksschulen, od. ausführl. Anleit., wie man d. Körper d. Jugend beiderlei Geschlechtes durch leichte u. naturgemäße gymnast. Uebungen gelenk u. kräftig machen, sowie ihr einen gefälligen Anstand lehren kann, nebst e. Anzahl gymnast. Spiele z. Erheiterung. gr. 8. ($9\frac{1}{2}$ B. u. 2 Stnt.) Dresden u. Leipzig 840, Arnoldische Buchh.

Werner, Jos. Adph. Ludw., Gymnastik für Volksschulen als Vorbereitung zur Volksbewaffnung. Nebst einer Anleitung, dem weibl. Körper Gesundheit, Kraft und Anmuth zu verleihen, und einem Anhange von gymnast. Spielen zur Erheiterung. 3., verm. und verb. Aufl. gr. 8. (XXII und 272 S. mit 6 Stnt. in qu. Fol.) Leipzig 849, Arnoldische Buchh. Thlr. *

— Gymnastik für Volksschulen. Nebst einer Anleitung dem weiblichen Körper Gesundheit, Kraft und Anmuth zu verleihen und einem Anhange von gymnastischen Spielen zur Erheiterung. 4. Aufl. Mit 6 Steindrucktaf. (in Fol.) Leipzig 854. Arnold. gr. 8. (XXVI, 272 S.) 1 ℛ.

—— die gymnast.-orthopäd. Heilanstalt zu Dessau, deren Einrichtung u. Wirksamkeit. gr. 8. (3 B. u. 1 Stnt.) Dessau 841, (Aue.) *

—— die gymnastisch-orthopädische Heilanstalt zu Dessau, deren Einrichtung u. Wirksamkeit. gr. 8. ($3\frac{1}{4}$ B. u. 1 Stnt.) Dessau 845. (Leipzig, Kollmann.) 10 Ngr., Hrbges. Pr

Werner, J. A. L.: Die Herzogl. Gymnastisch-orthopädische Heilanstalt zu Dessau u. resp. mein 40jähriges Wirken auf dem Felde der Orthopädie. Dessau 1859. 47 S.

—— l'Institut gymnastico-orthopéd. de Dessau, son organisation et ses effets. gr. in-8. ($3\frac{1}{8}$ B. u. 1 Stnt.) (Leipzig 845, Kollmann.)

—— zwölf Lebensfragen, od. ist das Glück ein. cultivirten u. wohlgeordn. Staates allein durch eine geregelte geist. Erzieh. zu begründen, od. muß nicht unbedingt auch die phys. damit verbunden werden? Zur Beherzig. gestellt u. anatom.-physiolog. beleuchtet f. Jeden, welchem d. Wohl d. künft. Geschlechter wahrhaft am Herzen liegt. gr. 8. (7 B.) Dresden u. Leipzig 836, Arnoldische Buchh. *

—— Militär-Gymnastik, od. zweckmäß. Leibesübungen, wie sie d. Soldat jeder Truppengattung, in seinem militär. Berufsleben unbedingt nothwendig hat. gr. 8. ($26\frac{1}{8}$ B. u. 9 Kpfrt.) Dresden u. Leipzig 840, Arnoldische Buchh.

—— Militär-Gymnastik oder zweckmäßige Leibesübungen, wie sie der Soldat jeder Truppengattung in seinem militär. Berufsleben unbedingt nothwendig hat, erläutert durch beinahe 400 Figuren. 2., unveränd. billige Ausg. f. Militärschulen. gr. 8. ($26\frac{1}{8}$ B. u. 9 Kpfrt.) Dresden u. Leipzig 844, Arnoldische Bh. *

—— Militär-Gymnastik oder zweckmäßige Leibesübungen, wie sie der Soldat jeder Truppengattung in seinem Berufsleben unbedingt nothwendig hat, erläut. durch beinahe 400 Figuren. 3., unveränd. billige (Titel-)Ausg. für Militärschulen. gr. 8. (XXVIII und 392 S. mit 9 Kpfrt. in qu. Imp.-Fol.) Leipzig 850, Arnoldische Buchh.

Werner, J. A. L.: Zu den Prüfungen in der Herzogl. gymnastischen Akademie zu Dessau. 1855. Dessau 1855. 16 S.

—— die reinste Quelle jugendl. Freuden, od. 280 Spiele z. Ausbild. d. Geistes, Kräftigung d. Körpers u. z. gesell. Erheiter. im Freien wie im Zimmer. gr. 8. (14 B. u. 1 B. lith. Abbildn.) Dresden 836. (Leipzig, Friese.) *

—— dgss. od. 300 Spiele z. Ausbild. d. Geistes, Kräftigung d. Körpers u. z. gesell. Erheiter. im Freien wie im Zimmer ꝛc. 2., vielfach verm. u. verb. Aufl. gr. 8. (15 B. u. 3 Stnt.) Dresden u. Leipzig 836, Arnoldische Buchh.

—— die reinste Quelle jugendlicher Freuden, oder 330 Spiele z. Ausbildung des Geistes, Kräftigung d. Körpers u. z. gesell. Erheiterung im Freien, wie im Zimmer. 3., verm. u. verb. Aufl. gr. 12. ($15\frac{1}{2}$ B. u. 8 Stnt.) Dresden u. Leipzig 843, Arnoldische Buchh. *

Werner, Joh. Ad. Ludw., die reinste Quelle jugendlicher Freuden oder 330 Spiele zur Ausbildung des Geistes, Kräftigung des Körpers und zur geselligen Erheiterung im Freien wie im Zimmer; theils gesammelt, theils selbst bearb. und durch eine große Anzahl von Abbildungen erläutert. 3., verm. und verb. Aufl. Neue (Titel-)Ausg. gr. 12. (XVIII und 354 S. mit 8 Stnt. in qu. 4.) Leipzig (1843) 853, Arnoldische Buchh. Thlr. *

— Reform der Orthopadie in 60 Thesen durchgefuhrt. Eine neue, bericht., u. m. viel. Erlautergn. verm. Ausg. v. Aufsätzen, welche zuerst in der medicin. Zeitung des Vereins fur Heilkunde 1849 bis 1851 abgedr. worden sind. gr. 8. (XII u. 206 S.) Berlin 851, Th. Enslin. 1 ℛ

Werner, Johann Adolf Ludwig, Sammelbd. betr. allg. Einführung d. geregelten Leibesübungen bei d. Erziehung d. Jugend, Leipzig 1848.

Werner, Johann Adolph Ludwig. Versuch einer theoretischen Anweisung zur Fechtkunst im Hiebe. Leipzig, bei C. H. F. Hartmann 1824.
X + 46 S., 1 Bl., 20 Taf. in Kupferst. 8
Gelli S. 294

Werner, (Fechtmeister) Jh. Ad. Ldw., Versuch einer theoret. Anweis. zur Fechtkunst im Hiebe. Mit 20 erläut. Kpft. gr. 4. Leipz. 824. (Lehnhold). 1 ℛ 16 ℊ

—— ein Wort für die allgem. Einführung der geregelten Leibesübungen bei der Erziehung der Jugend. An das deutsche Volk und seine Vertreter gerichtet. gr. 8. (13 S.) Leipzig 848, H. Fritzsche.

Werner, Johann Balthasar, s. Wernher

Werner, Joh. Chrph., der Henker v. Nauplia. Erzählg. aus d. neugriech. Volksleben. 8. (VI, 425 S.) Leipzig 898. Dieterich. n. 5.—; geb. in Leinw. n. 6.—

Werner, Jh. Er.

— d. prakt. Bienenvater ꝛc, s. Riem.

Werner, Jh. Er., († im Jan. 1799.) Handbuch zur einfachsten Behandlung d. Bienen nach den neuesten Grundsätzen ꝛc. 8. Gera 795. Heinsius. 9 ℊ

— biblische Katechetik für Schullehrer, Informatoren ꝛc. 2 Thle. 8. Erfurt 788—91. Keyser. 1 ℛ 8 ℊ

— ökonom.-prakt. Katechismus d. Kleebaues ꝛc., nach den Grundsätzen Schubart v. Kleefelds, Riems u. And. 8. Erfurt 787. Keyser. 6 ℊ

— Relion d. Unmündigen in bibl. Katechisationen. gr. 8. Lpz. Crusius. (W. Vogel.) 793.

Werner, Jh. Fr. Aug., Leitfaden zum katechet. Unterricht in der Religion, für Confirmanden. 8. Hamb. 800. (Campe). 4 ℊ

Werner, J. F., Leitfaden z. katechet. Unterricht in d. Religion für Confirmanden. 8. Hambg. Hoffmann. 800.

Werner, Johann Friedrich, s.a. Wernher

WERNER, Joh. Friedrich: Erfahrungen von dem Gebrauche der Magnet-Nadel, und wie vermittelst derselben am füglichsten eine Feldvermessung angestellt werden kann, und eine Provinzial-Aufnahme geschehen mag, wie auch etwas von dem Gebrauche verschiedener Maaßstäbe. - Berlin 1778. 7 Bg., 2 Taf.

Werner, Jh. Fr., Erfahrungen vom Gebrauch d. Magnetnadel, u. wie vermittelst derselben am füglichsten eine Feldvermessung angestellt werden kann. 8. Berl. 778. Wever. 8 ℊ

Werner, Johann Friedrich (Stolberg) U.S. Erfurt 1742/2

Dissertatio inauguralis de tortura testium vernac. Peinlich Zeugen=Verhör, ubi simul larvam injustitiae huic carnificinae a doctoribus tributam detraxit.
Präs. Ernst Tenzell. Rec.
Leipzig (Trog) 1742. 102 S.

Diss. Erfurt 9.II.1724. 36402

Werner, Jh. Geo. s.a. **Wernher.**

Werner, Johann Georg (Königstein) 4°Thl.XV, 270/14

Disputatio theologica posterior adversus Lamindum Pritanium excutiens ac refellens methodum pontificiorum in inquirenda veritate coelesti.
Präs. Martin Chladenius.
Wittenberg (Gerdes) 16.IX.1717. 50 S.
36404

Werner, Johann Georg (Königstein) A.S. 590/48

Dissertatio historica posterior. De iure imaginum apud veteres Romanos. Präs. Johann Samuel Luppe.
Wittenberg (Schroedter) 18.II.1712. 12 Bl.
36403

Werner, Johann Georg (Marburg) A.S. 138/32

Dissertatio inauguralis juridica de pactis dotalibus, sub formula: Hut bey Schleyer und Schleyer bey Hut conspectis. Rec.
Wittenberg 1742. 46 S.

Diss. Marburg 6.XII.1714. 36405

Werner, Johann Georg (Marburg) A.S. 253/3

Dissertatio inauguralis juridica de pactis dotalibus, sub formula: Hut bey Schleyer und Schleyer bey hut, conspectis.
Halle (Hilliger) 1742. 40 S.

Diss. Marburg. 36406

Werner, Jh. Glo., musikalisches ABC=Buch, oder Lehrbuch beim Clavierspielen, für Lehrer u. Lernende. 4. Penig 805. Dienemann. (Leipz., Leich). 20 Gr.

— Anweisung für angehende u. ungeübte Orgelspieler, Choräle zweckmäßig mit d. Orgel zu begleiten, nebst Zwischenspielen für mehrere Fälle. Fol. Penig, Dienemann. (Leipz., Leich). 1 Thlr.

— — Anweisung für Orgelspieler, Choräle zweckmäßig mit der Orgel zu begleiten. II. Fol. Sonst Dienemann, jetzt Dietze in Penig. Ist der Preis

— Choralbuch zu d. neuen sächs. Gesangbüchern, nebst Vorrede zu Behandlung d. Orgel. 4. Leipz. 815. Hofmeister. 6 Thlr.

— 100 der vorzüglichsten Choralmelodien, vierstimmig in einzelnen Stimmen, mit untergelegten Texten, nebst Klavier= oder Orgelbegleitung. Leipzig, Hofmeister. 2 2/3 Thlr. (Jede Stimme einzeln à 11 Gr. — Der Klavier=Auszug 11/12 Thlr.)

— Clavierschule. 2e Aufl. 4. Leipz. 817. Hofmeister. 1 Thlr. 8 Gr.
3e umgearb. Aufl. unt. d. T.: prakt. Pianofortschule, umgearb. von J. Knorr. qu. gr. 4. Ebd. 830. 1 Thlr. 12 Gr.

— Lehrbuch, d. Orgelwesen kennen, erhalten, beurtheilen u. verbessern zu lernen. 4. Merseb. 823.

— Lehrbuch zum Studium d. Harmonie, als 2r u. 3r Cursus der Clavierschule. 4. Ebd. 818. 3 Thlr.

— Melodienbuch zu d. neuen sächs. Gesangbüchern, zum Gebrauch öffentl. Schulen ꝛc. Ebd. 818. 8 Gr.

— Orgelschule, oder Anleit. zum Orgelspielen u. zur richtigen Kenntniß u. Behandlung des Orgelwerks. 2 Thle. 4. Penig 808. Dienemann. 1 Thlr. 8 Gr. 2e Aufl. gr. 4. Mainz 825. Schotts S. 1 Thlr. 16 Gr.

Werner, Joh. Gtlo., theoret.-pract. Pianoforteschule; nach d. Standpuncte unserer Zeit gänzl. umgearb. v. J. Knorr. 1. Cursus d. „Lehrbuchs d. Musik." 3. Aufl. qu. gr. 4. (10 B.) Leipzig 830, Hofmeister.
2. u. 3. Cursus. Ebendas. 1819. 3 Thlr.

Werner, Joh. Gtlo., Versuch e. kurzen u. deutl. Darstellung d. Harmonielehre etc. 2 Abthln. (Wohlf. Ausg.) qu. gr. 4. (27¼ B.) Leipzig 819, Hofmeister. Thlr.

* *Joh. Heinrich Werner's* Anweisung, alle Arten von Prospekten nach den Regeln der Perspektiv von selbst zeichnen zu lernen, nebst einer Anleitung zum Plafond- und Freskomalen, für Zeichner, Maler, Bildhauer und alle Arten von Künstlern, mit vielen Kupfern. Mit römisch Kaiserlichen gnädigsten Privilegio. Erfurt, bey Keysern. gr. 8. 130 S. mit 17 Kupft. 1781.

Werner, Joh[ann] Jac[ob], von Löhningen und Beggingen (diplom. aarg. Bezirkslehrer, diplom. zürcher. Gymnasiallehrer): Über zwei Handschriften der Stadtbibliothek in Zürich. Beiträge zur Kunde der lat. Literatur des Mittelalters. Aarau 1904. 183 S. 8°. [18. I. 05.]
Zürich. Phil. Diss. I. S. 1904/1905.

Werner, Johann Ludwig von

— Betrachtt. üb. d. Verbindung polit. Conjunkturen u. d. Staatswohlfahrt mit d. Wohlfahrt d. Religion. gr. 8. Trier 788.

— s. Darstell. d. Ursachen wegen Execution.

v. **Werner,** Jh. Ldw., († ...) Prüfungssätze aus d. deutschen Reichsgeschichte u. den vornehmsten Rechtstheilen. 8. Trier 788.

Werner, Johann Ludwig Konrad Georg. s. Werner, Georg

Werner, Johann Wilhelm: De deglutitionis Mechanismo, s.a. Schulze, Johann Heinrich

Werner, Jonann Wilhelm (Königsberg/Pr.)
A.S. 1117/32

Dissertatio inauguralis medica de deglutionis mechanismo. Präs. Johann Heinrich Schulze.
Halle (Hilliger) IV.1739. 35 S.

Gew.: Reinhold von Werner, Daniel Ernst Jablonski, Wilhelm Irwing, Christoph Casseburg.
36409

Werner, Johs., s.a. **Verner,** Ioa.

Werner, Johannes, approb. Arzt aus Unterweissach: **Aus d. Tübinger Universitäts-Augenklinik. Zur Kasuistik des angeborenen Coloboms der unteren Augenlider.** *Tübingen: F. Pietzcker 1900.* (30 S.) 8°
Tübingen, Med. Diss. v. 1900

Werner, Johs., zur Kasuistik d. angeborenen Coloboms der unteren Augenlider. Diss. gr. 8. (30 S. m. 2 Abb.) Tübingen 900. F. Pietzcker. n.n. 1. —

Werner, Johannes [aus Guben]: Hegels Offenbarungsbegriff. Ein religionsphilosophischer Versuch. I. Teil .... Leipzig, Druck v. Breitkopf & Härtel, 1887; 38 S. 8°.
Jena, Phil. Fak., Inaug.-Diss. v. 1887.

Werner, Johs., Hegels Offenbarungsbegriff. Ein religionsphilosoph. Versuch. gr. 8. (90 S.) Leipzig 887, Breitkopf und Härtel. * 2 —

Werner, Joh. Der Paulinismus d. Irenaeus, s.a.Texte u. Untersuchungen zur Geschichte der altchristlichen Literatur.

Werner, Johannes [Dr. phil.]: Der Paulinismus des Irenaeus. Eine kirchen- und dogmengeschichtliche Untersuchung über das Verhältnis des Irenaeus zur Paulinischen Briefsammlung und Theologie. ... (Aus: Texte u. Untersuch. z. Gesch. d. altchr. Lit.) Marburg, *Druck v. August Pries in Leipzig*, 1889; 3 Bl. + 58 S. + 1 Bl. 8°
Marburg, Theol. Fak., Hab.-Schr. v. 5. [handschr. 6.] Aug. 1889

Werner, Johs., letzte Predigt, s.: Werner, C., zur Erinnerung an Johannes Werner.

Werner, Johs., s.: Schneider, Sascha, Titelzeichnungen zu den Werken Karl Mays.

Werner, Johs., dogmengeschichtliche Tabellen zum monarchianischen, trinitarischen u. christologischen Streite. gr. 8. (11 S.) Gotha 893. F. A. Perthes. Kart. n. — 60

Werner, Johs., Dogmengeschichtliche Tabellen. 2., stark verm. Aufl. gr. 8. (49 S.) Gotha 898. F. A. Perthes. Kart. n. 1. 80

Werner, Johs., dogmengeschichtliche Tabellen. 3 Aufl. (IV, 45 S.) gr. 8. Gotha 903. F. A. Perthes. Kart. n. 1. 80

Werner, Johannes: Therapeutica, hoc est, sanitatis restituendae ratio artificiosa; libris duobus proposita et commentariis illustrata. 518 S., gbd.

Francofurti: Kopff 1596

JB 2.081

Werner, Josef, approb. Arzt aus Hilpoltstein: Statistischer Beitrag zur Therapie der Unterschenkelsarkome. *Köln [1902]: J. P. Bachem.* (31 S.) 8°
Erlangen, Med. Diss. v. 27. März 1901

Werner, [illegible] De [illegible] acidi [illegible] concentrat. in corpus humanum effectu. Vratislaviae 1821 38 S. 8
Breslau, Med. Diss. v. 22. Dez. 1821

Zu Phil. Jak. Cretzschmar's 100jähriger Geburtsfeier am 11. Juni 1886. Gedächtnisrede von Jos. Werner. [Leipzig 1886: Findel.] 20 S. 8° [Umschlagtit.]
Abgedr. in: Bh. 29 (1886) S. 217—222.

[Gedicht.] Zur Jahres-Schluss-Loge am 30. Dec. 1888. [Unterz.:] Jos. Werner. [Frankfurt a. M.: 1888]. 2 Bl. 8° [Kopftit.]
„Schon wieder ist ein Jahr dahingeschwunden, ..."

Werner, Jos., Geschichte der Pfarrei St. Martin in Landshut. Mit einem Urk. Codex, einem Saalbuche von 1331, dem dazu gehörigen Pers. Verz., einem Verzeichniß der ältern Grabsteine und 40 Abbildgn. von Wappen. Mit 26 (lith.) Taf. Abbildgn. Extra-Abdr. aus den Verhandlungen des hist. Vereines für Niederbayern. Landshut 854. Rietsch. gr. 8. (137 S.) 24 ngr.

Werner, Jos., der heil. Kastulus. Eine Legende. Neu bearb. u. hrsg. Mit einem Anh. 12. (71 S.) Landshut 847, Thomann. 3 ngr.

Zur Klärung. Von Jos. Werner. [Frankfurt a. M. 1892: Mahlau & Waldschmidt.] 7 S. 8° [Kopftit.]
Richtet sich gegen die Vermengung der Frage nach der gesetzlichen Regelung der mrischen Beziehungen der deutschen Grlogen u. Logen untereinander mit der Frage des Systems u. der Lehrart, des christlichen u. humanistischen Prinzips.

Werner, Jos., das Recht d. Arrestes im Civilprozesse [unter besond. Berücksicht. d. bayr. Immobiliararrestes], systematisch dargestellt. gr. 8. (VI, 40 S.) Erlangen 884. Deichert. n. 1.

Sind Sie ein Freimaurer? Vortrag, gehalten am 2. Nov. 1889 von Jos. Werner. Leipzig [1889]: Vollrath. 15 S. 8° [Umschlagtit.]
Abgedr. in: FZ. 44 (1890) S. 41—44.

Werner, Joseph: *Tractatus de incultorum hominum soloecismis auctore Ahmed b. Kemâlpašazâde. Quem e codice m. s. Berolinensi Arabice exscripsit, nonnullis de vita scriptisque auctoris praemissis latine vertit, adnotationibus instruxit. 90 S. 4°
Halle-Wittenberg, Phil. Diss. v. 11. Aug. 1862
Geb. Hanau 17. 11. 1840. V.

Werner, Josef Adolf Ludwig, s. Werner, Johann Adolf Ludwig

Werner, Jos. Ant., die Obstbaumzucht für Solche, welche darauf noch keinen Bedacht genommen, oder einen guten Unterricht darüber nicht erlangt haben, und für Landmänner, welche nur die gewöhnlichen Schulkenntnisse besitzen. Mit 5 lith. Taf. (in Fol.) u. 10 Holzschn. (im Text.) München 855. Finsterlin. 8. (VIII, 189 S. u. 1 lith. Musikbeilage in 4.) 18 ngr.

Werner, Jul., Entehrt. Roman aus dem Leben. (In 25 bis 30 Heften.) 1.—7. Heft. (S. 1—208 m. je 1 Vollbild.) 8. Pilsen (906). Volksschriften-Verlag. à — 20

Werner, Jul., entehrt. Roman aus dem Leben. 8.—25. (Schluß-)Heft. (S. 209—638 m. Vollbildern.) 8. Pilsen (906). Volksschriften-Verlag. à Heft — 20

Werner, Jul., das Erbe d. Zigeuners, s.: Lesehalle, die.
— dasselbe, s.: Buch d. Novellen.

Werner, Julie, einsame Blumen. Eine Erzählg. f. heranwachs. Mädchen. 8. (253 S.) Stuttgart 885. Krabbe. geb. n. 3. —

— Erinnerungen e. jungen Frau. 2. Aufl. 8. (174 S.) Stuttgart 883. Cotta. 3. — ; geb. 4. —

Werner, Julie, ein Frauenherz u. andere Novellen. 8. (III, 192 S.) Dresden 900. E. Pierson. n. 3. 50; geb. n. 4. 50

— Freund Goethe. 8. (237 S.) Ebend. 884. n. 3. —; geb. n. 4. —

Werner, Julie, Jugenderinnerungen einer jungen Frau. 8. (174 S.) Stuttgart 883, Cotta'sche Buchh. cart.

Werner, Julie, unser Klärchen. E. Erzählg. f. junge Mädchen. 8. (213 S.) Stuttgart 895. C. Krabbe. Geb. in Leinw. n. 3. —

Werner, Julie, Ringen u. Streben. Erzählungen f. junge Mädchen. 8. (242 S.) Stuttgart 887. Krabbe. geb. n. 3. —

Werner, Julie, verschollen, doch nicht vergessen! Eine Erzählg. aus vergangener Zeit. gr. 8. (IV, 201 S.) Basel 892. Schweiz. Verlags-Druckerei. n. 2. —

Werner, Julius

Werner, J., Ueb. d. Allitteration in der ältesten griech. Kunstprosa. Pr. 1901. 41 S.

Werner, Jul., zur sozialen Bewegung in England, s. o. Zeit- u. Streitfragen, kirchliche.

Werner, Jul., Zur sozialen Bewegung im heutigen England. (Kirchliche Zeit- und Streitfragen, Jhrg. 1, Heft 6.) gr. 8⁰. Hadersleben 1892.

— die Bibel u. die evangelische Kirche in ihrem Verhältnis zur sozialen Frage: die christlich-sozialen Reformbestrebungen in England, s. a. Sammlung theologischer u. sozialer Reden u. Abhandlungen.

— Die Bibel und die evangelische Kirche in ihrem Verhältnis zur sozialen Frage und die christlich-sozialen Reformbestrebungen in England. (Sammlung theolog. und soz. Reden u. Abhdlg., Ser. 5, Heft 1.) gr. 8⁰. Leipzig 1893.

Christentum und moderne Literatur. Von Pfarrer J[ulius] **Werner**, Frankfurt a. M. Hamburg: Rauhes Haus 1903. (16 S.) 8° [F.]
Aus: Fliegende Blätter aus d. Rauhen Hause. 1903. [08. 1495: 11]

— soziales Christentum. Vorträge u. Aufsätze üb. die grossen Fragen der Gegenwart. gr. 8. (VII, 223 S.) Dessau 895. P. Baumann. n. 3. —; geb. in Leinw. n. 4. —

Werner, Jul., soziales Christentum. Vorträge u. Aufsätze üb. d. grossen Fragen d. Gegenwart. 2. [Titel-] Aufl. gr. 8. (VII, 223 S.) Dessau (894) 897. P. Baumann. n. 3. —; geb. n. 4. —

— **Deutsch-Konservativ u. Christlich-Sozial.** Vortrag, geh. im konservativen Verein zu Frankfurt am Main am 27. Novbr. 1895. gr. 8. (15 S.) Frankfurt a/M. 896. K. Brechert. — 20

Werner, J., Deutsch-National. 8. (VII, 167 S.) Halle 889. Strien. n. 2. 40

Werner, Jul., **Deutschtum u. Christentum.** Gedenkreden. 2. Aufl. (83 S.) gr. 8. Heidelberg 906. C. Winter, Verl. Kart. n. 1. 80

Werner, Jul., Johann Eberlin v. Günzburg, der evangelisch-soziale Volksfreund. Sein Leben und Wirken in den religiösen und politischen Kämpfen der Reformationszeit. Für die Gegenwart dargestellt. 12. (VII, 153 S.) Heidelberg 889, C. Winter's Universitäts-Buchh. * 2 —

— **Johann Eberlin v. Günzburg.** Ein reformatorisches Charakterbild aus Luthers Zeit. Für die Gegenwart dargestellt. 2. völlig umgearb. Aufl. (80 S.) 8. Ebd. 905. n. 1. —

Werner, Jul., die Erhaltung u. Erneuerung der Volkskirche in den Wirren der Gegenwart, s.: Kirchlich-positiv. 12.

— die christliche Familie, e. Burg d. Glaubens, e. Quellort der Liebe, e. Stätte der Hoffnung. Fest-Rede, geh. auf dem X. Vereinstag d. Vereins f. christl. Volksbildg. zu Köln. gr. 8. (8 S.) M.-Gladbach 892. (Hannover u. Celle, Schulbuchh.) — 20

Werner, Julius, Festrede zur Gedenkfeier in der Paulskirche zu Frankfurt a. M. aus Anlaß d. 50. Wiederkehr d. Todestages v. Friedrich Ludwig Jahn. 8 S., 8°.

— Die soziale Frage im Zeitalter der Reformation, s. Sammlung theologischer u. socialer Reden u. Abhandlungen.

Werner, Julius: Zur Frage nach dem Verfasser der [illegible]. S. 3–20. 8. Progr. [illegible] 1901.
[illegible]

u. Aug. Jaworski: Gerechtigkeit, nicht bloß Liebe, die Grundlage der mod. Arbeiterbewegung, s. a. Hefte der freien kirchlich-soz. Konferenz.

Gerechtigkeit, nicht bloss Liebe, die Grundlage der modernen Arbeiterbewegung. Referat auf d. 11. Hauptversammlung d. freien kirchl.-soz. Konferenz in Cassel, geh. von Pfarrer Julius **Werner**, Frankfurt a. M., u. Korreferat von Gewerkschaftssekr. August Jaworski. Mit d. Verhandlungen d. 7 Arbeitskommissionen d. Konf. in Cassel. Berlin: Vaterländ. Verl.- u. Kunstanst. 1906. (76 S.) 8° [F.]
— **Hefte** d. freien kirchlich-sozialen Konferenz. H. 37. [07. 1435]

Werner, Jul., die Geschichte u. der gegenw. Stand der Frauenbewegg., s. a. Hefte der freien kirchl.-soz. Konferenz.

Werner, Julius: Die Geschichte und der gegenwärtige Stand der Frauenbewegung. Aus d. Verhandlungen d. Frauenkursus d. freien kirchl.-sozialen Konferenz zu Berlin am 13.–15. April 1899. Referat u. Diskussion. — Berlin: Berliner Stadtmission 1899. 31 S. 8⁰ (Hefte d. freien kirchl.-sozialen Konferenz. 4.)

— Die Hohenzollern unter der Fahne des evangelischen Glaubens u. der volksfreundlichen Sozialreform. gr. 8. (IV, 67 S.) Lpz. 890, Buchh. d. Evangel. Bundes. * 1 —; geb. * 1 50

— die Hohenzollern unter der Fahne des evangelischen Glaubens u. der volksfreundlichen Sozialreform. 2. (Titel-) Aufl. gr. 8. (III, 67 S.) Leipzig 894. Buchh. d. Evang. Bundes v. C. Braun. n. 1. —

Werner, d. Hohenzollern u. d. Landwirtschaft. Rede, zur Vorfeier d. Geburtstages Sr. Maj. des Kaisers u. Königs in d. Aula d. königl. landwirtschaftl. Hochschule zu Berlin am 26. Jan. 1895 geh. [Aus: „Deutsche landw. Presse".] gr. 8. (16 S.) Berlin 895. P. Parey. n. — 50

— aus dem Lande der Gegensätze. Englische Reisebriefe. 1.—3., unveränd. Aufl. gr. 8. (IV, 155 S.) Dessau 896. 97. P. Baumann. n. 2. —; geb. in Leinw. n. 3. —

— „Das Licht des Lebens". Zeitpredigten auf Ewigkeitsgrunde. Reden u. Skizzen. gr. 8. (VIII, 316 S.) Gütersloh. 902. C. Bertelsmann. Geb. in Leinw. n. 5. —

Patriotisches Liederbuch. (Hrsg.: Julius **Werner**.) 13. Aufl. Halle (Saale): Gebauer-Schwetschke 1903. (32 S.) 8°

– Luther als deutscher Volksmann, s.a. Arbeiter-Bibliothek, Rheinisch-Westfäl., III. Hft.

Luther als deutscher Volksmann v. Julius **Werner**, Pfarrer in Beckendorf '(Prov. Sachsen)'. Hattingen '(Ruhr)': C. Hundt sel. Wwe 1894. (10 S.) 1 Bd 8°
(Arbeiter-Bibliothek, Rheinisch-Westfälische. H. III.)

— m. Gott f. Kaiser u. Reich! Patriotisches Liederbuch. 12. (33 S.) Halle a/S. 890. Schwetschke. — 15

—— Mit Gott f. Kaiser u. Reich! Patriotisches Liederbuch. 1.—3. Aufl. 12. (33 S.) Halle a. S. 891, Schwetschke. — 15

Mit Gott fur Kaiser und Reich! Patriotisches Liederbuch. (Verf.: Julius **Werner**.) 12. unveränd. Aufl. *Halle (Saale): Gebauer-Schwetschke [1903].* (32 S.) 8° [Umschlagt. F.] [04. 69]

Werner, Jul., üb. d. Organisation d. preuß. Gymnasien. Mit Bezieh. auf d. Lorinserschen Aufsatz: „Zum Schutz d. Gesundheit auf d. Schulen." gr. 8. (10½ B.) Breslau 836, Schletter, Brlsh.

– Das moderne Proletariat u. die deutsche Nation, s.a. Zeitfragen des christlichen Volkslebens.

Das moderne Proletariat und die deutsche Nation. Von Julius **Werner**, Pfarrer in Frankfurt a. M. Stuttgart: Ch. Belser 1907. (56 S.) 8°
(Zeitfragen d. christl. Volkslebens. Bd 32, H. 6.)

— der deutsche Protestantismus u. das öffentliche Leben. V, 107 S.) 8. Hagen (906). O. Rippel. n. 1. —

Werner, Jul. (II.). Quaestiones Babrianae, s.a. Studien, Berliner, f. classische Philologie.

Werner, Julius [Posnaniensis]: Quaestiones Babrianae ... [= Berl. Stud. f. class. Philol. u. Archäol. 14. Bd. 2. Heft.] x)
Berolini, S. Calvary & soc., 1891; 2 Bl., 27 S., 1 Bl. 8.
Berlin, Phil. Fak., Inaug.-Diss. v. 23. Dez. 1891

Werner Julius: Quaestiones grammaticae et rhetoricae ad Antiphontem, Thucydidem, Andocidem pertinentes.
H. 1894 PN 836 Diss. Wien Univ. 1520

—— die Reformation und das deutsche Volkstum, s. Flugschriften des Evangelischen Bundes.

Relegationspatent für Julius Werner aus Liegnitz. stud. phil. 6. Juni 1860 Halle-Wittenberg. 1 Bl.

Methode Rustin. Geschichte der Philosophie von Oberl. Dr. F. ([vielmehr] J[ulius]) **Werner**. Lfg 1. Potsdam & Leipzig: Bonneß & Hachfeld [1905]. 4°(8°) [F.]
= **Selbst-Unterrichts-Briefe.** [25.] [08. 320

—— Sozialrevolution od. Sozialreform? gr. 8. (VII, 64 S.) Halle a. S. 891, Schwetschke. * 1 —

Werner, Julius [Übers.]
s. Sue, Marie-Joseph-Eugène: Johanne und Louise. 1853.

Werner, Jul., Heinrich Vierordt u. seine Dichtungen. Eine literar. Studie. 12. (II, 31 S.) Heidelberg 891. C. Winter. n. — 50

— Haeckels „Welträtsel" im Lichte der Vernunft u. der Bibel, s.: Lehr u. Wehr für's deutsche Volk. 2. Heft.

Julius Konrad Werner

Canceris intestini recti Nosographia. P. 1. Regiomonti (1824:) Hartung. 8°
P. 1: (1824.)
Königsberg, Med. Diss. v. Mai 1824

Werner, K. (II.), praktische Anleitung zur unterrichtlichen Behandlung poetischer und prosaischer Lesestücke. Meist in vollständig ausgeführten Lektionen bearb. Mittelstufe. 1. Bdchn. gr. 8. (IV, 124 S.) Berlin 884, W. Schultze's Verlag. *

Werner, K., praktische Anleitung zur unterrichtlichen Behandlung poetischer und prosaischer Lesestücke. Meist in vollständig ausgeführten Lektionen bearb. Mittelstufe. 2. Bdchn. gr. 8. (II, 122 S.) Berlin 886, W. Schultze. *M 1.20.; cart. * 1 40
Mittelstufe. 1. Bdchn. Ebendas. 1884. *M 1.20.; cart. *M 1.40.

—— dass. — Oberstufe. 1. und 2. Bdchn. gr. 8. (à Bdchn. IV, 124 S.) Ebendas. 883,84. à Bdchn. *M 1,20. * cart. à Bdchn. *M 1,40. *

—— dass. — Oberstufe. 3. und 4. Bdchn. gr. 8. (à Bdchn. IV, 124 S.) Ebendas. 885,86. à Bdchn. *M 1.20. * 2 40
cart. à Bdchn. *M 1.40. * 2 80
Oberstufe. 1. und 2. Bdchn. Ebendas. 1883,84. à Bdchn. *M 1.20.; cart. à Bdchn. *M 1.40.

Werner, K., Gewichtstabellen f. Bleche. Zum Gebrauch f. Blech-Produzenten u. -Konsumenten berechnet. (III, 128 S.) 8. Wien 906. C. Fromme. Geb. in Leinw. n. 5. —

Werner, K., Gewichtstabellen f. Bleche. Zum Gebrauch f. Blech-Produzenten u. Konsumenten berechnet. 2., unveränd. [Titel-]Aufl. (III, 128 S.) kl. 8. Wien [906]. (909). C. Fromme. Geb. in Leinw. 2. 50

Werner, K. (III.), Luther und das christliche Haus, s. Vorträge, öffentliche, zur Feier des 400jähr. Geburtstages D. Martin Luthers gehalten.

Werner, K.: Die evang. Pfarrkirche in Mediasch. 32 S. 8° nebst einem Grundriss. – Mediasch. ev. OG., Progr. 1872.

Werner, K., das moderne Skatspiel. Eine unter Berücksicht. der allgemeinen deutschen Skat-Ordng. verf. Anleitg. zur gründl. Erlerng. dieses geistreichen Kartenspieles, nebst zahlreichen erläut. Beispielen u. e. Skat-Tarife. 12. (122 S.) Wien 891. A. Hartleben. n. 1. 20

Werner, K., das moderne Tarokspiel. Eine Anleitg. zur gründl. Erlerng. desselben, nebst zahlreichen erläut. Beispielen. 8. (IV, 126 S.) Wien 883. Hartleben. 1. 20

Werner, K., das moderne Tarokspiel. Eine Anleitg. zur gründl. Erlerng. desselben, nebst zahlreichen erläut. Beispielen. 2., verm. Aufl. 12. (150 S.) Wien 891. A. Hartleben. n. 1. 20

Werner, K., das moderne Tarockspiel. Eine Anleitg. zur gründl. Erlerng. desselben nebst zahlreichen erläut. Beispielen. 3., sorgfältig rev., verm. u. verb. Aufl., bearb. v. G. Ulmann. (VI, 152 S.) kl. 8. Wien (906). A. Hartleben. 1. 20; geb. 2. 25

Werner, K. F., Fenster-Decorationen und gepolsterte Möbeln. Eine Sammlung moderner Zeichnungen in zwanglosen Heften. 1s Heft. 1s—4s Blatt. (Kupferstich u. illum.) qu. 4. Hamburg 838. Leipzig u. Itzehoe 838. Schuberth u. Niemeyer. n. $^{2}/_{3}$ ℛ

Werner, Karl, Alcuin und sein Jahrhundert. Ein Beitrag zur christlich-theolog. Literärgeschichte. gr. 8. (XII, 413 S.) [Paderborn 876, Schöningh.] Wien, Braumüller. *

Werner, Karl, Alcuin und sein Jahrhundert. Ein Beitrag zur christlich-theolog. Literärgeschichte. Neue (Titel-)Ausg. gr. 8. (XII, 415 S.) Wien 881, Braumüller. *

— Emerico Amari in seinem Verhältniss zu G. B. Vico. [Aus: „Sitzungsber. d. k. Akad. d. Wiss."] Lex.-8. (62 S.) Wien 880. Gerold's Sohn in Comm. n. 1. —

— Emerico Amari in seinem Verhältnis zu G. B. Vico. S. 56. 5 . . . . 1 —
Separatabdruck

— Anleit. zum Selbststudium d. Mineralogie. Mit 1 Kpf. 8. Wien 823. Bauer u. D. 12 K

Werner, Karl (Darmstadt)
Ueber Anomalieen der Zahnstellung.
Giessen 1868. 36 S.
Diss. med. 10. Juni 1868. vorh. 26.7.

Werner, Karl, Speculative Anthropologie vom christlich-philosophischen Standpunkte. München, Lentner, 1870, 8°, X, 468 S., 5,70 Mk., ermäß. Preis 3 Mk.

Werner, Carl (II.), speculative Anthropologie, vom christlich-philosophischen Standpuncte dargestellt. gr. 8. (XI, 468 S.) München 870, Stahl. (M 5,70.)

Werner, Karl (Hrsg.):

s.a. Apologie des Brownischen Systems der Heilkunde, auf Vernunft und Erfahrungen gegründet. Bd 1 - 2. Wien: 1799 - 1800

JB 2.578

Werner, C., Apologie d. Brownischen Systems d. Heilk. a. Vernunft u. Erfahr. gegründet. 2 Bde. gr. 8. Wien, Wappler u. Beck. 799—800. (I. 1 Rthlr. 4 gr. II. 2 Rthlr.)

Werner, Carl (IV.), Aquarellen. Photographisch nachgebildet von C. A. Schmid-Monnard. 1. Lfg. 4. (8 Blatt.) Leipzig 862, Hinrichs'sche Sortimentsh. *
Einzelne Blätter *

Inhalt:
Garibaldi bei Marsala. — Kloster Maulbronn. — Der Majoratserbe. — Materna in Bamberg. — Vertheidigung von Scaletto. — Portal in Palermo. — Balcon in Venedig. — Rüstkammer der Wartburg.

Werner, Carl, appr. Arzt aus Jena: Zur Aetiologie der Spitzentuberkulose. *Jena 1901: Frommann.* (53 S.) 8°
Jena, Med. Diss. v. (8. Mai) 1901

—— der Averroismus in der christlich-peripatetischen Psychologie des späteren Mittelalters. Lex.-8. (148 S.) (Ebendas.) 881. *
aus: Sitzungsberichte der k. Akademie der Wissenschaften, besonders abgedruckt.

— Der Averroismus in der christlich-peripatetischen Psychologie des späteren Mittelalters. S. 98, 175 . . . . 2.40
Separatabdruck

Werner, Carl (I.), die Bäder für Frauenleiden, } s. Sammlung medizinischer Bäderführer.
—— Bäderführer für Erholungsbedürftige,
—— Bäderführer für Lungen- und Kehlkopfkranke,

Werner, Carl (II.), Christian Gottlob Barth, Dr. der Theologie, nach seinem Leben und Wirken gezeichnet. (In 3 Bdn.) 1. und 2. Bd. gr. 8. [1. Bd. (VIII und 416 S. mit Portr. in Stahlst.) 2. Bd. (396 S.)] Calw 865,66. Stuttgart, J. F. Steinkopf. à Bd. * 1 Thlr. *

Werner, Carl (I.), Christian Gottlob Barth, Dr. der Theologie, nach seinem Leben und Wirken gezeichnet. 3. (Schluß-)Bd. gr. 8. (420 S.) Calw 869. Stuttgart, J. F. Steinkopf. *
1. und 2. Bd. Ebendas. 1865,66. * M 6.

Werner, Karl, Beda der Ehrwürdige u. seine Zeit. gr. 8. (VIII, 236 S.) Wien 875. Braumüller. n. 3. —

Werner, Karl, Beda der Ehrwürdige und seine Zeit. Neue (Titel-)Ausg. gr. 8. (VIII, 235 S.) Wien 881, Braumüller. *

Werner, Carl [aus Bad Nauheim (Hessen)]: Die Bedingungen der Konidienbildung bei einigen Pilzen. Frankfurt a. M. 1898. 48 S. 8°.
Basel. Phil. Diss. 1897/98.

Werner, C., die Bedingungen der Konidienbildung bei einigen Pilzen. gr. 8. (48 S. m. Abbildgn.) Frankfurt a/M. 898. Gebr. Knauer. n. 2. —

Werner, Carl (I.), Chasiba. Ein Gemälde nach d. bibl. Geschichte. Für Christenkinder entworfen. 12. (4⅓ B.) Basel 840, Schneider.

Werner, Carl (II.). Diät u. Wegweiser f. Lungenkranke, s. Sammlung medizinischer Wegweiser.

Werner, Carl (III.), Enchiridion theologiae moralis. Lex.-8. (XVI und 352 S.) Wien 863, Braumüller. *

Werner: Die Entwicklung des lombard. Städtewesens. 19 S. Iglau, Progr. 1856

Programm, sechstes — des k. k. Obergymnasiums zu Iglau, veröffentlicht am Schlusse des Schuljahres 1856. Iglau, 1856. Druck aus Johann Rippl's artist. Anstalt. (36 S. 4.)
Inhalt: Die Entwickelung des lombardischen Städtewesens, vom Gymnasiallehrer Karl Werner. — Schulnachrichten.

—— der Entwickelungsgang der mittelalterlichen Psychologie von Alcuin bis Albertus Magnus. Imp.-4. (82 S.) Wien 876, (Gerold's Sohn.) *
Aus: Denkschriften der k. Akademie der Wissenschaften, besonders abgedruckt.

— Der Entwicklungsgang der mittelalterlichen Psychologie von Alcuin bis Albertus Magnus. D 25. 69.
Separatabdruck

Werner, Carl (II.), kurzer Entwurf e. Geschichte d. Mathematik. Ein Leitfaden f. Gymnasien u. Realschulen, so wie z. Belehr. u. Unterhalt. aller Liebhaber d. mathemat. Wissenschaften, Ingenieure, Militairpersonen rc. 8. (4¾ B.) Pasewalk 840, [Braune.] 8 Gr., hrbgf. Pr. Thlr.

Werner, Karl, Medizinalprakt.: Ueber einen Fall von hochgradiger Hepatoptose verbunden mit verschieblicher intermittierender Hydronephrose. München 1907: Wolf. 70 S. 8°
München, Med. Diss. v. 26. Aug. 1908, Ref. v. Angerer
[Geb. 11. Jan. 81 Scheibenberg; Wohnort: Scheibenberg; Staatsangeh.: Sachsen; Vorbildung: Nikolaisch. Leipzig Reife O. 02; Studium: Leipzig 7, München 4 S.; Coll. 26. Aug 08; Approb. 14. Aug. 08.] [U 09. [illegible]

Werner, Karl (Hrsg.):

s.: Fothergill, (John): Abhandlung über die Natur der Krankheit, die durch den Biß eines tollen Hundes veranlaßt wird. (The Case of a hydrophobia, with additions... Dt.) Nebst einem Briefe des Grafen (Friedrich) Berchtold an den Verfasser. Aus dem Englischen übers. Wien: 1810

JB 5.192

Werner, Carl, Kaiser Franz vom Antritte seiner Regierung bis nach dem Frieden von Luneville 1792–1803, s. Geschichte, österreichische, für das Volk.

— lyrische Gedichte sammt Oden aus dem Horaz. 8. Wien 785. v. Möśle. 1 ℛ𝓉

Werner, Carl (I.). Geographie v. Österreich-Ungarn. Ein Leitfaden f. die höheren Volksschulen, Bürgerschulen u. die unteren Klassen der Mittelschulen der ev. Landeskirche A. B. in Siebenbürgen. gr. 8. (45 S.) Hermannst. 888, Kraft. cart. ** — 60

—— **Gerbert von Aurillac, die Kirche und Wissenschaft seiner Zeit. gr. 8. (XII, 341 S.) Wien 879, [Faesy und Frick] Braumüller.** *

—— Gerbert von Aurillac, die Kirche und Wissenschaft seiner Zeit. Neue (Titel-)Ausg. gr. 8. (XII, 337 S.) Ebendas. 881. *

Werner, Carl (II.), Geschichte der apologetischen und polemischen Literatur der christlichen Theologie. (In 5 Bdn.) 1. Bd. gr. 8. (XVI und 654 S.) Schaffhausen 861, Hurter'sche Buchh.

—— **Geschichte der apologetischen und polemischen Literatur der christlichen Theologie. 2.—5. Bd. gr. 8. Schaffhausen, Hurter'sche Buchh. [2. Bd. (XVI und 695 S.) 862. 2 Thlr. 24 Ngr., 3. Bd. (XX und 766 S.) 864. 3 Thlr. 6 Ngr., 4. Bd. (XVIII und 780 S.) 865. 3 Thlr. $22\frac{1}{2}$ Ngr., 5. Bd. A. u. d. T.: Geschichte der neuzeitlichen christlich-kirchlichen Apologetik. (XVI und 563 S.) 867. 2 Thlr. 15 Ngr.]**
1. Bd. Ebendas. 1861. 2 Thlr. 15 Ngr.

Werner, Karl. Geschichte der katholischen Theologie seit dem Trienter Konzil, s.a. Geschichte der Wissenschaften in Deutschland.

Werner, Karl. Geschichte der katholischen Theologie. Seit dem Trienter Concil. München 1866. 8
[illegible]

—— Geschichte der katholischen Theologie seit dem Trienter Konzil bis zur Gegenwart. München und Leipzig, Oldenbourg 1889, 8°, 2. Aufl., 656 S., 8,40 Mk.
1. Aufl. 1866. (Bd. IV der Geschichte der Wissenschaften in Deutschland. Neuere Zeit. Auf Veranlassung und mit Unterstützung des Königs v. Bayern Maximilian II. herausgeg. durch die histor. Kommission bei der kgl. Akademie der Wissenschaften.) Recension (1. Aufl.) von Hülskamp, Litt. Handw. 1867, S. 100—102. Mainzer Katholik 1867, Bd I, S. 157 ff. Die zahlreichen litterargeschichtlichen Monographieen Werners siehe unter „Kirchengeschichte".

—— Geschichte Ungarns m. besond. Berücksicht. Siebenbürgens. Ein Hilfsbuch f. die oberen Klassen der ev. Mittelschulen A. B. in Siebenbürgen. gr. 8. (VIII, 135 S.) Ebd. 885. cart. ** 2 —

—— dass. — Ein Leitfaden f. die höheren Volksschulen, Bürgerschulen u. die unteren Klassen der Mittelschulen der ev. Landeskirche A. B. in Siebenbürgen. gr. 8. (56 S.) Ebd. 888. cart. ** — 60

Werner, Carl (I.), urkundliche Geschichte der iglauer Tuchmacherzunft, s.a. Preisschriften, hrsg. von der fürstlich Jablonowski'schen Gesellschaft in Leipzig.

Werner, Karl: Urkundl. Geschichte der Iglauer Tuchmacher-Zunft. — Lpz: Hirzel 1861. VI, 137 S. (Preisschr. gekrönt und hrsg. von der Fürstl. Jablonowskischen Ges. zu Leipzig. 8.) 4°

Werner, Karl, Grundlinien der Philosophie. Regensburg 855. Manz. gr. 8. (XVI, 329 S.) 1 ℛ𝓉. 15 ngr.

— Grundriß einer Geschichte der Moralphilosophie als Leitfaden für Vorlesungen. Wien 859. Braumüller gr. 8. (VIII, 93 S.) n. 15 ngr.

Werner, Karl, Das Hausiergewerbe des Eichsfeldes. Schriften des Vereins f. Socialpol., Bd. 80. gr. 8⁰. Leipzig 1899.

Werner, Karl, Dr. Christian Franz Anton Haeutle, königl. bayerischer Reichsarchiv-Rat. Nekrolog. [Aus: „Jahresber. des histor. Ver. von Oberbayern."] gr. 8. (82 S m. Bildn.) München 897. (G. Franz' Verl.) n. — 60

— Heinrich v. Gent als Repräsentant des christlichen Platonismus im 13. Jahrh. [Aus: „Denkschr. d. k. Akad. d. Wiss."] Imp.-4. (60 S.) Wien 878. Gerold's Sohn in Comm. n. 3. —

Heinrich von Gent als Repräsentant des christlichen Platonismus im XIII. Jahrhundert. D 28. I. 97.
Separatabdruck

—— **Kant in Italien. Imp.-4. (82 S.) Wien 881, (Gerold's Sohn.)** *
Aus: Denkschriften der k. Akademie der Wissenschaften, besonders abgedruckt.

Werner, Carl (II.), **zur Kenntniss der primären malignen Nierengeschwülste. Inaugural-Dissertation. gr. 8. (29 S.)** München 883. (Ernst.) *

WERNER, Carl (Liegnitz): Zur Kenntniss der primären malignen Nierengeschwülste. - München: Zeller 1883. 21 S.
21.5.1883 - Urk (Titel: De primariis malignis tumoribus renalibus.); Chr 1882/83,18
Diss. Ingolst.-Landsh.-**Mchn.**

Werner, Carl, die holzbronner Kirchweihe i. J. 1789. Eine wahre Geschichte. 8. (2 B.) Stuttgart 841, J. F. Steinkopf. Thlr.
Aus: Jugendblätter XVI. besond. abgedruckt

— die Kosmologie u. allgemeine Naturlehre des Roger Baco. [Aus: „Sitzungsber. d. k. Akad. d. Wiss."] Lex.-8. (126 S.) Ebend. 879. n. 2. —

Die Kosmologie und allgemeine Naturlehre des Roger Baco. S. 94. 489.
Separatabdruck

— die Kosmologie u. Naturlehre d. scholastischen Mittelalters. Mit specieller Beziehg. auf Wilhelm v. Conches. [Aus: „Sitzungsber. d. k. Akad. d. Wiss."] Lex.-8. (95 S.) Ebend. 874. n. 1. 50

Die Kosmologie und Naturlehre des scholastischen Mittelalters mit spezieller Beziehung auf Wilhelm von Conches. S. 75. 309.
Separatabdruck

— **die Kunde vom göttlichen Worte des Lebens.** Eine Weihnachtsgabe. Schaffhausen 861. Hurter. 8. (VIII, 138 S.) 12 ngr.

Werner, Carl, **die Massage.** Ihre Technik, Anwendung und Wirkung. **Populäre Darstellung. gr. 8. (51 S. mit eingedr. Holzschn.) Berlin 884, [Steinitz und Fischer.]** Steinitz Verlag. * 1 50

— die Massage. Ihre Technik, Anwendung und Wirkung. Für Aerzte und Laien dargestellt. 7. Tausend. gr. 8. (56 S. mit mehreren Holzschn.) Berlin 887, Steinitz' Verlag. *

— die Massage. Ihre Technik, Anwendg. u. Wirkg. 10., umgearb. Aufl. gr. 8. (III, 105 S. m. Holzschn.) Berlin 890. Steinitz' Verl. n. 2. —

— — Die Massage u. Heilgymnastik. Anwendung, Technik u. Wirkg. 11. Aufl. gr. 8. (VIII, 115 S. m. Holzschn.) Berl. 892, H. Steinitz Verlag. * 2 —
8. 10. Aufl. 1888–90.

Werner, Carl, die Massage u. Heilgymnastik. Anwendung, Technik u. Wirkung. Bewegungs-Kuren bei Nerven-, Magen- u. Darmleiden, Frauen-Krankheiten, Krämpfen, Lähmgn. etc. Für Ärzte u. Laien. 11., erweit. u. vollständig umgearb. Aufl. gr. 8. (VIII, 115 S. m. Holzschn.) Berlin 892. H. Steinitz' Verl. n. 2. —

Die Massage und Heilgymnastik. Ihre Anwendg. Technik u. Wirkg. Beweggskuren ... F. Aerzte u. Laien v. Dr. med. Carl Werner, neu revid. v. Dr. E[rnst] Below, Berlin. 12. bis 14. Taus. M. vielen Holzschn. *Berlin: H. Steinitz (1896).* (4 Bl., 116 S.) 1 Bd 8.

Werner, Carl, die Massage u. Heilgymnastik. Ihre Anwendung, Technik u. Wirkung. Bewegungskuren bei Nerven-, Magen-, Darm- u. Frauenkrankheiten, Krämpfen u. Lähmgn. u. a. Für Aerzte u. Laien, neu rev. v. E. Below. (12., erweit. Aufl.) 12—14. Taus. gr. 8. (VIII, 116 S. m. Abb.) Berlin 896. H. Steinitz. n. 2. —

Werner, Carl, die Massage u. Heilgymnastik. Ihre Anwendg., Technik u. Wirkg. Bewegungskuren bei Nerven-, Magen-, Darm- u. Frauenkrankheiten, Krämpfen u. Lähmgn. u. a. Für Aerzte u. Laien, neu rev. v. E. Below. 13. durchgeseh. Aufl. gr. 8. (120 S. m. Abbildgn.) Berlin (902). H. Steinitz. n. 2. —

Werner, zur Metaphysik d. Schönen. [Aus: „Sitzungsber. d. k. Akad. d. Wiss."] Lex.-8. (24 S.) Wien 874. Gerold's Sohn in Comm. n.n. — 50

Zur Metaphysik des Schönen. S. 77. 737.
Separatabdruck

Werner's, Carl, Nilbilder. Auf seiner Reise durch Aegypten nach der Natur aufgenommen. Aquarell-Facsimile's aus der artist. Anstalt v. Gust. W. Seitz. Erläuternder Text v. A. E. Brehm u. Joh. Dümichen. 1. Lfg. gr. Fol. (6 Bl. u. 16 S. Text.) Wandsbeck 872. Leipzig, Brauns. n. 60. —

Pyramiden v. Gisêh bei Sonnenaufgang.	Einzelpr. n. 12. —
Memnonen im Mondlicht.	Einzelpr. n. 12. —
Isistempel auf Philae.	Einzelpr. n. 12. —
Grabmal d. Schêch Ababde.	Einzelpr. n. 15. —
Nubisches Kind.	Einzelpr. n. 9. —
Barbirladen v. Achmim,	Einzelpr. n. 12. —

Werner's, Carl (III.), Nilbilder. Auf seiner Reise durch Aegypten nach der Natur aufgenommen. Aquarell-Facsimile's aus der artist. Anstalt von Gust. W. Seitz. Erläuternder Text von A. E. Brehm und Joh. Dümichen. gr. Fol. (24 Bl. und Text.) Wandsbeck 872, Seitz. *

Mappe dazu **

Albumkasten von Nussbaumholz **

Einzelne Blätter ohne Text:

Pyramiden von Giseh bei Sonnenaufgang. M. 12.
Memnonen im Mondlicht. M. 12.
Isistempel auf Philae. M. 12.
Grabmal des Schêch Ababde. M. 15.
Nubisches Kind. M. 9.
Barbierladen in Achmim. M. 12.
Chalifengräber. M. 15.
Caffeehaus in Kairo. M. 12.
Geldwechsler in Esne. M. 15.
Tempel von Luqsor. M. 12.

Werner's, Carl (III.), Nilbilder etc.

Nilufer bei Achmim. M. 9.
Assuan beim Katarakt. M. 9.
Bandweber in Esne. M. 15.
Mirjam, Enkelin des Custoden von Philae. M. 15.
Strassenleben in Kairo. M. 15.
Grabkammer in El Kab. M. 12.
Die löwenköpfigen Statuen der egyptischen Artemis in den Tempelruinen von Karnak. M. 15.
Tempelhof von Medinet-Habu (westl. Theben). M. 15.
Tempelruinen von Kum-Ombo bei Assuan. M. 12.
Kairo von Norden gesehen. M. 15.
Ruinen des Tempels von Karnak. M. 15.
Bazar von Girgeh. M. 15.
Nilufer bei Beni-Sueff. M. 12.
Ansicht der Insel Philae. M. 15.
Contouren auf Aquarellpapier zum Kopiren à Blatt 40 Pf.

Werner's, Carl, Nilbilder. 24 Aquarellen. 16. Hamburg 878. Seelig. 3. 60

— zur Orientirung über Wesen und Aufgabe der christlichen Philosophie in der Gegenwart. gr. 8. (VIII und 105 S.) Schaffhausen 867, Hurter'sche Buchh.

Werner, Karl, Zur Orientierung über Wesen u. Aufgabe der christlichen Philosophie in der Gegenwart. Schaffhausen, Hurter (jetzt Regensburg, Verlagsanst.), 1867, gr. 8°, VIII, 105 S., 1,20 Mk

Werner, Karl, die Cartesisch-Malebranche'sche Philosophie in Italien. I. u. II. Lex.-8. (69 S.) Wien 883. (Gerold's Sohn.) n. 2. 20

I. M. A. Tradella. (69 S.)	n. 1. —
II. Giac. S. Gerdil. (78 S.)	n. 1. 20

Werner, [illegible]

— die italienische Philosophie des 19. Jahrh. 1. Bd.: Antonio Rosmini und seine Schule. gr. 8. (XV, 472 S.) Wien 884, Faesy. *

Werner, Karl, die italienische Philosophie des 19. Jahrh. 2.—5. Bd. gr. 8. Wien, Faesy. * 30 40

Inhalt:

Bd. 2. Der Ontologismus als Philosophie des nationalen Gedankens. (XV, 426 S.) 885. * M. 8.40.
" 3. Die kritische Zersetzung und speculative Umbildung des Ontologismus. (XIV, 424 S.) 885. * M. 8.40.
" 4. Die italienische Philosophie der Gegenwart. (IX, 281 S.) 886. * M. 5.20.
" 5. Die Selbstvermittelung des nationalen Culturgedankens in der neuzeitlichen italienischen Philosophie. (XI, 427 S.) 886. * M. 8.40.
1. Bd. Ebendas. 1884. * M. 9.60.

— Photographs from Carl Werner's original drawings of the Holy Places by Schmid-Monnard. 34 Blatt. Fol. Leipzig 865, Hinrichs'sche Sortimentsh. In Mappe. **

Einzelne Blätter *

Inhalt:

1. Jerusalem. — 2. David-Street. — 3. Tower of David. — 4. Damascus-gate. — 5. St.-Stephan's gate. — 6. Gate in the Via dolorosa. — 7. Caiaphas house. Chapel and detention-room. — 8. Church of the Holy Sepulchre. — 9. Church of the Holy Sepulchre. Entrance and unctionstone. — 10. Greek chapel. — 11. 12. The Armenian's chapel. 1. 2. — 13. Chapel where the three crosses were found. — 14. Coenaculum. — 15. The Holy Sepulchre. — 16. The Jews wailing place. — 17. The golden gate. — 18. Gethsemane. — 19. The field of blood. — 20. Mosk of Omar. — 21. Mosk of Omar. The interior. — 22. The holy rock in the Mosk of Omar. — 23. Hospital of the knights of St. John. — 24. Tombs of the Judges. — 25. Johoshaphat. Tombs of the Jews. — 26. Mekhême. — 27. En Rochel. The well of Nehemiah. — 28. The cave of Jeremiah. — 29. Pilatus house. — 30. Bethlehem. — 31. Chapel of the nativity. — 32. The holy crib. — 33. The milk-grotto. — 34. Bethania.

— die Augustinische Psychologie in ihrer mittelalterlich-scholastischen Einkleidung und Gestaltung. Lex.-8. (62 S.) Wien 882, (Gerold's Sohn.) *

Aus Sitzungsberichte der k. Akademie der Wissenschaften

— die Psychologie und Erkenntnisslehre des Johannes Bonaventura. Lex.-8. (70 S.) (Ebendas.) 876. *

aus: Sitzungsberichte der k. Akademie der Wissenschaften, besonders abgedruckt.

Die Psychologie und Erkenntnislehre des Johannes Bonaventura. S. 82. 107.
Separatabdruck

—— die Psychologie und Erkenntnisslehre des Johannes Duns Scotus. Imp.-4. (96 S.) (Ebendas.) 877. *
Aus: Denkschriften der k. Akademie der Wissenschaften, besonders abgedruckt.

– Die Psychologie und Erkenntnislehre des Johannes Duns Scotus. D 26. 345.
Separatabdruck

— die Psychologie, Erkenntniss- u. Wissenschaftslehre des Roger Baco. [Aus: „Sitzungsber. d. k. Akad. d. Wiss."] Lex.-8. (112 S.) Ebend. 879. n.n. 1. 70

– Die Psychologie, Erkenntnis- und Wissenschaftslehre des Roger Baco. S. 93. 467.
Separatabdruck

— die nominalisirende Psychologie der Scholastik des späteren Mittelalters. [Aus: „Sitzungsber. d. k. Akad. d. Wiss."] Lex.-8. (117 S.) Ebend. 882. n. 1. 80

Die nominalisierende Psychologie der Scholastik des späteren Mittelalters. S. 99. 213.
Separatabdruck

—— die Psychologie des Wilhelm v. Auvergne. Lex.-8. (70 S.) (Ebendas.) 873. *
aus: Sitzungsberichte der k. Akademie der Wissenschaften, besonders abgedruckt.

Werner, Karl, Dr.: Über die Psychologie des Wilhelm von Auvergne. S. 73. 257.
Separatabdruck

— vertrauliche Rathschläge f. junge Mädchen, | f.: Sperry, Lyman B.
— dasselbe, f. junge Männer, |

—— die Religionen und Culte des vorchristlichen Heidenthums. Ein Beitrag zur Geschichte der Philosophie der Religionen. gr. 8. (XII, 746 S.) Schaffhausen 871, Hurter'sche Buchh. [Regensburg, Manz.]

Werner, C., Schlaflosigkeit u. Schlafmittel. Für Laien u. Aerzte. 2. Tausend. gr. 8. (64 S.) Berlin 890. Steinitz' Verl. n. 1. 50

—— Schlaflosigkeit u. Schlafmittel. Für Laien u. Ärzte. 2. Aufl. gr. 8. (67 S.) Ebd. 892. * 1 50
1. Aufl. 1890.

— Schlaflosigkeit u. Schlafmittel. Für Laien u. Ärzte. 3. Aufl. (5., 6. u. 7. Taus.) gr. 8. (64 S.) Ebd. (900). n. 1. 50

—— die Scholastik des späteren Mittelalters. 3 Bde. gr. 8. Wien, Braumüller. *
Inhalt:
Bd. 1. Johannes Duns Scotus. (XVIII, 514 S.) 881. *M 10.
„ 2. Die nachscotistische Scholastik. (XIX, 577 S.) 883. *M 11,60.
„ 3. Der Augustinismus in der Scholastik des späteren Mittelalters. (XIII, 309 S.) 883. *M 6,40.

—— die Scholastik des späteren Mittelalters. 4. Bd. In 2 Abthlgn. gr. 8. Wien 887, (Braumüller.) * 15 —
Inhalt:
Abthl. 1. Der Endausgang der mittelalterlichen Scholastik. (XII, 404 S.)
„ 2. Der Übergang der Scholastik in ihr nachtridentinisches Entwickelungsstadium. (VIII, 359 S.)
1.—3. Bd. Ebendas. 1881—83. *M 28.—.

— die Sprachlogik des Johannes Duns Scotus. [Aus: „Sitzungsber. d. k. Akad. d. Wiss."] Lex.-8. (55 S.) Wien 877. Gerold's Sohn. n. — 80

– Die Sprachlogik des Johannes Duns Scotus. S. 85. 545.
Separatabdruck

—— A. Rosmini's Stellung in der Geschichte der neueren Philosophie, der italienischen insbesondere. gr. 4. (82 S.) (Ebendas.) 884. *
Aus: Denkschriften der k. Akademie der Wissenschaften, besonders abgedruckt.

— A. Rosminis Stellung in der Geschichte der neueren Philosophie, der italienischen insbesondere. D 35. 1 . . . . 4.—
Separatabdruck

Werner, Carl (II.), Franz Suarez und die Scholastik der letzten Jahrhunderte. 2 Bde. gr. 8. Regensburg 861, Manz. [1. Bd. (XII und 598 S.) 2 Thlr. 15 Ngr., 2. (VIII und 325 S.) 1 Thlr. 15 Ngr.] Thlr.

Werner, Carl, appr. Arzt: Aus d. psychiatrischen u. Nervenklinik d. Univ. Kiel. Zur Symptomatologie und Pathologie der Tumoren der Kleinhirnhemisphären. Kiel 1907: H. Krause. (24 S.) 8°
Kiel, Med. Fak., Ref. Siemerling, Diss. v. 9. Juli 1907
[Geb. 29. Dez. 79 Rastatt in Baden; Wohnort: Jauer i. Schl.; Staatsangeh.: Preußen; Vorbildung: Kgl. Gymn. Jauer Reife O. 00; Studium: Breslau 9 S.; Coll. 21. Juni 07; Approb. 12. Marz 05.]

Werner, Carl, System der Ethik. 3 Thle. gr. 8. Regensburg, Manz.
Inhalt:
Thl. 1. Güterlehre. (XII und 500 S.) 850. 1 Thlr. 25 Ngr.
„ 2. Tugendlehre. (VIII und 348 S.) 850. 1 Thlr. 10 Ngr.
„ 3. Pflichtenlehre. (XX und 756 S.) 852. 2 Thlr. 22½ Ngr.

—— System der christlichen Ethik. 1. Thl.: Einleitung und Güterlehre. 2. umgearb. Aufl. gr. 8. (XII, 415 S.) Regensburg 888, Verlags-Anstalt. 5 50

—— dass. — 2. und 3. Thl. Neue (Titel-)Ausg. gr. 8. Ebendas. 12 25
Inhalt:
Thl. 2. Tugendlehre. (VIII, 348 S.) (850)888. M 4.—.
„ 3. Pflichtenlehre. (XX, 755 S.) (852)888. M 8.25.

—— idealistische Theorien des Schönen in der italienischen Philosophie des 19. Jahrh. Lex.-8. (69 S.) Wien 884, (Gerold's Sohn.) *
Aus: Sitzungsberichte der k. Akademie der Wissenschaften, besonders abgedruckt.

— Idealistische Theorien des Schönen in der italienischen Philosophie des XIX. Jahrhunderts. S. 107. 645 . . . . 1.—
Separatabdruck

—— der heil. Thomas v. Aquino. 3 Bde. gr. 8. Regensburg 858. 59, Manz.
Inhalt:
Bd. 1. Leben und Schriften des heil. Thomas Aquinas. (XVI und 889 S.) 3 Thlr. 18 Ngr.
„ 2. Die Lehre des heil. Thomas Aquinas. (XXIV und 726 S.) 3 Thlr. 9 Ngr.
„ 3. Geschichte des Thomismus. (XIV und 891 S.) 3 Thlr. 18 Ngr.

Werner, Carl [pract. Arzt aus Jessnitz i. Anh.]: Die Trepanation der Wirbelsäule bei Wirbelfracturen. Strassburg, Buchdruckerei von R. Schultz & Comp., Berger Levrault's Nachfolger, 1879. 8. 76 S.

Werner, Carl, s.: Urkundenbuch zur Geschichte der Deutschen in Siebenbürgen.

— Wilhelms v. Auvergne Verhältniss zu den Platonikern d. XII. Jahrh. [Aus: „Sitzungsber. d. k. Akad. der Wiss."] Lex.-8. (54 S.) Wien 873. Gerold's Sohn in Comm. n. — 80

– Über Wilhelms von Auvergne Verhältnis zu den Platonikern des XII. Jahrhunderts. S. 74. 119.
Separatabdruck

— über Giambattista Vico als Geschichtsphilosophen u. Begründer der neueren italienischen Philosophie. Vortrag, geh. in der feierlichen Sitzung der kaiserl. Akademie der Wissenschaften am 30. Mai 1877. 8. (27 S.) Wien 877. Gerold's Sohn. n. — 40

– Über Giambattista Vico als Geschichtsphilosophen und Begründer der neueren italienischen Philosophie. Vortrag, gehalten in der feierlichen Sitzung der Kaiserlichen Akademie der Wissenschaften am 30. Mai 1877. F. S. 1877.
Separatabdruck

—— Giambattista Vico als Philosoph und gelehrter Forscher. Neue (Titel-)Ausg. gr. 8. (XI, 328 S.) Wien 879, Braumüller. *

—— Giambattista Vico als Philosoph und gelehrter Forscher dargestellt. gr. 8. (XI, 328 S.) Wien 879, [Faesy und Frick.] Braumüller. **

Werner, Carl, was muß das junge Mädchen wissen? Frei bearb. nach dem amerikan. Werke Lyman B: Sperry „Vertraul. Ratschläge f. junge Mädchen". 5. u. 6 Tausd. (120 S.) 8. Berlin (907). H. Steinitz. 2. —

— Was muß der junge Mann wissen? Frei bearb. nach dem amerikan. Werke Lyman B. Sperry „Vertrauliche Ratschläge f. junge Männer". 3. u. 4. Tausd. (108 S.) Berlin (907). H. Steinitz. 2. —

Werner, Carl (I.), über Wesen und Begriff der Menschenseele. Eine philosophisch-kritische Abhandlung. 1. Aufl. 1865. * 12 Ngr. und 2., verb. Aufl. gr. 8. (IV und 70 S.) Brixen 868, Theologische Verlags-Anstalt. *

Werner, Karl, Über Wesen und Begriff der Menschenseele. Eine philosophisch-kritische Abhandlung. Regensburg, Manz, jetzt Verlagsanst. 1868, 8°. 3. Aufl., 1,50 Mk.
1. Aufl. Brixen, Weger, 1865. — Versuch einer Psychologie auf scholastischem Grunde. Vgl. Katholik 1865, 2. Hälfte S. 61—76. Dieringer, Bonner Theol. Littbl. 1866, S. 125—8. Litt. Handw. 1866, S. 385—7. Kaulich, Allg. Littztg 1867, Nr. 11. Dazu die Berichtigung Werners, Nr. 15 (Ende

Werner, Karl, ein Wort des größten Missionars v. der Mission. (Röm. 1, 14 u. 15.) gr. 8. (16 S.) Kassel (902). E. Röttger. n. — 20

—— zwei philosophische Zeitgenossen und Freunde G. B. Vico's. I. und II. Lex.-8. Wien 886, (Tempsky.) * 2 20
Inhalt:
I. Paolo Mattia Doria. (76 S.) *ℳ 1.20.
II. Tommaso Rossi. (55 S.) *ℳ 1.—.
Aus: Sitzungsberichte der k. Akademie der Wissenschaften, besonders abgedruckt.

— Zwei philosophische Zeitgenossen und Freunde G. B. Vicos. 1. Paolo Mattia Doria. S. 11[illegible] 1.20
— 2. Tommaso Rossi. S. 112 [illegible] . . . . . 1.—
Separatabdruck

Werner, Car. Frid. (geb. Selau 1788): De dentitione. Berolini (1825). (30 S.) 8°
Berlin, Med. Diss. v. 20. Juli 1825

Werner, Karl Josef

— Gedächtnißrede auf Friedrich Wilhelm II. gr. 8. Bresl. 787. J. F. Korn. 2 gr

Werner, Karl Jos., 12 Predigten über religiöse u. moral. Gegenstände, bestehend in Sonntags- u. Gelegenheitsreden. gr. 8. Bresl. 797. J. F. Korn. 12 gr

— Trauerrede auf Fr. Ludw. Karl, Prinzen v. Preußen. gr. 8. Bresl. 797. J. F. Korn. 2 gr

Werner, Carl Conr., verklungen — nicht vergessen. Dichtgn. Aus s. Nachlaß gesammelt. M. e. Vorwort v. Alfr. Jeremias. 8. (VII, 87 S.) Osnabrück 897. P. Hoppenrath. Geb. in Leinw. n. 2. 50; ermäß. Preis 1. 50

Werner, Karl Ludwig August Otto, s. Werner, Otto

Werner, Carl Wilhelm, prakt. Arzt a. Burgfarrnbach: Kasuistischer Beitrag zu den psychopathischen und neuropathischen Erscheinungen nach Strangulationsversuchen. Nürnberg (1906): G. Beringer. (26 S.) 8°
Erlangen, Med. Fak., Ref. Specht, Diss. v. 25. Juli 1906
[Geb. 20. April 68 Gladenbach; Wohnort: Burgfarrnbach; Staatsangeh.: Bayern; Vorbildung: Gymn. Marburg Reife 89; Studium: Marburg 14, Erlangen 8 S.; Coll. 23. Juni 06; Approb. 30. Mai 03.]

Werner, Karl Wilhelm, a. Heidelberg: Hohenstaufen und Spielburg. Eine geologische Studie. (Berlin 1907: A. W. Schade.) (27 S.) 8°
Berlin, Phil. Fak., Ref. Branco, Diss. v. 2. März 1907
[Geb. 3. Okt. 81 Heidelberg; Wohnort: Berlin; Staatsangeh.: Baden; Vorbildung: Friedrichs-Werdersche Oberrealsch. Berlin Reife O. 01; Studium: Berlin 6 S.; Rig. 17. Dez. 06.]

Werner, Car. Guil. Otto (geb. Wettin 10. 8. 1826): De stomatitidis aphthosae aetiologia hujusque morbi lactantes mulieres adorti casus nonnulli. Berolini (1850). (20 S.) 8°
Berlin, Med. Diss. v. 24. Dez. 1850

Werner, Karoline

Werner, C., unser Bäckerjunge, s.: Edelweiß Nr. 79.

— der Brief im Waldhaus, s.a. Aus lichten Höhen.

Der Brief im Waldhaus (oder: Denen, die Gott lieben, müssen alle Dinge zum Besten dienen). Von C. Werner. L[engerich i. W.]: B[ischof] & K[lein 1903]. (16 S.) 8° [Umschlagt. F.]
= Höhen, Aus lichten. No 8. [06. 3984

Werner, C(aroline) s. Edelweiss. Erzählungen....

Werner, Caroline, das Kirchenfenster, s.: Edelweiß.

— koche m. Gas. Die Gas-Küche. Ein Anh. zu jedem Kochbuch. gr. 8. (62 S. m. Abb.) Ebd. (900). n. — 50

— Koche mit Gas. 1900. Jetzt: Berlin, Heilbrunn & Co.

— kochet m. Electricität. Kochbüchlein f. die elektr. Küche. 8. (59 S. m. Abbildgn.) Ebd. 900. n. — 50

— Kochet mit Elektrizität. 1900. Jetzt: Berlin, Heilbrunn & Co.

— der Laternen-Anzünder, s.: Vergißmeinnicht-Erzählungen.

— liebet eure Feinde. s.: Vergißmeinnicht-Erzählungen.

— die Nachbarskinder, s.a. Waldesrauschen — Waldesfrieden. Nr. 10.

Die Nachbarskinder. Erzählung von C. Werner. (Kassel [1900]: E. Röttger.) (16 S.) 8°
(Waldesrauschen -- Waldesfrieden. No 10.)

— Nähmariechen, s.: Edelweiß.

— Hans u. Lenchens Palmenzweige, s.a. Aus lichten Höhen.

Hans und Lenchens Palmenzweige oder: Wie der Herr Jesus in einem Dorfe Einzug hielt. Erzählung von C. Werner. L[engerich i. W.]: B[ischof] & K[lein 1903]. (16 S.) 8° [Umschlagt. F.]
= Höhen, Aus lichten. No 4. [06. 3980

— die Prinzessin, s.: Vergißmeinnicht-Erzählungen.

— Gottes u. nicht der Menschen Rat, s.: Himmelsblumen.

— meine Reisebekanntschaft, s.a. Waldesrauschen — Waldesfrieden. 16.

Meine Reisebekanntschaft (oder: Werfet euer Vertrauen nicht weg, welches eine große Belohnung hat). Erzählung f. Alt u. Jung von C. Werner. *(Kassel [1902]: E. Röttger.)* (16 S.) 8° [F.]
— Waldesrauschen Waldesfrieden. No 16. [+1 9337

Werner, Karoline, der Hausfrauen Schatzkästlein. Eine Sammlg. bewährter Rezepte u. praktischer Winke f. die Haushaltung. 1. Bdchn. 8. (128 S.) Regensburg (900). E. Stahl. n. 1. —

(B) **Werner, Karoline, d. Hausfrauen Schatzkästlein. — Koche m. Gas. — Kochet m. Elektrizität. 900. (KBL. 82.) Jetzt: Berlin, Heilbrunn & Co.**

— unser Uhrmacher, s.: Vergißmeinnicht-Erzählungen.

Die Veilchen unter den Nesseln. Erzählung von C. **Werner**. L(engerich i. W.): B(öschof &) K(lein) [1904]. (16 S.) 8° [Umschlagt. F.]
— Waldesrauschen-Waldesfrieden. No 28. [06. 4525

— Veilchen u. Nesseln in der Gartenecke, s. Waldesrauschen — Waldesfrieden.

— Vater Martins Weihnachtsfest, s.: O du fröhliche, usw. Weihnachtszeit.

— das Weihnachtslicht, s.: O du fröhliche usw. Weihnachtszeit.

— wie Gott e. Bergmann zu Weihnachten bescheerte, s.: O du fröhliche usw. Weihnachtszeit.

— Frau Willers u. ihr Kräuterthee, s.: Vergißmeinnicht-Erzählungen.

— treue Zeugen, s.: Familienbibliothek, Calwer.

Werner, Kurt

Werner, Curt, 100 kaufmännische Briefe f. jeden Geschäftsmann passend, der Neuzeit in allen Beziehgn. entsprechend, als: Circulair-, Entrée-, Avis- etc. Briefe. 3. verb. u. verm. Aufl. gr. 4. (26 S.) Chemnitz 873. Hein in Comm. 3. —

Werner, L. [Pseudon.] s.a. Türler, Emil August.

Werner, L., Anhaltspunkte f. die Frühjahrs-Ausbildg. der Infanterie-Kompagnie, Wochenzettel u. Aufgaben. (99 S.) kl. 8. Berlin 909. Liebel. 1. —

Anhaltspunkte für die Frühjahrs-Ausbildung der Infanterie-Kompagnie, Wochenzettel u. Aufgaben. Von L. Werner, Hauptm. Berlin: Liebel 1909. 99 S. 8° [10 2..

Werner, L., Anleitung zum Hausgottesdienst. 6. Aufl. [Ster.-Ausg.] Hrsg. v. der Wupperthaler Traktat-Gesellschaft. gr. 16. (56 S.) Barmen 871. (Klein.) n. — 40

Werner, L., Arm oder Reich — nur selig. Lukas 16, 9 u. 1. Timotheus 6, 6—8, volksthümlich erklärt. 8. (V, 96 S.) Basel 882. Riehm. geb. n. 1. —

Werner, L., s.: Eltern, die, als Familienarzt u. Erzieher d. Kinder.

Werner, L., die Gemeindepflege u. die Gewinnung v. Kräften f. dieselbe. Referat, am Jahresfeste d. Vereins f. innere Mission in Oberhessen am 11. Juni 1881 zu Gießen erstattet. 8. (32 S.) Darmstadt 884. (Waitz.) n. — 40

Werner, L., Genf, der Genfer See u. Chamonix, s.a. Grieben's Reiseführer.

Werner, L. Genf, der Genfer See und Chamonix. Praktischer Reiseführer. Mit vier Karten. 90 [+6] S. 8. Berlin, Albert Goldschmidt, 1908—1909. ([cart.] M. 1. 50)
Griebens Reiseführer. Band 114.

— die geschichtliche Person Jesu Christi, nach den modernen Darstellgn. u. nach den urkundl. Quellen. 2 Vorträge geh. im Saale d. evangel. Vereins zu Frankfurt a. M. gr. 8. (72 S.) Frankfurt a. M. 872. Zimmer. n. 1. —

Werner, L., Jugendträume. Poetische Versuche. 16. (124 S.) Augsburg 875. Schmid's Verl. n. 1. 70

— Kompagnie-Termin-Kalender. (82 S.) kl. 8. Berlin 909. R. Eisenschmidt. In Leinw. kart. u. durchsch. 1. 30

— Das Ober- u. Unter-Engadin u. Davos, s.a. Grieben's Reiseführer.

Werner, L. Das Ober- und Unter-Engadin und Davos. Praktischer Reiseführer. Mit zwei Karten. 80 + 4 S. 8. Berlin, Albert Goldschmidt, 1908—1909. ([cart.] M. 1. 50)
Griebens Reiseführer. Band 116.

— Das Rhonethal u. Zermatt, s.a. Grieben's Reiseführer.

Werner, L. Das Rhonetal und Zermatt, die Nebentäler und Bergpässe. Praktischer Reiseführer. Mit zwei Karten. 112 S. 8. Berlin, Albert Goldschmidt, 1908—1909. ([cart.] M. 1. 50)
Griebens Reiseführer. Band 115

— s.: Schriftverkehr, der, des Offiziers m. Vorgesetzten u. Behörden.

— s.: Verkehr, der schriftliche, u. die Redekunst in jeder Lebenslage.

Werner, L., das neue Viehgewährschaftsgesetz, bearb. f. Viehzüchter u. Viehhändler. 2. verb. u. verm. Aufl. 8. (51 S.) Diez (900). (Ph. H. Meckel.) n. — 50

Werner, L. J., s. Sidney, Edwin, das Leben Rowland Hill's.

Werner (L. R.). De scriptoribus hist. pl. borussicarum. . . . Cuestrini, 1756. 4°.

Werner, Lorenz „Fahrten eines Reichsstädtischen Augsburgers im Orient". pg. 3–28. 8°. Borchert & Schmid.
Kaufbeuren, Progr. 1885/86

Werner, Lorenz, Geschichte der Stadt Augsburg von der Zeit ihrer Gründg. bis zur Wiederaufrichtg. d. deutschen Reichs. gr. 8. (VII, 428 S. m. 1 Abb.) Augsburg 900. M. Rieger. n. 5. —

Werner, L. „Prolog, gesprochen zur Feier des siebenhundertjährigen Jubiläums des Herrscherhauses Wittelsbach". 3 Seiten. 8°. Borchert & Schmid. (Als Manuskript gedruckt.)
Kaufbeuren, Progr. 1879/80

Werner, Lorenz „Prolog zur Centenarfeier König Ludwigs I. von Bayern". 2 Blätter. 8°. Borchert & Schmid.
Kaufbeuren, Progr. 1887/88

Werner, Lorenz „Rom und die Deutschen". Eine geschichtliche Betrachtung. pg. 2—38 und ein Blatt Druckfehler. 8°. J. B. Dorn.
Kaufbeuren, Progr. 1880/81

Werner, Lothar, wer kann es wenden? Auch ein Kapitel über „Höhere Frauenbildung". gr. 8. (56 S.) Berlin 888, Gaertner's Verlag. * 1 —

Werner, Louise, neues deutsches Kochbuch, od. gründl. Anweis., alle Arten v. Speisen, Backwerken u. Erfrischungen schmackhaft zu bereiten. Ein zweckmäß. Handb. d. Kochkunst f. junge Frauenzimmer rc. gr. 8. (17 B. u. Ttlkpfr.) Berlin 830, Natorff u. Comp.

Werner, Lucie, die beiden Brüder. Eine Erzählung f. die heranwachsende Jugend. 8. (4½ B.) Heilbronn 843, Classische Bh.

Werner, Lucie, die beiden Brüder. Eine Erzählung für die heranwachs. Jugend. 3. Aufl. 8. (68 S.) Heilbronn 850, Landherr.

Werner, Lucie, Unterhaltungen f. d. Freistunden fleißiger u. gesitteter Kinder. 12. (4 B. u. 4 ill. Bilder.) Reutlingen 840, Fleischhauer u. Spohn.

— **Unterhaltungen für die Freistunden fleißiger und gesitteter Kinder. Mit 4 (illum.) Kupf. 12. Reutlingen 841, Fleischhauer u. Spohn. geb. 3/8 ₰ — 2. Aufl. 844. 3/8 ₰**

Werner, Ludw., die Eingemeindung der Vororte in Cassel u. die in Betracht kommenden kirchenrechtlichen Grundsätze. Ein Wort zur Klärg. u. zur Verständigg. (33 u. Nachwort 4 S.) gr. 8. Cassel 905. F. Lometsch. n. — 60

Die Eingemeindung der Vororte in Cassel u. die in Betracht kommenden kirchenrechtl. Grundsätze. Ein Wort z. Klärung u. z. Verständigung. Von D. Ludwig **Werner**, Gen.Superint. [Nebst] Nachw. Cassel 1905: E. Röttger. (33, 4 S.) 8° [F.] 106. 3415 4

Werner, Ludwig: Gründung und Verwaltung der Reichsmarken unter Karl dem Grossen und Otto dem Grossen. 1. Tl: Das Markensystem Karls d. Grossen. Bremerhaven, Druck v. L. v. Vangerow, 1895; 86 S. 8.
Bremerhaven, G u. R, OP 1895 (752)

Predigt zur Eröffnung der Gesamtsynode in Cassel am 9. Jan. 1906 von Gen. Superint. D. L[udwig] **Werner**. Cassel: (F. Lometsch) 1906. (14 S.) 8° [F.] 106. 3416 4

Werner, Ludw. Friedr. [Pseud.], s.a. B ö t t e , Werner

Werner, Ludw. Frdr., aus e. vergessenen Ecke. Beiträge zur deutschen Volkskunde. 1. u. 2. Aufl. 1.—3. Taus. (VIII, 208 S.) gr. 8. Langensalza 909. 10. H. Beyer & Söhne. 2.80; geb. n 3. 80

— **Lieder aus der vergessenen Ecke, f. gemischten Chor eingerichtet.** (97 S.) 8. Ebd. 910. p 1. 20

Werner, Ludwig Reinhold von

(—) histor. Abhandl. von denjenigen Schriften, so zur Geschichte d. preuß. Landstädte gehören. 4. Cüstrin 754.

— Anmerkk. von d. Ehestande d. alten Preußen. 4. Cüstrin 755.

— Commentatio epistolica, qua orationem hactenus ineditam de coenobio Hildensi offert. 4. Cüstrin 756.

Werner, Ludwig Reinhold von (Preussen) A.S. 588/30

Ad iura sceptrorum.
Präs. Reinhold Friedrich von Sahme.
(Königsberg/Pr.) (Hartung) 8. VII. 1743. 88 S.

W. v.: Johann Adam Gregorovius, Nikolaus Boltz, Jakob Heinrich Boltz, Valentin Grave.

36410

v. Werner, Edw. Reinhold, († d. 19. Nov. 1756.) Landesordnung des 34sten Hochmeisters in Preußen, Georg Friedrichs, Herzogen zu Sachsen; aus e. alten Handschrift mitgetheilt u. mit Anmerkk. versehen. 4. Gumbinnen 751.

— gesammelte Nachrr. zur Ergänzung d. Preuß.-Märkischen u. polnischen Geschichte. **1r Bd. 4. Cüstrin 755.**

— de scriptis historiam Lindae Marianae in Borussia famigeratissimae illustrantibus. 4. Cüstrin 756.

— Specimina VI Poleographiae patriae. 4. Königsberg 175.—55.

Werner, M., um einen Kuß, s.: Theater-Mappe.

Werner, M., Ragenhart u. Swanhild. Ein Harzepos aus dem 8. Jahrh. in 12 Gesängen. 8. (152 S.) Königsberg 883. (Hartung.) n. 2. 50

Werner, M., d. Sonntagsruhe in Industrie u. Handwerk. Erläut. v. W. 1.—3., unveränd. Aufl. 8. (VIII, 228 S.) Berlin 895. C. Heymann's Verl. n. 1. 60

Werner Magnus: Der Einfluß der deutschen Literatur auf William Makepeace Thackeray.
H. 1906 PN 2112 Diss. Wien, Univ. 1969

Werner, Margot

—— durch Mittheilung zum Verständniß, durch Verständniß zur Zufriedenheit. Eine philosoph. Skizze. 12. (29 S.) Ebendas. 888. * — 60

Werner, Margot, Essays. 12. (74 S.) Hamburg 887. [Verlagsanstalt u. Druckerei.] Selbstverlag: Frau Marie Dittmer in Hamburg, Harvestehude, Hagedornstr. 4. n. 1. 50; geb. n. 2. —

—— Maria. Eine Legende. gr. 8. (VII, 56 S.) Ebendas. 887. *M 2.—.; geb. * 2 75

—— Naturkinder. Gedichte. gr. 8. (64 S.) Ebendas. 887. *M 1.50.; geb. * 2 —

— Naturkinder. Gedichte. gr. 8. (64 S.) Ebd. 889. n. 1. 50; geb. n. 2. —

P Werner, Margot [Frau Minna Dittmer]. Philo-Sophia od. Weisheitsliebe, Lebensweisheit. Ein Versuch, dem weibl. Geschlechte die Lehren u. Schriften der Philosophen Sokrates u. Plato durch Kürze u. Einfachheit mehr zugänglich zu machen u. dessen Aufmerksamkeit auf die Schriften selbst hinzulenken. Nach der Uebersetzg. von Hieron. Müller. 8. (75 S.) [Stuttg. 889, Greiner u. Pfeiffer.] Hamb.-Harvestehude, Hagedornstr. 4, Selbstverlag. * 1 —

—— eine Zeitfrage in 5 Bildern. 12. (33 S.) (Ebendas.) 888. * — 60

Werner, Maria, geb. Arndt, die grüne Gefahr. Ein Protest gegen den Radikalismus in der modernen Frauenbewegg. (99 S.) 8. Hagen (908). O. Rippel. 1. —

Die grüne G e f a h r . Ein Protest gegen d. Radikalismus in d. modernen Frauenbewegung von Maria **Werner**, geb. Arndt. 2. Aufl. Hagen i.W.: Rippel [1908]. 99 S. 8°

Werner, Maria. Des Lebens höchste Güter. Nach Aussprüchen neuerer Dichter zusammengestellt. 8. (XV, 105 S.) Stuttg. 891, Greiner u. Pfeiffer. geb. m. Goldschn. * 3 —

Werner, Marianne, merkwürd. Prophezeihungen, siehe: Enthüllung der Zukunft.

Werner, Marie, aus Uman: Besteht die Herzmuskulatur der Säugetiere aus allseits scharf begrenzten Zellen oder nicht? ⟨Aus dem anatomischen Institut der Universität Bern. Laboratorium von Prof. Zimmermann.⟩ Hierzu 53 Textfiguren. Bonn, Friedrich Cohen. 1910. II, 48 S. 8°. S.-A. aus dem Archiv für mikroskopische Anatomie und Entwicklungsgeschichte. Bd. 75. 1910. [15. VII. 08.]
Bern. Med. Diss. 1910 11.

Werner, Mathias Georg Zacharias: Contes, chansons et fables. Tournai: Casterman 1880. 265 S. 12°

Werner, Mathias Georg Zacharias: Kleine deutsche Sprachlehre für Anfänger einger. Lützemburg: Schmit-Brück; Echternach: Joerg 1838. 108 S. 12°

– Dass. Ebd. 1841. 108 S. 12°

Werner, Mathias Georg Zacharias: Kleine französische Sprachlehre für Anfänger. Lützemburg: Schmit-Brück. 114 S. 12°

– Dass. 2. verm. u. verb. Aufl. Ebd. 1839. 132 S. 12°

– Dass. Arlon: Everling 1852. 132 S. 12°

– Dass. Ebd. 1860. 132 S. 12°

Werner, Max, das Christentum u. die monistische Religion. 1.—10. Tausend. (202 S.) gr. 8. Berlin (908). K. Curtius. 2.—; geb. 3. —

Werner, Max [Referendar in Berlin]: Ueber die Haftung mehrerer mit einem Legat belasteter Erben ... Göttingen, Druck d. Dieterich'schen Univ.-Buchdr., 1894; 29 S. 8.
Göttingen, Jur. Fak., Inaug.-Diss. v. [11. Aug.] 1894

Werner, Max [aus Ratibor]: Das primaere Lungencarcinom. . . . Freiburg i. B., Buchdr. H. Epstein, 1891; 26 S. 8°
Freiburg i. B., Med. Fak., Inaug.-Diss. v. 1891

Werner, Max, Referendar a. Berlin: Die Rechtsfolgen der falschen Todeserklärung. Berlin 1907: E. Streisand. (77 S.) 8°
Heidelberg, Jur. Fak., Ref. Endemann, Diss. v. 24. Juni 1907
[Geb. 16. Mai 85 Berlin; Wohnort: Berlin; Staatsangeh.: Preußen; Vorbildung: Königstädt. Gymn. Reife O. 03; Studium: Berlin 7 S.; Rig. 10. Mai 07.]

Werner, M., Sammlung kleiner strafrechtlicher Reichsgesetze. (3. Aufl.), s. Guttentag's Sammlung deutscher Reichsgesetze. (Kriegsmann, N. Herm.)

Werner, Max: Sammlung kleiner strafrechtl. Reichsgesetze. Textausg. m. Anm. u. Sachreg. 3. Aufl. 1910
s. Kriegsmann, Nikolaus Hermann: Sammlung ... [10. 1919]

Werner, M., Sammlung kleinerer Reichsgesetze. Ergänzungsband zu den im J. Guttentag'schen Verlage erschienenen Einzel-Ausgaben deutscher Reichsgesetze. Text-Ausg. mit Sachregister. Ursprünglich zusammengestellt von F. Litthauer. 4. verm. Aufl., bearb. von M. W. 16. (XII, 527 S.) Berlin 885, Guttentag. cart. * 2 40

Werner, M., Sammlung kleinerer strafrechtlicher Reichsgesetze. Ergänzungsband zu den im J. Guttentag'schen Verlage erschienenen Einzel-Ausgaben deutscher Reichsgesetze. Text-Ausg. m. Anmerkgn. u. Sachregister. 16. (VI, 218 S.) Berlin 890. Guttentag. cart. n. 1. 80

Werner, M., Sammlung kleinerer strafrechtl. Reichsgesetze, s.a. Guttentag's Sammlung deutscher Reichsgesetze. Nr. 9.

Sammlung kleinerer strafrechtlicher Reichsgesetze. Text-Ausg. mit Anm. ⟨Reichsgerichts-Entscheidungen⟩ u. Sachreg. von **M[ax] Werner**, Geh. Ober-Reg.R. 2. Aufl. *Berlin: J. Guttentag 1903.* (VIII, 407 S.) 8° [ß.]
= **Sammlung, Guttentag'sche,** deutscher Reichsgesetze. No 9. [c3. 66, 3] 10

Werner, Max [app. Arzt aus Dresden]: Zur Wechselwirkung zwischen Syphilis und anderen Krankheiten, insbes. zwischen Psoriasis vulgaris u. d. papulösen Syphilid ... Jena, G. Neuenhahn Univ.-Buchdr., 1892; 37 S., 1 Bl. 8.
Jena, Med. Fak., Inaug.-Diss. v. [1. Apr.] 1892

Werner, Max A., a. Leutzsch b. Leipzig: Corpus epitheliale und Linse. Ein Beitrag zur Kenntnis des dibranchiaten Cephalopodenauges. Halle 1904: L. Mosche, Magdeburg. (37 S.) 8°
Halle, Phil. Fak., Ref. Grenacher, Diss. v. 20. Nov. 1904
[Geb. 4. März 76 Leutzsch bei Leipzig; Wohnort: Magdeburg; Staatsangeh.: Sachsen; Vorbildung: Gymn. Gera Reife O. 96; Studium: Leipzig 2, Halle 10 S.; Rig. 6. Mai 03.]

Werner, Michael (wirkl. Name), s. Werherr, Armin (Pseud.)

Werner, Michael, prakt. Arzt aus Betzenstein ⟨Oberfranken⟩: Drei Fälle von primärem Nierensarkom. *Erlangen 1901: E. Th. Jacob.* (41 S.) 8°
Erlangen, Med. Diss. v. 18. Mai 1901

Werner, Minna, Dichtungen. Genthin 861. (Brandenburg, Müller.) gr. 8. (115 S.) n. 1 ℛ

Werner, Mor., kleine Beiträge zur Würdigung Alfred de Mussets (Poésies nouvelles), s.a. Beiträge, Berliner, zur german. u. roman. Philologie, Nr. 4.

Kleine Beiträge zur Würdigung Alfred de Mussets '(Poésies nouvelles)'. Von Dr. Moritz **Werner** ... *Berlin: C. Vogt 1896.* [S. I—VII, 33—102 erschien als Berl. Diss. 1895.] (161 S.) 1 Bd 8.
= **Beiträge,** Berliner, z. germanischen u. roman. Philologie. [No] X. Roman. Abt. No 4. [97. 4372]

Werner, Moritz [aus Frankfurt a. M.]: Zwei Threnoi Alfred de Mussets ... (Erscheint vollst. als No 4 von: Berliner Beitr. z. german. u. roman. Philol., Roman. Abt.) Berlin, C. Vogts Buchdr., *1895;* VII, 33—102 S., 1 Bl. 8.
Berlin, Phil. Fak., Inaug.-Diss. v. 27. Mai 1895

Werner, N. Fr. Z., (Jos. Oehlinger), d. Komet in seiner naturhistor. Bedeutung, nebst Betracht. über d. natürl. Beschaffenheit des Kometen, seine Bahn 2c. gr. 8. Wien 819. (Tendler). 8 K

Werner, N. Fr. Z., der Comet in seiner naturhistor. Bedeutung, nebst Betracht. über die natürliche Beschaffenheit des Cometen, seine Bahn 2c. gr. 8. Wien, Tendler und v. Manstein in C.) 819.

Werner, O., atlas des missions catholiques. 20 cartes teintées, avec texte explicatif. Traduit de l'allemand, revue et augmenté par Valérien Groffier. gr. 4. (43 S. m. 3 Tab.) Freiburg i/Br. 886. Herder. n. 4. —; geb. n. 5. 60

Werner, O., katholischer Kirchen-Atlas. 14 color. Karten mit begleitendem Text. gr. 4. (III, 96 S.) Freiburg i. Br. 888, Herder'sche Verlagsh. * 5 —
geb. in Halbleinw. * 6 —

Werner, O., katholischer Missions-Atlas. 19 Karten in Farbendr. mit begleitendem Text. hoch 4. (18 S.) Freiburg i. Br. 884, Herder'sche Verlagsh. * 3 —
geb. ** 4 —

— katholischer Missions-Atlas. 19 Karten in Farbendr. m. begleit. Text. 2. Aufl. gr. 4. (36 S. m. 3 Tab.) Ebend. 885. n. 4. —; geb. n. 5. —

Werner, O., orbis terrarum catholicus, sive totius ecclesiae catholicae et occidentis et orientis conspectus geographicus et statisticus. Ex relationibus ad sacras congregationes romanas missis et aliis notitiis observationibusque fide dignis. gr. 4. (VIII, 266 S. m. Tab.) Freiburg i/Br. 890. Herder. n. 10. —; geb. n. 11. —

Werner, O., Rechenbuch für Volksschulen, — Wiederholungs- u. Ergänzungsheft zu dem Rechenbuch für Volksschulen, } s.: **Möbius, H.**

[Umschlagt.:] **Werner,** Oskar [aus Steinbach-Hallenberg]: Bestimmung von Dielektricitätsconstanten mittelst des Differentialinductors ... Marburg, 1892; 34 S., 1 Bl., 1 Taf. 8.
Marburg, Phil. Fak., Inaug.-Diss. v. [21. Apr.] 1892

Werner, Oskar: Katalog der Schüler-Bibliothek. Lübben, Buchdr. v. F. Driemel & Sohn, 1891; 72 S. 8°
Lübben i. d. L., RPG, OP 1891 (119)

Werner, Oskar, Dr.: Kritischer Überblick über den gegenwärtigen Stand der Frage nach der Entstehung der schweizerischen und oberbayrischen Seen. *(Erfurt 1900: Ohlenroth.)* (24 S.) 4°
Erfurt, st. R, OP 1900 (282)

Werner, Othmar, Bericht über die auf der Halbinsel Sabioncello gesammelten Macro-Lepidopteren, s.a. Mitteilungen, wissenschaftl., aus Bosnien u. der Hercegovina, 5. Bd.

Werner, Othmar, Bericht über die auf der Halbinsel Sabioncello gesammelten Marco-Lepidopteren. Lex.-8. (6 S.) * —.10
Separat-Abdruck
Wien: Gerold 1898.

Geschichtlicher Abriss der Loge zur Perle am Berge i. O. zu Perleberg. Eine Festgabe zur Feier des 25jährigen Bestehens derselben am 8. Nov. 1891 von [Otto] Werner. Perleberg: Selbstverl. d. Loge 1891. 54 S. 8°

[Dasselbe.] 2. Abdr. Ebendas. 1902. 54 S. 8°
Nebst Gesch. der alten Loge zur Perle am Berge von 1829—1846.

Werner, *Karl Ludwig August* Otto [aus Wiesbaden]: Beiträge zur Kenntnis der neueren Droguen Cortex Comocladiae integrifoliae, Cortex Oroxyli indici und Euchresta Horsfieldii Benn. ... Erlangen, k. b. Hof- u. Univ.-Buchdr. v. F. Junge, 1896; VIII, 56 S., 1 Bl., 6 Taf. m. je 1 Erl.-Bl. 8.
Erlangen, Phil. Fak., Inaug.-Diss. v. 20. Mai 1896

Werner, Otto: Die Elisabethanische Bühne nach Ben Jonson. T. 1. Halle a/S. (1878): Karras. 32 S. 8°
Halle-Wittenberg, Phil. Diss. v. 9. März 1878
Geb. Harburg 16. 10. 1852. V.
T. 1 Kap. 3—7 u. T. 2 sollten später ersch., was aber unterblieb.

Werner, Otto, approb. Arzt aus Kiel: Aus d. Kgl. Augenklinik zu Kiel. Über Katarakt in Verbindung mit Sklerodermie. *Kiel 1904: Schmidt & Klaunig.* (26 S.) 8°
Kiel, Med. Diss. v. [14. Apr.] 1904

Werner, Otto, Kraft u. Stoff, Bewußtsein u. Leben. 3 Aufsätze, gestützt auf fremde u. eigene Experimente. (131 S.) 8. Stuttgart 909. M. Kielmann. 2. 40

— Lebenszweck u. Weltzweck od. die zwei Seinszustände. (III, 274 S.) 8. Leipzig 907. E. Haberland. 4. —

Werner, Otto, appr. Arzt a. Ulm a. D. (Württemberg): Ueber Lungenkomplikationen bei Aortenaneurysma [!]. München 1905: C. Wolf & Sohn. (18 S.) 8°
München, Med. Fak., Ref. v. Bollinger, Diss. v. 15. Apr. 1905
[Geb. 25. Sept. 71 Ulm, Württemberg; Wohnort: Ulm; Staatsangeh.: Württemberg; Vorbildung: Gymn. Hall i. W. Reife O. 90; Studium: München 12 S.; Coll. 9. März 05; Approb. 15. Juli 97.]

Werner, Otto, die Menschheit. Gedanken über ihre religiöse, kulturelle u. ethn. Entwickelg. 8. (III, 260 S.) Leipzig 899. E. Haberland. n. 3. 50

Werner, Otto: Zur Physik Leonardo da Vincis. Erlangen 1910: Junge. XVIII, 178 S. 8°
Erlangen, Phil. Diss. v. 5. Nov. 1910, Ref. Wiedemann, Noether
[Geb. 3. Dez. 72 Kl.-Ottersleben; Wohnort: Berlin; Staatsangeh.: Preußen; Vorbildung: Realgymn. Saalfeld Reife O. 95; Studium: Bauing. Berlin Techn. Hochsch., Phil. Univ. 7, Erlangen 3 S.; Rig. 20. Juni 10.] [U 11. 1013

Zur Physik Leonardo da Vincis. Mit 104 Abb. Von Dr. Otto **Werner.** Berlin: Internat. Verlagsanst. f. Kunst & Lit. [1910]. VII, 184 S. 8°
[11. 14456

Werner, Otto, die Stellung d. Menschen in d. beseelten Schöpfung u. s. Sprache. Grundriss zu einer d. Glauben m. dem Wissen versöhn. Natur- u. Weltanschaug. 8. (III, 95 S.) Leipzig 895. E. Haberland. n. 1. —

Werner, Otto (geb. Bunzlau 14. 11. 1847): Ueber rheumatischen Tetanus. Berlin (1872). (32 S.) 8°
Berlin, Med. Diss. v. 13. Febr. 1872

Werner, Otto Heinrich, s. Werner, Heinrich

Werner, Ottob., Bilder a. d. Bauernkriegen, s.a. Thuringia.

Bilder aus den Bauernkriegen. Von Ottobald Werner. Langensalza: Deutsches Druck- u. Versandthaus 1899. (54 S.) 8°
(Altes aus e. alten Stadt. 1.)
(Thuringia. 1. 1.)

Werner, Ottobald, thüringische Bilder aus d. Bauernkrieg 1525. Seitenstück zu Heeringens fränk. Bildern. gr. 16. (17 B.) Arnstadt 838, Meinhardt.

——, Thomas Münzer, Anführer d. rebell. Bauern in Thüringen. Histor. Roman aus d. Bauernkriege 1525. 8. (17⅛ B.) Arnstadt 841, Meinhardt.
Neuer Tl. d. vorhergehenden Werkes.

— s. v. Musset, A., der letzte Herzog von Guise.

— des Kaisers Traum. Geschichtl. Novelle. 8. Gera 842. (840.) Heinsius. 1 ₰

Werner, Ottobald, des Kaisers Traum. Geschichtl. Novelle. 8. (13 B.) Gera 842, Heinsius'sche Vrlgsbuchh. Thlr.

Werner, P., Beobachtungen über Malaria, insbesondere das typhoide Malariafieber. gr. 8. (III, 70 S. mit 2 lithogr. Curventaf.) Berlin 887, Hirschwald. * 2 60

Werner, Paul, über Autorität und Respect gegenüber der Pietät, Bescheidenheit und dem Gehorsam. Winke für geistl. und weltl. Behörden, das Militär, für Principale, Guts- und Dienstherren. Nach Chastel. gr. 8. (IV und 176 S.) Weimar 852, Voigt.

Werner, Paul [aus Langenberg (Rheinland)]: Aus d. med. Klinik zu Bonn. Ueber die Behandlung der Pleuritis mit Jodoform und über die Behandlung eines Falles von Pyopneumothorax. . . . Bonn, Hauptmann'sche Buchdr. (1890); 46 S. + 1 Bl. 8°
Bonn, Med. Fak., Inaug.-Diss. v. [28. Jul. 1890]

Werner, Paul [aus Neustadt b. Pinne]: Beitrag zur Lehre von den Mediastinalgeschwülsten ... Berlin, Buchdr. v. G. Schade, *1892*; 28 S., 2 Bl. 8.
Berlin, Med. Fak., Inaug.-Diss. v. 20. März 1892

Werner, Paul: Beiträge zum Nachweis von Beimischungen tierischen Fettes zu Pflanzenfett mit Hilfe von Cholesterin und Phytosterin. 1911. 50 S. 8°
Berlin, Dr.-Ing.Diss. v. 16. 12. 1910

Werner, Paul: 2 geistliche Gelegenheits-Reden, s. Werner, Peter

Werner, Paul, Reinsdorfensis: De incendiis urbis Romae aetate imperatorum. Lipsiae 1906: R. Noske. (86 S.) 8°
Leipzig, Phil. Fak., Ref. Gardthausen, Marx, Diss. v. 27. April 1906
[Geb. 28. Febr. 81 Reinsdorf, Bez. Zwickau; Wohnort: Reinsdorf; Staatsangeb.: Sachsen; Vorbildung: Gymn. Zwickau Reife O. 01; Studium: Leipzig 10 S.; Rig. 22. Febr. 06.]

Werner, Paul, de incendiis urbis Romae aetate imperatorum. Diss. (87 S.) 8. Borna 906. (Leipzig, E. Gräfe.) n. 1. 60

Werner, Paul, die feuerfeste Industrie. Eine Darstellg. der zur Verwendg. komm. Rohmaterialien u. deren Bestandteile. Anleitung zur Fabrikation feuerfester Produkte aller Art unter besond. Berücksicht. der Schamottesteine.

Beschreibung der einschläg. Maschinen, Hilfsapparate u. Brennöfen. Die Anwendg. der feuerfesten Produkte in verschied. Industrien m. Bauverträgen üb. die Ausführg. v. Ofen- u. Feuerungsanlagen. (VII, 180 S. m. 46 Abb.) 8. Wien 911. A. Hartleben. 4.—; geb. 4. 80

Werner, Paul: Martinique nach Geschichte, Natur und wirtschaftlicher Entwicklung seit seiner Entdeckung. Bonn 1910: Broch & Schwarzinger. 61 S. 8°
Bonn, Phil. Diss. v. 4. Mai 1910, Ref. Rein
[Geb. 14. Mai 85 Dahlerau; Wohnort: Dahlerau; Staatsangeh.: Preußen; Vorbildung: Gymn. Neuß Reife O. 05; Studium: Bonn 9 S.; Rig. 2. März 10.]
[U 10. 431

Werner, Paulus (Julius Ernestus Aemilius) *(geb. Liegnitz 15. 7 1827)*: Quae fuerit Xenophontis de rebus publicis sententia, exponatur. Vratislaviae (1850). (45 S.) 8°
Breslau, Phil. Diss. v. 23. Dez. 1850

Werner, Paul, das Wahre an den Träumen, ihr räthselhaftes Wesen, ihre Bedeutung und vernunftgemäße Auslegung in zahlreichen Beispielen. Für Gebildetere zur Bekämpfung der Vorurtheile für und gegen die Träume. Weimar 855. Voigt. 16. (VI, 108 S.) 7½ *ngr.*

Werner, Paul [app. Arzt aus München]: Ueber die Zapfenzähne des Menschen ... München, Dr. Wild'sche Buchdr., *1892*; 39 S. 8.
München, Med. Fak., Inaug.-Diss. v. 1892

Werner, Paul Christian Friedrich: Vasorum lacteorum atque lymphaticorum anatomico-physiologica descriptio a P.Ch.F.Werner et Christian Gotthold Feller. Fasc.1, 70 S., gbd., 4 Taf.

Lipsiae: Crusius 1784

JB 780

Werner, **Paul Chr. Fr., († d. 10. Juni 1785.) u. Chr. Gtthld. Feller, Vasorum lacteorum atque lymphaticorum anatom. physiol. descriptio. Fasc. I., c. fig. 4maj. Leipz. 784. (W. Vogel). 1 ꝛβ 12 𝒦**

Werner P. C. F.: Vermium intestinalium praesertim taeniae humanae brevis expositio. M. Continuatio (1)-2; 2. ed. ... aucta a. J. L. Fischer. (1 Vol.). Lips. 1782-86. (268) S. 13 Tvl.
(Contin. 1 i 2 Eksemplarer).

Paul Christian Friedrich Werner

Vermium intestinalium praesertim taeniae humanae brevis Expositio. Autore Paulo Christiano Friderico Wernero [Werner].[Nebst] Cont.[1.] Lipsiae: Crusius 1782. 8°

[Hauptw.:] 1782.
Cont.[1:] [Hrsg.: Johann Leonhard Fischer.] 1782.

— vermium intestinalium, praesertim taeniae humanae, brevis expositio cum VII tabb. aen. illustr. 782. 16 𝒦 Ejusd. verm. intest. cont. c. II tabb. 782. 5 𝒦 Cont. II. et III. post mortem auctoris J. L. Fischer, cum IX tabb. aen. 786, 88. 1 ꝛβ 4 𝒦 8maj. Leipz., (W. Vogel). 2 ꝛβ 1 𝒦

— Diss. observata quaedam in morbis et sectionibus cadaverum humanorum. 4. Leipz. 776.

Werner, Pt., christl. Geheimnißpredigten für Advent u. Fasten. gr. 8. Münch. 815. Lentner. 19 𝒦

— Gelegenheitsrede am 63sten Geburtsfeste Sr. Hoheit d. Fürsten-Primas, bei d. 50jähr. Jubelfeier d. 2ten ehel. Einsegnung Martin Putzmanns, Schullehrers. 4. Straub. 807. Heigl. 2 𝒦

— geistl. Gelegenheitsreden. 8. Straubing. 810. Heigl. (Schorner). 4 𝒦

— 2 geistliche Gelegenheits-Reden. 8. Straubing, Heigl. 810.

— zwei geistl. Gelegenheitsreden. 8. Straubing. 812. Heigl. 4 𝒦

— d. Heiligkeit d. Ehe. 8. Münch. 819. Giel. 3 𝒦

— 3te u. 4te Predigt bei d. Weihnachtsfeier auf dem Betsaale d. Bürger in München. gr. 8. Münch. 816. Lentner. 6 𝒦

— was ist Christenthum? Beantwortet in 4 Predigten an den 4 heil. Weihnachtstagen, bei d. 40stünd. Anbetung auf d. marianischen Bürgersaale in München 1819. Mit e. Anhange. gr. 8. Münch. 820. Giel. 10 𝒦

Reden zum Gedächtnis Wilhelm Ulenbergs geh. von Ph. **Werner**, Pfarrer in Opladen. (Bonn: C. Georgi 1908.) (8 S.) 8° [F.] 08. 6626 E

Werner, Ph. L., die Logik des christlichen Kirchenjahres. Ein Beitrag zu dessen richtigem Verständnisse. Berlin 860. Oehmigke's Verlag. gr. 8. (XV, 158 S.) 22½ *ngr.*

Werner, R., die Bibel u. ihre Bedeutung im 19. Jahrh. Apologetische Skizzen in populärer Form. br. 8. (VIII, 120 S.) Neu-Ruppin 871. Petrenz. 1. 50

Werner, R., die Kirche u. die Gebildeten unserer Zeit. Ein Wort zur Verständigung. Neu-Ruppin 869. (Petrenz.) 8. (23 S.) n. 2½ *ngr.*

Werner, R., und R. Meinhardt, Berliner Compositionen. Enthaltend: Ornamente, Arabesken, Attribute, Blumen etc. für Maler, Bildhauer, Lithographen etc. 1—3. Lief. Berlin 861. A. Jonas in Comm. Fol. Jede Liefg. (à 4 lith. Bl.) n. 15 *ngr.*

— Die Kriegsmarine, ihr Personal u. ihre Organisation. Leipzig 1894. 225 S.

Werner, R., Dr., Assistenzarzt der chirurgischen Klinik zu Heidelberg: Vergleichende Studien zur Frage der biologischen und therapeutischen Wirkung der Radiumstrahlen. Tübingen 1906: H. Laupp jr. (111 S.) 8⁰ (Aus: Beiträge z. klin. Chirurgie Bd 52.)
Heidelberg, Med. Fak., Hab.-Schrift v. 1906.

Werner, R. M., E. Pfaff, Das deutsche Volksbuch von den Heymondskindern. Freiburg i. Br., Herder. 1887, LXXII, 208 S.

Werner, R. R., eine neue Dampfkesseltheorie. [Aus: „Zeitschr. deutscher Ingenieure".] gr. 8. (32 S.) Berlin 877. Gaertner. n. — 80

Werner, R. R., Theorie der Turbinen, Kreiselpumpen u. Ventilatoren. [Aus der Zeitschrift des Vereins deutscher Ingenieure.] Berlin 869. Gaertner. gr. 8. (IV, 122 S. mit eingedr. Holzschn.) n. 21 ngr.

Werner, Rhard., in französ. Sold, s.: Wratzke, Otto.

Werner, Reinhold

Werner, R., Aus dem Archiv der Deutschen Seewarte. 1. Jahrg.: 1878. Herausgegeben von der Direktion der Seewarte. (Göttingische Gelehrte Anzeigen unter Aufsicht der Königl. Gesellschaft der Wissenschaften, 1881, Stück 3.) Göttingen.

— Reinhold, Aus dem Archiv der Deutschen Seewarte. Band XI. Hamburg 1888. (Göttingische gelehrte Anzeigen. No. 5. 1890.) [Recension.]

Werner, Rhold., Atlas d. Seewesens. 25 Taf. in Stahlst. nebst erläut. Text. [Aus: „Bilder-Atlas."] qu. Fol. (20 S.) Leipzig 871. Brockhaus. n. 5. —; geb. n. 7. 20

Werner, Rhold., Bilder aus d. deutschen Seekriegsgeschichte v. Germanicus bis Kaiser Wilhelm II. M. 165 Abb. nach Quellenwerken u. Orig.-Zeichngn. v. A. Hoffmann, H. Petersen u. A. gr. 8. (III, 618 S.) München 899. J. F. Lehmann's Verl. n. 9. —; geb. in Leinw. n. 10. —

— das Buch v. der deutschen Flotte. 2., fortgeführte u. wohlfeilere Aufl. d. Buches v. d. Norddeutschen Flotte. Illustrirt v. Wilh. Diez. Mit techn. Abbildgn. v. Max Bischoff u. Schiffsportraits v. H. Penner. Sämmtliche Illustrationen geschn. im Atelier v. O. Roth. Lex.-8. (VIII, 492 S.) Bielefeld 874. Velhagen & Klasing. 6. —

Werner, Rhold., das Buch von der deutschen Flotte. 3., verm. u. fortgeführte Aufl. des Buches von der Norddeutschen Flotte. Illustrirt von Wilh. Diez, Johs. Gehrts u. A. Mit techn. Abbildungen u. Schiffsporträts. gr. 8. (511 S. m. eingedr. Holzschn.) Bielefeld 880. Velhagen & Klasing. n. 6. —; geb. in Leinw. n. 7. —; in Hfrzbd. n. 8. —

Werner, Rhold., das Buch v. der deutschen Flotte. 4. verm. u. fortgeführte Aufl. d. Buches v. der Norddeutschen Flotte. Illustrirt v. Wilh. Diez, Johs. Gehrts u. a. Mit techn. Abbildgn. u. Schiffsporträts. gr. 8. (509 S.) Bielefeld 884. Velhagen & Klasing. geb. n. 7. —

Werner, Rhold., das Buch v. der deutschen Flotte. 5., verm. u. fortgeführte Aufl. d. Buches v. der norddeutschen Flotte. Illustr. v. Wilh. Diez, Johs. Gehrts, Rich. Knötel u. a. Mit techn. Abbildgn. u. Schiffsportraits. gr. 8. (VIII, 571 S.) Bielefeld 889. Velhagen & Klasing. Geb. in Leinw. n. 7. —

Werner, R[hold]. Das Buch v. der deutschen Flotte. 6. verm. und fortgeführte Aufl. d. Buches v. der norddeutschen Flotte. gr. 8. (VIII, 571 S. m. Illustr.) Bielef. 889, Velhagen u. Klasing. geb. * 7 —

— dasselbe. 6., verm. u. fortgeführte Aufl. des Buches v. der norddeutschen Flotte. Mit techn. Abbildgn. u. Schiffsportraits. gr. 8. (VIII, 582 S.) Ebd. 893. Geb. in Leinw. n. 9. —

[F.] Das Buch von der Deutschen Flotte. Von R[einhold] Werner, Vizeadmiral a. D. 7. verm. u. verb. Aufl. d. Buches v. d. Norddeutschen Flotte. Ill. v. Wilhelm Diez, Hans Bohrdt, Johannes Gehrts, Richard Knötel u. a. M. 7 Vollbild. in Buntdr., 1 Ansicht d. Werftanlagen in Kiel, sowie zahlr. Abb. u. Schiffsportr. im Text. (In 8 Lfgn.) *Bielefeld & Leipzig: Velhagen & Klasing 1898.* (VI, 598 S., 1 Bl., 8 Taf.) 1 Bd 8. 98. 8946

Werner, Rhold. v., das Buch von der deutschen Flotte. 8. verm. u. verb. Aufl. des Buches v. der norddeutschen Flotte. Illustriert v. Wilh. Diez, Hans Bohrdt, Johs. Gehrts, Rich. Knötel u. a. Mit 15 Vollbildern in Bunt- u. Schwarzdr., 1 Ansicht der Werftanlagen in Kiel, sowie zahlreichen Abbildgn. u. Schiffsporträts im Text. gr. 8. (VI, 616 S.) Bielefeld 902. Velhagen & Klasing. n. 8. —; geb. in Leinw. n. 10. —

—— das Buch von der norddeutschen Flotte. Illustrirt von Wilh. Diez. Mit techn. Abbild. von Max Bischoff und Schiffsportr. von H. Penner. Lex.-8. (VIII, 462 mit eingedr. Holzschn. und 11 Holzschntaf.) Bielefeld 868, Velhagen und Klasing. * 9 —
geb. * 11 —

Werner, R. Das Buch von der norddeutschen Flotte. (462) 8. M 11 Taf. Bielefeld 1869. 9,00. – 2. Aufl. (472) 8. M. 11 Taf. u. Abbild. ib. 1874. 9,00.

— Deutschlands Ehr im Weltenmeer. Die Entwickelg. der deutschen Marine u. Skizzen aus d. Leben an Bord. gr. 8. (VII, 298 S. m. 82 Abb. u. 4 Farbdr.) Berlin 902. U. Meyer. n. 3. 50; geb. in Leinw. n. 5. —

Deutschlands Ehr im Weltenmeer. Die Entwickelung d. deutschen Marine u. Skizzen a. d. Leben an Bord von R[einhold] v. Werner, Vizeadmiral a. D. 3. Aufl. Mit 4 Kunstbeil. u. 82 Textbild. Berlin: U. Meyer 1902 (298 S.) 8⁰

Werner, Rhold. v., Deutschlands Ehr' im Weltenmeer. Die Entwicklg. der deutschen Flotte, ihr heut. Ausbau u. Skizzen aus dem Leben an Bord. Neubearbeitung v. E. Holzhauer. Mit 4 Kunstbeilagen nach Originalen v. Willy Stöwer u. Johs. Gehrts, 105 Bildern u. 2 farb. Flaggentaf. 6. Aufl. (360 S.) gr. 8. Leipzig 908. F. Hirt & Sohn. 3.50; geb. in Leinw. 5. —

— der Entscheidungs-Kampf der europäischen Völker gegen China. gr. 8. (120 S. m. 80 Abb.) Chemnitz 900. R. Martin. — 30

Werner, Rhold. v., Erinnerungen u. Bilder aus dem Seeleben, s.a. Sammlung belehrender Unterhaltungsschriften f. die deutsche Jugend. 17. Bd.

— Erinnerungen u. Bilder aus dem Seeleben, s. a. Verein, allgemeiner, für deutsche Literatur.

Erinnerungen und Bilder aus dem Seeleben v. Reinhold Werner. Berlin 1880. 8⁰

Werner, Reinhold

Erinnerungen und Bilder aus dem Seeleben. 3. Aufl. Berlin: Hofmann 1881. 412 S. 8⁰

Werner, Rhold., Erinnerungen und Bilder aus dem Seeleben. 4. Aufl. 8. (III, 412 S.) Berlin 885, Allgemeiner Verein für deutsche Literatur. *M 5.—.; geb. * 6 —

—— dass. — 5. Aufl. gr. 8. (III, 412 S. mit 12 Illustr. von M. Schroeder-Greifswald.) Ebendas. 886. [*M 9.—.] * 6 50
geb. [*M 10.—.] * 8 —

—— dass. — Neue Folge. 1. und 2. Aufl. 8. (426 S.) Leipzig 888, Gebhardt's Verlag. M 6.—.; geb. * 7 20

— Erinnerungen u. Bilder aus dem Seeleben. Mit 12 Illustr. v. W. Schroeder-Greifswald. 6. Aufl. gr. 8. (III, 412 S.) Berlin 898. Allgem. Verein f. deutsche Litteratur. n. 6. 50; geb. in Leinw. 8. —

Erinnerungen und Bilder aus dem Seeleben. Von Reinhold v. Werner, Vize-Admiral a. D. Berlin: H. Paetel 1905. (VIII, 182 S.) 8° [F.]
= Sammlung belehrender Unterhaltungsschriften f. d. deutsche Jugend. Bd 17. [07. 11419

Werner, Rhld., die preußische Expedition nach China, Japan und Siam in den Jahren 1860, 1861 und 1862. Reisebriefe. Mit 7 Abbildgn. in Holzschn. u. 1 lith. Karte (in 4.). 2 Thle. Leipzig 863. Brockhaus. gr. 8. (XXVI, 615 S.) n. 3 ℛ 20 ngr.

— die preußische Expedition nach China, Japan u. Siam i. d. J. 1860, 1861 u. 1862. Reisebriefe. Mit 7 Abbildgn. in Holzschn. u. 1 lith. Karte (in Fol.) 2. Aufl. gr. 8. (XXI, 551 S.) Leipzig 873. Brockhaus. n. 9. —; geb. n. 10. 50

— die deutsche Flotte. Vortrag, geh am 27. X. 1897 im Alldeutschen Verbande zu München. gr. 8. (18 S.) München 898. J. F. Lehmann's Verl. n. — 40

Die deutsche Flotte. Vortrag d. Kontre-Adm. a.D. Reinhold Werner. 6.–9. Taus. München: J. F. Lehmann 1898. (20 S.) 8° (Flug-Schriften hrsg. vom All-Deutschen Verband. H. 7.)

—— Zur Frage der Befestigung v. Helgoland. gr. 8. (30 S. mit 1 Karte.) Wiesb. 891, Bergmann. * — 80

[Umschlagt.:] [F.] Die Gefahren und Missstände des Seemannslebens. Vortr. geh. auf d. Allg. Konferenz d. deutschen Sittlichkeitsvereine zu Hamburg . . . 1897, v. Kontre-Admiral a. D. [Reinhold] Werner in Wiesbaden . . . *Berlin: Selbstv. d. d. Sittlichkeitsver.; Leipzig: H. G. Wallmann (1897).* (16 S.) 1 Bd 8. [97. 8191

— die Gefahren u. Mißstände d. Seemannslebens. Vortrag, geh. auf d. allgem. Konferenz d. deutschen Sittlichkeitsvereine zu Hamburg am 22. IX. 1897. gr. 8. (16 S.) Berlin 897. (Leipzig, H. G. Wallmann.) n. — 25

—— die Gefahren der See und die Rettung Schiffbrüchiger, s. Sammlung von Vorträgen.

— Prinz Heinrich v. Preußen, s.a. Marine-Bibliothek, kleine.

— Prinz Heinrich v Preußen, s.a. Soldaten-Bibliothek, kleine, 11. Bdchn.

— dasselbe, s.a. Volksbücher, neue.

Prinz Heinrich von Preußen. Von Reinhold Werner, Contre-Admiral a. D. [Neue Ausg.] Mit 5 Ill. Berlin: Schriftenvertriebsanst. 1897. (88 S.) 8° [F.]
= Volksbücher, Neue. Bdch. 14. [06. 13040

— Admiral Karpfanger, s.: Lohmeyer's, Jul., vaterländische Jugendbücherei. 8. Bd.

— der große Kurfürst u. die brandenburgische Marine, s.: Marine-Bibliothek, kleine.

— dasselbe, s.: Soldaten-Bibliothek, kleine.

– Kapitän Lacher, s.a. Marine-Bibliothek, Kleine.

[F.] Kapitän Lacher. Von Reinhold Werner, Contre-Admiral a. D. *Berlin: Christl. Zeitschriftenver. 1896.* (80 S.) 1 Bd 8.
= Marine-Bibliothek, Kleine. Bdch. 11. [97. 7667

— Dirk Mallinga. Ein Seemannsleben. 1. u. 2. Aufl. 8. (416 S.) Ebd. 888. 6. —; geb. n. 7. 20

Die Preussische Marine. Ihre Betheiligung am deutsch-dänischen Kriege, ihre Bedeutung und Zukunft. Von einem Fachmann [d.i.: Reinhold Werner]. Berlin 1864. 8°

Werner, Rhold., unsere Marine, s. Aus dem Reiche für das Reich.

— auf fernen Meeren, s.: Marine-Bibliothek, kleine.

— dasselbe, s.: Soldaten-Bibliothek, kleine.

— dasselbe, s.: Volksbücher, neue.

— auf fernen Meeren u. daheim. Erzählungen aus dem Seeleben. 2. Aufl. gr. 8. (III, 383 S.) Berlin 893. Allg. Verein f. deutsche Litteratur. n. 6. —; geb. in Calico od. Halbfrz. n. 7. —

—— drei Monate an der Sklavenküste. Erzählung für die reifere Jugend. 1.—3. Aufl. 8. (239 S. mit Bildern von A. Goering und F. Lindner.) München 885—88, Richter und Kappler. *M 4.—.; geb. *

— der Peter v. Danzig. Historische Erzählg. aus der Hansa. 8. (344 S.) Berlin 883. Janke. n. 2. —

Werner, Rhold., der Peter von Danzig. Historische Erzählung aus der Zeit der Hansa. 8. (344 S.) Berlin 884, Janke. * 5 —

Werner, Reinh., Graf Heinrich Pickard genannt Feher, der Räuber des Frankensteiner Waldes, od. Der Letzte vom Regimente Schills, s.: Sammlung interess. Briganten-Romane. 6.

— die deutsche Reichsmarine. Vortrag, geh. im „Wiesbadener Kolonial-Zweigverein". gr. 8. (23 S.) Wiesbaden 892. R. Bechtold & Co. n. — 50

Das Rettungswesen zur See, s.a. Marine-Bibliothek, Kleine.

[F.] Das Rettungswesen zur See. Von Reinhold Werner, Contre-Admiral a. D. *Berlin: Christl. Zeitschriftenver. 1896.* (80 S.) 1 Bd 8.
= Marine-Bibliothek, Kleine. Bdch. 9. [97. 7668

— Deutschlands Ruhmestage zur See, s.: Petersen, Hans.

[F.] Salzwasser. Erzählgn a. d. Seeleben v. R[einhold] Werner, Contre-Admiral a. D. *Berlin: Allg. Ver. f. Deutsche Litt. 1897.* (2 Bl., 309 S.) 1 Bd 8.
(Allg. Verein f. Deutsche Litteratur. Abt. 23. [No 2.]) [97. 7086

— Salzwasser. Erzählgn. aus d. Seeleben. 2. Aufl. gr. 8. (III, 309 S.) Berlin 897. Allg. Verein für deutsche Litteratur. n. 6. —; geb. in Leinw. od. Halbfrz. n. 6. —

Werner, Rhld., die Schule des Seewesens. Handbuch der prakt. Seemannschaft und Steuermannskunst. 8. (XII und 396 S. mit 1 Holzschntaf. und 70 in den Text gedr. Abbild. in Holzschn.) Leipzig 866, Weber. geb. *

— auf See u. an Land. Vier Erzählungen. 8. (324 S.) Berlin 883. Janke. n. 4. —; geb. n. 6. 25

— Seebilder. 8. (VII, 359 S.) Bielefeld 876. Velhagen & Klasing. n. 5. —; in Halbfrzbd. n. 7. 50

— Seegeschichten, s.: Marine-Bibliothek, kleine.

— Seegeschichten, s.: Soldaten-Bibliothek, kleine.

— dasselbe, s.: Volksbücher, neue.

— ein deutscher Seeheld (Paul Beneke), s.: Marine-Bibliothek, kleine.

—— berühmte Seeleute. 2 Abthlgn. gr. 8. Ebendas. à Abthl. *ℳ 9. * 18 —

Inhalt:
Abthl. 1. XVII. Jahrh.: Jean Bart. Du Quesne. De Ruiter. (VII, 568 S. mit 3 Stahlst.-Portr.) 882.
„ 2. XVIII. und XIX. Jahrh.: Paul Jones. Nelson. Farragut. Tegetthoff. (VII, 570 S. mit 4 Stahlst.-Portr.) 883.

— berühmte Seeleute. 2. (Schluß-) Abth. XVIII. u. XIX. Jahrh. Paul Jones. Nelson. Farragut. Tegetthoff. Mit 4 (Stahlst.-)Portraits. gr. 8. (VII, 570 S.) Ebend. 884. n. 6. — (cplt.: n. 12. —)

— neue Seemannsbücher. Nr. 1—7. 12. (Mit je 4 Farbendr.) Berlin 895. Schriftenvertriebsanstalt. Kart. à n.n. — 50
1. Eine zweijähr. Reise. Aus meinem Leben als Kapitän. (72 S.)
2. Kapitän Lacher. (72 S.)
3. Mann über Bord. (70 S.)
4. Sr. Maj. Torpedoboot S. Nr. 25. — Walfischfang. (72 S.)
5. Deutsches Seewesen (vor 1700 Jahren). (68 S.)
6. Auf S. M. Fregatte Thetis. (72 S.)
7. Ein deutscher Seeheld. (72 S.)

— Meine erste Seereise, s.: Jugendbücherei, deutsche.

Deutsches Seewesen vor 1700 Jahren, s.a. Marine-Bibliothek, Kleine.

[F.] Deutsches Seewesen vor 1700 Jahren. Von Reinhold Werner, Contre-Admiral a. D. *Berlin: Christl. Zeitschriftenver. 1896.* (72 S.) 1 Bd 8.
= Marine-Bibliothek, Kleine. Bdch. 10. [97. 7669

— Stortobeker. Erzählung. Mit Bilderschmuck v. Willy Stöwer. In vereinfachter deutscher Stenographie (Einigungssystem Stolze-Schrey). (144 S.) 8. Berlin (904). Fr. Schulze. Geb. in Leinw. 2. —

- Sr. Maj. Torpedoboot S. Nr. 25, s.a. Marine-Bibliothek, Kleine.

[F.] Sr. Maj. Torpedoboot S. Nr. 25. Von Reinhold Werner, Contre-Admiral a. D. *Berlin: Christl. Zeitschriftenver. 1896.* (64 S.) 1 Bd 8.
= Marine-Bibliothek, Kleine. Bdch. 8. [97. 7670

— auf blauem Wasser, s.a. Meyer's, Ulr., Bücherei. Nr. 8.

Auf blauem Wasser. Seebilder von R[einhold] v. Werner, Vizeadmiral a. D. Berlin: U. Meyer [1905]. (77 S.) 8° [F.]
= Bücherei, Ulrich Meyer's. 8. [06. 3890

Werner, Rich., Ambrosius Bitschen, der Stadtschreiber von Liegnitz. Ein geschichtliches Charakterbild. gr. 8. (26 S.) Liegnitz 880. Krumbhaar. n. — 50

Werner, Richard, Dr.: Richard Wagners dramatische Dichtungen (Umschlagt.: Bühnendichtungen) in französischer Übersetzung. T. 1. *Berlin: R. Gaertner 1901.* (26 S.) 4°
Berlin, Luisenstädt. RG, OP 1901 (104)

Werner, Richard, Dr.: Richard Wagners dramatische Dichtungen (Umschlagt.: Bühnendichtungen) in französischer Übersetzung. T. 2. *Berlin: R. Gaertner 1902.* (40 S.) 4° ¶ [Forts. d. P-Beil. 1901.]
Berlin, Luisenstädt. RG, OP 1902 (110)

Werner, Rich., Richard Wagners dramatische Dichtgn. in französ. Übersetzung. 1. u. 2. Tl. Progr. 4. (26 u. 40 S.) Berlin 901. 902. [R. Gaertner.] Weidmann. à n. 1. —

Werner, Richard, Prof. Dr.: Richard Wagners dramatische Dichtungen in französischer Übersetzung. T. 3. Berlin: Weidmann 1904. (34 S.) 4° ¶ [Forts. d. P-Beil. 1901. 1902.]
Berlin, Luisenst. RG OP 1904 (109)

Werner, Richard, Referendar: Das Eigentümerpfandrecht bei der Höchstbetragshypothek. Breslau 1909: Breslauer Genossensch.-Buchdr. 60 S. 8°
Breslau, Jur. Diss. v. 8. Okt. 1909, Ref. Fischer, Schott
[Geb. 20. Mai 83 Ratibor; Wohnort: Breslau; Staatsangeh.: Preußen; Vorbildung: Gymn. Kreuzburg Reife O. 02; Studium: Leipzig 1, Breslau 4 S.; Rig. 17. Juni 09.] [U 10. 551

Werner, Rich., drei Farcen des 16. Jahrhunderts. Inaugural-Dissertation. gr. 8. (64 S.) Berlin 879. (Göttingen, Vandenhoeck & Ruprecht.) n. 1. 40

-- Dass., s.a. Werner, Richard Maria

Das Geheimnis des Seemanns. Eine Erzählung von Rich. Werner. *Styrum: A. Spaarmann [1899?].* (32 S.) 8° [F.]
= Jugend-Bibliothek, Kleine. No 174 [01. 4891

Werner, Rich., zur Geschichte der „Proverbes dramatiques". [I. Tl.] gr. 4. (24 S.) Berlin 887, Gaertner's Verlag. *

Werner Richard: Heinrich von Morungen. Ein Beitrag zur Geschichte und Phraseologie des Minnesangs. 1876 PN 49 Diss. Wien Univ.

Werner, R., Leitfaden der Musiklehre f. den Unterricht in Präparanden-Anstalten. gr. 8. (VIII, 78 S.) Hannover 894. C. Meyer. n. 1. —

Werner, Rich., Leitfaden der Naturgeschichte, s.: Hummel, A.

— Größeres Liederbuch, s.: Jütting, W., u. Billig.

— Liederbuch f. Gymnasien, s.: Billig, F.

— allgemeine Musiklehre. Ein Hand- u. Hilfsbuch f. jeden Musiktreibenden. gr. 8. (VIII, 78 S.) Ebd. 895. Geb. in Halbleinw. n. 1. 25

— allgem. Musiklehre. Ein Leitfaden f. den Unterricht in Präparanden-Anstalten u. Musikschulen, nach den ministeriellen Bestimmgn. vom 1. VII. 1901 bearb. 2., verb. Aufl. (VIII, 84 S.) 8. Hannover 904. C. Meyer. Geb n. 1. 25

— Allgemeine Musiklehre. Ein Leitfaden f. den Unterricht in Präparanden-Anstalten u. Musikschulen, nach den ministeriellen Bestimmgn. vom 1. VII. 1901 bearb. 3., verb. Aufl. (92 S. m. Fig.) 8. Hannover 910. C. Meyer. Geb. 1. 25

— Kleine Naturkunde, s.: Hummel, A.

— Naturlehre, Physik, Chemie u. Mineralogie, s.: Hirt's, Ferd., neues Realienbuch.

Werner, Rich., wir armen Oberlehrer! Kleine Geschichten aus dem Schulleben m. e. Vorrede u. e. Nachwort. (87 S.) 8. Dresden 909. C. A. Koch. — 80; kart. 1. 10

Werner, Rich., Resultate u. Probleme der badischen Krebsstatistik. (Aus dem Institute f. Krebsforschg. in Heidelberg. Dir.: V. Czerny, Exc.) (29 S. m. 4 Kurven, 6 Diagr., 3 Tab. u. 1 Karte.) Lex. 8. Tübingen 910. H. Laupp. 1. 50

Sklavenlos. Eine irische Erzählung von Richard **Werner**. *Styrum: A. Spaarmann [1899?].* (32 S.) 8° [F.]
= Jugend-Bibliothek, Kleine. No 175. [01. 4892

— Statistische Untersuchungen üb. das Vorkommen des Krebses in Baden u. ihre Ergebnisse f. die aetiologische Forschung. (Aus dem Institute f. Krebsforschg. in Heidelberg. Director: V. Czerny, Exc.) Mit 109 Tab., 67 Fig., 1 geolog. Karte u. zahlr. Kartenskizzen. (XI, 286 S.) Lex. 8. Ebd. 910.
In Leinw. kart. 25. —

Unter schwerem Verdachte. Eine Erzählung von Rich. **Werner**. *Styrum: A. Spaarmann [1899?].* (32 S.) 8° [F.]
= Jugend-Bibliothek, Kleine. No 176. [01. 4893

— **Das Wesen der bösartigen Geschwülste, s.: Dungern, Emil Frhr. v.**

Das Zeugnis des Blinden. Eine Erzählung von Rich. **Werner**. *Styrum. A. Spaarmann [1899?].* (32 S.) 8° [F.]
= Jugend-Bibliothek, Kleine. No 177. [01. 4894

Werner, Richard: Die Zuständigkeit der Königlich Preussischen, Bayerischen und Sächsischen Adelsbehörden. Heidelberg 1910: Zöller. VIII, 43 S. 8°
Erlangen, Jur. Diss. v. 26. Febr. 1910, Ref. Rieker
[Geb. 27. April 84 Zürich; Wohnort: Mannheim; Staatsangeh.: Baden; Vorbildung: Gymn. Karlsruhe Reife Juli 03; Studium: Freiburg i. B. 3, Berlin 1, Heidelberg 6, Erlangen 1 S.; Rig. 16. Dez. 09.] [U 10. 783

Werner, Rich. Maria, kurzer Abriss der Stilistik u. Poetik, s.: Petelenz, Karl.

Werner, Rich. Maria, die Basler Bearbeitung von Lambrechts Alexander untersucht. Lex.-8. (118 S.) Wien 879, (Gerold's Sohn.) * 2 —
Aus: Sitzungsberichte der k. Akademie der Wissenschaften, besonders abgedruckt.

Werner, Rich. **Maria,** die Basler Bearbeitung von **Lambrechts Alexander untersucht.** [Aus: „Sitzungsber. d. k. Akad. d. Wiss."] Lex.-8. (118 S.) Wien 881. (Gerold's Sohn.) n. 2. —

Werner Richard Maria, Dr. Die Basler Bearbeitung von Lambrechts Alexander. S 93 7 . 2.—
Separatabdruck

Werner, Rich. **Maria,** s.: **Beiträge zur Asthetik.**

Werner, Richard Maria, s. Bibliothek des litterarischen Vereins in Stuttgart CLIV.

Deutsche Dichter und Denker der Neuzeit von Richard Maria **Werner**. Mit 19 Portr. Minden i.W.: Bruns [nach 1901]. 320 S. 8°
[Neue Aufl. von: Werner: Vollendete u. Ringende. 1900.]

—— drei Farcen des 15. Jahrhunderts. Inaugural-Dissertation. gr. 8. (64 S.) Berlin 879. (Göttingen, Vandenhoeck und Ruprecht's Verlag.) * 1 10

— Dass., s.a. Werner, Richard

— **s.: Freundesgaben f. C. A. H. Burkhardt.**

— s.: **Gallerie v. teutschen Schauspielern u. Schauspielerinnen.**

—— Lessings Emilia Galotti. Nebst einem Anhang: Die dreiactige Bearbeitung. gr. 8. (76 S.) Ebendas. 882. * 1 60

Werner, Rich. Maria, Goethe u. Gräfin O'Donell. Ungedruckte Briefe nebst dichterischen Beilagen, hrsg. v. R. M. W. Mit 2 Portraits. 8. (VII, 220 S.) Berlin 884. Hertz. n. 6. —; geb. in Leinw. n. 7. 20; in Halbkalbldr. n. 9. —

Werner, Richard Maria: Die Gruppen im Drama. *Weimar 1898.*
in: Forschungen z. neueren Litteraturgeschichte. Festgabe f. R. Heinzel. [98. 11537

— **Ludwig Philipp Hahn, s.: Quellen u. Forschungen zur Sprach- u. Culturgeschichte der germanischen Völker.**

— **Hebbel, s.a. Geisteshelden. Bd. 47. 48.**

(Geisteshelden ‹Führende Geister›. Eine Sammlung von Biographien. Bd. 47 u. 48. Berlin 1905 (1904).) Hebbel. Ein Lebensbild v. Richard Maria **Werner**. Mit Bildnis und Handschrift. Berlin 1905 (1904). 8°

Hebbel. Ein Lebensbild von Richard Maria **Werner**. Mit Bildn. u. Handschrift. Berlin: E. Hofmann & Co. 1905. (383 S.) 8° [F.]
= Geisteshelden. Bd 47. 48. [05. 8587

— s.: **Hebbel-Forschungen.**

— s.: **Hebbel-Kalender.**

Werner, Rich. Maria: Der Laufner Don Juan, s.a. Forschungen, Theatergeschichtliche.

Werner, Rich. Maria. Der Laufner Don Juan. Ein Beitrag zur Geschichte des Volksschauspiels. Hamburg u. Leipzig, 1891. 8°.
Bd. III der »Theatergeschichtlichen Forschungen«, herausgegeben von Berth. Litzmann.

(Prager deutsche Studien. H. 9.)
Julius Grosses Judith. Ein Beitrag zur Bühnengeschichte des Hebbelschen Dramas v. **Richard Maria Werner.** (Prag. 1908.) 8°

—— Deutsches Lesebuch f. die galizischen Mittelschulen, s. Petelenz, Karl.

— **Gotthold Ephraim Lessing, s.a Wissenschaft u. Bildung.**

Gotthold Ephraim Lessing. Von Dr. Richard Maria **Werner**, Univ.Prof. Mit 1 Portr. Leipzig: Quelle & Meyer 1908. (IV, 155 S.) 8°
(Wissenschaft u. Bildung. 52.)

Werner, Rich. Maria, Lyrik u. die Lyriker, s.: Beiträge zur Ästhetik.

— **Betty Paoli.** [Aus: „Oesterr.-ungar. Revue".] gr. 8. (60 S.) Preßburg 898. G. Heckenast's Nachf. n. - 80

— **Vollendete u. Ringende. Dichter u. Dichtgn. der Neuzeit, geschildert. gr. 8. (XII, 820 S. m. 19 farb. Portr.) Minden 900. J. C. C. Bruns. n. 4. 50; geb. n. 5. 50**

Werner, Richard Maria: Vollendete u. Ringende. [Neue Aufl.] Nach 1901
s. **Werner**: Deutsche Dichter u. Denker d. Neuzeit. [01. 1961 6

Werner, Rich. Maria, aus dem Josephinischen Wien. Geblers und Nicolais Briefwechsel während der J. 1771—1786, hrsg. und erläut. gr. 8. (VIII, 166 S.) Berlin 888, Hertz. *

'Geistig Minderwertige' oder 'Geisteskranke?' Ein Beitrag zu ihrer Abgrenzung mit Rücks. auf d. geplante Strafrechtsreform von Dr. R[ichard P.] **Werner**, Oberarzt in Dalldorf-Berlin. Berlin: Fischer 1906. (146 S.) 8°

— die Versorgung der geisteskranken Verbrecher in Dalldorf. Auf Grundlage eigener Tätigkeit dargestellt u. erörtert. (III, 216 S.) gr. 8. Ebd. 906. n. 4. —

Werner, Robert *Stephan* [aus Heidelberg]: Beiträge zur Kenntnis der 1-5-Diketone ... Heidelberg, Univ.-Buchdr. Ph. Wiese, 1894; 44 S., 1 Bl. 8.
Heidelberg, Naturw.-math. Fak., Inaug.-Diss. v. [19. Nov.] 1894

Werner, Rob., Beschreibung der Brenner zur Erzeugung des Solar- u. Lunarlichts, so daß Jeder sich dieselben selbst anzufertigen vermag, nebst Anweisung jede argandische Lampe dazu vorzurichten. gr. 8. Leipzig 848, Bamberg in Comm. Vergriffen. n. 1 1/3 ℳ

Werner, Rob., Beschreibung der Brenner zur Erzeugung des Solar- und Lunarlichts, so daß Jeder sich dieselben selbst anzufertigen vermag, nebst Anweisung jede argandische Lampe dazu vorzurichten. qu. 8. Leipzig 848, (Kittler.) *

Werner, R., Einwirkung der Galle u. gallensauren Salze auf die Nieren. Inaug.-Diss. gr. 8. (36 S. m. 1. Taf.) Leipzig, 887. (Bern, Huber & Co.) n. — 70

Werner, Rob. Einwirkung der Galle und gallensauren Salze auf die Nieren. Diss. gr. 8. (36 S. m. 1 Taf.) Lpz. 887. (Bern, Koerber.) * — 70

Werner, Rob., Erziehung des deutschen Volkes zum Reichsbewußtsein, s. a. Aufklärungsschriften des reichsdeutschen Verbandes. 1. Heft.

Erziehung des deutschen Volks zum Reichsbewußtsein als prakt. Weg z. Förderung d. Interessen d. Reichs u. s. einzelnen Berufsstände. Von Robert **Werner**. Mit Geleitwort von Prof. Dr. [Wilhelm] Stieda. Leipzig: Geschäftsstelle d. Reichsdeutschen Verbands; Roßberg in Komm. 1909. 60 S. 8°
(Aufklärungsschriften d. Reichsdeutschen Verbands. H. 1.) [10. 12141

Werner, Rob. (geb. Oels 4. 1. 1816). De hydrocephalo acuto. Berolini (1842). (20 S.) 8°
Berlin, Med. Diss. v. 19. Okt. 1842

Werner, Rob., Rechtsfragen f. Haus u. Beruf. Zur Belehrg. u. Unterhaltg. (128 S.) kl. 8. Leipzig 907. Frankenstein & Wagner. 1. —

Werner, Rud. (I.). Des deutschen Kaisers Ahnen. Geschichtliche Erzählgn. f. die reifere Jugend. 32. Aufl. 30 Hefte. gr. 8. (728 S. m. 16 Bildern.) Berl. 891,92, L. J. Heymann.
à Heft — 15; 4 50; geb. 5 —
Frühere Aufl. u. d. T.: Hohenzollern Novellen.

[F.] Des Deutschen Kaisers Ahnen. Geschichtl. Erzählgn für die reifere Jugend v. Rud. **Werner.** 33. Aufl. M. 4 Bild. v. U. Fritzmann. *Berlin: L. J. Heymann 1893—94.* (204 S., 4 Taf.) 1 Bd 8. [97. 1378

Werner, Rud., Ibsens Frau vom Meere. (29 S.) gr. 8. Hamburg 910. C. Kloß. — 50

Werner, Rud., Hohenzollern-Novellen. Bilder und Skizzen aus der Vergangenheit des neuen deutschen Kaisergeschlechts. 1.—22. Aufl. 28 Hefte oder 4 Thle. gr. 8. (736; 618 S.) Berlin 875—85, L. J. Heymann. à Heft — 30
compl. ℳ 8.; geb. in 2 Bde. 10 —

Werner, Rud. (II.), Hohenzollern-Novellen. Bilder und Skizzen aus der Vergangenheit des neuen deutschen Kaisergeschlechtes. 23.—30. Aufl. 4 Thle. gr. 8. (736; 618 S.) Berlin 885—89, L. J. Heymann.
geb. in 2 Bde.

Werner, Rud., der Jesuit. Ein Trauerspiel in 4 Aufzügen. 8. (VII, 91 S.) Hamburg 891. Dr. Rud. Werner's Selbstverl. n. 2. —

Werner, Rud., der Jesuit. Ein Trauersp. in 4 Aufzgn. 2. (Titel-)Aufl. 8. (VII, 91 S.) Hamburg (891) 895. L. Gräfe & Sillem. n. 2. —

Werner, Rudolphus [Hamburgensis]: De L. Annaei Senecae Hercule Troadibus Phoenissis quaestiones ... Lipsiae, typ. Frankensteini & Wagneri, 1888; 53 + 1 S. + 1 Bl. 8°
Leipzig, Phil. Fak., Inaug.-Diss. v. 26. Sept. 1888.

Werner, Rud. (I.), de L. Annaei Senecae Hercule, Troadibus, Phoenissis quaestiones. Dissertatio inauguralis. gr. 8. (54 S.) Leipzig 888, (Fock.) *

Werner, S., Der Anarchisten - Process Reinsdorf und Genossen. Mit 8 Portraits. 8°. Leipzig 1884.

Werner, S., die einfache Buchführung für Handwerker u. kleine Geschäftsleute. gr. 8. (35 S.) Güstrow 880. Opitz & Co. n. — 60

Werner, S., die Fingerübungen in den ersten Jahren des Klavierunterrichts u. ihre Anwendungsweise. Nach den bewährtesten method. Grundsätzen systematisch dargestellt. (64 S.) Lex.-8. Leipzig 905. Breitkopf & Härtel. n. 2. —; geb. in Leinw. n. 3. 50

Werner, Sam., Gebet- und Andachtsbuch für Schule und Haus. Vorzugsweise für Eltern und Lehrer und die Schuljugend bestimmt. 2., verb. und stark verm. Aufl. br. 8. (VIII und 232 S.) Bern 862, Blom. [Fiala.] * 14 Ngr.; cart. *

Werner, Siegfried G[eorg]: Kurvenführungen im Werkzeugmaschinenbau. 1905. 35 S. 4° ¶ Aus: Verhandlungen d. Vereins zur Beförderung d. Gewerbfleißes. Jg. 84; auch in: Zeitschrift f. Werkzeugmaschinen u. Werkzeuge. Jg. 9. 1904/05.
Berlin, Dr.-Ing.-Diss. v. 26. 2. 1904

Werner, Siegmund [cand. med. aus Hamburg]: Ein Fall von cerebraler Kinderlähmung ... München, kgl. Hof- u. Univ.-Buchdr. v. Dr. C. Wolf & Sohn, 1894; 30 S. 8°
München, Med. Fak., Inaug.-Diss. v. 1894.

Werner, Siegm., Ruth u. andere moderne Gedichte. (90 S. u. Musikbeilage 8 S. in 4.) 8. Wien 903. Administration „Die Welt". 2. 10; geb. in Leinw. 3. —

Werner, Sigm., über den Werth der Impfung. Gedrängte Erörterung über Zweck u. Erfolg der Schutzpockenimpf., sowie über die gegen den Impfzwang geltend gemachten Erfahrungen. Mit einem Anhang von statist. Tabellen. gr. 8. (46 S.) München 878. Weinreich. n. 1. —

Werner, Stephan [aus Schwarzwald, Prov. Posen]: Über die Einwirkung von Jod auf Calciumcarbid ... Greifswald, Druck v. J. Abel, 1897; 30 S. 8.
Greifswald, Phil. Fak., Inaug.-Diss. v. 23. Jan. 1897

Werner, Th., die heilige Engelwacht, die der HErr um seine Kinder auf Erden lagert. Predigt am Michaelisfeste 1885 üb. Hebr. 1, 14 in der Kirche zu Johanngeorgenstadt geh. gr. 8. (11 S.) Johanngeorgenstadt 885. (Leipzig, Buchh. d. Vereinshauses.) n. — 20

Werner, Th., Universal-Briefsteller, s.: Kammler, Otto Frdr.

Werner, Th. E., die vaterländische Geschichte f. Stadt- u. Landschulen. 8. (140 S.) Langensalza 873. (Schulbuchh.) 1. 20

Werner, Th. E., die vaterländische Geschichte für Stadt- u. Landschulen. Uebersichtlich dargestellt u. leicht faßlich erzählt. 2. Aufl. 8. (IV, 140 S.) Langensalza 877. Schulbuchh. 1. 20

Werner, Thdr., christliches Vergißmeinnicht f. alle Tage des Jahres. Mit Blumenbildern v. Anna Peters. 32. (366 S.) Ravensburg 894. O. Maier. Geb. in Leinw. m. Goldschn. n. 2. 80

Werner, Theod. Val., Carmen seculare. Altonaviæ. [1717]. 4. P.

Werner, W. E., keine Frostbeulen mehr! oder deutl. Anweisung zur Bereitung und zum Gebrauch eines unfehlbaren Heilmittels der Frostbeulen. 12. (10 S.) Leipzig 849, Naumburg. *

Werner, Victor, aus Mediasch i. Siebenb. (Ung.): Ursprung und Wesen des Erbgrafentums bei den Siebenbürger Sachsen. *Gotha 1902: F. A. Perthes.* (VIII, 66 S.) 8° ¶ [= Geschichtl. Untersuchungen, hrsg. v. K. Lamprecht, H. 2.]
Leipzig, Phil. Diss. v. [11. Dez.] 1902

Werner, Vict., Ursprung u. Wesen des Erbgrafentums der Siebenbürger Sachsen, s. a. Untersuchungen, geschichtliche. 2.

Ursprung und Wesen des Erbgrafentums bei den Siebenbürger Sachsen. Von Victor Werner. Gotha: F. A. Perthes 1902. (66 S.) 8°
(Untersuchungen, Geschichtliche. H. 2.)

Werner, Victor: Die *Mediascher* Zunft-Urkunden. Mediasch '10. 60 S. 4° Mediasch, ev. G. A. B., P. 1909/10.

Werner, W., Album f. Alpenpflanzen. qu. gr. 4. (22 Steintaf. auf starkem Carton m. 8 S. Text). Leipzig 884. Fritzsche. geb. n. 14. —

Werner, W. Bau- und Nivellements-Plan uber die Erweiterung der Stadt Düsseldorf, genehmigt durch die Kabinets-Ordre vom 3. July 1854. Düsseldorf. 1 Bl. I.

Werner, W [111.]
s. Dincklage, Friedrich von: Anker geschlippt. 1896.

Werner, W., kleine moralische Erzählungen, s.: Universal-Bibliothek f. die Jugend.

Werner, W. (I.), optische Farbenschule für Familie, Schule, Gewerbe und Kunst zu Lust und Lehre. Ein neuer Weg der Selbsterziehung des Auges für Farben. 2. Abdr. mit Ergänzungen von „Licht, Linie, Farbe, Kunst in Haus und Schule" aus „Cornelia". gr. 8. (48 S. mit 2 Farbentaf.) Leipzig 880, C. F. Winter'sche Verlagsh. * 1 —

Werner, W., über die Gewinnung von Lehrmitteln, s. Vorträge u. Abhandlungen, pädagogische.

Werner, W., die Hilfe der Schule gegen die Verbreitung der socialdemokratischen Irrlehren. gr. 8. (32 S.) Leipzig 879. Bauer. n. — 60

Werner, W., topographische Karte des Regierungs-Bezirks Düsseldorf, entworfen u. ausgeführt nach d. Kastastral-Aufnahmen und den, denselben zum Grunde liegenden, und sonstigen trigonometrischen Arbeiten. Herausg. von F. W. Grube. Lithogr. von C. Berger. 6 Blätter in Roy.-Fol. Crefeld 837. Funcke. Illum. n. 4 ℳ

Werner, W., topograph. Karte des Reg.-Bezirks Düsseldorf entworfen u. ausgeführt nach den Katastral-Aufnahmen u. den, denselben zum Grunde liegenden, u. sonstigen trigonometr. Arbeiten. Hrsg. v. F. W. Grube. 2. nach amtl. Mittheilungen revid. Ausg. 6 lith. u. color. Bl. in gr. Fol. Wesel 848, Bagel. In Futteral. n. 1 1/2 ℳ

Werner, W. und **Hofacker, A.** Topographische Karte des Regierungs-Bezirks Düsseldorf. Entworfen und ausgeführt nach den Katastral-Aufnahmen. 1 : 100 000. 5. Auflage. Wesel 1871. 6 Bl. c. I..

Werner, W., das Kaiserreich Ostindien u. die angrenzenden Gebirgsländer. Nach den Reisen der Brüder Schlagintweit u. anderer neuerer Forscher dargestellt. Mit 12 Landschaften in Tondr. u. zahlreichen in den Text gedr. Holzschn. gr. 8. (XII, 639 S.) Jena 884. Costenoble. n. 11. —

Werner, W., s. Taschen-Atlas vom Königr. Sachsen.

Werner, W., vollständiges Verzeichniss der an allen höheren Lehranstalten, Stadt- u. Landschulen des Herzogthums Sachsen-Meiningen angestellten Lehrer mit Angabe der Orte ihrer Wirksamkeit, sowie der Zöglinge des herzogl. Schullehrer-Seminars in Hildburghausen. Nebst einer pädagogischen Abhandlung. gr. 8. (29 u. XXII S.) Hildburghausen 877. Schwessinger. n.n. — 45

Werner, W. S. [aus Roesnitz, Kreis Leobschütz, Schlesien]: **Ueber** Aethylen-Diketone und Benzoyl- und O. P. Dimethil-Benzoyl-Propionsäure .... Freiburg i. B., Univ.-Buchdr. v. Chr. **Lehmann, 1887;** 31 + 1 S. 8°.
Freiburg i. B., Phil. Fak., Inaug.-Diss. v. 1887.

Werner, W. S., über Aethylen-Diketone und Benzoyl- und O. P. Dimethil-Bonzoyl-Propionsäure. Diss. Freiburg i. B. 1887, Fr. Wagnersche Univ.-Buchh. 8°. 31 S.

Werner, Waclaw, aus Warschau: Über den Einfluss einer permanenten Dehnung auf die elektrische und thermische Leitfähigkeit der Metalle. Freiburg (Schweiz) 1909. 82 S. 8°.
Freiburg i. Schw. Math.-naturw. Diss. 1908/09

Werner, Waclaw. Über den Einfluss einer permanenten Dehnung auf die elektrische und thermische Leitfähigkeit der Metalle. Diss. [Math.-]Naturw. Freiburg ⟨Schweiz⟩. [Mit Figuren.] 82 S. 8. Freiburg ⟨Schweiz⟩, St.-Paulus-Druckerei. 1909.

Werner, Walter, appr. Arzt aus Augsburg: Beitrag zur Kenntnis der Balkenfunktion. München 1903: Kastner & Callwey. (42 S.) 8°
München, Med. Diss. v. 1903.

Werner, Werner, appr. Arzt a. Görlitz: Ueber Myositis ossificans traumatica. München 1904: Kastner & Callwey. (82 S.) 8°
München, Med. Fak., Ref. v. Angerer, Diss. v. 10. Nov. 1904
[Geb. 3. Nov. 78 Marienwalde, Rittergut in Ost-Preußen; Wohnort: Görlitz; Staatsangeh.: Preußen; Vorbildung: Gymn. Görlitz Reife O. 97; Studium: München 6, Berlin 2, Freiburg i. B. 1, Breslau 1 S.; Coll. 3. März 04; Approb. 20. März 02.]

Werner, Wilh., aus den Bauernstuben des Zschopau-Thales. Charakteristische Bilder in mittelsächs. Mundart. 2. Aufl. 12. (IV, 46 S.) Mittweida 882. Polytechn. Buchh. n. — 50

Werner, Wilh. (II.). Aus den Bauernstuben d. Zschopau-Thales. Charakteristische Bilder in mittelsächs. Mundart. 3. Aufl. 12. (53 S.) Mittweida 892, Polytechn. Buchh. * — 50

Werner, Wilhelm [Konigl. Gymnasiallehrer in **Ratibor**]: **Beiträge** zur Theorie der Bewegung eines materiellen Punktes **auf Rotations**flächen mit spezieller Anwendung auf das Rotationsparaboloid .... Marburg 1886; 40 S. u. 1 Taf. 4°.
Marburg, Phil. Fak., Inaug.-Diss. v. 12. Mai 1886.

Werner, Wilh., Beiträge zur Theorie der Bewegung e. materiellen Punktes auf Rotationsflächen m. spezieller Anwendung auf das Rotationsparaboloid. gr. 4. (40 S. m. 1 Taf.) Marburg 886. (Leipzig, A. Lorentz.) n. 1. 50

Werner, Wilh. (I.), über die Beziehung der bei der Stations-Ausgleichung gewählten Null-Richtung, s. Westphal, Alfr., Winkel- und Seitenzeichnungen.

Werner, Wlh., Berlin-Anhalt-Leipziger u. Potsdam-Berliner Eisenbahn-Karte. Mit den Plänen v. Berlin, Potsdam, Wittenberg, Dessau, Cöthen, Halle, Leipzig. 65" lang. Magdeburg 840. Schmilinsky. 2/3 ℳ

Werner, Wilh., Berlin-Anhalt-Leipziger- und Potsdam-Berliner Eisenbahn-Karte. Nach den neuesten u. zuverläss. Materialien bearbeitet u. lithogr. (Mit 7 Städte-Plänen.) 2 Ellen 20 Zoll lang u. 7 1/2 Zoll breit. Magdeburg 842, Schmillnsky. 2/3 ℛ

Eisenbahn-Karte, Dresden, Leipzig, Halle, Cöthen, Magdeburger u. Dessau, Cöthensche, verbunden mit einer Special- und Dampfschifffahrts-Karte von da bis in die sächs. u. böhmische Schweiz. Entworfen, gezeichnet u. lithogr. von Wilh. Werner. Mit histor. Notizen versehen von Schönberg-Mülter. Magdeburg 839. Werner u. Comp. In Etui 1/2 ℛ

Werner, (Car. Eduard.) Guil. (geb. Schönebeck a. E. 19. 12. 1809): De exophthalmo pseudorganisatione orbitae fungosa effecto. Berolini (1835). (31 S.) 8°
Berlin, Med. Diss. v. 6. Juni 1835

Werner, Wilh., practisches Handbuch zur Reise durch das Harz-Gebirge. Nach eigener Anschauung, mit Benutzung der besten Quellen herausg. Ballenstedt 854. (Leipzig, Voigt u. Günther.) 8. (2 Bl., 52 S.) n. 10 ngr.

—— Karte des Harzes. Mit besond. Specialkarten der Rosstrappe und ihrer Umgegend, aus den im Herbst 1852 vorgenommenen neuesten Aufnahmen des königl. preuss. grossen Generalstabes, und der Brocken Oberfläche, aufgenommen von C. E. Nehse. Lithogr. und ill. Imp.-Fol. (Mit 60 S. Text in 8.) Ballenstedt 854. (Leipzig, Voigt und Günther.) *

— Karte vom Harz-Gebirge, topographisch, geologisch, mineralogisch u. historisch bearb. Imp.-Fol. (1 lith. u. illum. Blatt.) Ebend. 843. In Etui. n. 2/3 ℛ

Werner, W., der evangelische Konfirmanden-Unterricht, nach Dr. M. Luthers kleinem Katechismus einheitlich entwickelt u. in Grundlinien dargeboten. (VIII, 116 S.) gr. 8. Halle 904. Gebauer-Schwetschke. n. 1. 50; geb. in Leinw. n. 2. —

Werner, Wilhelm (Luckau) A.S. 170/2

Primae lineae hermeneutices iuris feudalis Longobardici. Präs. Christian Gottlob Biener.
Leipzig (Klaubarth) 18. XI. 1790. 78 S.
36416

Werner, Wilh., 56 Original-Vorlege-Blätter über Landschaft-, Blumen- und Thier-Studien, ganz besonders aber über alle Theile des menschlichen Körpers. Lithogr. gr. 4. Magdeburg 835. (Mazzuchi.) 1 ℛ

Werner, Wilhelm [Kammergerichtsref.]: Der Restitutionsanspruch des Bestellers der dos profectitia nach Justinianeischem und heutigem gemeinen deutschen Recht. . . . Göttingen, Druck d. Dieterich'schen Univ.-Buchdr. v. W. Fr. Kästner, 1889; VI + 33 S. 8°
Göttingen, Jur. Fak., Inaug.-Diss. v. 17. Sept. 1889

Werner, Wilh. (I.). Der Restitutionsanspruch d. Bestellers der dos profectitia nach Justinianeischem u. heutigem gemeinen deutschen Recht. Diss. gr. 8. (33 S.) Gött. 889, (Vandenhoeck u. Ruprecht). * 1 —

Werner, Guilelmus: De Libanii studiis Herodoteis. (Vratislaviae 1910: Maretzke & Maertin, Trebniciae Sil.). 102 S. 8°
Breslau, Phil. Diss. v. 30. Nov. 1910, Ref. Foerster
[Geb. 1. März 87 Frankenstein i. Schl.; Wohnort: Frankenstein; Staatsangeh.: Preußen; Vorbildung: Gymn. Strehlen Reife O. 06; Studium: Marburg 1, Breslau 8 S.; Rig. 15. Juni 10.] [U 11. 751

Werner, Wilhelm [Assistent am path.-anat. Institut zu Heidelberg]: Ueber Theilungsvorgänge in den Riesenzellen des Knochenmarks . . . . (Sep.-Abdr. aus Virchow's Archiv . . . 106. Bd. 1886.) Berlin, *Druck u. Verl. v. Georg Reimer*, 1886; 26 S. u. 1 Taf. 8°.
Heidelberg, Med. Fak., Inaug.-Diss. v. 1886.

WERNER, Wilhelm (Neisse): Versuch eines speculativen Systems der Dogmatik.- Oppeln: Raabe 1831.
2 Bl.,68 S.
10.8.1831 - Urk (Titel: Systema speculativum summae dogmaticae.); F 43
Diss.Ingolst.-Landsh.-Mchn.

Werner, Wilh., was ist nach dem Tode e. Lehrers v. den Hinterbliebenen zu beachten? Nach den neuesten Gesetzen zusammengestellt. 8. (24 S.) Breslau (900). Priebatsch. n. — 20
Sonderabdruck aus: „Schles. Schulzeitung".

Werner, Wilh., neueste leipziger Zeichnenschule. 4 Hefte. qu. 4. (56 Stnt.) Leipzig 849, [Baensch.]

Werner, Wilh., neueste Leipziger Zeichnenschule. 4 Hfte. qu. 4. (14. 11. 7 u. 24 lith. Bl.) Leipzig 849, Rubach (W. Baensch). (1 u. 2: à 8 ngr 3: 6 ngr 4: 1/2 ℛ) 1 ℛ 7 ngr

Werner, Wilh. Max, die exceptio doli im Wechselrecht. Inaugural-Dissertation. gr. 8. (23 S.) Dresden 882. (Schönfeld.) n. 1. —

Werner, Wilhelmine Josephine

Werner, W. J., geb. Nordheim, praktisches, auf vielseitige Erfahrung gegründetes Koch- und Küchenlehrbuch, s. Frauengabe.

Werner, Wilhelmine Josephine, die Küche, s. Frauengabe.

Werner, Willibald, Der Festzug in seinen Festwagen und Kostümgruppen des 8. Allgemeinen Deutschen Turnfestes Breslau 1894, Breslau 1894, Quer-8°.

Werner, Willib., s. Festzugs-Album des 8. allgemeinen deutschen Turnfestes.

Werner, Willy, Bilder aus dem Spreewald. Orig.-Zeichngn. Fol. (12 Fksm.-Drucke m. 2 Blatt Text.) Berlin 896. Graph. Gesellschaft.
In Halbleinw.-Mappe n. 14. —; ermäss. Pr. n. 10. —

Bilder aus dem Spreewald. Facsimiledr. Originalzeichngn v. Willy Werner. *(Berlin: Dr. E. Mertens & C. [1896].)* (2 Bl., 12 Taf.) 1 Bd gr. 2. [96. 349

Werner, Zacharias, s. Werner, Friedrich Ludwig Zacharias

Werner-Ehrenfeucht, Handbuch f. den Einjährig-Freiwilligen u. Reserveoffizier-Aspiranten der deutschen Infanterie, Jäger, Schützen u. Pioniere. Ein Ratgeber in allen Lagen in u. außer Dienst, vom Eintritt bis zur Beförderg. zum Offizier. 2. verb. Aufl. (Neue [Titel-]Ausg.) (XXXII, 321 S.) 8. Leipzig [905] 906. F. Engelmann. Geb. in Leinw. n. 3. —

Werner-Ehrenfeucht, Handbuch f. d. Einjähr.-Freiwilligen, Reserveoffizier-Aspiranten u. Reserveoffizier der dtschn. Infanterie, Jäger, Schützen u. Pioniere. Ein Ratgeber in allen Lagen in u. außer Dienst, vom Eintritt bis zum Dienst als Offizier. 3. verb. Aufl. (VIII, 304 S.) 8. Leipzig 910. F. Engelmann. Geb. 4. —

Werner-Ehrenfeucht, polnisch-deutsches Handbuch f. den deutschen Offizier, Sanitätsoffizier u. Militärbeamten, bearb. nach dem Lese- u. Uebungsbuche der französ. u. russ. Sprache v. Josef Demel, Hauptmann u. Kompagnie-Chef im K. B. 12. Infanterie-Regiment Prinz Arnulf. 12. (III, 198 S.) Rastatt 894. E. Greiser. Geb. n. 2. 50

— die Praxis der Kompagnie-Chefs, s. a. Sammlung militärwissenschaftlicher Handbücher. 5. Bd.

Die Praxis des Kompagniechefs. Bearb. von **Werner-Ehrenfeucht**, Major im Inf.-Reg. No 25. Berlin: Voß 1905. (54 S.) 8°
(Sammlung militärwissenschaftl. Handbücher. Bd 5.)

Die Praxis des Kompagniechefs. Bearb. von **Werner-Ehrenfeucht**, Major im Inf.Regt No 25. Berlin: Voß 1900. (115, 54 S.) 8° [ö]
= **Sammlung** militärwissenschaftl. Handbücher. Bd 5. 108. 7480 11

Werner-Holzmann, H., d'Welt geht unter!, s.: Mehratter. (Jacoby, Wilh.)

Werner & Pfleiderer: Kataloge über Misch- und Knetmaschinen, Backöfen usw. 1906 ff. Cannstatt-Stuttgart

Werner & Pfleiderer: Kataloge der Cannstatter Misch- und Knetmaschinen-fabrik. Cannstatt . . . 1897—1899

Der Kampf gegen die Trunksucht als Aufgabe der Gemeindeglieder und kirchlichen Organe. Referat geh. auf d. Kreissynode Haynau v. Pastor Werner-Samitz. Haynau 1903: Th. Suchanek. (15 S.) 8° [F.] [05. 4753]

Werner-Schmid, Dr., Anleitung zu sanitarisch- u. polizeilich-chemisch. Untersuchungen für Staatschemiker, Privatanalytiker, untersuchende Aerzte, Apotheker etc. Mit 57 Fig. im Text. Zürich 1878. 8°.

Werner-Schmid, die Seidenfärberei. Zürich 1877

Werners moral. Unterhaltungen mit Wilhelm u. Wagner, (v. Chr Fr. Sintenis), s. **Begebenheiten** der Familie Reinfeld.

Werners Vermächtniß; e. Reihe moral. Erzähl. a. d. Papieren e. verabschiedeten Officiers. 1s Bdch. 8. Gotha, Ettinger. 809. — 16

Werners, J. G., s. Werner, J. G.

Werners, Carl, aus Duisburg, Referendar am kgl. Landger. zu Cöln: Der handelsrechtliche Deckungskauf. *Cöln 1899: J. Pohl.* (38 S.) 8°
Erlangen, Jur. Diss. v. 13. Juli 1899

Werners, Matthias, das Bildliche in der Natur. [Natursymbolik.] Ein Beitrag zur Hebung und Förderung sinniger Naturbetrachtung. gr. 8. (80 S.) Regensburg 888, Verlags-Anstalt.

Werners, Math., die Mineralogie in der Volksschule. Ein Wort üb. den steinkundl. Unterricht. 8. (III, 53 S.) Trier 886. Lintz. n. — 60

Werners-Richter: „Die Bergbaukunst", Dresden 1823. — Vorh.: Preuß. Oberbergamt Dortmund — E. f. 44 a.

Wernersdorf [Schlagwort]

Wernersdorf, s.: Preussen. Messtischblätter.

Wernersdorf [Verfasser]

Fünf Monate vor Paris. Kriegserlebnisse eines 50ers. Erzählt v. C. F. **Wernersdorf**. Altenburg: S. Geibel 1894. (4 Bl., 215 S.) 1 Bd 8°

Wernersdorf, C. F., fünf Monate vor Paris. Kriegserlebnisse e. 50ers. 8. (VII, 215 S.) Altenburg 894. St. Geibel. Geb. in Leinw. n. 3. —

Wernert, Ph. J., Art und Weise, sich vor der indischen Cholera zu schützen. Nach eigenen, im J. 1848 gemachten Erfahrungen. gr. 8. (11 S.) Rastatt 849, (Hanemann.)

— über das Mineralschlammbad in dem Salzsee Tusly im Taurischen Chersonesus. Physiographisch-medizin. Skizze, entworfen und der hohen Alberto-Ludoviciana „pro facultate legendi" übergeben. gr. 8. (45 S.) Rastatt 850. (Freiburg im Br., Diernfellner.) *

Wernert, Ph. J., Prozeß gegen Maria Barbara Gerwig von Maugenhardt, angeklagt wegen Giftmords. Verhandelt den 13., 14. und 15. Dezember 1852 vor dem Schwurgerichtshofe des Oberrheinkreises. Freiburg 853. Wangler in Comm. 8. (36 S.) n. 2 *ngr.*

Wernerus, Chr.: Präparation zu Cäsars gallischem Kriege, s. Krafft u. Ranke, Präparationen.

Wernerus, Chr., Präparation zu Cäsars gallischem Kriege, s. Ranke, Fr.

Wernerus, Christian: Bericht über die Einweihungsfeier des Realgymnasialgebäudes am 29. März 1908. Dillingen (1909): Emmerich. S. 3—14. 4°
Dillingen a. S., RPG P 1909 (646) [S 09. 500

Wernerus, Christianus [Aquisgranensis]: De feriis Latinis . . . Coloniae, typ. J. P. Bachemii, 1888; 65 S. 8°
Leipzig, Phil. Fak., Inaug.-Diss. v. 8. Jun. 1888.

Wernerus, Christianus, de feriis Latinis. Diss. Leipzig 1888, Gustav Fock. 8°. 65 S.

Wernery, Fridericus: De Scorbuto. Vratislaviae 1814. (16 S.) 4°
Breslau, Med. Diss. v. 18. Dez. 1813.

Wernes-Prescott, Souvenirs des fêtes des vignerons à Vevey depuis leur origine jusqu'à nos jours. gr. 8. (36 S. mit 6 Holzschntaf. in gr. 8. und qu. 4.) Bern 865, Haller'sche Verlagsh. *

Werneuchen [Schlagwort]

Werneuchen, s.: Geologische Karten (Preussen).

Werneuchen, s.: Preussen. Messtischblätter.

Werneyer, Rob. Guil. Georg. (geb. Glatz 23. [illegible] 1823): De delirio tremente. Berolini (1845). (28 S.) 8°
Berlin, Med. Diss. v. 19. Aug. 1845.

Wernhammer, L., Die Darlehnskassenvereine System Raiffeisen in Bayern. 8°. Würzburg 1885.

Wernhammer, L., das Reichsgesetz vom 1. Mai 1889 betr. die Erwerbs- u. Wirthschaftsgenossenschaften u. die Darlehnskassenvereine nach Raiffeisen's System in Bayern. Anleitung zur Gründg. u. Geschäftsführg. solcher Vereine m. den hiezu nöth. vom Kreiscomité des landwirthschaftl. Vereines v. Unterfranken u. Aschaffenburg empfohlenen Formularen u. Geschäftsinstruktionen, dann m. Statutenentwürfen f. e. Revisions- u. Zentralkassenverband, e. Revisionsberichte u. Statuten f. e. Viehversicherungsverein, endlich m. e. vollständ. Sammlg. aller einschläg. Gesetze u. Verordngn. u. e. ausführl. Sachregister. 2., erweit. Aufl. gr. 8. (VIII, 219 S.) Würzburg 894. A. Göbel. Geb. in Leinw. n. 3. —

Wernhard, Jos., der 25. August rc., s. a. Jugend-Bibliothek, hrsg. v. F. G. Funke, 10. Bdchn.

Wernhard, Jos., der 25. August, oder das doppelte bayerische Nationalfest am Geburts- u. Namenstage Sr. Maj. d. Königs Ludwig v. Bayern. Oder die ausführl. Geschichte von Bayern von einer Schuljugend in unterhaltenden Gesprächen vorgetragen. gr. 8. Augsburg 834. v. Jenisch u. Stage. 1/2 rß

— merkwürd. Begebenheiten aus d. Bayer. Geschichte auf jeden Tag d. Jahrs v. 600—1833. Bearb. f. Freunde d. Geschichte. 8. (18 B.) Augsburg 834, v. Jenisch u. Stage'sche Vrlsh.

— Geschichte v. Bayern, s. Jugend-Bibliothek, hrsg. v. F. G. Funke, 10. Bdchn.

Wernhard, Jos., kurzer u. doch faßl. Katechismus d. Geographie od. Erdbeschreib., f. Schulen bearb. 8. (11½ B.) Augsburg 835, v. Jenisch u. Stagesche Buchh.

—— kurzer u. doch sehr faßl. Katechismus d. Geschichte v. Bayern, in VIII Zeiträumen. Besond. f. Schulen. Mit e. Stammtaf. d. Kgl. Hauses Bayern (Fol.). 8. (7½ B.) Augsburg 833, v. Jenisch u. Stage'sche Buchh.

—— kurzer u. doch faßl. Katechismus d. deutschen Geschichte f. Schulen. 8. (5 B.) München 832, Fleischmann.

— kurzer u. doch sehr faßl. Katechismus d. Naturgeschichte oder Naturbeschreibung, zum Schul- u. Privat-Unterricht bearbeitet. 8. Münch. 833. (832.) Fleischmann. 8 gr.

—— kurzer u. doch sehr faßl. Katechismus d. Naturgeschichte od. Naturbeschreibung, zum Schul- u. Privat-Unterr. bearb. 8. (8½ B.) Augsburg 833, v. Jenisch u. Stage'sche Buchh.

—— kurzer u. doch sehr faßl. Katechismus d. Naturlehre od. Physik, besond. f. Schulen. Mit vielen Anmerkn. 8. (6½ B.) Augsburg 835, v. Jenisch u. Stagesche Buchh.

—— neue Kinder-Bibliothek, od. Samml. auserles. Erzähln., Geschichten, Anekdoten, Fabeln, Gedichte, Denk- u. Sittensprüche, zu Deklamir-Uebungen f. Kinder v. 6—12 Jahren, zur edlen Bildung ihres sittl. Gefühls u. zum Vergnügen in ihren Erholungs-Stunden. 6 Bdchn. 8. (28¼ B. u. 6 ill. Titlkpfr.) Augsburg 832, 33, v. Jenisch u. Stage'sche Buchh.

—— neue Kinder-Bibliothek, od. Samml. auserles. Erzähln., Geschichten, Anekdoten, Fabeln, Gedichte, Denk- u. Sittensprüche, zu Deklamir-Uebungen f. Kinder v. 6 bis 12 Jahren rc. 6 Bdchn. 2. Ausg. 8. (28¼ B. u. 6 ill. Titlkpfrt.) Augsburg 838, 39, v. Jenisch u. Stagesche Buchh.

—— erstes Mayblümchen f. d. vaterländ. Jugend, od. kurzer u. doch faßl. Unterr. in d. Bayer. Konstitution. Für Lehrer u. Schulen. 12. (5 B. u. 2 Stnt.) Augsburg 832, v. Jenisch u. Stage'sche Buchh.

—— der prakt. Rechner, od. Stufengänge als Leitfaden zur Erlern. d. Elemente d. Arithmetik; dann der Bruchlehre u. Regel Detri; ferners der Kettenregel u. d. Kopfrechnungen durch alle geraden u. ungeraden Guldentheile rc. rc. Ein Rechentaschenbüchel zum Schul- u. Privatunterr. 8. (4½ B.) Augsburg 831, v. Jenisch u. Stage'sche Vrlsh.

—— Regenten-Reihe d. Erlauchten Wittelsbacher Hauses, mit Beginnung d. Agilolfinger, Karolinger, od. genealog. Verzeichniß aller Herzoge u. Könige v. Bayern, mit den hiezu nöthigen Stammtafeln belegt. Nebst e. Anh. d. sämmtl. Regenten von d. Pfalzgrafschaft am Rhein, von welchen viele Churfürsten in Bayern waren. 2 Bde. gr. 8. (16 B., 10½ B. Tab. u. Ludwig I. Bildn.) Dinkelsbühl 827, Walthr.
Der 2. Bd. a. u. d. T.: Regenten-Reihe d. Könige u. Kaiser v. Teutschland, mit d. Merovingern angefangen, bis auf unsere Zeiten.

—— große Reisen durch Europa, Asien, Afrika, Amerika u. Australien, theils zu Wasser theils zu Land, nebst e. ausführl. Beschreibung aller dieser Länder u. Staaten in Fragen u. Antworten dargest. u. mit Reise-Routen versehen. Nach d. allerneuesten Quellen f. Schulen u. Lehrer bearb. 2 Thle. gr. 8. (19½ B.) Augsburg 832, v. Jenisch u. Stage'sche Vrlsh.

—— kleiner Sprach-Katechismus, mit e. kurzen Rechtschreib-Lehre; zum Privat- u. Schul-Unterr. Mit vielen prakt. Uebungen. 8. (3½ B.) Augsburg 831, v. Jenisch u. Stage'sche Vrlsh.

Wernhardt, L., s. Leben des heil. Leonhardt von Porto Maurizio.

Wernhart, J. A., Ottilie u. ihre Puppen. Neueste, bewährte Methoden, Mädchen v. vier Jahren spielend u. ohne Buch die Buchstaben, d. Buchstabiren u. selbst d. Lesen in kurzer Zeit zu lehren. gr. 8. (1½ B. Mit Abbild.) Breslau 835, Heinr. Richter.
Die Abbildungen (Puppen) auf Pappe u. in einem Kästchen * 8 Gr.

——, Otto u. seine Soldaten. Neueste, bewährte Methode, Knaben spielend u. ohne Buch das Lesen zu lehren. 2. Aufl. gr. 8. (2 B. Mit Abbild.) Breslau 835, Heinr. Richter.
Die Abbildungen (Soldaten) auf Pappe u. in einem Kästchen * 8 Gr.

Wernhart, J. A., Schlachten, grössere Gefechte, Belagerungen u. Capitulationen v. 1792—1815, mit Angabe d. Feldherren, welche d. verschied. Schlachten geschlagen haben, nebst e. tabellar. Uebersicht aller in diesem Zeitraume geführten Kriege, deren Dauer u. der darauf gefolgten Friedensschlüsse. gr. 8. (2¾ B. u. 2 Tab.) Breslau 830, (W. G. Korn.)

Wernher, Driu Liet von der Maget. Nach der Wiener Handschrift mit den Lesarten der Übrigen herausg. von Jul. Feifalik. Wien 860. Gerold. gr. 8. (XXXI, 199 S.) n. 1 Thlr. 20 ngr.

Wernher der Gärtner: Meier Helmbrecht, s.a. Bibliothek der Gesamt-Litteratur des In- und Auslandes, Nr. 289.

Wernher der Gärtner, Meier Helmbrecht; hrsg. v. Ghold. Böttcher, s.a. Denkmäler der älteren deutschen Litteratur.

Wernher der Gärtner, s.a. Helmbrecht.

— dasselbe, s.a. Statuen deutscher Kultur. VIII.

Wernher der Gärtner, Meier Helmbrecht, s.a. Universal-Bibliothek.

— dasselbe, übertr. u. hrsg. v. Johs. Seiler, s.a. Velhagen & Klasing's Sammlung deutscher Schulausgaben.

WERNHER der Gartenaere (XIII. Jh.). — § * Von dem Mayr Helmprechte. Eine poetische Erzählung von *Wernher dem Gartenaere*, einem österreichischen Dichter des 13ten Jahrhunderts. Zum ersten Male .... herausgegeben von Joseph Bergmann. Wien 1839. 68 S. 8⁰

Wernher der Gartner, Helmbrecht. Die älteste deutsche Dorfgeschichte übertragen von Carl Schröder. 16. (104 S.) Wien 865, Schönewerk. [Troppau, Kolck.] cart. *

Wernher der Gartner, Helmbrecht, die älteste deutsche Dorfgeschichte übertragen von Carl Schröder. Wien 865. (Troppau, Kolck.) 16. (104 S.) cart. n. 20 ngr.

Wernher der Gärtner, Maier Helmbrecht. Die älteste deutsche Dorfgeschichte. Aus dem Mittelhochdeutschen übers. v. Karl Pannier. gr. 16. (92 S.) Köthen 876. Schulze. n. 1. 20

Wernher der Gärtner, Meier Helmbrecht. [Nach C. Schröders Text-Uebersetzg.] Die älteste deutsche Dorfgeschichte. Für Schule u. Haus hrsg. v. Wohlrabe. 12. (IV, 79 S.) Gotha 884. Thienemann. n. 1. —

Wernher der Gärtner, Meier Helmbrecht. [Nach K. Schröders Text-Übersetzung.] Die älteste deutsche Dorfgeschichte. Für Schule und Haus hrsg. von Wohlrabe. 2. Aufl. 12. (IV, 79 S.) Halle 888, Tausch und Grosse. geb. *

[A.] Meier Helmbrecht. (Vf.: Wernher der Gärtner.) Neu übertragen u. hrsg. v. Dr. Johannes Seiler, Oberl. ... zu Bielefeld. *Bielefeld & Leipzig. Velhagen & Klasing 1898.* (XIV, 74 S.) 1 Bd 8.
= Sammlung, Velhagen & Klasings. Deutscher Schulausgaben. Lfg 86

Wernher der Gartenaere, Meier Helmbrecht, hrsg. v. Frdr. Panzer, s.: Textbibliothek, altdeutsche. Nr. 11.

Meier Helmbrecht von Wernher dem Gartenaere hrsg. von Friedrich Panzer. *Halle a. S.: M. Niemeyer 1902.* (XVII, 64 S.) 8°
= Textbibliothek, Altdeutsche. No 11. [01. 12297 3

Meier Helmbrecht von **Wernher** dem Gartenære, hrsg. von Friedrich Panzer. 2. Aufl. Halle a. S.: M. Niemeyer 1906. (XVIII, 76 S.) 8°
= **Textbibliothek**, Altdeutsche. No 11. [06. 13404 3

— dasselbe. (Nach C. Schröders Text-Uebersetzg.) Die älteste deutsche Dorfgeschichte. Für Schule u. Haus hrsg. v. Wohlrabe. 3. Aufl. (78 S.) 8. Leipzig 906. Dürr'sche Buchh. Geb. n. 1. —

Wernher, e. Geistlichen im XII. Jahrh., Gedicht z. Ehre d. Jungfrau Maria. Herausg. von F. W. Oetter. Mit 6 ill. Kpf. gr. 8. Nürnb. 802. Monath u. K. 1 ℛ 4 ℊ

Wernher vom Niederrhein. Gedichte, s. Schriften zur germanischen Philologie.

Wernher, De anima tota in toto corpore et tota qualibet parte. Lps. 4°. 1706.

Wernher, Adolf

Wernher, A., die Armen- u. Krankenpflege der geistlichen Ritterorden in früherer Zeit, s. a. Sammlung gemeinverständl. wissenschaftl. Vorträge.

Wernher, A., Armen- und Krankenpflege der geistlichen Ritterorden in früherer Zeit. 8°. Berlin 1874.

Wernher, Adolf (Giessen)
Das erste Auftreten und die Verbreitung der Blattern in Europa bis zur Einführung der Vaccination. Das Blatternelend des vorigen Jahrhunderts.
Giessen 1882. 99 S.
Diss. med. der Fac. bei der Erneuerung des Doctordiploms vorgelegt. 1882. vorh. 26.

Wernher, Adf., das erste Auftreten u. die Verbreitung der Blattern in Europa bis zur Einführung der Vaccination. Das Blatternelend des vor. Jahrhunderts. gr. 8. (III, 99 S.) Giessen 882. Ricker. n. 2. —

Wernher, Ad., Beiträge zur Kenntniss der Krankheiten des Hüftgelenkes, Malum coxae senile, Coxalgie und Fractura intracapsularis colli femoris. gr. 4. (IV und 75 S. mit 3 Stnt.) Giesen 847, Ricker. *

— die Bestattung der Todten in Bezug auf Hygieine, geschichtliche Entwicklung u. gesetzliche Bestimmungen betrachtet. gr. 8. (425 S.) Ebend 880. n. 7. —

— Ueber den Einfluss des Christenthums auf Errichtung öffentlicher Wohlthätigkeits-Anstalten zur Armen- und Krankenpflege vorzüglich im römischen Reiche. 4°. Giessen 1875.

Wernher, Ad., Handbuch der allgem. u. speciellen Chirurgie. 1—7. Hft. gr. 8. (84 B.) Giessen 846, 47, Ricker. *

— Handbuch der allgemeinen u. speciellen Chirurgie. 6—11. Hft. gr. 8. (I. Bd. S. 953—1011. II. Bd. 813 S. III. Bd. S. 1—272.) Ebd. 847—52. à n. 5/6 ℛ (1—11: n. 9 1/6 ℛ)

Wernher, A., Handbuch (Lehrbuch) der allgemeinen und speciellen Chirurgie. 11—18. Heft. gr. 8. (3. Bd. 1. Abthl. S. 81—936. und 2. Abthl. S. 1—672.) Giessen 852—56, Ricker. à Heft * 25 Ngr. *
1—10. Heft. Ebendas. 1846—51. * 8 Thlr. 20 Ngr.

Wernher, A., Handbuch der allgemeinen und speciellen Chirurgie. 19. und 20. Heft. gr. 8. Giessen 857, Ricker. [1. Bd. (XIII S.) 2. Bd. (XI S.) 3. Bd. 1. Abthl. (XI S.) 3. Bd. 2. Abthl. (XI und S. 673—991.)] à Heft 25 Ngr.
1—18. Heft. Ebendas. 1846—56. * 15 Thlr. 10 Ngr.

Wernher, A., Handbuch der allgemeinen und speciellen Chirurgie. 2., völlig umgearb. Aufl. 1. Bd. 2 Abthlgn. Lex.-8. Giessen, Ricker. [1. Abthl. (XII und S. 1—490.) 862. * 2 Thlr. 20 Ngr., 2. Abthl. (VII und S. 491—1247.) 863. * 4 Thlr.] *

Wernher, A., zur Impffrage. Resultate der Vaccination u. Revaccination vom Beginn der Impfung bis heute, nach den Quellen bearb. gr. 8. (VII, 312 S.) Mainz 883. v. Zabern. n. 6. —

— die angeborenen Kysten-Hygrome u. die ihnen verwandten Geschwülste in anatom., diagnost. u. therapeutischer Beziehung. gr. 4. (12 B. u. 4 Stnt.) Giessen 843. (Ricker.) *

Wernher, die Promotionen der deutschen medicinischen Fakultäten in Beziehung zu der Bekanntmachung, betr. die Prüfung der Aerzte ꝛc. gr. 4. (20 S.) Gießen 876. Ricker. — 75

— Widerlegung der Bemerkungen des großh. hess. geh. Raths Hrn. Dr. A. A. E. Schleiermacher, über den f. Aerzte u. Wundärzte bestimmten Studienplan der Landes-Universität zu Gießen. gr. 8. (1 1/2 B.) Gießen 843, Ricker. *

Wernher, Balthasar [Praes.], s. Lampe, Jo. Friedr.: De juramento haeredum.

Wernher, Carl, s. Wernher, Karl

Wernher, Carl Ludwig Gustav Wilhelm, s. Wernher, Karl Ludwig Gustav Wilhelm

Wernher, Eduard. Guil. (geb. Potsdam 18. 4. 1808): De fungo medullari. Berolini (1830). (32 S.) 8°
Berlin, Med. Diss. v. 6. Okt. 1830

Wernher, Friedrich [Praes.], s. Liebenkühn, Karl Joach.: Decas desideriorum juridicorum quinta.

Wernher, Georg, aus Hunspach (Kr. Weißenburg): **Kondensation** von Valerolakton und Bernsteinsäureäthylester mit Natriumäthylat. *Straßburg i. E. 1902: C. & J. Goeller.* (31 S.) 8°
Straßburg, Math.-naturw. Diss. v. 1902

Wernher, Heinrich Ludwig [Praes.], s. Freybergk, Christian August: De bruto exlege.

Wernher, Heinrich Ludwig [Praes.], s. Heer, Johann Gottlob: Dissertatio de fundamento imputationis actionum moralium.

Wernher, Heinrich Ludwig [Praes.], s. Krebel, Gottfried Samuel: De officio hominis circa sermonem.

Wernher, Heinrich Ludwig [Praes.], s. Mylius, Eusebius: De jure sibi ipsi nocendi.

Wernher, Heinrich Ludwig [Praes.], s. Plantz, Michael: De lapsu gentilium circa naturalem Dei notitiam.

Wernher, Heinrich Ludwig [Praes.], s. Richter, Friedr. Wilhelm: De statu summorum imperantium exlege.

Wernher, Heinrich Ludwig (Rothenburg o. d. T.)
A. S. 1344/10

Disputatio physica de tonitru hiemali.
Leipzig (Brandenburger) 18. IV. 1705. 10 Bl., 1 Taf.
36418

Wernher, Heinrich Ludwig [Praes.], s. Unruh, Samuel Benjamin: De oficiis, quae jure imperfecto debentur.

Wernher, Johann Balthasar [Praes.], s. Allius, Aug. Heinr.: Diss. jur. civ. ad materiam de jurisdictione compendii juris Lauterbachiani.

Wernher, J. Balth.: Analecta jur. u. et g. s. annott. succinctae ad *H. G.* — Acc. fratris H. L. Wernheri dissertatt. *Viteb.* 721. 8.

* De aequationibus quatuor dimenſionum praeſ. *Johanne Balthaſare Wernhero* Prof. Publ. publice diſputabit M. *Albertus Henr. Rauwolf*, Waſſertrudinga - Francus. Wittebergae typis Chriſt. Schroederi, Acad. typogr. 4. 1701.

Wernher, Johann Balthasar [Praes.], s. Beyer, Carl Wilhelm: Veram de praescriptione immemoriali sententiam.

Wernher, Johann Balthasar [Praes.], s. Beyer, Christian Heinr.: Selectas observationes forenses.

Wernher, Johann Balthasar [Praes.], s. Bohle, Georg Christoph: De continentia causarum.

Wernher, Johann Balthasar [Praes.], s. Brescius, Joh. Adam: De beneficio competentiae generatim, speciatimque nobilibus concesso.

Wernher, Johann Balthasar [Praes.], s. Brokes, Heinrich: De condictione indebiti iniqua judicis sententia absoluto et solventi haud competente.

Wernher, Johann Balthasar [Praes.], s. Chladen, Justus Georg: Selectas observationes forenses varii argumenti.

Wernher, Johann Balthasar [Praes.], s. Clement, Jo. Friedr.: Sententiam de obligatione ex pacto sponsalitio. Quod vulgo Ja-Wort vocatur.

***Wernher*, Jh. Balth., († vor 1750.) compendium juris, quo Germani hodie ac imprimis Saxones in foro utuntur etc. adj. J. F. Wernher, revis. J. Ritter etc. Leipz. 772. (Serig). 18 gl.**

Wernher, Johann Balthasar [Praes.], s. Conradi, Joh. Georg: De jure repressaliarum inter principes imperii.

Wernher, Johann Balthasar [Praes.], s. Corthum, Lucas: De libera facultate, in eligendo vitae genere, liberis permittenda.

Wernher, Johann Balthasar [Praes.], s. Dachselt, Joh. Michael: De clausula derogatoria testamento adjecta.

Wernher, Johann Balthasar A. S. 269/16

Disputatio juridica inauguralis, qua dispositio cap. ult. X. d. praescript. evolvitur, atque ad juris et aequitatis normam exigitur.
Präs. Johann Heinrich Berger.
Wittenberg (Schrödter) XII. 1700. 22 Bl.

36420

— disquisitiones juridicae in variis disputat. programmat. etc. propositae. 4. Wittenbg. 730.

— dissertationes juris naturalis. 8. Wittenb. Ahlfeld. 721.

Wernher, Johann Balthasar [Praes.], s. Doepler, Franz. Jac. Gottfr.: De exceptione casualis interitus.

Wernher, J. Balth.: Elementa juris naturae et gentium. *Viteb.* 720. 8.

Wernher, Johann Balthasar [Praes.], s. Ellrich, Johann Gottfried: De jure affigendi publice mandata vogtheiae immediatae contra centenam asserto.

— enunciata juris fori hodierni. 4. Wittenb. 725.

Wernher, Johann Balthasar [Praes.], s. Fischer, Anton: De juribus vicariorum Sacri Romani Imperii in aurea bulla expressis.

Wernher, Johann Balthasar [Praes.], s. Freyberg, Gottfried Ernst: De usuris per modum interesse ultra alterum tantum non exigendis.

Wernher, Johann Balthasar [Praes.], s. Fritzsche, Jo. Christoph: De procuratoribus et proxime sequentes compendii juris Lauterbachiani.

Wernher, Johann Balthasar [Praes.], s. Gercken, Hieronymus Nicolaus: De jure Hagenstolziatus.

Wernher, Johann Balthasar [Praes.], s. Gerlach, Benedict Siegmund: Electa forensia.

Wernher, Johann Balthasar [Praes.], s. Haerpfer, Julius Dietrich: Dissertationum ad jus Justinianeum privatum prima, de jurisprudentia et jure in genere.

Wernher, Johann Balthasar [Praes.], s. Hartitzch, Ferdinand Wilhelm von: De usu beneficii deliberandi aliorumque juris Romani capitum.

Wernher, Johann Balthasar [Praes.], s. Höfer, Daniel: Modum donationes ob agnationem liberorum ex lege. VIII. codicis de revoc. donat. retractandi ad solas largitiones patroni in libertum collatas pertinere.

Wernher, Johann Balthasar [Praes.], s. Hoffmann, Christian: De mortuo vivo.

Wernher, J.B.: De jure hagenstolziatus. – Viteb.1724.

Wernher, Johann Balthasar [Praes.], s. Klette, Jo. Christoph: Observationes forenses ex materia de pactis dotalibus aliisque juris capitibus.

Wernher, Johann Balthasar [Praes.], s. Kraus, Georg Gottlieb: De vi et efficacia juramentorum in confirmandis causis matrimonialibus.

Wernher, Johann Balthasar [Praes.], s. Kraus, Jo. Gottfried: Dispositio legis I. C. quando libellus principi datus litis contestationem faciat.

Wernher, Johann Balthasar [Praes.], s. Magen, August Wilhelm: De clausula cum libera in mandatis extrajudicialibus omni jure superflua.

Wernher, J. Balth.: Manuale Pandectar. *Vit.* 711. 8.

— manuale pandectarum c. indice. 8. Marb. (Brönner, Frcft.) 756.

Wernher, Johann Balthasar [Praes.], s. Meisner, Christian: De vicariatu diss. altera, qua jura vicariorum sacri Romani Imperii in aurea bulla non expressa.

Wernher, Johann Balthasar [Praes.], s. Meyer, Johann: Disput. Jur., qua selectas conclusiones forenses.

Wernher, J. B., resp. C. **Hoffmann**, disp. de mortuo vivo. Viteberg. 709. 4.

Wernher, Johann Balthasar [Praes.], s. Naevius, August: De possessione hereditatis sine bona fide et justo titulo plane invalida.

Wernher, Johann Balthasar [Praes.], s. Naevius, Johann Theodor: De commissariorum a principe datorum potestate subdelegandi.

Wernher, Joh. Balth. LB. a: Selectarum observationum forensium novissimis dicasteriorum Vitebergensium praeiudiciis confirmatarum tomi 3. Jenae.
3 Bde **fol.**

T. 1. cont. 5 partes prior. una cum suppl. Ed. nov. c. praef. Dict. Herm. Kemmerichii. 1738.
„ 2. cont. 5 partes poster. c. suppl. et repertorio. Ed. nov. 1738.
„ 3. una cum relationibus actorum de causis tam ad publ. imperii quam privatum ius pertinentibus ed. a Mich. Godofr. Wernhero. De experientia iuridica praef. praem. Henr. Brokes. 1749.

Wernher, Johann Balthasar. Selectae observationes forenses ... Jena 1749—50. H: *Wernher, Michael Gottfried.* (EngJ) (Ky)

v. *Wernher*, Jh. Balth. L. B., selectae observationes forenses X partibus antehac comprehensae una cum supplementis et repertorio (ed. M. G. Wernher). III Tom. Fol. Jena 749, 50. Hartung. 13 ₰ 8 gr

Wernher, Ioh. *Balth.* **de, selectae observationes forenses X. Partibus ante hac comprehensae una cum supplementis et repertorio III. Tmi. fol. Iena, Hartung.** 756.

Wernher, Johann Balthasar [Praes.], s. Ortel, Johann Christian: Positiones practicas de citatione aliisque processus judiciarii capitibus.

Wernher, Johann Balthasar [Praes.], s. Osterhausen, Ernst Abraham von: De effectu traditionis rerum immobilium allodialium sine judiciali investitura inprimis moto creditorum concursu.

Wernher, Johann Balthasar [Praes.], s. Otto, Heinrich Jakob: Positiones practicas circa materiam probationis.

Wernher, Johann Balthasar [Praes.], s. Pfretzschner, Joh. Christoph: De beneficio ordinis seu excussionis possessori extraneo adversus creditorem, sive ex generali, sive speciali, hypotheca agat, contra spuriam novell. CXII. cap. 1. interpretationem, competente.

Wernher, Johann Balthasar [Praes.], s. Pohle, Christian Gottlob: Exercit. jur. qua selectas observationes forenses.

Wernher, Johann Balthasar [Praes.], s. Ponikau, Jo. Christoph von: De juramentorum varietate, eorumqu. in foro usu.

Wernher, Jo. Balth.: Principia juris ecclesiast. Protestantium instruendo imprimis pastori adornatum. ***Witteberg. 727.*** **8.**

Wernher, Jo. Balth.: Principia iuris ecclesiastici Protestantium, instruendo inprimis pastori adornata. Lipsiae et Gorlicii 1742.

— principia juris ecclesiastici protestantium instruendo inprimis pastori adornata. 8. Görlitz 762. Marche. 5 gr

l. b. de Wernher, Jo. Balth.: Principia jurisprudentiae formulariae circa modum pronunciandi in processu civili et criminali. ***Witeberg.*** **(*Lipsiae*, Müller.) 758. 8. (8 Gr.)**

Wernher, Jo. Balth.: De rebus mancipi et nec mancipi ex antiquitate et critica diss. Progr. (Vitembergae 1722.)

Wernher, Johann Balthasar [Praes.], s. Reich, Ephr. Gottfried: Electa forensia.

Wernher, Johann Balthasar [Praes.], s. Scheel, Johann Ernst: De collatione nepotum aliisque juris capitibus.

Wernher, Johann Balthasar [Praes.], s. Schilling, Christian Ludwig: De probatione landsassiatus ex situ terrarum.

Diss. mathemat. de transpositione aequationum indeque resultantibus earum finibus, quam sub praesidio Dn. *Jo. Balthas. Wernheri* Mathem. inf. Prof. Publ. publice defendet M. *Fridericus Casp. Hagen* Baruthinus, Seren. Stip. Vitembergae prelo Christ. Kreusigii, Acad. typogr. 4.
1700

Wernher, Johann Balthasar [Praes.], s. Tschirnhaus, Wolfgang Bernhard von: De auctoritate juris civilis circa obligationes naturales.

Wernher, Johann Balthasar [Praes.], s. Vogel, Jo. Gottfried: De cerebrina certitudine corporis delicti.

Wernher, Johann Balthasar [Praes.], s. Warnsdorff, Johann Ernst Gottlob von: De actione cessa adversus confideiussorem in solidum competente.

Wernher, Johann Balthasar [Praes.], s. Wedig, Johann Hieronymus von: Dissertatio iuridica qua actionem de recepto aliaque iuris capita adversus dissentientes asserta ... submittet ...

Wernher, Johann Balthasar [Praes.], s. Wendler, Johann David: Exercitatio juridica. Selectae conclusiones forenses.

Wernher, Johann Balthasar [Praes.], s. Wernher, Johann Friedrich: De obligatione ex pactis futurorum sponsaliorum vulgo Ja-Wort.

Wernher, Johann Balthasar [Praes.], s. Zahn, Christian Abraham: Selectae observationes forenses.

Wernher, Johann Christoph (Dresden)U.S. Erfurt
1744/3

Dissertatio juridica inauguralis de invaliditate dispositionis inter vivos uxoris, circa res genadicas, neglecto mariti consensu.
Erfurt (Hering) 15.IV.1744. 36 S.

36421

Wernher, Johann Friedrich [Praes.], s. Benz, Joh. Andreas: De rescissione venditionis geradicae.

Wernher, Johann Friedrich [Praes.], s. Birckholtz, Christian Adam: Decas desideriorum juridicorum quarta.

Wernher, Ioh. Fr., Capitulatio Imp. Caroli VI. c. annotat. 4. Wittenbg. 720.

Wernher, Johann Friedrich [Praes.], s. Eichler, Johann August: Decas desideriorum juridicorum.

Wernher, Johann Friedrich [Praes.], s. Engelschall, Karl Gottfried: De jure simultaneae investiturae non alienabili.

*Wernher, J. F., de finibus per virgulam mercurialem non investigandis von Aufsuchung der Grenzen durch Wünschel-Ruthen. Viteb. 731. 4.

Wernher, Johann Friedrich [Praes.], s. Golling, Georg Christoph: De jure excludendi a s. coena et absolutione.

Wernher, Johann Friedrich [Praes.], s. Hoyer, Georg Friedrich: De poenis inficiationum in specie vero requisitis ad illas infligendas necessariis, occasione nov. proc. Sax. elect. ord. tit. XVI. §. 3.

Wernher, Johann Friedrich [Praes.], s. Jahn, Joh. Christoph: De jure poenas in mulctam convertendi nobilibus dominisque jurisdictionalibus competente, occasione res. grav. de anno 1661 tit. Justitien-Sachen, §. 59.

Wernher, Johann Friedrich [Praes.], s. Klingenstein, Johann Christian: De poenis inficiationum in specie occasione nov. proc. Sax. elect. ord. tit. XVI. § 3.

Wernher, Johann Friedrich [Praes.], s. Klingenstein, Johann Christian: De reassumtione litis.

Wernher, Johann Friedrich [Praes.], s. Lencke, Andr.: De dote aliisque bonis constante matrimonio repetendis.

Wernher, Johann Friedrich A. S. 188/24

Dissertatio inauguralis juridica de obligatione ex pactis futurorum sponsaliorum vulgo Ja-Wort. Präs. Johann Balthasar Wernher (Onkel). Wittenberg (Gerdes) 14. IV. 1724. 48 S.

36422

Wernher, Johann Friedrich [Praes.], s. Richter, Gottlob Adrian: De successione in simultaneam investituram ex jure alem. Sax. Longobard. etc.

Wernher, Johann Friedrich [Praes.], s. Rivinus, Friedrich Florens: De finibus per virgulam Mercurialem non investigandis. Von Aufsuchung der Grentzen durch Wünschel-Ruthen.

Wernher, Johann Friedrich [Praes.], s. Schubart, Christian: De licita et illicita usurarum exactione huiusque poenis.

Wernher, Johann Friedrich [Praes.], s. Schwencke, Johann Gottfried: De iure taxationum.

Wernher, Johann Friedrich [Praes.], s. Thilemann, Johann Hiob: Vindiciae dissertationis de finibus per virgulam mercurialem non investigandis.

— — Vindiciae diss. de finib. — invest. ib. 734. 4.

Wernher, Johann Friedrich [Praes.], s. Wernher, Michael Gottfried: De acceptatione in donationibus necessaria.

Wernher, Jh. Geo., († d. 26. Jan. 1786.) Betrachtt. über d. natürl. u. geoffenbarte Religion. 8. Gotting. 777. Vandenhöck u. R. 6 gr.

Werner, J. G., Gedanken v. d. natürl. u. geoffenbarten Religion. 8. Göttingen, Vandenhök u. R. 777.

Wernher, Johann Georg A. S. 24/31

Dissertatio iuridica de reo actori ad edendum obligato. Göttingen (Vandenhoeck) 9. IX. 1739. 39 S.

Gew.: Gerlach Adolph Fhr. von Münchhausen.

36423

Wernher, Jh. Karl, s. Unterredungen im Himmel.

Wernher, Johann Wilhelm: „Abhandlung vom Abzug oder Nachsteuer, Abschoss, Detract . . . .", Zweibrücken 1782 (Mannheim, Löffler).

— Abhandl. über Vertheilung gemeinschaftl. Aemter oder Herrschaften. Fol. Zweibr. 782. (Manh., Löffler). 2 rß

Wernher, Johann Wilhelm: „Practicum camerale, oder vollständige Nachricht, wie Polizei-, Kammer- und Forstsachen kurz und gründlich behandelt werden sollen", 17 Hefte, Zweibrücken 1783—1785 (Mannheim, Löffler).

Wernher, Jul., Beiträge zur Beurtheilung der statistischen Bewegung der gemeinnütz. Stiftungen aller Art, sowohl der thatsächlichen Zahlen-Verhältnisse in Bezug auf die Entstehung der Stiftungen als der Ursachen derselben, nebst daran sich knüpfenden Rathschlägen für Solche, die selbst stiften oder auf Stiftungen Anderer einwirken wollen. Darmstadt 858. Jonghaus. gr. 8. (VIII, 118 S. u. 2 Tab. in Fol.) n. 20 ngr.

Wernher, Jul., üb. Gemeinde-Bürgerthum, insbesond. Stimmrecht u. Nahrungsstand d. Gemeinde-Bürgers. gr. 8. (17 B.) Darmstadt 838, [Diehl.]

Wernher, Jul., üb. Gemeinde-Bürgerthum, insbesond. Stimmrecht u. Nahrungsstand des Gemeinde-Bürgers. gr. 8. Darmstadt 838. Dingeldey. 1 rß

Wernher, Jul., die Zustände der evangelischen Kirche und deren Verbesserung durch Aenderung der Verfassung mit vorzugsweiser Rücksicht auf das Großherzogth. Hessen. gr. 8. (VI und 56 S.) Darmstadt 862, Diehl's Verlag. *

Wernher, Karl

Wernher, Carl (Giessen)
Untersuchungen über den Einfluss des Cantharidin auf thierische Gewebe und den Organismus.
Giessen: Brühl 1860. 20 S.
Diss. med. 11.6.1860. vorh. 26. 7.

Wernher, C(ar.) L(udov.) G(ust.) W(ilh.) (geb. Potsdam 31. 8. 1803): De condylomatibus. Berolini (1825). (32 S.) 8°

Berlin, Med. Diss. v. 26. Okt. 1825

Wernher, Michael Gottfried

— Abhandl. von d. Nothwendigkeit d. Einwilligung des Domkapitels bei Innovationen geistl. Stiftungen rc. 8. Nürnb. 786. (Erlang., Palm). 12 gr

Wernher, Mi. Gf., Abhandl v. d. Nothwendigkeit d. Einwilligung d. Domkapitels bey Innovationen geistlicher Stiftungen. gr. 8. Erlang, Palm. 787.

Wernher, Michael Gottfried (Dinkelsbühl) A. S. 141/29

Dissertatio juridica de acceptatione in donationibus necessaria. Präs. Johann Friedrich Wernher (Onkel). Wittenberg (Gerdes) 10. VIII. 1724. 32 S.

36424

Wernher, Michael Gottfried (Neunkirchen)A. S. 385/26

De appellatione in causis criminalibus ex iuribus Romano, canonico, Germanicis. Präs. Augustin Leyser.
Wittenberg (Eichsfeld) X. 1739. 54 S.

Gew.: Bernhard Walther Marperger. 36425

— **Diss. de recta sponsaliorum de praesenti et de futuro applicatione. 4. Wittenb. 759. — De auctoritate juris cononici in processualibus. ibid. 759. — Diss. exhibens lectissima nova ad jurisprudentiam ejusque historiam pertinentia. 4. ibid. 761. — Progr. de Burgariis, examine testium et paragraphis juridicis. 4. Erlang. 762. — Decas errorum Boehmerianorum in doctrina de lege Falcidia et fideicommissis obviorum. ibid. 770.**

Wernher, Michel Gottfried [Praes.], s. B o t t i c h, Johann Gottfried: De resignatione judiciali fundorum mere allodialium in ultimis voluntatibus cessante.

Wernher, Mich. Gfr.: Tract. de collatione canonicatnnm majornm. *Lips.* **757. 4.**

Wernher, **Mch. Gf., (†d. 13. Aug. 1794.) Collätor dignitatum majorum in cathedralibus et principalium in collegiatis ecclesiis, ex antiquitate erutus et documentis quibusdam nondum editis illustratus etc. Sect. I.—III. 4. Wittenb. u. Leipz. 745, 46. — Hernach unt. folg. Tit.: Collatio canonicatuum maiorum, in qua historia canonicatuum exponitur, dubia Ludewigii et Böhmeri de precibus primariis Vicariorum Imperii solvuntur, et verba concordatorum nationis Germanicae de dignitatibus maioribus explicantur; in tres Sectiones divisa. Leipz. 751.**

— **Commentationes lectissimae ad digesta, in primis ad illustranda virorum Boehmeri, Heineccii et Ludovici compendia etc. Prs. I. 8. Frankf. et Leipz. 764. N. A. 779. Prs. II. ibid. 779. (Frankf., Wesché). 2 ℳ 8 gl.**

— lectissimae comment. in p a n d e c t a s, praesertim in Compendia Böhmeri, Heineccii ac Ludovici. 2 Pts.. 8. Würzburg. (Göbhard in Bbg.) 779.

— **solida disquisitio de testamentis et codicillis privilegiatis, speciatimque de ruptione testamenti per minus solemne, ac generibus codillorum, in qua plurimae difficillimi hujus argumenti etc. 4. Nürnb. 780. Stein. 8 gl.**

— **Kaiser Karl V. Ehrenrettung u. Vertheidigung wegen der bei Landgraf Philipps zu Hessen Ergebung gebrauchten Worte: Nicht zum ewigen Gefängniß &c. 8. Nürnb. 782. Bauer. 20 gl.**

— **epistola ad J. G. Dieterichs de utilitate regulae Romanae: Ubi rem meam invenio, ibi eam vindico, et de utilitate germanicae: manus dans rem reposcat a manu accipiente, in primis Germaniae foris. 4. Erlang. 767.**

Wernher, Michel Gottfried [Praes.], s. L e h m a n n, Joh. Carl: De recta sponsaliorum de praesenti et de futuro adplicatione.

Wernher, Michel Gottfried [Praes.], s. S c h l o t t e r b e c k, Johann Samuel: Decas errorum Boehmerianorum in doctrina de lege Falcidia et fideicommissis obviorum.

Wernher, Michel Gottfried [Praes.], s. S c h m i d t, Johann Dietrich: De gravissimis adulterii indiciis ad divortium idoneis ac repetitione dotis.

Wernher, Michel Gottfried [Praes.], s. S c h u m a n n, Johann Gottfried Rudolph: Lectissima nova ad iurisprudentiam eiusque historiam pertinentia. Specimen I.

Wernher, Michel Gottfried [Praes.], s. W i l h e l m, Johann Sigismund: De auctoritate iuris canonici in processualibus.

Wernher, Michel Gottfried [Praes.], s. Z i n d e l, Jo. Christian: De laesione enormi contractus et inprimis venditiones rescindente dissertatio iuridica.

Wernher, Philipp Christian

Wernher, Ph. Chr., Handbuch d. neuesten Erd- u. Völkerkunde, mit Rücksicht auf kirchl., polit., ökonom., militär. u. häusl. Verfassung, Sitten, Gebräuche. 1r Thl. u. 2r Thl. 1e Abtheil. gr. 8. Mainz **787, 88.** (W. Vogel in Leipz.) 2 ℳ 20 gl.

Wernher, W., Zusammenstellung der im Großhrzgth. Hessen, die Fabrikation u. d. Verbrauch d. Brandweins besteuernden Gesetze. Zum Gebr. f. Brandweinbrenner, nebst einigen Bemerkn. üb. d. jüngste Gesetzgebung. 8. (1¼ B.) Darmstadt 836, Leske.
Vgl. W e r n e r.

Wernhold und Carolina oder der Zufall auf der Reise. Eine Geschichte in Briefen vom Verf. des Kirchhofmädchens. Breslau 1785. V: *Presser, S. G.* (BGE VIII[3], 380)

Wernhold u. Karoline, od. der Zufall auf der Reise. 8. Bresl. 785. J. F. Korn. 18 gl.

Wernl, Child (Winderlich), Goethes Faust e. politisches Gedicht? Litterarisch-histor. Versuch. 2 Tle. in 1 Bd. gr. 8. (64 u. 90 S.) Brandenburg 896. P. Haeckert. n. 2. 50

Wernl, Child, Goethes Faust e. polit. Gedicht? 2 Tle. in 1 Bd. gr. 8. (64 u. 90 S.) Brandenburg 896. Leipzig, J. H. Robolsky. n. 2. —

Über die Königsbergschen Dienstmädchen in Absicht ihrer Köpfe (von *Wernich*). O. O. (Königsberg) 1807. (Im British Museum.)
Anon.-Lex. IV. p. 222 (nach dem Cat. des Museums). — Sehr selten!

Wernich, A., über Ausbreitung u. Bedeutung der neuen Culturbestrebungen in Japan, s. a. Zeit- u. Streit-Fragen, deutsche.

Wernich A., über Ausbreitung und Bedeutung der neuen Kulturbestrebungen in Japan. (Zeit- und Streitfragen 93) Berlin 1877

Wernich, Albrecht

Wernich, A., der Abdominaltyphus. Untersuchungen über sein Wesen, seine Tödlichkeit u. seine Bekämpfung. gr. 8. (VI, 174 S.) Berlin 882. Hirschwald. n. 4. —

— **über die Aetiologie, das Erlöschen u. die hygienische Bekämpfung des Aussatzes, s.: Sammlung klinischer Vorträge.**

— **Desinfectionslehre. Zum praktischen Gebrauch auf kritischer u. experimenteller Grundlage bearb. 2., theilweise umgearb. u. beträchtlich verm. Aufl. Mit 12 in den Text gedr. Holzschn. gr. 8. (XVI, 342 S.) Wien 882. Urban & Schwarzenberg. n. 6. —; geb. n. 7. 50**

— **die Entwicklung der organisirten Krankheitsgifte. Nebst einem offenen Briefe an Hrn. Prof. Klebs in Prag. gr. 8. (VIII, 151 S.) Berlin 880. G. Reimer.** n. 2. 40

Wernich, A., über die Formen u. den klinischen Verlauf des Aussatzes, s.: Sammlung klinischer Vorträge.

Wernich, A., die neuesten Fortschritte in der Desinfections-Praxis, s. Klinik, Wiener.

—— Generalbericht über das Medizinal- und Sanitätswesen der Stadt Berlin im J. 1881. gr. 8. (VIII, 314 S.) Berlin 883, Hayn's Erben. *M 6.; cart. *
Vgl.: Strzeczka, C., Generalbericht.

Wernich, A. 5. Generalbericht üb. das Sanitäts- u. Medizinal-Wesen im Reg.-Bez. Coeslin, umfassend die J. 1886, 1887, 1888. Lex.-8. (IV, 176 S.) Berl. 890, Springer. * 4 —
Der 4. Generalbericht kam nicht in den Handel.

Wernich, A., s.a. Gesammtbericht üb. d. Sanitäts- u. Medicinalwesen in den Städten Berlin u. Charlottenburg.

— u. R. Wehmer, 6. Gesammtbericht üb. das Sanitäts- u. Medizinalwesen in der Stadt Berlin während der J. 1889, 1890 u. 1891. Mit e. Anh. betr. die Stadt Charlottenburg. Mit 11 Anlagen. gr. 8. (VIII, 328 S.) Berlin 893. R. Schoetz. n. 10. --; geb. in Leinw. n.n. 11. —

— Grundriss der Desinfectionslehre. Zum praktischen Gebrauch. Auf kritischer u. experimenteller Grundlage bearb. Mit 15 in den Text gedr. (Holzschn.-) Illustr. gr. 8. (X, 258 S.) Wien 880. Urban & Schwarzenberg. n. 6. —

WERNICH, A.
Grundriss der Desinfectionslehre, zum praktischen Gebrauch. Auf kritischer und experimenteller Grundlage bearbeitet. Wien, 1880. 8vo. Ill.
Zweite Auflage. Wien, 1882. 8vo. Ill.

—— Lehrbuch zur Ausbildung von Heilgehülfen [geprüften Heildienern]. Mit Berücksicht. der Wundenpflege, Krankenaufsicht und Desinfection. 2. verb. Aufl. gr. 8. (X, 155 S. mit 30 Holzschn.) Berlin 887, Hirschwald. *

—— Lehrbuch zur Ausbildung v. Heilgehülfen [geprüften Heildienern]. Unter Miteinschluß der Krankenpflege, Desinfection und Fleischschau. 3. neudurchgeseh. u. verm. Aufl. gr. 8. (XII, 162 S. m. 37 Holzschn.) Berl. 892, A. Hirschwald. * 2 40

— — Lehrbuch des öffentlichen Gesundheitswesens. (Bibliothek des Arztes.) gr. 8. (XX, 788 S.) Stuttgart 894. F. Enke. n. 18. —

Wernich, A., Lehrbuch f. Heildiener. Mit Berücksicht. der Wundenpflege, Krankenaufsicht u. Desinfection. Mit 30 Holzschn. gr. 8. (VIII, 152 S.) Berlin 884. Hirschwald. n. 2. 40

— Leichenwesen einschliesslich der Feuerbestattung, s. a. Handbuch der Hygiene.

Wernich, Dr. A.* Leichenwesen, einschließlich der Feuerbestattung. Als II. Bd. II. Abt. des „Handbuch der Hygiene". Herausgegeben von Dr. Theodor Weyl. 1893. Jena. Gustav Fischer.

—— über gute und schlechte Luft, s. Sammlung gemeinverständlicher wissenschaftlicher Vorträge.

— über verdorbene Luft in Krankenräumen, s.: Sammlung klinischer Vorträge.

— die Medicin der Gegenwart in ihrer Stellung zu den Naturwissenschaften u. zur Logik. Ein Beitrag zu den Zeitfragen unserer Wissenschaft. gr. 8. (52 S.) Berlin 881. G. Reimer. n. 1. —

— s.: Medizinal-Kalender f. d. preussischen Staat.

— über den gegenwärtigen Stand der Desinfectionsfrage, s.: Klinik, Wiener, 1880.

— geographisch-medicinische Studien nach den Erlebnissen einer Reise um die Erde. gr. 8. (X, 423 S.) Berlin 878. Hirschwald. n. 10. —

Wernich, A., einige Versuchsreihen über das Mutterkorn. gr. 8. (76 S.) Berlin 874, Hirschwald. *

— s.: Vierteljahrsschrift für gerichtl. Medicin u. öffentl. Sanitätswesen.

— d. Wohnhaus, s.: Nussbaum, Chr.

Wernich, A., Wohnungs-Aufseher (Wohnungs-Polizei). Wohnungsämter, s.: Handbuch d. Hygiene, 22. Lfg.

— Zusammenstellung der gültigen Medicinalgesetze Preußens. Mit besond. Rücksicht auf die Reichsgesetzgebg. bearb. Nebst chronolog. Uebersicht, Sachregister u. den Verfüggn. aus dem Zeitraum von Ende 1885 bis Juli 1886. (II. Abth. d. preuß. Medicinal-Kalenders 1887.) gr. 16. (XLIV, 530 S.) Ebd. 887. geb. n. 3. —

— dasselbe. Ergänzungsbd. zur 1. Aufl. Fortgeführt bis gegen Mitte 1890 u. m. neuen vollständ. Registern versehen. 12. (XII u. S. 457—868.) Ebd. 890. n. 3. —

— dasselbe. 2. Ausg. Fortgeführt bis gegen Mitte 1890 u. m. neuen vollständ. Registern versehen. 12. (XII, 868 S.) Berlin 890. Hirschwald. geb. n. 6. —

— Zusammenstellung der gültigen Medizinalgesetze Preußens. Mit besond. Rücksicht auf die Reichsgesetzgebg. bearb. 3., vervollständ. Aufl. 12. (XIV, 983 S.) Berlin 894. A. Hirschwald. Geb. in Leinw. n. 8. —

Wernich, Anton

Handbuch für das Feuerlöschwesen in der Provinz Schleswig-Holstein mit Ausnahme der Berufs-Feuerwehr in Altona v. Anton Wernich. (Mit Abbildungen im Text und 2 Tafeln.) Neumünster. 1895. 8°.

Wernich, A. Handbuch für das Feuerlöschwesen in der Provinz Schleswig-Holstein, mit Ausnahme der Berufsfeuerwehr in Altona. Neumünster 1905.

Wernich, C. F., s. Wernich, Karl Friedrich

Wernich, Johann Karl Gustav

— s. Beschäftigungen f. Liebhaber d. Wissenschaften.

Wernich, Jh. Karl Gust., Versuch e. richtigen Lehrart die Harfe zu spielen. 4. Berl. 772.

Wernich, Karl Friedrich

N.*** C. F. Wernich, Beyträge zur neuern Staats- u. Krieges-Geschichte. (Mit Urkunden u. Registern.) Nebst Kupfern. Stück 1—190. Danzig 1756—64. 8

Wernich, Karl Fr., (†...) d. Staat von Frankreich nach d. Grundsätzen d. Politik u. Staatenlehre. 8. Berl. 762. (Krieger in Cassel). 8 ggr.

Wernich, K. Fr. v., d. Staat v. Frankreich, nach d. Grundsätzen d. Politik u. Staatenlehre. 8. Berlin, Rüdiger. (Herrmann in Frkft.) 762.

— — dasselbe. 8. Marbg. Krieger. 762.

Wernich, Otto A., der Livländer Joh. Reinh. von Patkul u. seine Zeitgenossen. 1. Bd. gr. 8. (XVI u. 335 S. m. 1 lith. Karte in 4.) Berlin 849. Schneider & Co. n. 2 ℳ

Wernich, W., moderne Oekonomen. Erzählung vom Lande. 12. (IV, 176 S.) Milwaukee 893. (Leipzig, H. Beyer.) n. 1. —

Wernich, W., moderne Oekonomen. Erzählg. v. Lande. 8. (218 S. m. Abb.) Dresden (897). Verlag „Meteor". n. 3. —; geb. in Leinw. n. 4. —

Wernick, Carl, s. Wernick, Karl

Wernick, Christian, s. Elias, Julius.

Wernick, E., e. Sklavenjagd in Afrika, s.: Jugendbibliothek, kleine.

Wernick, Friedr., Beispiele und Aufgaben aus der Poesie und Prosa in systematisch geordn. Reihenfolge als einer prakt. Anleitung zu Aufsatzübungen, zum Briefschreiben und zu poet. Versuchen für höh. Töchterschulen. 8. (VIII und 230 S.) Weimar 848, Voigt.

Wernick, Friedr., geschichtliche Uebersicht der deutschen Nationalliteratur mit Hinblick auf die gleichzeitigen Kunstbestrebungen. Ein Handbuch für den Unterricht in Töchterschulen u. zur Selbstbelehrung. Gotha 856. Scheube. gr. 8. (XIX, 1129 S.) 2 ℛ𝓅.

Wernick, Fritz, Danzig. Ein Führer durch die Stadt und ihre Umgegend. 8. (95 S. mit 30 Illustr. in eingedr. Holzschn. und 1 chromolithogr. Plane der Stadt und lithogr. Plane der Umgegend in 4.) Danzig 873, Kafemann. *

Wernick, Fritz, Danzig. Ein Führer durch die Stadt und ihre Umgegend. Mit 30 (eingedr. Holzschn.-)Illustr., 1 (lithogr.) Plane der Stadt und Umgegend. gr. 16. (100 S.) Danzig 877, [Kafemann.] Gruihn's Verlag. *

Wernick, Fritz, Elbing, Ersatz, s.: Dorr, Rob.

Wernick, Fritz, Elbing, s. Städte und Landschaften, nordostdeutsche.

—— Führer durch die Kunst-Gewerbe-Ausstellung zu Leipzig 1879. 8. (74 S.) Leipzig 879, Schloemp. *

— Führer durch die Kunst-Gewerbe-Ausstellung zu Leipzig 1879. 8. (74 S.) Leipzig 879. Gebr. Senf. n. 1. —

Wernick, Fritz, das Kunstgewerbe auf den Ausstellungen zu Mailand und Stuttgart, s. a. Sammlung kunstgewerblicher und kunsthistorischer Vorträge.

Wernick, Fritz. Das Kunstgewerbe auf den Ausstellungen zu Mailand und Stuttgart. (Sammlung kunstgewerblicher und kunsthistorischer Vorträge No. 5.) Leipzig 1882. 8°.

—— durch Nord-Afrika und Spanien. Reisestudien. 2. (Titel-) Aufl. gr. 8. (VI, 457 S.) Leipzig 888, Reinboth.

—— Olympia. Eine Osterfahrt in den Peloponnes. Mit einer Ansicht des Zeustempels und einem Uebersichtsplan des Ausgrabungsfeldes und seiner Umgebungen (lithogr. qu. 4.). gr. 8. (VII, 237 S.) Leipzig 877, [Schloemp.] Gebr. Senf. * geb. *

— Paris u. die Weltausstellung 1878, s.: Haus- u. Reisebibliothek.

—— Reisebilder aus Süd-Frankreich. 8. (147 S.) Leipzig 879, [Schloemp.] Gebr. Senf.
—— dass. — s. a. Haus- und Reisebibliothek, deutsche.

—— Reisebilder aus Süd-Frankreich. 2. (Titel-)Aufl. 8. (III, 147 S.) Ebendas. (879)888. *

Wernick, Fritz, Sommerfrischen. Eine Wanderung zu den schönsten und beliebtesten gastl. Stätten in den deutschen Bergen. gr. 16. (V, 118 S.) Danzig 875, [Kafemann.] Gruihn's Verlag.

—— Städtebilder. [Neu-Rom, Rom im Concilswinter, Paris, London.] 2 Thle. in 1 Bde. gr. 8. (VII, 215; 191 S.) Leipzig 878, [Schloemp.] Gebr. Senf. *
—— dass. — [Constantinopel, Athen, St. Petersburg, Moskau, Warschau.] Neue Folge. 1. Bd. gr. 8. (VI, 296 S.) Ebendas. 879. *

—— Städtebilder. [Florenz, Bologna, Orvieto, Rom, New-York, Chicago, Mailand, Antwerpen, Gent, Brügge, Brüssel, Rotterdam und Delft, Der Haag, Leiden und Harlem, Amsterdam.] 4. Bd. Neue Folge. 2. Bd. 8. (V, 375 S.) Leipzig 880, [Schloemp.] Gebr. Senf. *
1.—3. Bd. Ebendas. 1879. *ℳ 8.
—— dass. — [Avignon, Nimes, Algier, Blida, Constantine, Biskra, Tunis, Karthago, Malta, Syrakus, Catania, Girgenti, Palermo, Barcelona, Valencia, Elche, Murcia, Malaga, Granada, Sevilla, Cordoba, Madrid, Toledo, Escorial, Burgos.] 5. Bd. [Neue Folge, 3. Bd.] gr. 8. (VI, 457 S.) Leipzig 880, [L. Senf.] Gebr. Senf. *

— nach dem Süden, s.: Kaden, W.

Wernick, Fritz, Elbinger Wanderbuch, ein illustrirter Führer durch Elbing u. seine Umgebungen (Cadinen, Kahlberg, Marienburger Schloss, oberländ. Kanal etc.) 1. Aufl. 1865. u. 2. veränd. Aufl. Elbing 869. Neumann-Hartmann. 16. (123 S. mit vielen in den Text gedr. Illustr. in Holzschn. u. 1 lith. Plane der Stadt u. deren Umgebung.) n. 10 ngr.

Wernick, G., zur Psychologie des ästhetischen Genusses. (V, 148 S.) gr. 8. Leipzig 903. W. Engelmann. n. 2. 40

Wernick, Georg [aus Elbing]: Der Begriff der Materie bei Leibniz in seiner Entwickelung und in seinen historischen Beziehungen ... Jena, G. Neuenhahn Univ.-Buchdr., 1893; 45 S. 8.
Jena, Phil. Fak., Inaug.-Diss. v. 1893

Wernick, Gust., Steuertafeln zum Reichserbschaftssteuergesetz vom 3. VI. 1906, enth. die Steuerbeträge f. jeden Erwerb v. Todeswegen bezw. jede Schenkg. unter Lebenden bis 100000 Mk. sowie die bei e. höheren Betrage zu entricht. Steuersätze. (93 S.) 8. Königsberg 907. F. Beyer. 2. 50

Wernick, Karl

Wernick, Carl, die Deadwoodkutsche, s. a. Jugendbibliothek, kleine.

Die Deadwoodkutsche. Eine Erzählung f. d. Jugend. Von Carl Wernick. 2. Aufl. Slyrum: A. Spaarmann [1899?]. (32 S.) 8° [J.] = Jugend-Bibliothek, Kleine. No 159.

— die Deserteure an der Sklavenküste, s. Jugendbibliothek, kleine.

— die Goldmine, s. a. Jugendbibliothek, kleine.

Die Goldmine. Eine Erzählung f. d. Jugend. Von Karl Wernick. 2. Aufl. *Styrum: A. Spaarmann [1899?].* (32 S.) 8° [F.]
— Jugend-Bibliothek, Kleine. No 158.

— die Goldmine in den Blackhills, s.a. Volksbücher, neue.

— eine Gorilla-Jagd, } s.: Jugendbibliothek, kleine.

— das Grab des Medizinmannes, s.a. Jugendbibliothek, kleine.

Das Grab des Medizinmannes. Eine Erzählung f. d. Jugend. Von Karl Wernick. 2. Aufl. *Styrum: A. Spaarmann [1899?].* (32 S.) 8° [F.]
— Jugend-Bibliothek, Kleine. No 157.

— unter den Haida-Indianern, s.: Volksbücher, neue.

Wernick, Carl, die Sklavenjäger, s.: Volksbücher, neue.

— der Sohn des Häuptlings, s.: Jugendbibliothek, kleine.

— Fort William, s.: Volksbücher, neue.

Wernick, Martin, Forstrefer.: Plenterwald. Eine Studie. Darmstadt 1910: Otto. 29 S. 4° ¶ (Aus: Allg. Forst- u. Jagdzeitung. 1910, H. 6/7.)
München, Staatswirtsch. Diss. v. 11. Jan. 1910, Ref. Schüpfer, H. Mayr
[Geb. 26. Aug 84 Eisenach; Wohnort: Eisenach; Staatsangeh.: Sachsen-Weimar; Vorbildung: Gymn. Eisenach Reife O. 04; Studium: Eisenach Forstakad. 4, München 5 S.; Rig. 11. Jan. 10.] [U 10. 3473

Wernick, Walther [approb. Arzt aus Weimar]: **Ein Fall von** Hautsarkom .... Würzburg, Becker's Univ.-Buchdr., 1886; 21 S. u. 1 Taf. 8°.
Würzburg, Med. Fak., Inaug.-Diss. v. 1886.

(**Wernicke,**) Beleuchtung der Angriffe der Evangel. Kirchenzeitung gegen den Freimaurer-Orden und den Eintritt evangelischer Geistlichen in denselben von einem Freimaurer. Herausgegeben mit Genehmigung der Grossen Landesloge von Deutschland. Berlin. Nauck. 1854. 8. 78 S.

(**Wernicke,**) Beleuchtung der Angriffe der Evangel. Kirchenztg. etc. Zweiter (unveränd.) Abdruck. Berlin. Nauck. 1854. 8. 78 S.

Wernicke, A.: Industrie und Schule. Schweidnitz 1867. 18 p.
Schul-/Univ.-Schrift

[F.] **Wernicke,** *Adolf* [Dir.]: *Bericht über die Hegenscheidt-Wernicke-Stiftung und Lebensabriss Wilhelm Hegenscheidts.* Gleiwitz, Neumann's Stadtbuchdr., *1892;* 28—30 S. 4.
Gleiwitz O.S., k. OR u. techn. Fach-S, OP 1892 (213)

[F.] **Wernicke,** *Adolf* [Dir.]: *Die feierliche Entlassung des bish. ord. Lehrers Anton Ullmann.* Gleiwitz, Neumann's Stadtbuchdr., *1891;* S. 26—29; 4°
Gleiwitz O.-S., k. OR u. techn. Fach-S, OP 1891 (211)

[Ant. u. F.] **Wernicke,** Adolf [Dir.]: Geschichte der Königlichen Oberrealschule und technischen Fachschule zu Gleiwitz, aus Veranlassg d. 25jähr. Bestehens d. Anstalt. Gleiwitz, Neumann's Stadtbuchdr., *1894;* 2 Bl., 46 S., 1 Tab. 4.
Gleiwitz O/S., k. OR u. techn. Fach-S, OP 1894 (227)

Wernicke, Adolf, Referendar: Zur Konstruktion des amtsrichterlichen Strafbefehls unter teilweiser Berücksichtigung der polizeilichen Strafverfügung und des Strafbescheids der Verwaltungsbehörde. *(Görlitz) [1901]: (H. Gretsel).* (VII, 40 S.) 8° [F.]
Breslau, Jur. Diss. v. [16. Apr.] 1901

Wernicke, Ad., Lehrbuch der Mechanik in elementarer Darstellung mit Uebungen und Anwendungen auf Maschinen- und Bau-Constructionen. Für den Unterricht an Gewerbe- und Realschulen, sowie zum Privatstudium für angehende Ingenieure und Architekten bearb. 2 Thle. gr. 8. Braunschweig 858. 59, Vieweg und Sohn. *
Inhalt:
Thl. 1. Mechanik fester Körper. (XVII und 491 S. mit 376 in den Text gedr. Holzschn.) * 1 Thlr. 25 Ngr.
„ 2. Mechanik flüssiger Körper. (VIII und 330 S. mit 170 in den Text gedr. Holzschn.) * 1 Thlr. 5 Ngr.

Wernicke, Ad., Lehrbuch der Mechanik in elementarer Darstellung m. Uebgn. u. Anwendgn. auf Maschinen- u. Bau-Constructionen. Für den Unterricht an Gewerbe- u. Realschulen, sowie zum Privatstudium f. angehende Maschinenbauer u. Architekten bearb. In 2 Thln. 2. verb. u. verm. Aufl. gr. 8. Braunschweig 871. 73. Vieweg & Sohn. n. 13.—
1. Mechanik fester Körper. Mit 405 in den Text eingedr. Holzst. (XIV, 527 S.) n. 6. —
2. Mechanik flüssiger Körper. Mit 202 in den Text eingedr. Holzst. (VIII, 387 S.) n. 7. —

Wernicke, Ad., Lehrbuch der Mechanik in elementarer Darstellung, mit Uebungen u. Anwendungen auf Maschinen- u. Bau-Constructionen. Für den Unterricht an Gewerbe- u. Realschulen, sowie zum Privatstudium für angehende Maschinenbauer u. Architekten bearb. [In 2 Thln.] 1. Thl. Mechanik fester Körper. Mit 443 in den Text eingedr. Holzst. 3., verb. u. verm. Aufl. gr. 8. (XII, 615 S.) Braunschweig 877. Vieweg & Sohn. n. 9. —

Wernicke's, Ad., Lehrbuch der Mechanik in elementarer Darstellung, m. Anwendgn. u. Übgn. aus den Gebieten der Physik u. Technik. I. Tl., 1. u. 2. Abtlg., u. II. Tl. gr. 8. Braunschweig, F. Vieweg & Sohn. n. 15.—; geb. in Leinw. n. 16. 80
I. 1. Mechanik fester Körper. Von Alex. Wernicke. 4. völlig umgearb. Aufl. 1. Abtlg. Einleitung. — Phoronomie. — Lehre vom materiellen Punkte. (XV, 314 S. m. Abbildgn.) 900. n. 4. —; geb. n. 4. 60
2. Dasselbe. 2. Abtlg. Statik u. Kinetik des starren Körpers. (IX u. S. 315—809 m. Fig.) n. 6. —; geb. n. 6. 60
II. Flüssigkeiten u. Gase. Von Richard Vater. 3. völlig umgearb. Aufl. (XII, 373 S. m. 243 Abbildgn.) 900. n. 5. —; geb. n. 5. 60

Wernicke's, Ad., Lehrbuch der Mechanik in elementarer Darstellung, mit Anwendgn. u. Uebgn. aus den Gebieten der Physik u. Technik. I. Tl. 3. Abtlg. gr. 8. Braunschweig 903. F. Vieweg & Sohn. n. 10. —; geb. in Leinw. n. 11. —; (I Tl. vollst.: n. 20. —; geb. n. 22. 20)
Mechanik fester Körper. Von Alex. Wernicke. 4. völlig umgearb. Aufl. 3. Abtlg. Statik u. Kinetik elastisch-fester Körper. Lehre v. der Elastizität u. Festigkeit). (XI u. S. 811—1635 m. Abb.)

Wernicke, Adolf Dr. Rob. Mayer, der Begründer der modernen Physik. 13 S. **Progr.** OR. *Gleiwitz* 1883.

[F.] **Wernicke,** *Adolf* [Dir.]: Übersicht [sic!] über die den Ober-Realschülern zugänglichen Berufsarten. Gleiwitz, Neumann's Stadtbuchdr., *1891:* S. 35—36; 4°
Gleiwitz O.-S., k. OR u. techn. Fach-S, OP 1891 (211)

Wernicke, Alex., s.: Abhandlungen aus den Gebieten der Mathematik etc.

Wernicke, Alex[ander]: Die Abzweigung der neuen Städtischen Realschule von der Städtischen Oberrealschule. S. 3—6. 4.
Progr. Städt. Oberrealschule *Braunschweig* 1908 (903).
Die neue Städtische Realschule (Oberrealschule in Entwicklung) zu Braunschweig. (Mit 13 Abbildungen.) I. Zur Geschichte des Realschulwesens in der Stadt Braunschweig, einschließlich der Gründung der neuen Städtischen Realschule. Von Alex[ander] Wernicke. II. Das Gebäude der neuen Anstalt. Von Baurat Max Osterloh, Stadtbaumeister. III. Die Lehrmittel der neuen Anstalt. Von Wilhelm Levin. 62 S. 4.
Progr. Städt. Oberrealschule *Braunschweig* 1909 (932).

Wernicke, *Friedrich* Alexander *Ansprache bei der Einführung als Direktor.* 4 (S. 48—49 der Schuln.).
Progr. Städt. Oberrsch. *Braunschweig* 1895 (717).

Wernicke, Alex., die Begründung des deutschen Idealismus durch Immanuel Kant. Ein Beitrag zum Verständnis des gemeinsamen Wirkens von Goethe u. Schiller. (XII, 77 S.) gr. 8. Braunschweig 910. J. H. Meyer. 2. —

Wernicke, Alex. [Dr. Oberl. Prof.]: Beiträge zur Theorie der centro-dynamischen Körper. Braunschweig, Druck v. J. H. Meyer, 1892; 36 S. 4.
Braunschweig, herz. neues G, OP 1892 (687)

Wernicke, Alex[ander]: Die Berechtigungen der Städtischen Oberrealschule zu Braunschweig. *(Braunschweig 1898: J. Krampe.)* (8—9 S.) 4°
Braunschweig, st. OR, OP 1898 (731)

: . . . Berechtigungen. 2. Die Berechtigungen der Städtischen Oberrealschule zu Braunschweig. 4 (S. 3—9). 4 (S. 3—9).
Progr. Städt. Oberrsch. *Braunschweig* 1899 (737). 1900 (744)

Wernicke, Alex. [Dir. Prof. Dr.]: *Bericht über seine Einführung als Direktor der Anstalt. Braunschweig, 1895;* 47—49 S. 4.
Braunschweig, st. OR, OP 1895 (717)

Wernicke, Alex[ander]: Meister Jacob Böhme. Ein Beitrag zur Frage des nationalen Humanismus. *(Braunschweig 1898: J. H. Meyer.)* (37 S.) 4°
Braunschweig, st. OR, OP 1898 (731)

— **Meister Jacob Böhme. Ein Beitrag zur Frage des nationalen Humanismus. Progr. 4. (37 S.) Braunschweig 898. (J. H. Meyer.) n. 1. 40**

Wernicke, Alex*ander* [Dir. Prof. Dr.]: Die Einrichtung der Oberrealschule vom 1. April 1892 und ihre Berechtigungen. (Vgl. P-Beil. 1895.) *Braunschweig, Hof-Buchdr. J. Krampe, 1896;* 3—7 S. 4.
Braunschweig, st. OR, OP 1896 (708)

Wernicke, Alex*ander* [Dir. Prof. Dr.]: Die Einrichtung der Oberrealschule vom 1. April 1892 und ihre Berechtigungen. [Vgl. P-Beil. 1895. 96.] *Braunschweig, Hof-Buchdr. J. Krampe, 1897;* 3—7 S. 4.
Braunschweig, st. OR, OP 1897 (720)

Wernicke, Alex(ander): 1. Die **Einrichtung** der (Preussischen) Oberrealschule vom 1. April 1892 und ihre Berechtigungen. 2. Die Berechtigungen der Städtischen Oberrealschule zu Braunschweig. *(Braunschweig 1899: J. Krampe.)* (S. 3—9.) 4° ¶ (Vgl. Progr. 1895—98.)
Braunschweig, st. OR, OP 1899 (737)

Wernicke, Alex(ander): 1. Die **Einrichtung** der (Preussischen) Oberrealschule vom 1. April 1892 und ihre Berechtigungen. 2. Die Berechtigungen der Städtischen Oberrealschule zu Braunschweig. *(Braunschweig 1901: J. Krampe.)* (S. 3—9.) 4° ¶ [Vgl. Progr. 1895—1900.]
Braunschweig, st. OR, OP 1901 (756)

Wernicke, Alex(ander): 1. Die Einrichtung der Preußischen Oberrealschule vom 1. April 1892 bezw. vom 1. April 1902 und ihre Berechtigungen. 2. Die Berechtigungen der Städtischen Oberrealschule zu Braunschweig. 3 . . . Neue Ordnung für die Städtische Oberrealschule zu Braunschweig. *(Braunschweig 1902.)* (S. 3—19.) 4° ¶ [Vgl. Progr. 1895—1901.]
Braunschweig, st. OR, OP 1902 (772)

(**Wernicke,** Alexander, Dir. Dr.): Die Einrichtung der Preußischen Oberrealschule vom 1. April 1892 bez. vom 1. April 1902 und ihre Berechtigungen. *(Braunschweig 1903: H. Sievers & Co. Nachf.)* (S. 3—7.). 4° ¶ (Vgl. P-Beil. 1895.)
Braunschweig, st. OR, OP 1903 (791)

Wernicke, (Alexander), Dir. Prof. Dr.: **Die Feier des 25-jährigen Bestehens der Anstalt nebst Bericht über die Krummie-Stiftung (und einer kurzen Geschichte der Anstalt).** *(Braunschweig 1902.)* (62 S.) 4°
Braunschweig, st. OR, OP 1902 (772)

Wernicke, Alex., d. mathematisch-naturwissenschaftliche Forschung in ihrer Stellg. z. modernen Humanismus. Vortrag, geh. in d. Hauptversammlg. d. Vereins zur Förderg. d. Unterrichts in d. Mathematik u. d. Naturwissenschaften zu Leipzig (Pfingsten 1898). gr. 4. (18 S.) Berlin 898. O. Salle. n. 1. —

Wernicke, Alex(ander): Zur Geschichte des Realschulwesens in der Stadt Braunschweig, einschließlich der Gründung der neuen Städtischen Realschule. Braunschweig 1909: Meyer. S. 3—42. 4°
Braunschweig, st. R, OR i. E. OP 1909 (932) [S 09. 501

Wernicke, (Frid.) Alexand. (geb. Görlitz 3. 1. 1857): Ueber Gleichgewichtslagen schwimmender Korper und Schwerpunktsflachen. Berlin (1879). (56 S.) 8°
Berlin, Phil. Diss. v. 9. Aug. 1879

Wernicke, Alex., über Gleichgewichtslagen schwimmender Körper u. Schwerpunktsflächen. Inaugural-Dissertation. gr. 8. (56 S.) Berlin 879. (Mayer & Müller.) n. 1. —

Wernicke, Alex., Goniometrie und Grundzüge der Trigonometrie innerhalb der Ebene als Goniometrische Ergänzung der doppelmassigen Geometrie der Elementar-Gebilde innerhalb der Euklidischen Geometrie des Masses. Für obere Klassen höherer Lehr-Anstalten. gr. 8. (175 S. mit 20 Orig.-Holzschn.) Braunschweig 888, Schwetschke und Sohn. *
geb. *

Wernicke, Alex. Die Grundlage der Euklidischen Geometrie des Maafses. 4 (57 S. u. Inhalt). Neues G. *Braunschweig* 1887 (638).
Progr.

Wernicke, Alex., Grundzüge der Elementar-Mechanik. Gemäss den Anfordergn. der philosoph. Propädeutik als Einführg. in die physikal. u. die techn. Wissenschaften f. den Unterricht bearb. Mit 85 Holzschn.-Illustr. gr. 8. (XVI, 445 S.) Braunschweig 883. Schwetschke & Sohn. n. 4. —

Wernicke, Alex. [Dr. Prof. extr. an d. Herz. Techn. Hochsch. Dozent am Herz. Pädagog. Sem. f. Kandidaten d. höh. Lehramtes Braunschw.]: Kant . . . und kein Ende? Braunschweig, Druck v. J. H. Meyer, 1894; 36 S. 4.
Braunschweig, herz. Neues G, OP 1894 (691)

Kant ... und kein Ende? Von Dr. Alex. **Wernicke**, Prof. 2. Aufl.
Braunschweig: J. H. Meyer 1907. XII, 62 S. 8° 1io. 168;9

Wernicke, Alex., der 2. Kongreß f. d. kaufmänn. Unterrichtswesen Deutschlands (Leipzig 1897). [Aus: „Pädagog. Archiv".] gr. 8. (15 S.) Leipzig 898. Dürr'sche Buchh. n. — 40

Wernicke, Alex(ander): **Krumme-Feier.** (Bericht über d. feierl. Enthüllung d. Büste des 1894 verstorbenen Gründers u. ersten Leiters d. Anstalt.) *(Braunschweig 1900: J. Krampe.)* (S. 10—25.) 4°
Braunschweig, st. OR, OP 1900 (744)

— **Kultur u. Schule. Präliminarien z. e. Schulfrieden im Anschluss an d. preuss. Neuordng. v. 1. April 1892. gr. 8. (XVI, 250 S.) Osterwieck 896. A. W. Zickfeldt. n. 2. 40**

Wernicke, Alex*ander* [Dir. Prof. Dr.]: Kurse und Reise-Stipendien für Neuphilologen. *Braunschweig, Hof-Buchdr. J. Krampe, 1896;* 7—15 S. 4.
Braunschweig, st. OR, OP 1896 (708)

Wernicke, Alex: Die Lehre von der Elasticität und Festigkeit in elementarer Darstellung mit Anwendungen und Übungen aus den Gebieten der Physik und Technik. Braunschweig 1903.

Wernicke, Alex. [Dir. Prof. Dr.]: Die Oberrealschule vom Jahre 1892. *Braunschweig, 1895;* 5—33 S. 4.
Braunschweig, st. OR, OP 1895 (717)

— **Die Oberrealschule u. die Schulreformfragen der Gegenwart. Vortrag, in der Festsitzg. vom 10. X. 1909 der 11. Hauptversammlg. des Vereins zur Förderg. des lateinlosen höheren Schulwesens zu Kassel geh. (40 S.) gr. 8. Leipzig 910. B. G. Teubner. — 50**

Wernicke, Alex[ander]: [Professor Dr. Karl Wilhelm Petzold, gestorben im Juli 1897.] *(Braunschweig 1898: J. Krampe.)* (21—24 S.) 4°
Braunschweig, st. OR, OP 1898 (731)

— die **Philosophie** als descriptive Wissenschaft. Eine Studie. 8. (VIII, 40 S.) Braunschweig 882. Goeritz & zu Putlitz. n. 1. —

— die **Religion** des Gewissens als Zukunftsideal. gr. 8. (XV, 127 S.) Berlin 880. C. Duncker. n. 2. 40

Wernicke, Alexander, Dr.: Die Theorie des Gegenstandes und die Lehre vom Dinge—an—sich bei Immanuel Kant. Ein Beitrag zum Verständnisse des Kritischen Systems. Braunschweig 1904: H. Sievers. (32 S.) 4°
Braunschweig, st. OR P 1904 (806)

Wernicke, Alex., die Theorie des Gegenstandes **u.** die Lehre vom Dinge-an-sich bei Immanuel Kant. Ein Beitrag zum Verständnisse des krit. Systems. (32 S.) 4. Braunschweig 904. J. H. Meyer. n. 1. —

Wernicke, *Alexander* [Dir. Prof. Dr.]: Das Unterrichtsgebäude für Physik und Chemie ...
s. **Osterloh**, M., & Wernicke, Alexander: Das Unterrichtsgebäude ...

Wernicke, Alex*ander* [Dir. Prof. Dr.]: Aus dem Verwaltungs-Berichte des Stadtmagistrats zu Braunschweig für die Zeit vom 1. Januar 1892 bis 31. März 1896. *Braunschweig, Hof-Buchdr. J. Krampe, 1897;* 8—10 S. 4.
Braunschweig, st. OR, OP 1897 (720)

— Richard **Wagner** als Erzieher. Ein Wort f. das deutsche Haus u. f. die deutsche Schule. 8. (IV, 128 S.) Langensalza 899. H. Beyer & Söhne. n. 1. —

— **Weltwirtschaft u. Nationalerziehung. Vortrag, geh. in der 2. Plenarsitzg. der 45. Versammlg. deutscher Philologen u. Schulmänner in Bremen 1899. gr. 8. (32 S.) Leipzig 900. B. G. Teubner. n. — 80**
Sonderabdruck aus: „Neue Jahrbb. f. Pädagogik".

Wernicke, Arthur, aus Magdeburg: Das **Verhältnis** von John Lacys 'The Dumb Lady, or the Farrier made Physician' zu Molières 'Le Médicin[!] malgré lui' und 'L'Amour médicin[!]'. *Halle a. S. 1903: Wischan & Wettengel.* (114 S.) 8°
Halle, Phil. Diss. v. 1903

Wernicke, C., s. Wernicke, Karl

Wernicke, Christian, s. a. Warnecke

Wernicke's, Christian, Epigramme, hrsg. v. Rud. Pechel, s. a. **Palaestra.** 71.

Christian Wernickes Epigramme. Hrsg. u. eingel. von Rudolf Pechel. Berlin: Mayer & Müller 1909. 591 S. 8°
[Ein T. erschien als Inaug.-Diss. Berlin 1908 u. d. T.: Prolegomena zu e. krit. Wernickeausgabe.]
(Palaestra. 71.)

Wernike, Chr., auserles. Gedichte, s. Bibliothek Deutscher Dichter. XIV.

— s. Fr. **Logau**, Sinngedichte.

— Uberschrifte Oder Epigrammata In acht Büchern, Nebst einem *Anhang* von etlichen Schäffer-Gedichten, Theils aus Liebe der Poësie, theils aus Haß des Müssiggangs geschrieben .... Hamburg, In Verlegung Zacharias Hertel, 1701. 8°. 8 Bll., 186 S. u. 18 S. Reg. (In Göttingen: P. 3383; auch in der Berliner Magistratsbibliothek und im British Museum.)
Anon.-Lex. IV. p. 244 (nach W. v. Maltzahn, Goedeke u. Cat. des genannten Museums).

Christian Wernickes Überschriften, nebst Opitz'ens, Tscherning's, A. Gryphius' und A. Olearius' epigrammatischen Gedichten (hrsg. von Carl Wilhelm Ramler). Leipzig, bey Weidmanns Erben und Reich. 1780. 8°. XXXII u. 437 S. (In Göttingen: P. 3383; auch in der Berliner Magistratsbibl.)
Von Ramler zugestutzte Ausgabe.

Poetischer Versuch, In einem Helden-Gedicht Und etlichen Schäffer-Gedichten, Mehrentheils aber in Uberschrifften bestehend, Als welche letztere in zehn Bücher eingetheilet, aufs neue übersehen, in vielen hundert Oertern verändert, und nebst den zwey letzten Büchern mit vielen neuen Uberschrifften hin und her vermehret sind. Mit durchgehenden Anmerckungen und Erklärungen ... Hamburg, In Verlegung Zacharias Hertel, 1704.

Goedeke *3*, 340, 33, 5. 18½ cm. 16 leaves, 422 pages, 13 leaves.

WERNICKE [oder WARNEKE], CHRISTIAN. Poetische Versuche in Ueberschriften; Wie auch in Helden- und Schäfergedichten. Neue und verbesserte Auflage [herausgegeben von J. J. BODMER]. Zürich, David Geßner, 1749. *Frontispiz*, 16 Bl. 334 S. HLd. d. Z. auf Bünden mit Rsch.

— poetische Versuche in Ueberschriften, wie auch in Helden- u. Schäfergedichten, (herausg. von J. J. Bodmer). 8. Zürich 763. Orell. 10 gr.

Wernicke, E., prakt.-jurid. Hand- u. Hülfsbuch d. ältern röm., gem. deutschen, kanon. u. preuß. Rechts, mit besond. Hinsicht auf d. preuß. Landrecht, d. Gerichts-, Depositals u. Hypotheken-Ordnung, zum Gebr. f. angeh. prakt. Juristen rc. 1. Thl. 8. (22½ B.) Hamm 829, Schulz. Thlr.

Wernicke, Erich: Mathematische Aufgaben aus dem Nachlass des Professors Hermann von Schaewen. T. 1. Marienwerder 1907: R. Kanter. (20 S.) 8° [F.]
Marienwerder, k. ev. G P 1907 (40)

Wernicke, Erich: Mathematische Aufgaben aus dem Nachlaß des Professors Hermann von Schaewen. T. 2. Marienwerder 1908: Kanter. 23 S. 8° ¶ [Forts. d. P-Beil. 1907.]
Marienwerder, k. ev. G P 1908 (42) [S 08. 528

Wernicke, Erich, die Bekämpfung der Infektionskrankheiten. Ein Rück- u. Ausblick. Rede zur Feier des Geburtstages Sr. Maj. des Kaisers u. Königs am 27. I. 1905, im Namen der königl. Akademie zu Posen geh. (19 S.) gr. 8. Posen 905. Merzbach. n. — 30

— birgt die Errichtung e. Erholungsstätte f. Tuberkulöse in d. Forst zu Unterberg e. Ansteckungsgefahr in sich? s. a. **Veröffentlichungen** d. Vereins z. Fürsorge f. kranke Arbeiter zu Posen. 5.

Birgt die Errichtung einer Erholungsstätte für Tuberkulöse in der Forst zu Unterberg eine Ansteckungsgefahr in sich? Gutachtl. Äußerung von Med.R. Prof. Dr. E[rich] **Wernicke**, Dir. d. Hyg. Inst. *Posen 1903: Merzbach.* (12 S.) 8° [F.]
Aus: Posener Tageblatt. No 239 v. 24. Mai 1903.
= [**Veröffentlichungen** d. Vereins z. Fürsorge f. kranke Arbeiter zu Posen. H. 5.]

Wernicke, E., über den biolog. Blutnachweis, s.: Festschrift, dem Aerztevereine der Kreise Birnbaum usw. gewidmet.

Wernicke, Erich (Arth. Eman.) (geb. Friedeberg in d. Neum. 20. 4. 1859): Ueber fötale Hydrocephalie in geburtshilflicher Beziehung. Berlin (1885). (48 S.) 8°
Berlin, Med. Diss. v. 9. Mai 1885

— der neueste Stand der Tuberkuloseforschung, s.a. **Veröffentlichungen des Vereins zur Fürsorge f. kranke Arbeiter in Posen.** 6.

Der neueste Stand der Tuberkuloseforschung u. daraus für d. Bekämpfung d. Tuberkulose in d. Stadt Posen sich ergebende notwend. Maßnahmen. Vortrag geh. zu Posen 1903 von Prof. E[rich] **Wernicke**, Dir. *Posen: Merzbach 1904.* (22 S.) 8° [F.]
— **Veröffentlichungen** d. Vereins z. Fürsorge f. kranke Arbeiter zu Posen. H. 6. [04. 7451]

— **Verbreitung u. Bekämpfung der Lungentuberkulose in d. Stadt Posen, s.: Festschrift zum 60. Geburtstage v. Robert Koch.**

Versuche mit Fussboden-Öl und seine Verwendung in Schulen. (Aus d. kgl. hyg. Inst. zu Posen.) Von Prof. E[rich] **Wernicke**, Dir. T. 1. *Leipzig: F. Leineweber 1903.* 8°
Aus: 'Gesundheit'. [03. 1428]

— **Versuche m. Fussboden-Oel, II. Tl., s.a. Versuche.**

Wernicke, E., über Volksernährung m. besond. Berücksicht. der Posener Verhältnisse, s.a. **Veröffentlichungen des Vereins zur Fürsorge f. kranke Arbeiter zu Posen.** 2.

Über Volksernährung mit bes. Berücks. d. Posener Verhältnisse. Vortrag geh. zu Posen 1901 von Prof. E[rich] **Wernicke**, Dir. in Posen. *Posen: J. Jolowicz 1902.* (24 S.) 8° [F.]
= **Veröffentlichungen** d. Vereins z. Fürsorge f. kranke Arbeiter zu Posen. H. 2. [03. 170]

Wernicke, Ernst, appr. Arzt aus Berlin: **Beitrag** zur Frage des Zusammenhanges zwischen Katarakt und Struma. *Freiburg i. B.: Speyer & Kaerner 1903.* (41 S.) 8°
Freiburg i. B., Med. Diss. v. 1903

Wernicke, Ernst, Beitrag zur Frage des Zusammenhanges zwischen Katarakt u. Struma. Diss. (40 S.) gr. 8. Freiburg i. B. 903. Speyer & Kaerner. n. 1. —

[Ant. u. F.] **Wernicke,** Ernst *Karl* [Dir]: *Bericht über seine Einführung als Direktor der Anstalt.* Neunkirchen '(Bez. Trier)', Druck v. C. A. Ohle, 1897; 14—15 S. 4.
Neunkirchen '(Bez. Trier)', PG, P 1897 (471)

Beschreibende Darstellung der älteren Bau- u. Kunstdenkmäler der Kreise Jerichow. Bearb. v. Ernst **Wernicke,** Oberpfarrer zu Loburg. Hrsg. v. d. Histor. Commiss. d. Prov. Sachsen. M. 134 in d. Text gedr. Abb. u. 1 Denkmäler-Kt. *Halle a. S.: O. Hendel 1898.* (XI, 437 S., 1 Kt.) 1 Bd 4. (8.)
= **Darstellung,** Beschreibende, d. älteren Bau- u. Kunstdenkmäler d. Prov. Sachsen. H 21. [98. 11985 K]

Wernicke, E[rnst], Dir.: Die **Feier** der Einweihung (des neuen Progymnasiums). *Neunkirchen (Bez. Trier) 1901: C. A. Ohle.* (S. 7—22.) 4° [Ant. u. F.]
Neunkirchen (Reg.-Bez. Trier), PG m. Engl. (RG i. E.), P 1901 (499)

Wernicke, Ernst, d. Kreise Jerichow, s.: **Darstellg.,** beschreib., d. ält. Bau- u. Kunstdenkmäler d. Prov. Sachsen, 21. Hft.

Wernicke, E(rnst), Dir.: Die höhere **Schule** in Neunkirchen während der ersten 25 Jahre ihres Bestehens. *Neunkirchen Bez. Trier 1900: C. A. Ohle.* (S. 3—17.) 4° [Ant. u. F.]
Neunkirchen (Reg.-Bez. Trier), PG, P 1900 (491)

Wernicke, Ernst, warum soll man Mitglied e. Stenographenvereins sein?, s.: Sammlung v. Vorträgen aus d. Gebiete d. Stenographie, Nr. 15.

Wernicke, Ewald *(geb. Brieg 28. 10. 1849)*: Baugeschichte der katholischen Pfarrkirche zu Schweidnitz. Breslau 1874. (33 S.) 8° *[Im Buchhandel 1874 bei Heege in Schweidnitz:]*
Breslau, Phil. Diss. v. 6. Aug. 1874

Wernicke, Ewald, Baugeschichte der katholischen Pfarrkirche zu Schweidnitz. gr. 8. (33 S.) Schweidnitz 874. Heege. n.n. — 75

— Chronik der Stadt Bunzlau von den ältesten Zeiten bis zur Gegenwart. (In ca. 12 Lfgn.) 1—5. Lfg. Lex.-8. (VI u. S. 1—218 m. eingedr. Holzschn.) Bunzlau 882. Kreuschmer. à n. — 60

Wernicke, E., Chronik der Stadt Bunzlau von den ältesten Zeiten bis zur Gegenwart. 6—10. (Schluß-)Lfg. gr. 8. (S. 219—700 m. Fcsms.) Bunzlau 883. 84. Kreuschmer. n. 6. 30 (cplt.: n. 10. —; geb. n. 12. 50)

Wernicke, Ewald, kurzgefaßte topographische Chronik der Stadt Brieg bis zum Aussterben der Piasten 1675. gr. 8. (32 S.) Brieg 879. Lebek & Weigmann. n. — 60

— Gröditzberg. Geschichte u. Beschreibung der Burg, Ortsnachrichten aus der Umgegend. Mit 5 Illustr. 8. (VI, 89 S.) Ebend. 880. n. 1. —

— Gröditzberg. Geschichte u. Beschreibg. der Burg, Ortsnachrichten aus der Umgegend. Mit 5 Illustr. v. der Burg, nebst 1 Skizze d. gesammten Burgterrains u. 1 Uebersichtskarte der nächsten Umgebg. 2. Aufl. 8. (IV, 82 S.) Ebend. 884. n. 1. —

Wernicke, Ewald, Gröditzberg. Geschichte u. Beschreibg. d. Burg, Ortsnachrichten üb. d. näh. Umgebg. M. 5 Illustr. v. d. Burg, nebst 1 Skizze d. ges. Burgterrains u. 1 Uebersichtskarte d. nächsten Umgebg. 3. Aufl. 8. (VIII, 68 S.) Bunzlau 897. G. Kreuschmer. n. 1. —

E. WERNICKE, Die St. Catharinen-Kirche zu Brandenburg a. d. H. Nebst ihren Alterthümern und Denkmälern. Brandenburg a. d. H. 1876. J. Wiesike. 8°.

Wernicke, E., die St. Catharinen-Kirche zu Brandenburg a/d. H. nebst ihren Alterthümern u. Denkmälern. Lex.-8. (III, 36 S.) Brandenburg 877. Wiesike. n. 1. 25

Ruine Talkenstein und die Herren von Talkenberg in Schlesien und in der Oberlausitz. Von Dr. Ewald Wernicke, Steglitz-Berlin: Mit 2 Abb., Stammtaf. u. Reg. Görlitz: Starke in Komm. 1908. 80 S. 8° [Umschlagt.]
[Aus: Vierteljahrsschrift f. Wappen-, Siegel- u. Familienkunde.]

Wernicke, F., Christus, der Universalmagnet der menschl. Geisteswelt. Predigt am Missionsfest zu Derenburg den 6. VI. 1909. (11 S.) gr. 8. Halberstadt (909). J. Schimmelburg. nn — 25

Wernicke, Luther u. die Schwarmgeister, s.: Vorträge, 5, geh. zur Vorbereitung der Lutherfeier in Görlitz.

Wernicke, F., Predigt geh. am Pfingstsonntage 1878 in der Frauenkirche zu Görlitz. gr. 8. (13 S.) Görlitz 878. Remer. n. — 15

Wernicke, F., Predigten. gr. 8. (III, 154 S.) Görlitz 884. Remer. n. 2. —; geb. n.n. 2. 50

Wernicke, F., die Todtenfeier des Geistes. Predigt am Todtenfeste 1871 gehalten. gr. 8. (10 S.) Görlitz 871, Tzschaschel. *

—— Wer verdient ein Protestant zu heißen? Predigt am Reformationsfeste 1871 gehalten. gr. 8. (12 S.) Görlitz 871, Remer. *

***Wernicke*, F. A., s. *Tryphiodorus*.**

Wernicke, Frdr., Chronik des Dorfes Altenplathow. (IX, 118 S. m. 1 Textbildnis u. 16 Taf.) 8. München 904. F. Bruckmann. Geb. in Leinw. 6. —

Die Fabrikation der feuerfesten Steine. Von Friedrich **Wernicke**. Berlin: J. Springer 1905. (VI, 107 S.) 8° [05. 18107

Wernicke, Friedrich Alexander, s. Wernicke, Alexander

Wernicke, Frid. Aug.: Excerpta ex commentario in Tryphiodori versum 1-63. Berolini 1817. (48 S.) 8°
Berlin, Phil. Diss.
nachgeliefert von d. am 29. Juli 1815 geprüften Verf.
[Das Diplom ist datiert vom 16. Dez. 1817.]

Wernicke, Georg, Oberarzt im Grenadier-Reg. König Wilhelm I. (2. Westpreuß.) Nr. 7, kommandiert zur Kgl. Universitäts-Augenklinik Breslau: Aus der Kgl. Universitäts-Augenklinik zu Breslau. Klinische und experimentelle Beiträge zur operativen Behandlung der Netzhautablösung. Stuttgart 1900: Hoffmann. (33 S.) 8°
Breslau, Med. Fak., Ref. Uhthoff, Diss. v. 19. Febr. 1900
[Geb. 10. Sept. 74 Fischbach im Riesengebirge; Wohnort: Breslau; Staatsangeh.: Preußen; Vorbildung: Gymn. Schweidnitz Reife M. 95; Studium: Berlin Kaiser Wilh.-Akad. 9 S.; Coll. 21. Dez. 05; Approb. 6. Aug. 01.]

Wernicke, Gust., elektrotechnische Messungen u. Messinstrumente, s.a. Elektrotechnik in Einzeldarstellungen. 13. Heft.

Elektrotechnische Messungen und Messinstrumente. Von Gustav **Wernicke**. Mit 92 Abb. Braunschweig: Vieweg 1909. VIII, 138 S. 8°
(Elektrotechnik in Einzeldarstellungen. H. 13.) [09. 10512 7

Wernicke, H., die Projektierung u. Ausführg. elektrischer Licht- u. Kraftanlagen, s.: Handbuch der Starkstromtechnik. II.

Wernicke, Heinr., Verzeichniß der Wortsigel und Monogramme sowie diejenigen deutschen Wörter, deren Ableitung zweifelhaft oder verdunkelt ist. Für Anfänger im Schreiben aus Stolze's Lehrgang der deutschen Stenographie ausgezogen und unter Bezugnahme auf die „Anleitung". von Stolze und unter besonderer Kennzeichnung der Affixe nach der Ordnung des deutschen Alphabetes zusammengestellt. 1. Heft. 2. Aufl. und 2. Heft. 8. (à Heft 16 lithogr. S.) Breslau 862, Gosohorsky's Buchh. à Heft * 4 Ngr.

Wernicke, Herm., Anleitung zur deutschen Normalpräparation v. Schmetterlingen. gr. 8. (16 S. m. Abb.) Blasewitz-Dresden 899. (Berlin, W. Junk) 2. 80; ermässigter Preis n. 1. 40

⑧ **Wernicke,** H., Anleitung zu deut. Normalpräparation v. Schmetterlingen. 899. (KBL 32.) Jetzt: Leipzig, Th. O. Weigel.

Wernicke, Herm. Die Welterklärung. Philadelphia 1881.

Albumblatt für Violine und Pianoforte komp. von Hugo **Wernicke**. Danzig: H. Lau [1906]. (3 S.) 4° [06. 5799 10

Wernicke, Hugo, deutsch-evangel. Volkstum in Espirito Santo. Eine Reise zu deutschen Kaffeebauern in e. trop. Staate Brasiliens. (144 S. m. 77 Abbildgn.) 8. Potsdam 910. Stiftungsverlag. 2.—; geb. 3. —

Weihnacht. Paraphrase über 2 Weihnachtslieder f. Violine u. Pianoforte (Violine II ad lib.) comp. von Hugo **Wernicke**. Danzig: H. Lau [1906]. (5 S., 2 Bl.) 4° [07. 2355 10

Wernicke, J. A., s. Wernicke, Julius Emil

Wernicken, J. C. L., s. Wernicke, Johann Chr. Ludwig

Wernicke, J. F. A., Verzeichn. d. Studirenden auf d. königl. Universität zu Berlin, von Michaelis 1821 bis Ostern 1824. gr. 8. Berl. 824. (Nauck.) 8 gGr.

— 17. Verzeichniß der Studirenden in Berlin, v. Michaelis 1829 bis Ostern 1830. gr. 8. Berl. 830. (Nauck.) 5 gGr.

Wernicke, Jh. Chr. Ldw., († d. ... März 1796.) histor.-statist.-polit. Abhandl. von d. Seezöllen d. Stadt Danzig. 4. Berl. 783. Müller. 6 gGr.

— geistl. u. weltl. Gedanken in d. Einsamkeit. 8. Nürnb. 770. Monath u. K. 5 gGr.

Die wirtschaftliche und soziale Bedeutung der Warenhäuser in der modernen Volkswirtschaft. Von Dr. J[ohannes] **Wernicke**. Berlin. *Berlin: L. Düringshofen 1904.* (24 S.) 8° [F.] [04. 11091

Wernicke, J., der Kampf um den wirtschaftl. Fortschritt. Ein kritisch-histor. Beitrag. (X, 138 S.) gr. 8. Jena 910. G. Fischer. 3. 50

Kapitalismus und Mittelstandspolitik. Von Dr. J[ohannes] **Wernicke**. Jena: G. Fischer 1907. (VIII, 1009 S.) 8° [07. 4358

Wernicke, Johannes: Kleinhandel, Konsumvereine und Warenhäuser. Jena 1897.

— Der Mittelstand u. seine wirtschaftl. Lage, s.a. Wissenschaft u. Bildung.

Der Mittelstand und seine wirtschaftliche Lage von Dr. J[ohannes] **Wernicke**, Syndikus. Leipzig: Quelle & Meyer 1909. (118 S.) 8° [F.]
= **Wissenschaft** u. Bildung. 56. [08. 15705

Die Mühlen-Industrie. Von J. **Wernicke**. *Berlin: (Handelsvertragsver.) 1901.* (38 S.) 8°
= Interessen d. deutschen Industrie and. Handelsverträgen. H. 4. [01. 9653 8

Die Sonder-Umsatzsteuern im Lichte der Gewerbefreiheit und Gewerbeordnung, sowie der allgemeinen Rechts- u. Steuerprinzipien. Von Dr. J(ohannes) **Wernicke**. *Berlin: J. Guttentag 1902.* (IV, 63 S.) 8° [F.] [02. 13129

Wernicke, Johs., System d. nationalen Schutzpolitik nach Außen. Nation. Handels- (insbes. auch Getreide-), Kolonial-, Währungs-, Geld- u. Arbeiter-Schutz-Politik. E. Handbuch f. d. Gebildeten aller Stände. gr. 8. (VIII, 332 S.) Jena 896. G. Fischer. n. 6. —

— Umsatzsteuer u. Konsumvereine, s.a. Streit- u. Zeitfragen, genossenschaftl.

Umsatzsteuer und Konsumvereine. Von Dr. Johannes Wernicke, Sekr. d. Allg. Verbandes d. deutschen Erwerbs- u. Wirthschaftsgenossenschaften. Berlin: J. Guttentag 1898. (44 S.) 8°
(Zeit- u. Streitfragen, Genossenschaftliche. H. 3.)

Wernicke, Johannes [aus Stendal i./A.]: Das Verhältnis zwischen Geborenen und Gestorbenen in historischer Entwickelung und für die Gegenwart in Stadt und Land. . . . Halle a. S., G. Pätz'sche Buchdr. (Lippert & Co.), Naumburg a/S., 1889; 3 Bl. + 32 S. 8°
Halle, Phil. Fak., Inaug.-Diss. v. 13. Jul. 1889.

Wernicke, J., das Verhältniss zwischen Geborenen u. Gestorbenen, s.a. Sammlung nationalökonom. u. statist. Abhandlungen d. staatswissenschaftl. Seminars zu Halle a/S.

Wernicke, Johs, Das Verhältniss zwischen Geborenen u. Gestorbenen in historischer Entwickelung für die Gegenwart in Stadt u. Land. Jena 1889. gr. 8.
A. u. d. T.: Samml. nat.-ök. u. stat. Abhh. Bd. 6. H. 1. . . . . (II)

— Wandlungen u. neue Interessen-Organisationen im Detailhandel. (59 S.) gr. 8. Berlin 908. Herm. Walther. — 80

— **d. objektive Wert u. Preis.** Grundlegg. e. realen Wert- u. Preistheorie. gr. 8. (116 S.) Jena 896. G. Fischer. n. 2. 40

Wernicke, Johannes Conrad, s. Wernicke, Konrad

Wernicke, Julius Emil

Wernicke, Jul. E., über d. griech. Accent für Schulen bearbeitet. gr. 8. Berl. 826. (Voß). 12 gr

Wernicke, Jul. E., allgem. Andeutungen bei Lesung Homers. Zum Schulgebr. 8. (11 B.) Berlin 831, Hold.

— Anweisung, kurze, zur Metrik mit besondere Rücksicht auf Sophokles. Für Schulen bearbeitet. gr. 8. Thorn 826. Lehmann.

—— über d. Bedeutung u. Wichtigkeit der am 27. Decbr. 1831 zu begeh. Festfeier, der vor 600 Jahren erfolgten Gründung d. Stadt Thorn. Progr. gr. 4. (1½ B.) Berlin 832, (Hold.)

Wernicke, J. Aem. De elocutione Taciti. 35 S. . . . .

Thorn, Progr. 1829

Wernicke, J. A., de elocutione Taciti Spec. I. 8. (7½ B.) Thoruni 830. (Brombergae, Hirschberg.)

Wernicke, **Dr. J. A.**, de elocutione Taciti Specimen I. 8. Thorn 830. (Bromb., Müller). 8 gr

Wernicke, Jul. Emil, Geschichte Thorns aus Urkunden, Dokumenten u. Handschriften bearb. 2 Bde., die Jahre 1230—1810 umfassend. 8. (61¾ B. u. 4 Taf. Abbild.) Thorn 842, (Lambeck.)*

Wernicke, J. A. E. Italien im Verhältniß zur Natur und der Geschichte der Menschen. 48 S. . . . .

Thorn, Progr. 1843

—— Italien im Verhältniß z. Natur u. der Geschichte des Menschen. 4. (6 B.) Thorn 843, (Lambeck.) *

Wernicke, J. A. Lineamenta artis latine scribendi, exemplis illustr. Scriptio I., de lectione et exercitatione. 14 S. .

Progr. Thorn 1833

Wernicke, J. E., Priapeia, s. Priapeia.

Wernicke, J. E., die Insel Rugen. Ein Fuhrer fur Reisende. Mit Berucksichtigung der merkwürdigsten Ereignisse der Vorzeit u. Gegenwart. Nebst 1 (lith.) Wegekarte (in 4.). Berlin 863. Schropp. 16. (12 S.) n. 10 ngr

Wernicke, J. E.: Die Thorner Schützengilde seit ihrem Entstehen bis zur Gegenwart. Eine Denkschrift zur Feier des 500jährigen Jubiläums in den Tagen des 6. bis 8. August 1854. Thorn, Ernst Lambeck, 1854. 2692

Wernicke, J. Aem. Sisenniana, s. L. Corn. Sisennae rer. Rom. scriptoris vita et quae supersunt oper. fragmenta. 51 S.

Thorn, Progr. 1839

Wernicke, Karl

Wernicke, Carl (Hrsg.), s. Abhandlungen, Psychiatrische.

— **s.: Arbeiten aus d. psychiatr. Klinik in Breslau.**

— Atlas des Gehirns. Schnitte durch d. menschl. Gehirn in photograph. Originalen, hrsg. m. Unterstützg. d. kgl. Akademie d. Wissenschaften in Berlin. 1. Abtlg. 32 Frontalschnitte durch e. Grosshirnhemisphäre, hrsg. u. erläut. v. Ernst Hahn u. Heinr. Sachs. gr. 4. (37 S. m. 32 Photogr. u. 33 Erläuterungstaf.) Breslau 897. (Schletter.) In Leinw-Mappe n. 75. —

Wernicke, Carl, Atlas des Gehirns. Schnitte durch das menschl. Gehirn in photograph. Originalen, hrsg. m. Unterstützg. der königl. Akademie der Wissenschaften in Berlin. 2. Abtlg. 20 Horizontalschnitte durch e. Grosshirnhemisphäre, hergestellt u. erläutert v. Paul Schröder. gr. 4. (30 S. m. 1 Taf. u. 20 Photogr. m. 20 Erläuterungstaf. in qu. Fol.) Breslau 900. Psychiatr. Klinik. In Leinw.-Mappe n.n. 75. —

Wernicke, Carl, Atlas des Gehirns. Schnitte durch das menschl. Gehirn in photograph. Originalen, hrsg. m. Unterstützg. der kgl. Akademie d. Wissenschaften in Berlin. 3. Abtlg. 21 Sagittalschnitte durch e. Grosshirnhemisphäre, hergestellt u. erläutert von Otfr. Foerster. (21 Taf. m. je 1 Bl. Erklärgn.) 26,5 ×43 cm. Mit Text. (III, 33 S. m. 2 Fig.) 33,5×26,5 cm. Breslau 903. (Berlin, S. Karger.) In Leinw.-Mappe nn 75.— (I—III zusammen: nn 200.—)

Wernicke, C., gesammelte Aufsätze u. kritische Referate zur Pathologie d. Nervensystems. gr. 8. (X, 326 S. m. 19 Abbildgn.) Berlin 893. Fischer's medicin. Buchh. n. 8. —

Wernicke, Karl, die Elektrizität im Haushalt, s.: Lehrmeister-Bibliothek.

Wernicke, C.[arl] [illegible] Erkrankung der inneren Kapsel. Ein Beitrag zur Diagnose der Heerderkrankungen. Breslau 1875. 24 S. 8

[illegible]

Wernicke, C. (H.), Erkrankung der inneren Kapsel. Ein Beitrag zur Diagnose der Heerderkrankungen. gr. 8. (24 S.) Breslau 875, [Cohn und Weigert.] Buchh. der Schlesischen Presse. *

Wernicke, E., die Geschichte der Welt zunächst für das weibliche Geschlecht bearbeitet. 3 Thle. Berlin, A. Duncker. Lex.-8. n. 8 ℛ. 10 ngr.

1. Thl. Die Geschichte des Alterthums. 853. (VIII, 703 S.) n. 2 ℛ. 24 ngr. — 2. verb. Aufl. 858. (VI, 756 S.) n. 2 ℛ.
2. Thl. Die Geschichte des Mittelalters. 854. (IV, 851 S.) n. 3 ℛ.
3. Thl. Die Geschichte der Neuzeit. (2 Abthlgn.) 855, 57. (VII, 512; VII, 792 S.) n. 3 ℛ. 10 ngr.

Wernicke, E., die Geschichte der Welt. 2., verm. und verb. Aufl. 5 Bde. Lex.-8. Berlin 858—62, A. Duncker. *

Inhalt:

Bd. 1. Die Geschichte des Alterthums. (VIII und 756 S.) * 2 Thlr.
„ 2. Die Geschichte des Mittelalters. (VI und 906 S.) * 2 Thlr.
„ 3. Die Geschichte der Neuzeit. 1. Abthl. (VIII und 612 S.) * 1 Thlr. 10 Ngr.
„ 4. Die Geschichte der Neuzeit. 2. Abthl. (VII und 480 S.) * 1 Thlr. 10 Ngr.
„ 5. Die Geschichte der Neuzeit. 3. Abthl. (VII und 648 S.) * 1 Thlr. 10 Ngr.

Wernicke, E., die Geschichte der Welt. Berlin, A. Duncker. Lex. 8.

1. Thl.: Die Geschichte des Alterthums. 3. verm. u. verb. Aufl. 863. (VIII, 880 S.) n. 2 ℛ
2. Thl.: Die Geschichte des Mittelalters. 2. Aufl. 859. (VI, 906 S.) n. 2 ℛ — 3. verm. u. verb. Aufl. 864. (VIII, 959 S.) n. 2 ℛ 10 ngr.
3. Thl.: Die Geschichte der Neuzeit. 1. Abth. 2. Aufl. 860. n. 1 ℛ 10 ngr. — 3. verm. u. verb. Aufl. 865. (VIII, 613 S.) n. 1 ℛ 20 ngr.
4. Thl.: Die Geschichte der Neuzeit. 2. Abth. 2. Aufl. 862. (VII, 480 S.) n. 1 ℛ 10 ngr.
5. Thl.: Die Geschichte der Neuzeit. 3. Abth. 862. (VII, 618 S.) n. 1 ℛ 10 ngr.

Wernicke, E., die Geschichte der **Welt.** 3., verm. u. verb. Aufl. 4. u. 5. Thl. Die Geschichte der Neuzeit. 2. u. 3. Abthlg. Berlin, A. Duncker. Lex.-8. [2. Abthl. (VI, 555 S.) 866. n. 1 ℛ 10 ngr., 3. Abthl. (VIII, 784 S.) 866. n. 1 ℛ 20 ngr.] n. 3 ℛ

Wernicke, C., die Geschichte der Welt. 2—5. Thl. 4. verm. u. verb. Aufl. gr. 8. Berlin 871. 72. Gebr. Paetel. n. 21. 50
II. Die Geschichte d. Mittelalters. (VIII, 811 S.) n. 7. —
III. Die Geschichte der Neuzeit. 1. Abth. (VIII, 572 S.) n. 5. —
IV. — dasselbe. 2 Abth. (VI, 562 S.) n. 5. —
V. Die Geschichte der neuesten Zeit. 1. Abth. (IV, 492 S.) n. 4. 50

— dasselbe. 5. Aufl. 6 Bde. Lex.-8. Ebend. 875. n. 36. —; geb. n. 45.
1. Die Geschichte d. Alterthums. (VIII, 728 S.) n. 7.
2. Die Geschichte d. Mittelalters. (VIII, 811 S.) n. 8.
3. u. 4. Die Geschichte der Neuzeit. 2 Abtheilgn. (VIII, 572 u. VII, 562 S.) à n. 5.
5. Die Geschichte der neuesten Zeit. 1. Abth. (492 S.) n. 5.
6. Die Geschichte der neuesten Zeit. 2. Abth. (631 S.) n. 6.

Wernicke, C., die Geschichte der Welt. 6., bis zum Jahre 1871 fortgeführte Aufl. 1—6. Thl. Lex.-8. Berlin 878—81. Paetel. n. 36. —
1. Die Geschichte des Alterthums. (VIII, 728 S.) n. 7. —
2. Die Geschichte des Mittelalters. (VIII, 811 S.) n. 8. —
3. 4. Die Geschichte der Neuzeit. 1. u. 2. Abth. (VIII, 572 u. VIII, 562 S.) à n. 6. —; geb. à n. 7. —
5. 6. Die Geschichte der neuesten Zeit. Durchgesehen u. fortgesetzt von W. Pierson. 2 Abthlgn. (VII, 507 u. V, 713 S.) n. 11. —; geb. n. 15. —

Wernicke, C., die Geschichte der Welt. 7. Aufl. II. Thl. u. III. Thl. 1. Abth. gr. 8. Berlin 891 Gebr Paetel. n. 13. —; geb. in Halbfrz. n. 17. — (1—III, 1.: n. 2?. —; geb. n. 28. —)
II. Die Geschichte des Mittelalters (VII, 811 S.) n. 8. —; geb n. 10. —
III, 1. Die Geschichte der Neuzeit. 1. Abth. (VIII, 572 S.) n. 5. —; geb. n. 7. —

Wernicke, C, die Geschichte d. Welt. 4. Thl. D. Geschichte d. Neuzeit. 2. Abth. 7. Aufl. gr. 8. (VII, 562 S.) Berlin 898. Gebr. Paetel. n. 6. —; geb. in Halbfrz. n. 7. —

— Grundriss der Psychiatrie in klinischen Vorlesungen. 1. Thl. Psycho-physiolog. Einleitg. gr. 8. (III, 80 S.) Leipzig 894. G. Thieme. n. 1. 60

— Grundriss der Psychiatrie in klin. Vorlesgn. 2. Thl. Die paranoischen Zustände. gr. 8. (S. 81—178.) Leipzig 896. G. Thieme. n. 1. 60

Wernicke, Carl, Grundriss d. Psychiatrie in klinischen Vorlesungen. 3. Thl. gr. 8. (VII u. S. 177—576.) Leipzig 900. G. Thieme. Subskr.-Pr. n. 10. 80; (kplt. n. 14. —; geb. n. 15. 20)

Grundriss der Psychiatrie in klinischen Vorlesungen von Carl Wernicke. 2. rev. Aufl. Mit e. Bildn. d. Verf. (Hrsg.: H[ugo] Liepmann.) Leipzig: G. Thieme 1906. (VIII, 556 S.) 4°(8°)

— Die Isoliermittel d. Elektrotechnik, s. a. Elektrotechnik in Einzeldarstellungen. 10.

Die Isoliermittel der Elektrotechnik von Karl Wernicke. Mit 60 Abb. Braunschweig: F. Vieweg & Sohn 1908. (IX, 184 S.) 8°
→ Elektrotechnik in Einzeldarstellungen. H. 10.

— über die Klassifikation der Psychosen, s. a. Abhandlungen, psychiatrische. 12.

Über die Klassifikation der Psychosen. Nach einem in d. Medizin. Section d. Vaterländ. Gesellsch. zu Breslau geh. Vortr. von Dr. Carl Wernicke, Prof. in Breslau. Breslau: Schletter 1898. (16 S.) 8°
(Abhandlungen, Psychiatrische. H. 12.)

Krankenvorstellungen aus der Psychiatrischen Klinik in Breslau von Dr. Carl Wernicke, Prof. in Breslau. [H. 1.] Breslau: Schletter 1899. 8°
(Abhandlungen, Psychiatrische. H. 10/11.)

— Krankenvorstellungen aus der psychiatrischen Klinik in Breslau. 3. Hft. gr. 8. (111 S.) Breslau 900. Schletter. n. 2. —
Hft. 1 u. 2, s.: Abhandlungen, psychiatr.

Wernicke, C. (II.), Lehrbuch der Gehirnkrankheiten für Aerzte und Studirende. 3 Bde. gr. 8. [Kassel, Fischer.] Leipzig, G. Thieme. [1. Bd. (V, 371 S. mit 96 eingedr. Holzschn.-Abbild.) 881. *M 12.; geb. *M 14.; 2. Bd. (XXXVIII, S. 1—251.) 882. *M 9.; geb. *M 11.; 3. Bd. (IV, S. 252—572.) 883. *M 10.; geb. *M 12.] * geb. *

Wernicke, C., Lehrbuch der Weltgeschichte für höhere Töchterschulen. 1. Aufl. (X und 236 S.) 1849. 22½ Ngr. und 2., verb. und verm. Aufl. gr. 12. (VIII und 208 S.) Berlin 851, Nauck'sche Buchh. *

— Lehrbuch der Weltgeschichte für höhere Töchterschulen. 3. bericht. Aufl. 853. (VIII, 210 S.) n. 20 ngr. — 5. Aufl. 857. (VIII, 224 S.) n. 22½ ngr. — 6. sehr verm. Aufl. Berlin 858. Nauck'sche Buchhdlg. gr. 8. (VIII, 224 S.) n. 24 ngr.

—— Lehrbuch der Weltgeschichte für höhere Töchterschulen. 5. Aufl. 1857. * 22½ Ngr. und 6., sehr verm. Aufl. gr. 8. (VIII und 224 S.) Berlin 858, Nauck'sche Buchh. *

—— Lehrbuch der Weltgeschichte für höhere Töchterschulen. 9.—12., verb. Aufl. gr. 8. (X und 266 S.) Berlin 863—66, Nauck'sche Buchh. *

—— Lehrbuch der Weltgeschichte für höhere Töchterschulen. 13.—16. verm. und verb. Aufl. gr. 8. (X, 278 S.) Berlin 869—72, Nauck'sche Buchh. [Leipzig, Fernau.] *M 2,40.; geb. **

—— Lehrbuch der Weltgeschichte für höhere Töchterschulen. 17.—22. durchgeseh. und vervollständ. Aufl. Hrsg. von G. Bornhak. gr. 8. (IV, 296 S.) Berlin 874—78, Nauck und Comp. *M 2,40.; geb. **
—— dass. — Mit einem Anhang: Lehrbuch der brandenburgisch-preuß. Geschichte, hrsg. von G. Bornhak. gr. 8. (IV, 296 und 100 S.) Ebendas. 878. *M 3.; geb. **

— Lehrbuch der Weltgeschichte für höhere Töchterschulen. 24, durchgeseh. u. vervollständ. Aufl. Mit einem Anhang: Lehrbuch der brandenburgisch-preussischen Geschichte, hrsg. von G. Bornhak. gr. 8. (IV, 296 u. Anhang 104 S.) Berlin 880. Leipzig 881. Fernau in Comm. n. 3. —; geb. n.n. 3. 30; ohne Anhang n. 2. 40; geb. n.n. 2. 65

Wernicke, C., Lehrbuch der Weltgeschichte f. höhere Töchterschulen. 27. Aufl. Mit der 26. v. Bornhak bearb. Aufl. gleichlautend. Mit e. Anh.: Lehrbuch der brandenburgisch-preuß. Geschichte bearb. v. G. Bornhak. gr. 8. (IV, 312 u. Anh 106 S.) Berlin 886. (Nauck & Co.) n. 3. —; ohne Anh. n. 2. 40

— Lehrbuch der Weltgeschichte f. höhere Töchterschulen. 28. Aufl., neu bearb. v. W. Zellmer. Mit e. Anh.: Lehrbuch der brandenburgisch-preuß. Geschichte v. W. Zellmer. gr. 8. (XI, 274 u. Anh. 96 S.) Berlin 889. (Nauck & Co.) n. 3. —; ohne Anh. n. 2. 40

Wernicke, C. Lehrbuch der Weltgeschichte f. höhere Töchterschulen. 29. Aufl., neu bearb. von W. Zellmer. Mit e. Anh.: Lehrbuch der brandenburgisch-preuß. Geschichte v. W. Zellmer. gr. 8. (XI, 276 u. Anh. 96 S.) Berl. 891, (Nauck u. Comp.) * 3 —; ohne Anh. * 2 40

— Lehrbuch der Weltgeschichte f. höhere Töchterschulen. 30. Aufl., neu bearb. v. W. Zellmer. Mit e. Anh.: Lehrbuch der brandenburgisch-preuß. Geschichte v. W. Zellmer. gr. 8. (XIV, 288 u. 100 S. m. 3 farb. Karten.) Berlin 894. (A. Nauck & Co.) Geb. in Leinw. n. 3. 60; Ausg. ohne Anh., m. 2 Karten n. 3. —

Lehrbuch der Weltgeschichte für höhere Töchterschulen von Prof. Dr. C[arl] **Wernicke**, neu bearb. von Prof. Dr. W[ilhelm] Zellmer. 33. Aufl. Mit 2 Karten. Mit e. Anh.: Lehrbuch d. brandenb.-preuß. Geschichte. Von Prof. Dr. W[ilhelm] Zellmer. (5. Aufl.) Berlin: A. Nauck & Co. in Komm. 1904. (XVI, 292, 100 S.) 8° [F.] [06. 1010

—— **Leitfaden** für die biographische Vorstufe des Geschichtsunterrichts. gr. 8. (IV und 115 S.) Berlin 867, C. Duncker. *

—— **Leitfaden für die biographische Vorstufe des Geschichtsunterrichts. 2. Aufl. 1870, und 3. Aufl. Durchgesehen und fortgesetzt von F. Wagner. gr. 8. (VIII, 114 S.) Berlin 874, C. Duncker's Verlag. [Altenburg, Pierer.]** *

—— Leitfaden für die biographische Vorstufe des Geschichtsunterrichts. 4. Aufl. gr. 8. (VIII, 120 S.) Berlin 876, C. Duncker. *

—— dass. — 5. Aufl. Durchgesehen und fortgesetzt von F. Wagner. (VIII, 115 S.) 1877; 6. Aufl. gr. 8. (VIII, 116 S.) Altenburg 878, Pierer. *

— Leitfaden für die biographische Vorstufe des Geschichtsunterrichts. 7. Aufl. Durchgesehen u. fortgesetzt von F. Wagner. gr. 8. (VIII, 114 S.) Altenburg 880. Pierer. n. 1. —

—— **Leitfaden für die biographische Vorstufe des Geschichtsunterrichts. 9. und 10. Aufl.** Besorgt von Konr. Wernicke. gr. 8. (VIII, 116 S.) Altenburg 885,87, Pierer. *

— Leitfaden f. die biographische Vorstufe d. Geschichtsunterrichts. 11. Aufl. Besorgt v. K. Wernicke. gr. 8. (VIII, 116 S.) Altenburg 889. Pierer. n. 1. —

—— Leitfaden f. die biographische Vorstufe d. Geschichtsunterrichts. 12. Aufl. Besorgt v. Konr. Wernicke. gr. 8. (VIII, 116 S.) Altenb. 892, H. A. Pierer. * 1 —

— Leitfaden f. die biographische Vorstufe des Geschichtsunterrichts. 13. unveränd. Aufl. Besorgt v. Konr. Wernicke. gr. 8. (VIII, 116 S.) Altenburg 894. H. A. Pierer. n. 1. —

— **Leitfaden für die biographische Vorstufe d. Geschichtsunterrichts. 14. Aufl. Hrsg. u. fortgef. v. Konr. Wernicke. gr. 8. (VIII, 120 S.) Altenburg 898. H. A. Pierer.** n. 1. —

— **Leitfaden f. die biographische Vorstufe des Geschichtsunterrichts, fortgeführt v. Frdr. Wagner u. Konr. Wernicke. 15., verb. Aufl., besorgt v. Hans Flemming. (IV, 127 S.) gr. 8. Altenburg 903. H. A. Pierer. n. 1. —**

— s.: Monatsschrift f. Psychiatrie u. Neurologie.

— Die Projektierung u. Ausführung elektr. Licht- u. Kraftanlagen, s.: Handbuch der Starkstromtechnik. II.

—— über den wissenschaftlichen Standpunkt in der Psychiatrie. Ein Vortrag, gehalten in der zweiten allgemeinen Sitzung der 53. Versammlung deutscher Naturforscher und Aerzte in Danzig. gr. 8. (22 S. mit 1 Stnt.) Kassel 880, Fischer. *

Wernicke, C. (II.), der aphasische Symptomencomplex. Eine psycholog. Studie auf anatom. Basis. gr. 8. (72 S.) Breslau 874, Cohn und Weigert. *

Wernicke, C[arl] *[geb. Tarnowitz 15.5.1848]*: Thesen. Breslau [1870]. (1 Bl.) 2°
Breslau, Med. Thesen v. [20 Juli 1870]

Beleuchtung der Angriffe der Evangel. Kirchenzeitung gegen den Freimaurer-Orden und den Eintritt evangelischer Geistlichen in denselben von einem Freimaurer [d. i. Karl Theod. Aug. Wernicke]. Hrsg. mit Genehmigung der Grossen Landesloge von Deutschland. Berlin: Nauck 1854. 78 S. 8°

[Dasselbe.] 2. Abdr. Ebendas. 1854. 78 S. 8°
Tt. 1836—1837.

Freimaurerei und Christenthum. Letztes Wort über die Angriffe des Prof. Dr. [Ernst Wilh. v.] Hengstenberg gegen den Freimaurer-Orden, vom Verf. der „Beleuchtung der Angriffe der Evang. Kirchenzeitung usw." [d. i. Karl Theod. Aug. Wernicke]. Hrsg. mit Genehmigung der Grossen Landesloge der Freimaurer von Deutschland, mit einem Vorw. von [Karl Friedr.] v. Selasinsky. Berlin: Nauck 1854. XXXII, 112 S. 8°
Tt. 1557.

Wernicke, Karl Wilhelm, s. Wernicke, Wilhelm

Wernicke, Konr., antike Denkmäler zur griechischen Götterlehre, s: Müller, C. O.

Wernicke, (Iohannes) Conr. (geb. Berlin 17. 4. 1862): De Pausaniae Periegetae studiis Herodoteis. Berolini (1884). (32 S.) 8°
Berlin, Phil. Diss. v. 15. März 1884

Wernicke, Conr., de Pausaniae periegetae studiis Herodoteis. gr. 8. (116 S.) Berlin 884. Weidmann. n. 2. —

Wernicke, Konr., ein Tag aus d. goldenen Kinderzeit, s.: Möller, Fritz.

Wernicke, Konrad [Dr.]: Die griechischen Vasen mit Lieblingsnamen. Erster Teil. . . . Halle a. S., Druck v. Georg Reimer in Berlin. 1889; 1 Bl. + 54 S. 8°
Halle, Phil. Fak., Hab.-Schr. v. 24. Okt. 1889.

Wernicke, Konr. Die griechischen Vasen mit Lieblingsnamen. Eine archäolog. Studie. gr. 8. (VII, 143 S.) Berl. 890, G. Reimer. * 4 —

[F.] Des Volkes Ende. Histor. Schauspiel in 5 Aufz. aus Preussens Vorzeit v. Marie Wernicke. *(Berlin: Gedr. v. A. Methner [1897].)* (64 S.) 1 Bd 8. [97. 10.3

Wernicke, Marie, d. weiße Frau, s. a Für Jugend u. Volk.

[F.] Die weisse Frau. Histor. Erzählg aus d. Zeit Johann Georgs v. Brandenburg v. Marie Wernicke. *Berlin: Hilfsver. deutscher Lehrer 1896.* (140 S.) 1 Bd 8.
— Jugend, Für, u. Volk. Bd 1. [96. 327

Wernicke, Marie, fünf Gedichte, s.: Kewitsch, Thdr.

Wernicke, M., Gouvernantenlieder. gr. 16. (95 S.) Berlin 876, [Wedekind und Schwieger.] Neufeld. *

Wernicke, Marie, Poesie u. Prosa. Dichtungen. (IV, 142 S.) 8. Dresden 904. E. Pierson. n. 1. —; geb. n. 2. —

Wernicke, Otto: Aus d. Kgl. Poliklinik f. Nervenkranke zu Breslau. Über die 'hereditäre Ataxie' Friedreichs und die 'Hérédoataxie cérébelleuse' P. Maries im Anschluß an zwei in der Kgl. Nervenpoliklinik zu Breslau beobachtete Fälle. *Breslau 1903: Bresl. Genoss.-Buchdr.* (19 S.) 8°
Breslau, Med. Diss. v. 14. Nov. 1903

Wernicke, Paul, Professor of Modern Languages am State College of Kentucky zu Lexington, Kentucky, U. S. A.: Ueber die Analysis situs mehrdimensionaler Räume. Göttingen 1904: Dieterich. (48 S.) 8°
Göttingen, Phil. Fak., Ref. Minkowski, Diss. v. 19. Nov. 1904
[Geb. 9. Jan. 66 Leipzig; Wohnort: Lexington, Kentucky; Staatsangeh.: Ver. St.; Vorbildung: Landessch. Pforta Reife O. 85; Studium: Berlin 10, Göttingen 3 S.; Rig. 1. Aug. 04.]

Wernicke, Rich., Buchführungsheft f. einfache Geschäftsbetriebe, s.: Fechner, K.

— s.: Buchführungsheft f. einfache Haushaltungen.

— Formular-Mappe f. gewerbl. Fortbildungsschulen, s.: Kechner, K.

— **Formulartasche, f. d. Berliner Wahlfortbildungsschulen hrsg.** 24×30 cm. Berlin (910). F. Ashelm. — 25

— s.: Merkbuch f. Fortbildungsschulen.

Wernicke, Robert *Johannes* [aus Görlitz]: Aus dem Antidotarium des Henri de Mondeville '(14. Jahrh.)' ... Berlin, Buchdr. v. G. Schade, *1897*; 30 S., 1 Bl. 8.
Berlin, Med. Fak., Inaug.-Diss. v. 13. Aug. 1897

Wernicke, Rob., zur Physiologie des embryonalen Herzens, s. Sammlung physiologischer Abhandlungen.

Wernicke, Rob. (geb. Backow in d. Mark 18. 1. 1851): Die Verengerung und Obliteration der Aorta in der Gegend des Ductus arteriosus Botalli und ihre Diagnose intra vitam. Berlin (1875). (32 S.) 8°
Berlin, Med. Diss. v. 13. Juli 1875

WERNICKE, W. S. (Hrsg.): Das Examen der Königlich Preussischen Forstschutzbeamten oder Auswahl und Beantwortung der hierbei vorkommenden hauptsächlichsten Fragen. Aus den Papieren eines früheren Oberjägers, jetzigen Königlich Preussischen Försters. - Forst 1847. VIII, 59 S.

Wernicke, W. S. C., axiomatische Forstbeschreibungen. Ein Hülfsbuch für Forst-Taxatoren. Mit einer Beilage, enth. die vom K. Preuß. Finanz-Ministerium verordn. Instruction, wonach die K. Preuß. Forsttaxatoren den Werth der zur Veräußerung bestimmten Waldgrundstücke zu berechnen haben. gr. 8. (40 S.) Forst 848. (Guben, Berger.) n. ⅓ ₰

Wernicke, Wilhelm

— W., Ueber die Brechungsindices und die Dispersion undurchsichtiger Körper. (Aus Poggendorff's Ann., Bd. CXXXIX.)

— Zur Metallreflexion. (Separ.-Abdr. aus den Ann. der Physik und Chemie. Neue Folge. Bd. III.) Leipzig [o. J.]

— Ueber die absoluten Phasenänderungen bei der Reflection des Lichtes und über die Theorie der Reflection. (Auszug aus dem Monatsber. der Kgl. Akad. der Wissensch. zu Berlin.) Berlin 1875.

Wernicke, (Car.) Guil. (geb. Berlin 9. 2. 1838): Disquisitiones de systematibus curvarum isothermarum. Berolini (1863). (20 S.) 4°
Berlin, Phil. Diss. v. 7. Jan. 1863

Wernicki, Jos., supplément à l'étude de l'hématologie. 1. partie. Anatomie et physiologie du sang normal. gr. Lex.-8. (19 S. m. 1 Fig., 1 farb. Taf. u. 1 Bl. Erklärgn.) Lomberg 805. (H. Altenberg.) n. 2. —

Wernier, militärische Anweis. f. leichte Truppen. 8. Basel, Schweighäuser. 773.

Wernier, Julie, Jugenderinnerungen einer jungen Frau. 8. (174 S.) Stuttgart 883. Cotta. cart. 3. —

Wernigerode [Sachliches OW]

Wernigerode u. seine Umgebung, s.: Miniatur-Bibliothek.

Wernigerode [Schlagwort]

— s. a. Harz.

Wernigerode. Bomsdorff, O. v., Touristenkarte von Wernigerode, Ilsenburg u. Harzburg. 1 : 75,000. Lith. u. color. qu. Fol. Magdeburg 890. Rathke. n. — 50

— Lange, H., Karte der Umgebung von Wernigerode. 1 : 25,000. gr. Fol. Berlin 888. Pasch. n. 1. —; auf Leinw. n. 1. 75

Wernigerode. Lange, Henry, Karte der Umgegend von Wernigerode. 1 : 25,000. 36 × 47 cm. Farbdr. Berlin (888). M. Pasch. 1. —; auf Leinw. n. 1. 75

— Touristen-Karte, neueste, v. Wernigerode, Ilsenburg, Eckerthal (Jungborn), Harzburg, Oker, Brocken, Schierke. 1 : 75,000. 26 × 35 cm. Lith. Stapelburg 897. Buchh. des Jungborn. — 15

Wernigerode-Halberstadt, Kreis, s.: Magdeburg, Reg.-Bez.

Wernigk, Alfred [approb. Arzt aus Homburg vor der Höhe]: Ueber die bei experimentell erzeugten uraemischen Anfällen auftretenden Veränderungen im tierischen Organismus .... Erlangen. Druck d. Univ.-Buchdr. v. E. Th. Jacob, 1887; 19 S. 8°.
Erlangen, Med. Fak., Inaug.-Diss. v. 4. Jul. 1887.

Wernigk, Alfred, über die bei experimentell erzeugten uraemischen Anfällen auftretenden Veränderungen im tierischen Organismus. Diss. Erlangen 1887, Th. Blaesing. 8°. 19 S.

Wernigk, F. C., erste Anleitung zum Perspectiv-Zeichnen von geometrischen Figuren, Flächen, Körpern ꝛc. Leicht faßlich mit Text u. anleitenden Zeichnungen auf 12 (lith.) Taf. dargestellt. Wien 865. Lechner. qu. 4. n. 10 ngr.

Wernigk, F. C., praktische Anleitung im Perspektiv-Zeichnen für Gewerbe-Schulen u. zum Selbst-Unterrichte für Maler, Bildhauer, Zeichner ꝛc. auf 16 (lith.) Taff. mit erklär. Texte. Wien 866. Schlieper. gr. 8. (III, 23 S.) n. 20 ngr.

Wernigk, F. G. F., s. Wernigk, Ferdinand Gotthard Franz

Wernigk, F. J., chemisches Kunst-Farb- und Wasch-Buch, nach eigenen Grundsätzen und Versuchen bearbeitet und nach 30jähr. Ausübung im Großen u. Kleinen erprobt. 8. Heidelberg 833. (Mannheim, Bensheimer.) 1 ⅙ ₰

Wernigk, F. J., chem. Kunst-Farb- u. Wasch-Buch, nach eigenen Grundsätzen u. Versuchen bearb. u. nach 30jähr. Ausübung im Großen u. Kleinen erprobt. Für Kunstfärber, Fabrikanten u. Hausfrauen hrsg. 8. (17 B.) Heidelberg 833, A. Oswald.

Wernigk, F. J., chemisches Kunst-Färb- u. Wasch-Buch, nach eigenen Grundsätzen u. Versuchen bearbeitet u. nach 30jähr. Ausübung im Kleinen u. Großen erprobt. 2. Ausg. 8. Mannheim 841, Bensheimer. 3/4 ₰

Wernigk, Ferdinand Gotthard Franz: Leibniz' Lehre von der Freiheit des menschlichen Willens. . . . Würzburg, Druck u. Verl. v. F. X. Bucher, 1890; 2 Bl., 59 S. 8°
Würzburg, Phil. Fak., Inaug.-Diss. v. 1890

Wernigk, Ferd. Gthard. Frz. Leibniz' Lehre v. der Freiheit d. menschlichen Willens. Ein Beitrag zur Geschichte u. Kritik der philosoph. Systeme. gr. 8. (III, 59 S.) Würzb. 890, Bucher. * — 60

Wernigk, Friedrich Bartholomaeus (Zweibrücken)
A. S. 766/18

Disputatio inauguralis juridica exhibens remedium l. 2. c. de resc. vend. Präs. Heinrich Coccejus. Rec. Heidelberg (Ammon) 1710. 23 S.

Diss. 29. IV. 1679. 36431

Der Dienstunterricht für den Kanonier und Fahrer der Feldartillerie. Von [Hugo] Wernigk, Hauptm., u. Trautz, Lt. im 4. Bad. Feldart.-Reg. Nr. 66. 2. Aufl. Ausg. f. leichte Feldhaubitzbatterien. Mit 4 Taf. u. 61 Abb. [Nebst] Anhang. *Berlin: E. S. Mittler & Sohn 1903.* (XII, 296, 26 S.) 8° [F.] [03. 1814

— — dasselbe. Ausg. f. Feldkanonen-Batterien. 8. (XII, 206 S.) Ebd. 902. n.n. — 65; kart. n.n. — 75

Der Dienstunterricht für den Kanonier und Fahrer der Feldartillerie. Von [Hugo] Wernigk, Major, u. Trautz, Lt. im Feldart.Reg. No 66. Ausg. f. leichte Feldhaubitzbatterien. 4. Aufl. Mit Portr., 4 weiteren Taf. u. über 100 Abb. Anh.: Einteilung u. Standorte d. Deutschen Heeres . . . Berlin: E. S. Mittler & Sohn 1904. (XVI, 408, 28 S.) 8°

Wernigk u. Trautz, der Dienstunterricht f. den Kanonier u. Fahrer der Feldartillerie. 6. Aufl. Ausg. f. leichte Feldhaubitzenbatterien. Mit 4 Taf. in Farbendr. u. über 114 Abbildgn. im Text. Anh.: Einteilung u. Standorte des deutschen Heeres, der kaiserl. Marine, der kaiserl. Schutztruppen u. der ostasiat. Besatzungs-Brigade (XVI, 432 u. 30 S. m. 4 Bildnistaf.) kl. 8. Berlin 906. E. S. Mittler & Sohn. n.n. — 50; kart. n.n. — 60

— — dasselbe. Ausg. f. Feldkanonenbatterien. (XVI, 432 u. 30 S. m. 4 Bildnistaf.) kl. 8. Ebd. 906. n.n. — 50; kart. n.n. — 60

Der Dienstunterricht für den Kanonier und Fahrer der Feldartillerie. Von [Hugo] Wernigk, Major, u. Trautz, Lt. 7. ... umgearb. Aufl. Ausg. f. Feldkanonenbatterien ... Mit 4 Taf. u. 89 Abb. Anh. 1 ... Anh. 2 ... [Nebst] Nachtr. Berlin: E. S. Mittler & Sohn 1908. (Getr. Pag.) 8° [F.] [08. 2964

Wernigk u. Trautz, der Dienstunterricht f. den Kanonier u. Fahrer der Feldartillerie. 10. umgearb. Aufl. Ausg. f. leichte Feldhaubitzbatterien, enth. das leichte Feldhaubitzgerät 98. Mit zahlr. Bildnissen der regier. Fürstlichkeiten, 4 Taf. in Farbendr. u. 120 Abbildgn. im Text. Mit Anh.: Der Sattel 95 d. königl. sächs. Feldartillerie. (XX, 456 u. 11 S.) kl. 8. Berlin 911. E. S. Mittler & Sohn. p nn — 75; geb. nn — 85

— — dasselbe. Ausg. f. Feldkanonenbatterien, enth. den vollständ., offiziellen Text d. Feldartilleriegeräts 96 n. A. (XX, 456 S.) kl. 8. Ebd. 911. p nn — 75; geb. nn — 85

— — dasselbe. Mit Anh.: Der Sattel 76, 68, 68/76 der königl. bayer. Feldartillerie. (XX, 456 u. 12 S.) kl. 8. Ebd. 911. p nn — 75; geb. nn — 85

— — dasselbe. Mit Anh.: Der Sattel 95 der königl. sächs. Feldartillerie. (XX, 456 u. 11 S.) kl. 8. Ebd. 911. p nn — 75; geb. nn — 85

Das Feldartillerie-Material 96. Bearb. von [Hugo] Wernigk, Hauptm. 2. neu bearb. Aufl. Mit zahlr. Abb. im Text. *Berlin: E. S. Mittler & Sohn 1902.* (VIII, 75 S.) 8° [F.]
= Wernigk: Handbuch f. d. Einjährig-Freiwilligen ... d. Feldartill. Nachtr. 1. [03. 2528

Das Feldartillerie-Material 96. Bearb. von [Hugo] Wernigk, Major. 3., neubearb. Aufl. Mit zahlr. Abb. Berlin: E. S. Mittler & Sohn 1905. (VIII, 83 S.) 8°
(Wernigk: Handbuch f. d. Einjährig-Freiwilligen . . . d. Feldartillerie. Nachtr. 1.)

Wernigk, Handbuch f. die Einjährig-Freiwilligen, sowie f. die Reserve- u. Landwehr-Offiziere der Feld-Artillerie. Zugleich 5. Aufl. d. Handbuchs f. die Einjährig-Freiwilligen ꝛc. der Feld-Artillerie von v. Abel. gr. 8. (XVI, 388 S. m. Abbildgn.) Berlin 893. E. S. Mittler & Sohn. n. 5. 50; geb. in Leinw. n.n. 6. —

— dasselbe. 2., neu bearb. Aufl. Zugleich 6. Aufl. des Handbuchs f. die Einjährig-Freiwilligen ꝛc. der Feld-Artillerie von v. Abel. gr. 8. (XX, 424 S. m. Abbildgn.) Ebd. 894. n. 5. 50; geb. in Leinw. n.n. 6. —

[F.] Handbuch für die Einjährig-Freiwilligen sow. f. d. Reserve- u. Landwehr-Offiziere d. Feldartillerie. Bearb. v. [Hugo] Wernigk, Hauptm. . . . im 2. Badischen Feldartill.-Reg. Nr. 30. 5., neu bearb. Aufl. Zugl. 9. Aufl. d. Handbuchs f. d. Einjährig-Freiw. etc. der Feldartill. v. [Paul] v. Abel, jetzt Generallt. u. Kommandeur d. 4. Division. M. zahlr. Abb. *Berlin: E. S. Mittler & Sohn 1898.* (XVIII, 485 S., 1 Taf.) 1 Bd 8. [98. 1104

Handbuch für die Einjährig-Freiwilligen sowie f. d. Reserve- u. Landwehr-Offiziere d. Feldartillerie. Bearb. v. [Hugo] Wernigk, Hauptm. . . . im 2. Badischen Feldartill.-Reg. Nr. 30. 6., neu bearb. Aufl. Zugl. 10. Aufl. d. Handbuchs f. d. Einjährig-Freiw. etc. der Feldartill. v. [Paul] v. Abel, jetzt Generallt. . . . M. zahlr. Abb. Berlin: E. S. Mittler & Sohn 1899. (XV, 372 S., 1 Taf.) 1 Bd 8°

— dasselbe (1.) Nachtrag. Das Feldartillerie-Material C/96. gr. 8. (VII, 71 S. m. Abbildgn.) Ebd. 899. n. 1. 60;

Handbuch für die Einjährig-Freiwilligen sowie f. d. Reserve- u. Landwehr-Offiziere d. Feldartillerie. Bearb. von [Hugo] Wernigk, Hauptm. 7., neu bearb. Aufl. Zugl. 11. Aufl. d. Handbuchs f. Einjährig-Freiw. etc. der Feldartillerie von [Paul] v. Abel, Gen.Lt. z. D. Mit zahlr. Abb. Lfg 1. 2. *Berlin: E. S. Mittler & Sohn 1901.* 2 Bde 8° [F.] [01. 10422

— dasselbe. 2. Nachtrag. Das Feldhaubitz-Material 98. gr. 8. (VII, 75 S. m. Abbildgn.) Ebd. 901. n. 1. 75; geb. n. 2. —

Handbuch für die Einjährig-Freiwilligen, Offizier-Aspiranten u. d. Offiziere d. Beurlaubtenstandes d. Feldartillerie. Von [Hugo] Wernigk, Hauptm. 8., völlig neu bearb. Aufl. 2 Abt. in 1 Bde. Mit zahlr. Abb. Berlin: E. S. Mittler & Sohn 1903. (Getr. Pag.) 8° [F.] [05. 383 11

Handbuch für die Einjährig-Freiwilligen, Offizier-Aspiranten und die Offiziere des Beurlaubtenstandes der Feldartillerie. Von [Hugo] Wernigk, Maj. 9., neu bearb. Aufl., verm. durch e. Nachtrag: Das Schießen gegen Schildbatterien. Mit zahlr. Abb. Berlin: E. S. Mittler & Sohn 1905. (XXII, 529, 13 S.) 8° [F.] [06. 11796

Wernigk, Handbuch f. die Einjährig-Freiwilligen, Offizier-Aspiranten u. die Offiziere des Beurlaubtenstandes der Feldartillerie. 10., neu bearb. Aufl. Mit 116 Abbildgn. im Texte u. auf 11 Taf. (XXII, 529 S.) gr. 8. Berlin 906. E. S. Mittler & Sohn. n. 7. 50; geb. n. 8. 50

— dasselbe. 1. u. 2. Nachtrag. gr. 8. Ebd. n. 3. 35; geb. n. 3. 85
1. Das Feldartillerie-Material 96. 3., neu bearb. Aufl. Mit zahlr. Abbildgn. im Text. (VIII, 83 S.) 905. n. 1. 60; geb. n. 1. 85
2. Das Feldhaubitz-Material 98. 2. neu bearb. Aufl. (VII, 75 S. m. Abbildgn.) 903. n. 1. 75; geb. n. 2. —

Handbuch für die Einjährig-Freiwilligen, Offizier-Aspiranten und die Offiziere des Beurlaubtenstandes der Feldartillerie. Von [Hugo] Wernigk, Major. 11., neu bearb. Aufl. Mit 151 Abb. Berlin: E. S. Mittler & Sohn 1908. (XXXII, 602 S.) 8° [F.]

Handbuch für die Einjährig-Freiwilligen, Offizier-Aspiranten und die Offiziere des Beurlaubtenstandes der Feldartillerie. Von [Hugo] Wernigk, Major. 12., neu bearb. Aufl. Mit 152 Sbb. im Text u. auf 12 Taf. Berlin: Mittler 1909. XXXII, 598 S. 8°

Wernigk, Handbuch f. die Einjährig-Freiwilligen, Offizier-Aspiranten u. die Offiziere des Beurlaubtenstandes der Feldartillerie. 13., neu bearb. Aufl. (XXIII, 530 S. m. 138 Abbildgn. im Text u. auf 12 Taf.) gr. 8. Berlin 911. E. S. Mittler & Sohn. 7.50; geb. 8.50

Wernigk, Taschenbuch für die Feld-Artillerie. 5. Jahrg. 1887/88. gr. 16. (IV, 164 S. mit 20 in den Text gedr. Abbild. und 7 Taf.) Darmstadt, (Zernin.) geb. *

—— dass. — 6. Jahrg. 1888/89. gr. 16. (IV, 160 S. mit 15 beigedr. Abbild. und 6 Taf.) (Ebendas.) geb. *

Wernigk, Taschenbuch f. die Feld-Artillerie. 7. Jahrg. 1890/91. gr. 16. (VIII, 156 S.) Berlin 890. Mittler & Sohn. n. 2. —; geb. n.n. 2.50

— **Taschenbuch** f. die Feld-Artillerie. 9. Jahrg. 1892/93. gr. 16. (VIII, 172 S. m. Fig.) Ebd. 892. n. 2. —; geb. in Ldr. n.n. 2.50

— Taschenbuch f. d. Feldartillerie. 15. Jahrg. 1899. gr. 16. (VIII, 217 S.) Ebd. n. 2. —; geb. n.n. 2.50

— Taschenbuch f. die Feldartillerie. 18. Jahrg. 1903. gr. 16. (IX, 265 S.) Ebd. n. 2. —; geb. in Ldr. n.n. 2.50

— **Taschenbuch f. die Feldartillerie.** 21. Jahrg. 1906. (XVI, 307 S. m. Abbildgn.) kl. 8. Ebd. 906. n. 2.25; geb. in Ldr. n.n. 2.80

— Taschenbuch f. die Feldartillerie. 23. Jahrg. 1909. 2., durch Nachtrag und neuen Kalender vervollst. Ausg. (XX, 299 S.) kl. 8. Ebd. 2.45; geb. n 3.—; Nachtrag (S. 286—299) allein — 20

Wernigk, Karl, Grundriß der Kirchengeschichte f. höhere Lehranstalten. 2. Tl. gr. 8. (VIII, 208 u. XVIII S.) Rastatt 891. E. Greiser. n.n. 3.50
Der 1. Tl. ist noch nicht erschienen.

Wernigke, Chrn., Jugendgedichte. Hrsg. von L. Neubaur. gr. 8. (44 S.) Königsberg 888, Beyer. *
Aus: Altpreussische Monatsschrift, besonders abgedruckt.

Wernigs, Friedrich Bartholomaeus, s. Wernigk

Wernirot, Fjétor, Rußland im Licht u. Rußland im Schatten. gr. 12. (XVIII u. 459 S.) Hamburg 852, Berendsohn. n. 1½ ℛ

Wernischek, (Johann) Jakob

— **Beschreib. des rheumat. Fiebers, welches gegenwärtig allgemein herrschet. 8. Wien 789.**

Wernischek, Johann Jakob: Frage: Woher entstehen so viele Faulfieber? Warum sind die Frieselfieber so selten? Ist jenen nicht vorzukommen, und wie könnte dieses geschehen? sammt der aus Erfahrungen gezogenen, und durch praktische Fälle bekräftigten Antwort. 67 S., gbd.

Wien: k.k.Taubstummeninstitutsbuchdruckerey 1786

JB 6.661

— Frage: Woher entstehen so viele Faulfieber? Warum sind d. Frieselfieber so selten? ꝛc. gr. 8. Wien 789.

— genera plantarum cum characteribus suis essentialibus et naturalibus. 8maj. Wien 763. Gerold. 1 ℛ

— genera plantarum ad facilius consequendam earum notitiam secund. numerum Laciniarum Corolla disposita. 8maj. Wien 764. Ed. II. 766. Trattner. 16 gr.

Wernischek, Iac., genera plantarum ad facilius consequendam earum notitiam secund. Numerum Laciniarum Corolla disposita. 8. maj. Wien, Trattner. (Tendler.) 766. Rthlr.

— medendi norma ad dignoscendas evellendasque ipsas morborum causas. II Tom. 8maj. Wien 780—86. Beck. 2 ℛ 4 gr.

Jacobi Wernischek Medendi Norma ad dignoscendas evellendasque ipsas morborum causes p.1.2. Viennae (2: Vindobonae:) Wappler 1781-86. 8°

P.1: De causis actionum omnium et motuum effectricibus ed.2. in breves paragraphos red. et multis practicis animadversionibus locupl. 1781.
P.2: De causis morborum effectricibus. 1786.

Wernischek, (Johann) Jakob: Regulae venaesectionis secundum ipsas morborum causas effectrices sive suam medendi normam dispositae. 144 S., gbd.

Vindobonae: typ.Schmidt 1783

JB 6.581

— regulae venae sectionis secund. ipsas morborum causas effectrices; sive sec. suam medendi normam disposita. 8. maj. Vien, Wappler et Beck. 783.

Wernischek, Iac., systema medendi naturale. 8 maj. Wien, Trattner. (Tendler.) 777.

— tractatus physicam astror. notitiam ex princ. mechan. propon. 8. maj. ibid. 765.

Wernitz, Aug., die Spina bifida in aetiologischer u. klinischer Beziehung. Inaugural-Dissertation. gr. 8. (92 S.) Dorpat 880. (Karow.) n. 1. —

Wernitz, J., Betrachtungen üb. das Wesen u. den Grund der Kulturentwickelung u. der auf dieselbe günstig od. ungünstig einwirkenden Faktoren. gr. 8. (52 S.) Leipzig 901. (K. F. Koehler.) n. — 80

Wernitz, J., die Ostmarken. Ein Mahnruf an alle Deutschen. (29 S.) 8. Berlin 908. Herm. Walther. — 50

Wernitz, J., ein Vorschlag u. Versuch zur Heilung der akuten Sepsis, s.a. Sammlung klinischer Vorträge. Nr. 352.

Ein Vorschlag und Versuch zur Heilung der akuten Sepsis. Von J. **Wernitz**, Odessa. *Leipzig: Breitkopf & Härtel 1903.* (S. 415–430.) 8°
— **Sammlung** klinischer Vorträge. N. F. No 352. [03. 8131

Wernitz, Iwan, üb. die Wirkung der Antiseptica auf ungeformte Fermente. Inaugural-Dissertation. gr. 8. (93 S.) Dorpat 880. (Karow.) n. 1. 50

Wernitzsch, W(ilhelm): Beiträge zur Kenntnis von Craspedosoma simile und des Tracheensystems der Diplopoden. Mit 12 Fig. im Text. Jena: Fischer 1910. 60 S. 8° ¶(Aus: Jenaische Zeitschrift f. Naturwiss. Bd 46. N. F. 39, H. 1.)
Jena, Phil. Diss. v. 12. April 1910, Ref. Ziegler
[Geb. 20. Juni 80 Frankenhausen; Wohnort: Frankenhausen; Staatsangeh.: Schwarzburg-Rudolstadt; Vorbildung: Realgymn. Eisenach Reife O. 04; Studium: Jena 3, Freiburg i. B. 1, Jena 6 S.; Rig. 28. Juli 09.] [U 10. 2390

Wernitzky, S. J.

Karte der Post-, Telegraphen- und Telephon-Verbindungen in Livland. 1899. Zsgest. nach offic. Quellen v. S. J. **Wernitzsky**, Post- u. Telegraphen-Beamter. Maassst. 1:260,000. Riga: L. Hoerschelmann 1899. (2 Kartenbl. je 46x95 cm) quer-gr. 2°

Wernken, Gerhard, appr. Arzt: Weitere Beiträge zur Theorie der Milch- und Kaseingerinnung durch Lab. München 1908: Oldenbourg. 29 S. 8°
Würzburg, Med. Diss. v. 26. Febr. 1909, Ref. v. Frey
[Geb. 19. April 79 Ermke; Wohnort: Würzburg; Staatsangeh.: Preußen; Vorbildung: Gymn. Vechta Reife Juli 00; Studium: Phil. Münster 3, Med. Würzburg 4, München 2, Würzburg 3 S.; Coll. 17. Juli 07; Approb. 16. Jan. 07.] [U 09. 4150

Wernle (P. L.). Farben-Verhaeltniss der Flora Deutschlands. Tueb. 1833. 8°.

Wernle, Paul, die Anfänge unserer Religion. gr. 8. (XII, 410 S.) Tübingen 901. J. C. B. Mohr. n. 7. —; geb. n.n. 8. —

Wernle, Paul, die **Anfänge** unserer Religion. 2., verb. u. verm. Aufl. (XX, 514 S.) gr. 8. Tübingen 904. J. C. B. Mohr. n. 7. —; geb. n. 8. —

Wernle, Prof. D. P.: Calvin und Basel bis zum Tode des Myconius 1535—1552. Programm zur Rektoratsfeier der Universität Basel. Basel 1909. 108 S. 4°.
Basel. Univ.-Schr. 1909/10.

Wernle, P[aul]. Calvin und Basel bis zum Tode des (Oswald) Myconius, 1535—1552. Programm zur Rektoratsfeier der Universität Basel. 108 S. 4.
Ausg. A: Basel, Friedrich Reinhardt, Universitäts-Buchdr., 1909.
Ausg. B: Tübingen, Komm. J. C. B. Mohr, 1909. [M. 5. —]

Wernle, Paul, Johannes Calvin. Akadem. Vortrag. (III, 35 S.) gr. 8. Tübingen 909. J. C. B. Mohr. — 80

Wernle, Paul, der Christ u. d. Sünde bei Paulus. gr. 8. (XII, 188 S.) Freiburg i/B. 897. Tübingen, J. C. B. Mohr. n. 2. 50

Wernle, [Paul]. Die Christenhoffnung und ihre Bedeutung für unser gegenwärtiges Leben. Referat an der 8. christlichen Studenten-Konferenz in Aarau ⟨Schweiz⟩ 17.—19. März 1904. ([Nebst] Diskussion....) IV + 19 S. 8. (Bern, J. Fischer-Lehmann, 1904.) (fr. —. 30)

— **die Christenhoffnung u. ihre Bedeutung f. unser gegenwärtiges Leben. Referat an der VIII. christl. Studenten-Konferenz in Aarau (Schweiz) 17.—19. III. 1904. (19 S.) 8. Bern (Münzrain 3) (904). Generalsekretariat der christl. Studentenkonferenz. n.n. — 25**

Wernle, Paul. Einführung in das theologische Studium. Von D. P. W., Professor ... [in] Basel. XVI + 524 S. 8. Tübingen, J. C. B. Mohr, 1908. [M. 7. —, geb. 8. 60]

— **s.: Fox, George.**

— **die synoptische Frage. gr. 8. (XII, 256 S.) Freiburg i/B. 899. Ebd. n. 4. 50**

— **Paulus Gerhardt, s.a. Volksbücher, religions-geschichtl. IV, 2.**

Paulus Gerhardt. Von Prof. D. Paul **Wernle**-Basel. 1.–10. Taus. Tübingen: J. C. B. Mohr 1907. (68 S.) 8° [F.]
= **Volksbücher,** Religionsgeschichtl., f. d. deutsche christl. Gegenwart. Reihe 4, H. 2. [07. 3924

— **Paulus als Heidenmissionar, s.a. Sammlung gemeinverständl. Vorträge u. Schriften aus dem Gebiet d. Theologie u. Religionsgeschichte.**

Paulus als Heidenmissionar. Ein Vortrag von Lic. P[aul] **Wernle**, Basel. Freiburg i. B., Leipzig & Tübingen: J. C. B. Mohr 1899. (36 S.) 8°
= [**Sammlung** gemeinverständl. Vorträge u. Schriften aus d. Geb. d. Theol. u. Religionsgeschichte. 14.] [06. 9583

Paulus als Heidenmissionar. Ein Vortrag von D. P(aul) **Wernle**. 2., durchges. Aufl. Tübingen: Mohr 1909. IV, 33 S. 8°
(Sammlung gemeinverständl. Vorträge u. Schriften aus d. Geb. d. Theologie u. Religionsgeschichte. 14.) [11. 9113 5

— **die Quellen des Lebens Jesu, s.a. Volksbücher, religionsgeschichtliche. I. 1.**

Die Quellen des Lebens Jesu. Von Prof. D. Paul **Wernle**-Basel. 1.–10. Taus. *Halle a. S.: Gebauer-Schwetschke 1904.* (87 S.) 8° [F.]
= **Volksbücher,** Religionsgeschichtliche, f. d. deutsche christl. Gegenwart. Reihe 1, H. 1. [04. 11,63

Wernle, Paul. Die Reichsgotteshoffnung in den ältesten christlichen Dokumenten und bei Jesus. Von Lic. Paul Wernle, a. o. Professor an der Universität Basel. IV + 58 S. 8. Tübingen und Leipzig, J. C. B. Mohr, 1903. [M. 1. 20]

— **die Renaissance des Christentums im 16. Jahrh., s.a. Sammlung gemeinverständlicher Vorträge u. Schriften aus dem Gebiet der Theologie u. Religionsgeschichte. 40.**

Die Renaissance des Christentums im 16. Jahrhundert. Von Lic. Paul **Wernle**, Prof., Basel. *Tübingen & Leipzig: J. C. B. Mohr 1904.* (47 S.) 8°
= **Sammlung** gemeinverständlicher Vorträge u. Schriften aus d. Geb. d. Theol. u. Religionsgeschichte. 40. [04. 7877 4

— **was haben wir heute an Paulus? (48 S.) gr. 8. Basel 904. Helbing & Lichtenhahn. n. 1. —**

— **Johann Hinrich Wichern. (66 S.) 8. Basel 908. (Helbing & Lichtenhahn.) — 80**
Sonderabdruck aus: „Sonntagsbl. d. Basler Nachr."

Wernlein, Johann Friedrich Konstantin

— **Progr. Geschichte des Lyceums zu Wunsiedel. 1e—3e Abtheil. 8. Wunsiedel 802. 4 gr**

Wernlein, Jh. Fr. Konst., über d. Mittel, den griech. Sprachunterricht auf Schulen zu erleichtern. gr. 8. Erlang. 795. (Heyder). 4 gr

Wernlein, J. Fr. K., üb. d. Mittel d. griech. Sprachunterricht auf Schulen zu erleichtern. gr. 8. Erlangen, Walther. (Breuning.) 795.

Wernli, Alfons: Wilhelm Tell, der Held d. Schweizer Volkes. Histor. Erzählg a. d. Anfang d. 14. Jhs. *Berlin [1896].*
in: Höcker, Georg: Die Richter vom Hintersberg. [97. 1656

Wernli, Alfons, Wilhelm Tell, s.a. Indianer- u. Volksbibliothek.

Wilhelm Tell der Held des Schweizer Volkes. Hist. Erzählung aus d. Anfang d. 14. Jhs. von Alfons Wernli. *Berlin: A. Weichert [1901].* (32 S.) 8° [S.]
— Indianer- u. Volksbibliothek. 329. [03. 12176

Wernli, Fritz. Drei Bilder aus der Geschichte des Frickthales. 1803—1903 Aargauische Centenarfeier. II + 40 S. 8. Laufenburg, Joh. Binkert. [fr. —.50]

Wernli, Fritz, Wirrnisse. Eine Erzählg. aus dem süddeutschen Bauernkrieg. (154 S.) kl. 8. Aarau 908. H. R. Sauerländer & Co. 2.40

Wernly, G., Aufgaben über die Elemente der Algebra, s.: Ribi, D.

Wernly, G., Aufgabensammlung f. den Rechnungsunterricht an schweizerischen Mittelschulen. 1. Hft. 8. (32 S.) Bern 893. W. Kaiser. n. — 40

— Grundriss der Planimetrie u. Stereometrie, s: Zwicky, M.

— Leitfaden f. die Elemente der Algebra, s.: Zwicky, M.

Wernly, Julia, Aarau: Prolegomena zu einem Lexikon der ästhetisch-ethischen Terminologie Friedrich Schillers. Leipzig 1909. X | 67 S. 8°. Erscheint vollständig bei H. Haessel Verlag in Leipzig als Nr. 4 der Neuen Folge der „Untersuchungen zur neueren Literaturgeschichte hg. von Oskar F. Walzel.“ [25. XI. 07.]
Bern Phil. Diss. 1908,09

Wernly, Julia, Prolegomena zu e. Lexikon der ästhetisch-ethischen Terminologie Friedrich Schillers, s.a. Untersuchungen zur neueren Sprach- u. Literaturgeschichte. N. F. 4.

Wernly, Julia. Prolegomena zu einem Lexikon der ästhetisch-ethischen Terminologie Friedrich Schillers. 8. Leipzig ... 1909.
Ausg. A (Teil-Ausg.): Diss. Phil. Bern ... von J. W., Aarau. X + 66 + *Vita* 1 S. L., Spamersche Buchdr.
Ausg. B: ... von J. W. XII + 215 S. L., H. Haessel Verlag. (M. 4.60.) — Untersuchungen zur neueren Sprach- und Literaturgeschichte. Hrg. von Professor Dr. Oskar F[ranz] Walzel. Neue Folge. Heft 4.

Wernly, Rudolf

(Wernly, R[udolf].) Zum Andenken an Herrn Dr Otto Lindt in Aarau. Geb. ... 1839. Gest. 19. Oktober 1896. 8. Aarau.

Wernly, R. und E. Graf. Zum Andenken an Emil Zschokke. Aarau 1889.

Wernly, R., Hebung u. Verbesserung d. Lehrlingswesens m. besond. Berücksichtigung d. Kleinhandwerks. Referat, vorgetragen den 26. Jan. 1879 an der Versammlung der Kulturgesellschaft d. Bezirks Aarau. gr. 8. (39 S.) Aarau 879. Sauerländer. n. — 40

Wernly, Rud[olf]. Krieg und Kreuz. Vaterländisches Festspiel in drei Bildern. VIII + 32 S. 8. Aarau, H. R. Sauerländer & Co., 1906. [fr. 1.20]
(Dem Schweizerischen Roten Kreuze auf das erste Vierteljahrhundert seines Bestehens gewidmet.)

(Wernly, [Rudolf].) Nachruf an Johanna Maria Blattner sel. von Küttigen. Gestorben 17. August ... 1896, in Aarau. (Gesprochen von Pfarrer W. ...) 8. (Aarau 1896.)

Wernly, Rud[olf]. Nachruf an Frau Pastorin Helene Luise Wilhelmine Prior geb. Dottmer, gehalten bei ihrer Bestattung in Aarau am 25. August 1905. II + 8 S. 8. (Aarau, H. R. Sauerländer & Co.)

(Wernly, R[udolf].) Nekrolog zum Andenken an Herrn Joh(ann Jakob) Zürcher, alt Turnlehrer sel. gestorben am 6. Sept. ... 1898 in Aarau. 8. Aarau 1898.

Wernly, der Ruf d. Vaterlandes an s. Söhne. Ansprache b. Feldgottesdienst d. militär. Vorunterrichts d. Bez. Aarau, auf d. Stockmatthöhe, Sonntag d. 26. Juli 1896. gr. 8. (8 S.) Aarau 896. (H. R. Sauerländer & Co.) n. — 20

Wernly, R. Von den Alpen zum Vesuv. Reisebilder aus Italien. gr. 8. (85 S.) Aarau 892, (Sauerländer u. Comp.). cart. * 2 —

— Vater Heinrich Zschokke. Ein Lebens- u. Charakterbild. Festschrift auf den Tag der Enthüllung seines Denkmals in Aarau. Hrsg. im Auftrag des Denkmal-Komites. gr. 8. (67 S. m. 3 Taf.) Ebd. 894. n. 1.20

Werno der Kühne; eine Geschichte aus den Zeiten der Belagerung Wiens . . . Wien 1801. V: *Gleich, Joseph Alois.* (NN) (Ky) (MGT) (WBL)

Werno der Kühne; e. Geschichte aus d. Zeiten der Belagerung Wiens, (v. J. A. Gleich). 8. Wien 801. Pichler. 10 gr

Wernsdorf [Schlagwort]

Wernsdorf, s.: Preussen. Messtischblätter.

Wernsdorf [Verfasser]

Wernsdorf, Christian Friedrich

s. Ausonius, Rosen, im Anhange.

— Gedächtnißrede auf Hrn. Gb. Friese. 4. Danz. 782.

— Diss. de natura et indole sacramentorum ecclesiae nostrae. 4. Wittenb. 775.

s. Ovidii, Amatoria.

s. Sarbiewski, Lobgesang auf d. Ehre.

(—) schediasma de correctione peccatoris per ecclesiae ministrum. 4. Danz. 790.

Wernsdorf, Chr. Fr., († d. 27. Jan. 1795.) schediasma de Irenaei testimonio pro paedobaptismate. 8. Leipz. 775.

s. Theocritus, Idyllium VIII.

Wernsdorf, Christian Gottlieb

Wernsdorf, Chr. Gli., († d. 29. Juni 1822.) ad Plutarchi quaest. graec. Comm. I. 4maj. Helmst. 795. Fleckeisen. 7 gl.

— Diss. philolog. de repotiis veterum. 4. Helmst. 780.

Wernsdorf, Ernst Friedrich

Wernsdorf, E. F., de Amen liturgico. Viteb. 1779. 4.

Wernsdorf, E. F., de antiquitate consecrationis eucbar. per orationem dominicam. Viteb. 1752. 4.

Wernsdorf, Ernst Frdr., Disserit de antiquitatibus Germaniae spec. 1—5. (De originibus Alemannicis.) Vitebergae 1761. 4. . . . .

Wernsdorf, E. F., de Bethlehemo apud Hieronymum. Viteb. 1769. 4.

Schmid, J. A., (Helmst. 1692. 4.) Wernsdorf, E. F., (Viteb. 1777. 4.) de cereo paschali.

— Diss. de deo hominis manus obsignante, ab Job. 37, 7. Wittenb. 756.

Wernsdorf, E. F., de vet. eccl. diebus festis anniversariis liberationis a periculo. Viteb. 1767. 4.

Wernsdorf, Ernst Friedrich [Praes.], s. Dresde, Friedrich Wilhelm: De aeterno dei filio.

Wernsdorf, E. F., τὰ ἐπιφάνια veterum. Ibid. 1759. 4.

Wernsdorfius, Ernestus Frid., De fontibus historiae Syriae in libris Maccab. prolusio. Lipsiae 1746.

— exercitatio liturgica de formula veteris ecclesiae psalmodica: Hallelujah. 4. Wittenb. 762.

Wernsdorf, E. F., de formula vet. ecclesiae psalmodica Hallelujah. Viteb. 1763. 4.

— historia de dedicatione martyrii ex Eusebio, sive de templi Constantini M. propter locum morientis et resurgentis Christi exstructi solemni dedicatione. 4. Wittenb. 770.

— Diss. historia latinae linguae in sacris publicis. 4. Leipz. 754.

Wernsdorf, E. F., historia linguae latinae in sacris publicis. Lips. 1756. 4.

— historia templi Constantiniani propter resurrectionis Christi locum exstructi. 4. Wittenb. 770.

Wernsdorf, Ernst Friedrich [Praes.], s. Nitzsch, Karl Ludwig: De synodo palmari.

Wernsdorf, E. F., de originibus solemnium S. Michaelis. Viteb. 1773. 4.

Wernsdorf, E. F., de originibus solemnium natalis Christi ex festivitate natalis Invicti. Viteb. 1757. 4.

Wernsdorf, E. F., de paschate annotino. I—II. Viteb. 1760—64. 4.

Wernsdorf, E. F., de prece Hosianna in liturgia graeca et latina. Viteb. 1765. 4.

Wernsdorf, Er. Fr., († d. 7. Mai 1782.) commentatio de quinquagesima paschali. 4. Leipz. 752.

Wernsdorf, Ernst Friedrich [Praes.], s. Reinhard, Franziskus Volkmar: Symbola ad interpretationem psalmi sexagesimi octavi.

— Diss. de Constantini M. religione paschali exercitatio. 4. Wittenb. 758.

Wernsdorf, E. F., de Const. M. religione paschali. Viteb. 1768. 4.

Wernsdorf, E. F., de vet. ecclesiae jejunii pridie paschatos religione. Viteb. 1772. 4.

Wernsdorf, E. F., de reverentia sacerdotibus praestanda. Viteb. 1741. 4.

E. F. Wernsdorf de ritu sternutantibus bene precandi epistola. Viteb. 1741. 4.

— exercitatio liturgica de sacerdote latina lingua ad altare cantillante; ad illustrandum ritum, qui festis in ecclesia diebus Wittenberg. obtinet ipsis solemnibus Christo nato sacris. 4. Wittenb. 761.

Wernsdorf, E. F., sententiae de Christo latine loquente examen. Viteb. 1771. 4.

Wernsdorf, E. F., de simulacro columbae in locis sacris antiquitus recepto. Viteb. 1773. 4.

— Diss. de synodo Palmari 4. Wittenb. 776.

Wernsdorf, E. F., de Irenaei testimonio pro paedobaptismate. Lips. 1778. 4.

Wernsdorf, E. F., de veste palmata. Viteb. 1766. 4.

Wernsdorf, G., de absolutione ministri ecclesiae non mere declarativa. Viteb. 1716. 4.

Wernsdorf, Gottl., Disputatio de Aenea Gazaeo. Ed. G. G. Wernsdorf. 4. (Lipsiae, Hinrichs in comm.) 817.

Dass., s.a. Wernsdorf, Gregor Gottlieb

Wernsdorf, Gottlieb [Praes.], s. Barth, Jo. Matthaeus: De πνευματοφόροις sive inspiratis recentioribus.

Wernsdorf, Gottlieb [Praes.], s. Bekk, Georg Theodor: Quaestionem an peccata semel remissa homini relapso denuo imputentur.

Wernsdorf, Gottlieb [Praes.], s. Borning, Samuel: Disp. I. qua indifferentismum religionum ab Erico Friedlibio, icto impie defensium.

Wernsdorf, Gottlieb [Praes.], s. Bredow, Ludwig: Disp. III. qua indifferentismum religionum, sub Erici Fridlibi larva impie defensum.

Wernsdorf, Gottlieb [Praes.], s. Buchholtz, Paul Johann: Nonnulla de circumcisione segmenta.

Wernsdorf, Gottlieb [Praes.], s. Bünau, Günther von: Observatio de monopolio sacro maxime periculoso quam viro Gottlieb Wernsdorf . . . summos juris honores.

Wernsdorf, G., de censu a Caes. Oct. Aug. facto tempore nativ. Chr. per orbem terrarum. Viteb. 1693; rec. 1720. 4.

Wernsdorf, G., Christus sine exemplo homo. Viteb. 1706. 4.

Wernsdorf, Gottlieb [Praes.], s. Cleemann, Jo. Gottfr.: Pacem in cordibus fidelium βραβευουσαν ex Coloss. III. 15.

Wernsdorf. G., Exerc. hist. crit. de commercio Angelorum c. filiabus hominum, ab Judaeis et Patribus Platonizantibus credito. Viteb. 742. 4.
Vgl. Wernsdorff

— — diss. de commercio Dei et hominum vel von der Gemeinschaft zwischen Gott und Menschen. Viteberg. 712. 4.

Wernsdorf, Gottlieb [Praes.], s. Cranold, Gottlieb Polycarp: Diss. in qua disquiritur an in Saxonia successores feudales se invita vidua a praestatione dotalitii liberare possint.

Wernsdorf, G., de cultu astrorum a Deo gentibus profanis olim concesso. Dantisc. 1746. 4.

Wernsdorf, G., de diis tutelaribus pontificiorum. Viteb. 1717. 4.

Wernsdorf, Gottlieb

Disputatio solennis, qua nexum et discrimen donorum gratiae, ex tabulis vocationis Paulinae Act. XXVI, 17, 18. sistet ... Präs. Georg Neumann. Rec. Wittenberg 1702. 20 Bl.

Diss. XII. 1699.

Wernsdorf, Gottlieb [Praes.], s. D o n a t, Joh.: De censu, quem Caes. Octav. Augustus tempore nativitatis Christi per orbem terrarum fecit . . .

Wernsdorf, Gottlieb [Praes.], s. D o e r f f e l, Johann Paul: De communione fidelium cum deo, et inter sese.

—Ehrengedächtniß des sel. Dr. Fr. Wlh. Kraft's. 8. Wittenb. 760.

Wernsdorf, Gottlieb [Praes.], s. E l e r s, Peter: Arndtianos de vero christianismo libros.

W e r n s d o r f, G., de elogio filiorum tonitru. Helmst. 1754. 4.

– observatio de familiae emtore ipso herede in testamento per aes et libram condito, ad Theophilum §. 1 Instit. de testam. ordin. in qua veteris ICti paraphrasis ab inscitia antiqui juris vindicatur. 8maj. Wittenb. 780.

Wernsdorf, Gottlieb [Praes.], s. E n z e l, Benjamin Christoph: Locum Rom. XII. 6 de analogia fidei, a novaturientium cavillationibus.

Wernsdorf, Gottlieb [Praes.], s. E r n e s t i, Jo. Christian: De primordiis emendatae per Lutherum religionis.

Gottl. W e r n s d o r f de tribus feris, quae in numis secularibus Philipporum Augg. conspiciuntur. Dantisci 1759. 4. (Esse hippopotamum, cfr. *Jo. Glo. S c h n e i d e r historia hippop. critica.*)

W e r n s d o r f i i, G., de fide historica libror. Maccabaicorum commentatio, qua Froelichii annales Syriac examinantur. Vratisl. 747. 4. 10 gr.
Vgl. Wernsdorff

Wernsdorf, Gottlieb [Praes.], s. F i r n h a b e r, Friedrich Jacob: De absolutismo morali eoque theologico.

Wernsdorf, Gottlieb [Praes.], s. F r e n z, Gottlob Otto: De marito ex legibus Saxonicis, uxoris mortuae, si ejus cognati adsint, in immobilia ab intestato non succedente.

Wernsdorf, Gottlieb [Praes.], s. G a u h e, Johann Friedrich: Terminum vitae non esse fatalem.

Wernsdorf, Gottlieb [Praes.], s. G r e i b z i g e r, Jo. Christoph: Summam sanae doctrinae de polygamia.

Wernsdorf, Gottlieb [Praes.], s. H a c c i u s, Johann Jacob: Solida et hoc tempore necessaria demonstratio quod juxta Calvini doctrinam reformati nec sint nec jure haberi possint socii Aug. confessionis.

Wernsdorf, Gottlieb [Praes.], s. H a e n t z s c h e l, Joh. Gottfr.: Candidam solidamque de regali fidelium sacerdotio sententiam.

Wernsdorf, Gottlieb [Praes.], s. H e r z o g, Johann Gottlieb: De metamorphosi Christiana, ex 2. Corr. III. c. 18.

Wernsdorf, Gottlieb [Praes.], s. H i l l i g, Johann Ambrosius: De verbo dei scripto sive scriptura sacra.

Wernsdorf, Gottlieb [Praes.], s. H o y e r, Martin: De exploratione suae ipsius fidei, inprimis ex. 2. Cor. XIII. v. 5.

***Wernsdorf*, Gli., († d. 11. Nov. 1802.) de indifferentismo religionum, oder von Allermanns-Glauben. Deutsch. 8. Wittenb., 754. (Zimmermann). 16 gr.**
Vgl. Wernsdorff

Wernsdorf, Gottlieb [Praes.], s. L e s c h n e r t, Joh. Gottfr.: Jus magistratus civilis circa vocationem ecclesiae ministrorum.

Wernsdorf, Gottlieb [Praes.], s. L ü d e r s, Gerh.: De progressu emendatae per Lutherum religionis.

Wernsdorf, Gottlieb [Praes.], s. M a r c k w o r d t, Johann August: De testibus novis, super novis etiam articulis probatorialibus examinandis.

—observatio de materia XII tabularum, ad locum Pomponii ex Enchiridio L. 2. §. 4. D. de orig. Jur. 8. Wittenb. 771.

Wernsdorf, Gottlieb [Praes.], s. M i c h a e l i s, Andreas: De morte ac vita fidelium cum Christo, Ex Rom. VI. c. 8.

Wernsdorf, Gottlieb [Praes.], s. M i c h a e l i s, Jo. Friedrich Georg: *Περι του κριτου δικαιως, ουκ αδικως κρινοντος*, seu, de judice juste, non, injuste judicante, ad vindicandum oraculum 1. Petr. II, 23. Contra statores infallibilitatis pontificis Romani.

Wernsdorf, Gottlieb [Praes.], s. M ü l l e r, August: De fervore tepore et frigore theologico ex Apoc. III, 15. 16.

Wernsdorf, Gottlieb [Praes.], s. M u n d i n u s, Johann: Christum ceu sine exemplo hominem.

W e r n s d o r f, G., de baptismi Christianorum origine vere divina. Viteb. 1710; rec. 1720. 4.

W e r n s d o r f, G., de constitutt. app. origine. Viteb. 1739. 4.

Wernsdorf, Gottlieb [Praes.], s. P e t z s c h, Friedrich Wilhelm: De dubio legitimatorum per rescriptum principis jure in Germania.

Wernsdorf, Gottli.: Diss de p n e u m a t o p h o r i s sive inspiratis recentioribus. Witteb. 1715. rec. 1733. 4°

W e r n s d o r f, G., de prudentia in cantionibus ecclesiasticis adhibenda. Viteb. 1723; rep. in ejsd. dissertt. p. 471 ss.

Wernsdorf, Gottlieb (Danzig) A. S. 99/29

Dissertatio inauguralis de remedio provocatorio ex l. si contendat in processu executivo ...
Wittenberg (Dürr) 11. X. 1773. 32 S.

Gew.: Leopold Nikolaus Fhr. von Ende.
36433

W e r n s d o r f, G., Respublica Galatarum. Norimb. 743. 4. 1 rthl. 4 gr.
Vgl. Wernsdorff

Wernsdorf, Gottlieb [Praes.], s. R e u t e r, Christian: Recentiores de baptismate controversias.

Wernsdorf, Gottlieb [Praes.], s. R e y h e r, Samuel Benjamin: Diss. jur sistens Nonnulla ad militiam sagatam et togatam spectantia capita.

W e r n s d o r f, G., de gentilium sabbato. Viteb. 1722. 4.

Wernsdorf, Gottlieb [Praes.], s. S c h e f f l e r, Abraham: Utrum Magistratuti Christiano satius sit, suos subditos Christianos reddere hypocritas, an securos, et Epicureos?

W e r n s d o r f, G., de scholis vett. coenobiorum. Gedan. 1738. 4.

Wernsdorf, Gottlieb [Praes.], s. Schlosser, Ludwig Heinrich: De potestate principis circa symbola civium in religione ab ipso dissentientium.

Wernsdorf, Gottlieb [Praes.], s. Schultze, Martin: De Apollinare Laediceno ex historia ecclesiastica repraesentato.

Wernsdorf, Gottlieb [Praes.], s. Schüssler, Johann Christoph: Disputatio XXIII. de fundamento confessionis et absolutionis privatae.

Wernsdorf, Gottlieb [Praes.], s. Seeger, Jo. Friedrich: Augustanae confessionis historia.

Wernsdorf, Gottlieb [Praes.], s. Simonides, Paul: Disputatio I. de perpetuitate ecclesiae evangelicae.

Wernsdorf, D. Gottl., diss. de animarum separatarum statu, earundemque cum vivis commercio. Vit. 725. 4.

Wernsdorf, Gottlieb [Praes.], s. Stempel, Christian Karl: Disputatio XIII. de energeia planes sive efficacia errorum ex 2. Thessal. II. 10. 11.

Wernsdorf, Gottlieb [Praes.], s. Verpoortenn, Albert Meno: Disputatio VI. de fermento Herodis e Marci VIII. 15. coll. Matth. XVI. 6. et Luc. XII. 1.

Wernsdorff, G., vindiciae orationis dominicae. Viteb. 1708. 4.

Wernsdorf, Gottlieb [Praes.], s. Wallin, Georg: De prudentia in cantionibus ecclesiasticis adhibenda.

Wernsdorf, Gottlieb [Praes.], s. Wandalin, Johann: Disputatio XIV. de Davide artophago a filio Davidis excusato ex Matth. XII. 3.4.

Wernsdorf, Gottlieb [Praes.], s. Wechsler, Johann Jakob: De indifferentismo religionum disputatio III.

Wernsdorf, Gottlieb [Praes.], s. Wechssler, Johann Jakob: Disputatio II. qua indifferentissimum religionum sub larva Erici Fridlibi impie defensum . . .

Wernsdorf, Gottlieb [Praes.], s. Wehrde, Friedrich: Disputatio VIII. de simplicitate in Christo ex 2. Cor. XI. 3.

Wernsdorf, Gottlieb [Praes.], s. Weinert, Andreas: Disputatio XXIV. Cautelae circa id quod in religione ac theologia practicum dicitur observandae.

Wernsdorf, Gottlieb [Praes.], s. Welsch, Johann Lorenz: Disputatio II. de contristatione spiritus obsignatoris ex Ephes. IV. 30.

Wernsdorf, Gottlieb [Praes.], s. Zeis, Christian Heinrich: Disputatio XVI. de anthropologia Salomonea ex Eccles. VII. 29.

Wernsdorf, Glo., († d. 24. Jan. 1774.) Denkmale d. ersten christlichen Kirche zu Smyrna in Asien; nehmlich ein Brief d. heil. Polykarpus, zwei Briefe des heil. Ignatius u. ein Brief d. Smyrnaischen Kirche von d. Tode d. heil. Polykarpus, ins Deutsche übersetzt, u. mit e. Beschreib. d. Stadt Smyrna versehen ꝛc. 4. Wittenb. 763.

Wernsdorf, Gregor Gottlieb

— Disputatio de Aenea Gazaeo. 4. Naumb. 817. (Leipz., Hinrichs). 6 ℛ

Dass., s.a. Wernsdorf, Gottlieb

***Wernsdorf*, Greg. Gli., († d. 2. Mai 1834.) Progr. Animadversiones criticae in Ciceronis orationes pro Rege Dejotaro et pro lege manilia. 4. Naumb. 180..**

— Animadversiones criticae in Cicer. Orat. pro lege Manilia. Numburg. 803. 4. (16 S.)

Wernsdorf, G. G., Animadversiones in Cicer. Orationes pro Ligario et rege Deiotaro. Leucopetr. 802. 4. (14 S.)

— de codicis vaticani in Ciceronis orationum Philippicarum textu restituendo magna auctoritate. 8. Naumb. 814.

— s. Cicero, orationes Philipp.

Wernsdorf, Greg. Gtli., Disputatio histor., qua docetur: cur res scholastica apud Germanos, postquam saeculo X. magnopere effloruerat, inde usque ad saeculum XVI. parum profecerit. 4 maj. (5 B.) Numburgi 829, (Zimmermann.)

Wernsdorff, G.G. Cur res scholast. ap. Germanos, postquam sec. X. magnopere effloruerat, inde usque ad sec. XVI. parum profecerit. 26 S. . . . .
Progr. Naumburg 1830

s. Erweis d. Gerechtsame der Dissidenten in Polen, u. setze hinzu: (v. G. Wernsdorf).

Wernsdorf, G. G., Einige Gedanken über Schulprüfungen. Naumburg 821. 8. (16 S.)

— einige Gedanken über Schulprüfungen. gr. 8. Naumb. 822. (Leipz., Hinrichs). 4 ℛ

Wernsdorf, G. G. Ueber höhere Grammatik, insbesondere über die Lehre von den Zeitformen. Naumburg a. d. S., G., 1824. Progr.

— über höhere Grammatik, insbesondere über d. Lehre von den Zeitformen; u. 3e Nachricht über d. Domschule ꝛc. gr. 8. Naumb. 824. Bürger. 3 ℛ

s. Himeri, Sophistae oratio.

— Diss. fabularis historia de Baccho ex Mosaica haud conficta, contra Huetium aliosque. 4. Wittenb. 753.

— Nachricht über die Domschule zu Naumburg. gr. 8. Naumb. 819. (Leipz., Hinrichs). 6 ℛ

Wernsdorf, G. G. Nachrichten üb. d. Domschule, aus früherer Zeit. (Giebt u. a. ein Verz. sämmtl. Programme dieser Schule v. 1659 an.) 10 S.
Progr. Naumburg 1834

— Notae criticae et philol. in Cicer. Orat. pro Corn. Balbo. Progr. Numburg. 804. 4. (16 S.)

Wernsdorf, G. G., Progr. Notae in Platonis Critonem et Alcibiadem I. Lips. 815. 4. (15 S.)

— ad publicam explorationem progressuum ac stud orationes. 4. Naumb. 823. Bürger. 6 ℛ

s. Orationes pro Plancio.

s. M. Philae, Carmina graeca.

Wernsdorf, G. G., Quaestt. crit. in oratt. pro Ligario, pro rege Deiotaro et Roscio Amer. Pr. 1823. 31 S. 4°.

Wernsdorf, (Greg. Gottl.,) questiones criticae in Ciceronis orationes pro Ligario pro rege Deiotaro et Roscio Amer. 4maj. Numburgi 823, Bürger.

— quaestiones criticae in Ciceronis orationes pro Ligario, pro rege Deiotaro et Roscio Amer. 4maj. Naumb. 823. (Zirges in Leipz.) 8 gl.

— specimen novae editionis Ciceronis orationum Philippicarum adornandae. 8. Naumb. 816.

Wernsdorf, Jo. Christian [Praes.], s. Eisenhart, Ernst Ludwig August: De pignoribus imperii Romani locus Servii Grammatici ad Virgil. Aen. L. VII. v. 188 expensus.

Wernsdorf, Johann Christian, s. Wernsdorff

Wernsdorf, Jul., Grundriss des Systems der Soziologie u. die Theorie des Anarchismus. 2 Bde. (IX, 104 u. VIII, 104 S.) gr. 8. Jena 906. (H. W. Schmidt.) à n. 3.—

Wernsdorf, Julius: Das kapitalistische **Konzentrationsgesetz** in der Pforzheimer Bijouterieindustrie. Ein Beitrag zur Erkenntnis d. Zusammenhanges d. gewerbl. Betriebssysteme u. Grössenformen im Nachgang zu d. Erhebungen d. Vereins f. Sozialpolitik über d. Lage der dem ehemal. Zunfthandwerk angehörigen Gewerbe in Deutschland. *Stuttgart: W. Kohlhammer 1899.* (IV, 133 S.) 8° [δ.]
Freiburg i. B., Rechts- u. staatswiss. Diss. v. 1899

Das kapitalistische **Konzentrationsgesetz** in der Pforzheimer Bijouterieindustrie. Ein Beitr. z. Erkenntnis d. Zusammenh. d. gewerbl. Betriebssysteme u. Grossenformen im Nachgang zu d. Erhebungen d. Ver. f. Socialpol. uber d. Lage der dem ehemal. Zunfthandwerk angehörigen Gewerbe in Deutschland. Von Julius **Wernsdorf**. *Stuttgart: W. Kohlhammer 1899* (IV, 133 S.) 8° [δ.] (99. 3119)

Darstellung der verschiedenen Strahlungen, von der elektrischen Strahlung mit der grössten Wellenlänge bis zu den ultravioletten Strahlen mit der kürzesten Wellenlänge. I. Teil. — Von P. Heinrich Wernsdörfer, G.-L., O. S. B. 1906, München, Fr. X. Seitz. — P. 3—77.
Progr. Schaftlarn, K. Progymn.

Dasselbe. II. Teil. — Von P. Heinrich Wernsdörfer, G.-L., O. S. B. — 1907, München, Fr. X. Seitz. — P. 3—47.
Progr. Schaftlarn, K. Progymn.

Wernsdorff, E. Fr. Dissertatio de Septimia Zenobia, Palmyrenorum Augusta. 4. Lipsiae 1742.

Ein Jahr in Rhodesia. (1896 1897.) Skizzen aus Natal u. Zululand. Selbsterlebtes von Fritz Wolf v. Wernsdorff. Berlin: O. Janke [1899]. (IV, 168 S.) 8°
(Collection Otto Janke.)

Wernsdorff, G. G., s. Wernsdorf, Gregor Gottlieb

Wernsdorff, Gottlieb: Exercitatio historico-critica de commercio angelorum cum filiabus hominum ab Judaeis et patribus platonizantibus credito. Wittebergae 1742.
Vgl. Wernsdorf.

Wernsdorff, Gottlieb (Wittenberg) A. S. 25/12

Ad concordatum Henrici V. et Callisti II. de investituris episcorum et abbatum.
Präs. Jo. Wilhelm Hoffmann.
Wittenberg (Eichsfeld) 10. X. 1739. 64 S.
36434

Wernsdorff, Gli., disputationes academiae dogmatici, exegetici, polemici et historici argumenti, cum vita auctoris et indice ed. Ch. H. Zeibich. II Vol. 4. Wittenb. Ahlfeld. 736—37.

— de fide historica libror. Maccabaeicor. qua Frölichii annales Syriae eorumque prolegom. ex instituto examinantur etc. 4. Breslau, W. G. Korn. 747.
Vgl. Wernsdorf

— de indifferentismo religionum commentatio. 8. Vittebergae, Henning. 754.
Vgl. Wernsdorf

— de indifferentismo religionum, od. Bericht v. Allersmanns Glauben. deutsch. 8. Wittenb. Zimmermann. 754.
Vgl. Wernsdorf

— — dasselbe, nebst d. Abhdl. v. Ansehen d. symbol. Bücher. 8. Ebend. 754.

— Reformationshistorie. 8. Wittenberg, Zimmermann. 717.

Wernsdorff, M. Gottlieb: De republica Galatarum liber singularis, in quo cum gentis origo, status regiminis, mores et res gestae fide scriptorum et numismatum antiquorum exponuntur, tum Galatiae regio describitur adjecta ejusdem tabula geographica cum indice locupletissimo. Norimbergae 1743. 350 S. 8°.
Vgl. Wernsdorf

Wernsdorff, Glieb, Commentatio historica de crinitis regibus Francorum Merovingicae stirpis, qua simul probatur, nummos, quos vulgo Gothicos appellamus, ad hosce reges referendos videri. Vitembergae 1742. 4. . . . . (D.)

— Samml. einiger auf d. Preisaufgabe von d. Kraft d. göttl. Worts eingesendeten Schriften; mit e. Vorrede d. theolog. Fakultät zu Jena, mit e. Vorbericht herausgegeben. gr. 8. Leipz. 760. Breitkopf u. H. 18 gl.

Wernsdorff, Johann Christian

Wernsdorf, J. C., ad historiam nativ. Chr. annotationes e re poetica. Helmst. 1765. 4.

— J. C., de columba, figura Sp. S. ad Tertull. adv. Valent. 1, 3. Ibid. 1770. 4.

— de columba sancta Syrorum. Helmst. 1761. 4.

— J. C., dies sanguinis et hilaria Romanorum cum paschate Christianorum collata. Helmst. 1763. 4.

— Diss. Claudii Lysiae epistola et Tertullii oratio Actor XXIII, 25—30 et XXIV, 1—8, ad disciplinam rhetorum exactae. Auct. et resp. filio Jh. Chr. Gottl. Wernsdorfio. 4. Helmst. 773.

Wernsdorff, Jh. Chr., († d. 25. Aug. 1793.) exercitationes antiquitatum Balearicarum. 4. Braunschw. 760. (Schulbuchh.) 6 gl.

— oratio in memoriam ducis Caroli Brunsv. 4. Helmst 780. Kühnlin. 4 gl.

— Diss. de pignoribus imperii Romani. locus Servii grammatici ad Virgilii Aen. VII, 188 expensus. 4. Helmst 786.

— s. Poëtae, latini minores.

Wernsdorf, J. C., de vera ratione exorcismorum ecclesiae veteris. Viteb. 1749. 4.

Gedichte von Rose v. Wernsdorff. (Königsberg i. Pr. [1905]: Ostpr. Dr.) (56 S.) 8° [J.] (05. 3360) 10

Wernigen, Wilh., das Problem der Lebenskraft und seine Beziehung zum Heil-Magnetismus. (8 S.) 8. Schmiedeberg (909). F. E. Baumann. —15

Wernthal, Fritz (Fritz Osw. Bilse), stille Wege. Roman. (272 S.) 8. Berlin 907. F. Fontane & Co. 3.—; geb. 4.—

Wernus Zögling. 8. Berl. 797. (Reimer). 1 ₰

Wernu's Zögling. 8. Berl. Unger. 797.

Werny, Anton, Referendar in Cöln: Die Stellung des Testamentsvollstreckers, besonders im Hinblick auf die Auseinandersetzung unter den Miterben. Cöln 1908: Greven & Bechtold. (84 S.) 8° [J.]
Leipzig, Jur. Fak., Diss. v. 18. Mai 1908
[Geb. 15. Dez. 82 Cöln a. Rh.; Wohnort: Cöln; Staatsangeh.: Preußen; Vorbildung: Kaiser-Wilhelm-Gymn. Cöln Reife O. 02; Studium: München 1, Berlin 2, Bonn 3 S.; Rig. 5. Juni 05.]

Werny, E. A., das Prello auf der Reise, od. wie kann Feuer solche große Dinge thun; kom. Roman. 8. Nordhaus. 823. (Dörffling in Leipz.) 18 gl.

Werny, (E. A.,) das Prello auf der Reise, od. wie kann Feuer solche große Dinge thun; kom. Roman. 8. Nordh. 823, Landgraf. Rthlr.

Wernz, J., Grundzüge der deutschen Civilprozeßordnung. 2., unveränd. Abdr. [Aus: „Hauser's Zeitschr. f. Reichs- u. Landesrecht".] gr. 8. (56 S.) Nördlingen 879. Beck. n. 1. 40

Wernz, J., Commentar zur Prozeßordnung in bürgerlichen Rechtsstreitigkeiten für das Königr. Bayern. 10 Hefte. Lex.-8. (VII, 943 S.) München 869—72, Oldenbourg. à Heft * *M.* 1,60. *

Wernz, Joh., eine Auswahl v. Kernobstsorten, übersichtlich zusammengestellt nach ihrem Werte. 4. (27 S.) Dürckheim 881. Lang. n. — 70

Wernz, Philipp, Rechtsprakt.: **Die Stellvertretung der deutschen Staatsoberhäupter in Fällen vorübergehender Regierungsunfähigkeit.** Speier a. Rh. 1910: **Kranzbühler.** 36 S. 8°
Heidelberg, Jur. Diss. v. 8. Dez. 1910, Ref. Jellinek
[Geb. 7. März 82 Rehhütte; Wohnort: Rehhütte; Staatsangeh.: Bayern; Vorbildung: Gymn. Speier Reife Juli 01; Studium: Technol. München Techn. Hochsch. 4, Jura Univ. 1, Straßburg 1, Würzburg 1, Berlin 2, Würzburg 2 S.; Rig. 17. Nov. 10.] [U 11. 2164

Wero, J. v. Gott, die sizilianische Vesper, s.: Bilder aus der Geschichte d. Mittelalters u. der Neuzeit.

Werr, Carl, s. Werr, Karl

Geschichte des Cartellverbandes der Kath. Deutschen Studentenverbindungen. Hrsg. im Auftr. d. C. V. von Fl[orian] **Werr,** Pfarrer. 2. verm. Aufl. Berlin 1900: Germania. 719 S. 8° A 12. 2190

Werr, Geo., Lehrbuch der französischen Sprache, s.: Boerner, Otto.

Werr, G.: Französ. Lesebuch, s. Gassner, H.

Werr, Joseph [Gerichtsref. aus Düren]: **Das Recht des Eigentümers zur Vertiefung seines Grundstücks nach gemeinem Recht und dem Bürgerlichen Gesetzbuch ... Düren, Actienges.** f. Zeitungsverl. u. Druckerei, 1896; 44 S. 8.
Erlangen, Jur. Fak., Inaug.-Diss. v. 1896

Werr, Karl

Werr, C.: Quid de aequilibrio corporis, quod circa axem fixum et horizontalem versari potest in singulis, quas obtinere potest, positionibus statuendum sit. Berol. 1865. 21 S.
Schul-/Univ.-Schrift

Werr, Carolvs (geb. am 20 Aug. 1842 in Wetzlar): Qvid de aeqvilibrio corporis, qvod circa axem fixvm et horizontalem versari potest in singvlis, qvas obtinere potest, positionibvs stadvendvm [!] sit ... Bonnae, typ. F. Krvegeri (1865). 2 Bl., 21 S., 1 Bl. 8.
Bonn, Phil. Fak., Diss. v. 27 Juli 1865

WERRA, Hermann von. Eine Brautnacht und ihre Freuden. Dresden, A. G. Müller (um 1890). 8°.
Verb. d. AG. Lauban IV D. 160/96.

Werra, Joseph de: Les eaux thermales de Loeche-les-Bains, Valais . . . Avec un tableau des chemins de fer et des routes de la Suisse [et couverture illustrée]. 51 S. 8. Vienne 1886. Braumüller.
(Braumüller's Bade-Bibliothek Nr. 11.)

Werra, Jos[eph] de. Les eaux thermales de Loeche-les-Bains.... Valais.... (Avec une carte itinéraire des chemins de fer et des routes [et couverture illustrée].) 8. Lucerne 1891.

Werra, Josef und Karl Wacker

Werra u. Wacker, aus allen Jahrhunderten, s. a. Sammlung illustr. Charakterbilder f. Schule u. Haus. II. 1.

Werra u. Wacker. **Aus allen Jahrhunderten. Illustrierte geschichtliche Charakterbilder, für Schule u. Haus.** 3 Bde. gr. 8. Münster i. W., H. Schöningh. * 10 80; geb. in 1 Bd. * 12 80; in 3 Bdn. * 14 50
1. Das Altertum. Mit 8 Vollbildern u. 35 Illustr. im Text. (IV, 220 S.) 889. * 3 20; geb. * 4 50.
2. Mittelalter. (260 S. m. 5 Vollbildern und 57 Illustr. im Text.) 890. * 3 80; geb. * 5 .
3. Neuere Zeit. (294 S. m. 2 Vollbildern u. 52 Illustr. im Text.) 890. * 3 80; geb. * 5 —.

Aus allen Jahrhunderten. Hist. Charakterbilder f. Schule u. Haus zsgest. u. hrsg. von Dr. [Josef] **Werra,** Gymn.L. in Münster, u. Dr. [Karl] Wacker, Gymn.L. in Aachen. Mit Vollbild. u. Ill. Bd 1—3. *Münster: H. Schöningh [1896—97].* 3 Bde 8° [J.]
1. Das Altertum. 1896. 2. Das Mittelalter. 1897. 3. Neuere Zeit. 1897.
— Sammlung illustr. Charakterbilder f. Schule u. Haus. Bd 2, 1 3. [ ]

Aus allen Jahrhunderten. Hist. Charakterbilder f. Schule u. Haus zsgest. u. hrsg. von Dr. [Josef] **Werra,** Gymn.Dir., u. Dr. [Karl] Wacker, Sem.Dir. Mit Vollbild. u. Ill. 2. Aufl. Bd 1—3. Münster i. W.: H. Schöningh 1900[—03]. 3 Bde 8° [J.]
1. Das Altertum. 1900. 2. Das Mittelalter. 1903. 3. Die Neuzeit. 1903.
— Sammlung illustr. Charakterbilder. Bd 2. [ ] 1897

Werra, Joseph de [von Sion Kt. Wallis]: Ueber die Konstitution der Monochlormetatoluidine und der ihnen entsprechenden Carbonsäuren. Zur Kenntnis des o- und m-Tolylhydroxylamins. Zürich 1902. 106 S. 8°.
Zürich, Phil. Diss. II. S. 1902/1903.

Werra, Joseph de. **Ueber die Konstitution der Monochlormetatoluidine und der ihnen entsprechenden Carbonsäuren. Zur Kenntnis des o- und m-Tolylhydroxylamins. Diss. Phil. [II.] Univ. Zürich.** 108 S. 8. Zürich, J. Frank, 1902.

Werra, Joseph de. Der Kurort Leukerbad ... im Kanton Wallis ..., von Dr. Med. Josef von W.... (Mit einem Uebersichtskärtchen der Eisenbahn- und Strassen-Verbindungen [und illustriertem Umschlag].) 8. Luzern 1891.

Werra, Joseph de. Der Kurort Leukerbad ... im Kanton Wallis ..., von Dr. Med. Josef von W.... (Mit einem Uebersichtskärtchen der Eisenbahn- und Strassenverbindungen [und illustriertem Umschlag].) 8. Sitten 1895.

Werra, Jos. v., der Kurort Leukerbad [Bad Leuk, Loëche-les-Bains] im Canton Wallis [Braumüller's Badebibliothek, 18]. 8. (60 S. mit 1 Karte.) Wien 886, Braumüller. *
Französ. Ausg. [Braumüller's Badebibliothek, 41]. (51 S. mit 1 Karte.) *

Werra, Jos[eph] de. Loeche-les-Bains.... **Ses eaux thermales. Son climat d'altitude.** [Avec **1** illustration et 1 carte.] 8. Lucerne [1898].

(**Werra,** [Josef], Dr. Dir.): [**Nachruf** für den verstorbenen Oberlehrer **Dr. Kuklinski.**] *Vechta 1903: Vechtaer Druckerei.* (S. 9.) 4°
Vechta, großh. kath. G, P 1903 (771)

Xenophons Anabasis. Für d. Schulgebr. in verkürzter Form hrsg. von Dr. Joseph Werra, Gymn.-Dir. zu Vechta i. O. Mit 1 Karte. (Text) *Münster i. W.: Aschendorff 1899.* 8°
(Aschendorff. Sammlung lat. u. griech. Klassiker)

Werra, Leo von. Die Krisis in der Schweizerischen Pferdezucht. Dem Schweizervolk gewidmet. [Mit illustriertem Umschlag.] 28 S. 8. Sitten, Buchdr. F. Aymon — **Aufdruck:* Aarau, Verlag Emil Wirz —, 1904. [fr. 1. —]

Werra, Theobald, Hans Röders Abenteuer. 8⁰. Leipzig, Ernst Wiest, s. a. (Sammlung socialist. Jugendschriften.)

Werra, Theobald, Hass und Liebe. (Frei nach Romeo und Julia auf dem Dorfe von Gottfried Keller.) 8⁰. Leipzig, Ernst Wiest, s. a. (Sammlung socialist. Jugendschriften.)

Werra, Theobald, Lesebuch f. Kinder aufgeklärter Eltern. 1. u. 2. Tl. gr. 8. (VII, 80; IV, 92 S.) Leipzig 892. E. Wiest. a n. — 75; geb. in Leinw. à n. 1. 20

Werra, Theob., Lesebuch f. Kinder aufgeklärter Eltern. I. u. III. Tl. 2. Aufl. gr. 8. (VII, 80 u. IV, 92 S.) Leipzig 892. 93. E. Wiest Nachf. à n. — 75 geb. in Leinw. à n. 1. 20

— Preußen an der Kulturbremse! Die neue Volksschulgesetz-Vorlage u. ihre unausbleibl. Folgen. 1.–4. Aufl. 8. (24 S.) Ebd. 892. * — 10

— Der Schutzmann kommt! Ein pädagog. Mahnruf an alle Eltern u. Erzieher! gr. 8. (32 S.) Ebd. 892. * — 20

— Treu bis in den Tod. (Frei nach Enoch Arden von Adf. Tennyson.) 8⁰. Leipzig, Ernst Wiest, s. a. (Sammlung socialist. Jugendschriften.)

Werra, Muller v. der
s. Muller v. der Werra, Friedrich Konrad.

Werrabote.
Meiningen. 3.III.1903 – 31.XII.1925

Werrathal [Schlagwort]

Werrathal. Deichmann, L., Vogelschau-Karte des mittleren Werrathals Eschwege, Treffurt, Heldrastein. Lichtdr. nach e. Relief, modelliert v. D. 1 : 100,000. 10,5 × 23,5 cm. Cassel 897. L. Deichmann. n. 1. —

Werra-Zeitung.
Meiningen. 13.III.(?)1885 – 31.VIII.(?)1896.

Werren, B. G., Baltische Briefe. 8. (199 S.) Hamburg 870, Hoffmann und Campe.

Werren, Jakob

Werren, J., physikalischer Gruppenunterricht. Prakt. Wege zur Selbstbetätigg. der Schüler. Mit Vorwort v. Arnold Schrag. (59 S. m. Abbildgn.) gr. 8. Bern 910. A. Francke. 1.20

W(erres), F. H. Rückblick auf die Geschichte des Herzogthums Cleve überhaupt und der Stadt Wesel im besonderen während des Cleveschen Erbfolgestreites 1609—66. 8. Wesel 1829. — 2. Aufl. 1830

Werres, Karl Anton

— Fr. Hoffmann IX., Gesundheitsregeln.

Rückblick auf die contagiöse Augenentzündung am Niederrhein, von Carl Ant[on] Werres. Cöln 1826: Du Mont-Schauberg. VIII, 47 S. 8°

Erstes Schutzmittel und Specificum gegen die contagiöse Augenentzündung am Niederrhein; e. Streitschrift gegen alle Vertheidiger dieser Krankheit, ... von Carl Anton Werres. Köln: Bachem 1821. 33 S. 8°

Werrlein, C. W., einfache u. sichere Behandlungsweise der von wüthenden Thieren verursachten Verletzungen, als erprobtes Schutzmittel gegen den Ausbruch der todtlichen Wuthkrankheit, für Aerzte u. Nichtärzte. Nach vieljahr. Erfahrungen. gr. 8. (31 S.) Mitau 850, Reyher. 1/6 ꝛf

Werro, R[omain]. Notice sur la vie et les écrits de Sébastien Werro, prévot et curé à Fribourg au 16me siècle; publiée par R. W.... 8. Fribourg en Suisse 1841.

Werro, Romain s. Recueil diplomatique du Canton de Fribourg. Volume 1er 4°. Fribourg en Suisse 1839–1844.

Werrow, Wera, Primula veris. Gedichte. (VII, 144 S.) 8. Dresden 905. E. Pierson. n. 2. —; geb. n. 3. —

— **Ulrike.** Ein Bilderbuch f. unsere Großen. Mit 70 Illustr. v. Erwin Walter. (XI, 256 S.) 8. Ebd. (906). n. 3. —; geb. n. 4. —

Werry, F.: Jean Jacques Rousseau und sein Einfluss auf die höheren Schulen Deutschlands. Mülheim an d. R., R., 1869. 9 S. 4. Progr.

Worry, F[erdinand], Prof.: Zum Gedächtnis Ebelings, (des einstigen langjährigen Direktors der Anstalt, gest. in d. Nacht vom 18. zum 19. Dez. 1899.) *Vegesack (1900): F. W. L. Borowsky.* (S. 21–28.) 4° [A.]
Vegesack, RG. P. 1900 (782)

Werry, *Ferdinand Carl Wilhelm:* Zur Vorgeschichte des Realgymnasiums zu Vegesack. 8 (S. 3–12)
Begrüßungsschrift f. d. Philologen-Vers. Bremen Rg. *Vegesack* 1899
Nicht im Tauschverkehr
Progr.

Wersaint, J. M., Cours de littérature Française, adopté à la méthode d'Ollendorff. Eine stufenweise geordnete Auswahl v. Meisterstücken französ. Prosa u. Poesie d. 17., 18. u. 19. Jahrhunderts. Als Lesebuch beim Unterricht in der franz. Sprache mit besond. Berücksichtigung der franz. Grammatik nach Ollendorff's Methode für den Schul- u. Privat-Gebrauch eingerichtet. 8. (XX u. 523 S.) Frankfurt a. M. 852, Jügel. 7/8 ꝛf

Wersaint, J. M., **Cours** de littérature française adapté à la méthode d'Ollendorff. — Eine stufenweise geordnete Auswahl von Meisterstücken französ. Prosa u. Poesie des 17., 18. u. 19. Jahrh. Als Lesebuch beim Unterricht in der französ. Sprache mit besonderer Berücksichtigung der französ. Grammatik nach Ollendorff's Methode für den Schul- u. Privatgebrauch eingerichtet. 2., sorgfältig durchgesehene Aufl. Frankfurt a. M. 866. Jügel's Verl. 8. (XX, 523 S.) cart. 27 ngr.

Wersaint, J. M., französische Grammatik für den Schul- und Privat-Unterricht. Zugleich als 2. oder theoretisch-prakt. Kursus der französ. Sprachlehre von P. Gands. 5. Aufl., verb. und umgearb. von Charles-Jos. Naas. 8. (III, 407 S.) Frankfurt a. M. 888, Jügel's Verlag. cart.

Wersaint, J. M., neue u. praktische Methode in kürzester Zeit das Französische richtig aussprechen u. lesen zu lernen. Als Einleit. in jede Grammatik, zunächst aber in die Ollendorff'sche Methode. Für den Elementarunterricht bearb. 8. (11 B.) Frankfurt 816, Jügel.

Wersaint, J. M., Ollendorff's neue Methode die französ. Sprache zu lernen, s. Ollendorff.

Wersaint, J. M., H. G. Ollendorff's neue Methode, die französische Sprache in sechs Monaten lesen, schreiben und sprechen zu lernen. 2. oder theoret.-prakt. Cursus. Nach dessen Grammatik für Engländer bearb. u. für den deutschen Schul- u. Privat-Unterricht eingerichtet. 2. verb. u. verm. (Titel-)Aufl. Frankfurt a. M. (851.) 856. Jügel's Verlag. 8. (VIII, 444 S.) 26¼ ngr.

— — H. G. Ollendorff's neue Methode die französische Sprache in sechs Monaten lesen, schreiben u. sprechen zu lernen. 2. oder theoretisch-praktischer Cursus. Nach dessen Grammatik für Engländer bearb. u. für den deutschen Schul- u. Privatunterricht eingerichtet. 3., verb. Aufl. Ebend. 865. 8. (VIII, 443 S.) cart. 27 ngr.; Schlüssel dazu (IV, 195 S.) cart. 10½ ngr.

— Schlüssel zum 2. oder theoretisch-praktischen Cursus von H. G. Ollendorff's neuer Methode die französische Sprache in sechs Monaten lesen, schreiben und sprechen zu lernen. Die Uebungen zu den Regeln, die Erklärung der Idiotismen und der Synonymen, sowie die Uebersetzung der darin vorkommenden Aufgaben enth.; für Lehrer und zum Selbstunterricht eingerichtet. 8. (IV und 194 S.) Frankfurt a. M. 851, Jügel's Verlag.

—— Schlüssel zum 2. oder theoretisch-prakt. Cursus von H. G. Ollendorff's neuer Methode die französ. Sprache in sechs Monaten lesen, schreiben und sprechen zu lernen. Die Uebungen zu den Regeln, die Erklärung der Idiotismen und der Synonymen, sowie die Uebersetzung der darin vorkommenden Aufgaben enthaltend; für Lehrer und zum Selbstunterricht eingerichtet. 2., durchges. (Titel-)Aufl. 8. (V und 191 S.) Frankfurt a. M. 856, Jügel's Verlag.

Wersaint, J. M., französische Sprachlehre, s. Ollendorff, H. G.

—— traité complet des déclinaisons et des verbes irréguliers allemands à l'usage des Français et de tous les établissements d'instruction etc. Supplém. à la grammaire allemande d'Ollendorff. 8. (138 S.) Francfort s. M. 847, Jügel.

Wersak, Jos., Unterricht für d. ausübenden böhm. Landwirth über d. Verbesserung d. Landwirthschaft. 8. Prag 806. Widtmann. 20 K

WERSAK Wenzel August. Gedanken über die Menschen. Eine philosophische Abhandlung. Mosle, Wien 1784.

(WERSAK Wenzel August) Rechtfertigung der angegriffenen Vorlesung des Herrn von Sonnenfels, zur Erbauung ihrer bisherigen Vertheidiger. (Von –). Trattner, Wien 1781. 1 vol. 126 S.

– Züge zur Zeichnung der Verdienste des ... Hofrathes Joseph von Sonnenfels um Gelehrsamkeit und Staat ... von –. Taubstummeninstitut, Wien 1792. 1 vol. 36 S. + 1 Kpf.

Wersch, B., s.: Lesebuch nebst fachkundlichen Anhängen f. Fortbildungs-, Fach- u. Gewerbeschulen.

Wersch, B., s.: Merkbuch f. Fortbildungsschulen.

Wersch, Jac. van, das Hl. Meßopfer in seiner Wesenheit u. in seiner Feier. Für das christl. Volk dargestellt u. erklärt. 12. (VIII, 842 S.) Straßburg 895. F. X. Le Roux & Co. Kart. n. 1.50

Wersche, Karl

Methode Rustin. Geschichtliche Selbstunterrichtsbriefe ... Hrsg. vom Rustinschen Lehrinstitut ... Bearb. von Oberl. Dr. Karl **Wersche**. Lfg 1. *Potsdam & Leipzig: Bonness & Hachfeld [1902].* 4°(8°) [F.]
= **Selbst-Unterrichts-Briefe.** [13.] Lfg 1. [03. 10351]

Wersche, Carl (aus Nakel in Posen): **Das staatsrechtliche Verhältniß Polens zum Deutschen Reich während des Mittelalters** .... (Aus: Zeitschr. d. Hist. Ges. f. d. Prov. Posen.) **Posen, Druck v. E. Schmädicke, 1887;** 48 S. + 1 Bl. 8°

Berlin, Phil. Fak., Inaug.-Diss. v. 26. Nov. 1887

Wersche, Carl, das staatsrechtliche Verhältniß Polens zum deutschen Reich während des Mittelalters. Diss. Berlin 1887. 8°. 48 S.

Sonder-Abdruck aus: Zeitschrift der Historischen Gesellschaft für die Provinz Posen. Jahrgang 1887.

Werschinger, F. L., Die Unfallverhütung in der Land- und Forstwirtschaft. Vorschläge für Unfallverhütungs - Vorschriften etc. 8°. München, Schweitzer's Verl., 1894.

Werschowitze, oder der Schwur der Rache an den Todtengrüften des Schreckensteins. Ritter- u. Geistergeschichte aus der Vorzeit Böhmens. 8. Leipzig 836. Klein. 1 ₰ — 2e Abthl., s. E. C. B. Dietrich.

Wersdorff, Max, aus Bingen (Grossh. Hessen): **Beitrag zur** Geschichte der Inclination im Französischen. ***Münster 1900:*** *J. Bredt.* (48 S.) 8°

Münster, Phil. Diss. v. [25. Apr.] 1900

Wersebe, August v.

v. Wersebe, Dieter. Aug. Ad., († d. 13. Jan. 1831.) Bemerkungen über gleiche Besteuerung d. Provinzen d. Königr. Hannover. 8. Hannov. 815. Hahn. 12 K

Wersebe, Aug. v., Beschreibung d. Gaue zwischen Elbe, Saale u. Unstrut, Weser u. Werra, in sofern solche zu Ostfalen mit Nord-Thüringen u. zu Ost-Engern gehört haben, u. wie sie im 10. u. 11. Jahrh. befunden sind. Eine gekrönte Preisschr. gr. 4. (37½ B. u. 1 Karte, gr. Fol.) Hannover 829, Hahn.

— üb. die niederländ. Colonien, welche im nördl. Deutschland im 12. Jahrh. gestiftet worden. 1r Bd. gr. 8. Ebendas. 815.

v. Wersebe, Dieter. Aug. Ad., üb. d. niederländ. Colonien, welche im nördl. Deutschland im 12. Jahrhunderte gestiftet worden, weitere Nachforschungen mit gelegentlichen Bemerkt. zur gleichzeit. Geschichte. 2 Bde. gr. 8. Hannov. 816. N. A. 826. Hahn. 4 ₰ Velinp. 6 ₰

—— über d. Vertheilung Thüringens rc., s. Beiträge zu d. teutschen, besond. thüring. Gesch. d. Mittelalters, hrsg. v. L. F. Hesse, 1. Thl. 1. Abthl.

Wersebe, Aug. v., üb. d. Vertheilung Thüringens zwischen d. alten Sachsen u. Franken, 2. Hälfte, s. Beiträge zu d. teutsch., besond. thüring. Geschichte d. Mittelalters, 1. Bd. 2. Abthl.

Wersebe, August von. Über die Vertheilung Thüringens zwischen den alten Sachsen und Franken. Hamburg 1834—36. H: *Hesse, Ludwig Friedrich.* (Kat. d. Bibl. d. dtsch. Reichstages. Berl. 1882.)

— über d. Völker u. Völkerbündnisse d. alten Deutschlands; nochmals versuchte, größtentheils auf ganz neue Ansichten gegründ. Erläuterung. gr. 4. Hannov. 826. Hahn. 2 ℛ︀ 16 g︀ℊ Weiß Pap. 3 ℛ︀

Wersebe, Dieterich August Ad. v., s. W e r s e b e, August v.

Wershoven, Christian (geb. am 1 Nov. 1859 in Godesberg): Ueber den Einfluss des Weingeistes auf die menschliche Haut hinsichtlich der Wasserverdunstung und Wärmeabgabe . . . Bonn, Univ.-Buchdr. v. C. Georgi 1885. 34 S., 1 Bl. 8.
Bonn, Med. Fak., Diss. v. 21 März 1885

Wershoven, Franz Jakob [aus Ahrweiler]: Das elektrische L e i t u n g s v e r m ö g e n von Kadmiumsalzen bei starker Verdünnung der Lösungen und bei grossen Temperaturunterschieden . . . (Aus: Zeitschr. f. physik. Chemie. Bd. V.) Leipzig, Wilhelm Engelmann, 1890; 47 S. 8°
Tübingen, Naturw. Fak., Inaug.-Diss. v. 1890.

Wershoven, Franz Josef

Wershoven, F. J. (Hrsg.), s. A r a g o, François: James Watt.

Wershoven, F. J., ascensions, voyages, aériens, évasions, s.: Schulbibliothek, französ. u. engl.

Wershoven, F. J., s.a. Biographies historiques.

Biographies historiques von Dhombres, Monod, Duruy, Cons, Roche, Wirth, Ferry, Bourdon. Für d. Schulgebr. hrsg. von Prof. Dr. F[ranz] J[osef] Wershoven. [Nebst] Wörterbuch. *Glogau: C. Flemming 1902.* 2 Bde 8°
= Schriftsteller, Englische u. französische, d. neuer. Zeit. Bdch. 8. [03.1970]

Wershoven, F. J., contes de noël, s.: Textausgaben französischer u. englischer Schriftsteller. 85. Bd.

— Conteurs modernes, s.: Auteurs français.

— conversations françaises. Stoffe u. Vokabular zu französ. Sprechübgn. Nach den Fordergn. der neuen Lehrpläne bearb. 12. (III, 92 S.) Cöthen 902. O. Schulze Verl. Geb. in Leinw. n. 1. 10

Wershoven, F. J., Conversations françaises. Stoffe u. Vokabular zu französ. Sprechübgn. Nach den Fordergn. der neuen Lehrpläne bearb. 2., verb. u. verm. Aufl. (III, 114 S.) kl. 8. Cöthen 904. O. Schulze Verl. Geb. in Leinw. n. 1. 25

— English-French dictionary u. dictionnaire français-anglais, s.: Liliput-Wörterbücher.

Wershoven, F. J., British eloquence, } s.: Textausgaben französ. u. engl. Schriftsteller f. d. Schulgebrauch, Bd. 32 u. 81.

— l'éloquence française depuis la Révolution jusqu'à nos jours, } s.: Textausgaben französ. u. engl. Schriftsteller f. d. Schulgebrauch, Bd. 32 u. 81.

— England. Für Lektüre u. Sprechübgn. in d. Oberklassen höh. Schulen. gr. 8. (VI, 112 S.) Cöthen 896. O. Schulze Verl. Kart. n. 1. 25

— England. Englisches Lese- u. Realienbuch f. höh. Lehranstalten. 2., verb. Aufl. (IV, 115 S. m. 4 Abbildgn. u. 1 Karte.) gr. 8. Ebd. 904. Kart. n. 1. 40

— England and the English, s.: Textausgaben französ. u. englischer Schriftsteller, Bd. 29.

— great Englishmen, s.: Writers, modern English.

— great English women, s.a. Schulbibliothek französ. u. engl. Prosaschriften.

Great e n g l i s h w o m e n. Biographien hervorragender engl. Frauen. F. d. Schulgebr. bearb. u. erkl. v. Prof. Dr. F[ranz] J[osef] Wershoven. M. d. Bildn. d. Königin Elisabeth. Ein Wörterb. ist gesondert ersch. Berlin: R. Gaertner 1898. 2 Bde 8°
Englishwomen. (4 Bl., 87 S., 1 Portr.) Wörterb. (41 S.)
(Schulbibliothek französ. u. engl. Prosaschriften a. d. neueren Zeit. Abt. II. Bdch. 31.)

— épisodes de la guerre de 1870—71, s.: Prosateurs modernes. 17. Bd.

— Erzählungen aus dem französ. Schulleben, s.: Schulbibliothek, französ. u. engl. C. 34.

— Great explorers and inventors, s.a. Schulbibliothek französischer u. englischer Prosaschriften.

Wershoven, F. J., great explorers and inventors, s.:

— Lehr- u. Lesebuch der französischen Sprache f. die Unterstufe. 1. u. 2. Tl. 8. Cöthen 893. O. Schulze, Verl. n. 1. 55
1. (VIII, 76 S.) n. — 75. — 2. (VIII, 95 S.) n. — 80.

— s.: Explorers, modern.

— femmes célèbres de France, s.a. Schriftsteller, engl. u. französ., der neueren Zeit. 11.

Femmes célèbres de France. Für d. Schulgebr. hrsg. von Prof. Dr. F[ranz] J[osef] Wershoven. [Nebst] Wörterbuch. *Glogau: C. Flemming 1902.* 2 Bde 8°
= Schriftsteller, Englische u. französische, d. neuer. Zeit. Bdch. 11. [03.1974]

— Français célèbres, s.a. Auteurs français.

Français célèbres. Biographien franz. Herrscher, Staatsmänner, Feldherren, Dichter, Gelehrten, Entdecker, Erfinder d. neueren Zeit. Für d. Schulgebr. hrsg. von Prof. Dr. F[ranz] J[osef] Wershoven. [Text.] Trier: J. Lintz 1908. 8°
= Auteurs français. 9. [08. 2019]

— Français illustres, s.: Prosateurs modernes, 14.

— Françaises illustres, s.: Schulbibliothek, französische u. englische. C. 30.

— la France, s.a. Textausgaben französ. u. engl. Schriftsteller f. d. Schulgebrauch, Bd. 28.

— la France. Wörterbuch, s.a. Textausgaben französ. u. engl. Schriftsteller. 28.

Wershoven, F. J., la France. Historische u. geograph. Charaktorbilder f. die französ. Lektüre an höheren Lehranstalten. Ausgewählt u. mit Anmerkungen versehen. gr. 8. (89 S.) Köthen 882. Schulze. n. — 75

— Frankreich. Realienbuch f. d. französ. Unterricht. Geographie u. Geschichte Frankreichs. Staatseinrichtgn. Geschichte d. französ. Sprache u. Literatur. Materialien zu Sprechübgn. u. Aufsätzen. gr. 8. (239 S.) Coethen 895. O. Schulze Verl. Kart. n. 1. 75

— Frankreich. Realienbuch f. den französ. Unterricht. Geographie u. Geschichte Frankreichs. Staatseinrichtungen. Geschichte der französ. Sprache u. Litteratur. Stoffe zu Sprechübgn. u. freien Arbeiten. Reden, Synonyma. 3. verb. Aufl. gr. 8. (VIII, 224 S.) Cöthen 903. O. Schulze, Verl. Kart. n. 2. 25

— Frankreich. Lese- u. Realienbuch f. den französischen Unterricht. Geographie u. Geschichte Frankreichs. Staatseinrichtungen. Geschichte der französ. Sprache u. Litteratur. Stoffe u. Muster zu Sprechübgn. u. freien Arbeiten. Reden. Synonyma. 5., verb. Aufl. (VIII, 225 S.) 8. Cöthen 910. O. Schulze Verl. Geb. in Halbleinw. 2. 25

Wershoven, F. J., französische Gedichte. Ausgewählt, geordnet u. m. erklär. Anmerkgn. u. e. Verslehre versehen. gr. 8. (52 S.) Cöthen 884. Schulze. n. — 60

Wershoven, F. J., französische Gedichte. Ausgewählt, geordnet u. m. erklär. Anmerkgn. u. e. Verslehre versehen. [Aus: „Französ. Lesebuch".] gr. 8. (56 S.) Cöthen 889. O. Schulze's Verl. n. — 60

— la guerre franco-allemand 1870—71, s.: Textausgaben französ. u. engl. Schriftsteller. 84.

— Hauptregeln der englischen Syntax. M. e. Anh.: Synonyma. 8. (IV, 47 S.) Trier 896. J. Lintz. Kart. n. — 60

Hauptregeln der Englischen Syntax. Mit e. Anh.: Synonyma. Von Prof. Dr. F[ranz] [Joseph] **Wershoven**. 2., verb. Aufl. Das Übungsb. ist gesondert erschienen unter d. Titel: Zusammenhängende Stücke z. Übers. ins Engl. *Trier: J. Lintz 1900.* (47 S.) 8° [F.]

— Hauptregeln der englischen Syntax. Mit e. Anh.: Synonyma. 3. verb. Aufl. (IV, 47 S.) 8. Trier 905. J. Lintz. Kart. n. — 60

— Hauptregeln der englischen Syntax. Mit e. Anh.: Synonyma. 4. verb. Aufl. (IV, 47 S.) 8. Trier 910. J. Lintz. Kart. — 60

Wershoven, F. J., Hilfsbuch für den englischen Unterricht an höheren Lehranstalten. [Materialien zu Sprechübungen und schriftl. Arbeiten. Lesebuch. Musteraufsätze. Geographie und Geschichte Englands. Englische Volksgebräuche und Staatseinrichtungen. Geschichte der englischen Sprache und Litteratur. Reden.] gr. 8. (VIII, 260 S. mit 2 Plänen.) Köthen 886, Schulze. *

—— Hilfsbuch für den französischen Unterricht an höheren Lehranstalten. [Materialien zu Sprechübungen und schriftl. Arbeiten. Musteraufsätze. Litterarhistorische Proben. Reden. Geographie, Geschichte und Volkskunde von Frankreich. Französische Staatseinrichtungen. Geschichte der französischen Sprache und Litteratur. Synonyma.] gr. 8. (VIII, 226 S.) Ebendas. 886. *

— Hilfsbuch für den französischen Unterricht an höheren Lehranstalten. [Materialien zu Sprechübgn. u. schriftl. Arbeiten. Musteraufsätze. Litterarhistorische Proben. Reden. Geographie, Geschichte u. Volkskunde von Frankreich. Französische Staatseinrichtgn. Geschichte der französ. Sprache u. Litteratur. Synonyma.] 2., verm. Aufl. gr. 8. (IV, 239 S.) Ebd. 890. n. 2. 25

— Hilfsbüchlein für d. Lektüre französ. Gedichte. Verslehre. Metrische Uebersetzgn. Prosabearbeitgn. Besprechgn. Aufsätze. gr. 8. (VII, 88 S.) Berlin 898. R. Gaertner. Kart. n. 1. —

— Histoire de Napoléon I., s.: Schriftsteller, englische u. französische, der neueren Zeit. 40.

— histoire de trois ouvriers français: Palissy — Jacquard — Richard-Lenoir, s.: Textausgaben französ. u. engl. Schriftsteller f. d. Schulgebrauch, 23. Bd.

— histoire de la révolution française, s.a. Schulbibliothek französ. u. engl. Prosaschriften. I. 37.

Histoire de la révolution française. Hrsg. u. erkl. von Prof. Dr. F[ranz] J[osef] **Wershoven**. Mit 6 Abb. u. 1 Plan von Paris. *Berlin: R. Gaertner 1900.* (VI, 156 S.) 8°
= **Schulbibliothek** franz. u. engl. Prosaschriften aus d. neueren Zeit. Abt. 1. Bdch. 37.

Histoire de la révolution française. Hrsg. u. erkl. von Prof. Dr. F[ranz] J[osef] **Wershoven**. Mit 6 Abb. u. 1 Pl. von Paris. 2., verb. Aufl. Berlin: Weidmann 1905. (VI, 160 S.) 8°
— **Schulbibliothek** franz. u. engl. Prosaschriften aus d. neueren Zeit. Abt. 1, Bdch. 37.

— English history, s.: Schulbibliothek, französ. u. engl. A.

— modern inventors, s.: Textausgaben französ. u. u. engl. Schriftsteller. 83.

— useful knowledge, s.a. Schulbibliothek französ. u. engl. Prosaschriften aus d. neueren Zeit, II. Abt.

Useful knowledge. Materialien zu Sprechübgn u. z. Lektüre. M. Anm. f. d. Schulgebr. hrsg. v. Prof. Dr. F[ranz] J[osef] **Wershoven** ... [Nebst] Wörterbuch [u.] Questions. *Berlin: R. Gaertner 1896. 97.* 3 Bdchn. 8. [Text.] 1896 (VIII, 111 S.) Wörterb. 1897 (49 S.) Questions 1896 (29 S.)
= **Schulbibliothek** französ. u. engl. Prosaschriften aus d. neueren Zeit. Abt. II. Bdch. 22.

Kriegsnovellen (1870—1871) von Daudet, Theuriet, Maupassant, Lemaître. Ausgewählt u. erkl. von Prof. Dr. F[ranz] J[osef] **Wershoven**. Mit 2 Abb. u. 1 Karte. [Nebst] Wörterbuch. Trier: J. Lintz 1907. (58, 26 S.) 8°
— **Auteurs** français. 3.

— lectures historiques, s.: Schulbibliothek, französ. u. engl. A.

— s.: Légendes du moyen âge.

— englisches Lehr- u. Lesebuch auf phonetischer Grundlage. gr. 8. (VIII, 228 S.) Bielefeld 886. Velhagen & Klasing. n. 2. —

— Lehr- u. Lesebuch der siamesischen Sprache u. deutsch-siamesisches Wörterbuch, s.a. Kunst, die, der Polyglottie.

Wershofen, Dr. F. J., Lehr- und Lesebuch der Siamesischen Sprache und Deutsch-Siamesisches Wörterbuch. Zum Selbststudium mit phonetischer Aussprache-Bezeichnung, Uebungs-Aufgaben und Lesebuch. 8. (VI, 181 S.) Geb. (Bibliothek d. Sprachenkunde. Bd 38.) Wien: Hartleben 1892. 1.10

— u. A. L. **Becker**, englisches Lesebuch f. höhere Lehranstalten. Mit erklär. Anmerkungen, Präparation, Wörterbuch, Aussprachebezeichnung. gr. 8. (VIII, 182 S. u. Wörterbuch 48 S.) Köthen 880. Schulze. n. 2. —

— dasselbe. 2., umgearb. Aufl. gr. 8. (VII, 258 S.) Ebend. 881. n. 2. 10

— u. A. L. **Becker**, englisches Lesebuch f. höhere Lehranstalten. Mit erklär. Anmerkgn., Präparation, Wörterbuch, Aussprachebezeichng. 3. Aufl. gr. 8. (VIII, 258 S.) Köthen 883. Schulze. n. 2. 10; Einbd. n.n. — 40

—— und A. L. Becker, englisches Lesebuch für höhere Lehranstalten. Mit erklärenden Anmerkungen, Präparation, Wörterbuch, Aussprachebezeichnung. 4. verm. und verb. Doppel-Aufl. 5. Aufl. gr. 8. (VIII, 324 S. mit 6 Abbild. und 1 Plan.) Cöthen 886,88, Schulze. *

—— u. A. L. Becker. Englisches Lesebuch für höhere Lehranstalten. Mit erklär. Anmerkgn., Präparation, Wörterbuch, Aussprachebezeichng. 6. verm. u. verb. Doppel-Aufl. Mit 6 Abbildgn. u. 1 Plan. gr. 8. (VIII, 339 S.) Ebd. 890. 2. 25

— u. A. L. **Becker**, englisches Lesebuch f. höhere Lehranstalten. Mit erklär. Anmerkgn., Präparation, Wörterbuch, Aussprachebezeichng. 7. Aufl. gr. 8. (VIII, 339 S. m. 6 Abbildgn. u. 1 Plan.) Cöthen 893. O. Schulze, Verl. n. 2. 25; geb. n.n. 2. 60

— u. A. L. **Becker**, **englisches Lesebuch** f. höh. Lehranst. M. erklär. Anmerkgn., Präparation, Wörterbuch, Aussprachebezeichnung. 8., verb. Aufl. gr. 8. (VIII, 340 S. m. 6 Abb., 1 Plan u. 1 Karte.) Cöthen 898. O. Schulze, Verl. n. 2. 25

— französisches Lesebuch f. höhere Lehranstalten. Mit erklär. Anmerkungen, Präparation u. Wörterbuch. gr. 8. (VIII, 262 S.) Ebend. 882. n. 2. 10

— französisches **Lesebuch** f. höhere Lehranstalten. Mit erklär. Anmerkgn., Präparation u. Wörterbuch. 2. Aufl. gr. 8. (VIII, 333 S.) Cöthen 884. Schulze. n. 2. 25

—— französisches **Lesebuch** für höhere Lehranstalten. Mit erklärenden Anmerkungen, Präparation und Wörterbuch. 3. Aufl. (VIII, 333 S.) 886; 4. verb. Aufl. gr. 8. (VIII, 341 S.) Cöthen 888, Schulze. * *

— französisches Lesebuch f. höhere Lehranstalten. Mit erklär. Anmerkgn., Präparation u. Wörterbuch. 6. Aufl. gr. 8. (VIII, 342 S.) Cöthen 893. O. Schulze, Verl. n. 2. 25; geb. n.n. 2. 60

— **französisches Lesebuch** f. höhere Lehranstalten. Mit erklär. Anmerkgn., Präparation u. Wörterbuch. 8. Aufl. (VIII, 346 S.) 8. Cöthen 905. O. Schulze Verl. n. 2. 25; geb. in Leinw. n. 2. 70

Wershoven, F. J., u. O. Keesebiter, Au lycée; s.a. **Schulbibliothek französ. u. englischer Prosaschriften**. I, 38.

Au Lycée. Erzählungen aus d. franz. Schulleben. Ausgewählt u. f. d. Schulgebr. erkl. von Dr. F[ranz] J[osef] Wershoven, Prof. in Breslau, u. Dr. O[skar] Keesebiter, Oberl. in Berlin. 2. Aufl. von 'La vie de college en France'. [Text.] Berlin: Weidmann 1904. 8°
(Schulbibliothek franz. u. engl. Prosaschriften aus d. neueren Zeit. Abt. 1, Bdch. 38.)

— **Molière, et le théâtre en France**, s.: **Schulbibliothek, französ. u. engl. A.**

— Napoléon Ier, s.: **Auteurs français**. I.

— **Paris**, s.a. **Schriftsteller, engl. u. französ.**, der neueren Zeit. 9.

Paris. Histoire – Monuments – Administration. Hrsg. u. erkl. von Prof. Dr. F[ranz] J[osef] **Wershoven**. Mit 13 Abb., 1 Karte u. 1 Pl. *Glogau: C. Flemming 1902.* (VI, 134 S.) 8°
— **Schriftsteller, Englische** u. französische, d. neueren Zeit. Bdch. 9. Ausg. A.

Paris. Histoire – Monuments – Administration. Extraits choisis, avec notes en français. Par Prof. Dr. F[ranz] J[osef] **Wershoven**. Ouvr. ill. de 13 grav., 1 carte et 1 pl. *Glogau: C. Flemming 1902.* (129 S.) 8°
— **Schriftsteller, Englische** u. französiche, d. neueren Zeit. Bdch. 9. Ausg. B.

— **Poésies françaises.** Sammlg. französ. Gedichte für höh. Schulen. gr. 8. (VIII, 181 S.) Berlin 897. R. Gaertner. Geb. in Leinw. n. 1. 60

Wershoven, F. J., Poésies françaises. Französische Gedichte f. Schule u. Haus. Ausgewählt u. erklärt. 2., verm. u. verb. Aufl. (X, 258 S.) 8. Berlin 908. Weidmann. Geb. 2. 20

— the scientific english **reader**. Englisches naturwissenschaftlich-techn. **Lesebuch** f. höhere techn. Lehranstalten u. zum Selbststudium f. Studirende, Lehrer, Techniker, Industrielle. Mit sprachl. u. sachl. Erläuterungen. 3 Teile. gr. 8. Leipzig 880. 81. Brockhaus. n. 5. 60
1. Physik, Chemie, chem. Technologie. Mit 9 (eingedr.) Abbildungen in Holzschn. (VI, 162 S.) n. 2. —
2. Maschinentechnik u. mech. Technologie. Mit 15 (eingedr.) Abbildungen in Holzschn. (V, 112 S.) n. 1. 50
3. Bau-Ingenieurwesen. Mit 6 (eingedr.) Abbildungen in Holzschn. (V, 144 S.) n. 2. —

— récits et biographies historiques. Für den Schulgebrauch ausgewählt u. erklärt. gr. 8. (IV, 87 S.) Ebd. 894. Kart. n.n. — 90;
Wörterbuch dazu (24 S.) n. — 20

— Repetitorium der englischen Sprache f. höhere Mädchenschulen u. Lehrerinnenseminare. [Grammatik. Geographie u. Geschichte Englands. Englische Volksgebräuche u. Staatseinrichtgn. Geschichte der engl. Sprache u. Litteratur. Verslehre. Synonyma.] gr. 8. (III, 124 S. m. 1 Plan.) Ebend. 886. cart. n. 1. 60

Wershoven, F. J. **Repetitorium** der englischen Sprache für höhere Schulen u. zur Vorbereitung auf d. Prüfung f. Lehrerinnen, Schulvorsteherinnen u. Mittelschullehrer. [Grammatik. Geographie u. Geschichte Englands. Englische Volksgebräuche und Staatseinrichtgn. Geschichte der engl. Sprache u. Litteratur. Verslehre. Synonyma.] 2. Aufl. gr. 8. (IV, 124 S. mit 1 Plan.) Cöthen 890, Schulze's Verlag. cart. * 1 60

— Repetitorium der französischen Sprache f. höhere Mädchenschulen u. Lehrerinnenseminare. [Geschichte u. Geographie Frankreichs. Staatseinrichtungen. Geschichte der französ. Sprache u. Litteratur. Grammatik. Phonetik. Verslehre. Synonyma.] gr. 8. (VI, 104 S.) Cöthen 886. Schulze. cart. n. 1. 40

—— **Repetitorium** der französischen Sprache f. höhere Schulen u. zur Vorbereitung auf die Prüfung für Lehrerinnen, Schulvorsteherinnen u. Mittelschullehrer. [Geschichte u. Geographie Frankreichs. Staatseinrichtungen. Geschichte der französ. Sprache und Litteratur. Grammatik, Phonetik. Verslehre. Synonyma.] 2. Aufl. gr. 8. (VI, 104 S.) Ebd. 890. cart. * 1 40

English school life, s. Schulbibliothek, französ. u. engl. A.

Shakespeare and the England of Shakespeare, s. Schulbibliothek, französ. u. engl. A.

Le siège de Paris. Par Claretie, d'Hérisson, Sarcey. Hrsg. u. erkl. von Prof. Dr. F[ranz] J[osef] **Wershoven**. [Text.] Trier: J. Lintz 1907. 8°
— **Auteurs** français. 6.

Wershoven, F. J. Smollett et Lesage. 15 S. GR *Brieg* 1883.
Vgl. denselben Titel (33 S.) 8. Berlin 1883, Weidmann. 60 Pf.
Progr.

Wershoven, F. J., Smollett et Lesage. 8. (33 S.) Berlin 883. Weidmann. n. — 60

—— **zusammenhängende Stücke zum Übersetzen ins Englische.** 8. (VII, 156 S.) Trier 885, Lintz'sche Buchh. cart. *

—— **dass.** — Schlüssel. 8. (IV, 90 S.) Ebendas. 886. *

— zusammenhängende Stücke zum Übersetzen ins Englische. 2., verb. Aufl. 8. (VII, 159 S.) Trier 891. Fr. Lintz. Kart. n. 1. 20

Zusammenhängende Stücke zum Übersetzen ins Englische. Von Prof. Dr. F[ranz] J[osef] Wershoven. 3., verb. Aufl. *Trier: J. Lintz 1900.* (VII, 163 S.) 8° [F.] [00. 4667 5

— zusammenhängende Stücke zum Uebersetzen ins Englische. 4., verb. Aufl. (VII, 163 S.) 8. Trier 905. J. Lintz. Kart. n. 1. 40

— Zusammenhängende Stücke zum Übersetzen ins Englische. 5. Aufl. (VII, 163 S.) 8. Trier 910. J. Lintz. Geb. 1. 60

—— Taschenwörterbuch der Aussprache englischer Eigennamen. 16. (VIII, 75 S.) Cöthen 890, Schulze's Verlag. * — 60

— the United States of America, s.: Textausgaben französ. u. engl. Schriftsteller, 27. Bd.

— u. Keesebiter, la vie de collège en France, s.: Schulbibliothek franz. u. engl. Prosaschriften. I.38.

Wershoven, F. J., vocabulaire technique français-allemand. Technisches Vocabular f. techn. Lehranstalten, sowie zum Selbststudium f. Techniker, Studirende u. Industrielle. gr. 16. (XIV, 154 S.) Leipzig 878. Brockhaus. n. 1. 80; cart. n. 2. —

— **Vocabulaire technique français-allemand et allemand-français. Techn. Vokabular für höh. Lehranst. u. z. Selbststudium f. Studierende, Lehrer, Techniker, Industrielle. 2., umgearb. u. verm. Aufl. 12. (VIII, 234 S.) Leipzig 897. F. A. Brockhaus. n. 2. 50; kart. n. 2. 80**

—— technical Vocabulary, English and German. Technisches Vocabular für techn. Lehranstalten und zum Selbststudium für Studirende, Techniker und Industrielle. Mit einem Vorwort von A. v. Kaven. gr. 16. (XII, 224 S.) Leipzig 880, Brockhaus. *ℳ 2,50.; cart. *

—— technical vocabulary english and german. Techn. Vokabular für techn. Lehranstalten und zum Selbstudium für Studierende, Lehrer, Techniker, Industrielle. Mit einem **Vorwort von A. v. Kaven. 2. beträchtl. verm. Aufl. gr. 16. (X, 280 S.) Leipzig 885, Brockhaus. *ℳ 3.—.; cart. ***

Wershoven, F. J: Technisches Vokabular für höhere Lehranstalten und zum Selbstudium für Studierende, Lehrer, Techniker, Industrielle. 2. Aufl. Leipzig 1897

— voyageurs et inventeurs célèbres, s.a. Schulbibliothek französischer u. englischer Prosaschriften aus der neueren Zeit.

Voyageurs et inventeurs célèbres. Für d. Schulgebr. ausgewählt u. erkl. von Prof. Dr. F[ranz] J[osef] **Wershoven**. Mit 3 Abb. 4. Aufl. Berlin: Weidmann 1907. (176 S.) 8°
= **Schulbibliothek** franz. u. engl. Prosaschriften aus d. neueren Zeit. Abt. 1, Bdch. 8. [08. 9193

— Englisches Wörterbuch, s.: Liliput-Wörterbuch.

— Französisches Wörterbuch, s.: Liliput-Wörterbuch.

— Italienisches Wörterbuch, s.: Liliput-Wörterbuch.

—— naturwissenschaftlich-technisches Wörterbuch. Die Ausdrücke der Physik, Meteorologie, Mechanik, Chemie, Hüttenkunde, chem. Technologie, Elektrotechnik. 1. Tl.: Englisch-Deutsch. 12. (223 S.) Berlin 884, Simion. * geb. * *

Wershoven, F. J., naturwissenschaftlich-technisches Wörterbuch. Die Ausdrücke der Physik, Meteorologie, Mechanik, Chemie, Hüttenkunde, chem. Technologie, Elektrotechnik. 2. Tl.: Deutsch-Englisch. 12. (288 S.) Berlin 885, Simion. *ℳ 1.50.; geb. * *
1. Tl.: Englisch-Deutsch. Ebendas. 1884. *ℳ 1.50.; geb. **ℳ 1.80.— Beide Teile in 1 Bd. geb. **ℳ 3.50.

Wersiloff, Marie, von Moskau: Aus der dermatologischen Universitätsklinik in Bern. (Prof. Dr. Jadassohn.) Zur Kenntnis der färbbaren Körnchen in den Schweissdrüsen. Bern 1904. 23 S. 8°. [13. VII. 04.]
Bern. Med. Diss. 1904.1905.

Wersiloff, Marie. Zur Kenntnis der färbbaren Körnchen in den Schweissdrüsen. Diss. Med. Bern. *Kopftitel:* Aus der Dermatologischen Universitätsklinik in Bern ⟨Prof. Dr. [Joseph] Jadassohn⟩. 23 S. 8. Bern, W. Wälchli, 1904.

Wersin, Frau Valeska, Suppen- u. Limonaden-Büchlein. Anleitung zur Herstellg. nahrhafter u. wohlschmeck. Suppen u. alkoholfreier Getränke. (31 S.) gr. 8. Posen 903. (F. Ebbecke.) n. — 40

Werssilow, N.: Ueber das Vorkommen des Lapis Lazuli im Baikalgebirge. Aus einem russischen Berichte übersetzt von H. Trautschold. Moskau 1858. 12 S. 8°.

Werst, Ad., Unterhaltungen für die Jugend u. Erwachsene. Eine Sammlung von Märchen u. Erzählungen interessanten Inhalts, aus dem besten der in- u. ausländ. Literatur. 8. Döbeln 838. Thallwitz. 2/3 ℛ

— dass. 8. Leipzig ... Brandes. 5/6 ℛ

Wert [Sachliches OW], s. Werth

Wert [Verfasser]

Giaches de **Wert**. 'Chi salira per me'. ⟨Mein Verstand.⟩ Vierstimmiges Madrigal aus: 'Il Primo Libro de Madregali' (Venetiae 1502). Deutscher Text von Th[eobald] Rehbaum. Hrsg. von W[illiam] Barclay Squire. (Leipzig: Breitkopf & Härtel [1902].) (9 S.) 4° [Kopft.]
= **Madrigale**. Ausgewählte, u. mehrstimmige Gesänge berühmter Meister d. 16. u. 17. Jhs. N. F. 10. [07. 11717

Werte, s.a. Werthe

Werte f. die Mengeneinheiten der ein-, aus- u. durchgeführten Waren, im österreichisch-ungarischen Zollgebiete, s.: Nachrichten üb. Industrie, Handel u. Verkehr etc.

Wertböczius illustratus, sive Decretum tripartitum Juris Consuetudinarii . . . Tyrnaviae 1753. V: *Szegedi, Johann Bapt.* (Jes)

Werth [Sachliches OW]

Über den Werth und die Anwendung der Freiübungen im Reitunterricht, v. C. M., Berlin 1878. 42 S., 8°.

Werth, über den, der Apokryphen. Aus d. Engl. gr. 12. Hamburg 835. (Leipzig, Barth.) 1/8 ℛ

— von dem, der Gebauerschen Ausgabe d. Institutionen u. Pandekten. 8. Götting. 779. Dieterich. 2 𝔤𝔤

— über den, u. die Bedeutung d. christl. Feiertage, insonderheit für Hamburg. 8. Hamb. 814. Perthes u. B. 5 𝔤𝔤

— der, d. ältern Bibelübersetzungen. Freier Ausz. aus e. Rede des Prof. Stapfer. Angehängt: Luthers Rath an e. Theologie Studirenden. Ersterer aus d. Französ., letzterer aus d. Latein. von F. J. Schuback. gr. 8. Hamb. 823. Perthes u. B. 3 𝔤𝔤

Werth der Coupons von österreichischen Staats-Schuldverschreibungen und Staatslosen. Nach dem Unificationsgesetze vom 20. Juni 1868. Ferner Stempeltarif etc. 8. (4 S.) Prag 868, Mercy. *

Werth der Coupons von österreichischen Staats-Schuldverschreibungen u. Ziehungskalender pro 1869. Prag 868. Mercy. 8. (4 S.) n. 2 ngr.

— über den, einiger deutschen Dichter u. über andere Gegenstände d. Geschmacks u. d. schöne Literatur betreffend, (v. Jak. Mauvillon u. Unzer). 2 Stück. 8. Lemgo 771, 72. 18 gr

— über d., der Empfindsamkeit, besonders in Rücksicht auf die Romane (v. J. Chr. Frdr. Bährens) herausgegeben mit einer Nachschr. v. J. A. Eberhard. 8. Halle 786. Gebauer. 10 gr

Ueber den *Werth u. die Folgen der ständischen Freyheiten in Baiern.* (Motto aus Horaz) O. O. 1797. 8°. Gleichzeitiger Hfzb. (aus Foringer's Bibl.)
[illegible]

— üb. d., u. d. Folgen d. ständischen Freyheiten in Bayern. gr. 8. München, Lindauer. 797.

— — dasselbe. 8. München, Fleischmann. 797.

— über den, u. d. Folgen d. stånd. Freiheiten in Baiern. gr. 8. Münch. 798. (Weber). 10 gr (Fleischmann). 8 gr (bei J. Lindauer). 9 gr

— u. Gebr. üb. d., d. Reformation, s. G. Ch. Cannabich.

— u. Gebrauch, über den d. Reformation, v. G. C. C. (Cannabich). 8. Hannov. 795. (Leipz., Gr. Fleischer). 6 gr

— der warmen wässerigen Getränke u. über Ungesundheit d. Frühlings. 8. Altenb. 806. Schnuphase. 10 gr

Werth der gangbarsten Gold- und Silber-Münzen in Europa und Nordamerika. 40 Goldmünzen, 80 Silbermünzen. Für jede dieser 120 Geldsorten ist der Werth in 20 Haupt-Staaten von Europa und Nordamerika nach den neuesten Durchschnittscoursen berechnet. Hamburg 863. B. S. Berendsohn. 8. (15 S.) 15 ngr

— der gangbarsten Gold- u. Silber-Münzen in Europa u. Nordamerika. 40 Goldmünzen, 80 Silbermünzen. Für jede dieser 120 Geldsorten ist der Werth in 20 Haupt-Staaten von Europa u. Nordamerika nach den neuesten Durchschnittscoursen berechnet. (Neue Ausg.) Hamburg 868. B. S. Berendsohn. 8. (15 S.) cart. 10 ngr

— der hohe, der Meinungsverschiedenheit im christlichen Glauben. Ein auch für Nicht-Theologen faßliches Zwiegespräch von C. F. S. Cassel 862. Freyschmidt in Comm. gr. 8. (IV, 20 S.) n. 5 ngr

— der hohe, u. Segen christl. Gottesverehrung, u. d. Christen heil. Pflicht gern u. oft daran Theil zu nehmen. 8. Neuwied 825. Lichtfers u. Faust. (Frankf., Guilhaumann.) 3 gr

Werth. Ueber den hohen W. früher Gottseligkeit. Dargestellt durch Franz Perrot's (1793–1819) Leben und Ende. Dem stillen gesegneten Andenken des Seligen geweiht. 8. Basel *o. J.* [1819/20].

Werth, J. Frhr. v., Biographie, s.: **Teicher, F.**

Werth, J. v., der Reitergeneral, s.: Binder, Frz., Lebensbilder.

Werth, über den, des Katholicismus und Protestantismus für den Staat. Nebst Bemerkungen über verschiedene Behauptungen von Arndt, Benzenberg und Anderen. gr. 8. Cölln, Rommerskirchen. 817.

— über den, des Katholicismus u. Protestantismus für d. Staat. Nebst Bemerkungen über verschiedene Behauptungen v. Arndt, Benzenberg u. Anderen. gr. 8. Cöln 819. Rommerskirchen. 5 gr

— über den, geheimer Künste u. Wissenschaften, v. e. preuß. Offizier (Jh. H. v. Boguslawsky.) 8. Magdeb. 791. Creutz. 10 gr

— über den, der Landwirthschaft. Bemerkk. d. Hrn. Geheimen-Rath Thär. 8. Berl. 806. (L. Oehmigke). 4 gr

Werth, Der, wohlgewogener Neigungen und Leidenschaften. Hannover 1756. Neue Ausg. Bremen 1777. V: *Möser, Justus.* (ML) (Verz. d. v. Meusebachschen Bibl. Berlin 1855. S. 10.)

Werth (Ueber den) und die Nothwendigkeit der Bezeichnung fabrikativer Erzeugnisse mit der Firma der Fabrik, aus der sie hervorgegangen, und den Nachtheil des Nachahmens fremder Firmen und Marken. 8°. Berlin, Jona's Sort. (Steinthal), 1859.

Werth und Nothwendigkeit der christlichen Religion für den vernünftigen Menschen . . . Riga 1792. V: *Sonntag, Carl Glob* (Ky) oder *Schall, Carl Albrecht.* (R-N)

— u. Nothwendigkeit d. christl. Religion (von K. G. Sonntag. 8. Riega 794. Müller. (Mainshausen). 8 gr

— über, u. Nutzen des Reisens überhaupt u. die Vortheile d. Fußreisens insbesondere v. W. L(ohmann). 8. Hannov. 805. Lohmann. 4 gr

— vom, u. Nutzen der Runkelrüben zur allgemeinen Beherzigung u. Nachahmung für Deutschland. 8. Glogau 799. Neue Günthersche B. 4 gr

Ueber den praktischen Werth der österreichischen Consularinstitution. Eine kritische Untersuchung von einem österreichischen Consularbeamten. gr. 8. (35 S.) Wien, typ.-lit.-art. Anstalt. 1865. 40 kr

Werth, der, d. Berliner politischen Presse. Von Achajus. gr. 8. (88 S.) Berl. 889. Brachvogel u. Ranft. * 1 50

— über den, der neuen Propheten (v. Chr. Hnr. Schreyer II.) 8. Dresd. 800. Arnold. 4 gr

Wert, der, unserer deutschen Schlachtflotte. Ein weiteres Wort zur Aufklärg. f. unser Volk v. „Hansa" (Hoepner). (44 S.) gr. 8. Altona 906. (J. Harder, Sort.) n. 1. —

Werth u. Segen, der, der Bibel. 3 Erzählungen. 12. Aufl. 32. (16 S.) Stuttgart 882. Buchh. der Evangel. Gesellschaft. n. — 4

Ueber den Werth des Studiums der oberstgerichtlichen Entscheidungen für die Praxis. 8. (15 S.) Linz: Ebenhöch 1889. —.30

Werth, der, eines Thalers oder der Segen Gottes auf der Gabe eines Gläubigen. 12. (12 S. mit 1 Kpfrt.) Straßburg 847, [Berger-Levrault, Wittwe, und Sohn.]

Werth der Taufe nach der Bibel. 8. Nürnberg, Raw. 803. Rtblr.

Wert der Theorie im pädagogischen Streit der Gegenwart. (76 S.) gr. 8. Langensalza 910. H. Beyer & Söhne. 1.25

Der Wert unsrer Turngeräte und ihre Verwendung in der Leibeserziehung. Hrsg. v. d. Pädag. Abt. des Dresdner Lehrersportvereins Dresden. 31 S. (Neue pädag. Bausteine. 1.)

— über den, und Unwerth der Mathematik, als Mittel der höhern geistig. Ausbildung. Aus d. Engl. 8 Cassel 836. Bohné. 5/12 Rthlr.

Werth, Der verkannte, des Sächsischen Bergbaues und desselben gute Sache. Leipzig 1781. V: *Hübler, Daniel Gotthold Joseph.* (MGT) (Ky) (BrMm)

Werth, d. verkannte, d. Sächs. Bergbaues u. dess. gute Sache, (v. D. G. J. Hübler). gr. 8. Leipz. 781. (W. Vogel). 5 gr.

Werth, Der zwar oft verkannte, aber immer wieder erkannte, des Freymaurer-Ordens aus der Geschichte seines Zeitalters dargestellt. O. O. 1821. V: *Schuffenhauer, Joh. Carl August.* (Kl) (SJL)

Werth (Ueber den noch immer verkannten) des Sächs. Bergbaues, als Fortsetzung der Abhandlung über das Silberausbringen. Mit 1 Tab. 8°. Freiburg, Craz u. G., 1803.

Über den Wert der Viehassekuranzen, von einem Mitgliede des Eifelvereins. Köln 1835.

Werth und Vortrefflichkeit der Religion ... Nürnberg 1802. V: *Drechsler, Johann Erdmann.* (MGT) (Ky)

— u. Vortrefflichkeit der Religion; ein Versuch für denkende u. gefühlvolle Jünglinge (v. J. E. Drexler.) gr. 8. Nürnb. 802. 2e A. mit s. Namen 825. Lechner. (v. Ebner.) 10 gr.

Werth, Der wahre, der Schönheit an einer Geliebten ... Erlangen 1767. V: *Krafft, Johann Georg.* (Fiker)

Wahrer Wert aller im Wiener Coursblatte notierten Lose für das Jahr 1902. 19. Jahrg. 8°. (23 S.)
Huber & Lahme (Eduard Turba) in Wien.

Werth, Der, allgemeiner Waisenanstalten. Leipz. 1887. V: *Born, & Schwabe.* (EB)

Werth, Der, des Weibes. Ein Gedicht. Dresden 1790. V: *Wenzel, Gfr. Traugott.* (BGE) (MD)

Werth, Welchen, haben die Stamm-Aktion der Aachen-Mastrichter Eisenbahn-Gesellschaft. Beantwortet von einem Gläubiger der Gesellschaft. Köln 1867. V: *Weinhagen, N.* (StBKöln II, 269)

— welchen, hat die preußische Verfassung f. unser Volk? v. Politikus. (39 S.) 8. Görlitz 905. R. Dülfer. n. — 60

— üb. d., geheimer Wissenschaften u. Künste, v. e. preuß. Officier. 8. Magdeb. Creutz. 791.

Wert und Zweck der Turnkunst, 1. u. 4. Aufl., Bremen, 16°. 2 Bde

Werth [Verfasser]

Geschichte der Stadt Barmen. Festschrift z. Jahrhundert-Feier 1908. Verf. im Auftr. d. Stadt von Adolf **Werth**. (Barmen: P. Luhn 1908.) (91 S.) 4° [F.] 08. 5071 5

Geschichte der reformierten Gemeinde Barmen-Gemarke. Ein Festblatt z. 200jähr. Jubiläum, mit 44 Abb., zsgest. von Adolf **Werth**. Archivar d. Gemeinde. *Barmen 1902: D. B. Wiemann.* (XIV, 455 S.) 8° [F.] 03. 4415

Das alte Bergische Residenzschloss zu Burg an der Wupper. Festschrift zur Eröffnung des Bergischen Landes-Museums bei Gelegenheit der Festfahrt des Bergischen Geschichtsvereins am 1. Juli 1894 von ADOLF WERTH. Elberfeld. Druck von A. Martini u. Grüttefien. 8°.

Werth, Albertus: De Hygini Fabularum **indole**. *Leipzig 1901: B. G. Teubner.* (43 S.) 8°
M. Gladbach, G, P 1901 (451)

Werth, Albertus, Duisburgensis: **De Hygini fabularum indole.** *Lipsiae 1901: B. G. Teubner.* (43 S.) 8°
Bonn, Phil. Diss. v. 22. Juni 1901

Werth, Alfredus: De Terentiani metris et elocutione. [— Inaug.-Diss. v. Bonn 1896.] (Erschien vollst. in: Jahrb. f. Philol., Suppl.-Bd 23.) Leipzig, Druck v. B. G. Teubner, 1897; 44 S., 1 Bl. 8.
Mülheim (Ruhr), G. u. R, P 1897 (469)

Werth, Alfredus [Duisburgensis]: De Terentiani sermone et aetate particula prior ... (Erscheint vollst. in: Jahrb. f. Philol., Suppl.-Bd 23.) Lipsiae, typ. B. G. Teubneri, 1896; 3 Bl., 295—330 S., 1 Bl. 8.
Bonn, Phil. Fak., Inaug.-Diss. v. 5. Aug. 1896

Werth, Alfr., de Terentiani sermone et aetate. [Aus: „**Jahrbb. für klass. Philol.**“, 23. Suppl.-Bd.] gr. 8. (87 S.) **Leipzig 896.** B. G. Teubner. n. 3. —

Werth, Aug., poetisches Album für Stenographen. Eine Sammlung aus den Gedichten der besten deutschen Dichter. In die Stolze'sche Stenographie übertragen u. herausg. Münster 863. (Regensberg.) gr. 8. (48 S.) n. 7½ ngr.

Werth, Aug., Lehrbuch der Stenographie zum Selbstunterricht. 1. Thl. Die ausführl. Verkehrsschrift. Mit 8 autogr. Taf. 8. (22 S.) Münster 878. Regensburg in Comm. n. — 50

—— stenographisches Lesebuch zum Selbstunterricht. 1. Thl.: Die ausführl. Verkehrsschrift. 8. (40 S.) Ebendas. 879. *

Werth, August, aus Siegburg: Albrecht Thaer als Nationalökonom. Borna-Leipzig 1905. 101 S. 8°. [19. VII. 04.]
Bern. Phil. Diss. 1904/1905.

Werth, August. Albrecht Thaer als Nationalökonom. Diss. Phil. Bern. VI + 101 S. 8. Borna-Leipzig, Robert Noske, 1905.

Werth, C. Fr., s. Werth, K. Fr.

Werth, E. D., s. Wehrt.

Werth, Emil, Aufbau u. Gestaltung v. Kerguelen, s.a. Südpolar-Expedition, deutsche. II, 2.

Aufbau und Gestaltung von Kerguelen von Dr. Emil **Werth**. Mit Taf. 9–14, 3 Karten u. 33 Abb. (Berlin: G. Reimer 1908.) (S. 93–183.) 4°
— **Südpolar-Expedition**, Deutsche, 1901–1903. Bd 2, H. 2, 1. los. 1088 2

— Das Eiszeitalter, s.a. Sammlung Göschen.

Werth, Emil. Das Eiszeitalter. Mit 17 Abbildungen und einer Karte. 167 S. 8. Leipzig, G. J. Göschen. 1909. (geb. M. —.80)
Sammlung Göschen. (Nr. 431.)

Werth, Emil, die Vegetation der subantarktischen Inseln, s.a. Südpolar-Expedition, deutsche.

Die Vegetation der subantarktischen Inseln Kerguelen, Possession- und Heard-Eiland von Dr. Emil **Werth**. T. 1. (Berlin: G. Reimer 1906.) 4°
— **Südpolar-Expedition**, Deutsche, 1901–1903. Bd 8, H. 1, 6. [e: 1972]

Werth, Emil: Die Vegetation der Insel Sansibar. Berlin 1901. 97 S. 1 Karte. 8°.
Bern, Phil. Diss. 1900/1901.

Werth, Emil. Die Vegetation der Insel Sansibar. Diss. Phil. Bern. Mit 1 Karte [und 6 Figuren]. (Sonderabdruck aus: Mittheilungen des Seminars für Orientalische Sprachen. 1901. Abtheilung 3.) 97 S. 8. Berlin, Reichsdruckerei, 1901.

Werth, F., s. Weerth.

Werth, Geo. Lebr. Caf., rechtl. Bestimmung der von der gerichtl. Verhandlung ausgenommenen Rechtsstreitsachen zwischen Privatpersonen. 8. Leipz. 775.

Werth, (Hermann): Festschrift zur Feier des 50jähr. Bestehens der Städtischen Höheren Mädchenschule und des Städtischen Höheren Lehrerinnen-Seminars zu Potsdam am 29. September 1910. Geschichte der Anstalt. Potsdam (1910): Müller. 52 S. 8°
Potsdam, st. HM u. st. h. Lehrerinnen-Sm P 1910 [225a] [S 10. 170

Werth, Herm. Altfranzösische Jagdlehrbücher, nebst Handschriftenbibliographie d. abendländ. Jagdlitteratur überhaupt. gr. 8. (118 S.) Halle a. S. 889, Niemeyer. * 2 80

Werth, Herm., methodischer Lehrgang f. den Unterricht in der deutschen Grammatik, s.: Rehorn, Karl.

— s.: Mädchenschule, die höhere.

Werth, Hermann [aus Burgdorf (Hannover)]: Ueber die ältesten französischen Uebersetzungen mittelalterlicher Jagd- (Beiz-) Lehrbücher und über Daude de Pradas' auzels cassadors .... Göttingen, Druck d. Dieterichschen Univ.-Buchdr. (W. Fr. Kästner), 1888; 44 S. + 1 Bl. 8°
Göttingen, Phil. Fak., Inaug.-Diss. v. 2. Dez. 1887

Werth, Hugo, das Licht. Ausführliche u. allgemein verständl. Darstellg. Mit 482 Abbildgn. u. 1 Spektraltaf. in Farben. (XVI, 898 S.) gr. 8. Wien 910. A. Hartleben. 8.—; geb. n 9.50

Werth, J. C. F., Repetitorium des gemeinen deutschen Lehnrechts mit Berücksichtigung der deutschen Particular-Gesetzgebungen vorzüglich zum Gebrauche bei den Vorbereitungen auf die juristischen Prüfungen bearb. Berlin 860. (Peiser.) gr. 8. (100 S.) n. 12 ngr.

Werth, Jh. Fr. Karl, s. Werth, Johann Karl Fr.

Werth, Joan. Georg. Guil. (geb. Berlin 1811): De odontalgia. Berolini (1836). (59 S.) 8°
Berlin, Med. Diss. v. 13. Febr. 1836

Werth, van der, s.a. Vander.

van der **Werth**, Jh. Karl Fr., Bethanien; ein Büchlein für Leidende u. Kranke, um Lehre, Trost u. Beruhigung in Leidenstagen aus den erhabenen Lehren d. Christenthums in den wichtigsten Stunden zu schöpfen. 8. Crefeld (822.) (Bachem in Cöln). 10 gr

van der **Werth**, Jh. Fr. Karl, Bethanien. 8. Crefeld 824. (Gaul u. Tonger in Cöln.) 1/2 rß

Werth, Julius: Thesen, an Stelle der später zu veröffentlichenden Dissertation. De signis morborum cerebri, quae ophtalmoscopio observantur. (Nebst Lebenslauf.) Halle (1870): Plötz. 2 Bl. 8°
Halle-Wittenberg, Med. Thesen v. 25. Juli 1870
Geb. Seidenberg (Kr. Lauban: Schlesien) 5. 3. 1846. V.
Die Diss. ist nicht ersch.

Werth, K. Fr.

Werth, C. Fr., Lehr- u. Lesebuch für Handwerker-Fortbildungsschulen u. für die obern Classen der Mittelschulen. Mit einem einleitenden Vorwort von J. Hülsmann. Duisburg 870. Ewich. gr. 8. (XVI, 386 S.) n. 15 ngr.

Werth, C. Fr., Lehr- u. Lesebuch f. Handwerker-Fortbildungsschulen. 2. verb. Aufl. Mit e. einleit. Vorwort v. J. Hülsmann. gr. 8. (XIV, 868 S.) Duisburg 874. Ewich. n. 1. 75; geb. n. 2. —

Werth, K. Fr., Lehr- und Lesebuch für Handwerker-Fortbildungsschulen. 3. und 4. Aufl. Mit einem einleit. Vorwort von J. Hülsmann. gr. 8. (XIV, 364 S.) Duisburg 876,79, Ewich. * M. 1,75.; geb. **

Werth, K. Fr., Lehr- u. Lesebuch f. Handwerker-Fortbildungsschulen. 5. Aufl. Mit e. einleit. Vorwort v. J. Hülsmann. gr. 8. (XII, 399 S.) Duisburg 883. Ewich. geb. n. n. 2. —

Werth, Marie, Wasch- u. Plätt-Buch. gr. 8. (27 S.) Berlin 901. O. Seehagen. n. — 50

Werth, Maximilian [aus Hannover]: Ueber p-Chloranilin. ... Minden i. W., gedr. bei J. C. C. Bruns, 1890; 82 S. 8°
Erlangen, Phil. Fak., Inaug.-Diss. v. 1890

Die **Handelskammer** zu Hirschberg in Schlesien 1850–1900. Ein geschichtl. Rückblick. Zur Erinnerung an d. 50jähr. Bestehen d. Handelskammer f. d. Kreise Hirschberg u. Schönau im Auftr. d. Korporation bearb. von **Paul Werth**. *(Hirschberg 1900: 'Bote aus d. Riesengeb.')* (53 S.) 4° [F.] [00. 5814

Werth, Paul: Die Handelskammer zu Hirschberg in Schlesien 1850–1900. Ein geschichtl. Rückblick. Zur Erinnerung an das 50 jähr. Bestehen der Handelskammer für die Kreise Hirschberg u. Schönau im Auftr. der Korporation bearb. (Hirschberg i. Schles.: Selbstverl. 1900.) 53 S. 4°

Werth, Pet., kleine Leute. (Lütte Lüd.) 3 Einakter. (101 S.) 8. Leipzig 905. Modernes Verlagsbureau. n. 1. 50

— die Sühne. Hamburger Drama. (64 S.) 8. Ebd. 906. n. 1. 50

Werth, Richard

Werth, Beiträge zur Anatomie u. zur operativen Behandlung der Extrauterinschwangerschaft. Mit 3 Fig. im Text u. 1 Taf. gr. 8. (VII, 163 S.) Stuttgart 887. Enke. n. 5. —

Werth, Rich., üb. die Anzeigen zur operativen Behandlung der Retroflexio uteri mobilis, nebst e. Beitrage zur Würdigg. der Alexander'schen Operation. [Aus: „Festschrift der Gesellsch. f. Geburtshilfe u. Gynäkol."] gr. 8. (62 S.) Wien 894. A. Hölder. n. 2. —

Werth, Rich., über die Erfolge e. verschärften Wundschutzes bei der gynäkolog. Laparotomie, s. a. Sammlung klin. Vorträge.

Über die Erfolge eines verschärften Wundschutzes bei der gynäkologischen Laparotomie von Richard **Werth**, Kiel. Leipzig: Breitkopf & Härtel 1905. (22 S.) 8°
= Sammlung Klinischer Vorträge. N. F. No 389. 05. 3156

Zum Gedächtnisse [Karl Conrad Theodor] **Litzmann's.** Von Richard Werth in Kiel. (Separatabdruck aus Archiv für Gynäkologie. Bd. 38, Heft 2.) Leipzig. 1890. 8°.

Werth, Rich., s.: Jahrbuch, klinisches.

— Untersuchungen üb. den Einfluss der Erhaltung des Eierstockes auf das spätere Befinden der Operierten nach der supravaginalen Amputation u. vaginalen Totalexstirpation des Uterus. gr. 8. (74 S.) Jena 902. G. Fischer. n. 1. 50
Sonderabdruck aus: „Klinisches Jahrbuch".

— s.: Verhandlungen der deutschen Gesellschaft f. Gynäkologie.

Flächen- und Körperberechnungen für gewerbliche Fortbildungsschulen von Robert **Werth**, Mittelschull. zu Duisburg. 3. Aufl. *Duisburg: J. Ewich 1904.* (75 S.) 8° [F] 04. 1931

Werth, Rob., Rechenbuch f. gewerbliche Fortbildungsschulen. 1. Tl., Ausg. A, enth.: die Grundrechngn. in ganzen Zahlen u. Brüchen u. die Rechnungsarten d. gewerbl. Lebens. 2., verb. Aufl. 8. (116 S.) Duisburg 890. Ewich. cart. n. — 70

— dasselbe. 1. Tl., Ausg. B, enth.: die Rechnungsarten d. gewerbl. Lebens. 2., verb. Aufl. 8. (68 S.) Ebd. 890. cart. n. — 45

— dasselbe. 2. Tl. Flächen- u. Körperberechngn. 8. Ebd. 888. n. — 60

Werth, Rob., Rechenbuch f. gewerbliche Fortbildungsschulen. II. Tl. Flächen- u. Körperberechnungen. 2. Aufl. gr. 8. (IV, 72 S. m. Fig.) Duisburg 893. J. Ewich. Kart. n. — 60

Werth, Rob., Rechenbuch f. gewerbl. Fortbildungsschulen. I. Tl. Ausg. A., enth.: die Grundrechngn. in ganzen Zahlen u. Brüchen u. die Rechnungsarten des gewerbl. Lebens. 8. Aufl. 8. (182 S.) Duisburg 898. J. Ewich. Kart. n. — 75

Werth, Rob., Rechenbuch für Handwerker-Fortbildungsschulen. 2 Tle. gr. 8. Duisburg 888, Ewich. cart. *
Inhalt:
Tl. 1. Die Grundrechnungen in ganzen Zahlen und Brüchen und die Rechnungsarten des gewerblichen Lebens. (VI, 108 S.) * 90 Pf.
„ 2. Flächen- und Körperberechnungen. (IV, 72 S. mit Fig.) * 60 Pf.

Werth, Siegfried, aus Burg ⟨Kr. Jerichow I⟩, Assistenzarzt im Inf.-Reg. Graf Barfus ⟨4. Westfäl.⟩ No 17, Mörchingen: **Über einen Fall von Bronchialfistel.** *Berlin (1904): G. Schade.* (29 S.) 8°
Berlin, Med. Diss. v. 25. Juni 1904

Werthan, C. F., italienisches Lesebuch zur Uebung im Uebersetzen aus dem Ital. ins Deutsche. 4te Aufl. 8. Leipzig, Sommer. 821.

Werthauer, Eugenie, Freitagabend u. andere Erzählungen f. die Jugend. gr. 8. (52 S. m. Abbildgn.) Stuttgart 899. [Süddeutsches Verlags-Institut.] Berlin, Schreiter. Geb. in Leinw. n.n. 2. 50

Werthauer, Johannes

Werthauer, J., das Invaliditäts- u. Altersversicherungs-Gesetz in systematischer, gemeinverständlicher Darstellg. gr. 8. (VIII, 92 S.) Berlin 891. Puttkammer & Mühlbrecht. n. 1. 20

Werthauer, J., Moabitrium. Szenen aus der Großstadt-Strafrechtspflege, s. a. Großstadt-Dokumente.

Werthauer, J., Moabitrium. Szenen aus der Grossstadt-Strafrechtspflege. 2. Aufl. (95 S.) gr. 8. Berlin. H. Seemann Nachf. 1907. 1. —; geb. 2. —
„Grossstadt-Dokumente". Bd. 31.

Moabitrium. Szenen aus d. Grossstadt-Strafrechtspflege von Dr. J[ohannes] Werthauer, Rechtsanw. Berlin & Leipzig: H. Seemann Nachf. [1908]. (95 S.) 8°
(Großstadt-Dokumente. Bd 31.)

Werthauer, J., Berliner Schwindel, s. a. Großstadt-Dokumente.

Berliner Schwindel von Rechtsanwalt Dr. J. **Werthauer** in Berlin. 3. Aufl. Berlin & Leipzig: H. Seemann Nachf. [1905]. (119 S.) 8° [F.]
= Großstadt-Dokumente. Bd 21. 05. 13446 II

Berliner Schwindel von Rechtsanw. Dr. J. Werthauer in Berlin. 4. Aufl. Berlin & Leipzig: H. Seemann [1905?]. 119 S. 8°
(Grossstadt-Dokumente. Bd. 21.)

— **Sittlichkeitsdelikte der Großstadt, s. a. Großstadt-Dokumente.**

Sittlichkeitsdelikte der Großstadt von Dr. J[ohannes] **Werthauer**, Rechtsanw. 2. Aufl. Berlin & Leipzig: H. Seemann Nachf. [1908]. (85 S.) 8° [F.]
= Großstadt-Dokumente. Bd 40. 08. 14970

Werthauer, Paul, s.: Grundstücks-Archiv.

Werthauer, Paul Friedr., über den Einfluß des Irrthums auf Verträge. Erörterung der Grundgedanken im Anschlusse an die Bestimmungen des Sächs. bürgerl. Gesetzbuches. gr. 8. (VII, 86 S.) Breslau 887, Morgenstern's Verlag. *

Werthe, russische. Antwort auf die Frage: Sollen wir unsere russischen Papiere verkaufen? Von einem Nichtoffiziösen. gr. 8. (18 S.) Berlin 887, Walther und Apolant. *

Wertheim [Sachliches OW]

Wertheim am Main, Die Stadt, und ihre Schlossruine . . . Wertheim 1847. V: *Löwenstein, Gg Fürst.* (ABJP)

Wertheim [Schlagwort]

Wertheim. s.: Deutschland. Kürschner-Peip.

Wertheim [Verfasser]

Werthheim, ..., Dr., s. Solayre's de Renhac, Abhandlung über die rc. Geburt.

Katalog der Leihbibliothek A. **Wertheim.** Werke in deutscher, engl. u. franz. Sprache. Berlin [um 1910]: Hermann. 237 S. 8° 11. 2650

Wertheim, A. K., die Abdankung Dom Pedro d. Ersten, ihre Ursachen u. nächste Wirkung. gr. 8. (2¼ B.) Berlin 833, Haude u. Spener.

Wertheim, Aladár, aus Gyula (Ungarn): Ueber Tautomerieerscheinungen bei anorganischen Säuren. Zürich 1910. 37 S. 8°. [24. VIII. 10.]
Zürich. Univ. Phil. Diss. II. S. 1909/10.

Wertheim, Aladár. Über Tautomerieerscheinungen bei anorganischen Säuren. Diss. Phil. [II.] Univ. Zürich. 37 S. 8. Zürich, Aktien-Buchdr., 1910.

Wertheim, Amalie

Werthheim, Amalie, Anleitung zur Kochkunst für den bürgerlichen Ha..shalt, 8. Berlin, Christiani, auch Lauffer in Leipzig. 821.

Werthheim, Amalie, Anleitung zur Kochkunst für den bürgerlichen Haushalt. 8. Berl. 821. (Krause). 18 Gr

Werthelm, Amalie, Anleitung zur Kochkunst. 8. Berlin 821. jetzt Stackebrandt. 3/4 Thl

Wertheim, Amalie, Anleitung zur Kochkunst für den bürgerlichen Haushalt. 8. 821. Halle, Coldiz'sche B. 3/4 Thl

Wertheim, Arthur, aus M.-Gladbach: Aus d. Universitäts-Frauenklinik zu Bonn. Ueber Symphyseotomie. Bonn 1900: J. Trapp. (31 S.) 8°
Bonn, Med. Diss. v. [1. Juni] 1900.

Werthelm, Aemilie, ein Buch für Mütter und Töchter, 4 Theile, jeder Theil in 2 Abtheilungen 8. Leipzig, 786-90. Barth. Schreibpap. 6 Rthl. Dasselbe Buch Druckpap. 5 Rthl. 10 sgl.

Werthheim, Emilie, e. Buch f. Mütter u. Töchter. 4 Thle. 8. Lpz. Barth. 786—91.
Schreibpap.

Wertheim, Ernst, üb. die Durchführbarkeit u. den Werth der mikroskopischen Untersuchung des Eiters entzündlicher Adnexentumoren während der Laparotomie, s.: Sammlung klinischer Vorträge.

Wertheim, E., u. Th. **Micholitsch,** die Technik der vaginalen Bauchhöhlen-Operationen. (VII, 319 S. m. 138 Abbildgn.) Lex.-8. Leipzig 906. S. Hirzel. n. 20. —; geb. n. 22. —

Wertheim, F. M., d. allgem. Jubiläum d. heil. Jahres d. röm.-kathol. Kirche, in ritueller u. geschichtl. Hinsicht. Mit 1 Kpf. gr. 8. Wien 826. Wimmer. 12 Gr ill. 14 Gr

Wertheim, Fr.

Wertheim F, Bericht über die Absatzfähigkeit österr. Weine in England. 4° Wien 1860

Wertheim F, Bericht über die Organisation der Gewerbeschulen, sowie der Handelskammern in Frankreich und England. Wien 1861

Wertheim Fr, Bericht über die III. Versammlung des bleibenden Ausschusses des deutschen Handelstages zu Berlin. Wien 1862

Wertheim Fr, Bericht über die österreichischen Vorschläge zur Zolleinigung mit Deutschland. München 1862

Wertheim F, d. österr. Handel im Orient u die Mittel zur Hebung. 4° Wien (1858)

Wertheim F de, Wien. Manuel de l'outillage. 2 Bde (Text 4°, Tafeln fol) Wien (1867)

Wertheim, Frz. R. v., Werkzeugkunde zum Gebrauche für technische Lehranstalten, Eisenbahnen, Schiffbau u. Industrie-Gewerbe, als Tischler, Drechsler, Fassbinder etc. Nebst 45 (lith.) Fol.-Taff. (wovon 27 in Buntdr.) mit 1081 Figg. Wien 868. Gerold's Sohn. Imp.-4. (VIII, 62 S.) n. 20 Thl
Erschien zu gleichem Preise mit französischen Texte.

Wertheim, Frz. R. v., Werkzeugkunde zum Gebrauche für technische Lehranstalten, Eisenbahnen, Schiffbau und Industrie-Gewerbe, als Tischler, Drechsler, Fassbinder etc. Imp.-4. (VIII, 62 S. mit 45 lithogr. Foliotaf., wovon 27 in Buntdr., mit 1081 Fig.) Wien 869, Gerold's Sohn. *
Erschien zu gleichem Preise mit französ. Texte.

Wertheim, G[ustav]. Die Algebra des Johann Heinrich Rahn (1659) und die englische Übersetzung derselben. [Ausschnitt aus:] Bibliotheca Mathematica. III. Folge. [Band] 3. S. 113—126. 8. [Leipzig, B. G. Teubner, 1902.]

Wertheim, Gust., **Anfangsgründe der Zahlenlehre. Mit den Bildnissen v. Fermat, Lagrange, Euler u. Gauss. gr. 8. (XII, 427 S.) Braunschweig 902. F. Vieweg & Sohn.** n. 9. —

Wertheim, Gustav: Die Arithmetik des Elia Misrachi. E. Beitr. z. Gesch. d. Mathematik. Frankfurt a. M., Druck v. Kumpf & Reis, 1893; 3—42 S. 4.
Frankfurt a. M., R d. israelit. Gemeinde '(Philanthropin)', OP 1893 (419)

Wertheim, Gust., **die Arithmetik d. Elia Misrachi. Ein Beitrag zur Geschichte d. Mathematik. 2., verb. Aufl. gr. 8. (VII, 68 S.) Braunschweig 896. F. Vieweg & Sohn.** n. 3. —

Wertheim: Über den Bau des Haarbalges beim Menschen; ferner über einige den Haarwuchs betreffenden Punkte. Wien 1864. 13 S. u. 1 Tafel.
Schul-/Univ.-Schrift

Wertheim, Gust., über den Bau des Haarbalges beim Menschen; ferner über einige den Haarwuchs betr. Punkte. Lex.-8. (13 S. mit 1 Stnt. in gr. 4.) Wien 864, (Gerold's Sohn.) *
Aus: Sitzungsberichte der k. Akademie der Wissenschaften, besonders abgedruckt.

Wertheim, Gust., **das Coniin u. Leucolein im Wechselfieber u. Typhus. gr. 8. (VIII u. 158 S.) Wien 849, Braumüller.** n. 2/3 Thl

Wertheim, Gust., analytische Diagnostik der Krankheiten im Gebiete der Dermatologie und Syphilidologie, verbunden mit therapeut. Rathschlägen. Für angehende Aerzte verfasst. gr. 8. (III, 41 S.) Wien 881, Gerold's Sohn.

Wertheim, Gust. (II.), Differentialdiagnose der verschiedenen syphilitischen Geschwüre. gr. 8. (15 S.) Wien 887, (Braumüller.) *
Aus: Wiener medicinische Blätter, besonders abgedruckt.

Wertheim, G., die mechanischen Eigenschaften d. Holzes, s.: Exner, W. F.

Wertheim, Gust. (I.), Elemente der Zahlentheorie. gr. 8. (IX, 381 S.) Leipzig 887, Teubner. *

Wertheim Gustav: Über den Gang der Pulsfrequenz und der Exsudationsintensität während des Vakzinoprozesses (mit 3 Taf.). S. 11. 602 . . . .
Separatabdruck

— Über eine am zusammengesetzten Mikroskope angebrachte Vorrichtung zum Zwecke der Messung in der Tieferichtung und eine hierauf gegründete neue Methode der Kristallbestimmung. S. 45. II. 157 . . . .
Separatabdruck

Wertheim, Gustav, approb. Arzt: **Paraplegia cervicales (handschr. verb.: cervicalis).** *o. O. [1901].* (19 S.) 8° [Umschlagt.]
Heidelberg, Med. Diss. v. 1901

—— s. **Serret, J. A., Handbuch der höheren Algebra.**

Wertheim, Gust., Untersuchungen über den Stoffwechsel in fieberhaften Krankheiten. Unter Mitwirkung von A. Lichtfuss und H. Svetincich. gr. 4. (7 S.) Wien 878, (Toeplitz und Deuticke.) *
Aus: Wiener medizin. Wochenschrift, besonders abgedruckt.

v. **Wertheim, H. W.,** auf neue Manier abgefaßter u. allezeit fertiger Briefsteller. 8. Chemn. 770. Stößl. 16 ℊ

— vollkommenes genealogisches Titularbuch, französ. und deutsch. 8. Ebend. 742.

Wertheim, Hugo: Entstehung und Verlauf des deutschen Meistergesanges. 8 (S. 3–39.)
Progr. K. k. Staats-Oberg. *Cilli* 1897.

Wertheim, Hugo: Festrede, gehalten [bei der Feier des Namensfestes Sr. Majestät des Kaisers Franz Josef I.] S. 61–64. 8.
Progr. K. k. erstes Staats-Gymn. *Graz* 1904.

Wertheim Dr. Hugo: Matthäus von Trencsin während der ungarischen Thronkämpfe von 1300–12. 29. Graz St. R. 90.
Progr.

Wertheim, J., Gutachten üb. Betheiligung der Arbeiter am Unternehmungsgewinn, s.: Schriften d. Vereins f. Socialpolitik.

Werth, J. C. F., Repetitorium des gemeinen deutschen Lehnrechts mit Berücksicht. der deutschen Particular-Gesetzgebungen vorzüglich zum Gebrauche bei den Vorbereitungen auf die juristischen Prüfungen bearb. gr. 8. (100 S.) Berlin 860, (Peiser.) *

Wertheim, J. L., der Talisman, s: Familien-Bibliothek.

Wertheim, Ignatius (geb. Wien 19. 2. 1817): De urania et aliquot ejus acetatibus duplicibus. Berolini (1843). (41 S.) 8°
Berlin, Phil. Diss. v. 13. Mai 1843

Wertheim, John: Das Verhältnis des handelsgeschäftlichen Werklieferungsvertrages (§ 381 Abs. 2 H.G.B.) zum Bürgerlichen Gesetzbuche. Berlin 1908: Buschhardt. VI, 57 S. 8°
Heidelberg, Jur. Diss. v. 1. April 1910, Ref. Schröder
[Geb. 13. Dez. 84 Rostock; Wohnort: Berlin; Staatsangeh.: Preußen; Vorbildung: Städtisch. Rostock Reife M. 04; Studium: München 2, Berlin 1, Freiburg i. B. 1, Berlin 2 S.; Rig. 17. Juli 08.] [U 10. 2039

Wertheim, Jos., interessante Enthüllungen aus der Cölner internationalen Ausstellung im Juni 1865. Frankfurt a. M. 865. Baist. gr. 8. (14 S.) n. 1 ngr.

Wertheim, Karl, Mehrheits- oder Verhältnisvertretung? Eine Wahlrechtsstudie. gr. 8. (34 S.) Nürnberg 887, Korn'sche Buchh. *

Wertheim, Karl, (Karl Glo. Köhler), Reise durch Chursachsen, seinen jüngern Brüdern u. Schwestern gewidmet. 2 Thle. 8. Leipz. 793, 94. Kummer. 1 ℛ 6 ℊ

Wertheim, Karl, Wolfram v. Eschenbach u. s. Parzival. E. Vortrag. gr. 8. (32 S.) Fürth 897. G. Rosenberg. n. — 60

Wertheim, Karl, Wörterbuch d. engl. Rechts. gr. 8. (XV, 576 S.) Berlin 899. Puttkammer & Mühlbrecht. n. 10.—

Wertheim, L., de l'eau froide appliquée au traitement des maladies; ou de l'hydrothérapeutique, suivie de remarques sur l'emploi des bains et des lotions dans l'enfance. gr. in-8. 841. (Leipzig, Brockhaus u. Aven.) n. ⅔ ℛ

WERTHEIM, Leopold (Fürth): Das Greisenalter in seiner Wesenheit.- München: Franz 1837. 24 S.
6.2.1834 - Urk (Titel: De longaevitate.); F 62
Diss. Ingolst.-Landsh.-Mchn.

Wertheim, M., the Student's Assistant in the study of German, containing concise and simple rules, for the construction of that language. With numerous Examples and Sentences for practice; also Exercises in english and german, and a collection of easy Dialogues especially useful to Travellers. gr. 8. (12½ B.) Munich 846, Palm's Hofbuchh.

Wertheim, M., a concise German Grammar; with exercices and dialogues on the most frequent occurrences in common life, adapted to the use of travellers. 8. Carlsruhe 839 Creuzbauer. 1⅔ ℛ

Wertheim, M., a concise german grammar with an entirely new arrangement of declensions and exercices on the most frequent occurences in common life. 8. (10½ B.) Carlsruhe 841, Bielefeld.

Wertheim, M., the English and German Interpreter for the use of travellers and schools; cont. a vocabulary, elementary phrases, particular idioms etc. 2. edit. gr. 16. (VIII und 202 S.) München 863, Rieger'sche Universitäts-Buchh. curt. *

Wertheim, M., the English and German Interpreter for the use of travellers and schools; containing a vocabulary, elementary phrases, particular idioms, popular proverbs and easy dialogues. 3d edit. gr. 18. (VIII, 202 S.) München 871, Rieger'sche Universitäts-Buchh. *

Wertheim, M., the english and german interpretor for the use of travellers and schools; containing a vocabulary elementary phrases, particular idioms, popular proverbs, and easy dialogues. 4. ed. gr. 16. (VIII, 202 S.) München 878. Rieger. cart. n. 1. 80

Wertheim, M., the tourist's interpreter in English and German, containing a vocabulary, elementary phrases, particular idioms, and easy dialogues. Munich 856. Rieger. 12. (VI, 176 S.) n. 16 ngr.

— kurzgefaßtes Lehrbuch der englischen Sprache, enth. die wichtigsten Regeln der Aussprache und der Grammatik; sowie Beispiele zur Erklärung derselben, Uebungsstücke zum Uebersetzen in's Deutsche u. Englische etc. 2. Aufl. München 865. Manz. gr. 8. (VIII, 218 S.) n. 1 ℛ 12½ ngr.

Wertheim, M., german familiar stories and fables, selected from different authors, with explanatory notes to assist in the translation. 16. (XII und 207 S.) Francfort a. M. 847, Jügel.

Wertheim, Otto, das Röhrennetz der Wiener Hochquellen-Wasserleitung. Eine Denkschrift zur Abwehr der gegen dasselbe erhob. Beschuldiggn. gr. 8. (VI, 202 S.) Leipzig 872. Felix. n. 5. —

Wertheim, Sigmund, appr. Arzt a. Gießen: Zur Kasuistik der durch die Orbita erfolgten Fremdkörperverletzungen des Gehirns. Mit einer Tafel. Gießen 1904: v. Münchow. (32 S.) 8°
Gießen, Med. Fak., Ref. Bostroem, Diss. v. 15. Sept. 1905.
[Geb. 6. Aug. 79 Kirtorf; Wohnort: Gießen; Staatsangeh.: Hessen; Vorbildung: Gymn. Gießen Reife O. 99; Studium: Gießen 4, Berlin 1, Gießen 5 S.; Coll. 30. Juli 04; Approb. 6. Febr. 04.]

Wertheim, Theodor

— Über ein neues Alkaloid in *Conium maculatum*. S. 22. 113 . . . .
Separatabdruck

Wertheim, Th., über ein neues Alkaloid in Conium maculatum. (Aus d. Sitzungsberichten d. k. Akad. d. W.) Wien 856. (Gerold.) gr. 8. (11 S. m. Holzschn. im Text.) 3 ngr.

Wertheim, Th., über ein neues Alkaloid in Conium maculatum. Lex.-8. (11 S. mit eingedr. Holzschn.) Wien 857, (Gerold's Sohn.)
Aus: Sitzungsberichte der k. Akademie der Wissenschaften, Jahrg. 1856, besonders abgedruckt.

— Analyse des Franz Josephs-Bades „Tüffer" in Südsteiermark. S. 12. 179 . . . .
Separatabdruck

— Beiträge zur Kenntnis des Coniins. 1. Mitteilung. S. 45. II. 512 . . . .
Separatabdruck

— Beiträge zur Kenntnis des Coniins. 2. Mitteilung. S. 48. II. 491 . . . .
Separatabdruck

— Beiträge zur Kenntnis des Piperidins. S. 47. II. 122 . . . .
Separatabdruck

— Über das Chinin. S. 3. 843 . . . .
Separatabdruck

— Zweite Mitteilung über eine neue flüchtige organische Basis. S. 4. 33 . . . . . .
Separatabdruck

— Nähere Mitteilungen über das Conydrin. S. 17. II. 29 . . . .
Separatabdruck

— Weitere Mitteilungen über das Narcotin. S. 6. 163 . . . .
Separatabdruck

— Vorläufige Notiz über eine neue flüchtige organische Basis. S. 4. 8 . . . .
Separatabdruck

Wertheim Theodor. Über das Piperin. S. 1. 63 . . . .
Separatabdruck

K a t a l o g der Leihbibliothek W. **Wertheim** G. m. b. H. Werke in deutscher, engl., franz. u. ital. Sprache. Berlin: (W. Wertheim) 1900. 175 S. 8°

Wertheim Wilhelm: Über die Hauptresultate seiner Untersuchungen der allgemeinen Gesetze des Gleichgewichtes und der Bewegung der festen und flüssigen Körper. S. 5. 19 . . . .
Separatabdruck

Wertheim, Z(acharias): Versuch einer medicinischen Topographie von Wien. 458 S., gbd., 5 Tab.

Wien: Kupffer & Wimmer 1810

JB 5.634

Wertheim-Album. (A. W e r t h e i m, G. m. b. H., Berlin, Stralsund, Rostock.) — o. O. u. J. 32 S. 4° [Umschlagt.]

W e r t h e i m b e r, Adf., zur Behandlung der Eklampsia infantum. Lex.-8. (17 S.) München 883, Rieger'sche Universitäts-Buchh.
Aus: Festschrift, dem ärztlichen Verein München zur Feier seines 50jährigen Jubiläums gewidmet, besonders abgedruckt.

Wertheimber, Ad., zur Behandlung der Schlund-Diphtherie. Vortrag geh. im „Aerztl. Vereine" zu München am 10. Jan. 1877. gr.8. (8 S.) München 877. J. A. Finsterlin. n. — 20

Wertheimber, A., Diätetik der Neugeborenen und Säuglinge. Gemeinfaßlich dargestellt. München 860. Giel. (Gummi.) 12. (VI, 118 S.) n. 18 *ngr.*

W e r t h e i m b e r, Adf., Diätetik der Neugeborenen und Säuglinge. Gemeinfaßlich dargestellt. 2. verm. Aufl. 8. (VI, 126 S.) München 872, Beck. *M 1,20.; geb. *

Wertheimber, Adph. M., Fragmente zur Lehre vom Icterus. München 854. Kaiser. gr. 8. (4 Bl., 47 S.) n. 8 *ngr.*

W e r t h e i m b e r, Adph. M., Fragmente zur Lehre vom Icterus. gr. 8. (VII und 47 S.) München 855, Kaiser'sche Buchh. *

—— die Schlund-Diphtherie. 1870. und 2. Abdr. gr. 8. (IV, 103 S.) München 871, J. A. Finsterlin. *

Wertheimber, Eugen, Ref. a. Frankfurt a. M.: Das kaufmännische Zurückbehaltungsrecht nach dem Handelsgesetzbuch vom 10. Mai 1897. Borna-Leipzig 1906: R. Noske. (IX, 63 S.) 8° [F.]
Erlangen, Jur. Fak., Ref. Sehling, Diss. v. 16. Jan. 1906
[Geb. 6. Sept. 81 Frankfurt a. M.; Wohnort: Frankfurt a. M.; Staatsangeh.: Preußen; Vorbildung: Goethe-Gymn. Frankfurt a. M. Reife 99; Studium: Freiburg i. B. 1, München 1, Berlin 3, Marburg 1 S.; Rig. 20. Dez. 05.]

Wertheimber, Theodor [app. Arzt aus Regensburg]: Über die anatomischen Befunde bei Colobombildung am Kaninchenauge ... Würzburg, Etlinger's Buchdr., 1893; 22 S. 8.
Würzburg, Med. Fak., Inaug.-Diss. v. 1893

Wertheimer, Samson, Lebensbild, s. Kaufmann, D.

W e r t h e i m e r, Samson. Urkundliches aus seinem Leben, s. K a u f m a n n, Dav.

Wertheimer, die Stadt Fürth in Bayern, s.: Vogel.

Wertheimer (Prof.) Le Talmud. 1re leçon: Histoire de la formation du Talmud. In-8°, 32 p. Genève et Bâle, H. Georg. 1880

Wertheimer, Alfred, Gerichtsref. aus Homburg v. d. H.: Die Haftung des Schuldners für seine Gehülfen nach dem Rechte des Bürgerlichen Gesetzbuches. *Frankfurt a. M. 1900: R. Mahlau.* (50 S.) 8°
Erlangen, Jur. Diss. v. 10. Dez. 1899

Wertheimer, Arthur: Über die cystischen F i b r o m y o m e des Uterus. Strassburg i/E.: J. Singer 1898. (38 S.) 8°
Strassburg, Med. Diss. v. 1898.

Wertheimer, Arth., üb. d. cystischen Fibromyome d. Uterus. Diss. gr. 8. (38 S.) Strassburg 898. J. Singer. n. 1. 20

Wertheimer, Camille [pr. Arzt aus Rosheim i. E.]: Über H e r d - e r s c h e i n u n g e n bei Dementia paralytica ... Strassburg, Univ.-Buchdr. v. J. H. Ed. Heitz (Heitz & Mündel), 1888; 35 S. 8°
Strassburg, Med. Fak., Inaug.-Diss. v. 1888.

Wertheimer, Eduard v., Graf Julius Andrássy, sein Leben u. seine Zeit. Nach ungedr. Quellen. 1. Bd. Bis zur Ernenng. zum Minister des Äussern. (XXII, 650 S. m. 1 Bildnis.) Lex. 8. Stuttgart 910. Deutsche Verlagsanstalt. 15.—; geb. in Halbfrz. 17.—

Wertheimer, Ed., Aufenthalt der Erzherzoge Johann u. Ludwig in England (1815 u. 1816). Nach ungedr. Quellen. [Aus: „Archiv f. österr. Geschichte".] Lex.-8. (50 S.) Wien 892. (F. Tempsky.) n. 1. 20

Wertheimer, Ed., Berichte des Grafen Friedrich Lothar Stadion über die Beziehungen zwischen Oesterreich u. Baiern [1807—1809], hrsg. [Aus: „Archiv f. österreich. Geschichte".] Lex.-8. (92 S.) Wien 881. Gerold's Sohn in Comm. n. 1. 40

— zwei Denkschriften Erzherzog Rainers aus den J. 1808 u. 1809. Hrsg. v. E. W. [Aus: „Archiv f. österr. Geschichte".] Lex.-8. (79 S.) Ebd. 892. n. 1. 60

Wertheimer, Eduard. Gegen Herrn Fournier. Eine Antikritik (zur „Geschichte Oesterreichs und Ungarns im ersten Jahrzehnt des XIX. Jahrhunderts").

— die drei ersten F r a u e n des Kaisers Franz. Mit 3 Porträts. gr. 8. (IX, 163 S.) Leipzig 893. Duncker & Humblot. n. 3. 60

— Geschichte Oesterreichs u. Ungarns im ersten Jahrzehnt d. 19. Jahrh. Nach ungedruckten Quellen. 1. Bd. gr. 8. (XXIII, 375 S.) Leipzig 884. Duncker & Humblot. n. 8. —

Wertheimer, Ed., Geschichte Oesterreichs u. Ungarns im ersten Jahrzehnt d. 19. Jahrh. Nach ungedr. Quellen. 2. Bd. Von Preßburg bis Schönbrunn. gr. 8. (XXII, 441 S.) Leipzig 890. Duncker & Humblot. n. 10. —
(cplt.: n. 18. —)

Wertheimer Eduard: Zur Geschichte des Türkenkrieges Maximilians II. 1565—1566. Ar. 53. 43 . . . . „
Separatabdruck

Wertheimer, Ed., zur Geschichte des Türkenkrieges Maximilians II. 1565 und 1566. Nach bisher ungedr. Quellen. Lex.-8. (59 S.) Wien 875, (Gerold's Sohn.) *
Aus: Archiv für oesterreichische Geschichte, besonders abgedruckt.

— zur Geschichte Wiens im J. 1809. [Ein Beitrag zur Geschichte d. Krieges v. 1809.] Nach ungedruckten Quellen. [Aus: „Archiv f. österr. Geschichte".] Lex.-8. (42 S.) Wien 889. (Tempsky.) n. — 70

— Die Heirat der Erzherzogin Marie Louise mit Napoleon I. Ar. 64. 499 . . . . . „
Separatabdruck

—— die Heirat der Erzherzogin Marie Louise mit Napoleon I. Nach ungedr. Quellen. Lex.-8. (38 S.) (Ebendas.) 882. *
Vorstehende drei Schriften sind aus: Archiv für österreichische Geschichte, besonders abgedruckt.

Wertheimer, Eduard. Baron Hompesch und Josef II. Sonderabdruck aus den „Mittheilungen des Instituts für österreichische Geschichtsforschung" VI. Ergänzungsband. 8. Innsbruck 1901.

— Erzherzog Karl und die zweite Koalition bis zum Frieden von Lunéville. 1798 bis 1801. Ar. 67. 191 . . . . „
Separatabdruck

Wertheimer, Ed., Erzherzog Carl und die zweite Coalition bis zum Frieden von Lunéville. 1798—1801. Nach ungedr. Quellen. Lex.-8. (62 S.) Wien 885, (Tempsky.) *
Aus: Archiv für österreichische Geschichte, besonders abgedruckt.

— Erzherzog Karl als Präsident des Hofkriegsrates. 1801—1805. Ar. 66. 277 . . . „
Separatabdruck

Wertheimer, Ed., Erzherzog Carl als Präsident d. Hofkriegsrathes 1801—1805. Nach ungedruckten Quellen. Lex.-8. (38 S.) Wien 884. (Gerold's Sohn.) n. — 60

Wertheimer, Eduard, der Herzog v. Reichstadt. Ein Lebensbild. Nach neuen Quellen. Mit 6 Lichtdr.-Bildern u. e. Briefbeilage in Faksimiledr. gr. 8. (XIV, 487 S.) Stuttgart 902. J. G. Cotta Nachf. n. 9. —; geb. in Leinw. n. 10. —

—— zwei Schilderungen des Wiener Hofes im XVIII. Jahrh. Lex.-8. (39 S.) Wien 880, (Gerold's Sohn.) *
Aus: Archiv für österreichische Geschichte, besonders abgedruckt.

Wertheimer, Ed., die Verbannten d. ersten Kaiserreichs. Louis Bonaparte. Jérôme u. Katharina v. Westfalen. Elise Bacciochi. Caroline Murat. Fouché. Savary. Maret. gr. 8. (XIX, 310 S.) Leipzig 897. Duncker & Humblot. n. 6. 40

— Wien u. das Kriegsjahr 1813. Ein Beitrag zur Geschichte der Befreiungskriege. Nach ungedr. Quellen. [Aus: „Archiv f. österr. Geschichte".] Lex.-8. (46 S.) Wien 893. (F. Tempsky.) n. 1. 10

Wertheimer, Eman., Aphorismen, Gedanken u. Meinungen. M. e. Vorwort v. François Coppée. 12. (160 S.) Stuttgart 896. Deutsche Verlags-Anstalt. Geb. in Leinw. n. 3. —

Wertheimer, Eman., Cromwell. Tragödie in 5 Aufzügen. 8. (176 S.) Leipzig 876, [C. J. Günther Nachf.] Giesecke und Devrient. *

Wertheimer, Emil: Der Erbschaftskauf nach dem bürgerlichen Gesetzbuch. Kaiserslautern 1898: E. M. Gerken. (59 S.) 8°
Erlangen, Jur. Diss. v. 30. März 1898.

Wertheimer, Emil J. [app. Arzt aus Bühl-Baden]: Zur Pathologie und Pathogenese der Selbstmorde ... Bühl, Druck d. Aktienges. Konkordia, *1891:* 25 S. 8.
München, Med. Fak., Inaug.-Diss. v. [17. Juli] 1891

Wertheimer Emilie: Heinrich Heine und die bildende Kunst.
H. 1907 PN 2300 Diss. W... 222

Wertheimer Friedrich: Über die Konstitution des α- und β-Benzpinakolins. S. 114. IIb. 1071 . . . .
Separatabdruck

Wertheimer, Fritz, aus Freiburg i. B.: Beiträge zur Kenntnis der glashäutigen Neubildungen im Auge. Freiburg i. B. 1899: C. A. Wagner. (36 S.) 8°
Freiburg i. B., Med. Diss. v. 1899.

Wertheimer, Fritz, die japanische Kolonialpolitik. (100 S.) gr. 8. Hamburg 910. L. Friederichsen & Co. 2. 50

Wertheimer, Fritz, die Stenographie in der Volkswirtschaft. (VIII, 176 S. m. 19 Tab.) gr. 8. Berlin 906. F. Schrey. n. 2. 75; geb. n. 3. 50

Wertheimer, J., prakt. Handbuch für die Erziehung, s. Therese, ein prakt. Handbuch rc.

Wertheimer, J. Die deutsche Steuergesetzgebung seit 1906 in ihrer Bedeutung für die Privatversicherung. W. V. Z. 11. 293 ff.

Wertheimer, Jos., dramat. Beiträge. gr. 12. (15 B.) Wien 838, [Gerold's Brlsh.]
Inhalt: Der Buckelige. Nach Knowles. Schausp. — Eheliches Leben. Lustsp. Nach Buckstone. — Der Mantelsack. Lustsp. Nach Gilbert. — Der Hirtensohn. Drama.

Wertheimer, Jos. Ritter v., zur Emancipation unserer Glaubensgenossen. gr. 8. (29 S.) Wien 882. Hölder. n. — 60

Wertheimer, Jos. v., Eudocia. Historisches Drama in 5 Akten. 8. (XI, 92 S.) Wien 879, Rosner. *

Wertheimer, Jos. Ritter v., Gesinnungstüchtigkeit d. jüdischen Stammes in humaner u. staatlicher Beziehung u. dessen Leistungsfähigkeit auf allen Gebieten d. menschlichen Wissens u. Könnens. Zur Wahrg. der Menschen- u. staatsbürgerl. Rechte der Juden durch Thatsachen erhärtet gr. 8. (57 S.) Wien 886. Hölder. n. 1. —

Wertheimer, Joseph. Jahrbuch für Israeliten 5619 (1858–1859). Mit Beiträgen von Dr. Bärwald in Wien, Dr. B. Beer in Dresden, Dr. L. A. Frankl in Wien u. s. w. Neue Folge, Fünfter Jahrgang. *Wien* 1858. Verl., Druck und Papier von *L. Sommer.* XL, 349 S. 8°.

INHALT: Zur Geschichte der Juden in Steiermark. Von *Heinrich Grave.* — Wienerischen Judenschafft Privilegien oder Neue Saz: vnd Ordnung Ihrer Richter und Aembter Wahlen. Urkunde vom 20. Febr. 1646. — Actenstuck von 1512 von Kaiser Maximilian, womit der Jude Hirschel zu Graz schuldlos erklärt wird. — Ein Actenstuck von 1661 zur Geschichte der Juden in Deutschland. Von Dr. *G. Wolf.* — Die Judenschule. Zur Geschichte der Pädagogik. Von *Simon Szántó.* — Jüdische Kunst, jüdische Künstler und jüdische Kunstfreunde. Von *Josef Wertheimer.* — Das rabbinische Collegium und Convict zu Padua. Von *Friedr. Manheimer.* — Der Prophet Ezechiel. Ein Lebensbild. Von Dr. *H. Grätz.* — Ueber einige der neuesten Erscheinungen in der jüdischen Literatur. Von Dr. *B. Beer.* — Der Klausner. Ein Lebensbild. Von *Leon Herzberg-Fränkel.* — Juden als deutsche Historiker. Von Dr. *H. Bärwald.* — Galizische Zustände. Von *L. Herzberg-Fränkel.* — Jüdische Zustände in Krakau. Einst u. Jetzt. Von *Gumplovicz.* — Julius Arnsteiner's Beschau. Eine Geschichte. Von *Leop. Kompert.* — Eine Legende aus der Wüste. Von Dr. *L. A. Frankl.* — Ehrentafel der Humanität im Verhalten von Christen gegen Juden. Von *Josef Wertheimer.* — Ehrentafel österr. Juden. Von *Josef Wertheimer.* — Der Pester Verein zur Beforderung der Handwerke unter den Israeliten. Von *Jakob Kern.* — Ein Jude — Erfinder des Schiesspulvers. — Gedichte.

(**Wertheimer,** Joseph Ritter v.:) Die Juden in Osterreich. Vom Standpunkte der Geschichte, des Rechtes und des Staatsvorteiles. In drei Büchern. 2 Bde. Leipzig: Mayer 1842.

—— jüdische Lehre und jüdisches Leben mit besonderer Beziehung auf die Juden in Oesterreich und auf die Pflichten gegen Vaterland und Mitmenschen. (34 S.); 2. revid. und verm. Aufl. gr. 8. (53 S.) (Ebendas.) 883.

—— ein gestörtes Rendezvous, s. Theater, neues Wiener.

— ein gestörtes Rendezvous, s.: Weiß.

Wertheimer, Jos., s. Wolf, G.

Wertheimer, Jul., eine Frühlingsfahrt durch Dalmatien, Montenegro, Griechenland und die Türkei. 8. (40 S.) Wien 888, Frick. *

Wertheimer, Jul., s.: Pasquino.

Wertheimer, Jul., im Süden. Von Algier nach Tunis. 8. (95 S.) Wien 891. W. Frick. n. 2. —

Wertheimer, Julius [app. Arzt aus Kaiserslautern]: Vorkommen, Symptomalogie [!] und Prognose des jugendlichen Glaucom ... Kaiserslautern, Druck v. E. Rohr, 1893; 2 Bl., 33 S. 8.
Strassburg, Med. Fak., Inaug.-Diss. v. 1893

Wertheimer, Ludw., Geschlechtskrankheiten u. Rechtsschutz, s.: Flesch, Max.

Wertheimer, Ludw., s.: Markenschutz u. Wettbewerb.

Wertheimer, M. [pr. Arzt]: Von dem Verhalten der Lochialsecretion zur Pathogenese des Kindbettfiebers. Ein Nachtrag zu der im Jahre 1860 von der medicinischen Facultät in Heidelberg gekrönten Preisschrift des Verfassers über: Das anatomische Verhalten des Lochialsecretes, über die physiologische und forensivre [sic!] Bedeutung desselben, Virchow's Archiv 1861 B. B. 21 u. Memorabilien VIII. Jahrg. 1863. . . . Freiburg i. Baden, Univ.-Buchdr. v. H. M. Poppen & Sohn, 1888; 16 S. 8°
Freiburg i. B., Med. Fak., Inaug.-Diss. v. 1888

WERTHEIMER, Max (München): Ein Fall von Sepsis mit hämorrhagischer Diathese und schwerer Anämie.- München: Steinicke 1910. 21 S.
12.1.1911 - Chr 1910/11,24; U 11.3767
Diss.Ingolst.-Landsh.-Mchn.

Wertheimer Max: Die germanisch-sarmatischen Kriege unter den Antoninen Marcus Aurelius, L. Verus und Antoninus Commodus. 161—181 n. Chr.
II. 1881 PN 208 Diss.Wien, Univ. 665

Wertheimer, Max. Den Müttern Rat zur Ernährung d. Kindes im ersten Lebensjahre. 8. (24 S.) [Lpz. 889, Findel.] Freib. i. B., Selbstverlag d. Verf. * — 60

Wertheimer, Max, a. Prag: Experimentelle Untersuchungen zur Tatbestandsdiagnostik. Mit 3 Fig. u. 5 Kurven im Text. Leipzig: W. Engelmann 1905. (73 S.) 8°
Würzburg, Phil. Fak., Ref. Külpe, Diss. v. 24. Juli 1905
[Geb. 15. Apr. 80 Prag; Wohnort: Prag; Staatsangeh.: Österreich; Vorbildung: Gymn. Prag Reife O. 99; Studium: Prag 5, Berlin 3, Würzburg 2 S.; Rig. 21. Dez. 04.]

Wertheimer, Otto [Apotheker aus Frankfurt a. M.]: **Über die Agglutination bei der Tuberkulose. Bern 1900. 56 S. 8°.**
Bern. Phil. Diss. 1899/1900.

Wertheimer, Paul, die Frau des Raja. Drama in 3 Akten. (162 S.) kl. 8. Wien 906. Wiener Verl. 2. —

Wertheimer, Paul, Gedichte. 8. (IV, 74 S.) Leipzig 896. Berlin, G. H. Meyer. n. 2. —; geb. in Leinw. n. 3. —

Wertheimer, Paul, neue Gedichte. (VIII, 95 S.) 8. München 904. G. Müller. n. 2. —; geb. n. 3. —

— Im Lande der Torheit. Neue Verse. (VIII, 94 S.) 8. Wien 910. H. Heller & Co. 1.50

Wertheimer, Paul: Hugo Salus, s. Sammlung gemeinnütziger Vorträge.

— Wenn zwei dasselbe tun, s.: Bibliothek mod. Dramen. 32. Bd.

Wenn zwei dasselbe tun. 4 Einakter von Paul **Wertheimer.** Berlin: Vita (1900). 143 S. 8°
(Bibliothek moderner Dramen. Bd. 32.) [09. 6834

Wertheimer, Robert Th., Referendar: Die **Mischgesetze des Deutschen Straf-Gesetzbuchs mit besonderer Berücksichtigung ihrer strafrechtlichen und strafprozessualen Behandlung.** *Breslau: Schletter 1903.* (70 S.) 8°
Marburg, Jur. Diss. v. [8. Juli] 1903

Wertheimer, Rob. Th., die Mischgesetze des deutschen Strafgesetzbuchs, s.: Abhandlungen, strafrechtliche. 47. Hft.

Die Mischgesetze des Deutschen Straf-Gesetzbuchs mit bes. Berücks. ihrer strafrechtl. u. strafprozessualen Behandlung. Von Robert Th. **Wertheimer.** *Breslau: Schletter 1903.* (70 S.) 8°
[Erschien zuerst als Inaug.-Diss. Marburg 1903.]
= Abhandlungen, Strafrechtliche. H. 47. [03. 1016] 4

Mahnung an die jüngeren Brüder! Fest-Vortrag am Stiftungsfeste der Loge „Z[u] d[en] 3 Pfeilen [in Nürnberg] am 22. März 1903, gehalten vom Br.·. [Siegm.] **Wertheimer.** Nürnberg [1903]: Schwemmer. 4 Bl. 8° [Umschlagtit.]
Enth. Winke u. Ratschläge für Neophyten.

WERTHEIMER, Sigmund (München): Ueber morbus Brightii und Eclampsie bei Schwangeren, Gebärenden und Wöchnerinnen.- München: Schurich 1853. 22 S.
11.8.1852 - Urk (Titel: De morbo Brightii et eclampsia gravidarum.); F 67
[illegible]

Wertheimer, Simon, gepr. Rechtsprakt.: Der dingliche Gerichtsstand. München 1908: Heller. IV, 80 S. 8°
München, Jur. Diss. v. 2. Dez. 1908, Ref. v. Seuffert
[Geb. 24. Aug. 82 München; Wohnort: München; Staatsangeh.: Bayern; Vorbildung: Luitpold-Gymn. München Reife Juli (0); Studium: München 4, Berlin 1, München 3 S.; Rig. 2. Dez. 08] [U 9. 3251

Wertheimer, W. Entwurf eines neuen Lagerhausgesetzes für Oesterreich. Prag 1886.

Wertheimer, Wilh., das Lagerhaus u. die Vortheile der Lagerhausbenützung. gr. 8. (64 S.) Wien 886. Spielhagen & Schurich. n. 1. —

Wertheimer, Wilh., s. Lagerhaus-Gesetz.

Wertheimer, W. Das Lagerhausgesetz vom 28. April 1889 betreffend die Errichtung und den Betrieb öffentlicher Lagerhäuser und die von denselben ausgestellten Lagerscheine. Prag 1889.

Wertheimer, Wilh., Theorie u. Praxis der Buchhaltung u. der Handelscorrespondenz mit Beispielen u. Formularien. Für Lehrer, Schüler, sowie selbstlernende Kaufleute u. Gewerbetreibende auf Grund praktischer Erfahrungen bearb. 3., verb. u. verm. Aufl. gr. 8. (VII, 130 S.) Prag 882. Mercy. n. 2. 80

—— Theorie und Praxis der Buchhaltung nach einfachem, doppeltem, italienischem und amerikanischem System, der Conto-Corrente und Handelscorrespondenz mit Beispielen und Formularien. Für Lehrer, Schüler sowie selbstlernende Kaufleute und Gewerbetreibende auf Grund prakt. Erfahrungen bearb. 4. verb. und verm. Aufl. gr. 8. (VIII, 192 S.) Prag 887, Mercy. *ℳ 3.20.; cart. *

Wertheimer, Wilh., Theorie u. Praxis der Buchhaltung nach einfachem, doppeltem, italienischem u. amerikanischem System, sowie der Geheimbuchung, der Handelscorrespondenz, Conto Corrente u. Wechsel m. Beispielen u. Formularien. Für Lehrer, Schüler, sowie selbstlern. Kaufleute u. Gewerbetreibende auf Grund prakt. Erfahrungen bearb. 5. Aufl. gr. 8. (VIII, 200 S.) Prag 892. Höfer & Klouček. n. 3. 20; geb. n. 3. 60

Wertheimer-Raffalovich, Rose, aus Eppstein i. T.: Experimentelle Untersuchungen über die Pantoponwirkungen. (Aus dem medizinisch-chemischen und pharmakolog. Institut der Universität Bern. Direktor: Prof. Dr. E. Bürgi.) Leipzig, Georg Thieme, 1910. II,12 S. 8°. S.-A. aus der Deutschen Medizinischen Wochenschrift, No. 37, 1910.
Bern. Med. Diss. 1911/12.

Werthen, S., Opfer der Liebe, s.: Collection Hartleben, 6. Jahrg., 1.—8. Bd.

Werthenau, E. C., interessante Wörter. Nach ihrer Herkunft allgemeinverständlich erklärt. (111 S.) 8. Berlin-Tempelhof 910. Freier literar. Verl. Geb. 1.20

Werthenau, Hans von: Frauenlist. Operette in drei Aufzügen. Musik von J. Philipp. 8°. (64 S.) Wien: Künast 1898.

Werthenau, Hans v. (Pseud.) Der Hauptmann des Kaisers. Kärntner Volksstück mit Gesang. Völkendorf bei Villach, typ. Schlick in St. Veit a. d. Glan, (1900). 51 S. (Verf.: Mathias Edler v. Millesi.)

Werthenau, Hans v. (Pseud.) Roxane. Drama. Völkendorf bei Villach, typ. Schlick in St. Veit a. d. Glan, (1898). 54 S. (Verf.: Mathias Edler v. Millesi.)

Werthenbach, Antonie, die Wäscheanfertigung. Praktische Anleitg. zum Zuschneiden u. zur Selbstanfertigg. der gesamten Damen-, Herren- u. Kinderwäsche sowie Bettwäsche. Mit zahlr. Abbildgn. u. 6 Schnittmusterbog. (in Mappe). (152 S.) gr. 8. Ravensburg (908). O. Maier. 6.—; geb. 6.50

Werthenfeld, Joseph Thim v.

Untersuchung, ob die Verfasser der Prager gelehrten Nachrichten .... Wissenschaft, Redlichkeit und Sittsamkeit geäussert haben? (Vf.: *Joseph Thim von* ***Werthenfeld***). Berlin (Prag) 1773.
Anon.-Lex. IV. p. 269 (nach Goedeke, Kayser, Wurzbach).

Werthenstein. Der Wallfahrtsort W. im Kanton Luzern. [Mit 1 Tafel] 8. Luzern 1841

„**Werthenthal,** Friedrich Graf von", oder der Rächer. Ein Orig.-Schauspiel. Klgft., Wallisser, 1794. 184 S.

Werther; ein bürgerl. Trspl. in 3 A. (v. Willer). 8. Eisenach 777. (Bärecke). 8 gl.

Werther. Trauersp. 8. Eisenach Wittekind. 777.

Werther. Ein bürgerliches Trauerspiel in Prosa und drey Akten. Frankfurt u. Leipzig [Breslau] 1778. V: *Willer.* (GGr) (MGT) (Ky) (Appell)

-- Posse in 1 A. 8. Wien 807. Wallishausser. 5 gl.

WERTHER, Emilie von, oder die verführte Unschuld. Eine deutsche Geschichte. (Liederliches Opus in Briefen; schlechte Nachahmung der „liaisons dangereuses" des *de La-Clos.*) Mit Titelkpf. (famoses Costümbild, Ch. Lambach inv., Cl. Kohl sc. Viennæ 1789). Paris 1789. bey der Wittwe Duchesne (Wien). 8°. (2 Mk. Jos. Baer & Co., 1894; jetzt theurer!)

Werther, Herr, auf Freiersfüßen. Siebenmal Bräutigam u. doch keine Frau. Vom Verf. „Lenchens" u. der „Geschichte e. Strumpfbandes". 2 Thle. Mit 1 Kupf. 8. Leipz. 804. Fr. Fleischer. 2 ℛ 8 gl.

Werther, Herr, auf Freiersfüssen, Siebenmal Bräutigam und doch keine Frau. Leipzig [1805]. V: *Grimm, Adolph (= Joh. Gfr. Gruber).* (GGr)

— d. jungen, Freuden, Freuden u. Leiden Werthers d. Mannes. (v. Fr. Nicolai.) 8. Berl. Nicolai.
Schreibpap.

Werther in d. Hölle. 8. Frkft. Eichenberg. 775.

Werther in der Hölle. 8. Frankf. a. M. 778. Eichenberg. 5 gl.

Werther, hütet Euch! Aerztliche Mahnworte an unsere Söhne beim Eintritt ins Leben! Rede an die Gymnasial-Abiturienten, geh. im Auftrage des Rates zu Dresden, am 14. III. 1908. (48 S.) gr. 8. Dresden 908. A. Köhler. — 90

Werther, d. jungen, Leiden, v. Göthe. 2 Thle. 8. Lpz. Weygand. 788.

— — dass. m. K. 8. Lpz. Göschen. 787.

— — trad. de l'allemand. 18. Basel. (Levrault in Strasb.) (a Turneisen Sohn in Paris.) 801.
Velinpap.

Werther's Leiden; Trspl. 8. Frankf. 776. Brönner. 3 gl.

Werther, Der neue, oder die Unzertrennlichen. Ein Seitenstück zu Werthers Leiden. Berlin 1800. V: *Bonafont, Carl Philipp.* (GGr)

Werther, der neue, oder Gefühl u. Liebe, s. Lucio Chiaramonti.

— d. neue, od. Gefühl u. Liebe von ***; e. Roman. 8. Nrnb. Riegel u. W. 804.

Werther, Der neue, oder Gefühl und Liebe. [Nürnberg] 1804. V: *Bonafont, Carl Philipp.* (BrMin) (GGr)

Werther an seinen Freund Wilhelm, aus dem Reiche der Todten . . . Berlin 1775. V: *Dilthey, Isaac Dan.* (GGr) (ML)

Werther, russische Revolutionsbilder. Skizzen aus der russ. Revolution. Erzählungen, Episoden, Lebensbilder. (In russ. Sprache.) (20 S.) 8. Berlin 906. [Stuhr.] H. Caspari. 1.—

WERTHER, Ueber Syphilis und Prostitution. O. O. 1891. 8°. (In Dresden: Bibl. d. Gehestiftg.)

Werther, Diss. de temperamento primi hominis in statu integritatis. Lps. 4°. 1709.

Werther's Volksbibliothek. 1.—8. Bd. gr. 8. Leipzig. Hannov.-Münden, R. Werther. à n. — 50

1—3. Der Wildhirt. E. oberhess. Dorfgeschichte v. J. Becker. (VI, 174 S.) 896.

4. 5. Karthäuserisch Anndort. Eine oberhess. Dorfgeschichte v. J. Becker. (123 S.) 896.

6. Das Geldfeuerchen am Wittstrauch. E. oberhess. Dorfgeschichte v. J. Becker. (88 S.) 896.

7. Der atheistische Schuhmacher. E. Blatt aus d. Geschichte d. West-London-Mission v. Hugh Price Hughes. Eing., vom Verf. bewill. deutsche Uebertragg. (71 S.) (894.)

8. Durch Sturm zur Stille. E. Bild aus d. Gegenwart, gezeichnet v. Fr. Patschke. 2. Aufl. (90 S.) 894.

Werther, A. v. Einfluss u. Beziehungen der landwirthschaftlichen Versuchsstationen auf die praktische Landwirthschaft. Ein Beitrag zur Beantwortg. der Frage: „Wie sind wir im Stande, unsere Landescultur zu heben?“ Lex.-8. (50 S.) Prag 889, (Neugebauer). * 1 50

Werther (A.), Bad Oeynhausen (Rehme) in topographischer und medizinischer Beziehung als Rathgeber für Kurgäste. Minden 1857. 8. Mit 1 Ansicht.

Werther, Adalbert (geb. 19. 10. 1824): De calcariae muriaticae effectu in animalibus. Berolini (1846). (31 S.) 8°

Berlin, Med. Diss. v. 31. Okt. 1846

Werther, Alwin v., Töten u. Quälen unserer Mitgeschöpfe, e. Quell der Lust? (III, 78 S.) 8. Dresden 906. E. Pierson. n. 1. —

Werther, Armin, Gedichte. 12. (126 S.) Hamburg 851, Hoffmann & Campe. ⅔ Thlr.

Werther, Art. v., die Abfälle der Zuckerindustrie in ihrer Bedeutung f. die Landwirtschaft. (Die Melasse als Futtermittel.) (XIII. internationaler landwirtschaftl. Kongress, Wien 1907. Sektion VI/A, Referat 2.) (37 S.) Lex. 8. Wien 907. (Berlin, P. Parey.) 1. —

Werther, Arthur von [aus Budapest]: Ueber Zuckerfütterung . . . Halle a. S., Buchdr. d. „Post“, Kayssler & Co., Berlin, 1886: 4 + 28 S. 8°

Halle, Phil. Fak., Inaug.-Diss. v. [7. Aug.] 1886.

Werther, Arthur von, über Zuckerfütterung. Diss. Halle 1886, Lippertsche Buchh. 8°. 28 S.

Werther, August Friedrich Gustav, s. Werther, Gustav

Werther, C. A., die Gesetze der Anfangsgeschwindigkeit in den Bewegungen der Weltkörper. Eine Darstellung der Himmelsbewegungen mit Hülfe der einfachsten Sätze der Mathematik. gr. 8. (VIII, 112 S.) Rostock 877. Werther's Verl. n. 2. —

Werther, C. A., die Kräfte der unorganischen Natur in ihrer Einheit u. Entwicklung. gr. 8. (VIII u. 231 S. m. 5 lith. Taf.) Dessau 852, Katz. 1½ Thlr.

Werther, C. A., Lebens-, Seelen- und Geisteskraft oder die Kräfte der organischen Natur in ihrer Einheit und Entwicklung. 1. Thl.: Die Pflanze u. das Thier. Halle 860. Anton. gr. 8. (XVIII, 330 S.) 1 Thlr. 15 ngr.

Werther, C. A., Lebens-, Seelen- und Geisteskraft oder die Kräfte der organischen Natur in ihrer Einheit und Entwicklung. 2. Thl.: Der Mensch als geistiges Individuum nach seiner Bildung und Entwicklung auf Grundlage der Natur. gr. 8. (XVI und 386 S.) Nordhausen 867, Förstemann. *

1. Thl. Halle 1860, Anton. 1 Thlr. 15 Ngr.

Werther, C. A., Was ist Lebenskraft? Versuch einer Antwort auf diese Frage. Dessau 854. Katz. gr. 8. (61 S.) 12 ngr.

Werther, C. L., s. Werther, Karl Ludwig

Werther, C. Waldemar, die kartographischen Ergebnisse der Massai-Expedition des deutschen Antisklaverei-Comités, s.: Baumann, Osc.

Werther, C. Waldem., d. mittl. Hochländer d. nördl. Deutsch-Ost-Afrika. Wissenschaftl. Ergebnisse d. Irangi-Expedition 1896—1897, nebst kurzer Reisebeschreibg. Im Auftr. d. Irangi-Gesellschaft hrsg. v. d. Führer d. Expedition W. Unt. Mitwirkg. v. Bruno Hassenstein, F. Karsch, H. J. Kolbe, F. v. Luschan, P. Matschie, A. Reichenow, A. Seidel, L. v. Tippelskirch, G. Tornier, E. Wagner u. G. Witt. M. 5 Vollbild. u. 126 Text-Illustr. in Photograv., Lichtdr., Lith. u. Autotypie sow. 2 Orig.-Karten v. B. Hassenstein u. Werther. Lex.-8. (8 u. 497 S.) Berlin 898. H. Paetel. Kart. n. 18. —; geb. in Halbfrz. 20. —

Werther, C. Wald., von Capstadt bis Aden. Reiseskizzen u. Kolonialstudien. gr. 8. (VI, 186 S. m. 9 Vollbildern.) Berlin 899. H. Paetel. n. 3. —; geb. n. 4. —

Werther, C. W., eine Reichs-Ansiedelungs-Zentrale. (38 S.) 8. Berlin 906. Wilmersdorf, H. Paetel. — 60

Werther, C. Wald., östliche Streiflichter. Kritische Beobachtgn. u. Reiseskizzen. (VII, 154 S. m. 9 Taf.) gr. 8. Berlin 908. H. Paetel. n. 3. —; geb. in Leinw. n. 4. —

— zum Victoria-Nyanza. Eine Antisklaverei-Expedition u. Forschungsreise. Mit ca. 70 Text-Illustr. u. 6 Lichtdr.-Bildern nach Photogr. u. Skizzen des Verf. v. R. Hellgrewe, neuester Karte v. Deutsch-Ostafrika nach Aufnahme des Verf. v. Hassenstein u. e. Anh.: „Das Kisukuma“, grammat. Skizze v. A. Seidel. gr. 8. (VIII, 303 u. 18 S.) Berlin 894. Gergonne & Co. Geb. in Leinw. n. 12. —

— zum Victoria Nyanza. E. Antisklaverei-Expedition u. Forschungsreise. M. ca. 70 Text-Illustr. u. 6 Lichtdr.-Bild. nach Photogr. u. Skizzen des Verf. v. R. Hellgrewe, neuester Karte v. Deutsch-Ostafrika nach Aufnahme d. Verf. v. Hassenstein u. e. Anh.: „Das Kisukuma", gramat. Skizze v. A. Seidel. 2. (Titel-) Aufl. gr. 8. (VIII, 303 u. 18 S.) Ebd. (894) 896.
n. 6. —; geb. in Leinw. 7. 50

Werther, Carl Ludwig, s. W e r t h e r , Karl Ludwig

Werther, Chr. Fr., Lesebuch f. Anfänger d. italien. Sprache mit erklärenden Anmerkk. u. e. Wortregister. 8. Leipz. 806. 2e A. 812. 3e A. 812. 4e A. 824. (W. Nauck). 16 gr. (A. u. d. T.: 1) Samml. verschied. Aufsätze aus italien. Prosaikern rc. 2) Italien. Chrestomathie rc.)

— deutsch-italien. Lesebuch z. richtig. Uebersetzen in d. italien. Sprache. 8. Leipz. 802. N. A. 810. (W. Nauck). 14 gr. (A. u. d. T.: Uebungen für Anfänger d. ital. Sprache rc.)

— U e b u n g e n für Anfänger der italienischen Sprache rc. 810.

Werther, E. Fr.

v. Werther, E. F., s. Boccaccio, Auswahl.

Werther, E. Fr., der Gaukler. Vesta, s. a. W e i c h e r t ' s Wochen-Bibliothek.

Der G a u k l e r . Vesta. Zwei römische Gesch. v. E. Fr. Werther. M. 3 Vollbild. Berlin: A. Weichert [1898]. (96 S., 3 Taf.) 1 Bd 8°
(Wochen-Bibliothek, Weichert's. Bd 41.)

W e r t h e r , Ferd., mytholog. Blüthenkranz. Auserles. Erzähln. aus d. griech. Mythologie, z. Bildung jugendl. Verstandes u. Herzens. gr. 12. (8½ B. u. 8 ill. Kpfr.) Berlin 836, [C. F. Amelang.]

W e r t h e r , Ferd., sieben Bücher der Chronik der Stadt Suhl in der gefürsteten Grafschaft Henneberg. 2 Bde. gr. 8. (57¾ B., 1 Tab. u. 1 Stnt.) Suhl 846, 47. (Erfurt, W. Müller'sche Sort.-Buchh.) *

—— die Heldensagen griech. Vorzeit. Od. ausführl. Darstell. d. myth.-heroischen Zeitalters d. Griechen. Zugleich e. nothwend. Ergänz. zu jeder griech. Mythologie u. Geschichte. 2 Thle. gr. 8. (48 B., 2 Karten, 2 Ttlkpfr., 2 gest. Ttl. u. 9 Stammtaf.) Berlin 837, [C. F. Amelang.]

W e r t h e r , Ferd., die Heldensagen griechischer Vorzeit. Ausführliche Darstellung des mythisch-heroischen Zeitalters der Griechen. Zugleich eine nothwendige Ergänzung zu jeder griech. Mythologie und Geschichte. 2 Thle. Neue (Titel-)Ausg. gr. 8. (X und 751 S. mit 2 in Kpfr. gest. Karten in qu. gr. 4., 9 Stammt. und 2 Stahlst.) Brandenburg 852, Müller.

Werther, Frz., der Landsknecht. Operette in 3 Akten v. Karl Schwelb. Musik v. W. Regie-Buch. (44 S.) Lex.-8. Bremen (905). Praeger & Meier. 3. —;
Text-Buch. (48 S.) kl. 8. n.n. — 50

Werther, G., s. a. W e r t h e r , Gustav

Werther, G: Beitrag zur Wasserversorgungsfrage für die Stadt Dresden. Dresden (1868)

Werther, G. F., s. Samml. verschied. Aufsätze rc.

W e r t h e r , G. H. W. De auguribus Rom. P. I. 15 S. . . . .
Herford, Progr. 1835

W e r t h e r , G. H. W. Ueber die vestal. Jungfrauen zu Rom. 16 S. . . . .
Herford, Progr. 1839

W e r t h e r , G. H. W. Roms Topographie. Bruchstück aus einem Handbuche der römischen Alterthümer. 21 S. . . . .
Herford, Progr. 1837

Werther, Georg Christian (Leipzig) A. S. 1192/1

Dissertatio medica de abortu salubri.
Präs. Johann Bohn.
Leipzig (Brandenburger) 2. XII. 1707. 36 S.
36436

Werther, Georg Christian [Praes.], s. B i e l , Joh.: De temperamento primi hominis in statu integritatis.

Werther, Georg Christian (Leipzig) A. S. 1193/22

Disputatio medica de monstro Hungarico.
Präs. Christian Ettmüller.
Leipzig (Zschau) 11. XI. 1707. 20 S., 1 Taf.
36435

Werther, Georg Christian (Leipzig) A. S. 1330/27

De philosophia medico necessaria, disputatio philosophica. Präs. Johann Basilius Fieuter.
Leipzig (Brandenburger) 12. I. 1709. 22 S.
36437

Werther, Gustav

W e r t h e r , G., die unorganische Chemie, ein Grundriss für seine Vorlesungen an der Artillerie- und Ingenieur-Schule in Berlin. I. Abthl.: Die unorgan. Chemie mit Ausnahme der zur Artillerie- und Ingenieur-Technik gehörigen Gegenstände. gr. 8. (XIX und 393 S. mit eingedr. Holzschn.) Berlin 850, G. Reimer.

—— dass. — 2. (letzte) Abthl.: Zur Artillerie- und Ingenieur-Technik gehörige Gegenstände. gr. 8. (VIII und 219 S.) Ebds. 852.

Werther, G., die unorganische Chemie, ein Grundriss für seine Vorlesungen. 2. umgearb. Aufl. Berlin 863. G. Reimer. gr. 8. (XX, 499 S. m. Holzschn.) 2 ℛ︎ 10 ngr.

Werther, Gustavus, Dr., Experimenta quaedam de acido, quod ope acidi nitrici e salicino trahit originem. Regimonti Pr. [o. J.]

W e r t h e r , G., prakt. Handbuch bei dem Bau eiserner Träger- oder Joch-Brücken, s. a. H a n d b u c h.

Werther, Gust., praktisches Handbuch bei dem Bau eiserner Träger- oder Joch-Brücken mit besond. Berücksichtigung der Britannia- u. Conway-Röhren-Brücke in England. Nach dem Engl. Mit 16 Taf. lith. Zeichnungen. Dresden 853. Kuntze. 8. (V, 66 S.) n. 24 ngr.

— Sach- und Namenregister zu Bd. 31—60 des „Journal für prakt. Chemie", s. J o u r n a l etc.

Werther, (Augustus Frid.) Gust. (geb. Rossla 1. 8. 1815): De tartratibus nonnullis atque uvariatibus. Berolini (1843). (38 S.) 8°
Berlin, Phil. Diss. v. 8. Apr. 1843

Werther, Hans, Referendar in Breslau: Erbschaftserwerb und Erbschaftsannahme in geschichtlicher Entwicklung. Borna-Leipzig 1906: R. Noske. (IX, 54 S.) 8° [F.]
Breslau, Jur. Fak., Ref. Fischer-Leonhard, Diss. v. 20. März 1906
[Geb. 22. Febr. 82 Breslau; Wohnort: Breslau; Staatsangeh.: Preußen; Vorbildung: Johannes-Gymn. Breslau Reife O. 00; Studium: Breslau 6 S.; Rig. 3. Juli 03.]

Werther, Heinr. Die Circensischen Spiele der Römer. Abth. 1. 18 S. Abth. 2. 22 S. Abth. 3. 20 S. Abth. 4. 21 S. . .
Herford, Progr. 1843, 1844, 1847, 1850

Werther, Heinr. Die Circensischen Spiele der Römer. Abth. 5. — Abthl. 6. 18 S.
Herford, Progr. 1852, 1855

Werther, H. Versuch eines Leitfadens der deutschen Literatur-Geschichte für Schulen. I. 21 S., II. 20 S. . . . .
Progr. Herford 1826, 1830

Werther, Jo. Christoph (Thüringen) A. S. 23/18

De natali solo legis Salicae disquisitio.
Präs. Jo. Friedrich Weidler.
Wittenberg (Haken) 22. IX. 1736. 56 S.
36439

Werther, Joh., über die Seele, s.: Volksschriften, Dresdner.

Werther, Joh. Dav., Nachricht v. d. Buchdruckerkunst. 8. Jena. 721.

Werther, Jh. Fr., († d. 2. Febr. 1803.) Anleit. zum allgemeinen Kirchenrecht. 8. Jena 787. (Hennings in Neisse). 12 K

Werther, J. F. Anleitung zum allgemeinen Kriegsrechte. Jena 1787. 222 S.

Werther, J. F., Anleit. z. allgem. Kriegsrecht. 8. Jena, Akadem. Buchhdl. 787.

Werther, Johannes Friedrich Rudolf

Werther, die verschiedenen Behandlungsmethoden der Lupus vulgaris, s.a. Klinik, Berliner. 211.

Die verschiedenen Behandlungsmethoden des Lupus vulgaris. Von Dr. [Johannes Friedrich Rudolf] **Werther**, Oberarzt, Dresden. Berlin: Fischer 1905. (29 S.) 8°
— **Klinik**, Berliner. H. 211. [06. 84]

Werther, Jul., Enttäuschungen. Schauspiel in 4 Acten. 8. (114 S.) Stuttgart 880. Werther. n. 3. —

Werther, Jul. v., eine anständige Frau. Roman. 8. (808 S.) Stuttgart 896. A. Bonz & Co. n. 3. 60; geb. in Leinw. n. 4. 50

Werther, Jul., der Fürst v. Isolabella. Schauspiel in 4 Aufzügen. Mscr. für Bühnen. 8. (95 S.) Stuttgart 876, Werther. *

Werther, Jul., das Grabdenkmal. Schauspiel in 1 Akte. Mscr. für Bühnen. 8. (43 S.) Stuttgart 873, Werther. *

[S.] Ein Hohenzoller in Italien. Roman v. Julius v. Werther. *Stuttgart: A. Bonz & C. 1898.* (2 Bl., 335 S.) 1 Bd 8. [98. 434]

Werther, Jul. v., Cornelia. Schauspiel in 3 Acten. Mscr. für Bühnen. 8. (126 S.) Essen 886, A. Werther. *

Werther, Jul. v., der Kriegsplan, s.a. Universal-Bibliothek.

—— der Kriegsplan. Historisches Intriguenstück in 4 Akten. Mscr. für Bühnen. 8. (140 S.) Ebendas. 876. *

Werther, Jul. v. Der Kriegsplan. Historisches Intriguenstück in 4 Akten. Mscr. f. Bühnen. 2. verb. Aufl. [Bühneneinrichtung.] 8. (135 S.) Essen 889, Thaden u. Schmemann. * 3 —

— Leitfaden zur 1. Aufführung des zweiten Theiles von Goethe's Faust. 8. (29 S.) Ebend. 882. n. — 40

Werther, Jul., Leitfaden zur 1. Aufführung d. 2. Theiles v. Goethe's Faust in der Bühneneinrichtung v. J. W. 2. Aufl. 8. (29 S.) Stuttgart 883. Werther. n. — 40

—— Mazarin. Drama in 5 Aufzügen. Mscr. für Bühnen. 8. (105 S.) Ebendas. 871. *

—— Mazarin. Schauspiel in 4 Acten. 2. gänzlich umgearb. Aufl. Bühneneinrichtung. 12. (96 S.) Ebd. 890. * 2 —

—— die Medici. Trauerspiel in 5 Akten. Mscr. für Bühnen. 8. (VI, 114 S.) Ebendas. 874. *

—— Pombal. Schauspiel in 5 Akten. Mscr. für Bühnen. gr. 8. (147 S.) Ebendas. 871. *

—— Verziehung. Schauspiel in 5 Akten. Frei nach dem Italien. [Als Mscr. gedr.] gr. 8. (90 S.) Mannheim [Straßburg] 871, Schneider. *

Werther, Julius *Victor* [aus Breslau]: Beiträge zur Theorie von Apparaten zur Anfertigung von Mikrometerschrauben ... (Aus: Zeitschr. f. Instrumentenkunde, 1894 Nov. u. Dez.) *Berlin, J. Springer, 1894;* 26 S., 1 Bl. 4.
München, Phil. Fak., Inaug.-Diss. v. 1894

Werther, Karl Albert: De notione materiae qua ratione ab Herbarto et Hegelio constituta sit.
Halle-Wittenberg, Phil. Diss. v. 9. Juni 1846
Geb. [Halle a. d. S. 20. 10. 1816] — Ms. fehlt.

Werther, Karl Ludwig

Werther, Carl Ludw., dramatische Dichtungen: 1. Susanne und Daniel. 2. Liebe und Staatskunst. 16. (III und 297 S.) Berlin 855, Werther. *
Einzeln 1. * 18 Ngr.; 2. *

Werther, Carl Ludw., dramatische Dichtungen: I Susanna und Daniel. II. Liebe und Staatskunst. Berlin 855. (Leipzig, G. Wigand.) 16. (166; 2 Bl., 131 S.) n. 1 Thlr.
Einzeln I.: n. 18 ngr.; II.: n. 15 ngr.

Werther, C. L., Die Grenze zwischen Romanismus und Germanismus. Berlin 1859. 8.

Werther, C. L., Klein-Deutschland oder: Magnus XCIX. von Thoren. Komischer Roman. 2 Bde. Berlin 861. Janke. 16. (6 Bl., 471 S.) 1 Thlr.

LAMPE, Carl (d. i. *Carl Ludw. Werther*), Thorenspiegel. Komischer Roman. 2 Bde. Leipzig 1847. 8°. (3 Mk. List & Francke, 1904.)
Weller, Lex. Ps. p. 307.

Werther, Carl Lud., Umwandlung der Schlacht- u. Mahlsteuer in eine Einkommensteuer ist ein Beförderungsmittel zur Revolution. Eine Tagesfrage. gr. 8. (22 S.) Leipzig 847. (Berlin, Springer.) 1/6 Thlr.

Werther, Martin: Der Scheckvertrag. Halle a. S. 1909: Köhler. 49 S. 8°
Halle, Jur. Diss. v. 11. Aug. 1909, Ref. Rehme
[Geb. 13. Mai 80 Eutin; Wohnort: Halle a. S.; Staatsangeh.: Preußen; Vorbildung: Latina Halle Reife O. 04; Studium: Gießen 3, Göttingen 1, Jena 2 S.; Rig. 26. März 09.] [U 09. 1598

Werther, Max Zwei Akte der Wegführung von Juden in die babylonische Gefangenschaft. Eine Untersuchung nach der heiligen Schrift. 17 S. Progr. *Pless* 1880.

Werther, Max [Prof.]: Bestimmungen des theokratischen Gesetzes über den geschäftlichen Verkehr in Israel. Pless, Druck v. A. Krummer, 1894; 1 Bl., 1—10 S. 4.
Pless, ev. Fürsten-S, P 1894 (203)

Werther, Moritz [pr. Arzt]: (Aus d. physiolog. Institut zu Breslau.) Ueber die Milchsäurebildung und den Glycogenverbrauch im quergestreiften Muskel bei der Thätigkeit und bei der Todtenstarre. ... Bonn, Univ.-Buchdr. v. Carl Georgi, 1889; 34 S. + 1 Bl. 8°
Breslau, Med. Fak., Inaug.-Diss. v. 19. Aug. 1889

Werther, O. v., Menschenpflichten. gr. 8. (28 S.) Leipzig 899. M. Altmann. n. — 50

Werther, Olga v., Recht den Rechtlosen! (47 S.) gr. 8. Bamberg (904). Handels-Druckerei u. Verlagsh. — 40

Werther, Osk., einfache Buchführung für den gesammten deutschen Handwerkerstand oder Anweisungen, das gesammte Rechnungswesen deutlich und übersichtlich einzurichten und zu buchen. Nebst verschiedenen Schema's. 8. (VI, 113 S.) Quedlinburg 868, Ernst'sche Buchh. *

Werther, Osk., brieflicher Unterricht in der doppelten italienischen Buchführung und deren Anwendung im praktischen Leben. In 15 Briefen für Kaufleute, Handwerker jeden Standes rc. leichtfaßlich bearb. 10 Lfgn. (à 16 S.) Wismar 864. Wischmann. 4. 3 ℛ︀ 10 ngr.

Werther, Osk., brieflicher Unterricht in der doppelten italienischen Buchführung und deren Anwendung im praktischen Leben. In 15 Briefen für Kaufleute, Handwerker jeden Standes rc. leicht faßlich bearb. 1. Aufl. 1864. 3 Thlr. 10 Ngr. und 2. Aufl. 4. (III und 264 S.) Wismar 865, Hinstorff'sche Hofbuchh. *

Werther, Richard [Pseud.], s.a. S c h i n d l e r , Willy

Werther, Rich., das Apostolicum. Sein Ursprung und seine biblische Begründung. Inaugural-Dissertation. 8. (55 S.) Rathenow 875. (Jena, Deistung's Buchh.) *

BEICHTE, Die, eines Sünders. Memoiren eines Erotomanen. Von Richard Werther. Privatdruck. 8°. 151 S. mit 16 S. Anzeigen erotischer Neuerscheinungen.
[E. I, 214]

Werther, Richard (Übers.), s. G l a s h a u s , Das.

Werther, Rich., d. Helden im Blockhause, s.: Frey, Herb., im wilden Westen.

Werther, Rich., Leichenrede, bei den Beisetzungsfeierlichkeiten des am 9. März 1888 verstorbenen Majoratsherrn auf Hohenauen, Witzke und Wassersuppe, Hrn. Alex. Louis Wilh. v. d. Hagen, in der Kirche geh. 12. (15 S.) Rathenow 888, Babenzien. **

GRAZ. — Werther, Richard. Der Skandal von Graz. Privatdruck. Wien. Gr. 8°. 157 S., 3 leere S.
»Dieses Buch wurde als Privatdruck des Pinkel-Verlages in einer Auflage von 500 Exemplaren nur für Subskribenten gedruckt.« 2 verschiedene Satzspiegel, S. 1—49: $10^{1}/_{2} \times 7$, S. 50—157: $17{,}5 \times 9$. Schlechter Druck, gewöhnliches Papier.
S. a. Werther, Richard.
Verb. d. Ldg. III Berlin A. 4/5 J. 2499/19.

Werther, Theodorus: De Auli Persii Flacci elocutione.
Halle-Wittenberg, Phil. Diss. v. 8. Juli 1869
Geb. [Halle a. d. S. 25. 7. 1846]
Ms. fehlt. — Vom Verf. ersch.: De Persio Horatii imitatore. Halle 1883: Waisenhaus. 27 S. 4° Latein. Hauptschule, Progr.

Werther, Theodor [Dir. Prof. Dr.]: Zur Entstehung von Goethes Hermann und Dorothea. Eutin, G. Struve's Buchdr., 1890; 24 S. 4°
Eutin, grossh. G, OP 1890

Werther, Th. De Persio Horatii imitatore. 27 S. Lat. *Halle* 1883. **Progr.**

Werther, Werner, im Amt, s.: Heinze, W.

— 1. Anweisung zur Ausführung des Gesetzes betr. die Unterhaltung der öffentlichen Volksschulen in Preußen (vom 28. VII. 1906), erlassen am 25. II. 1907, nebst Sachregister z. Volksschul-Unterhaltungsgesetz. Ein Sonderdr. zur Ergänzg. der 1. Aufl. (16 S.) 8. Berlin 907. Geschäftsstelle des „Reichsboten". — 15

Werther, Werner, 2. Anweisung zur Ausführung des Gesetzes betr. die Unterhaltung der öffentlichen Volksschulen in Preußen (vom 28. VII. 1906), erlassen am 2. VII. 1907. Ein Sonderdr. zur Ergänzg. der 1. u. 2. Aufl. 2. Aufl. (17 S.) 8. Berlin 908. Geschäftsstelle des „Reichsboten". — 15

— dasselbe. 3. u. 4. Anweisung erlassen am 6. XI. 1907 bezw. 14. III. 1908. Ein Sonderdr. zur Ergänzg. der 1. u. 2. Aufl. (24 u. 20 S.) 8. Ebd. 907.08. à — 15

— Ausführungs-Anweisung vom 21. VI. 1909 zum Volksschullehrer-Besoldungsgesetze v. 26. V. 1909. Durch Anmerkgn. erläutert. (III, 35 S.) Ebd. 909. — 30

Werther, Werner, die staatlichen Dienstalterszulagen der Lehrer und Lehrerinnen an öffentlichen Volksschulen auf Grund des Ministerialerlasses vom 18. Juni 1873. Sammlung sämtl. darauf bezügl. Ministerialerlasse. 8. (55 S.) Dortmund 888, Meyer. *

—— die Dienstwohnungen der Volksschullehrer. Sammlung der betr. Gesetze und Verordnungen. Zum Gebrauche für Schulinspektoren, Lehrer und Bürgermeister. 8. (59 S.) Ebendas. 888. *

Werther, Werner. Das Disziplinarverfahren gegen Volksschullehrer. Sammlung d. darauf bezügl. Gesetze u. Verordngn. 16. (VII, 123 S.) Lpz. 890, Oesterwitz Nachf. * 1 10

— Ergänzungsheft zur Ausführung des Gesetzes, betr. die Unterhaltung der öffentlichen Volksschulen in Preußen vom 28. VII. 1906. Sammlung zahlreicher Ministerial-Erlasse u. Regierungs-Verfüggn. zu einzelnen Paragraphen des Gesetzes. (52 S.) 8. Ebd. 908. — 60

—— Erzählungen, s. Volksbibliothek des Lahrer Hinkenden Boten.

—— die religiöse Erziehung der Kinder aus gemischten Ehen, s.a. Streitschriften, freundschaftliche.

Die religiöse Erziehung der Kinder aus gemischten Ehen. Erörterung der in Preußen geltenden gesetzl. Bestimmungen. Vortrag von Dr. Werner **Werther,** Rektor, Essen. Barmen: D. B. Wiemann (1888). (24 S.) 8° [F.]
= **Streitschriften,** Freundschaftliche. No 5. [06. 15016

Werther, W., der Jugend Fabelschatz, s.: Universal-Bibliothek für die Jugend.

—— zur Feier der vier Kaisertage. Alt und Jung im deutschen Reiche dargeboten. gr. 8. (30 S.) Essen 888, Werther. *

— Gesetz üb. das Dienst-Einkommen der Lehrer u. Lehrerinnen an den öffentlichen Volksschulen vom 26. V. 1909. Aus der Begründg., den Kommissions-Verhandlgn. u. anderen Quellen erläutert. (IV, 59 S.) 8. Ebd. 909. — 75

Werther, Werner, Gesetz v. 3. III. 1897 betr. d. Diensteinkommen d. Lehrer u. Lehrerinnen an den öffentl. Volksschulen in Preußen. M. zahlr. Anmerkgn. u. Erläutergn. vers. gr. 8. (32 S.) Berlin 897. Buchh. d. deutschen Lehrer-Zeitung. n. — 50

— dasselbe, nebst den minister. Ausführungs-Bestimmgn. v. 20. III. 1897. M. zahlr. Anmerkgn. u. Erläutergn. vers. 2., verm. Aufl. gr. 8. (56 S.) Ebd. 897. n. — 75

— **Gesetz**, betr. d. Pensionierung d. Lehrer u. Lehrerinnen an den öffentlichen Volksschulen vom 6. VII. 1885 in der Fassung vom 10. VI. 1907. — Gesetz, betr. die Fürsorge f. die Witwen u. Waisen der Lehrer an den öffentlichen Volksschulen vom 4. XII. 1899 in der Fassung vom 10. VI. 1907. Durch Anmerkgn. erläutert u. m. e. Sachregister versehen. (29 S.) 8. Ebd. 907. — 30

Werther, Werner, Gesetz, betr. die Unterhaltung der öffentlichen Volksschulen in Preußen vom 7. VII. 1906 Mit e. geschichtl. Einleitg. u. erläut. Anmerkgn. hrsg. (31 S.) 8. Berlin (906). Geschäftsstelle des „Reichsboten". — 30

— Gesetz betr. die Unterhaltung der öffentlichen Volksschulen in Preussen vom 28. VII. 1906 u. die dazu erlassenen Ausführungs-Anweisungen vom 25. II. 1907. Mit e. geschichtl. Einleitg., erläut. Anmerkgn. u. e. Sachregister hrsg. 2. Aufl. (verm. um die Ausführungs-Anweisgn. u. das Sachregister). (48 S.) 8. Berlin, Geschäftsstelle des „Reichsboten". 1907.

— **Gesetz** betr. die Unterhaltung der öffentlichen Volksschulen in Preußen vom 28. VII. 1906 u. die dazu erlassenen vier Anweisungen. Mit e. geschichtl. Einleitg., zahlreichen Anmerkgn. u. Register hrsg. 3. verm. Aufl. (VII, 166 S.) 8. Ebd. 909. 1. 75

— **Kirchengesetz** üb. die Fürsorge f. die Witwen u. Waisen der Geistlichen vom 26. V. 1909 nebst den dazugehörigen Satzungen des Pfarr-Witwen- u. Waisenfonds u. dem Staatsgesetze vom 26. V. 1909. Aus der Begründg. u. anderen Quellen erläutert. (IV, 31 S.) 8. Ebd. 909. — 40

— **Kirchengesetz** üb. die Pfarrbesoldung vom 26. V. 1909 nebst den dazugehörigen Satzungen der Alterszulagekasse u. dem Staatsgesetze vom 26. V. 1909. Aus der Begründg. u. anderen Quellen kurz erläutert. (IV, 68 S.) 8. Ebd. 909. — 90

— **Kirchengesetz** üb. die Ruhegehaltsordnung f. die Geistlichen vom 26. V. 1909 nebst den dazugehörigen Satzungen der Ruhegehaltskasse u. dem Staatsgesetze v. 26. V. 1909. Aus der Begründg. u. anderen Quellen erläutert. (III, 38 S.) 8. Ebd. 909. — 50

— Die **Konferenz** der Missionskommission d. Zentralkomitees d. Katholikenversammlungen Deutschlands am 22. I. 1910 im kathol. Vereinshaus zu Berlin. Offizieller Bericht, erstattet namens des Zentralkomitees. (48 S.) Lex. 8. Freiburg i/B. 910. (Caritas-Verlag.) 1. 50

— Leiningen in Dorfbildern, s.: **Glaubrecht**, O.

— Zum 8. März 1889. Ein Gedenkblatt zum 70jährigen Jubiläum Sr. Exc. d. Generalfeldmarschalls Grafen v. **Moltke**. 8. (23 S.) Essen 889, Radke's Nachf. * — 25

— **Nebenämter** und Nebenbeschäftigungen der Volksschullehrer. Sammlung der betr. Gesetze und Verordnungen, zum Gebrauche für Schulinspektoren, Lehrer, Bürgermeister zusammengestellt. 8. (59 S.) Dortmund 888, Meyer. *

Die Notlage der evangelischen Geistlichkeit in Preußen. Ein Ruf e. Nichtgeistlichen um Hülfe von Dr. Werner **Werther**. 4. verm. Aufl. Simmern: F. Böhmer 1904. (39 S.) 8° [F.] [06. 13041

— Pfarrverwaltung, s.: **Stingl**.

— Prairieteufel, s.: **Ruppius**, Otto.

Werther, Werner, die **Prüfungsordnungen** f. Lehrer u. Lehrerinnen an den Volksschulen, den Mittelschulen u. den höheren Mädchenschulen, sowie die Prüfungsordngn. f. Fachlehrer. Nach amtl. Quellen zusammengestellt. gr. 8. (IV, 70 S.) Leipzig 891. H. Oesterwitz Nachf. n. — 80

— der **Jugend** Rätselschatz, s. **Universal-Bibliothek** für die Jugend.

— der **Unterricht** in der Volksschule. Auf Grundlage des pädagog. Handbuches für Schule und Haus von K. A. Schmid bearb. gr. 8. (IV, 508 S.) Leipzig 887, Fues's Verlag. *

— der **Unterricht** in der Volksschule. Auf Grundlage d. pädagog. Handbuches f. Schule u. Haus v. K. A. Schmid bearb. gr. 8. (IV, 508 S.) Leipzig 887. Reisland. n. 4. —

— **Verordnungen** betr. das Fortbildungsschulwesen in Preußen. Ein Handbuch f. Schulinspektoren, Lehrer u. Bürgermeister. gr. 16. (VIII, 151 S.) Ebd. 890. * 1 40

Werther, W., die Verordnungen betr. das höhere Mädchenschulwesen in Preußen. Gesammelt und geordnet. gr. 8. (X, 218 S.) Hannover 888, Meyer. *

— **Wanderbilder**. Schilderungen aus der Länder- u. Völkerkunde Europa's. Nach Hartwig, Kohl, Grube, Moltke, Schubert, Tschudi u. A. zusammengestellt. 8. (94 S.) Ebd. 891. n. — 75; kart. n. — 90

— **Wilhelm II.**, deutscher Kaiser und König von Preußen. Ein Bild seines Lebens. Dem deutschen Volke gewidmet. 1. und 2. Aufl. gr. 8. (19 S. mit Bild.) Essen 888, Werther. *

— **Wilhelm II.**, deutscher Kaiser u. König v. Preußen. Ein Bild seines Lebens. 15.—18. Tausend. gr. 8. (24 S.) Essen 889, Radke's Nachf. * — 20

Werther, Wilh., Fibel nach der Leseschreibmethode u. erstes Lesebuch f. Schulen der Ostseeprovinzen. 8. (104 S. m. eingedr. Holzschn.) Reval 885. Kluge. cart. n. — 50

Werther-Fieber, Das, ein unvollendetes Familienstück. Niederdeutschland im Jahre 1776. V: *Göchhausen, Ernst August A. von.* (Appell S. 336) (GGr) (Friedrich Meyer, Verzeichnis einer Goethe-Bibl. Leipzig 1908, Nr. 155) (A. D. B. Bd. III, II, S. 510ff., 1778) Vgl. IV, 12228.

Wertherfieber, Das, ein unvollendetes Familienstück. Wirst schauen was du schauen wirst. Nieder-Deutschland [Leipzig] 1776. V: *Göchausen, Ernst August A. von.* (Wr) (MGT) (GGr) (Ky) (BrMm)

Wertherfieber, das, e. unvollendetes Familienstück. 8. Lpz. Weidmann. 776.

Wertherfieber, das, in Oesterreich. Eine Sammlg. v. Neudrucken. Eingeleitet v. Gust. Gugitz. (XXVII, 16; 16, 125 u. 46 S. m. 1 Fksm.) kl. 8. Wien 908. P. Knepler. Geb. 8.—; Luxusausg. auf Bütten, geb. in Perg. 15. —

Werther-Fieber, Das, ein Schauspiel in fünf Aufzügen. Wien 1785. V: *Hoffmann, Leopold Alois.* (GGr)

Wertherin, der jungen, Leiden. 8. Eisenach, Griesbach. (Wittekind.) 776.

— — dies. 8. Lpz. Sommer. 805.

Werthern, Alfred Frh. v.

Werthern, Frhr. v., Fürstliche Besuche in Wesel. Ein Rückblick auf 5 Jahrhunderte. 8 Hfte. gr. 8. (VIII, 268, XIX, XXVI u. VIII S. m. 1 Taf.) Wesel 898. 899. (Fincke & Mallinckrodt.) n. 4. —

Geschichte des Geschlechts der Grafen und Freiherrn v. Werthern . . . von Alfred Frh. v. Werthern aus d. Hause Brücken, Gen.Maj. z. D. Als Ms. gedr. Th. 1. H. 1. Naumburg 1902: A. Rietz & Sohn. 4°

Werthern, v., die hessischen Hülfstruppen im nordamerikan. Unabhängigkeitskriege 1776—1783. Vortrag, geh. am 23. Novbr. 1894 im Offiziercasino d. Husaren-Regts. Hessen-Homburg. gr. 8. (47 S. m. 1 Karte.) Cassel 895. Th. Kay. n. 1. —

Werthern, Frhr. v., General v. Versen. E. militär. Zeit- u. Lebensbild. Aus hinterlass. Briefen u. Aufzeichngn. zusammengest. M. e. Bildn. gr. 8. (V, 254 S.) Berlin 898. E. S. Mittler & Sohn. n. 5. —; geb. in Leinw. n.n. 6. —

Werthern, Georg von A. S. 850/27

Dissertatio iuris publici de religione obsequii, Oder: Von denen mancherley Arten derer Huldigungen, und sogenannten Eyden der Treue.
Präs. Nikolaus Christoph Lyncker. 3. rec.
Jena(Heller) 1735. 63 S.

Diss. XII. 1682. 36442

Werthern, Hans Frh. v., Die Rechtsstellung des Kommittenten im Konkurse des Einkaufs- bezw. Verkaufskommissionärs. Borna-Leipzig 1906. 8°.
Leipzig, Jur. Diss. v. (1906).

v. Werthern, Hans Ad. Erdm., († d. 18. Jan. 1803.), s. v. d. Güte, Philemon.

Werthern, Hans Friedrich von (Thür.) 4°Ltg. III, 17/2

Historia episcoporum Numburgensium a prima episcopatus origine ad praesentem statum repetita.
Präs. Kaspar Sagittarius. Rec.
Halle 1736. 56 S.

Diss. 17. X. 1683. 36445

Werthern, Johann Friedrich Fhr. von Thl. (XII, 501)/1

Disputatio theologica inauguralis ex Rom. IIX. v. 21. de gloriosa filiorum Dei libertate.
Präs. Michael Foertsch.
Jena (Müller) 29. X. 1715. 47 S. 36446

Werthes, F. A. C., s. Werthes, Fr. August Klemens

Werthes, Fr. August Klemens

Werthes, Fr. Aug. Klem., († d. 5. Dec. 1817.) Abhandlung über d. Atys d. Katull. 8. Münster 774. Perrenon. (Coppenrath). 4 ℊ

— s. Ariosts Roland.

Werthes, F. A. C., Ueb. den Atys des Catull. 1774. 70 S.

Werthes, F. A. C., über d. Atys d. Katull. 8. Münster, Perrenon. (Coppenrath.) 774.

Werthes, Fr. Aug. Klem., Doktor Barthel; Lstspl. 8. Augsb. 786. (v. Jenisch u. St.) 5 ℊ

— Dass., nach d. Engl. 8. Münch. 786. Feischmann. 5 ℊ

Werthes, F. A. K., s. Begebenheiten Eduard Bomstons.

— s. Beobachtt. über d. Orient.

— s. Bettinelli, Enthusiasmus.

— s. M. J. v. d. Borch, lettres sur la Sicile.

— s. Dichter, italien., im 17. Jahrhund.

— s. **Erzählungen**, romantische.

— s. Glaubensbekenntnis d. Grafen Karl u. Georg zu Schaumburg-Lippe.

— **sieben Heroen in sieben Gesängen. gr. 8. Augsb. 816. Wolf. 20 ℊ Schrbp. 1 ℛ**

§ * **HIRTENLIEDER**, von *F. A. C. W. (Friedr. Aug. Clem. Werthes)* und der verklagte Amor ein Fragment von dem Verfasser der Musarion *(Wieland)*. Leipzig, bey Johann Gottfried Müller, 1772. 8°. 216 S. Zahm. (6 Mk. L. Rosenthal, 1907.)
Das Wieland'sche Gedicht hier in erster Ausgabe. Erschien erst 1774 in vollendeter Form, in 4 Büchern. — S. auch Herold, Werthes. Münster i. W. 1897. S. 15. 174.

WERTHES, Friedr. Aug. Clemens (geb. zu Buttenhausen in schwaben 12. X. 1748, † 1817), Die Klause. (In Versen.) Stuttgart, Metzler, 1801. 8°. 182 S. Selten!
Gradmann, Joh. Jac., d. gelehrte Schwaben. (Tüb.) 1802. Gr. 8. p. 772.

— s. Schönheiten italien. Dichter.

— s. Sitten d. Morlaken.

Werthgarner Ernest: Niederschlags-Abfluß und Verdunstungsverhältnisse im Gebiete der preußischen Warte zwischen Pogorzelice und Landsberg. 1884—1895.
H. 1901 PN 1429 Diss Wien Univ. 2369

Werthheim, A. K., s. Wertheim

Werthheim, Amalie, s. Wertheim

Werthheim, Emilie, s. Wertheim

Werthheimische beurkundete Nachricht für das Publikum von d. wahren Beschaffenheit d. Werthheim. Simultanei in Possessorio et Petitorio, wie auch von d. am 17. Juni 1781 verübt. Friedensbruch. Fol. Nördl. ... Beck. 1 ℛ 8 ℊ Auszug aus derselben f. d. gemeinen Mann. 4. Ebd. 6 ℊ

WERTHING (ps.?), Burlesken oder (2) ephemerische Gemählde à la Hogarth und Titian, nach der Tagesordnung. Strasburg (so!) (Leipzig, Köhler), 1799. 8°. 55 S.

Werthmann's Sammlung billiger Volksbücher. 1. u. 2. Bdchn. gr. 16. Berlin 895. A. Hecht. à — 10
1. Eene Turnerfoahrt m. Hinnernissen. Plattdütsch vertellt v. Ernst Keller. (16 S.)
2. Eene Herren-Parthie v. Gesangverein „Stimmgabel". Plattdütsch vertellt v. Ernst Keller. (16 S.)

Werthmann's illustrierte Unterhaltungs-Bibliothek für Stadt und Land. 1. — 6. Bdchn. 4. (à Bdchn. 32 S. und 1 Chromobild.) Berlin 887, Werthmann. à Bdchn.

Werthmann's illustr. Volks-Kalender 1887. 4. (80 S. m. eingedr. Illustr., 1 Chromolith. u. 1 Wandkalender.) Berlin, Werthmann. — 50

— illustr. Volks-Kalender. 1889. 4. (80 S. m. 1 Chromolith. u. 1 Wandkalender.) Ebd. — 50

Werthmann's illustr. Volks-Kalender. 1890—1893. 4. (à Jahrg. ca. 80 S. m. 1 Farbendr.) Berl., Werthmann. à Jahrg. — 50

Werthmann's illustr. Volks-Kalender 1896. gr. 4. (48 u. 8 S. m. 1 Farbendr.) Berlin, F. Werthmann. — 50

Werthmann, Johannes Lorenz [aus Geisenheim im Rheingau. '(Nassau.)']: Aus d. physiolog. Institute d. Univ. Würzburg. Ueber den Einfluss der Jahreszeit auf den Stoffwechsel hungernder Kaninchen ... Würzburg, Druck v. F. Fromme, 1894; 56 S., 1 Bl. 8.
Würzburg, Med. Fak., Inaug.-Diss. v. 1894

Werthmann, Lor., italienischer Beichtspiegel, m. italien. Gebeten f. Kranke u. Sterbende, sowie Ermahngn. f. den Empfang der hl. Kommunion, der letzten Ölg. u. des Ehesakramentes. 2, verb. Aufl. 12. (VII, 103 S.) Freiburg i/B. 901. Geschäftsstelle des Charitasverbandes f. das kathol. Deutschland. Geb. n. — 70

Werthmann, (Lor.), Bilder aus der katholischen Mäßigkeitsbewegung. (47 S.) 16. Freiburg i/B. 908. Charitas-Verlag. — 30

Bilder aus der katholischen Mäßigkeitsbewegung. Von Msgr. Dr. [Lorenz] **Werthmann** in Freiburg i. Br. Freiburg i. Br.: Caritasverband 1910. 47 S. 8°

Werthmann, Lor., s.: Charitas.

Werthmann, N(ikolaus), appr. Arzt a. Birstein (Hessen-Nassau): Beitrag zur Pathologie und Therapie der Vulva- und Scheiden-Carcinome. Würzburg 1907: F. Staudenraus. (81 S.) 8°
Würzburg, Med. Fak., Ref. Hofmeier, Diss. v. 20. Sept. 1907
[Geb. 10. Okt. 77 Birstein; Wohnort: Würzburg; Staatsangeh.: Preußen; Vorbildung: Gymn. Bensheim Reife O. 98; Studium: Würzburg 10 S.; Coll. 17. Juli 07; Approb. 25. Juli 03.]

Werthmüller, s. Werdmüller.

Werthmüller, Bened., Methodik des Volksschulunterrichtes. (IV, 112 S.) gr. 8. Kempten 909. J. Kösel. 2.—; geb. 2.40

Werthvolles aus dem Nachlaß des jungen Theologen Peter Löser. Hrsg. u. geordnet von Frdr. v. d. Osten-Sacken u. Herm. Odenwald [als Freunden des Verstorbenen.] 2 Bde. br. 8. (XX u. 784 S.) Breslau 850, Verlags-Comptoir in Comm. 2½ ₰

Werthvolles aus dem Nachlaß des jungen Theologen Peter Löser. Mit einem Vorworte von A. Tholuck, hrsg. und geordnet von Friedr. v. d. Osten-Sacken und Herm. Odenwald (als Freunden des Verstorbenen.) 1. Aufl. (XIX und 784 S.) 1850. 2 Thlr. 15 Ngr. und 2., neu umgearb., verm. Aufl. 2 Bde. 8. (XIX und 769 S.) Berlin 852(53,) J. A. Wohlgemuth.

Wertisch, Adf., chronischer Magenkatarrh, habituelle Stuhlverstopfung, Blutarmut, Hypochondrie, Melancholie, Neurasthenie (Nervenschwäche), Nervosität, Schlaflosigkeit u. Hämorrhoiden durch die Wasserkur geheilt. Dargeboten nach persönl. Erfahrgn. am eigenen Körper. (56 S.) gr. 8. Reichenberg (Böhmen) 903. (Zittau, A. Graun.) n. 1. —

— das Vinzentinshaus u. der Vinzentiusverein in Baden-Baden. Eine Jubiläumsschrift. (48 S. m. Abbildgn. u. Titelbild.) gr. 8. Freiburg i/B. 906. Geschäftsstelle des Charitasverbandes. — 75

Wertmüller, Georg A. S. 1381/13

Phytographiae sacrae generalis, pars practica altera.
Präs. Johann Gesner.
Zürich (Gessner) III. 1762. 54 S.

11 Resp. 36447

***Wertmüller*, Karl Har.,** Diss. botan. med. inaug. de catechu. 4. Götting. 779. Dieterich. 2 ℊℊ

Bei den deutschen Börsen zugelassene Wertpapiere. (Sonderabdruck aus den »Vierteljahrsheften zur Statistik des Deutschen Reichs«.)

Wertsch, Frdr., die Beziehungen Rudolfs von Habsburg zur römischen Curie bis zum Tode Nicolaus' III. Inaugural-Dissertation. gr. 8. (31 S.) Bochum 880. (Göttingen, Vandenhoeck & Ruprecht.) n. — 80

[F.] **Wertsch,** Friedrich [Dr.]: Ueber den Geschichtsunterricht in Frankreich. Perleberg, Druck v. F. Jacobson, 1897; 20 S. 4.
Perleberg, k. RG, OP 1897 (108)

Jubiläumsschrift zur Feier des 1000jährigen Bestehens der Stadt Spremberg. Hrsg. vom Festcomité. 8., 9., 10. Juli 1893. *Spremberg: C. F. Saebisch (1893).* (V, 102, 6 S.) 8°
[Umschlagt.:] Illustrierte Jubiläumsschrift d. Festcomités z. 1000jähr. Bestehen Sprembergs.
[Sondert.] Chronik von Spremberg ... von Dr. Friedrich Wertsch.

Wertsch, Fr. Das alte und das neue deutsche Reich. 2 Teile. 16, 11 S. **Progr.** *Spremberg* 1882. 1883.

Wertung. Schriften des Werdandibundes E. V. Im Auftrage des Bundes hrsg. v. Frdr. Seeßelberg. Buchschmuck v. Frz. Staßen. 1.—12. Heft. 8. Leipzig, F. Eckardt. 5.80
Berger, Herb. v., Dogmatismus u. Philosophie. Ein Wort zur Wiedergeburt der Philosophie. (36 S.) (909.) (Heft 6. 7.) — 80
Ernst, Adelb., Wetterleuchten im Osten. Kulturbetrachtungen. (14 S.) (909.) (Heft 1.) — 50
Hartmann, Karl, v. Philistern u. Helden. 4. u. 5. Brief e. Hinterwäldlers an Werdandi. (24 S.) (909.) (Heft 9.) — 50
König, Eberh., der Gladiator, s.: Kutscher, Art.
Kutscher, Art., Schiller u. wir. — König, Eberh., der Gladiator. (19 S.) (909.) (Heft 12.) — 50
Lentrodt, W., der Bauer. Eine psycholog. Studie. Mit e. Radierg. v. Herm. Struck. (14 S.) (909.) (Heft 5.) — 50
Österreich. (21 S.) 909. (Heft 11.) — 50
Schliepmann, Hans, Volk — Staat — Presse. (Allerlei) Anregungen. (24 S.) (909.) (Heft 8.) — 50

Wertung. Schriften des Werdandibundes E. V. Im Auftrage des Bundes hrsg. v. Frdr. Seeßelberg. Buchschmuck v. Frz. Staßen. (1910). 1.—5. Heft. 8. Leipzig. F. Eckardt. à — 50
Berger, Herb. v., der Geist im Staat. (20 S.) (910.) (Heft 2.)
Braun, Otto, vom religiösen Charakter. — Conrad, Geo. Mich., Björnstjerne Björnson. (18 S.) (910.) (Heft 4.)
Conrad, Mich. Geo., Bismarck der Künstler. (27 S.) (910.) (Heft 1.)
Reventlow, Graf E. zu, die völkische Eigenart u. der Internationalismus. (18 S.) (910.) (Heft 5.)
Seeßelberg, Frdr., der Heimatschutz als Charakterangelegenheit. (13 S.) (910.) (Heft 3.)
Seeßelberg, Frdr., u. Erich R.-Werdandi, Streiflichter auf die Lage der bildenden Kunst, skizziert nach den Werken der Berliner Hauptausstellgn. des J. 1909. I. Die „Große Berliner". II. Die „Sezession". (39 S.) (909.) (Heft 10.) — 50
Solger, Frdr., der nationale Geist als Naturerscheinung. Vortrag, geh. im Werdandibunde zu Darwins 100. Geburtstage (am 25. II. 1909). (15 S.) (909.) (Heft 4.) — 50
Spranger, Eduard, Beethoven u. die Musik als Weltanschauungsausdruck. (15 S.) (909.) (Heft 2.) — 50
Wolzogen, Hans Paul Frhr. v., deutscher Glaube. (15 S.) (909.) (Heft 3.) — 50

Wertvolles aus dem Nachlaß des jungen Theologen Peter Löser. s. Werthvolles

Wertz, Bartholomaeus A. S. 1289/15

Dissertatio inauguralis medica, de officio lactantium. Präs. Johann Friedrich de Pre. Erfurt (Grosch) IV. 1723. 24 S.

W. v.: Präs. 36448

Werunsky, A., Grundzüge des Entwicklungsganges der Volkswirtschaftslehre in übersichtlicher Darstellung, zugleich e. Einführung in das Studium der Nationalökonomie überhaupt. gr. 8. (38 S.) Zittau 894. Pahl. n. 1. —

Werunsky Dr. A.: Zur Reform der österr. Patentgesetzgebung. 21. Prag H.-A. 85. **Progr.**

Werunsky, Emil, excerpta ex registris Clementis VI. et Innocentii VI. summorum pontificum historiam s. r. imperii sub regimine Karoli IV. illustrantia. — Auszüge aus den Registern der Päpste Clemens VI u. Innocenz VI. zur Geschichte d. Kaiserreichs unter Karl IV. gr. 8. (VI, 170 S.) Innsbruck 885. Wagner. n. 4. —

Werunsky, Emil, Geschichte Kaiser Karls IV. und seiner Zeit. 1. Bd. und 2. Bd. 1. Abthl. gr. 8. Innsbruck, Wagner'sche Universitäts-Buchh. [1. Bd.: 1316—1346. (XVI, 462 S.) 880. *M 10.; 2. Bd. 1. Abthl.: 1346—1355. (X, 324 S.) 882. *M 7.]

—— Geschichte Kaiser Karls IV. und seiner Zeit. 2. Bd. 2. Abthl. gr. 8. (XII, S. 325—616.) Ebendas. 886. *
1. Bd. und 2. Bd. 1. Abthl. Ebendas. 1880—82. *M 17.—.

Werunsky, Emil, Geschichte Kaiser Karls IV. u. seiner Zeit. 3. Bd. [1355—1368.] gr. 8. (XVI, 383 S.) Innsbruck 892. Wagner. n. 8. — (1—3.: n. 32. —)

Werunsky, Emil, italienische Politik Papst Innocenz VI. und König Karl IV. in den J. 1353—1354. gr. 8. (V, 204 S.) Wien 878, Braumüller. *

— österreichische Reichs- u. Rechtsgeschichte. Ein Lehr- u. Handbuch. 1. Lfg. gr. 8. (VII u. S. 1—80.) Wien 894. Manz. n. 1. 60

Werunsky, Emil, österreichische Reichs- u. Rechtsgeschichte. E. Lehr- u. Handbuch. 2. u. 3. Lfg. gr. 8. (S. 81—240.) Wien 896. 98. Manz. à n. 1. 60

Werunsky, Emil, österreichische Reichs- u. Rechtsgeschichte. Ein Lehr- u. Handbuch. 4. Lfg. gr. 8. (S. 241—320.) Wien 900. Manz. n. 1. 60

Werunsky, Emil, österreichische Reichs- u. Rechtsgeschichte. Ein Lehr- u. Handbuch. 5. Lfg. (S. 321—400.) gr. 8. Wien 904. Manz. n. 1. 60

Werunsky, Emil, österreichische Reichs- u. Rechtsgeschichte. Ein Lehr- u. Handbuch. 6. Lfg. (S. 401—480.) gr. 8. Wien 908. Manz. 1. 40

—— der erste Römerzug Kaiser Karl IV. [1354—1355.] gr. 8. (V, 339 S.) Innsbruck 878, Wagner'sche Universitäts-Buchh. *

Werveke, Leopold van

Werveke, L. van, Braunkohlen im Elsaß. Halle a. S., 1907. 4 S.

Werveke, L. van, Erläuterungen zu Blatt Saarbrücken der geologischen Uebersichtskarte v. Elsass-Lothringen u. den angrenzenden Gebieten im Massstab 1:200,000 u. zu demselben Blatt der tektonischen Karte v. Elsass-Lothringen im Massstab 1:200,000. Hrsg. der Direktion der geolog. Landes-Untersuchg. v. Elsass-Lothringen. Mit den beiden Kartenblättern je 30 × 38,5 cm. Farbdr. (284 S. m. Abbildgn.) Lex.-8. Strassburg 906. (Berlin, S. Schropp.) n.n. 3. —

Werveke, L. van, geologischer Führer durch das Elsass, s.: Benecke, E. W.

Werveke, L. van, Geologie des Sulzer Belchens u. seiner Zugänge. (23 S. m. eingedr. Kartenskizzen.) kl. 8. Gebweiler 910. J. Boltze. — 40
Sonderabdruck aus: „Belchenlieder".

Werveke, Léopold van: Das Mineralwasser von Mondorf und seine Beziehungen zum mittleren Muschelkalk. Inaugural-Dissertation . . . der Kaiser-Wilhelms Universität Strassburg. Strassburg: Kayser 1878. 38 S. 8°

Werveke, L. van, Repertorium, s. a. Jahrbuch, neues, f. Mineralogie, Geologie u. Paläontologie.

Werveke, Léopold van: Repertorium zum „Neuen Jahrbuch für Mineralogie, Geologie und Paläontologie" für die Jahrgänge 1880 1884 (1885 1889) und die Beilage-Bände I und II (III VI). Ein Personen-, Sach- und Orts-Verzeichnis. Stuttgart: Schweizerbart 1885 1891. 2 Bde 8°

— s.: Studien, Prager, aus dem Gebiete der Geschichtswissenschaft.

Werveke, Léopold van: Auf Sumatra und Java im Jahre 1898. Reisebriefe. I. Im Urwalde des nördlichen Sumatra. II. Auf Java. Strassburg: Strassburger Druckerei und Verlagsanstalt 1900. 80 S. 8°

Wanderausstellung der Deutschen Landwirtschafts-Gesellschaft. Strassburg i. Els., 5.—10. Juni 1913. Übersicht über den geologischen Bau und die geologische Entwickelung des Reichslandes Elsass-Lothringen und des Grossherzogtums Baden. Von Bergrat Dr. L. van WERVEKE, Strassburg i. Els. Mit 9 Zeichnungen im Text und 1 Tafel. Strassburg i. Els. 1913. Strassburger Druckerei u. Verlagsanstalt vorm. R. Schultz u. Co. 8°.

Werveke, Léopold van: Geologische Übersichtskarte des westlichen Deutsch-Lothringen. 1 : 80.000. Strassburg: Kommission für die geologische Landes-Untersuchung in Elsass-Lothringen 1887.

Werveke, Léopold van: Geologische Übersichtskarte der nördlichen Hälfte des Grossherzogtums Luxemburg. Massstab 1 : 80.000. Strassburg: Kommission für die geologische Landes-Untersuchung in Elsass-Lothringen 1886.

Werveke, Léopold van: Geologische Übersichtskarte der südlichen Hälfte des Grossherzogtums Luxemburg. 1 : 80.000. Strassburg: Kommission für die geologische Landes-Untersuchung in Elsass-Lothringen 1886.

Werveke, Leop. van, geologische Übersichtskarte der südlichen Hälfte des Grossherzogth. Luxemburg. Hrsg. von der Commission für die geolog. Landesuntersuchung von Elsass-Lothringen. 1 : 80,000. Chromolithogr. gr. Fol. Mit Erläuterungen. Lex.-8. (IV, 89, 17 S. mit 2 color. Profiltaf.) Strassburg 887, Strassburger Druckerei und Verlagsanstalt, vorm. Schultz und Comp., Verlag. (Berlin, Schropp'sche Hof-Landkartenh.) **

Werveke, Léopold van: Erläuterungen zur geologischen Übersichtskarte der südlichen Hälfte des Grossherzogtums Luxemburg. Strassburg: Schultz 1887. 17 S. 2°

Werveke, Nicolas van: Das Asylrecht. Abdruck aus der „Luxemburger Zeitung". Luxemburg: Th. Schroell 1892. 15 S. 8°

Werveke, N. van, archives de Clervaux, s.: Würth-Paquet, M. F. X.

— Beiträge zur Geschichte d. luxemburger Landes. 1. u. 2. Hft. gr. 8. (S. 1—150.) Luxemburg 886. Brück. à n. 1. 25

Werveke, N. van, Beiträge zur Geschichte d. Luxemburger Landes. **3.** (Schluß-)Hft. gr. 8. (S. 153—259.) Luxemburg **887. Brück.** n. 1. 25 (cplt.: n. 3. 75)

Werveke, Nicolas van: Beiträge zur Geschichte des Luxemburger Landes. I. Separatabdruck aus "Ons Hémecht". Luxembourg: Worré-Mertens 1898. 66 S. 8°

Werveke, N. van, cartulaire du priouré de Marienthal, s.: Publications de la section historique de l'Institut r. g.-d. de Luxembourg.

—— definitive **Erwerbung des Luxemburger Landes durch Philipp, Herzog von Burgund. Beitrag zur Geschichte des luxemburger Landes während der J. 1458—1462. gr. 8. (46 S.)** Luxemburg 886, **Brück.** *
Aus: Luxemburger Land, besonders abgedruckt.

Werveke, Nicolas van: Die Erwerbung des Luxemburger Landes durch Anton von Burgund, 1409 1415. Erster Teil: 1409 1412, Juli. 47 S. Luxemburg, Athénée, Progr. 1889/90

Werveke, Nicolas van: Die Familiennamen des Luxemburger Landes. Separatabdr. a. d. „Luxemburger Zeitung". Luxemburg: Th. Schroell 1900. 30 S. 8°

Werveke, Nicolas van, u. Arthur Herchen: Kleine vaterländische Geschichte in drei sich erweiternden Kreisen. Ein Leitfaden für Luxemburger Volksschulen, mit einer historischen Karte des Luxemburger Landes. Luxemburg: J. Hary 1883. 87 S. 8°

Werveke, Nikolaus van: Kurze Geschichte des Luxemburger Landes mit bes. Berücksichtigung der Kulturgeschichte. Urgeschichte bis Ende des 14. Jahrhunderts. Luxemburg 1909: P. Worré-Mertens. 359 S.
Fortsetzung nicht erschienen. Über Werveke, 1851–1926, den bedeutendsten Historiker Luxemburgs vgl. die Werveke-Nummer der „Cahiers Luxembourgeois" 1925.

Werveke, Nicolas van: Geschichte des Luxemburger Landes nach den besten Quellen bearb. von Johann Schötter, hrsg. u. fortges. von K. A. Herchen u. N. van Werveke. Lieferung 1, 2. Luxemburg: Breisdorff 1882. IV, 320 S. 8° [Mehr nicht erschienen.]

Werveke, Nicolas van: Die Hexenprozesse im Luxemburger Lande. Separatabdruck a. d. „Luxemburger Zeitung". Luxemburg: Th. Schroell 1900. 24 S. 8°

Werveke, Nicolas van: Der Luxemburger Klöppelkrieg von W. Zorn. Compte-rendu. Extrait du „Luxemburger Wort". Luxemburg: Imprimerie St-Paul 1898. 28 S. 12°

Werveke, Nicolas van: Zur Kulturgeschichte des Luxemburger Landes aus den Protokollen der Notare. Separatabdruck der „Luxemburger Zeitung". Luxemburg: Th. Schroell 1897. 60 S. 8°

Werveke, Nicolas van: Das grossherzogliche Palais zu Luxemburg. Festschrift zur Feier des achtzigjährigen Geburtstages S. K. H. des Grossherzogs Adolph von Luxemburg. Luxemburg: Bück 1897. 89 S. 8°

Werveke, Nicolas van: Die Protokolle der Notare. Separatabdruck der „Luxemburger Zeitung". Luxemburg: Th. Schroell 1894. 23 S. 8°

Werveke, Nicolas van: Eine unerforschte Quelle zur Kenntniss unserer vaterländischen Geschichte. Abdruck aus der „Luxemburger Zeitung". Luxemburg: Th. Schroell 1891. 19 S. 8°

Werveke, Nicolas van: Das Rittergericht oder: Les siège des nobles des Luxemburger Landes. 93 S. Luxemburg, Athénée, Progr. 1886/87

Werveke, Nicolas van: Das Differdinger Schlossarchiv. Separatabdruck aus dem Luxemburger Wort, 1897. Luxemburg: St. Paulus-Gesellschaft 1897. 51 S. 12°

Werveke, Nicolas van: Urkundenbuch der Abtei Bonneweg bei Luxemburg. 46 S. Luxemburg, Athénée, Progr. 1879/80

Werveke, N. van, Urkundenbuch der Abtei Bonneweg bei Luxemburg. **1.** Thl. **1234 – 1300.** gr. **4.** (VII, **46** S.) Luxemburg **880.** (Brück.) n. **2. 40**

Werwill, R. Th., Gedichte. gr. 12. (7½ B.) Breslau 839, [Hirt's Verl.] *

Wery, Balthasar (geb. Zülpich 18. 10. 1819): De cordis ruptione. Berolini (1845). (33 S.) 8°
Berlin, Med. Diss. v. 19. Sept. 1845

Wery, C., Repertorium üb. die in den Kreisamtsblättern v. Oberbayern in den J. 1857 bis 1883 incl. enthaltenen Erlasse der k. Staatsministerien u. der k. Regierung v. Oberbayern, soweit solche v. Belang u. noch Geltung haben. Fortsetzung v. A. Weckerle's Repertorium f. die J. 1814 bis mit 1856. gr. 8. (99 S.) München 884. Huber's Verl. n. 1. 50

Wery, C., Repertorium üb. die in den Kreisamtsblättern v. Oberbayern in den J. 1857 bis 1883 incl. enthaltenen Erlasse der k. Staatsministerien u. der k. Regierung v. Oberbayern, soweit solche v. Belang u. noch Geltung haben. Fortsetzung v. A. Weckerle's Repertorium f. die J. 1814 bis mit 1856. gr. 8. (99 S.) München 884. Huber's Verl. n. 1. 50

Wery, Chr: Katalog landwirthschaftlicher Maschinen. Zweibrücken (Pfalz) (1897?)

Wery, Franc. Anton. (geb. Immendorf bei Cöln a. Rh. 29. 7. 1835): De luxationibus praecipue de causis earum. Berolini (1863). (30 S.) 8°
Berlin, Med. Diss. v. 7. Aug. 1863

Weryho, Ladisl., Marx als Philosoph. gr. 8. (52 S.) Bern 894. A. Siebert. n.n. 1. 50

Weryho, Piotr v.

Weryho, P., Eisenbahntarife u. Wasserfrachten, s.: Roßmann, W.

Weryho, Piotr von, aus Pskow: Die **Getreide- und Mehl-Eisenbahntarife** Russlands im letzten Decennium ⟨1889 bis 1899⟩. *Leipzig 1900: (Pierer in Altenburg).* (73 S.) 8° [F.] ¶(Aus: Schriften d. Ver. f. Socialpol., Bd 89.)
München, Staatswirtsch. Diss. v. 1900

Werz, Alfons, appr. Arzt: **Aus d. Tübinger Univ.-Augenklinik.** Bericht über die Wirksamkeit der Universitäts-Augenklinik zu Tübingen in der Zeit vom 22. Oktober 1875 bis 31. Dezember 1908. Tübingen: Pietzcker 1909. 18 S. 8°
Tübingen, Med. Diss. v. 5. Juni 1909, Ref. Schleich
[Geb. 8. Aug. 80 Hechingen; Wohnort: Gruol; Staatsangeh.: Preußen; Vorbildung: Gymn. Sigmaringen Reife Juli 01; Studium: Heidelberg 3, Tübingen 3, München 1, Berlin 1, Heidelberg 3 S.; Coll. 14. Dez. 08; Approb. 9. Nov. 08.] [U 09. 3946

Werz, C., der junge Declamator. Eine Sammlung poet. und prosaischer Stücke aus der neuern deutschen und engl. Literatur. gr. 8. (XIII und 227 S.) St. Louis, Mo. 860. (Philadelphia, Schäfer und Koradi.) *

Werz. Emil. Apotheker und Chemiker aus München: Ueber das Vorkommen pathogener und nichtpathogener Bakterien im Weihwasser und deren biologisches Verhalten nach der Reinzüchtung (namentlich in kultureller Hinsicht und im Tierversuch). München 1907. 46 S. 8°. [3. V. 07.]

Bern. Phil. Diss. 1906 1907.

Werz, Emil. Ueber das Vorkommen pathogener und nichtpathogener Bakterien im Weihwasser und deren biologisches Verhalten nach der Reinzüchtung ⟨namentlich in kultureller Hinsicht und im Tierversuch⟩. Diss. Phil. Bern. [Mit 1 Abbildung.] 46 + *Berichtigung* 1 S. 8. München, Dr. C. Wolf & Sohn, 1907.

Werz, Heinrich

Werz, H., Antworten-Heft dazu. 1. Thl. 8. (32 S.) Ebendas. 858. *

—— Antwortenheft zu den Rechenmeister. 2. Thl. eines Lehr- und Handbuchs der Rechenkunst, für deutsche Schüler in den Vereinigten Staaten Nord-Amerikas. 8. (26 S.) St. Louis, Mo. 859. (Philadelphia, Schäfer und Koradi.) *

—— der Gewerbsmann. 3. Thl. eines Lehr- und Handbuches der Rechenkunst für deutsche Schüler in den Vereinigten Staaten Nord-Amerikas. 8. (221 S.) Philadelphia 859, Schäfer und Koradi. geb. *

Inhalt:

Abthl. 1. Practische Geometrie, mit 83 geometr. Fig. (in eingedr. Holzschn.) und etwa 450 Aufgaben nebst den zugehörigen Antworten.

" 2. Formulare für Schuldscheine, Contracte zc.

—— Lehr- und Handbuch der Rechenkunst für deutsche Schüler in den Vereinigten Staaten Nord-Amerikas. 1. und 2. Thl. 8. St. Louis, Mo. 858. 59. (Philadelphia, Schäfer und Koradi.) à Thl. * 20 Ngr. Thlr. *

Inhalt:

Thl. 1. Der kleine Rechner. Enthaltend die vier Species in reinen und angewandten Zahlen; erläutert durch entsprechende Beispiele und bereichert durch etwa 2000 practische Aufgaben. (171 S.)

" 2. Der Rechenmeister. Beginnend mit der Lehre von den Brüchen und schließend mit Gleichungen vom ersten Grade mit einer unbekannten Größe. Enthaltend 2400 praktische Aufgaben. (183 S.)

Heinrich Werz Erläuterte Rechenkunst. 1 Theil. Breslau, 4. 1740.

Kolibri 360 GmbH
Ferdinand-Jühlke-Straße 7
99095 Erfurt, Deutschland
produktsicherheit@kolibri360.de